Technologie der Fette und Öle.

Handbuch
der Gewinnung und Verarbeitung der Fette, Öle
und Wachsarten des Pflanzen- und Tierreichs.

Unter Mitwirkung von

G. Lutz-Augsburg, **O. Heller**-Berlin, **Felix Kaßler**-Wien und anderen Fachmännern

herausgegeben

von

Gustav Hefter,

Direktor der Aktiengesellschaft zur Fabrikation vegetabilischer Öle in Triest.

Dritter Band.

Die Fett verarbeitenden Industrien.

Mit 292 Textfiguren und 13 Tafeln.

Springer-Verlag Berlin Heidelberg GmbH
1910

ISBN 978-3-662-01898-9 ISBN 978-3-662-02193-4 (eBook)
DOI 10.1007/978-3-662-02193-4

Softcover reprint of the hardcover 1st edition 1910

Vorwort.

Im Vorworte zum 1. Bande dieses Werkes bemerkte ich bereits, daß der 3. und 4. Band der Weiterverarbeitung der Öle und Fette gewidmet sein würden, und zwar sollte nach dem ursprünglichen Programme der Schlußband ausschließlich der Besprechung der Seifenindustrie dienen, der 3. Band dagegen alle anderen Fett verarbeitenden Industrien enthalten. Diese Einteilung hat nun insofern eine kleine Verschiebung erfahren, als aus methodischen — zum Teil aber auch aus räumlichen — Rücksichten auch die Industrien der Abfallfette (Wollfett, Degras usw.) und die Glyzerinfabrikation in den 4. Band verwiesen werden mußten.

Die Darstellung aller in diesem Bande besprochenen Industrien beginnt mit einer entwicklungsgeschichtlichen Einleitung; hierauf folgt die Besprechung der Rohmaterialien, der eigentlichen Fabrikationsvorgänge sowie der Verwendung der Haupt-, Neben- und Abfallprodukte; ein Abschnitt, der die Handels-, Zoll- und Produktionsverhältnisse, gegebenenfalls auch gesetzgeberische Fragen beleuchtet, macht den Abschluß. Analytisches Beiwerk ist dabei — ebenso wie in den früher erschienenen zwei Bänden — ganz fortgeblieben.

Über die meisten der im vorliegenden Bande besprochenen Industriezweige steht mir eine vieljährige Fabrikpraxis zur Seite, die es mir ermöglichte, den weitaus größten Teil dieses Buches auf Grund persönlicher Erfahrungen zu bearbeiten.

Zwei von den elf Kapiteln dieses Bandes habe ich jedoch mangels eigener Spezialkenntnisse in die Hände sachkundiger Mitarbeiter gelegt; es sind dies die Abschnitte über „Gekochte Öle und Firnisse“ (S. 384 bis 428) sowie über „Textilöle“ (S. 449—512), denen die Herren Prof. Max Bottler in Würzburg bzw. Prof. Dr. W. Herbig in Chemnitz ihre bewährte Kraft widmeten.

Alle übrigen Kapitel, unter denen besonders die über „Speiseöle und Speisefette“, über „Stearinindustrie“ und „Kerzenfabrikation“ bemerkenswert sind, stammen aus meiner Feder.

Zur Schaffung einer ausführlichen Monographie über die Industriegebiete der Margarine- und Pflanzenbuttererzeugung, die der technischen, hygienischen, physiologischen, gesetzgeberischen, volkswirtschaftlichen und kommerziellen Seite in gleicher Weise

Rechnung trägt, veranlaßte mich der Umstand, daß bisher keine Abhandlungen über die modernen Herstellungsweisen dieser Nahrungsmittel vorliegen, und daß es seit dem Jahre 1895 auch niemand versucht hat, ein vergleichendes Bild der Margarinegesetzgebung der einzelnen Agrar- und Industriestaaten zu entwerfen. Ich hoffe, daß diese dem heutigen Stande der Margarinfrage gerechtwerdenden Monographie das volle Interesse der beteiligten Fabrikanten, Konsumenten, Ärzte, Hygieniker, Nahrungsmittelchemiker, Volkswirtschaftler und Juristen finden werde. Fehler sind bei einem solchen Versuche kaum zu vermeiden; ich empfehle sie nachsichtiger Beurteilung.

Die Stearin- und Kerzenfabrikation, über die wir mehrere, allerdings meist ziemlich gedrängt abgefaßte Arbeiten besitzen, habe ich ebenfalls mit aller Gründlichkeit behandelt, wodurch diese beiden Kapitel zu einem Umfang von fast 500 Seiten angewachsen sind.

Neben den bereits erwähnten Bearbeitern des „Firnis"- und „Textilöl"-Kapitels habe ich auch Herrn Ing.-Chem. Oskar Steiner in Melle für die Ausarbeitung des Abschnittes über Twitchell-Spaltung (S. 680—690), Herrn Otto Chr. Rhode in Christiania für die Durchsicht und Ergänzung des Margarinkapitels, Herrn Dr. C. Hoyer in Berlin für die Korrektur des Teiles über Fermentspaltung, Herrn Th. Fichtenthal in Wien für die Besorgung verschiedenen statistischen Materials und Herrn Felix Kaßler in Wien für die Revision und Verbesserung des die „Destillation der Fettsäuren" behandelnden Abschnittes zu danken. Die ursprünglich Herrn Kaßler zugedachte selbständige Bearbeitung dieses Themas mußte dieser leider wegen Überbürdung mit geschäftlichen Agenden zurückstellen.

Ganz besonderen Dank schulde ich auch den Herren Redakteur E. Marx in Augsburg und Direktor Heinrich Neumann in Graz, die sich der Korrektur des ganzen Bandes in liebevoller Weise annahmen und mir wertvolle Winke zu Verbesserungen und Ergänzungen gaben.

Indem ich schließlich noch allen jenen herzlichst danke, die durch Zusendung von Sonderabdrucken ihrer Veröffentlichungen, Überlassung von Apparatzeichnungen, Plänen und Patentschriften oder sonstwie meine mühevolle Arbeit fördern halfen, übergebe ich diesen Band der Öffentlichkeit in der frohen Zuversicht, daß er bei meinen Fachgenossen und anderen Interessenten dieselbe wohlwollende Aufnahme finden werde, wie seine beiden Vorgänger

Triest, Ostern 1910.
Via Belpoggio 2.

Gustav Hefter.

Inhaltsverzeichnis.

Zweites Kapitel.

Brennöle.

Drittes Kapitel.

Pflanzliche und tierische Schmieröle und Schmierfette.

Viertes Kapitel.

Polymerisierte Öle.

Fünftes Kapitel.

Oxydierte Öle.

Sechstes Kapitel.

Gekochte Öle und Firnisse.

Von Prof. Max Bottler, Würzburg.

Siebentes Kapitel.

Geschwefelte Öle und Faktisse.

Achtes Kapitel.

Jodierte, bromierte und nitrierte Fette.

Neuntes Kapitel.

Textilöle.

Von Prof. Dr. W. Herbig, Chemnitz.

Seite

Zehntes Kapitel.

Die Stearinfabrikation.

Seite

Elftes Kapitel.

Die Kerzenfabrikation.

Einleitung.

Mit der Verwertung und Weiterverarbeitung der verschiedenen in Band 2 besprochenen Öle, Fette und Wachsarten befassen sich mehrere Industriezweige, die in dem vorliegenden und im nächstfolgenden (letzten) Bande dieses Werkes erörtert werden sollen. Dabei soll die zuerst von Lewkowitsch getroffene Einteilung eingehalten werden, wonach man unterscheidet:

A) Industrien, in denen die Fette ohne chemische Veränderung der Triglyzeride verarbeitet oder veredelt werden;

B) Industrien, in denen die Glyzeride zwar eine chemische Veränderung, aber keine Spaltung in Glyzerin und Fettsäuren erleiden;

C) Industrien, die auf der Spaltung (Verseifung) der Fettkörper beruhen.

Zur ersten Gruppe gehören jene Industrien, die sich damit befassen, Öle und Fette für spezielle Zwecke [Genuß, Beleuchtung, Schmierung[1])] besonders geeignet zu machen. Dies geschieht entweder durch bestimmte Reinigung und Präparierung der Fette und Öle oder auch nur durch entsprechende Auswahl der zur Verfügung stehenden Rohprodukte. Von den hierher gehörigen Industriezweigen sind die wichtigsten die der

1. Speiseöle und Speisefette,
2. Brennöle,
3. Schmieröle.

Unter den Industrien, bei denen die Glyzeride in ihrem chemischen Charakter zwar verändert, aber nicht in Glyzerin und Fettsäuren zerlegt werden, sind die wichtigsten die der

4. polymerisierten Öle,
5. oxydierten Öle (geblasene Öle und Linoxyn),
6. gekochten Öle und Firnisse,
7. geschwefelten Öle und Faktisse,
8. jodierten, bromierten, nitrierten u. ä. Fette,
9. sulfonierten Öle, Türkischrotöle (Textilöle).

[1]) Auch die Herstellung der Wollöle (Schmälzöle) ist hierher zu zählen. doch wird sie in diesem Buche gemeinsam mit den sulfonierten Ölen beim Kapitel „Textilöle“ behandelt.

Die Verarbeitung der Fette, bei der eine Spaltung des Fettmoleküls in Fettsäuren und Glyzerin stattfindet, ist wirtschaftlich am wichtigsten. Dieser Industriegruppe gehören an:

10. die Stearinindustrie und die sich mit der Weiterverarbeitung des technischen Stearins befassende
11. Kerzenfabrikation,
12. die Seifenindustrie und endlich
13. die Glyzeringewinnung.

Daneben gibt es noch einige, die Verwertung von Abfallfetten bezweckende Industriezweige, von denen die Wollfettverarbeitung (Lanolinindustrie) und die Degrasgewinnung die wichtigsten sind.

Erstes Kapitel.

Speiseöle und Speisefette.

Die zahlreichen Arten der als Nahrungsmittel verwendeten Fettstoffe teilt man nach ihrer Konsistenz in zwei Gruppen: Einteilung.

A) in Speiseöle,

B) in Speisefette.

Für diese Scheidung gilt dasselbe, was im 1. Bande auf S. 2 bezüglich der Gruppierung der Fettkörper im allgemeinen gesagt wurde: Wegen der in verschiedenen Ländern herrschenden ungleichen Durchschnittstemperatur läßt sich eine scharfe Trennung der beiden Gruppen nicht leicht durchführen. Bei den für Speisezwecke verwendeten Fettkörpern neigt man dazu, alle bei 15° C[1]) nicht vollkommen flüssigen Fette in die Gruppe der Speisefette einzureihen, also alle bei dieser Temperatur auch nur salbenartige Konsistenz zeigenden Fette dahin zu zählen.

A) Speiseöle.

Huiles comestibles. — Huiles à bouche. — Edible oils, sweet oils. — Oli mangiabili.

Allgemeines.

In weiterem Sinne muß jedes nicht direkt giftige oder ungesunde, bei gewöhnlicher Temperatur — oder sagen wir präziser bei +15° C — flüssige Fett vegetabilischer oder animalischer Abkunft als Speiseöl gelten. In den kultivierten Ländern stellt man zwar an Speiseöle eine Reihe von Forderungen hinsichtlich Farbe, Geruch, Geschmack und Kältebeständigkeit und beschränkt dadurch den Kreis der Speiseöle sehr wesentlich; in manchen exotischen Ländern ist man dagegen weit weniger wählerisch und verwendet eine ganze Reihe von Ölen für Genußzwecke, die unseren Anforderungen keineswegs entsprechen. Soll man ja, einer verbürgten Nachricht zufolge, in China sogar Rizinusöl zu Speisezwecken verwenden. Nur effektiv giftige Öle, wie z. B. das Kroton- und das Njamlungöl, können daher unter keinen Umständen als Speiseöle in Betracht kommen.

[1]) Diese Temperaturgrenze wurde vom 1. internationalen Kongreß zur Unterdrückung der Verfälschungen der Nahrungsmittel und pharmazeutischen Produkte, der im September 1908 in Genf tagte, festgesetzt.

Pflanzenöle.

Von den **Pflanzenölen** sind es in erster Linie das **Oliven-**, **Sesam-**, **Erdnuß-**, **Baumwollsamen-**, **Mohn-** und **Sonnenblumenöl**, in zweiter das **Mais-**, **Kürbiskern-**, **Rüb-** und **Leinöl**, die in den zivilisierten Ländern in großen Mengen als Speiseöle Verwendung finden.

Animalische Öle.

Das **Tierreich** liefert uns nur eine ziemlich beschränkte Zahl von Speiseölen, und diese sind wenig nach unserem Geschmack; man muß zu diesen die von den Lappländern und Eskimos genossenen **Transorten** rechnen, wie auch das sogenannte **Lardöl**, obwohl dieses eigentlich nie für sich allein als Speiseöl benutzt wird, sondern bei der Bereitung von Kunstspeisefett und Margarine Verwendung findet.

Farbe.

Farbe. Die Farbe der Speiseöle durchläuft die ganze Farbenskala vom zartesten **Hellgelb** bis zum intensivsten **Gelbbraun**, ja bis zum **Grünlichbraun**. Die feinsten Marken von Oliven-, Sesam- und Erdnußöl sind hellzitronengelb, die mittelguten Sorten zeigen eine intensiv gelbe Farbe, mit einem mehr oder weniger merklichen Stich ins Grüne oder Rötliche. Leinöl ist orangefarben bis gelbbraun und die in Ungarn und Steiermark verwendeten Leindotter- und Kürbiskernöle sind dunkelbraungrün.

Die Anforderungen, die der Käufer an die Farbe von Speiseölen stellt, weichen in den einzelnen Ländern sehr stark voneinander ab. Während manche Gegenden eine helle Färbung als Zeichen der Güte des Öles betrachten, sind anderswo die intensiv zitronengelben Öle beliebter, und an anderen Orten zieht man wiederum einen Grünstich des Öles vor. So hat fast jedes Land seine Sonderwünsche. Im allgemeinen werden blaßgelbe Öle vorgezogen, was insofern eine gewisse Berechtigung hat, als die reinen Glyzeride der Fettsäuren ja überhaupt farblos sind, eine Färbung von Ölen daher stets auf das Vorhandensein von besonderen Fremdkörpern (**Pflanzenfarbstoffen**) hindeutet.

Nicht selten sucht man die besonderen Ansprüche der Konsumenten hinsichtlich Farbe durch künstliche Färbung (vergleiche S. 18) der Öle zu erfüllen, für welche Zwecke fettlösliche Farben[1]) zur Verwendung kommen.

Geruch.

Geruch. Die reinen Glyzeride sind nicht nur farblos, sondern auch ohne Geruch. Der spezifische Geruch, den jedes Öl aufweist, ist auf gewisse Beimengungen zurückzuführen, die für jedes der natürlichen Öle charakteristisch sind. Bei Speiseölen stellt der Geruch einen wichtigen Faktor bei der Beurteilung der Qualität dar. Die feinsten Speiseöle zeigen einen sehr angenehmen Geruch, der nicht nur durch vorhandene flüchtige Glyzeride bedingt, sondern möglicherweise zum Teil auch durch die Tätigkeit von **Mikroorganismen** hervorgerufen wird, ähnlich wie bei der Naturbutter. (Vergleiche S. 101 und 102.)

Die Öle haben die Eigenschaft, Gerüche sehr leicht aufzunehmen und in zähester Weise festzuhalten; darauf beruht das **Enfleuragesystem** in der

[1]) Näheres über fettlösliche Farben siehe S. 162 und im Kapitel „Kerzenfabrikation“.

Parfümerieindustrie (siehe Band 1, S. 82). Man muß daher bei der Bereitung und Lagerung der Speiseöle alle irgendwie übeln Gerüche fernzuhalten suchen, weil sonst nur allzu leicht eine Qualitätsverminderung der Produkte eintritt.

Aus nicht gesunden Ölsaaten oder Ölfrüchten bereitete Öle riechen faulig oder dumpfig; Öle, bei deren Bereitung man zu hohe Temperaturen angewendet hat, zeigen einen brenzligen Geruch, und solche, die längere Zeit mit Wasser in Berührung gewesen sind, nehmen einen Fäulnisgeruch an.

Geschmack. Reine Triglyzeride sind bekanntlich geschmacklos: alle aus dem Pflanzen- und Tierreich stammenden Öle besitzen aber einen mehr oder weniger ausgesprochenen Geschmack, dessen Güte den Wert der Öle bedingt. Speiseöle müssen vor allem anderen „rein" schmecken, d. h. sie dürfen keinen fremden Beigeschmack haben, sondern nur den charakteristischen Geschmack der Ölfrucht oder Ölsaat aufweisen, der sie entstammen. Als störend sind der Erdgeschmack, den viele aus Ölsamen gepreßte Öle zeigen, der Röstgeschmack, der durch schlechtes Wärmen der Ölsaat bei deren Verarbeitung hervorgerufen wird, und der faulige Geschmack, der durch die Verwendung von schlechtem Rohmaterial oder durch in das Öl geratenes Wasser entsteht, zu nennen. Geschmack.

Speiseöle dürfen ferner nicht kratzend oder ranzig schmecken. Ranzige Öle. Kratzend schmecken Öle dann, wenn sie zu große Mengen freier Fettsäuren enthalten, oder wenn sie durch Laugen und Säuren schlecht raffiniert wurden, so daß Spuren dieser Chemikalien in dem Öle zurückgeblieben sind. Der nicht näher definierbare, allgemein bekannte Geschmack ranziger Öle wird von den meisten am widerlichsten empfunden. Das Ranzigsein, über dessen Wesen in Band 1 auf S. 122—124 das Nötige gesagt wurde, schließt bei vorgeschrittenem Grade die Verwendung der betreffenden Öle für Speisezwecke ziemlich aus.

Leider fehlt es bislang an einer analytischen Methode zum Nachweisen der Ranzigkeit bzw. zur Bestimmung ihres Grades. Die einzige zuverlässige Prüfungsmethode für Öle auf Ranzigkeit ist und bleibt die Zunge; auch weniger empfindliche Geschmackswerkzeuge unterscheiden zwischen unverdorbenen und ranzigen Speiseölen[1]).

Daß das Ranzigsein der Öle mit ihrem Gehalt an freien Fettsäuren nicht in jenem kausalen Zusammenhang steht, wie man früher vielfach annehmen zu müssen glaubte, wurde in Band 1 auf S. 125 und 126 ausführlich klargelegt. Ein Öl auf Grund einer höheren Säurezahl einfach als ranzig zu bezeichnen, ist daher verfehlt, wiewohl der Gehalt an freien Fettsäuren in gewissem Sinne als Wertmesser für Speiseöle verwendet werden kann. Speiseöle mit über 6 % freier Fettsäuren können kaum mehr als gut gelten[2]), wie andererseits vollkommen neutrale Öle fade schmecken. Das gewisse Aroma und der Wohlgeschmack, die man von

[1]) Über „Verdorbensein" siehe auch S. 19 und S. 178—186 dieses Bandes.

[2]) Vergleiche darüber auch S. 19 dieses Bandes.

guten Speiseölen verlangt, hängen offenbar mit einem mäßigen Gehalt (1—2 %) an freien Fettsäuren zusammen.

Einfluß der Temperatur auf den Geschmack.

Wichtig ist für die Beurteilung des Geschmackes von Speiseölen ihre Temperatur. Warme Öle schmecken meistens unangenehm; nur bei entsprechend kühlen Ölen kann man sich ein richtiges Urteil bilden. Im übrigen läßt der beim Menschen ohnehin sehr verschiedenartig entwickelte Geschmackssinn bei der Beurteilung von Ölen die meisten im Stich, und man hört sehr häufig ein und dasselbe Öl ganz verschieden einschätzen.

Brausende Öle.

Dieterich[1]) hat gefunden, daß der Geschmack von Ölen wesentlich herabgemindert wird, wenn man sie mit Kohlensäure sättigt, und er hat auf dieser Erkenntnis ein Verfahren aufgebaut, um den bekanntlich vielen Personen recht widerlichen Lebertran leichter bekömmlich zu machen. Er sättigte zu diesem Zwecke Dorschleberöl unter Druck mit Kohlensäure, die unter Aufbrausen entweicht, sobald das Öl unter gewöhnlichen Luftdruck gebracht wird.

Die mit Kohlensäure gesättigten Öle (Dorschleberöl und andere) suchte man unter dem Namen „Brauseöle" (Huiles effervescentes, Effervescent oils) in der Pharmazie einzuführen. Man hat bis heute von ihnen aber sehr wenig gehört und sie scheinen sich nicht bewährt zu haben, was wohl zum Teil mit der Schwierigkeit ihres Versandes und ihrer Aufbewahrung zusammenhängen mag.

Metallgeschmack.

Da Speiseöle nicht selten in metallenen Behältern aufbewahrt und verschickt werden, wie auch in Öl konservierte Nahrungsmittel (Oliven, Sardinen u. a.) meist in metallenen Umhüllungen zum Versand kommen, so ist die Frage, ob das Öl auf das Metall korrodierend wirke und dadurch einen Metallgeschmack annehme, von einer gewissen Wichtigkeit.

E. Bertarelli[2]) hat anläßlich eines Spezialfalles diese Frage näher untersucht und gefunden, daß Oliven- und Sesamöl unter besonderen Umständen (wie z. B. bei lang andauernder Berührung mit bleihaltigen Verzinnungen und Glasuren, andauerndem Erhitzen in solchen Behältern usw.) Blei- und Kupferspuren aufnehmen. Einen hygienisch bedenklichen Grad nehmen diese Bleigehalte der Öle aber höchstens bei sehr stark bleihaltigen Verzinnungen auf; bei dem gewöhnlichen Material, aus dem die verzinnten Konservenbüchsen bestehen, wurden stets negative Resultate erhalten. Dagegen bewirken die konservierten Stoffe mitunter eine Veränderung des Öles. (Siehe S. 12.)

Kupfergehalt.

Napoleone Passerini[3]) hat untersucht, ob vielleicht Olivenöle, die aus Oliven stammen, deren Bäume zwecks Abhaltung oder Vernichtung von Schädlingen mit Kupferkalkbrei behandelt wurden, einen beachtenswerten Kupfergehalt haben. Letzterer betrug bei diesen Ölen aber durchweg unter

---

[1]) D.R.P. Nr. 109446 v. 26. Juli 1899; engl. Patent Nr. 11410 v. 16. Febr. 1902.

[2]) Archiv Hyg. 1903, S. 115, durch Chem. Ztg.

[3]) Le Stazioni sperimentali agrarie italiane 1905, S. 1033.

0,5 mg pro Kilogramm und war kaum größer als bei solchen, die aus nicht mit Kupferkalkbrei behandelten Oliven gewonnen wurden. Der Kupfergehalt, der gewissen Olivenölen eigen ist, ist jedenfalls so gering, daß ihm keinerlei schädliche Folgen für den menschlichen Organismus zugeschrieben werden können.

Kältebeständigkeit. Das Flüssigsein der Speiseöle bei gewöhnlicher Temperatur ist ihr Charakteristikum. Je nach Art der Gewinnung und der Natur der Öle enthalten sie aber geringere oder größere Mengen fester Triglyzeride, die sich beim Lagern entweder am Boden abscheiden oder in Form von Flocken das Öl durchsetzen. Kältebeständigkeit.

Von Speiseölen verlangt man in der Regel eine besonders ausgeprägte Kältebeständigkeit, d. h. sie sollen auch bei Temperaturen, die weit unter 15° C liegen, keine festen Ausscheidungen, in welcher Form immer, zeigen. Öle, die diesen Bedingungen nicht entsprechen, werden im Handel minder gut bezahlt als andere. Besonders bei Salatölen ist ein Kältebeständigsein wichtig; Öle, die zu früh erstarren, zeigen beim Gebrauch das unangenehme Gefühl des „Am-Gaumen-Klebens“, sie „schmieren“ im Munde, wie man sagt. Man sucht daher bisweilen weniger kältebeständige Öle durch Entziehen eines Teiles ihrer festen Glyzeride auf künstlichem Wege kältebeständiger zu machen. (Siehe Band 2, S. 207 und 409.)

Verdaulichkeit. Über die Verdaulichkeit der Speiseöle liegen bisher nur wenige exakte Versuchsresultate vor. Kreis und Wolf[1]) sowie H. Lührig[2]) haben zwar gezeigt, daß Oliven-, Baumwollsamen- und Sesamöl die gleiche Verseifungsgeschwindigkeit haben wie Kuhbutterfett, Schweineschmalz, Rindsfett und Margarine; da sich aber die zu den Versuchen verwendete alkoholische Lauge nicht gut mit den fettverdauenden Flüssigkeiten des Magens und Darmes vergleichen läßt, haben diese Versuche keinen vollen Wert[3]). Verdaulichkeit.

Nach R. Stüve[4]) sollen Pflanzenöle fast vollkommen verdaulich sein; besonders das Sesamöl bezeichnet er als eines der bekömmlichsten und leichtest verdaulichen Fette, das bei Tagesgaben von 30—70 g ohne nennenswerten Verlust verdaut wird.

Vielfach begegnet man der Annahme, daß die flüssigen Glyzeride vom Verdauungstrakt leichter aufgenommen werden als die festen Glyzeride, weshalb man Speiseöle als leichter verdaulich betrachtet als Speisefette. Diese Vermutung beruht wohl auf der Annahme, daß die fettspaltenden Enzyme die Glyzeride der niederen Fettsäuren leichter spalten (?) als die der höheren Reihen.

---

[1]) Zeitschr. f. Unters. d. Nahrungs- u. Genußmittel 1899, Bd. 2, S. 914.

[2]) Chem. Ztg. 1900, S. 646.

[3]) Vergleiche S. 197—199.

[4]) Klinische und experimentelle Versuche über einige neue Nahrungsmittelpräparate, Berl. klin. Wochenschr. 1896, S. 11.

Herstellung von Speiseölen.

Über die Gewinnung dieser Ölsorten wurde in Band 1 im allgemeinen, in verschiedenen Abschnitten des Bandes 2 im besonderen ausführlich gesprochen; es genügt daher, hier nur jener Veredlungsmethoden zu gedenken, die bei der Bereitung von Speiseölen in Frage kommen.

Raffinieren. Raffinationsverfahren, wie sie bei Kottonöl (siehe Band 2, S. 202), bei Rüböl (Band 2, S. 352) usw. allgemein verwendet werden, gebraucht man bei den übrigen Speiseölen, die hier in Betracht kommen, nur selten. Zwar hat man in letzter Zeit auch versucht, mindere Speiseölsorten durch besondere Reinigungsmethoden im Geschmack zu verbessern, doch sind diese Verfahren heute in der Praxis noch wenig durchgedrungen.

Die Methoden, die eine größere Haltbarkeit neben einer Geschmacksverbesserung bezwecken, sind in Band 1, S. 690—695, besprochen worden; auch sie werden nur ganz vereinzelt angewendet.

Bleichen. Allgemein geübt wird dagegen das Bleichen von Speiseölen. Dabei ist ganz besonders darauf zu achten, daß Geruch und Geschmack der Öle nicht nachteilig beeinflußt werden. Höhere Temperaturen, geschmack- und geruchabgebende Bleichmittel sind daher von der Verwendung auszuschließen; die chemischen Bleichmethoden werden für Speiseöle fast nie verwendet, sondern man behilft sich mit der Licht- und der Absorptionsbleiche (siehe Band 1, S. 656—668).

Färben. Nicht selten werden Öle auch durch die kolorimetrische Methode gebleicht (siehe Band 1, S. 655); auch versucht man häufig, ihnen durch Zugabe von Farbstoffen eine intensivere Färbung oder eine bestimmte Farbnuance zu erteilen[1]).

Kältebeständigmachen. Die unter dem Namen Demargarinierung oder Entstearinierung bekannte Prozedur (Näheres darüber siehe Band 1, S. 87 und 698) wird z. B. in großem Maßstabe bei den Olivenölen der nordafrikanischen Küste und beim Kottonöl angewendet. (Vergleiche die betreffenden Angaben im Abschnitt „Kottonöl“ in Band 2, S. 207, und im Abschnitt „Olivenöl“ desselben Bandes, S. 409.)

Ein großer Teil der in den Handel kommenden Speiseöle stellt nicht das Öl einer einzelnen Samenart dar, ist also nicht z. B. reines Sesam-, Erdnuß- und Olivenöl usw., sondern besteht aus einem Gemenge von verschiedenen Ölen. Man nennt dieses Vermengen verschiedener Ölsorten

Verschneiden. „Verschneiden“; dieses wohlbegründete Vorgehen ist tief eingebürgert und man darf es durchaus nicht schlechthin als ein Verfälschen auffassen, sofern der Käufer nicht durch eine unrichtige Bezeichnung des Verschnittöles über die Beschaffenheit der Ware irregeführt wird.

Das Verschneiden der Öle bezweckt:

---

[1]) Vergleiche S. 18 und S. 162 sowie das Kapitel „Kerzenfabrikation“, wo über fettlösliche Farbstoffe Näheres mitgeteilt wird.

a) einem herben Öle durch Beigabe von milderen Sorten einen besseren Geschmack zu erteilen;
b) ein zum Ranzigwerden neigendes Öl durch Beigabe einer beständigeren Ölsorte widerstandsfähiger zu machen;
c) durch Verschneiden teurerer und billigerer Sorten eine gute Mittelgattung für den Konsum Minderbemittelter herzustellen und
d) verschieden schmeckende Ölpartien auf einen möglichst einheitlichen Geschmack abzustimmen.

Falsche Beurteilung des Verschneidens.

Das Verschneiden der Öle wird von den Laien — leider auch mitunter von Leuten, bei denen man ein richtigeres Verständnis dafür voraussetzen könnte — ganz falsch beurteilt. In den breiten Bevölkerungsschichten ist nämlich der irrige Glaube festgewurzelt, daß Olivenöl das allein gute Speiseöl darstelle und alle Zugaben seine Qualität nur verschlechtern könnten. Die nördlich des Mittelmeeres wohnenden Völker vertragen nun aber nur die allerfeinsten Sorten von Olivenöl; alle minder guten, wenn auch immerhin noch ersten Marken bezeichnen sie als herb im Geschmack und lehnen sie womöglich als verdorben ab. Dieser Herbheit kann aber nur abgeholfen werden, wenn man dem Olivenöl milder schmeckende Samenöle (Erdnuß- und Sesamöl usw.) zumischt, wodurch ihm der allzu charakteristische Olivenölgeschmack benommen und dafür ein milder, unserem Gaumen mehr zusagender Geschmack erteilt wird. Mitunter sind sogar die dem Olivenöle zugesetzten Samenöle teurer und im Geschmacke besser als das Olivenöl, wie das z. B. in der Campagne 1907/8 in ausgesprochener Weise der Fall war. Wenn daher Neufeld[1]) den Satz aufstellt:

> „Was die wirtschaftliche Bedeutung des Zusatzes der genannten Öle (damit sind Erdnuß- und Sesamöle gemeint) zum Olivenöl anbelangt, so bedarf es wohl keiner weiteren Erörterung, daß bei der Preisdifferenz zwischen letzterem und jenen auch in bezug auf den Gebrauchswert (Geschmack) von anderen, minderwertigen Ersatzmitteln in der Beimischung eine Verschlechterung und somit eine Verfälschung des Olivenöles im Sinne des Nahrungsmittelgesetzes zu erblicken ist“,

so muß diese Behauptung als unhaltbar bezeichnet werden, wobei wir selbstverständlich ganz und gar der Ansicht sind, daß unter dem Titel „Olivenöl“ nur reine, unverschnittene Produkte auf den Markt gebracht werden dürfen.

Daß gegen das letztere Prinzip bedauerlicherweise sehr häufig verstoßen wird und unter dem Namen „Olivenöl“ große Mengen verschnittener Öle auf den Markt geworfen werden, steht leider außer Zweifel.

Das Verschneiden der Öle, das nicht nur mit Ölen verschiedener Samenprovenienz, sondern auch mit verschiedenen Qualitäten der gleichen Ölgattung (z. B. mit Sesamölen aus Levante- und indischer Saat) durch-

---

[1]) Neufeld, Der Nahrungsmittelchemiker als Sachverständiger, Berlin 1907, S. 144.

geführt wird, erfordert große Übung und Sachkenntnis. Durch einen richtigen Verschnitt lassen sich, genau so wie im Weinhandel, sehr leicht die Fehler der Komponenten beheben und so aus an und für sich weniger guten Ölen Mischungen herstellen, die den Ansprüchen des konsumierenden Publikums vollauf gerecht werden.

Jedenfalls bedingt das Verschneiden der Öle, wie schon betont wurde, eine entsprechende, jede Irreführung des Käufers vermeidende Benennung, und es bestehen in dieser Richtung in den einzelnen Ländern verschiedene Vorschriften (siehe S. 13—15 dieses Bandes).

Arten der Speiseöle.

Die Speiseöle kann man, je nach ihrer Verwendung, unterscheiden in:

Salat- oder Tafelöle,
Koch- und Bratöle,
Backöle,
Öle für die Konservenindustrie und
Öle zum Appretieren von Nahrungsmitteln.

Man stellt an jede dieser Gruppen besondere Anforderungen:

Salatöle. Unter **Salatöl** (Tafelöl, Huile de table, Huile de salade, Salad oil, Olio di tavola) faßt man jene Speiseöle zusammen, die zum Anrichten der verschiedenen Salate und anderer kalter Speisen verwendet werden. Sie werden vielfach auch für sich mit den Speisen serviert, und ihre Benützung wird dem Belieben des einzelnen anheimgestellt. Ihre Servierung in Glasflaschen bringt es mit sich, daß man von ihnen neben gutem Geruch und Geschmack eine besonders hübsche, appetitliche Färbung und vollkommene Klarheit[1])

[1]) Das in Speiseölfabriken gefürchtete Trübwerden ursprünglich klarer Öle beim Lagern oder während des Versandes hat verschiedene Ursachen und wird durch ein Ausfallen vorher gelöster Stoffe (fester Triglyzeride, Eiweiß- und Schleimstoffe, Wasser) bedingt. Bekanntlich vermögen die Öle feste Triglyzeride, Eiweiß- und Schleimstoffe wie auch Wasser (in allerdings beschränktem Maße) zu lösen, und zwar wächst dieses Lösungsvermögen mit der Temperatur. Beim Sinken der Temperatur fallen daher diese Stoffe nicht selten aus und bewirken, sich in dem Öle lange Zeit schwebend erhaltend, eine Trübung. Ähnliche Ausscheidungen zeigen sich bei längerem Lagern der Öle aber auch ohne Temperaturerniedrigung, indem die gelösten Schleim- und Eiweißstoffe ausfallen, die wahrscheinlich durch besondere, noch nicht näher erforschte Veränderungen ölunlöslich werden. Diese einmal ausgeschiedenen Schleim- und Eiweißstoffe, deren Menge meist verschwindend klein ist, geben bei ihrer voluminösen, wolkenartigen Form dem Öle ein trübes Aussehen, wodurch größere Mengen dieser Fremdstoffe vorgetäuscht werden, als wirklich vorhanden sind.

Man hat versucht, durch Abkühlen der Öle (also Ausfällen der gelösten, spätere Trübungen erzeugenden Stoffe) vor der Filtration dem Übelstande des Trübwerdens vorzubeugen (siehe Bd. 1, S. 614, Patent Niegemann), und man erzielt dabei, falls Tristearin oder Wasser die Ursache des beklagten Fehlers war, vollkommen befriedigende Resultate und mildert den Übelstand auch dann, wenn es sich um ausfallende Eiweißstoffe handelt, obwohl man ihn hier nicht gänzlich beheben kann. Gewisse Öle zeigen auch nach der Kühlung und Filtration eine

(Spiegel) verlangt. Als Salat- und Tafelöle sind nur die besten Speiseöle brauchbar, und es kommen hier hauptsächlich in Betracht: Oliven-, Erdnuß-, Sesam-, Mohn- und Sonnenblumenkernöl. Die in Ungarn und Steiermark verwendeten Kürbiskern- und Leindotteröle sagen nur den Bewohnern dieser Länder zu; die Farbe spielt bei diesen letzteren Ölen nur eine untergeordnete Rolle. Leinöl wird als Speiseöl nur in den österreichischen Alpenländern sowie in gewissen Gegenden der Mark (besonders in der Gegend von Luckau, Lübben usw.). verwendet.

Wichtig ist für alle Tafelöle auch die Kältebeständigkeit. Öle, die im Winter bei Zimmertemperatur Ausscheidungen von festen Triglyzeriden zeigen, nehmen sich beim Servieren in Glasflaschen unvorteilhaft aus und haben außerdem die unwillkommene Eigenschaft, beim Genusse etwas am Gaumen zu kleben (zu „schmieren").

Die richtige Viskosität ist bei Salat- oder Tafelölen überhaupt sehr wichtig; sind sie allzu dünnflüssig, so erhalten sie leicht den Vorwurf, sie seien „wässerig" oder „zu wenig fett", sind sie dagegen zu viskos, so erzeugen sie im Munde jenes unangenehme Gefühl, das das Rizinusöl beim Einnehmen so widerwärtig macht.

Koch- und Bratöle.

Koch- und Bratöle (Oli di cucina) werden nur in den Ländern der Mittelmeerzone und in heißen Klimaten angewendet. Die Bewohner der Mittelmeerküste benutzen zum Braten und Kochen ausschließlich Olivenöl und kennen den Gebrauch von Butter zu diesen Zwecken fast gar nicht. Öle, die zum Kochen und Braten dienen, brauchen sich weniger hübsch zu präsentieren, müssen aber im Geschmack einer strengen Prüfung standzuhalten vermögen. Auch dürfen solche Öle in der Pfanne nicht allzu stark schäumen, welchen Nachteil z. B. gewisse Samenöle zeigen, die für sich oder im Verschnitt mit Olivenöl angewendet, oft derart schäumen, daß sich ihr Gebrauch zu diesen Zwecken dadurch direkt verbietet.

Backöle. Die Verwendung von Öl an Stelle der Butter zur Herstellung von Backwaren ist ziemlich beschränkt. In neuerer Zeit wird für diesen Zweck unter dem Namen „Grana" in Österreich ein Speiseöl oder, wie es von dem Erzeuger E. Granichstädten genannt wird, ein „flüssiges Speisefett" als Butterersatz ausgeboten und mit Erfolg verwendet[1]).

Als Backöle sind wohl auch die zum Bestreichen der Backwaren benutzten Öle zu betrachten, deren sich die Bäckereien und Konditoreien seit

---

Neigung zum Trübwerden, die offenbar mit der Beschaffenheit der verarbeiteten Saat (Reifezustand) zusammenhängt. Ob die sich aus den Ölen abscheidenden Eiweiß- und Schleimstoffe in ihrer Zusammensetzung mit den aus Leinöl ausfallenden (vergleiche Band 2 S. 27) identisch sind, wurde noch nicht untersucht, wie man überhaupt über die Ursache und die Vorgänge dieses Trübwerdens heute noch ganz im unklaren ist. (Vergleiche auch die in Bd. 1, S. 613 erwähnten Beobachtungen von Benz und Scheiks sowie den Artikel „Trübwerden der Öle" in der Seifensiederztg., Augsburg 1908, Nr. 20 u. 21.)

[1]) Vergleiche Bd. 2, S. 353.

einigen Jahren statt der teuern Butter bedienen, um damit die Seitenflächen der Backbleche und der in den Backofen kommenden Brote zu bestreichen, damit sie nicht anbacken. Hierher gehören die mitunter unter dem Namen „Butteröl" ausgebotenen Produkte, die meist Kotton- oder Rüböl sind.

Vor ungefähr zwölf Jahren wurde unter dem Namen „Brotöl" ein Produkt ausgeboten, das sich bei der näheren Untersuchung als gereinigtes Mineralöl erwies. Der billige Preis erwarb dem Öle bei einigen Bäckern besondere Sympathie und es wurde versucht, dieses Brotöl an Stelle der Butter bei Bereitung von Backwerk in den Teig einzukneten. Dieses gewissenlose Vorgehen hatte die Erkrankung mehrerer Personen zur Folge und nach diesen Vorfällen wurde von behördlicher Seite gegen die Anwendung des Produktes Front gemacht[1]).

Öle für die Konservenindustrie.

Öle für die Konservenindustrie. In der Konservenindustrie (Oliven in Öl, Ölsardinen usw.) werden hauptsächlich Oliven-, Sesam- und Erdnußöl benutzt. Dem Ranzigwerden dieser Öle wird durch Sterilisierung der fertigen, verschlossenen Konserven vorgebeugt.

Das zur Herstellung von Konserven benutzte Öl erleidet in den Konservenbüchsen häufig eine Veränderung; so wurde z. B. von P. Carles[2]) ein absolut reines Olivenöl, das aus einer längere Zeit gelagerten Ölsardinenbüchse gezogen worden war, derart verändert vorgefunden, daß man den Eindruck einer Verfälschung mit Fischöl bekam. Das zur Konservierung der Sardinen verwendete Olivenöl war aber nachgewiesenermaßen absolut rein, doch war das Fett des Fischkörpers zum Teil in das umgebende Olivenöl übergegangen. Ganz gleiche Veränderungen des Olivenöles beobachtete auch O. Klein[3]) bei Sardinenkonserven sowie Henseval und Deny[4]) bei Sprottenkonserven.

Appretieröle.

Öle zum Appretieren von Nahrungsmitteln. Die bei der Herstellung verschiedener Nahrungsmittel verwendeten Appretieröle haben meist nur den Zweck, den Endprodukten eine glänzende Oberfläche zu verleihen. So werden in den Reisschälereien wie auch in den Kaffeeleseanstalten Öle, und zwar gewöhnlich minder gute Sorten, verwendet, um die Oberfläche des Reises und der Kaffeebohnen glänzend zu machen. Auch hier hat sich leider die Verwendung von Mineralölen eingebürgert[5]), die durch vorzügliche Raffination fast wasserhell und beinahe geruch- und geschmacklos gemacht, unter verschiedenen, ihre wahre Provenienz verdeckenden Phantasienamen auf den Markt gebracht werden. Diese Öle erinnern im Aussehen und in ihrer sonstigen Beschaffenheit an das Paraffinum liquidum der

---

[1]) L. Hanemann, Über Brotöl, Chem. Ztg. 1896, S. 1023.

[2]) Über das Olivenöl in Konserven, Journ. de Pharm. et de Chim. 1898, S. 139, und Pharm. Zentralhalle 1898, S. 155.

[3]) Zeitschr. f. angew. Chemie 1900, S. 59.

[4]) Chem. Revue 1904, S. 44.

[5]) Hefter, Verwendung von Mineralöl in der Nahrungsmittelindustrie, Seifensiederztg. 1906, S. 1077.

Pharmazeuten, doch sind sie nicht so viskos wie dieses. Der Genuß dieser Öle kann leicht schwere Darm- und Magenerkrankungen nach sich ziehen, wenn die genossene Menge irgendwie nennenswert ist. Bei ihrer Verwendung für Appretierzwecke ist allerdings das jeweils genossene Quantum sehr klein, doch wäre trotzdem der Gebrauch dieser auf die Gesundheit nachteilig wirkenden Öle in allen Fabriken der Nahrungsmittelbranche strengstens zu verbieten.

Gegen ein solches allgemeines Verbot wurde indes von interessierter Seite Stellung genommen und geltend gemacht, daß gegen die Verwendung solcher gutgereinigter Mineralöle nichts eingewendet werden könnte, wenn sie in der Nahrungsmittelindustrie lediglich zu Appretierzwecken, also in ganz geringer Menge verwendet werden und ihr Hauptzweck ein anderer als der der eigentlichen Ernährung ist. In diesen geringen Mengen sollen sie dem menschlichen Organismus nicht schaden; nur in größeren Dosen genossen wären sie toxisch, weil sie dann als Fettlösungsmittel wirken[1]). Ich kann mich dieser Meinung aber nicht anschließen und bin für das vollständige Verbot der Anwendung von Mineralölen in der Nahrungsmittelbranche.

Gesetze über den Handel mit Speiseölen.

Spezialgesetze, die den Verkehr mit Speiseölen, ähnlich wie das Margaringesetz den Verkehr mit Speisefetten, regeln, kennt man nur in ganz wenigen Staaten.

Deutschland.

In Deutschland unterliegt der Handel mit Speiseölen den Bestimmungen des Nahrungsmittelgesetzes vom 26. Januar 1896; dadurch wird vor allem bestimmt, daß Produkte nur unter Bezeichnungen in den Handel kommen dürfen, die ihrer Herkunft und Natur nach gerechtfertigt sind.

Es ist also unstatthaft, unter den Namen Olivenöl, Erdnußöl, Sesamöl usw. oder auch unter Bezeichnungen, die diese Worte mit einem Zusatze enthalten, wie z. B. Nizzaolivenöl, Oliventafelöl, Speisesesamöl usw., Verschnittöle in den Handel zu bringen.

Nicht so ganz klar ist man sich über die Zulässigkeit von Handelsbezeichnungen wie Provenceröl, Nizzaöl usw., also Benennungen, die zwar nicht ausdrücklich auf eine besondere Ölgattung hinweisen, aber doch eine Provenienzbezeichnung enthalten, womit man den Begriff einer ganz bestimmten Ölgattung zu verbinden gewohnt ist. Die Rechtsprechung ist in strittigen Fällen bisher nicht immer von dem gleichen Gesichtspunkt ausgegangen. So sprach man in einem Streitfalle, wobei es sich um ein unter dem Namen „Prima Provenceröl" verkauftes Gemisch von Olivenöl (40 %) mit Sesamöl (60 %) handelte, auf Grund der Aussage der kaufmännischen Sachverständigen den Angeklagten frei, weil jene dessen Behauptung als richtig erkannten, derzufolge dem Olivenöle auch in der

---

[1]) Seifensiederztg. 1909, S. 56.

Provence meist ganz erhebliche Mengen von Sesam- oder Erdnußöl zugesetzt würden[1]).

Die Staatsanwaltschaft in Hamburg lehnt daher seit Ende des Jahres 1896 in allen Fällen, wo Gemische von Olivenöl mit Sesam- oder Erdnußöl usw. als Provenceröl verkauft worden waren, die weitere Verfolgung ab, in der Annahme, daß sich die Konsumenten darüber klar seien, daß „unter Provenceröl im Handel und Verkehr reines Olivenöl nicht verstanden würde". Der Verkäufer dürfe das dem nordischen Geschmack angepaßte Gemisch verschiedener Öle als Provenceröl ruhig abgeben, wenn der Käufer nicht ausdrücklich reines Olivenöl verlangt hat.

Dagegen ist einige Jahre später ein unter dem Namen „Nizza-Tafelöl, feinste Marke" gehandeltes Speiseöl, das ein Gemenge von Erdnuß- und Sesamöl war, von dem Dresdener Gerichte als nachgeahmt beanstandet worden. Eine Umfrage bei verschiedenen Sachverständigen aus dem Handelsstande hatte in diesem Falle ergeben, daß man mit dem Begriffe „Nizza-Tafelöl" den eines reinen, unvermischten Olivenöles verbinde, und zwar eines Olivenöles bester Qualität[2]). Die fragliche Mischung wurde daher im Sinne des § 10 des Gesetzes vom 14. Mai 1879, betreffend den Verkehr mit Nahrungsmitteln usw., beanstandet.

Jedenfalls sollte im Ölhandel die Bezeichnung „Tafel-" oder „Speiseöl" für alle zu Genußzwecken geeigneten Ölsorten statthaft sein und jedes genußfähige Oliven-, Erdnuß-, Kotton-, Sesam- oder andere Öl für sich oder in verschnittenem Zustande so bezeichnet werden dürfen, wobei es dem Verkäufer überlassen ist, der Bezeichnung „Speise-" oder „Tafelöl" irgendeinen Phantasienamen oder eine andere nähere Bezeichnung beizufügen, sofern sie nicht auf Irreführung des Käufers berechnet oder mit dem Namen gewohnheitsgemäß eine bestimmte Ölgattung in Verbindung gebracht wird.

Eine auf gleichem Prinzip aufgebaute, den Behörden zur Annahme empfohlene Definition der Begriffe Speiseöl und Tafelöl wurde im Jahre 1899 von der Wiener „Zeitschrift für Nahrungsmitteluntersuchung, Hygiene und Warenkunde" ausgearbeitet, die lautet:

1. Das Wort „Speiseöl" ist identisch mit dem Worte „Tafelöl" und im allgemeinen als sachlicher Begriff für alle Ölsorten aufzufassen, die ihrer organischen oder chemischen Beschaffenheit nach keine gesundheitsschädlichen Beigaben enthalten, möglichst frei von Geruch und Fruchtgeschmack sind und sich unbedingt gut zu Speise-, Koch- und sonstigen Zwecken eignen.

2. Die Speise- oder Tafelöle zerfallen in zwei Kategorien, und zwar:

a) in ungemengte,
b) in gemengte Sorten.

Die ungemengten Sorten sind, streng objektiv genommen, die einzelnen, unter bestimmten Gattungsnamen (wie Oliven-, Erdnuß-, Sesamöl usw.) im Handel

[1]) Seifenfabrikant 1895, S. 766.

[2]) Beythien, Bericht über die Tätigkeit der chemischen Untersuchungsanstalt der Stadt Dresden 1903, S. 10.

und Konsum üblichen Öle ohne oder mit einer speziellen Orts- oder Ursprungsbezeichnung und müssen der bezeichneten Gattung, nicht aber der beigegebenen Orts- oder Ursprungsbenennung nach, von chemisch reiner Beschaffenheit sein.

Die gemengten Sorten dagegen sind die Gemische, die aus den verschiedenen obigen Ölsorten hergestellt werden und wovon jede Sorte für sich allein ein gutes Speiseöl ist. Durch die Mischung will man den verschiedenartigen Anforderungen hinsichtlich Geschmack und Marktpreis entsprechen. Die verschiedenen Qualitätsgrade und Abstufungen sind mit oder ohne nähere Orts- oder Ursprungsbenennung, unter dem Sammel- oder Beinamen „Speiseöl" oder „Tafelöl" in den Handel zu bringen.

3. Tafelöl ist daher in gleicher Weise wie das Wort Speiseöl keine Bezeichnung für eine einzige Ölgattung (Olivenöl usw.), sondern nur der Ausdruck und der im Handel und Konsum übliche Beiname für Gemenge und Typen feiner Ölsorten, analog den ähnlich lautenden Bezeichnungen: Tafelobst, Tafeltrauben, Tafelwein usw., worunter ebenfalls nicht eine einzelne Obst-, Trauben- oder Weingattung verstanden werden kann.

Es kann daher logischerweise kaum widersprochen werden, wenn man behauptet, daß die Namen Öl oder Tafelöl in Verbindung mit einer Orts- oder Ursprungsbezeichnung (wie Aixer Öl oder Aixer Tafelöl, Provenceröl oder französisches Tafelöl) sowie alle auf das Grundwort Öl oder Tafelöl auslautenden Ölbenennungen unter keinen Umständen etwas anderes zu bezeichnen brauchen als Gemenge von Ölen.

Hieraus folgt, daß ein mit oder ohne Orts- oder Ursprungsbezeichnung benanntes Öl nur dann ein reines, gutes, speisefähiges Oliven-, Sesamöl usw. zu enthalten hat, wenn dafür die mit diesem Gattungsnamen endigenden Ausdrücke (Aixer Olivenöl, Marseiller Sesamöl, Kongo-Erdnußöl usw.) zur Anwendung kommen.

Gegen die im vorstehenden ausgesprochene Absicht, die Namen: Provenceröl, Aixeröl und Nizzaöl für andere als Olivenöle freizugeben, sind von mehreren Nahrungsmittelchemikern Bedenken erhoben worden, weil sie der Ansicht waren, daß die große Mehrheit mit diesen Bezeichnungen doch nur den Begriff eines in der Provence, in Aix oder in Nizza gepreßten Olivenöles verbände und daß solche Benennungen daher geeignet wären, eine Täuschung über den Wert und die Herkunft der Ware zu erwecken. Diesen Bedenken hat in allerletzter Zeit die nachstehende Verordnung der österreichischen Regierung stattgegeben:

„Auf Grund des § 7 des Gesetzes vom 16. Januar 1896, betreffend den Verkehr mit Lebensmitteln, wird infolge Verlautbarung vom 30. Januar 1908 verordnet, daß nur reines, unvermischtes Olivenöl unter den Bezeichnungen Olivenöl, Aixeröl, Provenceröl gewerbsmäßig verkauft und feilgeboten werden darf. Der gewerbsmäßige Verkauf und das Feilhalten von anderen Ölen oder Mischungen des Olivenöles mit anderen Ölen unter den angeführten Bezeichnungen wird verboten." **Österreich.**

Einen Nutzen hat diese Verordnung nur für den Großhandel; keineswegs wird aber dadurch den breiten Bevölkerungsschichten für Küche und Haus unverfälschtes Olivenöl als eine vorteilhafte Errungenschaft gesichert. Der Konsument, der nicht allerfeinste, teure Marken von Olivenöl bezahlen kann, wird sich direkt sträuben, unter dem gewohnten, gut eingebürgerten Namen Aixer oder Provenceröl an Stelle des üblichen milden Verschnittöles ein herb schmeckendes, ihm nicht zusagendes, dafür aber „reines, unverfälschtes" Olivenöl zu erhalten, und der Detaillist wird seine liebe Not haben, das Publikum aufzuklären, daß die alte Ware nicht mehr unter der alten Bezeichnung verkauft werden dürfe.

Frankreich. Die Bezeichnungen Nizza-, Provencer, Aixer usw. Olivenöl dürfen übrigens nicht als wirkliche Provenienzbezeichnungen aufgefaßt werden. Nizza und das ganze Departement der Seealpen vermögen bei dem steten Rückgange, in dem sich die dortige Ölproduktion befindet, nicht jene Ölmengen aufzubringen, die von dem Weltmarkte von den dortigen Großhändlern verlangt werden. Diese helfen sich nun dadurch, daß sie große Ölmengen fremder Provenienz (Tunis, Algier), aber guter Qualität, nach Nizza kommen lassen und mit der Originalware verschneiden. Das Wort „Nizza-Olivenöl" stellt daher durchaus keine eigentliche Herkunftsbezeichnung dar und läßt auch in qualitativer Hinsicht weitestgehende Auslegung zu.

Wie sehr man in Frankreich die Einfuhr fremden Olivenöles begünstigt, beweist der Umstand, daß 200000 dz Olivenöl zollfrei nach Frankreich jährlich eingehen können und daß erst bei Überschreitung dieser Einfuhrmenge für jeden Meterzentner Olivenöl ein Zoll von 10 Franken gezahlt werden muß.

Diese Zollpolitik zeigt deutlich, daß man auch in Regierungskreisen sehr damit einverstanden ist, daß die billigen außerfranzösischen Olivenöle ihren Weg über die französische Riviera nehmen, bevor sie an die einzelnen Handelsplätze gelangen, und daß die französischen Zwischenhändler einen großen Nutzen einheimsen, der aus dem Mehrpreise resultiert, den man für aus Nizza kommendes Öl bereitwilligst zahlt[1]).

Dagegen sehen die Händler von Nizza und Umgebung sehr darauf, daß keine Samenöle mit Olivenöl verschnitten werden, und sie haben daher durchgesetzt, daß das Nahrungsmittelgesetz vom 1. August 1905, das bezüglich des Handels mit Mischölen den gleichen Standpunkt einnimmt wie das österreichische Gesetz, Verschärfungen erfuhr, die durch die Verordnung im Journal officiel vom 14. März 1908 veröffentlicht wurden.

Italien. In Italien geht man nun ebenfalls daran, den Handel mit Olivenöl gesetzlich zu regeln. Die Regierung hat der Deputiertenkammer im Januar 1908 einen Gesetzentwurf vorgelegt, der am 5. April 1908 Gesetz wurde, wonach es verboten ist, unter der Bezeichnung „Olivenöl" Erzeugnisse in den Handel zu bringen, die ganz oder teilweise dieser Bezeichnung nicht entsprechen. Alle nicht aus unverfälschtem (unvermischtem) Olivenöle bestehenden Speiseöle müssen unter anderem auf ihren Umschließungen ausdrücklich als solche angegeben sein. Zwecks Prüfung dieser Angaben können von den zuständigen Behörden Proben zur amtlichen Untersuchung eingefordert werden. Die darüber ausgestellten Untersuchungsatteste sollen gleichzeitig zur Erleichterung des Ausfuhrverkehrs nach den Staaten,

[1]) Vergleiche Slaus-Kantschieder, Ölproduktion an der italienischen und französischen Riviera, Zeitschr. f. d. landw. Versuchswesen in Österreich 1909.

mit denen vertragsmäßige Vereinbarungen über die Anerkennung der von italienischen Untersuchungsanstalten über die Reinheit des Olivenöles ausgestellten Zeugnisse bestehen, nach näherer Bestimmung als gültige Beweismittel für die Beschaffenheit des Öles zugelassen werden.

In der Schweiz regelt eine 1909 erlassene Verordnung den Verkehr mit Speiseölen in recht klarer Weise. Es heißt darin[1]: Schweiz.

Speiseöle, die unter dem Namen einer bestimmten Frucht oder eines bestimmten Samens (z. B. als Olivenöl, Nußöl, Sesamöl) in den Verkehr gebracht werden, müssen ausschließlich aus dieser Frucht oder aus diesem Samen hergestellt sein.

Solche Öle können auch einfach als „Speiseöl" in den Verkehr gebracht werden, dagegen sind Phantasiebezeichnungen unzulässig.

Mischungen verschiedener Speiseöle müssen als „Speiseöl" bezeichnet werden.

Die Gefäße, worin Speiseöle in den Verkehr gebracht werden, müssen die angegebene Bezeichnung ihres Inhalts an leicht sichtbarer Stelle in deutlichen, nicht verwischbaren, mindestens 2 cm hohen schwarzen Buchstaben auf hellem Grunde tragen.

In Ausschreibungen, Rechnungen und Frachtbriefen sind Speiseöle ebenfalls nach ihrem Ursprunge zu bezeichnen. Bei Kollektivsendungen von Speiseölen mit anderen Waren ist auf den Frachtbriefen eine allgemeine Bezeichnung (z. B. Fettwaren, Kolonialwaren) gestattet.

Ranzige oder sonstwie verdorbene Speiseöle dürfen nicht als Nahrungsmittel in den Verkehr gebracht werden.

In Belgien schreibt eine am 1. April 1897 in Kraft getretene Verordnung vor, daß alle Gefäße, worin Speiseöle verkauft, zum Verkauf gestellt, aufbewahrt oder verschickt werden, eine Inschrift tragen müssen, die unmittelbar mit dem Worte „Öl" verbunden, die Abkunft desselben anzeigt (z. B. Olivenöl, Mohnöl, Erdnußöl usw.). Diese Gefäße müssen außerdem den Namen oder die Firma sowie die Adresse oder wenigstens die Marke des Fabrikanten oder Verkäufers tragen. Die Angaben über die Natur des Öles müssen in den Fakturen, Begleitscheinen oder Konnossementen enthalten sein. Belgien.

Ein besonderes Gesetz über den Handel mit Speiseölen hat Bulgarien[2] erlassen; es heißt darin: Bulgarien.

„Die Gefäße müssen mit der Aufschrift „Öl", der Bezeichnung der verwendeten Rohprodukte (Oliven, Nüsse, Sesamsaat u. ä.), der Angabe der exportierenden Firma und ihres Wohnortes sowie mit der Marke des Fabrikanten oder Verkäufers versehen sein. Die Beschaffenheit des Öles muß in den Fakturen usw. angegeben werden; verfälschtes oder verdorbenes Speiseöl darf auf den Markt nicht gebracht werden."

Auch der Einfuhr schlechter Speiseöle sucht Bulgarien durch besondere Untersuchungsvorschriften zu begegnen. Eine solche, vom 26. Februar 1908 datierte Verordnung[3] besagt:

---

[1]) Seifensiederztg., Augsburg 1909, S. 755.

[2]) Deutsches Handelsarchiv 1898, 1. Teil, S. 320.

[3]) Nachrichten für Handel und Industrie, Berlin 22. April 1908.

„1. Von den Kaufleuten ist eine schriftliche Erklärung zu verlangen, daß das Öl in allen Fässern von guter Beschaffenheit sei.

2. Aus einigen Fässern jeder Post werden gesonderte Proben zur Untersuchung entnommen; wenn sich dabei ergibt, daß ein oder mehrere Fässer Öl enthalten, das den Vorschriften nicht entspricht, so wird die Einfuhr der ganzen Post verboten. Wünscht indessen der Einführer, daß die Fässer mit gutem Öle zugelassen werden, so wird diesem Ersuchen entsprochen, nachdem das Öl in allen Fässern untersucht worden ist, wofür der Importeur die vorgeschriebene Gebühr zu entrichten hat. Die Fässer mit vorschriftswidrigem Öle werden alsdann zurückgesandt, die übrigen zur Einfuhr zugelassen.

3. Auf Wunsch des Einbringers kann gestattet werden, daß die Untersuchung vor der Ausfolgung des Konnossements erfolge."

Über die Zulässigkeit der Färbung von Speiseölen sind die Meinungen sehr geteilt. Die strenge Auffassung, die jede künstliche Färbung[1]) (auch eine solche mit vollkommen unschädlichen Pflanzenfarbstoffen) verbietet, ist seltener zu finden als die tolerante Ansicht, die sich darauf beruft, daß Speiseöle vielfach gefärbt werden müssen, um den Spezialwünschen der Konsumenten nach Öl einer bestimmten Farbnuance Rechnung zu tragen, daß damit aber eine Täuschung des Publikums im Sinne des Nahrungsmittelgesetzes nicht beabsichtigt werde. Der österreichische oberste Sanitätsrat hat in seiner Sitzung vom 9. Februar 1906 allerdings entschieden, daß jedes Färben von Speiseölen unzulässig sei, weil es auf eine Täuschung des kaufenden Publikums hinauslaufe[2]).

Da das Färben bei der Natur- und Kunstbutter, zwei den Speiseölen so nahestehenden Produkten, erlaubt ist, zeigt diese Entscheidung übrigens eine gewisse Inkonsequenz. Auch kann dem Färbeverbote leicht dadurch begegnet werden, daß man von Natur aus intensiv gefärbte Öle (Palmöl) als Färbemittel verwendet, gegen deren Zusatz bei Verschnittölen nichts eingewendet werden dürfte. (Vergleiche dagegen S. 255 und 256: Palmöl als Färbemittel in der Kunstbutterindustrie.)

Die Motivierung des Färbeverbotes sollte logischerweise auch das Verbot des Entfärbens von Ölen in sich schließen; hier handelt es sich sogar weit eher darum, dem Publikum eine „bessere Qualität vorzutäuschen", wenn man bei der obigen Auslegung bleiben will. Das Bleichen ist hier aber allgemein üblich und ein Einwand ist dagegen behördlicherseits bis heute noch nicht erhoben worden.

Schädliche Beimengungen.

Streng zu verbieten ist natürlich der Verkauf von Ölen zu Genußzwecken, die gesundheitsschädliche Beimengungen enthalten oder an

---

[1]) Gesundheitsschädliche Farben werden heute zum Färben von Ölen überhaupt nicht mehr verwendet. Wenn nach Cailletet unter dem Namen Malagaöl mit Grünspan gefärbte Olivenöle in den Handel kommen, so ist dieser Nachricht, die aus dem Jahre 1879 stammt, heute keine Bedeutung mehr beizumessen. (Zeitschr. f. analyt. Chemie 1879, S. 628.)

[2]) Diese Entscheidung hat inzwischen durch einen Ministerialerlaß v. 29. März 1906 gesetzliche Kraft erlangt.

sich schon so verdorben sind (ranzig oder faulig), daß sie ohne Nachteil für die Gesundheit nicht genossen werden können. Schädliche Beimengungen können in die Öle beim Raffinieren gelangen (Mineralsäuren, Alkalien usw.); die zur Reinigung von Speiseölen verwendeten Reagenzien müssen jedenfalls vollständig aus den Ölen entfernt werden, bevor diese als Speiseöle auf den Markt kommen[1]).

Öle mit einem Zusatz von Mineralölen können wegen deren absoluter Unverdaulichkeit als Speiseöle nicht zugelassen werden, und ihr Verkauf ist energisch zu bekämpfen.

Verdorben Speiseöle.

Die Frage, ob ein vorliegendes Öl wegen Verdorbenseins (ranzigen, fauligen, widerlichen Geschmackes usw.) als Nahrungsmittel auszuschließen sei, wird immer nur nach dem subjektiven Empfinden beantwortet werden können. Da dieses bei verschiedenen Individuen auffallend abweicht, wird es immer wieder vorkommen, daß ein von der einen Seite als ungenießbar erklärtes Öl von der anderen noch als genußfähig erkannt wird.

Man hat viel darüber gestritten, ob im Verkehr mit Speiseölen eine Maximalgrenze für den Gehalt an freien Fettsäuren festgesetzt werden sollte, doch ist man einer solchen Bestimmung bis heute mit Recht aus dem Wege gegangen. Ist es bei den sehr verschiedenen individuellen Ansprüchen überhaupt schwer, eine oberste Grenze zu fixieren, so sind die Zahlen, die bei den gemachten Vorschlägen genannt wurden, entschieden zu tief gegriffen. Wenn z. B. Benedikt und Wolfbauer in dem Entwurfe für den „Codex alimentarius austriacus“ als zulässige Grenze für den Gehalt an freien Fettsäuren bei Speiseölen 8 Säuregrade[2]) = 2,256% freier Fettsäuren (auf Ölsäure berechnet) vorschlagen, so müßte nach dieser Regel die Mehrzahl der im Handel erscheinenden Speiseöle beanstandet werden. Die Genannten tun daher sehr recht daran, wenn sie ihrem Vorschlage die einschränkende Bemerkung hinzufügen, daß die Bestimmung des Säuregehaltes immer nur ein Notbehelf für die Beurteilung von Speiseölen sei, daß das letzte Urteil immer der Geschmack geben müsse und daß Öle mit relativ geringem Säuregrad unter Umständen stark ranzig sein können, während solche mit hohem Säuregehalt oft noch gut genießbar seien.

Verbot des Genusses einzelner Ölsorten.

In einigen Balkanstaaten bestehen Verbote, bestimmte Pflanzenöle für Speisezwecke zu verwenden, und solche Öle müssen bei der Einfuhr nach bestimmten Vorschriften denaturiert werden. So ist dort auch das Kottonöl untersagt, in der eigentlichen Türkei der Genuß des Erdnußöles nicht gestattet usf.

[1]) Siehe Erlaß des österr. Ministeriums des Innern vom 5. März 1906.

[2]) Ein Säuregrad, fälschlich wohl auch ein Ranziditätsgrad genannt, stellt jene Anzahl von Kubikzentimetern Normallauge dar, die 100 g zur Neutralisation beanspruchen. Ein Ranziditätsgrad entspricht einer Säurezahl von 0,561 oder einem Gehalt an freien Fettsäuren (auf Ölsäure bezogen) von 0,282.

Handels- und Zollverhältnisse.

Der Konsum von Speiseölen nimmt gegen Norden zu ab. Während die südlich wohnenden Völker in der Küche zum Braten und Backen ausschließlich Öl verwenden, nimmt man in den nördlichen Ländern hierzu Butter, Schweinefett oder andere Speisefette und beschränkt den Verbrauch von Speiseölen auf das Anmachen von Salaten, das Herrichten von Saucen usw.

Denaturierte Öle.

Die Zolltarife der meisten Länder bestimmen für Öle, die Speisezwecken dienen, höhere Einfuhrzölle als für Öle, die industriellen Verwendungen zugeführt werden. Bei Ölen, die sowohl die eine als auch die andere Anwendung finden können (Oliven-, Kotton-, Sesam-, Erdnußöl usw.), ist daher in den meisten Staaten eine Denaturierung vorgesehen, wodurch die betreffenden Öle vor der Einfuhr für den menschlichen Genuß unbrauchbar gemacht und sodann zu einem niedrigeren Zollsatze eingeführt werden.

Notwendige Eigenschaften der Denaturierungsmittel.

Das Denaturierungsmittel darf der späteren gewerblichen Verwendung des damit behandelten Öles keinerlei Abbruch tun, muß aber das Öl absolut ungenießbar machen und soll sich aus dem denaturierten Produkt ohne dessen schwere Qualitätsschädigung nicht entfernen lassen. Ein Denaturierungsmittel, das diesen drei Bedingungen in jedem Einzelfalle voll entspräche, gibt es nicht. Petroleum, Terpentinöl, Rosmarinöl, Natron- oder Kalilauge und wie die verschiedenen, heute angewandten oder in Vorschlag gebrachten Denaturierungsmittel heißen mögen, erfüllen in einer oder anderer Richtung ihren Zweck unvollkommen. So geht es z. B. nicht immer an, daß Olivenöl für Seifensiederzwecke mit Petroleum parfümiert werde, weil der unangenehme Petroleumgeruch bei feineren Seifen sehr nachteilig wirken würde. Lauge kann für Öle, die Schmierzwecken dienen sollen, nicht benutzt werden, usw.

In Deutschland hat die wiederholt im Verordnungswege geregelte Denaturierungsfrage oftmals Anlaß zu lebhaftem Meinungsaustausch seitens der interessierten Verbraucher gegeben, weil diese in den behördlichen Denaturierungsvorschriften eine ungerechte Erschwerung ihrer Fabrikation erblickten.

Alkalien.

Die Erläuterungen zu dem im Jahre 1906 außer Kraft gesetzten deutschen Zolltarif sahen einen Zusatz von 3 kg Kalilauge von der Dichte 1,29 oder 3 kg Natronlauge von der Dichte 1,34 pro 100 kg Öl vor. Da man aber erkannte, daß man aus einem derartig denaturierten Öl durch entsprechende Behandlung die Alkalien bzw. die durch diese gebildeten Alkaliseifen ausscheiden und 80—90% eines für Speisezwecke verwendbaren Öles rückgewinnen kann, wurde die Denaturierung mit 3prozentiger Lauge nicht mehr als genügend erachtet und eine Entwertung mit Rosmarinöl gesetzlich vorgeschrieben.

Rosmarinöl.

Anfangs waren für 100 kg Rohgewicht des zu denaturierenden Fettes oder Öles 100 g Rosmarinöl festgesetzt; später ist mit Erlaß des preußischen

Finanzministeriums vom 8. Juli 1908 diese Menge um das Zehnfache erhöht worden, so daß also jetzt für 100 kg Rohgewicht des Öles 1 kg Rosmarinöl zu verwenden ist. Dadurch ist die Denaturierung sehr verteuert worden und stellt sich pro Waggon Öl auf 120—150 Mark. Auch Rosmarinöl ist bei seiner leichten Flüchtigkeit unschwer aus den denaturierten Ölen zu entfernen; die verschiedenen, bei der Fabrikation von Kokosbutter beschriebenen Methoden geben einen Anhalt dafür.

Als Ersatz für das teure Rosmarinöl ist auf mehrfache Vorstellung der Konsumenten[1]) hin von dem Reichskanzler auch Ceylon-Zitronellöl zugelassen worden, und zwar muß dieses in einer Menge von 200 g auf 100 kg Rohgewicht der zu denaturierenden Ware verwendet werden. Das zu diesem Zwecke gebrauchte Ceylon-Zitronellöl muß nach den gesetzlichen Vorschriften eine gelbliche ölige Flüssigkeit darstellen, einen scharfen, paraffinartigen Geruch zeigen und bei 15° C eine Dichte von 0,900 bis bis 0,920 haben. 100 ccm Ceylon-Zitronellöl, bei 20° C in 10 ccm Branntwein von 73,5 Gewichtsprozenten gelöst, müssen eine klare Lösung geben, die auch bei weiterem Zusatze des Lösungsmittels klar bleibt oder höchstens eine Opaleszenz zeigen darf. Öltröpfchen dürfen sich auch nach 6stündigem Stehen nicht abscheiden. Zitronellöl.

Diese Vorschriften sind später durch die k. k. technische Prüfungsstelle noch dahin erweitert worden, daß das Zitronellöl stets von einem für Zollinteressen vereidigten Chemiker außer auf die obigen Eigenschaften auch noch wie folgt zu untersuchen ist:

Zur Prüfung auf seinen Gesamtgeraniolgehalt werden 10 ccm Zitronellöl mit 10 ccm Essigsäureanhydrid unter Zusatz von 2 g geschmolzenen und gepulverten Natriumazetats eine Stunde in einem mit eingeschliffenem Kühlrohr versehenen kleinen Kolben in gleichmäßigem Sieden erhalten. Nach dieser Zeit läßt man das Acetylierungsprodukt erkalten, fügt etwas Wasser hinzu und erhitzt das Gemisch 10—15 Minuten lang auf dem Wasserbade, um das überschüssige Essigsäureanhydrid zu zersetzen. Nach der Erkaltung trennt sich im Scheidetrichter das Acetylierungsprodukt von der wässerigen Flüssigkeit und wird hierauf bis zur neutralen Reaktion mit Wasser gewaschen. 1,5—2 g des so behandelten, mit entwässertem Natriumsulfat getrockneten und filtrierten Acetylats werden mit 20 ccm alkoholischer Halbnormalkalilauge durch einstündiges Erhitzen auf dem Wasserbade am Rückflußkühler verseift. Das nicht verbrauchte Alkali wird mit Halbnormalschwefelsäure zurücktitriert. Auf 1 g angewendeter Acetylate sollen dabei nicht weniger als 6,2 ccm Halbnormalkalilauge verbraucht werden. Die erhaltene Verseifungszahl soll also nicht unter 174 betragen, entsprechend einem Mindestgehalt an Gesamtgeraniol von 55%.

Dem lebhaften Wunsche der Seifenfabrikanten nach einer einfachen Denaturierungsmethode, die gleichzeitig eine Regenerierung der danach be- Farbstoffe.

[1]) Nach Bekanntmachung des Reichskanzlers vom 12. Jan. 1904 ist auf Grund des § 29 der Ausfuhrbestimmungen D zum Schlachtvieh- und Fleischbeschaugesetze für ausländische und zu technischer Verwertung bestimmte Fette auch Birkenöl als Mittel zur Unbrauchbarmachung für den menschlichen Genuß zuzulassen. Diese Bestimmung dürfte auch für Speiseöldenaturierung Geltung haben.

handelten Öle zu Speiseölen ausschließt, verdanken wir einen beachtenswerten Vorschlag O. Hellers[1]), der schon vor Jahren Bitter- oder Farbstoffe für diese Zwecke in Vorschlag brachte und die letztere Idee nun im Verein mit der kaiserlich technischen Prüfungsstelle des Reichsschatzamtes praktisch erprobte.

Als Denaturierungsmittel diente basisches Kristallviolett (ein Triphenylmethanfarbstoff), das in Form einer passend vorbereiteten Farbstofflösung mit den Ölen direkt vermischbar ist und diese schon bei geringem Zusatze intensiv blauviolett färbt. Die Herstellung der Farblösung erfolgte, indem man das basische Kristallviolett unter Zugabe von etwas Schwefelsäure in Alkohol und Ölsäure löste.

Heller hat derartig gefärbte und daher für Genußzwecke schlechterdings nicht geeignete Öle auf ihr Verhalten bei dem gewöhnlichen Verseifungsprozeß und beim Autoklavieren untersucht, um zu sehen, ob der Farbzusatz die technische Weiterverarbeitung des denaturierten Produktes nicht beeinträchtige. Beim Verseifen wurde der Farbstoff mit zunehmender Verseifung nach und nach zerstört und ebenso fand eine vollständige Dissoziierung des Farbstoffes beim Autoklavierungsprozeß statt.

Die aus mit basischem Kristallviolett denaturierten Fetten erhaltenen Produkte (Seife, Stearin, Roh-, Raffinat- und Destillat-Glyzerin) wichen in keiner Weise von der Beschaffenheit normaler Erzeugnisse ab.

Die deutschen Behörden haben auch die Rückkehr zur Denaturierung mittels Laugen neuerdings erwogen und Versuche durchführen lassen, die auf eine Verbesserung dieser Methode hinzielen, damit eine Regenerierung der denaturierten Fette als Speiseöle ausgeschlossen sei.

Versuche [W]interfelds.

G. Winterfeld[2]), der diese Versuchsreihe vornahm, hat zu diesem Zwecke amerikanisches Kottonöl mit 3—15% Kalilauge von einer Dichte von 1,29—1,32 sowie mit 5—15% Natronlauge von der Dichte 1,34—1,38 verrührt und nach 24stündigem Stehen die Proben der behandelten Öle von der Lauge bzw. Seife zu befreien versucht.

Durch Waschen mit heißem Wasser mit und ohne Zusatz von Kochsalz gelang es zwar, aus den denaturierten Ölen mehr oder weniger leicht größere Prozentsätze von neutralem, für Speisezwecke geeignetem Öl rückzugewinnen, doch glaubt Winterfeld, daß die Manipulationsspesen und die geringe Ausbeute, die bei Verwendung großer Laugenprozentsätze bis zu 60% herabging, nicht danach angetan seien, eine Regenerierung der denaturierten Öle verlockend zu machen, besonders wenn man die Menge der denaturierten Lauge mit 10—15% festsetzt, wobei Kalilauge mit einer Dichte von 1,32 und Natronlauge mit einer solchen von 1,34 genommen werden sollen.

[1]) Seifenfabrikant 1908, S. 340.
[2]) Chem. Ztg. 1909, S. 37.

Zu diesen Versuchen Winterfelds möchte ich bemerken, daß er den Weg der Ausscheidung der Seifen nicht gerade glücklich gewählt hat und daß Praktiker hierfür wohl bessere Methoden ausfindig machen könnten, wenn sie ihre Erfahrungen in den Dienst eines fraudulosen Gebarens stellen wollten.

Öldenaturierung in anderen Staaten.

In Österreich-Ungarn wird zum Ungenießbarmachen von Ölen und Fetten meistens Rosmarinöl angewendet. Für Rizinusöl, das zur Herstellung von Transparentseifen dienen und für medizinische Zwecke unbrauchbar gemacht werden soll, ist auch ein Einkrücken einer alkoholischen Lösung von Rizinusölseife gebräuchlich.

In Spanien werden Öle mit Holzteer, Petroleum oder Terpentinöl denaturiert, die Türkei schreibt für gewisse Öle (z. B. Erdnußöl, Kottonöl) einen Zusatz eines Auszuges der Lotwurzel (Onosma ochioides) vor.

Etwas komplizierte Denaturierungsvorschriften hat kürzlich der Australische Bund erlassen. Nach dem Erlasse vom 19. Dezember 1908 wird zwischen Ölen, die der Seifenfabrikation zugeführt werden, und solchen, die anderen technischen Zwecken dienen sollen, unterschieden:

Ist ein Öl als Rohmaterial der Seifenindustrie bestimmt, so wird es durch Vermischen mit einer Seifenmasse oder durch Zusatz von 5% Rizinusöl und 5% geschmolzenen Talges denaturiert.

Dient das Öl anderen technischen Zwecken, so muß es mittels eines Zusatzes von 3% Lebertran, 2% Kerosinöl und 1% dünnflüssiger Mineralölrückstände denaturiert werden. Diese Mineralölrückstände müssen ein spezifisches Gewicht von nicht über 0,900 bei 60° F, einen Entflammungspunkt von nicht unter 150° F und eine Viskosität nach Redwood von 1 Minute 50 Sekunden bei 80° F haben.

B) Speisefette.

Allgemeines.

Unter dem Sammelnamen „Speisefette“ werden alle bei gewöhnlicher Temperatur[1]) salbenartigen oder festen animalischen oder vegetabilischen Fettstoffe zusammengefaßt. Während die Speiseöle fast durchweg vegetabilischer Herkunft sind, überwiegen bei den Speisefetten die Produkte tierischer Abstammung (Butter, Schweinefett, Oleomargarin, Kunstbutter usw.). Feste Pflanzenfette wurden bis vor wenigen Jahren nur in den Tropengegenden zu Speisezwecken verwendet, wo sie aber den größten Teil des Jahres hindurch flüssig erscheinen. Bei uns haben die festen Pflanzenfette in der Nahrungsmittelindustrie erst seit Einführung des Kunstspeisefettes (Compoundlard) und der Pflanzenbutter (Kokosbutter) Wurzel gefaßt.

Im Gegensatz zu den Speiseölen, deren Handel und Verkehr nur in wenigen Staaten durch Spezialgesetze geregelt ist, bestehen für den Verkehr und Handel wie auch betreffs der Herstellung von Speisefett fast überall besondere Gesetze, die die Technik der betreffenden Industrien oft stark beeinflußt haben.

---

[1]) Vergleiche Fußnote 1 auf S. 3.

Einteilung.

Wir wollen bei der Besprechung der Speisefette die folgende Einteilung einhalten:

1. Butter und Butterfett (Butterschmalz).
2. Butter- und Butterschmalz-Surrogate, die sich wiederum gliedern in:
   a) Speisetalg;
   b) Margarinprodukte, bei denen man unterscheidet:
      α) Premier jus;
      β) Oleomargarin;
      γ) Kunstbutter (Margarine, Margarinbutter).
      δ) Schmelzmargarine (Margarinschmalz).
3. Schweinefett und Schweinefettsurrogate (Kunstspeisefett, Compoundlard usw.).
4. Pflanzenbutter (Kokosbutter, Palmin usw.).

1. Butter und Butterfett.

Über die Bereitung und Eigenschaften der Butter, unter welchem Namen hauptsächlich das aus Kuhmilch gewonnene Produkt zu verstehen ist, wurde in Band 2, S. 783—787, das Wichtigste gesagt. Nachgetragen muß hier nur einiges über die Bereitung der Renovated butter werden, deren Herstellung den Fett-Technologen mehr interessiert als die mehr das Molkereifach berührende Bereitung von Butter. Ebenso sollen einige gesetzliche Bestimmungen, die im Verkehr und Handel mit Butter in den wichtigsten Industriestaaten gelten, sowie einige wissenswerte Daten volkswirtschaftlicher Natur vorgeführt werden.

Renovated butter.

Regenerierte Butter. — Neubutter. — Prozeßbutter.
Process butter.

Dieses Produkt ist eine durch entsprechende Behandlung von ranziger, alter, mehr oder weniger verdorbener Naturbutter erhaltene, wiederum gebrauchsfähig gemachte Ware. Man kennt dieses Auffrischen von nicht mehr genußfähiger Butter noch nicht lange und übte das Verfahren bis vor wenigen Jahren überhaupt nur in Amerika. In den letzten Jahren hat es aber auch in England Eingang gefunden, wenn auch hier wie in anderen europäischen Staaten die Herstellung von Prozeßbutter noch zu den Seltenheiten gehört.

Geschichte.

Geschichtliches.

L. Wells berichtet, daß der erste Versuch, Renovated butter herzustellen, aus dem Jahre 1883 datiere. In Amerika ergaben sich seit jeher in den an Butterproduktion reichen Sommermonaten Überschüsse an Naturbutter; diese wurden in den Kühllagerhäusern aufgestapelt, doch hielt sich hier die Butter nicht in dem erhofften Maße und nahm beim Lagern eine ganz eigentümliche, als Magazingeschmack bezeichnete Geschmacksnuance an, so daß sie als Prima Butter unverkäuflich war. Man suchte daher nach Mitteln, den unangenehmen Beigeschmack etwas zu verdecken, was durch Umkneten der Butter unter Beifügung von Farbstoffen und Salz bisweilen gelang.

Ein besseres Mittel zur Wiederverwendbarmachung dieser Lagerbutter war ihr Umschmelzen, doch bedingte die dadurch bewirkte Umwandlung der Naturbutter in Butterschmalz immer einen nicht unbeträchtlichen Verlust an dem erwarteten Erlös.

Da begann ein Landwirt in Missouri im Jahre 1883 das ausgeschmolzene und ausgewaschene Butterfett mit kaltem Wasser neuerlich zu verbuttern, zu salzen und wie andere Butter zu behandeln. Später verwendete er an Stelle des Wassers zur neuerlichen Verbutterung des ausgeschmolzenen und ausgewaschenen Butterfettes kalte Milch und erhielt dabei ein qualitativ sehr annehmbares Produkt. Im Jahre 1888 ging er sogar so weit, das Butterfett in Obers (Rahm) zu verwandeln, indem er die Milch und das Fett in einen Zentrifugalseparator brachte und durch Verstopfen des Ausflusses eine Emulsion herstellte. Das erhaltene Produkt war gut, hatte aber ein etwas zu trockenes Gefüge.

Zu Beginn der neunziger Jahre gelang es durch fortgesetzte Studien endlich, die Lagerbutter durch Umschmelzen und Wiederverbuttern nicht nur in tadellose Butter, sondern auch in Rahm zurückzuverwandeln, und eine Firma in Chicago bildete das Verfahren bis zur Vollkommenheit aus. Die erhaltene Butter wurde als echte Butter verkauft, doch ordnete später das Nahrungsmittelgesetz an, daß diese Butter als Renovated butter oder Process butter zu deklarieren sei.

Im Jahre 1906 gab es in den Vereinigten Staaten bereits 78 Fabriken, die sich mit der Herstellung von Renovated butter befaßten, und die jährliche Erzeugung belief sich auf einen Wert von sechzig Millionen Dollars.

Fabrikation.

Einfaches Waschen der Butter.

In das Kapitel der Butterregenerierung gehört auch schon das einfache Waschen der Butter. Handelt es sich darum, der Butter zufällig anhaftende fremdartige geruch- und geschmackverschlechternde Stoffe zu entfernen, so kann das durch Auswaschen bewirkt werden, sofern diese Fremdstoffe wasserlöslich sind. Selbst die in ranziger Butter vorhandenen Aldehyde und flüchtigen Fettsäuren lassen sich, wenn ihre Menge nicht allzu groß ist, durch Behandeln der Butter mit Wasser entfernen. Die nicht löslichen Stoffe und nicht flüchtigen Fettsäuren können natürlich durch Wasserwaschung nicht beseitigt werden, doch ist ihr Verbleiben in verdorbener Butter nicht von so großer Bedeutung, weil gerade diese Stoffe die Qualität der Butter nur wenig beeinträchtigen. Wird an Stelle des kalten Wassers warmes genommen, so ist die erzielte Wirkung besser[1]).

Verschiedene Waschverfahren.

Hargreave[2]) wäscht ranzige Butter in granuliertem Zustande in fließendem Wasser unter verstärkter Bewegung aus.

Spormann[3]) richtet ranzig gewordene Butter für den Genuß dadurch her, daß er sie mit Kalkwasser durchknetet und frisch salzt. Da bei dieser Manipulation die, wenn auch in geringer Menge, gebildete Kalkseife in der Butter verbleibt, ist das Verfahren nicht gerade zu den besten zu zählen.

A. C. Tichenor[4]) in San Francisco empfahl zur Verbesserung des Geschmackes ranziger Butter oder von Buttersurrogaten das Einbringen der Butter in ein mit Salzlösung oder Milch gefülltes Gefäß, durch das ein elektrischer Strom geschickt wird.

Renovated-Butter aus Butterschmalz.

Wird verdorbene Butter geschmolzen und das flüssige Fett durch Abstehenlassen geklärt, so erhält man ein mehr oder weniger reines Butterfett (Butterschmalz), das wegen seines reineren Geschmackes als verbessertes Produkt gelten kann. Die Herstellung von Butterschmalz ist also unter Umständen als eine Butterverbesserung anzusehen, und die Qualitätsverbesserung ist besonders dann augenfällig, wenn das Schmelzen der verdorbenen Butter bei nicht zu hoher Temperatur geschieht und ein möglichst langes Abstehen des geschmolzenen Fettes bei mäßiger Temperatur folgt.

Vorsichtige Herstellung des Butterschmalzes.

Für Kleinbetriebe, die keinen Dampf zur Verfügung haben, hat jedoch das Vermeiden jeglicher Überhitzung beim Butterschmelzen, noch mehr aber das Halten des geschmolzenen Fettes auf gleichmäßiger Temperatur, seine Schwierigkeiten. Es verdient daher ein von H. Schrott-Fiechtl[5]) empfohlener Apparat, der diese Schwierigkeiten vollständig überwindet, volle Beachtung, und zwar nicht nur zur Herstellung von gewöhnlichem Butterschmalz aus normaler Butter, sondern auch zur Verwertung verdorbener Butter.

Schrott-Fiechtls-Thermophor

In dem von dem Erfinder Thermophor genannten Apparat wird die Butter unter Zusatz einer verdünnten (10 %) Aluminiumsulfatlösung geschmolzen und durch längere Zeit (ca. 24 Stunden) auf einer Temperatur von ungefähr 45° C in geschmolzenem Zustande erhalten, wodurch ein vollständiges Absetzen der Verunreinigungen aus dem geschmolzenen Butterfett ermöglicht wird, ähnlich wie dieses bei den in den Margarinschmelzereien verwendeten Marienbädern (siehe S. 73) der Fall ist. Das geklärte Milchfett kann dann entweder nach dem Abheben erstarren gelassen werden (Butterschmalz), oder es wird aufs neue verbuttert (Renovated butter).

---

1) Soltsien, Bemerkungen zum Waschen der Butter, Seifensiederztg 1905, S. 320.

2) Franz. Patent Nr. 261708; siehe auch Bd. 1, S. 653.

3) D. R. P. Nr. 9483 v. 2. Okt. 1879.

4) D. R. P. Nr. 27795 v. 8. Juli 1883.

5) Milchztg. 1901, S. 499.

In letzterem Falle bringt man das klare Fett in einen Emulsor, wo es mit pasteurisierter Magermilch vermischt wird, und zwar mit einer Menge, um einen Rahm von 10—12 % Fettgehalt zu erhalten. Die im Emulsor entstandenen Fettkügelchen haben einen zehn- bis dreißigmal größeren Durchmesser als die der natürlichen Milch und rahmen daher viel leichter aus. Das Säuern des gewonnenen Rahmes wird am besten mit Milchsäure durchgeführt. Beim darauffolgenden Buttern empfiehlt H. Schrott-Fiechtl schnellere Bewegung, tiefere Temperatur und kürzere Butterungszeit.

Das Charakteristische der Thermophorapparate ist die Art ihrer Warmhaltung. Während bei den gewöhnlichen Marienbädern, wie sie in der Margarinindustrie üblich sind (siehe S. 73), heißes Wasser die Temperatur des Fettes auf der gewünschten Höhe hält, werden die Thermophoren durch die beim Auskristallisieren gewisser Salze frei werdenden Wärmemengen warm gehalten. Es befindet sich nämlich zwischen der Doppelwand der Thermophors statt heißen Wassers kristallisiertes Natriumazetat, das man vor Beginn der Arbeit durch Einstellen des ganzen Apparates in kochendes Wasser zum Schmelzen bringt, was bei ungefähr 45° C erfolgt. Überläßt man hierauf den Apparat der Ruhe, so kristallisiert das Natriumazetat allmählich aus der Lösung, wobei eine beträchtliche Kristallisationswärme nach und nach frei wird, die die im Innenbehälter des Thermophors befindliche Butter durch längere Zeit auf der gewünschten Temperatur hält.

Das Natriumazetat ist also eine Art Akkumulator für die von dem kochenden Wasser gelieferte Wärme, die es aufspeichert und ganz langsam abgibt. Es ist dadurch ein länger dauerndes Warmhalten des zu klärenden Fettes möglich, als dies durch ein einfaches Anfüllen des Mantelraumes mit heißem Wasser erreichbar wäre.

Das andauernde Warmhalten des Butterfettes begünstigt nicht nur das Absetzen des Wassers und der Verunreinigungen, sondern übt auch eine bakterientötende Wirkung. Hat doch Dunbar[1]) gefunden, daß eine Reihe von Bakterien Temperaturen bis zu 150° C leicht aushält, falls die Einwirkungsdauer nur Bruchteile von Minuten ausmacht, dagegen Temperaturen unter der der Eiweißgerinnung nicht vertragen werden, wenn die Einwirkung stundenlang anhält. Nach den Beobachtungen von Weigmann werden bei andauerndem Warmhalten des Butterfettes insbesondere die Erreger der Tuberkulose (vergleiche S. 182), von Typhus, Cholera, Scharlach, die der sogenannten Kindercholera und sämtliche peptonisierenden Fermente abgetötet.

Der Thermophor hat außerdem den Vorteil, daß jede Überhitzung des Fettes vermieden wird, und bei niederer Temperatur bereitetes Butterschmalz ist, wie Eugling zeigte, schmackhafter als bei hoher Temperatur geschmolzenes.

---

[1]) Zentralbl. f. Agrikulturchemie 1885, S. 677.

Versuche Rippers.

Maximilian Ripper[1]) hat weiter nachgewiesen, daß bei niedriger Temperatur ausgeschmolzenes Butterschmalz auch haltbarer ist und daß man mittels des Thermophors beim Ausschmelzen selbst aus bereits verdorbener Butter ein recht gutes Butterschmalz gewinnen kann. Ripper faßte die Resultate seiner sorgfältigen Versuche mit dem Schrott-Fiechtlschen Apparat in den folgenden Punkten zusammen:

1. Die Bereitung des Rindschmalzes im Thermophorkessel ist bedeutend einfacher und billiger als die über Feuer.
2. Die Ausbeute ist bei Verwendung des Thermophorkessels wesentlich höher.
3. Das mittels des Thermophorkessels erhaltene Fett ist nicht nur im Geschmack, sondern auch in seinem Fettgehalt dem über Feuer bereiteten überlegen.
4. Selbst schon ziemlich verdorbene Butter kann im Thermophorkessel noch gutes Rindschmalz abgeben.
5. Das im Thermophorkessel bereitete Schmalz ist mindestens ebenso haltbar wie das über freiem Feuer erzeugte. Nach zwei Monaten hatte es noch einen unverändert guten Geschmack, während das über Feuer bereitete schon stark bitter war.

Ganz besondere Bedeutung kommt der Umwandlung von Butterschmalz in Streichbutter (Renovated butter) zu, weil man dadurch ein Mittel an der Hand hat, Butter lange Zeit aufzubewahren. Man führt die Butter einfach in Butterschmalz über, das sich leicht aufbewahren läßt, ohne zu verderben, und verwandelt zu gegebener Zeit das Schmalz in Milchbutter zurück, indem man das wasserfreie Fett wiederum mit Milch verbuttert.

Man kann auf diese Weise aus Butterschmalz eine Streichbutter herstellen, die einer frischen Naturbutter an Güte kaum nachsteht.

Verfahren Dubuisson.

Adonis Dubuisson[2]) in Brüssel hat sich ein auf diesem Prinzip fußendes Verfahren patentieren lassen.

Man bringt in ein im Wasserbade stehendes Butterfaß mit mechanischem Antrieb teilweise saure, rahmhaltige Milch (für 1 kg Schmelzbutter 1 Liter Milch), deren Temperatur man zweckmäßig vorerst bei 12—20° C gehalten hat. Dann läßt man den Rührmechanismus in Tätigkeit treten, dabei die Temperatur des Wasserbades bzw. Butterfaßinhaltes auf 27—30° C steigernd. Ist dies erreicht, so läßt man die vorher vorsichtig geschmolzene Schmelzbutter zufließen und fährt dann fort zu rühren, bis eine Emulsion gebildet ist; das tritt in ungefähr 30 Minuten ein. Während dieser Bearbeitung wird die Temperatur des Wasserbades auf 20—25° C erniedrigt, wenn man weiche Butter zu erhalten wünscht, und auf 35° C erhöht, wenn man härtere Butter haben will. Die Emulsion wird nun auslaufen gelassen, wobei man ihr beim Ausfließen aus dem Butterfasse einen Strahl kalten Wassers entgegenströmen läßt. Soll weiche Butter erzielt werden, so muß das Wasser 2—5° C haben; soll die Butter hart sein, so ist eine Wassertemperatur von 0—2° C er-

[1]) Zeitschr. des landw. Versuchswesens Österreichs 1901, S. 967.

[2]) Österr. Patent Nr. 2019 vom 15. März 1900. Vergleiche auch D. R. P. Nr. 177881 vom 12. August 1905: Vorrichtung zur Wiederherstellung von in ihre Bestandteile zerlegter natürlicher Butter (Adonis Dubuisson in Brüssel).

forderlich. Das Wasser und die Emulsion läßt man in ein Becken fließen, dessen Boden eine Durchlochung für den Wasserablauf besitzt, worauf man die Butter durch 10—12 Stunden ruhen läßt. Dabei wird sie zugedeckt, und zwar vorzugsweise mit einem Holzdeckel. Nach 10—12stündigem Ruhen wird die Butter das Milcharoma absorbiert haben, worauf man sie knetet, um die überschüssige Milch wieder auszuscheiden.

Versuche von Kraus.

A. Kraus[1]) hat anläßlich einer Versuchsreihe über den Einfluß der Herstellung, Verpackung und des Kochsalzgehaltes der Kunstbutter auf ihre Haltbarkeit (mit besonderer Berücksichtigung des Versandes in die Tropen) die Umwandlung von Butterschmalz in Tafelbutter ebenfalls versucht und dabei gute Resultate erhalten. Er berichtet darüber wie folgt:

Butterschmalz wurde bei 40° C geschmolzen und 85 Teile davon wurden mit 15 Teilen gleichfalls auf 40° C erwärmter Milch durch kräftiges, zwei bis drei Minuten anhaltendes Schütteln gut durchgemischt. Sodann wurde die emulsionsartige Mischung unter zeitweisem Durchschütteln in dünnem Strahle in ein geräumiges Gefäß mit Eiswasser gegossen und letzteres hierbei durch Rühren mit einem Glasstabe in Bewegung gehalten. Die Emulsion erstarrte beim Einfließen sofort; die erstarrte Masse wurde nach einiger Zeit mit einem Siebe oder Sieblöffel abgeschöpft, zusammengeknetet und mit 2—3 % Kochsalz vermischt. Die Butter war hierauf sofort gebrauchsfertig, doch wurde ihre Qualität durch 12—24stündiges Liegen im Eisschrank und nochmaliges Kneten bedeutend verbessert.

Das Produkt besaß Konsistenz, Aussehen und Geschmack der Butter. Wesentlich jedoch ist es, das Gemisch in dünnem Strahl unter fortwährendem Umrühren in das Eiswasser einzugießen, da sonst Knötchen- oder Klümpchenbildung eintritt. Bei mehrmaliger Anwendung des Verfahrens eignet man sich leicht eine gewisse Handfertigkeit an, so daß stets eine tadellose Butter erzielt wird.

Renovated-Butter aus verdorbener Butter.

Von eigentlicher Renovated butter kann man aber erst sprechen, wenn verdorbene Butter geschmolzen und hierauf mit pasteurisierter Magermilch in einem Emulsor verarbeitet wurde. Bei gewissen Buttersorten liefert diese Methode recht gute Resultate, in vielen Fällen treten indes nach einigen Tagen die ursprünglichen Fehler der Butter, die vorübergehend allerdings verdeckt waren, um so deutlicher hervor.

Von Fabrikationsdetails der Butterregenerierung ist bisher nur wenig in die Öffentlichkeit gedrungen; angeblich soll die zu regenerierende Butter einfach in großen, runden, doppelwandigen Metallgefäßen mit Dampf aufgeschmolzen werden, damit sich das Kasein, das Salz und der Schmutz ausscheiden und zu Boden setzen. Das obenstehende Fett wird nach der Klärung in andere Gefäße gebracht, wo es mit Milch gemischt und so lange mit Luft durchblasen wird, bis ein rahmartiges Gemisch entstanden ist. Eine Kühlung mit Eiswasser gibt ihm dann eine butterähnliche Struktur. Das Butterfett wird hierauf gesammelt, gesalzen und in Butterfässern weiter hergerichtet[2]).

Nach einer anderen Methode wird die zu verbessernde Butter geschmolzen, das klare Fett durch Einblasen von Luft von den anhaftenden

---

1) Arbeiten aus dem Kaiserl. Gesundheitsamt, Bd. 22, Heft 1, 1904.

2) Chem. Revue 1901, Heft 2, S. 9.

unangenehmen Gerüchen befreit und das geruchlose Fett sodann mit frischer Milch, der Säureerreger zugesetzt worden sind, emulgiert. Das rahmartige Gemisch wird hierauf durch Einspritzen von Eiswasser gekühlt und die abgekühlte Masse wie gewöhnliche Butter geknetet und gesalzen.

Nach C. Wells wird zur Herstellung von Renovated butter zwar gelagerte und daher nicht gut schmeckende, aber durchweg gute und nicht ranzige Butter verwendet. Diese Mitteilung ist allerdings mit einer gewissen Reserve aufzunehmen, zumal eine Menge Verfahren patentiert wurde, um Renovated butter vor der Verbutterung entsprechend aufzufrischen und zu verbessern. So empfiehlt Blakeman[1]) zur Auffrischung von Butter verschiedene Neutralisationsmethoden, unter Zusatz von Mono-, Di- und Tributyrin.

Das in der Margarinindustrie angewandte Verfahren von R. Backhaus[2]) in Lauterbach bei Fulda (Behandeln der Fette mit kalter Milch) ist von dem Patentinhaber auch zur Verbesserung schlechter Butter empfohlen worden[3]).

Zusammensetzung und Eigenschaften der Renovated butter.

Die Zusammensetzung der Prozeßbutter weist gegenüber der frischen Butter keine wesentlichen Unterschiede auf. Nach A. Bömer ist nur ihr geringer Gehalt an freien Fettsäuren auffallend, der mit ihrem Geschmack und Geruch nicht gut in Einklang zu bringen ist. Bemerkenswerter sind die Unterschiede der beiden Produkte in physikalischer Hinsicht; das beim Aufschmelzen[4]) gebildete Gerinnsel ist bei der Naturbutter gleichmäßig und nicht körnig, bei der Prozeßbutter dagegen körnig und flockig. Ferner zeigt die Naturbutter beim Schmelzen in der Pfanne ein ruhiges Schäumen, Renovated butter dagegen stößt und spritzt wie wasserhaltiges Fett. Werden die beiden Buttergattungen bei gelinder Temperatur geschmolzen, so wird die Naturbutter vollkommen klar, während die Prozeßbutter undurchsichtig bleibt[5]).

---

[1]) Amer. Patent Nr. 520513 v. 29. Mai 1894.

[2]) D. R. P. Nr. 88522 v. 14. Juni 1895; vgl. S. 129.

[3]) D. R. P. Nr. 89252 v. 25. Dez. 1895.

[4]) Die Beobachtungen des verschiedenen Aufschmelzens von Prozeß- und Naturbutter stammen von Hess und Doolittle (Journ. Americ. Chem. Soc. 1900, Bd. 22, S. 3). Siehe auch: C. A. Crampton, Journ. Americ. Chem. Soc. 1903, Bd. 25, S. 358—366; ferner Milchztg. 1904, S. 182 und Zeitschr. f. Unters. d. Nahrungs- u. Genußmittel 1905, Bd. 9, S. 595.

[5]) Über die Erkennung aufgefrischter Butter siehe: Zeitschr. f. Unters. d. Nahrungs- u. Genußmittel 1904, Bd. 7, S. 44; C. Deguide, Bull. Assoc. belge chim. 1902, Bd. 16, S. 333; Zeitschr. f. Unters. d. Nahrungs- u. Genußmittel 1903, Bd. 6, S. 612; A. E. Leach, Ber. d. Gesundheitsbehörde v. Massachusetts 1901, S. 32; Zeitschr. f. Unters. d. Nahrungs- u. Genußmittel 1903, Bd. 56, S. 909; G. F. Patrick, Proceed. of the 20. Ann. Conv. of the official agricult. chemists 1903, S. 81; Zeitschr. f. Unters. d. Nahrungs- u. Genußmittel 1905, Bd. 9, S. 174 sowie Bd. 16, S. 27.

Gesetze über Handel und Verkehr mit Naturbutter und Renovated butter.

In den meisten Staaten bestehen besondere Gesetze und Verordnungen über die Herstellung und den Handel mit Butter und Butterschmalz; vielfach bilden diese Bestimmungen einen integrierenden Teil der sogenannten „Margaringesetze", mitunter stellen sie aber auch Sonderverordnungen dar. In jenen wenigen Staaten, wo keine spezielle Gesetzgebung über Butter und Speisefette besteht, ordnen die Bestimmungen des allgemeinen Nahrungsmittelgesetzes, des bürgerlichen oder Handelsgesetzbuches den Verkehr mit Butter- und Butterschmalz.

Deutschland.

In Deutschland kommen hierfür die Bestimmungen des Nahrungsmittelgesetzes vom 14. Mai 1897 und das Spezialgesetz, betreffend den Verkehr mit Butter, Käse, Schmalz und deren Ersatzmitteln, vom 15. Juni 1897 (Margaringesetz) in Frage. Während das Nahrungsmittelgesetz mehr allgemeine Bestimmungen über die Beschaffenheit der zum Verkauf gelangenden Buttererzeugnisse enthält, spezialisiert das Margaringesetz, auf dessen Einzelheiten auf S. 216—236 noch ausführlich eingegangen wird. Beide Gesetze haben nebeneinander volle Gültigkeit; das Margaringesetz ist als eine Ergänzung des Nahrungsmittelgesetzes anzusehen und nicht etwa so aufzufassen, daß die Bestimmungen des Nahrungsmittelgesetzes, soweit sie auf Buttererzeugnisse Bezug haben, dadurch außer Kraft gesetzt würden.

Übertretungen des Margaringesetzes stellen daher in der Regel auch Zuwiderhandlungen gegen das Nahrungsmittelgesetz dar. Da aber ein Straffall nicht zweimal bestraft werden kann, so wird für die einzelnen Übertretungen stets dasjenige Gesetz herangezogen, das die größere Strafe vorsieht, oder bei ungleichen Strafarten jenes Gesetz, das die schwerere Strafart androht (§ 73 des Strafgesetzbuches für das Deutsche Reich). Im übrigen kann ein Verstoß gegen die Bestimmungen des Nahrungsmittel- und Margaringesetzes gleichzeitig auch ein Vergehen gegen das allgemeine Strafgesetzbuch (Betrug) in sich schließen.

Mischungen von Natur- und Kunstbutter.

Ein Vermischen von Butter und Butterschmalz mit Margarine[1]) oder anderen Fetten zum Zwecke des Handels mit diesen Mischungen ist nach § 3 des Margaringesetzes verboten.

---

[1]) Das Mischungsverbot von Butter und Butterschmalz mit Margarine und anderen Speisefetten erstreckt sich auch auf die Fabrikation von Margarine. Es ist nämlich der Verwendung von Milch oder Rahm bei der gewerbsmäßigen Herstellung von Margarine eine Grenze gezogen, und zwar bestimmt das Gesetz, daß nicht mehr als hundert Gewichtsteile Milch oder die äquivalente Menge Rahm auf hundert Gewichtsteile der nicht der Milch entstammenden Fette verwendet werden dürfen.

Natürlich ist auch jede Unterschiebung von reiner Margarine an Stelle von Butter oder Oleomargarin und anderer ähnlicher Fette an Stelle von Butterschmalz strengstens untersagt; nur ist man sich darüber nicht ganz einig, welcher Paragraph der einschlägigen Gesetze für die Bestrafung dieses Falles herangezogen werden soll. Meist wird der Verkauf von Margarine unter dem Namen „Butter" auf Grund des Nahrungsmittelgesetzes beanstandet (Nachahmung); manche Juristen teilen jedoch diese Auffassung nicht, weil sie sagen, daß die Herstellung der Margarine nicht zum Zwecke der Täuschung erfolge. Die Anklage erfolgt daher in Fällen von Unterschiebung meist auf Grund des § 263 des Strafgesetzbuches (Betrug).

Werden künstlich nicht gefärbte Fettzubereitungen als „Butterschmalz" verkauft, so liegt der Fall ganz analog wie der obige. Sind diese Fettmischungen jedoch durch Zusatz von Farbstoffen gefärbt und animalischer Herkunft, so sind derartige Präparate auch auf Grund des Gesetzes, betreffend die Schlachtvieh- und Fleischbeschau, vom 3. Juni 1900, § 21, zu beanstanden, wonach der Zusatz von Farbstoffen jeder Art zu tierischen Fetten (ausgenommen Kunstbutter) verboten ist.

Minimal-Fettgehalt.

Nach § 11 des Margaringesetzes ist der Bundesrat ermächtigt, das gewerbsmäßige Verkaufen und Feilhalten von Butter, deren Fettgehalt nicht eine bestimmte Grenze erreicht oder deren Wasser- und Salzgehalt eine gewisse Grenze überschreitet, zu verbieten. Auf Grund dieser Bestimmungen hat der Reichskanzler am 1. März 1902 folgende Bekanntmachung erlassen:

„Auf Grund des § 11 des Margaringesetzes hat der Bundesrat beschlossen: Butter, die in 100 Gewichtsteilen weniger als 80 Gewichtsteile Fett oder in ungesalzenem Zustande mehr als 18 Gewichtsteile, in gesalzenem mehr als 16 Gewichtsteile Wasser enthält, darf vom 1. Juli 1902 an gewerbsmäßig nicht verkauft oder feilgehalten werden."

Nach Ansicht einiger Juristen erlaubt aber diese Bestimmung nicht — wie man meinen sollte — den Wassergehalt der Butter bei deren Bereitung absichtlich bei der behördlich fixierten Minimalgrenze zu belassen oder gar in die fertige Butter Wasser einzumischen.

Absichtliche Herabdrückung des Fettgehaltes.

Nach der früheren Rechtsprechung wurde die absichtliche Belassung von zuviel Wasser in der Butter bei deren Herstellung als eine Verfälschung angesehen, dadurch begangen, daß „gewisse Bestandteile bei der Herstellung von Nahrungs- und Genußmitteln nicht genügend entfernt wurden". (Urteil vom 24. Dezember 1884.)

Daß man es seit der Verlautbarung des Erlasses vom 1. März 1902 mit der absichtlichen Belassung des zulässigen Höchstprozentsatzes Wasser, wenn nicht gar mit dem direkten Zusatze von Wasser zu wasserärmerer Butter aber nicht mehr allzu genau nimmt, beweist das Ansteigen des durchschnittlichen Wassergehaltes der Butter seit dem Erlasse der obenerwähnten Verordnung.

Während nämlich vor diesem Erlasse eine gewisse Rechtsunsicherheit bestand, die eine Streckung von Butter durch Wasser immerhin gewagt erscheinen ließ, glaubt man jetzt vielfach, jedweder Beanstandung zu entgehen, wenn die Butter nur analysenfest sei, also nicht mehr als 16 % Wasser enthalte.

Die Verordnung vom 1. März 1902 hat nach Ansicht einiger maßgebender Fachleute also eher eine Qualitätsverschlechterung der Naturbutter im Gefolge gehabt, als die gewünschte Verbesserung.

Das Hineinmischen von Wasser in fertige Butter involviert deren Verschlechterung und ist daher nach der landläufigen Rechtsprechung als eine Verfälschung zu deklarieren. Zusatz von Wasser oder Milch.

Nach dem Gutachten der Berliner Handelskammer (Markthallenzeitung, 1905, S. 77) ist auch jeder Zusatz von Rahm, Milch oder Magermilch, der der Butter zum Zwecke der Gewichtsvermehrung gemacht wird, unzulässig.

Die Färbung der Butter mit gelben Farbstoffen ist erlaubt, sofern diese Färbemittel an sich nicht gesundheitsschädlich sind. Ein Färben mit Safran, Saflor, Gelbholz, Möhren- und Rübensaft, Curcuma, Ringelblumen, Roucon oder Anatto (von Bixa orellana) sowie mit unschädlichen Teerfarbstoffen wird daher vielfach geübt, zumal man in vielen Gegenden eine möglichst intensiv gelbe Butter verlangt. Färbung.

Die künstliche Färbung der Butter wird nicht, wie bei anderen Nahrungsmitteln, als Verfälschung aufgefaßt, weil angeblich die Täuschungsabsicht fehlt. Der Gesetzgeber sagt sich, daß die Färbung in der Regel mit Wissen des Käufers erfolge und nur geschehe, um der Geschmacksrichtung des letzteren entgegenzukommen. Warum diese Auslegung nur hier und nicht auch bei Speiseölen Platz gegriffen hat, ist nicht recht zu verstehen, und die zur Begutachtung und Rechtsprechung berufenen Kreise sind sich dieser Inkonsequenz wohl auch bewußt. Deshalb sagen sie, daß ein Färben von Butter nicht stattfinden dürfe, wenn der Abnehmer ausdrücklich frische, sogenannte Maibutter (Grasbutter) verlangt, und es dürfe in diesem Falle keinesfalls künstlich gefärbte Winterbutter (die in ihrem naturellen Zustande sehr hellgelb, fast weiß ist) verabreicht werden, weil ein solches Vorgehen eine Verfälschung darstelle[1]).

Damit das Färben von Butter und Butterschmalz nicht gegen die Ausführungsbestimmungen des Schlachtvieh- und Fleischbeschaugesetzes vom 3. Juli 1900 verstoße, ist dort im § 1, Ziffer 1, Absatz 3, ausdrücklich festgelegt, daß Butter und Butterschmalz nicht als Fleisch (Fett) im Sinne dieses Gesetzes anzusehen seien.

Die Frage, ob eine Butter verdorben sei und ob sich deren Verkauf daher verbiete, muß nach den allgemeinen Bestimmungen des Nahrungsmittelgesetzes beantwortet werden. Verdorbensein.

Für den Gehalt an freien Fettsäuren nimmt man in der Regel als oberste, noch zulässige Grenze zwölf Säuregrade an, doch werden von den

[1]) Stenographischer Bericht über die Beratungen zum Nahrungsmittelgesetz, S. 798 ff.

Nahrungsmittel-Untersuchungsämtern häufig auch Proben mit mehr als zwölf Säuregraden unbeanstandet zugelassen, weil sie trotz ihres hohen Fettsäuregehaltes nicht ranzig sind. Wichtig ist, daß bei Beurteilung des Verdorbenseins der Butter ihre direkte Genußfähigkeit im Augenblicke des Verkaufes maßgebend ist und nicht etwa der Umstand, ob sie noch zur Herstellung gewisser Backwaren gebraucht werden könne [1]).

Renovierte Butter.

Der Handel und Verkehr mit regenerierter Butter (Prozeßbutter) Renovated butter) bedarf einer besonderen Regelung, denn nach den heute gültigen gesetzlichen Vorschriften darf eigentlich nur ein aus verdorbener Butter hergestelltes Butterschmalz, nicht aber eine eigentliche Renovated butter ohne weiteres gehandelt werden. P. Soltsien [2]) schlägt vor, regenerierte Butter unter einer besonderen Handelsbezeichnung (z. B. Neubutter) in den Verkehr zu bringen, und äußert sich über dieses interessante, täglich wichtiger werdende Thema wie folgt:

„Wenn ein derartiges Fabrikat nach Zusammensetzung und Eigenschaften, auch nicht beanstandet werden könnte, ebenso nicht nach seinem Verkaufspreise, weil dieser entsprechend niedriger ist als der für frische Butter, so ist deshalb doch eine richtige Bezeichnung erforderlich, weil nach in letzter Zeit bekannt gewordenen gerichtlichen Erkenntnissen eine Butter ebensowenig aus anderen Gründen, z. B. um sie weicher zu machen oder beim Waschen, wie auch lediglich um ihr Gewicht zu vermehren, einen Wasserzusatz erhalten darf und weil außerdem ein Zusatz von Milch oder Rahm oder Magermilch, der zum Zwecke der Gewichtsvermehrung erfolgt, als unstatthaft bezeichnet wird. Hiernach dürfte nur regeneriertes Butterfett wieder im Handel als Butter (bzw. Schmelzbutter) erscheinen regenerierte Butter aber nicht, denn wenn eine verdorbene Schmelzbutter nach einer solchen Methode gereinigt würde und dann, wie oben beschrieben, um sie der Butter ähnlicher oder gleich zu machen, einen Zusatz von Milch oder Wasser erhielte, so wäre das eine unstatthafte, strafbare Gewichtsvermehrung, und da andererseits bei allen diesen Methoden der Butterreinigung aus der Butter die verdorbenen Nebenbestandteile beseitigt werden müssen und zunächst ein reines Butterfett hergestellt wird, so würde ein, wenn auch nur ersatzweise nachher wieder erfolgender Zusatz der Nebenbestandteile immerhin eine Handlung sein, deren Berechtigung erst allgemein anerkannt werden müßte, ehe ein derartiges Produkt, und wäre es auch noch so vorzüglich, unbeanstandet als „Butter" verkauft werden könnte. Es müßte eine solche Behandlung zunächst der anerkannten Kellerbehandlung einschließlich der Haltbarmachung ebenbürtig sein, wie sie in den Text des Weingesetzes aufgenommen ist und in dessen zweiter Fassung volle Berücksichtigung gefunden hat. Da es der Wissenschaft mit der Zeit zweifellos vollständig gelingen wird, verdorbene Butter derartig zu verbessern, daß sie von ursprünglicher kaum noch zu unterscheiden ist, so wird auch das Margarinengesetz mit der Zeit eine andere Fassung erhalten müssen, die die Nutzbarmachung alter und verdorbener Butter berücksichtigt und deren Verwendung nicht erschwert."

---

[1]) Neufeld, Der Nahrungsmittelchemiker als Sachverständiger, Berlin 1907, S. 110.

[2]) P. Soltsien, Zur Frage der Verwertung alter Butter, Seifensiederztg. 1905, S. 941.

Loock[1]) wünscht die Renovated butter vom Nahrungsmittelmarkte überhaupt ausgeschlossen zu sehen, denn er äußert sich darüber:

Es kann keinem Zweifel unterliegen, daß solche Produkte unter den oben angegebenen Bezeichnungen nicht in den Handel gebracht werden dürfen. Auch wenn durch das angewandte Verfahren ein in chemischer Hinsicht und bezüglich des Geruches und Geschmackes einwandfreies Fabrikat erzielt würde, muß die Gewinnung von genußfähiger Butter aus verdorbener Butter als unzulässig bezeichnet werden. Kein Mensch, der die ekelerregenden Eigenschaften des Ausgangsmaterials kennt, würde solche Butter kaufen. Auch lassen die Reichsgerichts-Entscheidungen vom 9. Mai 1892, 25. März 1894, 2. Januar 1902 und 12. Februar 1904 darüber keinen Zweifel, daß ein Nahrungsmittel als verdorben anzusehen ist, falls das Ausgangsmaterial ekelerregende Eigenschaften besessen, gleichgültig, ob die verdorbene Beschaffenheit infolge des zur Anwendung gelangten chemischen Verfahrens nicht mehr wahrnehmbar ist.

Schweiz.

Durch eine im Jahre 1909 erlassene, den Verkehr mit Butter und Speisefetten regelnde Verordnung wird bestimmt:

Unter der Bezeichnung Butter darf nur dasjenige Fett in den Verkehr gebracht werden, das ausschließlich aus Kuhmilch ohne Zusatz anderer Fette bereitet worden ist.

Vorbruchbutter (Molkenbutter) muß als solche bezeichnet werden.

Ganz oder teilweise aus der Milch anderer Säugetiere hergestellte Butter ist entsprechend (z. B. als Ziegenbutter) zu bezeichnen.

Der Fettgehalt der frischen (süßen) Butter muß mindestens 82 v. H. betragen.

Zusatz von Kochsalz zur Butter ist gestattet; gesalzene Butter muß jedoch als solche bezeichnet werden. Die Beimischung anderer Konservierungsmittel und sonstiger Chemikalien ist verboten.

Das Gelbfärben der Butter mit unschädlichen Farbstoffen ist ohne Anmeldung gestattet.

Ranzige, talgige, schimmlige oder sonstwie verdorbene Butter darf nicht als Nahrungsmittel in den Verkehr gebracht werden.

Belgien.

In Belgien wurde der Verkehr zuerst durch die königliche Verordnung vom 10. Dezember 1890[2]) und vom 11. März 1895[3]) geregelt. Dadurch wurde der Name „Butter" ausschließlich für das durch den Butterungsprozeß von Milch oder Rahm, mit oder ohne Zusatz von Farbstoffen und Salz gewonnene Fett vorbehalten, die Herstellung von Mischbutter war nur für Exportzwecke erlaubt, während für das Inland bestimmte Kunstbutter höchstens 5 % Naturbutter enthalten durfte. Kunstbutter mußte auch frei von allen antiseptischen Zusätzen (auch Glyzerin) sein und mußte sich in gesundem, unverdorbenem Zustande befinden.

---

[1]) Apotheker-Ztg., 6. Juni 1908.

[2]) Moniteur Belge 1891, Nr. 39.

[3]) Bulletin du service de surveillance de la fabrication et du commerce des denrées alimentaires, Brüssel 1895, Märznummer.

Das belgische Gesetz zur Unterdrückung der mittels Margarine ausgeführten Verfälschungen vom 4. Mai 1900 definierte den Begriff Butter wie folgt:

„**Butter ist das durch Buttern aus Milch oder Rahm abgeschiedene Fett, mit oder ohne Zusatz von Gärungsmitteln, Farbstoffen oder Salzen.“ (Artikel 1.)**

Artikel 10 dieses Gesetzes brachte die Bestimmung, daß anormale Butter, d. h. Butter, deren analytische Konstanten zwar keine bedeutende Verfälschung oder Veränderung sicher anzeigen, sich aber doch von der Mehrzahl reiner Butterprodukte entfernen, nicht ohne besonderes Kenntlichmachen verkauft werden dürfe, und gab Vorschriften, wann eine solche Deklaration einzutreten habe.

Ferdinand Jean[1]) machte kurz nach der Verlautbarung dieses Gesetzes auf die Wichtigkeit aufmerksam, die diese Bestimmung für den französischen Butterexport habe, weil man viele gute Buttersorten als anormal zusammengesetzt deklarieren werde. Nach Wauters[2]) haben über 10% der gesamten Butterproduktion den Bestimmungen des belgischen Gesetzes vom 4. Mai 1900 nicht entsprochen, und er meinte daher, daß diese Bestimmung fast mehr gegen die Naturbutter als gegen die Kunstbutter gerichtet wäre.

Später wurde durch die königlichen Verordnungen vom 20. Oktober 1903[3]) und vom 21. November 1904[4]) die Vorschrift etwas gemildert und festgesetzt, daß Butter erst dann als anormal beschaffen anzusehen und von den allgemeinen Eigenschaften abweichend zu bezeichnen sei, wenn sie wenigstens zwei der nachfolgenden Eigenschaften zeige:

1. Refraktometerzahl Abbé Zeiß, die höher ist als 44 bei 40° C;
2. eine kritische Auflösungstemperatur in Alkohol von 99° 1 (Gay Lussac) über 57° C;
3. ein spezifisches Gewicht unter 0,865 bei 100° C;
4. eine Zahl für die flüchtigen unlöslichen Fettsäuren unter 25 (Meißl);
5. einen Gehalt an unlöslichen und festen Fettsäuren (Hehner), der höher ist als 88,5%;
6. eine Verseifungszahl von unter 222 (Köttstorfer).

In der letztgenannten Verordnung wurde ferner bestimmt, daß Butter, die an anderen Substanzen als Fett und Salz mehr als 18% enthält, nur dann verkauft, geliefert usw. werden dürfe, wenn sie mit einer Aufschrift oder mit einer Umhüllung versehen ist, die in deutlicher, sichtbarer Schrift die Worte trägt: „Mit Wasser vermischte Butter.“

Mit der königlichen Verordnung, betreffend Abänderungen der Bestimmungen über den Handel mit Butter und Margarine, vom 18. Sep-

---

[1]) Ann. chim. analyt. 1901, S. 81—83.

[2]) Das neue belgische Gesetz über die Unterdrückung des Betruges durch Margarine, Bull. Assoc. belge chim. 1900, S. 453—475.

[3]) Moniteur Belge 1903, Nr. 297.

[4]) Moniteur Belge 1903, Nr. 328.

tember 1904[1]) ist die letztere Bestimmung dahin abgeändert worden, daß Butter mit über 18 % anderer Stoffe als Fett und Salz in hermetisch verschlossenen Holzgefäßen oder in Papier- oder Pappe-Umhüllungen, die kreuzweise zu verschnüren, zu versiegeln oder zu verbleien seien, verpackt sein müsse. Auch müssen die Beschaffenheit und das genaue Verhältnis der neben dem Fette und Salze in der Butter enthaltenen anderen Stoffe durch eine Aufschrift kenntlich gemacht sein, und zwar auf zwei gegenüberliegenden Seiten der Umhüllungen (auch auf der Innenseite). Auf der einen Seite muß die Aufschrift in französischer, auf der anderen in vlämischer Sprache gedruckt sein und wie folgt lauten:

„Beurre mélangé d'eau. Avis. —
Ce beurre contient ... pour cent d'eau (caséine, lactose). —
Un beurre pur n'en contient pas plus de 18 pour cent."

Oder:

„Boter met Water gemengd. Bericht. —
Deze Boter bevat ... ten honderd water (Kaastof, melksuiker). —
Zuivere boter bevat et ten hoogste 18 por honderd."

Der belgische Butterhandel, der ehedem sehr im argen lag, ist durch die erwähnten gesetzlichen Bestimmungen, die gleichzeitig auch die Erzeugung sowie den Handel und Verkehr mit Kunstbutter ordneten (vergleiche S. 245—247), auf eine viel reellere Basis gehoben worden, wozu die Regelung der analogen Fragen im benachbarten Holland ebenfalls das ihrige beitrug.

Holland.

Holland.

In Holland, einem der wichtigsten Naturbutter und Margarine produzierenden Staaten, hat man sich verhältnismäßig spät mit der Regelung des Verkehrs mit Natur- und Kunstbutter befaßt. Die Verfälschung der Kuhbutter blühte daher in diesem Lande wie kaum noch anderswo und die seit den letzten Jahren bestehende, musterhaft zu nennende eigenartige Butterkontrolle hat noch nicht vermocht, das gegen die holländische Butter herrschende Vorurteil ganz zu beheben.

Das erste holländische Buttergesetz[2]) wurde im Jahre 1889 geschaffen, zu einer Zeit, als die immer mehr überhand nehmende Verfälschung eine ernstliche Abschwächung des holländischen Butterhandels herbeigeführt hatte. Dem Gesetze, das im Jahre 1900[3]) eine Revision erfuhr, liegt der Gedanke zugrunde, daß alle der Butter ähnliche Ware, insofern

---

[1]) Deutsches Handelsarchiv 1905, Bd. 1, S. 57.

[2]) Gesetz v. 23. Juni 1889, Staatsblad van het Koninkrijk der Nederlanden Nr. 82; eine Verordnung zu diesem Gesetze wurde im Staatsblad Nr. 155 veröffentlicht.

[3]) Datiert vom 9. Juli 1900.

sie nicht aus der Milch herrührende Fettstoffe enthält, als „Margarine“ oder „Surrogaat“ gekennzeichnet, transportiert, exportiert und zum Verkaufe angeboten werden müsse. Eine besondere, aus einem Inspektor und einer Anzahl von Kontrolleuren bestehende Behörde überwachte die Handhabung des Gesetzes, dessen Übertretungen mit Geld oder Haftstrafen geahndet wurden.

Die Bestimmungen des holländischen Margaringesetzes waren aber viel zu locker und daher nicht imstande, den in den Niederlanden an der Tagesordnung stehenden Butterverfälschungen einen genügend starken Wall zu setzen. Da der schlechte Ruf der holländischen Butter den Export nach England und Deutschland schwer schädigte, griffen einige größere Molkereien zur Selbsthilfe und gründeten Kontrollstationen, die die Butterbereitung an Ort und Stelle überwachen sollten.

Die Idee, eine Kontrolle der zur Ausfuhr gelangenden Butter, analog der Düngerkontrolle, zu schaffen, hatte bereits A. Mayer[1]) im Jahre 1884 ausgesprochen, doch verhallte dieser Vorschlag damals ungehört. Als vor wenigen Jahren die Molkereiinteressenten der Provinz Friesland die Idee aufs neue aufgriffen und durchführten, verbreitete sich das System aber ziemlich rasch in mehreren Gegenden Hollands, so daß sich im Jahre 1903 bereits 440 Molkereien mit einer Jahreserzeugung von 15 Millionen Kilogramm Butter den Butter-Kontrollstationen unterstellt hatten, deren es im Jahre 1905 acht gab, und zwar in Leeuwarden, Groningen, Deventer, Leyden, Eindhoven, Maastricht, Assen und Middelburg.

Anfänglich kümmerte sich die holländische Regierung wenig um diese Stationen; als diese aber ihren Wirkungskreis immer weiter ausdehnten, erkannte sie ihre Bedeutung und übernahm im Februar 1903 die Oberaufsicht über diese Anstalten, die der unter der Oberleitung stehenden Reichsmolkerei-Versuchsstation zu Leyden übertragen wurde.

Zugleich gewährte der Staat den Butterkontrollstationen eine staatliche Schutzmarke und erließ später genaue Vorschriften, die auch für das Ausland, das holländische Butter bezieht, Wichtigkeit haben. Diese am 7. Juli 1904 in Kraft getretenen Vorschriften belegen die Nachahmung oder den betrügerischen Gebrauch der Reichsschutzmarke mit schweren Strafen, wodurch jedem Käufer die Gewähr gegeben ist, daß eine mit der Schutzmarke „Nederlandsche Boterkontrole. Onder Rijkstoezicht“ versehene Butter auch rein und unverfälscht ist.

Der staatlichen Aufsicht können sich in Holland sowohl Landwirte und Molkereien als auch Butterhändler unterstellen, nur müssen sie von vornherein einen guten Ruf haben. Die Mitglieder der Kontrollstation dürfen weder unmittelbar noch mittelbar an der Herstellung oder an dem Verkauf von Margarine, von Ölen und sonstigen Fetten, die zum Verfälschen von Butter dienen können, beteiligt sein. Sie dürfen solche Öle und Fette weder

[1]) De Boterhandel 1884, Nr. 2—6.

befördern noch befördern lassen und auch in ihren Räumen nicht vorrätig halten. Butterhändler dürfen andere Butter nicht kaufen und Butterhersteller andere Butter nicht zukaufen als solche, die von einem Angehörigen einer der Staatskontrolle unterstellten Kontrollstation herstammt. Diese Bestimmungen haben auch Gültigkeit für die Vorstandsmitglieder, Leiter, Besitzer oder Teilhaber von Molkereien. Die Butterhersteller sind verpflichtet, ein von der Regierung vorgeschriebenes Verzeichnis zu führen und in dieses die von ihnen hergestellten Buttermengen, jeden abgegebenen Posten Butter von mehr als 5 kg, die Gesamtmenge der in kleineren Posten abgegebenen Butter und jeden Posten zugekaufter Butter stets sofort einzutragen. Bei zugekauften oder verkauften Mengen über 5 kg ist der Name und Wohnort des Lieferanten bzw. Abnehmers anzugeben. Ein ähnliches Verzeichnis müssen die unter Kontrolle stehenden Butterhändler führen. Diese sowie die Butterhersteller sind verpflichtet, den mit der Kontrolle beauftragten Beamten jederzeit freien Zutritt in ihre sämtlichen Räume zu gewähren, jede gewünschte Auskunft zu erteilen, Einblick in die vorgeschriebenen Verzeichnisse sowie die Entnahme von Proben von Butter wie auch von verarbeiteten Rohstoffen zu gestatten.

Die staatliche Schutzmarke enthält das niederländische Wappen und die Worte: „Nederlandsche Boterkontrole. Onder Rijkstoezicht". (Niederländische Butterkontrolle. Unter Staatsaufsicht.) Auf dieser Schutzmarke, die für alle der Staatskontrolle unterstellten Kontrollstationen gleich ist, wird dann auf der Seite ein für jede zuständige Kontrollstation verschiedener Buchstabe usw. angebracht, so daß die Herkunft der Butter jederzeit leicht nachgewiesen werden kann. Neben dieser staatlichen Schutzmarke dürfen Hersteller und Händler, wenn sie wollen, noch eine eigene Handelsmarke anwenden. Die Prüfung durch die Station und durch den Staat soll nicht allein Verfälschungen mit fremden Stoffen verhindern, sondern auch Gewähr dafür geben, daß der Wassergehalt der Butter nicht zu hoch ist. Alle Untersuchungen der Probe müssen nach den von der Regierung festgesetzten Vorschriften vorgenommen werden; auch müssen alle Änderungen der Satzungen sowie in bezug auf die Beamten der Regierung zur Genehmigung vorgelegt werden. Endlich haben die Direktoren aller unter Staatskontrolle stehenden Stationen monatlich die Ergebnisse der Analysen dem Direktor der Reichsmolkerei-Versuchsstation einzureichen.

Die jetzige Butterkontrolle hat die ehedem blühende Verfälschung der holländischen Butter stark eingedämmt, konnte sie aber nicht gänzlich beseitigen und vermochte nicht Unterschiebungen von Margarine oder Mischbutter ganz aufzuheben. Die Molkereiindustrie, die stark auf den Import ihrer Produkte, namentlich aber den der Butter angewiesen ist, hat sich daher zum Schutze vor weiterem Schaden an die Regierung gewandt, damit ein neues Margaringesetz an Stelle des aus dem Jahre 1889 bzw. 1900 stammenden geschaffen werde. Die holländische Regierung hat bereits im Jahre 1908 ein solches Gesetz eingebracht (siehe S. 245), worin vor allem auf vollkommen getrennte Werkstätten und Lagerräume für Butter und Margarine gesehen wird und das speziell die Herstellung von Mischungen von Butter mit anderen Fetten vermeiden will, ohne der Margarinindustrie unnötigerweise Lasten aufzuerlegen.

Auch ist ferner beabsichtigt, den Minimalfettgehalt der Butter festzustellen und ihn vorläufig mit 80% anzunehmen.

England.

England.

Die im englischen Butterhandel herrschenden Zustände sind, sowohl vom Standpunkt der Hygiene als auch von dem der Rechtlichkeit betrachtet, heute recht bedauerlich, und es wäre sehr zu wünschen, daß der Butterfälschung Grenzen gesetzt würden.

Von fachmännischer Seite wird darüber berichtet[1]):

„Es ist ganz unglaublich, welch' enorme Quantitäten der merkwürdigsten Mischungen aller nur möglichen Stoffe als Naturbutter in England verkauft werden. Das bestehende Gesetz schiebt selbst den fragwürdigsten Manipulationen kaum einen Riegel vor, und wenn es einmal wirklich verletzt wird, so sind die Strafen dafür so gering, daß sie gar nicht abschreckend wirken. Ein ganz besonderer Unfug ist dabei die Herstellung sogenannter ‚Hamburger Butter'. Darunter versteht man hier das Durchsetzen der Butter mit unverhältnismäßig großen Quantitäten Wasser, das mittels besonderer Maschinen bewirkt wird. Ursprünglich soll diese Butter schon verkaufsfertig aus Deutschland hierher gelangt sein, jetzt wird sie schon lange in England auch erzeugt, hat aber den alten Namen beibehalten, was viel dazu beiträgt, das deutsche Produkt in Verruf zu bringen. Ob überhaupt Hamburg oder irgendein anderer deutscher Platz es gewesen ist, dem die erwähnte Erfindung zu verdanken ist, mag dahingestellt bleiben, nachweisen läßt sich das wohl jetzt noch nicht.

Das neben dem Einkneten von Wasser geübte Vermengen verschiedener Buttersorten kann an und für sich nicht als unreell bezeichnet werden, im Gegenteil, es ist ein durchaus legitimes und empfehlenswertes Verfahren, wo es sich darum handelt, aus der Produktion eines größeren Distriktes eine gleichmäßige, marktfähige Ware zu erhalten, doch darf man darin nicht so weit gehen, Butter aus den verschiedensten Ländern zu vermengen, die dadurch auch noch ihrer besonderen Eigenschaften beraubt wird und der man dann häufig, um sie schmackhafter zu machen oder ihr ein Aroma zu verleihen, geradezu gesundheitsschädliche Substanzen zufügt."

Im englischen Unterhause ist vor einiger Zeit ein Gesetzentwurf eingebracht worden, der die Fabrikation, den Verkauf oder das Feilbieten von Butter, die mehr als 16% Wasser enthält, verbietet. Das gleiche gilt von Butter, die mit irgendeinem Stoff versetzt ist, wodurch der Wassergehalt erhöht wird. Übertretungen dieser Bestimmungen sollen das erstemal mit 20 Pfund, das zweite- und drittemal mit 50 und 100 Pfund Sterling bestraft werden.

Vereinigte Staaten Nordamerikas.

Vereinigte Staaten Nordamerikas.

Die Gesetzgebung über die Herstellung und den Handel mit Naturbutter in den Vereinigten Staaten reicht bis zum Jahre 1877 zurück, in

[1]) Deutsche Milchwirtsch. Ztg. 1906, Nr. v. 2. Juni 1908.

welchem Jahre man bereits versuchte, die sich immer mehr ausbreitende Verfälschung von Naturbutter mit Kunstbutter einzuschränken. Verschiedene Gesetzesvorschläge suchten den Schutz der Naturbutterproduktion möglichst wirksam zu gestalten, ja es wurde sogar mehrfach direkt ein Verbot der Herstellung von Buttersurrogaten angestrebt (vergleiche S. 254).

Vorschriften über die Herstellung von Naturbutter enthalten die Erläuterungen zum Gesetze vom 2. August 1886 (Erläuterungen vom 18. Oktober 1886), worin gesagt wird, daß die der Butter häufig zugesetzte Butterfarbe in Verbindung mit Ölen oder Fetten, die nicht der Milch entstammen, angewendet werden dürfe. Man darf also Butterfarbe in beliebigen Ölen und Fetten anreiben, bzw. solche Farbmischungen zum Färben der Butter gebrauchen. Das Gesetz sagt aber weiter in recht unklarer Weise, daß von diesen Farbmischungen nur so viel der Butter zugesetzt werden dürfe, als die Färbung der Butter notwendig macht, und daß eventuell durch Untersuchung festgestellt werden müsse, ob solcher Butter durch zu reichlichen Zusatz von absichtlich schwach gefärbter Butterfarbe derart große Mengen anderer Fette zugemischt wurden, daß sie als Oleomargarin zu bezeichnen ist.

Das Gesetz vom Jahre 1886 erhielt auch am 1. Oktober 1890 und am 9. Juli 1891 ergänzende Ausführungsbestimmungen.

Für Process und Renovated butter ist in Amerika eine bestimmte Verpackung vorgeschrieben, über welchen Punkt sich besonders das jetzt gültige Margaringesetz vom 9. Mai 1902 näher ausläßt. Dieses Gesetz unterscheidet drei Klassen von Butter:

1. normale Butter,
2. Process oder Renovated butter und
3. verfälschte, d. h. mit Kunstbutter vermischte Butter (adulterated butter).

Die normale Butter ist frei von Abgaben, Renovated butter und verfälschte (adulterated) Butter, das ist solche mit über 16 % Wassergehalt, unterliegen einer besonderen Fabrikations- und Gewerbesteuer und bestimmten Verpackungsvorschriften:

„Fabriken, die Process oder Renovated butter herstellen (geringwertige Butter wird überschmolzen und mit einem Zusatz von Milch, Sahne oder guter Butter versehen), zahlen eine jährliche Grundsteuer von 50 Dollars."

Außerdem ist für den Vertrieb solcher aufgebesserten Butter eine Gewerbesteuer von 200 Dollars (Großhändler), bzw. 6 Dollar (Kleinhändler) zu zahlen.

Fabriken, die gemischte (adulterated) Butter, die noch einen „Schatten von Gelb" hat, herstellen, haben eine jährliche „Generalsteuer" (Fabrikationssteuer) von 600 Dollars (1 Dollar = 4,20 Mk.) und eine „Spezialsteuer" von 10 Cents (1 Cent = 4,2 Pf.) für 1 pound (0,45 kg) fabrizierter

Margarine (unter dem alten Gesetz vom Jahre 1886 betrug diese Steuer nur 2 Cents) zu bezahlen[1]).

An Gewerbesteuer zahlen Großhändler, die Mischbutter vertreiben, 480 Dollar, Kleinhändler (Verkauf unter 10 Pfund) 48 Dollars jährlich.

Produktion.

Über die wirtschaftliche Bedeutung der Naturbuttererzeugung für die eigenen Länder, über den Butterverbrauch und den Butterhandel wird das Wissenswerte beim Abschnitt „Margarine" gesagt.

2. Butter- und Butterschmalz-Surrogate.

Geschichtliches.

Die Verwendung der besseren Talgsorten zu Speisezwecken ist alt. Vorsichtig ausgeschmolzener (ausgelassener) Rindstalg wird in der Küche seit undenklichen Zeiten für Koch- und Backzwecke benutzt. Die Herstellung von solchem „Speisetalg" im Fabrikbetrieb datiert dagegen nicht allzu weit zurück und hat sich erst mit der Einführung der Wasser- und Dampfschmelze so recht entwickelt.

Die Konsistenz des Speisetalges und dessen Mangel an Streichfähigkeit lassen ihn nicht als einen Ersatz für Naturbutter, sondern nur als ein Surrogat für Schmelzbutter (Butterschmalz) erscheinen; aber auch hiefür fehlen dem Speisetalg einige bemerkenswerte Eigenschaften, vor allem der charakteristische Geruch und Geschmack des Butterschmalzes. Diese letzteren dem Speisetalg auf künstlichem Wege zu geben, bestrebte sich schon William Palmer[2]), der sich im Jahre 1846 in England ein Verfahren patentieren ließ, wonach er Ochsen-, Hammel- und Kälberfett durch Beigabe von Lorbeerblättern einen eigentümlichen, angenehmen Geruch und Geschmack erteilte[3]). Das Verfahren Palmers fand aber wenig Beachtung, weil damals ein Mangel an Butter und Butterschmalz nicht fühlbar, also auch eine Nachfrage nach einem billigen Ersatz nicht vorhanden war.

Versuche Mège Mouriés. Anders lagen die Verhältnisse, als sich gegen das Ende der sechziger Jahre des vorigen Jahrhunderts Mège Mouriés[4]) mit dem Problem der

[1]) Das kommt einer Steuer von über 90 Pf. für 1 kg gleich. — Ein wissentlicher Vertrieb von Aldulterated oder Renovated butter ohne die vorgeschriebene Verpackungsart, Hinterziehung der Fabrikations- und Gewerbesteuer usw. werden mit hohen Geldstrafen geahndet.

[2]) Engl. Patent 11414 v. 15. Okt. 1846.

[3]) Patent-Journ. 1846, Bd. 2, S. 791.

[4]) Dieser Name zeigt in der Fachliteratur verschiedene Schreibweisen; sogar in französischen Gesetzblättern findet man verschiedene Formen. In dem Gesetzentwurfe der französischen Regierung v. 20. Juli 1894 ist der Erfindername Mège Mouriez geschrieben; hier sei jedoch die Schreibweise Mège Mouriés eingehalten, weil sich der noch lebende Sohn des Erfinders ihrer bedient.

Herstellung künstlicher Butter zu beschäftigen begann. Der Verbrauch von Naturbutter war inzwischen merklich gestiegen, ohne daß sich auch deren Produktion in gleichem Maße erhöht hätte. Infolge des immer deutlicher hervortretenden Mangels an Kuhbutter und der damit verbundenen steten Preissteigerung dieses Nahrungsmittels beauftragte die französische Regierung[1]) den Chemiker Mège Mouriés mit Versuchen zur Darstellung eines künstlichen Butterersatzes. Dieses Produkt sollte in erster Linie für die Armenverpflegung bestimmt sein und bei billigem Preise eine größere Haltbarkeit besitzen als Naturbutter.

Die Versuche Mège Mouriés' waren schon im Jahre 1869 so weit gediehen, daß er um die Bewilligung zur Errichtung einer Fabrik ansuchen konnte, die er in Poissy bei Paris anzulegen gedachte. Diesem Gesuche entnahmen wir die folgenden interessanten Stellen:[2])

Mèges Gesuch wegen Errichtung einer Kunstbutterfabrik.

„Seit mehreren Jahren von der Regierung mit dem Studium gewisser wichtiger, dem Gebiet der Nationalökonomie angehörender Fragen betraut, wurde ich unter anderem aufgefordert, Untersuchungen darüber anzustellen, inwieweit es möglich sei, für die Marine und die bedürftigen Klassen der Bevölkerung eine Butter herzustellen, die billiger und dabei von größerer Haltbarkeit wäre als die gewöhnliche, indem sie des bei letzterer in kurzer Zeit auftretenden ranzigen Geschmackes und unangenehmen Geruches entbehrte. Verschiedene von mir zu diesem Zwecke auf der kaiserlichen Farm zu Vincennes angestellte Versuche ergaben mir das folgende Resultat:

Kühe, denen die Nahrung vollständig entzogen worden war, nahmen bald an Körpergewicht ab und lieferten eine geringere Menge Milch; diese letztere enthielt indessen immer Butter, die unter den obwaltenden Umständen keiner anderen Quelle als dem tierischen Fett entstammen konnte. Dem resorbierten und in den Kreislauf gezogenen Fett wurde durch die respiratorische Tätigkeit das Stearin entzogen, während sein Oleomargarin dem Euter zugeführt wurde, wo es unter dem Einfluß des dort befindlichen Pepsins in butterartiges Oleomargarin, d. h. Butter, übergeführt wurde.

Auf Grund dieser Beobachtung versuchte ich, diesen natürlichen Vorgang nachzuahmen, indem ich erst Kuh-, dann Ochsenfett anwendete. Ich erhielt ein Fett, das ziemlich bei derselben Temperatur wie die Butter schmolz, einen süßen und angenehmen Geschmack besaß und in den meisten Verwendungsarten die gewöhnliche Milchbutter, allerdings nicht die feinen und aromatischen Sorten der frischen Butter guter Qualität, ersetzen konnte, wobei es noch die vorteilhafte Eigenschaft besaß, daß es längere Zeit aufbewahrt werden konnte, ohne ranzig zu werden."

Über die Einzelheiten der Fabrikation ließ sich der mit ihrer Prüfung beauftragte Berichterstatter Boudet[3]) folgendermaßen aus:

---

[1]) Vielfach wird auch der Name Napoleon III. mit der Kunstbuttererfindung in Verbindung gebracht; er selbst soll die Anregung zur Suche nach einem billigen Speisefette gegeben haben.

[2]) Vergleiche Rapport général sur les travaux du Conseil d'Hygiene publique et de Salubrité du Département de la Seine depuis 1872 jusquà 1877 inclusivement, von M. F. Bezancon, Paris 1880/8, S. 8 u. ff. — Vergleiche auch das engl. Patent Nr. 2731 v. 16. Juli 1877 des Hippolyte Mège in Paris.

[3]) Rapport fait Conseil d'hygiène et de Salubrité autorisant la vente de la Margarine Mouriés, 10. April 1872.

Boudets Bericht.

„Das Fett bester Qualität von an demselben Tage geschlachteten Ochsen wird zwischen zwei mit konischen Zähnen versehenen Zylindern zermalmt, wobei die es umgebenden Membranen zerrissen werden. Das zerkleinerte Produkt fällt in einen mit Dampf erhitzten tiefen Bottich, der auf je 1000 kg 300 kg Wasser, 1 kg **Kaliumkarbonat** und zwei Schaf- oder Schweinemagen enthält. Die Temperatur des Gemenges wird auf 45° C gebracht und erhalten. Nach zwei Stunden haben sich unter dem Einfluß des in den Schafmagen enthaltenen Pepsins die das Fett umgebenden Membranen gelöst, das Fett selbst ist vollständig geschmolzen und schwimmt obenauf. Es wird nun durch ein bewegliches, mit einem brausenartigen Ansatz versehenes Rohr in einen zweiten, mittels eines Wasserbades auf höher als 45° C erwärmten Bottich abgelassen, wo man dem Fette, um seine Reinigung zu begünstigen, 2% Kochsalz zusetzt. Nach zwei Stunden der Ruhe wird das Fett, das sich inzwischen geklärt, eine schöne gelbe Farbe und einen angenehmen, frisch geschlagener Butter ziemlich ähnlichen Geruch angenommen hat, in Kristallisationsbehälter aus verzinntem Eisen von 25—30 Litern Inhalt abgelassen, die man nach ihrer Füllung in einen auf 20—25° C erwärmten Raum bringt. Am nächsten Tage ist das Fett erstarrt und besitzt eine körnige Beschaffenheit, die es zum Pressen sehr geeignet erscheinen läßt. Es wird in Stücke geschnitten, in Leinwand gehüllt und unter die hydraulische Presse gebracht. Durch Anwendung eines nicht zu starken Druckes in einem auf 25° C erwärmten Arbeitsraum läßt sich das Fett in zwei ziemlich gleiche Teile scheiden, und zwar

in **Stearin** (40—50%) und in
flüssiges **Oleomargarin** (50—60%).

Das in dem Preßsack zurückbleibende, bei 40—50° C schmelzende Stearin findet seine weitere Verwendung in den Kerzenfabriken.

Das **Oleomargarin** wird für den menschlichen Genuß verarbeitet. Es besitzt, nachdem es durch Erkalten zum Erstarren gekommen ist, eine schwachgelbe Farbe und einen Geschmack, der weder dem des Schmalzes noch dem des Fettes ähnlich ist, vielmehr an ausgelassene Butter erinnert. Es verflüssigt sich wie die Butter im Munde, während sich das Ochsenfett im Munde in schmelzendes Oleomargarin und in mehr oder weniger dem Gaumen anhaftendes Stearin teilt.

Das so gewonnene Oleomargarin, dem man durch Pressen zwischen Zylindern eine gleichmäßige Beschaffenheit gibt, wird bei niederer Temperatur geschmolzen und gewaschen. Es bildet das Küchenfett (graisse de ménage) oder Konservefett (graisse de conserve) und wird in Paris unter dem Namen „Margarine" verkauft.

Um mit Hilfe des Oleomargarins Kunstbutter herzustellen, beschickt Mège eine Buttermaschine mit 30 kg dieser Masse, 25 Litern Kuhmilch (die kaum 1 kg Butter entsprechen) und 25 kg Wasser, das die löslichen Teile von 100 g in möglichst fein verteiltem Zustande mazerierten Kuheuters enthält. Zur Färbung setzt man eine kleine Menge Orlean zu. Das Butterfaß wird in Bewegung gesetzt; nach Verlauf einer Viertelstunde haben das Wasser und das Fett unter dem Einfluß des Euterpepsins eine Emulsion gebildet und erscheinen analog wie bei der Milch als dicker Brei. Dieser Brei verwandelt sich bei fortgesetzter Bewegung der Maschine, je nach den Bedingungen des Versuches, in kürzerer oder längerer Zeit in eine butterartige Masse; meist sind zwei Stunden hierzu ausreichend. Ist der Prozeß beendet, so läßt man kaltes Wasser in das Butterfaß, um nun noch die Kunstbutter, die, gerade wie die Milchbutter, Buttermilch zurückhält, von letzterer abzuscheiden. Zu diesem Zwecke wird das Produkt in einen Apparat gebracht, der aus einer Knetmaschine und zwei Mahlzylindern besteht, die sich unter einer Wasserbrause befinden. Die hieraus hervorgehende gewaschene Kunstbutter hat eine feine und gleichmäßige Konsistenz."

Diese Betriebsweise ist bis heute im Prinzip nicht geändert worden. Wohl hat man die Verwendung von Schaf- und Schweinemagen beim Ausschmelzen des Premier jus verlassen, ebenso die von Kuheutern beim Verbutterungsprozesse, und die Qualität der Kunstbutter durch verschiedenartige Zusätze verbessert, der Hauptsache nach hat aber die Herstellung von Margarinbutter keine wesentliche Änderung erfahren.

Pariser Belagerungszeit.

Bau und Betrieb der von Mège Mouriés geplanten Kunstbutterfabrik wurden behördlicherseits bewilligt und schon zu Beginn des Jahres 1870, also noch vor Ausbruch des Deutsch-Französischen Krieges, wurde in den Pariser Markthallen die Mège Mouriéssche Kunstbutter ausgeboten. Die kommenden Kriegsjahre hemmten leider die weitere Entwicklung dieser neuen Industrie; während der Pariser Belagerung hat Mège Mouriés jedenfalls keine Margarinbutter erzeugt, denn in dem interessanten Berichte von A. Payen[1]) über die Nahrungsmittel während der Pariser Belagerungszeit ist kein Wort davon erwähnt. Dagegen bemühte sich Dordron, Ochsen- und Hammelfett durch warme alkalische Bäder im Geschmacke zu verbessern und als „Pariser Butter" zu verkaufen, und auch Casthelaz[2]) suchte Rindstalg durch Behandeln mit verdünnten Sodalösungen für die Belagerten speisefähig zu machen. Ebenso wurde das aus dem Fettgewebe und den Knochen der geschlachteten Pferde gewonnene Fett während der Belagerungszeit als Speisefett verwendet, und es soll nach Payen sogar ein ganz gutes, an Gänsefett erinnerndes Produkt gegeben haben.

Neuerliche Urteile über Mèges Kunstbutter.

Von der Mègeschen Kunstbutter hörte man erst im Jahre 1872 wieder reden. Mehrere bei der Pariser Polizeipräfektur eingelaufene Anzeigen, wonach mit Ochsenfett vermischte Butter zum Verkauf gelangt war, gaben die Ursache zu einer genauen Untersuchung der fraglichen Produkte, doch erstattete der Direktor der Untersuchungsstation G. Tissandier ein für das neue Produkt recht günstiges Gutachten. Die Sanitätsbehörde stellte sich indes mit diesem Urteile nicht zufrieden und beauftragte J. Mattieu, genaue Untersuchungen über den Wert der neuen Butter anzustellen und eine präzise Erklärung abzugeben, ob eine Konfiskation dieser Ware Platz zu greifen habe oder ob sie zum Verkaufe freigegeben werden dürfe.

Mattieu äußerte sich gleichfalls in einem sehr günstigen Sinne, wozu nicht wenig die Offenheit Mège Mouriés' beitrug, der einem Berichterstatter der Sanitätsbehörde, namens Boudet, genauen Einblick in die Fabrikation gewährte. Durch den von Boudet[3]) an seine Behörde erstatteten Bericht wurde das Wesen der Fabrikation Mège Mouriés' weiteren Kreisen bekannt und damit die Voreingenommenheit, die die große Masse

---

[1]) Payen, Compt. rendus, Bd. 72, S. 613.

[2]) Bulletin de la Société d'Encouragement 1871, S. 241.

[3]) Vergleiche die S. 44 von Boudet stammende Beschreibung der Bereitungsweise der Kunstbutter in der Mouriésschen Fabrik.

der Bevölkerung bisher gegen das neue Fett beherrscht hatte, beseitigt oder doch zum wenigsten abgeschwächt[1]).

Boudet begnügte sich übrigens nicht mit seinen eigenen Beobachtungen, sondern er ließ Proben von Oleomargarin und Kunstbutter auch von Boussingault und Poggiale untersuchen und in mehreren Haushalten praktisch ausprobieren. Die Endresultate dieser Versuche faßte er resümierend dahin zusammen, daß sich die Kunstbutter viel länger aufbewahren lasse als gewöhnliche Butter und nicht so leicht den ranzigen Geruch der letzteren annehme, daß man ihre Konsistenz der jeweiligen Jahreszeit anpassen könne und daß sie in der Regel weniger wasserhaltig sei als die Naturbutter. Als Beispiel führte er an, daß eine 1 $^1/_2$ Jahr alte Kunstbutter noch in bemerkenswert guter Weise erhalten war. Ferner betonte er, daß das Oleomargarin ein ausgezeichnetes Küchenfett darstelle und daß die Kunstbutter, wenn sie auch nicht den feinen aromatischen Geschmack der Milchbutter habe, doch in der Küche mit großem Vorteil verwendet werden könne[2]).

Das Oleomargarin und die Kunstbutter Mège Mouriés' wurden von Boudet als zwei neue Produkte bezeichnet, deren Verwendung vom hygienischen Standpunkt aus zu keinem Bedenken Veranlassung biete. Boudet befürwortete daher, daß die Erlaubnis zum Feilbieten des Produktes erteilt werde, und empfahl nur, daran die Bedingung zu knüpfen, daß das Publikum von der wirklichen Beschaffenheit der ihm zum Kaufe angetragenen Ware in Kenntnis gesetzt werde. Der Conseil d'hygiène erteilte mit Dekret vom 12. April 1872 die Erlaubnis zum öffentlichen Vertriebe der Fabrikate von Mège Mouriés, und es bildete sich daraufhin die Société anonyme d'alimentation mit einem Kapital von 800 000 Franken, die die Ideen des Erfinders ins Praktische umsetzte.

Den anfänglich sehr günstigen Urteilen über die Mège Mouriéssche Kunstbutter widersprach ein im Jahre 1880 von der medizinischen Akademie abgegebenes Urteil, wonach der Gebrauch von Margarine auf die Zubereitung gewisser Gerichte (Ragouts) und Gemüse, mit Ausnahme der Kartoffeln, beschränkt bleiben sollte. In dem Berichte wurde auch bemerkt, daß die Margarinfabrikanten ihre Rohstoffe zum Teil sogar aus Abdeckereien bezögen, weshalb man befürchten müsse, daß derartige Produkte wirklich schädlich seien; dieses um so mehr, als die Temperatur, bei der das Ausschmelzen der Fette vor sich geht, nicht genüge, um Krankheitskeime zu zerstören.

---

[1]) Hefter, Zur Geschichte der Kunstbutter, Seifenfabrikant 1895, S. 176.

[2]) Unverständlich ist ein von Riege (Révue Médicine, durch Pharm. Zentralhalle 1880, S. 253) erstatteter Kommissionsbericht, der zu dem Schlußurteil kommt, daß die Margarine auf die Gesundheit schädlich wirke, wenn auch nur in geringer Weise, weil sie einen größeren Fettsäuregehalt besitze als die Butter und weil ihre Umwandlung in die zur Separation des Fettes nötige Emulsion schwieriger vor sich gehe als bei Naturbutter.

Dieses ungünstige Urteil, das wohl in erster Linie auf die üppig blühenden Verfälschungen der Naturbutter mit Margarine zurückgeführt werden muß, bot den Anlaß zur gesetzlichen Regelung der Fabrikation und des Handels mit Margarinbutter, ohne aber der Weiterentwicklung der jungen Industrie zu schaden.

Ähnliche Verfahren.

Die Erfolge Mège Mouriés' zeitigten in rascher Folge mehrere, vielfach patentierte Verfahren, die entweder der Methode von Mège Mouriés sehr warm nachempfunden waren oder aber Produkte lieferten, die sehr wenig

Fig. 1. Mège Mouriés, der Erfinder der Kunstbutter.

Butterähnlichkeit aufwiesen. Es seien hier nur von vielen die Patente von Francis Kraft[1]), W. E. Andrew, John Hobbs, W. L. Churchill, J. S. Engelhard, Garret Cosine[2]), B. Hoffmann[3]), Jaroslawski[4]) und Nootenboom[5]) genannt.

Wesentliche Verbesserungen brachte eigentlich keines dieser Patente, und der Ruhm Mège Mouriés', der Erfinder der Kunstbutter zu sein, ist

[1]) Amer. Patent v. 21. Juli 1874.
[2]) Amer. Patent v. 15. Febr. 1876.
[3]) Engl. Patent Nr. 3687 v. Jahre 1880.
[4]) D. R. P. Nr. 9763.
[5]) Engl. Patent Nr. 2709 v. 14. Juli 1877.

und bleibt unbestritten. Mège Mouriés, dessen Bildnis[1]) auf S. 47 wiedergegeben ist, hat aber aus seiner Erfindung nur geringen materiellen Vorteil gezogen.

Entwicklung der Kunstbutterindustrie in Österreich.

Neben Frankreich war es Österreich, das sich zuerst mit der Kunstbutterfabrikation zu befassen begann. Ein Amerikaner namens Bendorf, der im Jahre 1871 in Angelegenheiten der Weltausstellung in Wien weilte, hatte den damaligen Inhaber der renommierten Fettwarenfabrik F. A. Sargs Sohn in Liesing bei Wien animiert, der Herstellung von künstlicher Butter näher zu treten. Bendorf wollte aus Amerika ein vorzügliches Verfahren mitgebracht haben, doch ergaben die von Sarg angestellten Versuche die technische Unzulänglichkeit seiner Methode. Bendorf hatte bei seinen Versuchen im kleinen so viel gute Naturbuttter dem Kunstprodukt beigemischt, daß eine analoge Durchführung dieses Verfahrens im großen unrentabel geworden wäre. Gleich Ungünstiges erfuhr Sarg mit einem zweiten Unternehmer. Ein dritter Kunstbutterfachmann, der Belgier v. Ronstorff, bot sein geheim gehaltenes Verfahren gegen 500000 Franken Barentschädigung und 500000 Franken Gewinnanteil, zahlbar innerhalb der ersten zehn Betriebsjahre, der Firma Sarg zum Kaufe an. Als diese die horrenden Forderungen ablehnte, gründete v. Ronstorff im März 1873 eine Aktiengesellschaft, die jedoch im Wiener Maikrach desselben Jahres mit so vielen anderen Unternehmungen samt ihrem Gründer spurlos von der Bildfläche verschwand.

Sarg war inzwischen nicht untätig geblieben und hatte mit Hilfe französischer Ingenieure, eines bei der Gründung der Fabrik in Poissy tätig gewesenen Mannes und nicht zuletzt auf Grund der Veröffentlichungen Boudets seine Vorarbeiten so weit vollendet, daß er im Spätsommer 1873 mit der Erbauung einer Kunstbutterfabrik in Liesing beginnen konnte. Im Februar 1874 kam bereits die neue Ware auf den Markt, und der Wiener Magistrat, der sich von der rationellen und reinlichen Erzeugung dieses neuen Nahrungsmittels Überzeugung verschafft hatte, gab die Bewilligung zum Verkaufe des Produktes unter dem Namen „Wiener Sparbutter"[2]).

Der Absatz der in Liesing erzeugten Kunstbutter ließ im Anfang zu wünschen übrig, doch legten sich diese Schwierigkeiten bald, so daß im Jahre 1875 die Anlage bereits vergrößert werden konnte. 1877 erfolgte eine nochmalige Erweiterung des Betriebes, und es wurde täglich eine Menge Kunstbutter erzeugt, die dem von 30000 Kühen mittlerer Milchergiebigkeit gelieferten Butterquantum entsprach. Die „Wiener Sparbutter" wurde allerdings nur zum Teil in Österreich konsumiert, beträchtliche Mengen davon

[1]) Fig. 1 ist eine Wiedergabe des einzigen, in Privatbesitz befindlichen und von der Hand seines Sohnes stammenden Porträts Mège Mouriés'.

[2]) Th. v. Gohren, Kunstbutterfabrikation, Fühlings Neue Landw. Zeitung 1877, Heft 1, S. 38; Sell, Über Kunstbutter, Arbeiten aus dem Kaiserl. Gesundheitsamte, Bd. 1.

gingen nach England und Deutschland. Durch die Sargschen Erfolge ermuntert, entstanden bald weitere Unternehmungen ähnlicher Art. So vor allem die erste österreichische Seifensiedergewerkschaft „Apollo", die ihr Produkt „Prima Wirtschaftsbutter" benannte. Mehrere österreichische wie auch ungarische Seifenfabriken beschränkten sich auf die Herstellung von Premier jus und Oleomargarin, wie z. B. die Seifen- und Stearinkerzenfabrik J. Uiblein & Sohn in Wien, Gustav Wagenmann in Wien, die Firma Anton Himmelbauer & Co. in Stockerau, die erste ungarische Stearinkerzen- und Seifenfabrik „Flora" (Flesch und Machlup), die ganz nach französischem Muster eingerichtete Premier-jus-Schmelzerei von Leopold Schmuck sowie Hermann Färber in Wien. Die Fabriken von Uiblein & Sohn und von Hermann Färber waren nach Angaben der Firma Sarg eingerichtet und lieferten ihre Erzeugnisse an Oleomargarin hauptsächlich an letztere zur weiteren Verarbeitung auf Kunstbutter ab[1]).

Margarinindustrie Hollands.

In den Niederlanden wurde bereits vor dem Jahre 1870 eine Art künstliche Butter hergestellt, indem man die holländische Naturbutter mit vom Auslande bezogenen minderwertigen Buttersorten, mit Milch, Stärke, Sirup und anderen Zutaten zusammenknetete. Die in den Jahren 1870 und 1871 herrschenden Verhältnisse (Viehseuche in England, Verringerung der deutschen und französischen Butterproduktion infolge des Krieges) brachten es mit sich, daß die Herstellung dieser „verlängerten" (gefälschten) Butter, die in gewissem Sinne aber auch als künstliche Butter anzusehen ist, in Holland immer mehr um sich griff und sich zu einer förmlichen Industrie entwickelte.

Das Verfahren von Mège Mouriés faßte daher in Holland sehr rasch Fuß. Die Firma Ant. Jurgens in Oss, die heute in der Kunstbutterindustrie Hollands und Deutschlands die führende Rolle innehat, erwarb im Jahre 1871 das Verfahren von Mège Mouriés und errichtete in rascher Folge mehrere Fabriken, wie solche auch von anderer Seite gegründet wurden. Ob A. Mayer nicht zu hoch gegriffen hat, wenn er im Jahre 1884 die Zahl der holländischen Kunstbutterfabriken mit 70 angibt, bleibe dahingestellt.

Diese Betriebe bedurften weit größerer Mengen von Oleomargarin, als die holländischen Talgschmelzereien zu liefern vermochten, es wurden daher bedeutende Quanten Oleomargarin aus den verschiedensten Ländern eingeführt. Für den Handel mit Margarinprodukten hatte sich Holland schon zu Beginn der siebziger Jahre lebhaft interessiert, besonders Rotterdam

[1]) Auch die Butterfabrik der Seifensiedergewerkschaft „Apollo" verarbeitete einen Teil der in Wiener und Pester Oleomargarinbetrieben hergestellten Produkte zu marktfähiger Kunstbutter. Außerdem gingen beträchtliche Mengen von Oleomargarin und Premier jus ins Ausland, und zwar hauptsächlich an die Firma Société d'Alimentation in Paris, an Anton und Johann Jurgens in Oss und an Verschüre und Zoonen in Rotterdam. Der Export von Oleomargarin wurde jedoch infolge der Entstehung weiterer Kunstbutterfabriken allmählich geringer, beträgt aber heute noch 1000—2000 Tonnen.

bemühte sich, hierin eine leitende Rolle einzunehmen. Das ist dieser Handelsstadt denn auch gelungen, und sie gilt heute als der wichtigste Marktplatz für Margarinprodukte.

Die S. 277 gegebenen Ein- und Ausfuhrziffern des holländischen Margarinhandels zeigen seine große Bedeutung, die er nur dadurch gewinnen konnte, daß man die Fabrikation und den Verkehr mit Margarinprodukten nicht durch gesetzgeberische Eingriffe hemmte.

Die Milchwirtschaften, die seit alters einen ausgedehnten Export von Naturbutter betrieben hatten, sahen nicht so wie anderswo in der Kunstbutter einen Feind, der mit allen erlaubten und unerlaubten Mitteln bekämpft werden müsse, sondern erkannten die Vorteile, die der große Milchkonsum der Margarinfabriken den Meiereien brachte. Auch gab es der unreellen Naturbuttererzeuger und -Händler genug, die in der Kunstbutter ein willkommenes billiges Fälschungsmittel der Milchbutter sahen und die Kunstbutterindustrie daher nach Kräften begünstigten. So kam es, daß in Holland die Kunstbutterindustrie die Herstellung von Naturbutter allmählich fast überwucherte.

Entwicklung der Margarinindustrie in anderen Staaten Europas.

In Dänemark hielt die Margarinindustrie verhältnismäßig spät Einzug; erst im Jahre 1884 wurden die ersten zwei derartigen Betriebe errichtet.

Großbritannien, das ein sehr bedeutender Konsument von Butter und Speisefetten ist, hat zwar eine namhafte Margarinindustrie aufzuweisen, doch vermag diese den Bedarf des Landes bei weitem nicht zu decken. Große Posten von Margarine werden daher eingeführt, teils unter dem wahren Namen, teils in Form von Mischbutter, die als echte Naturbutter ausgeboten wird. Mège erhielt sein Verfahren in England am 17. Juli 1869 patentiert und nahm 8 Jahre später ein Verbesserungspatent[1]).

In Schweden und Norwegen hat die Margarinindustrie gleichfalls Wurzeln geschlagen; in Norwegen wurde die erste Kunstbutterfabrik im Jahre 1876 gegründet, und diese Fabrik (Aug. Pellerin & fils in Christiania) hat heute noch die führende Stelle unter den norwegischen Kunstbutterfabriken inne.

In Schweden ist die Margarinindustrie jüngeren Datums, doch werden auch hier 13 Millionen Kilogramm pro Jahr erzeugt (gegen 22 Millionen Kilogramm in Norwegen).

In Rußland hat es ebenfalls nicht an Versuchen gefehlt, Kunstbutter einzuführen, doch hindert hier die unvernünftige Gesetzgebung eine nennenswerte Ausbreitung dieses Industriezweiges.

Über die Entwicklung der Kunstbutterindustrie in Deutschland liegen nur wenige geschichtliche Daten vor. Es ist heute kaum mehr zu erforschen, wer der Erste war, der im Jahre 1876 in Deutschland Margarine herzustellen begann. Daß die neuen Industriezweige ziemlich rasch an Ausdehnung gewannen, beweist die Tatsache, daß sich im Jahre 1885 nicht weniger als

[1]) Engl. Patent Nr. 2736 v. 16. Juli 1877.

45 Betriebe (mit allerdings nur 415 Arbeitern) ausschließlich mit der Herstellung von Kunstbutter befaßten und sieben Unternehmer diese Fabrikation als Nebenzweig betrieben. Von 45 Betrieben entfielen auf:

Preußen	31
Bayern	10
Württemberg	2
Hessen	1
Elsaß-Lothringen	2.

Heute ist die Zahl der deutschen Margarinfabriken auf das Doppelte gestiegen und ihre Jahresproduktion beträgt über 100 Millionen Kilogramm im Werte von mehr als 100 Millionen Mark.

Die letzten Jahre brachten der Margarinindustrie Deutschlands (zum Teil auch der anderer Staaten) recht schwere Krisen, die aber ihre Weiterentwicklung nicht unterbinden konnten, denn die Existenzberechtigung dieser Industrie ist heute zur Genüge bewiesen.

Die Existenzberechtigung der deutschen Margarinindustrie mag vor allem daraus hervorgehen, daß trotz ihres Bestehens noch immer für ungefähr 80 Millionen Mark Butter und für über 90 Millionen Mark Schweineschmalz importiert werden. Die heimische Landwirtschaft vermag also keinesfalls den notwendigen Bedarf an Butter- und Speisefett zu decken, und es muß vom volkswirtschaftlichen Standpunkt aus mit Freude begrüßt werden, wenn gleich nährkräftige und verdauliche, dabei aber billigere Ersatzstoffe für Naturbutter und Schweinefett im Inlande erzeugt werden. Die immer neuen Belastungen, die man der Margarin- und Speisefett-Industrie aufzuerlegen bestrebt ist, müssen daher als verfehlte Maßregeln bezeichnet werden, ebenso wie eine gewisse passive Resistenz, die man dieser Industrie vielfach entgegenbringt (es sei nur daran erinnert, daß Kunstbutter nicht ohne weiteres mit Eilzügen verfrachtet wird, wie z. B. Naturbutter) unangebracht ist.

Für die südeuropäischen Staaten haben die Butterersatzprodukte weniger Interesse, weil dort das Öl die Stelle der Butter vertritt und der Verbrauch von dieser sehr gering ist.

Margarin-industrie Amerikas.

Von großer Wichtigkeit war die Erfindung Mège Mouriés' für Amerika, dessen reiche Viehbestände große Mengen Rohtalg liefern, deren lukrativste Verwertung die Verarbeitung zu Kunstbutter darstellt. Die Erzeugung von Margarinbutter nahm kurz nach dem Bekanntwerden der Fabrikationsmethode von Mège Mouriés[1]) sehr große Dimensionen an und das erzeugte Produkt wurde fast ausschließlich zum Fälschen von Naturbutter benutzt. So kam

[1]) Das amerik. Patent wurde Mège am 30. Dez. 1873 erteilt und am 12. Mai 1874 in den Vereinigten Staaten erneuert. Beide Patente gingen später durch Kauf in den Besitz der United States Dairy Company über, die Henry A. Mott mit Verbesserungen des Systems beauftragte. (Americ. Chemist 1877, S. 233.)

es, daß schon im Jahre 1877 Rufe nach einem gesetzlichen Schutze der Naturbutter laut wurden und die Unionstaaten die ersten waren, die sich mit der gesetzlichen Regelung des Verkehrs mit Margarinprodukten befassen mußten.

Eine laut Beschluß des Kongresses der Unionstaaten aus Chemikern und Mikroskopikern gebildete Kommission gab über den Wert der Kunstbutter — die man anfänglich in Amerika als „Ochsenbutter" bezeichnete — das folgende Urteil ab:

„Die künstlich hergestellte Butter ist als Nahrungsmittel ebenso dienlich wie Naturbutter; sie ist schmackhaft, gesund und billig, und da sie weniger lösliche Fette enthält als Butter, dem Ranzigwerden nicht so sehr ausgesetzt."

In einem späteren Bericht des Kongreßkomitees fand sich leider die Bemerkung vor, daß in Kunstbutter wiederholt lebende Organismen und Eier gefunden worden wären, die denen des Bandwurms geähnelt hätten (Fungi), welche Mitteilungen auf Beobachtungen von Piper sowie auf die von John Michols zurückzuführen waren.

Die Erfolge des Verfahrens von Mège Mouriés regten viele Techniker zur Suche nach anderen Methoden zur Gewinnung eines Buttersurrogats an, und es wurde in den siebziger und achtziger Jahren des vorigen Jahrhunderts eine erkleckliche Anzahl von Verfahren bekannt, die diesem Zwecke dienen sollten. Von den vielen Methoden, die meist wertlos oder doch nur von sehr geringem Werte waren, seien nur einige genannt:

Vor allem nahm H. W. Bradley[1]) im Jahre 1871 ein Patent zur Herstellung eines Ersatzes für Speck, Butter und Fett für den Küchengebrauch. Peyrouse[2]) erhielt im selben Jahre ein Patent, „feine Fette, besonders Rindstalg, zum Gebrauche für Tisch und Küche, als ein Mittelding zwischen Fett und Speck, tauglich zu machen, ihnen ein gutes Aussehen, Geruch und Geschmack zu verleihen und sie äußerlich als den besten Speck und die frischeste Butter herzustellen". Das Produkt war eine Mischung von Rindstalg mit Natriumbikarbonat, Aluminiumchlorid und Kochsalz und soll irgendwelche Ähnlichkeit mit Butter nicht gehabt haben.

Ein Verfahren von Alfred Paraf[3]) war ebenfalls nicht danach angetan, ein halbwegs butterähnliches Produkt zu liefern.

B. Hoffmann[4]) erhielt im Jahre 1880 ein englisches Patent, wonach man Kunstbutter durch Umschmelzen von Rindstalg mit Wasser unter Zusatz von Kochsalz und Pottasche und durch Buttern des geschmolzenen Fettes mit Milch und 3% Butter herstellte. Das Hoffmannsche Verfahren ist also, wie viele andere, nur eine Variante der Methode von Mège Mouriés.

Die technischen Fortschritte, die die Kunstbutterindustrie in den letzten zwei Dezennien erfahren hat, beziehen sich teils auf die bei der Fabrikation

[1]) Amer. Patent v. 3. Jan. 1871.
[2]) Amer. Patent v. 2. Nov. 1871.
[3]) Amer. Patent v. 8. April 1873.
[4]) Engl. Patent Nr. 3687 v. Jahre 1880.

verwendete Apparatur, teils laufen sie darauf hinaus, der Kunstbutter durch verschiedene Zusätze einen möglichst naturbutterähnlichen Geruch und Geschmack zu verleihen, sie auch in Aussehen, Konsistenz und Streichbarkeit von Milchbutter tunlichst wenig unterscheidbar zu machen und ihr bei der Verwendung ganz die Eigenschaften der Kuhbutter (Schäumen und Bräunen beim Schmelzen) zu erteilen.

Alle diese Methoden werden in dem von der Fabrikation der Margarinprodukte handelnden Abschnitte eingehend besprochen.

a) Speisetalg.

Graisse alimentaire. — Graisse comestible. — Edible tallow. — Sego comestibile.

Allgemeines.

Allgemeines.

Unter Speisetalg versteht man einen nach den gewöhnlichen Methoden ausgeschmolzenen Rindstalg, dessen Qualität sich der des Premier jus nähert, ohne sie aber zu erreichen. Der Unterschied zwischen Premier jus und Speisetalg ist der, daß ersteres bei besonders niederer Temperatur geschmolzen wird (was bei letzterem nicht der Fall ist), daß Speisetalg vor dem Erstarren in der Regel keiner so gründlichen Klärung unterworfen wird wie Premier jus und daß dieses kristallinisch erstarrt, während Speisetalg mehr amorpher Struktur ist. Sehr häufig werden übrigens auch Premier jus und Oleomargarin im Handel als Speisetalg (Rollenfett, siehe S. 223 u. 227) bezeichnet.

Als Speisetalg können alle jene Talgsorten deklariert werden, deren Beschaffenheit ihren Genuß nicht ausschließt. Das von den Hausfrauen vom Fleischer gekaufte und in der Pfanne ausgelassene Rindsfett ist daher ebenfalls als Speisetalg anzusehen. Daß Speisetalg als ein Ersatz für Butterschmalz und weniger als ein solcher für Butter aufzufassen ist, wurde schon S. 42 bemerkt.

Rohmaterial.

Rohmaterial.

Durch längeres Lagern dem Verderben anheimgefallener Rohtalg, das Fettgewebe von mit gewissen Krankheiten behafteten Tieren wie auch das von Kadavern darf nicht zur Herstellung von Speisetalg verwendet werden. Das deutsche Fleischbeschaugesetz vom 3. Juni 1900 gibt hierüber nähere Bestimmungen. (Vergleiche Band 1, S. 546.) Rohtalg, dessen Verwendung zur Herstellung von Speisetalg, Premier jus usw. sich aus hygienischen und gesetzlichen Gründen verbietet, wird in den Schlachthäusern durch Zugabe besonderer Denaturierungsmittel ungenießbar gemacht oder, besser gesagt, so behandelt, daß die daraus gewonnenen Fette für den menschlichen Genuß nicht mehr geeignet sind und sich auch durch Reinigungsprozeduren nicht mehr genußfähig machen lassen.

Verwendet wird der Speisetalg fast ausschließlich zu Backzwecken, weniger zum Braten oder zu sonstigen Speisezubereitungen. Ihn wie Butter auf Brot gestrichen zu genießen, verbietet schon — abgesehen von dem wenig zusagenden, stets talgigen Geschmack — seine feste Konsistenz. Als Backfett leistet er dieselben Dienste wie andere Fette; er wirkt als Lockerungsmittel des Teiges, indem er dem Entweichen der Wasserdämpfe während des Bratens Widerstand entgegensetzt.

Mehrere von den S. 52 genannten Verfahren zur Herstellung von Kunstbutter sind eigentlich Methoden zur Verbesserung von Speisetalg. So vor allem die Verfahren von Palmer, von Bradley und von Paraf.

Fabrikation.

Aufbesserung schlechten Speisetalges.

Zur Aufbesserung minderwertigen Speisetalges hat man ein Behandeln des geschmolzenen Talges mit 1—2% doppeltkohlensauren Natrons und späteres Hinzufügen von Salzwasser von 8—10° Bé zwecks schnellerer Klärung empfohlen. Dieses Verfahren gibt aber sehr schlechte Resultate, wie auch die Methode von J. Harris[1]) nicht befriedigt. Nach dieser wird Ozon in den geschmolzenen Talg eingeblasen und dieser hierauf mit einer Alkalilösung neutralisiert, wobei auch Farbstoffe und mechanische Verunreinigungen mit den Seifen ausgefällt werden. Der neutralisierte Talg kann dann nach Harris nötigenfalls noch mit Luft oder Ozon und schließlich mit 5% Fullererde („alkaline aluminous earth", wie die Patentschrift sagt) behandelt werden. Bei ranzigem Talg soll außerdem vor der Luft- oder Ozonbehandlung eine solche mit niedrig gespanntem Dampfe stattfinden.

Die Methode erreicht den beabsichtigten Erfolg jedenfalls nicht, denn Luft und Sauerstoff wirken auf tierische Fette sehr leicht vertalgend ein; so wurde z. B. Premier jus mittlerer Güte durch Luftbehandlung sehr rasch in ein Fett mit ausgesprochenem Talggeschmack umgewandelt.

Mitunter sucht man dem Speisetalg durch Zugabe von Buttersäure, Butteräther oder sonstigen Butterparfüms[2]) einen butterschmalzähnlichen Geruch zu erteilen; auch hat es nicht an Versuchen gefehlt, Speisetalg leichter verdaulich zu machen. In dieser Richtung sind die Verfahren von F. Jahr und B. Münsberg sowie das von D. Gray zu nennen.

Methode von Jahr und Münsberg.

E. Jahr und B. Münsberg[3]) wollen Speisefett durch Zusatz von Lävulose leichter resorbierbar machen. Das auf 70° C erwärmte Fett wird mit einer ebenfalls auf 70° C erwärmten Lösung von Lävulose versetzt und beides innig miteinander vermischt, indem man gleichzeitig die Flüssigkeit ununterbrochen umrührt und diese Bewegung bis zum Erkalten der Mischung fortsetzt. Man erhält auf diese Weise eine Masse, die sich in Wasser von

[1]) Engl. Patent Nr. 4290 v. 21. Febr. 1906.

[2]) Näheres darüber s. S. 154 u. ff.

[3]) D. R. P. Nr. 84236 v. 28. Sept. 1894.

wenigstens 14° C durch Schütteln oder sonstige Bewegung zur Emulsion bringen läßt.

Verfahren Gray.

D. Gray[1]) in Inverness mischt gereinigtes Rindsfett mit Glyzerin, Wasser und Verdauungssäften (digestive mucus), wobei die Temperatur durch zwei Stunden auf 38° C gehalten wird. Nachdem man filtriert und neuerdings eine halbe Stunde auf 38° C erwärmt hat, wird eine entsprechende Menge Olivenöl und etwas Salz zugegeben und die Masse umgerührt. Dieses peptonisierte Fettgemenge soll als Buttterersatz dienen.

Durch die Zugabe von Pflanzenölen wird der Charakter des Speisetalges wesentlich geändert, weil dadurch das Verhältnis der festen und flüssigen Glyzeride verschoben und seine Beschaffenheit mehr dem Oleomargarin ähnlich wird.

Methode Bloom.

Dies geschieht besonders auch bei dem Verfahren von Jacob Emanuel Bloom[2]) in New York, der durch Vermischen von Ölen und Fetten leicht verdauliche und vollkommen resorbierbare Fette herstellen will. Bloom ist auf Grund seiner physiologischen Versuche zu der Überzeugung gekommen, daß solche Fette und Öle vom menschlichen Organismus am leichtesten und vollkommensten verdaut werden, wenn sie in ihrer chemischen Zusammensetzung und physikalischen Beschaffenheit dem Menschenfette möglichst nahe kommen. Da dieses nun der Hauptsache nach

	Olein	Palmitin	Stearin
bei Erwachsenen aus	86,21 %	7,83 %	1,93 %
„ Kindern „	65,04 %	27,81 %	3,15 %

besteht, so muß man durch Vermengen verschiedener Fette Mischungen mit ähnlicher Zusammensetzung herzustellen trachten. Nach Bloom gibt z. B. eine Mischung von

100 Teilen Olivenöl und
15 „ doppelt gepreßten Rinderfettes

ein Fettgemenge, das sich ähnlich dem Kinderfette zusammengesetzt zeigt und daher als Speisefett für Kinder beste Dienste leistet, während ein Gemisch von

100 Teilen destearinisierten Rinderfettes und
7 1/2 „ Olivenöl-Palmitin

aus dem gleichen Grunde vortrefflich für die Ernährung Erwachsener geeignet sein soll.

Als Speisetalg werden sehr häufig auch die in größeren Gasthöfen und Massenverpflegsstationen gesammelten Fettüberreste der verschiedenen Speisen verwendet. In Hamburg und anderen Hafenstädten kennt man ein Schiffs- oder Schiffsbratenfett, das aus den fetthaltigen Abfällen des zur Ver-

[1]) Engl. Patent Nr. 21103 v. 7. Nov. 1895.
[2]) D. R. P. Nr. 168925 v. 28. Jan. 1905.

pflegung der Mannschaften und Passagiere bestimmten Fleisches gewonnen wird oder bei der Bereitung der Speisen übrigbleibt. Die Zusammensetzung solcher Fette ist selbstverständlich sehr schwankend; sie bestehen nicht selten aus einem Gemenge von Rinds-, Schweine- und Hammelfett; auch Fette der Geflügelarten, des Wildes und vegetabilische Öle sind mitunter darin zu finden. Nach dem Urteil des Hamburger hygienischen Instituts sollten diese Fettgemische, die von der ärmeren Bevölkerung konsumiert werden, ausschließlich technischen Zwecken zugeführt werden, obwohl irgendein Zwang in dieser Richtung nicht geltend gemacht werden kann.

Handel und Gesetze.

Denaturierung.

Da für Speisezwecke geeignete tierische Fette in den meisten Staaten einem weit höheren Schutzzolle unterworfen sind als die zur technischen Verwendung bestimmten, muß bei deren Einfuhr eine Denaturierung des Talges erfolgen, sofern er nicht als Speisetalg, Premier jus oder Oleomargarin erklärt wird. Für dieses Ungenießbarmachen gelten ungefähr die gleichen Vorschriften, wie bei der Denaturierung von Ölen (siehe S. 20—23 dieses Bandes). Die feste Konsistenz des Talges macht aber ein Anbringen von Bohrlöchern nötig, die mit einem geeignet geformten Probestecher hergestellt und dann mit dem Denaturierungsmittel ausgegossen werden. Als solches wird hauptsächlich Petroleum benutzt, doch sind in letzter Zeit an dessen Stelle auch Birkenteeröl, Oleum rusci (vergleiche S. 21) sowie Gerbertran zugelassen worden. (Siehe § 29, Absatz 2 der Ausführungsbestimmungen, Artikel D des Fleischbeschaugesetzes vom 3. Juni 1900.)

Die amtliche Vorschrift zur Vornahme der Talgdenaturierung lautet:

Nachdem das Faß, dessen Inhalt denaturiert werden soll, aufrecht gestellt und der obere Boden desselben abgenommen ist, werden in die Fettmasse mit einem geeigneten Bohrer 7—8 symmetrisch verteilte vertikale Bohrlöcher von 3 cm Weite bis fast zu dem unteren Boden des Fasses eingebohrt und mit der vorgeschriebenen Menge gewöhnlichen Petroleums (Brennpetroleums) gefüllt. Hierauf wird der Talg mittels eines 20 cm langen und 2 cm breiten Messers, welches rechtwinkelig und mit abwärts gerichteter Schneide an dem unteren Ende einer vertikal gehaltenen Eisenstange von der Länge der Bohrlöcher befestigt ist, durchschnitten, und zwar in der Weise, daß in jedem Bohrloch mit der Messerstange 3—4 mal, unter jedesmaliger Drehung der letzteren vor ihrer erneuten Einführung in die Öffnung um 60 bzw. 45°, auf und nieder gefahren wird, damit die entstehenden, um die Bohrlöcher radial und symmetrisch verteilten Einschnitte sich mit dem aus dem Bohrloch herausfließenden Petroleum füllen.

Ist der zu denaturierende Talg so weich, daß die Bohrlöcher vor dem Einfüllen des Petroleums wieder zusammenfallen würden, so sind statt des Bohrers zwei ineinander verschiebbare, beiderseitig offene Messing- oder Eisenröhren anzuwenden, von denen die innere von der 2,5 cm weiten äußeren eng umschlossen wird. Beide müssen an dem einen Ende mit Quergriffen und an dem andern mit zugeschärften Rändern versehen sein. Nachdem die ineinandergesteckten Röhren in den Talg eingeführt sind, wird das innere, mit Talg gefüllte Rohr herausgezogen, das leere äußere Rohr mit Petroleum gefüllt und demnächst ebenfalls entfernt. Hierauf wird der Talg in der vorher angegebenen Weise mit der Messerstange bearbeitet.

Damit das Petroleum den Talg hinreichend durchtränken könne, ist das betreffende Faß 1—2 Tage unter amtlicher Aufsicht zu halten. Sollte bei sehr niedriger Temperatur der Talg so fest sein, daß er ein rasches Eindringen des Petroleums nicht gestattet, so ist er in einem geheizten Raume unterzubringen.

Nach einer neuerlichen Entscheidung des preußischen Finanzministeriums kann jetzt das Durchschneiden des Talges unterbleiben; dabei wird empfohlen, bei besonders hartem Talg die anzubringenden Bohrlöcher mittels glühender Eisenstäbe herzustellen.

Für den Handel und Verkehr mit Speisetalg gilt das S. 227 Gesagte.

b) Margarinprodukte.

Allgemeines.

Diese in erster Linie aus dem Fettgewebe des Rindes bereiteten Produkte unterscheiden sich von allen anderen Speisefetten dadurch, daß man bei ihrer Herstellung eine Trennung der festen und flüssigen Anteile des Rindsfettes erstrebt (oder das Verhältnis der in diesem enthaltenen festen und flüssigen Triglyzeride durch Zugabe von Pflanzenöl zugunsten der flüssigen Triglyzeride zu ändern sucht) und durch Verbutterung der so erhaltenen Fette mit Milch erstere in einen butterähnlichen (streichfähigen) Zustand zu bringen trachtet. Allgemeines.

Diese beiden der Mège-Mouriésschen Erfindung zugrunde liegenden Gedanken bilden trotz aller Betriebsvarianten, die im Laufe der Jahre aufgetaucht sind, noch heute die Basis der Margarinindustrie, bei der unterschieden werden kann:

α) die Herstellung des Premier jus,
β) die des Oleomargarins und
γ) die Erzeugung der eigentlichen Kunstbutter (Margarine)

Premier jus (deutsch: erster Saft) ist das bei niederer Temperatur ausgeschmolzene, gut geklärte und kristallinisch erstarrte Fett des Fettgewebes des Rindes.

Oleomargarin ist der beim Abpressen des Premier jus erhaltene Ablauf, enthält also weniger Glyzeride fester Fettsäuren als der in den Preßtüchern zurückbleibende Preßtalg.

Kunstbutter (Margarinbutter, Margarine) ist das durch Verbuttern des Oleomargarins (oder ähnlicher Fettgemenge) mit Milch und nachheriges Auskneten erhaltene streichfähige, der Naturbutter ähnliche Produkt.

Nur selten findet man die Gewinnung von Premier jus, Oleomargarin und Kunstbutter in einem Betriebe vereinigt. Einige Betriebe beschränken sich auf die Herstellung des Premier jus, andere stellen nur Premier jus und Oleomargarin her und viele Fabriken befassen sich ausschließlich mit der Herstellung von Kunstbutter.

α) Herstellung von Premier jus.[1])

Über die Herkunft des Premier jus wurde soeben Auskunft gegeben; über die Zusammensetzung seines Rohmaterials, des tierischen Fettgewebes, und über die Methoden zur Gewinnung des Fettes aus demselben wurde in Band 1 auf S. 24—29 und 490—568 das Wissenswerte gesagt. Es kann daher vieles bei der folgenden Beschreibung der Premier-jus-Erzeugung als bekannt übergangen werden und es braucht nur das für diesen Spezialzweig der Fettgewinnung Typische betont zu werden. Bei der Besprechung der Premier-jus-Gewinnung sei die nachstehende Stoffgliederung eingehalten:

1. Sortierung, Vorbehandlung und Transport des Rohtalges;
2. Aufbewahren und Reinigen des Rohtalges;
3. Zerkleinerung des Rohfettes;
4. Ausschmelzen des zerkleinerten Rohtalges;
5. Klärung des geschmolzenen Premier jus;
6. Aufarbeitung der Schmelzrückstände.

1. Sortierung, Vorbehandlung und Transport des Rohtalges.

Sortieren des Rohtalges.

Zur Herstellung von gutem Premier jus eignet sich nicht der gesamte, bei der Schlachtung von Rindern gewonnene Rohtalg, sondern man nimmt dazu nur die größeren, von anhaftendem Fleisch, Blut und Sehnenteilchen ziemlich freien Stücke. Ein richtiges Sortieren des Rohtalges sofort nach seinem Ausweiden ist sogar sehr wichtig. Die Arbeit liegt gewöhnlich in den Händen der Fleischergehilfen, die diese Arbeit bei guter Anleitung bald erlernen und eine richtige Scheidung des gesamten Fettgewebes in

Rohkern und Rohausschnitt für Premier-jus-Schmelzereien
und Rohausschnitt für die Talggewinnung

treffen.

Der Rohkern enthält die größeren, zusammenhängenden Fettmassen, die man ihrer Lage im Tierkörper nach in Lungenfett, Bandelfett und Netzfett (den eigentlichen Rohkern), in Taschenfett (Fett von der Genitalgegend), Herzfett (den sogenannten „Mittelkern") usw. unterscheidet.

Zum Rohausschnitt (Brückenausschnitt, Bankausschnitt und kleinen Ausschnitt) rechnet man das Fett von den Beinen und all jenes Fettgewebe, das von den kleineren Fettpartien des Tierkörpers stammt. Ausschnitt, der stark mit Blut, Sehnen und Fleischteilchen durchsetzt ist, ist für die Margarinfabrikation nicht verwendbar und wird zur Herstellung von Talg für technische Zwecke benutzt. Ebenso kann ein nicht mehr ganz frischer Rohtalg, wie auch ein solcher von kranken Tieren (siehe S. 181) für die Gewinnung von Margarinprodukten nicht in Betracht kommen.

Kurz nach Erfindung der Kunstbutterfabrikation wurde zur Herstellung von Premier jus ausschließlich Rohkern verwendet und der Rohausschnitt

[1]) In Amerika ist Premier jus unter dem Namen Oleo stock bekannt.

wie ehedem zur Herstellung von Seifen- und Kerzentalg benutzt. Erst als die Nachfrage nach Premier jus lebhafter geworden war, begann man, auch die besseren Partien von Rohausschnitt der Margarinindustrie dienstbar zu machen. Gut genährtes Vieh (Mastvieh) gibt nicht nur viel Rohfett, sondern dieses ist auch von weit besserer Qualität als der Rohtalg von schlecht genährten Tieren.

Abkühlen des frischen Rohtalges.

Das Fettgewebe der frisch geschlachteten Tiere enthält den Talg bekanntlich in flüssigem Zustande. Läßt man das Fettgewebe in diesem Zustande, wo die Fettzellen prall und geschmeidig erscheinen, auch nur kurze Zeit in größeren Haufen lagern, so tritt unfehlbar ein Verderben des Fettes ein. Es ist daher dringend notwendig, daß die noch körperwarmen Fettstücke bald abkühlen („abtrocknen", wie der nicht besonders gut gewählte Fachausdruck lautet). Es erfolgt dabei ein Erstarren des Fettes und die Fettzellen schrumpfen zusammen und geben den Fettstücken ein höckeriges Aussehen und ein sprödes Gefüge.

Ersticken des Rohtalges.

Rohtalg, der nach der Schlachtung nicht entsprechend belüftet, also nicht abgekühlt (abgetrocknet) wurde, bekommt einen unangenehmen Geruch, er bleibt schwammig, er „erstickt". Da bei der Belüftung ein gewisser Prozentsatz vom Gewichte infolge Wasserverdunstung verloren geht, hängen manche unerfahrene Schlächter zur Vermeidung des Gewichtsverlustes den Rohtalg in größeren Klumpen auf, wobei er zwar auch allmählich erstarrt, aber doch die Anzeichen des Erstickens trägt. Der durch solch unvernünftiges Verfahren erzielte Gewichtsgewinn wird durch die Verminderung der Qualität reichlichst aufgehoben.

Talghängen.

Die größeren Schlächtereien, die sich mit der Verproviantierung von Premier-jus-Schmelzereien befassen, verfügen über besondere Räume zum Abkühlen (Abtrocknen) des körperwarmen Rohtalges. Diese Räume, die man „Talghängen" nennt, sind mit Holzgerüsten ausgestattet, an deren verzinkten Eisenhaken die Kernstücke aufgehängt werden. In der kühlen Jahreszeit genügt die bloße Berührung des Rohkernes mit der Luft, um ein Erstarren des Fettes in den Fettzellen schon nach wenigen Stunden zu bewirken; in den Sommermonaten bedarf es hierzu etwas längerer Zeit und es ist sehr zweckmäßig, diesen Räumen gekühlte Luft zuzuführen, um die Hängedauer des Rohkernes nach Möglichkeit abzukürzen.

Leider verfügen nicht alle Großschlächtereien über geeignete Lokale zum Abtrocknen des frischen Rohkernes, und es kommt nicht selten vor, daß der warme Rohkern vom Schlachthaus direkt in die Margarinfabrik verfrachtet wird. Wenn die Fahrtdauer nicht zu lang ist und vor allem für eine entsprechende Verpackungsweise gesorgt ist, ist der Schaden, den der Rohkern dadurch erleidet, durch sofortiges Abkühlen des Materials in den Lagerräumen der Premier-jus-Schmelzerei wieder gutzumachen. Transporte auf halbwegs größere Entfernungen verträgt jedoch nur ein vor der Verfrachtung gut gekühlter Rohtalg.

Hürden für Rohausschnitt.

Rohausschnitt, der wegen seiner kleinstückigen Beschaffenheit nicht gut aufgehängt werden kann, wird in Großschlächtereien oft derart abgekühlt, daß man ihn auf Hürden in nicht zu dicken Schichten ausbreitet. Sehr häufig unterbleibt aber diese Sorgfalt und der körperwarme Ausschnitt wird von den Ausschnittbänken direkt in Körbe oder Säcke gefüllt, um sodann in die Schmelze verfrachtet zu werden.

Verpackung in Weidenkörben,

Der Rohtalg wird zwecks Überführung aus dem Schlachthause in die Fabrik gewöhnlich in geflochtene Weidenkörbe gebracht, die ungefähr 30—50 kg fassen. Die Form der Körbe ermöglicht ein Umspülen der Luft auch auf dem Transportwagen, wo die Körbe neben- und übereinander geschichtet werden. Das Korbgeflecht gestattet auch den Zutritt der Luft zu dem Korbinhalt, wodurch der Selbsterhitzung und dem Erwärmen des Rohtalges ziemlich vorgebeugt wird.

in Blechwannen,

Lang empfiehlt für den Transport von Rohtalg flache, aus stark verzinktem Eisenblech hergestellte Wannen, die mit eisernen Handhaben versehen und so geformt sind, daß alle Kanten gut abgerundet erscheinen. Letzteres ist behufs leichter Reinigung der Wannen von Vorteil.

Die verzinkten Eisengefäße haben zweifellos das Gute, daß sie leicht und gründlich gereinigt werden können, was bei den Weidenkörben weniger leicht möglich ist. Ein zeitweises Abbrühen der Körbe in heißem Wasser und nachheriges Ausschleudern und Abtrocknen genügt aber schließlich auch.

in Säcken.

Der Rohausschnitt wird nicht selten in Säcke verpackt, doch ist diese Verpackungsart nur bei minderwertigem Ausschnitt zulässig, der zur Herstellung von Seifen- und Kerzentalg verwendet wird. Die dem Ausschnitt stets anhaftenden Blutteilchen werden von dem Sackgewebe aufgesogen, und an den Fasern des Gewebes bleiben auch kleine Partikelchen von Fettgewebe, Sehnen und Fleisch haften, so daß die Säcke, mögen sie auch öfter gewaschen werden, doch ein höchst unsanitäres Verpackungsmaterial darstellen und eigentlich zu verwerfen sind.

Transportwagen.

Zum Transport des irgendwie verpackten Rohtalges bedient man sich gewöhnlich offener Plateauwagen. Die Körbe mit dem Rohtalg werden, um sie gegen den Straßenstaub zu schützen, mit einer leichten Plane, aber nicht luftdicht, zugedeckt. Die seinerzeit für den Rohtalg in Vorschlag gebrachten geschlossenen Wagen (ähnlich unseren Möbelwagen) haben sich nicht bewährt; sie hielten zwar den Straßenstaub vollständig ab, doch gab der gänzliche Luftabschluß mitunter Anlaß zu einem Erwärmen des Rohtalges während der Fahrt.

Weitere Verfrachtung von Rohtalg.

Ein Verfrachten des Rohtalges auf weitere Distanzen hat seine Mißlichkeiten, selbst wenn er gut abkühlen gelassen wurde. Aus diesem Grunde trifft man auch größere Margarinschmelzen nur in Großstädten an, deren Schlachthäuser eine genügende Menge Rohmaterial liefern. Die verschiedenen Versuche, den in den zerstreut liegenden Provinzstädten erhaltenen Rohtalg einer an einem passenden Punkte errichteten, größeren und modern eingerichteten Zentral Schmelzerei zuzuführen, also die heute noch der Margarinfabrikation entzogenen Rohtalgmengen der Premier-jus-Gewinnung dienstbar zu machen, sind zum großen Teile gescheitert. Die Idee ließe sich nur dann mit Erfolg verwirklichen, wenn der Rohtalg vor der Verfrachtung vollkommen erstarren gelassen würde und die Verfrachtung womöglich in Kühlwaggons erfolgte. Letzteres ist aber der Sachlage nach ziemlich ausgeschlossen, und deshalb findet ein Versand von Rohtalg auf weitere Strecken kaum statt, vielmehr entstehen in den größeren Provinzstädten allmählich kleinere primitiv eingerichtete Premier-jus-Schmelzereien, die die geringen Mengen des sich in den dortigen Schlachthäusern ergebenden Talges schlecht und recht aufarbeiten.

Verbrauch des Rohtalges im Haushalte.

Für den Nichteingeweihten ist es übrigens auffallend, daß die größeren Provinzstädte nur eine verhältnismäßig recht geringe Menge von Rohtalg liefern. Orte, die eine tägliche Schlachtung von vielen Dutzenden von Rindern aufweisen, bringen monatlich höchstens einen bis zwei Waggons Rohtalg auf den Markt. Diese auffallende Tatsache erklärt sich durch den Umstand, daß ein großer Teil des Rohtalges von den Fleischern in seiner ursprünglichen Beschaffenheit an die Hausfrauen en détail verkauft wird. Der größte Teil des sogenannten Lungen- oder Bandelfettes wird auf diese Weise abgesetzt und der Rest nicht selten von den Fleischern selbst auf primitive Art zu Speisetalg verarbeitet. Den Fleischern konveniert das Detaillieren des Rohtalges wie auch das Selbstausschmelzen in der Regel besser als seine Abgabe an Premier-jus-Schmelzereien. Es werden daher in den meisten Provinzstädten nur das Netz-, Herz-, Stich- und Taschenfett, zusammen ungefähr 50% von der gesamten Rohfettmenge, angeboten, während die anderen 50% auf das von den Fleischern selbst verwendete Lungen- und Bandelfett entfallen. Da aber die letztgenannten Fettsorten qualitativ höher stehen, ist für einen Premier-jus-Schmelzer wenig Anreiz vorhanden, Filialen in Provinzstädten zu errichten.

2. *Reinigen und Aufbewahren des Rohtalges.*

Aufbewahren des Rohtalges.

Der in die Fabrik kommende Rohtalg soll möglichst rasch[1]) aufgearbeitet werden; das ist aber ein Prinzip, das sich bisweilen nicht durchführen läßt, weil an Tagen mit geringer Schlachtung nur sehr kleine Mengen von Rohtalg zur Ablieferung kommen, die für eine Schmelze nicht ausreichen, also bis zur Ankunft neuer Talgzufuhren liegen bleiben müssen.

Für die Premier-jus-Gewinnung kommt eigentlich nur das Aufbewahren des Rohfettes unter Wasser in Betracht. Die in Band 1, S. 492—493 erwähnten Konservierungsmethoden (Sauerteig, Kochsalz, Chloraluminium, Melasse) sind nur für solche Fettgewebe geeignet, die zur Herstellung von

[1]) Nach Pellerin soll der vom Schlachthause kommende Rohtalg in einem Raume von nicht über +2° C aufgehängt und nach 4—5stündigem Hängen ausgeschmolzen werden. (Siehe franz. Patent Nr. 216359 v. 26. Sept. 1891.)

Rindstalg für technische Zwecke dienen; übrigens steht der Wert dieser Methoden an sich noch in Frage.

Ausgeschlossen ist für Premier-jus-Schmelzereien die Konservierung des Rohtalges durch Chloraluminiumlösung von 10° Bé, wie sie A. E. Huët[1]) in Paris vorgeschlagen hat; die in der betreffenden Patentschrift gemachten Mitteilungen, wonach diese Konservierungsmethode geeignet ist, auch Fettabfälle aus Schlächtereien und Abdeckereien zur Gewinnung von feinstem Speisetalg fähig zu machen, müssen in das Gebiet der Fabel verwiesen werden. Die Huëtsche Patentbeschreibung wurde von den Gegnern der Kunstbutterindustrie in maßloser Weise für Agitationszwecke ausgenutzt, indem sie immer und immer wieder darauf hinwiesen, daß Kunstbutter durchaus nicht stets von gesundem, reinem Talg stamme, sondern aus allen möglichen ekelerregenden Rohprodukten auf chemischem Wege gewonnen würde.

Gut abgetrockneter Rohkern kann in gut gelüfteten und mäßig temperierten (keinesfalls in zu warmen) Lokalen nötigenfalls einige Stunden in Körben stehen. Besser ist es aber wohl, ihn einzuwässern, und zwar in Behältern, wie sie in Band 1, Fig. 230, dargestellt und beschrieben wurden.

Einwässern des Rohtalges.

Ein solches Einwässern erhält den Rohtalg bis zu 30 Stunden[2]) gesund und befreit ihn gleichzeitig von den anhaftenden Blutteilchen und anderem Schmutz. In den meisten Premier-jus-Schmelzereien findet daher ein Eintragen des Rohtalges[3]) in diese Wasserbehälter auch dann statt, wenn der ankommende Rohtalg sofort ausgeschmolzen wird. Die Ware bleibt in diesem Falle nur 30—60 Minuten, unter fortwährender Wasserberieselung, in den Bottichen[4]).

An Stelle dieser Waschbottiche verwenden einige Fabriken, hauptsächlich die amerikanischen Premier-jus-Schmelzereien, auch Waschtrommeln, wie sie Fig. 231 des 1. Bandes zeigt.

Mehrere Premier-jus-Schmelzereien haben versuchsweise das Waschen des Rohkernes umgehen wollen und dabei tatsächlich eine Premier-jus-Qualität erhalten, die wenig oder gar nicht der nachstand, die aus gewässertem Rohkern erhalten wurde. Die Ersparnis, die man durch Unterlassung des Waschens erzielt, ist aber so gering, daß sie gar nicht in Betracht kommt

---

[1]) D. R. P. Nr. 19011 v. 13. Nov. 1882 und D. R. P. Nr. 19211 v. 14. Dez. 1882.

[2]) Ein zu langes Unterwasserlassen des Rohtalges soll man aber vermeiden, weil es eine Qualitätsverschlechterung mit sich bringt.

[3]) Mitunter werden die größeren, zusammenhängenden Stücke des Rohfettes vor dem Einwässern auf Schneidmaschinen in ungefähr faustgroße Stücke zerkleinert. Dieser Vorgang hat insofern sein Gutes im Gefolge, als er eine bessere Reinigung des Rohfettes von anhaftendem Blut und Schmutz ermöglicht.

[4]) Auch Talgschmelzereien, die sich in Schlachthöfen befinden, also vollkommen frischen Rohtalg zur Verfügung haben, wässern den Rohkern und Ausschnittalg ein, weil damit nicht nur eine Reinigung, sondern auch eine zweckmäßige Abkühlung des warmen Rohtalges erzielt wird.

gegenüber der Gefahr, die man beim Ausschmelzen ungewaschenen Rohkernes läuft. Es hat sich nämlich gezeigt, daß es bei noch so großer Umsicht doch häufig vorkommt, daß mit dem ungewaschenen Rohtalg Schmutz und unerwünschte Fremdstoffe in die Schmelzbottiche geraten, die die ganze Schmelze mehr oder weniger verderben.

Bei Ausschnittalg ist das Wässern überhaupt nicht zu umgehen; ein nicht gewaschener Rohausschnitt gibt ein für die Speisefettfabrikation unverwendbares Premier jus.

Klärung der Waschwässer. Die beim Waschen des Rohfettes sich ergebenden Abwässer, die stets wechselnde Mengen von Fettgewebe mit sich führen, werden in Separationsgruben gesammelt und dort geklärt. Der dabei resultierende fetthaltige Rückstand wird auf geeignete Weise entfettet[1]).

3. Zerkleinern des Rohfettes.

Das Zerkleinern des Rohtalges, das bekanntlich zu dem Zwecke erfolgt, die Ausbringung des Fettes aus den Zellwänden durch deren Zerreißen zu erleichtern, ist bei der Herstellung von Premier jus besonders wichtig. Hier wirkt nicht ein teilweises Platzen der Zellwände durch Druck oder Hitze mit, sondern die Zerstörung der fetteinhüllenden Zellwand fällt einzig und allein dem Zerkleinerungsprozeß zu. Jede Unterlassung in dieser Richtung rächt sich durch schlechte Ausbeute.

Die Typen der Apparate, deren man sich zum Zerkleinern des Rohtalges bedient, sind in Band 1, S. 496—503, beschrieben.

Arbeitsweise der Zerreißmaschinen. Bei einigen Maschinen findet nur ein Zerreißen des Fettgewebes statt und die ihm anhaftenden Fleisch- und Blutteilchen kommen während der Zerkleinerungsoperation mit dem eigentlichen Fettgewebe in keine besonders innige Berührung. Andere Maschinen zerreißen das Material nicht nur, sondern zermalmen es zu einer breiartigen Masse; hierbei findet ein vollständiges Vermischen der zerkleinerten Teile des Fettgewebes mit den Blut- und Fleischteilchen statt, wodurch die Qualität des herzustellenden Premier jus etwas leidet.

Als in den siebziger Jahren des vorigen Jahrhunderts die erste Anlage zur Herstellung von Premier jus errichtet worden war, verwendete man anfänglich Fettzerreißmaschinen, wobei ein Vermengen des Rohtalges mit Blut- und Fleischteilchen nicht stattfand und ein intensiveres Zerkleinern des Fettgewebes kaum Platz griff. Nicht lange Zeit darauf kamen jedoch Zerkleinerungsmaschinen auf die Bildfläche, die den Rohtalg zu einer breiartigen Masse zermalmten.

Es ist klar, daß ein vollständiges Zermalmen des Fettes eine bessere Ausbeute an Premier jus mit sich bringt und daß außerdem die vollständig geöffneten Fettzellen ihren Fettinhalt auch schon bei verhältnis-

[1]) Beschreibung und bildliche Darstellung dieser Separationsgruben s. Bd. 1, S. 496.

mäßig niedriger Temperatur abgeben. Leider bedingen die mit dem Fette innig vermengten, dem Rohtalg anhaftenden Blut- und Fleischteilchen eine Qualitätsverschlechterung des Premier jus, das nicht den reinen, süßen Geschmack zeigt wie beim Ausschmelzen des einfach zerrissenen Rohtalges. Letzterer liefert leider eine etwas ungünstige Ausbeute, weshalb die meisten Margarinfabriken heute die einfachen (französischen) Zerreißmaschinen verlassen und sich den Zermalmungsmaschinen zugewendet haben, die durch deren Verwendung hervorgerufene Qualitätsverminderung des Premier jus ruhig in den Kauf nehmend.

Zerkleinerungsmaschine von Löhr.

In den deutschen und österreichischen Premier-jus-Schmelzereien fanden in den achtziger Jahren des vorigen Jahrhunderts besonders die Zerkleinerungsmaschinen von Löhr Verwendung, die dem Zermalmungstypus angehören. (Gute Ausbeute bei niedriger Schmelztemperatur, Qualitätsverminderung des Premier jus.)

Königstein[1]) mißt dem Umstande, daß die Löhrschen Zerkleinerungsmaschinen im Gange heiß werden, wobei auch das zu zerkleinernde Material erwärmt wird, eine besondere Bedeutung bei und meint, man sollte sich mit einer entsprechenden Anzahl von Maschinen ausrüsten, so daß jede einzelne Maschine nur kurze Zeit, bis zum Augenblick ihres Warmwerdens, zu arbeiten brauchte, um sie dann bis zur vollständigen Abkühlung der Ruhe zu überlassen.

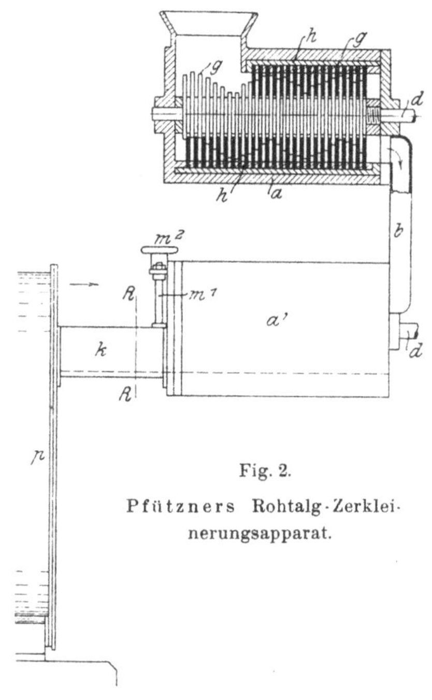

Fig. 2.
Pfützners Rohtalg-Zerkleinerungsapparat.

Der Löhrschen Maschine ähnlich sind die in Band 1, Fig. 239, 240 und 241 abgebildeten Zerkleinerungsvorrichtungen, wie auch ein neuer, von H. Pfützner konstruierter Apparat, der hier näher beschrieben sei:

von Pfützner.

Er besteht aus einer Vorschneidekammer a (Fig. 2), die durch ein Rohr b mit einer zweiten Schneidekammer a' in Verbindung ist. In beiden Schneidekammern rotieren die an der Achse d sitzenden Messer g, die in einen festen Messerkamm h eingreifen. Die Schneidekammer a' gibt den zerkleinerten Rohtalg durch den Kanal k in das Schmelzgefäß p ab; der Querschnitt des Kanals k kann durch einen an der Stelle RR eingebauten Schlitten, der durch die Schraubenspindel $m^1 m^2$ bewegt wird, eine Regulierung erfahren. Dadurch kann in den beiden Schneidekammern a und a^1 eine gewisse Pression erzeugt werden, die der Zerkleinerung des Rohfettes zugute kommt.

[1]) Seifenfabrikant 1885, S. 99.

Zerkleinerungsmaschine von Lange.

Eine ganz ähnliche Rohtalgschneidemaschine hat Emil Lange[1]) in Kassel konstruiert. Der Rohtalg wird hier zunächst von Vorschneidewalzen zerschnitten, welche Arbeit durch eine darauffolgende Passage durch enger gestellte Schneidewalzen noch vervollständigt wird; dieser zerschnittene Rohtalg wird dann einer Schnecke zugeführt, die aus einer langen Reihe von abwechselnd feststehenden und sich drehenden sternförmigen Messern besteht, durch die er eine Zermalmung erfährt.

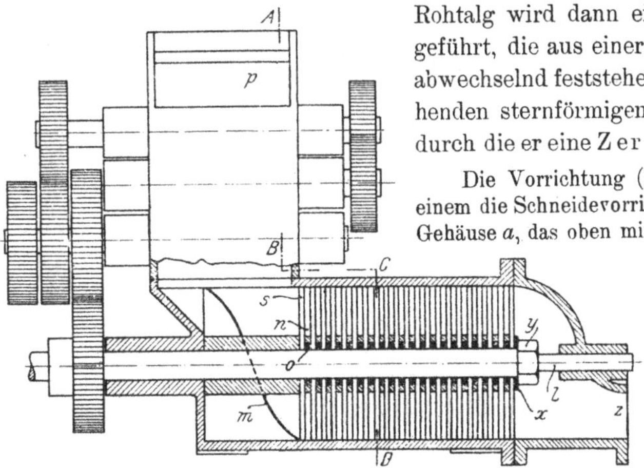

Fig. 3a.

Fig. 3b.

Fig. 3a und b. Rohtalgzerkleinerungsmaschine, System Lange.

Die Vorrichtung (Fig. 3) besteht aus einem die Schneidevorrichtung enthaltenden Gehäuse *a*, das oben mit einer Einführungsöffnung *p* für den Rohtalg versehen ist, während die zerkleinerte Masse die Maschine durch eine seitliche Öffnung *z* verläßt. Nahe der Einführungsöffnung sind die groben Vorschneidewalzen *b*, *c* gelagert, unter denen sich die feineren Vorschneidewalzen *f*, *g* befinden.

Der Rohtalg wird durch die Einführungsöffnung *p* auf die Walzen *b* gegeben und von diesen zunächst in lange Streifen geschnitten, die gegen den Abstreicher *e* und die Walze *f* stoßen und dann, durch die Umdrehung der Walze *f* zusammengewirbelt, mitgenommen und gegen die Walze *b* gedrückt werden. Die Walzen *b* und *f* zerreißen wegen ihrer verschiedenen Umfangsgeschwindigkeiten die erwähnten Talgstreifen wieder. Ist der Talg zwischen den Walzen *b* und *f* hindurch, so kommt er zwischen das Walzenpaar *f* und *g*.

Die Abstreicher *d*, *e*, *h* und *i* verhindern, daß der Talg von den Walzen *b*, *c*, *f* und *g* wiederholt mit herumgenommen werde, und beugen auch dem Verschmieren der Nuten vor.

Von den Walzen *f* und *g* fällt der Talg in die Schnecke *m*, und diese schiebt den schon ziemlich zerkleinerten Talg zwischen die aus abwechselnd rotierenden und feststehenden Messern *n* und *s* bestehende Nachzerkleinerung, die den Talg vollständig zermalmt, worauf er durch das Mundstück *z* infolge des Druckes der Schnecke *m* ausgestoßen wird.

[1]) D. R. P. Nr. 200538 v. 30. Juni 1907.

Bei der Langeschen Talgzerkleinerung ist nicht nur die Stellung der vier Schneidewalzen, die ein dreimaliges Zerschneiden des Rohtalges bedingen, sondern auch deren nähere Ausführung von Interesse.

Die Walzen *b*, *c*, *f* und *g* (Fig. 3) sind durch Aufeinanderlegen mehrerer Scheiben (*p* und *q* bzw. *t* und *u*) (Fig. 4), die verschieden große Durchmesser besitzen, so zusammengepaßt, daß die Scheiben der einander gegenüberliegenden Walzen ineinandergreifen.

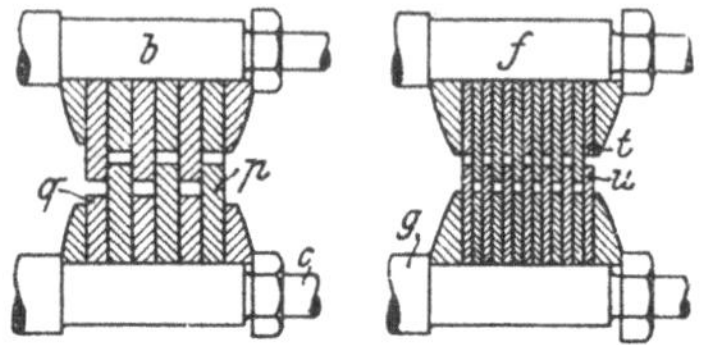

Fig. 4. Konstruktion der Schneidewalzen der Langeschen Rohtalgzerkleinerungsmaschine.

Die Vorschneidewalzen *b*, *c* besitzen doppelt so starke Scheiben wie die Walzen *f* und *g*, außerdem haben sämtliche Walzen verschiedene Umfangsgeschwindigkeiten. Die größeren Scheiben sind am Umfang mit Zähnen versehen, die den Zweck haben, etwa aus Versehen in die Maschine gelangte Knochen zu zermalmen und dadurch das Zerbrechen der Messer *n*, *s* zu verhüten.

Die Walzen *b* und *c*, *f* und *g* können übrigens auch durch Einstechen der Nuten aus einem Stück angefertigt werden.

Die Messer des Schneckenganges, und zwar sowohl die feststehenden (Fig. 5a) wie die sich drehenden Messer (Fig. 5b) *n*, *s*, sind doppelschneidig und arbeiten gegenseitig wie eine Schere.

Ein Zerbrechen der Messer durch deren Aneinanderschlagen ist dadurch vermieden, daß sich in der Bohrung der feststehenden Messer *n* (Fig. 5a) die Distanzringe *o* drehen. Die Enden der Messer *n* sind in die Gehäusewandungen *a* schwalbenschwanzförmig eingelassen und dadurch so gestützt, daß sie sich seitlich etwas verschieben und genau an die rotierenden Messer *s* anlegen können. Die Distanzringe *o* sind ein klein wenig stärker als die Messer *n*, so daß die rotierenden Messer mit den Distanzringen *o* auf den Wellen *l* mittels Muttern fest zusammengeschraubt werden können, ohne daß ein Klemmen an den feststehenden Messern eintritt.

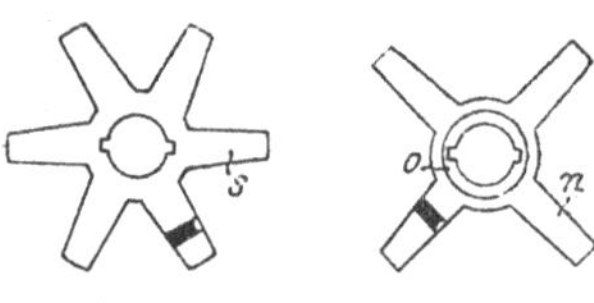

Fig. 5a. Fig. 5b.

Messer des Langeschen Apparates.

Sowohl die Pfütznersche als auch die Langesche Zerkleinerungsvorrichtung gewährleisten eine sehr feine Zerkleinerung des Rohtalges und damit eine gute Ausbeute.

Beförderung des zerkleinerten Rohtalges. Die Zubringung des Rohtalges zu den Zerkleinerungsmaschinen und die Abfuhr des zerkleinerten Schmelzgutes zu den Schmelzbottichen erfolgt entweder durch Bänder ohne Ende oder durch kleine dreirädrige Wägelchen (Fig. 243, Band 1). Vielfach bringt man die Rohtalgstücke aus dem Einwässerungsbottich auf Tische mit gelochter Tischplatte, damit das anhaftende Wasser vom Fett ablaufe, bevor dieses in die Zerkleinerungsmaschine kommt.

In kleineren Betrieben wird das Material einfach in Weidenkörben zu der Zerkleinerungsmaschine und von hier zu den Schmelzbottichen gebracht.

Alle Zerkleinerungsapparate arbeiten mit geringem Kraftbedarf und leisten die von ihnen gewünschte Arbeit in vollkommener Weise, wenn der

Rohtalg völlig erstarrt und trocken ist. Fettgewebe, das durch zu lang andauerndes Wässern oder infolge nicht genügenden Auskühlens geschmeidig ist, schmiert in den Zerkleinerungsmaschinen und zerkleinert sich bei weitem nicht so gut wie ein vollkommen starres, sprödes Material.

4. *Ausschmelzen des zerkleinerten Rohtalges.*

Kurz nachdem Mège Mouriés' Verfahren zur Herstellung von Kunstbutter bekannt geworden war, warfen sich eine Reihe von Technikern auf diesen neugeschaffenen Industriezweig und versuchten durch Abänderungen, die man Verbesserungen nannte, die patentierte Methode Mèges zu umgehen. Vor allem war man bestrebt, das bisherige Verfahren des Rohtalgausschmelzens zu verbessern, indem man an Stelle des heißen Wassers mit indirektem Dampf ausschmelzen wollte und dadurch die Ausbeute zu erhöhen hoffte.

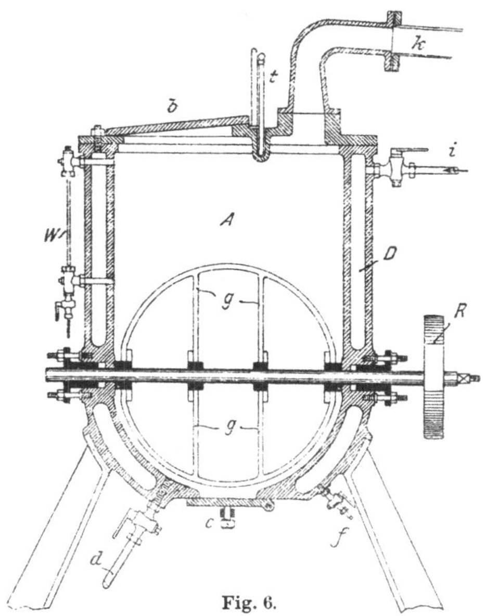

Fig. 6.
Talgschmelzapparat von Jaroslawski.

Von den verschiedenen, damals in Vorschlag gebrachten Schmelzapparaten sei nur der von Jaroslawski erwähnt, der in Fig. 6 dargestellt ist und bei dem die Trennung des ausgeschmolzenen Fettes von den Gewebsresten Interesse erweckt: Schmelzapparat von Jaroslawsh

Das gußeiserne Schmelzgefäß *A* ist mit einer Rührvorrichtung *g* versehen, die durch die Riemenscheibe *R* getrieben wird. Die Erwärmung des in dem Behälter *A* befindlichen zerkleinerten Rohtalges, dessen Einbringung durch das Mannloch *b* erfolgt, geschieht durch den Dampfmantel *D*, in den durch *i* Dampf eintritt, während das Kondensationswasser bei *f* abfließt. Nach stattgehabter Schmelze, die bei ca. 40° C stattfinden soll, wird durch das Rohr *d* Wasser eingelassen, das ebenfalls auf 40° C erwärmt wurde. Durch das einströmende Wasser wird der flüssige, ausgeschmolzene Talg allmählich gehoben und endlich durch das Rohr *k* in ein messingenes Absetzgefäß gedrückt. Der Verschlußdeckel *c* dient zur Entleerung der ausgeschmolzenen Gewebsreste, *t* ist ein zur Temperaturkontrolle eingesetztes Thermometer und *w* ein den gewöhnlichen Wasserstandsgläsern nachgebildeter Niveauanzeiger.

Über die heutige Ausgestaltung des Ausschmelzens der Rohfette wurde bereits im 1. Bande ausführlich berichtet; es wurden die Arten der Wärmezuführung (direktes Feuer, Dampf, Wasser) beschrieben und dabei die verschiedenen Schmelzmethoden in zwei Gruppen (Trocken- und Naßschmelze) eingeteilt.

Von der Trockenschmelze über direktem Feuer (Band 1, S. 504) macht man heute nur noch selten Gebrauch, wenn man Fette für die Margarinfabrikation herzustellen beabsichtigt. Die kleinen, über keine Dampfanlage verfügenden Premier-jus-Schmelzereien, die ihren Rohtalg früher auf kleinen, mittels direkten Feuers geheizten Kesseln ausschmolzen (ausließen), sind fast durchweg verschwunden und haben den verbesserten, auf gleichem Prinzip beruhenden Apparaten von Hesselbach[1]), Seifert[2]) usw. Platz gemacht.

Die Trockenschmelze mit Dampfheizung (Band 1, S. 509—514), die in den Apparaten von Müller & Co.[3]), J. Haas[4]), Otto[5]) und Fr. X. Miller[6]) ihre Vertreter gefunden hat, zeigt gegenüber der Trockenschmelze mit direktem Feuer zwar bemerkenswerte Vorteile, steht aber, ebenso wie das Ausschmelzen mittels erwärmter Luft[7]) (Band 1, S. 515—518), hinter der Trockenschmelze mittels heißen Wassers (Band 1, S. 518—521) zurück.

Die Trockenschmelze mit heißem Wasser hat in den Systemen von Pfützner[8]) und von O. Hentschel[9]) ihre hervorragendsten Repräsentanten; diese beiden Systeme werden heute in vielen größeren deutschen Feintalgschmelzereien angewendet und liefern ein Premier jus, das in Qualtät nichts zu wünschen übrig läßt, bei durchaus zufriedenstellender Ausbeute.

Die Naßschmelze, bei der das fetthaltige Rohmaterial mit Wasser oder Dampf in direkte Berührung kommt und außer der Sprengung der Zellwände durch Ausdehnung des erwärmten Fettes auch eine teilweise Verdrängung des in den Zellen eingeschlossenen Fettes durch das Eindringen von Wasser oder Dampf erfolgt, wird in der Margarinindustrie häufiger angewendet als die Trockenschmelze.

Besonders nach der Wasserschmelzmethode (Band 1, S. 522—527) wird vielfach gearbeitet; die Naßschmelze mit Dampf liefert nämlich minderwertige Produkte und wird besser nur für technischen Talg verwendet; auch die Säure- und die Laugenschmelze (Band 1, S. 534—538) liefern nur Talg für technische Zwecke.

Die Vor- und Nachteile der einzelnen Schmelzmethoden wurden in Band 1, bei der detaillierten Vorführung der Verfahren, erwähnt, weshalb dieses Thema hier nicht nochmals aufgerollt zu werden braucht.

---

1) Siehe Bd. 1, S. 507.

2) Siehe Bd. 1, S. 508.

3) D. R. P. Nr. 19738 v. 25. Febr. 1882.

4) D. R. P. Nr. 86201.

5) D. R. P. Nr. 86564.

6) D. R. P. Nr. 144007 u. 144008.

7) Hierher gehören die Methoden von Peter Wild (D. R. P. Nr. 55050 v. 8. Okt. 1889 und D. R. P. Nr. 57275 v. 20. Aug. 1890), von Mühleisen (D. R. P. Nr. 68829 v. 30. Aug. 1892 und 7228 v. 1. Febr. 1893) und von H. Flottmann (D. R. P. Nr. 49240 v. 16. April 1889).

8) D. R. P. Nr. 63537 v. 19 Juli 1891.

9) D. R. P. Nr. 77143 v. 16. Febr. 1893.

Alle größeren Feintalgschmelzereien verwenden heute als Wärmequelle beim Ausschmelzen heißes Wasser und schmelzen entweder mehr oder weniger trocken (wie bei den Methoden von Pfützner und Hentschel), oder sie bringen den Talg mit dem erwärmten Wasser direkt in Berührung.

Bau und Arbeitsweise der Apparate von Pfützner und Hentschel sind in Band 1, S. 518—521 eingehend besprochen worden; diese Maschinen haben besonders in den in neuerer Zeit in Deutschland entstandenen Feintalgschmelzereien Eingang gefunden und arbeiten sehr zufriedenstellend.

Die älteren Fabriken arbeiten in der Regel noch nach dem primitiveren Verfahren, wonach der Rohtalg in offenen Gefäßen über Wasser ausgeschmolzen wird. Das Schmelzgefäß besteht dabei entweder aus einem 3000—5000 kg fassenden Bottich aus Lärchenholz oder aus einem gleich großen runden oder viereckigen Eisenreservoir.

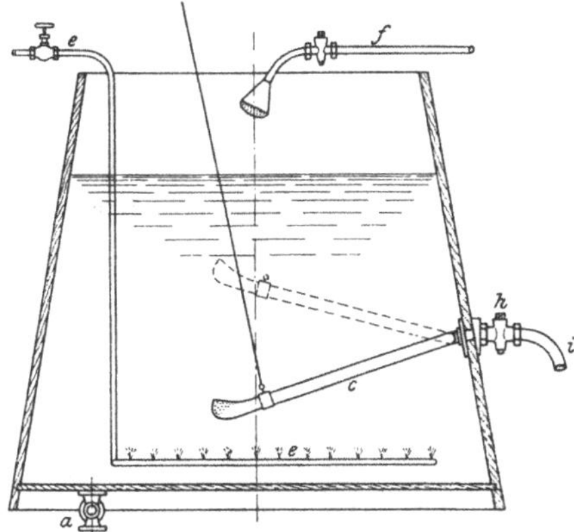

Fig. 7. Schmelzbottich für Premier-jus-Bereitung.

An Armierungen besitzt das Schmelzgefäß (siehe Fig. 7) einen Bodenhahn *a*, der zum Ablassen der Schmelzrückstände dient, einen mit Rohransatz *i* versehenen Seitenhahn *h*, der im Innern seine Verlängerung in einem wendbaren Rohre *c* findet, das in eine nach aufwärts gekehrte konische Brause endigt, eine Dampfschlange *e*, die zum Anwärmen des zum Schmelzen verwendeten Wassers dient, und eine Wasserzuleitung *f*.

Art des Schmelzens. Das Arbeiten mit diesen offenen Schmelzgefäßen erfolgt derart, daß man vorerst durch das Rohr *f* ein bis zwei Handhoch Wasser in den Bottich laufen läßt, das mittels der Dampfschlange *e* auf ca. 50° C angewärmt wird. Hierauf wird der auszuschmelzende Rohtalg in zerkleinertem Zustande in nicht zu großen Partien nach und nach in das Schmelzgefäß eingetragen, während welcher Zeit man mit einem Rührscheit den Bottichinhalt langsam umrührt. Bevor man neue Partien Rohtalg in das Schmelzgefäß bringt, muß der früher eingebrachte Rohtalg geschmolzen (zergangen) sein, keinesfalls darf man mit dem Zugeben des Rohtalges so rasch verfahren, daß der Bottichinhalt zu dick wird. Knoten und Klumpen von Rohtalg, die sich bei noch so vorsichtigem Eintragen des Rohfettes stets bilden, müssen von Zeit zu Zeit mit der Hand zerdrückt werden, worauf sie dann schnell ausschmelzen.

Art des Rührens. Wichtig ist beim Schmelzen von Premier jus in offenen Bottichen, daß sachgemäß gerührt und die Temperatur auf der richtigen Höhe gehalten werde. Ein zu heftiges Rühren ist zu vermeiden, weil es dem erhaltenen Premier jus einen unangenehmen Grammelgeschmack gibt und ein Verleimen der Masse eintreten kann; ein zu langsames Durchmischen des Bottichinhaltes führt anderseits zu Klumpenbildungen. Übrigens ist auch die Art des Rührens von Wichtigkeit; es soll nicht stoßweise aufziehend, sondern mehr in ruhiger, kreisender Art gerührt werden. Ein Rühren von unten nach aufwärts bewirkt ein Durchwallen des ganzen Bottichinhaltes, was auf die Qualität des erhaltenen Premier jus nachteilig wirkt, weil die dadurch geschaffene innigere Berührung der schon entfetteten Zellgewebe mit dem ausgeschmolzenen Fette diesem einen unangenehmen Geschmack erteilt. Bei der kreisenden Bewegung bleiben dagegen das Schmelzwasser und die ausgeschmolzenen Zellreste mehr am Boden und das ausgeschmolzene Fett macht schon eine Art Vorklärung während des Schmelzprozesses durch.

Schmelztemperatur. Die Temperatur, bei der das Schmelzen vorgenommen wird, schwankt zwischen 40 und 50° C. Je niedriger die Temperatur, um so feiner der Geschmack des erhaltenen Premier jus, um so geringer aber auch die Ausbeute. Erfahrene Schmelzer verstehen übrigens, auch bei relativ niedriger Temperatur eine zufriedenstellende Ausbeute zu erzielen; nur Anfänger können ohne ein Arbeiten bei hohen Temperaturen nicht auskommen und erzeugen daher ein Premier jus, das einen etwas weniger reinen Geschmack zeigt. Die Temperatur des Schmelzwassers kann durch die in dem Schmelzgefäße befindliche Dampfleitung leicht geregelt werden; während der Schmelzoperation muß man mehrmals Dampf zuströmen lassen, damit die Temperatur nicht unter 40° C sinke.

Verleimen der Schmelze. Durch unverständiges Rühren und Schmelzen bei zu niedriger Temperatur tritt leicht das sogenannte „Verleimen" der Schmelze ein, das ist eine Art Emulsionszustand, wobei die bereits entfetteten Zellreste mit dem Schmelzwasser, dem ausgeschmolzenen Fett und dem noch unveränderten, zerkleinerten Rohtalg eine mehr oder weniger homogene Masse bilden, die sich nur schwer in den normalen Zustand zurückführen läßt. Man kann dem Verleimen bis zu einem gewissen Grade vorbeugen, indem man vor dem Eintragen des Rohtalges einige Kilogramm Premier jus in den Schmelzbottich bringt, wo dieses auf dem warmen Schmelzwasser rasch schmilzt und den folgenden Schmelzprozeß glatter vonstatten gehen macht.

Ist das Schmelzen beendet, d. h. sind alle Klumpen von Rohtalg vollständig zergangen, so zeigt der homogen flüssige Bottichinhalt das Aussehen eines durch Wasser getrübten Öles, worin viele kleine, äußerst fein verteilte Membranen herumschwimmen. Um diese niederzuschlagen, würde ein einfaches Absetzenlassen zu lange Zeit brauchen; man beschleunigt daher die Klärung des Fettes durch Zugabe von Kochsalz, das man entweder in fein gepulvertem Zustande auf die Oberfläche des Bottichinhaltes streut oder in Form einer möglichst konzentrierten Lösung regenartig niederrieseln läßt. Das Kochsalz reißt die in der Fettmasse schwimmenden Zellpartikelchen zu Boden und bewirkt schon nach 1—2 Stunden eine Klärung des Fettes.

Die klare Fettschicht wird hierauf durch den Seitenhahn *h* des Schmelzgefäßes (siehe Fig. 7) zwecks weiterer Behandlung abgelassen, wobei man das mit dem Hahn *h* verbundene Wendrohr *c* allmählich vorsichtig tiefer senkt und darauf achtet, daß nicht auch die im unteren Teile des Schmelzbottichs abgesetzten Schmelzreste abgezogen werden. Die am Ende des Rohres *c* angebrachte, oben fein gelochte, am Boden aber keine Öffnung besitzende Brause hält im Fette schwimmende größere Sehnenteilchen zurück und gestattet auch nur ein Einfließen des Fettes von oben in das Rohr *c*, wodurch eine weitere Gewähr gegeben erscheint, daß nur reines, ziemlich geklärtes Fett abgezogen wird.

Ablassen des ausgeschmolzenen Fettes.

Ist alles Fett aus dem Schmelzbottich abgelassen worden, so geht man an das Ausbringen der Schmelzrückstände, die vermischt mit dem Schmelzwasser eine dickliche, schmutzig trübe, schlüpfrige, in frischem Zustande nicht gerade unangenehm, aber doch eigenartig riechende Masse bilden. Das Entfernen dieser Schmelzrückstände, auf denen stets eine gewisse Menge guten Fettes schwimmt, weil dieses nicht bis auf den letzten Rest durch das Ablaßrohr *c* abgelassen werden kann, geschieht durch den Bodenhahn *a* des Schmelzgefäßes, der wenigstens 75 mm Durchgangsöffnung haben muß, wenn er sich nicht allzu oft verstopfen soll. In leicht gebauten, handlichen Rinnen leitet man die Schmelzrückstände zu dem Apparat, worin ihr weiteres Entfetten erfolgt, oder in Monte jus, die die Masse durch Dampfdruck auf jede gewünschte Höhe heben und auf beliebige Entfernungen transportieren.

der Schmelzrückstände.

Die Güte des ausgeschmolzenen Fettes hängt außer von der Art der Rohtalgzerkleinerung, der Schmelztemperatur und der Art des Rührens auch von der Schmelzdauer ab; die Dauer des Kontaktes des ausgeschmolzenen Fettes mit den entfetteten Zellresten soll durch ein möglichst rasches Schmelzen auf das erreichbare Minimum reduziert werden. Aus diesem Grunde sind große Schmelzgefäße zu vermeiden und Bottiche mit über 3000—5000 kg Inhalt nicht zu bauen.

Wertbestimmende Faktoren.

Als das Schmelzen von Premier jus zuerst bekannt geworden war, glaubte man bei der Schmelzoperation dafür sorgen zu müssen, daß das Zellgewebe des Rohtalges gelöst werde. Man war der Meinung, nur durch Lösen (Zerstören) des Zellgewebes wäre eine befriedigende Fettausbringung zu erreichen, und schrieb überdies der Berührung des unveränderten Zellgewebes mit dem flüssigen Fette allerlei Nachteile zu, die man zu vermeiden annahm, wenn man die Zellsubstanzen in lösliche Körper überführte. Man verwendete zu diesem Zwecke im Anfange wässerige Auszüge der Magenhaut und Spuren von Salzsäure, später ließ man die Salzsäure weg und arbeitete nur mit dem Magenauszug; später setzte man der Schmelze einfach kleine Stücke Schaf-, Schweine- oder Kälbermagen zu, nämlich auf 1000 kg Rohtalg zwei Stücke Magen (Patent Mège Mouriès). Diese Zusätze erwiesen sich bald als überflüssig, ebenso wie die von Mège in Vorschlag gebrachte Zugabe von geringen Mengen Pottasche oder Soda zum Schmelzwasser.

Zusätze zum Schmelzwasser.

Verfahren von Nootenboom.

Eine besondere Methode des Ausschmelzens von rohem Rinder- und Schaffett zwecks Gewinnung eines zur Herstellung von Buttersurrogaten brauchbaren Fettes ließ sich im Jahre 1877 Joannis Nootenboom in Rotterdam patentieren. Bei diesem Verfahren fällt das vorher zerkleinerte Fett in ein in Wasser hängendes Sieb und wird durch Dampf auf 70° C erhitzt. Der flüssig gewordene Teil fällt ins Wasser, das $^1/_2$—1 Pfund Alaun für je 1 Tonne Fett enthält. Dann werden dem Wasser 3 Pfund Magnesia oder Magnesiumkarbonat auf je 1 Tonne Fett zugesetzt. Nachdem das Fett damit gewaschen worden ist, wird es auf die gewöhnliche Art weiterverarbeitet.

Verfahren von Jaroslawski.

Heute wird das Ausschmelzen des Premier jus wohl ausschließlich ohne jeden Zusatz vorgenommen; dieses gegenwärtig allgemein geübte einfache Verfahren zur Herstellung von Premier jus wird auch in einer Patentschrift von J. Jaroslawski[1]) in New York beschrieben, und es ist zu verwundern, daß dieses Patent, das ganz und gar auf den Mitteilungen von Mège Mouriès fußt, überhaupt erteilt wurde und daß die vielen Premier-jus-Schmelzer späterhin nicht in Kollision mit dem Patentinhaber gerieten.

In kleineren Betrieben wird Premier jus bisweilen auch durch Ausschmelzen des Rohtalges in sogenannten Duplikatkesseln gewonnen, wie ein solcher in Fig. 251, Band 1, S. 510, dargestellt ist. Dort, wo kein Dampf zur Verfügung ist, schmilzt man sogar über freiem Feuer und bedient sich dazu entweder der einfachen eingemauerten Schmelzkessel (Fig. 244, Band 1, S. 505) oder der Schmelzapparate von Hesselbach, Seifert usw. (Fig. 249 und 250, Band 1, S. 507 und 508).

5. *Klärung des geschmolzenen Premier jus.*

Vorklärung des ausgeschmolzenen Premier jus.

Das von dem Schmelzapparat kommende Fett wird — gleichgültig, ob es eine Vorklärung erfahren hat (wie in den offenen Schmelzgefäßen) oder nicht (wie in den geschlossenen Apparaten von Pfützner und Hentschel) — zwecks vollständiger Klärung in Wasserbäder gebracht. Das ausgeschmolzene Fett enthält nämlich in jedem Falle noch merkliche Mengen von Wasser und Zellgeweben, die ein vorzeitiges Verderben des Premier jus zur Folge haben würden, wenn man sie in dem Fette beließe.

Marienbäder.

Die Wasserbäder (Marienbäder genannt), worin die Nachklärung des Premier jus vorgenommen wird, bestehen aus verzinnten Eisenreservoiren, die von heißem Wasser umspült werden, wodurch ihr Inhalt auf einer gleichmäßigen Temperatur erhalten wird. Die nähere Einrichtung der Marienbäder ist aus Fig. 8 zu ersehen.

In einem gut isolierten Eisenreservoir *A* sitzt ein kleineres, verzinntes Eisengefäß *B*, das auf geeignete Weise in bestimmten Abständen von den Wandungen des äußeren Gefäßes gehalten wird. In dem Raum zwischen den Gefäßen *A* und *B* befindet sich Wasser, das durch eine Dampfschlange *m* nach Belieben angewärmt werden kann, wie anderseits durch die Wasserleitung *w* auch ein Beschicken mit kaltem Wasser ermöglicht ist. Der an dem Außengefäß *A* angebrachte Bodenhahn *b*

[1]) D. R. P. Nr. 1591 v. 4. Nov. 1877.

dient zum Abziehen des Wassers, dessen zeitweilige Erneuerung notwendig wird, damit das Wasser keinen übeln Geruch annehme. Ein Thermometerstutzen *t* ermöglicht das bequeme Ablesen der jeweiligen Wassertemperatur. Der verzinnte Innenkessel *B* besitzt zwei Stutzen: einen am Boden *d* und einen Seitenabzugstutzen *n*. Beide Stutzen sind mit Hähnen versehen, die aus Hartzinn gefertigt werden, während die Abzugstutzen aus verzinnten Eisenrohren gebildet sind.

Das Arbeiten mit dem Marienbade geschieht nun so, daß man nach vorherigem Einstellen der Wasserbadtemperatur auf etwas über 40° C das von den Schmelzgefäßen kommende, vorgeklärte Premier jus in den Innenkessel *B* oben einlaufen läßt, wobei natürlich die Hähne der beiden Stutzen *d* und *n* geschlossen sein müssen. Das Gefäß *B* wird nicht bis zum äußersten Rande angefüllt, sondern ungefähr eine Handbreit freigelassen. Hierauf läßt man eine Kochsalzlösung von 10—15° Bé[1]) in Form eines Regens auf die Oberfläche des geschmolzenen Fettes niedergehen, wozu man sich am besten einer Gießkanne mit Brause bedient, wie sie die Gärtner zu verwenden pflegen. Nach dem Salzwasserzusatz wird das ganze Marienbad mit einem Holzdeckel gut bedeckt und der Ruhe überlassen.

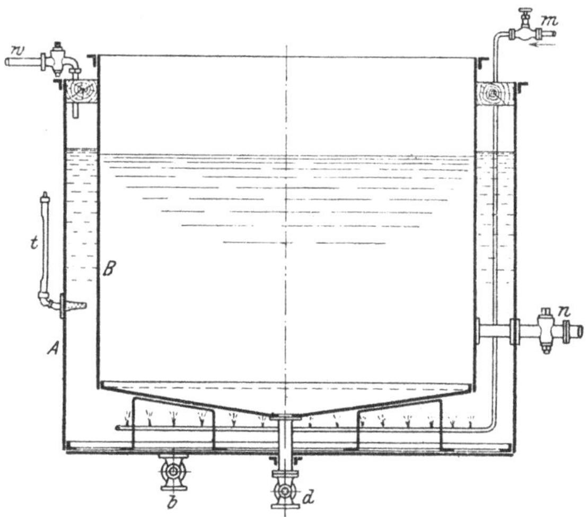

Fig. 8. Marienbad für Premier-jus-Klärung.

Das Premier jus verbleibt in den Marienbädern 12—24 Stunden, in Ausnahmsfällen wohl auch 36—48 Stunden. Das abgezogene Fett muß „spiegeln", wie der terminus technicus lautet, d. h. es muß in dickem Strahl eine solche Klarheit zeigen, daß es, man möchte beinahe sagen, lichtbrechend wirkt.

Das klare Premier jus wird aus dem Marienbade durch den Seitenhahn *b* (Fig. 8) abgezogen und entweder direkt in Fässer gegossen oder in die Kristallisierkammer gebracht, wo man es langsam abkühlen läßt, damit es in gut kristallinischer Form erstarre. (Siehe S. 78.)

[1]) In Staaten, wo eine hohe Konsumsteuer für Kochsalz besteht, sind die Margarinschmelzer bestrebt, das zu Klärungszwecken verwendete Salz zu dem für Fabriksalz vorgeschriebenen ermäßigten Preise zu erhalten. Derartige Ansuchen werden vielfach auch genehmigt, weil ja das Salz nur als Klärmittel dient und in dem fertigen Produkt nicht zurückbleibt. Eine Denaturierung dieses Salzes mit Soda, wie sie z. B. für Zwecke der Seifenfabrikation üblich ist, empfiehlt sich für Feintalgschmelzereien nicht, weil der geringe Sodagehalt der Emulsionsbildung Vorschub leistet und der beabsichtigten Klärung direkt entgegenwirkt.

In Betrieben, wo das Premier jus mittels einfacher Duplikatkessel oder durch Ausschmelzen über freiem Feuer gewonnen wird, findet auch das Klären kaum in so vollkommenen Marienbädern statt, wie sie in Fig. 8, S. 73 dargestellt und beschrieben wurden. Die Qualität von solchem Premier jus läßt daher stets etwas zu wünschen übrig.

Eigenschaften des Premier jus.

Die Beurteilung des Premier jus erfolgt nach Aussehen, Geruch und Geschmack. Bestimmte Normen hierfür festzusetzen, ist schon deshalb ein Ding der Unmöglichkeit, weil die Geruchs- und Geschmackswerkzeuge jedes einzelnen verschieden empfindlich sind. Tatsächlich kommt es nicht selten vor, daß eine von dem einen Käufer beanstandete Ware von einem anderen ganz besonders gut befunden wird, und umgekehrt. Die Beschaffenheit des Rohmaterials, die Art des Schmelzens, gutes Klären und Reinlichkeit bei der ganzen Fabrikation sind bei der Premier-jus-Herstellung die qualitätbestimmenden Faktoren.

Premier jus stellt ein mehr oder weniger intensiv gelbes, kristallinisch erstarrtes Fett dar, dessen Schmelzpunkt bei ungefähr 25—30° C liegt und dessen Fettsäuren zwischen 44—47° C schmelzen und zwischen 41 und 44° C erstarren.

Ein bei 48—50° C aus frischem, gesundem Rohkern geschmolzenes Premier jus, das einen reinen, süßen Geschmack zeigt, gilt als Primissima Ware; aus weniger gutem Rohmaterial oder weniger sorgfältig hergestellte Produkte werden im Handel als Prima bezeichnet, und Secunda Premier jus ist das aus gutem Ausschnitt-Rohtalg gewonnene Premier jus.

Über Feuer geschmolzenes Premier jus hat auch in den besten Qualitäten einen schwach brenzligen Geschmack; es „bratelt“, wie der Fachausdruck lautet. Auch auf Duplikatoren hergestelltes Premier jus zeigt einen leicht brenzligen Geschmack.

6. *Aufarbeitung der Schmelzrückstände.*

Schmelzrückstände.

Die bei der Premier-jus-Schmelze resultierenden Rückstände, die in frischem Zustande ohne direkt unangenehmen Geruch sind, schon nach kurzem Lagern aber in Gärung (Fäulnis) übergehen und dann einen geradezu bestialischen Gestank verbreiten, enthalten noch ziemlich viel Fett, um dessen Gewinnung der Premier-jus-Schmelzer bemüht sein muß. Die Entfettung der Schmelzrückstände kann auf verschiedene Weise durchgeführt werden. In jedem Falle ist aber auf eine möglichst rasche Aufarbeitung der Rückstände zu dringen, weil sie, bei längerem Aufbewahren schon an und für sich höchst widerwärtig riechend, beim Verarbeiten dann um so mehr unangenehm riechende Gase entwickeln, die die Nachbarschaft in eindringlichster Weise belästigen, zu gewerbepolizeilichen Beanstandungen führen und gleichzeitig auch der Qualität des in der betreffenden Fabrik erzeugten Premier jus Abbruch tun können.

Verseifung derselben.

Die Fälle, wo die Fettschmelzrückstände Seifensiedereien zugeführt werden, sind heute ziemlich selten. Ein Verseifen der ausgeschmolzenen, aber noch fetten Zellreste vollzieht sich zwar ziemlich leicht und beim Aussalzen geht auch das gesamte Zellgewebe samt dem Schmutz in die Unterlauge. Diese ist dadurch aber stark verunreinigt, läßt sich wegen ihrer schleimigen Beschaffenheit kaum durch Pumpen entfernen und eignet sich vor allem nicht zur Weiterverarbeitung auf Glyzerin. Aus diesem Grunde ist das Verseifen der Rückstände heute nur sehr selten anzutreffen.

Entfettung nach Nitsche.

In vielen Fabriken werden die aus dem Schmelzbottich kommenden Rückstände in einen mit einem Dampfmantel versehenen Eisenkessel (Duplikator, siehe Fig. 251, Band 1, S. 510) gelassen, hier mit etwas Wasser vermischt und unter ganz langsam kreisenden Rührbewegungen mittels des durch den Mantelraum strömenden Dampfes auf 60—70° C erwärmt. Dann wird der Dampf rasch abgesperrt, der Inhalt des Duplikators mit einem Wasserregen oberflächlich abgebraust und eine Viertel- oder halbe Stunde lang in Ruhe belassen. Es scheiden sich dabei namhafte Mengen Fett ab, die in Qualität als Premier jus zu deklarieren sind, wenn sie auch nicht gerade die feinste Marke darstellen. Das Fett wird abgeschöpft und in Marienbäder gebracht, während die teilweise entwässerten Rückstände nun gewöhnlich unter einem Dampfdruck von 2—3 Atmosphären in besonderen Dampfschmelzapparaten ausgeschmolzen werden. Dieses, von Fr. Nitsche in Wien empfohlene und ihm seinerzeit patentierte Verfahren des Ausziehens weiteren Feintalges ist nur für aus bestem Rohkern stammende Schmelzrückstände geeignet.

Entfetten durch Ausschmelzen unter Druck.

Rückstände der Ausschnittschmelze bringt man gleich in die unter Druck arbeitenden Dampfschmelzapparate, wie solche in ihrer Konstruktion in Band 1, S. 528, Fig. 268, genau beschrieben sind.

Vielfach nimmt man das Ausschmelzen der Rückstände gemeinsam mit dem von frischem Ausschnittalg vor, denn ein separates Ausschmelzen der Rückstände würde ihr mehrtägiges Ansammeln notwendig machen, wobei ein Fäulnisprozeß mit allen seinen Nachteilen kaum zu vermeiden wäre.

durch die Säureschmelze.

In anderen Fabriken bringt man die Schmelzrückstände in Bottiche, wo sie mit verdünnter Schwefelsäure gekocht werden. Diese Operation gehört in das Gebiet der Säureschmelze und erfordert bei der Durchführung eine ziemliche Achtsamkeit, weil sehr leicht ein Verleimen des Bottichinhaltes eintritt. Eine verleimte Schmelze läßt sich aber nur sehr schwer wieder trennen. (Näheres siehe Band 1, S. 534.)

Mitunter werden auch die bei der Dampfdruckschmelze erhaltenen Rückstände zur vollständigen Entfettung noch mit Säure gekocht, so daß sich für eine Feintalgschmelze umstehendes Arbeitsschema ergibt.

Verwertung der gänzlich entfetteten Zellgewebsreste.

Die sich bei der Dampfschmelze unter Druck oder bei der Säureschmelze ergebenden, vollständig entfetteten Zellgewebe werden von vielen Fabriken mit Torfmull gemischt, wodurch sie eine ziemlich geruchlose Masse bilden, die an Bauern als Düngemittel abgegeben wird[1]).

[1]) Über die Verwertung der Schmelzrückstände siehe auch Bd. 1, S. 559—560.

Arbeitsschema der Feintalgschmelze.

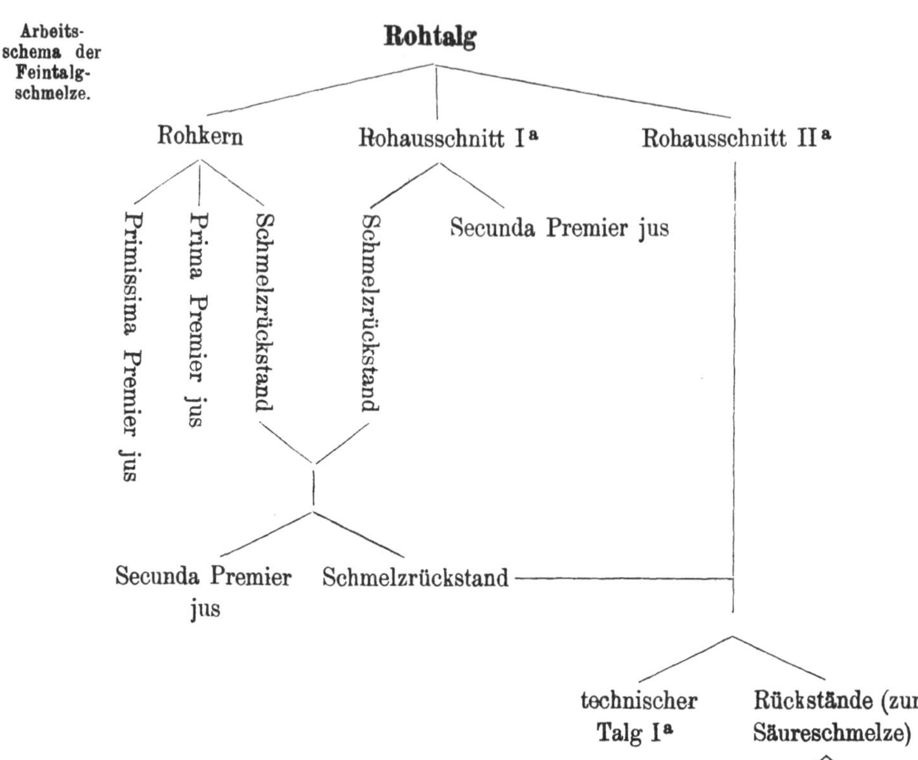

Vorschlag Buseks.

Busek will die entfetteten Rückstände der Talgschmelze der Leimgewinnung zuführen und empfiehlt zu diesem Zwecke ein Ausschmelzen mittels verdünnter Salzsäure statt des gewöhnlich angewandten Schwefelsäurewassers. Salzsäure zerstört nämlich die Zellgewebe nicht so vollständig wie Schwefelsäure. Nach dem Busekschen Vorschlage müssen die Rückstände mit Wasser gründlich ausgewaschen, dann mit Kalkwasser abgestumpft und endlich auf Holzhürden so lange getrocknet werden, bis sie in eine versandfähige Form gebracht worden sind. Sie geben dann ein gutes Rohmaterial für die Leim- und Kunstdünger-Fabrikation ab.

Ausbeute.

Erzielte Ausbeute.

Die bei der Premier-jus-Schmelze erzielte Ausbeute schwankt zwischen 70 und 80%, doch sind diese Ziffern keinesfalls als äußerste Grenzzahlen aufzufassen. Wie in Band 1, S. 18—20, gezeigt wurde, ist der Wassergehalt des Fettgewebes sehr verschieden, und damit erscheint auch schon das beträchtliche Schwanken der Ausbeute der Margarinfabriken gegeben. Auch ist bei einem Vergleiche der praktischen Ausbeute der Premier-jus-Schmelze mit den in Band 1, auf S. 19 ausgewiesenen Analysen des Fettgehaltes zu bedenken, daß sich die praktischen Ausbeuteziffern auf abgetrockneten Rohtalg beziehen, während die erwähnten Analysenergebnisse wohl auf frisches, körperwarmes Fettgewebe Bezug haben.

100 kg guten, ausgesuchten Rohkernes ergeben im Mittel ungefähr:

65 % Premier jus,
10 % Prima Talg (dampfgeschmolzen, unter Druck),
5 % Sekundatalg (säuregeschmolzen) und
20 % Verlust.

Die Betriebsweise einer größeren Talgschmelzerei, die neben Rohkern auch Ausschnittalg verarbeitet, ist in Band 1, S. 565—567, an Hand eines genauen Fabrikplanes (Tafel IX) beschrieben.

β) *Die Gewinnung des Oleomargarins.*

Oleomargarin ist ein an festen Triglyzeriden armes Premier jus. (Vergleiche S. 57.) Das Ausscheiden der festen Anteile des Premier jus, wie es Mège Mouriès vorgeschlagen hatte, wurde von Mott und später von Chandler als zur Erzielung eines süßen, zur Verbutterung geeigneten Fettes unerläßlich angesehen. Heute, wo außer dem seinerzeit in der Kunstbuttererzeugung ausschließlich verwendeten Fette „Oleomargarin“ eine ganze Reihe von Pflanzenfetten und Pflanzenölen angewendet wird, ist es ein leichtes, jede gewünschte Konsistenz des Fettansatzes herbeizuführen, und die ursprünglich so wichtige Trennung des Premier jus in Oleomargarin und Preßtalg hat mehr oder weniger an Bedeutung verloren; wiewohl sich das Verbleiben des letzteren im Fettansatz bei dessen Verbutterung bemerkbar macht.

Um das Premier jus in eine weichere, oleinreichere Masse (Oleomargarin) und in ein festeres, stearin- und palmitinreicheres Produkt (Preßtalg) zu trennen, kann man sich der in Band 1, S. 695—698 beschriebenen Methoden bedienen. Von diesen hat bis heute nur das Abpressen, das bereits Mège Mouriès in seiner Fabrik anwandte, eine allgemeine Einführung gefunden. (Vergleiche den Bericht Boudets auf S. 44 dieses Bandes.)

Kristallisation.

Will man Premier jus zu Oleomargarin und Preßtalg verarbeiten, so muß man vor allem für eine möglichst gute Kristallisation des Premier jus sorgen. Diese wird erreicht, wenn man das vollständig geklärte und wasserfreie Fett in nicht zu kleinen Mengen (wenigstens 20—30 kg) bei Temperaturen von 30—32° C ganz allmählich erstarren läßt. Bei dieser Temperatur werden nämlich das Tristearin und das Tripalmitin bereits fest und erstarren in kleinen Kristallformen, die die Mutterlauge (Triolein) gleichmäßig durchsetzen. Bei sehr gut geleiteter und langsam erfolgter Kristallisation kommt es wohl auch vor, daß sich die Kristalle der festen Fettsäuren mehr

[1]) In Amerika nennt man das Oleomargarin „Oleo oil“ oder „Margarine oil“.

am Boden ansammeln und der obere Teil der Kristallisationswanne ein fast klares, fertiges Oleomargarin darstellendes flüssiges Fett enthält.

Kristallisierraum. Das Kristallisieren des Premier jus erfolgt in der sogenannten Kristallisierkammer, einem Raume, der peinlich sauber gehalten werden muß und zweckmäßigerweise mit waschbaren Steinfliesen ausgekleidet ist. Der Kristallisationsraum soll derart gelegen sein, daß er von Winden nicht allzu stark leide; durch Doppelfenster und solide Bauart muß dafür gesorgt sein, daß bei Witterungswechsel keine große und rasche Abkühlung des Raumes stattfinde. Die Temperatur des Kristallisationslokals soll konstant auf 25—30° C gehalten werden. Dies erreicht man in der kälteren Jahreszeit durch eine entsprechende Heizvorrichtung (am besten durch Rippenheizrohre), in der wärmeren Jahreszeit muß man besonders in den heißeren Klimaten nicht selten zu einer künstlichen Kühlung des Kristallisationsraumes Zuflucht nehmen. Die Kühlung wird durch Ventilation, durch künstliche Kühlanlagen (Eismaschinen) oder in kleineren Betrieben auch durch mehrere mit Blech beschlagene Kisten, die mit Eis gefüllt sind, erzielt. Man stellt diese Kisten über die Stellagen, auf denen sich das heiße Premier jus befindet. Die von dem Eise abgekühlten oberen Luftschichten fallen infolge ihrer Schwere herunter und bewirken so eine allmähliche, gleichmäßige Abkühlung. Die Ventilation ist nicht sehr zu empfehlen, weil jede größere Berührung des zur Margarinerzeugung verwendeten Fettes mit Luft hintangehalten werden soll.

Fig. 9. Premier-jus-Kristallisationswanne.

Kristallisierwannen. Das Kristallisieren des Premier jus geschieht in gut verzinnten Eisenwannen (Fig. 9) von ungefähr 20—30 kg Fassungsraum. Die Wannen haben einen viereckigen Querschnitt und leicht gerundete Ecken, sind oben etwas weiter als am Boden und überhaupt so gebaut, daß sie ein bequemes Entleeren des kristallisierten Premier jus, ein leichtes Reinigen und vollständiges Abtrocknen gestatten. Die Wannen sind in der Regel stufenförmig auf Holzstellagen angeordnet, doch kann auch eine horizontale Anordnung getroffen werden.

Das Premier jus wird gewöhnlich bei einer Temperatur von 35° C in die Wannen gegossen, nachdem der Raum früher schon vorgewärmt wurde. Sobald das Auskristallisieren des Premier jus beginnt, wird eine beträchtliche Wärmemenge (latente Kristallisationswärme) frei, wodurch die Temperatur des Raumes von selbst steigt. Die Temperatur des Raumes richtig zu wählen, ist Sache der Erfahrung. Hält man die Temperatur zu hoch, so bleibt zu viel festes Fett in Lösung und das abgepreßte Oleomargarin erweist sich nachher als zu fest und zu talgig. Ist die Temperatur aber zu niedrig, so preßt sich das Oleomargarin nur schwer ab und man erhält eine schlechte Ausbeute. Das Premier jus bleibt 24—36 Stunden in den Kristallisiergefäßen und kommt von hier entweder in Fässer, um als Premier jus oder Speisetalg versandt zu werden, oder es wird an Ort und Stelle auf Oleomargarin verpreßt.

Das Abpressen des Oleomargarins geschieht in einfachen Etagenpressen, wie sie Fig. 10 zeigt. Das gut kristallisierte Premier jus wird zu diesem Zwecke in dünne, aber doch dicht gewebte und schwer zerreißbare Preßtücher eingeschlagen und so zu viereckigen Paketen geformt. Die Ränder der Preßtücher müssen gut übereinandergreifen und sorgfältig übereinandergeschlagen werden, damit sich das ohnehin schwer abpreßbare Premier jus nicht durch offen gebliebene Stellen unerwünscht einen Weg bahne. Die Pakete sollen nicht zu groß und nicht zu dick gewählt werden; 25 bis 35 cm Breite und 30—40 cm Länge können als durchschnittliche Dimensionen für diese Pakete gelten, von denen man 2—4 Stück auf je eine Preßplatte bringt. Die Beschickung der Presse erfolgt nämlich derart, daß zwischen je eine Lage von Preßpaketen eine verzinnte Eisenplatte (Zwischenbleche, in Fig. 10 deutlich erkennbar), zu liegen kommt, die als eine Art Druckausgleicher dient.

Abpressen des Premier jus.

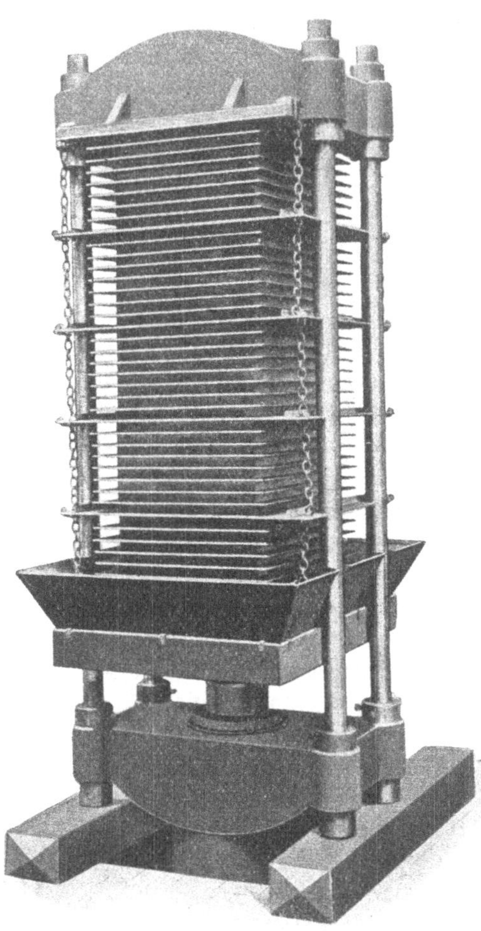

Fig. 10. Oleomargarinpresse.

Die Zwischenbleche werden vor dem Einbringen in die Presse in heißem Wasser vorgewärmt und ungefähr 30° C warm in die Presse eingesetzt. Man will dadurch dem Erkalten des Premier jus vorbeugen und bewirken, daß die ganze Preßoperation bei ungefähr derselben Temperatur erfolgt wie das Auskristallisieren des Premier jus. Unterließe man das Vorwärmen der Preßplatten, so würde das Premier jus in den Preßpaketen während der Beschickungszeit der Presse zu stark abkühlen; in kalter Jahreszeit könnte es sogar geschehen, daß durch die kalten Zwischen-

Vorwärmen der Zwischenbleche.

platten ein vollständiges Festwerden des flüssigen Anteiles des Premier jus erfolgt und damit jedes Abpressen unmöglich gemacht wird.

Das Anwärmen der Preßplatten erfolgt in passend dimensionierten eisernen Reservoiren, die mit Wasser gefüllt und mit Dampfschlangen versehen sind. Beim Entleeren der Presse kommen die Platten jedesmal in diese Wärmbehälter und verweilen dort bis zur zweitnächsten Beschickung der Presse. Damit für die nächstfolgende Operation schon vorgewärmte Platten vorhanden seien, muß man für einen Reservesatz sorgen.

Das Anwärmen der Platten mittels heißen Wassers hat seine Nachteile. Es haftet an den Platten nach beendeter Pressung stets etwas Fett, das von dem Wasser des Wärmbehälters losgespült wird und auf diesem schwimmt. Wenn man auch durch regelmäßiges Abschöpfen dieses Fettes für dessen Entfernung sorgt, so bleiben doch immer zahlreiche Fettaugen auf der Wasseroberfläche schwimmen, die bald ranzig werden, sich beim Herausnehmen der Platten an diesen festsetzen und das Reinigen bzw. Abtrocknen der Platten erschweren. Dieses Abtrocknen ist ein besonderer Übelstand der Wasserwärmung. Wird nicht jede einzelne Platte sorgfältigst abgetrocknet und von jeder Wasserspur befreit, so erhält man ein Oleomargarin, das durch Spuren von Wasser verunreinigt ist und daher den Keim zu vorzeitigem Verderben in sich birgt.

Das Anwärmen der Platten durch heiße Luft ist daher anscheinend vorzuziehen, doch muß auch hier für ein fortwährendes Reinigen der Platten gesorgt werden. Bringt man letztere direkt von der Presse weg in die Wärmkammer, so wird das daran haftende Fett durch die Berührung mit der heißen Luft sehr schnell ranzig und verdirbt beim späteren Hineingelangen in das weiter erzeugte Oleomargarin dessen Qualität.

Das Abpressen des Oleomargarins muß ganz allmählich geschehen, denn bei der nicht allzu ausgesprochenen Kristallisation der Fettmasse erfolgt auch die Trennung des flüssigen Anteiles von dem festen Teile nicht gerade leicht. Ein zu rasches Unterdruckgehen würde zwar die Preßtücher zum Bersten bringen, nicht aber das Oleomargarin in der gewünschten Weise abfließen machen. Ein Pressen durch Akkumulatoren ist daher der ganzen Sachlage nach vollständig ausgeschlossen, man muß sich hier vielmehr Pumpen bedienen, die in der Zeiteinheit möglichst geringe Wassermengen in den Pressenzylinder schaffen, also ein sehr langsames Heben des Preßtisches hervorrufen. Die Pumpen haben gewöhnlich drei Kolben, die im Anfange zusammenarbeiten. Ist der beim Beschicken der Presse nicht zu vermeidende tote Raum durch das Ansteigen des Preßtisches ausgeglichen, so wird der größte der drei Pumpenkolben automatisch ausgelöst, und die zwei kleineren Pumpenkolben arbeiten weiter, bis bei Erreichung eines gewissen Druckes ein weiterer Pumpenkolben außer Dienst gesetzt wird und nur das kleinste Pumpenelement weiterarbeitet, bis der gewünschte Maximaldruck erreicht ist.

Eine Preßcharge benötigt in der Regel 1—2 Stunden, wobei man 20 Minuten für das Beschicken, 20 Minuten für das Unterdruckgehen, eine halbe Stunde für das Unterdruckstehenlassen und 20 Minuten für das Entleeren der Presse rechnet.

Das ablaufende Oleomargarin wird in verzinnten Blecheimern aufgefangen und in die zum Versand bestimmten Fässer gegossen.

Waschen der Preßtücher.

Ein besonderes Augenmerk muß man auch den Preßtüchern zuwenden. Sie müssen nach mehrmaligem Gebrauch mit verdünnter Sodalösung gründlich gewaschen werden, um die an den Gewebsmaschen haftenbleibenden Fettreste, die sonst ranzig werden und die Qualität des abgepreßten Oleomargarins verschlechtern, periodisch zu entfernen.

Ausbeute.

Im allgemeinen werden aus Premier jus 65 % Oleomargarin und 35 % Preßtalg erzielt, doch richtet sich die Ausbeute sehr nach dem Rohmaterial, aus dem das Premier jus gewonnen wurde nach der Kristallisation des letzteren und nach der Temperatur beim Abpressen.

Oleomargaringewinnung ohne Pressung.

In den Kinderjahren der Kunstbutterindustrie geschah es nicht selten, daß man das Abpressen des Premier jus derart umging, daß man an dessen Stelle eine Art Abtranen vornahm. Es wurde einfach dem Premier jus durch partielles Erstarrenlassen ein stearinreicher Anteil entzogen, unter Bildung einer oleinreichen Mutterlauge[1]).

Von Verfahren, die eine Trennung des Stearins vom Olein nach anderen Prinzipien als dem des Abpressens vornehmen, wäre auch das etwas sonderbar anmutende Patent von Francis[2]) zu nennen, wobei die Fette bei möglichst niedriger Temperatur unter Zusatz verschiedener Chemikalien ausgeschmolzen werden.

Eigenschaften des Oleomargarins.

Das nach dem gewöhnlichen Preßverfahren erhaltene Oleomargarin ist eine mehr oder weniger süßlich, jedenfalls angenehm schmeckende gelbe Fettmasse, deren Konsistenz wesentlich weicher ist als die des Premier jus.

Ehedem legte man auf einen geringen Schmelzpunkt des Oleomargarins besonderen Wert[3]) und verlangte einen solchen von 20—22° C. Da um diese Zeit die Fettanalyse noch nicht weit vorgeschritten war und speziell die Vertreter der Industrie und des Handels nur wenig von solchen Analysen hielten, machten sich arge Fälschungen im Oleomargarinhandel bemerkbar. Man versetzte einfach Premier jus mit vegetabilischem Öl oder Schweinefett, drückte so dessen Schmelzpunkt herab und suchte es als Oleomargarin an den Mann zu bringen.

---

[1]) Über die Durchführung des Aus- oder Abtranens s. Bd. 1, S. 86 u. 695. Eine vervollkommnete Methode des Austranens ist das Verfahren von José Soler y Vila und Ed. Jos. Jean Baptiste Benoît in Paris (s. Bd. 1, S. 696).

[2]) Amer. Patent v. 21. Juli 1874.

[3]) Pellerin machte sogar den Vorschlag, das Premier jus zweimal zu pressen, und zwar das zweitemal bei wesentlich niedrigerer Temperatur, als dies sonst üblich ist, um nur ja ein möglichst stearinfreies Oleomargarin zu erhalten. (Franz. Patent Nr. 216359 v. 26. Sept. 1891.)

Fl. Wallenstein hat 15 Proben amerikanischer und österreichischer Herkunft untersucht und gefunden, daß der Gehalt an

Triolein zwischen	. . . .	50,8	und	55,0 %
Tripalmitin „	. . . .	30,2	„	40,0
Tristearin „	. . . .	6,8	„	19,0

schwankt.

Das spezifische Gewicht des Oleomargarins beträgt bei 15° C 0,924 bis 0,930 (Hoyer), bei 100° C 0,859 bis 0,860 (Sell).

Der Schmelzpunkt amerikanischer Sorten wurde von Wallenstein[1]) zwischen 17,3 und 27,0° C gefunden, während er für österreichisches Margarin 23,0 bis 26,5° C betrug, ja Pastrovich[2]) gibt für letzteres sogar 33,7° C an. Der Gehalt des Oleomargarins an freien Fettsäuren ist sehr gering; er beträgt nach den Wallensteinschen Untersuchungen nur selten mehr als 1 %.

Die Fettsäuren des Oleomargarins schmelzen zwischen 42,0 (Hübl) und 44,6° C (Pastrovich) und erstarren zwischen 39,8° C (Hübl, amerikanische Provenienz) und 42,35° C (Pastrovich, österreichisches Produkt).

Preßtalg. Der bei der Oleomargarinfabrikation gewonnene Preßtalg (Preßlinge, Oleo stearine) kommt gewöhnlich in nur 1/3 bis 2/3 mm dicken Platten oder, richtiger gesagt, in zu talergroßen Stücken zerbrochenen Platten in den Handel und wird nur selten zu großen Scheiben umgeschmolzen. Seine Farbe ist weiß oder gelblichweiß, Geruch besitzt er fast gar keinen; beim Kauen klebt er etwas an den Zähnen, ohne einen besonderen Geschmack zu verraten.

Sein Gehalt an freien Fettsäuren ist sehr gering und beträgt kaum 1 %. Sein Schmelzpunkt liegt zwischen 33 und 40° C, der seiner Fettsäuren zwischen 49 und 53° C, während sich der Erstarrungspunkt der letzteren in den Grenzen von 47 und 51° C bewegt.

Anlage und Betrieb von Fabriken zur Herstellung von Premier jus und Oleomargarin.

Die vielfach anzutreffende Meinung, daß die Fabrikation von Premier jus und Oleomargarin äußerst einfach sei und keine besonderen Ansprüche an die Befähigung der damit Beschäftigten stelle, trifft nicht zu. Es gibt auch in dieser Industrie Dinge, die nicht schablonenmäßig erledigt werden dürfen, sondern stete Aufmerksamkeit erheischen, wenn sich nicht unangenehme, meist nur schwer wieder gutzumachende Unzuträglichkeiten einstellen sollen.

Bei der Anlage von Margarinfabriken ist vor allem auf die Beschaffung reichlicher Mengen frischen Wassers Bedacht zu nehmen. Abgesehen

---

[1]) Chem. Ztg. 1892, S. 883.

[2]) Benedikt-Ulzer, Analyse der Fette und Wachsarten, 5. Aufl., Berlin 1908, S. 235.

von den beim Schmelzen selbst notwendigen Wassermengen, bedarf man des Wassers in ausgiebiger Weise zum Waschen des Rohtalges, zur Füllung der Wasserbäder, zum Betriebe der Preßpumpen und hauptsächlich zu der alltäglichen gründlichen Reinigung aller verwendeten Gefäße, Apparate, des Fußbodens und der Wände der Fabriklokale. Jedes Sparen mit Wasser ist unangebracht. Auch das Wasser in den Marienbädern, den Preßpumpen usw. darf nicht zu lange verwendet werden, sondern es ist für dessen öftere Erneuerung Sorge zu tragen, um dem Fauligwerden des Wassers ein für allemal vorzubeugen.

Wichtigkeit der Reinhaltung.

Nach beendigter Tagesarbeit sollen in einer Margarinfabrik sämtliche Maschinen, Geräte, Bottiche usw. auf das gründlichste gereinigt werden, ebenso die Fußböden und Wände bis zu einer gewissen Höhe. Ein Waschen mit möglichst heißem Wasser hat sich für die Reinigung von Margarinfabrikeinrichtungen am besten erwiesen. Zu vermeiden ist die Verwendung von sodahaltigem Wasser, weil dadurch sehr leicht ein Seifengeschmack in die später herzustellende Ware gebracht wird.

Die meisten Oleomargarinfabriken verpressen nur selbstgeschmolzenes Premier jus; Betriebe, die auch fremdes Premier jus zwecks Weiterverarbeitung auf Oleomargarin und Preßtalg aufkaufen, sind selten. Man behauptet, daß das Wiederaufschmelzen des Premier jus die Qualität des daraus hergestellten Oleomargarins beeinflusse und daß es viel besser sei, das Premier jus an Ort und Stelle der Gewinnung auf Oleomargarin weiter zu verarbeiten. Tatsächlich scheinen sehr häufig beim Aufschmelzen des Premier jus Fehler begangen zu werden, weil man entweder mit zu hoher Temperatur arbeitet oder in das Material Wasser gelangen läßt, das nachher nicht sorgfältig genug wieder entfernt wird[1]).

Anordnung der verschiedenen Räume.

Bezüglich der Disposition der einzelnen Maschinen einer Premier-jus-Schmelze und Oleomargarinpresserei ist zu beachten, daß die Zerreißmaschinen womöglich ein Stockwerk höher liegen sollen als die Schmelzbottiche, so daß das die Zerreißmaschine verlassende Fettgewebe direkt in die Schmelzbottiche fallen kann. Diese sollen andererseits so hoch stehen, daß das abgekühlte Premier jus durch freien Fall direkt in die Marienbäder gelangt.

Der Kristallisierraum für das Premier jus soll an jene Abteilung anstoßen, worin sich die Marienbäder befinden, oder unterhalb dieses Raumes liegen. Gleich neben dem Kristallisierraum muß die Presserei angeordnet sein, damit die Kristallisationswannen von den Stellagen weg direkt in den Preßraum geschoben werden können.

Die Räume, in denen die Aufarbeitung der Schmelzrückstände vorgenommen wird, sollen möglichst abseits vom Kristallisier- und Preßraume liegen. Oleomargarinfabriken können nur dort angelegt werden, wo größere

[1] Vergleiche das S. 90 beschriebene Aufschmelzverfahren von Pfützner.

Mengen frischen Rohtalges leicht zu beschaffen sind, also in unmittelbarer Nähe großer Städte, am besten im Anschlusse an die städtischen Schlachthäuser.

γ) *Die Herstellung von Kunstbutter.*

Die sogenannte Kunst- oder Margarinbutter, kurzweg wohl auch nur Margarine genannt, ist ein der Milchbutter in Aussehen, Geruch, Geschmack und Konsistenz ähnliches Produkt, das durch Verbuttern von Fett erhalten wird. Ehedem konnte diese Definition noch dahin ergänzt werden, daß man als Fettrohmaterial der Kunstbutter das Oleomargarin bezeichnete; dies trifft nun aber heute nicht mehr zu, denn neben dem Oleomargarin werden auch andere tierische und viele Pflanzenfette in der Kunstbutterindustrie verarbeitet, ja man kennt heute sogar Margarinsorten, die gar kein Oleomargarin mehr enthalten.

Das Prinzip des Mège Mouriésschen Verbutterungsverfahrens (siehe den Bericht Boudets, S. 44 dieses Bandes) ist bis heute beibehalten worden, wenngleich man vielfach Änderungen an der hiezu benutzten Apparatur vorgenommen und auch nach der chemischen Seite hin verschiedentliche Verbesserungen eingeführt hat. In letzter Beziehung wäre besonders zu erwähnen, daß der von Mège Mouriés für die Emulsionsbildung als unerläßlich angesehene Kuheuterauszug schon seit mehreren Jahrzehnten nicht mehr verwendet wird. Man versucht heute, die Emulgierung des Fettes mit der Milch ohne jedes emulsionsfördernde Reagens herbeizuführen, dafür aber die erhaltene Kunstbutter durch verschiedenartigste Zusätze hinsichtlich ihres Geruches und Geschmackes der Naturbutter möglichst ähnlich zu machen, ihr eine hohe Haltbarkeit zu erteilen und die Eigenschaft zu geben, daß sie beim Aufschmelzen bräunt und schäumt. Eine besondere Vervollkommnung hat die Kunstbutterindustrie seit Mège Mouriés dadurch erfahren, daß man der Milchbehandlung und der Kirnoperation besondere Aufmerksamkeit zuwendet.

Bei der Fabrikation von Margarinbutter, wie sie heute geübt wird, kann man folgende Phasen unterscheiden:

1. Das Herstellen des Fettansatzes.
2. Das Vorbehandeln der Milch.
3. Das Vermischen des Fettansatzes mit der Milch (Kirnen).
4. Abkühlen der Kirnmasse.
5. Das Auswalzen und Kneten derselben.
6. Hervorrufen eines naturbutterähnlichen Geruches und Geschmackes.
7. Hervorbringung des Schäumens und Bräunens der Margarine.
8. Die Formgebung und Verpackung der fertigen Butter.

Zwischen den verschiedenen Operationen wird die Färbung vorgenommen, die unerläßlich ist, wenn man die Kunstbutter in Farbe der Milchbutter ähnlich machen will. In ungefärbtem Zustande hat die Kunstbutter ein gelblichweißes, unscheinbares, nicht sehr appetitliches Aussehen, und erst durch die Färbung wird sie zu einem wirklichen Buttersatz. Die Feinde der Kunstbutterindustrie haben daher von jeher ein Färbeverbot zu erwirken getrachtet, welchem Ansinnen jedoch bis heute nur von wenigen Staaten entsprochen wurde, weil das Färbeverbot einer vollständigen Unterbindung der Kunstbutterindustrie gleichkommt.

Die Prozeduren, die auf das Erteilen eines butterähnlichen Geruches und Geschmackes, das Haltbarermachen der Kunstbutter u. ä. abzielen, sind als Nebenprozesse der Kunstbutterfabrikation anzusehen und werden bei den verschiedenen Phasen derselben gewöhnlich nebenher vorgenommen.

1. Herstellung des Fettansatzes.

Die wichtigsten Bedingungen zur Erzeugung einer guten Kunstbutter sind gute und frische Rohmaterialien und ein peinlich sauberes Arbeiten in allen Stadien der Fabrikation. Nur Unverstand konnte das leider noch-immer zu hörende Märchen gebären, wonach verdorbene, infizierte Abfallfette das Ausgangsmaterial der Kunstbutterherstellung bilden, und die Fabel in die Welt setzen, daß das Innere der Margarinfabriken vor Schmutz starre und jeder Beschreibung spotte. Gerade das Gegenteil ist richtig, denn ein unsauberes Arbeiten und die Verwendung verdorbener Rohstoffe hat unfehlbar eine schlechte Qualität des Endproduktes zur Folge und bringt daher dem Unternehmer den größten Nachteil. **Rohstoffe.**

Von den tierischen Fetten finden heute Oleomargarin, Premier jus, Speisetalg, Preßtalg und Schweinefett Verwendung; von den vegetabilischen Ölen sind es das Kotton-, Sesam-, Erdnuß- und Maisöl, das Kokosfett, wohl auch das Sonnenblumen- und Mohnöl, die zur Kunstbutterherstellung herangezogen werden.

Ursprünglich wurde nur bestes Oleomargarin zur Margarinfabrikation genommen; später machte man, um Butter von größerer Konsistenz zu erhalten, auch geringe Zusätze von Premier jus. In der Folge wurden dann sogar Speisetalg und Preßtalg zum Fettansatze der Kirnoperation genommen, wodurch man die Härte und Schmelzbarkeit der Kunstbutter noch weiter hinaufsetzte, dabei aber immer mehr von der Mège Mouriésschen Forderung abging, nur möglichst stearinfreies Fett dem Kirnprozeß zuzuführen.

Die verschiedenen Pflanzenöle wurden hauptsächlich aus ökonomischen Gründen in die Kunstbutterfabrikation eingeführt; nebenher wollte man damit wohl auch die Konsistenz der Fettmischung herabdrücken, was besonders im Winter vielfach erwünscht ist. Die Mitverwendung von vegetabilischen Ölen reicht ziemlich weit zurück, und es scheint Garret Cosine gewesen zu sein, der zuerst auf die Idee verfiel, durch Zumischen von

Baumwollsamen- oder Nußöl eine weichere Winterbutter herzustellen[1]). Durch Pflanzenöl können übrigens auch die Nachteile (schlechtere Emulgierung) einer Verwendung zu fester Tierfette (Preßtalg) größtenteils ausgeglichen werden.

Die immer ausgedehnter werdende Anwendung pflanzlicher Öle und Fette in der Margarinindustrie hat im Laufe der Zeit den normalen Begriff der Kunstbutter mehr und mehr verschoben; während den Erfindern der Margarine seinerzeit ein ausschließlich aus Rindstalg gewonnenes, mit Milch emulgiertes Fett als Butterersatz vorschwebte, ist heute ein wesentlicher Prozentsatz, mitunter sogar die Hauptmenge des in der Kunstbutter enthaltenen Fettes nicht animalischer, sondern vegetabilischer Herkunft, ja man kennt sogar Margarinsorten, die ausschließlich aus Pflanzenfetten hergestellt sind.

Oleomargarin und Premier jus.

Oleomargarin oder Premier jus, das nicht richtig ausgeschmolzen wurde, infolgedessen also „häutelt" oder „meuchelt", wie man in Österreich sagt, macht sich schon in geringen Zusätzen im Geschmack bemerkbar. Auch das mitunter noch anzutreffende, über freiem Feuer ausgeschmolzene Premier jus erteilt der daraus hergestellten Kunstbutter einen unangenehmen brenzligen Geschmack, selbst wenn man davon noch so wenig auf 100 Teile Fettmasse anwendet.

Speisetalg.

Der unter dem Namen „Speisetalg" in den Handel gebrachte, qualitativ sehr verschiedene Rindstalg kann zur Härtung der Kunstbutter im Sommer gute Dienste leisten, sofern Geruch und Geschmack des Speisetalges einwandfrei sind.

Preßtalg.

Preßtalg (Preßlinge) dient ebenfalls zur Härtung der Kunstbutter, sollte aber nur für die billigsten Sorten Verwendung finden. Die Preßlinge erschweren die Kirnarbeit bedeutend und machen die Butter nicht selten grießlich.

Schweinefett.

Schweinefett (Neutrallard) wird zur Margarinbuttererzeugung ebenfalls nicht selten verwendet; seine feineren Sorten eignen sich dazu ganz vortrefflich. In Amerika wird der Margarinbutter ein sehr bedeutender Prozentsatz von Neutrallard zugesetzt; auch in Holland und England ist dieses gebräuchlich, weniger in Deutschland und Österreich.

Sesamöl.

Von Sesamölen, deren Zusatz in mehreren Staaten gesetzlich vorgeschrieben ist (siehe S. 209), darf man nur die besten Marken verwenden. Die für billige Margarinsorten sehr häufig verarbeiteten Sesamöle zweiter Pressung haben nicht selten einen unangenehmen Erd- oder Bittergeschmack, der sich in der fertigen Butter bemerkbar macht, falls zu große Mengen Sesamöles verwendet wurden und das Öl allzu geringer Qualität war. Erstklassige Sesamölmarken von süßem, mildem Geschmack und angenehmem Aroma (erster Pressung und aus Levantesaaten) bessern dagegen den Geschmack der Kunstbutter eher auf, als daß sie ihn beeinträchtigten.

---

[1]) Amer. Patent v. 15. Febr. 1876.

Kottonöl darf nur in bestraffiniertem Zustande Verwendung finden. Nicht richtig gereinigtes Kottonöl kann der Butter unter Umständen einen schwach seifigen Geschmack erteilen oder aber ihr einen nicht näher definierbaren Nachgeschmack geben. Mitunter sind Kottonöle auch die Ursache, daß die Kunstbutter beim Braten in der Pfanne einen übeln Geruch verbreitet. Der Kottonölzusatz soll bei den gewöhnlichen mittelguten Ölqualitäten tunlichst eingeschränkt werden und auch bei minderen Butterqualitäten nicht mehr als 15 % betragen. Von den seit einigen Jahren auf den Markt kommenden Spezialqualitäten von Kottonöl für Butterindustrie, die fast geschmacklos sind, kann man auch bei allerfeinsten Kunstbuttersorten verhältnismäßig große Zusätze von Kottonöl machen. Kottonöl.

Das Kottonstearin zeigt beim Braten nicht die unangenehmen Eigenschaften des Kottonöles und kann daher ausgiebiger verwendet werden als dieses. Kottonstearin.

Erdnußöl (Arachisöl) wird in der Margarinfabrikation ziemlich viel verwendet; es eignen sich für diese Zwecke besonders die stearinreichen Arachisöle, die als Tafelöle wegen ihres leichten Trübwerdens (Stearinausscheidungen) weniger beliebt sind. Die guten Erdnußölsorten geben der Margarine einen angenehmen, süßmilden Geschmack. In den nördlichen Ländern wird Erdnußöl in größeren Mengen zu Kunstbutter verarbeitet als in den südlichen. Erdnußöl.

Maisöl kann nur in den besten Qualitäten für die Margarinbutterfabrikation in Frage kommen. Das amerikanische Maisöl besitzt meist einen eigenartigen, an Pfefferkuchen erinnernden Geschmack, der der Kunstbutter nicht zum Vorteil gereicht. Maisöl.

Von anderen vegetabilischen Ölen wären noch das Sonnenblumen-, das Mohn- und das Leinöl zu erwähnen. Als trocknende Öle sind alle diese Pflanzenfette aber nur mit Vorsicht zu verwenden. Sonnenblumenöl kann in seinen besten Qualitäten jedoch anstandslos gebraucht werden; die übrigen der genannten Öle kommen nur bei ganz minderwertigen Produkten in Frage. Leinöl erteilt der Margarinbutter einen tranartigen Geschmack. Andere Pflanzenöle.

Kokosfett, das häufig der Kunstbutter zugesetzt wird, muß vollständig geruchlos und neutral sein.

Vor ca. 15 Jahren begann man auch mit Versuchen, Kokosfett[1]) zu dem Fettansatz zu verwenden, doch waren die Erfolge anfänglich nur wenig ermutigend, und J. Möllinger[2]) berichtet noch im Jahre 1897 darüber, daß Kokos- und Palmkernöl für die Kunstbuttererzeugung nicht geeignet (geringe Haltbarkeit) und die Versuche als definitiv gescheitert zu betrachten seien. Kokosfett.

Inzwischen hat man jedoch gelernt, kokosfetthaltige Margarine herzustellen, die an Haltbarkeit der gewöhnlichen Kunstbutter nichts nachgibt.

[1]) Jean machte dabei auf die Ähnlichkeit des Kokosfettes mit der Naturbutter hinsichtlich des Gehaltes an flüchtigen Glyzeriden aufmerksam. (Monit. scient. 1890, S. 1116.)

[2]) Chem. Ztg. 1897, S. 941.

Man hat nämlich gefunden, daß das Kokosfett (oder richtiger die Kokosbutter, denn nur raffiniertes Kokosfett sollte zur Margarinherstellung verwendet werden) bloß dann ein vorzeitiges Ranzigwerden der Kunstbutter veranlaßt, wenn die Kokosbutter mit wässerigen, besonders mit sauer reagierenden Flüssigkeiten (saurer Milch) in Berührung gekommen ist. Kokosbutter soll daher der Butter erst nach dem Kirnen und Auswalzen zugesetzt, nicht aber der Fettmischung vor dem Kirnprozeß einverleibt werden.

Da die zur Kunstbutterfabrikation verwendeten Fette und Öle in flüssigem Zustande in die Kirnmaschine gebracht werden müssen, ist es notwendig, die Rohmaterialien, soweit sie bei gewöhnlicher Temperatur fest sind, aufzuschmelzen.

Schmelzkessel.

Die Schmelzkessel bestehen gewöhnlich aus verzinnten, 500—3000 Liter fassenden Eisenreservoiren von runder oder viereckiger Form, die innen keine zu scharfen Kanten haben sollen, damit die Reinigung der Kessel möglichst leicht und gründlich geschehen könne. Sie sind in der Regel doppelwandig; in dem Mantelraum zirkuliert Wasser, das durch eine Dampfleitung wie auch durch Zufluß von kaltem Wasser auf einer beliebigen Temperatur gehalten werden kann.

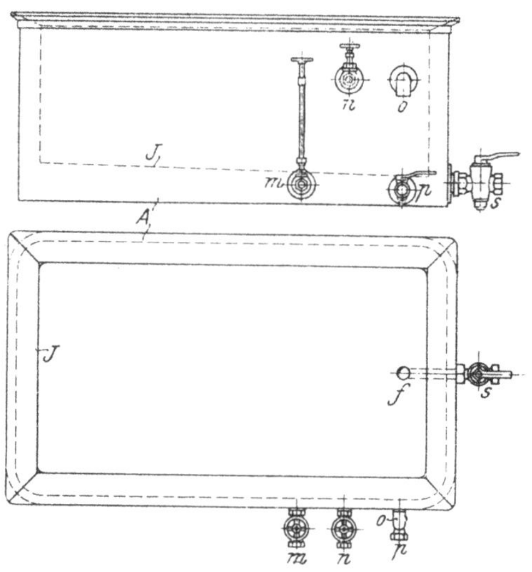

Fig. 11. Schmelzkessel für Kunstbutterfabriken.

Das Schmelzen soll bei möglichst niedriger Temperatur erfolgen, weil dabei die Qualität des Fettes am wenigsten Schaden leidet. Jedes unnötige Erwärmen des Fettes ist sorgfältig zu vermeiden.

Fig. 11 zeigt einen solchen Schmelzkessel. Der verzinnte Innenkessel *J* ist aus einem Stück, d. h. ohne jede Nietnaht gearbeitet, und besitzt einen schrägen, gegen den Auslauf *f* zu geneigten Boden. Der Außenkessel *A* ist mit einer Dampfzuleitung *n*, mit einem Wasserzulauf *m* sowie Wasserüberlauf und Wasserablaß *o* und *p* versehen, durch welche Apparatur der Zwischenraum zwischen den Kesseln *A* und *J* mit Wasser gefüllt und dieses beliebig erwärmt werden kann. Durch den Hahn *s*, der sich an die Rohrmündung *f* anschließt, wird das geschmolzene Fett abgelassen.

In kleineren Fabriken werden die einzelnen Fette und Öle in dem Verhältnis, wie sie zur Kirnung kommen, vermischt und dann gemeinsam geschmolzen; große Betriebe arbeiten dagegen derart, daß sie für jede Fett- und Ölqualität besondere Schmelzgefäße haben und das Vermischen der Fettkomponenten in einem eigens dazu bestimmten Mischkessel vornehmen, der nicht selten auf Schienen rollend montiert ist und bequem von einem Schmelzgefäß zum anderen wie auch zur Kirnmaschine bewegt werden kann. Diese Mischkessel besitzen in der Regel auch **graduierte Glasröhren**, um die Menge des einfließenden Fettes leicht bestimmen zu können.

Schmelzgefäß mit Rührvorrichtung.

Diese Reservoire, in denen der Fettansatz für das Kirnen hergerichtet wird, sind — ebenso wie mitunter die Schmelzgefäße — häufig mit **Rührvorrichtungen** ausgestattet. Diese Schmelz- oder Mischgefäße haben dann die in Fig. 12 gezeigte Form.

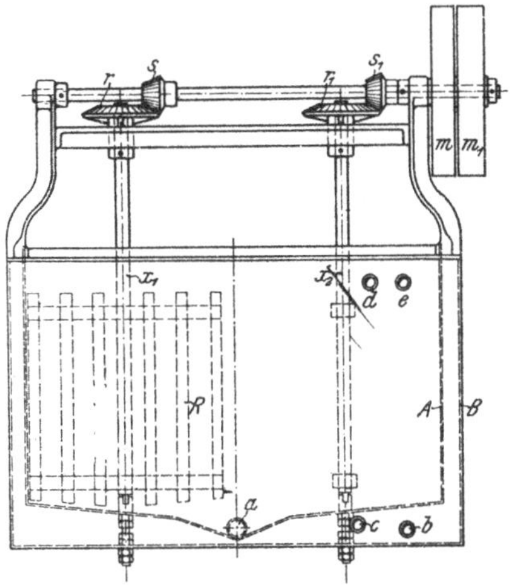

Fig. 12a.

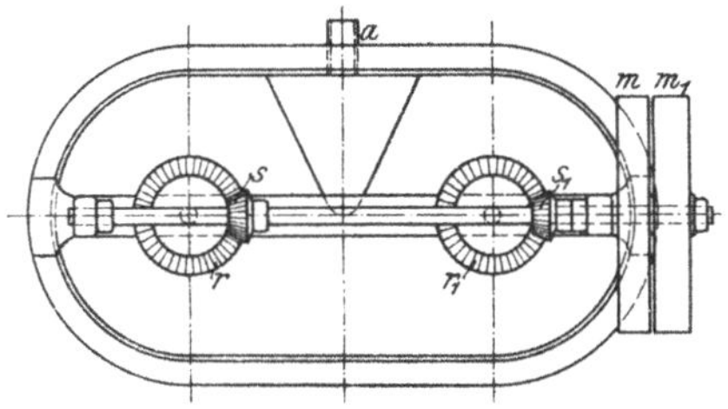

Fig. 12b.

Fig. 12b.

Fig. 12a und b. Schmelz- bzw. Mischkessel mit Rührwerk.

Der eigentliche verzinnte Fettbehälter A sitzt in einem eisernen Reservoir B, das mit einem Dampfzulaß c, Wasserzulauf d, Wasserablauf b und mit einem Wasserüberlaufrohr e versehen ist und dadurch eine bequeme Temperierung des in dem Mantelraume zwischen A und B befindlichen Wassers gestattet. Der innere Kessel A hat einen geneigten Boden, an dessen tiefster Stelle ein Fettablaßstutzen a angebracht ist. Durch die Riemenscheibe m, m_1 werden mittels der Kegelräder r, s bzw. r_1, s_1 die beiden Vertikalachsen x_1 und x_2, an denen die Mischflügel R sitzen, in Bewegung gesetzt. Der auf x_2 kommende Mischflügel ist in der Zeichnung weggelassen.

Die **Arbeitsweise** dieses Apparates bedarf keiner weiteren Erklärung.

Aus Reinhaltungsgründen ist es sehr zweckmäßig, sowohl den inneren als auch den äußeren Kessel aus **einem Stücke** zu fertigen und alle Nähte an den Kesselwandungen wie auch an den Enden **autogen** zu schweißen. Das Vermeiden der Nietenköpfe wird die Reinigung der Kessel sehr erleichtern, wie außerdem die autogene Schweißung auch ein Undichtwerden fast ganz ausschließt.

Das Rührwerk wird bei diesen Schmelz- oder Mischkesseln vielfach in ganz speziellen Konstruktionen ausgeführt. So baut es die Firma **Ch. Zimmermann** in Köln-Ehrenfeld in Form vier gebogener, nach der Mitte zu schöpfender durchlöcherter Schläger, die das Material in der Mitte treffen und gegeneinander werfen.

Bei dieser Rührwerkskonstruktion, die natürlich entsprechend stark gehalten sein muß, erfolgt das Schmelzen schon in kurzer Zeit.

Anordnung des Schmelzraumes.

Das Schmelzen der Fette darf nicht in demselben Raume erfolgen wie das Kirnen (siehe S. 110), weil im Schmelzraume stets eine höhere Temperatur herrscht, als der Kirnprozeß verträgt. Zweckmäßig ist es, den Schmelzraum oberhalb des Kirnraumes anzuordnen, weil dann die geschmolzenen Fette durch Eigengefälle in die Kirnmaschine laufen können. Wird mit einem Mischkessel gearbeitet, so postiert man diesen in mittlerer Höhe zu den Schmelz- bzw. Vorratsbehältern und der Kirnmaschine, so daß sowohl ein freier Ablauf von den Schmelzgefäßen in den Mischkessel als auch von hier in die Kirnmaschine erfolgen kann. Ist eine solche Anordnung unmöglich, so bedient man sich zur Beförderung der Fettmischung aus den Schmelzkesseln in die Mischbehälter bzw. in die Kirnmaschine gewöhnlicher Pumpen, deren Reinhaltung nicht genug empfohlen werden kann.

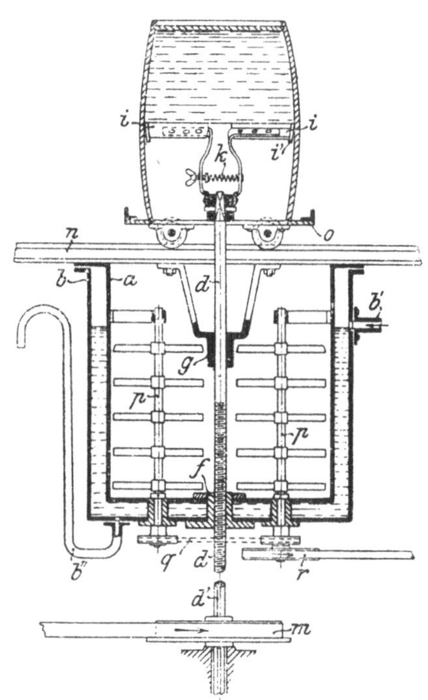

Fig. 13. Fettausbohrvorrichtung von Pfützner.

Im Schmelzraume können auch kleine Vorratsbehälter für die in der Fabrikation verwendeten Öle aufgestellt werden, doch soll man den Schmelzraum nicht dazu benutzen, den Gesamtvorrat von Ölen und Fetten dort aufzustapeln. Die im Schmelzraume stets herrschende höhere Temperatur befördert nämlich das Ranzigwerden der Öle und Fettstoffe; es ist besser, als Lagerraum für Fette und Öle ein möglichst kühles Magazin zu wählen, von wo das Material partienweise nach Bedarf in den Schmelzraum gebracht wird.

Die festen Fette werden aus den Transportfässern vielfach ausgestochen und dann in faust- bis kopfgroßen Stücken in die Schmelzkessel geworfen. Mitunter nimmt man das Schmelzen der Fette aber auch in den Transportfässern selbst vor und zwar derart, daß man die Fässer in mit indirektem Dampf geheizte Räume bringt, wo sich das Fett verflüssigt, ohne irgendwie mit Wasser und Feuchtigkeit in Berührung zu kommen.

Ausbohrvorrichtung von Pfützner.

Praktisch erweist sich für das Ausbringen der festen Fette aus den Versandgefäßen eine von H. Pfützner[1]) in Leipzig konstruierte Ausbohrvorrichtung, die das Fett in Form von dünnen Scheiben aus den Fässern

[1]) D. R. P. Nr. 174047 v. 29. April 1905

nimmt und es unmittelbar dem Schmelzkessel zuführt. Die kleinen, scheibenförmigen Fettstücke schmelzen schneller, als wenn das Fett in großen Klumpen in den Schmelzkessel gebracht wird, und außerdem ist das Arbeiten mit diesem Apparat reinlicher als das Ausstechen der Fette durch Schaufeln mittels Handarbeit.

Die Pfütznersche Vorrichtung (Fig. 13) besteht im wesentlichen aus einer in einem Schmelzkessel *a* angeordneten Spindel *d*, die von Lagern *g* und *f* gehalten wird. Das obere Ende der Spindel *d* trägt an einer aufgesteckten Klaue durch Scharniere angelenkte Bügel (die in Fig. 14 mit *h* bezeichnet sind), an deren Enden die Schneidemesser *i* angeordnet sind. Zur Erzielung eines vollen Schnittes sind letztere zur Talgfläche etwas geneigt.

Damit die Messer *i* unter Berücksichtigung der Faßwölbung bis an die Faßwand heranschneiden können, werden ihre Bügel durch eine zwischen sie gespreizte Feder *k* auseinandergedrückt und mittels eines durchgezogenen, mit Flügelmutter versehenen Bolzens der jeweiligen Faßweite angepaßt.

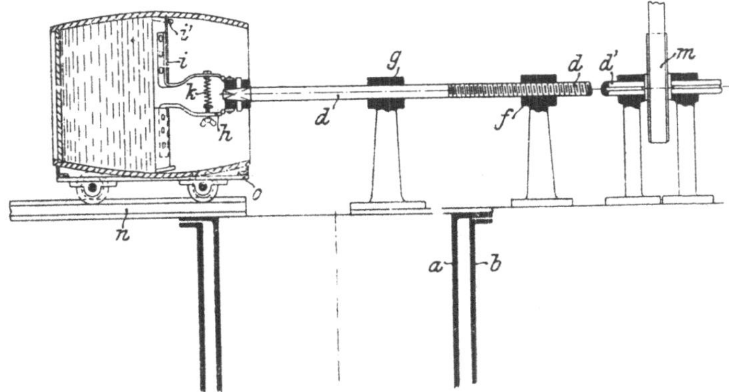

Fig. 14. Horizontale Anordnung des Pfütznerschen Bohrapparates.

Zur Verhütung des Abreißens von Holzfasern von der Faßwand sind an den Messerenden flachgewölbte Schienen *i'* angebracht. Nahe am unteren Ende besitzt die Spindel *d* ein Stück Gewinde, wodurch sie bei der Drehung in den Lagern verschiebbar wird.

Zum Antrieb der Bohrvorrichtung durch die Riemenscheibe *m* besitzt das untere Ende der Bohrspindel *d* einen in der Nute *d'* gleitenden und in der Riemenscheibe gelagerten Federkeil, so daß sich bei gleichzeitiger Drehung die Spindel durch die gegen seitliche Verschiebung gesicherte Scheibe *m* hindurchbewegt.

Der Vorschub kann auch in bekannter Weise durch eine an dem Talgbehälter angebrachte Schubvorrichtung erfolgen, in welchem Falle die Spindel *d* nicht mit einem Gewinde ausgestattet zu sein braucht. Damit das auf einem Wagen *o* stehende, offene, umgestülpte Talgfaß bequem über den Schmelzkessel gebracht werden könne, sind über denselben Träger oder Laufschienen *n* gelegt.

Nachdem ein volles Talgfaß nach Entfernung des Deckels über den Kessel geschoben worden ist, wird die Bohrvorrichtung in Bewegung gesetzt.

Der geschnittene Talg fällt sofort in den Schmelzkessel, der in üblicher Weise mit einem Doppelmantel *b*, Zu- und Abfluß *b'*, *b''* für das Heizmittel und Rührwerk *r*, *p*, *q* ausgestattet ist.

Der Rückgang der Spindel nach völliger Ausbohrung des Behälters geschieht in bekannter Weise durch Umstellen eines Wechseltriebvorgeleges.

Bei Anordnung des Führungslagers *g* ist zu beachten, daß dieses so weit zurückgesetzt werden muß, daß den Messerbügeln freier Rückgang bis zur Faßmündung gewährt werde.

Die Anordnung des Bohrapparates kann auch derart getroffen werden, daß das Faß nicht direkt über dem Schmelzkessel, sondern seitlich oberhalb desselben zu liegen kommt.

Diese horizontale Anordnung zeigt Fig. 14. Die Buchstaben korrespondieren dabei mit denen der Fig. 13, und die für diese gegebene Beschreibung gilt auch hier.

Auch die Maschinenfabrik Henry Grasso in Herzogenbusch (Holland) baut eine Maschine zum Ausbohren der Premier-jus- und Oleomargarinfässer; zwei rotierende Messer arbeiten sich schraubenförmig in das Fett ein.

Zusammensetzung des Fettansatzes.

Die Zusammensetzung des Fettansatzes ist durch die nun schon seit längerer Zeit übliche ausgiebige Mitverwendung von Pflanzenölen wie auch durch den Zusatz von Preßtalg, Schweinefett usw. sehr wechselnd geworden; sie hängt nicht nur von der Jahreszeit, sondern auch von dem Preise des herzustellenden Produktes ab. In den Sommermonaten nimmt man zum Fettansatze einen größeren Prozentsatz festerer Fette und Öle. im Winter wiegen dagegen die weichen Fette vor. Zur Herstellung erster Marken von Kunstbutter verwendet man nur die besten und teuersten Rohprodukte, arbeitet also hauptsächlich mit Oleomargarin von Primissima Qualität. Bei den billigeren Kunstbuttersorten greift man zu minder gutem Oleomargarin, zu Premier jus und zu den billigen Pflanzenölen.

Bei dem ewigen Auf und Nieder der Fettpreise muß der Kunstbutterfabrikant seinen Fettansatz ständig variieren, falls er gut ökonomisch arbeiten will. Beim Anpassen der Komponenten des Fettansatzes an die jeweilige Marktlage darf man jedoch nie auf Kosten der Qualität verfahren, muß vielmehr immer im Auge behalten, daß die Fettmischung, aus welchen Komponenten immer sie bestehen mag, ein möglichst gleichmäßiges Endprodukt ergeben müsse. Die Zusammensetzung der Fettmischung hängt übrigens auch mit der Menge und mit der Beschaffenheit der zum Kirnen verwendeten Milch zusammen. Aus diesem Grunde werden genaue Rezepte besser im nächsten Abschnitte (S. 110) gegeben.

Nicht unerwähnt darf hier eine Broschüre von J. E. Bloom (Blossom food Preparations) bleiben, in der über physiologische Versuche berichtet wird, die lehrten, daß sowohl bei äußerer Anwendung wie innerlichem Gebrauch eine Fettsubstanz um so leichter assimiliert, d. h. verdaut oder resorbiert würde, je mehr sie sich in ihren physikalischen Eigenschaften und ihrer chemischen Zusammensetzung dem Menschenfette nähert. Anders zusammengesetzte Fette würden nur so weit assimiliert, als sie die Bestandteile des menschlichen Fettes enthalten, während Überschüsse der einen oder anderen Fettverbindung unausgenutzt blieben. Das Verhältnis der drei wesentlichsten Komponenten des Menschenfettes ist nach Bloom

	bei Kindern	bei Erwachsenen
Olein	65,04 %	86,21 %
Palmitin	27,81	7,83
Stearin	3,15	1,93

und man müßte, falls sich die Bloomschen Behauptungen bewahrheiten, auch bei der Zusammensetzung des Fettansatzes darauf Rücksicht nehmen und besonders mit dem stearinreichen Preßtalg sehr spärlich verfahren[1]).

2. Das Vorbehandeln der Milch.

Die Milch spielt in der Kunstbutterfabrikation eine sehr wichtige Rolle, und ihrer richtigen Behandlung muß daher alle Aufmerksamkeit zugewendet werden. Daß dieses nicht immer geschieht, ist die Ursache der qualitativ unbefriedigenden Produkte, die manche Margarinfabriken noch immer erzeugen. Es ist auffallend, daß in Ländern, wo die Milchwirtschaft auf einer höheren Stufe steht und der Milchbehandlung in der Margarinfabrikation daher größere Sorgfalt zugewendet und mehr Verständnis entgegengebracht wird, durchweg bessere Kunstbutter hergestellt wird als in Ländern, wo das Molkereiwesen noch in den Kinderschuhen steckt. Allgemeines.

Über die Eigenschaften und Zusammensetzung der Milch wie auch über die Veränderungen, die sie bei längerem Stehen erleidet, wurde in Band 2, S. 780—782, das Nötige gesagt. Die bei der Gewinnung der Milch zu beobachtenden Umstände gehören in das milchwirtschaftliche Gebiet und können daher an dieser Stelle nicht weiter besprochen werden. Hier sei nur einiges über den Transport und die Aufbewahrung der Milch gesagt, weil diese Dinge für den Kunstbutterfabrikanten besonders wichtig sind.

Die Milch soll nach dem Melken möglichst rasch aus dem Stalle gebracht, an freier Luft durch ein feines Sieb passiert und in Transportgefäße gefüllt werden, wo man sie durch kaltes Wasser kühl erhält, am vorteilhaftesten auf einer Temperatur von wenig über $+4^0$ C.

Die Transportgefäße sollen keine scharfen Ecken haben, sondern sowohl an den Seiten als auch am Boden abgerundet sein; am besten eignen sich daher zylindrische Gefäße, deren Bodenrand abgerundet ist. Die Transportkannen müssen jeden Tag innen und außen gereinigt werden, was durch Ausspülen mit kaltem Wasser, Abbürsten und Nachspülen mit einer heißen, verdünnten Sodalösung (5 %) geschieht; das kohlensaure Natron neutralisiert die etwa vorhandenen organischen Säuren. Nach der Sodaspülung erfolgt ein nochmaliges Waschen mit kaltem Wasser und hierauf ein gründliches Trocknen, am besten durch Sonnenbestrahlung. Transportgefäße.

[1]) Über das Bloomsche Patent (D. R. P. Nr. 168925 v. 28. Jan. 1905) siehe auch S. 55.

Transport-wagen.

Einer sorgfältigen Reinigung müssen auch die Transportwagen unterzogen werden; vorzuziehen sind offene Wagen mit einer Segeltuchplache als Bedachung, die aber so hoch zu wählen ist, daß wenigstens 15—20 cm Luftraum oberhalb der Transportkannen verbleibt. Als praktisch sollen sich auch die Zisternen-Transportwaggons erwiesen haben, die man für größere Bahnbezüge konstruierte und die ein sicheres Kühlhalten der Milch bei Wegfall des Kanneneinfüllens und -Ausleerens gestatten.

Eine Temperatursteigerung über $+12^0$ C soll während des Transportes vermieden werden; ein Versand von Milch auf weitere Strecken ist deshalb ohne entsprechende Kühlvorrichtungen kaum möglich.

Auf-bewahren der Milch.

In der Fabrik angekommen, wird die Milch in das sogenannte Süßmilchbassin gelassen, nachdem sie zuvor eine Siebpassage durchgemacht hat. Das Süßmilchbassin ist ein doppelwandiger Behälter, in dessen Zwischenraum Eiswasser zur Kühlung der Milch gebracht wurde. Die inneren Flächen des Bassins dürfen keine scharfen Kanten oder Vorsprünge haben, damit eine gründliche Reinigung leicht möglich sei.

Die entleerten Kannen läßt man längere Zeit abtropfen, um keine Milch verloren zu geben. Diese so gesammelte Milch wird zweckmäßigerweise getrennt gehalten, weil ihr Vermischen mit der Hauptmenge der bezogenen Milch leicht ein Verderben des ganzen Quantums herbeiführen könnte[1]).

Verwendete Sorten von Milch.

In der Kunstbutterfabrikation verwendet man sowohl Vollmilch als auch Rahm und Magermilch, ja selbst Buttermilch, und zwar sowohl in süßem als auch in gesäuertem Zustande. Über die Vor- und Nachteile der verschiedenen Milchqualitäten für die Zwecke der Margarinherstellung wird weiter unten ausführlich berichtet.

Saure Milch anzukaufen, wie es leider noch immer einige Fabrikanten tun, ist ganz unzweckmäßig, weil sich saure Milch nicht zentrifugieren läßt (Verkleben der Trommel durch Kasein) und weil auch die Untersuchung der Milch auf den Fettgehalt sehr erschwert ist.

Kon-servieren.

Bei der großen Neigung der Milch, rasch zu verderben, muß ihrer Konservierung große Aufmerksamkeit geschenkt werden. Mitunter werden der Milch zu diesem Zwecke Zusätze von Chemikalien gemacht, vor allem kohlensaures und doppeltkohlensaures Natron, Ätzkalk, Borax, Borsäure, Salizylsäure, Wasserstoffsuperoxyd und Formaldehyd. A. Lazarus[2]) prüfte die Wirkung dieser verschiedenen Frischhaltungsmittel auf das Bakterienleben, auf die Säurebildung und auf die Gerinnung der Milch und kam dabei zu dem Schlusse, daß sie nicht als geeignete Kon-

---

[1]) A. Zoffmann, Die Behandlung der Milch für Margarine. Chem. Revue 1907, S. 218. — Bezüglich der sehr empfehlenswerten chemischen und mikroskopischen Untersuchung der Milch sei auf die diesen Gegenstand behandelnden, S. 780 des 2. Bandes angeführten Spezialwerke verwiesen.

[2]) Zeitschr. f. Hygiene 1890, S. 207.

servierungsmittel zu bezeichnen sind. Außer den obengenannten Frischhaltungsmitteln ist in letzter Zeit auch das Fluornatrium zur Konservierung der Milch empfohlen worden.

Übrigens ist die Verwendung von chemischen Konservierungsmitteln zum großen Teil gesetzlich verboten, und es kommt daher für diese Zwecke hauptsächlich das Kochsalz in Betracht, das ganz unschädlich ist und wovon 1—1,5 % das Verderben der Milch wenigstens einige Zeit hindurch zu verhindern vermögen. Für Margarinfabriken kommt dazu noch der Vorteil, daß sich das Kochsalz aus der verbutterten Margarine vollständig auswaschen läßt, was bei anderen Konservierungsmitteln nicht der Fall ist. Es wirkt nur, wie alle anderen chemischen Mittel, leider auf die spätere Aromaentwicklung schädlich ein.

Eine gute Konservierung der Milch erreicht man durch schnelle Abkühlung der frischgemolkenen Milch und durch ihre kühle Aufbewahrung. In letzterer Zeit hat man in Frankreich versucht, die Milch bis zum Gefrierpunkt abzukühlen und dadurch ihre Konservierung zu erzielen. Nach den Untersuchungen von H. Bitter[1]) werden die Bakterien durch das Gefrieren aber nicht getötet, sondern nur im Zustande des latenten Lebens gehalten.

Pasteurisieren.

Die beste Methode der Milchkonservierung bleibt unstreitig das Pasteurisieren bzw. Sterilisieren. Das Pasteurisieren besteht in einem ungefähr 15 Minuten lang andauernden Erhitzen der Milch auf 75° C oder in einem einige Minuten währenden Aufkochen derselben. Dabei werden alle in der Milch vorhandenen pathogenen Keime und ebenso der größere Teil der Saprophyten, besonders die für den kindlichen Organismus so gefährlichen Milchsäurebakterien, abgetötet; eine vollständige Sterilisierung der Milch wird jedoch damit nicht erreicht.

Zum wirklichen Sterilisieren, also zur gänzlichen Vernichtung aller Keime (auch der Sporen, der peptonisierenden Bakterien usw.) ist eine Erhitzung der Milch auf 120° C notwendig, wobei jedoch das Aroma der Milch verloren geht und auch ihr Aussehen eine Änderung erleidet (Bräunung, Karamelbildung).

Für die Kunstbutterindustrie genügt das Pasteurisieren der Milch, denn das Verbleiben von Spuren peptonisierender Bakterien hat dabei keine Bedeutung. Der Umstand, daß die pasteurisierte Milch fast immer noch lebensfähige Bakterien enthält, macht eine sofortige Abkühlung der erhitzten Milch auf eine Temperatur unter 15° C notwendig, weil nur dadurch eine Vermehrung der Bakterienreste hintangehalten werden kann, wogegen ihr Wachstum bei höheren Wärmegraden sehr rasch vorschreitet.

Pasteurisierapparate.

Die vielen in Vorschlag gebrachten, aber nur zum Teil praktisch ausgeführten Konstruktionen von Pasteurisierapparaten sind teils auf perio-

[1]) Zeitschr. f. Hygiene 1890, S. 240.

dische Erhitzung, teils auf ununterbrochenen Betrieb basiert. Das letztere System hat das erstere heute vollständig geschlagen, weil bei den intermittierend arbeitenden Apparaten häufig ein Vermengen der zufließenden mit der schon pasteurisierten Milch stattfindet[1]).

Von den neueren Pasteurisierapparaten sind besonders zu erwähnen: der Bergedorfersche Hochdruckerhitzer, der Ahlbornsche Regenerativerhitzer, der Regenerativerhitzer von Lehfeldt und Lentsch (Marke Mors) und der Hochdruck-Regenerativerhitzer von Kleemann & Co. Alle diese Apparate arbeiten ununterbrochen; die Milch wird dabei in dünnen Schichten zwangsweise den Heizflächen entlang geführt und die Wärme durch Gegenströmung der frischen und erhitzten Milch in getrennten Bahnen wiedergewonnen.

Die drei erstgenannten Einrichtungen bestehen aus einem Apparat, die vierte nimmt dagegen das Erhitzen der Milch und das nachherige Rückgewinnen der Wärme in getrennten Apparaten vor, die völlig gleich gebaut sind und sich nur dadurch unterscheiden, daß der eine als Heizmittel Dampf, der andere erhitzte Milch verwendet[2]).

Durch die Rückgewinnung der Wärme ist der Dampfverbrauch dieser Apparate relativ gering und durch die zwangsweise Führung der Milch in dünner Schicht längs der Heizfläche und die vorher erfolgte kräftige Durcheinandermischung der Milch wird die Berührung jedes einzelnen Milchteilchens mit der Heizfläche ziemlich sicher herbeigeführt.

Die den Pasteurisierapparat verlassende Milch soll sofort auf den Kühlapparat gebracht werden; erfolgt die Kühlung nicht sogleich und nicht in genügendem Maße, so ist nicht nur die Gefahr einer allzu schnellen Vermehrung der in der Milch verbliebenen Bakterienreste vorhanden, sondern die Milch wie auch die damit hergestellte Margarine zeigt einen nicht gerade angenehmen Kochgeschmack. Dieser macht sich indes kaum oder

[1]) Die ungünstigen Berichte über die intermittierenden Pasteurisierapparate die van Geuns (Archiv f. Hygiene 1889, S. 369), Bitter (Zeitschr. f. Hygiene 1890, S. 13), Petri (Arbeiten aus dem Kaiserl. Gesundheitsamte 1898, Bd. 14, S. 53) und von Maassen abgegeben haben, scheinen nach den Untersuchungen von Weigmann (Milchztg. 1901, S. 417) doch etwas übertrieben zu sein; letzterer konnte selbst mit den einfachsten Apparaten Milch bei 85—90° C von allen lebensfähigen Pilzkeimen befreien.

[2]) Über Reinigungs- und Pasteurisierversuche für Milch sowie Apparate hierfür vergleiche auch: Dunbar und Kister, Versuche zur Reinigung der Milch, Milchztg. 1899, Nr. 48—50; Petri und Maassen, Zur Beurteilung der Hochdruckpasteurisierapparate, Arbeiten aus dem Kaiserl. Gesundheitsamte, Bd. 14, 1898; O. Arnold, Wärmevorgänge in Milcherhitzern, Milchztg. 1899, Nr. 26; Bitter, Versuche über das Pasteurisieren der Milch, Zeitschr. f. Hygiene 1890, Bd. 8; Hamilton, Die Reinigung von Milcherhitzern, Molkereiztg. 1901, Jahrg. 15, Nr. 16; Hittcher, Bericht über die mit einem Milchkochapparat während der Zeit vom 30. Januar bis 7. März 1899 zu Kleinhof-Tapiau angestellten Versuche, Milchztg. 1899, Nr. 25; Du Roi, Über die Erhitzung der Vollmilch oder deren Nebenprodukte in den Sammelmolkereien, Molkereiztg. 1900.

doch nur schwach bemerkbar, wenn man nach dem Pasteurisieren sofort für eine richtige Kühlung sorgt.

Der Kühlapparat steht entweder ganz abgesondert in einem kleinen Raume, dessen Seitenwände, Boden und Decke waschbar hergestellt sind und unmittelbar vor Beginn der Arbeit mit heißem Wasser oder mit Dampf abgespült werden, oder man sorgt sonst auf passende Weise für peinliche Reinhaltung des Apparates und seiner Umgebung.

Zu achten ist ferner auch darauf, daß die erste aus dem Apparat kommende Milch von der Hauptmenge der Milch separiert werde; die ersten Milchpartien, die durch den Kühler gehen, werden dabei in der Regel durch die in dem Kühler enthaltenen Luft- und Wasserkeime neu infiziert und sind daher weniger haltbar. Sobald aber eine gewisse Milchmenge durch den Kühler gelaufen ist, hört diese Infektionsgefahr von selbst auf. Sie besteht hauptsächlich an dem unteren Teile des Apparates, wo die Milch schon mehr abgekühlt ist; die oberen, wärmeren Partien sind weniger gefährlich.

Wirkung des Pasteurisierens.

Weigmann[1]) hat die Haltbarkeit roher und pasteurisierter Milch (diese wurde durch Erhitzen auf eine Temperatur von 85—90° C gebracht) untersucht und dabei gefunden:

		Haltbarkeit
Rohe Milch		14 Stunden
Pasteurisierte Milch	erster Anteil	29 „
	nachdem der Apparat schon einige Zeit im Gang war	46 „

Die Tatsache, daß durch das Pasteurisieren nicht nur die Haltbarkeit der Milch erhöht wird, sondern auch pathogene Bakterien unschädlich gemacht werden, sollte genügen, die Milchpasteurisierung in allen Margarinfabriken obligatorisch zu machen, ja es wäre sogar einer sanitätspolizeilichen Anordnung der Milchpasteurisierung das Wort zu reden.

Milchentrahmung.

Wie schon angedeutet, wird zum Kirnprozeß nicht nur Vollmilch, sondern auch Magermilch, andererseits Rahm genommen. Größere Margarinbetriebe, die mehrere Sorten von Kunstbutter regelmäßig erzeugen, stellen sich ihren Bedarf an Magermilch und Rahm teilweise selbst dar und verkaufen letzteren zum Teil als solchen weiter. Margarinfabriken, die derart arbeiten, entrahmen die pasteurisierte Vollmilch auf den bekannten, mit Kraftbetrieb arbeitenden Milchzentrifugen, welche Apparate das alte Aufrahmungsverfahren durch Stehenlassen der Milch bei niedriger Temperatur in flachen Gefäßen heute fast gänzlich verdrängt haben. Der Zentrifugenrahm unterscheidet sich von dem durch Stehenlassen der Milch gewonnenen Rahm dadurch, daß er süß ist (Süßrahm), während der letztere durch eingetretene

[1]) Milchztg. 1901, S. 417.

Milchsäuregärung zum wenigsten angesäuert, häufig aber auch bis zur völligen Gerinnung sauer geworden ist.

Die Zentrifugenentrahmung beruht auf der ungleichen Zentrifugalkraft von spezifisch verschieden schweren Körpern. Bekanntlich sammeln sich die spezifisch leichteren Anteile um die Achse, während die spezifisch schwereren infolge ihrer größeren Zentrifugalkraft die Neigung haben, sich von der Achse mehr zu entfernen. Das Fett der Milch ist leichter als ihre anderen Bestandteile, weshalb sich bei einer raschen Umdrehung in einer Trommel (Zentrifuge) um deren Achse das Fett, bzw. eine sehr fettreiche Milch lagern wird, während eine fettarme Milch (Magermilch) dem Mantelraum der Trommel zuströmt.

Zentrifugenkonstruktionen

Das Verdienst, auf Grund dieser Erkenntnis als Erster eine brauchbare Milchzentrifuge gebaut zu haben, gebührt Lefeldt. In rascher Folge sind dann andere Zentrifugentypen aufgetaucht, die teils durch Hand, teils durch Kraft betrieben werden. Für die Margarinfabrikation kommen in erster Linie Zentrifugen mit Kraftbetrieb in Betracht, wovon der B. G. de Lavalsche Patentseparator am bekanntesten ist. Die Milchzentrifuge von Lefeldt und Lentsch, die Balancezentrifuge der Hollerschen Karlshütte und der Viktoriaseparator von Watson, Laidlaw & Co. in Glasgow seien jedoch ebenfalls erwähnt.

Bei allen diesen Zentrifugen fließt Vollmilch konstant zu und Rahm und Magermilch laufen an getrennten Stellen ab. Bei den anderen (älteren) Zentrifugen blieb der Rahm in der Zentrifuge und nur die Magermilch floß ab und der Rahm mußte nach dem Abstellen der Zentrifuge mit der Hand entleert werden. Zu diesem Typus gehört die Zentrifuge von Fesca. Bei der dänischen Milchzentrifuge von Burmeister und Wains müssen Rahm und Magermilch abgesaugt (herausgeschält) werden.

Die Anforderungen, die man an eine Zentrifuge stellen muß, sind:

1. möglichst scharfe Entrahmung,
2. Einfachheit der Bedienung,
3. leichte Reinigung und Reinhaltung und
4. schnelles Entrahmen.

Die Entrahmung ist umso vollständiger, je wärmer die Milch, je größer die Umdrehungsgeschwindigkeit der Trommel (minutliche Tourenzahl) und je geringer die minutliche Beschickung ist. W. Fleischmann faßte diese Beziehungen in der folgenden Formel zusammen:

$$\text{Fettgehalt der Magermilch} = C\frac{\sqrt{M}}{u^2} \cdot 1{,}035^{40-t}, \text{ worin bedeutet:}$$

C = die Konstante, die für jede Zentrifuge zu bestimmen ist,
M = die in der Stunde entrahmte Milchmenge,
u = die Umdrehungsgeschwindigkeit der Trommel und
t = die Entrahmungswärme.

Weil das Entrahmen der Milch in der Wärme besser vor sich geht als in der Kälte, wird die Zentrifugierung unmittelbar nach dem Pasteurisieren vorgenommen, und erst die erhaltenen Produkte (Rahm und Magermilch) werden gekühlt.

Nicht jede Milch läßt sich gleich gut entfetten. Frische Milch zentrifugiert sich viel leichter als solche, die lange gestanden oder einen weiten Transport hinter sich hat; letztere Milch nennt man träge.

Reinigende Wirkung des Zentrifugierens.

Nicht unwichtig ist, daß beim Entrahmen durch Zentrifugieren auch eine mechanische Reinigung der Milchprodukte erfolgt. Alle Fremdkörper, die ein höheres spezifisches Gewicht haben als die Magermilch, werden gegen die Gefäßwandung geschleudert und lagern sich hier als schmierige, schlammige Schicht ab. Dieser Schlamm besteht aus Schmutz, Kasein und Albumin.

Nach Bany[1]) und Scheurlen[2]) geht auch ein Teil der Bakterien (besonders Tuberkelbazillen) in den Zentrifugenschlamm über. Die meisten Bakterien haben dagegen ein geringeres spezifisches Gewicht als die Milch und verbleiben daher entweder im Rahm oder in der Magermilch.

Ein erwähnenswerter Umstand ist auch der, daß beim Zentrifugieren weniger aromatische Stoffe in den Rahm übergehen als bei der Selbstausscheidung des Rahmes. Die durch Zentrifugieren erhaltene Magermilch ist daher reicher an aromatischen Stoffen als die durch Stehenlassen gewonnene.

Viele Margarinfabriken beziehen die billige Magermilch, doch kommt man mit dieser allein nicht aus, wenn man bessere Sorten von Kunstbutter herstellen will. Rationell arbeitende Fabriken kaufen daher Vollmich und trennen diese nach vorheriger Pasteurisierung durch Zentrifugieren in Rahm und in Magermilch.

Die verschiedenen Milchqualitäten zeigen bei ihrer Verarbeitung in der Margarinbutterfabrikation nicht das gleiche Verhalten.

Rahm in der Margarinfabrikation.

Ursprünglich wurde zur Margarinfabrikation hauptsächlich Rahm verwendet; heute hat dessen Verwendung fast gänzlich aufgehört und an seine Stelle sind Voll- und Magermilch getreten. Rahm liefert natürlich hinsichtlich Geschmack und Aroma die besten Marken Kunstbutter und kann sowohl in süßem als auch in gesäuertem Zustande verwendet werden. Heute wird Rahm nur noch zu den allerfeinsten Kunstbuttersorten zugegeben, und zwar nicht bei der Kirnoperation, sondern erst in die gekirnte und entwässerte Kunstbutter eingeknetet. Dadurch bleiben alle geruch- und geschmackgebenden Stoffe des Rahms in der Kunstbutter enthalten und werden nicht teilweise entfernt, wie das durch das Abspritzen und Auswalzen geschehen würde, wenn man den Rahm in dem Kirnapparat zusetzte.

Je größer die Rahmmenge, die man der Kunstbutter einknetet, um so besser das erzeugte Produkt; Kostenpunkt und gesetzliche Bestimmungen ziehen aber der Menge des Rahmzusatzes eine Grenze.

[1]) Milchztg. 1893, S. 672.

[2]) Arbeiten aus dem Kaiserl. Gesundheitsamte 1891, Bd. 7, S. 269.

Der Wunsch, möglichst billig zu fabrizieren, hat die Verwendung des Rahms in der Kunstbutterfabrikation bereits eingeschränkt, bevor sie noch die Bestimmungen[1]) der Margaringesetze in Deutschland, Österreich, England, Dänemark und in anderen Staaten erschwerten.

Heute werden für den Kirnprozeß hauptsächlich Voll- und Magermilch verwendet, nebenher wohl auch einige Milchspezialitäten und Milchsurrogate.

Voll- und Magermilch. Vollmilch nimmt man zur Herstellung von Prima Sorten von Margarinbutter, zu Marken zweiter Güte verarbeitet man gewöhnlich die billige Magermilch.

Süße und saure Milch. Die deutschen, dänischen und holländischen Fabriken arbeiten viel mit Süßmilch, in anderen Ländern überwiegt die Verwendung saurer Milch. Die mit süßer Mager- oder Vollmilch hergestellte Butter soll haltbarer sein als mittels saurer Milch gewonnene, zeigt aber keinen so ausgesprochenen Geschmack und kein so gutes Aroma wie diese. Im übrigen gibt auch eine gut pasteurisierte und mit Reinkulturen angesäuerte Milch ziemlich haltbare Margarinbutter.

Süßmilch soll nur in pasteurisiertem und sehr gut gekühltem Zustande verwendet werden und ihre Lagertemperatur 2—4° C nicht übersteigen; auch soll man die Milch nicht wärmer in die Kirne laufen lassen.

Säuerungsprozeß. Das Kirnen mit saurer Milch gibt der Margarine einen kräftigen Geschmack und Geruch nach Milchbutter, weshalb heute fast in allen Kunstbutterfabriken mit saurer Milch gearbeitet wird. Das Arbeiten mit saurer Milch erfordert eine gute Überwachung des Säuerungsprozesses und Kenntnis der sich dabei abspielenden Vorgänge. Vor allem muß man darauf achten, daß der Säuerungsprozeß nicht zu weit vorschreite[2]), sondern zu rechter Zeit unterbrochen werde.

Stark saure Milch vermag zwar einem aus minder guten Fettstoffen bestehenden Ansatz vorübergehend einen etwas besseren Geschmack zu erteilen, oder richtiger, stark saure Mich ist imstande, den schlechten Geschmack minder guter Fettsorten zu decken, doch schlägt dieser Vorteil bald in das Gegenteil um, weil der Säuerungsprozeß auch in der fertigen

[1]) Diese Gesetze verbieten entweder das Vermischen von Natur- und Kunstbutter vollständig oder lassen einen Naturbutterzusatz nur in ganz beschränktem Maße zu. Ersterenfalls ist auch das Maximum der prozentuellen Milchmenge, die bei der Herstellung der Kunstbutter verwendet werden darf, gesetzlich festgesetzt, damit nicht auf Umwegen (durch allzu reichlichen Milchzusatz bei der Kirnung) Milchfett in die Kunstbutter gebracht werden könne. Eine Verwendung des fettreichen Rahms an Stelle der Milch bringt nun besonders große Milchfettmengen in die Kunstbutter und liefert ein Produkt, das nur allzu leicht als Mischbutter befunden werden kann.

[2]) Nach Zoffmann darf der Säuerungsprozeß nicht so weit gehen, daß sich vorwiegend Streptokokken in der Milch befinden, weil diese eine weniger feinschmeckende Ware geben; die Milchsäurebakterien sollen vielmehr hauptsächlich als Diplokokken vorhanden sein. (Chem. Revue 1907, S. 132.)

Butter weiter fortschreitet und zu vorzeitiger Bildung von Buttersäure und Ansiedlung von Schimmelpilzvegetationen führt.

Nachteile zu starker Säuerung.

Bei Verwendung zu stark gesäuerter Milch läuft man auch Gefahr, eine Kunstbutter zu erhalten, die nach Topfen (Quark) schmeckt. Eine geringe Haltbarkeit der mit saurer Milch hergestellten Kunstbutter ist dieser auch dann eigen, wenn die Unterbrechung des Säuerungsprozesses nicht rechtzeitig erfolgte; der größere Wassergehalt wie auch das Vorhandensein von Eiweißstoffen und Milchsäure leistet Spaltungs- und Gärungsprozessen Vorschub.

Selbstsäuerung.

Heute gibt es nur noch wenige Fabriken, die dem Säuerungsprozeß keine besondere Aufmerksamkeit zuwenden und sich damit begnügen, die angekaufte Voll- oder Magermilch unpasteurisiert bei niedriger Temperatur in doppelwandigen Gefäßen gerinnen zu lassen. Wo dies noch geschieht, ist die Doppelwand dieser Milchbehälter mit Wasser und Dampfzufluß verbunden, so daß man die Milch nach Belieben anwärmen oder abkühlen kann. Ist die Säuerung der Milch genügend weit vorgeschritten, was man durch Geschmackproben konstatiert, so kühlt man die Flüssigkeit sehr rasch ab, wodurch dem weiteren Fortschreiten des Säuerungsprozesses Einhalt geboten wird.

In solcher selbstgesäuerten Milch finden sich stets neben den eigentlichen Milchsäurebakterien auch andere Kulturen, die häufig für die Qualität der hergestellten Kunstbutter von Nachteil sind[1]).

Säuerung mit Reinkulturen.

Einer Anregung von Weigmann folgend, wird daher heute in allen größeren Betrieben so verfahren, daß man die in der Milch enthaltenen Bakterien durch Pasteurisierung abtötet und hierauf eine Säuerung durch Zusatz von Bakterienreinkulturen einleitet. Solche Reinkulturen (Säureentwickler genannt) werden seit einer Reihe von Jahren von verschiedenen milchwirtschaftlichen Laboratorien erzeugt und in den Handel gebracht.

Die Säuerung der Milch durch Reinkulturen stellt eigentlich einen Vorgang dar, der direkt als eine auf Aromagebung hinauslaufende Operation zu bezeichnen ist.

Durch Weigmanns Untersuchungen wurde ziemlich sicher erwiesen, daß der angenehme Geschmack und das gute Aroma der Naturbutter auf die Tätigkeit der in der Milch vorhandenen verschiedenen Bakterienarten zurückzuführen sind, und zwar stellen diese weniger das Produkt einer einzelnen, besonderen Bakterienart, sondern die Summe der Tätigkeit aller in der Milch gewöhnlich vorhandenen Bakterien dar. (Über die Aromagebung der Kunstbutter siehe auch S. 158 und 159.)

Das Aroma der Naturbutter wird auch durch aromatische Stoffe bedingt, die besonders zur Zeit der Weide infolge Genusses aromatischer

[1]) Eine Säuerung der Milch ohne Mithilfe von Bakterien ist allerdings in einigen, wenn auch ganz wenigen Fällen empfehlenswert.

Pflanzen in die Milch gelangen. Bei Süßrahmbutter spielt diese Ursache des Aromas sogar die erste Rolle, und nur bei saurer Butter tritt dieser Faktor zurück und dafür die Aromabildung durch Bakterien ganz und gar in den Vordergrund.

Weigmann[1]) glaubt, zwei Gruppen von Bakterien als besondere Aromaerreger hervorheben zu sollen; es sind dies die Säure- und Fruchtester erzeugenden Milchsäurebakterien sowie proteinzersetzende Bakterien[2]). Die Wirkung dieser beiden Bakterienarten muß sich ergänzen, wenn eine gute Gesamtwirkung erreicht werden soll. Fehlt das bestimmte notwendige Mengenverhältnis, so können Geschmack und Aroma von beiden Bakteriengattungen nachteilig beeinflußt werden.

Während aber Weigmann das Aroma der Milchbutter als Erzeugnis einer gemeinschaftlichen Wirkung verschiedener Bakterienarten ansieht, worunter stets ein Säurebildner sein müsse, hielt Conn[3]) die Aromabildung von der Säurebildung für ganz unabhängig und schrieb letztere hauptsächlich besonderen eiweißzersetzenden Bakterienarten zu. Conn[4]) hat sich in einer späteren Arbeit mehr dem Weigmannschen Standpunkt genähert, indem er ebenfalls die Ansicht aussprach, daß das typische Butteraroma unter gewöhnlichen Verhältnissen kaum von einer Bakterienart erzeugt werden dürfte; andererseits hat Weigmann zugegeben, daß ausnahmsweise wohl auch eine Aromabildung unabhängig von der Säuerung eintreten kann.

Die interessanten Versuche von Weigmann, von Conn, von Adametz und Wilkens[5]) und von Eckles[6]) sollen, als in das eigentliche milchwirtschaftliche Gebiet gehörend, hier nicht näher angeführt werden, zumal von einer praktischen Anwendung von eigentlichen Aromabakterien wegen ihrer leichten Veränderlichkeit bisher abgesehen wurde.

Säureentwickler. Über die von verschiedenen Molkereilaboratorien gezüchteten, speziell für die Kunstbutterfabrikation empfohlenen Säureentwickler liegen relativ wenige Veröffentlichungen vor. Diese normalen Säureentwickler (Lactic acid ferments), die an kühlen, jedoch frostfreien, dunkeln Orten aufbewahrt und auf einmal verbraucht werden müssen, kommen als haltbare Handelsware in hermetisch verschlossenen Büchschen in den Handel und bieten ziemliche Sicherheit für die Vermeidung von Säuerungsfehlern.

Mittels des Säureentwicklers bereitet man sich eine größere Menge von Muttersäure, indem man 5 oder 10 Liter vorher pasteurisierter Milch nach der für jede Art des Säureentwicklers jeweils vom Erzeuger mit-

[1]) Milchztg. 1896, S. 793.

[2]) Besonders die in jeder Milch vorhandenen Kolliarten, die aber nur eine geringfügige Peptonisierung der Milch bewirken.

[3]) Zentralbl. f. Bakteriologie 1895, S. 757 und 1896, S. 409.

[4]) Zentralbl. f. Bakteriologie 1897, S. 177; vgl. auch ebenda 1895, S. 385.

[5]) Landwirtschaftl. Jahrbücher 1892, S. 131.

[6]) Zentralbl. f. Bakteriologie 1898, 2. Abt., S. 730.

gegebenen Vorschrift herstellt, und mit dieser Muttersäure leitet man die Säuerung ein. Die geeignete Temperatur und die Dauer der Säuerung müssen übrigens von jeder Fabrik besonders ermittelt werden, weil sie von den örtlichen Verhältnissen und von der jeweiligen Beschaffenheit der verwendeten Milch abhängen.

Für das Gelingen der Säuerung ist aber neben guten für die bestehenden Verhältnisse passenden Reinkulturen (Säureerregern) und deren verständiger Anwendung auch ein strenges Sauberhalten des Säuerungslokals und aller darin zur Verwendung kommenden Gefäße und Gerätschaften notwendig.

Säuerungslokal.

Das Säuerungslokal soll rein, trocken und von möglichst gleicher Temperatur wie die Milch sein. Fußboden, Seitenwände und Decke des Lokals müssen aus einem Material hergestellt sein, das sich ohne besondere Schwierigkeiten täglich gründlich reinigen läßt. In dem Raume muß ferner für eine gute Ventilation Vorsorge getroffen sein, doch darf ein Luftzug nur während der Dauer der Reinigung stattfinden. Da in vielen Kunstbutterfabriken auf diese Umstände zu wenig Gewicht gelegt wird, tritt sehr häufig eine Infizierung der Milch durch fremde Bakterien und Pilze ein, wodurch die bezweckte Wirkung der Reinkulturen aufgehoben wird.

Säuerungsbehälter.

Die Säuerungsbassins sollen doppelwandig und mit Kalt- und Heißwasser-Zirkulation versehen sein, damit man die Temperatur jederzeit nach Belieben regulieren könne. Die inneren verzinnten Flächen des Bassins sollen vollständig glatt und ohne alle Ecken sein. Die Größe der Säuerungsgefäße wird so gewählt, daß sie, zu drei Vierteln ihrer Höhe mit Milch angefüllt, von dieser gerade soviel fassen, als für eine Margarinkirnung gebraucht wird.

Die Säuerungsgefäße sollen immer mit einem gut ausgewaschenen, reinen Buttergazegewebe bedeckt sein. Die Rinnen, die zum Transport der Milch von einem Gefäße zum andern verwendet werden, müssen gewissenhaft sauber gehalten werden. Rohrleitungen sind von der Milchbeförderung grundsätzlich auszuschließen. Die Boden- und Wandflächen des Säuerungslokals wie auch sämtliche Geräte sollten täglich eine Reinigung mit kochendem Wasser und eine Lüftung erfahren. Auch für eine hinreichende Lichtzufuhr ist Sorge zu tragen. In dem Säuerungslokal sollen außer dem Pasteurisier- und Kühlapparat und dem Säuerungsbassin keine wie immer gearteten Einrichtungsgegenstände vorhanden sein.

Die Leitung des Säuerungsprozesses erfordert jedenfalls Übung, denn die Kostprobe ist dabei die einzige brauchbare Kontrolle. Das Ermitteln des Säuregehaltes auf titrimetrischem Wege und die Bestimmung der Viskosität der Milch sind für die Feststellung, ob sich der Säuerungsprozeß der Milch im richtigen Stadium befinde, zwar beachtenswerte Anhaltspunkte, vermögen aber keinesfalls die Kostprobe zu ersetzen.

A. Zoffmann weist darauf hin, daß die Säureentwickler nicht in allen Betrieben die gleichen Resultate ergeben. Dieselbe Reinkultur kann in der einen Fabrik beste Erfolge zeitigen, in der anderen durchaus nicht befriedigen. Die große Verschiedenheit in der Zusammensetzung der Milch dürfte wohl hier die Ursache sein. Nach Zoffmann ist ein Arbeiten mit kleinen Mengen lebenskräftiger Bakterien bei einer Temperatur, die eine schnelle Säuerung zur Folge hat, einer langsamen Säuerung mit größeren Mengen von Bakterien geringerer Vitalität vorzuziehen, weil bei der raschen Säuerung infolge der geringeren Reaktionsdauer auch die Gefahr der Infektion mit fremden Bakterien und die der Veränderung des Kaseins vermindert werde.

Vor- und Nachteile der Säuerung. Nach F. Rienks[1]) ist die Hauptaufgabe der Säuerung, die Milch in einen Zustand zu bringen, daß die Aromaentwicklung bei dem Kirnprozeß und später bei der Lagerung der Butter (vor dem Salzen) fortdauert. In der fertigen Margarinbutter sollen sich nach 4—6 Wochen dieselben Bakterienformen finden wie in der frisch angesäuerten Milch.

Gesäuerte Milch soll, wie schon bemerkt wurde, Butter von geringerer Haltbarkeit liefern als süße Milch, und zwar deshalb, weil die mit saurer Milch erzeugte Butter wasserhaltiger, reicher an Eiweiß ist und hartnäckiger Milchsäure zurückhält. Durch den höheren Wasser- und Eiweißgehalt wird eine Reihe fermentativer Spaltungsprozesse begünstigt und die Milchsäure gleichzeitig durch Buttersäurebazillen in Buttersäure[2]) übergeführt; auf diese Weise verschlechtert sich sehr leicht der Geschmack der Butter. Von anderer Seite wird allerdings geltend gemacht, daß auch die Süßmilch-Margarinbutter der zufälligen Ansäuerung überlassen ist und daß dabei etwa auftretende schädliche Bakterien eine schnellere Entwicklung nehmen, als wenn sie, wie dies bei der Sauermilch der Fall ist, durch Reinkulturen bekämpft werden.

Während des Säuerungsprozesses der Milch entweicht leider ein Teil der dabei gebildeten flüchtigen aromatischen Verbindungen. Walther Müller hat gezeigt, daß die weitaus weniger Aroma bildende Magermilch ein sehr gutes Aroma erlangen kann, wenn man das Entweichen der bei der Säuerung entstehenden flüchtigen Stoffe verhindert.

Bei einem auf Grund dieser Erkenntnis ausgearbeiteten Betriebsverfahren[3]) wird die Milch vor der Säuerung mit einer entsprechend dicken Schicht Fett oder mit einer anderen spezifisch leichten Substanz übergossen. Da hiedurch den aromatischen Substanzen die Möglichkeit genommen ist,

[1]) Organ f. d. Öl- u. Fetthandel 1908, S. 121.

[2]) Paul Piek macht darauf aufmerksam, daß die Überführung der Milchsäure in Buttersäure durch Buttersäurebazillen, die eigentlich eine Kohlenstoffsynthese darstellt, auch bei der technischen Darstellung der Buttersäure aus Zucker und Stärke mit Zinkoxyd und faulem Käse verwendet werde. Chem. Revue 1903, S. 246.

[3]) D.R.P. Nr. 102824 v. 19. Juli 1898 und österr. Patent Nr. 1305 v. 15. Dez. 1899 von Walther Müller in Berlin.

in die Luft zu entweichen, soll man aus Magermilch dasselbe Produkt erhalten, wie es Vollmilch oder Sahne bei der gewöhnlichen Säuerungsart ergibt. Vollmilch liefert, in gleicher Weise behandelt, ein Produkt von einem bisher noch nicht erreichten Aroma. Durch den luftdichten Abschluß werden nicht nur alle schädlichen und äußeren Einflüsse abgehalten, sondern es wird auch das Verkäsen der Milch erschwert.

Neben süßer und gesäuerter Voll- oder Magermilch werden in den Kunstbutterfabriken auch Buttermilch, kondensierte Milch, Kefirmilch, Kunstmilch und verschiedene Surrogate (z. B. Mandelmilch) verwendet.

Verwendung von Buttermilch.

Die Verwendung von Buttermilch wird besonders von Wilhelm G. Schröder in Lübeck empfohlen, der sie mit Vorteil an Stelle der Magermilch bei seinem kontinuierlichen Prozesse verarbeitet. Nach ihm hat Buttermilch gegenüber Magermilch die gute Eigenschaft, keine Grünflecke (Caprinausscheidungen, vergleiche S. 184) zu geben.

Kondensierte Milch.

Kondensierte Milch wird aus gewöhnlicher derart hergestellt, daß man der gewöhnlichen frischen Milch durch Verdunstung oder durch Verdampfung (gewöhnlich im Vakuum) Wasser entzieht, wobei man so weit gehen kann, daß man einen festen Körper (Milchpulver) erhält. Die verschiedenen in den Handel kommenden Sorten kondensierter Milch schwanken in ihrem Wassergehalte von 6% (Milchpulver) bis zu 70%.

Ein patentiertes Verfahren der Düsseldorfer Margarinewerke[1]) verwendet eine Milch, der man durch Verdampfen ungefähr 50% des Wassergehaltes entzogen hat, wodurch sie sich mit dem Fette leichter verbuttern soll als gewöhnliche Voll- oder Magermilch. Solche Milch enthält ihre spezifischen Bestandteile in größerem Prozentsatz als gewöhnliche Milch und führt daher der Kunstbutter größere Nährstoffmengen zu. Diese dürften wahrscheinlich auch einen günstigen Einfluß auf das Aroma, das Bräunen und auf das Schäumen der Kunstbutter ausüben.

Pollatschek macht darauf aufmerksam, daß eine Verwendung von kondensierter Milch, wie sie die Düsseldorfer Margarinewerke vorsehen, den beabsichtigten Zweck nicht erreiche, wenn man das Auswaschen der verbutterten Margarine in genau derselben Weise vornimmt wie nach dem gewöhnlichen Butterungsprozeß. Das Eiswasser wird dabei natürlich die meiste zugeführte Milch auswaschen. Will man die in der kondensierten Milch in reichlichem Maße enthaltenen spezifischen Bestandteile der Milch der Kunstbutter dauernd inkorporieren, so kann dieses nur durch Verkneten der fertigen Butter mit der eingedickten Milch geschehen.

In den wenigen Margarinfabriken, die Rußland aufzuweisen hat, wird zur Verbutterung der Fettmasse an Stelle von gewöhnlicher Milch auch Kefirmilch verwendet.

---

[1]) D. R. P. Nr. 115137 v. 9. März 1900 (wurde inzwischen gelöscht).

Kefirmilch. Der Kefir (auch Kyfir, Kapir, Kyppe, Milchwein, Milchbranntwein genannt) ist ein nicht vollständig ausgegorenes, aus Kuhmilch bereitetes Getränk, das dem Kumys ganz ähnlich ist. Während aber Kumys hauptsächlich aus Stutenmilch und in besonderen Anstalten hergestellt wird, wird Kefir aus Kuhmilch gewonnen und kann mit Hilfe des Kefirferments auch in jedem Haushalte erzeugt werden.

Kefirkörner. Das Kefirferment bilden die sogenannten Kefirkörner (Hirse des Propheten), das sind ungefähr erbsengroße, in ruhendem (d. h. nicht keimendem) Zustande gelblichweiße Klümpchen, die mit Milch übergossen blumenkohlartig aufquellen und einen eigentümlichen, nicht unangenehmen Geruch zeigen.

Auf die Natur der Gärungserreger der Kefirkörner einzugehen, ist hier nicht der Ort; es genüge die Bemerkung, daß darin zwei symbiotische Fermentorganismen, milchsäurebildende Bakterien und Hefepilze, vorhanden sind.

Kefirgärung. Die Kefirgärung besteht nun darin, daß einmal durch einen Säureerreger ein Teil des Milchzuckers der Milch in Milchsäure verwandelt wird, welch letztere das Kasein in äußerst feinen Flocken zur Gerinnung bringt, wobei aber ein Teil des Kaseins in lösliche Form übergeht; nebenher ist auch eine alkoholische Gärung vorhanden, die einen Teil des Milchzuckers in Alkohol und Kohlensäure verwandelt, während ein Rest des Milchzuckers (ca. 30—50%) der ursprünglichen, in der Milch enthaltenen Menge) unverändert bleibt. Das Fett der Milch wird bei der Kefirbereitung in keiner Weise verändert[1]).

Um Kefir herzustellen, bringt man lufttrockene Kefirkörner in lauwarmes Wasser und läßt sie etwa fünf Stunden lang darin, dabei steigen die Körner unter Aufquellen an die Oberfläche. Nun gießt man das Wasser ab, wäscht die Körner mit gekochtem oder destilliertem Wasser und übergießt sie mit dem zehnfachen Gewichte abgekochter, auf 20° C abgekühlter Milch. Man schüttelt die Milch mit den Körnern wiederholt durch und gießt sie alltäglich ab, worauf man die Körner stets mit Wasser frisch abspült. Die benutzte Milch wird fortgeschüttet und die gereinigten Körner werden mit der gleichen Menge frischer Milch übergossen. Dieses Erneuern der Milch nimmt man jeden Tag einmal vor, bis der Geruch des Gemisches dem saurer Milch gleichkommt und die bis dahin am Boden liegenden Körner zur Oberfläche steigen. Sie sind dann für die Kefirbereitung reif und werden mit dem zehnfachen Gewichte, das die lufttrockenen Körner zeigten, abgekochter und wieder auf 20° C abgekühlter Milch übergossen. Man läßt dann unter öfterem Schütteln 1—$1^1/_2$ Tag stehen, seiht darauf durch reine Gaze ab und benutzt die zurückgebliebenen Körner zu einem neuen Ansatze

Von der abgeseihten Milch gibt man 75 ccm in starke, ungefähr einen Liter fassende Glasflaschen, füllt diese mit durch Kochen sterilisierter Milch, verschließt

[1]) König, Chemie der Nahrungs- u. Genußmittel, 4. Aufl., Berlin 1904, Bd. 2, S. 745. — Über die Bereitung des Kefirs siehe auch: Ch. Haccius (Milchztg. 1885, S. 19); J. Biel, Über die Eiweißstoffe des Kumys und Kefirs, St. Petersburg 1886, S. 47; Bremer (Milchztg. 1887, S. 223); H. Weidemann (Zeitschr. f. Unters. d. Nahrungs- u. Genußmittel 1901, Bd. 4, S. 57); Niederstadt (Zeitschr. f. angew. Chemie 1890, S. 304).

durch Pfropfen und Draht, ähnlich wie dies bei der Champagnerflaschenverkorkung üblich ist, und läßt dann die Flaschen 2—3 Tage unter zeitweiligem Schütteln bei einer Temperatur von 15° C stehen. Sobald der beim Schütteln entstandene Schaum nicht mehr sofort verschwindet, ist der Kefir zum Genusse fertig. Die Flaschen dürfen während der Gärung nicht geöffnet werden.

Mit den Kefirkörnern kann man unausgesetzt neue Mengen Milch in Gärung bringen; es ist nur notwendig, daß man sie allwöchentlich wäscht und etwa zwei Stunden lang in einer 1prozentigen Sodalösung liegen läßt. Kranke, teilweise durchsichtige Körner werden dabei entfernt oder aber durch 24stündiges Einlegen in eine 0,02prozentige Salizylsäure- oder in eine 3prozentige Borsäurelösung regeneriert.

Guter Kefir schäumt wie Bier, zeigt einen Milchsäuregehalt von ungefähr 1%, ist nicht saurer als frische dicke Milch und zeichnet sich durch leichte Verdaulichkeit der darin enthaltenen Stickstoffverbindungen und durch angenehmen Geschmack aus.

Kefir, der zur Margarinfabrikation verwendet werden soll, läßt man in der Regel so stark vergären, bis er dick ist und sich Kasein auszuscheiden beginnt.

Die Margarinfabriken erzeugen die Kefirmilch in Milchkannen mit Patentverschluß. Beim Öffnen der Kannen, das nötig ist, um die Kefirmilch in den Kirnapparat zu bringen, entweicht die beim Vergären entstandene Kohlensäure und mit ihr ein größerer Teil der flüchtigen aromatischen Verbindungen. Wenn man eine Margarine von gutem Aroma erhalten will, ist es daher notwendig, eine ziemlich große Menge Kefirmilch zur Verbutterung zu verwenden.

Verfahren von Mann.

Karl Mann[1]) in Zürich sucht dem Entweichen der aromatischen Stoffe der Kefirmilch in der Weise vorzubeugen, daß er die Kefirgärung erst in der mit dem Fette bereits vermischten Milch (in der Kirnmasse) einleitet. Es wird dabei einfach die Fett-Milch-Mischung durch Kefirfermente oder Kefirmilch in Gärung gesetzt und durch Regulierung der Temperatur und geeignete Bewegung dafür gesorgt, daß sich die innige Mischung von Milch und Fett während der Gärungsdauer nicht trenne. Nach beendigter Gärung befreit man das Fett möglichst vollständig von der vergorenen Milch, wäscht gut aus, entfernt das Wasser und knetet endlich die erhaltene Kunstbutter in der bekannten Weise.

In letzter Zeit hat sich die Verwendung von Kefirmilch auch in Deutschland und Holland eingebürgert, wird hier aber nur selten allein, sondern im Verein mit Selbst- oder mit Reinkulturen gesäuerter Milch angewendet.

Verfahren von Pollatschek.

Bei der Verbutterung verfährt man im allgemeinen derart, daß man die gewöhnlich gesäuerte Milch zuerst in der Kirne durch Umrühren fein verteilt und dann erst das Fett und die Kefirmilch zusetzt. Nach Paul

[1]) D. R. P. Nr. 179186 v. 1. Dez. 1904.

Pollatschek[1]) in Hamburg erhält man jedoch bessere Resultate bzw. kommt man mit kleineren Mengen Kefirmilch aus, wenn man diese aus dem Vergärungsgefäße nicht von oben in den Kirnapparat leitet, sondern von unten direkt unter das Fett eintreten läßt, also jede Berührung mit der Luft vermeidet. Die Kefirmilch wird nach stattgehabter Emulsion der Fettmischung mit der saueren Milch durch einen Hanfschlauch unter die Oberfläche der Emulsion geleitet und hierauf die Verbutterung zu Ende geführt. Da sich die Kefirmilch mit der Fettemulsion rasch verbindet, tritt ein Entweichen der flüchtigen aromatischen Stoffe und der Kohlensäure aus der Kefirmilch nur in sehr geringem Maße ein.

Kunstmilch. Die Rheinischen Nährmittelwerke verwenden, um ein völlig keimfreies Margarinprodukt zu erhalten, an Stelle der Kuhmilch eine auf künstlichem Wege (synthetisch) hergestellte Milch[2]), deren einzelne Bestandteile vor der Mischung keimfrei gemacht werden. Die Verwendung von Kunstmilch hat außerdem den Vorteil, daß infolge Abwesenheit von Milchzucker[3]) das Sauerwerden der Margarine ausgeschlossen ist.

Zur Herstellung der Kunstmilch werden Butterfett, Oleomargarin und andere Fettarten benutzt, die ebenso wie das Wasser durch Erhitzen auf hohe Temperatur sterilisiert werden. Die zugesetzten Eiweißstoffe werden dagegen durch chemische Agenzien (Wasserstoffsuperoxyd) keimfrei[4]) gemacht. Die sterile Kunstmilch wird mit dem ebenfalls vorher sterilisierten Oleomargarin auf die gewöhnliche Weise verbuttert.

Fettangereicherte Magermilch. Seit einiger Zeit kennt man auch Milch, die nicht so eigentlich Kunstmilch[5]) darstellt, wie die nach dem Verfahren der Rheinischen Nährmittelwerke erhaltene, sondern die eine Magermilch ist, der man auf künstlichem Wege Fett inkorporierte und dadurch den Charakter von Vollmilch gab.

Mit der Herstellung solcher Milch, die an Stelle eines Teiles des ursprünglichen Milchfettes fremde Fette (Sesamöl, Kottonöl, Margarine) enthält, sollen sich einige große holländische Molkereien befassen. Sie entrahmen zu diesem Zwecke die Vollmilch und bringen die dabei resultierende Magermilch bei einer Temperatur von 24° C mit dem Fette in einen Emulsor, wobei eine Kunstmilch erhalten wird, die einer normalen Vollmilch in Aussehen und Zusammensetzung in nichts nachsteht; nur ein feiner Gaumen

---

[1]) D. R. P. Nr. 140941 v. 12. Juni 1902. (Wurde bereits gelöscht.)

[2]) D. R. P. Nr. 112687 v. 22. April 1898; die Verwendung dieser Kunstmilch zur Herstellung von Margarinbutter ist den Rheinischen Nährmittelwerken durch das D. R. P. Nr. 116792 v. 20. Juni 1899 geschützt worden, dieses wurde aber bereits gelöscht.

[3]) Solche milchsäurefreie Kunstbutter wird sich allerdings weder bräunen noch schäumen.

[4]) Das Fett und Wasser durch Erhitzen auf hohe Temperaturen, die Eiweißstoffe durch Behandlung mit Wasserstoffsuperoxyd.

[5]) Über Kunstmilch siehe auch Klimont, Chem. Revue 1895, Nr. 21, S. 1 und Nr. 24, S. 7.

vermag den Unterschied zwischen Naturmilch und einem solchen künstlich hergestellten Produkt herauszufinden. Für Zwecke der Kunstbutterfabrikation leistet solche Milch aber keine so guten Dienste wie reine Milch[1]).

Mandelmilch.

Michaelis und Liebreich[2]) wollen die Verwendung tierischer Milch bei der Fabrikation von Kunstbutter ganz umgehen und schlagen als Ersatz für diese eine Lösung von Emulsin (Synaptase) oder die das Emulsin enthaltende Mandelmilch vor[3]). Als Vorteil dieser Milchsurrogate rühmen sie ihre Keimfreiheit, die die Herstellung einer absolut keimfreien und durch besonderen Wohlgeschmack sich auszeichnenden Margarine gestatten soll.

Das im Handel unter dem Namen „Sana-Margarine"[4]) bekannte Fabrikat der van den Bergschen Fabrik in Cleve ist nach dem erwähnten Patent mit Mandelmilch hergestellt. Ob die Eigenschaften der Sana-Margarine, beim Braten sich zu bräunen und zu schäumen, auf den Mandelmilchzusatz zurückzuführen sind, oder ob sie durch andere Zusätze hervorgerufen werden, ist nicht bekannt.

---

[1]) Wird bei der Herstellung solcher gefetteten Milch, die man Calfroom (Kälberrahm) nennt, Kunstbutter zur Fettanreicherung verwendet, so kommt natürlich eine kleine Menge Sesamöl (vergleiche S. 220) in die Milch, und Piek vermutet, daß die von einigen Analytikern bei Naturbutter konstatierte Sesamölreaktion auf diese Weise zu erklären sei. Die Herstellung künstlich mit Fett angereicherter Milch hat aber heute noch keinen großen Umfang angenommen, und es ist wohl ausgeschlossen, daß den verschiedenen Versuchsanstalten gerade eine solche gefälschte Milch in die Hände geraten ist. Dies ist um so weniger anzunehmen, als sich die meisten Versuchsanstalten die Butter ja selbst aus Milch herstellen, die unter ihrer Aufsicht von mit Sesamkuchen gefütterten Tieren gemolken wurde. (Chem. Revue 1903, S. 279.)

[2]) D. R. P. Nr. 100922 v. 21. Juli 1897 und österr. Patent Nr. 193 v. 1. Mai 1899.

[3]) Pollatschek macht darauf aufmerksam, daß die Verwendung von Kokosmilch bzw. eines wässerigen Auszuges der Kokosnuß zur Verbutterung bereits in der Molkereiztg. vom Jahre 1897, also vor der Patenterteilung an Michaelis und Liebreich, erwähnt wurde. (Molkereiztg. 1897, S. 215.)

[4]) A. Moeller (Münchener Med. Wochenschr. 1901, S. 1131) hat „Sana" nach zwei Richtungen hin geprüft: einmal hinsichtlich der Schmackhaftigkeit und zweitens vom hygienischen Standpunkt aus. Was den Geschmack anbetrifft, so steht nach seinen Beobachtungen „Sana" weit hinter der gewöhnlichen, mit Milch bereiteten Kunstbutter zurück. Sowohl auf Brot gestrichen als auch in der Küche zur Zubereitung von Gemüsen, Saucen und Braten verwendet, wurde „Sana" nicht gerne genommen, und man beklagte sich, besonders bei länger anhaltendem Genusse, über einen eigentümlichen Beigeschmack. Die Untersuchung auf Tuberkelbazillen fiel ebenfalls positiv aus, genau so wie die früher in gleicher Richtung unternommene Untersuchung von Rabinowitsch. Da Michaelis und Gottstein (Zeitschr. f. Unters. d. Nahrungs- u. Genußmittel 1901, Bd. 4, S. 984) behauptet hatten, daß Tuberkelbazillen durch Erwärmen auf 87° C in Fetten abgetötet würden, hat A. Moeller auch in dieser Richtung Kontrollversuche angestellt und gefunden, daß selbst ein halbstündiges Andauern der Erwärmung auf 87° C keine sichere Abtötung der Tuberkelbazillen zur Folge hat. Selbst Temperaturen von 98° C sind nicht imstande, im Fette enthaltene Tuberkelbazillen vollständig zu vernichten.

Das Verfahren von Michaelis und Liebreich kann aber möglicherweise bei der Herstellung von ritueller Pflanzenfettmargarine (Butter aus ausschließlich vegetabilischen Bestandteilen) Bedeutung erlangen.

3. Emulgieren des Fettgemisches mit Milch (Kirnprozeß).

Das Behandeln der Fettmischung mit Milch (das „Kirnen") gehört zu den wichtigsten Arbeiten der Kunstbutterfabrikation. Diese Operation hat nicht nur den Zweck, das zur Kunstbuttererzeugung verwendete Fett in die charakteristische Form des Butterfettes überzuführen, sondern soll dem Produkt auch Geschmack und Aroma verleihen. Der Effekt des Kirnens hängt nämlich sehr viel von der Gewissenhaftigkeit und Geschicklichkeit des Arbeitenden ab, und nur langjährige praktische Erfahrung in Verbindung mit der Kenntnis der theoretischen Grundlagen des Molkereiwesens vermag Erfolge zu erzielen.

Einem richtigen Kirnmeister muß es möglich sein, der Fettmasse die gleiche Gewichtsmenge Milch derart einzuarbeiten, daß bei dem späteren Ablassen und Quetschen der Butter nur ganz wenig Milch mehr abfließt.

Die Menge der von der Fettmasse zurückgehaltenen Milch hängt wesentlich von der Beschaffenheit der Milch ab.

Kirnen mit süßer Milch. Süße Milch, gleichviel ob Voll- oder Magermilch, läßt sich nur schwierig und in relativ kleinen Mengen dem Fette einverleiben und die erzielte Buttermasse gibt beim Quetschen einen großen Teil der aufgenommenen Milch wieder ab. Am besten wird die süße Milch noch aufgenommen, wenn man bei so niedriger Temperatur als möglich kirnt. Auch darf man, um den Kirneffekt durch das Auswaschen und Abpressen der Margarinbutter nicht wieder allzusehr aufzuheben, nur mit wenig Wasser auswaschen und nicht zu intensiv abquetschen.

mit saurer Milch. Das Kirnen mit saurer Milch geht leichter vor sich und die aufgenommene Milchmenge ist bedeutend größer, weil sich das geronnene Kasein mit der Fettmasse leichter verbindet und einen großen Prozentsatz Wasser hartnäckig zurückhält.

Gewichtsverhältnis. Gewöhnlich verwendet man auf 100 kg Fett 30—60 Liter Vollmilch oder 50—80 Liter Magermilch; die näheren Verhältnisse richten sich nach den örtlichen Bedürfnissen nach der Jahreszeit, den Preisfragen und anderen Faktoren. Im allgemeinen wird in Deutschland, Holland und Dänemark weniger Milch verwendet als in der Schweiz und in Österreich. Der Milchmenge sind übrigens in mehreren Staaten gesetzliche Schranken gesetzt.

Das Verhältnis der Milchmenge zum Fettgewichte schwankt ferner auch je nach der Zusammensetzung der Fettmischung und der gewünschten Güte der herzustellenden Margarine sowie auch nach der Preiskonjunktur. Im allgemeinen kann man für 100 Teile Oleomargarin

30 Teile Pflanzenöle und
45 „ Milch

rechnen, wobei man eine ungefähre Ausbeute von 150—155 kg fertiger Kunstbutter erhält. Heute, wo man die festen Pflanzenfette mehr und mehr an Stelle des Oleomargarins zu verwenden sucht und sogar lediglich aus Pflanzenfetten (Kokosöl) bestehende Kunstbutter herstellt, hat das oben genannte Verhältnis von Oleomargarin zu Pflanzenölen (100 : 30) nur mehr geringe Bedeutung. Übrigens spielen bei der Bildung des Fettansatzes und der Milchmenge gesetzliche Bestimmungen (Sesamölzusatz, Gehalt an Milchfett eine Rolle; immerhin sei die ungefähre Zusammensetzung der Kirnmasse an einigen Beispielen erläutert.

Beispiele von Kirnmischungen.

1. Kirnmischung für feinste Margarinsorten:

	a) Sommermonate	b) Wintermonate
Vollmilch	500,00 l	500,00 l
Oleomargarin, hochfein	500,00 kg	500,00 kg
Premier jus, feinst	25,00 „	—
Sesamöl	50,00 „	70,00 „
Dänische Butterfarbe	0,40 „	0,40 „

2. Kirnmischung für Sekunda Margarinebutter:

	a) Sommermonate	b) Wintermonate
Magermilch	300,00 l	300,00 l
Oleomargarin, fein	280,00 kg	280,00 kg
Premier jus, feinst	150,00 „	80,00 „
Kottonöl	50,00 „	130,00 „
Sesamöl	50,00 „	50,00 „
Dänische Butterfarbe	0,60 „	0,06 „

3. Kirnmischung für gesalzene Kunstbutter, besonders in den nördlich gelegenen Ländern gebräuchlich:

	I.	II.
Oleomargarin	210,00 kg	345,00 kg
Schweinefett (Neutrallard) . . .	330,00 „	185,00 „
Kottonöl	—	215,00 „
Rahm	190,00 „	—
Milch	180,00 „	175,00 „
Salz	80,00 „	80,00 „
Dänische Butterfarbe	1,00 „	0,80 „
	1000,00 kg	1000,80 kg

In Amerika, wo die Mitverwendung von Schweinefett in der Kunstbutterfabrikation mehr als bei uns üblich ist, werden für feinste Sorten Margarine ungefähr gleiche Teile Schweinefett und Oleomargarin als Fettansatz genommen, bei mittelguten Sorten sogar drei Fünftel Schweinefett und nur zwei Fünftel Oleomargarin, und es wird ungefähr mit demselben Prozentsatze Milch verbuttert, wie oben angegeben.

Kokosbutter in Margarine.

Kokosbutter, von der in letzter Zeit große Mengen in der Kunstbutterfabrikation verwendet werden, wird gewöhnlich erst nach dem Kirnen und Auswalzen des übrigen Fettansatzes diesem zugeknetet, weil die beim Kirnprozesse stattfindende Berührung mit wässerigen, besonders sauer reagierenden Flüssigkeiten (saurer Milch) die Kokosbutter leicht ranzig macht. Wird diese aber erst nach dem Kirnen zugegeben, so wird ihre Berührung mit der Milch und dem zum Kühlen der Kirnmasse verwendeten Wasser vermieden und die Fettspaltung und Oxydation des Pflanzenfettes nicht eingeleitet. Während 5% Kokosbutter, vor dem Kirnen zugegeben, der fertigen Margarinbutter schon nach kurzer Zeit einen sogenannten Kokosgeruch erteilen und die Ware verderben, kann man der gewalzten Margarine große Prozentsätze von Kokosbutter einkneten, ohne ihre Qualität zu schädigen.

Pollatschek macht darauf aufmerksam, daß dabei leider noch immer der Fehler gemacht werde, die Kokosbutter in festem statt in geschmolzenem Zustande einzukneten, wobei leicht unzerdrückte Knoten in der Butter zurückbleiben, die ein nochmaliges Auswalzen und abermaliges Kneten notwendig machen. Abgesehen von der doppelten Arbeit, komme durch das Wiederholen des Walzens und Knetens auch Luft in die Margarine. Die oft gehörte Ansicht, wonach sich gesteiftes Kokosöl (siehe S. 330) für die Margarinfabrikation besser eignet als gewöhnliche Kokosbutter, ist nach Pollatschek ebenfalls irrig.

In neuerer Zeit kommen butterähnliche, streichfähige Produkte in den Handel, die ausschließlich aus Kokosfett dargestellt sind. Diese Buttersurrogate werden durch Kirnen von raffiniertem Kokosfett hergestellt und enthalten neben diesem noch Milch, Eiweiß, Zucker, Kochsalz und Farbstoffe.

Neben den Fetten und der Milch kommen meist auch noch Farbe, Geruch und Geschmack gebende und andere, bestimmte Zwecke verfolgende Zusätze in die Kirnmasse, auf die erst später (S. 154) näher eingegangen werden soll.

Verfahren Pellerin.

Nicht unerwähnt dürfen auch die Vorschläge bleiben, dem Margarin Wachs zuzusetzen. August Pellerin in Paris[1]) will nämlich der Kunstbutter eine der Milchbutter ähnliche Beschaffenheit und gleichzeitig eine größere Haltbarkeit geben, indem er dem Margarin pflanzliche oder tierische Wachse zusetzt. Pellerin rügt an der gewöhnlichen Kunstbutter die schwammige Beschaffenheit, wodurch sie sich von der Naturbutter unvorteilhaft unterscheide. Ein Zusatz von Wachs soll diese ungenügende Festigkeit der Kunstbutter beheben. Mit Wachs versetztes Margarin soll sich in physikalischer Hinsicht von Sahnebutter in keiner Weise unterscheiden; Aussehen Konsistenz und Struktur sind die der Naturbutter. Dabei ist mit Wachs

[1]) D. R. P. Nr. 124410 v. 17. Juli 1900.

versetztes Margarin weit haltbarer als ein Margarin ohne Wachs. Die Menge des zuzusetzenden Wachses schwankt bei dem Pellerinschen Verfahren zwischen $^1/_2$ und 5 $^0/_0$. Den Wachszusatz macht man vor dem Verbuttern der Fettmischung oder knetet das Wachs auch der fertiggekirnten Masse ein.

Es fragt sich nun, ob der in Vorschlag gebrachte Zusatz von Wachs nicht auf die Verdaulichkeit des Margarins schädigend einwirke. Japanwachs oder richtiger Japantalg kann als vollkommen verdaulich angesehen werden, weshalb gegen seine Anwendung kein Einspruch erhoben werden kann. Bei Bienenwachs steht die Sache schon etwas ungünstiger und Zusätze von 5 $^0/_0$ dürften der Kunstbutter keinesfalls zum Vorteil gereichen. Direkt zu verbieten ist jedoch die Verwendung von Ceresin an Stelle der Pflanzen- oder tierischen Wachse, weil Ceresin wie auch das in neuerer Zeit in der Margarinbranche verwendete Paraffin absolut unverdaulich ist. Über das Vorhandensein von Paraffin in Margarinprodukten berichtet A. F. Geisler[1]) sowie P. Soltsien[2]). In Amerika scheint der Zusatz von Mineralfetten zu Kunstbutter sogar nichts so Seltenes zu sein, denn A. M. Winter[3]) hat auf diese Idee bereits ein Patent genommen. Er verwendet dabei nicht weniger als 60 $^0/_0$ Mineralöl vom gesamten Fettansatze. Über die Verdaulichkeit dieses Fettgemisches braucht man sich also keiner Täuschung hinzugeben.

Kirnmaschinen.

Die Apparate, worin die Emulgierung der Fette mit der Milch vorgenommen wird — die sogenannten Kirnmaschinen[4]) (barattes) — haben im Laufe der Jahre mancherlei Veränderungen in ihrer Form durchgemacht, doch blieb ihr Prinzip immer dasselbe. Sie bestehen der Hauptsache nach aus einem mehr oder weniger oval geformten, doppelwandigen, innen gut verzinnten Eisenkessel, dessen 300—3000 Liter betragender Inhalt durch passend angeordnete mechanische Rührer innig durchgemischt werden kann. Der Mantelraum der Kirnmaschine ist mit einer Wasser- und Dampfzuleitung versehen, so daß man das zu kirnende Material sowohl anwärmen als auch abkühlen kann. Oben mit einem gut schließenden, verschraubbaren Deckel versehen, der Zuflußöffnungen für die Milch und für die Fette besitzt, haben die Kirnmaschinen oberhalb des Bodens einen nicht zu klein gewählten Ablaßhahn und zur Messung der jeweiligen Temperatur der Kirnmasse ein Thermometer.

---

1) Journ. Amer. Chem. Soc. 1899, S. 605.

2) Soltsien, Margarine mit unverseifbaren Zusätzen, Chem. Revue 1906, S. 109.

3) Amer. Patent Nr. 519980.

4) Kirne ist die alte Bezeichnung für Butterfaß; nach den äußerst verdienstvollen Forschungen von Benno Martiny heißt in den altnordischen Sprachen kirna soviel wie Butterfaß, und die Finnen, Esten und Letten, die von ihren altnordischen Nachbarn die Butterbereitung gelernt hatten, nahmen in ihre Sprache die Bezeichnungen kirnu, kirn und kerne auf. Alle europäischen Völker nördlich der Alpen hatten und haben zum Teil heute noch für das Butterfaß Worte in Gebrauch, die auf die Sprachwurzel kirna zurückzuführen sind.

In Fig. 15 und 16 sind Kirnapparate[1]) im Schnitt und in der Ansicht wiedergegeben.

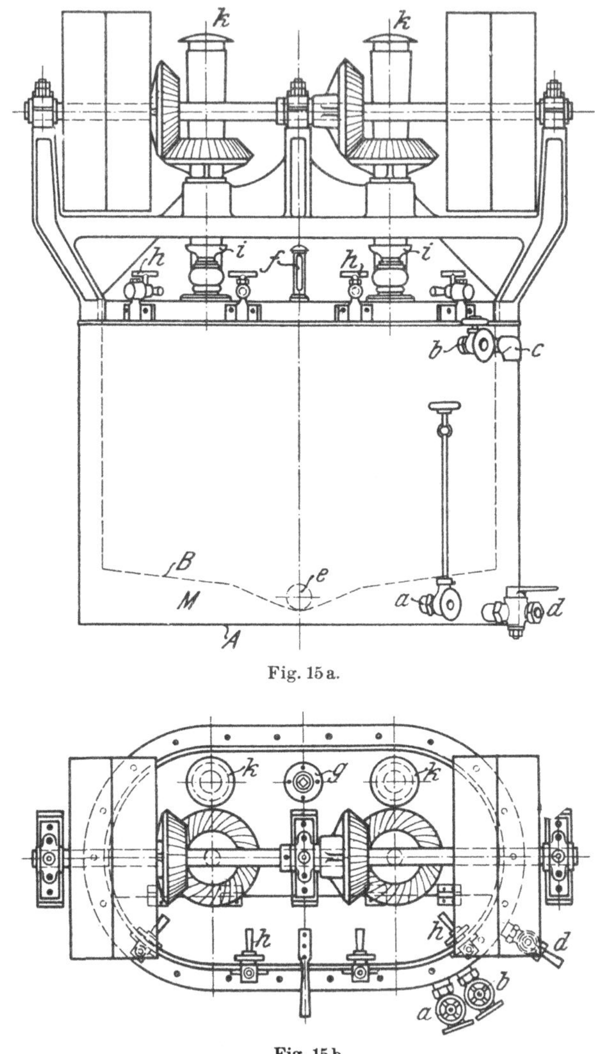

Fig. 15 a.

Fig. 15 b.

Fig. 15 a und b. Kirnapparat.

Der zwischen dem Außenkessel *A* und dem Innenkessel *B* befindliche Mantelraum *M* ist mit der Dampfzuleitung *a*, der Wasserleitung *b*, dem Wasserüberlauf *c*, dem Wasserablaß *d*, dem Thermometer *f*, der Füllöffnung *g* und den Ventilations-

[1]) Ausgeführt von der Maschinenfabrik Chr. Zimmermann, Köln-Ehrenfeld.

röhren *k* versehen. Der Deckel der Kirne wird durch die Verschlüsse *h* festgehalten, die Kirnmasse durch den Ablaßhahn *e* aus dem Innenkessel *B* entfernt.

Die beiden im Innern der Kirne rotierenden Rührflügel, von denen in unserer Figur nur die herausragenden Achsen zu sehen sind, werden durch Kegelräder angetrieben und sind so konstruiert, daß sie die der Maschine übergebene Füllung

Fig. 16. Kirnapparat.

aus allen Ecken des Behälters herausholen, also eine vollkommene Durchmischung bewirken. Damit kein Schmieröl oder Schmierfett von den Kegelrädern in die Kirne tropfe, sind unter jedem Antrieb Tropfschalen *i* angeordnet.

Ebenso wie bei den Schmelzkesseln (S. 88) empfiehlt es sich, auch bei den Kirnen den Behälter aus einem Stücke zu fertigen und die Nähte autogen zu schweißen, statt sie zu nieten. Es wird dadurch ein Undichtwerden ausgeschlossen und die Reinhaltung sehr erleichtert.

Um eine möglichst gleichmäßige und rasche Temperierung (Wärmung oder Abkühlung) des Kirneninhaltes zu erreichen, hat M. Donkers in Antwerpen Kirnen gebaut, bei denen das Wärm- oder Kühlmittel durch die hohlgestalteten Rührer zirkuliert.

Bei diesen Kirnen, die in Fig. 17 schematisch dargestellt sind, dringt die warme oder kalte Flüssigkeit durch a in den schlangenartig ausgebildeten Rührer R_1, durchläuft dessen Rohrwindungen s und geht hierauf durch das Rohr $b\,c$ zum Rührer R_2, um nach Durchlauf seiner Rohre s endlich bei d auszutreten.

Die Rührer laufen oben und unten in Stahlpfannen und sind durch die Stopfbüchsen nn und mm abgedichtet; ihr Antrieb erfolgt durch das Zahngetriebe T.

Der Kirnprozeß wird gewöhnlich in drei Etappen durchgeführt:

Phasen des Kirnprozesses.

Zuerst wird ein Teil der zur Kirnoperation bestimmten Milchmenge von der Milchstation in die Kirnmaschine gepumpt, die man bereits vorher gut verschlossen hat und nun zehn Minuten lang (bei ca. 120 bis 130 Umdrehungstouren des Rührwerkes) durchrührt. Dabei findet eine Trennung des Milchfettes von dem Milchserum statt, und bei Verwendung von Vollmilch ist daher die erste Phase des Kirnprozesses ein effektiver Butterungsprozeß.

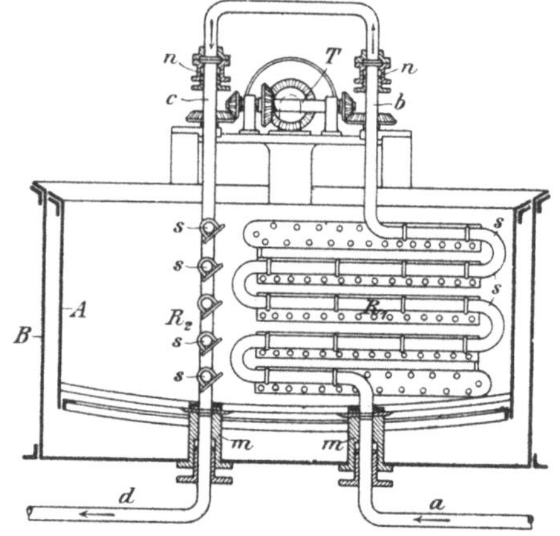

Fig. 17. Kirne mit Rohrrührern nach Donkers.

Nach dem Abstellen des Rührwerkes und Öffnen des Deckels überzeugt man sich, daß eine Ausscheidung des Butterfettes vor sich gegangen ist, und setzt dann nach neuerlichem Angehenlassen des Rührwerkes und nach Verschluß der Kirne einen Teil des verflüssigten Fettgemisches zu. Bei einer Temperatur von 25—47° C erfolgt nun 10 Minuten lang ein Durchmischen des Fettes mit der Milch, wobei die Umformung der Fettpartikelchen in die kugelförmige Gestalt des Butterfettes vollzogen wird.

Ist dieser erste Teil des Fettes und der Milch auf diese Weise gekirnt, so setzt man die restliche Milchmenge und den Rest des Fettes zu und mischt neuerdings so lange, bis der Inhalt der Kirne durch Wärmen oder Abkühlen auf die gewünschte Ablaßtemperatur gebracht ist.

Der Kirnprozeß kann bei einer Temperatur zwischen 25 und 45° C beendigt werden. Wird die gekirnte Masse warm abgelassen (bei 45° C), so erhält man eine größere Ausbeute, dafür aber eine schlechtere Qualität; wird dagegen die Masse bis auf 25° C oder wenig darüber abgekühlt, so ist die Güte des Produktes weitaus besser, dafür aber die Ausbeute geringer.

Die Dauer einer ganzen Kirnoperation währt ungefähr 45 Minuten. Die Kirnmasse zeigt bei richtiger Arbeit ein schlagsahneähnliches Aussehen und riecht und schmeckt in frischem Zustande angenehm.

Das Kirnen ist von mancherlei Zufällen abhängig und erfordert einen praktisch erfahrenen, geschickten Kirnmeister. Wenn es nicht gelingt, aus der zunächst eingeführten Milchmenge und der Fettmischung eine Emulsion zu erzielen, setzt man etwas fertige Margarine zu; versagt auch dieses Mittel, so muß man die ganze Kirnarbeit von neuem beginnen. Manchmal verläuft die zweite Phase der Kirnarbeit glatt, doch stockt der Inhalt der Kirnmaschine nach dem Einbringen des restlichen Fettes und der restlichen Milch.

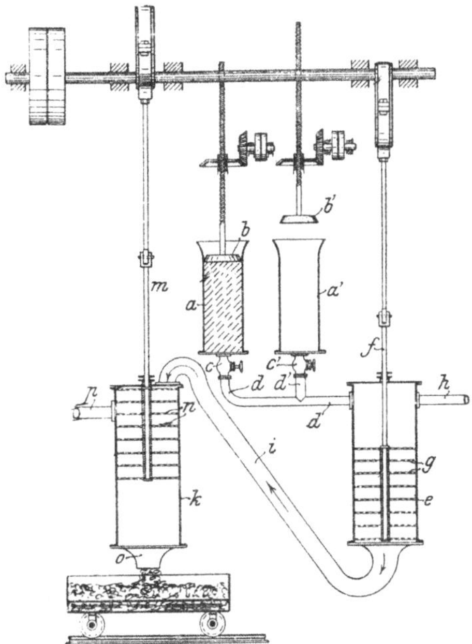

Fig. 18. Kirnvorrichtung von Theberath.

Kirnvorrichtung nach Theberath.

Eine interessante Vorrichtung, die an Stelle der gebräuchlichen Kirnapparate zum Vermischen des Fettansatzes mit der Milch dient und die erzielte Emulsion nachher durch Abkühlung wieder sondert, ist auch von J. H. Theberath[1]) in Goch angegeben worden.

Das Kirnen wie auch das Abkühlen der Emulsion findet dabei in zylindrischen Gefäßen statt, die auf- und abwärts bewegte Lochscheibensysteme besitzen, also vervollkommnete Butterfaßnachbildungen darstellen. Dabei mischt Theberath die Fette, die durch plötzliches Abkühlen nach vorhergegangener Verflüssigung völlig homogen erstarrt sind, bei einer Temperatur unterhalb ihres Schmelzpunktes, also in festem Zustande, mit der Milch. Dadurch will er eine vollkommenere Aufnahme der in der Milch enthaltenen wertvollen, Geschmack und Aroma gebenden Stoffe erreichen.

Das zu verarbeitende Oleomargarin, das durch eine plötzliche Abkühlung aus dem flüssigen in den erstarrten und dadurch völlig homogenen Zustand gebracht ist, so daß sich die einzelnen Fettbestandteile in durchaus gleichmäßiger, innigster, dichtester Vereinigung verbinden, wird in einen Zylinder *a* (Fig. 18) gebracht und in halbfestem Zustande mittels eines (durch Getriebe und Schraubenspindel) beweglichen Kolbens *b* aus diesem herausgepreßt. Das Oleomargarin gelangt auf diese Weise durch die Leitung *d*, die mittels des Hahnes *c* geschlossen werden kann, falls der Zylinder *a* außer Tätigkeit und dafür ein analoger Zylinder a^1 zu gleichem Zweck in Betrieb gesetzt werden soll, nach dem Zylinder *e*, in dem an einer auf- und ab-

[1]) D. R. P. Nr. 83820 v. 18. Sept. 1894.

wärts bewegbaren Stange *f* eine Anzahl durchbrochener Scheiben *g g* angeordnet ist. Die Löcher in diesen Scheiben sind vorteilhaft versetzt angeordnet, damit die in den Rahmzylinder *e* hineingedrückte Masse möglichst gleichmäßig in allen Teilen bearbeitet werde.

Außer dem Oleomargarin wird auch noch durch die Zuleitung *h*, die, um das Eindringen von Fett zu verhindern, mit einem Rückschlagventil ausgestattet sein kann, Milch in den Rahmzylinder *e* (der die Kirne oder, besser gesagt, das Butterfaß darstellt) eingeführt, wozu sich die Benutzung einer Pumpvorrichtung empfiehlt. Diese sowie das Rückschlagventil ist auf der Zeichnung nicht dargestellt.

Die Anordnung der Scheibe *g* und der Stange *f* ist derart getroffen, daß bei ihrem Niedergang bzw. Aufgang die gesamte in dem Zylinder befindliche Masse sowohl in den unteren als auch in den oberen Partien durchgearbeitet wird. Auf solche Weise wird erreicht, daß jedes Milchteilchen mit Fett in Berührung kommt.

Die so erzeugte rahmartige Mischung wird zur Absonderung der überschüssigen wässerigen Flüssigkeit durch den im Rahmzylinder herrschenden Druck vermittels der Leitung *i* nach dem Kühlzylinder *k* geführt.

Wie Fig. 18 veranschaulicht, bewegt sich in diesem Zylinder, ähnlich wie im Zylinder *e*, eine mit durchbrochenen Scheiben *n* ausgestattete Stange *m* auf- und abwärts und durchmischt die gesamte darin (sowohl in dem obersten als auch in dem untersten Zylinderteil) enthaltene Masse, die nach dieser Durcharbeitung durch die Öffnung *o* den Apparat verläßt. Eine Kühlung wird hierbei durch kaltes Wasser bewirkt, das durch das Rohr *p* in den Kühlzylinder eingeführt wird Bei dieser Kühlung und der Durcharbeitung mittels der durchbrochenen Scheibe *n*, deren Löcher ebenfalls versetzt angeordnet sind, tritt eine Absonderung von der in der Fettmischung enthaltenen Flüssigkeitsmenge ein, so daß bei der Austrittsöffnung Margarine und daneben eine wässerige, das aus der angewendeten Milch stammende Milchserum enthaltende Flüssigkeit abgeführt wird. Die Abkühlungstemperatur liegt bei etwa 10° C.

Während der Oleomargarinzylinder *a* mittels des Kolbens *b* allmählich entleert wird, füllt man den zweiten Oleomargarinzylinder a^1 mit dem zu verbutternden Rohfette und kann bei Entleerung des ersten Zylinders, nach Schließung des Absperrorganes *c* und nach Öffnung von c^1, nunmehr diesen Zylinder a^1 in den Betrieb einschalten. Dadurch gestaltet sich die Arbeit zu einer ununterbrochenen, da auch die Milchzufuhr und die Kaltwasserzuleitung ebenso wie die Entleerung des Apparates bei *o* ununterbrochen geschehen kann.

Um zu verhindern, daß das Kühlwasser die vom Fette aus der Milch aufgenommenen Geschmack- und Riechstoffe teilweise wieder fortnehme, kann bei dem Theberathschen Verfahren auch indirekt gekühlt werden.

Dieses kann dadurch geschehen, daß man den Zylinder mit einem doppelten Mantel versieht und durch den Hohlraum Kühlflüssigkeit hindurchleitet. Diese Anordnung leidet an dem Übelstand, daß sich an der Innenwand eine Schicht erstarrten Fettes ansetzt, die die Wärmeleitung stört. Außerdem lösen sich von dieser Schicht unter Umständen Stücke oder Klumpen ab. Die Kühlung erfolgt dadurch nicht nur langsam, sondern auch unregelmäßig, und die Masse wird in einen klumpigen Zustand versetzt, der sich nicht mehr beseitigen läßt. Wollte man die Scheiben so groß machen, daß sie das Ansetzen von erstarrtem Fett an der Innenwand verhindern, so würden sie sich an dieser reiben, was wiederum ein Erhitzen der Margarine und damit eine schlechte Beschaffenheit dieser zur Folge haben würde.

Um alle derartigen Übelstände zu vermeiden, empfiehlt es sich, für die indirekte Kühlung das Rührorgan m, n hohl zu gestalten und durch dessen Hohlraum Kühlflüssigkeit zu leiten.

Bei dieser Anordnungsweise (Fig. 19) sind die durchbrochenen Scheiben durch einen — oder besser mehrere — an der Stange m angeordnete hohle Kolben s, s_1, s_2 ersetzt; die Stange m ist ebenfalls hohl gestaltet, und zwar derart, daß mittels einer darin herabführenden Zuleitung r Kühlflüssigkeit durch Öffnungen u in den Hohlraum des untersten Kolbens eintreten, aus diesem durch Öffnungen v austreten, durch die Hohlräume der anderen Öffnungen u_1, v_1, u_2, v_2 in den Hohlraum der Stange m gelangen und diesen beim Austritt r_1 verlassen kann. Damit sich die Kolben s, s_1, s_2 ungehindert auf und ab bewegen können, wird die Zu- und Ableitung der Kühlflüssigkeit durch bewegliche Röhren oder Schläuche vermittelt. Durch den bzw. durch die Kolben führen Rohre t, um ein Durcharbeiten der in dem Kühlzylinder befindlichen Fettmasse zu gestatten.

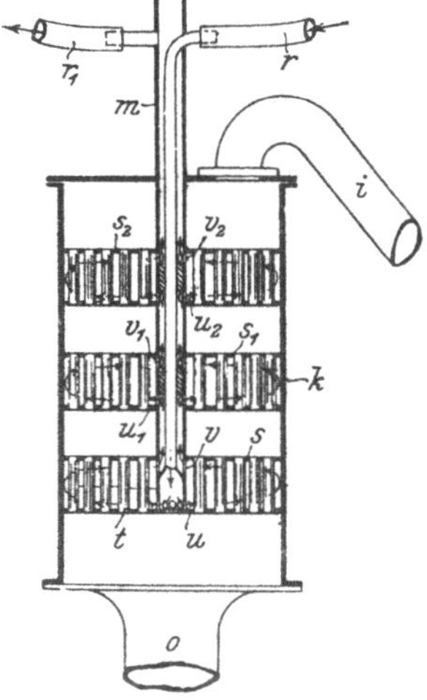

Fig. 19.
Detail eines Theberathschen Misch- und Kühlzylinders.

Bei einer derartigen Anordnung des Kühlzylinders k erhält man an der Öffnung o Margarine und verdünntes Milchserum.

Falls man will, kann man in dem Zylinder k sowohl das innige Mischen als auch das Kühlen vornehmen. Bei Anwendung eines einzigen Zylinders wird sich dann allerdings der Betrieb eines solchen Zylinders unterbrochen gestalten, wobei natürlich auch eine etwas andere Kolbenanordnung zu empfehlen ist.

Kontinuierliche Kirnen.

Um die bei den gebräuchlichen Kirnapparaten stetig unterbrochene Arbeit kontinuierlich zu gestalten, haben Schröder, Berberich & Co. in Lübeck eine besondere Kirne konstruiert, deren Leistungsfähigkeit sehr groß ist, die aber zweckmäßigerweise mit einem Homogenisierapparat zusammengekuppelt arbeiten muß. Weil sich dabei, entgegen dem Vorgang bei den früheren Kirnapparaten, die Emulsion von oben nach abwärts entwickelt, ist ein regelmäßiger Ablauf von unten möglich. Die Kirnmaschine wird bei dem erwähnten Verfahren nicht etappenweise mit Milch und legiertem Fett bzw. mit fertiger Margarine angefüllt und in diesem Gemenge die Emulsion einzuleiten versucht, sondern das mit großer Geschwindigkeit rotierende Rührwerk wird zunächst in Gang gesetzt und die Milch wie auch die Fettmischung, beide entsprechend vorgewärmt, mit Hilfe regulierbarer Einlässe langsam aber gleichzeitig von oben eingeführt. Die dabei auf die rotierenden Flügel des Rührwerkes niederfallenden Tropfen werden sofort mitgenommen, herumgeschleudert und fein zerstäubt, was an der sehr bald entstehenden Schaumbildung deutlich erkennbar ist. Infolge des beständigen Nachträufelns der zu mischenden Flüssigkeiten verdichtet sich der Schaum nach und nach zu einer brauchbaren Emulsion, die durch die entsprechend gestalteten Flügel des Rührwerkes nach abwärts gedrückt wird. Dort wird sie durch einen regulierbaren Ablaß abgezapft und zwecks endgültiger Bearbeitung einem Homogenisierapparat (siehe S. 122) zugeführt. Sowohl während des Prozesses in der Kirne als auch hernach in dem Homogenisierapparat wird die Emulsion, je nach Art und Beschaffenheit der mit der Milch verarbeiteten Fette und Öle, gekühlt oder erwärmt, damit eine Zersetzung ihres Inhaltes verhindert werde[1]. Durch regulierbare Zu- und Ablässe ist es möglich, jede Fettmischung in eine Emulsion zu verwandeln, ohne daß der Betrieb auch nur durch Momente hindurch unterbrochen werden müßte.

Kirne nach Schröder.

Die nähere Einrichtung dieser neuen Kirne zeigt Fig. 20.

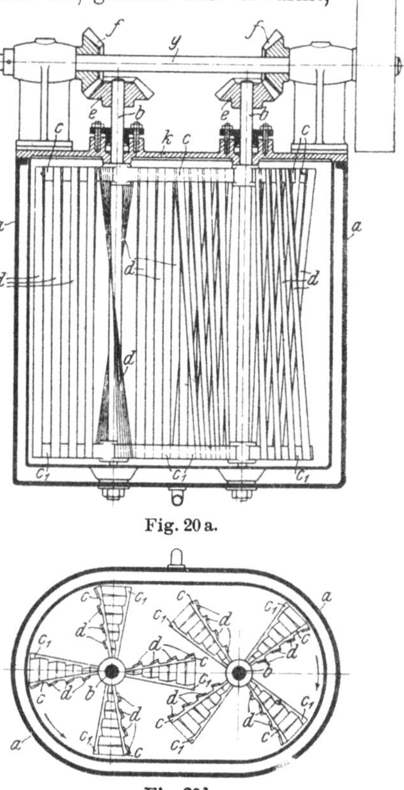
Fig. 20a.

Fig. 20b.

Fig. 20a und b. Kirne nach Schröder.

Die Kirne besteht, wie die gebräuchlichen Kirnapparate, aus einem doppelwandigen Behälter *a*, dessen Zwischenraum durch Kühlwasser gekühlt, bzw. durch Dampf erwärmt werden kann. Im Innern der Kirne sind die aufrecht stehenden Wellen *b* angeordnet, auf denen die Mischflügel festsitzen. Diese bestehen aus je zwei Kreuzen *c* und *c'*, von denen das obere Kreuz *c* gegen das untere *c'* derartig versetzt ist, daß es diesem in der Drehrichtung etwas voraneilt. Die oberen Kreuze *c* sind mit den unteren Kreuzen *c'* durch Leisten *d* verbunden. Durch diese Ausbildung der Rührorgane werden Schraubenflächen gebildet, die bei der Drehung der Wellen *b* in entgegengesetztem Sinne ineinander schlagen und das durchgerührte Gemisch nach abwärts drücken.

Da die Leisten *d* in geeignetem Abstande voneinander angebracht sind, so bilden sie Zwischenräume, durch die bei der schnellen Drehrichtung Kreuze *c* und *c'* ein Teil des Flüssigkeitsgemisches hindurchtritt, während ein anderer Teil von den Leisten *d* mitgenommen wird. Da nun die je ein Paar Arme *c c'* verbindenden Leisten *d* gegen die die benachbarten Arme verbindenden Leisten versetzt sind, werden diejenigen Flüssigkeitsteile, die zwischen den je ein Paar Arme verbindenden Leisten *d* hindurchtreten und gewissermaßen stehen bleiben, von den die benachbarten Arme verbindenden Leisten erfaßt und mitgenommen. Auf diese Weise wird erreicht, daß einmal der gesamte Inhalt der Kirne von den Rührorganen erfaßt und verarbeitet und andrerseits die gesamte Flüssigkeit nicht fortgesetzt von den Mischflügeln mit herumgenommen wird. Die Drehung der Rühr-

[1]) D. R. P. Nr. 185786 v. 21. Okt. 1905.

organe erfolgt durch Vermittlung der Kegelräder *e*, die auf den Wellen *b* festsitzen und mit den Kegelrädern *f* in Eingriff stehen, die auf der Querwelle *g* befestigt sind. An den Deckel *k* der Kirne sind die Zuflußrohre *l* angeschlossen, die mit Regulierhähnen *m* versehen sind. Unmittelbar über dem Boden *n* befindet sich das mit einem Hahn *o* versehene Abflußrohr *p*, durch das die fertige Emulsion in geregelter Menge abgelassen wird, während die Fettlegierung und die Milch in entsprechenden Mengen durch die Zuflußrohre *l* oben in die Kirne eingeführt werden.

Ist die Kirne genügend hoch, so daß die Arbeit in ihr, bzw. der Weg der Emulsion lang genug wird, so kann das unten abfließende Produkt sofort abgeschreckt und durch Kneten[1]) u. dgl. weiterverarbeitet werden; andernfalls gelangt die Emulsion durch die Rohre zu Pumpen, die sie durch Homogenisiermaschinen drücken, bevor das Abschrecken, Auswalzen und Kneten der Fettmasse erfolgt.

Homogenisiermaschinen sind Vorrichtungen zur Erzielung einer möglichst innigen Vermischung von an sich unvermischbaren Flüssigkeiten; man will mit ihnen Emulsionen von viel größerer Feinheit herstellen, als es unsere Milch ist[2]). Homogenisiermaschinen.

[1]) Da in diesen Kirnapparaten das Fett nur sehr kurze Zeit der aromatisierenden Wirkung der Milch ausgesetzt ist, soll man nicht gleich von der Kirne weg das Fett auskneten, sondern eine Zeitlang rasten lassen.

[2]) Vergleicht man homogenisierte mit gewöhnlicher Milch unter dem Mikroskop, so findet man in ersterer die größeren Fettkügelchen, wie sie sich in der gewöhnlichen Milch zeigen, zwar nicht vor, doch weist das mikroskopische Bild von Homogenmilch nicht ausschließlich Fettkügelchen von nahezu gleicher Größe, also kleinstem Durchmesser auf (wie man sie durch das Homogenisieren hervorbringen will), sondern man sieht, daß auch noch ungenügend zerkleinerte Fettkügelchen vorhanden sind.

George Kunick in London (D. R. P. Nr. 166935 v. 22. Mai 1905) hat nun gefunden, daß beim Zentrifugieren homogenisierter Milch die kleinsten, feinst zertrümmerten Fettkügelchen durch die Zentrifugalkraft nicht mehr separiert werden, sondern mit der Magermilch abfließen und nur die ungenügend zerkleinerten Fettkügelchen in der aus dem Rahmabflußrohr strömenden Sahne zurückbleiben. Die ausfließende Milch ist dann nicht Magermilch, sondern sie enthält Fett in einem so feinverteilten Zustande, daß es vollständig in der Milch fixiert ist und sich beim Lagern nicht mehr auf der Oberfläche ansammeln kann. So erhaltene Milch ist allerdings weniger reich an Fett als die ursprüngliche Milch, doch wurde durch Untersuchungen festgestellt, daß sie zwischen 50 und 75% des ursprünglichen Fettes enthalten kann. Dieser Prozentsatz hängt natürlich von der mehr oder weniger vollkommenen Arbeitsweise der Homogenisiermaschine ab. Die Sahne, die den Rest des Fettes enthält, wird dann nochmals homogenisiert und zentrifugiert, und zwar entweder für sich allein oder zusammen mit einem frischen Quantum Milch; es ist auf diese Weise leicht, in der Milch den vollen ursprünglichen Gehalt an Fett im Zustande einer außerordentlich feinen Verteilung wiederherzustellen, ehe sie in den Handel kommt.

Auch kann man die Milch zuerst in Magermilch und Rahm zerlegen und nur den Rahm in der Homogenisiermaschine und darauf in der Zentrifuge in der beschriebenen Weise behandeln. Hierbei tritt eine Zerlegung des Rahms ein, und zwar in solchen, der nur vollständig zerkleinerte Fettkügelchen aufweist und durch das sonst für die Magermilch benutzte Rohr ausfließt, und in solchen, der nur ungenügend zerkleinerte Fettkügelchen enthält und durch das sonst für den Rahm benutzte Rohr abfließt. Letztere Sahne kann dann allein oder mit der von einem

Da von der Innigkeit der Vermischung des Fettes mit der Milch der erzielte qualitative Erfolg der Kunstbutterfabrikation abhängt, ist es natürlich, daß diese Homogenisiermaschinen das Interesse der Margarinerzeuger in gleichem, wenn nicht höherem Maße erwecken als das der Molkereifachleute, die damit haltbare, sich nicht entrahmende Milch herstellen wollen.

Die ersten Homogenisiermaschinen, die vor mehr als zehn Jahren in Amerika aufgetaucht waren, suchten das Vermengen der zu mischenden Flüssigkeiten dadurch zu erreichen, daß sie diese in möglichst kleine Teile zerlegten. Das geschah zuerst nach dem System des Franzosen Julien (1892), das später Bonnet und Gueritault verbesserten, mittels Hindurchdrückens der Flüssigkeiten durch einen halben Millimeter im Durchmesser habende Kapillarröhren und darauffolgenden Anprall an einen fein geschliffenen Achatstein, der vor der Mündung der Kapillarröhren lag, oder auch durch Zusammenprallenlassen der aus den Kapillarröhren kommenden Flüssigkeitsstrahlen, wobei ein Zerstäuben (Zersprühen) der Fettkügelchen eintrat. Da aber zur Erzielung einer guten Mischung das Durchdrücken sehr rasch geschehen muß, ist die Anwendung eines hohen Druckes notwendig, und die ersten Homogenisiermaschinen arbeiteten daher mit einem Drucke von 250—300 Atmosphären. Leider stieg dabei die Temperatur, wodurch bei Margarinmischungen die Qualität geschädigt wurde, wie andererseits ein Kühlen der Kapillarröhren ihr baldiges Verstopfen zur Folge hatte. Auch der Achatstein als Prellwand bewährte sich nicht gut, weil der Achat vorzeitig abgenutzt und zu oft frisch geschliffen werden mußte.

Besseren Erfolg hatte Gaulin mit seiner Konstruktion, bei der die auf 85° C erwärmte Milch mit einem Drucke von 250 Atmosphären durch kapillare Öffnungen zwischen elastisch aufeinandergepreßte Flächen[1]) geleitet wurde. Trotz der vortrefflichen Emulsionsintensität, die die Gaulinsche Vorrichtung erzielte, konnte sie sich in der Praxis nicht einbürgern, weil ihre Bauart zu kompliziert und gebrechlich war.

Emulsionsapparate.

Neben den Homogenisiermaschinen machten auch Emulsionsapparate, die dem gleichen Zwecke dienten, von sich reden[2]); so der Emulsor von Waldemar Benzon[3]) in Nykjöbing auf Seeland und der von Philipp Schach[4]) in Freimersheim bei Alzey, bei dem die Milch in kaltem, das Fett in heißem Zustande dem Zentrifugalapparat zugeführt wird, nachdem

---

anderen Quantum Milch abgeschiedenen Sahne gemischt wieder auf dieselbe Weise behandelt werden, während der Teil der Sahne, der sich nach jeder Homogenisierungs- und Zentrifugierungsoperation ergibt und nur die vollständig zerkleinerten Fettkügelchen enthält, dann der Magermilch wieder zugesetzt wird.

Kunick hat diese beiden Wege zur Herstellung von homogenisierter Milch, wie sie in gleicher Vollkommenheit sonst nicht erreicht werden kann, verwendet.

[1]) Vergleiche das norw. Patent Nr. 16861 von S. Fenger, Nakshoo (Dänemark).

[2]) Siehe auch den Emulsor von Ekenberg, Bd. 1, S. 629.

[3]) D. R. P. Nr. 32081 v. 20. Sept. 1884.

[4]) D. R. P. Nr. 106729 v. 22. Mai 1898.

die beiden Stoffe vorher durch Aufeinandertreffen des Milch- und des Fettstrahles fein verstäubt wurden. Das Typische bei dem Schachschen Apparat ist aber wohl, daß die Milch nicht, wie bei den früheren Emulsoren, erwärmt zu werden braucht und daher frei von Kochgeschmack bleibt.

Apparat von Schach.

Bei den ersten Emulsorkonstruktionen war ein Erwärmen der Milch auf die Schmelztemperatur des Fettes deshalb notwendig, weil kalte Milch das Fett sofort zum Erstarren gebracht hätte und dann eine gleichmäßige Emulsion nicht mehr erhalten werden könnte. Bei der Schachschen Einrichtung kann dagegen kalte Milch deshalb verwendet werden, weil sich das Fett ohnehin sofort äußerst fein verteilt und eine Klümpchenbildung gar nicht stattfinden kann.

Die Bauart und Wirkungsweise des Schachschen Apparates ist aus Fig. 21 zu ersehen.

Auf der in geeigneter Weise horizontal oder vertikal gelagerten und in rasche Umdrehung versetzten Welle *A* ist eine tellerartige Scheibe *B* befestigt, in deren Mitte eine Röhre *C* angeordnet ist. Diese Röhre ist dicht über dem Teller *B* mit Löchern versehen, so daß das in die Röhre eingeführte Fett in der durch den Pfeil angegebenen Richtung fließen muß.

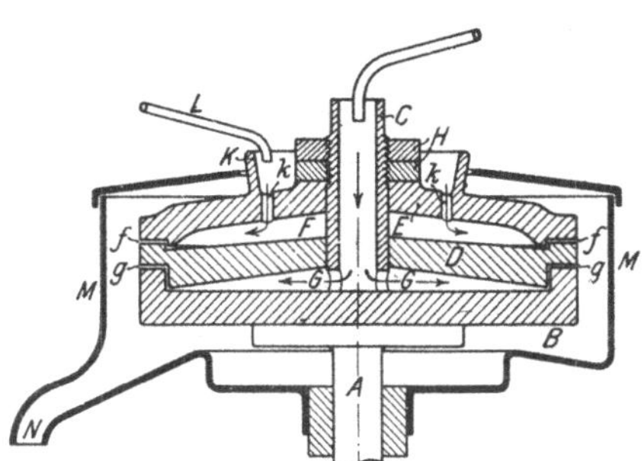

Fig. 21. Emulsor von Schach.

Auf den Teller *B* ist ein konkaver Teller *D* und auf diesen wiederum eine tellerartige Scheibe *E* aufgesetzt, derart, daß zwei Kammern *F* und *G* entstehen.

Die Teller werden durch geeignete, auf die Röhre *C* aufgeschraubte Muttern *H* derart dicht auf den Teller *B* gepreßt, daß zwischen den einzelnen Tellern an dem Umfang außerordentlich dünne Austrittsspalten *f* und *g* verbleiben, die so minimal sind, daß gar keine, eine bestimmte Entfernung der Teller bewirkenden Ansätze nötig sind, sondern daß sie durch das flache Aufliegen der Teller gebildet und durch die Mutter *H* kontrolliert werden können.

Der obere Teller *E* trägt einen Trichter *K* und ist innerhalb dieses Trichters mit einigen Öffnungen *k* ausgestattet, so daß die durch die Röhre *L* zugeführte Milch durch diese Öffnung *k* hindurchströmt und in die Kammer *F* gelangt.

Setzt man nun die Welle *A* in rasche Rotation, so wird das in *C* eingeführte warme Fett durch den Spalt *g* ausgetrieben, während die durch *L* eingeführte kalte Milch durch den Spalt *f* ausströmt. Die aus *f* ausströmende Milch ist außerordentlich fein zerstäubt, trifft auf die Wandung der den Emulsor umschließenden Trommel *M* und fließt in diesem feinverteilten, nebelartigen Zustand an der Innenwandung der Trommel *M* entlang nach abwärts, woselbst sie durch den aus dem Schlitz *g* ausströmenden Fettstrahl, der gleichfalls aus einem staubartigen Nebel besteht, getroffen wird. Beide Strahlen vermischen sich und bilden die bekannte Emulsion, die dann bei *N* aus der Trommel herausgeleitet wird.

Bei den Homogenisiermaschinen jüngster Konstruktion ist die Verwendung von Kapillarröhren oder ähnlicher Durchgänge nach Möglichkeit vermieden. So

Homogenisiermaschinen nach Schröder.

bestehen die von der Firma Schröder in Lübeck konstruierten Apparate aus einem Kegel, dessen Spitze in das Druckrohr einer mit 150 Atmosphären arbeitenden Pumpe hineinragt. Dieser Kegel bildet eine Art Ventil, das durch eine mit einer Mikrometerschraube versehene Feder gegen den Sitz gepreßt wird. Der in einem Winkel von 45° ausgeschliffene Kegel hat an dem dem Sitze entgegengesetzten Ende einen Schaft, der dem Durchmesser des Kegels entspricht und in dem Gewindrillen eingeschnitten sind, die mit der Rohrwand, in die der Kegel eingepaßt ist, Kanäle bilden.

Beim Einpumpen von Flüssigkeit in den Apparat wird nun das konische Mischventil zwar aufgehoben, doch muß die Flüssigkeit die die Rohrkanäle des Schaftes in schraubenförmiger Richtung passieren. Bei dem großen Druck, unter dem das Zuführen der Flüssigkeit geschieht, wird der Schaft durch die schraubenförmige Flüssigkeitsbewegung mitgerissen und in Rotation versetzt. Diese ist so heftig, daß der Flüssigkeitsstrahl dadurch eine weitere Zerteilung erfährt, ohne daß sich zu große Temperaturerhöhungen einstellen; die Reibung ist nämlich durch die gleiche Bewegungsrichtung des Schaftes und der Flüssigkeit herabgemindert[1]).

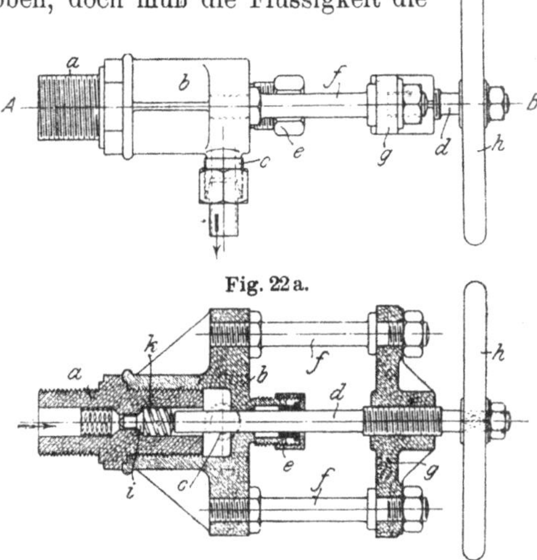

Fig. 22a.

Fig. 22b.

Fig. 22a und b. Detail der Schröderschen Homogenisiermaschine.

Die nähere Einrichtung des Apparates[2]) ist aus Fig. 22 zu ersehen:

Das Rohrstück *a* ist an eine Pumpe angeschlossen, die ihm die zu mischenden heterogenen Flüssigkeiten unter Druck zuführt. An das Rohrstück *a* schließt sich der Teil *b* an, der mit einem seitlichen Rohrstutzen *c* versehen ist, durch den die zugeführten und im Rohr *a* innig miteinander vermischten Flüssigkeiten abfließen. Eine Spindel *d*, die den Boden des Teiles *b* durchdringt, ist durch eine Stopfbüchse *e* abgedichtet. In dem durch Bolzen *ff* vom Teil *b* abgestützten Querstück *g* ist das Muttergewinde zur Aufnahme des Gewindeteiles der Spindel *d* vorgesehen, auf deren hinterem Ende ein Handrad *h* festsitzt. Vor der Spindel *d* sitzt im Rohr *a* der Kegel *i*, der vorn mit einer Spitze versehen und in das Rohr und auf seinen Sitz geschliffen ist. Auf seinem hinteren Ende ist ein Gewindegang *k* oder deren mehrere vorgesehen. Mit Hilfe der Spindel *d* wird er eingestellt.

---

[1]) Vergleiche auch Burr, Homogenisation von fetthaltigen Flüssigkeiten, Chem. Revue 1904, S. 195 und Pollatschek, Chem. Revue 1906, S. 5.

[2]) D. R. P. Nr. 163372 v. 25. Mai 1904, das im Besitze der Deutschen Homogenisiermaschinen-Gesellschaft in Lübeck ist.

Durch den oder die Gewindegänge k werden im Rohr a ein oder mehrere Kanäle gebildet, durch welche die von a zugeführten Flüssigkeiten ihren Weg nehmen müssen. Diese setzen den Kegel i in schnelle Drehung, so daß er die durch die vorzugsweise möglichst eng gehaltenen Kanäle strömenden Flüssigkeiten zwischen Rohrwand und Kegel i stark zerreibt, wodurch naturgemäß eine innige Verbindung der Flüssigkeiten erzielt wird, so daß deren selbsttätige Trennung in ihre einzelnen Bestandteile unmöglich ist.

Nach einer verbesserten Konstruktion[1]) dieser Emulsoren wird die zu emulgierende Flüssigkeit in bekannter Weise zwischen zwei teilweise aufeinander schleifenden Flächen hindurchgepreßt, das Einleiten in den Raum zwischen diesen Flächen geschieht aber unter Vermittlung einer zu den Reibflächen gleichachsig angeordneten turbinenartigen Vorrichtung, die die zentral zugeleitete Flüssigkeit zunächst gründlich mischt und mit großer Geschwindigkeit radial in die ringförmige Reibspalte einführt. Damit erreicht

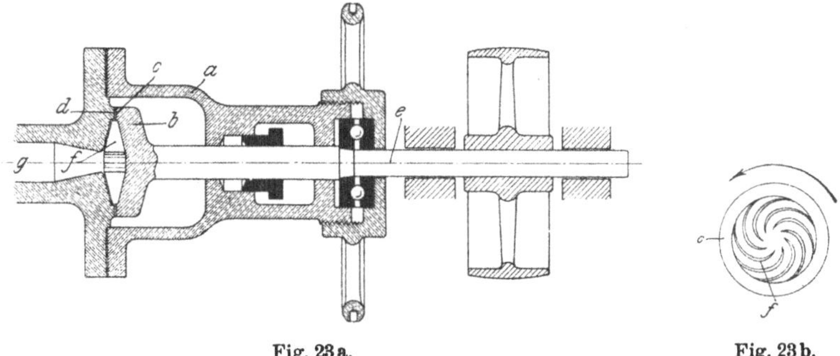

Fig. 23a. Fig. 23b.

Fig. 23a und b. Detail der Schröderschen Homogenisiermaschine.

man zwei Vorteile; einmal ist die Möglichkeit der Verringerung des Druckes der zugeführten Flüssigkeit gegeben (weil die Geschwindigkeit, mit der die zu emulgierende Flüssigkeit in die eigentliche Reibspalte eintritt, durch die turbinenartige Vorrichtung vergrößert wird) und zweitens bewirkt die turbinenartige Vorrichtung ein gutes Vermischen der Flüssigkeit, was dem Gesamteffekte zugute kommt.

Fig. 23 zeigt diese Vorrichtung im Längsschnitt und die Draufsicht auf die turbinenartige Vorrichtung sowie die Schleiffläche.

Die Vorrichtung besteht aus einem Gehäuse a, worin ein Körper b mit seinem ringförmigen Rand c auf einer entsprechenden Ringfläche d der Gehäusewandung schleift. Der Körper b ist auf der Welle e befestigt, die durch geeignete Vorrichtungen in rasche Umdrehung gebracht wird. In dem von den Ringflächen c und d umschlossenen kreisförmigen Raum liegt ein turbinenartiger Körper f, der an dem Körper b befestigt ist oder mit ihm aus einem Stück besteht und dessen Flügel am besten nach Evolventen geformt sind (Fig. 23a). Die in den Apparat bei g eintretende Flüssigkeit gelangt in die turbinenartige Vorrichtung und muß in dieser in radialer Richtung nach außen fließen. Dadurch, daß die Turbine mit dem Körper b

[1]) D. R. P. Nr. 204062 v. 26. Juli 1907 von Wilhelm Gotthilf Schröder in Lübeck.

verbunden ist, wird sie in rasche Umdrehung versetzt. Sie saugt daher die von *g* kommende Flüssigkeit an, vermischt sie und preßt sie unter entsprechend erhöhtem Druck zwischen den beiden Ringflächen *c* und *d* hindurch. Von hier gelangt sie in das Gehäuse *a*, aus dem sie in passender Weise abgeleitet wird.

Die Margarinfabriken arbeiten mit den Homogenisiermaschinen derart, daß sie die Fette mit der Milch zuerst in der Kirne vermischen und die Mischung in den Apparat drücken. Nach dem Verlassen der Homogenisiermaschine passiert die Mischung einen Kühler, so daß das Kühlen der Kirnmasse mit Eiswasser (siehe S. 128) überflüssig wird und auch das Auswalzen (siehe S. 135) wegfällt. Ja es soll sogar das Kneten unterbleiben können, weil man angeblich die Konsistenz des fertigen Produktes durch die Mikrometerschraube regulieren kann.

In Fig. 24 ist eine Schrödersche Kirne in Verbindung mit den Schröderschen Homogenisiervorrichtungen wiedergegeben. Die von der Kirne (Fig. 24) erzeugte Emulsion gelangt durch die Rohre *q* zu den Pumpen und wird durch diese über die Homogenisiervorrichtung gedrückt und alsdann in bekannter Weise abgeschreckt und durch Kneten weiter verarbeitet.

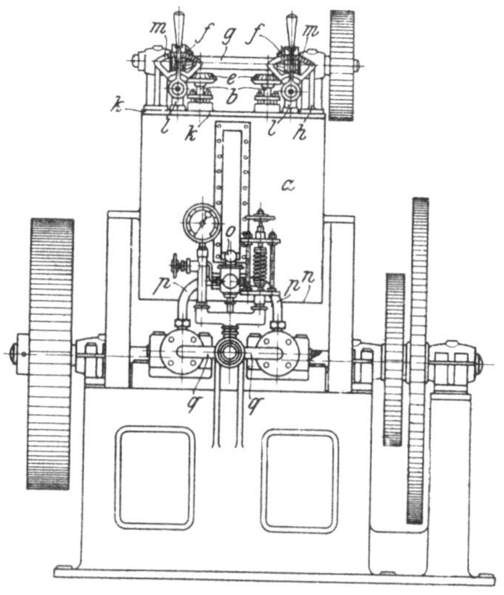

Fig. 24. Homogenisiermaschine „Schröder". *a* = Kirnenbehälter. *b* = Kirnenachsen. *e* und *f* = Kegelradtrieb. *g* = Antriebswelle. *k* = Kirnendeckel. *l* = Zuflußrohr. *m* = Regulierhähne. *n* = Kirnenboden. *o* = Abflußhahn der Kirne. *p* = Kirnenabfluß.

Wilhelm G. Schröder in Lübeck hat nach diesem Arbeitsprinzip vollkommen kontinuierlich arbeitende Kunstbutterfabriken gebaut[1]) (Altonaer Margarine-Werke Mohr & Co., G. m. b. H. in Altona-Ottensen). Diese Anlagen bestehen aus drei übereinander gestellten Kirnen (wie sie Fig. 25 zeigt), die über oder neben einer Homogenisiermaschine montiert sind. Letztere ist mit einem Kühlapparate in Verbindung, der die hergestellte Fett-Milch-Emulsion sofort abschreckt. Man kirnt nun bei dem Schröderschen Verfahren mit weit geringeren Milchmengen, als man es sonst gewohnt ist, läßt dafür aber die ganze zugesetzte Milch in der gekühlten Kirnmasse und sucht nicht durch Walzen und Kneten den Milchüberschuß aus der Kunstbutter wieder abzusondern. Man erspart also an Ausgaben für Milch und vereinfacht dabei die ganze Fabrikationsweise durch den Wegfall der Walz- und Knetoperationen, sowie durch die Kontinuität des Arbeitens sehr wesentlich. Dabei ist der Betrieb sehr sauber und verbraucht wenig Kühlwasser.

---

[1]) D. R. P. Nr. 204061 v. 26. Juli 1907 von W. G. Schröder in Lübeck.

Die ganze Vorrichtung besteht aus drei übereinanderliegenden Gefäßen *A*, *B* und *C*, die miteinander durch mit Absperrvorrichtungen *a* und *b* versehene Rohrstutzen verbunden sind. Die aus dem letzten Gefäß *C* herausfließende Emulsion gelangt noch in einen Homogenisierapparat *D*, der eine weitere Vermischung und eine Zerreibung der Emulsionsbestandteile hervorbringt. Jedes Gefäß ist mit einem Doppelmantel zur Einführung von Wasser von gewünschter Temperatur versehen. Diese Doppelmäntel sind untereinander durch Rohrstutzen verbunden, durch die das Wasser von einem Gefäß zum andern geleitet werden kann.

Die in dem obersten Gefäß *A* vorzumischenden Emulsionsbestandteile werden stetig zugeführt und gelangen als Emulsion in das zweite Gefäß *B* und von dort in das dritte Gefäß *C*. In jedem Gefäß wird also das Zufließen von Emulsionsbestandteilen zu bereits fertiger oder teilweise fertiger Emulsion vermieden.

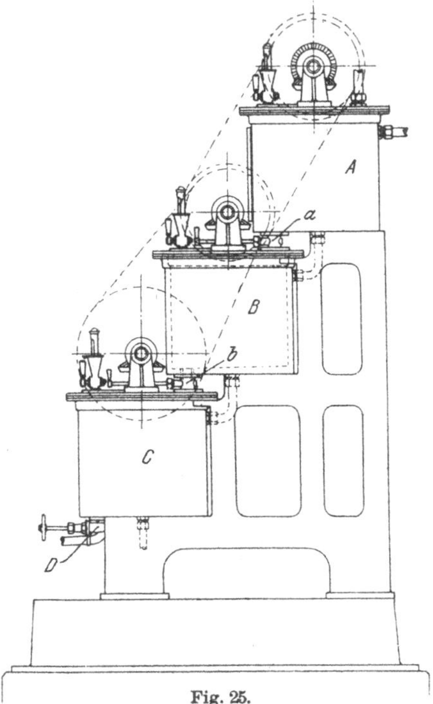

Fig. 25.
Kontinuierlicher Kirnprozeß nach Schröder.

Will man die Vorrichtung in Gang setzen, so bringt man zunächst die einzelnen zu vermischenden Stoffe in dünnem Strahl und in bestimmten Mengenverhältnissen in das erste Gefäß ein, während die Mischflügel in rasche Umdrehung versetzt werden.

Durch ein Schauglas läßt sich die Menge der in dem Gefäß befindlichen Masse feststellen. Ist das erste Gefäß voll, so öffnet man den darunter befindlichen Hahn *a* und ebenso den auf dem Gefäß *B* befindlichen Lufthahn, wogegen der Lufthahn des Gefäßes *A* geschlossen wird. Der vorgerührte Inhalt des ersten Gefäßes läuft dann in das zweite Gefäß ab. Sobald *A* und *B* gefüllt sind, öffnet man den Hahn *b* sowie den Lufthahn von *C* und füllt auch das dritte Gefäß *C*.

Nachdem alle drei Gefäße gefüllt sind, stellt man die Temperatur des Produktes fest, zu welchem Zwecke sich auf jedem Gefäß ein Thermometer befindet. Zur Regelung der Temperatur dienen die oben erwähnten Doppelmäntel.

In dem Gefäß *C* befindet sich die fertige Emulsion. Es kann dann mit dem stetigen Arbeiten begonnen werden. Zu diesem Zwecke öffnet man den Abflußhahn von *C* und stellt die Regulierhähne bzw. die Pumpen so ein, daß die Menge der dem Gefäß *A* zugeführten Bestandteile der Menge der aus dem Gefäß *C* ablaufenden fertigen Emulsion genau entspricht.

Man arbeitet mit diesen Anlagen gewöhnlich derart, daß man auf 80 Teile Fettgemisch 16 Teile Mager- oder Buttermilch und 3—5 Teile 30prozentigen Rahmes verwendet und die gebildete Emulsion von der Homogenisiermaschine noch auf einen besonders konstruierten Tisch ausfließen läßt, der mit Eiswasser gekühlt wird und auf dem eine Walze die ausfließende Masse gleichmäßig verteilt, so daß sie auf der Kühltischfläche gewissermaßen anfriert.

Auf der entgegengesetzten Seite des Zuflußrohres ist in sinnreicher Weise ein Schabmesser tangential auf den Tisch gelegt, mittels dessen die angefrorene Masse abgeschabt und aufgewickelt wird, so daß die gewissermaßen gefrorene Seite durch das Aufwickeln mit der nicht gefrorenen Seite der aufgetragenen Masse in Berührung kommt, wodurch die Ware gleichzeitig gemischt und durch diesen Aufwicklungsapparat von dem Kühltisch herunter in einen Wagen oder Bottich geschoben wird. Die Ware ist sodann versandfertig, ohne daß sie durch Schaufeln oder mit Menschenhänden berührt worden wäre.

Die durch die Schrödersche Kirnen-Homogenisierapparat-Kombination geschaffene Neuerung kann als der bedeutendste Fortschritt bezeichnet werden, den die Kunstbutterindustrie seit Mège Mouriès zu verzeichnen hatte.

4. Abkühlen der Fettemulsion.

Die von der Kirn- oder Homogenisiermaschine kommende Fettemulsion muß eine möglichst rasche Abkühlung auf wenige Grade über Null erfahren. Das Fett scheidet sich dabei in einer Form ab, wie sie zur Herstellung eines butterähnlichen Körpers notwendig ist. Es wird dann 12—15 Minuten ruhig stehen gelassen (Rasten) und hierauf auf den Walz- und Knetmaschinen weiterverarbeitet.

Arten der Kühlung.

Zum Zwecke der Abkühlung läßt man die Fettemulsion entweder in flache Bassins aus Marmor oder Granit fließen und streut während des Zufließens klein gestoßenes Eis ein, oder man bespritzt das von der Kirne kommende Fettgemisch mit einem kalten Flüssigkeitsstrom (Wasser oder Milch). Daneben kennt man auch Kühlverfahren, wobei die Fettemulsion mit kalter Luft oder durch Bewegen in mit Kühlschlangen oder Kühlmantel versehenen Reservoiren abgekühlt wird, also nicht mit Eiswasser oder Milch direkt in Berührung kommt. Diese wird andererseits in vielen Fällen gewünscht, um die in der abgeschreckten krümligen Fettmasse eingesprengten Milchanteile auszuwaschen.

Kühlung mit Eiswasser.

Am gebräuchlichsten ist jene Kühlmethode, bei der die aus dem Kirnapparat kommende Fettemulsion längs einer schiefen Ebene herabfließt und dabei direkt mit einem kräftigen Strome von Eiswasser bespritzt wird. Hierbei tritt nicht nur ein sofortiges Erstarren der Fett-Milch-Mischung zu einer krümligen Masse ein, sondern es erfolgt auch ein gründliches Auswaschen des erstarrten Fettes; das Milchserum mischt sich mit dem Eiswasser und fließt mit ihm ab. Es wird also der späteren Arbeit des Auswalzens und Ausknetens vorgearbeitet.

Damit die Kühlung durch das Eiswasser recht gründlich und gleichmäßig vor sich gehe, muß man für eine möglichst feine Verteilung des Fettstromes sorgen, zu welchem Zwecke verschiedene Vorrichtungen [z. B. besonders geformte Prellwände[1])] empfohlen worden sind.

---

[1]) D.R.P. Nr. 62259 v. 23. Okt. 1891 (Hans Friedrich Petersen, Flensburg).

Die Entfernung der spezifischen Milchbestandteile durch das Eiswasser ist aber nicht immer erwünscht, weil damit auch Aroma bildende Stoffe verloren gehen. Man hat versucht, diese Verluste gut zu machen, indem man die gekühlte Fettmasse nachträglich nochmals mit etwas Milch vermischte und der Mischung die überschüssige Milch, bzw. ihre wässerigen Bestandteile durch Kneten entzog.

Rud. Backhaus in Lauterbach bei Fulda[1]) nimmt zur Vermeidung des Wegwaschens der Milchserumstoffe aus der Kirnmasse das Abkühlen der von dem Kirnapparat kommenden Fettemulsion nicht mit Eiswasser, sondern mit gekühlter Vollmilch vor. Die zum Kühlen verwendete Milch gibt beim Zusammenprallen mit der Fettemulsion ihre wertvollen Stoffe an das sich abscheidende Fett ab. Die Fettabsonderung erfolgt in dicken, amorphen Klumpen, die zunächst durch einfache Siebapparate, dann aber durch Kneten von der überschüssigen Milch befreit werden.

Verfahren Backhaus.

Die Milch läßt sich jedoch aus mit Vollmilch gekühlter Butter nur schwer aus den zusammengeballten Fettklumpen in genügendem Maße entfernen, und es tritt bei der Butter daher sehr bald ein Fleckig- und Streifigwerden ein, womit das gleichzeitige Auftreten eines unangenehmen Nebengeschmackes verbunden ist.

J. C. Uhlenbroek in Neuß a. Rhein[2]) verwendet daher an Stelle der Vollmilch gekühlte Magermilch, die, weil dünnflüssiger, die zu kühlende Fettmischung inniger durchdringt. Die feine Verteilung der Fettpartikelchen in der kalten, noch leicht bewegten Abbrauseflüssigkeit bewirkt eine fein verteilte, nicht zum Zusammenballen neigende Form.

Methode Uhlenbroek.

Aus dem fein verteilten, erstarrten Fette läßt sich die überschüssige Magermilch durch Walzen und Kneten leicht und vollständig entfernen, und man erhält ein gegen Temperaturwechsel unempfindliches, allen Anforderungen entsprechendes Produkt. Außerdem kann Magermilch stärker abgekühlt werden als Vollmilch, so daß man mit einer geringeren Milchmenge einen ausreichenden Kühleffekt erzielt.

Zur Ausführung dieses Verfahrens bedient sich Uhlenbroek der in Fig. 26 gezeigten Einrichtung.

Der aus der Kirnmaschine A austretende Fettstrom gelangt zunächst in die Ablaufrinne m, wird hier durch einen mittels der Pumpe p_1 aus den Kühlgefäßen K_1, K_2 zugeführten Strahl kalter Butter- oder Magermilch stark abgekühlt und fließt dann zur nochmaligen langsamen Kirnung in das mit Rührwerk versehene Gefäß B. Die entstehende Margarine gelangt über die Rinne n in den Walzwagen W. Die benutzte Milch fließt aus B und W durch die Rohrleitung in ein Sammelbassin S, wird sodann durch die Pumpe p_2 in die Kühlgefäße K_1, K_2 zurückgeführt und kann nach genügender Abkühlung durch die mit der Eismaschine in Verbindung stehenden Schlangenrohre k_1, k_2 wieder benutzt werden.

---

1) D. R. P. Nr. 88522 v. 14. Juni 1895.

2) D. R. P. Nr. 99470 v. 14. April 1896.

Dieselbe Milch kann auf diese Weise ohne jede Auffrischung einen ganzen Tag lang zum Abkühlen und Erstarren der Margarine verwendet werden; erst am zweiten Tage empfiehlt es sich, eine wenn auch nur geringe Menge frisch gesäuerter Magermilch zuzusetzen.

Das Uhlenbroeksche Verfahren erfordert aber eine sehr sorgfältige Milchbehandlung und bringt nur dort merkliche Vorteile, wo Not an reinem, gutem Wasser herrscht.

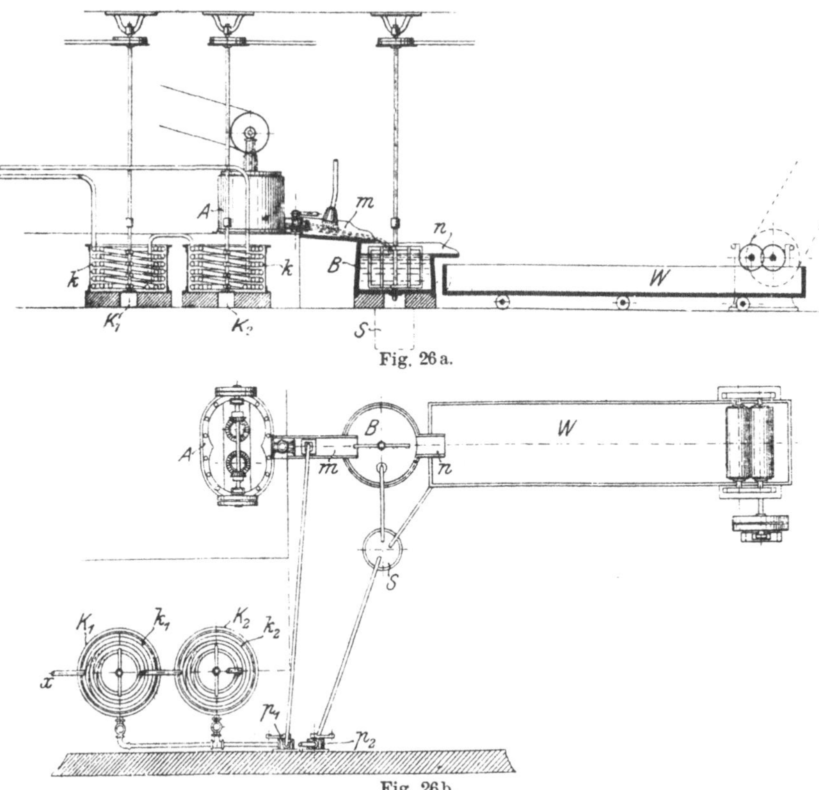

Fig. 26a.

Fig. 26b.

Fig. 26a und b. Kühlvorrichtung nach Uhlenbroek.

Verfahren Scheffel.

Karl Scheffel in Biebrich a. Rhein[1]) verwendet an Stelle des Eiswassers kalte komprimierte Luft zur Abkühlung der Kirnmasse und sucht auf diese Weise in dem Fette die diesem durch das Verbuttern einverleibten spezifischen Bestandteile festzuhalten.

Damit durch die eingeblasene Luft nicht etwa flüchtige Stoffe entfernt oder zu große Mengen Sauerstoff zugeführt werden, wird stets mit derselben Luftmenge gearbeitet, indem man die durch die Margarinmasse gestrichene Luft ansaugt, kühlt und neuerdings einbläst.

---

[1]) D. R. P. Nr. 116755 v. 25. Mai 1899.

Die Margarinmasse wird aus der Kirnmaschine *A* (siehe Fig. 27), die ein in bekannter Weise angeordnetes Rührwerk besitzt, durch eine mit einem Abschlußhahn versehene, zweckmäßigerweise hölzerne Rohr- und Kanalleitung *b* in einen anderen Bottich *C* übergeführt, der ebenfalls ein von außen betätigtes Rührwerk besitzt. Dieser Bottich *C* ist mit einem hoch gewölbten, luftdicht verschließbaren und abnehmbaren Deckel versehen, unter dem sich die aufsteigende Luft sammeln kann, die von hier aus durch die Kraft eines Ventilators oder einer in der Zeichnung nicht dargestellten Luftpumpe bei *f* durch das Rohr *e* angesaugt und vermittels geeigneter, in Fig. 27 nicht weiter erläuterter Rohrarmaturen nach dem Abkühlungsraum *g* geleitet wird. Durch Schieber, Hähne oder andere Verschlußmittel kann der Abkühlungsraum *g* vollkommen abgesperrt, die Luft durch geeignete, an dem Rohrstutzen *f* anzuschließende Vorrichtungen komprimiert und einer Abkühlung bis auf einige Grade unter Null durch irgendwelche bekannte Kühlvorrichtungen oder Verfahren unterworfen werden. Aus dem Kühlraum *g* wird die komprimierte kalte Luft durch Öffnung des Hahnes *h* mittels des Rohres *i* ins Innere des Bottichs *C*

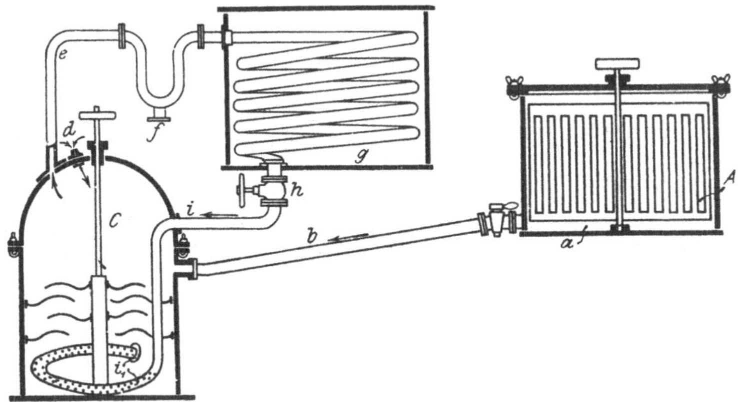

Fig. 27. Kühlvorrichtung nach Scheffel.

übergeleitet. Dieses Rohr *i* endigt am Bottichboden in einer umlaufenden Schlange i_1 die an ihrem Ende verschlossen ist, längs ihres Laufes aber viele kleine Öffnungen zum Ausströmen der kalten Luft besitzt, die dann infolge ihrer Kompression Kraft genug hat, die bewegte Masse zu durchdringen und sich unter dem Deckel von *c* wieder zu sammeln, worauf der geschilderte Prozeß von neuem beginnt. Da durch das Absaugen der Luft im Bottiche *c* leicht ein Aufsteigen und Nachdringen der Margarinmasse stattfinden könnte, ist ein Sicherheitsventil *d* angebracht, das den Ausgleich des Luftdruckes von außen zuläßt.

Das Auswaschen der Fettmasse vermeidet auch das Kühlverfahren von L. B. Donkers[1]) in Antwerpen, bei dem die flüssige, aus der Buttermaschine kommende Fettmasse in einen fahrbaren Wagen fließt und mittels dieses Wagens gleichmäßig auf einer stark gekühlten Oberfläche, sei es eine Eisschicht oder eine gekühlte Metall- oder Glasscheibe, ausgebreitet wird. Verfahren Donkers

A (Fig. 28) ist ein aus verzinntem Eisenblech oder Zement bestehendes Reservoir, das zur Aufnahme des Kühlmittels, z. B. Wasser oder Milch, dient, das durch

[1]) D. R. P. Nr. 101207 v. 13. Febr. 1898.

die Röhren *b* und *k*, in denen das Gefriermittel, z. B. Ammoniak, Kohlensäure, Salzwasser usw., zirkuliert, auf den nötigen Temperaturgrad abgekühlt wird. *B* ist das Kirngefäß; die zu kühlende Kirnmasse fließt durch die Röhre *r* in den auf Schienen fahrbaren Wagen *W* und aus diesem bei geöffnetem Ausfluß auf die gekühlte Oberfläche des Reservoirs *A*.

Bei dem Arbeiten mit der Donkersschen Vorrichtung wird der Wagen *W* zunächst mit Fettmasse gefüllt, sodann durch Drehung der Kurbeln *n* dessen Ausfluß geöffnet und der Wagen langsam über der Kühloberfläche hinweggeführt. Die aus dem Wagen ausfließende Fettmasse breitet sich in ganz gleichmäßiger Schicht auf der Kühloberfläche aus und erstarrt sofort. Sobald der Wagen leer ist, wird er zu seinem Ausgangspunkt zurückgebracht und der daran befindliche verstellbare Schaber so weit gesenkt, daß er die Kühloberfläche gerade berührt; hierauf wird der Wagen wiederum vorwärts (nach rechts) bewegt. Der Schaber nimmt alsdann die erstarrte Fettmasse von der Gefrierfläche ab und schiebt sie vor sich her, bis zu einer am Ende angeordneten Platte *f*, von der die Fettschicht dann in den Knettrog *g* ge-

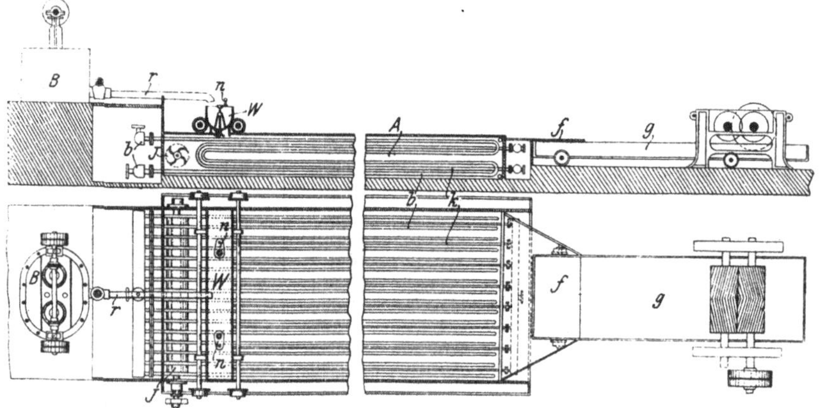

Fig. 28. Kühlvorrichtung nach Donkers.

langt. Nachdem so die Gefrierschicht wieder freigelegt ist, wird mittels des Wagens wiederum eine neue Fettschicht ausgebreitet, und das Spiel wiederholt sich wie oben.

J ist eine zylindrische Schaufel, durch deren Umdrehung eine kreisende Bewegung der in *A* befindlichen, durch *b* gekühlten Flüssigkeit herbeigeführt wird, was wegen einer guten Kühlhaltung der Kühlplatte des Gefäßes *A* wichtig ist.

Das am Ende des Knettroges *g* gezeichnete Walzenpaar dient zum späteren Auskneten der gekühlten Kirnmasse.

Das Donkerssche Verfahren bietet die Vorteile einer großen Leistungsfähigkeit und eines fast kontinuierlichen Betriebes und verdient daher im Großbetrieb alle Beachtung.

Das Kühlen der Kirnmasse mittels besonders gekühlter Flächen (System Donkers) gibt leider ein ungleichmäßig erstarrtes Produkt, sofern die Dicke der Schicht eine halbwegs nennenswerte Größe erreicht, weil dann die Kältewirkung nicht durchdringt. Um eine vollkommene und durch die ganze Schicht gleichmäßige Kühlung der Kirnmasse zu erhalten, muß man diese in möglichst dünner Schicht auf die Kühlflächen ausbreiten, was H. Henrik Schou in Kopenhagen und Ejnar Schou in London[1]) durch einen Mehrwalzenapparat zu erreichen suchen, bei dem sich die verstellbaren Walzen in entgegengesetzter Richtung zueinander bewegen, derart, daß die Dicke der aufgetragenen Emulsionsschicht von dem geringsten Abstand der Walzen voneinander bestimmt wird.

Kühlvorrichtung nach Schou.

Die Ausführung dieses Kühlapparates ist in Fig. 29 wiedergegeben:

Auf einem festen, z. B. aus I-Trägern *a* bestehenden Rahmen sind die Trommeln oder Walzen *b* mittels Zapfen *c* in Lagern *d* drehbar gelagert. Der Antrieb der Walzen erfolgt durch die mit loser und fester Riemenscheibe *k* und *m* versehene Welle *g*, die in Lagern *e* ruht und mittels der Schnecken *f* ihre Bewegung auf die Schneckenräder *h* überträgt. Die eine der Schnecken *f* trägt Rechts-, die andere Linksgewinde, so daß sich die Walzen mit derselben Geschwindigkeit in der eingezeichneten Pfeilrichtung gegeneinander bewegen.

Der Einfüllraum der Emulsion zwischen den beiden Walzen wird durch in Böcken *s* verschiebbare Platten *x* abgedichtet, die durch mittels Schrauben *y* regulierbare Federn *v* gegen die Bundflächen *r* gepreßt werden.

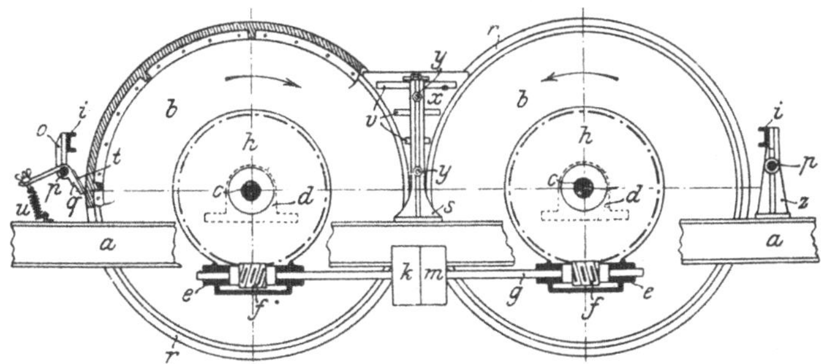

Fig. 29. Kühlapparat nach Schou.

Auf den Trägern *a* sind ferner noch Ständer *z* befestigt, die durch U-Eisen *i* miteinander verbunden sind und zur Befestigung für die Schaber oder Messer dienen. Zu diesem Zwecke tragen die Ständer *z* eine von Armen *o* gehaltene Stange *p*, auf der die Messerhalter *q* leicht auswechselbar angeordnet sind. Auf den Haltern sind die aus einem oder mehreren Teilen bestehenden Messer *t* befestigt, die durch an den Haltern angreifende Federn *u* gegen die Fläche der Walzen angedrückt werden.

Die Arbeitsweise des Apparates ist die folgende:

Die Kühlflüssigkeit wird zweckmäßigerweise durch die hohlen Wellen *c* in die Walzen *b* eingeführt, die mit Innenzylindern ausgerüstet sein können, um an Kühlflüssigkeit zu sparen. Nachdem die Walzen in Umdrehung versetzt sind, läßt man die aus den Kirnen kommende Emulsion in den Raum zwischen den Walzen strömen, der von den beiden Platten *x* seitlich abgedichtet ist. Es wird sich dann zwischen den Walzen eine Schicht Emulsion bilden, deren Dicke von dem Abstand der Walzen voneinander abhängt. Diese Schicht verteilt sich gleichmäßig auf die Oberflächen der Walzen und wird durch die durch die Trommel strömende kalte Salzlözung sofort abgekühlt und zur Kristallisation gebracht. Wenn die Schichten das bzw die Messer *t* erreichen, werden sie abgeschabt.

---

[1]) D. R. P. Nr. 197004 v. 15. Dez. 1906.

Die Dicke der aufzutragenden Schicht ist natürlich auch von der Temperatur des angewendeten Kühlmittels abhängig und darf z. B. bei —10° C die Stärke von 1—1 $^1/_2$ mm nicht überschreiten.

Das Verfahren erfordert ziemliche Investitionskosten, vor allem eine kräftige Kühlmaschine, ohne nach Pollatschek sehr erfolgreich zu sein; man soll damit nicht die körnige, butterähnliche Struktur erreichen, die durch das Abkühlen der Kirnmasse durch Eiswasser erzielt wird.

Kühlvorrichtung nach Möllinger.

Übrigens ist das Prinzip, das dem Schouschen Verfahren zugrunde liegt, schon vor mehr als 17 Jahren bei einer von J. Möllinger[1]) empfohlenen Kühlvorrichtung, die in Fig. 30 wiedergegeben ist, angewandt worden. Obwohl das Arbeiten damit sehr einfach und sauber ist und die abfließende Magermilch als Futtermittel verwendet werden kann, vermochte sich diese Kühlvorrichtung keinen Eingang zu verschaffen.

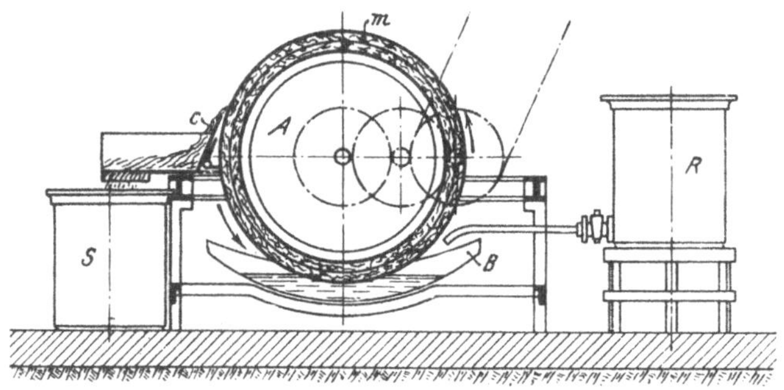

Fig. 30. Kühlvorrichtung nach Möllinger.

Die in der Richtung des Pfeiles rotierende Trommel *A* hat einen doppelten Mantel, dessen Zwischenraum durch das Mannloch *m* mit Eis gefüllt wird. Die Oberfläche dieses Mantels bewegt sich langsam durch das in der Fettschale *B* befindliche flüssige Fett, das vom Vorratsbehälter *R* kommt, und nimmt eine Schicht Fett mit heraus, das, wenn es bei weiterer Rotation den Abstreifer *C* erreicht, durch diesen in das vorgestellte Gefäß *S* befördert wird, und zwar als feste, durchscheinende Masse. Der so von dem Fette entblößte Mantel nimmt bei seinem Durchgang durch die Schale neue Quantitäten Fett auf usw.

Den Zeitpunkt, zu dem das Eis aufgebracht ist, erkennt man an der mangelhaften Kühlung des Fettes, worauf das Eiswasser entleert und frisches Eis in den Trommelmantel eingefüllt wird. Es werden so pro Zentner Margarine 12—25 kg Eis benötigt, je nach der Temperatur und Konsistenz des Fettes. Eine Maschine von 1,5 m Trommelbreite fördert pro Stunde ca. 10—12 dz Margarine.

Auch Martin Ekenberg in Stockholm hat einen ähnlichen Apparat gebaut[2]), bei dem die Trommel durch eine kalte Salzlösung gekühlt und die Emulsion mittels einer Knetrolle an den Zylinder geknetet wird, wodurch die Milch sofort zur Abscheidung gelangt.

---

[1]) Chem. Ztg. 1892, S. 725.

[2]) Norw. Patent Nr. 14058.

Die nach welcher Weise immer abgekühlte krümlige Kirnmasse kommt sofort nach erfolgter Abkühlung in die sogenannte **Kühlwanne**, das ist eine gewöhnliche, aus hartem Holz hergestellte viereckige, 30 cm hohe Wanne, die an den Wänden und am Boden siebartige Ausflußöffnungen hat. Ist die Kirnmasse gut durchgekühlt, so wird das abgekühlte Wasser aus der Wanne abgelassen und das erstarrte Fett einige (12—15) Minuten lang stehen gelassen.

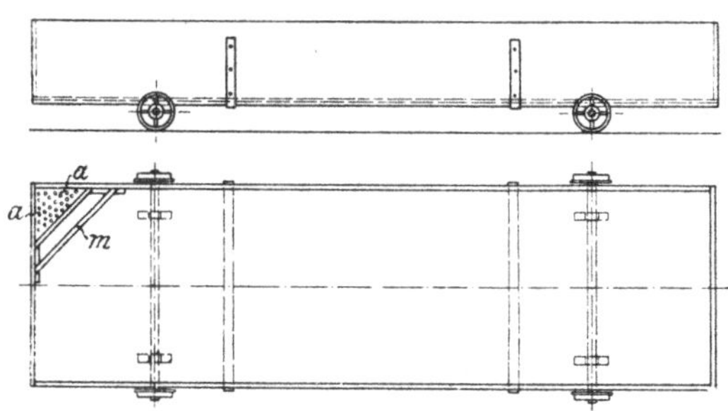

Fig. 31. Transportwagen für Margarin.

Nach diesem „Rasten" wird die Kirnmasse mittels hölzerner Schaufeln auf Transportwägelchen (Fig. 31) gebracht, deren Böden entweder ganz oder auch nur teilweise siebartig gelocht sind (siehe Schieber *m* und mit Sieb versehene Ecke *a* in Fig. 31), damit das an der Fettmasse adhärierende Kühlwasser abtropfen kann. Mittels dieser Wägelchen bringt man die Kirnmasse zu den Walz- und Knetmaschinen.

5. Walzen und Kneten der Kunstbutter.

Allgemeines. Die aus der Fettemulsion abgeschiedene Fettmasse stellt ein äußerst appetitlich aussehendes Produkt dar, das in jedem Falle Reste von überschüssigen wässerigen Flüssigkeiten enthält. Diese müssen entfernt werden, wenn man die Haltbarkeit der Margarine nicht allzusehr beeinträchtigen will. Auch ist ein Zuviel von Milchserum schon deshalb zu beseitigen, weil dadurch die Kunstbutter zu wasserhaltig sein würde, was gegen die gesetzlichen Bestimmungen verstoßen könnte. Die Entfernung der überschüssigen, der gekühlten Kirnmasse anhaftenden Feuchtigkeit geschieht durch mehrmaliges Auswalzen; das Kneten besorgt die Überführung des Fettes in einen butterartigen, homogenen und streichfähigen Zustand.

Bei dem Auswalzen und Kneten können zur Butter bequem Zusätze gemacht werden, die sie der Naturbutter besonders ähnlich machen (Erteilung des Schäumens und Bräunens), wie man ihr auch Fette, die den Kirnprozeß nicht gut vertragen (Kokosbutter), einkneten kann.

Zur Entfernung des in der Kunstbutter enthaltenen überschüssigen Wassers oder Milchserums wird die Butter mit Walzen bearbeitet, und zwar werden mehrere Walzenpassagen (in der Regel 3—4) vorgenommen. Nach dem Walzen bleibt die Butter einige Stunden lang ruhig liegen (Rasten), um hierauf ausgeknetet zu werden, wodurch die letzten überschüssigen Flüssigkeitsanteile beseitigt und eine Gleichmäßigkeit der Masse (Homogenisierung) erzielt wird.

Einfache Knetwalze.

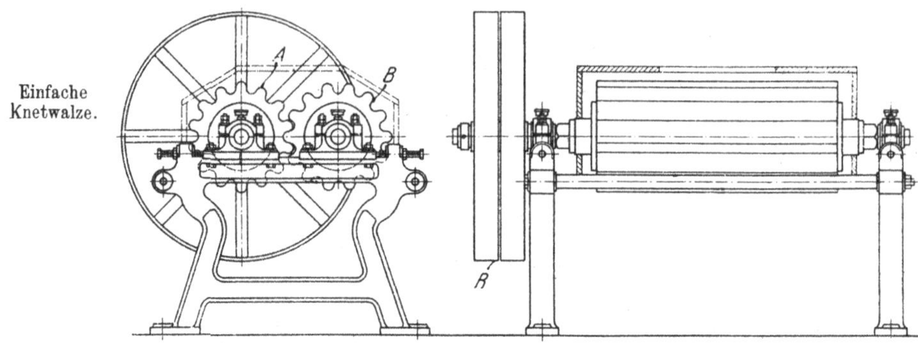

Fig. 32. Einfache Walze für Kunstbutter.

Das Auswalzen der Fettmasse geschieht in der Regel derart, daß man sie durch unmittelbar untereinander oder auch in gleicher Höhe nebeneinander liegende Walzenpaare wiederholt laufen läßt. Eine einfache, durch Handbetrieb zu bedienende Walzmaschine ist in Fig. 32 wiedergegeben: es sei dabei auf die geriffelte Form der hölzernen Walzen A und B, die durch die Riemenscheiben R angetrieben werden, besonders aufmerksam gemacht.

Duplex-walzen.

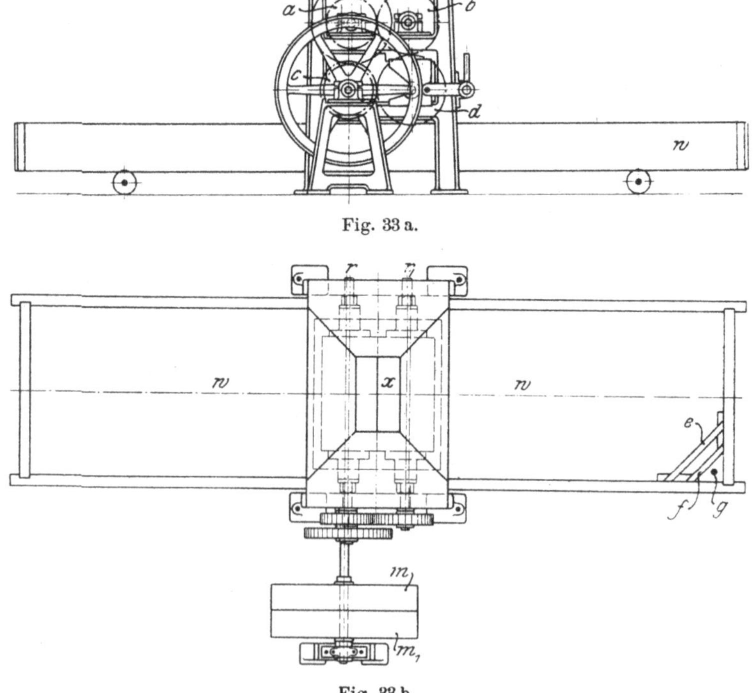

Fig. 33 a.

Fig. 33 b.

Fig. 33 a und b. Duplex-Walzmaschine von Zimmermann.

Das mehrfache Durchwalzen der Margarinmasse ohne umständliche Handarbeit sucht man auch so zu erreichen, daß man verschiedene Walzenpaare neben- oder übereinander anordnet.

Eine Knetmaschine (Duplexmaschine) mit zwei übereinander angeordneten Knetwalzenpaaren (*a b* und *c d*) und darunter befindlichem Transportwagen *w* mit Milchablaufvorrichtung *e f g* (vergleiche Fig. 31) ist in Fig. 33 [1]) wiedergegeben.

Walzvorrichtung nach van den Bergh.

Eine Margarinknetmaschine [2]), die mit mehreren, in Abständen nebeneinander gelagerten Knetwalzenpaaren arbeitet und die das das eine Walzenpaar verlassende Produkt durch ein Fördertuch dem nächstgelagerten Walzenpaar zuführt, hat van den Bergh in Rotterdam empfohlen.

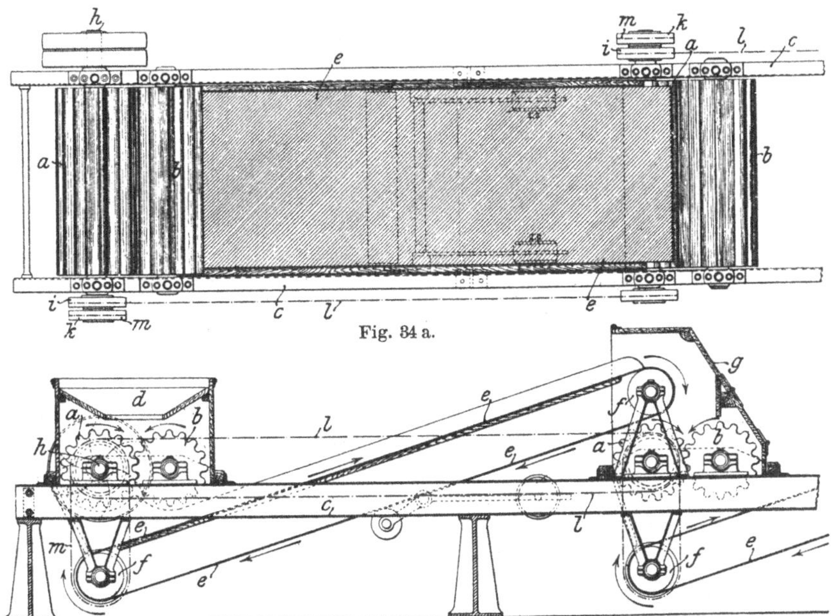

Fig. 34 a.

Fig. 34 b.

Fig. 34 a und b. van den Berghs Walzvorrichtung.

Diese Maschine (Fig. 34) besteht aus einer beliebigen Anzahl von Knetwalzenpaaren *a*, *b*, die auf einem Gestell *c* hinter- bzw. nebeneinander angeordnet sind. Die ersten Knetwalzen befinden sich unter einem Einwurftrichter *d*, in den die Margarine eingeworfen wird, um zwischen diese ersten Walzen *a*, *b* zu gelangen. Ist die Margarine zwischen diesen ersten Walzen hindurchgegangen und geknetet worden, so fällt sie, unten zwischen den Walzen herauskommend, auf ein Fördertuch *e*, das, um einen Zylinder *f* laufend, die Butter unter den ersten Knetwalzen hinweg und schräg nach aufwärts in ein Gehäuse *g* und über das zweite Knetwalzenpaar *a*, *b* führt, in das die Butter nun geworfen wird. Sie wird hier von einem weiteren Walzenpaar erfaßt und nach Durchgang durch dieses abermals auf ein Förder-

[1]) Die in Fig. 31—33 wiedergegebenen Konstruktionen sind Ausführungen der Maschinenfabrik Chr. Zimmermann in Köln-Ehrenfeld.

[2]) D. R. P. Nr. 111917 v. 14. Juni 1899.

band *e* geworfen, das sie einem neuen Walzenpaare zuführt. Dieser Vorgang wiederholt sich einige Male, bis die Butter endlich nach dem letzten Knetwalzenpaar gelangt ist.

Der Antrieb der Maschine geschieht von der mit Riemenscheiben oder dgl. versehenen Welle *h* der ersten Knetwalze *a* aus, die durch Kettenräder *i* und *k* und Ketten *l* und *m* mit den Kettenrädern des Zylinders *f* und der zweiten Walze *a* in Verbindung steht.

Die zweite Walze *a* hat am entgegengesetzten Ende, wie die erste Walze *a*, wiederum Kettenräder *i* und *k* usw. bis zur letzten Walze *a*.

Die Walzen *b* dagegen kämmen durch die Knetriffeln mit den Walzen *a* und werden von diesen mitgenommen.

Diese Anordnung der Knetwalzenpaare gestattet leider keine wirksame Flüssigkeitsabsonderung, und zwar wegen des endlosen, schräg ansteigenden Förderbandes. Auch ist dabei wie ferner bei den mitunter anzutreffenden primitiveren Einrichtungen eine etwa gewünschte Zwischenbehandlung der Masse (Einsalzen u. dgl.) während der Beförderung von einem Walzenpaar zum andern nicht möglich und das Emporschaffen zum nächsten Walzenpaar mit einer besonderen Arbeitsleistung verknüpft.

Knetvorrichtungen nach Plötz.

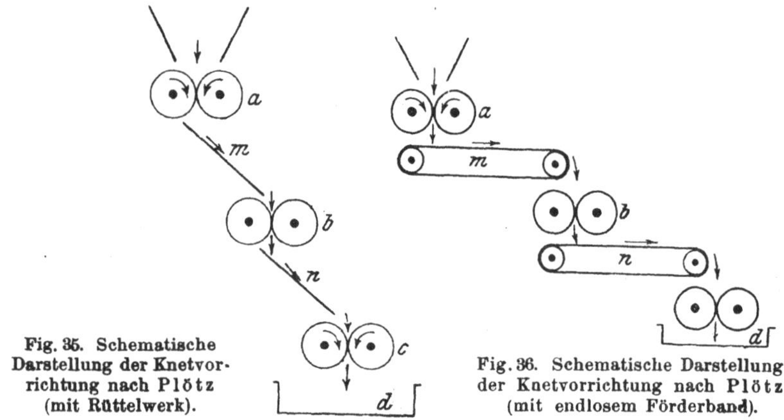

Fig. 35. Schematische Darstellung der Knetvorrichtung nach Plötz (mit Rüttelwerk).

Fig. 36. Schematische Darstellung der Knetvorrichtung nach Plötz (mit endlosem Förderband).

Alle diese Übelstände beseitigt eine von Otto Plötz[1]) in Wunstorf getroffene Anordnung, die in Fig. 35 und 36 schematisch gezeigt wird.

Die von einem zum anderen Walzenpaar führende Fördervorrichtung ist entweder ein Rüttelwerk, eine schiefe Ebene (Fig. 35) oder ein horizontal liegendes, endloses Förderband (Fig. 36). Die Fettmasse wird dem obersten Walzenpaar *a* auf geeignete Weise zugebracht, gelangt nach dessen Passierung vermittels der Fördervorrichtung *m* auf das zweite Walzenpaar *b*, nach Durchgang durch dieses auf die Fördervorrichtung *n*, von hier auf das dritte Walzenpaar *c* und endlich in das Auffanggefäß *d*.

Die gleichen Vorteile wie das Plötzsche Patent strebt auch die Einrichtung von Wilhelm Harms[2]) in Wunstorf an. Auch hier soll eine zweckmäßige, ununterbrochene Zuführung der auszuwalzenden Masse, ihr

[1]) D. R. P. Nr. 8408 v. 1. Juli 1879.

[2]) D. R. P. Nr. 127664 v. 17. Dez. 1899.

mehrmaliges Hindurcharbeiten durch die ganze Walzeinrichtung und ein leichtes Abführen der fertig bearbeiteten Masse bewirkt werden. Das Wesentliche der Harmsschen Einrichtung besteht dabei aber in der Anwendung von Transportwagen und in der Verbindung des obersten und untersten Walzenpaares durch eine Fahrbahn, die die zweckmäßig ausgebildeten Transportwagen durchlaufen. Fig. 37 zeigt eine Harmssche Zuführungseinrichtung für Margarinknetmaschinen, wobei die Walzenanordnung und der Transport der Fettmasse von einem Walzenpaar zum andern nach dem oben beschriebenen Plötzschen System getroffen sind.

Knetmaschine nach Harms.

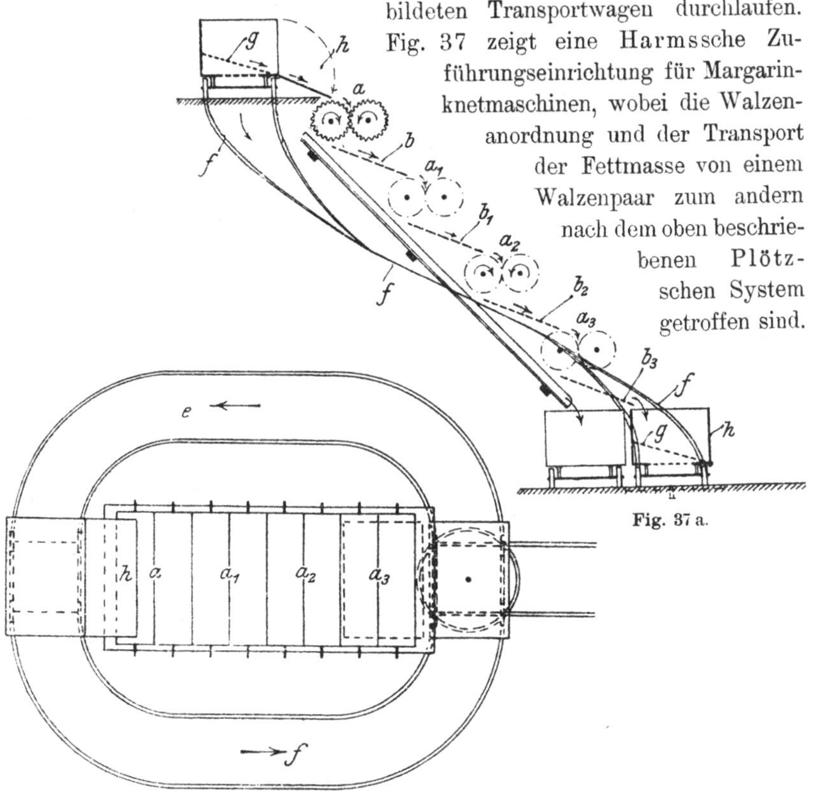

Fig. 37 a.

Fig. 37 b.

Fig. 37 a und b. Margarinknetmaschine nach Harms.

Die Fahrbahn *ef* des Transportwagens ist zweckmäßigerweise so ausgebildet, daß auf der einen Seite des Walzwerkes die mit der Margarinmasse gefüllten Wagen verkehren, während auf der anderen Seite die entleerten Wagen zu der Austrittsstelle des Walzgutes am letzten Walzenpaar zurückgeleitet werden. Natürlich kann die Fahrbahn an geeigneten Stellen mit verschiedenen anderen Fahrbahnen zwecks beliebiger Auswechslung bzw. Zu- und Ableitung von Wagen in Verbindung stehen.

Die Fortbewegung der Wagen kann durch Antriebsmittel geeigneter Art oder auch von Hand aus geschehen.

Die Wagen sind so eingerichtet, daß die eine Seitenwand *h* herabklappbar ist, um eine leichte Überführung des Wageninhaltes auf das erste Walzenpaar *a* zu vermitteln. Damit sich aber auch der Gesamtinhalt des Wagens selbsttätig über die herabgeklappte Seitenwand *h* hinweg entleere, ist ein schräger Boden *g* vorgesehen, der vorteilhafterweise zwecks Ableitung des Wassers durchlöchert ist. Die herabklappbare Wand h kann bei Ankunft des Wagens an der Walzguteintrittsstelle mittels einer geeigneten Vorrichtung selbsttätig geöffnet und nach erfolgter Entleerung ebenfalls automatisch wieder geschlossen werden. a, a_1, a_2, a_3 sind Knetwalzenpaare, b, b_1, b_2, b_3 Rüttelwerke zum Fortbewegen der Margarinmassen.

Das Harmssche System gewährt für die Margarinfabrikation insofern wesentliche Vorteile, als der Zuführungsbetrieb äußerst schnell und vollkommen selbsttätig vonstatten geht, ebenso wie die Weiterleitung und die Zufuhr der Wagen zu der Fahrbahn schnell und bequem an jeder gewünschten Stelle vermittelt werden kann. Ein Verlust an auszuwalzendem Material erscheint ausgeschlossen, da ja ein Umfüllen des Walzgutes in andere Behälter nicht erforderlich ist.

Auch Henry Grasso in Herzogenbusch (Holland) konstruiert sogenannte Multiplexwalzen, bei denen die Walzen nebeneinander stehen und die Butter durch Transportträger oder auf Holzbrettern von einer Walze zur andern gefördert wird.

Siebartige Fördervorrichtungen.

Um die bei dem Knetprozeß sich abscheidende Magermilch nicht verloren gehen zu lassen, hat Wilhelm Harms[1]) in Wunstorf zwischen den einzelnen Knetwalzenpaaren durchlässige, siebartige Förderungsmittel vorgeschlagen und unterhalb dieser einen gemeinsamen Ablauf für die ausgetretene Magermilch angeordnet. Fig. 38 erläutert den Harmsschen Vorschlag, der auch bei Fig. 37 (S. 139) angewandt ist.

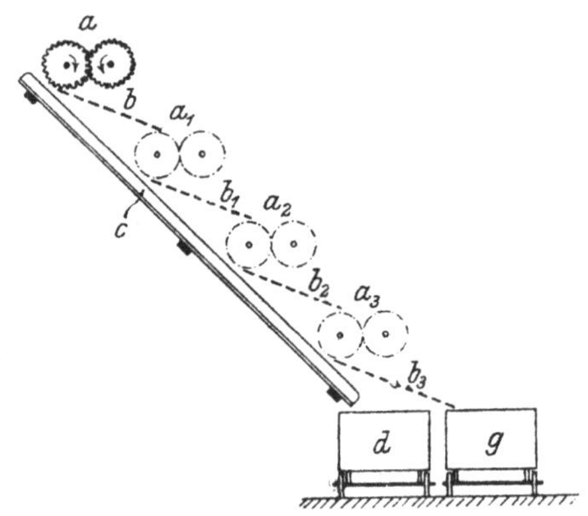

Fig. 38.
Knetvorrichtung mit siebartiger Fördervorrichtung.

a, a^1, a^2, a^3 ... sind die bekannten Knetwalzenpaare, b, b^1 b^2. b^3 ... die dazwischen angeordneten, bzw. an die Walze angeschlossenen Fördermittel, die gemäß der vorliegenden Erfindung durchlässig, d. h. siebartig ausgebildet sind. Unterhalb dieser Fördermittel und des gesamten Walzwerkes ist eine Ablaufrinne c vorgesehen, die die sich abscheidende Flüssigkeit auffängt und zu einem besonderen Sammelbehälter d leitet.

Die Öffnungen in den Fördermitteln b, b^1, b^2, b^3 ... sind zweckmäßigerweise so angebracht, daß die Margarinmasse ungehindert darüber hinweggleiten kann, während die Magermilch u. dgl. abtropft.

Auch während des Übertritts der Margarinmasse vom letzten Walzenpaar zum Aufnahmebehälter g wird die dann noch abtropfende Magermilch von d aufgefangen. Es kann also nichts von der sorgfältig abgeschiedenen Magermilch verloren gehen.

Als Walzvorrichtungen sind auch Mischtrommeln empfohlen worden. Dabei wird die von den Knetwalzen herabfallende Margarine durch eine rotierende Trommel, in deren Innerem die Knetwalzen aufgestellt sind, mit

[1]) D. R. P. Nr. 131117 v. 7. Dez. 1891.

in die Höhe genommen, bis die Fettmasse bei entsprechender Stellung wieder herabfällt, und zwar wiederum zwischen das Walzenpaar, das sie aufs neue packt, um sie nach dem Durchquetschen wiederum der Trommel abzugeben, die sie abermals den Walzen zuführt. Das Spiel geht so ad infinitum fort. Die erste dieser Mischtrommeln stammt von Petersen (1895); bald darauf sind sie von Anderson und Fargo[1], Otto Plötz in Wunstorf[2] und von Donkers[3]) vervollkommnet worden.

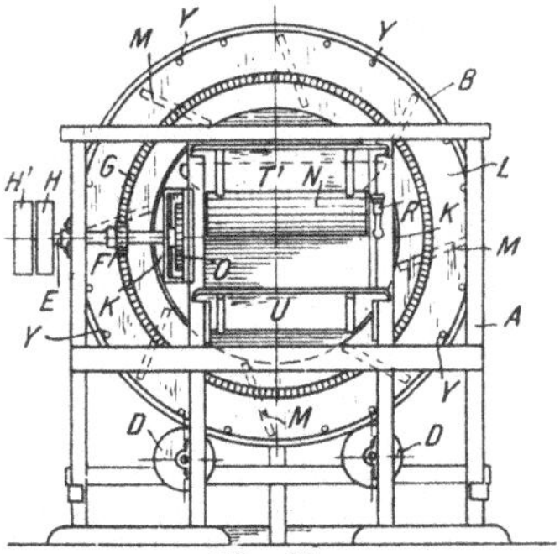

Fig. 39 a.

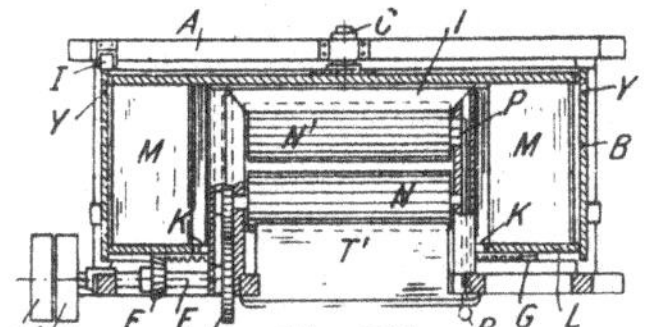

Fig. 39 b.

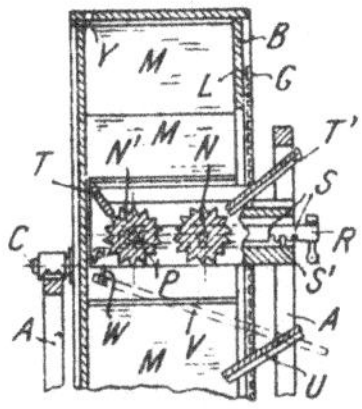

Fig. 39 c.

Fig. 39 a. b und c. Trommelkneter nach Anderson und Fargo.

Trommelkneter nach Anderson und Fargo.

Die Einrichtung der Knetmaschine von Hans Jakob Anderson und Frank Brown Fargo in Lake Mills ist aus Fig. 39 ersichtlich.

In einem geeigneten Gestell *A* ist eine Trommel *B* drehbar gelagert, deren hinteres Ende geschlossen und mit einem Zapfen *C* in einer Lagerbüchse des Gestelles *A* beweglich ist. Das vordere Ende der Trommel ruht auf Rädern oder Scheiben *D*, die lose auf je einer im Gestell gelagerten Achse sitzen. An der vorderen Wand der Trommel ist ein Zahnkranz *G* befestigt, in den ein Zahnrädchen *F* auf der Triebwelle *E* eingreift.

Gegen die Rückwand der Trommel legt sich eine Reibungsrolle *I* an, die den Zahnkranz *G* in Eingriff mit dem Trieb *F* hält.

Die vordere Wand der Trommel ist mit einem mittleren, kreisförmigen Ausschnitt versehen, durch den die zu bearbeitende Butter eingebracht und die fertige Butter herausgenommen wird. Dieser Ausschnitt wird zu beiden Seiten teilweise verdeckt durch die gegen den ringförmigen Rand *L* anliegenden, abnehmbaren Leisten *K*, die mit ihren Außenkanten an den kreisförmigen Rand *L* anschließen, so daß sich die Trommel um diese Leisten dreht.

Am inneren Umfang der Trommel sind schräg stehende Leisten *M* zwischen dem Rand *L* und dem Boden der Trommel befestigt, die Becher zum Heben der am Boden der Trommel befindlichen Butter bilden; letztere wird bei der Drehung der Trommel bis über die Walzen *NN'* hinaufbefördert und fällt, wenn sie den Höhepunkt erreicht hat, auf diese Walzen herab. Die Walzen sind in Armen gelagert, die vom Maschinengestell in die Öffnung der Trommel hineinragen; die Achsen der Walzen tragen auf einer Seite Zahnräder, die ineinander eingreifen, und eines dieser Räder erhält seinen Antrieb durch ein Zahnrad *O* auf der Welle *E*. Die Walzen *NN'* sind am Umfang mit Längsrinnen versehen und parallel zueinander mit geringem Abstand rechtwinklig zur Achse der Trommel *B* angeordnet. Sie

[1]) D. R. P. Nr. 66441 v. 12. Jan. 1892.

[2]) D. R. P. Nr. 117270 v. 4. Febr. 1901 und D. R. P. Nr. 112893 v. 30. Dez. 1899.

[3]) D. R. P. Nr. 125990 v. 13. März 1901 und D. R. P. Nr. 137727 v. 14. Nov. 1901.

drehen sich gegeneinander nach abwärts und innen hin, wenn sich die Trommel in der Richtung dreht, daß die von den Leisten *M* gebildeten Becher die Butter heben.

Um die Walzen *NN'* nach Bedarf weiter oder enger gegeneinander stellen zu können, damit sie größere oder kleinere Mengen Butter bearbeiten (kneten), ist die eine Walze *N'* mit ihren Zapfen in länglichen Lagern verschiebbar und stellbar. Die Verschiebung geschieht durch eine auf dem Achsenschenkel der Walze *N'* drehbar befestigte Stange *R*, die mit Einkerbungen *S* versehen ist, in die ein Stift oder Riegel *S'* eingreift, um die gewünschte Lage fest einzustellen.

Vom Maschinengestell aus ragen, wie schon erwähnt, Arme in die vordere Trommelöffnung hinein; diese Arme tragen schräge Bretter *T*, die mit den entgegengesetzt schräg stehenden Brettern *T'* (die abnehmbar sind) einen Trichter bilden, der die Butter oder Teile davon auffängt und sie den Walzen *NN* zuführt Unter den Walzen ist ein am Maschinengestell befestigtes, in den Trommelausschnitt schräg nach abwärts hineinragendes Brett oder Blech *U* angeordnet, das die aus den Walzen hervorkommende, etwa nach außen geschleuderte Butter oder Milch in das Innere der Trommel zurückführt.

Wenn die Butter gehörig ausgeknetet ist, wird mittels Haken *W*, die an Stifte der in die Trommel hineinragenden Gestellarme angehängt werden, ein Tuch oder eine schräge Fläche *V* unter den Walzen *NN'* befestigt. Auf diese Fläche fällt die Butter und gleitet nach außen aus der Maschine heraus. Das Brett *U* wird vor dem Einhängen der Fläche *V* herausgenommen und letztere ruht mit ihrem äußeren Ende auf der Stütze, die sonst dieses Brett *U* trägt.

An der Rückwand, dicht am Rande oder auch im Umfang der Trommel, sind Öffnungen *Y* angebracht, aus denen während der Drehung der Trommel die Buttermilch ausfließt.

Trommelkneter nach Plötz.

Während bei diesem Trommelapparate die Böden der Trommelkammer parallel zur Trommelachse liegen, wendet Otto Plötz[1]) in Wunstorf schräg zur Trommelachse verlaufende Böden an, wodurch er mehrfache Vorteile erreichen will.

Die durch die Wände *b* in Fächer geteilte Mischtrommel *d* (Fig. 40) ruht auf zwei Rollen und ist drehbar eingerichtet. Durch die schräg verlaufenden Mantelflächen *d* erhält die Trommel ein kegelstumpfartiges Aussehen. Die Wirkung dieser schräg verlaufenden Bodenflächen *d* der Knettrommel äußert sich in der Weise, daß die aus den obenstehenden Kammern in den Trichter *e* einfallende, von den Walzen *a* verteilte Masse nach dem Auffallen auf den schrägen Boden *d* eine weitere, ziemlich schnelle Bewegung ausführt, um gegen die schräge oder senkrechte Stirnwand *f* anzuprallen und sich an der tiefsten Stelle *h* des Bodens anzusammeln.

Die vorgenannte Wandung *f* oder auch die tiefste Stelle des Bodens ist zum Zwecke der Flüssigkeitsableitung ganz oder teilweise durchlässig eingerichtet; die Löcher sind hinreichend klein, um ein Austreten der Masse zu verhindern. Die Flüssigkeit kann also bei *h* aufgefangen werden.

Nicht allein dadurch, daß die aus den Walzen austretende Masse zunächst verteilt auf die Bodenfläche *d* niederfällt, sondern auch durch das am Ende dieser gleitenden Bewegung eintretende energische Anprallen gegen die Stirnwand *f* wird die angestrebte Flüssigkeitsabsonderung in verstärktem Maße erreicht.

Die schräge Anordnung der Trommelkammerböden *d* trägt aber ferner auch dazu bei, bei dem Vorgange des Niederfallens der durch die Trommelschaufeln hochgehobenen Masse die Flüssigkeitsabscheidung in der Weise zu befördern, daß die an der tiefsten Stelle der Trommel zusammengedrängte Masse ein verstärktes Auf-

---

1) D. R. P. Nr. 117270 v. 4. Febr. 1901.

prallen auf die Wandung des Trichters *e* und alsdann in ihrer Bewegung einen Richtungswechsel erfährt.

Um eine schnelle und bequeme Entleerung der Trommelkammern *c* zu bewirken, wird die ganz oder teilweise durchlochte Prallfläche *f* aufklappbar eingerichtet, z. B. in der aus Fig. 40a ersichtlichen Weise, so daß sie in herabgeklapptem Zustande die Verlängerung des schrägen Kammerbodens *d* bildet. Die Masse tritt dann selbsttätig bei *i* aus. Die schräge Bodenfläche *d* erfüllt also in diesem Falle auch noch den Zweck, die selbsttätige Entleerung durch Herausgleiten der Masse zu vermitteln. Wichtig ist auch, daß die Austrittsstelle *i* der Masse in hinreichender Entfernung von der Ablaufstelle *h* für die abzuscheidende Flüssigkeit liegt, so daß man diese vollkommen getrennt von der getrockneten Masse in gesonderten Behältern auffangen kann. Auch ist es leicht ersichtlich, daß bei Anwendung schrägstehender Prallwandungen *f* das Aufklappen wie auch das Schließen vermöge des Eigengewichts dieser Klappe von selbst erfolgt, je nachdem man einen besonderen Verschlußriegel geeigneter Art betätigt.

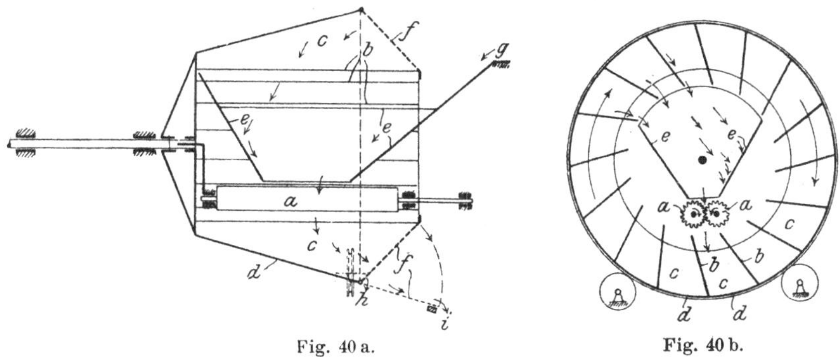

Fig. 40 a. Fig. 40 b.

Fig. 40a und b. Mischtrommel von **Plötz**.

Die Knetvorrichtung von **Donkers**[1]) besteht aus zwei ineinanderliegenden, in entgegengesetzter Richtung rotierenden Trommeln. Jede Trommel ist aus Längsstangen oder Latten von ovalem Querschnitt gebildet, die an ihren Enden auf je einem Armkreuz sitzen, das nach Art der Schiffsschrauben geformt ist.

Knetvorrichtung nach Donkers.

Eine zweite Konstruktion **Donkers'**[2]) hat überhaupt keine inneren Schaufeln, sondern die Kunstbutter wird dabei durch eine besondere Preßwalze an die Innenwand der Mischtrommel gedrückt, hoch genommen und dann durch Flügel oder Schaufeln einer Abstreiftrommel abgestreift und in einen geeigneten Abführkanal geschleudert. Dadurch wird das Haftenbleiben an der inneren Trommelperipherie, wie es bei der früheren Konstruktion stattfand, vermieden.

Die Maschine (Fig. 41) besteht aus zwei, im Innern einer zur Fortbewegung der Masse dienenden Trommel *d* angeordneten Knetwalzen *a a*, die durch die Zahnräder *f* in entgegengesetzter Drehrichtung von dem allgemeinen Antrieb *z* der Maschine angetrieben werden. Der Antrieb der Trommel *d* erfolgt von der Welle *e*

---

[1]) D. R. P. Nr. 125990 v. 13. März 1901.

[2]) D. R. P. Nr. 137727 v. 14. Nov. 1901.

aus, unter Vermittlung des Schneckentriebes *g*, *h* der konischen Räder *i* und des in den Zahnkranz *m* der Trommel *d* eingreifenden Stirnrades *l*. Die Knetwalzen *a* und die Trommel *d* können dabei unabhängig voneinander durch die Einschaltung der Kupplung *n* angetrieben werden. Im Gegensatz zu den bekannten Maschinen ist nun die Trommel *d* nicht mit Innenschaufeln versehen, sondern besitzt vielmehr eine vollkommen glatte Innenfläche. In ungefährer Nähe des tiefsten Punktes der Fördertrommel *d* ist in ihrem Innern nun eine mit Rippen versehene Druckwalze *b* derart gelagert, daß ihr Abstand von der Innenwand nach Belieben reguliert werden kann, wobei ihr jedoch die Möglichkeit gelassen ist, sich je nach der zwischen ihrem Umfang und der Behälterwand befindlichen Masse mehr oder weniger nach aufwärts zu bewegen. Um das zu ermöglichen, ist die Welle *s* dieser Walze *b* in Gleitstücken *o* gelagert, die in Führungen *r* gleiten und an den Schraubenspindeln hängen. Letztere stützen sich mittels der Muttern *u* von oben auf die Querstücke *t* der Führungen *r*.

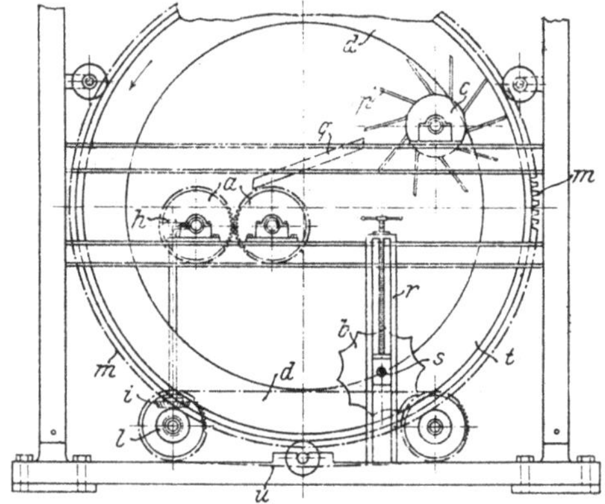

Fig. 41 a.

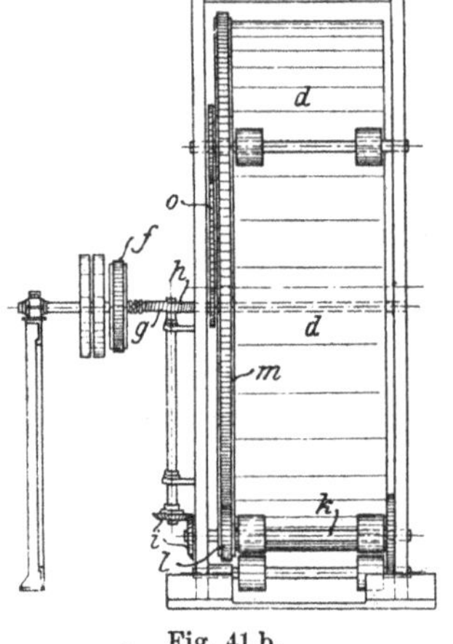

Fig. 41 b.

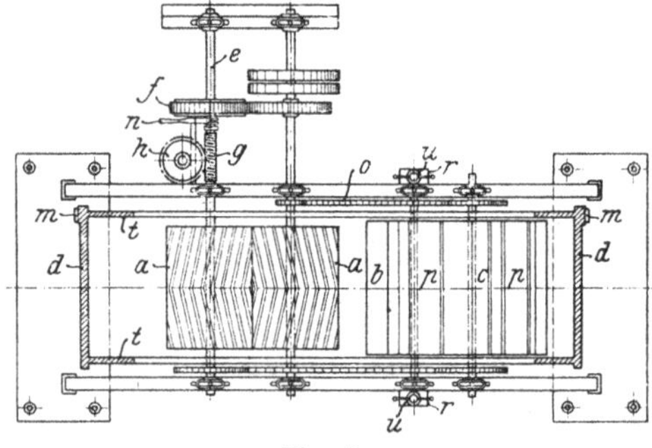

Fig. 41 c.

Fig. 41 a, b und c. Misch- und Knettrommel nach Donkers.

Die Walze *b* rollt von selbst auf der zu bearbeitenden Masse, sobald der Behälter *d* in Drehung versetzt wird, und übt hierbei auf die durch die Knetwalzen *a* gegangene und jetzt an der Innenwand der Fördertrommel *d* vor der Walze *b* liegende Masse einen Druck aus, so daß sie fest gegen die Innenwand der Trommel *d* gepreßt wird. Die an der Innenwand der Trommel *d* haftende Masse wird nun bei der Weiterdrehung der Trommel *d* bis zur Höhe einer in deren Innerem angeordneten Abstreifvorrichtung mitgenommen. Diese besteht aus einer durch Ketten- oder Riemenantrieb von der Hauptantriebswelle aus angetriebenen Trommel *c*, die mit Schaufeln *p* versehen ist, die die Masse von der Innenwand der Trommel *d* abschaben und alsdann zu einer Förderrinne *q* führen, die sie entweder den

Knetwalzen abermals zuführt oder, falls die Masse genügend bearbeitet ist, auf einen außerhalb der Maschine stehenden Ablagetisch befördert.

Die Arbeitsweise der Maschine ist nun die folgende:

Nachdem die zu bearbeitende fettartige Masse in kaltem, erstarrtem Zustande eingebracht ist, setzt man die beiden Walzen *a* und die Trommel *c* durch Einrücken des Treibriemens von der Los- auf die Festscheibe in Bewegung, um hierauf durch Einrücken der Schnecke *g* die Trommel *d* in Umdrehung zu versetzen. Nun wird die eingebrachte Masse durch die Druckwalze *b* fest an die Innenwand der Trommel *d* angepreßt, so daß sie beim Weiterdrehen der letzteren bis zu der Stelle emporgehoben wird, wo die Schaufeln *p* sie abstreifen und in die Förderrinne *q* schleudern. Aus dieser gelangt die Masse wieder zu den Knetwalzen *a*, und der eben beschriebene Kreislauf wiederholt sich so lange, bis das Material genügend durchgearbeitet ist. Ist das der Fall, so verändert man die Stellung der Rinne *q* oder ersetzt sie durch eine andere Fördervorrichtung, so daß die fertige Masse nunmehr aus der Maschine heraus und auf einen geeigneten Ablagetisch oder Behälter befördert wird.

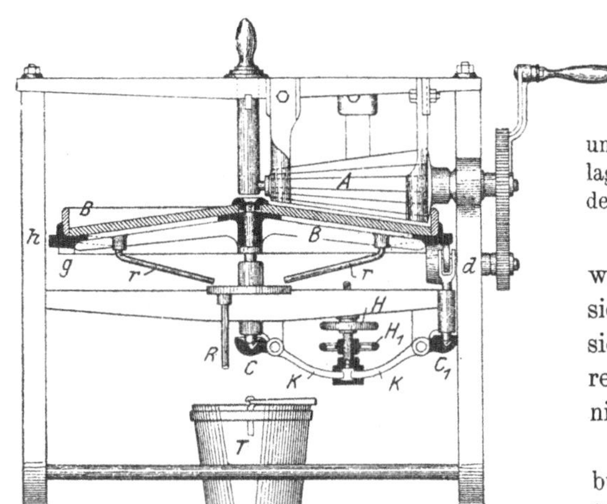

Fig. 42. Butterkneter nach Dürkoop & Co.

Die Trommelmaschinen, welcher Spezialkonstruktion sie immer sein mögen, lassen sich leider nur sehr schwer rein halten und sind daher nicht gerade besonders beliebt.

Die ausgewalzte Kunstbutter wird nun mehrere Stunden lang der Ruhe überlassen (Rasten) und dann zwecks vollständiger Homogenisierung gut durchgeknetet. Ein Durchkneten besorgen auch mehrere der vorne beschriebenen Apparate, wie sich denn überhaupt eine scharfe Trennung zwischen Walz- und Knetapparaten kaum treffen läßt, diese beiden, einander so ähnlichen Operationen vielmehr oft gleichzeitig nebeneinander stattfinden.

Von den Vorrichtungen, die mehr ein Kneten als ein Auswalzen der Buttermasse bewirken, sind die Tellerkneter die bekanntesten und wichtigsten. Tellerkneter.

Das Fett liegt bei diesen Apparaten auf einem kreisförmigen Tische, wo es durch eine konisch zugespitzte Walze ausgeknetet wird. Dabei kann entweder der Tisch kreisen und die Walze feststehen oder umgekehrt die Walze um den fixen Tisch rotieren. Die erste Anordnung ist praktischer und häufiger anzutreffen.

Diese Knetvorrichtungen (französisch Malaxeurs) erfreuen sich mit Recht großer Beliebtheit, denn sie weisen bei einfacher und billiger Bauart eine große Leistungsfähigkeit auf und sind bequem zu bedienen.

Der Vorläufer dieser Tellerwalzen dürfte in dem Butterkneter von J. Dürkoop & Co. in Braunschweig zu suchen sein, der in Fig. 42 wiedergegeben ist.

Tellerkneter nach Dürkoop.

Der durch ein Kurbelgetriebe mit der Knetrolle *A* in Verbindung stehende gelochte Teller *B* hat auf seiner unteren Seite eine über den Zahnkranz *G* vorstehende Leiste *h*. Letztere ruht gerade unter der Knetwalze auf einer Rolle *d*, und diese Rolle sowie auch die Drehachse des Tellers *B* finden ihre Unterstützung in den Spurlagern C, C_1, die zwei gleich langen Doppelhebeln angehören, deren längere Schenkel durch zwei Schraubenrädchen H, H_1 verstellbar sind. Auf diese Weise läßt sich der Teller *B* beliebig heben oder senken, also der fix gelagerten Knetwalze *A* nach Belieben mehr oder weniger nähern. Der Ablauf der ausgekneteten Milch erfolgt durch die Röhrchen *r* bzw. *R* in das Sammelgefäß *T*.

Fig. 43.

Vielfach wird bei den kleinen, für Handbetrieb eingerichteten Butterknetern der Knettisch gegen die Mitte zu vertieft gehalten, wodurch sich die beim Kneten austretende Buttermilch in dem tiefsten Punkte, also im Zentrum des Tisches, sammelt und von hier leicht abgeführt werden kann.

Ausführungen der in den Margarinfabriken gebräuchlichen maschinell betriebenen Tellerknetmaschine zeigen Fig. 43 und Fig. 44. Die erstere arbeitet mit einer Knetwalze, die letztere mit zwei.

Bei den neueren Knettellermaschinen sind besondere Wendevorrichtungen angebracht, die es überflüssig machen, daß die auf dem Knettische ausgewalzte Butter abgeschabt und aufs neue unter die Knetwalze gebracht wird. Diese Wendevorrichtungen besorgen ein abwechselndes

Aufrollen und Ausbreiten der Butter, wodurch nicht nur der Wegfall der Handarbeit, sondern auch eine intensive Durchknetung und eine Abkürzung des Knetprozesses erreicht wird. Wenn zum Schluß die Butter von der Maschine genommen werden muß, läßt man diese Wendevorrichtung ausschließlich aufrollen, wodurch man in kurzer Zeit die Butter in einem Ballen auf dem Teller hat. Es fällt daher die Arbeit des Spatelns fort und eine Berührung der Butter mit der Hand wird ganz vermieden.

Das abwechselnde Ausbreiten und Aufrollen der Butter erfolgt dadurch, daß die Knetwalzen in genau abgegrenzten Verhältnissen bald vor-, bald rückwärts laufen.

Das Aufrollen der ausgewalzten Butter hat man so zu erreichen versucht, daß man die Knetwalze über die Mitte des Knettellers hinaus

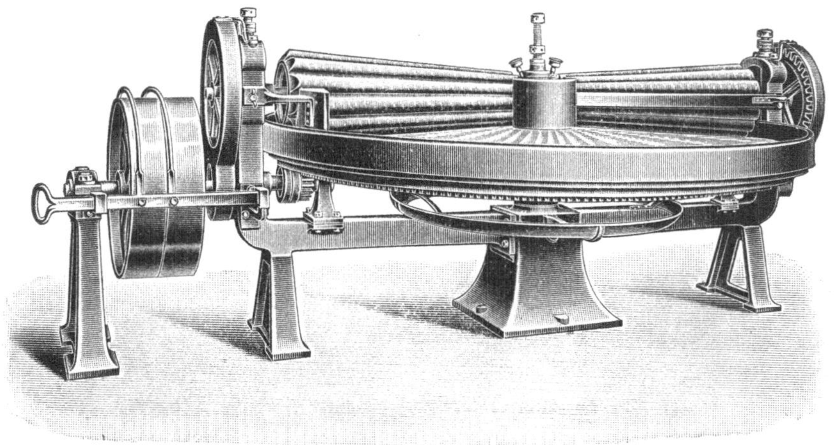

Fig. 44. Malaxeur nach Donkers.

verlängerte und ihre Achsenrichtung gegen die Tellermitte seitlich verschob. Der beabsichtigte Zweck wird aber dadurch nicht in vollem Maße erreicht, und die Konstruktion von Albert Fischer[1]) in Augsburg wirkt in dieser Hinsicht vollkommener, vornehmlich deshalb, weil das dicke Walzenende nach der Mitte des Tellers zu verlegt ist.

Tellerknete nach Fischer.

Der in bekannter Weise auf einen festen Fuß gelagerte Knettisch *a* (Fig. 45) ist bei der Fischerschen Konstruktion nach der Mitte zu vertieft und trägt an seiner unteren Seite einen Zahnkranz *e*, in den ein auf die Antriebswelle *c* gekeiltes Zahnrad *f* eingreift, das eine sich stets gleichbleibende Drehung des Knettisches besorgt. An dem Fuße des Knettisches ist ein abschraubbarer Arm *b* angebracht, der zugleich die Lager für die Antriebswelle *c* und die Knetwalzenwelle *d* trägt.

[1]) D. R. P. Nr. 177421 v. 4. Nov. 1905.

An der Welle *c* sitzen noch das Zahnrad *g* und das Kettenrad *h*, die beide drehbar angeordnet sind, jedoch in ihren Lagen zueinander durch Stellringe festgehalten werden.

Von den weiteren, in Fig. 45 gezeigten Einrichtungsdetails ist vor allem die zwischen den beiden Rädern *g* und *h* angeordnete verschiebbare Klauenkuppelung *i* zu erwähnen, die durch den Keil *k* gezwungen wird, an der Drehungder Welle *c* teilzunehmen.

Die Naben des Zahnrades *g* und des Kettenrades *h* tragen Aussparungen, die den Mitnehmerknaggen der Kuppelung angepaßt sind. Es ist ersichtlich, daß, wenn die Welle *c* sich dreht und die Kuppelung *i* sich in die Aussparungen des Zahnrades hineindrückt, auch das Zahnrad *l* an der Drehbewegung teilnimmt und so die Knetwalze eine mit dem Knettisch gleichgerichtete Drehbewegung erhält. Die Kraft, die erforderlich ist, um die Kuppelungen in die Aussparungen des Zahnrades *g* einzuführen, wird durch eine Spiralfeder *m* aufgeboten, die bestrebt ist, den zweiarmigen Hebel *n* in der entsprechenden Stellung festzuhalten. Seinen Drehpunkt erhält der Hebel in einem am Lager verschraubten Stehbolzen *o*. Der zweiarmige Hebel *n* trägt an seinem Ende eine Rolle *p*, die durch die Zugkraft der Feder *m* an dem Umfang des Knettisches geführt wird; gelangt nun eine am Umfange des Knettisches angebrachte Nocke unter die Rolle, so wird der Hebel *n* zurückgedrängt und führt so die Kuppelung *i* aus den Aussparungen des Zahnrades *g* heraus und in die Aussparungen des Kettenrades *h* hinein, das nun an der Drehung der Welle in gleicher Richtung teilnimmt. Durch eine Kette *r* erhält das Kettenrad *s* auf der Walze eine gleiche Bewegung.

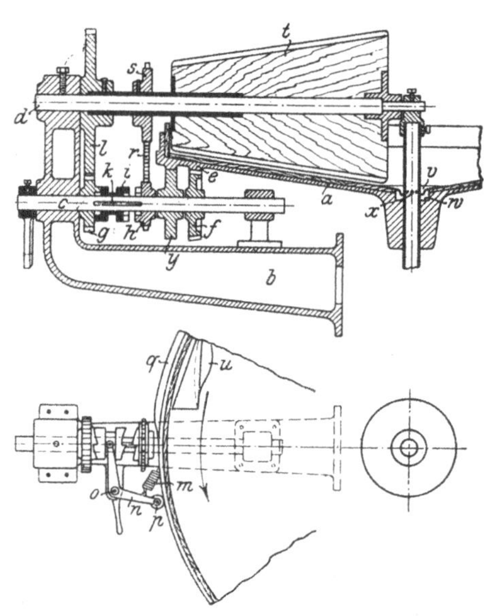

Fig. 45. Tellerkneter nach Fischer.

Da nun der Teller *a* durch das Zahnrad *f* stets in gleicher Richtung gedreht wird, ist es ersichtlich, daß der Knettisch jetzt der Walze entgegenarbeitet; die auf dem Knettisch ausgebreitete Butter wird von der Walze aufgerollt und bei der nächsten Umschaltung der Knetwalze durchgeknetet.

Die Knetwalze ist entgegen der seither üblichen Anordnung mit dem stärkeren Teile nach innen, d. h. dem Mittelpunkt des Knettisches zu gelagert. Dadurch wird bewirkt, daß beim Rücklauf der Knetwalze die plattgeknetete Butter nach außen aufgerollt wird und einen Kegel bildet, ähnlich wie ihn ein geübter Buttermeier mit den Händen oder mit Spateln während des Umlaufens des Tellers zusammenrollt. Die Butterschaufel *u* verhindert ein Übertreten der Butter über den Tellerrand.

Der Buttermilchabfluß geschieht in bekannter Weise durch das in der Mitte angeordnete gelochte Rohr *x*; der Aluminiumteller *v* ist mit dem umlaufenden Teller verbunden und überträgt die ablaufende Milch auf den Teller *w*, der an dem mittleren Rohre festgelötet ist. Dadurch ist ein Eindringen von Flüssigkeit in das Hauptlager vermieden.

Die auf der Welle *c* aufgesetzte Rolle *y* dient zur Unterstützung des Knettellers an der Stelle seiner stärksten Arbeitsleistung.

Die Molkereimaschinenfabrik Gebrüder Bayer in Augsburg hat die Fischersche Wendevorrichtung bei ihren Bavaria-Butterknetmaschinen angewandt, die teils mit einer, teils mit zwei Walzen ausgeführt werden. **Bavaria-Knetmaschine.**

Einen Bavaria-Knetteller mit Doppelwalze, deren größere Durchmesser aber nicht wie bei Fig. 45 dem Drehpunkte zugekehrt sind, zeigt Fig. 46 im Schnitt. Das Arbeiten mit dieser Maschine ist höchst einfach.

Zu Beginn der Arbeit wird die Umschaltung ausgerückt und die Knetwalze macht nur die Vorwärtsbewegung, d. h., bis das Knetgut auf den Teller gebracht ist, breitet die Walze die Butter nur aus. Nach etlichen Tellerumdrehungen wird dann der Schalthebel in die Zwangsführung gesenkt und die oben beschriebene Arbeitsweise beginnt. Ist die Knetmasse richtig durchgeschafft, so wird der Walzengang nur auf rückwärts gestellt und die ganze Butter- oder Margarinmasse rollt in einen einzigen Kegel auf.

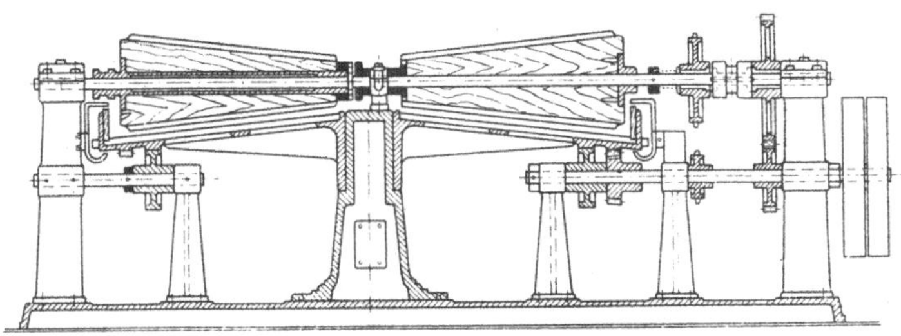

Fig. 46. Bavaria-Butterknetmaschine.

Der die Maschine bedienende Arbeiter hat also nichts weiter zu tun, als Knetmasse auf den Teller zu bringen und nach der selbsttätigen Ausknetung wegzunehmen.

Beachtenswert ist bei dieser Konstruktion auch die Regelung des Milchabflusses zwischen dem feststehenden Tellerrand und dem rotierenden Knetteller, sowie die leichte Verstellbarkeit des letzteren. Diese Maschinen werden in Größen bis zu einem Tellerdurchmesser von 2000 mm ausgeführt.

Als Knetmaschinen im eigentlichen Sinne des Wortes, als Vorrichtungen also, die die Buttermasse für sich oder mit anderen Fetten (Kokosbutter) gut durchmischen, ohne dabei eine Flüssigkeitsabsonderung zu besorgen (wie die Tellerkneter), sind die Knetmaschinen von Werner & Pfleiderer in Cannstatt zu betrachten. **Knetmaschinen nach Werner & Pfleiderer.**

Diese in vielen Industriezweigen angewendeten Knet- und Mischmaschinen bestehen der Hauptsache nach aus dem das zu mischende Material aufnehmenden trogartigen Behälter, worin ein oder zwei besonders geformte Mischflügel (Knetschaufeln) rotieren.

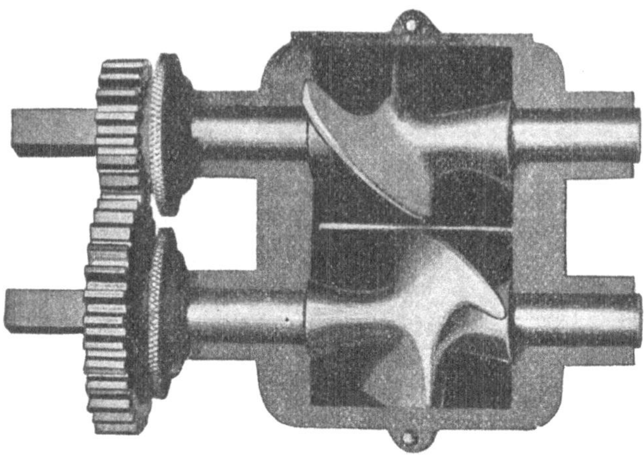

Fig. 47. Prinzip der Werner-Pfleidererschen Misch- und Knetmaschinen.

Fig. 48. Misch- und Knetmaschine (System Werner & Pfleiderer) geschlossen.

Fig. 47, die das Prinzip der Knetmaschine schematisch vorführt, wird die Arbeitsweise dieser Apparate ohne weiteres erklären. Für die Margarinindustrie kommen nicht die einflügeligen Ausführungen in Betracht, sondern die mit zwei Knetschaufeln arbeitenden Maschinen. Auch sind bei den Butterknetmaschinen die Knetflügel in der Regel nicht massiv gebaut, wie in Fig. 47, sondern rahmenartig ausgebildet (siehe Fig. 49).

Fig. 49. Misch- und Knetmaschine (System Werner & Pfleiderer) gekippt und geöffnet.

Das Ausleeren der in Fig. 48 und 49 gezeigten Margarinknetmaschine erfolgt durch Kippen des Troges, wobei sich der Trogdeckel, der zur Verhütung von Unfällen den Trog abschließt, sobald sich dieser in Arbeitsstellung befindet (Fig. 49), öffnet, so daß die Entleerung der Butter in einen darunter befindlichen Trog ohne weiteres stattfinden kann.

Der Antrieb der Knetflügel erfolgt durch Zahnradübersetzung, die, wie aus Fig. 49 zu ersehen ist, durchweg mit Schutzblechen versehen ist.

Neben diesen in der Praxis bestens bewährten Knetmaschinen hat man auch solche gebaut, bei denen die rahmenartig ausgebildeten Mischflügel verschieden weite Ausladungen haben und einer innerhalb des anderen rotiert. Diese Vorrichtungen mischen zwar sehr gut, haben aber den Nachteil, daß an der Achse, an der die Flügel gelagert sind, Klumpen der gekneteten Masse hängen bleiben, was zu Streifenbildung Anlaß gibt.

Knetmaschine nach Reibel. August Reibel[1]) in Neuß hat diesem letzteren Übelstande abgeholfen, indem er die ineinander und zwar in entgegengesetzter Richtung rotierenden Mischflügel nicht auf einer durchgehenden Achse lagert, sondern in seitlich angeordneten Lagern ruhen läßt.

Diese in Fig. 50 dargestellte Einrichtung besteht aus einem äußeren (*a*) und einem inneren (*b*) Knetflügel, die beide rahmenartig gebaut sind und in entgegengesetzte Rotation gebracht werden können, und zwar rotiert letzterer beim Gebrauch der Knetmaschine ständig, während ersterer nur zeitweise nach Bedarf in Umdrehung versetzt wird. Der Antrieb des inneren Knetflügels *b* erfolgt von der für gewöhnlich leer laufenden Riemenscheibe *c* nach Einschaltung der Kupplung *d* durch Vermittlung der Zahnräder *e* und *f*. Letztere sind auf die Wellen *g* aufgekeilt, deren innere Enden die Lagerzapfen für die beiden Knetflügel *a* und *b* bilden.

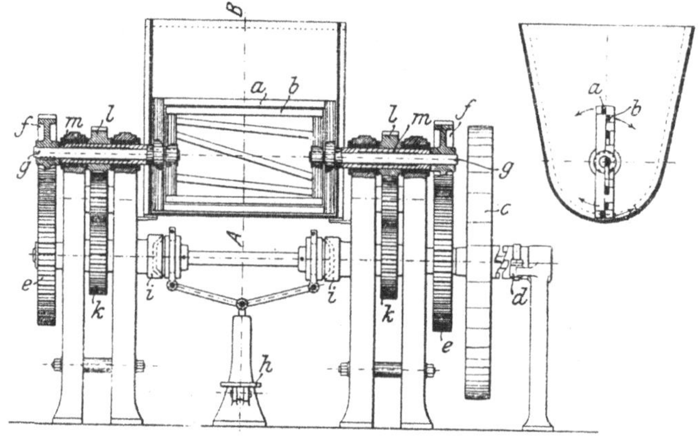

Fig. 50. Misch- und Knetmaschine nach Reibel.

Der äußere Knetflügel *a*, der nur nach Bedarf in Rotation versetzt wird, wird durch einen Fußtritt *h* betätigt. Hierbei rotieren durch die Friktionskupplungen *i* die Zahnräder *k* und *l*; auf den hohlen Achsen *m* der letzteren, durch die die Wellen *g* hindurchgehen, ist der äußere Knetflügel *a* befestigt und wird infolgedessen mit in Umdrehung gebracht.

An Stelle der mit Mischflügeln arbeitenden Knetmaschinen verwendet man zum Durchmischen von Kunstbutter oder zum Einkneten von anderen Fetten in dieselbe Pressen, die nach der Art der Teigteilmaschinen gebaut sind. Eine ähnliche, auf dem Prinzip der Makkaroniformpressen fußende Maschine, die nicht nur das Durchmischen von halbfesten Fetten gestattet, sondern auch ein gründliches Auskneten zu harter Margarine besorgen kann, ist die Bavaria-Butterpresse der Firma Gebrüder Bayer

[1]) D. R. P. Nr. 128646 v. 14. April 1901.

in Augsburg. Diese Maschine wird allerdings weniger zum Kneten eben hergestellter Margarine als zum Vermischen (Egalisieren) verschiedener Kunstbuttersorten verwendet.

Bavaria-Butterpresse.

Auf die Grundplatte ist ein kräftiges Gußgestell montiert, in dem der kippbare Preßzylinder mit starken Lagerzapfen eingehängt ist. Am Boden des Zylinders ist die Formplatte aus doppelt verzinntem Stahl eingelegt, die zwecks Reinigung leicht entfernt werden kann. Diese Formplatte enthält 705 Durchgangsöffnungen von 6 mm Durchmesser. Der Zylinder ist mit Aluminium ausgelegt, ebenso

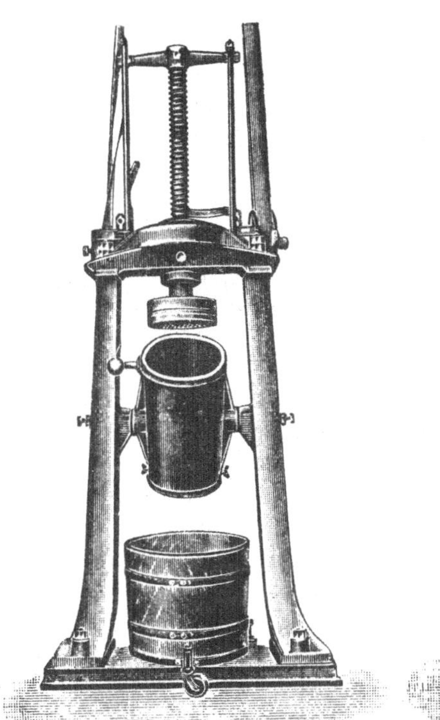
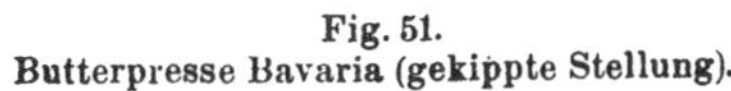

Fig. 51.
Butterpresse Bavaria (gekippte Stellung).

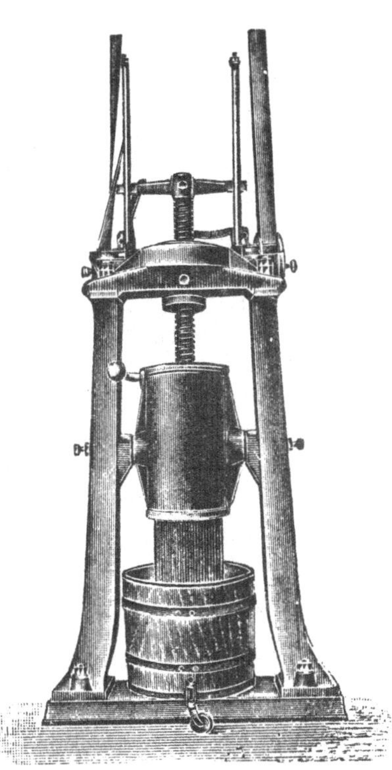

Fig. 52.
Butterpresse Bavaria.

ist die Preßplatte mit Aluminium überdeckt. Der Preßkolben, der, mit doppelter Lederdichtung versehen, den Zylinder hermetisch verschließt, wird durch eine starke Spindel gesenkt und gehoben. Die Spindelmutter läuft in einem Kugellager; der Antrieb erfolgt durch ein Schneckengetriebe aus bestem Stahl. Dieses, in ein Gußgehäuse mit größerem Ölinhalt eingebaut, läuft ebenfalls auf Stahlkugeln.

Die gut gereinigte Platte wird in den Boden des Zylinders eingesetzt und durch vier Stellschrauben befestigt. Der Zylinder, nach vorwärts gekippt, wird mit Butter gefüllt und wieder in seine vertikale Lage gebracht.

Durch einen Druck auf den Einrücker senkt sich der Preßkolben und die Butter kommt in Fäden von 6 mm Stärke durch die Preßplatte in eine unter dem Zylinder stehende, zur Hälfte mit reinem Wasser gefüllte Butterwanne. Diese ist fahrbar und wird zu jeder Maschine mitgeliefert. Handelt es sich um Durcharbeitung älterer Butter, so können die Hohlräume des Zylinders auch mit Magermilch oder Salzwasser gefüllt werden. Die Butterfäden werden vermittels einer Holzgabel, eines gelochten Schöpfers o. dgl. von der Wanne auf den Butterkneter gebracht. Sobald der Preßkolben die Formplatte erreicht hat, geschieht die Umschaltung selbsttätig, der Preßkolben läuft mit höherer Tourenzahl nach oben, schaltet aus und die Füllung des Zylinders beginnt von neuem.

6. Hervorrufung eines der Naturbutter ähnlichen Geruches und Geschmackes sowie Färbung der Kunstbutter.

Die auf die beschriebene Weise erhaltene Kunstbutter ist in Aussehen und Streichfähigkeit von Naturbutter nicht zu unterscheiden und auch hinsichtlich Geruchs und Geschmacks gleichen gute Sorten von Margarinbutter, zu deren Herstellung man reinste Materialien und reichliche Mengen guter Milch verwendete, der Naturbutter fast vollkommen. Die billigeren Sorten von Kunstbutter lassen jedoch hinsichtlich Geruchs und Geschmacks mitunter manches zu wünschen übrig, und es war daher seit jeher das Bestreben der Margarinfachleute, solcher Kunstbutter durch besondere Verfahren Geruch und Geschmack der Naturbutter zu erteilen.

Von einer strengen Scheidung der verschiedenen Mittel in geruchverbessernde und geschmackveredelnde wollen wir bei der nachstehenden Besprechung absehen, weil wir bei den meisten Nahrungsmitteln, besonders aber bei Fetten, die Begriffe Geruch und Geschmack viel zu eng verbinden.

Als in erster Linie geruchverbessernde Verfahren müssen jedenfalls jene bezeichnet werden, die darauf hinauslaufen, der Kunstbutter Riechstoffe zuzusetzen, die der Milchbutter von Natur aus eigen sind.

Cumarin. Da die Naturbutter ihr Aroma zum Teil dem Vorhandensein eines in verschiedenen Wiesenkräutern und in frischgemähtem Heu vorkommenden Riechstoffes, dem Cumarin[1]), verdankt, versuchte man, durch Zusatz von Cumarin zur Margarinbutter diese naturbutterähnlich zu machen. Die Resultate, die man durch diese Zugabe erzielte, waren aber durchweg unbefriedigend: Cumarin erteilt der Margarinbutter, in halbwegs nennenswerter Menge zugesetzt, einen aufdringlichen, sofort als fremdartig erkannten Geruch, zu geringe Mengen bleiben andererseits wirkungslos.

Melilotin. Piek[2]) hat ein anderes riechendes Prinzip der Wiesenkräuter versucht, nämlich Melilotol[3]) (Geruchsträger des Steinklees — Melilotus offici-

---

[1]) Cumarin ($C_9H_6O_2$) ist das Anhydrid der Cumarsäure und wird aus den Tonkabohnen (Samen der Dipterix odorata) gewonnen. Es findet sich außer in den Tonkabohnen auch in den Blättern und Blüten des Waldmeisters (Asperula odorata) in größerer Menge und bedingt dessen angenehmes Aroma. Cumarin bildet farblose, glänzende, prismatische oder blätterige Kristalle, die einen brennenden, bitteren Geschmack zeigen, in kaltem Wasser wenig, in warmem mehr, in Alkohol, Äther, Benzol, Chloroform, Schwefelkohlenstoff, fetten Ölen usw. leicht löslich sind.

[2]) Chem. Revue 1903, S. 177.

[3]) Melilotol ($C_9H_8O_2$) ist eine ölige, in Alkohol und Äther lösliche Flüssigkeit, die mit Kalilauge unter Wasseraufnahme in Melilotsäure übergeführt wird.

nalis). Die Erfolge sollen dabei etwas besser gewesen sein als beim Cumarin, aber doch nicht so, daß eine Umsetzung dieser Idee in die Praxis hätte befürwortet werden können.

Hier soll nicht unerwähnt bleiben, daß man nach Mitteilungen landwirtschaftlicher Kreise auch den Wohlgeruch der Naturbutter bisweilen zu verbessern trachtet, indem man einen Sack mit Melilotus, Antroxanthum odoratum oder Asperula odorata in einem leeren, zugedeckten Butterfaß aufhängt und kleine Säckchen mit diesen Pflanzen auch während des Verbutterns an das Butterkreuz befestigt. Das in den Kräutern enthaltene Cumarin wird dadurch der Butter einverleibt, die dabei nicht so unangenehm parfümartig riecht wie bei Zugabe des isolierten reinen Riechstoffes.

Flüchtige Säuren.

Propion-, Butter- oder Capronsäure, die häufig zur Erteilung eines Buttergeruches der Kunstbutter, speziell aber der Schmelzmargarine empfohlen werden, dürfen nur in einer Menge von $^1/_2$—$1\,^0/_{00}$ (aufs Fettgewicht gerechnet) angewandt werden; sie wirken leider geschmackverschlechternd und sind ziemlich teuer.

Aldehyde.

Die Aldehyde der genannten Säuren, ferner auch Valerian- und Caprylaldehyd wirken noch kräftiger als die Säuren, stellen sich aber im Preise höher als diese.

Kunstbutter erhält zwar durch die Parfümierung mit flüchtigen niederen Fettsäuren oder deren Aldehyden einen butterähnlichen Geruch der aber nicht naturgetreu ist, dem vielmehr etwas Fremdartiges anhaftet. Bei Schmelzmargarine ist dieser Geruch mehr am Platze und nur hier können diese Säuren und Aldehyde nötigenfalls angewandt werden. Ihre Flüchtigkeit ist ihrer Anwendung allerdings etwas hinderlich, denn während des mehrtägigen Flüssigbleibens der Schmelzmargarine verflüchtigt sich ein Gutteil des zugesetzten Parfüms.

Esterverbindungen.

Die unter verschiedenen Phantasienamen auf den Markt gebrachten Mittel zur Geruchsverbesserung der Schmelzmargarine sind meist Esterverbindungen der niederen Fettsäuren; so z. B. das von Galatzer empfohlene Margol (vergleiche S. 175).

Ein kombiniertes Butteraroma, das nach Mitteilung der Untersuchungsanstalt der Stadt Leipzig für renovierte Butter verwendet wurde, bestand nach den Untersuchungen des genannten Amtes aus Buttersäure, Bittermandelöl (?) und Himbeeräther (?).

Die Glyzeride der Butter-, Capron-, Capryl- und Caprinsäure für Kunstbutter anzuwenden, haben J. Wohlgemuth[1]) in Berlin und Otto Schmidt[2]) in Berlin empfohlen.

Nach Wohlgemuth sollen bis 14 % eines Gemenges von Butter-, Capron-, Capryl- und Caprinsäuretriglyzerid der Kunstbutter in irgend einer geeigneten Phase der Fabrikation zugesetzt werden.

[1]) Engl. Patent Nr. 15535 v. 15. Juli 1898.

[2]) D. R. P. Nr. 102539 v. 22. April 1898.

Glyzeride flüchtiger Säuren.

Ein ganz gleiches Vorgehen sieht O. Schmidt in seinem ersten Verfahren[1]) vor, bei dem der fertigen Kunstbutter die Glyzeride der flüchtigen Fettsäuren beigemengt wurden. Später hat er diese Methode dahin verbessert, daß er an Stelle der gewöhnlichen gemischte Glyzeride anwendete, bei denen die Hydroxyle des Glyzerins durch Säureradikale teils der flüchtigen, teils der höheren Fettsäuren ersetzt sind[2]).

Die Darstellung dieser gemischten Glyzeride erfolgt nach Schmidt in der Weise, daß man sich zuerst Monoglyzeride herstellt, was wie folgt geschieht:

Verfahren von O. Schmidt.

Um Monostearin zu erhalten, wird reines Glyzerin mehrere Stunden lang auf 160—170° C erhitzt und dadurch vom Wasser völlig befreit. Nach dem Abkühlen leitet man in das Glyzerin so lange einen Strom Chlorwasserstoffgases ein, bis eine herausgenommene Probe einen Gehalt von 1,5—2% HCl aufweist. Von diesem sauern Glyzerin kann man ein größeres Quantum vorrätig halten. Ein Teil wasserfreier Stearinsäure wird mit $1^1/_2$—2 Teilen dieses sauern Glyzerins in einem geeigneten Kolben, der mit einem kurzen Steigrohr oder mit einem Liebigschen Kühler versehen ist, im Ölbade auf 150—180° C erhitzt. Bei Anwendung eines Liebigschen Kühlers leitet man durch diesen Wasserdampf. Von Zeit zu Zeit (alle Stunden) schüttelt man kräftig um oder aber — und das ist zweckmäßiger — man schaltet ein geeignetes Rührwerk ein und rührt ohne Unterbrechung. Nach 12 Stunden — bei Anwendung eines Rührwerkes schon früher — ist alle Stearinsäure in Monostearin übergeführt. Das Rohprodukt wird in Wasser gegossen und mit ihm unter zeitweiliger Erneuerung des letzteren so lange geschüttelt, bis es vom Glyzerin vollständig befreit ist.

Zur Gewinnung eines ganz reinen Präparates kann das Rohprodukt noch aus Alkohol und Äther umkristallisiert werden. Der Schmelzpunkt dieses Produktes liegt bei 60—62° C.

Die Herstellung von Monopalmitin und Monoolein erfolgt in ganz analoger Weise.

Aus den Monoglyzeriden stellt man sich nun die gemischten Triglyzeride her, wozu Schmidt den folgenden Weg vorschlägt:

Dibutyromonostearin wird erzeugt, indem man vom Glyzerin befreites Monostearin mit Chlorwasserstoff so lange versetzt, bis es 1—2% enthält und mit dem gleichen Gewichte wasserfreier Normalbuttersäure in einem geeigneten Kolben bis zum Siedepunkt der Buttersäure (163° C) erhitzt. An dem Kolben wird entweder ein Liebigscher Kühler, durch den man Wasserdampf leitet, oder ein Steigrohr befestigt, dessen Länge man für eine bestimmte Temperatur des Ölbades so einrichtet, daß alle Buttersäure kondensiert wird, dagegen das bei der Reaktion entstehende Wasser abdestillieren kann. Nach 12stündigem Erhitzen wird das Öl mit Sodalösung und Wasser so lange geschüttelt, bis alle Buttersäure entfernt ist, und dann getrocknet. Das erhaltene Produkt stellt eine gelbliche Masse dar, die bei Zimmertemperatur kristallinisch ist, beim Erwärmen mit Wasser sauer reagiert und den Geruch der Buttersäure erkennen läßt.

Die Herstellung von Dibutyromonopalmitin und Dibutyromonoolein ist analog.

An Stelle von Salzsäure können auch andere wasserentziehende Substanzen, wie Schwefelsäure, Chlorzink, Borsäureanhydrid u. dgl., Verwendung finden.

---

[1]) D. R. P. Nr. 102539 v. 22. April 1898.

[2]) D. R. P. Nr. 107870 v. 27. Nov. 1898.

Da

283 Teile Dibutyromonostearin 100 Teilen Buttersäure,
238 Teile Dicapronomonostearin 100 Teilen Capronsäure,
212 Teile Dicaprylmonostearin 100 Teilen Caprylsäure

entsprechen, berechnet sich die Zusammensetzung einer Margarine mit 10 % flüchtiger Säuren beispielsweise wie folgt:

74,65 % Oleomargarin,
14,15 % Dibutyrostearin,
5,90 % Dicapronostearin,
5,30 % Dicaprylostearin,

wobei natürlich auch eine Reihe anderer Kombinationen der Komponenten möglich ist.

Je nachdem man die gemischten Glyzeride der Stearin-, Palmitin- oder Ölsäure verwendet, erhält man eine im Schmelzpunkt etwas variierende Kunstbutter. Man hat es also bei der Ausführung des Schmidtschen Verfahrens an der Hand, weichere oder härtere Butter zu erzeugen.

Max Poppe in Bielefeld[1]) geht von der richtigen Voraussetzung aus, daß das Aroma der Naturbutter von einer Reihe von Verbindungen hervorgerufen werde, die nur in ihrer Gesamtheit die gewünschte Wirkung zeigen. Einzelne Glieder dieses Stoffgemisches vermögen keinesfalls das der Naturbutter entsprechende Aroma nachzubilden. Verfahren nach Poppe

Zur Herstellung des Gemisches flüchtiger Fettsäuren verseift Poppe Naturbutter mit alkoholischem Ätznatron, verdampft hierauf den Alkohol und trocknet die erhaltene Seife im Vakuum, um sie sodann in der fünfzehnfachen Menge Wasser zu lösen. Die Seifenlösung wird mit einem entsprechenden Quantum verdünnter Schwefelsäure (1 : 4) versetzt und die abgeschiedenen Fettsäuren werden im luftverdünnten Raume destilliert. Bei etwa 50—60° C geht ein Destillat über, das der Hauptsache nach aus flüchtigen aromatischen Fettsäuren besteht. Dieses Destillat kann unmittelbar in der Margarinindustrie verwendet werden, oder man kann die flüchtigen Fettsäuren durch Äther isolieren, in Alkohol oder fetten Speiseölen lösen und in dieser Form der Margarine zusetzen. Die aus 100 Teilen Naturbutterfett erhaltene Destillatmenge genügt für 100000 Teile Margarine. Der Zusatz der flüchtigen Fettsäuren erfolgt zweckmäßig nach der Emulgierung der Fette mit Milch.

Poppe macht darauf aufmerksam, daß die flüchtigen Fettsäuren beim Auswaschen, Auswalzen und Auskneten der Margarine teilweise entfernt werden, daß also nicht allzuviel von den flüchtigen Fettsäuren in der Margarine zurückbleibt, wohl aber doch solche Mengen, die zur Erzielung des gewünschten Naturbutteraromas und -Geschmackes hinreichen.

---

[1]) D. R. P. Nr. 128729 vom 27. Mai 1899; österr. Patent Nr. 5653 vom 15. März 1901.

Das Poppesche Verfahren ist von seiten einiger Fachleute ungünstig kritisiert worden, weil es freie Fettsäuren verwendet, die jedenfalls auf die Kunstbutter keine verbessernde Wirkung üben können[1]).

Verfahren von Neudörfer und Klimont. Julius Neudörfer und Isidor Klimont[2]) in Wien haben versucht, die das Aroma und den Geschmack der Milch bedingenden Substanzen mit Wasserdampf abzudestillieren und daraus durch Extraktion mit Äther oder anderen geeigneten Lösungsmitteln die Geruchsträger in konzentrierter Form zu gewinnen. Diese wollen die Erfinder dann für sich oder unter Zusatz von Butyro-, Isobutyro- oder Capronaldehyd der zur Herstellung der Margarine dienenden Fettmasse zusetzen. Letztere Verbindungen konnten nämlich in dem Destillat nachgewiesen werden, müssen also als natürliche Bestandteile des Butteraromas gelten.

Neudörfer und Klimont wollen nun durch Zusatz von 20 g des Destillatextraktes (der in mehreren Litern Wasser gelöst werden muß) zu 500 kg Oleomargarin, innige Vermengung des Wassers mit dem Fette und darauffolgendes Abpressen des ersteren ein der Naturbutter sehr ähnliches Produkt erzielen. Die so hergestellte, ohne Verwendung von Milch bereitete, nur mit der wässerigen Lösung des Aromaextraktes gekirnte Kunstbutter ist natürlich stickstoffrei, weil keine Eiweißsubstanzen der Milch (Kasein) darin enthalten sind. Neudörfer und Klimont betrachten die Stickstoffreiheit der nach ihrem Verfahren hergestellten Margarine als deren besonderen Vorteil und stempeln diesen Umstand in ihrer Patentbeschreibung zu einem wesentlichen Punkte ihres Verfahrens.

Ob eine ohne jeden Milchzusatz hergestellte Margarinbutter allen sonstigen Ansprüchen gerecht wird, muß allerdings dahingestellt bleiben.

Bei der Herstellung eines Kunstbutteraromas von der Milch auszugehen, ist jedenfalls das richtigste, denn in der Milch ist die Quelle des Naturbuttergeruches zu suchen. Durch eine entsprechende Milchbehandlung (Säuerung, Reinkulturen, Kefirmilch usw.) läßt sich daher sehr viel für ein gutes Kunstbutteraroma tun, und einige der S. 101—109 beschriebenen Verfahren zielen direkt auf die Aromabildung ab.

Über die sich in der Naturbutter findenden geruchentwickelnden Mikrokokken haben S. C. Keith wie auch H. Weigmann[3]) und H. W. Conn[4]) Untersuchungen angestellt.

Max Poppe[5]) hat die Kulturflüssigkeit des Bacillus aromaticus zur Erzeugung eines Naturbutteraromas in Fetten vorgeschlagen.

---

[1]) Poppes Verfahren war ursprünglich zur Herstellung einer haltbaren Naturbutter gedacht. (D. R. P. Nr. 121657.) Er stellte aus sterilisiertem Rohmaterial (Milch und Rahm) keimfreie Butter her, der er das fehlende Aroma durch Zusatz von aus Naturbutter hergestellten flüchtigen Fettsäuren erteilte.

[2]) D. R. P. Nr. 135081 v. 9. Dez. 1900; österr. Patent Nr. 8148 v. 10. Juli 1902.

[3]) Zentralbl. f. Bakteriologie 1897, S. 497.

[4]) Chem. Ztg. Rep. 1896, S. 247.

[5]) Engl. Patent Nr. 18500 v. 29. Aug. 1898.

Erzeugung eines Brataromas.

Die bisher angeführten Methoden bezweckten die Hervorrufung eines dem Geruche der frischen Butter ähnlichen Aromas; man kennt aber auch einige Verfahren, die die Erzeugung jenes Geruches verfolgen, den man Brataroma nennt und der beim Erhitzen der Naturbutter auftritt. Dieses Brataroma ist auf die beim Erwärmen der Butter eintretende Verflüchtigung der Cholesterinester zurückzuführen. Diese in der Milch enthaltenen und bei deren Verbuttern in die Butter übergehenden Cholesterinverbindungen (Verbindung des Cholesterins mit Milch- und Bernsteinsäure) erleiden beim Erhitzen der Butter eine Verflüchtigung, aber keine Zersetzung, weil das in der Butter enthaltene Wasser sie beim Schmelzen vor einer Überhitzung schützt.

Kunstbutter, die gewöhnlich mittels abgerahmter Milch hergestellt wird, kann keine Cholesterinester enthalten, weil abgerahmte Milch frei von diesen Verbindungen ist. Selbst bei Verwendung von Vollmilch oder von Sahne ist die in die Margarinbutter übergehende Menge von Cholesterin sehr gering.

Verfahren von Sprinz,

Julius Sprinz[1]) in Breslau kam daher auf den Gedanken, der zur Kunstbuttererzeugung verwendeten Milch Cholesterin zuzusetzen, bevor sie zur Kunstbutterfabrikation verwendet wird.

Zur Ausführung des Verfahrens wird das Cholesterin in einem Gemisch von zwei Teilen Äther und drei Teilen Alkohol gelöst; ein Teil dieser Mischung vermag 20—25 % Cholesterin aufzunehmen. Die Lösung wird der Süßmilch unter Umrühren zugesetzt, wobei sich das Cholesterin sehr fein verteilt ausscheidet. Hierauf versetzt man die Milch mit einem Säureentwickler und überläßt sie der Ruhe. Nach 5—6 Stunden haben sich die gebildeten Säuren mit dem fein verteilten Cholesterin esterifiziert und die Milch ist für die Verbutterung des Oleomargarins reif.

Nach Sprinz soll man für je 1 kg Margarine der zu verarbeitenden Milch 1 g Cholesterin zusetzen, was angesichts des relativ hohen Preises für Cholesterin eine bemerkenswerte Fabrikationsausgabe darstellt.

von Reibel.

Ein Bratgeruch wird der Kunstbutter auch erteilt, wenn man in Befolgung der Reibelschen Vorschrift[2]) der zur Herstellung des Margarins dienenden Fettmasse etwas von einem Röstprodukt zusetzt, das man durch einen Bratprozeß von Fleisch[3]), Mehl oder Brot mit Butter erhalten hat.

---

[1]) D. R. P. Nr. 127376 v. 20. Juli 1900.

[2]) D. R. P. Nr. 118236 v. 3. Febr. 1900.

[3]) Hier möge auch das von E. v. Uechtritz in Gebhardsdorf bei Friedberg a. Qu. herrührende Verfahren (D. R. P. Nr. 164633 v. 28. Juli 1904) zur Herstellung eines Aasgeruch zeigenden Öles (Raubtierlockmittel) Erwähnung finden. Man läßt zu diesem Zwecke die Fette oder Öle mit Tierleichen oder Fleisch in geschlossenen Gefäßen unter Erwärmung faulen und preßt hierauf das Öl aus der breiig gewordenen Masse ab. Dieses stellt ein intensiv riechendes und vom Regen nicht so leicht unwirksam werdendes Lockmittel dar, wie es die früher gebräuchlichen waren.

Zur Ausführung dieses Verfahrens wird gutes, frisches Rindfleisch fein zerhackt oder durch die Fleischmühle zerkleinert und mit einer hinreichenden Menge Butter unter fortwährendem Umrühren in einem geeigneten Behälter, eventuell unter Zusatz von etwas Salz, gebraten, bis die Fleischfasern trocken und brüchig geworden sind bzw. die kleinen Fleischstückchen allseitig eine schwache Bratkruste zeigen. Das Verhaltnis zwischen Naturbutter und Fleisch wird zweckmäßigerweise so genommen, daß die Fleischteile immer genügend mit Fett vollgesogen sind, um so ein Anbrennen zu vermeiden.

Nachdem der Bratprozeß beendet ist, wird das etwa überflüssige Fett von dem Fleische getrennt, diesem so viel Mehl oder Weißbrot zugesetzt, bis das Butterfett aufgesogen ist, das Gemisch nochmals geröstet und nach dem Erkalten gemahlen.

Das so gewonnene Röstprodukt wird der warmen, zur Herstellung der Margarine dienenden Fettmasse zugesetzt und das Gemenge unter wiederholtem Umrühren in der Wärme stehen gelassen, um das Aroma auszuziehen. Durch Absetzenlassen und Filtrieren wird das reine, mit reichlichem Butteraroma versehene Fett von den gerösteten Bestandteilen getrennt.

Geschmacksverbesserung.

Eigentliche geschmackverbessernde Operationen werden — ausgenommen den Kirnprozeß, der eine solche Wirkung in ausgiebigem Maße hervorruft — nur selten vorgenomen. Was einzelne Erfinder mit den von ihnen vorgeschlagenen Zutaten bezwecken, ist nicht immer klar. So z. B. wenn B. Sommer[1]) Milchsäure in Fetten durch Digerieren der betreffenden Stoffe in Gegenwart wasserentziehender Substanzen löst.

Während die geschmack- und geruchgebenden Zusätze zumeist bei der Knetoperation (also nach der Kirnung) gemacht werden, erfolgt das Färben gewöhnlich während des Kirnprozesses, indem man die entsprechende Farblösung (siehe weiter unten) gemeinsam mit der Fettmasse in den Kirnapparat bringt.

Färben der Kunstbutter.

Das Färben der Margarine[2]) bezweckt, ihr ein möglichst butterähnliches Aussehen zu erteilen; die richtige Farbgebung ist bei der Kunstbutterfabrikation nicht viel weniger wichtig als die Erteilung des richtigen Geschmackes und Geruches. Man ist eben seit jeher so gewohnt, eine Butter hübsch gelb zu finden, daß jede hell aussehende Kunstbutter von vornherein als minderwertig betrachtet wird. Müssen sich doch selbst die Landwirte dazu bequemen, die an sich hellgelbe, fast weiße Winterbutter zu färben, um ihr das Aussehen der beliebten gelben Sommerbutter (Grünfütterung) zu geben.

Da Kunstbutter ohne besondere Färbung weißlichgelb ist, käme bei dem tief eingewurzelten Glauben, daß gute, schmackhafte Butter auch gelb sein müsse, ein Färbeverbot fast einem Erzeugungsverbote gleich, und

---

[1]) Amer. Patent Nr. 470715 v. 15. März 1892.

[2]) Siehe auch S. 205 dieses Bandes.

die Margarinfabrikanten aller Herren Länder verteidigen daher das von seiten der Agrarier bisweilen verlangte Färbeverbot auf das schärfste[1]).

Nach § 21 des Fleischbeschaugesetzes und der Bekanntmachungen des Bundesrates ist die Gelbfärbung der Margarinprodukte ausdrücklich gestattet; es dürfen natürlich nur solche Farbstoffe dazu verwendet werden, die vollkommen unschädlich sind.

Notwendige Eigenschaften der Butterfarben.

In Betracht kommen fettlösliche gelbe und orangene Farbstoffe, die möglichst ausgiebig färben, geschmack- und geruchlos, dabei lichtecht und für die Gesundheit absolut unschädlich sind.

Die absolute Fettlöslichkeit der Färbemittel ist Hauptbedingung, denn Farben, von denen auch nur Spuren in Fett unlöslich bleiben oder die dazu neigen, sich beim Lagern teilweise auszuscheiden, bilden in der damit gefärbten Butter sogenannte Farbaugen, das sind kleine, dunkle Pünktchen mit einem mehr oder weniger intensiv gefärbten, größeren oder kleineren Hof.

Der Anforderung nach Geschmack- und Geruchlosigkeit kommen die meisten Farbstoffe nach, zum wenigsten sind sie in der Verdünnung, in der sie zur Anwendung gelangen, geschmack- und geruchlos.

Lichtecht sollen die Butterfarben deshalb sein, weil sonst die damit gefärbte Kunstbutter am Rande zu stark ausbleicht und die durchschnittenen Würfel in der Mitte eine andere Farbe zeigen als an ihrem Rande. Dieses würde zu Reklamationen führen, obwohl auch die Farbe der Naturbutter beim Stehen rasch ausbleicht und hier eine ganz ähnliche Erscheinung eintritt.

Die Unschädlichkeit der verwendeten Farbstoffe für die Gesundheit des Menschen ist natürlich eine Forderung, die in die erste Linie zu stellen ist. In einigen Staaten sind daher zum Färben von Nahrungsmitteln nur ganz bestimmte, eigens namhaft gemachte Stoffe zugelassen; so z. B. sind in den Vereinigten Staaten außer den natürlichen Pflanzenfarbstoffen von künstlichen Gelb- und Orangefarbstoffen nur Naphtholgelb *S* und Orange *I* erlaubt, die bestimmten Anforderungen hinsichtlich ihrer Reinheit genügen müssen. G. Kohnstamm[2]) machte aber vor kurzem darauf aufmerksam, daß die meisten im Handel erhältlichen Proben dieser Teerfarben den gestellten Reinheitsforderungen nicht entsprechen. So fand er in 60 Proben von Naphtholgelb *S* durchweg Martiusgelb, 41 enthielten Arsen, 29 Schwermetalle und viele 2—3 $^0/_0$ unveränderter Ausgangsstoffe und Zersetzungsprodukte. Von 28 untersuchten Proben Orange *I* waren 50 $^0/_0$ durch Zersetzungsprodukte verunreinigt, die meisten enthielten außerdem freies α-Naphthol, wie auch Blei, Arsen und Eisen nachgewiesen werden konnten.

Zur Herstellung von Butterfarbe ist eine ganze Reihe von pflanzlichen Farbstoffen geeignet; so: Gelbholz, Kurkuma, Orlean (auch Roucon, Anatto oder Urucu genannt, ein Farbstoff von dem in Ostindien und Peru

[1]) Vergleiche S. 205 dieses Bandes.
[2]) Österr. Chem. Ztg. v. 1. Aug. 1909.

heimischen Baume Bixa orellana), der Saft der Mohrrübe und Ringelblume und andere mehr.

Nicht besonders geeignet sind zum Margarin- und Butterfärben Safran und Saflor, die infolge ihres scharfen Geruches auch der Margarine ein spezifisches Aroma erteilen würden, das leicht zu Beanstandungen führen könnte. Auch die bisweilen als Butterfarbstoffe genannten Kalisalze der Dinitro-, Ortho- und Para-Kresolsulfosäure sind für diesen Zweck weniger passend, weil sie wasserlöslich und außerdem nicht ganz ungiftig sind. Wasserlösliche Farbstoffe sind aber zum Färben von Margarinprodukten nicht verwendbar, weil die sich bei deren Lagern an der Oberfläche stets zeigenden kleinen Wassertröpfchen (ähnlich den bekannten Milchtröpfchen, die beim Streichen von frischer Butter hervorquellen) eine gelbe Färbung erzeugen würden, was ihren Verkauf unmöglich machen würde.

Dagegen eignen sich zum Färben von Margarin die fettlöslichen Anilinfarben, wie sie die Firma Friedrich und Karl Hessel, A.-G., in Nerchau bei Leipzig, Wilhelm Brauns in Quedlinburg usw. liefern.

Die Farbstoffe werden der Kunstbutter stets in Form einer Farblösung zugesetzt, und zwar verwendet man als Lösungsmittel gewöhnlich ein möglichst kältebeständiges Kotton-, Sesam- oder Rüböl[1]); letzteres ist besonders in Holland in Gebrauch.

Die Herstellung dieser sogenannten „Butterfarben" erfolgt derart, daß man den festen Farbstoff mit dem Öle unter Umrühren erwärmt, sodann erkalten läßt und in der Kälte mehreremal filtriert, damit ja kein ungelöstes Farbstoffkörnchen in der Lösung bleibe.

Ein Rezept lautet zum Beispiel:

80 g Orlean,
80 „ Kurkumawurzel,
240 „ vegetabilischen Öles,
1 „ Safran und
5 „ Alkohol.

Orlean und Kurkuma werden mit Olivenöl mazeriert und ausgepreßt; das Gewicht der filtrierten Flüssigkeit wird im Öle wieder auf 240 g ergänzt, hierauf der filtrierte Safran-Alkohol-Auszug hinzugegeben und durch Erwärmen der Mischung der Alkohol wieder abgetrieben[2]).

Mit der Herstellung von Butterfarben befassen sich eigene Laboratorien, die eine stets gleichmäßig farbkräftige Ware[3]) auf den Markt bringen.

---

[1]) Martin Fritzsche berichtete neulich über zwei Fälle, daß verbrauchsfertig bezogene Butterfarben Mineralöl enthielten, und zwar wurden bei der einen Sendung 60%, bei der anderen 53% Mineralöl ermittelt (Zeitschr. f. Unters. d. Nahrungs- u. Genußmittel 1909, Bd. 17, Heft 9).

[2]) Wiener Drog.-Ztg.

[3]) Gewöhnlich genügen 60 ccm Butterfarbe für 100 kg Margarine.

Die Kunstbutterfabriken dürften wohl nur äußerst selten solche Farblösungen selbst herstellen; sie sind froh, wenn ihnen diese Arbeit von den erwähnten Butterfarbenhändlern abgenommen wird.

7. Hervorbringung des Schäumens und Bräunens der Margarinbutter.

Allgemeines.

Während die Butter beim Erwärmen in einer Pfanne schäumt, einen spezifischen Butter- und Bratgeruch verbreitet, der schwammige Schaum sich schließlich zu bräunen beginnt und auch das Butterfett eine dunklere Farbe annimmt, beginnt die Margarine beim Erhitzen gewöhnlich zu spritzen, verhält sich also so wie ein wasserhaltiges Fett, entwickelt kein als Butter- oder Bratgeruch bekanntes Aroma und gibt im besten Falle einen nur wenig gebräunten Satz. E. Franck[1]) hat zuerst auf diese Fehler der Kunstbutter aufmerksam gemacht und auf ihre Beseitigung großen Wert gelegt. Seiner Ansicht nach spritzt die Naturbutter deshalb nicht, weil sie unter Bildung einer Schaumdecke schmilzt, die das Spritzen verhindert.

Der durch die verschiedenen Margaringesetze erschwerte Handel mit Margarine und die von den agrarischen Interessenten immer lebhafter geforderte äußerliche Kenntlichmachung der Kunstbutter haben die Margarinfabrikanten alles aufbieten lassen, um die Margarinbutter in ihren Eigenschaften in jeder Hinsicht der Naturbutter möglichst vollkommen nachzuahmen und so die im Publikum durch die gesetzlichen Bestimmungen für den Handel und Verkehr mit Margarinprodukten stets neuerweckte Voreingenommenheit gegen künstliche Speisefette wirksam zu bekämpfen.

Bräunende Margarine kam zuerst im Jahre 1895 auf den Markt, und zwar durch die Frankfurter Margarinegesellschaft. Diese durch Eigelbzusatz erzeugte Ware ließ jedoch hinsichtlich Haltbarkeit zu wünschen übrig. Auch ein von Paris aus in den Handel gebrachtes Präparat, das aus Eieröl und raffiniertem Meerschweintran bestand und dessen Zusatz zu Kunstbutter diese gut bräunend machen sollte, entsprach nicht[2]).

Im Jahre 1896 empfahl dann Bernegau einen Zusatz von Eigelb und Glykose zu der Margarine, um ein Bräunen und Schäumen hervorzurufen, und nun wurde ziemlich rasch aufeinander eine Reihe von (größtenteils patentierten) Verfahren verlautbart, die sich alle mit dieser Sache befaßten.

Ursachen des Bräunens und Schäumens.

Bevor auf diese verschiedenen Verfahren näher eingegangen wird, muß einiges über die Ursachen des Bräunens und Schäumens der Naturbutter gesagt werden. Als diese werden einige in der Naturbutter enthaltene spezifische Milchstoffe angesehen, die die Kunstbutter nicht enthält, weil sie beim Auswaschen der gekirnten Masse mehr oder weniger weg-

[1]) E. Franck, Die Kunstbutterfrage, Frankfurt a. M. 1887, Selbstverlag.
[2]) Vergleiche Chem. Revue 1901, S. 221.

geschwemmt werden[1]). Welches diese spezifischen Milchstoffe sind, darüber ist man sich noch nicht ganz im klaren; man vermutet aber, daß die Milcheiweißstoffe und das Lezithin, von dem in der Milch allerdings nur 0,049 bis 0,058 % enthalten sind, dabei die Hauptfaktoren darstellen.

Ansicht Pollatscheks.

P. Pollatschek[2]) glaubte experimentell nachgewiesen zu haben, daß das Schäumen der Naturbutter durch geringe Seifenmengen hervorgerufen werde.

Fendlers Richtigstellungen.

Fendler trat dieser Hypothese mit Recht entgegen und zeigte die Unhaltbarkeit der Pollatschekschen Ansicht. Die von letzterem beobachteten alkalischen Reaktionen wässeriger Auszüge von Naturbutter sind nach Fendler[3]) Ausnahmen, und das für die Wasserlöslichkeit des schaumbildenden Stoffes ins Treffen geführte Moment, daß Butter in der Pfanne nur so lange schäume, als noch Wasser vorhanden ist, wird von Fendler als ganz selbstverständliche Erscheinung hingestellt, weil die durch das Verdampfen des Wassers hervorgerufene Gasentwicklung Vorbedingung jedes Schäumens eines Fettes ist. Der von Pollatschek empfohlene Zusatz geringer Mengen (0,5 %) Natriumbikarbonat zu Kunstbutter, wodurch Seifenbildung eintrete und damit Schäumen erzielt werde, bewirkt nach Fendler zwar ein lebhaftes Schäumen, das aber auf die beim Erwärmen eintretende Kohlensäureentwicklung, nicht aber auf die aus dem Natriumbikarbonat und aus den in der Margarine enthaltenen freien Fettsäuren gebildete Seife zurückzuführen ist, denn ein direkter Zusatz von 0,5 % Seife zur Kunstbutter blieb fast wirkungslos. Auch bildeten in beiden Fällen die Eiweißstoffe nicht die bekannte, das Spritzen verhindernde Schaumdecke, sondern ballten sich zu großen Klumpen zusammen, und das Bräunen der Margarine trat nicht ein.

Die Frage nach dem schaumbildenden Körper der Naturbutter ist heute jedenfalls noch nicht vollkommen gelöst. Wir wissen nur, daß ein Zusatz von Eigelb oder des darin enthaltenen Lezithins ein Schäumen der Kunstbutter beim Braten hervorruft.

Um dabei auch ein Bräunen zu erzielen, ist die Gegenwart geringer Mengen von Zucker erforderlich, die der Milchmargarine schon mit der Milch einverleibt oder aber auch in Form von Glykose, Milchzucker usw. besonders zugegeben werden.

Verfahren von Bernegau.

Der Erste, der mit Erfolg eine bräunende und schäumende Margarine erzeugte, war, wie bereits erwähnt wurde, der Korpsstabsapotheker L. Bernegau[4]); er stellte diese von den van den Bergschen Margarinewerken in Cleve fabrizierte und unter dem Namen „Vitello" in den Handel gebrachte

---

[1]) Renovated butter schäumt und bräunt aus demselben Grunde nicht. Bei ihrer Herstellung findet ebenso ein Auswaschen oder Wegschwemmen der spezifischen Milchstoffe statt wie bei der Margarinerzeugung.

[2]) Studien über das Bräunen und Schäumen von Naturbutter und Margarine beim Braten, Chem. Revue 1904, S. 27.

[3]) Chem. Revue 1904, S. 122.

[4]) D. R. P. Nr. 97057 v. 17. Nov. 1896.

Kunstbutter durch einen Zusatz von Eigelb und Glykose (oder einer anderen Zuckerart) zu der fertigen Margarine oder zu den in der Kirnmaschine befindlichen Materialien her. Als Ursache des Nichtschäumens und Nichtbraunwerdens hatte er das Abbrausen der gekirnten Margarine mit Wasser, wobei ein großer Teil der spezifischen Milchstoffe ausgewaschen wird, erkannt und suchte diese verloren gegangenen Stoffe durch Eigelb und Glykose zu ersetzen.

Die Glykose bildet leider beim Braten einen festen, am Pfannenboden klebenden Bodensatz, der infolge Karamelbildung einen bitteren Geschmack und einen eigenartigen Geruch hervorruft. Auch drückt der Eiweißzusatz die Haltbarkeit (Fäulnisprozeß) der Margarine herab.

Trotz dieser Mängel hat sich die „Vitello"-Margarine binnen kurzem den Markt erobert und das Verfahren Bernegaus ist mehrfach modifiziert worden.

Methode Neiße und Boll.

So wollen J. H. G. Neiße in Hamburg und J. H. Boll in Hannover[1]) den oben angedeuteten Übelstand der Bildung eines braunen Niederschlages am Boden der Pfanne beheben, indem sie zunächst eine Emulsion von Eigelb und Zucker mit Rahm herstellen, diese Emulsion in der Kirnmaschine unter stetem Umrühren einem Quantum angesäuerter Vollmilch zusetzen und die Mischung von neuem vollständig emulgieren. Sobald das Gemenge innig genug ist, trägt man die früher hergestellte geschmolzene Mischung von Fett und Öl ein und verbuttert in der üblichen Weise. So hergestellte Margarine bräunt außerordentlich rasch und zeigt beim Erstarren nicht den oben gerügten Fehler, sondern verhält sich genau so wie gebräunte Naturbutter. Der Zucker, den man neben Eigelb und Rahm verwendet, ist am besten Milchzucker, doch sind auch Trauben- und Stärkezucker[2]) für diese Zwecke zu verwerten.

Später haben Neiße und Boll[3]) gefunden, daß die Butterähnlichkeit, Schmackhaftigkeit und Haltbarkeit der Margarine wesentlich erhöht wird, wenn das verwendete Eigelb vorher mit Kochsalz behandelt wurde. Eine mit Eigelb emulgierte Kochsalzlösung hellt das trübe, undurchsichtige Eigelb merklich auf, weil die Eiweißkörper (das Vitellin) von dem Kochsalz vollständig gelöst werden und das Cholesterin des Eigelbs frei gemacht wird. Jedenfalls wird durch eine Vorbehandlung des Eigelbs mit Kochsalz ersteres in äußerst feine Zerteilung gebracht und es kann sich daher mit der Margarine inniger verbinden.

Verfahren Bernstein.

Alexander Bernstein in Berlin[4]) verrührt das beizumengende Eigelb vor der Verwendung mit einer freie Kohlensäure enthaltenden Flüssigkeit und verfährt dabei wie folgt:

[1]) Österr. Patent Nr. 7475 v. 1. Mai 1901.

[2]) Einige amerikanische Patente sprechen von einem Zusatze von Stärkezucker (confectioners glucose) zur Kunstbutter, andere von Zugaben von getrocknetem Eiweiß japanischer Herkunft.

[3]) D. R. P. Nr. 127425 v. 15. Nov. 1902.

[4]) D. R. P. Nr. 183689 v. 8. Mai 1906.

Das der Margarine zuzusetzende Eigelb wird mit etwas Wasser verdünnt und unter Zugabe von wenig Kochsalz gut durchgequirlt. In einem anderen Gefäße wird doppeltkohlensaures Natron in Wasser gelöst, wobei man zweckmäßig auf je 100% benutzten Eigelbes 5% Bicarbonat rechnet. Letzteres zersetzt man durch eine für Nahrungsmittel unschädliche Säure (Milch-, Phosphor-, Zitronensäure usw.), bis kein Aufbrausen mehr stattfindet. In die reichliche Mengen Kohlensäure gelöst enthaltende kalte Flüssigkeit wird dann das mit Kochsalz vermischte Eigelb eingetragen und das Ganze innig verrührt. Die erhaltene Mischung wird der Margarine entweder während der Fabrikation oder auch nachher zugegeben.

Dabei kann eine nennenswerte Verflüchtigung der Kohlensäure nicht stattfinden, wenn man sich einer modernen Misch- oder Homogenisiermaschine bedient, weil damit die Vermischung äußerst rasch (in ca. 15 Sekunden), und zwar innerhalb der Maschine, erfolgt und außerdem sofort gekühlt wird. Übrigens nehmen die Emulsionen bei dem Mischprozeß stets Gase auf, und da die Margarine als eine Emulsion zu betrachten ist, wird auch bei ihr eine solche Gasaufnahme stattfinden.

Nach Bernstein ist der Vorzug seines Verfahrens gegenüber anderen Methoden darin zu suchen, daß die nach seinen Angaben hergestellte Margarine eine größere Ähnlichkeit mit der Naturbutter besitzt, denn bei ihrer Bereitung erhält der lezithinhaltige Rahm während seiner Reifung durch die Wirkung der Bakterien und Hefen nicht nur Milchsäure, sondern auch erhebliche Mengen freier Kohlensäure, welch beide Substanzen in die fertige Butter mit übergehen.

Verfahren Fresenius.

Die Verfahren von Neiße und Boll sowie von Bernstein stellen eigentlich nur neue Ausführungsarten des Bernegauschen Patentes dar. Einen neuen Weg beschritt dagegen Karl Fresenius, der als das wirksame Prinzip des das Bräunen und Schäumen hervorrufenden Eigelbes das Lezithin erkannte[1]). Er setzt daher der Margarine reines Lezithin an Stelle des Eigelbs zu; je nach der Güte der zu erzeugenden Ware, gibt man davon 0,005—0,2% vom Gewichte der Fettmasse zu, und zwar am besten während des Kirnens, nachdem Fett, Öl und Milch schon zusammengebracht worden sind. Das Lezithin kann aus Gehirn, Eidotter oder anderen organischen Lezithinstoffen erhalten werden[2]).

Das Verfahren von Fresenius bringt allerdings keine besonderen Vorteile, denn die Gewinnung reinen Lezithins aus Hirn ist kein sehr

---

[1]) Paul Pollatschek soll schon vor Fresenius das Lezithin als das bräunende und schäumende Prinzip in der Naturbutter erkannt haben. (Seifensiederztg. 1903, S. 498.) Jedenfalls hat aber Fresenius die Priorität der Erkenntnis der Lezithinwirkung nachzuweisen vermocht, denn er erhielt das von verschiedenen Seiten angefochtene Patent schließlich doch erteilt.

[2]) D. R. P. Nr. 142397 v. 12. Aug. 1902 (von Karl Fresenius in Rees a. Rh. und der Reeser Margarinefabrik, G. m b. H.).

angenehmes Verfahren und das Arbeiten mit Eigelb ist seiner Einfachheit halber entschieden vorzuziehen. Für die Margarinindustrie war die Methode aber deshalb wertvoll, weil sie das Monopol des Inhabers des patentierten Eigelbverfahrens zerstörte.

Neben der Ausbildung der Eigelb-Lezithin-Methoden haben sich die Margarinfachleute auch mit der Auffindung anderer Mittel zur Hervorrufung des Bräunens und Schäumens beschäftigt; als solche sind vor allem die in der Milch enthaltenen Eiweißstoffe empfohlen worden.

So will Adelaide Evers[1]) eine Margarine mit den beiden fraglichen Eigenschaften derart herstellen, daß sie die gepulverten Eiweißstoffe der Milch der Kunstbutter zusetzt. Verfahren nach Evers,

Das Verfahren, dem eine ganz richtige Idee zugrunde liegt, nimmt leider nur auf das eigentliche Bräunen, nicht aber auch auf das Schäumen Rücksicht und erreicht daher den Zweck nur zur Hälfte.

Nach einem Verfahren von Johann Heinrich Boll[2]) in Altona eignen sich als Mittel zum Bräunen und Schäumen der Kunstbutter besonders die Eiweißstoffe, die sich beim Schmelzen der Naturbutter abscheiden. Diese so gewonnenen Stoffe setzt man entweder der fertigen Margarine zu oder bringt sie in die Kirnmaschine. Für 100 kg Margarine soll man durchschnittlich ein Quantum von Eiweißstoffen brauchen, wie es aus 10 kg Naturbutter durch Ausschmelzen gewonnen wird. nach Boll.

Hartwig Mohr[3]) in Altona erzielte ein Bräunen und Schäumen der Margarinbutter durch Zusatz von fein gepulvertem Kasein, wobei jedoch die Zutat an sich nicht das Wesentliche des Verfahrens ist, sondern diese in Verbindung mit Eigelb und Rahm. Mohr verfährt wie folgt: nach Mohr.

Milch, im besonderen Magermilch, wird in bekannter Weise pasteurisiert und mit Reinkulturen von Milchsäurebakterien angesetzt, wie sie in der Molkerei bei der Säuerung von Rahm Verwendung finden; die Temperatur des Gemisches wird auf etwa 32 °C gehalten. Durch die Säurebildung scheidet sich das Kasein mit dem in der Magermilch noch vorhandenen Milchfett in zarten Flocken ab, die von der Flüssigkeit getrennt, ausgepreßt und nun in einem trockenen, heißen Raum auf heizbaren Tischen schnell getrocknet werden. Die so gewonnenen harten Krusten von aromatischem, zuckerfreiem Kasein werden auf Kollergängen und mittels Mahl- und Siebmaschinen zu feinstem Pulver verarbeitet, wovon man etwa ein halbes Prozent der inzwischen in bekannter Weise so weit hergestellten, in einer Mischmaschine befindlichen Margarine zusetzt. Das Pulver wird kurze Zeit mit der Margarine gemischt und dem Gemisch werden noch auf 100 Pfund 2 Liter besten, pasteurisierten zehnprozentigen Rahms, der zweckmäßig ebenfalls vorher gesäuert ist, und etwa ein Viertelliter Eigelb,

---

1) D. R. P. Nr. 133821 v. 1. März 1899.
2) D. R. P. Nr. 173112 v. 3. März 1905.
3) D. R. P. Nr. 170163 v. 19. Okt. 1902.

das vorher durch ein Sieb geschlagen und so von anhängendem Eiweiß und Häuten befreit wurde, zugesetzt und untergemischt. Das fertige Produkt wird in die Verpackungsgefäße gebracht.

Mohr rühmt seinem Verfahren mehrere Vorteile nach: Die so hergestellte Kunstbutter soll beim Braten sehr kleine Blasen entwickeln, also dichten Schaum bilden, so wie Naturbutter, und dadurch jedes Spritzen vermeiden, ferner soll sie sich sehr gut bräunen (ohne dabei zu verbrennen) und ein sehr angenehmes Brataroma entwickeln.

Verfahren Poppe.

Ein Verfahren, das nur das Bräunen der Kunstbutter bezweckt, nicht aber auch das Schäumen, ist das von Max Poppe[1]) in Bielefeld. Das Bräunungsmittel besteht aus einem öligen Extrakt von zerkleinerten Zerealien (am besten Roggen oder Weizen) oder von getrocknetem Brot.

Die Herstellung dieses Extraktes geschieht so, daß man Roggen, Weizen oder gebackenes Brot auf geeignete Weise zerkleinert und bei niederer Temperatur trocknet. Darauf werden diese Stoffe mit Öl, am besten Sesamöl, digeriert, oder man extrahiert sie mit Äther oder anderen geeigneten Extraktionsmitteln und stellt sich durch deren Abtreiben aus der erhaltenen Lösung den reinen Extrakt her, den man, in Fett oder Öl gelöst, der Margarine einverleibt.

Ein Bräunen der Margarine wird neben dem damit bezweckten Röstgeruche auch durch das Verfahren von August Reibel[2]) erreicht, das mit der Methode Poppe eine gewisse Ähnlichkeit hat.

Die lebhafte Nachfrage nach bräunender und schäumender Margarine hat weiterhin ein Angebot von verschiedenen Geheimpräparaten gezeitigt, deren Zusatz zur Margarine dieser die gewünschten Eigenschaften erteilen soll.

Geheimpräparate.

G. Fendler[3]) hat einige dieser Präparate untersucht, wovon eines ein hellbraunes, krümliges Pulver darstellte, das zu 43,14 % in Wasser löslich war und sich wie folgt zusammensetzte:

	In lufttrockenem Zustande	In der Trockensubstanz
Wasser	11,49 %	—
Mineralstoffe	14,92	16,86 %
davon Kochsalz	10,44	11,80
Gesamtstickstoff	8,80	9,94
Ätherextrakt	14,10	15,93
Cholesterin	4,46	5,03
Lezithinphosphorsäure	0,724	0,817
entsprechend		
Lezithin	8,23	9,30.

[1]) D. R. P. Nr. 115729 v. 4. Juli 1899.
[2]) Vergleiche S. 159.
[3]) Apotheker-Ztg. 1904. Nr. 4.

Ein anderes Präparat, das irreführenderweise als „Fischeier" bezeichnet wurde, war hellgrau, von schmierig-salbenartiger Konsistenz, eigenartigem, schwach fauligem Geruche und bestand wahrscheinlich aus von den Häuten befreitem, mit Kochsalz versetztem Kalbshirn. Es enthielt:

Wasser	63,54 %
Trockensubstanz	36,46
Ätherextrakt	10,62
Gesamtstickstoff	1,96 [1])
Mineralbestandteile	12,23
Chlor	6,26 [2])
Gesamt-Phosphorsäure (P_2O_5)	0,925
Alkohollösliche (Lezithin-) Phosphorsäure	0,631 [3])

Die wasser- und kochsalzfreie Substanz setzte sich so zusammen:

Ätherextrakt	46,63 %
Stickstoffsubstanz	46,50
Mineralbestandteile (ohne Kochsalz)	7,31
Gesamt-Phosphorsäure	3,54
Alkohollösliche Phosphorsäure	2,41

Konservierungsmittel (außer Kochsalz) waren nicht zugegen.

8. *Formgebung und Verpackung der Margarinbutter.*

Die fertige Margarine wird vor ihrer Verpackung häufig noch zu Riegeln geformt, was in kleineren Betrieben durch Handarbeit, in Großbetrieben aber auch durch besondere Pressen erfolgt. Diese sind von sehr verschiedener Konstruktion, teils mit Hebelbetrieb, teils hydraulisch eingerichtet. Dabei werden entweder riegelförmige Margarinstücke von bestimmter Länge erzielt, oder es wird ein endloser Strang von viereckigem Querschnitt (Riegel) erzeugt, der dann durch besondere Teilungsvorrichtungen in Stücke von bestimmtem Gewichte zerteilt wird[4]).

Form-maschinen.

Es gibt eine große Anzahl von Butterformmaschinen, von denen nur einige in Deutschland verbreitete des näheren erwähnt seien.

Bei der Stückformmaschine von Chr. Zimmermann in Köln wird die Margarine in eine Öffnung des Arbeitstisches eingelegt, worauf ein rotierender Druckklotz sie zu einem festen Strang knetet. Dieser Strang wird durch

---

[1]) Entsprechend 12,25 % Stickstoffsubstanz.

[2]) Entsprechend 10,33 % Kochsalz.

[3]) Entsprechend 7,20 % Distearyllezithin.

[4]) Eine Margarinformmaschine neuerer Konstruktion ist die von Dolphens & Engel in Ensival (D. R. P. Nr. 172069 v. 9. Jan. 1903). Vorrichtungen zum Schneiden und Abteilen von Margarine ließ sich in jüngster Zeit Ernst Eickeler in Düren patentieren (D. R. P. Nr. 179063 v. 8. Nov. 1905 und D. R. P. Nr. 184177 v. 13. Jan. 1906).

Nachkneten weiterer Margarine vorwärts gedrückt, und durch Vorsetzen eines der gewünschten Form entsprechenden Mundstückes vor die Austrittsöffnung tritt der Margarinstrang in langer Form hervor.

Durch eine Stellvorrichtung an dem Mundstück läßt sich der Margarinstrang auch während seines Hervortretens aus dem Mundstück in seiner Querschnittsform verändern, dessen Gewicht also regulieren.

Der aus dem Mundstück hervorgetretene Margarinstrang schiebt sich selbsttätig über Rollen weiter; ist er entsprechend weit herausgekommen, so wird die Abschneidevorrichtung vorgeschoben und man schneidet damit den Strang in viele abgepaßte Teile, die dem gewünschten Gewicht der einzelnen Würfel entsprechen. Gleichzeitig mit dem Abschneiden schieben sich die abgeschnittenen Würfel auf ein Transportbrett, mit dem nunmehr die Würfel abgetragen werden.

Die Leistung der Maschine, die die Margarine auch kompakter macht, beträgt pro Minute 36—40 Pfundstücke und 45—50 Halbpfundstücke.

Eine **Margarinformmaschine**, wie sie die Maschinenfabrik **Albert Scheller & Schreiber** in Halle a. S. baut (Marke Ideal), ist in Fig. 53 wiedergegeben:

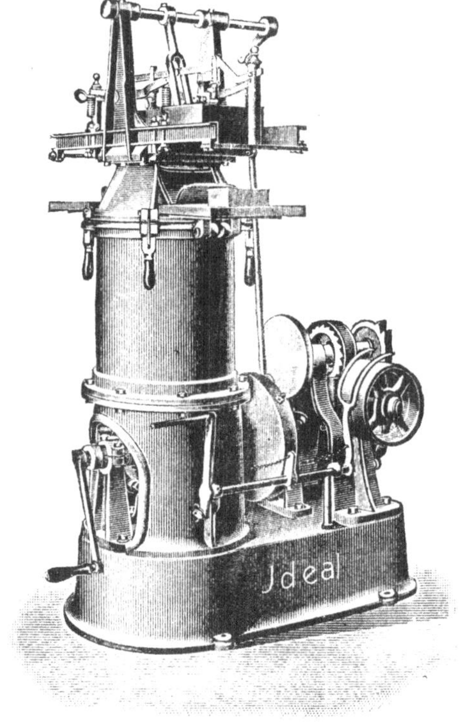

Fig. 53.

Die Maschine für Kraftbetrieb besteht aus einem eisernen Fundament, das auf einem Zwischenstück den Butterzylinder trägt, der einerseits in seinem Innern eine in einer Bronzemutter gelagerte kräftige Stahlspindel mit Druckkolben, der die Butter in die Formen drückt, enthält, andererseits auf seinem oberen Ende ein zwecks Füllen des Zylinders aufklappbares konisches Mundstück trägt.

Auf diesem Mundstück sitzt das sogenannte schlittenartige Obergetriebe, in das ein Formblock mit zwei Formen aus bestem präparierten Ahornholze gleitend derart hin und her bewegt wird, daß sich immer eine Form füllen kann, während aus der vorher gefüllten Form das fertige Butterstück ausgestoßen wird. Die Formen haben eine patentamtlich geschützte Vorrichtung, mit der innerhalb gewisser Grenzen das jeweilige Gewicht beliebig genau eingestellt werden kann. Auch können die gewünschten Stücke rund, vier- oder achteckig und mit beliebiger, auf der Butter erhabener oder vertiefter Inschrift versehen sein. Ebenso können Halb-, Viertel- oder Achtelkilostücke geformt werden, und man hat hierzu nur nötig, einen entsprechenden Formblock einzusetzen.

Auf dem hinteren Teil des schon erwähnten Fundaments ist der eigentliche Antrieb von der Transmission aus angeordnet; er besteht aus einem Schneckengetriebe, das einerseits durch Riemen und Riemenscheiben angetrieben wird, andererseits aber mittels Schalträder den Druckkolben und durch eine Kurbelscheibe mit Schubstange und Hebel die Formen bewegt. Die Schalträder haben den Zweck, den Druckkolben periodisch schrittweise vorwärts zu bewegen und somit die Formen zu füllen, während Kurbel und Steuerstange die Seitwärtsbewegung der durch die Schalträder gefüllten Form und das Ausstoßen der fertigen Butterstücke mittels eines über den Formen angebrachten fassonierten Führungssteges besorgen. Zwischen den Schalträdern und den Druckkolben ist zur Erzielung eines möglichst gleichmäßigen Druckes noch eine Vorrichtung eingeschaltet, die zugleich eine Drucküberschreitung verhindert. Ist der Kolben in seiner höchsten Stellung angekommen und somit der Butterbehälter entleert, so setzt sich die Maschine selbsttätig außer Betrieb. Man hat dann nur nötig, den Druckkolben mit der Handkurbel nach unten zu drehen, das Oberteil aufzuklappen, den Butterbehälter von neuem zu füllen und die Maschine durch Einrücken des Riemens wieder in Gang zu setzen.

Die Kunstbutterstücke kamen ehedem unverpackt auf den Markt (wie das ja bei der Naturbutter heute noch fast allgemein der Fall ist) und wurden dabei in feuchte Leinen eingeschlagen, um sie kühl zu halten und vor vorzeitigem Verderben zu schützen. *Verpackungsarten.*

Der immer größer werdende Verbrauch von Margarinbutter machte allmählich eine für weiteren Transport geeignete Verpackung notwendig, und diese fand man in den Butterkübeln und in der Kartonpackung.

Die Verpackung in Holzkübeln, wie sie beim Schmalz seit langem gebräuchlich ist, empfiehlt sich nur für größere Verbraucher (Hotels, Garnisonsküchen usw.) und für solche Wiederverkäufer, die die Margarine aus dem Kübel heraus weiter detaillieren. *Kübel.*

Die Kartonverpackung[1]), die sich in den letzten zehn Jahren ziemlich eingebürgert hat, stellt sich zwar etwas teurer, bietet aber dafür mannigfache Vorteile. Erspart sie doch den Händlern das lästige Abwiegen, verhindert beim Versand und beim Verkauf jede Berührung mit den Händen des Manipulanten, schützt vor Staub und dem schädlichen Einfluß der Atmosphäre, und der Käufer erkennt sofort die Marke der Margarine, die ihm eine Gewähr für ihre Qualität bietet. *Kartons.*

Der Karton besteht meistens aus einer Faltschachtel und bildet nicht die einzige Verpackung des Butterstückes, das außerdem gewöhnlich noch in Pergamentpapier oder in ein sonstiges fettundurchlässiges Material eingehüllt ist. Diesem Umhüllungsmaterial muß man besondere Beachtung *Papierumhüllungen.*

---

[1]) Man macht heute schon Margarinkartons mit nur $^1/_4$ kg Inhalt; diese Kartons fallen dann so klein aus, daß sie nicht mehr genügend Raum für die Anbringung der gesetzlich vorgeschriebenen Aufschrift bieten. Vergleiche das darüber S. 229 Gesagte.

zuwenden, da es nicht selten die Ursache des vorzeitigen Verderbens der Margarine ist. Schädlich erweisen sich besonders jene Pergamentpapiere, zu deren Herstellung man nicht genügend reines Glyzerin nahm. Undestilliertes, nur durch Entfärbungsmittel gebleichtes Glyzerin liefert stets Pergamentpapier, das auf Lager einen unangenehmen, fauligen Geruch entwickelt. C. Schwarz fand bei der Untersuchung von Pergamentpapier beträchtliche Mengen Zucker (bis über 10%). Da Zucker die Ansiedlung von Pilzen sehr begünstigt, wäre seine Benutzung bei der Herstellung von Pergamentpapier für Margarinfabriken auszuschließen[1]).

Fehlerhaftes Pergamentpapier.

Nicht nur solches Pergamentpapier, zu dessen Herstellung an Stelle des Glyzerins eine Zuckerlösung verwendet wurde und bei dem man den Zucker nur unvollkommen entfernte, kann Ursache vorzeitigen Verderbens von Margarine und Butter werden, sondern es kann auch zuckerfreies Pergamentpapier der Träger von Pilzsporen sein.

Aber auch Pergamentpapiere, zu deren Herstellung man kein schlechtes Glyzerin benutzte und die sich als zuckerfrei erweisen, können Ursache des vorzeitigen Verderbens von Kunstbutter sein.

Eichloff berichtet über einen Fall, wo eine Butter, die von Schimmelpilzen herrührende schwarze Flecke zeigte, durch ein Pergamentpapier, das sich als vollkommen zuckerfrei erwies und dem man seinem äußeren Aussehen nach auch kaum die Schuld an der Infizierung zugeschrieben haben würde, verdorben wurde. Die Ursache lag hier in auf dem Papier sitzenden Pilzsporen, die sich zu entwickeln begannen, als sie mit Butter oder Margarine in Berührung kamen, also auf einen geeigneten Nährboden gelangten.

Mitunter sind es nicht nur die Sporen und Keime, die die Ursache des Verderbens der damit eingeschlagenen Ware werden können, sondern auch chlorhaltige Bestandteile des Papiers, worauf ganz besonders zu achten ist.

Sterilisieren des Pergamentpapiers.

Eichloff[2]) gibt ein ebenso einfaches als wirksames Mittel an, dem verderblichen Einfluß von Pergamentpapier auf Molkereiprodukte vorzubeugen. Man braucht das Papier vor der Benutzung nur einige Minuten lang in kochendes Wasser und hierauf behufs Abkühlung in ein Bad mit reinem kalten Wasser zu legen, worauf es zum Einschlagen verwendet werden kann. Diese Prozedur erspart das Nässen des Papiers vor dessen Gebrauch und die Einwirkung der Siedehitze zerstört alle etwa vorhandenen Keime.

Nachteil feuchter Umhüllungen.

Im übrigen übt feuchtes Pergamentpapier im allgemeinen einen ungünstigen Einfluß auf die Haltbarkeit von Butter und Margarine, wie neuerliche Versuche von M. L. Morcas beweisen. Diese Versuche ergaben: Die in

---

[1]) Auf die Nachteile der Pergamentpapierumhüllungen machte bereits J. W. Seibel (Milchzeitung 1881, S. 431) aufmerksam.

[2]) Landw. Wochenschr. f. Pommern 1907, Nr. 49.

trockenes Pergamentpapier eingepackte Butter hält sich acht Tage länger als dieselbe Butter, wenn sie in feuchtes Papier eingehüllt ist; die in feuchtem Papier aufbewahrte Butter erhält bald einen schlechten Geruch, besonders an der Oberfläche, wo das Papier aufliegt.

Exportware wird nicht selten in zwei Lagen von Pergamentpapier gehüllt, wobei das innere Papier vorher in eine Kochsalz- oder Boraxlösung eingelegt und nur durch Abtropfenlassen der überschüssigen Flüssigkeit abgetrocknet wird.

Herstellung von Schmelzmargarine (Margarinschmalz).

Schmelzmargarine ist das dem Butterschmalz analoge Kunstprodukt. Sie muß keine Kirnoperation durchgemacht haben, ist nicht, wie Margarinbutter, wasserhaltig und zeigt sich vielfach frei von Milchbestandteilen, jedenfalls ist sie aber wesentlich ärmer an solchen als Kunstbutter, wie eben auch Butterschmalz fast reines Butterfett darstellt.

Für die Fabrikation von Margarinschmalz kommen als Rohmaterialien in Betracht:

Oleomargarin,	Kokosfett,
Sesamöl,	Kottonöl,
Erdnußöl,	Kottonstearin,
Premier jus,	Speisetalg.

Zur Herstellung der Schmelzmargarine können auch Rohstoffe von minder gutem Geschmack und Aroma verwendet werden, weil man hier durch die Aromapräparate manchen Fehler decken kann.

Die Methoden zur Herstellung von Schmelzmargarine muß man in zwei Gruppen teilen: in solche, bei denen Milch mitverwendet wird, und in solche, die ohne Milch hergestellt werden.

Verfahren, bei denen Milch mitverwendet wird.

Die letztere Methode, die die ältere ist, wird besonders in den nördlichen Ländern angewendet. Die auf passende Weise verflüssigten Fette werden dabei in den Kirnapparaten genau so mit Milch verarbeitet, wie dies bei der Fabrikation von Kunstbutter beschrieben wurde. Die erhaltene Emulsion wird ohne vorherige Abkühlung in einen Schmelzkessel abgelassen, wo eine Erwärmung auf mäßige Temperatur stattfindet. Das Wasser und das Kasein der Milch scheiden sich unten aus und das darüberstehende Fettgemisch wird in große, mit verzinntem Blech ausgeschlagene Holzbottiche abgelassen, wo es allmählich erstarrt. Aus diesen Vorratsbehältern wird später die Margarine in die Versandgefäße gefüllt, und zwar in festem Zustande, durch Umstechen oder Ausschneiden.

Nach Pollatschek ist das erhaltene Schmelzmargarin von wesentlich besserer Qualität, wenn man nach dem Kirnen des Fettes die Kirnmasse nicht sogleich aufschmilzt, sondern vorher abkühlt und knetet, also eine wirkliche Margarinbutter herstellt. Dort, wo diese Arbeit aus ökonomischen Gründen nicht ausgeführt werden kann, soll man zum wenigsten das Aufschmelzen der Kirnmasse nicht im offenen Kessel vornehmen, sondern in der Kirne selbst.

Pollatschek[1]) empfiehlt auch, zur Emulgierung der Fette zwecks Herstellung von Schmelzmargarine Kefirmilch zu verwenden. Das Fettgemisch soll dabei bei ziemlich hoher Temperatur in einer schnell rotierenden Kirne mit der Kefirmilch vermischt werden. Nachdem die Emulgierung erreicht ist, wird das Rührwerk abgestellt und allmählich abgekühlt, bis die Temperatur der Kirnmasse auf einige Grade über dem Schmelzpunkt des Fettes gesunken ist. Bei der langsamen Abkühlung der Emulsion trennt sich diese vollständig und man kann die fertige Schmelzmargarine aus dem Kirnapparate abziehen.

Wichtig sind für das Gelingen dieses Verfahrens genügend hohe Temperatur des Fettes und genügend rasche Rotierung des Kirnrührwerkes. Wird auf diese beiden Punkte nicht geachtet, so entsteht eine zu dicke Emulsion, die sich nicht wieder von selbst trennt. Die angewandte Kefirmilchmenge, die ziemlich gereift sein muß, soll reichlich bemessen werden.

Bei der Methode der Margarinschmalzerzeugung unter Anwendung von Milch werden auch Zusätze von aromagebenden Stoffen oder von Käseextrakt gemacht; das Verfahren krankt an zu hohen Spesen, an zu geringer Ausbeute (weil beim Umschmelzen der Fettemulsion und beim Abziehen des klaren Fettes immer Fettverluste eintreten) und an zu geringer Haltbarkeit der gewonnenen Schmelzmargarine, liefert aber vortreffliche, aromatisch riechende Produkte.

Verfahren ohne Mitverwendung von Milch.

Die Methode der Margarinschmalzgewinnung ohne Mitverwendung von Milch (die sogenannte österreichische Methode) verdient daher alle Beachtung, obwohl die damit erhaltenen Produkte etwas intensiv riechen und schmecken. Nach diesem Verfahren werden die Fette und Öle in einem Duplikatkessel bei möglichst niedriger Temperatur geschmolzen und hierauf mit dem sogenannten Käseansatz, mit einem aromagebenden Präparat und mit einer Farblösung versetzt. Das Fett wird sodann über Nacht ruhen gelassen und darnach in die hölzernen Versandgefäße gebracht. Das Erstarren des Margarinschmalzes findet erst in diesen Versandgefäßen statt (Ausstehen des Schmalzes) und dauert im Winter nur einige Tage, während es im Sommer oft Wochen erfordert.

Der bei diesem Verfahren verwendete Käseextrakt wird durch Ausziehen von ungarischem Schafkäse oder Gorgonzola mit Öl und Fett gewonnen. 10—15% dieses Extraktes mischt man dem Fettansatze zu, wodurch man einen eigentümlichen Geruch und Geschmack in das Fettgemisch bringt.

Die Margarinschmalzgewinnung ohne Mitverwendung von Milch hat den Vorteil der größeren Haltbarkeit der erzielten Produkte, geringerer Gestehungskosten und minimaler Fettverluste.

[1]) Chem. Revue. 1903, S. 53.

Der Geruch der Schmelzmargarine ist, genau so wie der des Butterschmalzes, eigenartig intensiv und läßt sich auf künstlichem Wege viel leichter nachbilden als das feine Naturbutteraroma. Während gewisse Aromapräparate bei Kunstbutter ganz versagen, leisten sie bei Schmelzmargarine ganz gute Dienste. Die Erteilung eines intensiven Butterschmalzgeruches ist hier auch wichtiger als bei der Kunstbutter. Geruchserteilung.

Neben den niederen Fettsäuren werden zum Parfümieren der Schmelzmargarine auch die Aldehyde dieser Säuren sowie besondere Aromapräparate verwendet, deren Zusammensetzung geheim gehalten wird (z. B. Margol). Leider sind alle diese verschiedenen Riechstoffzusätze ziemlich flüchtig, so daß der Geruch der Schmelzmargarine nach wochenlangem Aufbewahren mehr oder weniger schwindet.

Das Butteraroma wird der Schmelzbutter zugerührt, solange sie noch flüssig ist, und zwar am besten kurz vor dem Erstarren. Die Fettmischung muß übrigens vor und bei dem Eintreten des Erstarrens mehrmals gut umgerührt werden, weil sonst eine Trennung der festen Fettanteile von den flüssigen erfolgt.

In den nördlichen Ländern zieht man ein schwach riechendes Schmalz stärker riechender Schmelzmargarine vor, welch letztere wiederum in den südlichen Staaten bevorzugt wird.

Je nachdem man Schmelzmargarine langsamer oder schneller erstarren läßt, erhält man ein griesiges, körniges oder mehr glattes Produkt. Das erstere ist besonders in den österreichischen Sudetenländern beliebt, während die Alpenländer Österreichs die glatte Schmelzmargarine vorziehen. Das glatte Erstarren kann auch durch fortwährendes Umrühren während des Erstarrens erzielt werden. Gefüge der Schmelzmargarine

In den Alpenländern und in Norddeutschland wünscht man ein dunkelgelbes, fast orangefarbenes Schmalz; in Italien sieht man dagegen auf hellfarbige Ware.

Schmelzmargarine wird hauptsächlich in der Bäckerei verwendet; gut parfümiert gibt sie ein Gebäck, das von mit Naturbutter hergestelltem nicht zu unterscheiden ist. In Süddeutschland und Österreich, wo der Verbrauch von Weißgebäck bedeutend ist, ist auch der Konsum von Margarinschmalz größer als in Norddeutschland.

Über die Anlage von Margarinfabriken.

Die Betriebe, die sich mit der Erzeugung von Oleomargarine befassen, werden, wie auf S. 60 u. 61 erwähnt wurde, meist an Orten errichtet, wo frischer Rohtalg in gesundem Zustande leicht beschaffbar ist. Dieses Gebundensein an die Nähe von Großstädten als Lieferanten größerer Rohtalgmengen fällt bei den Kunstbutterfabriken fort, weil deren Rohprodukte ohne Schaden auch auf weite Strecken verfrachtet werden können und auf dem Lande teils sogar billiger und besser zu haben sind als in Städten (Milch, Eier).

Die Nähe von Städten mit größerer Einwohnerzahl spielt aber bei der Wahl des Ortes wegen des größeren Verbrauches des fertigen Produktes eine Rolle. Die geeignetsten Orte für große Kunstbutterbetriebe sind jedenfalls Eisenbahnknotenpunkte, von wo aus sich sowohl der Bezug der Rohstoffe als auch die Verfrachtung des Endproduktes leicht bewerkstelligen lassen.

Man muß aber bei der Wahl auch die rein betriebstechnischen Momente berücksichtigen, weil die Lösung der Abwässerfrage nicht immer leicht ist. Die Abwässer der Margarinfabriken gehen nämlich wegen ihres Gehaltes an Eiweiß- und Fettstoffen sehr bald in Fäulnis über und können daher nicht immer in ungereinigtem Zustande in die Abflußkanäle gelassen werden.

Abwässer-Reinigung.

Ein zum Reinigen dieser Abwässer viel angewendetes Mittel ist Torf, der die in den Wässern stets enthaltenen Schwimmstoffe niederreißt und auch eine teilweise Koagulation der gelösten Eiweißstoffe bewirkt.

Den Torf als Filtermittel zu gebrauchen, die Abwässer also durch eine Torfschicht zu filtrieren, ist nicht zweckmäßig, da nur allzubald ein Verstopfen der Filter eintritt. Das beste ist ein Aufkochen der zu reinigenden Wässer mit einer kleinen Torfmenge und nacheriges Abstehen. Der Torf und die von ihm niedergerissenen Schwimmstoffe scheiden sich sehr bald am Boden des Absetzgefäßes aus und das klare, darüberstehende Wasser ist in vielen Fällen genügend rein, um in den Flußlauf gelassen zu werden.

Häufig will man allerdings die Reinigung weiter treiben und wendet daher neben dem Torf auch Chemikalien (sauerstoffabgebende Metalloxyde) an, die auf die organischen Stoffe eine oxydierende Wirkung üben. Sorgt man nachher für eine Entfernung der überschüssig zugesetzten Chemikalien, so erhält man ein Wasser von solcher Reinheit, daß Fische darin mehrere Tage lang gesund zu leben vermögen.

Methode Dyckerhoff-Widmann.

Eine Verbindung der Abwässerreinigung durch Torf mit einer Reinigung mittels Chemikalien ist wiederholt vorgeschlagen worden, doch scheiterte die Durchführung dieser Idee an der unzweckmäßigen Anwendung der Reinigungsmittel. Dyckerhoff & Widmann[1]) in Dresden haben diese Schwierigkeiten dadurch überwunden, daß sie die Abwässer zuerst mit Torf aufkochen, hierauf mehrere Stunden lang abstehen lassen und das klare, gelblichbraune, meist eine geringe Opaleszenz zeigende Wasser mit einer entsprechenden Menge Mangan- oder Bleisuperoxyd, Kupfer- oder Silberoxyd behandeln. Es erfolgt dabei eine Oxydation der in dem Wasser noch gelösten organischen Stoffe und die Sauerstoffabgabe des zugesetzten Metalloxyds geht oft so weit, daß freies Metall ausfällt (besonders unter dem Einfluß direkten Sonnenlichtes).

[1]) D. R. P. Nr. 174419 v. 23. Juli 1904.

Die Behandlung der Abwässer mit einem sauerstoffabgebenden Metalloxyd erfolgt unter gleichzeitigem kurzen Aufkochen. Man läßt dann einige Zeit abkühlen und absetzen und leitet die Wässer durch eine geeignete Filteranlage, um sodann die in Lösung gegangenen Metallsalze durch passende Reagenzien, die man in einem entsprechenden Mischapparat zugibt, auszufällen.

Die angewendeten Metallsalze finden sich sowohl in dem ausgefällten Schlamme des Bottichs, worin das Aufkochen der Wässer mit den Oxyden erfolgte, als auch in den Niederschlägen des Nachreinigungsbottichs wieder; sie können leicht regeneriert werden, so daß man theoretisch stets mit derselben Menge von Metalloxyd arbeitet. In Wirklichkeit geht wohl davon ein namhafter Prozentsatz verloren.

Da bei dem Dyckerhoff-Widmannschen Verfahren der Torf den größten Teil der in den Abwässern enthaltenen Fett- und Kolloidalstoffe sowie Schwimmkörper an sich reißt und durch seinen Gehalt an organischen Säuren wohl auch eine teilweise Gerinnung der Eiweißstoffe bedingt, kann mit viel geringeren Mengen von Metalloxyd gearbeitet werden, als wenn man die Behandlung mit Torf wegläßt und sofort Metalloxyd zur Oxydation der organischen Verbindungen verwendet. Ein Fünftel pro Mille Torf genügt zum Reinigen der Abwässer, doch ist sowohl beim Torfzusatz als auch bei dem darauffolgenden Behandeln der vorgeklärten Wässer mit Metalloxyden ein kurzes Aufkochen erforderlich.

Die Einteilung der Räumlichkeiten, worin die einzelnen Arbeitsphasen vorgenommen werden, ist bei den verschiedenen Betrieben der Kunstbutterfabriken nicht gleich. Nur bezüglich der Milchbehandlungslokale bestehen einige allgemein gültige Vorschriften, über die bereits auf S. 93—110 berichtet wurde.

Pläne von Margarinfabriken.

Pläne moderner Kunstbutterfabriken bringen die Tafeln I[1] und II[2]:

Bei der in Tafel I dargestellten Fabrikanlage sind das Öl- und Fettlager, der Schmelzraum für die Fette, die Milchbehandlung (Meierei) und der Kühlraum in einem einen Stock hohen Gebäude untergebracht, in dem auch der Dampfmotor und die Kühlmaschinen ihren Platz gefunden haben. Die Säuerungsbehälter sind in der Meierei nicht näher angedeutet, wie auch im Öl- und Fett-Lagerraum die besonderen Vorrichtungen zum Befördern des Fettes in den im ersten Stockwerke gelegenen Schmelzraum in der Zeichnung ausgelassen sind.

Die Fettmischung und die vorbehandelte Milch gelangen durch Niveauunterschied in den Kirn- und Walzenraum, wo die Temperierkessel, die Kirnmaschinen, die Walzvorrichtungen und die Tellerkneter untergebracht sind. Nach Verlassen der Mischmaschine wird die fertige Margarine auf den Paketiertisch gebracht, hierauf auf die etwa vorhandenen Teil- und Packmaschinen befördert und endlich im Keller eingelagert oder durch die Rampe *R* direkt versandt.

[1]) Ausgeführt von der Maschinenfabrik Chr. Zimmermann in Köln-Ehrenfeld.

[2]) Nach L. Utz, Uhlands techn. Zeitschrift 1903, Nr. 4.

Die in Tafel II dargestellte Kunstbutterfabrik ist mit einer Oleomargarin-Erzeugung verbunden und hat folgende Disposition:

Der Rohtalg wird im Schmelzlokale zu Premier jus ausgeschmolzen, das man in bekannter Weise zu Oleomargarine und Preßtalg verarbeitet. Im Schmelzraume werden auch die anderen zur Kunstbutterbereitung dienenden Fette für die Weiterverarbeitung hergerichtet.

Im Milchlokale wird die Milch durch die Vorwärmapparate und auf Separatoren geleitet. Die Magermilch wird dann pasteurisiert und gekühlt, der Rahm aufbewahrt. Erstere kommt nun ins Temperierlokal, wo sie eine Säuerung erfährt, um hierauf im Kirnraume mit den Fetten gekirnt zu werden. Nachdem die gekirnte Masse im Kristallisationsraume abgekühlt wurde, wird sie im Walzraume ausgewalzt, geknetet und verpackt.

Die verschiedenen Nebenräume bedürfen keiner besonderen Erläuterung.

Über die Haltbarkeit und das Haltbarmachen der Margarinbutter.

Wie alle Fette und Öle, erleiden auch die Margarinprodukte beim Lagern gewisse Veränderungen; sie werden ranzig, talgig, sauer, verschimmeln und erweisen sich für den menschlichen Genuß mehr oder weniger unbrauchbar.

Ranzigwerden.

Die sich beim Ranzigwerden[1]) der Fette abspielenden Vorgänge und ihre Ursachen wurden in Band 1, S. 122—129, eingehend klargelegt. Die bei der Milchbutter beobachteten Erscheinungen des Sauer- und Talgigwerdens sowie der Schimmelbildung (Band 2, S. 791 u. 792) treten auch bei der Margarinbutter auf, die, genau so wie Milchbutter, weit weniger haltbar ist als andere Öle und Fette. Die Ursache dieser geringen Haltbarkeit ist in dem Umstande zu suchen, daß sowohl Natur- als auch Kunstbutter größere Mengen Wassers und daneben stets etwas Milchzucker und Kasein enthalten, welche Stoffe die Ansiedlung von Schimmelpilzen unterstützen und Fäulnisprozessen Vorschub leisten. Milchzucker und Kasein, die bei der Verbutterung der Milch in die Kuhbutter übergehen, gelangen beim Kirnprozeß in die Kunstbutter. Dabei bleiben trotz der sorgfältigen Waschung und Quetschung der fertigen Natur- oder Margarinbutter stets kleine Mengen von Buttermilch in der Fettmasse eingesprengt.

Sauerwerden.

Wurde bei der Verbutterung der Margarine süßer Rahm angewendet, so enthält der in der Butter verbleibende Buttermilchrest neben dem in löslicher Form vorhandenen Kasein unveränderten Milchzucker; bei saurem

[1]) Die Tatsache des Verdorbenseins (Ranzigseins) ist hier ebensowenig durch chemische Analyse feststellbar wie bei Speiseölen (siehe S. 19). Fr. Wiedemann (Zeitschr. f. Unters. d. Nahrungs- u. Genußmittel 1904, S. 136) will das Verdorbensein zwar durch Schütteln des geschmolzenen Fettes mit der gleichen Menge 0,1 prozentiger Phlorogluzin-Azetonlösung unter Zusatz einiger Tropfen Schwefelsäure an der Tiefe der eventuell dabei auftretenden Rotfärbungen erkennen, doch ist die Methode ebenso unsicher wie die Farbreaktion, die Pyrogallol und Salzsäure (Malvenfarbe) oder eine Guajakharzlösung in Azeton bei Gegenwart von Essigsäureanhydrid (Blaufärbung) mit verdorbenen Fetten geben.

Rahm dagegen ist dieser Milchzucker schon in Milchsäure übergeführt und diese setzt sich dann (besonders im Sommer) leicht in Buttersäure um.

Mit saurem Rahm bereitete Kunstbutter ist daher viel weniger haltbar als Süßrahmmargarine, besonders dann, wenn der Säuerungsprozeß der verwendeten Milch schon weit vorgeschritten war. Es sollte stets nur Milch verwendet werden, bei der die Säuerung noch nicht weiter als bis zur Diplokokkenbildung gediehen ist; gesäuerte Milch, in der sich vorwiegend schon Streptokokken vorfinden, wird immer eine weniger fein schmeckende und rascher verderbende Kunstbutter liefern[1]). Jedenfalls sollte Margarine, die mit saurer Milch hergestellt wurde, stets gesalzen werden, weil die konservierende Wirkung des Kochsalzes die Gefahr des sauern Nährbodens abschwächt.

Bakteriologische Befunde.

Jolles und Winkler[2]) haben bakteriologische Vergleiche zwischen Naturbutter und Margarinprodukten angestellt und sind dabei zu folgenden Schlüssen gekommen:

1. Im Vergleiche zur Naturbutter ist der Bakteriengehalt des Oleomargarins und der Margarinprodukte ziemlich gering.

2. Der Keimgehalt der Margarinprodukte ist viel größer als der Keimgehalt des Oleomargarins.

3. Während der Fabrikation des Oleomargarins nimmt der Bakteriengehalt ab.

4. Der Bakteriengehalt des Margarinschmalzes ist niedriger als der Keimgehalt der Margarinbutter.

5. Der Keimgehalt des Oleomargarins nimmt mit dem Alter des Margarins stetig zu, und zwar an der Oberfläche in höherem Grade als im Innern.

6. Der Vertalgungsprozeß des Oleomargarins steht mit der Vermehrung der Bakterien im Zusammenhange. Das Ansteigen des Bakteriengehaltes ist dem Fortschritte des Vertalgungsprozesses proportional.

7. Bei den Margarinprodukten kommt der Kälte ein wesentlich bakterientötender Einfluß zu, der sich beim Margarinschmalze in noch größerem Maße äußert als bei der Margarinbutter.

8. Während sich die Außenpartien des Oleomargarins bakterienreicher erweisen (siehe Punkt 5), sind die Außenpartien der Margarinprodukte bakterienärmer als die entsprechenden Innenpartien.

9. Mit der relativen Bakterienarmut an den Außenpartien der Margarinprodukte geht ein Reichtum an Schimmelpilzen einher.

Die unter den Punkten 1—4 zusammengefaßten Befunde bringen nichts Überraschendes, sondern beweisen nur, daß die Milch es ist, die den Bakteriengehalt der Margarinprodukte in erster Linie hervorruft. Weil die zur Herstellung der Kunstbutter verwendete Milchmenge geringer ist als die zum gleichen Quantum Naturbutter notwendige, ist es auch natürlich, daß die Margarinbutter weniger bakterienreich ist als Kuhbutter. Auch kann nicht befremden, daß das mit Milch in keine Berührung kommende Oleomargarin keimärmer ist als Kunstbutter, in die

[1]) Zoffmann, Chem. Revue 1907, S. 132; vergleiche auch S. 100 dieses Bandes.
[2]) Zeitschr. f. Hygiene 1895, S. 60.

der weitaus größte Teil der Keime erst durch die Milch (Kirnung) gelangt. Beim Auslassen der Kunstbutter (Herstellung von Margarinschmalz) wird dann natürlich der Keimgehalt wieder geringer (Entfernung aller als Nährboden wirkenden Nichtfette), wie auch aus Oleomargarin direkt erzeugte Schmelzmargarine (wegen der Nichtverwendung von Milch bei ihrer Herstellung) keimärmer sein muß.

Um einen ungefähren Anhaltspunkt über den Keimgehalt der Margarinprodukte zu geben, seien einige von Fr. Lafar[1]) und von Jolles und Winkler[2]) veröffentlichte Untersuchungsresultate angeführt. Lafar fand in

1 g Kuhbutter	10 bis 47 Millionen Keime,
1 g Margarinbutter . .	747000 „

welch letztere aus Bakterien, Schimmel- und Sproßpilzen bestanden.

Jolles und Winkler konstatierten bei ihren bereits oben erwähnten bakteriologischen Untersuchungen in 1 g

Premier jus	1994 Keime,
Oleomargarin, frisch	1363 „
„ 2 Monate alt . .	19656 „
Margarinbutter	4—6 Millionen „
Margarinschmalz	500000 „

Unschädliche Keime.

Für die gesundheitliche Wirkung eines Nahrungsmittels ist aber nicht die Anzahl der vorhandenen Keime maßgebend, sondern deren Art. Aus vollkommen gesunder Milch und gesundem Fett hergestellte Margarine wird kaum gesundheitsschädliche Keime aufweisen, sondern lediglich solche unschuldiger Art. Daß das Vorhandensein solcher unschädlicher Bakterien in Naturbutter geradezu erwünscht ist, betont C. Happich[3]), der sich direkt gegen die Erzeugung bakterienfreier Butter ausspricht, weil gewisse Milchsäurebakterien die Haltbarkeit der Butter unterstützen.

Die in Oleomargarin und Premier jus vorkommenden Bakterien stammen in der Regel aus der Luft und dem Wasser und werden unter normalen Verhältnissen kaum schädlich sein. Interessant ist das Vorkommen zweier von Jolles und Winkler als Margarinbazillen α und β beschriebenen Bakterienarten in dem Oleomargarin, die wahrscheinlich Einfluß auf dessen Talgigwerden nehmen.

Pathogene Keime.

Pathogene Bakterien können in Premier jus und Oleomargarin vorhanden sein, wenn zu deren Herstellung Fette von ungesunden Tieren verwendet wurden. Schon Eugen Sell[4]) hat darauf hingewiesen, daß auch durch das Fettgewebe kranker Tiere Krankheitskeime in das ausgeschmolzene Fett gelangen können, weil die in der Margarinindustrie

---

[1]) Archiv f. Hygiene 1891, S. 1.
[2]) Zeitschr. f. Hygiene 1895, S. 60.
[3]) Molkereiztg. 1906, S. 412.
[4]) Arbeiten aus dem Kaiserl. Gesundheitsamt 1886, S. 404, Bd. 1.

zum Ausschmelzen des Fettgewebes angewendete Temperatur (40—50° C) nicht genug hoch ist, um Krankheitskeime abzutöten[1]).

Fettkranke Tiere.

Das Fettgewebe von Tieren, die mit gewissen infektiösen Krankheiten (Milzbrand, Rauschbrand des Rindes, Gelbsucht, schwere Darmentzündung usw.) behaftet waren, weist Veränderungen auf, die seine Verwendung zur Kunstbutterfabrikation ausschließen. Außerdem können bei bestimmten inneren Krankheiten der Tiere (mit Fieber verbundene Infektionskrankheiten u. a.) im Tierkörper Zersetzungs- und Fäulnisprodukte zur Bildung kommen, die die Güte des Fettes beeinträchtigen, und zwar erst nach dem Abschlachten der Tiere.

Alle Fette, die von gefallenen Tieren stammen, wie auch solche, die durch zu langes Aufbewahren oder sonstige Umstände als ranzig oder verdorben zu bezeichnen sind, ferner Fettprodukte, bei deren Herstellung nicht mit der nötigen Sorgfalt verfahren wurde oder deren Rohmaterial zu lange oder in hygienisch nicht einwandfreier Weise lagerte, sollten aus sanitären Gründen von der Margarinfabrikation ausgeschlossen sein. Es trifft das im allgemeinen wohl auch zu; wenn hie und da anders lautende Nachrichten in die Öffentlichkeit dringen, so sind es Fälle, die — sofern sie auf Wahrheit beruhen[2]) und nicht übertriebene Dinge melden — als Ausnahmen bezeichnet werden müssen. Ob die bisweilen zu uns gelangenden Nachrichten über die unglaublichen unsanitären Zustände in amerikanischen Fettschmelzereien auf Wahrheit beruhen, bleibe dahingestellt. Jedenfalls ist es eine ganz billige Forderung, zur Margarinfabrikation nur solche Fette zuzulassen, die von unter Aufsicht von Tierärzten geschlachteten Tieren stammen[3]), wie schließlich die staatliche Überwachung der Kunstbutterfabriken in gesundheitlicher Beziehung sehr zu befürworten ist.

---

[1]) Tierische Parasiten werden bekanntlich erst bei ca. 100° C abgetötet, pflanzliche Krankheitserreger benötigen dazu sogar noch höherer Temperaturen. R. W. Pieper hat in amerikanischen Oleomargarinproben Teile des Muskelgewebes, verschiedene Pilze und lebende Organismen gefunden. Das Vorkommen von Muskelsubstanz läßt sogar die Möglichkeit eines Überganges von Trichinen in die Kunstbutter zu, und die im Jahre 1881 in Chicago aufgetretene Wintercholera wurde von den Ärzten hauptsächlich dem großen Genusse von Kunstbutter, der Fett von trichinösen Schweinen zugegeben worden war, zugeschrieben. Scala und Alessi (Atti della Reale Academia medica di Roma 1890/1) konnten durch vierundzwanzigstündiges Erwärmen von Margarinfett auf 40—50° C Rotzbazillen und Bazillen von Streptococcus pyogenes abtöten; Staphylococcus pyogenes aureus blieb bei dieser Temperatur aber 23 Tage lebensfähig. Milzbrandbazillen blieben es sogar 46 Tage hindurch.

[2]) Das in mehreren Staaten patentierte Verfahren von Huët (vgl. S. 62), wonach minderwertige und verdorbene Rohfette für die Margarinfabrikation geeignet gemacht werden sollen, ist von Fachleuten nie ernst genommen worden, hat aber den Gegnern der Kunstbutter als willkommener Anlaß gedient, die Margarinprodukte dem großen Publikum zu verekeln.

[3]) Vergleiche Bd. 1, S. 546. (Deutsches Gesetz über die Schlachtvieh- und Fleischbeschau v. 3. Juli 1900.)

Bei der Verbutterung des Oleomargarins gelangen, wie schon eindringlich betont wurde, durch die Milch zahlreiche Keime in die Kunstbutter. Jolles und Winkler[1]) fanden in der Margarinbutter vier neue Arten: Bacillus viscosus margarineus, Bacillus rhizopodicus margar., Bacillus rosaceus margar. und Diplococcus capsulatus margar.

Von den pathogenen Bakterien sind es besonders die Tuberkelbazillen, die durch die Milch leicht in die Margarine geraten können.

Tuberkeln in Margarine.

Morgenroth[2]) hat verschiedene Margarinsorten auf das Vorhandensein von Tuberkelbazillen geprüft. Die Proben wurden bei 50—52° C geschmolzen, das geschmolzene Fett gründlich durchgemischt und mit einer Handzentrifuge fünf Minuten lang zentrifugiert. Das oberflächliche, noch flüssige gelbe Fett ließ sich aus den Röhrchen leicht abgießen, so daß ein zum größeren Teil käsig, zum kleineren Teil wässerig aussehendes Produkt zurückblieb. Der wässerige Anteil wurde mit sterilisiertem Wasser aufgeschwemmt und man spritzte davon mehrere Kubikzentimeter in die Bauchhöhle von Meerschweinchen. Durch Kontrollversuche wurde unzweifelhaft festgestellt, daß von zehn untersuchten Margarinproben acht mit echten, lebenden Tuberkelbazillen infiziert waren[3]).

Um tuberkelfreie Kunstbutter zu erzeugen, müßte man die Ausgangsmaterialien (Fett und Milch) vor der Einführung in die Fabrikation pasteurisieren[4]). Das Ausschmelzen der Fette bei Temperaturen vorzu-

---

[1]) Zeitschr. f. Hygiene 1895, S. 60.

[2]) Über das Vorkommen von Tuberkelbazillen in der Margarine, Hyg. Rundschau 1899, S. 481 u. 1121.

[3]) Vergleiche das in Bd. 2, S. 792 über das Vorkommen von Tuberkelbazillen in der Milch und der Kuhbutter Gesagte. — Über die Untersuchung tuberkelhaltiger Milch und deren Verbesserung durch Erhitzen siehe auch: May, Über die Infektiosität der Milch perlsüchtiger Kühe, Archiv f. Hygiene 1883, Bd. 1; Galtier, Résistance du virus tuberculeux à la chaleur, Comptes rendus et mémoires du Congrès pour l'étude de la tuberculose 1888, p. 78; Ib. van Gluns, Über das „Pasteurisieren" von Bakterien, Ein Beitrag zur Biologie der Mikroorganismen, Archiv f. Hygiene 1889, Bd. 9; Bonhoff, Die Einwirkung höherer Wärmegrade auf Tuberkelbazillen-Reinkulturen, Hygien. Rundschau 1892, S. 1009; Forster, Über die Einwirkung von hohen Temperaturen auf Tuberkelbazillen, Hygien. Rundschau 1892, Nr. 20, S. 869; 1893, Nr. 15; De Man, Über die Einwirkung hoher Temperatur auf Tuberkelbazillen, Archiv f. Hygiene 1893, S. 133; Baudoin, Contribution à l'étude de la contagion par le lait et de la prophylaxie par le lait stérilisé, Paris 1895; Drunkhahn, Über den Verkehr mit Milch vom sanitätspolizeilichen Standpunkt, Vierteljahrsschrift für gerichtl. Medizin u. öffentliches Sanitätswesen, dritte Folge, 1896, Bd. 11; Beck, Experimentelle Beiträge zur Untersuchung über die Marktmilch, Deutsche Vierteljahrsschrift für öffentl. Gesundheitspflege, Bd. 32, Heft 3, S. 430ff.; Bernstein, Prüfung der erhitzten Milch, Zeitschrift für Fleisch- u. Milchhygiene, Jahrg. 11, Heft 3; Kühnau, Tuberkulose und Molkereiwesen, Milchztg. 1899, Nr. 51 u. 52; Hesse, Über das Verhalten pathog. Mikroorganismen in pasteurisierter Milch, Zeitschr. f. Hygiene, Bd. 34.

[4]) Zeitschr. f. Unters. d. Nahrungs- u. Genußmittel 1900, S. 433.

nehmen, bei denen die Tuberkelbazillen getötet werden, geht kaum an. Adolf Gottstein und Hugo Michaelis behaupten zwar, daß hierzu schon ein fünf Minuten währendes Erwärmen der Fette auf 87° C genüge, doch hat A. Möller die Unhaltbarkeit dieser Behauptung experimentell bewiesen und gezeigt, daß selbst bei 98° C nicht alle Tuberkeln in Fetten abgetötet werden. Übrigens könnte man aus den Gottstein-Michaelisschen Befunden bei deren Richtigkeit keinen praktischen Nutzen ziehen, weil in der Margarinindustrie selbst bei Temperaturen von 87° C nicht gearbeitet werden kann[1]). Wässerigen Desinfizienten und Säuren leisten die Tuberkeln nach Gottstein und Michaelis infolge einer die Bazillen umhüllenden Wachsschicht eine ziemliche Widerstandskraft; durch Fette wird diese Wachsschicht aber zerstört oder gelöst, und das Abtöten der Tuberkeln gelingt daher angeblich schon bei 87° C.

Schimmelpilze.

Von Pilzen sind es besonders die Schimmelpilze (hauptsächlich Penicillium) und verschiedene Varietäten von Hefepilzen (Saccharomycetes), die die Margarine heimsuchen.

Penicillium, das in dem Kasein einen sehr guten Nährboden hat und bei der Herstellung von Gorgonzoler und Roqueforter Käse eine Rolle spielt, bildet in der Margarine ganze Adern und Nester. Da Penicillium zu seiner Entwicklung Sauerstoff braucht, kann es sich aber nur auf der Oberfläche der Margarine oder in ihren Poren entwickeln; luftdichte Verpackung schützt Margarine, die wegen ihres höheren Kaseingehaltes von Schimmelpilzen leichter angegriffen wird als Naturbutter, ziemlich wirksam gegen das Verschimmeln.

Im übrigen entwickeln sich Schimmelpilzwucherungen überall dort, wo die in der Luft allerorten sich findenden Sporen und Konidien günstige Lebensbedingungen vorfinden. Das ist besonders bei solcher Margarinebutter der Fall, bei der sich infolge Übersäuerung der verwendeten Milch das Kasein in grober Form ausgeschieden hat. Die Gefahr des Schimmligwerdens ist bei solcher Margarine bedeutend größer, als wenn das Kasein in feiner Form in dem ganzen Fette verteilt ist. Margarine, die sich schon dem bloßen Auge als gefleckt darbietet (Kaseinflecke), wird daher sehr bald von Schimmelwucherungen befallen werden.

J. Hanuš und A. Stocky[2]) haben Reinkulturen verschiedener Schimmelpilze auf Butter von normaler Zusammensetzung geimpft und gefunden, daß Verticillium glaucum am raschesten vegetiert. Alle Schimmelpilze nähren sich im ersten Entwicklungsstadium nur von Kohlehydraten sowie von stickstoffhaltigen Körpern (Kasein), und erst wenn Mangel an diesen eintritt, scheiden die Pilze fettspaltende Enzyme aus. Das durch die Fettspaltung gebildete Glyzerin und vielleicht auch die niederen freien

[1]) Siehe auch S. 109 (Sana).

[2]) Zeitschr. f. Unters. d. Nahrungs- u. Genußmittel 1900, Bd. 3, S. 606.

Fettsäuren dienen dann als Nährstoffe, die Fettsäuren mit höherem Molekulargewicht dagegen nicht[1]).

Das Verschimmeln von in Fässern verpackter Butter und Margarine kann nach L. A. Rogers[2]) vermieden oder zum wenigsten lange hintangehalten werden, wenn man die innere Faßwandung mit einem Paraffinüberzug (Abhaltung von Luft) versieht. Zu diesem Zwecke bringt man eine bestimmte Menge geschmolzenen, auf eine Temperatur von 121—127° C erhitzten Paraffins in das Faß und schwenkt dieses nach allen Seiten hin und her, damit sich das Paraffin über die ganze Wandung gleichmäßig verteile.

Häufig wird das Verderben (Schimmeln) von Margarine auch durch das Pergamentpapier[3]), das zum Einpacken verwendet wird, verschuldet. Auch das nicht genügend ausgetrocknete Holz der Margarinkübel kann zum vorzeitigen Verderben der Kunstbutter beitragen.

Hefepilze kommen nach Zoffmann[4]) hauptsächlich im Herbste vor; sie entwickeln Kohlensäure, und zwar unter Umständen (besonders bei glukosehaltiger Margarine) in solchen Mengen, daß die Emballage der lagernden Margarine gesprengt wird.

Fleckigwerden der Kunstbutter.

Das sogenannte Fleckig- oder Schimmligwerden der Kunstbutter wird offenbar auch durch Bakterieninfektion hervorgerufen. Die ersten Merkmale des Fleckigwerdens, das nur Margarin-, nicht aber Kuhbutter zeigt, sind kleine graue Stellen, die sich bei der ungefähr acht Tage alten Butter zeigen und leicht als Abdrucke von der Druckerschwärze des Emballagepapiers angesehen werden. Nach weiteren vier bis fünf Tagen gehen diese Flecke in graugrüne, schimmelartige Rasen über, die rasch wachsen, in das Innere der Butter eindringen und sich dort in rote, gelbe, braune bis grauschwarze Flecke verwandeln. Die Schnittfläche einer solchen Butter zeigt ein marmorartiges Aussehen, die Butter selbst schmeckt ranzig, riecht unangenehm, mitunter direkt stinkend, und ist ungenießbar.

Um fleckig gewordene Butter zu retten, empfiehlt Piek[5]) ihr möglichst rasches Umschmelzen und Erwärmen auf 80—85° C; hierauf läßt man durch vierundzwanzig Stunden in einem Wasserbade bei 60° C absetzen, entfernt das sich dabei abscheidende, meist schmutzige und übel-

[1]) Vergleiche O. Laxa, Chem. Ztg. Rep. 1901, S. 358; J. König, A. Spieckermann und W. Bremer, Zeitschr. f. Unters. d. Nahrungs- u. Genußmittel 1901. Bd. 4, S. 721 u. 769; Charles A. Crampton, Journ. Amer. Chem. Soc. 1902, S. 711; Zeitschr. f. Unters. d. Nahrungs- u. Genußmittel 1903, Bd. 6, S. 610; L. A. Rogers, Zentralbl. f. Bakteriologie, 2. Abtlg., 1904, S. 388 u. 597; Zeitschr. f. Unters. d. Nahrungs- u. Genußmittel 1905, Bd. 10, S. 355.

[2]) Révue générale du lait 1906, S. 46.

[3]) Vergleiche das S. 172 Gesagte.

[4]) Chem. Revue 1904, S. 17.

[5]) Seifensiederztg., Augsburg 1904, S. 431.

riechende Wasser, wäscht das restierende Fett vier- bis sechsmal mit je drei bis vier Litern einer Kochsalzlösung von 10° Bé aus und setzt das so gereinigte Fett nach dem Klären in geringen Mengen (10—20%) einer Schmelzmargarine zu. Ein Verarbeiten zu Margarinbutter empfiehlt sich nicht, da auch schon geringe Mengen einmal fleckig gewesener Margarine große neue Partien anstecken können.

Zur Verhütung des Fleckigwerdens, das sich besonders in der heißen Jahreszeit einstellt, muß man bei der Fabrikation ganz besonders auf Reinlichkeit sehen. Ein häufiges Reinigen der Gebrauchsgegenstände sowie ihre Desinfektion mit einer sehr verdünnten Formalinlösung ist nach Piek der beste Schutz gegen das Fleckigwerden. Werkzeuge aus weichem Holz sollen wegen ihrer schwierigen Reinhaltung möglichst vermieden werden, ebenso ist auch das Kneten und Formen der Kunstbutter mit der Hand zu verwerfen. Eine Rolle spielt ferner auch die Behandlung, die die Milch in den Margarinfabriken erfährt, und die Aufbewahrung der Margarine selbst. Das Einlagern der Margarine in staubfreien, gut ventilierten Räumen oder unter Wasser beugt dem Fleckigwerden vor. Im Sommer hat das Aufstapeln größerer Buttermengen aber immer seine Schwierigkeiten.

Streifigsein der Naturbutter.

Nicht zu verwechseln mit dem Fleckigwerden der Kunstbutter ist das bei Naturbutter häufig beobachtete Streifigsein (Marmorierung). Über diese, auch den Margarineuren nicht unbekannte Erscheinung, die aber besonders den Molkereien oft zu schaffen macht, haben L. L. van Slyke und E. B. Hart Beobachtungen angestellt. Sie fanden, daß keine Streifenbildung eintrat, wenn das Buttern so geschah, daß die Butterteilchen nur die Größe von Reiskörnchen hatten und dabei sorgfältig zweimal mit Wasser unter 45° C gewaschen wurden, wobei der größte Teil der an ihrer Oberfläche haftenden Buttermilch entfernt wurde. Die Streifen traten jedoch immer auf, wenn die Buttermilch nicht genügend beseitigt worden war[1]).

Ungesalzene Naturbutter wird überhaupt nicht fleckig (streifig). In fleckiger Butter enthalten die helleren Partien in der Regel weniger Salz als die dunkeln. Butter, aus der die Buttermilch in der oben beschriebenen Weise möglichst gründlich entfernt wurde, wird auch beim Salzen nicht fleckig, gleichgültig, ob das Salz gleichmäßig oder schlecht in der Butter verteilt ist.

Nach Slyke und Hart ist das Fleckigwerden der Naturbutter daher eine Folge der Gegenwart und ungleichmäßigen Verteilung der an der Oberfläche der kleinen Butterteilchen haftenden Buttermilch, wozu noch die verhärtende und fixierende Wirkung der Salzlake auf die Proteide der in der Butter zurückgehaltenen Buttermilch kommt. Die hellen Partien der flüssigen Butter verdanken ihre lichte Färbung dem Vorhandensein fixierter Proteide (Kaseinlaktat), die gelben oder durchscheinenden Partien treten

[1]) L. L. van Slyke und E. B. Hart, Agric. Experim. Station New York 1905, Bull. 263 (durch Zeitschr. f. Unters. d. Nahrungs- u. Genußmittel 1907, Bd. 13).

dort auf, wo der Rahm zwischen den Butterpartikelchen mit klarer Salzlake ausgefüllt ist; sie sind verhältnismäßig frei von Kaseinverbindungen.

Karl Fischer und O. Grünert fanden in Margarine auch Ammoniakverbindungen, und zwar 0,0117 % Ammoniak. In Form welcher Verbindungen das absolut unverdorbene, vollkommen einwandfreie Margarin das Ammoniak enthielt, konnten die Genannten nicht erforschen.

Die hie und da zur Verbesserung verdorbener Margarine[1]) empfohlenen Geheimmittel haben in der Regel wenig oder gar keinen Wert. So bestand z. B. ein von Armin Röhrig, W. Ludwig und H. Haupt[2]) untersuchtes Butterpulver aus 98,5 % Zucker, etwas Vanille und Wasser.

Auch ranzig gewordenes Oleomargarin läßt sich nur schwer verbessern. Ein Aufschmelzen und Durchkrücken mit warmer gesättigter Kochsalzlösung bei Temperaturen von 35—40° C ist das einzige anwendbare Mittel, liefert aber nur wenig befriedigende Resultate.

Beachtenswert sind die dem vorzeitigen Verderben vorbeugenden Mittel (Konservierungsmittel), die jedoch auch mit Vorsicht und Verständnis angewendet sein wollen.

Richtig hergestellte Margarinbutter und noch mehr Margarinschmalz können monatelang in unveränderter Güte aufbewahrt werden, wenn die Art der Verpackung und Aufbewahrung zweckentsprechend ist.

Niedrige Temperatur konserviert die Margarinprodukte ganz bedeutend; auch ist eine gute Ventilation der Lagerräume sehr geboten. Die Aufbewahrung der Kunstbutter unter Wasser ist wiederholt vorgeschlagen worden und wird vielfach auch durchgeführt; sie bezweckt die

Konservieren durch Luftabhaltung.

Abhaltung von Luft, die auch durch Lagern in hermetisch verschlossenen, luftleer gemachten Räumen oder durch gute Verpackung erzielt wird. Das Einhüllen der Butter in feuchte Leinen oder in genäßtes (weil sich dadurch besser anschmiegendes) Pergamentpapier[3]) vermag nicht nur die Haltbarkeit der Naturbutter, sondern auch die der Kunstbutter zu erhöhen. Auch das Bestreichen der Butter mit Zuckerlösung (lackierte Butter), sowie das Paraffinieren der Versandkübel und Versandfässer (siehe S. 184) läuft auf einen luftdichten Abschluß hinaus.

Die vollständige Entfernung der in Butter und Margarinprodukten stets eingeschlossenen kleinen Luftbläschen, die ihr Verderben begünstigen (sowohl zum Ranzigwerden als auch zur Entwicklung der meisten Pilzkeime ist das Vorhandensein der Luft Vorbedingung), bezweckt ein Verfahren der Société française pour la conservation des beurres in Boulogne[4]) (Seine).

---

[1]) Über die Erkennung des Verdorbenseins von Fetten siehe: Kreis, Chem. Ztg. 1902, S. 1014; Wiedmann, Zeitschr. f. Unters. d. Nahrungs- u. Genußmittel 1904, Bd. 8, S. 136.

[2]) Bericht der chem. Untersuchungsanstalt Leipzig 1904, S. 42.

[3]) Über die Nachteile minderwertigen Pergamentpapiers s. S. 172.

[4]) D. R. P. Nr. 168224 v. 15. Aug. 1902.

Die Herstellung haltbarer Butter und Buttersurrogate wird dabei auf die folgende Weise bewerkstelligt:

Verfahren der Société francaise pour la conservation des beurres.

Das notwendige Schmelzen der Butter erfolgt hier in einer besonderen Vorrichtung (Fig. 54), in der die Butter mittels eines Trichters *E* in eine Schmelzrinne *F* gebracht, von einer Förderschnecke *a* erfaßt und durch eine Anzahl von Rohren *t* hindurchgedrückt wird, die in einem durch warmes Wasser geheizten Behälter *H* untergebracht sind. Der Durchgang der Butter durch die Röhren *t* wird dadurch begünstigt, daß sich hinter diesen ein Raum *C* befindet, worin Luftleere herrscht, so daß die Butter sowohl auf Grund einer Druck- als auch einer Saugwirkung in den Raum *C* befördert wird, nachdem sie beim Durchgang durch die Röhren *t* fast augenblicklich geschmolzen wurde.

Von der Schmelzvorrichtung gelangt die geschmolzene Butter durch die Leitung *b* nach einem Filter *A*, das aus einem mehr oder minder feinen Drahtgewebe oder aus einer beliebigen Filtermasse besteht und die gröberen Verunreinigungen zurückhält.

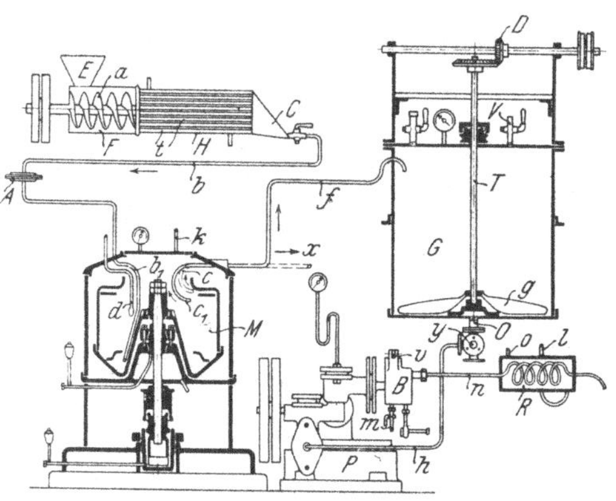

Fig. 54. Apparat zum Haltbarmachen von Kunstbutter.

Die durch das Filter *A* hindurchtretende Butter gelangt sodann durch das Rohr b^1 nach einer Zentrifuge oder Schleudertrommel *M*. Diese ist so gebaut, daß sie die Entstehung einer möglichst großen Luftverdünnung (bis 70 cm) bedingt, und ist daher mit einem luftdicht abgeschlossenen Deckel versehen. In die Zentrifuge ragen außer dem Rohr b^1 für die Zuleitung der Butter zwei Ableitungsröhren c, c^1 (sogenannte Schälrohre) und ein Rohr *d* für die Zuleitung von Wasser hinein.

Während die geschmolzene Butter in die Zentrifuge strömt, um hier von dem Kasein befreit zu werden, wird gleichzeitig ein Strom sterilisierten Wassers im Innern der Zentrifuge fein verteilt. Diese Verteilung erfolgt mittels eines oder mehrerer Zerstäuber, die an dem Ende des Zuleitungsrohres *d* für das Wasser angeordnet sind. Die nach der Mitte der Zentrifuge einströmende Wasserwolke wird gezwungen, die sich in der Zentrifugentrommel ausbreitende Butterschicht zu durchdringen, die somit einer Auswaschung unterworfen wird.

Das Wasser fließt durch das Rohr *c* ab, während die Gase und die Luft durch ein am Deckel der Zentrifuge angebrachtes Rohr *k* aus der Zentrifuge entweichen.

Nachdem die Butter in der Zentrifuge von dem Kasein und allen Verunreinigungen befreit ist, gelangt sie durch das Ableitungsrohr c^1 sowie durch die Leitung *f* nach der Emulsionsvorrichtung *G*, worin ebenfalls eine Luftverdünnung herrscht. Das durch die Leitung *c* in der Pfeilrichtung *x* abgeführte Auswaschwasser sammelt sich in einem geeigneten, in der Zeichnung nicht dargestellten Behälter, worin gleichfalls eine Luftverdünnung aufrecht erhalten wird.

Die Emulsionsvorrichtung *G*, worin die Luftverdünnung durch Öffnen des mit einer Saugleitung verbundenen Hahnes *V* hergestellt werden kann, besteht aus einem Metallbehälter, dessen Innenmantel verzinnt ist und der durch einen einfachen oder doppelten Deckel abgeschlossen wird. In dem Behälter ist eine senkrechte Welle *T* angeordnet, die an ihrem unteren Ende mit einem oder mehreren

Mischflügeln g ausgerüstet ist. Der obere Teil der Welle T ist mit einer Transmission D verbunden, um die Welle T mit entsprechender Geschwindigkeit anzutreiben. Im allgemeinen ist für die Drehung der Spindel T keine besonders hohe Geschwindigkeit erforderlich; es genügt eine solche von 25—40 Umdrehungen in der Minute.

Sobald die Emulsionsvorrichtung G, die durch die Stütze O, den Hahn y und die Leitung h mit der Pumpe P in Verbindung steht, eine bestimmte Menge Butter aufgenommen hat, werden ungefähr 15% sterilen Wassers in sie eingeführt und hierauf die Flügel g in Umdrehung versetzt, so daß eine innige Vermischung der Butter mit dem Wasser stattfindet. Die Einrichtung ist so getroffen, daß das in der Emulsionsvorrichtung befindliche Gemisch von Butter und Wasser die Temperatur von etwa 27° C besitzt. Alsdann wird der Hahn y geöffnet und die Pumpe P in Wirkung gesetzt.

Die im Innern verzinnte Saug- und Druckpumpe P ist derart ausgeführt, daß sie durch kochendes Wasser oder Dampf gereinigt und in ihr jeder Keimbildung vorgebeugt werden kann, weshalb auch für die Dichtungen nicht Leder oder Kautschuk, sondern Zinn oder reine Baumwolle zu verwenden ist. In gleicher Weise müssen die Klappenventile des Ein- und Auslasses der Pumpe gegen Keimbildung geschützt sein.

Details der Pumpe.

Die Pumpe ist mit einem Ventilgehäuse B verbunden, dessen Einrichtung Fig. 55 zeigt. Die Butter tritt aus der Pumpe durch den Kanal i in das Gehäuse B und fließt durch den Kanal s ab. Zwischen dem Eintrittskanal i und dem Austrittskanal s ist ein Stauventil p mit kegelförmigem Ende angeordnet, wodurch der Druck in der Leitung zwischen Pumpe und diesem Ventil in der Weise geregelt werden kann, daß man das Ventil mittels des damit verbundenen Handgriffes mehr oder weniger einschraubt. Der Druck kann zwischen 150 und 250 kg schwanken; die Emulsion wird um so feiner, je höher der Druck ist.

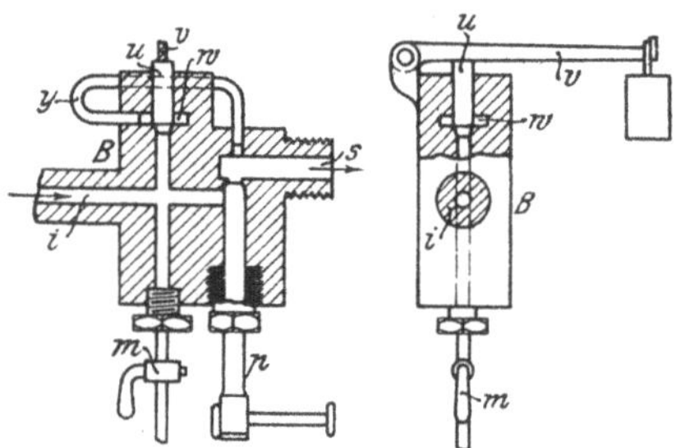

Fig. 55. Pumpendetail des Apparates der Société francaise pour la conservation des beurres.

Das am oberen Teil des Gehäuses B befindliche Sicherheitsventil besteht in üblicher Weise aus einem auf einer geeigneten Sitzfläche aufruhenden Ventilkegel u, der durch einen Gewichtshebel v geschlossen gehalten ist. Ferner führt eine Leitung von der Ventilkammer w des Sicherheitsventils zum Austrittskanal s; diese Leitnng kann aus einer gewundenen Röhre y oder einfach aus einem im Gehäuse B ausgesparten Verbindungskanal bestehen. Das Sicherheitsventil verhindert, falls das Stauventil p zu sehr geschlossen ist, eine schädliche Drucküberschreitung in der Leitung zwischen Pumpe und Stauventil. Mit den Kanälen des Gehäuses B ist außerdem ein Ansaugehahn m verbunden.

An den Austrittskanal s schließt sich das Ableitungsrohr n an (siehe Fig. 54), dessen schlangenförmig gewundener Teil in einem Kühlgefäß R untergebracht ist, in das das Wasser bei l eintritt und bei o abgeleitet wird. Aus dem Schlangenrohr fließt die Butter in entsprechende Formen oder Gefäße ab.

Sobald die Pumpe wirken soll, wird die Luftverdünnung in dem Emulsionsbehälter aufgehoben und man läßt in diesen ein indifferentes Gas, z. B. Wasserstoff oder zweckmäßiger Stickstoff, eintreten. Die Butter strömt infolgedessen aus der Emulsionsvorrichtung und wird durch das Rohr i nach dem Stauventil p gedrückt, das dem gewünschten Drucke entsprechend eingestellt ist. Alsdann gelangt die Butter durch den Auslaßkanal s nach der Kühlschlange, aus der sie als frische

Butter austritt. Die Butter kann dann in geeigneten Behältern, Körben, Formen usw. aufgefangen und nunmehr in den Handel gebracht werden.

In gewissen Fällen kann die Butter, nachdem sie einige Stunden in Ruhe gelassen wurde, etwa 2—3 Minuten hindurch geknetet werden.

Wenn der beabsichtigte Zweck der Entlüftung erreicht werden soll (das Patent spricht stets von einer Entfernung des Sauerstoffs und der Kohlensäure), muß die Luftverdünnung in der Zentrifuge und in der Emulsionsvorrichtung entsprechend hoch sein. Bei der Zentrifugenarbeit kann an Stelle des zerstäubten Wassers auch alkalische oder saure Flüssigkeit verwendet, also eine chemische Wirkung hervorgerufen werden, wie man der Butter statt reinen Wassers auch Salzwasser einkneten darf, wodurch natürlich ein (äußerst fein verteiltes) Salzen der Butter erreicht wird.

Sterilisierte Kunstbutter.

Eine Sterilisierung von Kunst- und Naturbutter bezweckt ein Verfahren von Ch. de Bock[1]) in St. Josseten Noode bei Brüssel.

J. Jaroslawski[2]) in Berlin will Kunstbutter dadurch haltbarer machen, daß er sie durch Erhitzen mit Dampf auf 50—100° C von den leicht zersetzlichen Bestandteilen befreit; das erhitzte Fett will er dann durch Schleudern sehr fein verteilen und es einer dem Gefrierpunkt nahekommenden Temperatur aussetzen, um es hierauf mit Sahne bei ungefähr 20° C zu verbuttern. Man darf gelinde Zweifel hegen, ob Jaroslawski nach seiner Methode je brauchbare Kunstbutter erzielte.

Interessant ist auch ein Vorschlag von A. Kraus[3]), der empfiehlt, die Margarine in Form von Schmelzmargarine zu versenden (besonders in Tropengegenden) und diese erst am Bestimmungsorte in Margarinbutter zu verwandeln, wozu er das im Abschnitte Renovated butter (S. 27) beschriebene Verfahren empfiehlt.

Konservierende Zusätze.

Von den konservierenden Zusätzen ist das Kochsalz der wichtigste und es ist eigentlich unvernünftig, daß einige Länder den Handel mit gesalzener Margarine direkt verbieten und so den Margarinfabrikanten die Anwendung dieses unschuldigen Konservierungsmittels unmöglich machen. Das Verbot des Salzens ist auf wiederholten Mißbrauch zurückzuführen, den Salzgehalt der Butter zur Unterbringung großer Wassermengen zu benutzen. Man kann diesem unlauteren Gebaren aber auch auf andere Weise (Festsetzung eines Minimalfettgehaltes der Butter) begegnen[4]).

Von anderen Konservierungsmitteln sind salpetersaures Kali und Natron, Borax, Borsäure, Fluorsalz, schweflige Säure und deren Salze, Salizylsäure, Formaldehyd, Alaun, phosphorsaurer Kalk (Tricalciumphosphat) usw. zu nennen, von denen allerdings die meisten bei Nahrungsmitteln verboten sind.

---

[1]) D. R. P. Nr. 153720 v. 1. Juni 1901.

[2]) D. R. P. Nr. 9793 v. 14. März 1879.

[3]) Arbeiten a. d. Kaiserl. Gesundheitsamt, Bd. 22, 1904, S. 287.

[4]) Daß das Salzen der Butter nicht immer eine Gewichtsvermehrung zur Folge haben muß, wurde in Bd. 2, S. 786 gesagt.

Es ist viel darüber gestritten worden, ob Zusätze von Präservativmitteln für Nahrungsmittel überhaupt zugelassen werden sollen oder nicht. Wenn es auch richtig ist, daß sie nicht absolut notwendig sind und man auch ohne sie auszukommen vermag, bietet ihre Anwendung doch wirtschaftliche Vorteile, weil sie Entwertungen von Nahrungsstoffen vorbeugt. Die Gegner der Konservierungsmittel machen gegen deren Verwendung ihren mitunter nachteiligen Einfluß auf den menschlichen Organismus geltend und führen auch ins Treffen, daß diese Präservativmittel sehr leicht dazu verleiten, schon minderwertig gewordene Produkte als gesunde Ware auf den Markt zu bringen.

Was die Gesundheitsschädlichkeit anbelangt, so macht E. W. Dückwall[1]) darauf aufmerksam, daß die Stoffe, die das Wachstum von Bakterien verhindern, nicht immer auch die Wirksamkeit der Verdauungsfermente beeinflussen müssen. Nach seinen, allerdings nur über einen kurzen Zeitraum sich erstreckenden und eine beschränkte Anzahl von Versuchsobjekten umfassenden Untersuchungen beeinträchtigen einige Konservierungsmittel, die in vielen Staaten für Nahrungsmittel verboten sind (Salizyl- und Benzoesäure), die peptische Digestion nicht mehr als andere Stoffe einer gemischten Diät.

Borverbindungen.

Von den Borverbindungen sind es besonders die Borsäure und der Borax, die in der Margarinfabrikation Verwendung finden, obwohl ihre Wirkung verhältnismäßig gering ist.

Über die Frage, ob Borverbindungen gesundheitsschädlich seien und ihre Anwendung in der Nahrungsmittelindustrie daher zu verbieten sei, sind die Meinungen noch sehr geteilt. E. v. Cyon[2]), H. Eulenberg[3]), Polli[4]), O. Liebreich[5]) sind der Meinung, daß Borax und Borsäure auch in viel größeren Mengen, als sie beim Genusse von damit konservierten Nahrungsmitteln in Betracht kommen, unschädlich seien. Ähnlich sprachen sich auch H. Leffmann[6]), Tunicliffe und Rosenheim[7]) sowie Wildner[8]) aus.

Entgegengesetzter Ansicht sind Panum[9]), R. v. Wagner[10]), J. Forster und G. H. Schlencker[11]), M. Gruber[12]), Kister[13]), Mattern, Binswanger[14]) und Röse[15]), weil nach ihnen die Ausnützung der Nahrung

---

[1]) Science Buffalo, Bd. 22, S. 86.
[2]) C. Voit, Physiologie des gesamten Stoffwechsels, Leipzig 1881, S. 164.
[3]) H. Eulenberg, Gewerbehygiene, Berlin 1876, S. 315.
[4]) Berichte d. Deutsch. chem. Gesellsch. 1877, Bd. 10, S. 1382.
[5]) Zeitschr. f. Unters. d. Nahrungs- u. Genußmittel 1899, Bd. 2, S. 894.
[6]) The Analyst 1899, Bd. 24, S. 102.
[7]) Journ. of Hygiene 1891, S. 855.
[8]) Inauguraldissertation, Leipzig 1885.
[9]) Nordiskt Med. Arch. 1874, Bd. 6, Nr. 12.
[10]) Wagners Jahresberichte 1876, S. 412.
[11]) Archiv f. Hygiene 1884, Bd. 2, S. 75.
[12]) Zeitschr. f. Biologie 1880, Bd. 16, S. 198.
[13]) Zeitschr. f. Hygiene 1901, Bd. 37, S. 225.
[14]) Pharmazeutische Würdigung der Borsäure 1846.
[15]) Zeitschr. f. Hygiene 1901, Bd. 36, S. 160.

im Darmkanal durch die Borsäure beeinträchtigt, die Harnstoffmenge vermehrt, leicht Appetitlosigkeit erzeugt und Reizung des Darmes hervorgerufen wird.

Die Berichte über die Schädlichkeit der Borsäureverbindungen sind aber jedenfalls etwas übertrieben und der Unvoreingenommene kann sie wohl als Konservierungsmittel tolerieren, zumal die anzuwendende Menge ja sehr gering ist.

Die vielen Arbeiten über die Schädlichkeitsfrage der Borverbindungen wurden durch die Fleischkonservierung mittels Borpräparate veranlaßt. Über Versuche bezüglich der Wirkung der Borsäure und deren Salze auf Fettprodukte liegen bislang keine wissenschaftlichen Arbeiten vor; Schirl warnt aber vor Borsäure, die er wegen ihrer sauren Reaktion als „Gift" für die Haltbarkeit der Kunstbutter betrachtet.

Schweflige Säure.

Die schweflige Säure und deren Salze sind als Konservierungsmittel für Margarin ebenfalls nicht zu empfehlen. Ihre Wirkung ist nicht günstig und außerdem wirken sie, wie Ogata[1]), L. Pfeiffer[2]), H. Kionka[3]) und Leuch[4]) nachgewiesen haben, auf den menschlichen Organismus schädlich ein. Sie erzeugen ein Ekelgefühl, Magenschmerzen, Erbrechen und Durchfall, sobald sie in halbwegs nennenswerten Mengen genossen werden. Darüber können auch die anders lautenden Befunde von Polli, Lebbin und Kallmann sowie von K. B. Lehmann nicht hinwegtäuschen.

Fluorsalze.

Die Verbindungen der Fluorwasserstoffsäure, besonders des Fluornatriums, bilden sehr beachtenswerte Konservierungsmittel für Butter und Margarin. Perret[5]) berichtet, daß Butter, die in 0,3prozentiger Fluornatriumlösung aufbewahrt war, sich einige Wochen lang tadellos gehalten habe Die Fluorsalze sind mehrfach als gesundheitsunschädliche Konservierungsmittel warm empfohlen worden; so besonders von Jean, wie auch der k. k. Oberste Sanitätsrat in Österreich die Fluoride, in kleinen Mengen genossen, als für die Gesundheit ungefährlich bezeichnete. Trotzdem ist in Österreich der Zusatz von Fluoriden zu Nahrungs- und Genußmitteln verboten, weil sie angeblich imstande sind, in Zersetzung begriffene oder infizierte Lebensmittel in genießbarem Zustande zu erhalten[6]).

König meint, daß die Fluoride durch die Magensäure sehr leicht freie Fluorwasserstoffsäure abspalten können, die infolge ihrer stark ätzenden Eigenschaften für die Gesundheit nachträglich wirken müsse. Durch die Versuche von Rabuteau[7]), Tappeiner und Brandl[8]), Bour-

[1]) Archiv f. Hygiene 1884, Bd. 2, S. 223.
[2]) Archiv f. experim. Pathologie u. Pharmakologie 1890.
[3]) Zeitschr. f. Hygiene 1896, Bd. 22, S. 351.
[4]) Korrespondenzblatt f. Schweiz. Ärzte 1895, Nr. 19.
[5]) Ann. d'hygiène publique 1898, Juniheft.
[6]) Gutachten des k. k. Obersten Sanitätsrates, Österreichisches Sanitätswesen 1900, S. 53—55.
[7]) K. B. Lehmann, Die Methoden der prakt. Hygiene, Wiesbaden 1901, 2. Aufl., S. 307.
[8]) Archiv f. experim. Pathologie und Pharmakologie 1889, Bd. 25, S. 203.

geois[1]), Kolipinski[2]) u. a. erscheint denn auch die schädliche Wirkung der Fluoride effektiv nachgewiesen.

Formaldehyd.

Formaldehyd (Formalin) ist als Frischerhaltungsmittel zu verwerfen, weil er auch in sehr geringen Mengen die Gesundheit[3]) des menschlichen Körpers nachteilig beeinflußt[4]).

Salizylsäure.

Salizylsäure kommt bei Fettprodukten als Konservierungsmittel kaum in Betracht; dagegen macht sich

Wasserstoffsuperoxyd.

Wasserstoffsuperoxyd, das zur Konservierung von Milch empfohlen wurde und bei Zusätzen von 1 $^0/_{00}$ die Milch tatsächlich durch viele Tage süß und ungeronnen zu erhalten vermag, leider durch einen unangenehmen Geschmack bemerkbar[5]).

Benzoesäure.

Benzoesäure, besonders aber benzoesaures Natron, kann nach den neueren Untersuchungen der zur genauen Prüfung der verschiedenen Konservierungsmittel vom Präsidenten Roosevelt ernannten Spezialkommission als unschädlich gelten. Für Bakterien, Schimmel- und Hefepilze ein starkes Gift, das schon in einer Menge von 0,1 $^0/_0$ Butter und Margarinerzeugnisse vor dem Ranzig- und Talgigwerden zu schützen vermag, ist sie für den Organismus höherer Lebewesen vollkommen indifferent, was die folgenden von der oben erwähnten Kommission aufgestellten Sätze besagen[6]):

1. Natriumbenzoat in kleinen Dosen (unter 0,5 g pro Tag) ist mit Nahrungsmitteln vermischt nicht schädlich und hat keinen merkbaren Einfluß auf die Gesundheit.

2. Natriumbenzoat in großen Dosen (bis zu 4 g pro Tag) hat in Nahrungsmitteln keinen schlimmen Einfluß auf die Gesundheit und wirkt nicht als Gift (in der allgemein angenommenen Bedeutung dieses Wortes). In einigen Richtungen bewirkte es geringe Änderungen gewisser physiologischer Vorgänge, deren genaue Deutung aber noch nicht gelungen ist.

3. Der Zusatz von Natriumbenzoat in kleinen oder großen Dosen hat keinen ungünstigen Einfluß auf den Nährwert und die Ausnutzung von Nahrungsmitteln.

Diese Befunde decken sich mit den Resultaten früherer Arbeiten[7]) und sollten Veranlassung bieten, die Benzoesäure und ihr Natronsalz in der

---

[1]) Bull. de l'Académie Royale de Belge 1890.

[2]) Amer. Med. News 1886, S. 202.

[3]) Gutachten des k. k. Obersten Sanitätsrates, Österreichisches Sanitätswesen 1900, S. 61.

[4]) Durch Behandlung von Ölen und Fetten mit größeren Mengen Formaldehyd entstehen übrigens Kondensationsprodukte, die antiseptische Eigenschaften zeigen. Die Verbindung des Wollfettes mit Formaldehyd (Lanoform genannt) besitzt einen höheren Schmelzpunkt als Wollfett und riecht erwärmt nach Formaldehyd. Der wohltätigen Wirkung auf die Haut wegen verwendet man Lanoform als Salbensubstanz und zur Beimengung von medizinischen Seifen. (D. R. P. Nr. 116310 von Thomas George F. Heßkith in Eastern-Neston, England.)

[5]) H. Schick, Zentralbl. f. Bakteriologie, II. Abtlg. 1901, Bd. 7, S. 705.

[6]) v. Vietinghoff-Scheel, Chem. Ztg. 1909, S. 181.

[7]) Siehe K. B. Lehmann, Chem. Ztg. 1908, S. 749.

Speisefettindustrie als Konservierungsmittel offiziell zuzulassen[1]). Daß sie heute schon für diesen Zweck vielfach gebraucht wird, darüber kann kein Zweifel bestehen.

Die Ameisensäure[2]) und ihre Salze scheinen sich hinsichtlich ihrer konservierenden Wirkung und ihrer Unschädlichkeit der Benzoesäure gleich zu verhalten.

Offiziell erlaubt sind in Deutschland eigentlich nur Kochsalz und Salpeter. Gegen das Desinfizieren des Einhüllpapieres, wie es vielfach geübt wird, kann aber wohl kaum etwas eingewendet werden.

Zusammensetzung, Verdaulichkeit und Bekömmlichkeit der Margarinbutter.

Gute Kunstbutter ist im Aussehen, Geschmack und Geruch von Kuhbutter kaum zu unterscheiden; nur die billigen Sorten, die nicht als Tafelbutter, sondern als Kochbutter zum Backen, Braten und Kochen verwendet werden, machen hiervon eine Ausnahme. Das der Kunstbutter früher abgehende Bräunen und Schäumen bei Verwendung in der Küche hat man ihr in den letzten Jahren zu erteilen verstanden, so daß das Kunstprodukt jetzt auch in dieser Hinsicht von dem Naturprodukt nicht zu unterscheiden ist.

Zusammensetzung.

Die chemische Zusammensetzung der Margarinbutter ist — wie bei der Verschiedenartigkeit der dazu verwendeten Fettmischung und den vielen Varianten in der Verarbeitung nur ganz natürlich ist — ziemlichen Schwankungen unterworfen.

König gibt als Mittelwerte von 21 untersuchten Kunstbutterproben an:

Wasser	9,07 %
Fett	87,59
Stickstoffsubstanz und Milchzucker	0,99
Asche	2,35
Kochsalz	2,15

Diese Durchschnittsziffern beziehen sich auf Kunstbuttersorten, deren Fettansatz ein Gemenge tierischer und vegetabilischer Öle war, nicht aber auf lediglich aus Pflanzenfett hergestellte Margarinbutterqualitäten, die mit-

[1]) Ein striktes Verbot der Verwendung von Benzoesäure als Konservierungsmittel für Nahrungsmittel besteht in Deutschland nicht, doch ist trotzdem die Rechtsprechung sehr unsicher. Direkt verboten sind durch das Fleischbeschaugesetz vom 3. Juni 1900 in Deutschland nur Borsäure und deren Salze, Formaldehyd, Alkali und Erdalkali-Hydroxyde sowie deren Karbonate, schweflige Säure und deren Salze, Fluorwasserstoff und dessen Salze, Salizylsäure und deren Verbindungen sowie Chlorate. (Vergleiche Ausführungsbestimmungen v. 30. Mai 1902, D, „Untersuchung und gesundheitspolizeiliche Behandlung des in das Zollinland eingeführten Fleisches", § 5, Absatz 3, und die dort gegebenen amtlichen Vorschriften zur Erkennung dieser Zusätze.)

[2]) Vergleiche Lebbin, Chem. Ztg 1906, S. 1009.

unter nicht einmal gekirnt, sondern nur streichfähig gemachte und gelb gefärbte Kokosfette sind.

Pflanzenmargarine.

Pflanzenmargarine zeigt eine etwas andere Zusammensetzung, und zwar:

	I[1])	II[1])
Wasser	1,23	13,46
Fett	98,58	82,59
Kochsalz	0,03	1,95
Andere Zusätze	0,16[2])	1,13[3])
Eiweiß	— [4])	0,87

Nach A. Moll stellen sich die Durchschnittszahlen für Kunst- und Naturbutter wie folgt:

	Naturbutter	Kunstbutter
Wasser	11,83 %	12,01 %
Palmitin	16,83	18,31
Stearin	35,34	38,50
Olein	22,93	24,25
Butyrin Kaproin . . . . Kaprin usw.	7,61	0,26
Kasein usw.	0,18	0,74
Asche	5,22	5,22

Wie man sieht, liegt der Hauptunterschied im Gehalt der Glyzeride der flüchtigen Fettsäuren (Butyrin, Kaproin, Kaprin usw.). Kunstbutter, die raffiniertes Kokosfett beigemischt enthält, steht aber auch im Gehalte an flüchtigen Glyzeriden der Naturbutter nur wenig nach und die analytische Unterscheidung von Natur- und Kunstbutter ist damit noch schwieriger geworden.

Die größten Schwankungen weist bei den verschiedenen Kunstbuttersorten jedenfalls der Wassergehalt auf, obwohl er im allgemeinen etwas niedriger ist als der der Naturbutter.

Wassergehalt.

J. König und A. Bömer[5]) fanden in 21 Margarinproben einen Wassergehalt von 5,5—13,57 %, im Mittel also 9,07 %. A. Reinsch und F. Bolm[6]), A. Reinsch[7]) und auch P. Buttenberg[8]) haben ebenfalls Daten über den Wassergehalt der Margarine mitgeteilt; dasselbe tat A. Lam[9]).

---

[1]) Soltsien, Chem. Revue 1906, S. 110.

[2]) Eiweiß, reduzierender Zucker, Mineralstoffe.

[3]) Reduzierender Zucker, Mineralstoffe.

[4]) Nicht bestimmt.

[5]) J. König, Chemie d. Nahrungs- u. Genußmittel, Berlin 1906, Bd. 1, S. 314.

[6]) Bericht des Untersuchungsamtes Altona 1902, S. 16.

[7]) Bericht des Untersuchungsamtes Altona 1905, S. 22.

[8]) Zeitschr. f. Unters. d. Nahrungs- u. Genußmittel 1907, Bd. 13, S. 542.

[9]) Keuringsdienst van Voldingsmiddelen, Rotterdam 1904, S. 16 u. 23.

Nach Benedikt-Ulzer[1]) kommen in den letzten Jahren Margarinsorten mit unter 10% Wasser nur selten mehr in den Handel, bloß die Konditoreimargarine wird etwas wasserärmer hergestellt; Streich- und Kochmargarine enthalten dagegen 12—14% Wasser, billigere Marken 16% und darüber.

Buttenberg[2]) fand in 222 Margarinproben 7,18—21,00%, im Durchschnitt 14,75% Wasser, und A. Beythien[3]) berichtet über seine Beobachtung, derzufolge der Wassergehalt der Kunstbutter, der früher nur höchst selten 12% erreichte, jetzt häufig 13—15, ja sogar bis 23% beträgt, weshalb eine gesetzliche Regelung desselben dringend not tue.

A. Reinsch teilt mit, daß Margarinproben häufig über 16%, mitunter sogar über 20% Wasser enthalten. Er hält es daher für wünschenswert, bezüglich des Wassergehaltes der Margarine ähnliche Bestimmungen zu treffen, wie sie für Butter bestehen, denn die offenbar auf Fabrikationsmißbräuche (ungenügendes Ausarbeiten der Ware, seltener nachträgliches Einkneten durch die Zwischen- und Kleinhändler) zurückzuführende große Feuchtigkeit werde auf Grund des Nahrungsmittelgesetzes kaum erfolgreich bekämpft werden können.

Unverseifbares.

Über die bisweilen in der Kunstbutter vorkommenden unverseifbaren Zusätze wurde bereits S. 112 u. 113 berichtet. Soltsien[4]) hat solche unverseifbare Zusätze auch in Pflanzenmargarine (emulgiertes, gefärbtes und gesalzenes Kokosfett) gefunden, und zwar ungefähr 2%. Man scheint für Pflanzenmargarine solche Zusätze deshalb zu machen, um ihnen nach der Emulgierung eine bessere Konsistenz zu geben.

Verdaulichkeit.

Die Verdaulichkeit, d. h. Ausnutzung der Margarinprodukte im menschlichen Körper galt anfänglich für viel unvollkommener als die der Naturbutter. Man stützte sich bei dieser in Laienkreisen noch heute stark verbreiteten und von den Margaringegnern genährten Ansicht lediglich auf den Umstand, daß man es hier mit einem Kunstbutterprodukt zu tun habe, das nie und nimmer in gleich leichter Weise verdaut werden könne wie Naturbutter.

Diese irrige Anschauung wurde zuerst von Adolf Mayer[5]) widerlegt, der an einem neununddreißigjährigen Mann und einem neunjährigen Knaben vergleichende Verdauungsversuche mit Natur- und Kunstbutter anstellte und dabei für jene eine Verdaulichkeit von 98, bei dieser von 96% fand[6]).

Versuche von Mayer.

Mayer bemerkte anläßlich der Veröffentlichung seiner Resultate, daß Margarine eigentlich aus Pflanzenfett bestehe, weil das Rohprodukt der

[1]) Benedikt-Ulzer, Analyse d. Fette u. Öle, Berlin 1908, S. 829.

[2]) Zeitschr. f. Unters. d. Nahrungs- u. Genußmittel, Bd. 16, S. 48.

[3]) Zeitschr. f. Unters. d. Nahrungs- u. Genußmittel, Bd. 16, S. 76.

[4]) Chem. Revue 1906, S. 109.

[5]) Landw. Versuchsstationen 1883, Bd. 29, S. 241.

[6]) Ein etwa um dieselbe Zeit von Tschernoff mit Naturbutter vorgenommener Verdauungsversuch hatte eine Verdaulichkeit von 90—95% ergeben.

Margarinfabrikation (das Fettgewebe) nichts anderes als im Tierkörper abgesondertes Pflanzenfett darstelle; das Milchfett (die Naturbutter) sei dagegen als ein neugebildetes Fett des tierischen Organismus zu betrachten. Fette animalischen Ursprungs seien aber, wie alle Nährstoffe aus dem Tierreiche, etwas leichter (?) verdaulich als Pflanzenfette, wodurch auch die Versuchsergebnisse ihre Erklärung fänden.

Obwohl inzwischen durch verschiedene Physiologen dargetan ist, daß auch das Milchfett zum Teil aus dem Nahrungsfett direkt gebildet wird, also auf vegetabilischen Ursprung zurückzuführen ist (vergleiche Band 1, S. 25), erweckt der von Mayer vermerkte Unterschied zwischen Natur- und Kunstbutter heute doch ein gewisses Interesse; während nämlich ehedem die Hauptgrundlage der Kunstbutter das Oleomargarin bildete, werden heute vegetabilische Fette in so ausgiebigem Maße zur Margarinbutterherstellung verwendet, daß die Margarine wirklich kaum mehr als ein in erster Linie animalische Abstammung zeigendes Produkt aufgefaßt werden kann. Wenn die neuen Untersuchungen von Kienzl, A. Jolles und H. Lührig trotzdem fast dieselben Verdaulichkeitsziffern ergaben, so ist dieses ein Beweis, daß Pflanzen- und Tierfette im allgemeinen als gleich verdaulich gelten müssen.

Versuche von Kienzl.

Norbert Kienzl[1]) fand, daß Fett im allgemeinen (auch bei großen Tagesrationen) bis auf ganz geringe Reste im Darm zur Resorption gelangt und daß die Menge des unverdaut ausgeschiedenen Fettes bei Margarine um ein Drittel größer ist als bei Naturbutter. Diese fast zu vernachlässigende Differenz in der Verdaulichkeit der beiden Fette sucht er daraus zu erklären, daß Margarinbutter schwieriger Emulsionen bilde als Naturbutter und daher einen höheren Kraftverbrauch bei der Verdauung erfordere.

von Jolles,

A. Jolles[2]) kommt auf Grund seiner Versuche zu dem Schluß, daß die Verdaulichkeitskoeffizienten für Naturbutter und Margarine dieselben seien[3]).

von Hultgren und Landergren,

Versuche, die Hultgren und Landergren[4]) an sich selbst vornahmen, ergaben für Butter eine Verdaulichkeit von 2,7 bzw. 6,4%, für Kunstbutter eine solche von 4,6 bzw. 7,8%.

von Lührig.

H. Lührig[5]) hat die Verdaulichkeit des Margarins bei drei aufeinanderfolgenden Versuchen mit

	96,11%
	96,38
	97,76
Mittel	96,75%

[1]) Österr. Chem. Ztg. 1898, S. 198.

[2]) Sitzungsbericht der Kaiserl. Akademie der Wissenschaften, Wien, März 1894.

[3]) Die von A. Jolles an einem Hunde angestellten Verdauungsversuche lassen sich nicht ohne weiteres auf den Menschen übertragen.

[4]) Zeitschr. f. Unters. d. Nahrungs- u. Genußmittel 1899, Bd. 2, S. 770.

[5]) Zeitschr. f. Unters. d. Nahrungs- u. Genußmittel 1899, Bd. 2, S. 622 u. 769.

gefunden, die für Butter bei zwei Versuchsreihen mit

	97,18 %	und	97,20 %
	96,21	„	97,44
	97,18	„	96,84
Mittel	96,86 %	und	97,16 %.

Bei einem früheren Versuche[1]) hatte Lührig für Margarine einen besseren Verdaulichkeitskoeffizienten konstatiert als für Naturbutter, doch wurde dieses unrichtige Resultat durch das genossene Fleisch gezeitigt, dessen von Muskelfasern eingeschlossenes Fett schwerer verdaulich ist als der Talg selbst[2]).

H. Lührig zieht aus seinen Versuchen die Lehre, daß sich Margarin- und Kunstbutter bezüglich ihrer Verdaulichkeit völlig gleich verhalten, denn die geringen sich ergebenden Differenzen liegen innerhalb der Fehlergrenzen.

Zu ähnlichen Resultaten wie Mayer, Kienzl, Jolles und Lührig gelangten auch N. Zuntz sowie Wibbens und Huizenga[3]).

Die absolute Ausnützung ist aber nicht gleichbedeutend mit der leichteren Aufnahmefähigkeit. Von zwei Fetten mit gleichen Verdauungsziffern kann das eine infolge leichter Verseifbarkeit und Emulgierungsfähigkeit geringere Verdauungsarbeit verursachen und zusagender, also bekömmlicher sein als das andere. **Aufnahmefähigkeit.**

Kreis und Wolf[4]) wie auch H. Lührig[5]) haben experimentell gezeigt, daß bei teilweiser oder kalter Verseifung zwischen den einzelnen Nahrungsfetten kein Unterschied in der Verseifungsgeschwindigkeit besteht.

Nach Lührig erhält man bei der heißen Verseifung keinen Einblick in die Verhältnisse der Verseifungsgeschwindigkeit, weil die Einwirkung der alkoholischen Kalilauge auf das Fett zu energisch ist; bei der kalten Verseifung spielt sich dagegen der Verseifungsprozeß langsamer ab und man kann dessen Verlauf besser verfolgen. Trägt man die gefundenen Daten in ein rechtwinkliges Koordinatensystem ein, so erhält man die in Fig. 56 gegebenen Kurven, die einander fast vollständig decken, was besagen will, daß die Verseifung der verschiedenen Fette (Sesamöl, Baumwollsamenöl, Kokosbutter, Butter, Margarine und Schweineschmalz) fast gleich schnell vor sich gehe. Selbst in der ersten Stunde, wo sich der Unterschied in der Verseifungsgeschwindigkeit am deutlichsten bemerkbar

---

[1]) Zeitschr. f. Unters. d. Nahrungs- u. Genußmittel 1899, Bd. 2, S. 484.

[2]) Interessant ist, daß das in fettarmer Pflanzenkost enthaltene Fett (sofern es nicht als Fettzusatz bei der Zubereitung zu betrachten ist) nur einen Verdaulichkeitskoeffizienten von 27 % zeigt (hoher Gehalt an Cholesterin).

[3]) Pflügers Archiv für die gesamte Physiologie 1901, S. 609.

[4]) Zeitschr. f. Unters. d. Nahrungs- u. Genußmittel 1899, Bd. 2, S. 914.

[5]) Chem. Ztg. 1900, S. 646.

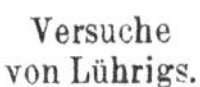

Versuche von Lührigs.

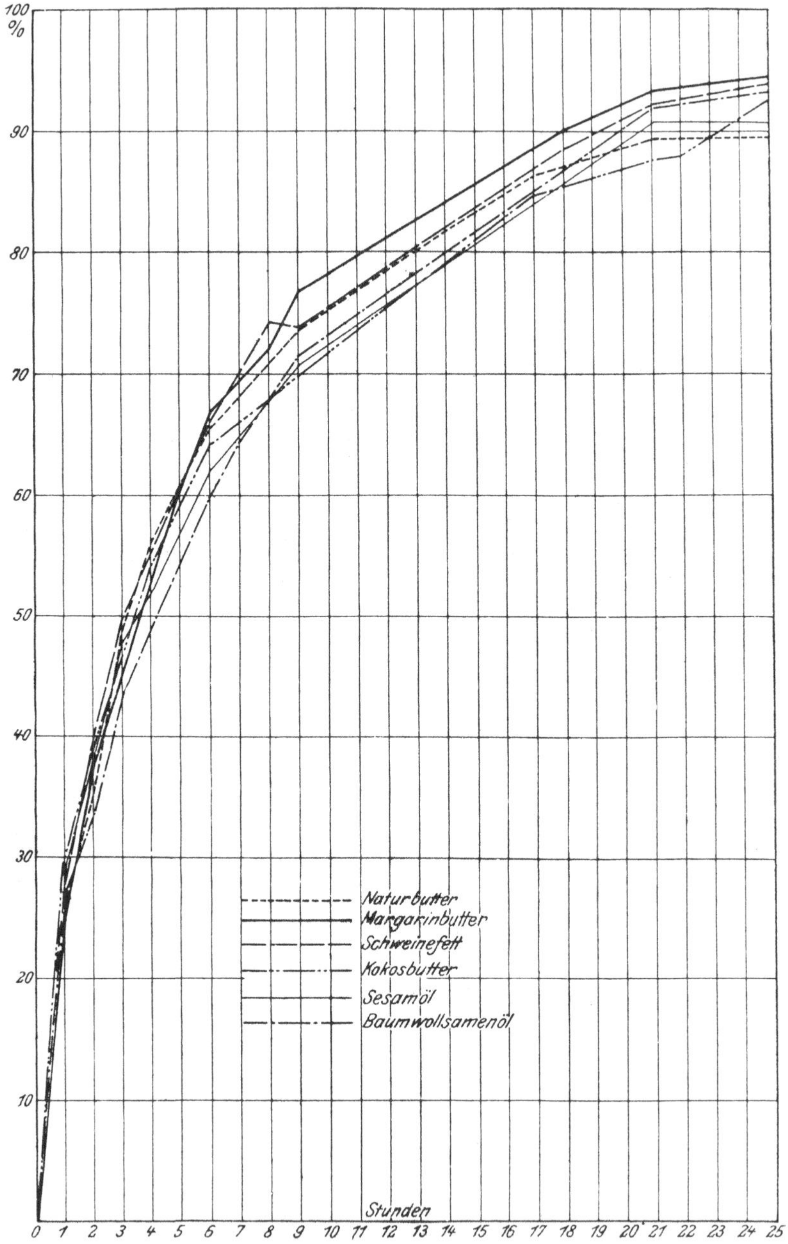

100 %
90
80
70
60
50
40
30
20
10
Naturbutter
Margarinbutter
Schweinefett
Kokosbutter
Sesamöl
Baumwollsamenöl
Stunden
0 1 2 3 4 5 6 7 8 9 10 11 12 13 14 15 16 17 18 19 20 21 22 23 24 25

Fig. 56.

Fig. 56.

machen müßte, ist ein solcher kaum vorhanden, wie dies eine vergrößerte Darstellung (Fig. 57) der auf die erste Stunde entfallenden Kurventeile zeigt[1]).

Gegen diese Versuche ist allerdings nach König der Einwand zu erheben, daß sich die angewandte alkoholische Kalilauge nicht mit den fettverdauenden Flüssigkeiten vergleichen lasse, die im Darme die Resorption der Fette herbeiführen. Die fettspaltenden Enzyme sollen nach König (der dafür allerdings keinen Beweis erbringt) Butterin schneller und leichter zerlegen als die Glyzeride der höheren Fettsäuren, doch dürfte wohl auch hier die individuelle Veranlagung mitspielen. Königs Einwände.

Die Verdauung des Fettes vollzieht sich bekanntlich hauptsächlich im Darmkanal. Die Veränderungen, die die Fette hier erleiden, laufen auf

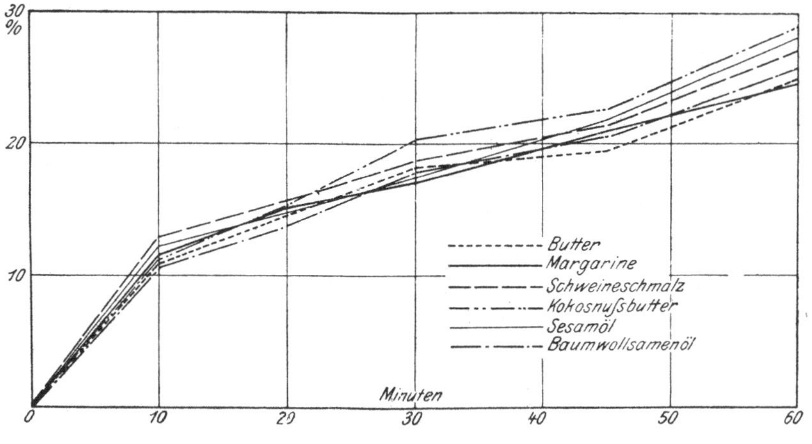

Fig. 57.

eine Spaltung in Glyzerin und Fettsäuren hinaus. Ersteres wird dann durch allerlei Spaltpilze in die verschiedenartigsten Stoffe zerlegt, die Fettsäuren zerfallen weiter in Kohlensäure, Methan und Wasserstoff.

Im Magen erleiden die Fette verhältnismäßig nur ganz geringe chemische Veränderungen[2]).

Alle Stoffe, die die Emulgierungsfähigkeit der Fette fördern, erhöhen auch deren Verdaulichkeit. Emil Jahr und Bernhard Münsberg[3]) in Berlin setzen daher den Fetten Lävulose zu, was ihre Emulgierungsfähigkeit Verdaulichkeitserhöhung.

[1]) Chem. Ztg. 1900, S. 648.

[2]) Über die Verdauung der Fette im tierischen Organismus siehe: Ulzer-Klimont, Allgemeine und physiologische Chemie der Fette, Berlin 1906; Levites, Zeitschr. f. physiologische Chemie 1906, Bd. 49, S. 273—285 und 1908, Bd. 53, S. 349—355; H. Lührig, Über die relative Verdaulichkeit einiger Nahrungsfette im Darmkanal des Menschen, Zeitschr. f. Unters. d. Nahrungs- u. Genußmittel 1899, Bd. 2 und 1900, Bd. 3, S. 73.

[3]) D. R. P. Nr. 84236 v. 26. Sept. 1894.

erhöht (siehe S. 54). Derart präparierte Speisefette geben mit Wasser bei Temperaturen von 14° C aufwärts sehr leicht Emulsionen und sollen daher leichter verdaulich sein als unpräparierte; dabei sind sie angeblich wohlschmeckend und werden nur schwer ranzig.

Jakob Emanuel Bloom in New York will durch physiologische Versuche gefunden haben, daß Fette um so leichter verdaut (und auch äußerlich resorbiert) werden, je mehr sie sich in ihren physikalischen Eigenschaften und in ihrer chemischen Zusammensetzung dem Menschenfette nähern. Fette mit anderer Zusammensetzung als das Menschenfett sollen angeblich nur teilweise assimiliert und deren einzelne Bestandteile nur in einem Verhältnisse aufgenommen werden, (?) das ihre Summe an Fett gibt, dessen Eigenschaften und Zusammensetzung dem Körperfette des Menschen entsprechen. Bloom hat auf Grund seiner durchaus nicht als erwiesen geltenden Beobachtungen ein Patent[1]) genommen, wonach er durch Vermischen fester Speisefette mit flüssigen Speiseölen Produkte erzeugt, in denen das Verhältnis des Tristearins, Tripalmitins und Trioleins dem Verhältnis entspricht, das das Menschenfett zeigt[2]). (Vergleiche S. 55 und 93.)

Nach Moore[3]) sollen flüssige Öle und weiche Fette vollkommener verdaut werden als zähe (?) Öle und feste Fette, und zwar soll der Schmelzpunkt um so geringeren Einfluß auf die Verdaulichkeit zeigen, je näher er der menschlichen Körpertemperatur steht.

Ist der Schmelzpunkt eines Fettes aber durch seinen Gehalt an Glyzeriden niederer Fettsäuren herabgedrückt, so wird dadurch die relative Verdaulichkeit des Fettes nicht erhöht, ein Beweis, daß die Verdaulichkeit der Fette nicht bloß von deren Aggregatzustand, sondern auch noch von anderen Faktoren abhängen muß.

Verdauliche Tagesration. Der gesunde menschliche Organismus vermag im allgemeinen ziemlich große Fettmengen zu verdauen. Tagesrationen von 100—200 g Fett werden noch gut vertragen, ja es konnten sogar tägliche Mengen von 350 g verdaut werden. Dabei nimmt der Verdauungskoeffizient mit dem Ansteigen der täglichen Fettmenge allerdings ab[4]).

Durch Darmdesinfektion wird die Fettresorption jedenfalls verringert, durch Alkalien und ähnliche innerlich genommene Mittel gefördert[5]). Bei gleichzeitigem Genusse von Alkohol werden größere Mengen Fettes vertragen als bei gänzlicher Enthaltsamkeit von allen geistigen Getränken. Nach den Untersuchungen von Stammreich, Miura u. a. übt aber Alkohol, der gleichzeitig mit Fett genossen wurde, keinerlei Einfluß auf die Fett-

[1]) D. R. P. Nr. 168925 v. 28. Jan. 1905.

[2]) Nach J. E. Bloom (The Mindanao Harald 12./8. 1905) soll auch das Fett der Pili-Nuß in seiner Zusammensetzung dem Menschenfette sehr nahe stehen und sich daher zu Ernährungszwecken vorzüglich eignen.

[3]) Arkansas Agr. Stat. Bull., Bd. 78, S. 33.

[4]) Rubner, Zeitschr. f. Biologie 1879, S. 115, 1880, S. 119 und 1897, S. 56.

[5]) Scotti, Tierchemie, Bd. 32, S. 66.

verdauung, denn diese hängt lediglich von der Emulsionswirkung der Magen- und Darmtätigkeit ab, worauf der Alkohol ohne Einfluß bleibt.

Bekömmlichkeit.

Weit wichtiger als die Verdaulichkeit ist für die Bekömmlichkeit der Margarinprodukte jedenfalls ihr Wohlgeschmack. In dieser Beziehung verdient eine Beobachtung von B. Fischer[1]) vermerkt zu werden, wonach der Unterschied im Geschmack zwischen Naturbutter und Margarine erst bei andauernd fortgesetztem Konsum dieser Nahrungsmittel deutlich hervortritt, während einmaliger Genuß eine Geschmacksdifferenz kaum wahrnehmen läßt. Besonders wird aber der Unterschied zwischen Natur- und Kunstbutter beim küchenmäßigen Gebrauche also beim Braten und Backen, zum Ausdrucke kommen; mit Margarine gebratenes Fleisch zeigt einen wesentlich anderen Geschmack und ein anderes Aussehen[2]) als mit Naturbutter gebratenes.

Alles in allem genommen, muß man Lührig beipflichten, der sich über die Verdaulichkeit und Bekömmlichkeit der Margarine ungefähr wie folgt äußerte:

Bei der Beurteilung vom ernährungsphysiologischen Standpunkt — und dieser kommt in erster Linie in Betracht — sind beide Fette, weil völlig resorbierbar, als gleichwertig zu erachten. Die Verschiedenheit der kalorimetrischen Werte beider ist so gering, daß von einem Unterschiede ernstlich nicht die Rede sein kann. Für denjenigen gesunden Organismus, der gewohnt ist, die Stoffe, die er genießt, frei von jeder Voreingenommenheit zu beurteilen, wird die beim Genusse gleicher Mengen von Butter oder Margarinfett erzielte Wirkung gleich sein. Die Fälle, wo unter Berücksichtigung des Geschmackes und der sonstigen Eigenschaften die Freudigkeit des Genusses erhöht und hierdurch zweifellos die zur Verdauung erforderliche Nervenerregung günstig beeinflußt wird, sind für eine Beurteilung vom allgemeinen Gesichtspunkt ebensowenig maßgebend wie diejenigen Fälle, wobei sich an den Genuß eines uns verekelten oder unappetitlichen Nahrungsmittels gewisse Vorstellungen knüpfen, die nicht nur einen Widerstand gegen die Aufnahme dieser Nahrung, sondern auch eine psycho-physiologische Wirkung hervorrufen, durch die die Bekömmlichkeit und Verdaulichkeit sehr herabgedrückt werden können.

Daß gegen gute Margarinebutter vom hygienischen Standpunkt aus keinerlei Bedenken geltend gemacht werden können und daß auch keine Gründe vorliegen, dieses Produkt vom sanitären Standpunkte aus zu bekämpfen, ist von autoritativer Seite wiederholt und in überzeugendster Weise klargelegt worden.

Gesetze über den Handel mit Margarinprodukten.

Allgemeines.

Die Schwierigkeit, Kunst- und Naturbutter voneinander zu unterscheiden, und die Unsicherheit des Nachweises von Margarinbutter in einem Gemenge von solcher mit Kuhbutter haben der Unterschiebung von Kunstbutter an Stelle von Naturbutter und dem Vertriebe von Misch-

[1]) Wagner, 1898, S. 970.

[2]) Das ist durch die in den letzten Jahren hergestellte bräunende und schäumende Butter anders geworden.

butter unter dem Namen Naturbutter leider argen Vorschub geleistet. Die analytische Unterscheidung der einander äußerlich vollkommen ähnlichen Natur- und Kunstbutter ist zwar möglich, bedarf jedoch wohlausgerüsteter Laboratorien und geschulter Analytiker; die analytischen Unterscheidungsmerkmale lassen aber leider gerade dort, wo sie am notwendigsten gebraucht werden — bei Mischbutter — im Stich oder verlieren doch viel an Sicherheit[1]).

Die unlauteren Praktiken skrupelloser Butterhändler haben eine gesetzliche Regelung der Fabrikation und des Vertriebes der Kunstbutter notwendig gemacht, welchem Bedürfnisse die meisten Staaten schon vor Dezennien Rechnung getragen haben.

Alle die Margarinindustrie betreffenden Gesetze müssen, sofern sie weder die Technik der Erzeugung einseitig einschränken noch durch ihre Vorschriften die Qualität der Kunstbutter vermindern oder ihren Vertrieb wesentlich erschweren, für die Allgemeinheit als nutzbringend bezeichnet werden; greifen sie aber durch unbedachte Bestimmungen in die eigentliche Betriebssphäre der Fabrik ein, erschweren und verteuern sie den Vertrieb der Kunstbutter, so sind sie als grobe Fehler sozialer Gesetzgebung zu betrachten, weil sie die breiten Schichten der Bevölkerung an der billigen Beschaffung eines wichtigen, guten Nahrungsmittels hindern[2]).

Die gesetzliche Regelung der Erzeugung und des Handels mit Margarinprodukten bedingt vor allem eine tunlichst klare Umschreibung der unter diese gesetzlichen Bestimmungen fallenden Produkte. Die Unterscheidung der dem Gesetze unterworfenen Erzeugnisse ist den verschiedenen Gesetzgebern nicht immer auf das beste geglückt, und es ereignet sich nicht selten, daß selbst Fachleute ungleicher Meinung darüber sind, ob ein vorliegendes Produkt als Margarinerzeugnis aufzufassen sei oder nicht. Einige interessante Fälle dieser Art sind auf S. 222—227 besprochen.

---

[1]) Hier mögen zwei für Deutschland patentierte (!) Verfahren zur leichten Erkennung reiner Butter, reiner Margarine und anderer tierischer und pflanzlicher Fette sowie von Gemischen dieser Fette genannt werden. Das eine ist das D. R. P. Nr. 89440 v. 18. Okt. 1895 von E. Jahr in Berlin, das zweite das D. R. P. Nr. 192919 v. 28. Aug. 1906 von L. Pink in Berlin. Nach dem ersten wird das zu untersuchende Fett mit über 31° C warmem Wasser oder wässerigen alkalifreien Flüssigkeiten innig vermengt und sodann stehen gelassen und aus der Geschwindigkeit der Fettabscheidung sowie aus der physikalischen Beschaffenheit der Mischung die Natur des untersuchten Fettes bestimmt. L. Pink benutzt dagegen den Umstand, daß beim Schütteln der Butter mit Wasser und darauffolgenden Absetzenlassen nicht die ganze Butter an die Oberfläche steigt. Die Butter enthält nämlich 8—9% Stoffe, die hierbei im Wasser suspendiert bleiben, während alle anderen Fette und Butterersatzstoffe solche Schwebestoffe gar nicht oder nur in Spuren zeigen. Die Lichtdurchlässigkeit der unter dem zu prüfenden Fette sich absetzenden Flüssigkeit untersucht man mittels Schriftproben und schließt daraus auf die Reinheit der Butter. Daß sowohl die Jahrsche als auch die Pinksche Methode an Zuverlässigkeit manches zu wünschen übrig lassen, braucht kaum erwähnt zu werden.

[2]) Siehe Soxhlet, Über Margarine, München 1895, S. 130.

Einen viel erörterten Punkt der Gesetzgebung bildet das Verbot, Kunstbutter mit Naturbutter zu vermischen und die Verwendung von Milch bei der Herstellung von Margarinprodukten gänzlich zu untersagen oder doch in bestimmte Grenzen zu verweisen. In England, Italien, Holland, Norwegen, Schweden und in den meisten Bundesstaaten der Union ist Mischbutter erlaubt; Frankreich gestattet nur einen 10prozentigen Butterzusatz zu Margarine und Belgien erlaubt Mischungen von Kunst- und Naturbutter nur für Exportzwecke.

In Deutschland ist die Verwendung von Milch gesetzlich geregelt, und zwar in der Weise, daß man auf 100 Gewichtsteile der der Milch nicht entstammenden Fette nicht mehr als 100 Gewichtsteile Milch oder eine entsprechende Menge Rahm zusetzen darf.

Die Wege, die die Margaringesetzgebung in den verschiedenen Ländern eingeschlagen hat, betreffen:

1. eine äußere Kennzeichnung der Materie an sich oder zum wenigsten ein leichtes Unterscheidbarmachen von Kunst- und Naturbutter;
2. eine besondere Art der Verpackung oder Kennzeichnung derselben, wie auch eine bestimmte Formgebung für unverpackte Ware;
3. Kennzeichnung der Verkaufsräume für Margarine und Verbot des gleichzeitigen Verkaufes von Natur- und Kunstbutter in demselben Raume;
4. Anzeigepflicht und behördliche Überwachung der Margarinprodukte erzeugenden Betriebe.

Kennzeichnung der Materie.

Nach H. Rühle[1]) hat die Kennzeichnung bestimmter Nahrungs- und Genußmittel die Aufgabe zu erfüllen, dem Käufer im Großhandel wie im Kleinhandel Aufschluß über die besondere Beschaffenheit eines Nahrungs- und Genußmittels zu geben, und es muß, um diese Aufgabe erfüllen zu können, die Kennzeichnung in einer solchen Art und Form erfolgen, daß die zu kennzeichnende Besonderheit einer Ware von jedem Käufer mit üblichem Auffassungsvermögen ohne jeden Zweifel ihrem Wesen nach begriffen werden kann.

Bei Margarinprodukten kann die Kennzeichnung — die mitunter unrichtigerweise Denaturierung genannt wird (statt Deklarierung) — geschehen:

1. durch eine der Naturbutter fremdartige Farbe;
2. durch Ungefärbtlassen;
3. durch eine bestimmte Nuance der Gelbfärbung und
4. durch latente Färbung.

---

[1]) Die Kennzeichnung (Deklaration) der Nahrungs- und Genußmittel, Sammlung chem. und chem.-techn. Vorträge. Bd. 11, S. 7.

Fremdartige Färbung.

Die Idee, Margarinprodukte durch eine der Butter fremdartige Farbe kenntlich zu machen, ist deutschen Ursprungs und stammt aus dem Jahre 1887. Der Vorschlag wurde dann im Jahre 1895 von Holstein Waterneverstorf wiederum ans Tageslicht gezogen und in einer Generalversammlung des Milchwirtschaftlichen Vereines zu Berlin besprochen[1]).

Holstein Waterneverstorf äußerte den Wunsch, man möge allen Margarinprodukten eine bestimmte Färbung erteilen, wodurch sie von Naturbutter sofort in sicherer Weise unterschieden werden könnten, die sie aber andererseits den Konsumenten auch nicht unappetitlich machen dürfte. Dieser Nachsatz bedeutete einen wesentlichen Fortschritt gegenüber dem von den Agrariern im Jahre 1887 eingenommenen Standpunkt, wo man eine Rosafärbung für Kunstbutter als wünschenswert erklärte und Gehlert in allerdings mehr humoristischer Art für eine Blaufärbung der Margarine plädierte.

Holstein Waterneverstorf schlug etwas weniger grelle Farbentöne vor und empfahl die Farbnuance der eichenen Täfelung des deutschen Reichstagsgebäudes.

Die Erteilung einer besonderen, der Naturbutter nicht zukommenden Farbe wäre für die Kunstbutterindustrie ein Todesstoß. Die Margarine würde dadurch gesetzlich zu einer Armeleuteware gestempelt und ihr Konsum ganz rapid abnehmen, weil es doch immer noch viele gibt, die ihre Armut nicht gern zur Schau tragen und sich nicht schon durch ihr Butterbrot als arme Teufel deklarieren wollen.

Soxhlet, der in so dankenswerter unparteiischer und erschöpfender Weise die Frage der Margaringesetzgebung studiert hat, meint sehr zutreffend, wenn man Kunstbutter durch fremdartige Färbung von Naturbutter unterschieden wissen wolle, müßten sich die Landwirte wohl auch dazu bequemen, Magermilch und Vollmilch so kenntlich zu machen, daß man sie auf den ersten Blick voneinander unterscheiden könnte, und daß die sich leider so oft wiederholende Unterschiebung der ersteren, wie auch das Vermischen von Mager- und Vollmilch vermieden würde. Nach dem bei Kunstbutter gegebenen Beispiel ließe sich ja ganz leicht durch eine Braunfärbung der Magermilch die beliebte Farbe des Bieres erteilen.

Die Zeiten, wo man über eine Verfärbung der Margarine ernstlich streiten konnte, sind heute in den deutschen Landen wie auch in anderen Staaten glücklich überwunden. Eine durch fremdartige Färbung dem Publikum verekelte Margarine würde ja nicht einmal als Kochfett Absatz finden, weil auch die damit bereiteten Speisen ein mißfarbiges, unappetitliches Aussehen erhielten[2]).

---

[1]) Milchztg. 1895, S. 137.

[2]) Die seinerzeit vom Kaiserl. Gesundheitsamte in Berlin geäußerte Behauptung, daß Margarine überhaupt nicht in beliebiger Farbnuance gefärbt werden könne, beruht auf einem Irrtum.

Färbeverbot.

Der Umstand, daß Kunstbutter eines Farbzusatzes nicht entbehren kann, falls man buttergelbe Ware erhalten will, gab in mehreren Staaten[1]) die Anregung zu einem Färbeverbot für Margarinprodukte, so unpraktisch diese Idee auch sein mag. Vor allem müßte ein Färbeverbot für Kunstbutter als eine arge Ungerechtigkeit angesehen werden, denn was bei Naturbutter erlaubt ist, kann bei Kunstbutter nicht gut verboten werden.

Wenn man es recht bedenkt, wäre eigentlich ein Färbeverbot bei Naturbutter noch eher am Platze, denn bei einem Naturprodukt sollte künstliche Nachhilfe ganz besonders ausgeschlossen sein. Streng genommen, ist ja das Gelbfärben der Kuhbutter als eine Nahrungsmittelverfälschung anzusehen, denn hier wird ein Produkt zum Zwecke der Täuschung mit dem Schein einer besseren Beschaffenheit versehen. Das Publikum wünscht nämlich gelbe Butter nicht nur deshalb, weil es an der gelben Farbe seine Augenweide hat, sondern weil es mit diesem Ton den Gedanken einer besonders guten Butterqualität verbindet. Von Natur aus gelb ist eigentlich nur die Maibutter, und alle außer der Grünfutterzeit gewonnene Kuhbutter ist nur hellgelb, aber auch weniger gut. Wenn man solche helle Butter, die sicher vier Fünftel der Gesamtproduktion ausmacht, nachfärbt, will man ihr eben das Aussehen von Maibutter geben und begeht damit an dem kaufenden Publikum eine Täuschung.

Die Auslegung mag heute, wo das Färben der Naturbutter ganz allgemein gebräuchlich ist, gewiß zu streng erscheinen, immerhin muß aber auf diesen Umstand verwiesen werden, wenn man für Margarinbutter mitunter noch ein Färbeverbot verlangen hört.

Gerade der von den Landwirten eingeführte Brauch, Naturbutter zu färben, zwingt die Margarinfabriken, mit ihrer Ware ein gleiches zu tun, denn blasse Margarine würde unsere für die gelbe Butterfärbung erzogenen Sinne gewissermaßen abschrecken.

Der Zweck der gesetzlichen Untersagung des Färbens von Margarine würde übrigens die Herstellung von Mischbutter in keiner Weise erschweren, denn man brauchte die blaßgelbe Kunstbutter nur mit möglichst hochgelber Naturbutter zu vermischen, um eine normale gelbe Mischbutter zu erreichen.

Endlich würde ein Färbeverbot für Margarinprodukte gewissermaßen einen Färbezwang für Naturbutter mit sich bringen, denn jede hellgelbe Kuhbutter — es kommt auch heute noch solche auf den Markt — würde dann trotz aller Reinheit in den Verdacht kommen, Margarine zu sein, und die besonders rigorosen Buttererzeuger würden durch ihre Reellität ihre Ware selbst diskreditieren.

Bestimmte Farbstärke.

Die Bestimmung, Margarinprodukte nur bis zu einer bestimmten Farbstärke gelb färben zu dürfen, wie sie z. B. in Dänemark[2]) gesetz-

[1]) Vergleiche S. 253.

[2]) Vergleiche S. 241.

lich festgelegt ist, muß im allgemeinen als halbe Maßregel angesehen werden. In Dänemark, wo Margarine keine intensivere Gelbfärbung haben darf, als in einer vom Ministerium des Innern herausgegebenen Farbentafel verzeichnet erscheint, wirken ganz besondere Umstände mit, die diese Vorschrift brauchbar machen. Die dänische Naturbutter, die in sehr bedeutenden Mengen ausgeführt wird, ist durchweg durch eine auffallende hochgelbe Färbung charakterisiert, und eine weniger intensiv gefärbte Margarine kann daher immer noch von Naturbutter gut unterschieden werden. Die Grenze, bis zu der Margarine in Dänemark gefärbt werden darf, ist so gewählt, daß sie einer mittelstark gefärbten deutschen Naturbutter gleichkommt. In allen anderen Staaten, die eine so stark gefärbte Naturbutter, wie sie Dänemark hat, nicht kennen, müßte man die zulässige Farbgrenze für Margarine weit tiefer ziehen, und die begrenzte Erlaubnis des Färbens käme hier wohl fast einem Färbeverbote gleich. Auch in Dänemark ist und bleibt die Vorschrift, nach Farbentafeln zu arbeiten, wohl unzulänglich.

Latente Färbung.

Die sogenannte latente Färbung, die Soxhlet bereits im Jahre 1887 in Vorschlag gebracht hat, ist daher als der einzig gangbare Weg der Margarinkennzeichnung anzusehen.

Die latente Färbung der Margarine besteht darin, daß der Kunstbutter geringe Mengen eines Körpers zugesetzt werden, der weder Farbe noch Geschmack und Geruch noch irgendwelche sonstigen äußeren Eigenschaften der Margarine ändert und auch deren Gebrauchswert nicht herabsetzt; doch tritt ein sofort erkennbarer Wechsel im Aussehen der Kunstbutter ein, wenn diese mit einem bestimmten Reagens in Berührung gebracht wird.

Die zur latenten Färbung verwendeten Stoffe müssen, um ihrem Zwecke vollständig zu genügen, die folgenden Eigenschaften besitzen:

1. Sie müssen an sich für die menschliche Gesundheit vollkommen unschädlich sein.
2. Sie dürfen den Gebrauchswert der Margarine in keiner Weise herabsetzen.
3. Sie müssen sich durch einfache Reaktion schon in geringer Menge in der Kunstbutter mit Sicherheit nachweisen lassen.
4. Sie müssen sich auf leichte Weise dem Margarinprodukt zumischen lassen.
5. Sie dürfen aus der Kunstbutter nicht durch Auswaschen oder sonstige Manipulationen entfernbar sein.
6. Sie müssen so wohlfeil sein, daß sich die mit ihnen vorgenommene Kennzeichnung der Kunstbutter nicht zu teuer stellt.

Ein allen diesen Anforderungen in vollkommener Weise entsprechendes Kennzeichnungsmittel ist bis heute noch nicht gefunden worden; die verschiedenen vorgeschlagenen Substanzen lassen durchweg in einem oder dem anderen Punkt zu wünschen übrig. Die wichtigsten der in Betracht kommenden Stoffe sind:

Eisenchlorid, das in geringer Menge der Margarine zugesetzt (ca. 7 g auf 100 kg Margarine), deren Qualität nicht beeinträchtigt. Die beim Schmelzen solcher Margarine sich absetzende Milchflüssigkeit gibt mit Blutlaugensalz und Salzsäure eine Blaugrünfärbung (Berlinerblaubildung). Eisenchlorid.

Salpeter gibt bei einem Zusatze von 5 g auf 100 kg Margarine ein Produkt, dessen beim Schmelzen sich absondernde Milchreste mit Diphenylamin-Schwefelsäure die bekannte Blaugrünfärbung zeigt. Salpeter.

Phenolphthalein ist von Soxhlet[1]) besonders empfohlen worden, weil es absolut unschädlich ist und eine sehr scharfe Reaktion gibt (Rotfärbung beim Zusammenbringen mit alkalisch reagierenden Stoffen). Auch Brulyant[2]) trat für Phenolphthalein ein, als in Belgien die Frage der Margarinkennzeichnung auf der Tagesordnung stand. Während aber Brulyant erklärte, Phenolphthalein sei aus damit versetzter Kunstbutter nicht oder doch nur so schwierig und dabei unvollkommen auszuwaschen, daß an eine Regenerierung der damit gekennzeichneten Kunstbutter nicht zu denken wäre, wies Broguet gerade auf die verhältnismäßig leichte Auswaschbarkeit dieses Stoffes hin, eine Ansicht, die früher auch Henriques ausgesprochen hatte. Phenolphthalein.

Von anderer Seite wurde dem Phenolphthalein auch der Vorwurf gemacht, daß es allzuleicht reagiere und daß damit denaturierte Kunstbutter auch in unerwünschten Fällen rot werden dürfte; so z. B. beim Zusammenbringen gewisser Nahrungsmittel, die mit Soda aufgeschlossen wurden. An Stelle des Phenolphthaleins hat man daher später mit dem

Dimethylamidoazobenzol experimentiert. Wem eigentlich das Verdienst gebührt, die Aufmerksamkeit auf diesen Azofarbstoff als latentes Färbemittel für Margarinprodukte gelenkt zu haben, ist nicht genau eruierbar. Angeblich soll das Berliner Reichsgesundheitsamt durch A. Partheil[3]) auf das Dimethylamidoazobenzol verwiesen worden sein, doch haben andererseits C. Ilse und A. Spiecker[4]) auf die Verwendung dieses Stoffes als Margarinkennzeichnungsmittel ein Patent erteilt erhalten. Dimethylamidoazobenzol

Nach Partheils Versuchen genügt 1 g Dimethylamidoazobenzol auf 100 kg Kunstbutter, damit diese beim Zusammenbringen mit verdünnter Säure rot gefärbt erscheine. Diese Rotfärbung ist auch bei mit solcher

---

[1]) Milchztg. 1887, S. 340.

[2]) Bulletin de l'Assoc. belge des chimistes, Bd. 9, S. 1.

[3]) Chem. Ztg. 1897, S. 255; Zeitschr. f. angew. Chemie 1898, S. 729.

[4]) Dieses Patent (D. R. P. Nr. 105391 v. 20. März 1896) will die latente Färbung der Margarine in der Weise vornehmen, daß es dem Rahm-Fettgemisch vor der sogenannten Verbutterung in Öl gelöste Amidoderivate des Azobenzols (z. B. Dimethylamidoazobenzol), deren Löslichkeit in Fett hundertmal größer ist als in Wasser oder verdünnten Alkalien, zusetzt, aber nur in solcher Menge, daß dadurch keine wahrnehmbare oder nur eine grünliche Färbung entsteht. Letztere wird durch gleichzeitigen Zusatz komplementär färbender Stoffe, z. B. der gebräuchlichen roten Butterfarbe, verdeckt, so daß eine butterähnliche Färbung des Produktes erzielt wird.

Kunstbutter hergestelltem Gebäck, gekochten und gebratenen Speisen usw. zu beobachten, was einen großen Vorteil bedeutet. Auch ist das Dimethylamidoazobenzol aus der Margarinbutter nicht durch Auswaschen zu entfernen, weil es weder mit Säuren noch mit Alkalien in wasserlösliche Verbindungen übergeführt wird.

Dagegen macht Th. Weyl[1]) darauf aufmerksam, daß er auf Grund seiner Arbeiten über die Wirkung künstlicher Farbstoffe auf den Organismus gerade das Dimethylamidoazobenzol zur Margarinfärbung nicht besonders empfehlen könnte.

Das zur Färbung der Naturbutter verwendete Buttergelb ist mit Dimethylamidoazobenzol nicht identisch, sondern es stellt einen Hydroxylgruppen enthaltenden und daher alkalisch reagierenden Azokörper dar. Die häufige Verwechslung des Buttergelbs mit dem Dimethylamidoazobenzol hat auch in der Frage der Margarinkennzeichnung zu mancherlei Mißverständnissen geführt. Es sei daher hier nochmals betont, daß Buttergelb Fette gelb färbt, Dimethylamidoazobenzol ihnen dagegen eine grünliche Färbung erteilt, die durch Komplementärfarben behoben werden muß.

Die mehrfach gegen die Anwendung des Dimethylamidoazobenzols gemachte Einwendung, daß dieser Farbstoff (sollte richtiger heißen das damit nah verwandte Buttergelb) zum Färben der Naturbutter verwendet würde und daher unliebsame Beanstandungen zu erwarten wären, falls eine Denaturierung der Margarine mit Dimethylamidoazobenzol vorgeschrieben werden sollte, ist nicht stichhaltig, da ja die Molkereien ihre Butter einfach nicht mehr mit Buttergelb, sondern mit einem der zahlreichen zur Verfügung stehenden gelben Farbstoffe nachzufärben brauchten.

Stärkemehl.

Stärkemehl, das durch Jodtinktur leicht und sicher zu erkennen ist, ist ebenfalls als Kennzeichnungsmittel für Margarine empfohlen und in Belgien als solches auch gesetzlich bestimmt worden. Man verwendet allgemein Kartoffelstärke, obwohl dieses seinen Nachteil hat. So hat Mainsbrequ gefunden, daß Kartoffelstärke, weil wasserhaltig, in den wässerigen Teil der Kunstbutter übergeht und durch Auswaschen leicht entfernt werden kann. Getrocknetes und in Öl mazeriertes Mehl ist dagegen in dem fetten Teile der Margarinbutter fixiert und durch Auswaschen nicht entfernbar.

Nach E. Gibson wird Kartoffelmehl viel zu mannigfach verwendet, als daß eine zufällige Beimischung zur Butter sich nicht ereignen könnte, und dieser Umstand würde von Fälschern bei gerichtlichen Verhandlungen reichlichst ausgenutzt werden. Diesem Umstande trägt das belgische Margaringesetz vom 12. August 1903[2]), worin ein Zusatz von Kartoffelmehl zu Kunstbutter vorgeschrieben ist, insofern Rechnung, als es für die Herstellung von Butter die Verwendung von Gerätschaften, Farbstoffen und Fermenten verbietet, die mit denjenigen Stoffen in Berührung gekommen sind, deren Ge-

[1]) Apothekerztg. 1897, S. 245.

[2]) Siehe S. 247.

brauch zur Kennzeichnung der Speisefette und Margarine vorgeschrieben ist. Gibson meint aber, daß es richtiger gewesen wäre, an Stelle des Stärkemehls einen Zusatz exotischer Stärkearten (z. B. von Maniok utilisana oder Curcuma angustifolia) vorzuschreiben, die ein zufälliges Hineingeraten ausschließen, sich selbst aber leicht erkennbar machen würden.

Andere Kennzeichnungsstoffe. Die von van Laer empfohlene Hefe, das Resorzin und die von Wauters in Vorschlag gebrachte Curcuma sind, wie mehrere andere Stoffe, als Denaturierungsmittel für Margarinprodukte nicht durchgedrungen. Dafür hat um so größeren Erfolg das

Sesamöl. Sesamöl gehabt. Dieses Öl, das sich durch die bekannte Baudouinsche Reaktion (Furfurolreaktion) von allen anderen Ölen und Fetten leicht unterscheiden und in Fett- und Ölgemischen nachweisen läßt, erscheint deshalb als Kennzeichnungsmittel sehr geeignet, weil es kein Fremdstoff ist wie die übrigen, als Nichtfette charakterisierten Denaturierungsmittel, vielmehr als gut brauchbares Rohprodukt der Margarinindustrie gelten kann. Dafür sind allerdings weit ausgiebigere Zusätze notwendig (nach Bremers Vorschlag 5%, nach dem deutschen und österreichischen Margaringesetze 10% vom Kunstbuttergewichte) als von den früher genannten Stoffen. Man machte seinerzeit geltend, daß ein Zusatz von 10% Sesamöl die Konsistenz der Kunstbutter im Sommer allzusehr herabdrücken würde, doch haben die Margarinfabriken diesen Fehler zu kompensieren verstanden.

Gegen die latente Färbung der Margarinprodukte durch Sesamölzusatz, die wir einem Vorschlage Bremers zu verdanken haben, sind vor und nach dem Inkrafttreten des deutschen Margaringesetzes mehrere gewichtige Stimmen laut geworden. So nannte Henriques den Sesamölzusatz einen kläglichen Notbehelf, M. Siegfeld[2]) erwartete dadurch nur neuerliche Unsicherheiten und Zweifel, A. Partheil[3]), P. Vieth[4]), J. Wauters[5]), K. B. Sohn[6]), H. Weigmann[7]), A. Scheibe[8]), Ch. Annatò[9]) und andere haben in mehr oder weniger scharfer Weise gegen den obligaten Sesamölzusatz Stellung genommen. Dies zum Teil deshalb, weil der Nachweis

[1]) Assoc. belge des chimistes, Generalversammlung v. 1. Mai 1898; Chem. Ztg. 1898, S. 406.

[2]) Über die latente Färbung der Margarine mit Sesamöl (Milchztg. 1898, S. 497).

[3]) Zeitschr. f. angew. Chemie 1898, S. 729 (Über den gegenwärtigen Stand der Margarinefrage).

[4]) Zeitschr. f. angew. Chemie 1898, S. 1150.

[5]) Bulletin Assoc. belge chim. 1898, S. 58; Zeitschr. f. angew. Chemie 1898, S. 765 (Die Denaturierung der Margarine).

[6]) Die Sesamölreaktion und Sesambutter, Milchztg. 1898, S. 498.

[7]) Milchztg. 1898, S. 529 (Versuche über die Frage, ob bei Sesamkuchenfütterung Stoffe in die Butter übergehen, welche die Baudouinsche Reaktion geben).

[8]) Milchztg. 1897, S. 747.

[9]) Pharm. Ztg. 1901, S. 693.

des Vorhandenseins des Sesamöles doch zu kompliziert ist, um von Laien mit Sicherheit vorgenommen werden zu können, teils wegen des Auftretens der Sesamölreaktion bei Sesamöl nicht enthaltenden Fetten [1]) und endlich deshalb, weil vielfach beobachtet worden sein soll, daß Milch von Kühen, die mit Sesamkuchen gefüttert wurden, eine Butter ergab, die die Baudouinsche Reaktion ebenfalls zeigte.

Die Richtigkeit der von Spampani und Daddi, Scheibe; Siegfeld, Vieth und Annatò vertretenen und experimentell gestützten Behauptung [2]), daß es auch die Sesamölreaktion zeigende Milch gäbe, wird von Ramm und Mintrop, Sohn, Weigmann, Baumert und Falke, Thorpe, Stein, Bachhaus, van Engelen, P. Wauters, Bremer und anderen bestritten.

Die von den Erstgenannten als Beweis angeführten Versuche werden als nicht einwandfrei [3]) bezeichnet und die Sesamölreaktion [4]), speziell die

[1]) So gibt nach Hanausek eine mit Kurkuma oder mit gewissen Teerfarbstoffen gefärbte Milchbutter die von Baudouin empfohlene und die im deutschen Gesetze vorgesehene Furfurolreaktion; Soltsien (Chem. Revue 1906, S. 7, 28 u. 138) fand ein gleiches bei manchen Olivenölen. Die von Soltsien vorgeschlagene Zinnchlorürprobe ist in dieser Beziehung allerdings verläßlicher.

[2]) Nebenbei sei erwähnt, daß Engel (Chem. Ztg. 1905, S. 363) bei Sesamölgenuß auch ein Übergehen des Trägers der Baudouinschen Reaktion in das Fett der Muttermilch konstatiert hat, und zwar zeigte sich schon innerhalb 3—4 Stunden nach dem Genusse des Sesamöles eine deutliche Reaktion, die aber nicht lange anhielt.

[3]) So macht Bremer (Pharm. Ztg. 1901, S. 757) darauf aufmerksam, daß die Prüfung auf Sesamöl mit Furfurol unter möglichst genauer Einhaltung der Vorschriften ausgeführt werden müsse, um einwandfreie Resultate zu erhalten, und betont, daß auch Kasein eine rote Färbung erzeugen könne. Es sei daher notwendig, das darauf zu prüfende Fett stets blank zu filtrieren. Schließlich stellt es Bremer auch als möglich hin, daß mit Sesamkuchen gefütterte Kühe eine Milch liefern, die etwas von den die Sesamölreaktion gebenden Stoffen enthält, doch gingen diese nicht in die auf gewöhnliche Weise hergestellte Butter über. Bei den Versuchen müsse gerade darauf Bedacht genommen werden, weil vielleicht durch Extraktion des Fettes aus der Milch oder durch eine andere, mit der natürlichen Butterbereitungsweise nicht vollständig übereinstimmende Methode der Fettabsonderung vielleicht ein Übergehen des Reaktionsträgers in das Fett stattfinden könne. — Utz (Chem. Ztg. 1902, S. 730), nach dessen Untersuchungen der die Baudouinsche und Soltsiensche Reaktion verursachende Stoff des Sesamöles unter bis jetzt nicht bekannten Umständen in das Milch- bzw. Butterfett übergehen kann, beobachtete, daß eine Butter, die kurz nach dem Ausschmelzen und Filtrieren des Fettes — das bei möglichst niederen Temperaturen zu erfolgen hat — eine deutliche Reaktion auf Sesamöl gab und nach einige Stunden langem Stehen im Trockenschranke keine Reaktion mehr zeigte, eine Tatsache, auf die schon Bömer früher hingewiesen hat.

[4]) Die beste Arbeit über die Baudouinsche Reaktion verdanken wir Kerp (Arbeiten a. d. Kaiserl. Gesundheitsamte, Bd. 15). Hier sei auf die von Breinl empfohlene Modifizierung der Sesamölreaktion (Chem. Ztg. 1899, S. 647) und auf die von C. Pfleig beschriebene Farbreaktion des Sesamöles mit aromatischen Aldehyden und verschiedenen Zuckerarten hingewiesen. (Bull. soc. chim. franc. 1908, vierte Reihe, Bd. 3, 4, S. 984—999.)

von Soltsien empfohlene, als ein unfehlbares Unterscheidungsmittel zwischen Margarine und Kunstbutter hingestellt.

Es muß den Nahrungsmittelchemikern überlassen bleiben, in diesem Widerstreit der Meinungen endlich Klarheit zu schaffen; wenn die Verfütterung von Sesamkuchen tatsächlich ein Übergehen des Sesamins[1]) in das Milchfett mit sich bringt, müßte bei Wiederholung der Versuche auf die Qualität des Sesamkuchens besondere Sorgfalt verwendet werden, um übereinstimmende Resultate zu erlangen. Die verschiedenen Spielarten der Sesamsaat enthalten sehr verschiedene Mengen von Sesamin, und es ist sehr leicht möglich, daß gewisse Sorten die Beschaffenheit des Milchfettes beeinflussen, während andere es nicht vermögen. Solange aber über diesen Punkt keine näheren Versuchsresultate vorliegen, darf man nur von Vermutungen sprechen. Daß die Baudouinsche und Soltsiensche Reaktion bei Sesamölen verschiedener Pressung und aus verschiedenen Saatsorten sehr verschieden stark auftritt, habe ich durch mehrere Versuchsreihen bewiesen.

In Deutschland ist durch das Margaringesetz vom 15. Juni 1897[2]) ein Zusatz von Sesamöl als Erkennungsmittel für Margarine vorgeschrieben, und Österreich hat mit seinem Margaringesetz vom 25. Oktober 1901[3]) die gleiche Kennzeichnung eingeführt.

Der Sesamölzusatz kann jedenfalls nicht als ein absolut verläßliches Kennzeichen, wie es dem Gesetzgeber vorschwebte, angesehen werden; ist nach den heutigen Erfahrungen der Nachweis, ob einer vorliegenden Fettprobe Sesamöl zugesetzt worden ist, überhaupt kaum mit voller Sicherheit zu erbringen, so erscheint es ganz unmöglich festzustellen, ob eine Kunstbutter die vorgeschriebene Menge Sesamöl (in Deutschland und Österreich 10%) enthält.

Die von seiten einiger Sachverständiger zugegebene Möglichkeit, daß Sesamkuchenfutter Milch liefern könne, deren Butter die Sesamölreaktion zeigt, hat daher in Deutschland bereits zu einem Freispruche beanstandeter Butter geführt[4]).

Die latente Färbung der Margarine dürfte wahrscheinlich im Laufe der Zeit noch wesentliche Vervollkommnungen und möglicherweise auch eine internationale Ausgestaltung erfahren. Solange letzteres nicht der Fall ist, bleiben alle Bestimmungen über latente Färbung nur halbe Maßregeln, die außerdem den Auslandsverkehr ganz bedeutend erschweren[5]).

---

[1]) Vergleiche S. 262, Bd. 2.

[2]) Siehe S. 216.

[3]) Siehe S. 236.

[4]) Verhandlung der Strafkammer in Altona v. 26. Juni 1901.

[5]) Vergleiche J. Wauters, Die Denaturation der Margarine, Bull. Assoc. belge des chimistes 1898, S. 58.

Besondere Verpackungsarten und bestimmte Form für unverpackte Ware.

Um Margarinprodukte schon äußerlich von Naturbutter unterscheiden zu können, haben einige Beschützer des Molkereiwesens ihren Regierungen vorgeschlagen, man möge für Kunstbutter alle Verpackungsarten verbieten, die bisher für Butter üblich sind. Da alle praktischen und zugleich billigen Verpackungen im Laufe der Zeit dem Butterversand bereits dienstbar gemacht wurden, wäre es sehr schwierig, für Margarine irgendeine passende und ökonomische Verpackungsart ausfindig zu machen; man hat sich daher damit zufrieden geben müssen, die Gefäße und äußeren Umhüllungen, worin Kunstbutter verkauft wird, durch Aufschriften oder besondere Zeichen kenntlich zu machen.

Inhalt, Form und Ausführung der Inschrift sind in jenen Staaten, die eine besondere Beschriftung vorsehen, durch besondere Erlässe festgelegt. Ein gleiches gilt von den besonderen anderen Kennzeichen, wovon wir den bekannten (z. B. in Deutschland und Österreich eingeführten) roten Streifen erwähnen wollen.

Neben den Aufschriften, die den Inhalt des Objektes angeben, muß auch der Name oder die Firma des Fabrikanten sowie die Fabrikmarke ersichtlich gemacht werden.

Für Margarine, die ohne Umhüllung verkauft wird, hat man in mehreren Ländern bestimmte Formen, wie auch gewisse eingepreßte Inschriften vorgeschrieben. In Deutschland ist z. B. die Würfelform obligat, doch muß außer dieser jedes Stück noch eine entsprechende Inschrift („Margarine“) eingepreßt haben.

Eine Aufschrift (Margarine, Kunstbutter usw.) auf den Umhüllungen und Gefäßen sowie die Abgabe der Margarine in solchen wird fast in allen Staaten verlangt (Belgien, Dänemark, England, Frankreich, Italien, Holland, Portugal, Rußland, Schweden, Schweiz, Unionstaaten). Dänemark schreibt außerdem ovale Gefäße vor, Schweden ovale oder viereckige. Die Würfelform ist auch in Belgien und Frankreich für einzelne Stücke vorgeschrieben [1]).

Kennzeichnung der Verkaufsräume und Verbot des Verkaufes von Natur- und Kunstbutter in demselben Raume.

Die Kennzeichnung der Verkaufsräume durch aufgehängte Schilder mit entsprechenden Inschriften wird in Deutschland und Österreich, Belgien, Dänemark, Frankreich, Italien, Norwegen, Rußland, Schweden und in den Unionstaaten verlangt.

Die Trennung der Räume, worin Margarine und Kunstspeisefette hergestellt, aufbewahrt, verpackt oder feilgehalten werden, von jenen, die der Erzeugung, Aufbewahrung oder dem Vertrieb von Butter und Butterschmalz

[1]) Näheres darüber siehe S. 214—258.

dienen, ist ebenfalls eine in den meisten Industrie- und Agrarstaaten geltende Bestimmung.

In einigen Ländern geht man sogar so weit, daß dieselben Personen nicht gleichzeitig Molkerei- und Margarinprodukte herstellen und verkaufen dürfen. Diese persönliche Scheidung ist z. B. in Rußland und Frankreich durchgeführt, wogegen sich Österreich, Deutschland, Schweden, Dänemark und Belgien mit einer sachlichen Scheidung der Verkaufs- und Herstellungsräume begnügen.

Über die Kennzeichnung im schriftlichen Handelsverkehre mit Margarinprodukten enthalten die Margaringesetze der meisten Staaten ebenfalls besondere Bestimmungen.

Anzeigepflicht und behördliche Überwachung der Margarinprodukte erzeugenden Betriebe.

In der Mehrzahl der Staaten (so in Belgien, Dänemark, England, Frankreich, Schweden, Deutschland und Österreich) besteht auch die Anzeigepflicht der Margarinfabriken, eine polizeiliche Kontrolle der Betriebe und die Auskunftspflicht der Betriebsunternehmer. Der polizeilichen Kontrolle sind in manchen Staaten ziemlich weite Grenzen gesteckt (z. B. in Deutschland), während in anderen Ländern die Kontrollzeit beschränkt ist (Belgien von 6 Uhr früh bis 8 Uhr abends, Niederlande 8 Uhr früh bis 8 Uhr abends) und in manchen Staaten eine Revision nur bei vorliegendem Verdachte statthaben kann (England, Schweden, Norwegen). In Holland ist die Kontrolle nur in Molkereibetrieben zulässig, nicht aber in Fabriken, die Kunstbutter herstellen. Mehrere Staaten (z. B. Belgien, Dänemark, England und Frankreich) haben diese Kontrolle in die Hände von besonders vorgebildeten oder wohl instruierten Beamten gelegt.

Nach diesen allgemeinen Erläuterungen sei die Margaringesetzgebung der einzelnen Staaten, bei der die Gesetzgeber nicht immer eine glückliche Hand verrieten und die oft schon nach wenigen Jahren durch neue Gesetzesbestimmungen verdrängt oder doch ergänzt und abgeändert wurde, etwas näher betrachtet. Der Margaringesetzgebung fast aller Länder haftet etwas Unsicheres, Tastendes an und sie wird außerdem durch das nie rastende Fortschreiten der Technik vor immer neue Aufgaben gestellt (z. B. Kokosbutter). Als ein den Margarintechniker und Kaufmann ebenso interessierendes, tief in das Verkehrsleben einschneidendes Thema wird sie in den folgenden Seiten auch möglichst ausführlich behandelt[1]).

[1]) Von älteren Arbeiten über dieses Thema seien genannt: Alfred Lavalle, Die Margarinegesetzgebung, Bremen 1896; F. Soxhlet, Über Margarine, München 1895; Uffelmann, Handwörterbuch der Staatswissenschaften 5. Bd., S. 2—8; R. Wollny, Über die Kunstbutterfrage, Leipzig 1887; E. Franck, Die Kunstbutterfrage, Frankfurt a. M. 1887; H. Fränkel, Der Kampf gegen die Margarine, Weimar 1894; W. Helm, Der Butterkrieg und seine soziale Bedeutung; Petersen, Margarinfrage, Bremen 1895; Burckhardt, Der unlautere Wettbewerb im

Deutschland.

In Deutschland trat die Kunstbutter auf der Hamburger Ausstellung des Jahres 1877 zum erstenmal in ernstlichen Wettbewerb mit der Naturbutter, obwohl schon im Jahre 1872 in Frankfurt die erste Margaringesellschaft gegründet worden war.

In Deutschland wurde die Margarinbutter in den siebziger Jahren des vorigen Jahrhunderts angeblich weit mehr zum Vermischen von Naturbutter benutzt, als unter ihrem wirklichen Namen als billiges, gut verdauliches Volksnahrungsmittel ausgeboten. Das deutsche Nahrungsmittelgesetz vom 14. Mai 1879 vermochte diesem mehrfach konstatierten Unfug nicht gänzlich zu steuern und die mehr oder weniger berechtigten Klagen der Milchwirtschaftsbesitzer schwollen allmählich zu einem so lauten Chorus an, daß man sich genötigt sah, ihrem Drängen nach Schaffung eines besonderen Margaringesetzes nachzugeben. Ein am 3. März 1887 vorgelegter Entwurf eines Gesetzes, betreffend den Verkehr mit Kunstbutter, wurde am 17. Juni 1887 vom Reichstage nach mannigfachen Änderungen angenommen und unter dem 12. Juli 1887 verkündigt. Unter diesem Gesetze, zu dessen Durchführung der Bundesrat noch die Bekanntmachungen vom 26. Juli 1887 und vom 12. November 1887 erließ, nahm die Fabrikation von Kunstbutter einen beträchtlichen Umfang an, so daß Deutschland im Jahre 1895 insgesamt 73 Kunstbutterfabriken zählte, die sich wie folgt verteilten:

Preußen hatte	50	Betriebe
Bayern	12	„
Sachsen	3	„
Württemberg	2	„
Hamburg	2	„
Baden	1	Betrieb
Mecklenburg-Schwerin	1	„
Braunschweig	1	„
Elsaß-Lothringen	1	„

Die jährliche Produktionsmenge dieser 73 Fabriken betrug schätzungsweise 95 Millionen Kilogramm im Verkaufswerte von 117 Millionen Mark.

Dieser Aufschwung der Margarinfabrikation ließ die Agrarier in der neuen Industrie einen Schädling des Molkereiwesens erblicken, und die Interessenten der Milchwirtschaft suchten den Beweis zu erbringen, daß die Kunstbutter den reellen Verkehr mit Naturbutter gänzlich unterbinde.

Die Molkereibesitzer griffen, da sie angeblich seitens der Behörden nicht die nötige Unterstützung fanden, teilweise zur Selbsthilfe. So z. B.

Butterhandel, Berlin 1895; Chr. Steenbuch, Kunstmórret, Kopenhagen 1887; Lawaetz, Kunstmórret og Danmark, Kopenhagen 1888; A. Nienholdt, Meinholds jur. Handbibliothek 90. Bd., S. 110—121; Fleischmann, Das deutsche Margarinegesetz vom 15. Juni 1897, Breslau 1898; Full-Reuter, Die deutsche Margarinegesetzgebung, Berlin 1899.

veranlaßte der pommersche Gutsbesitzer von Blanckenburg sowie der Verband der hinterpommerschen Molkereigenossenschaften den sogenannten „Berliner Butterkrieg“ [1]), indem sie im Jahre 1893 in Berlin zahlreiche Butterproben aufkauften und diese auf ihre Reinheit untersuchen ließen. Dabei soll von den 3000 Untersuchungen mehr als die Hälfte Mischbutter ergeben haben. Diese Mitteilung ist indes mit großem Mißtrauen aufzunehmen, denn die Art der Musterbeschaffung war gewiß nicht einwandfrei, und außerdem haben von anderer Seite vorgenommene Untersuchungen unter 1185 Proben nur 45 Mischbutter ergeben.

Die Folge dieser Hetze war die Begründung der „Vereinigung deutscher Margarinfabrikanten zur Wahrung gemeinsamer Interessen“. Die von den Agrariern zur Bekämpfung der Butterfälschungen ergriffenen Maßnahmen, denen man wegen des ihnen anhaftenden denunziatorischen Charakters und ihrer Sucht, maßlos zu übertreiben, im allgemeinen keine besonderen Sympathien entgegenbrachte, verfehlten aber schließlich ihre Wirkung auf das große Publikum doch nicht, und Graf Hoensbroech lenkte bereits am 8. Februar 1894 die Aufmerksamkeit der preußischen Regierung auf eine besondere Besteuerung [2]) der Margarine. Sowohl der Reichskanzler als auch die Ministerien der Einzelstaaten suchten sich hierauf durch Rundfragen oder eingeholte Gutachten (wovon das von Soxhlet erstattete im wahrsten Sinne des Wortes klassisch genannt zu werden verdient und für alle Zeiten ein vorbildliches Muster einer erschöpfenden, objektiven Berichterstattung bleiben wird) über die Frage genauer zu orientieren. Einem von Dallwitz am 30. April 1895 dem Reichstage vorgelegten Gesetzentwurf, der unerledigt blieb, folgte bald ein solcher seitens des Bundesrates, der am 13. Dezember 1895 dem Reichstage zuging. Dieser nahm den Entwurf am 2. Mai 1896 an, nachdem er durch ein Färbeverbot erweitert worden war. Infolge dieses Zusatzes versagte jedoch der Bundesrat dem Gesetze die Zustimmung.

Die dadurch stark erbitterten Landwirte brachten am 16. Dezember 1896 einen Antrag auf Annahme eines anderen Gesetzentwurfes ein, der ebenfalls ein Färbeverbot enthielt, das aber dann fallen gelassen wurde und an dessen Stelle man die latente Färbung treten ließ. Das Gesetz wurde am 19. Mai 1897 angenommen und am 15. Juni 1897 unter dem Titel „Gesetz, betreffend den Verkehr mit Butter, Käse, Schmalz und deren Ersatzmitteln“ sanktioniert. Es lautet:

---

[1]) Milchztg. 1893, S. 752.

[2]) Eine Margarinsteuer wurde auch im vorigen Jahre wiederum angeregt, und zwar einmal in einem Aufsatze der „Deutschen Tageszeitung“ (Jahrgang 1908 Nr. 103) und dann in einer in Dresden abgehaltenen Agrarversammlung durch eine Rede Oertels. Diese sich immer wieder erneuernden Vorstöße gegen die Kunstbutter können nicht verwundern in einem Lande, dessen Landwirtschaftsminister einmal die Verdaulichkeit der Margarinprodukte mit der von Stearinkerzen verglich (Rede des Landwirtschaftsministers v. Podbielski).

§ 1.

Die Geschäftsräume und sonstigen Verkaufsstellen, einschließlich der Marktstände, in denen Margarine, Margarinekäse oder Kunstspeisefett gewerbsmäßig verkauft oder feilgehalten wird, müssen an in die Augen fallender Stelle die deutliche, nicht verwischbare Inschrift „Verkauf von Margarine“, „Verkauf von Margarinekäse“, „Verkauf von Kunstspeisefett“ tragen.

Margarine im Sinne dieses Gesetzes sind diejenigen der Milchbutter oder dem Butterschmalz ähnlichen Zubereitungen, deren Fettgehalt nicht ausschließlich der Milch entstammt.

Margarinekäse im Sinne dieses Gesetzes sind diejenigen käseartigen Zubereitungen, deren Fettgehalt nicht ausschließlich der Milch entstammt.

Kunstspeisefett im Sinne dieses Gesetzes sind diejenigen dem Schweineschmalz ähnlichen Zubereitungen, deren Fettgehalt nicht ausschließlich aus Schweinefett besteht. Ausgenommen sind unverfälschte Fette bestimmter Tier- oder Pflanzenarten, welche unter den ihren Ursprung entsprechenden Bezeichnungen in den Verkehr gebracht werden.

§ 2.

Die Gefäße und äußeren Umhüllungen, in welchen Margarine, Margarinekäse oder Kunstspeisefett gewerbsmäßig verkauft oder feilgehalten wird, müssen an in die Augen fallenden Stellen die deutliche, nicht verwischbare Inschrift „Margarine“, „Margarinekäse“, „Kunstspeisefett“ tragen. Die Gefäße müssen außerdem mit einem stets sichtbaren bandförmigen Streifen von roter Farbe versehen sein, welcher bei Gefäßen bis zu 35 cm Höhe mindestens 2 cm, bei höheren Gefäßen mindestens 5 cm breit sein muß.

Wird Margarine, Margarinekäse oder Kunstspeisefett in ganzen Gebinden oder Kisten gewerbsmäßig verkauft oder feilgehalten, so hat die Inschrift außerdem den Namen oder die Firma des Fabrikanten sowie die von dem Fabrikanten zur Kennzeichnung der Beschaffenheit seiner Erzeugnisse angewendeten Zeichen (Fabrikmarke) zu enthalten.

Im gewerbsmäßigen Einzelverkaufe müssen Margarine, Margarinekäse und Kunstspeisefett an den Käufer in einer Umhüllung abgegeben werden, auf welcher die Inschrift „Margarine“, „Margarinekäse“, „Kunstspeisefett“ mit dem Namen oder der Firma des Verkäufers angebracht ist.

Wird Margarine oder Margarinekäse in regelmäßig geformten Stücken gewerbsmäßig verkauft oder feilgehalten, so müssen dieselben von Würfelform sein; auch muß denselben die Inschrift „Margarine“, „Margarinekäse“ eingepreßt sein.

§ 3.

Die Vermischung von Butter oder Butterschmalz mit Margarine oder anderen Speisefetten zum Zwecke des Handels mit diesen Mischungen ist verboten.

Unter diese Bestimmung fällt auch die Verwendung von Milch oder Rahm bei der gewerbsmäßigen Herstellung von Margarine, sofern mehr als 100 Gewichtsteile Milch oder eine dementsprechende Menge Rahm auf 100 Gewichtsteile der nicht der Milch entstammenden Fette in Anwendung kommen.

§ 4.

In Räumen, woselbst Butter oder Butterschmalz gewerbsmäßig hergestellt, aufbewahrt, verpackt oder feilgehalten wird, ist die Herstellung, Aufbewahrung, Verpackung oder das Feilhalten von Margarine oder Kunstspeisefett verboten. Ebenso ist in Räumen, woselbst Käse gewerbsmäßig hergestellt, aufbewahrt, verpackt oder feilgehalten wird, die Herstellung, Aufbewahrung, Verpackung oder das Feilhalten von Margarinekäse untersagt.

In Orten, welche nach dem endgültigen Ergebnisse der letztmaligen Volkszählung weniger als 5000 Einwohner hatten, findet die Bestimmung des vorstehenden Absatzes auf den Kleinhandel und das Aufbewahren der für den Kleinhandel zum Verkaufe gelangenden Waren keine Anwendung. Jedoch müssen Margarine, Margarinekäse und Kunstspeisefett innerhalb der Verkaufsräume in besonderen Vorratsgefäßen und an besonderen Lagerstellen, welche von den zur Aufbewahrung von Butter, Butterschmalz und Käse dienenden Lagerstellen getrennt sind, aufbewahrt werden.

Für Orte, deren Einwohnerzahl erst nach dem endgültigen Ergebnis einer späteren Volkszählung die angegebene Grenze überschreitet, wird der Zeitpunkt, von welchem ab die Vorschrift des zweiten Absatzes nicht mehr Anwendung findet, durch die nach Anordnung der Landeszentralbehörde zuständigen Verwaltungsstellen bestimmt. Mit Genehmigung der Landeszentralbehörde können diese Verwaltungsstellen bestimmen, daß die Vorschrift des zweiten Absatzes von einem bestimmten Zeitpunkt ab ausnahmsweise in einzelnen Orten mit weniger als 5000 Einwohnern nicht Anwendung findet, sofern der unmittelbare räumliche Zusammenhang mit einer Ortschaft von mehr als 5000 Einwohnern ein Bedürfnis hierfür begründet.

Die auf Grund des dritten Absatzes ergehenden Bestimmungen sind mindestens sechs Monate vor dem Eintritte des darin bezeichneten Zeitpunktes öffentlich bekannt zu machen.

§ 5.

In öffentlichen Angeboten sowie in Schlußscheinen, Rechnungen, Frachtbriefen, Konnossementen, Lagerscheinen, Ladescheinen und sonstigen im Handelsverkehr üblichen Schriftstücken, welche sich auf die Lieferung von Margarine, Margarinekäse oder Kunstspeisefett beziehen, müssen die diesem Gesetz entsprechenden Warenbezeichnungen angewendet werden.

§ 6.

Margarine und Margarinekäse, welche zu Handelszwecken bestimmt sind, müssen einen die allgemeine Erkennbarkeit der Ware mittels chemischer Untersuchung erleichternden, Beschaffenheit und Farbe derselben nicht schädigenden Zusatz enthalten.

Die näheren Bestimmungen hierüber werden vom Bundesrat erlassen und im Reichs-Gesetzblatte veröffentlicht.

§ 7.

Wer Margarine, Margarinekäse oder Kunstspeisefett gewerbsmäßig herstellen will, hat davon der nach den landesrechtlichen Bestimmungen zuständigen Behörde Anzeige zu erstatten, hierbei auch die für die Herstellung, Aufbewahrung, Verpackung und Feilhaltung der Waren dauernd bestimmten Räume zu bezeichnen und die etwa bestellten Betriebsleiter und Aufsichtspersonen namhaft zu machen.

Für bereits bestehende Betriebe ist eine entsprechende Anzeige binnen zwei Monaten nach dem Inkrafttreten dieses Gesetzes zu erstatten.

Veränderungen bezüglich der der Anzeigepflicht unterliegenden Räume und Personen sind nach Maßgabe der Bestimmung des Absatzes 1 der zuständigen Behörde binnen drei Tagen anzuzeigen.

§ 8.

Die Beamten der Polizei und die von der Polizeibehörde beauftragten Sachverständigen sind befugt, in die Räume, in denen Butter, Margarine, Margarinekäse oder Kunstspeisefett gewerbsmäßig hergestellt wird, jederzeit, in die Räume, in denen Butter, Margarine, Margarinekäse oder Kunstspeisefett aufbewahrt, feilgehalten oder verpackt wird, während der Geschäftszeit einzutreten und daselbst Revisionen vorzunehmen, auch nach ihrer Auswahl Proben zum Zwecke der Untersuchung gegen Empfangsbescheinigung zu entnehmen. Auf Verlangen ist ein Teil der Probe amtlich verschlossen oder versiegelt zurückzulassen und für die entnommene Probe eine angemessene Entschädigung zu leisten.

§ 9.

Die Unternehmer von Betrieben, in denen Margarine, Margarinekäse oder Kunstspeisefett gewerbsmäßig hergestellt wird, sowie die von ihnen bestellten Betriebsleiter und Aufsichtspersonen sind verpflichtet, der Polizeibehörde oder deren Beauftragten auf Erfordern Auskunft über das Verfahren bei Herstellung der Erzeugnisse, über den Umfang des Betriebes und über die zur Verarbeitung gelangenden Rohstoffe, insbesondere auch über deren Menge und Herkunft, zu erteilen.

§ 10.

Die Beauftragten der Polizeibehörde sind, vorbehaltlich der dienstlichen Berichterstattung und der Anzeige von Gesetzwidrigkeiten, verpflichtet, über die Tatsachen und Einrichtungen, welche durch die Überwachung und Kontrolle der Betriebe zu ihrer Kenntnis kommen, Verschwiegenheit zu beobachten und sich der Mitteilung und Nachahmung der von den Betriebsunternehmern geheim gehaltenen, zu ihrer Kenntnis gelangten Betriebseinrichtungen und Betriebsweisen, solange diese Betriebsgeheimnisse sind, zu enthalten.

Die Beauftragten der Polizeibehörde sind hierauf zu beeidigen.

§ 11.

Der Bundesrat ist ermächtigt, das gewerbsmäßige Verkaufen und Feilhalten von Butter, deren Fettgehalt nicht eine bestimmte Grenze erreicht oder deren Wasser- oder Salzgehalt eine bestimmte Grenze überschreitet, zu verbieten.

§ 12.

Der Bundesrat ist ermächtigt,

1. nähere, im Reichs-Gesetzblatt zu veröffentlichende Bestimmungen zur Ausführung der Vorschriften des § 2 zu erlassen,

2. Grundsätze aufzustellen, nach welchen die zur Durchführung dieses Gesetzes, sowie des Gesetzes vom 14. Mai 1879, betreffend den Verkehr mit Nahrungsmitteln, Genußmitteln und Gebrauchsgegenständen (Reichs-Gesetzblatt S. 145), erforderlichen Untersuchungen von Fetten und Käsen vorzunehmen sind.

§ 13.

Die Vorschriften dieses Gesetzes finden auf solche Erzeugnisse der im § 1 bezeichneten Art, welche zum Genusse für Menschen nicht bestimmt sind, keine Anwendung.

§ 14.

Mit Gefängnis bis zu sechs Monaten und mit Geldstrafe bis zu eintausendfünfhundert Mark oder mit einer dieser Strafen wird bestraft:

1. wer zum Zwecke der Täuschung im Handel und Verkehr eine der nach § 3 unzulässigen Mischungen herstellt;

2. wer in Ausübung eines Gewerbes wissentlich solche Mischungen verkauft, feilhält oder sonst in Verkehr bringt;

3. wer Margarine oder Margarinekäse ohne den nach § 6 erforderlichen Zusatz vorsätzlich herstellt oder wissentlich verkauft, feilhält oder sonst in Verkehr bringt.

Im Wiederholungsfalle tritt Gefängnisstrafe bis zu sechs Monaten ein, neben welcher auf Geldstrafe bis zu eintausendfünfhundert Mark erkannt werden kann; diese Bestimmung findet nicht Anwendung, wenn seit dem Zeitpunkt, in welchem die für die frühere Zuwiderhandlung erkannte Strafe verbüßt oder erlassen ist, drei Jahre verflossen sind.

§ 15.

Mit Geldstrafe bis zu eintausendfünfhundert Mark oder mit Gefängnis bis zu drei Monaten wird bestraft, wer als Beauftragter der Polizeibehörde unbefugt Betriebsgeheimnisse, welche kraft seines Auftrags zu seiner Kenntnis gekommen sind, offenbart oder geheimgehaltene Betriebseinrichtungen oder Betriebsweisen, von denen er kraft seines Auftrags Kenntnis erlangt hat, nachahmt, solange dieselben noch Betriebsgeheimnisse sind.

Die Verfolgung tritt nur auf Antrag des Betriebsunternehmers ein.

§ 16.

Mit Geldstrafe von fünfzig bis zu einhundertfünfzig Mark oder mit Haft wird bestraft:

1. wer den Vorschriften des § 8 zuwider den Eintritt in die Räume, die Entnahme einer Probe oder die Revision verweigert:

2. wer die in Gemäßheit des § 9 von ihm erforderte Auskunft nicht erteilt oder bei der Auskunfterteilung wissentlich unwahre Angaben macht.

§ 17.

Mit Geldstrafe bis zu einhundertfünfzig Mark oder mit Haft bis zu vier Wochen wird bestraft:

1. wer den Vorschriften des § 7 zuwiderhandelt;

2. wer bei der nach § 9 von ihm erforderten Auskunftserteilung aus Fahrlässigkeit unwahre Angaben macht.

§ 18.

Außer den Fällen der §§ 14—17 werden Zuwiderhandlungen gegen die Vorschriften dieses Gesetzes sowie gegen die in Gemäßheit der §§ 11 und 12, Ziffer 1 ergehenden Bestimmungen des Bundesrats mit Geldstrafe bis zu einhundertfünfzig Mark oder mit Haft bestraft.

Im Wiederholungsfall ist auf Geldstrafe bis zu sechshundert Mark oder auf Haft oder auf Gefängnis bis zu drei Monaten zu erkennen.

Diese Bestimmung findet keine Anwendung, wenn seit dem Zeitpunkt, in welchem die für die frühere Zuwiderhandlung erkannte Strafe verbüßt oder erlassen ist, drei Jahre verflossen sind.

§ 19.

In den Fällen der §§ 14 und 18 kann neben der Strafe auf Einziehung der verbotswidrig hergestellten, verkauften, feilgehaltenen oder sonst in Verkehr gebrachten Gegenstände erkannt werden, ohne Unterschied, ob sie dem Verurteilten gehören oder nicht.

Ist die Verfolgung oder Verurteilung einer bestimmten Person nicht ausführbar, so kann auf die Einziehung selbständig erkannt werden.

§ 20.

Die Vorschriften des Gesetzes, betreffend den Verkehr mit Nahrungsmitteln, Genußmitteln und Gebrauchsgegenständen, vom 14. Mai 1879 (Reichs-Gesetzblatt S. 145) bleiben unberührt. Die Vorschriften in den §§ 16, 17 desselben finden auch bei Zuwiderhandlungen gegen die Vorschriften des gegenwärtigen Gesetzes mit der Maßgabe Anwendung, daß in den Fällen des § 14 die öffentliche Bekanntmachung der Verurteilung angeordnet werden muß.

§ 21.

Die Bestimmungen des § 4 treten mit dem 1. April 1898 in Kraft.

Im übrigen tritt dieses Gesetz am 1. Oktober 1897 in Kraft. Mit diesem Zeitpunkte tritt das Gesetz, betreffend den Verkehr mit Ersatzmitteln für Butter, vom 12. Juli 1887 außer Kraft.

Zur Ausführung der Vorschriften in § 2 und § 6, Absatz 1 des Gesetzes, betreffend den Verkehr mit Butter, Käse, Schmalz und deren Ersatzmitteln, vom 15. Juni 1897 (Reichs-Gesetzblatt S. 475) hat der Bundesrat in Gemäßheit der § 12, Nr. 1 und § 6, Absatz 2 dieses Gesetzes am 4. Juli 1897 die nachstehenden Bestimmungen veröffentlicht:

1. Um die Erkennbarkeit von Margarine und Margarinekäse, welche zu Handelszwecken bestimmt sind, zu erleichtern (§ 6 des Gesetzes, betreffend den Verkehr mit Butter, Käse, Schmalz und deren Ersatzmitteln, vom 15. Juni 1897), ist den bei der Fabrikation zur Verwendung kommenden Fetten und Ölen Sesamöl zuzusetzen. In 100 Gewichtsteilen der angewandten Fette und Öle muß die Zusatzmenge bei Margarine mindestens 10 Gewichtsteile, bei Margarinekäse mindestens 5 Gewichtsteile Sesamöl betragen.

Der Zusatz des Sesamöls hat bei dem Vermischen der Fette vor der weiteren Fabrikation zu erfolgen.

2. Das nach Nr. 1 zuzusetzende Sesamöl muß folgende Reaktion zeigen:

Wird ein Gemisch von 0,5 Raumteilen Sesamöl und 99,5 Raumteilen Baumwollsamenöl oder Erdnußöl mit 100 Raumteilen rauchender Salzsäure vom spezifischen Gewicht 1,19 und einigen Tropfen einer 2prozentigen alkoholischen Lösung von Furfurol geschüttelt, so muß die unter der Ölschicht sich absetzende Salzsäure eine deutliche Rotfärbung annehmen.

Das zu dieser Reaktion dienende Furfurol muß farblos sein.

3. Für die vorgeschriebene Bezeichnung der Gefäße und äußeren Umhüllungen, in welchen Margarine, Margarinekäse oder Kunstspeisefett gewerbsmäßig verkauft oder feilgehalten wird (§ 2, Absatz 1 des Gesetzes), sind die anliegenden Muster mit der Maßgabe zum Vorbilde zu nehmen, daß die Länge der die Inschrift umgebenden Einrahmung nicht mehr als das Siebenfache der Höhe, sowie nicht weniger als 30 cm und nicht mehr als 50 cm betragen darf. Bei runden oder länglich runden Gefäßen, deren Deckel einen größten Durchmesser von weniger als 35 cm hat, darf die Länge der die Inschrift umgebenden Einrahmung bis auf 15 cm ermäßigt werden.

4. Der bandförmige Streifen von roter Farbe in einer Breite von mindestens 2 cm bei Gefäßen bis zu 35 cm Höhe und in einer Breite von mindestens 5 cm bei Gefäßen von größerer Höhe (§ 2, Absatz 1 des Gesetzes) ist parallel zur unteren Randfläche und mindestens 3 cm von dem oberen Rande entfernt anzubringen. Der Streifen muß sich oberhalb der unter Nr. 3 bezeichneten Inschrift befinden und ohne Unterbrechung um das ganze Gefäß gezogen sein. Derselbe darf die Inschrift und deren Umrahmung nicht berühren und auf den das Gefäß umgebenden Reifen oder Leisten nicht angebracht sein.

5. Der Name oder die Firma des Fabrikanten sowie die Fabrikmarke (§ 2, Absatz 2 des Gesetzes) ist unmittelbar über, unter oder neben der in Nr. 3 bezeichneten Inschrift anzubringen, ohne daß sie den in Nr. 4 erwähnten roten Streifen berühren.

6. Die Anbringung der Inschriften und der Fabrikmarke (Nr. 3 und 5) erfolgt durch Einbrennen oder Aufmalen. Werden die Inschriften aufgemalt, so sind sie auf weißem oder hellgelbem Untergrunde mit schwarzer Farbe herzustellen. Die Anbringung des roten Streifens (Nr. 4) geschieht durch Aufmalen. Bis zum 1. Januar 1898 ist es gestattet, die Inschrift „Margarinekäse", „Kunstspeisefett", die Fabrikmarke und den roten Streifen auch mittels Aufklebens von Zetteln oder Bändern anzubringen.

7. Die Inschriften und die Fabrikmarke (Nr. 3 und 5) sind auf den Seitenwänden des Gefäßes an mindestens zwei sich gegenüberliegenden Stellen, falls das Gefäß einen Deckel hat, auch auf der oberen Seite des letzteren, bei Fässern auch auf beiden Böden anzubringen.

8. Für die Bezeichnung der würfelförmigen Stücke (§ 2, Absatz 4 des Gesetzes) sind ebenfalls die anliegenden Muster zum Vorbilde zu nehmen. Es findet jedoch eine Beschränkung hinsichtlich der Größe (Länge und Höhe) der Einrahmung nicht statt. Auch darf das Wort „Margarine“ in zwei, das Wort „Margarinekäse“ in drei untereinander zu setzende, durch Bindestriche zu verbindende Teile getrennt werden.

9. Auf die beim Einzelverkaufe von Margarine, Margarinekäse und Kunstspeisefett verwendeten Umhüllungen (§ 2, Absatz 3 des Gesetzes) findet die Bestimmung unter Nr. 3, Satz 1 mit der Maßgabe Anwendung, daß die Länge der die Inschrift umgebenden Einrahmung nicht weniger als 15 cm betragen darf. Der Name oder die Firma des Verkäufers ist unmittelbar über, unter oder neben der Inschrift anzubringen.

Auf Grund des § 12, Ziffer 2 des Reichsgesetzes vom 15. Juni 1897 hat der Bundesrat am 22. März 1898 eine besondere Anweisung zur Untersuchung von Butter, Margarine, Schweineschmalz sowie anderen Speisefetten und -ölen festgesetzt und in einer Bekanntmachung des Reichskanzlers vom 1. April 1898 veröffentlicht.

In einem Rundschreiben des Reichskanzlers vom 28. August 1897 wurde ferner die folgende, im Kaiserlichen Gesundheitsamte ausgearbeitete Anleitung zum Nachweis des Sesamöles in Margarinprodukten bekanntgegeben. Sie lautet:

20—30 g der zu prüfenden Margarine werden in einem Probierröhrchen durch Einstellen in Wasser von 50—80° C geschmolzen. Nachdem sich das Wasser am Boden des Gläschens abgesetzt hat, gießt man das darüberstehende Fett auf ein trockenes Filter und sammelt das abfließende klare Fett in einem reinen und trockenen kleinen Probierröhrchen; 10 ccm des filtrierten, geschmolzenen Fettes werden hierauf in einem kleinen zylindrischen Scheidetrichter mit 10 ccm Salzsäure vom spezifischen Gewichte 1,25 etwa eine halbe Minute lang geschüttelt.

a) Ist nach dem Absetzen der Flüssigkeit die untere Salzsäureschicht nicht rot gefärbt, so läßt man die Salzsäure durch den durchbohrten Hahn des Scheidetrichters abfließen, gießt 5 ccm des in letzterem enthaltenen Fettes in einen kleinen abgeteilten Glaszylinder, setzt 0,1 ccm einer alkoholischen Furfurollösung und 10 ccm Salzsäure vom spezifischen Gewichte 1,19 zu, schüttelt den Inhalt des Zylinders eine halbe Minute lang kräftig durch und läßt ihn kurze Zeit stehen. Enthält die Margarine den vorgeschriebenen Gehalt an Sesamöl, so ist die sich am Boden des Zylinders abscheidende Salzsäure stark rot gefärbt; tritt die rote Reaktion nur schwach oder gar nicht ein, so ist die Margarine zu beanstanden und einem geprüften Nahrungsmittelchemiker zur näheren Untersuchung zu übergeben.

Die zu diesen Versuchen erforderliche alkoholische Furfurollösung wird durch Auflösen von 1 Raumteil farblosen Furfurols in 100 Raumteilen absoluten Alkohols erhalten.

b) Ist nach dem Absetzen der Flüssigkeit die untere Salzsäureschicht rot gefärbt, so läßt man die Salzsäure abfließen, fügt zu dem in dem Scheidetrichter enthaltenen geschmolzenen Fett nochmals 10 ccm Salzsäure vom spezifischen Gewichte 1,125 und schüttelt eine halbe Minute lang. Erscheint die sich abscheidende Salzsäure noch rot gefärbt, so läßt man sie abfließen und wiederholt die Behandlung des Fettes mit Salzsäure, bis diese nicht mehr rot gefärbt wird, was meist nach zwei- bis dreimaligem Schütteln eintritt. Man läßt alsdann die Salzsäure abfließen, gießt 5 ccm des in dem Scheidetrichter enthaltenen Fettes in einen kleinen eingeteilten Glaszylinder und verfährt weiter, wie unter a) beschrieben ist.

Das deutsche Margaringesetz hat in den ersten Jahren seines Bestehens eine ziemlich üble Kritik erfahren, und noch heute sind nicht alle Stimmen verstummt, die es in mehrfacher Hinsicht als einen Fehlgriff bezeichnen. Dieses herbe Urteil muß jedoch bei objektiver Betrachtung zurückgewiesen werden, und es läßt sich gar nicht leugnen, daß seit dem Inkrafttreten des letzten deutschen Margaringesetzes im Butter-, Margarin- und Speisefetthandel vieles besser geworden ist. Dem Gesetze haftet gewiß eine Reihe von Mängeln an, ja es weist in manchen Punkten direkt Lücken auf und läßt in andern verschiedenartige Auslegungen zu, so daß eine gewisse Rechtsunsicherheit in den ersten Jahren des Bestehens des Gesetzes vorhanden war und zum Teil noch ist; denn wenn auch im Laufe der Jahre einzelne der strittigen Fragen durch oberstgerichtliche Entscheidungen geklärt wurden, so kommen doch noch immer Fälle vor, die von dem einen Richter in diesem, von dem anderen in jenem Sinne beurteilt werden. Immerhin aber hat das Gesetz die Erzeugung und den Vertrieb von Margarinprodukten in mehrfacher Hinsicht geregelt.

Gesetzliche Definition des Begriffes „Margarin“

Der am meisten umstrittene Punkt ist entschieden der, welche Fette unter die Bestimmungen des Margaringesetzes fallen und welche ihnen nicht unterstehen. Das deutsche Margaringesetz gibt im § 1 eine selbständige Umschreibung des Begriffes „Margarine“, ohne Rücksichtnahme auf die in der Wissenschaft und Technik mit diesem Worte verbundene Bedeutung. Leider werden bei der gegebenen Definition die Begriffe Butter und Butterschmalz als bekannt zugrunde gelegt, was von vielen Seiten mit Recht gerügt worden ist.

Die gesetzliche Umschreibung des Begriffes „Margarine“ sieht dessen weitestgehende Auslegung vor, denn jedes nicht ausschließlich der Milch entstammende Fett ist nach dem Sinne des Gesetzes Margarine, sofern es eine der Milchbutter oder dem Butterschmalz ähnliche Zubereitung aufweist. Unter den Begriff Margarine fallen daher auch alle zum menschlichen Genusse bestimmten butterähnlichen Erzeugnisse, selbst wenn sie gar kein Milchfett enthalten.

Letzteres zu betonen, ist wichtig, weil in vielen Streitfällen darauf hingewiesen wurde, daß ein Produkt wenigstens etwas Milchfett enthalten müßte, um gesetzlich als Margarine charakterisiert zu sein.

Eine Mischung von Naturbutter oder Butterschmalz mit Margarine fällt nach der im § 1 gegebenen Definition nicht unter den Begriff Margarine, doch ist das Herstellen sowie der Vertrieb einer solchen Mischung im weiteren Text des Margaringesetzes (§ 3) ausdrücklich verboten.

Ähnlichkeit.

Die Ähnlichkeit mit Butter oder Butterschmalz, die nach dem Worte des Gesetzes ein Fett zum Margarinprodukt stempelt, ist ein sehr dehnbarer Begriff, der die verschiedensten Auslegungen zuläßt. Während aus dem einen Lager die Parole erschallt, daß eine Ähnlichkeit erst dann gegeben sei, wenn das Fett in Farbe, Geschmack, Aroma und Konsistenz (Streichbarkeit) der Milchbutter oder dem Butterschmalz gleich oder doch nahe kommt, wird von anderer Seite behauptet, daß nur einzelne der obigen Eigenschaften erfüllt sein müßten, um das Fettprodukt der Butter oder dem Butterschmalz ähnlich zu machen[1]).

In dem Erkenntnis des Reichsgerichtes vom 3. Juni 1899 (betreffend den bekannten Rollenfett[2])-Prozeß) wurde eine eingehende Erklärung des Begriffes „ähnlich" im Sinne des Margaringesetzes gegeben. Da diese Stelle für alle späteren Beurteilungen maßgebend wurde, sei sie hier wörtlich angeführt:

Der Begriff der Ähnlichkeit ist allerdings überaus unbestimmt. Im allgemeinen Sprachgebrauche, also abgesehen von der hier nicht verwertbaren fachwissenschaftlichen Bestimmung des Begriffes „Ähnlichkeit" in der Geometrie, bezeichnet man als Ähnlichkeit „die Übereinstimmung mehrerer Merkmale" (Adelung), allenfalls mit dem Beisatze: „sich der Gleichheit nähernd" (Sanders), „der Übereinstimmung annähernd" (Weigand), „an das Gleiche rührend, nicht völlig gleich" (Grimm). Es besteht kein Grund für die Annahme, die Sprache des Gesetzes habe sich von diesem Sprachgebrauch entfernen wollen, vielmehr wurde eine sich so sehr der völligen Gleichheit aller Merkmale nähernde Übereinstimmung der Margarine mit der Butter, daß diese beiden Fette nur mittels schwieriger chemischer Untersuchung unterschieden werden können, als nicht seltener Grad der Ähnlichkeit beider Stoffe bezeichnet.

Das ist nun freilich nur die oberste Grenze nach der Seite der Gleichheit; bis zur untersten, wo die Ähnlichkeit aufhört und die Unähnlichkeit beginnt, ist ein weiter Spielraum. Diese Grenze selbst aber ist fließend und schlechthin unbestimmbar. Denn selbst eine Abgleichung zwischen der Zahl der übereinstimmenden und der Zahl der nicht übereinstimmenden Merkmale allein führt nicht zum Ziele, da nicht nur die Zahl, sondern auch die innere Bedeutsamkeit der einzelnen Merkmale zu beachten ist und diese ein der arithmetischen Abgleichung entgegengesetztes Ergebnis haben kann. Daraus ergibt sich, daß die Feststellung der Ähnlichkeit nicht nur die äußerliche, sondern auch die innere Beschaffenheit berücksichtigen muß und auf derselben Vergleichung beruht somit Sache der Beweisführung ist.

In dem Urteil des Reichsgerichtes über die Rollenfettfrage heißt es unter anderem auch:

Die Ansicht, daß jedes Fett, das zum Ersatz für Butter dient, unter den Begriff Margarineschmalz falle, sobald es nur in der Farbe dem Butterschmalz gleicht, ist rechtsirrig, denn sonst würden auch Speiseöle von dieser Farbe unter diesen Begriff fallen. Auch der Gebrauchswert ist kein Ähnlichkeitsmerkmal, weil er mit dem Begriff eines Ersatzmittels notwendigerweise von selbst verbunden ist, aber dessen besondere Eigenschaft, dem Butterschmalz ähnlich zu sein, nicht vertritt. Es muß daher der ganze Komplex der wahrnehmbaren Erscheinung in Betracht gezogen und nach dem daraus gewonnenen Eindruck unterschieden werden. Wenn es in den technischen Erläuterungen zum Entwurf des Gesetzes ausdrücklich heißt: „Margarineschmalzähnlichkeit in Farbe, Aussehen, äußerer Be-

[1]) R. Kayser, Über die Auslegung des Gesetzes, betreffend den Verkehr mit Butter, Käse, Schmalz und deren Ersatzmitteln, v. 15. Juli 1897, Zeitschr. f. öffentl. Chemie 1899, S. 281—299; Zum gegenwärtigen Stande unserer Erfahrungen über den Erfolg des Margaringesetzes, Mitteilungen aus der 18. Jahresversammlung der Freien Vereinigung bayerischer Vertreter der angew. Chemie in Würzburg 1899.

[2]) Rollenfett ist Oleomargarin, das in zylindrische Stücke geformt wurde.

chaffenheit, sowie in Geruch und Geschmack ..." usw., so kann unter der äußeren Beschaffenheit neben der Farbe, dem Aussehen usw. wohl nichts anderes verstanden werden als die Konsistenz und das Gefüge.

Ein etwas weitgehender Begriff der Ähnlichkeit ist mit dem Urteil des Landgerichtes Kiel vom 8. Januar 1906 ausgesprochen worden, wo es heißt:

„Ähnlich sind zwei Sachen dann, wenn sie in gewisser Beziehung gleich, in gewisser Beziehung aber verschieden sind."

Diese unhaltbare Auffassung, die unser Wilhelm Busch zu Papier gebracht haben könnte, ist allerdings durch das Urteil des Oberlandesgerichtes Kiel auf Berufung des Angeklagten hin richtiggestellt worden (am 8. März 1906), und es wurde darin sehr zutreffend gesagt, daß es nach der irrigen Entscheidung des Vorrichters überhaupt keine unähnlichen Sachen geben würde.

Aber auch das Oberlandesgericht faßt den Begriff „ähnlich" in einer nicht einwandfreien Weise auf, indem es in der anderen Richtung zu weit geht, wenn es sagt, daß man als „ähnlich" nur solche äußerlich gleichartige Stoffe verstehen dürfe, bei denen eine Verwechslung möglich ist. Unterscheidet doch schon der Sprachgebrauch zwischen „ähnlich" und „zum Verwechseln ähnlich", womit für die Ähnlichkeit die Voraussetzung eines besonderen Grades von Gleichartigkeit hinfällig wird.

In dem Urteile des Kieler Oberlandesgerichtes vom 8. März 1906 heißt es ferner:

„... als sich aus der Tendenz des Margarinegesetzes vom Jahre 1897 ergibt, daß keine besonders hohen Anforderungen an den Grad der Butterähnlichkeit gestellt werden dürfen. Es sollte durch das Margarinegesetz dem Publikum und den Behörden, soweit erreichbar, Gewißheit darüber verschafft werden, was Milch- und was Kunstbutter ist. Ist daher für die in Rede stehenden Zubereitungen nur ein mittelbarer Grad von Ähnlichkeit zu fordern, so muß andererseits, der weiteren Tendenz des Margarinegesetzes entsprechend, den Vertrieb der Kunstbutter möglichst unter strenger Aufsicht zu halten, der Maßstab der Ähnlichkeit dem Kleinverkehre entnommen und gefordert werden, daß diejenigen Merkmale, die dieser als wesentlich für Butter ansieht, im allgemeinen auch der als Margarine in Anspruch genommenen Zubereitung eigen seien. Die vorhandenen unterscheidenden Merkmale dürfen dabei natürlich an keiner Stelle in dem Maße hervortreten, daß sie die Ähnlichkeit aufheben."

Diese allgemeinen Auslassungen wurden von dem Oberlandesgericht in Kiel auf den bestimmten Fall der „Anca" übertragen, eines festen Fettes, das gelbe Butterfarbe, einen butterähnlichen Geruch und Geschmack besitzt, beim Braten bräunt und schäumt und sich auf Brot streichen läßt, sich aber von der Butter durch größere Festigkeit, körnigere Beschaffenheit und ein wenig schillerndes Aussehen unterscheidet. Die mit dem Beinamen „feinste Eigelb-Pflanzenbutter" in den Handel gebrachte „Anca" ist daher als der Milchbutter ähnlich anzusehen, denn ihre Unterschiede sind in der körnigeren Beschaffenheit nur dem Fachmanne, in dem schillernden Aussehen bloß diesem oder jenem Laien erkennbar. Nach der Ansicht des

Oberlandgerichtes sind diese unterscheidenden Merkmale nicht erheblich genug und für den Laien im allgemeinen nicht wahrnehmbar.

In ganz gleichem Sinne erfolgten übrigens auch Rechtsprechungen über ein unter dem Namen „Ankera“ in den Handel gebrachtes, aus Kokosfett, Butterfarbe, Salz und Wasser bestehendes Produkt, das das Aussehen von Butter hatte, bei Stubentemperatur streichfähig war und nach Butter roch und schmeckte[1]).

Ganz ähnlich wurde auch vom Landgericht Hamburg am 29. Oktober 1906, bzw. vom hanseatischen Oberlandgericht zu Hamburg am 13. Februar 1907, betreffend eine zubereitete Kokospflanzenbutter, entschieden.

Nach dem Urteil des Landgerichtes Hamburg vom 2. August 1905 und dem des Reichsgerichtes vom 15. Januar 1906 wurde ein unter der Bezeichnung „Vegetaline“ in den Handel gebrachtes Speisefett, das aus reinem Kokosfett bestand, mit Orlean gelb gefärbt, streichfähig und in runden Dosen oder würfelförmigen Pappkartons verpackt war, als Margarine im Sinne des Gesetzes erkannt, obgleich die Aufschrift es ausdrücklich als Pflanzenbutter bezeichnete.

Die Urteilsbegründung lautete dahin, daß das nicht der Milch entstammende Fett als eine der Naturbutter ähnliche Zubereitung anzusehen sei (Farbe und Streichbarkeit) und daß ferner die Bezeichnung schlecht gewählt worden sei, weil sie nicht der bestimmten, zur Herstellung benutzten Pflanzenart entspreche und diese erkennen lasse, sondern sich nur an den Wortlaut des Gesetzes anlehne. Die Bezeichnung „Vegetaline“ werde den im Abschnitt 4 des § 1 des Margaringesetzes vorgesehenen Ausnahmen keineswegs gerecht, das Produkt falle somit unter das Margaringesetz und müsse daher mit dem gesetzlich vorgeschriebenen Sesamölzusatze versehen und in der angeordneten Verpackung auf den Markt gebracht werden.

Gelb gefärbte, streichfähige Kokosbutter fällt also jedenfalls unter das Margaringesetz; sie ist als Margarine anzusehen, denn sie entstammt nicht ausschließlich der Milch, ist aber der Milchbutter ähnlich, weshalb für das gewöhnliche Publikum die Gefahr einer Verwechslung besteht.

Eine andere Auslegung des Begriffes „Ähnlichkeit“ bietet ein Urteil des Landgerichtes Mannheim, das insofern interessant ist, weil es sich auf die Aussage von Personen stützt, die nicht als Sachverständige im üblichen Sinne des Wortes anzusehen sind, sondern Berufskreisen entnommen waren, die Butter und Fett einzukaufen und zu verbrauchen pflegen, und zwar ein Bäcker, ein Konditor, ein Koch, eine Kochfrau und die ihre Haushaltung allein besorgende Ehefrau eines in bescheidenen Verhältnissen

[1]) Urteil des Schöffengerichtes Hamburg v. 26. Juni 1906.

lebenden Mannes. Von diesen Prüfern wurden gelb gefärbte Pflanzenfette weder als butter- noch butterschmalzähnlich erklärt.

In dem Urteile heißt es dann:

Unter das Gesetz fallen nur solche Zubereitungen, die der Milchbutter oder dem Butterschmalz bzw. dem Schweinefett ähnlich sind. Nach dem gewöhnlichen Sprachgebrauch bedeutet Ähnlichkeit Übereinstimmung mehrerer, aber nicht aller Merkmale. Wie weit aber die Übereinstimmung gehen muß, läßt sich aus dem Sprachgebrauch nicht entnehmen, und das Gesetz selbst gibt auch keine nähere Definition dieses an sich ziemlich unbestimmten Ausdruckes. Einen Anhalt für die Auslegung gibt aber der Zweck des Gesetzes. Das Gesetz wollte verhindern, daß dem Publikum, das Butter oder Schweinefett kaufen will, statt der verlangten Ware Margarine oder Kunstspeisefett verkauft werde, ohne daß sich das Publikum gegen eine solche Täuschung schützen kann, und es sollte gleichzeitig verhindert werden, daß die Produzenten von Butter und Schweinefett durch unlauteren Wettbewerb geschädigt werden (vgl. Motive zu dem Gesetze, I. Anlage-Bd., S. 254, 255). Damit wird eine klare, den Absichten des Gesetzgebers gerechtwerdende Definition gewonnen; ähnlich sind einander zwei Fette dann, wenn sie im Verkehr leicht verwechselt werden können. Dabei muß die innere Beschaffenheit der Fette, die nur dem Chemiker bei sachgemäßer Untersuchung bekannt wird, außer Betracht bleiben, ebenso auch die Verpackung und Aufmachung der Fette. Es kommt nur auf die Merkmale der Fette selbst, wie sie jedem nicht mit besonderer Sachkunde ausgestatteten Kaufliebhaber erkenntlich sind, an. Andererseits aber kommt es bei Beurteilung der Ähnlichkeit nicht nur auf das Aussehen der Fette an. Jeder verständige Käufer von Butter oder Schmalz prüft vor dem Kaufe die Ware, und zwar, wie gerichtsbekannt, nicht nur mit den Augen, er beriecht und kostet sie auch, denn nur dadurch ist er in der Lage, die Qualität der Ware zu beurteilen. Der Verkäufer fügt sich diesem Verlangen des Käufers ohne weiteres und gibt ihm die Möglichkeit, die Butter oder das Fett zu beriechen und zu kosten. Das Gericht konnte deshalb der Ansicht der Sachverständigen R. und C., eine Ähnlichkeit schon dann für gegeben anzunehmen, wenn die Fette einander äußerlich, insbesondere der Farbe nach, ähnlich sehen, nicht beitreten. Richtig ist allerdings, daß die gelb gefärbten Produkte der Butter oder dem Butterschmalz, die weißen dem Schweinefett ähnlich sind, wenn man sie nur flüchtig betrachtet. Darauf allein kommt es aber nach dem Ausgeführten nicht an. Ihrer chemischen Zusammensetzung nach sind die Produkte der Angeklagten von tierischen Fetten vollständig verschieden.

Oleomargarin fällt nicht unter das Margaringesetz.

Reines Oleomargarin fällt, solange es eine seinem Ursprung entsprechende Bezeichnung (Rinderfett, raffiniertes Rinderfett usw.) hat, nicht unter das Margaringesetz und kann in Gebinden ohne rote Streifen und ohne Sesamölzusatz verkauft werden, denn es entspricht dann dem § 4 des Margaringesetzes, wonach unverfälschte Fette bestimmter Tier- und Pflanzenarten, die unter den ihrem Ursprung entsprechenden Bezeichnungen in den Verkehr gebracht werden, von den Bestimmungen des Margaringesetzes ausgenommen sind.

Zubereitung.

Ob Oleomargarin, das eine „Zubereitung“ im Sinne des deutschen Margaringesetzes erfahren hat, dem man durch künstliche Färbung ein mehr butterähnliches Aussehen gegeben, oder das man mit seine Herkunft teilweise verhüllenden Phantasienamen belegt hat, die für Margarinbutter vorgesehenen gesetzlichen Vorschriften erfüllen müsse, ist eine Frage, die die Gerichte wiederholt beschäftigte.

Was ist vor allem unter „Zubereitung“ zu verstehen? Durch die Entscheidung des Reichsgerichtes vom 3. Juni 1899 ist festgelegt worden, daß jede menschliche Tätigkeit, durch die ein Naturerzeugnis zur wirtschaftlichen Verwendung besser gemacht oder durch die ihm eine Verwendungsfähigkeit verschafft wird, die ihm als Rohprodukt nicht zukommt, als Zubereitung aufzufassen sei.

Auch das Raffinieren (soll wohl heißen Klären?), das Pressen und die Beobachtung bestimmter Temperaturgrade beim Erkalten eines Fettes (das Urteil hatte den bestimmten Fall eines in Rollenform in den Handel gebrachten Oleomargarins — Rollenfett — im Auge) seien Zubereitungen. Die Zubereitung allein genügt aber nach dem Urteil des Reichsgerichtes nicht, um Oleomargarin oder ein anderes Fett bestimmter Herkunft unter die Bestimmungen des Margaringesetzes zu stellen, denn von diesen würden nur butter- und butterschmalz**ähnliche** Zubereitungen berührt.

Färbung.

Das Gelbfärben tierischer Fette (also auch des Oleomargarins und des Premier jus) ist in Deutschland durch das Fleischbeschaugesetz vom 3. Juni 1900 ausdrücklich verboten worden, womit die früher offene Frage, ob eine Färbung bestimmter tierischer Fette erlaubt sei, endgültig geregelt wurde. Schon vor dem Inkrafttreten des Fleischbeschaugesetzes hat übrigens in Bayern eine Regelung dieser Frage durch die Bekanntmachung vom 10. Juni 1898 stattgefunden. Es heißt darin, daß alle Fette, die künstlich gefärbt und damit dem Butterschmalz ähnlich gemacht werden, unter den Begriff Margarine fallen und im Verkehre entsprechend zu behandeln seien. Dabei wurde gleichzeitig der Gebrauch von allgemeinen Phantasienamen und Bezeichnungen, die die Gattung des Fettes nicht unzweifelhaft erkennen lassen (Rollenfett, Rollin, Butterin usw.), im geschäftlichen Verkehre als unzulässig erklärt.

Benennung.

Da der Text des Margaringesetzes deutlich sagt, daß bestimmte Tier- und Pflanzenfette, die die in dem Margaringesetze vorgeschriebenen Bestimmungen nicht erfüllen, nur unter ihrer ausdrücklichen Provenienzbezeichnung in den Handel gebracht werden dürfen, ist es nicht recht zu verstehen, daß immer und immer wieder Versuche gemacht werden, Oleomargarin unter Phantasienamen und ohne die gesetzliche Kennzeichnung mit Sesamöl und den roten Streifen in den Verkehr zu bringen.

Während bei Oleomargarin und Premier jus die Verhältnisse heute als ziemlich geklärt angesehen werden können, herrschen bezüglich der gesetzlichen Vorschriften im Handel mit gelbgefärbten oder auf andere Weise butterähnlich gemachten Pflanzenfetten (raffiniertes Kokosfett, Kokosbutter) noch die verschiedensten Ansichten. Das Thema, das schon S. 224 gestreift wurde, soll aber nicht an dieser Stelle, sondern im Abschnitte „Pflanzenbutter“ näher behandelt werden.

Der Bericht des chemischen Untersuchungsamtes in Leipzig über das Jahr 1906 führt einen bemerkenswerten Fall dieser Art an:

Ein lediglich aus Oleomargarin bestehendes Produkt wurde unter dem Namen „Sennin" als Butterersatz in den Handel gebracht, ohne daß es einen Sesamölzusatz aufwies und ohne daß es mit dem bekannten roten Streifen auf Gebinde und Umhüllung versehen war. Das Gericht wies das Sennin unter das Margaringesetz, weil es eine butterschmalzähnliche Zubereitung wäre, deren Fettgehalt nicht ausschließlich der Milch entstammte.

Eine solche Entscheidung wäre nicht möglich gewesen, wenn man beim Vertrieb an Stelle des Phantasienamens Sennin das Wort Rinderfett gebraucht hätte.

Die verschiedenen Phantasienamen, die für Oleomargarin gebraucht werden (Rollenfett, Sebbien, Rennin, Cornit, Sterin, Münchner Kindl, Zenith, Backe mürb usw.), sind daher eigentlich recht übel gewählte Handelsbezeichnungen.

Voneinander abweichende Entscheidungen sind auch in der Frage ergangen, ob im Handel und Verkehr mit Margarinprodukten Zusätze zu der Bezeichnung „Margarine" zulässig seien oder nicht.

Während ein Prozeß wegen der Verwendung des Wortes „Süßrahm-Margarine" in allen Instanzen zur Verurteilung führte (weil der § 5 des Margaringesetzes nur die Bezeichnung Margarine ohne jeden Zusatz gestatte), wurden in späteren ähnlichen Fällen ganz entgegengesetzte Urteile gefällt. So erkannte z. B. das Oberlandesgericht in Köln am 24. Juni 1907 auf Zulässigkeit einer Margarinanpreisung durch die Worte „Delikateß-Margarine" und „Feinster Butterersatz", die die Staatsanwaltschaft und der Vorrichter als Verstoß gegen das Margaringesetz beanstandet hatten. Das Oberlandesgericht war der Ansicht, daß Zusätze zu der Bezeichnung Margarine, insbesondere in bezug auf die Qualität, gesetzlich zulässig wären, sofern nur die angepriesene Ware ausdrücklich als Margarine bezeichnet erschiene.

Eine vor kurzem laut gewordene Bemängelung des Margaringesetzes, wonach dieses für einen ungenügenden Zusatz von Sesamöl keine Strafandrohung enthalte, beruht auf einem unzureichenden Studium des Gesetzestextes und muß als unrichtig zurückgewiesen werden. Werden weniger als 10 % Sesamöl den Margarinprodukten zugesetzt, so steht dies laut § 14, Punkt 3, ausdrücklich unter Strafe.

Anbringung des roten Streifens.

Zu Meinungsverschiedenheiten haben auch die im § 2 des Margaringesetzes gemachten Vorschriften über den roten Streifen und die Beschriftung der Umhüllung Anlaß gegeben.

So war man z. B. im Zweifel, wie man die in vielen Verkaufsräumen verwendeten Unterlagen für Margarine zu kennzeichnen habe, und ob die am oberen Rande von Flachgefäßen (Tellern) angebrachten roten Streifen den Bestimmungen des Gesetzes entsprächen.

Von den Polizeibehörden wurden und werden diese Unterlagen im gesetzlichen Sinne noch immer als „Gefäße" betrachtet und der rote Randstreifen wird als ungenügende Kennzeichnung angesehen und in solchen Fällen mit Strafen vorgegangen. Durch eine Kundgebung des Reichsamtes des Innern vom 6. April 1908, die derartige Verurteilungen als ungesetzlich erklärt, ist diese Angelegenheit in einer für die Margarinverkäufer befriedigenden Weise erledigt, und wenn dennoch hie und da Strafmandate wegen dieser Sache ergehen, sind diese als strikte Gesetzesverletzungen zu bezeichnen.

In der erwähnten Kundgebung des Reichsamtes heißt es ungefähr:

Vorschrift über regelmäßig geformte Margarinprodukte.

Den Forderungen des Margaringesetzes kann infolge der Form der gedachten Unterlagen nicht genau entsprochen werden. Daraus folgt aber nicht, daß deren Gebrauch ganz ausgeschlossen werden soll, vielmehr mangelt es an einer Bestimmung über die Art ihrer Kennzeichnung lediglich deshalb, weil sie nicht als Gefäße im Sinne des genannten Gesetzes zu betrachten sind. Auch andere Unterlagen, z. B. aus Papier oder Holz, sind verwertbar. Gegen eine Beanstandung solcher Unterlagen sprechen auch Gesundheits- und Reinlichkeitsrücksichten. Außerdem wird die Erkennbarkeit der Ware als Margarine dadurch ausreichend gewahrt, daß der rote Streifen, wenn er bandförmig um die ganze obere Randfläche des Gefäßes gezogen würde, deutlich sichtbar ist und beim Gebrauch kaum verdeckt werden kann, sowie dadurch, daß die darauf liegende Ware die charakteristische Würfelform trägt.

Eine sonderbare Auslegung erfährt mitunter der Abschnitt 4 des § 2, worin für regelmäßig geformte Stücke von Margarine und Margarinkäse die Würfelform mit eingepreßter Inschrift vorgeschrieben wurde. Es finden sich nämlich hie und da öffentliche Ankläger, die eine Übertretung des Margaringesetzes darin erblicken, wenn solche vorschriftsmäßig hergestellte Margarinwürfel ohne Umhüllung oder in einer nicht oder ungenügend gekennzeichneten Emballage verkauft werden[1]). Daß der Gesetzgeber die Würfelform ganz besonders für den Fall des Verkaufes uneingepackter Stücke vorgesehen hat, scheint unbestritten; ein doppelter Schutz, also eine Kennzeichnung in der Form und in der Umhüllung, hat ihm bei der Vorschrift der Würfelform für alle geformte Margarine offenbar nicht vorgeschwebt.

Der höchste sächsische Gerichtshof[2]), der über eine derartige Verurteilung in letzter Instanz zu entscheiden hatte, sprach den Angeklagten zwar frei, weil er einen doppelten Schutz als zu weit gehend betrachtete, gab aber doch den Vorrichtern insofern recht, als er bemerkte, daß man im Zweifel darüber sein könne, wie die Bestimmung des § 2, Absatz 3 und 4 des Reichsgesetzes vom 15. Juni 1897 aufzufassen sei.

Nun werden aber die würfelförmigen Margarinstücke häufig auch verpackt gekauft (Papierumschlag oder Karton), und es fragt sich, ob diese Umhüllungen den allgemeinen Vorschriften über die äußere Kennzeichnung der Umhüllungen gar nicht, teilweise oder in ganzem Umfange gerecht werden müssen.

---

[1]) Urteil v. 1. März 1907 des Landgerichtes Freiberg.

[2]) Urteil v. 20. Nov. 1907.

Die Vereinigung deutscher Margarinfabrikanten hat in einem Gutachten vom 27. Juni 1906 einen liberalen Standpunkt vertreten, der aber durch das Urteil des hanseatischen Oberlandesgerichtes in Hamburg vom 23. Juli 1906 hinfällig wurde. In dem genannten Urteile heißt es nämlich:

Im § 2, Absatz 3 des Gesetzes wird vorgeschrieben, daß Margarine, im gewerbsmäßigen Einzelverkehr verkauft, an den Käufer in einer Umhüllung abgegeben werden müsse, auf der die Inschrift „Margarine" mit dem Namen oder der Firma des Verkäufers angebracht ist. Die Ausführungsvorschriften zu dieser Gesetzesstelle sind in der Nummer 9 der Bekanntmachungen des Bundesrates enthalten, worin unter anderem bestimmt wird, daß die beim Einzelverkaufe verwendete Umhüllung die Inschrift „Margarine" in einer nicht unter 15 cm langen Umrahmung tragen müsse. Sollte darüber, daß sich die Ziffer 9 auf den Absatz 3 des § 2 bezieht, nach dem Wortlaute noch irgendein Zweifel sein, so würde er dadurch behoben werden, daß in einer Klammer ausdrücklich auf jene Gesetzesstelle hingewiesen ist.

Nun will der Angeklagte auf die Umhüllung von Margarine in Würfelform nicht die Ziffer 9, sondern die Ziffer 8 der Ausführungsbekanntmachung angewendet wissen, wo allerdings bestimmt wird, daß für die Bezeichnung der würfelförmigen Stücke eine Beschränkung der Größe, Länge und Höhe der Umrahmung nicht stattfindet. Allein diese Nummer 8 befaßt sich ebensowenig mit der zu verwendenden Umhüllung und ihrer Inschrift, wie der in ihr in Bezug genommene § 2, Absatz 4 des Gesetzes; das Gesetz bestimmt vielmehr nur, daß geformte Stücke die Würfelform und außerdem die Inschrift „Margarine" eingepreßt haben müssen. In Ausführung dieser Bestimmung verordnet die Ziffer 8 der Bekanntmachung, daß die Bezeichnung der würfelförmigen Stücke, d. h. also der in Würfelform gepreßten Margarine selbst, in einer Umrahmung geschehen darf, die weniger als 15 cm lang ist.

Daß man Margarine in Würfelform beim gewerbsmäßigen Einzelverkaufe gegenüber ungeformter Margarine insoweit hat privilegieren wollen, daß ihre äußere Umhüllung von der Vorschrift der Ziffer 9 der Bekanntmachung enthoben sein soll, dafür fehlt es an jedem Anhalt in den in Frage kommenden Bestimmungen und auch an jedem inneren Grunde.

Daß, wie die Eingabe der Vereinigung deutscher Margarinfabrikanten vom 27. Juni 1906 annimmt, nach dem Gesetze vom 12. Juli 1887 und der dazu erlassenen Ausführungsbekanntmachung Margarine in Würfelform, wenn sie in einer Umhüllung abgegeben wurde, von der Vorschrift, daß die Umrahmung der Inschrift 15 cm lang sein müsse, befreit gewesen sei, kann nicht anerkannt werden, würde aber auch hier, wo es sich um ein anderes Gesetz und eine andere Bekanntmachung handelt, nicht in Betracht kommen. Die Frage, ob die über die Inschrift der Umhüllungen gegebenen Vorschriften auch dann, wenn es sich um eine Kartonumhüllung in Würfelform handelt, zweckmäßig seien oder nicht, ist bei der Klarheit der Vorschriften für die Auslegung ohne Bedeutung.

Im Frühjahr 1907 gaben die polizeilichen Beanstandungen der würfelförmigen Margarinkartons auch Anlaß zu Vorstellungen der Ältesten der Kaufmannschaft Berlins beim Bundesrat, und es steht zu hoffen, daß man maßgebendenorts bald eine Entscheidung treffen wird, die die unrichtige Deutung der Formgebung und Umhüllung endgültig behebt.

Gesetzliche Auslegung des Begriffes „Raum".

Eine originelle Deutung hat man dem im Margaringesetze wiederholt vorkommenden Worte „Raum" seitens mancher Verkäufer zu geben versucht. So stellte ein Butterhändler in seinem Lokal, worin Naturbutter verkauft wurde, einen Schrank auf, von dem aus er Margarine feilbot. Mit dieser Frage hatte sich natürlich das Gericht zu beschäftigen und das Oberlandesgericht in Dresden entschied schließlich folgendermaßen:

„In dem vorliegenden Falle ist es aber ganz klar, daß das Gesetz unter einem besonderen Verkaufsraum für Margarine keinen in dem Verkaufsraum für Butter stehenden Schrank verstanden wissen wollte; nach der Ansicht des Beklagten würde man ja auch dazu kommen müssen, die beiden in demselben Ladenraume stehenden Schränke (für Butter und für Margarine) als zwei getrennte Verkaufsräume anzusehen. Als Verkaufsraum eines Handelsgeschäftes in einem offenen Laden kann aber nach dem Sprachgebrauch nur der Ladenraum selbst in Betracht kommen, nicht aber ein darin befindlicher Schrank, denn dieser ist nur als ein im Verkaufslokal aufgestellter Behälter anzusehen. Die gegenteilige Anschauung würde einer Täuschung des Publikums Tür und Tor öffnen, und das sollte ja gerade durch das Gesetz verhindert werden".

Für Konsum-Vereine, die nicht wie Aktiengesellschaften die Erzielung von Gewinn bezwecken, sondern nur Ersparnisse für die Mitglieder durch möglichst billigen Einkauf herbeizuführen bezwecken, die also nicht als eigentliche gewerbsmäßig betriebene Anstalten zu betrachten seien, haben nach einer Reihe gerichtlicher Entscheidungen die Bestimmungen des Margaringesetzes bezüglich getrennter Verkaufsräume keine Geltung.

Verwendung von Margarinprodukten zur Herstellung von Nahrungsmitteln.

Eine viel umstrittene Frage ist seit der Ära der gesetzlichen Regelung des Margarinverkehrs die gewesen, ob die Anwendung von Margarine in Hotels, Restaurants, Gasthäusern, Konditoreien und Bäckereien deklariert werden solle oder nicht. Im allgemeinen kann man wohl behaupten, daß ein solcher Deklarationszwang nirgends bestehe.

Die Entstehungsgeschichte des Margaringesetzes vom Jahre 1897 ist ein Beweis, daß in Deutschland dem Gesetzgeber ein solcher Deklarationszwang nicht vorschwebte, und es ist nicht recht verständlich, daß immer und immer wieder öffentliche Anklagen und auch Verurteilungen in dieser Richtung erfolgen.

Ursprünglich war nämlich für das deutsche Margaringesetz die Aufnahme einer Bestimmung geplant, wonach Gastwirten, Bäckern usw. für den Fall der Verwendung von Margarine ein allgemeiner Deklarationszwang auferlegt werden sollte. Dieser Vorschlag wurde aber von den verbündeten Regierungen und vom Reichstage zurückgewiesen und die Regierung erklärte ausdrücklich, daß ein Gesetz mit einer solchen Bestimmung für sie unannehmbar wäre[1]). Wenn man nun auf dem Umwege des Nahrungsmittelgesetzes vom Jahre 1879 den bei Schaffung des Margaringesetzes mit voller Absicht zurückgewiesenen Deklarationszwang zu schaffen sucht, ist das ein recht beklagenswerter, ungehöriger Vorgang.

---

[1]) Sitzung des Reichstages v. 2. Juli 1896. — Vergleiche auch die Äußerungen des Bundesratskommissärs Bumm in der Reichstagssitzung v. 6. Mai 1896 sowie den Motivenbericht zum Margarin-Gesetzentwurfe v. Jahre 1897, wo die Einführung der Deklarationspflicht ausdrücklich als unannehmbar hingestellt wird. — Vergleiche auch Soxhlet, Die Margarinfrage, S. 171.

Unnötig[1]) ist der Deklarationszwang für Nahrungsmittel, zu deren Herstellung Margarine verwendet wurde, schon deshalb, weil Kunstbutter ja auch in hygienischer Beziehung und hinsichtlich ihres Nährwertes der Naturbutter gleichwertig ist. Der Umstand, daß hie und da minderwertige und verdorbene Margarinsorten auf den Markt kommen, ist eben doch nur als Ausnahme anzusehen und kann keinen Grund bilden, die Verwendung normal zusammengesetzter Margarine allgemein zu unterbinden.

Die Verwendung von Margarine in Restaurants, Hotels und Gasthäusern spielt dabei eine viel nebensächlichere Rolle als die Benutzung von Kunstbutter in Bäckereien und Konditoreien. Über die ersteren Fälle hat sich schon Stenglein[2]) dahin ausgesprochen, daß „Speisewirtschaften und Gasthöfe, die fertige Speisen feilhalten oder an ihre Gäste gewerbsmäßig verabreichen, nicht unter die Verkaufsstellen fallen, denen ein Deklarationszwang obliegt“.

Deklarationszwang für Bäckereien.

Über die Frage, ob mit Margarine hergestellte Konditorei- und Backwaren unter den Zwang des Margaringesetzes fallen, liegen dagegen sehr verschiedene Ansichten vor[3]).

Schon vor dem Inkrafttreten (1. Oktober 1897) des deutschen Margaringesetzes erließen einige Stadtverwaltungen Bekanntmachungen, wonach die Verwendung von Kunstbutter in den Bäckereien deklariert werden mußte. Diese Verordnungen wurden später wieder zurückgezogen, und in einem Falle sprach das Dresdener Oberlandesgericht klar und deutlich aus, daß eine Deklarationspflicht bei Verwendung von Margarine im Bäckereigewerbe nicht im Sinne des Margaringesetzes läge (Urteil vom 26. Mai 1898).

Sieben Jahre später hat dann das Oberste Landesgericht in München eine Verfügung der Stadt Bamberg annulliert, die die Verwendung von Margarine bei der Herstellung von Backwaren für deklarationspflichtig erklärte, und entschieden, daß sich ein solcher Erlaß auf keinerlei Gesetzesbestimmung stützen könne (Urteil vom 30. November 1905).

In ähnlichem Sinne haben auch viele andere Gerichte entschieden, während durch ein späteres Urteil das Oberste Landesgericht in München vom 15. Januar 1907 auf dem Umwege des Nahrungsmittelgesetzes vom 10. Mai 1879 eine Deklarationspflicht aussprach. Der § 10 dieses Gesetzes (Ziffer 1 und 2) stellt nämlich die Täuschung im Nahrungsmittelhandel unter Strafe, und das Oberste Landesgericht München ersieht eine solche Irreführung des Käufers in der Verwendung von Margarine statt Milchbutter, weil erstere minderwertig sei. In dem Urteile heißt es:

---

[1]) Urteil des kgl. sächs. Oberlandesgerichtes zu Dresden v. 26. Mai 1899 wie auch das des Obersten Landesgerichtes in München v. 30. Nov. 1905.

[2]) Stenglein, Strafrechtliche Nebengesetze, S. 121.

[3]) Vergleiche auch S. 237.

1. Im Vergleiche mit dem Schmalze oder dem Butterfett erscheint die Margarine als ein minderwertiger Stoff. Das ergibt sich aus dem Inhalte des Gesetzes vom 15. Juni 1897, insbesondere aus den Vorschriften des Gesetzes über Aufbewahrung, Verpackung und Feilhaltung von selbst. Auch die Motive zu diesem Gesetze hatten dieses unmißverständlich ausgesprochen. Sie bezeichnen die Margarine, „wenn sie aus einem einwandfreien Rohstoff hergestellt wird, als ein gesundes, nahrhaftes und seiner Billigkeit wegen schätzbares Ersatzmittel der Milchbutter, das nur um ein geringes im Nährwert und in der Verdaulichkeit hinter dieser zurückbleibt"; dann fahren sie fort: „Immerhin ist nach dem Urteile der Sachverständigen die Möglichkeit nicht ausgeschlossen, daß Margarine gesundheitsschädliche Eigenschaften annimmt, wenn sie aus nicht einwandfreiem Material, namentlich aus dem Fette kranker oder gefallener Tiere hergestellt wird."

2. Es ist daher nicht zu beanstanden, wenn das Berufungsgericht die Margarine als ein im Vergleiche zur Naturbutter oder dem daraus gewonnenen Schmalze minderwertiges Produkt angesehen hat und darum deren Verwendung an Stelle von Butterfett oder Butterschmalz als eine Verfälschung im Sinne des Nahrungsmittelgesetzes erachtet. Eine solche Beurteilung muß der Richter auf Grund der in dem angeführten Gesetze festgelegten Anschauung der Gesetzgebungsorgane bis zu einer etwaigen Änderung des Gesetzes als für bindend betrachten, selbst wenn nach den Aufstellungen und Ergebnissen der Chemie, der Physiologie und Hygiene jene Anschauung als nicht mehr oder nicht mehr ganz zutreffend erscheinen sollte."

Dabei wird allerdings betont, daß das verurteilende Erkenntnis des Vorrichters deshalb aufrechterhalten werde, weil nach dem Sachverständigengutachten das Publikum von Regensburg den in den meisten dortigen Bäckereien bestehenden Geschäftsgebrauch der Margarineverwendung nicht kenne und darauf rechne, daß die Backwaren mit Butter oder Butterschmalz hergestellt seien. Die Erwartungen des Publikums sowie seine Geschmacksrichtung seien als ein wesentlicher Faktor für die Beurteilung zu behandeln. Diese Geschmacksrichtung des Publikums ändere sich von Zeit zu Zeit und von Ort zu Ort, so daß in einem anderen Falle die Verwendung von Margarine eine Verletzung des Nahrungsmittelgesetzes nicht zu begründen brauche.

Obwohl also dieses Urteil, dem am 14. Dezember 1907 und am 1. Dezember 1908 von der gleichen Stelle aus ähnliche folgten, nicht schematisieren, sondern rein ortsübliche Geschäftsgebräuche und Geschmacksrichtungen berücksichtigt sehen will, wurde diese Entscheidung doch zur Grundlage von Verfügungen[1]) seitens der Bezirksämter und Polizei-

[1]) Diese Verfügungen sind auf einen Erlaß des bayer. Ministeriums des Innern vom 12. Juli 1907 zurückzuführen, in dem in ganz unrichtiger Auffassung des oberstgerichtlichen Urteils vom 15. Januar 1907 jede nicht deklarierte Verwendung von Margarine zu Backwaren als Fälschung im Sinne des § 10 des Nahrungsmittelgesetzes bezeichnet wird. Das Ministerium hat den gemachten Fehler zwar erkannt und ihn durch einen neuerlichen Erlaß vom 10. Nov. 1908 gutzumachen versucht, doch ist die einmal eingetretene Verwirrung damit nicht wieder zum Verschwinden gebracht worden. In dieser letzteren Verordnung heißt es, daß eine Deklarierung der Verarbeitung von Margarine in Nahrungsmitteln nicht gefordert werden könne, daß aber eine nicht bekannt gemachte Verwendung von Kunstbutter, Pflanzen-

behörden gemacht, in denen dem Bäcker bei Verwendung von Margarine kurzweg eine allgemeine Deklarationspflicht aufgetragen und ein Nichtbeachten dieser Vorschrift als Täuschung des Publikums hingestellt und mit Bestrafungen mit Gefängnis bis zu sechs Wochen und mit Geldstrafen bis zu 1500 Mark oder mit einer dieser Strafen bedroht wurde.

Es muß befremden, daß die erwähnten Rechtsprechungen, die sich auf die mögliche Minderwertigkeit der Margarine beziehen, deren Vorhandensein nicht fallweise untersuchen oder den Qualitätsunterschied von Backwaren, die mit reiner Naturbutter, und solchen, die nur mit Margarine hergestellt sind, festzustellen versuchen. Die sonderbaren, den Voraussetzungen und Begründungen des Margaringesetzes ins Gesicht schlagenden Urteilsfällungen sind inzwischen durch zahlreiche ähnliche Fälle vermehrt worden, und die Deklarationsfrage im Bäcker- und Konditorgewerbe ist heute sehr aktuell[1]).

Interessant ist ein Urteil der sechsten Strafkammer des Leipziger Landgerichts vom 5. Juni 1907, worin erklärt wurde, daß Margarine dort verwendet werden könne, wo das Publikum geringere Ansprüche an das Gebäck stellt und wo man für wenig Geld eine möglichst große Menge Backwaren zu erhalten wünsche, wogegen für feinere Backwaren, also für teureres Gebäck, ausschließlich Naturbutter zu gebrauchen wäre. Diese Entscheidung, die die Begriffe Vorder- und Hinterhaus als entscheidende Faktoren in der Rechtsprechung einführt, ist inzwischen von einigen Gerichten insofern akzeptiert worden, als man bei der Deklarationspflichtfrage „Backwaren aller Art“ von sogenanntem „Buttergebäck“ unterschieden wissen will. Bei ersteren sollen tolerantere Anschauungen Platz greifen als bei dem letzteren.

Im übrigen sind die Verurteilungen von Bäckern wegen nicht deklarierter Verwendung von Margarine nur in Süddeutschland (Bayern) an der Tagesordnung, in den anderen Teilen Deutschlands enden ähnliche Anklagen in der Regel mit Freisprüchen.

Krebsbutter.

Zur Herstellung der in den letzten Jahren in fertigem Zustande in Konservenbüchsen auf den Markt gebrachten Krebsbutter dürfen nach den vorliegenden Urteilen andere Fette als Milchbutter nicht verwendet werden.

---

butter oder anderen Fettersatzstoffen eine Nahrungsmittelfälschung darstellen könne, wenn nämlich

1. die Margarine oder ein anderes Fett als Ersatz für höherwertige Stoffe verwendet wird und
2. die Verwendung der mehrwertigen Stoffe der Erwartung der Bevölkerung von der üblichen Zusammensetzung der Ware am Orte ihres Verkaufes entspricht.

[1]) Vergleiche K. Schulz, Die Margarinfrage, Organ für den Öl- und Fetthandel 1908, S. 38 und 50; Herm. Limburg, Zur Frage der Deklaration von Butterersatzmitteln in Bäckereien, Chem. Ztg. 1909, S. 801, 810 und 833.

Krebsbutter[1]) ist bekanntlich ein Produkt, das durch Behandlung zerkleinerter Krebsschalen mit geschmolzener Butter im Wasserbade erhalten wird. Sie wurde früher ausschließlich im Haushalte hergestellt, und erst im letzten Dezennium haben sich die Konservenfabrikanten mit diesem Artikel zu befassen begonnen. Dabei hat man die Milchbutter teilweise durch Rinderfett (Oleomargarin) oder auch durch Margarinbutter zu ersetzen versucht, wofür Gründe der besseren Haltbarkeit sprechen sollen.

Anfangs erfolgten bei derartigen, von der Nahrungsmittelpolizei beanstandeten Produkten freisprechende Urteile[2]), später aber sind in ähnlichen Fällen durchweg Verurteilungen zu verzeichnen[3]), und zwar auf Grund des Nahrungsmittelgesetzes vom 14. Mai 1879.

Die Bestimmungen des Margaringesetzes kommen für die Beurteilung dieser Frage nicht in Betracht.

Wassergehalt der Margarinprodukte.

Als ein Fehler des Margaringesetzes muß es bezeichnet werden, daß es keine obere Grenze für den Wassergehalt (wie sie z. B. für Butter gesetzlich festgestellt ist) bestimmt. Die mitunter wegen zu großen Wassergehaltes der Kunstbutter erhobenen Anklagen endigten daher gewöhnlich mit einem Freispruche, doch bemüht sich die Vereinigung deutscher Margarinfabrikanten um eine gesetzliche Regelung dieser Frage; man will einen Mindestfettgehalt von 80 % und einen Maximalwassergehalt von 16 % ausgesprochen wissen[4]).

Sesamölzusatz zu Exportware.

Verschiedene Auslegungen hat auch die Frage erfahren, ob Exportware den Vorschriften des deutschen Margaringesetzes gerecht werden müsse. Eine im Hamburger Freigebiet liegende Fabrik, deren Erzeugnisse ausschließlich nach dem Auslande gehen, glaubte den durch das Reichsgesetz vorgeschriebenen Sesamölzusatz bei ihren Produkten unterlassen zu können. Das Schöffengericht entschied aber sonderbarerweise zuungunsten der Fabrik und das Obergericht bestätigte das Urteil.

Die Bestimmungen des deutschen Margaringesetzes scheinen im allgemeinen ziemlich richtig eingehalten[5]) zu werden, denn es entfallen von den Verurteilungen wegen Nahrungsmittelfälschung nur etwas über 2 % auf das Margaringesetz. Nach der deutschen Kriminalstatistik wurden z. B.

---

[1]) Vergleiche Bd. 2, S. 778.

[2]) Urteil des hanseatischen Oberlandesgerichtes in Hamburg sowie Entscheidung des Kgl. Schöffengerichtes in Frankfurt a. O. v. 27. Aug. 1904.

[3]) Urteil des Berliner Landgerichtes v. 10. Okt. 1904 sowie dessen Bestätigung durch das Reichsgerichtsurteil v. 16. Dez. 1904; Urteil des Landgerichtes Berlin v. 19. Okt. 1904 und dessen Bestätigung durch das Kammergericht in Berlin v. 17. Jan. 1905; Urteil des Landgerichtes Berlin v. 22. Mai 1905.

[4]) Siehe Berliner Markthallenzeitung 1908, Nr. 59, und Organ für den Öl- und Fetthandel 1908, S. 378 u. 389.

[5]) Siehe auch R. Sendtner, Zum gegenwärtigen Stande unserer Erfahrungen über den Erfolg des Margaringesetzes, Berlin 1899. — Zeitschr. f. Unters. d. Nahrungs- u. Genußmittel 1900, S. 114.

im Jahre 1905 nur 39 Personen auf Grund des Margaringesetzes verurteilt, während die Zahl der Verurteilungen wegen Nahrungsmittelfälschung 1698 betrug.

Österreich.

Geschichtliches.

In Österreich wurde die Margaringesetzgebung zuerst durch Ritter von Hayden angeregt, der am 30. März 1887 dem Abgeordnetenhause einen Gesetzentwurf über den Handel und Verkehr mit Margarinprodukten unterbreitet hatte. Dieser Vorschlag wurde aber nicht verhandelt, welches Schicksal auch einem zweiten, am 10. Februar 1892 eingebrachten Gesetzentwurfe widerfuhr. Man beschränkte sich bei der Regelung des Verkehrs mit Kunstbutter lediglich auf einzelne, auf begrenzte Distrikte sich beziehende polizeiliche Verordnungen und gab erst im Jahre 1891 dem unausgesetzten Drängen der Agrarier nach und schuf das österreichische Margaringesetz vom 25. Oktober 1901.

Es nimmt wunder, daß in Österreich, wo die Landwirtschaft noch immer ein ausschlaggebendes Übergewicht hat, die Kunstbutterfrage so lange Zeit ungelöst blieb; die vielfachen Mißerfolge, die andere Länder mit ihren Margaringesetzen erlitten hatten, scheinen dieses Zuwarten veranlaßt zu haben. Man traute sich erst einige Jahre nach der Schaffung des letzten deutschen Margaringesetzes, mit einem Gesetzentwurfe an das Parlament heranzutreten, und empfahl diesem die Annahme einer dem deutschen Margaringesetze ganz und gar nachgebildeten Vorlage.

Neues Margaringesetz.

Das österreichische Margaringesetz vom 25. Oktober 1901 unterscheidet sich von dem deutschen nur insofern, als es Oleomargarin nicht unter die „unverfälschten Fette bestimmter Tier- und Pflanzenarten" zählt, sondern es ganz ausdrücklich als unter das Margaringesetz fallend bezeichnet.

Im § 1, wo die Definition[1]) der Begriffe Margarine, Margarinschmalz, Margarinbutter und Kunstspeisefett wie im deutschen Gesetze gegeben ist, wird noch besonders gesagt:

> „Oleomargarin (Margarin) im Sinne dieses Gesetzes ist jenes Fettprodukt, das durch Schmelzen des Rohtalges und Ausscheiden der festen, stearinhaltigen Teile gewonnen wird."

---

[1]) Der Entwurf für den Codex alimentarius austriacus (von der Kommission am 18. April 1898 revidiert und genehmigt) definiert Kunstbutter und Kunstbutterschmalz etwas anders als das österr. Margaringesetz. Es heißt dort:

Kunstbutter (Margarinbutter) ist ein Gemisch von Oleomargarin und sonstigen zum Genusse geeigneten, nicht der Milch entstammenden Speisefetten, mit einer je nach der Jahreszeit wechselnden Menge von Speiseölen, das unter Zusatz von etwas Riech- und Farbstoffen in geeigneten, mechanisch wirkenden Apparaten zusammen mit Milch (Vollmilch, Magermilch oder Rahm) verbuttert wird. Doch soll der Gehalt an Butterfett 5 % nicht übersteigen.

Kunstbutterschmalz (Kunstrindschmalz oder Margarinschmalz) ist entweder das durch Ausschmelzen von Kunstbutter gewonnene Fett oder obiges Fettgemenge, bei dem die Verbutterung mit Milch unterblieben ist.

Ein Anpassen dieser Definition an den Wortlaut des § 1 des Margaringesetzes tut daher not.

Im § 4 wird dann Oleomargarin unter den Produkten, für die eine Kennzeichnung[1]) vorgeschrieben ist, angeführt. Doch heißt es in einem Unterabschnitte dieses Paragraphen:

„Oleomargarin, das zur Weiterverarbeitung in inländischen Margarinfabriken bestimmt ist, unterliegt nicht dieser Vorschrift." (Sesamölzusatz.)

Und § 11 führt dann weiter aus:

„Erzeuger von Oleomargarin, Margarin, Margarinschmalz oder Margarinbutter, die zum Export oder zur Weiterverarbeitung in inländischen Margarinfabriken bestimmte Ware, abweichend von den in den §§ 3 und 4, Absatz 1 enthaltenen Bestimmungen (Mischverbot, Sesamölzusatz), herstellen, haben dies der Gewerbebehörde anzuzeigen."

Solche Waren sind nach dem weiteren Wortlaute des § 11 bis zu ihrem Versande in besonderen Lagerräumen aufzubewahren, wie auch eine behördliche Kontrolle über die Bestellungen oder den Versand solcher nicht gekennzeichneten Produkte vorgesehen ist.

Deklarationszwang für Eßwaren.

Die in Österreich beabsichtigte Ausdehnung des Margaringesetzes auf mit Margarine zubereitete Eßwaren hat im Jahre 1907 verschiedene Kreise mit dieser Frage beschäftigt. Die Mehrzahl der abgegebenen Urteile ging dahin, daß eine solche Ausdehnung nicht zulässig sei.

Einige bemerkenswerte Punkte aus einem Gutachten der Wiener Handels- und Gewerbekammer seien hier festgehalten:

Die Unterstellung der mit Margarinbutter oder Margarinschmalz zubereiteten Lebensmittel unter das Margaringesetz ist aber nicht nur eine formal irrige, sondern auch in der Praxis gänzlich undurchführbare. Es könnte in gleicher Weise der Antrag gestellt werden, daß das Gesetz, betreffend die Erzeugung und den Verkauf weinähnlicher Getränke (Kunstweingesetz), auf Eßwaren ausgedehnt werde, zu deren Zubereitung Kunstwein verwendet wurde, so daß beispielsweise eine Weintorte als Kunstwein- oder Halbweintorte zu bezeichnen wäre. Ein derartiges Verlangen ist auch deshalb ungerechtfertigt, weil das zur Zubereitung von Backwaren und Konditorwaren verwendete Fett bzw. der hierzu verwendete Wein durchaus nicht einen Hauptbestandteil des fertigen Produktes repräsentiert und sohin in gleicher Weise seitens interessierter Kreise die Deklaration aller übrigen Bestandteile gefordert werden könnte, was in seiner letzten Konsequenz selbst zur Preisgebung wohlbegründeter Geschäftsgeheimnisse führen könnte. Auch wäre die Befolgung einer solchen Maßregel unkontrollierbar.

Selbst bei der strengsten Handhabung des Lebensmittelgesetzes vom Jahre 1896 wird man nicht sagen können, daß Zuckerbäckerwaren oder Backwaren bei Verwendung von Margarine ihre Beschaffenheit derart ändern, daß die sonst allgemein üblichen Bezeichnungen für diese Waren nicht mehr statthaft seien, weil hierdurch die Konsumenten getäuscht würden. Selbst unter dem sogenannten Butterteigstrudel begreift der Konsument schon längst nicht mehr ein Fabrikat aus Butterteig, sondern einfach ein Erzeugnis aus blättrigem Teig. Auch der Preis des Fabrikates spielt bei Untersuchung der Täuschungsabsicht eine wesentliche Rolle; bei den anerkannt ganz enormen Preisen echter Naturbutter wird sich aber

---

[1]) Mit Ministerialverordnung vom 1. Februar 1902 wird in Artikel I ein 10prozentiger Sesamölzusatz als kennzeichnendes Mittel bestimmt.

die tatsächliche Verwendung von Butter bei Bereitung von Backwaren biz zu einem gewissen Grade im Preise ausdrücken müssen. Auch die Bestimmung des § 13 L.-M.-G., betreffend die Verfälschung von Lebensmitteln, läßt sich auf die Zubereitung von Eßwaren mit Margarine nicht anwenden. Margarine ist ein unschädlicher Stoff, ja es ist autoritativ anerkannt, daß gegen die Verwendung von Margarine vom hygienischen Standpunkte keinerlei Einwendung besteht. Gewicht oder Maß der Ware wird durch die Verwendung von Margarine statt Butter gewiß nicht gesteigert; auch kann ein etwaiges Qualitätsmanko durch die Verwendung von Margarine nicht verdeckt werden.

Ein Einschreiten nach dem Lebensmittelgesetz würde sohin nur dann gerechtfertigt sein und auch eintreten, wenn die Verwendung von Naturbutter zur Bereitung der Eßware besonders betont wird oder sich erheblich im Preise des Lebensmittels ausdrückt, während tatsächlich nur die billigere Margarine beigesetzt wurde. Auch diese Fälle werden sich aber nur schwer zu Rekriminationen eignen, weil insbesondere bei Back- und Zuckerbäckerwaren das hierzu verwendete Fett quantitativ keine allzu bedeutende Rolle spielt und daher der Preisunterschied zwischen dem kleinen Quantum Naturfettes oder Fettsurrogates schwer zur Konstruierung eines Delikttatbestandes herangezogen werden könnte.

Dänemark.

Geschichtliches.

In diesem Lande erfolgte die erste gesetzliche Regelung der Fabrikation und des Handels mit Margarine durch das Gesetz vom 1. April 1885, das am 1. Mai desselben Jahres in Kraft trat. Die Schaffung dieses Gesetzes war dem Drängen der landwirtschaftlichen Kreise Dänemarks zu verdanken, die in der im Jahre 1884 erstandenen dänischen Kunstbutterindustrie eine gefährliche Konkurrentin des heimischen Butterhandels sahen und die neue Industrie als den ganzen nationalen Wohlstand Dänemarks schädigend bezeichneten. Das erste dänische Margaringesetz schützte daher in der Hauptsache nur landwirtschaftliche Interessen und nahm auf andere Umstände (Hygiene usw.) keinerlei Rücksicht. Seine Bestimmungen bestanden im wesentlichen in der Vorschrift besonderer Behälter und Fastagen für den Versand der Margarine, in der Kenntlichmachung dieser Kolli durch Aufschrift des Wortes „Margarine" in bestimmter Größe und in der Anordnung behördlicher Untersuchung zweifelhafter Ware.

Die Form der Behälter sowie die Größe und Art ihrer Aufschriften bestimmte ein Erlaß des dänischen Ministeriums des Innern vom 11. April 1885 auf das genaueste.

Das erste dänische Margaringesetz vom Jahre 1885 erfüllte seinen Zweck in höchst unvollkommener Weise; die vorgesehene behördliche Kontrolle erwies sich als unzulänglich, wozu noch kam, daß die Einfuhr von Kunstbutter wie auch der Transithandel nicht berücksichtigt wurde. Man bemühte sich daher, diese Lücken durch ein neu zu schaffendes Kunstbuttergesetz auszufüllen, was sich um so notwendiger erwies, als in den Jahren 1885 und 1886 große Mengen von Misch- und Kunstbutter von Holland und England aus in dänischen Originalbutterbehältern verpackt und mit dänischen Marken versehen, in den Handel gebracht wurden, wodurch das Ansehen dänischer Butter ziemlich stark litt.

Der erste Vorschlag zur Verbesserung des mangelhaften Kunstbuttergesetzes vom Jahre 1885 wurde dem Folkething von der im gleichen Jahre vom Ministerium des Innern eingesetzten Kommission zur Untersuchung der Stellung der Butterproduktion und des Butterhandels Dänemarks gemacht. Gleichzeitig wurde aber von vielen Seiten auch die Meinung ausgesprochen, daß der einzig wirksame Schutz des dänischen Molkereiwesens das absolute Verbot der Fabrikation, Einfuhr und Durchfuhr von Kunstbutter wäre.

Da die Gültigkeitsdauer des ersten Kunstbuttergesetzes vom 1. April 1885 von vornherein nur auf drei Jahre (bis zum 1. Mai 1888) vorgesehen war, mußte man sich beeilen, die verschiedenen Meinungen unter einen Hut zu bringen, wollte man nicht hinsichtlich des Butterhandels in einen gesetzlosen Zustand verfallen.

Nach vielen Beratungen der landwirtschaftlichen und gesetzgeberischen Kreise einigte man sich schließlich auf einige Verbesserungen des ersten Margaringesetzes, die nachstehend aufgezählt werden sollen:

1. Genaue Umschreibung des Begriffes „Margarine“.
2. Anzeigepflicht der Margarine erzeugenden Fabriken und Veröffentlichung dieser Anmeldungen.
3. Anzeigepflicht der sich mit dem Handel mit Margarine befassenden Firmen.
4. Buchführung über Erzeugung, Einfuhr und Handel mit Margarinprodukten.
5. Verbot der Erzeugung von Margarin- und Mischbutter durch Naturbutterproduzenten (mit Ausnahme für eigenen Gebrauch).
6. Bezeichnung der Margarinprodukte im Detailverkauf und beim Versand, und zwar sowohl der Ware selbst als auch der darauf bezüglichen Papiere.
7. Bezeichnung der Verkaufsstellen von Margarine und Verbot deren Verkaufes auf Märkten und Schiffen.
8. Festsetzung des Naturbuttergehaltes von Mischbutter auf eine Maximalgrenze von 50% und Angabe des jeweiligen Naturbuttergehaltes von Mischbutter auf jedem Pakete, das auch den Namen des Fabrikanten zu tragen hat.
9. Bestimmung einer von der gewöhnlichen Butterfarbe abweichenden Färbung für Margarinprodukte.
10. Ermächtigung des Ministeriums des Innern, den Export nötigenfalls zu verbieten.
11. Errichtung einer besonderen Butter- und Margarinkontrollstation.
12. Aushängen des Gesetzes in allen dafür in Betracht kommenden Lokalen und Festsetzung der Strafen.

Die näheren Durchführungsbestimmungen zu diesem Gesetze erschienen in einer Bekanntmachung vom 12. April 1888[1]).

Dem zweiten dänischen Margaringesetze vom 5. April 1888 war von der gesetzgeberischen Körperschaft nur eine zweijährige Dauer (vom 1. Mai 1888 bis zum 1. Mai 1890) zugestanden worden. Im Jahre 1889 wurden daher bereits Vorschläge zu weiteren Verbesserungen in der Margaringesetzgebung gemacht, die zu dem Gesetze vom 1. April 1891 führten.

Dieses neue Gesetz sollte, wie im § 20 ausgesprochen wurde, eine fünfjährige Dauer haben; es kam aber erst am 22. März 1897 zu einem neuen Margaringesetze, das sich die mittlerweile gesammelten Erfahrungen in der Handhabung der früheren Gesetzesbestimmungen zunutze machte und gewisse, wenn auch nicht einschneidende Änderungen gegenüber den früheren Gesetzen aufweist. Als eine solche Änderung sei bloß erwähnt, daß der Mischbutter nur ein Naturbuttergehalt von 15% zugestanden wurde. An der Vorschrift einer bestimmten Form der Versandgefäße und an der Zulässigkeit der Gelbfärbung, deren obere Grenze durch Farbtafeln bestimmt worden war, hielt man fest. Als Konservierungsmittel für Butter und Margarine ließ man lediglich Kochsalz zu.

Dieses vierte dänische Margaringesetz wurde durch einen Nachtrag vom 23. Juni 1905 ergänzt. Das Wichtigste dieses Nachtrags ist die Vorschrift der latenten Kennzeichnung der Margarinprodukte; durch die Bekanntmachung des dänischen Landwirtschaftsministers vom 8. Juni 1905 wurde für diesen Zweck ein Zusatz von Sesamöl bestimmt.

Latente Färbung.

Die Untersuchung auf den Sesamölzusatz wurde in einer Verordnung vom 8. Juli 1905 näher beschrieben und soll hier vollinhaltlich wiedergegeben werden, weil es nicht uninteressant ist, diese Vorschriften mit den analogen des deutschen Margaringesetzes zu vergleichen:

Von dem geschmolzenen, klar filtrierten Margarinfett (das von Teerfarbstoffen befreit sein muß) vermischt man 1/2 ccm mit 9,5 ccm Baumwollsamen- oder Erdnußöl, das in der weiter unten angegebenen Weise geprüft ist. Die Mischung wird mindestens eine halbe Minute lang in einem Reagenzglase von 18 mm Durchmesser mit 10 ccm rauchender Salzsäure vom spezifischen Gewicht 1,19 und mit 0,1 ccm (4 Tropfen) einer 2 prozentigen alkoholischen Furfurollösung (2 Raumteile farblosen Furfurols vermischt mit 98 Raumteilen absoluten Alkohols) kräftig geschüttelt. Nachdem die Mischung 15 Minuten lang im Glase gestanden ist, muß die Salzsäureschicht, die sich unter der Fettschicht absetzt, eine Rotfärbung aufweisen, deren Stärke nicht geringer sein darf, als dies auf einer gesetzlich fixierten Tafel angegeben ist.

Der Vergleich mit der Farbtafel wird derart ausgeführt, daß sich der Untersucher mit dem Rücken gegen das Tageslicht stellt und das Probierglas fest gegen das weiße Papier der Farbtafel seitlich von dem gefärbten Bilde hält.

---

[1]) Interessanter als der Inhalt dieser Bekanntmachung ist eine am 17. Mai 1888 erschienene Ergänzung, betreffend die Färbung der Margarine, die auch in das spätere Gesetz v. 22. April 1891 überging und von der weiter unten (S. 241) noch gesprochen werden soll.

Entsteht schon beim Schütteln des Fettes mit Salzsäure eine Rotfärbung, die auf gewisse Teerfarbstoffe zurückzuführen ist, so ist wie folgt zu verfahren:

10 ccm des Margarin- oder Käsefettes werden in einem kleinen Scheidetrichter mit 10 ccm Salzsäure vom spezifischen Gewicht 1,125 eine halbe Minute lang geschüttelt. Die rot gefärbte Salzsäureschicht, die sich nach einigem Stehen der Mischung unten ansammelt, wird abgelassen, worauf von neuem 10 ccm Salzsäure von demselben spezifischen Gewicht zugesetzt werden. Die Mischung wird dann von neuem eine halbe Stunde lang geschüttelt. Ist die abgeschiedene Salzsäure noch gerötet, so wird die Behandlung des Fettes in derselben Weise so lange wiederholt, bis eine Rötung der Salzsäure nicht mehr eintritt. Bei dieser Arbeit darf nur eine Temperatur angewendet werden, die gerade hinreicht, um das Fett geschmolzen zu halten. Wenn die Salzsäure völlig entfernt ist, wird die Prüfung auf Sesamöl im Fette in der etwas früher angegebenen Weise vorgenommen.

Das zur Prüfung verwendete Baumwollsamen- oder Erdnußöl darf beim Schütteln von 10 ccm des Öles mit 4 Tropfen einer 2prozentigen alkoholischen Furfurollösung und 10 ccm Salzsäure vom spezifischen Gewicht 1,19 eine Rotfärbung nicht geben.

Am 1. September 1907 ist nun neuerdings ein Margaringesetz in Dänemark erlassen worden. Sich an die früheren, den gleichen Gegenstand zum Vorwurf habenden Gesetze angliedernd, unterscheidet es sich von diesen dadurch, daß der zulässige Höchstgehalt der Mischbutter an Naturbutterfett von 15 auf 10$^0/_0$ herabgesetzt wird und daß das Färben von Butter- und Margarinprodukten durch Anilinfarben, das früher zulässig war, verboten ist.

Interessant ist auch die Bestimmung, daß andere Fettstoffe als Butter und Margarine, also alle übrigen Fettmischungen, nicht unter diesen beiden Benennungen oder auch unter Namen, die diese Worte oder das Wort Meierei als Bestandteil enthalten, gehandelt werden dürfen. (Nur Kakaobutter und ähnliche, der Weltbürgerschaft sich rühmende Warenbezeichnungen sind von dieser Bestimmung ausgenommen.) Das Feilbieten sowie der Verkauf von Margarine und Margarinprodukten und deren Ein- und Ausfuhr werden verboten, sofern die Ware als von einer Firma herrührend bezeichnet ist, in deren Namen die Worte Meierei, Milch, Rahm oder Butter vorkommen.

Eine besondere Betrachtung verdienen die in der dänischen Buttergesetzgebung eine so große Rolle spielenden Farbentafeln, die mit dem dänischen Margaringesetz vom Jahre 1888 eingeführt wurden, am 1. April 1891 eine Ergänzung erfuhren und auch für das neue dänische Gesetz vom 1. September 1907 volle Gültigkeit haben. Farbentafeln.

Diese von Alfr. Lehmann entworfenen Farbentafeln bestehen aus sechs Gruppen (Skalen) mit je 14 Abstufungen (Schattierungen), von denen Nr. 1 die dunkelste, während Nr. 14 rein weiß ist. Von den sechs Skalen hat Skala *a* den rötlichsten, *f* den gelbsten Farbton. Der Unterschied zwischen zwei aufeinanderfolgenden Nummern ist sehr gering, so daß sich bei den Bestimmungen der Farbintensität einer Butterprobe mitunter Abweichungen bei verschiedenen Beobachtern ergeben. Da aber in Dänemark die Untersuchung der Proben nur von drei Beamten besorgt wird und alle zu beanstandenden Fälle von dem Verfertiger der Tafeln, der übrigens auch die Richtigkeit jeder einzelnen Kopie bescheinigt, überprüft werden müssen, funktioniert die Farbkontrolle in Dänemark sehr zufriedenstellend.

Bei der Untersuchung der Margarinproben, die bei Tageslicht geschehen muß, wird vor allem ein Butterstück von bestimmtem Querschnitt und bestimmter Dicke hergestellt. Dann stellt sich der Untersuchende mit dem Rücken gegen das Fenster und hält die Tafeln senkrecht vor sich, so daß er sich nicht selbst im Lichte stehen kann, und auch so, daß kein Sonnenschein auf die Tafeln fällt. Man sucht hierauf jenen Ton in den Tafeln, der der Farbe der Margarinprobe am meisten gleicht und vermerkt ihn in dem Attest mit dem Buchstaben der Farbskala und der Ziffer der Schattierung, also z. B. B_4, D_7 usw.

Frankreich.

Geschichtliches.

In Frankreich, der Heimat der Margarinindustrie, hat man der Erfindung von Mège Mouriès von behördlicher Seite alle mögliche Unterstützung angedeihen lassen. Die Behörden erkannten sofort, daß kein Grund vorhanden ist, von heimischer Seite gegen die Kunstbutter einzuschreiten, man stellte nur die eine Bedingung, daß das Fabrikat unter seinem wahren Namen verkauft werde. In einem späteren, aus dem Jahre 1880 stammenden Gutachten der medizinischen Akademie wird aber die Unschädlichkeit der Margarine allerdings stark in Zweifel gezogen. Dieses ungünstige Urteil mag nicht zuletzt durch den üppig blühenden Betrug hervorgerufen worden sein, der damals im Naturbutterhandel herrschte. Das Verfälschen von Milchbutter mit Margarine wurde ganz allgemein geübt und der Preis für Naturbutter war infolge dieser Verfälschungen wie auch durch die gleichzeitige Steigerung der Naturbutterproduktion in allen Viehzucht treibenden Ländern stark gesunken. Die Landwirte verlangten daher einen gesetzlichen Schutz und die französische Regierung brachte tatsächlich im Jahre 1884 einen Gesetzentwurf, betreffend die Unterdrückung des Betruges im Butterhandel, ein. Aus diesem Entwurfe kristallisierte sich später das Gesetz vom 14. März 1887[1]), das für Kunstbutter und Kunstspeisefette eine entsprechende Aufschrift vorschrieb und das Zumischen von Kunstbutter zur Naturbutter verbot.

Durch polizeiliche Verordnungen[2]) wurde später auch in den Engros-Zentralmarkthallen der Verkauf von Margarine überhaupt verboten.

Das französische Margaringesetz vom Jahre 1887 wurde wegen seiner losen Fassung vielfach umgangen und bot den Naturbutterproduzenten nicht jenen Schutz, den sie erwartet hatten. Es wurden daher im Jahre 1890

---

[1]) Journal officiel de la République Francaise v. 15. März 1887; Ausführungsdekret v. 8. Mai 1888.

[2]) Polizeiverordnung v. 13. Mai 1892 u. v. 22. Nov. 1893.

drei neue Gesetzentwürfe eingebracht, denen in den Jahren 1892 und 1893 noch weitere folgten; im Jahre 1893 lagen nicht weniger als vier solcher Entwürfe vor. Es kam dann im Jahre 1897 zu einem definitiven Kammerbeschluß, der das französische Margaringesetz vom 16. April 1897 darstellt[1]). Dieses Gesetz will verhüten, daß der Käufer über die tatsächliche Beschaffenheit der Ware getäuscht werde, und enthält als wichtigsten Bestandteil das Färbeverbot, eine Maßregel, deren Tragweite vom Gesetzgeber offenbar unterschätzt wurde.

Die vorgesehene Trennung der Verkaufsräume für Butter und Margarine soll vor der ständig vorhandenen Lockung schützen, beide Produkte zu vertauschen; sie bezieht sich daher nicht auch auf verschiedene Räume desselben Hauses oder auf solche in verschiedenen Teilen eines Ortes. Die Erlaubnis, 10 % Naturbutter der Margarinbutter zuzumischen, zeigt, daß man trotz des Färbeverbotes in Frankreich die Kunstbutterindustrie nicht unterdrücken will, sondern nur Täuschungen der Konsumenten hintanzuhalten bestrebt ist. —

Gesetz vom Jahre 1897.

Das Gesetz erhielt am 9. November 1897 einige Ausführungsbestimmungen beigegeben. Danach unterliegt jede Margarin- und Oleomargarinfabrik einer ständigen Überwachung seitens eines oder mehrerer Inspektoren, denen vom Eigentümer oder Geschäftsführer die Zeit der Schließung der Fabrik sowie jede Änderung mitzuteilen ist. Außerhalb dieser Zeit ist jede Arbeit verboten. Alle Fabrikations- und Lagerräume sind den Inspektoren während der Arbeitszeit ständig zugängig, müssen ihnen aber über ihr Verlangen auch außerhalb derselben geöffnet werden. Über den Eingang der Rohprodukte ist ein offizielles Verzeichnis zu führen. Sache der Inspektoren ist es, zu überwachen, daß die zulässige Menge Butter (10 %), die der Margarine beigemischt werden darf, nicht überschritten werde, und daß kein Färben stattfinde. Der Warenausgang ist ebenfalls in ein offizielles Verzeichnis einzutragen.

Das französische Margaringesetz wurde am 23. Juli 1907 modifiziert und durch Ministerialerlässe vom 29. August 1907 und vom 11. März 1909 ergänzt. Diese Verordnungen bringen außer dem Färbeverbot wenig Neues.

Holland.

Geschichtliches.

Holland hat bis heute keine eigentliche Margaringesetzgebung, und die Kunstbutterindustrie konnte sich wohl nicht zuletzt aus diesem Grunde in den Niederlanden so blühend entwickeln. Die Landwirte haben bis vor wenigen Jahren das Aufblühen der Margarinindustrie keineswegs mit neidi-

[1]) Über die verschiedenen Gesetzentwürfe siehe: Chambre des Députés, Sixième Législature, Session extraordinaire de 1893, Nr. 54, 72, 74, 113 u. 136, Session de 1894, Nr. 369, 607 u. 866, Session extraordinaire de 1894, Nr. 492; Milchztg. 1893, S. 823, 841; 1894, S. 73, 220, 398; 1895, S. 13; Petersen, Die Margarinfrage, Bremen 1895, S. 57, 58.

schen Blicken betrachtet, sondern sich deren vielmehr gefreut, weil diese Industrie große Mengen Milch zu guten Preisen verbrauchte. Erst als fortgesetzt ausgedehnte Verfälschungen der Naturbutter und deren Vermischen mit Kunstbutter den holländischen Ausfuhrhandel in Milchbutter schwer geschädigt hatten, führten die Molkereibesitzer eine öffentliche Kontrolle ihrer Buttererzeugnisse durch, die indirekt auch die Margarinerzeugnisse trafen.

In einer Verfügung des kgl. niederländischen Ministers für Wasserbau, Handel und Gewerbe vom 24. Oktober 1904 wurde angeordnet, daß zu den Fetten und Ölen, auf die sich die Verbotsbestimmungen in Punkt 10 der allgemeinen Regeln für Butterkontrollstationen (siehe S. 39) beziehen, außer der bereits angeführten Margarine noch gehören:

1. Oleomargarin.
2. Premier jus.
3. Oleostock (amerikanisches Premier jus).
4. Neutrallard.
5. Imitationen von Neutrallard.
6. Kokosnußfett.
7. Palmkernfett.

Ganz lose Bestimmungen über den Handel mit Margarine, sofern er in öffentlichen Verkaufsorten erfolgt, sind zwar in dem Gesetze vom 23. Juni 1889[1]), betreffend die Vorbeugungsmaßregeln gegen den Betrug im Butterhandel, enthalten, und zwar wird im Artikel 2 dieses Gesetzes bestimmt, daß ein Surrogat für Butter nur dann feilgehalten und verkauft werden dürfe, wenn es das Wort „Margarine" oder „Surrogaat" in sichtbarer Schrift auf der Umhüllung oder auf dem Stoffe selbst trägt. Dieses Gesetz und die am 23. Oktober 1889 erlassenen Durchführungsbestimmungen sind durch das Gesetz vom 9. Juli 1900 aufgehoben worden. Durch dessen Bestimmungen ist die Kennzeichnung der Umhüllung der Margarinprodukte, Trennung der Verkaufsräume usw. vorgeschrieben, aber in einer immer noch als lose zu bezeichnenden Fassung.

Gesetz vom Jahre 1908.

Im Jahre 1907 hat aber die holländische Regierung dem Drängen der mittlerweile ins Leben getretenen Butterkontrollstationen nachgegeben und einen Gesetzentwurf eingebracht, dessen wesentliche Punkte die nachstehenden sind:

Margarinfabrikanten dürfen Butter weder liefern noch versenden noch zur Versendung auf Lager haben. In den Anlagen zur Herstellung von Butter sowie in den mit jenen Anlagen in Verbindung stehenden Räumlichkeiten darf weder Margarine noch irgendein anderes Fett vorhanden sein, das zur Vermischung mit Butter Verwendung finden könnte. Fabrikanten, die Butter und Margarine bereiten, sind hinsichtlich ihrer Werkstätten und

[1]) Vergleiche S. 37.

Butterlagerplätze einer ständigen besonderen staatlichen Beaufsichtigung auf ihre Kosten unterworfen. Die Werkstätten zur Butterbereitung und die Lagerräume für Butter sollen von jenen der Margarine getrennt sein. Händler und Verkäufer, die Mischungen von Butter mit Fremdfetten herstellen, werden als Margarinfabrikanten betrachtet. Den Beamten, die die Ausführung dieses Gesetzes zu überwachen haben, ist zu jeder Zeit der Zutritt zu allen Werk- und Lagerräumen von Butter, Margarine und anderen Fremdfetten sowie die Entnahme von Proben zu gestatten. Diese Befugnis gilt auch für die Geschäftsräume, Verkaufsstellen, Lager- und anderen Räume, in denen Butter, Margarine oder sonstige Fette vorhanden sind oder wo ihre Gegenwart vermutet wird. Gleicher Überwachung unterliegen auch die zur Versendung dienenden Gefäße, Wagen u. dgl. Die mit der gerichtlichen Untersuchung betrauten Chemiker haben dieselbe Befugnis bezüglich der zur Herstellung der oben erwähnten Fette bestimmten Anlagen.

Durch das aus diesen Entwürfen hervorgegangene Gesetz vom 11. Juli 1908, das den offiziellen Titel „Buttergesetz" führt, sind Verschärfungen in der Überwachung der Erzeugung und des Verkehrs mit Margarinprodukten eingetreten. Margarine soll keine höhere Reichert-Meißlsche Zahl als 10 zeigen, es sind vollkommen getrennte Erzeugungs-, Lager- und Verkaufsstätten für Naturbutter und Margarine vorgeschrieben und die Einfuhr von Butter und Margarine wird an bestimmte, im Verordnungswege näher zu bezeichnende Bedingungen geknüpft.

Übertretungen des älteren (heute noch gültigen) Margaringesetzes vom 9. Juli 1900 waren in den Niederlanden besonders an der Tagesordnung, weil dortselbst (besonders in Amsterdam) ein sehr ausgebreiteter Straßenhandel mit Butter stattfindet, in dem Hausierhandel aber Margarine und Buttersurrogate nicht als solche bezeichnet werden müssen, weil es sich hier nicht um offene Verkaufsstellen handelt.

Belgien.

Geschichtliches.

Belgien begann im Jahre 1890, den Verkehr mit Margarine zu regeln; der betreffende Erlaß war vom 10. Dezember 1890[1]) datiert, doch bewährten sich die recht wenig präzisen Bestimmungen des Gesetzes nicht und der unlautere Wettbewerb der Margarine mit der Butter dauerte fort.

Es wurde daher am 29. Mai 1894[2]) der belgischen Kammer von der Regierung ein Gesetzentwurf vorgelegt, der neben anderen Steuerangelegenheiten auch eine Besteuerung der Margarinindustrie brachte und deren Betrieb regelte. Dieser Gesetzentwurf, der mit wenigen wesentlichen Milderungen im Sommer 1895 von der Kammer angenommen und am

[1]) Moniteur Belge 1891, Nr. 39.

[2]) Chambre des Représentants, Nr. 189, Séance du 29 May, und Nr. 230, Séance du 7 Juin 1894.

12. Juli 1895[1]) sanktioniert wurde, setzte für Kunstbutter (sofern sie für den Inlandsverbrauch bestimmt war) eine Fabrikationssteuer von 5 Franken pro 100 kg fest und bestimmte für Milchbutter, Oleomargarin und Kunstbutter einen Eingangszoll von 20 Franken pro 100 kg. Milch und Rahm wurden gleichzeitig mit einem Zoll von 2 bzw. 10 Franken pro Hektoliter belegt, sofern sie zur Fabrikation von Margarine und Kunstbutter Verwendung finden, während andere Milch und Rahm frei sind.

Mit Erlaß vom 5. und 20. August 1895[2]) wurde die Einhebung der Steuer näher bestimmt und mehreres über die Einrichtung, den Betrieb und die Fabrikationsüberwachung der Fabriken dekretiert.

Den Handel mit Butter und Margarine ordnete ein früherer königlicher Erlaß vom 11. März 1895. Danach darf Kunstbutter, sofern sie für den Inlandsverbrauch bestimmt ist, höchstens 5% Kuhbutter beigemischt enthalten.

Ein ergänzender Ministerialerlaß vom 30. März 1895[3]) regelte die Färbung der Kunstbutter, der insofern eine gewisse Beschränkung auferlegt ist, als sie eine bestimmte Intensität nicht überschreiten darf. Als Maßstab gilt eine zweiteilige Farbenskala (ähnlich der dänischen) mit 12 Farbabstufungen. Skala 8 stellt die höchstzulässige Färbung dar.

Ein am 4. Mai 1900 erlassenes Gesetz, betreffend die Unterdrückung der mittels Margarine ausgeführten Verfälschungen, definiert als Margarine alle zur Nahrung dienenden butterähnlichen Fette. (Artikel 2.)

Die Vorschriften betreffs der Verpackung, Beaufschriftung und Feilhaltung ähneln sehr den in anderen Staaten erlassenen gesetzlichen Bestimmungen. Margarinbrote müssen Würfelform haben und das Wort „Margarine" sowie den Namen oder die Firma des Fabrikanten oder Händlers aufgeschrieben enthalten, falls sich diese Angaben nicht auf der Umhüllung finden.

Materielle Kennzeichnung. Das neue Gesetz verbietet das Vermischen der Margarine mit Butter zum Zwecke des Verkaufes und schreibt vor, daß Margarine nicht mehr als 10% Milchfett enthalten dürfe und mit unschädlichen, durch königliche Erlässe festzustellenden Stoffen vermischt werden müsse, die nicht geeignet sind, die sinnlich wahrnehmbaren Eigenschaften der Margarine zu verändern, und die die Margarine von der Butter leicht unterscheiden lassen (materielle Kennzeichnung). Von dieser Kennzeichnung sind nur solche Fabrikate befreit, die zur unmittelbaren Ausfuhr bestimmt sind.

Im Verordnungswege[4]) wurde dann bestimmt, daß der Kunstbutter auf 1000 Teile

---

[1]) Moniteur Belge 1895, Nr. 195.

[2]) Moniteur Belge 1895, Nr. 219.

[3]) Bulletin du service de surveillance de la fabrication et du commerce des denrées alimentaires, Brüssel 1895 (Mainummer).

[4]) Verordnung v. 31. Okt. 1900.

50 Teile Sesamöl und
1 Teil trockener Kartoffelstärke

zugesetzt werden müssen. In den Ausführungsbestimmungen[1]) zu diesem Gesetze wird auch die Verwendung gewöhnlichen Stärkemehles statt getrockneter Kartoffelstärke zugestanden, jedoch mit der Bedingung, daß dann statt des einen Teiles 1,25 Teile zu 1000 Teilen Kunstbutter zugegeben werden.

Die im Gesetze vom 4. Mai 1900 enthaltene Bestimmung, daß die zum Verkaufe bestimmte Margarine nicht mehr als 10 % der Milch entstammenden Fettes enthalten dürfe[2]), soll so ausgelegt werden, daß die Margarine im Höchstfall 10 % Butter enthalten kann, wobei nicht zu prüfen ist, ob diese von den bei der Verbutterung angewandten Rohstoffen (Milch, Sahne usw.) stamme, oder ob sie der Margarine während der Knetung in Form von Naturbutter zugeführt worden sei. (§ 8.)

Das belgische Margaringesetz vom Jahre 1900 wurde sehr bald durch das Gesetz vom 12. August 1903[3]) und eine zu diesem Gesetze erlassene königliche Verordnung vom 20. Oktober 1903[4]) bzw. 21. November 1904[5]) ersetzt, worin es heißt, daß Margarine und Speisefette, die zum Verkauf bestimmt sind, bei der Verbutterung mindestens 50 Teile Sesamöl und 2 Teile trockener, vorher im Öle verteilter Handelsstärke[6]) auf 1000 Gewichtsteile der bei der Herstellung angewendeten Fette oder Öle zugemischt enthalten müssen. Das Sesamöl kann dabei im Laufe der Arbeit, die der Butterung vorangeht, zugeführt, die Stärke muß den ursprünglichen Stoffen unmittelbar nach dem Einbringen in das Butterfaß zugesetzt werden. (§ 1.)

Über die Beschaffenheit (Reaktionsfähigkeit) des zur Verwendung gelangenden Sesamöles, über die Aufbewahrung des Öles sowie der Stärke sind besondere Vorschriften festgelegt.

Der Hersteller der Ware ist vor allen Dingen verpflichtet, in ein der Aufsichtsbehörde zur Prüfung vorzulegendes Verzeichnis diejenigen Mengen von Margarine und Speisefett einzutragen, die er herzustellen beabsichtigt, ebenso muß er das Datum der erfolgten Herstellung nachtragen.

Außerdem bestehen bezüglich der zur Ausfuhr bestimmten Margarine noch Vorschriften über die Bezeichnung der Gefäße und Vorrichtungen, die zur Herstellung von Exportmargarine dienen, sowie über die provisorische Lagerung und die Frist bis zur Ausfuhr. **Exportvorschriften.**

Die Verpackungsvorschriften für Margarine decken sich im großen und ganzen mit den deutschen Bestimmungen (bandförmige rote Streifen und deutliche Aufschrift).

---

[1]) Datiert v. 8. Juli 1901.
[2]) Vergleiche Zeitschr. f. Unters. d. Nahrungs- u. Genußmittel 1900, Bd. 3, S. 875.
[3]) Moniteur Belge 1903, Nr. 297.
[4]) Moniteur Belge 1903, Nr. 297.
[5]) Moniteur Belge 1904, Nr. 328.
[6]) Siehe die S. 208 vermerkte Ansicht Gibsons.

England.

Großbritannien hat seit jeher viel unter Butterverfälschung zu leiden. Die großen, nach England eingeführten Buttermengen waren nicht selten Mischbutter oder Kunstbutter. Die British Dairy Farmer's Association schlug daher im Jahre 1886 eine Kontrolle der englischen Margarinfabriken und die Kennzeichnung aller Butterersatzmittel mit einem Regierungsstempel vor. Es wurden von Mr. Conway und Lord Vernon[1]) Gesetzentwürfe eingebracht, die eine parlamentarische Kommission zur Beratung überwiesen erhielt und die durch das Margaringesetz vom 23. August 1887 ihre Erledigung fanden.

Gesetz vom Jahre 1887. In diesem Gesetze wurde ein Deklarationszwang für alle Margarinprodukte oder Mischungen von Butter und Margarine bei Verkauf und Versand vorgeschrieben, die Anmeldepflicht der Fabriken und deren Kontrolle durch Probeentnahme vorgesehen usw.

Alle Gefäße und äußeren Umhüllungen für Buttersurrogate müssen durch eine deutliche Aufschrift als solche bezeichnet sein.

Ferner ist jeder Fabrikant und Großhändler verpflichtet, in seinen Rechnungen Kunstbutter deutlich als solche zu bezeichnen, wie auch der Detailhändler seinen Kunden das Surrogat nur unter diesem Namen verkaufen darf.

Endlich unterstehen alle vom Auslande eingehenden Sendungen von Butter einer staatlichen Kontrolle.

Als offizielle Bezeichnung für Kunstbutter wurde nicht, wie es die Kommission, die das Gesetz zu begutachten hatte, vorschlug, Butterine gewählt, sondern Margarine.

Gesetz vom Jahre 1908. Das Gesetz hielt indes nicht, was man von ihm erwartet hatte, und wenige Jahre später legte daher eine vom englischen landwirtschaftlichen Ministerium ernannte Kommission ein Elaborat vor, das wesentlich schärfere Bestimmungen enthielt. Ein im Jahre 1906 dem englischen Parlament vorgelegter Gesetzentwurf, der am 1. Januar 1908 Gesetz wurde, bringt nur wenig Neues, hat aber jedenfalls den Vorzug, daß er den zulässigen Maximalgehalt der Kunstbutter an Wasser feststellt, und zwar mit 16%.

Rußland.

Geschichtliches. In Rußland wurde im Jahre 1874 mit der Erzeugung von Margarine begonnen, doch setzte plötzlich im Jahre 1889 eine Strömung gegen die unter dem Namen Kuhbutter verkaufte Kunstbutter ein, und der St. Petersburger Stadthauptmann dekretierte nach Anhörung einer aus den Vertretern

[1]) Vernon wollte das bis dahin in England für Kunstbutter gebräuchliche Wort „Butterine" wegen seiner Ähnlichkeit mit dem Worte „Butter" abgeschafft und durch die Bezeichnung „Margarine" (für das Rohprodukt „Oleomargarine) ersetzt wissen.

der betreffenden Regierungsressorts, einigen Ärzten und Professoren der Chemie, Hygiene und Medizin bestehenden Kommission wie folgt:

1. Die Produkte der Margarinfabrikation dürfen nur unter dem Namen „Margarine“ oder „künstliche Margarinbutter“ verkauft werden.
2. Der Verkauf eines jeden Gemisches von Margarin- und Kuhbutter ist untersagt.
3. Margarinbutter muß überall, wo sie verkauft wird, in rot angestrichenen Gefäßen aufbewahrt werden.

Im Jahre 1887 wurde dann vom Domänenministerium ein Gesetzentwurf ausgearbeitet, doch erst am 8. April 1891 ein Gesetz erlassen, dessen Bestimmungen von denen des Entwurfes vom Jahre 1887 in mehreren Punkten abweichen.

Gesetz vom Jahre 1891.

In diesem Gesetze ist eine eigenartige Definition des Wortes „Kunstbutter“ gegeben, die lautet:

„Unter der Benennung ‚Kunstbutter‘ ist dasjenige Produkt zu verstehen, das bei der Bearbeitung von 100 Gewichtsteilen Margarine nach der Methode von Mège Mouriés mit 100 Gewichtsteilen Milch oder 10 Gewichtsteilen Rahm gewonnen wird.“

Das Gesetz enthält das Färbeverbot, das Verbot der Herstellung von Mischbutter, den Deklarationszwang und das Einfuhrverbot von Margarinprodukten.

Es scheint nicht strenge gehandhabt zu werden und durch Polizeierlässe in den meisten Punkten wesentlich abgeändert worden zu sein, vielfach in verschärfendem, nur selten in milderndem Sinne.

Nach Pollatschek ist den neuen Vorschriften zufolge die Erzeugung von Margarine an eine besondere Bewilligung der Ministerien der Finanzen und des Innern gebunden. Nur in solchen Städten, die öffentliche (städtische) Schlachthäuser besitzen, können Margarinfabriken errichtet werden, deren Betriebsweise von einem vom Ministerium für Handel und Industrie ernannten Arzt überwacht werden muß. Außerdem muß jede Fabrik einen behördlich anerkannten Tierarzt anstellen, der das Schlachten der Tiere und das Ausschneiden des Rohtalges beaufsichtigt. Arzt und Tierarzt werden im Jahre einigemal, mindestens jeden dritten Monat, von russischen Medizinalinspektoren kontrolliert. Die Fabrikation muß sich an ein vom Handelsministerium ausgegebenes Reglement halten und darf ausschließlich nur gesunden Rohtalg verwenden.

Bloß für Schmelzmargarine (Schmalzbutter) dürfen außer Talg und dem selbsterzeugten Margarin auch raffiniertes Kokos- und Maisöl verwendet werden.

Der Verkauf von Margarinbutter ist in Niederlagen, wo mit Milchprodukten und mit natürlicher Butter gehandelt wird, verboten; er darf nur in eigenen Niederlagen erfolgen, und es bestehen hinsichtlich der Verpackung spezielle Vorschriften.

Das Mischverbot wird in Rußland trotz der vorhandenen gesetzlichen Bestimmungen nicht beobachtet. Das erzeugte Margarin kommt auch fast ausschließlich mit Naturbutter gemischt auf den Markt, da eigentliches Margarin auch von der ärmsten russischen Bevölkerung nicht genossen wird. Die heute bestehenden drei Fabriken (je eine in Petersburg, Odessa und in Moskau) erzeugen ungefähr 1000 Tonnen Margarine jährlich, also eigentlich ein recht bescheidenes Quantum[1]).

Im Jahre 1906 haben mehrere Interessenten gemeinsam Petitionen beim russischen Handelsministerium überreicht, die um die Befreiung von den heute der Margarinindustrie angelegten Fesseln baten. Die Anfeindung, der die Margarinindustrie in Rußland ausgesetzt ist, geht mitunter so weit, daß Beschreibungen von Kunstbutterfabriken in den Zeitungen der Zensur verfallen.

Finnland. In Finnland, wo bisher die Erzeugung von Margarine verboten, deren Einfuhr aber gegen einen hohen Eingangszoll gestattet war, soll laut Beschluß des Senats im Laufe des Jahres 1909 ein Gesetz erlassen werden, das die Bereitung von Margarinprodukten im Lande gestattet.

Italien.

Italien. Verhältnismäßig spät hat sich Italien mit der gesetzlichen Regelung des Kunstbutterverkehres zu befassen begonnen. Dieses Nachhinken wird erklärlich, wenn man bedenkt, daß der Butterkonsum in Italien bei weitem keine so wichtige Rolle spielt wie in den nördlichen Ländern. Im Süden herrscht eben das Olivenöl in Küche und Haushalt vor.

Der Anstoß zur Schaffung eines Margaringesetzes ging denn auch von der dem Olivenöl mehr oder weniger fremden Lombardei aus, hauptsächlich von Mailand, welche Stadt ein bedeutender Butterkonsument ist, wie ja die Lombardei auch als Naturbutterproduzentin eine beachtenswerte Rolle spielt.

Ein am 3. Mai 1893 von Facheris dem italienischen Abgeordnetenhause vorgelegter Gesetzentwurf lehnte sich im großen und ganzen an die Margaringesetze anderer Staaten an und sah, was besonders beachtenswert ist, für alle Margarinfabrikate eine rote oder blaue, in leichtem Tone gehaltene, aber doch in die Augen fallende Färbung vor.

Nach verschiedenen Änderungen des Entwurfes durch eine eingesetzte Parlamentskommission, die insbesondere die Vorschrift der blauen Färbung verwarf, kam es am 19. Juli 1894 zum Erlasse eines italienischen Margaringesetzes, worin auch die Rotfärbung der Margarine weggefallen war. So ähnelt das italienische Gesetz den analogen Gesetzen anderer Staaten und beschränkt sich auf die Bezeichnung der Buttersurrogate und ihrer

---

[1]) Paul Pollatschek, Margarinfabrikation in Rußland, Chem. Revue 1902, S. 102.

Verpackung sowie der darauf bezüglichen Papiere und der Verkaufsstellen. Erwähnenswert ist nur, daß die Herstellung von Mischbutter gestattet ist, sofern sie unter den Namen Margarine oder Kunstbutter auf den Markt gebracht wird, und daß ein Färbeverbot aller Margarinprodukte festgesetzt ist. Der betreffende Passus ist allerdings etwas locker gefaßt, denn es heißt dort nur, daß man Margarinprodukten keine Farbe beimischen dürfe, durch die sie das Aussehen natürlicher Butter erhalten. Die Verwendung dunkel gefärbter Rohstoffe zwecks Erzeugung einer möglichst gelben Kunstbutter ist also nicht verboten (siehe S. 255 u. 256 dieses Bandes, amerikanisches Margaringesetz).

Portugal.

Portugal.

In diesem Staate besteht für den Handel mit Kunstbutter eine Deklarationspflicht wie auch eine besondere Besteuerung; beides ist durch das Gesetz vom 17. Juli 1888 und durch den Erlaß vom 30. August 1888 festgelegt. In letzterem wird außerdem den Margarinfabriken die Führung einer besonderen Fabrikmarke auferlegt und die Beschriftung der Kunstbutter enthaltenden Pakete gefordert.

Schweiz.

Schweiz.

In diesem Lande datiert die Margarinindustrie bis zum Jahre 1885 zurück, um welche Zeit die Gesellschaft schweizerischer Landwirte[1]) gegen den Betrug im Butterhandel Stellung nahm. Am 6. August 1886 erließ dann der „Kleine Rat der Schweiz" eine Verordnung, wonach der Name „Butter" im Groß- und Kleinhandel nur solchen Fetten beigelegt werden darf, die ausschließlich aus Kuhmilch, ohne Zusatz anderer Fette, bereitet wurden, während für Produkte, die aus anderen Fetten hergestellt sind, die Verwendung von Namen, worin das Wort „Butter" vorkommt, verboten ist. Auch sollen in den Verkaufslokalen die Gefäße, worin derartige Produkte aufbewahrt werden, deutlich und sichtbar die Aufschrift „Kochfett" tragen, eine Bezeichnung, die auch die betreffenden Fakturen und Frachtbriefe aufzuweisen haben[2]).

In mehreren Kantonen wurden dann noch Einzelbestimmungen erlassen, so in dem von Zürich[3]), Bern[4]), St. Gallen[5]), Basel[6]), Tessin[7]) usw.

Der Verkehr mit Butter und deren Surrogaten sowie mit Schweinefett und anderen Speisefetten in der Schweiz wird auch durch das Bundes-

---

[1]) Schweiz. Landw. Zentralbl. 1885, Nr. 21.
[2]) Deutsche Landw. Ztg. v. 19. März 1887.
[3]) Erlaß v. 26. März 1887.
[4]) Erlaß v. 19. März 1890.
[5]) Erlaß v. 5. Aug. 1892.
[6]) Erlaß v. 28. Febr. 1893.
[7]) Erlaß v. 8. Juni 1901.

gesetz vom 8. Dezember 1905 (Gesetz über den Verkehr mit Lebensmitteln und Gebrauchsgegenständen) berührt.

Im Jahre 1909 ist eine „Schweizerische Verordnung, betreffend den Verkehr mit Butter, diversen Speisefetten usw.“, erschienen, die in knapper Fassung alle Bestimmungen des deutschen Margaringesetzes enthält, mit einigen wesentlichen Verbesserungen in der Sortierung. (Definition, Bestimmung des Fettgehaltes, Verdorbensein usw.)

Schweden.

Schweden. Zur Kontrolle des Kunstbutterhandels wurde am 2. Oktober 1885 eine Verordnung erlassen, die am 1. November 1885 in Kraft trat. Im Jahre 1888 wurden dann im schwedischen Reichstage verschiedene Anträge gestellt, die teils auf ein gänzliches Verbot der Einfuhr und Fabrikation von Margarine[1]), teils nur auf verschärfte Kontrolle lauteten. Aus diesen Wünschen und Vorschlägen kristallisierte sich die Verordnung vom 11. Oktober 1889.

Durch letztere wurde die Butterbereitung von der Margarinfabrikation gesondert und diese der Anmeldepflicht unterworfen. Der Betrieb der Kunstbutterfabrik wird in sanitärer Hinsicht durch staatliche Aufseher überwacht. Die Herstellung von Mischbutter ist erlaubt, doch muß das Produkt unter der Bezeichnung „Margarin“ in den Handel kommen. Die Form der Margaringefäße und deren Beschriftung sind ebenfalls geregelt.

Norwegen.

Norwegen. Dieses Land regelte den Verkehr mit Butter und Margarine zuerst durch eine Verordnung vom 2. Oktober 1885, der bald das Gesetz vom 22. Juni 1886 sowie die es ergänzende Verordnung und die Ausführungsbestimmungen vom 14. Dezember 1886 folgten[2]). Die Herstellung und der Verkehr von Mischbutter waren durch dieses Gesetz nicht verboten, ebenso war eine Trennung der Butter- und Margarinfabrikation nicht vorgeschrieben; dagegen bestand eine Anmeldepflicht der Betriebe, ihre besondere Aufsicht und unter gewissen Voraussetzungen auch eine sanitäre Kontrolle.

Das Gesetz vom 22. Juni 1886 wurde 16 Jahre später durch das jetzt gültige Gesetz vom 8. März 1902 aufgehoben, wonach Margarine und Margarinkäse nur unter diesen Namen feilgehalten, verkauft, eingeführt und ausgeführt werden dürfen. Andere Zusatzbezeichnungen als der Name oder die Firma des Fabrikanten, der Name des Herstellungsortes sowie die im gewöhnlichen Warenhandel üblichen Qualitätsbezeichnungen (worin aber

[1]) Unter „Margarine“ wird in Schweden nicht Oleomargarin, also das Rohprodukt, sondern fertige Kunstbutter verstanden.

[2]) Betaenkning over Forslag til Lov om Kunstmór, abgegeben vom Ausschuß des dänischen Folketings am 11. März 1887.

keine Ausdrücke vorkommen dürfen, die zu Verwechslungen dieser Erzeugnisse mit Butter oder echtem Käse Anlaß geben könnten) sind verboten.

Untersagt hat man ferner auch die Ein- und Ausfuhr sowie den Vertrieb von Margarinbutter, die andere Konservierungsmittel als Kochsalz enthält. Die Verpackung von Margarine darf nur mit neuen Emballagen stattfinden; von dieser Bestimmung sind bloß Hüllen aus Glas, Fayence und ähnlichem Material ausgenommen.

Nach einer königlichen Verordnung vom 28. Juni 1902 muß bei den aus Holz gefertigten Margarinbehältern auf zwei gegenüberstehenden Seiten deutlich das Wort „Margarine" eingebrannt, auf anderen als hölzernen Behältern das Wort „Margarine" mit Farbe oder Email gemalt sein. Die Buchstaben müssen in jedem Falle 1,7—3 cm Höhe und die Aufschriften bei Holzbehältern 12—18 cm, bei Behältern aus anderem Material 10—15,5 cm Länge haben.

Rumänien.

Rumänien.

Hier ist die Einfuhr von Kunstbutter verboten; der betreffende Runderlaß der rumänischen Generalzolldirektion vom 12. Oktober 1906 wurde den Zollbehörden neuerdings eingeschärft. Das Verbot stützt sich auf ein Gutachten des Gesundheitsdienstes sowie auf den Artikel 102 des Reglements für die gesundheitliche Überwachung und steht im Widerspruche zum Zolltarif, worin der Import von Kunstbutter vorgesehen und durchaus nicht untersagt ist.

Vereinigte Staaten Nordamerikas.

Geschichtliches.

In den Vereinigten Staaten, wo die Kunstbutterindustrie sehr rasch Fuß gefaßt hatte und das neue Produkt fast ausschließlich zu betrügerischen Mischungen mit Naturbutter verwendet wurde, machte sich auch am frühesten jene Strömung geltend, die den Schutz der Naturbutter gegen Verfälschung mit Margarine anstrebt. Es kam schon im Jahre 1877 zu einem Gesetze, worin bestimmt wurde, daß alle Surrogate für Butter mit der ausdrücklichen Bezeichnung „Oleomargarin"[1]) gehandelt werden müssen.

Im Jahre 1880 wurde dann den gesetzgebenden Körperschaften vorgeschlagen, die Rohmaterialien der Kunstbutterfabrikation in sanitärer Hinsicht zu prüfen und die Färbung der Margarine zu verbieten. Im Jahre 1882 wollte man eine besondere Färbung von Oleomargarin zwecks deren Unterscheidung von Naturbutter eingeführt wissen, und im Jahre 1884 wurde für den Staat New York durch ein Gesetz jede Herstellung eines Surrogates für Naturbutter überhaupt untersagt.

[1]) Unter Oleomargarin versteht man in Amerika fertige Kunstbutter; das Rohprodukt der Kunstbutterfabrikation, das von uns Oleomargarin benannt wird, heißt dort Margarinöl (Margarine oil), und Premier jus nennt man Oleo stock. Aus dieser Namensverschiebung, die nicht jedermann stets gegenwärtig ist, ergeben sich sehr häufig irrtümliche Auffassungen.

Dieses Gesetz wurde jedoch von dem Appellationsgericht schon nach wenigen Monaten als ungültig aufgehoben, weil „durch das Verbot der Herstellung und des Verkaufes von Buttersubstituten die freie Konkurrenz, der Erfindungsgeist und somit aller Fortschritt behindert würden. Dies involviere einen Eingriff in die persönlichen Rechte, die durch die Verfassung der Vereinigten Staaten gewährleistet seien" [1]).

Im Jahre 1885 erließ man im Staate New York ein ähnliches Gesetz, das aber nur die Herstellung butterähnlicher Ware verbot und daher trotz erhobenen Einspruches als verfassungsgemäß anerkannt wurde.

Die vielfachen Klagen über Verfälschung der Naturbutter mit Margarine und das unausgesetzte Drängen der Agrarier nach ausgiebigem Schutze des Molkereiwesens führten zu dem Gesetze vom 2. August 1886, das, für die ganzen Vereinigten Staaten gültig, die Auferlegung einer Steuer sowie die Regelung der Fabrikation, des Verkaufes und der Ein- und Ausfuhr von Oleomargarin brachte. Wesentlich für dieses Gesetz war die Festlegung einer bestimmten Steuer für Fabrikanten sowie für Groß- und Kleinhändler in Kunstbutterprodukten, die Überwachung der Fabrikation durch staatliche Aufsichtsbeamte, Vorschriften über Verpackung und Bezeichnung der Produkte und eine Art Fabrikationssteuer, die mit 2 Cents für jedes Pfund erzeugter Oleomargarine festgesetzt wurde. Als Einfuhrzoll für Kunstbutterprodukte fremder Länder wurden 15 Cents pro Pfund bestimmt, und die Einfuhr ward außerdem an gewisse Formalitäten hinsichtlich Packung und Stempelung gebunden. Zur Ausfuhr bestimmte Margarinprodukte wurden als steuer- und stempelfrei erklärt, mußten jedoch ebenfalls eine bestimmte Beschriftung erhalten.

Die am 18. Oktober 1886 zu diesem Gesetze erlassenen Erläuterungen und die vom 1. Oktober 1890 und 2. Juli 1891 datierten Ausführungsbestimmungen sagen Näheres über die Fabrikation (Anmeldung, Kaution usw. des Betriebsinhabers), die Einsetzung der Steuern, die Buchführung der Fabriken, die Durchführung des Groß- und des Kleinhandels, über die Art der Strafen bei Vergehungen usw.

In einzelnen Staaten der Union bestanden außer dem in der ganzen Union gültigen Gesetze vom 2. August 1886 noch Spezialgesetze, die allerdings nicht mit den Bestimmungen des ersteren kollidieren sollen. Im übrigen kehrte man sich aber nicht allzusehr daran und so kam es, daß bis vor kurzem in den einzelnen Staaten recht widersprechende Gesetzesvorschriften bestanden und daß noch mehr eine Verschiedenartigkeit in der Handhabung der gesetzlichen Bestimmungen zu beobachten war. So wurden in den Staaten Pennsylvanien und Maryland im Jahre 1898 Antioleomargaringesetze angenommen, die den Vertrieb künstlicher Butter direkt untersagten. Das Bundesobergericht in Washington hob diese

---

[1]) Petersen, Die Margarinfrage, S. 23.

Gesetze zwar auf, genehmigte aber dafür in anderen Staaten ähnlich lautende, wenn auch etwas milder stilisierte Gesetze.

Die Taxen, Steuern und Fabrikationsgebühren, die auf Grund des Gesetzes vom Jahre 1886 gezahlt werden mußten, beliefen sich im Jahre 1896 auf 2,5 Millionen Dollars. Davidson schlug nun in demselben Jahre vor, die Besteuerung des Oleomargarins in Amerika zu erhöhen und statt der bisherigen 2 Cents pro Pfund eine Fabrikationssteuer von 10 Cents pro Pfund einzuheben, falls es sich um gefärbte Margarine handelt, die Steuer jedoch auf $^1/_4$ Cent zu ermäßigen, wenn dem Produkte keine künstliche Färbung erteilt worden ist.

Gesetz vom Jahre 1902.

Dieser Vorschlag erscheint in etwas geänderter Form in dem neuen amerikanischen Margaringesetze verwirklicht, das am 28. April 1902 im Washingtoner Senat zur Annahme gelangte, am 9. Mai trotz des lebhaftesten Widerspruches von verschiedenen Seiten vom Präsidenten der Republik unterzeichnet wurde und am 1. Juli 1902 in Kraft trat.

Der die unter Kontrolle gestellten Produkte umschreibende Abschnitt des amerikanischen Gesetzes lautet:

„Unter das Gesetz fallen alle bisher als Oleomargarin, Oleo, Oleomargarinöl, Butterine, Lardine u. ä. bezeichneten Fette, reine und neutrale Fettstoffe, alle Mischungen und Präparate der genannten Fettarten untereinander und mit Butter, alle Schweinefett- und Talgextrakte, alle Mischungen und Präparate von Talg, Rinderfett, Nierentalg, Schweinefett, vegetabilischen Ölen usw.“

Der wichtigste Punkt des neuen Gesetzes, das natürlich auch hinsichtlich Verpackung, Beschriftung und Vertrieb von Kunstbutterprodukten das Nötige vorsieht, ist die Festsetzung einer hohen Fabrikations- und Gewerbesteuer für ungefärbte und gefärbte Margarinprodukte, die besonders gefärbte Kunstbutter gewaltig verteuert.

Was ist „Färbemittel?“

Die hohe Fabrikationssteuer, die das neue Gesetz auf gefärbte Kunstbutterprodukte legt, bedeutet eine direkte Unterbindung der Fortentwicklung dieser Industrie. (Vgl. S. 292.) Einige Fabrikanten glaubten ein Mittel zur Vermeidung dieser Steuer gefunden zu haben, indem sie zum Fettansatze von Natur aus intensiv gelb gefärbte Fette (z. B. Palmöl) zugaben und so den Zusatz besonderer Farbstoffe entbehrlich machten. Der von Amts wegen gegen dieses Umgehen der Färbung eingeleitete Prozeß endete in letzter Instanz mit der Niederlage der Kunstbutterfabrikanten, weil das Gericht in dem Zusatze von Palmöl ebenfalls eine Färbung erblickte und erklärte, daß das Palmöl doch nicht seiner ihm als Fett anhaftenden Eigenschaften halber zur Kunstbutterfabrikation verwendet würde, sein Zusatz vielmehr ausschließlich Zwecke der Färbung verfolge, weshalb Palmöl als Färbemittel im Sinne des Gesetzes angesehen werden müsse.

Da dieser Streitfall die gesamte amerikanische Margarin- und Speisefettindustrie in hohem Maße interessierte, weil er eine prinzipielle Frage aufrollte, sei die vom Kläger gegebene rechtfertigende Motivierung seines Vorgehens sowie die Entscheidung des Gerichtes im wesentlichen wiedergegeben.

Der Kläger machte geltend:

„Wenn man von einer natürlichen Färbung des Oleomargarins spricht, so meint man damit eine solche, die auf einem natürlichen Ingrediens des Oleomargarins beruht. Was natürliche Ingredienzien des Oleomargarins sind, oder was man als solche ansehen kann, ist aus dem Wortlaute des Gesetzes klar zu ersehen. Eine Färbung, die durch ein natürliches Ingrediens der Kunstbutter herbeigeführt wird, kann nun unmöglich als künstliche Färbung betrachtet werden, für welche Auslegung kein anderer Grund aufzutreiben ist, als daß die verwendete Menge des Ingredienses winzig sei und daß der Zweck seiner Verwendung dahin gehe, die erwünschte Färbung zu erzielen. Die geringe Menge des benutzten Palmöles kann dieses durchaus nicht zu einem künstlichen Färbemittel stempeln, denn sie ersetzt in der Margarine ein gleich großes Quantum eines anderen Fettstoffes."

Der Supreme Court hat dagegen wörtlich entschieden:

„Es ist nicht zu leugnen, daß nach Abschnitt 2 des Gesetzes Oleomargarin alle Mischungen und Präparate von Stoffen umfaßt, die Butter zu ersetzen imstande sind, und daß Palmöl als vegetabilisches Öl ebenfalls als ein solcher Stoff anzusehen ist. Nun hat aber das Gesetz nicht nur Fettstoffe als Ingredienzien für Oleomargarin genannt, sondern auch verschiedene Färbestoffe angeführt und zum Schluß außer den namhaft gemachten Fremdstoffen auch noch von ‚anderen Färbestoffen' gesprochen. Der Zweck des Zusatzes ‚von anderen Färbestoffen' ging dahin zu verhindern, daß von der Wirksamkeit des Gesetzes irgendwie seiner Natur nach Kunstbutter darstellendes Material durch den Zusatz eines Färbestoffes ausgeschlossen werde, der in Wirklichkeit nicht ein Ingrediens darstellt, sondern im wesentlichen nur dem Zwecke dient, das Fabrikat zu färben, daß es so wie Butter aussehe.

Wenn Palmöl auch ein Ingrediens der Kunstbutter ist, so tut es doch nichts anderes als die Butter färben, und deshalb muß man mit Recht von einer ‚künstlichen' Färbung sprechen. Die Worte ‚andere Färbestoffe' schließen eben alle Färbestoffe, wenigstens alle von der Natur der genannten, ein. Erwägt man demnach weiter, daß es einer der Zwecke der Gesetzgebung war, den Verkauf von Oleomargarin als Ersatz für Butter zu behindern, so wird es klar, daß irgendein Stoff, wenngleich er auch als mögliches Ingrediens von Oleomargarin genannt ist, als künstlicher Färbestoff zu bezeichnen ist, wenn er im wesentlichen der Aufgabe dient, der Masse eine Butterfärbung zu erteilen."

Diese Entscheidung, die der Kunstbutterindustrie Amerikas eine arge Enttäuschung brachte, hat zu lebhaften Diskussionen Anlaß gegeben. Man erblickte in dem Erkenntnis des obersten Gerichtshofes eine Art Korrektur des unklar stilisierten Färbeparagraphen und war darüber aufgebracht, daß sich die Rechtsprechung zu solchen Korrekturen schlechter Gesetze hergab. Im übrigen war auch unter den Richtern die Meinung sehr geteilt; die Pro- und Kontrastimmen des Richterkollegiums verhielten sich wie 4 : 3, so daß die Entscheidung nur mit sehr knapper Majorität gefällt werden konnte.

Durchgreifender und energischer als die Vereinigten Staaten Nordamerikas durch das neue Margaringesetz hat bisher kein Land die Interessen des Molkereigewerbes gegenüber der Margarinfabrikation und dem Margarinhandel zu schützen verstanden.

Das Färbeverbot bzw. die hohe, auf gefärbter Margarinbutter lastende Steuer hat der nordamerikanischen Produktion von Margarinerzeugnissen großen Abbruch getan, und es wird wahrscheinlich in Hinkunft das Gros des geschmolzenen Premier jus oder des Oleomargarins direkt zum Export gelangen.

In den ersten beiden Jahren nach dem Inkrafttreten des neuen Margaringesetzes ist die Kunstbutterfabrikation tatsächlich um nicht weniger als um 60 % zurückgegangen.

Kanada.

Hier galt ursprünglich das Gesetz vom 2. Juni 1886, das „die Erzeugung, die Einfuhr, das Ausbieten, den Verkauf und den Besitz zu Verkaufszwecken von Oleomargarin, Butterine und ähnlichen Butterersatzstoffen, die ganz oder zum Teil aus irgend einer anderen tierischen Substanz als Milch oder Sahne hergestellt sind", verbot. **Kanada.**

Ein neueres Gesetz vom 13. August 1903 wiederholt die Bestimmung des älteren Gesetzes und dehnt das Verbot auch auf Renovated butter aus.

Kuba.

Alle unter welcher Bezeichnung immer auf den Markt gebrachten Buttersurrogate, die die kubanische Regierung unter dem Namen „Oleomargarin" zusammenfaßt, müssen nach einer Verordnung des Militärgouverneurs vom 19. Mai 1900 eine Verpackung haben, die in deutlichen lateinischen Buchstaben das Wort „Oleomargarin" trägt. Die Buchstaben dieses Wortes dürfen nicht weniger als einen halben Zoll Höhe haben und die signierten Verpackungen müssen auf den einzelnen Kunstbutterstücken so lange unbeschädigt bleiben, bis der Handverkauf der Ware erfolgt. Übertretungen dieser Vorschriften, die ebenso für die Einfuhr von Buttersurrogaten wie für deren Verkauf innerhalb Kubas gelten, werden bestraft[1]). **Kuba.**

Martinique.

Martinique läßt Oleomargarin nur dann einführen, wenn es vollkommen frei von fremden Farbstoffen ist und nicht mehr als 10 % Butter enthält. Die Kisten müssen auf allen vier Seiten die deutliche Aufschrift „Oleomargarin" zeigen, bei Kannen müssen sich auf der Oberfläche dieselben Bezeichnungen und ein Zettel mit der genauen Analyse befinden[2]). **Martinique.**

Venezuela.

Die Regierung der Vereinigten Staaten von Venezuela nahm gegenüber der Margarinindustrie einen wesentlich anderen Standpunkt ein als alle anderen Staaten, die doch mehr oder weniger die Entwicklung dieser Industrie durch Spezialgesetze erschweren. Venezuela, das bis vor kurzem eine einheimische Margarinindustrie noch nicht besaß, hat zwecks Schaffung **Venezuela.**

[1]) Handelsmuseum Wien 1901, Heft 1; Gac. de la Habana, 21. Aug. 1900.

[2]) Veröffentlichungen des Kaiserl. Gesundheitsamtes 1898, S. 807.

einer solchen im Frühjahr 1906 mit einem Privatunternehmen einen Vertrag abgeschlossen, worin dem Unternehmer zusteht:

a) das Recht, diese Industrie während der ganzen Dauer des Kontraktes zu betreiben;
b) die Befreiung für die gleiche Zeit von staatlichen Abgaben jedweder Art für die Unternehmung und deren Erzeugnisse;
c) je einmal die freie Einfuhr von Materialien, Utensilien und Werkzeugen, die für jede der errichteten Fabriken und Geschäftsräume benötigt werden.

Die Dauer des Kontraktes ist auf 15 Jahre berechnet und kann durch die vertragschließenden Teile verlängert werden; während seiner Gültigkeit wird die Nationalregierung keine gleiche Konzession einer anderen Person oder Gesellschaft machen.

Natal.

Natal.

Ein Deklarationszwang und gewisse Verkaufsvorschriften bestehen auch hier. Jedes Paket, das Margarine enthält, muß oben und an den Seiten in großen, deutlichen Buchstaben das Wort „Margarine" tragen. Der Detailhändler hat den Artikel in Papier verpackt zu verkaufen, auf dem dasselbe Wort ebenfalls ersichtlich gemacht werden muß.

Australischer Bund.

Australischer Bund.

Am 28. August 1902 ist eine am 1. September des gleichen Jahres in Wirksamkeit getretene Verordnung erlassen worden, wonach gemäß den Bestimmungen des Artikels 52 des Zollgesetzes Kunstbutter (Oleomargarin, Butterine und ähnliche Buttersatzmittel) nur dann eingeführt werden darf, wenn sie eine durch Alkannawurzeln hervorgerufene blaßrote Färbung zeigt und mit einer deutlich aufgebrannten oder aufgestempelten Handelsmarke versehen ist[1]).

Produktion und Handel.

Weltverbrauch von Speisefetten.

Die wirtschaftliche Bedeutung der Erzeugung und des Handels mit Speisefetten (Butter, Schweinefett und deren Ersatzstoffen) wird noch vielfach unterschätzt, und dies hauptsächlich deshalb, weil nur ein verhältnismäßig kleiner Bruchteil dieser Erzeugnisse auf den Weltmarkt kommt, während der weitaus größere Teil am Erzeugungsorte verbraucht wird und in den Handelsausweisen daher nicht in Erscheinung tritt.

Rechnet man die in Form von Speisefetten und -ölen täglich genossene Fettmenge mit 30 g[2]), so ergibt dies bei einer Gesamtbewohnerzahl der Erde von 1500 Millionen einen Gesamtfettverbrauch von 45 Millionen Kilo-

---

[1]) Nachrichten für Handel und Industrie, Nr. 173, S. 8; Veröffentlichungen des Kaiserl. Gesundheitsamtes 1903, Bd. 27, S. 14.

[2]) Nach Voit benötigt der Erwachsene durchschnittlich 60 g Fett pro Tag, wovon wir 30 g als in Form von fettem Fleisch, Vegetabilien usw. genossen betrachten wollen.

gramm pro Tag oder pro Jahr 16400 Millionen Kilogramm. Für Europa allein macht der Speiseöl- und Fettverbrauch bei seinen 422 Millionen Einwohnern 12 Millionen Kilogramm Speisefett pro Tag oder 4380 Millonen Kilogramm, das sind 4,3 Millionen Tonnen, jährlich aus.

Dieser Menge gegenüber erscheinen die auf den Weltmarkt kommenden und in den offiziellen Statistiken der verschiedenen Länder ausgewiesenen Ein- und Ausfuhrmengen an Butter, Schweinefett und Margarine recht armselig. Wir wollen hier nur die betreffenden Ziffern für Butter anführen, die während des Lustrums 1902—1906 laut Schätzung des statistischen Bureaus der Vereinigten Staaten im Durchschnitt 600 Millionen amerikanischer Pfund betragen, was einem Werte von 600—700 Millionen Mark gleichkommt, ein geradezu verschwindender Betrag gegenüber dem Werte der verbrauchten Gesamtmenge von Butter, die in Deutschland allein über 1000 Millionen Kilogramm oder 2 Milliarden Mark beträgt.

Ein Bild über die Ein- und Ausfuhr von Butter in den wichtigsten Staaten der Erde gibt Tafel III, aus der zu ersehen ist, daß das Land, das die größte Menge Butter von außen bezieht, England ist, während als der größte Butterexporteur Dänemark angesehen werden kann. Nachstehend seien die in der Tafel III verarbeiteten Ziffern noch im Detail wiedergegeben.

Butterausfuhr der verschiedenen Länder.

	1902	1903	1904	1905	1906
	Amerikanische Pfund				
Dänemark	153808614	176664571	179745595	176081731	175043639
Rußland	83463073	90863488	87705713	86966484	114369238
Niederlande	50413634	51659135	52053041	51162980	56404861
Frankreich	53879727	59714579	49842670	49781584	39307325
Schweden	44213494	44248776	43144662	40636298	35712817
Norwegen	3015570	2717219	3367075	3612714	3281403
Finnland	21315888	22700563	26891790	35135901	33192114
Deutsches Reich	4849727	2796343	1766564	1834907	951515
Österreich-Ungarn	15589764	13728181	11233431	8944151	7740648
Italien	13420636	14176381	12375425	13359789	10746430
Belgien	5643178	4492080	4340012	3800594	3704232
Vereinigte Staaten[1])	8896166	10717824	10071487	27360537	12544777
Kanada[1])	34128944	24568001	31764303	34031525	18243740
Argentinien	9094269	11750944	11672157	11890040	9712076
Neu-Seeland	28447776	31931872	35208320	34240864	35865200
Australien	7777971	30901910	64788542	55904151	75765536
Andere Länder	2911000	2982000	2457000	3952034	3726146
Insgesamt	540869431	596613867	628427787	638696284	636311697

[1]) Die für diese beiden Länder gegebenen Zahlen beziehen sich auf die Perioden vom 1. Juli bis 30. Juni.

Buttereinfuhr der verschiedenen Länder.

	1902	1903	1904	1905	1906
	Amerikanische Pfund				
Dänemark	15432354	12786808	13007270	12566345	13049158
Rußland	856054	838214	1158390	1103318	577805
Niederlande	1514533	2665917	5858391	5439836	5630865
Frankreich	12042518	10260344	10067424	10066650	11402808
Schweden	1148959	919839	1305925	911993	1316117
Deutsches Reich	36794039	53558205	75705838	79524904	80896179
Belgien	7375362	9788817	9727714	10054979	11128520
England	440221264	447684496	465285968	456662976	477092448
Schweiz	9705187	10970199	10889289	11955455	7822660
Ägypten	2199657	2366386	3126945	3066949	2958784
Transvaal	3269411	5119642	4514468	4731433	4731433
Kap der Guten Hoffnung	6341566	6055075	5294516	5251721	4681766
Holländisch-Ostindien	2788108	2945909	3021377	2957073	3049962
Brasilien	6270893	5496134	5642179	6567718	5344412
Natal	1662002	2121121	3171875	2142003	2142003
Australien	6901779	1887148	43873	592201	70143
Andere Staaten	13984000	14563000	12295000	17009360	18968003
Insgesamt	568507686	590027254	630116442	630604904	650863006

Deutschland.

Erzeugung und Verbrauch von Butter.

Nach der letzten Zählung besitzt Deutschland 8950000 Kühe, deren Milch allerdings nur zum kleinen Teile zu Butter verarbeitet wird, wobei 23200 Arbeiter beschäftigt und ungefähr 1000 Millionen Kilogramm Butter gewonnen werden. Rechnet man dazu die vom Auslande importierte Butter, so kommt man auf einen Jahresverbrauch von rund 1040 Millionen Kilogramm, was pro Kopf der Bevölkerung, die wir mit rund 60 Millionen annehmen wollen, 17,3 kg jährlich oder 47 g pro Tag ausmacht. Nach anderen Schätzungen ist die zu Butter verarbeitete Milchmenge viel kleiner, als hier angenommen erscheint, und daher auch die Butterproduktion wesentlich geringer als 1000 Millionen Kilogramm; aus diesem Grunde schätzt man nicht selten den jährlichen Butterverbrauch pro Kopf in Deutschland auf nur 7—8 kg, was aber entschieden zu tief gegriffen ist.

Das Molkereiwesen lag bis in die siebziger Jahre des vorigen Jahrhunderts in Deutschland sehr im argen, dann aber nahm es einen jähen Aufschwung und erreichte durch wesentliche Verbesserung der Betriebseinrichtungen, durch ausgedehnte Anwendung von Kraftfuttermitteln u. a. eine Höhenstufe, die man ehedem kaum für möglich gehalten hätte. Das hatte zur Folge, daß eine ganz beträchtliche Butterausfuhr einsetzte, die im Jahre 1887 ihren höchsten Punkt erreichte, von da aber immer mehr und mehr abflaute. bis in der Mitte der neunziger Jahre des vorigen Jahrhunderts der heimische Konsum allmählich so gestiegen war, daß die Inlandserzeugung nicht mehr zur Deckung hinreichte und ein wesentliches Überschreiten der Buttereinfuhr gegenüber der Ausfuhr stattfand.

Außenhandel mit Butter.

	Einfuhr	Ausfuhr	Ausfuhr gegen Einfuhr + oder —
	Doppelzentner	Doppelzentner	Doppelzentner
1872	64000	129000	+ 64000
1875	77000	124000	+ 47000
1880	50000	124000	+ 74000
1885	43000	140000	+ 97000
1887	45000	147000	+ 102000
1890	89000	70000	— 19000
1894	70000	78000	— 8000
1897	90000	35000	— 55000
1898	95000	28000	— 67000
1899	120000	26000	— 94000
1900	157000	25000	— 132000
1901	170000	24000	— 146000
1902	158000	22000	— 136000
1903	233000	12000	— 221000
1904	333000	7000	— 326000
1905	360000	8000	— 352000
1906	367000	4000	— 363000
1907	388000	2500	— 362500

Diese Ziffern zeigen auf das deutlichste, daß die deutsche Milchwirtschaft den Bedarf an Butter nicht zu decken vermag und daß daher die Erzeugung von Buttersurrogaten (Kunstbutter) nicht als Schädigung der inländischen Butterproduktion betrachtet werden darf.

Die Steigerung, die die Naturbutterpreise in den letzten zwanzig Jahren erfahren haben, ist angesichts der stetig wachsenden Nachfrage und dem Gleichbleiben der produzierten Menge eigentlich nicht groß zu nennen. Ursache ist hier wohl hauptsächlich die Einfuhr billiger ausländischer Butter; der Verbrauch größerer Mengen amerikanischen Schweinefettes und verschiedener Ersatzstoffe für Butter kommt dabei nur als nebensächlicher Faktor in Betracht.

Der Durchschnitt der Berliner Höchstnotierungen für Butter während der Jahre 1888—1907 betrug nach Zusammenstellungen der „Berliner Markthallenzeitung“:

Butterpreise.

	Mark für 100 Pfund
1888	106,57
1889	112,55
1890	105,26
1891	106,73

	Mark für 100 Pfund
1892	110,65
1893	105,15
1894	102,63
1895	97,23
1896	100,52
1897	99,55
1898	96,53
1899	101,21
1900	102,15
1901	113,64
1902	109,15
1903	112,30
1904	114,82
1905	118,99
1906	120,40
1907	118,80

Die bedeutenden Schwankungen innerhalb der einzelnen Monate eines Jahres sind in den letzten Jahren geringer geworden, wie ein Vergleich der Jahre 1907 und 1895 zeigt.

	1907 Mark	1895 Mark
Januar	120,88	91,25
Februar	117,62	92,75
März	115,00	90,60
April	108,50	87,50
Mai	113,33	92,20
Juni	109,33	76,75
Juli	111,44	88,25
August	119,00	101,80
September	122,50	110,75
Oktober	127,77	117,25
November	128,66	110,80
Dezember	130,66	105,25

Wenn nun auch in früheren Jahren der Butterpreis im Juni nicht immer bis unterhalb 80 Mark sank, waren doch bis zum Jahre 1901 im Juni stets Preise unterhalb 95 Mark zu verzeichnen, während sich seit dem Jahre 1902 die Junipreise durchschnittlich bei 105 Mark hielten, ohne daß die Butterteuerung bringenden Wintermonate ein analoges Steigen der Preise aufgewiesen hätten. Das Ausbleiben der Tiefpreise während der an Butterproduktion reichen Sommermonate ist offenbar auf die bessere Konservierungsmethode der Butter, hauptsächlich auf die Schaffung guter und kühler Lagerräume zurückzuführen.

An der Versorgung des Deutschen Reiches mit Milchbutter beteiligten sich die einzelnen Staaten mit nachstehenden Mengen:

	1906	1907	1908
		Menge in 100 kg	
Dänemark	42501	51400	40482
Frankreich	2511	1785	2003
Niederlande	136186	152291	148945
Österreich-Ungarn	29366	19166	28984
Rußland	146459	157983	113995
Finnland	7333	4279	3285
Andere Länder	2583	1215	794
Zusammen	366939	388119	338488

An Butterschmalz wurden dem Deutschen Reiche zugeführt von

	1906	1907	1908
		Menge in 100 kg	
Österreich-Ungarn	7962	6963	6544
Anderen Ländern	208	272	105
Zusammen	8170	7235	6649

Die Margarinindustrie Deutschlands erzeugt jährlich rund 100 Millionen Kilogramm Kunstbutter. Im Jahre 1899 befaßten sich mit deren Herstellung 69 Betriebe, die 908654 dz im Werte von 76113000 Mark produzierten. Hierzu wurden verwendet: Kunstbuttererzeugung.

	Namen der Produkte	Verbrauch		Hiervon wurden bezogen		
				aus dem Inlande	aus dem Auslande	
		Menge	Wert		überhaupt	aus den Vereinigten Staaten von Amerika
		dz	in 1000 Mark			
40,50 %	Animalische Fette	550361	44236	9611	34625	32691
17,04	Vegetabilische „	231410	13991	7036	6955	5583
39,00	Milch	528603	5765	5765	—	—
3,46	Salz	47929	773	558	215	—
100,00 %	Summe	1358303	64765	22970	41795	38274

Die Kunstbuttererzeugung hat seit dem Jahre 1899 keine besondere Ausdehnung erfahren und man kann heute, wie schon S. 51 bemerkt wurde, die Jahresproduktion mit ca. 100 Millionen Kilogramm, den jährlichen Verbrauch per Kopf der Bevölkerung mit ungefähr 1,67 kg einschätzen. Deutschland produziert also zehnmal soviel Naturbutter (vgl. S. 260) wie Kunstbutter, eine Tatsache, die der zukünftigen Ausgestaltung der Margarinindustrie gute Aussichten offen läßt.

Die deutschen Premier-jus-Schmelzen vermögen den Bedarf der Kunstbutterfabriken an Oleomargarin nicht zu decken und es findet eine regelmäßige, nicht unbedeutende Einfuhr von diesem Artikel statt, die

im Jahre	1902	einem	Werte	von	21819000	Mk.
„ „	1903	„	„	„	19818000	„
„ „	1904	„	„	„	20286000	„
„ „	1905	„	„	„	22625000	„
„ „	1907	„	„	„	30047000	„

gleichkam.

Der Hauptlieferant sind die Vereinigten Staaten.

Talghandel. Hier sei auch mit wenigen Worten des deutschen Talghandels gedacht, der die folgende Einfuhr aufweist:

1902	269659	dz im Werte von	18337000	Mk.
1903	243307	„ „ „ „	14598000	„
1904	232885	„ „ „ „	13042000	„
1905	266705	„ „ „ „	15469000	„
1906	258150	„ „ „ „	16603000	„
1907	216638	„ „ „ „	13648000	„
1908	163558	„ „ „ „	10304000	„

während die Ausfuhr nur betrug:

1902	8095	dz im Werte von	567000	Mk.
1903	5771	„ „ „ „	358000	„
1904	4651	„ „ „ „	270000	„
1905	6895	„ „ „ „	414000	„
1906	4455	„ „ „ „	295000	„
1907	4430	„ „ „ „	288000	„
1908	6770	„ „ „ „	440000	„

In die Talglieferungen teilten sich die einzelnen Länder in den Jahren 1906 bis 1908 wie folgt:

Herkunftsland	1906	1907	1908
	Menge in 100 kg		
Belgien	2512	1469	—
Dänemark	3638	4803	3334
Frankreich	30973	21681	20679
Großbritannien	63371	53070	33176
Niederlande	4955	3016	—
Österreich-Ungarn	4694	5605	5324
Argentinien	22925	27104	32530
Vereinigte Staaten von Amerika	95158	70911	45062
Australischer Bund	26236	25579	18690
Andere Länder	3688	3400	4763
Zusammen	258150	216638	163558

Die Lage der deutschen Margarinindustrie ist heute keineswegs so beneidenswert, wie man vielfach annimmt, denn man arbeitet im allgemeinen mit nur sehr bescheidenem Nutzen.

Österreich-Ungarn.

Die Anzahl der Kühe schätzt man in Österreich auf 6 Millionen Stück, die jährliche Butterproduktion auf 500 Millionen Kilogramm.

Die Ein- und Ausfuhr von Butter und Butterschmalz betrug dabei: Butter.

	Einfuhr		Ausfuhr	
	Menge in Doppelzentnern	Wert in Kronen	Menge in Doppelzentnern	Wert in Kronen
1895 . .	635	99702	35896	5989310
1900 . .	722	115520	58062	9696354
1901 . .	667	113390	74748	12576226
1902 . .	761	129370	70714	11879952
1903 . .	1032	196080	62270	11831300
1904 . .	1000	195000	50954	9273628
1905 . .	2939	537105	40570	8221663
1906 . .	1465	309785	43091	8700645
1907 . .	1769	378935	24739	5071495

Im Jahre 1908 verteilten sich die Ein- und Ausfuhrmengen wie folgt:

Einfuhr		Ausfuhr	
Herkunftsland	Menge	Bestimmungsland	Menge
Deutschland	399 dz	Deutschland	39123 dz
Rußland	272 „	Schweiz	4323 „
Italien	190 „	Italien	371 „
Niederlande	289 „	Niederlande	145 „
Dänemark	1060 „	Europäische Türkei .	152 „
Andere Länder . . .	96 „	Andere Länder . .	757 „
Zusammen	2306 dz	Zusammen	44871 dz

Die österreichische Oleomargarinindustrie ist der Weltmarktskonkurrenz gewachsen; die Kunstbutter dagegen verträgt einen Export nicht, sondern ist auf den Inlandskonsum angewiesen. Oleomargarin.

Oleomargarin

	Einfuhr		Ausfuhr	
	Menge in Doppelzentnern	Wert in Kronen	Menge in Doppelzentnern	Wert in Kronen
1896	63	2898	24999	1544232
1900	1260	80640	24752	1980160
1901	11194	794774	35821	3008964
1902	897	80730	39837	4143048
1903	1960	176400	21624	2248896
1904	4035	250170	20934	1632852
1905	16623	1030626	15728	1226784
1906	7224	448080	11321	1041374
1907	7	560	6612	647976
1908	7	560	24613	2412074

Die Hauptmenge des ausgeführten Oleomargarins geht nach Deutschland und Holland.

Kunstbutter. Der unbedeutende Außenhandel Österreich-Ungarns in Kunstbutter beläuft sich auf:

	Einfuhr		Ausfuhr	
	Menge in Doppelzentnern	Wert in Kronen	Menge in Doppelzentnern	Wert in Kronen
1895	29	2600	4693	516230
1900	55	4400	8415	838032
1905	2939	573105	2959	295900
1906	448	37150	2635	275314
1907	191	17190	4231	482334
1908	237	21330	2530	288420

Talg. Der österreichisch-ungarische Talghandel sei durch die nachstehenden Ziffern illustriert:

	Einfuhr		Ausfuhr	
	Menge in Doppelzentnern	Wert in Kronen	Menge in Doppelzentnern	Wert in Kronen
1891	53814	3282668	—	—
1895	26592	1435968	7501	483368
1900	9423	565380	3210	208650
1905	12400	644800	17769	1243830
1906	14321	728600	21153	1284780
1907	45744	3247824	32125	2730625
1908	7437	528027	30514	2593690

Der Talg kommt meist aus den Unionstaaten und aus Argentinien; die geringe Ausfuhr geht in der Hauptmenge nach Deutschland und den Niederlanden.

Dänemark.

Butter. Dänemark, das unter den Butter exportierenden Ländern die erste Stellung einnimmt, liefert eine stets gleich bleibende, tadellose Ware in sauberer, sorgfältiger Verpackung. Die vorzügliche Einrichtung der Molkereien und das gut geschulte Personal bringen eine achtsame und sachgemäße Verarbeitung der Milch und richtige Behandlung der erzeugten Butter mit sich. Die Nachprüfung, der alle zur Ausfuhr kommende Butter in Kopenhagen und Esbjerg unterworfen wird, ist für die Importeure eine Bürgschaft, stets gute, gesunde Ware zu erhalten. Die Ausstattung der vielen zum Buttertransport bestimmten Dampfboote mit Kühlräumen schützt die Butter auch während des Transportes vor dem Verderben.

Die Entwicklung der dänischen Butterindustrie, der bedeutendsten Verdienstquelle des Landes, läßt sich am besten durch die nachstehenden Ziffern veranschaulichen:

Durchschnitt	Einfuhr	Ausfuhr	Überschuß-Ausfuhr
	Menge in Millionen Pfund		
1865—1869 . . .	1,06	9,85	8,79
1870—1874 . .	3,66	20,71	20,71
1875—1879 . . .	4,94	26,32	21,38
1880—1884 . . .	6,91	29,14	22,23
1885—1889 . . .	10,79	50,65	39,86
1890—1894 . . .	25,27	97,48	72,21
1895—1899 . . .	33,32	132,00	98,68
1900	42,37	153,10	110,73
1901	48,56	170,52	121,96
1905	37,99	186,36	138,37
1907	36,87	200,53	163,66

An der Einfuhr beteiligen sich hauptsächlich Schweden, Rußland, das Deutsche Reich, die Vereinigten Staaten von Amerika, Großbritannien und Norwegen.

Die Ausfuhr richtete sich hauptsächlich nach Großbritannien, Deutschland, Schweden und Norwegen.

Ein übersichtliches Bild über die Herkunft der eingeführten und die Bestimmung der ausgeführten Butter geben die nachstehenden Tabellen.

Buttereinfuhr Dänemarks in Millionen Pfund

Herkunftsland	1890	1895	1900	1905	1907
Schweden	8,091	15,844	16,080	16,164	10,221
Rußland	5,401	10,378	24,963	21,143	26,389
V. St. v. Amerika . . .	2,496	0,508	0,001	—	0,007
Deutsches Reich . . .	1,747	2,915	0,997	0,507	0,107
Andere Länder	0,946	0,932	0,325	0,176	0,147
Zusammen	18,681	30,577	42,366	37,990	36,871

Butterausfuhr in Millionen Pfund

Bestimmungsland	1890	1895	1900	1905	1907
Großbritannien . . .	85,759	115,260	147,543	168,754	179,709
Deutsches Reich . .	1,779	2,199	4,710	16,577	18,434
Andere Länder . .	1,705	0,442	0,843	1,028	2,384
Zusammen	89,243	117,901	153,096	186,359	200,527

Die regelmäßige Steigerung der Ausfuhr ist hauptsächlich der vorzüglichen Ausbildung des dänischen Genossenschafts-Meiereiwesens zu danken. Bis zum Jahre 1880 spielte der Verkauf von Butter in der bäuerlichen Einzelwirtschaft keine besondere Rolle. Erst um diese Zeit wurde man auf die steigenden Butterpreise auch in den breiteren Schichten der Bevölkerung aufmerksam und wandte sich daher immer mehr und mehr der

Buttergewinnung zu. Da aber gute, gleichmäßige Butter auf den einzelnen kleinen Bauernhöfen nicht leicht hergestellt werden konnte, wurden in den Jahren 1886—1890 zahlreiche Genossenschaftsmeiereien gegründet, die, unter guter Leitung stehend und einander die gemachten Erfahrungen mitteilend, die dänische Butterproduktion auch in qualitativer Beziehung in kurzer Zeit auf eine achtunggebietende Höhe gebracht haben.

Um das Jahr 1900 bestanden in Dänemark nicht weniger als 1057 Genossenschaftsmeiereien, in deren Anlagen ein Kapital von 25 Millionen Kronen steckte. In den meisten Meiereien wird die Milch von 5—8000 Kühen verarbeitet, einige größere haben mit einer Milchproduktion von 12—15000 Kühen zu rechnen und bloß wenige weisen eine tägliche Milchverarbeitung auf, die nur dem Milchquantum von 10 Kühen entspricht.

Der jährliche Verbrauch Dänemarks von Butter beträgt pro Kopf der Bevölkerung 15 kg (bei gleichzeitigem Verbrauch von 8,5 kg Margarine).

Der Durchschnittspreis für Butter betrug in den Jahren 1846—1850 ungefähr 0,38 Öre für das Pfund, in den Jahren 1891—1895 dagegen 0,94 Öre.

Margarine. In Dänemark blieb die Margarinfabrikation lange Zeit unbekannt; erst im Jahre 1884 ging man daran, in Kopenhagen und in Jütland je eine Kunstbutterfabrik zu errichten, deren Produktion in den Jahren 1884 und 1885 zwischen 1—2 Millionen Pfund schwankte. Im Jahre 1903 war die Zahl der dänischen Margarinfabriken auf 19 angewachsen.

Das Ansteigen der dänischen Kunstbuttererzeugung gibt die folgende Tabelle wieder.

Jahr	Pfund
1888/89[1]	2121398
1889/90	6261470
1890/91	10272051
1891/92	12895850
1892/93	16312844
1893/94	16779374
1894/95	15504938
1895/96	16168897
1896/97	19094254
1897/98	23770569
1898/99	27983555
1899/1900	32530911
1900/01	36993111
1901/02	38523451
1902/03	39440750
1903/04	41758201

[1]) Die Jahre beginnen am 1. April und endigen mit dem 31 März.

In der Periode vom 1. April 1908 bis 31. März 1909 betrug die dänische Kunstbuttererzeugung 58060000 kg und wurde vom Konsum, der 61760000 kg betrug, noch überschritten.

Die Ein- bzw. Ausfuhr von Margarinprodukten stellte sich dabei gleichzeitig wie folgt:

	Einfuhr Pfund	Ausfuhr Pfund
1890	3044547	177963
1895	2457987	51929
1900	5096449	470465
1905	6891035	472782
1907	8611716	433521

An der Einfuhr war in erster Linie Holland beteiligt, dann folgten Norwegen, Schweden und Belgien.

Im Gegensatz zur Butter bleibt fast die ganze Menge der produzierten und eingeführten Margarine im Lande, und zwar wird Margarine aus Dänemark deswegen nicht exportiert, weil ihr Färben gesetzlich verboten ist und im Auslande nach weißer (ungefärbter) Margarine keine Nachfrage besteht[1]). Auch die aus dem Auslande nach Dänemark gehende Margarine darf nicht gefärbt sein.

Die Zahl der Margarinhändler (Grossisten, Detailhändler und Importeure) beträgt ungefähr 10000. Der jährliche Margarinverbrauch stellte sich in Dänemark im Jahre 1880 auf 3,5 kg, heute beträgt er mehr als 8,5 kg pro Kopf.

Mit der Herstellung von Oleomargarin befassen sich in Dänemark nur zwei Betriebe, die eine recht kleine Produktion aufweisen. Die Hauptmenge des von den Kunstbutterfabriken verarbeiteten Oleomargarins kommt aus den Vereinigten Staaten.

Frankreich.

Die Erzeugung und der Verbrauch von Naturbutter sind in Frankreich von großer Bedeutung. Schätzt man doch das jährliche Einkommen, das Frankreich aus seiner Milchwirtschaft zieht, auf $1^1/_{10}$ Milliarden Franken, das ist 2,5mal der Menge und 1,25mal dem Werte nach größer als die Weinproduktion dieses Landes. Die Zahl der Milchkühe schätzt man auf 5 Millionen Stück. Butter.

Der Butterverbrauch innerhalb Frankreichs wurde im Jahre 1882 mit 73 Millionen Kilogramm im Werte von 164 Millionen Franken, im Jahre 1892 mit 132 Millionen Kilogramm im Werte von 295 Millionen Franken geschätzt.

---

[1]) Island und Grönland, ebenso die Färöer beziehen zwar geringe Mengen, doch beläuft sich der Export zusammen auf nur ca. 200000 Pfund.

Butter-einfuhr.

Die Einfuhr von Naturbutter stellte sich in Frankreich wie folgt:

	Frische oder geschmolzene Butter		Gesalzene Butter	
	Menge in Kilogramm	Wert in Franken	Menge in Kilogramm	Wert in Franken
1857—1866 (Durchschnitt)	1498889	4402556	482463	1127880
1867—1876 „	3388118	10803207	128532	332858
1877—1886 „	5487292	15125742	1095469	2450948
1890	4624671	10636743	1800421	3780865
1895	6076191	14765141	1238406	2130060
1900	7035171	21105513	344754	896360
1903	4602889	12888089	51126	120146
1904	4441496	12658264	125012	297529
1905	5089653	14759994	598477	1436345
1907	6781345	20346267	348275	905515

Die Hauptlieferanten sind Belgien, Italien und Deutschland, und zwar verteilten sich die französischen Buttereinfuhren in den Jahren 1903 bis 1904 folgendermaßen:

a) Frische oder geschmolzene Butter:

Herkunftsland	1903 kg	1904 kg
England	—	35708
Deutschland	40558	29912
Niederlande	750365	699188
Belgien	2304680	2253054
Schweiz	—	25233
Italien	1457970	1364146
Andere fremde Länder	32941	33793
Freie Zone	15740	—
Kolonien und Schutzstaaten	635	462
Summe	4602889 kg	4441496 kg
Wert in Franken	12888089	12658264

b) Gesalzene Butter:

Herkunftsland	1903 kg	1904 kg
Dänemark	75	—
England	16601	33323
Deutschland	7529	17171
Belgien	25095	27955
Italien	143	604
Argentinische Republik	—	29192
Andere fremde Länder	1265	16595
Kolonien und Schutzstaaten	418	172
Summe	51126 kg	125012 kg
Wert in Franken	120146	297529

Die Ausfuhr von Butter betrug in Frankreich: Butterausfuhr.

	Frische und geschmolzene Butter		Gesalzene Butter	
	Menge in Kilogramm	Wert in Franken	Menge in Kilogramm	Wert in Franken
1872 . . .	2899669	8843990	21045949	47353385
1875 . . .	5443717	17147709	30246692	72592061
1880 . . .	4312680	13369308	26751841	69554787
1885 . . .	4694646	14553403	27590361	78632529
1890 . . .	5362964	15284447	34363039	94498357
1895 . . .	2869662	7340760	28458271	48776226
1900 . . .	14628864	41016994	9064343	23847411
1903 . . .	13136693	38096410	13949392	34176010
1904 . . .	12446555	36717337	1016706	25404265
1905 . . .	13832873	37465542	12189274	28465207
1907 . . .	9458409	26457841	8868974	21010201

Die wichtigsten Empfänger sind England, Brasilien, Belgien, Argentinien und die Schweiz.

In den Jahren 1903 und 1904 verteilten sich die französischen Butterausfuhren wie folgt:

a) Frische oder geschmolzene Butter

Bestimmungsland	1903 kg	1904 kg
England	11216110	10803119
Deutschland	222639	223222
Belgien	612426	414596
Schweiz	364635	363107
Andere fremde Länder . .	73250	72937
Freie Zone	94719	81320
Algerien	472719	413176
Tunesien	59506	48676
Andere Kolonien und Schutzstaaten	20689	26402
Summe	13136693 kg	12446555 kg
Wert in Franken	38096410	36717337

b) Gesalzene Butter:

Bestimmungsland	1903 kg	1904 kg
England	11469552	7586592
Deutschland	—	64745
Belgien	68290	48456
China	66942	50979
Brasilien	1276847	1274692
Übertrag:	*12881631*	*9025464*

Bestimmungsland	1903 kg	1904 kg
Vortrag:	*12881631 kg*	*9025464 kg*
Japan	47527	—
Englische Besitzungen in Amerika (außer denen im Norden)	209732	215814
Andere fremde Länder . .	291326	282232
Schiffsvorräte: französische Fahrzeuge	53152	54368
Algerien	47572	200279
Madagaskar und Dependenzen	25519	22670
Indochina	183347	302175
Französisch-Guayana . . .	—	18785
Martinique	20430	—
Guadeloupe	41300	22628
St. Pierre et Pêche . . .	81860	63346
Andere Kolonien und Schutzstaaten	65996	53945
Summe	13949392 kg	10161706 kg
Wert in Franken	34176010	25404265

Ehedem war Frankreich der Hauptlieferant Englands für Butter. Im Jahre 1879 mußte Frankreich diese Rolle an Holland abtreten, das darin im Jahre 1887 von Dänemark abgelöst wurde. Die Buttermengen, die Frankreich nach England sendet, sind auch heute noch ganz beträchtlich, und für den Hafen Southampton ist der französische Butterhandel noch immer eines seiner Hauptelemente.

Kunstbutter. Der Umfang der französischen Kunstbutterindustrie läßt kaum eine annähernde Schätzung zu. Der Außenhandel Frankreichs in Margarinprodukten ist ganz bedeutend. So wurden importiert:

	Menge in Kilogramm	Wert in Franken
1995 [1])	869404	782465
1900	194679	177158
1903	61356	57061
1904	36385	32383
1905	202830	223113
1907	131209	144330

[1]) Frankreich weist Kunstbutter erst seit dem Jahre 1895 unter Position „Margarine Mouriés“ und in den späteren Jahren unter Position „Margarine et substances similaires“ aus.

während die Ausfuhr betrug:

	Menge in Kilogramm	Wert in Franken
1875	243494	389590
1880	367139	513994
1885	6214774	8700684
1890	6841359	6157223
1895	5343169	4569443
1900	5577599	4824821
1903	5529330	5142277
1904	4943136	4399391
1905	6388578	6683931
1907	5159615	5397418

An der Einfuhr beteiligten sich in erster Linie Belgien und England, und zwar wurden eingeführt:

	1903 kg	1904 kg
aus England	3529	615
den Niederlanden	1090	4044
Belgien	53849	29543
anderen Ländern	1759	2063
den französischen Kolonien	1129	120
Zusammen	61356 kg	36385 kg
Wert in Franken	57061	32383

Die ausgeführten Mengen gehen hauptsächlich nach England, den Niederlanden und Belgien, und zwar wurden in den Jahren 1903 und 1904 geschickt:

	1903 kg	1904 kg
nach England	2502488	2290093
Deutschland	365061	351634
den Niederlanden	1354638	1119828
Belgien	836106	597074
der Schweiz	3239	—
Ägypten	—	125061
anderen fremden Ländern	203475	182510
Algerien	132347	166915
Tunesien	40741	34209
Martinique	6251	—
St. Pierre et Pêche	80715	69786
anderen Kolonien und Schutzstaaten	4269	6026
Zusammen	5529330 kg	4943136 kg
Wert in Franken	5142277	4399391

Die Ein- und Ausfuhr Frankreichs von nicht speisefähigem Talg ist ziemlich bedeutend und betrug z. B. in den nachstehenden Jahren:

	Einfuhr		Ausfuhr	
	Menge in Kilogramm	Wert in Franken	Menge in Kilogramm	Wert in Franken
1900. . . .	15945246	10364410	15629485	10159165
1903. . . .	14064335	8719888	22969787	14179268
1905. . . .	13846487	9692541	24569528	17198669
1907. . . .	14692857	10578857	19894485	14324029

Holland.

Butter.

Die Buttererzeugung Hollands ist seit jeher von großer Bedeutung für die niederländische Volkswirtschaft. Bis vor nicht zu langer Zeit versorgte Holland fast ausschließlich den sehr bedeutenden englischen Markt mit Butter, die nicht immer von einwandfreier Qualität war. Besonders seit dem Ende der sechziger Jahre des vorigen Jahrhunderts begann in Holland ein Fälschen immer mehr überhand zu nehmen, das, durch die wenige Jahre später auftretende Margarinindustrie einen Vorschub erhielt und die holländische Butter im Auslande stark in Mißkredit brachte.

Um den früheren guten Ruf auf dem Weltmarkte nicht einzubüßen, versuchten einige namhafte Firmen, die Butterbereitung aus der Meierei in modern eingerichtete größere Molkereien zu verlegen und sich alle Fortschritte auf dem Gebiete der Milchwirtschaft zunutze zu machen. Stellten diese ersten Molkereien reine Privatunternehmungen dar, so folgten sehr schnell solche, die auf dem Wege genossenschaftlicher Vereinigungen entstanden waren, weil die Bauern die Butterfabriken nicht gerne aus der Hand geben wollten. Die erste auf genossenschaftlicher Basis arbeitende Molkerei wurde im Jahre 1886 zu Warga in Friesland errichtet.

Die Genossenschaftsmolkereien gründeten später zur Wahrung ihrer geschäftlichen Interessen sechs Molkereiverbände, die 412 Molkereibetriebe umfaßten und jährlich 15 Millionen Kilogramm Butter produzierten. Die sechs Molkereiverbände vereinigten sich im Jahre 1900 zu einem „Allgemeenen Nederlandschen Zuivelbond federative Vereeniging van Bonden van Coöperatieve Zuivelfabriken in Nederland“ (abgekürzt F. N. Z.). Außer diesen Verbänden haben sich in einigen Provinzen sogenannte Exportvereine gebildet, denen zum Teil die heute ausgeübte staatliche Butterkontrolle[1]) zu danken ist[2]).

Die Gesamtzahl der holländischen Molkereien, die der staatlichen Kontrolle unterstellt sind, betrug im Jahre 1908 869, mit einer Butterproduktion von 34,2 Millionen Kilogramm.

---

[1]) Siehe Seite 39.

[2]) Berichte und Mitteilungen der Generaldirektion für Landwirtschaft des Ministeriums für Schiffahrt, Handel und Gewerbe 1904.

Die Bedeutung des holländischen Molkereiwesens erhellt auch aus den stattlichen Ein- und Ausfuhrziffern, die das Land in dem Artikel Butter aufzuweisen hat. Ein- und Ausfuhr von Butter.

Die Einfuhr nach Holland betrug:

	Menge in Kilogramm	Wert in holl. Gulden
1880	1247435	—
1885	6130279	—
1890	3975691	—
1895	1543250	1543250
1900	741224	741224
1905	2456047	2456047
1907	1511658	1511658

während sich die Ausfuhr wie folgt stellt:

	Menge in Kilogramm	Wert	
1872	15245514	30125138	Franken
1875	18597747	36749152	„
1880	36051712	71238184	„
1885	63505416	125486703	„
1890	39555148	78160970	„
1895	14029159	14029159	Gulden
1900	22572186	22572186	„
1905	23207144	23207144	„
1907	29396969	29396969	„

Zu diesen Ziffern ist zu bemerken, daß sie bis zum Jahre 1890 auch Margarinprodukte einschließen, weil erst von diesem Jahre angefangen Kunstbutter getrennt geführt wird.

Holland versorgte seinerzeit England fast ausschließlich mit Butter, und die holländische Ausfuhr wurde in diesem Artikel zu Ende der sechziger Jahre des vorigen Jahrhunderts um so lebhafter, als damals in England eine Viehseuche ausgebrochen war, die die heimische Butterproduktion herabsetzte. Dazu kam später, daß in England Zufuhren von Deutschland und Frankreich wegen der Kriegsjahre ausblieben und daß die Butterproduktion während des Deutsch-Französischen Krieges in Europa wegen des großen Fleischverbrauches überhaupt gering war.

Die in Holland produzierte Butter ging daher durch eine lange Reihe von Jahren der Hauptsache nach nach England, und auch heute noch ist dieses Land der Hauptabnehmer holländischer Butter; es bezieht jährlich ungefähr 17 bis 18 Millionen Kilogramm.

An zweiter Stelle erscheint Deutschland, das von Holland in den letzten Jahren 7—8 Millionen Kilogramm Butter empfing. Die Steigerung der Butterausfuhr Hollands nach Deutschland ist geradezu auffallend; sie betrug in den letzten Jahren des vorigen Jahrhunderts nur ungefähr ein Zehntel des jetzigen Quantums. So wurden z. B. im Jahre

	Millionen Kilogramm
1894	0,74
1895	0,64
1900	5,06
1905	10,30
1907	14,12

Butter nach Deutschland ausgeführt.

Belgien steht an dritter Stelle und empfängt von Holland jährlich ca. 3,5 Millionen Kilogramm. Dann ist noch Frankreich zu nennen, das jährlich ungefähr 1,5 Millionen Kilogramm Butter aus Holland erhält.

Ein genaues Bild über die Herkunft der eingeführten und die Bestimmung der ausgeführten Butter für die letzten Jahre gibt die nachstehende Tabelle.

Es kamen von	1895	1900	1905	1907
	Menge in Kilogramm			
Großbritannien	1396092	626888	2091819	1265196
Preußen	14875	69899	71202	27335
Rußland	—	21361	150073	89713
Belgien	61988	19298	24355	17155
Anderen Ländern	70295	3778	118598	112259
Zusammen	1543250	741224	2456047	1511658

Es gingen nach	1895	1900	1905	1907
	Menge in Kilogramm			
England	8141816	13038372	8515485	8306475
Deutschland	645779	5062401	10301540	14116951
Belgien	4146277	2488099	3292666	5680096
Frankreich	1325	1289	500	310
Anderen Ländern	1093962	1982025	1096953	1293137
Zusammen	14029159	22572186	23207144	29396969

Oleomargarin.

Die holländische Oleomargarinproduktion bildet einen der wichtigsten Industriezweige des Landes. Rotterdam ist der bedeutendste Platz für den europäischen Margarinhandel und die Vereinigten Staaten Nordamerikas, Frankreich, Österreich und England schicken einen großen Teil ihrer Oleomargarinproduktion dahin, weil die holländischen Premier-jus-Schmelzereien den Bedarf der dortigen Kunstbutterfabriken nicht zu decken vermögen. Der Außenhandel stellte sich wie folgt:

	Einfuhr		Ausfuhr	
	Menge in Kilogramm	Wert in holl. Gulden	Menge in Kilogramm	Wert in holl. Gulden
1895 . . .	32650137	14692561	11946785	5376053
1900 . . .	48663320	21898495	21677302	9754785
1905 . . .	52046801	23421061	23096856	10393585
1907 . . .	41655481	18744966	24517804	11033012

Von dem eingeführten Oleomargarin stammten aus:

Herkunftsland	1895	1900	1905	1907
	Menge in Kilogramm			
V. Staaten v. Am.	24960231	44477904	48366516	38384145
Belgien	3392487	2787604	1020233	1406889
Großbritannien. .	2465187	727199	1534464	1420639
Anderen Ländern	1832232	670613	1125588	443808
Zusammen	32650137	48663320	52046801	41655481

Von den Ausfuhrmengen entfielen auf:

Bestimmungsland	1895	1900	1905	1907
	Menge in Kilogramm			
Preußen	8325152	15314133	18831118	18538599
Belgien	995059	3692966	2655050	1984032
Großbritannien. .	1075763	1093569	185368	1975827
Anderen Ländern	1550811	1576634	1425320	2019347
Zusammen	11946785	21677302	23096856	24517804

Ganz bedeutend ist die Ausfuhr Hollands von fertiger Kunstbutter, während deren Einfuhrmenge ganz geringfügig ist. In den nachstehenden Tabellen erscheint die Kunstbutter allerdings mit allen anderen Buttersurrogaten zusammengefaßt: Kunstbutter.

	Einfuhr		Ausfuhr	
	Menge in Kilogramm	Wert in Gulden	Menge in Kilogramm	Wert in Gulden
1895	558101	446480	42642820	34114256
1900	461634	369306	43688109	34950487
1905	374523	299618	51294590	41035672
1907	338094	270475	43258654	34606923

Von den eingeführten Mengen entfielen auf:

	1895	1900	1905	1907
	Menge in Kilogramm			
Belgien	234570	70882	60492	77965
Großbritannien	195547	138533	192636	135858
Preußen	104702	162295	47835	50938
Andere Länder	23282	89924	73560	73333
Zusammen	558101	461634	374523	338094

Von den ausgeführten Mengen gingen nach:

	1895	1900	1905	1907
	Menge in Kilogramm			
Großbritannien. .	36527167	41263839	47140401	39732172
Belgien	5216347	209110	311074	352973
Anderen Ländern	899306	2215160	3843115	3173509
Zusammen	42642820	43688109	51294590	43258654

Es ist viel darüber gestritten worden, ob in Holland, wo die Margarinindustrie durch gesetzliche Bestimmungen kaum eingeschränkt ist, die Kunstbutter den Milchwirtschaften ernstlich Konkurrenz gemacht habe. Die geäußerten Ansichten lauten sehr verschieden; so behauptet Juhlin Dannfelt in einem Bericht an die schwedische Regierung, daß die holländische Margarine den minderwertigen Buttersorten zwar Konkurrenz bereite, daß jedoch die Milchwirtschaften durch den höheren Preis, den die Margarinfabriken für die gelieferte Milch bezahlen, dafür genügend entschädigt würden. Der einzige Nachteil, den das Molkereiwesen durch die Kunstbutter in Holland erlitten habe, sei der Verlust des guten Rufes der holländischen Butter im Auslande. Die Kunstbutter habe daran indes nicht die alleinige Schuld und das Fälschungswesen im Butterhandel sei schon vor der Erfindung der eigentlichen Kunstbutter in Blüte gestanden.

So richtig diese Ausführungen im allgemeinen auch sind, wurden doch sehr viele Stimmen laut, die behaupteten, daß das Übergewicht der holländischen Margarinfabrikation über das Molkereiwesen den Naturbutterhandel ernstlich geschädigt hätte.

Belgien.

Butter. besitzt etwas über 1 Million Milchkühe, die ungefähr 100 Millionen Kilogramm Butter liefern dürften. Diese Menge genügt aber nicht zur Deckung des inländischen Bedarfes und es müssen größere Mengen vom Auslande bezogen werden.

Der Ein- und Ausfuhrhandel Belgiens in Naturbutter stellt sich wie folgt:

	Einfuhr		Ausfuhr	
	Menge in Kilogramm	Wert in Franken	Menge in Kilogramm	Wert in Franken
1875 . . .	keine Ziffern vorhanden		4565380	14609216
1880 . . .			4606745	14741584
1885 . . .	7900719	22190831	4573841	12578063
1890 . . .	13622445	34087525	3553695	8706553
1895 . . .	7547282	18868000	3138042	7845000
1900 . . .	3632351	10062000	2619563	7256000
1901 . . .	3553145	9771000	2689388	7396000

	Einfuhr		Ausfuhr	
	Menge in Kilogramm	Wert in Franken	Menge in Kilogramm	Wert in Franken
1902 . . .	1345409	9033000	2559703	6931000
1903 . . .	4440134	12122000	2037574	5563000
1904 . . .	4412418	12796000	1968597	5709000
1905 . . .	4560863	12770000	1723921	4827000
1906 . . .	5047813	14689000	1680212	4889000
1907 . . .	5683259	16311000	1703343	4889000
1908 . . .	4988734	14467000	1733433	5027000

Der Oleomargarinhandel Belgiens ist aus den folgenden Zahlen zu ersehen:

Oleo-margarin.

	Einfuhr		Ausfuhr	
	Menge in Kilogramm	Wert in Franken	Menge in Kilogramm	Wert in Franken
1900	3754253	3379000	89955	81000
1901	4355466	5227000	136780	164000
1902	3628164	5079000	596220	835000
1903	3840342	4224000	397736	438000
1904	3600282	4032000	241684	271000
1905	3456967	3872000	94981	106000
1906	4198695	4828000	170574	196000
1907	3459504	4151000	174257	209000
1908	2497830	3497000	314581	440000

Kunstbutter.

Kunstbutter wurde in Belgien vor dem Jahre 1895 gar nicht erzeugt, sondern der nicht unbedeutende Bedarf durch holländische Einfuhr gedeckt. Dieser Import, der im Jahre 1884 10289778 kg betrug, hörte auf, als im Jahre 1895 für Margarine ein Zollsatz von 20 Franken für 100 kg bestimmt worden war, unter gleichzeitiger Festsetzung einer Akzise von 5 Franken pro 100 kg auf im Inland erzeugte Kunstbutter. Diese Zollverhältnisse ließen in rascher Folge mehrere belgische Margarinfabriken erstehen, deren Produktion sich belief:

im Jahre 1897 auf 19042934 kg
„ „ 1898 „ 20683304 „
„ „ 1899 „ 23631494 „

Bis zum Jahre 1900 hat die belgische Statistik Margarinprodukte und Naturbutter zusammengeworfen und erst von da ab wird sie für die beiden Warengattungen getrennt geführt.

Die Erzeugung von Kunstbutter beträgt ungefähr 11 Millionen Kilogramm (1906); der Außenhandel von fertiger Kunstbutter ist sehr gering. Er belief sich:

Jahr	Menge in Kilogramm	Wert in Franken	Menge in Kilogramm	Wert in Franken
1900	4241	5000	307135	369000
1901	5899	8000	429542	558000
1902	5247	7000	730141	986000
1903	1550	2000	344320	448000
1904	1712	2000	317514	413000
1905	832	1000	261933	341000
1906	359	400	250297	338000
1907	861	1000	104237	146000
1908	2165	3000	205677	288000

England.

Butter.

Großbritannien hat ungefähr 4 Millionen Stück Kühe, die gegen 700 Millionen Kilogramm Butter liefern dürften.

Englands Molkereiwesen hat sich in den letzten Jahren ziemlich gehoben. Während die englische Butter früher in der Qualität nicht besonders hoch stand, sind in neuerer Zeit Molkereien entstanden, die vorzügliche Ware liefern. Besonders Irland hat in dieser Richtung gute Fortschritte gemacht. Das Molkereipersonal wird durch öffentlichen Preisbewerb zu erhöhter Aufmerksamkeit und Sorgfalt förmlich erzogen. Die Art und Weise der Musterbeschaffung sichert, daß zur Preisbewerbung nur solche Butterproben gelangen, die der tatsächlich auf den Markt kommenden Ware entsprechen.

Die Milchkühe Großbritanniens lieferten durchschnittlich pro Jahr:

Periode	engl. Tonnen Butter	Wert in Pfund Sterling
1889—1893	82957	4404615
1894—1898	84146	3968301
1899—1904	86550	4103363

Diese Qualitäten sind vollkommen unzureichend für den Verbrauch Großbritanniens und benötigen einen ebenso enormen wie regelmäßigen Import dieses Lebensmittels, der betrug:

	Menge in Doppelzentnern	Wert in Pfund Sterling
1895	1345370	nicht eingeschätzt
1896	1461980	
1897	1569110	
1898	1591580	
1899	1646360	
1900	1714910	
1901	1754590	

	Menge in Doppelzentnern	Wert in Pfund Sterling
1902	1879070	20526690
1903	2001860	20798707
1904	2189430	21117162
1905	2038970	21586622
1906	2154930	23460169
1907	2192770	22417926

Englands Butterbedarf wird in erster Linie von Dänemark gedeckt, dann kommt Rußland in Frage, das aus Sibirien und auch aus Finnland große Mengen Naturbutter nach England sendet. In den letzten Jahren hat auch die Zufuhr aus Australien, Kanada und den Vereinigten Staaten mehr und mehr zugenommen, und die dänischen Butterinteressenten, die heute in England fast ihr ausschließliches Absatzgebiet haben, sehen dem Anwachsen der Butterzufuhr aus überseeischen Ländern mit einer gewissen Besorgnis entgegen.

Die umstehende Tabelle (S. 282) zeigt, welchen Anteil die einzelnen Länder an der Butterversorgung Englands während der Periode 1898 bis 1907 hatten.

Englands Verbrauch von Margarine ist ebenfalls von Bedeutung. Margarine. Die im Inlande erzeugten Mengen genügen nicht zur Deckung des Bedarfes, für den Holland, Belgien, Norwegen und andere Länder beisteuern müssen.

Die Margarineinfuhr nach England betrug:

	1905	1906	1907
	Menge in engl. Zentnern		
Norwegen . .	6731	5291	6099
Holland . . .	1051630	1058618	836658
Belgien . . .	2443	1833	307
Andere Länder	27555	36215	42004
Zusammen	1088259	1101957	885068

Die englische Ausfuhr von Butter und Margarine ist von keiner Bedeutung:

	Butter	Margarine
	Menge in engl. Zentnern	
1905	9062	15973
1906	12966	15861
1907	12305	17907

Nach einer Zusammenstellung des Board of Trade ist in England der jährliche Margarinverbrauch per Kopf der Bevölkerung im Sinken begriffen, während der Naturbutterkonsum steigt. Bei letzterem ist allerdings nur die importierte Butter, nicht aber die in England produzierte Milchbutter berücksichtigt, so daß die Schlüsse, die aus diesen Zahlen ab-

Buttereinfuhr Englands (in Tonnen).

Länder		1898	1899	1900	1901	1902	1903	1904	1905	1906	1907
		Jahr, endigend mit dem 30. Juni.									
Englische Kolonien	Australien	7 837	9 764	17 653	15 556	7 449	1 053	19 655	23 368	26 950	34 023
	Kanada	5 962	8 151	11 932	7 532	11 491	13 238	9 879	12 847	15 145	8 220
	Neu-Seeland	3 933	4 528	7 949	8 912	8 295	9 575	15 836	15 667	15 177	14 852
	Zusammen	17 732	22 443	37 534	32 000	27 235	23 866	43 370	51 882	57 272	57 095
Argentinien		867	950	1 361	1 052	2 529	4 190	4 435	3 575	2 665	2 410
Belgien		1 369	2 321	3 754	4 009	3 777	4 205	3 396	2 917	2 257	1 761
Dänemark		69 051	74 977	71 708	75 664	82 757	88 903	88 151	88 520	81 261	87 273
Deutschland		2 131	1 953	1 850	1 371	1 324	768	211	89	449	444
Frankreich		22 552	19 301	16 677	15 380	16 862	22 065	22 223	17 055	17 405	13 316
Holland		13 524	13 741	13 354	14 889	15 849	19 924	15 804	10 845	9 887	8 707
Norwegen		1 332	1 571	1 321	1 299	1 425	1 109	1 345	1 545	1 410	1 344
Rußland		9 358	7 704	7 588	13 016	22 408	22 180	24 849	20 159	25 327	32 425
Schweden		15 344	13 795	10 420	9 809	8 716	10 376	10 871	9 708	8 810	10 882
Vereinigte Staaten		5 772	5 783	4 379	6 600	4 894	2 490	2 190	2 367	8 445	3 367
Andere Länder		126	97	545	370	131	110	98	235	305	253
Summe		159 158	164 636	171 491	175 459	187 907	200 186	218 943	203 897	215 493	219 277

geleitet werden, nur einen sehr beschränkten Wert haben. Wenn also das Abflauen des Kunstbutterkonsums und das Steigen des (ausländischen!) Naturbutterverbrauches als ein Zeichen allgemeinen wirtschaftlichen Aufschwunges (besonders der niederen Klassen) angesehen wird, ist dies doch etwas zu weit gegangen. Die interessanten Ziffern des Board of Trade mögen hier übrigens einen Platz finden.

	Jährlicher Konsum pro Kopf der Bevölkerung von Importbutter	von Kunstbutter
	g	g
1893	2985	1696
1894	3289	1438
1895	3583	1207
1896	3824	1175
1897	3996	1170
Mittel:	3533	1337
	g	g
1898	3960	1120
1899	4159	1170
1900	4105	1120
1901	4468	1157
1902	4758	1148
Mittel:	4290	1145
	g	g
1903	4794	1043
1904	4931	1129
1905	4794	1270
1906	4953	1270
1907	4754	1011
Mittel:	4845	1145

Auffallend an diesen Ziffern ist die Regelmäßigkeit im Ansteigen des Importbutter-Verbrauches von fünf zu fünf Jahren.

Parallel mit der bedeutenden Einfuhr von Butter und Margarine läuft in England ein großer Import von nicht speisefähigem Talg, von dem eingeführt wurden:

im Jahr	Menge in engl. Zentnern	Wert in Pfund Sterling
1900	2177991	2835217
1905	1822819	2369386
1906	1933836	2795821
1907	2100169	3505091
1908	2056717	3111495

Die Ausfuhr vom Talg ist demgegenüber verschwindend. Sie betrug:

im Jahr	Menge in engl. Zentnern	Wert in Pfund Sterling
1900	607779	758563
1905	638092	779241
1906	726697	925129
1907	813814	1092439
1908	692785	906816

Rußland.

Butter-erzeugung. Rußland, das über 10 Millionen Kühe besitzt, dürfte 1000 bis 1200 Millionen Pfund Butter erzeugen. Diese bedeutende Butterproduktion bedingt eine namhafte Ausfuhr des Produktes. (Vergleiche Tafel III.)

Ganz besonderes Interesse verdient die Entwicklung des Butterhandels Sibiriens. Bis zum Jahre 1893 wurde aus Sibirien noch keine Butter exportiert; erst eine Engländerin, die an einen russischen Landwirt, Chernaia Reitcha, in der Gemeinde Tiumen verheiratet war, führte 1893 die moderne Methode der Buttererzeugung ein und schuf so die Grundlage für die Erzeugung einer guten, dem europäischen Geschmack zusagenden Butter. In demselben Jahre errichtete der Russe Wolkoff die erste Molkerei in Sibirien und bereits im Jahre 1894 wurden 14000 Pfund Butter exportiert. Zehn Jahre später (1903) hatte sich auch diese Industrie bereits derartig entwickelt, daß Sibirien über 2000 Molkereien und eine Butterausfuhr von 78904720 Pfund aufwies, womit seine Butterausfuhr nahezu den sechsten Platz auf der Exportliste des Russischen Reiches einnimmt.

Die sibirischen Molkereien, deren es im Jahre

1893	1
1894	2
1895	9
1896	31
1897	82
1898	150
1899	318
1900	772
1901	1466
1902	2046

gab, erzeugen heute vorwiegend frische Rahmbutter, deren Versand ausschließlich mit Eilzügen erfolgt.

Bis vor kurzem ging der sibirische Butterhandel über Reval und Riga, in letzter Zeit kommen auch die Häfen von St. Petersburg, Windau und Libau mehr und mehr in Betracht. Man hat nunmehr in Kurgan,

Petropawlowsk, Kainsk, Omsk und Obj Sammelpunkte für Exportbutter errichtet, von wo die Ware mit direkten Zügen an die Exporthäfen abgeht.

Eine Schwierigkeit des russischen Butterexports liegt in den weiten Transportwegen. Wohl hat man durch Einstellung von Eiswaggons (im Jahre 1907 waren im ganzen 1050 vorhanden), Dampfern mit Kühlvorrichtungen und Errichtung von Kühlhallen in Riga manches getan, um einer Qualitätsverschlechterung der russischen Butter während des Transportes vorzubeugen, doch leidet die Ware trotzdem noch immer ganz beträchtlich und erzielt daher auf dem Weltmarkte nicht die Preise wie Butter anderer Herkunft. Butterausfuhr.

Interessante Daten über den sibirischen Butterhandel verdanken wir den jährlichen Kongressen der sibirischen Butterexporteure. Die diesen Kongressen von der sibirischen Eisenbahndirektion zur Verfügung gestellten statistischen Aufzeichnungen lassen eine rapide Zunahme der Butterausfuhr erkennen:

	Gesamtausfuhr in Pud	Zunahme gegen das Vorjahr
1901	1201731	— %
1902	1609980	33,9
1903	1746410	8,0
1904	2003315	14,7
1905	2039120	1,7
1906	2973713	45,8

Die Durchschnittszunahme der letzten drei Jahre beträgt 21 %; die Stagnation des Jahres 1905 hat der Japanisch-Russische Krieg verschuldet.

Der größte Teil der jährlich ausgeführten Buttermengen (80 %) wird während der Sommermonate (April bis September) verfrachtet, und es müssen zur Bewältigung des Verkehrs während dieser Zeit wöchentlich zehn Spezialbutterzüge, bestehend aus je 20 bis 25 Waggons, verkehren.

Schmelzbutter wird, im Gegensatze zu frischer Butter, nicht mit Eilzügen, sondern mit Güterzügen verfrachtet. Die Schmelzbuttererzeugung ist übrigens in Abnahme begriffen und wird sich auch weiterhin verringern, wenn die sibirische Bahn die Eilverfrachtung der frischen Butter zu bestreiten vermag, da sich deren Herstellung besser rentiert als die der billigen Schmelzbutter.

Der Gesamtwert der im Jahre 1906 aus den fünf russischen Ostseehäfen ausgeführten Butter wird auf 150 Millionen Franken geschätzt. Hiervon kaufte England für 51 Millionen Franken (vier Fünftel für London, den Rest für Hull und Leith), Deutschland für 34 Millionen Franken (Hamburg, Lübeck und Stettin), Dänemark für 27 Millionen Franken. Letzteres Land ist nur Zwischenhändler. Im vergangenen Winter versuchte man in Riga zum ersten Male, sibirische Butter, die zum Teil auch nach Ostasien geht (China und Japan), auch in Nordfrankreich zu verkaufen. Ihr Preis im Bestimmungshafen beträgt im Sommer 2—2,55 Franken, im Winter 2,20—2,60 Franken per Kilogramm.

Der Margarinhandel Rußlands ist ohne Bedeutung, dafür ist aber die Erzeugung und der Handel mit nicht speisefähigem Talg von Wichtigkeit. In Band 2, S. 800 wurde darüber schon das Wichtigste gesagt, so daß hier nur einige Daten über die Höhe des Ein- und Ausfuhrhandels der letzten Jahre nachgetragen seien.

Talg.

Rußlands Talghandel.

	Einfuhr		Ausfuhr	
	Menge in Pud	Wert in Rubel	Menge in Pud	Wert in Rubel
1901 . . .	1758542	5001526	64801	327109
1902 . . .	764469	2000900	54576	279260
1903 . . .	1330928	2704744	40813	226869
1904 . . .	1985985	6038072	29639	122385
1905 . . .	1955239	5877816	31685	225044
1906 . . .	2330779	7008436	24313	143538

Italien.

Italien.

Für dieses Land sind die Butter und deren Surrogate von geringerer Wichtigkeit als für andere Länder, weil hier vielfach die Speiseöle an Stelle der Butter verwendet werden. Immerhin ist die italienische Erzeugung von Butter ganz bemerkenswert; sie ermöglicht eine wenn auch bescheidene, so doch beachtenswerte Ausfuhr.

Die italienische Ein- und Ausfuhr von Butter[1]) stellte sich in den letzten Jahren wie folgt:

	Einfuhr	Ausfuhr
	Menge in Meterzentnern	»
1890	3195	30496
1900	1947	64124
1901	3326	60512
1902	2256	60875
1903	2293	64303
1904	1656	56134
1905	1543	60599
1906	1562	48695
1907	1390	35539

Von Margarine wurden in den Jahren 1906 und 1907 459 bzw. 978 Doppelzentner ein- und 1851 bzw. 1350 Doppelzentner ausgeführt.

---

[1]) Italien weist Margarine (Kunstbutter = burro artificiale) erst seit dem Jahre 1906 unter einer besonderen Position aus.

Spanien und *Portugal.*

Hier gilt betreffs des Butterkonsums dasselbe, was bei Italien gesagt wurde. Spanien und Portugal.

Spaniens Ein- und Ausfuhr von Butter und Margarine[1]) betrug:

	Einfuhr		Ausfuhr	
	Menge in Kilogramm	Wert in Pesetas	Menge in Kilogramm	Wert in Pesetas
1890	277670	999612	289835	811538
1900	248990	896364	135719	339297
1905	314504	1069313	157123	392807
1906	317207	1072160	101958	254895
1907	371157	1254511	167577	418942

Portugal, das bis zum Jahre 1900 Butter und Margarine statistisch zusammenfaßt, weist folgende Werte auf:

	Butter		Margarine	
	Einfuhr	Ausfuhr	Einfuhr	Ausfuhr
	Menge in Kilogramm		Menge in Kilogramm	
1890[2])	1150561	3552	—	—
1900	73290	26222	380	—
1905	61943	15558	2184	—

Schweiz.

Das schweizerische Molkereiwesen steht auf einer hohen Stufe, vermag aber den Verbrauch von Butter nicht zu decken; das Land führt nicht nur Butter, sondern auch Margarine ein. Schweiz.

	Butter (frisch)		Margarine (inkl. Butter, gesalzen, gesotten)	
	Einfuhr	Ausfuhr	Einfuhr	Ausfuhr
	Menge in Doppelzentnern		Menge in Doppelzentnern	
1895 . . .	14954	1948	10430	94
1900 . . .	19274	892	14392	95
1905 . . .	32010	196	22219	250
1906 . . .	35073	159	4474[3])	492[5])
1907 . . .	35580	283	3964[4])	385[6])

An der Einfuhr dieser Butter- und Margarinmengen in die Schweiz waren in den Jahren 1906 und 1907 beteiligt:

---

[1]) Spanien weist Natur-, Margarin- und Pflanzenbutter unter einer Pos. aus.
[2]) Butter und Margarine sind bis zum Jahre 1900 zusammengefaßt.
[3]) Darunter 4064 Margarinbutter u. andere Buttersurrogate (exkl. Kokosbutter).
[4]) „ 3646 „ „ „ „
[5]) „ 423 „ „ „ „
[6]) „ 373 „ „ „ „

Herkunftsland	1906 Butter (frisch)	1906 Margarine	1907 Butter (frisch)	1907 Margarine
	Menge in Doppelzentnern		Menge in Doppelzentnern	
Deutsches Reich . .	1132	360	1683	124
Österreich-Ungarn . .	4697	802	5444	891
Frankreich	14803	145	15824	105
Italien	14441	1584	12602	2496
Andere Länder . . .	—	1173	27	30
Zusammen	35073	4064	35580	3646

Die schweizerische Ausfuhr von Margarine und Butter verteilte sich in den Jahren 1906 und 1907 wie folgt:

Bestimmungsland	1906 Butter (frisch)	1906 Margarine	1907 Butter (frisch)	1907 Margarine
	Menge in Doppelzentnern		Menge in Doppelzentnern	
Deutsches Reich . .	76	13	88	14
Österreich-Ungarn . .	8	—	16	—
Frankreich	71	201	172	330
Italien	4	25	3	29
Ägypten	—	—	4	—
Andere Länder . . .	—	184	—	—
Zusammen	159	423	283	373

Schweden.

Schweden.

Der Butterhandel dieses Staates ist sehr bedeutend; in dem Artikel Butter findet ein beträchtlicher Export statt, Margarinprodukte werden eingeführt. Der Handel mit Butter wird durch die nachstehenden Ziffern illustriert:

	Einfuhr	Ausfuhr
	Menge in Kilogramm	
1872[1]	1293200	3615016
1880[1]	2203909	5261718
1890	1766465	15043435
1900	497450	19162783
1901	753978	18759029
1902	521159	20054909
1903	417232	20070913
1904	592358	19570095
1905	413673	18432320
1907	679687	17339618

[1]) In der Angabe für die Jahre 1872 und 1880 ist auch Margarine inbegriffen, deren Statistik erst seit dem Jahre 1885 getrennt geführt wird.

Ein großer Teil der aus Schweden ausgeführten Butter geht nach England. Früher war Dänemark ein guter Käufer schwedischer Butter, die von dort nach England gesandt wurde. Der Haupthafen für den Butterexport ist Gothenburg, der zweitbedeutendste Malmö.

Die Margarinindustrie Schwedens erzeugt jährlich durchschnittlich 13000000 Kilogramm Kunstbutter. Die Ausfuhr von Margarinprodukten überwiegt die Einfuhr wesentlich:

	Einfuhr	Ausfuhr
	Menge in Kilogramm	
1885	813626	6667
1890	597227	379
1900	399965	11950
1901	236246	1700
1902	20868	85523
1903	9710	199190
1904	4084	470951
1905	6684	455568
1907	3200	1194841

Nach A. Larson wurde die erste Margarinfabrik in Schweden im Jahre 1891 angelegt, wogegen es im Jahre 1908 bereits sieben gab, deren größte sich in Gothenburg befand.

Norwegen.

Der Verkehr Norwegens mit Butter und Margarine ist aus der folgenden Tabelle ersichtlich: Norwegen.

	Naturbutter		*Kunstbutter*	
	Einfuhr	Ausfuhr	Einfuhr	Ausfuhr
	Menge in Kilogramm		Menge in Kilogramm	
1875	2626000	26150	—	—
1880	3368980	1667800	—	—
1889	2338060	257870	464400	1352530
1900	237950	1452150	53050	1106200
1905	123320	1638700	31560	816730
1907	504510	1299210	39040	760370

In Norwegen bestehen etwa dreißig Margarinfabriken mit einer Jahresproduktion von 22 Millionen Kilogramm; sie waren bis vor kurzem zu einem Verbande vereinigt, der sich im Mai 1907 aufgelöst hat. Die bedeutendste Kunstbutterfabrik Norwegens ist die im Jahre 1876 gegründete Fabrik Aug. Pellerin fils & Co. in Stockholm.

Vereinigte Staaten Nordamerikas.

Über den Butterkonsum der Unionstaaten Nordamerikas bestehen keine Aufzeichnungen. Die Ausweise dieser Staaten über die Ein- und

Ausfuhr von Milchbutter zeigen, daß die dortige Landwirtschaft nicht nur den Inlandsbedarf zu decken vermag, sondern auch noch einen Überschuß produziert.

Butter. Der Butterhandel der Unionstaaten stellte sich wie folgt:

	Einfuhr		Ausfuhr	
	Pfund	Wert in Dollars	Pfund	Wert in Dollars
1885	187337	34961	21716280	3650456
1890	75521	13679	29748608	4187637
1902	453978	80725	16002169	2885609
1903	207007	51564	8896166	1604327
1904	154457	34764	10717824	1768184
1905	593104	124136	10071487	1648281
1906	196642	57955	27360537	4922913
1907	441755	117835	12544777	2429489

Die Hauptmenge der ausgeführten Butter geht nach England, dann folgen als Hauptempfänger West-Indien, Brasilien und Deutschland.

Margarine. Die Margarinindustrie fand in den Vereinigten Staaten gleich nach dem Bekanntwerden der Erfindung von Mège Mouriés eifrigste Pflege. Die gesetzlichen Erschwerungen des Vertriebes der Kunstbutter hemmten dann die rasche Weiterentwicklung dieser Industrie, deren Umfang sich infolge der Steuervorschriften seit dem Jahre 1886 genau feststellen läßt.

Nach Lavalle waren im Jahre 1893 vorhanden:

22 Margarinfabrikanten,
280 Margaringroßhändler und
6644 Margarinkleinhändler.

Staaten	Erzeugtes Margarin		
	1897	1898	1899
Connecticut	5086884	5290412	5690437
Illinois	24747971	20835316	38685490
Indiana	1313835	5485631	7125215
Kansas	5533257	13331614	13231382
Kentucky	—	—	—
Maryland	—	247640	1060064
Missouri	381900	988268	1866750
New Jersey	220510	409705	514182
Ohio	5234997	8795891	12321008
Pennsylvanien	—	—	—
Texas	—	—	—
Summe (einschl. anderer Staaten)	42534559	55388727	80495628

In der Periode 1887 bis 1892 (d. i. in den sechs Jahren nach dem Inkrafttreten des Gesetzes vom Jahre 1886) wurden produziert, versteuert, ausgeführt und vernichtet:

Kalenderjahr	Produktion	Versteuertes Quantum	Ausfuhrmenge	Vernichtet wurden
	Pfund	Pfund	Pfund	Pfund
1887 . . .	30931811	29732612	1183343	44086
1888 . . .	37186598	35207453	1995858	6452
1889 . . .	33111253	31553025	1624901	6731
1890 . . .	35387473	33643003	1585037	7450
1891 . . .	48311647	47380403	964724	1151
1892 . . .	55957166	53374722	2182455	—

Die mit Gesetz vom 2. August 1886 der Margarinindustrie aufgebürdete Fabrikationssteuer verlangsamte das Tempo ihrer Weiterentwicklung; die Kunstbutterproduktion betrug aber immerhin

im Jahre 1895	56958105 Pfund
„ „ 1896	50853234 „
„ „ 1897	42534559 „
„ „ 1898	55388727 „
„ „ 1899	80495628 „
„ „ 1900	104263651 „

Das neue Gesetz vom Jahre 1902 brachte der Margarinindustrie durch die enorme Fabrikationssteuererhöhung einen schweren Schlag, von dem sie sich nicht so bald erholen dürfte. Die nachstehende Tabelle, die nebenher auch die Verteilung der Margarinindustrie auf die einzelnen Staaten der Union erkennen läßt, zeigt deutlich den Rückgang der Produktion.

in englischen Pfund

1900	1901	1902	1903	1904
7982578	8154385	10997240	7026383	5420268
46334358	41610286	49359177	30495955	20729107
10704181	9222351	11192496	7028342	2608715
16483147	16360484	19793666	14044666	9471920
—	162289	311753	101292	—
2203721	2683055	6132116	225056	349644
4100100	3996395	76710	319121	360391
712377	459006	911871	541720	964166
15197296	16436961	21244118	9242065	6933211
—	2142330	2522736	1482521	502870
—	414000	550900	624490	717932
104263651	101646333	123133853	71237438	48071850

Über die durchschnittliche Größe der in den Vereinigten Staaten bestehenden Margarinfabriken geben die Zählungen des Department of Agriculture Aufschluß, nach denen auf eine Fabrik im Durchschnitt entfielen:

		1900	1890	1880
Angelegtes Kapital	Mk.	529138	222086	470484
Beamte	Anzahl	16,4	5,3	—
Arbeiter	Anzahl	45,2	22,0	39,9
Allgemeine Unkosten	Mk.	435712	134947	—
Kosten des Rohmaterials . .	Mk.	1336913	761342	1536120
Wert der Produktion	Mk.	2187467	1046067	1930023

Die Einkünfte, die dem Staatssäckel aus der neuen Margarinsteuer zufallen, belaufen sich nur auf über eine halbe Million Dollars; sie betrugen in den Fiskaljahren 1903—1905:

	1903/04 Dollars	1904/05 Dollars
Oleomargarin, gefärbt	163910,23	328485,08
„ ungefärbt	116080,97	116490,33
„ importiert	54,00	99,15
Fabrikationssteuer	19725,00	17150,00
Gewerbesteuer für Kleinhändler (gefärbtes Oleomargarin)	21563,05	21543,30
Gewerbesteuer für Kleinhändler (ungefärbtes Oleomargarin)	84227,63	67285,32
Gewerbesteuer für Großhändler (gefärbtes Oleomargarin)	10255,00	4160,00
Gewerbesteuer für Großhändler (ungefärbtes Oleomargarin)	68281,57	50265,63
Zusammen	484097,45	605478,81

Der Gesamtkonsum von Margarinprodukten stellte sich in den Unionstaaten wie folgt:

Fiskaljahr	Pfund
1902/03	72484761 (davon 69743427 ungefärbt)
1903/04	48071850 („ 46432388 „)
1904/05	49881644 („ 46596132 „)

Den größten Verbrauch von Kunstbutter zeigt der Staat Illinois, dann folgen Pennsylvanien, Ohio, New Jersey, Indiana, Rhode-Island und Missouri.

Die Ausfuhr von Oleo oil (d. i. Oleomargarin) ist ebenfalls von keiner allzu großen Bedeutung, hat aber durch die jetzige hohe Besteuerung einen neuen Impuls bekommen; sie belief sich:

	Menge in Pfund	Wert in Dollars	Durchschnittpreis pro Pfund in Dollars
1871 . . .	1698402	—	—
1881 . . .	26327676	3815560	0,145
1886 . . .	27729885	2954954	0,107
1891 . . .	80231035	7859130	0,098
1892 . . .	91581703	9011889	0,098
1893 . . .	113939363	11207250	0,098
1894 . . .	123295896	11942842	0,097
1895 . . .	78098878	7107018	0,091
1896 . . .	103276756	8087905	0,078
1897 . . .	113506152	6742061	0,059
1898 . . .	132579277	7904413	0,060
1899 . . .	142390492	9183659	0,064
1900 . . .	146799681	10503856	0,072
1901 . . .	161651413	11846373	0,073
1902 . . .	138546088	12254969	0,088
1903 . . .	126010339	11981888	0,095
1904 . . .	165155080	12871257	0,077
1905 . . .	145228245	11485145	—
1906 . . .	209658075	17455976	—
1907 . . .	195337176	16819933	—

Über die Größe der von den Vereinigten Staaten nach den verschiedenen Ländern ausgeführten Menge an Oleo oil und über den Wert des Exportes sind in der umstehenden Tabelle (S. 294) noch nähere Daten gegebenen.

Die Ausfuhr der Unionstaaten von Oleo stock (d. i. Premier jus) ist verhältnismäßig gering und übersteigt kaum den Wert einer halben Million Dollars pro Jahr. Die größte Menge davon empfängt Deutschland, dann folgen Britisch-Westindien und England.

Talghandel.

Bedeutend sind in den Vereinigten Staaten die Erzeugung und Ausfuhr von technischem Talg, von welchem Produkte in der Periode 1896—1904 ausgeführt wurden:

	Menge in Pfund	Wert in Dollars
1896 . . .	85449086	336111
1897 . . .	55609096	2029735
1898 . . .	106819190	4209395
1899 . . .	97213186	4283751
1900 . . .	92555436	4674801
1901 . . .	51846765	2698692
1902 . . .	21365465	1330604
1903 . . .	63537840	3320080
1904 . . .	62708783	3012798

Ausfuhr der Vereinigten Staaten von Oleo oil (Premier jus).

Bestimmungsland	Menge in Pfund			Wert in Dollars		
	1899	1900	1901	1899	1900	1901
Niederlande	86452770	85976848	85442112	5514523	5912334	6131071
Deutschland	28647410	26780986	33482368	1923259	2104818	2549853
Italien	82252	250	617947	4740	15	42721
Österreich-Ungarn	946500	73634	676625	55935	4786	42350
Belgien	2065814	2892778	1800757	136054	212457	135558
Dänemark	3657257	8628948	11734927	240511	675053	909984
Frankreich	142872	167047	22500	9335	10800	1800
Europäische Türkei	—	—	44788	—	—	2875
Schweden und Norwegen	12054375	13500332	17059746	788862	960047	1224334
England	7393110	7265764	9557733	452239	512745	717056
Neu-Schottland, Neu-Braunschweig	155265	—	46766	8399	—	3506
Quebeck	40780	27494	19130	2252	1906	1321
Neufundland und Labrador	697709	709817	1043005	44767	54353	75928
Mexiko	—	—	19494	—	—	1485
Westindien: Haiti	—	—	5600	—	—	418
Westindien: Kuba	2000	—	8255	109	—	494
Brasilien	—	4652	—	—	391	—
Britisch-Guiana	—	3000	—	—	270	—
Britisch-Westafrika	—	—	68580	—	—	5487
Britisch Australien	—	607625	—	—	45572	—
Andere Länder	52378	100506	1080	2674	8309	102
Summe	142390492	146739681	161651413	9183659	10503856	11846373

In den Jahren 1903 und 1904 verteilt sich die Talgausfuhr auf die verschiedenen Länder wie folgt:

Bestimmungsland	1903 Menge in Pfund	1904 Menge in Pfund	1903 Wert in Dollar	1904 Wert in Dollar
England	23214139	33840483	1170902	1589933
Frankreich	12729106	6760360	694746	320385
Deutschland	10647290	7187736	546687	335594
Niederlande	3228165	1612060	169029	81080
Belgien	3126200	2219783	156370	109851
Italien	2250088	2131519	123986	103302
Anderes Europa	3624193	3403351	186159	158262
Zentralamerika und Britisch-Honduras	1397027	2057664	83821	112424
Britisch-Nordamerika	17061	100372	956	6131
Mexiko	123117	485714	6331	21887
Kuba	577435	513538	30189	25125
Anderes Westindien und Bermuda	97537	1093047	54463	56486
Brasilien	114132	71194	8063	4397
Chile	361620	250971	21977	12089
Kolumbia	112723	176620	6980	10154
Anderes Südamerika	959762	722362	55226	41510
Asien und Ozeanien	72210	37082	3661	2190
Andere Länder	8203	44927	531	4097
Zusammen	65537840	62708783	3320080	3012897

Ägypten.

Der Verbrauch von Margarin beziffert sich hier auf ungefähr 350000 bis 450000 Kilogramm. Frankreich liefert davon fast die Hälfte, Italien und Österreich je ca. ein Viertel und einen kleinen Bruchteil Deutschland. **Ägypten.**

Japan.

Japan hat einen ziemlich großen Bedarf an Butter, die es in konservierter Form (Schmelzbutter) von Frankreich, Schweden und Kanada bezieht. Speziell der Nordwesten von Kanada exportiert viel Butter nach Japan und ist bestrebt, sich eine Art Monopol hierin zu sichern. Die Einfuhr von Kunstbutter nach Japan ist noch verhältnismäßig gering. So wurde im Jahre **Japan.**

1902 für	. . . .	110000 Mk.
1903 „	. . . .	200000 „
1904 „	. . . .	350000 „

Margarine nach Japan importiert.

Die Kunstbutter stammte fast ausschließlich aus Nordamerika.

Über die Preisbewegungen, die die verschiedenen aus Rohtalg gewonnenen Produkte in der Zeitperiode 1903—1908 durchgemacht haben, siehe Tafel IV.

3. Schweinefett und Schweinefettsurrogate.

Schweineschmalz. — Schmalz. — Schmer. — Saindoux. — Graisse de porc. — Lard. — Strutto. — Adeps suillus. — Axungia Porci.

Schweinefettersatz. — Kunstspeisefett. — Kunstschmalz. — Compound lard. — Lard substitutes. — Saindoux artificiels. — Succédanés du saindoux.

Allgemeines.

Allgemeines.

Über das aus dem Fettgewebe des Schweines gewonnene Fett, seine industrielle Gewinnung, Eigenschaften und Verwendung wurde bereits im 2. Bande, S. 810—821, berichtet.

Die mitunter recht hohen Schweinefettpreise gaben Veranlassung zu Versuchen, ein dem Schweinefett ähnliches Fettprodukt herzustellen, das in Farbe, Geschmack, Geruch und Streichbarkeit dem echten Schweinefett möglichst gleichkäme.

Diese Bestrebungen nahmen in Nordamerika ihren Ausgang, wo man zuerst die minderwertigen Sorten von Schweinefett durch Zusatz anderer Fette und Öle marktfähiger zu machen versuchte und dabei später immer mehr und mehr von der Verwendung der Grundsubstanz (den minder guten Schweinefettsorten) Abstand nahm, bis man schließlich schweinefettähnliche Produkte (Compound lard) ohne jeden Gehalt an wirklichem Schweinefett herzustellen begann.

In den letzten Jahrzehnten hat die Herstellung von Schweinefettsurrogaten auch in Deutschland eine große Bedeutung gewonnen. Offiziell werden diese Ersatzmittel in Deutschland und Österreich mit dem Namen „Kunstspeisefett“ belegt, und zwar betrachtet das Gesetz als solches alle dem Schweineschmalz ähnlichen Zubereitungen, deren Fettgehalt nicht ausschließlich aus Schweinefett besteht.

Der Name Kunstspeisefett ist recht schlecht gewählt, denn er muß bei jedem Laien den Eindruck hervorrufen, als handelte es sich um künstlich hergestellte Fette oder doch um Produkte, bei deren Herstellung der Chemiker in ganz besonderer Weise mitgewirkt hat. Dies ist aber im allgemeinen nicht der Fall, sondern Kunstspeisefette sind meist einfache, vollkommen unschädliche Mischungen verschiedener, auch für sich speisefähiger Öle und Fette.

Die verhältnismäßige Wohlfeilheit der Kunstspeisefette und deren Unschädlichkeit rechtfertigen deren Herstellung und Vertrieb sowohl in wirtschaftlicher als auch in sanitärer Beziehung. Der immer größer werdende Verbrauch von Fetten würde deren Preis enorm steigern, wenn für die minder bemittelte Volksklasse nicht billigere Surrogate zur Verfügung ständen.

Fabrikation der Kunstspeisefette.

Die Technik der Kunstspeisefettfabrikation ist noch bei weitem nicht auf jener Höhenstufe angelangt wie die Margarinindustrie, die tatsächlich Produkte herzustellen versteht, die sich in Aussehen und Geschmack von echter Naturbutter kaum mehr unterscheiden.

Da der Konsum von Kunstspeisefetten auf die ärmeren Schichten der Bevölkerung beschränkt ist und diese in geschmacklicher Hinsicht weniger anspruchsvoll sind, sondern mehr auf billige Preise sehen, ist kein rechter Ansporn vorhanden, die Technik der Kunstspeisefettfabrikation zu vervollkommnen.

Raffinieren geringwertiger Schweinefettsorten.

Ursprünglich war bei den Kunstspeisefetten die Grundsubstanz Schweinefett; zwar nicht seine feinsten Sorten, sondern hauptsächlich Steam lard, das ist das mittels direkten, gespannten Dampfes in geschlossenen Gefäßen ausgeschmolzene Schweinefett, zu dessen Herstellung alle Partien des Fettgewebes verwendet werden[1]. Da man bei der Herstellung von Steam lard in der Wahl des Rohmaterials alles eher als rigoros vorgeht, ist es erklärlich, daß die Qualität dieses Fettes mitunter recht viel zu wünschen übrig läßt, und zwar nicht nur hinsichtlich der Farbe, sondern auch in bezug auf den Geschmack. Es gibt allerdings auch eine Menge Handelsmarken von Steam lard, die von guter Qualität sind, nebenher trifft man aber häufig auch mißfarbige Produkte, die einer Raffination dringend bedürfen, wenn sie als Nahrungsmittel passieren sollen.

Für diese Reinigung benutzt man in der Regel 0,1 % kalzinierter Pottasche oder Soda, welche Alkalikarbonate, in möglichst wenig Wasser gelöst, dem geschmolzenen Fette zugemischt werden, unter gleichzeitiger Erwärmung auf 70—85° C.

Hierauf stellt man das Rühren und Erwärmen ein und bespritzt die Oberfläche des Fettes mittels einer Brause mit kaltem Wasser. Dieses sinkt durch das Fett zu Boden, nimmt dabei die gebildete Seife mit und reißt auch die in dem Fette suspendierten Zellgewebsteilchen, Blutreste usw. mit. Das Wasser bewirkt auch eine Abkühlung des Kesselinhaltes, doch muß dessen Temperatur immer noch 46—50° C betragen. Nach ungefähr einer Stunde kann dann aus dem Raffinierkessel unten Wasser abgezogen werden, das man in große Bottiche bringt, worin sich bei ruhigem Stehen noch Fettreste auf der Wasseroberfläche absondern, die als Seifenrohmaterial Verwendung finden.

Zur Raffination von Fetten mit besonders dunkler Färbung verwendet man größere Mengen von kalzinierter Soda und arbeitet bei höheren Temperaturen; nicht selten geht man bis zur Kochhitze. Dabei erneuert man stetig die verdampfte Wassermenge und nimmt den sich auf der Oberfläche

---

[1] Vergleiche Bd. 2, S. 814.

bildenden braunen Schaum ab. Nach halbstündigem Kochen fügt man allmählich noch ein Zehntelprozent Ätznatron hinzu, das in der zwanzigfachen Menge Wasser gelöst wird, und fährt noch eine halbe Stunde mit dem Kochen fort. Hierauf läßt man durch den Doppelmantel des Raffinierkessels, durch den früher Dampf strich, Wasser zirkulieren, wodurch eine ziemlich rasche Abkühlung des Fettes bewirkt wird. Ist die Temperatur bis auf ungefähr 70° C gefallen, so bespritzt man die Oberfläche des Raffiniergefäßes mit Wasser, bis die Temperatur auf etwa 48° C gesunken ist. Dann überläßt man die Masse der Ruhe und verfährt im übrigen, wie oben beschrieben.

Die Anwendung von direktem Dampf zur Erwärmung der Fettmasse ist nicht ratsam, weil die ohnehin zum Schäumen und Übersteigen neigende Fettmasse allzuleicht übergeht. Ist die Neigung zur Schaumbildung auch bei der Anwendung von indirektem Dampf gar zu ausgesprochen, so besagt dies, daß zu wenig Wasser vorhanden ist, und dem Übelstande kann durch Zusatz einiger Schaffe Wasser ohne weiteres abgeholfen werden.

Andere Rohmaterialien.

Außer Schweinefett kommen als Rohmaterial der Kunstspeisefettfabrikation verschiedene Pflanzenöle (Sesam-, Erdnuß-, Kotton-, Maisöl usw.), Preß- und Hammeltalg, Premier jus und Kokosfett in Frage.

Die zur Kunstspeisefettfabrikation verwendeten Pflanzenöle müssen möglichst hell gefärbt sein, und es kommen für diese Zwecke besonders gebleichte Öle in den Handel. Weiter sind bei der Kunstspeisefettfabrikation stearinreiche Öle vorzuziehen, weil diese den Schmelzpunkt des Fettgemisches nicht allzusehr herunterdrücken. Vielfach verwendet man auch das bei der Kältebeständigmachung des Kottonöls gewonnene Kottonstearin zur Herstellung von Schmalzsurrogaten.

Preßtalg eignet sich besonders zur Erhöhung der Konsistenz des Kunstschmalzes; auch läßt seine Färbung nichts zu wünschen übrig.

Hammeltalg ist wegen seines spezifischen Geschmackes nur in beschränkter Menge verwendbar.

Premier jus, das in Hinsicht auf den Geschmack dem Preßtalg vorzuziehen ist, ist für Zwecke der Lardfabrikation etwas zu gelb, doch hat man in den letzten Jahren Mittel und Wege gefunden, Premier jus vollständig weiß zu bleichen, ohne seinen Geschmack im geringsten zu schädigen.

In ausgedehntem Maße wird in letzter Zeit raffiniertes Kokosöl (Kokosbutter) zur Herstellung von Speisefett benutzt. Solange man es nicht verstand, dem Kokosöl seinen spezifischen Geruch zu benehmen, kam es für die Kunstspeisefettbereitung nur wenig in Frage; seit man dagegen vollständig geschmack- und geruchlose Fettprodukte aus Kokosöl herzustellen versteht, ist der Kunstspeisefettfabrikation ein neues, sehr wichtiges Rohmaterial erwachsen. Zudem hat man auch gelernt, der

Kokosbutter durch Knetarbeit Streichfähigkeit zu erteilen, so daß heute Kunstspeisefette in den Handel kommen, die ausschließlich aus Kokosbutter bestehen[1]).

Die ohne Zusatz von Schweinefett hergestellten Erzeugnisse haben durchweg einen Geschmack, der sich vom Schweinefett sofort unterscheidet, obwohl er nicht gerade unangenehm genannt werden kann. Um diesen Geschmack zu beheben, werden mitunter Zusätze von Zwiebeln, Gewürzen, geröstetem Brot und ähnlichen Stoffen gemacht.

Eine beliebte Mischung billigsten Kunstspeisefettes besteht aus:

1 Teil Preßtalg,
1 Teil Hammeltalg und
6 Teilen Kottonöl.

Eine andere, bessere, aber auch teurere Mischung setzt sich wie folgt zusammen:

1 Teil Preßtalg,
1 Teil Hammeltalg,
6 Teile Kottonöl und
6 Teile Schweinefett[2]).

Die Herstellung dieser Mischungen bietet in technischer Hinsicht nichts Bemerkenswertes; die Fettstoffe werden einfach zusammengemischt (in verflüssigtem Zustande), eventuell mit geschmackverbessernden Ingredienzien (geröstetem Brot, Zwiebel, Gewürzen usw.) versetzt und nötigenfalls gebleicht. Zu letzterem Zwecke dienen Fullererde, Blutlaugensalzrückstände und ähnliche Mittel. Erwähnenswert ist das Verfahren von Reye, das Schweinefett und seine Surrogate mittels kalzinierten Chlorcalciums bleicht. (Vergleiche 1. Band, S. 663.)

Geschmacksverbesserung.

Das Bleichmittel wird aus der Fettmischung durch eine Filterpressenpassage entfernt, für welchen Vorgang St. T. Lockwood[3]) zwecks Wiedergewinnung des von den Bleichrückständen festgehaltenen Fettes die folgende Apparatur empfiehlt:

Bleichen.

Das Fett wird in dem mit Dampf geheizten Behälter A mit der Walkerde behandelt und gelangt von hier mittels eines Pumpwerks P durch die Rohre a a in die Filterpressen B, B. Durch die Hähne x läuft das klare Fett ab und wird nach den Vorratsbehältern geleitet. Ist so viel Fett filtriert, daß sich in den Filterpressen bereits feste Preßkuchen aus der rückbleibenden Walkerde gebildet haben, so preßt man mittels der Pumpe P_1 durch die Filterpressen Tetrachlorkohlenstoff, der durch das Rohr b aus dem Vorratsbehälter C entnommen und mittels einer Dampfschlange u_3 auf die geeignete Temperatur gebracht wird. Die Fettlösung,

[1]) Kunstspeisefette, die ausschließlich aus Kokosfett hergestellt sind, sollen jedoch nicht in diesem Abschnitte, sondern bei der Besprechung der Kokosbutter behandelt werden.

[2]) Vergleiche Seifensiederztg., Augsburg 1905, S. 939.

[3]) Amer. Patent Nr. 852441 und 852442 v. 7. Mai 1907.

die aus den Filterpressen abläuft, gelangt durch die Rohre y in den Behälter D und wird hier mittels der Dampfschlange u_1 von dem Tetrachlorkohlenstoff befreit, dessen Dämpfe durch die Pumpe P_2 und die Rohre c in die mit Kühlwasserschlangen n_2 versehene Vorlage E geleitet werden, um von hier durch Rohr d wiederum nach dem Behälter C rückgepumpt zu werden. Das sich in D sammelnde, vom Tetrachlorkohlenstoff befreite Fett wird durch den Hahn z abgelassen und technischen Verwendungen zugeführt, denn für Speisezwecke dürfte es kaum mehr gebräuchlich sein, und wenn dies schon der Fall wäre, so doch nur für mindere Sorten.

Die bei diesem Prozesse verwendeten Filterpressen müssen luftdicht schließen (siehe Band 1, S. 666), weil sonst zu große Verdunstungsverluste an Tetrachlorkohlenstoff eintreten würden. Die entfettete Walkerde kann für neue Bleichoperationen verwendet werden, doch ist ihre Bleichwirkung etwas geschwächt.

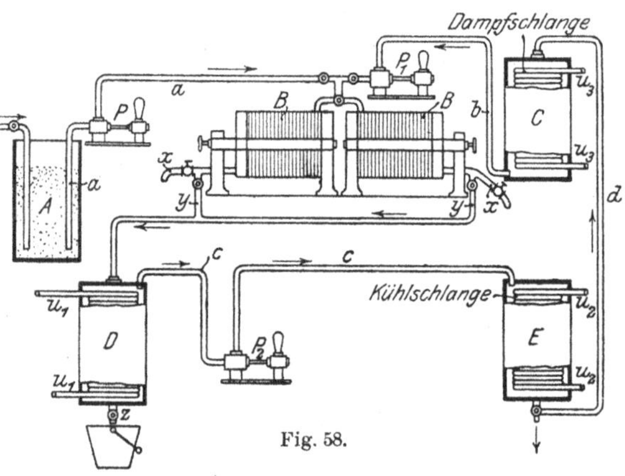

Fig. 58.

Ob die ziemlich komplizierte und auch kostspielige Apparatur allgemein Eingang in die Praxis finden wird, bleibe dahingestellt. Jedenfalls ist es einfacher, die fettreichen Filterkuchen auf einer hydraulischen Presse abzupressen und die wenigen in den Preßrückständen verbleibenden Prozente Fett wie auch die Walkerde selbst verloren zu geben, als die infolge des Tetrachlorkohlenstoffverlustes nicht geringen Betriebsspesen zu tragen.

Kaltrühren. Besondere Vorsicht muß nur auf das Kaltrühren des Compound lards verwendet werden, welche Operation hier noch von größerer Wichtigkeit ist als bei der Herstellung von reinem Schweinefett. Die Kühlvorrichtungen, die hier gebraucht werden, sind dieselben, wie sie im Abschnitt „Schweinefett", Band 2, beschrieben wurden.

Um an dem nicht immer billig beschaffbaren Kühlwasser möglichst zu sparen, bringt man nicht selten feste Schweinefette in das neu hergestellte, heiße Produkt. Die zum Schmelzen des eingebrachten festen Fettes nötige Schmelzwärme bewirkt ein merkliches Herabdrücken der Temperatur des geschmolzenen Fettes, doch ist dabei immer darauf zu achten, daß des Guten nicht zu viel getan und vor allem die bei Schweinefett unbeliebte breiige Konsistenz vermieden werde.

Erwähnt muß werden, daß man bei dem Kaltrühren häufig auch trachtet, etwas Luft in das Fett zu verrühren, besonders dann, wenn die Fettmischung nicht genügend weiß ist. Die in Form feinster Bläschen dem Fette inkorporierte Luft bewirkt ein helleres Aussehen der Fettmasse (vergleiche Band 1, S. 656), doch ist ein solches mit Luft behandeltes Fett nicht besonders haltbar[1]).

Mitunter ist man bestrebt, den Schmalzsorten etwas Wasser einzuverleiben, zumal ein Wassergehalt von 0,25—1,20 % ohne weiteres bewilligt wird. In gewissenloser Weise wird dem Kunstspeisefette aber bisweilen kurz vor dem Außgießen der kalt gerührten Ware ein größerer Prozentsatz Wasser eingerührt. Unter dem Namen Water lard kommt sogar ein Erzeugnis auf den Markt, das bis zu 25 % Wasser enthält[2]). Wasserhaltige Fette.

Eigenschaften, Verdaulichkeit und Gebrauchswert.

Die Kunstspeisefette unterscheiden sich in Aussehen, Geruch und Geschmack fast gar nicht von gewöhnlichem Schweinefette. Sie enthalten äußerst geringe Mengen von Nichtfetten (Wasser, Salze), weichen aber in ihren Konstanten (Verseifungs-, Jod- usw. Zahl) von denen reinen Schweinefettes je nach ihren Komponenten mehr oder weniger ab. Eigenschaften.

H. Lührig[3]) fand bei vergleichenden Experimenten über die Verdaulichkeit des Schweine- und Kunstspeisefettes folgende Koeffizienten: Verdaulichkeit.

Schweinefett	96,36 %
Kunstspeisefett I (bestehend aus zwei Teilen Preßtalg und drei Teilen Kottonöl) . . .	96,09 %
Kunstspeisefett II (bestehend aus einem Teile Schweinefett und einem Teile Kunstspeisefett I)	96,47 %

Vom ernährungsphysiologischen Standpunkte aus müssen die drei Produkte daher in bezug auf ihren Gebrauchswert als gleich betrachtet werden, zumal sie auch im Geschmack nur wenig voneinander abweichen.

Äußern sich doch auch die technischen Erläuterungen zum Margaringesetze über die Kunstspeisefette in sehr günstigem Sinne:

„Bezüglich der Verdaulichkeit der Kunstspeisefette könnte ihr Gehalt an Stearin zu Bedenken Anlaß geben, da diese Fettart nur zu einem geringen Teile verdaulich ist. Dies gilt indes nur für den Fall, daß das Stearin allein für sich genossen wird. In den Kunstspeisefetten ist aber das Stearin mit den flüssigen, verhältnismäßig stearinarmen Pflanzenölen gemischt, in welchen Mischungen es bedeutend leichter verdaulich ist. Kunstspeisefette, die die salbenartig weiche Be-

---

[1]) Vergleiche A. Goske, Über Analysen von Dampfschmalz, Chem. Ztg. 1896, S. 21.

[2]) Schweinefett, das über 2 % Wasser enthält, zeigt beim Braten in der Pfanne die unangenehme Eigenschaft des Spritzens; ein zu hoher Wassergehalt verrät sich daher beim Schweinefett beim Gebrauch in der Küche ganz von selbst.

[3]) Zeitschr. f. Unters. d. Nahrungs- u. Genußmittel 1900, 3. Bd., S. 73.

schaffenheit des Schweineschmalzes haben, enthalten nicht mehr Stearin als das Schweineschmalz selbst und werden daher wahrscheinlich etwa gleich gut wie dieses vom menschlichen Körper aufgenommen. Wenn somit die ordnungsgemäß aus einwandfreien Fetten hergestellten Kunstspeisefette als zur Ernährung des Menschen geeignete Nahrungsmittel anerkannt werden können, so muß doch andererseits die Forderung gestellt werden, daß sie unter der richtigen Bezeichnung und zu einem ihrem wirklichen Wert entsprechenden Preis in den Verkehr gebracht werden."

Gesetzgebung.

Die Fabrikation und der Vertrieb der Kunstspeisefette sind in den meisten Staaten durch Spezialgesetze geregelt. So in

Deutschland

durch das Gesetz, betreffend den Verkehr mit Butter, Käse, Schmalz und deren Ersatzmitteln, vom 15. Juni 1897 (Margaringesetz).

Nach § 1 dieses Gesetzes (siehe S. 216) werden unter Kunstspeisefetten alle diejenigen dem Schweineschmalz ähnlichen Zubereitungen verstanden, deren Fettgehalt nicht ausschließlich aus Schweinefett besteht. Ausgenommen sind unverfälschte Fette bestimmter Tier- und Pflanzenarten, die unter einem ihrem Ursprung entsprechenden Namen[1]) in den Verkehr gebracht werden.

Eine innere Kennzeichnung (latente Färbung), wie sie für Kunstbutter vorgeschrieben ist, wurde für Kunstspeisefette nicht festgesetzt, doch gelten sonst alle für Margarinprodukte erlassenen Gesetzesbestimmungen (Kennzeichnung der Gefäße und Umhüllungen sowie der geformten Stücke, besondere Herstellungs-, Aufbewahrungs- und Verkaufsräume, Behandlung und Kennzeichnung im schriftlichen Geschäftsverkehr, Anzeigepflicht der Betriebe und deren polizeiliche Überwachung) auch für Kunstspeisefette.

Als Schweinefett oder Schweineschmalz dürfen daher ohne gesetzliche Einschränkung und Bevormundung nur solche Produkte ausgeboten werden, die keinerlei fremde Zusätze enthalten. Für alle Gemische von Schweinefett mit anderen Fetten animalischer oder vegetabilischer Herkunft ist nur die Bezeichnung „Kunstspeisefett" oder ein Phantasiename im Zusammenhange mit dem Worte „Kunstspeisefett" zulässig.

---

[1]) Solche unverfälschte Tier- und Pflanzenfette unterliegen nach dem Wortlaut des Gesetzes auch dann nicht den Beschränkungen, die das Margaringesetz Butter- und Schweinefettsurrogaten im Handel und Verkehr auferlegt, wenn sie gelb gefärbt sind und ein butterähnliches Aussehen haben. Ein von Natur aus gelbes Pflanzen- oder Tierfett kann in raffiniertem, streichfähigem Zustande ohne Sesamölzusatz und ohne die gewissen Verkehrsbeschränkungen auf den Markt gebracht werden, sofern es unverfälscht ist und einen seine Herkunft deutlich zeigenden Namen führt. (Vergleiche S. 335.)

Die im Gesetze gegebene Definition des Kunstspeisefettes ist übrigens verschieden ausgelegt worden. Nach dem Wortlaute des Gesetzes ist ein Fett dann als Kunstspeisefett zu deklarieren, wenn es

Was versteht das Gesetz unter Kunstspeisefett?

1. andere Fette als Schweineschmalz enthält und
2. eine dem Schweineschmalz ähnliche Zubereitung zeigt.

Der Nachweis, ob ein Fett aus anderen Fetten als aus Schweinefett besteht, ist nicht in allen Fällen auf analytischem Wege mit voller Gewißheit zu erbringen, und die chemischen Gutachten lauten daher oft bloß auf ein „verdächtig, mit Fremdfetten gefälscht zu sein". Schon diese nicht zu vermeidenden Unsicherheiten bei den Begutachtungen beeinträchtigen die Handhabung des Gesetzes nicht unwesentlich.

Schwieriger noch ist die Beantwortung der Frage, ob ein Fett in seiner Zubereitung dem Schweineschmalz „ähnlich" sei. Es gilt hier ungefähr das, was beim Abschnitte „Kunstbutter" über den Begriff „Ähnlichkeit" ausgeführt wurde (S. 222). Die Ähnlichkeit, die der Gesetzgeber hier im Sinne hatte, bezieht sich zweifellos nicht auf die chemische Zusammensetzung, sondern auf das äußere Aussehen und alle anderen sinnlich wahrnehmbaren Eigenschaften. Eine chemische Ähnlichkeit wird nämlich immer vorliegen, denn welche Fette man auch zur Herstellung von Kunstspeisefett verwenden mag, es werden doch immer die Triglyzeride der charakteristische Bestandteil der einzelnen Komponenten und der Gesamtmasse sein. Die zu Täuschungen führende Ähnlichkeit muß vielmehr auch dem Laien leicht erkennbar sein und sich daher auf Konsistenz, Farbe, Geruch und Geschmack beziehen. Jeder mit gesunden Sinnen Ausgestattete wird imstande sein, zwei vorliegende Fette als ähnlich oder nicht ähnlich zu bezeichnen, nur wird nach dem subjektiven Empfinden der prüfenden Individuen die Ähnlichkeit nicht von den gleichen Kriterien abhängig gemacht werden. Der eine wird mehr Wert auf die Beurteilung der Konsistenz und Farbe, der andere vielleicht mehr auf Geruch und Geschmack legen. Richtig ist aber wohl, daß gerade die äußeren Eigenschaften (Farbe und Konsistenz) mit dem Schweinefett möglichst übereinstimmen, denn diese sind am ersten berufen, Täuschungen des kaufenden Publikums herbeizuführen. Auch ist die Beurteilung dieser Momente geringeren subjektiven Abweichungen unterworfen als die des Geruches und Geschmackes.

Nach den technischen Erläuterungen des Margaringesetzes müssen Kunstspeisefette, „da sie Nachahmungen des Schweineschmalzes sein sollen, eine weiße Farbe besitzen". Das Hauptkriterium für die Ähnlichkeit ist also die Farbe, erst in zweiter Linie kommen Geschmack und Geruch, und ein Fehlen dieser Eigenschaften wird daher nicht immer einen Grund bilden, eine Ähnlichkeit zu bestreiten.

Das Reichsgericht hat zwar bei Oleomargarin in einem Falle entschieden, daß gleiche Farbe, gleicher Geruch und gleicher Geschmack nicht ausreichen, um ein Fett einem andern ähnlich zu machen, sondern daß dazu auch Übereinstimmung in bezug auf Konsistenz und Gefüge erforderlich ist, ja daß sogar die innere stoffliche Beschaffenheit herangezogen werden müsse[1]), doch bleibt es fraglich, ob ein gleicher Standpunkt gegebenenfalls auch bei Kunstspeisefett eingenommen werden würde.

Bratenfette. Unentschieden ist es, ob Fettgemische, wie sie in großen Hotels und Küchen als Abfall resultieren, unter das Margaringesetz fallen oder nicht. Weder ihre Konsistenz noch ihre Farbe oder ihr Geruch läßt auf eine Ähnlichkeit dieser Bratenfette mit Schweineschmalz schließen, und sie stehen daher wohl auch außerhalb der gesetzlichen Bestimmungen, wenngleich sie aus verschiedenen Fetten, also nicht aus reinem, unverfälschtem Tier- oder Pflanzenfett bestehen.

Laut gewordene Klagen, wonach sich der Verkehr mit Kunstspeisefett wenig an die Bestimmmungen des Margaringesetzes hält, zeitigten den preußischen Ministerialerlaß vom 7. November 1899, der den betreffenden Behörden diese Bestimmungen aufs neue einschärfte.

Wassergehalt. Nicht verboten ist durch das Gesetz vom 13. Juli 1897 bei Kunstspeisefetten ein Wasserzusatz. Die in neuerer Zeit vereinzelt in den Handel gebrachten wasserhaltigen Kunstspeisefette verstoßen daher nicht gegen die Bestimmungen des Margaringesetzes, doch bleibt noch zu entscheiden, ob von den Behörden nicht auf Grund des Nahrungsmittelgesetzes eine Deklaration des Wasserzusatzes verlangt werden wird.

Daß nur Fette von gesundheitlich einwandfreier Qualität zur Kunstspeisefettbereitung Verwendung finden dürfen, versteht sich eigentlich von selbst. Sofern diese Fette von warmblütigen Tieren stammen, gelten die Bestimmungen des § 4 des Gesetzes vom 3. Juni 1900, worin es heißt:

„Fleisch im Sinne dieses Gesetzes sind Teile von warmblütigen Tieren, frisch oder zubereitet, sofern sie sich zum Genusse für Menschen eignen. Als Teile gelten auch die aus warmblütigen Tieren hergestellten Fette und Würste, andere Erzeugnisse nur insoweit, als der Bundesrat dies anordnet.“

Die Bestimmungen dieses Gesetzes und dessen Ausfuhrbestimmungen vom 30. Mai 1902, in welch' letzteren genaue Vorschriften darüber gegeben sind, unter welchen Bedingungen ein Fett für den Genuß als untauglich zu bezeichnen ist (Krankheiten der geschlachteten Tiere, verdorbenes Fett usw.), welche Konservierungsmittel unzulässig sind (vergleiche S. 189—193) usf., gelten auch für Schweinefett und dessen Surrogate.

Österreich.

Österreich. Österreich hat durch sein Margaringesetz vom 12. Oktober 1901 für Kunstspeisefette fast die gleichen Vorschriften erlassen wie Deutschland.

Als Kunstspeisefette sind jedenfalls alle Fettgemische zu betrachten, auch wenn sie keine Milch enthalten. So z. B. ist ein aus Kokosfett und Sesamöl mit einem Zusatze von 1 % Kochsalz, etwas Buttergelb und Wasser

[1]) Siehe Münchener Rollenfettprozeß, S. 223.

hergestelltes Pflanzenfett als Kunstspeisefett zu deklarieren und darf nur unter den im Margaringesetze niedergelegten Bestimmungen in den Handel gebracht werden. (Entscheidung des österreichischen obersten Gerichtshofes vom 30. Januar 1907.)

Belgien.

Den Verkehr mit Schmalz und anderen Speisefetten ordnete zuerst ein Spezialgesetz vom 27. Dezember 1896. Es heißt darin: Belgien.

„Die Bezeichnungen ‚saindoux' und ‚axonge' dürfen nur für reines Schweineschmalz gebraucht werden. Die Speisefette (außer Butter und Margarine) müssen eine Bezeichnung führen, die genau ihre Natur oder Zusammensetzung angibt. Doch kann statt dessen die Bezeichnung ‚gemischtes Fett' für Mischungen von Fetten verschiedener Natur angewendet werden.

Die Gefäße, worin die Fette zum Verkauf oder zur Lieferung gelangen, müssen entsprechende Aufschriften tragen.

Wenn Schmalz und andere Speisefette mehr als 1% Wasser oder sonstige fremde Beimengungen enthalten, so muß die Aufschrift den entsprechenden Vermerk ‚wasserhaltig', ‚gesalzen' od. dgl. tragen."

Diese Bestimmungen sind durch daß Gesetz vom 4. Mai 1900 und durch die königliche Verordnung vom 20. Oktober 1903[1]) überholt; in letzterer erscheint im wesentlichen das in dem Gesetze vom Jahre 1896 Vorgesehene bestätigt.

Durchaus verboten ist es, Schmalz oder andere Speisefette zu verkaufen, zum Verkauf zu stellen, aufzubewahren oder für den Verkauf zu befördern, wenn diese Waren

1. andere mineralische Zusätze als Wasser und Salz, ferner antiseptische Stoffe oder Glyzerin enthalten,
2. beschädigt oder verdorben und
3. im Widerspruche mit den Vorschriften über den Fleischhandel zubereitet oder eingeführt sind.

Interessant ist die Bestimmung der belgischen Verordnung, daß nicht eßbare Fette, sofern sie mit eßbaren Fetten eine gewisse Ähnlichkeit besitzen, nicht in denselben Räumen oder in Lokalen, die miteinander auf anderem als öffentlichem Wege verbunden sind, verkauft oder zum Verkauf ausgestellt oder gelagert werden dürfen, es sei denn, daß die Gefäße mit den nicht eßbaren Fetten durchweg die Aufschrift: „Nicht eßbare Fette" tragen.

Durch das Gesetz vom 4. Mai 1900 wurde außerdem bestimmt, daß die ohne Verbutterung hergestellten, aus Mischungen von pflanzlicher Butter, Schweineschmalz oder anderen Fetten bestehenden Speisefette einen Zusatz von Sesamöl und Stärkemehl — ähnlich der Kunstbutter — erhalten müssen.

---

[1]) Moniteur Belge 1903, Nr. 297.

Produktion und Handel.

Neben der Kuhbutter ist das Schweinefett das wichtigste Nahrungsfett. Über den Umfang seiner Jahreserzeugung kann man einigermaßen genaue Werte nur schwer ermitteln, da ein großer Teil der gezüchteten Schweine durch Hausschlachtungen verwertet wird und die pro Stück gelieferte Fettmenge je nach dem Ernährungszustande des Tieres sehr stark schwankt.

Einer der bedeutendsten Konsumenten von Schweinefett ist entschieden

Deutschland,

Deutschland. das jährlich 100000 Tonnen Schweinefett für fast 100 Millionen Mark vom Auslande bezieht. Da Deutschland außerdem 18 Millionen Schweine hat, die fast alle binnen Jahresfrist ihr Leben lassen müssen, kann man die Inlandserzeugung von Schweinefett mit weiteren 500000 Tonnen veranschlagen, so daß pro Kopf der Bevölkerung ein jährlicher Schweinefettverbrauch von ungefähr 10 kg kommt.

Deutschlands Ein- und Ausfuhr von Schweinefett ist in den letzten Jahrzehnten stetig angewachsen:

	Ausfuhr		Einfuhr	
	Menge in Doppelzentnern	Wert in Mark	Menge in Doppelzentnern	Wert in Mark
1880	545987	49139000	380	36000
1885	356416	25306000	320	32000
1890	910297	55983000	1378	138000
1895	781257	52657000	1493	328000
1900	1016956	70209000	640	58000
1901	979334	83265000	1036	104000
1902	822731	85431000	786	94000
1903	829738	72624000	757	76000
1904	926424	66729000	892	76000
1905	1156077	86118000	648	57000
1906	1231184	106203000	775	75000
1907	1048051	94267000	371	37000

Die eingeführte Menge stammt, wie die nachstehende Tabelle zeigt, zumeist aus den Vereinigten Staaten Nordamerikas, die die Hauptproduzenten des auf den Weltmarkt gebrachten Schweinefettes sind.

Deutschlands Schweinefett-Einfuhr.

Herkunftsländer	1905	1906	1907	1908
	Menge in Doppelzentnern			
Vereinigte Staaten . .	1138950	1208691	1013020	1046956
Dänemark	11208	10745	15970	24182
Serbien		2138	9808	6666
Niederlande	4343	6623	6887	7039
Österreich-Ungarn . .		1954	1676	1945
Andere Länder . . .	1576	1033	690	232
Summe	1156077	1231184	1048051	1087020

Von Kunstspeisefetten führte das Deutsche Reich nur verhältnismäßig kleine Mengen ein:

	Einfuhr		Ausfuhr	
	Menge in Doppelzentnern	Wert in Mark	Menge in Doppelzentnern	Wert in Mark
1900	19818	1217000	83	6000
1904	12538	716000	48	3000
1905	16539	856000	55	4000
1907	5590	447000	36	3000

Österreich-Ungarn.

Dieses Land hat nach der letzten Viehzählung ungefähr 13 Millionen Schweine und die inländische Erzeugung von Schweinefett kann demnach mit 400 Millionen Kilogramm eingeschätzt werden. Dabei findet eine namhafte Einfuhr statt, die sich in den letzten Jahren belief: Österreich-Ungarn.

	Einfuhr		Ausfuhr	
	Menge in Doppelzentnern	Wert in Kronen	Menge in Doppelzentnern	Wert in Kronen
1896	59520	3416448	1794	200928
1900	4769	352906	1468	145608
1901	276	18216	10627	998938
1902	61	5795	8339	867256
1903	24107	88730	580	60320
1904	65913	5998083	315	34650
1905	148235	13489385	438	48180
1906	84171	7660380	17840	2033304
1907	28041	3000387	7939	30996
1908	7939	849473	2	108

Die Hauptmenge des eingeführten Schweineschmalzes stammt aus den Unionstaaten; an zweiter Stelle kommt dann Serbien als Schweinefettlieferant.

Frankreich.

In diesem Lande hat der Handel mit Schweinefett (saindoux) einen auffallenden Rückgang erfahren, dessen Ursachen in Zollverhältnissen zu suchen sind. Frankreich.

	Einfuhr		Ausfuhr	
	Menge in Kilogramm	Wert in Franken	Menge in Kilogramm	Wert in Franken
1880 . .	56585129	50926616	17676086	15908477
1885 . .	26369533	23732580	12620652	11358587
1890 . .	39269332	32593546	15535197	12894214
1895 . .	20208008	16772674	3778350	3136031
1900 . .	14944284	14047627	4876258	4583683
1901 . .	8500263	9180284	3636819	3927765
1905 . .	3779187	4535025	3085712	3702854
1907 . .	8391284	11747798	2929899	4101859

England.

England. Die Einfuhr Englands von Schweinefett ist ebenfalls sehr beträchtlich, wenngleich sie lange nicht die Höhe der Buttereinfuhr erreicht; die Ausfuhr ist dabei verschwindend.

	Einfuhr		Ausfuhr	
	Menge in engl. Zentnern	Wert in Pfund Sterling	Menge in engl. Zentnern	Wert in Pfund Sterling
1902	1650830	4118992	—	—
1903	1732790	3870774	—	—
1904	1830837	3342389	—	—
1905	2012305	3692573	—	—
1906	2049367	4361399	9541	24049
1907	1965131	4491539	9634	26432
1908	1987491	4407410	8118	22340

Bemerkenswert sind auch die Bezüge Englands von Kunstspeisefetten (lard substitutes):

	Einfuhr		Ausfuhr	
	Menge in engl. Zentnern	Wert in Pfund Sterling	Menge in engl. Zentnern	Wert in Pfund Sterling
1905	194185	269098	—	—
1906	231235	358492	420	622
1907	222090	408192	569	864
1908	174064	306700	583	1008

Italien.

Italien. Der Wert von Italiens Schweinefett-Einfuhr beläuft sich in den letzten Jahren auf $1^1/_2$—$2^1/_2$ Mill. Lire; die Ausfuhr ist ganz unbedeutend und mehr als Durchgangshandel denn als eigentlicher Export zu betrachten.

	Einfuhr		Ausfuhr	
	Menge in Doppelzentnern	Wert in Lire	Menge in Doppelzentnern	Wert in Lire
1890	18864	2075040	1996	219560
1900	29022	3627730	1304	163000
1901	16104	2013000	528	66000
1902	7234	940420	570	74100
1903	21008	2415920	218	25070
1904	16248	1917264	523	61714
1905	11469	1376280	1116	133920
1906	9934	1341090	1349	182115
1907	17519	2452660	749	104860

Rußland.

Rußland. Dieses Land verbraucht das von ihm erzeugte Schweinefett nicht zur Gänze und vermag davon bescheidene Mengen dem Auslande abzugeben.

Die Ausfuhr betrug

im Jahre 1901 . . .	31707 Pud	im Werte von	257551 Rubeln.
„ „ 1902 . . .	80451 „	„ „ „	600715 „
„ „ 1904 . . .	30696 „	„ „ „	246411 „
„ „ 1905 . . .	39178 „	„ „ „	370997 „

Vereinigte Staaten Nordamerikas.

Über die Schweinefettproduktion der Vereinigten Staaten wurde bereits Band 2, S. 821 einiges gesagt. Vereinigte Staaten.

Die Unionstaaten bringen alljährlich Schweinefett im Werte von 50 Millionen Dollars auf die Auslandsmärkte und versorgen die Hauptverbraucher von Schweinefett mit diesem Produkte.

Die Schweinefettausfuhr der Vereinigten Staaten betrug seit dem Jahre 1896:

	Amerikanische Pfund	Wert in Dollars
1896	526320203	29821308
1897	630060611	32622409
1898	736636222	43440170
1899	690068669	41531142
1900	609473372	42033597
1901	607266176	51626346
1902	504153355	50869599
1903	535375757	50224669
1904	563520159	44304628
1905	610238899	47243181
1906	741516886	60132091
1907	627559660	57497980

Die Ausfuhrmengen verteilten sich in den letztgenannten beiden Jahren wie folgt:

Bestimmungsland	1906 Amerikanische Pfund	1907 Amerikanische Pfund
Großbritannien	241903704	225983152
Deutsches Reich	240277836	183949827
Niederlande	80038280	64404487
Belgien	37722055	31070302
Österreich-Ungarn . . .	20140886	1333332
Nordamerika	62152828	58054597
Südamerika	19484016	21929169
Andere Länder	39797281	40834794
Zusammen	741516886	627559660

Die in Amerika sehr schwunghaft betriebene Herstellung von Compound lard hat ebenfalls einen beachtenswerten Export aufzuweisen. Er betrug:

im Jahre	1905	61215187	amerik. Pfund im Werte von	3613235 Dollars
„ „	1906	67621310	„ „ „ „ „	4154183 „
„ „	1907	80148861	„ „ „ „ „	6166910 „

Über die Preisschwankungen, denen das Schweinefett in den letzten 20 Jahren unterworfen war, gibt Tafel XIX in Band 2, S. 820, Aufschluß.

4. Pflanzenbutter.

Vegetabilische Butter. — Beurre végétal. — Vegetable butter. — Burro vegetabile.

Allgemeines.

Allgemeines. Unter den Namen Pflanzenbutter, Kokosbutter, Palmbutter, Palmin, Kokol, Kunerol, Ceres, Gloriol, Sanella, Palmona, Leto, Quisisana u. a. kommen Speisefette auf den Markt, die Kokosöl als Grundlage haben, ja zumeist nichts anderes als neutralisiertes, ungefärbtes, geruch- und geschmacklos gemachtes Kokosöl darstellen.

Es war kein glücklicher Griff, bei ihrer Namensbildung das Wort „Butter“ zu benutzen, denn sie erinnern weder im äußeren Aussehen noch in ihrer inneren Beschaffenheit an Butter. Meist aus Kokosöl gewonnen, stellen sie, da ungefärbt, rein weiße Produkte dar, sind nicht streichbar und enthalten nicht, wie Kunstbutter, Milchbestandteile oder andere Zusätze.

Neben Kokosöl werden bisweilen auch andere feste Pflanzenfette durch Raffinationsprozesse speisefähig gemacht und als Pflanzenbutter verkauft, doch ist heute, wie schon bemerkt, das Ausgangsprodukt dieser Fabrikation fast ausschließlich das Kokosöl.

In letzter Zeit hat man den gereinigten Pflanzenfetten durch Färben, Streichbarmachen, Verbuttern mit Milch und verschiedene Zusätze ein butterartiges Aussehen und butterähnliche Eigenschaften zu erteilen versucht und dadurch Erzeugnisse erhalten, die sich von der eigentlichen Pflanzenfettbutter durch ihre Schweinefettähnlichkeit (ungefärbt und streichbar) oder ihre Butterähnlichkeit (gefärbt und streichbar) unterscheiden.

Geschichte.

Geschichte. Schon Liebig schlug vor, die exotischen festen Pflanzenfette in die Reihe unserer Nahrungsmittel aufzunehmen. Wenn diese Idee so lange Zeit unverwirklicht blieb, ist der Grund hiefür in den großen technischen Schwierigkeiten zu suchen, die ihrer Durchführung im Wege standen.

Als Erster hat sich mit dem Problem, Kokosöl geruchlos zu machen, wohl Pohl[1]) praktisch befaßt. Er erhitzte möglichst frisches Kokosöl, wobei er zwischen 80 und 165° C das Entweichen von Wasser- und Luftblasen beobachtete. Bei 165° C begann das Öl auch einen stechenden, ranzigen Geruch zu entwickeln, der mit dem der Buttersäure große Ähnlichkeit hatte. Beim zwei Minuten langen Erhitzen auf 240° C verlor das Fett die Fähigkeit, beim Abkühlen sogleich zu erstarren; erst nach 24 Stunden wurde es teilweise fest und der erstarrte Teil ließ sich von dem flüssig gebliebenen Anteil als ziemlich feste, farblose Masse abpressen. Erst nach vierzigstündigem Stehen in der Kälte erstarrte die ganze Masse des auf 240° C erhitzten Öles.

Pohl hatte gehofft, daß der spezifische Geruch des Kokosöles bei höherer Temperatur ebenso zum Verschwinden gebracht werden könnte wie der eigentümliche, an Veilchen erinnernde Geruch des Palmöles, der bekanntlich beim Bleichen dieses Fettes durch Hitze gänzlich verschwindet. Der charakteristische Geruch des Kokosöles trat aber nach dem Erhitzen viel stärker hervor als beim frischen Öle, und Pohl erklärte daher seine Versuche als gänzlich gescheitert.

Mehr als zwanzig Jahre später wurde dann in der „Chemiker-Zeitung“ auf die große wirtschaftliche Bedeutung des Speisefähigmachens des Kokosöles in eindringlicher Weise aufmerksam gemacht[2]). Die Anregung hatte zur Folge, daß Theodor Haege[3]) in Mülheim mit der Mitteilung in die Öffentlichkeit trat, er hätte bereits ein Verfahren zur vollständigen Geruch- und Geschmacklosmachung von Kokosöl ausgearbeitet und wäre schon wegen des Verkaufes dieses Verfahrens mit amerikanischen Firmen in Unterhandlungen. Für Deutschland versprach sich Haege von dem neuen Artikel wegen des hier besonders tief wurzelnden Voreingenommenseins gegen alle Neuerungen in der Nahrungsmittelbranche nur wenig.

Ferner hatte die anonyme Anregung in der „Chemiker-Zeitung“ die Veröffentlichung einer Methode zur Neutralisation von Kokosölen mittels kochsalzhaltiger Sodalösungen zur Folge[4]). Kurze Zeit darauf wurde auch das schon fast zwei Jahre früher angemeldete Patent von Paul Jeserich und C. A. Meinert[5]) bekannt, das die Entfernung der flüchtigen Stoffe aus Kokos- und Palmkernöl durch überhitzten Wasserdampf, unter gleichzeitiger Beseitigung der freien Fettsäuren durch gebrannte Magnesia, beabsichtigte. Allerdings hatten die Erfinder dabei in erster Linie die Verwendung der

[1]) Dinglers polyt. Journ., Bd. 158; Polyt. Notizbl. 1860, S. 345; Journ. f. prakt. Chemie, Bd. 91, S. 50.

[2]) Ein wohlfeiles vegetabilisches Speisefett, Problem, unsern deutschen Chemikern zur Lösung vorgelegt, Chem. Ztg. 1883, S. 1213.

[3]) Chem. Ztg. 1883, S. 1244.

[4]) Chem. Ztg. 1883, S. 1509.

[5]) D. R. P. Nr. 19819 v. 14. April 1882.

Pflanzenfette für die Kunstbutterfabrikation im Auge und dachten weniger daran, die gereinigten vegetabilischen Fette für sich allein als Speisefette in den Handel zu bringen.

Um die Mitte der achtziger Jahre des vorigen Jahrhunderts bemühte sich dann Friedrich Kollmar in Besigheim a. N. mit aller Energie um die Herstellung guter Kokosbutter in größerem Maßstabe und um deren Einführung beim großen Publikum. Trotz seines zielbewußten Vorgehens vermochte er nicht, die allgemeine Voreingenommenheit gegen das neue Produkt zu beseitigen, und erzielte daher nicht die erhofften Erfolge. Seine unbestrittenen Verdienste um die Weiterentwicklung der Pflanzenbutterindustrie sind aber nicht gering einzuschätzen.

Ob das von J. M. Wizemann in Stuttgart auf der Leipziger Kochkunstausstellung vom Jahre 1887 gezeigte und viel gelobte Kokosspeisefett deutscher Provenienz war, läßt sich heute nicht mehr feststellen.

In Frankreich erwarb sich um die gleiche Zeit Miguet Verdienste um die Einführung fester Pflanzenspeisefette.

Die bis zum Jahre 1890 in den Handel gebrachten Kokosspeisefette waren nur zum Teil durch Abtreiben mit überhitztem Wasserdampf desodorisiert und durch Neutralisieren mit Natronlauge oder aufgeschlämmter Magnesia entsäuert; ein nicht unbeträchtlicher Teil davon war nach dem weiter unten erwähnten Alkoholverfahren hergestellt, das aber sehr unvollkommene Produkte lieferte. Es blieben nämlich beim Herauswaschen der freien Fettsäuren mittels Alkohols Reste von Alkohol in dem gereinigten Fette zurück, wodurch dieses infolge einer Esterifikation einen kognakartigen Geruch annahm, der sich beim Öffnen der Versandfässer in sehr deutlicher Weise bemerkbar machte. Dieser Übelstand diskreditierte die gereinigte Pflanzenbutter nicht nur als direkt zu verwendendes Küchenfett, sondern auch als Rohmaterial für die Kunstbutterindustrie, von welch letzterem Verwendungszwecke man sich Günstiges versprochen hatte.

Zu Beginn der neunziger Jahre des vorigen Jahrhunderts brachte dann die Mannheimer Firma P. Müller & Söhne Kokosbutter in größeren Mengen auf den Markt, die nach einer von Schlinck in Ludwigshafen ausgearbeiteten Methode hergestellt worden war. Kurze Zeit später hörte man dann auch von anderen geeigneten Verfahren zur Speisefähigmachung von Kokosöl; so unter anderem von einer Methode, die Krug in Leopoldshall ausgearbeitet haben sollte[1]).

Die Kokosbutterindustrie hat in den folgenden Jahren sowohl in chemischer Hinsicht als auch in apparativer Beziehung bemerkenswerte Vervollkommnungen und Verbesserungen erfahren, und der ungeahnte Aufschwung, den der Handel mit Kokosbutter in dem letzten Dezennium genommen, hat uns geradezu eine Überfülle von teils geheim gehaltenen,

---

[1]) Hefter, Über Kokosbutter, Seifenfabrikant 1894, S. 443.

teils durch Patente geschützten, teils brauchbaren, teils wertlosen Methoden zur Kokosbutterfabrikation beschert.

Das Bestreben, die Einrichtungskosten möglichst herabzusetzen und die Herstellung von Pflanzenbutter den kleinen Betrieben zugänglich zu machen, hat leider dazu geführt, daß heute große Mengen minderwertiger Ware auf den Markt geworfen werden. Diese schlechten Marken von Kokosbutter, die vielfach nicht besser, mitunter sogar schlechter sind als auf gewöhnliche Weise hergestelltes gepreßtes Ceylon-Kokosöl, haben dem schwer errungenen guten Ruf der richtig hergestellten, guten Kokosbutter nicht wenig geschadet.

Rohmaterial.

Roh-materialien.

Als Rohmaterial kommt für die Herstellung von Pflanzenbutter heute fast ausschließlich das Kokosöl in Betracht.

Wiederholte Versuche, auch andere Pflanzenfette durch entsprechende Reinigungsmethoden speisefähig zu machen, haben bisher noch wenige praktische Erfolge gezeitigt; Palmkernöl scheint für diese Zwecke wenig geeignet, und Versuche mit anderen festen Pflanzenfetten boten ebenfalls verschiedene Schwierigkeiten; so ist bei einigen die Entfernung des spezifischen Bittergeschmackes nicht leicht, bei anderen Pflanzenfetten, die das ganz besondere Interesse der Pflanzenbuttererzeuger haben (Illipéfett usw.), erschwert der meist sehr hohe Gehalt an freien Fettsäuren die Reinigung sehr bedeutend, und diese Fette haben daher bis heute in der Pflanzenbutterindustrie noch keinen festen Fuß fassen können, obwohl sich ihre Raffinate in ganz vorzüglicher Weise dazu eignen würden, den Schmelzpunkt der aus Kokosöl dargestellten Pflanzenbutter hinaufzusetzen, ein Problem, dessen glatte Lösung bis heute noch ausständig ist. Auch seitens der Margarinfabrikanten wird nach billigen festen Pflanzenfetten gesucht. Im allgemeinen geht man nicht fehl, wenn man als das Ausgangsmaterial der verschiedenen in den Handel kommenden Sorten von Pflanzenbutter das Kokosöl ansieht.

Anforderungen.

Kokosöl, das zu Pflanzenbutter verarbeitet werden soll, muß drei Anforderungen entsprechen:

1. muß es möglichst geruchlos sein,
2. soll es eine helle Färbung aufweisen und
3. darf es keine zu großen Mengen freier Fettsäuren enthalten.

Diese Bedingungen kann nur ein Kokosöl erfüllen, das aus besonders guter und gesunder Koprah erzeugt wurde. Die Spielart der Kokospalme, von der die Koprah stammt, und die klimatischen Verhältnisse, unter denen die Kokosnüsse reiften, also die Provenienz der Koprah, sind dabei eigentlich von nebensächlicher Natur; ausschlaggebend ist für die Qualität der Koprahsorten der einzelnen Länder und der daraus erzeugten Öle hauptsächlich die Art der dort üblichen Trocknungsmethoden.

Feuergetrocknete Koprah liefert stets ein für Kokosbutterzwecke ungeeignetes Öl; nur sonnengetrocknete Ware gibt ein Kokosöl, das den oben genannten Anforderungen gerecht wird. Aber auch bei der Sonnentrocknung der Koprah kann die Güte des Produktes Schaden nehmen, weil sich bei nicht genügend sorgsamer Arbeit sehr leicht Schimmelpilze auf der inneren Seite der Koprah ansetzen und die Ware auch durch Insektenfraß, beigemengten Schmutz und andere Umstände allzu leicht leidet.

Die immer größer werdende Nachfrage nach Kokosöl, das sich für die Herstellung von Pflanzenbutter eignet, hat natürlich auch eine regere Nachfrage nach entsprechend guter, gesunder Koprah zur Folge, und es ist nicht ausgeschlossen, daß dieser Umstand verbessernd auf die heutigen, noch sehr primitiven Trocknungsmethoden einwirkt.

Über die drei Forderungen, die für Kokosöl zu Pflanzenbutterzwecken aufgestellt wurden, möge noch folgendes bemerkt werden:

Die verlangte Geruchlosigkeit wird selbstverständlich nie in vollem Maße vorhanden sein; auch die beste Marke von Kokosbutteröl zeigt einen für Kokosöl charakteristischen Geruch, der beim geschmolzenen Öle deutlicher wahrnehmbar ist als beim erstarrten. Diesen typischen Kokosölgeruch bringt ein richtig durchgeführter Reinigungsprozeß vollständig zum Verschwinden; brenzliche, saure oder ranzige Gerüche können dagegen bei der Verarbeitung des Öles nicht so gut entfernt werden. Besonders der brenzliche Geruch, wie er Ölen aus feuergetrockneter Koprah eigen ist, läßt sich nach keiner der bisher bekannten Methoden vollständig entfernen.

Der Wunsch nach einem möglichst farblosen Kokosöl ist am wenigsten wichtig. Einmal werden Farbstoffmengen, die in dem Kokosöle vorhanden sind, bei dessen Verarbeitung zu Pflanzenbutter teilweise im Fabrikationsgange selbst ausgeschieden, andrerseits lassen sich gelbstichige Öle auch vor oder nach der eigentlichen Reinigung ohne besondere Schwierigkeiten bleichen.

Mitunter wird bei Kokosbutteröl eine Garantie darüber verlangt, daß es eine naturelle, vollkommen ungebleichte Ware darstelle, doch pflegt man eine sehr große Menge des auf den Markt kommenden Kokosbutteröles durch einen leichten Bleichprozeß aufzuhellen. Geeignet sind zu diesem Zwecke lediglich die sogenannten Absorptionsverfahren (siehe Band 1, S. 663 bis 668), und man hat dafür besondere Apparate konstruiert, von denen der von J. E. de Bruyn[1]), bei dem das Vermischen des Bleichmittels mit dem Fette im Vakuum vorgenommen wird, erwähnt werden möge. Durch Arbeiten in der Luftleere soll jede überflüssige Berührung des Fettes mit Luft vermieden und daher dem Ranzigwerden vorgebeugt werden.

Eine Notwendigkeit, die Kokosöle im Vakuum zu bleichen, besteht aber nicht, und die Bruynsche Methode stellt daher eine entbehrliche Komplikation dar.

---

[1]) Franz. Patent Nr. 338677.

Der Gehalt der Kokosbutteröle an freien Fettsäuren beeinflußt die Ausbeute an Pflanzenbutter, wie außerdem mit steigendem Fettsäuregehalt auch der Aufwand an Chemikalien größer wird. Es hat sich daher im Kokosbutterhandel der Brauch ausgebildet, die Öle nach einem garantierten Höchstgehalt an freien Fettsäuren zu kaufen. Ursprünglich wurde der zulässige Maximalgehalt mit 2 % freier Fettsäuren (berechnet auf Ölsäure), später mit 1,5 % und endlich mit 1 % festgesetzt. Diese immer höher werdenden Anforderungen hatten zur Folge, daß man die Azidität des Kokosöles auf künstlichem Wege herabzudrücken versuchte. Eine solche Absättigung der freien Fettsäuren wird durch Alkalien oder durch die Oxyde der alkalischen Erden erreicht, doch hat man bei der weiteren Verarbeitung derartig vorneutralisierter Öle keine guten Erfahrungen gemacht.

Manche Kokosölsorten bieten beim Reinigen insofern Schwierigkeiten, als sie bei gewissen Phasen des Raffinationsprozesses ein starkes Schäumen verursachen. J. Freundlich[1]) hat gezeigt, daß die Vermutung, es handle sich bei diesen Ölen um einen größeren Gehalt an Rohprotein, das bei der Gewinnung dieser Öle in sie hineingelange, irrig ist und daß der Gehalt der Kokosöle auch im ungünstigsten Falle 0,072 % nicht übersteigt. Seiner Ansicht nach sind die unliebsamen Verunreinigungen gewisser Kokosöle stickstoffreier Natur und in die Gruppe jener Körper gehörig, die in den organischen Analysenausweisen unter dem Sammelnamen „stickstoffreie Extraktstoffe" zusammengefaßt werden.

Fabrikation.

Die Herstellung der Pflanzenbutter zerfällt in folgende Phasen: *Prinzip der Fabrikation*

a) Beseitigung der freien Fettsäuren (Neutralisation);
b) Entfernung der Riechstoffe (Desodorisierung);
c) Formgebung des gereinigten Fettes.

Nebenher laufen in manchen Fällen verschiedene andere Operationen, die, wie das Streichbar- und Festermachen der Pflanzenbutter, meist auf eine Konsistenzveränderung hinauslaufen.

Die Reihenfolge der ersten beiden Phasen der Kokosbutterfabrikation ist meist die oben angegebene, doch gibt es auch verschiedene Verfahren, bei denen die Desodorisierung der Neutralisation vorausgeht.

Die Entfernung der flüchtigen Substanzen als erste Operation vorzunehmen, erscheint nämlich deshalb ratsam, weil mit dem Abtreiben der flüchtigen Stoffe auch eine Herabsetzung der Azidität des Kokosöles erfolgt, also schon ein Teil der Neutralisationsarbeit geleistet wird; andrerseits geht aber bei einem solchen Arbeitsgange die sterilisierende Wirkung, die das Desodorisieren im Gefolge hat, verloren, denn das durch die Be-

[1]) Chem. Revue 1907, S. 302; 1908, S. 3.

handlung mit überhitztem Wasserdampf steril gewordene Öl empfängt durch die nachträgliche Neutralisierung neue Keime.

Die Reinigung des Kokosbutteröles mit dessen Neutralisation zu beginnen, wie es fast immer geschieht, läßt der Möglichkeit Raum, daß die später vorgenommene Abtreibung des neutral gewordenen Öles mit Wasserdampf eine neue Spaltung einleitet; es können nämlich Spuren von Seife im Kokosöl gelöst bleiben, die dann bei der Behandlung mit überhitztem Wasserdampf Spaltungen der Triglyzeride hervorrufen (vergleiche Band 1, S. 102). Dafür wird aber bei dieser, wie schon bemerkt, fast ausschließlich angewandten Arbeitsanordnung das Fett absolut keim- und wasserfrei, was für die Haltbarkeit der Pflanzenbutter ganz besonders wichtig ist.

a) Beseitigung der freien Fettsäuren.

Das Allgemeine über die Methoden zur Entfernung freier Fettsäuren wurde bereits in Band 1, S. 645—655, eingehend erläutert.

Auswaschen.

Ein Auswaschen der freien Fettsäuren mittels Alkokols hat Herz[1] empfohlen, doch hat sich dieses System nicht bewährt[2]), und zwar nicht nur wegen der lästigen Fett-Alkohol-Emulsion, sondern auch wegen der Schwierigkeit, die letzten Spuren von Alkohol aus dem neutral gemachten Kokosöle zu entfernen. Wie schon S. 312 bemerkt wurde, bleiben sehr leicht Spuren von Alkohol in dem Fette zurück (wahrscheinlich sogar in Form von Estern) und das gereinigte Kokosfett zeigt daher einen eigentümlichen, teils an Kognak, teils an Obst erinnernden Geruch.

A. E. Urbain und A. Feige haben in allerletzter Zeit das Alkoholverfahren wieder aufgegriffen. Sie meinen, daß die früheren Mißerfolge auf eine ungenügende Berücksichtigung der dabei sehr wichtigen Temperaturverhältnisse und auf zu wenig methodisches Arbeiten (ungenügendes Ausnützen des Alkohols) zurückzuführen seien.

Bei ihrem Verfahren wird auf diese Umstände Bedacht genommen. Das zu reinigende Rohöl passiert mehrere Behälter, wobei ihm der Alkohol entgegenstreicht, also nach dem bekannten Gegenstromprinzip ein planmäßiges Ausnützen des Lösungsmittels erfolgt. Vom letzten Reinigungsbehälter kommt das entsäuerte Öl in ein Sammelgefäß und von hier in einen Verdampfapparat, wo die noch anhaftenden Alkoholdämpfe vertrieben werden.

Der mit Fettsäuren beladene Alkohol wird in einem Destillierapparat regeneriert und die dabei gewonnenen Fettsäuren werden der Seifenfabrikation zugeführt.

Neutralisieren.

Die Abstumpfung der freien Fettsäuren durch alkalisch reagierende, seifenbildende Reagenzien ist aber bis heute der einzige technisch gangbare Weg zur vollkommenen Neutralisation von Kokosöl geblieben.

---

[1]) Chem. Ztg. 1889, S. 264.

[2]) Vergleiche Pollatschek, Chem. Revue 1902. S. 28.

Ursprünglich war es besonders die Magnesia, der man alle Aufmerksamkeit schenkte; erst später wurde mit Kalk und Natronlauge zu arbeiten versucht, welchen Neutralisationsmitteln sich dann auch Soda und Wasserglas anschlossen.

Die in der Kokosbutterindustrie angewandten Neutralisationsmittel müssen drei Anforderungen möglichst gerecht werden, wenn sie gute Dienste leisten sollen. Sie sollen

1. womöglich nur die freien Fettsäuren verseifen, das Neutralfett dagegen nicht oder nur wenig angreifen;

2. Seifen geben, die in dem übrigbleibenden Neutralfette nicht oder doch nur in bescheidenem Maße löslich sind, und

3. keinen unangenehmen Geschmack oder Geruch in dem zu reinigenden Fette hinterlassen.

Fast alle in Betracht kommenden Neutralisationsmittel erfüllen wohl die unter Punkt 3 genannte Forderung, nicht so dagegen die erstgenannten beiden Bedingungen.

Die Eigenschaft, nur auf die freien Fettsäuren, nicht aber auf die Triglyzeride (Neutralfette) verseifend zu wirken, kommt nur wenigen der bekannten Neutralisationsmittel zu (den Silikaten, Boraten, Karbonaten usw.), die übrigen verseifen zwar Fettsäuren leichter als Neutralfette, greifen aber auch diese an, wenn die Reagenzien im Überschusse vorhanden sind.

Die Verwendung von Magnesia ist zuerst von Paul Jeserich und Meinert für die Reinigung von Kokosöl in Vorschlag gebracht worden[1]). Die Genannten empfahlen sowohl aufgeschlämmte, gebrannte Magnesia (Magnesia usta) als auch Magnesiumhydroxyd oder Magnesiamilch. In der Praxis wird häufig ein Magnesiapräparat verwendet, das man durch Vermischen einer Magnesiumsulfatlösung (Bittersalz) mit Natronlauge erhält.

Kalkhydrat in gepulvertem Zustande oder auch Kalkmilch wird in der Kokosbuttererzeugung ebenfalls häufig verwendet.

Die meisten Betriebe arbeiten mit Natronlauge oder Natriumkarbonat (Soda); letzteres bietet die Möglichkeit, die gebildete Seife an der Oberfläche des Öles abzuscheiden. (Vgl. S. 318.)

Das von mancher Seite empfohlene Wasserglas findet wohl nur ausnahmsweise Verwendung. Man sagt dem Wasserglas als Neutralisationsmittel die Eigenschaft nach, schnell zu Boden sinkende Seifen zu bilden, was ein beachtenswerter Vorteil ist, wenn der Erscheinung keine Nachteile gegenüberstehen. Das schnelle Zubodensinken der Seife tritt infolge der bei der Verbindung der freien Fettsäuren mit dem Natriumsilikat frei werdenden Kieselsäure ein, deren Ausscheidung allerdings manchmal Betriebsschwierigkeiten zeitigt.

---

[1]) D. R. P. Nr. 19819 v. 13. April 1882.

Die Neutralisationsmethoden, die in Band 1 eingehend beschrieben wurden, haben hauptsächlich in der Kokosbutterindustrie ihre betriebsreife Ausgestaltung erfahren. Man hat hier zuerst daraufhin gearbeitet, den von den ausfallenden Seifen mitgerissenen Anteil neutralen Öles auf das möglichste Minimum zu verringern und das Gelöstbleiben von Seife in dem Öle hintanzuhalten.

In ersterer Richtung bewegen sich die Verbesserungen von Fresenius, in letzterer Hinsicht sind die Verfahren von Em. Khuner, Ekenberg, Busek und von Huth bemerkenswert. Alle diese Methoden wurden bereits in Band 1 besprochen, so daß hier auf sie nur verwiesen zu werden braucht.

Abscheidung der Seifen.

Bei den meisten Raffinationsverfahren fallen die gebildeten Seifen in Form mehr oder weniger deutlich ausgebildeter Flocken aus und sammeln sich infolge ihres höheren spezifischen Gewichtes beim Ruhenlassen der raffinierten Ölmassen am Boden des Reinigungsgefäßes. Mitunter aber wird so gearbeitet, daß eine durch Luft, oder Gasblasen gelockerte, schaumige Seifenmasse entsteht, die leichter ist als das Öl, daher an dessen Oberfläche steigt und von hier abgeschöpft werden kann. Die Neutralisationsmethoden, bei denen Karbonate verwendet werden, wo also beim Absättigen der freien Fettsäuren freie Kohlensäure gebildet wird, lassen dieses Ausscheiden einer schwimmenden Seife leicht zu.

Wie immer der Neutralisationsprozeß durchgeführt werden mag, stets sind die ausgefällten Seifen mit reichlichen Mengen neutralen Öles vermischt, das sie mechanisch festhalten. Ein Teil dieses Öles läßt sich aus den Seifenausscheidungen durch Zentrifugierarbeit gewinnen. Man bringt die Seifen zu diesem Zwecke in Zentrifugen mit nicht gelochter Trommel; die spezifisch schwerere Seife sammelt sich an der Trommelwand an, während sich das spezifisch leichtere Öl um die Zentrifugenachse lagert. Gestaltet man diese hohl und versieht sie mit mehreren Öffnungen, so kann man das um sie gelagerte Öl durch die Trommelachse selbst absaugen.

Die Entölung der Raffinierrückstände vermittels Zentrifugen ist aber nie vollkommen. Die zentrifugierten Seifenmassen enthalten je nach der Arbeitsweise auf 100 Teile verseiften Fettes 50—100 Teile Neutralfett, das auf keine Weise ausbringbar ist, also in den Rückständen belassen werden muß.

Der Verlust, mit dem man beim Neutralisieren der Kokosöle rechnen muß, beträgt daher das $1^1/_2$—2 fache vom Gehalte des Rohöles an freien Fettsäuren. Kokosöle mit 1 % freier Säure geben also ungefähr 98 %, solche mit 2 % ungefähr 96 % neutralisierten Fettes und 2 bzw. 4 % Abfallfett.

Raffinationsrückstände.

Die Raffinationsrückstände stellen nach stattgehabter Zentrifugierung, je nach dem angewandten Neutralisationsmittel und dessen Konzentration, mehr oder weniger kompakte, salbenartige (bei gewissen Spezialverfahren auch körnig poröse) Massen dar, die in dieser Form für den Weiterverkauf an Seifenfabriken nicht geeignet sind. Wie schon bemerkt, enthalten diese Produkte neben verseiftem Fett reichliche Mengen Neutralfett, daneben aber auch ausgefällte Schleimstoffe und eiweißartige Verbindungen, die bei dem Neutralisationsprozesse ebenfalls ausgefällt und von den gebildeten Seifen eingehüllt wurden.

Durch Kochen mit verdünnten Säuren (Schwefelsäure) in verbleiten Gefäßen verwandelt man diese Raffinationsrückstände in Fettsäuren. Bei dieser Säuerung wird aber natürlich nur das verseift gewesene Fett in Fettsäuren umgewandelt; das von den Seifen mechanisch festgehaltene Neutralfett erleidet bei der Säuerung keine Veränderung, sondern vermischt sich einfach mit den aus den Seifen abgeschiedenen Fettsäuren. Man hat also nach der Säurekochung[1]) ein klares, wasserfreies Fettgemenge vor sich, das aus ungefähr 50—70 % freier Fettsäuren und 30—50 % Neutralfett besteht. Es gibt ein gutes Rohmaterial für Seifensiedereien ab und kommt unter der nicht ganz richtig gewählten Benennung „Kokosölfettsäure" auf den Markt. Der hohe Gehalt des Produktes an Neutralfett (der mitunter auch 60—70 % beträgt) macht es für die Karbonatverseifung weniger gut geeignet als hochprozentige gespaltene Fettsäuren, und für ein nochmaliges Autoklavieren (siehe Kapitel „Stearinfabrikation") ist der Neutralfettgehalt wiederum zu gering (kleine Glyzerinausbeute). Die Abfallfette der Kokosölraffination stehen daher im Preise stets etwas unterhalb der Notierungen des Kokosöles oder hochprozentiger Kokosfettsäure.

Die Farbe der Abfallfettsäuren schwankt von Hellgelb bis Rötlichgelb, ihre Konsistenz und Struktur ist je nach ihrem prozentuellen Gehalte an Neutralfett salbenartig bis leicht kristallinisch. Ihr spezifisches Gewicht beträgt nach Otto Sachs[2]) bei 100° C 0,880.

b) Entfernung der Riechstoffe (Desodorisierung).

Die geruchbildenden Stoffe des Kokosbutteröles bestehen aus den niederen Gliedern der Fettsäurenreihe und deren Glyzeriden, Aldehydverbindungen usw. Allgemeines.

Ein Verdecken, Absorbieren oder Auswaschen der Riechstoffe (siehe Band 1, S. 685 und 688) ist in der Kokosbutterindustrie nicht üblich; die geruchgebenden Stoffe werden hier durch Verflüchtigung entfernt.

Wie schon in Band 1, S. 686—688, ausgeführt wurde, werden zur Vertreibung [Abblasen[3])] der riechenden Stoffe aus Ölen überhitzte

---

[1]) Otto Sachs macht darauf aufmerksam, daß bei der Säurekochung der Raffinationsrückstände die darin enthaltenen niederen Fettsäuren (besonders Kapron- und Kaprylsäure) infolge ihrer Wasserlöslichkeit mit dem Unterwasser verloren gehen. (Chem. Revue 1907, S. 212.)

[2]) Chem. Revue 1907, S. 213.

[3]) Dieses Abdestillieren des Kokosfettes hat die Bezeichnung „Fraktionierte Fette" entstehen lassen, welcher Ausdruck besonders häufig in Schriften gebraucht wird, die über die gesetzliche Regelung des Verkehrs mit Kokosbutter handeln.

Wasserdämpfe verwendet, die nicht nur leicht flüchtige, sondern auch schwer destillierbare Substanzen, z. B. die höheren Glieder der Fettsäurereihe austreiben.

Wichtig ist, daß die beim Neutralisationsprozesse gebildeten Seifen aus dem Öle vollkommen entfernt werden, bevor dieses in die Desodorisationsapparate kommt. Versäumt man dies, so wirken die im Öle verbliebenen Reste von Seifen auf das Öl hydrolysierend, und die den Desodorisierapparat verlassenden Öle zeigen eine wiederum erhöhte Säurezahl.

Da es sich bei der Kokosbutterfabrikation um die Entfernung auch der letzten Reste der geruchbildenden Substanzen handelt, muß man eine äußerst innige Berührung des Kokosbutteröles mit den durchstreichenden Wasserdampfströmen zu erreichen suchen. Man hat zu diesem Zwecke mehrfache Wege einzuschlagen versucht: Einesteils wählte man für das Abtreiben des Kokosbutteröles kleine Gefäße, die nur wenige hundert Kilogramm fassen, andrerseits suchte man die innige Berührung des Dampfes mit dem Öle durch besonders konstruierte Apparate, ähnlich, wie sie bei der Spiritusrektifikation Verwendung finden, zu erreichen (Kolonnenapparate).

Kleine Abtreibgefäße.

Die erste Type der Apparate bietet in ihrer Konstruktion wenig Interessantes. Kleine, möglichst flach gehaltene Blasen von 5—600 kg Inhalt liegen in Paraffin- oder Ölbädern, die ein gut regulierbares Erwärmen ihres Inhaltes auf höhere Temperaturen gestatten. Der überhitzte Dampf wird in das in den Blasen befindliche Öl durch ein einfaches Schlangenrohr eingeleitet, und bei dem geringen Inhalte der Abtreibblasen genügt diese Anordnung, um alle Ölteilchen mit dem Dampfe in Berührung zu bringen und eine möglichst vollständige Beseitigung der flüchtigen Substanzen zu gewährleisten. Heute wird diese Art von Apparaten kaum mehr angewendet.

Kolonnenapparate.

Die zweite Type der Desodorisierungsapparate, die man kurzweg als Kolonnenapparate bezeichnet, ist von wesentlich komplizierterer Konstruktion. Von den verschiedenen in Vorschlag gebrachten Apparaten sollen hier nur die von J. E. de Bruyn und von de Rocca vorgeführt werden.

Apparat von de Bruyn.

Bei dem Apparat von J. E. de Bruyn[1]) wird der Dampfstrom durch eine Reihe von durchlochten Scheidewänden zu gehen gezwungen, wobei er sich ziemlich regelmäßig verteilt und die verschiedenen Ölpartien möglichst gleichmäßig durchsickert. Während der Dampf den Apparat von unten nach aufwärts durchstreicht, sickert das Öl von oben nach abwärts, so daß das Gegenstromprinzip zur Wirkung kommt.

Der in Fig. 59 abgebildete Apparat besteht aus einem zylindrischen Gefäße *1* mit Mannloch *8*, das mit mehreren horizontalen, auf peripheralen Leisten *12* ruhenden Zwischenwänden *2*, *3* aus perforiertem verzinnten Eisenblech versehen ist. Beim Stutzen *11* fließt das zu reinigende Öl, das vorher auf eine Temperatur von 120° C erwärmt wurde, ein, während man gleichzeitig durch die Schlange *13*

[1]) Franz. Patent Nr. 338678.

gespannten oder überhitzten Dampf in den Apparat einströmen läßt. Das Öl nimmt seinen Weg nach abwärts, findet dabei an den verschiedenen Zwischenblechen Hindernisse und tropft durch die Öffnung dieser Zwischenlagen in Form eines Regens allmählich bis zum Boden des Desodorisierungsapparates. Dabei treibt der durch die Schlange *13* zugeleitete Dampf gegen das Röhrende des Apparates zu und entweicht durch das Abzugrohr *10*. Man kann mit dem Apparat aber auch so arbeiten, daß man den Stutzen *4* bis zu einer gewissen Höhe mit Öl ausfüllt und hierauf durch die Schlange *13* überhitzten oder gespannten Dampf zuführt, der sich dann ebenfalls durch die perforierte Zwischenlage im Öle ziemlich verteilt. Das Dampfdurchströmen muß so lange anhalten, bis sich eine beim Hahn *5* gezogene Ölprobe als geruchlos erweist und außerdem eine beim Stutzen *11* entnommene Dampfprobe keinen Riechstoff mehr enthält.

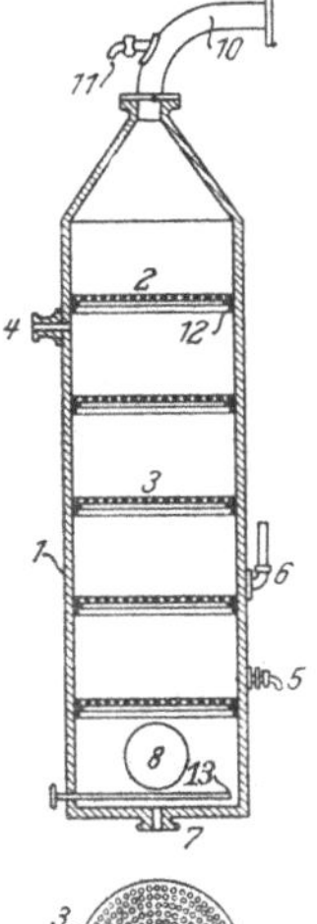

Fig. 59. Desodorisierapparat von J. E. de Bruyn.

Apparat von Rocca.

Sehr verbreitet ist in den Kokosbutterfabriken der Apparat von Emilien Rocca in Marseille[1]); auch hier erscheint das in der chemischen Industrie so vielfach angewendete Gegenstromprinzip verwertet. Das Fett passiert mehrere untereinander zusammenhängende Behälter, bei gleichzeitiger Durchströmung von Dampf.

Das Roccasche System gestattet zwei Ausführungsarten: entweder die Anordnung der einzelnen Abteilungen übereinander oder Nebeneinanderstellung. Ersterenfalls kommt man zu einer Art Destilliersäule, ähnlich den Kolonnenapparaten der Spiritusfabriken, im zweiten Falle zu einer batterieartigen Anlage, die an die Diffusionsanlagen der Zuckerfabriken erinnert.

Die vertikale Anordnung ist in Fig. 60 gezeigt, deren Details in Fig. 61 ersichtlich gemacht erscheinen.

Der Apparat (Fig. 60) zeigt die Form einer Säule, die aus einer Reihe von übereinandergesetzten Abteilungen gebildet wird, in deren jeder sich eine Haube oder Kappe mit breitem, durchlöchertem Rande für das Durchschnattern des Dampfes durch das Öl befindet. Ein zentrales Rohr führt unter der Haube jeder Abteilung den Dampf, der in der vorhergehenden gewirkt hat, hinweg, so daß ein mehrmaliges Ausnützen des Dampfes erzielt wird. Die Abteilungen bestehen aus einer Reihe von Ringen *a* oder dgl., die alle einen unteren Kranz *b* und einen oberen Kranz *c* in Form einer Winkelschiene besitzen, um die Verbindung der verschiedenen Teile miteinander durch Verbolzen zu bewirken.

Jeder Teil *a* hat außerdem in der Mitte seiner Höhe eine kleine, innere Winkelschiene *d*.

Die Zwischenplatten *e*, die die Abteilungen bilden, sind mit ihren Rändern zwischen die Winkelschienen zweier aufeinander liegender Teile eingeklemmt; die ähnlichen Zwischenplatten *f* liegen auf den inneren Winkelschienen *d*.

Alle Zwischenplatten *e* und *f* haben im Mittelpunkt eine Öffnung *g*, die einen Rohrstutzen *h* trägt.

Platte und Rohrstutzen sind mit einem hutförmigen Teil *i* überdacht, an dessen unterem Teil ein breiter Rand *j k* angebracht ist, der einige Zentimeter über der entsprechenden Platte gestützt wird. Zwischen den Rohrstutzen *h* und der senk-

[1]) D. R. P. Nr. 127492 v. 1. März 1900.

rechten Wandung der Haube *i* wird ein genügender Raum für die Zirkulation des Dampfes gelassen, die später erläutert werden wird. Die Ränder *j k* sind ferner mit einer gewissen Anzahl von Löchern versehen.

Auf dem obersten Aufsatz der Säule ist ein kegelförmiges Dach angebracht, in dessen Innerem sich in einiger Entfernung eine Abtropfvorrichtung *m* befindet, und das außerdem mit einem Abzugrohr *n* oder dgl. versehen ist.

In jeder Abteilung des Apparates ist eine Dampfschlange *o* zur Erhitzung des zu behandelnden Materials angeordnet; ferner vermitteln die Verbindung zweier benachbarter Abteilungen Übersteigrohre *p*, deren oberer Teil bis zur Standhöhe des Öles in der darüber liegenden Abteilung reicht und die nahe am Boden der darüber liegenden Abteilung einmünden.

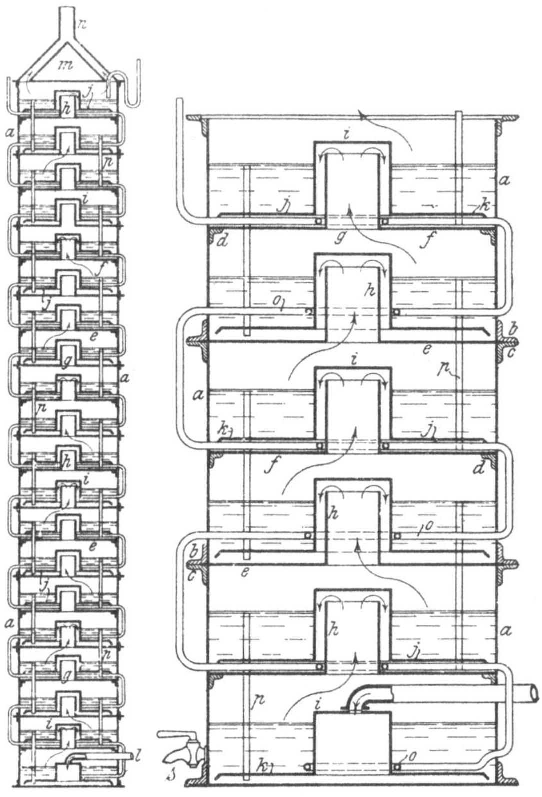

Fig. 60. Desodorisierapparat von Rocca.

Das Öl tritt nun durch das Rohr *r* oben in den Apparat und erfüllt die oberste Abteilung bis zur Höhe des oberen Randes des Übersteigrohres *p*, das es zu der unmittelbar darunter liegenden Abteilung führt, die sich auf dieselbe Weise füllt, und so fort bis zur untersten Abteilung, an welcher der Ausflußhahn *s* und das in die Haube *i* mündende Dampfeintrittsrohr *l* angebracht sind. Der in den unteren Teil des Apparates eingeführte Dampf strömt unter die Haube *i* und den Rand *j k*, geht durch dessen Löcher und streicht schnatternd durch die Flüssigkeit dieser Abteilung. Hierauf entweicht er durch den unmittelbar darüber liegenden Rohrstutzen *h* der Zwischenplatte *f*, verteilt sich zwischen *h* und *i*, strömt unter den durchlochten Rand *j k* und zwingt sich durch die Flüssigkeit der darüber liegenden Abteilung. So strömt der Dampf schrittweise von Abteilung zu Abteilung, indem er nach und nach mit weniger gereinigtem Material in Berührung kommt, da er in entgegengesetzter Richtung zu diesem wirkt. Das Rohmaterial, das im oberen Teile des Apparates mit dem Dampf, der schon in den darunter liegenden Abteilungen eingewirkt hat, in Berührung tritt, wird so in systematischer Weise gereinigt, indem es immer mehr, nach Maßgabe, wie es herabfließt, von Verunreinigungen befreit wird, da es immer weniger mit Verunreinigungen beladenen Dampf trifft, um schließlich völlig gereinigt aus dem Apparat herauszufließen.

Die horizontale Anordnung des Roccaschen Apparates ist in Fig. 61 wiedergegeben.

Die auf einer horizontalen Fläche kreisförmig angeordneten Behälter *1* bis *8* enthalten einen hutförmigen Einsatz *u*, der mit einem perforierten Band versehen ist, damit der Dampf durchstreichen könne. Ein kreisförmiges Dampfrohr *w*, das Dampf beliebiger Herkunft durch das Ventil *x* einläßt, ist durch die Ventile *y* mit den Behältern *1* bis *8* verbunden. Eine Abtropfvorrichtung *z* und ein Absperrventil *9* befinden sich an dem oberen Teil eines jeden Behälters.

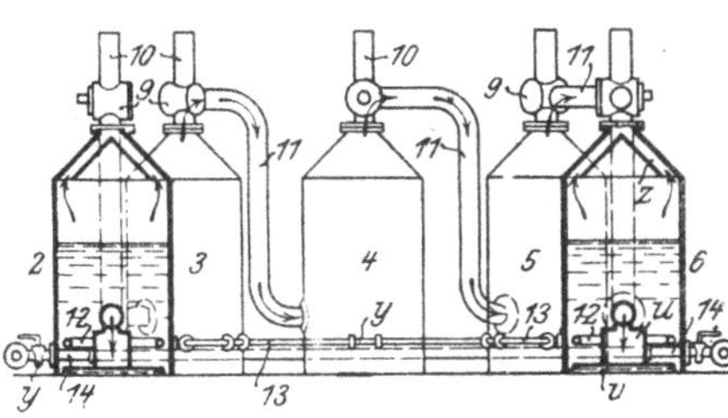

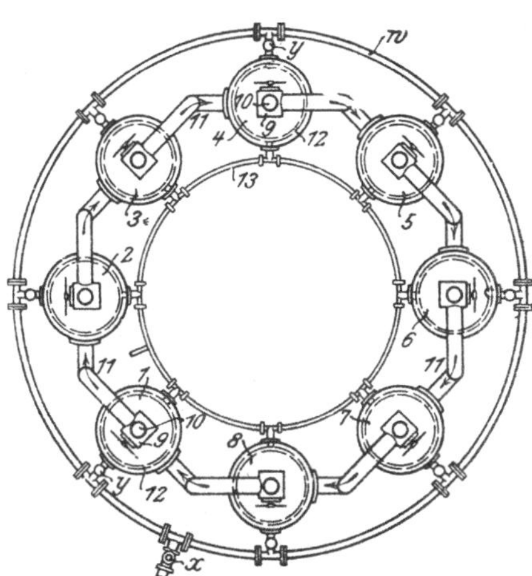

Fig. 61. Desodorisierapparat von Rocca.

Die Absperrventile *9* ermöglichen es, den Dampf entweder durch das Rohr *10* nach auswärts oder in ein Rohr *11*, das in den Einsatz *u* des folgenden Behälters führt, zu leiten.

Mittels Heizschlangen *12*, die an ein Rohr *13* oder dgl. angeschlossen sind, kann man die zu behandelnde Substanz erwärmen.

Die Tätigkeit des Apparates ist die folgende:

Wenn die Behälter bis zu einer geeigneten Höhe beschickt sind, öffnet man das Dampfventil *y* z. B. des Behälters *1*, indem man alle anderen analogen Ventile *y* schließt; alsdann stellt man das obere Ventil *9* des letzten Behälters *8* so, daß dessen Inneres mit dem Rohre *10*, also mit der Luft in Verbindung steht; alle übrigen Ventile *9* sind so gestellt, daß der Dampf in die entsprechende Röhre *11*, also in die übrigen Behälter eintreten kann.

Der Dampf, der bei *x* in das Dampfrohr eingetreten ist, strömt dann durch das Rohr *14* unter den Einsatz *u* des Behälters *1*, schnattert durch das Öl oder dgl. und strömt durch das obere Ventil *9* dieses Behälters und durch das Rohr *11* in den Behälter *2* usw., bis er durch das Abzugrohr *10* des letzten Behälters austritt.

Wenn die Operation in dem Behälter *1* beendet ist, schaltet man diesen aus, indem man das Dampfeinlaßventil *y* schließt, und entleert und beschickt ihn von neuem mit Rohöl oder dgl Hierauf schaltet man ihn wieder ein, indem man ihn mit dem Behälter *8* mittels des oberen Ventils *9* des letzteren und mit der Luft in Verbindung setzt, damit der Dampf entweichen könne, und öffnet dann das Ventil *y* des zweiten Behälters. Dieser letztere wird nunmehr der erste der Batterie, während der erste Behälter zum letzten wird.

Neben der apparativen Seite hat die auf der Wirkung des überhitzten Wasserdampfes beruhende Desodorisierung des Kokosöles noch in chemischer Richtung eine Vervollkommnung erfahren. Man hat nämlich beobachtet, daß

21*

Erkalten der Öle.

geruchlos gemachte Öle nach dem vollständigen Erkalten wiederum den charakteristischen Geruch des Kokosöles zeigten, und als Ursache dieser sonderbaren Erscheinung die Einwirkung der Luft auf die noch heißen Öle erkannt. Daraus zog man die Lehre, daß während der Dauer des Erkaltens der mit Dampf behandelten Kokosöle jeder Zutritt von Luft vermieden werden soll, und empfahl die Erkaltung des heißen Öles in der Luftleere oder in der Atmosphäre eines indifferenten Gases (Kohlensäure, Stickstoff usw.).

Das Verfahren ist durch das Patent der Fabrik für chemische Produkte zu Thann und Mülhausen[1]) geschützt, und das nach dieser Methode gewonnene Produkt (Laureol) galt lange Zeit hindurch als die beste Marke von Kokosbutter, die im Handel zu haben war.

Schlinck[2]) in Ludwigshafen hat durch ein am 29. Juni 1899 angemeldetes Patent die Notwendigkeit des Erkaltens des erhitzten Fettes im Vakuum oder in der Atmosphäre indifferenter Gase in Abrede gestellt, doch wurde ihm in Deutschland das beabsichtigte Patent nicht erteilt (wohl aber in England und Amerika).

Da Wasser bei hohen Temperaturen und unter Druck (siehe Kapitel „Stearinfabrikation") Fette hydrolysiert, ist es sehr ratsam, die überhitzten Wasserdämpfe mit möglichst geringer Spannung durch das zu desodorisierende Fett zu schicken. Man arbeitet in der Praxis sogar meist derart, daß man den Desodorisierapparat mit einer Evakuiervorrichtung verbindet.

Versuche Klimonts.

Die Wirkung, die durchströmender Dampf von 3 Atmosphären Spannung während eines $1\frac{1}{2}$stündigen Einleitens auf vorher vollkommen neutralisiertes Kokosfett, Oliven- und Sesamöl bei Temperaturen von 170°—200° C äußert, hat J. Klimont[3]) studiert. Er fand, daß die Säurezahl der Fette in folgender Weise zunahm:

Name des Fettes	Säurezahl				
	des ursprünglichen Fettes	nach $1\frac{1}{2}$stündiger Einwirkung von Dampf von 3 Atmosphären Spannung bei			
		170° C	180° C	190° C	200° C
Kokosfett	0	—	—	0,2	0,4
Olivenöl	0	0,6	1,0	3,1	8,9
Sesamöl	0	0,6	0,9	2,5	7,4

Es wäre interessant, den Grund der größeren Widerstandsfähigkeit des Kokosöles zu erforschen, für die eine plausible Erklärung nicht gegeben zu werden vermag. Während sich die Hydrolyse bei einer Spannung von

[1]) D. R. P. Nr. 79766 v. 26. April 1893 der „Fabriques de produits chimiques de Thann et Mulhouse".

[2]) Amer. Patent Nr. 653041 v. 3. Juli 1900; engl. Patent Nr. 17638 v. 31. Aug. 1899.

[3]) Zeitschr. f. angew. Chemie 1901, S. 1269.

3 Atmosphären noch in sehr bescheidenen Grenzen bewegt, nimmt sie wesentlich zu, wenn der Druck höher wird. Klimonts Untersuchungen über diese Frage ergaben, daß die Säurezahl eines vorher neutralisierten Olivenöles unter der 6stündigen Einwirkung durchströmenden Dampfes bei 170—200° C bei verschiedenem Atmosphärendruck des Dampfes in folgender Weise anstieg:

bei Dampf von	3	Atmosphären	auf	6,4
	5	„	„	35,3
	6	„	„	41,7
	7	„	„	53,0
	10	„	„	62,3
	13	„	„	108,3
	15	„	„	159,5

Die bei der Desodorisierung von Kokosöl mit dem Dampfstrome übergehenden flüchtigen Stoffe besitzen nach Haller und Lassieux[1]) stark reduzierende Eigenschaften; sie reduzieren ammoniakalische Silbernitratlösungen und rufen die Farbe der mit schwefliger Säure entfärbten Fuchsinlösung aufs neue hervor. Sie bestehen neben flüchtigen Fettsäuren aus dem Keton $C_{10}H_{20}O$, das bei niederer Temperatur erstarrt, um bei 8° C wieder zu schmelzen.

Rocca[2]) hat auch zur besseren und vollständigeren Entfernung der niederen, stark riechenden Fettsäuren des Kokosöles eine dem Abtreibungsprozeß vorausgehende Esterifizierung dieser Säuren vorgeschlagen. Die durch die Einwirkung der Schwefelsäure gebildeten Ester der niederen Säuren sind nämlich viel leichter flüchtig als die Säuren selbst. Der Vorschlag hat aber bis heute wohl kaum praktische Verwertung gefunden.

c) Formgebung.

Das geruchlos gemachte und entsäuerte Kokosfett bildet nach dem Erstarren eine fast schneeweiße, geschmack- und geruchlose Masse, die im Aussehen an Schweinefett erinnert, aber nicht wie dieses streichbar ist, sondern eine mehr brüchige Konsistenz zeigt. Es wird in dieser Form in Fässern, Blechbüchsen, Karton- und Papierpackung verkauft.

Verpackung. Das Verpacken in Blechbüchsen, das Herstellen kleiner, $^1/_2$—2 kg schwerer Platten und deren nachträgliches Einhüllen in Kartons oder Papier ist ohne Zuhilfenahme maschineller Vorrichtungen eine recht mißliche Sache, sobald es sich um die Bewältigung großer Produktionsmengen handelt.

Dem Füllen in Blechbüchsen, deren Inhalt genau ausgewogen sein muß, folgt gewöhnlich ein Verlöten der Büchsen, damit ein luftdichter Abschluß geschaffen werde, der der Haltbarkeit der Ware sehr zugute kommt.

---

1) Chem. Ztg. 1909, S. 385.

2) Revue des Produits Chim. 1903, S. 123.

Formung in Täfelchen. Die Formung der Kokosbutter in die mit Pergamentpapier-Umhüllung versehenen Täfelchen, die sich im Detailhandel besonderer Beliebtheit erfreuen, geschah bis vor nicht zu langer Zeit derart, daß man die noch flüssige Pflanzenbutter in entsprechende Blechschalen ausgoß, die während der heißen Jahreszeit zwecks rascheren Erstarrens in einem Kaltwasserbade standen. Nach dem Erstarren wurden die Fettafeln durch Umstürzen und Aufschlagen auf die Tischkante aus den Formen gebracht und hierauf in Pergamentpapier eingeschlagen.

Diese einfache Methode bedingt aber eine Menge Handarbeit, die Erzeugung gleich schwerer Täfelchen hat seine Schwierigkeiten, die Abnützung der Formen ist wegen deren Ausklopfens ziemlich groß und die Einpackung der Fettbrote in Pergamentpapier durch Handarbeit ist vom hygienischen Standpunkt nicht einwandfrei. Man hat daher in den letzten Jahren Apparate gebaut, die die Formung und Einpackung von Kokosbuttertafeln selbsttätig vornehmen. Von diesen Apparaten seien die von Berkovitz-Osterloh, die nur die Formung der Kokosbutter vorsehen, und die von Ackermann und von de Bruyn, die neben dem Formen auch das Einschlagen in Papier besorgen, näher beschrieben.

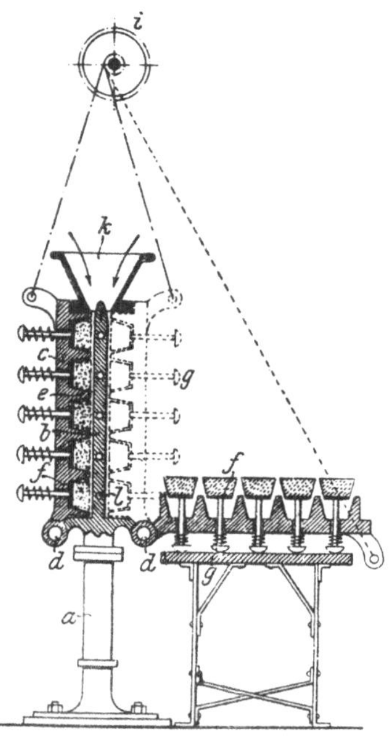

Fig. 62. Vorrichtung zum Formen der Kokosbutter.

Apparat von Berkovitz-Osterloh. Die Vorrichtung (Fig. 62) von Béla Berkovitz in Nagyvárad und Bernhard Osterloh in Lübeck[1]) besteht aus einer Reihe wagerecht liegender Formkammern, aus denen die fertig geformten Fettbrote durch Aufschlagen der Stempelstange auf einen Tisch ausgestoßen werden. Sie enthält ein auf Ständern *a* ruhendes Gußstück *b* und Formkammern, bestehend aus Platten *c*, die um Scharniere *d* des Gußstückes *b* drehbar sind und durch Seile in aufrechter Lage gehalten werden. Die Platten *c* sind entsprechend den herzustellenden Gebilden mit Rippen versehen, die bis zum Mittelstück *b* reichen. Die Formen haben halbrunde Nuten, durch die das flüssige Gut von der einen Kammer zur anderen fließt. Die Abteilungen der Formkammern sind am Boden mit Platten *f* versehen, die von unter Federwirkung stehenden Spindeln *g* geführt werden.

Die aufgestellten Platten ergeben zu beiden Seiten des Mittelstückes *b* je eine mit Unterabteilungen versehene Kammer, worin die Masse zur Formung gelangt. Das Aufstellen und Niederlassen der Platten *c* erfolgt mittels einer bekannten Hebevorrichtung *i* vom Einlauf *k* aus.

Im Mittelstück *b* der Vorrichtung ist ein Schlangenrohr *l* angeordnet, das mit Dampf, heißem Wasser oder mit einem Kühlmittel gespeist wird, um die Vorrichtung

[1]) D. R. P. Nr. 199714 v. 25. Aug. 1906.

erwärmen oder kühlen zu können. In gleicher Weise können auch die Platten *c* mit einem Schlangenrohr versehen sein.

Nach dem Erstarren der Schmelzmasse werden die Platten *c* gesenkt, wobei die Spindeln *g* auf einen Tisch aufstoßen und die Ausstoßplatten *f* entgegen der Wirkung der Federn das fertig geformte Gut aus der Vorrichtung ausheben.

Apparat von Ackermann.

Bei dem Formfüllapparat von Jakob Widmer-Ackermann in Zürich[1]), bei dem das Gießen (Formen) und Einschlagen in Papier zugleich in einem Arbeitsgang vorgenommen wird, ist in Fig. 63 wiedergegeben.

Er besteht aus einem geschlossenen Gefäß *a*, das durch schräg gestellte Wände *b* in mehrere Formabteilungen *c* geteilt ist. Auf dem Boden des Gefäßes befinden sich zwischen den Wänden *b* die Bügel *d* und zwischen diesen und den festen Wänden die beiden beweglichen, herausnehmbaren Wände *e*, durch die die Abteilungen *c* nach innen geschlossen werden. Um die Wände *e* an die Wände *b* pressen zu können, ist im oberen Teil des Gefäßes *a* zwischen den Wänden *e* eine in der Längsrichtung des Apparates laufende Welle, z. B. in Gestalt eines drehbar gelagerten Flacheisens *f*, angeordnet. Der außerhalb des Gefäßes *a* befindliche Teil desselben ist rechtwinklig abgebogen, um es besser fassen und drehen zu können. Wird das Flacheisen so gestellt, daß seine Breitseiten den Wänden *e* zugekehrt sind, so können letztere oben gegeneinander bewegt und die Formabteilungen geöffnet bzw. erweitert werden; nach einer Drehung um 90° dagegen preßt das Flacheisen die beweglichen Wände gegen die festen.

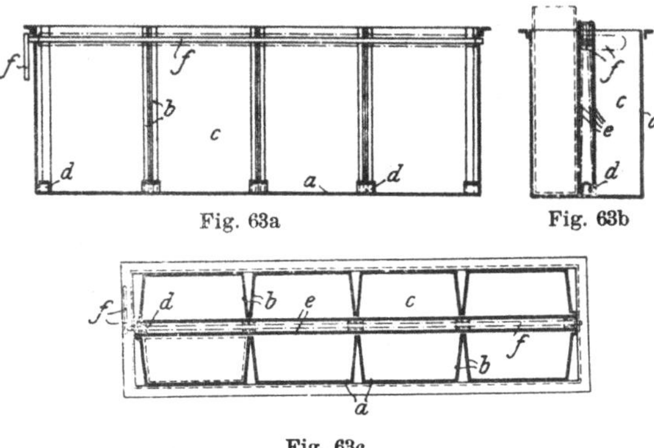

Fig. 63a, b, c. Vorrichtung zum Formen von Kokosbutter von Widmer-Ackermann.

Die aus Pergament gefertigten Tüten werden in die einzelnen Taschen eingesetzt, in die sie genau passen. Darauf werden die beweglichen Wände an die Taschen angelegt und das warme, flüssige Kokosöl in die Tüten geschüttet, wobei sich diese gleichmäßig an die Wandungen der Taschen anschließen.

Eine Schwierigkeit entsteht dabei insofern, als die Papiertüten sofort ölundurchlässig zu machen sind. Zu diesem Zwecke darf die Kokosbutter nur etwa 2° C über ihren Erstarrungspunkt (ca. 23° C) erwärmt und das Gefäß bzw. die Form muß so eingerichtet sein, daß eine Abkühlung der Wände durch Kühlwasser oder Luft mit Leichtigkeit möglich ist. Die gekühlten Wände und Papiertüten lassen dann eine dünne Schicht Butter sofort erstarren, die ihrerseits ein Durchsickern der noch flüssigen Butter verhindert.

Nach dem Erstarren der gesamten Masse in den Taschen einer Form werden die beweglichen Wände gelöst, so daß alle Taschen einer Form gleichzeitig erweitert werden und das Herausnehmen der gefüllten Tüten leicht möglich wird, zumal die Seitenwände der Taschen mit den Wänden stumpfe Winkel bilden.

Die Form kann eine beliebige Anzahl Taschen haben; es lassen sich also ebenso viele Tafeln gleichzeitig herstellen, wie Taschen in einer Form vorhanden sind.

[1]) D. R. P. Nr. 198921 v. 16. April 1907.

Bei der praktischen Anwendung werden mehrere Apparate nebeneinander in ein Kühlwasser enthaltendes Gefäß gestellt. Bis die letzten Apparate gefüllt sind, ist der Inhalt in den zuerst gefüllten erstarrt, so daß diese neu beschickt werden können und sich ein ununterbrochener Arbeitsgang ergibt. Die herausgenommenen Tafeln werden durch Zufalten der offenen Seite der Tüte fertig verpackt.

Der Ackermannsche Apparat vermeidet zwar das Berühren der Fetttafeln mit den Händen, erfordert aber ziemlich viel Handarbeit. Die Hüllen aus Pergamentpapier müssen nämlich in alle Abteilungen der Form eingebracht werden, bevor man die beweglichen Wände schließen kann, die durch ein für alle einzelnen Abteilungen derselben Form gemeinsames Verschluß- und Druckorgan bewegt werden. Man muß also alle in derselben Form erhaltenen Täfelchen vorher herausnehmen und dann sämtliche Abteilungen mit Umschlägen aus Pergamentpapier beschicken, bevor die Abteilungen durch das Schließen der beweglichen Wände dicht gemacht werden können und das eigentliche Formen wieder beginnen kann.

Apparat von de Bruyn.

Die Usines J. E. de Bruyn[1]) in Termonde suchen diese Nachteile bei einem von ihnen konstruierten Formapparat durch besondere Ausführung der Gießform zu vermeiden. Die Gießformen sind zu diesem Zwecke mit voneinander unabhängigen Kästchen ausgestattet, die nicht nur oben, sondern außerdem noch an einer Seite offen sind. Die Formkasten haben an den Seitenwänden Bänder, so daß sie in Führungen gleiten können, die an einer in dem Formbehälter angebrachten Querwand befestigt sind, die also als Träger für eine bestimmte Anzahl von Kasten dient.

Diese Ausbildung der Kasten erlaubt, daß jeder von ihnen mit einer zur Aufnahme der Kokosbutter bestimmten Pergamenthülle versehen werden kann und daß die Kasten gerade in dem Augenblick in die Vorrichtung eingebracht werden können, in dem andere Kasten mit eben festgewordenen Fettafeln herausgenommen werden.

a (Fig. 64) ist der Formbehälter oder die Formvorrichtung, die durch Deckel *m* geschlossen werden kann und in der an geeigneten Trägern *c* befestigte Querwände *b* angeordnet sind. Jede Wand *b* ist bei dem dargestellten Beispiel mit Paaren von Führungsstangen *d* ausgestattet, von denen jedes Paar einen Formkasten *e* aufnimmt, dessen Größe den zu bildenden Tafeln entspricht. Die Kasten *e*, die z. B. aus Weißblech bestehen, sind oben bei *f* und ferner an einer der Seitenwände *g* offen. Die an die offene Seite angrenzenden Wände sind mit Rändern oder Leisten *h* versehen, die in den Führungen *d* der festen Wände *b* gleiten. Eine Leiste *i* am unteren Teil jeder Wand *b* begrenzt die Höhenstellung der Kasten. Jeder Kasten ist mit einem Handgriff *k* versehen, damit er leicht in die Führungen *d* eingesetzt und aus ihnen wieder herausgezogen werden könne. Der Kasten *a* kann eine beliebige Anzahl von Querwänden mit Kasten *e* enthalten und am unteren Teil mit Kühlleitungen oder Kühlvorrichtungen *l* versehen sein, die zur Beschleunigung des Festwerdens der flüssig in die Kasten *e* eingegossenen Stoffe dienen. Während dieses Vorganges kann der Behälter oben durch einen Deckel *m* abgeschlossen werden.

---

[1]) D. R. P. Nr. 206367 v. 17. Mai 1908.

Die Kasten *e* bilden, wenn sie aus der Vorrichtung herausgenommen sind, an zwei Seiten, nämlich oben und an einer Seitenwand, offene Formen. Diese werden mit einem Pergamenteinwickelpapier *n* versehen, das in Fig. 64 punktiert angedeutet ist, und dann in geeigneter Anzahl zu dem Behälter *a* gebracht. Ist die Vorrichtung noch mit fertigen, in den Kasten befindlichen Tafeln gefüllt, so werden die gefüllten Kasten aus dem Behälter *a* herausgenommen, indem man sie an den Griffen *i* erfaßt, wobei sie in den Führungen *d* gleiten. Jeder gefüllte, aus dem Behälter herausgenommene Kasten wird unmittelbar durch einen neuen Kasten ersetzt, der mit einer Pergamenthülle versehen ist. Die herausgenommenen gefüllten Kasten werden zu dem Entformtisch gebracht, wo man die fertigen Tafeln herausnimmt und neue Papierhüllen einlegt. Während dieser Arbeit werden die in den Behälter *a* eingesetzten leeren Kasten mit flüssiger Kokosnußbutter gefüllt, deren Festwerden durch Abkühlung vermittels der Rohre *l* beschleunigt wird.

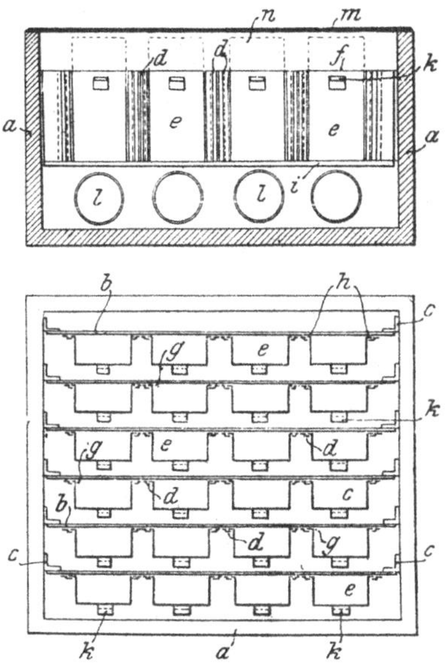

Fig. 64. Formapparat nach de Bruyn.

Der Apparat gestattet, falls man die doppelte Anzahl von Formkasten für jeden Apparat besitzt, eine fast stetige Arbeit, die nur während der Zeit unterbrochen zu werden braucht, die für die Wegnahme der gefüllten Kasten und für ihren Ersatz durch neue leere, mit Papierhüllen versehene benötigt wird. Die Vorbereitung der Kasten erfolgt unter viel vorteilhafteren Bedingungen als bisher, da sie auf einem von dem Apparat unabhängigen Tisch in Ordnung gebracht und gehandhabt werden und man nicht mehr gezwungen ist, die Papierhüllen in die von der Gesamtvorrichtung nicht trennbaren und deshalb weniger gut zugänglichen Kasten einlegen zu müssen. Die vollständige Entfernung der die Tafeln enthaltenden Kasten hat außerdem noch den Vorteil, daß das Einlegen der Papierhüllen sorgfältiger geschehen und die Bildung von Falten in den Hüllen und die Benutzung einer beim Einlegen leicht zerreißenden Hülle vermieden werden kann.

Gesteifte Kokosbutter.

Der niedrige Schmelzpunkt der Kokosbutter läßt sie während der warmen Jahreszeit eine halbflüssige Beschaffenheit annehmen, die der Kokosbutter nicht nur ein wenig gutes Aussehen gibt, sondern auch ihr Verpacken in Kartons oder Papier erschwert, wenn nicht ganz unmöglich macht. Man war daher bestrebt, höher schmelzende (gesteifte) Kokosbutter zu erzeugen, und hat hierzu natürlich vor allem versucht, das Kokosöl in einen festeren und einen flüssigeren Anteil zu trennen.

Läßt man Kokosöl bei 23° C langsam erstarren (wenigstens 48 Stunden lang stehen lassen!) und preßt nachher sehr vorsichtig und nur mit geringem Drucke ab, so erhält man ein bei 29—30 °C schmelzendes Fett, das ca. 45 % vom ursprünglichen Gewichte ausmacht, und einen dünnflüssigeren Anteil, der den größten Teil der im naturellen Öle enthaltenen flüchtigen Stoffe und freien Fettsäuren aufgenommen hat.

Verfährt man mit Kokosbutter in analoger Weise, so erhält man eine einen Schmelzpunkt von ca. 29—32° C zeigende, sich daher auch im Hochsommer für Papierpackung eignende Pflanzenbutter und eine leichter schmelzbare Kokosbutter, die in der Kunstbutterindustrie geeignete Verwendung findet.

Die Trennung der Kokosbutter in einen schwerer und einen leichter schmelzenden Anteil durch Kristallisieren und nachheriges Abpressen, das zuerst von der Londoner Firma Petty & Co.[1]) geübt wurde, wird aber in der Praxis wegen der Kostspieligkeit des Verfahrens nicht sehr häufig durchgeführt; wo dies geschieht, bedient man sich ganz ähnlicher Einrichtungen, wie sie bei der Herstellung von Oleomargarin üblich sind. Dieselben Kristallisierwannen (siehe S. 78 dieses Bandes) und dieselben Pressen, die dort Verwendung finden, leisten auch hier gute Dienste.

Ein billiges Mittel zur Herstellung schwerer schmelzbarer Kokosbutter ist der Zusatz von Fetten mit höherem Schmelzpunkt[2]), als ihn das Kokosöl aufweist. Von solchen Pflanzenfetten hat man besonders Illipéfett für diesen Zweck zu verwenden gesucht, doch griff seine Anwendung nicht recht um sich, weil das in den Handel kommende Illipéfett sehr große Prozentsätze freier Fettsäuren enthält, die natürlich entfernt werden müssen, wenn man an eine Zumischung des Fettes zu Kokosbutter denkt. Die Entfernung so großer Prozentsätze freier Fettsäuren ist aber, abgesehen von den technischen Schwierigkeiten, ziemlich kostspielig.

Außerdem ist ein Zusatz höher schmelzender Pflanzenfette zu raffiniertem Kokosöl deshalb schwer durchführbar, weil derartige Mischfette unter das Margaringesetz fallen und nicht jene Freizügigkeit im Handel und Verkehr genießen, die der Kokosbutter bis heute so zustatten kommt. (Vergleiche S. 216, § 1 des deutschen Margaringesetzes.)

Gehärtete Kokosbutter wurde vor Jahren vielfach als Kakaobutterersatz empfohlen; in der Schokoladeerzeugung ist eine solche Unterschiebung aber durch die strengen Vorschriften des Verbandes deutscher Schokoladefabrikanten verboten.

Streichbarmachen der Kokosbutter.

Streichbarmachen.

Wegen der mangelnden Streichfähigkeit wird die Kokosbutter von mancher Seite nicht als vollwertiger Ersatz des Schweine- oder Kunstspeise-

---

[1]) Dieses unter dem Namen Nucoabutter empfohlene Produkt wurde bereits im Jahre 1889 zur Fälschung von Kakaobutter benutzt (siehe Hamel-Roos, Chem. Ztg. Rep. 1889, S. 243). Filsinger fand den Schmelzpunkt des Fettes, das später auch von der New Oils Company Ltd., Silvertown-London hergestellt wurde, bei 29,2° C liegend. (Chem. Ztg. 1890, S. 507.)

[2]) Vergleiche das im Kapitel „Kerzenfabrikation" darüber Gesagte (Graefe).

fettes angesehen. Man hat diesen Mangel durch Zusatz von Pflanzenölen oder auch dadurch zu beheben gesucht, daß man die fertige Kokosbutter auf Knetmaschinen, wie solche in der Margarinindustrie in Gebrauch sind, bearbeitete.

Für das Streichfähigmachen der Pflanzenbutter eignen sich die einfachen Walzmaschinen mit Riffelwalzen sehr gut. Eine solche Knetvorrichtung mit darunter befindlichem Wagen zeigt Fig. 65. Die Knetmaschine hat verzinnte Verbindungsstangen und einen Einwurftrichter, der mit von allen vier Seiten zur Mitte zuschießenden Gleitbahnen versehen ist, die an der Füllöffnung enden. Die Walzen sind natürlich verstellbar, in Weißmetall gelagert und auf eisernen Ständern montiert. Da die Maschine beim Auf-

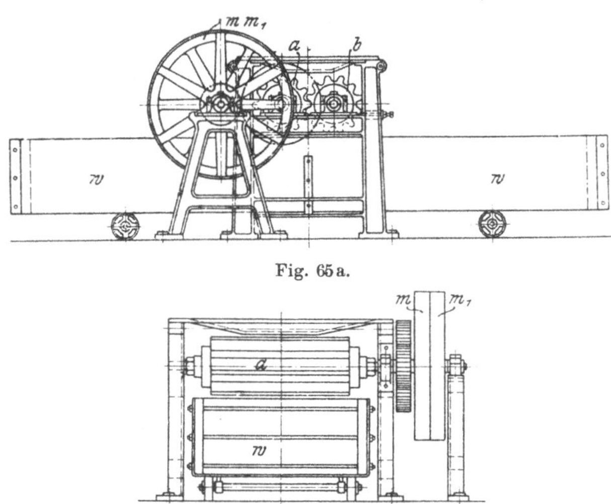

Fig. 65a.

Fig. 65b.

Fig. 65a und b. Walzvorrichtung für Kokosbutter.

***a* und *b* = Walzen, *m* m_1 = Antriebscheibe, *w* = Walzen.**

bringen von größeren Kokosfettmengen momentan einen ziemlich großen Widerstand zu überwinden hat, muß sie ziemlich kräftig konstruiert sein. Der Walzwagen, an den die Maschine das geknetete Material abgibt, ist ganz ähnlich wie der in Fig. 31 vorgeführte konstruiert.

Nach der Passage durch die Riffelwalzen kommt das Fett gewöhnlich noch auf Glattwalzen. Bei der ganzen Knet- und Walzoperation muß man sehr darauf achten, daß sich die Masse nicht zu sehr erwärmt; tritt nämlich eine Temperaturerhöhung bis zur Schmelztemperatur des Fettes ein, so wird der ganze Zweck des Knetens vereitelt, denn das flüssig gewordene Fett erstarrt später doch wieder in nicht streichfähigem Zustand.

Schlinck[1]) hat diesem Übelstande dadurch abzuhelfen versucht, daß er das Kneten des Fettes mittels Riffel- und Glattwalzen durch ein Schaben

[1]) D. R. P. Nr. 193045 v. 24. Nov. 1905.

Vorrichtung von Schlinck. ersetzte, also in einer Operation vereinigte und auf einer Maschine vornahm, die die in Fig. 66 gezeigte Form hat.

Das geschmeidig zu machende Fett kommt in Form von Blöcken auf den Tisch *a* einer im wesentlichen einer Bohrmaschine nachgebildeten Vorrichtung, bei der sich am Ende der Welle, wo sonst der Bohrer befestigt wird, ein wagerecht liegendes, mit seiner Fläche aber senkrecht zur Fläche des Fettblockes stehendes scharfes Messer *b* befindet. Dieses Messer rotiert mit 100—200 Touren pro Minute, wobei es sich gleichzeitig ganz langsam von oben nach abwärts bewegt. Dabei schabt es natürlich von dem Fettblock dünne Schichten ab, die sich durch die Rotation des Messers zusammenballen und durch die Zentrifugalkraft nach außen geschleudert werden. Der Tisch ist mit einem Mantel *c* umgeben, der die geknetete Masse auffängt und abwärts in einen Behälter *d* gleiten läßt. Ist ein Materialblock abgeschabt, so wird das Messer in seine ursprüngliche Lage gebracht, ein neuer Block auf den Tisch gegeben und die Schabeoperation wiederholt.

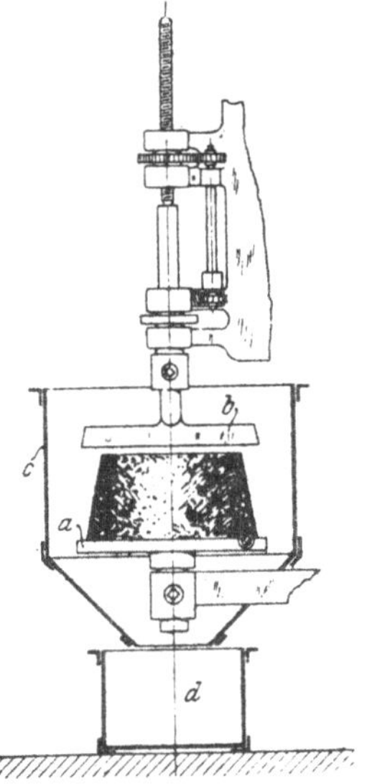

Fig. 66. Abschabeapparat von Schlinck.

Nach einem Verfahren von P. Kolesch[1]) in Stuttgart soll Kokosfett durch Zugabe von 7—9% rektifizierten 96prozentigen Alkohols plastisch gemacht werden. Das so erhaltene Produkt, das unbeschadet etwaiger Temperaturschwankungen streichfähig bleibt, soll in Konditoreien und Bäckereien zum Bestreichen von Teigwaren, ferner zum Braten und Backen mit Erfolg verwendet werden können, da sich beim Back- oder Kochprozesse der Alkohol verflüchtigt. Für den direkten Genuß ist eine alkoholhaltige Kokosbutter natürlich nicht geeignet.

Durch Gelbfärbung hat man der streichfähigen Kokosbutter später auch das Aussehen von Butter und durch eine regelrechte Kirnoperation und allerhand Zusätze die sonstigen Eigenschaften der Kunstbutter zu erteilen versucht. Es kommen heute Buttersurrogate auf den Markt, die vollständig frei sind von jeglichem Gehalte tierischen Fettes, aber wie die gewöhnliche Kunstbutter Emulsionen von Fett mit Wasser, Eigelb, Wasser, Milch, Farbstoffen und Salz darstellen[2]).

Sowohl diese ausschließlich vegetabilische Fette enthaltenden Buttersurrogate als auch die streichfähige ungefärbte Kokosbutter

[1]) D. R. P. Nr. 208147 v. 9. Dez. 1906; amer. Patent Nr. 910827 v. 26. Jan. 1909.

[2]) Die Hamburger Firma Fr. César & Co. hat sich ein Verfahren zur Herstellung eines butterähnlichen Pflanzenfettes patentieren lassen, wonach unveränderte, kristallinisch erstarrte Kokosbutter unter Vermeidung jeglicher Erwärmung durch maschinelle Mittel, insbesondere durch Rühren, gleichmäßig weich gemacht und dem weich gemachten Fette eine Lösung von Kochsalz mit Eigelbzusatz zugefügt wird. Der Zusatz von Salz soll 3%, der von Eigelb 1—2% betragen.

bilden eifrig umstrittene Zankobjekte, weil sie nach der Meinung vieler unter die Bestimmungen des Margaringesetzes fallen, während sie nach der Ansicht anderer als unverfälschte Fette anzusehen und daher laut § 1 frei von jeglichem Deklarations- und Kennzeichnungszwange sind. Näheres darüber siehe S. 335.

Pläne von Pflanzenbutterfabriken.

Tafel V und VI zeigen die Anordnung der verschiedenen Apparate einer Pflanzenbutterfabrik; in beiden Anlagen begnügt man sich mit der Herstellung nicht streichfähigen, nicht emulgierten Fettes, und es sind daher keine Knet- oder Abschabeapparate, Kirnen usw. vorhanden.

Bei der auf Tafel V[1]) dargestellten Anlage kommt das zu reinigende Kokosöl in den Neutralisationsapparat *a*, wo die Abstumpfung der freien Fettsäuren erfolgt. Die Exzenterpumpe *b* treibt dann das Öl durch die Filterpresse *c*, wo die ausgefällte Seife zurückgehalten wird. Das gefilterte Öl wird zur Entfernung der letzten Reste von Seife in dem Waschgefäße *d* mit Salzwasser und gewöhnlichem reinen Wasser gewaschen und das so gereinigte Öl unter Zuhilfenahme des Behälters *e* in den Desodorisierer *f* gepumpt, wo die Geruchlosmachung des Fettes erfolgt. Der Desodorisierer empfängt den überhitzten Dampf vom Dampfkessel *m* und dem Überhitzer *n*. Das desodorisierte Öl wird dann durch die Kühlschlange *g* laufen gelassen und kommt hierauf in bereits gekühltem Zustande in den Kessel *h*, wo nötigenfalls noch eine Bleichung mit Fullererde vorgenommen werden kann. Von dem Bleichkessel *h* bringt eine Pumpe *i* das Fett in die Filterpresse *k* und von hier in den Vorratsbehälter *o*.

Die Reservoire *p* und *q* dienen zur Aufbewahrung rohen Kokosöles und als Druckwasserbehälter, *l* dient zur Herstellung der Neutralisations-Reagenzien.

Tafel VI gibt eine von der Aktien-Maschinenfabrik Sangerhausen ausgeführte Kokosbutterfabrikanlage wieder, bei der die Neutralisation der Öle in zwei Raffinierkesseln erfolgt, die abwechselnd arbeiten. Das Öl wird zur Entfernung der letzten Reste Seife durch eine Filterpresse gelassen und hierauf in den Desodorisationsapparat (Vakuumapparat) gebracht, der als Kolonnenapparat ausgebildet ist und unter Vakuum arbeitet. Das Entfernen der Riechstoffe geschieht durch überhitzten Dampf und dessen Arbeit wird durch die Luftverdünnung, die in dem Apparate herrscht, wesentlich unterstützt. Die abgesaugten Dämpfe werden durch den Einspritzkondensator verflüssigt. Das geruch- und geschmacklos gemachte Fett läuft vom Desodorisierer in einen Kühlapparat, wo es unter Luftabschluß auf Zimmertemperatur gebracht und dann direkt in Fässer abgefüllt oder in Formen gegossen wird.

Eigenschaften, Zusammensetzung und Verdaulichkeit.

Eigenschaften.

Die ungefärbte Pflanzenbutter stellt ein rein weißes oder schwach gelblichweißes Fett dar, das, je nachdem es streichfähig gemacht wurde oder nicht, beim Zerschneiden ein blättriges, keineswegs an Butter erinnerndes Gefüge zeigt oder weich und streichfähig ist wie Schweinefett.

Die gefärbte Pflanzenbutter unterscheidet sich lediglich in ihrer Färbung von der ungefäubten und besteht wie diese fast aus 100% reinen Fettes.

Die durch Abpressen gehärteten Kokosbuttersorten, die unter allen erdenklichen Phantasienamen (wie Kunerat, Cacooline usw.) auf den Markt kommen, gleichen im Aussehen und in der Zusammensetzung der gewöhn-

[1]) Seifensiederztg. 1909, S. 507.

lichen ungefärbten Kokosbutter und besitzen nur eine größere Härte, weil eben ihr Schmelzpunkt höher (bei ca. 29,5° C) liegt[1]).

Die emulgierten Pflanzenfette ähneln in ihrem Aussehen und ihrer Beschaffenheit der Milchbutter und können beim Schmelzen sogar dasselbe Bräunen und Schäumen zeigen wie diese. In der Zusammensetzung weichen diese emulgierten Pflanzenfette, die den Namen Pflanzenbutter mit mehr Recht verdienen als die einfach gereinigten Pflanzenfette, von diesen wesentlich ab. Sie bestehen durchschnittlich aus:

Wasser	9—12 %
Fett[2])	85—90
Salzen	2—5
Organischen Stoffen (Nichtfetten) . . .	3—4

Um die lediglich aus gereinigten Pflanzenfetten durch Zugabe von Milch hergestellten Buttersurrogate von gewöhnlicher Margarinbutter zu unterscheiden, hat Soltsien[3]) ein einfaches Mittel angegeben. Läßt man das aus einer solchen Pflanzenbutter abgeschiedene Fett langsam erkalten (z. B. in einem Wassertrockenschranke), so bildet das erstarrte Fett kugelige, perlartige Massen, die sich bei näherer Betrachtung als sehr dichte Büschel radialfaseriger, feiner Nadeln darstellen. Diese Gebilde sind in der Mitte durchscheinend, nach außen zu undurchsichtig und entstehen zunächst an der Oberfläche und an den Außenwandungen des Gefäßes.

Verdaulichkeit. Die Verdaulichkeit der Pflanzenbutter ist vorzüglich. Nach Lührigs[4]) Versuchen ist z. B. die unter dem Namen Palmin in den Handel gebrachte Kokosbutter zu 96,4% verdaulich. Sonderbarerweise war der Verdaulichkeitskoeffizient bei Verabreichung kleinerer Mengen geringer (95,5%) als bei größeren Gaben (97,31%). Diese Erscheinung findet nach Lührig ihre Erklärung darin, daß bei den Versuchen mit geringeren Palminrationen etwas mehr Fett (ca. 2%) in den anderen Nahrungsmitteln (Fleisch) gereicht wurde, das wahrscheinlich eine unvollständige Verdauung erfuhr. Übrigens nimmt Lührig für gute Pflanzenbutter eine absolute Verdau-

[1]) Vergleiche P. Pollatschek, Chem. Revue 1903, S. 5; F. Ulzer, Chem Revue 1903, S. 277, Mario Malacarne, Giorn. di farm. 1902, Heft 8; Mayenburg, Pharm. Ztg. 1894, S. 39 und 390; Otto Sachs, Chem. Revue 1909, S. 9 und 30.

[2]) Dieses Fett ist zumeist gereinigtes Kokosfett (Kokosbutter), doch sind häufig auch größere Mengen von Sesamöl vorhanden, da ja den Vorschriften des Margaringesetzes entsprechend 10% Sesamöl zugegen sein müssen. So ist z. B. das als koscheres Margarin unter dem Namen Tommor in den Handel gebrachte Produkt aus Kokosöl und Sesamöl hergestellt. (Bericht der chem. Untersuchungsanstalt Leipzig 1906, S. 28.) Ein anderes, Cesarine benanntes Produkt soll dagegen nach Fendler nur durch Verbuttern von Kokosfett mit kochsalzhaltiger Eigelblösung hergestellt sein (Apothekerztg. 1904, S. 422).

[3]) Berliner Markthallenztg. 1906, Nr. 68.

[4]) Zeitschr. f. Unters. der Nahrungs- und Genußmittel 1899, 2. Bd., S. 622. — Siehe auch S. 198 dieses Bandes.

lichkeit an; wenn die praktischen Versuche etwas unter 100 liegende Zahlen ergeben, sei dies darauf zurückzuführen, daß die im Ätherextrakt des Kotes gefundene Fettmenge, die als unverdautes Fett angesehen wird, größtenteils Stoffwechselprodukten zuzuschreiben ist.

Lührig bestätigte auch die schon von Zerner[1]) festgestellte Keimfreiheit guter Kokosbutter.

Die Bekömmlichkeit der Pflanzenbutter hat Zerner an Gesunden und Kranken ausprobiert; er kam dabei zu der Überzeugung, daß Kokosbutter sehr leicht vertragen wird und daher für Krankenkost sehr zu empfehlen ist. Kokosbutter ist außerdem nicht nur an sich leicht verdaulich, sondern übt auch keinerlei schädlichen Einfluß auf die Gesamtverdauung aus.

Gesetzgebung.

Allgemeines.

Wie bereits erwähnt, kommen heute die gereinigten Pflanzenfette (Kokosbutter) in folgenden Formen auf den Markt:

1. hart (nicht streichfähig):
   a) weiß (ungefärbt),
   b) gelb gefärbt;
2. weich (streichfähig):
   a) weiß (ungefärbt),
   b) gelb gefärbt;
3. emulgierte, gelb gefärbte Kokospräparate.

Diese drei Arten von Pflanzenbutter erfahren in den verschiedenen Staaten eine verschiedene gesetzliche Beurteilung. Hier seien nur die reichsdeutschen Verhältnisse etwas näher beleuchtet:

Ungefärbte Pflanzenbutter.

Ungefärbte, harte, also durch mechanische Operation nicht streichfähig gemachte Pflanzenbutter unterliegt den gesetzlichen Bestimmungen (Kennzeichnungs- und Deklarationszwang) nicht, sofern sie lediglich aus Kokosöl oder einem anderen unvermischten Pflanzenfette besteht und unter dem entsprechenden Namen in den Handel gebracht wird. Die gebräuchlichsten Phantasienamen (Ceres, Vegetaline, Kunerol, Laureol, Gloriol, Palmin usw.) sind aber nach der neuesten Rechtsprechung ohne nähere, die Herkunft der Ware kennzeichnende Zusätze nicht zulässig.

Nur mit dem einen Namen „Palmin“ wurde seinerzeit eine Ausnahme gemacht, weil man gerichtlich feststellte, daß er als Ursprungsbezeichnung im Sinne des Margaringesetzes vom 15. Januar 1897 für das aus der Kokosnuß bzw. aus den Früchten der Kokospalme gewonnene unverfälschte Pflanzenfett für ausreichend und zulässig erachtet werden kann[2]).

---

[1]) Zentralbl. für die gesamte Therapie 1895, S. 13.

[2]) Oberlandesgericht München, Urteil v. 1. Juli 1899; Hanseatisches Oberlandesgericht Hamburg und Landgericht München, Urteil v. 21. April 1899.

Für alle anderen Phantasienamen ist der deutliche Zusatz „Kokosfett“ nach den letzten Rechtsprechungen unumgänglich notwendig. Eine Entscheidung des Landgerichtes Hamburg[1]) läßt sich darüber wie folgt aus:

Der Wortlaut des Gesetzes spricht aber bei zwangloser Auslegung von „Fetten bestimmter Tierarten“ und von „Fetten bestimmter Pflanzenarten“ (nicht von „Fetten von Pflanzen“), die unter den ihrem Ursprung entsprechenden Bezeichnungen in den Handel gebracht werden dürfen. Die Bezeichnung „Pflanzenfett“ ist also nicht genügend, ebensowenig wie das Wort „Vegetaline“, das nur darauf hinzudeuten scheint, daß die Ware mit dem Pflanzenreich in irgend einer Verbindung steht. Das Gesetz verlangt eine Bezeichnung, die dem Ursprung, nämlich der bestimmten Pflanzenart, entspricht. Diesem Erfordernis ist nicht entsprochen. Und es kann auch nicht ersetzt werden durch Darstellung einer Palme auf den Blechdosenausstattungen. Eine bildliche Darstellung ist keine Bezeichnung. — Das Reichsgericht[2]) hat sich dieser Auffassung angeschlossen.

Wird das Kokosfett mit anderen Fetten vermischt, stellt es also nicht mehr das Fett einer bestimmten Pflanzengattung dar, oder wird es durch Färbung oder irgendwelche mechanische Behandlung anderen Speisefetten (Butter, Schweinefett) ähnlich gemacht, so unterliegt es den Bestimmungen des Deutschen Reichsgesetzes vom 15. Juni 1897, betreffend den Verkehr mit Butter usw., und darf dann nur unter den in diesem Gesetze vorgeschriebenen Beschränkungen feilgeboten und verkauft werden.

Gefärbte Pflanzenbutter.

Gelb gefärbtes Kokosfett, gleichgültig, ob es durch mechanische Behandluug streichbar gemacht wurde oder nicht, ist als ein dem Butterschmalz ähnliches Speisefett, dessen Fettgehalt nicht ausschließlich der Milch entstammt, zu betrachten und somit als Margarine im Sinne des Margaringesetzes zu behandeln[3]).

Über diese Frage äußert sich eine Entscheidung des kgl. bayerischen Ministeriums des Innern[4]) wie folgt:

Ob gelb gefärbtes Kokosfett als Margarine zu betrachten sei, ist eine Tatfrage. Sie beantwortet sich nach § 1, Absatz 2 des Margaringesetzes vom 15. Juni 1897 lediglich darnach, ob das gelb gefärbte Kokosfett als eine der Milchbutter oder dem Butterschmalz ähnliche Zubereitung anzusehen ist. Ist dies der Fall, so bleibt es gleichgültig, was zu seiner Zubereitung verwendet worden ist. Die Ausnahme, die der § 1, Absatz 4, Satz 2 des Margaringesetzes macht, bezieht sich, wie schon nach ihrer Stellung und dem Zusammenhang nicht zweifelhaft sein

---

[1]) Urteil v. 2. Aug. 1905.

[2]) Urteil v. 15. Jan. 1906.

[3]) Vergleiche Fendler, Über Zusammensetzung und Beurteilung der im Handel befindlichen Kokosprodukte, Chem. Revue 1906, S. 244, u. 1907, S. 243. — Abgesehen von den Bestimmungen des Margaringesetzes, sind nach Fendler gelb gefärbte Kokosfette oder Kokosfettgemische, soweit sie nicht als Margarine deklariert erscheinen, auch auf Grund des Nahrungsmittelgesetzes (§ 10) und auf Grund des Strafgesetzbuches (§ 367) zu verfolgen (Zeitschr. f. öffentl. Chemie 1907, S. 38).

[4]) Zeitschr. f. öffentl. Chemie 1907, S. 38.

kann, ausschließlich auf Speisefette, d. h. auf eine dem Schweinefett ähnliche Zubereitung. Sollte das gelb gefärbte Kokosfett als eine dem Schweinefett ähnliche Zubereitung zu erachten sein, so kommt in Betracht, ob nicht die Ausnahmsvorschrift des § 1, Absatz 4, Satz 2 anwendbar sei, wonach als Kunstspeisefette unverfälschte Fette bestimmter Pflanzenarten nicht gelten, sobald sie unter den ihrem Ursprung entsprechenden Bezeichnungen in den Verkehr gebracht werden.

Eine Voraussetzung dieser Vorschrift ist die Unverfälschtheit der Fette. Unverfälscht ist aber ein Fett dann nicht mehr, wenn ihm ein anderer — erlaubter oder unerlaubter — Stoff beigemengt ist. Dies trifft hier zu, weil das Kokosnußfett gelb gefärbt ist. Ob das gelb gefärbte Kokosnußfett im Handel ausdrücklich als solches bezeichnet ist oder nicht, ist nur für die Anwendbarkeit des § 10, Nr. 1 des Nahrungsmittelgesetzes, nicht aber für die des Margaringesetzes von Bedeutung.

Geringe Zusätze von anderen Ölen.

Wesentlich andere Anschauungen kommen in einem Urteile des Landgerichtes Mannheim zum Ausdruck, in dem eine gelbgefärbte und sogar mit geringen Mengen Sesam- oder Erdnußöl versetzte Pflanzenbutter als „unverfälschtes Fett“ im Sinne des Margaringesetzes angesehen wurde. In diesem sehr bemerkenswerten Urteile heißt es wörtlich:

„Was zunächst den Zusatz von Öl angeht, so ist dieser jedenfalls nicht ohne weiteres unzulässig. Das Gesetz selbst enthält keine Bestimmung dahin, daß verschiedene Pflanzenfette nicht miteinander vermischt werden dürfen.

Aus den Motiven zu Abschnitt 1 des Gesetzes ergibt sich klar, daß der Gesetzgeber eine solche Vermischung an sich nicht für unzulässig erklären wollte. Erforderlich ist nur, daß dieser Zusatz verhältnismäßig gering ist und daß er nur dazu dient, um die Ware für die übliche Art des Genusses geeigneter zu machen.

Daß die Ware nun durch den Zusatz von Öl weicher und damit für den Gebrauch geeigneter gemacht wird, unterliegt keinem Zweifel. Der Zusatz von Öl muß sich aber naturgemäß auch in gewissen Grenzen bewegen, die dadurch gegeben sind, daß das Produkt nicht zu weich wird. Der Zusatz von Öl ist daher im Sommer nur verschwindend gering. Die Angeklagten selbst haben aber auch ihres eigenen Vorteiles wegen das größte Interesse daran, nur so viel Öl zuzusetzen, als gerade notwendig ist, um das Fett geschmeidig zu machen. Denn das Erdnuß-, Sesam- und Kottonöl ist, wie sie unwidersprochen behaupten, wesentlich teurer als das Kokosnußöl. Es sind also in der Tat Grenzen für den Zusatz von Öl gegeben, und es ist in keiner Weise dargetan, daß mehr Öl zugesetzt werde, als zur Verbesserung des Produktes erforderlich ist, und daß die Beimengung des Öles die Ware in ihrer charakteristischen Fettsubstanz verändert hat.

Auch den Zusatz von Farbstoff hielt das Gericht nicht für eine Verfälschung der Ware. Der Zusatz ist sehr gering und in keiner Weise dem menschlichen Genusse unzuträglich. Da er nur dazu dient, der Ware ein gefälliges, appetitliches Aussehen zu geben, so dient er auch dazu, die Ware zum menschlichen Genusse geeigneter zu machen. Davon, daß der Zusatz erfolgte, um der Ware das Aussehen von Butter zu geben, kann keine Rede sein. Die Angeklagten haben ja immer in der deutlichsten Weise zum Ausdruck gebracht, daß ihre Produkte Pflanzenfette sind. Danach sind sämtliche Produkte der beiden Firmen, soweit sie in den Verkehr kommen, als ungefälschte Fette im Sinne des Gesetzes anzusehen.“

Ganz entgegen den in diesem Urteil ausgesprochenen liberalen Ansichten ist von anderer Seite die Frage aufgeworfen worden, ob ein Färben von Kokosbutter überhaupt zulässig oder ob es nach dem Fleischbeschau- bzw. Nahrungsmittelgesetze verboten sei. Ersteres verbietet aber nur die Färbung tierischer Fette, sofern sie nicht als Margarine auf den Markt kommen, und letzteres sieht in der Färbung nur dann etwas Strafbares, wenn damit eine Täuschung des Käufers beabsichtigt ist. Eine deklarierte Färbung von Pflanzenfetten kann also unter keinen Umständen als etwas Unerlaubtes hingestellt werden.

Streichfähige Pflanzenbutter.

Streichfähig gemachte Kokosfette werden in ungefärbtem Zustande im gesetzlichen Sinne als Kunstspeisefette, in gefärbtem Zustande als Margarine angesehen.

So wurde z. B. eine weiße, streichfähige, in runden Blechdosen verpackte Pflanzenbutter, die sich als gereinigtes Kokosnußfett erwies, nach dem Urteilsspruche der zweiten Strafkammer des Landgerichtes Hamburg vom 2. August 1905 als Kunstspeisefett im Sinne des Margaringesetzes betrachtet. Der Richter meint, daß ohne Zweifel eine Zubereitung vorliege, die nämlich schon gegeben sei, wenn ein Stoff in einer Weise bearbeitet wird, daß er dadurch zu einem andern bestimmten Zwecke brauchbar oder brauchbarer gemacht wird. Das sei hier der Fall, weil die Ware streichbar und daher für den Gebrauch im Hausstande brauchbar gemacht wurde. Diese Zubereitung sei aber ferner auch dem Schweineschmalz ähnlich, denn im gewöhnlichen Sprachgebrauch sei Ähnlichkeit die Übereinstimmung mehrerer Merkmale (Adelung), allenfalls mit dem Beisatze „sich der Gleichheit nähernd" (Sanders), „der Übereinstimmung annähernd" (Weigand), „an das Gleiche rührend, nicht völlig gleich" (Grimm). Vergleiche S. 222—226.

Diese Auslegung des Begriffes „ähnlich" schwebte wohl auch dem Gesetzgeber vor, denn dieser wollte eben eine Täuschung des Publikums und den unlautern Wettbewerb gegenüber Produzenten und Konsumenten reinen Schweineschmalzes verhindern [1]).

Das weiße, streichfähige Vegetalin gleiche tatsächlich in Farbe und Aussehen dem Schweineschmalz ganz auffallend, während der vom Schweineschmalz abweichende Geruch und Geschmack jedoch vom Käufer weniger leicht konstatiert werden könne als die Ähnlichkeit in Farbe und Aussehen.

Dieses Urteil wurde vom Reichsgerichte bestätigt [2]).

In dem Gutachten, das das Mannheimer Landgericht durch Personen aus Berufskreisen, die Fette einzukaufen und zu verbrauchen pflegen, einholte (siehe S. 226), wurde harte, nicht streichfähige Pflanzenbutter als Schmalz nicht ähnlich erkannt, wohl aber geknetete Pflanzenbutter als schweinefettähnlich bezeichnet.

Bemerkenswert ist auch eine Äußerung von K. Farnsteiner über das fragliche Thema, wo es heißt:

---

[1]) Vergleiche Rede des Ministers v. Bötticher, 9. Legislaturperiode, 4. Session des Reichstags, Bd. 1, S. 289, und v. Hammerstein, Bd. 4, S. 3117.

[2]) Urteil v. 15. Jan. 1906.

„Das Gesetz von 1897 sollte die betrügerische Unterschiebung von Margarine und Kunstspeisefett an Stelle von Butter bzw. Butterschmalz und Schweineschmalz verhindern. Eine solche Unterschiebung ist beim Verkaufe möglich, wenn das nachgemachte Fett dem natürlichen Produkt insoweit ähnlich ist, daß der Käufer während der Manipulation der Entnahme des Fettes aus dem Gefäße, des Abwiegens und des Verpackens einen Unterschied zu erkennen nicht in der Lage ist. Prüfungen des Geruches und Geschmackes werden erfahrungsgemäß beim gewöhnlichen Ankauf an Ort und Stelle nur selten vorgenommen. Eine Unterschiebung kann aber schon stattfinden, wenn zwei Fette in bezug auf Aussehen, Härte und Gefüge übereinstimmen."

Demnach sollte also gelb gefärbtes, butter- oder butterschmalzähnliches Kokosfett, auch wenn es sonst vollständig reines Kokosfett darstellt, den Bestimmungen des Margaringesetzes unterworfen sein und daher nur mit einem Zusatze von 10% Sesamöl in den Handel gebracht werden.

Sachs[1]) hat über die gesetzlichen Vorschriften, die beim Handel und Verkehr mit Kokospräparaten zu beobachten sind, andere Meinungen geäußert, als sie in dem bisher Gesagten zum Ausdruck gebracht und durch die mehrfach zitierten Urteile bestätigt wurden.

So betrachtet er Kokosbutter, gleichgültig, ob diese weiß oder gefärbt ist, durch Kneten streichfähig gemacht wurde oder nicht, als nicht unter das Margaringesetz fallend, weil sie als unverfälschtes Fett einer bestimmten Pflanzengattung aufzufassen sei[2]). Für gefärbte Fette ist diese Auffassung nach der üblichen Rechtsprechung nicht richtig, denn die Färbung gilt darnach eben als Fälschung.

Gelb gefärbte, durch Zusatz von Pflanzenöl geschmeidig und streichbar gemachte Kokosbutter will Sachs als Kunstspeisefett behandelt wissen, was jedoch ebenfalls irrig ist, weil Kunstspeisefett schweineschmalzähnlich sein muß, gelb gefärbtes streichbares Kokosfett aber nicht dem Schweinefett, sondern der Butter ähnelt und daher als Margarine zu behandeln ist[3]).

Emulgierte Pflanzenfettpräparate.

Emulgierte Kokosfettpräparate, also Mischungen von raffiniertem Kokosöl mit Wasser, Eigelb, Milch, Pflanzenöl, Farbstoffen, Salz usw., können wegen ihres ausgesprochenen Buttercharakters im Verkehre nicht anders als Margarine behandelt werden, selbst wenn sie sich im Aussehen von Naturbutter ziemlich deutlich unterscheiden.

Eine unter dem Namen „Anka" in den Handel gebrachte Pflanzenbutter, die hauptsächlich aus Kokosfett und Eigelb bestand, gelb gefärbt war, beim Braten bräunte und schäumte und in Form kleiner schillernder Täfelchen verkauft wurde, äußerlich also mit Butter kaum verwechselt werden konnte, wurde von dem Schöffengericht in Kiel[4]) zwar nicht als Buttersurrogat im

---

[1]) Chem. Revue 1907, S. 160.

[2]) Siehe Würzburg, Nahrungsmittelgesetzgebung 1894, S. 51—57; Lebbin, Deutsches Nahrungsmittelrecht 1907, Bd. 1, S. 100.

[3]) Chem. Revue 1907, S. 243. — Vergleiche auch P. Pollatschek, Chem. Revue 1909, S. 49.

[4]) Urteil v. 23. Mai 1905.

Sinne des Margaringesetzes erkannt, doch entschied das Landgericht Kiel auf Berufung des Staatsanwaltes am 8. Januar 1906 in anderer Weise und erklärte, daß Anka ein, wenn auch in der Form verschiedenes, der Milchbutter aber in der Zubereitung ähnliches Produkt sei, denn beide stellten eine erstarrte Fettemulsion dar.

Auf die eingelegte Revision des Verurteilten erkannte das Oberlandesgericht in Kiel am 8. März 1906, daß Anka als butterähnliches Produkt aufzufassen und mit den im Margaringesetze vorgesehenen Kennzeichnungen in den Handel zu bringen sei.

Volkswirtschaftliches.

Die Erzeugung von Pflanzenbutter, die vor 15 Jahren noch in den Kinderschuhen stak, hat in der letzten Zeit an Umfang wesentlich zugenommen, doch ist sie trotzdem heute noch nicht am Ende ihrer Entwicklungsfähigkeit.

Deutschland, Österreich-Ungarn, Frankreich und England erzeugen alljährlich bereits stattliche Mengen von Kokosbutter; in den südlichen Staaten Europas, wie auch in Amerika hat diese Industrie aber noch keinen sicheren Fuß fassen können.

Die deutsche Kokosbutterindustrie dürfte jährlich einige Zehntausende von Tonnen Kokosbutter erzeugen, wovon ein beträchtlicher Teil ins Ausland wandert.

In Österreich-Ungarn werden alljährlich ca. 2—3000 Waggons Kokosbutter erzeugt, in Frankreich nicht viel weniger. Die englische und belgische Kokosbutterindustrie ist ebenfalls sehr bedeutend, die der anderen europäischen Länder dagegen nur bescheiden.

In Rußland begegnet die Fabrikation von Kokosbutter mannigfachen behördlichen Schwierigkeiten. In letzter Zeit hat man allerdings einen Versuch gemacht, Pflanzenfett in den Militärmenagen einzuführen. Eine Kommission, die diese Frage zu begutachten hatte, sprach sich dahin aus, daß das zur Prüfung vorliegende Pflanzenfett (Marke Plantol der Firma A. M. Schukoff in Petersburg) ein Drittel der Tagesration an Fett bei der Soldatenverköstigung ersetzen könnte, doch wäre eine solche Verwendung in Rußland nur in außergewöhnlichen Fällen zulässig, weil hier die gewöhnlichen Speisefette leicht erhältlich und in genügender Menge vorhanden wären.

In der Türkei hat die Kokosbutter ziemlich rasch Eingang gefunden; sie ist dort als Fastenspeise zugelassen, und da die orthodoxen Türken wie auch die strenggläubigen Juden fast in jeder Woche einige Fastage haben, ist der Konsum von Fastenfett nicht gering. Der Bedarf Konstantinopels an Pflanzenbutter, der heute nur 5—10 Waggons pro Jahr beträgt, wird in naher Zukunft sicher auf das Vielfache des heutigen Konsums steigen.

Bedenkt man nämlich, welch ausgiebige, intensive Reklame für die Kokosbutter gemacht wurde, so muß man sagen, daß trotz des heutigen beachtenswerten Verbrauches noch immer nicht jener Erfolg erreicht ist, den man erwarten durfte. Noch immer zieht man ein Kunstspeisefett fraglicher Zusammensetzung, das von der breiten Masse als Schweinefett angesehen wird, einer noch so guten Kokosbutter vor. Man hat dabei darauf hingewiesen, daß der Name des Pflanzenfettes schlecht gewählt worden sei und daß man von dem als Kokosbutter angepriesenen Produkt etwas ganz anderes erwartet habe als ein weißes, nicht streichfähiges und nach Butter weder riechendes noch schmeckendes Fett. Die später gewählten Phantasienamen sind eine Bestätigung dafür, daß dieser Vorwurf zum Teil berechtigt ist.

Man kann aber wohl für die Zukunft ein weiteres stetiges Anwachsen des Kokosbutterkonsums fast mit Sicherheit voraussagen, zumal in Ländern, wo der Prozentsatz des mosaischen Bevölkerungsanteiles groß ist; dort wird bekanntlich Kokosbutter als willkommener Ersatz für das durch den Ritus verbotene Schweinefett begrüßt. Aber auch bei der christlichen Bevölkerung wird sich die Kokosbutter als Koch- und Bratfett mehr und mehr einbürgern.

Zweites Kapitel.

Brennöle.

Leuchtöle. — Huiles d'éclairage. — Burning oils. — Oli da lume. — Oli d'ardere.

Geschichte.

Geschichtliches.

Die Öle des Tier- und Pflanzenreiches hatten ehedem als Beleuchtungsstoffe eine große Wichtigkeit; die im Laufe des vorigen Jahrhunderts vollzogene Vervollkommnung der Kerze, weit mehr aber noch die großartige Entwicklung der Petroleumindustrie und das immer weitere Durchdringen der Gasbeleuchtung sowie des elektrischen Lichtes haben die Bedeutung der vegetabilischen und animalischen Öle als Leuchtstoffe stark geschmälert. In der einfachen Form als Nachtlicht, als Grubenlampe usw. haben sie indes noch immer ein nicht zu unterschätzendes Verbreitungsgebiet, ja in vielen Ländern sind sie sogar noch als Eisenbahnwagenbeleuchtungsmittel anzutreffen.

Da der Flammpunkt der Tier- und Pflanzenfette über 200° C liegt, sind sie nur schwer entzündlich, ein Vorteil, der von konservativen Gemütern lange Zeit ungebührlich überschätzt wurde und jedenfalls weit weniger wiegt als der Nachteil der geringen Leuchtkraft, bezüglich deren sie von den Mineralleuchtölen (Petroleum usw.) weit übertroffen werden. Dazu kommt, daß die vegetabilischen und animalischen Öle wegen ihrer zu großen Viskosität vom Dochte nicht gerade leicht aufgesaugt werden, weshalb dessen Kapillarkraft durch entsprechenden Bau der Lampen zu Hilfe gekommen werden muß.

Die im Altertum allgemein gebrauchte Form der Öllampe war die der sogenannten „antiken Lampe", bestehend aus einem mit Öl gefüllten Gefäß, in das einfach ein Docht aus Hanf oder Flachs eingelegt wurde, den man mit einem Ende irgendwie über das Flüssigkeitsniveau emporragen ließ. Der Docht speist bei dieser Lampe anfangs die Flamme zu reichlich mit Öl; die Flamme ist dabei zwar groß genug, um das Öl in brennbare Gase zu verwandeln, doch ist die Verbrennung unvollkommen, weil es an der genügenden Menge Luft mangelt. Mit sinkendem Ölstande wird die Ölzufuhr mangels genügender Kapillarkraft des Dochtes immer geringer, die Flamme daher allmählich düsterer, bis sie endlich ganz erlischt. Trotz dieses ungleichen Brennens der Lampe, ihrer Rauchentwicklung und ihres blakenden Dochtes war sie bis ins Mittelalter hinein die allgemeine Beleuchtungsart und wurde erst um das sechzehnte und siebzehnte Jahrhundert durch die Sturz- oder Flaschenlampe abgelöst, deren Erfindung wir Hieronymus Cardanus verdanken (1550). Bei der Sturzlampe ist der Ölbehälter sehr nahe dem Dochtende angebracht, wodurch ein ruhigeres Brennen erreicht wird.

Einen wesentlichen Fortschritt bedeutete dann die Einführung des Flachdochtes, der eine größere Flächenausbreitung der Flamme und damit einen größeren Luftzutritt gestattete. Der angeblich von Léger erfundene Flachdocht (zweite Hälfte des achtzehnten Jahrhunderts) wurde später in der Lampe von Aimé Argand kreisförmig gelegt, wodurch ein hohler Runddocht entstand (1783). Die runde Flamme bekommt bei dieser Dochtanordnung auch von der Mitte aus Luft zugeführt und die Verbrennung wird daher vollständiger.

Früher als Argand war Quinqué auf die Erhöhung der Luftzufuhr bedacht gewesen; er wendete zu diesem Zwecke über die Flamme gesetzte Glaszylinder an, die nicht nur ein helleres, rußfreies, sondern auch ein ruhigeres Brennen der Flamme herbeiführten.

Daß ein stärkerer Luftstrom die Flamme leuchtender macht, hatte auch schon Leonardo da Vinci (1452—1519) erkannt, der zu diesem Zwecke ebenfalls schon Glaszylinder empfahl, die er aber irrtümlicherweise mit Wasser kühlen zu müssen glaubte; Quinqué verfiel nicht in diesen Fehler und hatte daher den Erfolg für sich.

Bei der Uhr- oder Pumplampe, die von Carcel im Jahre 1800 erfunden wurde und einen weiteren Fortschritt bedeutet, wird durch die Kraft einer in einem Gehäuse eingeschlossenen Feder ein Uhrwerk bewegt, das eine Pumpe treibt, die der Flamme Öl zuführt. Die Ölzufuhr findet so reichlich statt, daß sogar ein Überschuß verbleibt, der in den Ölbehälter wieder zurückfließt und dabei vorgewärmt wird.

Die Verbesserung der Astrallampe (1809) ist lediglich in der Form des kranzförmigen Ölbehälters zu erblicken, der weniger Schatten warf als die früher gebräuchlichen Ölbehälter. Bei der Sinumbralampe erhielt der ringförmige Ölbehälter einen Querschnitt, der den Schattenwurf fast gänzlich in Fortfall brachte.

Die letzte Stufe der Entwicklung hat die Öllampe in der Moderateurlampe erlebt. Bei dieser von Franchot erfundenen Lampenform (1836) wird das Öl durch eine Schraubenfeder zum Brenner emporgehoben und mit sinkendem oder steigendem Dochte gleichzeitig die Öffnung des Steigrohres verringert oder vergrößert, es findet also eine automatische Regulierung (Moderation) des Ölaustrittes statt. Die Moderateurlampe stand viele Jahrzehnte hindurch in allgemeiner Anwendung und ist erst in der zweiten Hälfte des vorigen Jahrhunderts durch die Petroleumlampe allmählich verdrängt worden.

Allgemeines.

Allgemeines über Brennöle. Brennbar sind alle Öle des Tier- und Pflanzenreiches, doch ist ihr Wert als Leuchtstoff verschieden. Hierbei kommt nämlich eine Reihe von Umständen in Betracht; vor allem die Eigenschaft, mehr oder weniger rasch von den Kapillarröhrchen aufgesaugt zu werden, was ihren Verbrauch in der Zeiteinheit bestimmt, ihre Verbrennungswärme, ihre Eigenschaft, den Docht mehr oder weniger zu verstopfen, die Rußbildung ihrer Flamme, ihre Geruchsentwicklung beim Brennen, ihre Leuchtkraft usw.

Mit der Frage des Verbrauches verschiedener Öle in vollkommen gleichen Lampen und bei sonst gleichen anderen Bedingungen hat sich zuerst Schübler befaßt, und zwar hat er neben der in der Zeiteinheit verbrannten Menge der verschiedenen Öle auch die dabei entwickelte Wärmemenge bestimmt. Er verwendete zu seinen Versuchen gewöhnliche Dochtlampen, die einen 16 feine Baumwollfäden enthaltenden, in einer dünnen Metallröhre steckenden Docht aufwiesen, und außerdem dochtlose Lampen, die aus einem auf der Oberfläche des Öles schwimmenden, von einer kleinen Metallschale getragenen Glasröhrchen bestanden, an dessen Mündung das Öl durch Erhitzen entzündet wurde.

Verbrennungswärme. Die Verbrennungswärme wurde derart bestimmt, daß über der in dem geschlossenen Behälter befestigten Lampe ein Kessel mit Wasser aufgestellt war, welch letzteres durch die entstandene Wärme zum Verdunsten gebracht wurde.

	Dochtlose Lampen in 1 Stunde		Dochtlampen in 1 Stunde	
	verbranntes Öl	verdunstetes Wasser	verbranntes Öl	verdunstetes Wasser
Leinöl	24,2	57	38,7	121
Sonnenblumenöl . . .	41,0	133	51,8	185
Mohnöl.	19,8	41	31,0	80
Nußöl	23,4	55	45,0	150
Hanföl	31,4	94	46,0	155
Sommerrapsöl	23,1	44	43,8	144
Sommerrübsenöl raff. .	18,7	39	29,4	70
Winterrapsöl unraff. .	12,0	22	40,0	133
Winterrübsenöl . . .	16,7	35	48,5	169
Senföl (schwarzer Senf)	erlischt nach wenigen Minuten		25,0	68
Senföl (weißer Senf) .	29,3	82	29,8	78
Leindotteröl	36,0	105	34,0	101
Olivenöl	53,1	150	62,0	230
Mandelöl	34,1	100	44,0	148
Rizinusöl	23,3	46	47,0	168

Diese Resultate zeigen, daß die in Dochtlampen verbrannte Menge mit der in dochtlosen Lampen konsumierten meist proportional ist, daß also die mehr oder weniger ausgesprochene Eigenschaft der Öle, in den Kapillarröhrchen emporzusteigen, hauptsächlich für die in der Zeiteinheit gegebene Ölmenge ausschlaggebend ist.

Den Schüblerschen Versuchen haften aber mehrere grobe Fehlerquellen an und es wäre unbedacht, den von ihm gefundenen Zahlen einen allzu großen Wert beizumessen; immerhin geht aber aus seinen Beobachtungsresultaten hervor, daß der in Dochtlampen festgestellte Ölkonsum weder von der Viskosität des Öles noch von dessen chemischer Zusammensetzung abhängt. Hat doch Rizinusöl mit seiner hohen Viskosität einen weit höheren Verbrauch als Rapsöl, und das zu den trocknenden Ölen zählende Sonnenblumenöl übertrifft die verschiedenen halbtrocknenden Öle und wird nur von dem nicht trocknenden Olivenöl übertrumpft.

Die als Maß der Verbrennungswärme genannte Menge des verdunsteten Wassers ist so verschieden und steht mit der Menge des verbrannten Öles in so geringem Zusammenhange, daß dem Beobachter wohl Versuchsfehler unterlaufen sein müssen. Daß dem so ist, geht aus den interessanten Arbeiten von C. Sherman und J. F. Snell[1]) hervor, die die Verbrennungswärme verschiedener fetter Öle untersuchten, wobei sich nur ganz geringe Abweichungen ergaben.

Ein vorzeitiges Verkohlen des Dochtes zeigen die minderwertigen Brennöle; besonders solche mit größerem Aschengehalt oder trocknende Öle sind für Beleuchtungszwecke nicht gut geeignet, denn sie rußen sehr stark und entwickeln einen unangenehmen Geruch. Das in manchen Jahren sehr billige Sulfuröl ist wegen seines hohen Gehaltes an freien Fettsäuren auch in sonst reinem Zustande als Brennöl nicht zu gebrauchen. Docht-verkohlung.

Das geruchlose Brennen der Öle ist übrigens eine Forderung, der leider beim Einkauf von Brennölen noch immer zu wenig Beachtung geschenkt wird. Öle, die sich äußerlich sehr gut ausnehmen und an und für sich als geruchlos bezeichnet werden müssen, verunreinigen beim Brennen die Luft in ganz unglaublicher Weise. Zu diesen Ölen gehören vor allem die verschiedenen Trane und alle Tran-, Fisch- oder Mineralöl enthaltenden Mischungen. Geruchloses Brennen.

Einen schwachen Geruch entwickelt eigentlich jedes Brennöl; selbst bestgereinigte Rüböle sind von diesem Fehler nicht freizusprechen. Gut gereinigte, von Schleimstoffen und Aschenbestandteilen vollkommen freie, möglichst wenig freie Fettsäuren enthaltende Öle brennen aber geruchloser als solche, bei denen auf die Entfernung der genannten Verunreinigungen weniger Wert gelegt wurde. Trocknende Öle neigen mehr zur Geruchsentwicklung als nicht- oder halbtrocknende.

---

[1]) Journ. Amer. Chem. Soc. 1901, S. 164; vgl. auch Bd. 1, S. 93.

Die in manchen Ölen enthaltenen Fettsäureglyzeride besonderer Zusammensetzung wirken gleichfalls schädlich; so ist z. B. der unangenehme Geruch, den Trane entwickeln, nicht nur auf die häufige Unreinheit dieser Produkte zurückzuführen, sondern auch durch die in den Tranen und Fischölen enthaltenen Glyzeride der ungesättigten Fettsäurereihe bedingt. Aus diesem Grunde wirken auch geruchlos gemachte Trane beim Verbrennen luftverschlechternd.

Mineralöle sind zum Brennen in einfachen Dochten, wie sie für vegetabilische und animalische Brennöle verwendet werden, im allgemeinen ungeeignet; sie verbrennen dabei nur unter gleichzeitigem starken Rußen und unter damit Hand in Hand gehender Geruchsentwicklung. Durch besondere Reinigung und Verschnitte mit anderen Ölen lassen sich aber daraus brauchbare Brennöle herstellen.

Tran- oder mineralölhaltige Brennölmischungen sind daher für gewöhnlich[1]) als minderwertig anzusehen und sollten nur dann als Grubenbeleuchtungsmittel zugelassen werden, wenn durch besondere Raffination erreicht worden ist, daß sie nicht mehr luftverschlechternd wirken.

Fabrikation.

In unseren Gegenden kommt als vegetabilisches Brennöl fast ausschließlich nur das Rüböl in Betracht, über dessen Gewinnung und Reinigung bereits in Band 2, S. 352/353 alles Bemerkenswerte gesagt wurde.

Herstellung von Rübbrennöl.

Rohes Rüböl, d. h. Rüböl, wie es durch Auspressen der verschiedenen Raps- und Rübsensaaten und nachheriges Filtrieren des gewonnenen Öles erhalten wird, ist für Beleuchtungszwecke nicht geeignet. Sein hoher Gehalt an Schleim- und Harzstoffen wirkt dochtverstopfend und das Öl brennt daher mit stark rußender Flamme, wobei der Docht blakt und sich sehr bald derart verstopft, daß die Flamme endlich ganz erlischt.

Um rohes Rüböl gut brennbar zu machen, ist die Entfernung der darin enthaltenen Harzkörper und Schleimstoffe unbedingt notwendig; es können daher nur jene Reinigungsmethoden für die Herstellung von Rübbrennöl in Betracht kommen, die die genannten Verunreinigungen zerstören oder entfernen, nicht aber solche Verfahren, die lediglich eine Bleichung des rohen Rüböles, das bekanntlich von braungelber Farbe ist, besorgen.

Von den Reinigungsverfahren, die die in den rohen Pflanzenölen enthaltenen Harz- und Schleimstoffe zerstören, ist die Schwefelsäuremethode[2]) entschieden die wichtigste und gebräuchlichste. Bei ihrer richtigen Anwendung erhält man ein Rübbrennöl, das vollständig geruchlos und mit nicht rußender Flamme brennt, den Docht auch nach vielstündigem Brennen nicht verstopft und während des Brennens nicht nachdunkelt. Wenn manche

[1]) Vergleiche S. 348 dieses Bandes.

[2]) Siehe Band 1, S. 635—642.

Rübölsorten des Handels die erwähnten Eigenschaften nicht zeigen, so liegt der Grund eben darin, daß man entweder zuviel oder zu wenig Schwefelsäure angewendet hat, daß man die Temperatur während der Operation zu hoch hielt oder daß man nicht für ein vollständiges Auswaschen der letzten Schwefelsäurereste aus dem gereinigten Öle sorgte.

Die Rübbrennöle werden gewöhnlich unter der Bezeichnung „Doppelt raffiniertes Rüböl" auf den Markt gebracht, eine Benennung, die eigentlich nicht ganz glücklich gewählt ist, denn man kann, streng genommen, von einer doppelten Raffination wohl kaum sprechen, es wäre denn, daß man die einzelnen Phasen der Reinigung (Schwefelsäurebehandlung, Wasserwaschung und Filtration) als besondere Reinigungsmethoden auffaßte, was aber einmal nicht richtig ist und andrerseits die Notwendigkeit ergeben würde, konsequenterweise von einem dreifach raffinierten Öle zu sprechen.

Auch die unter der Bezeichnung „Ewiglichtöl" und unter anderen Namen ausgebotenen Rübbrennöle, denen man eine besonders gute Brennfähigkeit nachsagt, sind durchweg nur durch einfaches Reinigen mittels Schwefelsäure, nachträgliche Wasserwaschung und Filtration hergestellt. Bloß in ganz seltenen Fällen wird die Schwefelsäureraffination mit einem der bekannten Bleichverfahren kombiniert. Dies ist bei rohen Rübölen gewöhnlicher Qualität nicht nötig, denn nur besonders dunkle Rohölsorten bedürfen einer speziellen Bleichoperation.

In neuerer Zeit werden vielfach die Hydrosilikate als Bleichmittel für Rüböl empfohlen; sie sollen nicht nur den Farbstoff des rohen Rüböles, sondern auch dessen Harz- und Schleimbestandteile entfernen, also die Schwefelsäureraffination entbehrlich machen[1]).

Mischöle.

Die Rübbrennöle werden nicht selten mit anderen, billigeren Pflanzenölen, mit Tranen und Mineralölen verfälscht. Das Vermischen von Rüböl mit anderen Pflanzenölen zwecks seiner Verbilligung braucht nicht beanstandet zu werden, sobald die Mischung nicht als Rüböl auf den Markt gebracht wird und die dem Rüböl zugesetzten Öle gut brennbar sind. Kritischer wird die Sache, wenn es sich um Mischungen von Rüböl mit Fischölen handelt, welch letztere stets qualitätsverschlechternd wirken.

Sehr häufig werden Rüböle mit Mineralölen verschnitten, für welche Zwecke sich diejenigen Erdölfraktionen eignen, die zwischen den Petroleumdestillaten und Schmierölen liegen.

Scheinlosmachen von Mineralölen.

Diese Fraktionen zeigen bei normaler Reinigung eine deutliche Fluoreszenz, die sich beim Vermischen mit Rüböl auch der Mischung mitteilt. Damit diese Fluoreszenz nicht zum Verräter der stattgehabten Verfälschung werde, hat man nach Mitteln gesucht, die diese Erscheinung aufheben, die also die Mineralöle „scheinlos" machen. Als ein solches Mittel wurde früher das Nitrobenzol sowie das Nitronaphthalin sehr angepriesen; in neuerer

---

[1]) Vergleiche Bd. 2, S. 353.

Zeit hat man für den gleichen Zweck fettlösliche gelbe Anilinfarbstoffe warm empfohlen.

Bei verständiger Verwendung der Mineralöle lassen sich damit ziemlich gut brennende Brennölmischungen herstellen, wenngleich die Mineralöle an sich in den gewöhnlichen Rüböllampen oder in Nachtlichten eine stark rußende Flamme geben und beim Verbrennen einen unangenehmen, kienölartigen Geruch verbreiten. Bei uns wird der Zusatz von scheinlosen Mineralölen zu Brennölen verhältnismäßig wenig gepflogen, und wo ein solches Vermischen geschieht, wird es meist in versteckter Weise vorgenommen. Ein zugestandenermaßen mit Mineralöl vermischtes Brennöl würde von den Kaufleuten kaum beachtet werden; unbewußt wird es aber doch hie und da ruhig hingenommen, wenn der Verkäufer billige Preise macht.

Russische Brennöle. Anders steht die Sache in Rußland, wo der Konsum von Brennölen wegen der vor den Heiligenbildern unausgesetzt brennenden Öllampen sehr bedeutend ist. Früher waren für diesen Zweck nur Fabrikolivenöle erlaubt; als es aber Dawydoff[1]) in Moskau (um das Jahr 1885) gelang, durch Verschneiden von vegetabilischen Ölen mit eigens für diesen Zweck hergestellten schwereren Mineralölen ein für die ärmere Bevölkerung leichter beschaffbares Brennöl zu erzeugen, wurde dieses künstliche Brennöl offiziell als Heiligenlichtöl anerkannt und sein Vertrieb unter dem Namen „Garnoje Maslo“ (Brennöl) gestattet.

Der Herstellung dieses Produktes wird in Rußland ganz besondere Aufmerksamkeit zugewendet; ich habe in verschiedenen Proben von handelsüblichem „Garnoje Maslo“ 40—68 % Mineralöl gefunden, und dennoch brannten alle Marken mit ruhiger, heller und rauchfreier Flamme, ohne im Geruch an Mineralöl zu erinnern, und waren von hübscher gelbgrüner Färbung, ohne jegliche Fluoreszenz.

Neben Rüböl und seinen Mischungen werden noch die höheren Pflanzen und Tieröle zur Beleuchtung verwendet:

Andere Brennöle. Olivenöl: Dieses dient in seinen weniger guten Sorten in Italien und Spanien als Beleuchtungsmittel und ist für diesen Zweck recht gut geeignet, sofern es nicht einen zu großen Prozentsatz freier Fettsäuren aufweist.

Rizinusöl: Wird in einigen Ländern (z. B. in England) auch von den Israeliten als rituelles Beleuchtungsmittel (unter dem Namen Kiki) gebraucht und auch in Indien als Beleuchtungsmittel verwendet.

Holzöl: Soll in Japan als Brennöl verkauft werden, doch dürfte es wegen seiner trocknenden Eigenschaften nur ein wenig gutes Brennöl abgeben, ebenso das

Leinöl: Wird in Indien bisweilen zu Beleuchtungszwecken verwendet.

Kokosöl: Brennt man in den Tropen sehr häufig in Lampen.

---

[1]) Kwjatkowsky-Rakusin, Anleitung zur Verarbeitung von Naphtha, Berlin 1904, S. 92.

Trane und Fischöle: Werden in ihren verschiedenen Sorten in den nordischen Ländern zur Beleuchtung von Wohnungen, Leuchttürmen, Straßen uw. benutzt.

Lardöl: Wendet man in den Vereinigten Staaten in größeren Mengen zu Beleuchtungszwecken an.

Milchfett (wasserfreie Butter): Soll in Tibet in verschiedenen Klöstern als Brennöl dienen.

A. Domeier und B. Nickels[1]) haben zur Erhöhung der Leuchtkraft von Pflanzen- und Tierölen (auch Mineralölen) einen Zusatz von Naphthalin oder einer anderen Kohlenwasserstoff ähnlichen Zusammensetzung vorgeschlagen. Dieselbe Idee war übrigens schon in den siebziger Jahren des vorigen Jahrhunderts aufgetaucht, ohne daß sie aber praktisch verwertet worden wäre. Ohne besondere Sauerstoffzufuhr brennen solche Öle nämlich unter sehr starker Rußentwicklung.

Wirtschaftliches.

Das Petroleum, das Gas und das elektrische Licht haben die pflanzlichen und tierischen Brennöle mehr und mehr verdrängt. In den Kulturstaaten finden sie heute nur noch ganz beschränkte Anwendung, und zwar im Haushalte als Nachtlicht, im Bergbau als Grubenlicht, im Eisenbahnwesen als Signallicht und in einigen Ländern als Beleuchtung der Eisenbahnwaggons. Auch für rituelle Zwecke werden die Pflanzen- und tierischen Brennöle verwendet; so für das in den katholischen Kirchen brennende „ewige Licht" und in den russisch-orthodoxen Ländern als Beleuchtung der vielen Heiligenbilder. Der jährliche Verbrauch von Brennölen nimmt aber beständig ab und ihre Erzeugung wird daher von Jahr zu Jahr geringer.

Wirtschaftliches.

---

[1]) Engl. Patent Nr. 9162 v. 30. Juli 1885.

Drittes Kapitel.

Pflanzliche und tierische Schmieröle und Schmierfette.

Huiles lubrifiantes. — Graisses lubrifiantes. — Lubricating oils. — Lubricating fats. — Oli lubrificanti. — Grassi lubrificanti.

Allgemeines.

Unter Schmiermaterialien versteht man jene große Gruppe von Fetten, die die Eigenschaft besitzen, zwischen zwei aneinander bewegte Flächen fester Körper in dünner Schicht gebracht, die Flächenreibung herabzusetzen, ohne irgendwelche andere Erscheinungen hervorzurufen.

Einteilung. Die Schmiermaterialien können von verschiedenen Gesichtspunkten aus in Gruppen unterteilt werden; so nach ihrer physikalischen und chemischen Beschaffenheit, nach ihren besonderen Eigenschaften, nach ihrem speziellen Zweck usw. Am gebräuchlichsten ist wohl ihre Einteilung in

Schmieröle
und
Schmierfette.

Zu den ersteren gehören alle bei gewöhnlicher Temperatur flüssigen Schmiermittel, zu der letzteren Gruppe zählt man solche Schmiermaterialien, die bei gewöhnlicher Temperatur fest oder salbenartig sind.

Die Schmieröle kann man dann wiederum nach ihrer Zusammensetzung unterteilen in:

a) aus dem Pflanzen- und Tierreiche stammende Schmiermittel,
b) Mineralschmieröle und
c) Mischungen von Pflanzen- und Tierölen mit Mineralölen (Mischöle),

während man die Schmierfette nach Lewkowitsch in

d) solidifizierte Öle,
e) konsistente Fette und
f) Harzschmieren

unterscheidet.

Neben den Schmiermaterialien, die den Zweck haben, reibungsvermindernd zu wirken, gibt es auch solche, deren man sich zur Vermehrung der Reibung bedient. Diese unter dem Namen Zähschmieren zusammengefaßten Produkte finden im Maschinenbetriebe Anwendung, um das Gleiten der Transmissionsriemen auf den Riemenscheiben zu verhindern, und in ähnlichen Fällen, wo eine Erhöhung der Adhäsion gleitender Flächen gewünscht wird.

Anforderungen.

Die reibungsvermindernden Schmiermittel — gleichgültig, welcher Unterabteilung sie angehören — sollen folgenden Anforderungen entsprechen: Sie sollen

1. hinreichend schlüpfrig (viskos) sein,
2. keine freien Mineralsäuren sowie möglichst wenig an freien Fettsäuren enthalten und keine besondere Neigung zum Ranzigwerden zeigen,
3. ihre Viskosität[1]) durch Temperaturwechsel nur sehr wenig verändern und
4. durch den Einfluß von Luft und Licht nicht dick werden oder gar eintrocknen.

Eine besondere Erörterung des Wesens der Flächenreibung fällt außerhalb des Rahmens dieses Werkes und es sei in dieser Beziehung auf die Werke von Großmann, Holde, Benedikt-Ulzer sowie Archbutt und Deeley verwiesen.

In den meisten Fällen, wo Schmiermittel angewendet werden, handelt es sich um Reibungsverminderung an Lagerflächen von Maschinenteilen,

---

[1]) Unter Viskosität versteht man eigentlich die innere Reibung, das heißt den Widerstand, den die kleinsten Teilchen einer Flüssigkeit ihrem Übereinandergleiten entgegensetzen. Zur wissenschaftlich genauen Ermittlung der Größe der inneren Reibung gibt es zwei Wege: Man bewegt entweder einen festen Körper in einer ruhenden Flüssigkeit, oder man läßt die Flüssigkeit sich an der Oberfläche eines ruhenden festen Körpers bewegen. Letzterer Fall trifft — wenn auch nicht in vollkommener Weise — zu, wenn man Flüssigkeiten aus Röhren ausfließen läßt, deren Länge ihren Durchmesser um das Vielfache überschreitet (Kapillarröhren). Zur praktischen Ermittlung der Viskosität arbeitet man aber nicht mit Kapillarröhren, sondern läßt bestimmte Flüssigkeitsmengen aus verhältnismäßig weiten, aber kurzen Röhren ausfließen, mißt die Ausflußzeit und vergleicht sie mit jener einer gleich großen Wassermenge unter sonst gleichen Verhältnissen. Die dabei erhaltene Verhältniszahl nennt man dann Viskosität und die hierzu verwendeten Apparate Viskosimeter. Unter den vielen Konstruktionsarten dieser Meßapparate ist der von Engler am meisten verbreitet. Die Viskositätszahlen, die man durch Erproben der Schmieröle mittels des Viskosimeters erhält, drücken den Wert der inneren Reibung nicht richtig aus, weil beim Ausfließen der Flüssigkeit durch kurze, verhältnismäßig weite Röhren nicht nur die innere Reibung, sondern auch Wirbelströmungen und andere hydrodynamische Einflüsse mitspielen. — Für ein näheres Eingehen auf diese Frage in diesem Buche liegt kein Bedürfnis vor, zumal man das Thema in den Werken von Holde, Untersuchung der Mineralöle und Fette, 2. Aufl., Berlin 1905; Benedikt-Ulzer, Analyse der Fette und Wachsarten, 5. Aufl., Berlin 1908; Großmann, Schmiermittel, Wiesbaden 1894; Archbutt-Deeley, Lubrication and lubricants, London 1900, ausführlich behandelt findet.

wobei die Reibung stets unter einem größeren Druck (Achsendruck) erfolgt. In der Minderzahl der Fälle kommt den Schmiermaterialien die Aufgabe zu, Laufflächen, die ohne nennenswerten Druck gegeneinander arbeiten, vor Abnützung zu schützen oder aber etwaige Abstände zwischen zwei Gleitflächen abzudichten; letzteres trifft z. B. bei Pumpenplungern und bei allen sich in Stopfbüchsen bewegenden Maschinenteilen zu.

Es ist klar, daß die Beschaffenheit des Schmiermittels je nach dessen Bestimmung verschieden ist.

Von der großen Zahl der als Schmiermaterial in Betracht kommenden Stoffe interessieren uns hier nur die Öle und Fette aus dem Tier- und Pflanzenreiche oder deren Umwandlungsprodukte. Die wichtige Gruppe der Mineralschmieröle soll hier nicht berührt werden, denn sie fällt in ein anderes, wenn auch mit der Fettindustrie verwandtes technologisches Gebiet[1]).

Schmieröle.

Allgemeines.

Bis in die zweite Hälfte des vorigen Jahrhunderts waren alle zu Schmierzwecken verwendeten Öle vegetabilischen oder animalischen Ursprungs; besonders beliebt waren das Rüb-, Oliven- und Rizinusöl, die durch das Emporblühen der Petroleumindustrie aber eine allmähliche Zurückdrängung erlitten, weil die bei der Erdölverarbeitung als Nebenprodukt erhaltenen höheren Destillate in gereinigtem Zustande nicht nur gute, sondern auch sehr billige Schmieröle abgeben. Die Mineralschmieröle, deren Qualität unausgesetzt verbessert wurde, bürgerten sich in verhältnismäßig kurzer Zeit überall ein und die Verwendung der teuren Tier- und Pflanzenschmieröle verringerte sich von Jahr zu Jahr.

Von der Bildfläche vollständig verschwinden werden die Schmieröle pflanzlicher und tierischer Abstammung allerdings nie, denn ihnen kommen für gewisse Verwendungsarten Vorzüge zustatten, die den Mineralölen mangeln. Von diesen Vorzügen sei als wichtigster nur der genannt, daß sie mit ansteigender Temperatur ihre Viskosität nicht in gleichem Maße verlieren wie die Mineralschmieröle. Der verhältnismäßig hohe Preis guter Pflanzen- und Tierschmieröle zieht deren Verwendung in industriellen Betrieben allerdings immer engere Grenzen.

---

[1]) Bezüglich der Industrie der Mineralschmieröle sei auf die nachstehenden Werke verwiesen: Strippelmann, Petroleumindustrie Österreichs und Deutschlands 1877—1879; Schädler, Technologie der Fette und Öle der Fossilien 1887; Höfer-Fischer, Erdöl 1888; Wischin, Vademecum des Mineralölchemikers 1900; Aisinmann, Taschenbuch für die Mineralölindustrie 1897; Künkler, Fabrikation der Schmiermittel 1897; Veit, Erdöl und seine Verarbeitung, Braunschweig 1892; Engler-Höfer, Erdöl 1909, 5 Bände; Magnier, Huiles minérales 1896; Halphen, Le Pétrole 1893; Archbutt-Deeley, Lubrication and lubricants 1900; Hurst, Lubricating oils, fats and greases.

Fabrikation.

Bei der Herstellung der vegetabilischen und animalischen Schmieröle sind besondere Verfahren nicht in Gebrauch; es wird allgemein nach den Methoden gearbeitet, die in Band 1 und 2 für die Gewinnung und Reinigung der Öle angegeben wurden.

Als Vervollkommnung der Raffination wird allerdings manchmal eine Neutralisation der Öle dort ausgeführt, wo sie für gewöhnlich unterbleiben würde. Über die zur Entfernung der freien Fettsäuren dienenden Verfahren ist in Band 1, S. 645—655 so ausführlich gesprochen worden, daß man hier auf dieses Thema nicht näher einzugehen braucht. Entsäuerung.

Bei Ölen, die eine Säureraffination durchgemacht haben, wie z. B. bei Rüböl, läßt sich ein Entfernen der freien Fettsäuren leicht mit der Beseitigung der letzten Mineralsäurespuren vereinigen. Die Herstellung des von unseren Eisenbahnverwaltungen immer noch in großen Mengen gekauften Rübschmieröles erfolgt durch Zusatz von entsprechenden Mengen Kalkmilch oder Natronlauge zu dem Wasser, womit das Waschen des Öles nach der Säurebehandlung vorgenommen wird.

Ein spezielles Beseitigen der freien Fettsäuren aus den für Schmierzwecke verwendeten Ölen wird aber bis heute nur verhältnismäßig selten geübt. Man benutzt z. B. häufig Olivenöle zum Schmieren, die mehr als 20 Säuregrade aufweisen, und zwar zieht man sonderbarerweise solche Öle meist ganz neutralen Mineralschmierölen vor.

Von den vegetabilischen Ölen werden aber heute das Oliven-, Rüb-, Senf- und Rizinusöl noch immer viel für Schmierzwecke verbraucht; für feinere Mechanismen kommen wohl auch das Behen- und das Haselnußöl in Betracht.

Von den Tierölen sind das Talgöl, das Schmalzöl (Lardöl), die verschiedenen Arten von Klauenölen usw. vortreffliche Schmieröle, während von den Fischölen und Tranen nur der Meerschweintran und der Delphintran Schmierzwecken dienen können.

Von den flüssigen Wachsen zeigt das Walratöl (Spermöl) eine ganz vorzügliche Schmierfähigkeit.

Dort, wo es sich um ein Schmieren bei niedriger Temperatur handelt (z. B. bei Eismaschinen), sind die vegetabilischen und animalischen Schmieröle nicht ganz am Platze, weil viele davon vorzeitig erstarren, womit ihre Schmierfähigkeit zwar nicht zu Ende, aber doch bedeutend herabgemindert ist. Ebenso sind Pflanzen- und Tierschmieröle dort nicht angebracht, wo besonders hohe Temperaturen und hoher Druck (Zylinder von Dampfmaschinen und Kompressoren) auf das Schmieröl einwirken, weil unter dem Einflusse hoher Temperatur und Spannung eine Spaltung der Triglyzeride stattfindet und auch sonstige Zersetzungen vor sich gehen. Nichteignung für Kältemaschinen.

So vermag z. B. die Einwirkung der Preßluft auf das Schmieröl in den Kompressionszylindern Anlaß zu plötzlicher Oxydation zu geben, die Explosionen im Gefolge haben kann[1]).

Der Flammpunkt der aus dem Tier- und Pflanzenreiche stammenden Schmieröle liegt im übrigen genügend hoch (stets über 200° C), so daß im allgemeinen eine Feuersgefahr bei Anwendung dieser Öle als Schmiermittel nicht besteht.

Viskositäts-erhöhung.

Wie aus der weiter unten wiedergegebenen Tabelle zu ersehen ist, zeigt das Rizinusöl unter allen Ölen des Tier- und Pflanzenreiches die höchste Viskosität. Man hat das Rizinusöl daher vielfach zur Erhöhung der Schmierfähigkeit anderer vegetabilischer Öle verwendet und würde ein gleiches in ausgiebigster Weise auch bei Mineralölen tun, wenn diese mit Rizinusöl mischbar wären. Dies ist aber nicht der Fall (vergleiche Band 2, S. 527); man kann Mineralölen Rizinusöl nur unter Zuhilfenahme eines Übertragungsmittels zumischen. Wird nämlich das Rizinusöl mit einer entsprechenden Menge eines anderen vegetabilischen Öles vermischt, so nimmt das Mineralöl diese Mischung innerhalb gewisser Grenzen auf. Es läßt sich aber auf diesem Umwege keine allzu große Aufbesserung der Viskosität der Mineralschmieröle erreichen, weil die durch das Rizinusöl bedingte Erhöhung ihrer Schmierfähigkeit durch die notwendige Zumischung des anderen Pflanzenöles zum Teil wettgemacht wird. (Vergleiche S. 375/376.)

An Stelle des Rizinusöles verwendet man daher allgemein die sogenannten oxydierten Öle (blown oils) zur Aufbesserung der Viskosität von Mineralölen. Die oxydierten oder geblasenen Öle, über deren Herstellung im vierten Kapitel berichtet wird, zeichnen sich durch eine auffallende Dickflüssigkeit aus und einzelne Produkte übertreffen in dieser Hinsicht das Rizinusöl. Dabei sind sie mit Mineralölen fast in jedem Verhältnisse mischbar und die Mischungen zeigen die Eigenschaft, bei erhöhter Temperatur ihre Viskosität ziemlich beizubehalten.

Mischungen von geblasenen Ölen mit Mineralöl werden besonders für Schiffsmaschinen gerne verwendet und kommen daher unter dem Namen „Marineöle" auf den Markt.

Mineralöle werden mitunter auch mit gewöhnlichen, also nicht oxydierten Tier- und Pflanzenölen vermischt, und zwar stellt man derartige Mischöle her, um dem Abnehmen der Schmierfähigkeit bei steigender Temperatur vorzubeugen. Wie aus der auf S. 355 gegebenen Tabelle ersichtlich ist, sind die Pflanzen- und Tieröle bei hohen Temperaturen etwas viskositätsbeständiger als die Mineralöle, welche Eigenschaft man daher diesen durch den Zusatz der ersteren erteilen will.

[1]) So wird in der Zeitschr. f. Berg-, Hütten- und Salinenwesen 1900, S. 178 über einen Fall berichtet, wo der Kompressorzylinder einer Preßluftmaschine aushilfsweise mit Rüböl geschmiert worden war und dabei eine Explosion eintrat, deren Gase (Kohlenoxyd und Kohlensäure) durch Einströmen in den Arbeitsschacht zwei Arbeiter töteten. (Vergleiche auch Zeitschr. f. angew. Chemie 1900, S. 1208.)

Die Erhöhung der Viskosität von Schmierölen durch Zusatz von Seifen (besonders Aluminiumoleat oder Aluminiumpalmitat) ist ebenfalls versucht worden, doch scheinen diese Methoden nicht die erwünschten Resultate ergeben zu haben. Bei Steigerung der den Ölen zugesetzten (wasserfreien!) Seifenmenge erhält man bei gewöhnlicher Temperatur feste Schmiermittel (solidifizierte Öle, siehe S. 358).

Eine besondere Erwähnung verdient noch das Senföl, das sich nach verschiedenen Mitteilungen aus zuverlässiger Quelle als ein ganz vorzügliches Schmieröl erweist, besonders für schnellaufende Maschinen. Es soll sogar heißlaufende Lager während des Ganges zum Erkalten bringen und die Mineralschmieröle wie auch Olivenöl hinsichtlich Schmierfähigkeit bei weitem übertreffen [1]).

Eigenschaften.

Nachstehend sei nun untersucht, inwieweit die verschiedenen vegetabilischen und animalischen Öle den auf S. 351 genannten vier Anforderungen gerecht werden. Wie hinsichtlich der **Viskosität** die wichtigsten Pflanzen- und Tieröle ihre Aufgabe als Schmieröle zu erfüllen vermögen, ist aus der folgenden Tabelle [2]) zu ersehen: Viskosität.

	Viskosität nach Redwood bei 70° F	bei 120° F
Rüböl	250,4	88,1
Kottonöl	190,4	69,8
Olivenöl	213,2	75,0
Rizinusöl	2500,0	390,0
Lardöl	223,2	79,4
Ochsenklauenöl	247,0	82,4
Arktisches Walratöl	105,3	47,2
Mineralöle (amerikanische)	200—225	55—65
Mineralöle (russische)	200—250	60—65

Verhältnismäßig wenig Angaben sind in der Fachliteratur über die Viskosität der geschmolzenen, bei gewöhnlicher Temperatur festen Fette zu finden. A. P. Lidow [3]), der in dieser Beziehung den Rinds- und Hammeltalg untersuchte, fand die Viskosität des letzteren (obwohl bei niedrigerer Temperatur schmelzend) größer als die des Rindstalges. Bei 57° C verhielten sich die Ausflußzeiten wie 64,4 : 57,2.

Die Pflanzen- und Tieröle halten also bei ansteigender Temperatur ihre Viskosität besser bei als die Mineralöle, woraus sich die Tendenz, letztere mit vegetabilischen und animalischen Ölen zu vermischen, erklärt.

Die Forderung nach **Säurefreiheit**, das heißt nach Abwesenheit jeglicher Spuren von Mineralsäuren und nach einem Minimalgehalt an freien Fettsäuren, Säurefreiheit.

---

[1]) Vergleiche auch: A. Rohrbach, Senföl als Schmiermittel, Vortrag im Bezirksverein deutscher Ingenieure in Erfurt 1904.

[2]) Lewkowitsch, Chem. Technologie und Analyse der Öle, Fette und Wachse, Braunschweig 1905, 2. Bd., S. 530.

[3]) Wjestnik schirowych wjeschtsch 1905, S. 55.

muß man zum Schutze der geschmierten Maschinenteile, die sowohl durch Mineralsäuren als auch durch Fettsäuren leicht angegriffen werden, erheben.

Hat eine Reinigung der Öle mittels Mineralsäure nicht stattgefunden, so ist deren Abwesenheit von vornherein verbürgt. Bei Rübölen, die bekanntlich nach der Schwefelsäuremethode raffiniert werden, muß für die vollkommene Entfernung der letzten Schwefelsäurereste durch gründliches Auswaschen des gereinigten Öles, eventuell unter Zuhilfenahme neutralisierender Mittel, gesorgt werden.

Freie Fettsäuren enthält jedes vegetabilische und animalische Öl und deren Menge schwankt je nach der Bereitungsweise sowie dem Alter des Öles.

Über die Einwirkung der verschiedenen Tier- und Pflanzenöle auf Metalle wurde bereits in Band 1, S. 96 das Wichtigste gesagt und dabei betont, daß die korrodierende Eigenschaft der Öle und Fette nicht unmittelbar und ausschließlich von ihrem Gehalte an freien Fettsäuren abhängt, daß vielmehr die Berührung der Metallflächen mit der atmosphärischen Luft und der Wassergehalt der Öle wichtige Faktoren bei dem Verhalten der Öle gegen Metalle sind. Immerhin aber bildet der Gehalt der Öle an freien Fettsäuren einen Maßstab für ihr Verhalten gegen Metalle und es gilt als Regel, daß Öle mit mehr als sechs Säuregraden für Schmierzwecke nicht verwendet werden sollen. Nur bei Olivenöl macht man eine Ausnahme und gestattet hier auch 12 – 15 Säuregrade.

Säuregrade. Unter einem Säuregrad versteht man bei Schmierölen die in 100 ccm Öl enthaltene Säuremenge, zu deren Absättigung man 1 ccm Normallauge braucht (Burstynscher Säuregrad); nach Köttstorfer werden nicht 100 ccm, sondern 100 g Öl genommen. Der von Burstyn eingeführte Begriff des Säuregrades ist eigentlich recht unglücklich gewählt und ebenso unpraktisch wie der von ihm empfohlene Ölsäuremesser. Es ist nicht zu verstehen, daß dieser Apparat in der österreichischen Marine praktische Verwendung finden konnte, zumal doch die titrimetrische Ermittlung der freien Fettsäuren eine so einfache Arbeit ist.

Um unrichtigen Auslegungen der Begriffe „Säuregrad" und „Säurezahl" vorzubeugen, sei die nachstehende Tabelle aus Benedikt-Ulzers „Analyse der Fette und Wachsarten" hier wiedergegeben.

Säurezahl (Kalihydrat in Zehntel-Prozenten)	Ölsäure in Prozenten	Schwefelsäureanhydrid in Prozenten	Säuregrade nach Köttstorfer (ccm Normallauge für 100 g Fett	Säuregrade nach Burstyn (ccm Normallauge für 100 ccm Öl)
1	0,5027	0,0713	1,782	—
1,9893	1	0,1418	3,546	—
14,0250	7,0500	1	25,000	—
0,5610	0,2820	0,0400	1	—
—	—	—	—	1

Über das **Fallen der Viskosität bei ansteigender Temperatur** ist bereits auf S. 355 gesprochen und betont worden, daß die Pflanzen- und Tieröle in der Wärme viskositätsbeständiger sind als die Mineralöle. Um das Abfallen der Viskosität verschiedener Öle bei höherer Temperatur vergleichen zu können, zeichnet man Viskositätskurven, indem man auf ein Koordinatensystem die Temperaturgrade, bei denen das Öl auf die Schmierfähigkeit erprobt wurde, sowie die dabei gefundenen Viskositätszahlen aufträgt und die Schnittpunkte durch eine Kurve verbindet. Viskosität.

Paraffinhaltige Mineralschmieröle zeigen die am steilsten abfallenden Kurven, dann folgen die Mineralschmieröle amerikanischer Provenienz und endlich die vegetabilischen und animalischen Fette, die die am flachsten abfallenden Kurven zeigen.

Die S. 355 erwähnten Mittel zur Erhöhung der Viskosität (Zusatz von oxydierten Ölen, Auflösen von Seifen oder Kautschuk) wirken verflachend auf die Viskositätskurven.

Was endlich die **Beständigkeit** der Öle anbelangt, also ihre Eigenschaft, unter dem Einflusse von Luft und Licht weder zu verharzen noch einzutrocknen noch sonstwie nachteilige Veränderungen zu erfahren, lassen viele Tier- und Pflanzenöle zu wünschen übrig. Nur die nichttrocknenden Öle bestehen hier die Prüfung, während die zu den Gruppen der halbtrocknenden und trocknenden gehörenden Öle mehr oder weniger eintrocknen und verharzen. Beständigkeit.

Dabei sind die Glyzeride Spaltungsvorgängen unterworfen, Veränderungen also, die wegen der Bildung freier Fettsäuren die Brauchbarkeit der Öle zu Schmierzwecken vermindern.

Gut gereinigte Mineralöle müssen als die beständigsten Schmieröle anerkannt werden, die wir besitzen. Die Destillate des Kolophoniums (Harzöle), die ehedem häufig zum Verfälschen von Mineral- und auch Pflanzenölen verwendet wurden, sind dagegen wegen ihrer stark ausgesprochenen verharzenden Eigenschaft als Schmieröle zu verwerfen.

Feste Schmiermittel.

Als einfachster Repräsentant dieser Gruppe muß der Talg angesehen werden, der früher z. B. zum Schmieren der Zylinder der Dampfmaschinen allgemein gebraucht wurde und den erst die in den letzten Jahrzehnten aufgekommenen hochviskosen Mineralzylinderöle aus der Liste der Schmiermittel verdrängt haben. Gänzlich ist dies aber nicht geschehen, denn es gibt wohl noch so manche Fabrik, die Talg an Stelle des Mineralzylinderöles verwendet.

Die festen Pflanzenfette sind als Schmiermittel nicht recht brauchbar; man sagt vielen, so z. B. dem Kokosöle, als Schmiermittel wenig Gutes nach.

Wenn man heute von festen Schmiermitteln spricht, meint man darunter weniger die bei gewöhnlicher Temperatur festen natürlichen Tier- und Pflanzenfette, sondern auf künstlichem Wege hergestellte, Fettkompositionen darstellende Schmiermittel, die einer der nachstehenden Gruppen angehören:

1. solidifizierte Öle,
2. Harzschmieren und
3. konsistente Fette.

Solidifizierte Öle.

Die **solidifizierten Öle** sind Mischungen von meist wasserfreien Natron-, Kalk- oder Aluminium-Seifen mit Mineralschmierölen. Ursprünglich wurden diese Mischungen wohl hergestellt, um hochviskose Mineralöle (vgl. S. 355) zu erhalten; später erhöhte man den Zusatz der Seifen so weit, daß man auf gelatineartige, ja sogar schnittfeste Produkte kam.

Man stellt die solidifizierten Schmiermittel entweder so her, daß man möglichst wasserfreie Seifen in Mineralölen auf irgendeine Weise in Lösung bringt, oder aber auch auf die Weise, daß man Gemische von Pflanzen- oder Tierölen mit Mineralöl einer partiellen Verseifung unter möglichster Vermeidung von jedem Wasserüberschuß unterwirft.

Harzschmieren.

Die **Harzschmieren,** gemeinhin Wagenfette genannt, bestehen aus einer Lösung von harzsaurem Kalk in einer Mischung von Harz- und Mineralöl. Die in den meisten Sorten der Harzschmieren anzutreffenden mineralischen Stoffe (Schwerspat, Kreide, Talkum usw.) sind nicht als notwendige Bestandteile dieser Schmiermittel aufzufassen, sondern als verbilligende Füllmittel, die man aber nicht gut kurzweg mit dem Ausdrucke „Verfälschungsmittel" abtun kann.

Die zur Herstellung von Wagenfett dienenden Vorschriften sind Legion. Die ehemals recht gewinnbringende, nur geringe Installationskosten und ein mäßiges Betriebskapital erfordernde Wagenfetterzeugung hat nämlich seinerzeit ein Heer von Rezepthändlern gezeitigt, die durch nichtssagende Varianten fortwährend Neuerungen und angebliche Verbesserungen in die Fabrikation einzuführen vorgaben.

Alles überflüssige Beiwerk beiseite lassend, kann man die zur Herstellung von Harzschmieren brauchbaren Methoden in solche auf warmem und in solche auf kaltem Wege unterscheiden.

Die Fabrikation auf warmem Wege besteht vor allem in der Anfertigung der sogenannten Ansatzmasse. Dazu werden 20 Teile Kalk mit Wasser zu einem dicken Brei angerührt und dieser mit 30 Teilen hellem Mineralöl übergossen und so lange gekocht, bis kein Aufschäumen der Masse mehr stattfindet. Diese wird hierauf durch ein engmaschiges Sieb passiert und als sogenannte Ansatzmasse aufbewahrt.

Um aus dieser Ansatzmasse Wagenfette herzustellen, setzt man ihr Mineralöl, Harzstocköl und Farbstoffe zu, die man vorher entsprechend gut miteinander verrührt[1]).

[1]) Vergleiche P. Schwarz, Wagenfette, Seifensiederztg., Augsburg 1908, S. 757.

Da bei der Kalkverseifung das Gewichtsverhältnis von Harzöl zum Kalk wie 2 : 1 ist, liegt es auf der Hand, daß das butterartige Endprodukt kaum Harzseife im eigentlichen Sinne des Wortes sein kann, da die geringen Mengen der im Harzöle enthaltenen Harzsäuren einen minimalen Prozentsatz von Kalk erfordern würden. Es findet hier vielmehr eine Vereinigung (ob nur mechanische oder auch chemische, ist noch nicht festgestellt) des Kalkes mit dem Harzöl selbst statt.

Auf kaltem Wege werden Wagenfette so erzeugt, daß man das Mineralöl mit Kalk mischt und in dieses Gemenge das Harzöl langsam einträgt. Man rührt so lange, bis ein Stocken der Masse eintritt und diese Butterkonsistenz zeigt.

Die bei Wagenfetten stets zu findenden Füllmittel (Kreide, Schwerspat, Talk, Gips usw.) werden bei warmen Wagenfetten dem fertigen Ansatze zugemischt, bei auf kaltem Wege erzeugten vor dem Zugeben des Harzöles dem Mineralöl beigemengt. Große Mengen von Füllstoffen verraten sich durch das hohe spezifische Gewicht der Ware, die bei guter Qualität auf Wasser schwimmen soll.

Bei Maschinen können die Wagenfette wegen ihrer Neigung zum Verharzen nicht angewendet werden; ihr Gebrauch beschränkt sich, wie schon der Name andeutet, auf das Schmieren der Achsen von Fuhrwerken. Dabei kommt es weniger auf ein Herabmindern der Reibung bis zur möglichen Grenze an, sondern es handelt sich hier mehr um ein einfaches Verhüten des Heißlaufens der Achsen.

Konsistenzfette.

Die **konsistenten Maschinenfette** (auch Konsistenz-, Tovote- oder Staufferfette, graisses consistantes, graisses lubrifiantes, lubricating greases, lubricating pastes genannt) sind ähnlich zusammengesetzt wie die solidifizierten Öle (S. 358) und unterscheiden sich von diesen nur durch einen höheren Wassergehalt, der in der Regel 1—4 % beträgt, aber auch bis zu 7 % ansteigen kann.

Man kennt die konsistenten Fette über 60 Jahre; sie bestanden anfänglich aus Gemengen von Palmöl und Natronseife und wurden zum Schmieren der Achsen der Eisenbahnwaggons benutzt. Später brachte man Gemenge von Rüböl mit Bleiseife und Wasser als konsistente Schmiermittel in den Handel, deren Qualität allerdings nicht darnach angetan war, dem neuen Produkt Freunde zu verschaffen.

In den siebziger Jahren des vorigen Jahrhunderts versuchte man dann, Konsistenzfette verbesserter Qualität in Fabriken der Lebensmittelbranche zwecks besserer Reinhaltung anzuwenden; um ihre Einführung bemühte sich ganz besonders der Hamburger Ingenieur Tovote. Ob ihm nur das Verdienst der allgemeinen Bekanntmachung dieser Schmiermittel oder auch, wie einige meinen, die Erfindung der verbesserten Qualität der konsistenten Fette zukommt, muß dahingestellt bleiben, denn letztere wird vielfach dem Bremer Fabrikanten Korff zugeschrieben. Jedenfalls hat aber Tovote durch die Konstruktion seiner Schmierbüchsen für konsistente Fette Wichtiges für deren Einbürgerung geleistet.

Die Konsistenzfette, wie sie heute hergestellt und verwendet werden, zeigen eine mehr oder weniger ausgesprochen gelbe Farbe und haben einen sehr verschiedenen Festigkeitsgrad, der von salbenartiger Beschaffenheit bis zu einer fast an Talg erinnernden Konsistenz reichen kann.

Die Zusammensetzung der Tovotefette wurde schon oben angedeutet; sie bestehen aus Mineralschmieröl, Seife und Wasser, wobei es heute noch nicht feststeht, ob es sich um eine Lösung oder um eine bloße Suspension der Seifen in dem Mineralöl handelt. Während nämlich Mangold[1]) die konsistenten Fette als Maschinenöle definiert, „in denen Kalkseife ganz fein und in solchen Mengen verteilt ist, daß das Öl nicht mehr zu fließen vermag, sondern eine salbenartige Konstistenz annimmt", widerspricht Kißling dieser Ansicht und glaubt, daß sich „die Kalkseife in dem Mineralöl nicht suspendiert, sondern in einer Form vorfindet wie Leim in einer Leimgallerte, also in kolloidaler Lösung" [2]).

Herstellung der Konsistenzfette.

Die Herstellungsverfahren der konsistenten Fette sollen hier nur im Prinzip angedeutet werden, da die Fabrikation dieser Produkte mehr in die Industrie der Mineralschmieröle als in das Gebiet der Fettindustrie fällt.

Das die Grundsubstanz der konsistenten Fette bildende Mineralöl soll eine möglichst hohe Viskosität zeigen. Es ist ganz irrig anzunehmen, daß für diese Schmiermittel auch dünnflüssige und minderwertige Mineralöle verwendet werden können; man muß vielmehr bei der Wahl der Schmieröle recht sorgfältig vorgehen und soll stark paraffinhaltige Öle überhaupt ausschließen, weil sonst in den fertigen konsistenten Fetten während der Lagerzeit leicht ein teilweises Absondern von Paraffinkristallen erfolgt und das gewünschte glatte Aussehen des konsistenten Fettes leidet.

Von den Seifen, die bei der Erzeugung von konsistenten Fetten Anwendung finden, ist die Kalkseife die wichtigste; Aluminium-, Zink-, Magnesium- und Bleiseifen[3]) werden nur selten verwendet. Neben den schweren Metallseifen sind in den konsistenten Fetten fast immer auch noch wechselnde Mengen von Natronseifen enthalten.

Als Fettsubstanz der Seifen werden verschiedene vegetabilische Öle (Rüb-, Kotton-, Mais-, Rizinusöl usw.), aber auch Trane, technische Ölsäure u. a. benutzt.

Bei der einen Methode der Konsistenzfettherstellung wird das fette Öl durch in der 8—10fachen Menge Wasser angemachten Kalk verseift, unter

[1]) Allgemeine Österr. Chemiker- u. Techniker-Ztg. 1894, Heft 1.

[2]) Interessante Studien über den physikalischen Zustand von konsistenten Fetten und öligen Kalkseifenlösungen verdanken wir Holde, doch kann auf diese Arbeiten hier nur verwiesen werden. Zeitschr. f. angew. Chemie 1908, Bd. 41, S. 2138; Zeitschr. f. Industrie der Kolloide 1908, S. 6.

[3]) Konsistenzfette, die Bleiseifen enthalten, nennt man auch Galenaöle.

gleichzeitiger Zugabe der Hälfte des zu verwendenden Mineralöles. Nachdem sich die Verseifung, die in der Wärme vorgenommen wird, vollzogen hat, setzt man partienweise und jedesmal im Aufkochen den Rest des Mineralöles sowie, wenn erwünscht, auch Farbstoffe zu und überläßt dann längere Zeit der Ruhe, um endlich die noch heiße Masse mittels eines Rührwerkes fast bis zum Erkalten durchzurühren, was dem Fette ein glattes Aussehen erteilt.

Zusätze von Harz (Kolophonium) oder Harzöl sind zu verwerfen, weil sie qualitätsverschlechternd wirken.

Mitunter werden den Konsistenzfetten auch Kalk, Graphit, Talkum usw. beigemischt, was jedoch hier weniger den Zweck der Verfälschung, als vielmehr den der Erhöhung der Schmierfähigkeit verfolgt. Wasserreiche oder mit großen Mengen Graphit, Kalk usw. versetzte Konsistenzfette verraten sich durch ihr mattes Aussehen.

Es existiert eine Unzahl von Rezepten zur Herstellung von Konsistenzfetten, die alle mehr oder weniger geheimgehalten werden. Es gibt kaum eine zweite Industrie, wo die Geheimniskrämerei in solcher Blüte stände wie hier.

Schmierfähigkeit der Konsistenzfette.

Die Schmierfähigkeit der Konsistenzfette bleibt hinter der der Schmieröle zurück, was, abgesehen von den verschiedenen physikalisch-wissenschaftlichen Untersuchungen, auch durch zwei praktische Versuche einwandfrei festgestellt wurde.

So hat J. C. Woodbury[1]) in Boston die Hängelager einer Baumwollspinnerei auf der einen Seite mit konsistenten Fetten schmieren lassen, während auf der anderen Seite die gewöhnliche Ölschmierung beibehalten wurde. Dabei zeigte es sich nun, daß die reibenden Flächen bei Ölschmierung eine um 4° C höhere Temperatur aufwiesen, während bei der Schmierung mit Konsistenzfett eine Erhöhung um 22° C eintrat, was wohl als ein Beweis der größeren Reibung gelten kann.

Großmann[2]) hat gezeigt, daß bei Betrieben, deren Kraftquelle voll ausgenutzt und dabei nicht steigerungsfähig ist (Wasserkraft), der Übergang von der Ölschmierung zur Schmierung mit konsistenten Fetten ein Abstellen einzelner Arbeitsmaschinen nötig machen kann, weil die ohnehin auf das äußerste angespannte Betriebskraft das durch die hohe Reibung bedingte Plus an Arbeit nicht mehr zu leisten vermag.

---

[1]) Hefter, Die Fabrikation der Schmiermaterialien, Chem. Industrie 1894, S. 88.
[2]) Großmann, Die Schmiermittel 1894, S. 6.

Viertes Kapitel.

Polymerisierte Öle.

Allgemeines.

Werden gewisse Öle, z. B. Lein-, Holz-, Saflor- und Rizinusöl, auf höhere Temperaturen erhitzt, so erfahren sie noch nicht näher studierte chemische und physikalische Veränderungen, die man unter dem Namen „Polymerisation“ zusammenfaßt[1]). Ob man mit diesem Worte den stattfindenden Vorgang richtig kennzeichnet, kann man bei dem heutigen Stande der betreffenden Untersuchungen noch nicht sagen; bisher ist nur bekannt, daß durch das Erhitzen gewisser Öle die C_3H_5-Gruppe keine Zersetzung erleidet, die Dichte, Jod- und Verseifungszahl der Öle aber eine mehr oder weniger weitgehende Veränderung erfahren, welche Tatsachen auf einen stattgehabten Polymerisationsprozeß schließen lassen.

Von der Polymerisation der Öle wird bei der Herstellung der Lithographen- und Buchdruckerfirnisse, bei der Erzeugung von festem Holzöl, bei der Afridiwachsbereitung und bei der Fabrikation verschiedener Rizinusölprodukte Gebrauch gemacht.

Polymerisiertes Leinöl.

Huile de lin polymerisée. — Polymerised linseed oil.

Polymerisiertes Leinöl.

Erhitzt man Leinöl auf 250—300° C, so tritt nach einiger Zeit eine merkliche Verdickung ein, die am größten wird, wenn man die Erhitzung des Öles bis zu seinem Flammpunkt treibt und dann das Öl unter beständigem Rühren durch kurze Zeit brennen läßt.

Diese Erscheinung wird technisch bei der Herstellung von Lithographenfirnissen verwertet. Die klaren, viskosen Flüssigkeiten, die beim Steindruck und bei der Darstellung von Druckerschwärze Verwendung finden, unterscheidet man, je nach der Konsistenz (die wiederum mit der Höhe und Dauer der Erhitzung zusammenhängt), in dünne, mittlere, dicke, extradicke usw. Öle, die häufig unter dem Namen Dick- oder Standöle auf den Markt kommen.

Die dicken gekochten Lithographenfirnisse geben auf Papier keine Fettflecke und zeigen häufig eine Grünfluoreszenz, wenn sie über Feuer gekocht wurden (gebrannte Firnisse, burnt varnishes).

[1]) Vergleiche Bd. 1, S. 98.

Über die chemische Veränderung, die das Leinöl bei der Umwandlung in Lithographenfirnis erleidet, hat Leeds[1]) interessante Versuche angestellt: **Lithographenfirnis.**

	Dichte	Verseifungszahl	Jodzahl	Oxydierte Säuren	Unverseifbares	Freie Fettsäuren (auf Ölsäure berechnet)
Gewöhnliches Leinöl	0,9320	194,8	169,0	0,30	—	0,85
„Dünner" Firnis (Polymerisierte Leinöle)	0,9661	196,9	100,0	2,50	0,62	1,76
„Mittel"-Firnis (Polymerisierte Leinöle)	0,9721	197,5	91,6	4,20	0,85	1,71
„Dicker" Firnis (Polymerisierte Leinöle)	0,9741	190,9	86,7	6,50	0,79	2,16
Standöl (Polymerisierte Leinöle)	0,9780	188,9	83,5	7,50	0,91	2,51

Bei der Polymerisation des Leinöls findet also eine auffallende Zunahme des spezifischen Gewichtes und ein Fallen der Jodzahl statt, während sich die Verseifungszahl nur wenig ändert. Auch die freien Fettsäuren zeigen eine nur unwesentliche Zunahme, eine größere dagegen die Oxysäuren.

Lewkowitsch[2]), der eine Reihe von Handelsprodukten der Lithographenfirnisse untersuchte, bemerkt, daß die Menge der gebildeten oxydierten Säuren ganz und gar vom Luftzutritt während des Erhitzens abhänge und daß bei völliger Vermeidung der Lufteinwirkung so gut wie keine Bildung von Oxysäuren stattfinde. Der Genannte hat auch durch die Hexabromidprobe bewiesen, daß vorerst eine Polymerisation der Linolensäureglyzeride stattfindet, während die Glyzeride der Linolsäure teilweise unverändert bleiben.

Dünne Lithographenfirnisse, also auf verhältnismäßig niedere Temperatur erhitzte Leinöle, zeigen ungefähr die gleiche Trockenfähigkeit wie gewöhnliches rohes Leinöl; die bei höheren Temperaturen bereiteten Firnisse, besonders die gebrannten, trocknen dagegen bei gewöhnlicher Temperatur nur sehr langsam und unvollständig ein. Die Trockenfähigkeit der Lithographenfirnisse nimmt also mit der Höhe der bei ihrer Herstellung angewandten Temperatur, d. i. mit der Intensität der Polymerisation, ab.

Herstellung der Lithographen- und Buchdruckerfirnisse.[3])

Vernis d'imprimerie. — Lithographie varnishes. — Olio da litografia.

Zur Erzeugung von Buchdruck- und Lithographiefirnissen soll man nur abgelagertes Leinöl, das bei einer Temperatur von 270—300° C

[1]) Journ. Soc. Chem. Ind. 1894, S. 203.

[2]) The Analyst 1904, S. 2.

[3]) Die Beschreibung der Fabrikation der Lithographen- und Buchdruckerfirnisse (siehe S. 363—366) stammt von Professor Max Bottler in Würzburg.

Herstellung von Lithographenfirnissen.

nicht flockt, verwenden. Im allgemeinen wird das Leinöl zunächst auf etwa 130° C erhitzt und diese Temperatur so lange beibehalten, als sich auf dem Öle Schaum bildet oder dieses stark steigt, d. h. noch Feuchtigkeit enthält. Dann erhöht man die Temperatur vorerst auf 270—300° C und hinauf noch weiter bis auf 360—380° C, wobei die Verdickung des Öles eintritt.

Je nach der Beschaffenheit und Menge des in Arbeit genommenen Leinöles und auch nach der Art der gleichmäßigen, nicht wechselnden Feuerung, kann das Leinöl nach kürzerer oder längerer Zeit auf die gewünschte Konsistenz gebracht werden. Um sich von letzterer zu überzeugen, nimmt man von Zeit zu Zeit Proben, die nach dem Erkalten geprüft werden. Die verschiedenen Stärkegrade (schwach, mittelstark, stark und extrastark) stellt man am zweckmäßigsten mittels eines in das erkaltete Öl eingesenkten Aräometers fest.

Nach E. Andres ist es am zweckmäßigsten, das Leinöl bei solcher Hitze zu erhalten, daß die Dämpfe, die sich aus ihm entwickeln, zwar zu brennen anfangen, wenn man ihnen eine brennende Kerze nähert, aber nur so lange fortbrennen, als sie mit der Flamme selbst in Berührung sind, bei Entfernung der Flamme jedoch sogleich wieder erlöschen oder durch Auflegen des Deckels leicht ausgelöscht werden können. Man feuert dann derart, daß eine gleichmäßige, ruhige Dampfentwicklung ohne weiteres Steigen des Öles stattfindet, und prüft den Zustand des Öles durch die sogenannte Fadenprobe.

Letztere besteht darin, daß man mittels eines hölzernen Spatels eine kleine Menge des eingedickten Leinöles aus dem Apparat nimmt, durch Schwenken schnell abkühlt und einen Tropfen der Masse zwischen den Fingern auszieht. Es müssen sich hierbei von einem Finger zum andern zähe Fäden bilden, die eine Länge von 4—5 cm erreichen, bevor sie reißen. Findet das Reißen früher statt, so muß mit dem Kochen fortgesetzt werden. Im anderen Falle hebt man den Apparat sofort vom Feuer und läßt den Firnis erkalten.

Je nach dem Zwecke, dem der Firnis dienen soll, stellt man ihn entweder dick- oder dünnflüssiger her. Lithographenfirnisse sollen immer etwas dicker als die gleichen Stärkegrade der Buchdruckfirnisse sein. Für Zeitungen nimmt man flüssigere Firnisse als für Buchdruck.

Nach dem oben geschilderten Verfahren können schwächere Qualitäten der Firnisse in einigen Stunden, hingegen die stärksten erst nach 10 bis 12 Stunden dargestellt werden. Den fertiggestellten Firnis seiht man in halbwarmem Zustande durch Drahtgewebe in die Standgefäße ab.

Statt Leinöl wird bisweilen auch Hanföl zur Herstellung von Buchdruckfirnis verwendet; es haftet diesem Firnis aber der widerliche Geruch des Hanföles an, weshalb man ihn niemals für feinere Farben gebrauchen kann.

Zur Erzeugung von Buchdruckfirnis verwendet E. Andres[1]) den in Fig. 67 dargestellten Apparat. Apparat von Andres.

Der Apparat besteht aus einem kupfernen, zylinderförmigen Kessel *C*, an dem in halber Höhe ein schalenförmig nach aufwärts ausgebogener Ring *R* angebracht ist. Den Zylinderkessel umgibt oben ein starker Eisenring, an dem die Ketten *K* eines Flaschenzuges befestigt sind, mittels dessen man den Kessel schnell aus dem Herde heben kann. Der Apparat besitzt auch einen Deckel *D*, der nahezu luftdicht auf den oberen Rand des Zylinders paßt. Man muß den Apparat unter einem Gewölbe aufstellen, das oben eine Öffnung hat, die mit einem gut ziehenden Schornstein in Verbindung steht. Die Ketten des Flaschenzuges müssen an einem Kran befestigt sein, der drehbar ist, damit der Zylinderkessel aus dem Herde gehoben und seitlich bewegt werden könne.

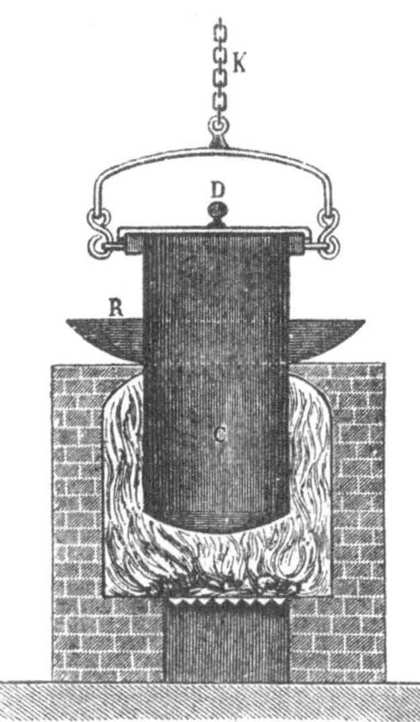

Fig. 67. Apparat zur Herstellung von Buchdruckerfirnis.

Da sich bei Verwendung kupferner Kessel das Produkt stets schwach grün färbt, benutzt man jetzt vorzugsweise eiserne Kessel. Zweckmäßig ist es, wenn letztere im Innern mit Spiralrohren versehen sind, damit kaltes Wasser zur schnelleren Abkühlung des Inhaltes durchgeleitet werden könne. Bei größeren Betrieben sind gewöhnlich mehrere, meist mit Dunsthauben ausgestattete Kessel um einen gemeinschaftlichen Kamin gruppiert, und die Ummauerung ist so eingerichtet, daß die Heizgase nur bis zu zwei Dritteln der Kesselhöhe gelangen können; außerdem sind auch noch nach außen gehende Türen vorhanden, die beim Öffnen die Abkühlung beschleunigen. Die Feuerung befindet sich meist unter dem Niveau, der Rost kann auch auf einem Wagen ausziehbar gelagert sein. Die Gesamthöhe des Kessels erhebt sich 1—1,2 m über den Boden des Lokals. Ein gut schließender, schwerer eiserner Deckel an über Rollen laufenden Ketten soll es ermöglichen, bei Feuersgefahr den Kessel möglichst dicht abzuschließen.

Zur Herabsetzung der Gestehungskosten der Lithographenfirnisse hat man auch versucht, dem Leinöle vor dem Erhitzen Harz oder Harzöl zuzusetzen und das Eindicken durch Zuhilfenahme von Sikkativen zu beschleunigen. Man erhält dann Produkte, die sich in ihrer Zusammensetzung mehr den gekochten Firnissen (siehe S. 384) nähern und die man mit dem Namen Kompositionsfirnisse bezeichnet.

---

[1]) Erwin Andres, Die Fabrikation der Lacke und Firnisse, Wien 1901, S. 173.

Nach E. Andres stellt man derartige Buchdruckerfirnisse nach folgenden Vorschriften her:

a) Gekochtes Leinöl 50, Harzöl 25, Harzseife 4, Glätte- oder Manganboratfirnis 6 Teile (für Firnis bester Qualität).
b) Gekochtes Leinöl 50, Harzöl 50, Harz 50, Harzseife 6, Glätte- oder Manganboratfirnis 9 Teile (für Firnis mittlerer Qualität).
c) Gekochtes Leinöl 50, Harzöl 50, Harz 75, Harzseife 8, Glätte- oder Manganboratfirnis 12 Teile (für Firnis ordinärer Qualität).

Gewöhnlich bereitet man die Kompositionsbuchdruckerfirnisse aus hellem Kolophonium, rohem, abgelagertem Leinöl und rektifiziertem Harzöl, unter Zusatz von etwas Harzseife und dickem Terpentin.

Man zerschlägt das Kolophonium in kleine Stücke, bringt es zusammen mit dem Harzöl in einen Kessel und erhitzt auf 130—150° C. Wenn das Harz geschmolzen ist und sich mit dem Harzöl vermischt hat, werden das Leinöl und die anderen Bestandteile (Harzseife und Terpentin) zugesetzt. Die von ungelösten Teilen freie Mischung erhält man noch während dreier Stunden bei obiger Temperatur, damit der Harzölgeruch möglichst verschwindet und ein vollkommen gleichmäßiges Produkt erzielt wird.

Die Ansätze für derartige Kompositionsfirnisse sind:

a) Leinöl 13, Harzöl 24, Kolophonium 21 Teile, dicker Terpentin und Harzseife je $^1/_2$ Teil (für schwachen Firnis).
b) Leinöl 10,5, Harzöl 24, Kolophonium 21 Teile, dicker Terpentin und Harzseife je $^1/_2$ Teil (für mittelstarken Firnis).
c) Leinöl 8,7, Harzöl 24, Kolophonium 21 Teile, dicker Terpentin und Harzseife je $^1/_2$ Teil (für starken Firnis).

Der fertiggestellte Firnis wird am zweckmäßigsten in noch heißem Zustande in Fässer gefüllt, worin sich allmählich alle in ihm schwebenden mechanisch beigemengten Verunreinigungen zu Boden setzen.

Die unter Zugabe von Harz und Harzöl hergestellten Kompositionsfirnisse sind stets minderwertig. Gute Lithographen- und Buchdruckerfirnisse, die allen Anforderungen entsprechen, können nur aus reinem Leinöl erzeugt werden. Nur solche Produkte besitzen die nötige Bindekraft für die mit ihnen verriebenen Farben, trocknen in angemessener Zeit, ohne zu kleben, ein, schlagen nicht durch das Papier und sind dabei doch zähe und zügig.

Polymerisiertes Holzöl.

Polymerisiertes Holzöl.

Durch Belichtung oder Erhitzung geht Holzöl unter gewissen Verhältnissen aus dem tropfbar-flüssigen in den festen Aggregatzustand über (geronnenes Holzöl), welche Umwandlung auf Polymerisationsprozesse zurückzuführen ist.

Das Festwerden des Holzöles durch Belichtung tritt nach Cloez[1]) besonders beim kaltgepreßten Öle leicht ein; nach seinen Beobachtungen sind es besonders die violetten Strahlen, die diese Umwandlung bewirken.

Die Polymerisation durch Hitze erfolgt um so rascher, je höher die angewandte Temperatur ist. Während bei der Temperatur von 180° C das Festwerden des Holzöles erst nach 2 Stunden erfolgt, tritt es bei 250° C ziemlich rasch ein und die Masse wird nach dem Abkühlen so fest, daß sie sich zu Pulver zerreiben läßt.

Beim Erhitzen des Holzöles auf 230° C unter fortwährendem Umrühren bilden sich anfangs Dämpfe, dann tritt ein starker Schaum auf, bis schließlich die ganze Flüssigkeit zu einer gallertartigen Masse erstarrt, die bei weiterem Erhitzen erst bei einer Temperatur von 300° C wieder schmilzt.

Die Vorgänge, die sich beim Festwerden des Holzöles abspielen, sind noch nicht näher studiert.

Cloez[2]) konnte in dem durch Belichtung solidifizierten Holzöle keine stattgehabte Spaltung nachweisen.

Kitt[3]) hat konstatiert, daß beim Festwerden des Holzöles durch Erhitzen ein Gewichtsverlust von 8,83% eintritt; seiner Meinung nach ist das Festwerden auf eine Bildung innerer Anhydride von Fettsäuren zurückzuführen, welch letztere durch eine teilweise, durch das Erhitzen hervorgerufene Spaltung des Öles gebildet wurden. Da der Glyzeringehalt, den Kitt beim polymerisierten Holzöl fand, sehr niedrig war, ist seiner Annahme, daß der Polymerisation eine teilweise Spaltung vorausgehe, eine gewisse Berechtigung gegeben.

Es hat nicht an Vorschlägen und Versuchen gefehlt, das koagulierte Holzöl verschiedenen technischen Zwecken zuzuführen, doch ist die allgemeine Verwendung des Holzöles, in dem man vor 15 Jahren einen ernsten Konkurrenten des Leinöles zu erblicken glaubte, bisher nicht eingetreten. Es hat weder in der Firnis-, Lack- und Linoleumfabrikation festen Fuß zu fassen vermocht noch in der Kautschukindustrie, wo man in ihm einen Ersatz für Faktis erhoffte. Die Gründe dafür wurden schon in Band 1, S. 67 genannt. Mehrere teils patentierte Verfahren wollen die Nachteile, die dem koagulierten Holzöl anhaften, beheben. Einige dieser Methoden wurden im 2. Bande beim Abschnitt „Holzöl“ (S. 57—70) besprochen.

Polymerisiertes Safloröl.

Safloröl neigt beim Erhitzen genau so zum Polymerisieren wie Leinöl. Wir verdanken Lewkowitsch eine Reihe von Untersuchungen von polymerisiertem Safloröl, die zeigen, daß die Polymerisation die Jodzahl des

Polymerisiertes Safloröl.

[1]) Vergleiche Bd. 2, S. 62.

[2]) Cloez, Compt. rendus 1875, S. 469 u. 1876, S. 501 u. 943.

[3]) Kitt, Chem. Ztg. 1899, Nr. 3; Chem. Revue 1905, S. 242.

Safloröles bedeutend herabsetzt, während das spezifische Gewicht ansteigt. Im 2. Bande wurde auf S. 124 bereits über polymerisierte Produkte von Safloröl berichtet. Die in vielen Teilen Indiens unter dem Namen Roghan bekannten Produkte, die zur Herstellung des sogenannten Afridiwachs-Linoleums Verwendung finden, bestehen aus polymerisiertem Safloröl.

Wir verdanken G. Watt[1]) nähere Mitteilungen über die Herstellung von Afridiwachs oder Roghan, die seit Jahrhunderten in Indien betrieben, bisher immer von dem Schleier des Geheimnisses umhüllt war.

Nach Watt soll das ausgepreßte rohe Safloröl, das in Indien den Namen „Polli" führt, in irdenen Gefäßen 12 Stunden lang gekocht werden, wobei sich derart stechende Dämpfe entwickeln, daß die Fabriken außerhalb der Stadt angelegt sein müssen und zu ihrem Betrieb der Einholung einer speziellen polizeilichen Erlaubnis bedürfen. Das gekochte Öl wird dann in große, flache Mulden gegossen, die teilweise mit kaltem Wasser gefüllt sind, wobei die Öle in eine gallertartige dicke Masse verwandelt werden, die in Blechgefäße verpackt, an die eigentlichen Afridiwachstuchfabrikanten nach Lahore, Delhi, Bombay und Kalkutta zum Versand kommen. Diese versetzen das eingedickte Safloröl zunächst mit Mineralfarben und ziehen es dann mittels zugespitzter Griffel in Fäden aus, die sie in kunstvollen Mustern auf Gewebe bringen.

Roghan ist auch für die Herstellung von Linoleum, als Schmiermittel für Leder und als Bindemittel für Glas- und Steinwaren sehr geeignet.

Polymerisiertes Rizinusöl.

Polymerisiertes Rizinusöl.

Eine besondere Neigung zur Polymerisation zeigt auch Rizinusöl. Wird dieses bei Temperaturen von ungefähr 300° C so lange erhitzt, bis ca. 10 bis 12% seines Gewichtes durch die Trockendestillation übergegangen sind, so erhält man ein Produkt, das sich von dem ursprünglichen Rizinusöl wesentlich unterscheidet. Es ist in absolutem Alkohol und Essigsäure fast vollständig unlöslich, während es sich mit Mineralöl in jedem Verhältnisse mischt und mit Wasser Emulsionen gibt[2]).

---

[1]) Chem. Ztg. 1902, S. 494.

[2]) Wird die trockene Destillation nicht unterbrochen, sondern zu Ende geführt, so verbleibt nach dem stattgehabten Überdestillieren von Undecylensäure und Oenanthaldehyd (man verwertet den Prozeß zur Herstellung von Kognaköl) in der Retorte eine voluminöse, schaumartige, in allen bekannten Lösungsmitteln unlösliche Masse (Berichte d. Deutsch. chem. Gesellsch. 1876, S. 2034), der die Formel $C_{33}H_{58}O_5$ zukommt und die nach Fendler und Thoms als ein Anhydrid einer Triundecylensäure aufzufassen ist: $(C_{11}H_{20}O_2)_3—H_2O$. Wird die trockene Destillation des Rizinusöles unterbrochen, gerade bevor der Retorteninhalt in diese schaumartige Masse überzugehen vermag, so zeigt er eine Zusammensetzung nach der Formel $C_{105}H_{148}O_{18}$ und dürfte nach Fendler und Thoms aus dem Glyzeride einer zweibasischen Triundecylensäure $(C_3H_5)_2(C_{35}H_{58}O_5)_3$ bestehen. (Archiv f. Pharm. 1901, S. 1.)

Eine Polymerisation von Rizinusöl tritt auch ein, wenn man es mit einer konzentrierten Lösung von Zinkchlorid oder mit dem in Kristallwasser geschmolzenen Salze erhitzt[1]). Es bilden sich dabei zähe halbflüssige bis lederartige, sogar hornartig feste Massen, deren Konsistenzgrad von der Menge des angewandten Zinkchlorids, von der Konzentrierung der Lösung und von der benutzten Temperatur abhängt.

Lewkowitsch[2]) beobachtete beim Erhitzen von Rizinusöl in einer offenen Schale auf 200, 250, 300 und 350° C ein Ansteigen der Jodzahlen der erhaltenen Polymerisationsprodukte. Ebenso konstatierte Fendler eine auffallend hohe Jodzahl (101, natürliches Rizinusöl 83) bei einem Produkt, das er durch Erhitzung von Rizinusöl in einer Retorte hergestellt hatte.

Die Polymerisationsprodukte des Rizinusöles hat man im großen darzustellen und industriell zu verwerten gesucht. So wird nach einem Verfahren von Nördlinger[3]) Rizinusöl in einer Retorte über freiem Feuer derart erhitzt, daß der Inhalt in ca. 1 Stunde eine Temperatur von ungefähr 300° C erreicht hat. Man unterhält dann diese Temperatur durch weitere 2 Stunden hindurch, wobei der Retorteninhalt durch die aufsteigenden Dämpfe allmählich einen Gewichtsverlust von 10—12% erleidet. Hierauf unterbricht man die Operation, und zwar muß dies in einem Augenblick geschehen, wo der Retorteninhalt nach dem Erkalten noch flüssig bleibt. Die Viskosität des erhitzten Rizinusöles ist dann ungefähr noch die gleiche wie die des rohen Rizinusöles, doch zeigt das polymerisierte Produkt eine gelblichbraune Farbe mit etwas Grünfluoreszenz.

Nördlinger nennt dieses polymerisierte Rizinusöl Florizin, welcher Name später in Derizinöl umgewandelt wurde, um Verwechslungen mit dem in der Pharmazie gebrauchten Glykosid „Phloridzin" vorzubeugen. Florizin.

Fendler und Schluiter[4]) haben durch Untersuchungen von polymerisiertem Rizinusöl gezeigt, daß die Polymerisation des Öles nicht an der Bindungsstelle der ungesättigten Kohlenstoffatome erfolgt, sondern vielmehr eine Bildung von Di-, Tri-, Tetra- und Penta-Rizinolsäure stattfindet, welch letztere wiederum in das Glyzerid der Triundecylensäure verwandelt wird.

Polymerisiertes Rizinusöl, dessen Lösungsverhältnisse bereits oben angedeutet wurden, besitzt die Eigenschaft, ähnlich wie Lanolin größere Mengen Wasser aufzunehmen. Beim Zerreiben läßt sich in das Öl die 5fache Menge Wasser emulgieren, ja es sind sogar Emulsionen mit noch höherem Wassergehalt hergestellt worden, doch trennen sich diese allerdings nach 12—14stündigem Stehen wieder. Das Florizinöl, das sich mit Mineralöl

[1]) A. Wright, Journ. Soc. Chem. Ind. 1888, S. 326.

[2]) Lewkowitsch, Chem. Technologie u. Analyse der Öle, Fette u. Wachse, Braunschweig 1904, Bd. 2, S. 565.

[3]) D. R. P. Nr. 104499 v. 18. Febr. 1898.

[4]) Berichte d. Deutsch. bot. Gesellsch. 1904, S. 135.

mischt, findet auch Verwendung zur Erhöhung der Viskosität von Mineralschmieröl, zur Herstellung konsistenter Fette, sogenannter wasserlöslicher Öle und Bohröle, in der Textilindustrie als Appretier-, Avivier- und Tournantöl[1]), als Ledereinfettungsmittel usw.

Florizinpräparate. Durch Entfernung der in dem Florizin enthaltenen freien Fettsäuren läßt sich ein vollständig neutrales Produkt erzielen, das in der Kosmetik und Pharmazie Verwendung finden kann, und zwar als Grundlage verschiedener Salben, zur Herstellung medizinischer Seifen usw. Die Kaliseife des Florizins (Kaliflorizinat) eignet sich zum Löslichmachen wasserunlöslicher oder schwer löslicher Körper, wie z. B. Phenole, Kresole, ätherischer Öle, künstlicher Riechstoffe u. a. m. Mit Formaldehyd und anderen Stoffen geben die Florizinate klare haltbare Lösungen, besonders bei Zusatz kleiner Alkoholmengen. Das halbflüssige, wasserlösliche Kaliflorizinat gibt mit etwas denaturiertem Spiritus auch ein als Zusatz zu Appreturen und Schlichten sowie zum Walken gut geeignetes Spinnöl.

H. Antony[2]) schätzt das Florizinöl als kosmetisches Mittel besonders wegen seiner Mischbarkeit mit Vaselin, Paraffin, Ceresin u. ä. für die Herstellung von viskosen Haarölen, Pomaden, Hautsalben, Goldcreme usw.

Verfahren Wright. Wright[3]), der zuerst das Festwerden des Rizinusöles beim Erhitzen mit Zinkchlorid beobachtete, empfiehlt für die Herstellung der S. 369 erwähnten hornartigen Massen das folgende Verfahren:

Eine auf gewöhnliche Weise hergestellte Zinkchloridlösung wird durch Abdampfen so lange konzentriert, bis ihr Siedepunkt bei ungefähr 175° C liegt. Man läßt dann auf ungefähr 125° C abkühlen und trägt ein Drittel des Gewichtes ebenfalls auf 175° C erhitztes Rizinusöl ein, indem man gleichzeitig durch Umrühren für ein gründliches Durchmischen sorgt. Das Öl ballt sich sehr bald zu festen Klumpen zusammen, die man durch Auswaschen mit Wasser vom Zinkchlorid ganz befreien kann. Man hat es also nicht mit einer Bindung von Zinkchlorid zu tun, sondern mit einer durch Zinkchlorid bedingten Polymerisation. Das erhaltene hornartige Produkt hat man als Wärmeschutzmasse zu verwenden vorgeschlagen, doch konnte es bis heute eine praktische Verwendung nicht erreichen.

---

[1]) Vergleiche das Kapitel „Textilöle".
[2]) Seifensiederztg., Augsburg 1905, S. 532.
[3]) Journ. Soc. Chem. Ind. 1888, S. 326.

Fünftes Kapitel.

Oxydierte Öle.

Allgemeines.

Unter oxydierten Ölen versteht man nach Lewkowitsch solche Öle, die durch Einblasen von Luft oder Sauerstoffgas oder durch längeres Aussetzen in solcher Atmosphäre Sauerstoff aufgenommen haben.

Über die Sauerstoffaufnahme der Öle wurde bereits im 1. Bande, S. 117—122, alles Bemerkenswerte gesagt und betont, daß nicht nur die sogenannten trocknenden, sondern auch die halbtrocknenden und nichttrocknenden Öle Sauerstoff zu binden vermögen. Lewkowitsch[1]) hat gezeigt, daß auch die festen Fette Sauerstoff aufnehmen und daß z. B. Premier jus nach 4stündigem Einblasen von Luft bei 120° C 0,70% Oxyfettsäuren enthielt.

Die Oxydation der nichttrocknenden Öle und Fette erfolgt aber doch zu langsam, als daß diese für die industrielle Herstellung oxydierter Öle in Frage kommen könnten; hierfür werden vielmehr nur die halbtrocknenden und trocknenden Öle verwendet.

Chemische Zusammensetzung.

Die chemische Veränderung, die die Öle beim Oxydieren erleiden, läuft auf eine Bildung von niederen (flüchtigen) und von oxydierten Säuren hinaus, unter gleichzeitigem Ansteigen des spezifischen Gewichtes der Säuren; die Verseifungszahlen der oxydierten Öle sind höher als ihre Neutralisationszahlen, was auf das Vorhandensein sogenannter laktonartiger Verbindungen deutet.

H. R. Procter und W. E. Holmes[2]) fanden auch den Brechungsindex der geblasenen Öle erhöht, während sich die Jodzahl verringerte, was durch die teilweise Absättigung der ungesättigten Fettsäuren bzw. ihrer Glyzeride sehr leicht erklärlich ist. Eine vollständige Sättigung dieser ungesättigten Verbindungen kann durch Lufteinblasen aber nicht erreicht werden.

Die Fettsäuren erleiden bei der Behandlung mit Luft oder Sauerstoff die gleiche Veränderung wie die Triglyzeride; so enthält Ölsäure

[1]) Lewkowitsch, Laboratoriumsbuch für die Fett- und Ölindustrie, Braunschweig 1902.

[2]) Journ. Soc. Chem. Ind. 1905, S. 1287—1291.

nach zehnstündigem Einblasen von Luft bei 120° C ungefähr 6% oxydierter Säuren und zeigt eine Zunahme der Verseifungszahl von 201 auf 213, bei gleichzeitigem Ansteigen der Dichte von 0,8952 auf 0,9238[1]).

Bei trocknenden Ölen geht der Oxydationsprozeß sehr leicht bis zum vollständigen Festwerden des Öles (Eintrocknen, Linoxynbildung). Über die dabei stattfindenden Prozesse siehe S. 387 u. ff.

Zur Herstellung oxydierter Öle kennt man zwei Wege: Bei dem einen bläst man Luft oder Sauerstoff bei erhöhter Temperatur in die zu oxydierenden Öle durch längere Zeit ein, bei dem zweiten setzt man die Öle in möglichst dünn verteilter Schicht der Wirkung der Luft oder von Sauerstoff aus. Nach dem ersten Verfahren stellt man hauptsächlich oxydierte Öle her, deren Endkonsistenz noch flüssig ist (geblasene Öle), wiewohl man unter Zuhilfenahme von Sikkativen nach dieser Methode auch feste Massen (Linoxyn) erhalten kann. Das zweite Verfahren liefert ausschließlich feste Oxydationsprodukte (Linoxyn).

A) Geblasene Öle.

Eingedickte Öle. — Blown oils. — Base oils. — Thickened oils. — Soluble castor oils. — Huiles soufflées.

Fabrikation.

Herstellung geblasener Öle.

Die Apparatur zur Erzeugung oxydierter Öle, die man hauptsächlich aus Rüböl, Kottonöl und Tran herstellt, ist ziemlich einfach; sie besteht aus einem mit einer Wärm- und Kühlvorrichtung versehenen Ölbehälter, in den man durch ein Gebläse oder durch einen Kompressor Luft einblasen kann. Daneben sollen Vorkehrungen getroffen sein, die Ölverluste durch Verstäuben vermeiden helfen und die sich während des Prozesses entwickelnden Dämpfe möglichst unschädlich machen.

Als Gebläseapparate kommen die S. 624—628, Band 1 beschriebenen Vorrichtungen in Betracht.

Man bringt das zu oxydierende Öl in den Ölbehälter, erwärmt bis auf ungefähr 120—130° C und beginnt mit dem Einblasen von Luft.

Bald nach Einführung des Luftstromes beginnt eine Selbsterwärmung des Öles, deren Intensität von der Beschaffenheit des Öles, dessen Eigentemperatur und der pro Zeiteinheit zugeführten Luftmenge abhängt. Diese Selbsterwärmung macht es notwendig, für Kühlvorrichtungen zu sorgen, die man sich einfacherweise derart zu schaffen vermag, daß man die Dampfschlange auch mit Wasserzufluß einrichtet, sie also notfalls auch als Kühlschlange verwenden kann.

---

[1]) Lewkowitsch, Laboratoriumsbuch für die Fett- und Ölindustrie, Braunschweig 1902, S. 80. Vergleiche auch Lewkowitsch, Chem. Technologie u. Analyse der Fette, Öle u. Wachsarten, Braunschweig 1905, Bd. 1. S. 402 und Bd. 2, S. 588.

Bei höherer Temperatur als 130° C soll man nicht arbeiten, weil sonst leicht Öle erhalten werden, die sehr dunkel sind und sich beim Erkalten trüben; Temperaturen unter 120° C bewirken andrerseits ein ungebührlich langes Hinausziehen der Operationsdauer.

Diese hängt im allgemeinen von der Stärke des Luftstromes, von der angewendeten Temperatur und von der gewünschten Konsistenz des Endproduktes ab. Man kontrolliert den Gang des Prozesses durch zeitweise Probenahme und unterbricht ihn, sobald die gewollte Viskosität der Öle erreicht ist.

Apparatur.

Bei dem in Fig. 68[1]) dargestellten Apparat zur Herstellung von geblasenem Öl ist *A* das Oxydiergefäß, dessen Inhalt durch die Schlange *d* nach Belieben erwärmt oder gekühlt werden kann, je nachdem man in die Schlange durch das Ventil *a* Dampf oder durch ein anderes Ventil *b* Wasser eintreten läßt. Hinter diesen beiden Ventilen ist ein zum Zwecke der doppelten Dichtungssicherung dienendes Ventil *r* eingeschaltet. Das Kühlwasser verläßt die Schlange durch das Rohr *u* (Absperrhahn *t*), der Dampf durch das Rohr *x* (Absperrhahn *s*) und passiert dann den Kondensstopf *i*.

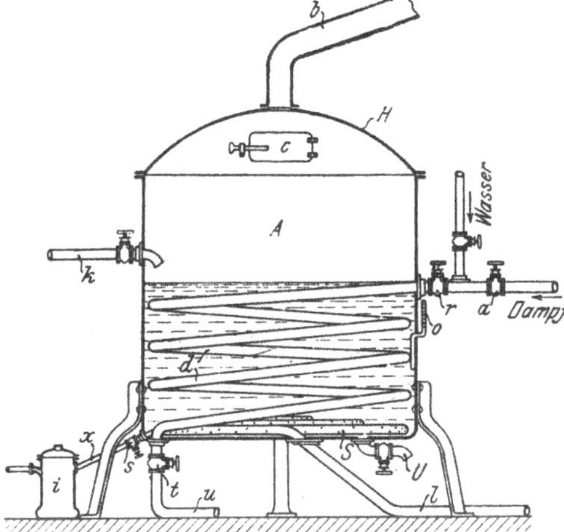

Fig. 68. Apparat zur Herstellung geblasener Öle.

Das Füllen des Oxydiergefäßes mit Öl geschieht durch das Rohr *k*, das Entleeren des fertiggeblasenen Öles bei *U*. Die komprimierte Luft wird durch das Rohr *l* zugeführt, das sich im Innern des Apparates in Schlangenform *S* fortwindet und viele kleine Austrittsöffnungen besitzt.

Den oberen Abschluß des Apparates bildet eine Haube *H* (mit Mannlochöffnung *c*), die in das Abzugsrohr *b* mündet, durch die die eingeblasene Luft und die von ihr fortgeführten, während des Prozesses sich bildenden Gase entweichen.

Vorwärmen der Luft.

In England, wo die Herstellung der geblasenen Öle viel älter ist als bei uns und wo man in diesem Industriezweige entschieden weiter fortgeschritten ist, wird die Luft fast allgemein in angewärmtem Zustande auf das Öl wirken gelassen. Die Vorwärmung der Luft läßt man durch das Öl besorgen, indem man die Luftzuführungsschlange in mehreren Windungen in dem Ölblaskessel herumgehen läßt, bevor sie an dessen Boden ausmündet. Das Vorwärmen der Luft beschleunigt die Prozeßdauer ganz wesentlich und hilft daher Fabrikations- und Regiekosten sparen.

---

[1]) Nach der Seifensiederztg., Augsburg 1906, S. 1087.

Es ist zweckmäßig, den Prozeß nach Erreichung der gewünschten Konsistenz nicht ohne weiteres zu unterbrechen, sondern bei Abstellung der Dampfzuströmung weiter Luft einzublasen, bis das Öl auf ungefähr 40° abgekühlt ist. Man nimmt dadurch dem Öle den bisweilen bemängelten stechenden Geruch.

Filtrieren.

Empfehlenswert ist es auch, die fertiggeblasenen Öle vor dem Abfüllen in die Lagerbehälter zu filtrieren, was durch Aufstellen einer Filterpresse unterhalb des Oxydierkessels auf bequeme Weise durchgeführt werden kann.

Ableitung der schädlichen Gase.

Beim Einblasen von Luft in Öl entwickeln sich Gase, die auf die Nasen- und Augenschleimhäute reizend wirken und akroleinartiger Natur sein dürften. Damit diese Gase die bei den Apparaten beschäftigten Arbeiter, wie auch die Nachbarschaft nicht belästigen, ist es nötig, den Oxydationskessel mit einer Haube (siehe Fig. 68) abzuschließen und die entweichenden Gase von hier entweder in den Fabrikschornstein zu leiten oder sie unter die Kesselfeuerung zu führen, wenn sie nicht in einer Regenkammer ausströmen gelassen werden, die der in Fig. 277, Bd. 1, S. 539 beschriebenen ähnlich ist.

Vermeidung von Ölverlusten.

Die über dem Ölbehälter angebrachte Haube schützt auch vor Ölverlusten, die beim Arbeiten in offenen Kesseln unvermeidlich sind, wenn man mit halbwegs intensiven Luftströmen arbeitet. Die entweichenden Luftbläschen reißen nämlich feinstverteilte Ölpartikelchen mit, was man an dem Beschlagen der in der Nähe des Kessels befindlichen Gegenstände mit einem feinen Regentau bemerkt. Durch Anbringung von Stoßleisten innerhalb des Gasabzugrohres werden diese mitgerissenen Ölpartikelchen zurückgehalten, ganz ähnlich, wie man feuchten Dampf entwässert, indem man ihn auf Platten anprallen läßt.

Verhindern des Festwerdens.

Leinöl kann, wie alle trocknenden Öle, durch Einblasen von Luft oder Sauerstoff bis zu festem Linoxyn oxydiert werden. Um ein vorzeitiges Festwerden des Leinöles bei der Oxydation, wodurch sein vollständiges Oxydieren unmöglich wird, zu vermeiden, hat J. Banner[1]) in Liverpool empfohlen, im gegebenen Moment einen leichten Kohlenwasserstoff zuzusetzen, wodurch die Oxydation anstandslos bis an die äußerste Grenze getrieben werden kann.

Ähnlich verfahren Andreoli und Briggstown[2]), die aber außerdem vor der Oxydation des Öles dessen Eiweißstoffe entfernen, indem sie das Öl mit Tannin behandeln.

Verwendung von Sauerstoffüberträgern.

Mitunter bedient man sich zur Beschleunigung der Oxydation sauerstoffübertragender Subztanzen (Zinkvitriol, Bleizink, Manganverbindungen usw.).

---

[1]) Engl. Patent Nr. 24103 v. Jahre 1896.

[2]) Engl. Patent Nr. 25324 v. Jahre 1896.

Thomas Henry Gray[1]) in London schlug vor, das Leinöl zunächst einige Stunden lang auf 120° C zu erhitzen, später die Temperatur auf 205° C zu steigern und während dieser Zeit fortwährend einen Luftstrom durch das Öl zu schicken.

W. N. Hartley in Dublin und W. E. Blenkinsop[2]) verdicken Lein-, Kotton- u. a. Öle, indem sie in ihnen vorher Manganseife lösen, und zwar mittels Terpentinöles oder eines anderen mit Öl mischbaren Agenzes, und dann einen Strom von Luft oder Sauerstoff durch das Gemenge leiten. Manganseife soll als katalytische Substanz derart gut wirken, daß mit seiner Hilfe nichttrocknende Öle durch Einblasen von Ozon trocknende Eigenschaften erhalten. Jedenfalls erlaubt die Verwendung katalytischer Substanzen beim Blasen der Öle den Wegfall des Erwärmens[3]).

Verwendung von Sauerstoff oder Ozon.

Die Verwendung von Sauerstoff oder Ozon an Stelle der Luft ist von verschiedener Seite in Vorschlag gebracht worden; so von A. und L. Brin[4]) und von L. Th. Thome[5]). Graf & Co. stellen durch Einleiten von ozonisiertem Sauerstoff in Öl aseptische Produkte (Ozonöle) dar, die wegen ihres Ozongehaltes in der Wundbehandlung und auch als innerliche Medikamente gute Dienste leisten sollen[6]).

Eigenschaften und Verwendung der geblasenen Öle.

Eigenschaften.

Die geblasenen Öle fühlen sich stark schlüpfrig bis klebrig an, sind in Farbe meist etwas dunkler (Rotstich) als die entsprechenden naturellen Öle, viel dickflüssiger als diese und besitzen einen zwar nicht intensiven, aber doch charakteristischen Geruch. Ihre Dichte ist wesentlich höher als die der nicht geblasenen Öle, ebenso ihre Verseifungszahl. Über ihre chemische Zusammensetzung wurde bereits oben (S. 371) berichtet[7]).

Die Verwendung der geblasenen Öle ist eine mannigfache; sie finden sowohl bei der Herstellung von Schmierölen als auch in der Firnisfabrikation, in der Faktiserzeugung usw. Verwendung.

Verwendung als Schmiermittel,

Die hohe Viskosität von geblasenen Ölen macht diese zur Erhöhung der Viskosität von Mineralölen sehr geeignet, zumal Rizinusöl, das hinsichtlich seiner Schmierfähigkeit den geblasenen Ölen am nächsten

[1]) D. R. P. Nr. 12825.

[2]) Engl. Patent Nr. 7251 v. 27. April 1891.

[3]) Siehe E. A. Speri, D. R. P. Nr. 125139.

[4]) Engl. Patent Nr. 12652 v. 5. Okt. 1886.

[5]) Engl. Patent Nr. 18628 v. 21. Nov. 1898 (L. Th. Thome und Brins Oxygen Co., Ltd., in Westminster).

[6]) D. R. P. Nr. 56392 v. 17. Jan. 1890.

[7]) Über die physikalischen und chemischen Eigenschaften geblasener Öle, über deren Analyse und Näheres über deren Mischung mit Mineralölen siehe: Benedikt-Ulzer, Zeitschr. f. angew. Chemie 1887, S. 245; Balantyne, Journ. Soc. Chem. Ind. 1892, S. 506; Fahrion, Zeitschr. f. angew. Chemie 1898, S. 781; Em. Lecocq und H. Danderworth, Bull. de l'Assoc. Belge de Chimie 1901, S. 325; Lewkowitsch, Chem. Revue 1902, S. 151; Marcusson, Chem. Revue 1905, S. 290.

steht, mit Mineralölen bekanntlich nicht mischbar ist. Leider zeigen auch die Mischungen von Mineralölen und geblasenen Ölen eine Neigung zum Entmischen. Man kann dem Übelstande allerdings vorbeugen, wenn man die Mischung der beiden Komponenten nicht bei gewöhnlicher Temperatur, sondern in der Wärme vornimmt. Ganz beheben kann man diese Unzuträglichkeiten durch Zusatz von 1 $^0/_0$ Ölsäure, wie auch das mitunter gerügte Trübwerden der Mischung von geblasenen Ölen mit Mineralölen entgegenwirkt.

Die ehedem ziemlich ausgedehnte Anwendung der geblasenen Öle als Viskositätserhöher von Mineralölen hat durch die seit einigen Jahren auf den Markt gebrachten minerallöslichen Rizinusprodukte (siehe S. 369) eine Einschränkung erfahren.

Man macht den geblasenen Ölen den Vorwurf, daß sie bei hohen Temperaturen Zersetzungen erleiden, während die mineralöllöslichen Rizinuspräparate unzersetzt bleiben. Ohne zu untersuchen, wie weit die letztere Behauptung richtig ist, muß zugunsten der geblasenen Öle gesagt werden, daß ihre Viskosität höher ist als die der mineralöllöslichen Rizinusölpräparate und daß auch ihr Flamm- und Brennpunkt bedeutend höher liegen als bei jenen Produkten.

Für Zylinderschmierung sind aber die geblasenen Öle als Schmierölzusatz zu verwerfen; besonders dann, wenn mit überhitztem Dampf gearbeitet wird.

In der Linoleumfabrikation hat das geblasene Leinöl keinen festen Fuß zu fassen vermocht, obwohl es schon Parnacott in Leeds (1871) für diesen Zweck empfahl.

Verwendung in der Kautschukindustrie,

Bei der Fabrikation von Kautschukersatzmitteln (Faktis) finden die geblasenen Öle Verwendung, weil sie zu ihrer Umwandlung in Kautschukersatzstoffe weniger Schwefel und Chlorschwefel[1]) bedürfen als die gewöhnlichen Öle.

in der Degraserzeugung,

Geblasener (oxydierter) Tran findet vielfach Verwendung als Degras (näheres siehe Band 4). Bei der Herstellung des geblasenen Tranes muß man sehr vorsichtig sein, damit keine Eisenverbindung in das Öl gerate, weil der Tran sonst für die Lederindustrie ungeeignet wird. Oxydierter Tran wird daher nicht in eisernen Behältern hergestellt, sondern in kupfernen Kesseln, die man vorteilhafterweise noch innen verzinnt.

in der Firnisindustrie.

Geblasenes Leinöl wird vielfach als Standöl oder Dicköl verkauft.

Oxydiertes Harz.

Neben den fetten Ölen werden auch Harzöle und Harz oxydiert; jene werden zu Kunstfirnissen verarbeitet, diese hat man in der Ceresinindustrie zu verwenden gesucht, weil sie weniger klebrig sind als das natürliche Kolophonium und daher dem Ceresin auch bei reichlichem Zusatze weniger von seinen spezifischen Eigenschaften nehmen.

---

[1]) Vergleiche Patent Henriques, S. 439.

Dieses oxydierte Harz, das man mit einem Zusatze von Paraffin unter dem Namen Aëresin auf den Markt zu bringen versuchte, scheint sich aber in der Ceresinindustrie wenig eingebürgert zu haben.

B) Herstellung von Linoxyn.

Geschichtliches.

Allgemeines.

Durch lang andauernde oder energische, den Oxydationsprozeß besonders begünstigende Einwirkung von Luft oder Sauerstoff auf trocknende Öle werden diese in feste Massen (Linoxyn) verwandelt. Diese Linoxynbildung, die beim Trocknen von Firnissen (siehe S. 387 u. ff. dieses Bandes) zu beobachten ist, wird auch in großem Maßstabe durchgeführt, denn die beim Festwerden des Leinöls erhaltene feste, elastische Masse, die man als Linoxyn bezeichnet, bildet die Grundlage der Linoleumfabrikation.

Das als Fußbodenbelag viel verwendete Linoleum besteht bekanntlich aus einer mehrere Millimeter dicken Schicht eines Gemenges von Linoxyn (oxydiertem Leinöl), Harz, Kautschuk, Korkmehl und Farben, die auf einem an der Unterseite gefirnißten Jutegewebe befestigt ist.

Geschichte der Linoleumfabrikation.

Das Linoleum ist als eine Verbesserung des im Jahre 1844 von E. Galloway erfundenen Kamptulikons aufzufassen, eines aus Kautschuk und Kork hergestellten Fußbodenbelags, der sich um die Mitte des vorigen Jahrhunderts in England[1]) besonderer Beliebtheit erfreute, wegen seines durch die Verwendung von Kautschuk bedingten hohen Preises aber keine allgemeine Einführung finden konnte.

Walton versuchte daher, den Kautschuk durch ein die gleichen Eigenschaften habendes, aber billigeres Material zu ersetzen, und fand ein solches in oxydiertem Leinöl (Linoxyn), dessen Herstellung[2]) und Weiterverarbeitung zu Linoleum[3]) er sich patentieren ließ.

Es folgten dann sehr bald weitere, auf ähnlicher Grundlage wie das Waltonsche Verfahren fußende Patente, bis William Parnacott[4]) einen neuen Weg zur Herstellung des Linoxyns zeigte. Dieser viel rascher als die Waltonsche Methode zum Ziele führende Prozeß wurde von dem Fabrikanten Caleb Taylor erworben und ist seither unter dem Namen Taylor-Prozeß in der Industrie bekannt.

Die weiteren zahlreichen Verbesserungen, die in der Linoleumfabrikation gemacht wurden, sind meist maschinentechnischer Natur (Inlaid-Linoleum-, Linkrusta-Erzeugung usw.) oder beziehen sich auf un-

---

[1]) Bericht über die Industrie- und Kunstausstellung zu London im Jahre 1862, erstattet nach dem Beschluß der Kommissäre der deutschen Zollvereinsregierungen, 7. Heft, 4. Klasse, S. 726.

[2]) Engl. Patent Nr. 209 v. 27 Jan. 1860.

[3]) Engl. Patent Nr. 1037 v. 25. April 1863 u. Nr. 3210 v. 19. Dez. 1863.

[4]) Engl. Patent Nr. 2057 v. 4. Aug. 1871.

wesentliche Änderungen und Vervollkommnung des Walton- und Taylor-Prozesses, die Vorbehandlung (Voroxydation) der Öle, die Verwendung von Füllmitteln für die Linoleummasse u. ä.

Auf die Einzelheiten der einen besonderen, außerhalb der eigentlichen Fettindustrie liegenden Industriezweig bildenden Linoleumfabrikation[1]) soll hier nicht eingegangen werden, sondern nur die uns interessierende Linoxynherstellung besprochen werden.

Fabrikation.

Wie bereits erwähnt, können bei der Herstellung des Linoxyns zwei Wege eingeschlagen werden. Bei dem älteren, von Walton im Jahre 1860 erfundenen wird Leinöl, das durch eine Voroxydation oder einen Zusatz von Sikkativen (siehe S. 398 u. ff. dieses Bandes) für den weiteren Oxydationsprozeß vorbereitet wurde, auf ausgespannte Gewebe, die in warmen, gut gelüfteten Räumen aufgehängt sind, in dünner Schicht herabrieseln gelassen. Das zweite Verfahren, dessen Erfinder Parnacott ist, das aber allgemein unter dem Namen Taylor-Verfahren (siehe S. 377) bekannt ist, beruht auf der Oxydation durch eingeblasene Luft; es fußt also auf der Herstellung geblasener Öle und unterscheidet sich von dieser nur dadurch, daß der Oxydationsprozeß nicht unterbrochen wird, sobald das Öl einen genügend hohen Viskositätsgrad erreicht hat, daß man vielmehr mit dem Lufteinblasen fortfährt, bis die Masse fest geworden ist.

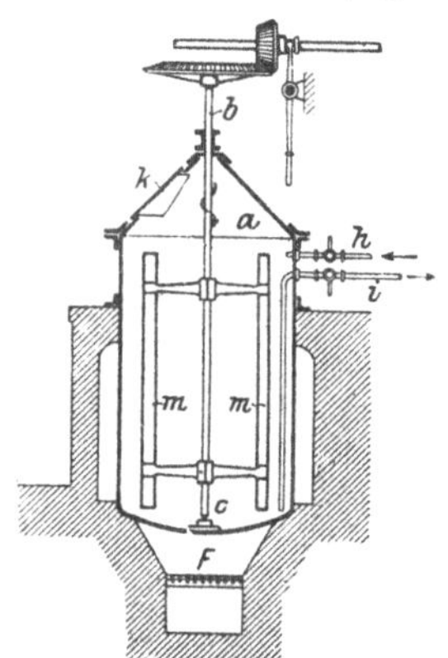

Fig. 69. Apparat zum Voroxydieren des Leinöles in den Linoleumfabriken.

1. Walton-Verfahren.

Walton-Verfahren.

Damit ein möglichst baldiges Festwerden des in dünner Schicht der Luft ausgesetzten Leinöles erfolge, ist es notwendig, das Öl mit Sauerstoff übertragenden, also die Oxydation befördernden Mitteln (Sikkativen) zu versetzen. Über die Natur und Wirkungsweise dieser Sikkative wird weiter unten (siehe S. 398 u. ff.) ausführlich gesprochen, und es soll daher an dieser Stelle nur der Apparat beschrieben werden, dessen sich die Linoleumfabriken zur Voroxydation des Leinöles bedienen.

Ein eisernes, zylinderförmiges Gefäß, das mit einer Feuerung F (Fig. 69)[2]) versehen ist, trägt oben einen konisch zulaufenden Deckel a. Dieser ist zwecks leichter

[1]) Nähere Aufschlüsse über die Linoleumfabrikation findet man in Hugo Fischer, Geschichte, Eigenschaften und Fabrikation des Linoleums, Leipzig 1888; W. Reid, Journ. Soc. Chem. Ind. 1896, S. 75; Harry Ingle, Journ. Soc. Chem. Ind. 1904, S. 1197.

[2]) Nach Fischer, Geschichte, Eigenschaften und Fabrikation des Linoleums, Leipzig 1888.

Probeentnahme aus dem Kochkessel mit einem Türchen *k* versehen und oben mit einem Lager ausgestattet, das der Welle *b* Führung gibt. An der Welle *b*, die unten in dem Spurlager *c* läuft, sitzen die beiden Rührflügel *m*, die durch ihre Umdrehung das in dem Kochkessel befindliche Öl mit dem zugesetzten Sikkativ gut durcheinandermengen. Die Füllung des Kessels erfolgt durch das Rohr *h*, seine Entleerung durch das Rohr *i*.

Neben diesen Operationsgefäßen sind auch solche anderer Konstruktion im Gebrauche; so trifft man vielfach Kochkessel, in denen das Rührwerk eine Kette trägt, die am Boden des Kessels schleift und durch das innige Anliegen der Kettenglieder an der Bodenwand ein Festbrennen der Sikkative an der Kesselwandung verhindert.

Oxydationshäuser.

Das voroxydierte Öl kommt nun in das sogenannte Oxydationshaus, wo die Ausbreitung des Öles auf dünne Jutegewebe (scrims) erfolgt. Dabei muß darauf geachtet werden, daß das Berieseln (Befluten) der aufgehängten Gewebe in den richtigen Intervallen erfolge und nicht früher geschehe, bevor die vorhergegangene Flutungscharge vollkommen eingetrocknet ist. Wird darauf nicht geachtet und neues Öl aufgetragen, noch bevor die letzte Flutung vollständig festgeworden ist, so hindert die neuaufgebrachte Ölschicht die darunter liegende an dem weiteren Oxydiertwerden und man erhält an Stelle eines in der ganzen Masse festen Linoxyns ein stellenweise schmierendes Produkt.

Die verwendeten Jutegewebe (scrims) sind ganz leichter Webart und werden bei der Weiterverarbeitung des Linoxyns zu Linoleum nicht entfernt (was übrigens kaum möglich wäre), sondern in der Masse belassen.

Über die Einrichtung der Oxydationshäuser gibt Tafel VII[1]) Aufschluß:

Die inneren Seitenflächen der oberen Langschwellen *a* eines aus den Säulen *b* und Riegeln *c* zusammengesetzten, mehrere Meter hohen Holzgerüstes sind mit eisernen Schienen *d* bekleidet, deren Oberkante die obere Schwellenbahn um weniges überragt. Die Innenflächen dieser Schienen entlang ziehen sich Zahnstangen *e*, deren Lücken zur Aufnahme der Enden von hochkantig hergestellten Flacheisenstäben *f* dienen, die in horizontaler Lage senkrecht zu den Langschwellen eingelegt sind. An diese Stäbe werden die dünnen Jutegewebe *g* befestigt, so daß diese in geringen Abständen frei in dem Gestell herabhängen.

Ein Kanal *h*, an dessen Enden parallel zu den Gewebestützen liegende Kasten i_1, i_2 befestigt sind, ruht mittels der Räder *k* auf den eisernen Schienen *d* der Langschwellen und kann mit Hilfe eines aus der Kette *l*, dem Triebrade *m* und den Leitrollen n_1, n_2 bestehenden Kettengetriebes die Schienen entlang geführt werden. Oberhalb der Kasten i_1, i_2 ist der Boden des Kanals *h* durchbrochen. Die lange Vorderwand der Kasten ist nicht bis auf die Kastensohle herabgeführt; es entsteht hierdurch ein enger Spalt, vor dem ein schmales, abwärts geneigtes Abschlußblech *o* angesetzt ist. Oberhalb der Rinne *h* und von den mittleren Gestellsäulen getragen, befindet sich eine kurze, feststehende Rinne *p*, die das zu oxydierende Öl aus einem Behälter *q* aufnimmt und nach dem Kanal *h* leitet, in den es durch eine Bodenöffnung fließt. Die Achse des Kettenrades *m* wird von Lagern unterstützt, die auf den Mittelsäulen stehen, und trägt am freien Ende eine Riemenscheibe *r*,

---

[1]) Nach Fischer, Geschichte, Eigenschaften und Fabrikation des Linoleums, Leipzig 1888.

deren Antrieb von der Transmissionswelle *s* ausgeht und deren Drehungsrichtung je nach dem Bedürfnis mittels des Wechselgetriebes *t* geändert werden kann. Von dieser Welle aus wird ferner durch den Riementrieb *u* das Rad einer Zentrifugalpumpe *v* in Umlauf gesetzt, die aus der unter dem Gerüst sich hinziehenden flachen Grube *w* gespeist wird und durch das Steigrohr *x* in den Behälter *q* fördert.

Die Wände des Oxydierhauses entlang ziehen Dampfheizrohre, an denen sich die den Raum durchströmende Luft erwärmt. Der Behälter *q* wird mit dem vorbereiteten Öle gefüllt und dieses nach Bedarf der Rinne *p* zugeführt, die es in den Rinnenwagen h, i_1, i_2 leitet. Während nun das Öl über die Abflußbleche *o* in breiten, aber dünnen Strömen aus den Kasten i_1, i_2 austritt, wird der Wagen durch das Kettengetriebe langsam das Gerüst entlang gezogen, so daß die Ölströme über die in den beiden Abteilungen *I* und *II* des Gerüstes hängenden Gewebestücke herabfließen und diese auf beiden Seiten netzen. Das überschüssige Öl wird von der Grube aufgenommen und wieder in den Behälter zurückgepumpt. Das adhärierende Öl dagegen trocknet auf dem Gewebe fest, indem es sich durch Sauerstoffaufnahme unter Bildung von Kohlen , Essig- und Ameisensäure, die durch ihren stechenden Geruch deutlich wahrnehmbar ist, in Linoxyn umwandelt. Übergießen der Gewebe und Oxydieren der Ölschicht wechseln ab, bis das Gewebe beiderseitig mit einer etwa 10 mm dicken Linoxynschicht bedeckt ist, was je nach Umständen 4—6 Monate Zeit erfordert.

Das Linoxyn wird dann in größere Stücke zerschnitten und kann vor seiner Weiterverarbeitung zu Linoleum beliebig lang aufbewahrt werden, wobei man zwecks Vermeidung des Aneinanderklebens die Oberfläche der Linoxynstücke mit Schlemmkreide bestreicht.

Die Leistungsfähigkeit der Oxydationshäuser hängt von den klimatischen Verhältnissen des betreffenden Betriebsortes (Luftfeuchtigkeit, Durchschnittstemperatur, Bewölkung usw.) und von der Beschaffenheit des verarbeiteten Leinöles ab.

Späteres Verfahren Waltons.

Später hat Walton[1]) die Oxydation des Leinöles in Regenform versucht. Das Öl wird dabei mit einer kleinen Menge eines Trockenmittels versetzt, auf 50° C erhitzt und als feiner Regen in einen mit Röhren versehenen doppelwandigen Zylinder fallen gelassen. Gleichzeitig wird Luft in den Zylinder eingeblasen, um das Öl einzudicken, worauf es dann in einem Sammelgefäß aufgefangen wird, um von da wieder in die Verteilungsvorrichtung hinaufgepumpt zu werden.

Diesen Kreislauf macht das Öl so lange, bis es so dick geworden, daß es nicht mehr fließt. Dann wird es mit 5% Schlämmkreide versetzt und in dem Zylinder der schlagenden und rührenden Wirkung des Agitators ausgesetzt, währenddessen man, um die Temperatur nicht über 55° C steigen zu lassen, einen Strom kalten Wassers durch den Raum zwischen Zylinder und Doppelwandung hindurchleitet. Sobald sich das Öl in eine dicke Paste verwandelt hat, wird es in flache Tröge zum Abkühlen und Absetzen gebracht. Diese Tröge werden hierauf in einem Trockenofen auf 50° C gehalten, bis die Masse trocken und gummiartig geworden ist.

Das Walton-Linoxyn stellt eine in dicken Lagen orangerote, in dünnen Schichten gelbe Masse dar, die beim Auseinanderziehen sofort abreißt, beim

[1]) Engl. Patent Nr. 7126 v. 10. April 1894.

Zusammendrücken dagegen sich als sehr elastisch und gummiartig erweist. Es klebt in zerkleinertem Zustande nicht an den Fingern, ist fast geruchlos, schwerer als Wasser (spezifisches Gewicht bei 17° C 1,1013), in Äther, Chloroform und Schwefelkohlenstoff so gut wie unlöslich und bleibt beim Erhitzen trocken.

Die chemische Zusammensetzung des Walton-Linoxyns ist noch nicht näher studiert. Nach den Arbeiten von Williams[1]) ist seine Elementarzusammensetzung im Durchschnitt: Zusammensetzung des Walton-Linoxyns.

Kohlenstoff	64,38—74,32 %
Wasserstoff	9,00—10,04 %
Sauerstoff	15,64—26,61 %

Lewkowitsch[2]) fand für Linoxyn eine sehr hohe Verseifungszahl (287), eine niedrige Jodzahl (52) und einen hohen Prozentsatz oxydierter Säuren (53,01 %).

Die Herstellung des Walton-Linoxyns, das wegen seiner hellen Färbung und seiner vorzüglichen Eignung für die Linoleumerzeugung dem Taylor-Linoxyn vorgezogen wird, erfordert leider sehr lange Zeit und bedingt im Zusammenhang damit große Betriebskapitalien.

2. Taylor-Linoxyn.

Die von Parnacott erfundene und in den Taylorschen Fabrikanlagen zuerst ausgeführte Methode der raschen Herstellung von Linoxyn beruht, wie bereits angedeutet, auf einer intensiven Behandlung des Leinöles mit heißer Luft unter Anwendung von Sikkativen. Das Verfahren ähnelt also dem bei der Erzeugung geblasener Öle angewandten Prozesse und unterscheidet sich von diesem nur durch die Mitverwendung von Sauerstoffüberträgern (Sikkativen) und eine weitere Ausdehnung des Oxydationsprozesses. Taylor-Linoxyn.

Die Apparate, die Parnacott zur Gewinnung seines Linoxyns empfahl, haben gewisse Ähnlichkeit mit den für die Herstellung geblasener Öle verwendeten. Sehr gebräuchlich sind Konstruktionen nach Art der in Fig. 70 [3]) gezeigten.

Der Kessel *a* ist mit einer Feuerung *f* versehen, deren Rauchzüge so angelegt sind, daß die Heizgase den Apparat *h*, über den weiter unten noch das Notwendige gesagt wird, vorwärmen. Die auf dem Kochkessel *a* sitzende Haube *b*, die durch das Gegengewicht *d* mittels der über die Rollen c_1, c_2 laufenden Kette *e* ausbalanciert ist und daher leicht abgehoben werden kann, dient zur Vermeidung von Ölverlusten durch Verspritzen. Da bei dem Taylorprozesse höchst übelriechende, akroleinartige Dämpfe auftreten, ist es zweckmäßig, an die Haube eine Rohrleitung anzuschließen, die die aus dem Kessel *a* entströmenden Gase unter die Feuerung oder in den Schornstein leitet.

---

[1]) The Analyst 1898, S. 253.

[2]) The Analyst 1902, S. 140.

[3]) Nach Fischer, Geschichte, Eigenschaften und Fabrikation des Linoleums, Leipzig 1888.

Ist das in den Kessel *a* gebrachte Öl durch die Feuerung *f* genügend vorgewärmt, so läßt man durch das Rohr *g* Luft in den Kessel treten. Die Luft kommt von einem in dieser Figur nicht gezeichneten Kompressor, durchströmt zuerst den Apparat *h* und mündet endlich durch die feinen Lochungen des in eine Schlange endigenden Rohres *g* in das Öl des Kessels *a*. Auf dem Wege durch *h* wird die komprimierte Luft mit Sikkativen geschwängert, die ihr auf folgende Weise einverleibt werden:

Die feingepulverten Sikkative werden durch den Trichter *m* und den geöffneten Hahn k_1 in den kugelförmigen Behälter *l* zugeführt, worauf k_1 geschlossen, dafür aber k_2 geöffnet wird. Durch die Saugwirkung, die der durch *h* gehende Luftstrom übt, wird das Sikkativpulver aus *l* allmählich angesaugt und mit der Luft nach *a* geführt. Der Behälter *h* erfährt durch die Abgase der Feuerung *f* eine Erwärmung, so daß die Luft vorgewärmt nach *a* kommt.

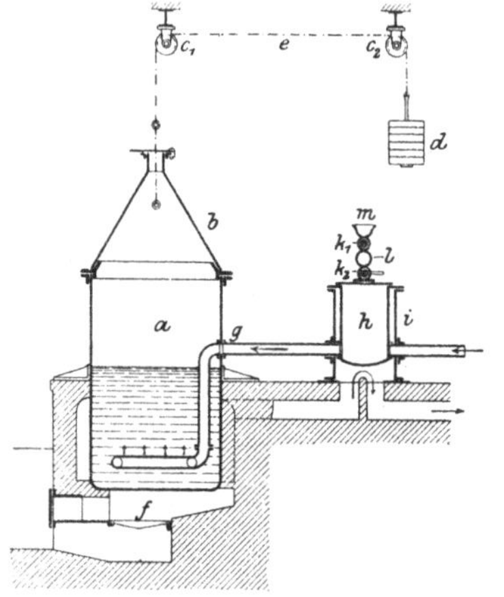

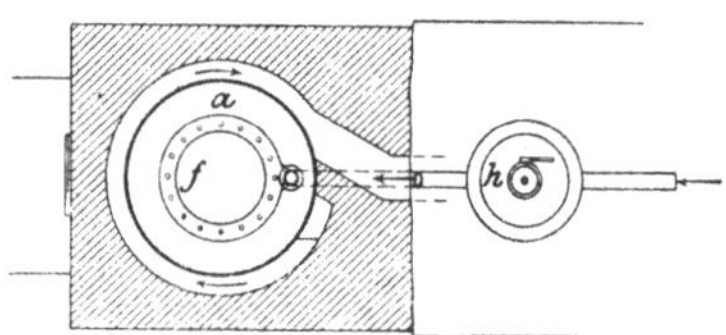

Fig. 70. Apparat zur Herstellung von Linoxyn nach Parnacott.

Das Einblasen von Luft wird so lange fortgesetzt, bis Proben des Kesselinhaltes beim Erkaltenlassen zu festen Massen erstarren. Die Zeit, die zur Erreichung dieses Punktes nötig ist, hängt von der angewendeten Temperatur, von der Menge und Art der zugesetzten Sikkative und der Stärke und Temperatur des Luftstromes ab; sie schwankt zwischen 12 und 18 Stunden.

Das fertige Linoxyn wird in noch heißem Zustande in flache Eisenformen gegossen, wo es zu einer schwach klebrigen, dunklen Masse erstarrt.

Eigenschaften.

Das Taylor-Linoxyn unterscheidet sich von dem Walton-Linoxyn in mehrfacher Hinsicht. Die Farbe des ersteren ist dunkelbraun bis schwarzbraun, es erweist sich beim Auseinanderziehen ziemlich zähe, fühlt sich klebrig an und wird beim Erwärmen halbflüssig. Seine Dichte beträgt bei 170° C beiläufig 1,007.

Zusammensetzung des Taylor-Linoxyns.

In chemischer Hinsicht stellt das Taylor-Linoxyn ein weniger reines oxydiertes Leinöl dar als das Walton-Linoxyn. Während bei diesem der Oxydationsprozeß unter möglichster Schonung des Glyzeridmoleküls vor sich geht, tritt bei der hohen Temperatur, die der Parnacott-Prozeß benötigt, eine Zersetzung der Glyzeride ein, was schon an dem dabei auftretenden penetranten Geruche kenntlich ist. Die Oxydation mag bei dem Parnacott-Verfahren stellenweise weiter vorgeschritten sein als bei den Produkten der

Walton-Methode, doch zeigen diese dafür eine gleichmäßigere, von Zersetzungsprodukten freiere Zusammensetzung.

Der Parnacott-Taylor-Prozeß wird trotz des geringeren Wertes des damit erhaltenen Produktes in der Praxis doch viel verwendet, weil er wesentlich an Zeit und damit an Zinsen und Kapital spart.

Verschiedene Versuche, zur Herstellung von Linoxyn außer Leinöl andere trocknende Öle zu benutzen, hatten bis heute noch keinen Erfolg. Besonders das Holzöl, auf das man in dieser Beziehung vor Jahren große Hoffnungen setzte, hat ganz enttäuscht.

Sechstes Kapitel.

Gekochte Öle und Firnisse.

Ölfirnisse. — Huiles cuites, vernis. — Boiled oils, oil varnishes. — Oli cotti, vernici.

Von Professor Max Bottler in Würzburg.

Allgemeines.

Als Firnisse (vernis, varnish) können eigentlich alle Flüssigkeiten angesprochen werden, die in dünner Schicht der Luft ausgesetzt, zu einem festen, mehr oder weniger glänzenden Überzug eintrocknen.

Definition. Im engeren Sinne versteht man aber unter Firnissen [Ölfirnissen[1])] mit Sauerstoff behandelte Öle (Lein-, Hanf-, Mohn-, Sonnenblumen-, Maisöl usw.), die in dünner Schicht, d. h. 1 mg pro Quadratzentimeter, auf Glas gestrichen, in weniger als 24 Stunden einen festen, glänzenden Überzug geben.

Die Eigenschaft, in dünner Schicht aufgestrichen allmählich einzutrocknen, besitzen alle trocknenden und auch viele halbtrocknende Öle, doch dauert der Trockenprozeß dieser natürlichen Öle ziemlich lange, oft mehrere Tage.

Durch einfaches Kochen der Öle läßt sich ihre Trockenfähigkeit nicht steigern, und die früher allgemein verbreitete Ansicht, daß man Leinöl durch bloßes Erhitzen schneller trocknend machen könne, erscheint durch einwandfreie Versuche vollständig widerlegt.

Sikkative. Die Trockenfähigkeit der Öle wird dagegen durch gewisse sauerstoffübertragende Substanzen (Sikkative) wesentlich erhöht. Während Leinöl bei gewöhnlicher Temperatur zum Eintrocknen drei bis fünf Tage braucht und andere Öle hierfür noch längere Zeit beanspruchen, kann man durch Behandlung der Öle mit Sauerstoff oder sauerstoffabgebenden Substanzen (Verkochen des Sikkativs mit dem Öle, Auflösen des ersteren

---

[1]) Der Name Ölfirnis dient zur Auseinanderhaltung dieser Produkte und der sogenannten Lackfirnisse (Öllacke), die neben trocknend gemachten Ölen auch Harze (Kopal usw.) und flüchtige Lösungsmittel enthalten. Die Herstellung der Öllacke wird, als nicht in das Gebiet der eigentlichen Fettindustrie fallend, in diesem Werke nicht besprochen.

im Öle bei verhältnismäßig niedriger Temperatur, Behandeln der Öle mit Ozon usw.) erreichen, daß der Trockenprozeß schon innerhalb vier bis fünf Stunden beendigt ist.

Je nach der Art der Einverleibung des Sikkativs in das als Rohmaterial dienende Öl, spricht man von gekochten und von kaltbereiteten Firnissen. Arten der Firnisse.

Von der Beschaffenheit und Menge des angewandten Sikkativs sowie der Zeitdauer des Kochens hängt es ab, ob die gekochten Firnisse von hellerer oder dunklerer Farbe sind. Man spricht daher von hell gekochten (pale boiled oils) und von doppelt gekochten (double boiled oils), als den dunkleren Sorten.

Ebenso unterscheidet man nach der Herstellungsart ozonisierte, Elektrofirnisse usf., wie man die verschiedenen Firnisse im Handel auch nach ihrem Grundstoffe[1]) benennt und von Lein-, Holz-, Hanfölfirnis usw. spricht.

Man kann die Ölfirnisse in folgende Gruppen unterteilen:

1. in die nach dem sogenannten Kochverfahren hergestellten Firnisse, d. h. solche, zu deren Bereitung die Öle mindestens auf 220° C erhitzt werden.

2. in Firnisse, zu deren Herstellung man das Öl (mit oder ohne gleichzeitige Durchlüftung) unter Einverleibung von Trockenmitteln (Resinaten und Linoleaten) bis auf höchstens 160° C erhitzt. Dieser Gruppe reihen sich jene Firnisse an, die ausschließlich durch Behandlung von Leinöl mit ozonisiertem Sauerstoff erzeugt werden.

3. in Firnisse, die auf kaltem Wege hergestellt werden, die also durch Einverleibung von Sikkativen (Trockenmitteln) ohne Erhitzung und Durchlüftung erhalten werden.

4. in Firnisse, die dadurch erzeugt werden, daß man Leinöl mittels Elektrizität oder sonstiger besonderer Verfahren in Firnis überführt.

Jede der ersten drei Gruppen zerfällt, je nach Art und Menge der verwendeten Trockenmittel und je nach der Durchlüftungsweise sowie der Höhe der Temperatur, die bei deren Herstellung erreicht wird, in zahlreiche Unterarten[2]), die bezüglich ihrer physikalischen Beschaffenheit und ihrer Eignung für den jeweiligen Gebrauchszweck sehr erheblich voneinander abweichen.

Lippert hat vor einigen Jahren vorgeschlagen, solche Firnisse, die nach der später näher zu behandelnden alten Methode mit Blei und Manganoxyden (Glätte, Mennige, Braunstein usw.) gekocht wurden, Oxydfirnisse zu nennen, die mit Linoleaten hergestellten Leinölfirnisse als Linoleat-

[1]) Hier sei bereits bemerkt, daß sich zur Herstellung von Firnissen nicht nur die trocknenden Öle (Triglyzeride), sondern auch deren abgeschiedene Fettsäuren eignen.

[2]) J. Treumann, Zeitschr. f. öffentl. Chemie, Jahrg. 11, Heft 23.

firnisse und solche, die mit Resinaten erzeugt wurden, als Resinatfirnisse zu bezeichnen. Durch diese Bezeichnung würde sich die Herstellungsweise deutlich erkennen lassen, und die Chemiker haben sie auch angenommen. In der Praxis konnten sich aber die erwähnten Benennungen nicht einbürgern.

Geschichtliches.

Geschichtliches.

Das wichtigste trocknende Öl — das Leinöl — wird schon seit den ältesten Zeiten zum Anrichten von Anstrichfarben verwendet. Apelles, der bedeutendste altgriechische Maler, soll schon in den Jahren 330—308 v. Chr. Firnis benutzt haben. Bereits im zwölften Jahrhundert bemühte man sich, den Trockenprozeß des Leinöles abzukürzen, und der Mönch Theophilus soll bereits im Jahre 168 n. Chr. die Umwandlung des Leinöles in schnell trocknenden Firnis gekannt und gelehrt haben.

L. E. Andés[1]) führt als ältestes Buch über die Bereitung von Lacken und Leinölfirnissen sowie deren Anwendung ein im Jahre 1696 bei Johann Ziegers in Nürnberg erschienenes Werk an, das den Titel führt: „Kunst- und Werkschule anderer Teil, darinnen zu erlernen allerhand schön bewährte Lack-, Spick-, Terpentin- und Öl-Fürnisse usw. usw. Von einem sonderbaren Liebhaber natürlicher Künste und Wissenschaften.“ In diesem Werke findet sich folgende Vorschrift zur Herstellung von Ölfirnis:

„Nimm schön lauter Leinöl 4 Pfund, zart geriebener Silberglett 12 oder 14 Loth, das lasse in einem kupffernen Kessel mit stetigem Umrühren eine Zeitlang kochen, bis es so heiß ist, daß eine hineingesteckte Feder die Haare fahren und sich zwischen den Fingern abstreifen läßt, dann nimm schönen gelben reinen Agtstein, Sandaraca, Mastixkörner, Gummi Arabicum, Copall und Abiez (Fichtenharz) eines jeden 4 Loth, vermische es wohlgestoßen untereinander, laß in einen irdenen verglasurten, zuvor aber in Regenwasser eingelegten Maler-Tiegel, auf einem linden Kohlenfeuerlein zerfließen und schmeltzen, dann schütte es also in das Leinöl, alsdann lasse auch in einen anderen Tiegel 4 Loth reinen Gummi Lacca mit ein klein wenig Leinöl fließen, letztlichem thue auch 4 Loth venedischen Terpentin und 6 Loth rein Terpentinöl darzu, laß mit stetigem Umrühren so lange kochen, bis er dir an Farbe gefällig, dann hebe es ein klein wenig von dem Feuer, lasse es etwas erkalten und thue 8 Loth weißen Vitriol und 4 Loth gestoßen Venedisch Glaß darein, setze es noch einmal zum Feuer, laß noch eine Viertelstund mit stetigem Umrühren kochen und dann abgehoben, gar erkalten, so ist der Fürnis bereitet, dann zwinge durch ein leinen Tuch, lasse ihn gefallen, so wirst du ein fürtrefflichen Fürnis überkommen, der in einer halben Stunde trocknet und so schön und hellglänzend ist, als ein Glaß.“

Auch zur Bereitung von „gemeinem Schreiner-Fürnis“ soll man nach obgenanntem Werke außer Leinöl noch „Glett, Mennig, weißen Vitriol, Venedisch Glaß, Fischbein, Umbra, Gummi, Tragant, Mastix und Terpentin“ verwenden. Da das erwähnte Buch bereits vor über 200 Jahren gedruckt und veröffentlicht wurde, darf als feststehend angenommen

---

[1]) Andés, Die Fabrikation der Kopal-, Terpentinöl- und Spirituslacke, Wien 1900, 2. Aufl., S. 11.

werden, daß man Trockenmittel (Bleiglätte, Mennige usw.) zur Herstellung von Firnis schon lange Zeit vorher gebrauchte.

In den letzten Dezennien hat man in der Firnisindustrie mannigfache Fortschritte gemacht, sowohl was die Auffindung neuer, besonders trockenfähiger und leicht einzuverleibender Sikkative anbelangt, als auch in der Vervollkommnung der notwendigen Apparate. Auch hat man in den letzten Jahren neue, bisher unbekannte Wege der Firnisbereitung (Benutzung elektrischer Ströme, ultravioletter Strahlen usw.) einzuschlagen versucht.

Theorie des Trockenprozesses.

Theorie des Trockenprozesses.

Der beim Eintrocknen von Ölen — der Linoxynbildung — vor sich gehende chemische Prozeß ist ziemlich komplizierter Art und war wiederholt Gegenstand wissenschaftlicher Untersuchung[1]). Mulder[2]), der sich zuerst mit dem Trockenprozeß der Öle, insbesondere des Leinöles, befaßte, nahm an, daß beim Trocknen eine Spaltung des Triglyzerids erfolge und das abgespaltene Glyzerin zu Akryl-, Ameisen- und Essigsäure, schließlich aber zu Kohlensäure und Wasser oxydiert werde. Während sich nach Mulder die Linolsäure (alte Formel $C_{32}H_{28}O_4$) zuerst in ihr Anhydrid ($C_{32}H_{27}O_3$), dann in Linoxyn ($C_{32}H_{27}O_{11}$) verwandelt, haben die übrigen im Leinöl enthaltenen Fettsäuren (Öl-, Palmitin- und Myristinsäure) für den Trockenprozeß keine Bedeutung. Mit der Oxydation dieser Fettsäuren beginnt die Zerstörung des Firnisanstrichs.

Hazura[3]), der als Hauptbestandteil des Leinöles die Linolensäure oder Isolinolensäure ($C_{18}H_{30}O_2$) und neben Ölsäure ($C_{18}H_{34}O_2$) auch noch die ungesättigte Linolsäure ($C_{18}H_{32}O_2$) fand und im Mulderschen Linoxyn noch Glyzerin nachwies, unterzog in Gemeinschaft mit Bauer[4]) die Angaben Mulders über den Trockenprozeß einer Kontrolle und gab letzterem eine andere Erklärung. Nach Hazura wird nur das an Öl-, Palmitin- und Myristinsäure gebundene Glyzerin abgespalten, während die Glyzeride der Linolen- und Linolsäure zu einem ätherunlöslichen Oxylinolein oxydieren. Es bilden sich nicht Keton-, sondern Hydroxylgruppen, so daß Pentaoxylinolensäure $[C_{18}H_{30}(OH)_2O_5]$ entsteht. Die freien Linolensäuren gehen in feste, ätherunlösliche Anhydride über, die indes bei Behandlung mit Alkalien wieder ätherlösliche Säuren liefern.

R. Kißling[5]) bewies, daß eine von mancher Seite angenommene Mitwirkung von Bakterien oder organisierten Fermenten bei dem Trockenprozesse nicht stattfindet.

---

[1]) Vergleiche Fahrion, Chem. Ztg. 1893, S. 1848, u. 1904, S. 1196.

[2]) Mulder, Chemie der trocknenden Öle, Berlin 1876.

[3]) Monatshefte f. Chemie 1886, S. 637; 1887, S. 260; 1888, S. 465; Zeitschr. f. angew. Chemie 1888, S. 312.

[4]) Monatshefte f. Chemie 1888, S. 459 u. 465; Zeitschr. f. angew. Chemie 1888, S. 455.

[5]) Zeitschr. f. angew. Chemie 1891, S. 396.

Aus den Ergebnissen der Untersuchungen von A. H. Sabin[1]) über die Oxydation des Leinöles dürfte hier erwähnenswert erscheinen, daß bei der Oxydation weder Kohlensäure noch Wasser gebildet wird. Die Menge des aufgenommenen Sauerstoffes war sehr verschieden. A. H. Sabin nimmt an, daß es nicht der Sauerstoff der Luft, sondern das darin enthaltene Ozon sei, das die Oxydation bewirkt. H. R. Procter und W. E. Holmes[2]) haben eine große Anzahl von Ölen mit Luft geblasen und während der verschiedenen Stadien der Oxydation das spezifische Gewicht, die Refraktions- und Jodzahlen bestimmt. Sie konstatierten, daß bei der Oxydation von Ölen das spezifische Gewicht und der Refraktionsindex zunehmen, während die Jodzahl abnimmt.

Fahrion[3]), der aus oxydierten Leinölen Fettsäuren abschied, von denen die petrolätherunlöslichen mehr Sauerstoff enthielten als der petrolätherlösliche Teil, nahm als Endprodukt der Oxydation des Leinöles Hexaoxylinolensäure ($C_{18}H_{30}O_8$) an.

Die Untersuchungen von R. Henriques[4]) über die Autoxydation des Leinöles bzw. des Leinöläthylesters führten zu dem Ergebnisse, daß diese Ester sich noch leichter oxydieren als die Glyzeride. Bei den Endprodukten der Oxydation lagern sich an das doppeltgebundene Kohlenstoffatom noch Hydroxylgruppen an, die sich in Ketongruppen verwandeln oder Aldehyde abspalten.

Fahrion[5]) versuchte, die von Engler und Weißberg[6]) aufgestellten Gesetze über den Verlauf der Autoxydation auf den Trockenprozeß zu übertragen, doch schließt er seine interessanten Ausführungen mit der Erklärung, daß das bisher vorhandene experimentelle Material für eine einwandfreie Darlegung des Trockenprozesses im Lichte der Engler'schen Autoxydationstheorie nicht genüge.

Wirkung der Sikkative. Die Rolle, die die Sikkative beim Trockenprozeß von Firnissen spielen, ist nicht zu unterschätzen, und ihre Mitwirkung kompliziert die Vorgänge offenbar nicht unwesentlich. Mulder erklärte die Wirkung der Sikkative einfach durch ihre Sauerstoffabgabe. Er schreibt darüber:

Wenn man eine Boraxlösung durch schwefelsaures Manganoxydul fällt und den Niederschlag bei Luftzutritt auswäscht, so färbt er sich infolge von Sauerstoffaufnahme an der Oberfläche braun, weil die Borsäure nur lose mit dem Manganoxydul zusammenhängt. Ähnlich wirkt borsaures Manganoxydul in Leinöl; es nimmt Sauerstoff aus der Luft auf und gibt ihn wieder an das Glyzerin und an das Leinölsäureanhydrid ab.

---

[1]) Chem. Ztg. 1906, S. 460.
[2]) Journ. Soc. Chem. Ind., Bd. 24, Nr. 24.
[3]) Zeitschr. f. angew. Chemie 1891, S. 540; Chem. Ztg. 1893, S. 1849.
[4]) Zeitschr. f. angew. Chemie 1898, S. 343 u. 699.
[5]) Chem. Ztg. 1904, S. 1196.
[6]) Engler und Weißberg, Kritische Studien über den Vorgang der Autoxydation, S. 40.

Bei der Mennige (Pb_3O_4) nahm Mulder an, daß sie als $2\,PbO + PbO_2$ (Bleioxyd und Bleisuperoxyd) wirke und ihren disponiblen Sauerstoff an das Leinöl abgebe. Bleiglätte (PbO) dagegen sei nur wirksam, wenn das Leinöl damit gekocht wird, dann werde eben der Sauerstoff, den die Mennige schon disponibel enthält, aus der Luft aufgenommen und ebenfalls auf das Leinöl übertragen.

Katalyse.

Nach den neueren Forschungen beruht die Wirkung der Sikkative aber auf katalytischen Vorgängen. Den Namen „Katalyse" hat bekanntlich Berzelius in der Chemie eingeführt und damit alle Vorgänge bezeichnet, bei denen der Verlauf einer Reaktion durch die Anwesenheit irgendeines dritten, indifferenten Körpers ermöglicht oder die Geschwindigkeit der Reaktion beschleunigt wird. Da sich beim Studium dieser Vorgänge trotz scheinbarer Gleichheit ihres äußeren Verlaufes der wesentliche Unterschied in dem Mechanismus der Wirkung herausgestellt hat, daß nämlich in dem einen Falle durch den dritten Körper nur die Auslösung einer ruhenden Reaktion, im andern Falle aber die Beschleunigung einer schon in Gang befindlichen, aber langsam verlaufenden Reaktion herbeigeführt wird, unterscheidet man neuerdings scharf zwischen diesen beiden Arten der Wirkung, und Ostwald[1]) bezeichnet als „Katalysatoren" nur solche Substanzen, die eine Änderung der Beschleunigung des Reaktionsverlaufes bewirken, versteht mithin unter „Katalyse" die Beschleunigung eines langsam verlaufenden chemischen Vorgangs durch die Gegenwart eines fremden Stoffes. Die Beeinflussung kann nicht nur positiv (Beschleunigung), sondern auch negativ (Verlangsamung) sein[2]), und dementsprechend kann man auch zwischen positiver und negativer Katalyse unterscheiden.

Theorie von Engler und Weißberg.

Engler und Weißberg[3]) fassen im Hinblick auf die Mannigfaltigkeit der Wirkungsweise der Katalysatoren in verschiedenen Fällen der Katalyse, wobei auch noch ein und derselbe Katalysator in seinem Mechanismus mitunter ganz verschiedene chemische Reaktionen herbeiführen kann, die katalytischen Erscheinungen, die sich bei der Autoxydation abspielen, in einer besonderen Gruppe zusammen und bezeichnen diese als autoxydationskatalytische Erscheinungen oder kurzweg als „Autoxykatalyse". Man versteht demnach unter Autoxykatalyse einen solchen Vorgang, bei dem eine Übertragung des molekularen Sauerstoffes an einen Körper B durch Vermittlung eines Körpers A, den Autoxykatalysator, zugrunde liegt.

Nach Weger ist das schnellere Eintrocknen des mit Sikkativ behandelten Leinöls ohne Zweifel der katalytischen Wirkung der im Leinöl gelösten Blei- oder Manganverbindungen zuzuschreiben. Er versuchte, aber nur mit geringem Erfolge, organische Körper, die zur Oxydation und Des-

[1]) Grundlinien der anorganischen Chemie, S. 109.

[2]) Bredig, Zeitschr. f. physikal. Chemie, Bd. 31, S. 324 u. Bd. 37, S. 63.

[3]) Engler und Weißberg, Kritische Studien über den Vorgang der Autoxydation.

oxydation geneigt sind, z. B. Chinon und Hydrochinon, als Sikkative zu verwenden. Ferner bezeichnete Weger es als eine ziemlich sonderbare Tatsache, daß lediglich Verbindungen des Bleis und Mangans als Sikkative brauchbar sind, da sie einander sonst in chemischer Beziehung durchaus nicht ähneln. Wenn man sich auf den Boden der Englerschen Autoxydationstheorie stellt, verliert aber die obige Tatsache ihre Sonderbarkeit; Blei und Mangan ähneln einander darin, daß sie verhältnismäßig leicht in Superoxyde übergehen, und der Trockenprozeß der Firnisse erscheint ohne weiteres als ein Fall der Autoxykatalyse.

Nach C. Engler und J. Weißberg kann die Autoxykatalyse entweder hemimolekular (atomistisch) oder molekular sein. In ersterem Falle müßte man die Sikkative als Autoxydatoren (Katalysatoren), das Leinöl als Akzeptor ansprechen und die Sauerstoffübertragung würde auf atomistischem Wege stattfinden, gemäß der Formel:

$$AO_2 + 2\,B = A + 2\,BO\,.$$

Trotzdem somit der Akzeptor eine ungesättigte Verbindung darstellt und fähig ist, Peroxyde zu bilden, würden nicht solche, sondern wiederum Oxyde vom Typ AO (bzw. BO) entstehen. Nach Manchots Ansicht können allerdings auch auf atomistischem Wege Peroxyde entstehen[1]). Als Stütze für diese Annahme läßt sich anführen, daß nach Lippert[2]) bei den Manganfirnissen wenigstens bis zu einem Gehalte von 0,2% Mangan die Sauerstoffzahl um so niedriger ausfällt, je größer die Sikkativmenge ist. Die Sikkative beschleunigen nur die Reaktion, wie schon oben erwähnt wurde. Es können Beweise angeführt werden, daß man es im Trockenprozeß der Firnisse eigentlich mit einer molekularen Autokatalyse (nach Engler und Weißberg) bzw. mit einer indirekten Autoxydation zu tun hat. Die Sikkative wären sonach nur Pseudoautoxydatoren[3]), die Hydroxylgruppen addieren und dadurch einen sekundären Autoxydator entstehen lassen. Dieser nimmt seinerseits molekularen Sauerstoff auf und geht in ein Hydroperoxyd über, gemäß den Formeln:[4])

$$MM + OHH \rightarrow MOH + MH$$

$$\begin{matrix} M\text{—}O \\ | \\ H\text{—}O \end{matrix} + \rightarrow M \cdot O\text{—}OH$$

---

[1]) Liebigs Annalen 1903, S. 93.

[2]) Zeitschr f. angew. Chemie 1898, S. 433.

[3]) Unter einem „Pseudoautoxydator" versteht man einen Körper, der entweder durch Einwirkung auf andere Körper unter Verbrauch negativer Ionen oder durch Entladung positiver Ionen die Bildung reaktionsfähiger Atome veranlaßt, die ihrerseits die Autoxydation herbeiführen. Man bezeichnet diese deshalb als „sekundäre oder indirekte Autoxydatoren".

[4]) C. Engler und J. Weißberg, Kritische Studien über den Vorgang der Autoxydation 1904, S. 95.

Letzteres setzt sich mit Wasser in Metallhydroxyd und Wasserstoffsuperoxyd um:

$$M \cdot O{-}O \cdot H + H_2O \rightarrow M \cdot OH + H_2O_2.$$

Das eigentliche oxydierende Agens wäre somit im Falle der molekularen Autoxykatalyse das Wasserstoffsuperoxyd, das die Linolen- und Linolsäure auf sekundärem Wege in ihre Peroxyde überführen würde. Mit dieser Anschauung harmonieren vor allen Dingen die hohen Sauerstoffzahlen der Firnisse, ferner verlaufen die indirekten Autoxydationsprozesse im allgemeinen rascher als die direkten, weshalb man von den zwei konkurrierenden Möglichkeiten die erstere bevorzugt. Auch werden die indirekten Autoxydationsprozesse durch die Gegenwart von Wasser, Säuren und Glyzerin begünstigt[1]), alles Körper, die beim Trockenprozeß frei werden.

W. Fahrion[2]) macht ferner darauf aufmerksam, daß hierher vielleicht auch noch die Beobachtung Lipperts[3]) gehöre, wonach Sikkative, die Blei und Mangan enthalten, wirksamer sind als solche, die nur Blei oder nur Mangan aufweisen. Dasselbe konstatierte auch Sternberg[4]), der fand, daß Bleimanganfirnisse viel schneller Sauerstoff aufnehmen als die nur Blei- oder Manganoxyd enthaltenden.

Aus den Untersuchungen A. Genthes[5]) über den Trockenprozeß des Leinöles dürfte hier anzuführen sein, daß Licht auf die Reaktionsgeschwindigkeit stark beschleunigend einwirkt. Durch zahlreiche Messungen im Dunkeln, im Lichte, bei erhöhter Temperatur, bei verschiedenem Sikkativzusatz usw. wurde nachgewiesen, daß in jedem Falle eine Autokatalyse vorliegt; der Autokatalysator scheint peroxydartigen Charakter zu besitzen. Das Leinöl bildet primär den Katalysator und wirkt dann als Akzeptor, während die Sikkative als Pseudokatalysatoren aufzufassen sind, die nur beschleunigend auf die Bildung des Autokatalysators wirken. Über die Hauptreaktion lagert sich eine andere, die hauptsächlich aus einer langsamen Verbrennung der organischen Substanz besteht. Der Sauerstoff wird teilweise, namentlich im Licht und bei höherer Temperatur, durch diese Nebenreaktion verbraucht. *Befunde Genthes.*

Parallel mit der Oxydation geht eine Polymerisation. Das Gewicht der flüchtigen Reaktionsprodukte betrug ca. 15%, die Sauerstoffaufnahme im Durchschnitt 23% (bei Zimmertemperatur und im Dunkeln).

Nach J. Desalme[6]) gehen beim Trocknen des Leinöls die Glyzeride der ungesättigten Fettsäuren an mehreren doppelten Bindungen beim Kon- *Theorie Desalme.*

---

[1]) C. Engler und J. Weißberg, Kritische Studien über den Vorgang der Autoxydation 1904, S. 94.

[2]) Chem. Ztg. 1904, S. 1200.

[3]) Zeitschr. f. angew. Chemie 1899, S. 542; 1903, S. 369.

[4]) Farbenztg. 1907, S. 669—673.

[5]) Zeitschr. f. angew. Chemie 1906; Bayer. Industrie- u. Gewerbeblatt, neue Folge, Bd. 39, S. 128.

[6]) Theorie über das Trocknen der Öle von J. Desalme; Rev. Chem. Ind., Jahrg. 20, Nr. 233, Chem. Revue 1909, S. 169.

takt mit der Luft in Peroxyde über, welche das Öl vollständig oxydieren. Diese Reaktion ist sehr langsam. Gibt man Terpentinöl hinzu, so geht die Reaktion schneller vor sich, denn das Öl bildet an der Luft leicht ein Peroxyd, das vollständig und schnell das Gemisch oxydiert. Die Hinzugabe eines Mangansalzes erhöht die Schnelligkeit und Energie der Reaktion, denn erstens wirkt das Salz als mineralisches Ferment, wenn man es in Spuren in Gegenwart eines Körpers benutzt, der sich leicht in ein Peroxyd verwandelt (z. B. Terpentinöl), und zweitens wirkt es als Autooxydationsmittel direkt auf das Leinöl, wenn man es in größeren Mengen verwendet; in diesem Falle teilt es diese Eigenschaften mit dem Blei. Die Lichtstrahlen, besonders die ultravioletten, wirken fördernd auf die Bildung der Peroxyde. Es handelt sich also immer um die Bildung von Peroxyden. Man kann auch direkt organische Peroxyde hinzufügen und so stark trocknende Öle herstellen, die gar keine Mineralbestandteile enthalten.

Die Trockendauer eines Firnisses ist, abgesehen von dessen besonderer Zusammensetzung und Güte, abhängig von Luft, Licht, Wärme und dem Feuchtigkeitsgehalt der Luft. Wo schlechte Luft, wenig Licht und keine Wärme ist, da geht auch das Trocknen nur sehr langsam vor sich.

Versuche Lipperts.

Durch Ermittlung der von einem Firnisse aufgenommenen Sauerstoffmenge kann man sich ein Bild über den Verlauf des Trockenvorganges verschaffen. Lippert hat zu diesem Zwecke kleine Glastafeln, die wie die Oberfläche eines Mohnblattes fein rauh geschliffen waren, mit Firnis bestrichen. Werden nun diese Tafeln entweder dem Lichte exponiert oder in einem dunkeln, lichtabgeschlossenen Raume aufbewahrt oder sonstwie trocknen gelassen und dabei von Zeit zu Zeit gewogen, so erfährt man die aufgenommene Sauerstoffmenge und erhält durch die so ermittelten Zahlen ein ziffernmäßiges Bild über das Trocknen des Firnisses unter den verschiedenen Bedingungen.

Die Dicke der Schicht spielt in gewissen Grenzen keine Rolle, d. h. die Menge des absorbierten Sauerstoffes ist proportional der Dicke. Die Schnelligkeit der Reaktion wächst proportional der Kubikwurzel aus der Konzentration der Katalysatoren. Ferner ist die Absorption des Sauerstoffes bei 15—20 Atmosphären proportional dem Drucke. Beim Erwärmen auf höhere Temperaturen nimmt die Schnelligkeit der Reaktion nach der Regel von Spring zu[1]).

Die Versuche Lipperts haben ferner ergeben, daß ein Firnis, solange er Sauerstoff aufnimmt, nicht als eingetrocknet bezeichnet werden darf. Erst wenn jede Sauerstoffaufnahme aufgehört hat, kann man den Firnis wirklich trocken nennen.

---

[1]) S. A. Fokin, Journ. d. russ. phys.-chem. Gesellsch. 1907, S. 307.

Nach Lippert nehmen Firnisse, die mit rohem Leinöl hergestellt sind, etwa 17—20% Sauerstoff auf, hingegen alte Firnisse oder solche, die man mit altem, abgelagertem Leinöl hergestellt hat, nur ca. 12—15%, weil letztere schon beim Lagern Sauerstoff aufgenommen haben.

Vollständig trocken gewordene Firnisse nehmen allmählich wieder etwas an Gewicht ab. (Vergleiche Band 1, S. 118.) Es findet dabei eine weitere Sauerstoffaufnahme statt, aber der Sauerstoff, der zum trocken gewordenen Anstrich hinzukommt, wirkt nicht mehr trocknend, sondern zersetzend ein. Aus diesem Grunde muß jeder Firnisanstrich, auch wenn er mittels des reinsten Firnisses hergestellt wurde, nach kürzerer oder längerer Zeit wieder erneuert werden.

Rohmaterialien der Firnisbereitung.

a) Öle.

Zur Herstellung von Firnissen eignen sich sowohl die trocknenden als auch die halbtrocknenden Öle. Am meisten wird als Grundstoff das Leinöl gebraucht, doch werden in Rußland auch Hanfölfirnisse in großer Menge hergestellt, wie auch Mohn- und Sonnenblumenöl, in Amerika Maisöl, in China und Japan Holzöl das Ausgangsmaterial für Firnisse bilden.

Leinöl.

Das zur Firniserzeugung verwendete Leinöl soll gut abgelagert und klar sein. Leinöl.

Nach J. Treumann[1]) sind aus La-Plata- und ostindischer Saat erzeugte Leinöle zur Herstellung klebefrei trocknender Firnisse nicht gut verwendbar.

Nachdem über die Eigenschaften des Leinöles schon eingehend berichtet wurde (Band 2, S. 25—32), sollen hier nur mehr gewisse in der Praxis häufig gebrauchte Ausdrücke, wie Lackleinöl, Dicköl, Standöl, geblasenes (oxydiertes) Leinöl usw., die ebenfalls schon früher (Band 1, S. 32) Erwähnung fanden, näher erörtert und deren Darstellungsweisen vorgeführt werden.

Die im Handel unter der Bezeichnung „Lackleinöl" vorkommenden Leinölsorten[2]) erscheinen häufig nach dem Sieden zwar spiegelblank, enthalten aber trotzdem noch schädliche Bestandteile (Schleimstoffe), deren Ausscheiden erst nach mehrtägigem Stehen, manchmal sogar erst nach verhältnismäßig langer Zeit, eintritt. Zum Sieden erhitztes reines Leinöl soll auch nach monatelangem Stehen in einem offenen Glase nicht die geringste Trübung zeigen. In den meisten Fällen sind jedoch die sogenannten Lackleinöle nicht besser als gewöhnliche Handelsleinöle[3]).

---

[1]) Zeitschr. f. öffentl. Chemie, Jahrg. 11, Heft 23.

[2]) C. Niegemann, Chem. Ztg. 1904, S. 97, 724 u. 841.

[3]) Bottler, Chem. Revue 1906, S. 218.

Auf der Beobachtung, daß Leinöl, genau so wie andere Öle, bei Abkühlung auf Temperaturen nahe dem Nullpunkt gelöste Eiweiß- und Schleimstoffe ausscheidet, hat Niegemann ein Entschleimungsverfahren gegründet.

Lackleinöl.

Nach einer von fachmännischer Seite sehr empfohlenen Vorschrift verfährt man bei der Herstellung von Lackleinöl wie folgt[1]):

100 Gewichtsteile Leinöl, 2 Gewichtsteile Bleizucker und 2 Gewichtsteile frischgebrannten Ätzkalks werden in einem mit Rührwerk versehenen Kessel 3—4 Stunden lang durchgerührt. Man zieht dann eine kleine, klare Probe ab, erhitzt sie auf etwa 320° C und beobachtet im Reagenzglase, ob eine Fällung oder Trübung eintritt oder ob die Probe klar bleibt. In letzterem Falle ist das Lackleinöl gebrauchsfertig, ersterenfalls setzt man der Gesamtmasse noch etwa einen Gewichtsteil Ätzkalk zu und rührt einige Zeit tüchtig durch. Eine nun gezogene Probe wird beim Erhitzen auf etwa 320° C klar bleiben, ein Zeichen, daß das Leinöl völlig entschleimt ist.

Das beste Lackleinöl soll sich nach folgendem Verfahren[2]) herstellen lassen: Man mischt in einem großen Holzbottich 1800 kg rohen Leinöles gut mit 4 kg Salzsäure und setzt die Mischung in mit Blei ausgeschlagenen und mit Fenstern versehenen Holzkasten so lange den Sonnenstrahlen aus, bis sie halbstark eingedickt ist. Die Fenster der Kasten müssen des Morgens geöffnet werden, damit die warme Luft und die Sonnenstrahlen guten Zutritt haben; abends schließt man die Fenster. Wenn sich über Nacht an den inneren Seiten der Fenster starker Schweiß (Wasser) angesetzt hat, so muß dieser jeden Morgen behutsam mit einem Schwamm abgetrocknet werden. Ist das Öl stark genug eingedickt, so wird das klare Öl von dem Satz abgezogen, in Standgefäße gebracht und noch einige Wochen der Ruhe überlassen. Die mit diesem Öl hergestellten Lacke lassen sich leichter streichen als die mit Leinöl, welches künstlich erhitzt wurde, hergestellten Lacke. Da aber die Herstellung dieses Öles kostspieliger ist, so wird es nur für bessere Lacke verwendet.

Dick- oder Standöl.

Dick- oder Standöl entsteht, wenn Leinöl in entsprechender Weise, jedoch nicht bis zu seinem Siedepunkt, erhitzt wird. Das eingedickte Leinöl ist ein wenig dunkler als vorher gefärbt und besitzt keine größere Trockenfähigkeit als das rohe Leinöl. Man nimmt jetzt an, daß gekochtes Leinöl und sogenanntes Dick- oder Standöl weniger Produkte der Oxydation, als vielmehr solche der Polymerisation seien. Da beim Kochen des Leinöles ein Akroleingeruch wahrgenommen wird, findet jedenfalls während des Kochens auch eine geringe Zersetzung des Glyzerins statt, aber eine eingreifende Veränderung der chemischen Zusammensetzung des Leinöles tritt infolge des sogenannten Kochprozesses nicht ein.

---

[1]) Farbenztg., Jahrg. 10, Nr. 52.

[2]) Farbenztg. 1909, Nr. 24.

Durch basische Stoffe (**Kalk, fixe Alkalien**) kann man die Polymerisationsfähigkeit des Leinöles erhöhen; es wird nämlich nach F. **Hertkorn** z. B. bei Kalkzusatz infolge der stets entstehenden geringen Mengen leinölsauren Kalkes die Oxydationsfähigkeit des Leinöles zu Linoxyn aufgehoben und statt eines Oxydationsvorganges findet ein Polymerisationsprozeß statt.

Dicköl wird nach verschiedenen Methoden hergestellt. **Walton**[1]) war der erste, der auf erhitztes Leinöl heiße Luft einwirken ließ; ein ähnliches Verfahren wie **Walton** wandte **Wilson** an. Bei der Firnisbereitung wird von diesen Methoden gesprochen werden.

In neuerer Zeit wurden verschiedene Apparate zur Erzeugung von Dicköl und Dickölfirnis konstruiert. Im allgemeinen ist die Einrichtung getroffen, daß man Leinöl im Zustande großer Verteilung mit warmer Luft zusammenbringt und gleichzeitig die Wirkung des Sauerstoffes durch den Einfluß des Lichtes unterstützt. Unter diesen Bedingungen wird nach kurzer Zeit eine große Menge von sehr dickem, hellfarbigem Öle gewonnen.

Man kennt unter anderen auch ein Verfahren zum Eindicken von Leinöl, wonach man dieses auf 200° C erhitzt und ihm Wasser zutropfen läßt. Während das Wasser verdampft, tritt eine immer stärker werdende Verdickung des Öles ein. Behufs Abkürzung der Reaktionsdauer soll man das Wasser vorher mit einer aus dessen Analyse bekannten Verbindung (Calciumkarbonat, Magnesiumkarbonat, Calciumsulfat) sättigen.

Wiederhold[2]) empfiehlt, zur Herstellung von Firnis nur gereinigtes Leinöl zu nehmen.

Behufs Reinigung des Leinöles soll man 100 Teile desselben mit 100 Teilen Wasser, worin 1 Teil Kalihydrat gelöst wurde, gut mischen und dann das Öl in Ruhe sich von der wässerigen Lösung, die alle Verunreinigungen aufgenommen hat, trennen lassen. Die wässerige Flüssigkeit wird abgezapft und das Öl wiederholt mit Wasser gewaschen. Das so gereinigte Öl setzt man 14 Tage lang der Einwirkung der Sonne aus und verarbeitet es dann folgendermaßen zu Firnis:

Man füllt in einen geräumigen Kessel 1,5 Volumen Wasser und gießt 1 Volumen Leinöl darauf. Alsdann vermengt man innig durch Reiben in einer Reibschale gleiche Teile Mennige, Bleiglätte und Bleizucker, wägt davon 10% vom Gewichte des verwendeten Öles ab und bringt das Pulver in ein leinenes Beutelchen, das derart in den Kessel gehängt wird, daß es im Öle eintaucht, ohne aber das Wasser zu berühren. Man erhitzt dann so lange, bis das Wasser bis auf einen geringen Rest verdunstet ist. Der sich bildende Schaum wird sorgfältig beseitigt. Nach Verlauf von 24 Stunden filtriert man das Öl durch einen leinenen Beutel oder besser durch einen Filztrichter und läßt den fertigen Firnis vor dem Gebrauch möglichst lange Zeit lagern.

Verhinderung des Flockens.

Zur Verhinderung des Flockens des Leinöles beim raschen Erhitzen ist eine Reihe von Vorschlägen gemacht worden. So will **Wilhelm Traine**[3]) in Wiesbaden diesen Übelstand durch einen Zusatz kleiner Mengen

[1]) Zeitschr. f. öffentl. Chemie, Jahrg. 11, Heft 23.

[2]) Dinglers polyt. Journ., Bd. 181, S. 159.

[3]) D. R. P. Nr. 161941 v. 2. Okt. 1902.

von **Alkalien, kohlensauren Alkalien** und **Oxyden der Erdalkalien**, insbesondere **Kalk**, vermeiden. Ein Zusatz von $^1/_8$—$^1/_2$% pulverförmigen gelöschten oder ungelöschten Kalkes soll schon genügen, nach Andes[1]) sogar eine solche von einigen Hundertstelprozenten. Größere Mengen von Kalk (1—2%) sollen nach den Beobachtungen von Andés das Flocken wieder hervorrufen.

Niegemann[2]) hält Kalkhydrat sowie andere Chemikalien zur Entschleimung von Firnisöl für ungeeignet und ein Ausfällen der Schleimstoffe durch Abkühlung der Öle für das Beste[3]).

Hirzel[4]) und Andés[5]) empfehlen für das Entschleimen von Firnisleinöl Silikatpulver[6]).

A. Stelling[7]) hält zur Entfernung der schleimigen Verunreinigungen aus Leinöl Filter aus Papier oder Leinwand, die mit Stoffen wie borsaurer Magnesia, harzsaurem oder fettsaurem Mangan oder Zink imprägniert sind, für vorteilhaft.

In neuerer Zeit verwendet man an Stelle des Leinöles auch Leinölfettsäure zur Firnisfabrikation. Da bei dem Firnisprozeß ein Teil des Glyzerins der Fette zerstört wird, eignen sich Fettsäuren für die Firnisbereitung ganz gut.

Holzöl.

Holzöl. Über die Eigenschaften dieses Öles wurde schon S. 61 u. ff. (Band 2) berichtet, daß es bezüglich seiner Trockenfähigkeit das Leinöl übertrifft. Für die Firnisherstellung kommt vorzugsweise die Eigenschaft des Holzöles in Betracht, daß es sich nach dem Aufstreichen in der ganzen Schicht gleichmäßig verdickt. Das Leinöl trocknet nach dem Aufstreichen von oben nach unten, d. h. es entsteht zuerst auf der Oberfläche der Leinölschicht eine Haut, die allmählich an Stärke zunimmt, bis endlich die ganze Schicht fest geworden ist. Wenn man mit Leinöl mehrere Anstriche übereinander aufträgt, muß jedesmal das vollständige Trocknen der unteren Schicht abgewartet werden, bevor man mit einem neuen Anstrich beginnt. Das Holzöl hingegen trocknet nach dem Aufstreichen von unten aus bzw. aus sich heraus; es liefert einen matten, aber elastischen und harten Überzug[8]). Um das Holzöl, das auch die besondere Eigentümlichkeit besitzt, bei einer verhältnismäßig niedrigen Temperatur zu gelatinieren, zur Erzeugung von Firnissen verwenden zu können, muß es für diesen Zweck entsprechend präpariert werden[9]).

---

[1]) Farbenztg. 1906, S. 679.

[2]) D. R. P. Nr. 163056 v. 8. März 1904.

[3]) Siehe Bd. 1, S. 614.

[4]) Chem. Revue 1904, S. 116 u. 145.

[5]) Seifensiederztg., Augsburg 1906, S. 137.

[6]) Siehe Bd. 1, S. 660—662.

[7]) D. R. P. Nr. 177693.

[8]) Dieser Überzug besitzt aber nur eine geringe Haltbarkeit, so daß man ihn in Fetzen von dem gestrichenen Gegenstand abziehen kann.

[9]) Vergleiche S. 65 des 2. Bandes und Andés, Chem. Revue 1901, S. 252.

Man erhitzt das klare oder trübe Holzöl in einem emaillierten Kessel zwei Stunden lang auf ungefähr 170° C und läßt es dann zur Abkühlung und Klärung drei Tage ruhig stehen. Das geklärte Öl wird in einem zweiten Kessel während einer Stunde auf 180° C erhitzt, wobei es eine dickere Beschaffenheit annimmt. Man läßt jetzt das Öl auf 130° C abkühlen und vermengt es allmählich mit 2% gemahlener Bleiglätte; ein weiteres Erhitzen ist nicht mehr nötig. Nach dem Erkalten kann dem Öle so viel Terpentinöl zugesetzt werden, daß man einen streichfähigen Firnis erhält. Es ist zweckmäßig, diesen längere Zeit ruhig stehen zu lassen, damit er sich klärt.

Nach dieser Methode wird ein dem gewöhnlichen Leinölfirnis ähnliches Produkt erzielt, das mit einer Körperfarbe angerieben, in 5—6 Stunden hart eintrocknet.

Wenn mit Hilfe von Holzöl brauchbare Firnisse hergestellt werden sollen, so hat man vor allem darauf zu achten, daß beim Erhitzen des Holzöles die Temperatur nicht zu hoch steigt; letztere kann allmählich bis auf 200° C erhöht werden, wobei man das Öl fortwährend umrührt. Hat das Öl eine solche Konsistenz angenommen, daß man mit einer Probe davon Fäden ziehen kann, so werden zweckmäßigerweise auch noch Trockenmittel (Bleiglätte, Manganborat usw.) zugesetzt. Die Gefahr des Gerinnens wird sehr vermindert, wenn man das Holzöl vor dem Kochen mit Leinöl, Harzöl oder Harz vermischt; die wertvollen Eigenschaften des Holzöles (schnell und hart zu trocknen und elastische Überzüge zu liefern) gehen aber durch einen solchen Verschnitt des Holzöles teilweise verloren.

Nach W. Lippert[1]) trocknet mit Harz versetztes Holzöl sehr gut und der Anstrich bekommt auch ein glänzendes Aussehen. Ferner trocknet mit Leinöl vermischtes Holzöl gut aus.

Lippert bemerkt weiter, daß die mit Holzöl hergestellten Firnisse stets zuviel Harz enthalten. Trotzdem sie mit diesem sehr schnell trocknen, tritt bald ein Nachkleben ein, zumal wenn Feuchtigkeit und Wärme auf den Anstrich einwirken.

Andere trocknende Öle.

Auch Mohn-, Nuß-, Sonnenblumen- und Hanföl sowie andere trocknende und halbtrocknende Öle werden bisweilen zur Herstellung von Firnissen benutzt, doch ist ihr Verbrauch für diese Zwecke nur gering. Über die Eigenschaften dieser Öle wurde schon in Band 2, S. 90, 102, 116 und 136 berichtet. Andere Öle.

J. Petrow[2]) hat Versuche mit aus russischem Mohn-, Sonnenblumen- und Hanföl erzeugten Firnissen ausgeführt, die er durch warmes Lösen von harz- und leinölsaurem Mangan (2%) in rohen und gekochten Ölen her-

[1]) Chem. Revue über die Fett- und Harzindustrie 1904, S. 203.

[2]) Seifensiederztg., Augsburg 1906, S. 921.

stellte. Es wurde konstatiert, daß die Trockenzeit dieser Firnisse verhältnismäßig lang ist; mit Manganresinat bereitete Firnisse trocknen schneller als die mit Manganlinoleat. Ob die Öle roh oder gekocht sind, ist von geringem Einfluß. Bei den Firnissen ergab sich, daß die Sauerstoffaufnahme in einem Verhältnis zur Trockenzeit steht; die am schnellsten trocknenden Firnisse aus Hanföl nehmen auch stets am meisten Sauerstoff auf.

Als Ergebnis seiner Untersuchungen stellte J. Petrow fest, daß sich Sonnenblumenöl zur Firnisbereitung nicht eignet, wohl auch kaum das Mohnöl; nur Hanföl könnte zu Firnis gebraucht werden. Letzteres Öl kann man aber wegen seiner dunklen Färbung nur zu solchen Firnissen verwenden, die auch eine dunkle Farbe besitzen dürfen.

b) Trockenmittel (Sikkative).

Sikkative. Ein gutes Trockenmittel soll folgende Ansprüche erfüllen:

1. muß es eine genügende Trockenkraft besitzen;
2. darf es keine Metallfarben zum Eindicken bzw. Stocken bringen;
3. darf es sich nicht ausscheiden, d. h. keinen Satz bilden.

In der Praxis der Firnisfabrikation werden als Sikkative hauptsächlich Blei-, Mangan- und Zinkverbindungen verwendet.

Die in der Firniserzeugung verwendeten Trockenpräparate bestehen durchweg aus Schwermetallverbindungen.

S. A. Fokin[1]) hat 15 Metalle auf ihre Aktivität geprüft, die er, in drei Gruppen unterteilt und hinsichtlich ihres Effektes in folgender Weise ordnet:

1. Kobalt, Mangan, Chrom, Nickel (Eisen, Platin, Palladium);
2. Blei, Calcium, Baryum;
3. Wismut, Quecksilber, Uran, Kupfer, Zink.

Wirksam ist der Sauerstoff höherer Oxydationsformen der Metalle, und zwar um so mehr, je höher der Oxydationsgrad ist. Gleichzeitig mit der atomären Autoxydation ist auch eine molekulare möglich, besonders wenn nur wenig Katalysator vorhanden oder dieser schwach wirkend ist.

In großem Maßstabe gebraucht werden hauptsächlich Blei-, Mangan- und Zinkverbindungen, doch finden auch einige andere Präparate bisweilen Anwendung.

Bleiverbindungen.

Bleiglätte. Bleiglätte [Glätte], die je nach der helleren oder dunkleren Farbe auch als Silber- oder Goldglätte bezeichnet wird. Reine Bleiglätte ist Bleioxyd (PbO) und kommt als gelbes, bald heller, bald dunkler gefärbtes Pulver vor. In starker Rotglut schmilzt die Bleiglätte und erstarrt beim Erkalten zu einer schuppig-kristallinischen Masse.

---

[1]) S. A. Fokin, Journ. d. russ. phys.-chem. Gesellsch. 1907, S. 307.

Mennige [Bleiorthoplumbat = $Pb_2PbO_4(Pb_3O_4)$]; sie enthält mehr Sauerstoff als das gewöhnliche Bleioxyd und stellt ein orangerot bis rot (mennigrot) gefärbtes Pulver dar. Mennige.

Bleiweiß [$^2/_3$ basisches Bleikarbonat = $Pb_3(OH)_2(CO_3)_2$]; dieses findet mitunter als Bleisikkativ, gemengt mit gemahlener Bleiglätte, Bleizucker und Mennige, Anwendung. Bleiweiß.

Bleizucker [neutrales Bleiazetat = $Pb(C_2H_3O_2)_2 + 3\,H_2O$]; diese in Wasser sehr leicht lösliche Verbindung kommt in farblosen, glänzenden, vierseitigen Prismen vor und ist giftig. Bleizucker verbindet sich mit weiterem Bleioxyd zu basischen, alkalisch reagierenden Salzen. Das einfachste dieser basischen Salze, Bleiessig, hat die Zusammensetzung: $Pb(OH)(C_2H_3O_2)$. Bleizucker.

Leinölsaures Blei [Bleilinoleat] findet, in Terpentinöl gelöst, Verwendung als Sikkativ. Gewöhnlich wird dieses Sikkativ durch Erhitzen (auf 250—300° C) von 10—70 Gewichtsteilen Bleiglätte, Mennige und Bleizucker mit 100 Gewichtsteilen Leinöl hergestellt. Auch auf kaltem Wege kann man ein solches Sikkativ bereiten, indem man 120 Gewichtsteile Leinölfettsäure mit 10 Gewichtsteilen gepulverten Bleiazetats vermengt und dann die Mischung unter öfterem Durchschütteln dem Sonnenlichte aussetzt. Leinöl-saures Blei.

Man verwendet das Präparat als Zusatz zu Farben und Lackanstrichen. Es soll flüssig, völlig klar und braun gefärbt sein und muß, für sich allein aufgestrichen, in einer Stunde harttrocken werden.

Harzsaures Blei [Bleiresinat]; dieses Präparat wird entweder durch Schmelzen von Harz (Kolophonium) mit Bleiglätte oder durch Fällung einer alkalisch-wässerigen Harzlösung mittels einer Bleisalzlösung hergestellt. Man unterscheidet daher auch geschmolzenes und gefälltes harzsaures Blei. Harzsaures Blei.

Der Unterschied bezüglich der Benützung geschmolzener und niedergeschlagener Harzpräparate bei der Bereitung von Leinölfirnissen besteht nach L. E. Andés[1]) darin, daß die Lösung der geschmolzenen Verbindungen nur unter Anwendung höherer Temperatur möglich ist, während die niedergeschlagenen bzw. gefällten sich auch ohne jede Wärmeanwendung leicht und schnell lösen. In Terpentinöl lösen sich die gemahlenen geschmolzenen Resinate ebenfalls ohne Wärmeanwendung, leichter jedoch, wenn man sie mit etwas Terpentinöl erhitzt und nach erfolgter Lösung den Rest des Terpentinöls zusetzt.

Die gefällten harzsauren Blei- und Manganoxyde sind nur in seltenen Fällen in Terpentinöl vollkommen löslich, weshalb sie bei der Sikkativbereitung weniger in Betracht kommen.

Durch Schmelzen wird Bleiresinat gewonnen, indem man in einem Kessel 25 Teile Kolophonium bis zur Dünnflüssigkeit schmilzt und hierauf

---

[1]) Andés, Die Harzprodukte, S. 318.

unter beständigem Umrühren in kleinen Mengen 3 Teile feinstgemahlener Bleiglätte hinzufügt. Das Erhitzen muß so lange fortgesetzt werden, bis die Reaktion eingetreten ist, d. h. bis sich das Harz vollständig mit der Bleiglätte verbunden hat. Man läßt dann das erhaltene Produkt abkühlen oder gießt es in Fässer aus, worin es erkaltet.

Behufs Herstellung von gefälltem harzsauren Blei werden 20 Teile Kolophonium mit 32 Teilen Wasser und 3 Teilen Ätznatron in einem Kessel so lange erhitzt, bis das Harz völlig verseift ist. Zu gleicher Zeit löst man 20 Teile Bleiazetat in 84 Teilen Wasser (von 100° C) auf und gießt die noch warme Lösung in die Harzseifenlösung. Letztere soll eine Temperatur von ca. 50° C besitzen. Die Bleisalzlösung setzt man nach und nach unter Umrühren zu. Das gefällte Bleiresinat wird abfiltriert, mit warmem Wasser ausgewaschen und getrocknet.

Borsaures und mangansaures Blei.

Bleiborat und Bleimanganat: Im Handel kommen ferner noch borsaures und mangansaures Blei vor. Ersteres Produkt ist schneeweiß und wird ähnlich wie das später zu erwähnende Manganborat verwendet. Das mangansaure Blei stellt ein Präparat von brauner Farbe dar, das ein hohes spezifisches Gewicht und ein sehr bedeutendes Trockenvermögen besitzt; schon 0,1 % davon wirkt firnisbildend.

Der Bleigehalt der mit Bleisikkativen dargestellten Firnisse kann für manche Verwendungen nachteilig werden. In der Luft unserer Wohnräume usw. finden sich stets kleine Mengen von Schwefelwasserstoff vor, die Düngergruben, Aborten und anderen Quellen entstammen. Die mittels der Bleipräparate hergestellten Firnisse nehmen aus der Luft bald Schwefelwasserstoff auf und färben sich dabei infolge der Bildung von Schwefelblei dunkler. Es bestehen auch einige wichtige Malerfarben aus Schwefelverbindungen, z. B. der Zinnober aus Schwefelquecksilber, das Kadmiumgelb aus Schwefelkadmium usw. Wenn man durch eine solche Farbe unmittelbar eine Schwefelverbindung in einen Bleifirnis bringt, erfolgt rasch eine Wechselwirkung zwischen dem Schwefelmetall der Farbe und dem Bleigehalte des Firnisses, und es entsteht schwarzes Schwefelblei. Die Farbe büßt infolgedessen ihre Schönheit und ihren Glanz ein und sieht in kurzer Zeit wie beraucht aus.

Manganverbindungen.

Manganoxyd.

Manganoxyd (Braunit = Mn_2O_3), das selten verwendet wird und in reinem Zustande (erhalten durch gelindes Erhitzen von Manganhydroxyd) ein dunkelbraunes, weiches und abfärbendes Pulver darstellt.

Manganhydroxyd.

Manganhydroxyd (Manganoxydhydrat = $Mn(OH)_3$), ein braunes oder bräunlichschwarzes Pulver, das oft mit Braunstein versetzt ist. Von den als Trockenstoffe verwendeten Manganverbindungen besitzt das Manganoxydhydrat den höchsten Mangangehalt. Zur Firnisbildung genügt schon ein Zusatz von 0,2 %

Mangandioxyd (Mangansuperoxyd, Braunstein, Pyrolusit = MnO_2), hat eine graue Farbe und ist in strahligem Zustande weich, rhombisch kristallisiert erscheint es aber hart. Das im Handel vorkommende Braunsteinpulver ist oft sehr stark mit fremden Substanzen verunreinigt. Braunstein gibt Sauerstoff erst bei Anwendung größerer und lang andauernder Hitze ab ($3\,MnO_2 = Mn_3O_4 + 2\,O$). Braunstein.

Borsaures Manganoxydul oder Manganborat, wird gewöhnlich aus schwefelsaurem Manganoxydul (Manganvitriol) in der Weise hergestellt, daß man zunächst 1 Teil dieses Salzes in 10 Teilen destillierten Wassers auflöst. Die Lösung wird auf die Gegenwart von Eisen geprüft, indem man ihr etwas Sodalösung zusetzt. Beim Vorhandensein von Eisen ist der entstehende Niederschlag grünlich oder gelblich statt rein weiß. Zu obiger Manganvitriollösung fügt man so lange heiße Boraxlösung, als noch ein weißer Niederschlag bemerkbar ist. Dieser wird abfiltriert, mit heißem Wasser ausgewaschen und dann (mit Filtrierpapier bedeckt) getrocknet. Ein Eisengehalt des Manganborates würde für die Firnisbereitung nachteilig sein. Manganborat.

Nach Täuber[1]) soll zur Herstellung von Manganfirnissen stearin- und leinölsaures Mangan weit besser geeignet sein als Manganborat.

Harzsaures Mangan (Manganresinat) stellt man entweder durch Schmelzen oder durch Fällung her. Manganresinat.

Um geschmolzenes Manganresinat zu erhalten, werden 100 Gewichtsteile Harz (Kolophonium) geschmolzen. Bei ca. 150° C setzt man nach und nach unter beständigem Umrühren 6 Gewichtsteile Braunsteinpulver oder 5 Gewichtsteile Manganoxydhydrat bzw. 10 Gewichtsteile Manganoxydulhydrat zu und steigert die Temperatur allmählich auf 200—210° C. Wenn die Reaktion beendet ist, wird noch so lange gerührt, bis der Schaum zusammensinkt. Das Produkt soll dunkel gefärbt, aber durchsichtig und klar sein.

Gefälltes harzsaures Mangan wird erzeugt, indem man eine Harzseifenlösung mit möglichst eisenfreier Manganchlorürlösung versetzt. L. E. Andés[2]) gibt folgende praktisch erprobte Anleitung zur Bereitung von Manganresinat:

100 kg Kolophonium werden mit 35 kg kaustischer Sodalauge von 25° Bé, verdünnt mit 356 kg Wasser, so lange gekocht, bis der sich auf der Oberfläche zeigende gelbe Harzschaum so gut als möglich gelöst ist. Hierauf werden unter stetem Umrühren noch 620 kg Wasser eingetragen, so daß sich im ganzen 1000 kg Wasser im Kessel befinden. Das verdampfende Wasser ist zu ersetzen, bis sich alles gelöst hat. Nun läßt man eine Lösung von Manganchlorür, ebenfalls heiß, unter Umrühren zu der Harzlösung fließen, bis alles Harz gebunden ist und die Flüssigkeit einen Überschuß an Mangan zeigt. Es sind hierzu 200 kg Manganchlorür-

---

[1]) Bericht des chem. Laboratoriums der Akademischen Hochschule für die bildenden Künste in Berlin 1905/6.

[2]) L. E. Andés, Die Harzprodukte, Wien 1905, S. 324.

lösung von 14,5 Bé, d. s. 55 kg Manganchlorür in Kristallen in 350 kg Wasser, erforderlich. Die anfangs sehr dicke und kaum zu rührende Masse wird, nachdem alles eingetragen und das Ganze auf den Siedepunkt gebracht ist, wieder dünn, worauf man die Flüssigkeit abzieht und mit frischem Wasser zweimal auswäscht. Das Produkt wird nun in einer Presse vom Wasser möglichst befreit, getrocknet und gemahlen. Das verwendete Manganchlorür soll eisenfrei sein und das zur Fabrikation dienende Wasser darf mit Alaun keinen Niederschlag geben.

Geschmolzenes harzsaures Bleimangan. Dessen Verwendung ist weniger vorteilhaft als die des einfachen Blei- oder Manganresinats; es kann hergestellt werden durch Schmelzen von 75 Gewichtsteilen Kolophonium, in das man, nachdem es dünnflüssig geworden ist, zunächst 3 Gewichtsteile gemahlener Bleiglätte (bei ca. 230 ° C) und nach erfolgter Reaktion 1 Gewichtsteil Mangansuperoxyd (bei ca. 200 ° C) unter den früher angeführten Vorsichtsmaßregeln einträgt und abermals das Eintreten der Reaktion abwartet.

Im Handel kommen Harzpräparate als Trockenstoffe vor, die kaum 10% wirksamer Bestandteile, d. h. harzsaurer Metalloxyde enthalten, doch weist der weitaus größere Teil der im Handel befindlichen Resinate einen bedeutend höheren Prozentsatz harzsauren Metalloxyds[1]) auf. So enthält z. B. geschmolzenes harzsaures Mangan in der Regel 2,5—3% Mangan, entsprechend einem Gehalt von 45—55% harzsauren Metalloxyds. In geschmolzenen harzsauren Bleimanganen wird man meistens ca. 1,5% Mangan und 9—10% Blei, entsprechend einem Gehalt von etwa 27% harzsauren Mangans und 40% harzsauren Bleies, finden. Noch günstiger liegen die Verhältnisse bei den gefällten Harzsikkativen; es enthält z. B. präzipitiertes harzsaures Mangan ca. 5,7—6,5% Mangan und präzipitiertes harzsaures Blei 20—23% Blei. Aus diesen Zahlen berechnen sich ca. 80% harzsauren Manganoxyduls und auch ungefähr 80% harzsauren Bleies.

Leinölsaures Mangan.

Leinölsaures Mangan, dessen Trockenkraft erheblich geringer sein soll als die des harzsauren Mangans, wird meist dadurch hergestellt, daß man 100 Gewichtsteile Leinöl mit Manganborat oder Mangansuperoxyd (10—70 Gewichtsteile) auf 250—300 ° C erhitzt.

Andere Mangansikkative.

Andere Mangansikkative: Hatly und Blenkinsoop stellen ein Sikkativ durch Mischen von leinölsaurem Mangan mit einer indifferenten Substanz, wie China-Clay, mit Oxyden oder Salzen, wie Zinkoxyd, Bleikarbonat oder Bleisulfat, her. Die Substanzen können durch Dampf erhitzt und in einem Mörser verrieben werden, oder man löst das leinölsaure Mangan in Terpentinöl oder anderen Lösungsmitteln und mischt die Lösung mit Zinkoxyd. Ein derartiges Trockenmittel wird auch erhalten, wenn man ein Öl, das etwa ein Prozent leinölsauren Mangans enthält, verdickt und hierauf mit einer geeigneten Lösung von leinölsaurem Zink oder Blei verdünnt.

---

[1]) Farbenztg. 1907, Nr. 51, S. 1614.

E. O. Taflen (Stockholm) stellt ein Sikkativ durch Auflösen von Manganlinoleat in Ölsäure her, das als Zusatz zu Leinöl oder anderen trocknenden Ölen verwendet werden kann.

Außer den oben angeführten Manganverbindungen können auch Manganoxydulhydrat, Mangansuperoxydhydrat und essigsaures Mangan als Trockenmittel gebraucht werden.

Manganoxydulhydrat, $Mn(OH)_2$, entsteht als weißer Niederschlag, wenn man schwefelsaures Manganoxydul mit Natronlauge fällt [$MnSO_4 + 2\,NaOH = Mn(OH)_2 + Na_2SO_4$]. An der Luft bräunt sich das Manganoxydulhydrat, indem sich Manganoxydhydrat, $Mn(OH)_3$, bildet; es nimmt hierbei das Manganoxydulhydrat aus der Luft Sauerstoff und Wasser auf [$2\,Mn(OH)_2 + O + H_2O = 2\,Mn(OH)_3$]. Auch aus Manganchlorür ($MnCl_2 + 4\,H_2O$) kann man durch Fällung mittels Natronlauge Manganoxydulhydrat selbst darstellen. Man hat dabei nur zu beachten, daß Manganchlorür im Überschuß vorhanden ist. 102 Gewichtsteile Manganchlorürlauge (erhalten als Nebenprodukt bei der Chlorgewinnung) von 14,5° Bé werden auf 80° C erhitzt und unter Umrühren 20 Gewichtsteile auf 80° C erwärmter Natronlauge (25° Bé) zugesetzt, worauf man noch bis zum Kochen erhitzt. Den erhaltenen Niederschlag filtriert man durch Zeug, preßt ab und trocknet bei sehr gelinder Temperatur. Das getrocknete Präparat wird zu feinstem Pulver zerrieben. Manganoxydulhydrat.

Behufs Erzeugung von Mangansuperoxydhydrat löst man nach Hoyer schwefelsaures Manganoxydul in Wasser auf und trägt dann in diese Lösung nach und nach vorher zu Pulver gelöschten Ätzkalk unter stetem Umrühren ein, bis die Lösung eine dunkle Färbung angenommen hat. Nach Beendigung der Reaktion enthält die Mischung Calciumsulfat und Mangansuperoxydhydrat. Bei der Herstellung des Präparates wird ein Überschuß an Kalk genommen, um sicher zu sein, daß die Fettsäuren in dem zu behandelnden Leinöl vollständig gesättigt werden. Bei Verwendung dieses getrockneten und gemahlenen Sikkativs klärt man das Leinöl und neutralisiert die Fettsäuren, da Kalkseife gebildet wird. Man erzielt bei dieser Methode ein klares trocknendes Öl. Mangansuperoxydhydrat.

Das im Handel vorkommende essigsaure Mangan wirkt schon bei Verwendung von 1—1,5% firnisbildend.

Zinkverbindungen.

Harzsaures Zink: Dieses Präparat, das man in niedergeschlagener Form durch Fällung einer Harzseifenlösung mit Zinksalzlösung erhält, kann auch als Trockenmittel gebraucht werden. Die Trockenkraft des Zinkresinats ist sogar nicht unbeträchtlich, doch wird es gewöhnlich in Mischung mit anderen Sikkativen verwendet. Zinkverbindungen.

In Terpentin- und Leinöl ist das harzsaure Zink ziemlich leicht löslich. Die Farbe des Leinöles wird durch dieses Trockenmittel, das

Lacke und Firnisse hart und widerstandsfähig gegen Witterungseinflüsse macht, nur sehr wenig verändert.

Zinkoxyd oder Zinkweiß (ZnO) wirkt besonders im Gemenge mit borsaurem Manganoxydul und das

schwefelsaure Zink oder der Zinkvitriol in Verbindung mit Bleiglätte (PbO) beim Trocknen günstig.

Flüssige Trockenpräparate (Sikkativextrakte)

Flüssige Trockenpräparate. stellt man häufig durch Auflösen von leinöl-, harz- oder borsaurem Mangan in Lein- und Terpentinöl, Kochen von Braunstein, Manganborat, Bleimennige und Bleizucker mit Leinöl u. dgl. her. So wird z. B. ein flüssiges Sikkativ, das sich zur Bereitung von Leinölfirnis ohne Wärmeanwendung eignet, erhalten, wenn man gefälltes harzsaures Mangan (5 Gewichtsteile) mit Leinöl (10 Gewichtsteile) bis zur erfolgten Reinigung erhitzt und dann Terpentinöl (7 Gewichtsteile) hinzufügt.

Nach einer anderen Vorschrift wird ein Leinölpräparat für Firnisherstellung auf kaltem Wege gewonnen, wenn man 30 Gewichtsteile gefällten harzsauren Mangans unter Erhitzen in 70 Gewichtsteilen Leinöles auflöst. Von diesem Präparat sollen für 100 Gewichtsteile Leinöl 5 Gewichtsteile erforderlich sein.

Von dem folgenden flüssigen Sikkativ genügen 3 Gewichtsteile, um 100 Gewichtsteile Leinöl gut trocknend zu machen:

10 Gewichtsteile harzsauren Mangans werden in einem emaillierten Eisenkessel geschmolzen und 12 Gewichtsteile Terpentinöl zugesetzt; hierauf koliert man die Lösung.

Ein mit diesem Sikkativ versetztes Leinöl trocknet nach dem Aufstreichen in 12 Stunden.

Ambrotine ist ein Präparat, das man folgendermaßen herstellen kann:

Es wird zunächst ein Sikkativ bereitet, indem man 7 Gewichtsteile Leinöl, 2 Gewichtsteile Manganborat und 2 Gewichtsteile geschmolzenen Bleizuckers zusammen bis zur Pflasterbildung und zum Hartwerden beim Erkalten einer Probe erhitzt, dann mit 14—18 Teilen Terpentinöl mengt und das Ganze einige Zeit lagern läßt. Hierauf werden 2 Gewichtsteile Bernstein geschmolzen und man setzt dem geschmolzenen Harze einen halben Gewichtsteil heißen Leinöles zu, dann werden 6 Gewichtsteile des gelagerten Sikkativs und schließlich noch 14 Gewichtsteile Terpentinöl zugegeben.

Weitere Vorschriften zur Herstellung von Sikkativen sind:

a) 7 Teile Leinöl, 2 Teile Schieferbraun, 2 Teile Braunstein, 1 Teil Mennige;
b) 14 Teile Leinöl, 4 Teile Bleizucker, 2 Teile Schieferweiß, 1 Teil Manganborat;
c) 2 Teile Bleizucker, 2 Teile Mennige, 7 Teile Leinöl;
d) 8 Teile reines Bleiweiß, 3 Teile Bleizucker, 14 Teile Leinöl;
e) 2 Teile Manganborat, 2 Teile Zinkoxyd (Zinkweiß), 7 Teile Leinöl.

Nach dem Fertigkochen und Abkühlen verdünnt man unter Umrühren mit Terpentinöl.

Die Sikkative d) und e) sind hell, die übrigen ziemlich dunkel gefärbt. Da Bleiazetat (Bleizucker) nicht selten zersetzend auf das fertige Präparat einwirkt, wird es manchmal auch weggelassen.

Die Anfertigung von flüssigen Sikkativen muß stets mit besonderer Vorsicht vorgenommen werden; sie müssen, wie schon früher bemerkt wurde, völlig klar und durchsichtig sein und dürfen weder Brocken noch Satz enthalten. Ein richtig hergestelltes Sikkativ für sich allein aufgestrichen, muß in einer Stunde harttrocken werden.

Unter der Bezeichnung „Siccatif zumatique" kommt im Handel ein Produkt vor, von dem ein Zusatz von 2,5% zu einer Zinkölfarbe diese in 24 Stunden trocken machen soll. Nach Bolley[1]) ist „Siccatif zumatique" ein Gemenge von 95 Teilen Zinkweiß und 5 Teilen borsauren Manganoxyduls. Da bekanntlich jeder einigermaßen gute Firnis in 24 Stunden derart trocken wird, daß der Anstrich mit dem Finger berührt werden kann, besitzt das genannte Präparat keine besonderen Vorzüge.

Das unter dem Namen „Trockenöl" bekannte Präparat ist ein flüssiges Holzölprodukt, wovon ein Zusatz von 4% (bei ca. 120° C) zur Firnisbildung genügt.

Trockenkraft und Gebrauchswert der verschiedenen Sikkative.

Wert der verschiedenen Sikkative.

Hinsichtlich der Trockenkraft der Sikkative wurde festgestellt, daß von den Resinaten das harzsaure Mangan eine bessere Trockenfähigkeit besitzt als das harzsaure Blei. Verwendet man harzsaures Mangan und harzsaures Blei gleichzeitig als Trockenmittel, so bringen beide zusammen eine intensivere Wirkung hervor als jedes von ihnen allein. Wie schon früher erwähnt wurde, ist die Trockenkraft des leinölsauren Mangans erheblich geringer als die des harzsauren Mangans.

D. E. Täuber[2]) ermittelte, daß leinölsaures und stearinsaures Mangan zur Bereitung von Manganfirnissen besser geeignet sind als Manganborat.

Lippert[3]) hat gezeigt, daß Firnisse, die nur mit Mangan hergestellt wurden, in trockener Luft dann recht schnell trocknen, wenn sie erheblich viel Mangan enthalten, umgekehrt aber Firnisse, die wenig Mangan enthalten, in feuchter Luft besser trocknen als die manganreichen. So konnte man daher wahrnehmen, daß weißer Firnis, der nur wenig borsaures Manganoxydul enthielt, in feuchter Luft besser trocknete als alter, an Mangan reicher Firnis. Bei Bleifirnissen, gleichviel, ob sie viel oder wenig Blei enthielten, ergab sich, daß sie in einem trockenen Raume besser trockneten als in einem feuchten.

---

[1]) Dinglers polyt. Journ., Bd. 141, S. 398.
[2]) Chem. Ztg. 1906, S. 100.
[3]) Zeitschr. f. angew. Chemie 1897, Bd. 10, S. 655.

Sternberg[1]) führte Untersuchungen über den Effekt der verschiedenen Sikkative aus und stellte zu diesem Zwecke durch Auflösen von leinölsaurem Blei oder Mangan in bis auf ca. 160° C erhitztem Leinöl Bleifirnisse (mit 0,25—3,5% Bleioxyd) sowie einige gemischte Firnisse (Bleimanganfirnisse, das sind solche, die neben Bleisikkativen auch Mangansikkative enthalten) dar und beobachtete den Einfluß, die die Menge an Metalloxyd auf die Trockenfähigkeit hat, nämlich die Fähigkeit, mehr oder minder rasch den Sauerstoff aus der Luft aufzunehmen und eine trockene, feste Haut zu bilden. Es ergab sich dabei die Tatsache, daß ein Manganfirnis um so langsamer Sauerstoff aufnimmt, je mehr Manganoxyd er enthält. Es lag deshalb nahe zu prüfen, ob ein Firnis, der wenig Manganoxyd, d. h. weniger als 0,1% Manganoxyd, enthält, auch noch rascher trockne, um, wenn dies der Fall wäre, noch weiter damit herunterzugehen und eventuell eine Grenze suchen zu können. Es ergab sich, daß die Grenze gerade bei ungefähr 0,1% Manganoxyd liegt.

Bezüglich der Bleifirnisse wurde konstatiert, daß sie im großen und ganzen um so rascher trocknen, je mehr Bleioxyd sie enthalten (jedoch auch nur bis zu einem gewissen Gehalte an Bleioxyd). Bei der Prüfung der Bleimanganfirnisse fand Sternberg, daß diese viel schneller Sauerstoff aufnehmen als die nur Bleioxyd oder nur Manganoxyd enthaltenden. Ferner zeigte es sich, daß die Trockengeschwindigkeit besonders groß wird, wenn ganz wenig Manganoxyd neben einer größeren Menge Bleioxyd vorhanden ist. Bei Anwendung von harzsaurem Bleimangan bildet sich nicht selten ein schwarzer Bodensatz, der zum großen Teil aus schwarzem Bleisulfid besteht. Letzteres rührt von schwefelhaltigem Leinöl her, weshalb dieses vor seiner Verwendung auf einen etwaigen Schwefelgehalt geprüft werden soll. Wenn das Leinöl Schwefel enthält, verarbeitet man es mit Manganresinat.

Mit Harzsikkativen erzielt man in manchen Fällen bessere Resultate als mit Ölsikkativen. Bei letzteren hat man, falls sie nicht ganz korrekt hergestellt werden, noch eher Satz- bzw. Gallertbildung zu befürchten als bei Harzsikkativen. Im allgemeinen dominieren gegenwärtig ohne Zweifel die Harzsikkative.

Fabrikation.

Allgemeines. Ein guter Leinölfirnis soll klar und satzfrei sein und keinen Bodensatz ausscheiden. Die Trocknungsdauer für einen Leinölfirnis mittlerer Art und Güte, ohne Rücksicht auf einen bestimmten Gebrauchszweck, soll mindestens auf 16—18 Stunden bemessen sein. Ein guter Firnis muß sein Trockenvermögen dauernd beibehalten, d. h. dieses soll sich selbst bei längerer Lagerung nicht erheblich ändern. Fremdartige Beimischungen irgendwelcher Art darf Leinölfirnis nicht enthalten; er darf nur aus Leinöl und geeigneten Trockenmitteln bestehen.

---

[1]) Undersøgelser over Linolje og Beskyttelesmidler for Trx. og Jxrn. Statsprøveanstalten, Kopenhagen 1903, durch Farbenztg. 1907, S. 669—673.

1. Gekochte Firnisse (Oxydfirnisse).

Die gebräuchlichste Methode der Firniserzeugung ist die durch Erhitzen des Leinöles mit Sikkativen. Oxydfirnisse.

Die Veränderung, die Leinöl beim Erhitzen an und für sich erfährt, besteht in einem Verdunsten von Wasser, Zerstörung von Farbstoffen und Ausscheidung von Schleimstoffen.

Erhitztes Leinöl gibt bei 100° C zunächst Wasserdämpfe ab, die unter Blasenwerfen entweichen. Bei weiterem Ansteigen der Temperatur tritt bei ungefähr 150° C eine Zersetzung des gelben Farbstoffes des Leinöles ein, die bei 180° C größtenteils vollendet ist. Im weiteren Verlaufe des Erhitzens erfolgt eine Ausscheidung von Schleimstoffen, die besonders bei frischem, nicht abgelagertem Leinöl reichlich eintritt. Geschieht das Erwärmen ziemlich rasch, so scheiden sich die Schleimstoffe fast vollständig, und zwar in Flockenform aus. Die schleimigen Ausscheidungen sind braungrau gefärbt, weshalb das Leinöl im Moment des Ausfallens dieser Verbindungen (Brechen oder Flocken des Öles) dunkler erscheint. Nach kurzer Zeit setzen sich die Flocken zu Boden oder ballen sich zu großen, schwimmenden Flocken zusammen und das Öl wird heller[1]).

Junges, das heißt frischgepreßtes, nicht abgelagertes Leinöl gibt beim Erwärmen eine starke Schaumbildung, die leicht ein Übersteigen der Flüssigkeit zur Folge haben kann.

Gewöhnlich geht das Erhitzen des Leinöles aber ohne Anstand vor sich und bei 170—175° C vermindert sich der anfänglich reichlichere Schaum, unter Ausscheidung und teilweiser Zerstörung schleimiger Bestandteile. Wenn der Schaum bei 170° C nicht rasch genug verschwindet, muß man das durch längeres Beibehalten dieser Temperatur zu erreichen trachten.

Das Kochen des Leinöles kann über direktem Feuer oder mit Dampf geschehen.

a) Firniskochen über freiem Feuer.

Zur Durchführung dieser Methode erhitzt man das Leinöl bis zur Schaumbildung in einem dazu geeigneten Kessel, wobei der gebildete Schaum fortwährend mittels eines mit einer Siebplatte versehenen Schöpfers (Schaumlöffels) abgenommen wird. Wenn keine Schaumbildung mehr erfolgt, setzt man das Sikkativ zu (gewöhnlich gemahlene Bleiglätte, Mennige, Braunstein oder eine andere Manganverbindung) und erhöht die Temperatur (auf ca. 235—245° C), wobei zeitweise (alle 8 Minuten) kräftig umgerührt wird, um das Absetzen der Bleiglätte zu verhindern. Die Temperatur ermittelt man mittels eines ganz in Metall gefaßten Thermometers. Firniskochen über freiem Feuer.

Wenn das Öl schon so zähe geworden ist, daß es am Rührer Fäden spinnt, wird das Feuer derart geschürt, daß die Flüssigkeit dicke, schwere

[1]) Vergleiche Bd. 2, S. 27.

Dämpfe auszustoßen beginnt. In manchen Betrieben machen dann die Arbeiter noch immer die alte, unverläßliche Federprobe, die darin besteht, daß eine in das erhitzte Öl eingetauchte Federfahne sich unter leisem, knisterndem Geräusch zusammenkrümmt und windet; dies wird bei 270 bis 300° C der Fall sein. Hierauf wird das Feuer nicht mehr geschürt und man rührt den dampfenden Firnis tüchtig um, damit sich die Wärme gleichmäßig verteile und infolgedessen kein Übersteigen und Entzünden der Flüssigkeit erfolge. Allmählich hört das Dampfen auf, und man läßt dann das Feuer ausgehen. Nach etwa dreistündiger Arbeit ist der Firnis fertig. Man läßt diesen, aus dem sich der größte Teil der ungelöst gebliebenen Bleiglätte nebst einer zähen Ölmasse abgesetzt hat, bis zur völligen Abkühlung ruhig im Kessel und schöpft ihn alsdann mittels Schöpfkellen auf nicht zu dichte Leintücher aus, wodurch die die Trübung verursachenden gröbsten Teile zurückgehalten werden. Schließlich bringt man den Firnis zur Klärung in Lagergefäße.

Da sich das Öl leicht entzünden kann, muß man stets einen genau schließenden Deckel zur Hand haben, womit der Kessel im Falle einer Entzündung sofort bedeckt wird. Den zugedeckten Kessel entfernt man dann sofort vom Feuer.

Bei zu kräftigem Feuer findet leicht ein zu starkes Aufwallen des Öles statt; sollte dieses zu heftig werden, so gießt man sofort eine Portion fertigen Firnisses zu und mäßigt auch so rasch als möglich das Feuer. Der zum Kochen des Leinöles benutzte Kessel soll übrigens wegen des anfangs ziemlich starken Schäumens des Öles nicht mehr als bis zur Hälfte oder bis zu zwei Dritteln gefüllt werden, da sonst sehr leicht ein Überkochen erfolgt.

Während des Kochens wird das Leinöl beständig umgerührt, um es soviel als möglich mit der Luft in Berührung zu bringen. Im Kleinbetrieb schöpft man zu diesem Zwecke mittels eines großen Löffels einen Teil des Öles aus und läßt dieses dann in einem dünnen Strahle in den Kessel zurückfließen. Zweckmäßiger ist ein Rührwerk, das jetzt auch fast allgemein verwendet wird, oder ein Einblasen von Druckluft.

Kochgefäße. Die bei der Herstellung der feuergekochten Firnisse verwendeten Kochkessel haben allerlei Formen und sind aus verschiedenem Material gefertigt.

In früheren Zeiten verwendete man in Kleinbetrieben zum Firniskochen gewöhnliche Steinzeugtöpfe, die aber wegen ihres leichten Zerspringens Ursache häufiger Unfälle waren und daher bald durch metallene Kochkessel verdrängt wurden.

Gewöhnliche schmiede- oder gußeiserne Kochkessel sind vielfach zu finden; in neuerer Zeit haben sich die emaillierten Eisenkessel stark eingebürgert.

Kupferne Kochkessel werden verhältnismäßig selten verwendet; dort, wo sie Anwendung finden, sind sie meist verzinnt.

Auch Aluminiumapparate sind in Anwendung, zu deren Gunsten der Umstand spricht, daß beim Gebrauch von Aluminium, soweit seine Oxydierbarkeit und Löslichkeit überhaupt in Betracht kommt, nur farblose Tonerde entsteht.

Die Form der Kochkessel ist sehr verschieden; es sind sowohl zylindrische (Fig. 71) als auch nach oben hin etwas enger werdende (Fig. 72) und flaschenartige Kochkessel in Gebrauch (Fig. 73 und 74).

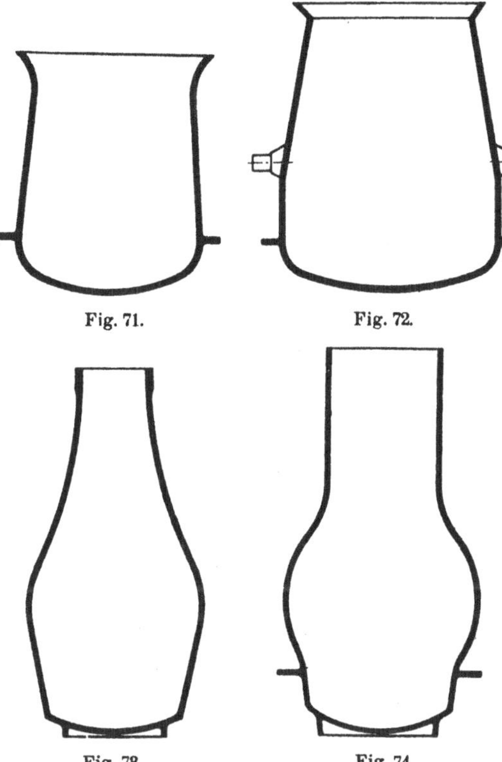

Fig. 71. Fig. 72. Fig. 73. Fig. 74.

Fig. 71—74. Firniskochkessel.

Einmauerung.

Wichtig ist die Einmauerung der Kessel, weil jedes partielle Überhitzen der Kesselwandung vermieden werden muß. Die Einmauerung geschieht jetzt meist so, daß die Befeuerung außerhalb des Gebäudes erfolgt, zu welchem Zwecke neben dem eigentlichen Gebäude ein Feuerungsgang angeordnet ist. Die Randhöhe der Kessel soll wegen der bequemeren Bedienung nicht mehr als 80 cm über den Fußboden liegen. Wegen einer handlicheren Bedienung und schließlich auch wegen der Feuersgefahr wird jeder Kessel für sich eingemauert, so daß zwischen den einzelnen Kesseln ein freier Raum verbleibt.

Betriebsweise.

Das Füllen der Kessel mit Öl erfolgt in einfachster Weise dadurch, daß von den Öllagern her eine starre Rohrleitung bis hinter die Kessel führt, von wo dann Abzweigungen, durch Hähne verschließbar, in die einzelnen Kessel münden. Die Ölreservoire liegen mit ihrer Unterkante etwas höher als der obere Rand der Kessel. Ein einfaches Öffnen der vorgenannten Hähne genügt zum Füllen der Kessel oder aber auch zum Abgeben kalten Öles; das Entleeren des fertiggekochten Firnisses oder Standöles geschieht zweckmäßigerweise mit geeigneten Pumpen direkt vom Kessel durch Rohrleitungen zu den Standgefäßen.

Auf die Beheizung der Kessel wird besonderer Wert gelegt; man muß einesteils mit wenig Feuerungsmaterial möglichst ökonomisch arbeiten und andrerseits die Feuerung regulieren können. Beim Kochen des Leinöles zu Firnis oder Standöl ist nämlich das Gelingen nicht allein von der Güte des Leinöles, sondern auch ganz besonders von der angewendeten Temperatur abhängig, die sich je nach der Fabrikationsart zwischen 250 und 320° C bewegt. Solche Temperaturgrade müssen mit einer brauchbaren Feuerung genau zu erreichen und dann auch zu halten sein, ohne daß bemerkenswerte Schwankungen eintreten.

Kleinbetriebe verwenden zum Erhitzen der Firniskessel mitunter transportable Windöfen oder Holzkohlenfeuer.

Bei großen Betrieben erfolgt das Firniskochen jedoch durchweg in fixen, eingemauerten Kesseln, die in einem durch Roste geheizten Feuerraum eingemauert sind, so daß zwar die Heizgase den Boden und die Seitenwände bestreichen, letztere jedoch nur so weit, daß die Oberfläche des Öles höher liegt als die vom Feuer getroffenen Stellen des Kessels. Um jeglicher Gefahr des Überlaufens vorzubeugen, läuft entweder rings um den Rand der Kessel eine Rinne, die an einer Stelle eine Auslaufschnauze hat, aus der das Öl, wenn ein Überkochen erfolgen sollte, in einen zweiten, nicht geheizten, tiefer liegenden Kessel fließen kann, oder der Kessel selbst hat einen breiten, schalenförmigen Rand, in den etwa überlaufendes Öl abfließt. Zum möglichst dichten Abschluß der Kessel dient ein Deckel, an Ketten hängend und über Rollen laufend, der an der Decke des Kochraumes befestigt ist und den man im Bedarfsfalle leicht und schnell niederlassen kann. In dem Deckel ist ein sich selbst verschiebbares Abzugsrohr angebracht, durch das man die beim Kochen des Leinöles auftretenden Dämpfe in eine Esse ableiten kann. Um Proben entnehmen und auch die Temperatur des Öles messen zu können, muß im Deckel eine Öffnung vorhanden sein.

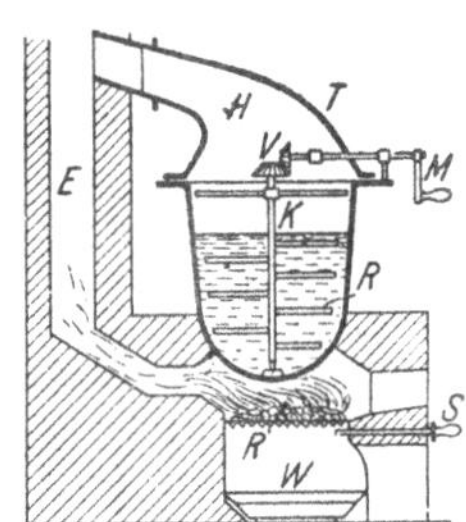

Fig. 75. Firniskochkessel nach Andres.

Nicht selten ist auch bei dem eingemauerten Kessel etwa 15 cm unter dem Rand (statt einer Rinne oder eines schalenförmigen Randes) ein genügend weites Ablaufrohr angebracht, durch das das Öl in ein untergestelltes Gefäß ablaufen und so das Übersteigen vermieden werden kann.

Firniskochkessel nach Andres. Der in Fig. 75 dargestellte Firniskochkessel, der von Erwin Andres empfohlen wird, besteht aus einem Kessel K, in den ein Rührwerk eingesetzt ist, das mittels der Kegelradverzahnung V und der Kurbel M in Bewegung gesetzt werden kann. Der Kessel ist in einem Herd eingesetzt, dessen Rost R aus zwei in Zapfen beweglichen Teilen besteht, die durch den Stab S in ihrer Lage erhalten werden. Im Aschenfallraume des Herdes befindet sich ein wannenförmiges, mit Wasser gefülltes Gefäß W. Obwohl der Kessel nur mit seinem unteren Teile in den Herd eingemauert ist, so

[1]) Nach Erwin Andres, Fabrikation der Lacke und Firnisse, Wien 1901.

kann doch durch Unvorsichtigkeit eine Überhitzung des Inhaltes eintreten. Wenn letzteres zu befürchten ist, kann man durch Herausziehen des Stabes S die beiden Rosthälften fallen lassen, wodurch das auf diesen liegende Brennmaterial in die Wanne fällt und dort erlischt. Auf den flachen Rand des Kessels wird ein Helm H gesetzt, der in ein Rohr mündet, das in die Esse führt. Die aus dem Kessel aufsteigenden Dämpfe gelangen hierdurch mit den Feuergasen ins Freie. Eine in dem Helm angebrachte Tür (T) gestattet den Einblick in das Innere des Apparates.

Wegen der Feuergefährlichkeit darf das Firniskochen über freiem Feuer nur in ganz massiven Gebäuden, deren Dachstuhl aus Eisen konstruiert ist, oder in leichten, freistehenden Schuppen ausgeführt werden. Unter freiem Himmel kann man das Kochen nicht vornehmen, denn ein Regentropfen, der in siedendes Öl fällt, kann infolge plötzlicher Dampfbildung ein explosionsartiges Aufwallen und Überkochen zur Folge haben.

b) Firniskochen mit Dampf.

Firniskochen mit Dampf.

Zur Firniskochung mit Dampf kann sowohl gesättigter als auch überhitzter Dampf verwendet werden. Im ersteren Falle ist die Temperatur, bei der der Firnisierungsprozeß stattfindet, viel niedriger als beim Feuerkochen.

Das mit 2—3% Bleiglätte versetzte Leinöl kann durch gesättigten Dampf in dem Kochapparat nur bis auf höchstens 150° C erhitzt werden; 30—40 Minuten nach Beginn des Dampfzuflusses beginnt der Kesselinhalt gelinde zu kochen. Unter fortwährendem Umrühren des Kesselinhaltes läßt man unausgesetzt Dampf durch den Apparat strömen und nach etwa sechsstündigem Erhitzen ist das Öl in Firnis übergeführt. Man läßt nun den fertigen Firnis durch ein unten am inneren Kessel angebrachtes Rohr in ein geeignetes Gefäß abfließen.

Kochgefäße.

Die bei der Bereitung von Firnis mit Dampf verwendeten Kochkessel sind entweder mit einem Dampfmantel oder mit einer Heizschlange als Heizvorrichtung versehen. Am häufigsten verwendet man wohl aus starkem Kesselblech gefertigte doppelwandige Kessel (Duplikatoren, Mantelkessel) und kann in den Zwischenraum, der durch die beiden Wände gebildet wird, direkt Dampf einströmen lassen.

Diese Duplikatorkessel sind mit einem Sicherheitsventil, Dampfausströmungsrohr und Kondensationswasserrohr, welch letztere mit Hähnen geöffnet und geschlossen werden können, ausgestattet, besitzen gewöhnlich einen mittels Schrauben verschließbaren Deckel und sind zum Zwecke des Einfüllens des Leinöles entweder mit einem Trichter oder einer anderen Vorrichtung versehen. Für die nötige Bewegung des Öles sorgt ein geeignetes Rührwerk, und ein mit einem Hahn versehenes Ablaßrohr gestattet das Ablassen des fertigen Firnisses.

Dampffirniskocher mit Heizschlangen sind besonders für überhitzten Dampf in Gebrauch.

Bei einem von Lehmann konstruierten Kochapparat (Fig. 76) liegt die Überhitzungsschlange für den Dampf unmittelbar unter dem Kochapparat. Die von dieser Schlange abziehenden Feuergase können noch zur Erwärmung des Kochkessels verwendet werden.

W. C. Heraeus in Hanau baut aber auch Kochkessel mit Heizschlangen für gewöhnlichen gesättigten Dampf, bei denen die Innenschale aus Aluminium ist, Außenschale und Gestell hingegen aus Gußeisen bestehen. Solche Kessel (auf drei Atmosphären geprüft) werden auch mit Rührern aus Aluminium (Fig. 77) ausgestattet.

Praktisch ist es, die Dampfkochkessel kippbar einzurichten, indem man sie in zwei leicht drehbaren Lagern ruhen läßt, wie dies z. B. Fig. 78 zeigt. Hier ist der Mantelkessel in Drehachsen gelagert.

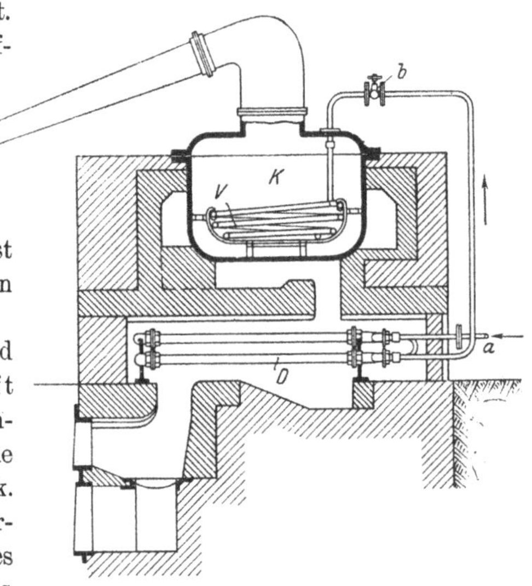

Fig. 76. Firniskochkessel nach Lehmann.
D = Dampfüberhitzer, K = Firniskochkessel, a = Einströmung des vom Dampfkessel kommenden Dampfes, b = Absperrventil, V = Dampfspirale.

Firniskochen mit Heißluft.

Neben direktem Feuer und Dampf hat man auch Heißluft zur Firniskochung zu verwenden versucht. Diese Versuche reichen fast 50 Jahre zurück. So läßt Walton[1]) behufs Herstellung von Firnis auf erhitztes Leinöl heiße Luft einwirken. Das mit 5—10 % Bleizucker versetzte, durch ein feines Sieb in dünne Strahlen zerteilte Öl fällt bei dieser Methode durch eine hohle Säule, während gleichzeitig heiße Luft einströmt.

Auch Wilson wandte ein ähnliches Verfahren an. Ohne auf dieses näher einzugehen, sei hier nur erwähnt, daß man mittels einer Luftdruckpumpe während einiger Stunden atmosphärische Luft in das mit Mangansalz versetzte warme, braun gefärbte Leinöl bläst, wobei das Mangansalz zersetzt und Manganoxyd abgeschieden wird. Infolgedessen nimmt der Firnis eine hellere Färbung an und auch sein Trockenvermögen wird erhöht. Wilson erhitzt dabei das Leinöl vor der eigentlichen Firnisbereitung durch einströmenden Dampf mit Manganoxydulhydrat auf 38—66° C und verleiht hierdurch dem zu verwandelnden Öle schon vorher eine bessere Trockenfähigkeit.

[1]) Wagners Jahresberichte 1860, S. 549.

Fig. 77. Firniskochkessel nach Heraeus.

Fig. 78. Kippbarer Firniskochkessel nach Heraeus.

Vorschriften über Zusammensetzung.

Über die bei der Herstellung der gekochten Firnisse verwendeten Sikkative wurde bereits S. 398—406 gesprochen. Die dabei am meisten verwendeten Sikkative sind die Bleiverbindungen, auf deren Nachteile aber schon hingewiesen wurde.

Man war deshalb bestrebt, für viele Zwecke bleifreie Firnisse zu erzeugen, die man in den Manganfirnissen auch gefunden hat. In der Praxis wird von den Manganverbindungen schon seit ziemlich langer Zeit besonders das borsaure Manganoxydul (Manganborat) zur Firnisherstellung verwendet. Die mittels dieses Präparates, das aber unbedingt eisenfrei sein muß, erzeugten Firnisse verdienen, den mit anderen Manganverbindungen hergestellten Produkten vorgezogen zu werden.

Nach Barruel, Jean[1]) und Schubert[2]) braucht man für 1000 Teile Leinöl nur 1,5 Teile Manganoxydul, das mit 1 Teil des Öles angerieben und dann $1^1/_4$ Stunde lang mit dem Öle nicht ganz bis zum Sieden erhitzt wird. Ein Anstrich dieses Firnisses auf Glas trocknet in 24 Stunden.

J. Hoffmann[3]) läßt 15 g weißen borsauren Manganoxyduls mit etwas Öl anreiben, dann 2 Liter alten Leinöles zusetzen und diese Mischung 2—3 Tage lang in einem kupfernen oder zinnernen Kessel nicht über 100° C erhitzen.

Nach einer anderen älteren Vorschrift[4]) werden 90 g Manganborat mit 250 g guten Leinöles zu einer dünnen Masse angerieben und zu 25 kg siedenden Leinöles zugesetzt, worauf man auf einmal aufkochen läßt. Der Firnis wird sodann in einen Ballon gebracht, worin man ihn 14 Tage lang ruhig stehen läßt. Er soll danach vollständig klar sein und sofort benutzt werden können.

Neuerdings wendet man behufs Herstellung von Manganboratfirnis folgendes Verfahren an:

In einem geeigneten Gefäße werden 10 kg Leinöl erhitzt und in dieses nach und nach unter fortwährendem Umrühren 2 kg feingepulverten, trockenen, eisenfreien borsauren Manganoxyduls eingetragen. Man erhitzt das Leinöl bis auf eine Temperatur von etwa 200° C. Gleichzeitig bringt man in einen Firniskessel 1000 kg Leinöl und erhitzt es bis zum beginnenden Blasenwerfen. Dann wird mit dem erhitzten Leinöl das Leinöl-Manganborat-Gemenge vermischt, indem man es in einem dünnen Strahle allmählich einfließen läßt, wobei das Feuer bis zum Aufkochen des Ganzen verstärkt wird. Nach etwa zwanzigminutigem Kochen schöpft man den fertigen Firnis aus und filtriert ihn noch heiß durch Baumwolle.

Nach vorliegender Vorschrift beträgt die Menge Manganborat, die zur Überführung des Leinöles in Firnis erforderlich ist, ca. 0,2 %.

Nach Versuchen von E. Andres besitzt das Manganborat die Eigenschaft, schon bei verhältnismäßig niedriger Temperatur Leinöl in schnelltrocknenden Firnis überzuführen. Hängt man in eine mit Leinöl gefüllte

---

[1]) Dinglers polyt. Journ., Bd. 128, S. 374.

[2]) Dinglers polyt. Journ., Bd. 132, S. 76.

[3]) Dinglers polyt. Journ., Bd. 145, S. 450.

[4]) Dinglers polyt. Journ., Bd. 174, S. 165.

Flasche (die ca. 10 Liter faßt und in einem mit Wasser gefüllten Gefäße steht) ein leinenes Säckchen mit etwa 30 g borsauren Manganoxyduls und digeriert das Ganze in der Wärme, so ist das Leinöl nach 10—14 Tagen in rasch trocknenden Firnis verwandelt; bei einer Temperatur von ca. 50° C beträgt mithin die Menge Manganborat, die zur Überführung des Leinöles in Firnis nötig ist, ca. $^{3}/_{10}$%.

H. Rütgers[1]) löst das zur Bereitung von Manganboratfirnis erforderliche borsaure Manganoxydul in Glyzerin auf und fügt die erhaltene Lösung dem Leinöl bei. Nach dieser Methode werden 200 kg rohen Leinöles in einem Kessel langsam und unter Umrühren auf 200—220° C erhitzt, bis das Öl eine lichtgelbe Farbe angenommen hat. Hierauf nimmt man den Kessel vom Feuer, läßt das Öl auf ca. 100° C abkühlen und setzt ihm 1 kg Manganborat, das vorher in 2 kg Glyzerin aufgelöst wurde, unter starkem Umrühren zu. Es wird eine ziemlich heftige Oxydationswirkung wahrgenommen werden; man rührt noch einige Zeit und läßt dann erkalten. Um das freiwerdende Wasser des Glyzerins und sonstige vorhandene Feuchtigkeit zu binden, fügt man gleich zu Beginn der Operation 3 kg entwässerten Zinkvitriols bei.

Ein heller, schnell harttrocknender Manganboratfirnis[2]) kann auch nach folgendem Verfahren erhalten werden, wenn man zur Herstellung ein mittels Salzsäure- und Kaliumchromat gebleichtes Leinöl verwendet. Es werden zu diesem Behufe 100 kg des letzteren bis auf 190° C erhitzt, dann setzt man 1 kg borsaures Mangan zu und erhitzt weiter bis 210° C. Das Feuer wird hierauf entfernt und der Firnis so lange der Ruhe überlassen, bis er vollständig klar geworden ist.

Außer Manganborat verwendet man von den Manganverbindungen — abgesehen von den später zu behandelnden Manganlinoleaten und Manganresinaten — hauptsächlich Manganoxydul und Mangansuperoxyd (Braunstein). Mittels des letzteren läßt sich ein guter Firnis (Braunsteinfirnis) herstellen, wenn man 100 kg Öl (Leinöl) auf 180—200° C erhitzt und ein Gemenge von 2 kg feingemahlenen Braunsteins und 2,5 kg Schwefelsäure zusetzt. Dieses Gemenge entwickelt nach der Gleichung

$$MnO_2 + H_2SO_4 = MnSO_4 + H_2O + O$$

beim Erhitzen Sauerstoff, der die Oxydation des Öles befördert, und gleichzeitig löst sich Manganoxydul im Öle auf. Nach 1—1½ stündigem Erhitzen fügt man dicke Kalkmilch bei, die durch Ablöschen von 1 kg gebrannten Kalkes erhalten wurde, und filtriert dann nach zwölfstündigem Stehen den Firnis durch einen Filztrichter.

Über die Herstellung von Manganoxydulfirnis wurde schon in Kürze bei dem Verfahren von Wilson berichtet. Man erwärmt 1000 kg Leinöl

[1]) D. R. P. Nr. 88616.
[2]) Farbenztg., Jahrg. 14, Nr. 24.

in einem Kessel auf 70—80° C. In einem besonderen Gefäße wird Manganoxydulhydrat durch Fällung einer Mangansulfatlösung (aus 3 kg kristallisierten Mangansulfats) mit Ätzkalilösung (aus 10 kg Ätzkali) — beide Lösungen unter Verwendung von möglichst wenig Wasser hergestellt — erzeugt und der Inhalt des Gefäßes langsam dem Leinöle zugesetzt. Die anfänglich trübe Mischung wird nach etwa einer halben Stunde dunkelfarbig und bleibt dabei klar, indem sich Manganoxydulhydrat in dem Öle löst. Wenn dieser Zustand eingetreten ist, senkt man in den Kessel eine Brause, die an einem Eisenrohr (oder auch Kautschukschlauch) befestigt ist, ein und treibt nun mittels einer Pumpe oder eines Gebläses einen Luftstrom mehrere Stunden lang durch den Firnis. Die Färbung des letzteren wird immer heller, indem sich das gebildete leinölsaure Mangan zersetzt und braunes Manganoxyd zu Boden fällt. Nach 4—5stündigem Durchblasen von Luft ist der Firnis fertig.

c) *Firniskochen unter vermindertem Drucke.*

Firniskochen unter Druckverminderung.

Wladislaus Leppert[1]) in Warschau, Moses Rogovin in Wien und Albert Rudling in Wandsbeck bei Hamburg ließen sich ein Verfahren zum Kochen von trocknenden Ölen und Gemengen von trocknenden Ölen mit Harzen patentieren, das dadurch gekennzeichnet ist, daß das Kochen unter Anwendung von Vakuum erfolgt.

Behufs praktischer Durchführung der Methode wird das zu verarbeitende Öl vor dem Kochen von vorhandenen schleimigen Substanzen und Eiweißstoffen in beliebig bekannter Weise befreit und dann in einem luftdicht verschließbaren Gefäß (Kessel oder Blase), das durch ein Abzugsrohr für die sich entwickelnden Dämpfe mit einer Kühlvorrichtung zum Kondensieren der letzteren in Verbindung steht, unter Vakuum erhitzt, wobei die Temperatur langsam und stufenweise erhöht werden muß. So ist es beispielsweise beim Kochen von aus Glyzeriden der Leinölsäure, Linolsäure und Linolensäure bestehendem Leinöl für sich allein oder im Gemisch mit Harzen usw. notwendig, das Öl zuerst $^1/_2$—1 Stunde hindurch bei einer Temperatur von 150—180° C, sodann durch 1 Stunde bei einer solchen von 200—250° C zu erhalten und schließlich langsam bis auf 300—340° C zu erhitzen bzw. bei der letztgenannten Temperatur, entsprechend der jeweilig gewünschten Konsistenz des herzustellenden Produktes, längere Zeit zu erhalten. Die angegebenen Temperaturen beziehen sich auf das Arbeiten unter stark vermindertem Druck. Das Produkt der Vakuumverkochung ist ein hellgelber, mild riechender, dicker, nicht dunkler werdender Firnis.

Gegenüber dem bisher allgemein üblichen Verfahren der Dickölkochung weist die vorliegende Erfindung einen wesentlichen Fortschritt auf.

---

[1]) D. R. P. Nr. 181193 v. 18. März 1903.

2. Resinat-, Linoleat- und ozonisierte Firnisse.

Firnisse, bei deren Herstellung weniger hohe Temperaturen angewendet werden als bei den eigentlichen Kochfirnissen, die zu ihrer Herstellung aber immer noch Temperaturgrade über 100° C bedürfen, gehören in diese Gruppe. Dabei ist es gleichgültig, ob während der Sikkativeinverleibung Luft, ozonisierte Luft, Sauerstoff usw. in das Öl eingeblasen wurde oder nicht. Man nennt die so erhaltenen Firnisse vielfach „ungekochte Firnisse", obwohl unter dieser Bezeichnung eigentlich nur solche Firnisse zusammenzufassen wären, bei deren Bereitung das Leinöl einfach in der Kälte mit dem Sikkativ versetzt wird. **Ungekochte Firnisse.**

Als Sikkative werden bei diesen Firnissen geschmolzene oder gefällte Metall-Resinate und Metall-Linoleate verwendet, vornehmlich die harz- und leinölsauren Verbindungen von Blei, Mangan und Zink. **Dafür geeignete Sikkative.**

Bezüglich des geschmolzenen und niedergeschlagenen harzsauren sowie des leinölsauren Bleies ist zu bemerken, daß man diese Präparate selten für sich allein als Trockenstoffe verwendet. Bleiresinat wird meist in Gemeinschaft mit Manganresinat (geschmolzen) benutzt und ebenso leinölsaures Blei gewöhnlich zusammen mit leinöl- oder harzsaurem Mangan.

Um Firnis mit geschmolzenem Manganresinat zu erzeugen, wird die erforderliche Menge dieses Präparats in einem kleinen Kessel mit der zwei- bis dreifachen Menge Leinöl bei etwa 150° C zusammengeschmolzen und der Kesselinhalt noch heiß in die Hauptmenge des Leinöles, das man zweckmäßigerweise vorher auf 120—130° C erwärmt hat, eingerührt. Bei 120—150° C löst sich der Sikkativextrakt leicht und vollständig im Leinöl und ergibt bei 2—3% Zusatz einen hellrötlichbraunen Firnis, der in ca. 10—12 Stunden trocknet.

Es kommt auch hellgelbes, durchsichtiges, geschmolzenes Manganresinat im Handel vor, das sich bei ca. 150° C im Leinöl klar löst und bei Anwendung von 3% einen gut trocknenden, strohgelben Firnis liefert.

Nach einer anderen Vorschrift erhitzt man 200 kg Leinöl bis auf 140° C, fügt 2% geschmolzenen harzsauren Mangans bei und rührt eine halbe Stunde lang kräftig um, bis die Temperatur auf 160° C gestiegen ist; dann läßt man den Firnis erkalten, der nach 3—4 stündigem Stehen klar sein wird. Das niedergeschlagene Manganresinat kann schon bei gewöhnlicher Temperatur durch gutes Verrühren in Leinöl gelöst werden. Man wendet aber behufs Firnisbereitung am besten folgendes Verfahren an:

Leinöl wird auf ca. 140—150° C erhitzt, diesem das mit etwas Leinöl verrührte Manganresinat im Verhältnis von 1,5—2% des erhitzten Öles unter Umrühren zugesetzt und die Mischung etwa 2—3 Stunden auf obiger Temperatur erhalten. Den fertigen Firnis läßt man zur Abklärung einige Zeit lagern; er ist hell und trocknet in 9—10 Stunden.

Mittels geschmolzenen harzsauren Bleimangans, das sich bei etwa 150° C vollständig in Leinöl auflöst, kann bei Anwendung von 1,5—2%

ein heller und bei Verwendung von 2—3% ein dunkler Firnis hergestellt werden. Der erzielte Firnis gibt nur wenig Satz und trocknet in 6 Stunden hart auf. Am zweckmäßigsten ist es, sich bei Bereitung dieses Firnisses des Sikkativextraktes zu bedienen, den man nach dem Verfahren anfertigt, das bei der Firniserzeugung mit geschmolzenem Manganresinat angegeben wurde.

In ähnlicher Weise wie mit geschmolzenen Harzpräparaten wird auch mit durch Fällung erzeugten Resinaten Firnis hergestellt; man benutzt 1—2% des niedergeschlagenen harzsauren Bleimangans und erhält in 7—8 Stunden harttrocknenden Firnis.

Um Firnis mit leinölsaurem Mangan zu bereiten, wird bei etwa 150° C nur 1% (niemals mehr als 2%) dieses Präparats in Leinöl gelöst. Es wirkt übrigens schon 1/8% Manganlinoleat firnisbildend. Empfehlenswert ist es auch, das Manganlinoleat bei ca. 150° C in der zwei- bis dreifachen Menge Leinöl zu lösen und diesen Extrakt zur Herstellung von Firnis zu benutzen. Man hat hierbei aber zu berücksichtigen, daß dieser Extrakt nur in der Wärme flüssig bleibt, und es muß deshalb auch die Hauptmenge des Leinöles bereits vor dem Zusatz des Extraktes auf etwa 150° C erwärmt sein. Der erzielte Firnis trocknet in ca. 11—12 Stunden.

Es wurde schon oben erwähnt, daß man Bleilinoleat gewöhnlich in Gemeinschaft mit Manganresinat zur Firnisherstellung benutzt. Es genügt ein Zusatz von 0,5—1% leinölsauren Bleies zum Leinöl, um einen guten Firnis zu erzielen. Wegen seines hohen Bleigehaltes kann das leinölsaure Blei auch mit Vorteil an Stelle von Bleiglätte zur Firnisherstellung verwendet werden, denn es besitzt gegenüber der Glätte den Vorzug leichterer Löslichkeit.

Bleiresinat, geschmolzen, löst sich bei 150—160° C in Leinöl auf; es genügt von diesem Präparat, das man aber meist zusammen mit Manganresinat benutzt, 1% zur Firnisbildung. Niedergeschlagenes Bleiresinat verhält sich gegen Leinöl ähnlich wie das geschmolzene Produkt.

Um Firnis mit gefälltem harzsauren Zink herzustellen, löst man von diesem Präparat 3 Gewichtsteile in 100 Gewichtsteilen Leinöl bei einer Temperatur von 130—150° C auf. Es wird ein sehr heller Firnis erzielt, der in 10—12 Stunden hart auftrocknet.

Anwendung von Druckluft,

Bei der Herstellung der Resinat- und Linoleatfirnisse bedient man sich sehr häufig auch der Druckluft, die, in das Leinöl eingeleitet, teils das Durchmischen des Sikkativextraktes mit dem Öle besorgt, teils aber wohl auch den Oxydationsprozeß einleiten hilft.

von Ozon.

In neuerer Zeit hat man auch versucht, Firnisse mittels Ozons und ozonisierter Luft herzustellen. Diese Verfahren gründen sich darauf, daß alle fetten Öle (trocknende und nichttrocknende) die Eigenschaft haben, das Ozon mehr oder weniger festzuhalten. Leitet man völlig getrockneten ozonisierten Sauerstoff in Leinöl ein, so findet eine Absorption statt und das Leinöl verändert sich infolge der Ozonaufnahme in Farbe und Geruch vollständig; es wird heller, schmierig, klebrig und riecht stark nach Ozon.

Das Leinöl wird zum Zwecke der Ozonisierung in ein hohes zylindrisches Gefäß gebracht, in das ein mit einer Brause versehenes Rohr taucht und worin eine Dampfschlange liegt, durch die man das Leinöl auf 40—50° C erwärmen kann. Eine Luftpumpe treibt Luft durch die sogenannten Ozonisierungsröhren und dann durch das Leinöl. Da die Luft aus der Brause nur in sehr kleinen Bläschen in das Öl tritt, so wird auf dem Wege durch die hohe Ölschicht das ganze in dieser Luft vorhandene Ozon zur Oxydation des Öles verbraucht und es entweicht aus letzterem nur noch gewöhnliche Luft. Mittels dieses Verfahrens soll ein ziemlich farbloser Firnis erzielt werden, bei dessen Verwendung man keiner Trockenmittel bedarf.

Leinöl kann ferner durch Einwirkung von Sauerstoff unter Druck bei gelinder Temperatur oxydiert werden. Man füllt zu diesem Behufe das Öl in einen eisernen, mit Blei ausgefütterten, mit einem Agitator versehenen Zylinder. In diesem wird das Öl auf 150° C erhitzt, und zwar entweder mittels trockenen, überhitzten Dampfes oder durch direkte Feuerung, worauf man mit Hilfe einer Druckpumpe Sauerstoff in das Leinöl drückt, bis sich ein Überdruck von 4 kg auf 1 qcm zeigt; durch zeitweiliges Nachdrücken des Sauerstoffs wird der Druck auf dieser Höhe erhalten. Man läßt nun unter fortwährendem heftigen Durcharbeiten so lange Sauerstoff auf das Öl einwirken, bis eine Probe ergibt, daß eine genügende Oxydation des Leinöles stattgefunden hat. Das nötige Sauerstoffgas kann man nach irgendeinem bekannten Verfahren erzeugen. Mittels dieser Methode kann ein farbloser Firnis hergestellt werden, den man dann auch in einem Autoklaven mit Harz, unter Einleitung von Sauerstoff von 1—2 Atmosphären Spannung mischen kann.

3. Firnisherstellung auf kaltem Wege.

Firnisse auf kaltem Wege.

Zur Herstellung dieser Firnisse bedarf man flüssiger Terpentinöl- und Leinölsikkative. Um solche zu erhalten, läßt man geschmolzenes Manganresinat in heißem Terpentinöl lösen. 2 Teile harzsauren Mangans und 3 Teile Terpentinöl geben ein klares, flüssiges Sikkativ, wovon 5—8% genügen, um Leinöl in einen guten Firnis zu verwandeln.

F. Wilhelmi stellt einen Harzsikkativ-Extrakt her, der harzsaures Bleimangan enthält und sehr wirksam ist. Das Präparat löst sich leicht in warmem (etwas langsamer in kaltem) Terpentinöl, z. B. im Verhältnis 2 : 3. Diese Lösung erscheint anfangs trüb, setzt aber schnell ab und bleibt dann, trocken aufbewahrt, dauernd klar. Ein Zusatz von 3—5% des in dieser Weise hergestellten flüssigen Sikkativs führt rohes Leinöl in der Kälte in einen schnell trocknenden Firnis über.

Nach F. Wilhelmi lösen sich die Trockenpräparate schon in der Kälte in Terpentinöl, wenn man sie in einem eisernen Korbe oder Siebe oben in das Lösungsmittel einhängt oder in einer Trommel den Sikkativextrakt mit dem Lösungsmittel andauernd schüttelt. Schneller erfolgt allerdings das Lösen und, insbesondere bei Verwendung von leinölsaurem Bleimangan (Leinölsikkativ-Extrakt), auch das Klären, wenn man erwärmt. Man darf das Terpentinöl nicht in das geschmolzene Harzpräparat oder Leinölsikkativ (leinölsaures Mangan bzw. leinölsaures Bleimangan) einrühren, da in diesem Falle die Lösung bald nach dem Erkalten sehr leicht gelatiniert, sondern Terpentinöl und Sikkativ müssen zusammen bis zur völligen Lösung erwärmt werden. Noch zweckmäßiger ist es, wenn zuerst das Terpentinöl erwärmt und dann in diesem das Resinat bzw. Linoleat aufgelöst wird.

Um mit flüssigen Sikkativen Firnisse herzustellen, werden 3—5 % dem Leinöl in der Kälte zugesetzt, worauf man gewöhnlich durch kurze Zeit Luft einbläst. Auch hier hat die Luft neben der gründlichen Durchmischung noch den Zweck der Oxydationseinleitung.

Leinöl kann auch mittels einer Lösung von basisch essigsaurem Blei oder mit sogenanntem Bleiessig auf kaltem Wege in Firnis verwandelt werden.

Vorschriften.

Es wird zu diesem Behufe Bleizucker (1 Teil) in Wasser (5 Teile) aufgelöst und die Lösung mit feingepulverter Bleiglätte (1 Teil) einige Stunden lang unter häufigem Umrühren gelinde erhitzt. Von der ungelösten Glätte filtriert man die klare Bleiessiglösung ab und vermischt sie nach dem Verdünnen mit dem gleichen Gewichte Wasser mit Leinöl (20 Teile), das vorher mit Bleiglätte (1 Teil) abgetrieben wurde. Durch starkes ca. zweistündiges Rühren, das man am besten mit Hilfe eines an einer drehbaren Achse befestigten Fasses (zu etwa fünf Sechsteln angefüllt) vornimmt, werden die Flüssigkeiten innig miteinander vermengt. Nach beendetem Rühren läßt man die Flüssigkeit so lange ruhig stehen, bis sie sich in zwei deutlich voneinander getrennte Schichten gesondert hat. Die untere dieser Schichten besteht aus Bleizuckerlösung, die obere hingegen aus Firnis. Letzterer ist hellfarbig und dünnflüssig und kann deshalb durch einen mit Baumwolle lose verstopften Trichter oder auch durch einen Filztrichter filtriert werden. Wegen seiner dünnflüssigen Beschaffenheit kann man aus diesem Firnis das in ihm gelöste Blei ausscheiden. Es wird deshalb dem Firnis 1 % verdünnter Schwefelsäure (1 : 5) zugesetzt und dann etwa 30 Minuten lang gerührt. Das unlösliche, sehr schwere schwefelsaure Blei, das dabei die Schwefelsäure mit dem Blei bildet, setzt sich aus dem zunächst milchartig aussehenden Firnis rasch zu Boden und der Firnis wird bald klar.

Nach Dullo[1]) kann man auch nach folgendem Verfahren auf kaltem Wege Leinölfirnis herstellen:

Es werden 500 Teile Leinöl, 15 Teile Braunstein und 15 Teile starker Salzsäure in einem blankgescheuerten Kupferkessel durch kräftiges, 15 Minuten währendes Umrühren mittels eines mit Zink beschlagenen hölzernen Spatels miteinander gemischt. Angeblich soll bei dieser Methode der infolge der Verwendung des mit Zink bekleideten Spatels auftretende elektrische Strom (?) die chemische Einwirkung bedeutend unterstützen.

---

[1]) Dinglers polyt. Journ., Bd. 181, S. 151.

Die kaltbereiteten Firnisse haben in den letzten Jahren sehr an Bedeutung gewonnen. Ursprünglich stand man ihnen recht mißtrauisch gegenüber, doch lernte man sie allmählich schätzen, wenngleich auch heute noch gewisse Vorurteile gegen sie bestehen, was angesichts ihrer geringen Geschmeidigkeit und Elastizität zum Teil auch gerechtfertigt ist.

4. Firnisherstellung durch Elektrizität oder ultraviolette Strahlen.

Firniserzeugung mittels Elektrizität

Diese Art der Firnisbereitung steckt heute noch in den Kinderschuhen. Es handelt sich bei den bekannt gewordenen Verfahren mehr um interessante Vorschläge als um technisch erprobte und praktisch durchgeführte Methoden.

Bennet läßt behufs Erzeugung von Leinölfirnis das Öl oder ein Gemisch desselben mit Wasser oder Schwefelsäure zu einer Emulsion verarbeiten und durch das Gemenge einen elektrischen Gleichstrom leiten. Zu gleicher Zeit kann in das Gemisch ein Strom von atmosphärischer oder ozonisierter Luft eingeblasen werden, auch kann ein Zusatz von Natriumsuperoxyd (Na_2O_2) zur Erleichterung der Oxydation stattfinden. Ein Trockenmittel soll bei dieser Art von Firniserzeugung nicht erforderlich sein.

Müthel und Lütke haben ein Verfahren ausgearbeitet, wonach die zur Firnisbereitung dienenden Öle mit verschiedenen Gasen oder Gasgemischen behandelt werden, die vorher der Einwirkung der Elektrizität oder hochoxydierter und leicht zersetzbarer Sauerstoffverbindungen der Metalloxyde, die bei einer mäßigen Temperaturerhöhung in naszierenden Sauerstoff und ihre niederen Oxydationsstufen zerfallen, ausgesetzt werden. Der entstehende Sauerstoff wirkt dann oxydierend auf die damit in Berührung befindlichen Fettsäuren. Es eignen sich hierzu unter anderem Gemische von äquivalenten Volumen Chlor mit Wasserdampf; Schwefligsäureanhydrid (SO_2) und Luft oder Sauerstoff im Überschuß oder in äquivalenter Menge; Schwefligsäureanhydrid (SO_2) mit Untersalpetersäure (N_2O_4); Stickstoff mit Sauerstoff und Wasserdampf, Stickstoffoxydul (N_2O) mit Luft oder Sauerstoff usw. Das eine oder das andere der Gasgemische setzt man in besonderen Apparaten einer längeren dunkelelektrischen, kräftigen Entladung aus, wodurch der Oxydationsprozeß bewirkt wird, und zwar auf der höchsten Stufe, wenn von der Luftsauerstoffverbindung eine ausreichende Menge vorhanden ist. Eine ganz bestimmte Formel für das Entstehungsprodukt läßt sich nicht aufstellen, da dessen chemische Zusammensetzung je nach den Mengenverhältnissen der aufeinanderwirkenden Gase in den weitesten Grenzen variiert. So z. B. sollen auf H_2O (Wasser) 2 Cl (Chlor) wirken, damit $2\,HCl + O$, d. h. Salzsäure und Sauerstoff, entstehen; ebenso müssen bei der Einwirkung von O (Sauerstoff) auf SO_2 (Schwefligsäureanhydrid) so viele Volumen der beiden vorhanden sein, daß unter Einwirkung von elektrischer Entladung S_2O_5 entstehen kann, welche Verbindung aus einem Atom O (Sauerstoff) und 2 Molekülen SO_2 (Schwefligsäureanhydrid) besteht und zu deren Bildung ein Überschuß von O vorhanden sein muß. Ebenso bildet sich $HO-N\langle^{O}_{O}-NO_3H$, wenn die Gase in diesen Verhältnissen zusammentreffen, während N_2O_5 (Salpetersäureanhydrid) entsteht, wenn $O_2N-O-NO_2$ vorhanden ist. Hieraus läßt sich ersehen, daß es zur Erreichung der höchsten Oxydationsstufen vorteilhaft erscheint, die Sauerstoffverbindungen im Überschuß auf die höher zu oxydierenden Gase einwirken zu lassen. Die bei dem Verfahren verwendeten Apparate bestehen aus einer Reihe von sogenannten Kondensationsapparaten, worin die Gase längere Zeit der vollständigen Einwirkung der Elektrizität ausgesetzt sind.

Firniserzeugung durch ultraviolette Strahlen.

Alfred Genthe (Goslar a. H.) erhielt ein Patent für ein Verfahren zur Herstellung von Leinölprodukten, das dadurch gekennzeichnet ist, daß bestimmte, für den Leinöltrockenprozeß eigentümliche Peroxyde vorgebildet werden, entweder dadurch, daß Leinöl unter Oberflächenentwicklung dem Luftsauerstoff und kurzwelligen Licht (Uviollicht) ausgesetzt wird, oder daß Leinöl im Anodenraum unter Verhältnissen oxydiert wird, die Peroxydbildung gestatten (z. B. in schwach alkalischer Natriumsulfatlösung an Bleielektroden). Die auf diese Weise hergestellten Produkte weisen besonders wertvolle Eigenschaften auf. Die Aufstriche erstarren schnell und gleichmäßig durch die ganze Schichtdicke hindurch, ohne Haut- und Rissebildung, und haben ein glänzendes, an Emaille erinnerndes Aussehen. Die aufgetrocknete Schicht ist nicht klebrig, sondern hart und gummiartig. Es können auch andere Produkte, wie eingedickte Öle usw., erzeugt werden. Nebenher findet eine Bleichung statt. Durch mäßige Temperaturerhöhung kann man den Prozeß beschleunigen. Nach dem Patent von A. Genthe wird z. B. in der Uviolölfabrik[2]) in Langelsheim bei Goslar Leinöl gebleicht und zur Eindickung vorbereitet.

Bauart und Anlage von Firnissiedereien.

Firnissiedereí-Anlagen.

Bei der Errichtung von Firnissiedereien hat man hauptsächlich zwei Momenten seine Aufmerksamkeit zu schenken: der Feuergefährlichkeit des Betriebes (falls dieser mit direktem Feuer arbeitet) und der Geruchsentwicklung.

Gemäß den Bestimmungen des Gesetzes sollen Firniskochereien stets nur in massiven, feuersicheren Gebäuden untergebracht werden, doch ist bei der beschriebenen Anordnung die Feuersgefahr nicht so groß, wie gemeinhin bei der Abfassung jener Bestimmungen angenommen wurde. Überhitzungen des Kesselinhaltes, die einzig noch zu Kesselbränden führen, gehören zu den Seltenheiten. Aber auch bei einer solchen Selbstentzündung des Kesselinhaltes kann bei sachgemäßer Anordnung der Apparatur

---

[1]) D. R. P. Nr. 195663, Kl. 22h, Gruppe 2 v. 6. Jan. 1906 ab; Chem. Revue 1908, Heft 7, S. 181.

[2]) Über die Uviollampe, Zeitschr. f. angew. Chemie, Jahrg. 21, Heft 27.

ein größerer Schaden nicht entstehen, weil man das Feuer leicht auf den Kessel beschränken kann.

Ein Beispiel einer feuersicheren und nur wenig Belästigung durch Gerüche ergebenden, mit direkter Feuerung arbeitenden Firnissiedeanlage zeigt Fig. 79[1]).

Unschädlichmachen der entstehenden Dünste.

Der Boden des Kessels A ist vor direkter Stichflamme durch eine gemauerte Brücke B geschützt. Die Heizgase unterspülen nach Umziehen dieser Schutzbrücke

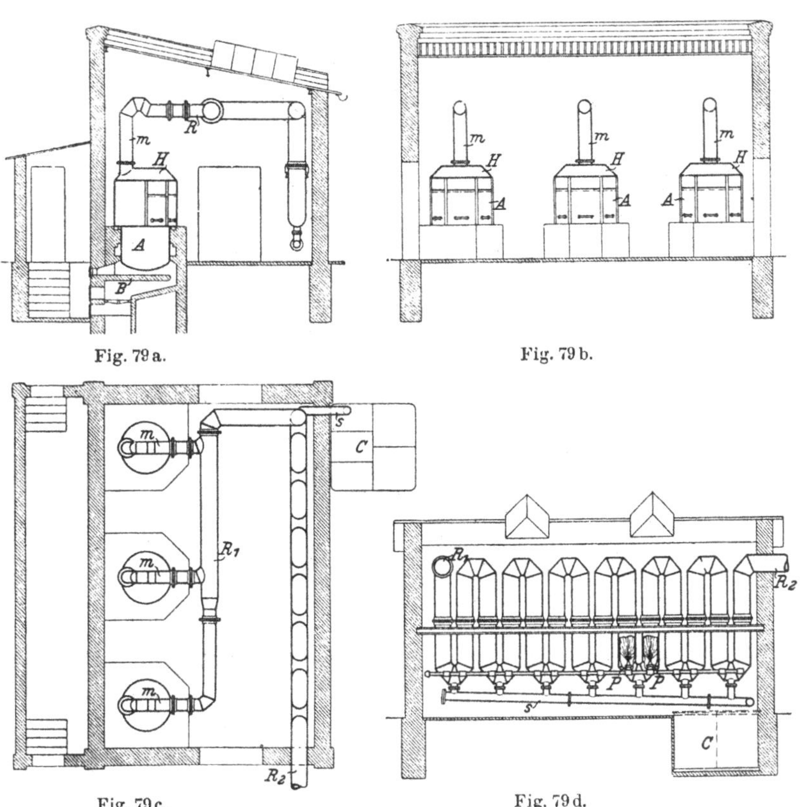

Fig. 79a. Fig. 79b.

Fig. 79c. Fig. 79d.

Fig. 79a, b, c und d. Firnissiederei mit Desodorisieranlage.

die Fläche des Kesselbodens und gehen dann durch eine Anzahl schmaler Schlitze in einen Rundkanal, von wo aus sie zum Schornstein gelangen. Der (in unserer Zeichnung nicht wiedergegebene) Rundkanal hat Lüftungstüren, die vom Innern des Gebäudes aus bedient werden. Bei dieser Anordnung ist es möglich, nach Schließen der Feuerungs- und Aschentüre durch die Lüftungstüre sofort kalte Luft dem Kesseläußern zuzuführen. Hierdurch ist der Heizer in der Lage, jeden Augenblick durch Zuführung kalter Luft oberhalb des eigentlichen Feuers die Temperatur herunterzubringen, also ein Übergehen des Kessels zu verhüten, ohne daß er genötigt wäre, die umständliche Arbeit des Feuerausziehens erst vorzunehmen.

[1]) Ausgeführt von Heinrich C. Sommer in Düsseldorf.

Für die Herabminderung der Belästigung, die heiße Leinöldämpfe verursachen, ist durch eine Dampfkondensationsanlage vorgesorgt, wie eine solche bereits in Band 1, S. 539 besprochen erscheint.

Die Kessel (Fig. 79) werden mit Hauben H abgedeckt, wobei durch Türen die Möglichkeit belassen ist, das Kesselinnere stets zu kontrollieren und eventuell an

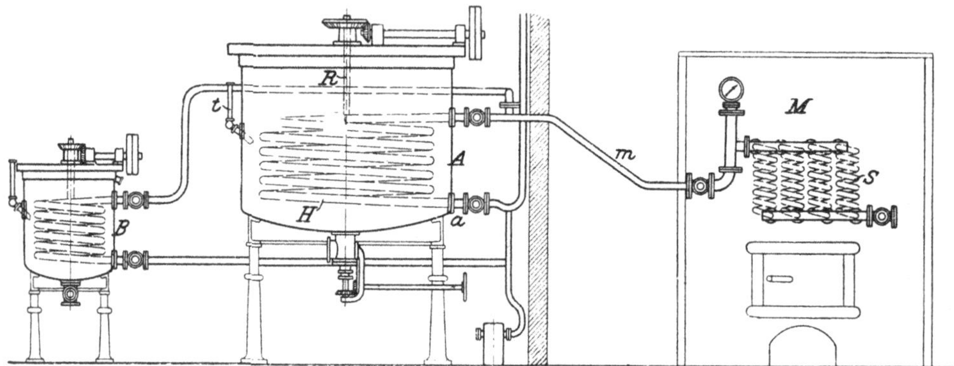

Fig. 80 a.

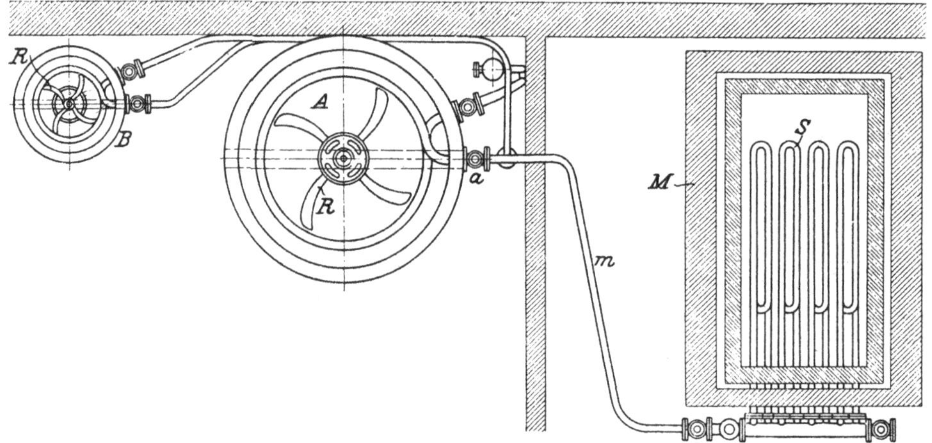

Fig. 80 b.

Fig. 80 a und b. Firnissiederei mit überhitztem Dampfe.

dem Kessel zu arbeiten. Von der Haube der Kessel führen Rohre m zu einer aus besonders konstruierten Rohrstücken bestehenden Sammelleitung R, worin durch Streudüsen P Wasser fein zersprüht wird. Diese Wasserzersprühung geschieht durch Anwendung einer Pumpe, wobei das niederfallende Wasser im Kreislauf wieder Verwendung findet. Durch die Richtung des übersprühenden und den Querschnitt des Rohres voll ausfüllenden Wassers werden vor allen Dingen die heißen Öldämpfe in das geschlossene Rohrsystem hineingesogen. Es erfolgt eine Abkühlung der Dämpfe ohne Absorption und gleichzeitig eine Ausscheidung der überdestillierten Fetteile. Diese werden von dem abfließenden Wasser mitgerissen und durch die

Rohrleitung *s* in das aus mehreren Kammern bestehende Reservoir *C* befördert, worin das Fett durch Separation abgeschieden wird, während das Wasser mittels einer Pumpe den Düsen wieder zugeführt wird. Das wiedergewonnene Fett (unter dem Namen Firnisfett bekannt) findet Verwendung in mancherlei Industriezweigen und deckt in der Regel die Betriebskosten für die Pumpen. Die solcherart ausgewaschenen und abgekühlten Öldämpfe verlieren naturgemäß die geruchbelästigende Wirkung. Die geruchlos gemachten Dämpfe entweichen bei R_2 ins Freie.

Fig. 81 a.

Firnissiederei mit überhitztem Dampf.

Eine mit überhitztem Dampf arbeitende Firnisanlage[1]) zeigt Fig. 80.

Der Firniskochkessel *A* ist mit einem mechanischen Rührwerk *R* versehen und wird durch das Schlangenrohr *H* erwärmt. Der zur Firniskochung verwendete Dampf geht vom Dampfkessel in den Überhitzungsofen *M*, wo er das Rohrschlangensystem *S* durchstreichen muß und sodann, auf die gewünschte Temperatur erhitzt, durch das Rohr *m* in den Kochkessel eintritt, um ihn bei *a* wieder zu verlassen. Der kleinere Kessel *B* dient eigentlich zur Herstellung von Lacken, doch kann er auch für die Erzeugung kleinerer Mengen von Firnis verwendet werden. Seine Konstruktion ähnelt ganz und gar der des größeren Kochkessels *A*, und er empfängt von dessen Dampf-Zu- und -Ableitung mittels Abzweigrohre auch seinen Heizdampf.

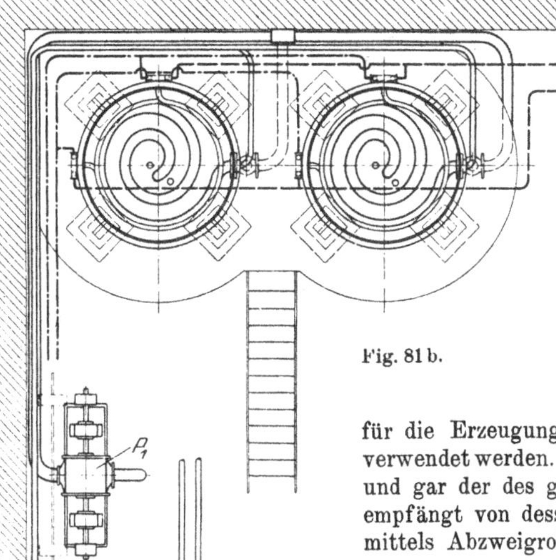

Fig. 81 b.

Bezüglich der Konstruktion des Dampfüberhitzers sei auf das im Kapitel Stearinfabrikation (Abschnitt über Fettsäuredestillation) Gesagte verwiesen.

Fig. 81 a und b. Moderne Firnissiederei-Einrichtung.

[1]) Ausgeführt von Aug. Zemsch in Wiesbaden.

Firnissiederei nach Zemsch.

Eine moderne Firnissiederei-Einrichtung zeigt auch Fig. 81.

In den einwandigen Siedekesseln *A* und *B*, wovon zwei vorhanden sind, um zwei in der Qualität verschiedene Produkte zugleich erzeugen zu können, wird das rohe Leinöl mittels eingebauter Heizschlangen zunächst auf 210—260° C erhitzt. Dann setzt man dem Öl die entsprechenden Trockenmittel (Mangan- oder Bleiverbindungen) zu. Während letzterer Behandlung wird mittels einer Luftpumpe *P* ein starker Luftstrom durch das Öl geführt. Nachdem die Oxydation genügend vorgeschritten ist, wovon man sich durch öfteres Probenehmen überzeugt, wird das Öl mehr oder weniger rasch gekühlt, teils durch kalte Luft, teils mittels einer Wasserkühlvorrichtung. P_1, P_2 und P_3 sind Pumpen, denen die Beförderung des Öles und fertigen Firnisses in die Kochapparate bzw. Lagergefäße obliegt.

Handel.

Bei der Beurteilung der Ausdehnung des Handels mit Ölfirnissen muß man darauf achten, daß in vielen Staaten die Ölfirnisse mit den Öllacken statistisch zusammengeworfen werden und daß der Handel selbst es mit der Unterscheidung von Firnissen und Lacken nicht allzu genau nimmt.

Deutschland.

Deutschland.

Die ehemals nicht unbedeutende Einfuhr von Ölfirnissen ist merklich zurückgegangen und hält heute der Ausfuhr so ziemlich die Wage.

	Einfuhr		Ausfuhr	
	Menge in Doppelzentnern	Wert in Mark	Menge in Doppelzentnern	Wert in Mark
1880	25649	1500000	2201	143000
1885	31881	1403000	2949	130000
1890	7010	294000	5549	233000
1895	6298	277000	4001	176000
1900	4001	240000	5154	325000
1901	4241	280000	5130	354000
1902	4613	295000	4613	309000
1903	6894	345000	5313	282000
1904	6378	252000	5108	215000
1905	6748	277000	5249	231000

Österreich-Ungarn.

Österreich-Ungarn.

Hier betrug die Firnis-Ein- und Ausfuhr in den letzten Jahren:

	Einfuhr		Ausfuhr	
	Menge in Doppelzentnern	Wert in Kronen	Menge in Doppelzentnern	Wert in Kronen
1891	1738	128612	115	4466
1895	1546	89668	168	4791
1900	1706	102300	326	11410
1902	2288	164736	414	35190
1904	2104	115720	231	15708
1906	2442	131044	179	11962
1907	1614	96840	137	9933
1908	2114	126840	103	7468

Frankreich.

In diesem Staate sind die Ölfirnisse in den statistischen Ausweisen bis zum Jahre 1890 mit den Öl- und Spirituslacken unter der Position „vernis à l'huile à l'essence ou à l'esprit de vin" zusammengezogen. Vom Jahre 1895 ab erscheinen nun die „vernis à l'essence" mit den „vernis à l'huile" zusammengefaßt, was bei Beurteilung von folgenden Zahlen zu berücksichtigen ist. Frankreich.

	Einfuhr		Ausfuhr	
	Menge in Kilogramm	Wert in Franken	Menge in Kilogramm	Wert in Franken
1880	724188	1667453	686122	1752114
1885	674253	1348506	790085	1433995
1890	943436	1886872	1021441	1813910
1895	1006745	1510118	866001	903653
1900	1345485	2018447	1250835	1342416
1901	1154630	1731945	1329007	1417126
1905	1399000	2238400	1717130	1894131
1907	1472647	2577132	1795519	2192677

England.

Die englische Handelsstatistik weist Ölfirnisse nicht unter dieser Bezeichnung, sondern unter Position „varnish not containing spirit" aus, und zwar nur dem Werte, nicht auch der Menge nach. England.

Die Ein- und Ausfuhrwerte beliefen sich in der Periode 1902—1908:

	Einfuhr Pfund Sterling	Ausfuhr Pfund Sterling
1902	54213	1115
1903	54025	685
1904	50663	2444
1905	57846	3244
1906	70927	3946
1907	65608	3368
1908	54200	3509

Die Vereinigten Staaten Nordamerikas.

weisen die Firniseinfuhr unter der Position „varnish all other (excl. spirit)" nach; die Firnisausfuhr ist unter der Sammelposition „varnish" enthalten. Die Werte betrugen in der Periode 1902—1907: Vereinigte Staaten.

	Einfuhr		Ausfuhr	
	Menge in Gallonen	Wert in Dollar	Menge in Gallonen	Wert in Dollar
1902	44595	121287	619024	607685
1903	46729	125479	660553	667475
1904	37335	100159	713147	726585
1905	39730	98351	747017	791578
1906	43348	112670	819120	839070
1907	29450	65483	916848	961291

Diese Ziffern geben aber kein richtiges Bild über den Umfang der nordamerikanischen Firnisindustrie, die sehr bedeutend ist.

Nach der vom Zensusbureau veröffentlichten Statistik waren im Jahre 1905 190 Etablissements mit der Herstellung von Firnis beschäftigt, die ein investiertes Kapital von 19,7 Millionen Dollars repräsentierten und 1364 Beamte (Clerks usw.) beschäftigten, an die während des Jahres 1905 ca. 2 Millionen Dollars zur Auszahlung gelangten. Die Zahl der beschäftigten Arbeiter betrug 1861 und ihre Lohnsumme 1,2 Millionen Dollars. Der Gesamtwert der Fabrikate wird auf 23,5 Millionen Dollars geschätzt.

Siebentes Kapitel.

Geschwefelte Öle und Faktisse.[1])

Vulkanisierte Öle. — Vulcanised oils. — Oli vulcanizzati. — Factice. — Gomme factice. — Rubber substitutes.

Geschichte.

Geschichtliches.

Das Aufnahmevermögen der festen Öle für Schwefel ist schon sehr alt, und die geschwefelten Öle (sogenannte „Schwefelbalsame") sind als Heilmittel schon lange geschätzt, ohne daß man sich mit der näheren Zusammensetzung dieser Produkte genauer befaßt hätte.

Der erste, der sich um die Erforschung der chemischen Konstitution der Schwefelöle kümmerte, war der englische Chemiker Anderson[2]), der im Jahre 1847 durch Untersuchung der Destillationsprodukte der Schwefelöle deren Zusammensetzung vergeblich zu ergründen suchte.

Geschwefelte Mandel-, Rizinus-, Nuß- und Olivenöle sind in den Rezeptensammlungen der meisten Länder schon seit alters verzeichnet.

Die Verwendung geschwefelter Fette in der Kautschukindustrie ist dagegen noch nicht alt und scheint von Frankreich ausgegangen zu sein; die französischen Fabrikate (Faktis) nehmen noch heute den ersten Platz ein, wenngleich man auch in Deutschland und England im letzten Jahrzehnte in dieser Fabrikation bemerkenswerte Fortschritte gemacht hat und Produkte herstellt, die den französischen an Güte nicht mehr nachstehen dürften. Man lernte hier bald die Vorteile jener Produkte, zu deren Herstellung man nicht Schwefel, sondern Chlorschwefel benutzt hatte, kennen.

Die Reaktion des Chlorschwefels auf Öle wurde zuerst von Nickles und Rochleder[3]) beobachtet, und die erhaltenen Produkte wurden von Gaumond[4]) zur Herstellung von Buchdruckwalzen empfohlen. Später

---

[1]) Das Wort „Faktis", von dem man auch die Schreibarten Facties, Factice, Fastice kennt, ist in England entstanden und scheint durch Korrumpierung von facere (machen) oder von dem lateinischen Worte factitius abgeleitet zu sein. Bemerkt sei, daß unter Faktis mitunter auch das in der Schuhwarenfabrikation verwendete künstliche Sohlenleder verstanden wird, für das der rechte Name „cuir factice" lautet.

[2]) Ann. Chem. u. Pharm., Bd. 63, S. 370.

[3]) Dinglers polyt. Journ., Bd. 111, S. 159.

[4]) Compt. rendus, Bd. 47, S. 972.

hat Roussin[1]) diese Versuche unabhängig von Nickles und Rochleder wiederholt und seine Ergebnisse veröffentlicht[2]).

Über die Einwirkung von Schwefelchlorür auf eine Lösung von Leinöl in Schwefelkohlenstoff berichtete auch Perra[3]). Positive Daten über die Einwirkung von Chlorschwefel (S_2Cl_2) auf fette Öle hat aber erst Bruce Warren[4]) veröffentlicht, der auf diese Reaktion sogar eine Untersuchungsmethode gründete.

Der erste, der die Chlorschwefel-Reaktionsmasse der Öle als Kautschukersatzstoff empfahl, dürfte Queen in Leyland[5]) gewesen sein. Er schlug vor Rüböl mit einer Lösung von Chlorschwefel in Schwefelkohlenstoff und Naphtha oder mit anderen geeigneten Lösungsmitteln zu behandeln und das Gemisch so lange stehen zu lassen, bis die flüchtigen Stoffe verdunstet sind. Er will bei diesem etwas unklar beschriebenen Verfahren einen gelblichbraunen Faktis erhalten haben, der sich als Kautschukersatz sehr gut eignete.

Rohmaterial.

Rohmaterialien.

Zur Herstellung von Schwefelölen und Faktis eignen sich sowohl vegetabilische als auch animalische Öle, ja man hat versucht, ähnliche Produkte auch aus festen Ölen herzustellen.

Nächst dem Rüböl, das als bester Rohstoff für die Faktisgewinnung gelten kann, ist das wichtigste Öl für letztere das Rizinusöl, das sich besonders dadurch auszeichnet, daß es schon mit geringen Mengen Chlorschwefel feste Produkte liefert. Erdnuß- und Sesamöl, die gleichfalls zu Faktis verarbeitet werden, stehen in ihrer Bedeutung weit hinter dem Rüb- und Rizinusöl. Noch weniger kommt das Kottonöl in Betracht, mit dem man noch keine befriedigenden Resultate erreicht haben soll.

Auch Maisöl, das besonders in Amerika für die Faktisfabrikation empfohlen wird, liefert nur mittelmäßige Produkte.

Leinöl ist im Gegensatz zu den vielen in der Literatur befindlichen Mitteilungen, wonach es einen guten und brauchbaren Faktis gibt, für diesen Zweck nicht geeignet; es dient nur zur Herstellung medizinischer Schwefelöle.

Tran hat man in Norwegen zur Faktisfabrikation zu verwenden gesucht.

Die in der Faktisherstellung bisweilen verwendeten Mineralöle, das Vaselin-, Harz- und Teeröl sowie das Paraffin und Ceresin sind eigentlich nur als Hilfs- bzw. Füllmittel zu betrachten.

---

[1]) Répert. de Chimie appl. 1858, S. 95; Journ. f. prakt. Chemie, Bd. 76, S. 475; Polyt. Notizblatt 1859, S. 42.

[2]) Wagners Jahresberichte 1859, S. 590.

[3]) Répert. de Chimie appl. 1859, Bd. 1, S. 94; Compt. rendus, Bd. 47, S. 878; Dinglers polyt. Journ., Bd. 151, S. 138. — Vergleiche auch Mercier, Compt. rendus, Bd. 84, S. 916.

[4]) Chem. News 1888, S. 113.

[5]) Engl. Patent Nr. 1239 v. 23. März 1880.

Die schwefelhaltigen Rohstoffe kommen in Form von Schwefelblumen oder Chlorschwefel zur Anwendung.

Schwefelblumen (sublimierter Schwefel, flores sulfuris) stellen ein hellgelbes, zwischen den Zähnen sandig knirschendes Pulver dar, das als ein Gemenge von amorphem (in Chlorschwefel unlöslichem) und kristallinischem (in Chlorschwefel löslichem) Schwefel anzusehen ist. Schwefelblumen werden durch Sublimation des Schwefels erhalten und gleichen in ihrem chemischen Verhalten ganz und gar dem gewöhnlichen Stangenschwefel.

Chlorschwefel oder Schwefelchlorür (S_2Cl_2) ist eine rotbraune, scharf riechende, zu Tränen reizende, an der Luft rauchende Flüssigkeit, die bei 138° C siedet und eine Dichte von 1,68 besitzt. Chlorschwefel vermag Schwefel in großen Mengen aufzunehmen (bis zu 66%); mit Wasser zersetzt er sich unter Schwefelausscheidung und Entwicklung von Salzsäure und Schwefeldioxyd:

$$2\,S_2Cl_2 + 2\,H_2O = SO_2 + 3\,S + 4\,HCl\,.$$

Dargestellt wird der Chlorschwefel, indem man vollkommen trockenes Chlorgas in schmelzenden Schwefel einleitet, der sich in einer mit gut gekühlter Vorlage versehenen Retorte befindet. Sobald kein Chlor mehr absorbiert wird, wird das Destillat mit dem Retorteninhalt (einer Lösung von S in S_2Cl_2) vereinigt und das Ganze rektifiziert. Der bei der Destillation bei 138—139° C übergehende Anteil ist reiner Chlorschwefel.

Neben Chlorschwefel (S_2Cl_2) gibt es auch noch zwei andere Verbindungen des Schwefels mit deren Chlor, und zwar SCl_2 = Zweifach-Chlorschwefel oder Schwefelchlorid und SCl_4 = Vierfach-Chlorschwefel oder Schwefeltetrachlorid.

Chemismus des Schwefelungsprozesses.

Wie schon S. 429 angedeutet, können zur Herstellung der Schwefelverbindungen von Ölen und Fetten zwei Wege eingeschlagen werden; man kann zu diesem Zwecke Schwefel oder auch Chlorschwefel auf die Öle einwirken lassen.

Einwirkung von Schwefel auf Öle.

Über die Reaktion, die bei der Zusammenbringung von Schwefel und Ölen bei hoher Temperatur stattfindet, hat bereits Anderson (siehe S. 429) Studien gemacht. Hierauf haben sich erst wieder Benedikt und Ulzer[1]) mit der Schwefelaufnahme der Fettkörper befaßt; die Genannten wiesen nach, daß Ölsäure beim Erhitzen mit Schwefel auf 200—300° C Sulfoölsäure bildet, und zwar nach der Formel:

$$C_{18}H_{34}O_2 + 2\,S = C_{18}H_{32}SO_2 + H_2S\,.$$

Diese substituierende Reaktion findet aber nur bei Temperaturen von 200—300° C statt, während bei etwas niederer Temperatur die Ölsäure Schwefel addiert (nach Altschul[2]). So nimmt sie bei 130—150° C leicht

[1]) Monatshefte für Chemie 1887, S. 208.

[2]) Zeitschr. f. angew. Chemie 1895, S. 535.

10% Schwefel auf, ohne Schwefelwasserstoff zu entwickeln, ein Beweis, daß dabei nur ein Additionsprozeß stattfindet. Erst bei Temperaturen von 200—300° C findet neben dieser Addition auch die von Benedikt-Ulzer beschriebene Substitution statt, und zwar nicht nur bei Ölsäure, sondern auch bei Stearinsäure und anderen gesättigten Fettsäuren.

Altschul ist der Ansicht, daß alle Öle in ganz ähnlicher Weise mit Schwefel reagieren, daß sie also bei Temperaturen unterhalb 200° C ausschließlich Additionsprodukte bilden. Henriques[1]) hat jedoch die Unrichtigkeit der Altschulschen Annahme bewiesen und gezeigt, daß sowohl Additions- als auch Substitutionsprodukte gebildet werden; erstere wiegen bei niederer Temperatur vor, letztere dann, wenn der Prozeß bei höherer Temperatur vor sich ging. Daß die Schwefelungsprodukte der Öle eine kompliziertere Zusammensetzung aufweisen, haben auch die Untersuchungen von Michael[2]) gelehrt.

O. Langkopf[3]) berichtet, daß man beim Zusammenbringen von Leinöl und Schwefel, je nach der eingehaltenen Temperatur, ein Additions- oder Substitutionsprodukt erhält. Letzteres bildet sich bei Temperaturen von über 175° C, unter Aufschäumen und Entwicklung von Schwefelwasserstoff; bei 160° C tritt dagegen eine Addition des Schwefels ein. Die Lösung des Schwefels in Leinöl erfolgt ziemlich langsam; so erfordert z. B. 1 kg Schwefel zur Auflösung in 6 kg Leinöl anderthalb Stunden Zeit.

Bei Temperaturen unter 100° C findet eine chemische Einwirkung des Schwefels auf Öle überhaupt nicht statt, sondern nur eine Lösung. Der in der Wärme gelöste Schwefel scheidet sich beim Erkalten des Öles wieder unverändert aus diesem aus.

Einwirkung von Chlorschwefel.

Die Reaktion, die beim Zusammenbringen von Chlorschwefel mit Ölen stattfindet und die wiederholt Gegenstand eingehender Untersuchungen war (siehe S. 429), wird besonders zur Herstellung jener Öl-Schwefel-Verbindungen benutzt, die in der Kautschukindustrie als Gummiersatzstoffe (Faktis) Verwendung finden.

Werden fette Öle mit Chlorschwefel vermischt, so beginnt nach wenigen Augenblicken unter lebhafter Wärmeentwicklung eine kräftige Reaktion. Das Flüssigkeitsgemenge stößt unter Aufwallen Dämpfe aus, die der Hauptsache nach aus Chlorschwefel bestehen, aber auch ein wenig Salz- und schweflige Säure enthalten; nach kurzer Zeit schon hat sich das Reaktionsgemisch zu einer festen, hellgelben, nur wenig klebenden, sondern mehr elastischen Masse verwandelt, die man in einer Reibschale ganz gut zerdrücken und zerkleinern kann. Läßt man die erhaltene Masse einige Zeit an der Luft liegen, so verflüchtigen sich die darin enthaltenen Reste von Säure und überschüssig zugesetztem Chlorschwefel und es resultiert eine neutral reagierende Masse.

---

[1]) Zeitschr. f. angew. Chemie 1895, S. 691. — Vergleiche auch Bd. 1, S. 136

[2]) Berichte d. Deutsch. chem. Gesellsch. 1895, S. 1633.

[3]) Pharm. Ztg. 1900, S. 164.

Wird derselbe Versuch unter Anwendung von Benzin oder Schwefelkohlenstoff als Verdünnungsmittel für eines der beiden Reagenzien oder auch für beide vorgenommen, so tritt die Reaktion etwas später ein, zeigt sich weniger lebhaft und gibt im großen und ganzen dasselbe Endprodukt, nur mit dem Unterschiede vielleicht, daß die Reaktionsmasse infolge des verdampfenden Lösungsmittels etwas poröser wird.

Sowohl beim Arbeiten mit als auch ohne Verdünnungsmittel erhält man nur dann feste Endprodukte, wenn der Chlorschwefel in genügender Menge vorhanden war; andernfalls ist die Reaktion weniger lebhaft und gibt statt eines festen ein schmieriges Endprodukt, das selbst bei langem Stehen nicht fest wird und auch durch Unterstützung der Reaktion durch Erwärmen nicht fest gemacht werden kann.

Warren gab an, durch Behandeln trocknender Öle mit Chlorschwefel feste, in Schwefelkohlenstoff unlösliche Massen erhalten zu haben, während er aus nichttrocknenden Ölen Produkte bekommen haben will, die sich in Schwefelkohlenstoff lösten. Er beabsichtigte, auf dieses verschiedene Verhalten der Chlorschwefelprodukte sogar eine analytische Trennungsmethode[1]) trocknender und nichttrocknender Öle zu gründen, ebenso wie Fawsitt[2]) die bei der Chlorschwefelreaktion auftretende Erwärmung als Unterscheidungsmittel der verschiedenen Öle benutzen wollte.

Lewkowitsch macht auf die Eigentümlichkeit aufmerksam, daß freie Fettsäuren gegen Chlorschwefel weit träger reagieren als die Triglyzeride. Sie geben auch keine festen, sondern nur halbfeste, viskose Massen.

Nach Lewkowitsch scheint der Prozeß, der sich bei der Einwirkung von S_2Cl_2 auf Öle abspielt, hauptsächlich ein Additionsprozeß zu sein und dem der Jodchloraufnahme (Hüblsche Jodzahlbestimmung) zu ähneln[3]).

A) Medizinische Schwefelfette.

Von geschwefelten Ölen, die in der Pharmazie Verwendung finden, ist vor allem das geschwefelte Leinöl (Oleum lini sulfuratum, Balsamum sulfuris) zu nennen, das durch Erhitzen von Leinöl mit gepulvertem gelben Stangenschwefel hergestellt wird. Oleum lini sulfuratum.

Geschwefelte Fette (ohne gleichzeitigen Halogengehalt) kannte man übrigens schon viel früher. So hat August Seibels[4]) in Berlin Trane durch Erhitzen mit 12 % Schwefelblumen bei 120° C geschwefelt. Wird

[1]) Henriques hat später die Unhaltbarkeit der Warrenschen Angabe bewiesen; Chem. Ztg. 1893, S. 634.

[2]) Journ. Soc. Chem. Ind. 1888, S. 552.

[3]) Lewkowitsch, Chem. Technologie u. Analyse der Öle, Fette u. Wachse, Braunschweig 1905, Bd. 1, S. 329 u. Bd. 2, S. 596. — Vergleiche ferner Ulzer und Horn, Mitteilungen des Gewerbemuseums, Wien 1890, S. 43 u. Weber, Journ. Soc. Chem. Ind. 1894, S. 11.

[4]) D. R. P. Nr. 56065 v. 3. Juni 1890, erloschen am 5. Okt. 1892.

die dabei erhaltene klare Masse von dem sich am Boden abscheidenden überschüssigen Schwefel abgegossen, auf 240° C erhitzt und nach dem Erkalten mit Natronlauge verseift, so erhält man wasserlösliche geschwefelte Transeifen.

Thiosapole. Auch J. D. Riedel[1]) in Berlin verwendet geschwefelte Öle zur Herstellung von schwefelhaltigen Seifen, indem er sie für sich oder unter Zusatz von ungeschwefelten Ölen und Fetten in der Kälte durch schwache alkoholische Kalilauge verseift. Die Verseifung bei niederer Temperatur ist notwendig, weil bei hoher Temperatur eine teilweise Zersetzung unter Schwefelausscheidung erfolgen würde.

Die erhaltenen schwefelhaltigen Seifen bezeichnet der Patentinhaber als Thiosapole und verwendet sie zu Toiletteseifen, kosmetischen und dermatologischen Präparaten.

Fr. Kobbe in Leipzig[2]) hat durch Erhitzen von Leinöl mit Schwefelblumen und darauffolgende Behandlung der Reaktionsmasse mit konzentrierter Schwefelsäure ein Thiolinsäure genanntes Produkt hergestellt. Nach seinem Verfahren werden 6 Teile Leinöl und 1 Teil Schwefelblumen so lange erhitzt, bis ein starkes Aufschäumen der Masse stattfindet, was ungefähr bei 230° C der Fall ist. Hierauf läßt man erkalten und behandelt je 1 Teil des erhaltenen Schwefelöles mit 2 Teilen konzentrierter Schwefelsäure von einer Dichte von 1,84. Die Behandlung geschieht bei 80—100° C auf dem Wasserbade und dauert so lange an, bis die Entwicklung von Schwefeldioxyd aufgehört und sich eine gleichmäßige Flüssigkeit gebildet hat. Man gießt diese hierauf in Wasser, schüttelt gut durch, filtriert und trocknet. Die erhaltene Thiolinsäure hat einen Schwefelgehalt von 14,2%, ist in Wasser unlöslich, sintert beim Erhitzen auf eine Temperatur von 70—75° C, löst sich leicht in ätzenden und kohlensauren Alkalien und wird als Arzneimittel empfohlen.

Chlorschwefelfette. Auch Chlorschwefelprodukte finden als sogenannte Schwefelbalsame Verwendung. Bei ihrer Herstellung wird nach W. D. Field[3]) dem in Benzol gelösten Öl bei Temperaturen unterhalb 40° C Chlorschwefel zugesetzt und das Benzol nach beendigter Reaktion vertrieben.

W. Majert[4]) in Berlin empfahl für gewisse Zwecke geschwefelte Methyl- und Äthylester der Fettsäuren, die er durch Behandlung bei niederer Temperatur mit Chlorschwefel oder bei höherer Temperatur mit Schwefel erhielt.

B) Kautschuksurrogate.

Allgemeines. Im Handel unterscheidet man zwei Sorten von Faktis: den braunen und den weißen. Beide unterscheiden sich voneinander sowohl durch die Herstellungsart als auch durch die chemische Zusammensetzung.

---

[1]) D. R. P. Nr. 71190 v. 6. Mai 1892.

[2]) D. R. P. Nr. 64423 v. 14. Aug. 1891.

[3]) Amer. Patent Nr. 498162 v. 23. Mai 1883.

[4]) D. R. P. Nr. 140827 v. 24. Dez. 1901.

Die Herstellung der braunen Faktisse erfolgt durch Erhitzen der (gewöhnlich vorher oxydierten) Öle mit Schwefelblumen, die der weißen durch Behandeln der Öle mit Chlorschwefel.

Ferner unterscheidet man schwimmende und nichtschwimmende Faktisse. Die letzteren sind schwefelreicher als die ersteren und enthalten nach Dingler[1]) größere Mengen in Azeton unlöslicher geschwefelter Öle als die schwimmenden. Diese zeigen zwar auch nur wenig freies Öl, dafür besitzen sie Zusätze mehr oder weniger indifferenter, spezifisch leichter Stoffe (z. B. von Paraffin), ohne die sich schwimmende Faktisse kaum herstellen lassen.

Bei der Beurteilung der Faktisse legt man das Hauptgewicht auf den Schwefelgehalt. Je schwefelärmer ein Produkt gefunden wird, um so wertvoller wird es geschätzt. Dies hat insofern seine Berechtigung, als ein höherer Schwefelgehalt die Vulkanisation der Kautschukmischung beeinflußt und gleichzeitig das spezifische Gewicht des Faktisses erhöht. Wichtig ist dabei allerdings, ob der Schwefel von dem Ölgemisch gebunden ist oder nicht. In ersterem Falle vermag er auf den Vulkanisationsprozeß keinen weiteren Einfluß zu üben.

Neben einem geringen Schwefelgehalt verlangt man von den Faktissen noch ein möglichst niedriges spezifisches Gewicht, helle Farbe, trockenes, flaumiges, elastisches Gefüge und die Abwesenheit chemisch wirkender Stoffe.

a) Braune Faktisse.

Geschichte

Die Herstellung von kautschukähnlichen Massen durch Behandlung fetter Öle mit Schwefel (brauner Faktis) wurde im Jahre 1879 Dankwerth und Sanders[2]) in Petersburg patentiert. Die Genannten schreiben vor, Hanföl mit der gleichen Menge Holz- und Kohlenteeröl zu vermischen und in einem Kessel mehrere Stunden lang auf 140—150° C zu erhitzen, wodurch sich die Masse eindickt und dann ziehend wird. Hierauf setzt man der Mischung die Hälfte ihres Gewichtes an Leinöl zu, das man vorher durch Kochen etwas verdickte. Auf 100 Teile dieser Mischung werden vorher noch 5—10% Ozokerit mit etwas Walrat vermischt zugegeben und nach mehrstündigem Erhitzen endlich 6—8% Schwefel zugefügt.

Wie man sieht, handelt es sich bei diesem Patent eigentlich nicht um einen Schwefelfaktis, sondern um ein polymerisiertes und nachher vulkanisiertes Hanf- und Leinöl.

Rohmaterial.

Als Rohmaterial für die richtigen braunen Faktisse kommt in erster Linie das Rüböl in Betracht, und zwar wird hierfür nicht das raffinierte, sondern das naturelle Rüböl verwendet. An zweiter Stelle kommen Rizinus- und Maisöl, wovon ersteres besonders zur Herstellung von schwimmenden Faktissorten gebraucht wird.

---

[1]) Chem. Ztg. 1907, S. 736.
[2]) D. R. P. Nr. 9620 v. 18. Juni 1879.

Herstellung.

Der eigentlichen Schwefelung geht zumeist eine Oxydation der Öle voraus, die in bekannter Weise durch Einblasen von Luft bei 130—140° C erfolgt (vergleiche S. 373). Die Oxydation mit chemischen Mitteln vorzunehmen, ist unstatthaft. Je besser das Öl oxydiert ist, um so weniger Schwefel braucht man und um so bessere Faktisse werden erhalten. Man dehnt daher das Blasen der Öle oft auf 14 Tage und darüber aus und erhält aus solchen stark oxydierten Ölen schon mit recht wenig Schwefel ziemlich hellen und leichten Faktis, wenngleich dieser immer noch schwerer ist als Wasser.

Die Schwefelung erfolgt in einem mit Feuerung oder Dampfmantel versehenen Kessel, in den man das Öl mit den Schwefelblumen einträgt und hierauf unter tüchtigem Rühren erhitzt. Der Schwefel schmilzt, bleibt aber anfangs unwirksam; erst später beginnt das Öl den Schwefel aufzulösen, was man durch kräftiges Umrühren zu befördern trachtet.

Ungefähr eine Stunde lang hält man die Temperatur bei 160° C, wobei nur eine Addition des Schwefels stattfindet. Unterbricht man hierauf die Reaktion, so scheidet sich beim Erkalten ein Teil des zugesetzten Schwefels wieder aus. In Wirklichkeit geht man aber mit der Erwärmung weiter, steigert die Temperatur noch um ungefähr 20° C und läßt es dabei 1—2 Stunden bewenden. Das Umrühren muß bei dieser zweiten Phase unterbleiben, weil sonst ein vorzeitiges Steigen des Kesselinhaltes eintreten würde. Damit dabei die Reaktionsmasse nicht übertrete, muß man für die sofortige Entfernung des Feuers oder für die Abstellung des Heizdampfes sorgen, sobald das Steigen des Kesselinhaltes beginnt; der Kessel selbst muß mit einem ziemlich hohen Rand versehen sein.

Der Kesselinhalt wird noch in schäumendem Zustande aus dem Reaktionsgefäße ausgeschöpft und in einen zweiten Kessel überschöpft, in dem das Steigen noch eine Zeitlang andauert, allmählich aber aufhört. Nach ungefähr einer Stunde ist der Faktis in dem zweiten Gefäße fest geworden; er wird nun zerstückelt und nach dem Erkalten auf Walzen gebracht, wo er eine weitere Zerkleinerung erfährt.

Fabrikationsvarianten.

Dieses Grundverfahren hat durch verschieden weitgehende Voroxydation der Öle, durch die Menge des angewandten Schwefels, durch die bei dem Prozesse angewandte Temperatur und endlich durch Zugabe von Verdünnungsmitteln für die Öle (Benzin, Schwefelkohlenstoff usw.) oder Stoffen zur Herabsetzung des spezifischen Gewichtes der Faktisse (Paraffin) mehrfach eine Variation erfahren.

Aus Rüböl[1]) soll man einen guten Faktis erhalten durch Behandeln mit 25% Schwefel und 7% Magnesia. Dabei soll nicht selten Benzin als Verdünnungsmittel des Öles (Reaktionsregulierung) zugesetzt werden.

Bei Maisöl, das man besonders in Amerika zur Faktisherstellung verwendet, soll derart verfahren werden, daß man das Öl durch 30 Minuten

[1]) Oils, Colours and Drysalteries, Bd. 17, S. 1.

auf einer Temperatur von ungefähr 245° C erhält und hierauf 27% vorher geschmolzenen Schwefels zusetzt. Damit beginnt das Öl zu steigen und man muß daher das Feuer unter dem Kessel rasch entfernen, damit kein Überkochen stattfinde. Der Kesselinhalt wird dann in ein Kühlgefäß gebracht und bis zum Erkalten umgerührt, worauf er eine grünliche, kautschukähnliche Masse darstellt.

Schwimmen der Faktis

Die besten Schwefelfaktisse gibt entschieden Rüböl; Rizinusöl, das man besonders stark voroxydiert, wird besonders zur Herstellung von schwimmendem Faktis verwendet, den man so gewinnt, daß man dem zu schwefelnden Öle Mineralöl zumischt. Mischungen von Mineralöl und Paraffin haben sich als Leichtmachungsmittel am geeignetsten erwiesen, auch Vaselin oder Ceresin sind für diese Zwecke gut brauchbar. Diese Stoffe müssen dem Rizinusöl-Schwefel-Gemisch zugegeben werden, bevor die Reaktion zu Ende ist, also bevor die Masse aufschäumt. Man geht mit diesen Zusätzen bis zu 33% vom Gewichte des Rizinusöls.

Gut schwimmende braune Faktisse lassen sich in der Kautschukindustrie mit großem Vorteil verwenden, sind aber auch teuerer als die nichtschwimmenden. Die mit Para francaise erzeugten schwimmenden Faktisse sind die besten, weil sie bei geringem Schwefelgehalt einen vollkommen trockenen Griff zeigen.

Faktisse an Abkühlung

Neben den schwimmenden Faktissen bilden die sogenannten „Faktisse auf Abkühlung“ noch eine besondere Art von Faktissen. Bei ihrer Herstellung werden die Öle vorerst durch einige Zeit mit dem Schwefel auf 150—160° C erhitzt, dann aber wird die Masse abgekühlt, so daß das Ende der Reaktion bei 110—120° C eintritt. Auf diese Weise gelingt es, mit relativ geringen Schwefelmengen brauchbare Faktisse zu erzeugen.

Leider schmelzen die Faktisse auf Abkühlung bei ungefähr 120° C und zerfallen schon wenige Grade darüber in Schwefel und Öl. Bei der Verarbeitung zu Kautschuk, bei der höhere Temperaturgrade in Frage kommen, wirkt der frei werdende Schwefel schädlich, und wenn solche Faktisse außerdem noch Paraffin und Ceresin enthalten, kristallisieren diese Stoffe bei der Entschwefelung des Faktisses aus und geben den hergestellten Kautschukwaren ein ausgeschlagenes Aussehen.

Das Freiwerden von Schwefel bei höherer Temperatur ist ein Fehler, den ein guter Faktis nicht zeigen soll, und die guten Sorten werden daher immer bei mindestens 160° C hergestellt. Solche Produkte bleiben dann bei der Vulkanisation vollkommen unverändert und beeinflussen in keiner Weise den Vulkanisierungsprozeß.

Man kennt auch Faktisse, die Asphalt und Harz- oder Teeröl beigemengt enthalten. Diese sind ziemlich zähe und von fast schwarzer Farbe, eignen sich aber für verschiedene Zwecke ganz gut und haben den Vorteil der Billigkeit[1]).

[1]) Hoehn, Chem. Revue 1900, S. 116.

Eigenschaften.

Braune Faktisse werden in größeren Stücken, meistens aber in zerkleinertem Zustande verkauft, in dem man die eigentliche Farbe besser erkennt. Sie sollen dem reinen vulkanisierten Gummi nahekommen, also graubraun sein und wenig oder gar nicht kleben.

Bei den braunen Faktissen bevorzugt man die helleren Nuancen; helle Farbe deutet auf einen geringeren Schwefelgehalt hin und auf einen glatten Verlauf bei der Herstellung des Produktes. Wenn die Einwirkung des Schwefels auf das Öl längere Zeit dauert, entstehen fast immer dunkel bis schwarz gefärbte, meist übelriechende Produkte, die eine geringe Elastizität zeigen und leicht zerbröckeln. Anstatt einer flaumigen, elastischen Masse stellen sie harte Stücke dar, die wenig Kautschukähnlichkeit zeigen.

b) Weiße Faktisse.

Allgemeines.

Zur Herstellung von Faktis mit Hilfe von Chlorschwefel (weißen Faktissen) verwendet man dieselben Öle wie für die braunen Faktisse.

Sommer wies zuerst darauf hin, daß für jede Ölgattung eine verschiedene Chlorschwefelmenge nötig wäre, wenn man feste Faktisse erhalten will.

Henriques hat später gezeigt, daß die Sommerschen Zahlen viel zu niedrig sind, daß sich vielmehr die verschiedenen Öle gegen Chlorschwefel wie folgt verhalten:

Ölgattung	Gibt noch kein festes Produkt mit	Gibt ein festes Produkt mit
Leinöl	25% Schwefel	30% Schwefel
Mohnöl	30% „	35% „
Rüböl	20% „	25% „
Kottonöl	40% „	45% „
Olivenöl	20% „	25% „
Rizinusöl	18% „	20% „

Verhalten oxydierter Öle.

Henriques[1]) zeigte ferner, daß die Chlorschwefelmengen, die zur Erlangung fester Reaktionsprodukte nötig sind, wesentlich reduziert werden können, wenn man die Öle vor ihrer Behandlung mit Chlorschwefel einer Oxydation unterzieht[2]). So benötigte z. B. ein Leinöl, das man durch mehrere Stunden auf 200—250° C erhitzt hatte, nur 15—18 Teile Chlorschwefel, ja man kam bei noch höher oxydiertem Leinöl schon mit 10% Chlorschwefel aus.

Ein gleiches Verhalten zeigen die oxydierten Mohn-, Rüb- und Kottonöle, die sich durchweg schon durch viel geringere Mengen Chlorschwefel in Faktis überführen ließen als in nicht voroxydiertem Zustande.

Die verhältnismäßig geringe Menge Chlorschwefel, die Rizinusöl zum Festwerden braucht (vergleiche die obige Tabelle), ist jedenfalls auch auf seinen Gehalt an Oxyfettsäuren zurückzuführen.

---

[1]) Chem. Ztg. 1893, S. 634 u. 916.

[2]) Vergleiche das analoge Verhalten der oxydierten Öle gegen Schwefel (S. 436).

Da Chlorschwefel teurer ist als die fetten Öle und außerdem ein Kautschukersatz um so vollkommener ist, je geringere Mengen an Chlor und Schwefel er enthält, erscheint es wichtig, daß bei der Faktisherstellung das aufgewendete Chlorschwefelquantum auf ein Minimum herabgesetzt werde. In dem Verhalten der oxydierten Öle hat man nun ein Mittel, chlor- und schwefelarme Faktisse herzustellen, und Henriques hat sofort nach Entdeckung des auffallenden Verhaltens der oxydierten Öle gegenüber Chlorschwefel ein Patent[1]) genommen, das die Verwendung oxydierter Öle zur Faktisherstellung schützt. Patent Henriques.

J. Altschul fand, daß auch Öle, denen man durch Erhitzen mit Schwefelblumen Schwefel einverleibt hatte, geringere Mengen Chlorschwefel zum Festwerden benötigten als normale Öle. Patent Altschul.

Während er für rohes Leinöl zur Bildung eines festen, zerreiblichen Faktisses 25—30 % Chlorschwefel brauchte, wurde ein Leinöl, das man vorher mit 10 % Schwefel während anderthalb Stunden auf 160° C erhitzt hatte, mit 10—12 % Chlorschwefel fest.

Ebenso fiel der Chlorschwefelverbrauch bei Mohnöl von 30—35 % auf 12 % herab, wenn das Öl vorher durch dritthalb Stunden auf 110—160° C mit 10 % Schwefel erhitzt worden war. Bei Kottonöl, das in naturellem Zustande 40—45 % Chlorschwefels bedurfte, erhielt man nach dem Erhitzen mit Schwefel schon mit 20 % Chlorschwefel festen Faktis. Ganz ähnliche Resultate gab auch Tran[2]).

Altschul hat auf Grund seiner Beobachtungen ein Verfahren zur Herstellung weißer Faktisse mit wenig Chlorschwefel ausgearbeitet und es sich in den Industriestaaten patentieren lassen[3]).

Adolf Sommer[4]) in Berkeley (Kalifornien) empfahl zur Herstellung haltbarer neutraler Chlorschwefelfettprodukte zwecks Milderung der Reaktionsheftigkeit die Kühlung des Öles vor dem Zusatz des Chlorschwefels oder die Verdünnung des Öles mit indifferenten Lösungs- bzw. Verdünnungsmitteln, von denen er Petroleum, Paraffinöl, Vaselin, Paraffin und Kokosöl nennt (vergleiche S. 437). Auch traf er die Neuerung, die sich bei der Reaktion bildende Salzsäure durch Neutralisationsmittel unschädlich zu machen (z. B. mit an der Luft zerfallenem Kalk) oder sie nach Beendigung der Reaktion durch Hindurchtreiben von trockener Luft oder basisch reagierenden Gasen oder durch Beimischung von festen Neutralisationsmitteln (z. B. Soda) zu entfernen. Verfahren Sommer.

Sommer hat übrigens auch aus festen Fetten Chlorschwefelfaktis herzustellen versucht, wobei er empfiehlt, den Fetten nach dem Aufschmelzen pulverisiertes Kalkhydrat oder ein anderes Neutralisationsmittel zuzusetzen

[1]) D. R. P. Nr. 73045.
[2]) Zeitschr. f. angew. Chemie 1895, S. 535.
[3]) D. R. P. Nr. 84397 v. 24. Februar 1895.
[4]) D. R. P. Nr. 50282 v. 5. Sept. 1888.

und hierauf 13—15% Chlorschwefel beizumischen. Er erwärmt dann das Gemenge 1—2 Stunden lang, bis der Geruch nach Chlorschwefel geschwunden ist.

Die Patentschrift führt als Beispiel der zu Faktis zu verarbeitenden festen Fette Talg, Kuhbutter, Kakaobutter, Kokosöl, Stearin, Japanwachs, Bienenwachs, Walrat und Karnaubawachs an und rät auch, ein etwaiges Zuviel an zugesetztem Kalk durch längere Ruhe der heißen Masse absetzen zu lassen[1]).

Praktische Durchführung der Schwefelung.

Bei der Faktisherstellung muß man stets mit verhältnismäßig kleinen Mengen arbeiten; verstößt man gegen dieses Gebot, so hat man mit Schwierigkeiten zu kämpfen, die gebildete feste Masse mit der erwünschten Raschheit zu zerkleinern, und es bleiben daher meist große Mengen der sich entwickelnden sauren Gase in der Masse. Auch ist bei größeren Chargen die Reaktion zu lebhaft und die Produkte werden daher sehr leicht dunkel.

In den meisten Fabriken verwendet man zur Herstellung der Faktisse emaillierte Eisenkessel, in die man nicht mehr als 30 kg Öl bringt und ungefähr 5 kg Chlorschwefel unter nicht zu heftigem, aber dafür beständigem Rühren einträgt. Man setzt dabei das Umrühren, zu dem man sich eines gewöhnlichen Holzspatels bedient, fort, wobei besonders darauf zu achten ist, daß der spezifisch schwerere Chlorschwefel nicht zu Boden sinkt, sondern immer im Öl fein verteilt bleibt. Entspricht man dieser Bedingung nicht vollkommen, so verbrennt der abgeschiedene Chlorschwefel das Öl zum Teil und man erhält sehr dunkle, ziemlich entwertete Produkte.

Die Reaktion beginnt erst, nachdem der Chlorschwefel einige Zeit auf das Öl eingewirkt hat; das Öl wird dann dunkler und undurchsichtiger, das Gemisch erwärmt sich allmählich, stößt Dämpfe von Salzsäure, Schwefelsäure sowie von Wasser aus und nach ungefähr 10—15 Minuten, vom Eingießen des Chlorschwefels an gerechnet, wird das Öl dick und ist dann in kaum einer Minute ganz erstarrt. Man läßt nun die gebildete Masse noch einige Minuten beisammen, um sie hierauf möglichst rasch zu zerkleinern. Die Zeitdauer dieser Nachreaktion läßt sich nicht genau bestimmen; sie hängt von den näheren Umständen der Arbeitsweise ab und ist Erfahrungssache.

Damit die während der Reaktion auftretenden Salzsäure- und Schwefelsäuredämpfe die Arbeiterschaft nicht belästigen, muß man für sehr häufige Entlüftung der Lokale sorgen oder nimmt noch besser die ganze Manipulation im Freien vor.

Zerkleinern der Masse.

Das Zerkleinern der festen Reaktionsmasse geschieht durch eine Passage mehrerer Walzenpaare, deren Zwischenraum immer enger und enger wird. Dieses Zerkleinern wird so lange fortgesetzt, bis sich keine unzerquetschten Stücke mehr vorfinden, was nach 4—5maliger Walzenpassage

---

[1]) D. R. P. Nr. 50543 v. 5. Sept. 1888.

erreicht ist. Der Faktis ist dann immer noch warm und wird zwecks Abkühlung in dünnen Lagen auf Hürden ausgebreitet, die sich in möglichst gut gelüfteten Räumen befinden. Erst nach mehrwöchiger Belüftigung verliert er den anfänglich sauren Geruch und ist verkaufsreif.

Fabrikationsfehler.

Wird zu wenig Chlorschwefel verwendet, so bleibt die Masse sehr leicht klebrig; ein gleiches Mißgeschick ereilt den Fabrikanten, wenn der von ihm verwendete Chlorschwefel verunreinigt ist. Der richtige Prozentsatz von Chlorschwefel wird am besten für jede Ölgattung vorher ausprobiert. Aus den oben angegebenen Gründen hält man sich an der zulässigen Unterstgrenze, doch kann schon $^1/_2\,^0/_0$ zu wenig zugegebenen Chlorschwefels das Resultat in Frage stellen. Ein Zufügen zu der schon erstarrten, aber klebrig gebliebenen Masse hat keinen Zweck; einmal verdorbener Faktis ist nicht mehr zu verbessern. Mehr als $18\,^0/_0$ Chlorschwefel sollte man in keinem Falle verwenden, sonst erhält man zu schwefelhaltige Produkte[1]).

Besondere Verfahren.

Mitunter setzt man dem Öle auch etwas **Magnesia** zu, um weiße Faktisse zu erhalten. Angeblich dient der Magnesiazusatz zum Unschädlichmachen der überschüssigen Säure; der eigentliche Zweck ist aber wohl die Vortäuschung einer hellen Farbe. Magnesiahaltige Faktisse findet man im Handel übrigens verhältnismäßig selten; sie sind für die Kautschukindustrie ziemlich ungeeignet, weil Magnesia sowie deren Verbindungen, die meist wasserlöslich sind, unerwünschte Verunreinigungen von Kautschukwaren darstellen.

Neben den oben besprochenen Methoden der Faktisherstellung sind auch noch einige Verfahren zur Umwandlung von Ölen in kautschukartige Massen in Gebrauch, die die gewöhnlichen Faktisverfahren in irgendeiner Weise variieren oder sich zum Festmachen der Öle anderer Reagenzien als Schwefel und Chlorschwefel bedienen.

Das Verfahren von Skammel und Musket[2]) ist der gewöhnlichen Chlorschwefelmethode nachgebildet, benutzt aber die Reaktionserhöhung durch Oberflächenvergrößerung. Baumwolle, Hanf oder ähnliche Gespinstfasern werden mit irgend einem Öl (z. B. Rizinusöl) getränkt und mit einer Lösung von Chlorschwefel in Schwefelkohlenstoff übergossen. Die Masse verdickt sich dabei und gibt nach Beendigung der Reaktion einen Kautschukersatzstoff.

Die Kondensationsprodukte, die Chlorzink mit Ölen gibt (vergleiche S. 369), sind mehr horn- als kautschukartig, gehören daher weniger in diese Gruppe von Körpern als die Produkte, die man aus Ölen unter Zuhilfenahme von Salpetersäure, Aluminiumchlorid und ähnlichen Stoffen erhält.

S. Achselrot in Oberschönweide bei Berlin erzeugt faktisähnliche Stoffe durch Behandlung fetter Öle, mit oder ohne Zusatz von organischen oder unorganischen Füllstoffen, mit Aluminiumchlorid. Die Behandlung erfolgt durch Eintragen einer durch einen Vorversuch bestimmten Menge

[1]) Hoehn, Chem. Revue 1900, S. 115.

[2]) Seifensieder-Ztg. 1903, S. 9.

Aluminiumchlorid unter Umrühren in die vorteilhaft angewärmte flüssige Masse, wobei die Reaktion sofort eintritt.

R. Köster[1]) in Frankfurt a. O. empfiehlt eine Ölsäure-Aluminium-Seife als Kautschukersatz.

F. Fenton[2]), Chalon, Ravannier, Galé & Co.[3]) haben ähnliche Produkte für den gleichen Zweck empfohlen; diese fallen jedoch alle mehr in das Gebiet der Kautschukindustrie als in das der Öl- und Fett-Technologie und seien daher hier nicht näher besprochen.

Eigenschaften und Verwendung der Faktisse.

Eigenschaften.

Die weißen Faktisse bilden schwach gelb gefärbte bis grünliche elastische feste Massen[4]), die einen ölartigen, bisweilen ein wenig penetranten Geruch und neutrale Reaktion zeigen. Wasser vermag aus ihnen keinerlei Bestandteile zu lösen, auch Säuren und Alkalien können ihnen nur ganz geringe Anteile entziehen, wie sich die weißen Faktisse auch den meisten organischen Lösungsmitteln gegenüber ziemlich widerstandsfähig verhalten. Sie enthalten neben Schwefel beträchtliche Mengen Chlor, das in organischer Bindung vorhanden ist.

Neben einem geringen Schwefelgehalte gilt als Wertmesser für die weißen Faktisse die helle Farbe. Diese hängt einesteils von der Qualität des betreffenden Öles ab, andrerseits erlaubt sie aber auch einen Schluß auf die Menge des angewandten Chlorschwefels; denn wenn die Menge des letzteren einen gewissen Prozentsatz übersteigt, können weiße Faktisse nicht mehr resultieren, sondern man erhält schmutziggelbe bis graue Produkte.

Verwendung.

Die Faktisse finden, wie schon wiederholt bemerkt wurde, in der Kautschukindustrie als Ersatzstoff für echten Kautschuk Verwendung. In neuerer Zeit hat man für sie auch andere Verwendungsmöglichkeiten gesucht; so vor allem als Aufsaugemittel für Nitroglyzerin, wobei sie die bisher in der Dynamiterzeugung[5]) ausschließlich verwendete Kieselgur verdrängen sollen[6]).

---

1) D. R. P. Nr. 150882 v. 3. Dez. 1901.

2) D. R. P. Nr. 190817 v. 17. Nov. 1905.

3) Engl. Patent Nr. 16548 v. 24. Nov. 1896.

4) Weiße Faktisse sollten ebenfalls nur in zerkleinertem Zustande verkauft werden, denn man ist dann sicher, daß sie keine Gase mehr eingeschlossen enthalten, was sonst unter Umständen der Fall sein kann.

5) Franz. Patent Nr. 24975 v. 23. Aug. 1895.

6) D. R. P. Nr. 110621.

Achtes Kapitel.

Jodierte, bromierte und nitrierte Fette.

Allgemeines über Jod- und Bromfette.

Die Mutmaßung, daß die therapeutische Wirkung des Dorschleberöles (Lebertrans) auf das darin in geringer Menge enthaltene Jod zurückzuführen sei, hat zu Versuchen geführt, jodierte Öle in die pharmazeutische Praxis einzuführen. Man glaubte, auf diesem Wege Medikamente zu gewinnen, die in ihrer Heilwirkung das Dorschleberöl übertreffen, das übrigens wegen seines unangenehmen Geschmackes von den meisten Kranken auch nur mit Widerstreben eingenommen wird. Geschichte.

Neben Jodfetten suchte man auch Bromfette herzustellen, worauf man stets darauf Bedacht nahm, die Halogenaddition nicht bis zur vollständigen Sättigung zu treiben. Es erwiesen sich nämlich nur solche Brom- und Jodfette als haltbar, die weniger Brom und Jod enthielten, als ihrer vollen Sättigungskapazität entspricht. Solche Halogenfette sind dann aber unbegrenzt haltbar, werden vom Organismus leicht aufgenommen und speichern sich nicht nur an den sogenannten Prädelektionsstellen der Fette auf, sondern gelangen auch in der ganzen Muskulatur und in der Leber zur Abscheidung.

H. G. Nixon und W. Stewart[1]) in Glasgow, die zuerst Jodfette herzustellen versuchten, wollten dies durch Behandeln der Fette mit konzentrierter Schwefelsäure, darauffolgendes Auswaschen mit Wasser oder einer Salzlösung, Zusatz eines Alkalis bis zur schwach basischen Reaktion und Hinzufügen einer Lösung von Jod in Alkohol erreichen.

Die so erhaltenen Produkte waren mehr Lösungen von Jod in Fetten[2]) als eigentliche Jodfette. Jodierte und bromierte Triglyzeride stellte erst 10 Jahre später die Firma E. Merck in Darmstadt her; diese Jod- und Bromöle, die Sesamöl als Grundlage haben, wurden unter den Namen Bromipin und Jodipin in die Pharmazie eingeführt.

---

[1]) Engl. Patent Nr. 13865 v. 29. Okt. 1886.

[2]) Einer der ersten, die auf die leichte Löslichkeit des Jods in fetten Ölen aufmerksam machten, dürfte G. Greuel gewesen sein. Bei gewöhnlicher Temperatur geht dieses Lösen langsam, in der Wärme oder beim Reiben dagegen rasch von statten. Greuel schlug eine Rizinusöl-Jod-Alkohol-Lösung an Stelle der bei der Anwendung manche Übelstände zeigenden Jodtinktur (alkoholische Jodlösung) für pharmazeutische Zwecke vor. (Arch. Pharm. 1885, Bd. 23, S. 431.)

Gewinnung.

Bei der Gewinnung von Halogenfetten wird stets dahin gearbeitet, daß unvollkommen halogenisierte Fette erhalten werden, weil nur diese sich als haltbar erwiesen haben. So zeigt Jodipin (Antilueticum), das in zwei Marken hergestellt wird, 10 bzw. 25% Jodgehalt; Bromipin (Sedativum oder Antiepilepticum) enthält 10 bzw. 33,3% Brom, während Sesamöl über 100% Jod bzw. über 60% Brom aufzunehmen vermag.

Zur Herstellung von Halogenfetten werden Oliven-, Mandel- und Sesamöl sowie Schweinefett benutzt. Sesamöl scheint sich dafür besonders gut zu eignen und liefert hellgelbe, sich in Aussehen und äußerer Beschaffenheit von dem natürlichen Sesamöl kaum unterscheidende Flüssigkeiten; Schweinefett gibt Halogenfette, die in ihrer Konsistenz dem Grundfette ähneln.

Verfahren Merck.

Die ersten Versuche zur Darstellung jodierter Fette nahmen sich ein Beispiel an den Prozessen, die bei der Jodabsorption in der Fettanalyse eingehalten werden, indem man die Fette und Öle mit Jod- oder Bromchlorid behandelte.

Nach dem ersten, von E. Merck[1]) ausgearbeiteten Verfahren wurden 10 kg Sesamöl mit 1,3 kg Monochlorjod und 10 kg Alkohol bei 40—50° C geschüttelt, das gebildete Jodfett wurde einigemal mit Alkohol behandelt (bei einer Temperatur von 40—50° C), im Scheidetrichter getrennt und das Fett im Vakuum bei 50° C getrocknet, wobei ein Öl mit einem Jodgehalt von 7,5% resultierte.

Später hat Merck sein erstes Verfahren derart umgeändert[2]), daß er an Stelle des Chlorjods oder Chlorbroms Jod- oder Brom-Wasserstoffsäure in gasförmigem Zustande auf die Öle und Fette einwirken ließ, und zwar ebenfalls in einer zur vollständigen Jodierung bzw. Bromierung der Fettkörper nicht ausreichenden Menge.

Nach der Patentschrift wird in 10 kg Sesamöl unter kräftigem Rühren bei einer Temperatur von 5—10° C gasförmige Jodwasserstoffsäure eingeleitet, bis die Gewichtszunahme 1,1 kg beträgt. Das erhaltene Öl wird mit Alkohol gereinigt und liefert ein Fett mit ungefähr 10% Jodgehalt.

Läßt man die Einwirkung von Jodwasserstoffsäure länger andauern, setzt man also das Einleiten des Gases weiter fort, so werden weit größere Mengen absorbiert und man erhält auch Fette mit 30% Jodgehalt.

Merck hat auch noch einen andern Weg zur Herstellung von Brom- und Jodfetten[3]) gezeigt. Dabei werden Jod und Brom in Gegenwart von Wasser und eines Reduktionsmittels auf die Fette einwirken gelassen, und zwar verwendet man die Halogene wiederum nur in Mengen, die eine vollständige Sättigung der Fettkörper ausschließen. Als Reduktions-

---

[1]) D. R. P. Nr. 96495 v. 8. April 1897.
[2]) D. R. P. Nr. 135835 v. 30. Nov. 1901.
[3]) D. R. P. Nr. 159748 v. 4. Sept. 1902.

mittel empfiehlt Merck phosphorige und schweflige Säure, schließt dagegen Schwefelwasserstoff aus, weil sonst die Kollision mit dem Verfahren von Friedrich Bayer & Co. in Elberfeld[1]) gegeben wäre, von dem Merck wohl die Idee für sein Reduktionsverfahren erhalten haben dürfte.

Merck läßt z. B. in ein Gemisch von 5 kg Sesamöl mit einer Lösung von 1,5 kg kristallisierter phosphoriger Säure in 2 Litern Wasser unter starkem Umrühren und Kühlung 2 kg Brom in solcher Geschwindigkeit zutropfen, wie es verbraucht wird. Die Operation verläuft sehr glatt und ist nach kurzer Zeit beendet, worauf das Öl in der üblichen Weise gereinigt wird und einen Bromgehalt von ungefähr 33 % zeigt.

Zur Herstellung von Jodfetten werden in analoger Weise 5 kg Sesamöl, 2 Liter Wasser und 300 g feinst pulverisierten Jods gut durchgerührt und in das Gemenge wird schweflige Säure eingeleitet, bis die Jodfärbung fast verschwunden ist. Durch Reinigung des erhaltenen Jodfettes erhält man ein Produkt von gelber Farbe und 5 % Jodgehalt.

Mit der Darstellung von Jod- und Bromfetten hat sich auch W. Majert in Berlin eingehend befaßt, der nicht weniger als sechs Patente zur Herstellung dieser Produkte zur Anmeldung brachte, wovon jedoch vier Verfahren der Patentschutz versagt und eine Anmeldung vom Erfinder selbst zurückgezogen wurde. **Verfahren Majert.**

Majert wollte an Stelle der Brom- und Jodfette die Brom- und Jodverbindungen der Methyl- und Äthylester der Fettsäuren des Oliven- und Sesamöles, des Schweinefettes usw. darstellen. Diese Produkte sollen nach Majerts Annahme bei der Pankreasverdauung im Dünndarm viel schwieriger in Fettsäure und Alkohol gespalten werden als die Brom- und Jodfette, wie sie nach dem Merckschen Verfahren erhalten werden.

Solche Fettsäurereste werden durch Behandeln der betreffenden Fettsäuren mit 3facher Menge Methylalkohol und 0,3facher Menge konzentrierter Schwefelsäure am Rückflußkühler erhalten. Durch Schütteln mit Brom und Eisessig, Verdünnung des Reaktionsgemisches mit Wasser, darauffolgendes Behandeln mit einer Soda- und Natriumthiosulfatlösung, nochmaliges Auswaschen und endliches Trocknen mit Chlorcalcium erhält man das Reinpräparat.

Dann wollte Majert haltbare jod- und bromhaltige Fettprodukte auf die Weise herstellen, daß er die Fette, deren Fettsäuren oder Ester vorerst voll bromierte und jodierte und diese Halogenprodukte mit nicht halogenisierten Fettsäuren oder Fettsäureestern vermischte.

Endlich hat Majert auch versucht, haltbare Brom- und Jodfette bzw. Fettsäuren oder deren Ester zu gewinnen, indem er voll halogenisierten Fettsäuren oder deren Estern durch Behandeln mit einer Lösung oder einer Suspension eines Brom oder Jod bindenden Mittels (z. B. Thiosulfat, schweflige Säure, Sulfite, Zinkstaub, Eisenpulver) so lange Brom

---

[1]) D. R. P. Nr. 132791 v. 5. Juli 1901; s. S. 447.

und Jod entzog, bis er genügend ungesättigte, in diesem Falle also haltbare Produkte erhielt.

Allen diesen Ideen Majerts wurde die Patentierung versagt und das einzige Patent, das er erhielt, betrifft die Methode zur Herstellung haltbarer Brom-Jod-Fette, d. h. gleichzeitig Brom und Jod enthaltender Fette, die hergestellt werden, indem man Fettsäuren oder deren Ester gleichzeitig mit Brom und Jod mit einer zur vollständigen Halogenisierung unzureichenden Menge behandelt[1]).

Verfahren der Akt.-Ges. für Anilinfabrikation.

Zur Behebung des nicht gerade angenehmen Geschmackes der Brom- und Jodfette hat man verschiedene Versuche angestellt. Nach einem Verfahren der Aktiengesellschaft für Anilinfabrikation[2]) erzielt man fast geschmacklose jodhaltige Fettprodukte durch Herstellung der Salze halogenisierter Fettsäuren.

Nach diesem Verfahren werden 100 Teile Sesamölfettsäure in 150 Teilen Eisessig gelöst und mit 140 Teilen einer Chlorjodlösung versetzt, die 40 Teile Chlorjod und 100 Teile Eisessig enthält. Die Reaktionsmasse wird in Wasser gegossen, die ausgeschiedene Chlorjodfettsäure durch mehrmaliges Waschen mit lauwarmem Wasser gereinigt, sodann vom Wasser abgeschieden, im gleichen Gewichte Methylalkohol oder Azeton gelöst und aus dieser Lösung durch Zusatz von konzentrierter Natronlauge (bzw. einer Mischung von Natronlauge, Alkohol und Azeton) bis zur eintretenden alkalischen Reaktion die Natronseife ausgefällt. Die weiße Fällung wird abgesaugt, mit etwas Methylalkohol nachgewaschen und im Vakuum vollständig getrocknet. Man erhält so ein schwachgelbliches Pulver, das etwa 25% Jod in organischer Bindung enthält. Das Pulver eignet sich vorzüglich zur innerlichen Joddarreichung.

In ganz gleicher Weise oder durch doppelte Umsetzung kann man das Ammon-, Calcium-, Kalium- und Silbersalz der Chlorjodfettsäuren erhalten.

Monojodierte Substitutionsprodukte höherer Fettsäuren werden nach einem patentierten Verfahren der Farbenfabriken vorm. Friedr. Bayer & Co.[3]) in Elberfeld durch Behandeln der Fettsäuren mit phosphorfreier Jodwasserstoffsäure in Eisessig bei 50—70° C hergestellt. Die Reaktion braucht mehrere Tage. Die aus den monojodierten Fettsäuren hergestellten Salze der alkalischen Erden und des Magnesiums stellen feste, beständige, farblose Stoffe dar.

Auf ähnliche Weise kann man auch die analogen Bromverbindungen[4]) erhalten[5]).

---

[1]) D. R. P. Nr. 139566 v. 4. Febr. 1902 (erloschen am 15. Juni 1904).

[2]) D. R. P. Nr. 150434 v. 7. Aug. 1902.

[3]) Franz. Patent Nr. 362370 v. 12. Jan. 1906.

[4]) Zusatz zum franz Patent Nr. 362370 (datiert v. 21. Juni 1906).

[5]) Über den Verlauf der Zersetzung von gemischten Fettäthern durch Jodwasserstoffsäure siehe auch A. Michael und F. D. Wilson, Berichte d. Deutsch. chem. Gesellsch. 1906, Bd. 39, S. 2569.

Auf die Gewinnung leicht einzunehmender Halogenfette zielt auch das von Hugo Winternitz[1]) erfundene und von E. Merck in Darmstadt zur Ausführung erworbene Verfahren ab, mittels dessen man die Halogenderivate in Pulverform erhält.

Das Verfahren besteht darin, daß man die Jod- und Bromöle mit kondensierter Milch oder deren Hauptbestandteilen, Kaseinsalzen und Milchzucker, emulgiert und diese Emulsion im Vakuum bis zur Trockne eindampft.

Rottmeyer hat ein Jodfett für äußerlichen Gebrauch hergestellt, indem er Ölsäure mit Chlorjod behandelte und nach Zusatz von Vaselinöl und Alkohol mit Ammoniak verseifte. Das Jodvasol genannte Produkt stellt eine braune Flüssigkeit mit ungefähr 7% Jodgehalt dar.

Neben Halogenen auch Schwefel von Ölen und Fetten addieren zu lassen, hat man ebenfalls versucht.

In dem Merckschen Patent Nr. 159 748 wurde ausdrücklich betont, daß Schwefelwasserstoff als Reaktionsmittel bei dem durch das genannte Patent geschilderten Verfahren nicht zulässig sei, weil bei der Herstellung von Jodwasserstoff immer auch Schwefel in den Fettkörper eintritt und schwefelfreie Jodfette nicht erhalten werden können (siehe S. 445).

Die Farbenfabriken vorm. Friedrich Bayer & Co. in Elberfeld[2]) haben nun gerade den Umstand der Schwefelaufnahme der Fette zur Herstellung schwefelhaltiger Jodfette ausgenutzt. Nach diesem Verfahren wird in Benzol gelöstes Jod dem Sesamöle zugegeben und hierauf Schwefelwasserstoff in die Fettlösung eingeleitet. Nachdem durch wiederholtes Waschen mit Wasser und Alkohol das halogenisierte Fett vom überschüssigen Jod bzw. Jodwasserstoff befreit ist, werden durch Erwärmen im Vakuum die letzten Spuren von Benzol entfernt. Man erhält dadurch ein hellgelbes Öl, das ungefähr 10% Jod und 2% Schwefel enthält, sich im Aussehen kaum von Sesamöl unterscheidet, beim Lagern gut haltbar ist und vom Organismus vollkommen resorbiert wird. **Verfahren von Fr. Bayer & Co.**

Auf ganz gleichem Prinzip haben die Farbenfabriken vorm. Friedrich Bayer & Co. in Elberfeld auch die Herstellung schwefelhaltiger Jodfettsäuren vorgeschlagen, die mit Alkalien leichtlösliche Salze geben[3]).

Gleichzeitig Jod und Schwefel enthaltende Fette stellt auch W. Loebell[4]) so dar, indem er die Fette zuerst auf 160—210° C unter Zugabe von ca. 16% Schwefel erhitzt und nach dem Erkalten eine Lösung von Jod und Öl hinzurührt, wobei die Masse eine butterartige Konsistenz annimmt. **Jod-Schwefel-Fette.**

E. Wörner in Berlin stellt jodhaltige, sich sehr leicht emulgierende, Lebertranersatz darstellende Fette unter Zuhilfenahme von Eidotter, Gehirn, Nervensubstanz, Maiskeimen, Malz und ähnlichen Stoffen des Tier- und

---

[1]) D. R. P. Nr. 150763 v. 7. Dez. 1902.
[2]) D. R. P. Nr. 132791 v. 5. Juli 1901.
[3]) D. R. P. Nr. 135043 v. 26. Sept. 1901.
[4]) Franz. Patent Nr. 355864 v. 4. Juli 1905.

Pflanzenreiches dar. Er behandelt diese Stoffe mit organischen Lösungsmitteln (Alkohol, Äther, Chloroform, Petroläther oder deren Mischungen), wobei Auszüge resultieren, die reich sind an Lezithin, Protagon, Cerebrin, Cerebron und anderen ähnlichen phosphorfreien und phosphorhaltigen Verbindungen und die Halogene sehr leicht aufnehmen. Man erwärmt nun diese halogenisierten Auszüge mit Ölen oder Fetten, bis das Lösungsmittel vertrieben ist und erhält Halogenfette, die sich mit Wasser sehr leicht emulgieren und beständig sind.

Das von E. Fischer und Mehring in neuester Zeit in der Pharmazie eingeführte Sajodin ist das Kalksalz der Jodbehensäure.

Verwendung der Jod- und Bromfette.

Verwendung.

Die halogenisierten Fette (vornehmlich die Jodfette) werden innerlich und äußerlich als Heilmittel[1]) bei Drüsenerkrankungen und bei luetischen Krankheiten benutzt. Die chlorfreien Jodfette sind für pharmazeutische Zwecke am geeignetsten.

Nitrierte Öle.

Nitrierte Öle.

Beim Behandeln von Ölen mit einem Gemische von 2 Gewichtsteilen Schwefelsäure ($d = 1,845$) und 1 Gewichtsteil Salpetersäure ($d = 1,5$) erhält man viskose Flüssigkeiten, die schwerer als Wasser sind, 4—5 % Stickstoff enthalten und sich mit Nitrozellulose zu einem ebonitartigen Produkte verbinden.

Die Zusammensetzung der nitrierten Öle ist noch nicht erforscht; Lewkowitsch[2]) konstatierte ihre hohe Verseifungszahl (278—286).

Die nitrierten Öle finden in der Lackindustrie, zur Herstellung von Glanzleder, von Sprengstoffen, in der Färbereitechnik, als Kautschuksurrogate und für ähnliche Zwecke eine beschränkte Anwendung[3]).

---

[1]) Über die Heilwirkung der Jodfette siehe Kreibich, Über Jodipin, Wiener klin. Wochenschr. 1902, Nr. 4; Blanck, Jodipin und seine Verwertung nach eigenen und den bisher in der Literatur über dasselbe niedergelegten Erfahrungen, Mediz. Wochenschr. 1901, Nr. 49/50; Alex. Paldrock, Über Jodipin, St. Petersburger med. Wochenschr. 1901, Nr. 45.

[2]) Lewkowitsch, Chem. Technologie und Analyse der Öle, Fette und Wachsarten, Braunschweig 1905, Bd. 2, S. 599.

[3]) Vergleiche Engl. Patent Nr. 21995 v. 18. Aug. 1895 (Reid und Earle); engl. Patent Nr. 13306 v. Jahre 1903 (Velvril-Co. und T. S. Howkins); D. R. P. Nr. 103726 der Velvril-Co.; franz. Patent Nr. 398748 v. 25. Jan. 1908 (F. Gehre); siehe auch „Nachträge“.

Neuntes Kapitel.

Textilöle.

Von Professor Dr. W. Herbig in Chemnitz.

Die hierher gehörigen Präparate sollen in zwei Abschnitten besprochen werden, und zwar als Schmälzöle und als sulfurierte Öle.

A) Schmälzöle

Huiles d'ensimage. — Wool oils, cloth oils. — Oli da filatura, (fälschlich auch Schmelzöle), ferner Woll-, Spick-, Spinn- oder Wollschmälzöle genannt, werden verwendet, um der Wollfaser vor dem Krempel- und Spinnprozeß die nötige Geschmeidigkeit und Schlüpfrigkeit zu verleihen, damit die Haare möglichst voneinander getrennt in die Parallellage gebracht werden können, die für die Fadenbildung beim Spinnprozeß erforderlich ist. Weiter bewirkt die Einfettung, daß die Adhäsion der Krempel zu den einzelnen Wollfasern vermindert wird und so die Fasern nicht an den Drähten haften bleiben. **Allgemeines.**

Ehe die Wolle dem Spinnprozeß überliefert wird, muß sie gereinigt werden, was zuerst durch Behandlung mit Wasser und sodann in besonderen Waschmaschinen, den Leviathans, mit warmer Seifenlösung erfolgt. Durch diese Wäsche verliert die Wolle das ihr anhaftende unangenehm riechende Wollfett; zugleich aber tritt durch diese Entfettung bei der so gereinigten Wollfaser die Wirkung der schuppenartigen Struktur der Wollfaseroberfläche hervor, die das rasche, glatte Vorbeigleiten der Fasern aneinander erschwert, so daß dadurch eine wesentliche Bedingung für die Erlangung eines gleichmäßigen Resultats beim Spinnprozeß in Frage gestellt ist. Deshalb wird vor dem Krempel- und Spinnprozeß die Wolle geschmälzt, d. h. man fügt der Wollfaser eine bestimmte Menge Öl (für Kammgarn 2—3%, für Streichgarn 10—15%) in möglichst feiner Verteilung zu, so daß jede Faser tunlichst von einer sehr dünnen Ölschicht eingehüllt erscheint. Dieses Öl muß, ebenso wie die beim Weben der „Kette" zugesetzte Schlichte, vor dem Färben entfernt werden.

Daraus ergeben sich nun schon die Anforderungen, denen ein gutes Wollspicköl genügen muß: **Notwendige Eigenschaften der Schmälzöle.**

1. Das Spinnöl darf bei niedriger Temperatur nicht erstarren, es soll also hauptsächlich Ölsäure bzw. Glyzeride der Ölsäure enthalten.

2. Es soll sich leicht zu einer haltbaren Emulsion verarbeiten lassen, um eine gleichmäßige Fettung und Sparsamkeit im Verbrauch zu ermöglichen.

3. Es darf nicht klebrig sein und nicht klebrig werden, damit sich die Kratzenbeschläge der Krempel nicht vollsetzen, das Rendement nicht verschlechtert, ein gleichmäßiges Garn erzielt werde und die Garne später von den Spulen glatt ablaufen.

4. Es darf die Kratzen nicht angreifen.

5. Es muß sich leicht und vollständig auswaschen lassen, damit eine gleichmäßige und nicht abschmutzende Färbung, guter Griff und gute Appretur der Ware erhalten werden.

6. Es darf den fertigen Waren keinen schlechten Geruch verleihen.

Emulsionen.

Das zum Einfetten der Wolle verwendete Öl wird deshalb, um eine möglichst feine Verteilung des Fettes auf und in der Wolle zu erreichen, in emulgiertem Zustand beim Schmälzen verwendet. Unter Emulsion[1]) versteht man bekanntlich den Zustand einer sehr feinen Verteilung und Mischung solcher Stoffe, die sich für gewöhnlich nicht ineinander auflösen lassen. Öl läßt sich z. B. mit Wasser durch heftiges Schütteln emulgieren, aber sobald die Mischung zur Ruhe kommt, erfolgt die Trennung beider Flüssigkeiten nach dem spezifischen Gewicht. Diese Trennung wird durch Zusatz verschiedener Substanzen verhindert und es entsteht dann eine milch- oder rahmartige, dünn- oder dickflüssige Masse. Substanzen, die die Emulsion aufrecht erhalten, nennt man emulgierende Substanzen oder Emulsionsträger.

Derartige haltbare Emulsionen finden sich in der Natur in großen Mengen. Die Milch der Säugetiere ist eine Emulsion des Milchfettes und Kaseins mit Wasser, die Milchsäfte der Euphorbiazeen (Kautschukmilch) stellen Emulsionen von vegetabilischen Ölen und Kohlenwasserstoffen dar. Das Verfahren zur Herstellung wässeriger Ölemulsionen besteht in der Hauptsache darin, die Emulsion durch Seifenlösung zustände zu bringen, oder man wendet Fettderivate an, die sich durch eine hohe Wasseraufnahmefähigkeit auszeichnen. Eine begrenzte Zahl von Ölen und Fettstoffen läßt sich übrigens auch durch mechanische Behandlung mit Wasser in den sogenannten Homogenisiermaschinen[2]) zu einer kurze Zeit haltbaren Emulsion verarbeiten. Weiter verwendet man zur Erzielung von haltbaren Emulsionen namentlich auch Klebemittel, Verdickungsmaterialien, wässerige Lösungen von Gummi, Leim, Abkochungen von Agar-Agar-, Tragant, Carragheen-Moos u. a. Auch durch Zusatz von Alkohol kann man, solange ein Verdampfen des Alkohols verhindert wird, beständige Emulsionen herstellen.

Die Verwendung derartiger, durch Zusatz von Pflanzenschleimen hergestellter Emulsionen für die Wollschmälze ist, um es gleich vorauszu-

---

[1]) Vergleiche S. 91, Bd. 1.

[2]) Vergleiche S. 121—125 dieses Bandes.

schicken, ganz und gar zu verwerfen. Zunächst hindert der Zusatz des Klebemittels das kapillare Eindringen des Schmälzmittels selbst, des Öles, in die Faser. Die Schmälze liegt auf der Faser und der Klebstoff verschmiert die Kratzen. Wollfasern und Staub, die in übergroßer Menge an den Kratzen haften bleiben, vergrößern den Abfall. Außerdem geben solche Zusätze zu den Schmälzen Anlaß zu Schimmelpilzwucherungen, wodurch namentlich beim Lagern der ölhaltigen Stücke ein stockiger Geruch erzeugt wird, dessen Auftreten nicht einmal bei Zusatz antiseptisch wirkender Stoffe (Phenole) zu der Schmälze immer verhindert werden kann.

Pflanzenschleim als Emulsionsträger.

Auch bei Verwendung von Seifenlösungen als Emulsionsträger sind folgende Punkte beachtenswert. Eine wirklich längere Zeit haltbare Emulsion ist nur bei Verwendung von verhältnismäßig viel Seife zu erreichen, also nur mit konzentrierten Seifenlösungen, da der Auftrieb der spezifisch leichten Fettstoffe groß ist.

Ammoniakseifen.

Am besten hat sich bis jetzt noch die Ammonseife bewährt. Der Grund liegt darin, daß durch den Ammoniakzusatz anscheinend das spezifische Gewicht der wässerigen Lösung erniedrigt und dadurch die Haltbarkeit der Emulsion spezifisch leichter Stoffe günstig beeinflußt wird. Auch deshalb wird das als Wollspickmittel verwendete Olein oder Elain mit $^1/_2$—1 % NH_3 versetzt [sogenanntes „veredeltes Elain“[1])] und nicht nur, um durch eine möglichst weitgehende Neutralisation den Angriff der Ölsäure auf die Kratzenbeschläge zu verhindern. Diese Ammonseife hat aber den Nachteil, daß bei höherer Temperatur, also im Sommer, Ammoniak entweicht und durch die Bildung freier Säure leicht eine Entmischung der Emulsion eintritt.

Kali- und Natronseifen als Emulsionsträger.

Kali- und Natronseifen als emulgierende Substanzen erhöhen das spezifische Gewicht, und dadurch wird die Separation der emulgierten Körper erleichtert. Namentlich neigen die Natronseifen bei einigermaßen hoher Konzentration der Seifenlösung zur Ausscheidung in fester Form und bewirken eine Art von Gerinnung der Emulsion.

Diese Empfindlichkeit der Seifenemulsionen gegen die Erhöhung des spezifischen Gewichtes erklärt die Tatsache, daß es nicht gelingt, Salze, Glyzerin, überhaupt Substanzen, die das spezifische Gewicht des Wassers erhöhen, den Emulsionen ohne Störung der letzteren zuzusetzen.

Um die Entmischung der Emulsionen zu verhüten, hat man außer den bisher genannten Stoffen auch Alkohol genommen. Die allerdings nur für kurze Dauer günstige Wirkung des Alkohols beruht vielleicht[2]) auf seinem, wenn auch nur geringen, Lösungsvermögen für Fette. Es scheint, daß die Anwesenheit von gelösten Anteilen der zu emulgierenden Stoffe neben den kolloidalen Lösungen den Emulsionszustand günstig beeinflußt. Auch wirkt vielleicht, wie beim Ammoniak, die Erniedrigung des spezifischen

[1]) Morawski, Leipziger Monatsschr. f. Textilind. 1889, S. 67.

[2]) Leipziger Monatsschr. f. Textilind. 1906, S. 356.

Gewichtes der wässerigen Lösung durch den Alkoholzusatz ebenfalls fördernd auf die Haltbarkeit der Emulsionen ein.

Derartige alkoholhaltige Emulsionen sind natürlich durch etwa eintretende Verdunstung des Alkohols sehr leicht der Gefahr der Entmischung ausgesetzt und diese unvollständigen Emulsionen können dann infolge des unvollkommenen Auswaschens des ungleich auf der Faser verteilten Öles beim Waschprozeß unangenehme Betriebsstörungen herbeiführen[1]).

Da man für die Wollschmälze hochkonzentrierte Seifenlösungen nicht verwenden darf, sondern nur sehr verdünnte Lösungen, letztere aber nie haltbar sind, stellen sich die Spinner die zum Schmälzen geeigneten Emulsionen am vorteilhaftesten kurz vor Gebrauch selber her. In diesen Emulsionen ist das Öl, wenn die Emulsion der Entmischung verfallen ist, nicht mehr sehr fein, sondern mehr in größeren Partikeln verteilt. Daher kommt es, daß das Öl beim Schmälzen gleichsam als Fleck auf der Wolle sitzt, anstatt die Fasern gleichmäßig zu überziehen. Eine haltbare Emulsion ist durch Zusatz konzentrierter Seifenlösungen zu erzielen, doch gibt die Seife beim Verdunsten des Wassers der Schmälze auf der Krempel lästige, den Spinnprozeß hemmende Krusten[2]). Die Menge des fettsauren Natrons und Ammons in den Emulsionen ist aus diesem Grunde stets nur gering zu wählen.

Herstellung von Emulsionen. Der Spinner bereitet sich derartige Emulsionen dadurch, daß er Öl und Wasser unter Hinzufügung von etwas Soda oder Ammoniak mischt. Die in den Ölen stets vorhandene freie Säure bildet dann mit der Soda oder dem Ammoniak die entsprechende Seife, und in dieser Seifenlösung emulsioniert sich das Öl. Auf die Herstellung einer möglichst feinen und haltbaren Emulsion ist deshalb bei Anwendung der verschiedenen dazu verwendeten Öle das Hauptgewicht zu legen, denn nur mit solchen Emulsionen ist die unbedingt notwendige feine Verteilung des Öles auf der Faser zu erreichen. Für die Wollschmälze untauglich sind zunächst alle harzenden oder trocknenden Öle (Leinöl, Maisöl, Kottonöl), obgleich letzteres zur Herstellung von Schmälzen oft verwendet wird; ferner alle diejenigen Öle, die bei niederer Temperatur erstarren oder feste Abscheidungen geben, da dadurch die Wollfaser starr wird und den Spinnprozeß nachteilig beeinflußt. Die trocknenden Öle haben den Nachteil, daß sie die Wollfaser steif machen und sich nur unvollständig auswaschen lassen und dadurch zu fleckigen, streifigen oder wolkigen Färbungen Veranlasung geben, in der Appretur den Stücken ein hartes und glanzloses Aussehen verleihen und unter Umständen die Bildung von weißlichen Ausscheidungen auf den Stücken begünstigen können[3]). Außerdem ist besonders zu berücksichtigen, daß die trocknenden Öle bei der äußerst feinen Verteilung, in der sie durch die Schmälze auf die Textilfaser gebracht

[1]) Jenckel, Spinnöle, Färberztg. 1905, S. 354.
[2]) Kapff, Leipziger Monatsschr. f. Textilind. 1907, S. 56.
[3]) Jenckel, Spinnöle, Färberztg. 1905.

werden, unter Umständen zur Selbstentzündung der gefetteten Waren bei längerem Lagern führen können.

Selbsterwärmung gefetteter Textilstoffe.

Die Ursache der Entzündung gefetteter Textilstoffe ist noch nicht sicher erforscht. Nach Mackey bewirken neutrale Öle keine Selbsterwärmung, während bei sauren Ölen unter den von Mackey eingehaltenen Versuchsbedingungen schon nach 2 Stunden eine so starke Temperatursteigerung stattfand, daß Wolle Feuer fing. Die Versuchsanordnung Mackeys war derart, daß er 7 g Baumwolle mit 14 g Öl tränkte, die so behandelte Baumwolle in ein Eisendrahtnetz hüllte, das mit Kupferdraht zusammengeschnürt wurde, und die Thermometerkugel in das Innere des Ballens einschob, worauf das Ganze in einem Trockenschrank auf 94° C erhitzt wurde. Ein belgisches Olein zeigte bei diesen Versuchen nach 2 Stunden noch keine Temperatursteigerung, nach 5 Stunden aber war der damit getränkte Baumwollpfropfen in Brand geraten. Eine Beimischung von Mineralöl zum Olein verringerte die Feuergefährlichkeit.

Nach einer Mitteilung des Technologischen Gewerbemuseums[1]) in Wien zeigte Elain mit der Jodzahl 94 und 1,63 % Unverseifbarem, nach dem Verfahren von Mackey[2]) geprüft, mit Baumwolle nach 1 Stunde 96°, nach 1 Stunde 15 Minuten aber 160° C; der Flammpunkt des Öles, im offenen Tiegel bestimmt, ergab 172° C. Es wurde daraus geschlossen, daß dem Elain ein gewisser Gehalt von Fettsäuren eines trocknenden Öles beigemischt war.

Versuche über die Sauerstoffaufnahme.

Die Sauerstoffaufnahme trocknender Öle und die dadurch hervorgerufenen Selbstentzündungen von Wolle und Baumwolle wurden von R. Kißling[3]) und W. Lippert[4]) eingehend studiert. Danach sind Öle mit hoher Jodzahl besonders geneigt, durch Autoxydation Wärmesteigerungen in damit gefetteten Textilmaterialien hervorzurufen. Wollfett hat die Jodzahl 20—21, Olivenöl 83, Rüböl 101, Kottonöl 108, Leinöl 170. Olivenöl wäre danach günstig zu beurteilen. Nach Versuchen von Livache[5]) nehmen aber auch Öle Sauerstoff auf, die für gewöhnlich zu den nichttrocknenden gezählt werden. So nahm Rüböl nach einem Jahr unter Einwirkung der Luft 5,8 % an Gewicht zu, Sesamöl 5,2 %; beide Öle wurden fest und klebten am Finger. Erdnußöl nahm 5,7 % zu und wurde dickflüssig, Olivenöl nahm 5,3 % zu und wurde ebenfalls sehr dickflüssig; Kottonöl nahm 6,3 % zu und wurde trocken, Rüböl und Sesamöl wurden unter den von Livache eingehaltenen Bedingungen nach einem Jahr trocken.

Bei den Mackeyschen Prüfungen wird infolge der schlechten Wärmeleitung der Watte die entwickelte Wärme zusammengehalten, so daß mit

---

1) Jahrg. 1905 S. 231.

2) Journ. Soc. Chem. Ind. 1896, S. 91; Benedikt-Ulzer, Analyse der Fette 1903, S. 438.

3) Zeitschr. f. angew. Chemie 1895, S. 44.

4) Zeitschr. f. angew. Chemie 1897, S. 435.

5) Färberztg. 1890/91, S. 285.

der dadurch hervorgerufenen Wärmesteigerung eine Zersetzung der organischen Stoffe eintreten muß, wobei sich der Kohlenstoff in feinverteiltem Zustand abscheidet. Sowie dieser pyrophorische Kohlenstoff mit äußerer Luft in Berührung kommt, ist die Bedingung zur Entzündung gegeben.

Befunde Lipperts.

Lippert faßte das Resultat seiner Prüfungen dahin zusammen:

Alle faserigen und porösen Stoffe werden mit Ölen und deren Produkten, die Sauerstoff aufzunehmen imstande sind, eine Wärmebildung erzeugen. Je nach der Menge und der Energie, mit der der Sauerstoff aufgenommen wird, der schlechten oder besseren Wärmeleitung der porösen Stoffe, der höheren oder niedrigeren Übereinanderschichtung beim Transport und beim Aufbewahren und je nach der größeren oder geringeren Wärme- und Lichtzufuhr von außen, wird die Erhitzung größer oder geringer sein. Steigert sich die Hitze derartig, daß sich bei genügendem Luftzutritt der feine ausgeschiedene Kohlenstoff entzünden kann, so wird sogar Selbstentzündung eintreten.

Dem ist noch hinzuzufügen[1]), daß das Mengenverhältnis des Öles zu dem Spinn- oder Webmaterial einen wesentlichen Einfluß hat. Bei zu viel oder zu wenig Öl tritt keine Selbstentzündung ein; im ersten Falle dürfte die abkühlende Wirkung des Ölüberschusses, im zweiten der nicht genügende Grad der Oxydation die Steigerung der Temperatur nicht ermöglichen. Auch die Gegenwart einer geringen Menge Feuchtigkeit soll die Selbstentzündung eher fördern als verzögern. Man hat bei Baumwollfasern die Beobachtung gemacht, daß Ballen, die beim Löschen von Feuer feucht geworden waren, sehr große Neigung zeigten, sich zu entzünden. Es sind Fälle bekannt, wo die Entzündung des Materials auf der Außenseite, während wieder in anderen Fällen der Ausbruch des Feuers im Mittelpunkt beobachtet wurde. Je niedriger der Entflammungs- und Verbrennungspunkt des Öles liegt, desto schneller breitet sich das Öl über die Oberfläche der Körper aus. Der Verbrennungspunkt liegt 10—27° C höher als der Entflammungspunkt. Olein und Ölsäure entflammen bei 160°, Mineralöle bei 188—210°. Olivenöl, Speck, Klauenfett und Kottonöl besitzen, wenn sie von guter Qualität und frei von Fettsäure sind, einen Entflammungspunkt von 243—260° und einen Verbrennungspunkt von 288—315°, so daß sie nach dieser Richtung hin als zuverlässig angenommen werden können.

Für alle Fälle, wo der Preis in Betracht zu ziehen ist, ist das zum Schmälzen der Wolle am besten geeignete Öl, bei dem die Gefahr der Selbstentzündung ausgeschlossen ist, eine Mischung von 80% guten Olivenöls, Speck, Klauenfett oder Erdnußöl mit 20% Mineralöl. Merkwürdigerweise verbieten[2]) in England die Versicherungsgesellschaften die Anwendung von Mineralöl zum Einfetten der Wolle. Auch Carter Bell fand, daß

[1]) Zeitschr. f. angew. Chemie 1904, S. 755.

[2]) J. Carter Bell, Chem. Ztg. 1902, S. 503.

Pflanzenöle viel leichter als Mineralöle Anlaß zu Zündungen geben und daß diese häufiger bei gefärbten als bei weißen Wollen auftreten.

Neuere Untersuchungen von W. H. Schramm-Bielitz[1]) haben ergeben, daß die Feuergefährlichkeit gefetteter Kunstwollen etwas überschätzt worden ist. Die Kunstwollen sind einerseits durch den Gehalt an Baumwolle, andererseits durch ihren Gehalt an Schmälzöl verdächtig. Über die Höhe des Gehaltes dieser Wollen an Fettstoffen scheinen vielfach übertriebene Vorstellungen zu bestehen.

Die in Handbüchern (Löwenthal, Knecht und Ramson) zu findende Angabe, daß Kunstwollgarne mehr als 15% ihres Gewichtes Öl enthalten, wird wohl nur bei sehr schlechtem Material zutreffend sein. Schramm führt den Fettgehalt einiger Kunstwollen mit nur 5% Elain an. Als Endergebnis der Schrammschen Arbeit wird hervorgehoben, daß mit Elain bis zu 10% ihres Gewichtes gefettete rohe, lufttrockene Baumwolle nicht stärker zur Selbstentzündung neige als rohe, lufttrockene Baumwolle, und daß gewaschene, lufttrockene Wolle, die bis zu 10% ihres Gewichtes gleichmäßig gefettet ist, nicht stärker selbstentzündlich sei als rohe, ungewaschene Wolle, sogenannte Schweißwolle.

Trotzdem das Rüböl eine hohe Jodzahl besitzt, wird es, namentlich mit Rosmarinöl versetzt, um dem Rüböl den Geruch des damit denaturierten Olivenöles zu erteilen, zum Wollschmälzen verwendet[2]).

Walkfette und Extraktöle.

Auch die sogenannten Walkfette oder Extrakte, die aus den Walkwässern durch Abscheidung der Fettsäuren mit Schwefelsäure und Abpressen des Fettschlammes gewonnen werden, können, wenn die Abscheidung und Reinigung in richtiger Weise erfolgt, ein gutes Spinnöl ergeben. Derartige Walköle haben die Jodzahl 61—68. Am günstigsten für das Schmälzen der Wolle werden Olivenöl, Erdnußöl und Olein beurteilt. Außer diesen Ölen kommen noch deren Mischungen mit Mineralöl in verschiedenen Verhältnissen und Mineralöl- resp. Wollfett-Erdnußöl-Emulsionen (Duronschmälzen) für die Schmälzerei in Betracht. Auf diese wird noch näher einzugehen sein.

Auch eine Reihe anderer Körper ist zum Fetten der Textilfasern vorgeschlagen worden.

Polyglyzerine.

Konrad Claessen[3]) empfiehlt die Polyglyzerine, die man durch Erhitzung von Glyzerin mit geringen Mengen von Ätznatron gewinnt. Die Eigenschaften, auf die sich die Verwendung dieses Präparates in der Textilindustrie gründen soll, sind große Viskosität und die Fähigkeit, Wasser aufzunehmen, wodurch das Konditionnement erhöht wird. Die Wasserlöslichkeit ist geringer als die des Glyzerins. Durch die erhöhte Geschmeidigkeit des Präparates ist es ermöglicht, auch gröbere Wollen leicht und bequem zu verspinnen.

---

[1]) Zeitschr. f. angew. Chemie 1908, S. 252.
[2]) Morawski, Leipziger Monatsschr. f. Textilind. 1889.
[3]) D.R.P. Nr. 198711; Zeitschr. f. angew. Chemie 1908, S. 1326; vgl. auch Bd. 4.

Wollfett. Emile Maertens[1]) gewinnt die Wolleinfettungsmittel aus neutralem Wollfett durch kalte Extraktion der rohen Wolle mit Azeton, Abdestillieren des Azetons und Auslaugen des Rückstandes mit kaltem Alkohol. Das Präparat schmilzt bei 10—27° C, ist von rötlichgelber Farbe, geruchlos, durchsichtig und leicht flüssig.

Das Bestreben, zum Fetten der Wolle das Exsudat der Schafwolle, das Wollfett, das beim Waschen entfernt wird, beim Spinnprozeß wieder zum Teil zuzuführen, erkennt man aus einem Spicköl, das folgende Zusammensetzung hatte[2]):

33,40 % unreinen Wollfettes,
7,40 % Mineralöl,
58,04 % Wasser,
1,06 % Eisenseife.

Türkischrotöl. Auch Türkischrotöle hat man als Spicköle vorgeschlagen. Klug und Wolff[3]) stellen eine Wollschmälze aus einem Gemisch von Sulfofettsäuren und Fettsäuren her, dem so viel Alkali zugesetzt werden soll, daß es zur völligen Neutralisation des Türkischrotöles, aber nur zur teilweisen Sättigung der Fettsäuren hinreicht.

Ansätze für Wollschmälzöle. Im nachstehenden sind die Ansätze für einige Wollschmälzen wiedergegeben[4]), die in der Vigognespinnerei Verwendung finden.

	I	II	III	IV	V	VI
Olivenöl	75 kg	130 kg	— kg	280 kg	— kg	— kg
Sesamöl	—	30—40	—	—	—	280
Erdnußöl	—	120	90	—	280	—
Kottonöl	—	10—20	5—10	10—20	10—20	10—20
Schweinefett	120	100	120	—	—	—
Talg	300	—	285	—	—	—
Wasser	464	549	460	549	549	549
Natronlauge 25° Bé	32	—	33	—	—	—
Sodalauge 25° Bé	—	22	—	12	12	12
Pottaschenlauge 25° Bé	9	19	8	29	29	29
	1000 kg	1000 kg	1000 kg	1000 kg	1000 kg	1000 kg

Die Fette müssen völlig geruchlos sein Ranzige Fette werden erst auf starkem Salzwasser durchgesotten. Der dabei entstehende Schaum wird abgeschöpft und das Fett nochmals auf schwächerem Salzwasser und dann auf reinem Wasser durchgesotten. Zur Herstellung der Schmälze bringt man das Wasser und die Laugen im Kessel zum Kochen, setzt die Fette und Öle hintereinander zu und bringt unter Rühren zum Sieden. Das Feuer oder der Dampf muß alsdann abgestellt werden, da sonst die Masse leicht überkocht. Da das Präparat schwer auskühlt, macht man nur Ansätze

[1]) D. R. P. Nr. 110634; Chem. Ztg. 1900, S. 201.
[2]) A. Jolles, Chem. Ztg. 1895, S. 428.
[3]) D. R. P. Nr. 99587.
[4]) Seifenfabrikant 1901, S. 1034.

zu 20 Zentnern. Während des Ausschöpfens und Einfüllens in die Fässer muß die Masse andauernd mit der Krücke durchgezogen werden, weil die Schmälze leicht zum Absetzen neigt. Das Durchkrücken in den Fässern erfolgt so lange, bis der Verband der Masse vollständig geworden ist, was man an der fadenziehenden Beschaffenheit des Präparates erkennt.

Verwendung von Mineralölen.

Über die Verwendung von Mineralölen als Zusatz zu Spinnölen waren die Ansichten bis vor wenigen Jahren noch sehr geteilt. Im allgemeinen stellt man an ein gutes, leicht auswaschbares Spinnöl an erster Stelle die Forderung, daß es keine oder nur wenig unverseifbare Stoffe enthalten dürfe. Auch die viel verwendeten Oleine können namhafte Prozentsätze unverseifbarer Stoffe, bestehend aus Kohlenwasserstoffen, enthalten. Namentlich die durch die sogenannte saure Verseifung mit konzentrierter Schwefelsäure und durch Destillation mit überhitztem Wasserdampf erhaltenen Destillat-Oleine können, wenn die Verseifung mit zu großen Mengen von Schwefelsäure und bei zu langer Einwirkungsdauer der Säure durchgeführt wird, beträchtliche Mengen von unverseifbaren Stoffen enthalten, während die durch Autoklavenverseifung mit Kalk dargestellten Saponifikatoleine nur geringe Mengen Unverseifbares enthalten. So heißt es an einer Stelle[1]):

Ausbringen derselben.

Am verwerflichsten ist das Verschneiden des Oleins mit Mineralöl; angeblich soll dadurch der Selbstentzündung gefetteter Wollengarne vorgebeugt werden. Der Behauptung, daß sich Mineralöl ebenso leicht aus Wollenstoffen entfernen lasse wie tierische oder pflanzliche Öle, stehen die Resultate der durch die Praxis gemachten Versuche diametral gegenüber. Es hat sich bis jetzt noch immer gezeigt, daß Öle, die Mineralöl enthielten, nie so vollständig aus den Stoffen entfernt werden konnten wie reine, durchaus verseifliche Öle. Nur mittels Walkerde ist ein gründliches Entfernen des Mineralöles aus Wollenstoffen möglich, eine Prozedur, die nur in seltenen Fällen Anwendung finden kann. Aus der Wollschmälze und der Seife sollten deshalb alle unverseiflichen Körper ferngehalten werden; sie verbilligen zwar diese Hilfsmaterialien, sind aber, richtig gesagt, umsonst noch zu teuer, wenn man den Schaden und den Verdruß in Betracht zieht, den sie fast regelmäßig verursachen.

Versuche Scheurers.

Demgegenüber geht aber aus Versuchen von Albert Scheurer[2]) hervor, daß aus baumwollenen Geweben eine Mischung gleicher Teile Oliven- und Mineralöl — allerdings bei Behandlung mit kochender Natronlauge — leicht vollkommen entfernt werden kann.

Das Olivenöl wird verseift und das Mineralöl von der gebildeten Seife im Zustande der Emulsion in Gemeinschaft mit der Seife entfernt. Es ist dagegen gesagt worden[3]), daß die Emulsion, durch die das Mineralöl weggeführt werden soll, nicht beständig genug sei, um das Öl dauernd zu

[1]) Otto Walther, Färberztg. 1890/91, S. 243.
[2]) Färberztg. 1890/91, S. 286.
[3]) Färberztg. 1890/91, S. 241.

binden. Sobald der für die Wäsche unentbehrliche Wasserzufluß verstärkt wird, werde die Emulsion zerstört und die öligen Beimengungen schlügen sich aufs neue auf der Faser nieder.

Versuche von Lehne.

Über die Entfernung von Mineralöl aus Wolle hat Lehne[1]) Versuche angestellt. Es wurde Wolle mit 12% Mineralöl geschmälzt, dann mit der Handkratze gekrempelt, mit Seife und Soda tüchtig gewalkt, hierauf mit reinem Wasser gewaschen, getrocknet und auf Mineralöl untersucht. Die gleichen Versuche wurden auch mit Harzöl und Olein angestellt. Die Analyse ergab, daß vom Mineralöl der 6., vom Harzöl der 7., vom Olein der 32. Teil der ursprünglich verwendeten Mengen in den Wollen zurückgeblieben war. Die Wahrscheinlichkeit ist demnach groß, daß stets ein Teil des Mineral- oder Harzöles in der Wolle zurückbleibt und der Ware Glanz und Griff benimmt. Der Zusatz von Mineral- oder Harzöl zu Oleinen ist, da diese wesentlich billiger sind, zur Herstellung recht billiger Schmälzen nahegelegt. Harz- und Mineralöl bilden zwar mit Sodalösungen haltbare Emulsionen, Harz ist aber ein recht gefährlicher Bestandteil solcher Schmälzöle. Es ist bei gewöhnlicher Temperatur fest, schmilzt erst bei höherer Temperatur und umgibt die Wollfaser als harte Schicht, die sich beim Entgerben, da Harz in verdünnter Sodalösung unlöslich ist und sich mit Seifenlösung nicht emulsioniert, auch durch gründliche Seifenbehandlung nicht entfernen läßt. Dieses im Stück verbleibende Harz bildet dann mit Kalk- und Magnesiasalzen die unlöslichen Kalkharzseifen, die sich niederschlagen und den Griff sowie das Aussehen der fertigen Ware sehr unangenehm beeinflussen.

Diese Kalkharzseifen[2]) bewirken das Vergilben weißer und hellfarbiger Textilerzeugnisse, Spitzen usw. viel schneller und intensiver als die gewöhnlichen Kalkseifen.

Harz und Harzöle.

Wenn schon diese Angaben über die Wirkung des Harzes und der Harzöle unzweifelhaft richtig sind, so sind doch neuerdings Versuche über die Verwendung der Mineral- und Harzöle zu Wollschmälzen angestellt worden, die zum Teil günstige Resultate ergeben haben. Hier ist zunächst der Vorschlag von F. Boleg[3]) zu erwähnen, Mineralöle unter Zusatz von 15—20% Harzöl zu emulgieren.

„Zur Herstellung emulgierender Mineralöle wird das Mineralöl mit 15—20% rohen, wasserfreien, blonden Harzöles mit direktem Dampf von 5 Atmosphären bei 100—105° C aufgekocht und dann mit 5—7% Ätznatronlauge von 40° Bé 20—30 Minuten lang gekocht, bis sich das Öl von der sich absetzenden Harzseifenlauge leicht und klar ausscheidet. Nach $^1/_2$—$^3/_4$stündiger Ruhe läßt man das klare Öl, das 2,5—3% überschüssiger Lauge in sich aufgenommen hat, von der unten abgesetzten Harzseifenlauge nach einem Oxydationsapparat ab und unterwirft es dort 2 Stunden lang einer Oxydation mittels sehr fein verteilter Druckluft bei 60—80° C, dann behandelt

[1]) Färberztg. 1890/91, S. 286.

[2]) S. R. Trotmann, Journ. Soc. Chem. Ind., Bd. 24, Nr. 6.

[3]) D. R. P. Nr. 122451 und Nr. 129480 (Gesellsch. zur Verwertung wasserlöslicher Mineralöle, G. m. b. H., Berlin).

man es eine Stunde lang bei 80—100° C mit Sauerstoff, wodurch infolge der so bewirkten Oxydation des Öles ein leichtlösliches Produkt gewonnen wird. Das dabei verdampfende Wasser der Lauge muß während der Dauer des Prozesses ununterbrochen ergänzt werden. Unmittelbar nach Beendigung des Prozesses wird das Öl in einen Druckdestillierapparat hinübergesaugt und dort $^1/_2$—1 Stunde lang einem Druck von 1—$1^1/_2$ Atmosphären bei den diesem Druck entsprechenden Temperaturen ausgesetzt, bis das Öl völlig und dauernd klar und danach ganz leicht und haltbar löslich geworden ist. Das Öl ist hierauf fertig, darf aber erst in erkalteten Zustand abgelassen werden, um seine neuerliche Trübung zu verhindern."

Es ist der Vorschlag[1]) gemacht worden, dieses Bolegsche Öl zunächst in der Jutefabrikation als Grundstock für die Batschflüssigkeit zu verwenden, die aus einer Emulsion von Mineralöl, Robbentran, Schmierseife, Lauge und Glaubersalz besteht. Mit dieser Flüssigkeit wird die Jute vor dem Verspinnen heiß behandelt. Weiter aber soll das Bolegsche Öl zum Einfetten der im Leviathan gewaschenen Wolle genommen werden. Vor dem bisher dazu verwendeten Olivenöl soll das Bolegöl den großen Vorzug der gleichmäßigen Verteilung des Fettmaterials haben bei ungleich niedrigerem Preise. Die Krempeln würden fein ölig gehalten und ein Anrosten wäre ausgeschlossen, da ein Entmischen von Öl und Wasser nicht einträte, wie das bei Pflanzenölemulsionen der Fall sein soll. Weiter würde das Öl in der Wäsche auf der Lisseuse bis zu demselben Grade entfernt wie das Olivenöl. Bolegsches Öl.

Durch Färbeversuche, die allerdings nur im kleinen ausgeführt wurden, konnte bei zwei Versuchen nachgewiesen werden, daß das Öl keine Übelstände hervorbringt. Kleine Abschnitte von Wollcheviot wurden mit großen Flecken von Bolegöl imprägniert; die Stücke blieben längere Zeit liegen, wurden dann mit dünner Seifenlauge gewaschen, gespült und mit Ponceau 3 R (Höchster Farbwerke) gefärbt. Die Färbung fiel völlig egal und fleckenlos aus. Weitere Abschnitte wurden einen Tag lang in eine 10prozentige Boleglösung eingelegt, geseift, gespült und mit Alizarin-Saphirol (Bayer & Co.) auf zartes Blau ausgefärbt. Die Färbungen fielen auch hier tadellos aus, es war kein Unterschied zwischen nicht mit Bolegöl behandelten und in gleicher Weise ausgefärbten Stücken zu bemerken.

Direkte analytische Bestimmungen der nach dem Seifen in den mit Bolegöl behandelten Stoffen zurückbleibenden Ölmengen ergaben 0,60% und 0,23% Fett und dieses stammte, wie aus dem Geruch und der Konsistenz geurteilt werden konnte, nicht aus dem Bolegöl, sondern aus der Seife des Waschprozesses.

Nach einem weiteren Patent[2]) eignen sich nicht nur die nach dem Patent Nr. 122451 hergestellten wasserlöslich gemachten (unter „wasserlöslich" ist nur emulgierbar zu verstehen) Mineralöle, sondern auch die

[1]) Leipziger Monatsschr. f. Textilind. 1904, S. 388 u. 529.

[2]) D. R. P. Nr. 163387 v. 14. Aug. 1904 (Verfahren zur Herstellung leicht und haltbar emulgierender Fettstoffe).

nach dem Patent Nr. 148168 erzeugten wasserlöslichen und leicht emulgierbaren Harzöle als Emulgierungsmittel für tierische und pflanzliche Öle, Fette und Wachsarten. Die eben genannten Öle werden bei geeigneten Temperaturen (60—80° C) mit nach dem Patent Nr. 148168 hergestellten wasserlöslichen Harzölen verrührt. Die nach dem neuen Verfahren erhaltenen emulgierbaren Öle, Fette und Wachsarten sind insofern von besonderer Wichtigkeit, als sie auch wirklich als solche und nicht etwa in verseiftem Zustande in den Emulsionen vorhanden sind; sie haben weder ihre chemischen noch wesentlichen physikalischen Eigenschaften verloren. Die Verwendbarkeit der emulgierbaren Öle, Fette und Wachsarten ist mannigfaltig; sie eignen sich vorzugsweise zur Herstellung von Salben, Schmier- und Appreturmitteln.

Die Gebrauchsfähigkeit dieser harzölhaltigen Emulsionen für die Wollschmälzerei erscheint auch nach diesen Versuchen durchaus nicht erwiesen, und die Bedenken gegen die Anwesenheit von Harzölen in Textilölen dürften wohl ihre volle Berechtigung weiter behalten.

Nördlingers Derizinöl.

Erwähnt seien im Anschluß an die Bolegschen Öle die Verfahren von Nördlinger[1]) und von Spalteholz[2]). Nach dem Verfahren von Nördlinger wird durch Erhitzen von Rizinusöl bei 300° C eine Abspaltung von Wasser erreicht, die mindestens 5% betragen soll. Das Produkt „Dericinöl" soll sich mit Wasser und Mineralöl emulsionieren. Diese Emulsionen haben indessen nur eine geringe Haltbarkeit und selbst bei Verwendung der aus dem Dericinöl bereiteten Seifen, die ein gutes Emulgierungsvermögen besitzen, werden keine brauchbaren, in der Textilindustrie verwertbaren Emulsionen erhalten. Auch die Spalteholzschen[3]) Patente, nach denen wasserlösliche Emulsionen von Steinkohlenteer- und Mineralölen mit Hilfe von Kasein oder dessen Spaltungsprodukten hergestellt werden sollen, werden wohl kaum zur Herstellung brauchbarer Wollschmälzen geeignet sein, da es noch fraglich erscheint, ob Kasein nicht vielleicht zum Kleben und Wickeln der damit behandelten Textilfasern führt.

Spalteholzsche Emulsionen.

Versuche von Kapff und Mundorf.

Von großer Bedeutung für die Verwendung harzfreier Mineralöle und Wollschmälzen sind die Versuche geworden, die Kapff in Aachen in Gemeinschaft mit E. Mundorf[4]) unternommen hat und die geeignet sind, das alte Vorurteil gegen die Anwendung der Mineralöle zum Fetten der Wolle ins Wanken zu bringen.

Im Fabrikbetriebe der Spinnerei, Weberei, Appretur und Färberei der höheren Fachschule für Textilindustrie in Aachen wurden größere Partien Wolle mit reinem verseifbaren Olein, mit Mischungen dieses Oleins mit

[1]) D. R. P. Nr. 104499 (Verfahren zur Herstellung eines mit Mineralölen und Wasser mischbaren Produktes aus Rizinusöl); Seifenfabrikant 1904, S. 925 u. 1905, S. 822; vergleiche auch S. 369 dieses Bandes.

[2]) D. R. P. Nr. 169493 u. 170332 von Dr. W. Spalteholz in Amsterdam.

[3]) Leipziger Monatsschr. f. Textilind. 1907, S. 24.

[4]) Leipziger Monatsschr. f. Textilind. 1907, S. 56.

Mineralöl, sowie mit reinem (unverseifbarem) Mineralöl gefettet, versponnen, die Garne zu Tuchen verarbeitet und die Stücke gewaschen, gewalkt und appretiert und teils selbst, teils — zur Kontrolle — in einer Lohnfärberei gefärbt, und zwar hellperlgrau, blau und schwarz. Die Stücke fielen in jeder Beziehung tadellos aus, und die daraus gefertigten Damenkleider trugen sich bei zweijähriger Beobachtung ausgezeichnet. Wären mineralölhaltige oder mit sonstigen unverseifbaren Bestandteilen vermischte Schmälzen tatsächlich so schädlich, unauswaschbar und fleckenbildend, so müßte es in der Praxis weit mehr fehlerhafte Ware geben, als dies wirklich der Fall ist. Denn wieviel mineralölhaltige Schmälzen werden unbewußt verbraucht, wie viele Ketten werden in der Weberei mit Petroleum bespritzt, wie viele mit schlechtem Mineralöl gefettete Kunstwollgarne werden anstandslos verarbeitet?

Es kommt eben nur darauf an, wie gewaschen wird. „Zieht man nur die Spinnerei in Betracht," so führt Kapff weiter aus, „so muß man harzfreie Mineralöle geradezu als die besten Schmiermittel bezeichnen", denn sie fetten vorzüglich, verhindern das Rosten der Kratzen und Maschinen, kleben nicht, werden nicht hart und klebrig, sind fast geruchlos und sehr billig; auch in der Weberei laufen die Spulen vorzüglich.

Nachteil mineralölhaltiger Schmälzöle.

Der Nachteil der Mineralöle liegt in der Wäscherei, denn sie lassen sich nicht, wie Olein, nur mit Soda auswaschen, sondern erfordern Seife. Mineralölgefettete Stücke erfordern mehr Seife und Zeit als solche, die mit verseifbaren Ölen geschmälzt waren, bis der den richtig verlaufenden Waschprozeß anzeigende charakteristische rahmartige Schaum (Gerber) entsteht. Dieser Mehraufwand von Seife und Zeit hebt die Vorteile der Mineralölschmälze wieder auf. Mischt man jedoch verseifbare Öle z. B. mit 20% Mineralöl und wäscht die damit gefettete Ware wie gewöhnlich mit Seife so wird ebenso reine Ware erhalten, wie wenn die Stücke nur mit verseifbarem Öl gefettet waren, weil das verseifbare Öl und die Seife das Mineralöl mit herausheben.

Von dieser Erscheinung macht man bei der Baumwollbleiche Gebrauch, indem man Mineralölflecke mit Rüböl oder Olivenöl einreibt und dann mit Seife auswäscht. Mit Hilfe von Türkischrotöl oder Monopolseife, welche die Mineralöle noch leichter herausemulsionieren, lassen sich schließlich auch, wenn der Preis dieser Präparate nicht berücksichtigt wird, hochprozentige Mineralölschmälzen mit Leichtigkeit auswaschen. Mit Olein lassen sich bis 90prozentige Mischungen herstellen, die mit einer halbprozentigen Sodalösung sehr schöne und auch ziemlich lange haltbare Emulsionen geben.

Wenn es also auch möglich ist, Mischungen von Mineralöl und anderen leicht verseifbaren Ölen zum Einfetten der Wolle zu verwenden, wird man sich doch, um eine rasche, vollkommene und sichere Wäsche zu erzielen, Wollschmälzen aus verseifbaren Ölen bereiten. Es ist schon eine Anzahl der zum Schmälzen brauchbaren Öle angeführt worden. Davon werden aber Olivenöl und Olein wohl am meisten verwendet:

das Olivenöl hauptsächlich in der Kammgarnspinnerei, Olein für die Streichgarnspinnerei.

Olivenöl. Olivenöl gibt eine weichere Ware als Olein, es fettet besser, verlangt aber zum Auswaschen Seife, da es sich mit Ammoniak oder Soda bei der niedrigen Temperatur des Waschprozesses nicht verseifen läßt. An Stelle von Olivenöl wird jetzt das im Verhalten nahezu gleichwertige Erdnußöl verwendet.

Olein. Olein ist billiger; die damit geschmälzte Wolle kann mit Soda allein gewaschen werden, da aus Ölsäure und Soda Seife gebildet wird. Ein Nachteil des Oleins ist der, daß es die Nitschelhosen und Riemchen der Krempel brüchig macht und die Kratzenbeschläge angreift, was namentlich bei dem hohen Prozentsatz von 8—15 % Öl, der für die Streichgarnspinnerei beim Schmälzen verwendet wird, von Bedeutung ist.

Duronpräparate. Eine sehr günstige Beurteilung hat endlich das Verfahren der Chemischen Werke Hansa in Hemelingen bei Bremen, das sog. „Duronverfahren" erhalten, das von Kapff[1]), Massot[2]) und Herbig nach den verschiedensten Richtungen hin geprüft worden ist.

Es beruht auf der eigentümlichen Tatsache, daß die Säureamide bzw. Azidylderivate der aromatischen Basen, die für sich bzw. in Verbindung mit anderen Fetten und Ölen nur ganz geringe Mengen von Wasser aufnehmen können, in Verbindung mit Spuren von fettsauren Alkalien die Eigenschaft haben, Fette und Öle jeder Art (Ölsäure ist ausgenommen) in vollkommenster Weise mit Wasser zu emulsionieren. Die so hergestellten Emulsionen sind von einer unbegrenzten Haltbarkeit; man kann sie ohne weiteres verdünnen, kann ihnen Glyzerin und andere das spezifische Gewicht des Wassers erhöhende Körper beimischen und kann sie bis zum Siedepunkt erhitzen, ohne daß eine Trennung der Emulsion eintritt. Bezüglich des letzten Punktes haben allerdings die Untersuchungen Herbigs ergeben, daß verdünntere Emulsionen, z. B. 2,5- und 5prozentige Lösungen, in der Kochhitze zum Teil aufgehoben werden.

Köster, der Erfinder des Verfahrens, erklärt sich die Bildung der Emulsion durch das Amid bzw. Anilid derart, daß diese Körper bei Gegenwart von Spuren fettsaurer Alkalien das Bestreben haben, in sog. molekularer Form zu kristallisieren. Diese Kristalle halten sich dann unbegrenzt in wolkenartiger Suspension, in der die Fett- und Ölstoffe ebenso fein verteilt sind.

Das Verfahren gestattet nun, das Wollfett in milchartig verteilter auswaschbarer Form vor dem Kämmen und Spinnen der Wolle wieder zuzuführen; namentlich gelingt es, die veredelten, geruchsreinen, neutralen Wollfette dazu zu benutzen, was in folgender Weise geschieht:

Mittels einer Emulsion, die ca. 5 % Neutralwollfett, 15 % Oliven- oder Erdnußöl oder ein anderes fettes, geschmeidigmachendes Öl enthält, wird

[1]) Leipziger Monatsschr. f. Textilind. 1907, S. 56.

[2]) Leipziger Monatsschr. f. Textilind. 1906, S. 364.

die gewaschene und dann der Kämmereiarbeit übergebene Wolle in üblicher Weise gefettet. In der Spinnerei wird man mit Vorteil eine 10 prozentige Wollfett-Erdnußölemulsion, die 5—10 % Glyzerin enthält, anwenden. Durch den Glyzerinzusatz wird nicht nur erreicht, daß gröbere Wolle leicht und bequem versponnen werden kann, sondern auch das Konditionnement der gesponnenen Wolle auf 18,25 auf alle Fälle sichergestellt, während das bisherige Konditionnement zwischen 16 und 16,3, in seltenen Fällen bei 17 liegt.

Auch in den Jutespinnereien, die ja zum Bleichen und Spinnen große Mengen von Emulsionen verbrauchen, ebenso in den Tuchfabriken werden die Wollfettemulsionen mit Vorteil Anwendung finden, ebenso in den Kunstwollfabriken, die ja mit einem schwer zu verspinnenden Material zu arbeiten haben. Die besonders gute, den Anforderungen des Spinnprozesses voll entsprechende Beschaffenheit der Emulsion wird durch folgenden Versuch bewiesen:

Benetzt man zwei Stücke rohen weißen Wollcheviots mit je einem größeren Fleck von 5 prozentiger Wollfettemulsion und einer Olein-Pflanzenölemulsion, so verzieht sich der Fleck absolut gleichmäßig in die Ware und zeigt keine Trennung in Wasser und Fett. Die Oleinemulsion trennt sich in der Weise, daß das Wasser sofort in die Ware hineinzieht, während das Fett zurückbleibt und erst ganz allmählich einzieht, aber nicht sich verteilend, sondern an der Stelle, wo es aufgetragen wurde.

Die Duronpräparate greifen Metallteile nicht an, sie kleben nicht auf den Selfaktoren und Walzen, sondern laufen glatt, ohne jegliche Störung und ohne Verluste. Der Spinner vermag sich also diese Emulsionsmasse mit beliebigen, von ihm gewünschten Ölen selbst herzustellen oder auch fertig von der Fabrik zu beziehen. Die Fabrik gibt genau an, was jede Emulsion enthält (z. B. eine Stammemulsion: 20 % neutralen Wollfettes, 10 % Erdnußöl, 10 % Glyzerin, 60 % Wasser).

Bei Versuchen im Fabrikbetriebe haben sich die Duronpräparate sehr gut bewährt[1]), und die 10, 20 oder 30 % verschiedener Öle enthaltenden Emulsionen haben eine monatelange Haltbarkeit bewiesen. Zur Erzielung eines guten Spinnprozesses kann man Emulsionen mit weit weniger Ölgehalt verwenden, was daher kommt, daß die Duronschmälze gleichmäßiger fettet als die anderen Schmälzen. Eine Duronschmälze mit 30 % Emulsionskörper, 20 % Öl und 50 % Wasser kann genau so verwendet werden wie reines Olein, d. h. wenn z. B. eine bestimmte Wollsorte mit 10 % Olein, mit der $1^1/_2$ fachen Menge Wasser verrührt, geschmälzt wird, so nimmt man statt dessen 10 % Duronschmälze und verrührt sie mit der $1^1/_2$ fachen Menge Wasser, aber ohne Zusatz von Soda oder Ammoniak.

[1]) Nach neueren Mitteilungen einer dem Verfasser nahestehenden Kammgarnspinnerei haben sich indessen Schwierigkeiten bei Verwendung der Duronschmälze herausgestellt.

Vorteile der Duronschmälze.

Trotz des geringen Fettgehaltes der Duronschmälze ist, wie Kapff gefunden hat, das Rendement mindestens ebenso gut wie bei Olein, was eben von der dauerhaften, gleichmäßigen Umhüllung der Wollfasern durch die Duronschmälze herrührt. Der Spinnprozeß geht glatt vonstatten, die Krempeln werden nicht verschmiert und weder Metall- noch Lederteile angegriffen, die Spulen werden auch nach langem Lagern nicht klebrig und die Schmälze läßt sich mit der üblichen Seifenlösung leicht aus der Ware herauswaschen. Außerdem ist die Schmälze ungefähr um die Hälfte billiger als Olein oder Olivenöl. Stücke, die mit einer 10% Wollfett und 10% Erdnußöl enthaltenden Schmälze gefettet waren, enthielten nach dem Waschen mit Seife, durch Extraktion mit Äther bestimmt, 0,4—0,55% Fett, genau dieselbe Menge, die in gewaschenen, mit Olein bzw. Olivenöl gefetteten Stücken gefunden worden ist. Das entspricht einer technisch reinen Ware, denn völlig fettfrei soll und darf ja die Wolle nicht sein, da sonst die Qualität schlecht wird, wie dies bei Wollen eintritt, die mit zu scharfen Alkalien gewaschen wurden.

Die leichte Auswaschbarkeit ist erklärlich, da hier überhaupt nur 2% Fett herauszuwaschen sind, gegenüber 10% bei den gewöhnlichen Schmälzen.

Bei Untersuchung einer 20prozentigen Neutralwollfettemulsion (a) und einer 20prozentigen Neutralwollfett- und 10prozentigen Glyzerinemulsion (b) wurde vom Verfasser folgendes gefunden:

Versuche Herbigs mit Duronschmälzen.

Mit jeder dieser Emulsionen wurden Lösungen hergestellt, die 2,5%, 5% und 10% der ursprünglichen Emulsion enthielten. Damit wurden Garnproben in bestimmter Weise behandelt, dann getrocknet, in üblicher Weise geseift und hierauf mit Äther extrahiert. Es ergaben sich dabei folgende Werte:

	(a)	(b)
2,5prozentige Emulsion:	0,53% Fett,	0,56% Fett
5prozentige Emulsion:	0,47% Fett,	0,51% Fett
10prozentige Emulsion:	0,55% Fett,	0,70% Fett.

Diese Versuchsergebnisse stimmen also in der Hauptsache mit den Angaben Kapffs überein. Ebenso ergab die Prüfung der Duronschmälze durch Massot, nämlich einer 10- und 5prozentigen Wollfett- und einer 10- und 5prozentigen Wollfett-Glyzerin-Emulsion auf Wollgarn und Stücke, daß sich diese Emulsionen mit einer 2prozentigen Marseillerseifenlösung, und zwar bei Behandlung in einem kalten Bade und in zwei aufeinanderfolgenden, 20 Minuten andauernden 50—60° C heißen Seifenbädern, völlig auswaschen lassen. Die gewaschenen Muster wurden dann mit ca. 60 verschiedenen Farbstoffen gefärbt. Die Anfärbung ging in vollkommen normaler Weise vor sich. Vergleiche mit den auf ungefetteter Wolle hergestellten Färbungen ließen Nachteile nicht erkennen, im Gegenteil zeigten die gefetteten Garne und Stücke einen lebhafteren und wärmeren Farbton als die nicht gefetteten Proben.

Zusammensetzung verschiedener Schmälzmittel.

Aus der nachstehenden Tabelle[1]) ist zu ersehen, daß die Zusammensetzung der Schmälzmittel, die man bis jetzt mehr oder weniger als Geheimmittel ansehen muß, durchaus verschieden ist und oft nicht in Einklang mit dem dafür geforderten Preise steht.

Handelsmarke	Erzeuger	Preis für 100 kg	Wasser %	Ammoniak %	Seife, fettsaures Natron %	Fettsaures Ammoniak %	Freie Ölsäure %	Neutralfett %
Wollschmälzöl	L. Blumer, Zwickau	25	80,82	—	3,50	—	0,43	12,50
Filatoleum, konzentriert	Derselbe	50	38,68	—	6,27	—	9,75	45,30
Filatoleum A.	Derselbe	32	67,15	—	5,81	—	8,87	18,00
Werdauer Elfenbeinschmälze	W. Schön Nachf., Werdau	32,50	65,74	—	3,55	—	—	25,20
Aixolein	H. Klokle, Aachen	30	87,73	0,32	—	5,61	3,89	1,90
Aixolein, konzentriert	Ölraffinerie Neuß	35	79,93	—	5,88	—	2,60	9,87
Oleinemulsat	F. Krimmelbein Nachf., Leipzig	19	93,59	0,15	—	2,63	1,80	0,85
Schmälzöl S. S.	W. Städting Nachf., Leipzig-Lindenau	38	80,60	—	7,96	—	2,82	6,62
Schmälzöl F. F.	Derselbe	55	48,15	0,885	15,81	15,58	18,91	0,25
Prima Wollschmälze M.	Derselbe	20	85,17	0,36	—	6,28	1,36	0,70
Prima Wollschmälze K.	Derselbe	24	75,17	0,62	—	10,87	3,75	1,02
Carbidöl B. H.	L. E. Heydenreich, Leipzig-Lindenau	45	57,20	0,30	—	4,99	9,91	3,08
Spinnöl, Saponifikat	Hennes, Gummersbach	61	20,80	1,0	—	17,53	51,85	5,51
Monopolseifenschmälze	Stockhausen und Traiser	50	46,10	0,124	4,74	2,17	19,21	16,58

[1]) Köster, Leipziger Monatsschr. f. Textilind. 1906, S. 363.

Diesen Beispielen mögen noch folgende vom Verfasser[1]) untersuchte vier Wollschmälzen (I—IV) angefügt sein:

	I	II	III	IV
Wasser	92,2 %	75,94 %	86,59 %	71,17 %
Neutralfett	0,46	14,30	8,20	11,62
Freie Fettsäuren . .	—	4,65	1,22	9,26
NH_3	—	—	—	0,46
Fettsaures Natron . .	5,00	2,2	1,93	—
Fettsaures Ammoniak	—	—	—	—

Zur Herstellung von 100 kg dieser vier Muster I—IV müssen verwendet werden:

	I	II	III	IV
Wasser	87,5 kg	78 kg	87 kg	68 kg
Neutrales Öl	0,5	14,3	8,2	15
Seife mit 30 % H_2O-Gehalt	10	3	2,6	—
Ölsäure	—	4,7	1,2	15
Ammoniak, 25 prozentig . .	—	—	—	2
Kristallsoda	2	—	—	—

Weitere Angabeu über die Zusammensetzung von Schmälzölen verdanken wir Morawski, Fuchs und Schiff, Horwitz, Welwart und David:

	Morawski[2])	Fuchs u. Schiff	Horwitz[3])
Wasser	76,67	16,60	84,45
Neutralfett	20,86	10,80	14,16
Freie Fettsäuren . .	—	—	—
NH_3	—	1,6	0,32
Fettsaures Natron . .	0,91	—	—
Fettsaures Ammoniak	—	69.6	—
Gummisubstanz . .	0,70	—	—
Na_2CO_3	—	—	0,91

Welwart[4]) gibt die Analyse zweier Wollschmälzen folgendermaßen an:

I: 18,5 % Fettsäuren (Ölsäure als Natronseife), 37 % Neutralfett.

II: 18,5 % Fettsäuren (Ölsäure als Natronseife), 44 % Neutralfett.

Das Neutralfett hatte die Jodzahl 107, V.-Z. = 193, Schmelzpunkt der Fettsäuren = 38° C. Farbreaktionen nach Halphen und Becchi wiesen auf Kottonöl hin.

John David[5]) nennt für zwei Wollspickmittel:

I: 39,37 % Verseifbares, 60,63 % Mineralöl. Das Verseifbare ist Kottonöl.

II: 59 % Rindertalg, 40 % Soda, 37 % H_2O.

---

[1]) Zeitschr. f. d. gesamte Textilind. 1897/98, Nr. 46 u. 47

[2]) Leipziger Monatsschr. f. Textilind. 1889, S. 67.

[3]) Romens Journ. 1889, S. 17.

[4]) Chem. Ztg. 1907, S, 359.

[5]) Chem. Ztg. 1899, S. 437.

B) Sulfurierte Öle.

Türkischrotöle. — Huiles sulfonées, Huiles pour rouge turc. — Sulphonated oils, turkey-red oils. — Oli sulfonici, Oli per rosso turco.

Geschichtliches.

Geschichtliches.

Unter sulfurierten Ölen versteht man Produkte, die durch Einwirkung von Schwefelsäure auf Öle hergestellt werden und die man, da sie zuerst in großem Umfange in der Türkischrotfärberei verbraucht wurden und es noch heute werden, als Türkischrotöle bezeichnet.

In dem ursprünglichen Verfahren der Türkischrotfärberei wurden diese sulfurierten Öle nicht verwendet, sondern man nahm als Ölbeize in dem sogenannten „Altrotverfahren" Emulsionen von Tournantöl mit Wasser, Soda und Schafmist usw., weshalb man es auch Emulsions- oder Weißbadverfahren nannte.

Die erste Anregung zur Präparation der Baumwollzeuge mit sulfurierten Ölen (man kannte damals nur sulfuriertes Olivenöl) gab Runge im ersten Teil der im Jahre 1834 bei Mittler in Berlin erschienenen „Farben-Chemie[1]); er beschrieb die Darstellung des sulfoleinsauren Kalis und betonte ganz besonders, daß wegen der leichten Zersetzbarkeit des Präparates die Sulfosäure mit kalter und nicht mit heißer Kalilauge zu neutralisieren sei.

Im Hause Gros, Roman, Marozeau & Co. in Wesserling i. E. wurden seit 1860 die Stücke, die mit Anilindampffarben bedruckt werden sollten, mit dem Ammonsalz der Sulfoleinsäure geölt. Schützenberger tat im Jahre 1864 von der Verwendung der Sulfoleinsäure ebenfalls Erwähnung, und zwar bei der Fixierung von Anilinfarbstoffen. Gewisse Anilinfarbenfabriken brachten für den Druck fertig präparierte Farbpasten in den Handel, an deren Zusammensetzung die Sulfoleinsäure einen wichtigen Anteil hatte. Seit dem Jahre 1869[2]) fabrizierte die genannte Firma ihre durch Handdruck hergestellten Möbelartikel auf mit Sulfoleat vorbereiteten Stoffen, wobei die schönen lebhaften Rot- und Rosatöne durch einfaches Dämpfen und Waschen erzeugt wurden und sich von den nach der alten Arbeitsweise hervorgebrachten Farbentönen vorteilhaft auszeichneten.

Die Ölpräparation für Dampfalizarinfarben in Begleitung mit anderen Farben wurde 1873 von Martin Ziegler, Koloristen der Wesserlinger Fabrik, eingeführt. Ähnliche Fabrikate kamen 1874 aus der Druckerei von Lemaître, Lavotte & Co. in Volbec bei Rouen. Das Verfahren beider Häuser blieb aber vollständig geheim. Die Verwendung der Sulfoölsäure beschränkte sich also bis dahin auf die sogenannten Dampffarben und bestand in der Vorbehandlung des zu bedruckenden Stoffes mit alkalisch gelöstem Sulfoleat, wobei die sich beim Dämpfen bildenden Lacke,

---

[1]) E. Lauber, Dinglers polyt. Journ., Bd. 247, S. 469.
[2]) Henri Schmid, Färberztg. 1902, Heft 23.

namentlich Alizarindampfrot und Alizarindampfrosa, Fettsäuren aufnahmen und so schönere und widerstandsfähigere Farben erzeugten.

Horace Köchlin verwertete dieselbe Reaktion für den in Alizarin zu färbenden Beizendruckartikel und schuf damit ein Verfahren, das in der Praxis in ungeahnter Weise einschlug. Die Arbeitsweise bestand im Drucken (bzw. Klotzen für Glatt) von Tonerdebeize, die in üblicher Weise fixiert und degummiert wurde, im Färben in Alizarin unter Zusatz von Calciumazetat, Grundieren der gefärbten und getrockneten Ware in Sulfoleat und im Dämpfen der gefärbten, geölten und getrockneten Ware; zum Schlusse wurde geseift.

Die Sulfoölsäure kam bei dieser Köchlinschen Methode, entgegen den früheren Methoden, erst nachträglich auf den Stoff und wirkte erst beim Dämpfen auf den schon gebildeten Farblack ein.

Eine große schottische Fabrik, Walter Crum in Glasgow, erwarb 1875 das als Fabrikgeheimnis gehütete Wesserlinger Verfahren. Als das in England importierte Verfahren seinen Weg nach dem Kontinent zurückfand, wies es als Neuerung die Verwendung von Sulforizinat an Stelle des Sulfoleats auf. Die Engländer fanden in ihrem „Castor oil", dem Rizinusöl, ein billigeres Material für die Darstellung der Ölbeize.

Gleichzeitig mit dem englischen Natriumsulforizinat erschien 1877 das von Fritz Storck und Dr. Wuth entdeckte Ammoniumsalz auf dem Markt. Die mit den aus Olivenöl hergestellten Ölbeizen erhaltenen Resultate waren indessen noch nicht sehr vollkommen[1]); es trat namentlich bei den Dampffarben der Übelstand ein, daß die Stücke einen ockergelben Untergrund hatten, der sich nicht wieder bleichen ließ.

Lauber betrachtet die Einführung der Rizinusölsulfosäure in die Ölerei der Baumwollstoffe als einen wesentlichen Fortschritt, wodurch die bisherigen Übelstände beseitigt wurden. Ende 1876 brachten fast gleichzeitig zwei Firmen, John M. Summer & Co. in Manchester und P. Lhonoré in Havre, das neue Präparat in den Handel; die erstere als Natronverbindung, die letztere als Ammoniumsalz[2]). Das erste, was darüber in technischen Zeitschriften erschien, brachte Reimanns Färberzeitung; dort[3]) wurde das Lhonorésche Verfahren ausführlich beschrieben. Das Öl von Lhonoré enthielt 55—58 $^0/_0$ Ölsulfosäure, die mit Ammoniak neutralisiert wurde, und gewisse Mengen von Ammonsulfat, die von der Fabrikation herrührten.

Seit dem Jahre 1877/78 wurde das leichtlösliche Sulforizinat auch als Zusatz zum Alizarin im Farbbad selbst verwendet, wodurch die Fixation des Farbstoffes als fettsäurehaltiger Farblack in einer Operation ermöglicht wurde. An Stelle der Sulfoleate und Sulforizinate wurden versuchsweise im Alizarin-Beizendruck-Färbeartikel noch andere Sulfoderivate probiert und stellenweise auch in der Praxis adoptiert; so nament-

¹) Lauber, Dinglers polyt. Journ., Bd. 247, S. 469.
²) Siehe auch B. Muth, Chem. Ztg. Rep. 1909, S. 353.
³) Jahrgang 1877, Nr. 10 u. 14.

lich sulfuriertes Palmkernöl und Kokosnußfett. In der Wirkung waren die damit erzeugten Rotlacke gleichwertig, außerdem aber ließen diese Ölbeizen das Weiß des Grundes intakt. Die Verwendung sulfurierter Öle erfuhr eine außerordentliche Zunahme, als Anfang der neunziger Jahre des vorigen Jahrhunderts die Eisfarben (Paranitranilinrot, Naphthylaminbordeaux usw.) in Aufnahme kamen, da der Zusatz von sulfurierten Ölen bzw. Rizinusölseife zur Grundierungsflotte, namentlich beim Pararot, eine unerläßliche Forderung für die Erzeugung einer mustergültigen Färbung ist. Ebenso wichtig ist die Verwendung der Türkischrotöle in der Färberei der substantiven und basischen Farbstoffe, in der Bleicherei, Wäscherei, Appretur und zum Teil auch in der Apparatenfärberei, speziell der Kopsfärberei geworden, da der Zusatz von Türkischrotölpräparaten zur Färbeflotte ein gleichmäßiges Durchfärben des gewickelten Textilmaterials, wie es in den Kopsen vorliegt, gewährleistet.

Einwirkung der konzentrierten Schwefelsäure auf Öle.

Die wissenschaftlichen Arbeiten über die Einwirkung konzentrierter Schwefelsäure auf die Glyzerinester der Fettsäuren sind außerordentlich zahlreich. Trotz der zum Teil sehr umfangreichen Untersuchungen ist der Verlauf der Reaktion aber durchaus noch nicht in allen Teilen so erforscht, daß man zu einem endgültigen Urteil über die Natur der in den sulfurierten Produkten enthaltenen chemischen Individuen gekommen ist, und das namentlich deshalb, weil diese Körper, die man ja zum Teil aus den freien Fettsäuren selbst dargestellt hat, mit Leichtigkeit Polymerisations- und Kondensationsprozessen unter Wasseraustritt unterliegen, so daß die Analyse hier mit außerordentlichen Schwierigkeiten zu kämpfen hat. So viel ist aber bis jetzt als sicher festgestellt, daß die Einwirkung konzentrierter Schwefelsäure auf Ölsäureglyzeride andere Türkischrotöle gibt als diejenigen, die bei Einwirkung der Schwefelsäure auf Rizinusöl erhalten werden.

a) Einwirkung konzentrierter Schwefelsäure auf Öle.

Geschichtliches.

Von den älteren Untersuchungen über den Sulfurierungsprozeß[1]) sind die Arbeiten Chevreuls über die Einwirkung von konzentrierter Schwefelsäure auf Fette am bemerkenswertesten, wobei allerdings nur die verseifende Wirkung der Schwefelsäure das Hauptinteresse erregte. Frémy[2]) nahm bei Einwirkung von Schwefelsäure auf Oliven- und Mandelöl eine völlige Spaltung des Trioleins in Glyzerin und freie Ölsäure an, wobei das Glyzerin mit der zur Reaktion verwendeten überschüssigen Schwefelsäure als Glyzerinschwefelsäure in die Unterlauge geht, während sich die Ölsäure zu Olein- und Margarinschwefelsäure verbindet, die beim Kochen mit Wasser in die bei 50° C schmelzende Metamargarinsäure, die bei 60° schmelzende Hydromargarinsäure, die bei 68° C schmelzende Hydromargaritinsäure

[1]) Ausführlich zusammengestellt von W. Herbig, Färberztg. 1902 u. 1904.
[2]) Annalen der Chemie, Bd. 19, S. 296; Bd. 20, S. 50; Bd. 33, S. 10.

und in die flüssigen Säuren Metaolein- und Hydrooleinsäure umgewandelt werden. Die Hydromargaritinsäure entspricht genau der von Saytzeff studierten Oxystearinsäure.

nsicht von Lochtin. Eine völlige Zerlegung der Glyzeride in Glyzerin und freie Fettsäure wird von Lochtin[1]) ebenfalls angenommen, und zwar als der einzige Zweck, den man beim Behandeln des Öles mit der Säure erreichen will, da die Anwesenheit unzersetzten Glyzerides für die Wirkungsweise der Türkischrotöle gar nicht in Betracht zu ziehen sei. Deshalb soll nach Lochtin der Prozeß so geleitet werden, daß sowohl beim Rizinusöl als auch bei jedem anderen zur Rotölfabrikation verwendeten Öle eine völlige Spaltung eintritt, ohne daß dabei die Temperatur zu hoch steigt und ohne daß das Öl zu lang oder zu kurz der Einwirkung der Schwefelsäure unterliegt. Eine zu kurze Einwirkung hat zur Folge, daß die Verseifung unvollständig, eine zu lange, daß sich die erhaltenen Öle nur trübe lösen und beim Färben nur matte Nuancen geben.

on Müller-Jakobs. Müller-Jakobs[2]) nimmt dagegen nur eine teilweise Verseifung des Ölsäureglyzerinesters an. Bei der Beizwirkung wird die Anwesenheit von ca. 30% unzersetzten Glyzerins als unerläßlich angesehen, da das unveränderte Öl, indem es in den Farblack eintritt, diesen einhüllen und dadurch der Farbe Glanz, Weichheit und Echtheit verleihen soll. Die Versuche Lukianoffs[3]), die die Frage über die spezifische Beizwirkung der im sulfurierten Öle enthaltenen Körper entscheiden sollten, ergaben ähnliches. Danach bedingen die wasserlöslichen, stark sauren Sulfofettsäuren den Farbton, der in dem reinen Rot zum Ausdruck kommt, während die unlöslichen Substanzen, also unzersetzten Glyzeride, diesen Farbton zwar schwächen, aber doch zugleich zur Sättigung, Gleichmäßigkeit und Echtheit der Farbe beitragen.

Versuche Lukianoffs. Die Versuche Lukianoffs beschränkten sich auf Rizinustürkischrotöl. Er fand, daß alle Eigenschaften des Farblackes, die sich in Verminderung der Reichheit der Farbe ausdrücken, schärfer ausgeprägt auftreten beim Tränken mit unverändertem Glyzerid als bei Verwendung einer Fettbeize, bestehend nur aus dem wasserlöslichen Teil des Türkischrotöles. Nach Lukianoffs Ansicht ist also die Anwesenheit von unverändertem Glyzerid zweifellos nützlich, aber nur in einem gewissen begrenzten Mengenverhältnis; in größerer Menge beeinträchtigt sie den Farbton und erfordert zu seiner Beseitigung und zur Herstellung der Reinheit der Farbe eine sehr starke Schönung. Die eigentliche Lackbildung findet statt zwischen der Tonerde, den durch Zersetzung der sulfofettsauren Salze gebildeten Oxysäuren, dem Kalk und dem Alizarin. Der so erzeugte, an und für sich schon echte Farblack wird nach Lukianoff noch glänzender dadurch, daß

[1]) Dinglers polyt. Journ., Bd. 275, S. 594.
[2]) Dinglers polyt. Journ., Bd. 251, S. 499 u. 547; Bd. 254, S. 302.
[3]) Dinglers polyt. Journ., Bd. 262, S. 36.

diese unzersetzten Glyzeride den Lackkern mit einer beständigen und das Licht zurückstrahlenden fetten Hülle umgeben.

Reaktionsverlauf nach Liechti und Suida.

Liechti und Suida[1]) stellten für die Einwirkung der Schwefelsäure folgende Gleichungen auf:

Olivenöl:

$$2\,(C_{18}H_{33}O_2)_3C_3H_5 + 7\,H_2SO_4 = C_{42}H_{78}O_{12}S + 6\,SO_2 + 4\,H_2O + 4\,C_{18}H_{34}O_3\,,$$

Ölsäure:

$$C_{18}H_{34}O_2 + H_2SO_4 = C_{18}H_{34}O_3 + H_2O + SO_2\,,$$

Rizinusöl:

$$(C_{18}H_{33}O_3)_3C_3H_5 + 13\,H_2SO_4 = 4\,C_{18}H_{34}O_5 + 12\,SO_2 + 10\,H_2O + C_{42}H_{78}O_{16}S\,.$$

Diese Ansicht wandelten sie später um nach:

$$2\,[C_3H_5(C_{18}H_{33}O_2)_3] + 7\,H_2SO_4 + 8\,H_2O = C_{42}H_{82}O_{12}S + 4\,C_{18}H_{36}O_3 + 6\,H_2SO_4\,,$$

hielten aber trotzdem an der Bildung größerer Mengen von schwefliger Säure fest, die trotz der größten Vorsicht bei der Darstellung des Türkischrotöles nicht zu verhindern sei.

nach Müller-Jakobs.

Müller-Jakobs[2]) stellte für Olivenöl und Ölsäure auf:

$$2\,[C_3H_5(C_{18}H_{33}O_2)_3] + 3\,H_2SO_4 + 3\,H_2O = 3\,C_{18}H_{36}O_3 + 3\,C_{18}H_{34}O_3 + 3\,SO_2 + 2\,C_3H_8O_3\,,$$

Ölsäure:

$$2\,C_{18}H_{34}O_2 + H_2SO_4 = C_{18}H_{36}O_3 + C_{18}H_{34}O_3 + SO_2\,,$$

wobei die Bildung von Oxystearin- und Oxyölsäure angenommen wird. Auch Müller-Jakobs kam von der Meinung einer stark oxydierenden Wirkung der Schwefelsäure beim Sulfurieren schließlich wieder ab. Er sprach der Schwefelsäure namentlich eine verseifende Wirkung zu und dann weiters den Zusammentritt der H_2SO_4 mit der freien Ölsäure unter Bildung der Sulfoleinsäure: $C_{18}H_{34}O_2 + H_2SO_4 = C_{18}H_{34}SO_5 + H_2O$.

Wenn man nach Müller-Jakobs irgendein Öl (Mandelöl, Oliven-, Rüb-, Rizinusöl) mit konzentrierter Schwefelsäure so behandelt, daß die Temperatur nicht über 50° C steigt und keine schweflige Säure entwickelt wird, dann die Reaktion durch Zugabe von kaltem Wasser unterbricht, entstehen, je nach Konzentration, Menge und Wirkungsdauer der Säure und Endtemperatur der Masse, stark wechselnde Produkte. Die azidimetrische Bestimmung der von der öligen Schicht getrennten sauren Flüssigkeit zeigt, daß die jeweilige Menge der in Reaktion getretenen Säure in ganz bestimmten Beziehungen steht zu dem erhaltenen Türkischrotöl.

Auch Liechti und Suida[3]) fanden, daß, wenn man das Endprodukt der Einwirkung der Schwefelsäure auf Olivenöl mit Wasser versetzt und

[1]) Dinglers polyt. Journ., Bd. 250, S. 543; Bd. 251, S. 172.

[2]) Dinglers polyt. Journ., Bd. 229, S. 544; Bd. 251, S. 499 u. 547; Bd. 253, S. 473; Bd. 254, S. 302.

[3]) Dinglers polyt. Journ., Bd. 250, S. 543.

von der sauren Flüssigkeit mit Äther trennt, stets 80—85 % der angewendeten Sulfurierungssäure in der Waschlauge vorhanden sind.

Nach den Untersuchungen von Müller-Jakobs läßt sich jede Reaktionsmasse in einen wasserlöslichen und einen ätherlöslichen Teil trennen. Wird letzterer nach dem Vertreiben des Äthers mit Alkohol behandelt, so geht wieder ein Teil in Lösung.

Versetzt man die durch Ausschütteln mit Äther erhaltene wässerige Lösung mit Salzsäure oder Kochsalz, so scheidet sich die wasserlösliche Verbindung ab. Diese ist leicht löslich in reinem säurehaltigen Wasser, reagiert stark sauer, ist auch in Alkohol löslich und mit Äther mischbar. Die wässerigen Lösungen schäumen stark und schmecken bitter; auf Zusatz von Säure wird die Substanz abgeschieden. Beim Erhitzen zersetzt sie sich unter Abspaltung von Schwefelsäure und es bilden sich gelbliche, kristallinische Massen vom Schmelzpunkt 59—63° C.

Salze der Sulfosäuren.

Dieselbe Zersetzung soll durch Säuren oder Alkalien bewirkt werden. Diese letztere Angabe ist insofern beachtenswert, als nach Benedikt und Ulzer die Stearinschwefelsäure, die Müller-Jakobs unzweifelhaft vor sich gehabt hat, gegen Alkalien beständig sein soll, was übrigens auch aus der Konstitution dieser Säure als Schwefelsäureester geschlossen werden muß. Mit Metalloxyden bildet die Säure in Wasser lösliche Salze; so mit denen der Erden- und Schwermetalle dickliche Öle oder Niederschläge, die aber in einem Überschuß der Säure löslich sind. Die Alkalisalze sind sirupöse, in Wasser und Alkohol klar lösliche Flüssigkeiten, die sich unzersetzt auf 110° C erhitzen lassen. Die Analyse des Ba-Salzes der Säure stimmt auf die Formel: $C_{18}H_{32}O_5SBa$. Beim Kochen dieser Sulfosäure mit Wasser erhielt Müller-Jakobs die schon erwähnte gelbbraune Masse vom Schmelzpunkt 62,5° C. Die Zersetzung formuliert Müller-Jakobs:

$$2\,C_{18}H_{34}SO_5 + H_2O = C_{18}H_{34}O_3 + C_{18}H_{36}O_3 + 2\,H_2SO_4\,,$$

wobei die Bildung von Oxystearin- und Oxyölsäure erfolgen soll.

Nach dieser Gleichung werden auf 299 Teile gebildeter Fettsäuren 98 Teile Schwefelsäure oder 30,5 % H_2SO_4 in Freiheit gesetzt. Müller-Jakobs fand bei einer Reihe von Versuchen 31,4 %, 32,0 %, 29,3 %, 31,1 % und 30,7 %, also eine genügende Übereinstimmung. Aus der abgeschiedenen Fettschicht isolierte er eine der Stearinsäure ähnliche Säure vom Schmelzpunkt 70,4° C. Beim Umkristallisieren dieser Säure aus Alkohol ergab sich noch eine bei —10° C nicht erstarrende, viskose, flüssige Säure von ranzigem Geruch. Die freie Säure vom Schmelzpunkt 70,4° C addierte Jod. Die konzentrierte Säure und ihre Salzlösungen vermögen große Mengen von festen Fettsäuren und Triglyzeriden aufzulösen. Beim Kochen dieser Lösungen erleiden die darin enthaltenen Öle eine Zersetzung unter Austritt von Glyzerin[1]). Der in Äther lösliche Teil ergab nach Ab-

---

[1]) Herbig, Über Türkischrotöle, Chem. Rev. d. Fett- u. Harzind. 1902, Heft 1.

destillieren des Äthers und beim Behandeln mit Alkohol ein gelbes, neutrales Öl, das beim Verseifen Glyzerin abspaltete und daher als Triolein anzusprechen war. Diese Menge betrug bei verschiedenen Darstellungen 28—35 % der angewendeten Menge des Rohöles. Der in Alkohol lösliche Teil des Ätherrückstandes ergab einen flüssigen und einen festen, bei 70,5° C schmelzenden Anteil. Die Eigenschaften des letzten Teiles stimmten mit denen der Oxystearinsäure überein. Die Menge dieser Säure betrug ca. 27,5 % des benutzten Rohöles.

Die bei der Darstellung des sulfurierten Olivenöles erhaltene saure Unterlauge wurde von Müller-Jakobs mit Baryumazetat zur genauen Fällung der Schwefelsäure versetzt. Das Filtrat hinterließ beim Verdampfen einen dicken, braunen, süßlich schmeckenden Sirup, der qualitativ als Glyzerin erkannt wurde. Aus 100 g Rohöl konnten 2,7 g Glyzerin erhalten werden.

Die Einwirkung der Schwefelsäure konnte von Müller-Jakobs auf Grund dieser Untersuchungen folgendermaßen formuliert werden:

$$(C_{18}H_{33}O_2)_3C_3H_5 + 3\,H_2SO_4 = C_3H_8O_3 + 3\,C_{18}H_{34}SO_5\,.$$

Der unangegriffene Teil des Öles und die durch Zersetzung der Sulfofettsäure entstandenen Oxystearinsäuren werden durch die Sulfofettsäure in Lösung gehalten. Die gebildete Menge dieser Sulfofettsäure richtet sich nach der Reaktionstemperatur sowie der Zeitdauer der Einwirkung und kann bis auf Null heruntersinken. Bei vollständiger Neutralisation der beim Sulfurieren gebildeten Säuren mit Alkalien entsteht eine seifenartige Gallerte, was bei den aus Triglyzeriden erhaltenen Massen in geringerem Maße der Fall ist. Über die Natur dieser Sulfosäure, die durch Einwirkung der Schwefelsäure auf die freie Ölsäure entsteht, haben nun namentlich Michael, Konstantin und Alexander Saytzeff[1]), ferner Sabanejeff[2]) und Benedikt und Ulzer[3]) ausführlicher gearbeitet.

Saytzeff ließ 35 g konzentrierter Schwefelsäure in 100 g reiner Ölsäure bei niedriger Temperatur (bis 35° C) einfließen und dann die Reaktionsmasse 20 Stunden lang bei 0° C stehen. Die Masse wurde danach mit Eiswasser zerlegt, wobei sich die Sulfofettsäure als braune Fettschicht auf der Oberfläche ansammelte. Diese wurde nun mit Wasser so lange gekocht, bis sich die Menge der sich bildenden obenauf schwimmenden Fettschicht nicht mehr vermehrte. Der Reaktionsverlauf gestaltete sich dann in den zwei Phasen wie folgt: **Versuche Saytzeff.**

$$C_{15}H_{31}CH = CH{-}COOH + H_2SO_4 = C_{15}H_{31}CH(O \cdot SO_3H){-}CH_2{-}COOH\,.$$

Beim Kochen mit Wasser:

$$C_{15}H_{31}{-}CH(OSO_3H){-}CH_2{-}COOH + H_2O = H_2SO_4 + C_{15}H_{31}{-}CH \cdot (OH){-}CH_2{-}COOH\,.$$

[1]) Journ. f. prakt. Chemie, Bd. 35, S. 369.

[2]) Berichte d. Deutsch. chem. Gesellsch., Bd. 19, S. 239.

[3]) Zeitschr. d. chem. Ind. 1887, S. 298.

Es bildete sich β-Oxystearinsäure, die dadurch ausgezeichnet ist, daß sie unter gewissen Bedingungen unter Wasserabspaltung in die sogenannte feste Ölsäure übergeht, weiter aber — und das ist für den Sulfurierungsprozeß sehr wichtig — daß sie sich unter dem Einfluß von Schwefel- oder Salzsäure unter Druck und auch bei gewöhnlichen Verhältnissen zu glykolid- oder laktidartigen Verbindungen zu kondensieren vermag:

$$\begin{array}{ll} HO{-}C_{17}H_{34}COOH = & O{-}C_{17}H_{34}{-}CO + 2\,H_2O \\ & | \qquad\qquad\quad | \\ OHCO{-}C_{17}H_{34}{-}OH & CO{-}C_{17}H_{34}{-}O\,. \end{array}$$

Diese Körper konnte Saytzeff leicht als sirupartige Körper erhalten, wenn freie Oxystearinsäure mit 50% ihres Gewichtes an konzentrierter Schwefelsäure von 65° Bé 24 Stunden stehen gelassen wurde. Es ist also sicher, daß sich solche Körper auch beim Sulfurieren von Olivenöl selbst bilden können.

Ähnliche anhydrische Körper konnte Sabanejeff durch Erhitzen der Oxystearinsäure auf 130—150° C nach folgendem Schema darstellen:

$$\begin{array}{ll} OH{-}C_{17}H_{34}{-}COOH = & O{-}C_{17}H_{34}{-}COOH \\ & | \qquad\qquad\qquad\qquad + H_2O\,. \\ OH \cdot CO{-}C_{17}H_{34}{-}OH & CO{-}C_{17}H_{34}{-}OH \end{array}$$

Nach der Beobachtung Sabanejeffs ist dieser Körper in Wasser unlöslich, eine Tatsache, die nach Saytzeff gegen die Bildung eines sauren Körpers spricht.

Ansicht von Benedikt und Ulzer. Benedikt und Ulzer sind ebenfalls der Ansicht, daß der in Wasser lösliche Teil aus einer der Äthylschwefelsäure $C_2H_5(O{-}SO_2OH)$ analog gebildeten Verbindung bestehe. Das Einwirkungsprodukt von Schwefelsäure auf Triolein besteht danach aus einem wasserlöslichen und einem wasserunlöslichen Teile. Letzterer ist löslich in Äther, Benzol usw. und besteht aus Oxystearinsäure, deren Anhydriden, freier Ölsäure und unzersetztem Glyzerid, der wasserlösliche Teil aber aus dem Schwefelsäureester der Oxystearinsäure, der beim Kochen mit Wasser und Säuren unter Abspaltung der Schwefelsäure zerfällt. Hier stimmen die Angaben von Müller-Jakobs mit denen von Benedikt und Ulzer überein. Abweichend ist aber die Ansicht der letzteren, daß auch verdünnte Alkalien eine Zerlegung dieser Säureester bewirken können. Müller-Jakobs nimmt, seiner Formel $C_{18}H_{34}SO_5$ für die wasserlösliche Verbindung entsprechend, folgende Konstitution als Sulfoleinsäure an:

$$C_{15}H_{31}CH = CH{-}COOH + OH \cdot SO_3H = C_{15}H_{30}(SO_3H)CH = CH{-}COOH + H_2O\,.$$

Sabanejeff als Sulfoxystearinsäure: $C_{17}H_{32}\begin{matrix} OH \\ SO_3H \\ COOH \end{matrix}$

$$: C_{15}H_{31}CH = CHCOOH + OH \cdot SO_3H = C_{15}H_{31}\diagup CH \cdot OH{-}CH \cdot SO_3H{-}COOH\,.$$

Saytzeff:

$$C_{15}H_{31}CH_2—CH(O \cdot SO_3H)—COOH\,.$$

Benedikt und Ulzer stellten sich die Sulfosäure einer höheren Fettsäure, um diese mit der wasserlöslichen Säure des Türkischrotöles vergleichen zu können, selbst dar. Sie erhielten durch Erhitzen von Ölsäure mit Schwefel auf 220° C bis zur Beendigung der Schwefelwasserstoffentwicklung eine schwefelhaltige Ölsäure, die sie Schwefelölsäure nannten. Durch Oxydation dieser Säure mit alkalischen Permanganatlösungen erhielten sie ein dunkelgelbes bis braunes dickflüssiges Öl, dessen Zusammensetzung allerdings nicht weiter studiert worden ist. Benedikt und Ulzer glaubten aber aus der Art der Synthese, der leichten Löslichkeit der Säure in Wasser und ihrem stark sauren Charakter schließen zu dürfen, daß sie eine Sulfosäure sei. Diese, ebenso wie die wasserlösliche Säure des sulfurierten Olivenöles, ist mit Wasser in allen Verhältnissen mischbar; die wässerigen Lösungen schäumen beim Schütteln, die Säuren lassen sich auswaschen und mit Kochsalz oder verdünnten Mineralsäuren aussalzen. Gegen kochende konzentrierte Alkalilaugen verhalten sich beide Präparate gleich: sie werden nicht zersetzt. Nur darin unterscheiden sich diese zwei Produkte, daß die synthetische Sulfosäure mit Salzsäure, auch beim Erhitzen auf 150° C im Rohr, keine Schwefelsäure abspaltet, während es die Säure des Türkischrotöles leicht tut. Daraus folgern Benedikt und Ulzer mit Recht, daß die Sulfosäure aus Türkischrotöl keine echte Sulfosäure sein könne; die leichte Abspaltbarkeit der Schwefelsäure durch kochendes Wasser, ja schon durch verdünnte Säuren, und dann wieder die Beständigkeit gegen Alkalien beweisen mehr die Ähnlichkeit mit den Eigenschaften der Äthylschwefelsäure.

Zersetzlichkeit der wasserlöslichen Säure sulfurierten Olivenöles.

Über die Zersetzlichkeit der wasserlöslichen Säure sulfurierten Olivenöles fand Sabanejeff folgendes:

Behandelt man eine gewogene Menge der Säure mit verdünnter Schwefelsäure und bestimmt die dabei abgeschiedene Säure titrimetrisch, so ergibt sich, daß nur ca. 20% der zur Herstellung der Sulfosäure verwendeten Ölsäure in Reaktion getreten sind; 7—15% der Ölsäure bleiben unbeteiligt, aber ca. 70% davon gehen in Oxystearinsäure bzw. deren Anhydride über.

Während aus den Arbeiten der bisher genannten Forscher hervorgeht, daß das Triolein beim Sulfurieren eine Abspaltung von Glyzerin erfährt und daß dann die freie Ölsäure mit der Schwefelsäure zu reagieren vermag, vertreten Liechti und Suida sowie Geitel eine andere Richtung.

Zwar nehmen Liechti und Suida[1]) an, daß die Schwefelsäure auch auf Olivenöl verseifend einwirke, aber nur so, daß aus einem Molekül Triolein unter Abspaltung von 2 Molekülen Ölsäure Monolein entsteht; 2 Mole-

[1]) Dinglers polyt. Journ., Bd. 250, S. 543; Bd. 251, S. 547.

küle dieses Monoleins bildeten dann mit Schwefelsäure einen Ester nach der Gleichung:

$$2\,C_3H_5(OH)_2C_{18}H_{33}O_2 + H_2SO_4 = 2\,H_2O + \begin{bmatrix} \left.\begin{matrix} C_{18}H_{33}O_2 \\ SO_4 \end{matrix}\right\} C_3H_5OH \\ \left.C_{18}H_{33}O_2\right\} C_3H_5OH \end{bmatrix},$$

oder, nachdem ein Teil der H_2SO_4 die Ölsäure zu Oxystearinsäure umgewandelt hatte, einen Oxystearinsäureglyzerinester:

$$2\,C_3H_5(C_{18}H_{33}O_2)_3 + 7\,H_2SO_4 + 8\,H_2O = \begin{bmatrix} \left.\begin{matrix} C_{18}H_{35}O_3 \\ SO_4 \end{matrix}\right\} C_3H_5OH \\ \left.C_{18}H_{35}O_3\right\} C_3H_5OH \end{bmatrix}$$
$$+ 4\,C_{18}H_{36}O_3 + 6\,H_2SO_4.$$

Ansicht von Liechti und Suida.

Nach der Meinung von Liechti und Suida besteht nun der wasserlösliche Teil des Reaktionsproduktes von konzentrierter Schwefelsäure auf Olivenöl in der Hauptsache aus diesem Ester, der sich durch Kochen mit Säuren oder Alkalien in Schwefelsäure, Glyzerin und Oxystearinsäuren bzw. Ölsäure zerlegen läßt. Die Genannten begründen die Berechtigung der Aufstellung dieser Formel namentlich damit, daß sie, entgegen den Angaben Frémys, in der beim Waschen des rohen Türkischrotöles entstandenen schwefelsäurehaltigen Unterlauge absolut kein Glyzerin nachweisen konnten. Weiter aber wollten beide Forscher die Ansicht über die Esterformel noch dadurch stützen, daß sie den Ester aus seinen Bestandteilen synthetisch darzustellen versuchten. Ebenso wie Liechti und Suida nimmt auch Geitel[1]) bei Einwirkung konzentrierter Schwefelsäure auf Triolein keine Abspaltung von Glyzerin an, sondern sucht zu beweisen, daß sich die Schwefelsäure direkt an das Glyzerid, unter Bildung eines neutralen oder sauren Esters, nach folgenden Formeln anlagert:

a)
$$(C_{15}H_{31}CH = CH{-}COO)_3C_3H_5 + 3\,H_2SO_4$$
$$= \begin{pmatrix} C_{15}H_{31}CH_2{-}\underset{\displaystyle SO_4H}{\underset{|}{CH}}{-}COOH \end{pmatrix}_3 C_3H_5$$

und:

b)
$$2\,(C_{15}H_{31}{-}CH = CH \cdot COO)_3C_3H_5 + 6\,H_2SO_4$$
$$= 2\begin{bmatrix} C_{15}H_{31} \cdot CH_2{-}CH{-}CO_2 \\ | \\ SO_4 \\ | \\ C_{15}H_{31} \cdot CH_2{-}CH{-}CO_2 \end{bmatrix}_3 C_3H_5,$$

und zwar soll sich der saure Ester nach a) vorwiegend bei Einwirkung von konzentrierter Schwefelsäure auf freie Ölsäuren, der neutrale Ester hingegen bei Einwirkung auf Triglyzeride bilden, wobei sich schließlich der neutrale Ester in sauren umwandelt. Geitel nimmt ferner an, daß

[1]) Journ. f. prakt. Chemie. Bd. 37, S. 53.

der neutrale Ester wohl in Wasser, nicht aber in kaliumsulfathaltigem Wasser löslich sei, während das Kalisalz des sauren Esters bei Gegenwart von Salzen aufgelöst werde. Bei längerem Stehen mit konzentrierten Säuren soll schließlich eine Spaltung in Glyzerin und substituierte Fettsäuren eintreten können.

Geitel erschließt die von ihm angenommene Zusammensetzung dieser Körper in der Hauptsache aus der Bestimmung der Säurezahl und der Jodzahl des rohen, ungewaschenen Einwirkungsproduktes, der nachstehenden Überlegung folgend: Ansicht Geitels.

Eine Mischung (beispielsweise von einem Molekül Ölsäure und einem Molekül Schwefelsäure) braucht 3 Moleküle KOH zur Sättigung. Ist eine Bindung im Sinne der Gleichung:

$$C_{15}H_{31}CH = CH\,COOH + H_2SO_4 = C_{15}H_{31}CH_2{-}CH(SO_4H) \cdot COOH$$

vor sich gegangen, so sind nur noch 2 Moleküle KOH nötig. Danach wird von einem Gemisch eines Moleküls H_2SO_4 mit einem Molekül Ölsäure eine genau gewogene Menge genommen und titriert; z. B. 3,742 g der Reaktionsmasse erfordern 1354 mg KOH, 1 g obigen Gemisches müßte aber 426,8 mg KOH brauchen, der Verlust ist also $3{,}742 \times 426{,}8 - 1354 = 133{,}08$ mg. Letzteres ergibt in Prozenten des Gesamtverbrauches:

$$1497{,}08 : 133{,}08 = 100 : x \qquad x = 8{,}3\,\%.$$

Als Mittel mehrerer Versuche ergibt sich eine Differenz von 9,7 % KOH. Da sich nun aber, wenn ein Molekül Schwefelsäure mit einem Molekül Ölsäure zusammentritt, eine Differenz von 33,3 % ergeben müßte, sind in obigem Falle $\frac{9{,}7 \times 100}{33{,}3} = 29{,}1\,\%$ der angewendeten Ölsäure in gesättigte Verbindungen übergeführt worden. Zur Ermittlung der Menge der gesättigten Verbindungen kann man noch die Bestimmung der Jodzahl ausführen, und es würde sich dann, wenn beide Methoden übereinstimmende Werte ergäben, die Annahme, daß der Prozeß im angegebenen Sinne verlaufe, wohl rechtfertigen lassen. Geitel findet jedoch ziemlich beträchtliche Unterschiede, je nachdem man die Menge der gesättigten Verbindungen aus der Säurezahl oder aus der Jodzahl berechnet. Das ist indes, wenn die Jodzahlbestimmung bei Anwesenheit von so viel konzentrierter H_2SO_4 vorgenommen wird, auch nicht anders zu erwarten. Die Jodzahl, die ja ohnedies schon eine ganze Zahl von Unsicherheiten bietet, kann unter diesen besonders ungünstigen Umständen nicht als zuverlässige Prüfungsmethode angesehen werden. Geitel suchte sich diese Differenzen, da der Unterschied der Zahlen nach beiden Methoden um so größer wird, je älter die untersuchten Produkte sind, so zu erklären, daß auch bei gewöhnlicher Temperatur eine Spaltung der Stearinschwefelsäure in Schwefel- und Oxystearinsäure stattfindet, wodurch die Säurezahl ansteigt. In ähnlicher

Weise wie für die freie Ölsäure wird von Geitel die Rechnung für die Reaktion zwischen Triolein und Schwefelsäure durchgeführt.

Die Nichtabspaltung von Glyzerin erachtet Geitel auf Grund zweier Versuche als erwiesen. Von einem Gemisch eines Moleküls Triolein mit 5 Molekülen Schwefelsäure wurden 4,9410 g abgewogen und mit konzentrierter Glaubersalzlösung durchgeschüttelt, dann wurde Äther zugefügt und von neuem geschüttelt. In der Glaubersalzlösung konnte Geitel durch Oxydation mit alkalischer $KMnO_4$-Lösung bei beiden Versuchen keine Oxalsäurebildung, also auch keine Glyzerinabscheidung nachweisen.

Die Unwahrscheinlichkeit der Existenz des von Liechti und Suida angenommenen Esters wurde von Müller-Jakobs und von Benedikt-Ulzer nachgewiesen.

Müller-Jakobs gelang der Nachweis, daß der von ihm beschriebene wasserlösliche Körper auch aus reiner Ölsäure und konzentrierter Schwefelsäure ohne jeden Zusatz von Glyzerin erhalten werden konnte, und zwar in Mengen bis zu 50% des angewendeten Öles, wenn man besonders darauf achtete, daß eine Zersetzung der gebildeten Sulfosäure verhindert wurde, was Liechti und Suida anscheinend ganz außer acht gelassen haben.

Benedikt und Ulzer betrachten die Glyzerinesterformel Liechtis deshalb als ausgeschlossen, weil ein derartiger Körper neutral reagieren müßte, was doch nicht der Fall ist. Ferner müßte er leicht verseifbar sein; es gelingt jedoch nicht, diese Sulfosäure mit kochenden konzentrierten Alkalilaugen zu zersetzen. Ebenso ergaben die Glyzerinbestimmungen immer nur sehr geringe Mengen von Glyzerin, die dem theoretischen Glyzeringehalt eines derartigen Esters keineswegs entsprachen.

In bezug auf die Geitelschen Untersuchungen ist endlich noch hervorzuheben, daß die Titrationen nur dann die angeführten Schlußfolgerungen zulassen, wenn der Prozeß bloß im Sinne der Geitelschen Gleichungen verläuft, während andere Verbindungen, z. B. etwa die der Dicarbonsäure,

$$\begin{array}{c} C_{15}H_{31}-CH_2-CH-COOH \\ | \\ SO_4 \\ | \\ C_{15}H_{31}CH_2-CH-COOH \end{array}$$

ausgeschlossen sind. Ferner muß vorausgesetzt werden, daß die gebildete Stearinschwefelsäure nicht durch die zur Vornahme der Titration notwendige Auflösung bereits eine Zersetzung erleidet. Für diese Fälle ist natürlich die von Geitel verfolgte Berechnung nicht zulässig.

Die Fragen, in welcher Weise sich das Glyzerin der verwendeten Glyzeride am Prozeß beteiligt, und ob die schon oft behauptete Oxydationswirkung der Schwefelsäure wirklich bei der Beurteilung der in Frage kommenden Reaktionen mit in Betracht gezogen werden müsse, wurden von W. Herbig[1]) einer eingehenden Untersuchung unterzogen. Untersuchungen Herbigs.

Die für die SO_2-Entwicklung von Liechti und Suida[2]) aufgestellten Gleichungen sind bereits erwähnt worden. Auch Müller-Jakobs glaubt, daß der Prozeß bei SO_2-Entwicklung folgende Formulierung erfahren müsse:

Olivenöl:

$$2\,(C_{18}H_{33}O_2)_3C_3H_5 + 3\,H_2SO_4 + 3\,H_2O$$
$$= 3\,C_{18}H_{36}O_3 + 3\,C_{18}H_{34}O_3 + 3\,SO_2 + 2\,C_3H_8O_3\,.$$

Ölsäure:

$$2\,C_{18}H_{34}O_2 + H_2SO_4 = C_{18}H_{36}O_3 + C_{18}H_{34}O_3 + SO_2\,.$$

Nach den Untersuchungen von Herbig ist die SO_2-Entwicklung so gering, daß die Aufstellung dieser Gleichung den gefundenen SO_2-Werten nicht entspricht. Nach diesen Gleichungen hätten für 100 g Olivenöl 10,8 g SO_2 gefunden werden müssen. Herbig fand aber bei 19 Versuchen, auch unter der SO_2-Entwicklung besonders günstigen Verhältnissen, im Höchstfalle 0,113 g SO_2, also nur den hundertsten Teil der von Müller-Jakobs berechneten Menge. Die SO_2-Entwicklung muß also als ganz unerheblich bezeichnet werden.

Die übrigen Resultate dieser Arbeit sind zusammengefaßt folgende:

1. Bei der Einwirkung konzentrierter Schwefelsäure auf Olivenöl ergibt die genaue Untersuchung der sauren Waschwässer, daß die konzentrierte Säure verseifend auf das Triglyzerid einwirkt. Die Menge der zur Reaktion verbrauchten Schwefelsäure ist unter Umständen äquivalent derjenigen Menge Ölsäure, die zur Bildung von Stearinschwefelsäure verbraucht wird. Es kann aber auch, je nach den Versuchsbedingungen, eine größere Menge Ölsäure entstehen, die dann als freie Ölsäure vorhanden ist.

2. Das Glyzerin, das durch die Spaltung des Trioleins entsteht, ist in der Unterlauge als freies Glyzerin oder vielleicht als Glyzerinschwefelsäure anwesend. Letzteres ist weniger wahrscheinlich

3. Die Untersuchung des von der überschüssigen Schwefelsäure durch Waschen gereinigten und getrockneten sulfurierten Öles zeigt, daß beim Trocknen, auch bei der vorsichtigsten Behandlung, eine Zersetzung vor sich geht, wobei namentlich die Abspaltung von Schwefelsäure respektive Natriumsulfat und die Bildung von Oxystearinsäure ins Auge zu fassen sind.

4. Die Bildung der Oxystearinsäure ist während des Beizens beim Türkischrotfärben schon beim Dämpfen anzunehmen, so daß zur Lackbildung die Anwesenheit der Oxystearinsäure allein in Betracht gezogen

---

[1]) „Die Einwirkung von Schwefelsäure auf Olivenöl", Färberztg. 1902, Heft 18; 1903 Heft 16, S. 722 u. Heft 23; 1904, Heft 2 u. 3.

[2]) Dinglers polyt. Journ., Bd. 250, S. 543; Bd. 251, S. 177.

werden muß, während die Stearinschwefelsäure oder das Natriumsalz sich in unzersetzter Form nicht an der Lackbildung zu beteiligen scheint.

5. Eine stärkere Verseifung des Triglyzerids, wie man sie durch Vermehrung der einwirkenden Schwefelsäure, höhere Temperatur und längere Reaktionsdauer erreichen kann, ist, nach den durchgeführten Ausfärbungen zu urteilen, für die Güte des mit einer derartigen Beize erhaltenen Farblackes nicht förderlich. Es erscheint vielmehr vorteilhaft, die Menge der einwirkenden Säure so zu wählen, daß nur ein bestimmter Prozentsatz des Öles unter gleichzeitiger Bildung von Stearinschwefelsäure verseift wird, und daß in dem sulfurierten Öl noch unzersetztes Triolein vorhanden ist.

b) *Einwirkung konzentrierter Schwefelsäure auf Rizinusöl.*

Sulfonierung von Rizinusöl.

Nach Müller-Jakobs verläuft die Einwirkung der Schwefelsäure auf Rizinusöl ähnlich der Bildung der Äthylschwefelsäure. Das Rizinusöl wird zunächst verseift, und auf die freie Rizinölsäure wirkt die H_2SO_4 ein nach:

$$C_{17}H_{32}(OH)COOH + H_2SO_4 = C_{17}H_{32}(O \cdot SO_3H)COOH + H_2O\,.$$

(Sulfomonorizinölsäure nach Juillard).

Liechti und Suida[1]) geben unter Annahme der Bildung einer Trioxyoleinsäure resp. eines Glyzerinschwefelsäureesters dieser Säure folgende Gleichung an:

$$(C_{18}H_{33}O_3)_3C_3H_5 + 13\,H_2SO_4 = 4\,C_{18}H_{33}O_5 + 12\,SO_2 + 10\,H_2O + C_{42}H_{78}O_{16}S\,.$$

$$C_{42}H_{78}O_{16}S = \left[\begin{matrix} C_{18}H_{33}O_5 \\ SO_4 \\ C_{18}H_{33}O_5 \end{matrix}\begin{matrix} \left.\right\} C_3H_5OH \\ \left.\right\} C_3H_5OH \end{matrix}\right]$$

Nach Benedikt und Ulzer verläuft die Einwirkung, wie oben von Müller-Jakobs angegeben worden ist:

$$C_{18}H_{34}O_3 + H_2SO_4 = C_{18}H_{33}(O \cdot SO_3H)O_2 + H_2O\,.$$

Bei Einwirkung von Wasser und Salz- oder Schwefelsäure auf diesen Schwefelsäureester erfolgt Abspaltung der Schwefelsäure unter Bildung von Rizinölsäure

$$C_{18}H_{33}O_2(OSO_3H) + H_2O = C_{18}H_{33}O_2(OH) + H_2SO_4\,.$$

Die Rizinölsäure ist löslich in der wasserlöslichen, stark sauren Schwefelsäureverbindung.

P. Juillard und Scheurer-Kestner[2]) nehmen auch eine Verseifung des Rizinusöles durch die konzentrierte Schwefelsäure, dann aber auch eine kondensierende Wirkung derselben an, so daß mehrere Moleküle der Rizin-

---

[1]) Mitteil. d. Technol. Gewerbemuseums Wien 1883, S. 2; 1884, S. 59; Dinglers polyt. Journ., Bd. 250, S. 543; Bd. 251, S. 547; Bd. 254, S. 302, 346 u. 350.

[2]) Archives des sciences physiques et naturelles 1890, S. 134—148; Bull. de la Soc. ind. de Mulhouse 1891, S. 53; Compt. rendus, Bd. 112, S. 158.

ölsäure zu Polyrizinölsäuren zusammentreten; drittens endlich reagiert die H_2SO_4 mit der (OH)-Gruppe der Rizinölsäuren unter Bildung der der Äthylschwefelsäure ähnlichen Verbindung. Aus je einem Molekül dieser letzteren Säure und der Rizinölsäure kann dann eine Dirizinölsulfosäure entstehen:

$$OHC_{17}H_{32}COOH + SO_3H{-}O{-}C_{17}H_{32}{-}COOH$$

$$= \boxed{\begin{array}{c} OH \\ H \end{array}} \begin{array}{l} OC{-}C_{17}H_{32}O{-}SO_3H \\ | \\ O{-}C_{17}H_{32}{-}COOH \end{array}$$

Nach Scheurer-Kestner besteht der lösliche Teil des Rizinus-Türkischrotöles aus Mono- und Dirizinölsulfosäure:

$$C_{17}H_{32}(OSO_3H)COOH$$

und

$$COOH{-}C_{17}H_{32}{-}O{-}CO{-}C_{17}H_{32}(OSO_3H),$$

während der in Wasser unlösliche Teil aus Mono-, Di-, Tri-, Tetra- und Penta-Rizinölsäure bestehen soll. Letztere stellen nach Juillard dicke Öle dar, die löslich sind in Benzol, unlöslich in kaltem Alkohol. Die Lösung der Sulfomonorizinölsäure in Wasser ist vollkommen klar, läßt sich aber durch Kochsalz als ölige Masse ausscheiden. Durch kochendes Wasser soll sich diese Sulfosäure nicht zerlegen, wohl aber beim Kochen mit HCl oder H_2SO_4.

Juillard fand, daß sich das Glyzerin des Rizinusöles sowohl in der Salzlauge bei der Herstellung des Türkischrotöles als auch in dem Sulfoprodukt vorfindet, und zwar ist in letzterem durchschnittlich die Hälfte des ursprünglichen Glyzeringehaltes des Rohmaterials.

Um den Schwefelsäuregehalt des Türkischrotöles zu ermitteln, kochte Juillard eine gewogene Menge mit der 3fachen Menge Wassers aus und fand so 5—8% H_2SO_4.

Nach neueren Untersuchungen von Herbig wird indessen auf diese Weise nicht alle H_2SO_4 abgespalten, sondern erst unter Zuhilfenahme von Salzsäure. Kaustisches Alkali wirkt zerlegend ein, scheidet Glyzerin aus und macht das Öl in Wasser unlöslich. Beim Stehen verändert sich das Rizinusöl-Türkischrotöl und es bildet sich eine Ölschicht, die schwach sauer reagiert, in kaltem Alkohol fast unlöslich ist, löslich in heißem Alkohol, aus dem sich beim Erkalten ein Öl ausscheidet, das ein Gemenge der oben erwähnten Polyrizinölsäuren darstellt. Die Pentarizinölsäure macht ein Sechstel dieses Gemenges aus, hat eine ölige Konsistenz, wie alle diese Polysäuren, und ein Molgewicht von 1392 (berechnet 1418). Durch alkoholisches Kali werden diese Polyrizinölsäuren wieder in Rizinölsäuren gespalten.

Dirizinölsäure.

Die Dirizinölsäure (Molgewicht 592, berechnet 578) ist löslich in kaltem Alkohol und bildet mit Soda, zum Unterschiede von der Rizinölsäure, ein in Alkohol lösliches, in Wasser unlösliches Salz. Die Pentarizinölsäure bildet sich aus den Schwefelsäureestern der Tri- und Dirizinölsäure heraus.

Untersuchungen Juillards.

Juillard stellte aus Rizinusölsäure ein Türkischrotöl dar; dieses setzte sich zusammen aus einem in Wasser löslichen Teil, den Sulfoderivaten der Mono-, Di- und Tririzinölsäure, und einem in Wasser unlöslichen, in Benzin, Ligroin und Äther löslichen Teil, bestehend aus Mono-, Di- und Tririzinölsäure.

Bei der Untersuchung der in Wasser löslichen Sulfomonorizinölsäure lieferte die aus wässeriger Lösung durch Kochsalz abgeschiedene ölige Schicht mit Äther eine kristallinische Säure. Die kristallisierte Sulfosäure löst sich schwer in Äther, leicht in Wasser; sie stellt eine zweibasische Säure vom Molgewicht 309 (berechnet 298) vor. Bei Behandlung der Rizinölsäure mit Schwefelsäure entstehen dieselben Produkte wie bei entsprechender Behandlung des Rizinusöles. Das Glyzerin ist, verbunden mit den Sulfofettsäuren, in dem wasserlöslichen Teil des Handelsproduktes als Dirizinusölsulfosäure enthalten:

$$\left.\begin{array}{r}OH—C_{17}H_{32}COO\\ SO_3H—O—C_{17}H_{32}COO\end{array}\right\rangle C_3H_5OH\,.$$

Dieser Ester wird durch kalte Kalilauge, auch durch kochende Alkalikarbonate, leicht verseift, unter Bildung von Glyzerin, Rizinölsäure und Sulforizinölsäure; eine gleiche Zerlegung erfolgt auch mit kaltem Wasser bei längerer Berührung. Heiße, verdünnte Mineralsäuren (HCl) spalten in Schwefelsäure, Glyzerin und Monorizinölsäure.

Außer der Dirizinölsulfosäure und ihren Homologen enthält das durch Einwirkung von Schwefelsäure auf Rizinusöl erhaltene Produkt auch die Sulfo-, Mono- und Polyrizinölsäuren. Ist bei der Sulfonierung des Rizinusöles mit konzentrierter Schwefelsäure die Temperatur niedriger, so bildet sich mehr Rizinusölsulfosäure, ist sie höher, so entstehen die Sulfo-, Mono- und Polyrizinölsäuren. Die Dirizinölsulfosäure läßt sich aus dem mit Kochsalzlösung bei 0° C ausgewaschenen Sulfoprodukt des Rizinusöles durch Extraktion der darin enthaltenen Rizinölsäure mit Benzol als wasserlösliche Masse erhalten. Juillard fand 5,37 % Schwefelgehalt dieser Verbindung, berechnet 5,36 %. Diese Dirizinusölsulfosäure entsteht aus der Tririzinusölsulfosäure durch eine Reihe von Verseifungen innerhalb der Verbindung selbst. Diese geht über in Monorizinusölsulfosäure:

$$SO_3H—O—C_{17}H_{32}—COOC_3H_5(OH)_2\,,$$

die sich dann in Sulfo-Monorizinölsäure:

$$SO_3H—O\cdot C_{17}H_{32}COOH$$

und in Rizinölsäure verwandelt, während die Bildung der Polyrizinölsäuren in einem späteren Stadium der Selbstzersetzung erfolgt.

Aus dem Ergebnis seiner Versuche zieht Juillard den Schluß, daß das Türkischrotöl aus Schwefelsäure- und Glyzerinschwefelsäureäthern der Rizinusölsäure und der Polysäuren bestehe und daß diese mit den Zersetzungsprodukten, den freien Fettsäuren, vermischt seien, worunter die Rizinölsäure vorwalte.

Scheurer-Kestner tritt den Ansichten Juillards im allgemeinen bei, bestreitet aber daß dem Glyzerin irgend eine Rolle im Türkischrotöl zukomme, da es, ob vorhanden oder nicht, die Eigenschaften dessen nicht beeinflusse und da man aus Rizinusöl und freier Rizinusölsäure vollkommen gleichwertige Produkte erhalte. Ansicht Scheurer-Kestners.

Die von Juillard verwendete Kochsalzlösung zum Waschen des sulfurierten Öles hält Scheurer-Kestner mit Recht für unzweckmäßig, weil, wie auch Herbig bei seinen Arbeiten gefunden hat, Kochsalz mit den Sulfosäuren unter Bildung der Natronsalze reagiert; man verwendet deshalb lieber Glaubersalzlösungen zum Waschen des sulfurierten Öles.

Scheurer-Kestner faßt das Resultat seiner Untersuchungen zusammen wie folgt:

Das aus Rizinusöl durch Behandeln mit Schwefelsäure erhaltene Türkischrotöl enthält zwei Komponenten:

1. ein in Wasser lösliches, das Rotgelb avivierendes, in der Kälte sehr beständiges, ungefähr zwei Drittel des ganzen Öles ausmachendes Sulfoprodukt in hydratischem Zustand, das sein Hydratwasser bei Zusatz von Äther oder gelindem Verdampfen verliert;

2. nicht sulfonierte Fettsäuren, unlöslich in Wasser, löslich im Hydrat des Sulfoproduktes, ein Drittel des ganzen Öles ausmachend, das Rot mit Karminnuance avivierend.

Neben der Reaktion:

$$C_{18}H_{34}O_3 + H_2SO_4 = C_{15}H_{30}(OSO_3H){-}CH = CH{-}COOH\,,$$

die nach diesen eben besprochenen Forschungen allgemein angenommen wird, ist aber auch die Darstellung einer Dioxystearinsäure $C_{17}H_{33}(OH)_2COOH$ denkbar.

Benedikt[1]) hielt eine von ihm aus Türkischrotöl isolierte Dioxystearinsäure für ein synthetisches Produkt, hatte aber jedenfalls nur die natürliche Dioxystearinsäure des Rizinusöles[2]) vom Schmelzpunkt 141 bis 143° C in Händen. Eine von Juillard beschriebene Verbindung $C_{18}H_{36}O_4$, die er bei Einwirkung von Schwefelsäure auf Rizinölsäure erhielt, stellte kein chemisches Individuum, sondern ein Gemenge mehrerer Isomeren dar.

Ad. Grün[3]) stellte nun aus Rizinusölsäure und überschüssiger Schwefel-

[1]) Benedikt und Ulzer, Monatsschr. f. Chemie 1887, S. 208.
[2]) H. Meyer, Archiv d. Pharm. 1897, S. 184.
[3]) Berichte d. Deutsch. chem. Gesellsch. 1906, S. 4400.

säure die Dioxystearinsäure her, allerdings nur in geringer Menge, daneben aber in reichlicher Ausbeute ihr Anhydrisierungsprodukt:

$$C_{17}H_{33}(OH)_2CO \cdot O—C_{17}H_{33}(OH)COOH\,,$$

das sich leicht in die freie Säure überführen ließ. Beide Verbindungen entstanden in Form ihrer Schwefelsäureester. Bei der Darstellung wurden gleiche Mengen Rizinölsäure und höchstkonzentrierter Schwefelsäure bei —10° C zusammengebracht und dann 24 Stunden stehen gelassen. Nach der Scheidung mit Glaubersalzlösung löste sich das Reaktionsprodukt klar in Wasser. Diese Schwefelsäureester sind also ebenfalls in Wasser löslich. Die Jodzahl im Ausgangsprodukt war 88,73. Nachdem das Produkt mit HCl unter Abspaltung der H_2SO_4 zerlegt war, ergab sich die Jodzahl 11,18. Die Hauptmasse der Rizinölsäure ist also in gesättigte Verbindungen übergegangen und nur 12,6% Rizinölsäure waren noch vorhanden.

Diese Untersuchung von Grün ist für die Beurteilung der Zusammensetzung der Türkischrotöle aus Rizinusöl sehr wichtig, da wir ohne Zweifel bei niedriger Sulfurierungstemperatur die Bildung dieser Körper, wenn vielleicht auch nur in geringerer Menge, annehmen müssen. Grün isolierte nach der Verseifung der Masse aus dem bei 67—69° C schmelzenden Säuregemisch der Isomeren eine bei 108° C schmelzende Säure, die sich bei Abwesenheit der übrigen Säuren in Äther nicht mehr löste. Die niedriger schmelzende Säure hatte den Schmelzpunkt 69,5° C und die Formel

$$CH_3—(CH_2)_5CHOH(CH_2)_2CH(OH)(CH_2)_7COOH\,.$$ [1])

Große Mengen dieser Verbindung können sich indessen bei der Sulfurierung nicht bilden. Das geht aus einer in der Praxis durchgeführten Arbeit von Benedikt und Ulzer[2]) über Türkischrotöle hervor. Die Genannten stellten sich aus Oliven-, Kotton- und Rizinusöl Türkischrotöle dar, verseiften diese mit alkoholischem Kali, zersetzten kochend mit Salzsäure und isolierten die Fettsäuren mit Äther. Von diesen sowie von den Fettsäuren des in Wasser löslichen und unlöslichen Teiles des Rizinusöles wurden die Azetylzahlen bestimmt.

Arbeiten von Benedikt und Ulzer.

Wie die nachstehende Tabelle zeigt, ist die Azetylzahl der Säuren aus Oliven- und Kottonöl entsprechend der Umwandlung der darin enthaltenen flüssigen, ungesättigten Fettsäuren in Oxyfettsäuren gestiegen, während die Azetylzahlen für Rizinusöl nahezu gleich geblieben sind Das Rizinus-Türkischrotöl unterscheidet sich danach wesentlich vom Oliven-Türkischrotöl dadurch, daß es den sauren Schwefelsäureester der ungesättigten Rizinölsäure, das letztere aber den Ester der gesättigten Oxystearinsäure, enthält. Dieses wird ferner noch durch die Jodzahlen der durch Zersetzung des löslichen Teiles der Türkischrotöle erhaltenen Fettsäuren be-

---

[1]) Siehe auch unter „Nachträge" das Referat über die Arbeit von Ad. Grün und M. Woldenberg.

[2]) Zeitschr. f. d. chem. Ind., Jahrg. 1, S. 298.

stätigt. Die Säuren aus Oliven-Türkischrotöl addierten kein Jod. Für die Säure aus Rizinus-Türkischrotöl ergab sich die Jodzahl 77,3, während reine Rizinölsäure 85,2 % Jod addierte.

Türkischrotöle	Fettsäuren aus den Türkischrotölen			Fettsäuren aus den ursprünglichen Ölen
	Säurezahl	Verseifungszahl	Azetylzahl	Azetylzahl
Oliven-Türkischrotöl	151,6	255,6	104,0	4,7
Kotton-Türkischrotöl	178,7	231,4	52,7	16,6
Rizinus-Türkischrotöl	140,0	283,4	143,4	142,1
Rizinus-Türkischrotöl, löslicher Anteil	139,2	286,4	147,2	—
Rizinus-Türkischrotöl, unlöslicher Anteil	153,5	278,5	125,0	—
Rizinus-Türkischrotöl von Javal . . .	152,0	301,0	149,0	—
Rizinus-Türkischrotöl der Apollokerzenfabrik in Wien	141,1	291,0	150,2	—
Berechnet für Oxystearinsäure . . .	164,0	328,0	164,0	—
„ „ Rizinölsäure	165,0	330,0	165,0	—
„ „ Dioxystearinsäure . .	140,25	420,75	280,0	—

Fassen wir die Ergebnisse der bis jetzt durchgeführten Untersuchungen über die beiden Arten der Türkischrotöle aus Rizinusöl und anderen Ölen in Kürze zusammen, so läßt sich folgendes hervorheben:

1. Die Türkischrotöle aus anderen Ölen als Rizinusöl bestehen aus dem Natrium- bzw. Ammonsalz der Oxystearinsäure, freien Ölsäuren und der Stearinschwefelsäure sowie aus unzersetzten Glyzeriden. Da die Wirkung der Schwefelsäure in einer Addition derselben an die ungesättigte Ölsäure besteht, können gesättigte Fettsäuren respektive deren Glyzeride für die Erzeugung der Türkischrotöle nicht in Betracht kommen.

2. Das Türkischrotöl aus Rizinusöl ist komplizierter zusammengesetzt; im wesentlichen wird es freie Rizinusölsäure und den Schwefelsäureester dieser Säure enthalten. Da aber hier die Bildung von Kondensations- und Polymerisationsprodukten beobachtet worden ist, kann, je nach den Herstellungs- und Aufbewahrungsbedingungen, eine Reihe anderer chemischer Verbindungen in wechselnden Mengen vorhanden sein, deren Anwesenheit sich jedoch auf Grund der bestehenden Untersuchungsmethoden nicht immer mit absoluter Sicherheit und Schärfe feststellen läßt. Eine Reaktion entsprechend der Gleichung:

$$C_{15}H_{30}(OH)CH = CH{-}COOH + H_2SO_4 = C_{15}H_{30}(OH){-}CH_2{-}CH(OSO_3H)COOH$$

hat man bis jetzt nicht beobachten können. Bei sehr niedrigen Temperaturen und einem großen Überschuß von Schwefelsäure hat man zwar die Bildung gesättigter Dioxystearinsäuren wahrnehmen können, für die Herstellungsweise des Rizinustürkischrotöles kommt aber die Bildung dieser Verbindung anscheinend nur in untergeordnetem Maße in Betracht.

Fabrikation.

a) Türkischrotöle.

Allgemeines. Bei der Herstellung des Türkischrotöles soll die Schwefelsäure zu dem Öle langsam, unter Abkühlung und unter beständigem Rühren zugesetzt werden, wodurch man die Erwärmung und die dadurch hervorgerufene Entwicklung von schwefliger Säure vermeiden will.

SO_2-Entwicklung. Über diese SO_2-Entwicklung bemerkt Peter Lochtin[1]), daß sie von den Eiweißstoffen herrührt, die das technische wie auch das gereinigte Rizinusöl enthält. Setzt man dem Rizinusöle absichtlich mehr Eiweißstoffe (aus den Samenpreßlingen durch Natronlauge extrahiert) hinzu, so nimmt die SO_2-Entwicklung derart zu, daß der Geruch beim Sulfurieren fast unerträglich wird, ebenso wie beim Sulfurieren der gequetschten Rizinussamen selbst.

Lochtin versetzte 1 kg Rizinusöl auf einmal mit 100, 200, 300 g H_2SO_4 vom spezifischen Gewicht 1,827. Die Temperatur stieg dabei auf 35°, 49° und 58° C, ohne daß SO_2 in auffälliger Weise entwich. Erst beim direkten Erwärmen der Massen, mit größeren Mengen (300 ccm) H_2SO_4 bereitet, zeigte sich bei 75° reichliche SO_2-Entwicklung, wobei die Temperatur von selbst auf 110° stieg. Lochtin ist der Ansicht, daß das Sulfurieren stets so geleitet werden müsse, daß möglichst alles Glyzerid zerlegt wird. Nun ist Rizinusöl durch Einwirkung von Säuren leicht spaltbar[2]); es genügt schon, dieses mit konzentrierter HCl von 20° Bé einige Stunden stehen zu lassen, um es in Glyzerin und freie Säure zu spalten. Es wird also jedenfalls beim Sulfurieren eine Spaltung in freie Rizinölsäure stattfinden.

Verwendete Schwefelsäuremenge. Beim Sulfurieren von 1000—1200 kg Rizinusöl nimmt Lochtin im Winter 20—30%, im Sommer 15—20% vom Ölgewicht an konzentrierter H_2SO_4. Öl und Säure werden so zusammengegeben, daß von 11 Uhr morgens bis 8 Uhr abends 12—18% der Säure unter Umrühren zugegeben werden, am andern Morgen wird der Rest der Säure bis 12 Uhr zugesetzt. Nun bleibt die Masse stehen, wobei man öfter Proben nimmt. Man gibt 5—10 Tropfen der Masse in ein Probiergläschen und prüft die Löslichkeit in destilliertem Wasser, ohne Alkalizusatz. Löst sich die Probe im Wasser klar, so muß sofort gewaschen werden, da bei längerem Stehen die Proben wieder trübe wässerige Lösungen geben. Da auch bei nicht genügend langer Einwirkung der Schwefelsäure die Proben trübe ausfallen,

[1]) Dinglers polyt. Journ. 1890, Bd. 275, S. 594.
[2]) Leipziger Monatsschr. f. Textilind. 1892, S. 345.

muß durch öftere Probenahme der richtige Zeitpunkt herausgefunden werden. Bei dieser Arbeitsweise steigt die Temperatur des Gemisches sogar im Sommer nie über 40° C, und das Öl wird fast vollständig zersetzt.

Waschen des sulfurierten Öles.

Nach dem Sulfurieren wird die Reaktionsmasse mit dem gleichen Gewicht Wasser, also etwa 1200—1400 kg, ausgewaschen. Will man in den Türkischrotöle mehr freie Fettsäuren haben, so wäscht man mit heißem Wasser oder bringt sogar das saure Öl mit dem Waschwasser zum Kochen. Ein zweites Waschen oder Zusatz von Kochsalz zum Waschwasser bietet keinen Vorteil. Beim Aussalzen wird das Kochsalz durch die Schwefelsäure und auch durch die Sulfofettsäuren[1]), die ja selbst starke Säuren sind, unter Bildung freier Salzsäure zersetzt. Da die HCl teilweise in dem sauren Öl zurückbleibt, bekommt man nach dem Neutralisieren ein mit Salmiak oder Kochsalz verunreinigtes Türkischrotöl, und verbraucht nach dem Aussalzen zum Neutralisieren nur unbedeutend weniger Alkali als nach einem einmaligen Auswaschen, da die genannten Salze das Neutralisieren (Klarwerden des Öles) erschweren. Nach dem Auswaschen wird, je nachdem man neutrale oder saure Türkischrotöle haben will, mit Soda oder auch mit Ammoniak neutralisiert. Will man auch hier den Gehalt des Öles an freien Fettsäuren vergrößern, so neutralisiert man mit Rizinusölseife[2].

Apparatur.

Das Sulfurieren des Rizinusöles[1]) erfolgt in einem mit Blei ausgekleideten Holzbottich mit Rührwerk, der über dem Boden eine bleierne Kühlschlange nebst Ablaßhahn enthält. Über dem Bottich befindet sich ein Ton- oder Steingutgefäß zur Aufnahme der Schwefelsäure. Der Zufluß der Säure erfolgt in ganz dünnem Strahl, wobei sich das Rührwerk in Tätigkeit befindet. Die Temperatur läßt man nicht über 24° C steigen. Die Kühlung setzt man unter Umständen auch nach der vollendeten Zugabe der Schwefelsäure fort und läßt die Mischung 24 Stunden stehen.

Für Herstellung von Appreturölen, von neutralen Appreturölen, wird das sulfurierte Öl in einem mit Blei ausgekleideten Holzbottich mit bleiernen Heizschlangen etwa 10 Minuten gekocht, dann läßt man doppelt so viel Wasser zufließen, als Öl vorhanden ist, und kocht wieder 10 Minuten. Nach Entfernung des Waschwassers ist das Öl zur Zusammenstellung der sauren Appreturöle fertig.

Will man das Kochen des Öles vermeiden, so genügt es, das Öl dreimal mit dem gleichen Volumen heißen Wassers auszuwaschen, um es zur Herstellung neutraler Öle verwenden zu können. Die Zusammenstellung geschieht in Holzbottichen; bei den sauren Ölen kann man diese direkt nach dem Abziehen des Waschwassers, bei den neutralen Ölen jedoch erst nach dem völligen Erkalten des Öles nach dem Auswaschen vornehmen.

---

[1]) Seifenfabrikant 1905, S. 1047.

[2]) Die Rizinussulfosäuren sind starke Säuren und vermögen daher Rizinusölseife in freie Rizinusölsäure und rizinussulfosaures Natron zu zerlegen.

Besondere Vorrichtungen.

Es finden sich auch Vorschriften, nach denen das Öl nach dem Sulfurieren nicht mit Wasser, sondern mit einer Sodalösung von 20° Bé gewaschen werden soll. Auf 100 kg sulfurierten Öles soll man 150 kg kalzinierter Soda anwenden, welche Lösung mit Wasser auf 27° Bé gestellt wird. Ist die Sulfurierung beendet und das sulfurierte Öl 24 Stunden der Ruhe überlassen worden, so wird es auf 35° C erhitzt, und nun läßt man die Sodalösung langsam unter schnellem Laufen des Rührwerkes in das sulfurierte Öl einlaufen. Die Mischung bleibt über Nacht stehen und das Wasser wird nach der Trennung der Schichten abgezogen. Für neutrale Türkischrotöle soll das Öl dann noch zweimal mit gewöhnlichem Wasser gut ausgekocht und dieses jedesmal abgezogen werden.

Für die Zusammenstellung bezeichnet man das sulfurierte und gewaschene Öl als 100 prozentig. Fügt man zu 80 Teilen des Öles 20 Teile Wasser oder Alkali und Wasser hinzu, so erhält man 80 prozentiges Öl usw. Z. B.:

1. Appreturöl neutral, 50 prozentig. Rizinusöl wird mit 25% Schwefelsäure sulfuriert, einmal mit Wasser gewaschen, davon werden 800 kg sulfurierten Öles mit 500 kg Wasser und 300 kg Natronlauge von 20° Bé durchgerührt, bis die Mischung klar geworden ist.
2. Appreturöl sauer, 80 prozentig.
   1600 kg sulfurierten Öles, 200 kg Wasser, 200 kg Natronlauge von 20° Bé.
3. Kongorotöl (Spezialöl).
   Rizinusöl wird mit 21% Schwefelsäure sulfuriert, einmal mit Wasser gewaschen, dann nochmals mit 850 kg Wasser und 70 kg Natronlauge von 20° Bé auf 1000 kg sulfurierten Öles vermischt, klar abgezogen und zusammengestellt: 660 kg sulfurierten Öles, 340 kg Wasser, 100 kg Natronlauge von 20° Bé.
4. Türkischrotöl sauer, 80 prozentig.
   2400 kg sulfurierten Öles,
   400 kg Wasser,
   200 kg Natronlauge von 20° Bé.
5. Türkischrotöl neutral, Ammoniaköl, 70 prozentig.
   700 kg sulfurierten Öles,
   200 kg Wasser,
   100 kg Salmiakgeist 24° Bé.
6. Bereitung von Natrontürkischrotöl, 50 prozentig, nach einer Vorschrift von Meister Lucius & Brüning[1]) in Höchst: 5 kg Rizinusöl werden mit 1250 g Schwefelsäure von 60° Bé versetzt und nach 12 Stunden mit 8 l Wasser vermischt, nach 24 Stunden wird abgezogen und das sulfurierte Öl mit 2 l

[1]) Färberztg. 1906, S. 165.

Natronlauge von 27° Bé neutralisiert und dann mit Wasser auf 10 kg eingestellt. In der Vorschrift Nr. 1 geht man vom fertig sulfurierten Öl aus, in Nr. 6 vom Rizinusöl selbst.

Scheurer-Kestner[1]) erhielt aus 100 Teilen Rizinusöl 123,3 Teile Türkischrotöl. Nun gehen vom Rizinusöl 5 % als Glyzerin in die Waschlauge, wenn nicht beträchtlich mehr. Es sind demnach vom Rizinusöl nur 95 % in das Rotöl übergegangen, die sich nach den Schwefelsäurebestimmungen Scheurer-Kestners mit 9,2 Teilen Schwefelsäure zu Türkischrotöl vereinigt haben. Es sind also noch 19,1 Teile Wasser hinzugekommen. Dementsprechend ist auch der Prozentgehalt der nach Vorschrift 1 und 5 hergestellten Öle verschieden, was sich bei der Bestimmung des Gesamtfettes bemerkbar machen wird[2]).

Für die Ölpräparate, die bei der Erzeugung der Farbstoffe auf der Faser, den sogenannten Eisfarben oder Azoentwicklern, gebraucht werden, finden sich bei Franz Erban[3]) Angaben, denen folgendes entnommen sei: Feer, Kolorist in den Fabriques des Produits chimiques de Thann et Mulhouse, beobachtete, daß man bei Verwendung eines nach dem unten beschriebenen Verfahren hergestellten Rotöles mit Nitranilin ein besonders schönes und blaustichiges Rot erhalten konnte.

Man läßt in 6 kg Rizinusöl unter Rühren in 12 Stunden 2 kg H_2SO_4 von 66° Bé unter Eiskühlung eintropfen; alsdann läßt man über Nacht, etwa 12 Stunden, stehen, wäscht mit 30 l Kondenswasser von 50° C, läßt klären, zieht das saure Waschwasser ab und reinigt das Öl durch Umlösen in einer Mischung von 15 l Kondenswasser und 1 l Natronlauge von 38° Bé. Hierauf scheidet man das Öl durch Zusatz von 1 l Salzsäure von 19° Bé wieder aus, läßt klären, zieht das Wasser ab und stellt mit 800 ccm Lauge von 38° Bé auf 14 kg ein, wodurch man ein Rotöl von ca. 50 % Fettsäuregehalt erhält.

Erban gibt zur Herstellung von Rotöl nach vereinfachtem Verfahren folgendes an:

20 kg Rizinusöl werden mit 5 kg Schwefelsäure von 66° Bé im Verlauf von 6 Stunden sulfuriert, worauf noch einige Zeit gerührt und 36 Stunden in einem gleichmäßig warmen Raume der Ruhe überlassen wird. Alsdann wäscht man unter Rühren mit 90 l lauwarmen Kondenswassers, läßt 22—24 Stunden klären, zieht das saure Wasser ab und wäscht zweimal mit 90 l lauwarmen Kondenswassers unter Zusatz von 1250 g Kochsalz, läßt 24—48 Stunden klären und gießt das Wasser so vollständig wie möglich ab. Das saure Öl wird dann vorsichtig mit 1750 ccm Lauge von 36° Bé so weit neutralisiert, bis es klar und durchsichtig erscheint und Schaumblasen gibt; eine größere Menge von Lauge ist schädlich, da dann das Öl unter merklicher Erwärmung dickflüssig und zäh wird und sich im Wasser nur langsam verteilt und löst. Man erhält so ein Öl von 80—85 % Fettgehalt.

Will man das Öl ganz neutral und wasserlöslich haben, so muß man es verdünnen, indem 28 l Rotöl von 80 % Fettgehalt mit 5 l Kondenswasser verrührt und dann mit 4 l Natronlauge von 22° Bé neutralisiert werden. Man erhält so

---

[1]) Leipziger Monatsschr. f. Textilind. 1892, S. 396.

[2]) Herbig, Zur Analyse des Türkischrotöles, Chem. Rev. 1906, Nr. 8, 9, 10.

[3]) Franz Erban, Die Garnfärberei mit den Azo-Entwicklern, Berlin 1906.

37 l = 38 kg neutralen, auch ohne Alkalizusatz klar löslichen Natronöls von 60 % Fettgehalt.

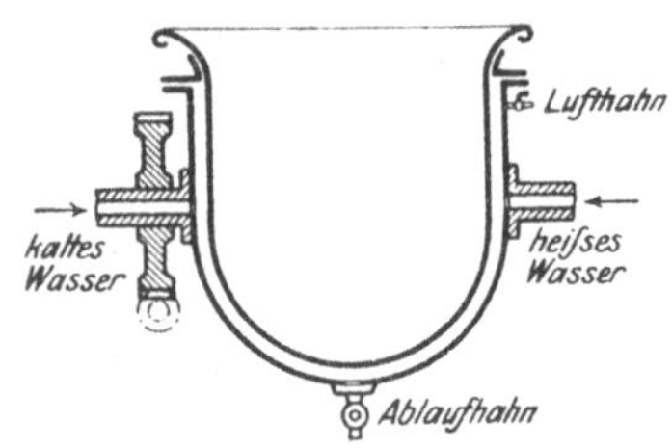

Fig. 82.

Zu beachten ist daß eine zu niedrige Temperatur die Sulfurierung verzögert, weshalb es gut ist, das Öl im Winter etwas anzuwärmen, etwa auf 15 °C.

Besondere Sulfurierungsvorrichtungen. Man verwendet zum Sulfurieren entweder doppelwandige, innen verbleite oder emaillierte Kessel, ähnlich den in Färbereien gebrauchten Duplexkesseln zum Umkippen, wobei man den Mantelraum entweder mit Wasser kühlen oder erwärmen kann. Die Einrichtung eines solchen Kessels ist aus der Skizze Fig. 82 ersichtlich; man kann aber auch ein Steinzeuggefäß mit Hahn verwenden, das in ein größeres Faß, wie es Fig. 83 zeigt, eingesetzt ist. Der Hahn *O* wird mit starkem Wasserglas fest eingerieben, und damit der Boden des Topfes *A* im Faß *B* feststehe, vergießt man den Zwischenraum in Bodenhöhe mit dünnem Zementmörtel. Die Kühlung erfolgt durch ein Bleirohr *d*, durch das man eventuell auch warmes Wasser zuführen kann.

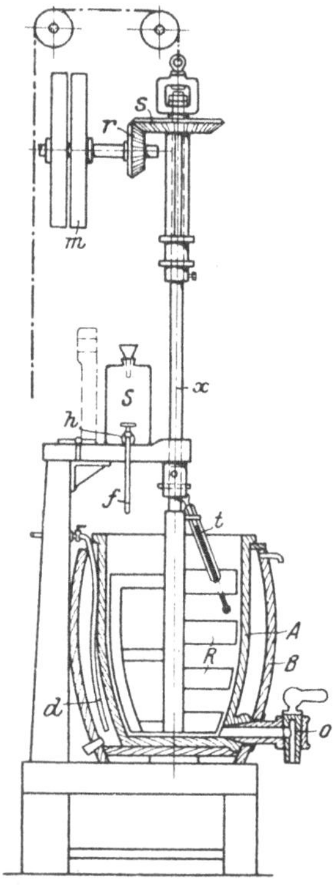

Sehr wichtig ist die richtige Form und Wirkungsweise des Rührwerkes *R*. Da das Öl mit fortschreitender Sulfurierung immer zäher wird, kann es bei schlechter Konstruktion des Rührers vorkommen, daß die ganze Ölmasse als zusammenhängendes Ganzes im Topf rotiert, wobei sich die Schwefelsäure nicht mit dem Öle vermischt. Infolgedessen können einmal durch örtlichen Säureüberschuß verkohlte, braune Oxydationskörper unter SO_2-Entwicklung entstehen, dann aber kann auch infolge des Mangels an Säure unzersetztes Fett verbleiben, das beim Neutralisieren die bekannten weißen harten Klumpen gibt, die das Öl stets trüben und ein starkes Abschmieren der Färbungen verursachen.

Fig. 83. Vorrichtung zum Sulfonieren von Ölen.

In Fig. 83 ist nur die eine Hälfte des hölzernen Rührers mit einem so nahe wie möglich an der Topfwand vorbeistreifenden Flügel versehen; an Stelle des zweiten Flügels trägt die Rührspindel 3—4 schräg gestellte hölzerne Arme, die den Zweck haben, ein Bewegen von unten nach aufwärts und dadurch ein Vermengen der oben zufließenden Säure mit der ganzen Ölmasse zu bewirken, was bei langsamem Rühren (30—40 Touren des Rührers) gut gelingt.

Zur Beobachtung der Temperatur ist ein Thermometer *t* durch eine Bohrung der obersten Schaufel angebracht. Der Holzrührer ist mit dem oberen Ende der Spindel in den Kopf einer Vertikalwelle *x* eingesetzt, so daß er leicht ausgewechselt werden kann. Diese Vertikalwelle ist mittels eines Gleitkeiles in der Hülse eines konischen Rades verschiebbar und am oberen Ende mittels eines Drehgelenkes an einer Kette aufgehängt, die mit Rollen und Gegengewicht den Rührer ausbalanciert, so daß letzterer leicht gehoben und gesenkt werden kann. Zum Festhalten dient eine Stellschraube an der Hülse. Um dem Rührer, der durch die Riemenscheibe *m* bezw. die Konusräder *r* und *s* angetrieben wird, einen ruhigen Gang zu sichern, gibt man der Spindel nach dem Einsenken noch ein Lager, das am Gestell mittels eines Scharnieres emporgeklappt wird und dessen Deckel wieder mit Scharnier und Feder geöffnet und verschlossen werden kann. Das Lagerbrett trägt gleichzeitig das Gefäß *S* mit konzentrierter Schwefelsäure, das aus Glas, Blei oder auch aus Steingut angefertigt sein kann und mit einem Hahn *h* versehen sein muß, an dem sich das Ablaufröhrchen *f* schließt. Die Größe des Säuregefäßes wählt man praktisch so, daß dieses gerade für die Säuremenge ausreicht, die zum Sulfurieren des Rizinusöles nötig ist.

Man bringt in das Sulfurierungsgefäß tagsvorher 60 kg Rizinusöl, stellt es durch Abkühlen oder Erwärmen mit Wasser im Zwischenraum auf 15—20° C ein, läßt dazu 14,85 kg H_2SO_4 von 66° Bé in 4 Stunden unter Rühren einfließen und hält die Temperatur auf 35° C. Alsdann läßt man das Rührwerk noch 2—3 Stunden laufen und schließlich 44—48 Stunden bei 25° C stehen.

Unter den Sulfuriertopf stellt man ein großes Holzfaß mit Hähnen am Boden und in der Mitte des Fasses und füllt 50 l kalten Kondenswassers ein; in dieses läßt man das Öl unter Rühren einlaufen, gibt der entstandenen Emulsion noch 50 l heißen Kondenswassers zu und läßt 12 Stunden unter öfterem Durcharbeiten stehen. Alsdann rührt man eine Lösung von 2 kg kalzinierten Glaubersalzes in 10 l Kondenswasser hinzu, läßt 24 Stunden stehen und zieht das abgeschiedene saure Öl durch den Hahn in der Mitte ab, indem man eventuell vorher ausfließendes Wasser weglaufen läßt. Das Gewicht des sauren Öles soll ca. 71,5 kg betragen. Man vermischt das saure Öl mit 20 l lauwarmen Kondenswassers und rührt Natronlauge von 22° Bé ein, bis das milchige Aussehen verschwindet und die Ölmasse klar gelbbraun erscheint, wobei sich durch das Rühren Schaumblasen bilden. Ist dieser Punkt erreicht, so ist der Laugenzusatz zu unterbrechen, da sonst das Öl wieder dickflüssig, trüb und schlechter löslich wird. Man braucht dazu 9 l Lauge von 40° Bé und erhält 100 l = 103 kg Natronrotöl, das sich in Kondenswasser leicht zu einer milchigen Flüssigkeit verteilt und bei Zusatz von etwas Lauge rasch klärt.

Erban gibt an, daß bei Anwendung von 60 kg Rizinusöl ein Öl mit 72 % Gesamtfett, also ein Fünftel mehr, erhalten werden soll. Man würde also ein 60prozentiges Öl aus 50 kg Rizinusöl auf 100 l fertigen Rotöles herzustellen haben.

Ammoniakrotöle.

Außer diesen Natronrotölen werden auch Ammoniakrotöle hergestellt, wobei, wie früher angegeben, mit Salmiakgeist neutralisiert wird. In bezug auf die Wirkung dieser verschiedenen Ölpräparate zeigt sich namentlich bei ihrer Verwendung zur Herstellung von Pararot ein bemerkenswerter Unterschied

In der Stückfärberei erfolgt das Trocknen entweder auf der Hotflue, in der Mansarde oder auf der Trommel, wobei alle Fäden gleichzeitig der Einwirkung gleicher Temperaturen ausgesetzt sind, während in der Garnfärberei das Trocknen länger dauert, wobei die Hitze nur langsam in das Innere der Strähne eindringt. Dieser Unterschied in der Art des Trocknens macht sich nun bei Ammoniakölen durch mehr oder mindere Verflüchtigung des Ammoniaks bemerkbar, da dem Naphtholnatrium in der Grundierbrühe ein Teil des Natrons entzogen wird und so freies Naphthol sich bilden muß. Dadurch wird aber eine stark gelbstreifige und unegale Färbung erhalten, deren Nuance mehr ziegelrot ist.

Ammoniakrotöl gibt auf Stückware mit Azophorrot (Höchst) ein gelbes Rot, während mit Rizinus-Ammoniakseife, wie diese von den Höchster Farbwerken als Paraseife P. N. (halbsauer), von der Thann-Mülhausener Fabrik als ein Spezialöl in den Handel gebracht wird, ein schönes blaustichiges Rot erhalten wird. Rizinus-Natronseife und Natron-Türkischrotöl geben nahezu gleiche, nur etwas stumpfere Farben. Bei Garn geben Rizinus-Ammoniakseife und Ammoniakrotöl unbrauchbare, gelbstichige und unegale Färbungen, so daß hier nur Natronseifen bzw. Natronrotöle verwendet werden können.

b) Andere sulfonierte Ölpräparate.

Außer diesen nach dem eben beschriebenen Verfahren sulfurierten Ölen kommen noch Erzeugnisse in den Handel, die nach einer abweichenden Herstellungsart erhalten worden sind; hier ist zunächst die Monopolseife von Stockhausen und Traiser in Crefeld zu nennen[1]).

Monopolseife.

Bei der Herstellung des Türkischrotöles aus Rizinusöl werden diese Öle, wie S. 486 beschrieben wurde, mit starker Schwefelsäure behandelt und das erhaltene Sulfoleat wird mit Alkali so weit abgestumpft, daß es sich in Wasser milchig nach Abscheidung der überschüssigen Schwefelsäure löst und auf Zusatz von etwas Alkali eine klare Lösung gibt, oder man versetzt die freie abgeschiedene Ölsäure direkt mit Alkali, um Lösungen ähnlicher Art zu erhalten (?). Der Anteil des zugesetzten Alkalis ist bei

---

[1]) D. R. P. Nr. 113433 und Nr. 126541.

Herstellung des sulfonierten Türkischrotöles gering, denn die Menge NaOH beträgt nicht über 2% vom Gewichte des ausgewaschenen Sulfoleates.

Das Erhitzen des Sulfoleates für sich oder bei der Neutralisation mit Alkalien wird bei der Herstellung des gewöhnlichen Türkischrotöles vermieden.

Stockhausen erreicht nun durch Verwendung einer erheblich größeren Menge Alkali (6% NaOH) beim Neutralisieren, daß beim Erhitzen eine Zersetzung des Sulfoleates nicht mehr eintritt, sondern infolge Bindung einer größeren Menge Base ein neues Produkt entsteht, das trotz der angewendeten größeren Menge Alkali sauer reagiert (durch Anwendung von mehr Alkali aber auch neutral und alkalisch hergestellt werden kann), sich trotz der sauren Reaktion klar in Wasser löst und in konzentrierter Form eine feste, gelatineartige Konsistenz besitzt, während die gewöhnlichen Türkischrotöle, auch die hochkonzentrierten, flüssig sind. Es soll bei diesem Verfahren neben der Neutralisation der gebildeten Sulfoleate auch eine Verseifung des unzersetzten Triglyzerids der Rizinusölsäure oder anderer Fettsäuren erreicht werden.

Die Menge des angewendeten Alkalis soll auf von Schwefelsäure möglichst befreites Öl 6% NaOH betragen. Es werden drei Vorschriften gegeben:

1. 100 Teile Rizinusöl werden mit 30% H_2SO_4 von 66° Bé sulfoniert wie gewöhnlich.

2. Zu 100 Teilen des Sulfoleates werden 60 Teile Natronlauge von 36—37° Bé auf einmal gegeben; die Masse wird unter Erwärmen klar. Nachdem sich das Na_2SO_4 abgeschieden hat, wird es entfernt und die Seife gekocht, bis das Schäumen aufhört und die Masse gelatiniert und erstarrt.

3 Zu 100 Teilen Sulfoleat werden 200—100 Teile lauwarmer Kochsalzlösung von 25—30° Bé gegeben. Nach mehreren Tagen wird das Öl abgezogen, auf 100 Teile des so gewaschenen Sulfoleates kommen nun 39 Teile Lauge von 36—37° Bé und es wird wie unter 2 angegeben verfahren.

Eine Lauge von 37° Bé hat ein spezifisches Gewicht von 1,345 und enthält im Liter 420 g NaOH. Theoretisch verbrauchen 100 Teile Rizinusöl 12,7 Teile NaOH, 100 Teile Olivenöl 13,8 Teile NaOH zur Verseifung. In 60 Teilen der Lauge von 37° Bé sind aber 18,7 Teile NaOH, in 39 Teilen 12,2 Teile NaOH enthalten. Daraus ergibt sich schon, daß beim Kochen der Masse unzersetztes Glyzerid, soweit solches nach dem Sulfurieren überhaupt noch vorhanden ist, völlig verseift werden muß.

Die Gelatineseife löst sich klar in warmem Wasser auf, die Lösung reagiert sauer. 100 Teile der Seife erforderten bei einer Probe 1,34 Teile Natrium bei der Neutralisation mit Lauge bis zur Rotfärbung (Phenolphthalein), während ein Türkischrotöl anderer Herkunft nur 0,07 Teile Natrium zur Absättigung des Säurewasserstoffes verbrauchte. Wie Herbigs Untersuchungen [1]) von Monopolseife und von Präparaten der Firma A. Schmitz in Heerdt a. Rhein zeigten, enthält die Monopolseife größere Mengen von

[1]) Noch nicht veröffentlichte Arbeiten.

Na_2SO_4 als das Produkt von Schmitz. Auch zeigte bei quantitativer Bestimmung des Bindungsvermögens für Tonerde das nur 50 prozentige Öl der Firma Schmitz für 100 Teile Öl 2,54 % Al_2O_3 an, während Monopolseife mit 74 % Gesamtfettgehalt nur 2,58 % Al_2O_3 zu binden vermochte. Daraus geht hervor, daß zwischen Monopolseife und anderen sulfurierten Produkten wesentliche Unterschiede bestehen, die aber gerade bezüglich der Verwendung für die Türkischrotfärberei mehr zugunsten des anderen untersuchten Präparates sprechen.

Eine sehr wichtige Eigenschaft der Monopolseife ist die, daß sie in kalk- oder magnesiahaltigen Wässern keine Trübung hervorruft; hier unterscheidet sich die Monopolseife wesentlich von anderen sulfurierten Ölen, die mit hartem Wasser zunächst allerdings auch klare Lösungen geben, sich aber bei längerem Stehen trüben, Trübungen, die freilich beim Erwärmen wieder zum Verschwinden gebracht werden können. Insofern zeigen die flüssigen sulfurierten Präparate, auch die im Gesamtfettgehalt ebenso hochprozentigen wie die Monopolseife, einen Vorteil, daß zur Lösung nicht erwärmt zu werden braucht. Für die praktische Verwendung der Präparate in den Färbereien und Druckereien, wo mittels eines Handgriffs sofort heißes Wasser zur Verfügung steht, fällt das allerdings weniger ins Gewicht.

Neuerdings bringt die Firma Stockhausen ein der Monopolseife ebenbürtiges, aber flüssiges Produkt als Monopolbrillantöl in den Handel, das gegen hartes, kalkhaltiges Wasser genau so beständig ist wie Monopolseife und die gleiche Widerstandsfähigkeit gegen verdünnte Säuren zeigt wie die letztgenannte. Ebenso wie Monopolseife durch konzentrierte Salzlösungen nur sehr schwer ausgeschieden wird, z. B. durch Magnesiumsulfat, zeigt sich das gleiche beim Monopolbrillantöl, weshalb dieses ebenfalls für die Färberei, Appretur der Wolle, Baumwolle, Seide und Halbseide empfohlen wird.

Endlich ist noch das Monopolseifenöl zu erwähnen. Es stellt eine dunkelbraune durchsichtige Flüssigkeit mit ca. 95 % Fettgehalt dar, ist mit Wasser in jedem Verhältnis mischbar, gibt aber mit viel Wasser eine milchige Emulsion.

Es soll frei von überschüssigem Alkali sein und wird von der Krefelder Seifenfabrik Stockhausen zur Verwendung in der Färberei als Zusatz zu den Farbbädern oder als Avivagemittel sowohl für Baumwolle als für Wolle, besonders auch als weichmachendes (vorzüglich bei Chappe) und Fettungsmittel, vorgeschlagen.

Tetrapol. Zuletzt sei noch erwähnt das jetzt besonders in chemischen Waschanstalten sehr in Aufnahme gekommene Tetrapol, eine Lösung von Monopolseife mit geringem Zusatz von Tetrachlorkohlenstoff, ein der Krefelder Firma ebenfalls patentiertes Produkt, das namentlich zur Entfernung von Fettstoffen, Schmutz usw. vorzüglich geeignet ist.

Von der Union, A. G. für chemische Industrie in Prag, wurden vor einigen Jahren (1902) als Ersatz für Türkischrotöl die Oxyoleate empfohlen. Diese Oxyoleate sind nach den Angaben der Firma völlig schwefelsäurefreie, leicht lösliche Produkte. Die damit geölte Ware soll nicht vergilben und beim Lagern nicht fleckig werden. Diese Oxyoleate wurden in drei Typen angefertigt: Oxyoleate.

Natronoxyoleat mit einem Gehalt von 50% freier Ölfettsäure, Ammonoxyoleat mit 90% freier Ölfettsäure, freies Oxyoleat mit 100% freier Ölfettsäure. Für die Relation zwischen den handelsüblichen Türkischrotölen und dieser Präparation führt die Firma folgende Tabelle auf:

Es entsprechen je 100 kg	Kilogramm handelsüblicher Türkischrotöle bei einem Gehalte an Sulfosäuren von					
	50%	60%	65%	70%	75%	80%
50% Natronoxyoleat	125	108	100	92	82	75
90% Ammonoxyoleat	210	186	174	162	151	140
Freies Oxyoleat	250	220	196	182	170	158

Die Verwendung dieser Oxyoleate soll genau nach den bisher üblichen Methoden beim Gebrauch sulfurierter Öle erfolgen. Zweifellos haben wir in diesem Produkte Natron- oder Ammonsalze der Oxystearinsäure oder auch der Rizinölsäure vor uns, die aus den beim Behandeln von Olivenöl oder einem anderen ölsäurehaltigen Triglyzerid oder aus Rizinusöl mit konzentriertem H_2SO_4 entstehenden Sulfosäuren durch Abspaltung der Schwefelsäure beim Kochen mit Säuren gewonnen werden können.

A. Schmitz in Heerdt a. Rh.[1]) stellt Öle und Seifen für die Türkischrotfärberei her, die als Ersatzmittel für Türkischrotöle dienen sollen und den Vorteil bieten, daß sie nicht kalkempfindlich sind. Rizinusöl wird in bekannter Weise sulfuriert, durch Waschen mit Wasser von der Schwefelsäure befreit und so lange für sich oder in Gegenwart von Wasser gekocht, bis die Sulfogruppe abgespalten, das Öl in Wasser vollkommen unlöslich und die Umwandlung in die entsprechende Oxysäure erreicht ist. Die so erhaltene Oxysäure wird mit Rizinusöl oder sonst einem Öl auf 40—100° C erhitzt (nach dem späteren englischen Patent[2]) kann das Erhitzen unterbleiben), dann abgekühlt und wieder sulfuriert. Die mit Wasser gewaschene Sulfosäure wird, je nachdem ein neutrales, saures oder basisches Öl gewünscht wird, mit Alkali versetzt. Die so erhaltenen Öle, die äußerlich den Türkischrotölen gleichen, zeigen die Eigenschaft, daß sie mit kalkhaltigem Wasser, ebenso wie die Monopolseife von Stockhausen, keine unlöslichen Kalkseifen geben, da die etwa gebildete Kalkseife nach der Angabe des Patentes im überschüssigen Fett gelöst bleibt. Die Öle der Firma Schmitz scheinen also der Monopolseife und den Monopolölen der Krefelder Seifenfabrik Kon- Produkte von A. Schmitz.

[1]) Engl. Patent Nr. 8245 v. 9. April 1907; Chem. Ztg. Rep. 1907, S. 461.
[2]) Engl. Patent Nr. 11903 v. 22. Mai 1907.

kurrenz machen zu wollen und werden nach neuesten Berichten mit gleich gutem Erfolge wie die anderen genannten Präparate in Färbereien und Druckereien verwendet.

Isoseife. Hier ist vielleicht noch ein Präparat zu nennen, das von der Firma Blumer in Zwickau i. S. unter dem Namen Isoseife in den Handel gebracht und ebenfalls durch Sulfurieren von Rizinusöl erhalten wird. Die Isoseife hat das Aussehen einer Kernseife[1]). Sie besitzt einen hohen Fettgehalt, reagiert neutral, enthält kein Glaubersalz und löst sich klar in heißem Wasser. Eine 2—3prozentige Isoseifenlösung verträgt einen beliebig starken Zusatz von Ameisen- oder Essigsäure, bildet selbst mit sehr hartem Wasser keine Kalkseife, bringt entstandene Kalkseife wieder in Lösung und verhält sich gegen Magnesiumsalze wie die Monopolseife. Im übrigen kommen der Isoseife[2]) alle die Eigenschaften zu, die der Monopolseife und den übrigen Präparaten der Krefelder Fabrik nachgerühmt werden.

Türkischrotölpräparate von Erban und Mebus. Endlich sei noch erwähnt, daß Franz Erban und Arthur Mebus Türkischrotölpräparate aus Leinöl, Rüböl, Kokosfett und Fischtran[3]) hergestellt und mit den gebräuchlichen Produkten aus sulfuriertem Rizinusöl, mit Rizinusölseife und Monopolseife verglichen haben. Als Ergebnis dieser Versuche ergab sich, daß für die sogenannten Weißboden- und Rosaartikel sowie für Weißwarenappretur die erstgenannten Präparate keinen voll befriedigenden Ersatz für die üblichen Rizinusölprodukte bilden und nur in einzelnen Fällen anwendbar sind.

W. Herbig[4]) wies bereits darauf hin, daß zur Erzeugung der in der Färberei gebrauchten sulfurierten Öle nur solche in Betracht gezogen werden können (trocknende Öle überhaupt nicht), die erhebliche Mengen von ungesättigten Fettsäuren mit nur einer Doppelbindung resp. Oxyfettsäuren von der Konstitution der Rizinusölsäure enthalten. Es war also für Kokosfett, das nach Paulmeyer[5]) nur 5 % Ölsäure enthalten soll, ein ungünstiges Resultat vorauszusehen. Übrigens spielen bei der Verwendung anderer Öle als der bisher zum Sulfurieren gebräuchlichen die Preise der Rohmaterialien eine ganz entscheidende Rolle, da die Effekte in der Färberei und Druckerei doch nicht so intensive Unterschiede zeigen werden, daß diese Preisdifferenzen unberücksichtigt bleiben könnten. Rizinusöl kostete 1907 für 100 kg 70 Mk., Rüböl aber 80 Mk. und Kokosöl 76—80 Mk.

Die Anwendbarkeit der oben erwähnten sulfurierten Ölpräparate für Pararot wurde von Erban und Mebus[6]) in größeren Versuchsreihen, und

[1]) Deutsche Färberztg. 1908, S. 232.

[2]) Wenigstens nach den Angaben des mit E. A. H. unterzeichneten Verfassers dieses Aufsatzes.

[3]) Zeitschr. f. Farbenind. 1907, S. 169.

[4]) Jahresbericht über die Fortschritte der Fettindustrie für 1907, Chem. Revue 1908, S. 76.

[5]) Chem. Ztg. Rep. 1907, S. 333.

[6]) Lehnes Färberztg. 1907, S. 225.

zwar im Vergleich mit Natron- und Ammoniaktürkischrotöl aus Rizinusöl mit Rizinusölammoniak- und Natronseife und mit Monopolseife studiert. Die Resultate dieser umfangreichen und mühevollen Arbeit sind an der erwähnten Literaturstelle leider recht wenig übersichtlich zusammengestellt, so daß man das Endergebnis schließlich nur aus der Schlußbemerkung der Verfasser ableiten kann, wonach diese letzteren durch die Veröffentlichung der Resultate ihrer Versuchsreihen glauben, den in der Praxis tätigen Fachkollegen zweck- und aussichtslose Versuche ersparen zu können[1]).

Meyers benzinlösliche Seife.

Die Herstellung einer in Kohlenwasserstoffen, Benzin, Öl und Alkohol löslichen Seife aus sulfuriertem Rizinusöl wird von C. H. Meyer-Naunhof[2]) in der Weise durchgeführt, daß das fertige, wie gewöhnlich sulfurierte Öl nach der Neutralisation mit indirektem Dampf auf 130° C erhitzt wird.

Imberts Oxyfettsäuren.

G. Imbert[3]) erhält nach einem neuen Verfahren Oxyfettsäuren aus ungesättigten Fettsäuren, indem diese durch Behandlung mit Chlor oder unterchloriger Säure in Chlor- bzw. Oxychlorfettsäuren übergeführt werden, worauf die letzteren durch Erhitzen mit Alkalien oder alkalischen Erden unter Druck in Oxyfettsäuren umgewandelt werden sollen.

Anwendung und Wirkungsweise der sulfurierten Öle.

Die sulfurierten Öle finden namentlich Verwendung in der Färberei und Druckerei, in der Bleicherei, Appretur, Spinnerei und Schlichterei. Dementsprechend behandeln wir im folgenden:

I. Anwendung der sulfurierten Öle in der Färberei und Druckerei.
   A) Türkischrotfärberei.
   B) Färben von substantiven und basischen Farben. Anwendung in der Färberei auf Färbeapparaten, zum Weichmachen (Avivieren) der Baumwolle und Wolle, zum Beschweren der Baumwolle. Färben mit Entwicklungsfarbstoffen: Paranitranilinrot usw.

II. Anwendung in der Bleicherei, Schlichterei und Appretur.

I. Anwendung und Wirkungsweise in der Färberei und Druckerei.

A) Türkischrotfärberei.

Allgemeines.

Wir unterscheiden hier das alte Verfahren, das sogenannte Altrot, von dem Neurot, das in der zweiten Hälfte des vorigen Jahrhunderts in Aufnahme gekommen ist. Das ursprüngliche Altrotverfahren wurde auch Emulsions- und Weißbadverfahren genannt und soll in der Garnfärberei noch heute in Gebrauch sein. Man verwendete nämlich in der Türkisch-

[1]) Vgl. auch unter „Nachträge" das Referat über die Studie Franz Erbans.

[2]) D. R. P. Nr. 197401, Chem. Ztg. Rep. 1908, S. 259.

[3]) Amer. Patent Nr. 901905; Chem. Ztg. Rep. 1908, S. 626. Siehe auch Kapitel „Stearin".

rotfärberei zuerst nicht sulfurierte Öle, sondern sogenanntes Tournantöl, ein viel freie Fettsäuren enthaltendes Olivenöl, das mit weichem Schaf- oder Kuhmist und einer Lösung von Kristallsoda zu einer grüngefärbten Emulsion verrührt wurde, mit der man das zu färbende Garn bei 30—50° C imprägnierte. Das Garn blieb dann nach dem Auswinden auf Haufen geschichtet über Nacht liegen und wurde bei 60° C im Ofen getrocknet. Diese Operation wurde öfter wiederholt, vor dem Trocknen aber jedesmal erst mehrere Stunden lang an der Luft verhängt. Dann erfolgte das Auslaugen mit Sodalösung von 0,7° Bé; das Garn wurde eingeweicht, ausgewunden, mehrere Stunden verhängt und bei 60° C getrocknet. Diese Operation wiederholte man ebenfalls mehrere Male und die Soda bildete dabei mit dem abgestreiften Öle eine weiße Emulsion (Weißbad).

Der Auslaugungsprozeß sollte das beim Trocknen an der Luft nicht veränderte Öl entfernen. Durch das Verhängen der geölten Stoffe an der Luft wird das Öl jedenfalls in der Weise verändert, daß es mit der Tonerde eine unlösliche Verbindung einzugehen vermag. Nach dem Auslaugen wurde eine Nacht in Wasser von 50° C geweicht und gewaschen. Hierauf erfolgte weiter das Sumachieren oder Gallieren, Behandlung mit Gerbsäure, das Alaunieren oder das Beizen mit basisch-schwefelsaurer Tonerde (unter Zusatz von Zinnsalz), dann das Färben unter Zusatz von Kreide oder essigsaurem Kalk, ferner das Avivieren oder Schönen: Behandeln 4 Stunden bei 2 Atmosphären Druck mit Seifenlösung, dann das Rosieren: Behandeln bei 2 Atmosphären Druck mit Seifenlösung unter Zusatz von Zinnsalz.

Die oben angegebene Behandlung mit Ölemulsion erfolgt noch heute bei dem auf Java ausgeübten Prozeß der Türkischrotfärberei[1]); dort wird das gebleichte Gewebe mit einer Emulsion von einem Teil Rizinusöl und einem Teil Arachisöl und Asche von Sambiholz getränkt. Diese Operation wird viermal ausgeführt, wobei man jedesmal an der Sonne trocknet. Das abwechselnde Tränken und Trocknen wird bis zum vollständigen Verbrauch der Emulsion fortgesetzt. Alsdann tränkt man noch 5 Tage mit der Lösung der Holzasche und wäscht. Unter dem Einfluß der Wärme und des Sonnenlichtes wird das Öl derartig verändert, daß das damit gebeizte Gewebe basische Anilinfarbstoffe und Metalloxyde in überraschender Weise auf sich niederzuschlagen vermag.

Die Höchster Farbenfabriken bringen in der Musterkarte 413 folgende Vorschriften für Alt- und Neurot:

Altrot.

Altrot.

1. Abkochen.
2. Ölen:

A) Das geschleuderte Garn wird mit 100 g Tournantöl pro Liter Passierbrühe geölt. Letztere ist mit Pottasche auf 6° Bé eingestellt. 12 Stunden trocknen bei 65° C.

---

[1]) Felix Driessen, Zur Kenntnis des alten Türkischrotprozesses, Lehnes Färberztg 1906, S. 387.

3. Ölen:

B) Das trockene Garn wird mit 40 g Tournantöl und 80 g 50prozentigen Türkischrotöles pro Liter Passierbrühe geölt. Letztere ist mit Pottasche auf 4° Bé eingestellt.

4. Ölen:

C) Die Passierbrühe vom zweiten Passieren wird mit Wasser und Pottasche auf 3° Bé eingestellt. 12 Stunden trocknen bei 65° C.

5. Auslaugen:

A) Das trockene Garn wird in Pottaschelösung von ¼° Bé 3 Stunden bei 30° C eingelegt und geschleudert, getrocknet bei 65° C.

6. Auslaugen:

B) Das trockene Garn wird 3 Stunden in 30° C warmes Wasser eingelegt, gewaschen und geschleudert.

7. Sumachieren: Für 100 kg Garn 20 kg Sumach. Das Garn wird in die 40° C warme Sumachlösung eingelegt und nach 6 Stunden geschleudert.

8. Beizen: 4 kg eisenfreier schwefelsaurer Tonerde werden in 16 l Wasser gelöst, kalt mit 400 g kalzinierter Soda in 4 l H_2O versetzt und die Lösung auf 5° Bé eingestellt. Das ausgeschleuderte tannierte Garn passiert die Tonerdebeize, wird 24 Stunden in einen Bottich eingelegt und gut gewaschen.

9. Färben: Man färbt mit 8% Alizarin, 20prozentig, unter Zusatz von 10% essigsauren Kalkes von 18° Bé (bei 6° Härte des Wassers) in einer Viertelstunde kalt, 1½ Stunden bis zum Kochen und kocht eine halbe Stunde weiter.

10. Avivieren: Man kocht im Avivierkessel 6 Stunden bei 2 Atmosphären Druck 100 Pfund Garn mit 500 g (1%) kalzinierter Soda, 500 g (1%) Seife und 100 g (0,2%) Zinnsalz. Für reibechtes Rot erfolgt ein zweites Avivieren.

Alizarin-Neurot.

1. Abkochen. Neurot.

2. Ölen: Das nasse geschleuderte Garn wird mit einer Türkischrotöllösung von 120—150 g 50prozentigen Türkischrotöles pro Liter Passierbrühe geölt und bei 65° C 12 Stunden getrocknet.

3. Ölen wiederholen.

4. Beizen: 4 kg eisenfreier schwefelsaurer Tonerde werden in 16 l Wasser gelöst und kalt mit 450 g kalzinierter Soda, gelöst in 4 l Wasser, und 100 g Schlämmkreide versetzt. Nach Beendigung der Kohlensäureentwicklung wird mit 300 ccm 50prozentiger Essigsäure versetzt und auf 8° Bé eingestellt. Das trockene Garn wird durch die auf 30° C erwärmte Beize genommen, 3 Stunden in einen Bottich eingelegt, geschleudert und bei 40° C getrocknet.

5. Fixieren: Das trockene Garn wird auf der Wanne eine halbe Stunde bei 50° C in einer Flotte umgezogen, die pro Liter 5 g Schlemmkreide oder 5 g Natriumphosphat enthält, dann gewaschen.

6. Färben: Man färbt mit 8% Alizarin, 20prozentig, unter Zusatz von 10% essigsauren Kalkes von 18° Bé und 1% Tannin (bezogen auf das Alizarin) eine Viertelstunde kalt und in einer Stunde auf 70° C und färbt weiter eine halbe Stunde bei 70° C.

7. Dämpfen: Man dämpft 2 Stunden bei 2 Atmosphären Druck.

8. Seifen: Man seift auf der Wanne bei 60° C mit 2 g Seife pro Liter. Besser kocht man eine Stunde im Rosierkessel (wie unter 10 bei Altrot beschrieben), d. h. bei 2 Atmosphären Druck mit 1% Seife und 0,2% Zinnsalz.

Wie man aus den angeführten Vorschriften ersieht, sind die Verfahren zur Erzeugung von Türkischrot sehr umständlich. Wirklich reibechte und sehr waschechte Farben sind nur nach dem Altrotprozeß zu erzielen.

An Stelle dieser Vorschriften sind auch einfachere in Anwendung, wie z. B. die folgende [1]): Nach dem Abkochen wird in basisch-schwefelsaure Tonerdelösung (Bereitung wie oben) von 3° Bé über Nacht eingelegt, dann geschleudert und nun durch ein 50° C warmes Bad, das auf 100 l Flotte 1 kg Kreide und $^1/_2$ kg Wasserglas enthält, genommen. Es wird gewaschen und geschleudert. Man färbt zunächst kalt in einem Bad, bestehend aus 8% Alizarin (vom Garngewicht), 20prozentig, 1 kg Türkischrotöl, 200 g Tannin, 700 g Leim, geht in einer Stunde auf 70° C und färbt eine halbe Stunde weiter bei dieser Temperatur. Waschen und Schleudern. Alsdann wird geölt in einem Bade, das auf 20 l 1,5 kg Türkischrotöl, 200 g Ammoniak und 225 g Präpariersalz (zinnsaures Natron) enthält. Die mit Öl getränkten, ausgewundenen Garne werden eine halbe Stunde schwach gedämpft, dann zweimal je drei Viertelstunden im offenen Bade bei ca. 70° C mit 1,5 kg weißer Seife und 200 g zinnsauren Natrons geseift.

Hier ist das Ölen vor dem Beizen mit Tonerde weggelassen, und zwar absichtlich, da die Ansicht vertreten wird, daß die Präparation mit Öl vor dem Alaunieren ein speckiges Rot zur Folge habe.

Verfahren von Schlieper und Baum. Zu erwähnen sind schließlich noch die Verfahren zum Färben der Baumwolle mit löslichen Alizarinverbindungen. Schlieper und Baum [2]) behandeln die Stücke zunächst mit Natriumaluminat und trocknen 20 Minuten in feuchter, warmer Luft; die Stücke bleiben dann 12—36 Stunden in Haufen geschichtet liegen, werden gewaschen und eine halbe Stunde in einem lauwarmen Kreidebad behandelt, schwach gewaschen und bleiben wieder 24 Stunden liegen. Diese Behandlung wird wiederholt, um die Beize in Calciumaluminat zu verwandeln. Alsdann wird gewaschen und gefärbt in einem Bade aus Alizarin und Kalkwasser bei 90—95° C. Zum Avivieren werden die Stücke in saurer Seife geklotzt. Diese wird bereitet, indem man Rizinusöl verseift und dann mit der Hälfte der zur Abscheidung der gesamten Fettsäure nötigen Menge Salzsäure versetzt. Die imprägnierten Stücke werden auf Trommeln getrocknet und bei niederem Druck gedämpft.

von Erban und Specht. Erban und Specht [3]) klotzen in einem Bade, das enthält: 500 g Alizarin, 20prozentig, 2 l Wasser, 140 ccm Ammoniak, 240 ccm Türkischrotöl, 75—80prozentig, 8 g zinnsauren Natrons. Nach der Passage wird in der warmen Hänge getrocknet und dann auf der Klotzmaschine durch ein Beizbad genommen aus 3100 ccm Wasser, 350 ccm Aluminiumazetat von 10° Bé, 85 ccm Calciumazetat von 21° Bé. Nun wird in der warmen Hänge getrocknet, 2 Stunden bei 1—2 Atmosphären gedämpft, geseift und gewaschen. Die Entwicklung des Farblackes erfolgt also hier durch das Dämpfen. Das Verfahren liefert sehr schöne, reine und vollkommen gleichmäßige Rosatöne.

von Schaeffer. H. Schaeffer [4]) verwendete die in heißem Wasser leicht löslichen Alizarinborate, die durch Auflösung von 1 Teil trockenen Alizarins

---

[1]) Leipziger Monatsschr. f. Textilind. 1892, S. 23.
[2]) Bull. de la Soc. ind. de Mulhouse 1884, S. 61.
[3]) D. R. P. Nr. 54057; Chem. Ztg. 1893, S. 374.
[4]) Dinglers polyt. Journ. 1897, Bd. 305, S. 41.

und 2 Teilen Borax in kochendem Wasser erhalten und durch Eindampfen bis zur Trockne in Pulverform isoliert werden können. Sie haben seinerzeit besonders in Amerika vielfach Eingang gefunden, da die Fasern von einer Lösung dieser Borate besser genetzt werden und so echtere und weniger abreibende Färbungen entstehen. Das Färben von Stückware gestaltet sich folgendermaßen: Das abgekochte und gebleichte Gewebe wird zunächst mit Türkischrotöl präpariert, dann auf einem Foulard, dessen Trog 200—300 l faßt, bei 70—75° C mit der Boratlösung imprägniert, so daß 30 m in der Minute das Bad passieren. Das Färbebad enthält 2500 g Alizarinborat, gelöst in 50 l heißen Wassers und 0,5 l Türkischrotöl. Nach dem Färben wird auf einem zweiten Foulard gebeizt mit 60 l Aluminiumazetat von 10° Bé, 20 l Calciumazetat von 15° Bé, 4 l essigsauren Zinns von 8° Bé, 100 l Wasser. Dann wird auf einer Roulettekufe gewaschen und die ganze Operation so oft wiederholt, bis die gewünschte Tiefe des Tones erreicht ist. Nach der letzten Passage durch das Beizbad wird nicht gewaschen, sondern durch eine Lösung von essigsaurem Zinn, $^1/_2$° Bé, gezogen, getrocknet, 2,5 Stunden mit einer Atmosphäre Druck gedämpft und unter Wasserglaszusatz geseift.

Aus den mitgeteilten Verfahren geht hervor, in wie verschiedenartiger Weise das Türkischrotöl bei der Erzeugung des Farblackes verwendet wird.

Damit ist indessen die Variationsmöglichkeit in der Reihenfolge und der Art der Operationen, wie sie zur Erzeugung des Rotlackes tatsächlich in Gebrauch sind, durchaus nicht erschöpft. Im allgemeinen kann man sagen, daß im Prinzip die Reihenfolge ist: Abkochen, Präparieren mit Türkischrotöl und Trocknen bei 60° C, Beizen mit Tonerdesalzen und Trocknen bei 60° C, Fixieren der Beize mit Kreide oder Natriumphosphat, Färben unter Zusatz von Kalksalzen, Avivieren mit Seife unter Zusatz von Zinnsalz, Seifen.

Über die Wirkung der einzelnen Operationen auf die Bildung des Farblackes sei noch folgendes angeführt [1]):

Ölen. Ölen: Die Vorteile des Türkischrotöles gegenüber dem Tournantöl im Altrotverfahren bestehen im wesentlichen darin, daß ersteres in viel kürzerer Zeit durch Verhängen befestigt werden kann und keine langwierige Behandlung an der Luft erfordert. Nach dem Verhängen muß das nicht fixierte Öl entfernt werden; dazu dienen das Auslaugen mit Pottasche oder Sodalösung und das Einweichen.

Gallieren. Sumachieren oder Gallieren: Durch die Behandlung mit Gerbsäure soll beim nachfolgenden Alaunen mehr Tonerde auf die Faser gebracht werden. Über die Notwendigkeit des Gallierens ist man geteilter Ansicht.

Alaunieren. Alaunieren: Durch die Behandlung mit Tonerdesalzen wird die eine der zur Bildung des Farblackes notwendigen Metallbeizen, das Aluminium, in die Faser eingeführt; die zweite Metallbeize, das Calcium, wird erst

[1]) Knecht, Rawson und Löwenthal, Handbuch der Färberei der Spinnfasern, 1895.

beim Färben selbst befestigt. Zuweilen setzt man dem Beizbade, öfter aber dem Färbbade, am häufigsten beim Schönen, ein wenig Zinnsalz oder essigsaures Zinnoxydul zu, um ein feuriges Rot zu erzielen.

Ausfärben. Ausfärben: Die Anwesenheit von Kalksalzen ist beim Färben unentbehrlich, da sich Alizarin und Tonerde nicht ohne Kalksalze vereinigen. Ist das Wasser weich, so setzt man Kreide oder essigsauren Kalk, zuweilen Zinnsalz zu, das sich sowohl an der Lackbildung beteiligen mag als auch vorhandenes Eisenoxyd, das zur Bildung brauner Flecken Veranlassung geben kann, reduzieren soll, so daß dieses nicht in den Lack unter Trübung und Abstumpfung des Rotlackes einzutreten vermag. Die Farblackbildung erfolgt im Farbbade. Färbt man nur bei 70° C, so ist zur Entwicklung der Farbe noch das Dämpfen unter Druck notwendig.

Schönen. Schönen: Das erste Seifen bezweckt die Entfernung derjenigen Verunreinigungen, die durch die einzelnen Operationen auf die Faser gelangt sind; das zweite Schönen, das Rosieren, erfolgt unter Zusatz von Zinnsalz. Es bildet sich aus der anwesenden Seife fettsaures Zinnoxydul, das den gebildeten Farblack einhüllt, ohne sich chemisch mit ihm zu verbinden. Nebenbei soll das Zinnoxydul etwa von der Farbe aufgenommenes Eisenoxyd reduzieren, und das gebildete Zinnoxyd tritt in den Lack selbst ein wodurch letzterer feuriger und lebhafter wird. Eine andere Ansicht bestreitet den Eintritt des Zinns beim Schönen in den Farblack; der Zinnsalzzusatz wirke nur im Beiz- und Färbebad auf die Lackbildung mit ein.

Das Verhalten des Altrotfarblackes ist wesentlich verschieden von dem des Neurotlackes. Für ganz echte Farben, die im Handel als reib-, mangel- und bleichecht bezeichnet werden, wird noch heute nach dem Altrotverfahren gearbeitet, während die weniger echten Farben, die im Handel als mangelecht erscheinen, nach dem Neurotverfahren erzeugt werden. Eine ausreichende wissenschaftliche Erklärung über die chemischen Vorgänge, die in den einzelnen Operationen, namentlich beim Altrotprozeß, auftreten, ist bis heute noch nicht gegeben worden.

Erklärung des Prozesses. Durch das Einweichen der Faser in der Ölemulsion, dem Trocknen an der Luft und in der Echthänge soll eine gleichmäßige Sättigung der Faser mit Öl stattfinden. Letzteres erfährt unter Einwirkung der Sonne, des Lichtes und der Wärme eine Veränderung unter Bildung einer Verbindung, die von Liechti und Suida als Oxyoleinsäure bezeichnet worden ist. Diese vermag mit der Tonerde, dem Alizarin und Kalk und auch mit den beim Avivieren resp. Rosieren zugesetzten Zinnsalzen einen kompliziert zusammengesetzten Lack von großer Widerstandsfähigkeit gegen Licht, Chlor und alkalisch wirkende Lösungsmittel zu bilden. Die Verhältnisse von Alizarin, Tonerde, Kalk und Fettsäuren, die im Farblack vorkommen, wechseln je nach der Methode, die beim Färben eingehalten wurde. In der Regel ist im Verhältnis zum Kalk und Alizarin ein großer Überschuß von Tonerde vorhanden. Schlumberger, Rosenstiehl,

Liechti und Suida[1]) fanden, daß von mit Tonerde gebeizter Baumwolle, wenn diese bei Anwesenheit von Calciumazetat mit Alizarin gefärbt wird, auf jedes Molekül Alizarin ein Drittel Molekül Kalk aufgenommen wird, und daß sich die Zusammensetzung des Lackes in ungeseifter, alizarinrot gefärbter Baumwolle am besten durch die Formel

$$Al_2Ca(C_{14}H_6O_4)_3(OH)_2$$

ausdrücken läßt. Die ausgesprochene Wirkung des Öles, der erzeugten Farbe Feuer und Echtheit zu verleihen, wird auf verschiedene Weise erklärt.

Müller-Jakobs[2]) ist der Meinung, daß z. B. bei Verwendung von sulfuriertem Olivenöl zum Ölbeizen der Baumwolle das Türkischrotöl 30 % unzersetzten Glyzerides enthalten solle, da gerade dem unzersetzten Öl insofern eine besondere Bedeutung zukomme, als dieses in den Farblack eintrete, denselben umhülle und vor äußeren Einwirkungen (Reagenzien) schütze, der Farbe Glanz, Weichheit und Solidität erteilend.

Gegenüber dieser rein physikalischen Theorie der Wirkung des Türkischrotöles weist Henri Schmid[3]) darauf hin, daß sich die chemische Erklärungsweise leichter und natürlicher den Verhältnissen anpasse und, was Rizinusölpräparate anlangt, auch durch Versuche gestützt worden sei.

Diese Versuche wurden in einer der ersten Türkischrotfärbereien der Schweiz von M. Fischli ausgeführt, allerdings nicht mit sulfuriertem Rizinusöl, sondern mit Natrium- und Ammoniumrizinat. Das erhaltene Rot entsprach in jeder Beziehung, in Schönheit und Solidität, dem auf gewöhnliche Weise hergestellten Rot. Die Anwesenheit von unverändertem Triglyzerid in der Ölbeize ist danach, wie auch Lochtin[4]) durch Versuche nachwies, zur Bildung eines guten Farblackes nicht unbedingt erforderlich. Lochtin ist sogar der Meinung, daß das Türkischrotöl eine um so bessere Ölbeize darstelle, je vollständiger die Zersetzung des Triglyzerids beim Sulfurieren erfolgt. Die gebildeten Sulfosäuren der Türkischrotöle machen dabei das Ölbad beim Beizprozeß weniger schäumend als die reinen Rizinölseifen und verhindern, im Gegensatz zu den neutralen Rizinölseifen, infolge der sauren Wirkung der Türkischrotöle die Bildung des unangenehm matte und schmutzige Nuancen ergebenden Alkalializarates. Nach Lochtins Angaben tritt die Bildung dieses Alkalializarates namentlich bei der Präparation der Gewebe mit der Rizinusölseife leicht ein. Zwar ist diese Seife auch sehr dünnflüssig, bewirkt aber bei der notwendigen Konzentration das den Beizprozeß störende Schäumen; diese Eigenschaften besitzen die sulfurierten Öle nicht.

Versuche von Fischli.

Die Bildung des Türkischrotlackes in Substanz, außerhalb der Faser, wurde von M. Fischli[5]) verfolgt. Er versetzte Alkalirizinat mit Aluminium-

[1]) Mitteil. d. Technol. Gewerbemuseums Wien 1885, S. 1.
[2]) Dinglers polyt. Journ. 1884, Bd. 254, S. 384.
[3]) Dinglers polyt. Journ. 1884, Bd. 254, S. 384.
[4]) Dinglers polyt. Journ. 1890, Bd. 275, S. 594.
[5]) Romens Journ. 1889, S. 118.

sulfat; der entstehende klebrige Niederschlag gerinnt bei weiterem Zusatz des Aluminiumsalzes. Durch Reinigung mit Alkohol und Äther erhielt er eine pulverförmige Masse der Formel

$$Al_2O(OH)_2(C_{18}H_{33}O_2)_2 .$$

Das in Wasser mit Alizarin erhitzte Aluminiumrizinoleat beginnt bei ca. 40° C den Farbstoff anzuziehen, schmilzt und nimmt dann, während die Temperatur auf 105° C steigt, ein prächtig rotes Aussehen an. Durch Kochen mit Seife wurde dieser Lack nicht verändert.

Erklärung von Schatz.

Nach Schatz[1]) kann die Entstehung des Rotlackes beim Altrotprozeß so erklärt werden, daß eine oder zwei Wertigkeiten des Aluminiums durch ein oder zwei Alizarinradikale, die dritte Wertigkeit durch ein Oxyölsäureradikal gesättigt wird; es treten demnach beim Färben an die Stelle von einem oder zwei Oxyölsäureradikalen im oxyölsauren Aluminium, das sich auf der Faser befindet, ein oder zwei Alizarinradikale, es entsteht also freie Oxyölsäure. Je dunkler die Farbentöne werden sollen, desto mehr alizarinoxyölsaure Tonerde muß entstehen können. Da in dem oxyölsauren Aluminium nur eine kleine Menge Tonerde enthalten ist, werden die durch die Ölemulsion auf die Faser gebrachten oxyölsauren Salze nicht genügend Tonerde finden, um einen tiefer gefärbten Lack bilden zu können. Es muß daher noch Tonerde in einer Form auf die Faser gebracht werden, die die beim Färben mit Alizarin nach Schatz freiwerdende Öxyölsäure zu binden vermag. Man erreicht dies durch Zugabe von essigsaurer Tonerde oder Alaun und Gerbsäure. Eigentümlicherweise ist bei einzelnen dieser älteren Erklärungen über die Bildung des Rotlackes, über den Verbleib des Kalkes, der doch zur Bildung der Farbe absolut notwendig ist, nichts gesagt. Auch in der neueren Literatur ist dieser Punkt nicht besonders berücksichtigt worden. Beim Neurotverfahren liegen die Verhältnisse, da ja hier nur neutrale sulfurierte Rizinusöle oder Rizinoleate des Natrons oder Ammoniaks in Anwendung kommen, wohl etwas anders. Das mit Natronlauge oder Ammoniak neutralisierte Öl spaltet beim Erwärmen leicht Schwefelsäure ab, unter Bildung von schwefelsauren Natron und Rizinölsäure. Diese polymerisiert sich sehr leicht und kondensiert sich mit nicht zersetzter Sulfosäure zu komplizierten Körpern, die mit Tonerde, Alizarin und Kalk Lacke von sehr verwickelter Konstitution bilden werden. Je fester die Ölbeize mit der Faser verbunden ist und dies wird durch den Zersetzungsprozeß beim Trocknen der Ölbeize und durch die wiederholte gleichartige Behandlung der Faser mit der Ölbeize herbeigeführt desto echter wird der entsprechende Farblack, wobei wohl den auf das eigentliche Färben folgenden Operationen eine wesentliche Mitwirkung zuzusprechen ist. Es ist ferner der sogenannte Auslaugungsprozeß nach dem Ölen für die Waschechtheit der Färbung von erheblichem Einfluß.

[1]) Dinglers polyt. Journ., Bd. 247, S. 38.

Eine Ölbeize wird zweifellos eine um so intensivere Wirkung auf die zu bindenden Körper: Alizarin, Tonerde, Kalk und Zinnoxyd, auszuüben vermögen, je mehr Hydroxylgruppen im Ölmolekül enthalten sind.

Soviel bis jetzt aus der Literatur bekannt geworden ist, hat man das Tonerdebindungsvermögen sulfurierter Öle noch nicht quantitativ verfolgt. Es läßt sich aber daraus zweifellos ein Anhaltspunkt gewinnen, nach dem man den Wert dieser Öle für die Alizarinrotfärberei bemessen kann. Es ist mehr als wahrscheinlich, daß zwei Türkischrotölpräparate von gleichem Gesamtfettgehalt, aber abweichendem Tonerdebindungsvermögen bei in gleicher Weise durchgeführten Färbeoperationen Farblacke von verschiedenen Eigenschaften geben werden.

Diese Bestimmung wurde von Herbig[1]) an zwei sulfurierten Ölen von 74% und 52% Fettgehalt durchgeführt. Es wurden gebunden unter Verwendung verschieden großer Ölmengen bei dem Öl mit 74% Gesamtfett: 2,60% und 2,57% Al_2O_3, bei dem anderen Öl in vier Versuchen: 2,52%, 2,54%, 2,43% und 2,21% Al_2O_3. Untersuchungen Herbigs.

Stellt man beide Öle auf gleichen Fettgehalt ein, so absorbiert das Öl mit 52% Gesamtfett 3,46% Al_2O_3, das mit 74% Gesamtfett nur 2,58% Al_2O_3. Die nach dem Neurotverfahren der Höchster Farbenfabriken hergestellten Ausfärbungen zeigten in den Farbennuancen wesentliche Unterschiede.

Die Bestimmung des Tonerdebindungsvermögens erfolgt, indem man das genau gewogene Öl in einem Göckelschen Maßkolben von 250 ccm löst, auf 60° C erwärmt und nun aus einer Göckelschen Bürette unter lebhaftem Schütteln ein genau gemessenes Volumen einer Alaunlösung, deren Gehalt an Al_2O_3 zuvor genau bestimmt worden ist, im Überschuß zugibt. Die Mischung wird öfter bis zum völligen Erkalten geschüttelt, aufgefüllt und filtriert. Von dem klaren Filtrate wird in einem aliquoten Teil die Tonerde gewichtsanalytisch oder titrimetrisch nach dem Verfahren von Merz[2]) ermittelt. Man versetzt die zu titrierende tonerdehaltige, neutrale Flüssigkeit mit 3—4 Tropfen Korallin und gibt Natronlauge zu bis zur beginnenden Rotfärbung, kocht und gibt weiter so lange Lauge tropfenweise zu, bis die Rötung beim Kochen nicht wieder verschwindet. Das Verfahren gibt, wie die wiederholte Prüfung an reiner Alaunlösung und anderen Tonerdesalzen gezeigt hat, mit dem gewichtsanalytischen Verfahren gut übereinstimmende Zahlen.

B) Anwendung der sulfurierten Öle auf anderen Gebieten der Färberei.

1. Einige basische Farbstoffe, wie Rhodamin B, G und 6 G, Auramin usw., geben auf mit Ölbeize präparierter Baumwolle Färbungen von großer Schönheit. Die ältere Methode, Beizen mit Türkischrotöl und essigsaurer Tonerde, ist zwar umständlicher, wird aber noch heute benutzt, weil das Verfahren viel Ähnlichkeit mit der Präparation beim Türkischrotprozeß hat. Die Garne werden in einer Mischung von 1 Teil Türkischrotöl und 9 Teilen Wasser imprägniert, getrocknet und dann durch essigsaure Ton- Rhodamin- und Auraminfärbungen.

[1]) Nicht veröffentlichte Versuche des Verfassers.

[2]) Dinglers polyt. Journ., Bd. 220, S. 229.

erde von 5° Bé genommen. Nach dem Abwinden und Egalisieren wird getrocknet. Je 50 Pfund des so gebeizten Garnes werden eine halbe Stunde bei 45° C in 4 kg Schlemmkreide auf 350 l Wasser umgezogen, geschleudert und ohne zu trocknen, in gleicher Weise wie angegeben, mit Türkischrotöl und essigsaurer Tonerde und Kreide noch zweimal behandelt und dann ausgefärbt.

Nach neueren vereinfachten Verfahren wird eine Lösung von 1 Teil Türkischrotöl in 2 Teilen Wasser bereitet. Mit dieser wird das gebleichte trockene Garn imprägniert, ausgerungen, egalisiert und bei mäßiger Temperatur vollständig getrocknet. Die Beizung wird ein zweites und drittes Mal wiederholt, wenn man völlig egale und sehr volle Nuancen erhalten will. Die Ausfärbung erfolgt dreiviertel Stunden in kurzer kalter Flotte (100 engl. Pfund auf 700 l Wasser), wobei man die Farbstofflösung auf zweimal in Zwischenzeiten von 20′ zusetzt.

Beizen- und Schwefelfarbstoffe.

2. Infolge der hohen Benetzungsfähigkeit finden die sulfurierten Öle auch als Farbbadzusätze Verwendung beim Färben mit substantiven Beizen- und Schwefelfarbstoffen, zum Avivieren (Weichmachen) der Baumwollfärbungen, ferner beim Färben mit sauren Wollfarbstoffen und zum Avivieren der Wollfärbungen, endlich beim Färben von Baumwolle auf Färbeapparaten.

Allerdings eignen sich für die angeführten Zwecke durchaus nicht alle Präparate, da die gewöhnlichen Türkischrotöle mit den im Wasser enthaltenen Kalk- bzw. Magnesiasalzen Fällungen geben, die zu mangelhaften Ausfärbungen Anlaß geben können. Besondere Erwähnung verdient hier die Monopolseife und das Monopolseifenöl der Firma Stockhausen & Traiser, die bei hartem Wasser keine Fällung mit den obengenannten Salzen zu bilden vermögen. Man erreicht durch Zugabe von $^1/_2$—1% vom Warengewicht zur Farbflotte ein gleichmäßiges Aufziehen der Farbstoffe auch bei hartem Wasser, ein besseres Ausziehen der Flotte, gute Durchfärbung, erhöhten Glanz der Färbungen und reinere Nuancen; namentlich wird auch das unangenehme Bronzieren der Schwefelfarben vermieden. Für die Färbungen mit sauren Wollfarbstoffen eignet sich Monopolseife deshalb besonders, weil dieses Präparat durch nicht zu große Mengen verdünnter Säuren nicht zersetzt wird.

Wichtig für ein gleichmäßiges Durchfärben des zu färbenden Materials ist der Zusatz von Türkischrotöl beim Färben auf Färbeapparaten. Infolge der großen Netzungsfähigkeit der mit dem Öl versetzten Farbflotte wird das Farbgut, was namentlich bei gewickeltem Material (Kopse) oft Schwierigkeiten bereitet, gut und gleichmäßig von der Flotte genetzt. Zu bemerken ist, daß bei nicht zu harten Wässern auch die gewöhnlichen Türkischrotöle denselben Effekt geben. Von den zahlreichen Verwendungsarten der Monopolseife und des Monopolseifenöls, die in einer von der Firma Stockhausen und Traiser in Krefeld versendeten Broschüre aufgeführt sind, ist hier noch die zum Avivieren (Weichmachen) der Baumwoll- und Wollfärbungen anzuführen. Zur Avivage der Färbungen setzt man der Flotte 1—2% vom Warengewicht Monopolseife zu und zieht bei 30—40° C 10—20 Minuten um. Durch diese Nachbehandlung wird der Griff weich und die Färbungen erscheinen tiefer und schöner.

Das gilt namentlich für manche Schwefelfarben, bei deren Verwendung das Material hart und dicht erscheint, so daß dann die Flotte in der Appretur schlecht aufgenommen wird. Auch für die Nachbehandlung der Anilinschwarzfärbungen werden Monopolseife und das Monopolseifenöl empfohlen, um der Ware einen vollen, weichen Griff zu verleihen und den Farbton zu vertiefen. Die so behandelte Ware bleibt geruchlos und lagerbeständig und es dringt kein Fett durch das Einschlagpapier, was besonders für Strumpfwaren und Trikotagen von Bedeutung ist, während nach den Angaben der erwähnten Firma gewöhnliche Türkischrotöle diese Vorzüge nicht besitzen sollen.

Beschwerung von Baumwolle.

3. Auch für die Beschwerung der Baumwolle, die in der Regel mit Bitter- oder Glaubersalz erfolgt, ist die Monopolseife vorgeschlagen worden. Durch die Beschwerung mit diesen Salzen wird die Faser hart und spröde, bei Zusatz von Monopolseife kann aber trotz der Beschwerung bis zu 40 % ein schöner weicher Griff der Ware erzielt werden.

Man versetzt für 1 l Wasser 300 g Bittersalz und 3—5 g Monopolseife, hantiert die Ware ca. 20—30 Minuten bei 40—45° C, windet aus und trocknet. Mit Schwefelschwarz gefärbte Ware wird nach dieser Beschwerung auch in der Farbnuance tiefer und voller.

Indigofärbungen.

4. Nach den Angaben der Badischen Anilin- und Sodafabrik[1]) kann man Indigofärbungen auf Pflanzenfasern durch Türkischrotölnachbehandlung in der Chlor- und Waschechtheit wesentlich verbessern, indem man die Färbung mit dem Öl allein oder mehrere Male mit darauffolgender bzw. dazwischenliegender Trocknung oder unter Mitverwendung von Tonerdesalzen gemäß den bei Türkischrotfärbungen gebräuchlichen Beizverfahren präpariert. Jedenfalls wird hier durch die Auflagerung einer Schicht von rizinölsaurer Tonerde die Farbe selbst mit einer Schutzhülle versehen, die die Erhöhung der Echtheit in der angegebenen Richtung verursacht.

Diese Beobachtung ist übrigens noch insofern von Interesse, als die früher erwähnte physikalische Theorie, die als Ursache für die Echtheit des Türkischrotlackes eine Umhüllung der Farbe durch fettsaure Tonerde anführte, hierdurch eine Bestätigung erfahren hat.

Auf der Faser entwickelte Farbstoffe.

5. Fast dieselbe Bedeutung wie in der Türkischrotfärberei haben die Türkischrotöle, was die Wirkung des Öles auf die erzeugte Färbung und den Umfang des Verbrauches anbetrifft, in der Färberei mit den auf der Faser entwickelbaren Farbstoffen erlangt.

Das Türkischrotöl wird hier der sogenannten Grundierungsflotte, bestehend aus einer Auflösung von β-Naphthol in Natronlauge, zugesetzt. Man verwendet pro Kilogramm Ware bzw. auf 10 l Flotte $1^1/_2$ Molekül β-Naphthol = 225 g, $1^1/_2$ Molekül und $^1/_3$ Molekül Ätznatron = 73 g und

[1]) D. R. P. Nr. 140191; Chem. Ind. 1903, S. 237.

etwas über das Vierfache des β-Naphthols an neutralem Natrontürkischrotöl. Mit dieser Lösung wird das Garn bzw. Gewebe gründlich getränkt, ausgewunden und bei ca. 60° C getrocknet und hierauf in die mit essigsaurem Natron neutralisierte Lösung eines diazetierten Amins: Paranitranilin, α-Naphthylamin, Chloranisidin, Dianisidin, Benzidin, Tolidin usw. eingetaucht, wobei dann der entsprechende Oxyazofarbstoff auf der Faser entsteht. Endlich wird gespült und bei 60° C gründlich geseift.

Statt des β-Naphthols wird jetzt das Naphthol R-Höchst genommen, das ca. 5,9 % des Natronsalzes der Naphtholmonosulfosäure F.

$$(C_{10}H_6ONaSO_3Na)$$

enthält und ein wesentlich blaustichigeres Rot liefert als das β-Naphtol an sich. Dieselbe Verbindung wird von der Firma Leopold Cassella als Nuanciersalz in den Handel gebracht. Wichtig ist, daß zur Grundierung, namentlich in der Garnfärberei, möglichst Natrontürkischrotöle und nicht Ammoniaköle genommen werden, da durch die alkalische Wirkung des Naphtholnatriums das Ammoniaköl unter Entwicklung von Ammoniak und Bildung freien Naphthols in Natronöl verwandelt wird. Dieses freie β-Naphthol soll dann Veranlassung zu gelben, streifigen und unegalen Färbungen geben.

Die Wirkung der Türkischrotöle bei der Erzeugung dieser Farben ist ganz auffällig. Beim Pararot ist z. B. die Nuance ohne Ölzusatz gelbstichig und matt, mit Öl in der Grundierung dagegen feurig blaustichig und dem Türkischrot sehr ähnlich, dem ja das Pararot große Konkurrenz bereitet hat. Auch die Steigerung der Lichtechtheit wird durch den Ölzusatz bewirkt. Man hat deshalb bei der Entstehung des Farbstoffes eine Lackbildung angenommen[1]). Für diese spricht ferner die echte Braunfärbung, die bei Behandlung der Paranitranilinrotfärbung mit Kupfersalzen erhalten wird. Auch beim Dianisidinblau tritt die Wirkung der Öle ganz bedeutend zutage. Die Farbe ist hier direkt abhängig von der Natur des Öles, indem das gewöhnliche Türkischrotöl rotstichige, rizinusölsaures Ammon grünstichige und die desulfurierte Oxyölsäure (wohl Oxystearinsäure?) noch vollere und grünere Töne liefern. Auf die fertig entwickelte Farbe übt eine nachträgliche Behandlung mit Türkischrotöl keine Veränderung aus. Die Einwirkung des Öles auf das β-Naphthol findet bereits während des Trocknens der Grundierung statt; ohne Öl präparierte Stoffe werden durch Oxydation leicht braun, während geölte Gewebe auch nach Wochen noch nahezu unverändert sind[2]).

Ed. Justin-Mueller[3]) erhielt bei Vergleichsversuchen unter Zusatz von Rizinoleat zur Grundierung ein Rot, das in fließendem Wasser wenig nachläßt, dessen Farbe feurig und blaustichig ist und das beim trockenen

---

[1]) P. Wolff, Färberztg. 1898, S. 41.

[2]) Zum Grundieren nimmt man beim α-Naphthylaminbordeaux bedeutend weniger Öl.

[3]) Färberztg. 1906, S. 202.

Reiben wenig abgibt, dagegen ohne Rizinoleat ein Rot, das nicht waschecht ist, trübe und gelbstichige Nuancen zeigt und beim Reiben stark nachläßt. Mueller hält die entstandenen Verbindungen zwischen Fettkörper und Azofarbstoff für kolloidaler Natur. Diese werden von der kolloiden Faser zum Teil absorbiert, zum Teil durch Adhäsion festgehalten. Erzeugt man Pararot in Lösung, so beobachtet man bei Gegenwart von Fettkörpern, daß sich bei Zugabe der gewöhnlichen Menge von Natriumrizinat zur Naphthollösung ein sich zusammenziehender Niederschlag bildet, der röter und bläulicher ist als ohne Rizinoleat.

Schwalbe und Hiemenz[1]) erklären die Wirkung der Ölbeize als kuppelungs erzögernd. Ohne Ölbeize entstehen nur ziegelrote Töne, wie sie beim Zusammenbringen von β-Naphthollösung mit mineralsaurer, z. B. salzsaurer Diazolösung beobachtet werden können. Mit essigsaurer Diazolösung dagegen entsteht eine blaustichige Färbung; da die essigsauren Diazolösungen langsamer kuppeln als mineralsaure, schließen die Verfasser aus dem entstehenden Blaustich bei Zusatz der Ölbeize auf eine Kuppelungsverzögerung. Der Einfluß der fettsauren Salze auf die Nuance der Färbung bei Zusatz zur Naphtholpräparation gibt sich in folgender Reihe von den gelbstichigen zu den blaustichigen Tönen verlaufend zu erkennen: Marseiller Seife, Monopolseife, Türkischrotöl, Rizinusölnatronseife und Rizinusölammonseife (Paraseife P. N., Höchst).

Für die Erklärung der Wirkung der Türkischrotöle bei der Erzeugung der Azofarbstoffe auf der Faser ist eine Beobachtung von Friedrich Reisz[2]) von besonderem Interesse. β-Naphthol ist in reinen und sulfurierten Oxyölsäuren löslich. Die öligen Lösungen werden vom Wasser nicht aufgenommen sondern geben erst bei Ammoniakzusatz klare Lösungen. Letztere, die das β-Naphthol ohne Zweifel in freiem Zustande enthalten, eignen sich vorzüglich zur Hervorbringung der unlöslichen Oxyazofarbstoffe auf tierischer Faser. Die erzielten Färbungen sind nach den Angaben von Reiß nicht nur intensiver und schöner, sondern auch seifenechter als die mit β-Naphtholnatrium auf Baumwolle gewonnenen. Dabei ist es unnötig, die grundierte Wolle vor der Entwicklung zu trocknen, ja man soll sogar nach dem Grundieren leicht spülen. Man behandelt die Wolle kalt oder bei 40—45° C in einem verdünnten, etwa $^1/_2$—1% Naphthol enthaltenden Ammoniakseifenbad, z. B. des Türkischrotöles, schleudert und entwickelt direkt in der essigsauren Diazolösung, spült und seift bei 40—45° C.

6. Zum Schluß dieses Abschnittes sei noch einer besonderen Eigenschaft der Natrontürkischrotöle gedacht. Nach einem Patent der Höchster Farbenfabriken[3]) wird die Ätzwirkung des Hydrosulfits N. F. konzentriert, durch Zusatz von Natrontürkischrotöl bei Weiß- und Buntätzen von Naph- Erhöhung der Ätzwirkung von Hydrosulfit.

[1]) Zeitschr. f. Farbenind. 1906, S. 106.
[2]) Färberztg. 1901, S. 17.
[3]) Färberztg. 1906, S. 163.

thylaminbordeaux beträchtlich gesteigert. Höchst bringt ein Präparat Rodogen M. L. B., eine rötlichbraune Flüssigkeit, in den Handel, die die Ätzwirkung der aus Hydrosulfit N. F. konzentriert, bereiteten Ätzfarbe befördert. Außer Rodogen haben nun auch Natrontürkischrotöl und Natriumpyrophosphat den gleichen Erfolg. Zur Entfaltung der Reduktionskraft ist ein verlängertes Dämpfen erforderlich. Die Weißätze setzt sich zusammen aus: 400 g Weizenstärke-Tragantverdickung, 50 g Natronrotöl, 50prozentig, 500 g Hydrosulfitverdickung N. F. G., 6 g Ultramarin und 44 g Wasser.

II. Anwendung sulfurierter Öle in der Appretur, Bleicherei und Schlichterei.

Verwendung in der Appretur.

Die Verwendung der Türkischrotöle zu diesen Operationen beruht im wesentlichen auf der stark netzenden Eigenschaft der mit den Ölen versetzten Flotte und auf der Erteilung eines weichen Griffes in der Appretur. Auch hier werden der Monopolseife besonders hervorragende Eigenschaften vor den übrigen Türkischrotölen zugesprochen.

Während die Monopolseife in bezug auf das Netzungsvermögen den übrigen Ölen gleichgestellt werden muß, zeigt sie in ihrem Verhalten gegenüber Kalk und Magnesiasalzen, mit denen die anderen Öle Trübungen und Ausscheidungen von Kalk- bzw. Magnesiasalzen geben, eine Eigenschaft, die besonders für Appreturzwecke von großer Wichtigkeit ist. Die Monopolseife bildet — hier unterscheidet sie sich nach Versuchen Herbigs von anderen, ebenso hochprozentigen Fabrikaten anderer Firmen ganz auffällig — mit dem in der Appretur viel verwendeten Bittersalz ($MgSO_4$) keine käsige Ausscheidung, sondern eine Emulsion, die sehr leicht in das Innere der Ware einzudringen vermag, während sich die mit anderen Ölen eintretenden Magnesiasalzabscheidungen auf der Ware ablagern und dadurch die Appretur fehlerhaft gestalten können.

Von Monopolseife sollen pro Kilo Appreturmasse genügen für:

Wollappretur: 1—1,5 g; Baumwoll- und Leinenappretur 3—6 g, für Plüsch-, Samt-, Seiden- und Halbseidenappretur 2—3 g. Besonders ist hier die Bittersalz-, Dextrin- oder Kartoffelstärkeappretur zu erwähnen. Dextrin und Bittersalz werden jedes für sich gelöst, die Lösungen auf 40—50° C abgekühlt und dann zusammengerührt. Dazu gibt man in wenig Wasser gelöste Monopolseife und verrührt das Ganze noch etwa 10 Minuten lang.

Für Buntgewebe, Blaudruck, Blauleinen, Flanelle, Velvets, Plüsche, Trikotagen, Halbseide und Halbwolle werden folgende Vorschriften gegeben:

Buntgewebe: pro Kilo Appretur 150—200 g Dextrin, 150—200 g Bittersalz, 3—10 g Monopolseife.

Blaudruck und Futterstoffe: 50 g Kartoffelstärke, 50 g Bittersalz, 3—10 g Monopolseife.

Matratzenstoffe, Glanzappret pro 100 l Flotte: 7,5 kg löslicher Stärke, 5 kg Sirup, 200 g Paraffin, 200 g Kokosfett, 1 kg Monopolseife,

100—200 g Chlorzink. Stärke und Sirup werden für sich gelöst. Die Monopolseife wird in einem Liter Wasser geschmolzen, dann rührt man die Fette hinein und gießt die ganze Mischung in die Flotte.

Matratzenstoffe, Stumpfappret: 15 kg Dextrin, 20 kg Bittersalz, 5 kg Glykose, 1 kg Monopolseife, 1 kg Talg, 200 g Chlorzink auf 100 l Flotte.

Matratzendrelle, Glanzappret: 9 kg löslicher Stärke, 5 kg Sirup, 1 kg Paraffin, $^1/_2$ kg Monopolseife, 200 g Chlorzink.

Matratzendrelle, Stumpfappret: 8 kg Kartoffelstärke, 5 kg Sirup, $^1/_2$ kg Monopolseife, 200 g Chlorzink pro 100 l Appreturflotte. Die Vorteile der Monopolseife in der Appretur bestehen nach den Angaben der Firma in folgenden:

1. Klare, leuchtende Farben, keine trüben Stücke, keine Flecke;
2. angenehmer natürlicher Griff, selbst bei hoher Beschwerung;
3. Geruchlosigkeit der appretierten Ware auch nach langem Lagern;
4. höchste Ausgiebigkeit.

Bei Verwendung der Monopolseife in der Appretur soll besonders beachtet werden, die Seife in etwa der gleichen Menge Wasser zu schmelzen. Vor Zugabe der Seife zur Appretur- und zur Schlichtmasse soll man 10 Teile der konzentrierten Lösung mit 100 Teilen Wasser verdünnen.

Bei Versuchen mit anderen Türkischrotölpräparaten, z. B. mit dem Universalöl von Dr. Schmitz in Heerdt a. Rh. und mit dem Turkonöl der Firma Buch und Landauer in Berlin, wurden mit den nachfolgenden Appreturen übrigens auch sehr befriedigende Resultate erhalten. Man darf also der Monopolseife noch nicht das Monopol auf diesem Gebiete zusprechen.

Halbwolle: Für 10 l Appreturflotte 600 g Leim, 50 g Turkonöl.

Wolle: Für 10 l Flotte

a) $^1/_2$ l Turkonöl;
b) 200 g Dextrin, 200 g Leim, 200 g $MgSO_4$, 200 g Universalöl von Schmitz, 50prozentig;
c) 200 g Stärke, 150 g Gummi, 200 g Dextrin, 200 g Turkonöl;
d) 200 g Dextrin, 200 g Leim, 200 g $MgSO_4$, 200 g Turkonöl.

Verwendung in der Bleicherei,

Der Zusatz der sulfurierten Öle zur Bleichflotte bewirkt, daß die Bleichflüssigkeit die Ware gleichmäßig durchdringt und dadurch eine intensivere Bleichwirkung auszuüben vermag. Man setzt von der Monopolseife $^3/_4$—1 g pro Liter Flotte zu. In der Schlichterei bewirkt der Zusatz der Türkischrotöle zur Schlichtmasse ebenfalls einen weichen und vollen Griff. Bei Verwendung der Monopolseife als Zusatz zum Schlichtfett ist eine besonders hohe Beschwerung möglich.

in der Schlichterei.

Produktion und Handel.

Die Produktion der Industriestaaten an Wollspickmitteln und Türkischrotölen läßt sich kaum einschätzen. Auch über den Außenhandel mit diesen Produkten sind richtige Ziffern nicht so leicht beschaffbar, weil über diese Präparate keine gesonderten statistischen Aufzeichnungen gepflogen werden.

Deutschlands Ein- und Ausfuhr.

Nur über Türkischrotöl liegen in einigen Staaten die Ein- und Ausfuhrziffern vor, von denen wir die für Deutschland anführen möchten.

Die Einfuhr Deutschlands von türkischrotähnlichen Produkten betrug

	Menge in Doppelzentnern	Wert in Mark
1900	4085	131000
1904	7753	395000
1905	5819	285000
1907	1958	75000

welche Werte von denen der Ausfuhr allerdings bei weitem übertroffen werden. Ausgeführt wurden nämlich

	Menge in Doppelzentnern	Wert in Mark
1900	12936	492000
1904	18805	658000
1905	20360	672000
1906	22252	890000

Zehntes Kapitel.

Die Stearinfabrikation.

Allgemeines.

Unter „Stearin" versteht man im Handel die festen, aus Tier- und Pflanzenfetten gewonnenen, gereinigten Fettsäuren, die hauptsächlich aus Stearin- und Palmitinsäure bestehen, aber auch Oxystearinsäure, Isoölsäure, Stearolakton und ähnliche Verbindungen enthalten können. Die besser gewählte Bezeichnung „technische Stearinsäure" ist für dieses Produkt sehr wenig gebräuchlich, obwohl sie mehr am Platze wäre und die sich mitunter einstellenden Unklarheiten, die bei dem gleichzeitigen Gebrauch des Wortes „Stearin" für feste Fettsäuren sowie für das Triglyzerid der Stearinsäure (Tristearin) entstehen, vermeiden würde. **Haupt- und Nebenprodukte der Stearinindustrie.**

Bei der Gewinnung von Stearin erhält man technische Ölsäure und Glyzerin als Nebenprodukte; mit den Stearinfabriken ist in der Regel eine Kerzengießerei in Verbindung, weil man das Stearin vor allem als Kerzenmaterial verwendet.

Das Wesen der Stearingewinnung kann durch nachstehendes, ganz allgemein gehaltenes Schema veranschaulicht werden: **Fabrikationsschema.**

Tier- und Pflanzenfette

(Glyzeride der Fettsäuren)

werden gespalten in:

Glyzerin	Fettsäuren *(Gemenge fester und flüssiger)*, die man trennt in:	
	Feste Fettsäuren *Technische Stearinsäure* *(Stearin)*	Flüssige Fettsäuren *Technische Ölsäure* *(Olein, Elain).*

Die technische Durchführung dieses scheinbar so einfachen Fabrikationsschemas erfordert einen ziemlich umständlichen Fabrikationsgang und läßt so viele Ausführungsmethoden zu, daß die Stearinindustrie von allen Zweigen der Fettverarbeitung als der vom chemischen und wohl auch vom maschinellen Standpunkt aus interessanteste bezeichnet werden kann.

Der verminderte Verbrauch von Stearinkerzen (Überhandnehmen der Gas- und elektrischen Beleuchtung, Verbreitung der billigeren Paraffinkerzen) hat einen unverkennbaren wirtschaftlichen Rückgang der Stearinindustrie gezeitigt.

Dafür haben aber der immer größer werdende Konsum von Glyzerin (Dynamitindustrie, verschiedene technische Verwendungen) und die sich fortlaufend lebhafter gestaltende Nachfrage nach Fettsäuren (Karbonatverseifung) wenigstens der ersten Phase der Stearinfabrikation — der Spaltung der Fette in Glyzerin und Fettsäure — eine weite Ausdehnungsmöglichkeit gesichert. Sogenannte Fettspaltungsanlagen sind heute nicht nur in vielen Seifenfabriken zu finden, sondern auch als vollkommen selbständige Betriebe geschaffen worden. Sie verarbeiten die Fette nicht, wie die Stearinerien, zu Stearin, technischer Ölsäure und Glyzerin, sondern beschränken sich auf die Trennung der Neutralfette in Glyzerin und Fettsäure und geben diese beiden Produkte an Glyzerinraffinerien und Seifensiedereien weiter.

Fettspaltungsanlagen.

Entwicklungsgeschichte der Stearinindustrie.

Den Grundstein zur Stearinfabrikation legte Chevreul[1]) durch seine klassischen Untersuchungen über die Zusammensetzung der Fette, welchen Arbeiten allerdings schon die Entdeckung des Glyzerins durch Scheele[2]) im Jahre 1783 und die Arbeiten von Braconnet[3]) vorausgegangen waren. Zwei Jahre nach der Veröffentlichung der denkwürdigen Untersuchungen Chevreuls ging dieser im Verein mit seinem Kollegen Gay-Lussac daran, seine Studien praktisch zu verwerten, und zwar ließen sich die beiden Forscher ein Verfahren[4]) patentieren, wonach die aus den Fetten abgeschiedenen Fettsäuren als Kerzenmaterial verwendet werden sollten.

Lesen wir heute jene Patentschrift Chevreuls, so müssen wir über die wahrhaft prophetische Gabe dieses Mannes staunen; alle die späteren Vervollkommnungen, die die Stearinfabrikation im Laufe der Jahre erfahren hat, finden sich hier schon zum Teile direkt angedeutet, zum Teile vorgeahnt. Das Originalpatent Chevreuls bildet andrerseits ein höchst interessantes und lehrreiches Zeugnis dafür, daß der Weg von der wissenschaft-

[1]) Récherches chimiques sur les corps gras d'origine animale, Paris 1823.

[2]) De natura saccharina peculiari oleorum expressorum et pinguedinum 1783.

[3]) Braconnet verdanken wir die Kenntnis, daß sich Fette in feste und flüssige Bestandteile (Stearin und Olein) trennen lassen.

[4]) Das englische Patent (Nr. 5183 v. 9. Juni 1825) hat Gay-Lussac durch seinen Agenten Moses Poole nehmen lassen. — Vergleiche Register of Arts and Sciences, Bd. 3, S. 274, und Engineers' and Mechanics Encyclopaedia, Bd. 1, S. 305.

lichen Erkenntnis bis zu ihrer praktischen Anwendung sehr weit und mitunter äußerst schwierig ist.

Der Wortlaut des Patentes, durch das die Stearinindustrie eigentlich geschaffen wurde, ist folgender:

Patentbeschreibung Chevreuls.

„Wir wollen unser Patent auf diese Anwendung erstreckt sehen, das heißt, wir wollen uns das ausschließliche Recht bewahren, zu Beleuchtungszwecken feste oder flüssige Fettsäuren herzustellen, die man aus Fetten, Talg, Butter und Ölen durch Verseifung mit Pottasche, Soda oder anderen Basen, durch Säuren oder sonstige Mittel erhält. Wir beabsichtigen, die verseiften Fettkörper entweder als solche oder mit anderen, unverseiften, als da sind Wachs usw., anzuwenden. Die verseiften flüssigen Fettkörper, die wir nicht zur Beleuchtung anwendbar erachten, werden in Seife verwandelt werden.

Wir verseifen die zur Beleuchtung oder die als Seife zur Verwendung bestimmten Fettkörper sowohl bei der gewöhnlichen Kochtemperatur als auch bei höherer, mit der Spannung mehrerer Atmosphären. Wir erkannten, daß die in letzter Weise ausgeführte Verseifung viele Vorzüge vor der bei gewöhnlichem Atmosphärendruck stattfindenden voraus hat. Ist die Verseifung mit der geringstmöglichen Alkalienmenge ausgeführt, so trennen wir Stearin- und Margarinsäure von der öligen Säure durch folgende Prozesse:

1. Wir lösen die durch Verseifung erhaltene Masse mit Wasser, das das Oleat mit Ausschluß des größeren Teiles der Stearin- und Margarinsäure, die als basische Salze zurückbleiben, auflöst; die letzteren werden durch Salzsäure oder eine andere Säure zersetzt.

2. Wir zersetzen sogleich die Seifenmasse durch Salzsäure und behandeln die Fettmasse durch teils kalte, teils heiße Pressung (die Ölsäure läuft ab und läßt die festen Fettsäuren zurück), oder wir trennen die festen Fettsäuren von den flüssigen mittels Alkohols, der vorzugsweise Ölsäure bei etwas erhöhter Temperatur auflöst.

3. Oder aber wir behandeln die Seife der Reihenfolge nach mit kaltem Alkohol, der meist Ölsäureseife auflöst, dann mit heißem Alkohol, der alle Fettsäuresalze auflöst. Während der Abkühlung kristallisieren die Salze der festen Fettsäuren aus, wogegen die Oleate in Lösung bleiben“ [1]).

Mängel des ursprünglichen Verfahrens.

Die Übelstände, die diesem Verfahren anhafteten und es für den Fabrikbetrieb unmöglich machten, waren mehrfacher Art: Vor allem waren die Spesen der Alkalienverseifung sehr hoch und zweitens krankte das Verfahren an dem Fehler, daß zur Zersetzung der Seife Salzsäure verwendet wurde und man die dabei gebildeten Alkalichloride nicht völlig aus den Fettsäuren zu entfernen verstand [2]). Auch war das erhaltene Stearin als Kerzenmaterial nicht am besten geeignet, denn die Kerzen fühlten sich fettig an und brannten schlecht, weil es an einem geeigneten Dochte fehlte, den erst viel später Cambacères (siehe Kapitel „Kerzenfabrikation“) richtig herzustellen lehrte.

Eine von Cambacères zu Ende der zwanziger Jahre des vorigen Jahrhunderts auf Grund des Patentes Chevreul-Gay-Lussac errichtete Stearinfabrik kam denn auch über die verschiedenen Kinderkrankheiten nicht hinaus und ging nach sechsjährigem Bestande ein.

---

[1]) Brevets d'invention, Bd. 41, S. 396, v. 10. Febr. 1825.

[2]) Dieser Übelstand scheint aber bald überwunden worden zu sein, denn man hielt lange Zeit an der Salzsäure als Zersetzungsmittel fest. (Vgl. S. 590.)

Verbesserung durch Milly.

Ein bedeutender Schritt nach vorwärts war für die Stearinfabrikation getan, als A. de Milly die Verwendung von Kalk an Stelle der Alkalien zur Verseifung der Fette vorschlug. A. de Milly, der ursprünglich Kammerherr am Hofe Karls X. war und durch den Sturz der älteren Linie der Bourbonen seiner Habe beraubt wurde, hatte sich im Jahre 1831 mit dem Arzte Motard assoziiert und an der Barrière de l'Étoile in Paris eine Stearinkerzenfabrik gegründet, deren Produkte unter dem Namen „Bougies de l'Étoile" bekannt wurden. Schon damals scheint sich de Milly mit der Idee getragen zu haben, an Stelle der Alkalien Kalk zu verwenden; sein in Frankreich genommenes, auf die Namen de Milly und Motard lautendes Patent, das die Verwendung des Kalkes genau beschreibt, ist aber erst vom 10. Dezember 1831 datiert. Es heißt darin[1]):

„In Anbetracht, daß bis jetzt die Verseifung der Fette mit Kalk von niemandem angeraten und auch in keinem Werke beschrieben ist; in Anbetracht ferner, daß allein die Unterzeichneten diese Art der Verseifung anwenden und sich demnach als Erfinder derselben betrachten, bitten die Unterzeichneten den Minister, ihnen auf zehn Jahre ein Patent zu bewilligen auf die Verseifung mit Kalk in geschlossenen Gefäßen und bei einer Temperatur, die die des siedenden Wassers übersteigt"[2]).

In der näheren Beschreibung der Ausführung des Verfahrens fällt auf, daß die notwendige Menge des Kalkes nicht genannt wird, daß man vielmehr von einer genügenden Quantität Kalkes spricht. Man geht aber wohl kaum fehl, wenn man letztere mit 12—15 % annimmt, denn im Jahre 1844 rühmt sich A. de Milly ausdrücklich des Vorteils, daß es ihm gelungen sei, durch Anwendung sehr guter Rührwerkzeuge die Kalkmenge bis auf 10 % herabzudrücken[3]).

Übergang zur Verseifung in offenen Gefäßen.

Da de Milly und Motard die Verseifung mittels Kalkes in geschlossenen Gefäßen unter Druck patentiert erhalten hatten, bemühte sich die nirgends fehlende Konkurrenz darum, dieses Verfahren zu umgehen, und es war sehr natürlich, daß man darauf verfiel, diesen Prozeß in offenen

[1]) Auffallenderweise gedenkt der Bericht von St. Flachat über die Pariser Ausstellung vom Jahre 1834 (St. Flachat, L'Industrie etc., Paris 1834) mit keinem Worte der Kalkverseifung, doch dürfte dies nur auf ein Versehen zurückzuführen und die Kalkverseifung in diesem Jahre tatsächlich schon praktisch verwendet worden sein. Im übrigen ist die damalige Gewerbegeschichtschreibung, die sich fast ausschließlich auf die verschiedenen Rapporte über die Weltausstellungen von Paris und London beschränkt, ziemlich lückenhaft und ungenau. So berichtet z. B. Hermann (Die Industrieausstellung zu Paris 1839, Nürnberg 1840, S. 265), daß Milly schon im Jahre 1827 (Gründung der Kerzenfabrik l'Étoile aber erst 1831!) Stearinkerzen ausgestellt habe. Nach den Rapports du jury central, Paris 1844, Bd. 2, S. 810 erhielt de Milly bei der Ausstellung des Jahres 1839 die goldene Medaille als Auszeichnung zuerkannt.

[2]) Brevets d'invention, Bd. 5, S. 505; Seifenfabrikant, Berlin 1888, S. 149.

[3]) Die Verseifung mit Kalkhydrat wird auch in einem engl. Patent von J. F. W. Hempel und H. Blundell im Jahre 1836 beschrieben. (Newtons London Journ., Bd. 11, S. 207.)

Gefäßen vorzunehmen. Die Société d'Encouragement in Paris erteilte im Jahre 1839 Duriez sogar eine Anerkennungsmedaille für seine bemerkenswerte Verbesserung in der Stearinfabrikation, bestehend in der Anwendung offener Gefäße an Stelle der bisherigen geschlossenen Apparate. Bedeutet diese Einführung Duriez' nach unseren jetzigen Anschauungen auch direkt einen Rückschritt, so war sie damals bei der unvollkommenen Apparatur und bei der Unkenntnis der Vorteile, die die Druckverseifung bietet, ein immerhin ganz beachtenswerter Fortschritt, und selbst de Milly, der sich mittlerweile von Motard getrennt hatte, bequemte sich dazu, sein ursprüngliches Verfahren (Arbeiten in geschlossenen Gefäßen) zu verlassen und zur Kalkverseifung in offenen Gefäßen überzugehen.

Der Kalkverseifung mit der stöchiometrischen oder sogar größeren Menge Kalk hafteten große Nachteile an. Einmal mußte die gebildete harte, glasige Kalkseife vor der Zersetzung mit Säure zerkleinert werden, zweitens war der Verbrauch an Reagenzien (Kalk und Säuren) groß und das Arbeiten erforderte viel Zeit, so daß es sich in der Ausführung ziemlich teuer stellte.

Verseifung mit hochgespannten Wasserdämpfen.

Die im Jahre 1854 von Tilghmann und Berthelot fast zu gleicher Zeit, aber unabhängig voneinander gemachte Entdeckung, daß Wasserdampf bei einem Drucke von 10—15 Atmosphären die Triglyzeride zu hydrolysieren vermag, wurde daher von großer Bedeutung für die weitere Entwicklung der Stearinindustrie. Die ersten Beobachtungen über die zersetzende Wirkung des Wassers auf Fette bei hoher Temperatur und Druck haben Appert (1823) und Manicler (1826) bei Versuchen über das Ausschmelzen der Fette gemacht. Diese Wahrnehmungen waren aber nur ganz allgemeiner Art, so daß Berthelot und Tilghmann das Verdienst gebührt, die Wasserverseifung erkannt zu haben.

Auffallend ist, daß dem sonst so umsichtigen de Milly, der schon im Jahre 1833 die Verseifung in geschlossenen Gefäßen unter Druck empfahl, die spaltungfördernde Wirkung des gespannten Wasserdampfes entging und daß auch Chevreul und Gay-Lussac, die in ihrer ersten Patentschrift vom Jahre 1825 ausdrücklich von der Verseifung bei „höherer als Kochtemperatur und einer Spannung von mehreren Atmosphären" sprechen, die eigentlichen Vorteile dieser Methode nicht erkannten. Als man sich dann durch die Versuche von Duriez bewegen ließ, das Arbeiten in geschlossenen Apparaten zu verlassen, und an seine Stelle die Verseifung in offenen Kufen setzte, kam man von der richtigen Fährte immer mehr und mehr ab, und die Beobachtungen von Tilghmann und Berthelot müssen daher doppelt hoch veranschlagt werden.

Berthelot begnügte sich mit der theoretischen Erkenntnis, die seine Versuche ihm gebracht hatten; Tilghmann[1]) und Melsens[2]), welch letz-

[1]) Engl. Patent Nr. 47 v. 9. Jan. 1854.
[2]) Engl. Patent Nr. 2666 v. 18. Dezember 1854.

terer kurze Zeit nachher in ähnlicher Richtung experimentierte, suchten dagegen die Frage industriell auszubeuten und konstruierten Apparate, worin sich der Prozeß der Wasserspaltung in rationeller Weise durchführen lassen konnte.

Nach den benutzten Apparaten (Autoklaven) wurde die Verseifung unter Druck Autoklavenverseifung genannt; diese Bezeichnung wird heute für alle unter Druck vorgenommenen Fettspaltungsverfahren angewandt, gleichgültig, ob man mit Wasserdämpfen oder unter Mithilfe von spaltungfördernden Reagenzien (de Milly-Prozeß) arbeitet.

Von Wert für die Entwicklung der Wasserverseifung waren auch die von Cloez im Musée d'histoire naturelle in Paris angestellten Versuche, aus denen hervorging, daß Talg bei einer Temperatur von 200° C und 15 Atmosphären Druck 97,50% Fettsäuren lieferte, die kaum noch Spuren von Neutralfett enthielten.

Verseifung mit überhitzten Dämpfen.

Die Wasserverseifung, die die Anwendung eines hohen Überdruckes notwendig macht, falls eine weitgehende Spaltung der Fette erzielt werden soll, suchten G. F. Wilson und G. Payne[1]) sowie R. A. Wright und L. J. Fouché[2]) dadurch zu verbessern, daß sie mit weniger hohem Drucke, dafür aber bei um so höherer Temperatur arbeiteten (Verseifung mit überhitztem Wasser bzw. mit überhitztem Dampf). Kurze Zeit darauf (1855) berichtete Pelouze[3]) über die Einwirkung des Wasserdampfes auf Fette und schrieb darüber:

„Ich habe mich übrigens versichert, daß Wasser allein bei 165° C auf Öle nicht einwirkt; um diese zu zerlegen, muß das Gemisch von Fettsubstanzen und Wasser die Temperatur von 220° C erreichen und sehr lange auf dieser erhalten werden, wie schon Berthelot gefunden hat."

Die technische Durchführung der Verseifung mit überhitztem Dampf erwies sich jedoch als schwierig, da die Temperatur des zu spaltenden Fettes nicht leicht genau auf der erforderlichen Höhe von 310—315° C gehalten werden konnte. Steigt die Temperatur aber über 315° C an, so tritt eine Akroleinbildung auf, die die Arbeiter sehr belästigt und die Qualität der Produkte wie auch die Ausbeute schädigt; sinkt die Temperatur unter 310° C, so verlangsamt sich der Spaltungsprozeß in unerwünschter Weise. Später hat man gelernt, den Einfluß der Temperaturschwankungen durch eine feine Verteilung des Fettes mit dem Wasserdampf abzuschwächen, wodurch die Verseifung mit überhitzten Dämpfen erst betriebsfähig wurde.

Ungefähr um dieselbe Zeit, als die Verseifung durch hochgespannten oder überhitzten Wasserdampf von sich reden machte, trat auch de Milly mit einem verbesserten Fettspaltungsverfahren vor die Öffentlichkeit. Diese

[1]) Engl. Patent Nr. 1624 v. 24. Juli 1854. — Schädler nennt irrigerweise Wilson und Gwynne als Patentinhaber und spricht an anderer Stelle wiederum von Payen als Urheber der Verseifung mit überhitztem Wasser, was aber Payne (und Wilson) heißen muß.

[2]) Engl. Patent Nr. 894 v. 1. April 1857.

[3]) Dinglers polyt. Journ. 1855, Bd. 138, S. 423.

de Milly-Prozeß.

neue Methode war eine Kombination der Wasser- mit der Kalkverseifung; es wurde dabei nicht mehr mit der früher üblichen großen Kalkmenge operiert, sondern diese auf 2—4% vom Fettgewichte reduziert, die Reaktion dafür aber unter Druck in geschlossenen Gefäßen vorgenommen[1]). Durch den geringeren Kalkzusatz wird die verseifende Wirkung des Wassers wesentlich erhöht; man kann deshalb bei weniger hohem Drucke arbeiten und braucht die Dauer der Operation nicht allzu lange hinauszuziehen. Dabei bringt die relativ geringe Menge Kalk nicht jene schweren Übelstände wie die Kalkverseifung in offenen Kufen, wobei mit mehr als 10% Kalk gearbeitet werden mußte; vor allem ist das autoklavierte Fett nicht hart und spröde wie die Kalkseife, sondern auch bei mäßiger Temperatur weich und schmierig, läßt sich also ohne besondere Schwierigkeiten weiter verarbeiten.

Vielfach wird auch Runge als der Erfinder des Verfahrens der Druckverseifung mit geringen Kalkmengen genannt; er soll diesen Prozeß im Jahre 1835 entdeckt haben, das wären also zwei Jahre nach der Veröffentlichung des Patentes von de Milly, betreffend die Kalkverseifung mit normalen Kalkmengen. Es ist nun aber nicht recht einleuchtend, daß Runge einen so bedeutenden und technisch wertvollen Fortschritt nicht intensiver verlautbarte. Jedenfalls mag neben de Milly aber auch Runge ein Verdienst an der Sache haben, wie an dieser Stelle auch Friedrich Fournier dankbarst erwähnt werden muß, der um jene Zeit eine Fabrik in Marseille gründete, die durch seine Tatkraft und Ausdauer später zur größten Stearinfabrik Frankreichs emporwuchs.

Der Millyprozeß, wie man die Druckverseifung mit geringen Kalkmengen lange Zeit nannte, verschaffte sich bald Eingang in die größten Stearinfabriken aller Länder, und der heute noch vielfach gebräuchliche Name „Millykerze" besagte ursprünglich, daß das Material dieser Kerzen nach dem Prozesse von de Milly hergestellt worden war.

Im Laufe der Jahre hat der Millyprozeß durch Einführung der verschiedensten Reagenzien an Stelle des Kalkes mannigfache Modifikationen erfahren. Der ehedem ausschließlich angewandte Kalk ist aus den Stearinfabriken fast ganz verschwunden und man arbeitet heute meist nach dem Magnesiaverfahren oder verseift unter Zuhilfenahme irgendeines anderen spaltungbefördernden Mittels[2]). Man spricht heute auch nur selten mehr von einem Millyprozeß, sondern allgemein von einem Autoklavenverfahren, worunter man nur selten die Wasserverseifungsmethoden, sondern meist die Druckverseifung unter Zusatz geringer Mengen von Reagenzien versteht.

Verseifung mittels Schwefelsäure.

Älter als die Druckverseifung ist die Spaltung der Fette durch Schwefelsäure. Beobachtungen über die Einwirkung konzentrierter

[1]) Vergleiche auch die Veröffentlichungen de Millys über seine Versuche im Bulletin de la Société d'Encouragement 1861, S. 17.

[2]) Über die verschiedenen zur Autoklavierung der Fette empfohlenen Mittel siehe S. 532—540.

Schwefelsäure auf Triglyzeride machte schon Archard (1777) sowie später Caveton (1831).

Auch Chevreul erwähnte diese Reaktion in seiner bereits zitierten Abhandlung, und Lefebvre machte 1829 Andeutungen über die Umwandlung von Talg in Fettsäure durch Schwefelsäure. Es blieb aber Frémy vorbehalten, den bei dieser Reaktion vor sich gehenden chemischen Vorgang aufzuklären; in seiner am 9. Mai 1836 der Pariser Akademie der Wissenschaften überreichten Abhandlung sprach er bereits die Hoffnung aus, daß seine Forschungen Anstoß zur Vervollkommnung der Stearinfabrikation geben würden, doch nahm er erst im Jahre 1855[1]) ein Patent zur Verseifung der Fette durch Schwefelsäure. Die Engländer Jones, Wilson und Gwynne[2]) hatten indes schon früher aus der theoretischen Erkenntnis Frémys die praktische Nutzanwendung gezogen und die Schwefelsäurespaltung in englischen Stearinfabriken versucht.

Fettsäure-Destillation. Das Verfahren, das dunkle Fettsäuren lieferte, aus denen durch bloßes Abpressen kein weißes Stearin gewonnen werden konnte, machte die Reinigung der Fettsäuren durch Destillation im Wasserdampfstrome notwendig. Über die allmähliche technische Vervollkommnung des Schwefelsäureverfahrens und der Fettsäuredestillation sowie über die Einführung der Spaltung nach gemischtem System (Autoklavierung mit nachfolgender Sulfuration und Destillation) wird auf S. 675 näher berichtet.

Twitchell-Prozeß. Zu Ende der neunziger Jahre des vorigen Jahrhunderts empfahl Twitchell seine Fettspaltung mittels aromatischer Sulfosäuren, ein Verfahren, das ob seiner einfachen Durchführung mehr und mehr Eingang findet, um so mehr, als sich verschiedene Gerüchte über Nachteile (dunkle Fettsäuren, unvollständige Spaltung) als grundlos erwiesen und bei richtiger Arbeit helle Fettsäuren bei ziemlich weitgehender Spaltung erhalten werden. Die Twitchellsche Methode ist aber heute mehr in jenen Fabriken zu finden, die ihre Fettsäuren zu Seife versieden und sie nicht zu Stearin weiter verarbeiten, obwohl, wie gesagt, die Methode auch für Stearinfabriken gut brauchbar ist. (Vergleiche S. 680.)

Fettspaltung durch Fermente. Die enzymatische oder fermentative Fettspaltung, die durch Connstein, Hoyer und Wartenberg[3]) im Jahre 1902 in die Fettindustrie eingeführt wurde, liefert Fettsäuren mit verhältnismäßig hohem Neutralfettgehalt. Aus diesem Grunde wird sie mehr zur Hydrolyse solcher Fette verwendet, die zu Seife weiter verarbeitet werden sollen. Für die Stearinindustrie, wo man nur hochprozentig gespaltene Fettsäuren mit Erfolg zu Stearin verwerten kann, eignet sich die fermentative Fettspaltung auch

---

[1]) Franz. Patent v. 29. Mai 1855.

[2]) Engl. Patent Nr. 9542 v. 8. Dez. 1842 v. W. C. Jones u. G. F. Wilson; engl. Patent Nr. 10000 v. 28. Dez. 1843 v. G. Gwynne u. G. F. Wilson; engl. Patent Nr. 10371 v. 31. Okt. 1844 v. G. F. Wilson, G. Gwynne u. J. P. Wilson.

[3]) Vergleiche S. 691.

schon deshalb weniger, weil hier mehr feste Fette zur Verarbeitung gelangen, deren Spaltung nach dem enzymatischen Verfahren wegen der leichten Zerstörbarkeit des fettspaltenden Ferments bei der Schmelztemperatur der höher schmelzenden festen Fette wie auch wegen des größeren Dampfverbrauches weniger rationell ist als die Spaltung von bei gewöhnlicher Temperatur flüssigen Ölen und weicheren Fetten.

Die einen sehr bemerkenswerten Fortschritt darstellende fermentative Fettspaltung hat mehrfach zu Arbeiten angeregt, die wohl im Laufe kurzer Zeit das Verfahren vervollkommnen helfen werden.

Trennung der flüssigen und festen Fettsäuren.

Eine weit weniger interessante Entwicklungsgeschichte als die Spaltung der Neutralfette in ihre Komponenten hat die weitere Phase der Stearinfabrikation aufzuweisen: die Trennung der flüssigen und der festen Säuren. Von den in dem Chevreulschen Patente vom 10. Februar 1825 erwähnten drei Wegen ist in der Praxis eigentlich nur der des Abpressens eingeschlagen worden; all die vielen im Laufe der Jahre aufgetauchten Ideen, diese Trennung auf andere Weise vorzunehmen, sind kaum zur praktischen Anwendung gelangt und die auf diesem Gebiete gemachten Fortschritte beschränken sich eigentlich auf apparative Verbesserungen der Preßvorrichtungen.

Verwendung des Stearins und der Ölsäure.

Auch die Verwertung des Stearins ist so ziemlich gleich geblieben. Nach wie vor werden die Hauptmengen des erzeugten Stearins der Kerzenfabrikation zugeführt; die übrigen technischen Verwendungen des Stearins verbrauchen nur ganz verschwindend große, kaum in Betracht kommende Quantitäten. Die als Nebenprodukt gewonnene Ölsäure (Olein, Elain) wird zu Seifen verarbeitet, dient aber auch als Wollschmälzmittel und anderen technischen Zwecken.

des Glyzerins.

Dagegen hat das Nebenprodukt der Stearinfabrikation, das Glyzerin, in dem letzten halben Jahrhundert an wirtschaftlicher Bedeutung unausgesetzt gewonnen. Zur Zeit des Inslebentretens der Stearinfabrikation ein kaum beachtetes Abfallprodukt, ist es im Laufe der Zeit ein äußerst gesuchter Artikel geworden, von dem infolge des immer größer werdenden Bedarfes an Nitroglyzerin (Dynamit) stets wachsende Mengen begehrt werden. Da die Stearinfabriken den Bedarf an Glyzerin nicht mehr zu decken vermögen, versuchte man, dieses Produkt auch aus den Seifenunterlaugen zu gewinnen, bis man in letzter Zeit daran ging, der Seifenfabrikation überhaupt nicht mehr Neutralfette (Triglyzeride) zuzuführen, sondern diese vor ihrer Verseifung auf besonderen Fettspaltungsanlagen in Glyzerin und Fettsäuren zu trennen[1]).

Entwicklung der Stearinindustrie in den einzelnen Staaten.

Als eigentliche Heimat der Stearinindustrie ist jedenfalls Frankreich zu betrachten, denn hier wurden die ersten, grundlegenden theoretischen Arbeiten durchgeführt und auch die ersten praktischen Versuche gemacht. Aber auch England hat an der Entwicklung und Ausgestaltung der Stearinfabrikation wesentlich Anteil genommen.

---

[1]) Über die Geschichte des Glyzerins siehe Näheres Bd. 4.

Deutschland beschränkte sich mehr darauf, die französischen und englischen Erfahrungen zu verwerten. Die erste, von Emil Oemichen im Jahre 1830 errichtete Stearinfabrik, die nach den Patenten von Chevreul und Cambacères arbeitete, hatte wenig Erfolg, weshalb Oemichen noch in demselben Jahre das Patent an den Wiener Seifensieder Josef Schreder verkaufte. Dieser nahm auf Grund dieses Patentes und einiger Verbesserungen im Jahre 1835 ein österreichisches Privilegium und übertrug dieses der Ersten österreichischen Seifensiedergewerkschaft „Apollo", der er bei der Gründung beitrat. Zwei Jahre später erwarb die genannte Fabrik auch ein zweites Privilegium, und zwar das der Gebrüder Schrader aus Aachen. Im Jahre 1839 kaufte die Seifensiedergewerkschaft den als Vergnügungslokal weltbekannten Apollosaal in Wien (der später ihren Erzeugnissen auch den Namen gab) und baute ihn zu einer großen Kerzenfabrik um, die leider im Jahre 1876 einer Brandkatastrophe zum Opfer fiel.

Von den übrigen Ländern Europas sind es besonders Holland, Belgien und Italien, wo die Stearinfabrikation festen Fuß gefaßt hat und zu großer Bedeutung angewachsen ist; die anderen europäischen Staaten besitzen zwar durchweg eine oder mehrere Stearinfabriken, doch hat diese Industrie dort keine besondere wirtschaftliche Wichtigkeit erlangt.

Übersicht des Fabrikationsverlaufes.

Wie bereits S. 513 schematisch angedeutet wurde, kann man bei der Herstellung von Stearin oder technischer Stearinsäure (das sind die in den Pflanzen- und Tierfetten enthaltenen festen Fettsäuren) zwei Phasen unterscheiden:

I. die Umwandlung des Neutralfettes (der Triglyzeride) in Fettsäuren und Glyzerin;

II. die Trennung der bei der Fettspaltung erhaltenen Fettsäuren in einen festen und einen flüssigen Anteil (technisches Stearin und Olein);

An diese Hauptarbeiten schließen sich im Fabrikbetriebe dann noch

III. das Reinigen des Stearins und

IV. die Verwertung der Nebenprodukte und Rückstände.

I. Die Umwandlung des Neutralfettes (der Triglyzeride) in Fettsäuren und Glyzerin.

Allgemeines.

Wie schon bei der Vorführung des Entwicklungsganges der Stearinindustrie angedeutet wurde, gibt es verschiedene Wege, um die Triglyzeride in ihre Komponenten (Fettsäuren und Glyzerin) zu zerlegen. Dieser gewöhnlich als Fettspaltung bezeichnete Vorgang läuft auf eine Wasseraddition hinaus, die schematisch durch folgende Gleichung veranschaulicht werden kann:

$$C_3H_5\begin{cases}OR\\OR\\OR\end{cases} + 3\,HOH = C_3H_5\begin{cases}OH\\OH\\OH\end{cases} + 3\,ROH\,.$$

Auch bei der Bindung, d. h. bei der Zerlegung der Triglyzeride durch Alkalien oder Metalloxyde unter Bildung von fettsauren Salzen und Glyzerin, findet eine Wasseraufnahme durch das Fettmolekül statt, denn ohne diese ist eine Glyzerinbildung nicht denkbar:

$$C_3H_5\begin{cases}OR\\OR\\OR\end{cases} + 3\,KOH = C_3H_5\begin{cases}OH\\OH\\OH\end{cases} + 3\,KOR\,.$$

$$2\,C_3H_5\begin{cases}OR\\OR\\OR\end{cases} + 3\,Ca(OH)_2 = C_3H_5\begin{cases}OH\\OH\\OH\end{cases} + 3\,Ca(OR)_2\,.$$

Man kann dabei annehmen, daß das fast immer vorhandene Wasser zuerst hydrolysiere und erst nachher die Fettsäuren mit den Basen in Verbindung treten:

$$C_3H_5\begin{cases}OR\\OR\\OR\end{cases} + 3\,HOH = C_3H_5\begin{cases}OH\\OH\\OH\end{cases} + 3\,ROH\,.$$

$$3\,ROH + 3\,KOH = 3\,KOR + 3\,HOH\,.$$

Verseifung bei Abwesenheit von Wasser.

Die von verschiedener Seite experimentell durchgeführte Verseifung der Fette bei vollständiger Abwesenheit von Wasser widerspricht dem Gesagten nur scheinbar, denn das zur Glyzerinbildung absolut notwendige Wasser wird dabei entweder durch teilweise Zersetzung des Glyzerinrestes gebildet, oder es findet eine Glyzerinbildung überhaupt nicht statt, da der Glyzerinrest sofort gänzlich zerfällt.

Daß wasserfreier Baryt, wasserfreier Kalk und auch wasserfreier Strontian Fette bei höherer Temperatur vollständig zu verseifen vermögen, hat J. Pelouze[1]) schon im Jahre 1856 gezeigt.

10 % wasserfreien Kalkes genügen, um Fette bei 250° C vollständig zu verseifen. — Während der Reaktion entweichen nach J. Pelouze aus der Masse nasse Dämpfe, die nach verbranntem Zucker und nach Azeton riechen, aus Wasser, Azeton und Glyzerin bestehen und 2—3 % vom Gewichte des Kalkes ausmachen. Wird die Kalkseife mit Wasser ausgelaugt, so gibt sie an dieses Glyzerin und eine kleine Menge eines Kalksalzes ab, dessen Säure noch nicht näher untersucht ist.

Scheurer-Kestner[2]) hat ebenfalls Versuche über die Verseifung der Fette unter Abwesenheit von Wasser durchgeführt, dabei aber nicht

---

[1]) Compt. rendus, Bd. 42, S. 1081; Dinglers polyt. Journ., Bd. 141, S. 134; Journ. f. prakt. Chemie, Bd. 59, S. 456.

[2]) Compt. rendus, Bd. 51, S. 317; Dinglers polyt. Journ., Bd. 158, S. 431; Polyt. Zentralbl. 1861, S. 275.

die Oxyde der alkalischen Erden, sondern kohlensaure Alkalien[1]) als Verseifungsreagens benutzt. Auch er konnte bestätigen, daß der Glyzerinrest dabei zum großen Teil zerfällt, und zwar weit mehr, als dies bei der Verseifung durch wasserfreie Basen der Fall ist. Die wasserfreien Karbonate geben bei höherer Temperatur mit den Fetten eine Reaktion, bei der sich neben der kaum zu erwartenden vollständigen Seifenbildung Alkalien und eine große Menge brennbarer Gase entwickeln.

Die Zusammensetzung der Gase wurde auf Grund einer Analyse mit

75,30% Kohlensäure,
11,85% Sumpfgas und
12,85% Wasserstoff

ermittelt.

Die Karbonate der Alkalien und alkalischen Erden wirken aber nur bei Temperaturen weit über der Siedehitze auf Triglyzeride verseifend; bei Siedetemperatur verseifen sie nur die freien Fettsäuren.

Erhitzt man Fette mit 22—25% kohlensauren wasserfreien Natrons, so stellt sich bei 260° C eine lebhafte Reaktion ein, die infolge reichlicher Gasentwicklung ein Aufblähen der Masse zur Folge hat. Bei mehrstündigem Andauern dieser Temperatur vollzieht sich eine komplette Verseifung, und man erhält eine halbflüssige, gelbe, beim Erkalten konsistenter werdende Masse, die sich im Wasser zu einer opalisierenden Flüssigkeit auflöst. Diese Lösung verhält sich genau so wie jede andere Seifenlösung.

Kohlensaurer Kalk (ebenso die Karbonate des Baryums, Strontiums und der Magnesia) reagiert unter den gleichen Bedingungen ähnlich wie kohlensaure Alkalien; es genügen zur vollständigen Verseifung 18—20% vom Fettgewichte.

Versuche von Scheurer-Kestner.

Scheurer-Kestner, der diese Versuche durchführte, konnte aus der erhaltenen Kalkseife durch Wasser kein Glyzerin extrahieren (was wegen des fehlenden, zur Glyzerinbildung notwendigen Wassers nicht verwundern kann und ein Beweis ist, daß das Glyzerin zersetzt wurde), dagegen wurden durch Äther einige Zehntelprozente einer öligen Substanz ausgezogen, die leichter als Wasser, nicht flüchtig und in Mineralsäure und Alkalien unlöslich war.

Die Verseifung mit wasserfreien Metalloxyden oder wasserfreien Karbonaten hat jedoch nur ganz theoretisches Interesse und kommt praktisch nicht in Betracht.

Die technische Durchführung des Spaltungsprozesses erfolgt immer bei Anwesenheit größerer Wassermengen, so daß die Anlagerung der Hydroxylgruppen an den Glyzerinresten anstandslos vor sich gehen kann. Von den verschiedenen Mitteln, die eine Spaltung der Fette herbeizuführen vermögen[2]), findet eine ganze Reihe praktische Ver-

[1]) Näheres siehe unter „Kohlensaure Verseifung".
[2]) Vergleiche Bd. 1. S. 101—113.

wertung; man kann diese verschiedenen Verfahren in vier Gruppen teilen, und zwar: Technisch verwendete Spaltungsmethoden.

1. Fettspaltung unter Druck (Autoklavenverseifung),
2. Fettspaltung durch Schwefelsäure,
3. Fettspaltung mittels des Twitchell-Reagens,
4. fermentative oder enzymatische Spaltung.

Molekularer Verlauf des Spaltungsprozesses.

Über den Verlauf der sich bei diesen Methoden unter normalen Bedingungen abspielenden Fettspaltung wurde im 1. Band, S. 105 ausführlich gesprochen und auch bemerkt, daß man sich über den Verlauf des Spaltungsprozesses noch nicht ganz klar sei, daß man insbesondere nicht wisse, ob der Zerfall der Triglyzeride stufenweise (unter Bildung von Di- und Monoglyzeriden) erfolgt oder ob sich ein Molekül Triglyzerid mit drei Molekülen Wasser umsetzt und ein sofortiger gänzlicher Zerfall des ersteren stattfindet.

Alder Wright[1]) war der erste, der darauf hinwies, daß eine tetramolekulare Reaktion kaum wahrscheinlich sei, daß vielmehr vorerst nur 1 Molekül Wasser mit 1 Fettmolekül in Verbindung trete, welche bimolekulare Reaktion sich nach folgendem Schema abspiele:

$$C_3H_5\begin{cases}OR\\OR\\OR\end{cases} + HOH = C_3H_5\begin{cases}OH\\OR\\OR\end{cases} + ROH,$$

Diglyzerid

worauf sich das gebildete Diglyzerid in derselben Weise mit einem zweiten Wassermolekül zu einem Monoglyzerid umsetze und dieses endlich unter weiterer Wasseraufnahme vollständig in Fettsäure zerfalle. (Siehe S. 101, Band 1.)

Da die drei Glyzerilgruppen (oder richtiger Acylgruppen[2]) der Fettkörper in zwei verschiedenen Stellungen[3]) vorhanden sind, ließ sich eine solche stufenweise Zersetzung nicht ohne weiteres von der Hand weisen, und es war zum wenigsten ein getrennter Zerfall des primären und des sekundären Glyzerilrestes wahrscheinlich. Geitel[4]), Lewkowitsch[5]) sowie Kremann[6]) haben sich daher der Annahme einer stufenweise erfolgenden Verseifung der Fette angeschlossen und sie experimentell zu stützen gesucht.

---

[1]) Animal and vegetable fats and oils, London 1894, S. 10.

[2]) Die allgemein gebräuchliche Bezeichnung Glyzerilgruppe ist eigentlich unrichtig, denn es sind Acylgruppen, die in dem Fettmolekül vorkommen; die gewöhnliche Nomenklatur ist also nicht korrekt. (Vergleiche Ulzer-Klimont. Allg. u. physiol. Chemie der Fette, Berlin 1906, S. 220.)

[3]) $C_3H_5\begin{cases}OR\\OR\\OR\end{cases}$ (Primär-Stellung), (Sekundär-Stellung), (Primär-Stellung).

[4]) Journ. f. prakt. Chemie 1897, Bd. 55, S. 418; 1898, Bd. 87, S. 113.

[5]) Journ. Soc. Chem. Ind. 1898, S. 1107. Berichte d. Deutsch. chem. Gesellsch. 1900, S. 89; 1903, S. 175 u. 3766.

[6]) Monatshefte für Chemie 1906, S. 607.

Demgegenüber bestreiten Bouis[1]), Henriques[2]), Balbiano[3]) und Marcusson[4]) die Bildung von Mono- und Diglyzeriden bei der partiellen Verseifung von Fetten und letzterer hat erst kürzlich durch reichhaltiges experimentelles Material nachzuweisen versucht, daß die von Lewkowitsch zum Beweise der intermediären Reaktion angeführten höheren Azetylzahlen partiell verseifter Fette auch ohne die Annahme vorhandener Mono- und Diglyzeride erklärlich und teils auf Anreicherung wasserlöslicher Säuren und oxysäurehaltiger Verbindungen, teils auf Sauerstoffaufnahme aus der Luft zurückzuführen seien[5]).

Fanto[6]) ist der Ansicht, daß die Verseifung streng genommen wohl stufenweise erfolge, daß sich aber bei der praktischen Durchführung des Verseifungsprozesses doch nur ein tetramolekularer Prozeß verfolgen lasse.

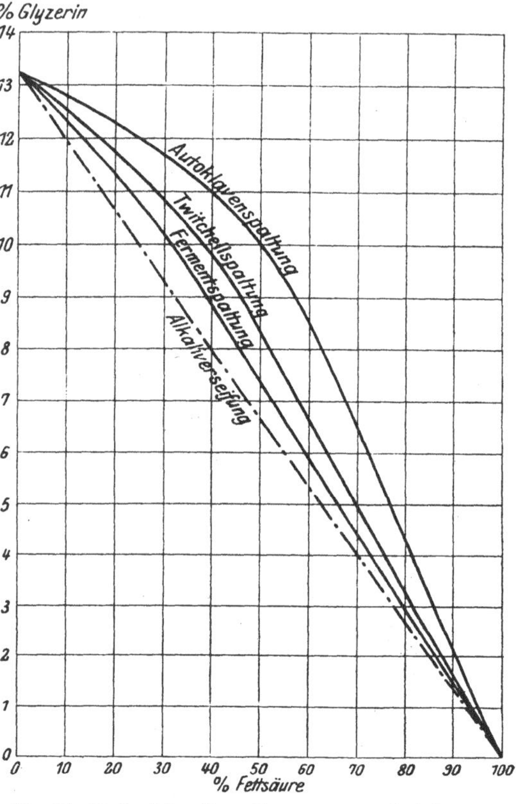

Fig. 84. Verlauf des Verseifungsprozesses bei den verschiedenen Spaltungsmethoden.

Versuche Kellners.

Einen höchst interessanten Beitrag über die Art des Zerfallens der Triglyzeride bei der Verseifung (Spaltung) hat neuestens J. Kellner[7]) geliefert, der durch Bestimmung des Glyzeringehaltes in teilweise verseiften (gespaltenen) Fetten zeigte, daß die Verseifung mit Alkali in wäßriger Lösung bei atmosphärischem Drucke praktisch tetramolekular verlaufe, daß dagegen bei der Fettspaltung im Autoklaven (mit oder ohne Zusatz geringer Mengen von spaltungsfördernden Mitteln), bei der Spaltung mit Twitchell-Reaktiv und

[1]) Compt. rendus, Bd. 45, S. 35. Journ. f. prakt. Chemie 1857, S. 308.
[2]) Zeitschr. f. angew. Chemie 1898, S. 697.
[3]) Berichte d. Deutsch. chem. Gesellsch. 1903, S. 1571; 1904, S. 155.
[4]) Berichte d. Deutsch. chem. Gesellsch. 1906, S. 3466.
[5]) Mitteilungen aus dem Kgl. Materialprüfungsamt 1908, S. 171.
[6]) Monatshefte für Chemie 1904, S. 919.
[7]) Chem. Ztg. 1909, S. 453 u. 661.

bei der fermentativen Fettspaltung Mono- und Diglyzeride gebildet werden, und zwar beim Autoklavierungsverfahren in größter, bei der Fermentspaltung in geringster Menge.

Kellner hat seine Befunde durch eine graphische Darstellung (Fig. 84) veranschaulicht, bei der die Prozentzahlen der bei fortschreitender Verseifung entstehenden Mengen freier Fettsäure auf der Abszisse, die in dem teilweise verseiften Fette noch enthaltenen Glyzerinprozente auf der Ordinate aufgetragen erscheinen. Bei einer glatten tetramolekularen Spaltung muß eine Verbindung der auf diese Weise sich ergebenden Punkte eine Gerade ergeben, bei der Bildung von Mono- und Diglyzeriden muß jedoch eine Kurve resultieren, die um so mehr von der Geraden abweicht, als die di- und trimolekularen Prozesse vorwalten[1]).

1. *Verseifung unter Druck (Autoklavenverseifung).*

Bevor auf diese Methoden näher eingegangen wird, seien der früher in der Stearinerzeugung angewandten Kalkverseifung in offenen Kufen einige Worte gewidmet:

Die Verseifung in offenen Kufen geschah derart, daß man gleiche Mengen Fett und Wasser in eine hölzerne Kufe brachte und das Gemisch mittels einer am Boden liegenden Dampfschlange zum Kochen erhitzte. Hatte die Masse die Siedetemperatur erreicht, so wurden 12—16 % Kalk (vom Fettgewichte) zugesetzt, den man früher mit Wasser zu einem dünnen Kalkbrei oder zu Kalkmilch angerührt hatte. Nach Zusatz des Kalkes unterhielt man ein sechsstündiges lebhaftes Sieden, wobei ebenso unausgesetzt umgerührt wurde wie während des Zufließens der Kalkmilch. Verseifung in offenen Kufen.

Die sich bildende Kalkseife ballte sich zu größeren Stücken zusammen, die sich auf der Oberfläche sammelten. Nach einiger Zeit der Ruhe ließ man das Glyzerinwasser abtropfen und brachte die Kalkseife, die nach dem Erkalten eine ziemlich harte Masse darstellte, auf Quetschmaschinen, wo sie zu einer körnigen, krümligen Masse zerdrückt wurde. Diese Zerkleinerung der Kalkseife war nötig, um die folgende Zersetzungsoperation tunlichst abzukürzen. Hätte man größere Klumpen von Kalkseife mit Schwefelsäure zu versetzen versucht, so würde ein allzu langes Kochen notwendig gewesen sein, um alle Kalkseife in Fettsäure und Gips zu zerlegen.

Nach einer anderen Methode[2]) geschah das Zerkleinern der glasigen Kalkseife derart, daß man der geschmolzenen Seife kurz nach Beendigung

[1]) Über diesen Verlauf der Kalkverseifung in offenen Gefäßen (Krebitzverfahren) wird in Band 4 berichtet werden. Hier sei nur auf die betreffende Arbeit Kellners (Chem. Ztg. 1909, S. 993) und auf die Bemerkung Wegscheiders (Chem. Ztg. 1909, S. 1220) verwiesen.

[2]) Engl. Patent von Wilhelm Hempel und Henry Blundel 1836.

des Prozesses unter raschem Umrühren ganz allmählich kaltes Wasser zusetzte; dadurch verwandelte sich die geschmolzene Seifenmasse in ein grobkörniges Pulver und man ersparte das mechanische Zerkleinern der porzellanartig aussehenden harten Masse[1]).

Zum Zersetzen der Kalkseife waren respektable Mengen von Schwefelsäure notwendig; man rechnete auf 100 kg Fett 25 kg Schwefelsäure von 66° Bé, die man auf ungefähr 25° Bé verdünnte.

Nach Pelouze kann man bei 215—220° C mit fein gepulvertem Kalkhydrat ohne weiteren Wasserzusatz eine ganz gute Verseifung erzielen, und zwar konnte Talg bei den genannten Temperaturen mit 12% fein gepulverten Kalkhydrats vollständig verseift werden. Bei einer Steigerung der Verseifungstemperatur auf 250° C vollzieht sich die Reaktion schon sogar innerhalb einiger Minuten. Auch durch Erhöhung der verwendeten Kalkhydratmenge wird die Verseifung wesentlich beschleunigt.

Kalkmilch braucht dagegen zum Verseifen von Talg bei Siedehitze 20—30 Stunden; man hat daher eine Zeitlang die Verseifung bei höherer Temperatur mit Kalkhydrat für ökonomischer erachtet als die wesentlich länger dauernde mit Kalkmilch bei Siedehitze. Die Wirklichkeit lehrte aber bald, daß die Kalkmilchverseifung von zwei Übeln das geringere ist, bis dann die offenen Kufen überhaupt verschwanden, um den Autoklaven Platz zu machen.

Das Verseifen der Fette mit Kalk in offenen Kufen wurde bis zur Mitte der siebziger Jahre des vorigen Jahrhunderts geübt, und nach K. Kraut soll eine Stearinfabrik in Kassel, die im Jahre 1872 geschlossen wurde, bis zur Einstellung ihres Betriebes nach dieser Methode gearbeitet haben.

Verseifung unter Druck.

Daß Druck und Wärme den hydrolytischen Prozeß der Triglyzeride fördern, ist eine längst bekannte Tatsache; machten doch schon Appert (1823) und Manicler (1826) auf die zersetzende Wirkung, die Wasser auf Fette bei hoher Temperatur übt, aufmerksam. Berthelot zeigte, daß Wasserdampf von 220° C Fette zu zerlegen vermag.

Druck allein wirkt verhältnismäßig nur wenig spaltend auf die Fette ein, wie auch hohe Temperatur ohne gleichzeitigen Druck nicht jene lebhafte hydrolytische Wirkung äußert wie beim Zusammenarbeiten beider Faktoren. Bei all den vielen Abarten, die die Druckverseifung kennt, wird daher immer bei Temperaturen über der Siedehitze und bei Spannungen, die höher als der gewöhnliche Atmosphärendruck sind, gearbeitet. Nicht selten wird dabei der Prozeß durch besonders hohe Temperaturen (überhitzten Dampf) zu beschleunigen gesucht, wie man die Reaktion auch durch Zugabe geringer Mengen basisch reagierender Körper (de Milly-Prozeß) zu unterstützen trachtet.

---

[1]) Interessant ist die Art und Weise, wie Krebitz das Glasigwerden der Kalkseife bei seinem Verfahren zur Glyzeringewinnung in offenen Kesseln vermeidet, worüber im 4. Bande ausführlich berichtet werden wird.

Über die Wirkung, die diese Zusätze auf den Spaltungsprozeß üben, gehen die Ansichten ziemlich auseinander.

Ansicht von Pelouze,

J. Pelouze[1]), der zuerst die Beobachtungen von de Milly näher verfolgt und Versuche über die Einwirkung von Kalk- und Natronseife auf Fette unter Druck angestellt hatte, sprach die Ansicht aus, daß die Druckverseifung mit geringen Kalkmengen in mehreren Phasen verlaufe, in denen sich zuerst eine basische[2]) oder neutrale und später eine saure Seife bilde.

von Bouis,

Bouis glaubt, daß bei der Verseifung der Triglyzeride durch Kalk und Wasser unter Druck vorerst aus einem Teile des Fettes ein Kalksalz der Fettsäure und Glyzerin gebildet werde, worauf die Kalkseife unter Einwirkung des Wassers in Fettsäure und Calciumhydroxyd zerlegt werden soll, welch letzteres neue Quantitäten von Triglyzeriden verseife, unter steter Wiederholung des Prozesses.

von Knapp,

Knapp ist der Ansicht, daß die gebildete neutrale Kalkseife bei Temperaturen zwischen 160 und 180° C schmelze und in geschmolzenem Zustande unter Bildung saurer Seife (Dissoziation) die übrigen Fette spalte. Stiepel hat jedoch experimentell gezeigt, daß Kalkseife selbst beim Erhitzen auf höhere Temperatur eigentlich nicht schmilzt, sondern nur erweicht, daß sie in Wasser äußerst schwer löslich ist und daß daher nicht jene Dissoziation eintreten kann, die bei Lösung von Kali- und Natronseife beobachtet wird. Eine geringe Dissoziierbarkeit, die der unbeträchtlichen Löslichkeit der Kalkseife in Wasser entspricht, ist allerdings vorhanden.

von Payen.

Payen meint daher, daß eine kleine Kalkmenge bei hoher Temperatur und bei Gegenwart von Wasser die Fette derart verändere, daß die gebildete Kalkseife eine Emulgierung der Substanzen veranlaßt, wodurch die Zeit der Operation abgekürzt werde.

Erwähnt muß hier auch die Ansicht Payens[3]) werden, wonach bei der Autoklavenverseifung der Kalk früher die festen Fettsäuren verseift als die Ölsäure. Nach seinen Beobachtungen[4]) stört die geringe Kalkmenge das Molekulargleichgewicht zwischen Tristearin, Tripalmitin und Triolein. Er machte nämlich die Wahrnehmung, daß eine Autoklavenmasse, die beim Verseifen mit 2,8 % Kalk erhalten wurde, beim Behandeln mit Alkohol einen unlöslich bleibenden Rückstand (die eigentliche Kalkseife) lieferte, die beim Zersetzen mit Mineralsäure Fettsäuren vom Schmelzpunkt 52° C ergab, während der in Alkohol lösliche Anteil (die eigentlichen freien Fettsäuren) einen Schmelzpunkt von 40° C zeigte.

Wird Ölsäure, wie man sie im Handel erhält, mit 1 % Kalk erhitzt und die so erhaltene Kalkseife zerlegt, so bekommt man nach Payen eine

---

[1]) Compt. rendus 1855, Nr. 23; Dinglers polyt. Journ., Bd. 138, S. 422.

[2]) Basische Seifen bestehen übrigens nach Krafft nicht.

[3]) Précis de Chimie industrielle, Paris 1859, Bd. 2, S. 582.

[4]) Vergleiche Marazza-Mangold, Stearinindustrie, Weimar 1896, S. 18.

bei 36° C schmelzende Fettsäure; wird das unverseift Gebliebene ein zweites Mal mit Kalk behandelt, so bildet sich eine Seife, deren Fettsäuren bei 31° C schmelzen. Wird das Unverseifte abermals mit Kalk verseift, so resultiert eine Seife, deren Fettsäuren bei gewöhnlicher Temperatur flüssig sind.

Diese Beobachtungen [die denen von Baudot[1]) gerade entgegengesetzt sind], erscheinen durch die experimentellen Befunde von Thum[2]) sowie Henriques[3]) widerlegt[4]).

Bornemann machte vor einiger Zeit darauf aufmerksam, daß zur Erklärung der Autoklavenverseifung die physikalische Chemie herangezogen werden müßte, und Stiepel[5]) hat später auf Grund eingehender Versuche folgendes ermittelt:

Stiepels Befunde.

1. Bei der Verseifung unter Druck unter Zuhilfenahme geringer Mengen von Wasser (Stiepel operierte mit Kalk, Magnesia und Zink) lösen sich die zunächst entstehenden Seifen nicht im Wasser, sondern im Fett.

2. Die im Autoklaven befindlichen Massen haben während des Verseifungsprozesses einen sauren Charakter und keinen alkalischen, wie man früher glaubte. Freie Basen oder basische Seifen, deren Bildung man beim Autoklavierungsprozeß früher annahm, sind nicht vorhanden.

3. Das Lösen der gebildeten Seifen in dem Fette fördert die Emulsionsbildung und erhöht damit die Berührungsfläche zwischen Fett und Wasser, wodurch der Verseifungsprozeß beschleunigt wird.

4. Die Druckverseifung unter Zusatz geringer Mengen von Kalk, Magnesia, Zinkoxyden usw. ist lediglich als eine Wasserverseifung anzusehen, bei der infolge Lösung der sich zunächst bildenden Seifen dieser Basen in der Fettmasse der Verseifungsprozeß durch Emulsionsbildung begünstigt wird. Die in dem Endprodukt enthaltenen Seifen sind stets Neutralseifen.

5. Der Verseifungsprozeß mit geringen Mengen von Ätzalkali verläuft in anderer Weise, wobei

a) die leichte Löslichkeit der Kali- und Natronseifen in Wasser deren Übergehen in die Fettmasse verhindert. Bei höherer Temperatur wird hier die Seife auch mit geringen Wassermengen gespalten und vollzieht sich

b) der Verseifungsprozeß zwischen Fett und freies Alkali enthaltendem Wasser an den Grenzflächen.

Die Geschwindigkeit, mit der die Verseifung vor sich geht, unterliegt dem Gesetze der Massenwirkung, dessen Grundlage die Guldberg-Waagesche Regel ist; darnach ist die chemische Wirkung stets proportional der wirksamen Menge. Die Verseifung wird daher zu Beginn der Reaktion rasch verlaufen und sich in dem Maße verlangsamen, als das verseifende Reagens aufgebraucht wurde. Je geringer die unverändert bleibende Menge, um so geringer die Reaktionsgeschwindigkeit. Da erstere im Verlaufe des

---

1) Vergleiche Bd. 1, S. 112.

2) Zeitschr. f. angew. Chemie 1890, S. 452.

3) Zeitschr. f. angew. Chemie 1898, S. 338 u. 697.

4) Neuere Beobachtungen von Connstein, Hoyer und Wartenberg sowie von Klimont weisen allerdings auf eine verschiedene Beständigkeit der einzelnen Glyzeride hin. (Bd. 1, S. 112.)

5) Seifenfabrikant 1902, S. 231.

Prozesses immer kleiner wird, muß auch die Verseifung immer langsamer werden, falls nicht größere Mengen von Alkalien vorhanden sind, als dem theoretischen Äquivalent entsprechen.

Umkehrung der Reaktion.

Bei der Druckverseifung kommt aber noch als retardierendes Moment hinzu, daß die Menge der Basen nicht genügt, um die entsprechenden Fettsäuren zu neutralisieren; die frei bleibenden Fettsäuren haben aber eine gewisse Neigung, sich mit dem abgespaltenen Glyzerin wieder zu vereinigen, ein Bestreben (Berthelotsche Reaktion), das sich als eine dem Spaltungsprozeß entgegenwirkende Kraft darstellt.

Gleichgewichtszustand.

Es muß nun einen Moment geben, wo die glyzerinspaltende Wirkung des Wassers und die entgegengesetzte Kraft der Wiedervereinigung des Glyzerins mit den freien Fettsäuren einander das Gleichgewicht halten. In diesem Augenblick ist der Spaltungsprozeß nicht mehr weiter zu treiben. Der Gleichgewichtszustand wird durch die Temperatur beeinflußt, und zwar wächst mit dieser die Reaktionsgeschwindigkeit der Verseifung stärker als das Wiedervereinigungsbestreben der Fettsäuren und des Glyzerins[1]).

Es kann demnach niemals gelingen, durch Autoklavenverseifung eine vollständige Abspaltung des Glyzerins zu bewirken, und es wird durch das Gesagte auch klar, daß sich verschiedene Fette verschieden leicht im Autoklaven spalten lassen. Die Art der in den Fetten enthaltenen Säuren spielt nämlich eine wichtige Rolle, weil je nach ihrem Charakter auch ihre Affinität zum Glyzerin verschieden ist. Da sich das abgespaltene Glyzerin in dem stets in reichlicher Menge vorhandenen Wasser löst, wird das Bestreben nach abermaliger Vereinigung wesentlich abgeschwächt.

Neben dem Gesetze der Massenwirkung ist auch die Reaktionsgeschwindigkeit, das heißt das Verhältnis zwischen der umgewandelten Stoffmenge und der dazu erforderlichen Zeit, von größter Wichtigkeit.

Bei der Druckverseifung mit geringen Mengen von Basen spielt offenbar die emulsionsfördernde Wirkung der letzteren die wichtigste Rolle. Der Spaltungsprozeß ist in der Hauptsache als eine Hydrolyse der Triglyzeride aufzufassen, die durch die durch die verschiedenen Zusätze hervorgerufene Emulsionsbildung und die dadurch vermehrte Oberflächenberührung wesentlich gefördert wird.

Die Autoklavierung der Fette unterstützt demnach nicht nur ein Zusatz von Kalk, sondern auch ein solcher von anderen Basen und emulsionsfördernden Salzen oder sonstigen Verbindungen, wie sie auch durch rein katalytisch wirkende Stoffe (verdünnte Säuren) wesentlich gefördert wird. (Siehe Band 1, S. 104.) Es sind daher auch im Laufe der Zeit an Stelle des anfangs ausschließlich verwendeten Kalkes verschiedene andere Zusätze empfohlen und in der Praxis der Fettsäuregewinnung mit Erfolg eingeführt worden.

---

[1]) Vergleiche Stiepel, Seifenfabrikant 1902, S. 232.

Die spaltungsbeschleunigenden Stoffe.

Unter den Produkten, die bei der Druckverseifung als Reaktionsbeschleuniger verwendet werden, hat der von de Milly angewandte

Kalk. Ätzkalk (CaO) seine ehemalige Bedeutung fast gänzlich verloren. Um mit Kalk gute Verseifungsresultate zu erzielen, ist ein reiner, möglichst gut gebrannter Kalk, der sich mit Wasser leicht ablöschen läßt, notwendig. Ungenügend gebrannter (noch unzersetztes Calciumkarbonat enthaltender) Kalk ist, ebenso wie totgebrannter, für die Autoklavenverseifung unbrauchbar. Mehrere Fabriken (besonders in Italien) bereiteten sich seinerzeit den gebrannten Kalk selbst, indem sie in eigens hierzu gebauten Kalköfen Marmorabfälle brannten. Der auf diese Weise gewonnene Kalk gab vorzügliche Resultate.

Zugesetzt wird der Kalk dem Fette in Form einer Kalkmilch, die man auf bekannte Art bereitet.

Das Arbeiten mit Kalk, das den Nachteil der Gipsbildung beim Zersetzen der Autoklavenmasse (vergleiche S. 597) mit sich bringt, hat in den letzten 10—15 Jahren immer mehr an Bedeutung verloren, und an Stelle des Kalkverfahrens ist jetzt hauptsächlich die Magnesiaverseifung getreten.

Magnesia. Magnesia (MgO) hat J. W. Freestone[1]) in Bromborough im Jahre 1884 zum Verseifen der Fette unter Druck in Vorschlag gebracht. Das in England patentierte Verfahren hat seither ganz allgemeine Anwendung gefunden, ohne daß man sich an den Patentschutz irgendwie gehalten hätte. Die Magnesiaverseifung hat gegenüber der Kalkverseifung den großen Vorteil, daß die Autoklavenmasse beim Zersetzen mit Schwefelsäure keine unlöslichen Salze liefert, doch reagiert die Magnesia etwas träger auf die Fette als Kalk. Das bei der Säuerung der Autoklavenmasse gebildete Bittersalz ($MgSO_4$) ist vielmehr in dem Säurewasser vollständig löslich, wodurch die Fettverluste, die der beim Kalkverfahren ausfallende Gips mit sich bringt, ganz wegfallen.

Als zu Beginn der neunziger Jahre des vorigen Jahrhunderts für die Magnesiaverseifung Propaganda gemacht wurde, schien den Stearinfabrikanten der Preis für Magnesia gegenüber dem Kalkpreise zu hoch, und der Einwand, daß diese Verseifungsmethode zu teuer wäre, hatte auch insolange eine gewisse Berechtigung, als man noch mit 2,5 % MgO (auf das Fettgewicht gerechnet) arbeitete. Als man dann allmählich die Magnesiamenge auf 0,5—1 % des Fettgewichtes reduziert hatte und durch 7—8 Stunden bei 8—10 Atmosphären verseifte, überwogen die Vorteile bei weitem den Nachteil des höheren Preises dieses Reagens'[2]).

Die Qualität der Magnesia ist für das Gelingen des Prozesses von großer Wichtigkeit. Die Euböa-Magnesia, die bis zu 99 % MgO ent-

[1]) Engl. Patent Nr. 7573 v. 10. Mai 1884.

[2]) Lach, Chem. Ztg. 1895, S. 451.

hält, eignet sich für Spaltungszwecke vortrefflich; noch besser ist aber ein ausgefälltes Magnesiumhydroxyd, das sich mit dem Fette im Autoklaven viel besser emulgiert und daher rascher und vollkommener die Spaltung bewirkt.

Die verschiedenen Meldungen, wonach Magnesia höchst unbefriedigende Verseifungsresultate gibt, sind meist auf die Verwendung minder guter Magnesiasorten zurückzuführen.

Die Verseifung mittels Magnesia liefert bei richtiger Leitung helle Fettsäuren und hochwertige Glyzerine, gibt Autoklavenmassen, die sich glatt trennen, und zeigt fast nie das so gefürchtete „Verleimen“ (siehe S. 561); die Fettsäureverluste durch den bei der Zersetzungsoperation ausfallenden Gips kommen in Fortfall. Die Angaben einiger Praktiker, wonach beim Magnesiaverfahren der Autoklav mechanisch stärker abgenutzt wird als bei der Kalkverseifung, bedürfen der Bestätigung von kompetenter Seite.

Nach Steffan ist bei der Magnesiaverseifung[1]) wegen der Leichtlöslichkeit des Magnesiumsulfats darauf zu achten, daß die in den Autoklaven kommenden Fette vollkommen frei von Mineralsäuren seien; bisweilen enthalten diese Fette, die vor der Autoklavierung zumeist mit verdünnter Schwefelsäure gekocht wurden (siehe S. 551), noch Spuren der letzteren, die bei Wegfall eines Waschprozesses mit in den Autoklaven kommen. Der Fehler kommt daher oft gar nicht zum Bewußtsein der Betriebsleitung, weil die beim Autoklavieren zugesetzten Basen die Säurespuren neutralisieren. Beim Kalkverfahren hat die Sache nichts Besonderes auf sich, weil das sich bildende Calciumsulfat weder die Spaltungsoperation nachteilig beeinflußt noch wegen seiner Schwerlöslichkeit die Glyzerinwässer wesentlich verschlechtert; es wird durch die Säure nur ein Teil des fettspaltenden Agens' unwirksam gemacht. Etwas anderes ist es bei der Verseifung mit Magnesia, weil das sich im Autoklaven bildende Magnesiumsulfat in dem Glyzerinwasser gelöst bleibt und auch bei dessen Konzentrierung nicht ausfällt; man erhält daher Glyzerine mit hohem Aschengehalt, die von den Raffineuren sehr ungern genommen werden.

Baryum- und Strontiumoxyd.

Baryum- und Strontiumoxyd (BaO, SrO), die für die Fettspaltung unter Druck ebenfalls in Vorschlag gebracht worden sind, geben eine recht gute Verseifung, doch bringt das Arbeiten mit ihnen den Nachteil, daß bei der Zersetzung der Autoklavenmasse mittels Schwefelsäure unlösliches Baryum- bzw. Strontiumsulfat gebildet wird, also derselbe Übelstand auftaucht, der oben beim Kalkverfahren gerügt wurde.

Schwefelbaryum.

Rudolf Wagner[2]) schlug seinerzeit vor, zur Verseifung der Fette an Stelle des Kalkes Schwefelbaryum zu verwenden, und verfolgte da-

[1]) Der von A. Marix für die Fettautoklavierung empfohlene Zusatz von Magnesiumkarbonat (auch anderen fein verteilten Substanzen, wie Talkum, Pfeifenton usw.) ist als rein katalytisch wirkender Reaktionsbeförderer aufzufassen. (Engl. Patent Nr. 2349 v. 9. Mai 1883.)

[2]) Dinglers polyt. Journ., Bd. 143, S. 132; Journ. f. prakt. Chemie, Bd. 60, S. 127; Polyt. Zentralbl. 1857, S. 477.

mit hauptsächlich die Gewinnung von Baryumsulfat. Der bei der Verseifung der Fette mit Schwefelbaryum frei werdende Schwefelwasserstoff sollte nach der Idee Wagners zu Schwefeldioxyd verbrannt und dieses zur Herstellung von schwefligsaurem Natron verwendet werden. Zur praktischen Ausführung ist dieser Vorschlag wohl nie gekommen und es ist daran auch gar nicht ernstlich zu denken, weil ein Entweichen des sich bildenden Schwefelwasserstoffes im Großbetriebe kaum zu vermeiden wäre und schwere Belästigungen der Nachbarschaft zu befürchten gewesen wären.

Zinkoxyd. In den letzten Jahren wurden als Spaltungsmittel wiederholt Zinkoxyd (ZnO) und Zinkstaub empfohlen. Die Verseifung mit Zinkpräparaten, bestehend aus 70—98% metallischen Zinkes und 5—30% Zinkoxyd, hat sich bereits Viktor Litzemann[1]) patentieren lassen. Nach einem späteren Patent von E. O. Baujard[2]) soll ein Zusatz von 0,2—0,3% gepulverten Zinkes die Druckverseifung wesentlich fördern, und zwar dadurch, daß das metallische Zink das Wasser in seine Komponenten zerlegt (?) und diese fettspaltend wirken. (?)

In Deutschland haben C. F. E. Poullain, Ed. F. Michaud und E. N. Michaud[3]) in Paris auf die Zinkverseifung (Verwendung von Zinkoxyd, Zinkweiß, Zinkpulver, Zinkstaub oder Zinkasche) ein Patent genommen. Das Verfahren der genannten Erfinder hat den Vorteil, daß die Autoklavenmasse bei Verwendung von $^1/_3$—$^1/_5$% Zinkoxyd ohne weiteres zu Seife versotten werden kann und nicht die Säurezersetzung durchmachen muß, bevor sie in den Siedekessel kommt. Die geringen Mengen Zinkseife, die sich in der Autoklavenmasse gelöst befinden, zersetzen sich nämlich beim Kochen mit Natronlauge unter Bildung von Zinkoxydnatron, das in der überschüssigen Lauge löslich ist und so beim Aussalzen in die Unterlauge geht.

Vor wenigen Jahren wurde ein Zinkpräparat als Zusatz zu den Autoklavierungen angepriesen, das aus einem Gemenge von tierischem Talg mit Zinkoxyd bestand. Durch das innige Vermengen des Zinkoxyds mit dem Fette wird eine schon von vornherein gute Verteilung des Spaltungsmittels in dem zu verseifenden Fette gesichert.

Zinkoxyd ist im allgemeinen ein recht gutes Verseifungsmittel, denn es verseift schon bei 6 Atmosphären Druck ziemlich glatt und gibt gute Glyzerine[4]).

Zinkstaub. Auch Zinkstaub[5]) liefert recht gute Resultate, nur neigt er infolge seiner Schwere zum Absetzen. Bei Autoklaven, deren Inhalt keine kontinuierliche energische Durchmischung erfährt, sammelt sich ein Teil des Zink-

[1]) Amer. Patent Nr. 267753.

[2]) Amer. Patent Nr. 278849 v. 11. Mai 1893 u. engl. Patent Nr. 2798 v. Jahre 1893.

[3]) D. R. P. Nr. 23213 v. 2. Nov. 1882.

[4]) Brookes will Fette mit 0,1% Zinkkarbonat verseifen. (Engl. Patent Nr. 5383 v. Jahre 1895.)

[5]) Vergleiche auch das S. 796 beschriebene Verfahren von Tissier.

staubes am Boden an und bildet mit der Zeit eine steinharte Masse, die mit dem Meißel entfernt werden muß, wenn sie nicht die Dampfzuführungsöffnungen verlegen soll.

Manganoxyd.

Manganoxyd (MnO), das ebenfalls als Verseifungsmittel empfohlen wurde, verseift zwar ganz gut, hat aber den Nachteil, daß es sich nur schwer vollständig aus den Fettsäuren entfernen läßt. Eine Säurewaschung der Autoklavenmasse genügt hierzu überhaupt nicht, sondern man muß zu besonderen Ausfällungsmitteln greifen, was immer sein Mißliches hat.

Tonerdepräparate.

Die Verseifung der Fette mit Tonerde (in Form von Natriumaluminat) schlug Cambacères[1]) vor. Er wollte durch seine Neuerung an Stelle des sich bei der Autoklavierung mittels Kalkes ergebenden wertlosen Gipses, der obendrein noch Fettverluste mit sich bringt, ein technisch verwertbares Nebenprodukt erhalten. Die Idee, Aluminiumverbindungen zur Fettverseifung zu verwenden, ist von diesem Gesichtspunkte aus betrachtet recht gut, da Tonerdesalze gesuchte und vielverwendete Produkte bilden, deren Herstellung mit technischen Schwierigkeiten verbunden ist, die nach dem Verfahren von Cambacères mehr oder weniger wegfallen. Es ist nicht uninteressant, das Urteil des rühmlichst bekannten Technologen Wagner über das Verfahren von Cambacères zu hören, das lautet[2]):

Bedenkt man, wie schwierig es ist, die stärksten Säuren, z. B. Schwefelsäure, direkt mit der Tonerde zu verbinden, und wieviel diese so einfach scheinende Operation an Arbeit, kostspieligen Apparaturen und an Brennmaterial erfordert, so wird man veranlaßt zu glauben, daß bei gleichzeitiger Gewinnung von Stearinsäure und schwefelsaurer Tonerde die Vorteile dieser zwei Operationen sehr bedeutend sind für die Ökonomie in der Darstellung der genannten beiden Produkte.

Besonders würde sich diese Methode für die Gegenden eignen, wo man den Ton frei von Eisenoxyd findet, der unmittelbar reine schwefelsaure und selbst essigsaure Tonerde darzustellen erlaubte; denn die gallertartige Tonerdeseife würde sich in der Kälte durch Essigsäure leicht zersetzen lassen. Man könnte somit auf diese Weise essigsaure Tonerde viel billiger gewinnen als durch Zersetzung der schwefelsauren mit essigsaurem Blei.

Es bleibt nur die Frage über den Verlust zu entscheiden übrig, der aus der Anwendung des als vermittelnder Körper dienenden löslichen Alkalis statt Kalk in der Fabrikation der Fettsäuren hervorgeht. Bedenkt man jedoch, daß die Verseifung mit Kalk einen entsprechenden Verlust an Schwefelsäure veranlaßt, in der Höhe von 10—11 kg Säure pro 100 kg Fett; daß die Zersetzung der Tonerdeseife mit der größten Leichtigkeit geschieht, was bei der Kalkseife nicht der Fall ist, weshalb man sie auch pulvern muß; daß der schwefelsaure Kalk immer einige Teile der Kalkseife einhüllt, was eine neue Behandlung der Rückstände nötig macht, um einen merklichen Verlust an Fettsäure zu vermeiden, so scheint die obige Darstellung bedeutende Vorteile darzubieten, indem der Theorie nach auf 100 Fettsäure 42 schwefelsaure Tonerde erhalten würden. Selbst wenn die Menge des schwefelsauren Salzes nur 33, d. h. ein Drittel der Menge der Fettsäuren, betrüge, so würde immer der Gewinn so groß sein, daß die gleichzeitige Fabrikation von Tonerde und Tonerdesalzen die Beachtung der Industrie verdient.

[1]) Compt. rendus, Bd. 36, S. 148; Dinglers polyt. Journ., Bd. 127, S. 301; Journ. f. prakt. Chemie, Bd. 59, S. 61.

[2]) Wagners Jahresberichte 1855, S. 402.

Später hat Cambacères allerdings sein Verfahren in abgeänderter Weise empfohlen, indem er unter Druck mittels geringer Mengen von Natriumaluminat zu arbeiten vorschrieb, um technische Vorteile zu erreichen, wobei aber die von Wagner erwähnten günstigen Momente schwinden.

Bleioxyd. Bleioxyd, das bekanntlich in Form von Bleiglätte in der Pharmazie zur Herstellung von Bleiseife (Bleipflaster) benutzt wird, ist ebenfalls für die Fettspaltung im großen in Erwägung gezogen worden. Zwei englische Patente[1]) wollen mittels Bleiglätte allerdings keine Fettsäuren erzeugen, sondern nur eine indirekte Verseifung, die eine bessere Glyzeringewinnung ermöglicht, erreichen. Die Verfahren ähneln in dieser Hinsicht der Krebitz-Methode, indem wie bei dieser aus den Triglyzeriden zuerst Schwermetallseife hergestellt und letztere nach Entfernung des Glyzerinwassers mittels Alkalisalze (kohlensaurer, schwefelsaurer oder ätzender) in Alkaliseife umgesetzt wird

Diese Methoden haben eine praktische Verwertung nicht finden können, und zwar aus zwei Gründen:

1. scheidet sich bei der großen Hygroskopizität der Bleiseife das Glyzerin nicht glatt ab, so daß dessen Gewinnung illusorisch wird, und

2. geht die Umsetzung der Bleiseife mit den Alkalisalzen nicht glatt vor sich,

zwei Übelstände, die sich bei Verwendung von Kalk an Stelle des Bleioxyds (Verfahren Krebitz) nicht zeigen und diesem daher den Weg in die Praxis eröffnet haben.

Walther Schrauth[2]) brachte neuerdings das Bleioxyd für die Herstellung von Fettsäuren in Vorschlag und empfahl, die Umwandlung von Neutralfett in Bleiseifen in offenen Seifensiedekesseln durchzuführen, indem man die Fette einfach mit direktem Dampf unter Zugabe der zur Verseifung nötigen Bleiglätte erwärmt. Die erhaltene Bleiseife wird dann mit der theoretisch berechneten Menge Schwefelsäure ungefähr eine halbe Stunde lang durchgekocht, wobei man nach kurzem Abstehen eine Trennung des Gefäßinhaltes in drei Schichten beobachtet. Obenauf schwimmt die reine Fettsäure, die Mittelschicht bildet das Glyzerinwasser und am Boden hat sich eine ziemlich feste Schicht von Bleisulfat abgelagert.

Schrauth erreichte bei seinem Verfahren Fettsäuren mit nur 2% Neutralfett, und er hält daher die Ausführung der Methode sowohl für kleinere als auch für größere Fettspaltungsbetriebe geeignet. Erstere sollen das gebildete Bleisulfat nach vorherigem gründlichen Auswaschen zwecks Befreiung von etwaigen Schwefelresten und Trocknung direkt verkaufen, bei Großbetrieben empfehle es sich, das Bleisulfat in Bleiglätte zu regenerieren

[1]) Engl. Patent Nr. 1033 v. 22. Jan. 1887 (S. S. Sugden) und engl. Patent Nr. 18136 v. 28. Sept. 1895 (R. E. Green).

[2]) Seifensiederztg., Augsburg 1908, S. 144.

und die dabei frei werdende schweflige Säure direkt in Schwefelsäure umzuwandeln, also auf die zur Fettspaltung benötigten beiden Hilfsmaterialien (Bleiglätte und Schwefelsäure) zurückzuarbeiten.

Diese Regenerierung des Bleisulfats geschieht nach der Gleichung:

$$\underset{\text{Bleisulfat}}{PbSO_4} + \underset{\text{Kohle}}{2\,C} = \underset{\text{Schwefelblei}}{PbS} + \underset{\text{Kohlensäure}}{2\,CO_2}$$

$$\underset{\text{Schwefelblei}}{PbS} + \underset{\text{Bleisulfat}}{3\,PbSO_4} = \underset{\text{Bleioxyd}}{4\,PbO} + \underset{\text{Schwefeldioxyd}}{4\,SO_2}$$

Das Schrauthsche Verfahren krankt an dem Umstand, daß infolge des hohen Molekulargewichtes des Bleioxyds sehr große Mengen dieses Stoffes zur Verseifung notwendig sind. Man braucht auf 100 Teile Fett ungefähr 40—45 Teile Bleiglätte, was nicht nur die Manipulation, sondern auch die reinen Materialkosten der Fettspaltung sehr hoch ansteigen läßt. Die von Schrauth vorgeschlagene Regenerierung des Bleisulfats in Bleioxyd und Schwefelsäure macht die Sache kaum besser, denn wenn er auch die Durchführung des Prozesses als sehr einfach bezeichnet, so sind doch namhafte Manipulationsverluste mit Sicherheit zu erwarten, ganz abgesehen davon, daß die richtige Leitung einer solchen Regenerierungsanlage in Fettspaltungsbetrieben eine fragliche Sache ist.

Alkalien. Alkalien wirken derart emulsionsfördernd, wie kein anderes Mittel, leisten daher der Oberflächenberührung und damit dem Spaltungsprozeß ganz besonderen Vorschub und wären somit als Zusätze beim Autoklavenprozeß sehr zu empfehlen, wenn ihre Anwendung nicht den großen Nachteil mit sich brächte, daß die Glyzerinmassen durch Alkaliseifen oder Alkalisalze verunreinigt werden. Auch ein Zusatz von Alkali neben der obligat angewandten Kalkmenge beschleunigt die Druckverseifung in wesentlicher Weise dies hat bereits Buff[1]) erkannt, der sogar die (haltlose) Behauptung aufstellte, daß der Millyprozeß ohne Gegenwart von etwas Alkali gar nicht durchführbar wäre.

Über den Einfluß von Alkalizusätzen auf den Verlauf der Druckverseifung — wobei an Stelle der Ätzalkalien auch die entsprechenden Karbonate verwendet werden können, weil sich diese doch mit den Metalloxyden sofort in Ätzalkalien umsetzen — wird S. 538 und 586 berichtet.

Ammoniak. Ammoniak als Verseifungsmittel zu verwenden, hat den Vorteil, daß man vollkommen salzfreies Glyzerin erhält, was übrigens auch dann erreicht wird, wenn man keine in Wasser löslichen Basen zur Fettspaltung verwendet und durch eine vollständige Entsäuerung der Fette dafür sorgt, daß im Autoklaven aus der Base und den in den Fetten mitunter als Verunreinigungen enthaltenen Mineralsäuren nicht wasserlösliche Salze gebildet werden.

---

[1]) Über die Fette und die Fabrikation der Fettsäuren und des Glyzerins, Inauguraldissertation, Göttingen 1863.

Die Verseifung mit Ammoniak unter Druck war schon im Jahre 1882 Gegenstand eines deutschen Reichspatents[1]). Die Fette sollen dabei bei 5—7 Atmosphären Druck mit Ammoniak behandelt werden, wobei sich Ammoniakseife und Glyzerin bilden. Wird dann das Reaktionsgemisch bei normalem Druck[2]) auf 180° C erhitzt, so tritt ein Zerfall der Ammoniakseife in Fettsäure und Ammoniak ein, so daß man also, theoretisch gesprochen, stets mit derselben Menge Ammoniak arbeiten kann und überdies den Schwefelsäurezusatz erspart.

Die nicht uninteressante Apparatur, die Violette und Buisine für die Durchführung dieses Prozesses vorschlugen, wird S. 563 näher besprochen werden[3]).

Vor kurzem haben F. Garelli, P. A. Barbé und G. de Paoli[4]) das Ammoniakverfahren aufs neue empfohlen, mit dem sie gleichzeitig eine Trennung der festen und flüssigen Fettsäuren anstreben.

Seifen. Den Zusatz von Seifen (Zink- oder Magnesiaseife) zur Autoklavenmasse ließen sich C. Rumble und E. Sear[5]) patentieren, die 5—8 % dieser Stoffe dem zu spaltenden Fette bei 186° C unter Druck beimengen wollten. Daß Seifen Fette unter Druck zu hydrolysieren vermögen, hat übrigens schon J. Pelouze[6]) im Jahre 1855 experimentell nachgewiesen. Er erhitzte eine durch Fällung von Chlorcalcium aus gewöhnlicher Kernseife hergestellte Kalkseife mit der gleichen Menge Wasser und demselben Quantum Olivenöl in einem Digestor durch 3 Stunden auf 155—165° C, wobei er eine vollständige Spaltung des Olivenöles erzielte. Den gleichen Effekt hatte ein Versuch, bei dem an Stelle der Kalkseife Marseillerseife verwendet wurde.

Verfahren der Société Belge de Déglycérination. Trotz dieser klar beschriebenen Versuchsergebnisse erhielt die Société Belge de Déglycérination vor kurzem ein auf ganz gleicher Basis fußendes Patent, bei dem allerdings nicht Kalk- oder andere Seifen als Spaltungsreagens genannt werden, sondern die von früheren Operationen herrührenden Autoklavenmassen, in denen aber wohl auch die darin enthaltenen Seifen das wirksame Prinzip sind.

Die Patentschrift der Société Générale Belge de Déglycérination[7]) ist auf der Beobachtung aufgebaut, daß der Beginn chemischer Reaktionen schwierig eintritt, daß aber, wenn der Anfang stattgefunden hat, ihr Verlauf mit Leichtigkeit fortschreitet. Es wird daher jede neue Operation in

---

[1]) D. R. P. Nr. 23777, v. 7. Okt. 1882.

[2]) Beim Erhitzen der Ammoniakseifen unter Druck bilden sich Amine (siehe S. 773); bei vorsichtigem Trocknen der Ammoniakseifen entstehen Produkte, die Böhringer & Söhne als Kerzenmaterial verwenden wollen (siehe S. 803).

[3]) D. R. P. Nr. 23777 v. 7. Okt. 1882 (Charles Violette u. Alphonse Buisine in Lille).

[4]) D. R. P. Nr. 209537 v. 24. Nov. 1906. — Näheres siehe S. 762.

[5]) Engl. Patent Nr. 4264 v. 5. Sept. 1883.

[6]) Dinglers polyt. Journ., Bd. 138, S. 422; Compt. rendus 1855, Nr. 23.

[7]) D. R. P. Nr. 171200 v. 10. Mai 1901.

Gegenwart eines Teiles der bei der vorhergehenden gebildeten Körper begonnen, die man nach der Trennung der Reaktionsprodukte von dem gebildeten Glyzerin erhält.

Das Verfahren wird zweckmäßig in der Weise ausgeführt, daß man das Fett in den Autoklaven bringt, ungefähr 10% Wasser und dann etwa 5% der Reaktionsprodukte hinzusetzt, die bei der vorangegangenen Operation in dem Autoklaven nach Abscheiden des gebildeten Glyzerins entstanden oder darin geblieben sind und wesentlich aus Fettsäuren bestehen. Sodann fügt man etwa 1% Base oder dergleichen hinzu, schließt den Autoklaven und erhitzt ihn mit Wasserdampf, bis der Druck auf etwa 5—6 Atmosphären gestiegen ist. Unter diesem Drucke wird die Masse 5—6 Stunden lang gehalten, worauf man den Autoklaven entleert.

Säuren.

Neben alkalisch reagierenden und emulsionsfördernden Stoffen unterstützen auch Säuren die Hydrolyse der Fette, und man hat daher versucht, auch verdünnte Lösungen von Schwefelsäure, schwefliger Säure usw. beim Autoklavenprozeß als Katalysatoren zu verwerten.

Schwefelsäure.

Versuche über die Druckspaltung der Fette unter Zuhilfenahme verdünnter Schwefelsäure hat im Jahre 1876 F. Nitsche[1]) angestellt. Er behandelte Fette bei 8—9 Atmosphären Spannung unter Zugabe von 1% Schwefelsäure im Autoklaven und erhielt dabei sehr gute Resultate. Nach 12stündiger Operationsdauer waren noch 2,8% Fett unzersetzt, nach 17stündiger Reaktionsdauer noch 0,96%. Mit 2% Schwefelsäure erreichte man nach 14stündiger Einwirkungsdauer eine Spaltung bis auf 1,35% Neutralfett. Die Anwendung verdünnter Schwefelsäure bedingt verbleite Autoklaven, und da diese für den Betrieb nicht empfehlenswert sind (siehe S. 543), hat man die Idee Nitsches nicht weiter verfolgt. Gleiche Schwierigkeiten stehen der Anwendung der meisten anderen Mineralsäuren im Autoklavenprozeß entgegen.

Auf eine Autoklavierung unter Zuhilfenahme von verdünnter Schwefelsäure läuft auch das Verfahren von G. und L. Hartl hinaus, das diese seinerzeit als „Schwefelsäureverseifung unter Vermeidung von Destillation" empfahlen (siehe S. 622).

Schweflige Säure.

Besser eignet sich hier die schweflige Säure, die von E. A. Stein, A. H. J. Bergé und E. A. de Roubaix[2]) in Antwerpen für die Druckverseifung empfohlen wurde. Man behandelt die Fette nach diesem Verfahren mit einer 2,5—3prozentigen Lösung von schwefliger Säure, und zwar bei einer Spannung, die einer Temperatur von 170—200° C entspricht.

An Stelle der schwefligen Säure können auch Bisulfite verwendet werden, obgleich diese nach Ansicht der Erfinder nicht den vollen Vorteil der schwefligen Säure gewähren. Praktisch ist das Verfahren nie zur Ausführung gekommen, weil das Arbeiten mit schwefliger Säure schwierig und kostspielig ist, ohne besondere Vorteile zu bringen.

---

[1]) Dinglers polyt. Journ. 1876, Bd. 220, S. 461.

[2]) D. R. P. Nr. 61329 v. 20. Febr. 1891.

Fettsäuren.

Interessant ist der im Jahre 1881 von M. Bauer gemachte Vorschlag, bei der Autoklavenverseifung an Stelle des Kalkes Fettsäuren (?) zu verwenden, und zwar empfahl der Genannte dafür den Retourgang der Warmpressen. Man hat von dem Bauerschen Verfahren allerdings nichts weiter gehört und die Sache scheint ganz im Sande verlaufen zu sein. (Vergleiche das S. 538 besprochene Verfahren der Société Belge de Déglycérination.)

Zusätze bei der Wasserverseifung.

Bei der sogenannten „Wasserverseifung", gleichwohl, ob sie mittels hochgespannter oder überhitzter Dämpfe vorgenommen wird, bedient man sich fast ausnahmslos ebenfalls geringer Mengen spaltungsfördernder Zusätze, und zwar verwendet man in der Regel einige Zehntelprozente Magnesia oder auch Eisensalze[1]), ein wenig Bor- oder Schwefelsäure[2]). Auch Zusätze von Verbindungen, die sich bei dem Spaltungsprozeß in chemischer Hinsicht vollkommen indifferent verhalten (wie z. B. Magnesiumkarbonat, Tonerdesilikat, Kieselgur usw.[3]), hat man empfohlen. (Siehe Patent Marix, S. 568.)

Allgemeines über die Konstruktion der Autoklaven.

Autoklaven (der Name ist aus dem Griechischen abgeleitet und besagt soviel wie „schließt sich selbst") nennt man im allgemeinen walzenförmige (zylindrische) oder auch kugelförmige Gefäße, worin ein chemischer Prozeß unter Zuhilfenahme von Druck vorgenommen wird, in unserem Falle also ein Einwirken von gespanntem Wasserdampf und gewisser Chemikalien auf die Fette stattfindet.

Zylinderform.

Die Mehrzahl der Autoklaven zeigt eine Zylinderform (Fig. 85), die oben und unten durch Kugelkalotten abgeschlossen ist. Der zylinderförmige Teil des Autoklaven ist entweder horizontal oder vertikal gelagert; in jedem Falle sind die verschiedenen Armaturstücke zumeist auf den beiden Böden (Kalotten) angebracht.

Kugelform.

L. Bottaro in Genua empfahl für Autoklaven die Kugelform (Fig. 86); es leitete ihn dabei die Beobachtung, daß diese Form eine allseits gleichmäßige Druckbeanspruchung[4]) bedingt, während zylinderförmige Apparate an der Mantelseite stets bei weitem mehr in Anspruch genommen werden als an den Böden. Zum Beweise dieser Tatsache führte Leon Droux, der solche kugelförmige Autoklaven baute, das Beispiel an, daß ein Kautschukrohr beim Aufblasen dem entstehenden Drucke derart ausweiche, daß es unter Aufblähen eine Kugelform anzunehmen trachte. Die Kugelform[5]) stellt auch deshalb die beste Autoklavenart dar, weil bei gleicher Oberfläche die größte Raum-

[1]) Siehe Verfahren von Droux, S. 566.

[2]) Siehe Verfahren von Melsens, S. 565.

[3]) D. R. P. Nr. 23464 v. 3. Juni 1882.

[4]) Dinglers polyt. Journ., Bd 138, S. 423.

[5]) Einen weiteren Vorteil bringt die K. gelform des Autoklaven dann mit sich, wenn der Apparat mit einer Rührvorrichtung ausgestattet werden soll; in diesem Falle ist die Welle wesentlich kürzer, was eine geringere Anzahl von Stützen der Welle erfordert.

ausnützung erreicht wird, wodurch andrerseits auch der Wärmeverlust[1]) und die Dampfkondensation auf das erreichbare Minimum reduziert werden.

Material für Autoklaven.

Der erste, von **de Milly** für Zwecke der Fettspaltung konstruierte Autoklav war aus **Eisen**; dieses Metall ist jedoch aus zweierlei Gründen für die Zerlegung von Fetten nicht geeignet: Einmal wird es durch die in dem Apparate gebildeten Fettsäuren sehr stark korrodiert, weshalb der Apparat einer

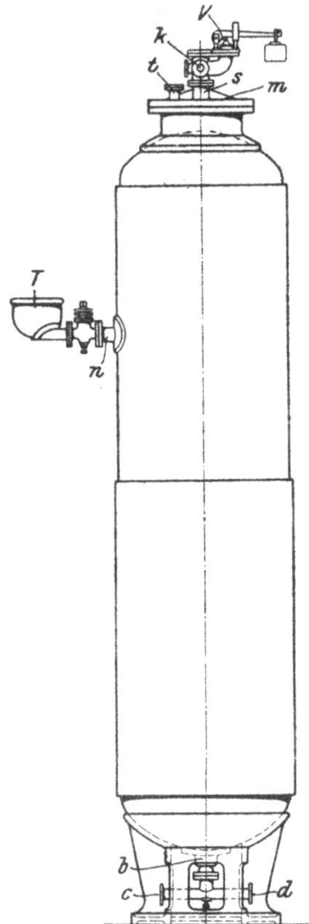

Fig. 85. Zylindrischer Autoklav.
T = Fülltrichter, *n* = Füllstutzen, *m* = Mannloch, *b*, *s* und *t* = Rohrstutzen, *V* = Sicherheitsventil, *c* und *d* = Dampfeintritts- bzw. Entleerungsstutzen.

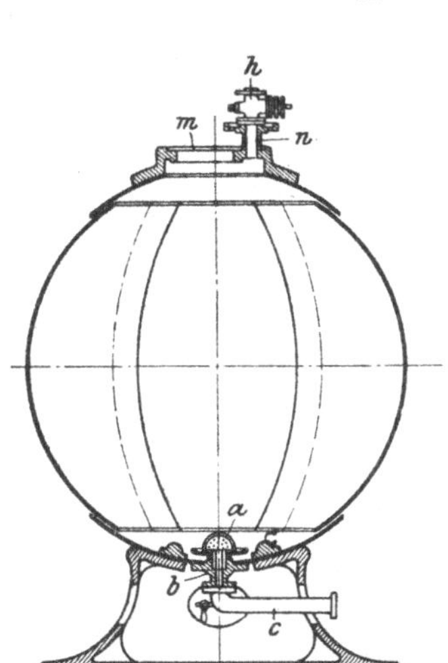

Fig. 86. Kugelförmiger Autoklav.
m = Mannloch, *n* = Füllstutzen, *h* = Füllhahn, *c* = Dampfeintritts- und Ausblasrohr, *a* = Dampfverteilungsbrause, *b* = Rohrstutzen.

vorzeitigen Abnützung unterliegt und sein Betrieb eine nicht zu unterschätzende Explosionsgefahr mit sich bringt; der zweite Nachteil der eisernen Autoklaven ist der, daß das von der Autoklavenmasse aufgenommene Eisen die Fettsäuren rotbraun färbt (**Eisenseifen**), eine Färbung, die auch durch wiederholte Säurewaschungen **kaum** vollständig zu entfernen ist. Man ging daher bald dazu über, Autoklaven aus einem widerstandsfähigeren Metall als Eisen zu konstruieren, und griff sofort zum **Kupfer**. Daß man daran recht getan

[1]) Zur Vermeidung von Wärmeverlusten empfiehlt es sich übrigens, die Autoklaven mit einer Isolierschicht (**Kieselgur**, **Korksteinen** usw.) zu versehen.

Widerstandsfähigkeit verschiedener Metalle gegenüber Fettsäuren.

hat, beweist die Untersuchung von Danckwerth[1]), der die Widerstandsfähigkeit der für den Apparatenbau wichtigsten Metalle gegenüber Fettsäuren studierte und dabei fand, daß Messing am meisten, Kupfer weniger und Aluminium am wenigsten unter dem Einflusse freier Fettsäuren leidet. Ein Stab aus bestem Messing war innerhalb eines Jahres, während dessen er in einem Fettsäuredestillationskessel hing, tatsächlich in Kupfer umgewandelt worden, weil nämlich das im Messing enthaltene Zink von den Fettsäuren aufgelöst wurde, während das Kupfer weniger gelitten hatte. Danckwerth stellte daher eine Regel auf, wonach Fettsäuren vorzugsweise jene Metalle angreifen, die in Gegenwart von Mineralsäuren Wasser zu zersetzen vermögen.

Marazza[2]) berichtet über eine andere Versuchsreihe, wobei mehrere gleichgewichtige Stücke von Kupfer, Gußeisen, Bronze, Stahl, Blei, Schmiedeeisen, Zink usw. an dem Rührwerke eines Autoklaven befestigt und 1 Monat lang in dem in Betrieb befindlichen Apparate belassen wurden. Nach Verlauf dieser Frist war das Zink gänzlich verschwunden, vom Schmiedeeisen war ungefähr ein Achtel des ursprünglichen Gewichtes vorhanden und die übrigen Metalle zeigten folgende prozentuelle Gewichtsverluste:

Blei	6,0%
Stahl	6.0
Zinn	4,8
Weiches Gußeisen	3,4
Bronze	0,3
Weißes Gußeisen	0,0
Kupfer rot	0,2
Kupfer gelb	0,1

Kupfer ist also das geeignetste Metall für Autoklaven und für alle der Fettsäureherstellung und -Verarbeitung dienenden Apparate. Die mit steigender Temperatur verhältnismäßig rasch abnehmende Festigkeit des Kupfers erfordert allerdings besondere Vorsicht bei der Konstruktion dieser Apparate.

Kupferauskleidung.

Da Kupfer zeitweise sehr hoch im Preise steht und die Anschaffung massiver Kupferautoklaven sich dann recht kostspielig stellt, versuchte man auch, eiserne Autoklaven mit einer ungefähr 3 mm starken Kupferauskleidung zu konstruieren. Solche eiserne Autoklaven mit innerem Kupfermantel findet man heute in älteren Stearinfabriken noch in Betrieb, in den letzten 20 Jahren werden aber ähnliche Apparate nur selten gebaut, weil sich die Kupferauskleidungen sehr schwierig reparieren ließen. Die Auskleidung wurde nämlich durch den während der Benutzung des Autoklaven in diesem herrschenden Dampfdruck derart fest an den Außenkessel gepreßt, daß sie sich kaum mehr bewegen und herausnehmen ließ.

---

[1]) Deutsche Industrieztg. 1866, S. 95.

[2]) Marazza-Mangold, Stearinindustrie, Weimar 1896, S. 20.

K. Koppert[1]) hat diesem Übelstande dadurch abzuhelfen versucht, daß er den äußeren Kessel aus zwei voneinander abhebbaren Hälften und ohne Boden und Deckel herstellt, ihn über den ganzwandigen Innenkessel legt und in geeigneter Weise (durch Bolzen, Klammern, Ringe usw.) befestigt. Wie der Mantel des Außenkessels, besteht auch dessen Deckel aus zwei oder mehreren Teilen, während der Boden gewöhnlich aus einem Stücke gefertigt ist.

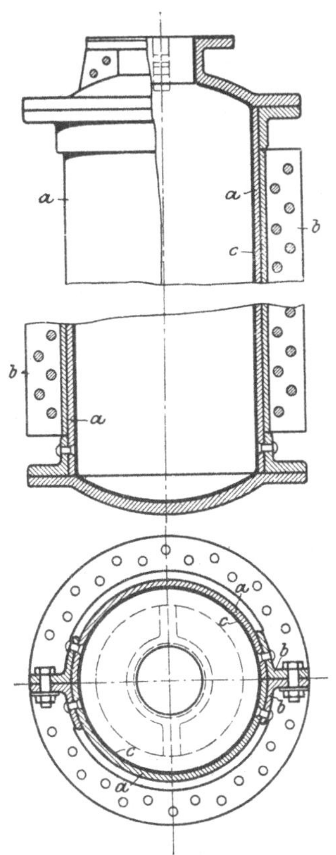

Fig. 87. Eiserner Autoklav mit Kupfermantel nach Koppert.

a = doppelteiliger Außenmantel,
b = Flanschen,
c = kupferne Auskleidung.

Infolge dieser Dreiteilung des äußeren Kessels in Mantel, Deckel und Boden und weiterer Zerlegung dieser Teile in mehrere Stücke geschieht die Bloßlegung des Innenkessels mit Leichtigkeit.

Die in Fig. 87 gezeigte Konstruktion des Koppertschen Autoklaven ist ohne besondere Erklärung verständlich.

Bleiauskleidungen.

Auch eiserne Autoklaven mit innerer Bleiauskleidung[2]) sind in Vorschlag gebracht worden; sie waren besonders für ein Arbeiten mit sauren Reagenzien (verdünnter Schwefelsäure) gedacht, bewährten sich aber nicht, weil bei der relativ hohen Arbeitstemperatur und der ziemlich starken mechanischen Abnützung durch das wallende Fett-Wasser-Gemisch ein baldiger Verbrauch des weichen Bleies eintrat und die Bleiverkleidung sich sehr leicht zusammenfaltete.

Aluminium als Autoklavenmaterial.

Als Autoklavenmaterial verdient auch das Aluminium Beachtung, dessen Widerstandsfähigkeit gegen Fettsäuren von Donath, Pastrovich und O. Heller erprobt wurde.

Donath[3]) hat durch Laboratoriumsversuche gezeigt, daß Aluminium gegen Fette und Fettsäuren selbst in der Wärme und bei Luftzutritt fast vollkommen widerstandsfähig ist. P. Pastro-

[1]) D. R. P. Nr. 150634 v. 25. Nov. 1902.

[2]) Als Erfinder dieser Eisenautoklaven mit Bleifütterung wird Georg Hartl genannt, der in der von ihm geleiteten Fabrik der Ersten österreichischen Seifensiedergewerkschaft in Wien mehrere Jahre lang einen solchen Apparat in Betrieb hatte und ihn unter anderen auch zur Ausführung des S. 539 u. 622 beschriebenen Schwefelsäureverfahrens verwendete.

[3]) Dinglers polyt. Journ. 1895, Bd. 295, S. 18.

vich[1]) und O. Heller haben diese Resultate in der Praxis bestätigt gefunden. Für Autoklavenkonstruktionen hat Aluminium aber bis heute keine Verwendung gefunden, dagegen ist es von Pastrovich mit vielem Erfolge als Mantel für Warmpreßplatten benutzt worden, bei deren Besprechung (S. 735) über die Widerstandsfähigkeit des Aluminiums gegen Fettsäure noch ausführlicher berichtet werden wird.

Armierung der Autoklaven. Ein Autoklav für Fettspaltung muß folgende Armaturstücke besitzen:

1. eine Vorrichtung zum Einbringen des zu spaltenden Fettes und der hierzu verwendeten Ingredienzien;
2. eine Vorrichtung zum Einleiten des Dampfes;
3. eine Entleerungsvorrichtung;
4. Sicherheitsarmaturen und
5. eine Vorrichtung zum Durchrühren der Autoklavenmasse.

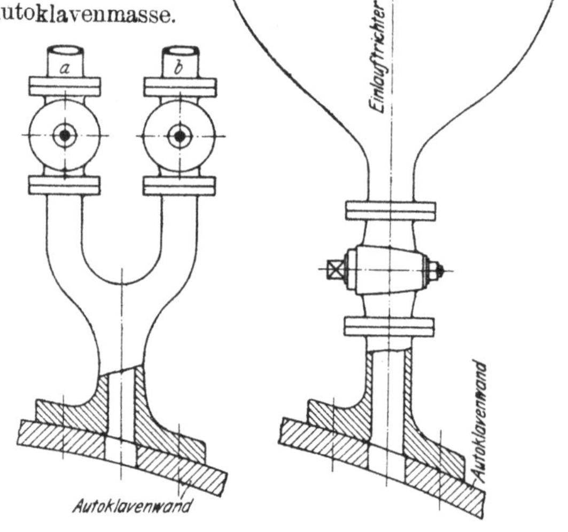

Fig. 88. Gabelrohr für Autoklaven. Fig. 89. Fülltrichter.

Füllvorrichtung: Das Füllen des Autoklaven mit Fett und das Eintragen der verwendeten Spaltungsbasen geschieht in der Regel auf einfache Weise durch einen am oberen Deckel des Autoklaven angebrachten, mit einem Hahn versehenen Rohransatz, den man durch eine Holländerverbindung mit dem von Füllreservoir kommenden Rohr verbindet (siehe Fig. 86, S. 541, Hahn *h* und Rohr *n*). Ist das Fett in den Autoklaven gebracht worden, so wird die Holländerverschraubung gelöst, das zum Füllreservoir führende Rohr abgenommen und an dessen Stelle ein zweites Rohr angeschraubt, das den Füllstutzen mit einem Chemikalienreservoir verbindet. Man läßt dann die gewünschte Reagenzienmenge in den Autoklaven einfließen und schließt nach Entfernung des Füllrohres den Hahn *a*.

Bisweilen läuft der Eintrittsstutzen auch in ein Gabelrohr aus (Fig. 88), das einerseits mit dem Fettfüllreservoir (Hahn *a*), andererseits mit dem Chemikaliengefäße (Hahn *b*) in Verbindung steht.

Seltener ist wohl der Fall zu finden, daß auf dem Füllstutzen ein Trichter sitzt, der das durch Rohre zugeleitete Fett sowie die Chemikalien

[1]) Chem. Revue 1902, S. 278.

aufnimmt und in das Innere weiterbefördert (siehe Fig. 89, vergleiche auch Fig. 85).

Dampfzufuhr: Diese erfolgt durch einen entweder am Kopfe oder am Boden des Autoklaven (Fig. 85, Rohrstutzen *e d* und Fig. 86, Rohr *c*, S. 541) angebrachten Rohrstutzen. Befindet sich der Dampfzuführungsstutzen am oberen Kopfende eines stehenden Autoklaven, so muß das Dampfrohr im Innern des Apparates doch bis zum Boden geführt werden, weil es unumgänglich notwendig ist, daß der Dampf am tiefsten Punkt des Autoklaven ausströme, damit er die ganze Fettmasse durchstreiche und ihr Durchmischen vollführe (siehe Fig. 94 auf S. 548). **Dampfzufuhr.**

Die Frage, welche Dampfspannung für die Autoklavierung am zweckmäßigsten sei, wird von verschiedenen Fachleuten verschieden beantwortet. Das Arbeiten mit hochgespannten Dämpfen (über 12 Atmosphären) ermöglicht eine Abkürzung der Arbeitsdauer, doch muß man dafür die dunklere Färbung der erhaltenen Produkte, höhere Anlagekosten und größere Instandhaltungsspesen in den Kauf nehmen. Ein Autoklavieren bei mittlerer Dampfspannung (6—12 Atmosphären) erfordert eine längere Operationsdauer, doch ist dafür die Farbe der erhaltenen Produkte heller, die Anlage stellt sich nicht so teuer und ist leichter instand zu halten.

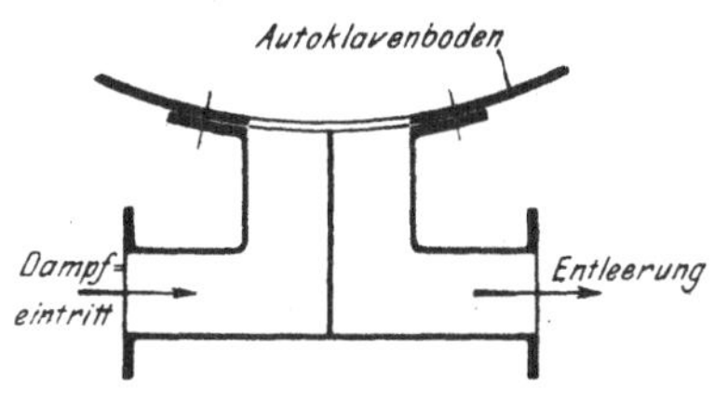

Fig. 90. Entleerungsstutzen.

Ehedem wurden — wie hier bemerkt sei — die Autoklaven durch direkte Feuerung erhitzt; erst Delapchier machte auf die Vorteile der Dampfbedienung aufmerksam.

Entleerungsvorrichtung: Das Entleeren des Autoklaven nach beendeter Operation geschieht entweder durch ein eigenes, bis auf den Boden reichendes Entleerungsrohr, wie dies S. 548 in Fig. 94 gezeigt ist, oder aber durch eine am Boden angebrachte Stutzenanordnung (Fig. 90), bei der einerseits Dampf zugeführt, andererseits die Entleerung des Autoklaven vorgenommen wird (siehe auch Fig. 84). **Entleerungsvorrichtung.**

Vielfach wird auch der Rohrstutzen, der zum Füllen des Autoklaven mit Fettmasse dient, zum Entleeren des Apparates benutzt; in diesem Falle führt das Füllrohr des Autoklaven bis zu dessen tiefstem Punkt, so daß es nach beendigter Operation auch zum Entleeren des Apparates verwendet werden kann. Es braucht dann nur die Holländerverbindung, die auch zum Einbringen des Fettes und der Reagenzien in Tätigkeit tritt, mit einem Rohre verbunden zu werden, das zum Ausblasgefäße führt. Diese Anordnung ist deshalb von Vorteil, weil man im allgemeinen darauf dringen soll, möglichst wenig Rohransätze am Autoklaven zu haben. Je komplizierter die Apparatur, desto mehr Gelegenheit zu Undichtheiten und desto schwieriger die Instandhaltung und Überwachung des Ganzen.

Sicherheitsarmatur.

Sicherheitsarmatur: Sicherheitsventil und Manometer dürfen bei einem Autoklaven nicht fehlen. Das Manometer sollte womöglich selbstregistrierend sein, um stets kontrollieren zu können, ob der Druck im Autoklaven während der Operation auf gleicher Höhe gehalten wurde. Dies ist für das Gelingen der Operation von großer Wichtigkeit und besonders dann unerläßlich, wenn ejektorartige Rührvorrichtungen in den Autoklaven eingesetzt sind; diese stellen ihre Wirksamkeit sofort ein, wenn größere Spannungsschwankungen eintreten.

Nicht fehlen darf außer den genannten Armaturstücken auch ein sogenannter Entlüftungshahn; er dient dazu, die Luft während des Füllens des Autoklaven und später auch während des Dampfeinlassens entweichen zu lassen.

Ferner sind an vielen Autoklaven zwei oder drei Probierhähne angebracht, die gestatten, während der Operation Proben des Autoklaveninhaltes zu nehmen.

Rührvorrichtungen.

Rührvorrichtungen: Für den glatten Verlauf des Autoklavenprozesses ist ein möglichst inniges Durchmischen des Autoklaveninhaltes während der Operation (Oberflächenberührung) von Wichtigkeit. Besondere Vorrichtungen zum Durchmischen der Autoklavenmasse sind nicht bei allen Autoklaven vorhanden. Vielfach begnügt man sich mit der Durchmischung, die der in den Apparat während der ganzen Operation einströmende Dampf vollführt. Bisweilen unterstützt man diese erwünschte Wirkung des Dampfes durch eigene Formgebung der Ausströmungsstelle des Dampfrohres. So läßt man z. B. das Dampfeinströmungsrohr am Ende quirlförmig verlaufen oder gestaltet es haubenförmig (Fig. 91, Haube A), wodurch der Dampf nicht in einem Strahle, sondern mehrfach zerteilt die Masse durchstreicht.

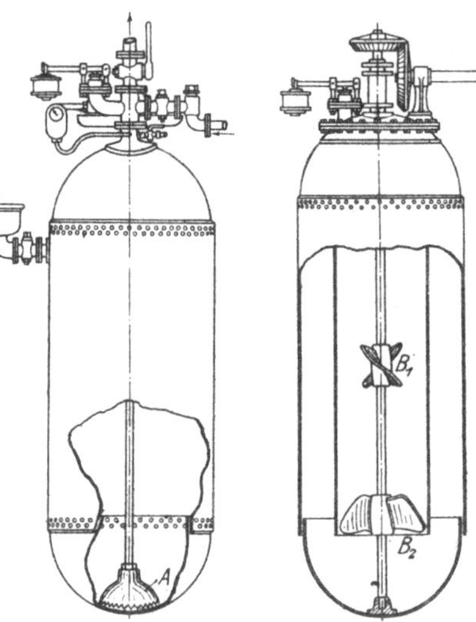

Fig. 91. Autoklav mit Dampfverteilungshaube.

Fig. 92. Autoklav mit Schraubenrührer.

Aber schon im Jahre 1848 konstruierte Delapchier in Besançon einen mit 1—1,5 Atmosphären Überdruck arbeitenden Autoklaven mit besonderer Rührvorrichtung. Diese war, wie alle früheren Autoklavenrührvorrichtungen, in das Gebiet der mechanischen Rührer gehörig; erst später traten die durch Dampfzirkulation arbeitenden Durchmischungsvorrichtungen mehr und mehr in den Vordergrund.

Mechanische Rührer.

Die mechanischen Rührvorrichtungen bestehen entweder aus einem oder aus zwei Rührerflügeln, deren Achsen durch eine an dem Deckel des

Autoklaven angebrachte Stopfbüchse bis ins Freie reichen und dort durch einen Kegelrad- oder sonstigen Antrieb in Bewegung gesetzt werden, oder aus schraubenartig geformten Rührelementen. Die schraubenförmigen Rührer hat man in zylindrische Gehäuse einzubauen versucht, wie in Fig. 92 (vergleiche auch Band 1, S. 624) gezeigt wurde, um auf diese Weise eine vollständige Zirkulation der Fettmasse zu bewirken.

Kugelförmige Autoklaven lassen den Einbau mechanischer Rührwerkzeuge leichter zu als zylindrische, weil bei gleichem Fassungsraum der Apparate die Rührachse bei Kugelautoklaven weit kürzer ausfällt und daher leichter zu lagern ist.

Nachteile der mechanischen Rührer.

Die mechanischen Rührvorrichtungen haben samt und sonders den Nachteil, daß die Stopfbüchsen bei dem hohen Drucke schwer dicht zu halten sind und daß sich der Antrieb nicht immer leicht bewerkstelligen läßt; zum wenigsten bedingen sie eine Komplikation des Betriebes und einen steigenden Kraftverbrauch. Die mechanischen Rührer sind daher heute nur selten zu finden.

In stehenden Autoklaven vermögen die mechanischen Rührer überhaupt keine vollkommene Vermischung erreichen, wenn sie nicht durch vom Boden ausströmenden Dampf unterstützt werden. Sie können nämlich die verschieden schweren Stoffe des Autoklaveninhaltes nicht an der Separierung hindern und es muß der einströmende Dampf mitwirken, um die schweren Alkalien und das Wasser aufzuwirbeln. Dies hat schon L. Droux erkannt und daher die mit einer Rührvorrichtung versehenen Autoklaven liegend angeordnet, in welcher Position eher ein gutes Durchmischen durch die Rührflügel möglich ist, weil die schweren, zur Absetzung neigenden Stoffe auf keine so große Höhe gehoben zu werden brauchen.

Rühren mittels Dampfes.

Die Rührvorrichtungen, die eine Durchmischung des Autoklaveninhaltes durch Dampfzirkulation bewirken, sind in ihrer einfachsten Form sehr zweckmäßig. Leider ist man vielfach in der Absicht, eine möglichst gründliche Durchmischung zu erreichen, dabei die Wärme des verbrauchten Dampfes voll auszunutzen und noch andere Vorteile zu gewinnnen, etwas zu weit gegangen und hat Konstruktionen geschaffen, die zu kompliziert sind, als daß sie in der gedachten Weise anstandslos funktionieren könnten.

Für alle diese Dampfrührvorrichtungen ist es unerläßlich, daß in den Autoklaven ununterbrochen frischer Dampf einströme, was nur erreicht werden kann, wenn zwischen Kessel und Autoklaven eine kleine Druckdifferenz vorhanden ist, die bloß durch ständige Dampfentnahme aus dem Autoklaven geschaffen werden kann.

Als Beispiele von Autoklaven mit Dampfstrahlrührern seien die Konstruktionen von B. Herrnhut und von Michelini angeführt.

Konstruktion Herrnhut.

Der Autoklav von Herrnhut[1]) (Fig. 93) arbeitet mit einem Glyzerinkonzentrationsapparat zusammen und besteht im wesentlichen aus folgendem:

[1]) D. R. P. Nr. 56574 v. Jahre 1890.

Die untere Kuppel des Autoklaven besitzt einen Stutzen mit drei Abzweigungen, und zwar:

1. einer Abzweigung *d* für das Dampfventil *v* mit dem Rückschlagventil *r* für den vom Hochdruckkessel kommenden Dampf;
2. einer Abzweigung mit dem Entleerungsventil *e* zum Ablassen des Autoklaven und
3. einer Abzweigung *a* für den Zirkulationselevator *F*, der mit Dampf betrieben wird.

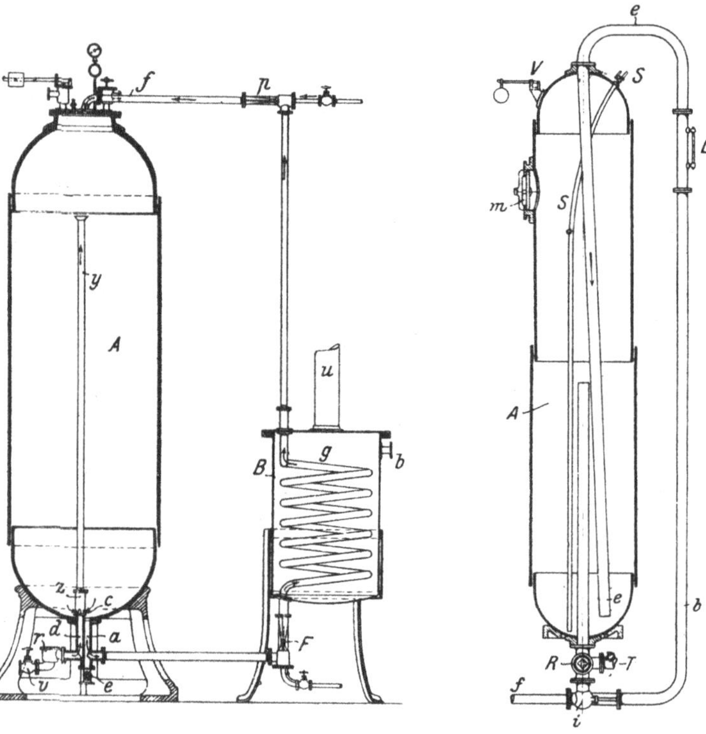

Fig. 93. Autoklav nach Herrnhut.

Fig. 94. Autoklav nach Michelini.

Der Stutzen, an dem sich diese Abzweigungen befinden, hat zwei getrennte Bohrungen, eine für den Dampf und eine für die Masse. Auf die eine (*d*) ist im Innern ein Dampfstrahlinjektor *z* aufgesetzt, der die Autoklavenmasse unten durch die Löcher *c* einsaugt und aus der Rohrmündung *y* mit Heftigkeit ausbläst. Die zweite Bohrung *a* führt zum Zirkulations-Dampfelevator *F* und zum Entleerungsventil *e*. Der Autoklav steht mit dem Glyzerinkonzentrationsapparate *B* in Verbindung, der mit einem Deckel, Dunstrohr *u* und einer Schlange *g* versehen ist; durch den Stutzen *b* tritt das Glyzerinwasser ein. Der untere Teil der Schlange *g* steht mit dem Zirkulations-Dampfelevator *F*, der obere mit dem Zerstäuber *p* durch Rohre in Verbindung. Von *p* führt ein Rohr *f* zur oberen Kuppel des Autoklaven.

Das in den Autoklaven gebrachte Fett wird durch diese Vorrichtungen auf zweifache Weise zerstäubt; erstens wird die Materie durch den Dampf des Dampfstrahlinjektors z bei den Löchern c angesaugt und bei y ausgeschleudert; zweitens wird die Masse durch den Zirkulationselevator F bei a angesaugt und durch die Schlange g emporgedrückt. Durch die auf diese Weise ununterbrochen im Konzentrationsgefäße erfolgende Abkühlung der Masse wird deren Spannung vermindert. Sodann wirkt der mit Dampf betriebene Zerstäuber p in gleichem Sinne auf die Fettmasse und schleudert sie durch das Rohr f in den Autoklaven zurück.

Das Durchpressen der Autoklavenmasse durch die Schlange des Glyzerinkonzentrationsgefäßes bringt nur zu leicht ein Verschmieren des Ejektors F und des Zerstäubers p mit sich, weshalb man die Herrnhutsche Rührvorrichtung häufig ohne diese äußere Zirkulation der Autoklavenmasse durchführt. Dabei wird dann das Steigrohr y, das natürlich entsprechend befestigt sein muß, oben quirlförmig verteilt.

Konstruktion Michelini.

Der Apparat von Michelini[1]) besorgt die Durchmischung des Autoklaveninhaltes mittels seiner kontinuierlichen Zirkulation durch ein Rohrsystem in der folgenden Weise:

Ein Injektor i (Fig. 94), der von f seinen Betriebsdampf empfängt, saugt je nach der Stellung des Dreiweghahns R entweder von T oder vom Innern des Autoklaven Flüssigkeit an. Da T mit dem Fett- und dem Alkali-Reservoir in Verbindung ist, kann man also mittels i das zu spaltende Fett und das Spaltungsmittel ansaugen, welche Stoffe durch das Rohr $b\,e\,e$ in das Innere des Autoklaven A gebracht werden. Ist dieser genügend gefüllt, so stellt man den Dreiweghahn derart um, daß der Injektor i nunmehr nur durch das vom Innern des Autoklaven kommende Rohr a ansaugt, also den Autoklaveninhalt, der dann ebenfalls durch das Rohr $b\,e\,e$ getrieben und in den Autoklaven zurückgeworfen wird. Ein passend angebrachtes Schauglas L erlaubt die Beobachtung der Flüssigkeitszirkulation, das Sicherheitsventil V beugt dem Überdrucke vor und das Rohr SS dient zur Entleerung des Autoklaven nach Beendigung der Operation.

Die Einfachheit der Armatur des Michelinischen Autoklaven ist sehr beachtenswert; außer dem Mannloch m sind keine schwierig abzudichtenden Stellen vorhanden.

B. Lach[2]) baut in die Autoklaven ein turbinenartiges Rührwerk ein, das durch den einströmenden Dampf in Bewegung gesetzt wird und ein energisches mechanisches Mischen des Autoklaveninhaltes bewirken soll.

Resultate von exakten Versuchen, inwieweit das künstliche Durchmischen der Autoklavenmasse die Fettspaltung befördert, liegen leider nicht vor; so glaubwürdig es auch erscheint, daß die durch das Vermischen vergrößerte Oberflächenwirkung reaktionsfördernd wirke, sind doch von mancher Seite Bedenken gegen diese Annahme erhoben worden. So behauptet z. B. Peccozzi[3]) auf Grund eines vorgenommenen Parallelversuches, daß die Rührwerke keinerlei Einfluß auf die Vollständigkeit der Verseifung ausübten. (?)

---

[1]) Marazza, L'Industria saponiera, Mailand 1896, S. 343.

[2]) Lach, Gewinnung und Verarbeitung des Glyzerins, Halle 1907, S. 10.

[3]) Marazza-Mangold, Stearinindustrie, Weimar 1896, S. 25.

Arbeitsgang des Autoklavenverfahrens.

Die Verseifung der Fette unter Druck erfordert folgende Arbeiten:

a) Autoklavierung der Fette.

b) Zerlegen der autoklavierten Fettmasse mittels verdünnter Säure und Waschen der abgeschiedenen Fettsäuren.

c) Reinigung und Konzentration der Glyzerinwässer.

Dieser Arbeitsgang stellt eigentlich einen in sich abgeschlossenen Betrieb dar (vergleiche Arbeitsschema S. 602), dem sich in neuerer Zeit mehrere Fabriken ausschließlich widmen. Die erhaltenen Fettsäuren werden von diesen Fabriken entweder selbst zu Seife verarbeitet oder zur Weiterverarbeitung an Seifensieder abgegeben und das gewonnene Rohglyzerin wird an Glyzerinraffinerien geliefert. Solche die Fettspaltung nicht als Vorstufe der Stearingewinnung betreibende Fabriken (Fettspaltungsanlagen) sind im letzten Jahrzehnte in großer Zahl erstanden, weil die immer lebhafter werdende Nachfrage nach Glyzerin und die Vorteile der Karbonatverseifung (Umwandlung der Fettsäuren durch kohlensaure Alkalien in Seifen) die Rentabilität derartiger Betriebe verbürgen. (Näheres darüber siehe Band 4.) In den Stearinfabriken bildet der die obgenannten Arbeiten umfassende Betrieb nur eine Abteilung des Gesamtbetriebes.

a) Autoklavierung der Fette.

Bei der Autoklavierung der Fette unterscheidet man wiederum:

α) vorbereitende Operationen;

β) Beschicken des Autoklaven;

γ) den eigentlichen Autoklavierungsprozeß;

δ) das Entleeren des Apparates;

ε) die Scheidung der Autoklavenmasse.

α) Vorbereitende Operationen.

Fette und Öle, die in dem Autoklaven gespalten werden sollen, unterwirft man zweckmäßigerweise einer Vorreinigung, durch die die Fettstoffe von anhaftenden mechanischen Beimengungen, von Schleimstoffen, besonders aber von eiweißhaltigen Verunreinigungen befreit werden sollen.

Umschmelzen. Die einfachste Art der Reinigung der Fette ist deren vorsichtiges Aufschmelzen. Dazu können sowohl offene als auch geschlossene Dampfschlangen verwendet werden, man hat nur in jedem Falle darauf zu sehen, daß es zu keinem eigentlichen Aufkochen unter Wallung komme, was besonders bei der Verwendung von offenem Dampf sehr leicht möglich ist, wenn man nicht entsprechend vorsichtig arbeitet. Läßt man es beim Aufschmelzen der Fette zu einem intensiveren wallenden Sieden kommen, so wird der beabsichtigte Zweck der Reinigung nicht erreicht, da sich die Schmutzteilchen in der Fettmasse innig verteilen (verkochen), in welchem Zustande sie nur äußerst schwierig aus dem Fette wieder entfernt werden können.

Um beim Umschmelzen der Fette die erwünschte Reinigung zu erzielen, ist es notwendig, daß daß Fett ganz allmählich schmelze; dies wird besonders durch indirekten Dampf gut erreicht, indem man in das Reservoir so viel Wasser bringt, daß die geschlossene Dampfschlange damit gerade bedeckt ist, und dann langsam Dampf einleitet. Das Schmelzen erfolgt hierauf allmählich (Zerschleichenlassen des Fettes), wobei sich die Verunreinigungen als schmutziger Schaum teils auf der Oberfläche, teils am Boden des Kochgefäßes abscheiden. Durch Zusatz einer Lösung von Kochsalz oder anderen Salzlösungen läßt sich die Klärung des Fettes beschleunigen. Die Schaumbildung ist besonders bei tierischen Fetten (Talg, Knochenfett usw.) ziemlich bedeutend; bei den in der Regel viel reineren Pflanzenfetten (z. B. Palmkernöl, Kokosöl u. a.) ist sie gering. Man entfernt den Schaum durch Abschöpfen mittels besonderer Schaumlöffel, während man die den Fetten mechanisch beigemengten Verunreinigungen, an denen besonders das Palmöl reich ist und die sich beim Aufkochen der Fette am Boden absetzen, in den Kochgefäßen beläßt, bis das klare Fett abgezogen ist.

Säurewaschung.

Enthalten die Fette Verunreinigungen leim- oder seifenartiger Natur (z. B. Knochenfett), so genügt ein Aufschmelzen über Wasser oder Salzlösungen nicht zur vollständigen Klärung und es ist hier ein Aufkochen mit verdünnter Schwefelsäure (20° Bé) nötig. Es empfiehlt sich dabei, mit indirektem Dampf zu arbeiten und so lange zu kochen, als noch ein Aufstoßen von schmutzigem Schaum erfolgt. Das Kochen muß aber auch hier so geleitet werden, daß kein intensives Durchsieden der Masse stattfinde, weil sich sonst die durch die Säure abgeschiedenen Schmutzteile in dem Fette „verkochen“. Gegen diese Vorschrift wird sehr viel gesündigt, besonders bei der Verarbeitung von Knochenfett, wobei man einer Schwefelsäurekochung nicht entraten kann.

Fette, die eine Aufkochung mit Schwefelsäure erfahren haben, halten auch bei längerem Abstehenlassen noch Spuren von Mineralsäuren fest, und es ist vorteilhaft, diese Säurereste durch eine nachherige Wasserwaschung aus dem Fette zu entfernen bevor man dieses in den Autoklaven bringt. Es kann sich sonst ereignen, daß durch Unachtsamkeit größere Mengen Säurewasser in den Autoklaven mitschlüpfen, die dann, wenn unter Zusatz von Basen gearbeitet wird, diese neutralisieren und sie für den Prozeß unwirksam machen und außerdem den Aschengehalt der Glyzerine erhöhen (vergleiche S. 533); arbeitet man nach der Wasserverseifung, so korrodiert die nicht abgestumpfte Säure das Innere des Autoklaven in gefährlicher Weise.

Beschaffenheit der Schmelz- und Kochgefäße.

In den meisten Stearinfabriken sind eigene Gefäße zum Vorreinigen der Fette mit verdünnter Schwefelsäure vorhanden, die aus verbleiten Eisen- oder Holzgefäßen bestehen und mit Bodenhähnen zum Ablassen des Säurewassers sowie mit Vorrichtungen zum Überleiten des Fettes in die Waschgefäße versehen sind. Als solche verwendet man Eisenreservoire oder Holzbottiche, und zwar in verbleitem oder unverbleitem Zustande; eine Bleiverkleidung hat jedenfalls ihre Vorteile.

Zur gründlichen Entfernung des dem Fette mechanisch beigemengten Schmutzes ist jedenfalls eine Filtration des Fettes durch eine Filterpresse sehr vorteilhaft; derart gereinigte Fette geben viel bessere Glyzerinwässer und hellere Fettsäuren, und es ist bedauerlich, daß man diese einfache Vorsichtsmaßregel so selte ausgeführt findet.

β) Beschicken des Autoklaven.

Apparatbeschickung

Vielfach wird das Fett von diesen Wasch- und Zerschleichgefäßen direkt in den Autoklaven gefüllt; nur in großen Fabriken, wo es sich um die Speisung mehrerer Autoklaven handelt, wird das Fett von den Waschgefäßen in eigene Füllreservoire gebracht, die dann sämtliche Autoklaven bedienen. Das Beschicken des Autoklaven geschieht derart, daß man diesen vorerst durch einströmenden Dampf so lange erwärmt, bis er auf eine Temperatur gebracht wurde, die ein Erstarren des eingebrachten Fettes ausschließt. Bevor man das in dem Füllreservoir befindliche Öl oder das geschmolzene Fett in den Autoklaven einfließen läßt, wird das sich beim Anwärmen des Autoklaven bildende Kondenswasser auf entsprechende Weise entfernt.

Das Füllen der Autoklaven kann durch Vakuumbildung unterstützt werden. Läßt man nämlich in diese Apparate geringe Dampfmengen eintreten, sperrt nachher ab und wartet, bis sich der eingelassene Dampf kondensiert hat, so kann die infolge des gebildeten Vakuums vorhandene Saugwirkung dazu benutzt werden, das Anfüllen aus höherstehenden Gefäßen zu beschleunigen, ja man kann selbst aus tieferliegenden Reservoiren Fett in die betreffenden Apparate ansaugen, falls die Luftverdünnung in dem Apparat entsprechend ausgiebig ist.

Für die Beschickung der Autoklaven aus tiefer gelegenen Fettbehältern eignen sich aber am besten die Montejus, weniger gut Pumpen.

mittels Pumpen,

Die in den Stearin- und Fettsäurefabriken verwendeten Pumpen sollen aus widerstandsfähiger Bronze gefertigt sein; Eisen wird von den Fettsäuren sehr leicht angegriffen und zu dem dadurch hervorgerufenen leichteren Defektwerden der Pumpen gesellt sich eine unangenehme Rotfärbung der damit geförderten Fettsäuren. Aus diesem Grunde müssen in Fabriken, die sich mit der Herstellung oder Weiterverarbeitung von Fettsäuren befassen, auch alle Rohrleitungen aus Kupfer oder Blei und nicht etwa aus Eisen gefertigt sein.

mittels Montejus.

Die Montejus (auch Druckheber genannt) sind weit weniger empfindlich als die verschiedenen Pumpensysteme und gestatten ein schnelles, mit Betriebsstockungen kaum verbundenes Befördern der Flüssigkeiten und schlammiger Produkte auf große Höhe und weite Entfernungen. Ihre gewöhnliche Einrichtuug zeigt Fig. 95.

Das zu befördernde Gut wird durch das Rohr *a* (Fig. 95) eingelassen, während welcher Zeit der Entlüftungshahn *b* geöffnet ist, um der verdrängten Luft Austritt zu gestatten. Ist die Füllung des Montejus beendigt, was man entweder durch mehrere, in verschiedenen Höhen angebrachte Probierhähne oder durch ein anmontiertes Flüssigkeitsstandrohr ersehen kann, so wird das Dampfventil *c* geöffnet, wodurch der von *d* kommende Dampf in das Montejus strömt, dabei einen Druck auf die Oberfläche der Flüssigkeit ausübt und diese durch das Steigrohr *e* verdrängt. Je größer der Dampfdruck, auf um so weitere Entfernungen wird die Flüssigkeit gehoben oder gefördert werden können. Der Dampfdruck wird dabei immer gleich sein der Höhe der Flüssigkeitssäule plus der Summe der Reibungswiderstände, die er auf seinem Wege zu überwinden hat.

Das Reinigen der Montejus erfolgt in leichter Weise durch ein Mannloch *m*. Dieses ist nicht immer an der Seite angebracht, wie in Fig. 94, sondern auf der oberen Stirnfläche des Montejus, wenn diese Platz dafür frei hat.

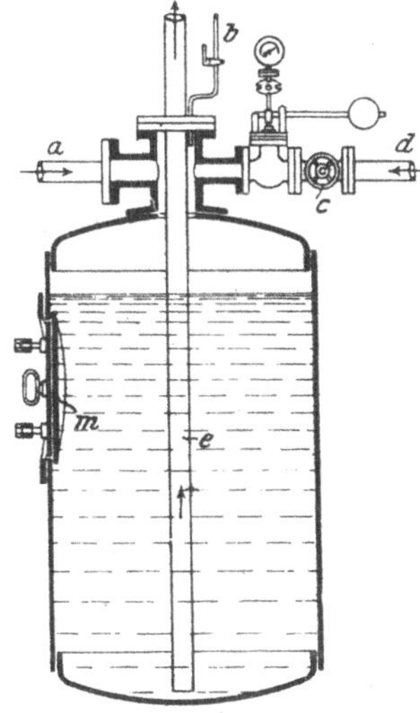

Fig. 95. Montejus.

Durch die Einmündungen des Flüssigkeitszulaufrohres, des Dampf- und des Steigrohres, ferner auch des Hähnchens und des Sicherheitsventils ist der obere Boden des Montejus ohnehin stark in Anspruch genommen und es ist daher sehr zweckmäßig, daß man diese verschiedenen Rohranschlüsse nicht mehr wie früher einzeln nebeneinander anordnet und durch die vielen Anbohrungen Anlaß zu Undichtheiten gibt, sondern ein einziges gußeisernes Formstück aufnietet, das die sämtlichen Rohranschlüsse aufnimmt, wie dies in Fig. 95 dargestellt ist.

Die in Stearinfabriken verwendeten Montejus sind gewöhnlich aus Kupfer hergestellt; nur die für den Transport von Schwefelsäure bestimmten Montejus, die meist von kleineren Dimensionen sind, bestehen aus einem verbleiten Holzgehäuse und haben Armaturen aus Hartblei.

Betrieb der Montejus.

Zum Betriebe der Montejus kann Dampf oder Preßluft verwendet werden; bei der Verwendung von Dampf wird immer ein teilweises Vermischen von Kondenswasser mit der geförderten Flüssigkeit stattfinden, und es geht daher nicht an, Produkte, bei denen man jede Zumengung von Wasser vermieden wissen will, mit Dampf in einem Montejus zu behandeln, in diesem Falle ist Preßluft das einzige Betriebsmittel. Da man einer höheren Dampfspannung kaum bedarf und die Montejus gewöhnlich auch nur für niederen Druck konstruiert sind, muß bei Verwendung hochgespannter Dämpfe eine Reduktion der Dampfspannung vor Eintritt des Dampfes in das Montejus stattfinden. Außerdem wird durch ein Sicherheitsventil, das man an der Dampfzuleitung hinter dem Reduzierventil oder direkt am Montejus anbringt, dafür Sorge getragen, daß keine zu hohe Spannung in dem Montejusinnern entstehen kann.

Betriebssicherheit.

Man begegnet im übrigen vielfach der Ansicht, daß ein höherer Druck als der zum Betriebe des Montejus notwendige sich im Innern des Montejus gar nicht bilden könne, weil das am Ende offene Druckrohr als Sicherheitsvorrichtung wirke, und dies besonders dann, wenn es sich nur um geringe Steighöhen, z. B. 5 m, handelt, in welchem Falle das Steigrohr geradezu als selbsttätige und zuverlässige Vorrichtung zur Verhinderung des Entstehens eines über eine halbe Atmosphäre hinausgehenden Druckes, im Sinne der gesetzlichen Bestimmungen, betrachtet werden müsse. Diese Ansicht ist aber irrig, denn bei zu rascher Dampfströmung kann das Steigrohr das Montejus nicht schnell genug entleeren, weil die Flüssigkeitsgeschwindigkeit mit der Dampfgeschwindigkeit nicht gleichen Schritt zu halten vermag. Die Drucksteigerung ist hier nämlich nicht so allmählich, wie dies bei den Dampferzeugern der Fall ist, wo ein Steigrohr den langsam ansteigenden Überdruck tatsächlich auszugleichen imstande ist.

Bei den Montejus kommt übrigens in den meisten Fällen der Umstand hinzu, daß das Steigrohr mit verschiedentlichen Krümmungen und Querschnittveränderungen versehen ist oder andere Hemmnisse aufweist. Außerdem steht die Größe der Flüssigkeitsoberfläche, auf die der Dampfdruck einwirkt, meistens in einem Mißverhältnis zu der Breite des Steigrohres, und die zu befördernde Flüssigkeit besitzt ferner mitunter eine ziemliche Viskosität, wodurch sie von vornherein der Beförderung durch Rohre einen größeren Widerstand entgegensetzt.

Die fast immer zu beobachtende Bildung von Überdruck in den Montejus ist auf das gewöhnlich viel zu rasch erfolgende Öffnen des Dampfeinlaßventils zurückzuführen.

Beobachtungen Grafs.

Graf[1]) hat beobachtet, daß Montejus, die bei mäßigem Abtreiben einen inneren Druck von 0,5 Atmosphären während ihres Betriebes anzeigten, beim raschen Öffnen des Dampfventils einen Druck bis zu 1,5 Atmosphären aufwiesen. Diese gewöhnlich nicht weiter beobachteten Drucksteigerungen sind für die Betriebssicherheit um so wichtiger, als sie nicht allmählich, sondern plötzlich und stoßweise erfolgen. Der Konstrukteur muß darauf voll Rücksicht nehmen und darf diese Apparate nicht nur für jenen Druck konstruieren, der theoretisch notwendig ist, um die zu befördernde Flüssigkeit auf das gewünschte Niveau zu heben und die verschiedenen Reibungswiderstände zu überwinden, sondern er muß auch auf ein Übermaß von Druck rechnen, das durch die nicht immer sachgemäße Bedienung des Apparates durch das in der Regel möglichst rasch arbeitende Wärterpersonal usw. verursacht wird.

Montejus unterstehen daher auch den gesetzlichen Prüfungs- und Überwachungsvorschriften, die für Dampfgefäße im allgemeinen Geltung

---

[1]) Zeitschr. d. Bayer. Revisionsvereins 1904. Nr. 11.

haben. Unglücksfälle bei Montejus haben sich meines Wissens in Stearinfabriken bisher nicht ereignet, wie denn diese Apparate trotz der oben geschilderten, kaum zu vermeidenden Überdrücke auch in anderen Betrieben nur selten Anlaß zu Unglücksfällen geben.

Automatisch wirkende Montejus.

Nicht unerwähnt dürfen hier die automatisch wirkenden Montejus bleiben. Diese Apparate füllen und entleeren sich ohne weiteres Zutun menschlicher Hilfe und sind besonders dort zu empfehlen, wo man große Flüssigkeitsmengen fördern will, oder wo es sich um den Transport ätzender Flüssigkeiten handelt. Wir möchten hier nur zwei Konstruktionen erwähnen, nämlich die von Paul Schütze & Co.[1]) und das System Plath[2]).

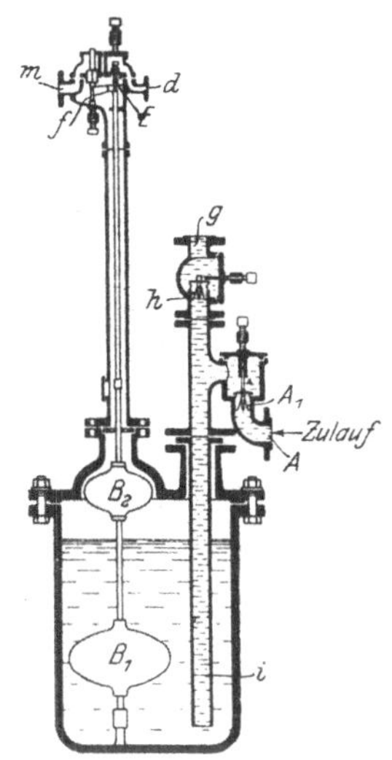

Fig. 96.
Selbsttätig arbeitendes Montejus von Paul Schütze & Co.

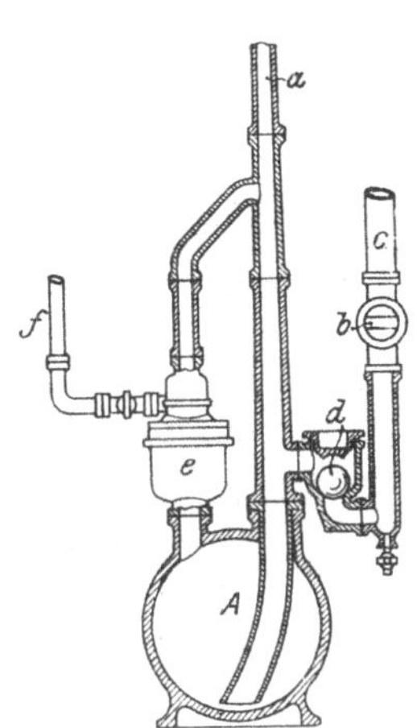

Fig. 97.
Selbsttätig arbeitendes Montejus von Plath.

Montejus nach Schütze.

Bei dem Montejus von Paul Schütze & Co. tritt die zu hebende Flüssigkeit bei A (Fig. 96) in den Apparat, wo sie zuerst den unteren Schwimmer B umspült, dessen Auftrieb 3 kg mehr beträgt als das Eigengewicht des ganzen Schwimmkörpers, der auch einen zweiten Hohlkörper B^1 umfaßt und mit seinem Gestänge bis nach E reicht. Der Schwimmer drückt nun mit 3 kg gegen das Ventil E, das Druckluft zuführt, doch genügt der Auftrieb nicht, um es zu öffnen. Erst wenn die zulaufende Flüssigkeit den oberen Schwimmerteil B^1 erreicht hat und der Auftrieb des Schwimmers größer wird als der auf dem Luftventil lastende Druck, öffnet sich dieses. Die Luft, die während des Flüssigkeitszulaufes verdrängt wird, entweicht durch das Abluftventil F, das sich von selbst schließt, wenn sich das Luftventil E, das Druckluft in das Montejus einläßt, öffnet. Die Flüssigkeit wird durch die Druckluft durch das Steigrohr G fortgedrückt, wobei das Luft-

[1]) Ausgeführt von der Gießerei und Maschinenfabrik Oggersheim, Paul Schütze & Co., Oggersheim (Pfalz).

[2]) Ausgeführt von den Deutschen Ton- und Steinzeugwerken, A.-G. in Berlin.

ventil von dem unteren Schwimmerteil *B* so lange offen gehalten wird, bis das Niveau der Flüssigkeit so weit gefallen ist, daß der Auftrieb des unteren Schwimmerteils kleiner erscheint als sein Eigengewicht. Der Schwimmer *C* fällt nun zurück und die Luft entweicht durch das Ventil *F*; wenn die Spannung im Faß gefallen ist, öffnet sich das Rückschlagventil A_1 und der Zulauf beginnt von neuem. Der Auftrieb des oberen Schwimmerteils ist so bemessen, daß der Druck auf dem Luftventil von 2—5 Atmosphären variieren kann. Je größer der Druck auf das Luftventil ist, desto mehr taucht der obere Schwimmerteil ein.

Die Entfernung der beiden Schwimmerteile *B* und B^1 hängt von der Förderhöhe und der Luftspannung ab, da durch diese eventuell der jeweilige Expansionsgrad bestimmt wird.

Das kontinuierliche Montejus von Plath ist ganz aus Steinzeug gefertigt und daher besonders für die Beförderung von Schwefelsäure empfehlenswert:

Montejus nach Plath. Die zu befördernde Flüssigkeit fließt dem Montejus (Fig. 97) aus einem höher stehenden Reservoir durch das Rohr *f* und Einlaufventil *e*, das gleichzeitig als Rückschlagventil wirkt, zu, füllt es an und hebt dann den Schwimmkörper des Luftventils *d*. Dadurch wird der von *c* kommenden Preßluft der Eintritt in das Montejus freigegeben und der Inhalt durch das Steigrohr *a* nach aufwärts befördert. Sobald das Montejus entleert ist, stellt sich innen und außen gleicher Druck ein, das Luftventil *d* fällt infolgedessen herab und sperrt dabei die Preßluft ab; gleichzeitig öffnet sich das Zulaufventil bei *e* und der Zufluß der Flüssigkeit und damit das Spiel des Apparates beginnen von neuem.

γ) Der eigentliche Autoklavierungsprozeß.

Autoklavierung. Ist die Fettmasse in den Autoklaven eingebracht, so läßt man den gleich zu Beginn geöffneten Lufthahn noch weiter offen und führt langsam Dampf zu, wodurch das Fett in leichte Bewegung gerät. Währenddessen führt man rasch auch die zur Spaltung verwendeten Reagenzien ein, schließt den Lufthahn, sobald man bemerkt, daß keine Luft, sondern bereits reiner Dampf einströmt, steigert dann die Dampfzufuhr und läßt den Autoklaven unter vollen Druck gehen. Ist die gewünschte Maximalspannung erreicht, so öffnet man das sogenannte Schlabberventil, das ist ein kleines Ventil oder ein kleiner Hahn, durch das während der ganzen Dauer der Operation etwas Dampf ausströmt. Diese Dampfentnahme hat den Zweck, das fortwährende Einlassen frischer Dampfmengen zu ermöglichen und dadurch ein beständiges Wallen der Autoklavenmasse zu erreichen. Dies ist besonders dann wichtig, wenn der Autoklav nicht mit mechanischen Rührwerken versehen ist und die Durchmischung des Autoklaveninhaltes einzig und allein dem zuströmenden Dampfe oder ejektorartigen Vorrichtungen überlassen bleibt. Entnähme man in diesem Falle dem Autoklaven nicht fortwährend Dampf, so würde sich der Zufluß frischen Dampfes auf jene geringe Menge beschränken, die infolge Abkühlung des Autoklaven (Druckverminderung) ermöglicht wird. Man sorgt daher in der Regel für eine stetige, möglichst reichliche Dampfentnahme aus dem Autoklaven und verwendet den entnommenen Dampf zur Konzentration von Glyzerinwässern oder zu ähnlichen Operationen.

Eine ausreichend große Dampfentnahme aus dem Autoklaven durch das Schlabberventil ist viel ausschlaggebender für den zu erreichenden Verseifungsgrad, als gemeiniglich angenommen wird. Eine starke Drosselung dieses Ventiles oder Hahnes wirkt dem angestrebten Zwecke, der innigsten Mischung der Agenzien, direkt entgegen. Sie erweist sich aber oft als eine Notwendigkeit, wenn man, was leider sehr oft geschieht, dem Autoklaven größere Chargen zumutet, als seiner Größe und dem Charakter des zu verseifenden Rohmaterials entsprechen. Bei dem begreiflichen Bestreben, den Apparat möglichst auszunutzen, verfällt man sehr oft in den Fehler, ihn zu „überfüllen", d. h. so stark zu laden, daß der Dampfraum über Gebühr verkleinert wird. Je ungünstiger sich das Verhältnis zwischen Füllraum und Dampfraum gestaltet, desto geringer ist die Intensität der Mischung und desto größer wird die Möglichkeit, daß Autoklavenmasse durchs Schlabberventil herausgeschleudert wird. Dieser Übelstand wächst auch mit der Unreinheit des Fettes und ist bei Verseifung von Benzinknochenfett am größten. In dem Bestreben, diesem ärgerlichen Umstande zu steuern, wird meist zunächst der Dampfaustritt aus dem Autoklaven gedrosselt und so der Teufel mit Beelzebub ausgetrieben, denn damit wird die Intensität der Mischung außerordentlich herabgesetzt. Der Neutralfettgehalt der erhaltenen Fettsäuren steigt dann oft auf 15—20% und man sucht, insbesondere in kleineren Betrieben, den Fehler oft in der Apparatur während ihm durch passende kleinere Füllung leicht zu begegnen wäre.

Wichtigkeit kontinuierlicher Dampfentnahme.

Die Frage, welche Autoklavengröße für den Großbetrieb am rationellsten ist, harrt heute noch der Klarstellung. Der Umstand, daß der Verseifungseffekt wesentlich von der Innigkeit der Mischung der Agenzien abhängt, und der begreifliche Wunsch der Betriebsleitungen, den Prozeß innerhalb einer Zwölfstundenschicht zu erledigen, führten zu der Gepflogenheit, sich im allgemeinen innerhalb der Grenzen von 2000 bis 3000 kg Fettfüllung zu halten.

Autoklavengröße.

Die Dauer einer Operation ist sehr verschieden und hängt von dem angewandten Druck, dem Spaltungsmittel, der Konstruktion des Autoklaven und dem gewünschten Spaltungseffekt ab; sie schwankt zwischen 6 und 12 Stunden (vergleiche S. 585).

Operationsdauer.

δ) Das Entleeren des Apparates.

Entleeren.

Hat man sich durch Probeentnahme überzeugt, daß die Spaltung entsprechend weit fortgeschritten ist, so stellt man die weitere Dampfzufuhr ab und überläßt den Apparat durch eine oder zwei Stunden der Ruhe. Der Druck sinkt während dieser Zeit um mehrere Atmosphären, ist aber immer noch so hoch, daß er den Autoklaveninhalt viele Meter zu heben vermag. Zur Ausnutzung dieses Druckes empfiehlt es sich, das Ausblasreservoir möglichst hoch zu postieren, was den Vorteil hat, daß dabei das Ablassen des Glyzerinwassers in die Konzentrationsgefäße und das der Fettmasse in die

Zersetzgefäße durch freien Fall erfolgen kann. Während des Abstehens des Autoklaveninhaltes sammelt sich das Glyzerinwasser in der unteren Hälfte des Autoklaven an, während die spezifisch leichtere Fettmasse, die aus einem Gemisch von Fettsäure mit Seife und etwas Neutralfett besteht, oben schwimmt. Läßt man nun durch den im Autoklaven herrschenden Innendruck den ganzen Inhalt durch das Entleerungsrohr entfernen, so kommt zuerst das Glyzerinwasser und erst später die Fettmasse.

Man hat versucht, die Glyzerinwässer und die Fettsäuren direkt in besondere Gefäße zu leiten, doch läßt sich eine solche Sonderung während des Ausblasens nur schwer exakt durchführen; das Ausblasen muß in solchem Falle unter allen Umständen sehr langsam durchgeführt werden, und es ist daher wohl besser, man bringt den gesamten Autoklaveninhalt in ein gemeinschaftliches Ausblasreservoir, wo das Absetzen des Glyzerinwassers ruhig vor sich gehen kann.

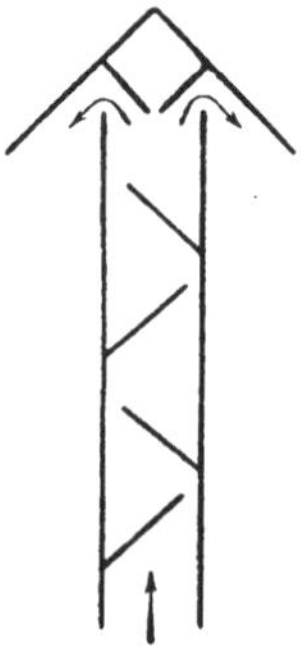

Ausblasgefäße.

Das Ausblasreservoir besteht in einigen Fabriken aus drei Zoll starken Lärchenholzbottichen mit konisch zulaufenden Böden; in größeren Betrieben sind parallelepipedische verbleite Holzkasten oder auch eiserne, mit Blei ausgekleidete Reservoire in Verwendung. Damit die Bleiauskleidung durch einen allzu heftigen Anprall der Autoklavenmasse nicht vorzeitig abgenutzt werde, muß man für ein Abschwächen des Stoßes der mit großer Geschwindigkeit in das Ausblasgefäß kommenden Masse sorgen.

Fig. 98. Dunstschlauch für Ausblasgefäße.

Um das Verspritzen der Autoklavenmasse zu verhindern, sind die Zersetzgefäße mit Deckeln zu versehen, doch muß man dabei Rücksicht nehmen, daß eine reichliche Entlüftungsvorrichtung vorhanden sei und deren Deckel ja nicht zu dicht auf dem Reservoir sitze; es könnte sonst leicht der Fall eintreten, daß die von dem Autoklaven in das Absetzgefäß getriebene Masse infolge des Überdruckes das Absetzgefäß sprengt.

Dunstschläuche.

Die an dem Deckel angebrachte Entlüftungsvorrichtung besteht gewöhnlich aus einem möglichst groß dimensionierten Dunstschlauch, der ein zwangloses Entweichen von Dampf gestattet, ohne daß ein Mitreißen von Fett durch den entströmenden Dampf in nennenswertem Maße möglich wäre. Spuren von Fett trägt der entweichende Dampf zwar in jedem Falle fort, ein größerer Fettverlust wird aber ziemlich sicher vermieden, wenn man die Dunstschläuche der Ausblasgefäße nach Fig. 98 gestaltet.

Die Dunstrohre sind im übrigen vielfach mit Vorrichtungen versehen, die ein Unschädlichmachen der beim Ausblasen der Autoklaven häufig zu verspürenden unangenehmen Gerüche bezwecken.

Bekanntlich geht der ganze Autoklavenbetrieb meist nicht geruchlos vor sich. Wenn alle Armaturstücke gut dichten und der stetig entströmende Dampf in geruchsicherer Weise kondensiert wird, macht sich wohl während der Dauer der Operation nur eine geringe Geruchsbelästigung bemerkbar; beim Entleeren des Autoklaven (Ausblasen) ist jedoch die Entwicklung unangenehmer Gerüche intensiver, und zwar nicht nur bei Verarbeitung minderwertiger Fette (wie z. B. von Knochenfett, Abfallfetten usw.), sondern auch beim Spalten reiner Ware (z. B. von Palmkernöl). In letzterem Falle sind es besonders flüchtige, die Schleimhäute reizende (akroleinhaltige?) Dämpfe, die sich unangenehm bemerkbar machen; bei tierischen Fetten, besonders bei Knochenfett, kommt dazu ein lästiger, mitunter geradezu ekelerregender Fäulnisgeruch.

Lästige Gerüche.

Das Einleiten des auf dem Ausblasgefäße sitzenden Dunstschlauches in den Kamin wird behördlicherseits fast immer vorgeschrieben und ist daher in den meisten Fabriken gebräuchlich. Daneben sind aber auch verschiedene andere Vorschläge gemacht worden, um einen möglichst geruchlosen Autoklavenbetrieb zu gewährleisten.

Besondere Vorrichtungen zur Geruchsverminderung.

So hat z. B. F. A. Friccius Grobien in Hamburg einen Apparat empfohlen, bei dem der Erfinder von der richtigen Erkenntnis ausgeht, daß die Trennung der Dämpfe von der übrigen Masse und ihre Abführung zwar außerhalb der Autoklaven, aber vor dem Austritt der Masse ins Freie, also in einem besonderen geschlossenen Gefäß, stattfinden muß, dessen innerer Druck wesentlich niedriger ist als der Druck im Autoklaven, so daß die Dämpfe bei dem Übertritt der Masse in das Gefäß infolge der Druckverminderung aus der Masse entweichen und, während diese unten abfließt, aus dem oberen Teile des Gefäßes abgesaugt werden können. Bei der in Rede stehenden Vorrichtung wird diese Trennung der Dämpfe von der übrigen Masse noch dadurch vervollständigt, daß die letztere bei ihrem Eintritt in das geschlossene Gefäß gegen eine in diesem angebrachte Fläche geschleudert wird, wodurch, ähnlich wie bei den bekannten Dampfwasserabscheidern, nun auch noch mechanisch eine Trennung herbeigeführt wird, so daß die Scheidung ziemlich vollkommen ist und die Masse fast dämpfefrei und damit geruchlos aus dem Gefäß abfließt. Gleichzeitig werden die im oberen Teile des Gefäßes sich sammelnden Dämpfe durch einen kräftigen Dampfstrahlsauger abgesaugt und in einer in Wasser liegenden Kühlschlange zugleich mit dem Dampf des Strahlapparates verdichtet und niedergeschlagen, worauf sie dann als ebenfalls geruchlose Flüssigkeit bei der Ausflußstelle der Schlange austreten.

Das geruchlose Ausblasen wird also mit der Vorrichtung von Friccius Grobien[1]) auf dreifache Weise zu erreichen gesucht:

1. Ausblasen des Autoklaveninhaltes in ein geschlossenes Gefäß, wobei die Dämpfe durch die Druckverminderung und gleichzeitig durch den Stoß der Masse gegen eine Fläche von der übrigen Masse getrennt werden.

[1]) D. R. P. Nr. 80636 v. 22. Juni 1894.

2. Absaugen der so von der Masse getrennten Dämpfe aus dem Gefäß durch einen Dampfstrahlsauger, während die dampffreie Masse durch den Abflußhahn des Gefäßes abfließt.

3. Verdichten und Niederschlagen der Dämpfe und des Strahlapparatdampfes in einer Kühlschlange, aus der sie als Flüssigkeit abfließen.

Apparat von Friccius Grobien.

Durch den Eintrittsstutzen *a* (siehe Fig. 99) tritt die Autoklavenmasse aus dem Autoklaven in das geschlossene (zylindrische) Gefäß *B*, dessen innere Spannung wesentlich geringer ist als die im Autoklaven herrschende. Durch diese Druckverminderung und gleichzeitig durch den Stoß der mit großer Heftigkeit ausströmenden Masse gegen die im Gefäß *B* angebrachte Fläche *c*, die durchlöchert sein kann, trennen sich die Dämpfe von der übrigen Masse und füllen den oberen Teil des Gefäßes *B*. Während nun die von den übelriechenden Dämpfen befreite Masse durch den am Boden des Gefäßes befindlichen Ausflußhahn *d* abfließt, werden die Dämpfe durch einen kräftigen Dampfstrahlsauger *e*, dessen Dampfeintritt bei *f* ist, abgesaugt und in einer in Wasser liegenden Kühlschlange *G* zugleich mit dem Dampf des Strahlapparates verdichtet und niedergeschlagen und treten bei *h* als Flüssigkeit aus. Zu bemerken ist noch, daß die Masse in dem Gefäß *B* nicht ruht, sondern kontinuierlich durchfließt, und daß während dieses Durchfließens die Trennung der Dämpfe von der übrigen Masse stattfindet. Dementsprechend ist auch die Größe des Gefäßes *B* zu bemessen, und die Hähne für den Ein- und Austritt der Masse und das Ventil für den Strahlapparat sind derart einzustellen, daß der Austritt der Masse mit der gewünschten, vorteilhaftesten Geschwindigkeit erfolgt, etwa unter 1 Atmosphäre Spannung im Gefäß *B*. *i* ist ein Sicherheitsventil, um einer etwaigen zu hohen, vom Autoklaven herrührenden Spannung vorzubeugen; *k* ist ein Luftventil zur Verhütung eines eventuellen, durch den Strahlapparat erzeugten äußeren Überdruckes; ein Manometer *l* läßt die Spannung im Gefäß *B* erkennen, *m* ist das Zuflußrohr, *n* das Überlaufrohr des Kühlwassers für die Kühlschlange *G*.

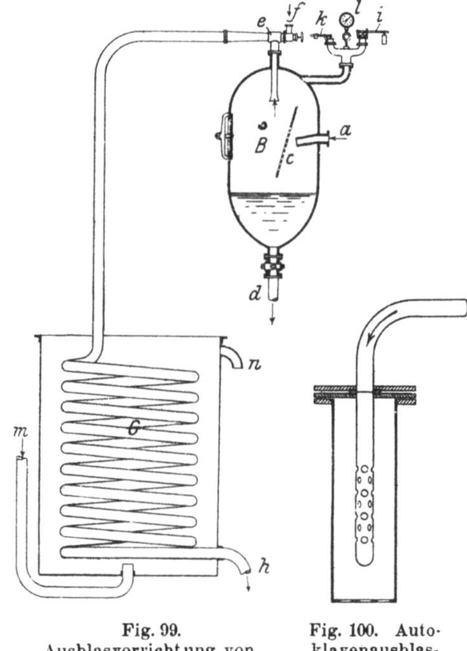

Fig. 99. Ausblasvorrichtung von Friccius Grobien.

Fig. 100. Autoklavenausblasvorrichtung.

Haubenartige Ausblasrohre.

An Stelle dieser jedenfalls ihren Zweck gut erfüllenden Vorrichtung sind vielfach an der Mündung des Ausblasrohres Hauben nach Art der in Fig. 100 dargestellten aufmontiert, die den heftigen Anprall der aus dem Autoklaven gepreßten Masse an die Wand des Ausblasgefäßes abschwächen und in entferntem Sinne ähnlich wirken wie der oben besprochene Apparat.

ζ) Scheidung der Autoklavenmasse.

Die Scheidung der Autoklavenmasse in Glyzerin und Fett erfolgt nach kurzer Ruhe in der Regel ziemlich glatt; nur stark verunreinigte, hauptsächlich leimhaltige Fette neigen zur Emulsionsbildung: sie „verleimen", wie der technische Ausdruck lautet. Trennung der Autoklavenmasse.

Damit das sich unten ansammelnde Glyzerinwasser unter Vermeidung jeglicher Verluste von der Fettmasse leicht abgezogen werden kann, gibt man den Ausblasgefäßen einen konisch zulaufenden Boden, an dessen tiefster Stelle der Ablaßhahn für das Glyzerinwasser angebracht ist.

Die Trennung einer verleimten Fettmasse vom Glyzerinwasser kann durch anhaltendes Erwärmen der Autoklavenmasse mittels geschlossener Dampfschlangen gefördert werden; ein Erwärmen mit direkt ausströmendem Dampfe macht dagegen die Emulsion oft noch inniger. Trennungsfördernde Mittel.

Falls die Trennung des Autoklaveninhaltes nicht vollkommen exakt stattfindet, empfiehlt es sich, das von der Fettmasse festgehaltene Glyzerin durch Zusatz von Wasser und kurzes, tüchtiges Aufkochen des ganzen Inhaltes des Absetzgefäßes abzusondern.

Bildet die Autoklavenmasse im Abstehgefäße hartnäckige Emulsionen, die sich durch Aufkochen mit Wasser nicht trennen lassen, so muß man eine Scheidung durch Zugabe von Kalkmilch oder von Ammoniak und durch nachheriges Aufkochen zu bewirken suchen. Bleiben auch diese Mittel ohne Wirkung, so gibt man eine kleine Menge verdünnter Schwefelsäure in das Abstehgefäß und läßt leicht aufkochen. Man setzt allmählich so viel Schwefelsäure zu, bis eine Trennung des Glyzerinwassers und der Fettmasse eintritt. Leider ist das abgeschiedene Glyzerinwasser durch die sich aus der Schwefelsäure mit den Verseifungsbasen gebildeten Sulfate stark verunreinigt und gibt Rohglyzerine von hohem Aschengehalte.

Es ist ein Vorzug der Magnesiaverseifung, daß sich bei ihr nur selten emulgierte Autoklavenmassen ergeben, und man kann nicht recht verstehen, daß die Fachliteratur der neunziger Jahre des vorigen Jahrhunderts, zur Zeit des Inslebentretens der Magnesiaverseifung, der neuen Methode ein leichtes Verleimen der Autoklavenmasse nachsagte.

Wenn sich aber die Autoklavenmasse scheinbar auch noch so glatt trennt, bleiben doch stets bemerkenswerte Mengen von Glyzerinwasser in der oben stehenden Fettmasse zurück. Um dieses Glyzerinwasser zu gewinnen und die Glyzerinausbeute auf das technich erreichbare Maximum zu treiben, ist es ratsam, die Fettmasse nach dem Abziehen des sich von selbst abgesonderten Glyzerinwassers mit einer neu zugegebenen Menge gewöhnlichen Wassers aufzukochen. Dieses Aufsieden (Auswaschen) erfolgt am besten durch geschlossene Dampfschlangen, weil dabei die Trennung des Waschwassers von der Fettmasse leichter vor sich geht, als wenn man mit offenen Schlangen kocht. Ein wenige Minuten dauerndes Aufwallen Auswaschen des rückgehaltenen Glyzerinwassers.

genügt, um die von der Fettmasse zurückgehaltene Glyzerinmenge an das Waschwasser abzugeben. Dieses stellt nach dem Abstehen ein sehr dünnes Glyzerinwasser dar, das mit dem zuerst abgezogenen Glyzerinwasser vereinigt wird, worauf man die Mischung gemeinsam verarbeitet.

Patent des A. Marix.

Arthur Marix[1]) in Paris will das von den Fettsäuren mitunter mechanisch festgehaltene Glyzerin dadurch gewinnen, daß er nach dem Aufrühren der Autoklavenmasse mit Wasser das Absetzgefäß evakuiert, wodurch sich die Glyzeride von den Fettsäuren leichter trennen sollen als ohne Anwendung der Luftverdünnung.

Spezielle Konstruktionen von Fettspaltungsapparaten.

Die allgemeine Einrichtung der in der Fettspaltung angewendeten Autoklaven wurde S. 540—549 beschrieben. Es versteht sich von selbst, daß sich im Laufe der Jahre Spezialkonstruktionen von Fettspaltungsapparaten ausgebildet haben, die in einer oder in anderer Richtung besondere Vervollkommnungen aufweisen. In der Praxis haben sich aber von der großen Zahl der in Vorschlag gebrachten Konstruktionen nur ganz wenige bewährt. Wenn im nachstehenden dennoch eine ganze Reihe ehemals zumeist patentierter, nunmehr aber größtenteils freigewordener Spezialkonstruktionen besprochen wird, geschieht es weniger deshalb, weil diese Ausführungen an sich besonderen praktischen Wert haben, als vielmehr darum, weil jede dieser Spezialformen ein oder das andere Detail aufweist, das für den Stearintechniker zu kennen interessant ist und dessen zweckentsprechende Anwendung in einem oder dem anderen Falle von ganz beachtenswertem Nutzen sein dürfte.

Vor allem sei die Autoklavierungsvorrichtung erwähnt, die Charles Violette und Alphonse Buisine in Lille für die

Ammoniakverseifung

empfohlen haben.

Verfahren Violette-Buisine.

Das zu spaltende Fett wird in dem Reservoir *A* (Fig. 101) flüssig gemacht und durch das Rohr *B* in den Autoklaven *C* gelassen, unter gleichzeitigem Zusatze einer entsprechenden Menge im Handel käuflichen Ammoniaks, das von dem Gefäße *G* aus dem Autoklaven zufließt. Auf 100 kg Fett sind theoretisch 5,25 kg reinen Ammoniakgases (NH_3) erforderlich, also ungefähr 50 Liter im Handel käuflichen Ammoniaks von 22° Bé, das vor Zugabe gewöhnlich mit 5 Liter Wasser verdünnt wird[2]).

Der Autoklav *C* ist mit einem Auslaßrohr *D*, einem Rohr *E* für den Eintritt von Dampf, einem mit einer Kondensationskolonne *T* verbundenen Auslaßrohr *F* für die Luft, einem Manometer, Sicherheitsventil und Probehahn versehen und

---

[1]) D. R. P. Nr. 25826 v. 9. Mai 1893, zweites Zusatzpatent zu Nr. 23464 v. 3. Juli 1882.

[2]) Die stöchiometrische, für die Verseifung des Fettquantums notwendige Ammoniakmenge ist nicht unbedingt erforderlich, es genügt, wie bei der eigentlichen Druckverseifung mittels geringer Alkalimengen, auch ein Bruchteil davon. Die Verseifung mit geringen Alkalimengen beansprucht aber eine längere Reaktionsdauer als bei Verwendung von Ammoniak.

wird direkt entweder durch in einem doppelten Mantel zirkulierenden Dampf oder durch die Flamme eines Herdes *H* erhitzt, die in drei Kanälen *K* um den Apparat kreist.

Ein Schieber, der den nach dem Autoklaven führenden Kanal ganz zu schließen gestattet, ermöglicht, die Temperatur im Autoklaven nach Belieben zu regulieren. Während der Schieber geschlossen ist, wird die Flamme nach einem anderen Kanal geleitet und entweder zum Erwärmen eines zweiten Autoklaven oder in anderer Weise verwendet.

Man steigert nun die Temperatur allmählich derart, daß der Druck während einiger Stunden zwischen 5 und 7 Atmosphären schwankt: bei hohem Drucke wird die Dauer der Reaktion abgekürzt. Dem Apparat von Zeit zu Zeit entnommene Proben gestatten, das Ende der Operation zu bestimmen.

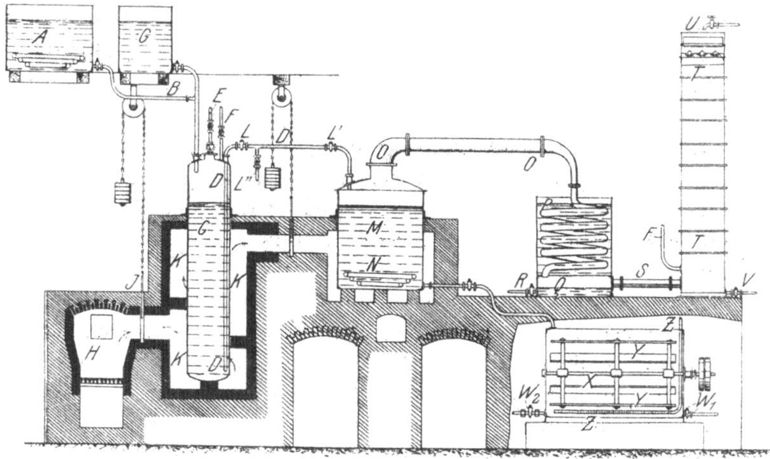

Fig. 101. Verseifungsanlage nach Violette und Buisine.

Ist die Ammoniakverseifung beendet, so werden bei geschlossenem Hahn *L''* die Hähne *L* und *L'* geöffnet und der in dem Autoklaven herrschende Druck treibt die flüssige Masse durch das Rohr *D* in den Kessel *M*. Dieser wird durch die Schlange *N*, in der überhitzter Dampf zirkuliert, sowie durch die abgehenden Verbrennungsgase der Feuerung *H* geheizt und steht mittels des Helmes und Rohres *O* mit einer Schlange *P* sowie der Kondensationskolonne *T* in Verbindung.

In dem Kessel *M* zerfällt die Ammoniakseife infolge des Erwärmens ohne Überdruck in freie Fettsäuren und Ammoniak; dieser Zerfall wird vervollständigt durch Erhitzung der Masse mittels der Schlange *N*, indem man die Temperatur allmählich auf 180° C erhöht und ein wenig Luft einbläst. In einigen Stunden ist die Zersetzung beendet. Der gleichzeitig mit dem Ammoniak frei werdende Wasserdampf kondensiert sich in der Schlange *P* und das Ammoniakwasser fließt aus der Kühlschlange in das Reservoir *Q* und von hier durch den Hahn *R* in einen geeigneten Behälter, um bei den folgenden Operationen wieder benutzt zu werden.

Das nicht kondensierte Ammoniakgas gelangt durch eine Rohrleitung *S* in die Kolonne *T* wo es durch Wasser, das kaskadenartig vom oberen Teile *U* der Kolonne herabfällt. völlig kondensiert wird. Die Ammoniaklösung wird im unteren Teile des Apparates gesammelt und durch *V* abgelassen.

Während der Zersetzung der Ammoniakseife wird der Autoklav von neuem beschickt, nachdem er hinreichend abgekühlt ist. Um bei der Beschickung Ammoniakverluste zu vermeiden, wird das Rohr *F* mit dem unteren Teil der Kolonne *T* verbunden.

Das aus Glyzerin und Fettsäuren bestehende Gemisch läßt man aus dem Kessel *M* in das Reservoir *X*, das Wasser enthält, das durch das gelochte Dampfrohr *Z* erwärmt wird, und setzt es einer energischen mechanischen Einwirkung mittels eines Rührwerkes *Y* aus. Das Glyzerinwasser wird durch den Hahn W_1 abgelassen, und nach mehreren Waschungen läßt man die völlig von Glyzerin befreiten Fettsäuren durch den Hahn W_2 nach einem besonderen Reservoir fließen, von wo aus deren Weiterverarbeitung erfolgt. Das Glyzerinwasser wird auf die gebräuchliche Art konzentriert und weiter gereinigt.

Der Umstand, daß bei diesem Verfahren die gebildete Ammoniakseife ohne Anwendung weiterer Reagenzien durch einfaches Erwärmen in die Fettkomponenten — Fettsäure und Glyzerin — zerfällt, daß ferner kein eigentlicher Ammoniakverbrauch stattfindet, dieser Stoff vielmehr als Vermittler dient und theoretisch mit einer gegebenen Menge kontinuierlich gearbeitet werden kann, dies alles sind so schwerwiegende Vorteile, daß es wundernehmen muß, das Ammoniakverfahren nicht in der Praxis eingeführt zu sehen. Seine praktische Verwendung ist daran gescheitert, daß die Ammoniakverluste im Großbetriebe zu groß waren und daß bei 180° C mit den Wasserdämpfen auch Glyzerin überging, wodurch die Glyzerinausbeute herabgedrückt wurde.

Vor wenigen Monaten hat das Ammoniakverfahren durch E. Garelli, P. A. Barbé und G. de Paoli[1]) in Rom eine Wiederbelebung erfahren; die Genannten verbinden mit der Ammoniakverseifung eine Trennung der festen und flüssigen Fettsäuren, weshalb das Verfahren erst weiter unten an geeigneter Stelle näher besprochen werden soll. (S. 762.)

Apparate für Wasserverseifung.

Diese unter hohem Druck arbeitenden Apparate müssen explosionssicher sein, ohne sich dabei zu teuer zu stellen. Sie müssen eine intensive Durchmischung des Fettes mit dem Wasser bewirken, weil sonst die Reaktion nur unvollständig vor sich geht. Dabei dürfen aber ihre Konstruktion und Bedienung nicht zu kompliziert sein.

Die ältesten der hierher gehörenden Konstruktionen sind die von Tilghmann, Melsens, Wright und Fouché sowie von Droux.

Apparat von Tilghmann. Bei dem Apparat von R. A. Tilghmann[2]) wurde das Fett, das man vorher mit Wasser in einen Emulsionszustand gebracht hatte, mittels einer Pumpe durch ein möglichst langes Schlangenrohr, das in einer Feuerung lag und auf 260—330° C erhitzt wurde, getrieben. Die Tilghmannschen Vorschriften waren in mehrfacher Hinsicht interessant; so vor allem der Apparat zur Herstellung der Fett-Wassermischung und die Vorrichtung zum Messen der Temperatur in dem erhitzten Schlangenrohr. Letztere

[1]) D. R. P. Nr. 209537 v. 24. Nov. 1906.

[2]) Engl. Patent Nr. 47 v. 9. Jan. 1854.

wurde durch den Schmelzpunkt des Zinkes, des Wismuts, des Bleies und des Salpeters (228, 265, 334 und 350° C) kontrolliert.

In dem Tilghmannschen Apparat soll die Zersetzung des Fettes schon nach einigen Minuten beendigt gewesen sein; die Pumpen arbeiteten in der Regel derart, daß das Fett ca. 10 Minuten lang in der Heizschlange lag. Das Heizrohr ging in ein Kühlrohr über, worin die Zerlegungsprodukte kondensiert wurden und das an der Mündung ein Sicherheitsventil hatte, das die Durchgangsgeschwindigkeit durch das Schlangenrohr regulierte. Immerhin war bei dem Apparat eine gewisse Explosionsgefahr vorhanden, da man ja in dem Schlangenrohr einen Druck von 150 Atmosphären hatte.

Das Tilghmannsche Verfahren befriedigte übrigens in der Praxis nicht, weil sich der Apparat schon nach wenigen Monaten abnutzte und bei der hohen Temperatur die erhaltenen Fettsäuren von sehr dunkler Farbe waren, so daß sie ohne Destillation keine Verwendung zur Herstellung von Stearinkerzen finden konnten[1]).

Apparat von Melsens.

Der Apparat von Melsens[2]) bestand aus einem mit Blei ausgefütterten Eisenblechkessel, worin unter Druck Fett mit Wasser, das durch Schwefel- oder Borsäure angesäuert worden war, bei einer Temperatur von 140 bis 270° C erhitzt wurde.

Der verbleite Kessel war derart in einem Ofen eingemauert, daß er von den abziehenden Feuergasen, nicht aber direkt von der Flamme umspült wurde. Über diesem Kessel befand sich ein zweiter, viel kleinerer, ebenfalls ausgebleiter Behälter, worin durch ein Rohrsystem eine teilweise Luftleere erzeugt werden konnte, so daß man aus dem unteren Kessel einen Teil seines Inhaltes in den oberen ansaugen konnte. Von hier fiel die Masse in Form von vielen dünnen Strahlen als Regen in den unteren Kessel, worauf sie abermals in den oberen Kessel angesaugt und aufs neue herabrieseln gelassen wurde. Die Operation dauerte ungefähr 15 Stunden und wurde bei einem Drucke von 15—18 Atmosphären vorgenommen.

Der Melsenssche Apparat, der in der Fabrik von Deroubaix & Ödenkoven in Antwerpen ein Jahr lang in Betrieb war, zeigte den Nachteil, daß die Bleiausfütterung sehr bald riß und der äußere Eisenblechkessel leicht korrodiert wurde, was dann Anlaß zur Färbung der Fettsäuren gab. Die Fettsäuren, die mittels gut verbleiter Melsensscher Apparate gewonnen wurden, sollen jedoch in jeder Hinsicht tadellos gewesen sein, sobald man 1—2% Schwefelsäure zur Verseifung anwendete. Verseifte man aber ohne Säurezusatz, so zeigten die Fettsäuren zu wenig Kristallisation.

In Jahre 1857 nahmen R. A. Wright und L. J. Fouché ein Patent[3]) auf einen Apparat, der die bei dem Melsensschen Apparat benutzte Zirkulation in verbesserter Form anwendete.

---

[1]) Dinglers polyt. Journ., Bd. 138, S. 122.
[2]) Engl. Patent Nr. 2666 v. 18. Dez. 1854.
[3]) Engl. Patent Nr. 894 v. 1. April 1857.

Apparat von Wright-Fouché.

Der Apparat besteht aus zwei Kupferzylindern *A* und *B* (Fig. 102), wovon der eine 4 m, der andere 2 m hoch ist, bei je 50 cm Durchmesser. Der untere Zylinder *B* ist in einem Ofen postiert, der größere, obere, steht frei. Die beiden Zylinder stehen durch zwei starke Rohre in der Weise miteinander in Verbindung, daß ein Kreislauf der in dem einen Kessel enthaltenen Flüssigkeit bewerkstelligt werden kann. Der Kessel *B* enthält reines Wasser, *A* das zu verseifende Fett. Durch die Feuerung *F* wird das Wasser in dem unteren Kessel verdampft, bis ein Druck von 15 — 15,25 Atmosphären erreicht ist. Hierauf wird der Dampf durch das Rohr *D* nach dem oberen Kessel gelassen, wo er sich mit dem Fette mischt und wieder kondensiert, um durch *E* wiederum in den unteren Kessel zu gelangen, neuerdings zu verdampfen, abermals nach dem oberen Kessel zu steigen usf. durch 8 Stunden, in welcher Zeit die Verseifung beendigt ist.

Interessant ist die innere Konstruktion des Kessels *A*, die derart beschaffen sein muß, daß kein Fett in den unteren Zylinder gelangen kann, anderseits aber eine möglichst intensive Durchmischung des Dampfes mit dem Fette gewährleistet ist.

Léon Droux berichtet über seine Wahrnehmungen mit diesem Apparat und bemerkt, daß die Verseifung mit Wasser allein allerdings unvollkommen war, daß dagegen 1 % Soda oder Eisenoxyd, ja selbst einige Stückchen von altem Eisen (?) vollkommen genügten, um gute Fettsäuren zu erhalten.

Von anderer Seite wurde darüber geklagt, daß diese Apparate Anlaß zu Bränden gäben (wohl eine Folge der direkten Feuerung). In Österreich, wo die Sargsche Fabrik in Liesing einen Apparat von Wright & Fouché aufgestellt hatte, wurde von seiner Verwendung nach kurzer Betriebsdauer Abstand genommen.

Nach Léon Droux sind die Nachteile der Apparate von Melsens, sowie der von Wright & Fouché durch die Anwendung der direkten Feuerung bedingt. Droux konstruierte daher Apparate für Wasserverseifung nach dem Zirkulationsprinzip, wie denn überhaupt fast alle Neukonstruktionen von Autoklaven darauf hinausliefen, eine möglichst innige Vermischung des Fettes mit dem Dampfe oder mit dem Wasser während des Prozesses zu erzielen.

Apparat von Droux.

Der in Fig. 103 wiedergegebene Drouxsche Apparat besteht aus einem kupfernen Autoklaven *A*, der in einem eisernen Kessel *B* steckt. Der Kessel *B* ist derart eingemauert, daß er von der Feuerung *F* geheizt werden kann, wodurch das in dem Mantelraum zwischen *A* und *B* befindliche Wasser verdampft und der Dampf auf eine beliebig hohe Spannung gebracht zu werden vermag. Um für die Dampfspannung einen größeren Mantelraum zu schaffen, ist *B* durch ein breites Kommunikationsrohr mit einem weiteren Zylinderkessel *C* verbunden, der in dem Fuchs *G* der Feuerung *F* liegt, also von den abziehenden Feuergasen ebenfalls geheizt werden kann. Sowohl *B* als auch *C* sind mit Sicherheitsventilen (s_1 und s) ausgestattet und auf *C* sitzt außerdem noch ein Manometer *m*.

Die Arbeit mit dem Drouxschen Apparat stellt sich nun so, daß der Autoklav durch einen auf dem Hahn *a* sitzenden Trichter mit Fett und Reagenzien gefüllt wird, nachdem man vorher dafür gesorgt hat, daß das in *B* befindliche Wasser die Siedetemperatur erreicht.

Sobald die für den Verseifungsprozeß notwendige Dampfspannung in *B C* erreicht ist, öffnet man das bisher geschlossene Ventil v_1, wodurch der Dampf aus *B* durch *z* und das Rohr *r p p* in den unteren Teil des Autoklaven tritt, dort die zu verseifende Fettmasse durchströmt und dabei eine Durchmischung des Fettes mit dem Spaltungsmittel bewirkt. Diese Durchmischung wird um so intensiver, je größer die in der Zeiteinheit aus dem Autoklaven entnommene Dampfmenge ist. Eine solche Dampfentnahme muß unter allen Umständen erfolgen, wenn man eine

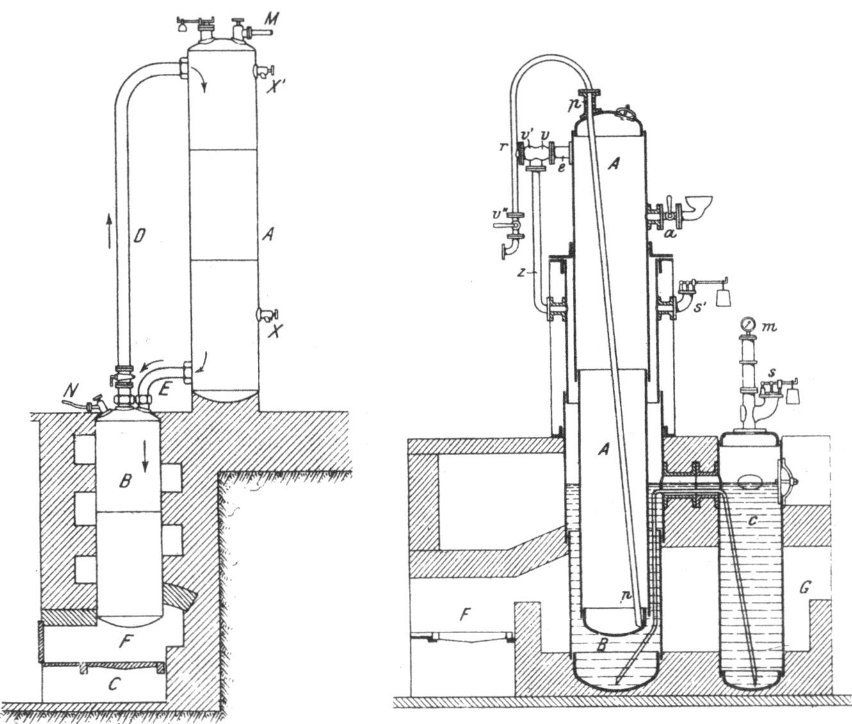

Fig. 102. Fettspaltungsapparat von Wright & Fouché.

Fig. 103. Apparat von Droux.

richtige Durchmischung des Autoklaveninhalts und damit eine Verseifung erzielen will. Falls man ohne jedes Spaltungsmittel arbeitet, also nur mittels Wassers verseift, muß man sogar für eine ziemlich lebhafte, gleichmäßige Dampfentnahme aus dem Autoklaven sorgen. Die Vorrichtung für diese Dampfentnahme ist in Fig. 103 nicht angedeutet; sie kann durch einen beliebigen, im oberen Teile des Autoklaven angebrachten Stutzen erfolgen und der Dampf zu irgendwelchen Heiz zwecken verwendet werden. (Vergleiche S. 557.)

Ist der Spaltungsprozeß vollendet, so schließt man v_1, öffnet aber dafür das Ventil *v*, wodurch der Dampf durch das Rohr *e* in den oberen Teil des Autoklaven tritt und dadurch den Autoklaveninhalt durch das Rohr *p p r* bei geöffnetem Hahn v_2 zum Austritt zwingt. Nach der Entfernung kann sofort eine neue Füllung vorgenommen und eine frische Charge in Angriff genommen werden.

Als Vorteil des Drouxschen Apparates nennt man die geringe Abnützung des kupfernen Autoklaven A, die Gleichmäßigkeit der Temperatur während des Verseifungsprozesses und die Möglichkeit, mit dünnwandigen kupfernen Autoklaven zu arbeiten, da durch dessen Lage in einem Dampf-, bzw. Wasserdampfmantel kein einseitiger Druck auf seine Wände statt hat, zum wenigsten nicht in seinem unteren Teile.

Der Drouxsche Apparat, der vor Jahren in einigen Betrieben verwendet wurde, ist aber doch etwas zu kompliziert, als daß er eine allgemeinere Einführung hätte finden können.

Apparat von Marix. Bei dem Apparat von Arthur Marix in Paris[1]) wird die beim Erwärmen der Flüssigkeit auftretende Wallbewegung zur Durchmischung benutzt, indem man Rohre einbaute, die die warme, in die Höhe steigende Flüssigkeit über Verteilungsplatten führen. Ein Zusatz von $^1/_{10}$ % Magnesiumkarbonat, Talkum, Tonerde, Kreide usw. zu der Autoklavenmasse soll der Emulsionsbildung sehr förderlich sein.

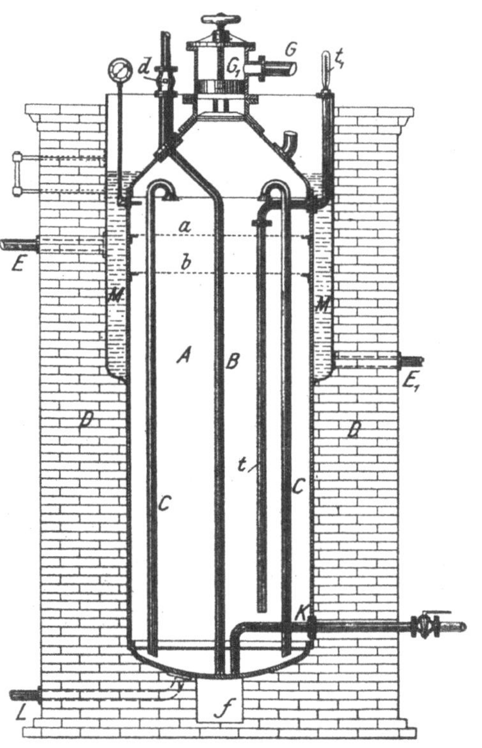

Fig. 104. Fettspaltungsapparat nach Marix.

Das Fett wird in den Autoklaven A (Fig. 104) eingeführt, mit 25 % seines Gewichtes an Wasser vermengt, $^1/_{10}$ % Magnesiumkarbonat zugegeben und durch Einblasen von Dampf bis auf 60° C erwärmt. Nachdem man durch Öffnen des Hahnes d mittels des Rohres B (das auch als Fettfüllrohr dient) freien Dampf zugelassen und etwa 10 Minuten einwirken gelassen hat, öffnet man das Ventil G_1, um Luft und Dampf durch G entweichen zu lassen. Hierauf wird der Hahn d des Dampfrohres B geschlossen und das Ventil G_1 zugeschraubt. Der Kesselinhalt wird nun durch die Feuerung f auf ca. 165° C erhitzt und dieser Wärmegrad ungefähr 6 Stunden lang aufrecht erhalten. Durch die aus der Zeichnung ersichtlichen Vertikalröhren C, die brausenartig auslaufen, steigt die ganze Masse auf und fällt dann auf die am oberen Teile des Apparates angebrachten zwei siebartigen Platten a b, wodurch die fein verteilte Flüssigkeit in stete Berührung mit dem Dampf gebracht wird.

Nach beendigter Operation wird das Feuer ausgelöscht, um im Apparat ein Vakuum zu bilden, was entweder mittels einer Luftpumpe oder durch Einlassen

[1]) D. R. P. Nr. 23464 v. 3. Juni 1882.

kalten Wassers in einen den Kessel umgebenden Mantelraum *M* aus dem Einlaßrohre *E* bewirkt wird. Dieser Mantelraum wird durch das den Kessel umgebende und die Wärmeausstrahlung verhindernde Mauerwerk *D* gebildet. Das Rohr E_1 dient zum Ablassen des Kühlwassers.

Durch die Kühlung und das so im Apparat erzeugte Vakuum wird bewirkt, daß sich die Glyzerinlösung von der Fettsäure sondert[1]), welch beide Schichten dann durch das Rohr *K* bzw. *L* abgezogen werden.

Die während des Prozesses im Autoklaven herrschende Temperatur kann durch ein in das Innere des Apparates reichendes Thermometer tt_1, der Druck an einem Manometer beobachtet werden.

Marix hat später seinem Apparat eine andere (liegende) Form gegeben, ihn rotierend eingerichtet und an Stelle der Erhitzung mittels ge- **Marix liegender Apparat.**

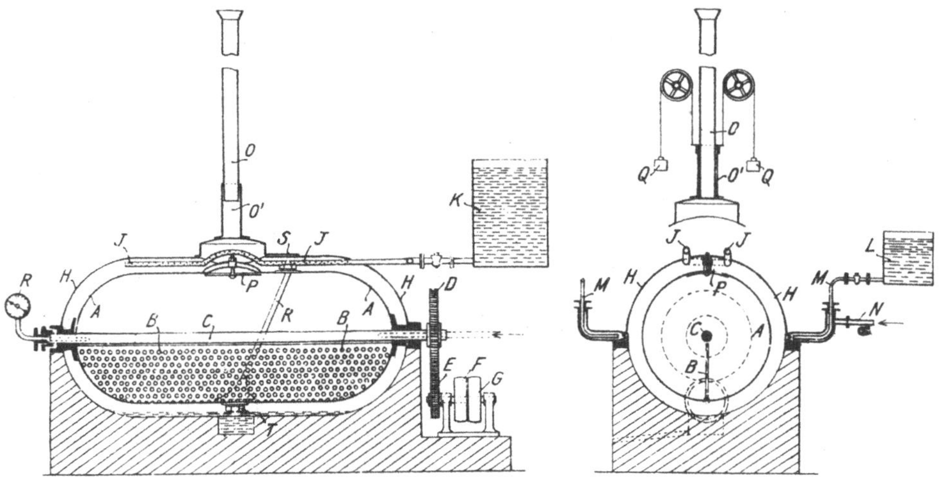

Fig. 105 a. Fig. 105 b.

Fig. 105 a und b. Fettspaltungsapparat nach Marix.

wöhnlicher Feuerung eine Ölfeuerung gesetzt. Diese neue Type[2]) ist in Fig. 105 wiedergegeben.

Der Autoklav *A* ist in seiner ganzen Länge von einem durchlöcherten Blech *B* durchzogen und mit einer an ihren beiden Enden hohlen Welle *C* versehen, die den ganzen rotierenden Autoklaven trägt und zur Zufuhr des Dampfes dient. Durch die Zahnräder *DE* und die Riemenscheiben *FG* erhält der Apparat eine kontinuierliche rotierende Bewegung.

Der Autoklav wird von einem fixen Mantel *H* umgeben, der das Wasser aufnimmt, das vom Reservoir *K* kommend und durch die Röhren *J* zugeführt, zum bestimmten Zeitpunkt den Kessel seiner ganzen Länge nach berieselt.

Der Kessel *A* wird durch ein Mannloch *P* gefüllt, zu dem man nach Wegnahme des Stutzens O^1 mittels der Gegengewichte *Q* Zutritt erhält.

[1]) Vergleiche S. 562, D. R. P. Nr. 25826 v. 9. Mai 1893 (Arthur Marix in Paris).

[2]) D. R. P. Nr. 23465 v. 30. Juni 1882; Zusatzpatent zum D. R. P. Nr. 23464 v. 3. Juni 1882.

Der Dampf tritt in der Richtung des Pfeiles (beim Zahnradgetriebe) in die eine Höhlung der Welle *C* ein, strömt in den Kessel und von dort zum Manometer. Zur vollständigen Abdichtung geht die Welle *C* an beiden Enden durch Stopfbüchsen.

Erhitzt wird der Autoklav durch schwere Mineralöle, die aus dem Reservoir *L* durch das Rohr *M*. dessen Ende vor der Wand des Kessels *A* die Gestalt eines Brenners annimmt, kommen. Um die Verbrennung zu bewirken, wird durch das Rohr *N* in der Richtung des Pfeiles Luft eingeblasen. Die Verbrennungsprodukte entweichen durch den Schornstein O^1, *O*.

Beim Arbeiten mit dem Apparat bringt man zuerst 25% Wasser (vom Gewichte des zu verarbeitenden Fettes gerechnet) in den Autoklaven und setzt $^1/_{10}$% Magnesiumkarbonat zu. Hierauf schmilzt man das Fett und füllt es durch das Mannloch *P* in den Apparat, schließt diesen und erhitzt ihn von außen während 6 Stunden auf 150° C, indem man ihn in beständiger Rotation erhält, wobei das durchlöcherte Blech *B* das Vermischen bewirkt. Man hört nun mit dem Erwärmen auf und läßt einen Regen kalten Wassers auf den noch immer in Rotation befindlichen Apparat fallen, bis man ein Vakuum erzeugt und die Temperatur des Inhaltes im Apparat auf ein Minimum von 50° C gebracht hat; dies kann eine halbe Stunde beanspruchen.

Man entleert den Apparat nun durch einen Dampfdruck auf die Oberfläche, wobei der Inhalt durch das innere geneigte Rohr *R* und ein außerhalb an dieses angeschraubtes Rohr entweicht.

Zu diesem Zwecke ist in dem Mantel *H* eine Öffnung angebracht, die durch den Deckel *S* verschlossen ist. Die Entleerung kann auch nach abwärts durch die mittels des Deckels *T* geschlossene Öffnung bewirkt werden. In diesem Falle läuft die Masse durch ihr eigenes Gewicht aus dem Apparat.

Apparat von Hugues.

Léon Hugues in St. Denis[1]) konstruierte für die Wasserverseifung der Fette den in Fig. 106 wiedergegebenen Apparat, der angeblich in der von ihm geleiteten Kerzenfabrik l'Étoile in St. Denis bei Paris lange Zeit in Arbeit war und in der Pariser Weltausstellung vom Jahre 1889 gezeigt wurde.

Das zu spaltende Fett kommt in den zylindrischen, auf einen Druck von 18 Atmosphären geprüften Kupferkessel *A* und wird in diesem Autoklaven der Einwirkung des in ständiger Bewegung gehaltenen heißen Wassers ausgesetzt.

Das Wasser wird in dem Heizkörper *W* erhitzt, der durch die Röhren *m* und *n* mit dem Apparat *A* in Verbindung steht.

Der Eintritt des Wassers in den Apparat erfolgt durch das Rohr *m*, das bis in die Mitte des Apparates hineinreicht und dort den vertikalen Ansatz *a* hat. Letzterer steckt in dem erweiterten Teil *b* des Rohres *C*, das oben offen ist und dem aufsteigenden Wasser und dem von diesem mitgerissenen Fette gestattet, oben überzulaufen. Das Wasser kühlt sich dabei ab und fällt infolge seines größeren spezifischen Gewichtes auf den Boden des Apparates *A*, um von dort durch das Rohr *n* wieder nach der Heizschlange *W* zurückzukehren.

Wenn der Druck in dem Apparat auf 15 Atmosphären gestiegen ist (was einer Temperatur von 200° C entspricht), öffnet sich das Ventil *v* und läßt die Dämpfe durch das Rohr *o* entweichen. Von dort gelangen sie in die mit einem Kühlmantel *K* versehene Rohrschlange *H*, werden dort kondensiert und fließen durch *p* in den Apparat zurück.

---

[1]) D. R. P. Nr. 23972 v. 9. Febr. 1883. Siehe auch Les corps gras industriels, Bd. 14, S. 19.

Zum Kondensieren der Dämpfe in der Kühlschlange *H* kann man in den Kühlmantel *K* anstatt reinen Wassers glyzerinhaltiges aus einer vorhergegangenen Operation zirkulieren lassen. Auf diese Weise wird die überschüssige Wärme der durch *K* streichenden Dämpfe zur Eindampfung des glyzerinhaltigen Wassers benutzt und diese dem für den Verkauf erforderlichen Konzentrationsgrad näher gebracht.

An dem oberen Ende des Apparates *A* befindet sich ein mit einem Absperrhahn versehenes Rohr *r*, durch das nötigenfalls der Dampf abgelassen werden kann.

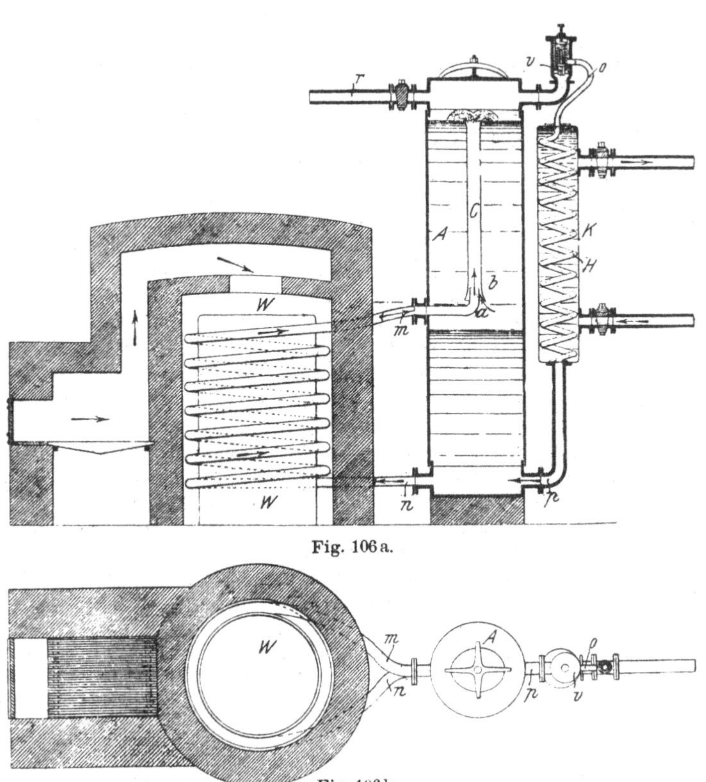

Fig. 106 a.

Fig. 106 b.

Fig. 106 a und b. Fettspaltungsapparat von L. Hugues.

Man kann auch mehrere Kessel *A* mit einem gemeinschaftlichen Heizapparat *B* konstruieren und die Anordnung so treffen, daß entweder sämtliche Kessel gleichzeitig in Verbindung mit dem Heizapparat *B* arbeiten, oder aber, daß der eine oder der andere Kessel durch Hähne zeitweilig ausgeschaltet wird: Auch kann man die direkte Heizung durch Einführung von Dampfstrahlen aus besonderen Dampfgeneratoren ersetzen.

Apparat von Michel.

Bei dem Apparat von A. M. Michel[1]) (Fig. 107) ist der eigentliche Autoklav *a* mit den Rohren *b c d* verbunden, die im Innern des Autoklaven durch das Rohr *e* ihre Fortsetzung finden.

[1]) Franz. Patent Nr. 199730 v. 22. Juli 1889.

Der Autoklav a (Fig. 107) wird mit Wasser und Fettstoffen in einem durch die Natur der letzteren selbst gegebenen Verhältnis gefüllt, so daß die Masse bei einer Temperatur, die einem Drucke von 14 Atmosphären entspricht, das Niveau 1—2 erreicht.

Wird nun der Autoklav durch in den Kanälen m streichende Heizgase erwärmt, bzw. ist im Innern des Apparates eine hinreichende Dampfbildung und Spannung eingetreten, so treibt der Dampfdruck den Autoklaveninhalt durch das Rohr e in die Schlange db, wo er durch die umspülende Luft abgekühlt wird, um dann durch das Rohr c wieder in den Autoklaven zurückzufallen.

Apparat von Heckel.

Das Typische einer von Henry Heckel in Cincinnati (Ohio)[1]) stammenden Konstruktion ist eine die Durchmischung des Autoklaveninhaltes besorgende Pumpe, die wegen des Wegfalls der vielen Dichtungen im Innern des Apparates angeordnet ist.

Der mit einem konischen Boden ausgestattete Autoklav A (Fig. 108) besitzt in seinem oberen Teile eine gelochte Scheidewand E und wird durch die Rohre mm^1 (Öffnen der Hähne a und b bei geschlossenen Hähnen c und d) mit Fett beschickt. Ist der Apparat zur Hälfte mit Fett gefüllt, so wird durch n (Öffnen der Ventile e und f, Schließen von h) Dampf in den Autoklaven gelassen. Das Dampfrohr n reicht im Innern bis zum Boden des Apparates, wo es in Form einer Schlangenwindung t endigt. Dieses Rohrende ist mit vielen kleinen Öffnungen versehen, durch die der Dampf in feinverteilter Form austritt. Ist der Druck im Autoklaven dem des Dampfkessels gleich geworden, so öffnet man die Hähne d und a und läßt durch die Rohre o und m^1 heißes Wasser in den Apparat, bis der Inhalt des Autoklaven das Niveau xx^1 erreicht hat. Man erkennt dies durch einen an der Außenseite des Autoklaven angebrachten und durch ein entsprechendes Rohrstück mit dem Ende des innerhalb des Kessels befindlichen Rohres *2* verbundenen Probierhahn.

Das innere Ende des Probierrohres *2* und ebenso die inneren Enden der Probierrohre *1*, *3* und *4* werden am besten mit einem Seiherblech versehen. Die Probierrohre *1*, *2*, *3* und *4* liegen in verschiedenen Höhen in dem Behälter und sind außerhalb des letzteren mit Probierhähnen versehen, durch die der Stand der Flüssigkeit im Behälter erkannt werden kann, ähnlich wie bei Dampfkesseln. Gerade unterhalb des Niveaus xx^1 ist eine Zentrifugalpumpe P angebracht, die von einer Welle r aus mittels einer Riemenscheibe s betrieben wird. Die Welle r wird durch Streben g in ihrer Lage gehalten und geht durch eine Stopfbüchse in den Autoklaven. Der untere Teil dieser Stopfbüchse ist zwecks Vermeidung ihrer Überhitzung von einem Gehäuse h umgeben, das eine Kammer h^1 bildet, in die kaltes Wasser bei h^2 eingebracht wird und aus der es bei h^3 abfließt. u ist das Saugrohr der Pumpe P, die sich durch das Rohr v, das ungefähr bis zum Kopfteil des Behälters reicht, entleert.

Die Rotationspumpe P hat den Zweck, die Flüssigkeit vom Boden des Autoklaven oberhalb der Scheidewand E zu bringen. Die Flüssigkeit (es wird zu Anfang der Operation das spezifisch schwerere Wasser sein) fällt durch die Löcher der Scheidewand in fein verteiltem Zustande auf das darunter befindliche Fett und die Pumpe bleibt im Betriebe, bis die Mischung des Öles und Wassers zu einer vollständigen Emulsion gediehen ist. Während der Vermischungsprozeß des Fettes vor sich geht, sind die Ventile ef offen und lassen Dampf eintreten, der die ganze Masse auf einer gleichmäßigen Temperatur erhält und sie gleichzeitig unter einem entsprechenden Drucke hält, der am besten 10 Atmosphären beträgt.

Der eingeführte Dampf wird teilweise kondensiert und bringt dadurch das Niveau der Flüssigkeit zum Steigen. Die Höhe, bis zu der die Flüssigkeit steigen

[1]) D. R. P. Nr. 21187 v. 28. März 1882.

darf, wird durch die an den Probierrohren *3* und *4* angebrachten Hähne bestimmt. Die Mischung soll eigentlich nicht über das Niveau des Probierrohres *3* hinaussteigen, da der darüber befindliche Raum nötig ist, um die feine Zerteilung des durch die Scheidewand *E* niederfallenden Wassers zu gestatten und damit auch die Emulsion mit dem Dampf in Berührung kommen kann, nachdem sie aus der Scheidewand in einem fein zerteilten Zustand herauskommt. Hat daher die Flüssigkeit das Niveau nahe bei dem Rohre *3* erreicht, so wird ein Teil davon auf folgende Weise abgezogen:

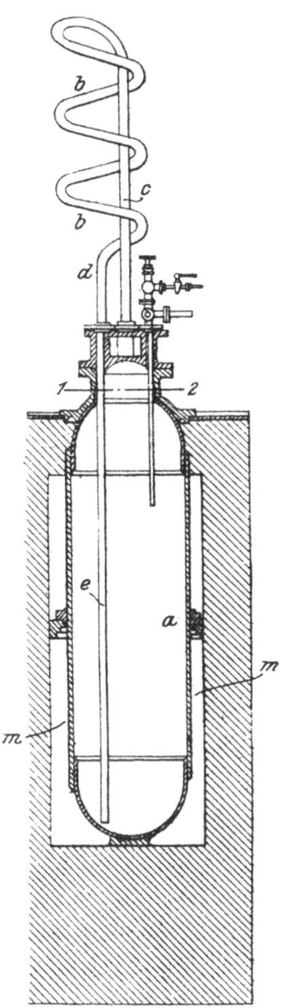

Fig. 107. Fettspaltungsapparat von Michel.

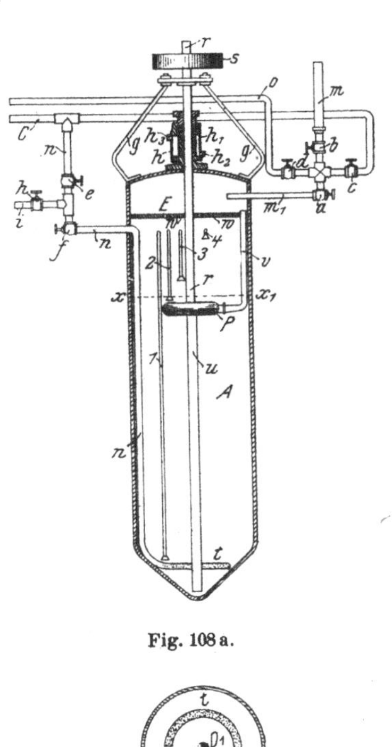

Fig. 108 a.

Fig. 108 b.

Fig. 108 a und b. Fettspaltungsapparat von Heckel.

Die Pumpe *P* wird stillgesetzt, das Ventil *e* geschlossen und die Ventile *a*, *c* werden geöffnet, so daß der Dampfdruck im Behälter aufrecht erhalten bleibt. Das Wasser geht dann auf den Boden des Behälters nieder, worauf das auf dem Rohre *i* sitzende Ventil *h* geöffnet wird und der Druck in dem Behälter das Wasser durch die Rohre *t*, *n* und *i* in ein entsprechendes Aufnahmegefäß hinausdrückt. Nachdem eine genügende Wassermenge herausgepreßt ist, werden die Ventile *a*, *c* und *h* geschlossen, das Ventil *e* wird geöffnet und die Pumpe wieder in Bewegung gesetzt.

Wenn die Operation des Pumpens und des Mischens genügend lange Zeit fortgesetzt worden ist (7—10 Stunden), wird die Pumpe abgestellt und die

Flüssigkeit auf kurze Zeit der Ruhe überlassen, wobei indes der Druck im Behälter aufrecht erhalten wird, indem man die Ventile *c* und *a* öffnet und das Ventil *e* schließt. Das Glyzerin enthaltende Wasser trennt sich nun allmählich von dem anderen Teil und geht auf den Boden nieder. Ob dies vollständig geschehen ist, wird durch Abziehen eines Teiles der Flüssigkeit durch das Rohr *1* bestimmt. Die Ventile *f* und *h* werden jetzt geöffnet und die Glyzerinlösung wird durch die Rohre *n* und *i* in einen zweckentsprechenden Aufnahmebehälter gedrückt. Wenn Fett überzutreten beginnt, wird die Flüssigkeit nach einem anderen Reservoir geleitet.

Apparat von Lévy.

Ein Apparat, bei dem die Mischung des Fettes mit dem Wasser eine eingebaute Pumpe besorgt, ist auch von A. M. Lévy[1]) konstruiert worden. Dieser Autoklav, der auf der Pariser Weltausstellung des Jahres 1889 zu sehen war, sollte unter einem Drucke von 15 Atmosphären arbeiten, doch hat sich die Konstruktion nicht bewährt, weil die Ventile schon nach kurzem Gebrauche nicht mehr gut funktionierten.

Zur Verseifung der Fette mit überhitztem Dampf bedarf man Apparate, die eine ziemlich genaue Regulierung der Temperatur zulassen. Der geeignetste Temperaturgrad ist der zwischen 310 und 315° C; unterhalb 310° C geht die Spaltung ziemlich langsam vor sich, oberhalb 315° C tritt Akroleinbildung auf. Wird für eine gute Durchmischung des Wassers mit dem Fette gesorgt, so kann sich die Dampftemperatur allerdings innerhalb viel weiterer Grenzen bewegen, nur nimmt auch hierbei mit der fallenden Temperatur die notwendige Reaktionsdauer zu, wie andererseits bei zu hohen Temperaturen leicht eine partielle Zersetzung des Fettes eintritt.

Bei den Apparaten, die mit überhitztem Dampf arbeiten, ist also neben dem Durchmischen des zu spaltenden Fettes auch die Regulierung der Temperatur Hauptsache.

Apparat von Korschelt.

Korschelt hat einen Apparat zur Spaltung von Fetten durch überhitzten Dampf in Vorschlag gebracht, der von den bekannten Formen ganz und gar abweicht, indem er zur Erzielung einer möglichst ausgiebigen Oberflächenberührung die Fette in einem mit Tonkugeln oder Ziegelbrocken gefüllten Turm herabrieseln läßt und ihnen den überhitzten Dampf entgegenführt.

Korschelt, der seinerzeit als Fabrikdirektor in Japan tätig war, hat die seinem Patente[2]) zugrunde liegende Idee offenbar der chemischen Großindustrie entlehnt, wo ähnliche Rieseltürme häufig Verwendung finden.

Einen Apparat zur Ausführung des Korscheltschen Verfahrens bringen wir in den Fig. 109 und 110 zur Darstellung, und zwar gibt Fig. 109 die Gesamtanordnung einer derartigen Anlage, während Fig. 110 deren Detaileinrichtung zeigt.

Das zu zersetzende Fett oder fette Öl wird in einem Behälter *A* durch eine Dampfschlange auf eine Temperatur von 100° C gebracht und gelangt von da in ein schmiedeeisernes, mit vielen Windungen versehenes Rohr *a*, das in einem Metallbade *B* liegt

[1]) Franz. Patent Nr. 19705 v. 29. März 1889.

[2]) D. R. P. Nr. 27321 v. 4. Sept. 1883.

Letzteres besteht aus einem starken eisernen Behälter, in dem Blei oder auch eine Blei-Zinnlegierung (am besten eine bei 290° C schmelzende Legierung von 100 Teilen Blei mit 6 oder 4 Teilen Zinn) in geschmolzenem Zustande oder auf einer nur wenig über den Schmelzpunkt hinausgehenden Temperatur erhalten wird, was ohne besondere Schwierigkeiten zu erreichen ist. Das Öl tritt mit ungefähr 300° C aus dem Metallbade aus und gelangt in den Turm *C*, worin die Zersetzung des Fettes vor sich geht. Dieser Turm ist aus Blechen oder gußeisernen Platten zusammengesetzt, unter Belassung einer isolierenden Luftschicht mit Mauerwerk umgeben und mit Tonkugeln, Ziegelbrocken, Stücken in Form von Töpfen, die an den Böden und Seiten mit Löchern versehen sind, oder mit ähnlichem Material angefüllt. Der Ton muß scharf gebrannt oder am besten glasiert sein. Das heiße Öl wird entweder bei entsprechender Höhenlage des Behälters *A* durch eigenen Druck oder, wie in der Zeichnung angenommen ist, vermittels einer zwischen diesem Behälter und dem Metallbade *B* eingeschalteten (in der Zeichnung nicht dargestellten) Pumpe *P* durch das im Innern des Turmes aufsteigende Rohr *a* in die Höhe gedrückt und fließt durch das nach der Mitte des Turmes und nach abwärts umgebogene Ende dieses Rohres auf einen Verteiler *b* aus. Dieser besteht aus einer mit einem Rand versehenen durchlöcherten Platte von etwas kleinerem Durchmesser als der des Turmes, so daß zwischen den Wandungen des letzteren und dem Rande der Platte noch ein Raum von einigen Zentimetern bleibt. Behufs gleichmäßiger Verteilung des Öles sind in die Löcher der Platte entweder kurze, nach ab- und aufwärts sich trichterartig erweiternde Röhrchen eingesetzt, oder die Platte wird mit einer Schicht von kleineren Ziegelbrocken und darauf mit mehreren Schichten allmählich feiner werdenden gewaschenen Sandes bedeckt. Um ein Wegspülen des letzteren zu vermeiden, wird auf ihn an der Stelle, wo das Öl ausfließt, noch eine kleinere Platte b^1 gelegt. Aus diesem Verteiler ergießt sich das Öl in der ganzen Querschnittsausdehnung des Turmes über die Tonkugeln oder Stücke und fließt an diesen in dünnsten Schichten herunter, dabei mit dem von unten durch ein Rohr *c* in den Turm eingeleiteten aufsteigenden Dampf innig in Berührung kommend, wodurch die Zerlegung der Glyzeride in freie Fettsäuren und Glyzerin vor sich geht, welche Zersetzungsprodukte mit dem Dampf durch das Abzugsrohr *d* nach einem Kondensationsapparat abgeführt werden.

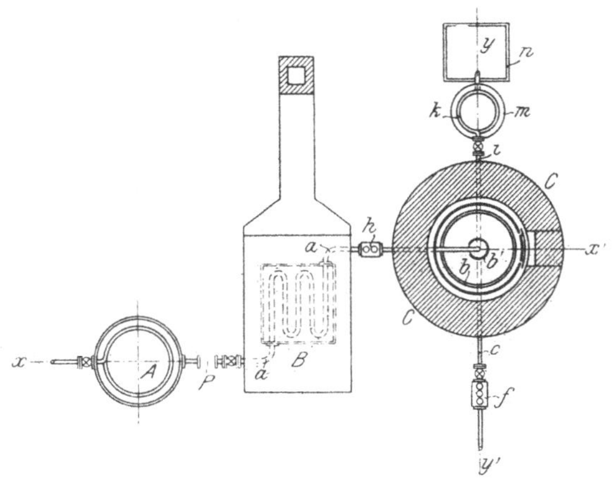

Fig. 109. Fettspaltungsanlage nach Korschelt.

Damit sich der Dampf in dem Turme nicht bestimmte Wege bahnt, sondern ganz gleichmäßig verteilt aufsteigt, ist der Turm durch aus einzelnen, leicht herauszunehmenden Stäben bestehende Roste *e* in mehrere Abteilungen geteilt. Eine solche Abteilung ist auch noch über dem Verteiler bzw. über dem Ölausfluß angeordnet, um ein Mitreißen von unzersetztem Öl oder Fett in das Abzugsrohr zu vermeiden.

Der in geeigneter Weise auf eine Temperatur von 250—400° C, am besten auf 290—350° C, überhitzte Dampf wird, wie erwähnt, durch das Rohr *c* in den

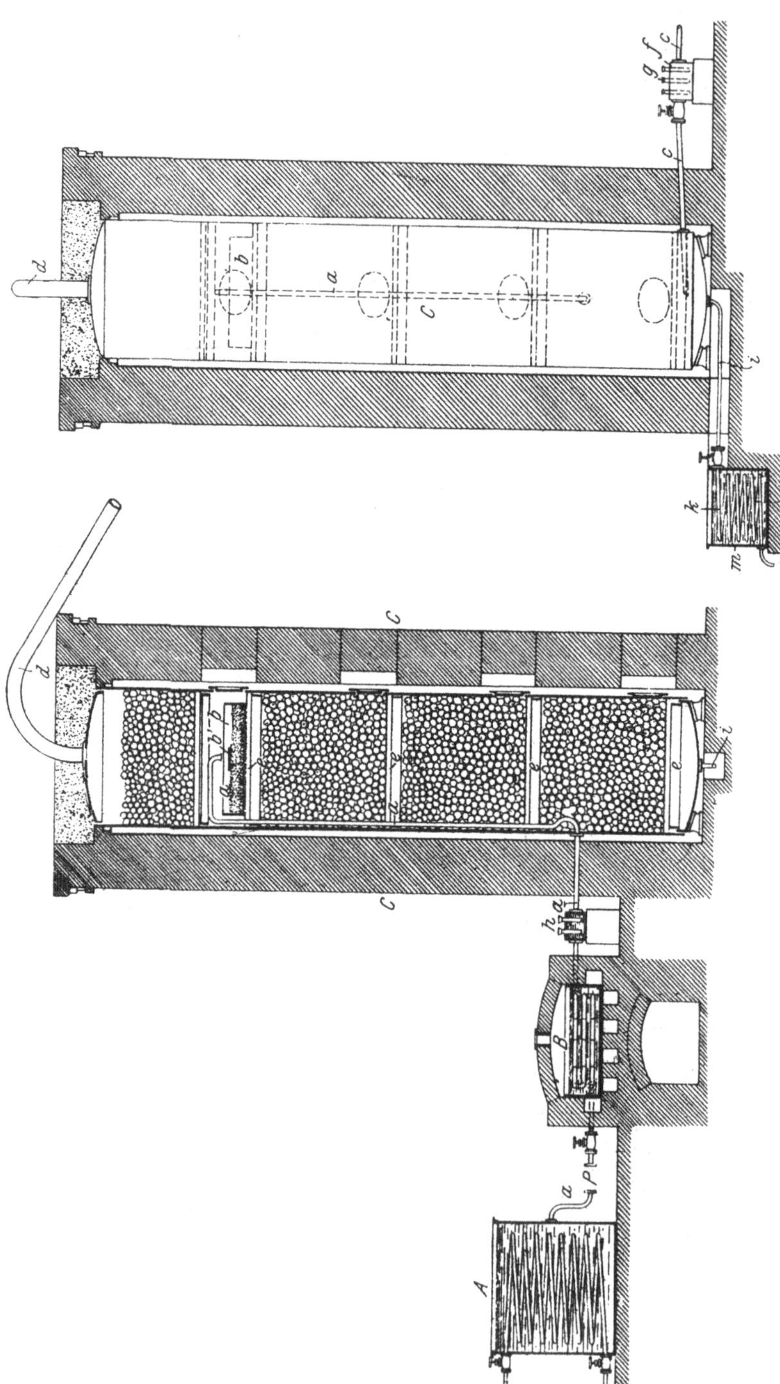

Fig. 110a. Schnitt xx_1 der Fig. 109.

Fig. 110b. Schnitt yy_1 der Fig. 109.

Fig. 110a und b. Fettspaltungsanlage nach Korschelt.

freien Raum unter dem untersten Rost des Turmes eingeführt. In dieses Rohr ist ein Kasten *f* eingeschaltet, worin zwei oder mehrere oben offene, unten verschlossene Röhren *g* eingesetzt sind. Von diesen Röhren ist eine mit Blei (Schmelzpunkt 334° C), die zweite mit einer Legierung von 100 Teilen Blei mit 6 Teilen Zinn (Schmelzpunkt 289° C) und eine dritte eventuell mit Zink (Schmelzpunkt 412° C) angefüllt, so daß eine Beobachtung dieser Röhren genügende Anhaltspunkte zur Abschätzung der Temperatur des in den Turm strömenden Dampfes ergibt. Will man die Temperatur noch genauer kennen lernen, so taucht man in die Röhre mit der Blei-Zinnlegierung ein Thermometer, das zur Aufnahme des Quecksilbers bei Temperaturen über 360° C oben eine Erweiterung hat. Eine ähnliche Vorrichtung *h* ist zwischen Metallbad *B* und Turm *C* in das Ölrohr *a* eingeschaltet.

Die Temperatur im Turm selbst kann innerhalb der weiten Grenzen von 250 und 400° C schwanken; es ist jedoch gut, sie nicht unter 280° C sinken zu lassen, da sich dann die Zersetzung mehr und mehr verzögert, während sie bei höheren Temperaturen immer beschleunigter vor sich geht, so daß mit derselben Menge Dampf größere Mengen der Zersetzungsprodukte abgeführt werden.

Der Zufluß des Öles wird so reguliert, daß nur wenig oder gar kein unzersetztes Öl unten im Turm anlangt. Das sich dort sammelnde Öl wird durch das Rohr *i* abgeleitet, passiert die Schlange *k* im Kühlgefäße *m* und läuft in einen Sammelbehälter *n*, Fig. 109, ab. Wird mit einem bei gewöhnlicher Temperatur festen Fette gearbeitet, so läßt man durch das Ausflußrohr *i* etwas Dampf mit durchtreten oder bringt das Kühlwasser in sonst geeigneter Weise auf den erforderlichen Wärmegrad.

Soll das Verfahren im Vakuum vorgenommen werden, so bringt man die Vakuumpumpe hinter den Kühlapparaten an, und die sich in diesen verdichtenden Zersetzungsprodukte müssen dann mittels besonderer Pumpen abgezogen werden.

Das Korscheltsche Verfahren hat den großen Nachteil, daß sich der Reaktionsturm in kurzer Zeit vollständig verstopft, und es ist aus diesem Grunde wohl kaum irgendwo zu bleibender Anwendung gelangt.

Einen eigenartigen Autoklaven für Fettspaltung mittels überhitzten Wassers hat der Stearinfabrikant Eugen Haehl[1]) in Pfaffenheim (Elsaß) konstruiert. Die Überhitzung des Wassers erfolgt dabei durch ein am Boden des Autoklaven angebrachtes, in einen Feuerungsraum reichendes Röhrenbündel, die Temperatur wird durch automatische Schiebereinstellung reguliert und die Durchmischung der Autoklavenmasse von einem in den Autoklaven eingebauten Becherwerk besorgt. Apparat Haehl.

Der Autoklav *H* (Fig. 111) ist am unteren Ende mit einem Röhrenbündel *B* versehen und dieses in einem Heizofen *C* unter dem Behälter eingebaut. Der Heizofen ist mit einer Feuerung C^1 ausgestattet, die durch einen Schieber *E* von ihm abgesperrt werden kann; letzterer ist durch eine Schnur oder Kette mit einem in den oberen Deckel des Behälters *H* eingesetzten und durch eine Stopfbüchse abgedichteten Kolben *D* verbunden. Dieser Kolben ist oberhalb der Stopfbüchse mit Gewichten *d* belastet, entsprechend dem in *H* vorhandenen Druck. Der Autoklav *H* ist ferner mit zwei Sicherheitsventilen *F* und im Innern mit einem Becherwerk *A* ausgerüstet, das durch eine außerhalb gelegene Riemenscheibe (siehe Fig. 119b) in Umdrehung gesetzt wird.

---

[1]) D. R. P. Nr. 51462 v. 13. Okt. 1889.

Das zu zersetzende Fett wird im Behälter *H* mit einem Drittel seines Gewichtes an Wasser 4 bis 7 Stunden lang auf einem Druck von 10—14 Atmosphären erhalten, je nach der Natur des zu behandelnden Fettes. Die Zersetzung des Fettes in Fettsäuren und Glyzerin wird durch inniges Vermischen des Fettes mit dem Wasser bewirkt. Letzteres wird durch das Becherwerk *A* vom Boden emporgehoben und fällt infolge seines größeren spezifischen Gewichtes wieder nach abwärts.

Die erforderliche hohe Temperatur wird durch die von der Feuerung C^1 ausgehende Flamme erzeugt, die das Röhrenbündel *B* umspült. Sobald nun der Druck im Innern von *H* zu groß wird, geht der Kolben *D* empor und der Schieber *E* sinkt nach abwärts, wodurch die Durchgangsöffnung für die Flamme nach *C* hin verkleinert bzw. ganz abgeschlossen wird. Fällt dann der Druck im Innern von *H*, so sinkt der Kolben *D* und der Schieber *E* öffnet wieder die Durchgangsöffnung für die Flamme.

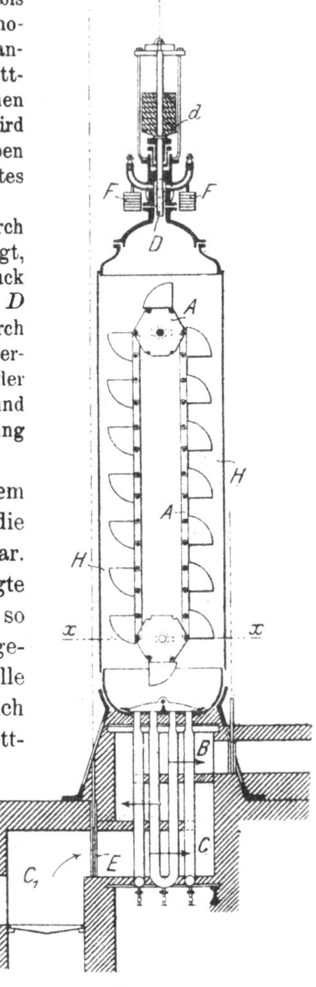

Fig. 111 a.

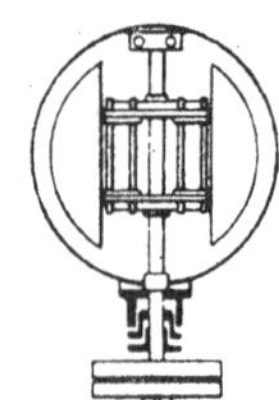

Fig. 111 b.

Fig. 111 a und b. Fettspaltungsapparat nach Haehl.

Apparat West.

Eine eigenartige Form eines mit überhitztem Dampf arbeitenden Fettspaltungsapparates stellt die Erfindung von William West[1]) in Denver dar. Die von West in der Patentschrift niedergelegte Ausführungsform mag in praktischer Hinsicht so manches zu wünschen übrig lassen, das angewandte Zirkulationsprinzip verdient aber alle Beachtung und deshalb sei der an und für sich nicht ohne weiteres verwertbare Westsche Fettzersetzungsapparat — der übrigens vom Erfinder auch zur Herstellung von Seifen empfohlen wird — näher beschrieben:

A (Fig. 112) ist ein aus feuerfesten Ziegeln hergestellter Überhitzungsofen. Die Vorrichtung zum Überhitzen des Dampfes besteht aus schmiedeeisernen Zylindern *B*, die mittels schmiedeeiserner Röhren untereinander verbunden sind. Das eine Ende der die Zylinder verbindenden Rohre ragt oberhalb des Ofens bei B^1 heraus, das andere Ende mündet an der Seite des Ofens aus und geht oben bei B^2 in die Retorte *C*. Diese aus Metall hergestellte, auf hohen Druck geprüfte Retorte ist von Zylinderform, und zwar ist ihre Höhe größer als der Durchmesser.

Innerhalb der Retorte ist ein hohler, umgekehrter kupferner Kegelstutzen oder Trichter C^1 angebracht,

[1]) D. R. P. Nr. 24614 v. 21. Nov. 1882; engl. Patent Nr. 5466 v. 16. Nov. 1882.

dessen oberes, weiteres Ende an der Innenseite der Retorte mittels Metallstreifen C^2 befestigt ist, während das untere Ende bis ungefähr zur Mitte der Retorte herunterragt. Unterhalb des Trichters C^1 befindet sich ein ebenfalls kupferner Doppelhohlkegel C^3. Der Hohlkegel C^1 ragt in den engen Teil des Doppelhohlkegels C^3. Das Dampfzuleitungsrohr a vom Überhitzungsapparat erstreckt sich bis nahezu in den unteren Teil des Kegels C^1.

Die Retorte C hat oben eine Öffnung e, die durch den Mannlochdeckel dampfdicht verschlossen ist, und nahe bei ihrem Deckel noch Öffnungen $f\,f$, durch die die geschmolzenen Fette oder Öle und die Reagenzien der Retorte zugeführt werden können, wiewohl die Füllung durch die Öffnung e geschehen kann. G ist eine Abflußöffnung, durch die man den Inhalt der Retorte abzieht bzw. diese reinigt. D ist eine Art Kondensator, der dazu dient, flüchtige, während der Operation aus dem Autoklaven C entweichende Substanzen zurückzuhalten. Er ist in der Mitte durch eine Wand $E\ E^1$ abgeteilt, in der sich oben eine Öffnung befindet.

$F\ F$ sind zwei aus Metall hergestellte Gefäße innerhalb des Kondensators; Ventile oder Hähne an ihrem Boden (h) dienen zum Abziehen ihres Inhaltes. Der Kondensator D ist mit einem Kaltwasserrohr I, das sich dicht am Boden be-

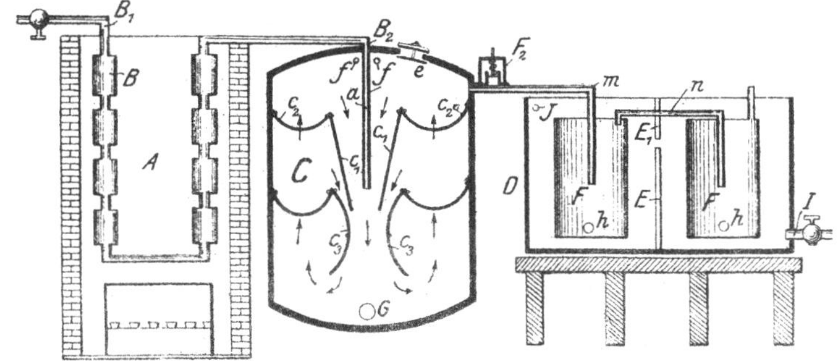

Fig. 112. Fettspaltungsapparat nach William West.

findet, versehen und hat eine Ablauföffnung J am oberen Ende. F^2 ist ein Sicherheitsventil, das in dem Verbindungsrohr m hin angebracht ist. Das Rohr m reicht bis nahezu in die Mitte von F. n ist ein Rohr, das die beiden Behälter verbindet; es geht vom oberen Teil des ersten Behälters F aus und läßt das unkondensierte Material und den Dampf abziehen. Durch das Rohr I fließt Wasser in jenen Teil des Kondensators, der den zweiten Behälter F umgibt, und von hier in den anderen Teil, aus dem es bei J oben abläuft. Hierdurch erhält man die Behälter auf verschiedene Wärmegrade, und zwar so, daß die zweite Abteilung auf 85° C erhalten wird und in den beiden Abteilungen verschiedenartige Produkte kondensiert werden können.

Der Apparat wirkt wie folgt:

Man macht im Überhitzungsofen ein Feuer an und füllt die Fette und das Alkali in den Autoklaven C. Der Kondensatorraum D wird mit Wasser gefüllt. Ein Dampfrohr von einem Dampfkessel wird mit dem Überhitzungsrohr B^1 verbunden und in den Überhitzungsapparat Dampf eingelassen, der bis auf 225° C erhitzt wird. Der heiße Dampf tritt durch das Rohr B^2 in die Retorte C ein, trifft mit Gewalt auf die Fettkörper und veranlaßt sie, in der Richtung der Pfeile zu zirkulieren. Diese Tätigkeit des Dampfes wird so lange fortgesetzt, bis die Zersetzung vollständig eingetreten ist, wobei flüchtige Stoffe nach $F\ F$ überdestillieren können.

Apparat Pielsticker.

C. M. Pielsticker in London[1]) hat folgenden Apparat konstruiert: Ein eisernes oder kupfernes Rohr *A* von etwa 65 cm Länge und 5 cm Durchmesser ist nahe dem Ende bis auf die Hälfte seines Durchmessers zusammengezogen, an der Öffnung selbst aber wieder erweitert. Ein zweites Rohr B von etwa 2 cm Durchmesser, das ebenfalls nahe seinem Ende zusammengezogen, an der Öffnung selbst wieder erweitert ist, steht mit dem Dampfüberhitzer in Verbindung und tritt ungefähr auf 30 cm in das hintere Ende des ersten Rohres ein.

Ein drittes Rohr *C* von ungefähr 3 cm Durchmesser ist mit dem Öl- oder Fettreservoir *M* in Verbindung und tritt rechtwinklig gegen das erste Rohr etwa in dessen Mitte.

Ein viertes Rohr *D* endlich kommt von einem Gefäße, worin eine alkalische Lösung oder eine Säure enthalten ist.

Alle Rohre, bis auf das erste, sind mit Hähnen versehen. Mit diesem Rohrsystem ist ein 4 cm starkes kupfernes Spiralrohr *E* verbunden, das zu einer horizontalen, aus Kupfer oder Eisen gefertigten Retorte *G* von 50—65 cm Breite und

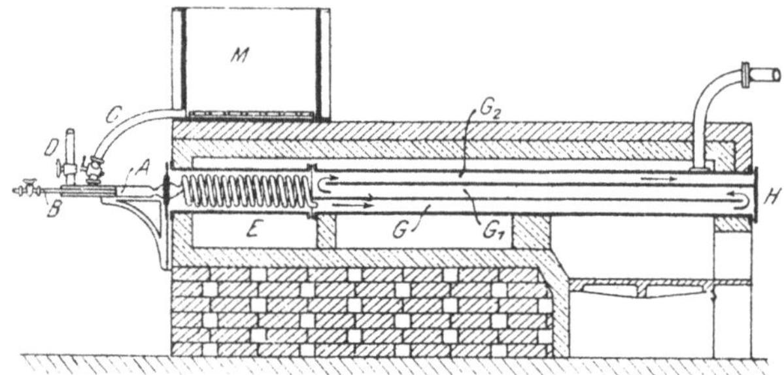

Fig. 113. Apparat von Pielsticker.

4—5 m Länge führt. Bei dem Spiralrohre austretende Gase oder Flüssigkeiten werden gezwungen, in der Richtung *G*, *H*, G^1, G^2 zu zirkulieren. Ein am hinteren Ende der Retorte angebrachtes Rohr führt zum Kondensator. Sowohl die Spirale als auch die Retorte werden von den Heizgasen umspült.

Zuerst wird der Apparat durch überhitzten Dampf angewärmt und zugleich auch das Feuer angerichtet. Ist die Temperatur, bei der das Fett zu destillieren beginnt, erreicht, so läßt man dieses in den Apparat einfließen und bringt es darin in innige Berührung mit dem Dampfe, der es in äußerst feiner Verteilung durch die Spirale in die Retorte bläst. Das Fett nimmt in dem Spiralrohr die Destillationstemperatur an, verflüchtigt sich und wird dann in einem Kondensator verdichtet.

Das Verfahren von Pielsticker ist durch seine gute Zirkulationsvorrichtung bemerkenswert. Diese stellt eigentlich einen Apparat dar, worin aufeinanderfolgend die Wasserverseifung und die Destillation durchgeführt werden. Will man mit weniger hoher Temperatur arbeiten, so kann der vorgesehene Verbindungshahn für Säuren oder Alkali in Kraft treten. (?) Ob sich Eisen für die Konstruktion dieser Apparate eignet, muß allerdings dahingestellt bleiben.

[1]) Engl. Patent Nr. 706 v. 10. April 1882.

Apparate zur augenblicklichen Spaltung von Fetten.

Eine sofortige Spaltung der Fette durch deren äußerst feine Verteilung mit dem zur Spaltung verwendeten Medium streben die Apparate von Fritz Perrelet und Karl Becker in Offenbach a. M.[1]) sowie von Otto Mannig[2]) in Mohorn an. Die Spaltung von Fett in geschlossenen Zylindern durch Zerstäubung des Fettes mittels eines Strahlgebläses wurde übrigens schon im Jahre 1882 von B. T. Babbitt[3]) empfohlen.

Der Apparat von Fritz Perrelet und Karl Becker umgeht das Arbeiten mit einem gewöhnlichen, größere Dimensionen aufweisenden Autoklaven, und die Reaktion findet in einem relativ kleinen Behälter statt, in den ein ununterbrochener Zufluß des Fettes und der Reagenzien erfolgt, während die Reaktionsmasse in einem konstanten Strome abgezogen wird. Apparat von Perrelet-Becker.

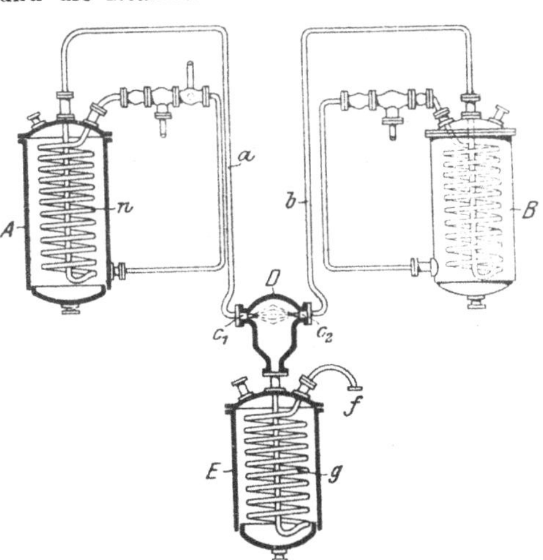

Fig. 114. Schema des Verfahrens Perrelet-Becker.

Das vorher stark erhitzte Fett und das ebenfalls erhitzte Spaltungsmittel werden unter hohem Drucke in gerader Richtung direkt gegeneinander geführt, wobei die einzelnen Partikelchen der beiden Ströme aufs heftigste zusammenprallen. Die Reaktion vollzieht sich infolge der dabei stattfindenden innigen Mischung äußerst rasch, so daß für das Verbleiben des Fettes im Reaktionsraum nur sehr kurze Zeit notwendig ist. Man dimensioniert diesen daher auch entsprechend klein und läßt das Fett und das Spaltungsmittel den Mischbehälter eigentlich nur durchfließen, wobei man allerdings durch weiteres Zusammenlassen des Reaktionsgemisches für einen vollständigen Vollzug der etwa nicht beendigten Reaktion Sorge trägt.

Das Prinzip der Perrelet-Beckerschen Anordnung wird am besten durch das in Fig. 114 gegebene Schema veranschaulicht[4]):

Das Fett und die Kalkmilch oder ein anderes Spaltungsmittel werden von den Vorratsbehältern den in den Kesseln *A* und *B* (Fig. 114) liegenden Schlangen *n* zugeführt und in erwärmtem Zustande durch das Rohr *a* bzw. *b* zu den Streuapparaten c^1, c^2 geleitet. Die beiden staubförmig verteilten Flüssigkeiten treffen dann in der Mischkammer *D* aufeinander und durchdringen einander. Bei dieser innigen Vermischung tritt fast eine sofortige Verseifung (Spaltung) ein. Der letzte

[1]) D. R. P. 155541 v. 24. Juni 1902.
[2]) D. R. P. Nr. 160111 v. 29. Dez. 1903.
[3]) Amer. Patent Nr. 275976.
[4]) Les corps gra industriels 1903, Nr. 5.

Rest der Reaktion vollzieht sich aber in der Schlange g, die die Fettmischung in emulgiertem Zustande durchlaufen muß, um bei f, vollständig gespalten, in kontinuierlichem Strahle abzufließen. Die Schlange g liegt in einem Kessel E, für dessen Heizung in entsprechender Weise gesorgt wird.

Interessant ist die von den Patentinhabern verwendete Mischdüse, die in verschiedener Weise ausgeführt werden kann.

Streudüse von Perrelet-Becker.

Bei der in Fig. 115 dargestellten Ausführungsform besteht die Düse aus einer kreisrunden, mit mehreren Durchströmungsöffnungen e^2 versehenen Scheibe e^1. Durch diese wird das zuströmende Fett wie auch das Spaltungsmittel in mehrere einzelne Strahlen zerlegt, die derartig gegeneinander geführt werden, daß die beiderseitigen Partikelchen einander durchdringen. Bei der in Fig. 116 veranschaulichten Ausführungsform ist die Düse nach Art eines Regulierventils ausgebildet. Das Ventil f läßt sich mittels der Spindel f^1 derart einstellen, daß der Zwischenraum zwischen dem Ventilsitz und dem Ventilkegel und somit auch die Menge des durch diesen Zwischenraum tretenden Fettes bzw. Spaltungsmittels nach Belieben verändert werden können. Die Einstellung des Ventils f kann jederzeit abgelesen werden, und zwar mit Hilfe der auf dem Handrädchen f^2 der Ventilspindel f^1 vorgesehenen Graduierung und der fest angeordneten Marke f^3. Wie aus Fig. 116 ersichtlich ist, tritt bei dieser Ausführungsform der Düsen sowohl das Fett als auch das Spaltungsmittel auf dem ganzen Umfange der Ventilkegel aus. Die beiden Reaktionsmittel bilden also gewissermaßen zwei ringförmige Strahlen, die wieder gegeneinander geführt werden, heftig aufeinander prallen und einander durchdringen.

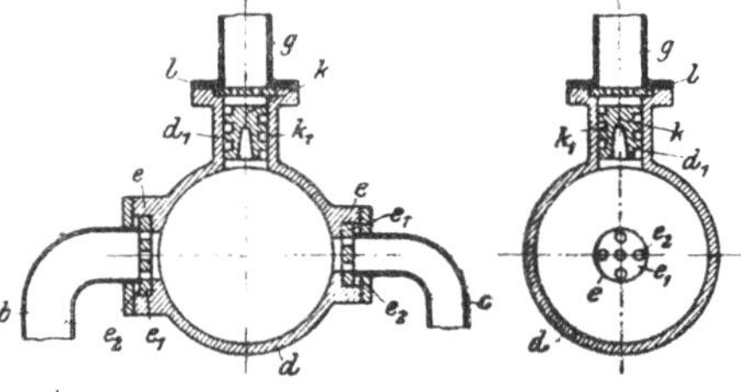

Fig. 115. Streudüse nach Perrelet-Becker.

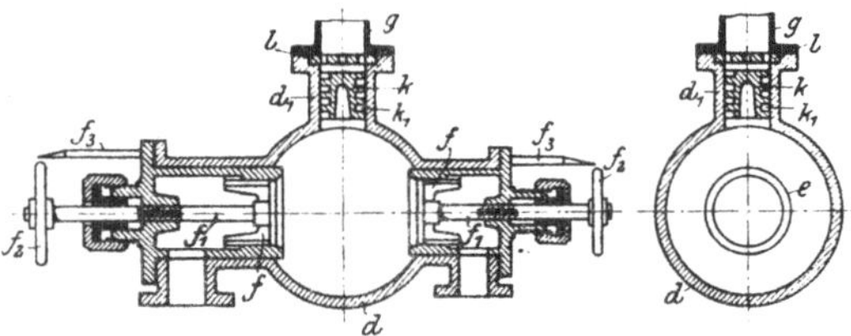

Fig. 116. Streudüse nach Perrelet-Becker.

Ausführung des Perrelet-Beckerschen Verfahrens.

Die Ausführung des Perreletschen Apparates, wie sie die deutsche Patentschrift beschreibt, ist in Fig. 117 wiedergegeben:

Das zu spaltende Fett wird dabei in einem geeigneten Behälter stark erhitzt und darin in den flüssigen Zustand übergeführt; in gleicher Weise wird das zu verwendende Spaltungsmittel in einem besonderen, von dem ersten getrennten Behälter einer starken Erhitzung unterworfen. Durch die Doppelpumpe aa werden die beiden Reaktionsmittel — Fett und Spaltungsmittel — aus ihren Behältern angesaugt und alsdann in getrennten Röhren b und c nach dem Mischraum d gedrückt. Bevor das Fett und das Spaltungsmittel in diesen Mischraum gelangen, kann man sie durch eine in jede Rohrleitung eingeschaltete Rohrschlange treiben, die in einen mittels Dampfes geheizten Raum eingebaut ist (siehe Fig. 114), um dadurch sowohl das Fett als auch das betreffende Spaltungsmittel einer erneuten bzw. weiteren Erhitzung zu unterwerfen. (Diese Rohrschlange ist der Einfachheit wegen in den Zeichnungen nicht dargestellt.) Die beiden Reaktionsmittel gelangen nun nicht unmittelbar in den Mischraum d, sie müssen vielmehr erst Düsen e passieren. Diese stehen in dem Mischraum einander gegenüber, so daß die Fett- und Spaltungsmittelstrahlen infolge des durch die Pumpe a erzeugten Druckes sehr heftig aufeinanderprallen und einander gegenseitig vollkommen durchdringen, wodurch eine sehr innige Vermischung der beiden Reaktionsmittel erzielt wird.

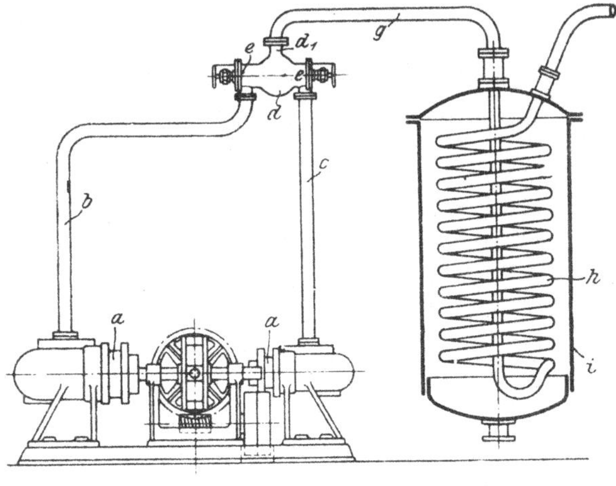

Fig. 117.

Das Gemisch, das in dem Mischraum d erzielt wird und immer noch unter ziemlich hohem Drucke steht, tritt aus dem Raum d aus und gelangt durch das Rohr g in eine Rohrschlange h, die in einem geschlossenen, durch Dampf geheizten Behälter i eingebaut ist. Bevor jedoch das Gemisch aus dem Raum d in das Rohr g gelangt, muß es zunächst die schraubenförmigen Gänge k^1 eines in den Auslaßstutzen d^1 des Raumes d eingebauten Einsatzes k passieren (siehe Fig. 115 und Fig. 116), wodurch es in eine kreisende Bewegung versetzt wird; diese bedingt ein weiteres inniges Vermischen der einzelnen Partikelchen des Reaktionsgemisches. Um nun eine noch vollkommenere Mischung zu erzielen, wird das Gemisch schließlich durch eine unmittelbar über dem Einsatz k angeordnete Düsenscheibe l getrieben und durch diese nochmals fein zerstäubt.

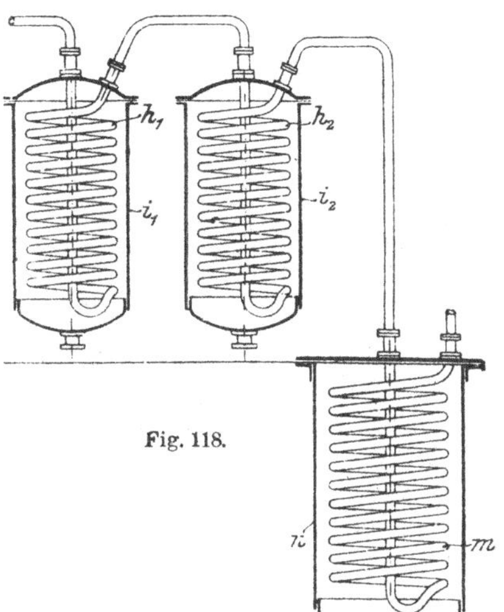

Fig. 118.

Dadurch, daß das Reaktionsgemisch nun noch durch die stark erhitzte Rohrschlange h hindurchgetrieben wird, gelangen auch die etwaigen letzten Spuren von unzersetztem Fett zur Zersetzung.

Wichtigkeit der Nachreaktion. Auf die Nachreaktion in der Rohrschlange scheinen die Erfinder einen besonderen Wert zu legen, denn sie empfehlen auch die Hintereinanderschaltung mehrerer solcher Rohrschlangen h, die die vom Mischbehälter kommende Masse durchströmen soll. Dabei soll die in Fig. 118 gezeigte Anordnung eingehalten werden, bei der das Reaktionsgemisch die beiden Rohrschlangen h^1 und h^2 der Behälter i^1 und i^2 passieren muß, um dann in die Kühlschlange m des Behälters n zu kommen, wo zweckmäßig eine Konzentrierung des Glyzerinwassers vorgenommen wird.

System Mannig.

Bei der von Mannig empfohlenen Methode soll eine fast augenblickliche Spaltung der Fette ebenfalls durch Einwirkenlassen eines Dampfstrahles auf das in Nebelform verteilte Fett erreicht werden. Diese feine Verteilung des Fettes wird dadurch erzielt, daß man es in dünnen Strahlen mit entsprechend hohem Drucke gegen eine Prellwand spritzt, auf der die einzelnen Fetttröpfchen zu Dunst zerstäuben. Dabei besorgt diese Prellwand ein gleichzeitiges Zerteilen des von der entgegengesetzten Richtung kommenden Dampfstromes.

Der Reaktionsraum *A* (Fig. 119) besitzt in seinem Innern eine entsprechend montierte Prellwand *P*, die teller-, kugel- oder kegelförmig, oder auch elipsoidisch oder parabolisch geformt sein kann und gegen die der durch Rohr *b* eintretende Dampf strömt. Er verteilt sich beim Anprall an *P* allseits gleichmäßig und steigt dann im Apparat *A* nach aufwärts um ihn bei *f* zu verlassen. Das zu spaltende Fett wird durch das Rohr *c* mittels einer Pumpe unter entsprechendem Drucke zugeführt und durch die fein gelochte Brause *g* auf die Prellwand *P* gespritzt, wo die kleinen Fetttröpfchen zu Nebel zerstäuben. Die Reaktion verläuft bei dieser innigen Berührung der Reagenzien sehr rasch und das bei *e* abfließende Fett ist bereits in Fettsäure und Glyzerin zerlegt. Ein Sicherheitsventil *a* beugt einem zu hoch werdenden Überdruck in *A* vor.

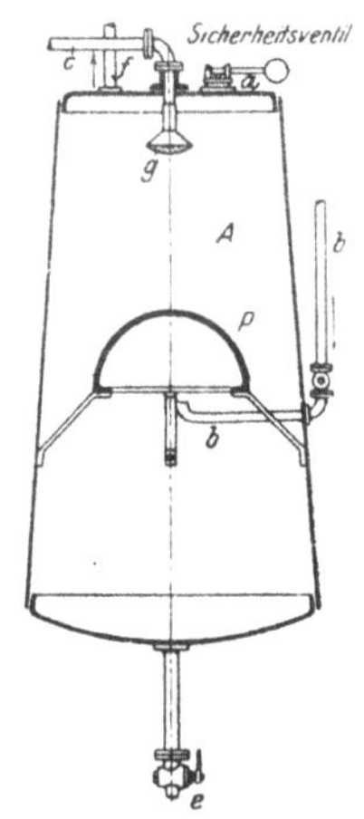

Fig. 119. Fettspaltungsapparat nach Mannig.

Effekte der verschiedenen Autoklavierungsmethoden.

Einfluß-habende Faktoren.

Vergleichende Untersuchungen über den mit den verschiedenen Autoklavierungsmitteln und Apparatkonstruktionen erreichten Spaltungseffekt liegen leider bisher nicht vor. Man weiß daher bis heute noch nicht genau, wie groß der Einfluß ist, den Druck, Temperatur und Durchmischung auf den Spaltungsverlauf üben, wie es schließlich auch an Versuchen fehlt, die Aufschluß darüber gäben, wie sehr die einzelnen spaltungsfördernden Mittel den Autoklavierungsprozeß beeinflussen. Die wenigen Versuche, die bis heute über den Verlauf des Autoklavenprozesses vorgenommen wurden, beschränken sich mehr oder weniger darauf, das Fortschreiten des Spaltungsvorganges während der Operationsdauer zu untersuchen, und nur ganz wenige davon lassen Schlüsse auf den Einfluß der einzelnen in Betracht kommenden Faktoren zu.

Über das Fortschreiten der Fettspaltung beim Autoklavieren von Unschlitt mit 3% Kalk bei 10 Atmosphären Spannung gibt ein Versuch Hefters[1]) Aufschluß, wobei nach jeder halben Stunde eine Probe des Autoklaveninhaltes genommen, diese mit verdünnter Schwefelsäure auf-

[1]) Einiges über Autoklavenverseifung, Seifenfabrikant 1897, S. 665.

gekocht, das Fettsäuren-Neutralfettgemisch mit Wasser gewaschen und auf den Gehalt an freien Fettsäuren untersucht wurde. Dabei ergaben sich: **Spaltungsverlauf.**

Nach der	1. halben Stunde		58,27 %	freier Fettsäuren		
„ „	2.	„ „	71,90	„ „		
„ „	3.	„ „	77,90	„ „		
„ „	4.	„ „	85,68	„ „		
„ „	5.	„ „	89,00	„ „		
„ „	6.	„ „	93,61	„ „		
„ „	7.	„ „	95,01	„ „		
„ „	8.	„ „	95,65	„ „		
„ „	9.	„ „	96,20	„ „		
„ „	10.	„ „	96,93	„ „		
„ „	11.	„ „	97,20	„ „		
„ „	12.	„ „	97,40	„ „		
„ „	13.	„ „	97,50	„ „		
„ „	14.	„ „	97,50	„ „		

Später veröffentlichte Resultate über ähnliche Versuche ergaben bei Knochenfett nach 14stündiger Verseifung mit 3 % Kalk eine Autoklavenmasse von 98,80 %, und ein Palmöl zeigte bei gleicher Behandlung 98,30 % freier Fettsäuren. Die Magnesiaverseifung schreitet während der ersten Stunden des Prozesses nicht so rasch vor wie die Kalkverseifung, und zwei unter sonst gleichen Verhältnissen vorgenommene Parallelversuche[1]) ergaben in den einzelnen Stunden folgende Spaltungseffekte:

Nach Stunden	Talg-Autoklavierung mit 3 % Kalk	Talg-Autoklavierung mit 2,7 % MgO	
1	38,50 %	27,09 %	freier Fettsäuren
2	77,40	44,70	„ „
3	83,90	59,60	„ „
4	87,50	70,60	„ „
5	88,60	76,90	„ „
6	89,30	81,10	„ „
7	93,00	86,60	„ „
8	97,50	89,90	„ „
9	98,10	92,10	„ „
10	98,60	95,80	„ „

Wie man sieht, wirkt also Kalk rascher und vollständiger verseifend als Magnesia (vergleiche auch die auf Grund dieser Resultate in Fig. 120 gezeichneten Verseifungskurven).

Die wenig befriedigenden Resultate, die die Magnesiaverseifung nach den obigen Versuchen ergibt, scheinen aber auf die Minderwertigkeit

[1]) Hefter, Einiges über Autoklavenverseifung, Seifenfabrikant 1891 S. 666.

der verwendeten Magnesia zurückzuführen zu sein. Hat doch Kassler[1]) bei der Autoklavierung von Sheabutter (2 % Magnesia, 9 Atmosphären Druck, 8 Stunden Operationsdauer) in zwei untersuchten Fällen weit bessere Resultate gefunden[2]). Darnach wurden erhalten:

Nach Stunden	Versuch I	Versuch II	
1	61,40%	63,20%	freier Fettsäuren
2	80,20	81,90	" "
3	90,20	90,10	" "
4	91,10	94,80	" "
5	95,40	95,70	" "
6	95,50	97,10	" "
7	96,60	97,10	" "
8	98,10	98,00	" "

Wirkung geringer Laugenzusätze.

Über den spaltungbefördernden Einfluß, den geringe Zugaben von Natronlauge neben Kalk oder Magnesia üben, wurden im Jahre 1894 interessante Versuchsergebnisse veröffentlicht[3]). Sie lehren, daß Zusätze von Natronlauge den Spaltungseffekt während der ersten Stunden den Prozeßdauer fördern helfen, so daß man bei der Kalkverseifung unter Mitverwendung von Natronlauge schon nach 6 Stunden eine an 98 % heranreichende Spaltung erreicht. Auch bei der Magnesiaverseifung wirkt ein Natronlaugenzusatz zeitsparend, wenn auch nicht so merklich, wie beim Kalkverfahren. Die bei den Vergleichsversuchen des letzteren erzielten Effekte seien nachstehend wiedergegeben:

Nach Stunden	Knochenfett-Autoklavierung (10 Atmosphären Spannung)	
	3 % Kalk	$2^1/_2$ % Kalk + 0,5 % NaOH
1	32,30 %	42,50 %
2	67,50	70,30
3	82,20	85,50
4	86,10	88,70
5	87,80	93,60
6	90,20	97,90
7	94,50	98,40
8	96,10	98,60
9	97,40	98,70
10	98,00	98,80
11	98,60	
12	98,70	
13	98,80	
14	98,80	

[1]) Seifensiederztg., Augsburg 1902, S. 312.

[2]) Versuchsresultate über den Autoklavierungsverlauf geben auch Lach, (Chem. Ztg. 1895, Nr. 1) und Lewkowitsch (Chem. Technologie der Öle, Fette und Wachse, Bd. 2, S. 615) an.

[3]) Seifenfabrikant 1894, S. 257.

Fig. 120 zeigt eine graphische Darstellung des Verlaufes der Kalk- und Magnesiaverseifung sowie der Kalkverseifung unter Ätznatronzusatz auf Grund obiger Resultate.

Über die Fettspaltung mittels Dampfes geben die Versuche Klimonts einigen Aufschluß, wenngleich die Resultate nicht ohne weiteres auf die Praxis übertragen werden können[1]).

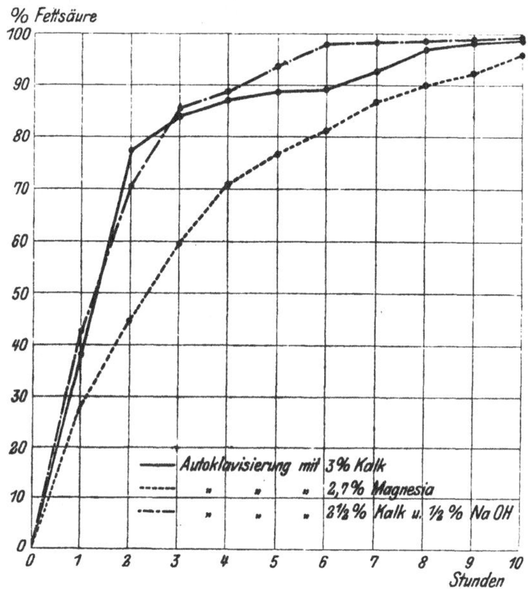

Fig. 120. Graphische Darstellung des Verlaufes des Autoklavenprozesses.

Klimont verwendete zu seinen Versuchen neutralisierte Fette und Öle und behandelte je 30 g der Neutralfette mit 500 ccm Wasser in einem Autoklaven bei 7 Atmosphären Spannung. — Der Druck von 7 Atmosphären wurde konstant gehalten und man erhielt dabei: Versuche Klimonts.

Name des Fettes	Säurezahlen nach			
	2 Stunden	4 Stunden	6 Stunden	8 Stunden
Kokosfett	0,1	0,3	0,5	0,9
Japanwachs	4,8	5,3	9,4	13,1
Kerntalg	17,5	37,2	67,3	84,8
Preßtalg	15,3	38,3	65,5	81,6
Kakaobutter	12,3	24,5	45,1	62,6
Olivenöl	15,1	32,1	53,0	71,4
Sesamöl	14,3	31,1	56,2	76,0
Kottonöl	10,0	23,2	36,3	51,9
Leinöl	11,4	21,1	43,3	56,1

[1]) Zeitschr. f. angew. Chemie 1901, S. 1269.

Leider gibt Klimont in seiner Arbeit nirgends an, auf welchen Temperaturgrad er den verwendeten Dampf überhitzte, ja es scheint fast, als ob er überhaupt nicht überhitzten, sondern gespannten Dampf von 7 Atmosphären benutzt hätte.

Die verschiedenen Fette zeigten, wie man sieht, ein sehr verschiedenes Verhalten; Kokosfett und Japanwachs erwiesen sich viel beständiger als andere Fette. Bei einem Drucke von 15 Atmosphären war Kokosfett wesentlich weniger beständig, wie aus der nachstehenden Tabelle hervorgeht, deren Ziffern in Fig. 121 verarbeitet sind:

Der Druck von 15 Atmosphären wurde konstant gehalten.

Name des Fettes	Säurezahlen nach			
	$1^1/_2$ Stunden	2 Stunden	4 Stunden	6 Stunden
Kokosfett	78,6	90,2	123,9	185,5
Japanwachs	—	12,3	32,5	46,1
Kerntalg	—	62,3	106,3	155,8
Preßtalg	—	60,4	98,7	160,2
Kakaobutter	—	34,5	76,1	160,5
Olivenöl	—	66,5	114,5	159,5
Sesamöl	—	61,7	108,4	153,7
Kottonöl	—	42,2	80,2	128,6
Leinöl	—	38,1	78,5	130,5

Mangel einer raschen Betriebskontrolle.

Aus den durch Betriebsversuche erhaltenen Daten geht hervor, daß sich innerhalb der ersten Stunden der Autoklavierung der weitaus größte Teil des Neutralfettes in Fettsäure und Glyzerin spaltet, ja, daß der Spaltungseffekt in der Regel schon nach 3—4 Stunden bis auf 90 % gediehen ist. Die restlichen 10 % Neutralfett bedürfen dagegen einer relativ längeren Zeit zu ihrer Hydrolyse, was übrigens durch die auf S. 531 erwähnte Gegenreaktion hinreichend erklärt ist. Die Versuche zeigen auch, daß die Autoklavierung mitunter in den letzten 2—3 Stunden keinerlei Effekterhöhung bringt, und daß man Dampf und Arbeit sparen würde, wenn man die technisch erreichbare Maximalgrenze des Spaltungsprozesses immer rechtzeitig erkennen würde. Leider fehlt es an einer Untersuchungsmethode, die wenige Minuten nach der Probeentnahme aus dem Autoklaven schon darüber Aufschluß gäbe, wie weit der Spaltungsprozeß vorgeschritten ist, und auf Grund deren man sich dann zu einer Beendigung des Prozesses entschließen könnte. Das heute übliche Untersuchungsverfahren, bei dem die Autoklavenmasse mit verdünnter Säure gekocht und hierauf mit Wasser gewaschen werden muß, um endlich titrierreif zu sein, dauert noch immer bei verläßlicher Durchführung 2 Stunden, es gibt also dem Betriebsleiter viel zu spät Aufschluß über die Betriebsvorgänge und vermag daher nicht zu verhindern, daß sehr häufig der Autoklavenprozeß zweckloserweise einige Stunden länger andauern gelassen wird als nötig.

ρ) Zersetzung der Autoklavenmasse.

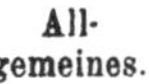

Die bei den verschiedenen Autoklavierungsverfahren erhaltenen Autoklavenmassen stellen bei mäßig hoher Temperatur noch halbflüssige, beim weiteren Abkühlen in eigenartig amorpher Weise erstarrende Fettmassen dar, die sich von den bei der Kalkverseifung in offenen Kufen ehemals resultierenden spröden Kalkseifen wesentlich unterscheiden. Ihre leichte Schmelzbarkeit bringt es mit sich, daß sie sich in dem Ausblasbottich bei halbwegs regelmäßigem Betrieb der Spaltungsanlage flüssig erhalten (siehe S. 501) und daher ohne weiteres in die Zersetzgefäße laufen können, worin ihr Aufkochen mit Schwefelsäure stattfindet. Wenn infolge irgendeiner Betriebsunterbrechung die Autoklavenmasse ausnahmsweise einmal in dem Absetzgefäß erstarrt, kann sie durch wenig Dampf leicht wieder verflüssigt werden. Dieses Manipulieren mit flüssigen Autoklavenmassen ist ein nicht zu unterschätzender Vorteil gegenüber der Verseifung mit den äquivalenten Kalkmengen, weil hierbei eine sehr schwer schmelzbare, schon bei verhältnismäßig hohen Temperaturen zu festen, harten Massen erstarrende Kalkseife erhalten würde, die vor ihrer Zersetzung mit Mineralsäuren eine mechanische Zerkleinerung notwendig machte. (Vergleiche S. 527.)

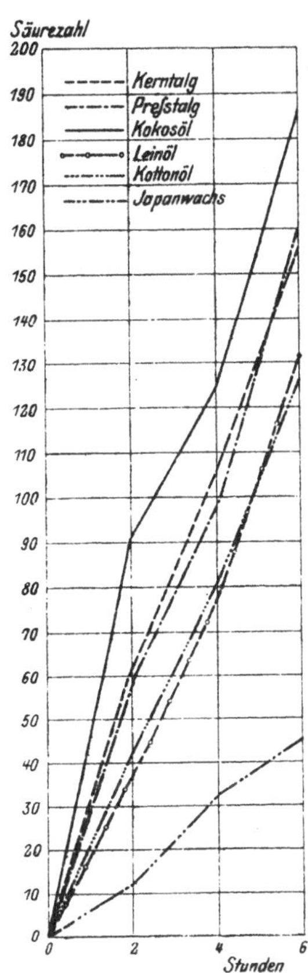

Fig. 121. Verhalten verschiedener Öle und Fette gegenüber Wasserdampf von 15 Atmosphären.

Wird die Autoklavenverseifung unter Zusatz von Alkalien oder Metalloxyden vorgenommen, so resultiert eine Fettmasse, die ein Gemisch von freien Fettsäuren und Seifen (neben etwas Neutralfett) darstellt. Um diese Fettmassen für Zwecke der Stearin- oder Seifenfabrikation brauchbar zu machen, ist es nötig, die darin enthaltenen Seifen zu zerlegen, was durch Aufkochen mit verdünnten Mineralsäuren geschieht.

Fettsäuren, die auf Stearin verarbeitet werden sollen, dürfen nicht einmal Spuren von Seifen enthalten, weil diese die Kristallisation der Fettsäuren stören und ihr späteres Abpressen erschweren.

In Stearinfabriken erfahren daher auch jene Autoklavenmassen, die bei der Wasserverseifung resultieren, eine Säurekochung, obwohl es sich hier nicht um die Zersetzung von eigentlichen Seifen handelt, sondern die Operation lediglich den Zweck hat, die Kristallisationsfähigkeit der Fettsäure zu erhöhen. Für Zwecke der Seifenfabrikation kann bei der

Wasserverseifung das Aufkochen der Autoklavenmassen mit Mineralsäuren entfallen, ebenso in einigen anderen Fällen, z. B. bei der Verseifung mit geringen Mengen Zinkoxyd, weil die Zinkseife die Verseifungsoperation nicht stört, vielmehr durch die Lauge leicht in Natronseife umgesetzt wird, unter Ausscheidung von Zinkhydroxyd, das sich in überschüssiger Lauge als Zinkoxydnatron löst und in dieser Form in der Unterlauge vorfindet.

Da heute die Autoklavenverseifung mit geringen Mengen von Metalloxyden am häufigsten anzutreffen ist, findet man nicht nur in Stearin-, sondern auch in den mit Fettspaltung arbeitenden Seifenfabriken durchweg Vorrichtungen zum Zersetzen der Autoklavenmassen vor.

Der Zerlegung der Autoklavenmasse mit Mineralsäuren entspricht die folgende Gleichung:

$$2\,RC_{18}H_{35}O_2 + H_2SO_4 = R_2SO_4 + 2\,C_{18}H_{36}O_2\,,$$

wobei R irgendein Metall bedeutet und an Stelle der Stearinsäure $C_{18}H_{36}O_2$ jede andere Fettsäure gesetzt werden kann.

Die bei der Wasserverseifung resultierende Autoklavenmasse erleidet beim Kochen mit verdünnten Säuren keine weitergehende chemische Veränderung, sondern erfährt nur eine Reinigung der teilweise im Emulsionszustande befindlichen fetten Säuren.

Zersetzung mittels Salzsäure.

In den ersten Jahren der Stearinfabrikation wurde zur Zerlegung der Autoklavenmasse ausschließlich Salzsäure verwendet. Die wesentlich billigere Schwefelsäure vermied man deshalb, weil bei dem damals allgemein üblichen Verfahren der Verseifung mit Kalk die Bildung von Gips (Calciumsulfat) höchst unangenehm empfunden wurde; die allerdings wesentlich teurere Salzsäure ergab dagegen bei der Umsetzung das leicht lösliche Calciumchlorid und die Zersetzungsprodukte schieden sich rasch und glatt.

Wie sehr man in den Kinderjahren der Stearinfabrikation die Gipsbildung bei der Zersetzung der mittels Kalkverseifung gewonnenen Autoklavenmassen fürchtete, geht aus einem im Jahre 1836 genommenen Patente von Hempel und Blundell[1]) hervor, wo empfohlen ist, die Schwefelsäure nicht direkt zur Zersetzung der Kalkseife anzuwenden, sondern sie durch Umsetzung vorher in Salzsäure zu verwandeln und diese auf die Kalkseife einwirken zu lassen. Dabei ist der ganz hübsche Gedanke verwertet, daß die in den Zersetzungsgefäßen sich jeweils bildende Chlorcalciumlösung mit Schwefelsäure zusammengebracht werde wobei sich unter Ausfällung von Gips Salzsäure bildet.

Das Arbeiten mit fertiger Salzsäure in handelsüblicher Reinheit stellte sich leider teuer und soll außerdem den großen Nachteil gehabt haben, daß die Fettsäuren Spuren von Calciumchlorid aufnahmen und zähe festhielten. Ob dem übrigens genau so ist, oder ob diese Mitteilung nur auf einem Vorurteil beruht, bleibe dahingestellt. Hat doch noch zu Beginn der

[1]) Engl. Patent Nr. 7184 v. 15. Sept. 1836.

neunziger Jahre des vorigen Jahrhunderts eine sehr angesehene und bedeutende Stearinfabrik ihre Autoklavenmassen ausschließlich mit Salzsäure zersetzt, was sie bestimmt nicht getan haben würde, wenn die gewonnenen Fettsäuren dabei an der Qualität gelitten hätten.

Andere Vorschläge.

Im allgemeinen ist man aber von dem Zersetzen mit Salzsäure abgekommen und hat sich mit der Schwefelsäure befreundet. Den in dem Säurewasser unlöslichen Gips, der eine nicht unbeträchtliche Menge von Fettsäuren mechanisch festhält und mit zu Boden reißt, suchte man dabei möglichst vollständig durch Auswaschen wiederzugewinnen.

Interessant sind einige andere aus den ersten Jahrzehnten der Stearinfabrikation stammende Vorschläge, wie die Autoklavenmasse am praktischsten zu zersetzen sei. So hat Delapchière[1]) vorgeschlagen, die Zersetzung der Autoklavenmasse wie auch das Waschen der Fettsäure unter Druck vorzunehmen. Er empfiehlt zu diesem Zwecke Apparate, die einem Autoklaven (liegender Kessel mit einem auf horizontaler Achse sitzenden Rührwerk) ähneln Die Operation soll rascher, vollständiger und gleichmäßiger durchgeführt und gleichzeitig an Brennmaterial gespart werden.

Tribouillet[2]) und später A. Cramer[3]) machten für ein Verfahren Propaganda, für das sich jeder der Genannten als Erfinder gerierte und das mit der Stearinfabrikation eine Gewinnung von Spiritus verbindet. Tribouillet, der sein Verfahren in Frankreich wie auch in anderen Ländern patentieren ließ, versprach sich nämlich wirtschaftliche Vorteile von der Tatsache, daß Schwefelsäure, die zur Umwandlung des Holzes in Zucker verwendet wird, nach dieser Reaktion ihr früheres Sättigungsvermögen fast ungeschmälert beibehält, obgleich sie mit Wasser, Dextrin, Zucker und anderen organischen Substanzen vermischt ist.

Tribouillet schlug nun vor, die zur Zersetzung der Kalkseife verwendete Schwefelsäure vorher zur Invertierung von Holzpulver zu verwenden und erst das Gemenge von Schwefelsäure und Traubenzucker mit der Kalkseife zusammenzubringen. Die nach der Zersetzung der Seife verbleibende zuckerhaltige Flüssigkeit wollte er nun durch Gärung und entsprechende Weiterverarbeitung in Spiritus verwandeln.

Das Cramersche Verfahren deckt sich mit dem von Tribouillet vollständig, ist aber ebensowenig je in praktische Verwendung gekommen wie das erstere.

Henri Delarue[4]) will mit der Säuerung der Autoklavenmasse gleichzeitig eine Überführung der Ölsäure in feste Fettsäuren durch

[1]) Génie Industriel 1854, Dezemberheft; Dinglers polyt. Journ., Bd. 136, S. 43.

[2]) Dinglers polyt. Journ., Bd. 134, S. 316; Polyt. Zentralbl. 1855, S. 128; Moniteur Industriel 1854, S. 1908.

[3]) Bayer. Kunst- u. Gewerbebl. 1857, S. 76.

[4]) Österr. Patentschrift Nr. 7486 v. 15. Dez. 1901. D. R. P. Nr. 138120 v. 31. März 1901.

Sulfurierung erreichen. Er verwendet daher zur Zersetzung der Kalkseife nicht verdünnte Schwefelsäure, sondern Säure von 66° Bé, wobei die in den frei werdenden Fettsäuren enthaltene Ölsäure in statu nascendi unmittelbar mit der konzentrierten Schwefelsäure in Berührung kommt und eine Umwandlung der flüssigen Ölsäure in feste Fettsäuren hervorgerufen wird.[1])

Zersetzen mit verdünnter Schwefelsäure.

Heute ist das Zersetzen durch Aufkochen mit verdünnter Schwefelsäure das allgemein übliche Verfahren. Ob dabei der Bezug von konzentrierter Schwefelsäure (66° Bé) oder von sogenannter Kammersäure (50 bis 53° Bé) rationeller ist, hängt von der Lage der betreffenden Stearinfabrik ab. Erwähnt sei hier nur, daß der Bezug der Schwefelsäure in Steinkrügen oder Glasflaschen von größeren Betrieben nicht gepflogen werden sollte, sondern daß es ratsamer ist, die Schwefelsäure in Kesselwaggons zu beziehen und in eisernen Reservoiren aufzubewahren. Selbst Kammersäure bis zu 50° Bé herab läßt sich ohne Schwierigkeiten in eisernen Gefäßen aufbewahren, nur muß man natürlich darauf sehen, daß während des Lagerns keine Verdünnung der Säure durch Wasseraufnahme aus der Atmosphäre, durch Regenwasser usw. eintritt, weil sonst eine Korrosion der eisernen Gefäße unausbleiblich ist.

Jacquelain[2]) macht darauf aufmerksam, daß ein Salpetersäuregehalt der Schwefelsäure für die Fettsäure nachteilig sei, und ist daher gegen die Verwendung der billigen Kammerschwefelsäure, weil diese stets etwas Salpetersäure oder andere Oxydationsstufen derselben enthalte. Wenn schon salpetersäurehaltige Schwefelsäure zur Verwendung gelangt, so solle man wenigstens während der Behandlung schweflige Säure in die Kufe einleiten oder die salpeterhaltige Schwefelsäure vor ihrem Gebrauch mit schwefliger Säure behandeln.

Wenn man Autoklavenmassen zu zersetzen hat, bei deren Gewinnung Zusätze von Alkalien oder Metalloxyden gemacht wurden, und auf ein gutes Kristallisationsvermögen sowie möglichste Reinheit der Fettsäuren Wert legt, soll man den Zersetzungsprozeß in drei Etappen vornehmen:

Dabei wird zuerst durch ein Aufkochen der Autoklavenmasse mit Schwefelsäure von 25—30° Bé der größte Teil der vorhandenen Seifen in Fettsäure umgesetzt, nach vollzogener Klärung werden diese ein zweites

---

[1]) Siehe auch unter „Nachträge" das Verfahren von G. Bottaro in Genua.

[2]) Ein Verfahren von Jaillon, Moinier & Co. in La Vilette bei Paris, das eine Erhöhung der Ausbeute an Fettsäure von 92 auf 97% durch verständiges Behandeln des frisch geschmolzenen oder des schon verseiften Talges mit schwefliger Säure erreichen wollte, beruht nach Jacquelains Meinung lediglich auf der reinigenden Wirkung der schwefligen Säure auf die zur Zersetzung verwendete Schwefelsäure. Eine Verwendung, wie sie sich Jaillon, Moinier & Co. dachten, ist in der Praxis aber nur in der eigenen Fabrik dieser Herren erfolgt und dürfte auch hier aus ökonomischen Gründen kaum lange Zeit gewährt haben. Das Ganze ist mehr als historische Kuriosität hierher gesetzt worden.

Mal mit einer mehr verdünnten (10—15 ° Bé) und relativ geringeren Menge Schwefelsäure gekocht, um die etwa noch vorhandenen Spuren von Seife zu zersetzen, und dieser zweiten Säuerung läßt man nach einer entsprechenden Abstehzeit eine Wasserwaschung der Fettsäuren zwecks Entfernung aller Säurespuren folgen. Bei der Wasserverseifung wie auch bei Fettsäuren, die der Seifenfabrikation zugeführt werden, kann die Nachsäuerung wegfallen und der ersten Säurekochung gleich die Waschoperation folgen.

Die Schwefelsäuremenge, die zur Zersetzung der Autoklavenmasse benötigt wird, richtet sich ganz und gar nach der Menge der bei der Autoklavierung angewandten Basen. Theoretisch entsprechen: Säuremenge.

100 kg Kalk . . .	175 kg Schwefelsäure von	66 ° Bé,
100 kg Magnesia . .	125 kg „ „	66 ° Bé,
100 kg Zinkoxyd .	254 kg „ „	66 ° Bé.

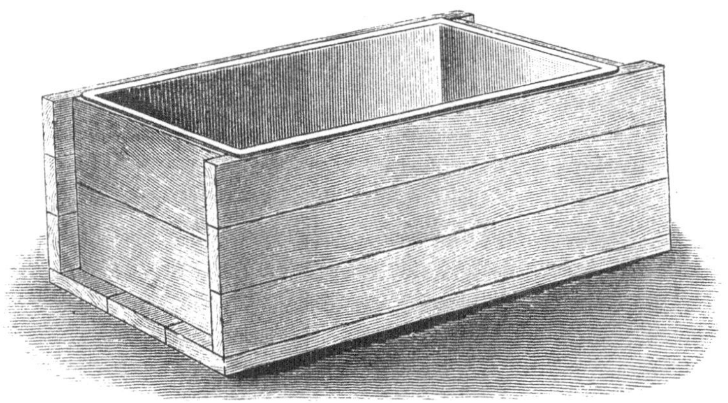

Fig. 122.

Um sicher zu gehen, daß die Zersetzung schon bei der ersten Säuerung möglichst vollständig sei, begnügt man sich nicht mit der äquivalenten Menge Schwefelsäure, sondern gibt einen Überschuß von 25—30 %; bei der zweiten Säuerung kann man mit der Schwefelsäure ziemlich sparen und es genügen 20—30 % Säurewasser von 15 ° Bé. Dieses Säurewasser erfährt außerdem nur in sehr geringem Maße einen Verbrauch durch Neutralisation und wird daher ökonomischerweise für spätere Operationen in der ersten Säuerungskufe wieder verwendet, indem man es durch Zugabe konzentrierter Säure entsprechend verstärkt.

Die Gefäße, worin die Zersetzung der Autoklavenmasse vorgenommen wird, bestehen entweder aus fest gezimmerten Holzbottichen (Fig. 122) oder aus parallelepipedischen eisernen Reservoiren. In jedem Falle müssen diese Gefäße mit Bleiblech ausgekleidet sein, weil Holzgefäße auf die Dauer nicht dicht zu halten sind und Eisenbehälter sowohl durch das Säurewasser als auch durch die Fettsäuren schon in wenigen Tagen durchfressen sein und Zersetzungsgefäße. Verbleiung.

außerdem ganz rote, unansehnliche, eisenhaltige Fettsäuren liefern würden. Es ist nicht ratsam, diese Gefäße allzu hoch zu wählen, weil das Bleiblech infolge seiner Weichheit und großen Schwere Neigung zum Senken zeigt; Zersetzungsgefäße, die über 1,70 m hoch sind, müssen daher besondere Vorrichtungen erhalten, damit ein Senken des Bleibleches vermieden werde.

Da allzu scharfe Kanten bei der Bleiblechauskleidung zu vermeiden sind, werden in den inneren Kanten der Zersetzungsgefäße sehr häufig prismatische Holzstücke von dreieckigem Querschnitt angebracht, die verhindern, daß das auskleidende Bleiblech unter rechtem Winkel abgehoben werde (Fig. 123).

Die richtige Bleiverkleidung der Zersetzungsgefäße ist von größter Wichtigkeit. Nichts ist lästiger, als wenn die Zersetzungskufen zu rinnen beginnen. Man merkt dies in der Regel erst verhältnismäßig spät, wenn nämlich die Fettsäuren durch die Holzwand gedrungen sind oder das Eisenblech durchfressen haben. Dabei ist die Reparatur solcher leck gewordener Bleigefäße nicht so leicht, weil die undichte Stelle in der Bleiverkleidung meist sehr schwer aufzufinden ist. Besonders zu achten hat man darauf, daß die Vertikallötungen, die weit schwerer auszuführen sind als die horizontalen, von dem Bleilöter solid und sachgemäß ausgeführt werden. Die zur Verkleidung der Seitenwände dienenden Bleibleche sind gewöhnlich 3—4 mm dick, für die Bodenplatte nimmt man in der Regel um 1 mm stärkere Bleche.

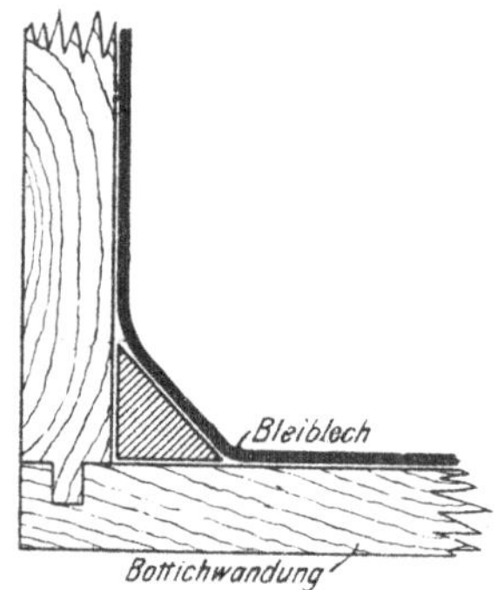

Fig. 123.
Details der Bleiverkleidung.

Besondere Sorgfalt ist bei der Herstellung der Bleiverkleidung auch darauf zu legen, daß die in das Reservoir mündenden Stutzen richtig angebracht werden.

Das zur Verbleiung der Zersetz- und Waschgefäße verwendete Bleiblech muß aus möglichst reinem Blei hergestellt sein. Ist das Blei durch andere Metalle (Kupfer, Zinn, Wismut, Antimon usw.) verunreinigt, so ist seine Widerstandsfähigkeit gegen Schwefel- und Fettsäure geringer. Die Bleiauskleidung hält infolge der mechanischen Abnützung nicht allzu lange und muß nach mehreren Jahren stets erneuert werden, da sie stellenweise bis auf Papierdicke abgenutzt ist.

Dampfzuleitung. Der zum Aufkochen des Reservoirinhaltes nötige Dampf wird durch Bleirohre zugeführt, deren Flanschen und Ventile außerhalb des Randes des Zersetzungsgefäßes liegen, damit bei etwaigen Undichtheiten der Flanschen das Kondenswasser nicht in die Zersetzungsgefäße tropft und die Fettsäuren im Absetzen stört (Fig. 124).

Dampfventile. Um nach erfolgter Aufkochung die zersetzte Masse in vollkommener Ruhe zu lassen, muß auch darauf gesehen werden, daß die Dampfventile absolut dicht schließen, daß also nicht während der Absetzzeit ein leichtes

Nachströmen von Dampf stattfinde, das die Masse aufs neue aufrührt. Da absolut sicher dichtende Ventile nicht erhältlich sind, wird dem unerwünschten Nachströmen von Dampf während der Absetzperiode dadurch vorgebeugt, daß man hinter das Ventil ein kleines Lufthähnchen *a* anbringt. Dieses öffnet man, sobald die Dampfzufuhr abgestellt worden ist, und der von dem geschlossenen Ventil etwa doch noch durchgelassene Dampf strömt durch das Lufthähnchen frei aus, ohne den Inhalt des Zersetzungsgefäßes irgendwie aufzurühren. (Siehe Fig. 124.)

Kochen mit direktem oder indirektem Dampf.

Gekocht wird gewöhnlich mit direktem Dampf, d. h. man läßt den eingeführten Dampf durch kleine Öffnungen der sich am Boden des Gefäßes ausbreitenden Dampfschlange direkt in den Inhalt des Bottichs ausströmen. Dies hat eine starke Verdünnung der Schwefelsäure zur Folge, weil anfänglich das ganze zugeführte Dampfquantum kondensiert wird.

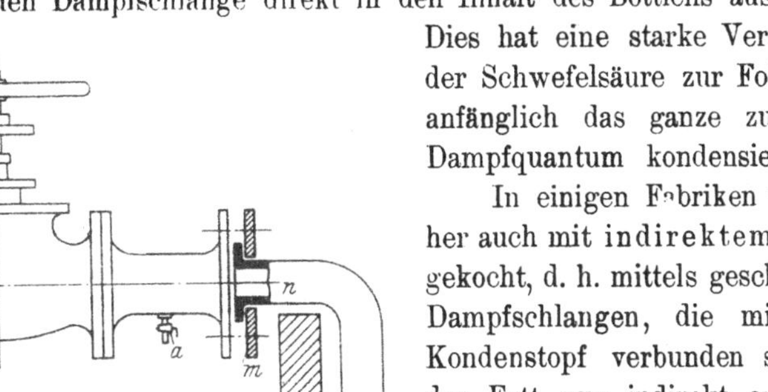

Fig. 124.

Details der Rohrmontage bei Fettsäurebehältern. *a* = Lufthähnchen, *m* = Flansche, *n* = Dampfrohr, *A* = Bottichwandung.

In einigen Fabriken wird daher auch mit indirektem Dampf gekocht, d. h. mittels geschlossener Dampfschlangen, die mit einem Kondenstopf verbunden sind und das Fett nur indirekt erwärmen. Neben solchen indirekten Dampfschlangen sind aber auch stets offene vorhanden, weil man dieser nicht ganz entraten kann; sie treten aber erst in Funktion, wenn der Inhalt des Zersetzungsbottichs bereits auf eine Temperatur vorgewärmt wurde, bei der eine ausgiebige Kondensation des direkt einströmenden Dampfes nicht mehr zu befürchten ist[1]).

Anordnung der Zersetzungsgefäße.

Die Zersetzungsbehälter sind in der Regel übereinander angeordnet, wodurch es möglich ist, die bei der ersten Säuerung resultierende Fettsäure durch freien Abfluß in den Bottich zu lassen, worin die zweite Säuerung vorgenommen wird. Dieser steht wiederum so hoch, daß sein Inhalt durch freien Abfluß in den eigentlichen Waschbottich abgegeben werden kann. Lassen die Raumverhältnisse eine solche terrassenförmige Anordnung der Zersetzungs- und Waschgefäße nicht zu, so wird der Transport der Fettsäure von einem Gefäße in das andere entweder durch Abschöpfen von Hand aus oder aber durch Pumpen oder Montejus bewirkt. Bei der Anwendung von Pumpen muß man sehr darauf sehen, daß durch das stoßweise erfolgende Saugen nicht auch Säurewasser von einem Zersetzungsgefäße in das andere gelange.

Zur Beförderung der Schwefelsäure in die Zersetzungsgefäße sind vielfach Dampfstrahlejektoren aus Hartblei oder Porzellan in Verwendung, die die

[1]) Siehe auch unter „Nachträge".

Schwefelsäure aus einem passend postierten Reservoir in die hochgelegenen Zersetzgefäße bringen. Auch kleine Montejus (siehe S. 553—556) aus Blei, die mit Druckluft betrieben werden, sind für diese Zwecke in Gebrauch.

Der gebräuchliche Arbeitsgang ist ungefähr der folgende:

Die von dem Separationsgefäß kommende Autoklavenmasse gelangt in das Zersetzungsgefäß *A* (Fig. 125), in das vorher die entsprechende Menge Schwefelsäure von 25—30° Bé gebracht worden ist. Durch ungefähr halb- bis einstündiges Kochen wird die Hauptmenge der in der Autoklavenmasse enthaltenen Seifen zersetzt und der Bottichinhalt hierauf wenigstens einer 12stündigen Ruhe überlassen. Nun zieht man das am Boden abgeschiedene Säurewasser durch den Hahn a_1 ab und läßt hierauf das geklärte Fett durch den Hahn a^2 in das Gefäß *B* laufen. Hier hat man schon vorher Schwefelsäure von 10—15° Bé eingebracht, und zwar wenigstens so viel, daß die Dampfschlange mit dem Säurewasser vollständig bedeckt ist. Hierauf bringt man zum Kochen und erhält ca. eine Stunde in mäßigem Wallen. Ist dies geschehen, so stellt man den Dampf ab, läßt wiederum 12 Stunden lang ruhen, entfernt dann durch den Bodenhahn b_1 das Säurewasser und läßt durch den Seitenhahn b_2 das geklärte Fett in den eigentlichen Waschbottich *C* fließen, worin sich bereits zwei bis drei Handhoch Wasser befindet. Man bringt auch hier zum Kochen und läßt das Sieden ungefähr eine Stunde lang andauern, um dann zwölf oder auch mehr Stunden lang absetzen zu lassen. Nach Entfernung des Waschwassers durch den Bodenhahn c_1 werden die geklärten Fettsäuren mittels Pumpen oder Montejus an die Stelle ihrer Weiterverarbeitung geschafft.

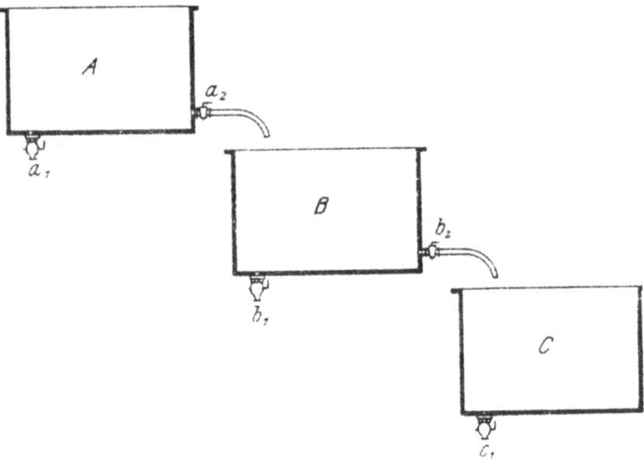

Fig. 125.
Schema der Anordnung der Zersetzungs- und Waschgefäße.

Färbung der Fettsäuren.

Ein zu lange anhaltendes Kochen färbt die Fettsäuren dunkel, was ein nicht zu unterschätzender Nachteil ist. Cambacères hat schon in seiner Patentschrift vom 25. Februar 1825 auf diesen Umstand Bedacht genommen und in der Weinsäure ein Mittel angegeben, um das Nachdunkeln der Fettsäuren zu beheben [1]).

Säure- und Waschwässer.

Wenn bei der Säuerung oder beim Waschen der Fettsäure keine vollkommene Scheidung der Fettsäure vom Säure- oder Waschwasser eintritt, ist dies ein Zeichen, daß mit zu wenig Säure gearbeitet wurde. Die mit Magnesia verseiften Fette klären sich bei der Säuerung sehr glatt und rasch; das Unterwasser enthält das gebildete Magnesiumsulfat (Bittersalz) gelöst.

---

[1]) Ein Kochen der Fettsäuren mit Weinsäure soll alle fremden Bestandteile niederschlagen (?) und der Fettsäure ihre ursprüngliche Färbung wiedergeben. In der Praxis hat man davon aber keinen Gebrauch gemacht.

Fettmassen, die von der Kalkverseifung herrühren, geben bei der Zersetzung mit Schwefelsäure den in Wasser unlöslichen Gips. Dieser bildet einen weißen, mehr oder weniger kristallinischen Niederschlag, der sich am Boden des Zersetzungsgefäßes ablagert und nicht unbeträchtliche Mengen von Fettsäure festhält.

Um diese Fettmengen nicht verloren gehen zu lassen, ist es notwendig, den Gipsniederschlag jeder einzelnen Operation in Holzkufen zu sammeln und ihn wiederholt mit verdünnter Säure aufzukochen, wodurch ein Teil des festgehaltenen Fettes an die Oberfläche steigt. Aber auch wiederholt aufgekochter und gewaschener Gips enthält noch einige Prozente Fett.

Verwertung des Gipses.

Der durch mehrmaliges Auswaschen möglichst entfettete Gips wird nicht selten als Düngemittel benutzt, und man hört bisweilen gerade seinen Fettgehalt als besonders düngkräftig rühmen. Daß dem nicht so ist, daß die Fettsäuren vielmehr für die Vegetation eher schädlich sind, braucht wohl kaum betont zu werden. (Vergleiche Band 1, S. 451.)

der Abwässer.

Im übrigen geht auch mit den Waschwässern der Magnesiaverseifung eine geringe Menge Fett verloren, weil bei deren Abziehen fast immer ein Teil des Fettes mitrutscht, wie mitunter auch etwas Fett in dem Säurewasser in Emulsionsform verteilt ist. Um diese Fettmengen nicht verloren geben zu müssen, ist es zweckmäßig, sämtliche Säure- und Waschwässer in Zisternen zu sammeln und sie für längere Zeit der Ruhe zu überlassen, bevor sie in den Abflußkanal der Fabrik abgelassen werden. Die Absetzgruben sind in Mauerwerk ausgeführt und mit Blei ausgekleidet und besitzen mehrere Zwischenwände, die eine bessere Separierung des Fettes von dem Wasser gestatten[1]).

Art der Ableitung der Wässer.

Die Zuleitung der Säurewässer zu diesen Absetzgruben und von hier in den Ablaufkanal geschieht am besten in kleinen, gemauerten Kanälen oder in Holzrinnen, die beide mit Blei ausgekleidet sein müssen. Bleirohrleitungen empfehlen sich für diese Zwecke nicht, da die nicht zu umgehenden Flanschenverbindungen sehr leicht undicht werden und sich auch mitunter verstopfen.

Neutralisieren derselben.

In den Absetzgruben kann auch die Neutralisierung der Säurewässer vorgenommen werden, falls die Lage der Fabrik eine solche notwendig macht. Nur Fabriken, die an großen Flußläufen liegen, sollten ihre Abwässer in unneutralisiertem Zustande ablassen, alle anderen Betriebe (diese sind übrigens meist behördlicherseits dazu verhalten) die sauren Abwässer abstumpfen. Ganz und gar unstatthaft ist es, saure Abwässer auf Wiesen und Felder abzuleiten, weil sie hier jede Vegetation abtöten.

Die sich bei der Magnesiaverseifung ergebenden bittersalzhaltigen Säurewässer hat man zwecks Gewinnung des Bittersalzes zu konzentrieren und auskristallisieren zu lassen versucht. Ebenso hat man bei der Zink-

[1]) Vgl. Fig. 233, S. 496, Bd. 1 dieses Werkes.

verseifung eine Gewinnung des in dem Säurewasser enthaltenen Zinksulfats angestrebt.

Verwertung der Säurewässer nach Kellner.

J. Kellner[1]) in Aussig a. Elbe empfiehlt, die in den Säurewässern stets enthaltenen Glyzerinmengen zu gewinnen, und zwar in der Weise, daß man die Säurewässer in heißem Zustande mit Ätznatron oder Soda behandelt, wobei die zur Autoklavierung verwendeten Metallsalze in Form von Hydroxyden oder Karbonaten ausgefällt werden und durch eine Filterpressenpassage in Form von Kuchen erhalten werden können. Sie können dann ohne weiteres für die folgenden Autoklavierungen aufs neue benutzt werden, während man die in dem gefilterten Säurewasser stets vorhandenen Glyzerinreste durch Eindampfen des Filtrates (etwa vorhandene Alkalität wird durch Säurezugabe vorher abgestumpft) gewinnen kann.

In den meisten Fällen lohnt sich aber eine derartige Aufarbeitung der Abwässer nicht, und es sollte in jedem einzelnen Falle eine genaue Rechnung angestellt werden, bevor man sich auf das eine Rentabilität sehr oft nur vortäuschende Aufarbeiten dieser doch nur gehaltsarmen Abwässer einläßt.

Einrichtung des Zersetzungslokales.

Die Zersetzung der Autoklavenmasse wird gewöhnlich in demselben Lokal vorgenommen, wo die Autoklavierung der Fette erfolgte. Da sich beim Kochen der Fette mit verdünnter Schwefelsäure und Wasser große Mengen von Wasserdampf bilden, muß durch Dunsthauben und gute Ventilation für einen flotten Abzug dieser Dünste gesorgt werden. Auch aus sanitären Gründen sollten die Räume der Fettspaltungsanlagen gut ventiliert werden.

L. Danckwerth[2]) hat darauf hingewiesen, daß die bei den Autoklaven und bei den Zersetzungsbottichen beschäftigten Arbeiter der Stearinfabriken meist ein kränkliches Aussehen haben, im Gegensatz zu den sich meist einer blühenden Gesundheit erfreuenden Arbeitern der eigentlichen Lichtgießerei usw. Er hat sehr richtig erkannt, daß in jenen Räumen die Luft bald mit höchst fein verteilten Partikelchen von Fett und Fettsäure erfüllt wird, die beim Atmungsprozeß in die Lunge der Arbeiter gelangen und gesundheitsschädlich wirken.

c) Verarbeitung des Glyzerinwassers.

Reinigung des Glyzerinwassers.

Das von den Absetzbottichen abgezogene Glyzerinwasser wird mit den glyzerinhaltigen Waschwässern (siehe S. 561) vereinigt und in den Stearinfabriken nach vorheriger leichter Reinigung bis zu 26—28° Bé konzentriert.

Die vor der Eindampfung stattfindende Vorreinigung besteht in der Entfernung der stets in den Glyzerinwässern mechanisch verteilten Fette (Fettsäuren und Seifen). Der größte Teil dieser Stoffe steigt beim

[1]) D. R. P. Nr. 208806 v. 16. Jan. 1908.

[2]) Bulletin de la Société Chim. 1868, S. 333; Dinglers polyt. Journ., Bd. 187, S. 86.

Ruhenlassen der Glyzerinwässer an die Oberfläche und kann mittels Schaumlöffel entfernt werden. Den Rest der freien Fettsäuren macht man unschädlich, indem man das Glyzerinwasser unter Zusatz von etwas Ätzkalk zum Kochen bringt, wobei sie sich in unlösliche Kalkseife verwandeln, die am besten durch eine Filterpressenpassage entfernt werden.

Der durch die Kalkbehandlung in das Glyzerinwasser kommende Kalküberschuß kann eventuell durch Oxalsäure noch vor der Filtration niedergeschlagen werden. Mitunter besorgt man dies wohl auch durch Eintreiben von Kohlensäure, was jedoch in der Hitze geschehen muß, weil sich sonst der in Wasser lösliche doppeltkohlensaure Kalk bildet.

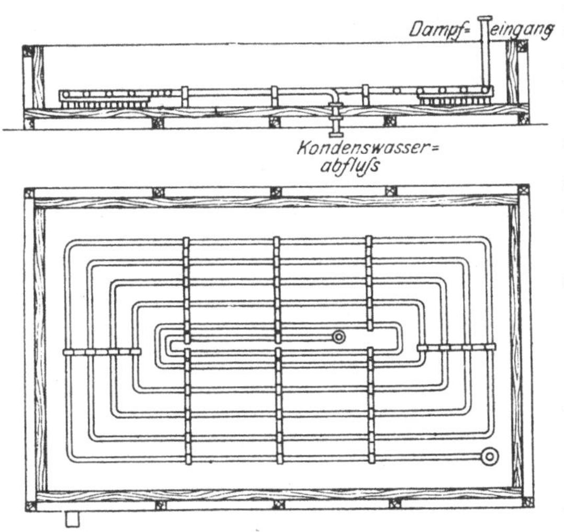

Fig. 126. Eindampfpfanne für das Glyzerinwasser.

Als billige Kohlensäurequelle hat man in einigen Fettspaltungsanlagen die Rauchgase zu verwenden versucht. Es liegt aber auf der Hand, daß die sehr unreinen, meist auch schwefelhaltigen Rauchgase selbst nach vorheriger Filtration kein geeignetes Mittel zur Glyzerinreinigung darstellen. Wenn dann obendrein die Filtrierungsvorrichtung für die Rauchgase nicht instand gehalten und mit den Absaugevorrichtungen auch Ruß angesaugt und durch die Glyzerinmasse getrieben wird, so ergeben sich unglaublich unreine Glyzerinwässer.

Dichte des Glyzerinwassers.

Die Glyzerinwässer, wie sie bei der Autoklavierung erhalten werden, haben, je nach der beim Autoklavieren angewendeten Wassermenge bzw. der Menge des während der Operation durchströmenden Dampfes und je nach der Art des gespaltenen Fettes, 2—5° Bé Dichte, was einem Glyzeringehalt von ungefähr 4—12% entspricht. Die in der Fachliteratur hie und da gemachten Angaben über die Dichte der von den verschiedenen Fettgattungen erhaltenen Glyzerinwässer haben keinerlei Wert, weil diese Dichte, wie schon bemerkt, von der Betriebsweise allzusehr beeinflußt wird.

Konzentrationsvorrichtungen.

Die Konzentration der vorgereinigten Glyzerinwässer erfolgt noch ziemlich häufig in offenen, mit Kupfer ausgeschlagenen und mit kupfernen Heizschlangen versehenen, möglichst flachen offenen Pfannen, wie sie Fig. 126 zeigt. Als Heizdampf verwendet man in der Regel Abdampf, und zwar nicht selten den, der während des Autoklavierungsprozesses dem Autoklaven ständig entnommen wird. Ist Abdampf zur Genüge vorhanden, so ist das Konzentrieren in offenen Pfannen wohl das einfachste. Die häufig gegen diese Konzentrationsmethode ins Treffen geführte Ansicht, wonach die Wasserdämpfe auch Glyzerin mitreißen, ist irrig, solange der Glyzeringehalt der zu konzentrierenden Glyzerinlösung nicht 70 % erreicht hat. Erst dann reißen die Wasserdämpfe Glyzerindämpfe mit, was man ganz deutlich auch durch den Geruch wahrnehmen kann. Dieser Geruch tut sich auch dann kund, wenn die Dampfschlange der Konzentriervorrichtung nicht vollständig mit Flüssigkeit bedeckt ist, so daß ein „Anbrennen“ der Flüssigkeit an den freiliegenden Teilen der Schlange stattfindet, ein Übelstand, der als schwere Betriebsnachlässigkeit zu bezeichnen ist.

Bei der in Fig. 127 dargestellten Eindampfungsvorrichtung, bei der sich das zu konzentrierende Glyzerinwasser im Troge T befindet, in dem

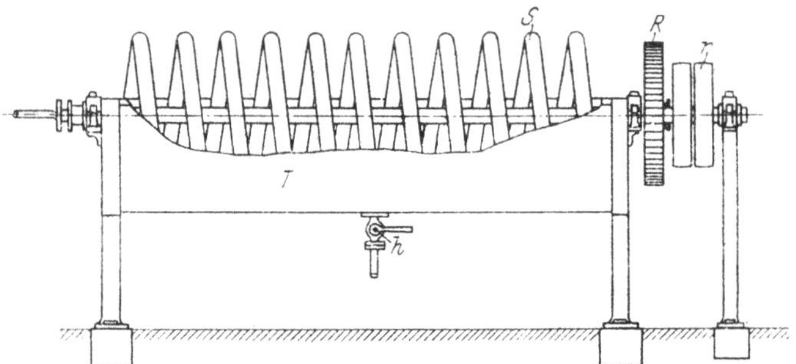

Fig. 127. Vorrichtung zum Konzentrieren des Glyzerinwassers.

sich eine mittels der Riemenscheibe r in Rotation versetzte Dampfschlange S bewegt, ist ein solches teilweises Anbrennen des Glyzerins nie ganz zu vermeiden. Die Wirkungsweise dieser Konzentrationsvorrichtungen ist nämlich derart, daß das Schlangenrohr S bei seiner Rotation durch Adhäsion haftendes Glyzerinwasser über das Flüssigkeitsniveau hebt, wo der durch das Schlangenrohr geleitete Dampf eine Verdampfung des Wassers (teilweise leider auch des Glyzerins) bewirkt. Ist die Konzentration des Troginhaltes bis zum gewünschten Grade vorgeschritten, so zieht man ihn durch den Hahn h ab.

Vakuumkonzentration. Dort, wo zum Konzentrieren des Glyzerinwassers Abdampf nicht zur Verfügung steht, wo also mit Frischdampf gearbeitet werden muß, kommen die verschiedenen Arten von Vakuumverdampfern in Betracht, in denen das eingedampfte Glyzerin heller bleibt als bei der offenen Konzentration. Über ihre Konstruktion siehe Band 4, Kapitel „Glyzerin“.

In dem Glyzerinwasser sind auch bei noch so guter Vorreinigung stets Salze gelöst, die teils als natürliche Verunreinigungen des zur Autoklavierung und zum Waschen der Autoklavenmasse verwendeten Wassers anzusehen sind, teils aber auch durch andere Umstände in das Wasser geraten. Wenn der Salzgehalt des Glyzerinwassers pro Liter in der Regel auch nicht besonders groß ist, so steigt er doch mit der Konzentration an und wird in dem fertig konzentrierten 26—28prozentigen Rohglyzerin stets eine ganz beachtenswerte Höhe erreichen. Ist der Mineralstoffgehalt der Glyzerinwässer schon von vornherein hoch, so fällt ein Teil der Salze während des Konzentrationsverlaufes aus, indem er die Wandungen der Konzentrationsgefäße und die Heizschlangen inkrustiert.

Das große Lösungsvermögen, das Glyzerin gegenüber den meisten Salzen zeigt (vergleiche Band 1, S. 66 und Band 4, Kapitel „Glyzerin") wirkt jedoch diesem Ausfallen wesentlich entgegen.

Betreffs der Konzentration und Reinigung der Glyzerinwässer sowie der näheren Eigenschaften und der Weiterverarbeitung des erhaltenen Rohglyzerins sei auf das Kapitel „Glyzerin" im 4. Bande verwiesen.

Über Autoklavierungsanlagen, die damit erzielten Ausbeuten und die Qualität ihrer Produkte.

Wenn man das S. 527 bis S. 601 Gesagte kurz zusammenfaßt, ergibt sich für die Autoklavenverseifung das auf S. 602 wiedergegebene Arbeitsdiagramm.

In den Tafeln VIII[1]) und IX[2]) sind Autoklavierungsanlagen vorgeführt, und zwar arbeitet die in Tafel VIII gezeigte Anlage fast ausschließlich mit verbleiten Holzbottichen, während die Anlage nach Tafel IX an deren Stelle verbleite Eisengefäße verwendet. Letztere lassen sich bequemer und ohne Raumverschwendung anordnen.

Der Arbeitsgang bei der in Tafel VIII vorgeführten Anlage ist wie folgt:

Das zu entglyzerinierende Fett wird in den Fettbehältern *C* aufgeschmolzen und durch Abstehenlassen geläutert. Das geklärte Fett fließt sodann in die Autoklaven *A A*, die von dem Dampfkessel *E* mit hochgespannten Dämpfen gespeist werden. Falls nicht nur mit Wasser, sondern auch unter Zuhilfenahme eines Spaltungsmittels gearbeitet wird, wird dieses in einem der eisernen Behälter *C* angerichtet und gemeinsam mit dem Fette in die Autoklaven fließen gelassen.

Nach beendeter Operation wird der Autoklaveninhalt durch den in dem Apparat herrschenden Druck in die im ersten Stockwerke befindlichen Ausblasgefäße *E* befördert, wo die Autoklavenmasse eine Zeitlang der Ruhe überlassen bleibt. Das sich dabei abscheidende Glyzerinwasser wird nach den Bottichen *F* abgezogen, während das Fett in die Bottiche *G* abgelassen wird. Hier erfolgt eine Kochung mit verdünnter Schwefelsäure, worauf die gebildeten Fettsäuren in den tiefer liegenden Bottichen *H* einer Wasserwaschung unterzogen werden. Die geklärten und von Mineralsäuren befreiten Fettsäuren werden dann in das Montejus *B* abgezogen, um von hier in jenen Raum befördert zu werden, wo ihre Weiterverarbeitung erfolgt.

---

[1]) Ausgeführt von der Firma Jos. Pauker & Sohn in Wien.

[2]) Ausgeführt von der Firma Wegelin & Hübner in Halle a. S.

Arbeits-schema.

Arbeits-Diagramm der Autoklavenverseifung.

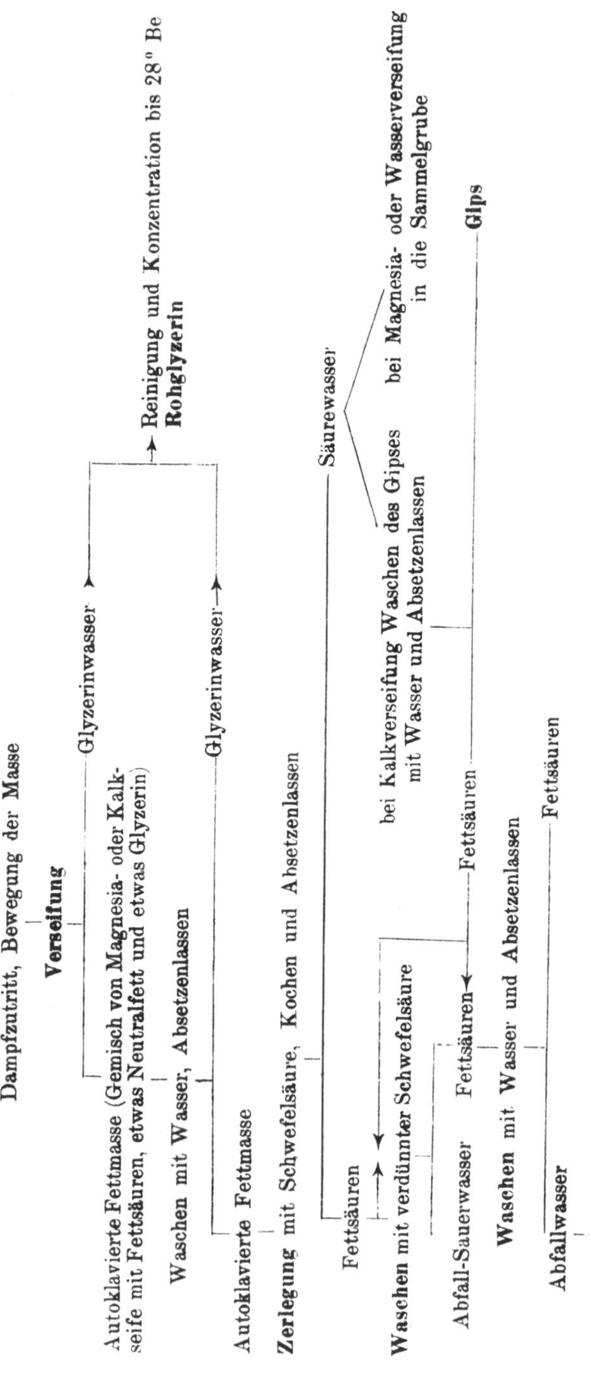

Das Glyzerinwasser, das in *F* aufgefangen wurde, wird in demselben Bottich gewöhnlich mit Kalkwasser, das man in *K* bereitet, gekocht und nach entsprechendem Abzetzenlassen in der offenen Eindampfpfanne *D* konzentriert.

Der Arbeitsgang bei der Anlage nach Tafel IX ist ganz ähnlich:

Die zu spaltenden Fette befinden sich hier in den Reservoiren *A*, das Spaltungsmittel in dem Bottich *B*. Das Fett und das Reagens werden von hier in die Autoklaven *C* fließen gelassen, von wo nach beendeter Operation die gespaltene Fettmasse samt dem Glyzerinwasser in die Ausblasgefäße *DE* gelangt. Das Glyzerinwasser wird nach erfolgtem Abstehenlassen in die Sammelgefäße *F* abgezogen, während die Fettmasse in die verbleiten Reservoire *G* kommt, wohin auch von dem Gefäße *J* aus Schwefelsäure geleitet wird. Nach dem Aufkochen der autoklavierten Masse mit Schwefelsäure werden die Fettsäuren in dem im ersten Stockwerke untergebrachten, in unserem Plane nicht gezeichneten Reservoir bis zur Entfernung der anhaftenden Schwefelsäurespuren gewaschen und sodann weiterverarbeitet.

Das Glyzerinwasser kommt von *F* in die Gefäße *K*, wo es einer Reinigung unterzogen, hierauf durch die Filterpresse *L* filtriert und in *M* gesammelt wird. Von hier aus gelangt es in die Vakuumdampfpfanne *N*, die mit der Naßluftpumpe *O* und dem Kondensator *P* in Verbindung steht.

Die bei der Autoklavenverseifung erhaltene Ausbeute an Fettsäuren und Glyzerin[1]) hängt von der Qualität der verarbeiteten Fette ab.

Ausbeute an Glyzerin.

Fette, die größere Prozentsätze freier Fettsäuren enthalten, müssen selbstverständlich eine geringere Glyzerinausbeute geben, weil das der Menge der vorhandenen freien Fettsäuren entsprechende Glyzerinquantum in solchen Fällen meist nicht zugegen ist, für die Glyzerinausbeute also nur die effektiven Prozente des vorhandenen Neutralfettes in Betracht kommen. Fette mit höherer Verseifungszahl geben natürlicherweise höhere Glyzerinausbeuten, ja, die Ausbeute an Glyzerin steigt im allgemeinen mit der Verseifungszahl gleichmäßig an. Kokos- und Palmkernöl (Verseifungszahl 256) geben daher weit mehr Glyzerin als Talg (Verseifungszahl 200).

an Fettsäuren.

Die Ausbeute an Fettsäuren hängt ebenfalls, wenn auch weniger als die an Glyzerin, von der Menge der in dem verarbeiteten Fette enthaltenen freien Fettsäuren ab; theoretisch sollten Fette mit großen Prozentsätzen freier Fettsäuren eine entsprechend größere Fettsäureausbeute geben als Neutralfette. Eine höhere Verseifungszahl bedingt eine kleinere Fettsäureausbeute, doch ist hier der Einfluß der größeren Verseifungszahl bei weitem nicht so ausgiebig wie beim Glyzerin, was sich übrigens leicht durch Betrachtung der allgemeinen Spaltungsgleichung (S. 523) und Einbeziehung des stöchiometrischen Verhältnisses erklärt.

Qualität der Produkte.

Das Autoklavenverfahren liefert bei sachgemäßer Handhabung sowohl hellfarbiges Glyzerin als auch verhältnismäßig helle Fettsäuren, die sich durch den fehlenden Kohlenwasserstoffgehalt (Unverseifbares) vorteilhaft von den sogenannten Destillatfettsäuren unterscheiden.

Die Autoklavierung wird besonders bei solchen Ölen und Fetten angewendet, deren ursprüngliche Reinheit eine Destillation der Fettsäuren

[1]) Siehe auch unter „Nachträge“.

Vor- und Nachteile des Autoklavenverfahrens.

(siehe S. 625) entbehrlich macht; sie fand aber in den letzten Jahren auch für minderwertige Fette, deren Fettsäuren jedenfalls einer Destillation unterzogen werden müssen, Anwendung, weil man beim Autoklavierungsprozesse auch der dunkelsten und unreinsten Fette zum wenigsten gutbrauchbares Glyzerin (Saponifikatglyzerin) erhält, was besser bezahlt wird, als das bei der S. 604—680 besprochenen Schwefelsäureverseifung resultierende Glyzerin (Destillatglyzerin), wie man außerdem auch das Autoklavieren häufig mit dem Sulfurieren kombiniert (gemischtes Verseifungsverfahren, siehe S. 675).

Über die Vor- und Nachteile des Autoklavenverfahrens im Vergleiche mit denen bei anderen Spaltungsmethoden erzielten, über die Rentabilität der Autoklavierung und einschlägigen Fragen siehe S. 717—720.

2. Spaltung der Fette mittels Schwefelsäure. (Schwefelsäure-Verseifung.)

Allgemeines.

Wie auf S. 469—480 dieses Bandes ausführlich erläutert wurde, tritt beim Einrühren von Schwefelsäure in Öle und Fette eine mehr oder weniger starke Temperaturerhöhung unter Bildung komplizierter Sulfosäuren und Glyzerinschwefelsäure ein, welche beiden Verbindungen beim Kochen mit Wasser in ihre Komponenten — Fettsäure und Glyzerin einerseits, Schwefelsäure andererseits — zerfallen.

Von diesem Prozesse macht man in der Fettindustrie nicht nur den bereits im 9. Kapitel besprochenen Gebrauch (Herstellung von Textilölen), sondern auch um Neutralfette industriell zu spalten, und zwar besteht das heute angewandte technische Verfahren in der Hauptsache darin, daß man das Fett bei ungefähr 120° C mit 4—6% konzentrierter Schwefelsäure von 66—67° Bé durch kurze Zeit innig mischt und hierauf schnell und gründlich mit Wasser aufkocht, wobei sich die freigewordene Fettsäure abscheidet, während das Glyzerin in das Unterwasser übergeht.

Die erhaltenen Fettsäuren sind leider auch durch Verkohlungsprodukte, die bei der Einwirkung der Schwefelsäure auf die Fette nebenher gebildet werden, verunreinigt und so dunkel gefärbt, daß sie in dieser Form nicht zu Seifen oder Stearin weiterverarbeitet werden können, vielmehr einem Reinigungsprozesse unterworfen werden müssen, der aus einem Überdestillieren der unreinen Fettsäure unter Mithilfe von überhitztem Wasserdampf besteht.

Destillatprodukte.

Der Umstand, daß der Schwefelsäureverseifung jedenfalls eine Destillation der Fettsäuren folgen muß, hat für die Produkte der Schwefelsäureverseifung einen nicht ganz zutreffenden Sprachgebrauch gezeitigt. Stearin, Elain und Glyzerin, die von der Schwefelsäureverseifung herrühren, nennt man nämlich im Handel Destillatstearin, -Olein (-Elain) und -Glyzerin. Bei Stearin und Olein (Elain) mag diese Bezeichnung ganz gerechtfertigt sein, bei Glyzerin ist sie dagegen nicht am Platze, weil das von der Schwefelsäureverseifung herrührende, unter dem Namen Destillatglyzerin gehandelte Rohglyzerin mit einer Destillation noch durchaus nichts zu tun hatte, wie andererseits alle reineren Sorten von Glyzerin, gleichgültig, ob sie von dem Autoklavenverfahren oder von einer anderen Fettspaltungsmethode stammen, eine Destillation durchmachen müssen.

Die Notwendigkeit einer Destillation läßt die Schwefelsäureverseifung besonders für solche Fette geeignet erscheinen, die auch beim Autoklavieren unreine oder stark gefärbte Fettsäuren liefern würden (z. B. Knochenfett, Palmöl) und die jedenfalls einer Reinigung (Destillation) unterzogen werden müssen, falls man sie auf Stearin oder helle Seifen weiterverarbeiten will.

Größere Ausbeute an festen Fettsäuren.

Der Schwefelsäureprozeß dient aber nicht nur ausschließlich der Fettspaltung, sondern wird vielfach auch benutzt, um einen Teil der in den Fetten enthaltenen flüssigen Fettsäuren in feste Form zu überführen, damit man sich also bei der Verarbeitung der Fettsäuren auf Stearin eine höhere Ausbeute an Kerzenmaterial sichere. Konzentrierte Schwefelsäure übt nämlich auf die Glyzeride der gesättigten Säuren lediglich eine spaltende Wirkung aus, auf Glyzeride der ungesättigten Säuren (Ölsäuren) wirkt sie zum Teil auch oxysäure- und laktonbildend ein (vergleiche S. 610) und verwandelt die flüssige Ölsäure teilweise in feste, als Kerzenmaterial verwendbare Produkte. Von dieser Erscheinung macht man in der Stearintechnik auch in der Weise Gebrauch, daß man die autoklavierte Fettsäure mit konzentrierter Schwefelsäure nachbehandelt (sulfuriert, azidifiziert), um einen Teil der darin enthaltenen Ölsäure in feste Fettsäure zu überführen. Dieses kombinierte Verseifungssystem ist heute fast in allen Stearinfabriken, die über eine Destillationsanlage verfügen, in Anwendung. Man verzichtet dabei auf jede Glyzeringewinnung aus der Sulfuration und gewinnt nur das Autoklavenglyzerin (Saponifikatglyzerin), erzielt dafür aber eine bessere Gesamtausbeute an Stearin und Fettsäure als bei Wegfall der Autoklavierung und ausschließlicher Anwendung der Schwefelsäureverseifung; bei dem kombinierten (gemischten) Verfahren tritt nämlich einerseits eine teilweise Umwandlung der Ölsäure in feste Fettsäure ein, andererseits genügen hierfür schon geringe Schwefelsäuremengen, so daß die als Begleiterscheinung des Sulfurierungsprozesses auftretende teilweise Verkohlung der Fette sich in wesentlich schwächerer Form einstellt. (Siehe S. 675—680.)

Kombiniertes Verseifungssystem.

Nur bei minderwertigen Fetten (Abfallfetten), bei denen der Autoklavierungsprozeß von vornherein kein günstiges Resultat verspricht, läßt man heute die Autoklavierung fortfallen und arbeitet direkt nach der Schwefelsäuremethode.

Geschichtliches.

Die ersten Beobachtungen über das Verhalten der Fette gegen Schwefelsäure machte Achard im Jahre 1777. Er beobachtete, daß beim Ver-

Geschichte der Schwefelsäure-verseifung.

mischen konzentrierter Schwefelsäure mit fetten Ölen ein Erhitzen und Aufschäumen erfolgt, daß sich schweflige Säure bildet, die aus dem Fettsäuregemenge entweicht, und daß das Fett selbst teilweise verkohlt, in Weingeist löslich wird und einen bitteren Geschmack annimmt.

Später (1829) beschäftigte sich Lefèvre mit der gleichen Frage der Schwefelsäureeinwirkung und sprach schon von einer wahrscheinlichen Umwandlung von Talg in Fettsäure. Einige Klarheit über die beim Zusammenbringen von Schwefelsäure und Fett entstehende Reaktion haben aber erst Frémys Untersuchungen gebracht. Seine am 9. Mai 1836 der Pariser Akademie der Wissenschaften überreichte Abhandlung berichtet, daß beim Behandeln der Fette mit Schwefelsäure Glyzerinschwefelsäure und Sulfofettsäure gebildet würden und daß kochendes Wasser diese Verbindungen in Schwefelsäure und Glyzerin bzw. Fettsäuren zerlege[1]).

Obwohl schon Frémy in seiner ersten Abhandlung darauf hinwies, daß die Spaltung der Fette durch Schwefelsäure vielleicht Verwertung in der Industrie finden könnte, ging er selbst auf die Sache nicht näher ein, überließ es vielmehr anderen, aus seinen Beobachtungen praktischen Nutzen zu ziehen. Vor allem waren es die Engländer George Delianson Clark[2]), William Coley Jones[3]), W. C. Jones und George Ferg. Wilson[4]), G. F. Wilson und George Gwynne[5]) und G. F. Wilson, George Gwynne und James Pillans Wilson[6]), die sich die Zersetzung der Fette durch Schwefelsäure patentieren ließen. Die Erfinder reussierten aber nicht, weil die erhaltenen Fettsäuren nicht von jener Reinheit waren, daß sie durch einfaches Abpressen hätten in Ölsäure verwandelt werden können, und ein passendes Reinigungsverfahren nicht gefunden wurde. Erst als man gelernt hatte, die Fettsäuren durch überhitzten Wasserdampf zu destillieren, war der Schwefelsäureverseifung der Weg geebnet.

Die Schwierigkeiten, die das Verfahren bei der praktischen Anwendung bot, wurden nur ganz allmählich überwunden. So war bei der Pariser Ausstellung vom Jahre 1859 unter 61 Firmen, die Fettsäuren exponierten, nur eine einzige (die Price Patent Candle Company), die ausschließlich nach der Schwefelsäureverseifung arbeitete. Andere 16 Firmen kannten zwar die Schwefelsäureverseifung, wendeten sie aber nur für ganz geringe Fettsorten ausnahmsweise an. Sieben Jahre später waren auf der Londoner Weltausstellung von den 100 Ausstellern der Stearinbranche bereits

---

[1]) Vergleiche Monit. scient. 1878, Nr. 440, S. 898; Chem. News 1878, 38, Nr. 974, S. 45; Dinglers polyt. Journ., Bd. 230, S. 171; Chem. Industrie 1878, Nr. 10, S. 338; Wochenschr. f. d. Öl- und Fettwarenhandel 1878, Nr. 36, S. 28.

[2]) Engl. Patent Nr. 8686 v. 5. Nov. 1840.

[3]) Engl. Patent Nr. 9510 v. 8. Nov. 1842.

[4]) Engl. Patent Nr. 9542 v. 8. Dez. 1842.

[5]) Engl. Patent Nr. 10000 v. 28. Dez. 1843 und Nr. 10191 v. 20. Mai 1844.

[6]) Engl. Patent Nr. 10371 v. 31. Okt. 1844.

40 zu verzeichnen, die sich die Schwefelsäureverseifung zu eigen gemacht hatten, und nur 7 davon arbeiteten nebenher noch nach dem Kalkverfahren [1]).

Heute wird das Schwefelsäureverfahren fast in allen größeren Betrieben der Stearinbranche angewendet, und zwar in Verbindung mit der Autoklavenverseifung (gemischtes Verseifungssystem), welche Kombination, wie bereits bemerkt und weiter unten (S. 675—680) noch des näheren ausgeführt wird, namhafte Vorteile bietet.

Theorie der Schwefelsäureverseifung.

Theorie des Säuerungsprozesses.

Mit dem Studium des Prozesses, der sich beim Zusammenbringen konzentrierter Schwefelsäure mit Ölen und Fetten abspielt, hat sich eine stattliche Reihe von Forschern beschäftigt, ohne daß bis heute der genaue Verlauf der Reaktion in allen Einzelheiten aufgeklärt worden wäre.

Die Temperaturerhöhung, die beim Vermischen von Schwefelsäure mit Ölen auftritt, haben Maumené [2]), Fehling, Casselmann [3]), Allen [4]), Archbutt u. a. näher studiert, und Maumené hat diese Erscheinung sogar als analytischen Behelf (verschiedene Öle erwärmen sich in verschieden intensiver Weise, trocknende mehr als nicht trocknende) in Vorschlag gebracht. Mitchell [5]), allein und im Verein mit Hehner, Thompson und Ballantyne [6]), Jenkins [7]), Richmond [8]), Ellis [9]), Jean [10]), Shermann, Danziger und Kohnstamm [11]), Tortelli [12]), Richter [13]) und Bishop [14]) haben diese Untersuchungsmethode zu vervollständigen versucht, doch ist sie trotz aller Bemühungen noch zu keiner exakten Methode ausgearbeitet worden und hat allmählich an Interesse verloren.

Den Prozeß, dessen Folge die Temperaturerhöhung ist, haben Frémy [15]), Müller-Jacobs [16]), Liechti und Suida [17]), Schmidt [18]), Ssabanjeff [19]),

---

[1]) Staß, Bericht über die Londoner Industrieausstellung vom Jahre 1892.

[2]) Compt. rendus, Bd. 35, S. 572 und Bd. 92, S. 721.

[3]) Zeitschr. f. analyt. Chemie 1881, Bd. 6, S. 484.

[4]) Monit. scient., Bd. 14, S. 725; Analyst 1895, S. 147.

[5]) Journ Soc. Chem. Ind. 1897, Bd. 16, S. 194; Analyst 1901, Bd. 26, S. 169.

[6]) Journ. Soc. Chem. Ind. 1891, Bd. 10, S. 234.

[7]) Journ. Soc. Chem. Ind. 1897, Bd. 16, S. 194.

[8]) Zeitschr. f. angew. Chemie 1895, S. 300.

[9]) Journ. Soc. Chem. Ind. 1886, S. 150 und 361.

[10]) Chem. Ztg. Rep. 1889, S. 306; Journ. Pharm. Chim. 1889, S. 337.

[11]) Journ. Amer. Chem. Soc. 1901, Bd. 24, S. 266.

[12]) Chem. Ztg. 1905, S. 530.

[13]) Zeitschr. f. angew. Chemie 1907, S. 1605.

[14]) Journ. Pharm. Chem., Bd. 20, S. 302.

[15]) Liebigs Annalen, Bd. 19, S. 296; Bd. 20, S. 50; Bd. 33, S. 10.

[16]) Dinglers polyt. Journ., Bd. 251, S. 449 u. 547; Bd. 253, S. 473; Bd. 254, S. 302.

[17]) Mitteilungen des technol. Gewerbemuseums Wien, Bd. I, S. 31 und 59.

[18]) Dinglers polyt. Journ., Bd. 250, S. 543; Bd. 251, S. 547; Bd. 254, S. 302 und 346.

[19]) Berichte d. Deutsch. chem. Gesellsch., Bd. 19, S. 239, Ref.

Saytzeff[1]), Benedikt und Ulzer[2]), Scheurer-Kestner[3]), Geitel[4]), Juillard[5]), Wolff[6]), Herbig[7]), Lochtin[8]), Dubovitz[9]) u. a. zu ergründen versucht, doch sind deren Ansichten, wie schon oben bemerkt erscheint, nicht die gleichen. Es wurde darüber sowohl auf S. 130—133 in Band 1 als auch S. 469—486 in diesem Bande berichtet. Wie dort ausgeführt wurde, ist der Reaktionsverlauf bei Rizinusöl ein anderer als bei den übrigen fetten Ölen. Gleichwie bei Rizinusöl, zeigen sich aber auch hier, je nach der während der Einwirkungsdauer eingehaltenen Temperatur, Verschiedenheiten in dem Prozeßverlaufe. Spielen sich bei Einhaltung mäßiger Temperatur (jedenfalls unterhalb der Siedehitze) jene Prozesse ab, die Herbig auf S. 471 dieses Bandes beschreibt, so bewirkt die Schwefelsäure bei höherer Temperatur (120° C) wohl etwas andere Spaltungen der Triglyzeride.

Frémy[10]) erklärte bekanntlich den bei der Schwefelsäureverseifung stattfindenden Prozeß als eine Bildung von Sulfofettsäure und Glyzerinschwefelsäure, welche Verbindungen sich mit Wasser zu einer vollkommenen Emulsion vereinen und beim Kochen in Schwefelsäure einerseits und Fettsäure und Glyzerin andererseits zerfallen.

Ansicht Stohmanns.

Stohmann[11]) hat gegen diese Frémysche Hypothese mehrere Einwürfe erhoben, und zwar behauptet er:

1. daß eine Sulfostearin- und Sulfopalmitinsäure nicht existiere;

2. daß die Bildung von Sulfoverbindungen nur durch Verwendung konzentriertester Schwefelsäure erfolgen könne, während für die Fettspaltung auch schon eine Säure von 40° Bé (entsprechend 48° H_2SO_4) genüge;

3. daß für 100 Teile Tristearin zur Sulfurierung theoretisch 44 Teile H_2SO_4 erforderlich seien, während man in Wirklichkeit aber nur ungefähr ein Achtel dieser Menge verbrauche.

Stohmann ist daher der Ansicht, daß die gesamte Menge der vorhandenen Säure zunächst einen Teil des Fettes beeinflusse und diesen in freie Fettsäuren und Glyzerinschwefelsäure spalte. Letztere zerlege sich durch den Hinzutritt neuer Wassermoleküle wiederum in Glyzerin und Schwefelsäure, die sodann auf einen weiteren Teil des Fettes unter abermaliger Bildung freier Fettsäuren und Glyzerinschwefelsäure wirke. Diese

[1]) Berichte d. Deutsch. chem. Gesellsch., Bd. 19, S. 541.
[2]) Zeitschr. f. chem. Ind. 1887, S. 298.
[3]) Bull. Soc. Ind., Mülh. 1891, S. 53.
[4]) Journ. f. prakt. Chemie 1888, S. 13.
[5]) Arch. des sciences phys. et natur. de Genève 1890, S. 134.
[6]) Chem. Revue 1897, S. 103.
[7]) Färberztg. 1902, S. 277; 1903, S. 293, 309 und 422; 1904, S. 21 und 37.
[8]) Dinglers polyt. Journ., Bd. 275, S. 594.
[9]) Seifensiederztg., Augsburg 1908, S. 728.
[10]) Compt. rendus v. 9. Mai 1836.
[11]) Muspratts Chemie, 4. Aufl., Bd. 5, S. 128.

zerfalle wieder in ihre Komponenten, deren eine fettspaltend wirke, bis schließlich die gesamte Fettmenge in Fettsäuren und Glyzerin gespalten sei.

Stohmann sagt übrigens, daß nicht einmal diese Annahme der intermediären Bildung von Glyzerinschwefelsäure für die Erklärung des Prozesses notwendig sei, daß man diesen vielmehr einfach als einen hydrolytischen Prozeß aufzufassen brauche, bei dem die Säure wasserübertragend wirke, ohne dabei selbst eine Veränderung zu erfahren.

Katalysatorische Wirkung.

In der Tat fällt der Säure in erster Linie mehr die Rolle eines Katalysators[1]) (vergleiche S. 104 und 105 des 1. Bandes) zu, denn sie nimmt in rein chemischem Sinne an der Fettspaltung keinen Anteil.

Auch Bock[2]) ist der Meinung, daß die gesäuerten Fettmassen weder Sulfosäuren noch freie Fettsäuren enthalten, sondern unverändertes Neutralfett darstellen.

Veränderung der Ölsäure durch Schwefelsäureeinwirkung.

Soviel diese Ansichten auch für sich haben mögen, können sie doch nicht als vollkommen zutreffend bezeichnet werden, denn mit den Triglyzeriden der ungesättigten Säuren geht die Schwefelsäure zweifellos Sulfoverbindungen ein. Dabei ist besonders die Reaktion, die bei der Einwirkung von Schwefelsäure auf Ölsäure und ihre Glyzeride eintritt, von Interesse, während eine Reaktion der weniger gesättigten Fettsäuren nicht weiter erörtert zu werden braucht, weil diese Fälle in der Stearinfabrikation doch nur selten vorkommen, es sei denn bei der Verseifung von Tranen, die bekanntlich Triglyzeride von Fettsäuren darstellen, die zu einer weniger gesättigten Fettsäurereihe gehören als die Ölsäure.

Die Einwirkung der Schwefelsäure auf die Ölsäure erfolgt hauptsächlich gegen das Ende der Operation zu, wo durch den bei dem Spaltungsprozeß bedingten Wasserverbrauch die Schwefelsäure schon sehr konzentriert geworden ist.

Die Reaktion der Schwefelsäure auf Triolein kann durch folgende einfache Gleichung erklärt werden, die in Wirklichkeit nach Liechti und Suida sowie Müller-Jacobs (siehe S. 471 dieses Bandes) allerdings etwas komplizierter verläuft:

$$\underset{\text{Triolein}}{(C_{17}H_{34}COO)_3C_3H_5} + \underset{\text{Schwefelsäure}}{H_2SO_4} = \underset{\text{Oleinschwefelsäure}}{C_{17}H_{34}SO_4HCOOH} + \underset{\text{Glyzerinschwefelsäure.}}{C_3H_5\begin{cases}OH\\OH\\SO_3OH\end{cases}}$$

Nach E. Twitchell[3]) erleidet Linolsäure durch konzentrierte Schwefelsäure eine ganz ähnliche Verwandlung wie Ölsäure, und zwar ist das Linolsäure-Reaktionsprodukt in Petroläther genau so unlöslich wie das der Ölsäure,

[1]) Vergleiche Lewkowitsch, Chem. Technologie und Analyse der Fette, Braunschweig 1905, Bd. 1, S. 46 u. 47 (Hydrolyse der Fette mittels Salzsäure) und Kellner (Chem. Ztg. 1909, S. 993). — Siehe auch „Nachträge".

[2]) Näheres darüber siehe S. 105, Bd. 1.

[3]) Journ. Chem., Bd. 16, S. 1002.

während konzentrierte Schwefelsäure bei gewöhnlicher oder nicht zu hoher Temperatur auf gesättigte Fettsäuren (Palmitin- und Stearinsäure) nicht einwirkt.

Olein-schwefel-säure.

Die Oleinschwefelsäure zerfällt beim Kochen mit Wasser in Schwefelsäure und Oxystearinsäure:

$$\underset{\text{Oleinschwefelsäure}}{C_{17}H_{34}SO_4HCOOH} + \underset{\text{Wasser}}{H_2O} = \underset{\text{Schwefelsäure}}{H_2SO_4} + \underset{\text{Oxystearinsäure}}{C_{17}H_{34}\langle{}^{OH}_{COOH}}$$

Glyzerin-schwefel-säure.

wie sich auch die Glyzerinschwefelsäure in ihre Komponenten spaltet:

$$\underset{\text{Glyzerinschwefelsäure}}{C_3H_5\begin{cases}OH\\OH\\SO_4H\end{cases}} + \underset{\text{Wasser.}}{H_2O} = \underset{\text{Glyzerin}}{C_3H_5(OH)_3} + \underset{\text{Schwefelsäure.}}{H_2SO_4}$$

Wie Liechti und Suida sowie Müller-Jacobs nimmt auch Geitel[1]) an, daß die bei der Schwefelsäureverseifung stattfindende Reaktion etwas komplizierter ist, als oben angenommen. Nach Geitel bildet sich bei der Einwirkung von Schwefelsäure auf Triolein vorwiegend der neutrale Stearinschwefelsäure-Glyzerinäther:

$$\begin{bmatrix} C_{15}H_{31}\cdot CH_2\cdot CH\cdot COO \\ \qquad\qquad SO_4 \\ C_{15}H_{31}\cdot CH_2\cdot CH\cdot COO_3 \end{bmatrix}(C_3H_5)_2$$

der sehr unbeständig ist und durch Wasseraufnahme schließlich zum größten Teile in Alfa-Oxystearinsäure übergeht.

Vorteile der Schwefel-säure-verseifung.

Die Umwandlung der Ölsäure in Oxystearinsäure, die bei der Schwefelsäureverseifung stattfindet, erklärt die größere Ausbeute an festen Säuren, die dieses Spaltungsverfahren gegenüber anderen Methoden gibt.

Man macht von dieser Reaktion nicht nur bei den bereits flüchtig erwähnten (S. 605) und weiter auf S. 675 näher beschriebenen gemischten Verseifungsmethoden Gebrauch, sondern verwendet sie auch zur direkten Umwandlung von Ölsäure in Kerzenmaterial.

In beiden Fällen obliegt der Schwefelsäure nur die Spaltung eines wenige Prozente betragenden Restes von Neutralfett, ihre Hauptaufgabe ist, die in den autoklavierten Fettsäuren (beim kombinierten Verfahren) oder in der technischen Ölsäure (Überführung der Ölsäure in Kerzenmaterial) enthaltenen ungesättigten Säuren in Oxyverbindungen gesättigter Säuren zu überführen.

Der Prozeß läßt sich durch die folgende — in Wirklichkeit etwas kompliziertere (siehe S. 471) — Gleichung ausdrücken:

$$\underset{\text{Ölsäure}}{C_{17}H_{33}COOH} + \underset{\text{Schwefelsäure}}{H_2SO_4} = \underset{\text{Sulfoölsäure}}{C_{17}H_{34}\langle{}^{COOH}_{SO_4H}}$$

[1]) Journ. f. prakt. Chemie, Bd. 37, S. 33.

$$C_{17}H_{34}\left\langle\begin{matrix}COOH\\SOH\end{matrix}\right. + H_2O = C_{17}H_{34}\left\langle\begin{matrix}COOH\\OH\end{matrix}\right. + H_2SO_4$$

Sulfoölsäure **Wasser** **Oxystearinsäure** **Schwefelsäure.**

Bei der Destillation, die notwendigerweise der Sulfurierung folgen muß, geht leider die Oxystearinsäure[1]) zum größten Teil in Isoölsäure über, der als Kerzenmaterial nicht jener Wert zukommt wie der Oxystearinsäure.

Die sekundären Prozesse, die sich bei der Schwefelsäureverseifung abspielen und eine gewisse Menge von schwefliger Säure frei werden lassen, laufen zum Teil auf eine Verkohlung von Verunreinigungen, Zellgeweben usw. hinaus, teils auf eine weitergehende Zersetzung der Fette selbst.

Praktische Durchführung der Schwefelsäureverseifung.

Bei der praktischen Ausführung der Schwefelsäureverseifung muß man unterscheiden:

1. die eigentliche Schwefelsäureverseifung, deren Durchführung wiederum in zwei Phasen zerfällt, nämlich:
   a) die Behandlung der Fette mit Schwefelsäure — die sogenannte Säuerung oder Azidifikation —, und
   b) das Kochen und Waschen des gesäuerten Fettes,
2. die Destillation der Fettsäuren und
3. die Aufarbeitung des Glyzerinwassers.

1. Die eigentliche Schwefelsäureverseifung.

a) Die Säuerung (Azidifikation).

Der Verlauf und das Endresultat des Säuerungsprozesses hängen von vier Faktoren ab:

1. von der Konzentration und der Menge der Schwefelsäure,
2. von der Höhe der Temperatur,
3. von der Dauer der Einwirkung und
4. von der Innigkeit der Durchmischung.

Konzentration der Schwefelsäure.

Den Einfluß der Konzentration der Schwefelsäure hat Lewkowitsch[2]) näher untersucht. Er fand, daß mit abnehmender Stärke der Säure nicht nur der Verlauf der Fettspaltung langsamer, sondern auch unvollständig wird. Die angewandte Säuremenge betrug 4% und es ergab sich bei Säuren von verschiedener Konzentration nach 1—22stündigem Aufkochen des Reaktionsgemisches mit Wasser:

---

[1]) Der kleine Teil der Oxystearinsäure, der bei der Destillation unverändert übergeht, geht nach Dubovitz beim Abpressen der Fettsäuren sonderbarerweise ins Olein über. (Einiges über die Azidifikation und Destillation von Fettsäuren und über Destillatolein, Seifensiederztg., Augsburg 1908, S. 728.)

[2]) Lewkowitsch, Chem. Technologie und Analyse der Fette, Öle und Wachse, Braunschweig 1905. Bd. 1, S. 49.

Einwirkungsdauer der Säure	Prozentueller H_2SO_4 - Gehalt der Säure						
	98	90	85	80	70	60	50
	Prozente der gebildeten Fettsäuren						
1 Stunde	42,1	37,2	34,1	31,6	15,5	6,2	6,2
2 Stunden	65,1	47,7	45,2	45,2	16,7	6,2	6,2
3 „	79,3	57,6	50,8	57,6	17,9	6,2	6,2
4 „	83,7	65,1	62,6	65,1	18,3	6,2	6,2
5 „	88,6	72,5	68,2	73,1	18,6	—	6,8
6 „	91,7	76,0	73,1	75,4	20,3	—	—
7 „	91,7	80,0	75,0	79,3	24,8	—	—
8 „	92,3	81,8	76,2	80,6	26,5	—	—
9 „	93,0	83,6	79,4	83,7	28,5	—	—
10 „	92,3	86,2	84,3	85,5	31,0	—	—
11 „	93,0	88,0	84,9	87,4	32,6	—	—
12 „	93,6	86,8	89,3	88,6	34,7	—	—
13 „	93,6	88,6	89,3	89,0	35,4	—	—
14 „	93,0	88,6	89,3	89,9	37,0	—	—
15 „	93,6	89,0	89,9	89,9	39,0	—	—
16 „	93,6	90,5	89,9	89,9	40,1	—	—
17 „	—	90,5	89,9	—	42,7	—	—
18 „	—	—	—	—	45,2	—	—
19 „	—	—	—	—	46,5	—	—
20 „	—	—	—	—	47,7	—	—
21 „	—	—	—	—	47,7	—	—
22 „	—	—	—	—	47,7	—	—

Menge der Säure.

Die Menge der in der Praxis der Schwefelsäureverseifung angewendeten Säure ist sehr verschieden. Der Theorie der Sulfosäurebildung nach wären zur vollständigen Verseifung des Fettes 11% Schwefelsäure erforderlich, wenn man in Wirklichkeit mit weit geringeren Mengen eine Fettspaltung erreicht, ist dies ein Beweis dafür, daß die Schwefelsäure die Verseifung einleitet und daß der Rest des Fettes durch längeres Kochen mit dem Säurewasser gespalten wird.

Temperatur und Einwirkungsdauer.

Anfangs arbeitete man mit sehr großen Mengen Schwefelsäure (40% Säure von 66° Bé) und bei einer Temperatur von 86—92° C, wobei die Reaktionsdauer 24—36 Stunden betrug. Wegen der dabei erfolgenden teilweisen Verkohlung des Fettes suchte man den Schwefelsäurezusatz allmählich zu vermindern, dafür aber die Temperatur auf 100—115° C zu erhöhen. Aber auch dabei waren die Ausbeuteverhältnisse sehr ungünstig und fortgesetzte Verbesserungsversuche führten zu der Schwefelsäureverseifung mit nur sehr kurzer Einwirkungsdauer auf das Fett.

De Milly und Frémy versuchten, das Dunkelwerden der Verseifungsprodukte durch Verwendung stark verdünnter Schwefelsäure und Arbeiten bei niedriger Temperatur, bei gleichzeitiger Ausdehnung der Reaktionsdauer, zu vermeiden. Später hat man dann gerade unter den umgekehrten Umständen zu arbeiten versucht, indem man konzentrierte Säure und hohe Temperaturen anwandte, dafür aber die Reaktionsdauer auf nur 2—3 Minuten beschränkte.

Daß schon eine kurze Berührung der Schwefelsäure mit den Fetten zu deren Spaltung genügt, hatten bereits Braconnot, Chevreul und Frémy erkannt. Knab versuchte im Jahre 1854 diese Erkenntnis praktisch zu verwerten, indem er das Schwefelsäureverfahren dahin modifizierte, daß die Einwirkungsdauer der Säure auf das Fett nur 1 Minute betrug. Er erwärmte das Fett vorher auf 120° C und goß nach der ca. 1 Minute dauernden Vermengung der Säure mit dem Öle das Reaktionsgemisch in siedendes Wasser. Dabei betrug die Menge der angewandten Schwefelsäure ursprünglich 50%, doch wurde dieser Prozentsatz später wesentlich verringert, und zwar bis auf 4—6%, unter gleichzeitiger Erhöhung der Einwirkungsdauer auf 2 Minuten.

Die nach dem Kochen der Reaktionsmasse erhaltenen Fettsäuren sollten sich nach Knabs Angaben von den bei der gewöhnlichen Arbeitsweise erhaltenen dadurch unterscheiden, daß die die Färbung bewirkenden Zersetzungsprodukte in der Ölsäure vollständig löslich sind und daher mit dieser abgehen, wenn man das erhaltene Fettsäuregemisch preßt, eine Destillation also entbehrlich machen.

Das Verfahren hat das vom Erfinder Versprochene nicht gehalten, und die Sulfurierung ohne Destillation ist bis heute ein frommer Wunsch geblieben.

Die Säuerung bei hoher Temperatur vorzunehmen oder größere Quantitäten Schwefelsäure zu verwenden, ist nicht ökonomisch. Es erfolgt hier zwar eine ausgiebige Schmelzpunkterhöhung der Masse, doch steigt damit auch die Säureteerbildung, so daß dabei ein eigentlicher Vorteil nicht erreicht wird.

Durchmischungsintensität.

Daß neben der Schwefelsäuremenge, Temperaturhöhe und Reaktionsdauer auch die Intensität der Durchmischung der Schwefelsäure mit dem Fette auf den Endeffekt des Prozesses von großem Einflusse ist, versteht sich von selbst. Einige Fachleute (z. B. Petit) behaupten, daß die bei der Sulfuration zu beobachtende Teerbildung (Säureteer) um so geringer sei, je inniger das Fett mit der Säure gemischt wird.

Azidifikationsapparate.

Die Apparate, worin die Azidifikation vorgenommen wird, sind gewöhnlich aus Gußeisen hergestellt und müssen den folgenden Bedingungen entsprechen:

Sie müssen eine gründliche Durchmischung des Fettes mit der Schwefelsäure gewährleisten, eine leicht regulierbare Erhitzung der Masse gestatten und sich sehr rasch entleeren lassen.

Misch-vorrichtung.

Das Durchmischen können sowohl mechanische Rührer als auch komprimierte Luft besorgen.

Erwärmung

Die Erwärmung des Apparatinhaltes muß man ganz in der Hand haben, um einerseits ein Überhitzen des Fettes zu vermeiden und andererseits ein möglichst schnelles Anwärmen der frisch eingebrachten Fettmasse bewirken zu können. Die Erwärmung des Apparates erfolgt entweder durch geschlossene Dampfschlangen oder aber durch einen Dampfmantel, mit dem man den Apparat versieht.

Entleerung.

Die rasche Entleerung ist erforderlich, um nach eingetretener Spaltung des Fettes das Reaktionsgemisch sofort in Wasser bringen zu können, damit jede unnötige Verlängerung der Einwirkungsdauer der Schwefelsäure auf das Fett vermieden werde. Für die rasche Entleerung sorgt man durch entsprechend große Entleerungsöffnungen.

Die Azidifikationsapparate sind außer den genannten Armaturstücken gewöhnlich noch mit einem Thermometer ausgestattet und mit einem Dunstabzugsrohr versehen, das die sich während der Operation bildenden Gase von schwefliger Säure ins Freie führt.

Die Behälter, in denen die Vermischung des Fettes mit der Schwefelsäure erfolgt, sind entweder aus Gußeisen gefertigt oder es sind verbleite Holz- oder Eisengefäße.

Einfache Konstruktionen.

Rosauer[1]) legt großen Wert auf die Einfachheit der Konstruktion der Azidifikationsgefäße und empfiehlt für diesen Zweck gewöhnlich offene gußeiserne oder verbleite Holzgefäße, die mit einem nicht zu schnell rotierenden mechanischen Rührwerk versehen und mit einem verbleiten Holzdeckel bedeckt sind, der Fettverlusten durch Verspritzen vorbeugt. Dieser Holzdeckel trägt ein ins Freie mündendes Abzugsrohr für die entweichende schweflige Säure.

Rosauer zieht diese sehr geringe Anlagekosten verursachenden und zum Betriebe wenig Kraft benötigenden einfachen offenen Apparate den verschiedenen für diesen Zweck empfohlenen Spezialapparaten aus mehrfachen Gründen vor. Vor allem betont er das leichtere Probenehmen und die bessere Überwachung des Säuerungsverlaufes, dann die geringere Abnützung gegenüber geschlossenen Apparaten, die außerdem in der Regel einen größeren Kraftbedarf haben, da ihr Rührwerk meist eine sehr hohe Tourenzahl macht und schwierig abzudichten ist. Trotz dieser von Rosauer angeführten Mängel, denen eine gewisse Berechtigung nicht abgesprochen werden kann, arbeiten die meisten Stearinfabriken doch mit geschlossenen Apparaten. Es gibt davon eine ganze Reihe von Spezialkonstruktionen, deren wichtigere Typen herausgegriffen seien.

Apparat von Droux.

Als einer der bekanntesten Azidifikationsapparate kann der von Leon Droux[2]) gelten.

---

[1]) Österr. Chem. Ztg. 1905, Nr. 5.

[2]) Vergleiche Lewkowitsch, Chem. Technologie und Analyse der Fette. Braunschweig 1905, Bd. 2, S. 625.

Er besteht aus einem gußeisernen, mit einem Dampfmantel versehenen Zylinder (Fig. 128), der mit einem mechanischen Rührwerk zur Durchmischung der Fettmasse ausgestattet ist. Ein Abzugrohr dient zum Entweichen der während der Sulfurierung sich entwickelnden schwefligen Säure, die man entweder direkt in den Schornstein und damit ins Freie leitet oder unter den Rost des Dampfkessels bringt. Durch

Fig. 128. Sulfurationsapparat nach Droux.

ein in dieses Abzugsrohr einmündendes Rohr werden die zu spaltenden Fette aus dem Trockenbassin, durch ein zweites ähnlich angebrachtes Rohr wird die Schwefelsäure in den Apparat gebracht. Die Entleerung des Reaktionsproduktes erfolgt durch einen großen Bodenhahn.

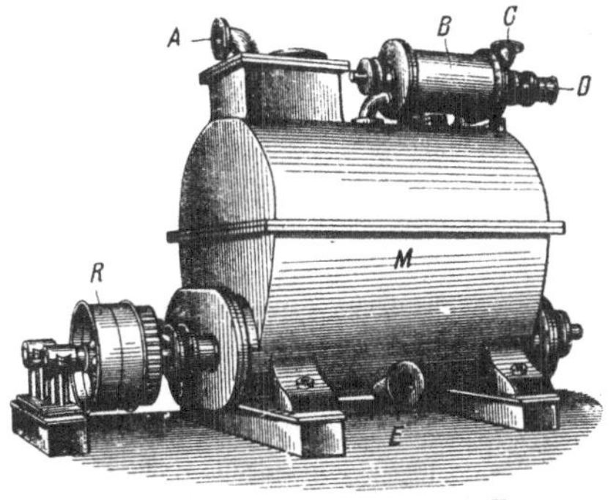

Der zum Anwärmen des Fettes dienende Dampfmantel ist mit einem Sicherheitsventil und Manometer versehen und erhält seinen Dampf durch sechs symmetrisch verteilte Dampfzuführungsrohre.

Fig. 129. Sulfurationsapparat nach Engelhardt (Paris).

Apparat von Engelhardt.

Der in Fig. 129 abgebildete Apparat von Julien Engelhardt in Paris-Neuilly, der in den Stearinfabriken sehr verbreitet ist und tadellos funktioniert, arbeitet wie folgt:

Durch die Rohre C und D gelangen die zu azidifizierenden Fettsäuren oder die zu spaltenden Fette sowie die Schwefelsäure in den Vormischraum B, von wo das Gemenge durch ein Rohr in den eigentlichen Mischbehälter M überfließt. Die Durchrührung besorgt hier (wie auch im Vormischraume) ein mechanisches Rührwerk, das durch die Riemenscheibe R in Tätigkeit versetzt wird. Die sich während des Prozesses bildenden SO_2-Gase entweichen durch A. Die sulfurierte Masse wird durch E entleert.

B. Lach empfiehlt einen Azidifikationsapparat, der den Agitatoren der Petroleumraffinerien nachgebildet ist. von Lach.

Das Fett wird darin entweder durch eingebaute Heizschlangen oder Doppelmantelwandungen erwärmt und Luftschlangen besorgen neben einem eingebauten mechanischen Rührwerk das Durchmischen des Säure-Fettgemenges. Oben ist der Apparat durch einen haubenförmigen Deckel abgeschlossen, der sich in einen Dunstschlauch verengt, durch den die entwickelte schweflige Säure abgeführt wird.

Apparat von Michel.

Eine von Michel empfohlene Azidifiziervorrichtung besitzt einen Vormischer, wie der Engelhardtsche Apparat, und arbeitet unter Zuhilfenahme von Druckluft.

Die Schwefelsäure wird bei diesem Apparate durch den Trichter d (siehe Fig. 130) zugeführt, das Fett durch das Rohr c. In dem Vormischer B, in dem das Rührwerk a rotiert, erfolgt eine Verrührung des Fettes oder der Fettsäuren mit der Schwefelsäure, welches Gemenge dann in den eigentlichen Reaktionsraum A fließt, in dem sich das Rührwerk f mit den Rührern gg befindet. Die Temperatur der Fettmasse kann hier geregelt werden, weil A einen Doppelmantel besitzt, durch dessen Zwischenraum man sowohl Dampf als Wasser streichen lassen kann. Zur Entfernung der gebildeten schwefligen Säure bläst man durch das unten haubenförmig gestaltete Rohr m Luft ein, die die Gase mit sich fortführt, indem sie durch einen in unserer Zeichnung nicht angedeuteten Stutzen entweicht. Nach beendeter Reaktion zieht man das sulfurierte Fett bei o ab.

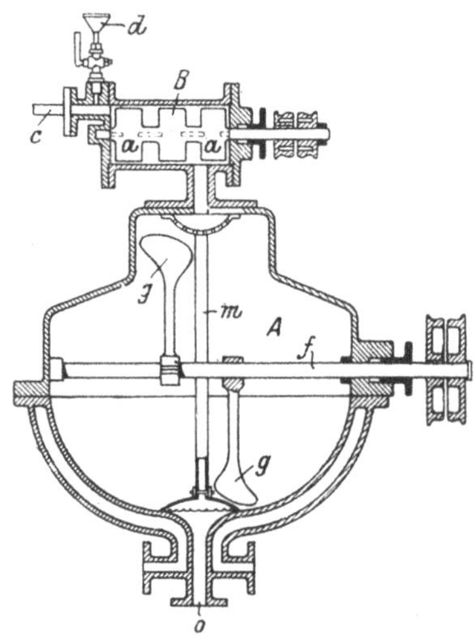

Fig. 130. Azidifikationsapparat nach Michel.

von Petit.

Eine äußerst feine Verteilung der Säure in den Fetten strebt Emile Petit[1]) in Paris an, der zu diesem Zwecke die Schwefelsäure und das zu verseifende Fett vor ihrer Berührung nebelartig zerstäubt. Petit verwendet dazu den in Fig. 131 abgebildeten Apparat, der in gewissem Sinne als Zentrifuge aufzufassen ist.

In der feststehenden Trommel B (siehe Fig. 131) ist eine vertikale Achse A angeordnet, die an ihrem unteren Teile einen durchbrochenen Teller C trägt. Auf den nach der Seite ausgehenden Armen dieses Tellers sind vier aufrecht stehende Säulen D angeordnet, die in dem oberen Teil der Trommel durch eine sternförmige Platte E miteinander verbunden sind.

An den Säulen D sind die übereinander gelagerten doppelten Platten oder Teller $a\ a^1$ befestigt; die innere zentrale Öffnung der Teller a ist kleiner als die der Teller a^1. Das Fett wird den Tellern a durch die kleinen Röhren b zugeleitet, die mit der durch die Öffnungen der Teller herabhängenden Röhre in Verbindung stehen; die vorderen Teller a^1 nehmen die Schwefelsäure auf, die durch die mit der Röhre y in Verbindung stehenden Ausflußröhren d auf die Teller geleitet wird. Die Teller a sind an ihrem äußeren Umfange mit einem nach aufwärts gebogenen Rande h versehen.

Die Teller a^1 werden unter Vermittlung von Stehbolzen f auf den Tellern a in bestimmter Entfernung von diesen gehalten; die Teller a sind mit verschweißten Kränzen g versehen, die in Einschnitte der Träger D eingefügt sind. Auf diese

[1]) D. R. P. Nr. 73271 v. 1. Juli 1892.

Weise ist die ganze sich drehende, die parallelen Teller tragende Vorrichtung in sich versteift.

Bei der Drehung dieser Vorrichtung fällt das Fett auf die Teller *a*, wird unter dem Einfluß der Zentrifugalkraft nach dem Umfang geschleudert und fällt in dünner Schicht, über den schiefen Tellerrand *h* hinweglaufend, in die Trommel; die auf die Platten a^1 geleitete Schwefelsäure fliegt gleichfalls nach dem Umfang, woselbst sie mit den dünn ausgebreiteten Schichten des Fettes zusammentrifft und sich mit diesem innig vermischt.

Um die angestrebte Wirkung zu vergrößern, können auf den Tellern noch Metallgewebe oder durchlöcherte Metallbleche angebracht werden, die die Flüssigkeit bei dem Durchflusse durch dieselben zerstäuben.

Die durch den Petitschen Apparat erzielte feine Verteilung des Reagens' wirkt jedenfalls vorteilhaft, wenngleich die Zusicherung des Erfinders, daß die

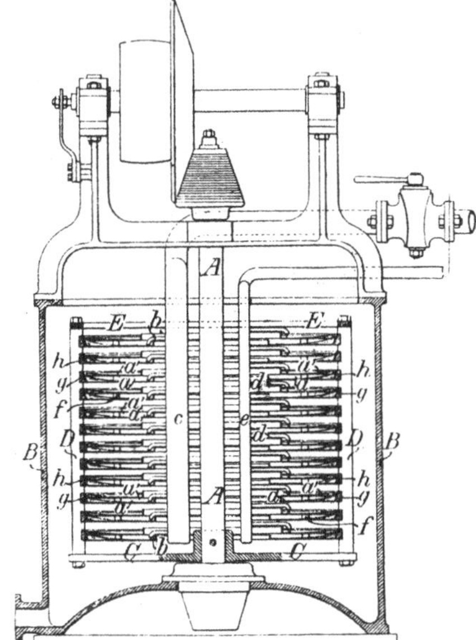

Fig. 131 a.

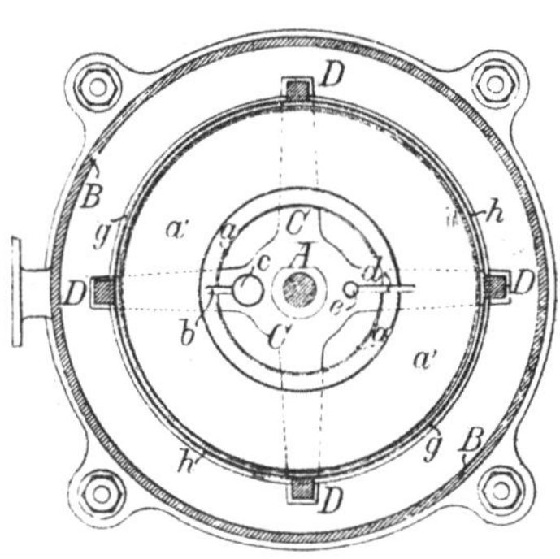

Fig. 131 b.

Fig. 131 a und b. Mischapparat nach Petit.

Anwendung seines Sulfurierungsapparats eine Destillation entbehrlich mache, nicht zutrifft.

Zentrifugalemulsoren.

Ein inniges Vermischen der Säure mit dem zu verseifenden Fette erreicht auch der in Band 1, S. 629 beschriebene Zentrifugalemulsor, der seinerzeit von Benedikt besonders für die Schwefelsäureverseifung empfohlen wurde, bis heute aber in der Praxis keinen Eingang gefunden hat.

Trocknen der Fettsäuren.

Die Arbeitsweise ist bei all diesen verschiedenen Apparaten die gleiche. Vor allem ist es notwendig, daß die Fette ziemlich rein und trocken zur Azidifikation kommen. Zwecks Reinigung der Fette empfiehlt sich eine gleiche Läuterung, wie sie auf S. 551 beschrieben wurde. Für das Trocknen der Fette sind besondere Trockenbassins in Verwendung, in denen die Fette — oder bei dem kombinierten System die Fettsäuren — durch mehrere Stunden mittels indirekten Dampfes auf 120° C erhitzt werden, wobei die letzten Spuren von Wasser entweichen. Das vollkommene Trockensein ist deshalb wichtig, weil sonst die Schwefelsäure eine Verdünnung erfährt und der Spaltungsprozeß und die Bildung von Oxysäure dadurch Schaden leiden.

Das getrocknete Fett läßt man bei einer Temperatur von 110—120° C unter stetem Durchrühren in den Apparat einfließen und beginnt dann mit dem Zufluß der Schwefelsäure, nach deren Zusatz man gewöhnlich noch 15—20 Minuten weiterrührt.

Das Fett färbt sich nach dem Einbringen der Schwefelsäure violett, hierauf braun, wird dann braunschwarz und endlich schwarz. Durch einen Probehahn nimmt man wiederholt Proben und beobachtet nicht nur die Färbung, sondern auch die kristallinische Beschaffenheit der Fettmasse. Sobald auf eine Glasplatte aufgetragene Proben hübsch kristallisieren, ist es ein Zeichen, daß sich die Spaltung vollzogen hat, und der Entleerungshahn kann sofort geöffnet werden, damit die Masse in das Zersetzungsgefäß, das schon vorher mit Wasser gefüllt worden war, einströme.

b) Das Kochen und Waschen der sulfurierten Massen.

Kochen der Sulfurationsmasse.

Das Aufkochen der sulfurierten Massen mit Wasser geschieht in verbleiten Holzbottichen oder in ebensolchen Eisenreservoiren, die mit Dampfschlangen versehen sind, ganz ähnlich wie die S. 593 beschriebenen Zersetzungsgefäße.

In diese Gefäße gibt man vorerst eine hinreichende Menge Wasser, läßt dann die Reaktionsmasse zulaufen und bringt durch Öffnen der Ventile an den Dampfschlangen rasch zum Kochen, das man 6—7 Stunden oder auch noch länger fortsetzt, bis die anfängliche Emulsion vollständig geschieden ist.

Säureteer.

Die Fettsäuren schwimmen obenauf, das Glyzerin und die Schwefelsäure sind im Unterwasser gelöst. Der Säureteer, der eine schwarze, zähe Masse darstellt, kann durch Aufkochen mit Wasser entsäuert werden und Isolationszwecken oder ähnlichen Verwendungen dienen.

Reinigen des Glyzerinwassers.

Das bei der Kochung der sulfurierten Masse mit Wasser gebildete saure Unterwasser enthält neben dem Glyzerin auch fast das ganze zur Spaltung verwendete Schwefelsäurequantum. Bevor man die Glyzerinwässer konzentriert und weiterverarbeitet, muß diese Säure entfernt werden, was durch Ausfällen mit Kalkmilch geschieht. Der sich dabei bildende Gips fällt zum großen Teil in Form eines kristallinischen Niederschlages aus; da aber 400 Teile Wasser einen Teil Calciumsulfat zu lösen vermögen, ist noch immer ein bemerkenswerter Kalkgehalt in dem abgestumpften Glyzerinwasser enthalten, und dieser wird meist durch eine zweite Fällung mittels oxalsauren Ammoniums herabgedrückt.

Waschen der Fettsäuren.

Die Fettsäuren werden nach erfolgter Klärung in einem zweiten Behälter einer Waschung unterzogen, um sie vollständig von den ihnen noch anhaftenden Säureresten zu befreien.

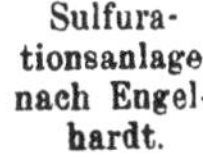
Sulfurationsanlage nach Engelhardt.

Fig. 132 a.

Fig. 132 b.

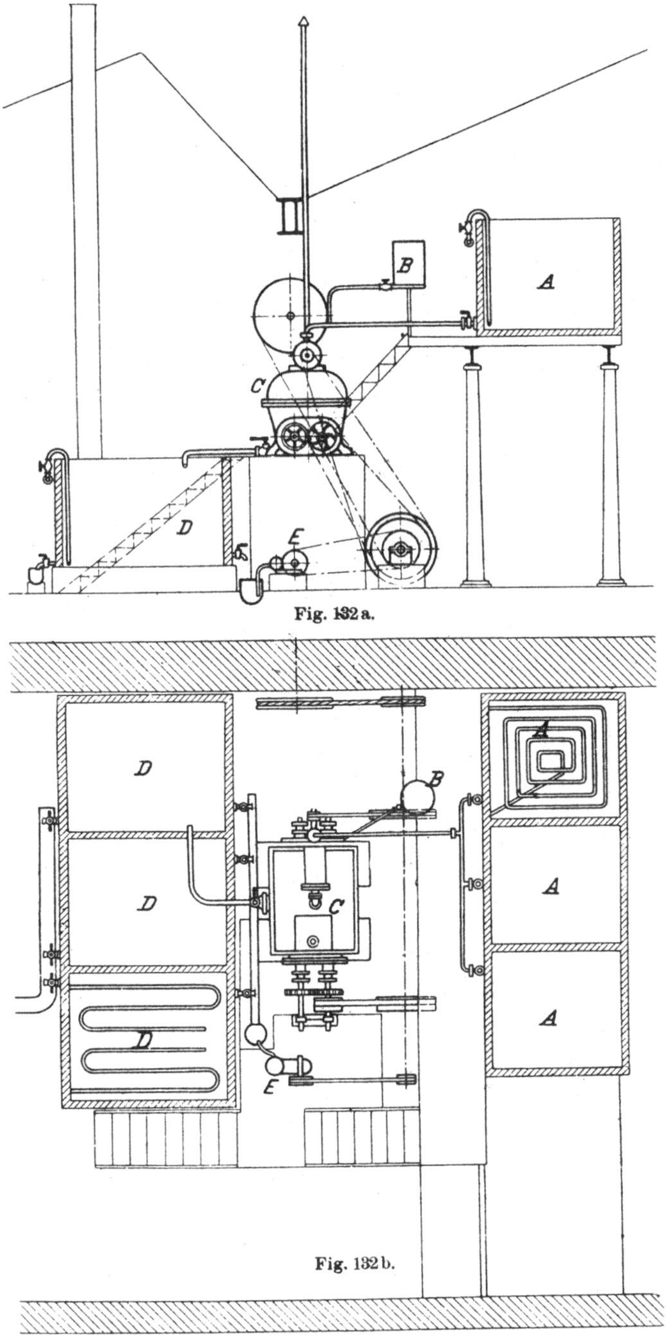

Fig. 132 a und b. Sulfurationsanlage nach Engelhardt.

Eine vollständige Anlage zur Azidifikation von Fettsäuren nach Engelhardt ist in Fig. 132a und b wiedergegeben.

Die zu azidifizierenden Fettsäuren befinden sich in den mit Dampfleitungen versehenen Reservoirs *AAA*, die Schwefelsäure in dem Behälter *B*. Die Fettsäuren werden durch entsprechende Rohrleitungen in den Azidifikator *C* geführt, wohin auch die Schwefelsäure geleitet wird. Die azidifizierten Fettsäuren werden nach *DDD* abgelassen, wo sie gewaschen werden, um nach erfolgter Klärung durch die Pumpe *E* in jene Räume befördert zu werden, in denen ihre Weiterverarbeitung erfolgt.

Fig. 133. Azidifikationsanlage nach Engelhardt.

Fig. 133 [1]) zeigt die Ansicht einer Azidifikationsanlage nach Engelhardt. Der Azidifikator ist auf diesem Bilde mit *A* bezeichnet.

Aussehen der Fettsäuren. Durch Partikelchen von Säureteer, der sich nach dem Säuerungsprozeß nie vollständig abscheidet, sondern zum Teil mit der Fettsäure vermischt, erscheint diese schwarz und unansehnlich und kann in dieser Form weder durch Abpressen in verkaufsfähiges Stearin und Elain geschieden werden noch eine direkte Verwendung in der Seifensiederei finden. Zur Entfernung dieser teerartigen Verunreinigungen kennt man, wie schon bemerkt, bisher nur ein wirksames Mittel: die Destillation der Fettmasse in einem Strome von überhitztem Wasserdampf.

[1]) Die in Fig. 132 und 133 wiedergegebenen Anlagen sind Ausführungen der Firma J. Engelhardt in Paris-Neuilly.

Um diese Destillation zu vermeiden oder andere Vorteile, die die gewöhnliche Sulfurationsmethode nicht bietet, zu erreichen, hat man eine stattliche Reihe von

Spezialverfahren der Schwefelsäureverseifung

ausgearbeitet, von denen mehr des akademischen als des praktischen Interesses halber einige näher beschrieben seien.

Verfahren von Bouis.

Die Destillation, die schon Knab wie auch Petit (vgl. S. 617) durch ihre Säuerungsmethoden entbehrlich zu machen suchte, glaubte Bouis[1]) umgehen zu können, indem er in einer Weise sulfurieren wollte, bei der die teerigen, schwarzen Substanzen beim Abpressen der Fettsäuren in der Ölsäure gelöst blieben und mit dieser abgingen. Auch glaubte er die Bildung der schwarzen Substanz überhaupt vermeiden zu können, „wenn man Wasser in das Fett einführt“.

von Bock.

Mehrere Jahre später hat Bock[2]) eine Umgehung der Destillation versucht; sein Verfahren zerfiel in drei Phasen:

1. Rationelle Säuerung, um das Zellgewebe zu karbonisieren und durchdringlich zu machen.
2. Spaltung der ihrer Hüllen beraubten Fette durch verdünnte Säure.
3. Entfernung der gebräunten Hüllen, die das Fett dunkelfarbig machen, was durch Kochen mit Kaliumpermanganat und nachheriges Auswaschen geschieht.

Die so gewonnenen fetten Säuren sollen reinweiß sein, sich leicht pressen lassen und ihr Schmelzpunkt soll 3—4^{0} höher liegen als derjenige der nach anderen Methoden dargestellten Säuren. Dabei soll die wirkliche Ausbeute der theoretischen fast gleichkommen und eine tadellose Beschaffenheit zeigen.

Urteile über das Bocksche Verfahren.

Die über das Bocksche Verfahren lautgewordenen Urteile sind sehr widersprechend. O. F. Asp berichtet darüber, daß die Ausbeute gut und die Qualität der Produkte in keiner Hinsicht geringer war als die bei der Kalkverseifung erhaltene. Auch rühmt Asp dem Bockschen Verfahren die Billigkeit in der Anlage, den geringen Arbeitslohn und die vollständige Gefahrlosigkeit nach, weil nur ein Bottich zur Vornahme sämtlicher Operationen notwendig sei und nur in offenen Gefäßen gearbeitet werde[3]).

Ein zweites, aus Rußland stammendes Urteil[4]) lautete weit ungünstiger und besagte, daß die Fettsäureausbeute um 4% geringer wäre als bei der

---

[1]) Berichte der Deutsch. chem. Gesellsch. 1869, S. 79.

[2]) Dinglers polyt. Journ., Bd. 205, S. 560, und Bd. 208, S. 210; Compt. rendus, Bd. 80, S. 1142; Chem. News 1875, Bd. 31, S. 250. Berichte d. Deutsch. chem. Gesellsch. 1875, S. 968.

[3]) Wagners Jahresberichte 1876, S. 1095, 75, 1045.

[4]) Seifenfabrikant 1888, S. 236.

Autoklavenverseifung, und daß bei der Verseifung von Talg nur ungefähr 3% Glyzerin erhalten würden. Das Stearin sei zwar hart und weiß, doch lasse die Ausbeute zu wünschen übrig, weil das Pressen recht schwierig sei. Das Olein gebe auch dunkle, im übrigen aber gute Seifen.

Ebenso urteilte Hartl[1]) über das Bocksche Verfahren höchst ungünstig.

Verfahren von Brudenne.

A. Brudenne[2]) will die Sulfuration so leiten, daß eine große Ausbeute an festen Fettsäuren resultiert. Er meint, daß die bei der Schwefelsäureverseifung stets zu konstatierende höhere Ausbeute an festen Fettsäuren auf eine Umwandlung der Ölsäure in Elaidinsäure zurückzuführen sei. Diese Umwandlung erfolge durch die Einwirkung der schwefligen Säure, die sich nach Brudenne dadurch bildet, daß die Schwefelsäure einen Teil des bei der Spaltung frei bleibenden Glyzerins verkohlt und die entstandene Kohle einen Teil der Schwefelsäure in schweflige Säure reduziert. Bei der gewöhnlichen Schwefelsäureverseifung trete (nach Brudenne) die Bildung von schwefliger Säure aber zu früh ein und das Gas entweiche, bevor noch Ölsäure aus den Glyzeriden frei geworden ist. Die Elaidinbildung sei daher bei der gewöhnlichen Sulfuration ziemlich beschränkt, könne aber wesentlich gefördert werden, wenn man der zu verseifenden Masse 0,75—0,50% Holzkohle (vom Gewichte der angewendeten Schwefelsäure gerechnet) zusetze. Die zur Spaltung des Fettes verwendete Schwefelsäure finde dann sofort Kohle zur Bildung von Schwefeldioxyd vor und dieses habe wiederum sofort Ölsäure zur Verfügung, um daraus Elaidin bilden zu können.

Das Verfahren, in dem man anfangs einen gangbaren Weg zur Überführung von flüssigen Fettsäuren (Ölsäurezusatz) in feste (Kerzenmaterial) sah, hat leider nicht das gehalten, was sich der Erfinder davon versprach.

von Hartl.

G. und C. Hartl[3]) haben im Jahre 1881 ebenfalls versucht, die Destillation bei der Sulfurierung zu umgehen. Sie erwärmten zu diesem Zwecke das zu verseifende Fett auf 120—140° C, gaben 1—1,5% Schwefelsäure von 60° Bé hinzu und rührten so lange, bis sich die Masse von selbst auf 100° C abgekühlt hatte.

Diese Schwefelsäurebehandlung sollte nur den Zweck haben, das Fett zur eigentlichen Verseifung vorzubereiten, doch entwickelte sich dabei schon Schwefelsäure und das Fett wurde schwarz. Nachdem die Temperatur auf 100° C gesunken war, ließ man das gesäuerte Fett in einen anderen Bottich fließen, wo es mit 50% seines Gewichtes an kochendem Wasser versetzt und tüchtig durchgerührt wurde. Die teerigen Substanzen, die sich bei der Säurebehandlung des Fettes gebildet hatten, schieden sich teils am Boden

[1]) Wochenschrift des niederösterr. Gewerbevereins 1881, S. 484; vergleiche auch W. L. Carpenter, Chem. News 1872, S. 88.

[2]) Bayr. Kunst- und Gewerbeblatt 1863, S. 410.

[3]) Les Corps gras industriels, Bd. 8, S. 238.

des Gefäßes ab, teils lösten sie sich in dem Wasser. Man ließ nun eine weitere Waschung mit Wasser folgen und brachte das gereinigte Fett in einen verbleiten Apparat, wo man es mit 3—5% Schwefelsäure von 60° Bé, die man vorher mit dem doppelten Gewichte Wasser verdünnt hatte, vermischte. Nun ließ man durch 4—5 Stunden Dampf von 3 bis 4 Atmosphären einwirken, wobei sich das Fett vollkommen spaltete.

Eigentlich hat man es hier mehr mit einer Autoklavierung mit verdünnter Schwefelsäure als Katalysator zu tun (was bereits Melsens in den fünfziger Jahren des vorigen Jahrhunderts vorschlug und später Nitsche[1]) ausprobierte) als mit einer eigentlichen Schwefelsäureverseifung, wie sie hier besprochen wird.

Der Apparat von G. und C. Hartl soll in der Fabrik von De Roubaix & Oedenkoven in Antwerpen eine Zeitlang in Tätigkeit gewesen sein und sehr gute Resultate ergeben haben. Leider waren die Bleifütterungen der Apparate nicht haltbar genug, weshalb das Verfahren fallen gelassen wurde.

Verfahren von Fournier.

L. J. F. Fournier hat auch versucht, die Fette mit Schwefelkohlenstoff zu vermischen, bevor er sie mit Schwefelsäure in Berührung brachte, und so der verkohlenden Wirkung vorzubeugen.

von Bastel und Lalon.

Bastel und Lalon[2]) wollten die Schwefelsäureverseifung insofern verbessern, als sie an Stelle der stets dunkel gefärbte Fettsäuren ergebenden Schwefelsäure Salpeterschwefelsäure[3]) anwenden, und zwar 4—6% vom Fettgewichte, die sie bei 90—100° C in den bekannten Sulfurierungsapparaten so lange einwirken lassen, als zur Verseifung gerade notwendig ist: Nach der Reaktion erfolgt Verdünnung mit Wasser und Weiterverarbeitung des Fettsäuregemisches nach bekannter Weise.

Mit der Verwendung der Salpeterschwefelsäure zur Verseifung wollten die Erfinder offenbar zwei Vorteile erzielen: einmal die teilweise Umwandlung der flüssigen Fettsäuren in feste (Elaidinsäurebildung) und zweitens eine Bleichwirkung. Beides scheint nur in ganz unvollkommenem Maße erreicht worden zu sein, denn das Patent hat eine praktische Bedeutung nicht erlangt.

von Krafft und Tessié du Mottay.

L. Krafft und Tessié du Mottay[4]) versuchten, an Stelle der Schwefelsäure Chlorzink zum Spalten der Fette zu verwenden, und zwar empfahlen sie dieses Mittel besonders für jene überseeischen Länder, die Schwefel-

---

[1]) Siehe S. 539.

[2]) Deutsche Industrieztg. 1870, S. 78; Chem. Zentralbl. 1870, S. 149.

[3]) Scheuerweghs und de Boisserolle haben ebenfalls die Einwirkung eines Gemisches von Schwefel- und Salpetersäure bei 110—115° C auf Fette studiert; sie erreichten dabei eine Spaltung bis zu 75%. Die an Neutralfett reichen Fettsäuren gaben bei der Destillation natürlich stark braun gefärbte und unangenehm riechende, kohlenwasserstoffreiche Produkte, weshalb die Idee nicht weiter verfolgt wurde.

[4]) Répert. de chimie appl. 1859, Bd. 1, S. 206; Dinglers polyt. Journ., Bd. 152, S. 459; Polyt. Zentralblatt 1859, S. 655.

säure nicht selbst erzeugen, sondern auf deren Import angewiesen sind. Chlorzink gestatte als fester Körper einen viel bequemeren Transport als Schwefelsäure, und der höhere Preis des Produktes käme gegenüber den damit erzielten Vorteilen (?) kaum in Frage[1]).

Man hat auch die Sulfurierung unter Kühlung vorzunehmen empfohlen, was besonders dann von Vorteil, ja sogar unbedingt notwendig sein soll, wenn man mit hohen Prozentsätzen Säure arbeitet und mit der Säuerung auch eine Zerstörung der Fremdkörper (Riechstoffe usw.) verbinden will, wie dies bei dem Verfahren von Sandberg und Potolowsky der Fall ist.

Versuche von Sandberg,

Gregor Sandberg in Moskau[2]) hat für die Reinigung von Fettsäuren aus Tran und Fischfetten ein Verfahren empfohlen, bei dem diese Produkte unter fortwährendem Umrühren und unter beständiger Kühlung bei einer nicht über 25° C liegenden Temperatur mit 20 und mehr Prozenten konzentrierter Schwefelsäure vom spezifischen Gewicht 1,84 behandelt werden. Beim Einrühren dieser Schwefelsäuremenge soll eine Umwandlung der in den Fisch- und Tranfettsäuren enthaltenen Amine, Amidofettsäuren usw. in geruchlose Salze stattfinden, während eine verkohlende Wirkung der Schwefelsäure auf die reinen Fettsäuren durch die Kühlung vermieden wird. Unterbleibt letztere, so steigt infolge der auftretenden Reaktionswärme die Temperatur der Fettsäuren ziemlich hoch an und die Schwefelsäure wirkt dabei auf die Fettsäuren zum Teil zerstörend ein.

Sandberg geht bei seinem Verfahren von der Annahme aus, daß der Geruch der Trane und Fischfette in den diesen beigemengten Zersetzungsprodukten der Eiweißkörper (Amine, Amidosäuren und Amide der Fettsäuren) zu suchen sei, und verspricht sich außerdem durch die Umwandlung der Physetölsäure in Oxypalmitinsäure und der Ölsäure in Oxystearinsäure eine merkliche Schmelzpunkterhöhung der Masse. Er will aus gewöhnlichem Tran ein talgartiges Produkt erhalten, das, aus freien Fettsäuren bestehend, einen Erstarrungspunkt von 26—35° C zeigt.

von Potolowsky.

M. Potolowsky in Moskau[3]) verseift Trane mit 25—30% Schwefelsäure und gibt so viel fein gemahlenen Nitrats hinzu, daß etwa 5% freier Salpetersäure gebildet werden. Durch Kühlung hält er die Temperatur während des Prozesses unter 60° C, wäscht das Reaktionsprodukt gründlich und erhält ein aus 60—70% fester Fettsäuren bestehendes Fettsäureprodukt.

[1]) Werden Neutralfette mit wasserfreiem Chlorzink zusammengeschmolzen, so tritt zwischen 150 und 200° C eine vollständige Spaltung der Glyzeride ein und ein Aufkochen der Reaktionsmasse über schwach angesäuertem Wasser ergibt Fettsäuren sowie eine glyzerinhaltige Lösung von Chlorzink.

[2]) D. R. P. Nr. 162638 v. 30. Mai 1903 und norweg. Patent Nr. 11847 v. 4. Jan. 1902.

[3]) Amer. Patent Nr. 823361 v. 12. Juni 1906.

2. Destillation der Fettsäuren.

Allgemeines.

Die bei der Sulfuration erhaltenen Fettsäuren können nach dem heutigen Stande der Technik nur durch ein Mittel von ihren teerigen, kohligen Verunreinigungen befreit werden: durch die Destillation. Die Bildung dieser Verunreinigungen vermag man bei der Sulfuration weder gänzlich zu vermeiden, noch kennt man Reinigungsmethoden oder Bleichverfahren, die diese Stoffe auf chemischem Wege entfernen oder unschädlich machen würden.

Geschichtliches.

Von der Möglichkeit, Fettsäuren zu destillieren, spricht schon ein im Jahre 1825 von Gay Lussac[1]) genommenes Patent. Zur Ausführung kam dieses Patent, in dem auch erwähnt wurde, daß die Gegenwart von Feuchtigkeit die Destillation begünstigte, jedoch nicht. Ebenso blieb ein in England und Frankreich patentiertes Verfahren von Dubrunfaut, das die Reinigung der Fette und ihre Destillation zum Gegenstande hatte, unausgeführt. Die Mitteilungen von Dubrunfaut scheinen indes für die späteren Erfinder Jones, Wilson und Gwynne vorbildlich gewesen zu sein. Die englische Patentschrift, worin zum erstenmal von einer Verbindung der Schwefelsäureverseifung mit der Dampfdestillation die Rede ist, trägt das Datum vom 8. Dezember 1842 (Nr. 9542) und ist von William Coley Jones und George Ferguson Wilson gezeichnet. Diesen beiden gebührt offenbar das Verdienst, der Schwefelsäureverseifung eine allgemeine Anwendung gegeben und auch gezeigt zu haben, in welchem Falle die Destillation der Fettsäuren von Wert ist.

Der in überhitztem Zustande angewendete Dampf wurde später durch andere, indifferente Gase, die als Destillationsbeförderungsmittel für die Fettsäure dienen sollten, zu ersetzen gesucht, wie man schließlich auch die Destillation der Fettsäuren durch Zuhilfenahme eines Vakuums unterstützen wollte. Die ersten Patente für die Vakuumdestillation haben Masse und Tribouillet (1848) sowie de Milly (1851) erhalten.

Destillation unter normalem Druck.

Nach den Beobachtungen Englers[2]) geht Ölsäure unter normalem Druck bei vorsichtiger Leitung der Destillation größtenteils unzersetzt über, und Trioleine (Trane) verhalten sich sehr ähnlich, wenngleich sie sich etwas leichter zersetzen. Wird dagegen unter Druck destilliert, so erhält man Destillate, die in der Hauptsache aus gesättigten Kohlenwasserstoffen bestehen. Engler hat die Versuche als Beleg für seine Theorie der Entstehung des

[1]) Brevets d'invention, Bd. 51, S. 392; engl. Patent Nr. 5183 v. 9. Juni 1825 des Moses Poole.

[2]) Chem. Ztg. 1888, Bd. 12, S. 842; Berichte d. Deutsch. chem. Gesellsch. 1889, S. 592 u. 1816. Vergleiche auch E. Dieckhoff, Dinglers polyt. Journ. 1893, Bd. 287, S. 41, und C. Engler und L. Singer, Berichte d. Deutsch. chem. Gesellsch. 1893, Bd. 16, S. 1449; Krämer und Spilker, Über die Bildung von Erdöl aus dem Wachse der Bacillariaceen (Diatomeen), Berichte der Deutsch. chem. Gesellsch. 1889, S. 2940. Siehe ferner die interessante Arbeit von Künkler und Schwedhelm, Die Bildung von Erdöl und fettsauren Erdalkalien, Seifensiederztg., Augsburg 1908.

Erdöles aus tierischen Resten unter Einwirkung von Wärme und Druck oder von Druck allein vorgeführt.

Destillation der Fettsäuren bei normalem oder Überdruck,

Die höheren gesättigten Fettsäuren (Palmitin- und Stearinsäure) destillieren unter gewöhnlichem Druck nicht unzersetzt über. G. Johnston[1]) fand bei der Zersetzung von Stearinsäure durch Destillation unter Druck, daß neben Kohlensäure und Wasser Paraffine, Olefine und kleine Mengen von Ketonen auftreten. Nach Berthelot soll sich die Stearinsäure, wenn sie in geschlossenen Glasröhren bis auf 300° C erhitzt wird, zwar nicht verändern, doch glaubt Johnson, daß in diesem Falle dissoziierte Stearinsäure beim Abkühlen wieder zur ursprünglichen Säure gestaltet werde, während bei der Destillation unter Druck eine solche Wiedergestaltung nicht eintreten könne. Es geht aus seiner Arbeit hervor, daß Stearinsäure bei Druck und Wärme ein dem Paraffin[2]) ähnliches Verhalten zeigt.

bei vermindertem Druck,

Auch unter vermindertem Drucke destillieren die höheren Fettsäuren nur unvollständig über; man unterstützt die Destillation daher durch Einleitung von überhitztem Wasserdampf in die zu destillierende Masse, wobei der Wasserdampf mechanisch die Fettsäuren mitreißt und andererseits die Fettsäurepartikelchen durch deren Umhüllung vor dem Zersetzungsprozeß schützt.

bei unüberhitztem Wasserdampfstrome.

Die Flüchtigkeit der fetten Säuren (besonders der Ölsäure) mit oder ohne Wasserdampf haben zuerst Gottlieb[3]), Varrentrapp[4]) und Bromeis[5]) studiert; ihre Befunde lauteten aber sehr widersprechend. Nach Stas[6]) liegen die Destillationstemperaturen bei Zuhilfenahme überhitzten Dampfes

für Ölsäure bei	200—210° C
für Stearinsäure bei	230—240° C
für Palmitinsäure bei	170—180° C,

doch wird in der Regel bei höheren Wärmegraden (260—280° C) destilliert. Je höher die angewandte Temperatur, um so rascher verläuft die Destillation, wobei aber zu beachten ist, daß bei 290° C die übergehenden Fettsäuren eine sehr deutliche Braunfärbung zeigen und außerdem Akroleinbildung auftritt und daß bei 300° C bereits dunkelgelbe, stark zersetzte Destillate resultieren. Bis zu 260° C kann jedoch mit dem Erwärmen der Fettsäuren und der Dampfüberhitzung gegangen werden, weil bis zu diesem Temperaturgrade nur unzersetzte, weiße Fettsäuren überdestillieren.

Dampfverbrauch.

Die Wasserdampfmenge, die auf 100 kg zu destillierender Fettsäuren verbraucht wird, nimmt mit steigender Temperatur ab; man benötigt auf einen Gewichtsteil Fettsäure:

---

[1]) G. Johnston, Berichte d. Deutsch. chem. Gesellsch. 1875, S. 1465.

[2]) Vergleiche die Arbeiten von Thorpe und Young, Wagners Jahresberichte 1872, S. 848.

[3]) Annalen der Chemie und Pharmazie, Bd. 57, S. 33.

[4]) Annalen der Chemie und Pharmazie, Bd. 35, S. 196.

[5]) Annalen der Chemie und Pharmazie, Bd. 52, S. 55.

[6]) Dinglers polyt. Journ. 1865, Bd. 175, S. 77.

bei 200—230° C	7	Gewichtsteile	Wasserdampf
bei 220—260° C	3—4	„	„
bei 290—320° C	2	„	„
bei 325—350° C	1	Gewichtsteil	„

doch sind, wie schon bemerkt wurde, die Destillate, die man oberhalb 260° C erhält, teilweise zersetzt[1]).

Heute hat die Fettsäuredestillation fast in allen Betrieben der Stearinbranche Eingang gefunden und wird nicht nur zur Destillation von Fettsäuren, die von der Schwefelsäureverseifung stammen, oder von azidifizierten Autoklavenfettsäuren angewandt, sondern man destilliert auch Fettsäuren, die direkt vom Autoklaven kommen und die einer besonderen Reinigung eigentlich nicht bedürfen. Hier wird die Destillation zur Fraktionierung der Fettsäuren und zur Erzielung einer besseren Kristallisation verwendet. **Fraktionierung der Fettsäuren.**

Eine Fraktionierung der Fettsäuren tritt insofern ein, als die drei Hauptkomponenten der technischen Fettsäuren (Stearin-, Palmitin- und Ölsäure) nicht bei derselben Temperatur destillieren; die während einer Destillation in den einzelnen Stunden übergehenden Destillate zeigen daher einen etwas wechselnden Schmelzpunkt (vergleiche S. 666) und es können einzelne davon ohne weitere Preßarbeit direkt als Kerzenmasse verwendet werden.

Die Destillationsapparate.

Die Destillation von Fettsäuren erfolgt in Apparaten, die sich von den gewöhnlichen, für Wasser, Spirituosen usw. gebräuchlichen Vorrichtungen in mehr als einer Hinsicht unterscheiden, hauptsächlich infolge des bei dieser Destillation eine wichtige Rolle spielenden überhitzten Dampfes und des etwaigen Vakuums sowie mehrerer anderer Umstände.

Bei einer Fettsäure-Destillationsanlage muß man auseinanderhalten:

1. die Destillationsblase (auch Retorte oder Destillationskessel genannt);
2. das Übersteigrohr (Rüssel),
3. den Kühler (Kondensator) und
4. den Dampfüberhitzer, wozu noch
5. die Evakuierungsvorrichtung kommen kann.

Jeder dieser Teile, die in der schematischen Skizze (Fig. 134) kenntlich sind, ist im Laufe der Jahre in den mannigfaltigsten Ausführungen vorgeschlagen worden, und es ist daher natürlich, daß sich durch Kombination dieser verschiedenen Konstruktionen der einzelnen Teile eine Unzahl von Konstruktionsvarianten der Destillationsanlagen ergibt.

[1]) Die sich bei der Azidifikation von Ölsäure bildenden festen Oxystearinsäuren (S. 611) sind leider nicht unzersetzt destillierbar, zerfallen bei der Destillation vielmehr in der Hauptsache in Öl- und Isoölsäure. (Vergleiche S. 785—794.)

1. Die Destillationsblase.

Die Destillationsblasen sind hinsichtlich ihrer Form, ihres Materials und ihrer Erhitzungsvorrichtung ziemlich verschieden; dagegen zeigen sie in bezug auf ihre Armatur und ihren Fassungsraum eine gewisse Übereinstimmung.

Form. Die Form der Blasen war ursprünglich die eines stehenden Zylinders mit schwach gewölbtem Boden; später hat man die Kugelform anzuwenden versucht, weil bei ihr die beste Materialausnützung möglich ist. (Vergleiche S. 540.)

Um den Fettsäuredämpfen das Übersteigen von der Blase in den Helm zu erleichtern, suchte man später die zylindrischen Destillationsblasen liegend anzuordnen und an Stelle der Kugelform eine flache Eiform anzuwenden.

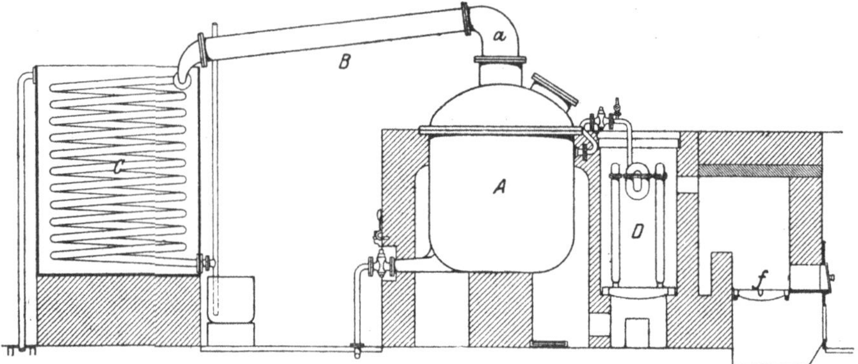

Fig. 134. Schema einer Fettsäuredestillation.

Allzu bequem darf man übrigens den Fettsäuredämpfen das Übergehen in das Abzugsrohr nicht machen, weil sonst die Gefahr besteht, daß undestillierter Blaseninhalt, mitgerissen werde und in den Kühler gelange (z. B. beim Schäumen oder Spritzen des Blaseninhaltes).

Der untere Teil der Blase (der Blasenbauch) soll aus einem Stücke gefertigt und ganz besonders sorgfältig gearbeitet sein, denn er hat durch die heißen Fettsäuren und durch die Einwirkung der Flamme am meisten zu leiden. Der obere Teil der Blase, der helmartig ausgestaltet ist und daher Dom oder Helm heißt, dient dazu, den Fettsäuredämpfen einen möglichst bequemen Weg in das Übersteigrohr zu weisen, und wird aus Kupfer oder Gußeisen hergestellt.

Material. Das Material, aus dem die Destillationsblasen gefertigt werden, muß gegen Fett- und Mineralsäuren widerstandsfähig sein und darf auch durch Erhitzen mit direkter Flamme nicht leiden. Besonders widerstandsfähig gegen Fettsäuren sind Kupfer und Gußeisen, welche Materialien auch ausschließlich zur Herstellung von Fettsäure-Destillationsblasen verwendet werden. Das für den gleichen Zweck empfohlene Aluminium wird zwar durch Fettsäure wenig angegriffen, leidet aber durch das Feuer sehr stark, und die daraus hergestellten Blasen brennen schon in ganz kurzer Zeit durch[1]).

Vor- un Nachtei der kupfernen Blasen

Die kupfernen Blasen, entschieden die vorteilhaftesten, kommen aber ziemlich teuer zu stehen. Das Kupfer bietet als sehr guter Wärmeleiter Gewähr für eine rationelle Wärmeausnützung; die Wandungen der Kupferblasen brauchen zudem nicht stark gehalten zu werden (20—22 mm) und bieten trotzdem vollste Betriebssicherheit.

Die Nachteile, die die Kupferblasen haben (sie werden von den Fettsäuren etwas mehr angegriffen als gußeiserne und leiden auch durch die Feuerung stärker als diese), sind von keiner Bedeutung; das von den Fettsäuren gelöste Kupfer läßt sich durch Waschen der destillierten Fettsäuren mit verdünnter Schwefelsäure ziemlich leicht entfernen und durchgebrannte Böden kann man, wie schon bemerkt, leicht ausbessern.

Betriebsunfälle kommen bei Blasen aus dem zähen Kupfer nur selten vor; brennt wirklich einmal eine Blase nach langjährigem Betrieb infolge der natürlichen Abnützung durch, so läßt sich ein solcher Defekt durch Aufnieten eines Fleckes mit ziemlich geringen Kosten beheben.

Endlich spricht für kupferne Blasen noch der eine Umstand, daß sie im Falle des gänzlichen Untauglichwerdens noch immer einen namhaften Altmaterialwert haben; der hohe Preis der Kupferblasen sollte daher bei Neuanschaffungen nicht abschrecken.

Vor- und Nachteile der gußeisernen Blasen.

Die Blasen aus Gußeisen sind gegen Säuren und gegen die Einwirkung des Feuers widerstandsfähiger als die kupfernen und stellen sich viel billiger als diese. Leider kommt es nicht selten vor, daß neue Blasen infolge eines Gußfehlers schon beim ersten Anheizen Sprünge[2]) bekommen und bersten. Um diesen Unzuträglichkeiten, die schon wiederholt größere Feuersbrünste und andere Unglücksfälle im Gefolge hatten, möglichst zu vermeiden, muß die Wandung der gußeisernen Blasen ziemlich stark gewählt werden. In der Regel nimmt man eine Wandstärke von 65—70 mm, wodurch die Blasen ziemlich schwer ausfallen.

Da Gußeisen kein so guter Wärmeleiter ist wie Kupfer, ist die Wärmeausnützung in gußeisernen Blasen weniger gut als bei den kupfernen, wozu noch kommt, daß bei der Dickwandigkeit der Eisenblasen die Wärmeregulierung Schwierigkeiten verursacht. Partielle Überhitzungen sind bei den gußeisernen Destillationsapparaten nicht gänzlich zu vermeiden, wiewohl man durch richtige Einmauerung, starke Dampfzufuhr, also durch möglichst rasche Destillation, den Nachteilen einer Überhitzung vorbeugen kann.

---

[1]) Über die besondere Widerstandsfähigkeit des Aluminiums gegen Fettsäuren, die dieses Metall zur Herstellung von Fettsäurekondensatoren und Warmpreßplattenmäntel sehr geeignet macht, siehe S. 643 und 735.

[2]) Diese Sprünge schließen sich aber meist nach Entfernung des Heizmaterials wieder, so daß nur ein schwaches Durchtropfen der Fettsäure verbleibt, das von mancher Seite (Kaßler) für weniger gefährlich angesehen wird als ein Durchbrennen kupferner Blasen.

Die Fettsäuren lösen vom Gußeisen nur geringe Mengen auf, doch sind leider gerade diese Spuren von Eisen der Fettsäure sehr schädlich. Die gebildeten Eisenseifen lassen sich mit verdünnter Schwefelsäure nicht so leicht zersetzen und auswaschen wie Kupferseifen. In den Fettsäuren zurückbleibende Spuren von Eisen verleihen aber dem Destillat einen Gelbstich, machen es zur Aufnahme von Wasser geneigt und liefern beim Verarbeiten der Fettsäuren zu Stearin ein gelbliches Produkt; beim Versieden zu Seife geben sie rote, schwarze oder blaue Flecke, wodurch die Seife entfernt an das Aussehen von Eschwegerseife erinnert und direkt unverkäuflich werden kann.

Kombiniertes Arbeiten mit kupfernen und gußeisernen Blasen.

In modernen Betrieben destilliert man daher fast ausschließlich in kupfernen Apparaten, die man vor vorzeitiger Abnützung dadurch schützt, daß die Destillation nicht bis zur äußersten Grenze getrieben, sondern die Operation unterbrochen wird, sobald der Blaseninhalt bis zu einem gewissen Reste überdestilliert ist. Die Destillationsrückstände (der Destillationsteer) werden dann von mehreren Chargen gesammelt und in einer gußeisernen Blase zu Ende destilliert. Für diese Teerdestillation bieten die gußeisernen Blasen eine Menge Vorteile; die Wandungen der Gußblasen werden von den meisten säurehaltigen Teeren nur ganz wenig angegriffen und das sich bei der notwendigen hohen Destillationstemperatur an den Wandungen anlegende Pech läßt sich ohne Schädigung der Blase abkratzen. Kupferblasen würden durch das Abkratzen leiden, weil Kupfer weicher ist als Gußeisen.

Größe der Blasen.

Die Größe der Destillationsblasen wird gewöhnlich so gewählt, daß sie 2000—5000 kg Fettsäuren aufzunehmen vermögen. Man geht über einen gewissen Fassungsraum deshalb nicht gern hinaus, weil man sonst über die Wärmeregulierung und damit über den ganzen Destillationsgang die Macht verliert. Kleine Destillationsblasen, aus denen möglichst rasch abdestilliert werden kann, liefern zweifellos die besten Resultate.

Die Armatur der Blasen besteht aus dem Füll- und Entleerungsstutzen, dem Niveauanzeiger, dem Thermometer, dem Sicherheitsventil und der Dampfeinströmung.

Füllvorrichtung.

Das Füllen der Blase geschieht durch ein Rohr, das mittels eines am oberen Teile der Blase angebrachten Stutzens in diese eingeführt wird. Man läßt dieses Rohr in der Regel nicht allzu tief in die Blase hineinreichen, sofern ein eigener Ablaßstutzen für die Destillationsrückstände vorhanden ist.

Entleerungsvorrichtung.

Die Entleerung der nach der Destillation in der Blase verbleibenden teerartigen Rückstände erfolgt zumeist durch einen am tiefsten Punkt der Blase angebrachten Ablaufstutzen. Vielfach ist die Blasenform schon derart gewählt, daß der Stutzen organisch aus der ganzen Blasengestalt herauswächst (siehe Fig. 134). Er ist immer bis außerhalb des Mauerwerks geführt, wo mittels einer Flansche ein Hahn eingesetzt ist, der nur bei der gewünschten Entleerung der Blasenrückstände geöffnet wird und den abgelassenen Destillationsteer mittels Röhren oder Rinnen in geeignete Sammelgefäße weitergibt.

Mitunter fehlt auch dieser Ablaßstutzen, in welchem Falle man die Destillationsrückstände mittels des Füllrohres entfernt. Dieses geht dann bis zum tiefsten Punkt der Blase und trägt am Blasenhelm ein T-Stück, dessen eine Abzweigung zum Füllreservoir führt, während die andere zum Teersammelgefäß leitet. Zur Entfernung der Destillationsrückstände wird die Leitung gegen das Füllreservoir hin durch einen Hahn abgesperrt, die zweite, zum Teergefäß führende Abzweigung dagegen offen gehalten und durch das Dampfzuleitungsrohr gespannter Dampf in die Blase eingelassen. Dieser wirkt dann genau so wie ein Montejus, und der Blaseninhalt wird auf leichte Weise entleert, sofern der Destillationsrückstand genügend dickflüssig ist; ist letzterer zu stark abdestilliert oder zu sehr erkaltet, so läßt er sich wegen seiner viskosen und schmierigen Beschaffenheit nur schwer befördern und man muß ziemlich hochgespannten Dampf anwenden, um die Entleerung der Blase zu bewerkstelligen. Bei genügend stark konstruierten Blasen hat ein Arbeiten mit höher gespanntem Dampfe nichts zu sagen; bei schwächeren Blasen muß man sich vor einem zu großen Überdruck hüten.

Dampfzutritt. Der Dampfeintritt in die Blase erfolgt fast immer von oben. Das durch einen passend angebrachten Stutzen eingeführte Dampfrohr geht bis zum Boden der Blase, verzweigt sich dort in mehr oder weniger komplizierter Weise und ist mit vielen kleinen Öffnungen für den Dampfaustritt versehen. Je inniger der Dampf in dem Blaseninhalt verteilt wird, um so leichter geht die Destillation vonstatten.

Man hat übrigens auch versucht, durch Einbau besonderer Apparate (z. B. der von Lach empfohlenen autodynamischen Dampfrührer) während der Destillation eine Durchmischung des Blaseninhaltes hervorzurufen, wodurch eine vollkommen gleichmäßige Temperatur des Blaseninhaltes gewährleistet und gleichzeitig für eine innige Berührung des einströmenden Dampfes mit den Fettsäuren gesorgt wird.

Bei einer Anordnung der Dampfeinströmung an der unteren Seite der Blase muß man darauf bedacht sein, daß bei der Inbetriebsetzung nicht der Blaseninhalt in das Dampfrohr einfließe und bis zum Überhitzer vordringe. Durch entsprechende Stellung des Überhitzers oder durch passende Windungen des Verbindungsrohres zwischen Überhitzer und Blase läßt sich diesem Übelstande vorbeugen.

Niveauanzeiger. Zur Anzeige des jeweiligen Flüssigkeitsniveaus in der Blase dienen Niveauanzeiger; diese bestehen aus gewöhnlichen kupfernen Schwimmern, die mit längs einer Skala laufenden Zeigern verbunden sind. Die Zeigerstange muß sich in einer Führung frei bewegen und darf nicht abgedichtet sein. Um das Ausströmen von Dampf durch diese Zeiger zu vermeiden, wird über den ganzen Niveauanzeiger ein Glasrohr gestülpt, das man gasdicht an der Blasenwand befestigt. Leider haben die meisten Niveaustandsanzeiger die unangenehme Neigung stecken zu bleiben, was vielfach zu Betriebsschwierigkeiten Anlaß gibt.

Durch ein Festklemmen der Zeigerstange kann sowohl ein Überfüllen der Blase als auch ein zu starkes Abdestillieren eintreten, Fälle, die gleich unangenehm sind, weil ersterer ein Übertreten undestillierter Fettsäuren in den Kühler, letzterer eine Trockendestillation des Blaseninhaltes bewirkt und leicht eine Feuersbrunst zur Folge haben kann.

Die Produkte der Trockendestillation sind nämlich zum großen Teile gasförmiger Natur und werden daher durch die Kühlerpassage nicht verflüssigt, sondern verlassen den Kühler in gasförmigem Zustande, zerteilen sich im Raume und können, zur Feuerung gelangend, leicht zur Entzündung kommen. Zum Glück merkt man den Eintritt einer solchen unerwünschten trockenen Destillation an dem penetranten akroleinartigen Geruch.

Temperaturanzeiger. Die Temperatur des Blaseninhaltes wird während der ganzen Operationsdauer durch ein Thermometer kontrolliert. Gewöhnlich tragen die Blasen dünne Rohransätze, in die die Thermometer eingekittet sind. Letztere müssen so lang gebaut sein, daß ihre Quecksilberkugel nahe an dem Blasenboden zu liegen kommt; wird auf diesen Umstand nicht geachtet, so zeigen die Thermometer zu niedrige Temperaturen. Daß man für einen Schutz dieser langen Thermometer gegen vorzeitiges Zerbrechen sorgen muß und daß diese Apparate eine entsprechend große Quecksilberkugel haben müssen, wenn sie bei den in Betracht kommenden hohen Temperaturen keine allzu ungenauen Anzeigen machen sollen, braucht wohl kaum erwähnt zu werden.

Die ähnlich den Aneroïdbarometern konstruierten Zeigerthermometer sind für Destillationsblasen nicht empfehlenswert, weil sie erfahrungsgemäß schon nach kurzem Gebrauche ihre Genauigkeit einbüßen.

Sicherheitsventile. Um bei durch irgendwelche Umstände zu hoch angestiegenem Überdrucke der Blase deren Bersten zu verhüten, müssen die Destillationsblasen auch mit einem Sicherheitsventil ausgerüstet sein. Dieses Ventil soll nach jeder Operation auf sein gutes Funktionieren geprüft werden und derart gebaut sein, daß bei seinem Öffnen die entweichenden Gase nicht frei in das Destillationslokal entströmen, sondern ins Freie gehen. Man kann das Ventil auch so einrichten, daß es innen mit einem bis an den Boden reichenden Rohransatz versehen ist, so daß beim Abblasen des Ventils nicht Gase, sondern flüssige Fettsäuren entweichen, die dann natürlich einem entsprechend angebrachten Auffanggefäße zugeführt werden müssen.

Ein Überdruck kann übrigens in der Blase nur dann entstehen, wenn eine etwa vorhandene Drosselklappe am Übersteigrohr (*B*, siehe Fig. 134) während des Operationsganges geschlossen wurde, oder wenn sich der Kühler verstopfte.

Manometer. Die in der Blase herrschenden Druckverhältnisse kann man übrigens durch Anbringung eines Manometers leicht kontrollieren. Auch wird bisweilen an der Blase ein kleines Lufthähnchen angebracht, durch dessen Öffnen man sieht, ob ein Über- oder Unterdruck in der Blase herrscht.

Ein passend angebrachtes Mannloch gestattet die Befahrung der Blase zwecks ihrer inneren Reinigung und Reparatur. Die Abdichtung des Mannloches erfolgt am besten mit Asbest, weil dieses Material unter der Hitze nicht leidet. Blei- oder Kautschukdichtungen sind nicht empfehlenswert, weil sie bei der hohen Temperatur stark erweicht werden und Kautschuk außerdem auch von der Fettsäure stark angegriffen wird. Mannloch.

Die Heizung der Destillationsblase erfolgt gewöhnlich durch direkte Feuerung; doch sind auch schon Blasen gebaut worden, die lediglich mit Dampf geheizt werden. Heizungsart.

Die sachgemäße Einmauerung der Blase, die richtige Größe der Rostfläche, eine gute Zugregulierung und alle anderen bei Feuerungsanlagen in Betracht kommenden Faktoren müssen auch bei der Montage der Destillationsblasen beachtet werden; ganz besonders ist darauf zu sehen, daß die Feuerung eine bequeme Temperaturregulierung des Blaseninhaltes, also eine möglichst rasche Steigerung und ebenso schnelle Abdämmung des Feuers erlaube. Einmauerung der Blase.

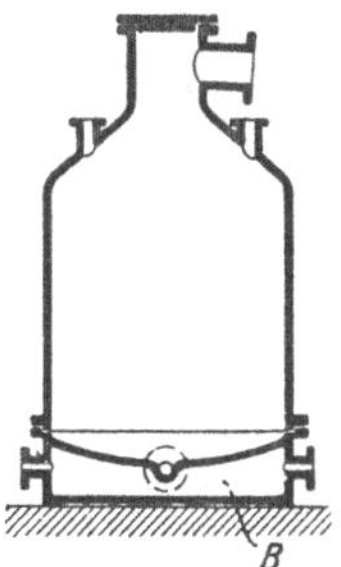

Fig. 135. Fettsäuredestillierblase nach Levy.

Stichflammen müssen unter allen Umständen vermieden werden, besonders bei kupfernen Blasen, die dadurch sehr stark leiden. Auch bei gußeisernen Blasen haben übrigens die Stichflammen ihre schweren Nachteile im Gefolge, weil sie zur partiellen Überhitzung des Blaseninhaltes Anlaß geben.

Bei einer guten Einmauerung darf die Flamme den Kesselboden überhaupt nicht direkt berühren, sondern die Blase soll nur durch die strahlende Wärme und die Heizgase erhitzt werden. Lokale Überhitzungen der Blasenwandungen haben dunkle Fettsäuren und die Bildung von Kohlenwasserstoffen zur Folge, wie schließlich auch an den Blasenwänden festgebrannte Krusten entstehen, die das Blasenmaterial arg mitnehmen.

Um den Blasenboden der schädlichen Einwirkung der direkten Flamme zu entziehen, gibt es zwei Wege: Einmal kann die ganze Bodenfläche auf ein Mauerwerk gestellt werden, das dann als Wärmeüberträger und Ausgleicher dient; andernfalls kann man auch unter dem Blasenboden ein Gewölbe anbringen, das die Heizgase zwingt, es zu durchstreichen, bevor diese auf dem Blasenboden antreffen.

Levy hat die Überhitzung des Blasenbodens zu vermeiden gesucht, indem er den gußeisernen Blasen einen doppelten Boden B (siehe Fig. 135) gab, in dessen Zwischenraum Dampf zirkuliert, der durch die Feuerung gleichzeitig eine Überhitzung erfährt und als überhitzter Dampf sodann zur Destillation der Fettsäuren verwendet wird.

In den Rauchkanälen der Destillationsfeuerungen müssen selbstverständlich gut funktionierende Schieber angebracht sein, die eine bequeme

Regulierung des Zuges ermöglichen und damit die Temperaturregulierung des Blaseninhaltes gestatten.

Das Einmauern von Blasen muß man Feuerungsspezialisten überlassen, weil außer der Schonung der Blase auch ökonomische Momente mitsprechen. Wie oft gerade in letzter Hinsicht gesündigt wird, beweisen die ganz verschiedenen Angaben über den Kohlenverbrauch bei der Fettsäuredestillation, die seitens der einzelnen Betriebe gemacht werden.

Blasen-Einmauerung nach Hugues.

Leon Hugues in Paris[1]) empfahl, zwei Destillationsblasen in denselben Ofen einzumauern und sie mit einem gemeinschaftlichen Überhitzer und Kondensator auszustatten. Der Ofen ist derartig konstruiert, daß die Verbrennungsgase, die den Dampf überhitzt haben, nach Belieben um die eine oder die andere Destillierblase geleitet werden können und dann erst in der entsprechenden anderen Destillierblase benutzt werden.

Zwei doppelte Klappen, die mit einem einzigen Handgriff bedient werden können, gestatten eine schnelle Umkehrung der Richtung der Heizgase, so daß jede Blase der ersten oder der zweiten Wirkung des Feuers ausgesetzt werden kann.

Der Kondensator einer solchen Anlage muß große Mengen der Fettsäuredämpfe rasch zu kondensieren vermögen, was durch direkte Einspritzung von Wasser (siehe S. 645) ermöglicht wird.

Bei der in Fig. 136 gezeigten Anlage nach Hugues werden die beiden Destillationsblasen (Nr. 1 und Nr. 2) durch das Rohr, das mit dem unteren Hahn der Destillationsblasen in Verbindung steht, gefüllt.

Ist der Ofen genügend geheizt, so beschickt man die Blasen mit Fettsäure von 110—120° C, die aus mit der Röhre T in Verbindung stehenden Behältern entnommen wird, die sich oberhalb der Blasen befinden. Die Klappen sind dabei eingestellt, so daß die Blase Nr. 1 der direkten Wirkung der Feuergase ausgesetzt ist, während die Blase Nr. 2 durch die zur Esse ziehenden Gase geheizt wird. Öffnet man den Hahn RV_2, der auf der Blase Nr. 1 sitzt, so tritt in diese überhitzter Dampf ein. Die heißen Verbrennungsgase gehen durch die Öffnungen O, umspülen die Destillierblase von zwei Seiten und gehen dann, durch die Öffnung O_2 und durch die Wand Cl in zwei Abteilungen geteilt, unter der Destillierblase hinweg nach den Öffnungen o_2 in den Kanal o_4, der sie durch die Öffnungen o_3 unter die Destillierblase Nr. 2 befördert; von hier streichen die Gase zu beiden Seiten der Destillierblase in die Höhe, gehen durch die Öffnungen o_1, den Verschlußrahmen r_2, durch den wagrechten Kanal o_5 und von hier durch g nach dem Abzugskanal G. Die Ausleerung der Rückstände erfolgt durch Öffnen des Hahnes Rd in zwei oder drei Minuten. Die Blase wird alsbald mittels desselben Hahnes von neuem beschickt. Die Rückstände werden durch die Röhre T entweder in eine zweite, unterhalb der ersten gelagerte Destillierblase geleitet oder durch einen Drucktopf zur weiteren Verwendung abgeleitet. Während man den Zufluß des überhitzten Dampfes nach der Blase Nr. 2 regelt, stellt man die Klappen derartig um, daß diese Blase jetzt der direkten Wirkung der Feuergase ausgesetzt ist und die Blase Nr. 1 von den abziehenden Gasen umspült wird. Hierbei destilliert die Ladung der Blase Nr. 2, die, während Nr. 1 destilliert, stark vorgewärmt ist, augenblicklich, während die neue

[1]) D. R. P. Nr. 66746 v. 19. Sept. 1891; Zeitschr. f. angew. Chemie 1893, S. 215.

Ladung der Blase Nr. 1 durch die von der Blase Nr. 2 kommenden Feuergase stark vorgewärmt wird und beim Entleeren der Blase Nr. 1 schon zum Überdestillieren fertig ist.

Erwähnung verdient auch die Blasenkonstruktion von Anton Scharza in Brünn[1]), die im oberen Drittel ihrer Höhe eine Scheidewand besitzt,

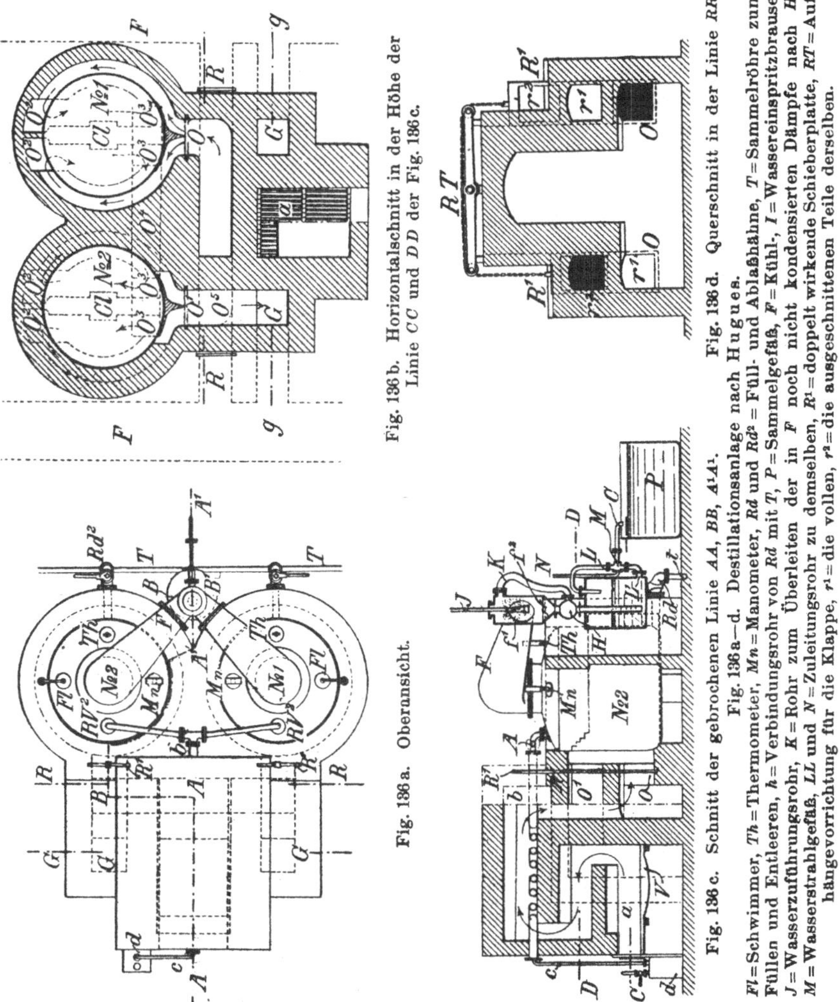

Fig. 136a. Oberansicht.

Fig. 136b. Horizontalschnitt in der Höhe der Linie *CC* und *DD* der Fig. 136c.

Fig. 136c. Schnitt der gebrochenen Linie *AA*, *BB*, *A¹A¹*.

Fig. 136d. Querschnitt in der Linie *RR*.

Fig. 136a—d. Destillationsanlage nach Hugues.

Fl = Schwimmer, *Th* = Thermometer, *Mn* = Manometer, *Rd* und *Rd²* = Füll- und Ablaßhähne, *T* = Sammelröhre zum Füllen und Entleeren, *h* = Verbindungsrohr von *Rd* mit *T*, *P* = Sammelgefäß, *F* = Kühl-, *I* = Wassereinspritzbrause, *J* = Wasserzuführungsrohr, *K* = Rohr zum Überleiten der in *F* noch nicht kondensierten Dämpfe nach *H*, *M* = Wasserstrahlgefäß, *LL* und *N* = Zuleitungsrohr zu demselben, *R¹* = doppelt wirkende Schieberplatte, *RT* = Aufhängevorrichtung für die Klappe, *r¹* = die vollen, *r²* = die ausgeschnittenen Teile derselben.

durch die die Blasen in zwei Teile getrennt werden, die durch mehrere Rohrstutzen untereinander kommunizieren.

Scharza hat diese Blasenkonstruktion insbesondere für die Aufarbeitung (zweite Destillation) der bei der gewöhnlichen Fettsäuredestillation in der Blase verbleibenden Rückstände (Destillationsteer) empfohlen. Dieser

[1]) D. R. P. Nr. 31674 v. 31. Aug. 1884.

Teer wird im unteren Teil der Blase, der mittels einer Feuerung erhitzt werden kann, unter Zuhilfenahme überhitzten Dampfes abdestilliert und die Dämpfe steigen in den oberen Abteil der Blase, von wo sie teils direkt durch das Übersteigrohr in den Kondensator gelangen, zum anderen Teil durch eingeleiteten Dampf wiederum verflüssigt werden, also eine Rektifikation erfahren [1]).

Destillationsblase nach Scharza.

Das zu destillierende Material wird durch den mittels Hähne verschließbaren Einlauf *a* in den unteren Teil der Blase *A* (Fig. 137) bis zur Höhe des Normalprobierhahnes *z* eingebracht und daselbst durch direkte Feuerung erhitzt. Die Rohre *d d*, die Abzweigungen des Dampfzuführungsrohres *b* darstellen, sind längs der Wand der Blase *A* nach abwärts gebogen und münden am Boden derselben mit etwas aufwärts gerichteten Öffnungen *e e* aus. Der bei *b* einströmende überhitzte Dampf durchwühlt die Masse, bringt sie zum Kochen und führt die Fettsäuredämpfe durch die Rohre *f f* in den oberen, durch einen Boden *g* getrennten Teil *B* der Blase *A*, wo sie wegen der dort ungenügend hohen Temperatur kondensieren. Zwischen den Rohren *f f* ist im Oberraum *B* eine durchlöcherte Dampfschlange *h* angebracht, und es werden daselbst die verflüssigten Fettsäuren mit Hilfe des einströmenden überhitzten Dampfes wiederum verdampft und gehen endlich in den Helm der Blase über. Zur Temperaturkontrolle ist an der Blase *A* ein Thermometer *u* angebracht. Außer dem Normalprobierhahn *z* findet sich noch ein zweiter Probierhahn *v* an dem Raum *B*.

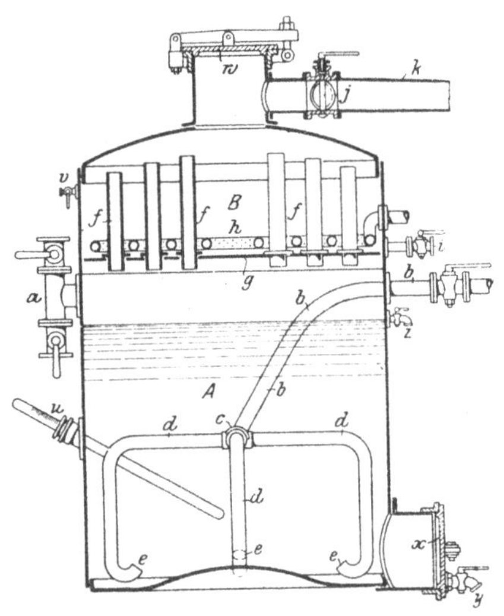

Fig. 137. Destillierblase nach Scharza.

Die Mannlöcher *x* und *w* dienen zum Reinigen der Destillationsblase. Die Destillate gelangen durch das mit einer Drosselklappe *j* versehene Rohr *k* in den Kühler. Die in *B* verbleibenden Destillationsrückstände werden durch den Hahn *i* abgelassen, genau so, wie die Rückstände des unteren Blasenteiles bei *y* entfernt werden.

Destillationsblasen mit Kolonnenaufsätzen.

Als eigenartig müssen jene Blasenkonstruktionen bezeichnet werden, die kolonnenartige, an die Rektifizierapparate der Spiritusfabriken erinnernde Vorrichtungen eingebaut oder sonstwie angegliedert erhalten und eine Rektifikation des Fettsäuregemisches mit dessen Destillation verbinden.

Bei der in Fig. 138 dargestellten Konstruktion werden die zu destillierenden Fettsäuren durch einen in den Überhitzer eingebauten Vorwärmer auf eine Temperatur von ca. 250° C erhitzt und hierauf durch das Rohr x_1 in den zylindrischen Unterteil *B* der Destillationsblase zugeführt. In diesem, durch direkte Feuerung erwärmten Teil der Blase erfährt die Fettsäure eine weitere Erhitzung und geht, nachdem sie das Schlangenrohr *m* passiert hat, bei geöffnetem Hahn *a* durch x_2 in das oberste Element b_1 des Kolonnenapparates *A*. Ist dieses oberste Element bis zur

[1]) D. R. P. Nr. 31674 v. Jahre 1885.

Höhe des obersten, linken Überlaufrohres angefüllt, so läuft die Fettsäure durch dieses in das zweite Element b_2, von hier durch r_2 in b_3 usf., bis alle Etagen gefüllt sind.

Die durch das Rohr k in den Blasenunterteil B geleiteten Dämpfe treten bei o_1 in verteilter Form aus und steigen in die Höhe, wobei sie vor allem die Platte t des untersten Kolonnenelementes treffen. Bei dem Anprall werden die aus der Blase B mitgerissenen teerhaltigen Teile zurückgehalten und fließen längs der schiefen Ebene der Platte t wieder nach B zurück, während das Gemisch der Fettsäuren und Wasserdämpfe seinen Weg durch den Rohrstutzen w nach aufwärts

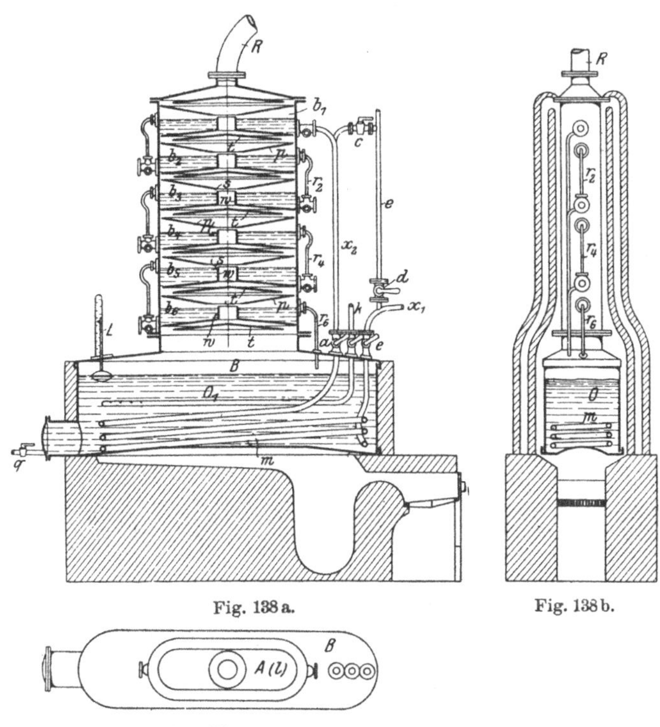

Fig. 138 a. Fig. 138 b.

Fig. 138 c.

Fig. 138 a, b und c. Kolonnendestillierapparat.

nimmt, dabei die Hohlplatte des zweiten Elementes treffend, wo wiederum ein partielles Ausscheiden von Kondensationsprodukten stattfindet, die längs t und p in das unterste Element zurückfließen.

Die Dämpfe gehen weiter durch w in die 3. Etage, wo sich derselbe Vorgang abspielt wie in der 1. und 2. Etage, und so geht es fort, bis die Dämpfe endlich in der obersten Etage angelangt sind und durch R nach dem Kühler gehen.

Je tiefer das Kolonnenelement, um so weniger flüchtiges Material enthält es, und diese Rektifizierung nimmt durch den kontinuierlichen Zulauf der Fettsäure zu; es sammelt sich schließlich in der Blase B ein an teerhaltigen Stoffen sehr reiches Material, das dann durch das Rohr q abgelassen wird.

Die eigenartigen Querschnitte sowie die Einmauerung des Apparates ersieht man aus Fig. 138.

Destillierblase nach Urbach und Slama.

Eine weitere Konstruktion eines Kolonnendestillationsapparats wurde Em. Urbach und Viktor Slama in Lieben bei Prag[1]) im Jahre 1893 patentiert.

Dieser Kolonnenapparat (Fig. 139) besteht aus einem unteren zylindrischen Teil der Blase E und einem oberen kegelförmigen Aufsatze F. Letzterer enthält eine Reihe übereinander gestellter Teller i, die „Aufkocher" benannt werden sollen und gleich hoch sind, während ihre Breite von unten nach oben zu abnimmt. Ein gemeinschaftliches Rohr j, zwischen dessen Flanschen sie festgehalten werden, mündet in den obersten Teller und dient zum Zuleiten der zu destillierenden Flüssigkeiten aus einem Überhitzer. Im Oberteil dieser Teller sind runde, in sich geschlossene Rohre k angebracht, die durch Knie l_1 mit dem Dampfrohr l in Verbindung stehen und mit zur Mitte zielenden Öffnungen versehen sind. Außerdem ist in jedem Teller ein Übersteigknie m eingehängt, das die Verbindung zwischen zwei übereinanderliegenden Tellern herstellt. An dem Kegel F sind Streifbleche n angebracht, die das schmutzige, kondensierte Destillationsgut in die darunterliegenden Teller zurückführen. Durch das Rohr l werden überhitzte Dämpfe in den Dampfverteiler V getrieben, von wo sie, je nach Bedarf, durch Ventile l_3 in die Rohre k und Aufkocher i oder in den Körper E eingelassen werden. Im Rohr l ist ein Thermometer I vorgesehen, das den Wärmegrad des überhitzten Dampfes anzeigt.

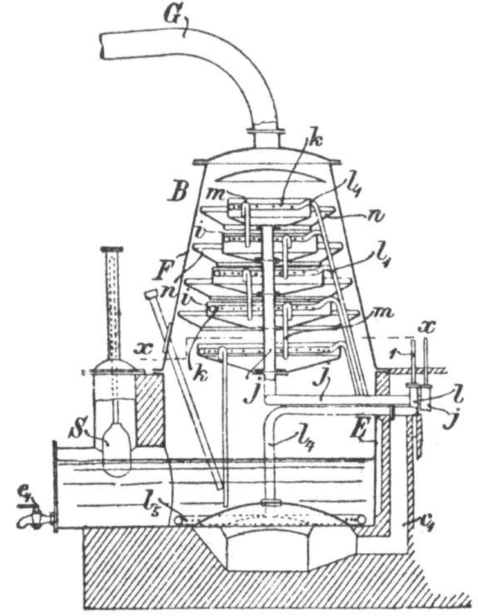

Fig. 139a.

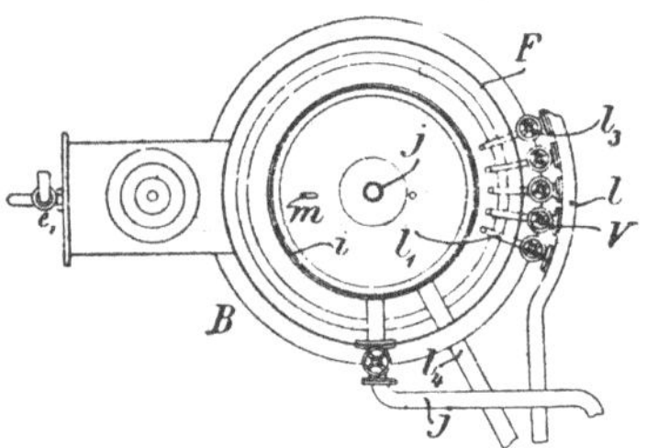

Fig. 139b.

Fig. 139a und b. Kolonnendestillierapparat nach Urbach und Slama.

Das Destilliergut wird in einem mit dem Destillierapparat verbundenen Überhitzer hochgradig erhitzt und steigt durch das Rohr j in den höchsten Aufkocher i, wo es sich ausgießt und ihn füllt. Sobald die Flüssigkeit eine bestimmte Höhe erreicht hat, fließt sie durch die Übersteigrohre m in das untere Gefäß i, füllt es abermals usw., bis alle Gefäße i durch Rohre m und schließlich auch der untere Körper E gefüllt sind. Ein Schwimmer S zeigt die Höhe der Füllung an. Nachdem durch Öffnen der Ventile l_3 der überhitzte Dampf in die Aufkocher durch die Öffnungen in den Röhren k eingelassen worden ist, fängt die Destillation an. Dabei wird unter dem Körper E geheizt, oder es werden die Rauchgase von einem Überhitzer durch den Kanal c_1 zugeführt. Dabei kann die Temperatur des Körpers E höher sein als die des zufließenden Destilliergutes. In diesen Körper E gelangen die Flüssigkeiten, die ihren Weg durch die Aufkocher bereits zurückgelegt haben, und bestehen demnach bloß noch aus schweren Rückständen, die abermals aufgekocht und schließlich durch den Hahn e_1 abgelassen werden.

---

[1]) D. R. P. Nr. 78678 v. 12. Okt. 1893; Zeitschr. f. angew. Chemie 1894, S. 163.

In diese Rückstände wird außerdem noch überhitzter Dampf durch das Rohr l_4 eingelassen, der durch Öffnungen des kreisrunden Rohres l_5 in die Flüssigkeit einströmt und sie aufkocht, um etwa mitgerissene Fettsäuren abermals zu verflüchtigen. Da unten im Teil E die höchste Temperatur herrscht, sind auch die Aufkocher allmählich nach unten einer um so höheren Temperatur unterworfen, je näher sie dem Körper E liegen. Man ist dadurch in der Lage, das Destilliergut je nach seinen Eigenschaften entweder gleich oben oder erst beim Herabfließen in den unteren Aufkocher zu verflüchtigen, so daß der leichter flüchtige Teil bereits oben, der schwerer flüchtige dagegen erst unten destilliert.

Kolonnenapparate sind auch von anderer Seite[1]) mehrfach vorgeschlagen worden, doch haben sie im allgemeinen wenig Verbreitung gefunden. Die durch sie bezweckte Rektifikation des Fettsäuregemisches hat man auch auf andere Weise, immer aber nach demselben Prinzip, zu erreichen versucht. Von solchen Apparaten seien die von Heckmann, von Notkin und Marix sowie von Sahlfeld genannt.

Destillieranlage nach Heckmann.

Bei dem Apparat von Heckmann (Fig. 140) werden die getrockneten Fettsäuren in der von den Heizrohren b durchzogenen Blase A mittels direkter Feuerung erwärmt. Die Verbrennungsgase gelangen aus dem Kanal a in die Heizröhren b, durchziehen dieselben, strömen dann durch den Kanal c in der Richtung des Pfeiles nach c_1 und von hier durch Kanäle $d d_1 d_2 d_3$ in einer Zickzacklinie unter dem Behälter $B B_1 B_2 B_3$ hinweg nach dem Schornstein e.

Der zur Destillation benutzte Wasserdampf wird in Röhren überhitzt, die in dem Kanal a angeordnet sind, und in üblicher Weise mittels eines durchlöcherten Rohres in den Inhalt des Kessels A geleitet.

Die aus dem Kessel A bei dieser Erwärmung der Fettsäuren durch das Rohr f entweichenden Dämpfe gehen in die mit rohen Fettsäuren gefüllten Behälter $B B_1 B_2 B_3$, die sie nacheinander durchstreichen. Zunächst gehen die Dämpfe durch das Rohr f in das mit Löchern versehene Rohr g des Behälters B und durchdringen die in diesem enthaltene Flüssigkeit. Das in dem Behälter B entwickelte Dampfgemisch gelangt in gleicher Weise durch das Rohr f_1 und das gelochte Rohr g_1 in den Behälter B_1. In derselben Weise wird das in dem letzteren entwickelte Dampfgemisch durch das Rohr f_2 und das gelochte Rohr g_2 in den Behälter B_2 und das in diesem Behälter entwickelte Dampfgemisch durch die Rohre f_3 und g_3 in den letzten Behälter B_3 geleitet. Andrerseits fließt dem Dampfgemisch in den genannten Behältern $B B_1 B_2 B_3$ beständig ein Strom stark vorgewärmter roher Fettsäure entgegen, der durch das Rohr i in den Behälter b_3 tritt und durch die Übersteigrohre $k_3 k_2 k_1$ allmählich aus dem einen Behälter in den anderen und schließlich nach A gelangt, immer die Behälter $B B_1 B_2 B_3$ bis zu einer gewissen Höhe gefüllt lassend.

Die in dem Kessel A entwickelten Dämpfe werden nun auf dem beschriebenen Wege einerseits immer mehr mit festen, höher siedenden Fettsäuren angereichert, indem sie aus der rohen Fettsäure diese Körper aufnehmen, während sie andrerseits ihren Gehalt an leichter siedenden Fettsäuren (Ölsäure) an die rohe Fettsäure abgeben und ihn nach und nach ganz verlieren. Im Verlaufe des Verfahrens wird also die durch die Behälter $B B_1 B_2 B_3$ fließende rohe Fettsäure allmählich ärmer an Stearinsäure, aber reicher an Ölsäure werden und im Kessel A der Gehalt an Ölsäure langsam ansteigen, so daß man schließlich von Zeit zu Zeit einen Teil des Kesselinhaltes frei von Stearinsäure ablaufen lassen muß.

---

[1]) Österr. Privileg 47/4538 v. 26. Jan. 1897 und österr. Patent Nr. 13257 v. 1. April 1903 von Heinr. Hirzel in Leipzig-Plagwitz.

Das aus dem stets mit angewärmter roher Fettsäure gespeisten Behälter B_3 entweichende Dampfgemisch enthält demgemäß nur noch Stearinsäure und Wasser, und es hat also jetzt bloß die Abscheidung des Wassers zu erfolgen. Bevor dies indessen geschieht, wird das Dampfgemisch noch zur Erwärmung der rohen Fett-

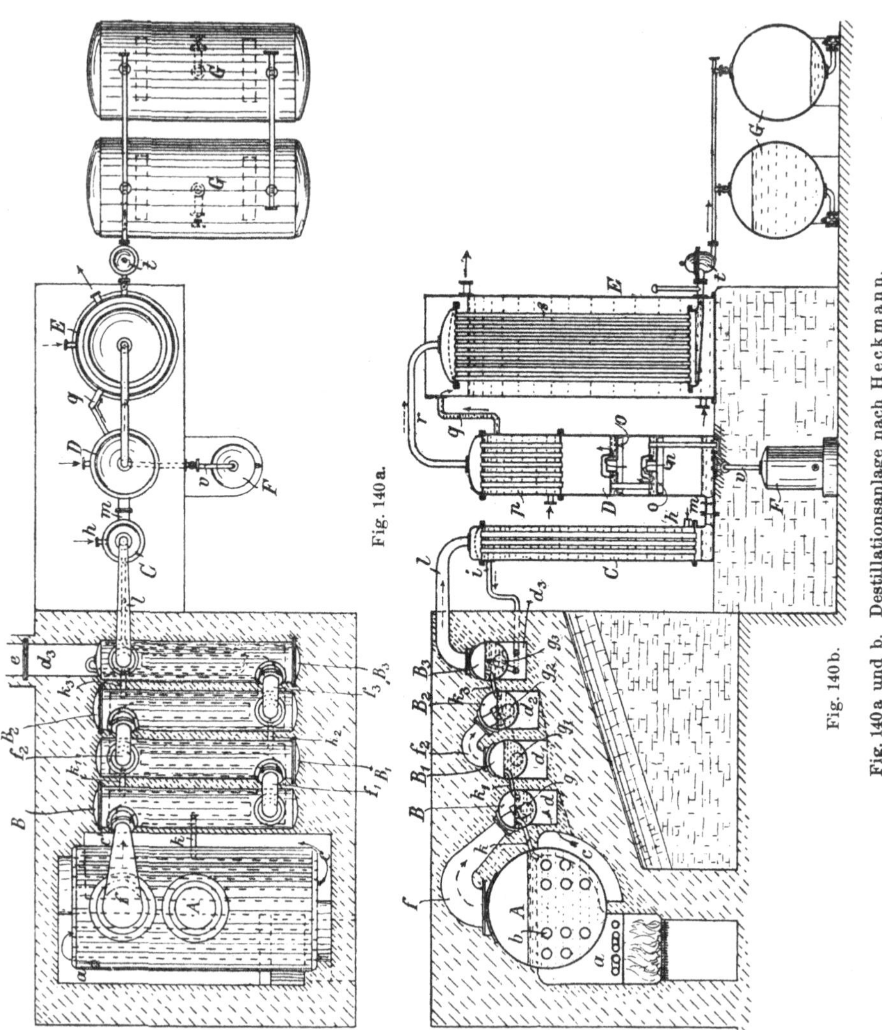

Fig. 140a.

Fig. 140b.

Fig. 140a und b. Destillationsanlage nach Heckmann.

säure in dem Körper C benutzt. Das Dampfgemisch strömt zu diesem Zwecke aus dem Behälter B_3 durch das Rohr l in die obere Kammer des Behälters C und gelangt dann durch vertikale Rohre in dessen untere Kammer, um schließlich durch das Rohr m in den Raum n des Körpers D zu treten. Die rohe Fettsäure fließt unten bei h in den Körper C, umspült dessen vertikale Rohre, entzieht auf diese Weise dem aus B_3 kommenden Dampfgemisch Wärme und gelangt durch das Rohr i in den Behälter B_3. In der unteren Kammer des Körpers C sowie in dem Raum m

und dem unteren Teil des Raumes *n* des Körpers *D* sammelt sich bereits ein großer Teil der Stearinsäure, der durch die Kühlung in *C* von dem Wasserdampf abgeschieden war. Die noch nicht ganz von Stearinsäure befreiten Dämpfe treten durch mit Glocken bedeckte Öffnungen im Boden *o* in den oberen Teil des Körpers *D*, der mit durch Wasser gekühlten Röhren *p* durchsetzt ist. Die Temperatur wird in diesem Apparat derart geregelt, daß sich in den Röhren *p* nur Stearinsäure abscheidet, die auf die Böden *o* herabfließt, während der Wasserdampf durch das Rohr *r* nach dem Kühler *E* gelangt, um hier in den gleichfalls mit Wasser gekühlten Röhren *s* vollkommen zu Wasser kondensiert zu werden. Die auf den Böden *o* sich sammelnde Stearinsäure enthält immer noch etwas Wasser und die jene Flüssigkeit durchbrechenden Dämpfe nehmen dieses Wasser auf, während sie gleichzeitig ihren Gehalt an Stearinsäure abgeben. Die von dem oberen Boden *o* nach dem tiefer gelegenen Boden fließende Flüssigkeit wird also auf diese Weise angereichert, und zwar so, daß sich im unteren Teil des Raumes *n* nur wasserfreie Stearinsäure ansammelt, die von Zeit zu Zeit mittels des Hahnes *v* in das Gefäß *F* abgelassen wird.

Die ganz von Stearinsäure befreiten Wasserdämpfe treten, wie bereits erwähnt, nach dem Kühler *E*, werden hier vollkommen niedergeschlagen, fließen als Wasser in die Probiervorrichtung *t*, woselbst sie auf ihre vollkommene Freiheit von Fettsäure beständig untersucht werden können, und sammeln sich in den beiden Gefäßen *G*, die mit der Luftpumpe in Verbindung stehen und dazu dienen, das Wasser abwechselnd abfließen zu lassen. Das zur Kühlung der Rohre *p* dienende Wasser kann man durch das Rohr *q* in den Kühler *E* übertreten lassen.

Der Kessel *A* sowie die Behälter $BB_1B_2B_3$ können jede geeignete Form erhalten, wenn nur dafür Sorge getragen wird, daß die vom Feuer berührte Heizfläche groß genug ist (etwa 1 qcm pro Liter Inhalt des Kessels *A*). Auch kann man die Anzahl der Behälter $BB_1B_2B_3$ vergrößern oder verringern bzw. sämtliche Behälter $BB_1B_2B_3$ zu einem einzigen mit verschiedenen Abteilungen verbinden. Wesentlich ist nur, daß die rohe Fettsäure in stark erwärmtem Zustande dem Dampfgemisch entgegengeleitet werde und daß letzteres wiederholt durch die rohe Fettsäure hindurchstreiche, da nur auf diese Weise erzielt werden kann, daß das Dampfgemisch seinen Gehalt an Ölsäure nach und nach verliert und dafür aus der Fettsäure Stearinsäure aufnimmt.

Apparat von Notkin-Marix.

Eine ähnliche Sonderung des Destillationsgutes in ölsäurereiche und -arme Teile bezweckt auch eine Konstruktion von Naum Notkin und Paul Marix in Paris[1]), die ebenfalls aus einer Reihe von treppenförmig übereinanderliegenden und je mit einer heißeren Abteilung des Apparates verbundenen Retorten, von denen jede mit der vorhergehenden und mit der nachfolgenden kommuniziert, aus einem Verdichter mit je einer besonderen Abteilung für jede Retorte und kontinuierlicher Zirkulation der Kühlflüssigkeit von der kältesten nach der heißesten Abteilung sowie aus einem Auffanggefäß für jede Abteilung des Verdichters besteht. Jeder dieser Verdichter kann am oberen Teil mit dem vorhergehenden durch Rohre verbunden sein und auch durch Sammelbehälter ersetzt werden, die zwischen zwei Retorten angeordnet sind, den Destillationsrückstand der vorhergehenden Retorte aufnehmen und mittels desselben die in der folgenden Retorte entwickelten Dämpfe verdichten.

---

[1]) D. R. P. Nr. 50373 v. 18. Dez. 1888.

Destillationsblase nach Sahlfeld.

Fr. Sahlfeld in Hannover[1]) läßt die destillierten Fettsäuren noch einen besonderen Rektifizierapparat durchlaufen, um sie von übelriechenden Stoffen oder sonstigen flüchtigen Verunreinigungen zu befreien.

Dieser in Fig. 141 dargestellte Apparat besteht aus einem zylindrischen Gefäß C, in das die kondensierte Fettsäure durch das Zuflußrohr o fließt und das mit einer Anzahl von Sieben q und einem Verteiler q^1 versehen ist. Am Boden des Gefäßes befindet sich ein durchlochtes Dampfrohr q^2, und es mündet in den ersteren eine Kühlschlange S, die in dem Kühlgefäß S^1 liegt und zur Ableitung der kondensierten Fettsäuren nach stattgehabter Rektifikation dient.

Die durch den bei q^2 einströmenden überhitzten Dampf in C entwickelten Fettsäuredämpfe werden durch das Rohr t nach dem Kühlapparat t^1 geführt, der in dem oberen, gesonderten Teil C^1 des Rektifizierapparates liegt. Der zylindrische Teil C^1 dient als Kühlgefäß und ist mit einem Wasserzulauf u und Wasserablauf u^1 versehen.

Aus dem Kühlapparat t^1 werden die flüchtigen Produkte durch das Rohr t^2 abgeleitet, während die neuerdings wieder kondensierten Fettsäuren durch ein Abflußrohr t^3 nach dem Rektifikator C und zur Kühlschlange S gelangen, von der sie abgezogen werden.

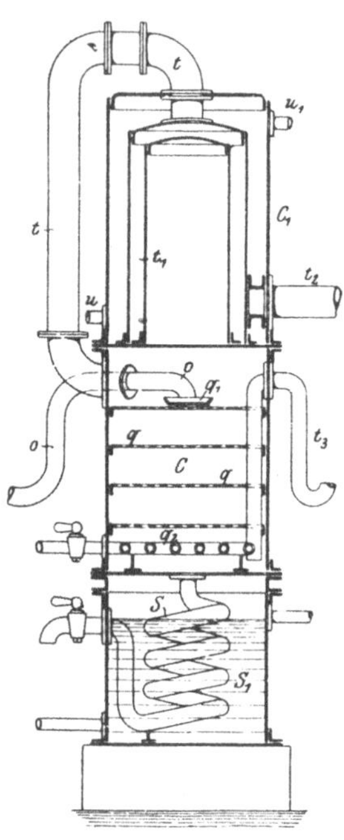

Fig. 141. Destillationsblase nach Sahlfeld.

Die Fettsäuren werden beim Herabfließen durch die Siebe von einem aus dem Rohr q^2 austretenden Dampfstrahl bestimmter Temperatur getroffen, wodurch die übelriechenden Produkte und ein Teil der Fettsäuren nach dem Kühlapparat, der eine bestimmte Temperatur besitzt, übergeführt werden.

Die mitgerissenen Fettsäuren kondensieren sich wieder und gelangen mit den durch die Siebe gegangenen reinen Fettsäuren nach der Kühlschlange S, aus der sie abfließen. Die übelriechenden Produkte entweichen aus dem Kühlapparat t^1 als Akrolein, Kohlenwasserstoffe usw. und können zu weiterer Verwendung gewaschen und kondensiert werden.

2. Das Übersteigrohr.

Übersteigrohr.

Das sich an den Helm anschließende Übersteigrohr oder der Rüssel (siehe Fig. 134) ist aus Kupfer oder Eisen und verjüngt sich gegen jenes Ende zu, mit dem es an die Kühlvorrichtung anschließt. Bisweilen ist in dieses Übersteigrohr eine Drosselklappe eingebaut, die heute, obwohl sie in einigen Ländern sogar behördlich vorgeschrieben ist, nicht nur entbehrt werden kann, sondern überhaupt besser wegbleibt.

Drosselklappe.

Die Drosselklappen waren insolange eine Notwendigkeit, als man das Füllen und Entleeren der Blasen mit demselben Rohrstutzen vornahm. Seit man fast jede Blase mit einem eigenen Füll- und einem eigenen Ent-

[1]) D. R. P. Nr. 39373 v. 20. Juni 1886.

leerstutzen versieht, ist die Drosselklappe überflüssig geworden. Lach hat recht, wenn er die Drosselklappe sogar als eine gewisse Betriebsgefahr ansieht, weil durch unachtsame Arbeiter einmal ein Schließen dieser Klappe erfolgen kann, während die Destillation noch im Gange ist. Der Überdruck in der Blase, der die unmittelbare Folge eines solchen Versehens ist, kann dann unter Umständen so weit steigen, daß er den Blaseninhalt durch das Dampfeinströmungsrohr in den Überhitzer drückt, wo dann weitere Steigerungen in der Dampfspannung auftreten können, die sich bis zur Explosion der Destillationsblase zu erhöhen vermögen.

3. Der Kühler (Kondensator).

Bei der Verflüssigung (Kondensation) des die Destillationsblase verlassenden Gemisches von Fettsäure- und Wasserdämpfen bedient man sich des Wassers oder der Luft als kühlendes Medium; man spricht daher von Wasser- und Luftkühlern. Durch Kombinieren der beiden Systeme hat man eine dritte Type, den sogenannten gemischten Kühler, geschaffen. Kühlerarten

Die einfachste Form des Wasserkühlers ist ein in einem mit Wasser gefüllten Reservoir befindliches Schlangenrohr, durch das die zu kondensierenden Dämpfe ihren Lauf nehmen. Solche einfache Schlangenkühler (Fig. 142), die bei den meisten Destillationsprozessen verwendet werden, bestehen aus der Kühlschlange, die in einem Eisen- oder Holzgefäße ruht, das mit Wasser-Zu- und -Ablauf versehen ist. Bei den Fettsäurekühlern muß außerdem ein Dampfrohr zum Anwärmen des Kühlwassers vorgesehen sein, weil bei der Destillation hochschmelzender Fettsäuren die Temperatur des Wassers bei Beginn der Operation so hoch gehalten werden muß, daß das Destillat in der Schlange nicht fest wird und diese verstopft. Ist die Destillation einmal in Gang, so braucht ein Nachwärmen des Kühlwassers nicht mehr stattzufinden, weil durch die bei der Kondensation der Fettsäuredämpfe freiwerdende Wärme ohnehin eine Erwärmung des Wassers bewirkt wird. Nur hat man darauf zu achten, daß der Wasserzulauf nicht zu groß werde, sich vielmehr in jenen Grenzen halte, wobei die Temperatur des Wassers, in das die Schlange gebettet ist, eine solche ist, daß ein Festwerden des Destillats nicht eintreten kann. Ein Verstopfen des Kühlers, also ein zu energisches Kühlen, kann unangenehme Folgen nach sich ziehen, weil in der Blase, aus der keine Dämpfe mehr entweichen können, eine größere Spannung auftritt, die beim Versagen des Sicherheitsventils zu Katastrophen führen kann. Schlangenkühler.

Die Schlangen für die Fettsäure-Destillationsanlagen bestehen aus Kupfer Aluminium[1]) oder Blei; letzteres ist aber nicht vorteilhaft, weil Bleischlangen ziemlich starke Wandungen haben müssen und sich außerdem sehr leicht deformieren.

[1]) Vergleiche S. 629.

Separator. Die Kühlschlange mündet in ein „Separator“ genanntes Gefäß aus, in dem eine Trennung der flüssigen Fettsäure von dem gleichfalls überdestillierten Wasser erfolgt. In dem Rohrstücke zwischen dem eigentlichen Kühler und dem Separator ist gewöhnlich auch ein Entlüftungsrohr angebracht, durch das etwaige nicht kondensierte Dämpfe entweichen können.

Der Wasserkühler nimmt dann die in Fig. 142 gezeigte Gestalt an:

Die in die Destillationsblase durch das Rohr *u* kommenden Dämpfe gelangen in die Kühlschlange *l*, die in das Gefäß *C* gebettet ist. In diesem zirkuliert durch die Rohrstutzen *x* und *y* Wasser, das nötigenfalls durch die Dampfschlange *m* angewärmt werden kann. Das Kondensat fließt bei *p* ab und gelangt dann zum Separator *S*, auf welchem Wege etwa vorhandene Gase Gelegenheit haben, durch das Entlüftungsrohr *Z* zu entweichen.

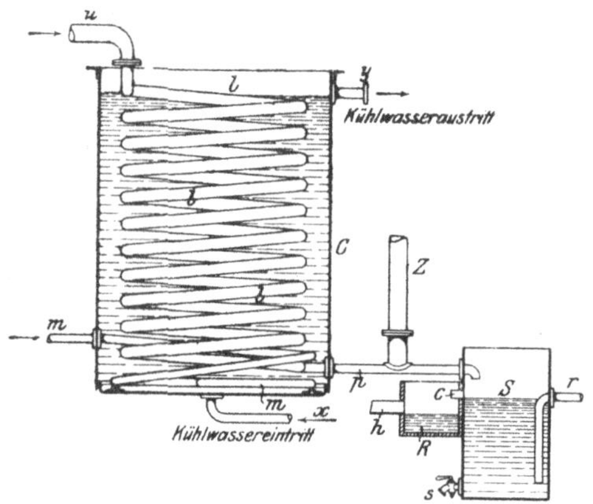

Fig. 142. Schlangenkühler.

Fig. 143. Wasserkühler mit vertikalen Röhren.

Im Separator *S* schwimmen die spezifisch leichteren Fettsäuren auf dem Kondensationswasser, das vom unteren Teile des Gefäßes durch das Rohr *r* abfließt, während die Fettsäure von der Oberfläche entnommen und durch den Stutzen *c* in ein kleineres Sammelgefäß *R* geleitet wird, von wo sie eine Rinne *h* in die eigentlichen Vorratsbehälter bringt. Der Hahn *s* dient zur Reinigung des Separators.

Mitunter ist vor der Ausmündung der Kühlschlange in den Separator eine S-förmig gebogene Röhre eingeschaltet (siehe *u* in Fig. 143), wodurch ein siphonartiger Abschluß gegen die Blase zu gebildet und ein Austreten der sich bei jedem Prozesse bildenden unangenehm riechenden Dämpfe vermieden wird.

Nach Rosauer[1]) ist es auch vorteilhaft, vor dem Kühler ein kurzes U-förmiges, nach abwärts gebogenes Rohr, das nicht gekühlt zu werden braucht, einzuschalten, an dessen unterem Bogen ein in eine kurze Kühlschlange verjüngtes Rohr anschließt. Diese kleine Kühlschlange, die in einen besonderen Kühlkasten eingebettet ist und deren Ausgang mit der großen Kühlschlange

[1]) Österr. Chem. Ztg. 1908, S. 49.

vereinigt ist, vergrößert die Kondensfläche vor dem Kühler und leitet das in dem Verbindungsrohr zwischen Helm und Kühler bereits kondensierte Destillat gut ab, wodurch der eigentliche große Kühler entlastet wird.

Wasserkühler anderer Form

Neben diesen Schlangenkühlern kennt man auch eine zweite Form des Wasserkühlers, die aus einem System vertikaler Röhren besteht, in die sich die von der Blase kommenden Dämpfe verteilen (Fig. 143). Die vertikalen Röhren *r* sind an beiden Enden von hohlen Stirnwänden *gg* festgehalten, deren Hohlräumen einerseits die Verteilung der auf *c* einströmenden Dämpfe in die einzelnen Rohrelemente, andererseits die Sammlung der aus diesen kommenden flüssigen Fettsäuren obliegt. Das gemeinsame Austrittsrohr *s* ist am Ende mit einer siphonartigen Kröpfung *u* versehen, ganz gleich, wie bei den Schlangenkühlern beschrieben wurde, und trägt ferner ein Druckentlastungsröhrchen *t*.

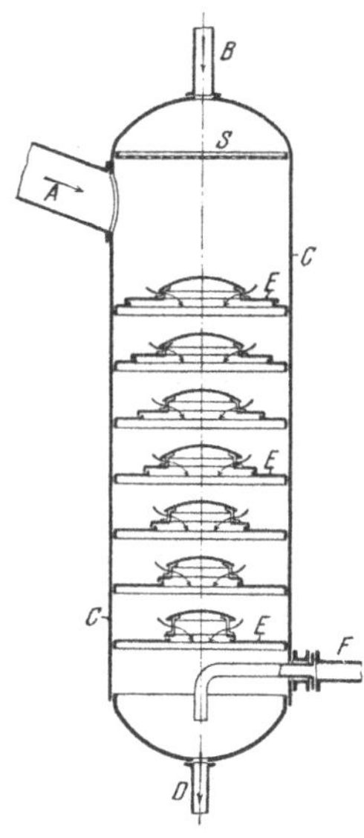

Fig. 144. Apollo-Kühler.

Dieser von Morane ainé in Paris empfohlene Kühler ist nur wenig in Anwendung, obwohl er auf kleinem Raume die Verflüssigung größerer Gasmengen erlaubt und besonders für forcierte Destillation empfehlenswert ist.

Die Wasserkühler verbrauchen ziemliche Mengen Wasser, so daß man in Betrieben, wo an solchem kein Überfluß herrscht, für die wiederholte Verwendung des Kühlwassers Sorge tragen muß. Das von dem Kühler abfließende Wasser ist noch ziemlich vorgewärmt und es kann durch entsprechende Verwendung eine Ausnützung der latenten Wärme der Fettsäuredämpfe erreicht werden.

Einspritz-Kondensatoren.

Um an Kühlwasser zu sparen, hat man auch die Kondensation der Fettsäuredämpfe durch direktes Zusammenbringen mit dem Kühlwasser, das man in den Strom der Fettsäuredämpfe einspritzt oder sonstwie mit diesen mischt, versucht.

Derartige Kondensiervorrichtungen wurden bereits seit dem Jahre 1876 in den de Millyschen Fabriken benutzt und schon 1878 eingehend beschrieben. In der Folge konstruierte man auf diesem Prinzip fußende ähnliche Kühlvorrichtungen; von diesen seien nur die von der Seifensieder-Gewerkschaft Apollo[1]) in Wien und des Emanuel Urbach und Viktor Slama in Lieben bei Prag[2]) benutzten näher beschrieben:

System „Apollo".

Der Apollokühler (Fig. 144) besteht aus einem aus Kupfer oder Eisenblech gefertigten zylindrischen Gefäße *C*, das mehrere Etagen oder Siebe *E* besitzt. Die zu kondensierenden Fettsäure- oder Kohlenwasserstoff-Dämpfe treten bei dem Rohre *A*

[1]) D. R. P. Nr. 56975 v. 8. Juli 1890.
[2]) D. R. P. Nr. 81482 v. 5. Jan. 1894.

vom Helmrohr oder der Destillierblase aus in die so nahe wie möglich beim Blasenhelm anzubringende Kühlvorrichtung ein und werden durch das Kühlwasser, das durch das Rohr *B* auf das Sieb *S* einströmt, sofort verdichtet.

Die einzelnen Etagen oder Siebe haben den Zweck, eventuell nicht kondensierte Dämpfe durch weiteres Zusammenbringen mit Wasser niederzuschlagen.

Das Rohr *D* leitet das Gemenge der verflüssigten Fettsäuren mit Wasser in entsprechende Absetzgefäße (Separatoren). Das Rohr *F* bezweckt, den Gang der Kühlung fortwährend beobachten zu können; aus diesem Rohre dürfen nämlich bei richtiger Leitung der Kühlung keine Dämpfe austreten.

Der Urbach-Slamasche Kondensator ist in Fig. 145 wiedergegeben.

Bei ihm strömen die zu kondensierenden Dämpfe durch das Rohr *G* in den Kühler *O* ein und machen einen schlangenartigen Weg zwischen den Tellern *r* sowie den Streifblechen *u*. Auf diesem Wege werden sie von dem Wasser, das durch Hahn *h* in Rohr *R* zuströmt und durch Öffnungen *s* eines zentralen Rohres *q* in die Teller fließt, gewaschen. Bei der Berührung mit dem kalten Wasser kondensieren sich die Fettsäuren und fließen mit dem Wasser über die Ränder der Teller *r*, wo sie sich schichten. Die Fettsäuren werden durch den Hahn q_1, das Wasser durch den Hahn q_2 abgelassen. Die nicht kondensierten Akroleindämpfe, die sich bei der Destillation bisweilen bilden, werden durch einen seitlichen Abzugskanal G_1 abgeleitet.

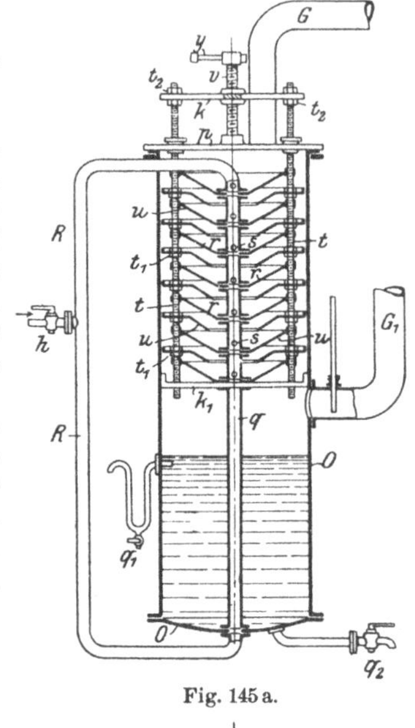

Fig. 145 a.

Fig. 145 b.

Fig. 145 a und b. Kondensator nach Urbach-Slama.

Zur Regelung des Durchganges der Dämpfe ist folgendes vorgesehen: Zwischen den Tellern *r* sind auf vier Schraubenspindeln *t* mittels Muttern t_1 Streifbleche *u* befestigt, die mittels dieser Spindeln auf und ab bewegt werden können. Zu diesem Zwecke trägt eine im Deckel *p* gelagerte Schraubenspindel *v* ein Kreuz *k* (Gegenkreuz k_1 im Inneren des Apparates), in welchem die Spindeln *t* und t_1 mittels Muttern t_2 festgehalten werden, so daß durch Drehen an der Handkurbel *y* das Kreuz und somit auch die Spindeln mit den Streifblechen *u* sich senken oder heben.

Durch Drehen an der Kurbel *y* werden die Spindeln mit den Streifblechen *u* gehoben oder gesenkt, zu dem Zweck, durch Senken der Streifbleche die zwischen den Tellern und Streifblechen in einem zickzackartigen Weg durchströmenden Dämpfe mehr an das Wasserniveau in den Tellern zu drücken, eventuell sie direkt in das Wasser zu leiten, wodurch ihr Durchgang befördert oder gehemmt wird, die Dämpfe also je nach Bedarf weniger oder mehr in Berührung mit Wasser gebracht, gewaschen und von den Akroleindämpfen befreit werden.

Die Wasserkühlung liefert ein einziges Kondensat, im Gegensatze zu der Luftkühlung, die, wie wir weiter unten ausführen werden, Fraktionierungen der Fettsäuredämpfe bewirkt.

Die Luftkühler bestehen aus 3—6 ziemlich weitdimensionierten (ca. 25 cm Durchmesser) und 3—6 hohen vertikal gestalteten Kupferrohren *e*, die oben und unten abwechselnd durch Flanschen *c*, *d* mit gleichweiten U-Stücken *b*, b_1 verbunden sind (Fig. 146). Am tiefsten Punkte jedes der unteren Verbindungs-U-Stücke ist eine kurze, verhältnismäßig kleindimensionierte, mit Wasser gekühlte Schlange r_1, r_2, r_3 angebracht und ebenso am Ende des Kühlers. Diese Kühlröhrchen sitzen in Wasserbehältern k_1, k_2 und k_3 und besonders die durch das Rohr *a* von der Blase kommenden Dämpfe erfahren bei dem Durchgang durch das Rohrsystem eine viel langsamere Abkühlung, als dies bei den Wasserkühlern der Fall ist, weil hier ausschließlich die die Kühlung gebende Luft als Abkühlungsmedium fungiert. Luftkühler.

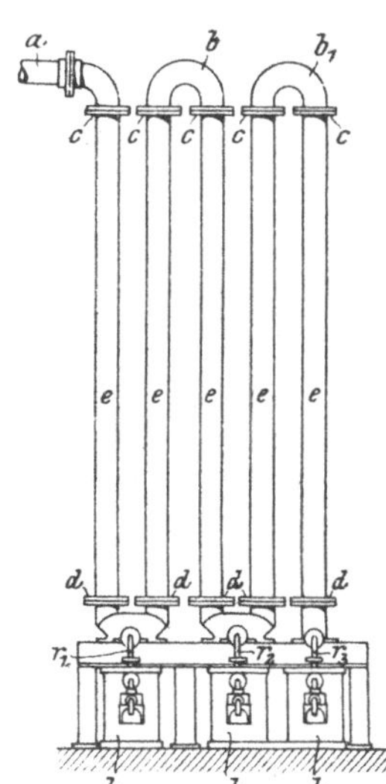

Fig. 146. Luftkühler für Fettsäuredämpfe.

Bei diesem langsamen Abkühlen der Gase ist es natürlich, daß sich zuerst die höher siedenden, also auch höher schmelzenden Fettsäuren verflüssigen werden, während die niedriger siedenden Fettsäuren erst nach einem weiteren Wege sich kondensieren können. Am untersten Punkte des ersten Kühlelements werden sich daher höher schmelzende Fettsäuren ansammeln als in dem zweiten und folgenden, so daß durch die Luftkühler ganz von selbst eine Fraktionierung des Destillats herbeigeführt wird.

Dieses Trennen der Fettsäuren in mehr oder weniger feste Anteile hat natürlich seine großen Vorteile. Die beim ersten Kühlelement aufgefangenen Fettsäuren lassen sich in der Regel direkt als Kerzenmasse verwerten (sogenanntes Weichstearin), und man erspart auf diese Weise die kostspielige Preßarbeit (siehe S. 721—742). Vorteile der Luftkühlung.

Diesen Vorteilen der Luftkühler stehen allerdings auch Nachteile gegenüber, von denen der hohe Anschaffungspreis und die hohen Instandhaltungskosten dieses Kühlersystems obenan stehen. Auch strahlen diese Kühler eine derartige Hitze in das Destillationslokal aus, unter der die darin beschäftigten Arbeiter arg zu leiden haben. Eine Luftkühlanlage erfordert auch ziemlich große Räumlichkeiten und gestattet keine beliebige Forcierung der Destillation, die bei der Wasserkühlung angängig ist. Endlich zeigt die Luftkühlung noch den einen Nachteil, daß sich die Fettsäuredämpfe in dem voluminösen Kühler nur schwer und langsam vorwärts bewegen und daß, um dies zu erreichen, ein geringer Überdruck in der Destillationsblase vorhanden sein muß, ein Umstand, der die Güte der Destillate nicht vorteilhaft beeinflußt. Dort, wo es an genügenden Mengen ihre Nachteile.

Kühlwassers fehlt, oder wo man für Weichstearin gute Verwendung hat, sind Luftkühler aber empfehlenswert.

Kombinierte Kühler.

Französische Stearinfabriken haben das System der Wasserkühler mit dem der Luftkühler zu verbinden gesucht, doch haben sich diese Kondensationsanlagen nur wenig einbürgern können.

Nicht unerwähnt sollen hier auch die Fischerschen Kondensatoren bleiben, obwohl sie bis heute in der Fettsäuredestillation noch keine Anwendung fanden, sondern nur in der Mineralölindustrie benutzt werden. Diese Kühler bestehen aus gerippten Platten, deren mehrere nach Art der Filterpressenanordnung miteinander verbunden sind. Die gerippte Oberfläche der Platte bietet eine sehr große Kühlfläche und es kann andrerseits damit auch eine Einrichtung verbunden werden, wobei leichter kondensierbares Material von schwerer zu verdichtendem getrennt wird[1]).

4. Der Überhitzer.

Die Überhitzer bestehen aus schmiede- oder gußeisernen Röhren, die in eine Feuerung eingebaut sind, durch die der in den Röhren zirkulierende Dampf auf die gewünschte Temperatur gebracht wird.

Schmiedeeiserne Überhitzer.

Die schmiedeeisernen Überhitzer bestehen vielfach aus einem einzigen, mehrfach gewundenen Rohrstück, können aber auch, wie dies bei den gußeisernen Überhitzern der Fall ist, aus mehreren geraden Elementen gebildet sein, die untereinander durch U-Stücke verbunden sind. Bei letzterer Anordnung trifft man die Einmauerung derart, daß die U-förmigen Stücke außerhalb der Feuerung liegen, einer größeren Abnützung also nicht ausgesetzt sind.

Gußeiserne Überhitzer.

Als gußeiserne Überhitzer sind nicht selten Rohrelemente in Verwendung, die den bekannten Rippenheizkörpern, wie sie für die Dampfheizung in Gebrauch sind, nachgebildet erscheinen. Durch diese Rippen wird eine Teilung des Dampfstromes in einzelne, möglichst kleine Querschnitte bezweckt, denn bei der schlechten Wärmeleitungsfähigkeit des Dampfes werden stets nur jene Dampfpartien überhitzt, die mit der heißen Rohrwand direkt in Berührung kommen, und die inneren Schichten des Dampfes bleiben daher bei Anwendung weiter Röhren nicht nur unüberhitzt, sondern sogar feucht.

Die Rippen der Überhitzungsrohre dienen gleichzeitig als Verstärkung; bei vorkommenden Sprüngen verhinderten sie bisher jedesmal, daß einzelne Stücke der Wand weggerissen wurden, denn die Sprünge verrieten sich stets früher durch Dampfausströmung und der Rohrteil wurde bis zur Abstellung der Dampfzuströmung beisammengehalten.

Es ist ungefähr 15 Jahre her, als man die Vorteile des überhitzten Dampfes bei seiner Verwendung für motorische Zwecke aufs neue entdeckte, und die

[1]) Vergleiche österr. Patent Nr. 2480 v. 1. Juli 1900 und österr. Patent Nr. 3153 v. 25. Jan. 1901 des Josef Fischer in Wien.

damalige energische Einführungsarbeit, die die Dampfmaschinenfabriken leisteten, hat auch auf die Ausbildung der Überhitzerkonstruktion günstig gewirkt[1]).

Vor- und Nachteile der beiden Systeme. Über die Vor- und Nachteile der verschiedenen Überhitzersysteme ist viel gestritten worden. Manche sind ganz und gar für die gußeisernen Konstruktionen, andere wiederum schwärmen nur für schmiedeeiserne. Im allgemeinen sind die Überhitzer, die nicht aus einem Stücke gefertigt wurden, sondern aus mehreren kleinen Elementen bestehen, vorzuziehen, weil sie beim Defektwerden eines Teiles durch Austausch des betreffenden Rohrstückes eine schnelle Reparatur gestatten.

Einmauerungsart. Wie über die Überhitzer selbst, sind auch über deren beste Einmauerungsart die Ansichten ziemlich auseinandergehend. Manche Fachleute behaupten, es sei das einzig Richtige, den Überhitzer in dieselbe Feuerung einzumauern, die für die Destillationsblase dient. Von anderer Seite wird dagegen dieses Prinzip bekämpft und eine getrennte Feuerung für den Überhitzer gefordert.

Gemeinsame Feuerung. Für die gemeinsame Feuerung macht man geltend, daß dabei an Heizmaterial gespart und die Überwachung vereinfacht werde. Der Arbeiter habe dabei nur eine Feuerung zu bedienen und könne der Überwachung des Destillationsprozesses mehr Aufmerksamkeit schenken, als wenn er zwei getrennte Feuer beschicken muß.

Die Freunde der getrennten Feuerung führen gegen die gemeinsame Einmauerung ins Treffen, daß diese die Temperaturregulierung fast unmöglich mache und daß entweder der Blaseninhalt oder der Dampf zu viel oder zu wenig erhitzt werde. Baut man den Überhitzer derart ein, daß die Flamme ihn zuerst bestreicht und die Heizgase die Destillationsblase erst nachher umspülen, so kann es vorkommen, daß letztere selbst bei stundenlangem Heizen nicht auf die notwendige Temperatur gebracht werden kann, ebenso, wie der Dampf nicht entsprechend überhitzt wird, wenn man den Überhitzer nach der Blase anordnet, die Heizgase also vorerst um diese spielen läßt.

Getrennte Feuerung. Diese Nachteile sollen beim Einbau des Überhitzers in einen separaten Ofen vollständig vermieden werden, weil man hier die genaue Regulierung der Temperatur durch Tiefer- oder Höherhalten des Feuers bequem in der Hand hat.

Das einzige, was der getrennten Feuerung vorgeworfen werden kann, ist die besondere Bedienung, die sie erfordert, und der Brennmaterialverbrauch, der etwas höher sein dürfte als bei der gemeinsamen Feuerung. Gar so arg ist die Sache aber nicht; wenn einmal die Destillation im Gang ist, sinkt der Brennstoffverbrauch für die Blase ohnehin fast auf Null herab und es wird nur der Überhitzer geheizt; für diesen müßte man aber auch dann Brennmaterial verwenden, wenn er mit der Blasenfeuerung vereinigt wäre.

---

[1]) Es wurden damals besonders zwei Systeme bevorzugt: das Schwoerersche (gußeiserne Überhitzer) und das von Hering (schmiedeeiserne Röhren).

Besondere Arten der Dampfüberhitzung. In der Fettsäuredestillation wird die Überhitzung des Dampfes mitunter auch ganz oder teilweise indirekt besorgt. So erfolgt z. B. bei der in Fig. 135 gezeigten Blasenform von Levy die Dampfüberhitzung in dem am Boden der Blase befindlichen Dampfmantel. Vielfach wird auch die in der Blase befindliche heiße Fettsäure zum Erhitzen des Dampfes benutzt, indem man einfach das Dampfzuführungsrohr vor seiner Ausmündung in mehrfachen Windungen das Blaseninnere durchkreuzen läßt, den Dampf also zwingt, einen längeren Weg durch die heiße Fettsäure zu nehmen, auf dem er ihre Temperatur annimmt.

Konstruktion Julien und Blumsky. Mathieu Julien und Maximilian Blumsky[1]) in Odessa haben dieses System zu besonderen Konstruktionen ausgebildet, von denen in Fig. 147 eine typische Form vorgeführt sei.

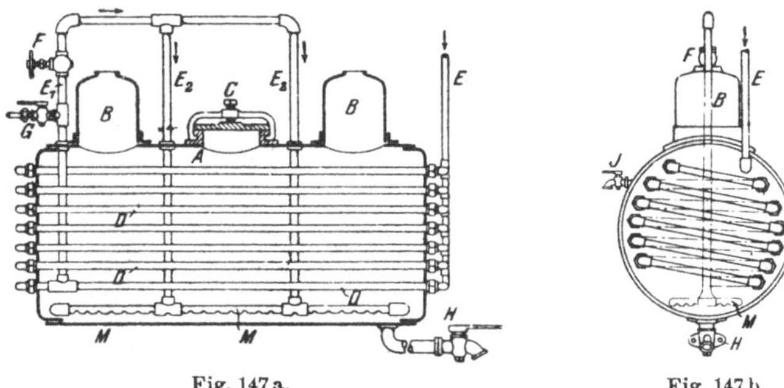

Fig. 147 a. Fig. 147 b.

Fig. 147a und b. Destillationsblase nach Julien und Blumsky.

Die zu diesem Zwecke benutzte Destillierblase *A* besitzt die Form eines liegenden Zylinders und ist oben mit zwei Dampfdomen *B* versehen, deren jeder mit einem besonderen Kondensator in Verbindung steht. Die Verschraubungen an der Stirnseite der Blase lassen eine Anzahl von Überhitzungsröhren *D* aus dem Kessel heraustreten und diese sind hier, also außerhalb des Kessels, untereinander durch Rohrstücke verbunden. Der auf bekannte Weise überhitzte Dampf wird durch das Rohr *E* zugeführt; er strömt durch das Röhrensystem *D* und tritt in das Rohr E^1, das sich oberhalb des Hahnes *F* horizontal umbiegt und in zwei Zweigen E^2 in den Kessel bis an dessen Boden herabgeht, wo es mit dem aus vier parallelen, an der Unterseite perforierten Röhren gebildeten Dampfausströmer und Dampfverteiler *M* in Verbindung steht.

Wenig unterhalb des Hahnes *F* ist am Rohr E^1 ein Rohrstutzen mit einem Hahn *G* angesetzt, mittels dessen der Dampf abgelassen werden kann. Dieser Hahn dient gleichzeitig als Probierhahn, um zu untersuchen, ob der hier anlangende Dampf genügend stark überhitzt ist, und zur Regulierung der nach M^1 abzulassenden Dampfmenge.

Der Apparat wird schließlich vervollständigt durch das zur Beschickung dienende Mannloch *C*, den seitlichen Hahn *J* zum Anzeigen des Flüssigkeitsstandes im Kessel *A* und den Hahn *H* zum Abziehen der Rückstände. Daneben ist noch ein in unserer Figur nicht gezeichneter Schwimmer als Niveauanzeiger vorhanden.

[1]) D. R. P. Nr. 35619 v. 19. Juli 1885.

Die Arbeitsweise des Apparates ist nun die folgende:

Nachdem die Destillationsblase gefüllt wurde, erhitzt man zunächst den Apparat durch direkte Feuerung so weit, bis sich an den Kondensatorröhren Tropfen zeigen; alsdann schließt man *F*, öffnet *G* und läßt durch *E* überhitzten Dampf einströmen. Dieser zirkuliert durch *D* und entweicht durch *G*. Man vermeidet auf diese Weise das Eindringen von Kondensationswasser in den Kessel *A*, was die Destillation beeinträchtigen würde. Sobald die Temperatur der unter Behandlung befindlichen Kesselbeschickung so hoch gestiegen ist, daß in *D* keine Kondensation mehr stattfindet, d. h. der Dampf hinreichend trocken aus *D* austritt, öffnet man allmählich

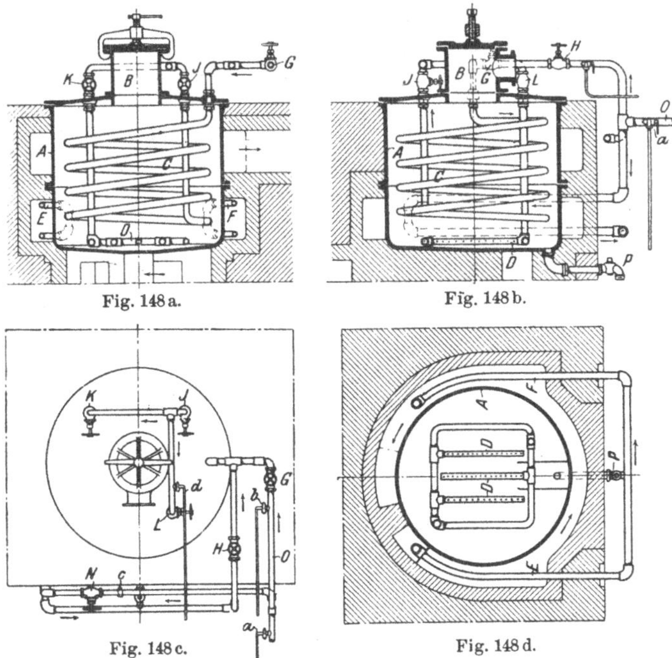

Fig. 148a. Fig. 148b. Fig. 148c. Fig. 148d.

Fig. 148a—d. Destillationsblase mit Dampfüberhitzung nach Blumsky.

den Hahn *F*, um den trockenen Dampf durch E^1 und E^2 nach dem Dampfausströmer *M* treten zu lassen; die Temperatur ist in diesem Augenblick viel zu hoch, als daß noch Kondensation eintreten könnte. Nun schließt man den Hahn *G* und setzt die Destillation durch die doppelte Wirkung der Überhitzerröhren *D* und des Dampfausströmers *M* so lange fort, bis das Destillat gefärbt erscheint, worauf man die Operation einstellt.

In einer zweiten Konstruktion hat Maximilian Blumsky[1]) die Dampfüberhitzung durch den Blaseninhalt derart verbessert, daß er durch Umschaltungsvorrichtungen den Dampf nach Belieben auch noch durch die Rauchkanäle der Blase streichen lassen und dadurch eine Verstärkung der Erhitzung herbeiführen kann. Konstruktion Blumsky.

[1]) D. R. P. Nr. 116868; österr. Patent Nr. 607 v. 1. Juli 1899; Chem. Ztg. 1901, S. 645.

Der mit einem Aufsatzdeckel *B* und Ablaufrohr *P* ausgestattete Destillationskessel *A* (Fig. 148) ist in einem Ofen beliebigen Systems eingemauert und besitzt eine Dampfröhreneinrichtung der nachfolgend beschriebenen Art:

Der Dampf durchströmt, wie vorerwähnt, vor seinem Eintritt in die zu destillierende Substanz durch die Perforierungen des Rohres *D* ein im Innern des Kessels angeordnetes Schlangenrohr *C*. Zu diesem Zwecke zieht der durch das Rohr *O* (Fig. 148b und c) ankommende Dampf durch den Hahn *G* (Fig. 148a und c) in das Schlangenrohr *C*. Nach dem Durchströmen des Schlangenrohres gelangt der Dampf zum Hahn *J*, hinter dem sich das Dampfrohr gabelt, und der Dampf zieht durch die Hähne *K* und *L* in das perforierte Rohr *D*, das nahe am Boden des Kessels angeordnet ist und den Dampf in dünnen Strahlen in die zu behandelnde Substanz entweichen läßt.

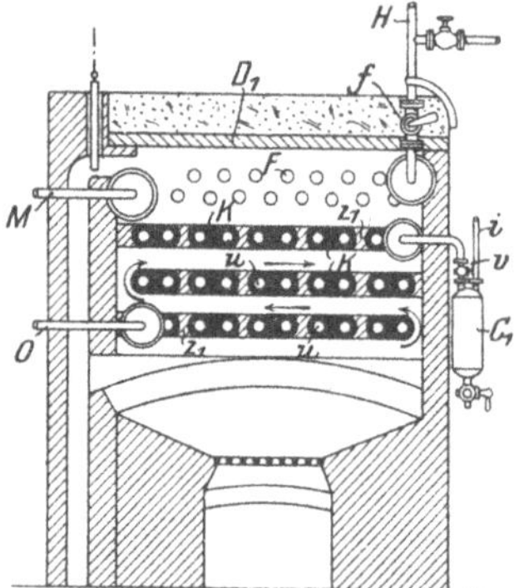

Fig. 149. Überhitzer von Slama.

Soll nun eine größere Überhitzung des Dampfes stattfinden, so läßt man den Dampf noch durch die Rohre *E* und *F* streichen, die innerhalb der Rauchkanäle angeordnet und mit dem Dampfzuleitungsrohr *O* zwischen den Kondensationswasser-Ablaßhähnen *a* und *b* verbunden sind.

Damit der Dampf in die Röhren *E* und *F* gelange, schließt man den Hahn *G* und öffnet die Hähne *H* und *N*, deren letzter (Fig. 148c) zur Regulierung der Zufuhr des überhitzten Dampfes (aus den Röhren *E* und *F*) in das Schlangenrohr dient.

Die Destillation kann auf diese Weise bedeutend weitergeführt werden als mit dem eingangs erwähnten Apparat, und zwar bis zum Verbleiben von Pech im Destillationsgefäße.

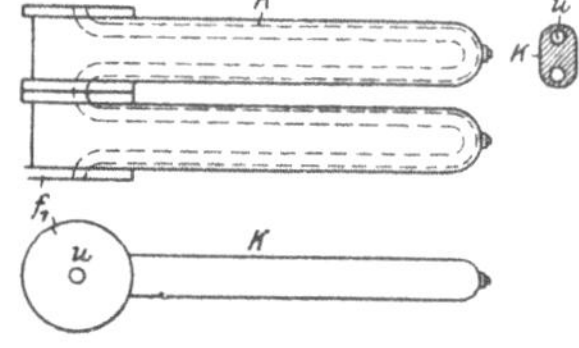

Fig. 150. Detail des Slamaschen Überhitzers.

Das mit Perforierungen versehene Rohr *D* besteht vorzugsweise aus drei drehbar befestigten Zweigröhren (Fig. 148d), die gegen die Wandungen des Kessels zu gedreht werden können, um den Boden zur Zeit der Kesselreinigung bloßzulegen.

Der Hahn *d* (Fig. 148c) dient zur Ermittlung des Erhitzungsgrades des Dampfes vor seinem Eintritt in das Schlangenrohr, der Hahn *c* zum Ablassen des Kondensationswassers, da das Dampfrohr in die Röhren *E* und *F* mündet.

Überhitzer nach Slama.

Einen eigenartig konstruierten Überhitzer verwendet Viktor Slama in Lieben bei Prag[1]).

Dieser Überhitzer (Fig. 149) besteht aus drei horizontalen Reihen etagenförmig übereinander angebrachter Kammern *K* (Details siehe Fig. 150), die mittels Flanschen f_1 miteinander verbunden sind und U-förmige, miteinander kommunizierende Kanäle *u* besitzen, so daß der Dampf aus der obersten Reihe (durch vertikale Verbindungskammern) in die zweite und von da in die unterste Reihe gelangt, bis er schließlich, auf 300° C erwärmt, aus der letzten Kammer durch das Rohr *O* der Blase zuströmt.

Behufs möglichst großer Ausnutzung der im Feuerraum entwickelten Wärme sind die drei Reihen der Kammern *K* so angeordnet, daß die Feuergase sie auf beiden Seiten bestreichen müssen und nicht direkt zwischen den Kammern hinaufströmen.

---

[1]) D. R. P. Nr. 58919 v. 31. Aug. 1890.

Zu diesem Zwecke ist der Raum zwischen je zwei benachbarten Kammern mit Schamotteziegeln z_1 ausgelegt und die letzte Kammer jeder Reihe abwechselnd eingemauert, so daß die Feuergase den durch Pfeile angedeuteten Weg einschlagen, die Kammern auf beiden Seiten bestreichen und außerdem auf ihrem weiteren Wege die Röhren F vorwärmen, durch die die zu destillierende Fettsäure zirkuliert und vorgewärmt wird. Die Fettsäure kommt durch das mittels des Hahnes f absperrbare Rohr H, durchstreicht dann die Vorwärmrohre F und geht schließlich durch das Rohr M zur Blase.

Der Dampf wird durch das Dampfzuleitungsrohr i in den Kondensationswasserableiter C_1 und von da durch das Ventil v in den Dampfüberhitzer geleitet und geht dann durch das Rohr o zur Destillationsblase.

Andere Konstruktion Slamas.

Später hat Slama diesen Überhitzer dahin abgeändert, daß die Dampfleitungsrohre nicht mehr direkt in die Kammern eingelassen sind, sondern

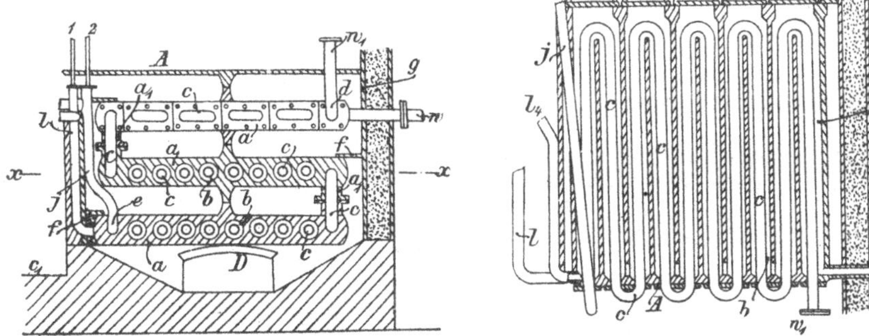

Fig. 151 a. Vertikalschnitt. Fig. 151 b. Horizontalschnitt xx.

Fig. 151 a und b. Überhitzer nach Slama.

daß die Hohlräume dieser einzelnen, den Dampf durchleitenden Kammern außerdem konzentrische Schlangenrohre besitzen, die das Destilliergut durchströmt[1]).

Bei diesem Überhitzer (Fig. 151) sind mehrere etagenförmig übereinander angebrachte Gußplatten a und schlangenförmig verlaufende Hohlräume b vorgesehen. Jede Etage ist mit der darüber liegenden mittels des Halses a_1 verbunden, so daß sie zusammen ein gemeinschaftliches Schlangenrohrsystem bilden. In das letztere ist ein Schlangenrohr c konzentrisch eingefügt, das einen kleineren Durchmesser hat als der Hohlraum b selbst. Dieses Schlangenrohr c dringt bei d in die oberste Platte ein und kommt aus der untersten bei e heraus. Die Platten a liegen über dem Heizraum D und sind so beschaffen, daß die Feuergase einen zickzackförmigen Weg einschlagen müssen, zu welchem Behufe die Sperrungen f angeordnet sind. Außerdem sind sie durch eine Eisenblechwandung g eingeschlossen, deren Zwischenräume mit Sand ausgefüllt sind und das Mauerwerk ersetzen.

Unter dem Überhitzer A wird geheizt und in das Rohr w Wasserdampf eingelassen, der in den Platten a überhitzt wird und die Hohlräume b der letzteren ausfüllt. Dadurch werden die das Destilliergut enthaltenden Schlangenrohre c mächtig erwärmt. Die überhitzten Wasserdämpfe entweichen durch das Rohr 1 in einen Dampfverteiler, von wo sie ihrem weiteren Zwecke zugeleitet werden. Im Rohr l ist ein Thermometer 1 angebracht, das den Wärmegrad des überhitzten

[1]) D. R. P. Nr. 79956 v. 12. Okt. 1893.

Wasserdampfes anzeigt. Nun wird in das Rohr w_1, das in das Schlangenrohr c mündet, das Destilliergut eingelassen und mit letzterem gefüllt. Durch den in den Platten a bzw. Hohlräumen b zirkulierenden überhitzten Dampf wird das Destilliergut zu einem derartigen Grade angewärmt, daß es sich sofort verflüchtigt, wenn es mit dem überhitzten Dampf (im Destillationsapparat) in direkte Berührung kommt. Ein im Fettableitungsrohre j sitzendes Thermometer 2 zeigt den Wärmegrad des Destilliergutes.

Temperaturregulatoren.

Die Beobachtung und Regelung der Temperatur des überhitzten Dampfes ist durch die dazu verwendeten Thermometer nicht immer verläßlich genug möglich, weshalb man hierfür einfache, die Temperaturgrade zwar nicht haarscharf anzeigende, wohl aber innerhalb gewisser Grenzen für praktische Zwecke hinreichend genau arbeitende Vorrichtungen empfohlen hat.

So schaltet z. B. Viktor Slama in Lieben bei Prag in das vom Überhitzer zur Destillierblase führende Rohr einen Temperaturmesser nach Fig. 152 ein.

Dieser besteht aus einem gußeisernen Gefäß w mit Doppelwänden, zwischen denen der Dampf hindurchgeleitet wird. In die Aushöhlung des Gefäßes z_2 ragt eine Komposition z_1 aus 17 Teilen Zinn und 100 Teilen Blei bestehend. Dieses Mengenverhältnis ist derartig gewählt, daß die Legierung bei der erwünschten richtigen Temperatur (300° C) schmilzt; bei höherer Temperatur (bei der die Fettsäuren sich unter Schwärzung zersetzen können) spielt sie in blauer Farbe, bei niedriger zeigt sie eine griesartige Struktur.

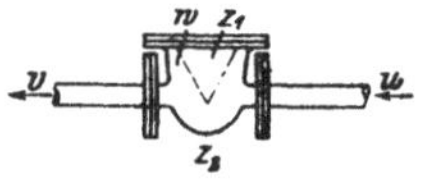

Fig. 152. Temperaturanzeiger nach Slama.

Leroy und Durand[1]) hatten in ihrer in Gentilly bei Paris gelegenen Stearinkerzenfabrik einen Thermoregulator in Verwendung, der die Temperatur des überhitzten, zur Destiltation verwendeten Dampfes mittels eines elektrischen Pyrometers genau regulierte.

5. Evakuierungsvorrichtung.

Evakuierungsvorrichtung.

Bei vielen Fettsäuredestillationsanlagen unterstützt man das Übergehen der Dämpfe durch eine Evakuierungsvorrichtung, die natürlich auf das Innere der Blase eine Saugwirkung übt.

Eine Luftverdünnung wird in dem Destillationsapparat schon durch die bloße Kondensation der übergehenden Dämpfe erzielt. Dort, wo man Kühlwasser in den Dampfstrom einspritzt, also eine sehr rasche Verflüssigung erzielt, ist auch die Luftverdünnung groß. Vielfach wird die Evakuierung der Anlage durch besondere Luftpumpen besorgt, auf deren nähere Konstruktion hier aber nicht eingegangen werden soll.

In Fig. 153[2]) ist das Schema einer Vakuumdestillieranlage wiedergegeben.

Die Behälter F, in denen die zu destillierende Fettsäure getrocknet wird, die Destillierblase A, der Überhitzer B mit dem Wasserabscheider C für den zu überhitzenden Dampf, das Teerauffanggefäß G, das Übergangsrohr D und der Schlangenkühler E bieten nichts Neues und zeigen dieselbe Anordnung und Konstruktion wie bei den gewöhnlichen, ohne Luftverdünnung arbeitenden Destillationsanlagen. Das

[1]) Jahresbericht der Wiener Handelsakademie, Wien 1867.

[2]) Siehe Droux-Larue, Fabrication des bougies et savons, Paris 1887, S. 210.

Charakteristische beginnt erst nach dem Schlangenkühler, von wo die Destillate durch ein Verbindungsrohr in die Vorlage *MN* abgesaugt werden, die oben einen ejektorartigen Evakuierungsapparat trägt und unten in den Separator *X* ausmündet. Die in dem in *MN* befindlichen Kondensationsrohr durch die oberhalb *M* liegende Evakuierungsvorrichtung erzielte Luftverdünnung pflanzt sich durch das in *E* liegende Schlangenrohr bis zur Destillationsblase *A* fort und bewirkt nicht nur eine Destillation der Fettsäure bei niedrigerer Temperatur, sondern auch ein Absaugen der gebildeten Fettsäuredämpfe.

Plan einer Vakuumdestillations-

Eine mit Vakuum arbeitende Destillationsanlage wird auch in Tafel X gezeigt. Diese Anlage, eine Ausführung der Sangerhäuser Maschinenfabrik-

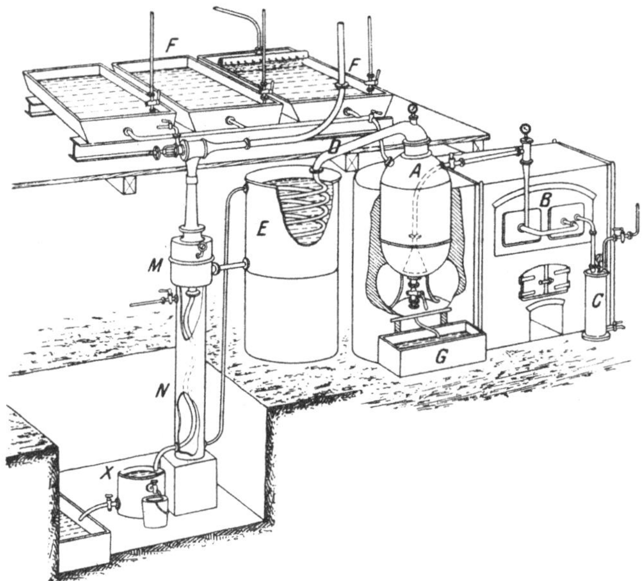

Fig. 153. Vakuumdestillation nach Droux.

Aktiengesellschaft, ist deshalb besonders interessant, weil die Heizung der Destillationsblase nicht durch direkte Feuerung, sondern durch überhitztes Wasser erfolgt.

Die in dem Vorwärmer getrocknete Fettsäure fließt durch bloßes Gefälle in die Destillierblase, zwischen deren Wandungen (System Frederking, vgl. Band 1, S. 227 und 623) in einem besonderen Heißwasserofen hergestelltes überhitztes Wasser zirkuliert und in den im Überhitzer hergestellten überhitzten Dampf einströmt. Die in der Destillierblase gebildeten Fettsäuredämpfe gehen in den Schlangenkühler über, dessen Kühlschlange in die beiden im Erdgeschosse gelegenen Vorlagen einmündet, die ihrerseits mit der Luftpumpe in Verbindung stehen. Durch letztere wird in den Vorlagen eine Luftverdünnung erzielt, die sich durch das Kühlschlangenrohr bis zur Destillationsblase fortpflanzt. Das Vorhandensein zweier Vorlagen gestattet das jeweilige Ausschalten einer derselben aus dem Destillationsprozesse, was zum Zwecke der Entleerung notwendig ist.

Vakuum-Destillationsanlagen für Fettsäuren werden auch S. 661 bis S. 664 besprochen.

Anordnung der einzelnen Teile einer Destillationsanlage.

Damit eine Destillationsanlage richtig und rationell arbeite, ist eine richtige Anordnung ihrer einzelnen Teile unerläßlich. In Fig. 134, S. 628 wurden schon die wichtigsten Teile einer Fettsäuredestillation schematisch vorgeführt, und Fig. 153 zeigt ebenfalls das Ineinandergreifen der verschiedenen Bestandteile der Apparatur. Besondere Erläuterungen allgemeiner Art über die Anordnung der einzelnen Teile einer Destillationsanlage erscheinen kaum notwendig; Vorschriften für bestimmte Fälle lassen sich andrerseits ohne genaue Berücksichtigung der lokalen Verhältnisse nicht geben.

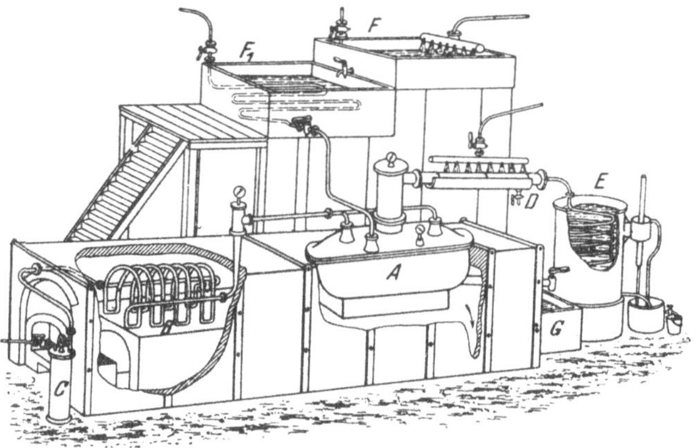

Fig. 154. Destillationsanlage nach holländischem Muster.

Die in Fig. 154[1]) dargestellte Disposition einer Fettsäuredestillation bringt wenig Neues, erinnert vielmehr in der Anordnung der hochgelegenen Fettsäuretrockner *FF*, in dem vor dem Dampfüberhitzer *B* liegenden Wasserabscheider *C* (der den in den Überhitzer einströmenden Dampf von mitgerissenen Wassertröpfchen befreien soll), mit dem Teerbehälter *G* und dem Schlangenkühler *E* ganz und gar an die in Fig. 153 gezeigte Anordnung. Sie unterscheidet sich von dieser nur durch das Fehlen der Evakuierungsvorrichtung; die von *E* ablaufenden Kondensate gehen direkt in den Separator, der mit einem gewöhnlichen Entlüftungsrohr versehen ist.

Eine von Julien Engelhardt in Paris-Neuilly ausgeführte Destillationsanlage führt Fig. 155 vor.

Daß man bei der Schaffung von Fettsäuredestillationen Bedacht auf ein bequemes Zusammenarbeiten mit der Sulfurationsabteilung sowie der

---

[1]) Nach Droux et Larue, Fabrication des bougies et savons, Paris 1887, S. 209.

anderen Abteilungen der Stearinfabrikation nimmt, ist selbstverständlich. Hinsichtlich der Kombination der Destillation mit der Sulfurierung sei auf Fig. 156 verwiesen, die eine rein schematische Skizze über diese Frage bringt; betreffs der Eingliederung der Destillation in die Stearinfabrik geben die Tafeln XI und XII Beispiele.

Die im Vorratsbehälter *B* (Fig. 156) befindliche Fettsäure wird nach *A* abgelassen und von hier mittels Pumpe *C* nach dem Azidifikator *D* gepumpt, wohin auch die in *E* aufbewahrte Schwefelsäure fließt. Der Inhalt des Azidifikators wird durch eine Dampfschlange, die vom Überhitzer *F* überhitzten Dampf empfängt, entsprechend erwärmt und die beim Säuerungsprozesse entstehenden Gase von schwefliger Säure

Fig. 155. Destillationsanlage.

werden nach *d* abgesaugt und hier in geeigneter Weise unschädlich gemacht, so daß bei *M* nur unschädliche Dünste entweichen. Die sulfurierten Fettsäuren werden von *D* nach den Gefäßen *G* abgezogen, wo man sie mit Wasser aufkocht. Die dabei erhaltenen Fettsäuren werden durch Behälter *A* und vermittels der Pumpe *C* nach dem Behälter *H* gepumpt, um hier getrocknet und für die Destillation vorbereitet zu werden. Die getrockneten Fettsäuren fließen von *H* nach der Destillierblase *J*, die einerseits mit dem Überhitzer *U*, andererseits mit dem Kühler *K* in Verbindung steht, der in den Separator *L* mit dem Entlüftungsrohr *M* ausmündet.

Das Ingangbringen einer Destillationsanlage erfordert eine gewisse Aufmerksamkeit, und es ist daher seit jeher das Bestreben der Stearintechniker gewesen, diese mehr oder weniger lästige Arbeit auf das erreichbare Minimum zu reduzieren. Das konnte man entweder durch die Wahl möglichst voluminöser, große Chargen fassender Blasen oder durch Nachfüllen der letzteren während des Destillationsganges erreichen.

Die Verwendung großer Blasen verbietet sich aus mehrfachen Gründen (vgl. S. 630). Bleibt also nur das Nachchargieren während der Destillation, das bei den meisten Apparaten vorgesehen ist, die Nachteile eines intermittierenden Betriebes aber doch nicht ganz beseitigt. Man muß zu diesem Zwecke nicht nur für eine Zufuhr frischer Fettsäuremengen in die Blase, sondern auch für eine kontinuierliche Entfernung der Destillationsrückstände sorgen, womit dann eine

kontinuierliche Destillation

Kontinuierliche Destillation. erreicht ist. Solche kontinuierliche Destillationsanlagen werden schon seit mehreren Jahrzehnten gebaut; die S. 637—641 beschriebenen Destillier-Apparate zeigten sich bereits als kontinuierliche Destillationsanlagen, bei denen der Zulauf der Fettsäure gleichmäßig erfolgt.

Die zugeführten Fettsäuren müssen vollkommen trocken sein, weil sonst ein Spritzen des Blaseninhalts eintreten würde, und müssen auch eine hohe Temperatur haben, damit der Blasen-

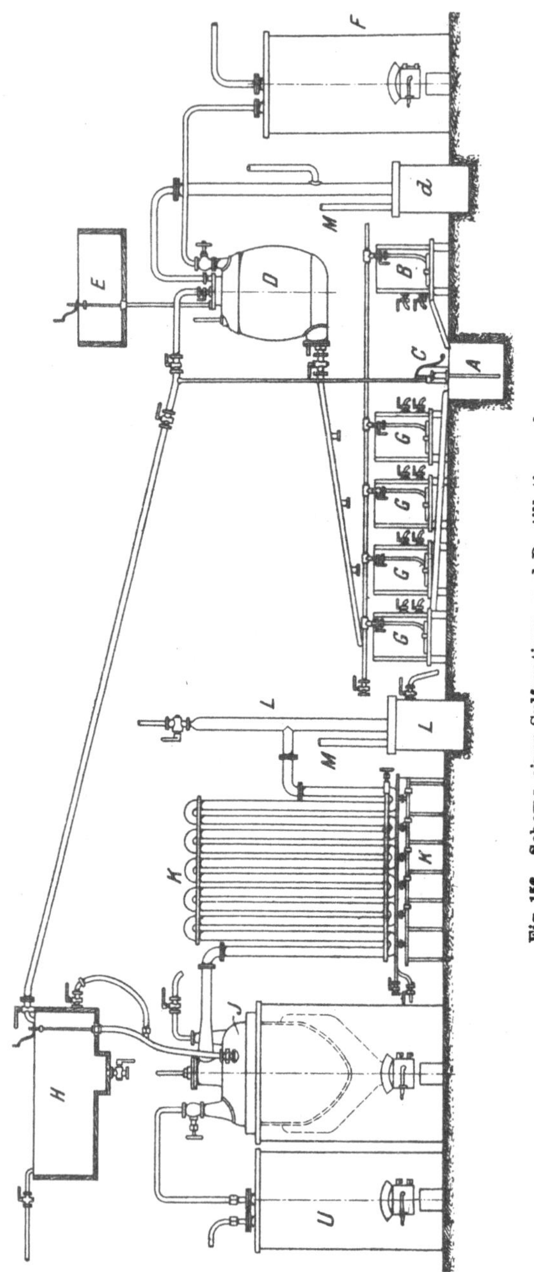

Fig. 156. Schema einer Sulfurations- und Destillationsanlage.

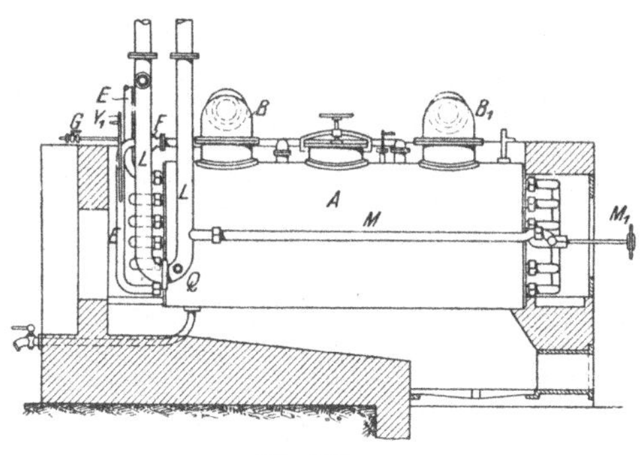

Fig. 157 a.

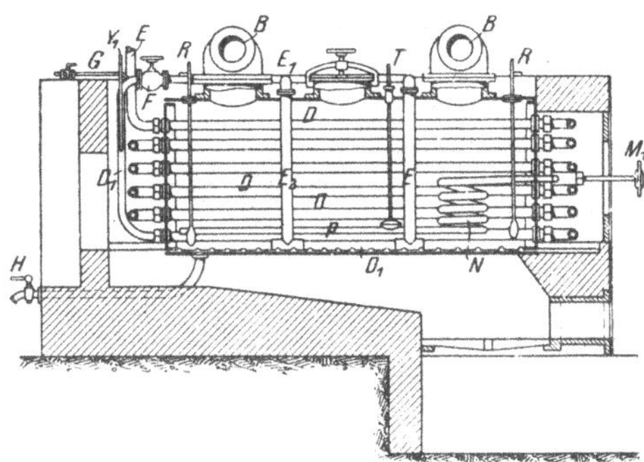

Fig. 157 b.

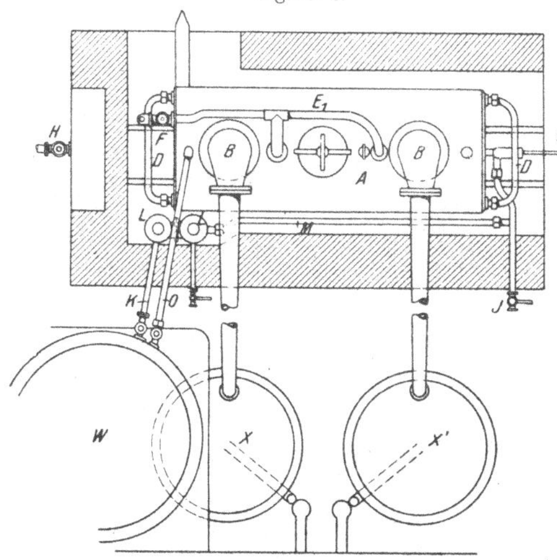

Fig. 157 c.

Fig. 157a—c. Kontinuierlich arbeitende Destillationsanlage.

inhalt keine Abkühlung erfahre und der Gang der Destillation nicht nachteilig beeinflußt werde.

Wie man durch Schaffung möglichst vollkommener, mit Spezialapparaturen ausgestatteter Gesamtanlagen den Destillationsprozeß zu vervollkommnen suchte, so war auch die Beschickungsvorrichtung bei den kontinuierlichen Apparaten Gegenstand vielfacher Verbesserungsvorschläge.

Von diesen Konstruktionen können nur einige wenige herausgegriffen werden.

Beschickungsvorrichtung der Société industrielle de glycérine et acides gras in Paris.

Eine Beschickungsvorrichtung der Société industrielle de glycérine et acides gras in Paris[1]) ist in Fig. 157 wiedergegeben.

Die Fettsäuren befinden sich dabei in einem Behälter *W*, der ungefähr in 2 m Höhe über dem Destillierkessel *A* angeordnet ist und mit dem Dampfkessel kommuniziert, so daß dessen Dampf mittels einer geschlossenen Schlange durch die Fettsäuren geleitet werden kann und diese vorwärmt. Die Fettsäuren fließen aus dem Behälter *W* durch die Rohre *O* und *K* in die Destillationsblase. Wegen der kontinuierlichen Zuführung gehen sie zunächst durch ein U-förmiges Rohr *L* und ein horizontales Rohr *M*, die beide im Ofenzug liegen, und aus letzterem in die im Kessel an-

[1]) D. R. P. Nr. 45997 v. 2. Dez. 1887.

geordnete Schlange *N*, von der aus sich ein perforiertes Rohr *P* durch die ganze Länge des Kessels hinzieht.

Während die Fettsäuren das Rohr *L* durchfließen, das sich etwa bis zu 2 m über das Niveau der Flüssigkeit verlängert, erleiden sie eine vollkommene Trocknung; infolgedessen werden die schädlichen Einwirkungen beseitigt, die die Einführung noch feuchter Fettsäuren sonst nach sich zieht. Ein Ablaßhahn *Q* am Boden des U-förmigen Rohres *L* erleichtert dessen Reinigung. So getrocknet, gelangt das Gut in das in einem Zuge längs des Kessels sich hinziehende Rohr *M*, worin es eine weitere Erwärmung erfährt. Ein auf dem Rohre *M* bei dessen Einmündung in den Kessel *A* placierter Hahn M^1 reguliert die Zuführung. Beim Durchgang durch die Schlange *N* nehmen dann die Fettsäuren die Temperatur des Kesselinhaltes an und treten ebenso heiß wie dieser durch die Löcher des Rohres *P*

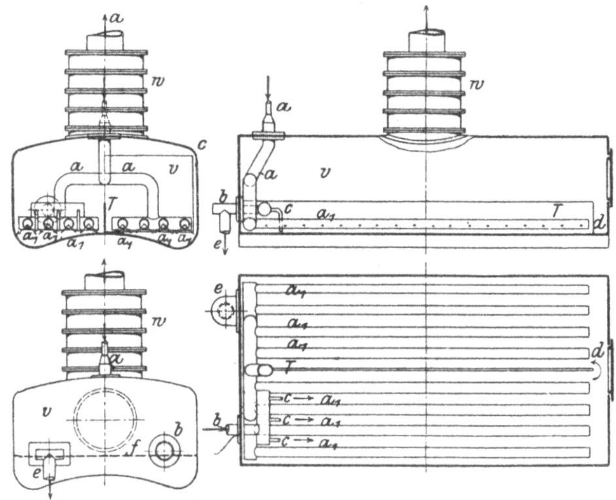

Fig. 158. Kontinuierliche Destillation nach Hirzel.

aus. Man erkennt leicht, daß eine in oben beschriebener Weise bewirkte Zuführung der Fettsäuren den Gang der Destillation in keinerlei Weise schädlich beeinflußt.

Ein mittels Stopfbüchse abgedichteter und mit metrischer Teilung versehener Schwimmer *T* läßt außen immer die im Apparat enthaltene Flüssigkeitsmenge erkennen und man kann nach seinen Angaben leicht die Zuführung entsprechend dem Abgange regulieren. Ein Probierhahn *J* gestattet die Prüfung der Fettsäuren vor ihrem Eintritt in den Kessel.

Destillationshlage nach Hirzel.

Bei dem System von Heinrich Hirzel in Leipzig-Plagwitz[1]) läuft das Destillationsgut in dünner Schicht innerhalb der durch eine Scheidewand geteilten Blase hin und her und die zu destillierenden Fettsäuren werden durch den einströmenden Dampf in mehrere Ströme geteilt, wodurch jedes partielle Überhitzen des Destillationsgutes vermieden wird.

Die **Hirzel**sche Anlage besteht aus mehreren Destillationsapparaten nach Fig. 158. Die durch eine beliebige Feuerung auf die entsprechende Temperatur geheizte Destillationsblase *v* wird durch eine Längsscheideplatte *T* in zwei Hälften geteilt,

[1]) D. R. P. Nr. 172224 v. 27. Mai 1903.

die beide auf ihrem Boden mit kleinen Öffnungen versehene Dampfzuleitungsrohre erhalten. Der Dampf wird durch den Stutzen *a* mit der Verzweigung a_1 zugeführt, das Destillationsgut durch den Stutzen *b*, der in das Sammelrohr mit den Ausläufen *c* mündet. Bei *d* ist die Scheideplatte *T* offen, so daß der Strom des Destillationsgutes hier zur Richtungsänderung gezwungen wird. Es tritt bei *e* aus; die Austrittsöffnung liegt in der Höhe des Niveaus *f* der Blasenfüllung. Der Aufsatz *w* dient zur Zurückhaltung von mechanisch mit fortgerissenen Flüssigkeitsteilchen und wirkt nicht als Dephlegmator.

Solange man destillieren will, läßt man aus einem höher stehenden Behälter die durch eine Dampfschlange vorgewärmten Fettsäuren kontinuierlich zufließen, die während ihres Weges durch die Blase abdestillieren, was durch die Scheideplatte *T* erleichtert wird, die das in die Blase einfließende Fett zwingt, einen verlängerten Weg zurückzulegen.

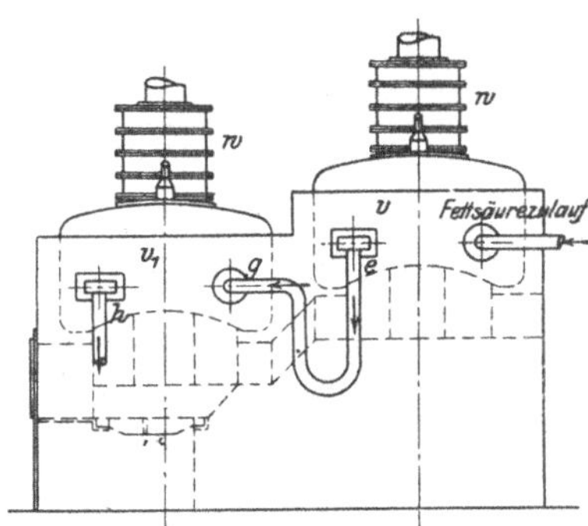

Fig. 159 a.

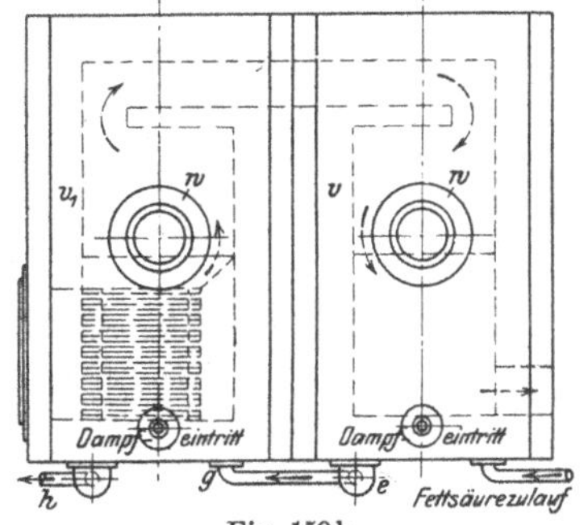

Fig. 159 b.

Fig. 159 a und b. Blasenverbindung nach Hirzel.

Dazu kommt die gute Verteilung der Fettsäuren und des Dampfes, so daß sich die eingeführten Fettsäuren auf ihrem Wege bis auf den undestillierbaren Teer, der bei *e* abfließt, verflüchtigen.

Von diesen Blasen werden nun mehrere miteinander verbunden, und zwar in der in Fig. 159 gezeigten Anordnung. Der Rest des in der ersten Blase *v* von der ersten Fraktion befreiten Destillationsgutes fließt durch *e* ab und bei *g* in eine zweite, gleiche Blase v_1 und gibt in dieser eine zweite Fraktion ab, während der Rest bei *h* aus der Blase v_1 entweder in einen Sammelbehälter oder zur Gewinnung einer dritten Fraktion in eine dritte Blase übergeleitet wird usw.

Der Destillationsverlust ist fast Null, weil keine Zersetzungen (Gas- und Koksbildungen) eintreten, was besonders durch das kurze Verweilen des Destillationsgutes in den Blasen bedingt ist.

Hirzelsche Vakuumdestillation.

In Fig. 160 ist eine komplette Anlage nach dem Hirzelschen System wiedergegeben.

a ist ein mit Dampf heizbarer Vorratsbehälter für Fettsäuren, von dem diese in gleichmäßigem Strom der Blase c_1, deren Bauart bereits oben beschrieben wurde, zufließen. Der vom Überhitzer *b* kommende überhitzte Dampf treibt die Fettsäuredämpfe aus der Blase c_1 durch den kleinen Kolonnenaufsatz c_2, der jedoch lediglich zur Zurückhaltung von mechanisch mitgerissenen Flüssigkeitsteilchen dient, nach dem Röhrenkühler *d*, der mit den Vorlagen *gg* in Verbindung steht. In die Verbindungsleitung zwischen *d* und *g* ist eine Glaskupplung *f* zur Beobachtung des Destillationsganges eingebaut. Der Behälter *e* dient zur Aufnahme des Teeres, *i* ist eine durch die Transmission *k* angetriebene Luftpumpe, die unter Mithilfe des

Kondensators *h* die Vorlagen *gg* und indirekt die ganze Destillationsanlage unter Vakuum setzt.

Die kontinuierlichen Destillationsanlagen arbeiten vielfach unter Luftverdünnung, doch kann man bei den gewöhnlichen Anlagen wegen der Ablaufhöhe der Destillate und Residuen nur bis zu einem gewissen Vakuum (25 cm Quecksilbersäule) gehen.

Vakuumdestillation nach Sachs und Bokelberg.

Um bei beliebig hohem Vakuum zu destillieren, haben Gustav Bokelberg und Julius Sachs in Hannover besondere Anlagen gebaut, die außerdem noch den Vorteil haben, daß das Destillat sofort entwässert und Brennmaterial erspart wird.

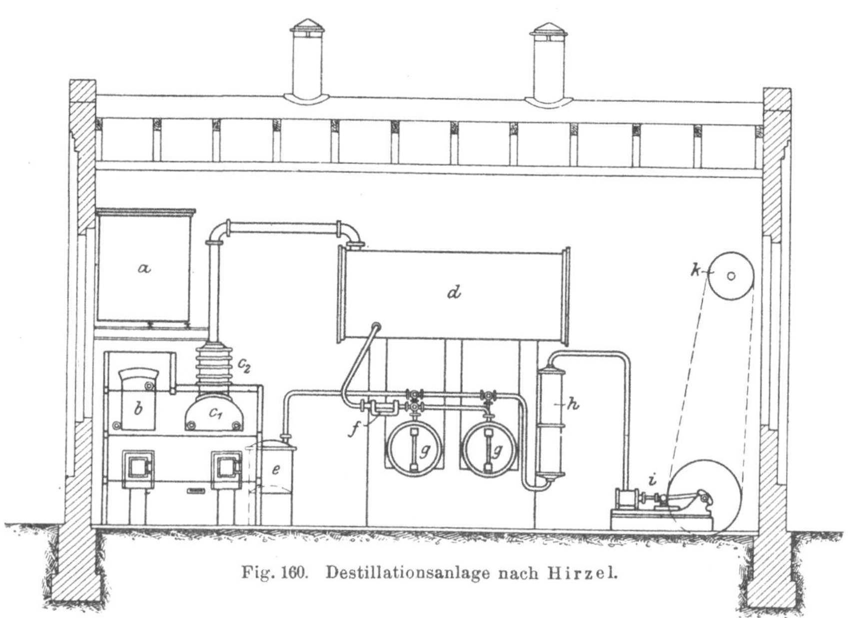

Fig. 160. Destillationsanlage nach Hirzel.

Die einzelnen Gefäße werden bei dieser Anlage unter hohem und durchaus gleichem Vakuum gehalten. Zwecks Entfernung der Residuen während des Destillationsganges sind hinter den Destillierblasen zwei oder mehrere an die Evakuierungsvorrichtung angeschlossene Rückstandssammelgefäße vorgesehen und zur Trennung der Fett- und Wasserdämpfe besondere Vorrichtungen getroffen. Fig. 161 gibt ein Schema einer solchen Destillationsanlage. Der Gang der Destillation ist der folgende:

Die durch Erhitzen in der unter Vakuum gehaltenen Blase *A* entwickelten Dämpfe einschließlich der der Blase durch *r* zugeführten überhitzten Wasserdämpfe gelangen zunächst in den Kühler *B*. Unmittelbar hinter dem Kühler werden die etwa vorhandenen nicht kondensierbaren Gase und die nicht kondensierten Wasserdämpfe durch ein nach der Vakuumpumpe führendes Rohr *l* mit Regulierhahn i_4 abgesogen, wobei gleichzeitig das Vakuum in der Blase hergestellt wird. Da die

Ablauftemperatur der Destillate so hoch gehalten werden kann, daß bei dem zur Verwendung gelangenden entsprechend hohen Vakuum wohl ein Kondensieren der Öldämpfe, nicht aber der mitgeführten Wasserdämpfe einzutreten vermag, werden diese Dämpfe von dem Destillat vollständig getrennt.

Die kondensierten Fettsäuredämpfe sowie etwa noch mitgeführte wenige Wasserteilchen gelangen dann zunächst in eine hier unter gleichem Vakuum gehaltene Florentiner Flasche *C*, wobei die Wasserteilchen in den ebenfalls unter Vakuum gehaltenen Wassersammler *G* abfließen. Dieser (oder deren mehrere) kann von Zeit zu Zeit nach Bedarf durch einen Ablaßhahn k^3 entleert werden, wobei der Hahn *m* während der Dauer des Ablaufens des angesammelten Wassers geschlossen und ein Lufthahn *n* geöffnet wird. Beim Anschluß eines zweiten Wassersammlers wird die ihn mit der Florentiner Flasche verbindende Leitung während des Entleerens des anderen Sammlers geöffnet, so daß das Vakuum in einem der Wassersammler erhalten bleibt und der Ablauf aus der Florentiner Flasche ununterbrochen fortdauert.

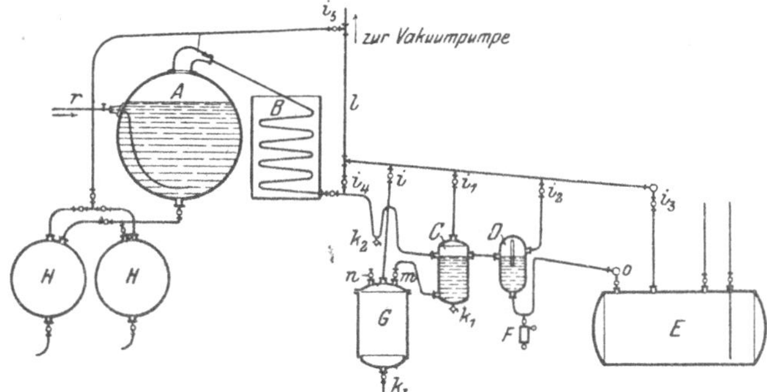

Fig. 161. Schema einer Destillation nach Bokelberg und Sachs.

Aus dem Separator *C* gelangt das Destillat in den zur Beobachtung der Destillate eingeschalteten, ebenfalls unter Vakuum gehaltenen Schaukörper *D*, wie solche allgemein bekannt und üblich sind. In diesem befindet sich ein Aräometer zur Beobachtung des spezifischen Gewichtes der Destillate, die nach Maßgabe des Ergebnisses dieser Beobachtung auf die Sammelmontejus *E* verteilt werden.

Aus diesen ebenfalls unter Vakuum gehaltenen Montejus, von denen mindestens zwei vorhanden sind, um ein abwechselndes Füllen und Entleeren zu ermöglichen, werden die Destillate nach den Reinigern oder besonderen Behältern gedrückt, was in bekannter Weise bei geschlossenem Einlaßventil *o* geschieht. Während der Entleerung des einen Montejus tritt das Destillat in ein zweites Sammelmontejus, dessen Einlaßventil zu diesem Zweck geöffnet wird, so daß das sich jeweils füllende Montejus unter Vakuum steht.

Der Prober *F* gestattet in bekannter Weise eine Entnahme der Destillatprobe.

Die Residuen der ununterbrochen der Blase zugeführten Öle oder Fette fließen am Boden der Blase ständig ab in einen der beiden Residuenbehälter *H H*, die ebenso wie die Destillatsammelgefäße unter Vakuum gehalten und wechselweise gefüllt und entleert werden. Die verschiedenen mit *i* und *k* bezeichneten Verbindungshähne bedürfen keiner besonderen Erklärung.

Es ist ersichtlich, daß in bekannter Weise mehrere Blasen hintereinander zusammengestellt werden können, so daß die Residuen der ersten Blase der zweiten, die der zweiten Blase der dritten usw. zugeführt werden, in welchem Falle nur die Residuen der letzten Blase den Rückstandsbehältern *HH* zufließen.

System Kuess. Es hat nicht an Versuchen gefehlt, chemische Veränderungen der Fettsäuren durch Einwirkung geeigneter Stoffe auf die bei der Destillation gebildeten Fettsäuredämpfe zu bewirken. Von diesen Versuchen sei der von Viktor Josef Kuess[1]) in Bordeaux erwähnt, bei dem während der Destillation elektrische Ströme durch die Destillationsblase geleitet werden, wodurch eine Hydrolyse des Wassers hervorgerufen wird, also Sauerstoff und Wasserstoff im status nascendi auf die Fettsäuredämpfe einwirken. Das Verfahren, das übrigens vom Erfinder weniger für die Fettsäureverarbeitung als vielmehr für Harzöl, Terpentin und ähnliche Stoffe bestimmt ist, hat in der Stearinindustrie keine Bedeutung erlangt.

Das Arbeiten mit den Destillationsapparaten.

Der Arbeitsgang ist bei den verschiedenen Destillationsanlagen ziemlich derselbe, nur zwischen den kontinuierlichen und den intermittierend arbeitenden Anlagen besteht in der Arbeitsweise ein gewisser Unterschied, indem im letzteren Falle auf den verhältnismäßig kurzen Verlauf der Destillation ein größeres Augenmerk gerichtet werden muß als bei der längere Zeit andauernden, regelmäßiger verlaufenden kontinuierlichen Destillation. Das Anwärmen der Blase dauert in beiden Fällen ungefähr 3 Stunden; hierauf beginnt das Übergehen der Fettsäuren, das teils durch die Feuerung der Blase, teils durch das mehr oder minder heftige Einströmen des überhitzten Dampfes in die Blase reguliert werden muß.

Hüten muß man sich vor dem Einbringen wasserhaltiger Fettsäuren in die Destillationsblase; sie bewirken ein donnerartiges Getöse und ein Stoßen oder starkes Schäumen und Übergehen des Blaseninhaltes in den Kühler.

Ausbeute an Destillat, Retourgang und Pech. Über die Ausbeute der verschiedenen Fettsäuren an direkt preßfähigem Destillat und sogenanntem Retourgang (das sind die einer zweiten Destillation benötigenden späteren Fraktionen) sowie an Destillationsrückständen (Pech) hat Kaßler, dem wir eine Reihe von verdienstvollen Arbeiten über die Fettsäuredestillation verdanken, interessantes Material veröffentlicht:

Versuche Kaßlers. Fettsäuren von Preßtalg, chinesischem Pflanzentalg, Talg, Knochenfett und Palmöl, die teils nur durch Autoklavieren gewonnen worden waren, teils nach der Autoklavierung eine Azidifikation mit 2% Schwefelsäure von 66° Bé bei 110° C durchgemacht hatten (Talg, Knochenfett und Palmöl) und durchweg höchstens 0,8% Neutralfett enthielten, wurden in einem Apparat von 1800 kg Fassung, den man aber nur mit 1400 kg beschickte und während der Destillation entsprechend nachfüllte,

[1]) D. R. P. Nr. 87485 v. 16. März 1895.

mit einem auf 0,3 Atmosphären reduzierten und auf 300° C überhitzten Dampf destilliert, wobei man bei den verschiedenen Operationen erhielt:

Material	Destillat in Prozenten			Retourgang in Prozenten			Pech in Prozenten			Operations-dauer			Verarbeitete Menge in Kilogr.		
	Max.	Min.	Mittel	Max.	Min.	Mittel	Max.	Min.	Mittel	Max.	Min.	Mittel	Max.	Min.	Mittel
Preßtalg-Fett-säuren . . .	97,0	93,2	95,6	4,0	1,2	2,1	3,7	1,8	2,3	39	33	36	9018	7371	8012
Chin. Pflanzen-talgfettsäuren	93,4	90,2	92,4	6,0	3,2	4,0	4,5	2,9	3,6	38	33	35	5420	4270	5055
Talgfettsäuren	95,5	93,1	94,6	4,1	2,0	2,6	3,4	2,2	2,8	38	25	33	8035	5951	7037
Knochenfett-Fettsäuren .	92,2	87,2	90,3	8,0	3,3	5,4	4,8	3,8	4,3	36	33	34	6008	5189	5627
Palmöl-Fett-säuren . . .	—	—	91,0	6,0	5,0	5,3	5,0	3,0	3,7	38	28	32	5296	4258	4898
Durchschnitt	—	—	92,8	—	—	3,9	—	—	3,3	—	—	34	—	—	6126

Destillat. Das als „Destillat"[1]) bezeichnete Produkt stellt die weißen, geruchlosen Fraktionen dar, die durch Kalt- und Warmpressung direkt auf technisches Stearin verarbeitet werden und bei Palmöl sogar zum Teil ohne jede Pressung als Stearin (Kerzenmaterial) Verwendung finden konnten, während bei einem zweiten Teile eine Warmpressung nötig war und nur der Rest Kalt- und Warmpressung erforderte.

Retourgang. Die als Retourgang bezeichneten Destillate, die knapp vor dem Unterbrechen der Destillation übergingen, waren deutlich grün gefärbt und enthielten bemerkenswerte Mengen von Kohlenwasserstoffen. Die Retourgänge aller fünf Fettsäuresorten wurden vereinigt und nochmals destilliert, wobei neben einem guten Destillate auch eine mindergute Fraktion, sogenanntes „Grünöl", ein an Kohlenwasserstoffen reiches, grün fluoreszierendes Fettsäuregemisch, resultierte. **Grünöl.** Bei einer Operationsdauer von durchschnittlich 23 Stunden (maximal 32, minimal 15 Stunden) und einer Charge von durchschnittlich 2542 kg (Maximum 3640, Minimum 1482 kg) erhielt man:

Destillat	77,20%	(maximal 90,0, minimal 65,6%)
Grünöl	17,00%	(„ 28,6, „ 6,5%)
Pech	5,80%	(„ 10,0, „ 3,5%)

Das aus den Retourgängen erhaltene Produkt konnte den entsprechenden Fraktionen der Hauptdestillate einverleibt werden, nur das Grünöl vermochte man nicht zur Gänze dem Retourgang der späteren Hauptoperation zuzugeben, und es soll daher bei der Ausbeuteberechnung keine weitere Berücksichtigung finden.

[1]) Solches Destillatstearin steht in Qualität nicht destilliertem abgepreßten Stearin (Saponifikatstearin) nach, welcher Unterschied sich auch im Preise (siehe Tafel IV) ausdrückt. Vergleiche auch S. 604 u. 667, sowie „Nachträge".

Die durchschnittliche Gesamtausbeute der verschiedenen Destillatproben stellt sich daher wie folgt:

Destillat	aus der Hauptoperation	92,80 %	zusammen 95,80 %
	aus dem Retourgang	3,00 %	
Pech	aus der Hauptoperation	3,30 %	zusammen 3,32 %
	aus dem Retourgang	0,02 %	
Verlust			0,88 %
		Summe	100,00 %

Verlauf der Destillation. Den Verlauf der Destillation, d. h. die Beschaffenheit der in jeder Stunde der ganzen Operationsdauer übergehenden Produkte, hat ebenfalls Kaßler[1]) näher untersucht. Er prüfte die einzelnen Stundenfraktionen auf ihren Ölsäuregehalt sowie ihren Erstarrungspunkt und erhielt dabei die nachstehenden Werte:

Stunde	Preßtalgfettsäuren		Pflanzentalgfettsäuren		Talgfettsäuren		Knochenfett-Fettsäuren		Palmölfettsäuren	
	Erstarrungspunkt	Ölsäure	Erstarrungspunkt	Ölsäure	Erstarrungspunkt	Ölsäure	Erstarrungspunkt	Ölsäure	Erstarrungspunkt	Ölsäure
		%		%		%		%		%
5	47,0	20,46	49,5	28,64	42,0	29,09	38,9	49,21	46,5	47,83
6	47,5	20,29	49,9	29,80	42,0	28,92	39,2	49,21	46,1	48,51
7	47,5	20,08	50,0	30,41	42,2	28,81	39,3	49,34	45,2	49,17
8	47,8	18,45	50,2	31,44	42,3	28,70	39,0	49,87	45,2	49,84
9	48,1	19,02	50.4	33,23	42,5	28,64	39,2	50,27	44,8	51,91
10	48,1	19,50	51,0	32,40	42,5	29,00	39,3	51,00	44,5	51,91
11	48,1	20,85	51,2	34,53	42,7	29,12	39,6	51,79	44,1	52,16
12	48,2	21,30	51,4	33,71	43,0	29,47	39,3	52,27	43,5	53,00
13	49,0	21,79	51,7	34,41	43,4	30,97	39,5	53,14	43,3	54,30
14	50,0	22,13	52,4	34,75	43,9	32,42	39,7	53,29	43,0	54,62
15	50,0	22,95	53,0	35,97	44,3	34,61	39,8	53,96	43,0	54,98
16	50,0	23,23	53,7	35,77	44,3	35,05	39,5	54,98	43,0	55,50
17	50,1	23,36	54,0	35,56	44,4	35,50	39,5	55,02	43,0	55,50
18	50,2	23,38	54,1	34,33	44,9	35,52	39,5	55,55	42,7	55,84
19	50,2	23,24	53,0	36,31	45,5	35,83	39,3	55,99	42,2	56,24
20	50,4	24,02	53,7	35,95	46,0	36,39	38,8	56,72	41,7	56,91
21	50,4	24,37	53,4	37,06	46,5	36,71	39.8	57,34	41,2	56,91
22	50,5	24,78	52,5	38,07	46,7	37,15	39,5	57,50	41,0	57,02
23	51,0	25,08	53,6	35,53	47,0	37,37	39,5	58,20	40,7	57,29
24	51,3	25,72	53,6	40,46	46,6	37,70	39,0	58,80	40,0	58,16
25	52,4	26,48	53,0	40,84	43,6	36.97	40,3	59,21	39,0	58,56

Während, wie aus dieser Tabelle ersichtlich ist, fast bei allen Fettsäuren der Schmelzpunkt der Destillate im Laufe der Destillation ansteigt und erst am Schlusse der Operation wieder zu sinken beginnt, zeigen die Fettsäuren des Palmöles ein von der Allgemeinheit abweichendes Ver-

[1]) Chem. Revue 1902, S. 75; siehe auch Seifenfabrikant 1893, S. 98.

halten; ihre Destillate weisen anfänglich einen höheren Schmelzpunkt auf, der im Laufe des Destillationsganges beständig sinkt.

Das Steigen des Erstarrungspunktes der Fettsäurefraktionen im Laufe der Destillation erklärt sich derart, daß die festen Fettsäuren der meisten Fette fast aus gleichen Teilen Palmitin- und Stearinsäure bestehen und anfänglich ein Gemisch dieser Säuren mit Ölsäure übergeht, wogegen die später übergehende höher schmelzende Stearinsäure gegenüber den Palmitinsäureanteilen die Oberhand gewinnt. Bei Palmöl, das fast ausschließlich aus Palmitinsäure besteht, kann dieses Ansteigen des Stearinsäuregehaltes in den späteren Fraktionen nicht so zum Ausdruck kommen wie bei den anderen Fetten, weil die ersten Destillate aus einem Gemenge von Ölsäure und Palmitinsäure bestehen, während die späteren Fraktionen immer ärmer an Palmitinsäure werden und dafür nur geringe Mengen Stearinsäure beigemengt enthalten, die nicht imstande sind, den Ausfall der Palmitinsäure hinsichtlich des Schmelzpunktes auszugleichen.

Zersetzungsprodukte.

Bei der Destillation werden fast immer kleinere oder größere Mengen der Fettsäuren zersetzt, unter Bildung von Akrolein (daher auch der charakteristische Geruch, den die Fettsäuredestillationsanlagen verbreiten), Kohlenwasserstoffen und niederen Fettsäuren.

A. Cahours und E. Demarçay[1]) haben bereits im Jahre 1875 in den Destillationsprodukten der durch Schwefelsäure erhaltenen Fettsäuren Kohlenwasserstoffe der Sumpfgasreihe nachgewiesen, und zwar solche von der Formel C_5H_{12} bis $C_{11}H_{24}$. Später[2]) haben die Genannten auch die sich neben den Kohlenwasserstoffen bildenden Fettsäuren untersucht, wobei Valerian-, Kapron-, Oenanthyl- und Kaprylsäure gefunden wurden.

Minderwertigkeit der Destillationsprodukte.

Die Bildung von Kohlenwasserstoffen, die man der Destillation häufig vorwirft und die das Destillationsstearin, hauptsächlich aber die zur Herstellung von Seifen verwendete Destillatölsäure im Ansehen sehr herabgesetzt hat, kann bei sorgfältiger Leitung der Destillation und bei Verarbeitung nur vollkommen gespaltener Fettsäuren auf ein Minimum beschränkt werden. (Vergleiche S. 604 und 665, sowie „Nachträge".)

Kaßler[3]) hat gezeigt, daß die frühere Annahme, wonach es hauptsächlich die Oxystearinsäure[4]) ist, durch deren Zerfall sich Kohlenwasserstoffe bilden, nicht zutrifft und daß die Bildung von Kohlenwasserstoffen bei der Destillation hauptsächlich auf den Neutralfettgehalt der Destillationsfettsäuren zurückzuführen ist. Die örtliche Überhitzung der Blasenwände, ungenügende Ableitung der Destillate, zu hohe Temperatur bei der Destillation und andere Umstände üben wohl auch einen Einfluß

---

[1]) Compt. rendus 1875, Bd. 80, S. 1568.

[2]) Compt. rendus 1879, Bd. 89, S. 331; 1882, Bd. 94, S. 610.

[3]) Chem. Revue 1903, S. 153.

[4]) Oxystearinsäure zerfällt beim Destillieren zum größten Teile in Öl- und Isoölsäure. (Vergleiche S. 627 u. S. 785—794.)

auf die Kohlenwasserstoffbildung, doch sind diese Faktoren von viel geringerer Bedeutung als der Neutralfettgehalt des Blaseninhaltes.

Schädlichkeit vorhandener Neutralfettmengen.

Da Neutralfette nicht destillieren, steigt im Verlauf der Destillation der prozentuelle Gehalt des Blaseninhaltes an Kohlenwasserstoff allmählich an; hat er eine gewisse Höhe erreicht, so findet eine Zersetzung des Neutralfettes in Kohlenwasserstoffe statt, die sich daher fast nie in den ersten Fraktionen der Destillation, sondern erst in dem später übergegangenen Destillat vorfinden.

Durch Destillation von Fettsäuren mit verschiedenem, zum Teil sehr hohem Neutralfettgehalt hat Kaßler die Richtigkeit dieser Ansicht experimentell bewiesen. Seine Resultate seien in nebenstehender Tabelle (siehe S. 669) wiedergegeben.

Wie man sieht, tritt die Bildung von Kohlenwasserstoffen ein, sobald der Neutralfettgehalt des Blaseninhaltes auf ca. 12—15 % gestiegen ist. Eine Ausnahme hiervon machen nur die Knochenfettfettsäuren, die fast von Beginn der Destillation an Spuren von unverseifbaren Bestandteilen enthalten, was in der Natur dieses Fettes begründet erscheint, da es gewöhnlich schon als Rohmaterial Kohlenwasserstoffe aufweist. Deshalb wurden auch die Fraktionen, die bis zu 0,205 Unverseifbares enthielten, als nicht vom Neutralfett herrührend angenommen, und diese Annahme erwies sich durch die Resultate der weiteren Untersuchungen als richtig.

Versuche Kaßlers.

Bei den Versuchen, die unter ganz gleichen Bedingungen vorgenommen wurden, unterbrach man die Destillation, sobald ein Destillat den ersten bemerkenswerten Gehalt an Kohlenwasserstoffen zeigte, was um so früher eintrat, je reicher das Destillationsgut an Neutralfett war. Um nun zu zeigen, daß der mit Neutralfett angereicherte, nur noch kohlenwasserstoffhaltige Destillate gebende Blaseninhalt anstandslos, nämlich ohne Kohlenwasserstoffbildung, überdestilliert werden könne, sobald man für eine Entfernung des Neutralfettes bzw. dessen Umwandlung in Fettsäure sorgt, hat Kaßler sämtliche in den Blasen verbliebenen Reste gesammelt, bei 105° C mit 2 % Schwefelsäure von 66° Bé azidifiziert, gewaschen, getrocknet und hierauf destilliert. Die Azidifikation reduzierte den Neutralfettgehalt der Rückstände von 15,2 auf 2,6 % und die Destillate enthielten laut der untenstehenden Tabelle bei den drei Destillationschargen, die notwendig waren, nur in den letzten Stunden der Destillationsdauer bemerkenswertere Mengen von Kohlenwasserstoffen.

	Die Destillate enthielten Kohlenwasserstoffe in der										Verarbeitetes Quantum
	4.—15.	16.	17.	18.	19.	20.	21.	22.	23.	24.	
	Stunde										
Gehalt an	0,0	0,24	0,38	0,57	2,21	4,41	5,00	6,27	9,41	15,2	4410 kg
Neutralfett	0,0	0,18	0,27	0,53	2,42	4,76	5,84	8,38	10,20	17,0	4853 „
2,6 %	0,0	0,21	0,32	0,51	1,62	4,07	5,23	7,06	10,15	17,0	4118 „

	Gehalt an Neutralfett vor der Destillation	Während der Destillation frei von Kohlenwasserstoffen	Gehalt der Destillate an Kohlenwasserstoffen	Im Momente der Probeentnahme der in Spalte 3 erwähnten Proben		Zur Destillation waren gebracht worden Fettsäure:
				waren Fettsäure überdestilliert:	war in der Blase Neutralfett enthalten:	
Talgfettsäure	2,2 %	4.—23. Stunde	i. d. 24. Stunde 0,35 %	5822 kg	12,4	7340 kg
	5,4	4.—20. „	„ „ 21. „ 0,42	3820 „	14,8	5270 „
	8,8	4.—15. „	„ „ 16. „ 0,39	2427 „	14,5	3937 „
Palmölfett-säure	1,3 %	4.—28. Stunde	i. d. 29. Stunde 0,52 %	5230 kg	11,7	6250 kg
	5,5	4.—23. „	„ „ 24. „ 0,40	4325 „	15,2	5820 „
	9,2	4.—14. „	„ „ 15. „ 0,62	2600 „	15,5	4060 „
Knochenfett-Fettsäure	4,2 %	4.— 9. Stunde	i. d. 10.—23. St. 0,21—0,50 % „ „ 24. Stunde 0,62 %	4216 kg	13,1	5686 kg
	7,3	4.— 7. „	i. d. 8.—16. St. 0,21—0,56 % „ „ 19. Stunde 0,55 %	3300 „	15,0	4735 „
	10,4	4.— 6. „	i. d. 7.—16. St. 0,18—0,50 % „ „ 15. Stunde 0,53 %	2577 „	14,8	4043 „

In der 19. Stunde, als der Gehalt der Destillate an Kohlenwasserstoffen 1 % überschritten hatte, wurde der Blaseninhalt auf Neutralfett untersucht, wobei sich bei der

1. Charge . . . . . . 14,7 % Neutralfett,
2. Charge . . . . . . 14,1 % „
3. Charge . . . . . . 13,8 % „

vorfanden, ein weiterer Beweis, daß die Kohlenwasserstoffbildung bei der Destillation von dem Neutralfettgehalte des Destillationsgutes abhängig ist.

Um möglichst reine, kohlenwasserstoffreie Destillate zu erhalten, ist es also notwendig:

1. möglichst neutralfettarme Fettsäuren zur Destillation zu bringen und
2. die Destillation nicht allzuweit zu treiben, sondern lieber vorzeitig zu unterbrechen und den Blaseninhalt durch neuerliche Azidifikation und Destillation aufzuarbeiten.

Die Beobachtung dieser zwei Umstände ist jedenfalls viel besser und einfacher als die verschiedenen Vorschläge, die zur Vermeidung der Kohlenwasserstoffbildung bei der Fettsäuredestillation von mehreren Seiten gemacht worden sind.

Patent Dreymann. So will Karl Dreymann[1]) in Turin die Bildung von Kohlenwasserstoffen dadurch umgehen, daß er die zu destillierenden Fettsäuren vorher mit Alkohol esterifiziert und die Ester der Destillation unterwirft. Diese Ester destillieren mit Wasserdampf im Vakuum sehr leicht über und werden nachher im Autoklaven wieder in Alkohol und freie Fettsäuren zerlegt. Dreymann will auf diesem Umwege vollkommen kohlenwasserstoffreie Fettsäuren erhalten, weil eben die Alkylester der Fettsäuren bei viel niedrigerer Temperatur und leichter destillieren als die entsprechenden Fettsäuren.

Zur Ausführung dieses Verfahrens führt Dreymann die Fettsäuren durch dreistündiges Erhitzen mit 10 % Methylalkohol unter Zusatz von 0,5 % Salzsäuregas und 1 % konzentrierter Schwefelsäure in die Methylalkoholester über, entfernt hierauf den überschüssigen Alkohol und die Säure, wäscht mit Wasser, trocknet und destilliert endlich im Wasserdampfstrome unter Zuhilfenahme des Vakuums. Die überdestillierten reinen Ester werden dann im Autoklaven nach irgendeiner der bekannten Methoden gespalten, wobei der mit dem Abdampf austretende Alkohol durch Rektifikation rückgewonnen wird.

Dreymanns Verfahren, das seinen Vorläufer in der Reinigungsmethode hat, die für mehrere organische Säuren angewendet wird, wobei man letztere ebenfalls in Ester überführt[2]), soll ganz besonders für das Fest-

[1]) D. R. P. Nr. 164154 v. 15. April 1904.

[2]) Berichte der Deutsch. chem. Gesellsch. 1901, Bd. 34, S. 446.

machen von Olein durch Einwirkung von konzentrierter Schwefelsäure auf dasselbe geeignet sein. Während sonst die Reaktionsmasse bei der zwecks ihrer Reinigung notwendigen Destillation eine große Menge Kohlenwasserstoffe enthält, soll die Kohlenwasserstoffbildung während der Oxydation gänzlich vermieden werden und außerdem durch die Esterifizierung die feste Oxyölsäure erhalten bleiben.

Ferner hat Dreymann[1]) gefunden, daß das Reaktionsprodukt, das bei der Einwirkung von konzentrierter Schwefelsäure auf ungesättigte Fettsäuren (Ölsäure) in der Hitze entsteht, gewisse Reste von Schwefelsäure sehr zähe festhält, die sie auch nach stundenlangem Aufkochen mit Wasser an dieses nicht abgibt. Diese Schwefelsäurereste sollen dann bei dem notwendigen Destillationsprozeß zerstörend auf die Fettsäuren wirken und die Kohlenwasserstoff- und Teerbildung vermehren.

Dieser nachteilige Einfluß der Schwefelsäurereste läßt sich aber vermeiden, wenn man für deren Neutralisation sorgt, was durch Zugabe von Oxyden oder Karbonaten leicht geschehen kann. (Vergleiche S. 792.)

Die Destillationsrückstände.

Menge des Rückstandes.

Die Menge des erhaltenen Destillationsrückstandes ist, je nach der Reinheit der Destillationsfettsäuren und je nach Art der Destillationsführung, sehr verschieden; unter normalen Verhältnissen kann man mit einem Destillationsrückstand von 2—7 % rechnen, doch können bei Verarbeitung unreiner Fettsäuren auch 15 % Rückstände und darüber erhalten werden.

Dabei kommt es natürlich sehr darauf an, wie weit man die Destillation treibt. Unterbricht man die Operation in einem Zeitpunkt, wo der Rückstand noch flüssig ist (teerartig), so erhält man selbstverständlich weit größere Mengen Rückstände, als wenn man die Destillation so weit treibt, daß der Blasenrückstand fest ist (asphalt- oder gar koksartig).

Die Begriffe Teer, Pech, Asphalt usw., die für die Destillationsrückstände gebräuchlich sind, werden nicht immer genügend auseinandergehalten, wie außerdem auch Verwechslungen der Destillationsrückstände von freien Fettsäuren mit solchen von Wollfett und flüssigem Bitumen an der Tagesordnung stehen.

Holde[2]) hat eine klare Definition zur besseren Unterscheidung der Begriffe Teer, Pech, Asphalt und Koks versucht:

Teer.

Teere sind die dunkelbraunen bis tiefschwarzen, bei Zimmertemperatur dickflüssigen bis sirupartigen Destillationsrückstände, die ein spezifisches Gewicht von 0,85—1,0 haben und in Steinkohlenbenzin (Benzol) meist vollkommen löslich sind.

Pech.

Peche sind die bei Zimmertemperatur zähen bis ganz harten, muschligen, glänzenden Bruch zeigenden, nicht fettigen oder öligen, dunkelbraun bis

[1]) D. R. P. Nr. 166610 v. 7. Juni 1903.

[2]) Chem. Revue 1900, S. 2.

schwarz gefärbten Destillationsrückstände, die von Benzol ganz oder bis auf ganz geringe Rückstände aufgenommen werden. Das spezifische Gewicht der Fettdestillationspeche liegt nur dann oberhalb 1, wenn die Destillation ziemlich weit getrieben wurde.

Asphalt. Asphalte sind die noch härteren Produkte als Peche, die eine schwarze Farbe zeigen, einen glänzenden, glasigen Bruch haben und leicht in ein braunes Pulver zerbröckeln. Die Asphalte erweichen erst bei Temperaturen über 100° C und werden erst weit oberhalb des Wassersiedepunktes flüssig, während die Peche schon bei Sonnenbestrahlung erweichen und unterhalb 100° C ganz flüssig werden. Asphalte, die sich in Benzol ebenfalls gut lösen, sind in der Regel die Rückstände der Trockendestillation von Teeren und Pechen.

Koks. Kokse sind endlich die ganz verkohlten, aschenreichen Rückstände der Destillation.

Gewöhnlich destilliert man die Fettsäuren nur so weit ab, daß teerartige Rückstände in der Blase verbleiben; diese werden dann von mehreren Chargen gesammelt und hierauf einer nochmaligen Destillation mit etwas stärker überhitztem Wasserdampf unterzogen. Dabei gehen an Kohlenwasserstoffen reiche Destillate über, während in der Blase ein ziemlich fester, pech- bis asphaltartiger Rückstand verbleibt, der verschiedenen technischen Zwecken zugeführt werden kann.

Die nähere Zusammensetzung der Stearinteere und Stearinpeche ist noch immer nicht bekannt. Diese Produkte enthalten jedenfalls größere Mengen von Kohlenwasserstoffen, die teils gesättigt, teils ungesättigt sind, von der Zersetzung der ursprünglichen Ausgangsmaterialien herrühren und bei weiterer Zersetzung dunkel gefärbte, teils ätherlösliche, teils ätherunlösliche Produkte geben.

Donath fand in zwei Stearingoudronen 16,12 bzw. 31,08% Unverseifbares und 82,01 bzw. 67,95% Gesamtfettsäuren. Die Glyzerinausbeute betrug 2,40 bzw. 1,35%. Bei stärker abdestillierten Stearingoudronen, also bei Stearinpechen, konnte Donath dagegen nur Spuren von Glyzerin nachweisen.

Donath und Rob. Straßer haben die Zusammensetzung des Stearinpeches näher zu erforschen versucht und dabei 21,6% Alkohollösliches gefunden. Die Lösung war fluoreszierend und reagierte schwach sauer. An Verseifbarem waren ungefähr 9% vorhanden. Bei der Destillation in einer Glasretorte ließen sich bei langsam ansteigender Temperatur 80,5% abdestillieren. Das Destillat, das 55% Kohlenwasserstoffe[1]) enthielt und vaselinartige Ausscheidungen zeigte, wurde weiter fraktioniert, wobei man erhielt:

[1]) Die Destillationsresultate der Fettpeche liefern einen weiteren interessanten experimentellen Beitrag zu der Engler-Höferschen und Krämerschen Theorie der Erdölbildung aus animalischen und vegetabilischen Fettresten.

10,30 % von bei 50—150° C übergehenden Anteilen,
10,00 % „ „ 200—250° C „ „
15,00 % „ „ 250—300° C „ „
25,90 % „ „ 300—350° C „ „
29,20 % „ „ über 350° C „ „

Neben Kohlenwasserstoffen enthalten die Stearinpeche auch Neutralfette und freie Fettsäuren, wahrscheinlich auch Fettsäureanhydride und Laktone.

Die Säurezahl von mäßig abdestillierten Fettpechen schwankt zwischen 9,2 und 22,5, bei einer Verseifungszahl von 11,5—34. Bei stärker abdestillierten Pechen fällt die Säurezahl und schwankt zwischen 0,2—4,0, bei einer gleichzeitigen Verseifungszahl von 2,2—7,2[1]).

Die Asche der Fettpeche enthält nach den Untersuchungen von Holde und Marcusson[2]) neben Eisen meist auch etwas Kupfer, das von den kupfernen Destillationsgefäßen herrührt und diese Pechsorten von den Erdöl- und Teerpechen unterscheidet, die in der Regel kupferfrei sind, weil sie stets aus Eisenblasen destilliert werden.

Die Zusammensetzung der Fettsäuredestillationsrückstände ist übrigens noch nicht zur Genüge erforscht.

Verwendung der Stearinpeche.

Ursprünglich suchte man die Stearinpeche zur Herstellung von Leuchtgas[3]) zu benutzen.

Stas[4]) hat dem Stearinpech 5 % petroleumartiger Kohlenwasserstoffe entzogen und Krey[5]) im Jahre 1887 in der Brünner Stearinkerzenfabrik Semmler & Frenzel durch Druckdestillation aus Stearinpech ein petroleumähnliches Produkt erhalten, das er ähnlich wie das Petroleum raffinierte und in der Brüsseler Ausstellung vom Jahre 1888 vorführte.

Später fing man an, die Stearinpeche als Isolationsmaterial, bei der Kabelfabrikation, zur Herstellung von Dachpappe und für ähnliche Zwecke zu verwenden.

L. Bäärnbielm in Stockholm und A. Jernander[6]) in Kärfsta (Schweden) stellen aus Stearinpech eine Isoliermasse dar, indem sie die auf 120° C erhitzten Destillationsrückstände mit pulverisiertem Schwefel vermischen, wobei unter Aufschäumen eine lebhafte Schwefelwasserstoffentwicklung eintritt. Man erhitzt dann weiter bis auf ungefähr 155° C,

---

[1]) Holde und Marcusson, Mitteilungen der Kgl. Techn. Versuchsanstalten, Berlin 1900, Bd. 18, S. 147.

[2]) Chem. Revue 1900, S. 6.

[3]) So z. B. Roubaix (siehe Muspratt, Techn. Chemie, 4. Aufl., Bd. 5, S. 1484).

[4]) Compt. rendus, Bd. 53, S. 1568.

[5]) Chem. Ztg. 1894, S. 182.

[6]) D. R. P. Nr. 77810 v. 3. Sept. 1893.

doch kann man die Temperatur auch auf 175° C steigern, in welchem Falle ganz besonders feste Massen erhalten werden. Der Schwefelzusatz schwankt innerhalb ziemlich weiter Grenzen und kann 10—26 % betragen. Mitunter macht man der Masse auch einen Zusatz von Leinöl.

Das geschwefelte Stearinpech soll ein ganz vortreffliches Isolationsmittel sein und sich gegen atmosphärische Einflüsse sowie gegen Säuren sehr widerstandsfähig erweisen.

William Greskom[1]) will aus Destillationsteer und Schwefel eine kautschukartige Masse herstellen.

A. Motard & Co.[2]) in Sternfeld bei Spandau verwerten die Rückstände der Fettsäuredestillation, indem sie sie mit 4—12 % Salpeter- oder Schwefelsäure bei 240—250° C oxydieren. Dabei wird ein gummiartiger Körper erhalten, der je nach der Menge der angewandten Säure mehr oder weniger zähe ist und sich im Gemisch mit Sand als Anstrich für Dachflächen gut eignet. (Motards Pechgummi.)

A. W. Andernach in Beul a. Rhein[3]) stellt aus 50 Teilen Stearinpech, 30 Teilen amerikanischen Harzes und 20 Teilen Paraffin eine Dachpappe her, die Ölfarbenanstriche ohne nachzudunkeln verträgt und sich sehr geschmeidig und zähe erweist, aber nicht gerade angenehm riecht. Donath[4]) berichtet auch über die Verwendung von Stearinpech bei der Verzinnung und Verzinkung von Eisenblech, wobei es an Stelle des sonst benutzten Talges oder Öles die schützende Fettschicht abgibt.

Die Klebrigkeit der Stearinpeche, die bei vielen Verwendungen lästig empfunden wird, beheben N. A. Alexanderson und E. Ohlsson[5]) in Stockholm durch Zusatz von wasserfreien basischen Stoffen, die sie den geschmolzenen Rückständen bei einer Temperatur von ungefähr 100° C unter lebhaftem Rühren beimischen. Die basischen Stoffe neutralisieren die vorhandenen niederen organischen Säuren und auch die etwa aus den sich noch vorfindenden unzersetzten Glyzeriden abgespaltenen freien Fettsäuren.

Donath regte auch die Verwendung der Destillationspeche als Schmiermittel an; nach Holde und Marcusson sind Fettpeche zur Gewinnung von Heißwalzenschmieren gut geeignet.

Die Genannten haben übrigens aus den letzten Destillaten von Stearinpech schönes, hartes Paraffin hergestellt.

Häufig findet man unter dem Namen Stearinpech im Handel einen Destillationsrückstand, der von Fettsäuren herrührt, wie sie aus Wollwaschwässern erhalten werden. Sie unterscheiden sich von den eigentlichen

---

1) Amer. Patent Nr. 529728 und 529729.
2) D. R. P. Nr. 81729 v. 14. Okt. 1894.
3) D. R. P. Nr. 122839 v. 5. Mai 1899.
4) Chem. Revue 1905, S. 42.
5) Schwed. Patent Nr. 16701 v. 19. Juni 1902.

Stearinpechen in mehrfacher Hinsicht und sollten daher nach dem Vorschlage Donaths eigentlich Stearin-Wollpeche[1]) heißen.

Auch die Destillationsrückstände von Bitumen werden bisweilen mit oder ohne Absicht mit den Stearinpechen verwechselt. Die weichen, also nicht bis auf das äußerste abdestillierten Fettpeche lassen sich leicht durch ihren merklichen Fettgehalt, bzw. durch ihren charakteristischen Fettgeruch, der schon bei Zimmerwärme oder beim Erhitzen auf dem Wasserbade deutlich hervortritt, von den Pechen der Erdöldestillation unterscheiden. Bei weiter abdestillierten Fettpechen ist diese Unterscheidung schon schwieriger, doch tritt bei starker Erhitzung im Reagensglase bei den Fettpechen ein Akroleingeruch auf, der als sicheres Erkennungszeichen angesehen werden kann[2]).

Holde und Marcusson haben das Verhalten der Fettdestillationspeche beim Destillieren mit Wasserdampf und bei der Destillation über freier Flamme näher verfolgt und daraus ein Unterscheidungsmerkmal dieser Substanz von den Erdölpechen abgeleitet.

Auch vor Verwechslungen mit Glyzerinpech (Weich- und Hartpech) Steinkohlenpech (Weich-, Mittel- und Hartpech), Phenolpech usw. muß man sich hüten[3]).

Das gemischte Spaltungsverfahren.

Allgemeines.

Lange Zeit hindurch war man der Ansicht, daß die Schwefelsäureverseifung nur für minderwertige Fette geeignet sei, bei denen das Autoklavieren aus den bereits früher geschilderten Ursachen keine guten Resultate ergibt. Erst später erkannte man, daß auch ein Kombinieren der Schwefelsäureverseifung mit dem Autoklavierungsprozeß seinen Vorteil hat, weil es die Ausbeute der autoklavierten Fettsäuren an Stearin (Kerzenmaterial) durch die bei der Säuerung stattfindende Oxystearinsäurebildung (siehe S. 611) erhöht[4]).

Die Verbindung der Autoklavenmethode mit der Schwefelsäureverseifung wird aber heute auch dort angewendet, wo früher die erstere allein gebraucht wurde. Man erhält dabei auch aus dunklen, unreinen Fetten, die an und für sich nicht für Autoklaven geschaffen wären, gutes Glyzerin (Saponifikatglyzerin) und braucht die Säuerung mit nicht so großen Säuremengen vorzunehmen, also keine so große Fettzersetzung (Teerbildung) in den

[1]) In den Stearinwollpechen sind außer den sich in den Stearinpechen vorfindenden Verbindungen noch Cholesterine, höhere Fettalkohole und ähnliche Substanzen enthalten sowie größere Mengen mineralischer Bestandteile und Asche, vor allem Eisen- und Kupferverbindungen, die in den Pechen wahrscheinlich als Seifen vorhanden sind.

[2]) Mitteilungen der Kgl. Techn. Versuchsanstalten, Berlin 1900, Bd. 18, S. 147.

[3]) Über die Unterscheidung der verschiedenen Asphalte und Peche siehe Ed. Donath und B. M. Margosches, Chem. Industrie 1904, Nr. 9.

[4]) Über den Zerfall der Oxystearinsäure beim Destillationsprozesse vergleiche S. 785—794.

Kauf zu nehmen, als wenn man mit der Schwefelsäureverseifung allein arbeitet. Man sulfuriert gewöhnlich bei 110° C (geht aber bisweilen auch bis auf 90° C herab) und verwendet ungefähr 2% Schwefelsäure.

Bei dem kombinierten Verfahren verfährt man derart, daß man den Autoklavierungsprozeß nur so weit treibt, als es im Interesse einer guten Glyzerinausbeute notwendig ist. Die letzten paar Prozente Neutralfett, deren Spaltung viel mehr Kosten an Dampf und Zeit verursacht, als der Erlös für die Mehrausbeute an Glyzerin rechtfertigen könnte, werden im Autoklaven nicht weiter zerlegt, sondern deren Spaltung der Azidifikation überlassen, wobei man die Glyzerinreste verloren gibt.

Das nebenstehende Arbeitsschema zeigt den ungefähren Fabrikationsgang in einer nach dem gemischten Verseifungsverfahren arbeitenden Fabrik, wozu bemerkt sei, daß man die autoklavierten Fettsäuren in manchen Betrieben ohne sofortige Sulfurierung zur Destillation bringt und erst die mit Neutralfett angereicherten, nicht allzusehr abdestillierten Blasenrückstände sulfuriert und wiederum destilliert.

Versuche Kaßlers.

Felix Kaßler[1]) hat durch eine sehr verdienstvolle Versuchsreihe den Einfluß der Azidifizierung von autoklavierten Fettsäuren auf die Ausbeute und Beschaffenheit der Destillate näher studiert. Talg, Knochenfett und Palmöl, mit denen die Versuche angestellt wurden, erfuhren zuerst in einem Autoklaven bei 9 Atmosphären Druck, unter Zugabe von 2,6% Magnesia, eine Spaltung. Ein Teil dieser Fettsäuren wurde mit 2% Schwefelsäure von 66° Bé bei einer Temperatur von 100° C azidifiziert, wobei sich folgende Änderungen in der Zusammensetzung ergaben:

Fettsäureart	Erstarrungspunkt		Ölsäuregehalt		Neutralfettgehalt	
	vor	nach	vor	nach	vor	nach
	der Azidifikation		der Azidifikation		der Azidifikation	
Talgfettsäure	41,7	42,2	41,5	29,8	3,6	0,4
Knochenfettfettsäure . . .	39,8	40,4	60,4	42,2	2,5	0,5
Palmölfettsäure	41,6	42,8	60,4	42,8	2,9	0,5

Wie man sieht, hat die Azidifizierung eine Zunahme des Erstarrungspunktes um ungefähr $^1/_2$—1° C, eine Abnahme der Ölsäure um 12—18% bewirkt und den Neutralfettgehalt auf $^1/_2$% herabgedrückt. Die azidifizierten und die nicht azidifizierten Fettsäuren wurden hierauf unter den gleichen Bedingungen einer Destillation unterworfen, und zwar in Destillationsblasen, die ca. 1800 kg Material faßten, aber nur mit 1400 kg Fettsäuren beschickt worden waren. Vom Anheizen der Destillierblase an gerechnet bis zum Übergehen der ersten Destillate brauchte es 4$^1/_2$ Stunden. Die Dampftemperatur betrug 300° C, die Dampfspannung 0,3 Atmosphären Überdruck.

[1]) Seifensiederztg., Augsburg 1902, S. 329.

Arbeitsdiagramm des gemischten Verseifungsverfahrens:

Arbeitsschema des gemischten Verfahrens.

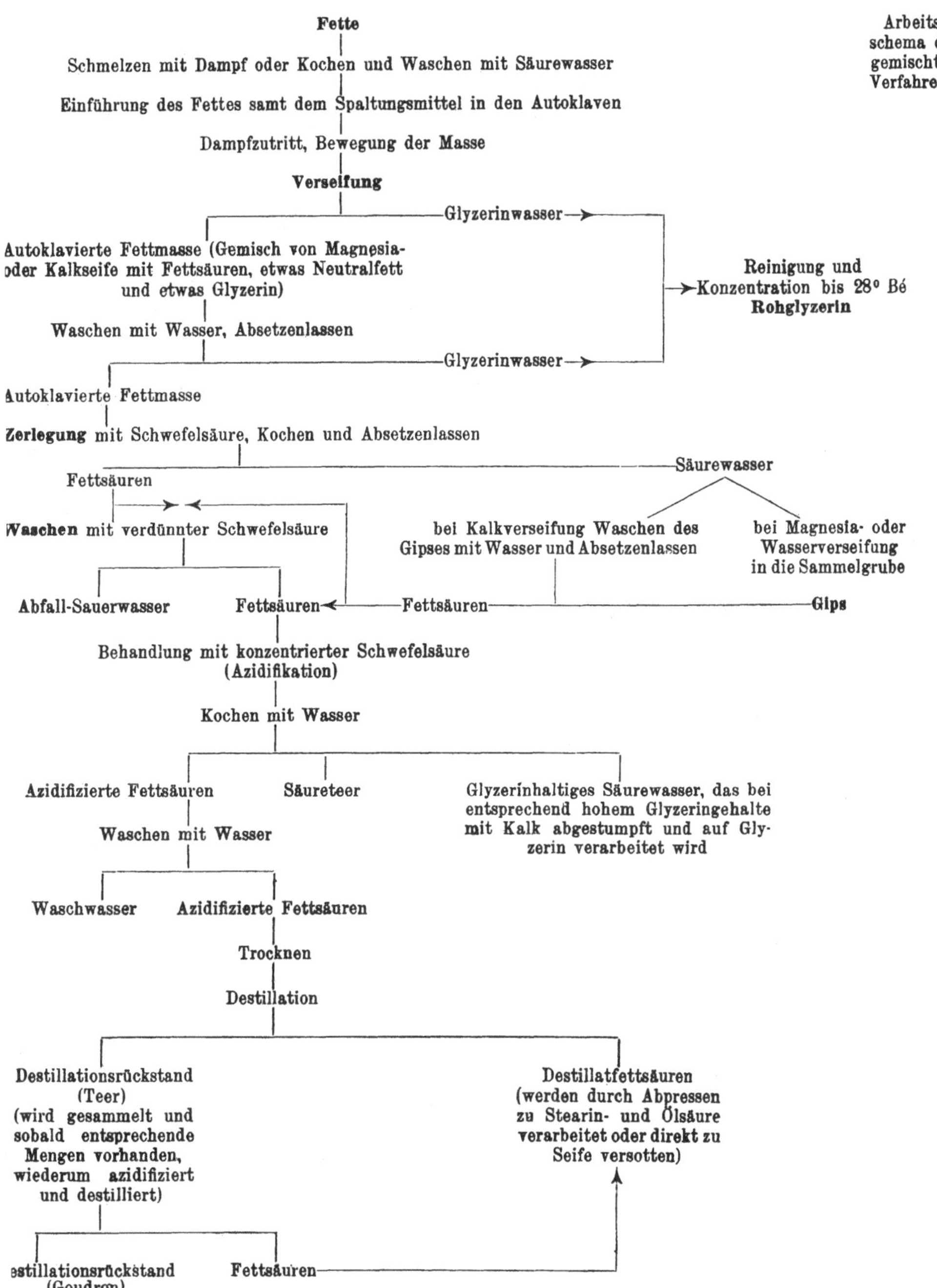

Ausbeute. Die Fettsäuren, die während der Destillation nachlaufen gelassen wurden, waren auf 110° C vorgewärmt.

Die letzten Destillate, die schon eine grünliche Färbung und einen deutlichen Akroleingeruch zeigten, wurden von den zuerst übergegangenen Destillaten getrennt gehalten und sind in der nachfolgenden Tabelle unter dem Namen „Retourgang" angeführt.

Material	Destillat		Retourgang		Pech		Operationsdauer		Verarbeitetes Quantum	
	Fettsäure	Azidifizierte Fettsäure	Fettsäure	Azidifizierte Fettsäure	Fettsäure	Azidifizierte Fettsäure	Fettsäure	Azidifizierte Fettsäure	Fettsäure	Azidifizierte Fettsäure
							Std.	Std.	kg	kg
Talg	94,2	94,8	2,3	2,0	3,5	3,2	36	34	4862	4925
Knochenfett . .	91,5	92,8	5,0	4,2	3,5	3,0	38	35	4920	4945
Palmöl	91,3	91,6	4,5	4,6	4,2	3 8	37	36	4725	4890
Durchschnitt	92,3	93,1	3,9	3,6	3,7	3,3	37	35	4836	4920

Die Mehrausbeute an Fettsäure ist, wie man sieht, im allgemeinen recht gering und wäre nicht geeignet, die Mehrspesen, die durch die Destillation erwachsen, zu decken, wenn nicht die Qualität der Destillate der azidifizierten Fettsäuren wesentlich besser wäre. Dies erhellt aus der auf S. 679 gegebenen Zusammenstellung und den folgenden zwei Tabellen, die den Schmelzpunkt und den Gehalt der einzelnen Fraktionen an Ölsäure und Isoölsäure, Oxystearinsäure und Kohlenwasserstoffen angeben.

Wie man sieht, ist der Verlauf der Destillation bei den azidifizierten Fettsäuren ganz gleich wie bei den nicht azidifizierten, bis auf den einen Umstand, daß die Bildung von Kohlenwasserstoffen bei dem azidifizierten Material früher eintritt. Dafür wächst aber der Kohlenwasserstoffgehalt der Fraktionen späterhin nicht so an wie bei den nicht azidifizierten.

Nach der Vereinigung sämtlicher Fraktionen jeder einzelnen Rohfettsäure erhielt man Produkte von der folgenden Zusammensetzung:

Material		Erstarrungspunkt °C	Gehalt an Öl- und Isoölsäure %	Gehalt an Oxystearinsäure %	Gehalt an Kohlenwasserstoffen %
Talgfettsäuren	nicht azidifiziert .	42,5	40,7	0,0	1,9
	azidifiziert . . .	43,4	37,0	4,5	1,0
Knochenfettfettsäuren	nicht azidifiziert .	40,0	58,9	0,0	2,2
	azidifiziert . . .	40,3	55,7	3,9	1,6
Palmölfettsäuren	nicht azidifiziert .	42,0	57,5	0,0	2,3
	azidifiziert . . .	42,5	53,6	4,5	1,3

Talgfettsäuren

	nicht azidifiziert				azidifiziert			
Stunden	Erstarrungspunkt	Öl- und Isoölsäure	Oxystearinsäure	Kohlenwasserstoff	Erstarrungspunkt	Öl- und Isoölsäure	Oxystearinsäure	Kohlenwasserstoff
5[1]	40,4	38,0	—	—	41,7	33,1	4,0	—
6	40,4	38,3	—	—	41,9	33,8	4,3	—
7	40,7	38,9	—	—	42,2	34,4	4,5	—
8	40,9	38,9	—	—	42,5	35,0	4,7	—
9	41,2	39,5	—	—	42,7	35,7	5,5	—
10	41,3	39,9	—	—	42,7	36,1	5,5	—
11	41,3	40,5	—	—	42,7	36,6	5,8	—
12	41,3	41,0	—	—	43,0	36,9	5,8	—
13	42,5	41,2	—	—	43,0	37,7	6,0	—
14	42,7	41,5	—	—	43,3	38,3	6,3	—
15	42,9	41,7	—	—	43,5	38,8	5,9	—
16	43,0	42,0	—	—	43,8	39,1	5,7	—
17	43,2	42,5	—	—	44,1	39,6	5,7	—
18	43,4	42,5	—	—	44,4	40,4	5,0	—
19	43,6	42,5	—	—	44,6	40,8	3,7	0,2
20	44,5	42,7	—	—	45,0	41,3	3,3	0,5
21	44,5	42,7	—	0,2	45,2	41,5	3,0	0,7
22	44,6	42,8	—	0,8	45,2	42,2	1,1	0,7
23	43,2	43,0	—	1,2	45,8	42,2	—	1,2
24	42,5	43,1	—	1,7	45,0	42,4	—	1,3
25	40,0	43,0	—	2,9	42,7	42,5	—	1,8

Knochenfett-Fettsäuren

	nicht azidifiziert				azidifiziert			
Stunden	Erstarrungspunkt	Öl- und Isoölsäure	Oxystearinsäure	Kohlenwasserstoff	Erstarrungspunkt	Öl- und Isoölsäure	Oxystearinsäure	Kohlenwasserstoff
5	37,2	54,9	—	—	37,8	50,3	5,9	—
6	38,1	54,9	—	—	37,9	51,1	6,0	—
7	38,1	55,7	—	—	38,3	51,5	6,3	—
8	38,3	56,2	—	—	38,3	51,9	6,3	—
9	38,7	56,5	—	—	38,3	52,3	6,8	—
10	38,8	57,0	—	—	38,3	53,0	8,0	—
11	38,9	57,6	—	—	38,4	53,4	8,2	—
12	38,9	58,1	—	—	38,5	53,8	8,3	—
13	39,2	58,5	—	—	39,5	54,2	8,3	—
14	39,2	59,4	—	—	39,6	54,7	6,2	—
15	39,2	59,8	—	—	39,7	55,7	6,0	0,3
16	39,4	59,9	—	0,5	39,9	58,6	3,2	0,5
17	39,5	60,7	—	0,9	40,0	58,6	3,0	0,9
18	39,8	60,9	—	1,3	40,2	59,1	2,2	1,1
19	40,0	61,2	—	1,8	40,2	59,3	1,4	1,3
20	40,5	61,2	—	2,2	40,5	59,7	0,5	1,5
21	40,3	61,4	—	2,9	40,7	60,4	—	1,9
22	40,3	61,6	—	3,5	40,8	60,9	—	2,2
23	40,0	61,8	—	3,8	41,0	61,5	—	2,7
24	39,0	62,0	—	4,2	40,8	61,5	—	3,0
25	39,0	62,1	—	4,5	39,9	61,8	—	3,6

Palmölfettsäuren

	nicht azidifiziert				azidifiziert			
Stunden	Erstarrungspunkt	Öl- und Isoölsäure	Oxystearinsäure	Kohlenwasserstoff	Erstarrungspunkt	Öl- und Isoölsäure	Oxystearinsäure	Kohlenwasserstoff
5	43,8	56,0	—	—	45,9	51,2	6,0	—
6	43,8	56,2	—	—	45,9	51,5	6,0	—
7	43,8	56,3	—	—	46,0	52,4	6,3	—
8	43,5	56,7	—	—	45,8	52,4	7,0	—
9	43,4	56,9	—	—	44,8	53,3	7,5	—
10	43,1	57,6	—	—	44,2	53,8	7,5	—
11	42,4	58,8	—	—	43,8	54,2	5,0	—
12	42,2	59,0	—	—	42,9	54,7	4,2	—
13	42,0	59,0	—	—	42,7	54,8	3,0	—
14	41,0	59,0	—	—	41,8	55,8	2,8	—
15	40,8	59,5	—	—	41,0	56,5	2,8	—
16	40,5	59,5	—	—	41,0	57,2	2,8	—
17	40,1	59,7	—	0,5	40,8	58,0	1,0	0,2
18	39,8	59,9	—	1,1	40,5	59,1	—	0,3
19	39,8	60,4	—	1,7	40,1	59,9	—	0,5
20	39,3	60,8	—	2,3	39,8	60,7	—	0,5
21	39,2	61,1	—	2,8	39,8	61,5	—	0,6
22	39,1	62,0	—	4,0	39,3	61,6	—	0,8
23	38,2	62,7	—	4,5	39,0	61,9	—	2,0
24	38,0	63,4	—	5,1	38,8	63,0	—	2,2
25	38,0	63,8	—	5,1	38,8	63,0	—	2,7

[1]) Die Zeit des Anheizens der Blase ist mit eingerechnet.

Um nun weiter zu sehen, ob die Azidifizierung auf die spätere Preßarbeit der Fettsäure (Stearinausbeute) von Einfluß sei, hat Kaßler die einzelnen Fraktionen eines jeden Versuches vermischt und einer kalten und einer warmen Pressung[1]) unterzogen. Dabei wurde das bei der Kaltpressung ablaufende Olein noch einer Abkühlung und Filtration unterworfen, der beim Warmpressen erhaltene Ablauf als Retourgang in die nachstehende Tabelle eingesetzt:

Material		Stearin			Preßretourgang			tech. Ölsäure		
		Ausbeute %	Erstarrungspunkt °C	Ölsäuregehalt %	Ausbeute %	Erstarrungspunkt °C	Ölsäuregehalt %	Ausbeute %	Erstarrungspunkt °C	Ölsäuregehalt %
Talgfettsäuren	nicht azidifiziert	27,7	55,5	5,7	37,8	38,5	45,7	34,5	26,0	77,3
	azidifiziert	36,4	52,0	9,3	33,4	39,6	50,2	30,2	26,5	78,1
Knochenfettfettsäuren	nicht azidifiziert	20,0	53,4	6,2	40,4	35,2	53,8	39,6	28,0	76,5
	azidifiziert . .	30,3	51,5	9,9	35,1	37,5	55,3	34,6	26,0	75,0
Palmölfettsäuren	nicht azidifiziert	23,0	54,5	4,0	36,5	37,9	50,3	40,5	27,2	78,0
	azidifiziert . .	32,2	51,2	9,0	31,1	39,0	51,2	36,7	27,5	77,3

Die Ausbeute an Stearin nach der Warmpressung ist also bei den azidifizierten Fettsäuren wesentlich höher als bei den nicht gesäuerten, welcher Vorteil angesichts der langwierigen Preßarbeit nicht zu unterschätzen ist. Aber auch absolut genommen erscheint die Ausbeute an Stearin aus azidifizierten Fettsäuren beträchtlich höher; freilich ist dafür der Schmelzpunkt des Produktes niedriger und der Ölsäuregehalt größer.

Über die Vor- und Nachteile der Schwefelsäureverseifung und des gemischten Verfahrens im Vergleiche zu den anderen Fettspaltungsmethoden siehe S. 717—720.

3. *Fettspaltung mittels des Twitchell-Reagenses.*[2])

Geschichtliches.

Geschichtliches.

Ende der neunziger Jahre des vorigen Jahrhunderts gingen Berichte durch die Fachblätter, wonach man in Amerika Fette in offenen Gefäßen in Glyzerin und Fettsäuren zu zerlegen vermochte, und letztere sollten von so reiner Qualität sein, daß sie bei ihrer Weiterverarbeitung zu Seife oder Stearin eine Destillation nicht notwendig hatten. Als Erfinder des Verfahrens wurde Ernst Twitchell in Philadelphia genannt, als Fabrik, die in großem Maßstabe nach seiner Methode arbeitete, die Seifenfabrik Fels & Co.

---

[1]) Vergleiche S. 726—742, sowie S. 785—794.

[2]) Der Abschnitt über die „Fettspaltung mittels des Twitchell-Reagenses" (S. 680—692) ist von Ing.-Chem. Oskar Steiner in Melle i. H. geschrieben.

in Chicago. Im Jahre 1898 erschienen dann in rascher Folge in den einzelnen Industriestaaten die Patentanmeldungen[1]) für das Verfahren, das nach Überwindung mancher ungerechtfertigter Vorurteile nicht nur in vielen amerikanischen, sondern auch in europäischen Betrieben rasch Eingang fand.

Wenn in Europa dem Twitchellschen Fettspaltungsverfahren zu einer Zeit nur wenig Interesse, ja sogar noch Mißtrauen entgegengebracht wurde, wo es in seinem Heimatlande Amerika schon allgemein in Anwendung war, liegt der Grund dafür hauptsächlich in der Verschiedenartigkeit der Ansprüche, die in den beiden Erdteilen an die Seifenprodukte gestellt werden. Das Twitchell-Verfahren wurde anfangs fast ausschließlich in Seifenfabriken angewendet, und da man in Amerika im Gegensatz zu Europa auf eine mehr oder minder helle Farbe der Waschseife nur wenig Wert legt, wurde beim Twitchell-Verfahren nicht mit jener Vorsicht gearbeitet, wie sie bei uns üblich und erforderlich ist, um hellfarbige Fettsäuren zu erhalten. Die aus amerikanischen Fabriken stammenden Fettsäuren, die nach Europa kamen, waren ziemlich dunkel und unansehnlich und man zog daraus bei uns den Schluß, daß nach dem Verfahren überhaupt nur dunkle Fettsäuren herzustellen seien, und faßte eine gewisse Voreingenommenheit, die nur allmählich, schließlich aber, nach Einführung verschiedener Verbesserungen in der Arbeitsweise, endgültig beseitigt werden konnte. Heute erfreut sich das Verfahren hauptsächlich wegen seiner Einfachheit allenthalben großer Verbreitung.

Schwierige Einführung der Methode in Europa.

Allgemeines.

Das Twitchellsche Spaltungsverfahren beruht auf der Wirkung gewisser aromatischer Sulfosäuren[2]), die in geringer Menge Triglyzeriden zugemischt, deren vollständigen Zerfall in Glyzerin und Fettsäuren bewirken, wenn die Mischung mehrere Stunden hindurch einer Temperatur von annähernd 100° C ausgesetzt wird.

Spaltendes Agens.

Die fettspaltende Wirkung dieser Sulfosäuren — Twitchellschen Reagenzien — scheint auf deren emulsionsfördernde Eigenschaft zurückzuführen zu sein (vergleiche Band 1, S. 105).

Twitchell erklärt den Vorgang bei seinem Verfahren auf folgende Weise:

Die Sulfosäuren sind in Wasser löslich und ihre Lösungen vermögen Fette zu lösen bzw zu emulgieren, genau so, wie es die Seifenlösungen tun. Setzt man nun einer Mischung eines Fettes mit Wasser etwas von diesen Sulfosäuren zu, so geht ein kleiner Teil des Fettes in Lösung. Die Mischung enthält entsprechend der elektrolytischen Zerlegung der Sulfofettsäuren Wasserstoffionen, deren Gegenwart eine rasche Dissoziation der im Wasser gelösten Ester bewirkt, namentlich dann, wenn der Lösung eine

[1]) D. R. P. Nr. 114491 v. 6. März 1898; engl. Patent Nr. 4741 v. 25. Februar 1898; amer. Patent Nr. 601603 v. 29. März 1898.

[2]) Journ. Amer. Chem. Soc. 1899, S. 22.

geringe Menge einer starken Mineralsäure zugesetzt wurde. Diese Zersetzung erfahren aber nur die Estermengen, die im Wasser löslich sind, die ungelösten Fettmengen können keinerlei Veränderungen erleiden.

Nach Lewkowitsch[1]) ist es nicht ausgeschlossen, daß das Twitchell-Reagens auch dadurch spaltend wirkt, daß bei dessen Kochen mit Dampf Schwefelsäure frei wird, die in statu nascendi die Glyzeride in Sulfoverbindungen verwandelt, die dann vom Wasser weiter in Fettsäuren zerlegt werden.

Über die Zusammensetzung und Herstellung der Twitchellschen Reagenzien berichtet der Erfinder wie folgt:

Herstellung des Twitchell-Reagenses.

Man mischt eine Fettsäure (Ölsäure oder Stearin des Handels) mit irgendeinem Glied der aromatischen Reihe (wie z. B. mit Benzol, Phenol, Naphthalin usw.), und zwar in einer annähernd ihrem Molekulargewicht entsprechenden Menge, da dieses Verhältnis die besten Resultate ergibt. Hierauf wird das Gemisch mit Schwefelsäure behandelt und stehen gelassen, bis sich die Reaktion vollzogen hat, und nun zur Auswaschung der überschüssigen Schwefelsäure Wasser zugegeben, worauf sich die gebildete Verbindung als ein klares Öl an der Oberfläche der Säure abscheidet und zur Weiterverwendung leicht entfernt werden kann. Die Bildung dieser Verbindung erfolgt den Angaben des Erfinders zufolge nach folgender Gleichung:

$$\underset{\text{Benzol}}{C_6H_6} + \underset{\text{Ölsäure}}{C_{18}H_{34}O_2} + \underset{\text{Schwefelsäure}}{H_2SO_4} = \underset{\text{Sulfoölsäure-Benzol}}{C_6H_4(HSO_3)C_{18}H_{35}O_2} + \underset{\text{Wasser}}{H_2O}.$$

Das so erhaltene Reaktiv ist eine wohlausgesprochene chemische Verbindung und soll im folgenden als „aromatische Sulfofettsäure" bezeichnet werden. Natürlicherweise kann auch hier eine ganze Reihe solcher Verbindungen hergestellt werden, entsprechend den Gliedern der Fettsäurereihe und der aromatischen Reihe, die mit Schwefelsäure behandelt und durch die doppelte Wirkung des Schwefelsäureradikals in eine besondere Klasse von chemischen Verbindungen umgewandelt werden. Eine allgemeine Formel für diese Verbindung wäre $a(HSO_3)b$, in der a dem aromatischen Rest, b dem Fettsäureradikal entspricht.

Vergleich der Wirkung verschieden zusammengesetzter Agenzien.

Lewkowitsch[2]) hat die hydrolytische Kraft einiger dieser Verbindungen untersucht, indem er zwei Proben von Baumwollsamenöl mit 1 % der verschiedenen sulfoaromatischen Verbindungen vermischte und sodann mehrere Stunden lang durch eingeleiteten Dampf auf der Siedetemperatur erhielt. Wie aus der nachstehenden Tabelle zu ersehen ist, zeigt das aus Naphthalin hergestellte Reagens die rascheste Wirkung:

---

[1]) Lewkowitsch, Chem. Technologie und Analyse der Öle, Fette und Wachse, Braunschweig 1905, Bd. 2, S. 642.

[2]) Lewkowitsch, Chem. Technologie und Analyse der Öle, Fette und Wachse, Braunschweig 1905, Bd. 1, S. 50.

Stunden	Sulfostearo-aromatische Verbindung aus					
	Naphthalin		Anthracen		Phenanthren	
	Öl Nr. 1	Öl Nr. 2	Öl Nr. 1	Öl Nr. 2	Öl Nr. 1	Öl Nr. 2
	Säurezahlen					
Beginn	1,22	8,3	1,22	8,30	1,22	8,3
$6^1/_2$	146,70	30,9	2,50	15,01	45,70	42,3
13	190,70	194,1	21,80	60,50	125,70	159,9
$19^1/_2$	201,40	206,9	76,30	112,40	177,70	156,4
26	211,40	210,7	170,70	147,20	183,60	181,6
$32^1/_2$	—	—	186,50	148,20	194,10	184,2
39	—	—	190,70	189,80	201,20	204,2
$45^1/_2$	—	—	—	202,80	—	204,2

Das von Twitchell in den Handel gebrachte Reagens dürfte daher eine Sulfofettsäure-Naphthalin-Verbindung sein, weil eine möglichst ausgiebige Abkürzung der Reaktionsdauer von großer wirtschaftlicher Wichtigkeit ist. Es stellt eine dunkelbraune, stark nach schwefliger Säure riechende, im Sommer dickflüssige, in kalter Jahreszeit zähflüssige bis feste Masse dar, die in Wasser löslich ist.

Praktische Ausführung der Methode.

Bei der Durchführung des Twitchell-Verfahrens kann man unterscheiden:

a) die Vorreinigung der Fette,

b) den eigentlichen Spaltungsprozeß und

c) die Reinigung und Aufarbeitung der Glyzerinwässer,

welche Operationen durchweg einer nur ganz einfachen Apparatur bedürfen.

a) Vorreinigung der Fette.

Vorreinigung der Fette.

Der Entfernung der in den zu spaltenden Fetten enthaltenen Verunreinigungen (Schleimstoffe, leimgebende Substanzen, Pflanzeneiweiß usw.) muß ganz besondere Aufmerksamkeit geschenkt werden, weil davon nicht allein der Verlauf des Spaltungsprozesses, sondern auch die Qualität der resultierenden Fettsäuren, besonders was ihre Farbe anbelangt, in hohem Maße abhängig ist.

Die Vorreinigung besteht in einer Behandlung der Fette mit Schwefelsäure, wobei man in der Regel so verfährt, daß man die Öle oder Fette auf 30—50° C erwärmt, sodann mittels eines Rührgebläses, wie es in Band 1, S. 625—628 beschrieben wurde, Luft eintreibt und in dünnem Strahle $1-1^1/_2\%$ Schwefelsäure von 60° Bé[1]) zufließen läßt. Der durch das Rührgebläse neben der Luft eingeführte Dampf, der sich in dem Fette

[1]) Höherprozentige Säure darf man nicht verwenden, weil sonst ein teilweises Verkohlen des Fettes eintritt.

natürlich kondensiert, bewirkt eine allmähliche Verdünnung der Säure, die aber nicht zu weit gehen darf, weil sonst die spätere Spaltung des Fettes nicht so glatt verläuft. Hat man nur sehr nassen Dampf zur Verfügung, bekommt man also zuviel Kondenswasser in den Reinigungsbottich, so kann man sich derart helfen, daß man die Säureeinwirkung nicht bei 50—55° C, sondern bei Siedetemperatur vor sich gehen läßt. Die Säure soll bei normalen Verhältnissen 1—2 Stunden auf das Öl wirken und das sich nach dem Abstellen des Rührgebläses abscheidende Säurewasser eine Dichte von 10—20° Bé zeigen.

Die Firma Gebrüder Sudfeldt & Co.[1]) in Melle bei Hannover geben für die Vorreinigung der verschiedenen Fette folgende Winke:

	Temperatur des Fettes bei Beginn der Reinigung	Dichte des nach Beendigung der Operation sich abscheidenden Säurewassers
Talg	55° C	10° Bé
Kokos- und Palmkernöl	50	15
Kottonöl	50	20
Sesamöl	30	15
Erdnußöl	30	15
Abfallfett	50	10

Die angegebenen Dichten für das Säurewasser sind als Mindestgrade zu betrachten; einige Grade mehr schaden nicht, größere Verdünnung ist aber zu vermeiden.

Besondere Reinigung für Leinöl.

Für Leinöl und andere trocknende Öle, für Trane und Abfallfette kann die Vorreinigung etwas abgeändert werden:

Leinöl wird ohne vorheriges Anwärmen unter kräftigem Krücken oder unter Anwendung eines Luftkompressors mit 2% Schwefelsäure von 60° Bé, die man allmählich zufließen läßt, behandelt und wenn alle Säure zugeflossen ist, noch etwa eine Viertelstunde lang gerührt, wobei das Öl ein grünschwarzes, trübes Aussehen annimmt. Nach etwa zehnstündigem Abstehenlassen und Ablassen des Öles verbleibt auf dem Boden des Behälters eine tiefschwarze zähe Masse, die abzüglich der darin enthaltenen Säure etwa 1% des gereinigten Öles beträgt und im Durchschnitt aus

25% Schwefelsäure,
45% Öl und
30% Eiweißstoffen und Schmutz

besteht. Um das Öl daraus wiederzugewinnen, wird der Rückstand in einem hölzernen oder verbleiten Behälter mit Salzwasser ausgekocht. In derselben Weise wie bei Leinöl geschieht auch die Vorreinigung der anderen trocknenden Öle sowie des Maisöles.

Trane müssen vor ihrer Reinigung auf eine möglichst hohe Temperatur (70—80° C) gebracht und dann zwei Stunden lang mit 2% Säure gewaschen werden.

[1]) Vertreter des Twitschell-Verfahrens für Europa, Asien und Afrika.

Besondere Schwierigkeiten bereitet die Vorreinigung von alten, unreinen Fetten, besonders wenn sie einen höheren Gehalt an freier Fettsäure aufweisen (z. B. von Sulfuröl). Bekanntlich besitzt Fettsäure ein größeres Lösungsvermögen für Schmutz als Neutralfett, so daß solche stark saure Fette der Einwirkung der Schwefelsäure weniger zugänglich sind. Auf diese unvollkommene Reinigung muß, wie später gezeigt wird beim Ansetzen der Spaltung Rücksicht genommen werden. Vor einiger Zeit sollen betreffs der Reinigung dieser Fette in anderer als der vorher beschriebenen Weise von berufener Seite Versuche gemacht worden sein, die die beste Aussicht auf Erfolg haben. Daß das Twitchellsche Verfahren auch für Rohstoffe mit höherem Säuregehalt geeignet ist, steht fest, denn es wird zu diesem Zwecke schon jetzt in amerikanischen und europäischen Fabriken verwendet.

Vorreinigung von Abfallfetten.

b) *Der eigentliche Spaltungsprozeß.*

Die Menge das anzuwendenden Reaktivs richtet sich nach der Natur des zu spaltenden Neutralöles (mehr oder minder leichte Verseifbarkeit), nach seinem Gehalt an freier Fettsäure, nach dem bei der Vorreinigung erzielten Effekt sowie nach der Höhe des zu erreichenden Spaltungsgrades und steht in umgekehrtem Verhältnis zu der einzuhaltenden Spaltungsdauer. Fette, die bis zu 10 % freier Fettsäure enthalten und bis auf 90—95 % gespalten werden sollen, erfordern etwa 0,5 % Reaktiv. Für das schwer zu spaltende Baumwollsamenöl sowie für Maisöl sind sechs Zehntelprozente zu nehmen. Abfallfette und sonstige Öle mit hohem Gehalt an freier Fettsäure brauchen, da die die Spaltung und ihren Fortschritt hindernden Schmutzteilchen, wie oben ausgeführt erscheint, meist nur unvollkommen ausgewaschen werden können, einen höheren Prozentsatz, etwa $^3/_4$—$1\,^1/_4$ %, Reaktiv.

Spaltungsprozeß.

Der Prozeß wird so durchgeführt, daß man 20—25 % Kondenswasser (auch Reagenswasser, überhaupt ein möglichst weiches und eisenfreies Wasser) vom Gewichte des zu spaltenden Fettes mit 0,1 % Schwefelsäure ansäuert[1]), hierauf zur Siedehitze erwärmt und das Reaktiv einbringt. Sodann läßt man unter starkem Kochen das zu entglyzerinierende Fett aus dem Reinigungsbehälter in den Spaltungsbottich laufen. Ist alles Fett eingetragen, so schließt man das Dampfventil so weit, daß die Flüssigkeitsmasse gerade in schwachem Sieden erhalten wird.

Erste Kochung.

Zur Verhütung von Emulsionsbildungen werden während des Kochens Zusätze von durchschnittlich 0,2 % Schwefelsäure gemacht. Die Verseifung beginnt sofort und schreitet schon in den ersten Stunden ziemlich fort. (Vergleiche die Tabelle auf S. 687.) Bereits nach 3 Stunden kann man in einer dem Bottich entnommenen Probe eine Zunahme von 20—30 % freier Fettsäure feststellen. Nachdem ein Spaltungsgrad von 80—85 % erreicht ist (d. i. meist nach 25—30 Stunden), kann die erste Kochung beendigt werden.

---

[1]) In Leinöl und anderen Ölen, die kalt gewaschen werden, bleibt so viel Säure zurück, daß von diesem und jedem weiteren Säurezusatz abgesehen werden kann.

Der Dampf wird dann abgestellt und der Bottichinhalt der Ruhe überlassen, wobei man dafür Sorge zu tragen hat, daß das heiße Fett nicht mit Luft in Berührung komme, weil sonst zu dunkle Fettsäuren erhalten werden. Das Abhalten der Lufteinwirkung besorgt man in einfacher Weise derart, daß man durch eine besondere Dampfleitung einen schwachen Dampfschleier über die Flüssigkeitsoberfläche streichen läßt.

Nach einstündiger Ruhe wird das in dem Spaltungsbottich abgesetzte Glyzerinwasser (5—6° Bé) in ein darunter befindliches Gefäß abgelassen, um wie weiter unten beschrieben gereinigt zu werden.

Zweite Kochung.

Im Spaltbottich wird inzwischen eine zweite Kochung vorgenommen, indem man 10—15% frischen Kondenswassers zulaufen läßt und weitere 10—12 Stunden im Sieden erhält. In dieser Zeit erfährt der Spaltungsgrad eine weitere Erhöhung um zirka 10%, so daß das fertige Produkt einen Gehalt von 90—95% freier Fettsäure aufweist. Das bei der zweiten Kochung erhaltene Glyzerinwasser, das man durch Ruhe absetzen läßt und abzieht, ist ungefähr 1° Bé stark (5% Glyzerin enthaltend) und wird in einem eigenen Behälter reserviert, um dann statt frischen Wassers zum Ansetzen der nächsten Charge verwendet zu werden.

Reinigung der Fettsäuren.

Durch Anwendung von mehr Reaktiv sowie durch Verlängerung der Spaltungsdauer kann man in zwei Kochungen eine Fettsäure mit nur 2—3% Neutralfettgehalt erzielen. Die Fettsäuren müssen von den letzten Spuren anhaftender Schwefelsäure befreit werden, weil sonst unfehlbar ein Nachdunkeln bei ihrem Lagern eintritt. Man entfernt diese Schwefelsäurereste durch $^1/_4$ stündiges Kochen mit einer Aufschlämmung von Baryumkarbonat ($BaCO_3$), wovon man 0,05—0,08% vom Fettansatze verwendet. Gewöhnlich besorgt man dieses Abstumpfen[1]) vor Beendigung der zweiten Kochung und kocht für den Zweck der Schwefelsäureentfernung also nicht ein drittes Mal auf.

Die Firma Gebrüder Sudfeldt in Melle (Hannover) gibt für die wichtigsten Öle und Fette folgende Spaltungsvorschriften:

	Zusatz von Schwefelsäure (60° Bé) zur Glyzerinmasse 2. Kochung	Reaktivzusatz	Zusatz von 60° Bé. Schwefelsäure nach 5 Stunden	Zusatz von 60° Bé. Schwefelsäure nach 10 Stunden
	%	%	%	%
Talg	0,1	0,4—0,5	0,15	0,15
Abfallfett	0,1	0,3	0,2	0,2
Kokos- und Palmkernöl	0,15	0,5	—	—
Kottonöl	0,1	0,5	0,2	0,2
Sesamöl	0,1	0,5	0,15	0,15
Erdnußöl	0,1	0,5	0,15	0,15

[1]) Prüfung auf vollständiges Abstumpfen der Schwefelsäure geschieht durch Methylorange.

Am Schlusse der ersten Kochung soll das Mengenverhältnis der Fettsäure zum Glyzerinwasser im Bottich wie 100 : 65 sein. Man kann das leicht kontrollieren, indem man von der Masse in einen Glaszylinder laufen läßt und nach Absetzen des Glyzerinwassers mißt. Vor Entnahme dieser Probe muß aber eine kurze Zeit etwas mehr Dampf in die Masse, damit die Emulsion gleichmäßiger werde; beim gewöhnlichen Wallen ist im Bottich unten meistens mehr Wasser als oben.

Die nachstehende, auf Grund praktischer Versuche von Oskar Steiner getroffene Zusammenstellung einiger typischer Beispiele gibt ein Bild über den Verlauf der Spaltung in den verschiedenen Zeitabschnitten:

Name des Öles	Freie Fett-säure	Reaktiv	Gehalt an freien Fettsäuren nach Stunden								Schluß der Spaltung	
	%	%	5	10	15	20	25	30	35	40	nach Stunden	Freie Fettsäure %
Talg I	2,6	0,5	31	—	—	—	80[1])	—	—	—	47	98
Talg II	11,1	0,75	—	—	—	—	89[1])	—	—	—	48	98,6
Talg III . . .	17,0	0,5	50	—	—	81	85[1])	—	—	—	47	91
Talg IV	31	0,75	—	—	—	—	85[1])	—	—	—	46	91,3
Tran {1/2 Wal- . 1/2 Dorsch-	15,5	0,55	49,5	64	70	74,5	79[1])	84,5	87	—	41	90,5
Kokosöl Ceylon .	6,75	0,5	32	—	—	79[1])	—	88	—	—	46	95
Palmkernöl . .	6,8	0,5	49	63	75	79	82	83[1])	86	89	45	93,3
Kottonöl amer. .	Spur	0,6	33	—	—	77	83[1])	86	—	—	45	93
Kottonöl engl. .	0,5	0,5	23	44	—	67	—	76	80[1])	—	44	90
Leinöl	1,4	0,5	36	52	68	76	79	81[1])	85	90,4	42	92,4
Sulfuröl (Probespaltung) . .	46	1,2	70	—	—	—	—	83[1])	—	—	42	89,8

Unreine Spaltungsbehälter, hartes oder unreines Wasser, ungenügende Säuerung (Vorreinigung) des Fettes sowie unrichtiges Verhältnis der Wasser- und Fettmenge beeinflussen den Spaltungsprozeß in ungünstigem Sinne. Zu große Prozentsätze Reaktiv und Luftzutritt[2]) zum Fette während der Spaltung und bevor die Neutralisation mit Baryumkarbonat erfolgte, beeinträchtigen die Farbe der Fettsäuren.

c) *Reinigung und Aufarbeitung der Glyzerinwässer.*

Das bei der ersten Kochung erhaltene Glyzerinwasser zeigt an der Bauméspindel eine Dichte von 5—6° (entsprechend 15—20 % Glyzeringehalt) und wird in einem besonderen Bottich mit gelöschtem Kalk abgestumpft (Prüfung mit Phenolphthalein). Hierbei werden auch organische Verunreinigungen (Fettsäuren usw.) niedergeschlagen und man erhält

Reinigung der Glyzerinwässer.

[1]) Bezeichnet das Ende der ersten Kochperiode.

[2]) Von mancher Seite wird der schädliche Einfluß der Luft als übertrieben bezeichnet. (Siehe Seifensiederztg., Augsburg 1906, S. 87.) — Vergleiche auch unter „Nachträge".

durch Filtration des neutralisierten Glyzerinwassers durch eine Filterpresse eine nahezu farblose Flüssigkeit, die beim Konzentrieren ein hellgelbes, den Anforderungen des Handels gerecht werdendes Rohglyzerin ergibt.

Der in der Filterpresse verbleibende Kalkschlamm enthält noch ziemliche Mengen Glyzerin und muß vor dem Wegwerfen 2—3mal ausgewaschen werden, ganz ähnlich, wie dies auch bei der Reinigung der Glyzerinwässer von der Autoklaven- oder Schwefelsäureverseifung erfolgt.

Apparatur des Twitchell-Verfahrens.

Spaltungsbottich. Die für die Ausführung des Twitchell-Verfahrens benötigte Apparatur ist höchst einfach; ihr wichtigster Bestandteil ist der Spaltungsbottich. Die früher oft gehörten Klagen über Undichtheiten der Bottiche sind jetzt ziemlich verstummt, da es nach zahlreichen Versuchen gelungen ist, Bottiche zu bauen, die den Einflüssen von Hitze und Fettsäure dauernd Widerstand zu leisten vermögen.

Von den verschiedenen zu diesem Zwecke herangezogenen Holzarten hat sich das Pitchpine[1]) (das Holz der amerikanischen Pechkiefer) am besten bewährt; einerseits wegen seiner feinfaserigen Beschaffenheit und andererseits weil es astrein und splintfrei zu haben ist, erweist sich dieses Holz für Kochzwecke als besonders geeignet. Die Stärke des Holzes wird für Bottiche bis zu 100 hl mit 3″, für größere mit 4″ gewählt. Vor der Verarbeitung werden die Stäbe noch einmal künstlich getrocknet und dann zweckmäßigerweise durch eine besondere, zuerst von der Firma Ernst Kraft, Faßfabrik in Eschwege, mit Erfolg versuchte Behandlungsart imprägniert. Die beste Verarbeitung ist die folgende:

Die Stäbe werden mit Nut und Feder verbunden, der Boden wird gut unterlegt und der Deckel eingeküfert (eingebunden) und nur so groß geschnitten, daß er sich in der Kimme frei bewegen kann. Dem Bottich wird eine Spitzung bis zu 30 cm gegeben und ein starker Beschlag ist unbedingt notwendig, da das Holz durch die Hitze schwindet, so daß die Reifen in der ersten Zeit kräftig nachgetrieben werden müssen.

Die Armatur des Bottichs besteht in einer kupfernen Schlange für direkten Dampf sowie einem Hahn samt Rohrleitung zum Ablassen von Glyzerinwasser und Fettsäure. In den Deckel münden die Leitungen für das Öl und das Kondenswasser und ein Mannloch dient zum Eintragen der Chemikalien.

Bottich für die Vorreinigung. Die Vorreinigung der Öle geschieht in einem aus Holz oder Schmiedeeisen gefertigten Behälter, der ungefähr das anderthalbfache Volumen des Ölansatzes zu fassen hat. Er ist mit Blei, das an den Seitenwänden eine Stärke von 3, am Boden von 5 mm hat, ausgekleidet und mit je einer Bleischlange für direkten Dampf und für Luft versehen, welch letztere

[1]) Noch besser geeignet wäre das sehr feinjährige Zypressenholz das aber in der erforderlichen Stärke nicht zu haben ist.

Schlange an einen Luftkompressor angeschlossen ist. Am Boden ist ein Hahn zum Ablassen des sauren Wassers angebracht.

Das Glyzerinwasserbassin ist, sofern es nicht aus Holz, sondern aus Eisen gefertigt ist, verbleit und zum Zwecke der Neutralisation mit einem Rührgebläse versehen. Damit beim Ablassen des Glyzerinwassers kein Fett in den Bottich hineingelange, wird zweckmäßigerweise ein Separator eingeschaltet; dieser besteht aus einem kleinen hölzernen, oben offenen Bottich, dessen Boden in etwa gleicher Höhe mit dem oberen Rand des Glyzerinwasserbehälters zu stehen kommt. Oben läuft das Glyzerinwasser Glyzerinwasserbehälter

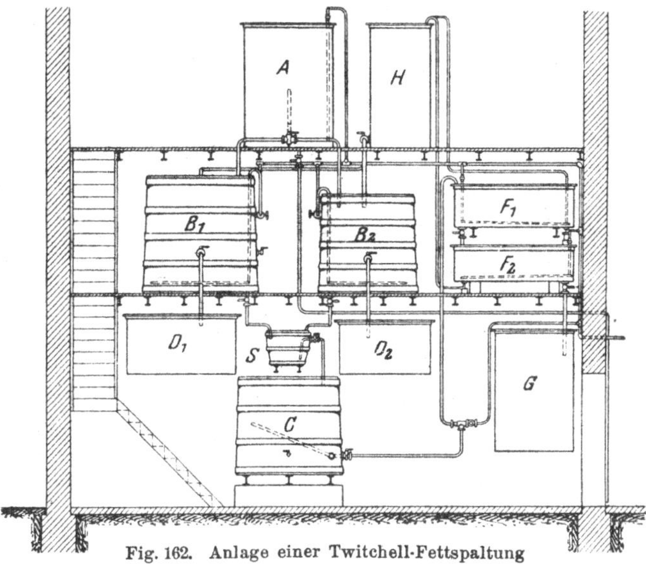

Fig. 162. Anlage einer Twitchell-Fettspaltung

in den Separator ein, um durch ein nahe dem Boden angebrachtes Rohr wieder abzulaufen. Die Einrichtung ist also ganz ähnlich wie bei den in der Fettsäuredestillation gebräuchlichen Separatoren (vgl. S. 644, Fig. 142 dieses Bandes).

Die übrigen Bestandteile der Anlage (Lagerbehälter für Glyzerin und Fettsäure) geben zu besonderen Bemerkungen keinen Anlaß; die für die Glyzerinverdampfung erforderliche Apparatur wird in Band 4 eingehend besprochen.

Die Anordnung der Apparate und Gefäße erfolgt, soweit es die Verhältnisse gestatten, am besten derart, daß sie auf verschiedene Stockwerke verteilt werden, um auf diese Weise an Pumpen zum Fördern der Flüssigkeiten zu sparen. Anordnung der einzelnen Behälter.

Fig. 162 zeigt eine praktisch eingerichtete Twitchell-Anlage (ausgeführt von der Firma W. Rivoir in Offenbach a. Main):

Die Vorreinigung der Fette erfolgt dabei in dem Behälter A, von wo das gereinigte Fett in einen der Spaltbottiche B B_1 läuft, aus denen das Glyzerinwasser nach beendigtem Prozeß durch den Separator S in den Glyzerinbottich C abgelassen wird, während man die erhaltenen Fettsäuren in die beiden Vorratsbehälter D_1 D_2 abzieht.

Das Glyzerinwasser wird nach erfolgter Reinigung mittels eines Ejektors in die Glyzerineindampfpfanne F_1 befördert, wo es bis zu 15—18° Bé konzentriert wird, worauf in der Pfanne F_2 eine weitere Konzentration erfolgt. Das auf 26—28° Bé eingedampfte Rohglyzerin wird in G aufbewahrt.

In dieser Anlage ist die Filterpresse zum Absondern des sich beim Reinigen des Glyzerinwassers gebildeten Kalkschlammes nicht vorgesehen; letzterer wird hier durch Abstehenlassen abgeschieden und das oben stehende klare Glyzerinwasser durch ein zum Heben und Senken eingerichtetes Rohr abgezogen.

Das für den Spaltungsprozeß notwendige reine Wasser beschafft man sich durch Sammeln des beim Eindampfen der Glyzerinwässer entstehenden Kondenswassers, das in H gesammelt wird.

Ausbeute.

Die Ausbeute an Glyzerin und Fettsäure[1]) ist beim Twitchell-Verfahren ungefähr dieselbe wie beim Autoklavenprozeß, vorausgesetzt, daß man die Spaltung durch entsprechend langes Andauernlassen der Reaktiveinwirkung genau so weit treibt wie beim Autoklavieren. Vielfach wird von einer über 85—90% hinausgehenden Spaltung Abstand genommen, weil es dort, wo ein größerer Neutralfettgehalt der Fettsäure nicht schadet (Verwertung der Fettsäure in der Seifensiederei), trotz der geringeren Glyzerinausbeute rationell ist, die Reaktionsdauer abzukürzen.

Qualität des Glyzerins,

Die Qualität der beim Twitchell-Verfahren erhaltenen Produkte ist bei guter Vorreinigung der verarbeiteten Fette befriedigend; das Glyzerin läßt in keiner Weise zu wünschen übrig und die Fettsäuren fallen gut kristallinisch und hellfarbig aus, wenn die Einwirkung der Luft während des Prozesses abgehalten wurde.

der Fettsäuren.

Vorsichtig hergestellte Talgfettsäuren lassen sich genau so wie autoklavierte durch einfaches Kalt und Warmpressen zu einem guten Stearin verarbeiten. In der Regel wird allerdings mit dem Twitchell-Verfahren, soweit dessen Produkte der Stearinerzeugung dienen, eine Destillation verbunden, und sehr häufig kombiniert man das Twitchellieren mit einer Schwefelsäure-Nachverseifung (Azidifikation), wobei dann ganz ähnlich gearbeitet wird, wie S. 675—680 beschrieben wurde (gemischtes Verfahren).

Das Twitchellsche Spaltungsverfahren ist übrigens weit mehr in den Seifenfabriken als in Stearinbetrieben zu finden. Da bei uns auf hellfarbige Seifen großer Wert gelegt wird, muß man trachten, jedes Nachdunkeln der Fettsäuren zu vermeiden. Die Nichtbeachtung der oben angegebenen Vorschriften (gute Vorreinigung der Fette, Vermeidung der Lufteinwirkung und Entfernung aller Schwefelsäurereste) hatte zur Zeit der Einführung der Twitchell-Methode in europäischen Fabriken mancherlei Unzuträglichkeiten im Gefolge, die eine gewisse ungerechtfertigte Voreingenommenheit gegen das Verfahren zeitigten, die aber allmählich geschwunden ist.

---

[1]) Siehe auch unter „Nachträge" die Resultate der Steinerschen Versuche über die Verluste an flüchtigen Fettsäuren bei Palmkern- und Kokosöl.

Hochgespaltene Fettsäuren, besonders von flüssigen Ölen, zeigen natürlicherweise beim Twitchell-Verfahren, ebenso wie bei anderen Fettspaltungsmethoden, einen gewissen Unterschied in der Farbe gegen die Neutralöle und besitzen auch nicht mehr das feurige Aussehen ihrer Muttersubstanz. Bei ihrer Verseifung geben sie jedoch bedeutend hellere Produkte, als ihrem Aussehen nach vermutet werden könnte, und der geringe Farbunterschied, den diese Seifen noch gegenüber Neutralfettseifen zeigen, kann durch einen kleinen Prozentsatz eines unschädlichen Bleichmittels leicht behoben werden. So läßt sich Leinölfettsäure zu allen Sorten glatter und gefüllter Schmierseifen gut verarbeiten, Kottonölfettsäure wird bereits in vielen Fabriken zur Herstellung von weißen Schmierseifen (Silber-Alabaster-Seifen) wie auch Kernseifen mit Erfolg angewendet und die Fettsäuren aus Palmkern- und Kokosöl sowie Talg geben schön weiße Verseifungsprodukte. Der Geruch der Fettsäuren ist frisch. Bei der Spaltung von Fetten mit intensivem, unangenehmem Geruch (Tran, Abfallfetten usw.) tritt eine erhebliche Geruchsabschwächung ein. Bei der Spaltung von Sulfurölen ist festgestellt worden, daß die Fettsäure die charakteristische grüne Färbung beibehält, worauf bekanntlich bei Herstellung von Marseiller und Textilseifen großes Gewicht gelegt wird[1]).

Die Twitchell-Methode, die wegen der Einfachheit und Billigkeit der notwendigen Apparatur nicht nur für große, sondern auch für kleine Betriebe geeignet erscheint, wird dem Autoklavenverfahren noch ernste Konkurrenz machen. Näheres über dessen Vor- und Nachteile im Vergleiche zu anderen Fettspaltungsmethoden siehe S. 717—721.

4. Fermentative oder enzymatische Spaltung.

Geschichtliches.

Fermentative Fettspaltungsprozesse im Pflanzenreiche.

Green[2]) und Sigmund[3]) hatten in den Jahren 1889 und 1890 bzw. 1890 unabhängig voneinander beobachtet, daß beim Zusammenreiben ölhaltiger Pflanzensamen mit Wasser allmählich eine saure Reaktion eintritt, als deren Ursache die durch Fermentwirkung gebildete freie Fettsäure erkannt wurde. Die Fettspaltung ging dabei aber nur bis zu einer gewissen Grenze, durch welche Erscheinung man zu der Annahme verleitet wurde, daß die frei gewordenen Fettsäuren dem weiteren Spaltungsprozeß entgegenwirken.

Connstein, Hoyer und Wartenberg[4]) kamen bei der Wiederholung dieser Versuche zu der Überzeugung, daß die Ansicht Greens und Sig-

---

[1]) Im Autoklaven verliert bekanntlich Sulfuröl seine grüne Färbung fast vollständig und wird rotbraun.

[2]) Proceedings of the Royal Society, 20. Sept. 1890, S. 370.

[3]) Monatshefte für Chemie 1890, S. 272; Sitzungsbericht der Wiener Akademie der Wissenschaften 1891, Bd. 1, S. 328.

[4]) Berichte d. Deutsch. chem. Gesellsch. 1902, Bd. 35, S. 3988.

munds nicht ganz zutreffend sei und daß vielmehr unter gewissen Voraussetzungen durch die Anwesenheit bestimmter Säuremengen die Fettspaltung wesentlich gefördert werde. Ein Zusatz von etwas Säure zu den zerriebenen Ölsamen bewirkte innerhalb einiger Stunden einen so weitgehenden Zerfall der in dem Samenbrei enthaltenen Glyzeride in Glyzerin und Fettsäure, wie er ohne Säurezugabe erst nach einer Reihe von Tagen erreicht wurde.

Die Ausgiebigkeit des Spaltungsvorganges und dessen verhältnismäßig kurze Dauer veranlaßten Connstein, Hoyer und Wartenberg, die technische Verwertung der fettspaltenden Fermentwirkung ins Auge zu fassen, und aus den Versuchsergebnissen der Genannten kristallisierte sich daher allmählich das erste auf den Namen der Vereinigten chemischen Werke A.-G. in Charlottenburg lautende Patent[1]) heraus, durch das die Verwendung hydrolysierender Pflanzenfermente (unter gleichzeitiger Anwendung von Säuren) für Zwecke der Fettspaltung geschützt wurde.

Beobachtungen über durch Fermente bewirkte Fettspaltungen sind beim Studium der Pflanzen- und Tierphysiologie bereits lange Zeit vorher von verschiedenen Forschern gemacht worden. So hat schon 1876 Schützenberger[2]) von dem Vorhandensein fettspaltender Fermente in ölhaltigen Pflanzensamen gesprochen und Schmidt[3]) fand bei der Keimung verschiedener Ölsamen große Mengen freier Fettsäuren. Nach Urbain[4]) soll übrigens Pelouze sogar schon im Jahre 1850 beim Zerreiben von ölhaltigen Samen mit Wasser eine teilweise Spaltung beobachtet haben.

Fermentative Fettspaltungsprozesse im Tierreiche.

Die Rolle der fettspaltenden Fermente im tierischen Lebensprozeß erkannte zuerst Claude Bernard[5]), der auf die Bedeutung des Pankreassaftes bei der Fettverdauung hinwies; in der Folge beschäftigten sich dann Volhard[6]), Kastle und Loewenhart[7]), Mohr[8]), Hanriot[9]), Doyon und Morel[10]), Abelaus und Heim[11]) mit dem Studium der Eigenschaften und des Vorkommens im Tierkörper, wie auch Gerard[12]) sowie Camus[13]), ferner J. Zellner[14]) fettspaltende Fermente in den nie-

---

[1]) D.R.P. Nr. 145413 v. 22. April 1902; österr. Patent Nr. 17463 v. 1. April 1904.

[2]) Green-Windisch, Die Enzyme, Berlin 1901.

[3]) Flora, Bd. 74, S. 300.

[4]) Les Corps Gras Industriels 1906, S. 291, 306 u. 325.

[5]) Claude Bernard, Recherches sur les usages du suc pancréatique pendant la digestion, Compt. rendus 1849, Bd. 28, S. 249—253; Lecons de physiologie expériment. etc., Paris 1856, S. 179.

[6]) Zeitschr. f. klin. Medizin, Bd. 42, S. 414.

[7]) Amer. Chem. Journ., Bd. 24, S. 491.

[8]) Wochenschr. f. Brauerei, Bd. 19, S. 588.

[9]) Compt. rendus, Bd. 134, S. 1363.

[10]) Compt. rendus, Bd. 134, S. 1002 u. 1254.

[11]) Green-Windisch, Die Enzyme, Berlin 1901.

[12]) Green-Windisch, Die Enzyme, Berlin 1901.

[13]) Berichte d. Deutsch. chem. Gesellsch., Bd. 35, S. 3988.

[14]) Chem. Ztg. 1906, S. 274.

dersten Lebewesen (Penicillium glaucum bzw. Aspergillus niger und im Fliegenpilz) fanden.

Der Umstand, daß Connstein, Hoyer und Wartenberg die Wirkung der fettspaltenden Fermente in technisch-praktische Dienste stellten, gab Veranlassung zu deren weiterem Studium, wobei sich neben den drei eben Genannten auch Nicloux[1]), Urbain sowohl allein[2]) als im Verein mit Perruchon und Lancon[3]), ferner Saugon und Feige[4]), Fokin[5]), Braun und Behrendt[6]), Lami[7]) und andere bemühten.

Technische Verwertung

Zeitigten diese Versuche auch mancherlei nützliche, nicht nur für die Wissenschaft, sondern auch für die Fettspaltungspraxis wichtige Erkenntnisse; haben die Verbesserungen des ursprünglichen Verfahrens der Vereinigten chemischen Werke auch eine schätzenswerte Vereinfachung in der Durchführung der fermentativen Spaltung im Großbetriebe gebracht; sind die zuerst von Nicloux ausgesprochenen Absichten, das eigentliche Spaltungsferment in einer konzentrierten Form zu isolieren oder doch ein angereichertes Fermentpräparat zu gewinnen, zum Teil auch von Erfolg gekrönt gewesen: so bleibt doch so manches Verbessernswerte übrig, um die Fermentspaltung zu einem absolut glatten, für den Groß- und Kleinbetrieb bestgeeigneten Verfahren zu machen. Jedenfalls ist aber der Fettspaltung durch die hochinteressanten Arbeiten von Connstein, Hoyer und Wartenberg ein ganz neuer Weg erschlossen worden, der von Jahr zu Jahr mehr begangen, mehr und mehr verbessert und ausgestaltet wird.

Allgemeines.

Bevor das Verfahren, wie es heute praktisch durchgeführt wird, zur näheren Besprechung gelangt, sei zum besseren Verständnis des Prozesses das Wichtigste über das dabei wirksame Ferment, über das Verhalten der Triglyzeride der verschiedenen Fettsäuren, über die für den Spaltungsprozeß günstigsten Bedingungen und andere damit zusammenhängende Fragen gesagt.

Fermente.

Fermente sind organische Verbindungen, die — schon in kleiner Menge — befähigt sind, eine Veränderung, besonders aber den Zerfall sehr großer Mengen anderer organischer Verbindungen herbeizuführen, an deren Zersetzung sie selbst keinen individuellen Anteil nehmen (Fäulnis, Verwesung, Gärung, Spaltung usw.).

---

[1]) Compt. rendus 1903, Bd. 138, S. 1112, 1175, 1288 u. 1352 und Bd. 139 (1904), S. 143.

[2]) Compt. rendus 1904, Bd. 139, S. 606.

[3]) Urbain-Perruchon-Lançon, Compt. rendus 1904, Bd. 139, S. 641.

[4]) Urbain-Saugon-Feige, Bull. Soc. Chim. 1904, Bd. 31, S. 1194.

[5]) Journ. d. Russ. phys.-chem. Gesellsch., Bd. 35, S. 831 u. 1197; Chem. Revue 1904, S. 30 u. ff. u. 1906, S. 143 u. ff.

[6]) Braun-Behrendt, Berichte d. Deutsch. chem. Gesellsch. 1903, Bd. 36, S. 1142 u. 1900; Braun, ebenda 1903, Bd. 36, S. 3003.

[7]) Boll. Chim. Farm., Bd. 43, S. 385 u. 607.

Organisierte.

Man unterscheidet organisierte und nicht organisierte Fermente; die ersteren sind pflanzlicher Natur, bestehen aus einzelligen Organismen (Spalt- und Hefepilzen) und es zählen sowohl die nützliche Bier- und Weinhefe, das Essig-, Milch- und Buttersäureferment als auch die Cholera-, Tuberkelbazillen und andere ähnliche Krankheitserreger zu ihnen. Ob die Wirkung dieser organisierten Fermente tatsächlich eine Folge ihrer Lebenstätigkeit ist, oder ob sie nur als Überträger bzw. Entwickler nicht organisierter Fermente fungieren, ist noch nicht erforscht; die seinerzeit aufsehenerregenden Entdeckungen Buchners[1]) lassen Raum für die zweite Ansicht.

nicht organisierte Fermente.

Die uns interessierenden nicht organisierten (ungeformten, chemischen) Fermente, die man auch Enzyme nennt, finden sich überall im Pflanzen- und Tierkörper und unterscheiden sich von den organisierten Fermenten durch ihre fast ausnahmslose Löslichkeit in jenen Flüssigkeiten, auf die sie ihre Tätigkeit ausüben. In chemischer Hinsicht sind sie den Eiweißkörpern nahestehend, doch gerinnen sie nicht wie diese. Sie gleichen also in dieser Richtung den Peptonen, von denen sie sich in nichts unterscheiden, sobald man ihre spezifische Wirkung durch Erhitzen abgetötet hat. Höhere Temperaturen machen nämlich die nicht organisierten Fermente unwirksam.

Je nach ihren besonderen Eigenschaften, spricht man von diastatischen (Diastase des Malzes, Ptyalin des Speichels, Umwandlung von Stärke in Dextrin und Maltose), von invertierenden (Verwandlung von Rohrzucker in Trauben- und Fruchtzucker), von peptonisierenden (Pepsin der Labdrüsen, Trypsin des Bauchspeichels), von fettspaltenden (Lipase, Zerfall der Triglyzeride in deren Komponenten) und anderen Enzymen.

Abhängigkeit ihrer Wirkung von der Temperatur.

Sie alle wirken nur innerhalb bestimmter Temperaturgrenzen; bei tieferer Temperatur werden sie unwirksam, doch leben ihre charakteristischen Eigenschaften bei Erhöhung der Temperatur wieder auf. Durch Hitze wird die Aktion der Enzyme bleibend vernichtet. Die für die Tätigkeit der verschiedenen Enzyme günstigste Temperatur, ihr Verhalten gegen chemische Substanzen und ihre sonstigen Eigenschaften sind recht verschieden. Manche bedürfen zur Entfaltung ihrer Aktivität alkalischer Reaktive, andere einer sauren oder neutralen Lösung.

Die fettspaltenden Fermente

finden sich sowohl im Pflanzen- als auch im Tierreiche und werden in der Literatur unter sehr verschiedenen Namen angeführt. Die Fett hydrolysierenden Fermente des Pflanzenreiches — die gewöhnlich Lipasen

Lipase.

[1]) Buchner wies im Jahre 1898 nach, daß die bisher als die Lebensäußerung der Hefezellen aufgefaßte Alkoholgärung auf der Wirkung darin gelöster unorganisierter Fermente (der Zymase) beruht.

genannt werden — wirken nur in Gegenwart von Säuren und konnten bisher in isoliertem Zustande oder in Form einer reinen Lösung nicht gewonnen werden. Die im Tierorganismus vorkommenden fettspaltenden Fermente — die man vielfach unter dem Namen Steapsin zusammenfaßt, zuweilen aber auch unter dem Namen Lipase anführt — brauchen für ihre Wirkung eine alkalische Reaktion und lassen sich durch Wasser oder Glyzerin meist extrahieren.

Steapsin.

Vorgang bei der enzymatischen Fettspaltung.

Die Lipasen und Steapsine der verschiedenen Pflanzensamen und Tierorganismen unterscheiden sich wiederum untereinander in mehrfacher Hinsicht und dürfen durchaus nicht als identische Körper aufgefaßt werden. Über ihre Wirkungsweise ist man sich noch nicht im klaren. Hanriot[1]) ist der Ansicht, daß z. B. Steapsin mit den Säuren vorübergehende Verbindungen eingehe, die rasch wieder zerfallen, worauf sich das frei gewordene Steapsin mit neuen Säuremengen vereinige, die wiederum zerfallen usf., bis die Fettspaltung beendet ist. Fokin[2]) sowie Hoyer meint, daß die Lipase und löslichen Säuren in Verbindung treten, und andere führen die Fermentwirkung auf katalytische Vorgänge zurück. Fokin hält es auch nicht für ausgeschlossen, daß sich Alkaloide an dem fermentativen Fettspaltungsprozeß beteiligen.

Frage der Reversionsmöglichkeit.

Bei der durch fettspaltende Enzyme hervorgerufenen Hydrolyse erfolgt mitunter keine vollständige Spaltung der Ester, sondern es tritt bei einem gewissen Spaltungsgrade ein Gleichgewichtszustand zwischen den sich bildenden Säuren, dem Alkohol und den unzersetzten Estern ein.

Mohr[3]), Kastle und Loewenhart[4]), ebenso N. Neilson[5]) haben auf diesen Gleichgewichtszustand aufmerksam gemacht und weisen neben Hill[6]), Bodenstein[7]) und A. E. Taylor[8]) auf die Umkehrbarkeit der Reaktion hin. Fokin hält es aber für sehr unwahrscheinlich, daß den Lipasen neben der spaltenden auch eine synthetisierende Wirkung eigen sei, und glaubt nicht an eine Reversion im Verlaufe des enzymatischen Fettspaltungsprozesses. Wenn mitunter auch während der Prozeßdauer eine Verringerung des Gehaltes der freien Fettsäuren beobachtet werde, sei dies kein Beweis für eine Reversion, diese Erscheinung könne vielmehr auch auf eine Verbindung eines Teiles der Säure mit Substanzen basischer Natur zurückzuführen sein, die sich während der Fermentation aus dem Pflanzeneiweiß bildeten.

---

1) Compt. rendus, Bd. 132, S. 212.

2) Techn. Sammlung u. Industrieanzeiger, Moskau 1903.

3) Wochenschr. f. Brauerei, Bd. 19, S. 888.

4) Amer. Chem. Journ., Bd. 24, S. 431; Über Lipase und das fettspaltende Enzym und die Umkehrbarkeit seiner Wirkung, Chem. Zentralbl. 1901, S. 263.

5) Amer. Journ. Physiol., Bd. 10, S. 191—200.

6) Journ. Chem. Soc., Bd. 73, S. 634.

7) Chem. Ztg. 1906, S. 557.

8) Chem. Zentralbl. 1906, Bd. 2, S. 1345.

Wie bereits bemerkt wurde, finden sich fettspaltende Enzyme im Pflanzenreiche nicht nur in Rizinus-, sondern auch in vielen anderen Samen vor. Für die praktische Ausübung der fermentativen Fettspaltung war es nun von großer Wichtigkeit, die Spaltungsmenge dieser verschiedenen Enzyme näher kennen zu lernen.

Vorkommen fettspaltender Enzyme im Pflanzenreiche.

Die ersten Versuche in dieser Richtung nahmen Connstein, Hoyer und Wartenberg vor, die auf Grund der Angaben von Green und Sigmund mehrere Arten von Ölsamen auf ihre Spaltwirkung untersuchten. Dabei erwies sich der Rizinussamen am wirksamsten und man operierte daher in der Folge nur mit diesem, an welcher Fermentquelle bis heute festgehalten wurde.

Die verdienstvollen Untersuchungen Fokins haben indes gezeigt, daß auch der Same des Schöllkrauts (Chelidonium majus) ein dem Rizinussamen gleich kräftiges Enzym enthält und daß auch im Frauenflachse (Linaria vulgaris) ein wenn auch nicht gleich stark, so doch annähernd gleich wirksames hydrolytisches Ferment vorkommt.

Fokin[1]) hat mehr als 60 Samenarten (aus 30 verschiedenen Pflanzenfamilien stammend) auf ihre enzymatische Wirkung hin untersucht und dabei gefunden, daß eine Spaltung der Fette bis zu 16 % noch nicht auf einen Enzymgehalt der Samen hinweist. Wenn die Hälfte der von ihm untersuchten Samen Fette in den Grenzen von 10—16 % zu spalten vermochte, war dies wohl dem Umstande zuzuschreiben, daß alle Samen frisch waren. Alte Samen üben fast gar keine Wirkung, was durch einen Parallelversuch mit alten und frischen Mohnsamen deutlich bewiesen wurde. Von den untersuchten Pflanzensamen sind daher nur die zwei oben genannten (Chelidonium majus und Linaria vulgaris) als fettspaltend anzusehen, möglicherweise auch die Formen und Abarten der letzteren, wie z. B. Linaria minor und Linaria genistaefolia.

Fokin stellt als Hauptmerkmal für die Anwesenheit von fettspaltenden Fermenten in Samen das Bestehen eines quantitativen Zusammenhanges zwischen der erzielten Menge von Fettsäuren und dem Prozentsatze der zur Reaktion genommenen Samenmenge auf.

Fokin[2]) macht auch darauf aufmerksam, daß der Gehalt der Pflanzensamen an fettspaltenden Enzymen kein Familienmerkmal, sondern eine ganz individuelle und spezifische Eigenschaft darstelle. Auffallend sei, daß alle bisher bekannten, Fettspaltungsfermente enthaltenden Pflanzen giftig sind, was jedoch nicht besagen wolle, daß alle Pflanzensamen, die Alkaloide enthalten, auch fettspaltend wirken müßten.

Braun und Behrendt[3]) haben auch das in den Krotonsamen enthaltene Krotin, das Ferment der süßen Mandel (Emulsin) wie auch

[1]) Chem. Revue 1904, S. 30, 48 u. 69.
[2]) Berichte d. Südruss. Gesellsch. d. Technologie in Charkow 1905.
[3]) Berichte d. Deutsch. chem. Gesellsch. 1903, Bd. 36, S. 1142 u. 1900.

das Amygdalin auf ihre Spaltwirkung hin untersucht, ebenso das Abrin (aus den Samen von Abris precatorius[1]). Emulsin zeigte sich nur wenig wirksam, Amygdalin und Krotin waren ohne Wirkung, dagegen zeigte Abrin eine gleich kräftige Energie wie das Rizinusferment. Myrosin (aus den Blüten und Stengelteilen von Cheiranthus Cheiri) wirkte in Verbindung mit myronsaurem Kali nicht spaltend, wohl aber allein. Das aus den Samen erhaltene Myrosin soll sonderbarerweise weniger kräftig sein als das aus den Stengeln und Blüten gewonnene[2]).

Hugo Mastbaum[3]) fand in der Kolanuß ein fettspaltendes Ferment, das er Kolalipase nennt und das sich von den anderen Pflanzenlipasen dadurch unterscheidet, daß seine Wirkung durch verdünnte Säure nicht gefördert, sondern gehemmt oder vernichtet wird.

Der Kolalipase ähnliche Enzyme finden sich auch in geringer Menge im Mais, in den Edelkastanien, in der Muskatnuß, in etwas größerer Menge im Hafer und noch reichlicher im schwarzen Pfeffer.

Nach Green ist das fettspaltende Ferment in Form eines Proferments (Zymogen) in den ruhenden Samen enthalten, doch haben Connstein, Hoyer und Wartenberg die Richtigkeit dieser Annahme für das Ferment des Rizinussamens bestritten und durch ihre Parallelversuche mit gekeimten und ungekeimten (ruhenden) Rizinussamen das Gegenteil bewiesen. Fokin fand, daß beim Schöllkraut die Keimung die hydrolytische Wirkung des Samens steigert und daß hier entgegen den bei Rizinussaat bestehenden Verhältnissen gewisse Veränderungen des Ferments durch den Keimprozeß hervorgerufen werden. Dunlap und Seymour[4]) stellten ein ähnliches bei Leinsamen und Erdnüssen fest, die, für sich kaum fettspaltend wirkend, bei der Keimung Lipase bilden, die wie die des Schöllkrautes von dem Rizinusferment verschieden ist.

Tierische fettspaltende Enzyme.

Allgemeines.

Nach der Veröffentlichung von Connstein, Hoyer und Wartenberg wandte man auch den im Tierreiche vorkommenden Fettspaltungsfermenten erneutes Interesse zu, und die bereits S. 695 angedeuteten Arbeiten von Bernard, Volhard, Kastle und Loewenhart, Mohr, Hanriot, Doyon und Morel, Abelaus und Heim wurden durch Studien von Lewkowitsch, Macleod, Fokin, Baur und anderen vervollständigt, Arbeiten, die zum Teil mit dem Hintergedanken einer praktischen Ausnützung der tierischen Enzyme begonnen worden sein dürften.

---

[1]) Später hat Braun diese Befunde dahin richtiggestellt, daß reines, aus den Samen von Abris precatorius gewonnenes Abrin nur sehr wenig hydrolysierend wirke. (Berichte d. Deutsch. chem. Gesellsch. 1903, Bd. 36, S. 3003.)

[2]) Berichte der Deutsch. chem. Gesellsch. 1903, Bd, 36, S. 3003.

[3]) Über ein fettspaltendes Enzym in der Kolanuß, Chem. Revue 1907, S. 44.

[4]) Journ. Soc. Chem. Ind. 1903, Bd. 22, S. 67.

Versuche von Lewkowitsch.

Lewkowitsch stellte zuerst Versuche mit Lipase aus Schweinsleber[1]) an, konnte damit aber nur ganz geringe Spaltwirkungen erzielen (nicht über 3 %); er schrieb diese geringe Wirkung der schlechten Emulsionierung zu. Mit Pankreassaft erhielt er bei seinen im Verein mit Macleod[2]) vorgenommenen Versuchen bei Baumwollsamenöl und Schweinefett eine zwar nur langsam fortschreitende Spaltung, die aber nach etwa sechs Wochen doch Oberstgrenzen von 87 bzw. 47 % erreichte.

von Fokin,

Fokin[3]) erzielte später mit Pankreassaft bei Mandelöl schon in wesentlich kürzerer Zeit (7 Tagen) eine 80prozentige Spaltung, welches Resultat wohl darauf zurückzuführen ist, daß er nach Maßgabe der stattgefundenen Umsetzung in kleinen Portionen verdünnte Sodalösung in die Reaktionsmasse eintrug.

von Neucki,

Neucki[4]) hat die Einwirkung des wässerigen Pankreasauszuges auf Hammeltalg untersucht, konnte aber nur eine Hydrolyse bis zu 20 % konstatieren, während bei Hinzufügung von Ochsentalg eine Spaltung bis zu 60 % erreicht wurde.

von Pastrovich,

Pastrovich[5]) studierte den Einfluß von aus Rohtalg isolierten, an der Luft getrockneten und nachher fein zerteilten Membranen des tierischen Fettgewebes. Sie riefen bei Kottonöl in Gegenwart von Wasser Spaltung hervor, und zwar war diese bei 10 % Membranzusatz größer als bei Anwendung der halben Menge. Die Flaschen wurden dabei in der Dunkelheit aufbewahrt, die Temperatur bei 35 ° C gehalten und nur einmal umgeschüttelt. Schwefelsäure verlangsamte die Fettspaltung bedeutend, Kalilauge verzögerte den Spaltungsverlauf in den ersten Tagen, doch setzte diese dann stark ein, um schließlich mit dem Verlauf der Spaltung des nur mit Membranen versetzten Öles gleichen Schritt zu halten. Die Isolierung eines Enzyms aus den Membranen oder aus dem Fette gelang nicht.

Mit weit besserem Erfolge operierte Emil Baur[6]), der Spaltungsversuche mit Pankreassaft oder richtiger mit Bauchspeicheldrüsen machte; er stellte später aus diesen Drüsen ein Dauerpräparat her. (In Anlehnung an die Vorschriften von Dietz[7]) und Pottevin[8]).)

von Baur.

Baur operierte anfänglich mit einem Zusatze von Türkischrotöl als Emulsionsförderer, das er aber in der Folge durch Zugabe von bestimmten, aber sehr geringen Alkalimengen ersetzte.

---

[1]) Kastle, Johnston und Eloove zählen auf Grund ihrer Untersuchungen über die hydrolytische Spaltung von Buttersäuremethylester durch Schweinsleberlipase diese unter Berücksichtigung theoretisch-chemischer Betrachtungen zu den wahren Katalysatoren. (Chem. Zentralbl. 1904, Bd. 2, S. 187.)

[2]) Proc. Roy. Soc. 1903, Bd. 72, S. 31.

[3]) Chem. Revue 1904, S. 244.

[4]) Archiv f. experim. Pathol. u. Pharmakol., Bd. 20, S. 367.

[5]) Monatshefte f. Chemie 1904, S. 355.

[6]) Zeitschr. f. angew. Chemie 1909, Bd. 22, S. 97; siehe auch Seifensiederztg., Augsburg 1909, S. 150.

[7]) Dissertation, Leipzig 1907.

[8]) Bull. Soc. Chim. 1906, Bd. 35, S. 693.

Baurs Versuche ergaben, daß 5% des aus Bauchspeicheldrüsen hergestellten Trockenpräparats oder die gleiche Menge frischen Breies dieser Drüsen zur technisch vollkommenen Fettspaltung genügen und daß man nur auf den richtigen Alkalizusatz zu achten braucht. Dieser muß sich zwischen den Grenzen 10^{-6} und 10^{-8} Mole per Liter bewegen, also so, daß z. B. Paranitrophenol noch nicht entfärbt und Phenolphthalein noch nicht gerötet wird. Ferner muß für eine ständige Emulsion des wässerigen Organbreies mit dem zu spaltenden Fette Sorge getragen werden.

Kokos-, Kotton-, Mais- sowie Palmöl und Rindstalg können auf diese Weise mit 4—6% Pankreaspulver oder Pankreasdrüsenbrei, 60% Wasser und 80—100 ccm normaler Sodalösung, die unter fortwährendem Umrühren der Masse ganz allmählich zutropfen müssen, in 1—2 Stunden bis zu 75—86% verseift werden. Nur Talg blieb in der Reaktion etwas zurück und wurde nur bis 66% gespalten.

Die möglichst niedrige Arbeitstemperatur und die Raschheit des Reaktionsverlaufes sind Vorteile, die eine Prüfung des Verfahrens auf die praktische Brauchbarkeit ratsam erscheinen lassen[1]).

Technisch wird die fermentative Fettspaltung heute ausschließlich mittels des

Enzyms des Rizinussamens[2])

durchgeführt; dieses hat seinen Sitz offenbar im Protoplasma[3]) des Samens, denn sowohl die Ölzellen als auch die Aleuronkörner wurden als fermentfrei erkannt. Den Beweis, daß das Öl nicht der Sitz der fettspaltenden Fermente ist, haben Connstein, Hoyer und Wartenberg erbracht, und Nicloux hat gezeigt, daß auch die Aleuronkörner frei von Enzymen sind. **Sitz des Rizinusfermentes.**

Da sich auch die Samenschale als unwirksam erwies, verwendeten Connstein, Hoyer und Wartenberg bei ihren Versuchen und späteren Betriebsoperationen den entschälten oder den in der Kälte entölten entschälten Samen.

Die Samenschale wie auch das Öl müssen als unnötiger, das Arbeiten erschwerender Ballast angesehen werden. Bei dem Entschälen, Entölen und Zerkleinern der Samen (es kommt natürlich nur feingepulverte Substanz in Verwendung) muß streng darauf gesehen werden, daß

[1]) Die sich aufdrängende Frage, ob auch genügende Mengen von Bauchspeicheldrüsen aufzutreiben seien, beantwortet Baur selbst, indem er die jährlich in Deutschland durch Schlachtungen erhaltenen Quanten mit 1500 Tonnen Schweinepankreas und 1400 Tonnen Rinderpankreas, die in England, Frankreich, Belgien, in den Niederlanden und in den Vereinigten Staaten von Nordamerika (zusammengenommen) erhaltene Menge mit über 8000 Tonnen angibt.

[2]) Das fettspaltende Enzym des Rizinussamens ist mit dem eigentlichen Giftstoff des Rizinussamens (Rizin, Rizinin, siehe Band 2, S. 520—522) nicht identisch; dieser vermag Fette nicht zu spalten.

[3]) Vergleiche Oppenheimer, Die Fermente, 2. Aufl., 1903, S. 72.

keine Erhitzung des Samens eintrete. Auch eine Berührung mit Wasser[1]), Salzlösungen und Glyzerin muß vermieden werden, weil dadurch eine Herabminderung oder gänzliche Vernichtung der Wirksamkeit des Enzyms herbeigeführt werden kann. So erwiesen sich z. B. Samen, die man bei 30—35° C mit Wasser behandelt und nachher wiederum getrocknet hatte, in ihrer Wirkung sehr geschwächt[2]) und ein schalenfreier Samen, den man durch längere Zeit einer trockenen Wärme von 100° C ausgesetzt hatte, verlor 40% seiner Wirksamkeit[3]).

Ed. Urbain und L. Saugon[4]) untersuchten auch den Einfluß des Rizinussamenenzyms auf Zucker und Stärke.

Die von Connstein, Hoyer und Wartenberg im Jahre 1902 mit Rizinussamen vorgenommenen Fettspaltungsversuche, die man später in den Fabriksbetrieb übertrug, wurden wie folgt ausgeführt:

Durchführung der ersten Spaltungsversuche.

Frische Rizinussamen werden auf einer passenden Zerkleinerungsvorrichtung fein zermahlen und dann mit Öl oder geschmolzenem Fett innig vermischt. Zu dem Fett-Samen Gemenge fügt man dann ca. 40% angesäuerten Wassers, wobei die Säure organischer oder unorganischer Abkunft sein kann. Fett, Samen und angesäuertes Wasser werden nun bei gewöhnlicher Zimmertemperatur bzw. bei Temperaturen knapp oberhalb des Schmelzpunktes des Fettes durcheinandergerührt und man trägt Sorge, daß die gebildete Emulsion durch längere Zeit erhalten bleibt. Nach zwei Stunden sind gewöhnlich 20—40% des Fettes gespalten und nach 24 stündigem Stehen meist 85—90%. Will man die Spaltung noch weiter treiben, so überläßt man das Fett-Samen-Säure-Gemisch noch weiterhin sich selbst. Zur Trennung der durch die Spaltung gebildeten Fettsäure von dem Glyzerinwasser und den Samenteilen fügt man dem Gemenge etwas verdünnte Schwefelsäure zu und erwärmt hierauf bis auf 80° C. Bei längerem Abstehen der Flüssigkeit bilden sich dann drei ziemlich scharf geschiedene Schichten, deren unterste aus dem schwefelsäurehaltigen Glyzerinwasser besteht. deren mittlere ein Gemenge von Samenteilen mit Glyzerinwasser und Fettsäure bildet, während obenauf klare Fettsäure schwimmt.

Die Verarbeitung der mittleren Emulsionsschicht (in der Praxis der enzymatischen Fettspaltung allgemein mit dem Namen „Mittelschicht“

---

[1]) Da man bei den käuflichen Rizinuskuchen keine volle Gewißheit darüber hat, ob sie tatsächlich in der Kälte gepreßt wurden, ist man später von der Verwendung der Rizinuskuchen ganz abgekommen und hat nur entschälte Saat zur Fettspaltung im großen genommen, bis man den Fermentextrakt in den Handel brachte.

[2]) Da die zerkleinerten Samen bei der Spaltoperation mit Wasser in Berührung kommen, lassen sie sich auch nicht wiederholt verwenden.

[3]) Trockene Hitze wirkt weit weniger energisch als feuchte (vergleiche auch Hefter, Giftige Erdnußkuchen, Seifensiederztg., Augsburg 1908, S. 1276, und Hefter, Technologie der Fette und Öle, Bd. 2, S. 535).

[4]) Compt. rendus, Bd. 138, S. 1291.

bezeichnet) bietet ziemliche Schwierigkeiten. Man kann die darin enthaltene Fettsäure und das Glyzerinwasser nicht verloren geben, sondern muß für eine Gewinnung dieser Stoffe Sorge tragen. Das Glyzerinwasser läßt sich durch gründliches Auswaschen der Mittelschicht gewinnen; die Fettsäure kann entweder durch Abpressen oder durch Extrahieren entzogen werden. Beide Wege hat man aber nur versuchsweise betreten und in der Praxis eine Verseifung der von dem Glyzerinwasser befreiten Mittelschicht als das Einfachste befunden.

Beim Aussalzen des erhaltenen Seifenleims gehen die Samenteilchen zum größten Teil in die Unterlauge und man erhält eine brauchbare Seife.

Herstellung des Spaltungsferments.

Allgemeines.

Bei der Verwendung von geschälter Rizinussaat als Ferment — über die Nachteile der Verwendung von Rizinuskuchen siehe Fußnote 1 auf Seite 700 — gelangt eine große Menge von Pflanzenprotein in den Ölansatz, das bei der Trennung des fertig gespaltenen Ansatzes zu einem Viertel in das Glyzerinwasser übergeht und zu drei Vierteln als sogenannte „Mittelschicht" zwischen dem Glyzerinwasser und der Fettsäure schwimmt.

Das Glyzerinwasser enthält aufgelöste Pflanzeneiweißstoffe, die durch Filtration über Knochenkohle nach Möglichkeit entfernt werden müssen, bevor man an das Konzentrieren des Glyzerinwassers geht. Diese Behandlung mit Knochenkohle ist aber teuer und nicht immer in dem gewünschten Ausmaße wirksam, so daß die Qualität des Rohglyzerins mitunter zu wünschen übrig läßt. Die „Mittelschicht", die Fettsäure und Glyzerin festhält, muß zur Entziehung des letzteren mit Wasser zweimal ausgewaschen und zwecks Rückgewinnung der Fettsäure verseift und ausgesalzen werden. Abgesehen von den Spesen und von dem Zeitaufwand dieser Aufarbeitung, bleiben nicht selten Partikelchen des Samens im Seifenkern zurück und beeinträchtigen dessen Qualität.

Um diesen Übelstand zu beseitigen, war man seit jeher bestrebt, das Ferment zu isolieren oder doch in Form eines möglichst ballastfreien Extrakts zu gewinnen.

Isolierung des Fermentes.

Zu der — wie hier gleich bemerkt sei — bisher nicht gelungenen[1]) Isolierung des Rizinusfermentes boten sich zwei Wege:

1. der der Lösung und
2. der der mechanischen Absonderung.

Die verschiedenen Versuche, die darauf abzielten, eine Fermentlösung zu erhalten, sind leider durchweg fehlgeschlagen und nach

[1]) Pio Lami hat im Jahre 1904 angekündigt, daß es ihm gelungen sei, aus Rizinussamen eine wirksame gelbliche Fermentlösung zu isolieren, doch sind die in Aussicht gestellten näheren Mitteilungen darüber bis heute noch nicht erfolgt. (Boll. Chim. Farm. 1904, S. 607.)

Hoyer[1]) bezw. Connstein besteht auch kaum eine Hoffnung, daß dies je gelingen könnte.

Bisher konnte nämlich auch bei anderen lipolytischen Fermenten des Tier- und Pflanzenreiches mit Sicherheit eine Löslichkeit nicht beobachtet werden, und Connstein[2]) hat sehr recht, wenn er diese Tatsache als selbstverständlich hinstellt, weil ja diese Fermente dazu bestimmt sind, Fette anzugreifen, die ihrerseits weder in Wasser noch in Glyzerin löslich sind.

Auch der zweite Weg, der der mechanischen Isolierung, ist nicht leicht gangbar. Da man als Sitz der Enzyme das Protoplasma erkannte, waren die Versuche zur Erzielung eines enzymreichen Materials vorerst darauf gerichtet, das Protoplasma von den anderen Samenbestandteilen zu separieren.

Durch Anrühren der geschälten Samen der Rizinusstaude mit Öl oder im Öle löslichen Mitteln (Äther) gelingt es, mittels fraktionierten Dekantierens des Samenbreies Produkte zu erhalten, die reicher an fermentspaltender Substanz sind als die normalen Rizinussamen.

Arbeiten Nicloux. Nicloux hat auf Grund dieser Beobachtungen ein Verfahren aufgebaut, bei dem die Trennung eines durch Anreiben der geschälten Rizinussamen mit Öl erhaltenen Breies durch Zentrifugalkraft herbeigeführt wird. Diese Trennung findet infolge der verschiedenen Dichte der Aleuron- und Protoplasma-Körperchen statt und man erhält einen fermentreichen Extrakt, der sich für die Fettspaltung im großen besser eignet als die geschälten Rizinussamen.

Nicloux[3]) hat sich die Herstellung dieses Fermentextrakts patentieren lassen; nach seiner Patentschrift verfährt man bei seiner Gewinnung wie folgt:

Die vollständig oder teilweise von der Schale befreiten Rizinusölsamen werden zerdrückt und mit irgendeinem Öle, vorzugsweise mit einem flüssigen, z. B. Rizinusöl, behandelt. Das Gemisch wird zunächst durch ein grobmaschiges Filter, darauf durch ein feinmaschiges filtriert, wobei man ein trübes Öl erhält. Der Rückstand wird gegebenenfalls noch einmal in dieser Weise behandelt und das hierbei erhaltene trübe Öl dem das erstemal erhaltenen hinzugefügt. An Stelle der Ölsamen können auch die Ölkuchen verwendet und in gleicher Weise wie diese behandelt werden.

Das trüb ablaufende Öl wird schließlich in einer Zentrifuge geschleudert. Der dabei gewonnene Bodensatz besteht aus zwei scharf voneinander getrennten Schichten, nämlich einer unteren, weißlichen, aus Zellen mit Aleuronkörnern, und einer oberen grauen Schicht, die frei von den vorerwähnten Stoffen ist und lediglich aus einem sehr feinkörnigen Protoplasma besteht. Augenscheinlich enthalten die Bestandteile beider Schichten (infolge des Schleuderns im Öl) noch eine gewisse Menge Öl. Die beiden Schichten lassen sich leicht mechanisch voneinander trennen.

---

[1]) Zeitschr. f. physiol. Chemie 1907, S. 424.

[2]) Ergebnisse der Physiologie 1904, S. 206.

[3]) D. R. P. Nr. 188511 v. 4. Nov. 1903; franz. Patent Nr. 335902 v. 14. Okt. 1903.

M. Nicloux hat dieses Patent später insofern zu verbessern gesucht, als er die zerkleinerten und mit Öl versetzten Rizinussamen vor dem Filtrieren mit Öllösungsmitteln (z. B. Benzol) versetzt. Die Körner werden nach dem Hinzufügen des Lösungsmittels mittels eines Apparates nochmals verrieben, wodurch man das gesamte in den Samen enthaltene Cytoplasma gewinnt, das sich beim Stehen der Filtrierflüssigkeit auf dem Boden ausscheidet, während das klare Benzol-Ölgemisch darüber steht[1]).

Als technisch vollkommen kann auch dieses Verfahren nicht gelten, wenngleich durch dünnflüssige Öllösungsmittel die Trennung des Protoplasmas von den Aleuronkörnern viel besser zu bewerkstelligen ist als durch das dickflüssige Öl.

Versuche Hoyers.

Bei einer bestimmten Dichte des Öllösungsmittels werden die lipolytisch unwirksamen, schwereren Samenteilchen leicht zu Boden sinken, während das die aktive Substanz enthaltende Protoplasma infolge seiner geringeren Dichte in der Schwebe bleibt. Das spezifische Gewicht dieses Lösungsmittels muß nach Hoyer[2]) zwischen 1,2 und 1,4 liegen, wenn man gute Resultate erzielen will; solche fettlösende Mischungen lassen sich durch entsprechend zusammengesetzte Gemenge von Benzin, Petroläther, Benzol und Äther einerseits, durch Chloroform oder Tetrachlorkohlenstoff andrerseits erreichen.

Alkohol, Azeton und Schwefelkohlenstoff dürfen für diese Zwecke nicht verwendet werden, weil sie das Ferment unwirksam machen. Wenn nun auch unter Zuhilfenahme von Lösungsmitteln eine glatte Trennung von lipolytisch wirksamen und unwirksamen Samenbestandteilen möglich ist, ist sie technisch wegen der zu großen Verluste an Lösungsmitteln doch nicht anwendbar. Es verbietet sich nämlich dabei die Anwendung von Dampf, und damit ist die Wiedergewinnung des benutzten Lösungsmittels zu einer kaum löslichen Frage gestaltet.

Hoyer hat dann beobachtet, das beim Abpressen gekeimter oder auch nur durch Einweichen in Wasser stark gefeuchteter Rizinussamen ein mit Wasser vermengtes Rizinusöl (Preßemulsion) abläuft, das stark ausgeprägte hydrolytische Eigenschaften besitzt[3]). Er machte diese Erkenntnis zur Grundlage eines Verfahrens zur Herstellung einer lipolytisch wirksamen Emulsion, wobei er die Eigenschaft des Rizinussamens, die zur Fettspaltung notwendige „Samensäure“ sich selbst zu erzeugen, benutzte, um die erhaltene fermenthaltige Rizinusöl-Wasser-Emulsion durch saure Gärung und die damit verbundene Kohlendioxydverbindung in eine kompaktere, wasser-

[1]) D. R. P. Nr. 197444 v. 23. April 1904.

[2]) Zeitschr. f. physiol. Chemie 1907, S. 425.

[3]) Daß frisch gepreßtes Rizinusöl eine größere Menge an Fermenten enthält, hatte Hoyer schon früher festgestellt. Solch trübes, frisch gepreßtes Rizinusöl spaltet sich nach Zusatz von etwas Säurewasser ganz von selbst bis zu einem Fettsäuregehalt von 85—90%. (Berichte d. Deutsch. chem. Gesellsch. 1904, Bd. 37, S. 1438.)

ärmere Form zu bringen. Das auf diese Weise erhaltene Präparat enthält dabei noch soviel Samensäure, daß es imstande ist, ohne Säurezusatz, also ohne Aktivator, seine fettspaltende Wirkung zu äußern.

Hoyer beschreibt die technische Herstellung dieses Ferments wie folgt[1]:

Hoyers Ferment-extrakt.

Der geschälte oder auch ungeschälte Rizinussamen wird in einer Exzelsiormühle mit Wasser fein vermahlen. Die gebildete Samenmilch passiert eine Überlaufszentrifuge von hoher Umdrehungszahl, in der alle lipolytisch unwirksamen Bestandteile des Rizinussamens zurückgehalten werden, während das Enzym als zarte Emulsion (Fermentmilch) die Zentrifuge verläßt. Diese Fermentmilch enthält den größten Teil des Rizinusöles aus dem Samen emulsioniert mit den unlöslichen Eiweißstoffen des Protoplasmas, darunter auch das fettspaltende Enzym. Das Emulsionswasser hat alle wasserlöslichen Bestandteile, darunter auch das säurebildende Enzym aufgenommen. Diese zentrifugierte Fermentmilch wird nunmehr bei 24° C der Gärung überlassen; hierbei setzt sich die fermenthaltige Emulsion als dicke Sahne, die kurz Ferment genannt werden soll, an der Oberfläche des sauren Unterwassers ab und kann so leicht gewonnen werden. Das Rizinusöl selbst ist dabei in Rizinusölsäure übergegangen.

Das Hoyersche Ferment, das aus ungefähr 38% Rizinusölsäure, 58% Wasser und 4% fester Stoffe, die zum größten Teil Eiweiß darstellen, besteht, erweist sich gegen einen Säureüberschuß empfindlicher als Rizinussamen. Ferner reagiert es sehr empfindlich gegen gewisse Salzzusätze, von denen einige (z. B. Mangansulfat) seine Wirkung sehr erhöhen. Der Haltbarkeit dieses Ferments sind gewisse Grenzen gezogen, was ja bei seinem Wasser- und Eiweißgehalte selbstverständlich ist.

Hoyer hat schließlich auch durch Wasser- und Ölentziehung des Ferments (mittels kalter Benzinextraktion) Präparate hergestellt, die weit wasser- und ölärmer waren als sein oben erwähntes Ferment; ja er gelangte auf diese Weise sogar bis zu einem trockenen Fermentpulver. Die auf Öl- und Wasserentziehung hinauslaufenden Operationen schwächen jedoch die Wirksamkeit des Produktes in auffallender Weise.

Der seit einigen Jahren von den Vereinigten chemischen Werken in Charlottenburg in den Handel gebrachte Fermentextrakt dürfte im Prinzip nach dem oben erwähnten Verfahren von Hoyer hergestellt sein; er wird heute in der Fettspaltung fast durchweg angewandt, weil er gegenüber den Rizinussamen sehr wertvolle Vorteile bietet.

Bei Anwendung des Rizinussamen-Extrakts ergibt sich nun ein Glyzerinwasser, das ohne Filtration durch Knochenkohle ein erstklassiges Saponifikatglyzerin liefert, und man erhält viel weniger solcher Mittelschicht als beim Arbeiten mit Rizinussamen, wie sich außerdem aus dieser Mittelschicht das Glyzerinwasser und die Fettsäure weit bequemer gewinnen lassen und die Qualität der erhaltenen Seife einwandfrei ist.

Das Arbeiten mit geschälter Rizinussaat oder mit Rizinuskuchen wird daher heute kaum mehr geübt, sondern man arbeitet fast ausschließlich

[1]) Zeitschr. f. physiol. Chemie 1907, S. 430.

mit Fermentextrakt, den die Vereinigten chemischen Werke in Charlottenburg in den Handel bringen, durch dessen Gewinnung in der enzymatischen Fettspaltung ein großer Schritt nach vorwärts getan wurde.

Einfluß der Menge des Ferments und seine Wirkung auf verschiedene Fette.

Spaltungsvermögen des Rizinusfermentes.

Nach den Beobachtungen von Fokin vermag 1 Gewichtsteil geschälter Rizinussaat 125 Teile Fett zu spalten; 1 Teil vollständig entölten Samenmehles kann sogar 375 Teile Fett verseifen.

Größere Fermentmengen vermögen zwar die Zeitdauer des Spaltungsprozesses abzukürzen, doch wächst die Intensität der Wirkung nicht gerade proportional mit dem angewandten Fermentprozentsatze. Kleinere Mengen wirken also verhältnismäßig günstiger und werden besser ausgenutzt als größere.

Fokin hat auch die Frage aufgeworfen, ob für die fettspaltende Wirkung der Lipase auch die für alle katalytischen Prozesse geltende Formel von Wilhelmy:

$$\frac{l}{7} \cdot \lg \cdot \frac{a}{a - x} = K$$

Gültigkeit habe, und durch mehrere in größerem Maßstabe vorgenommene Versuche gefunden, daß die Reaktion tatsächlich in dieser Weise verläuft.

Wirkung bei verschiedenen Fetten.

Nach Hoyer ist bei Fetten mit niederer Verseifungszahl, also mit höherem Molekulargewicht, eine geringere Fermentmenge zur Erzielung eines gleichen Spaltungseffektes notwendig als bei Fetten mit höherer Verseifungszahl bezw. niedrigerem Molekulargewichte (z. B. Kokos- und Palmkernöl).

Damit ist schon gesagt, daß eine bestimmte Fermentmenge auf die einzelnen Fette einen verschieden großen Einfluß übt. Auf die Tatsache, daß die einzelnen Fette eine nicht gleich große Widerstandsfähigkeit gegen die hydrolysierenden Enzyme besitzen, haben Connstein, Hoyer und Wartenberg[1]) bereits in ihrer ersten Arbeit über die fermentative Fettspaltung hingewiesen und eine Erklärung dieses Verhaltens zu geben versucht.

Bei unter ziemlich gleichen Bedingungen[2]) vorgenommenen Parallelversuchen waren die verschiedenen Öle und Fette bis zu folgenden Prozentsätzen gespalten:

Kokosfett	70 %	Kottonöl	90 %
Palmkernöl . . .	77	Mandelöl	90
Tran I	76	Kakaobutter . . .	92
Tran II	84	Talg	92
Rüböl, raffiniert . .	85	Palmöl	96
Leinöl	86	Rüböl, roh . . .	100
Olivenöl	86	Erdnußöl	100
Knochenfett . . .	86	Mohnöl	100
Sesamöl	90		

[1]) Berichte d. Deutsch. chem. Gesellsch. 1902, S. 3992.

[2]) Die Temperaturen waren bei den einzelnen Versuchen nicht gleich.

Ansichten von Connstein, Hoyer und Wartenberg.

Connstein, Hoyer und Wartenberg erklärten diese abweichenden Resultate durch den verschiedenen Gehalt der Fette an Glyzeriden niederer Fettsäuren, deren Atomverbindungen viel fester und daher schwerer löslich seien als bei den Glyzeriden der höheren Fettsäuren. Sie versuchten für diese Anschauung den experimentellen Beweis zu erbringen, indem sie eine Reihe reiner Glyzeride und anderer Säureester der Fermenteinwirkung unterzogen, welche Versuche ergaben bei:

	Spaltung bis zu
Ölsäuremethylester	20,0 %
Ölsäuretriglyzerid	50,6
Buttersäuretriglyzerid	9,5
Essigsäuretriglyzerid	0,4
Essigsäureäthylester	0,4
Essigsäureisobutylester	1,3
Essigsäureamylester	0,2
Benzoesäurebenzylester	2,8
Schwefelsäureäthylester	3,0
Salpetersäureamylester	1,8

Nach diesen Ergebnissen konnte man mit einer gewissen Berechtigung die von Connstein, Hoyer und Wartenberg ausgesprochene Ansicht als richtig annehmen, doch haben spätere Untersuchungen von Ed. Urbain, L. Saugon und A. Feige sowie von Fokin diese Hypothese ziemlich erschüttert, wiewohl auch die Ansichten dieser Forscher nur mit gewissen Einschränkungen gelten können.

von anderen.

Ed. Urbain, L. Saugon und A. Feige[1]) haben gezeigt, daß das Enzym keines der Glyzeride der verschiedenen Fettsäuren bevorzugt, sondern alle mit der gleichen Energie angreift, und daß der geringere Spaltungseffekt, den man bei den Glyzeriden der niederen Fettsäuren erzielt, auf die schädliche Wirkung zurückzuführen ist, die die frei werdenden niederen Fettsäuren auf die Fermentspaltung ausüben. Ein Gehalt von 5 % Buttersäure störe bereits die Wirkung des Cytoplasmas und bei 10 % Buttersäure höre jede Verseifung auf.

von Fokin.

Fokin führt ebenfalls die größere oder geringere Vollständigkeit der Spaltung auf den Einfluß und die Beschaffenheit der frei werdenden Säure zurück und macht deren spaltungshemmende Wirkung von ihrer Wasserlöslichkeit abhängig; durch rechtzeitige Beseitigung dieser Säuren werde ihr Einfluß auf den Spaltungsverlauf zunichte gemacht.

Ferner sollen auch die einwertigen Alkohole[2]) auf das Ferment nachteilig einwirken, die mehrwertigen jedoch nicht. Dieser Einfluß der

[1]) Bull. Soc. Chim. 1904, Bd. 31, S. 1194.

[2]) Siehe die Spaltungsergebnisse bei Ölsäuremethylester. — Vergleiche auch Henry E. Armstrong und E. Ormerod, Studies on Enzyme Action, Proc. of the Royal Society 1909, Bd. 78.

niederen Alkohole auf das Ferment verringert sich in dem Maße, als ihre Wasserlöslichkeit abnimmt.

Wirkung physikalischer und chemischer Einflüsse auf den Spaltungseffekt.

Hier ist an erster Stelle die Temperatur zu nennen, bei der die Fermenteinwirkung erfolgt. Der für den Prozeß günstigste Wärmegrad liegt bei ungefähr 35° C; man kann aber die Temperatur ohne wesentlichen Schaden auch bis auf 40, ja sogar 43° C steigern und bis auf 15° C erniedrigen. Höher oder tiefer soll man dagegen nicht gehen, denn bei 50° C findet schon eine außerordentliche Schwächung der Enzymtätigkeit statt, die bei 100° C vollständig aufhört. Temperaturen unter 15° C heben zwar die Spaltung nicht vollständig auf, verzögern sie aber auffallend. **Einfluß der Temperatur.**

In der Praxis kann man wegen der notwendigen Emulsion (siehe S. 712) die Temperatur nicht beliebig wählen, sondern diese hängt hier von der Beschaffenheit des zu spaltenden Öles oder Fettes ab. Bei Ölen ist es ratsam, ohne merkliche Erwärmung zu arbeiten, weil sich sonst die Emulsion nicht hält; bei festen Fetten muß man andrerseits auf Temperaturen gehen, die oberhalb ihres Schmelzpunktes liegen. Wenn dann im Verlaufe des Prozesses die Masse durch die frei werdenden Fettsäuren eine feste Konsistenz annimmt, braucht man deshalb allerdings die Temperatur nicht zu steigern, denn dieses Festwerden des Ansatzes bleibt auf den Fortgang der Spaltung ohne Einfluß.

Als zweites Moment kommen die Menge des vorhandenen Wassers und die Innigkeit der Emulsionsbildung in Betracht. Die Menge des Wassers muß wenigstens dreimal so groß sein, als sich theoretisch als notwendig erweist. Das Wasser wird nämlich nicht nur für die Lieferung der bei der Fettspaltung gebrauchten Hydroxylgruppe benötigt, sondern dient auch als Emulsionsmittel. Ohne eine innige Emulsion zwischen Fett, Ferment und Wasser ist auch hier eine glatte Spaltung nicht zu erreichen; die emulsionsfördernde Eigenschaft des zerkleinerten Rizinussamens bzw. des Fermentextrakts kommt dabei der Emulsionsbildung sehr zu Hilfe. Die Art des Wassers (destilliertes, Brunnen- oder Flußwasser) übt keinen Einfluß auf den Prozeß. **Wassermenge und Emulsionsintensität.**

Ein Übermaß von Wasser beeinflußt die Spaltung in keiner Weise; Alkali, Seife, Alkohol, Formaldehyd, Fluornatrium, Sublimat und andere Stoffe schädigen die Fermentwirkung oder heben sie ganz auf. Mäßige Mengen von anorganischen Salzen (Kochsalz, Glaubersalz, Ammonsulfat, Eisensulfat, Mangansulfat u. a.) bleiben bei Anwendung größerer Samenmengen auf den Spaltungseffekt ohne Einfluß. **Zusätze von Chemikalien.**

Interessant ist die Wirkung eines sich innerhalb gewisser Grenzen bewegenden Säurezusatzes und einiger Metallsalze. **Säurezusätze.**

Bei den Versuchen von Connstein, Hoyer und Wartenberg fiel es auf, daß die Fettspaltung erst nach einer bestimmten Einwirkungszeit eintrat und dann sprungweise in die Höhe schnellte. Als Ursache wurde die nach einer bestimmten Zeit in dem Samenbrei auftretende Bildung von freien Säuren erkannt und konstatiert, daß die Spaltung sofort und intensiv eintrat, wenn man diese sich selbst bildenden Säuren durch Zugabe einer kleinen Säuremenge ersetzte. Diese Beobachtungen widersprechen aber denen von Green und Sigmund, die beide einen schädigenden Einfluß der Säure festgestellt zu haben glaubten.

Connstein, Hoyer und Wartenberg berichteten in ihrer ersten Veröffentlichung betreffs des Säurezusatzes, daß das „Konzentrationsoptimum bei den bisher untersuchten Säuren und Salzen zwischen $\frac{n}{10}$ und $\frac{n}{3}$ lag, welche Äußerung später Hoyer durch den Zusatz „bei Anwendung von großen Mengen Samen“[1]) ergänzte.

Hoyers weitere Untersuchungen lehrten, daß man bei richtiger Wahl der Säuremenge mit dem Samenquantum ganz bedeutend zurückgehen kann, ohne den Spaltungseffekt zu verringern, und daß zwischen Samen- und Säuremenge ein ganz bestimmtes Verhältnis besteht, daß man also bei Abänderung der Samenmenge auch die Säuremenge ändern muß. Auch fand man das Konzentrationsoptimum bei sonst nahe verwandten Säuren (z. B. Ameisen- und Essigsäure) ganz verschieden.

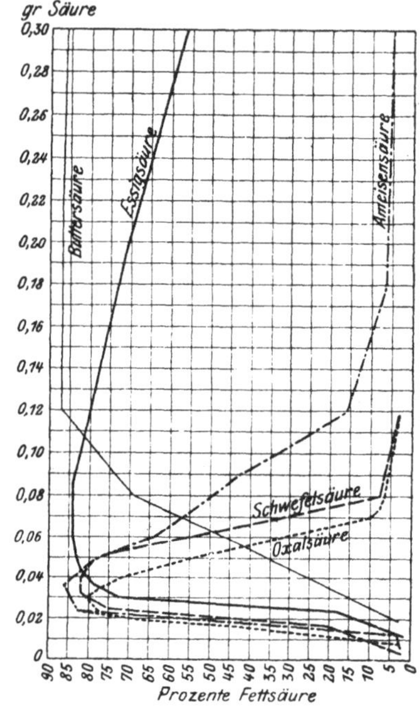

Fig. 163. Graphische Darstellung des Einflusses verschiedener Säuren auf die Spaltwirkung.

Die von Hoyer[2]) entworfenen Kurven (Fig. 163), bei denen auf den Ordinaten die nach 18—24stündiger Spaltungsdauer gebildeten Prozente freier Fettsäure, auf den Abszissen die für die Spaltung von 100 g Leinöl mittels 3,3 g geschälten, nicht entölten Rizinussamens notwendige absolute (konzentrierte) Säuremenge in Grammen aufgetragen erscheinen, geben ein klares Bild über die Wirkung der untersuchten Säuren. Hoyer faßte diese Ergebnisse in folgenden Leitsätzen zusammen:

Hoyers Regeln.

1. Zu einer bestimmten Samen- bzw. Fermentmenge ist eine bestimmte absolute Menge Säure zur Erzielung eines optimalen Spaltungseffektes notwendig.

2. Alle geprüften Säuren (Schwefel-, Oxal-, Ameisen-, Essig- und Buttersäure) sind in annähernd gleicher Weise zur Auslösung der Enzymwirkung befähigt.

---

[1]) Vergleiche E. Hoyer, Berichte d. Deutsch. chem. Gesellsch. 1904, Bd. 37, S. 1441.

[2]) Seifenfabrikant 1904, S. 491.

3. Die Grenzen, innerhalb deren die absolute Säuremenge schwanken darf, sind für die einzelnen Säuren verschieden und scheinen von der Dissoziationsfähigkeit der Säure abzuhängen. Stark dissoziierende Säuren verlangen genau einzuhaltende Mengenverhältnisse, schwach dissoziierende gestatten größere Schwankungen.

4. Der Umstand, daß zur Erzielung des Spaltungsoptimums bei gleicher Samenmenge eine bestimmte Mindestmenge einer Säure notwendig ist, läßt vermuten, daß die Säure während der Fettspaltung mit dem Samen in chemische Wechselwirkung trete.

Auffallend muß jedenfalls das Verhalten der Buttersäure bezeichnet werden, da deren Spaltungsoptimum nach den Versuchen Hoyers bei einer weit höheren Konzentration liegt als bei anderen Säuren und selbst bei dieser höheren Konzentration die Spaltwirkung nicht gestört wird. Diese Resultate stehen im Widerspruch zu den Befunden Fokins (vergleiche S. 706).

Schlüsse Fokins.

Fokin hat sich übrigens mit der Frage der Beeinflussung der Fermentspaltung durch Säuren eingehend befaßt und aus seinen Beobachtungen folgende Schlüsse gezogen:

1. Konzentrationen höher als $^1/_{10}$ unterdrücken die Reaktion oder schwächen wenigstens die Wirkung des Ferments.

2. Oxal-, Kapryl- und Kapronsäure geben eine geringere Spaltung; Kapryl- und Kapronsäure beschleunigen dagegen den Prozeß wenn man sie vorher im Öle löst.

3. Amidosäuren, Asparagin, Alanin, Glykokolle u. a. rufen keine Spaltung hervor.

4. Cyanwasserstoffsäure, Phosphor- und Salpetersäure töten die Fermente ab, Fluorwasserstoffsäure vermag diesen dagegen nichts anzuhaben.

5. Bei sehr schwachen Lösungen ($^1/_{60}$ bis $^1/_{200}$ Normallösung) ist eine vollständige Dissoziation der Säuren anzunehmen. Am geeignetsten von allen Säuren erscheint die normale Brombuttersäure, ebenso die Salzsäure. Kohlensäure bei höherem Drucke wirkt auf das Ferment ganz ähnlich wie die schwachen, verdünnten Lösungen niederer Säuren.

Wirkung der „Samensäure".

Hoyer[1]) hat auch die sich im Samen selbst bildende Säure studiert, die die Fermentwirkung auslöst, wenn zermahlener Ölsamenbrei ohne besonderen Säurezusatz sich selbst überlassen bleibt, dieselbe Säure, die auch beim Keimen des Samens entsteht. Hoyer hat gefunden, daß sich beim Digerieren von durch Pressen entölter Rizinussaat mit Wasser nach und nach eine wasserlösliche Säure bildet, die die Eigenschaft besitzt, die fettspaltende Wirkung des Rizinussamens auszulösen, und zwar sind größere Mengen dieser Säure notwendig, um eine ausgiebige Fettspaltung mittels der Enzyme herbeizuführen. Dieser letztere Umstand erklärt auch die bereits wiederholt erwähnte Beobachtung, daß die fermentative Fettspaltung ohne besonderen Säurezusatz anfangs langsam verläuft, um später einen ziemlich raschen Aufschwung zu nehmen. Letzterer wird eben durch die mittlerweile in reichlicher Weise gebildete „Samensäure" herbeigeführt.

[1]) Zeitschr. f. physiol. Chemie 1907, S. 415.

Nach Hoyer steht aber der Spaltungseffekt in keinem absoluten Verhältnis zu der Menge der Samensäure, der Höchsteffekt wird vielmehr schon bei Anwesenheit einer bestimmten Menge Säure erreicht; ein über diese optimale Menge hinausgehendes Plus an Säure vermag den Spaltungseffekt nicht weiter zu erhöhen, beeinträchtigt ihn aber auch in keiner Weise.

Hoyer hat ferner erkannt, daß die „Samensäure" gleichfalls durch enzymatische Vorgänge gebildet wird. Das Enzym des Rizinussamens, dem die Säurebildung zuzuschreiben ist, ist auf Grund der Hoyerschen Versuche als wasserlöslich anzusehen. Die „Samensäure" selbst wurde als ein Säuregemisch erkannt, dessen Hauptbestandteil die Milchsäure ist.

Essigsäure und saure Salze.

In der Praxis der fermentativen Fettspaltung wurde bis vor kurzem hauptsächlich Essigsäure benutzt; auf den Säurezusatz stützte sich auch der Patentanspruch der Vereinigten chemischen Werke, Aktiengesellschaft, in Charlottenburg für das von dieser Firma eingeführte enzymatische Verfahren[1]). In einem Zusatzpatent[2]) wurden dann neben Säure auch saure Salze (Natriumbisulfat, saures phosphorsaures Natron usw.) genannt.

Ester niederer Fettsäuren.

Späterhin wurden von verschiedener Seite Vorschläge gemacht, die Säure durch ein anderes Agens zu ersetzen. Von diesen Vorschlägen ist vor allem der von E. Lombard zu erwähnen, der den zu spaltenden Fetten eine geringe Menge von Estern der niedrigmolekularen Fettsäuren (Azetin, Butyrin, Äthylazetat usw.) zuzusetzen empfahl.

Verschiedene Salze.

Nach M. Nicloux läßt sich die Säurezugabe auch durch eine gesättigte, aber absolut neutrale Lösung von Calciumsulfat (Gips), die ein wenig Magnesiumsulfat enthält, ersetzen; die Gipslösung soll nicht mehr als 0,5 % vom Fettgewichte betragen[3]).

Auch Pottevin[4]) berichtet, daß die Gegenwart von Kalk- und Magnesiasalzen die gemeinsame Wirkung von Ferment und Säure zu beschleunigen und zu verstärken vermöge, Wirkungen, in denen die Kalk- und Magnesiasalze — wie sich späterhin zeigte — von verschiedenen Salzen der Schwermetalle übertroffen werden.

Die Vereinigten chemischen Werke, A.-G., in Charlottenburg, die diese letztere Beobachtung machten, nennen als in dieser Richtung besonders empfehlenswerte Schwermetallsalze Mangansulfat, Manganchlorür, Manganazetat, Eisensulfat, Aluminiumsulfat und Zinkchlorid. Aus einer Versuchsserie ergab sich, daß diese Salze sowohl eine ungenügende Ferment- als auch Säuremenge, ebenso eine Kombination beider derartig zu aktivieren vermögen, daß technisch befriedigende Resultate erzielt werden.

---

[1]) D. R. P. Nr. 145413 v. 22. April 1902; österr. Patent Nr. 17463 v. 1. April 1904.

[2]) D. R. P. Nr. 147757 v. 25. Sept. 1902.

[3]) Franz. Patent Nr. 349213; D. R. P. Nr. 191113 v. 25. Juni 1905.

[4]) Compt. rendus, Bd. 136, S. 767.

Die wesentlichen Vorteile, die die Anwendung des Mangansulfats oder der anderen Salze mit sich bringt, liegen auf der Hand; ersetzt man doch durch deren Verwendung die teils kostspieligen, teils durch ihre schwere Fällbarkeit störenden Reagenzien (Ferment und Essigsäure) durch ein billiges und aus dem Glyzerin leicht zu entfernendes Reagens, ganz abgesehen von der erheblichen Abkürzung des Verfahrens und der dadurch bedingten Ersparnis an Raum, Apparaten und Betriebskapital.

Die Vereinigten chemischen Werke, A.-G., in Charlottenburg haben daher ein sich auf die Wirkung der oben genannten Schwermetallsalze stützendes Patent[1]) genommen, wonach man bei der Fettspaltung den ehedem gemachten Säurezusatz (siehe S. 710, D. R. P. Nr. 145413) ganz wegläßt und dafür dem Öl-Samen-Wassergemenge eine kleine Menge Mangansulfat oder ein anderes Schwermetallsalz zusetzt. Bei Verwendung des S. 704 beschriebenen Ferments an Stelle des früher verwendeten geschälten Rizinussamens erweist sich das Mangansulfat besonders wirksam.

Praktische Ausführung der Fermentspaltung.[2])

Bei dieser kann man vier Phasen unterscheiden, und zwar:

a) den eigentlichen Spaltprozeß;
b) die Trennung des Spaltungsproduktes;
c) die Aufarbeitung der Mittelschicht und
d) die Reinigung und Konzentration der Glyzerinwässer.

a) Der eigentliche Spaltungsprozeß.

Durchführung des Spaltungsprozesses.

Zur Durchführung der enzymatischen Fettspaltung im Fabrikbetriebe bedient man sich zweckmäßigerweise zylindrischer, im unteren Teile konisch zulaufender Eisenkessel, die man mit Bleiblech auskleidet. Diese Spaltkessel müssen mit einer indirekten Dampfschlange versehen sein, die aus einem Hartbleirohr oder homogen verbleiten Kupfer- oder Eisenrohr besteht. Im untersten Teil des Konusses liegt außerdem eine durchlochte Bleischlange, die mit einem Luftkompressor in Verbindung steht, aber auch Dampfanschluß besitzt. Ein am untersten Ende des Kessels befindlicher Hahn dient zum Ablassen des Glyzerinwassers und der Mittelschicht, ein ungefähr in der halben Konushöhe befindlicher Hahn zum Abziehen der Fettsäure.

---

[1]) D. R. P. Nr. 188429 v. 26. Jan. 1905.

[2]) Wir folgen bei dieser Darstellung in der Hauptsache den Mitteilungen von E. Hoyer, der sich neben Connstein und Wartenberg um die Ausgestaltung des fermentativen Fettspaltungsverfahrens ganz besondere Verdienste erworben hat. Vergleiche Seifenfabrikant 1902, S. 1147, 1175; 1903, S. 256, 600, 955 u. 1096; Seifensiederztg., Augsburg 1902, S. 888 u. 904; 1903, S. 19, 53, 218, 224, 434, 478, 834 u. 870; 1904, S. 162, 186 u. 511; 1905, S. 530 u. ff.; 1906, S. 199; 1907, S. 779.

In diesen Spaltkessel bringt man das zu spaltende Fett oder Öl, setzt hierauf 30—40% seines Gewichtes an Wasser zu und erwärmt dabei gleichzeitig, falls das zu spaltende Fett eine Erwärmung notwendig macht. Sodann läßt man durch eine Rohrschlange Druckluft in den Kessel treten, wodurch eine Vermischung des Wassers mit dem Öle hervorgerufen wird. In diesem Moment trägt man den Aktivator und das Ferment ein und läßt dann noch eine weitere Viertelstunde Luft einblasen, wodurch eine ziemlich homogene Emulsion erzielt wird, die nach Abstellen des Luftrührens der Ruhe überlassen bleibt.

Durchrühren des Kesselinhalts.

Damit die Spaltung möglichst glatt und vollständig vor sich gehe, ist es notwendig, den Spaltkessel gut bedeckt zu halten und dafür zu sorgen, daß keine Trennung der Emulsion eintrete; durch zeitweiliges Durchkrücken des Kesselinhaltes bzw. Durchsprudeln mit Preßluft läßt sich letzteres vermeiden. Durch mehrmaliges Probeziehen und Untersuchen des Fettes auf vorhandene freie Fettsäure überzeugt man sich von dem Fortgang des Spaltprozesses, der nach 24 Stunden gewöhnlich eine Höhe von 80%, nach 48 Stunden eine solche von 90% erreicht hat.

Wenn man statt mit dem Ferment, wie es die Vereinigten chemischen Werke in Charlottenburg in den Handel bringen, mit Rizinussamen arbeitet, gibt man an Stelle des Mangansulfats Essigsäure als Aktivator hinzu, verfährt aber sonst ungefähr in der gleichen Weise.

Bevor auf die Weiterverarbeitung des nach Vollendung der Spaltung in dem Spaltkessel enthaltenen Gemenges von Fettsäure, Glyzerinwasser und Ferment eingegangen wird, seien noch einige Bemerkungen über die zweckmäßigste Temperatur und die anzuwendende Menge des Ferments und Aktivators gemacht:

Einzuhaltende Temperatur.

Für flüssige Öle muß als günstigste Temperatur eine solche von 20—25° C gelten; unterhalb 20° C geht die Spaltung zu langsam vor sich und bei Temperaturen über 25° C halten sich die Emulsionen zu schlecht. Man beginnt daher die Spaltung flüssiger Öle gewöhnlich bei 20—22° C und die während der Spaltung frei werdende Wärmemenge erhöht dann während des Prozesses die Temperatur um 2—3° C.

Feste Fette werden am besten bei Temperaturen von 1—2° über ihrem Erstarrungspunkt fermentiert. Höhere Ansatztemperaturen als 42° C dürfen nicht gewählt werden, da das Ferment schon bei 43—44° C seine Aktionskraft verliert. Fette mit sehr hohem Schmelzpunkt lassen sich daher fermentativ nicht spalten.

Ein Nachwärmen des in Spaltung befindlichen Ansatzes ist unzulässig; es ist auch unnötig, da sich durch die bei der Spaltung selbst frei werdende Wärme die Temperatur des Kesselinhaltes durch lange Zeit annähernd gleich hält, wenn nur halbwegs für die Isolierung des Gefäßes gesorgt ist.

Die Menge des zugesetzten Ansatzwassers richtet sich nach der zu erwartenden Glyzerinmenge und beträgt 30—40%; größere Wassermengen ergeben allzu stark verdünnte Glyzerinwässer, ein kleinerer Wasserzusatz schädigt den Spaltungseffekt.

Die Menge des angewandten Ferments ist für die einzelnen Öle und Fette verschieden, und zwar steigt sie mit der Verseifungszahl des zu spaltenden Fettes an. Für Fette mit höherer Verseifungszahl (Kokos- und Palmkernöl) braucht man daher ungefähr 8 %, für Fette mit verhältnismäßig kleinerer Verseifungszahl (Kotton- und Leinöl) genügen 5—7 %. Bei Fetten mit höherem Schmelzpunkte werden meist 10 % Ferment angewendet, weil ein Teil der Fermentwirksamkeit hier gewöhnlich durch die höhere Ansatztemperatur verloren geht. Ferment-menge.

Arbeitet man statt mit Ferment mit Rizinussamen, so wendet man ungefähr die gleichen Prozentsätze von ungeschälter Saat an, wie oben angegeben erscheint; wird geschälte Saat angewendet, so kann man den Prozentsatz um ungefähr ein Drittel reduzieren.

Zum Zerkleinern der Rizinussamen gebraucht man Schlagkreuzmühlen, wie solche in Band 1, S. 217—220 besprochen wurden. Die gemahlene Saat rührt man entweder mit der für die Spaltung nötigen Wassermenge an und läßt hierauf absetzen oder mahlt den Rizinussamen in einer Exzelsiormühle sofort mit der für den Ansatz nötigen Wassermenge an und läßt die Schalen sich absetzen. Die obenstehende Emulsion (Samenmilch) schöpft man ab und bringt sie in den Spaltkessel, nachdem ihr vorher 0,06 % Essigsäure (vom Ölgewichte gerechnet) zugefügt wurde.

Der für die Spaltung verwendete Aktivator (Mangansulfat) wird in Mengen von 0,15—0,20 % (vom Ölgewichte gerechnet) angewendet; man löst dieses Salz in wenig heißem Wasser und fügt es in dieser Lösung dem Fettansatze zu. Aktivator-menge.

b) Trennung der Spaltprodukte.

Die nach beendeter Spaltoperation in dem Spaltgefäße befindliche Emulsion von Fettsäure, Glyzerinwasser und Ferment wird durch Wärme, unter Zuhilfenahme von Schwefelsäure, getrennt. Man läßt zu diesem Zwecke vorerst durch die indirekte Dampfschlange Dampf hindurchstreichen und sorgt zeitweilig durch Zuführung komprimierter Luft für ein Durchrühren des Kesselinhaltes. Ist die Temperatur auf ungefähr 80—85 °C gestiegen, so setzt man unter starker Luftrührung 0,2—0,3 % Schwefelsäure von 66 ° Bé hinzu, die vorher mit Wasser, und zwar mit der Hälfte ihres Eigengewichtes, verdünnt wurde. Der Schwefelsäurezusatz hat eine rasche Trennung der Emulsion zur Folge, was sich durch den Farbumschlag der Flüssigkeit sofort zu erkennen gibt. In wenigen Minuten ist die gewünschte Wirkung erreicht; man stellt sodann die weitere Dampfzufuhr sowie das Lufteinblasen ab und überläßt den Ansatz der Ruhe. Es erfolgt schon innerhalb weniger Stunden eine ziemlich ausgiebige Klärung, doch wartet man mit dem Abziehen gewöhnlich 24 Stunden zu, während welcher Trennung der Spaltungs-produkte.

Zeit man für ein gutes Warmhalten des Bottichinhaltes sorgt und streng darauf sieht, daß nicht vielleicht durch Undichtheiten in der Dampfleitung ein Nachwärmen stattfindet, das wallende, dem Absetzen entgegenwirkende Bewegungen der Flüssigkeit zur Folge haben würde.

Nach beendigter Klärung läßt man vor allem das untere Glyzerinwasser durch den Bodenhahn ablaufen und zieht hierauf durch den Seitenhahn die klare Fettsäure ab, um endlich durch den Bodenhahn die Mittelschicht zu entfernen.

c) *Aufarbeitung der Mittelschicht.*

Aufarbeitung der Mittelschicht.

Diese läßt man vor allem längere Zeit in einem offenen Behälter in einem möglichst warmen Lokal stehen, wobei sich weitere Mengen Glyzerinwasser abscheiden, die abgezogen und mit dem anderen Glyzerinwasser verarbeitet werden können. Hierauf wäscht man die Mittelschicht mit ungefähr der gleichen Menge heißen Wassers durch, läßt das Waschwasser absetzen, zieht es ab und verwendet es entsprechend, während man die ausgesüßte Mittelschicht sammelt und gelegentlich in einem Seifenkessel auf gewöhnliche Weise verseift und aussalzt.

Beim Arbeiten mit dem jetzt fast allgemein angewandten Ferment der Vereinigten chemischen Werke in Charlottenburg (vergleiche S. 704) resultieren nur ganz geringe Mengen (2—3 %, siehe Tabelle S. 716) dieser Mittelschicht und ihre Aufarbeitung ist daher nur von geringerer Wichtigkeit als ehedem, wo man noch mit zerkleinertem Rizinussamen arbeitete, den man mit einem Teile des gespaltenen Öles und des mit Essigsäure angesäuerten Wassers sorgfältig verrieb, um diesen Samenbrei als Spaltungsferment zu verwenden. Bei dieser Operationsweise ergaben sich 15—20 % Mittelschicht (vom Gewichte des Fettansatzes gerechnet) und man mußte auf deren Verwertung ein ganz besonderes Augenmerk richten.

Ursprünglich schlug man, wie schon S. 701 bemerkt wurde, ein Abpressen dieser Mittelschicht in hydraulischen Pressen vor, wobei ein Wasser-Fettsäure-Gemisch resultierte, das sich leicht trennte, während die Preßkuchen als Düngemittel Verwendung finden konnten. Dieses Abpressen erwies sich jedoch als ziemlich unbequem und es wurde daher zum Verseifen der Mittelschicht Zuflucht genommen.

Die in den ersten Jahren der Fermentspaltung erhaltenen großen Mengen Mittelschicht haben vielfach gegen das Verfahren eingenommen. Die Verwendung des Fermentextraktes an Stelle des früheren Samenbreies muß als ein ganz bedeutender Fortschritt der Fermentspaltung bezeichnet werden; die weiter unten gegebene Tabelle, die die beim Arbeiten mit Fermentextrakt erhaltenen Ausbeuten verzeichnet, zeigt deutlich den großen Schritt nach vorwärts, den man durch Einführung des Fermentextraktes getan hat.

d) *Reinigung und Aufarbeitung der Glyzerinwässer.*

Das bei der Fermentspaltung erhaltene Glyzerinwasser enthält freie Schwefelsäure und Mangansulfat. Beide Verunreinigungen lassen sich durch Kochen mit Kalkmilch entfernen, worauf nach erfolgter Neutralisation mit Schwefelsäure die Eindampfung in bekannter Weise erfolgt. **Aufarbeitung der Glyzerinwässer.**

Die schematische Darstellung einer Anlage nach dem fermentativen System zeigt Fig. 164. **Schema einer fermentativen Spaltanlage.**

Das in dem Spaltbottich *A* enthaltene Fett wird durch eine indirekte Dampfschlange, die bei *a* ihren Dampf erhält und bei *b* ihr Kondenswasser ausströmt, vorgewärmt. Das nötige Wasser fließt vom Wasserbassin *B* aus zu und kann hier

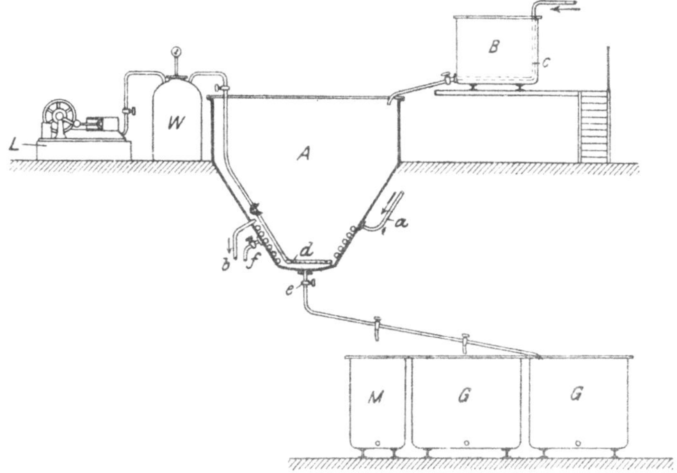

Fig. 164. Schematische Darstellung einer fermentativen Fettspaltungsanlage.

durch die direkte Dampfschlange *c*, falls nötig, angewärmt werden. Vor dem Einbringen des Ferments und des Aktivators wird die Luftpumpe *L* in Betrieb gesetzt, die Druckluft nach dem Windkessel *W* abgibt, der seinerseits den Luftstrom in die Luftschlange *d* preßt. Diese Druckluft bewirkt das Durchmischen des Inhaltes in Kessel *A*, der nach beendigter Spaltoperation und der nötigen Ruhezeit durch den Bodenhahn *e* abgezogen wird, und zwar läuft das Glyzerinwasser in die Behälter *G*, wo deren weitere Reinigung erfolgt, während die Mittelschicht in den Behälter *M* abgelassen wird, um dort mit Wasser ausgewaschen zu werden.

Die Fettsäure wird beim Hahn *f* abgelassen und ihrer Weiterverarbeitung zugeführt.

Die **Ausbeuten** an **Fettsäure** und **Glyzerin**, die man beim enzymatischen Spaltungsverfahren erzielt, sind aus der folgenden Tabelle[1]) ersichtlich. Hierbei muß man berücksichtigen, daß ein Teil der erhaltenen Fettsäuren aus Rizinusferment stammt. **Ausbeute.**

[1]) Siehe S. 716.

Ölgattung	Ölmenge in kg	Wasser		Mangansulfat		Fermentextrakt		Temperatur in °C bei		Ausbeute an								Gehalt der erhaltenen Fettsäure an Neutralfett	Anmerkung
										Fettsäuren		Glyzerin (wasserfrei)		Mittelschicht					
																darin Fettsäure enthalten			
		kg	% vom Ölgewicht	kg	% vom Ölgewicht	kg	% vom Ölgewicht	Beginn	Ende	kg	% vom Ölgewicht	kg	% vom Ölgewicht	kg	%	kg	%		
Leinöl roh . .	877	307	35	1,75	0,2	53	6			858	97	79,7	9,1	26	3,0	6	1,0	10	Versuche, vorgenommen in der Charlottenburger Versuchsanlage der Vereinigten chem. Werke A.-G. in Charlottenburg
Leinöl gebleicht	532	312	40	1,00	0,2	26,5	5	24	27	511	96	50,3	9,7	17	3,0	7	1,0	9	
Kottonöl amerik.	900	360	40	1,80	0,2	54	6	24	28	870,5	96	80,5	8,94	34	3,9	14	1,6	14	
Kottonöl amerik.	912	364	40	1,80	0,2	55	6	23	27	888	97	82,1	9,0	42	4,5	8	0,9	9	
Kottonöl englisch	780	276	35	1,52	0,2	53	7	26	31	760	97	70,2	9,0	24	3,0	7	1,0	11	
Talg	904	326	35	1,90	0,2	90	10	40	42	888	98	78,5	8,7	40	4,4	16	1,8	14	
Palmkernöl . .	845	338	40	1,70	0,2	68	8	24	26	833	98	85,1	10,1	19	2,0	6	0,7	16	
Palmkernöl . .	816	326	40	1,63	0,2	65	8	24	26	795	97	84,3	10,3	28	3,0	8	1,0	10	
Leinöl . . .	5167	1750	33	6	0,12	270	5,3	—	—	5100	98	471,6	9,1	120	2,3	20	0,4	10	Versuche, vorgenommen in der Seifenfabrik von D. Chr. Kuntze in Aschersleben
Leinöl . . .	5119	1850	36	9	0,17	292	5,7	—	—	4978	97	476,8	9,5	120	2,3	35	0,7	9	
Kottonöl . . .	5120	1650	32	8	0,15	412	8,2	—	—	5040	98	510,3	10,0	135	2,6	50	0,9	10	
Kottonöl . . .	5000	2000	40	9	0,18	470	9,4	—	—	4850	97	448,8	9,0	190	3,8	68	1,3	11	
Kottonöl . . .	5010	1625	32	12	0,24	373	7,4	—	—	4815	96	464,7	9,3	120	2,4	61	1,2	14	
Palmkernöl . .	5037	2125	40	10	0,20	378	7,5	—	—	5002	99	544,2	10,7	135	2,7	35	0,7	11	

Die Verluste, die bei der Aufarbeitung der Mittelschicht eintreten können, sind bei der heutigen Ausgestaltung der fermentativen Spaltungsmethode so gering geworden, daß sie fast kaum mehr in Erscheinung treten.

Qualität der bei der Fermentspaltung erhaltenen Produkte.

Die Qualität der erhaltenen Produkte muß als durchaus befriedigend bezeichnet werden. Die Fettsäuren sind von heller Farbe und das Glyzerinwasser ist nach entsprechender Vorreinigung geeignet, ein dem beim Autoklavenverfahren gewonnenen ebenbürtiges Rohglyzerin zu geben. Daß bei der früheren Ausführungsform der enzymatischen Spaltung die Glyzerinwässer durch organische Verbindungen, die von der Rizinussaat herrührten, verunreinigt waren und diese Verunreinigungen durch eine Filtration durch Knochenkohle nicht immer völlig beseitigt werden konnten, wurde bereits S. 701 bemerkt. Das Arbeiten mit Fermentextrakt gibt jedoch qualitativ ganz einwandfreie Glyzerinwässer.

Die fermentative Fettspaltung wird fast ausschließlich in Seifenfabrikbetrieben angewendet; in Stearinfabriken hat sie bis heute wohl noch keinen Eingang gefunden, und zwar aus zweifachem Grunde: einmal verarbeiten die Stearinfabriken hauptsächlich höher schmelzende, feste Rohfette, die sich für die enzymatische Spaltung nicht besonders eignen (Notwendigkeit einer zu hohen Ansatztemperatur und dadurch bedingte Schädigung der Fermentaktivität), und zweitens braucht die Stearinfabrikation möglichst hochgespaltene Fettsäuren, die sich bei dem Fermentprozeß nur durch ein langes Ausdehnen der Operation erzielen lassen. Damit soll allerdings nicht gesagt sein, daß nicht in früherer oder späterer Zeit das Fermentverfahren auch in der Stearinindustrie Eingang finden und hier in Verbindung mit der Schwefelsäureverseifung gesetzt wird, man also in ähnlicher Weise nach dem gemischten Verfahren arbeitet, wie dies S. 675—680 für das Autoklavierungsverfahren beschrieben erscheint. Mag die Fermentspaltung auch nicht alle jene Hoffnungen erfüllt haben, die bei ihrem ersten Bekanntwerden darauf gesetzt wurden, so ist sie doch als ein bemerkenswerter Fortschritt auf dem Gebiete der Deglyzerinierung der Neutralfette zu bezeichnen und kann bei verständiger Anwendung mit den anderen Fettspaltungsmethoden erfolgreich in Wettbewerb treten.

Vergleich der verschiedenen Fettspaltungsverfahren.

Allgemeines.

Die Vor- und Nachteile der vier in Frage kommenden Arten der Fettspaltung (Autoklavierung, Schwefelsäureverseifung, Twitchell-Methode und Fermentativspaltung) wurden bereits gelegentlich der Einzelbesprechung dieser Verfahren erwähnt. Die oft gestellte Frage, welcher Methode eigentlich der Vorzug gebühre, läßt sich nicht so leichthin beantworten, wie mancherseits angenommen wird. Daß alle vier Systeme in der Praxis angewendet werden, ist allein schon ein Beweis dafür, daß es ein allgemein bestgeeignetes Verfahren nicht gibt. Die Größe der Anlage, die

Qualität des verarbeiteten Rohmaterials, die Verwendungsart der erzeugten Fettsäuren, örtliche Umstände und die sonstigen allgemeinen Betriebsverhältnisse sind nämlich Faktoren, die die Zweckmäßigkeit der einzelnen Anlagen bestimmen. So werden Autoklavierung und Schwefelsäureverseifung nur bei größerem Betriebsumfange am Platze sein, während das Twitchell-Verfahren und die fermentative Fettspaltung für kleine und große Betriebe gleich gut geeignet sind. Bei unreinen Fetten (wie Knochenfett, Palmöl) wird man in erster Linie die Schwefelsäureverseifung in Betracht ziehen und bei weichen Fetten oder Ölen eher an das Fermentativverfahren denken als bei festeren Fetten. Dort, wo die Fettsäuren der Stearingewinnung zugeführt werden sollen, wird man kaum mit der fermentativen Fettspaltung und mit der Twitchellierung rechnen, wohl aber dort, wo die Fettsäuren zu Seife versotten werden sollen, ein größerer Gehalt an Neutralfett also nicht nachteilig wird.

In gleicher Weise spielen die Fragen, ob es sich um eine eigens zu schaffende Anlage handelt, oder ob die Fettspaltung einem bestehenden Betriebe angegliedert werden soll, ob dieser überschüssigen Abdampf zur Verfügung hat oder nicht und ähnliche Umstände eine Rolle.

Anlagekosten. Die Anlagekosten, die bei der Wahl des Fettspaltungssystems den Ausschlag geben, stellen sich bei der Schwefelsäuremethode, die bekanntlich der Destillation nicht entraten kann, am höchsten, etwas billiger ist das Autoklavierverfahren, und die geringsten Investitionskosten verursacht das fermentative Verfahren sowie die Twitchell-Methode.

Betriebsspesen. Hinsichtlich der Betriebsspesen ist das Verhältnis der vier Systeme fast gleich; auch hier stellt sich die Schwefelsäureverseifung wegen der Destillation am teuersten, dann kommt das Autoklavieren, das wegen der höheren Amortisations- und Verzinsungsquote wohl stets größere Kosten pro verarbeitete Mengeneinheit Fett verursacht als das Twitchell- und Fermentativverfahren, bei denen nur ein geringes Anlagekapital zu amortisieren und zu verzinsen ist.

Nähere Angaben über die Anlage- und Betriebskosten der verschiedenen Systeme zu machen, geht nicht an, weil dabei die verschiedensten Faktoren mitsprechen. Deshalb sind auch die in Fachjournalen und Flugblättern mitunter genannten Daten nicht als allgemein gültig zu betrachten, sondern mit Vorbehalt aufzunehmen.

Über die Für und Wider, die den einzelnen Verfahren bezüglich der Glyzerin- und Fettsäure-Ausbeute zuzusprechen sind, wurde bereits an geeigneter Stelle berichtet; hier seien nur noch einige allgemeine Bemerkungen über die zu erhoffenden Ausbeuteziffern gemacht.

Ausbeute. Die theoretische Ausbeute an Glyzerin und Fettsäuren ist für die einzelnen Triglyzeride sehr verschieden; de Schepper und Geitel haben sie für die Glyzeride der wichtigsten Fettsäuren wie folgt berechnet:

Triglyzerid der	Ausbeute an Fettsäure	Ausbeute an wasserfreiem Glyzerin	Zusammen
Stearinsäure . . .	95,730 %	10,337 %	106,067 %
Ölsäure	95,700	10,408	106,108
Palmitinsäure . .	95,280	11,425	106,695
Myristinsäure . .	94,470	12,742	107,212
Laurinsäure . . .	94,040	14,420	108,460
Kaprinsäure . . .	93,140	15,480	108.620
Kapronsäure . . .	90,160	23,830	113,990
Buttersäure . . .	87,410	30,464	117,874

Neutralfette, die reichliche Mengen niederer Fettsäuren enthalten, also eine hohe Verseifungszahl haben (Kokosöl, Palmkernöl), geben daher eine höhere Ausbeute an Glyzerin und weniger Fettsäuren als Fette mit geringerem Gehalt an niederen Fettsäureglyzeriden. (Vergleiche S. 603.)

In Wirklichkeit werden diese Ausbeuten natürlich nie voll erreicht; bei den Fettsäuren nicht wegen der unvermeidlichen Manipulationsverluste, beim Glyzerin nicht wegen der niemals ganz vollkommen durchgeführten Spaltung des verarbeiteten Neutralfettes und wegen der beim Konzentrieren des Glyzerinwassers eintretenden Verluste[1]).

Marazza gibt die Resultate an, die eine italienische Fabrik beim Verarbeiten von 3260 Tonnen Neutralfett erzielte; die Fabrik arbeitete mit einem kugelförmigen Autoklaven von L. Droux und verseifte.

Rohmaterial		Ausbeute an Fettsäuren		Ausbeute an Rohglyzerin von 30° Bé[2])	
Art	Menge in Kilogramm	in Prozenten	Menge in Kilogramm	in Prozenten	Menge in Kilogramm
Talg verschiedener Herkunft	2 500 000	93	2 325 000	10	250 000
Preßtalg	650 000	94	611 000	10,6	68 900
Palmöl	25 000	90	22 500	8,3	2 075
Kokosöl	25 000	93	23 250	12	3 000
Mahwabutter	40 000	94	37 600	7,5	3 000
Sulfuröl	7 000	90	6 300	5	350
Knochenfett	13 000	88	11 440	5,2	676
Im ganzen	3 260 000	93,16	3 037 090	10,06	328 001

Der Zuwachs von 3,22 % (93,16 % Fettsäure und 10,06 % Glyzerin) ist auf die bei der Fettspaltung erfolgende Wasseraufnahme (siehe S. 523)

[1]) Siehe auch S. 603 und unter „Nachträge“ die Versuchsresultate von Eisenstein und Rosauer.

[2]) Rohglyzerin von 30° Bé enthält nur ungefähr 90 % wasserfreies Glyzerin.

zurückzuführen, die bei den Glyzeriden der Stearin-, Öl- und Palmitinsäure über 6 % beträgt, von der sich aber wegen der sich bei der Arbeit ergebenden Glyzerin- und Fettverluste sowie wegen des in den Fetten stets enthaltenen Schmutzes im vorliegenden Falle nur 3,22 % realisieren ließen, ein Prozentsatz, der noch geringer wäre, wenn man nicht das Gewicht des konzentrierten Rohglyzerins als reines wasserfreies Glyzerin anrechnete. Vergleiche die Fußnote auf S. 719.)

Fettsäuren für Seifenfabriken. Die Fettspaltung wird — wie bereits früher erwähnt erscheint — bei Fettsäuren, die zu Stearin verpreßt werden sollen, weiter getrieben als bei solchen, die man zu Seife versieden will. Ersterenfalls arbeitet man auf Fettsäuren mit 2—5 % Neutralfettgehalt, bei Seifensiederfettsäuren nimmt man auch einen Neutralfettgehalt von 10—15 % und mehr ruhig hin, zumal vielfach eine weit getriebene Spaltung auf Kosten der Farbe der Fettsäure (z. B. bei der Autoklavierung) geht. Der Umstand, daß hochgespaltene Fettsäuren gewöhnlich eine etwas dunklere Färbung zeigen als neutralfettreiche, mag zu der mitunter anzutreffenden, aber ganz falschen Ansicht geführt haben, wonach Fettsäuren mit einem geringeren Neutralfettgehalte als 5 % für Seifensiederzwecke weniger gut geeignet sind, und es geradezu ein Gebot ist, in Fettsäuren, die zu Seife verarbeitet werden sollen, einen größeren Prozentsatz Neutralfett zu belassen.

Allzu neutralfettreiche Fettsäuren sind im Gegenteil auch für die Seifenfabrikation weniger wertvoll, weil ihre Verarbeitung zu Seife mittels Soda (Karbonatverseifung) nur unter Zuhilfenahme eines größeren Prozentsatzes Ätznatron (NaOH) möglich ist.

Alkoholyse. Ähnlich dem hydrolytischen Prozeß, der sich bei der Fettspaltung abspielt, kennt man auch eine Alkoholyse, also einen Fettspaltungsprozeß, bei dem das Wasser durch Alkohol ersetzt ist.

Hydrolyse:

$$\underset{\text{Triglyzerid}}{C_3H_5\begin{cases}OR\\OR\\OR\end{cases}} + \underset{\text{Wasser}}{3\,H\cdot OH} = \underset{\text{Glyzerin}}{C_3H_5\begin{cases}OH\\OH\\OH\end{cases}} + \underset{\text{Fettsäure}}{3\,ROH}\,.$$

Alkoholyse:

$$\underset{\text{Triglyzerid}}{C_3H_5\begin{cases}OR\\OR\\OR\end{cases}} + \underset{\text{Alkohol}}{X\cdot OH\,^{1)}} = \underset{\text{Glyzerin}}{C_3H_5\begin{cases}OH\\OH\\OH\end{cases}} + \underset{\text{Fettsäurealkoholester}}{3\,RO\cdot X}\,.$$

A. Haller[2]), der diesen Prozeß (bei Äthylalkohol) zuerst beobachtete, berichtet, daß dabei die alkohollöslichen Fette (z. B. Rizinusöl) leichter gespalten werden als die in Alkohol unlöslichen und die hochmolekularen

---

1) *X* kann ein beliebiges Alkoholradikal sein.

2) La Savonnerie Marseillaise 1906, Nr. 71.

leichter als die niedrigmolekularen. Bei der Verseifung mit alkoholischem Alkali geht übrigens der Hydrolyse eine Alkoholyse voraus, wobei das Alkali katalytisch wirkt. Darauf wurde schon von verschiedener Seite, unter anderem auch von Henriques, hingewiesen.

Haller[1]) führte die bei der Verseifung freiwerdenden Fettsäuren durch Behandeln mit reinem, hochprozentigem Alkohol bei gleichzeitiger Gegenwart von Säuren in Ester über; die Säuremenge soll 1—3% des Molekulargewichtes der Säure auf 100 g angewendeter Fettsubstanz nicht überschreiten. Man verwendet am besten Chlor- oder Bromwasserstoffsäure oder auch Salpetersäure. Die Operation wird bei einer Temperatur von 30—40° C in einem mit Rückflußkühler versehenen Kolben auf dem Wasserbade vorgenommen.

Man kann die erhaltenen Ester durch Azidifikation trennen.

Die Ester der Palmtin- und Stearinsäure stellen plastische Massen dar. Die Ester der trocknenden Öle können in verschiedenen Industriezweigen als Lösungsmittel und bei der Herstellung feiner Lackleder Verwendung finden.

Nach Liebreich[2]) vermögen auch Anilin und andere Amide Triglyzerid zu zerlegen, und zwar nach der Gleichung:

$$\underset{\text{Triglyzerid}}{C_3H_5\begin{cases}OR\\OR\\OR\end{cases}} + \underset{\text{Anilin}}{3\,H_2N\cdot C_6H_5} = \underset{\text{Glyzerin}}{C_3H_5\begin{cases}OH\\OH\\OH\end{cases}} + \underset{\text{Fettsäureanilid}}{3\,R\cdot NH\cdot C_6H_5}\,.$$

O. Kulka[3]) bestreitet allerdings, daß auf diese Weise Fettsäureanilide hergestellt werden können. (Näheres darüber siehe S. 774 dieses Bandes.)

II. Trennung der festen von den flüssigen Fettsäuren.

Allgemeines.

Die aus den Fetten abgeschiedenen Fettsäuren — mögen sie nach welchem Spaltungsverfahren immer gewonnen und einer Destillation unterworfen worden sein oder nicht — bestehen immer aus einem Gemisch von Fettsäuren, worunter Stearin-, Palmitin- und Ölsäure als Hauptkomponenten figurieren. Dieses Fettsäuregemisch kann ohne weiteres zu Seife versotten werden, erfordert dagegen zur Herstellung technischer Stearinsäure (im Handel kurzweg „Stearin" genannt) oder zur Erzeugung von Stearinkerzen eine Trennung der in dem Fettsäuregemisch enthaltenen festen (Stearin- und Palmitinsäure) und flüssigen Fettsäuren (Ölsäure), von der nur in ganz besonderen Fällen (bei bestimmten Destillatfraktionen von Fettsäuren fester Fette, wie Preßtalg, Palmöl usw.) Abstand genommen werden kann. Wenn Fettsäuren ohne weitere Abtrennung der darin enthaltenen flüssigen Fettsäuren zu Kerzenmasse verwendet werden, geben sie immer Ware von geringer Qualität.

---

[1]) Franz. Patent Nr. 361552 v. 13. Juni 1905.
[2]) D. R. P. Nr. 136274 v. 9. Nov. 1900.
[3]) Chem. Revue 1909, S. 30.

Die bei der Scheidung der festen von den flüssigen Fettsäuren in Betracht kommenden Wege hat schon Chevreul in seinem ersten, die Stearingewinnung betreffenden Patente angedeutet; man hat sowohl die auf mechanischer als auch die auf chemischer Grundlage fußenden Ideen praktisch zu verwenden versucht, doch sind bis heute nur die ersteren zur praktischen Durchführung gelangt.

Die bei diesen Trennungsverfahren erhaltenen festen Fettsäuren bilden das „technische Stearin", der flüssige Anteil stellt die „technische Ölsäure" dar, die im Handel kurzweg „Ölsäure", wohl auch Elain (Österreich) oder Olein[1]) (Deutschland) genannt wird.

1. Auf mechanischer Grundlage aufgebaute Verfahren.

Allgemeines.

Das Absondern der flüssigen Fettsäuren aus dem Gemische fester und flüssiger Fettsäuren auf mechanischem Wege setzt eine kristallinische Beschaffenheit des Fettsäuregemisches voraus; je vollkommener die Kristallisation, desto vollkommener die erzielte Trennung.

Diese kann durch Abpressen oder Zentrifugierung geschehen, doch ist bis heute nur die Preßmethode zu einer praktischen Bedeutung gelangt.

Die Preßarbeit gliedert sich gewöhnlich in eine Kaltpressung und in eine Warmpressung, welchen Arbeiten sich die Entstearinisierung der von der Kaltpresse ablaufenden, noch ziemlich stearinhaltigen Ölsäure anschließt, die aus einem Abkühlen und Filtrieren besteht.

Bei der Trennung durch Pressen ergeben sich daher folgende Arbeitsphasen:

a) Kristallisation der Fettsäuren.
b) Abpressen der Fettsäurebrote.
  α) Kaltpressen.
  β) Warmpressen.
c) Aufarbeitung des Kaltpressenablaufes.
  α) Abkühlen des Ablaufes.
  β) Abscheidung der festen Säuren.

a) Die Kristallisation der Fettsäuren.

Faktoren der Kristallisation.

Die Kristallisationsfähigkeit des Fettsäuregemisches hängt von drei Faktoren ab:

1. spielt hier das langsame Erstarren der geschmolzenen Fettsäuren eine wichtige Rolle,
2. spricht die Reinheit der Fettsäuren ein gewichtiges Wort mit und
3. ist das Verhältnis der in dem Fettsäuregemisch enthaltenen drei wichtigsten Fettsäuren (Stearin-, Palmitin- und Ölsäure) von einschneidender Wichtigkeit.

[1]) Die Bezeichnung Olein führt leider sehr leicht zu Verwechslungen der technischen Ölsäure mit Triolein, dem Triglyzerid der Ölsäure.

In den geschmolzenen Fettsäuren erscheinen die festen Säuren in der Ölsäure gelöst. Bei langsamem Abkühlen kristallisieren nun die festen Fettsäuren aus und die flüssig bleibende Ölsäure ist gewissermaßen als Mutterlauge zu betrachten, während bei raschem Erkalten das Fettsäuregemisch mehr in amorphem Zustande erstarrt.

Langsames Erstarren.

Ein langsames Erstarren wird in den Stearinfabriken dadurch herbeizuführen gesucht, daß man die Räume, worin das Kristallisieren der Fettsäure erfolgt, gut warm hält und vor jedem Luftzug schützt. Beim Festwerden der Fettsäuremasse wird eine beträchtliche Wärmemenge frei, was ein Nachwärmen des Lokals zur Folge hat, so daß man einem in Betrieb befindlichen Kristallisationsraum nur wenig neue Wärme zuzuführen braucht.

Von günstigstem Einflusse auf die Langsamkeit der Abkühlung und somit auf die Kristallisation der Fettsäuren ist die Menge der erstarrten Masse. Auch darauf wird in der Stearinindustrie Rücksicht genommen. indem man in den Kristallisationslokalen nie kleinere Gefäße aufstellt als solche mit ungefähr 4 kg Fassungsraum. In einer italienischen Fabrik läßt man sogar die Fettsäuren in großen Bassins erstarren, worauf die sehr schön kristallisierte Masse in Kuchen von beliebigen Dimensionen zerschnitten und in die Presse gebracht wird[1]).

Reinheit der Fettsäuren.

Hemmend wirken auf die Kristallisation der Fettsäuren ein zu großer Gehalt an Neutralfett und die Gegenwart von unzersetzter Seife, Wasser oder Schmutz ein. Neutralfett und unzersetzte Seife rühren von nicht richtiger Leitung des Spaltungsprozesses her, Wasser und Schmutz von ungenügender Klärung der Fettsäuren. Ein gründliches Läutern der Fettsäuren vor ihrem Kristallisierenlassen ist daher sehr wichtig, und zwar nicht bloß wegen der damit verbundenen besseren Kristallisation und der mit dieser zusammenhängenden Erleichterung bei der Preßarbeit, sondern auch deshalb, weil schmutzige rohe Fettsäuren auch schmutziges Stearin geben, dessen Läuterung dann in der Regel schwieriger ist als bei den ungepreßten Fettsäuren.

Zusammensetzung des Fettsäuregemisches.

Endlich ist für das gute Kristallisieren der Fettsäuren das Mischungsverhältnis der Stearin-, Palmitin- und Ölsäure von Wichtigkeit, doch ist man sich heute noch nicht darüber klar, welches Mischungsverhältnis[2]) die besten Fettsäurekristalle liefert und welche Mischung der Kristallisation am meisten widersteht. Der Stearintechniker kämpft gegen amorph erstarrende Fettsäuren an, indem er ihnen kristallisierende Fettsäuren und andere Fette, den Retourgang der Warmpressen (siehe S. 741), eventuell auch Ölsäure zusetzt. Auf Grund empirischer Versuche wird diejenige Mischung ausfindig gemacht, bei der ein Kristallisieren glatt eintritt.

---

[1]) Dieses System ist trotz der Vorteile, die eine gute Kristallisation mit sich bringt, nicht anzuempfehlen, weil das Zerteilen der Fettsäureblöcke zu umständlich ist. — Vergleiche Marazza-Mangold, Die Stearinindustrie, Weimar 1896, S. 66.

[2]) Vergleiche unter „Nachträge" die interessante Arbeit von Carlinfant und Levi-Malvano.

Bei der Destillation stearinreicher Fettsäuren kann man nicht selten beobachten, daß nach den ersten Fraktionen durch längere Zeit ziemlich amorphe Fettsäuren übergehen, während später das Destillat eine bessere Kristallisationsfähigkeit zeigt. Die schlecht kristallisierten Fraktionen verbessert man für die Preßarbeit durch Zusatz von Elain, Retourgang oder Knochenfett-Fettsäuren, welche letztere in der Regel eine besonders schöne Kristallisation zeigen und wegen ihres niedrigen Schmelzpunktes für eine selbständige Weiterverarbeitung nicht gut geeignet sind.

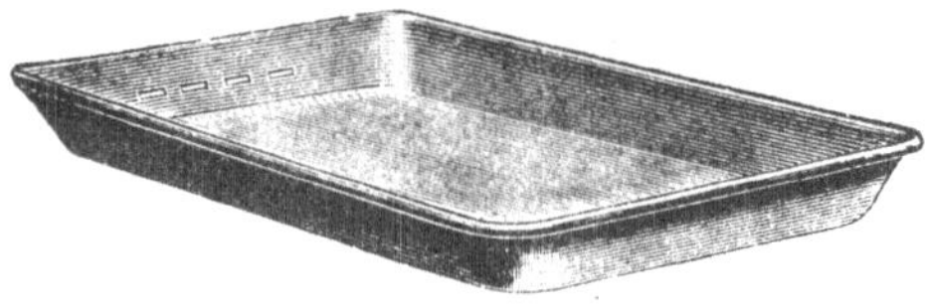

Fig. 165. Wanne zur Herstellung der Fettsäurebrote.

Ein zu stark ausgesprochenes Kristallisationsvermögen kann für den Steariner ebenfalls unerwünscht sein, denn es setzt sich mitunter bis zum fertigen Stearin fort und liefert ein Endprodukt von ausgesprochen kristallinischer Beschaffenheit, das mürbe und bröcklige Kerzen gibt.

Kristallisationswannen. In den Stearinfabriken wird das Kristallisieren der Fettsäuren meistens in Wannen besorgt, die die in Fig. 165 gezeigte Form haben. Die entweder aus Weißblech, emailliertem oder verzinktem Schwarzblech bestehenden Wannen sind in der Regel aus einem einzigen Stücke, ohne jede Lötung und ohne Henkel hergestellt; auf der schmaleren Seite besitzen diese Formen eine Schnauze oder mehrere Schlitzöffnungen. Man muß sehr darauf sehen, daß diese Fettsäurewannen nichts von ihrer Verzinkung, Emaillierung oder Verzinnung verlieren, denn wenn die Fettsäuren mit dem bloßgelegten Eisen in Berührung kommen, wird dieses gelöst, und es resultiert ein rot gefärbtes Stearin, wie anderseits die Eisenwandung auch bald durchfressen wird.

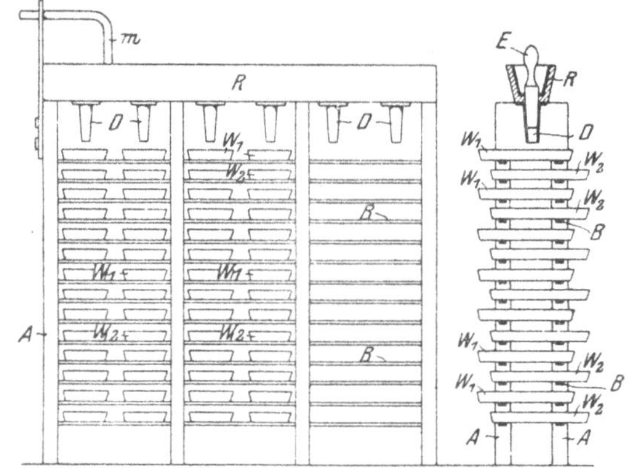

Fig. 166. Binetsches Gestell.

Wannenstellagen. Wir verdanken Binet eine ebenso einfache wie praktische Aufstellungsart dieser Wannen (siehe Fig. 166). In einem aus Holz oder Eisen gefertigten Gestell A werden die Kristallisationswannen $W_1 W_2$ in vertikal übereinanderstehenden Reihen (die in Längsschienen B ihre Auflage finden) derart aufgestellt, daß jede der gebildeten horizontalen Reihen ihre Überlaufschnauze nach der einen Seite gerichtet hat und gleichzeitig nach dieser

Seite gegenüber den unteren Partien etwas zurückgeschoben ist. Die nächst tiefere horizontale Lage von Wannen ist mit ihren Schnauzen nach der entgegengesetzten Seite gewendet und wiederum nach dieser Richtung hin zurückgeschoben, wobei streng darauf zu achten ist, daß die Wannen aller Reihen in vollkommen horizontaler Lage ruhen. Nur dann sind die erhaltenen Fettsäurekuchen an allen Stellen gleich dick, andernfalls sind sie mehr oder weniger konisch z laufend (keilig), was für die Preßarbeit sehr nachteilig ist. Fließt in die obere Wanne W_1 Fettsäure ein, so findet, sobald die oberste Wanne gefüllt ist, durch die Schnauze ein Abfluß statt. Die überfließende Fettsäure fließt ohne weiteres in die nächst tiefer gelegene Wanne W_2 und füllt diese, bis ein Überschuß auf die gleiche Weise in die zweitnächste Wanne abgegeben wird. Das Spiel wiederholt sich, bis auch die unterste Wanne vollgefüllt ist, in welchem Moment man den Zufluß abstellen muß.

Oberhalb dieser Binetschen Gestelle ist in der Regel eine hölzerne Rinne R angeordnet, die zur Zuführung der geschmolzenen, vom Rohre m zugeführten Fettsäure dient. Genau über jeder Wannenlage befindet sich in der Holzrinne ein Holzstöpsel D, durch den der Zufluß der Fettsäure geregelt wird.

Der Arbeiter, der die im Kristallisationsraum aufgestellten Binetschen Gestelle zu bedienen hat, hat weiter nichts zu tun, als den Einflußstöpsel der Fettsäurezuflußrinne zu öffnen und so lange geöffnet zu halten, bis auch die unterste Wanne vollgefüllt ist. Das Vorhandensein der Überlaufschnauze bedingt natürlich eine sich stets gleichbleibende Dicke der erhaltenen Fettsäurekuchen, was in der Regel als ein recht schätzenswerter Vorteil anzusehen ist; doch können auch Umstände eintreten, wo der Pressenbetrieb dünnere oder dickere Kuchen erfordert.

Erstere lassen sich nun leicht derart erzielen, daß man die Wannen durch entsprechende Unterlagen aus ihrer horizontalen in eine schräge Lage versetzt, wodurch das Überlaufen jeder einzelnen Wanne schon bei geringerem Flüssigkeitsinhalte stattfindet als in der Horizontallage; entfernt man nach vollendetem Gusse die Unterlage, die die Neigestellung hervorrief, stellt also wieder die normale Horizontallage der Wanne her, so reicht das Flüssigkeitsniveau nicht bis zum Rande der Schnauze und die erzielten Kuchen sind dünner. Herstellung dünner Kuchen,

Dickere Kuchen als die bei normalem Betriebe erhaltenen lassen sich nicht so leicht herstellen; man kann sich zwar auch hier helfen, indem man eine Schrägstellung der Kristallisationswannen herbeiführt (wobei diesmal die Seite mit der Überlaufschnauze höher zu legen ist, damit das Überlaufen erst möglichst spät stattfinde), doch muß dann der Inhalt der Wanne in dieser Lage auch kristallisieren gelassen werden, wobei natürlich Kuchen entstehen, die an verschiedenen Stellen verschiedene Dicke zeigen (keilige Kuchen) und die Preßarbeit erschweren. dicker Kuchen.

Im Winter erfolgt das Kristallisieren der Fettsäuren in der Regel innerhalb 12 Stunden; im Sommer braucht es wohl 24 Stunden und darüber. Der besseren Warmhaltung wegen wählt man das Kristallisationslokal meist nicht sehr groß, doch ist es andererseits notwendig, einige Reservestellagen zu haben, damit der regelmäßige Betrieb keine Unterbrechung erleidet, falls durch irgendwelchen Umstand der Kristallisationsprozeß einmal eine Verzögerung erfährt.

Ausnehmen der Kuchen.

Das Herausnehmen der Fettsäurekuchen aus den Kristallisationswannen erfolgt derart, daß man die Wannen aus den Stellagen herauszieht und sie auf einem Arbeitstische umkehrt. Gut kristallisierte und genügend fest gewordene Fettsäuren fallen beim Umkehren der Wannen ohne weiteres aus der Form. Ist aber die Emaillierung oder Verzinkung der Wannen beschädigt, so haften die Kuchen stellenweise an den Wandungen, und man muß die Wannenkante mehrmals an den Tisch schlagen, um das Loslösen des Fettsäurekuchens zu bewirken.

Sehr weiche Fettsäuremassen zeigen im Sommer hie und da auch den Übelstand, daß ihre Kuchen beim Ausschlagen brechen. Gegen dieses Übel kann man nur so ankämpfen, daß man die Temperatur des Kristallisationsraumes nach eingetretener Kristallisation möglichst tief herabdrückt oder aber den Schmelzpunkt der Fettsäure durch Zugabe festerer Massen erhöht.

Lagern der Fettsäurekuchen.

Die ungefähr 30—40 mm dicken Fettsäurekuchen sollen nicht direkt verpreßt werden, sondern, wenn möglich, eine mehrwöchige Lagerung vor ihrer Weiterverarbeitung durchmachen. Die Erfahrung lehrt, daß ein längeres Lagern der Fettsäurekuchen (besonders bei niedriger Temperatur) die Preßarbeit wesentlich erleichtert. Solche Kuchen geben ein stearinärmeres Elain und damit eine höhere Stearinausbeute. (Vergleiche „Nachträge".)

Ein landläufiges Mittel zur Beurteilung der Kristallisation ist ein Drücken der Fettsäure mit dem Daumen; gut kristallisierte Fettsäuremassen lassen dabei kleine Tröpfchen von Ölsäure rings um den Daumen austreten.

b) Abpressen der Fettsäurekuchen.

In den ersten Jahren der Stearinfabrikation suchte man die Absonderung der flüssigen Fettsäuren aus den Autoklavenmassen durch eine einzige Pressung zu bewirken. Diese umständliche und zeitraubende Arbeit führte jedoch nicht zu dem gewünschten Ziele, und man ging daher bald zu einer Doppelpressung über, indem man der ersten, kalten Pressung eine zweite, in der Wärme vorgenommene folgen ließ.

Preßtücher.

Die Fettsäurekuchen müssen, bevor sie unter die Presse kommen, in Preßtücher aus Schafwolle, Ziegen- oder Roßhaar-, Aloefaser oder ähnlichen Stoffen eingehüllt werden. Man kennt Tücher, in die die Fettsäurekuchen derart eingepackt werden, daß man die überstehenden Ränder des Preßtuches allseits umschlägt. In neuerer Zeit haben sich auch die sogenannten Preßtaschen vielfach eingebürgert (Fig. 167); diese setzen die Handarbeit, die bei der Verwendung von gewöhnlichen Einschlagtüchern notwendig ist, wesentlich herab, weil man den Fettsäurekuchen nur in die Preßtaschen einzuschieben und die Klappe zuzumachen braucht.

α) Die Kaltpressung.

Für die kalte Pressung der Fettsäurekuchen sind stehende und liegende Pressen in Verwendung.

Stehende Kaltpressen.

Die stehenden Pressen, die weitaus gebräuchlicher sind, erinnern in ihrer Konstruktion ganz und gar an die in Band 1 auf S. 297 beschriebenen Marseiller Pressen und die in diesem Bande, S. 79, dargestellten Margarinpressen. Bei den Stearinkaltpressen ist der Preßtisch ziemlich groß dimensioniert; seine Fläche ist 10—15 mal größer als die des Preßkolbens. Wenn diese Presse daher auch mit einem Drucke von 150—250 Atmosphären arbeitet, ist deshalb der spezifische Druck in den Fettsäurekuchen doch nur 14—15 kg pro Quadratzentimeter, also relativ sehr gering.

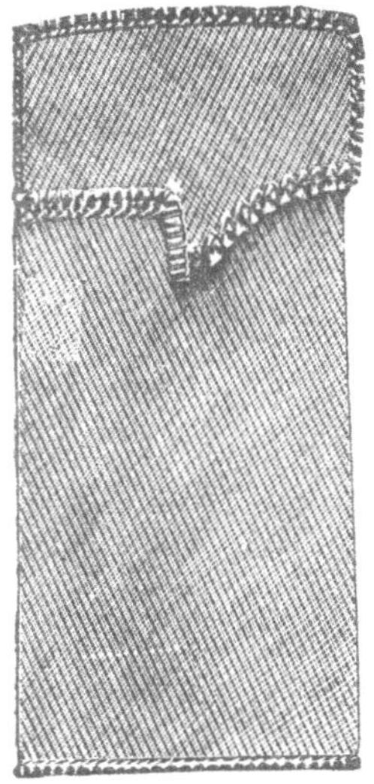

Fig. 167. Preßtasche für Kaltpressen[1]).

4—5 Stück ungefähr 10 mm starke Eisenplatten, die an den vier Seiten über die Säulen der Presse hinausragen und an den Ringen und Ketten derart aufgehängt sind, daß sie in der Ruhelage vollkommen horizontal liegen, dienen dazu, der beschickten Presse eine bessere Führung zu geben (siehe Fig. 10, S. 79).

Beschicken der Presse.

Das Beschicken der Presse erfolgt so, daß 2, 4 oder 6 Fettsäurekuchenpakete auf den Preßtisch knapp nebeneinander gebettet werden und hierauf eine dünne, nur wenige Millimeter starke Eisenplatte aufgelegt wird, deren Ränder kaum über die äußere Peripherie der Paketreihe hinausragen. Auf diese Eisenplatte kommt wiederum eine Schicht von 2, 4 oder 6 nebeneinander liegenden Fettsäurekuchen, dann folgt abermals eine dünne Eisenplatte usf., bis hinauf zur nächsten dicken, aufgehängten Zwischenplatte (Zwischentisch); diese bildet gewissermaßen einen Abschluß der unteren Kuchengruppe und gleichzeitig eine neue Unterlage für das nun folgende zweite System von Kuchenpaketen, das genau so gelagert wird wie das untere, usf.

Beim Beschicken der Presse ist es sehr wichtig, daß die einzelnen Horizontallagen von Fettsäurekuchen durchweg gleich dick sind. Kommen auf dieselbe Horizontallage Fettsäurepakete von verschiedener Dicke oder werden schlecht gegossene (keilige) Kuchen verpackt, so gelangen selbstverständlich die dünnen Zwischenbleche in eine schräge Stellung, welche Neigung sich beim Wiederholen dieses Übelstandes in anderen Paketschichten

[1]) Ausführung der Firma Aug. Reuschel, Preßstoffabrik in Schlotheim.

sehr leicht derart summiert, daß beim Unterdruckgehen der Presse ein seitliches Schieben der Fettsäurepakete, ja sogar ihr gänzliches Austreten nach einer Seite hin erfolgt. Auch entstehen durch solche Schiebungen in der Presse Seitendrücke, die ein Verbiegen der Pressensäulen zur Folge haben können.

Um den Preßraum vollständig ausnutzen zu können, erfahren die Kaltpressen während der Pressung meistens noch eine Nachchargierung.

Man bringt zu Beginn der Pressung so viele Lagen Preßpakete unter die Presse wie möglich und läßt dann letztere langsam unter Druck gehen, aber nur so weit, daß der tote Raum (das sind die nicht zu vermeidenden Zwischenräume zwischen den Fettsäurepaketen und den einzelnen Zwischenplatten) verschwindet und auch eine ganz schwache Komprimierung der Pakete eintritt. In diesem Augenblick, wobei ein Austreten flüssiger Fettsäuren eben erst beginnt, schaltet man den Druck wieder aus und läßt die Presse zurückgehen, um den auf diese Weise neu geschaffenen Beschickungsraum durch Einschieben neuer Preßpaketlagen auszufüllen. Ist dies geschehen, so beginnt nun erst die eigentliche Pressung.

Die Anzahl der Zwischenplatten, das ist die Zahl der Preßpaketlagen, beträgt bei den ziemlich groß dimensionierten Stearinkaltpressen gewöhnlich 40, doch kennt man auch Pressen mit noch größerer Bauhöhe, also mit noch höherer Chargierungsfähigkeit. Die Anzahl der Kuchen, die man pro Lage nebeneinander bettet, beträgt 2—6 und richtet sich ganz und gar nach der Größe der Kuchen und der Dimensionierung der Presse.

Wesentliche Verschiedenheiten in der Konstruktion der stehenden Stearinkaltpressen kommen selten vor, es ist fast überall dieselbe, an Fig. 10, S. 79, erinnernde Pressentype zu finden, die nur hinsichtlich Säulenentfernung, Bauhöhe, Größe des angewandten Druckes usw. Abweichungen aufweist. Die Hauptsache ist, daß die Dimensionierung der stehenden Pressen so gewählt wird, daß diese nicht zum Schieben der Preßpakete neigen und durch entsprechende Montage ein rasches und möglichst bequemes Beschicken und Entleeren gestatten. Bei der beträchtlichen Bauhöhe und dem Umstande, daß jedes einzelne Preßpaket von Hand aus eingelegt und herausgenommen werden muß, soll man durch entsprechende Aufstellung der Pressen Sorge tragen, daß sich der Arbeiter tunlichst mühelos seiner nicht gerade leichten Handarbeit entledigen könne.

Liegende Kaltpressen.

Neben den stehenden Pressen findet man hie und da in den älteren Stearinfabriken auch noch liegende Kaltpressen. Heute werden letztere seltener gebaut, doch hatte man vor ungefähr 30—40 Jahren für diese Pressentype eine ganz besondere Vorliebe. Die Bauart der liegenden Pressen ist aus Fig. 168[1]) zu ersehen. Der Preßzylinder ist horizontal und nicht vertikal angeordnet, und dementsprechend findet auch die Lagerung des zu pressenden Materials nicht in senkrechter, sondern in wagrechter Richtung statt.

[1]) Ausgeführt von Wegelin & Hübner, A.-G. in Halle a. S.

Die horizontale Lagerung des Preßzylinders macht es notwendig, daß für dessen Zurückgehen durch Gegengewichte oder durch besondere am Preßkopfe angebrachte kleine Hydraulikzylinder (siehe Fig. 168) gesorgt werde. Die liegenden Pressen können auch mit zwei Preßzylindern ausgestattet werden und bilden dann sogenannte Doppelpressen, die nach rechts und links arbeiten. Dabei kann man die Arbeit so einteilen, daß die eine Hälfte der Presse beschickt wird, während die andere unter Druck ist, wodurch der Arbeiter eine stets gleichmäßige Beschäftigung hat.

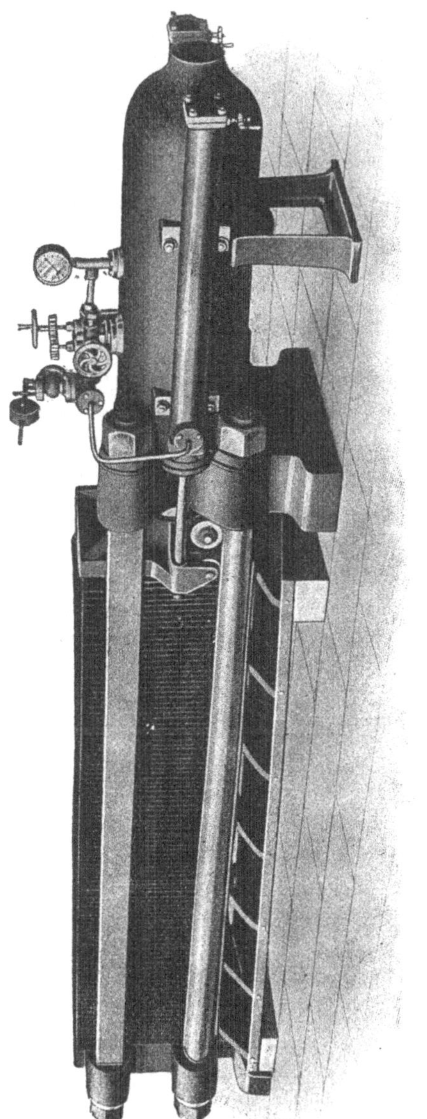

Fig. 168. Liegende Kaltpresse.

Wegen ihres großen Raumbedarfes, der kostspieligen Konstruktion und ihrer relativ geringen Leistung sind liegende Kaltpressen nicht überall zu empfehlen.

Pumpen und Akkumulatoren.

Der Betrieb der Kaltpressen erfolgt entweder durch Druckpumpen oder durch Akkumulatoren. Über das Wesen und die Bauart dieser Apparate wurde in Band 1 dieses Werkes auf S. 323 bis 336 ausführlich gesprochen, und es braucht hier nur auf diesen Abschnitt verwiesen zu werden.

Beim Abpressen der rohen Fettsäuren ist es sehr von Belang, daß der Druck ganz allmählich ansteige. Es wurde schon in Band 1 betont, daß ein allzu rasches Unterdruckgehen auch schon bei Ölsaaten ein unvollständiges Abfließen zur Folge habe; noch weit mehr ist dies aber bei dem Pressen eines kristallisierten Fettsäuregemisches der Fall. Werden Stearinkaltpressen zu rasch unter Druck gesetzt, so findet das Abfließen des Elains in ganz unvollkommener Weise statt und es tritt sehr leichte in Reißen der Preßtücher ein sowie jener Übelstand, den man als „Wursteln“ bezeichnet, das heißt ein Austreten wurmförmiger Fettsäuregebilde durch die Poren der Preßtücher.

Die Stearinfabrikanten haben bis heute von den Akkumulatoren noch nicht jenen allgemeinen Gebrauch gemacht wie die Ölmüller, sondern es gibt noch eine Menge Betriebe, wo die Pressen mit Pumpen ohne Zwischenschaltung eines Akkumulators gespeist werden. Da beim Beschicken der Kaltpressen wie auch bei den Warmpressen stets ein beträchtlicher toter Raum vorhanden ist, erfordert das ausschließliche Arbeiten mit Druckpumpen einen großen Zeitaufwand, und es muß daher der Aufstellung von Akkumulatoren auch in Stearinfabriken sehr das Wort geredet werden.

Schwierige Preßarbeit.

Besondere Aufmerksamkeit erfordert das Kaltpressen nicht; es ist nur auf ein langsames und gleichmäßiges Unterdruckgehen der Presse zu achten. Wird dies befolgt und ist die abzupressende Fettsäuremasse gut kristallinisch, so erfolgt der Abfluß des Elains ganz regelmäßig. Findet aber das schon oben erwähnte Austreten wurmartiger Gebilde aus den Poren der Preßtücher (Wursteln) statt, so ist der Druckzufluß abzustellen bzw. zu verringern, wodurch das Übel gewöhnlich etwas gelindert, wenn auch nicht ganz behoben wird.

Neben zu raschem Ansteigen des Druckes kann auch schlechte Kristallisation oder fehlerhafte Zusammensetzung der Fettsäure (zu großer Gehalt an Neutralfett[1]), Gegenwart von Seifen oder Wasser) das Wursteln hervorrufen. In solchen Fällen läßt sich gegen das schlechte Abpressen kaum ankämpfen und es bleibt nichts anderes übrig, als die Zusammensetzung der Preßmasse zu verbessern.

Temperatur des Preßlokales.

Das Lokal, worin die Kaltpressen untergebracht sind, soll eine durchschnittliche Temperatur von nicht mehr als 20° C und nicht weniger als 15° C haben. Tiefere Temperaturen haben sehr leicht ein Erstarren des abfließenden Elains zur Folge und erschweren die Preßarbeit überhaupt; ein Arbeiten bei zu hoher Temperatur liefert ein sehr stearinreiches Olein und vermindert unnötigerweise die Ausbeute an Stearin.

Ausbeute.

Je nach der Beschaffenheit der vorgepreßten Fettsäuren werden beim Kaltpressen 15—40% Elain erhalten. Die an festen Säuren sehr reichen Preßtalgfettsäuren geben eine so geringe Elainausbeute, daß ihre Kaltpressung meist nicht mehr rationell erscheint; die weichen Knochenfett-Fettsäuren liefern dagegen einen großen Prozentsatz flüssiger Fettsäuren. Dabei hängt die Ausbeute gleichzeitig von der Temperatur im Preßraume und von der Art der Kristallisation des Preßmaterials ab.

Beschaffenheit des Kaltpressenablaufes.

Die abgepreßte Ölsäure enthält stets reichliche Mengen von festen Fettsäuren gelöst, gerade so wie die Mutterlauge von Salzlösungen, die man zur Kristallisation gebracht hat, stets noch gelöstes Salz aufweist. Die Menge der gelösten festen Fettsäuren schwankt je nach der Temperatur,

[1]) Neutralfettreiche Fettsäuretafeln verursachen außer dem Wursteln auch noch großen Verschleiß an Tüchermaterial und schlechte Stearinausbeute sowie den Übelstand, daß sie die Einschlagtücher oder Preßtaschen an der Innenseite mit einer schmierigen Fettschicht überziehen, die dann das glatte Verarbeiten auch gut kristallisierender Fettsäuren verhindert und durch Reinigung der Tücher entfernt werden muß, wenn man wieder in normale Arbeit kommen will.

bei der das Kristallisieren und Abpressen der flüssigen Fettsäuren erfolgten, und zwar wächst das Lösungsvermögen mit steigender Temperatur.

Sommer- und Winterelain.

Man unterscheidet daher im Handel neben Saponifikat- und Destillatelain[1]) vielfach auch noch ein Sommer- und ein Winterelain; das erstere enthält größere Mengen fester Fettsäuren und erstarrt daher früher als das dünnflüssigere und an festen Fettsäuren ärmere Winterelain. Für die Seifenfabrikation ist ein möglichst stearinreiches Elain von Vorteil, weil damit festere Kernseifen erzielt werden; der Stearinfabrikant muß jedoch darauf sehen, daß tunlichst wenig von dem wertvollen Stearin in dem billigen Elain zurückbleibe, und wird daher nur selten das von der Kaltpresse abfließende Elain direkt verkaufen, sondern dieses meist einer Prozedur unterziehen, die auf eine Entziehung der darin gelösten festen Fettsäuren abzielt. (Vergleiche S. 742—754.)

Der Gehalt des Sommerelains an festen Fettsäuren beträgt in der Regel 20—30 %, des Winterelains gewöhnlich 15—25 %. Wichtig ist der Umstand, daß beim Abpressen des Elains auch fast die gesamte Menge des in den verarbeiteten Fettsäuren enthaltenen Neutralfettes sowie andere Verunreinigungen übergehen, so daß die festen Preßrückstände (Kaltpreßkuchen) eine wesentlich reinere Fettsäure darstellen als der flüssige Ablauf.

Kaltpressen kuchen.

Die kalt gepreßten Fettsäurekuchen bilden noch durchaus keine gebrauchsfähige Kerzenmasse oder technisches Stearin; sie enthalten noch beachtenswerte Mengen von Ölsäure, die die Kuchen hellgelb bis hellbraun färben und ihren Schmelzpunkt relativ niedrig halten (46—50 ° C). Der Prozentsatz der in den Preßrückständen verbleibenden Ölsäure ist, je nach dem verwendeten Rohmaterial und den sonstigen, die Preßarbeit beeinflussenden Nebenumständen, recht verschieden, doch greift man wohl nicht viel fehl, wenn man ihn im Durchschnitt mit 20 % einschätzt. Dieser Rest von Ölsäure läßt sich zwar durch Umschmelzen und neuerliches Kristallisieren der Fettsäurekuchen sowie durch nochmaliges Abpressen der erhaltenen Kuchen unter der Kaltpresse weiter verringern, doch war diese in den ersten Jahren der Stearinfabrikation geübte Methode zur vollständigen Ausbringung des Elains aus den rohen Fettsäuren zu umständlich und unökonomisch wie auch unvollkommen. Vollständiger und bequemer werden die Reste der Ölsäure aus den Fettsäurekuchen entfernt, wenn man eine

β) Warmpressung

Allgemeines.

der Kaltpreßkuchen vornimmt, die die Entfernung der in ihnen enthaltenen Reste von flüssigen Fettsäuren in ziemlich vollkommener Weise besorgt. Die Ölsäure wird durch die Wärme dünnflüssiger und kann dadurch leichter und rascher abfließen. Sehr wichtig ist dabei aber, daß der ganze Fettsäurekuchen eine gleichmäßige Durchwärmung erfahre, was bei dem schlechten Wärmeleitungsvermögen der Fettsäuren nicht gerade leicht

[1]) Vergleiche S. 665 u. 667 sowie „Nachträge".

zu erzielen ist Tritt an Stelle einer gleichmäßigen Durchwärmung ein partielles Zuheißwerden ein, so wird der beabsichtigte Zweck der Warmpressung nicht erreicht, sondern es findet einfach ein Abschmelzen des Fettsäuregemisches statt.

Geschichtliches.

Nach Marazza-Mangold bestanden die ersten Warmpressen aus einem parallelepipedischen Behälter, worin sich der Preßtisch der horizontal gelagerten Presse bewegte. Die Fettsäurekuchen kamen von der Kaltpresse direkt in die Warmpresse, und zwar wurde jeder Kuchen in eine besondere Matte (étreindelle) gebracht, zu deren beiden Seiten Eisenplatten gelegt wurden, die man durch früheres Einbringen in heißes Wasser angewärmt hatte. Die angewärmten Platten sollten den Fettsäurekuchen während der Pressung anwärmen, wobei die Roßhaarmatten als überhitzungvermeidende, wärmeausgleichende Zwischenglieder dienten. Die Arbeit war recht unvollkommen, weil die geringe, in den Preßplatten aufgespeicherte Wärmemenge kaum zur Durchwärmung der ganzen Preßchargierung genügte; um den Wärmeverlust auf ein Minimum zu beschränken, mußte man auch das Beschicken der Presse sehr beschleunigen.

Damit die Zwischenbleche eine recht große Wärmemenge aufzunehmen vermochten, machte man sie bis zu 30 mm stark, wodurch sie aber schwer transportabel wurden, und das beim Anwärmen jedesmal notwendige Ein- und Ausbringen aus der Presse verteuerte den Betrieb der Warmpresse ganz gewaltig.

Um diese schweren Zwischenplatten zu umgehen oder sie durch solche leichterer Bauart zu ersetzen, suchte man ihre Aufgabe der Anwärmung der Fettsäurekuchen zu reduzieren, indem man die Fettsäurepakete von der Kaltpresse nicht direkt in die Warmpresse brachte, sondern sie kurze Zeit in einem Wärmofen temperierte.

Als ein wesentlicher Fortschritt in der Warmpressung war es zu bezeichnen, als man Platten zu konstruieren begann, deren jede für sich mit Dampf geheizt wurde. Die nicht geringen technischen Schwierigkeiten, die die Dampfzuführung zu den beweglichen Hohlplatten bot, konnten aber nur allmählich überwunden werden.

Moderne Warmpressen.

Die heute allgemein üblichen Stearinwarmpressen sind durchweg nach einem Modell konstruiert, wie es Fig. 169 auf S. 733 und Fig. 170[1]) auf S. 734 zeigen. Die Bauart dieser Warmpressen ähnelt ganz und gar der der liegenden hydraulischen Pressen, insbesondere jener der liegenden Stearinkaltpressen.

Der Preßzylinder P drückt seinen Kolbenkopf N gegen den festen Preßkopf O und drückt dadurch die anfänglich lose nebeneinander liegenden Platten M zusammen. Die Platten M sind mit Kanälen versehen, durch die mittels der Röhrchen r Dampf zugeführt wird. Der Hebel d dient zur leichten Bedienung des Dampfeinströmungsventiles V. Das Gegengewicht g besorgt nach vollzogener Pressung das Rückgehen

---

[1]) Ausführung der Aktiengesellschaft Wegelin & Hübner in Halle a. S

des Pressenkopfes N in die anfängliche Lage, v ist ein Sicherheitsventil, das einem zu hohen Ansteigen des Druckes vorbeugt.

Die einzelnen Preßplatten sind bei der in Ruhe befindlichen Presse in ziemlich weitem Abstande gelagert, weil zwischen jede Eisenplatte die wärmeausgleichenden Étreindelles kommen und in diese die auszupressenden Fettsäurekuchen eingeschoben werden.

Doppeltwirkende Warmpressen. Die Franzosen konstruieren vielfach doppeltwirkende Warmpressen, bei denen sich der Preßzylinder in der Mitte befindet und ein Teil des Pressenkörpers fest ist, während der andere, der Pressenkopf, auf Rädern ruht,

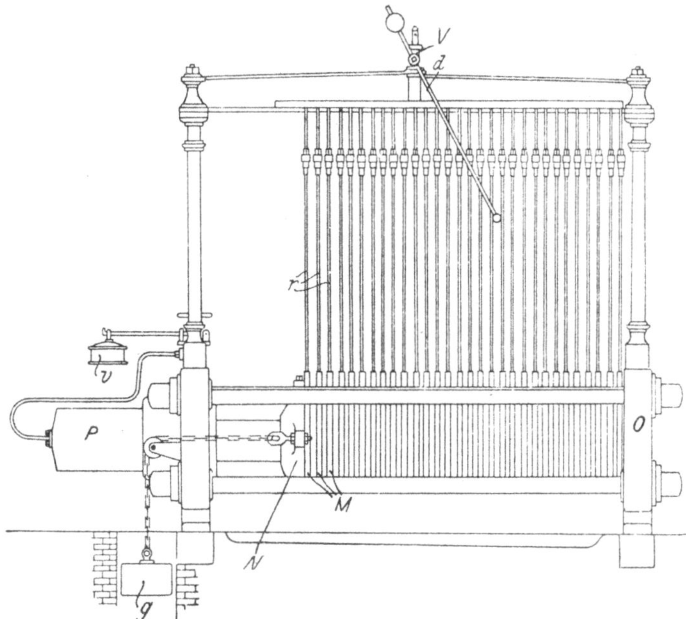

Fig. 169. Stearinwarmpresse.

also beweglich ist. Dieser bewegliche Pressenkopf ist mit dem auf dem Preßpiston sitzenden Pressentisch derart verankert, daß der Preßkolben beim Ausdrücken nicht nur den Raum zwischen sich und dem festen Pressenkörper, sondern infolge des Mitnehmens des zweiten beweglichen Pressenkörpers auch die Distanz zwischen diesem und dem zweiten fixen Pressentisch verringert.

Die doppeltwirkenden Pressen werden mitunter so groß ausgeführt, daß 80, ja auch 100 Kuchen darin Platz haben.

An Stelle der Gegengewichte werden zum Ausziehen der liegenden Pressen bisweilen auch kleine Zylinder an dem Pressenkopfe angebracht, die durch Einströmenlassen von Druckwasser einen dünnen Kolben gegen den Pressenkörper drücken und diesen so in seine Ruhelage zurückführen.

Was die Konstruktion der Warmpressen interess macht, ist die Einrichtung der Plattenwärmung und die Verwendung der Étreindelles.

Fig. 170. Stearinwarmpresse.

Warmpreßplatten.

Die Platten der Warmpressen werden gewöhnlich aus Stahl gefertigt, weil es sich gezeigt hat, daß sich dieses Material gegenüber den heißen Fettsäuren am widerstandsfähigsten verhält. Um die eisernen Preßplatten der Stearinwarmpressen vor dem Angegriffenwerden durch heiße Fettsäuren zu schützen, werden sie mitunter mit 1 mm starken Kupfermänteln versehen. Diese Kupfermäntel haben überdies noch den Vorteil, daß sie die Étreindelles infolge besserer Wärmeverteilung vor dem Verbrennen schützen. Leider halten sich die kupfernen Mäntel nur wenige Jahre, da sie von den Fettsäuren vorzeitig durchfressen werden und sich mitunter auch leicht deformieren.

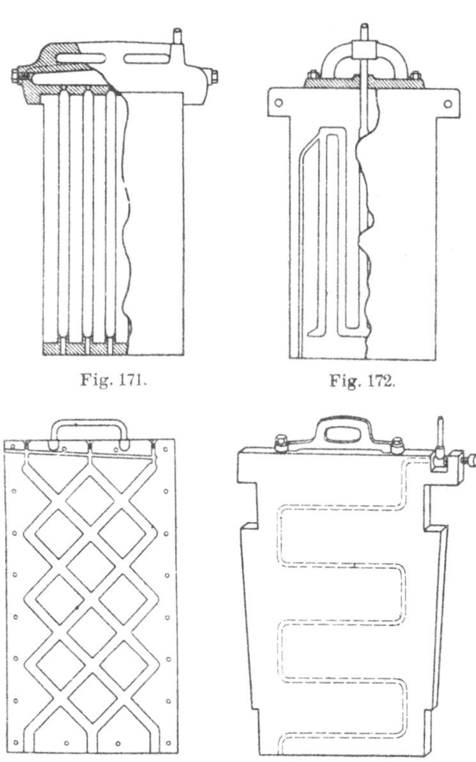

Fig. 171—174. Preßplatten für Warmpressen nach Faulquier.

P. Pastrovich[1]) hat daher versucht, an Stelle der aus Kupfer hergestellten Mäntel solche aus Aluminium zu verwenden, die sich bestens bewährten. Während Kupfer nach zweijähriger Arbeit 15,75 % an Gewicht verloren hatte, waren die Aluminiummäntel nur um 1,77 % leichter geworden. Das Kupferblech war in der Länge um 10 mm, in der Breite um 5 mm gedehnt, während das Aluminiumblech keinerlei Deformierung erfahren hatte.

Diese Vorteile der Aluminiummäntel werden noch durch die geringeren Gestehungskosten erhöht, denn wenn auch Aluminiumblech beiläufig 2,5-mal soviel kostet wie Kupfer, beträgt dafür das Gewicht der Aluminiummäntel nur ungefähr 30 % von dem der Kupfermäntel.

Wärmvorrichtung. Das Anwärmen der Zwischenplatten kann mit Dampf oder heißem Wasser erfolgen. Die zuerst konstruierten Platten hatten Dampfkanäle, die derart hergestellt waren, daß man in eine ungefähr 20 mm starke Eisenplatte 8 mm tiefe und 40 mm breite Kanäle einschnitt, auf die so präparierte Platte eine zweite, ungefähr 10 mm dicke Platte auflegte und diese mit der ersteren dampfdicht verband. Diese von Faulquier herrührende Konstruktion (siehe Fig. 171—174) litt aber an dem Übelstande des frühzeitigen Undichtwerdens, und es war kein geringer Fortschritt, als man Platten aus einem Stücke mit gebohrten Kanälen herzustellen begann.

[1]) Chem. Revue 1902, S. 278.

Die gebohrten Platten bieten neben dem Vorteil des besseren Dichthaltens auch den der bequemeren Reinigung, indem man ihre Kanäle derart bohrt, daß sie mittels versenkter Putzschrauben am Ende jedes Ganges leicht zugängig gemacht werden. Dadurch kann man die sich nach längerem Gebrauch der Platten in deren Kanälen ablagernden Krusten leicht entfernen und für ein gleichmäßiges Streichen des Dampfes (oder auch des Heißwassers, wie wir weiter unten sehen werden) durch alle Kanäle, also für ein gleichmäßiges Anwärmen der Platten sorgen, welch letzteres oft zu wünschen übrig läßt, wenn man die erwähnten Ablagerungen in den Kanälen beläßt. Die Ablagerungen sind meist unorganischer Natur; bei nicht ausreichender reinlicher Führung der Preßarbeit kommt es aber auch vor, daß Fettsäure in die Heizkanäle gelangt und dort anbrennt.

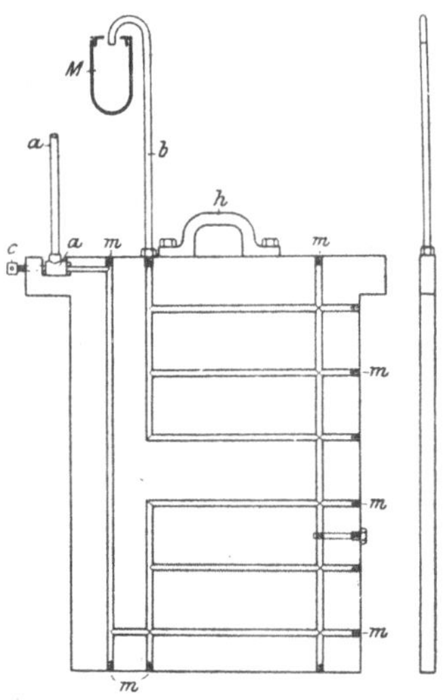

Fig. 175.

Fig. 175 zeigt eine derartig gebohrte Platte; aus der Zeichnung ist zu ersehen, welchen Weg das bei *a* eingelassene Heizmittel nimmt, das bei *b* wieder austritt, um nach *M* zu gehen. Die versenkten Schraubenpfropfen, die behufs Reinigung der Kanäle entfernt werden, sind mit *m* bezeichnet.

Das beste Kanalsystem für die Platten ist dasjenige, das den Dampf den größten Weg zurückzulegen zwingt, weil dabei eine möglichst vollständige Wärmeausnützung erzielt wird.

Fig. 176. Warmpreßplatte nach Cothias.

Eine von A. F. Cothias[1]) empfohlene Platte für Stearinwarmpressen, bei der der notwendige Röhrenkanal so gebildet wurde, daß man ein schlangenförmig gebogenes Metallrohr in eine Gußform legte und diese dann mit Metall ausgoß, hat nur wenig Verbreitung gefunden. (Fig. 176.)

Zuführung des Dampfes oder Heißwassers. Die Zuführung des Dampfes oder heißen Wassers, die durch ein besonderes, über der Presse angebrachtes Rohr erfolgt, verursacht einige Schwierigkeiten, weil die Platten während des Unterdruckgehens der Presse eine Lageveränderung erfahren, wodurch ihr Abstand von dem fix gelagerten zentralen Dampfzuführungsrohr wechselt. Die Zuleitungsröhrchen müssen daher eine zwanglose Verlängerung oder Verkürzung gestatten, was man im Anfang durch Einschaltung von Kautschukrohren in die aus Kupfer gefertigten Zuleitungsröhrchen zu erreichen versuchte. Die Kautschukrohre

[1]) Engl. Patent Nr. 14482 v. 30. Juni 1896.

erwiesen sich aber auf die Dauer als nicht genügend dicht, und man ging daher bald dazu über, die Rohre durch Stopfbüchsen ausziehbar zu machen[1]).

In Fig. 177 stellt *a* das fixe Dampfspeiserohr dar, von dem dünne Röhrchen bb_2 zu den einzelnen Platten *P* abzweigen. Die Stopfbüchse *m*, die die Rohre *b* und b_2 verbindet, muß nun einerseits dampfdicht konstruiert sein, andererseits ein leichtes Ausziehen und Einschieben der beiden Rohre gestatten. Außerdem ist darauf zu sehen, daß die Kniestücke *k* und *l* vollkommen dicht sind.

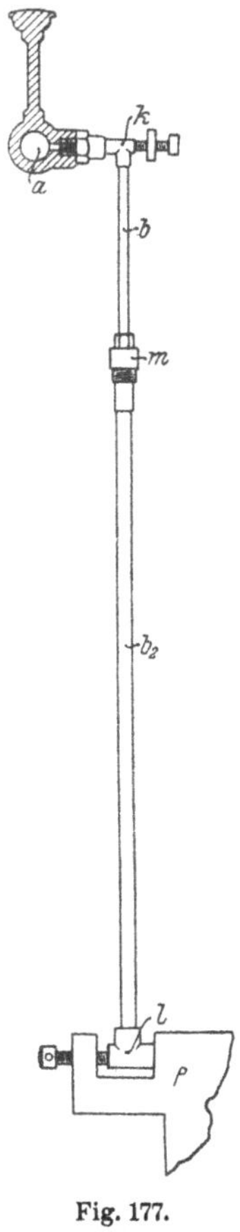

Ein Undichtsein der Dampfzuführungsvorrichtung hat ein fortwährendes Blasen der Presse während des Anwärmens zur Folge und bewirkt auch das unangenehme Abtropfen von Kondenswasser, das auf die Platten gerät und ihr Rosten verursacht, wodurch Eisen in das ausgepreßte Stearin und in den Retourgang gelangt.

Der in die Platten eintretende Dampf erfährt innerhalb derselben nur eine teilweise Kondensation, und mit dem Kondenswasser tritt auch noch unverbrauchter Dampf aus den Preßplatten aus. Wird dieses Kondenswasser einfach in einem offenen Kanal gesammelt, so füllt sich das Warmpressenlokal während des jeweiligen Anwärmens der Pressen mit Wasserdampf, was aus mehrfachen Gründen lästig ist. Man hat gegen diesen Übelstand mancherlei getan, doch wäre das probateste Mittel das, die einzelnen Austrittsröhrchen in einem Sammelrohre zu vereinigen und das Gemisch von Dampf- und Kondenswasser in dieses Rohr abzuführen. Dies würde aber wegen der Lageveränderung der Platten ebenso ausziehbare Ableitungsröhrchen erfordern wie die Zuleitungsröhrchen, die Kosten einer solchen Presse also verteuern und den Betrieb komplizieren.

Fig. 177. Detail der Dampfzuführung bei den Warmpreßplatten.

Heißwasserplatten.

Léon Droux hat daher im Jahre 1893 die Verwendung von heißem Wasser an Stelle von Dampf zum Wärmen der Platten empfohlen. Die Heißwasserheizung hat gegenüber der Dampfheizung den Vorzug, daß ein gleichmäßigeres Anwärmen erzielt wird und daß man andererseits nicht unnütz Wärme verschwendet. Bei Verwendung von heißem Wasser als Heizmittel ist eine Wiederverwendung des die Presse verlassenden Wassers leicht durchführbar und damit eine möglichst ökonomische Ausnützung gegeben.

[1]) An Stelle der ausziehbaren Dampfzuleitungsrohre hat die Firma Wegelin & Hübner in Halle a. S. auch gekröpfte Rohre konstruiert, die ähnlich den bekannten Kompensationsrohren bei Dampfleitungen ein — allerdings begrenztes — Ausziehen und Zusammenschieben der Röhrchen gestatten.

Die auf den vier Pressensäulen ruhenden Preßplatten *P* (Fig. 178) erhalten durch das Röhrchen *r* aus dem Behälter *A* heißes Wasser zugeführt, das nach Durchlaufen der Kanäle der Preßplatten wieder aus der Platte austritt und in die Sammelrinne *B* läuft. Der Warmwasserbehälter *A* ist am Boden mit einer Dampfschlange versehen, die ein beliebiges Anwärmen des Wassers gestattet, dessen Temperatur an einem Thermometer abgelesen werden kann. Die Speisung des Warmwasserbehälters erfolgt durch das mit Ventil *V* versehene Pumprohr *s*. Das Saugrohr kann in direkte Verbindung mit der Sammelrinne *B* (Rohrstück *X*) gebracht werden, so daß man kontinuierlich mit derselben Wassermenge arbeitet, wodurch die in dem Ablaufwasser aufgespeicherte Wärme nicht verloren geht. *R* ist ein Überlaufrohr, das einem Überspeisen des Warmwasserbehälters *A* vorbeugen soll. *M* enthält die Verschraubungen der Wasser-Zu- und -Ableitung an den Preßplatten, *N* ist deren Handgriff. Die Wasserzuführungsröhrchen müssen hier ebenfalls zum Verlängern und Verkürzen eingerichtet sein. Die Stopfbüchsenanordnung, wie sie in Fig. 177 vorgeführt wurde, ist hier jedoch nicht nötig, sondern es kann in diesem Falle die einfachere Kautschukverbindung angewendet werden, weil dieses Material gegen heißes Wasser genügend widerstandsfähig ist. *H* sind Dampfrohre zum Flüssighalten des Retourganges.

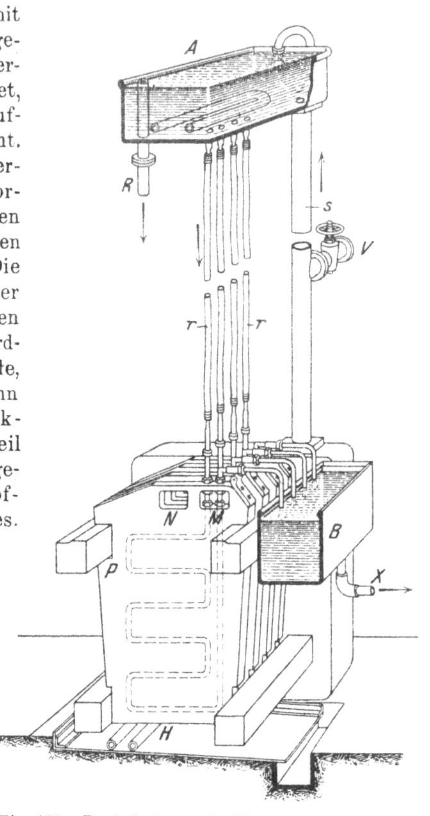

Fig. 178. Preßplatten mit Warmwasserheizung nach Droux.

Um innerhalb einer bestimmten Baulänge einer hydraulischen Presse möglichst viele Preßkuchen unterzubringen, war man bestrebt, die Dicke der heizbaren Platten tunlichst zu reduzieren; unter eine gewisse Dicke ist man aber dabei nicht gekommen. Die Platten besitzen meist eine Handhabe aus Holz aufgeschraubt, damit sie von dem die Presse bedienenden Arbeiter leicht gefaßt und in die Lage gebracht werden können, die die Beschickung der Presse erfordert.

Preßmatten. Die zwischen den einzelnen Preßplatten hängenden Preßmatten (Étreindelles), denen die Verteilung der Wärme von den Preßplatten auf die Fettsäurekuchen obliegt, sind gewöhnlich aus Roßhaar gefertigt und bestehen in der Regel aus zwei viereckigen Stücken (Fig. 179) eines durch Eisenstabeinlagen versteiften Kamel- oder Roßhaargewebes; die beiden Teile sind an der einen Schmalseite durch Lederringe oder auf ähnliche Weise miteinander verbunden, während die anderen beiden Schmalenden mit

Rundeisen versehen sind (die Verbindung an der Schmalseite sowie die Aufhängevorrichtungen sind in Fig. 179 nicht gezeichnet), womit man die Étreindelles an den Säulen der Pressen aufhängt. Um den Étreindelles eine gewisse Steifheit zu verleihen, flicht man in sie in gewissen Distanzen Holz- oder Eisenstäbchen ein.

Fig. 179. Unverbundene Preßmatte [Étreindelle[1]].

Neben den Haarmatten, die übrigens einem starken Verschleiß unterworfen sind, hat man auch Matten aus Aloefasern usw. herzustellen, wie auch solche, die lediglich aus Stäbchen oder Zweigen von Buchen- oder anderem Holz bestehen, zu verwenden versucht.

Ein solches aus Holzstäbchen bestehendes Étreindelle hat A. M. Lévy[2]) empfohlen. Preßmatten nach Lévy.

Die in Fig. 180a—g dargestellte Preßmatte besteht aus Holzstäbchen oder Holzstreifen A, A_1 von 30 mm Höhe und 25 mm Dicke, die in vertikaler Richtung durch Eisenbänder B, die an ihren Enden C, C_1 zurückgebogen sind, zusammengehalten werden.

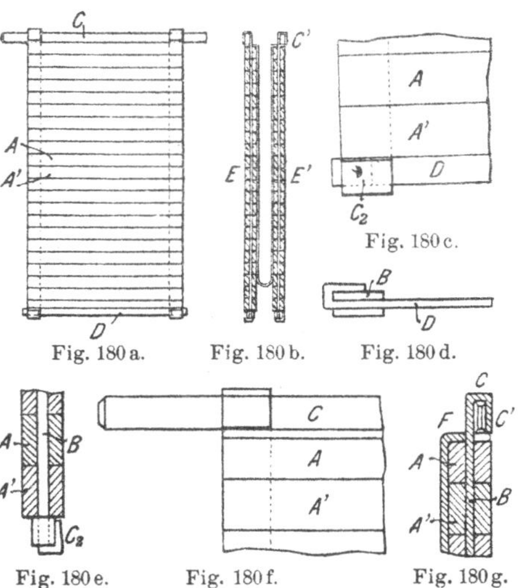

Fig. 180a. Fig. 180b. Fig. 180c. Fig. 180d. Fig. 180e. Fig. 180f. Fig. 180g.

Fig. 180a—g. Étreindelle nach Lévy.

Die vertikalen Eisenbänder B sind in der Breitrichtung der Matte von zwei anderen Bändern durchzogen, wovon das eine, C, rechts in der Höhe angeordnet ist, um die Matte auf den Pressensäulen festzuhalten, während das andere, D (mit der Kappe C_2), unten angebracht und in der Querrichtung zurückgebogen ist, um das Auseinandergehen der Bänder B hintanzuhalten.

Die beiden Seiten EE_1 der Matte sind durch einen einfachen Wollstoff F verbunden, der von dem oberen Eisenband C_1 gefaßt ist und auch den Zweck hat, den dem Drucke unterworfenen Kuchen zusammenzuhalten.

Das Arbeiten mit der Warmpresse erfolgt derart, daß man die von der Kaltpresse kommenden, in Preßtaschen steckenden Kuchen zwischen die von der vorigen Operation her ziemlich warmen Platten und Étreindelles bringt und dann zwecks Entfernung des toten Raumes den Arbeitsweise mit Warmpressen.

[1]) Ausführung der Firma Aug. Reuschel in Schlotheim.

[2]) Franz. Patent Nr. 197619 v. 20. April 1889.

Preßstempel langsam vorgehen läßt, bis das Pressenmanometer das beginnende Unterdruckgehen der Presse anzeigt. In diesem Augenblicke stellt man die Druckzuleitung ab und öffnet das Rücklaufventil, wodurch der Preßkolben durch das auf ihn wirkende Gegengewicht wieder ganz in den Pressenzylinder zurückgeht. Die zusammengedrückten Preßplatten gehen dabei nicht wieder so weit auseinander wie bei der ursprünglichen Lagerung, und der so geschaffene Raum ermöglicht das Einbringen weiterer Preßkuchen. Erst wenn zwischen jeder Platte ein Preßkuchen sitzt, wird mit der eigentlichen Preßarbeit begonnen.

Dabei wärmt man gleichzeitig die Preßplatten an, was bei der Wasserheizung keine besondere Vorsicht erfordert, bei Vorhandensein dampfgeheizter Platten aber eine gewisse Erfahrung voraussetzt. Zu intensives Anwärmen kann fast ein vollständiges Abschmelzen der Preßkuchen zur Folge haben und zieht im besten Falle eine wesentliche Verminderung der Stearinausbeute nach sich; zu geringe Wärme gibt zwar eine hohe Ausbeute an Stearin, doch ist dieses in Qualität nicht besonders gut, weil eben nicht alle Ölsäure aus den Kuchen entfernt wurde. Fehlt es an guten Etreindeiles, so tritt leicht ein partielles Überhitzen der Fettsäurekuchen ein, und man merkt diesen Fehler sofort an den aus der Presse kommenden Stearinkuchen, die dann keine gleichmäßige Dicke aufweisen, sondern stellenweise sehr dünn, oft sogar förmlich durchlöchert sind.

Preßdauer. Die Dauer einer Warmpressung schwankt zwischen 45 und 60 Minuten; während dieser Zeit erfolgt das Einsetzen, das Auspressen und das Entleeren der Presse.

Ausbeute. Je nach der Beschaffenheit der Fettsäuren und je nach der Vorarbeit, die die Kaltpressen geleistet haben, schwankt auch die Ausbeute der Warmpresse; in der Regel werden ungefähr 60—70% aus den Kuchen ausgepreßt und 30—40% fester Fettsäuren bleiben in den Preßtaschen zurück. (Vergleiche S. 767.)

Werden Fettsäuren von hohem Schmelzpunkt zur Verpressung genommen, so können die aus der Kaltpresse kommenden Kuchen in denselben Preßtaschen in die Warmpresse gebracht werden; verpreßt man dagegen weiche Fettsäuren, so sind die aus den Kaltpressen kommenden Rückstände so dünn, daß es nicht gut angeht, sie in dieser Form in die Warmpresse zu geben, denn sie würden dort vollständig abschmelzen. Man schmelzt die Preßrückstände der Kaltpressung daher nochmals um, läßt sie in Wannen auf Binnetschen Gestellen aufs neue kristallisieren und bringt diese Kuchen, die man nicht so dick hält wie die für die Kaltpressen bestimmten, in Preßtücher und dann unter die Warmpresse.

Warmpreßkuchen. Der nach der Warmpressung in den Preßtüchern verbleibende Rückstand (Warmpreßkuchen) erweist sich als eine weiße Masse von mehr oder weniger blättrigem Gefüge, die an den Rändern weicher als in der Mitte ist und hier nicht selten auch eine gelbliche Färbung zeigt. In den

Rändern verbleibt nämlich stets ein Teil flüssiger Fettsäuren, die der Masse eine gelbe Farbe erteilen und ihre Härte herabsetzen. An den Kuchen haften auch in der Regel mehrere von den Preßtüchern herrührende Haare und andere, während des Fabrikationsganges in die Masse gelangte Schmutzteilchen, die sich früher der Wahrnehmung des Auges entzogen, sich jetzt aber auf dem weißen Stearingrunde verraten. Die Preßkuchen sind aus den Preßtaschen gleich nach deren Ausbringen aus der Warmpresse zu entfernen, weil sie sich nur dann leicht und ohne Schädigung von den Preßtaschen abnehmen lassen. Läßt man die Taschen samt ihrem Inhalt erkalten, so ist das Herausnehmen der Stearinkuchen erschwert und die hartgewordenen Taschen leiden durch das Umbiegen ganz merklich.

Abbrechen der Ränder

Die roten, weichen Ränder der Stearinkuchen werden durch Handarbeit abgebrochen und es wird dabei auch ein Ausrangieren jener Stearinkuchen vorgenommen, die in Farbe oder Härte zu wünschen übrig lassen. Die Ränder und das Ausschußstearin werden in Säcken gesammelt und dann mit dem bei der Warmpressung abgepreßten Fettsäureanteile (dem sogenannten Retourgang) weiterverarbeitet oder aber auch mit den Kuchen von der Kaltpresse zusammengeschmolzen, falls ein Umschmelzen dieser Massen in der betreffenden Fabrik stattfindet.

Stearin.

Die bei der Warmpressung erhaltenen Fettsäurekuchen stellen das technische Stearin dar, doch muß dieses, um handelsfähig zu sein, noch eine Läuterungsschmelze (siehe S. 768) durchmachen. Die Warmpreßkuchen bestehen hauptsächlich aus festen Fettsäuren, enthalten aber auch noch Spuren flüssiger Fettsäuren, weil deren vollständige Entfernung durch Auspressen ebenso unmöglich ist wie das gänzliche Entölen von Ölsaaten durch Druck. Haben die verarbeiteten Fettsäuren außer der Autoklavierung vorher keinerlei chemische Prozesse durchgemacht, so bestehen die festen Fettsäuren des technischen Stearins fast ausschließlich aus Palmitin- und Stearinsäure; wurden die verarbeiteten Fettsäuren aber durch Schwefelsäureverseifung gewonnen und haben sie eine Destillation hinter sich, so enthalten die Warmpreßkuchen außer Stearin- und Palmitinsäure auch feste Isoölsäure und andere Verbindungen.

Retourgang

Die von der Warmpresse ablaufende Fettsäure heißt „Retourgang“, wohl auch „roter oder weißer Satz“. Der Retourgang ist gewöhnlich rötlich gefärbt (weil die heißen, geschmolzenen Fettsäuren bei der Berührung mit den Preßplatten etwas Eisen aufnehmen) und besteht aus einem Gemenge fester und flüssiger Fettsäuren; er wird wiederum den rohen Fettsäuren zugesetzt, aufs neue verpreßt und macht auf diese Weise den Fabrikationsprozeß wiederholt durch.

Für die Herstellung technischen Stearins genügen in der Regel eine Kalt- und eine Warmpressung. Handelt es sich um die Verarbeitung besonders schlechten Materials, oder will man ganz besonders schönes Stearin erzeugen, so wird wohl auch die Kalt- wie auch die Warmpressung wiederholt. Werden die Fettsäurekuchen, wie sie aus der Warmpresse kommen, umgeschmolzen und nochmals heiß gepreßt, so erhält man ein sehr hübsches, hartes, klingendes Stearin, das allen billigen Anforderungen gerecht wird. Für Ausstellungszwecke geht man mitunter noch weiter und preßt ein drittes Mal, wobei ein Produkt von hervorragender Reinheit erhalten wird. Für den normalen Betrieb haben aber diese wiederholten Warmpressungen keine Bedeutung.

Kontinuierliche Pressen.

Es hat nicht an Versuchen gefehlt, zum Auspressen der Fettsäuren kontinuierlich wirkende Pressen zu verwenden. Léon Droux ließ sich eine solche Preßvorrichtung patentieren; sie hielt jedoch nicht, was man sich von ihr versprochen hatte.

Wenn Vorrichtungen, wie die von R. H. Smith[1]), für ein automatisches Abpressen roher Fettsäuren empfohlen werden, so ist dies auf eine Verwechslung des Abpressens der Fettsäuren mit dem Entstearinisieren des Kaltpressenablaufes zurückzuführen. Als Ersatz für Kalt- und Warmpressen eignet sich jedenfalls die Smithsche Vorrichtung nicht.

Auch Pressen, die abwechselnd als Kalt- und Warmpressen arbeiteten, hat man einzuführen versucht, doch haben diese Konstruktionen (z. B. von Morane, von Bresson usw.) keine Verbreitung gefunden.

c) Aufarbeitung der beim Kaltpressen erhaltenen flüssigen Fettsäuren zu technischer Ölsäure.

Die von den Kaltpressen ablaufenden flüssigen Fettsäuren sind auch bei sorgfältigster Arbeit noch ziemlich stearinhaltig und werden nur für jene Zwecke in diesem Zustande verwendet, für die man ein an festen Fettsäuren reiches Elain (Sommerelain) besonders schätzt und es auch entsprechend höher zahlt. Im allgemeinen aber macht der Kaltpressenablauf noch Prozeduren durch, die auf eine möglichst vollständige Entziehung der festen Fettsäuren hinauslaufen, also ein an diesen armes Produkt liefern (Winterelain).

Die Entstearinisierungsmethoden basieren durchwegs darauf, den Kaltpressenablauf, d. h. die stearinsäurereiche Ölsäure, so weit abzukühlen, daß ein Auskristallisieren der festen Fettsäuren erfolgt, die dann auf geeignete Weise von dem flüssigen Anteile durch Abfiltrieren (Filterpressen) oder Zentrifugieren befreit werden. Diese Verfahren wurden schon seit dem Inslebentreten der Stearinfabrikation geübt und hatten sich im Laufe der Zeit nur durch die Durchführung des Kristallisierens vervollkommnet.

α) Abkühlen des Kaltpressenablaufes.

Es ist wichtig, daß das Olein eine möglichst langsame Abkühlung erfahre, denn nur auf diese Weise erstarren die gelösten festen Fettsäuren

---

[1]) D. R. P. Nr. 32012 v. 15. Okt. 1884; siehe auch S. 751 dieses Bandes.

in kristallinischer Form. Geschieht die Abkühlung der technischen Ölsäure zu plötzlich, so tritt ein amorphes Erstarren ein und es bildet sich eine homogene, teigartige Masse, in der man mit freiem Auge feste und flüssige Teile nicht unterscheiden kann und die daher durch Filtrieren und Abpressen kaum zu trennen sind.

Ein gleiches tritt ein, wenn das — auch allmählich stattfindende — Abkühlen bis zu einem zu tiefen Temperaturgrad fortgesetzt wird.

Auf die richtige Kristallisation des Elains kann nicht genug geachtet werden, und man sollte mit dem Überwachen dieser Arbeit nur ganz erfahrene und umsichtige Arbeiter betrauen. Während bei richtig geleiteter Arbeit durch Filtrieren des gekühlten Elains zwanzig und mehr Prozente an festen Fettsäuren gewonnen werden können, kann eine unkorrekte Arbeit mehr Spesen als Vorteile bringen.

Ehedem ließ man die von den Kaltpressen ablaufende Ölsäure in großen, gemauerten Zisternen tage- oder wochenlang lagern, wobei die festen Bestandteile allmählich auszukristallisieren begannen; dies erfolgte aber doch nur unvollständig, weil es an der notwendigen allmählichen Temperaturerniedrigung fehlte. In Frankreich war das Ausfrierenlassen des Stearins in flachen Bassins üblich, die man in der Nordrichtung postierte. Man legte besonderen Wert darauf, daß diese Behälter nachts von den Mondstrahlen beschienen wurden[1]), wie man denn überhaupt auf verschiedene, mitunter recht lächerliche Nebenumstände ein ganz besonderes Gewicht zu legen pflegte. Manche dieser Vorschriften sind aber nicht ohne Belang, so paradox sie auch klingen mögen. Dahin gehört das in vielen Fabriken durchgeführte Anwärmen des Elains auf eine Temperatur von 40° C und darüber, bevor es in die Kühlreservoirs abgelassen wird.

Das erwärmte Elain kristallisiert wesentlich besser und vollständiger aus als beim Unterlassen dieser Anwärmung, und man führt daher die auf den ersten Blick recht unökonomisch und als eine Verschwendung erscheinende Anwärmung eines abzukühlenden Produktes heute noch in vielen Fabriken durch. Bei näherer Überlegung wird die Sache ganz klar; das Anwärmen der technischen Ölsäure bewirkt ein vollständiges Durchmischen der zu entstearinisierenden Ölsäure und wegen der nur ganz allmählich erfolgenden Abkühlung ein gutes Auskristallisieren der festen Anteile.

Holländische Fabriken haben auch ein Abkühlen des Elains in Eiskellern und nachheriges Abfiltrieren versucht, doch erwies sich diese Methode zur vollständigen Trennung der flüssigen und festen Ölsäure deshalb als unbrauchbar, weil die Trennung des Stearins von dem in großen Massen erstarrten Olein nicht gelingen konnte. Außerdem war bei diesem Verfahren die Ausnützung des Eises recht unvollkommen.

[1]) La Savonnerie Marseillaise 1884.

In anderen Fabriken hat man auch eine Abkühlung bzw. eine Auskristallisieren der in dem Kaltpressenablauf enthaltenen festen Fettsäuren durch Einblasen von kalter Luft zu erzielen versucht. Man kann dabei entweder vorher gut gekühlte, aber keinen nennenswerten Überdruck zeigende Luft in das Olein einblasen oder aber auch mit komprimierter Luft arbeiten; in letzterem Falle dehnt sich diese unter Wärmeabsorption aus und kühlt dadurch die Fettmasse ziemlich rasch ab.

Vorschlag von Fournier.

François Fournier[1]) in Marseille setzt dem Olein vor dem Abkühlen mit Luft eine Flüssigkeit zu, die auch bei Temperaturen unter 0° C flüssig bleibt (z. B. angesäuertes Wasser, Salzwasser, Glyzerin usw.). Durch diesen Zusatz will er eine weitgehende Kühlung des Oleins ermöglichen, ohne daß dabei die ganze Masse fest und ein mechanisches Scheiden unmöglich gemacht würde. Er trennt die abgekühlte Fettmischung auf die bekannte Weise, wobei sich die flüssig bleibende Ölsäure gemeinsam mit der zugesetzten Flüssigkeit abscheidet. An der Brauchbarkeit dieses Verfahrens ist sehr zu zweifeln und Fournier selbst macht die Bemerkung, daß die Abkühlung des Oleins auch bei seinem Verfahren ihre Grenzen habe, weil auch reine Ölsäure bei tieferen Temperaturen fest werde.

Das Wesentliche dieser Methode beruht allerdings auf etwas anderem; Fournier will nämlich die Ölsäure und den Sauerstoff der Luft in eine erst bei —10° C erstarrende Modifikation umwandeln (Oxyölsäure), so daß man stärker abkühlen kann.

von Hubert.

Hubert[2]) in Bordeaux hat für die Luftkühlung einen Apparat empfohlen, der den bekannten Dampfstrahlinjektoren ähnlich ist. Der Luftstrom geht dabei durch ein zentrales Rohr und ruft in dem umgebenden Raume infolge der Injektorwirkung ein Ansaugen der Ölsäure hervor, die mit dem Luftstrome fortgerissen und abgekühlt wird, sobald der komprimierten Luft Gelegenheit geboten wird, sich auszudehnen; dies ist der Fall, sobald der Luftstrom das erwähnte Rohr verlassen hat. Die so abgekühlte Ölsäure gelangt nun in ein von einem schlechten Wärmeleiter umgebenes Gefäß, wo sie bis zu ihrer Weiterverarbeitung aufbewahrt wird.

Während vielerseits, und zwar mit vollem Recht, auf das Erstarrenlassen möglichst großer Mengen Olein Wert gelegt wird, haben einige Stearintechniker das Abkühlen des zu entstearinisierenden Oleins in kleineren, sich in einer Kühlflüssigkeit befindlichen Behältern oder in dünnen Schichten empfohlen.

Apparat von Droux und von Engelhardt.

So hat z. B. Droux einen Apparat gebaut, der — ganz ähnlich wie der in Fig. 181 dargestellte, von J. Engelhardt konstruierte — aus einer Reihe von zylindrischen, offenen, doppelwandigen Behältern (*1*, *2*, *3*, *4*) besteht, in deren Mantelraum eine Kühlflüssigkeit zirkuliert, während das

[1]) Les corps gras industriels 1882, S. 100.
[2]) Seifenfabrikant 1885, S. 100.

die Behälter durchlaufende, vom Sammelgefäß C kommende Elain durch Rührwerke in Bewegung erhalten und bei D abgepumpt wird. Die sich an der Gefäßwandung ansetzende erstarrte Fettmasse wird durch kreisende Schaber unausgesetzt abgestreift.

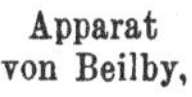
Apparat von Beilby,

Einen ähnlichen, in erster Linie für paraffinhaltige Mineralöle bestimmten, aber auch für Elain gut verwendbaren Apparat verdanken wir G. Beilby[1]). Die Zellen, in denen das Öl abgekühlt wird, sind bei diesem Apparat ziemlich hoch, aber nur von geringer Breite. Je 10 Zellen sind aneinander gebaut und durch Zwischenräume, durch die eine abgekühlte Salzlösung fließt, getrennt. Am Boden jedes einzelnen Ölgefäßes befindet sich eine wagerechte Schraube, die das kristallinisch erstarrte Elain aus dem Gefäße schafft.

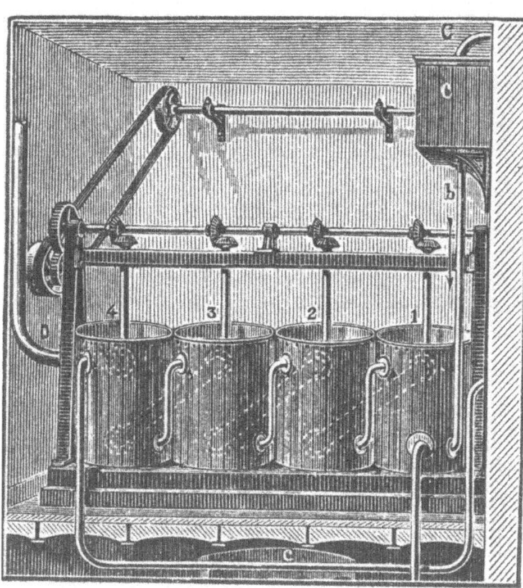

Fig. 181. Ölsäurekühlapparat nach Engelhardt.

von Lach,

Auch der kontinuierlich arbeitende Kühlapparat von B. Lach[2]) ist auf demselben Prinzip aufgebaut und unterscheidet sich von dem Droux-schen Kühler eigentlich nur durch Konstruktionsdetails.

Eine eine sehr rasche und dabei doch genügend gute Kristallisation gewährleistende Abkühlung des Kaltpressenablaufes erreicht man, wenn man diesen in Form dünner Schichten abkühlt. Um dies in praktischer Weise zu ermöglichen, ist eine ganze Reihe von Apparaten empfohlen worden, wovon wir die wichtigsten herausgreifen wollen.

von Petit.

Da ist vor allem eine Kühlvorrichtung der Société Petits Frères zu erwähnen[3]):

Der wesentlichste Teil dieses Apparates ist eine Trommel A (Fig. 182), bestehend aus zwei gußeisernen Schildern B, die mittels Stehbolzen zusammengehalten werden und zwischen sich zylindrische Blechwände halten. Im Innern der Trommel befindet sich kaltes, von einer Kühlmaschine kommendes Wasser, das durch das Rohr C und einen hohlen Raum D der Trommel zufließt und durch einen anderen Arm aus dieser abgelassen wird. Die Trommel wird mittels eines Zahnkranzes und Getriebes von einer Welle aus in Drehung versetzt; diese Welle treibt zugleich mittels eines Exzenters eine Pumpe P, die aus einem Behälter F die erstarrte

[1]) Journ. of the Society of Chemical Industry 1885, S. 322.
[2]) B. Lach, Stearinfabrikation, Halle a. S. 1908, S. 142.
[3]) Armengauds Publication industrielle 1886/87, Bd. 31, S. 3.

Masse ansaugt und nach der Filterpresse drückt. Die äußere Mantelfläche der Trommel nimmt bei der Drehung aus dem Troge *f*, dem durch den Hahn *g* das Olein zufließt, eine dünne Schicht Flüssigkeit auf, die während des Umdrehens erstarrt und schließlich bei *h* von einem dort angebrachten Schaber abgestreift wird. Sie fällt in den ebenfalls durch kaltes Wasser gekühlten Behälter *F*, um von dort mittels Pumpe *P* der Filterpresse zugeführt zu werden.

Nach den Angaben von Petit[1]) soll ein solcher Kühlapparat täglich 3000 kg Rohmaterial verarbeiten und die Stearinausbeute um 4 % erhöhen helfen. Dabei soll die zum Kühlen notwendige Kalorienanzahl bedeutend geringer sein. Gewöhnlich wird eine Reihe solcher Apparate nebeneinander aufgestellt [Fig. 183[2])], und holländische Stearinfabriken, die zu Ende der achtziger Jahre des vorigen Jahrhunderts diese Apparate in Verwendung hatten, waren damit recht zufrieden.

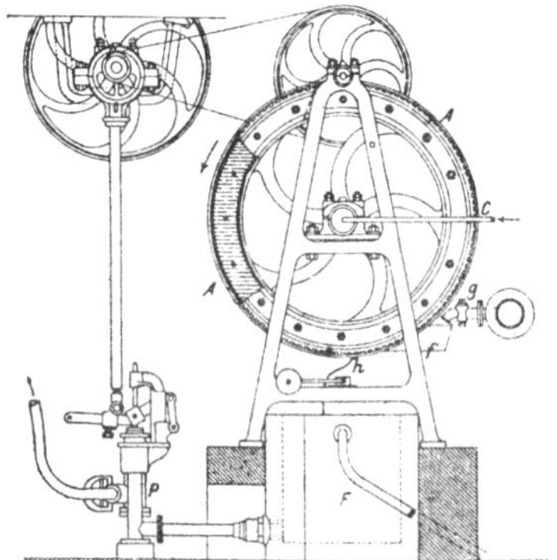

Fig. 182 a.

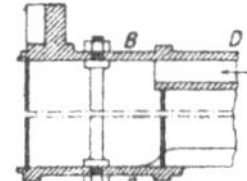

Fig. 182 b.

Fig. 182 a und b. Entstearinisierapparat nach Petit.

Andere Kühlapparate.

Ganz ähnlicher Art sind die in den Fig. 184 und 185 vorgeführten Apparate, die hauptsächlich in der schottischen Schieferölindustrie zum Auskristallisieren der Weichparaffinmasse verwendet werden[3]).

Bei dem in Fig. 184 gezeigten Apparate ist *A* eine ungefähr 90 cm weite und 2,5—3 m lange Trommel aus 1 cm starkem Eisenblech, die in der Minute eine Umdrehung macht und durch die kaltes Wasser langsam hindurchgeht. Das zu kühlende Elain befindet sich in dem Troge *B*, in den es durch die Leitung *b* geführt wird. Durch *B* schleift die Trommel, die Masse wird abgekühlt und bleibt an der Trommelwand hängen, von der sie durch das Messer *c* abgekratzt wird und nach dem Kasten *C* fällt. Von dem Behälter *C* aus wird die Ölsäure nach der Filterpresse gepumpt, um die festen Fettsäuren abzufiltrieren. *d* ist ein Überlaufrohr, durch das der Überschuß der zugeleiteten technischen Ölsäure aus *B* nach *D* abfließt.

Bei dem Apparat nach Fig. 185 ist *A* ein feststehender kupferner Zylinder von etwa 1 cbm Fassungsraum, der mit dem Rührwerk *a*, *a* und dem eisernen Mantel *B* versehen ist, in den bei *b* die Kühlflüssigkeit eintritt und bei *c* ausfließt. Der ganze Apparat ist mit einem Schutzmantel *D* aus Eisenblech umgeben, der mit einem schlechten Wärmeleiter angefüllt ist, um im Sommer jeden Kälteverlust zu verhindern. Das Olein wird durch *d* eingeleitet und kühlt sich im Zylinder ab, wobei durch das Rührwerk eine gleichmäßige Mischung und Temperatur herbeigeführt werden. Die Masse läuft dann von *A* durch den Bodenhahn nach dem Behälter *E*, um von da mittels des Rohres *f* der Filterpresse zugeführt zu werden.

---

[1]) Dinglers polyt. Journ. 1887, Bd. 263, S. 567.

[2]) Diese Anlage ist von Morane jeune in Paris ausgeführt.

[3]) Scheithauer, Fabrikation der Mineralöle, Braunschweig 1895, S. 177.

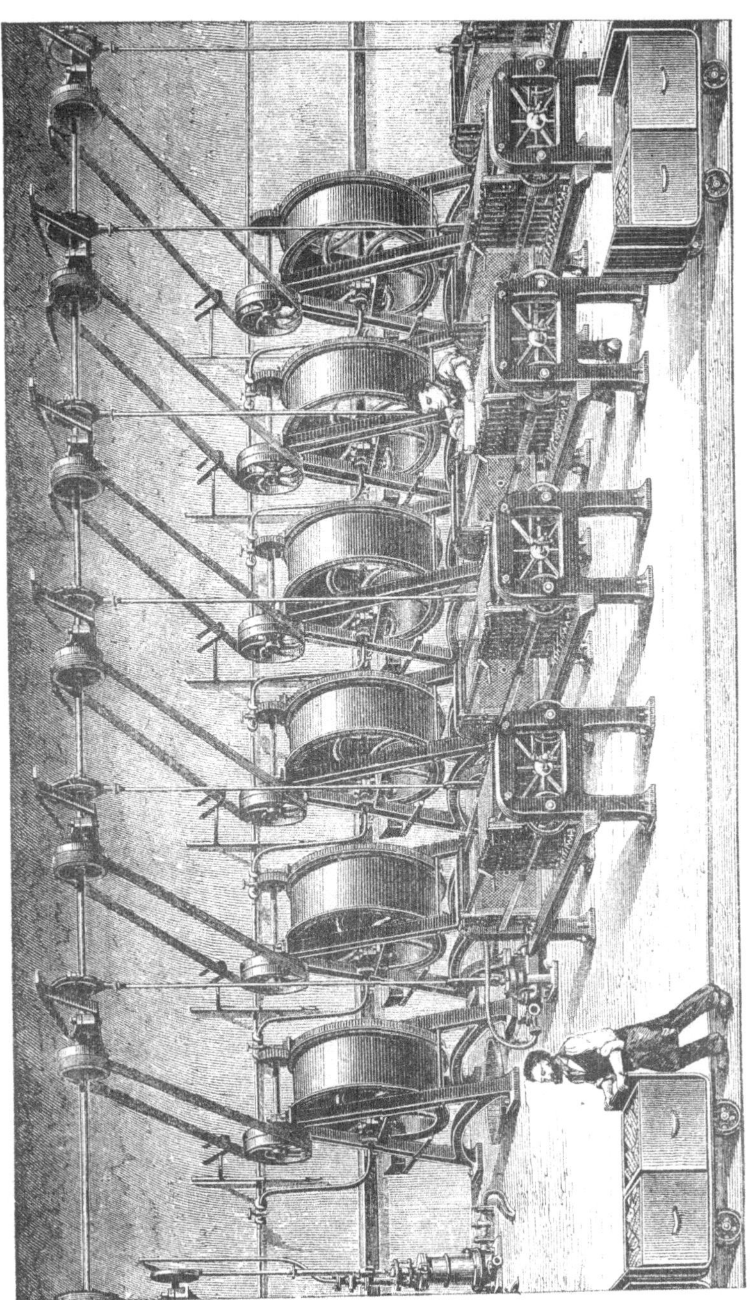

Fig. 183. Entstearinisieranlage nach System Petit.

Apparat von Zuccari.

Ein Abkühlen in dünner Schicht findet auch bei dem Apparat von Zuccari[1]) statt.

In einem Gefäße A (Fig. 186) aus Eisenblech, das in Form eines Mantels m allseits von schlechten Wärmeleitern umgeben und mit einem Holz-

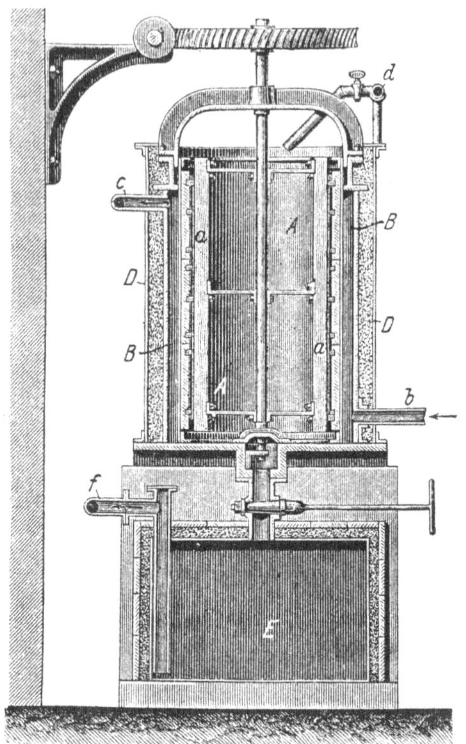

Fig. 185. Kühlapparat für den Kaltpressenablauf.

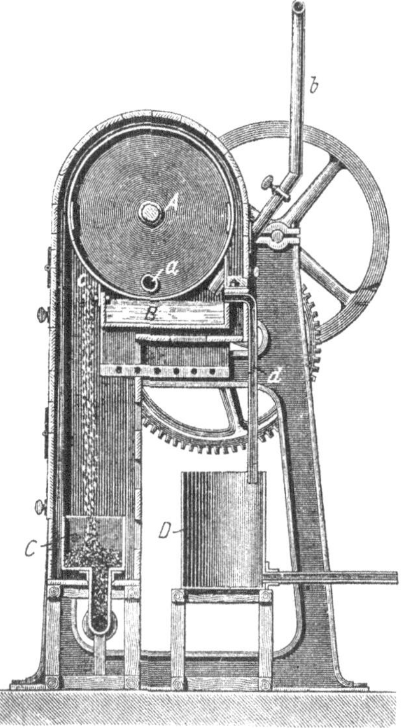

Fig. 184. Kühlapparat für den Kaltpressenablauf.

deckel d versehen ist, befindet sich ein auf zwei Eisenstützen ruhender Hohlring h, in den bei c_1 Kühlwasser ein- und bei c_2 austritt. In der Mitte des Gefäßes rotiert eine Welle r, die mittels einer Riemenscheibe s angetrieben wird. Die Welle besitzt einen gußeisernen Arm b; dieser nimmt zwei Eisenstäbe i auf, die mit hölzernen, an der Innen- und Außenseite des Hohlringes sich anlegenden Abstreifern f versehen sind.

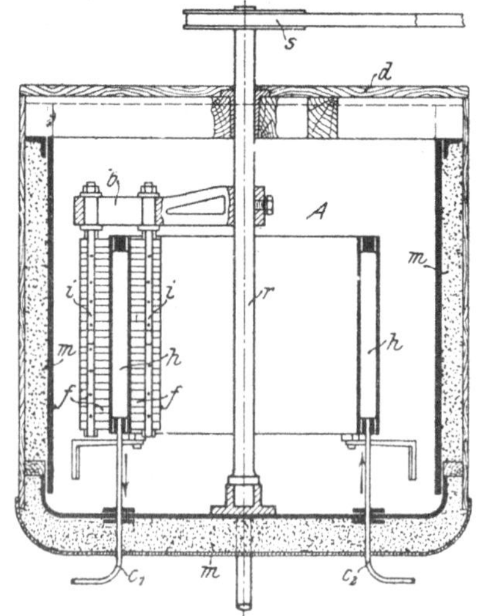

Fig. 186. Kühlapparat nach Zuccari.

[1]) Marazza-Mangold, Stearinindustrie, Weimar 1896, S. 110.

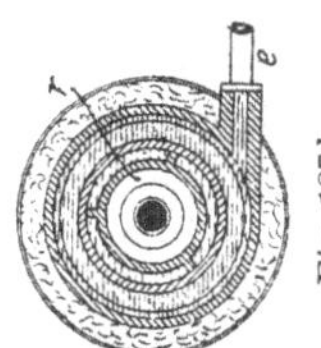

Fig. 187 b.

Zur Inbetriebsetzung wird das Gefäß *A* mit Olein gefüllt, Kühlwasser durch den Hohlring *h* laufen gelassen und die Welle in Bewegung gesetzt. Die Fettsäuren legen sich bald an der Oberfläche des Kühlringes an und werden von den Abstreifern *f*, die auch als Rührer wirken, in der Masse verteilt. Das Olein wird immer mehr und mehr abgekühlt, bis schließlich die Kristallisation der festen Fettsäuren durch die ganze Masse erfolgt, worauf man die teigige Substanz durch einen Hahn am Boden des Apparates (in der Figur nicht gezeichnet) abläßt.

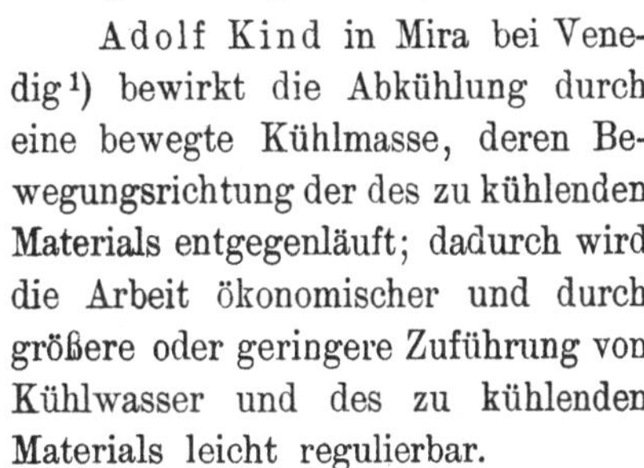

Fig. 187 a.

Fig. 187 a und b. Kühlapparat nach Kind.

Apparat von Kind.

Adolf Kind in Mira bei Venedig[1]) bewirkt die Abkühlung durch eine bewegte Kühlmasse, deren Bewegungsrichtung der des zu kühlenden Materials entgegenläuft; dadurch wird die Arbeit ökonomischer und durch größere oder geringere Zuführung von Kühlwasser und des zu kühlenden Materials leicht regulierbar.

Der Kindsche Kühlapparat (Fig. 187) besteht aus einem innen glatt gedrehten Zylinder *a*, der an beiden Enden durch Deckel *b* und *c* verschlossen und außen mit gegeneinander versetzten Rippen *n* von mehr oder minder großer Anzahl versehen ist, die beim Einschieben des Zylinders *a* in den Außenzylinder *d* an korrespondierende Rippen des letzteren anschließen. Diese Rippen können auch in Form eines Schraubenganges oder in jeder passenden anderen Form verlaufen. Dadurch werden abwechselnd oben und unten durchbrochene Scheidewände in dem für den Kaltwassereinlaß dienenden Kühlraum derart gebildet, daß das unten rechts bei *e* eintretende Kühlwasser gezwungen wird, auf und nieder um den Zylinder *a* zu zirkulieren, um links oben durch das Rohr *f* den Apparat zu verlassen. Es ist klar, daß die Rippen *n* auch nur an dem Zylinder *a* angebracht sein können. Die Rippen vermehren zugleich die Berührungsfläche des Zylinders *a* mit dem Kühlwasser und erhöhen dadurch den Effekt.

Um Kälteverluste zu verhüten, ist der Zylinder *a* von einem Blechmantel und einer Füllung von Schlackenwolle

[1]) D. R. P. Nr. 30898 v. 3. Juli 1884.

oder einem sonstigen schlechten Wärmeleiter umgeben; desgleichen können auch die Rohre für das Kühlwasser und das Olein mit schlechten Wärmeleitern bekleidet werden.

Für das zu kühlende Olein ist in dem Zylinder *a* ein enger, ringförmiger Raum durch den zu *a* konzentrisch liegenden und durch ein passendes Vorgelege mit seiner Achse *h* in langsame Rotation zu versetzenden Zylinder *v* gebildet, um dessen Umfang ebenfalls Rippen angeordnet sind, die bei der Drehung der Achse mit leichtem Drucke die Innenwand des Zylinders *a* streifen. Diese Rippen können entweder gerade sein oder zweckmäßig die Form von steilen Schraubengängen besitzen. Das links oben in den Deckel *b* eintretende Olein wird bei Drehung der Achse *h* nach der Richtung des beigesetzten Pfeiles unter starker Abkühlung von außen in ringsum gleich dünner Schicht durch die Wirkung der Pumpe *P* der Richtung des zwischen *a* und *v* beständig zirkulierenden Kühlwassers langsam entgegenbewegt, um rechts unten am Deckel *c* den Apparat zu verlassen. Durch diese kontinuierliche Gegenströmung wird die Kühlwirkung um ein bedeutendes erhöht. Bei Anwendung von schraubenförmigen Rippen wird die Bewegung der zu kühlenden Massen durch diese Rippen noch unterstützt.

Außer der kontinuierlichen Gegenstromkühlung besteht noch ein weiterer Vorteil dieser Einrichtung darin, daß die Fettmasse in der ganzen Dicke der Schicht bewegt wird, indem die Rippen des rotierenden Zylinders *v* die volle Weite des ringförmigen Kühlraumes des Apparates ausfüllen und die die inneren Flächen des Zylinders *a* beständig berührenden Rippen die sich dabei etwa ansetzenden festen Bestandteile von dem Zylinder *a* entfernen, immer neue Bestandteile der zu kühlenden Flüssigkeit mit der Kühlfläche am Zylinder *a* in Berührung bringend, wodurch die Wirksamkeit dieser Oberfläche stets gewahrt wird, was bei anderen Apparaten ähnlicher Konstruktion nicht stattfindet, da bei diesen zwar ebenfalls Schraubengänge zum Fortbewegen der Masse benutzt werden, aber nur in solcher Anordnung, daß der Kühlzylinder von ihnen nicht gestreift wird.

Das zu kühlende Olein fließt aus dem Reservoir *A* in das untere Reservoir *B* und wird aus diesem mittels der Druckpumpe *P* durch den in Bewegung gesetzten Apparat hindurch vermittelst des Rohres *t* wieder nach *A* gedrückt. Dieser Kreislauf wird so lange fortgesetzt, bis das Olein abgekühlt ist. —

Dieser Apparat, der von der Firma Klein, Schanzlin & Becker in Frankenthal (Pfalz) ausgeführt wurde, hat in der bekannten Stearinkerzenfabrik in Mira bei Venedig, deren Direktor seinerzeit Kind war, lange Jahre hindurch Anwendung gefunden[1]), ist aber sonst nirgends aufgestellt worden.

Apparat von Smith. R. H. Smith in Carbondale[2]) scheidet die in dem Kaltpressenablaufe gelösten festen Fettsäuren aus, indem er ersteren in einem entsprechend kühl gehaltenen Raume in fein zerstäubtem Zustande auf ein endloses, über eine Anzahl Walzen geführtes, durchlässiges Band sprengt, wobei die Fettsäuren auf dem Bande gerinnen. Dieses wird dann zwischen zwei Walzen derart gepreßt, daß die flüssigen Fettsäuren aus dem Bande heraustreten und nach abwärts abtröpfeln, während die festen Stoffe hierbei auf die obere der beiden Walzen übertragen werden, von der sie durch eine entsprechend gestellte Klinge abgeschabt werden.

---

[1]) Seifenfabrikant 1885, S. 50.
[2]) D. R. P. Nr. 32012 v. 15. Okt. 1884.

Ein endloses Band F (Fig. 188) aus Filz oder dgl. läuft über die Walzen D und B. Gegen letztere wird die Spannwalze A so eingestellt, daß sich ein ziemlich beträchtlicher Teil des Umfanges der Walze A mit der Oberfläche des Bandes F in Berührung befindet, und zwar unter einem solchen Drucke, daß hiedurch das Öl zum Teil aus dem Bande herausgepreßt wird. Die ganze Vorrichtung befindet sich in einem, je nach der Beschaffenheit des zur Verwendung kommenden Öles, entsprechend kühlen Raume. Das Öl wird durch ein Rohr S unter Druck auf das Band f gespritzt, das sich in steter Bewegung befindet. Während die flüssigen Öle durch das Band hindurchsickern, aus diesem schließlich zwischen den beiden Preßwalzen A und B herausgepreßt und durch die Rinne E abgeführt werden, bleiben die nach und nach erstarrenden, festen Bestandteile auf der Oberfläche des Bandes liegen und werden von hier beim Pressen des Bandes zwischen den Walzen auf A übertragen, von wo sie durch eine Klinge H von der Walze A abgestreift werden und auf ein Transportband L fallen, das sie nach einer geeigneten, außerhalb gelegenen Ablagestelle befördert.

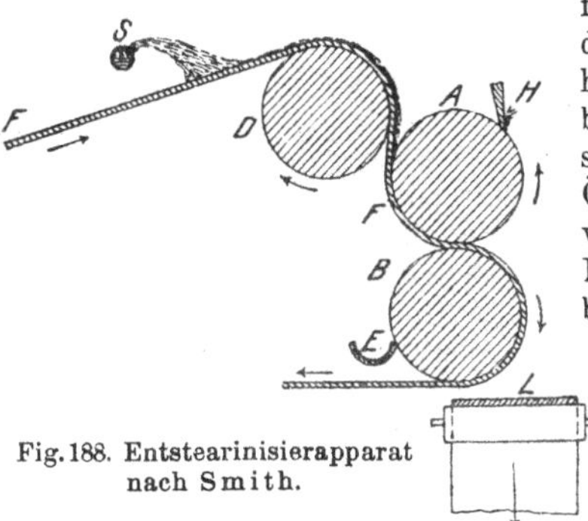

Fig. 188. Entstearinisierapparat nach Smith.

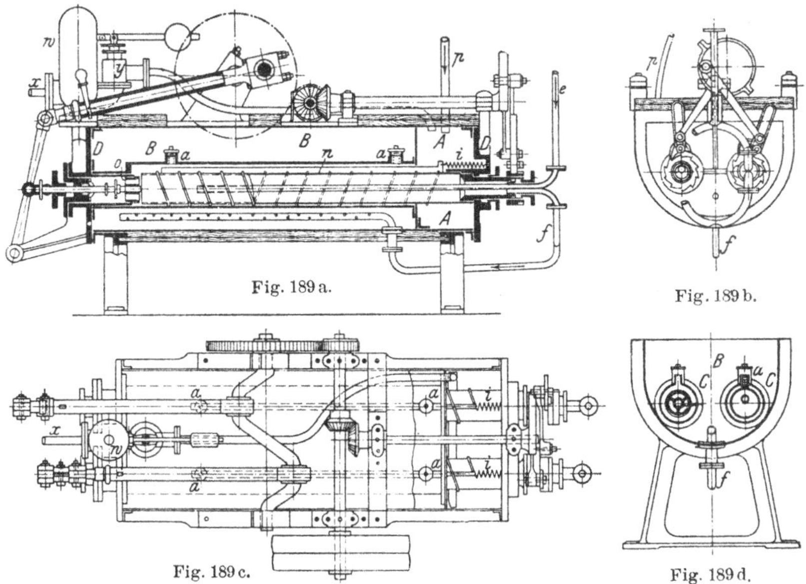

Fig. 189a. Fig. 189b. Fig. 189c. Fig. 189d.
Fig. 189a—d. Entstearinisierapparat nach Messener.

Ein ziemlich komplizierter Apparat zur Abkühlung von Olein (siehe Fig. 189), bei dem unter anderem die gleichzeitig abgekühlte Masse durch eine Schneckenbewegung zu einer nicht saugenden Pressionspumpe zugeführt wird, stammt von J. Messener in Metz[1]).

[1]) D. R. P. Nr. 16029 v. 12. April 1881.

Apparat von Messener.

Er besteht aus einem halbrunden, 1,5 m langen Behälter aus verzinktem Eisenblech (Fig. 189), der an beiden Enden durch zwei gußeiserne Deckel *D* geschlossen ist, an denen die Pumpen sowie der Bewegungsorganismus der Zuführungsschnecken angebracht sind. Der kleine Raum *A* des Behälters dient zur Aufnahme der zu kühlenden, durch das Rohr *p* zufließenden Fettmassen, während sich in dem größeren Raume *B* zwei geschlossene Zylinder befinden, die stets von Eis oder kaltem Wasser umgeben sind. In jedem dieser beiden fest in dem Apparat lagernden Zylinder dreht sich ein hohler Blechzylinder von einem Durchmesser, der um 20 mm kleiner ist als der des Umhüllungszylinders, mit am Umfang angebrachten schneckenförmigen Gängen. Durch diese Schraubengänge werden die in dem Raume *A* befindlichen Fettmassen durch den Kühlraum *B* nach den Pumpen übergeführt. Zur schnelleren Abkühlung der Fette wird dem Innern jeder Schnecke durch das Rohr *e* von außen kaltes Wasser zugeleitet, das durch kleine Löcher am Umfang des am Ende geschlossenen Rohres in die rotierenden Zylinder tritt und durch ein zweites Rohr *f* aus den beiden Schneckenzylindern in den Raum *B* zur weiteren Abkühlung der beiden festen Umhüllungszylinder geschafft wird.

Um ferner die abgekühlten Fettmassen von den Schnecken abzustreifen und den Pumpen zuzuführen, ist auf jeder der beiden Schnecken je ein hochkantig stehender stählerner Abstreifer angebracht, der mit den Schraubengängen der Schnecke entsprechenden Einschnitten versehen ist. Diese Abstreifer werden bei jeder Umdrehung der Schnecke um einen Zahn vorgeschoben und gleichzeitig nach jeder Umdrehung durch zwei am Umfang der Schnecke befindliche Knaggen um die Höhe des Schraubenganges gehoben und durch die Wirkung der am Ende des Abstreifers befindlichen Feder in die frühere Lage wieder zurückgebracht. Durch je zwei kleine Spiralfedern *a* werden die Abstreifer fest auf den Umfang der Schnecke gedrückt und gleichzeitig wird auch beim Zurückschnellen der Abstreifer ihr richtiges Wiedereingreifen in die Schneckengänge gesichert. Die abgekühlten Massen werden durch die beiden nicht saugenden Pumpenkolben *c* erfaßt und durch das Rohr *x* zu den gewöhnlichen Filtrierapparaten, wie man sie bei der weiteren Fabrikation von Stearin anwendet, befördert. Sind die Filtrierapparate gefüllt, so wird der Zuführungshahn zu dem Filter geschlossen und die Fettmasse durch das am Windkessel *w* befindliche Ventil *y* abermals dem Raume *A* des Kühlapparates zugeführt, um bis zur etwaigen Einschaltung eines zweiten Filters nochmals gekühlt zu werden.

Die Drehgeschwindigkeit der Schnecken muß je nach der Temperatur sowie der zu erzielenden Abkühlung des zugeführten Fettes geregelt werden, und man kann auch nach Belieben die eine oder andere Schnecke und Pumpe, je nach Bedarf, unabhängig von dem Filtrierapparat in den Ruhezustand versetzen.

Andere Kühlapparate.

Außer den genannten Apparaten gibt es noch eine ganze Reihe von Vorrichtungen, die sich für das Abkühlen des Kaltpressenablaufes eignen. Diese Apparate wurden allerdings weniger für den hier in Rede stehenden Zweck erdacht, sondern um aus paraffinhaltigen Mineralölen das Paraffin auskristallisieren zu lassen. Eine der Natur des Oleins angepaßte Betriebsweise gestattet aber die Anwendung fast all dieser in der Paraffingewinnung anzutreffenden Kühlapparate.

Bei allen diesen mehr oder weniger komplizierten Kühlapparaten erfährt das Elain eine relativ rasche Abkühlung, denn schließlich ist ja Zeitersparnis der Hauptzweck dieser Vorrichtungen. Nun erlaubt aber nur das Elain aus destillierten Fettsäuren eine raschere Abkühlung, während

Elain aus undestillierten Fettsäuren (Saponifikatelain) bei halbwegs rascher Abkühlung nicht kristallinisch, sondern amorph erstarrt, in welcher Beschaffenheit jedes weitere Sondern in einen flüssigen und einen festen Anteil unmöglich ist. Die Ursache des ungleichen Verhaltens des Kaltpressenablaufes von destillierten und nicht destillierten Fettsäuren ist hauptsächlich darin zu suchen, daß letztere weit reicher an Triglyzeriden sind, deren Vorhandensein bekanntlich kristallisationshemmend wirkt.

β) Abscheidung der auskristallisierten festen Fettsäuren.

Die Abscheidung der beim Abkühlen des Kaltpressenablaufes in mehr oder weniger kristallinischer Form ausgefallenen festen Fettsäuren kann durch Abfiltrieren, durch Abpressen oder durch Zentrifugieren erfolgen. Wie immer diese Trennung geschehen mag, ist es notwendig, daß die Operation in einem entsprechend kühlen Raume vorgenommen werde, weil sonst während der Arbeit ein Wiederverflüssigen der fest gewordenen Fettpartikelchen stattfindet und die ganze Arbeit illusorisch wird. Aus demselben Grunde muß man dafür sorgen, daß der abgekühlte Kaltpressenablauf in einem Behälter aufbewahrt werde, worin er gegen Erwärmung von außen geschützt ist. In Stearinfabriken wird das gekühlte Olein gewöhnlich in unterirdischen, gemauerten Zisternen aufbewahrt, wo es sich recht gut kühl hält. Ein Ruhenlassen der auskristallisierten Masse durch einige Zeit hat sein Gutes, indem dadurch die folgende mechanische Trennung des Kristallbreies erleichtert wird. Trotzdem verarbeitet man in einigen Betrieben die erstarrte Masse sofort weiter. Allgemeines.

Dies geschieht fast ausschließlich durch eine Filterpressenpassage, wobei die kleinen Fettsäurekristalle von dem Filter zurückgehalten werden, während eine an festen Fettsäuren arme Ölsäure (Olein) abfiltriert. Rahmenfilterpressen eignen sich für diesen Zweck besser als Kammerfilter[1]); die Rahmen geben Raum für eine ziemlich große Menge fester Filterrückstände, so daß das Entleeren der Filterpresse nicht so häufig notwendig wird wie bei den Kammerpressen. Auch lassen sich die in den Rahmen bleibenden Fettsäurekuchen bequemer entfernen, als dies Filterkammern gestatten. Filterpressenpassage.

Vielfach wurden für Zwecke der Oleinfiltration Filterpressen mit Kühlplatten empfohlen, wie solche in Band 1, S. 605, Fig. 309 beschrieben sind. Diese Platten, die durch sie zirkulierendes Kühlwasser auf einem entsprechend niedrigen Temperaturgrade gehalten werden können, lassen jede Erwärmung der zu filtrierenden Masse unterdrücken. Sie sind aber trotz dieses Vorteils in den Stearinfabriken nur wenig zu finden, weil auch gewöhnliche Filterpressen die gewünschte Arbeit zur Zufriedenheit verrichten, wenn sie in entsprechend kühlen Räumen untergebracht sind. Leider wird auf diesen letzten Umstand nicht immer geachtet, und man findet nicht selten Oleinfilter in Arbeitsräumen, die Temperaturen von

[1]) Über die Unterschiede dieser beiden Gattungen von Filterpressen s. Bd. 1, S. 600.

weit über 20° C zeigen. Daß in solchen Fällen die ganze Entstearinierungsoperation meistens illusorisch gemacht wird, bedarf kaum einer Erwähnung[1]).

Abpressen des gekühlten Elains.

Neben dem Filtrieren hat man auch das Abpressen des kristallisierten Kaltpressenablaufes versucht. Man brachte den Kristallbrei in Einschlagtücher und setzte diese Pakete dem ganz allmählich ansteigenden Drucke einer einfachen Etagenpresse aus. Bei gut ausgebildeter Kristallisation und bei entsprechend langsam ansteigendem Drucke ist der bei der Preßarbeit erreichte Effekt sehr gut. Die Preßarbeit ist aber weit umständlicher als das Filtrieren und schließt außerdem die Gefahr in sich, daß durch die notwendige Handmanipulation der Kristallbrei in den Preßpaketen erwärmt wird.

Der sich aus dem abgekühlten Kaltpressenablauf nach der einen oder andern Methode ergebende feste Rückstand — da hauptsächlich das Filtrieren der gekühlten Ölsäure geübt wird, handelt es sich meist um Filterpressenrückstand — ist reich an Neutralfetten und zeigt daher nur wenig von einer kristallinischen Struktur. Diese in Österreich gewöhnlich Elain-Katsch genannte Masse kann nicht ohne weiteres der Preßarbeit von neuem zugeführt werden, indem man sie einfach den frisch hergestellten Fettsäuren zumischt und aufs neue unter die Kaltpressen bringt; man muß sie vielmehr neuerlich autoklavieren, um die großen darin enthaltenen Neutralfettmengen vorher in Fettsäuren zu verwandeln. Die großen Prozentsätze an Neutralfett kommen daher, weil das Neutralfett beim Kaltpressen immer in den Ablauf übergeht, dieser daher fast die ganze im Autoklaven unverseift gebliebene Neutralfettmenge enthält. Bei der Elainkühlung und der darauffolgenden Filtration scheidet sich nun fast das gesamte Neutralfett in den ausgeschiedenen festen Massen ab.

Schema der Preßarbeit.

Den ganzen Arbeitsgang des Stearinpressens erläutert am besten das nachstehende Schema:

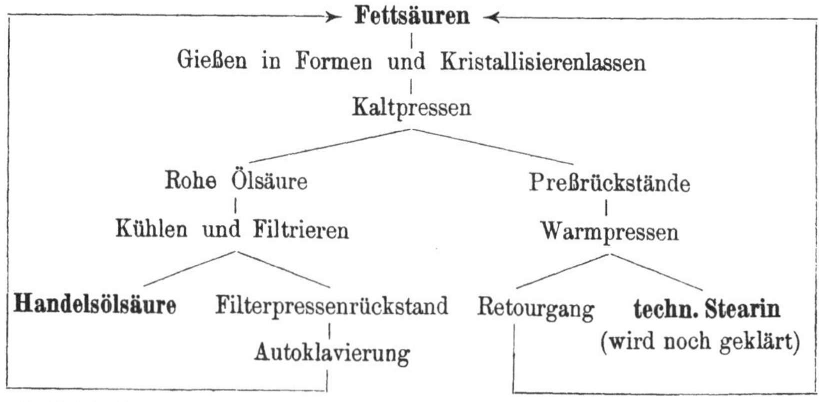

[1]) Für Zwecke der Oleinfiltration hat die Firma Gebrüder Petit in St. Denis eine Filterpresse von Farinaux empfohlen. Ihre Konstruktion bietet aber nichts sonderlich Bemerkenswertes. (Armengauds Publication Industrielle 1886/87, Bd. 31, S. 1.)

Zentrifugieren.

Es lag ziemlich nahe, das Absetzen der Fettsäuren durch Zentrifugieren zu ersetzen; aber ebenso wie bei der Ölgewinnung werden die Zentrifugen auch in der Stearinindustrie niemals die Pressen zu ersetzen vermögen (siehe Band 1, S. 408 und Band 2, S. 398). Allgemeines.

Der erste Versuch mit Zentrifugen wurde von Wilson[1]) angestellt, der darüber berichtet:

„Die auszuschleudernde Fettsäure kommt in einen aus dichtem Gewebe hergestellten Sack, der ungefähr 20 cm breit ist und eine solche Länge hat, daß er den inneren Zentrifugenmantel vollständig zu bedecken vermag. Bei richtig gewählter, weder zu hoher noch zu niedriger Tourenzahl der Zentrifuge werden die flüssigen Fettsäuren ausgeschleudert, d. h. sie durchdringen infolge der Zentrifugalkraft die feinen Maschen des Tuches und hierauf die Löcher des Zentrifugenmantels.“

Später haben Hartwich und Filsch[2]) nach dem gleichen Prinzip ein Trennungsverfahren für feste und flüssige Fettsäuren ausgearbeitet und damit bei entsprechendem Mischungsverhältnisse und guter Kristallisation der Säuren angeblich auch gute Resultate erzielt.

Auch das Zentrifugieren des abgekühlten Oleins zwecks Abscheidung der festen Kristallmassen ist vorgeschlagen worden, und zwar von der Firma A. Weiß & Co. in Lyon[3]). Die Kristallmasse soll zu diesem Zwecke in ein Wolltuch eingeschlagen und so in eine Zentrifuge gebracht werden, die 1200—1300 Umdrehungen macht.

2. *Auf chemischer Basis fußende Trennungsverfahren.*

Das Trennen der festen und flüssigen Fettsäuren auf chemischem Wege zu erreichen, war ein den Stearintechnikern seit jeher vorschwebendes, schon von Chevreul[4]) ins Auge gefaßtes Ziel; ein solches Verfahren könnte die Fabrikationsspesen unter Umständen wesentlich verbilligen und die Stearinausbeute erhöhen. Die bisher in Vorschlag gebrachten Verfahren haben jedoch keinerlei praktische Bedeutung und sind nur als Vorläufer möglicherweise noch kommender technisch reiferer Verfahren interessant[5]). Allgemeines.

Die meisten Vorschläge stellen keine eigentlich chemischen Verfahren dar, sondern sind auf der verschiedenen Löslichkeit der festen und flüssigen Fettsäuren in verschiedenen Stoffen, also mehr auf physikalischer Basis, aufgebaut und stellen in ihrer Ausführung meist eine Kombination mechanischer und chemischer Trennungsarbeit dar, denn die Lösungsmittel werden gewöhnlich nur zur Unterstützung der mechanischen Trennung angewandt.

---

[1]) Engl. Patent Nr. 4422 v. Jahre 1869.
[2]) Franz. Patent Nr. 204611 v. 26. März 1890.
[3]) Moniteur Scientifique 1870, S. 837; Chem. News 1870, S. 179.
[4]) Siehe S. 515.
[5]) Siehe Marazza-Mangold, Stearinindustrie, Weimar 1896, S. 88.

Vorschlag Deiß'.

Die Preßarbeit durch Zugabe von Lösungsmitteln zu den Fettsäuren zu unterstützen, hat zuerst Deiß[1]) in Vorschlag gebracht. Er ließ sich ein Verfahren patentieren[2]), nach dem man den zu pressenden Fettsäuren 20% Schwefelkohlenstoff vor der Kristallisation zusetzte. Dadurch wurde hauptsächlich die Ölsäure gelöst und infolge der so erreichten Verdünnung ließ sich ihr besseres Ausbringen aus der Preßmasse erzielen. Leider gehen beim Formen der mit Schwefelkohlenstoff verdünnten Fettsäuren wie auch beim Einschlagen der Preßkuchen in die Preßtaschen und während der Preßoperation selbst beträchtliche Mengen von Schwefelkohlenstoff verloren und belästigen die Arbeiter in unerträglicher Weise, so daß, ganz abgesehen von der Feuersgefahr, die die in dem Lokal verteilten Schwefelkohlenstoffdämpfe bedingen, an eine praktische Verwendung der Deißschen Methode nicht zu denken ist.

Die Deißsche Idee hat weitere Versuche gezeitigt, bei denen an Stelle des Schwefelkohlenstoffs andere Lösungsmittel, die für Ölsäure ein größeres Aufnahmsvermögen zeigen als für fette Fettsäuren, angewendet werden.

Versuche Pastrovichs.

So hat P. Pastrovich[3]) im Jahre 1888 eine Trennung der Fettsäuren durch Alkohol versucht. Bekanntlich ist Stearin- wie auch Palmitinsäure in verdünntem Alkohol viel schwerer löslich als die Ölsäure, und die beim Behandeln eines Fettsäuregemisches mit verdünntem Alkohol entstehende Lösung scheidet nach längerem Stehen die festen Fettsäuren in Form von feinen Kristallen aus.

Pastrovich verwendete für seine Versuche die 2,5—3fache Menge eines Alkohols vom spezifischen Gewicht 0,872—0,885 bei 15° C. Er bestimmte diese günstigste Stärke des Alkohols auf empirische Weise, ganz ähnlich wie dies David[4]) für das Alkohol-Essigsäure-Gemisch vorgeschlagen hatte, das er zur Trennung von festen und flüssigen Fettsäuren verwendete.

Pastrovich verdünnte die geschmolzenen Fettsäuren mit der 2,5 bis 3fachen Menge dieses Alkohols und überließ dann die Lösung durch 12 Stunden der Ruhe. Dabei schieden sich infolge des allmählichen Erkaltens der Flüssigkeit kleine Kristalle aus, bis sich die ganze Masse in einen dünnen Kristallbrei verwandelte. Dieser wurde durch eine Filterpresse getrieben und die dabei erhaltenen Stearinkuchen wurden mit reinem Alkohol so lange nachgewaschen, bis der abfließende Alkohol vollständig farblos war. Aus dem Filtrat und dem Waschalkohol wurde dann das Lösungsmittel vertrieben, wie auch aus den Stearinkuchen, wie sie aus den Filterpressen

[1]) Bull. de la Soc. chim. 1873, Bd. 20, Nr. 8 und 9, S. 431; Berichte der Deutsch. chem. Gesellsch. 1873, S. 1562; Polyt. Zentralbl. 1873, S. 1113.

[2]) Franz. Patent v. 13. Juli 1872. — Das Patent wurde in England auf den Namen A. M. Clark genommen; siehe auch: A. M. Clark, Berichte der Deutsch. chem. Gesellsch. 1874, S. 1030.

[3]) Chem. Revue 1904, S. 1.

[4]) Chem. Ztg. 1884, S. 93.

kamen, der Alkohol durch Eintreiben von Dampf oder kochendes Wasser entfernt wurde.

Die Versuchsresultate von Pastrovich sind in der nachfolgenden Tabelle zusammengestellt:

Angewendet 100 kg	Erstarrungspunkt (Titre) °C	Verwendeter Alkohol			Temperatur der Preßmasse °C	Stearin		Ölsäure	
		Dichte	zum Lösen	zum Decken		in %	Titre °C	in %	Titre °C
Talgfettsäure	43,95	0,884	450	340	16	44,55	52,40	55,45	28,40
Talgfettsäure	43,95	0,877	300	340	16	40,00	54,20	60,00	28,70
Talgfettsäure	43,95	0,889	300	250	12,5	43,90	53,40	56,11	—
Preßtalgfettsäure	47,45[1]	0,882	300	224	15	60,30[2]	54,80	39.70	29,75
Knochenfett- und Palmölfettsäure	40,05	0,885	250	380	12	37,70	51,85	62,30	24,60
Talg- und Preßtalgfettsäure	46,95	0,883	150	400	17,5	52,75	53,75	47,25	29,10

Das erhaltene Stearin war nach Pastrovich von unansehnlicher Farbe, die weder durch Kochen mit verdünnter Säure noch durch schwarzes Entfärbungspulver, wohl aber durch Behandeln mit China Clay behoben werden konnte. Das erhaltene Elain war, wie schon die Erstarrungspunkte zeigen, noch ziemlich reich an festen Fettsäuren. Die Alkoholverluste betrugen bei den einzelnen Versuchen 5—8,5 %, doch sind sie zum großen Teil auf zu einfache Versuchsanordnung zurückzuführen, die den Verdunstungsverlusten zu wenig vorgebeugt hatte. Es ist schade, daß Pastrovich bei seinen Versuchen nicht auch die Jodzahl jedes einzelnen Produktes bestimmt hat; man hätte dadurch einen genauen Einblick in die Lösungsverhältnisse gewonnen.

K. W. Charitschkoff[3]) hat später konstatiert, daß verdünnter Alkohol von 0,886 Dichte (gemessen bei 15° C) bei einer Temperatur von 0° C nur 0,1 % Stearinsäure zu lösen vermag. Benzin, das sich gegen die Fettsäuren ganz ähnlich wie Alkohol verhält, nimmt bei 0° C 0,4 % Stearinsäure auf. **Versuche Charitschkoffs.**

K. W. Charitschkoff, der mit Benzin und Alkohol vergleichende Versuche über das Trennen flüssiger und fester Fettsäuren anstellte, kam zu folgenden Schlüssen:

1. Bei wiederholtem Behandeln einer Mischung von Ölsäure mit fester Fettsäure bei 0° C gelangt man zu Fraktionen mit steigendem Ölsäuregehalt, wobei die erste Fraktion schneeweiße, hochschmelzende Säuren mit etwas Ölsäure, die letzte dagegen fast die ganze Ölsäure mit einer kleinen Beimischung der festen Fettsäure enthält und eine fettartige Konsistenz besitzt.

[1]) Jodzahl 28,53.

[2]) Jodzahl 5,2.

[3]) Chem. Revue 1905, S. 108.

2. Verdünnter Alkohol trennt Fettsäuregemenge vollkommener als Benzin, doch löst er nicht die färbenden Bestandteile auf, weshalb eine chemische Reinigung des so gewonnenen Stearins unerläßlich ist, während sie bei der Fraktionierung mittels Benzins entbehrlich erscheint.

3. Für die Technik wäre eine Kombination der beiden Mittel das Beste; man müßte zuerst durch verdünnten Alkohol die Ölsäure entfernen und dann durch eine Benzinextraktion die Farbstoffe aus dem Stearin beseitigen, was durch anorganische Reagenzien nur äußerst schwierig ist.

Heute, wo Alkohol und Benzin für technische Zwecke sehr billig zu haben sind und die Spiritus- und Mineralölindustrie sich um die Erschließung neuer Verwendungsgebiete ihrer Erzeugnisse bemühen, gewinnen diese an und für sich nur theoretisches Interesse habenden Versuche eine gewisse Aktualität.

Apparat von Petit.

Ein Vorschlag, nämlich der der Witwe Charles Petit, geborenen Marie V. Brisset in St. Denis bei Paris[1]), der in allerletzter Zeit in vielen Fachzeitungen irrtümlicherweise als etwas Neues angepriesen wurde[2]), beruht ebenfalls auf der Tatsache, daß Ölsäure in gewissen Lösungsmitteln (die Patentnehmerin nennt Benzin, Terpentinöl, Petroleumäther, Holzgeist, Azeton, Äthyl-, Propyl-, Butyl- und Amylalkohol, entweder für sich oder miteinander gemischt, sowie Schwefelkohlenstoff oder Äther) leichter löslich ist als die festen Fettsäuren, benutzt also die von Pastrovich und Charitschkoff untersuchten Lösungserscheinungen. Frau Petit arbeitet derart, daß sie eine vorerst heiße Lösung des Fettsäuregemisches herstellt, aus der dann durch Abkühlen die schwerer löslichen festen Fettsäuren in Form sehr kleiner loser Kristalle ausgefällt werden.

Diese feinste Zerteilung der festen Körper ist zwar deren Reinigung sehr günstig, allein sie erschwert die Scheidung der festen Masse von der flüssigen sehr, und dies um so mehr, als die verwendeten Lösungsmittel flüchtig sind, die Operation also nur dann ökonomisch und vorteilhaft durchgeführt werden kann, wenn der Verlust an Lösungsmitteln auf das geringste Maß zurückgeführt wird.

Aus diesem Grunde muß auch die Scheidung in möglichst hermetisch geschlossenen Apparaten vorgenommen werden, nämlich in Pressen, Zentrifugen oder Apparaten, die mit Vakuum arbeiten.

Das Arbeiten mit Pressen und Zentrifugen hat aber seine Schwierigkeiten, und Frau Petit empfiehlt daher eine Art Vakuumfilter, das in Fig. 190 dargestellt ist.

In einem Trog *B* ist die Trommel *A*, deren Umfang aus einer gelochten Blechplatte *C* mit quadratischen Rippen besteht, drehbar gelagert.

Dieser Blechmantel wird mit einem Metallgewebe *a* bedeckt und dieses schließlich noch mit einem dicken leinenen oder baumwollenen Tuche *D* belegt.

---

[1]) D. R. P. Nr. 50301 v. 22. Juli 1888.

[2]) Organ f. d. Öl- u. Fetthandel 1907, S. 588.

Die Trommel *A* taucht in die Flüssigkeit des Troges *B* ein, die sich, unterstützt durch die im Innern der Trommel herrschende Luftverdünnung, in das Tuch *D* einsaugt und durch dieses in das Trommelinnere dringt, während die Kristalle auf der Oberfläche hängen bleiben.

Die so in die Trommel eingedrungene Flüssigkeit wird durch das Rohr *G*, das in einer Stopfbüchse durch den Holzzapfen *H* in die Trommel eingeführt ist, abgesaugt und in die Behälter J_1 und J_2 übergeleitet, die mittels des Rohres *K* abwechselnd mit einer nicht gezeichneten Luftpumpe verbunden werden.

Die Trommel dreht sich, das Rad passierend, in der Pfeilrichtung weiter und führt die feste Fettsäure, die sich auf ihrer Oberfläche befindet, unter dem durch das Rohr *L* eingeführten Gemisch von gesättigtem Alkohol und Stearinsäure hindurch, das dazu bestimmt ist, sie zu waschen und von allen Spuren von Ölsäure, die ihr allenfalls noch anhaften, zu befreien.

Dann gelangt die Fettsäure an eine sich drehende Bürste *E*, die sie von der Trommel abnimmt und in ein Schneckenrohr *P* wirft.

Um die ganze Trommel zieht sich ein Mantel *R* zum Schutze gegen Staub. Der Antrieb erfolgt durch das Zahnrad *S*.

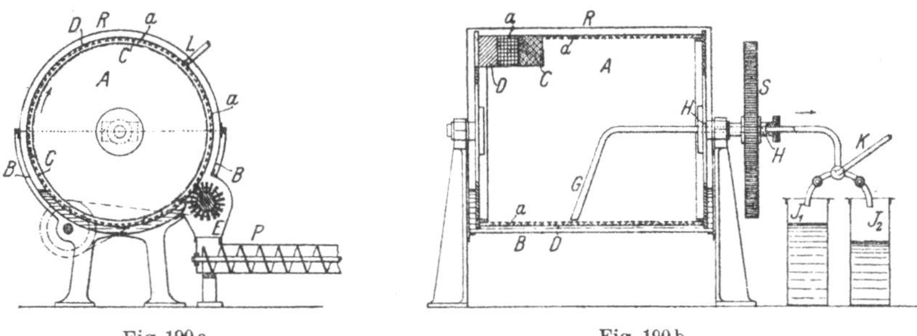

Fig. 190 a. Fig. 190 b.

Fig. 190 a und b. Apparat nach Petit.

Die von der Schnecke *P* abgelieferten festen Fettsäuren sollen ein gutes Kerzenmaterial darstellen, wenn man entsprechend arbeitet und vor allem auf hohe Ausbeute keinen Wert legt. Richtet man jedoch die Lösungskonzentration derart ein, daß eine große Menge fester Massen ausgeschieden wird, so dürfte die Qualität dieses Stearins zu wünschen übrig lassen. Die in Form einer Lösung erhaltene Ölsäure muß durch Abdestillieren des Lösungsmittels gewonnen werden.

Unter den von Frau Petit angeführten Lösungsmitteln befinden sich auch einige wasserlösliche, die eine besondere Anwendung ermöglichen; sie können sowohl für sich als auch mit Wasser vermischt verwendet werden, doch darf der Wasserzusatz nicht zu groß sein, sondern muß sich in Grenzen bewegen, innerhalb deren das Lösungsvermögen für Fettsäuren noch vorhanden ist. Beim Abkühlen solcher warm bereiteter Lösungen fallen dann die festen Fettsäuren aus, und die in Lösung gebliebenen flüssigen Fettsäuren können durch Zusatz weiterer Wassermengen zur Ausscheidung gebracht werden.

Bei Alkohol und Holzgeist z. B. benutzt man 1—10 Teile einer Lösung, die 65—80 Teile Alkohol bzw. Holzgeist und 35—20 Teile Wasser enthält, um die rohe Fettsäure darin bei einer Temperatur von 30—40° C aufzulösen und dann auf 6—10° C erkalten zu lassen.

Die nach der Kristallisation zurückbleibende Flüssigkeit läßt die flüssige Säure obenauf schwimmen, und der Alkohol bzw. Holzgeist wird konzentriert, um von neuem verwendet zu werden.

Das Petitsche Verfahren ist — nicht zuletzt wegen der notwendigen Destillation bzw. Konzentration des Lösungsmittels — für den Betrieb komplizierter als das gewöhnliche Preßverfahren und daher ebensowenig von einer praktischen Bedeutung wie die Vorschläge von Deiß und Pastrovich.

Methode Lanza.

Eine auf ganz neuer Beobachtung fußende Trennung der Ölsäure von den festen Säuren haben sich Fratelli Lanza in Turin patentieren[1]) lassen. Sie fanden, daß beim Einrühren eines erstarrten Fettsäuregemisches in Form von Spänen, Schabsel, Körnern oder in irgendeinem möglichst fein zerkleinerten Zustande in eine wässerige Lösung von Sulfoölsäure eine Trennung der in dem Fettsäuregemenge enthaltenen Ölsäure von der Stearin- und Palmitinsäure stattfindet, wenn die Einwirkung der wässerigen Sulfoölsäurelösung entsprechend lang andauert. Die Ölsäure sammelt sich dabei auf der Oberfläche der Flüssigkeit zu einer lichten, mit Schaum bedeckten Schicht und unter dieser die Hauptmenge der festen Fettsäuren in kleinkristallinischer Form, während sich der Rest der festen Säuren in fein verteiltem, schwebendem Zustande in der wässerigen Sulfoölsäure verteilt findet. Fratelli Lanza haben auf Grund dieser Beobachtungen das folgende Betriebsverfahren ausgearbeitet, dessen Durchführung keine besonderen Vorrichtungen erfordert.

Ein Wasser-Schwefelsäure-Gemisch von einer Dichte von ungefähr 1° Bé wird mit ca. 10% einer wässerigen Sulfoölsäurelösung versetzt. Auf je 1000 kg zu behandelnden Fettsäuregemisches nimmt man mindestens 1000 kg der obigen verdünnten Lösung. In dieses Bad trägt man das zerkleinerte Quantum des festen Fettsäuregemisches ein, rührt es etwa eine halbe Stunde und läßt dann ebensolange stehen. Hiernach trennt man die obenauf schwimmende Ölsäureschicht durch Dekantieren von dem übrigen Inhalt des Gefäßes und scheidet aus diesem durch Filtration die festen Fettsäuren, die man zur Reinigung noch einer Waschung, zunächst mit angesäuertem, dann mit reinem Wasser, unterzieht.

Die Sulfoölsäure, die zur Durchführung dieses Verfahrens notwendig ist, wird so hergestellt, daß man ein mit Rührwerk und Kühlvorrichtung ausgestattetes Gefäß mit 100 kg gut filtrierter Ölsäure beschickt und in diese unter beständigem Rühren und Abkühlen 50 kg Schwefelsäure von 66° Bé in dünnem Strahl fließen läßt. Die erhaltene Sulfoölsäure wird dann mit ca. 4000 kg reinen Wassers versetzt.

Die weitere Absonderung der flüssigen und festen Fettsäuren geschieht durch ein Filter (Fig. 191), bei dem auf die zu filtrierende Fläche durch eine

[1]) D. R. P. Nr. 191238 v. 14. März 1905; vergleiche auch unter „Nachträge" das auf gleichem Prinzipe fußende amer. Patent Nr. 918612 v. 20. April 1909 von E. Twitchell in Yoming (Ohio).

Luftpumpe abwechselnd eine Saug- und Druckwirkung ausgeübt wird, wodurch die im Filtergut enthaltenen festen Partikelchen von der Filterfläche abgehoben und die Zwischenräume wieder freigelegt werden, worauf durch die eintretende Saugwirkung wiederum ein Durchlaufen von Flüssigkeit stattfinden kann.

A ist ein Behälter, in den dicht über dem Boden zwei perforierte Platten *CC* eingesetzt sind, deren Löcher miteinander korrespondieren. Zwischen diesen Platten ist ein Drahtgazenetz oder sonst ein Filtermaterial *D* eingelegt. Der unterhalb der Platten befindliche Raum D_1 steht durch den Kanal *G* mit dem Zylinder *F* einer Luftpumpe in Verbindung, deren Kolben *E* durch die Stange *M* bewegt wird, die durch den Bolzen *N* an einer Kurbelscheibe *J* befestigt ist, deren Welle beliebigen Antrieb erhält. In dem Boden des Behälters *A* befindet sich eine Öffnung, die durch das Eigengewicht eines Ventils *H* geschlossen und in Intervallen durch einen Hebel *R* geöffnet wird, der sich um den Angelzapfen *S* dreht und in Tätigkeit gesetzt wird durch eine Stange *T*, die mit dem Kurbelzapfen des Zahnrades *O* verbunden ist, das von der vorerwähnten Welle getrieben wird. Die Arbeit der Luftpumpe *F* vollzieht sich in vier Perioden: In den ersten bewegt sich der Kolben *E* nach abwärts und komprimiert die Luft im Raume D_1, während das Ventil *H* geschlossen bleibt, so daß die Luft nach oben durch das Filtermaterial *D* gedrückt wird und dabei von der Filterfläche die sie verstopfenden festen Partikelchen entfernt. Während der dritten Periode senkt sich der Kolben wieder und gleichzeitig wird der Hebel *R* nach aufwärts bewegt und das Ventil *H* aus seinem Sitz herausgehoben und die in D_1 befindliche Flüssigkeit durch den auf sie wirkenden Luftdruck durch die Ventilöffnung herausgedrängt. Während der vierten Periode bewegt sich der Kolben *E* aufwärts, während sich gleichzeitig der Hebel *R* wieder senkt und so dem Ventil *H* gestattet, die Ventilöffnung wieder zu schließen, so daß, wenn der Kolben das Ende seines Aufwärtsganges erreicht hat, die Anfangsbedingungen der einzelnen Teile wiederhergestellt sind. Die Augen *a* des Ölsäurebehälters, die Führungsstangen *b*, die über die Rollen *f* laufenden Ketten *o*, die diesen Behälter ausbalancieren, und die Verspreizungen *v* bedürfen keiner besonderen Erklärung.

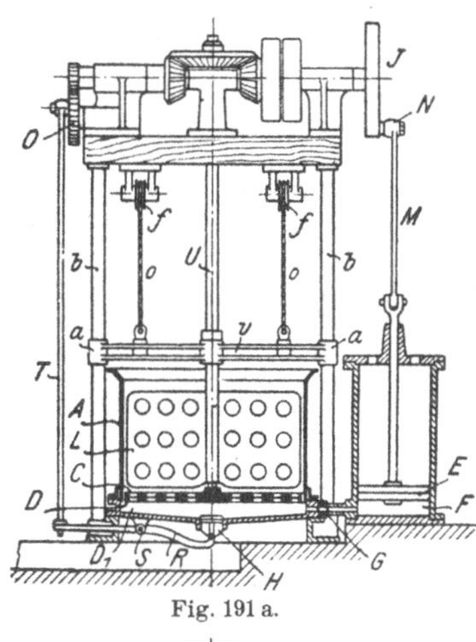

Fig. 191 a.

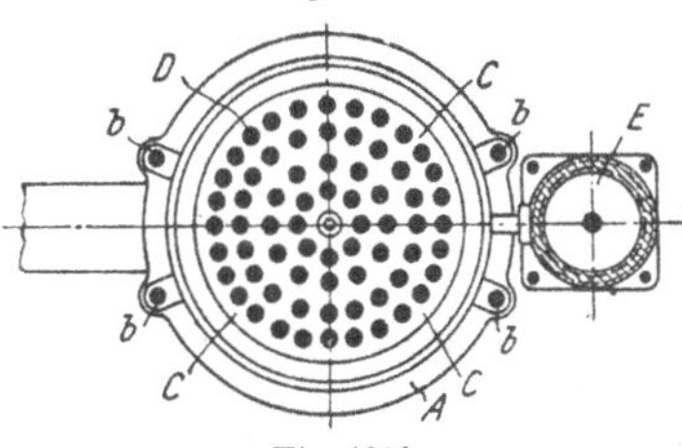

Fig. 191 b.

Fig. 191 a und b. Lanzas Apparat zur Trennung fester und flüssiger Fettsäuren.

Trennen der Salze der Fettsäuren.

Auf der verschiedenen Löslichkeit der Salze der einzelnen Fettsäuren suchten schon Chevreul und Gay-Lussac eine Trennungsmethode flüssiger und fester Fettsäuren aufzubauen (siehe S. 515); sie empfahlen neben der fraktionierten Lösung der Seifenmassen in Wasser auch eine Behandlung mit Alkohol, der für die Seifen der verschiedenen Fettsäuren ein verschiedenes Aufnahmevermögen zeigt, das sogar für analytische Zwecke in

Vorschlag gebracht wurde[1]). Die Idee kann eine praktische Anwendung in der Stearinindustrie aber deshalb nicht finden, weil die zu separierenden Fettsäuren ja nicht mehr in Form ihrer Seifen (wie dies ehedem beim Chevreul-Gay-Lussacschen Patente der Fall war) vorliegen.

Verfahren Garelli-Barbé-Paoli. Die Möglichkeit einer industriellen Verwertung bietet dagegen das von Felice Garelli, P. Alfonso Barbé und Giulio de Paoli in Rom[2]) vorgeschlagene Verfahren, bei dem die Fette mit Ammoniak verseift und die entstandenen Ammoniakseifen mit 30 % ihres Gewichtes heißen Wassers in mit Rührarmen versehenen Behältern behandelt werden. Das Ammoniumoleat löst sich in dem Wasser auf, während das Ammoniumstearat und Ammoniumpalmitat ungelöst bleiben und auf der Oberfläche der Oleatlösung schwimmen.

Man behandelt dann die Oleatlösung mit Natrium- oder Kaliumchlorid, wodurch eine direkte Umsetzung in Natron- oder Kaliseife erfolgt, die auf bekannte Weise fertig gesotten wird. Das Stearat und Palmitat zersetzt man durch Kochen mit Wasserdampf in Stearin- und Palmitinsäure, wobei das freiwerdende Ammoniak durch geeignete Apparate aufgefangen wird und für neue Operationen verwendet werden kann.

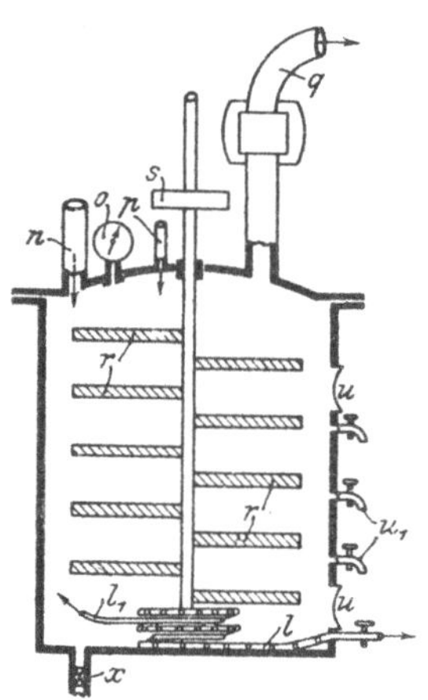

Fig. 192. Apparat nach Garelli-Barbé-Paoli.

Neben dieser Trennung der Ammoniakseifen durch partielle Lösung schlagen Garelli, Barbé und de Paoli in demselben Patente auch eine Trennung der festen von den flüssigen Fettsäuren durch stufenweise Zersetzung der Ammoniakseifen vor. Man bringt diese in frisch bereitetem, noch heißem Zustande in einen geschlossenen, mit Rührwerk versehenen Kessel und erhitzt sie durch direkten Dampf zum Sieden. Dabei zerfallen vorerst nur die Ammoniaksalze der festen Fettsäuren, die bei rechtzeitiger Unterbrechung auf den noch unzersetzten Oleaten schwimmen. Diese werden dann durch weiteres intensiveres Kochen in Ölsäure und Ammoniak zerlegt, für dessen Rückgewinnung und Wiederverwendung natürlich Vorsorge getroffen ist.

Garelli, Barbé und de Paoli benutzen für ihre Methode einen Apparat nach Fig. 192.

Er besteht aus einem stehenden Behälter mit einem Rohr *n* zur Einführung der Seife, einem Manometer *o*, einem Wasserrohr *p* und einem Rohr *q* zur Überleitung der Ammoniakdämpfe nach dem Kühlapparat. Die von der Scheibe *s* angetriebene Rührvorrichtung, die mit Flügeln *r* versehen ist, sorgt für eine Durchmischung der Masse. Ihre Anwärmung besorgen zwei gelochte Dampfschlangen *l* und l_1,

[1]) Holde, Untersuchung der Schmiermittel und verwandten Produkte der Fett- und Naphthaindustrie, Berlin 1897, S. 142; J. Freundlich, Chem. Revue 1908, S. 133 u. 160.

[2]) D. R. P. Nr. 209537 v. 24. Nov. 1906.

die im unteren Teile des Behälters angeordnet sind. Zur Überwachung des Prozeßverlaufes ist der Behälter mit zwei Probehähnen u_1 und Schauöffnungen u versehen. Zur Entnahme des Glyzerinwassers und der Fettsäuren dient der Ablaßstutzen x.

Das in der Fachliteratur oft erwähnte Verfahren von Baudot basiert auf der falschen Voraussetzung, daß sich bei der partiellen Verseifung eines Fettsäuregemisches die Ölsäure zuerst verseife. Durch Behandlung des Fettsäuregemisches mit Alkalilösungen, deren Alkalimenge zur vollständigen Verseifung bei weitem nicht hinreicht, glaubt Baudot, die Ölsäure in Form einer Seife abscheiden zu können. Versuche Thums[1]) haben klar erwiesen, daß die Baudotschen Beobachtungen irrig sind und daß sein patentiertes Verfahren[2]) zur Trennung von Fettsäuregemischen mit Umgehung der Preßarbeit ganz bedeutungslos ist. Verfahren Baudot.

Die Patentschrift läßt übrigens an Klarheit manches zu wünschen übrig; so spricht sie von Pottasche- und Sodalaugen, führt aber nicht an, ob mit der Lösung der einfachen Karbonate gearbeitet werden soll, oder ob diese kaustifiziert werden müssen. Eine Bemerkung, die für 100 kg Talgfettsäuren 10 Liter einer Pottaschelösung von 6° Bé vorschreibt — übrigens eine auch nur zur Absättigung der Ölsäure ungenügende Menge — deutet allerdings auf die Verwendung kohlensaurer Alkalien hin. Nach der Beschreibung Baudots muß man ferner annehmen, daß er auf das plötzliche Zusammenbringen der Fettsäuren mit den Laugen besonderen Wert legt. Wie dem auch immer sein mag, das Baudotsche Verfahren bleibt doch auf einer ganz falschen Basis fußend.

Ausbeute an festen und flüssigen Fettsäuren.

Die bei der Trennung der flüssigen und festen Fettsäuren erhaltene Ausbeute an Handelsstearin und technischer Ölsäure (Olein, Elain) richtet sich — ganz abgesehen von der Beschaffenheit der zu verarbeitenden Fettsäuren — nach dem Schmelzpunkt des zu erzeugenden Stearins. Da der Schmelzpunkt von Fettsäuregemischen, um die es sich hier handelt, stets tiefer liegt, als auf Grund der Schmelzpunkte der Komponenten zu erwarten wäre (siehe S. 764), kann man aus dem Schmelz- bezw. Erstarrungspunkt der ungepreßten Fettsäuren und der gewünschten Endprodukte nur eine annähernde Berechnung der Ausbeute aufbauen. Der Umstand, daß Fettsäuremischungen vorliegen, kommt nicht nur beim Rohmaterial — den ungepreßten Fettsäuren — in Betracht, sondern auch beim Endprodukt. Das technische Stearin ist in jedem Falle ein Gemisch von Stearin- und Palmitinsäure, zu welchen Fettsäuren bei Stearin, das aus azidifizierten und destillierten Fettsäuren gewonnen wurde, noch feste Isoölsäure, Stearolakton und ähnliche Verbindungen treten. Allgemeines über Ausbeute.

Um wie viele Grade der Schmelzpunkt bei Gemengen der bei 62° C schmelzenden Palmitinsäure und der bei 69,2° C schmelzenden Stearinsäure

[1]) Zeitschr. f. angew. Chemie 1890, S. 482.

[2]) D. R. P. Nr. 37397 v. 13. Febr. 1886.

Schmelzpunkt von Fettsäuregemischen.

tiefer liegt als rechnerisch zu erwarten wäre, möge die folgende von Heintz entworfene Tabelle zeigen:

Gemisch aus		Theoretisch berechneter Schmelzpunkt	Wirklicher	
Stearinsäure	Palmitinsäure		Schmelzpunkt	Erstarrungspunkt
100%	0%	69,2° C	69,2° C	—
90	10	68,4	67,2	62,5° C
80	70	67,7	65,3	60,3
70	30	67,0	62,9	59,3
60	70	66,3	60,3	56,5
50	50	65,6	56,6	55,0
40	60	64,9	56,3	54,5
30	70	64,1	55,1	54,0
20	80	63,4	57,5	53,8
10	90	62,7	60,1	54,5
0	100	62,0	62,0	—

Ein annähernder, allerdings nur für bestimmte Betriebsverhältnisse gültiger Anhaltspunkt über die zu erwartende Ausbeute der Preßarbeit läßt sich so gewinnen, daß man Mischungen von Handelsstearin mit Handelsölsäuren in verschiedenen Verhältnissen herstellt und den Schmelzpunkt dieser Mischungen bestimmt. Wegen der bei jeder Fettart verschiedenen Mischungsverhältnisse der drei in erster Linie in Betracht kommenden Fettsäuren (Stearin-, Palmitin- und Ölsäure) ist es natürlich notwendig, für alle in Betracht kommenden Fettgattungen solche Versuche anzustellen und tabellarisch zu registrieren, wenn man für alle Fälle aus dem Schmelzpunkt einer vorliegenden Fettsäure Schlüsse auf die zu erwartende Stearinausbeute ziehen will.

Versuche von de Schepper und Geitel.

Yssel de Schepper und Geitel[1]) haben für Fettsäuren[2]) aus Palmöl und Talg solche Ermittlungen angestellt, die in der folgenden Tabelle wiedergegeben seien.

Erstarrungstemperatur in ° C	Palmölfettsäuren enthalten Prozent Stearin von				Erstarrungstemperatur in ° C	Talgfettsäuren enthalten Prozent Stearin von			
	48° C	50° C	52° C	55,4° C		48° C	50° C	52° C	54,8° C
10	4,2	3,6	3,2	2,6	10	3,2	2,7	2,3	2,1
15	10,2	9,8	7,8	6,6	15	7,5	6,6	5,7	4,8
20	17,4	15,0	14,4	11,0	20	13,0	11,4	9,7	8,2
25	26,2	22,4	19,3	16,2	25	19,2	17,0	14,8	12,6
30	34,0	30,5	26,6	22,3	30	27,9	23,2	21,4	18.3

[1]) Dinglers polyt. Journ., Bd. 245, S. 795.

[2]) Diese Fettsäuren wurden nach der Schwefelsäure-Verseifung hergestellt.

Erstarrungs-temperatur in °C	Palmölfettsäuren enthalten Prozent Stearin von				Erstarrungs-temperatur in °C	Talgfettsäuren enthalten Prozent Stearin von			
	48° C	50° C	52° C	55,4° C		48° C	50° C	52° C	54,8° C
35	45,6	40,8	35,8	29,8	35	39,5	34,5	30,2	25,8
36	48,5	43,2	38,0	31,8	36	42,5	36,9	32,5	27,6
37	51,8	45,5	40,3	33,6	37	46,0	40,0	34,9	29,6
38	55,5	48,8	42,6	35,8	38	49,5	42,6	37,5	32,0
39	59,2	51,8	45,6	38,2	39	53,2	45,8	40,3	34,3
40	63,0	55,2	48,6	40,6	40	57,8	49,6	43,5	37,0
41	66,6	58,7	52,0	43,0	41	62,2	53,5	47,0	40,0
42	70,5	62,2	55,2	45,5	42	66,6	57,6	50,5	42,9
43	74,8	66,0	58,8	48,5	43	71,8	62,0	54,0	46,0
44	79,2	70,2	62,0	51,4	44	77,0	66,2	58,4	49,8
45	84,0	74,5	66,0	54,3	45	81,8	71,0	62,6	53,0
46	89,4	78,8	69,8	57,8	46	87,5	75,8	67,0	56,8
47	94,3	83,0	74,0	61,0	47	93,3	80,9	71,5	60,8
48	100,0	88,0	78,6	65,0	48	100,0	87,2	76,6	65,0
49	—	94,2	83,5	69,1	49	—	93,0	81,7	69,0
50	—	100,0	89,6	73,4	50	—	100,0	87,0	74,5
51	—	—	94,5	78,0	51	—	—	93,5	79,8
52	—	—	100,0	82,8	52	—	—	100,0	84,8
53	—	—	—	87,6	53	—	—	—	90,1
54	—	—	—	92,2	54	—	—	—	95,3
55	—	—	—	97,5	54,8	—	—	—	100,0
55,4	—	—	—	100,0	—	—	—	—	—

Einen verläßlicheren Anhalt als der Schmelzpunkt bietet bei autoklavierten Fettsäuren die Jodzahl; liegt diese für das Rohprodukt und die beiden Endprodukte vor, so kann man — vollkommen gleichbleibende Betriebsverhältnisse vorausgesetzt wie jene, die der Herstellung der untersuchten Proben zugrunde lagen — die zu erhoffende Ausbeute für das Rohmaterial berechnen. Bei azidifizierten und destillierten Fettsäuren läßt die Methode aber wegen des Gehaltes dieser Produkte an jodabsorbierenden festen Fettsäuren, über deren jeweils wechselnde Menge die Jodzahl keinen Aufschluß gibt, im Stich. Wert der Jodzahl.

Die Ausbeute einer eine Jodzahl von 32 zeigenden, nichtazidifizierten undestillierten Fettsäure an einem Handelsstearin mit der Jodzahl 5 wurde bei einer in der betreffenden Säure sich erfahrungsgemäß ergebenden Handelsölsäure, die eine Jodzahl von 68 zeigt, nach der Proportion

$$100 \cdot 32 = 5 \cdot x + (100 - x) \cdot 68$$

berechnet, wobei sich $x = 57\,\%$ ergibt.

Mangold[1]) hat die den einzelnen Jodzahlen entsprechenden Prozente chemisch reiner Ölsäure berechnet und tabellarisch zusammengestellt. Diese unten wiedergegebene Tabelle gibt aber nicht die wirkliche Ausbeute an Stearin und Ölsäure an, sondern verzeichnet lediglich das der Jodzahl entsprechende Mischungsverhältnis einer nichtazidifizierten Fettsäure zwischen chemisch reiner Ölsäure und gesättigten Fettsäuren (Stearin- und Palmitinsäure).

Jod-zahl	In 100 Teilen Gemisch		Jod-zahl	In 100 Teilen Gemisch		Jod-zahl	In 100 Teilen Gemisch	
	Ölsäure	Stearin		Ölsäure	Stearin		Ölsäure	Stearin
0	0	.10,00	31	34,41	65,59	62	68,83	31,17
1	1,11	98,89	32	35,52	64,48	63	69,94	30,06
2	2,22	97,78	33	36,63	63,37	64	71,05	28,95
3	3,33	96,67	34	37,74	62,26	65	72,16	27,84
4	4,44	95,56	35	38,85	61,15	66	73,27	26,73
5	5,55	94,45	36	39,96	60,04	67	74,38	25,62
6	6,66	93,34	37	41,07	58,93	68	75,49	24,51
7	7,77	92,23	38	42,18	57,82	69	76,60	23,40
8	8,88	91,12	39	43,29	56,71	70	77,71	22,29
9	9,99	90,01	40	44,40	55,60	71	78,82	21,18
10	11,10	88,90	41	45,51	54,49	72	79,93	20,07
11	12,21	87,79	42	46,62	53,38	73	81,04	18,96
12	13,32	86,68	43	47,73	52,27	74	82,15	17,85
13	14,43	85,57	44	48,84	51,16	75	83,26	16,74
14	15,54	84,46	45	49,95	50,05	76	84,37	15,63
15	16,65	83,35	46	51,06	48,94	77	85,48	14,52
16	17,76	82,24	47	52,17	47,83	78	86,59	13,41
17	18,87	81,13	48	53,28	46,72	79	87,70	12,30
18	19,98	80,02	49	54,39	45,61	80	88,82	11,18
19	21,09	78,91	50	55,50	44,49	81	89,93	10,07
20	22,20	77,80	51	56,62	43,38	82	91,04	8,96
21	23,31	76,69	52	57,73	42,27	83	92,15	7,85
22	24,42	75,58	53	58,84	41,16	84	93,26	6,74
23	25,53	74,47	54	59,95	40,05	85	94,37	5,63
24	26,64	73,36	55	61,06	38,94	86	95,48	4,52
25	27,75	72,25	56	62,17	37,83	87	96,59	3,41
26	28,86	71,14	57	63,28	36,72	88	97,70	2,30
27	29,97	70,03	58	64,39	35,61	89	98,81	1,19
28	31,08	68,92	59	65,50	34,50	90,07	100,00	0
29	32,19	67,81	60	66,61	33,39			
30	33,30	66,70	61	67,72	32,28			

[1]) Marrazza-Mangold, Stearinfabrikation, Weimar 1896, S. 168.

- *Ungepreßte Fettsäuren* (enthaltend 36,49% Ölsäure) kalt gepreßt:
  - *Kaltpreßkuchen* (66,1%) (19,64% Ölsäure enthaltend) warm gepreßt:
    - *techn. Stearin* (23,1%) (4,06% Ölsäure enthaltend)
    - *Abbruch* (3,5%) (5,18% Ölsäure enthaltend)
    - *Warmpreßretourgang* (39,5%) (30,09% Ölsäure enthaltend)
  - *Kaltpressenablauf* (33,9%) (69,32% Ölsäure enthaltend) abgekühlt und gefiltert:
    - *Filterpreßfett* (8,5%) (53,60% Ölsäure enthaltend)
    - *techn. Ölsäure* (25,4%) (74,53% Ölsäure enthaltend)

Ausbeute.

Die S. 719 genannte Ausbeuteermittlung einer italienischen Stearinfabrik wurde auch auf die Preßarbeit ausgedehnt, und man erhielt bei sehr guter Kühlung der beim Kaltpressen gewonnenen Ölsäure, deren nachheriger Filtration und Wiederverarbeitung des Filterpreßrückstandes aus 100 kg Fettsäure

56,25% Stearin und
43,75% technischer Ölsäure.

Auf 100 kg verarbeiteten Fettes berechnet, betrug die Totalausbeute

10,060% Glyzerin von 28° Bé,
52,403% Stearin und
40,757% technischer Ölsäure

103,220%[1].

Barczuch[2]) hat den Gehalt der Ölsäure (durch Bestimmung der Jodzahl) der einzelnen Zwischenprodukte bei einem größeren Betriebsversuche ermittelt, und aus diesen Daten (siehe nebenstehendes Diagramm) läßt sich genau der Weg ersehen, den die Ölsäure bei der Preßarbeit durchläuft.

Die bei der Weiterverarbeitung des Filterpreßfettes, des Warmpressenretourganges und Abbruches sich ergebenden Mengen an Stearin und technischer Ölsäure wurden nicht eruiert, doch läßt sich nach dem S. 765 Gesagten aus dem Gehalte des Rohmaterials und des erhaltenen Elains an chemisch reiner Ölsäure (die vollkommen proportional der Jodzahl ist) sehr leicht berechnen, welche Totalausbeuten an Stearin und Elain sich ergeben müssen:

$$100 \cdot 36{,}49 = x \cdot 4{,}06 + (100 - x) \cdot 74{,}53.$$

$$x = 48{,}4\,\%\ \textbf{Stearinausbeute.}$$

[1]) Der Zuwachs erklärt sich durch Wasseraufnahme (siehe S 523 und 719).

[2]) Vergleiche Marazza-Mangold, Stearinfabrikation, Weimar 1896, S. 86.

III. Reinigung und Verwendung des Stearins.

Die aus der Warmpresse kommenden Stearinpreßkuchen (siehe S. 741) sind gewöhnlich durch anhaftende Preßtuchhaare sowie durch Spuren von Eisen-, Kupfer-, Kalk- oder Magnesia-Salzen verunreinigt und enthalten bisweilen wohl auch noch Beimengungen organischer Natur. Um alle diese Verunreinigungen zu entfernen, das Stearin also handelsfähig oder für die weitere Verarbeitung zu Kerzen geeignet zu machen, ist eine Läuterungsschmelze der Stearinpreßkuchen (Stearinbrote) unerläßlich. Nur in ganz seltenen Fällen werden diese Preßkuchen in ihrer ursprünglichen Form verkauft, und zwar an Käufer, die in dieser noch nicht ganz fertigen Ware eine Garantie für das Nichtvorhandensein von Paraffin- oder sonstigen Zusätzen erblicken, welche Gewißheit sie sich allerdings ebenso sicher durch eine einfache Analyse verschaffen könnten.

Klärung des Stearins.

Die Klärung der Stearinkuchen besteht in einem Aufkochen über verdünnter Schwefelsäure, die alle in dem Stearin etwa vorhandenen Stearate zerstört, also die Kupfer-, Eisen-, Kalk-, Magnesia- und anderen Salze unschädlich macht. Die Entfernung der stearinsauren Metallverbindungen ist besonders dann wichtig, wenn es sich darum handelt, das Stearin auf Kerzen weiter zu verarbeiten. Die geringste Spur dieser Metallverbindungen, die sich in dem Stearin befindet, beeinträchtigt das Brennen der daraus hergestellten Kerzen in auffallender Weise; genügen doch schon 0,001% Kalk (vergleiche S. 834), um das ruhige Brennen von Stearinkerzen gründlich zu stören.

Klärgefäße.

Zum Aufkochen des rohen Stearins bedient man sich entweder mit Bleiblech ausgekleideter Eisen- oder Holzgefäße oder einfacher unverbleiter, aber sehr gut abgedichteter Lärchenholzbottiche. Die Kochgefäße besitzen am Boden eine gelochte Bleischlange, durch die der zum Kochen nötige Dampf eingeleitet wird.

Ausführung der Säurekochung.

Bevor man das zu läuternde Stearin in den Bottich bringt, bedeckt man die Bleischlange mit Kondens- oder Regenwasser (also möglichst weichem Wasser), setzt hierauf 0,5% Schwefelsäure von 66° Bé (vom Gewichte des zu klärenden Stearins gerechnet) zu, bringt dann die in ungefähr handgroße Stücke zerbrochenen Stearinkuchen ein und erwärmt allmählich, bis der Bottichinhalt zu kochen beginnt. Das Säurewasser soll eine Dichte von 5° Bé nicht übersteigen; ist es konzentrierter, so sorgt man durch Wasserzusatz für eine weitere Verdünnung, bevor man den Dampfzutritt öffnet. Man erhält ungefähr eine Stunde lang am Kochen, worauf der Dampf abgestellt, der Bottich gut überdeckt und der Ruhe überlassen wird.

Waschung.

Nach 3—4 Stunden schöpft man das geklärte Stearin in einen andern Behälter über, in dem eine zweite Kochung (Waschung) erfolgt.

Bei der Waschoperation läßt man die Stearinmasse ungefähr eine Stunde lang kochen, stellt hierauf den Dampf ab und bedeckt den Bottich in einer vollkommen staubdichten Weise. Man läßt dann wenigstens 5—6 Stunden, gewöhnlich aber über Nacht, stehen, während welcher Zeit sich die Stearinmasse vollständig klärt. Das Kochen erfolgt bei der Waschoperation ebenfalls durch direkten Dampf, der durch offene Hartbleischlangen in die Gefäße geleitet wird.

Zusätze zum Waschwasser.

Man setzt dem Waschwasser gewöhnlich etwas Oxalsäure zu und bezweckt damit ein Unschädlichmachen der in dem Waschwasser etwa vorhandenen Kalk- und Magnesiabikarbonate. Während die meisten Kalk- und Magnesiasalze auf Stearinsäure ohne Einfluß bleiben, bilden die doppeltkohlensauren Salze des Kalkes und der Magnesia mit ihr Calcium- bzw. Magnesium-Stearat, und bei Verwendung eines harten (kalk- und magnesiareichen) Waschwassers könnte die zweite Kochung des vorgeklärten Stearins nicht, wie beabsichtigt, lediglich die letzten Schwefelsäurespuren aus der Stearinmasse entfernen, sondern sie aufs neue durch die Bildung von Stearaten verunreinigen. Die Oxalsäure macht nun die Kalk- und Magnesiasalze unschädlich, indem sie sie in Form von Oxalaten niederschlägt. Ja sie kann sogar Spuren von Kalk oder Metalloxyden, die sich bei der Schwefelsäurekochung der Entfernung entzogen haben und im Stearin geblieben sind, nachträglich aus diesem ausfällen.

Oxalsäure.

Nach Dubovitz hat der Oxalsäurezusatz zum Waschwasser außer dem bereits erwähnten Vorteile noch das Gute, daß sich die gebildeten Oxalate während der Klärdauer zu Boden setzen und bei ihrem Niederfallen die im Stearin etwa enthaltenen mechanischen Verunreinigungen niederreißen. Mag die Menge der gebildeten Oxalate auch gering und ihre Klärwirkung daher nicht von besonders großem Einfluß sein, so läßt sich ihr Vorhandensein doch nicht leugnen.

Aluminiumsulfat.

Dubovitz[1]) hat an Stelle der Oxalsäure Aluminiumsulfat als Zusatz zum Waschwasser bei der Stearinklärung vorgeschlagen. Aluminiumsulfat macht die Kalk- und Magnesiasalze des Waschwassers ebenso unschädlich wie die Oxalsäure, und das dabei gebildete Aluminiumhydroxyd ist in seiner voluminösen kolloidalen Beschaffenheit viel besser geeignet, beim späteren Absetzen auf die Stearinmasse klärend zu wirken als die kristallinischen Oxalsäureverbindungen.

Eiweiß.

Hier sei übrigens auch auf ein Klärmittel hingewiesen, das in früherer Zeit in französischen Stearinfabriken hie und da Verwendung fand. Dort wurde nämlich dem zu klärenden Stearin während der Kochung etwas Eiweiß zugefügt (auf 1000 kg Stearin das Eiweiß von 6 Eiern), das man vorher zu Schnee geschlagen hatte. Die durch die Wärme eintretende Koagulierung des Eiweißes hatte durch Oberflächenattraktion eine mechanische Reinigung zur Folge (siehe Bd. 1, S. 635). Eine allgemeinere Anwendung scheint dieses Klärverfahren wegen seiner Umständlichkeit und seines Kostenpunktes nicht gefunden zu haben.

[1]) Seifensiederztg., Augsburg 1909, S. 1077.

Die Beförderung des flüssigen Stearins von dem Säuerungsbottich in den Waschbottich geschieht fast immer durch Schöpfen oder Eigengefälle.

Art des Beförderns des flüssigen Stearins.

Ein Befördern des flüssigen Stearins von dem ersten in das zweite Kochgefäß durch Pumparbeit oder andere mechanische Art wird fast nie geübt. Der Grund, warum in den Stearinfabriken das Schöpfen und das Arbeiten durch Eigengefälle so allgemein verbreitet sind, ist wohl darin zu suchen, daß man durch andere Beförderungsarten kaum ein so reinliches Trennen der geklärten Masse von dem Unterwasser erreichen kann; übrigens hat auch das Anbringen von Ablaßhähnen an die meist gebräuchlichen unverbleiten Lärchenholzbottiche seine Schwierigkeit.

Nachteil verbleiter Klärbottiche.

Diese zum Klären verwendeten Holzbottiche werden nämlich ohne jede Armatur und Abzapfvorrichtung hergestellt und ihre Verbleiung ist besonders in jenen Betrieben, wo das Stearin sofort zu Kerzen weiter verarbeitet wird, verpönt, weil das Lösungsvermögen der Stearinsäure bei Kochhitze ganz merklich ist, weshalb bei einer in verbleiten Gefäßen vorgenommenen Klärarbeit schlecht brennendes Stearin resultiert.

Formen des Stearins.

Das geklärte Stearin wird entweder direkt an Ort und Stelle zu Kerzen geformt (siehe Kapitel „Kerzenfabrikation“) oder in emaillierte oder verzinnte Eisenwannen gegossen, die meist dieselbe Gestalt haben wie die auf S. 724 beschriebenen Wannen, die zur Formung der Fettsäurebrote dienen, bisweilen aber auch derart geformt sind, daß sie kegelstutzartige Brote liefern.

Das Stearin wird in dieser Form erkalten gelassen, hierauf ausgeschlagen, in Säcke verpackt und so in den Handel gebracht. Um ein Stearin von schön weißer Farbe zu erhalten, darf man es nicht zu heiß in die Formen gießen, muß vielmehr das geklärte, flüssige Stearin wenige Grade über seinem Erstarrungspunkt abkühlen lassen und dabei öfter umrühren, bis sich eine von kleinen Stearinkristallen durchsetzte milchige Masse gebildet hat, die man im Moment ihres Erstarrens in die Formen bringt. (Näheres darüber siehe Kapitel „Kerzenfabrikation“.)

Schönen des Stearins.

Formt man in zu heißem Zustande, so kristallisiert das Stearin in den Formen während des Erstarrens und erhält dadurch ein weniger hübsches Gefüge und ein gelbliches Aussehen. Um letzteres zu beheben, wird übrigens die Stearinmasse nicht selten gebleicht oder durch Zusatz gewisser Farbstoffe „geschönt“.

Geringe Mengen blauer oder violetter Farbstoffe decken einen vorhandenen Gelbstich des Stearins in trefflicher Weise[1]).

Verwendet wird für diese Zwecke Methylviolett oder Methylenblau, das man dem Stearin in einer alkoholischen Lösung zufügt.

---

[1]) Vergleiche das in Bd. 1, S. 656 über die Bleichung durch Komplementärfarben Gesagte. — Das „Weißfärben“ von Stearin verdanken wir Tresca und Eboli, die es im Jahre 1838 versuchten und zwei Jahre später in einer Eingabe an die französische Akademie der Wissenschaften beschrieben.

Eine andere Art dieses „Schönens“ der Stearintafeln besteht in einem plötzlichen Abkühlen der noch warmen Tafeln und Kuchen durch Eintauchen in Eiswasser. Die plötzliche Abkühlung bewirkt ein sofortiges Erstarren der Oberflächenschicht der Brote, wodurch sie ein opakes weißes Aussehen annehmen, das diese geschreckten Stearintafeln vorteilhaft von nicht gekühlten unterscheidet. Die Arbeit des Abschreckens erfordert aber viel Zeitaufwand und ist in der Durchführung etwas umständlich, weshalb sie nur höchst selten geübt wird.

Bleichen des Stearins.

Häufiger trifft man dagegen das Bleichen der fertigen Stearinbrote durch Licht- und Lufteinwirkung an. In manchen Stearinfabriken findet man eigens für diesen Zweck hergestellte Glasdächer, unter denen passend gebaute Stellagen für die Aufnahme dieser Brote dienen.

Direktes Sonnenlicht wirkt geradezu in auffallender Weise bleichend, aber auch diffuses Licht, ja selbst die bloße Lufteinwirkung während der Nacht übt einen Bleicheffekt auf das Stearin aus, der in seiner Intensität in der Regel unterschätzt wird[1]).

In jenen Betrieben, wo das geklärte Stearin zu Kerzen vergossen wird, befindet sich der Klärraum für die aus der Warmpresse kommenden Stearinbrote gewöhnlich in einem an die eigentliche Kerzengießerei anstoßenden Lokal, worin auch die Herstellung der verschiedenen Kerzenmassen erfolgt.

Eigenschaften.

Das Stearin soll eine rein weiße Farbe haben, keine ausgesprochene Kristallisationsfähigkeit besitzen, frei von mechanischen Verunreinigungen sein und einen geringen Aschengehalt aufweisen. Diese Eigenschaften kommen besonders bei der Verwendung des Stearins für Kerzenguß in Frage und werden an anderer Stelle ausführlicher besprochen. [Siehe Kapitel „Kerzenfabrikation“, S. 831—837 [2]).]

Verwendung des Stearins.

Das Verwendungsgebiet des Stearins ist ziemlich beschränkt; von Bedeutung ist nur der Stearinverbrauch der Kerzenfabriken, der aber in stetem Sinken begriffen ist, und zwar dies nicht etwa deshalb, weil der Verbrauch von Kerzen im allgemeinen abnähme, sondern aus dem Grunde, weil an Stelle der verhältnismäßig teuren Stearinkerzen allmählich Kerzen aus Paraffin oder aus billigen Fettkompositionen getreten sind.

An Vorschlägen, Stearin auch für andere Zwecke als zur Kerzenerzeugung zu verwenden, hat es nicht gefehlt, doch haben sich die meisten dieser Ideen als unpraktisch erwiesen.

So hat z. B. J. Wilhelm in Pittsburg[3]) Stearin in der Zuckerindustrie zu verwenden gesucht. Er wollte die Zuckersäfte mit Kalk scheiden und diesen nachher durch Stearinsäure entfernen. Rudolf v. Wagner[4]) hatte die gleiche Idee übrigens schon im Jahre 1859 in Vorschlag

[1]) Vergleiche auch S. 669—673 des 1. Bandes.

[2]) Vergleiche auch „Nachträge“ (Destillations- und Saponifikationsstearin).

[3]) Berichte der Deutsch. chem. Gesellsch. 1877, S. 717.

[4]) Verhandlungen der Physikal.-mediz. Gesellsch. 1859, Bd. 10, S. 102; Dinglers polyt. Journ., Bd. 43, S. 377; Polyt. Zentralbl., Bd. 59, S. 1357.

gebracht und bei seinen Versuchen auch gute Resultate erhalten, die dann später von Stammer[1]) auch im Betriebe bestätigt wurden.

Stearin wird auch vielfach zur Herstellung von Glätt- und Appreturmitteln, zur Erzeugung kosmetischer Präparate, in gepulverter Form zum Glätten von Tanzböden usw. verwendet.

Die Schwermetallsalze der Stearinsäure finden in der chemischen Technik (Wasserdichtmachen von Stoffen, Kunstledererzeugung usw.) Verwendung. Auch die Aminverbindungen der höheren Fettsäuren (Amide, Anilide usw.) finden technische Verwertung. Stearinsäureamid ist besonders von A. Müller-Jacobs in Richmond Hill, N. J., als Beize in der Textilfärberei[2]) und als Papierleimstoff[3]) empfohlen worden.

Fettsäureamide.

Ursprünglich wurden die Amide der höheren Fettsäuren durch Erhitzen der letzteren mit Ammoniak unter Druck hergestellt. Dabei vollzieht sich vorerst eine Verseifung der Fettsäure mit dem Ammoniak[4]), worauf die gebildete Ammoniakseife unter Abspaltung eines Moleküls Wasser in das Amid zerfällt:

$$\underset{\text{Stearinsäure}}{C_{18}H_{36}O_2} + \underset{\text{Ammoniak}}{NH_3} = \underset{\text{stearinsaures Ammon}}{NH_4 \cdot C_{18}H_{35}O_2},$$

$$NH_4 \cdot C_{18}H_{35}O_2 = H_2O + \underset{\text{Stearinsäureamid}}{NH_2 \cdot C_{18}H_{35}O}.$$

Das Arbeiten mit einem Drucke von 25—30 Atmosphären bei 150 bis 250° C durch 2—20 Stunden, wie es bei der Herstellung von Stearinsäureamid zuerst angewendet wurde[5]), hat jedoch seine Schwierigkeiten, weil sich dabei Dissoziationsprozesse abspielen, die unter Umständen Explosionen im Gefolge haben können; Müller-Jacobs hat bei den Versuchen zur Herstellung von Stearinsäureamid sein Leben lassen müssen.

Verfahren der Chemischen Werke Hansa.

Die Gewinnung von Fettsäureamiden ist erst durch das Verfahren der Chemischen Werke Hansa, G. m. b. H. in Hemelingen auf eine rationelle Basis gestellt worden[6]). Bei diesem Verfahren wird die Fettsäure mit gasförmigem Ammoniak unter nicht zu hohem Überdruck erhitzt und durch eine Entwässerungsvorrichtung für die Entfernung des gebildeten Reaktionswassers gesorgt. Man bedient sich zur Durchführung des Prozesses einer in Fig. 193 schematisch dargestellten Apparatur.

Die Stearinsäure wird in einem Apparat A, der eine direkte Feuerung f besitzt, auf die notwendige Temperatur erhitzt, worauf man aus der Ammoniakbombe B gasförmiges Ammoniak ausströmen läßt. Die Ammoniakdämpfe passieren den entsprechend gestellten Dreiweghahn d und werden von der Pumpe c mittels des Rohres m angesaugt und hierauf durch das Rohr n nach A gedrückt. Hier voll-

---

[1]) Dinglers polyt. Journ., Bd. 44, S. 210.

[2]) Amer. Patent Nr. 767114 v. 9. Aug. 1904.

[3]) Amer. Patent Nr. 757948 v. 19. April 1904.

[4]) Vergleiche S. 538 u. 563 sowie S. 762 u. 803.

[5]) Amer. Patent Nr. 819664 v. 1. Mai 1906 v. J. Glatz in Brooklyn.

[6]) Franz. Patent Nr. 375921 v. 20. März 1907; engl. Patent Nr. 6731 v. Jahre 1907; vergleiche auch franz. Patent Nr. 343158.

zieht sich die Reaktion, wobei das gebildete Wasser, das sich natürlich in Dampf verwandelt, gemeinsam mit den überschüssigen Ammoniakdämpfen durch das Rohr *e* entweicht. Dieses Entweichen wird durch eine von dem Rohr *e* geübte Saugwirkung unterstützt, die durch die Pumpe *c* bewirkt wird. Sobald nämlich genügend Ammoniak aus der Bombe *B* in den Behälter *A* geströmt ist, stellt man den Dreiweghahn derart um, daß lediglich eine Kommunikation zwischen den Rohren *g* und *m* besteht. Dadurch übt die Pumpe *c* eine Saugwirkung auf den Entwässerungsapparat *W* aus, die sich auf die Rohrleitung *e* fortpflanzt. Die durch *e* kommenden Wasser-Ammoniak-Dämpfe werden in dem Gefäße *W* gezwungen, eine Schicht getrockneten Kalkes zu passieren, der das Wasser absorbiert, wogegen das wasserfreie Ammoniak durch *g* abgesogen, durch das Rohr *m* der Pumpe *c* zugebracht und durch das Rohr *n* dem Reaktionsgefäße *A* aufs neue zugeführt wird.

Verwendung der Fettsäureamide.

Müller-Jacobs schreibt dem Stearinsäureamid als Leimstoff für feines Papier ganz besondere Vorteile zu; es soll gleich dem Bienenwachs dem Papier

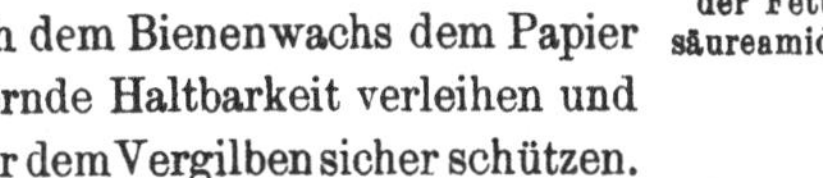

dauernde Haltbarkeit verleihen und es vor dem Vergilben sicher schützen.

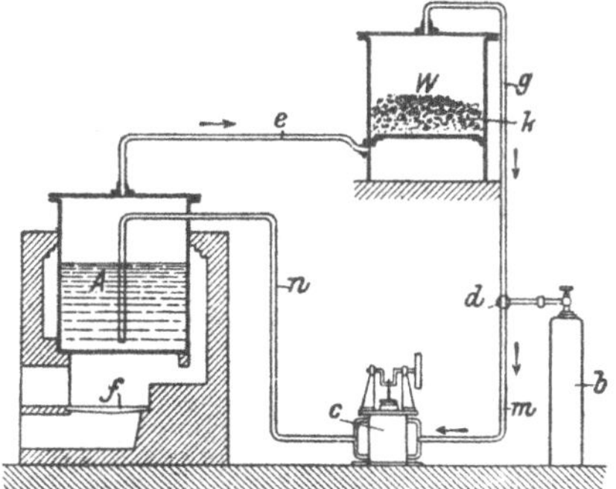

Fig. 198. Apparat zur Herstellung von Fettsäureamiden.

Für die Fabrikation wohlfeiler Papiere, wie z. B. Zeitungspapier, kann eine Leimung mit Stearinsäureamid des hohen Preises wegen leider nicht in Betracht kommen; kostet doch dieses Produkt ungefähr 180–200 Mk. pro 100 kg, also das Vielfache von dem in der Papierindustrie allgemein angewendeten Harzleim (siehe Band 4). Wo es sich aber darum handelt, die Haltbarkeit des Papiers mit anderen besonderen Eigenschaften zu vereinigen (Neutralisation, chemische Inaktivität), also für die Herstellung von photographischem und lithographischem Papier usw., dürfte die Amidleimung einer solchen mit jedem anderen Leimstoff vorzuziehen sein[1]).

Duronpräparate.

Die Chemischen Werke Hansa in Hemelingen empfehlen ihre Fettsäureamide als Wollschmälzmittel, worüber S. 462—464 ausführlich berichtet wurde. Der Wert dieser Verbindungen ist darin zu suchen, daß sie in Verbindung mit Spuren fettsaurer Alkalien die Eigenschaft haben, Fette und Öle aller Art mit Wasser aufs beste zu emulgieren. Nur bei freien Fettsäuren (z. B. Elain) versagt dieses Emulsionsvermögen, das diese Präparate nicht an sich, sondern nur in Verbindung mit kleinen Seifenmengen besitzen. Diese unter dem Namen „Duronpräparate" in den Handel gebrachten Produkte, zu deren Herstellung aber wohl nicht Stearin, sondern ungepreßte Fettsäuren oder Ölsäure verwendet wird, dürften in der Textilindustrie eine ausgedehnte Verwendung finden.

[1]) Vergleiche auch Paul Spieß, Papierztg. 1908, S. 1487; Zeitschr. f. angew. Chemie 1905, S. 1141; siehe ferner auch Papierztg., Berlin 1905, S. 2343.

Siemsens Schmiermittel.

Karl Siemsen in Hemelingen[1]) hat die Amide (und auch die Anilide) der höheren Fettsäuren zur Herstellung von Schmiermitteln empfohlen, für deren Herstellung folgende Mischung als Beispiel gegeben sei:

400 g Stearinsäureamid,
240 g Natriumsalz einer Fettsäure,
8000 g Wasser und
2000 g schweres Zylinderöl.

Diese und ähnlich zusammengesetzte Emulsionen sollen sich besonders zur Zylinderschmierung von Dampfmaschinen eignen, was jedoch nach Kulka[2]) nicht zutrifft, eine Ansicht, die nach seiner treffenden Motivierung als richtig bezeichnet werden muß. Ganz abgesehen davon, daß ein so wasserhaltiges Schmiermittel keine gute Schmierwirkung äußern kann, tritt bei Verwendung solcher Emulsionen eine Verunreinigung des Kondenswassers ein, dessen Entölung nicht auch die gelösten Seifen beseitigt und das daher nicht als Kesselspeisewasser wiederverwendet werden kann.

Fettsäureanilide.

Liebreich hat die Anilide der Stearinsäure bzw. der höheren Fettsäuren technisch zu verwerten gesucht und gibt zu deren Gewinnung zwei Methoden an[3]). Die erste beruht auf der Behandlung von Neutralfett (z. B. Preßtalg) mit 33 % Anilin unter Druck bei 200—220° C, die zweite auf der direkten Behandlung von Stearin- bzw. Fettsäure mit Anilin in der Wärme. Die glatte Durchführung der ersten Reaktion wird von O. Kulka[4]) bestritten, die zweite Reaktion:

$$\underset{\text{Stearinsäure}}{C_{18}H_{35}O \cdot OH} + \underset{\text{Anilin}}{C_6H_5 \cdot NH_2} = \underset{\text{Stearinsäureanilid}}{C_{18}H_{35}O \cdot C_6H_5 \cdot NH} + \underset{\text{Wasser}}{H_2O}$$

tritt jedenfalls ein, doch ist die von Liebreich in seiner Patentschrift angegebene Destillation des erhaltenen Anilids nach Kulka technisch nicht ausführbar, weil die Destillationstemperatur der Verbindung zu hoch liegt.

Stearinsäureanilid ist aber von Liebreich hergestellt und zur Erhöhung des Schmelzpunktes von Fetten (Salben, Kerzenmassen) empfohlen worden. So kommt unter dem Namen Fetronum purissimum Liebreich eine mit 5 % Stearinsäureanilid versetzte Vaseline in den Handel, wie auch für Kerzen aus leicht schmelzenden Materialien (z. B. Weichparaffin) ein Zusatz von Stearinsäureanilid in Vorschlag gebracht wurde[5]).

Fettsäurehaltige Teerfarben.

N. Sulzberger in Berlin[6]) hat die Darstellung von Azofarbstoffen empfohlen, die den Rest einer in den natürlichen Fetten vorkommenden Fettsäure enthalten. Man geht dabei von den Aniliden oder Naphthaliden der Fettsäuren aus, die man nitriert und hierauf durch Reduktion

---

[1]) D. R. P. Nr. 188712 v. 15. Okt. 1905.
[2]) Chem. Revue 1909, S. 31.
[3]) D. R. P. Nr. 136274 v. 8. Nov. 1900.
[4]) Chem. Revue 1909, S. 30.
[5]) D. R. P. Nr. 136917 v. 9. Nov. 1900.
[6]) D. R. P. Nr. 188909 v. 23. April 1906.

in Aminoverbindungen überführt, die diazotiert und endlich mit aromatischen Aminen oder Phenolen gekuppelt werden.

So wird z. B. von dem Anilid der Stearinsäure ausgehend, vorerst durch Nitrieren nach der in der organischen Fabrikindustrie bekannten Weise der Nitrokörper (Para-Nitrostearinsäureanilid) gewonnen, der kleine, zitronengelbe, verfilzte Kristallnädelchen vom Schmelzpunkte 94,5 bis 95,5° C darstellt, und dieser mittels Metalle und Säuren (Eisen, Zink und Salzsäure, Essigsäure usw.) zu Para-Aminostearinsäureanilid reduziert, das in reinem Zustande weiße, kristallinische Nädelchen bildet, die bei 118—119° C schmelzen und die Formel

$$NH_2 \cdot C_6H_4 \cdot NH \cdot COC_{16}H_{32} \cdot CH_3$$

haben. Das Para-Aminostearinanilid, das in Äther, Petroläther und Wasser unlöslich, in Alkohol dagegen leicht löslich ist, wird in seiner kalten (0° C) alkoholischen Lösung mit Salzsäuregas gesättigt und dann mit gasförmiger salpetriger Säure oder mittels Kaliumnitrit diazotiert. Das erhaltene Diazosalz wird hierauf in eine alkalische Phenollösung (oder in eine alkalische Lösung von Resorzin, Naphthol oder deren Derivaten, oder in die essigsaure Lösung von Naphthylamin, Dimethylanilin, Phenylendiamin oder eines anderen Amins) eingetragen, wobei sofort die Bildung des Farbstoffes erfolgt.

An Stelle der Stearinsäure und deren Anilide oder Naphthalide können auch Palmitin- und Ölsäure sowie deren analoge Derivate als Ausgangspunkt zur Herstellung von Azofarbstoffen genommen werden. Da man außerdem eine ganze Reihe von Phenolen und Aminen zur Verfügung hat, die sich mit dem betreffenden Diazosalze kuppeln lassen, ist eine große Musterkarte von einen Fettsäurerest enthaltenden Azofarbstoffen möglich, die meist rot oder braun sind, zum Teil auch gelbe Farbe haben und durchweg vollständigen Fettcharakter zeigen (z. B. Fettflecke geben, das Benetzen der damit gefärbten Stoffe verhindern, auf Wasser schwimmen), andrerseits, aber auch als wirkliche Teerfarbstoffe betrachtet werden müssen.

Eigenschaften der fettsäurehaltigen Teerfarben.

deren Verwendung,

Diese Farbstoffe lösen sich in Fetten, Wachsen und Paraffin sowie in allen Lösungsmitteln dieser Stoffe und sind daher zum Färben von Ölen, Fetten, Wachsen, Kerzenmassen usw. sehr gut brauchbar. Ihre Widerstandsfähigkeit gegen Säuren und Alkalien empfiehlt sie auch für das Färben von Seifen. Sulzberger will sie auch, in Terpentinöl oder dgl. gelöst, als Malerfarben benutzen. Sie sind für sich allein oder in Lösung mit Fetten als Schminken vorzüglich geeignet und machen bei der Verwendung zum Färben von Baumwolle, Wolle und Seide diese Gewebe wasserdicht.

Santalolester der Fettsäuren.

Die Fettsäuren (das Stearin wie auch die niederen Glieder der gesättigten Fettsäurereihe bis herab zur Valeriansäure, desgleichen die Ölsäure) haben auch Verwendung zur Herstellung von Santalolestern[1]) gefunden, wobei man

[1]) D. R. P. Nr. 182627 v. 13. Febr. 1906 der Chem. Fabrik von Heyden, A. G. in Radebeul bei Dresden.

von den Chloriden der Fettsäuren ausgeht; auch zur Herstellung der Bornylester (Verfahren der Clayton Aniline Company) werden sie benutzt.

Desinfektionsmittel aus Fettsäuren.

Stearin bzw. die höheren Fettsäuren im allgemeinen werden auch zur Herstellung von Desinfektionsmitteln verwendet. Nach dem Verfahren von F. Raschig[1]) gewinnen nämlich Seifenlösungen, die man mit Kresol vermischt hat, die Fähigkeit, größere Mengen freier Fettsäuren zu lösen. Diese Desinfektionsmittel erteilen der Haut nicht mehr die unangenehme Schlüpfrigkeit wie ein gewöhnliches Kresolseifendesinfizens und lösen sich in Wasser in jedem Verhältnis wie dieses.

Die hier erwähnten verschiedenen Verwendungen, die das technische Stearin in der chemischen Industrie findet, bieten der Stearinindustrie leider keinen genügenden Ersatz für den stetigen Rückgang im Stearinverbrauch der Kerzenindustrie. Wenn es nicht bald gelingt, der technischen Stearinsäure ein neues, wirklich konsumfähiges Verwendungsgebiet zu erschließen, wird die einst so blühende Industrie, die lange Zeit für den Techniker mit Recht als der interessanteste Zweig der ganzen Fettindustrie galt, ihre Bedeutung fast gänzlich einbüßen.

IV. Verwertung der Abfall-, Zwischen- und Nebenprodukte der Stearinfabrikation.

Allgemeines.

Von Neben- und Abfallprodukten der Stearinindustrie sind außer der in allererster Linie in Betracht kommenden Ölsäure noch zu nennen:

a) die verschiedenen bei der Zersetzung der Autoklavenmasse und bei der Azidifikation der Fettsäuren erhaltenen Säurewässer,
b) der sich bei der Destillation und bei der Azidifikation der Fettsäuren ergebende Teer,
c) der beim Autoklavieren mittels Kalkes erhaltene Gips und
d) die verschiedenen, sich in den Wasch- und Säuerungsbottichen bildenden fetthaltigen Niederschläge.

Über die Verwertung der meisten dieser Stoffe wurde bereits an früherer Stelle dieses Bandes berichtet, so daß hier nur kurz darauf verwiesen zu werden braucht, daß die Säure- und Waschwässer[2]) sowie der Säureteer meist unausgenutzt in den Fabrikskanal abgelassen werden, daß der Destillationsteer[3]) die verschiedenartigste Verwertung findet und daß der Gips nach der üblichen Entfettung und nach wiederholtem Waschen getrocknet und als Düngemittel[4]) verwendet, nicht aber zur Herstellung von gebranntem Gips gebraucht wird.

Der Bodensatz und die Abscheidungen, die sich beim Vorreinigen der Fette, beim Zerlegen der Fettsäuren usw. in den Kochgefäßen bilden und

[1]) D. R. P. Nr. 87275.
[2]) Siehe S. 597.
[3]) Siehe S. 673—675.
[4]) Siehe S. 597.

gewöhnlich mehr als 50% Fett enthalten, werden in den meisten Fabriken gesammelt und sobald größere Mengen davon beisammen sind, mit schwefelsäurehaltigem Wasser gekocht. Dabei wird der größte Teil des in diesem Material enthaltenen Fettes abgeschieden und dieses einer geeigneten Weiterverwendung zugeführt. (Versieden zu Seife oder nochmalige Autoklavierung.)

Weitaus wichtiger als die Aufarbeitung und Verwertung der Säurewässer, des Teers, des Gipses und des Fettschlamms ist die der Ölsäure (des Oleins oder Elains).

Bekanntlich resultieren bei der Herstellung von Stearin in der Regel größere Mengen von Olein als von Stearin, und der Stearinfabrikant muß daher für eine gute Absatzmöglichkeit dieses Nebenproduktes Sorge tragen. Als hauptsächlichste Absatzgebiete für das Elain kommen in Betracht:

1. seine Verwendung als Wollspickmittel und
2. seine Verwertung in der Seifensiederei.

Ölsäure als Schmälzöl.

Über die Eignung der Ölsäure als Wollspickmittel wurde bereits im Kapitel „Textilöle" berichtet. Für diesen Zweck ist es gut, daß das Stearin keine zu großen Mengen fester Fettsäuren gelöst enthalte (Winterelain, siehe S. 731), weil es sonst einen zu hohen Erstarrungspunkt zeigt. Über die sonstigen Anforderungen, die man an ein Elain für Wollspickzwecke stellt, wurde bereits S. 450 das Nötige gesagt.

Ölsäure in der Seifensiederei.

Für Seifensiederzwecke ist sowohl stearinhaltige (Sommerelain) als auch stearinarme (Winterelain) Ölsäure gut brauchbar; die ersteren Sorten sind besonders für die Herstellung von Kernseifen geeignet, die letzteren zur Erzeugung von Schmierseifen. Ein Versieden technischer Ölsäure zu Kernseife findet in einer ganzen Reihe von Ländern statt. Als Rohprodukt für Schmierseife wird dagegen das Elain nicht so allgemein verwendet. Während z. B. in Österreich-Ungarn die meisten in den Handel gebrachten Schmierseifen Elain als Grundlage haben, findet man in Deutschland nur wenig Elain-Schmierseife, und nur zur Zeit sehr hoher Lein- und Kottonölpreise bei gleichzeitigem Tiefstande der Preise für Elain findet letzteres im Deutschen Reiche zur Herstellung von Schmierseife vorübergehend Anwendung.

Ölsäure als Kerzenmaterial.

In den letzten Jahren war die Nachfrage nach Elain sehr rege, und die Preise, die man für dieses Produkt notiert, zeigen gegenüber den Stearinpreisen eine weit geringere Spannung als ehedem. Das war aber nicht immer so, und es ist gar nicht so lange her, daß der Verkauf sowohl des Destillat- als auch des Saponifikat-Elains[1]) den Stearineuren Sorge verursachte und daß man daher alles aufbot, um dieses Produkt einer neuen Verwendung zuzuführen. Was lag daher näher, als Methoden ausfindig zu machen, um das billige Nebenprodukt in das teurere, ihm jedoch in chemischer Hinsicht so nahe verwandte Stearin oder zum wenigsten in ein dem Stearin ähnliches Produkt umzuwandeln, das als Kerzenmaterial verwertbar wäre?

[1]) Über deren qualitative Unterschiede siehe „Nachträge".

Die dahingehenden Bemühungen reichen auch in der Tat weit zurück. Der große Preisunterschied, der ehedem zwischen Stearin und Olein herrschte, ließ die Lösung dieses Problems recht dankenswert erscheinen, weshalb sich damit eine ganze Reihe von Fachleuten auf das eingehendste befaßte.

Die verschiedenen Versuche, die in dieser Richtung unternommen worden sind, lassen sich auf fünf Grundideen zurückführen, nämlich:

1. Umwandlung der Ölsäure in Elaidinsäure.
2. Umwandlung der Ölsäure in Palmitinsäure.
3. Herstellung von Kondensationsprodukten der Ölsäure.
4. Herstellung von Oxydationsprodukten und Isomeren der Ölsäure.
5. Umwandlung der Ölsäure in Stearinsäure.
6. Umwandlung in als Kerzenstoffe geeignete Seifen.

Am ältesten, aber auch am wenigsten Erfolg versprechend sind die auf eine Elaidinbildung hinauslaufenden Methoden, die heute als gänzlich überholt bezeichnet werden können. Die Verfahren, die auf die Bildung von Palmitinsäure und von Kondensationsprodukten abzielen, hielten auch nicht das, was sie versprochen hatten. Die Sulfurationsmethoden versuchte man in letzter Zeit technisch zu vervollkommnen, wie es nun endlich auch gelungen zu sein scheint, eine Umwandlung der Ölsäure in Stearinsäure auf einfache, technisch brauchbare Weise durchzuführen.

1. Umwandlung der Ölsäure in Elaidinsäure.

Allgemeines. Die bei 44,5° C schmelzende Elaidinsäure[1]) — ein Isomeres der Ölsäure, das sich bei der Behandlung mit salpetriger oder schwefliger Säure bildet — ist kein ideales Kerzenmaterial; erstens ist ihr Schmelzpunkt für ein solches etwas niedrig und zweitens fühlt sie sich fettig an. Dennoch hat man in früherer Zeit die Umwandlung der Ölsäure in Elaidinsäure technisch auszuführen versucht.

Man ging dabei vor allem von der von Pelouze und Boudet entdeckten Reaktion aus (Einwirken von salpetriger Säure), und zwar bemühten sich Cambacères und Jacquelain, diese Reaktion durch einen glatten Verlauf praktisch verwertbar zu machen.

Vorschlag Cambacères. Cambacères[2]) ließ die Fette mehrere Stunden in Berührung mit Wasser, das durch Salpetersäure angesäuert war. Durch Spaltung so behandelter Fette und nachheriges Destillieren will er einen größeren Teil des darin enthaltenen Oleins in feste Form übergeführt haben.

Vorschlag Jacquelains. Jacquelain[3]) empfahl als Reagens Untersalpetersäure, die er durch Glühen von wasserfreiem salpetersauren Blei- oder Kupferoxyd her-

[1]) Bd. 1, S. 51.

[2]) Compt. rendus, Bd. 50, S. 1144; Journ. f. prakt. Chemie, Bd. 81, S. 192; Dinglers polyt. Journ., Bd. 158, S. 444.

[3]) Génie industriel 1859, Mai, S. 257; Dinglers polyt. Journ., Bd. 154, S. 318.

stellte. Das Gas wurde dabei durch Bleirohre direkt in das Fett eingeleitet. Jacquelain will mit seinem Verfahren vorzügliche Resultate erhalten haben, und zwar sowohl bei der Verarbeitung von Ölsäure als auch beim Härten von Talg. Später schlug er vor, zur Herstellung der Untersalpetersäure an Stelle des salpetersauren Bleioxyds wasserfreies Calciumnitrat zu verwenden, das er als das beste Mittel zur Herstellung der Untersalpetersäure ansieht und das beim Glühen einen nicht reduzierbaren Rückstand hinterläßt, aus dem man durch Zusatz von Salpetersäure sehr leicht salpetersauren Kalk zurückgewinnen kann.

Verfahren Jünnemann.

Jünnemann[1]) schlug in einer Beschreibung der Fabrikation von weißen, harten Talgkerzen die Überführung von Ölsäure (bzw. Triolein) in Elaidinsäure (Elaidin) mit salpetriger Säure vor, die er aus gepulvertem Zucker und Salpetersäure herstellt[2]).

Versuche Wagners.

Eingehende Versuche betreffs der Überführung von Ölsäure in Elaidinsäure hat im Jahre 1856 Rudolf Wagner angestellt. Die Beschreibung dieser Versuchsreihe hat zwar mehr theoretisches und historisches Interesse, ist aber doch so interessant, daß sie nachstehend auszugsweise wiedergegeben sei[3]):

Versuch I. Die Ölsäure wurde mit 5—10% gewöhnlicher Salpetersäure gemischt, das Gemisch in einem irdenen Gefäße bis auf 100° C erhitzt und sodann nach und nach 1% fein gepulverten Stärkemehles hinzugesetzt. Starkes Schäumen. Man erhitzte ½—1 Stunde lang. Die entstandene Elaidinsäure ward in noch flüssigem Zustande mit Wasser gewaschen. Sie war weit heller als die nach allen übrigen Methoden dargestellte, was wahrscheinlich in der Bildung von Oxalsäure, die auf Fette bleichend wirkt, seinen Grund hat. Sie besaß einen Schmelzpunkt von 48°. (Reine Elaidinsäure hat einen Schmelzpunkt von 44—45° C; der höhere Schmelzpunkt der von Wagner erhaltenen Elaidinsäure rührt davon her, daß die angewendete Ölsäure nicht unbeträchtliche Mengen von Palmitinsäure enthielt.)

Versuch II. In gleicher Weise ausgeführt wie Versuch I, nur mit dem Unterschiede, daß die Stärke hinweggelassen und an ihrer Stelle feine Sägespäne der heißen Masse zugesetzt wurden. Durch Umrühren mit einem Holzspatel wurde die Einwirkung der Salpetersäure auf die Holzfaser begünstigt. Das Resultat ähnlich wie bei Versuch I. Das Sieden mußte jedoch längere Zeit fortgesetzt werden.

Versuch III. Man mischte nach dem Vorschlage Alex. Müllers[4]) 500 g Ölsäure mit 5 g Salpetersäure und setzte dem Gemenge einige eiserne Nägel zu. Die Einwirkung zeigte sich erst nach einem Monate als vollendet. Die erhaltene Elaidinsäure mußte durch Erhitzen mit verdünnter Salzsäure von dem beigemengten Eisenoxyd (elaidinsauren Eisenoxyd) befreit werden. Bei diesem Versuche fand sich die von anderen gemachte Beobachtung bestätigt, daß Elaidinsäure durch stundenlang fortgesetztes Erhitzen wieder in flüssige Fettsäure übergeht, die jedoch nicht Ölsäure ist, da sie durch Behandeln mit salpetriger Säure nicht mehr in Elaidinsäure übergeführt werden kann.

---

[1]) Dinglers polyt. Journ., Bd. 146, S. 156; Chem. Zentralbl. 1858, S. 113; Polyt. Notizbl. 1857, S. 306.

[2]) Wagner und ebenso Bolley kritisieren den Vorschlag Jünnemanns, der übrigens auch eine Umwandlung in Palmitinsäure vorsieht (vergleiche S. 780).

[3]) Wagners Jahresberichte 1857, S. 455.

[4]) Wagners Jahresberichte 1855, S. 81.

Versuch IV. Ölsäure wurde mit 10% Königswasser kalt digeriert; die Einwirkung war ungenügend, in der Hitze dagegen zu stürmisch, es bildeten sich Oxydationsprodukte der Ölsäure und gechlorte Derivate[1]).

Andere Verfahren.

Neben salpetriger Säure hat man auch schweflige Säure und Natriumbisulfit zur Umwandlung von Ölsäure in Elaidinsäure zu verwenden gesucht. Schweflige Säure bewirkt diese Umwandlung unter Druck bei 200° C, Natriumbisulfit bei 175—180° C; in keinem Falle verläuft aber die Reaktion quantitativ, weil sie umkehrbar ist[2]).

B. Tilghmann[3]) suchte schon im Jahre 1859 Fettsubstanzen durch Behandlung mit Schwefeldioxyd bei einer Temperatur von 260° C zu härten und die sich dabei bildenden Schwefelverbindungen durch Kupferoxyd unschädlich zu machen.

2. *Umwandlung der Ölsäure in Palmitinsäure.*

Allgemeines.

Die Tatsache, daß sich Ölsäure mit schmelzenden Ätzalkalien zu Palmitin- und Essigsäure umsetzt, ist zuerst (1841) von Varrentrapp[4]) beobachtet worden. Auf die praktische Verwertung dieser Reaktion, die sich nach folgender Gleichung abspielt:

$$\underset{\text{Ölsäure}}{C_{18}H_{34}O_2} + \underset{\text{Ätzkali}}{2\,KOH} = \underset{\text{Palmitinsaures Kali}}{C_{16}H_{31}O_2K} + \underset{\text{Essigsaures Kali}}{C_2H_3O_2K} + \underset{\text{Wasserstoff}}{H_2}$$

ist zuerst von Wagner (1857) aufmerksam gemacht worden. Später hat

Verfahren von Jünnemann.

Fr. Jünnemann[5]) aus Ölsäure Palmitinsäure darzustellen versucht, indem er erstere vor allem in Elaidinsäure überführte (Behandeln der Ölsäure mit 10% gewöhnlicher Salpetersäure in Steinzeuggefäßen bei Siedehitze und Zugabe von 1% feingepulverten Stärkemehles) und sodann mit der gleichen Menge Kalihydrat in einem eisernen, in einem Paraffinbade sitzenden Kessel auf 220—230° C erhitzte. Das Reaktionsgemisch wurde hierauf mit verdünnter Schwefelsäure zersetzt und die abgeschiedenen Fettsäuren wurden destilliert. P. Bolley[6]) hat das Jünnemannsche Verfahren mit Recht einer strengen Kritik unterzogen.

von Paraf-Javal.

Einfacher, aber technisch ebenfalls unreif ist ein Vorschlag von Paraf-Javal[7]). Dieser erhitzte nach dem Texte seines französischen Patentes

---

[1]) Wie schon erwähnt, haben aber diese Versuche keinen technischen Wert.

[2]) M. C. und A. Saytzeff haben gefunden, daß sich Ölsäure durch Natriumbisulfit oder schweflige Säure am besten bei 175—180° C unter Druck in eine feste Fettsäure verwandeln läßt, die bei 51—52° C schmilzt und bei 40° C erstarrt.

[3]) Bayer. Industrie- u. Gewerbebl. 1859, S. 626.

[4]) Annalen d. Chemie u. Pharmazie, Bd. 35, S. 210.

[5]) Zeitschr. d. Vereins österr. Ingenieure 1866, S. 75; Deutsche Industrie-Ztg. 1866, S. 175.

[6]) Schweiz. polyt. Zeitschr. 1866, S. 174.

[7]) Dinglers polyt. Journ., Bd. 158, S. 246; Bulletin de la Société chim. 1867, Bd. 7, S. 532; franz. Patent Nr. 73270 v. Jahre 1867.

Ölsäure mit der zwei- bis dreifachen Menge Kalihydrat fast bis zum Schmelzpunkt des Ätzkalis. Dabei entwickelten sich reichliche Mengen von Wasserstoff, deren Entweichen ein Aufblähen der Substanz bewirkte. Sobald die aufgeblähte Masse zusammengesunken war (nach Beendigung der Reaktion), gab man kleine Mengen Wasser zur Reaktionsmasse, um das überschüssige Alkali in konzentrierter Form zurückzugewinnen.

Die gebildete, in der Alkalilösung unlösliche Seife wurde erst später in Wasser gelöst, um dann mittels Kochsalzes in Natronseife umgesetzt zu werden. Die Seife wurde hierauf durch Mineralsäuren zersetzt und durch Umkristallisieren aus Alkohol sowie durch Destillation gereinigt. Das nebenbei erhaltene essigsaure Kali sollte gewöhnlich auf Essigsäure oder Azeton weiterverarbeitet werden.

Radison-Verfahren.

Die durch Cramer erfolglos fortgeführten Versuche wurden zu Ende der siebziger Jahre des vorigen Jahrhunderts von Radison und Olivier wieder aufgenommen und im großen durchgeführt. Marius Olivier und Radison brachten auf der Pariser Weltausstellung im Jahre 1878 Kerzen zur Schau, die nach dem Verfahren von Radison in dessen für diese Zwecke eigens eingerichteter Fabrik in St. Pons (Rhone) hergestellt worden waren, doch fanden die Produkte nur wenig Anklang. Die sogenannten Radisonkerzen waren schmierig, zeigten nicht die bei Kerzen gewünschte Weiße und besaßen einen unangenehmen Geruch. Dennoch soll die große Stearinfabrik von Fournier in Marseille das Verfahren eine Zeitlang benutzt haben, das übrigens seinerzeit so viel von sich sprechen machte, daß es auch hier mit wenigen Worten näher beschrieben sei.

Die Ausführung der Reaktion im großen geschieht in gußeisernen Zylindern mit Deckeln von Eisenblech von etwa 3 m Durchmesser. In diese werden ungefähr $1^1/_2$ Tonnen Ölsäure und 2,5 Tonnen Kalilauge von 43° Bé gepumpt und durch eine Feuerung erhitzt, die aber hinreichend weit entfernt sein muß, um ein Überhitzen der Masse zu vermeiden. Der anfangs entwickelte Dampf entweicht durch ein Mannloch, das im Deckel des Kessels angebracht ist. Wenn die Seife trocken wird, schließt man das Mannloch und leitet die entweichenden Gase durch Rohre nach einem Kondensationsturm und sodann in einen Gasbehälter. Die Temperatur der Masse wird langsam auf 320° C gesteigert und letztere durch ein Rührwerk in beständiger Bewegung erhalten. Bei 290° C beginnt die Wasserstoffentwicklung. Nachdem die Seife geschmolzen ist und die Temperatur eine Höhe von 320° C erreicht hat, nehmen die entweichenden Gase einen eigentümlichen Geruch an. Alsdann muß die Operation plötzlich beendigt werden, da sonst Zersetzung eintreten würde. Es wird daher Dampf sowie Wasser in den Zylinder eingeführt und zugleich eine Klappe am Boden des letzteren geöffnet, durch die das gebildete Kaliumpalmitat in einen offenen Wasserbehälter fällt, wo es mit einer bestimmten Menge Wasser durch Dampf gekocht wird.

Der Inhalt des Behälters sondert sich beim Absetzen in zwei Schichten, in eine obere von Kaliumpalmitat und eine untere von Kalilauge von 18° Bé. Das Kaliumpalmitat wird hierauf in einem ausgebleiten Gefäße mit verdünnter Schwefelsäure zersetzt, wobei eine hellbraune Palmitinsäure erhalten wird, die beim Erstarren in großen, schönen Tafeln kristallisiert und einer Destillation unterworfen werden muß.

Verbesserungsvorschläge. Man hat versucht, das Kaliumpalmitat durch Kochen mit Kalkmilch in Calciumpalmitat überzuführen und das Kali auf diese Weise zu regenerieren. Hierbei muß indes in so verdünnter Lösung gearbeitet werden, daß die erhaltene Lauge nur 6° Bé zeigt, weshalb die Kosten ihrer Konzentration auf 43° Bé nicht unerheblich sind.

Auch versuchte man, das teure Kali durch das bedeutend billigere Natron zu ersetzen, was anfänglich große Schwierigkeiten bot, weil das ölsaure Natron verhältnismäßig schwer schmelzbar und ein schlechter Wärmeleiter ist, so daß eine gleichmäßige Temperatur des geschmolzenen Salzes auch bei Anwendung eines gut gehenden Rührwerkes nicht zu erzielen war.

Radison hat jedoch gefunden, daß dieser Übelstand beseitigt wird, wenn man dem Gemisch von Natronlauge und Ölsäure eine gewisse Menge Paraffin zusetzt. Das Paraffin bewirkt eine vollständige Verflüssigung der Masse und verhindert eine Erhitzung des Natriumpalmitats über seine Zersetzungstemperatur, da sein Siedepunkt niedriger als diese ist. Die kleine Menge Paraffin, die sich während der Operation verflüchtigt, wird in einem Kondensator aufgefangen. Der entweichende Wasserstoff ist dabei so reich an Kohlenwasserstoffen, daß er ein gutes Leuchtgas abgibt.

Nach Beendigung der Reaktion wird die Masse, wie bei dem Kaliverfahren, mit Wasser behandelt, und hier tritt eine Trennung in drei Schichten ein, von denen die oberste Paraffin, die mittlere Natriumpalmitat und die untere Natronlauge ist, mit einem Gehalt an Natriumazetat (essigsaurem Natron). Das Paraffin und die Natronlauge können zu weiteren Operationen benutzt werden.

Kostenfrage. Die im Großbetriebe zu überwindenden Schwierigkeiten waren Ursache, daß man von der Ausübung des Verfahrens abstand. Sollen doch die Fabrikationsspesen 31 Franken für 100 kg Palmitinsäure betragen haben, obwohl man der Wiedergewinnung des Kalis, der Regenerierung des erhaltenen Kaliumsulfats zu Ätzkali und der Verwertung der Kaliumazetatlösung alle Aufmerksamkeit widmete. Letztere Lösung enthielt leider neben dem essigsauren Kali auch eine Menge anderer Zersetzungsprodukte, was ihr Verarbeiten erschwerte. Dabei war noch auf die durch die große Wasserstoffentwicklung bedingte Explosionsgefahr zu achten[1]).

[1]) Eine ausführliche Beschreibung des Radison-Verfahrens findet sich im Journ. Soc. Chim. Ind. 1883, S. 98, 201 und 1884, S. 206. Vergleiche auch Chem. Ztg. 1883, S. 422 und 1884, S. 840.

3. *Herstellung von festen Kondensationsprodukten der Ölsäure.*

Allgemeines.

Auf die Herstellung von Kondensationsprodukten der Ölsäure läuft das Verfahren von M. v. Schmidt hinaus, das auf der bekannten Reaktion, die Zinkchlorid bei hoher Temperatur auf Ölsäure übt, beruht. Werden zehn Teile Ölsäure mit einem Teil Zinkchlorid auf 185° C erhitzt, bis eine Probe der Reaktionsmasse nach ihrem Zersetzen mit Salzsäure beim Erkalten erstarrt, wird die Reaktion sodann unterbrochen und das erhaltene Reaktionsgemisch durch wiederholtes Kochen mit Salzsäure und nachheriges Auswaschen mit Wasser gereinigt, so erhält man ein Fettgemisch, das sich nach Benedikt[1]) wie folgt zusammensetzt:

Flüssige Anhydride	8%
Stearolakton	28
Ölsäure und Isoölsäure	40
β-Hydroxystearinsäure	22
Gesättigte Fettsäuren	2
	100%.

Shukoff und Schestakoff[2]) fanden bei der Kontrolle dieses Versuches weit weniger Stearolaktat als Benedikt, nämlich nur 8—9%. Andrerseits berichtet Lewkowitsch[3]), daß außer Hydroxystearinsäure bei der Zinkchloridreaktion keine andere gesättigte Fettsäure gebildet werde.

Resultate des Schmidtschen Verfahrens.

Wird das nach den Schmidtschen Angaben erhaltene Rohprodukt destilliert und das Destillat nach dem gewöhnlichen Preßverfahren abgepreßt, so erhält man ein der Hauptsache nach aus Stearolakton und Isoölsäure bestehendes Kerzenmaterial. Die Untersuchung des rohen Destillats ergab für dasselbe eine Zusammensetzung von:

Unverseifbares	13,60%
Ölsäure und Isoölsäure	43,30
Stearolakton	31,00
Gesättigte Fettsäuren	12,10.

Durch Kalt- und Warmpressen erhielt man aus dem Destillat eine Kerzenmasse, die aus

75,80% Stearolakton,
15,70% Isoölsäure und
8,50% gesättigter Fettsäuren

bestand.

Das Schmidtsche Verfahren, das also hauptsächlich die Bildung von Stearolakton[4]) beabsichtigt, wurde vor Jahren in einer Stearinkerzenfabrik

---

[1]) Monatshefte für Chemie 1890, S. 71.

[2]) Journ. f. prakt. Chemie 1903, S. 418.

[3]) Journ. Soc. Chem. Ind. 1897, S. 392.

[4]) Ein gleiches will auch ein Verfahren von A. A. Shukoff durch Sulfurierung der Ölsäure erreichen.

Österreichs versuchsweise ausgeführt. Die damit erzielten Resultate waren jedoch nicht ermutigend und das Verfahren wurde daher bald fallen gelassen.

Der Prozeß, der bei der Einwirkung von Zinkchlorid auf die Ölsäure stattfindet, ist noch nicht genügend aufgeklärt. Lewkowitsch vermutet, daß dabei zwei isomere Zinkchloridadditionsprodukte gebildet werden, die beim Verkochen mit verdünnter Salzsäure in Zinkchlorid und in zwei isomere Hydroxystearinsäuren zerfallen, wovon die eine unter Wasserverlust in ihr Lakton übergeht.

Nach Benedikt verläuft die Einwirkung von Zinkchlorid auf Ölsäure ganz ähnlich wie bei Schwefelsäure. Es entstehen zwei isomere Chlorzink-Additionsprodukte, die beim Kochen mit verdünnter Salzsäure in Oxystearinsäure und Chlorzink zerfallen[1]).

L. Storch glaubt den beim Schmidtschen Verfahren stattfindenden Prozeß durch eine teilweise Zersetzung der Fettsäuren erklären zu müssen, wobei Chlorwasserstoff und das Zinksalz der Ölsäure entstehen, die sich wiedervereinigen.

Verfahren Knorre. Ein auf der Bildung von festen Kondensationsprodukten beruhendes Verfahren ist nach Ansicht des Erfinders auch das von A. Knorre[2]) in Utrecht. Darnach wird das Olein mit flüssigem oder gasförmigem Formaldehyd[3]) gemischt und die Mischung sodann mit fein zerteilten Metallen, mit oder ohne Zusatz von Metalloxyden oder Metallsalzen, behandelt.

Nach der Ansicht Knorres beruht sein Verfahren auf einer Anlagerung mehrerer Fettsäuremoleküle, und er führt als Beweis für diese Be-

---

[1]) Dieselbe Oxystearinsäure erhielt Geitel aus dem Einwirkungsprodukt von Schwefelsäure auf Ölsäure. Die eine derselben geht unter Wasseraustritt in Stearolakton ($C_{18}H_{34}O_2$) über, weshalb sie nach Geitel als γ-Oxystearinsäure anzusehen ist. Die Bildung einer solchen Säure verlangt aber, daß sich die doppelte Bindung in der Ölsäure als γ-Kohlenstoff befinde, wodurch Saytzeffs Ansicht, daß Ölsäure die Konstitution $CH_3-(CH_2)_{13}-CH = CH-CH_2-COOH$ habe, eine weitere Bestätigung findet. Der zweiten Oxystearinsäure kommt dann die Formel einer γ-Oxysäure zu. β-Oxystearinsäure geht, wie Saytzeff ebenfalls nachgewiesen hat, leicht in ein Anhydrid über, das durch alkoholische Kalilauge erst bei 150° C zerlegt wird; es ist dies das in dem Einwirkungsprodukt von Chlorzink auf Ölsäure enthaltene „unverseifbare Anhydrid". Diese lösliche Stearinsäure liefert nach Saytzeff bei der Destillation Ölsäure und die feste Isoölsäure, woraus sich deren Vorkommen in der Kerzenmasse erklärt.

Die in dem nichtdestillierten, namentlich in zu hoch erhitztem Produkt auftretenden „gesättigten Fettsäuren" dürften Dikarbonsäuren mit ringförmiger Bindung eines Teiles ihrer Kohlenstoffatome sein, entstanden durch Aneinanderlagerung zweier Moleküle Ölsäure oder Oxystearinsäure. (Monatshefte für Chemie 1890, Bd. 11, S. 71.)

[2]) D. R. P. Nr. 172690 v. 19. Dez. 1903.

[3]) Die Verwendung von Formaldehyd zur Herstellung von hochschmelzbaren Kondensationsprodukten von Ölen und Fetten hat im Jahre 1898 auch T. G. Fr. Hesketh (engl. Patent Nr. 7169 v. 24. März 1898) empfohlen. Hesketh beabsichtigte aber nicht die Herstellung von Kerzenmaterial, sondern eine antiseptisch wirkende Salbengrundlage.

hauptung die Tatsache an, daß auch feste Fettsäuren durch die Einwirkung von Formaldehyd bei Gegenwart von Oxyden und Metallen [hauptsächlich Zink[1])] eine Schmelzpunkterhöhung erfahren.

Kritik des Knorreschen Verfahrens.

Nach K. Halpern, der das Knorresche Verfahren nachgeprüft hat, handelt es sich dabei nicht um eine Bildung von festen Kondensationsprodukten der Ölsäure, sondern um eine solche von Zinkseife, die sich in der überschüssigen Fettsäure löst und eine scheinbare Erhöhung ihres Erstarrungspunktes bewirkt. Halpern hat seinen Einwand gegen die Knorresche Methode experimentell in einwandfreier Weise begründet.

Daß bei der Erhöhung des Erstarrungspunktes eine Bildung von Zinkseife mitspielt, ist auch schon aus der Art zu erkennen, wie die mit Zinkstaub behandelten Fettsäuren erstarren. Sie zeigen dabei nämlich durchaus keine Neigung zum Kristallisieren, sondern bilden an der Oberfläche jene charakteristische Haut, die beim Festwerden der heißen autoklavierten Fettmasse, wie sie eben aus dem Autoklaven kommt, auftritt. Daß eine zinkhaltige Fettsäuremasse als Kerzenmaterial nicht verwendet werden kann, braucht wohl kaum betont zu werden.

4. Herstellung von Oxydationsprodukten und Isomeren der Ölsäure (Sulfurationsverfahren).

Allgemeines.

Über die Reaktion, die bei der Einwirkung von Schwefelsäure auf Ölsäure stattfindet, wurde bereits auf S. 609 gesprochen, ebenso über die Zersetzung der gebildeten Sulfostearinsäure beim Kochen mit Wasser und über die Destillation des gewaschenen Produktes. In Wirklichkeit bilden sich durch Anlagerung der Schwefelsäure nicht eine, sondern zwei isomere Sulfostearinsäuren, die durch das Wasser in die entsprechenden Hydroxystearinsäuren zerlegt werden, und zwar teils schon beim bloßen Liegen an der Luft (wobei sich die gebildeten Oxysäuren weiter unmittelbar in ihre Stearolaktone umwandeln), teils erst beim Kochen mit Wasser. Auch hier wird die entstandene Hydroxystearinsäure teilweise in Stearolakton verwandelt, das bei der nun folgenden Destillation unverändert übergeht, während die Hydroxystearinsäure dabei zum größten Teil in Ölsäure und Isoölsäure übergeführt wird und auch Kondensationsprodukte gebildet werden.

Die nach der Sulfurierungsoperation notwendig werdende Destillation macht also zum Teil den durch die Schwefelsäurebehandlung erzielten Effekt (Bildung fester Fettsäuren) wieder hinfällig, und es ist seit

[1]) Das Knorresche Verfahren erinnert im übrigen an das Goffartsche, um Kolzaöl in festes Öl zu verwandeln. Dabei wird das Rüböl bei 110—120° C mit 10% Zinkstaub behandelt, indem man unter allmählichem Reduzieren der Temperatur auf 75—80° C eine halbe Stunde rührt. Der größte Teil des Zinks sammelt sich nach dem Abstehen der Masse am Boden und kann wiederverwendet werden; das obenstehende Öl erstarrt beim Erkalten zu einer festen Masse.

langem das Bestreben, die Destillation nach der Sulfurierung zu vermeiden oder doch beide Operationen derart zu leiten, daß die unerwünschte Rückbildung von Ölsäure in die flüssige Isoölsäure nicht oder doch nicht in zu großem Maße eintrete.

Vor allem ist es wichtig, die Sulfurierung derart zu leiten, daß eine möglichst vollständige Umwandlung der Ölsäure in Sulfostearinsäure stattfinde. Über diese Frage hat Lewkowitsch[1]) sehr verdienstvolle Versuche angestellt, die ob ihrer Wichtigkeit hier wiedergegeben seien.

Versuche Lewkowitschs.

Wie aus der nachstehenden Tabelle ersichtlich ist, wird vor allem die große Menge gesättigter Produkte erhalten, wenn man mit 95 prozentiger Schwefelsäure arbeitet und auf ein Molekül Ölsäure zwei Moleküle Schwefelsäure rechnet. Die Einwirkung der Schwefelsäure fand bei 5° C statt:

Ölsäure	Schwefelsäure		Jodzahl[2]) des Endproduktes
Moleküle	enthaltend % H_2SO_4	Moleküle	
1	95	1	39,83
1	95	1	33,73
1	95	1	47,23
1	103[3])	1	26,26
1	103[3])	1	20,43
1	95	2	10,90
1	95	2	10,86
1	95	2	10,28
1	95	2	11,15
1	95	2	14,99
1	92	2	23,02
1	92	2	24,06
1	103[3])	2	10,28
1	100,5[4])	2	14,40
1	100,5[4])	2	14,41
1	95	2,5	16,73
1	92,5	2,5	23,60
1	93	2,5	19,61
1	95	3	6,74
1	95	3	8,46
1	103[3])	3	16,04

[1]) Journ. Soc. Chem. Ind. 1897, S. 392.

[2]) Die Jodzahl ist bekanntlich das Maß für die ungesättigten Fettsäuren; je niedriger also die Jodzahl ist, um so geringer ist die unverändert gebliebene Ölsäuremenge. Die rohe Ölsäure hatte die Jodzahl 80.

[3]) Rauchende Schwefelsäure.

[4]) Gemisch rauchender und konzentrierter Schwefelsäure.

Von den verschiedenen Destillationsversuchen der sulfurierten Massen, die Lewkowitsch vorgenommen hat, seien nur die Resultate eines im Großbetriebe durchgeführten Versuches hier wiedergegeben. Die in der Kälte mit 95prozentiger Schwefelsäure (1 Teil Ölsäure, 1 Teil Schwefelsäure) behandelte Ölsäure zeigte nach dem Kochen mit Wasser eine Jodzahl von 24,8, eine Säurezahl von 98,4 und eine Verseifungszahl von 198,3; sie ergab bei der Destillation mit überhitztem Wasserdampf:

Erste Fraktion	30,00 %
Zweite Fraktion	30,00
Dritte Fraktion	26,00
Blasenrückstand	6,70
Verlust	7,30[1]).

Die drei Fraktionen ergaben bei der näheren Untersuchung:

	1. Fraktion	2. Fraktion	3. Fraktion	Gesamtziffern
Schmelzpunkt	20,2°	25,3°	24,9°	23,45°
Jodzahl	82,8	85,2	65,8	77,1
Säurezahl	197,5	197,3	149,1	197,5
Verseifungszahl	200,7	200,0	188,9	201,3.

Während die Jodzahl der undestillierten Fettsäuren 24,8 war, ist die des Destillats durchschnittlich 77,1; es sind also fast die gesamten gesättigten Verbindungen bei der Destillation wieder in ungesättigte zerfallen. Eine Bildung von fester Isoölsäure hat indessen stattgefunden, das beweisen die Schmelzpunkte der Fraktionen. Die Jodzahl zeigt nämlich auch die vorhandenen Mengen der Isoölsäure an, denn Isoölsäure hat dieselbe Jodzahl wie Ölsäure.

Stearolakton ist sehr wenig gebildet worden, sonst müßten größere Differenzen zwischen Verseifungs- und Säurezahl obwalten.

Bei einem weiteren Versuche, wobei Lewkowitsch nicht in der Kälte (5° C), sondern bei 132° C sulfurierte, wie dies in der Regel in der Fabrikpraxis geschieht, ergaben sich folgende Resultate:

	Jodzahl	Säurezahl	Verseifungszahl	Schmelzpunkt
Rohprodukt (technische Ölsäure)	53,90	169,8	—	—
Hauptmenge des Destillats . .	71,60	180,2	202,0	20,70°
Kaltpressenkuchen	69,45	195,5	207,8	30,80
Kaltpressenöl	69,45	184,8	202,2	flüssig
Heißpressenkuchen	71,10	202,8	206,7	43,05.

Hier ist die Bildung von Stearolakton zwar reichlicher, der eigentliche Effekt des Verfahrens aber doch nicht gut zu nennen. Jedenfalls

[1]) Der hohe Verlust ist durch besondere, außergewöhnliche Umstände herbeigeführt worden.

ist durch diese Versuche in einwandfreier Weise bewiesen, daß die Angaben von David[1]), wonach 18—20 % Stearolakton gebildet werden, wenn man das Einwirkungsprodukt von Ölsäure und Schwefelsäure mit dem gleichen Volumen Wasser versetzt, die Ölschicht mit einem gleichen Volumen Wasser vermischt und 12 Stunden lang stehen läßt, irrig. Die von David beobachteten Kristalle waren, wie Lewkowitsch[2]) zeigte, β-Hydroxystearinsäure.

Verfahren von Müller-Jacobs.

Die Herstellung fester Fettsäuren aus Ölsäure durch ihre Behandlung mit Schwefelsäure hat schon Armand Müller-Jacobs[3]) in Moskau angeregt. Er behandelte die flüssigen Fettsäuren (Ölsäure) bei 6 °C mit 30—40 % ebenfalls gekühlter Schwefelsäure vom spezifischen Gewichte 1,823—1,826. Sobald die sich erwärmende Masse eine Temperatur von 35 °C angenommen hatte, gab er das doppelte Volumen Wasser hinzu und ließ 24 Stunden stehen. Die sich abscheidende Sulfofettsäure wurde mit Wasser anhaltend gekocht und die erhaltene Fettsäure dann abkühlen gelassen, um in bekannter Weise destilliert und abgepreßt zu werden.

Dieses Verfahren ist in der Praxis wiederholt versucht und infolge unbefriedigender Resultate mannigfach modifiziert worden.

von Hausamann,

S. Hausamann[4]) sulfuriert zuerst die autoklavierten Fettsäuren in gewöhnlicher Weise bei hoher Temperatur und destilliert. Das Destillat wird dann nochmals in der Kälte mit Schwefelsäure behandelt, um eine möglichst ausgiebige Überführung der Ölsäure in Oxysäure zu bewirken[5]).

von Fournier.

Fournier[6]), der die Vorteile, die mit dem Sulfurieren einer Lösung von Ölsäure zusammenhängen, erkannte, operierte mit Lösungen der Fettsäure in Schwefelkohlenstoff oder anderen Lösungsmitteln, wodurch eine sehr feine Verteilung gesichert und eine Arbeit bei niedriger Temperatur möglich ist.

Da aber alle diese Vorschläge ohne die erwarteten technischen Erfolge blieben, weil die bei der Schwefelsäurebehandlung gebildeten Hydroxystearinsäuren bei der Destillation zum größten Teil in Ölsäure und Isoölsäure zerfielen, ging man daran, die Sulfuration so zu leiten, daß die für den Endeffekt ziemlich wertlose Hydroxystearinsäure gar nicht oder doch nur zum geringen Teile, dafür aber in ausgiebigem Maße das unzersetzt destillierende Stearolakton gebildet werde.

Auf diesem Gedanken ist das Verfahren von David[7]) aufgebaut, das nach Lewkowitsch[8]) und Shukoff allerdings nicht jene Resultate geben kann, die sich David davon versprochen hat.

---

[1]) Journ. Soc. Chem. Ind. 1897, S. 339.
[2]) Journ. Soc. Chem. Ind. 1897, S. 390.
[3]) D. R. P. Nr. 17264 v. 26. April 1881.
[4]) Franz. Patent Nr. 335768 v. Jahre 1903.
[5]) Vergleiche auch das Patent von Delarue, S. 591.
[6]) Franz. Patent Nr. 263262 v. 22. Jan. 1897.
[7]) Franz. Patent Nr. 252263 v. 7. Dez. 1895.
[8]) Journ. Soc. Chem. Ind. 1897, S. 390.

Nach dem Davidschen Patent wird kalte, trockene Ölsäure mit 40—50 % konzentrierter Schwefelsäure, die 5 % rauchender Säure enthält, behandelt. Man gibt kaltes Wasser hinzu und rührt 2 Stunden lang. Die Ölschicht wird dann mit der anderthalbfachen Menge Wasser 24 Stunden lang sich selbst überlassen, wobei sich ein angeblich unzersetzt destillierbarer α-Körper vom Schmelzpunkt 45° C abscheiden soll, der abfiltriert wird. Das Filtrat wird mit Wasser gekocht, wobei sich ein β-Körper vom Schmelzpunkt 65° C bildet. **Methode David.**

Zur Ausführung seines Verfahrens empfiehlt David die in Fig. 194 schematisierte Einrichtung.

In dem Vorratsbehälter N befindet sich die zu verarbeitende Ölsäure; M enthält Schwefelsäure, und zwar Monohydrat, gemischt mit 5 % Nordhäuser Schwefelsäure. Die Ölsäure fließt aus N in den verbleiten Bottich A, der mit einem schraubenförmigen Rührer B versehen ist und in einem Kühlbade sitzt, das die Ölsäure auf einer Temperatur nahe dem Gefrierpunkt des Wassers hält. Die Schwefelsäure fließt aus M in ein Gefäß C, das nach Art der Segnerschen Wasserräder ausgestaltet ist und aus dessen Arm d die Säure in den Mischbehälter A tröpfelt. Auf 100 kg Ölsäure läßt man ungefähr 40—50 kg Schwefelsäure zufließen und sorgt dafür, daß die Temperatur während des Sulfurierungsprozesses nicht über 20° C steige.

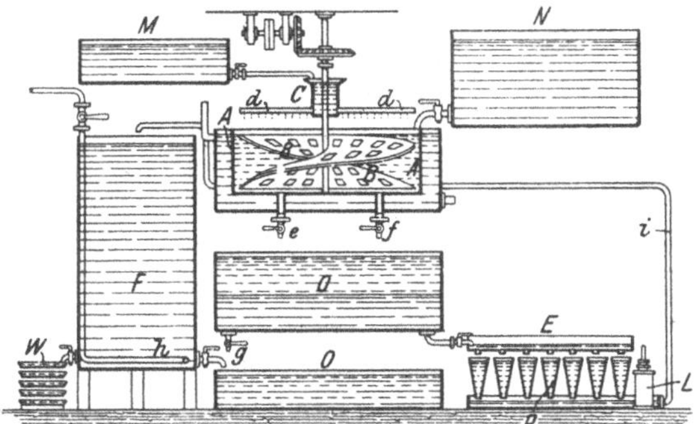

Fig. 194. Anlage zur Umwandlung von Ölsäure in Kerzenmaterial (nach David).

Nach der Säuerung überläßt man den Inhalt des Gefäßes A 12 Stunden lang der Ruhe, worauf man die Reaktionsmasse durch die Hähne ef in den verbleiten Behälter D fließen läßt. In diesen wird schon vorher die dreifache Gewichtsmenge kalten Wassers (vom Gewichte der Ölsäure gerechnet) gebracht; beim Einfließenlassen der Reaktionsmasse rühren zwei Mann diese mit dem in dem Behälter D befindlichen Wasser tüchtig durch. Diese Arbeit geschieht mittels Holzkrücken und muß so ausgeführt werden, daß die Temperatur nicht über 30° C steigt. Hierauf überläßt man 2 Stunden lang der Ruhe, wobei sich der Inhalt des Bottichs D in zwei Schichten trennt. Die untere, aus Säurewasser bestehende Schicht zieht man durch den Hahn g ab, die obere, die Fettschicht, wird in dem Bottich D belassen und dort nochmals mit der $1^1/_2$fachen Menge Wasser durchgerührt. Nach 24stündigem Stehen erscheint dann die Flüssigkeit in D mit vielen feinen Kristallen durchsetzt, und man läßt sie nun in einen Filterrahmen E laufen, von wo sie sich in Filtertrichter p verteilt. Die bei der Filtration zurückbleibenden Kristalle werden mit Wasser ausgewaschen, bis sie frei von Schwefelsäure sind und eine schwachgelbliche Masse darstellen, deren Schmelzpunkt ungefähr bei 45° C liegt. Die Menge dieser Kristalle beträgt ca. 20 % der verarbeiteten Ölsäure. Diese Masse zersetzt sich bei der Destillation nicht und gibt dabei ein weißes Produkt, das ein brauchbares Kerzenmaterial bildet.

80 % der verarbeiteten Ölsäure finden sich in der braunen Flüssigkeit vor, die durch die Filter p gegangen ist und die man nun mittels der Pumpe L durch das

Rohr i in den Behälter F bringt. Hier kocht man diese Flüssigkeit mittels der Dampfschlange h ungefähr eine Stunde lang und sorgt durch Zugabe von Wasser dafür, daß sich während des Kochens das Volumen der Flüssigkeit nicht vermindert. Nach dem Kochen überläßt man der Ruhe, wobei eine Sonderung der Flüssigkeit in ein schwefelsäurehaltiges Wasser eintritt, das man durch einen Hahn in den Säurebehälter O abläßt, und in eine fettige Masse, die man nochmals mit Wasser aufkocht, um die letzten Spuren von Schwefelsäure daraus zu entfernen.

Hierauf zieht man die Masse durch einen Hahn in die Wannen W ab, die man in einem kalten Raume sich selbst überläßt, wobei ihr Inhalt eine mehr oder weniger harte, kristallinische Masse bildet. Diese Masse ist durch eine ölige, schwärzliche Flüssigkeit verunreinigt, die man durch Abpressen in hydraulischen Pressen entfernt. Dabei bleibt in den Tüchern eine harte, spröde Masse zurück, die zwar noch einen Gelbstich zeigt, den sie aber verliert, wenn man sie mit gewöhnlichen Fettsäuren mischt und so einer nochmaligen Kalt- und Warmpressung zuführt. Man kann bei richtigem Arbeiten aus 100 Teilen Ölsäure 30—35 Teile dieser festen Masse erhalten, die man auch mittels Königswassers noch weiter reinigen kann.

Die schwarze, ölige Flüssigkeit, die bei dem oben erwähnten Abpressen der Kristallmasse erhalten wird, muß einer Destillation unterworfen werden, wobei man eine fast weiße und ziemliche Mengen fester Fettsäuren enthaltende Ölsäure bekommt[1]).

Methode Shukoff.

A. A. Shukoff[2]) will Stearolakton aus Ölsäure derart gewinnen, daß er bei der Säuerung der Ölsäure Temperaturen über 100° C vermeidet; er arbeitet zwischen 70 und 80° C und nimmt zur Sulfurierung nur die theoretische Menge Schwefelsäure, die er in einer Konzentration von 4° Bé verwendet. Nach 7—12stündiger Reaktionsdauer wird wiederholt mit heißem Wasser gewaschen, unter Zuhilfenahme von Natriumsulfat, wodurch Emulsionen verhütet werden. Man erhält nach der Destillation ein hartes, fast ganz weißes Produkt, das in chemischem Sinne als Stearolakton anzusprechen ist.

Lewkowitsch fand bei der Untersuchung eines solchen Produktes eine Verseifungszahl von 199,3, eine Jodzahl von 1,1 und eine Säurezahl 0, ein Beweis, daß tatsächlich Stearolakton vorliegt und alle Ölsäure bzw. ungesättigten jodabsorbierenden Verbindungen verschwunden sind. Die Zwischenprodukte der Reaktion wiesen allerdings eine Jodzahl von 55,2 und eine Säurezahl von 153,9 auf. Die Reaktion mag wohl auch in der Praxis nicht immer ganz glatt verlaufen, doch soll die Methode eine recht befriedigende Ausbeute und ein brauchbares Kerzenmaterial liefern[3]).

Die beabsichtigte Stearolaktonbildung mag aber doch nicht immer in dem gewünschten Umfange eintreten, weshalb auch Verfahren wie das Wundersche noch ein gewisses, wenn auch beschränktes Interesse beanspruchen dürfen.

Verfahren Wunder.

L. Wunder in Liegnitz hat beobachtet, daß bei der Schwefelsäureverseifung innerhalb weiter Grenzen und unabhängig von der Menge der

[1]) Les corps gras 1904, Nr. 14 u. 15.

[2]) D. R. P. Nr. 150798 v 13. Dez. 1902.

[3]) Mischungen von Paraffin und Stearolakton zeigen einen Schmelzpunkt, der nicht unter dem arithmetischen Mittel des Schmelzpunktes der beiden Komponenten liegt, sondern jenem entspricht, was mit Rücksicht auf das S. 846 Gesagte bemerkenswert ist.

in dem ursprünglichen Fette enthaltenen Ölsäure die Umwandlungsreaktion stets bei einem bestimmten Punkt stehen bleibt, d. h. daß bei der Verarbeitung irgend eines ölreichen oder ölärmeren Fettes stets ein ungefähr gleicher Prozentsatz abpreßbarer Ölsäure hinterbleibt. Ein Fett, das z. B. 35 Teile fester und 65 Teile flüssiger Fettsäure enthält, gibt bei der Schwefelsäureverseifung ein Produkt von ungefähr 70% fester und 30% flüssiger Fettsäuren. Ein ganz ähnlich zusammengesetztes Reaktionsgemisch erhält man, wenn man festere Fette der Schwefelsäureverseifung zuführt, wenn man also z. B. Fette mit 55% fester und 45% flüssiger Fettsäuren sulfuriert. Die Umwandlung der Ölsäure in feste Fettsäure ist demnach um so ausgiebiger, je weichere Fette zur Verarbeitung gelangen, und Wunder zieht aus dieser Tatsache insofern praktischen Nutzen, als er die zur Verseifung gelangenden Fette durch Zugabe von Ölsäure möglichst reich an flüssigen Fettsäuren macht. Auf diese indirekte Weise ist es möglich, Ölsäure in festes, brauchbares Kerzenmaterial zu verwandeln, nur ist die Menge der den einzelnen Sulfurierungsschichten zuzusetzenden Ölsäure durch den Umstand begrenzt, daß das zur Sulfurierung gelangende Fett stets einen gewissen Prozentsatz an Glyzerid enthalten muß.

Bei der Schwefelsäureverseifung, wie sie Wunder vornimmt, wird das Glyzerin durch Schwefelsäure und Wasserdampf möglichst gleichmäßig verkohlt, wodurch die Schwefelsäure gleichzeitig eine Reduktion zu schwefliger Säure erleidet. Diese Nebenreaktion erscheint Wunder für den Gesamterfolg seiner Methode wichtig. Die Ausführung seines Verfahrens beschreibt er wie folgt[1]):

Das Fett, gereinigt oder ungereinigt, wird in schmiedeeisernen Kesseln auf ca. 80—90° C erhitzt und sodann etwa ein Fünftel des ganzen zur Verwendung kommenden, durch Erfahrung nach der Natur des Fettes festgestellten Quantums (5—15%) an Schwefelsäure von 66° Bé zugefügt, wobei man einen schwachen Dampfstrom von ca. 150° C hindurchleitet. Ist dadurch und durch fortgesetzte Unterfeuerung die Temperatur auf 120° C gestiegen, so wird der Rest der Schwefelsäure eingetragen und je nach der Art des Fettes eine kürzere oder längere Zeit (eventuell stundenlang) durch schwache Unterfeuerung eine bestimmte Temperatur innegehalten. Diese Temperatur liegt für animalische Fette am vorteilhaftesten bei ca. 150° C, für vegetabilische tiefer.

Nach genügend langer Einwirkungsdauer wird der Dampf abgestellt, die Masse in einen kupfernen Kessel hinübergepumpt, dort mit kochendem Wasser ausgewaschen und in bekannter Weise weiterverarbeitet.

Wunder betont in seiner Patentbeschreibung die Anwendung von Wasserdampf, die spaltungsbefördernd wirke, so daß sein Verfahren eigentlich eine Kombination der Schwefelsäureverseifung mit der Wasserverseifung darstellt. Die Anwendung des überhitzten Wasserdampfes soll

[1]) D. R. P. Nr. 116695 v. 4. Mai 1899; österr. Patent Nr. 6766 v. 1. Sept. 1901.

auch eine Zersetzung der Fettsäuren vermeiden und dadurch eine höhere Ausbeute an festen Fettsäuren garantieren. Tatsächlich konnten bei den früheren Sulfurierungsverfahren keine so großen Mengen Ölsäure in feste Fettsäuren umgewandelt werden, wie Wunder in seiner Patentbeschreibung angibt. Die Anwendung von überhitztem Dampf[1]) hat auch den Vorteil, daß die Schwefelsäure in dem Reaktionsgemisch keine Verdünnung erfährt, was ebenfalls auf die Ausbeute an festen Fettsäuren von günstigstem Einflusse ist.

Methode Hartl.

Karl Hartl in Wien sucht das Sulfurierungsverfahren für die Umwandlung von Ölsäure zu festen Fettsäuren derart technisch brauchbar zu machen, daß er die die Ausbeute an Kerzenmaterial herabdrückende Destillation umgeht.

Nach Hartl sind die bei der Schwefelsäurebehandlung auftretenden Verkohlungsprodukte, die die Destillation nötig machen, hauptsächlich auf Farbstoffe und andere Verunreinigungen der Fette und Fettsäuren zurückzuführen. Er entfernt daher diese Fremdstoffe durch Destillation und bringt erst die vollständig gereinigten Destillationsfettsäuren zur Schwefelsäurebehandlung. Die Reaktionsmasse wird dadurch nicht durch die Verkohlungsprodukte schwarz gefärbt, sondern nimmt nur eine mehr oder weniger dunkle Färbung an, die durch Behandlung des Reaktionsgemisches mit Metallpulver (Zinkstaub o. dgl.) beseitigt werden kann.

Hartl hat sein inzwischen bereits zurückgezogenes Patent sowohl für Fettsäuregemische (um eine höhere Stearinausbeute zu erzielen) als auch zur direkten Umwandlung von Ölsäure in Kerzenmaterial empfohlen. Zweifelhaft erscheint in dem Verfahren die Reinigung des Reaktionsgemisches nach der in der Patentschrift angegebenen Weise (1—10 $^0/_0$ Zinkstaub bei 100° C).

Methode Dreymann.

C. Dreymann[2]) in Turin will andrerseits die besonders bei reich gesäuerten Fetten auftretende Kohlenwasserstoffbildung umgehen. Er hat gefunden, daß das Verbleiben geringer Schwefelsäuremengen in den zur Destillation kommenden Fettsäuren die Ursache dieser Bildung ist. Aus der gesäuerten Ölsäure lassen sich nämlich die letzten Spuren von Schwefelsäure durch kein noch so gründliches Auswaschen entfernen, und gerade diese Reste wirken während der Destillation auf die Fettsäuren zersetzend, indem sie Kohlenwasserstoff und Teer bilden. Dreymann sucht nun diese letzten Reste von Schwefelsäure derart unschädlich zu machen, daß er den

[1]) Überhitzter Dampf ist übrigens bei der Schwefelsäureverseifung schon früher angewendet worden, doch wurde damals (engl. Patent Nr. 1449 aus dem Jahre 1859) mit verdünnter Schwefelsäure statt mit konzentrierter operiert, weil man ein Verbrennen des Fettes befürchtete und die eigentliche Wirkung des überhitzten Dampfes ganz verkannte. Dort, wo man konzentrierte Schwefelsäure von 60° Bé gebrauchte, wurde stets gewöhnlicher Dampf angewendet und übrigens bei relativ niedriger Temperatur (60° C) gearbeitet.

[2]) D. R. P. v. 7. Juni 1903.

zur Destillation kommenden Fettsäuren säurebindende Körper (wie Oxyde, Karbonate der Alkalien oder alkalischen Erden) in geringer Menge zusetzt. Die Schwefelsäure wird dadurch fast vollständig gebunden und die Destillation geht glatt, ohne Bildung von Kohlenwasserstoff, vonstatten.

Dreymann führt das folgende Beispiel an:

Ein mit 35% konzentrierter Schwefelsäure 10 Stunden lang bei 60—70° C behandeltes Olein zeigt nach mehrmaligem Auswaschen mit Wasser einen Gehalt von 0,45% gebundener Schwefelsäure. Bei 240° C und 400 mm Vakuum im Wasserdampfstrom destilliert, enthält das Destillat 2,1% Kohlenwasserstoffe und gegen Ende der Operation 5,3%.

Dieselben Fettsäuren mit 3,5% Natriumkarbonat versetzt, ergeben bei der Destillation unter denselben Bedingungen ein viel helleres, fast geruchloses Destillat, das 1,2% unverseifbarer Substanzen enthält, stärker abdestilliert werden kann als im vorhergehenden Falle und deren zuletzt übergehende Anteile trotzdem nur 4,8% Unverseifbares enthalten. Dem Teer wurde durch Auskochen mit Wasser eine bedeutende Quantität Natriumsulfat entzogen, somit hat sich die in dem Fettsäuregemisch vorhandene gebundene Schwefelsäure mit den Natriumkarbonat zu Sulfat umgesetzt und dadurch die zerstörende Wirkung der beim Destillieren frei werdenden und sich konzentrierenden Schwefelsäure neutralisiert.

Das Dreymannsche Verfahren kann auch bei der Destillation gewöhnlicher sulfurierter Fettsäuren mit Erfolg angewendet werden, obwohl ihm dort wegen des Arbeitens mit geringen Schwefelsäuremengen (geringer Bildung von Kohlenwasserstoffen) keine so große Bedeutung zukommt; immerhin ist es aber auch da von Vorteil, etwa vorhandene Reste von Mineralsäuren abzustumpfen.

Verfahren von Magnier, Brangier und Tissier.

Magnier, Brangier und Tissier in Billancourt[1]) kombinieren die Schwefelsäureverseifung mit der elektrolytischen Reduktionsmethode (siehe S. 795—802) und arbeiten wie folgt:

Der Ölsäure oder dem ölsäurehaltigen Fettstoffe wird unter fortwährendem Rühren tropfenweise Schwefelsäure — entweder in der Kälte (D. R. P. Nr. 126446) oder bei 80° C (D. R. P. Nr. 132223) — zugesetzt (66° Bé) und hierauf einige Stunden lang stehen gelassen. Die Menge der Schwefelsäure variiert dabei je nach der Temperatur, bei der man arbeitet, und nach der Dauer der Einwirkung in weiten Grenzen. Auch wieviel der Gehalt der verarbeiteten Fettgemenge an Neutralfett enthält, spielt wohl eine Rolle[2]).

Das sich bei der Schwefelsäurebehandlung ergebende Reaktionsgemisch wird in die fünf- bis sechsfache Menge heißen Wassers eingegossen, wobei eine Emulsion oder auch eine Lösung entsteht, die man in einen

---

[1]) Österr. Patent Nr. 6256 v. 1. Juli 1901; D. R. P. Nr. 126446 v. 3. Okt. 1899 u. Nr. 132223 v. 23. Febr. 1900; engl. Patent Nr. 3363 v. 20. Febr. 1900; franz. Patent Nr. 291839 v. 18. August 1899.

[2]) Man kann nämlich mit der Schwefelsäurebehandlung gleichzeitig auch eine Fettspaltung verbinden, also Triglyzeride nach dem Verfahren von Magnier, Brangier und Tissier behandeln.

passend konstruierten Autoklaven bringt, worin ein Druck von 4—5 Atmosphären unterhalten wird und Elektroden angeordnet sind, durch die der Inhalt des Kochers der Elektrolyse unterworfen werden kann. Hat der Druck einige Zeit angehalten und der Strom ebensolange auf den Autoklaveninhalt eingewirkt, so beendigt man den Prozeß.

Die Patentinhaber meinen, daß durch Einwirkung des elektrischen Stromes bei 3—5 Atmosphären Überdruck die vorher mit Schwefelsäure behandelte Ölsäure eine vollständige Umwandlung in feste Fettsäuren erfahre, was aber jedenfalls nicht zutrifft. Der bei diesem Prozeß in Verwendung kommende Apparat muß unbedingt ausgebleit sein, wodurch das Arbeiten jedoch etwas kompliziert wird, und zwar wegen der auf S. 543 geschilderten Nachteile der verbleiten Autoklaven.

Weit wichtiger als die Vorschäge von Hartl, Dreymann und Wunder, die eigentlich doch mehr oder weniger Bekanntes bringen und für einen speziellen Fall zu verwerten suchen, sind diejenigen Prozesse, die darauf hinauslaufen, die Hydroxystearinsäure aus der azidifizierten Masse vor der Destillation abzusondern. Ein solches Verfahren ist von dem Chefchemiker der Standard Oil Company namens Gray[1]) ausgearbeitet worden und wird wie folgt ausgeführt:

Herstellung von Oxystearinsäure.

Man löst die Ölsäure in der doppelten Menge eines Petroläthers von nicht zu hohem Siedepunkt und behandelt diese Lösung bei 45° C mit der notwendigen Menge Schwefelsäure. Die Sulfurierung der verdünnten Ölsäure spielt sich hier ziemlich glatt ab und die gesäuerte Masse wird dann mit Dampf behandelt, um Oxystearinsäure zu erhalten. Es werden dabei ungefähr 50% Ölsäure in Oxystearinsäure umgebildet, die beim Abkühlen der Lösung in kristallinischer Form ausfällt. Die so erhaltene Oxystearinsäure ist ohne weitere Reinigung als Kerzenmasse bzw. als Zusatz zu solcher brauchbar. Der in der abgekühlten Petrolätherlösung gelöst gebliebene Anteil Stearolakton und die unveränderte Ölsäure werden durch die Verflüchtigung des Petroläthers gewonnen, durch Destillation gereinigt und auf bekannte Weise weiterverarbeitet.

Die reine Oxystearinsäure, die bekanntlich einen Schmelzpunkt von 84° C hat, läßt sich leider mit anderen Kerzenmaterialien, speziell mit Paraffin, nicht ohne weiteres mischen oder, richtiger gesagt, die hergestellten Mischungen neigen in der gegossenen Kerze zur Entmischung[2]).

Das Verfahren soll nach Lewkowitsch[3]) eine recht zufriedenstellende Ausbeute geben und im Großbetriebe nicht enttäuscht haben.

---

[1]) Amer. Patent Nr. 772129 v. 11. Okt. 1904 von W. M. Burton, später übertragen auf die Standard Oil Company; engl. Patent Nr. 20474 vom Jahre 1904. — Vergleiche auch unter „Nachträge" die Patente von Imbert.

[2]) Siehe das S. 851 dieses Bandes angegebene Verfahren zur Vermeidung dieses Übelstandes.

[3]) Seifensiederztg., Augsburg 1908, S. 753.

5. *Umwandlung der Ölsäure in Stearinsäure.*

Diese Umwandlung kann nur durch eine Addition zweier Wasserstoffatome zum Ölsäuremolekül erfolgen: Allgemeines.

$$\underset{\text{Ölsäure}}{C_{18}H_{34}O_2} + \underset{\text{Wasserstoff}}{H_2} = \underset{\text{Stearinsäure}}{C_{18}H_{36}O_2}\,.$$

Die Ausführung dieses scheinbar so einfachen chemischen Prozesses bietet aber große Schwierigkeiten. Während die niederen Glieder der Ölsäurereihe beim Behandeln mit Natriumamalgam in alkalischer Lösung zwei Wasserstoffatome aufnehmen, bleiben die höheren Glieder der Ölsäurereihe — so auch die Ölsäure selbst — bei einer solchen Behandlung unverändert.

Um Ölsäure in Stearinsäure überzuführen, muß man entweder mit rauchender Jodwasserstoff- und Phosphorsäure[1]) arbeiten — ein Prozeß, dessen praktischer Durchführung mancherlei Schwierigkeiten im Wege stehen — oder den elektrischen Strom zu Hilfe nehmen. Die elektrolytische Anlagerung von Wasserstoff zum Ölsäuremolekül ist bereits im Jahre 1886 von Weineck[2]) in Stockerau versucht worden, eine Tatsache, die hier bemerkt sei, damit das Verdienst dieses Mannes nicht ganz dem Vergessen anheimfalle, in einer Zeit, wo an der Lösung der Stearinbildung aus Ölsäure auf elektrolytischem Wege wieder stark gearbeitet wird, obwohl die Zukunft der Verfahren, die auf eine Umwandlung der Ölsäure in Stearinsäure abzielen, den sogenannten Kontaktverfahren (Katalysatorenwirkung) gehört.

Ein technisch brauchbares Verfahren zur Stearingewinnung aus Ölsäure bemühten sich P. de Wilde und A. Reychler[3]) zu schaffen, die, wahrscheinlich von der Jodwasserstoff-Reaktion ausgehend, Ölsäure mit 1% Jod auf 270—280° C erhitzten und die dabei erhaltene, ziemlich dunkel gefärbte Masse mit einer gewissen Menge Talgseife zusammenschmolzen, um dann eine Kochung mit angesäuertem Wasser und später eine Destillation der Fettsäure folgen zu lassen. Das Jod, das sich zum großen Teil in dem schwarzen Destillationsrückstand vorfindet, konnte leider nur zu zwei Dritteln wiedergewonnen werden, weshalb das Verfahren, das 70% der theoretischen Ausbeute lieferte, als unrentabel fallen gelassen werden mußte[4]). Verfahren von Wilde und Reychler.

Man hat dann in den Jahren 1889 und 1890 in der Stearinfabrik Roubaix, Oedenkoven & Co. (Antwerpen) versucht, das teure Jod durch Brom oder Chlor zu ersetzen, doch scheiterten auch diese Bemühungen,

---

[1]) Goldschmidt, Sitzungsbericht d. Wiener Akademie d. Wissenschaften, 72. Bd., S. 366. — Vergleiche Bd. 1, S. 39.

[2]) Österr. Privil. Nr. 10400 v. 19. Juli 1886.

[3]) Bull. Soc. Chim. 1889, 3. Sec., Bd. 1, S. 295.

[4]) Chem. Ztg. 1889, S. 595.

weil es vor allem nicht gelingen wollte, einen Autoklaven aus entsprechend widerstandsfähigem Material zu beschaffen.

Verfahren Imbert.

G. Imbert[1]) will mittels Chlor arbeiten und die bei dem Prozesse gewöhnlich zu beobachtende Rückzersetzung vermeiden, indem er die anzuwendende Chlor- und Alkalimenge genau nach der Jodzahl der Fettsäuren bestimmt. Er beschleunigt gleichzeitig die Reaktion, indem er diese bei erhöhter Temperatur und unter einem Drucke von 5 Atmosphären vornimmt. Der Prozeß soll dann ziemlich glatt (90 %₀ Ausbeute an Oxyfettsäuren!?) verlaufen, und zwar nach folgenden Gleichungen:

a) $$\underset{\text{Ölsäure}}{C_{17}H_{33}COOH} + \underset{\text{Chlor}}{2\,Cl} = \underset{\text{Dichlorstearinsäure}}{C_{17}H_{33}Cl_2COOH}\,,$$

b) $$\underset{\text{Dichlorstearinsäure}}{C_{17}H_{33}Cl_2COOH} + \underset{\text{Ätznatron}}{3\,NaOH} = \underset{\text{Dioxystearinsaures Natron}}{C_{17}H_{33}(OH)_2COONa} + \underset{\text{Natriumchlorid}}{2\,NaCl} + \underset{\text{Wasser}}{H_2O}$$

oder

$$\underset{\text{Dichlorstearinsäure}}{2\,C_{17}H_{33}Cl_2COOH} + \underset{\text{Soda}}{2\,Na_2CO_3} + H_2O = \underset{\text{Dioxystearinsaures Natron}}{2\,C_{17}H_{33}(OH)_2COONa} + \underset{\text{Natriumchlorid}}{4\,NaCl} + \underset{\text{Kohlensäure}}{CO_2}\,.$$

Verfahren Zürrer.

Rob. Zürrer[2]) in Hausen a. A. (Schweiz) will Ölsäure derart in Stearinsäure verwandeln, daß er die Ölsäure bzw. die ölhaltigen Fettsäuren durch Hindurchleiten von Chlor in Chlorderivate überführt, in denen er nachher die Chloratome durch Wasserstoff substituiert. Dies soll durch Kochen der chlorierten Fettsäuren unter Druck mit chlorbindenden Metallen, wie Zinkstaub oder höchst fein verteiltem Eisen oder Magnesium, erfolgen.

Lewkowitsch[3]) hat aber durch Laboratoriumsversuche gezeigt, daß bei der Reduktion der Monochlorstearinsäure (wie auch der Bromderivate) Ölsäure zurückgebildet wird, durch welche Tatsache das Zürrersche Verfahren jede Basis verliert. Es ist in der Tat auch nicht zu praktischer Ausführung gekommen.

Methode Tissier.

Das von Tissier[4]) empfohlene Verfahren, das schon bei der Autoklavierung eine Umwandlung der in dem Fette enthaltenen Ölsäure in Stearinsäure erreichen will, ist nicht ernst zu nehmen. Die Zugabe von zerkleinertem Zink oder Zinkstaub in den Autoklaven kann nie und nimmer eine Wasserstoffaddition der Ölsäure bewirken.

Bei dem Verfahren von Ch. Tissier wird zerkleinertes Zink oder Zinkpulver im Autoklaven mit soviel Wasser übergossen, daß das hernach hineingebrachte Fett mit dem Zink in keine Berührung kommt. Man

---

[1]) Amer. Patent Nr. 901905 v. 20. Okt. 1909; vergleiche auch Bull. Soc. Chem. 1899, S. 695 u. S. 707 (Verfahren zur Herstellung von Emulsionsmitteln) und „Nachträge".

[2]) D. R. P. Nr. 62407 v. 8. Aug. 1891.

[3]) Chem. Technologie d. Fette u. Öle, Bd. 2, S. 632.

[4]) Franz. Patent Nr. 263158 v. 16. Jan. 1897; russ. Privilegium Nr. 1499 v. 16. Jan. 1897.

erwärmt nun das Ganze unter Druck, wobei einerseits eine Spaltung des Fettes in Glyzerin und Fettsäure erfolgt, andrerseits eine Zersetzung des Wassers durch das Zink stattfinden soll und der entstehende Wasserstoff die Ölsäure zu Stearin reduziert. Die Wasserschicht, die das entstehende Zinkoxyd von dem Fette trennt, soll nach Ansicht Tissiers die Bildung von Zinkseife verhindern.

Kritik des Tissierschen Verfahrens.

J. Freundlich und O. Rosauer[1]) haben das Tissiersche Verfahren auf seine Brauchbarkeit geprüft und dabei gefunden, daß sich Zinkseifen bilden (ungefähr 10% von der autoklavierten Masse), die dieser einen höheren Schmelzpunkt erteilen. Von dem Einflusse des naszierenden Wasserstoffes auf die Ölsäure war so gut wie gar nichts zu merken.

Die zuerst von Weineck (siehe S. 795) angeregte elektrolytische Anlagerung von Wasserstoff an Ölsäure ist später von Viktor J. Kuess[2]) in Bordeaux aufgegriffen worden. Bei seinem Verfahren wird während der Destillation der Fettsäuren Strom in die Blase geleitet, wodurch eine Elektrolyse des darin enthaltenen Wassers stattfindet.

Verfahren Hemptinne.

Ein Beachtung verdienendes Verfahren ist das von Alexander Hemptinne in Gent[3]), wobei elektrische Glimmentladungen verwendet werden. Nach der Beobachtung von Hemptinne lassen sich 50—60% Ölsäure in Stearinsäure verwandeln, wobei gleichzeitig auch Kondensationsprodukte und harzartige Körper entstehen. Diese Bildung harzartiger Produkte, die bereits Berthelot bei der Einwirkung von Wasserstoff auf Terpentinöl wie auch Benzin unter elektrischen Glimmentladungen beobachtete, sucht nun Hemptinne bei der Ölsäure dadurch zu verhüten, daß er das Wasserstoffgas nicht auf eine ruhende Flüssigkeitsmasse einwirken läßt, sondern für eine ständige Bewegung der Ölsäure sorgt, indem er sie über ein System von Platten herabrieseln läßt. Dadurch wird gleichzeitig auch die Oberflächenwirkung wesentlich vergrößert und es bieten sich stets neue Oberflächen der zu reduzierenden Ölsäure der Einwirkung der Glimmentladungen dar.

---

[1]) Chem. Ztg. 1900, S. 566. — A. Hébert hat anläßlich seines Studiums der Isanosäure ($C_{14}H_{20}O_2$) auch die Einwirkung von Zinkstaub auf Stearinsäure untersucht. Er destillierte ein technisches Stearin vom Schmelzpunkte 60° C mit Zinkstaub bei einer Temperatur von 350—400° C. Es bildeten sich neben Kohlensäure und Wasser hauptsächlich Kohlenwasserstoffe von sehr hohem Molekulargewicht und hohem Siedepunkte. Die Reaktion ist insofern interessant, weil während der Spaltung der Moleküle ihre Polymerisation stattfindet. Zu den erhofften, der Isanosäure ähnlich zusammengesetzten Fettsäuren gelangte Hébert nicht, sondern erhielt nur höhere Äthylenkohlenwasserstoffe. (Académie des sciences, Paris, Sitzung vom 11. März 1901.)

[2]) D. R. P. Nr. 87485 v. 16. März 1895; Chem. Ztg. 1896, S. 618; Oil and Colourman's Journ. 1899, S. 552.

[3]) D. R. P. Nr. 167107 v. 30. März 1904; engl. Patent Nr. 1572 v. 26. Jan. 1905. — Vergleiche auch D. R. P. Nr. 169410 v. 22. Juni 1905 (Geruchlosmachen von Tran, Bd. 1, S. 705).

Hemptinne hat für die Durchführung seiner Methode einen Apparat konstruiert, bei dem die elektrischen Glimmentladungen zwischen einer Reihe von Metallplatten, die parallel in einigen Millimetern Abstand voneinander angeordnet sind, erzeugt werden. Eine Platte aus Glas oder aus einem anderen isolierenden Material ist zwischen je zwei Metallplatten eingeschaltet, um Kurzschlüsse zu vermeiden und zwischen den Platten ein gleichmäßiges Glimmen zu erzielen. Die Metallplatten ungerader Zahl sind untereinander verbunden und ebenso die gerader Zahl. Die eine Gruppe steht mit dem positiven, die andere mit dem negativen Pol einer elektrischen Stromquelle in Verbindung.

Die nähere Einrichtung dieses Apparates ist aus Fig. 195 ersichtlich.

Die Vorrichtung besteht aus einem an eine Druckleitung angeschlossenen Wasserstoffbehälter *a*, einer größeren Anzahl von in denselben eingesetzten und durch Glastafeln *c* voneinander isolierten Metallplatten *b b* und einer Berieselungsvorrichtung *d*. Die Stromleitung *f* von den Metallplatten gerader Zahl und die Leitung *e* von den Metallplatten ungerader Zahl führt nach einer geeigneten Stromquelle.

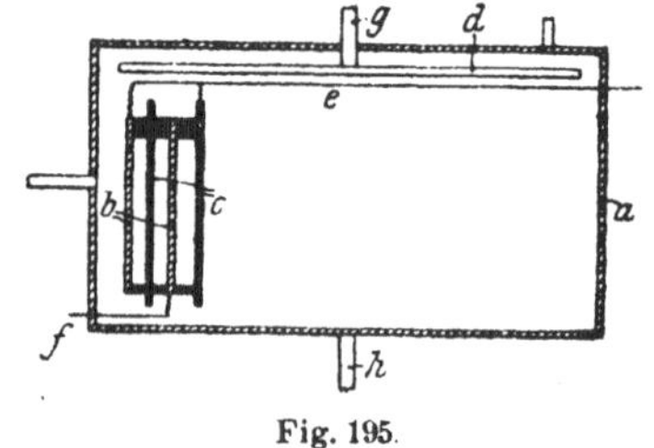

Fig. 195.

Man leitet eine gewisse Menge, Ölsäure durch das Rohr *g* in die Berieselungsvorrichtung *d* ein, aus der die erstere in äußerst dünner Schicht an den Platten *b c* herabrieselt und in der Wasserstoffatmosphäre im Behälter *a* der Einwirkung der elektrischen Glimmentladungen unterliegt. Die sich bildende Flüssigkeit sammelt sich am Boden des Behälters an und kann bei *h* abgeleitet bzw. bei *g* wieder zugeleitet werden.

Dieser Arbeitsvorgang wird so lange wiederholt, bis etwa 20 % Ölsäure in andere Produkte von höherem Schmelzpunkt umgebildet sind. Infolge der elektrischen Glimmentladung zwischen den durch die Glasplatten *c* voneinander getrennten Metallplatten *b b* erhitzt sich die Vorrichtung bis auf 30 oder 40° C und die Körper, die sich eigentlich in fester Form ausscheiden sollen, bleiben infolge der Erhitzung augelöst im Olein und können sich infolgedessen nicht an den Platten niederschlagen. Aus diesem Grunde läßt man die Flüssigkeit in einen gekühlten Aufnahmebehälter ablaufen, in dem sich die betreffenden Substanzen mit höherem Schmelzpunkt absetzen, fest werden und durch Abklärung oder Filtration von der zurückbleibenden Ölsäure getrennt werden.

Wie Versuche ergeben haben, ist es vorteilhaft, bei einem Druck von 40 cm Quecksilbersäule zu arbeiten; diese Druckangabe hat aber nur relativ einen Sinn, weil sich der Druck mit der Temperatur, bei der man arbeitet, ändert. Hat man eine billige elektrische Energie zur Verfügung, so kann es sich beispielsweise als vorteilhaft erweisen, obgleich die Ausbeute geringer ist, bei Atmosphärendruck zu arbeiten, da die Apparate weniger teuer herzustellen sind.

Der Apparat von Hemptinne vermag ungefähr 20 % der behandelten Ölsäure in Stearinsäure überzuführen. Wiederholt man nach der ersten Behandlung die Prozedur, so werden wiederum 10—20 % Stearinsäure gebildet, und so kann man durch mehrfaches Wiederholen der Reaktion die Ausbeute auf über 40 % an Stearinsäure treiben.

Das chemische Gesetz über die Einwirkung der Massen setzt der allzu oftmaligen Wiederholung der Reaktion allerdings ein Ziel. Die Bildung von Kondensationsprodukten setzt auch den Gehalt der Flüssigkeit an in Stearinsäure umwandelbarer Ölsäure herab, was man aber durch Zusatz frischer Ölsäure zu den neuerdings behandelten Ölmengen teilweise ausgleicht. Nach jedesmaliger Behandlung wird die gebildete Stearinsäure aus der Reaktionsmasse abgesondert und der unreduziert gebliebenen Ölsäure ein entsprechender Teil frischer Ölsäure zugesetzt, bevor eine neuerliche Einbringung in den Apparat erfolgt.

Bei der zweiten Behandlung bilden sich ebenfalls ungefähr 20% Stearinsäure, und nach deren Entfernung verbleibt eine Ölsäure, die etwa 40% ihres Gewichtes an flüssigen Kondensationsprodukten enthält; diese drücken aber den Handelswert der Ölsäure in keiner Weise herab.

Nach den Hemptinneschen Angaben werden also aus 120 kg Ölsäure ca. 40 kg, d. h. ungefähr 33% Stearinsäure abgeschieden. Das wäre, falls die Betriebskosten nicht allzu hoch sind und der Apparat wirklich das hält, was sein Erfinder verspricht, eine immerhin annehmbare Ausbeute.

Theoretische Studien. Näher studiert wurde die Elektrodenreduktion der ungesättigten organischen Säuren zuerst von Marie, der die Fumar-, Zimt- und Akonitsäure zu reduzieren versuchte. Bald nachher begann Petersen[1]) seine Experimentalreihe über die Reduktion der Ölsäure, die er in alkoholischer Schwefelsäurelösung, unter Verwendung eines Diaphragmas, vornahm.

Bei seinen Versuchen wurden 10 g reiner Ölsäure in 150 ccm Alkohol gelöst und 3 ccm verdünnter Schwefelsäure zugesetzt. Diese Lösung wurde in ein 500 ccm fassendes Becherglas gegossen, an dessen innerer Seite ein Nickeldrahtnetz als Kathode angebracht war. In die Mitte des Glases wurde ein mit verdünnter Schwefelsäure gefüllter Tonzylinder gestellt, den man mit einer Platinanode versah. Nun wurde bei einer Temperatur von 30—35° C ein Strom von 1,35 Ampere eingeleitet und die Spannung auf 20 Volt gehalten, was durch Zutropfen der verdünnten Schwefelsäure zu der Kathodenlösung geschah. Nach 4 Stunden 30 Minuten wurde die Elektrolyse unterbrochen. Beim Abkühlen der Ölsäurelösung kristallisierten reichliche Mengen von Stearinsäure aus.

Die unter verschiedenen Vorbedingungen durchgeführten Versuche ergaben leider ein sehr buntes Bild. Eine geringe Schwefelsäuremenge liefert ein Maximum an Reaktion; wird Salzsäure an Stelle der Schwefelsäure zur Reduktion verwendet, so darf die Lösung nur ungefähr 5 ccm $^1/_{10}$n HCl in 100 ccm Lösung enthalten, um die höchste mögliche Reduktion zu erzielen. Dabei war die Anodenlösung wie früher ein Zehntel normaler Schwefelsäure. Je länger die Ölsäurelösung mit der Salzsäure in Berührung

---

[1]) Zeitschr. f. Elektrochemie 1905, S. 549.

ist, um so vollständiger verläuft die Reaktion. Statt Nickel können auch Platin, Blei, Zink und Quecksilber als Kathodenmaterial verwendet werden. Auch wurde die Kathodenflüssigkeit bei den Versuchen Petersens mit verschiedenen Metallchloriden versetzt. Bei allen diesen Versuchen zeigte es sich, daß unter scheinbar ganz ähnlichen Versuchsbedingungen kaum übereinstimmende Ergebnisse zu erzielen waren.

Die Versuche von Petersen, ölsaure Alkalien in wässeriger oder alkoholischer Lösung elektrolytisch zu Stearinsäure zu reduzieren, ergaben keine so günstigen Resultate wie sie bei Verwendung freier Ölsäure erzielt wurden. Die alkalische Lösung erschwerte außerdem das Arbeiten durch ihre Schaumbildung.

Bessere Resultate als Petersen erzielten C. F. Böhringer & Söhne, die als Kathoden metallische Elektroden, die mit einer schwammigen Schicht desselben Metalls bedeckt waren, benutzten. Besonders empfehlenswert sollen Kathoden aus platiniertem Platin[1]) sein, ebenso Palladiumelektroden, die mit einer Schicht von Palladiumschwarz bedeckt sind[2]). Nickelelektroden mit einer Schicht feinen Nickelschwammes leisten gleichfalls gute Dienste, bleiben aber im Effekt doch hinter den früher genannten Kathodenmetallen zurück. Kupferelektroden erwiesen sich als ungeeignet.

Verfahren Böhringer. Die näheren Arbeitsdetails sind aus den Patentschriften zu entnehmen, in denen es unter anderem heißt:

50 Raumteile Ölsäure oder Erukasäure bzw. ihre Methylester werden in 250 Raumteilen starken Alkohols aufgelöst und 5—10 Raumteile 30proz. Schwefelsäure oder 20proz. Salzsäure hinzugefügt. Bei Anwendung einer platinierten Platinkathode und eines Stromes von ca. 1 Ampere Dichte pro Quadratmeter und 4—6 Volt Spannung und einer zwischen 20 und 50° C liegenden Temperatur wurde festgestellt, daß die gesamte Ölsäure zu Stearinsäure reduziert worden war, wozu man für 1 kg Ölsäure 7 Amperestunden verbraucht hatte. Bei Verwendung von mit einer Schicht Palladiumschwarz bedeckten Palladiumelektroden und einer Stromdichte von 100—500 Ampere pro Quadratmeter wurden zur Reduktion eines Kilogramms Ölsäure 300 Amperestunden verbraucht, während bei einer nicht mit Nickelschwamm bedeckten Nickelkathode unter genau denselben Verhältnissen nur ein Drittel der Ölsäure in Stearinsäure verwandelt wurde.

Letzthin hat Fokin[3]) ausgesprochen, daß die Reduktion von Ölsäure mittels Palladium-, Iridium-, Rhodium-, Osmium-, Nickel-, Kobalt- und Kupfer-Elektroden der beste und sicherste Weg zur Überführung von Ölsäure in Stearinsäure sei, eine Behauptung, der seitens Lewkowitsch' widersprochen wird. Letzterer betont mit Recht, daß Fokin nicht lediglich den Schmelzpunkt als Kriterium des erreichten Effektes hätte verwenden dürfen, weil schon sehr geringe Mengen von Metallseifen, die

---

[1]) D. R. P. Nr. 187788 v. 10. März 1906 u. Nr. 189332.

[2]) D. R. P. Nr. 189332 v. 24. April 1906.

[3]) Zeitschr. f. Elektrochemie 1906, S. 749

sich bei dem Prozesse leicht bilden und in der Ölsäure lösen, deren Schmelzpunkterhöhung bewirken.

Die Idee, eine Wasserstoffaddition der Ölsäure unter Mithilfe von Katalysatoren zu bewirken, lag schon lange in der Luft, doch kam es erst durch die verdienstvollen Arbeiten von Sabatier und Senderens[1]) über die Reduktion organischer Substanzen in Gegenwart fein verteilter Metalle zu praktischen und erfolgreichen Versuchen in dieser Richtung.

Die Eigenschaft von Platinschwamm und anderen feinverteilten Metallen, Wasserstoffgas anzuziehen und an ihrer Oberfläche zu verdichten (Okklusion), ist schon lange bekannt, doch scheint das Verfahren von Leprince und Sievecke[2]) direkt auf die Beobachtungsresultate von Sabatier und Senderens zurückzuführen zu sein. Die feinverteilten Metalle (Metallschwamm) gehen dabei mit dem Wasserstoff unbeständige Verbindungen (Hydride) ein, die ihren Wasserstoff leicht wieder abgeben.

Verfahren von Leprince und Sievecke.

Bei dem Verfahren von Leprince und Sievecke leitet man darnach entweder die Fettsäuredämpfe mit Wasserstoff über ein Kontaktmetall, das zweckmäßigerweise auf einem geeigneten Träger (z. B. Bimsstein) fein verteilt ist, oder bringt die flüssige Fettsäure mit Wasser in der Kontaktmasse zusammen. Fügt man z. B. feines Nickelpulver, das durch Reduktion im Wasserstoffstrome erhalten wurde, zu Ölsäure, erwärmt im Ölbade und leitet einen kräftigen Strom von Wasserstoffgas durch längere Zeit ein, so erfolgt Stearinsäurebildung. Die Temperatur und die Menge des zugesetzten Nickels bedingen die Dauer des Prozesses, der, abgesehen von der Bildung kleiner Mengen Nickelseifen, die sich durch Kochen mit verdünnten Mineralsäuren leicht zerlegen lassen, ziemlich glatt verläuft.

Nach Lewkowitsch[3]), der dieses Verfahren nachprüfte, liefert es keine befriedigenden Resultate, weil alsbald eine „Vergiftung" der Kontaktmasse eintritt. Jedenfalls ist das Arbeiten mit flüssiger Ölsäure ungünstiger als das mit Fettsäuredämpfen, denn, wie schon Sabatier und Senderens fanden, steigt die Ausbeute bei ihrem Prozesse mit zunehmender Temperatur.

Nun ist aber die Temperatur nach oben zu begrenzt, weil sich die Säuredämpfe bei 270° C zu zersetzen beginnen und die schwerflüchtigen Zersetzungsprodukte die Wirkung der Kontaktsubstanz zerstören. Außerdem würde auch das erhaltene Kerzenmaterial durch die bis über die Zersetzungstemperatur hinausgehende Erhitzung der Ölsäuredämpfe minderwertig werden.

Um nun einerseits bei der höchstmöglichen Temperatur zu arbeiten, andrerseits aber einer Überhitzung vorzubeugen, nimmt Philipp Schwoerer in Straßburg[4]) die Reaktion in demselben Gefäße vor, in dem die Ölsäure-

[1]) Annales de Chim. et de Phys. IV, 1905, S. 319.
[2]) D. R. P. Nr. 141029 v. 14. Aug. 1902.
[3]) Seifensiederztg., Augsburg 1908, S. 776.
[4]) D. R. P. Nr. 199909 v. 29. Dez. 1906.

dämpfe erzeugt werden; die Temperatur wird hier also durch das verdampfende Medium selbst reguliert.

Verfahren von Schwoerer,

Bei dem von Schwoerer empfohlenen Apparate (Fig. 196) treten die vorgewärmten Fettsäuren durch das Rohr *h* (eventuell durch einen Injektor fein zerstäubt) in den Apparat ein, der durch die von außen regulierbare Heizung auf 250—257 ° C erwärmt wird. Die Fettsäuren fließen in dünner Schicht auf der Oberfläche *j* der Schnecke *i* herab, werden dabei durch den überhitzten Dampf, der eine Temperatur von 250—270° C hat und bei *d* eintritt, verflüchtigt und durch das mit dem Wasserdampf gemeinsam eintretende Wasserstoffgas dem Einflusse der katalytischen Masse ausgesetzt, die sich in feinverteiltem Zustande an der unteren Fläche *k* der Schnecke *i* befindet.

Der in den Fettsäuren enthaltene Teer bleibt bei einer Temperatur von 250° C flüssig und fließt auf der oberen Schneckenfläche abwärts, um unten abgelassen zu werden.

Die Heizung des Apparates erfolgt durch den Doppelmantel *l*, der mit dem Zu- und Ausströmungsstutzen *d* und *r* versehen ist. Die Schnecke ist mit einem nach aufwärts gekrümmten Rand versehen, damit die herabfließende Ölsäure und der Teer nicht seitlich abfließen, sondern die ganze Schneckenfläche durchlaufen. Dies kann auch durch fixe Verbindung des Schneckenrandes mit der Mantelfläche des Apparats erreicht werden.

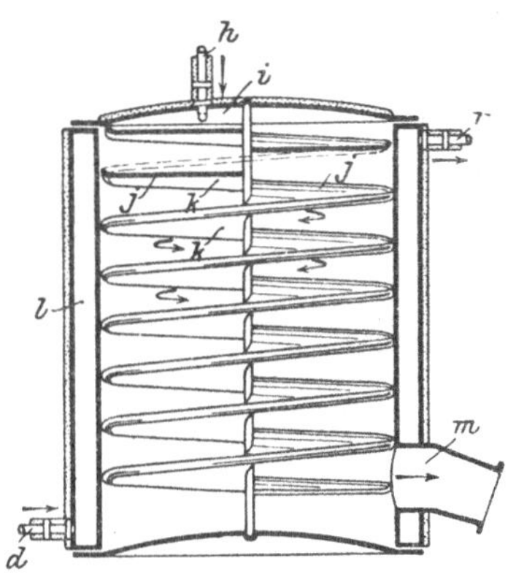

Fig. 196.

Das Reaktionsprodukt destilliert durch das unten angebrachte Fußrohr *m* ab und gelangt von hier in den Kondensator.

Die katalytische Substanz besteht aus Asbest, der ein kupfernes oder aus einem anderen Metall hergestelltes Gerippe enthält, mit Nickel imprägniert ist und eine möglichst große Oberfläche besitzt. Durch die Schwoerersche Anordnung wird jede Verunreinigung der Kontaktsubstanz durch den gebildeten Teer vermieden und ein kontinuierliches Arbeiten ermöglicht.

von Bedford und Williams,

Ein Verfahren von Bedford und Williams[1]), das auf der Arbeit Bedfords[2]) aufgebaut ist, verwendet die Methode von Sabatier und Senderens zur Herstellung einer festen Masse aus Leinöl und zur Umwandlung von Ölsäure in Stearinsäure unter Verwendung von Nickel als Kontaktsubstanz. Wie Bedford in seiner theoretischen Studie zeigt, verläuft die Reaktion fast quantitativ.

von Crosfield und Markel.

Ein Patent von Crosfield & Sons und K. E. Markel[3]), das auf demselben Prinzip fußt, hat nicht die Umwandlung von Ölsäure in Stearin-

[1]) Engl. Patent Nr. 2520 v. Jahre 1907.

[2]) Über die ungesättigten Säuren des Leinöles und ihre quantitative Reduktion zu Ölsäure, Inauguraldissertation, Halle 1906. — Bedford beschreibt in dieser Arbeit die Reduktion von Äthylkrotonat in Äthylbutyrat, von Äthyllinoleat in Äthylstearat und von Ölsäure in Stearinsäure und weist auf den fast quantitativen Verlauf dieser Reaktionen hin.

[3]) Engl. Patent Nr. 13042 v. Jahre 1907.

säure zum Gegenstand, sondern die Erzeugung harter Seifen aus weichem Fettmaterial[1]).

Die auf der Wirkung der Kontaktsubstanzen beruhenden Verfahren der Überführung von Ölsäure in Stearinsäure haben jedenfalls eine Zukunft, und ihre praktische, vollkommen betriebsreife Ausgestaltung ist nur eine Frage der Zeit.

6. *Umwandlung der Ölsäure in als Kerzenmaterial brauchbare Ammoniakverbindungen.*

Die allgemein verbreitete Annahme, daß Ammoniakseifen beim Lagern und Trocknen von selbst (also ohne Anwendung von Wärme oder Druck) vollständig in ihre Komponenten zerfallen, ist nicht richtig. Es wird dabei zwar ein Teil des Ammoniaks gespalten, doch tritt durchaus kein vollständiges Zerfallen ein; es bilden sich vielmehr nach Verflüchtigung eines Teiles des Ammoniaks feste, beständige Körper[2]), die, je nach den Bedingungen ihrer Herstellung und Trocknung, einen verschiedenen Ammoniakgehalt zeigen und einen Schmelzpunkt besitzen, der 20—40° C über dem Erstarrungspunkt ihrer Fettsäuren liegt. **Allgemeines.**

Da diese Produkte ohne Bildung von Ammoniak- oder sonstigen schädlichen Gasen mit ruhiger Flamme verbrennen, sind sie nach C. F. Böhringer & Söhne in Waldhof bei Mannheim[3]) als Kerzenmaterial verwendbar; die Genannten geben für die Herstellung dieser Produkte folgendes Schema an: **Vorschlag von Böhringe & Söhne.**

Löst man z. B. 100 Volumenteile Ölsäure in 200 Volumenteilen Petroleum und leitet durch das Gemisch trockenes Ammoniakgas bis zur Sättigung, so scheidet sich eine Ölsäure-Ammoniakverbindung aus, die sich abfiltrieren und nach dem Auswaschen mit Petroleum trocknen läßt.

Durch Anbringung kleiner Varianten wurden bei den Versuchen aus Ölsäure, die einen Erstarrungspunkt von 14—20° C zeigte, Produkte erhalten, die folgende Schmelzpunkte aufwiesen:

	Schmelzpunkt des Rohmaterials	Schmelzpunkt des Endproduktes	Ammoniakgehalt
Elaidinsäure . . .	33° C	75° C	3,30%
Stearinsäure . . .	65	87	3,30
Erukasäure . . .	32	52	3,60

Diese Produkte sollen nach den Patentinhabern gut brauchbare Kerzenmaterialien abgeben.

---

[1]) Vergleiche Lewkowitsch, Journ. Soc. Chem. Ind. 1908, S. 489. — Siehe auch Patent Erdmann unter „Nachträge“.

[2]) Im übrigen hat man Ammoniakverbindungen der Fettsäuren bereits für ähnliche Zwecke zu verwenden gesucht; so z. B. zur Erhöhung der Leuchtkraft von flüssigem Brennspiritus. (Franz. Patent Nr 327292.) Ebenso wurden die Amide der Fettsäuren (siehe S. 773) bereits als Kerzenmaterial vorgeschlagen. (Amer. Patent Nr. 819646 v. 1. Mai 1906.) Vergleiche auch S. 762.

[3]) D. R. P. Nr. 204708 v. 14. Nov. 1906.

Herstellung von Emulgierungsmitteln aus Ölsäure.

Neben der Verwertung der technischen Ölsäure in der Seifenindustrie und als Wollspickmittel hat man auch versucht, die Ölsäure zur Herstellung von Emulgierungsmitteln zu verwenden.

Wie bereits S. 796 bemerkt wurde, lassen sich durch Einwirken von Chlor oder unterchloriger Säure auf ungesättigte Fettsäuren Oxychlorfettsäuren darstellen, die sich beim Behandeln mit Alkalien in Oxyfettsäuren umsetzen. Imbert[1]) hat nun gefunden, daß beim Erhitzen von Oxyhalogenfettsäuren und auch von halogenfettsauren Salzen (besonders Alkalisalzen) mit einer geringeren Alkalimenge, als der vorhandenen Halogenmenge entspricht, Produkte erhalten werden, die neben oxyfettsauren Salzen auch Substanzen von hervorragendem Emulgierungsvermögen[2]) enthalten. Die vorhandene Alkalimenge muß dabei aber kleiner sein, als zur Eliminierung des Halogens und zur Neutralisation der gesamten Fettsäuren erforderlich ist, und zwar scheinen das Emulgiervermögen und die Viskosität der erhaltenen Produkte ungefähr proportional der Alkaliverminderung zu sein. Praktisch geht man mit der Alkaliverminderung so weit, daß nach Beendigung der Reaktion keine freie Fettsäure ausfällt.

Verfahren von Imbert.

Ein Beispiel mag die Herstellung dieser Präparate, die als Emulsionsbildner empfohlen werden, erläutern:

110 kg Olein (technische Ölsäure) von der Jodzahl 76,5 und der Verseifungszahl 195 werden in 540 l Wasser, in dem vorher 44,6 kg kalzinierter Soda gelöst wurden, gebracht (theoretisch wären nur 20% Soda mehr nötig) und hierauf unter Rühren 23,5 kg Chlor eingeleitet und in einem Autoklaven 6 Stunden lang auf 150° C erhitzt. Die freiwerdende Kohlensäure wird von Zeit zu Zeit abgelassen. Hierauf fällt man mit der nötigen Menge Schwefelsäure und trennt von der Salzlösung.

Das Produkt enthält gewöhnlich geringe Mengen Halogen.

Produktion und Handel.

Allgemeines.

Unter den europäischen Industriestaaten sind es Belgien und Holland, die Stearin in größeren Mengen erzeugen, als sie verbrauchen. Deutschland, Frankreich, England, Österreich-Ungarn, Rußland und Italien besitzen zwar ebenfalls eine namhafte Stearinfabrikation[3]), doch kommen diese Staaten als Ausfuhrländer weniger in Betracht. Bedeutend ist die Stearinindustrie auch in den Vereinigten Staaten.

Viele kleinere Staaten besitzen zwar eine eigene Stearinkerzenindustrie, aber keine Stearinfabrikation, und beziehen das zum Kerzengießen notwendige Stearin sowie die etwaigen Zusatzstoffe vom Auslande.

---

[1]) D. R. P. Nr. 206305 v. 23. Febr. 1906 des Konsortiums für Elektrochemische Industrie, G. m. b. H., und G. Imbert in Nürnberg. Vergleiche auch „Nachträge".

[2]) Die Lösungen der Salze der reinen, gesättigten Oxyfettsäuren besitzen kein Emulgierungsvermögen; die der Oxyölsäure wirken zwar emulgierend, ohne daß aber bei ihnen diese Eigenschaft als besonders ausgesprochen bezeichnet werden könnte.

[3]) Über die Anlage von Stearinfabriken siehe S. 961—964.

Genaue statistische Aufzeichnungen über den Umfang der Stearinindustrie der einzelnen Staaten sind leider nicht vorhanden, weil dieser Industriezweig fast immer mit der Seifen- und Kerzenfabrikation zusammengeworfen wird; man vergleiche bezüglich der Stearinproduktion und des Stearinhandels auch den Abschnitt S. 964—975 des Kapitels „Kerzenfabrikation" dieses Bandes.

Deutschland.

Die erste deutsche Stearinkerzenfabrik war die von Motard errichtete Berliner Anlage (siehe S. 816). Heute besitzt Deutschland außer in Sternfeld bei Spandau auch in Hamburg, Stettin, Dortmund, Neuß a. Rh., Neuwied, Offenbach, Heilbronn, Straßburg und in anderen Städten bedeutende Betriebe, die sich mit der Erzeugung von Stearin befassen. Trotzdem ist Deutschland auf die Einfuhr größerer Mengen ausländischen Stearins angewiesen, wie die folgende Tabelle zeigt. **Deutschland.**

	Einfuhr		Ausfuhr	
	Menge in Doppelzentnern	Wert in 1000 Mark	Menge in Doppelzentnern	Wert in 1000 Mark
1880	32618	4567	26927	3231
1885	21690	2169	7023	702
1890	10674	747	18003	1170
1895	28297	1839	12032	722
1900	49002	3822	8950	662
1901	71880	3594	9139	676
1902	73481	3674	11816	874
1903	94966	4748	11322	838
1904	123787	6189	11353	840
1905	110800	5702	12131	819
1907	13114	1049	559	48

Das eingeführte Stearin wird in der Hauptsache zu Kerzen vergossen, und zwar konsumiert die sächsisch-thüringische Paraffinkerzenindustrie bedeutende Mengen von Importstearin.

Auch von technischer Ölsäure (Olein, Elain) werden große Mengen nach Deutschland eingeführt, während die Ausfuhr ganz unbedeutend ist.

	Einfuhr		Ausfuhr	
	Menge in Doppelzentnern	Wert in 1000 Mark	Menge in Doppelzentnern	Wert in 1000 Mark
1885	28282	1301	—	—
1890	63724	2613	2574	113
1895	75873	2428	1280	48
1900	129589	4810	2170	91
1901	152186	5958	1703	75
1902	138809	5891	2236	106
1903	144757	5109	2438	97
1904	167293	5079	1833	64
1905	206318	6050	1448	49
1907	160390	6996	2544	124

Betriebe, die Neutralfette in Fettsäure und Glyzerin zerlegen, erstere aber nicht zu Stearin weiterverarbeiten, sondern zu Seife versieden, gibt es im Deutschen Reiche in großer Zahl; die in den letzten Jahren zu beobachtenden hohen Glyzerinpreise und die Einführung der Twitchell-Methode sowie der fermentativen Fettspaltung haben auch kleine Seifensiedereien zum Bau von Fettspaltungsanlagen angeregt.

Österreich-Ungarn.

Österreich-Ungarn.

In der Österreichisch-Ungarischen Monarchie war die Stearinfabrikation vor Jahrzehnten eine äußerst gut fundierte Industrie, die infolge der technischen Vollkommenheit ihrer Fabrikeinrichtung vortreffliche Produkte lieferte und recht gewinnbringend war. Diese Zeiten sind seit mehreren Jahren gründlich vorüber, weil den in Wien, Stockerau, Liesing, Brünn, Prag, Jungbunzlau, Aussig, Graz und Budapest befindlichen Stearinfabriken in dem billigen Paraffin ein arger Konkurrent erstanden ist.

Die Einfuhr von Stearin hält dessen Ausfuhr so ziemlich die Wage; der Außenhandel in diesem Artikel ist überhaupt von keiner besonderen Bedeutung.

	Stearineinfuhr		Stearinausfuhr	
	Menge in Doppelzentnern	Wert in Kronen	Menge in Doppelzentnern	Wert in Kronen
1895	3836	350282	11	1122
1900	1248	111078	11	1144
1902	1170	107640	3967	416535
1903	1475	135700	238	24990
1904	1033	98135	45	4590
1905	997	94715	1394	142188
1906	952	88938	2695	243292
1907	1607	123165	911	109320
1908	1071	84690	988	118560
1909	1081	75670	438	39420

Die Ein- und Ausfuhr von Ölsäure betrug in den gleichen Jahren:

	Ölsäureeinfuhr		Ölsäureausfuhr	
	Menge in Doppelzentnern	Wert in Kronen	Menge in Doppelzentnern	Wert in Kronen
1895	4017	144612	180	8640
1900	2958	121278	1598	68714
1902	425	20400	7590	379500
1903	1953	93744	5149	257450
1904	3597	143880	1798	70122
1905	3516	110640	504	19656
1906	7437[1])	297480[1])	7167[1])	349883[1])
1907	13664[1])	703696[1])	9225[1])	433575[1])
1908	6068[1])	312502[1])	11551[1])	542897[1])
1909	11039[1])	568509[1])	14128[1])	593376[1])

[1]) Seit dem Jahre 1906 wird Ölsäure mit Degras zusammengefaßt.

Frankreich.

Frankreich, das Mutterland der Stearinindustrie, besitzt bedeutende Betriebe dieser Branche in **Marseille, Lyon, Paris** usw. Während die französische Stearinkerzenausfuhr sehr beträchtlich ist (vergleiche S. 966), überwiegt beim Außenhandel mit unverarbeitetem Stearin die Einfuhr. Frankreich.

	Stearineinfuhr		Stearinausfuhr	
	Menge in Kilogramm	Wert in Franken	Menge in Kilogramm	Wert in Franken
1880 . . .	—	2724088	2326494	2761082
1885 . . .	2380626	2891032	2873486	3489561
1890 . . .	1607118	1330694	3938340	3260945
1895 . . .	33266	28276	876955	745412
1900 . . .	1768110	1697386	657399	631103
1901 . . .	2896369	2780514	1318276	1265545
1902 . . .	2471727	2372858	1409853	1353465
1903 . . .	1774341	1703367	1124822	1079829
1904 . . .	1162380	1115885	936730	899261
1905 . . .	2248762	2158812	694969	669170
1906 . . .	2022272	1941381	845414	811597
1907 . . .	3287756	2903746	2356960	2081667

An der Einfuhr beteiligen sich in erster Linie die Niederlande und Belgien; die Ausfuhr verteilt sich auf England, Italien, die Schweiz, Spanien, Rumänien, Algier und andere überseeische Länder.

Der Außenhandel Frankreichs mit Ölsäure hat besonders in den letzten Jahren an Umfang zugenommen; er betrug

	Einfuhr		Ausfuhr	
	Menge in Kilogramm	Wert in Franken	Menge in Kilogramm	Wert in Franken
1880 . . .	847810	461208	4292987	2335385
1885 . . .	308886	138381	6463172	2895501
1890 . . .	284558	122929	5836925	2732300
1895 . . .	836141	321078	6184404	2637237
1900 . . .	2886080	1085166	5112750	2123969
1901 . . .	4163720	1565559	4546991	1895931
1902 . . .	1575200	599000	—	—
1903 . . .	2568500	955000	—	—
1904 . . .	2994000	1126000	—	—
1905 . . .	2729935	1026455	6727962	2763193
1906 . . .	5402300	2036000	—	—
1907 . . .	6149124	2312071	3899954	1657652

Holland.

Holland. Die holländischen Stearinfabriken in Gouda und Schiedam bringen einen großen Teil ihrer Erzeugung auf den Weltmarkt. So betrug die holländische Ausfuhr von Stearin und Olein:

	Stearin		Technische Ölsäure	
	Menge in Kilogramm	Wert in Gulden	Menge in Kilogramm	Wert in Gulden
1895 . . .	4559115	2097229	2187667	525039
1900 . . .	9227566	2244680	3351747	804419
1905 . . .	10701709	4922786	4364554	1047565
1907 . . .	9116591	4193632	3338183	801164

während sich die Einfuhr nur wie folgt stellt:

	Stearin		Technische Ölsäure	
	Menge in Kilogramm	Wert in Gulden	Menge in Kilogramm	Wert in Gulden
1895 . . .	679778	312697	2187667	525039
1900 . . .	3248706	1494405	3351747	804419
1905 . . .	3267802	1503189	4364854	1047565
1907 . . .	3192924	1468744	3338183	801164

Belgien.

Belgien. Belgien erzeugt namhafte Mengen von Stearin, die zum großen Teil in unverarbeitetem Zustande oder in Form von Kerzen ausgeführt werden. Ein statistischer Nachweis über den Umfang des belgischen Außenhandels in Stearin und Olein läßt sich leider nicht erbringen, weil diese Produkte in den statistischen Aufzeichnungen mit den tierischen Fetten zusammengefaßt erscheinen.

Die Ein- und Ausfuhr Belgiens von Fettsäuren und tierischen Fetten (ausgenommen Schweinefett und Oleomargarin) betrugen:

	Einfuhr		Ausfuhr	
	Menge in Kilogramm	Wert in 1000 Franken	Menge in Kilogramm	Wert in 1000 Franken
1900	26616012	16502	27541155	17076
1901	22749228	15014	27950809	18448
1902	26105069	18796	28930266	20830
1903	23470606	16429	29523748	20667
1904	21706491	14109	27757253	18042
1905	23255096	14418	28111838	17429
1906	25442339	17810	28648180	20054
1907	30506561	24405	32627965	26102
1908	27556880	22597	32102471	26324

England.

Großbritannien hat einige namhafte Großbetriebe der Stearinbranche aufzuweisen, die jedoch den Inlandsbedarf und den Verbrauch in den indischen Kolonien nicht zu decken vermögen. Es besteht daher bei einer bedeutenden Stearinausfuhr eine diese überwiegende Einfuhr, wie die folgende Tabelle zeigt: England.

	Einfuhr		Ausfuhr	
	Menge in engl. Zentnern	Wert in Pfund Sterling	Menge in engl. Zentnern	Wert in Pfund Sterling
1902 . . .	1782098	2708717	761754	1179832
1903 . . .	1395174	1987892	684421	999183
1904 . . .	1758074	2249445	866606	1113330
1905 . . .	1822819	2369386	908226	1190146
1906 . . .	1933836	2795821	1005362	1450861
1907 . . .	2100169	3505091	1064827	1783423
1908 . . .	2056717	3111495	1014425	1536843

Italien.

Italien besitzt Stearinfabriken in Venedig, Turin, Alexandrien, Palermo, Neapel und in anderen Städten und führt außerdem für über 1 Million Lire unverarbeitetes Stearin ein. Auch die Einfuhr von Ölsäure und Fettsäuren ist bedeutend; sie betrug: Italien.

	Stearin		Olein		Fettsäuren	
	Menge in D.-Zentnern	Wert in Lire	Menge in D. Zentnern	Wert in Lire	Menge in D.-Zentnern	Wert in Lire
1890	30149	3014900	—	—	—	—
1900	18974	1707660	19359	1064745	2259	135540
1901	13731	1318176	17530	964150	1088	65280
1902	15465	1484640	16440	904200	752	45120
1903	13028	1250688	20759	1141745	2273	136380
1904	10374	995904	25021	1376155	1922	115320
1905	10610	1061000	25007	1325371	2360	141600
1906	17079	1793295	27015	1566870	3845	249925
1907	16901	1943615	28021	1821365	4829	313885

Neben diesen Importmengen ist natürlich auch eine bescheidene Ausfuhr zu verzeichnen, und zwar:

	Stearin		Olein		Fettsäuren	
	Menge in D. Zentnern	Wert in Lire	Menge in D.-Zentnern	Wert in Lire	Menge in D.-Zentnern	Wert in Lire
1890	122	12200	—	—	—	—
1900	255	22950	1599	85745	—	—
1901	200	18000	6498	357390	—	—
1902	352	33792	19009	1045495	—	—
1903	93	8928	2049	113244	123	7380
1904	280	26880	2785	153175	—	—
1905	533	53300	27371	1450663	—	—
1906	663	69615	15052	873016	—	—
1907	952	109480	10404	676260	—	—

Rußland.

Rußland.

Rußlands Stearinindustrie datiert seit dem Jahre 1835; im Jahre 1850 bestanden in diesem Lande bereits 15 Stearinfabriken, die über 183000 Pud = 30500 Doppelzentner Stearin erzeugten. Im Jahre 1860 hatte die Stearinfabrikation bereits so an Ausdehnung gewonnen, daß der Wert der von ihr erzeugten Produkte 4 Millionen Rubel betrug; 1870 stieg dieser Wert auf $6\,{}^{1}/_{2}$ Millionen Rubel und erreichte im Jahre 1880 eine Höhe von 13 Millionen Rubel. Von da an ist eine Weiterentwicklung der Stearinindustrie aber nicht zu verzeichnen, wie die folgenden Ziffern zeigen:

	Zahl der Betriebe	Zahl der beschäftigten Arbeiter	Wert der Produktion in Rubeln
1880	13	2996	13232000
1885	15	2526	9427000
1890	11	2581	10658000
1893	11	2882	9897000
1897	11	3508	12931000

Es bleibe dahingestellt, ob die angegebenen Werte der Produktion der Wirklichkeit entsprechen; sicherem Vernehmen nach sollen sie wesentlich größer sein.

Nach der gewerbestatistischen Zählung des Jahres 1897 sollen sich die erwähnten 12931000 Rubel verteilen auf

Stearin	mit	9433000	Rubeln
Ölsäure	„	2829000	„
Glyzerin	„	669000	„

In Kasan, St. Petersburg und Moskau sind die größten Betriebe der Stearinbranche zu finden, in Minsk und Perm sind ebenfalls Fabriken von bemerkenswerter Größe. Die betreffenden Distrikte erzeugten im Jahre 1897

	Kasan	St. Petersburg	Moskau	Perm	Minsk
			Wert in Millionen Rubeln		
Stearin für . . .	3,469	3,516	1,543	0,471	0,245
Ölsäure „ . . .	1,219	0,835	0,645	0,080	0,045
Glyzerin „ . . .	0,273	0,259	0,107	0,020	0,010
Zusammen	4,961	4,610	2,295	0,571	0,300

Die russische Stearin- und Oleineinfuhr ist nicht von Belang, wie die lgenden Ziffern zeigen:

	Stearin		Olein	
	Menge in Pud	Wert in Rubeln	Menge in Pud	Wert in Rubeln
901	11604	66310	12751	37556
1902	25278	143866	2702	13260
1904	13453	76527	3557	17447
1905	21079	127842	135	573

[1]) Seifenfabrikant 1901, S. 423.

Schweden und Norwegen

Diese skandinavischen Staaten besitzen zwar eigene Stearinfabriken, beziehen aber doch einen Teil ihres Stearin- wie auch ihres Kerzenbedarfes von Belgien, Holland und Frankreich, ebenso wie dies **Skandinavien.**

Spanien und Portugal

tun, welche Länder in St. Sebastian, Bilbao, Macao und anderen Städten Stearinbetriebe aufzuweisen haben, deren Erzeugung aber zur Deckung des Bedarfes nicht hinreicht. **Pyrenäenhalbinsel.**

Nordamerika.

Hier ist die Stearinindustrie besonders in den Vereinigten Staaten von bedeutendem Umfang, wenngleich sie unter der großen Produktion von Paraffin zu leiden hat. **Amerika.**

Mexiko besitzt in Pueblo und in Chalchico Stearinfabriken.

Südamerika.

Stearin wird in Peru (Lima) sowie in Argentinien (Buenos-Aires) und Guadeloupe erzeugt.

Südafrika.

Hier ist in dem letzten Jahrzehnt eine Fabrik entstanden, die sich in Kapstadt befindet und hauptsächlich Talg verarbeitet. **Afrika.**

Australien.

Australien besitzt bereits mehrere, nach europäischem Muster eingerichtete Stearinfabriken. **Australien.**

Über die Preisschwankungen des Stearins, der Ölsäure (Saponifikat- und Destillat-Qualitäten) und des Glyzerins siehe Tabelle IV.

Elftes Kapitel.

Die Kerzenfabrikation.

Allgemeines.

Definition.

Unter Kerzen (Lichte, bougies, chandelles, candles, candele) versteht man zylindrische oder prismatische Gebilde aus einem bei nicht zu hoher Temperatur schmelzenden, brennbaren Stoffe (Kerzenmaterial), deren Achse durch ein dünnes, poröses, aufsaugefähiges, gewöhnlich aus Gespinstfasern gefertigtes Strähnchen (Docht) gebildet ist. Der meist etwas aus dem Kopfende der Kerze herausragende Docht muß beim Annähern einer Flamme leicht brennen, und die dabei frei werdende Wärme soll gerade so viel Kerzenmaterial schmelzen, als der Docht aufzusaugen vermag und zur Unterhaltung einer ruhig leuchtenden Flamme (Kerzenflamme) notwendig ist.

Kerzenarten.

Nach dem Material, aus dem die Kerzen gefertigt sind, kennt man Wachs-, Talg-, Stearin-, Paraffin-, Ceresin-, Walrat- u. a. Kerzen, nach dem Zwecke, denen die Kerzen dienen, unterscheidet man Kirchen-, Tafel-, Wagenkerzen usw. und nach der Form der Kerze, die sich vielfach nach dem Zwecke richtet, spricht man von einfachen oder verzierten, gefärbten, Barock-, Konus-, Hohlkerzen usf.

Geschichte.

Geschichtliches.

Das Vorbild der Kerze ist offenbar der Kienspan gewesen, der schon seit urdenklichen Zeiten als Beleuchtungsmittel benutzt wurde. Daß er nicht die schlechteste Lichtquelle war, beweist, daß er sich auch in einigen Kulturstaaten bis zum Beginn des neunzehnten Jahrhunderts erhalten hat und heute nicht nur in den Bauernstuben Finnlands, Esthlands und Kurlands, sondern auch im Schwarzwalde hie und da verwendet wird. Pech- und Wachsfackeln haben sich aus der Kienspanbeleuchtung ganz von selbst entwickelt, und von diesen bis zur ersten primitiven Kerze war nur ein kleiner Schritt.

Die alten Inder und Ägypter scheinen aber die Kerze auch in ihrer einfachsten Form noch nicht gekannt zu haben, denn im dritten Buche Moses werden nur die mit Baumöl gespeisten Lampen als Mittel genannt, das Tageslicht zu ersetzen. In den Schriften von Plinius und Livius finden sich dagegen Stellen, die auf kerzenartige Beleuchtungsmittel hindeuten, mögen diese auch von unseren heutigen Kerzen noch so verschieden gewesen sein. Diese kerzenartigen Gebilde bestanden in wachsgetränkten Flachsschnüren, in mit Wachs überzogenen Streifen aus Binsen oder Papiergras, aus dem fettgetränkten Mark des Schilfrohrs u. ä. und erinnerten an unsere noch heute verwendeten Harzlunten und Pechseile. Man bediente sich dieser damals recht kostbaren Dinge nicht als gewöhnlicher Beleuchtungsmittel, sondern bei der Nachtwache bei Leichnamen vornehmer Persönlichkeiten, solange diese auf der Bahre lagen.

König Mykerinos soll — nachdem ihm ein Orakel nur noch sieben Lebensjahre zugestanden hatte — die Nächte durch Lichte ohne Zahl haben erleuchten lassen, um so seine gezählten Tage zu verdoppeln. Daraus bildete sich das heilige Lampenfest zu Sais, das man in derselben Nacht beging, in der Osiris seinen Tod fand[1]).

Dabei mag es sich aber wohl mehr um Fackeln als um Kerzen in unserem Sinne gehandelt haben, denn letztere wurden erst zur Zeit der ersten Christenverfolgungen angefertigt. Zu Zeiten des Kaisers Caligula soll die Beleuchtungstechnik allerdings schon so weit fortgeschritten gewesen sein, daß man bei nächtlichen Spielen ganze Städte zu illuminieren vermochte, und Apulejus (125 n. Chr.) unterscheidet bereits Wachs- und Talgkerzen (cerei und sebacei).

Konstantin der Große ließ einmal am Abend des Christfestes ganz Konstantinopel mit einer Unzahl von Lichtern und Lampen erleuchten, so daß nach Eusebius die Nacht heller war als der hellste Tag. Die römischen Städte sollen im vierten Jahrhundert nach Christi schon vielfach öffentliche nächtliche Beleuchtung gehabt haben.

Nicht so rasche Fortschritte nahm das Beleuchtungswesen in germanischen Ländern, wo man sich mit den primitivsten Mitteln (Rohrlichtern, Fackeln und Kienspänen) zur Not behalf, und wo erst im dreizehnten Jahrhundert die ersten tönernen Öllampen aufkamen. Wenn das Parzivalgedicht (13. Jahrhundert) berichtet, daß im Saale der Gralburg mit Lichtern besteckte Kronen waren und die Wände entlang kleine Kerzen brannten, wird dies von den Kulturhistorikern als ein Irrtum bezeichnet. Wachs- und Talgkerzen sollen nach deren Ansicht um diese Zeit nicht einmal die Bürger der Lombardei gekannt haben. Wenn man auch schon damals vereinzelt Wachskerzen sah, war dies doch nur bei ganz besonders festlichen Anlässen, wo es galt, der Fürsten oder Reichen Pracht und Luxus zu entfalten.

Kerzen als Zeitmesser.

Auch dienten die Kerzen — da man Uhren noch nicht kannte — bisweilen als Zeitmesser. Das Verdienst, sie als Erster für diesen Zweck empfohlen zu haben, gebührt nach den Aufzeichnungen einiger Geschichts-

[1]) H. Krauß, Die Kerze im Volksglauben, in der Volkssymbolik und in der Volkssage, Seifenfabrikant 1907, S. 8, 57 u. 83.

schreiber König Alfred dem Großen von England (871—901), einem auf verschiedenen Wissensgebieten bestens bewanderten Herrscher. Sein Lehrer und Biograph namens Asser[1]) sagt darüber folgendes:

„Alfred der Große ließ mehrere Kerzen von je 12 Denaren Gewicht und 12 Zoll Länge anfertigen, deren jede eine Brenndauer von 2 Stunden hatte, falls die Kerzen in einem windgeschützten Raume abbrannten. Da aber bei den damaligen Bauverhältnissen das Abhalten von Wind nicht immer möglich war, bei Zugluft die Brenndauer der Kerze jedoch wesentlich verkürzt wurde, ersann der König eine Art Laterne, in die er das Licht brachte. Diese Laternen wurden aus weißen Ochsenhörnern geschnitzt, weil Glas damals noch nicht in entsprechender Qualität zur Verfügung stand, obwohl es durch den Abt Benedikt bereits in England eingeführt war. Die in den ausgehöhlten, genügend durchsichtigen Ochsenhörnern steckenden Kerzen brannten hell und gaben einen recht genauen Zeitmesser ab."

Wie Spelman[2]) berichtet, wurde diese Erfindung des Königs auch von seinen reichen Untertanen nachgeahmt; eine allgemeine Anwendung konnte sie aber wegen des schon erwähnten sehr hohen Preises, den die Kerzen damals hatten, nicht erlangen.

Kostbarkeit der Kerzen.

Welch kostbarer Gegenstand Bienenwachs, das bis zum 15. Jahrhundert ausschließlich das Kerzenmaterial bildete, war, mag die Tatsache beweisen, daß Philipp der Dreiste, Herzog von Burgund (1342—1404) dem heiligen Antonius von Vienna für die Gesundung seines kranken Sohnes so viel Wachs als Opfer bot, als dieser schwer war. Der Kultus in den katholischen Kirchen hat überhaupt nicht wenig zur Hebung des Wachswaren- und Kerzengewerbes beigetragen, denn schon zu einer Zeit, als das Brennen von Kerzen noch zu einem großen Luxus zählte, waren die Kirchen große Abnehmer von Kerzen. So sollen z. B. in der Schloß- und Stiftskirche zu Wittenberg, wo man jährlich 900 Messen las, 35750 Pfund Wachslichte verbrannt worden sein[3]).

Die Reformation hat dann zwar den Verbrauch der Kerzen zu Kirchenzwecken etwas vermindert, doch war inzwischen ihre Verwendung zu profanen Anlässen wesentlich gestiegen. Allerdings konnten sich die kostspielige Beleuchtung mit Kerzen immer bloß die Fürstenhöfe und die Häuser der wenigen Reichsten gönnen. Diese hätten aber einen ziemlich reichlichen Verbrauch; so soll man z. B. in Dresden im Jahre 1779 bei einem einzigen Hoffeste 14000 Wachslichte, die über sechs Zentner wogen, verbraucht haben[4]).

Die Wachs- und Talgkerzen waren bis zum Beginn des 19. Jahrhunderts ein verhältnismäßig teures Beleuchtungsmittel.

---

[1]) Vergleiche Geidel, Alfred der Große als Geograph, Münchener geographische Studien 1904.

[2]) Vita Alfredi Magni.

[3]) Poppe, Geschichte der Technologie.

[4]) Knapp, Handbuch der Steinkohlengasbeleuchtung, S. 2.

Aus dieser Zeit mag wohl auch der in Frankreich noch heute geläufige Ausdruck: Economie des bouts des chandelles (Kerzenstümpfchen-Sparsamkeit) stammen.

Ludwig XVIII. hat diese Art der Sparsamkeit noch im 19. Jahrhundert betrieben. Sein im September 1801 in seiner damaligen Residenz Warschau erlassenes strenges Hausreglement besagte im ersten Artikel:

„Da die Beleuchtung in Natur nach den während des Aufenthaltes des Königs in Mitau gesammelten Erfahrungen eine Quelle des Mißbrauches ist, die sich unmöglich verstopfen läßt, so befiehlt Seine Majestät, daß vom 1. Oktober bis zum 1. April weder dem Herrn noch dem Diener seines Hofstaates eine Wachs- oder Talgkerze geliefert werde, aber zum Ersatz dieser Beleuchtung ermächtige ich den Herrn Huet, Seinen Generalkommissär, aus der ihm anvertrauten Kasse jedem Herrn den Preis von 10 Pfund Kerzen, jedem Diener Seines Hofstaates den von 5 Pfund Kerzen zu zahlen. Der Preis ist nach dem mittleren Preise der augenblicklichen Residenz zu berechnen.

Die persönlichen Diener Seiner Majesät, die Seiner Küche und Seiner Vorzimmer werden wie zuvor mit Lichten beteilt, aber mit angemessener Sparsamkeit. Der König behält sich vor, für die sechs Monate nach dem 1. April den Kerzenpreis zu bestimmen, der jedem Herrn und seinem Diener zu bezahlen ist.“

Auch später, im Jahre 1809, hat der genannte König den übermäßigen Kerzenverbrauch seines Hofstaates einzuschränken gesucht. Daß es nottat, dem etwas leichtsinnigen Verbrauch von Kerzen vorzubeugen, und daß der Kerzenkonsum an Höfen häufig die zulässige Grenze überschritt, mag die Tatsache beweisen, daß am Berliner Hofe Friedrich Wilhelms II. (1786—1797) Kerzendiebstähle im Werte von jährlich 6000 Talern lange nicht bemerkt wurden.

Die Kerze im Volksglauben.

In Österreich, in Süddeutschland, in Pommern und anderen Ländern herrschte seinerzeit der Glaube, daß eine reine Jungfrau daran zu erkennen sei, daß sie eine Kerze mit einem Hauche ausblasen und mit einem zweiten wieder anzuzünden vermöge. In Gottesurteilen, in den deutschen Rechtsaltertümern, spielt die Kerze überhaupt eine wichtige Rolle, über die H. Krauß[1]) eine sehr lesenswerte Abhandlung geschrieben, ebenso wie er in interessanter Weise über die Bedeutung der Kerze im Volksglauben, in der Volkssymbolik und in der Volkssage berichtete[2]).

Gewerbsmäßige Herstellung von Kerzen.

Die Herstellung von Wachskerzen oder Wachslichten, wie man sie damals nannte, fiel in das Zunftbereich der Lebzelter[3]). Erst später bildeten die Wachskünstler (Cerarii) ein eigenes Gewerbe, zu dem auch das Einhüllen der Leichname in Wachs gehörte. Das zuerst in Italien bekannte Bleichen des Bienenwachses kam von hier nach dem europäischen Norden, wohin auch im Laufe der Jahre die ursprünglich in Venedig blühende

---

[1]) H. Krauß, Die Kerze in deutschen Rechtsaltertümern, Seifenfabrikant 1906, S. 902.

[2]) H. Krauß, Die Kerze im Volksglauben, in der Volkssymbolik und in der Volkssage, Seifenfabrikant 1907, S. 8, 57 u. 83.

[3]) Vergleiche Bd. 2, S. 860/61 u. 867.

Kunst der Herstellung langer, aufgewickelter Wachsstöcke oder Wachsrödel verpflanzt wurde.

Die Talgkerzen, die neben den Putzscheren bereits im 12. Jahrhundert bekannt waren, kamen erst im 15. Jahrhundert in allgemeinen Gebrauch. Sie wurden ursprünglich genau so wie die Wachskerzen gezogen oder getunkt und erst im 17. Jahrhundert lernte man sie auch durch Gießen in Formen von Blech, Zinn oder Glas herstellen. Daß trotz dieser beachtenswerten Fortschritte um diese Zeit noch Kerzen von sehr primitiver Art verwendet wurden, beweist eine Mitteilung von Gilbert White, wonach um das Jahr 1775 in der englischen Grafschaft Hampshire noch Schilfmarkkerzen hergestellt und in der Haushaltung verwendet wurden. Ihre Leuchtkraft wird am besten durch die Worte Whites gekennzeichnet, der sagt, ihr Licht sei nichts weiter gewesen als ein „sehbares Dunkel".

Fig. 197. Wappen der Seifensiederzunft.

Die Herstellung der Kerzen lag bis zur Hälfte des vorigen Jahrhunderts fast ausschließlich in den Händen von Kleingewerbetreibenden; wurden doch im Jahre 1840 in Preußen und Bayern nicht weniger als 2500 Lichtziehermeister gezählt, in England sogar 3000. Alle diese Lichtzieher betrieben gleichzeitig auch die Seifensiederei oder Lebzelterei.

Die Seifensieder führten denn auch in ihrem Zunftwappen (Fig. 197) einen Bund Talgkerzen. In einem alten, aus dem Jahr 1633 stammenden Schriftstücke einer Seifensieder-Innungslade heißt es:

„Seife sieden, Lichter zieh'n,
Ist stets unser größt' Bemüh'n;
Wenngleich der Bauer Kien auch brennt,
So müssen wir doch Lichter zieh'n,
Und der Lampe Sparsamkeit
Bringt uns keine müß'ge Zeit."

Erst durch die Erfindung der technischen Gewinnung der Stearinsäure und ihrer Verwendung als Kerzenmaterial, die Verbesserung der Dochte durch Cambacères, durch die Einführung des billigen Paraffins und des dem teuren Bienenwachse ähnlichen, dabei aber wohlfeilen Ceresins als Kerzenrohstoff konnte sich das Kerzenziehergewerbe zu einer Industrie entwickeln. Die Errichtung der ersten Stearinkerzenfabriken verdanken wir dem im Jahre 1882 zu Berlin verstorbenen Franzosen Motard, der im Jahre 1832 die Fabrique de la Bougie de l'Étoile und im Jahre 1837 die Kerzenfabrik am Hallweg in Berlin erbaute.

Ohne die Schaffung neuer Kerzenmaterialien (Stearin, Paraffin, Ceresin) wäre die Kerzenerzeugung wohl noch lange in ihrem handwerksmäßigen Betrieb stecken geblieben; denn Bolley hat recht, wenn er sagt, daß das „bloße Modeln eines von der Natur gegebenen Materials um ein Bündel kapillarer Gespinstfasern“, weil keine besondere chem.-technische Prozesse erheischend, dem Techniker nur ein geringes Betätigungsfeld bot. Dies änderte sich mit einem Schlage, als durch die technische Gewinnung der Stearinsäure ein schwerer schmelzbarer und daher besser geeigneter und auch in anderer Hinsicht idealer Kerzenstoff geschaffen war, dessen Herstellung dem Erfindergeiste ein reiches Feld der Betätigung zuwies.

Es ist nicht uninteressant zu verfolgen, welche technische Vervollkommnung die Kerzen hinsichtlich ihres Fettstoffes, ihres Dochtes und ihrer mechanischen Formung im Laufe der Jahrhunderte erfahren haben.

Wachskerzen. Das erste Kerzenmaterial war das Bienenwachs, das man schon tausend Jahre vor Christi zu verschiedenen Zwecken verwendete, aber erst zu Beginn unserer Zeitrechnung zu Kerzen zu formen verstand. Über die Geschichte der Gewinnung und Veredlung des Bienenwachses wurde bereits im 2. Bande das Bemerkenswerteste gesagt[1]).

Talgkerzen. Aus Talg Kerzen zu machen, versuchte man zuerst im 12. Jahrhundert; doch wurden die Talgkerzen erst im 15. Jahrhundert allgemeiner bekannt und wegen ihres gegenüber den Wachskerzen billigen Preises mehr und mehr verwendet.

Die ersten Talglichte enthielten nicht unbedeutende Zusätze von Fichtenharz, wodurch sie billiger zu stehen kamen, aber auch viel schlechter, rußender brannten.

Walratkerzen. Ein wesentlicher Fortschritt in der Kerzenindustrie war mit der in der zweiten Hälfte des 18. Jahrhunderts eingeführten Verwendung des Walrats (Spermacets) als Kerzenmaterial geschaffen. Walrat war ein viel besseres, weil höher schmelzendes und rußfreier brennendes Kerzenmaterial, das sich weit billiger als Bienenwachs stellte und besonders in der Periode 1840—1850 in der Kerzenerzeugung in großem Maßstabe verwendet wurde. Der damalige eifrig betriebene Pottfischfang, der England und Frankreich alljährlich Werte von 60—80 Millionen Mark brachte, ließ seither merklich nach, und die Walratkerze hat heute ihre einstige Bedeutung fast ganz eingebüßt.

Die Lichtstärke einer Walrat- oder Spermacetkerze — auch Kristallkerze oder bougie diaphane genannt — galt lange Zeit hindurch als Maßeinheit[2]) bei Lichtmessungen, besonders in England, wo man alle Messungen auf diese Einheit bezog, während in Deutschland außer der Walratkerze auch die Lichtstärke von bestimmten Paraffin-[3]) und Stearinkerzen[4]) als Einheit zugelassen wurde.

[1]) Bd. 2, S. 860/61 u. 867. Vergleiche auch Christoph Weigels „Abbildungen der gemeinnützigen Hauptstände, Nürnberg 1698, und Beckmann, Anleitung zur Technologie, Göttingen 1777.

[2]) Schillings Handbuch für Steinkohlengasbeleuchtung.

[3]) Journ. f. Gasbeleuchtung 1877, S. 190.

[4]) Journ. f. Gasbeleuchtung 1869, S. 581.

Gehärtete Talgkerzen.

Die Entdeckung von Braconnot und Chevreul, daß die Fette aus einem öligen und einem festeren Anteil bestehen, in die sie sich trennen lassen, wurde benutzt, um aus Talg ein härteres Kerzenmaterial, als es dieser selbst ist, zu gewinnen. So wurden im Jahre 1818 von Braconnot und Simonin, 1820 auch von Manjot Kerzen aus dem festen Anteil des Talges, den sie durch „Austranen" (siehe Band 1, S. 695) gewonnen hatten, angefertigt.

Diese der Hauptsache nach aus Tristearin hergestellten Kerzen verschwanden aber sehr bald von der Bildfläche, da wenige Jahre später Chevreul und Gay Lussac die technische Gewinnung der Stearinsäure lehrten, die, im Handel und Verkehr kurzweg Stearin genannt, ein viel besseres Kerzenmaterial abgab, als es der gehärtete Talg war.

Stearinkerzen.

Über die Geschichte des Stearins, das man in den zwanziger Jahren des vorigen Jahrhunderts im großen herzustellen begann, wurde bereits S. 514—522 dieses Bandes das Wissenswerte gesagt. Die Stearinkerze begann in raschem Laufe den Siegeszug um die ganze Welt, und bei ihrer qualitativen Unübertrefflichkeit schien ihre dominierende Stellung für alle Zeiten gesichert.

Paraffinkerzen.

Das immer mehr an Bedeutung gewinnende Paraffin ließ jedoch der Stearinkerze in der Paraffinkerze einen bedeutenden Konkurrenten erstehen. Paraffinkerzen aus dem Paraffin bituminöser Schiefer[1]) hatte Selligue schon im Jahre 1839 auf der Pariser Industrieausstellung ausgestellt; das war neun Jahre nach der Entdeckung Reichenbachs, der das Paraffin als Chemiker der zum Gute Salm gehörigen Berg- und Hüttenwerke zu Blansko in Mähren in den Produkten der Trockendestillation von Holz (speziell als Bestandteil des Buchenholzteers) gefunden hatte. Reichenbach gab bereits eine eingehende Beschreibung des neuentdeckten Körpers und wies auf seine Verwendbarkeit als Kerzenmaterial hin, indem er wörtlich sagte[2]):

„Der Stoff verspricht, ein passendes neues Material zu Tafelkerzen abzugeben, und seine Entdeckung könnte in diesem Betracht von Nutzen werden; dann könnte er zu Überzügen von Stoffen und Gefäßen, die Säurewiderstand zu leisten haben, zu Verpfropfungen, Verkittungen und Verschlüssen gute Dienste leisten, wie bis jetzt kein anderer bekannter Körper."

Da man zu Beginn der Paraffinindustrie, die als Nebenbetrieb der Braunkohlenteerverwertung und der Petroleumgewinnung anzusehen ist, nicht imstande war, genügend hartes und rein weißes Paraffin herzustellen, verwendete man dieses Produkt in Gemischen mit Wachs und Stearin, die man mit Farbstoffen organischer Abkunft beliebig färbte. In den sechziger Jahren des vorigen Jahrhunderts lernte man das Härten

---

[1]) Hermann, Industrieausstellung zu Paris im Jahre 1839, Nürnberg 1840, S. 147.

[2]) Journ. f. Chemie u. Physik v. Schweigger-Seidel 1830, S. 436, u. 1831, S. 273.

des Paraffins, und es kamen von da an reine Paraffinkerzen in den Handel. Leider wurde deren Einführung erschwert, weil man anfänglich immer noch zu weiches Paraffin zum Kerzenguß verwendete und die Kerzen zu dünn machte. Diese beiden Übelstände, die bewirkten, daß sich die Kerzen schon bei mäßiger Wärme krümmten und unansehnlich wurden, brachten die Paraffinkerze in den deutschen Landen, wo sie besonders in dem sächsisch-thüringischen Braunkohlenrevier erzeugt wurde, in argen Mißkredit, der auch dann nicht gänzlich schwand, als man später an Stelle des Weichparaffins (mit ca. 45° C Schmelzpunkt) höher schmelzendes Hartparaffin fabrizierte. Die Voreingenommenheit gegen die Paraffinkerzen wurzelte bereits so stark in der Bevölkerung, daß sie noch heute nicht ganz geschwunden ist.

Das Paraffin, aus dem die auf der Pariser Ausstellung von Selligue gezeigten Kerzen gefertigt waren, stammte aus dem bituminösen Schiefer von Autun in Frankreich. Gutes Schieferparaffin vermochte aber erst James Young im Jahre 1850 herzustellen. Dann wurden große Mengen Paraffins aus Nebenprodukten der sächsisch-thüringischen Braunkohlenteer-Industrie gewonnen und später auch aus Erdöl. Paraffin aus Erdöl verarbeitete zuerst eine Fabrik im Belmont-Viertel in London auf Kerzen, weshalb die Paraffinkerzen auch den Namen Belmontinkerzen, neben ähnlichen wie Solarkerzen usw., bekamen.

Die Paraffinerzeugung wurde alljährlich umfangreicher und die Paraffinkerze begann der Stearinkerze das Absatzgebiet mehr und mehr streitig zu machen. Letztere wird heute mehr als Luxuskerze aufgefaßt, während sich der Massenkonsum trotz der gegen sie noch bestehenden Vorurteile auf die Paraffin- und auf die Kompositionskerze geworfen hat.

Kompositionskerzen.

Als Kompositionskerzen bezeichnete man ursprünglich solche Kerzen, die aus einem Gemisch von Paraffin und Stearin hergestellt waren, in welcher Mischung anfänglich das Stearin überwog und der Paraffinzusatz lediglich den Zweck hatte, die teure Stearinkerze etwas zu verbilligen. Diese paraffinhaltigen Stearinkerzen, die als Secunda- und Tertia-Kerzen auf den Markt kamen, erhielten in der Folge allerhand Phantasienamen [Melanyl-, Brematin-[1]), Vesta-, Stella-, Orion-Kerzen u. a.]. Allmählich wurde aber die Menge des Paraffins größer und größer genommen, bis endlich die Kompositionskerze eigentlich nur mehr eine Paraffinkerze war, die bescheidene Prozentsätze von Stearin beigemengt enthielt.

Das Stearin hatte in der Kompositionskerzenmasse zweierlei Zwecke zu erfüllen: erstens die Transparenz des Paraffins aufzuheben und der Kerzenmasse ein opakes, stearinartiges Aussehen zu erteilen, und zweitens den Schmelzpunkt der Paraffinmasse zu erhöhen. War ursprünglich der Stearinanteil der Kompositionskerzenmasse ziemlich reichlich bemessen, so ging man allmählich in der Absicht, billiger zu fabrizieren, mit dem Prozentsatze des Stearins immer mehr hinunter, bis man endlich die Bemühungen,

[1]) Rapp. de chim. appl. 1863, S. 235.

höherschmelzendes Kerzenmaterial zu erlangen, ganz aufgab und lediglich die Behebung der Transparenz im Auge behielt, für welchen Zweck allerhand Zusätze[1]) (Alkohol, Naphthol usw.) empfohlen werden, die die ehemals als gut zu bezeichnenden Kompositionskerzen in ihrer Qualität herabsetzen.

Ceresinkerzen.

Wie die Stearinkerzen im Paraffin einen gefährlichen Konkurrenten erhielten, so ist das Bienenwachs durch das Ceresin (Erdwachs, raffiniertes Ozokerit) als Kerzenmaterial in den Hintergrund gedrängt worden. Alte Schriften berichten, daß Erdwachs in Galizien, an der Moldau und am Kaspischen Meere schon vor mehreren Jahrhunderten zur Herstellung von Kerzen benutzt worden sein soll. Diese Kerzen mögen allerdings hinsichtlich ihrer Güte manches zu wünschen übrig gelassen haben. Ein strengen Anforderungen entsprechendes Kerzenmaterial wurde aus dem rohen Ozokerit erst im Jahre 1868 gewonnen, um welche Zeit Letheby die Firma J. C. Field in London auf das durch Destillation des galizischen Erdwachses erhaltene Paraffin aufmerksam machte, nachdem bereits Meyer und Glockner das Rohmaterial beschrieben hatten; die daraus hergestellten Kerzen wurden auf der Dubliner Ausstellung (1872) vorgeführt und fanden allgemeinen Beifall. Dabei handelte es sich aber immer noch um Paraffinkerzen, denn die damals allein bekannte Reinigungsmethode mittels Destillation ergab als Endprodukt ein — allerdings hochschmelzendes — Paraffin. Erst als Ujhely zu Beginn der siebziger Jahre des vorigen Jahrhunderts durch Raffination des Ozokerits mit Schwefelsäure (ohne Destillation) ein bienenwachsähnliches Produkt erhielt, war der eigentlichen Ceresinindustrie der Weg gezeigt und die aus dem neuen Produkt erhaltenen Kerzen begannen den Wachskerzen das Feld streitig zu machen.

Ganz haben die Ceresinkerzen die Kerzen aus Bienenwachs allerdings nicht zu verdrängen vermocht, weil rituelle Vorschriften die weitere Verwendung von echten Wachskerzen sicherten. Das Gebot der katholischen Kirche „Cera ex apibus parata" wird jedoch nicht gar so streng genommen, und es kommen jetzt in den katholischen Kirchen vielfach auch Ceresinkerzen, ja selbst Stearin- und Paraffinkerzen zur Anwendung, wenngleich für gewisse Zwecke an Wachskerzen festgehalten wird, die aber jetzt zum Teil aus Ceresin bestehen dürfen und nur 25% Bienenwachsgehalt bei den kleinen und gewöhnlichen, jedoch 65% bei den Kerzen am Hochaltare und den Marienaltären aufweisen müssen[2]).

Geschichte des Kerzendochtes.

Neben den Fortschritten, die man in der Erzeugung und Auswahl des eigentlichen Kerzenmaterials machte, hat die Vervollkommnung des Kerzendochtes eine wichtige Rolle in der Entwicklung der Kerze gespielt.

Ursprünglich benutzte man als Docht gedrehtes Werg, später nahm man dazu Baumwolle. Da der Docht nicht in gleichem Maße wie die Kerze selbst verbrannte, mußten die während des Verbrennens immer größer

[1]) Vergleiche S. 851—853.

[2]) Siehe Seifenfabrikant, 1909, S. 713.

werdenden halbverkohlten Dochtenden öfter abgeschnitten (geschneuzt) werden. Die Lichtputzschere fehlte daher in keinem Hause, und Rückert mag vielen seiner Zeitgenossen aus der Seele gesprochen haben, wenn er sich über das lästige Lichterschneuzen äußerte:

„Wüßt' nicht, was sie Besseres erfinden könnten,
Als daß die Lichte ohne Putzen brennten!"

Rückerts Wunsch ging mit der Einführung der geflochtenen Dochte zum Teil in Erfüllung, denn dieser Docht krümmte sich beim Verbrennen, bog sich daher aus der Flamme heraus und verbrannte am Rande der Kerzenflamme ohne nennenswerte Rückstände. Bei Talgkerzen hatte dieses Herausbiegen des Dochtendes allerdings den Übelstand, daß die Kerzen wegen des niedrigen Schmelzpunktes ihres Fettmaterials schief brannten und abliefen.

Desormeaux sowie Wüttig versuchte ein vollständiges Abbrennen des Dochtes durch Verwendung von Hohldochten (doppelten Luftzug) zu erreichen, doch hatten weder die Bemühungen Desormeaux' noch die Wüttigs Erfolg.

Cambacères, Ingenieur des Ponts et Chaussés in Paris, hatte schon früher beobachtet, daß die Stearinkerzen ein viel schnelleres Verstopfen des Dochtes zeigten als die Talglichte, und er vermutete, daß der Grund dieser Erscheinung in der Bildung von Seifen zu suchen sei, die durch eine Vereinigung des Alkalis der Dochtasche mit den Fettsäuren der Kerzenmasse gebildet wird. Durch Behandlung des Dochtes mit verdünnter Schwefelsäure (Beizen des Dochtes) gelang es Cambacères, diesen Nachteil der Stearinkerzen zu beseitigen und einen für sie geeigneten Docht herzustellen.

Wenngleich die Dochtpräparation späterhin noch mancherlei Verbesserungen erfahren mußte, um Kerzen der heutigen Vervollkommnung möglich zu machen, so hat Cambacères durch seine Erfindung der geflochtenen Dochte und die spätere Einführung ihres Beizens doch unendlich viel für die Ausgestaltung der Kerzenerzeugung getan.

Der mechanische Teil der Kerzenherstellung — das Formen der Kerzen — hat ebenfalls eine interessante Geschichte hinter sich. Geschichte der Formgebung der Kerze.

Die ersten Gebilde, die den Namen Kerzen verdienten, wurden so dargestellt, daß man aus Wachs einen dünnen Stab knetete, diesen der Länge nach aufschnitt und den Docht einlegte oder den Docht durch Zusammenrollen von gewalzten Wachsplatten mit Kerzenmaterial umgab.

Die Herstellung der Kerzen durch mehrmaliges Eintauchen des Dochtes in das geschmolzene Kerzenmaterial — das Kerzentunken oder Kerzenziehen — kam erst später in Gebrauch, obwohl dieses Verfahren in der Erzeugung der im Altertum verwendeten, unseren Harzlunten und Pechfackeln ähnlichen kerzenartigen Gebilde (fettgetränkte Dochte, siehe S. 813) seine Vorläufer hatte.

Das Gießen der Kerzen lernte man erst verhältnismäßig spät kennen. Die ersten Gießformen waren aus Blech und Glas gefertigt, und erst im Gießvorrichtungen.

Jahre 1724 machte Freytag in Gera die Gießformen aus Zinn, welches Metall den Hauptbestandteil der heutigen Kerzenformen bildet.

Die ersten Gießvorrichtungen waren höchst primitiv und bestanden aus nichts anderem als aus einer Anzahl von Formen, in die man den Docht von Hand aus einzog und derart festhielt, daß man ihn an der Spitze der Kerzenform mit einem kleinen quergelegten Holzstift versah, am Fußende der Kerze dagegen durch einen kleinen Ring zentrierte. Nicht nur die Talg-, sondern auch die Stearinkerzen wurden durchweg auf diese Weise erzeugt, und man hielt es daher für einen wesentlichen Fortschritt, als um das Jahr 1850 Cahouet mit einem Apparat auftrat, der mehrere Formen gemeinsam in einem Gießapparat vereinigte und den Stift oder das Holzstückchen, das bisher das Dochtende an dem Durchrutschen an der Spitze der Kerze hinderte, durch besonders konstruierte Hähne ersetzte [1]).

Der Apparat von Cahouet blieb eine Reihe von Jahren in Gebrauch, da alle Versuche, eine bequemere Kerzengießvorrichtung zu konstruieren, lange Zeit zu keinem rechten Resultat führten. Schon in den vierziger Jahren des vorigen Jahrhunderts bemühte man sich, eine Kerzengießmaschine zu bauen, die das umständliche Einziehen der auf die Kerzenlänge zugeschnittenen Dochtstückchen ersparte und es gestattete, den Docht womöglich in ununterbrochener Art von einer Spule abzuhaspeln, in die Kerzenform einzuführen und dabei bequem zu zentrieren und zu spannen, die Formen leichter zu wärmen und abzukühlen und die Kerzen in müheloser Weise aus der Form zu entfernen.

Newton kam als erster mit einer diesen Anforderungen bis zu einem gewissen Grade entsprechenden Konstruktion in die Öffentlichkeit [2]), doch bemühten sich um dieselbe Zeit auch Morgan, Fournier, Kendal, Binnet und Cahouet um die Verbesserung der Kerzengießvorrichtungen.

Die verschiedenen von den Genannten erdachten Konstruktionen lassen sich in zwei Systeme einteilen: Bei dem einen werden die fertiggegossenen Kerzen von unten aus der Form herausgedrückt, bei dem zweiten herausgezogen.

Das Herausdrücken der fertigen Kerzen aus der Kerzengießform ist jedenfalls das Richtigere, weil beim Herausziehen sehr leicht ein Brechen oder Lostrennen des Dochtes von der Kerzenmasse erfolgen kann. Besonders die weichen Kerzenmassen, die in den letzten zwei Dezennien Verwendung finden, würden ein Herausziehen der Kerzen durch Anspannen des Dochtes nicht zulassen und man würde dabei wahrscheinlich fast immer nur den Kerzendocht aus der in der Form haften bleibenden Kerze herausziehen.

Die Kerzengießmaschinen, bei denen man die Kerzen aus der Form durch Herausziehen entfernte, wurden ursprünglich in Frankreich allgemein

---

[1]) Bolley, Beleuchtungswesen, Braunschweig 1862, S. 123.

[2]) Dinglers polyt. Journ. 1861, Bd. 159, S. 260.

verwendet, und Paul Morane ainé[1]) konstruierte eine ziemlich vollkommene Maschine dieser Art, von der in früherer Zeit mehrere tausend Stück in den französischen Kerzenfabriken in Betrieb waren. Die Engländer, die von jeher weichere Destillationsfettsäuren als Kerzenmaterial verarbeitet, bedienten sich des Herausdrückens der Kerzen, und die Franzosen gingen später ebenfalls zu dieser Konstruktionsart über, als in Frankreich die Destillation allgemein Fuß gefaßt hatte[2]).

Um die Konstruktionsdurchbildung der Gießmaschinen, bei denen die Kerzen herausgeschoben werden [sogenannte amerikanische Maschinen[3])], haben sich Stainthorp, Seeger & Co.[4]), Riedig[5]), Wünschmann, C. Haffner & Sohn[6]) und Morane Verdienste erworben. Die Gießmaschinen haben durch die Verbesserungen der Genannten wie auch durch die Neuerungen von Rost, Fournier, Lanza usw. eine solche Vollkommenheit erreicht, daß man mit ihnen auch gedrehte Kerzen, Hohlkerzen, Kerzen mit konischem Ansatze und ähnliche, von den einfachen Kerzenformen abweichende Sorten leicht und bequem erzeugen kann.

Zukunft der Kerze.

Die Kerze hat durch das Gaslicht, das Petroleum und durch das elektrische Licht, in neuerer Zeit auch durch das Acetylen, die ehemalige Bedeutung als Beleuchtungsmittel ziemlich verloren und auch als Festlicht ihre Rolle zum Teil an andere abgeben müssen; trotzdem wird sie aber in absehbarer Zeit kaum aus der Reihe der Beleuchtungsmittel verdrängt werden, denn sie ist neben der Öl- und Petroleumlampe unstreitig das mobilste aller Beleuchtungsmittel und hat vor der Lampe noch den einen großen Vorzug, daß sie keinerlei Apparatur in sich schließt, vielmehr einen, wie Friedrich Knapp so treffend sagt, „wahren Mikrokosmus des Beleuchtungswesens“ darstellt.

Nur das wunderbare Ineinandergreifen der Einzelheiten, die zur Vollendung des Hauptzweckes fortwährend ineinander aufgehen, sowie lange Gewohnheit lassen dem weniger scharf Beobachtenden die Vorzüge der brennenden Kerze nicht so beachtenswert erscheinen als z. B. die Gasbeleuchtung, die durch den großen Maßstab ihrer Ausführung Staunen erregt[7]).

Mag dem Kerzenverbrauch auch keine besondere Steigerung in Aussicht stehen, so ist der leicht bewegbaren und einfach zu handhabenden Kerze doch für alle Zukunft ein gewisses Verwendungsgebiet gesichert, und man geht nicht fehl, wenn man die Kerze als eines jener Beleuchtungsmittel bezeichnet, das trotz aller technischen Fortschritte bestehen bleiben wird.

---

[1]) Bolley, Beleuchtungswesen, Braunschweig 1862, S. 127.

[2]) Vergleiche Dinglers polyt. Journ. 1882, Bd. 234, S. 237.

[3]) Vergleiche F. Saase, Deutsche Industrieztg. 1861, S. 100.

[4]) Württ. Gewerbeblatt 1861, S. 300.

[5]) Polyt. Zentralblatt 1865, S. 318; Deutsche Industrieztg. 1865, S. 432.

[6]) Dinglers polyt. Journ., Bd. 178, S. 184; Deutsche Industrieztg. 1865, S. 411.

[7]) Schädler, Technologie d. Fette u. Öle, 2. Aufl., Berlin 1892, S. 1272.

Allgemeines über die Kerzenflamme.

Unter einer Flamme versteht man die beim Verbrennen von Dämpfen und Gasen wahrnehmbare Lichterscheinung; eine Flammenbildung setzt immer das Vorhandensein oder die Bildung brennbarer Gase und Dämpfe voraus. Feste oder flüssige Stoffe müssen, um mit Flamme zu brennen, eine Überführung in den gasförmigen Zustand, sei es mit oder ohne Zersetzung, erfahren.

Leuchtende und nichtleuchtende Flammen.

Gase, die ohne Kohlenstoffabscheidung verbrennen, geben eine nichtleuchtende Flamme (z. B. Wasserstoff, Kohlenoxydgas usw.); nur solche Gase brennen mit mehr oder weniger hell leuchtender Flamme, die bei ihrem Verbrennungsprozeß in feinverteilter Form Kohlenstoff ausscheiden, der durch die Flamme selbst glühend wird und Licht ausstrahlt (Davy). Nichtleuchtende Flammen können leuchtend gemacht werden, wenn man ihnen die fehlenden Kohlenstoffteilchen zuführt (durch Zuleitung kohlenstoffreicher Dämpfe, z. B. Karburieren des Wasserstoffes durch Benzol) oder andere feste, nichtschmelzende Substanzen (z. B. Kalk beim Drummondschen Kalklicht, Oxyde des Cer, Yttriums und ähnliche Metalle beim Auerlicht) in der Flamme zum Glühen bringt.

Andererseits kann man leuchtenden Flammen die Leuchtkraft durch besondere Zuführung von Luft (vollständige Verbrennung der sonst unverbrannt, d. h. glühend bleibenden Kohlenteilchen — Bunsenbrenner) nehmen.

Frankland und Tyndall haben zwar gezeigt, daß es auch leuchtende Flammen ohne schwebende, glühende Körperchen gibt[1]), doch kommen die von den Genannten betrachteten Fälle für die Kerzenflamme[2]), mit der wir es in der Folge zu tun haben, nicht weiter in Betracht. Daß die Kerzenflamme tatsächlich feste glühende Körperchen (Kohlenstoff) aufweist, geht schon daraus hervor, daß sie in grellerer Beleuchtung selbst Schatten wirft[3]).

---

1) Frankland zeigte, daß eine Spiritusflamme unter Druck eine leuchtende, ja sogar rußende Flamme gibt und daß auch Kohlenoxyd sowie Wasserstoff unter Druck mit Lichterscheinung brennt. Nach Frankland und Tyndall soll die Ursache des Leuchtens in der Leuchtgasflamme nicht ausgeschiedener Kohlenstoff sein, sondern dichte Dämpfe höherer Kohlenwasserstoffverbindungen, die sich in dem inneren Teil der Flamme unzersetzt halten und deren Leuchten bewirken (ähnlich, wie dies auch Arsendampf vermag). Diese Dämpfe verbrennen erst, wenn sie in den äußeren Mantel der Flamme gelangen und hier mit der atmosphärischen Luft in Berührung kommen; ohne Luftberührung strahlen sie Licht aus, und zwar bei um so niedrigerer Temperatur, je größer ihre Dichte ist.

2) Als Beweis, daß der Druck, unter dem die Verbrennung stattfindet, für die Leuchtkraft der Flamme von großem Einfluß ist, führt Frankland die Tatsache an, daß Kerzen auf hohen Bergen (z. B. auf dem Montblanc) einen großen Teil ihres Leuchtvermögens einbüßen.

3) Wagners Jahresberichte 1875, S. 1099; 1881, S. 1041; 1892, S. 84; 1897, S. 131.

Zonen der Flamme.

Beim näheren Betrachten einer Kerzenflamme lassen sich mehrere Zonen unterscheiden:

Vor allem ein nichtleuchtender, dunkler Kern *a* (Fig. 198), der die noch unverbrannten gasförmigen Zersetzungsprodukte des Leuchtmaterials enthält; dann eine leuchtende, gelblichweiße Hülle *b*, in der eine teilweise Verbrennung der gasförmigen Zersetzungsprodukte des Kerzenmaterials stattfindet, unter gleichzeitiger Ausscheidung fester Kohlenstoffteilchen, die durch ihr Glühendwerden der Flamme die Leuchtkraft geben; ferner eine die Lichtzone *b* nach unten umgebende lasurblaue Flammenbasis *c*, wo in der Hauptsache die Vergasung der Kerzenmasse stattfindet, und endlich der sogenannte Schleier *d*, der, äußerst schwach leuchtend und kaum sichtbar, die ganze Flamme umgibt und in dem die unvollständigen Oxydationsprodukte in überschüssiger Luft vollständig verbrennen.

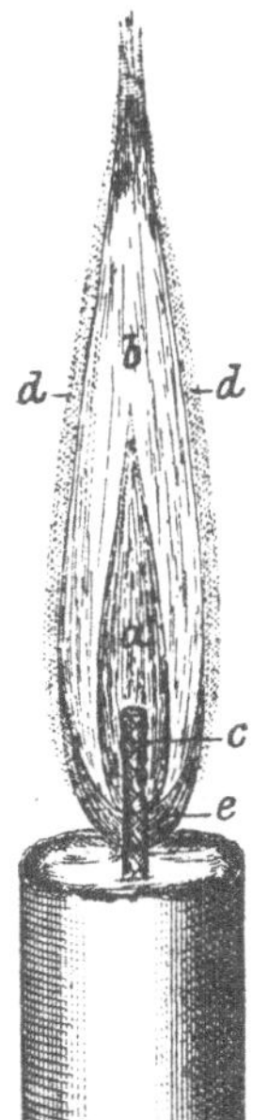

Fig. 198. Kerzenflamme.

Die Temperatur der Flamme ist in den einzelnen Zonen sehr verschieden; sie nimmt im Innern der Flamme und in der leuchtenden Zone nach oben zu stark ab. Der Schleier ist der heißeste Teil der Flamme. Der obere Teil der Flamme ist oxydierend, die Flammenbasis und der innere Kern sind reduzierend und der äußere Mantel hat schwach oxydierende Eigenschaften.

Die Kerzenflamme befindet sich in steter Bewegung, was durch den Auftrieb der Gase bedingt wird. Durch das Aufwärtsströmen der Gase nimmt die Flamme der Kerze auch die nach oben zugespitzte Form an. Beim Brennen einer Kerze müssen sich nach dem Gesagten folgende Vorgänge abspielen:

1. das Schmelzen des Leuchtstoffes,
2. das Aufsaugen des flüssig gewordenen Kerzenmaterials,
3. dessen Umwandlung in gasförmige Körper und
4. die Aufzehrung (Verbrennung) des Dochtes.

Alle diese Vorgänge müssen in dem richtigen Ausmaße erfolgen, wenn die Kerze ohne zu tropfen, zu rußen und mit voller Flamme ruhig brennen soll.

Verflüssigung des Kerzenmaterials.

Das Verflüssigen des festen Kerzenmaterials erfolgt durch die von der Kerzenflamme ausgestrahlte Wärme. Den verflüssigten Leuchtstoff nimmt bei einer in vollem Brennen befindlichen Kerze eine von der Flamme gebildete beckenartige Vertiefung auf, von wo ihn der Docht der Flamme zuführt. Steht die Aufsaugefähigkeit des Dochtes zu der von der Flamme auf das Kerzenmaterial ausgeübten Schmelzwirkung nicht in richtigem Verhältnisse, so fließt entweder das verflüssigte Kerzenmaterial aus dem Sammelteiche über (die Kerze läuft ab), oder die Flamme bleibt hinter ihrer normalen Entwicklung zurück.

Da die Menge des verflüssigten Kerzenmaterials von dessen Schmelzpunkt abhängt, wird eine Flamme von bestimmter Wärmeentwicklung in derselben Zeit mehr Talg als Stearin oder Wachs schmelzen. Nun ist aber die Basis der Flamme beim brennenden Talglicht von dessen oberstem Rande weiter entfernt als bei der Stearinkerze (bei der auch das Sammelbecken viel deutlicher ausgebildet ist), so daß bei dem ersteren die auf das Kerzenmaterial schmelzend wirkende Menge strahlender Wärme geringer ist als bei letzterer, die Quantität des in derselben Zeit schmelzenden Materials also von selbst reguliert wird.

Aufsaugen des Kerzenmaterials.

Das Aufsaugen des geschmolzenen Kerzenmaterials obliegt dem Dochte (*e* in Fig. 198). Bleibt dieser in der Lösung seiner Aufgabe zurück, vermag er also vermöge seiner geringen Kapillarität den verflüssigten Leuchtstoff nicht entsprechend hoch zu heben, so tritt die Flammenbildung zu nahe dem obersten Kerzenrande ein, die ausgestrahlte Wärmemenge wird dadurch besonders wirksam und das Schmelzen des Kerzenmaterials tritt in um so reichlicherem Maße ein. Dieser Umstand befördert noch das schon durch die zu geringe Dochtwirkung hervorgerufene Ablaufen der Kerze.

Ist andererseits die Kapillaritätswirkung des Dochtes zu groß, so wird der verflüssigte Leuchtstoff zu hoch gehoben, die Flammenbildung erfolgt in zu großer Entfernung vom obersten Kerzenrande, die auf das Kerzenmaterial geübte Schmelzwirkung ist zu gering und die Flamme kann sich daher infolge mangelnder Ernährung nicht vollkommen entwickeln.

Diese Unzukömmlichkeiten können durch passend gewählte Dochte, die bei leichter schmelzendem Material stärker genommen werden müssen als bei schwerer schmelzendem, vermieden werden.

Vergasung des Kerzenmaterials.

Die Umwandlung des verflüssigten Leuchtstoffes in gasförmige Körper erfolgt durch die Kerzenflamme selbst, und zwar in deren unterstem Teile (*c* in Fig. 198). Der Vorgang, der bei der Verzehrung des Kerzenmaterials stattfindet, ist einer trockenen Destillation gleichzusetzen; bei allen Kerzenstoffen bestehen die gebildeten Gase der Hauptsache nach aus Kohlenwasserstoffen, zum Teil auch aus deren sauerstoffhaltigen Derivaten.

Werden der Flamme zu große Mengen von Leuchtmaterial zugeführt, so ist sie außerstande, es zu verzehren; die Flamme qualmt und der Docht verstopft sich durch abgelagerte Kohlenteilchen, wobei die Kerze allmählich kleiner und rußender wird.

Die selbsttätige Aufzehrung des Dochtes ist eine der schwierigsten Fragen, die die Kerze zu lösen hat. Die Kerze wird beim Brennen durch den dabei erfolgenden Materialverbrauch natürlich kürzer und kürzer, und es ist eine Notwendigkeit, daß in gleichem Maße wie das Leuchtmaterial auch der Docht verzehrt werde. Bliebe dies aus und die Flammenbildung am oberen Ende eines unverbrennlichen Dochtes stehen, so würde das Ineinandergreifen der einzelnen Funktionen bald aufhören, weil die zu weit abstehende Flamme keine genügende Wärmewirkung mehr auf das Kerzenmaterial besäße und der Docht auch nicht imstande wäre, den verflüssigten Leuchtstoff bis zu der entfernten Kerzenflamme zu heben. Bei der Brennbarkeit der Gespinstfaser, aus der der Docht besteht, ist ein solches Vorkommnis in dem gedachten extremen Verhältnis (abgesehen von anderen Gründen) zwar ausgeschlossen, doch hält sehr häufig die Aufzehrung des Dochtes mit dem Verbrauch des Kerzenmaterials nicht gleichen Schritt und lange, halbverbrannte, verkohlte Dochtenden beeinträchtigen nur zu oft das ruhige Abbrennen der Kerzen.

Dochtverzehrung.

Die Lage des Dochtes ist dessen Verbrennung nicht günstig; in normaler Lage steckt das Dochtende in dem kühlsten Raume der Kerze (c in Fig. 198), in dem nur eine Vergasung, aber keine Verbrennung erfolgt. Erst wenn die Kerze weiter abgebrannt ist und der obere Teil des unverbrannten Dochtes in die höheren, warmen Partien der Flamme gelangt, ist — immer theoretisch gesprochen — eine Verbrennung des Dochtes (und zwar wieder nur des oberen Teiles) möglich. Ein Hineinragen des Dochtendes in die Leuchtzone der Kerze würde aber schon ein Flackern und Rußen der Kerze bedingen, und man müßte für eine mechanische Entfernung des halbverkohlten obersten Dochtstückes Sorge tragen, wollte man das ruhige Brennen der Kerze sichern. Der Gebrauch der Lichtputzscheren ist auf diesen Umstand zurückzuführen.

Die zwei Wege, auf denen man die selbsttätige Dochtverzehrung zu erreichen versucht hat (geflochtener Docht und Beize des Dochtes), werden S. 873 eingehend erörtert.

Die Herstellung von Kerzen.

Bei der Beschreibung der eigentlichen Kerzenerzeugung sollen der Reihe nach besprochen werden:

a) die verschiedenen Kerzenmaterialien,
b) die Präparierung des Dochtes,
c) die Formung der Kerze und
d) die Vollendungsarbeiten der Kerzenerzeugung,

woran sich eine Darstellung der verschiedenen Kerzenspezialitäten — deren es eine wahre Unmenge gibt — schließen soll.

a) Die verschiedenen Kerzenmaterialien.

Allgemeines.

Die zur Herstellung von Kerzen verwendeten Leuchtstoffe müssen

1. bei nicht zu hoher Temperatur schmelzen, dürfen aber auch nicht allzu leicht schmelzbar sein;
2. in geschmolzenem Zustande so dünnflüssig sein, daß sie vom Dochte leicht aufgesaugt werden;
3. mit leuchtender Flamme brennen, ohne unangenehme Gerüche und Asche zu hinterlassen;

4. frei von jedweden, das ruhige Brennen behindernden Verunreinigungen und insbesondere von aschengebende Bestandteilen sein.

Diese Anforderungen erfüllen in mehr oder weniger vollkommener Weise die **Wachsarten**, die **festen Fette** des Tier- und Pflanzenreiches, die **festen Fettsäuren** (technisch „**Stearin**" genannt), das **Paraffin** und das **Ceresin**, welche Stoffe hinsichtlich ihrer für die Kerzenerzeugung besonders in Betracht kommenden Eigenschaften nachstehend besprochen werden sollen.

Bienenwachs.

Allgemeines. Dieses älteste aller Kerzenmaterialien wird sowohl in naturgelbem als auch in gebleichtem Zustande zu Wachskerzen verarbeitet. Das ungebleichte Wachs muß vor der Umwandlung in Kerzen zur Entfernung der dem Wabenwachse anhängenden Fremdkörper (Schmutz) eine gründliche Läuterung erfahren, die bei dem ohnehin meist von mechanischen Verunreinigungen freien gebleichten Wachse in der Regel entfallen kann. Über die Läuterung des naturellen Wachses und dessen Bleiche wurde in Band 2, S. 666—673, ausführlich berichtet, so daß man an dieser Stelle auf das dort Gesagte nur zu verweisen braucht.

Eignung als Kerzenmaterial. Geschmolzenes Bienenwachs zeigt die Eigentümlichkeit, sich beim Erstarren auffallend zusammenzuziehen. Diese Eigenschaft ist bei seiner Verwendung als Kerzenmaterial unerwünscht, denn sie gibt beim Gießen des Wachses in Kerzenformen Veranlassung zur Bildung von Hohlräumen, wie es andererseits an den Wandungen der Gießform kleben bleibt. Aus diesem Grunde wird auch Bienenwachs fast ausschließlich durch „Ziehen" oder „Angießen" (siehe S. 901) zu Kerzen verarbeitet, während das Gießen (siehe S. 905) von Wachskerzen zu den Seltenheiten zählt; wo es geschieht, muß man sein Augenmerk nicht nur auf die große „Schwindung" des Wachsgusses richten, sondern auch auf die Neigung des Wachses, an den Formwandungen zu kleben, und vor allem vorher die Dochte tüchtig mit heißem Wachs imprägnieren.

Um so vortrefflicher eignet sich aber das Bienenwachs für die Herstellung von Kerzen durch Ziehen oder Angießen. Wir besitzen kein zweites Kerzenmaterial, das dem Bienenwachse hinsichtlich Geschmeidigkeit gleich käme, und die Erzeugung der sogenannten Wachsstöcke (siehe S. 900) rechnet heute noch hauptsächlich mit dem Bienenwachse als Rohmaterial. Beim Bleichen geht allerdings ein großer Teil der Geschmeidigkeit des natürlichen Wachses verloren, doch kann der Brüchigkeit durch Zusatz von etwas venetianischem Terpentin oder Talg leicht vorgebeugt werden.

Bienenwachs, der teuerste unter den heute gebrauchten Kerzenstoffen, wird fast nur zur Herstellung von Kerzen für rituelle Zwecke und zur Erzeugung von Wachsstöcken benutzt; aber selbst für diese Zwecke wird es in den allermeisten Fällen mit dem billigen, jedoch ein gutes Kerzenmaterial abgebenden Ceresin gemischt. Für Kirchenkerzen war dieser Zusatz anfänglich verpönt (vgl. S. 820), allmählich hat man indes das Zugeständnis gemacht[1]), daß die in den katholischen Kirchen bei den Hoch- und Marienaltären brennenden großen Kerzen wenigstens 65% Bienenwachs, alle kleineren und gewöhnlichen Kerzen wenigstens 25% aufweisen müssen. Die griechisch- sowie die russisch-orthodoxe Kirche verlangt einen noch geringeren Bienenwachsgehalt, schreibt dagegen die Beifügung verschiedener wohlriechender Bestandteile in Maß und Gewicht vor.

Walrat.

Von den Wachsarten des Tierreiches wird außer Bienenwachs auch Walrat[2]) in großem Umfang zur Herstellung von Kerzen benutzt. Die durchscheinenden Walratkerzen (Spermazet-, Kristallkerzen, bougies diaphanes) erfreuten sich lange Zeit hindurch großer Beliebtheit; sie präsentierten sich äußerst elegant, brannten dabei mit helleuchtender und vollkommen geruchloser Flamme und wurden später als Normalkerzen für Lichtmessungen nominiert[3]). Allgemeines.

Die Sprödigkeit des Walrats und seine Neigung zur Kristallisation machen bei seiner Verarbeitung zu Kerzen Zusätze von Wachs, Talg oder Paraffin notwendig, die sich aber in der Regel innerhalb enger Grenzen bewegen. So ist z. B. für die Walratnormalkerze ein 3—4prozentiger Zusatz von bestem luftgebleichten Bienenwachs vorgeschrieben. Eignung als Kerzenmaterial.

In dem Verhalten beim Kerzengießen ähnelt der Walrat sehr dem Stearin, und es wird daher bei der Herstellung von Walratkerzen ganz gleich verfahren wie bei der Erzeugung von Stearinkerzen (siehe S. 909).

Pflanzenwachse.

Neben Bienenwachs und Walrat werden in der Kerzenindustrie auch pflanzliche Wachsarten, besonders Karnaubawachs[4]), verbraucht. Dieses spröde, hochschmelzende Produkt kann für sich allein zur Herstellung von Kerzen nicht benutzt werden, es dient nur als Zusatz zu anderen Kerzenmaterialien, bei denen man eine Erhöhung des Schmelzpunktes, der Härte und des Glanzes, Behebung der Transparenz oder Verminderung des Klebens an den Gießformen erreichen will. Allgemeines.

Kleine Zusätze von Karnaubawachs erhöhen die Festigkeit von Paraffin- und anderen Kerzen aus weichem Materiale in ganz auffallender Weise,

[1]) Seifenfabrikant 1909, S. 437.
[2]) Vergleiche Bd. 2, S. 888—890.
[3]) Siehe S. 859 dieses Bandes.
[4]) Vergleiche Bd. 2, S. 836—841.

jedenfalls weit mehr, als man nach dem bei 85° C liegenden Schmelzpunkt des Karnaubawachses erwarten sollte.

Mischungen mit anderen Kerzenstoffen.

Valenta[1]) hat bei einer Reihe von Mischungen von Karnaubawachs mit Paraffin, Stearin und Ceresin den Einfluß des ersteren auf den Schmelzpunkt der Gemische verfolgt und die Resultate in der folgenden Tabelle zusammengestellt:

Karnaubawachszusatz in Prozenten	Schmelzpunkt von Gemischen mit		
	Handelsstearin	Paraffin	Ceresin
0	58,50° C	60,50° C	72,70° C
5	69,75° C	73,90° C	79,10° C
10	73,75° C	79,20° C	80,56° C
15	74,55° C	81,10° C	81,60° C
20	75,20° C	81,50° C	82,53° C
25	75,80° C	81,70° C	82,95° C

Die Schmelzpunkterhöhung ist bei geringem Zusatze auffallend groß, flaut aber mit dem Ansteigen der Karnaubawachszugabe sehr ab. Übrigens findet nur eine scheinbare Schmelzpunkterhöhung statt; sie wird bloß von Methoden angezeigt, die auf optischen Beobachtungen oder auf der Kohärenzerscheinung basieren. Wird der Schmelzpunkt solcher Mischungen durch Beobachtung der freiwerdenden Schmelzwärme konstatiert, so zeigt er sich tiefer liegend als der der ursprünglichen Fettsubstanz. Die Zusätze erhöhen aber die Stabilität der letzteren ganz wesentlich, und die obigen (eigentlich falschen) Schmelzpunktnotierungen sind gewissermaßen ein Maßstab für diese Stabilitätsverbesserung[2]). Das Karnaubawachs wird daher in der Kerzenindustrie öfters verwendet, soweit dies sein hoher Preis zuläßt.

Hier wäre auch noch das sogenannte Japanwachs[3]) zu nennen, obwohl es als Triglyzerid eigentlich in die Gruppe der Fette gehört und richtiger als Japantalg angesprochen wird. Dieses Produkt wird speziell bei der Erzeugung von Wachszündhölzchen als Zusatz zu der Wachsmasse benutzt und vermindert das Kleben der einzelnen Stücke aneinander.

Talg.

Allgemeines.

Dieses schon seit dem 12. Jahrhundert zur Herstellung von Lichten verwendete Material wurde hinsichtlich seiner Gewinnung und Eigenschaften in Band 2, S. 794 u. ff., eingehend beschrieben. Der zur Erzeugung von Kerzen verwendete Talg soll nicht nur möglichst geruchlos und hell

[1]) Zeitschr. f. analyt. Chemie, Bd. 23, S. 257.

[2]) Näheres darüber siehe S. 845.

[3]) Siehe Band 2, S. 706—710.

von Farbe sein, sondern er muß auch einen entsprechend hohen Schmelzpunkt und eine genügende Härte aufweisen; feuergeschmolzener Talg verarbeitet sich daher besser zu Kerzen als Dampftalg.

Übrigens wird Talg nicht selten gehärtet. Über die Verfahren, Talg härter zu machen, wurde bereits in Band 1, S. 695—699 gesprochen. Zufriedenstellende Resultate erreicht eigentlich keine der verschiedenen Methoden; selbst wenn sie einen höherschmelzenden Talg liefern, sind sie nicht empfehlenswert, weil sie den Talg in anderer Richtung als Kerzenmaterial minderwertig machen. Das beste und einfachste Mittel zum Härten des Talges ist ein größerer Zusatz von Preßtalg, d. s. die Preßrückstände, die bei der Herstellung von Oleomargarin erhalten werden. (Siehe S. 82 dieses Bandes.)

Eignung als Kerzenmaterial.

Talg wird vielfach nach der Tunkmethode (siehe S. 889) zu Kerzen verarbeitet, doch werden seit dem 17. Jahrhundert Talgkerzen auch durch Gießen (siehe S. 906) hergestellt. Bringt man den geschmolzenen Talg zu warm in die Kerzenform, so haftet er nach dem Erkalten sehr zähe an der Formwandung und die Kerze ist kaum aus der Form zu heben. Man muß daher den geschmolzenen Talg vor dem Eingießen in die Formen so lange rühren, bis er trüb geworden ist und eine sich an der Oberfläche zeigende dünne Haut den Eintritt des Erstarrens anzeigt. Aber auch mit diesem sogenannten Kaltrühren darf man nicht zu weit gehen, weil allzu dick gewordener Talg den Docht nicht mehr recht zu durchdringen vermag und leicht Kerzen mit Hohlräumen gibt.

Ein Vergleich der Talgkerzen mit den aus anderem Material hergestellten Lichten fällt zugunsten der letzteren aus. Talg liefert als Triglyzerid bei nicht vollkommen richtiger Flammenbildung sehr leicht Akrolein, das sich besonders nach dem Erlöschen der Kerze bemerkbar macht, wenn man den fortglimmenden Docht nicht sofort ausdrückt.

Nach älteren Mitteilungen sollen vor einigen Jahrzehnten Talgkerzen in den Handel gekommen sein, die einen Überzug von Bienenwachs oder Stearin hatten, also ein besseres Kerzenmaterial vortäuschten (sogenannte Kompositionskerzen); sie dürften indes wohl nur ganz vereinzelt erzeugt worden sein.

Es ist erstaunlich, daß die Talgkerzen, die vielfach unter dem Namen „Kellerkerzen" gehandelt werden, noch heute ihre Käufer finden und ihr Verbrauch so beträchtlich ist.

In Deutschland soll es noch über 1000 Seifensieder geben, die nebenbei auch das Lichtziehen betreiben; England hat ebenfalls über 3000 Lichtzieher und verbraucht mehr als eine halbe Million Meterzentner Talg zu diesen Zwecken.

Stearin.

Allgemeines.

Über die Geschichte, die Gewinnung und die Eigenschaften des technischen Stearins ist im vorhergehenden Kapitel alles Bemerkenswerte angeführt worden, so daß hier nur jene Punkte berührt zu werden brauchen, die für die Verwertung des Stearins als Kerzenmaterial von Bedeutung sind. Kerzenstearin soll

eine reinweiße Farbe haben,
einen möglichst hohen Schmelzpunkt besitzen,
keine ausgesprochene Kristallisationsfähigkeit zeigen,
frei von mechanischen Verunreinigungen sein und
möglichst wenig Asche hinterlassen.

Die Farbe des zum Kerzenguß dienenden Stearins soll ein reines Weiß und darf höchstens ein schwaches Gelb sein.

Ein grauer Bruch deutet darauf hin, daß man dem Stearin durch Zusatz von Komplementärfarben [hauptsächlich Methylviolett[1])] ein besseres Aussehen, als es von Natur aus hatte, zu geben versuchte. Große Farbenzusätze verraten sich übrigens beim Betrachten der Stearintafeln in durchfallendem Lichte, wobei das Stearin nicht weiß, sondern rötlichweiß erscheint.

Vorteile harter Stearine.

Stearine mit hohem Schmelzpunkt sind für die Kerzengießerei geeigneter als leichter schmelzende; der größere Ölsäuregehalt der letzteren beeinflußt das Brennen nach langem Lagern der Kerzen nachteilig, läßt diese auch nachgelben und einen schwach ranzigen Geruch annehmen. Auch zeigen solche Kerzen eine geringere Härte und klingen beim Aneinanderschlagen weniger.

Auch für Kompositionskerzen soll man möglichst hochschmelzende Stearine verwenden, weil man sonst weichere Kerzen mit nur geringer Stabilität erhält.

Die weichen Destillatstearine, die mitunter nur destillierte, ungepreßte Fettsäuren darstellen und direkt zum Gießen von Sekundakerzen verwendet werden, geben Kerzen, die anfangs zwar durch ihr gutes Aussehen bestechen, bei längerem Lagern aber Ölsäure[2]) ausschwitzen und das Umhüllungspapier durchfetten.

Die Struktur des Stearins soll, sofern das Material für den Kerzenguß verwendet wird, möglichst wenig kristallinisch sein. Stearin mit einem ausgesprochen kristallinischen Bruch erschwert die Gießarbeit, weil das Stearin auch in den Kerzenformen zum Kristallisieren neigt und unansehnliche Kerzen gibt.

Kristallisationsneigung.

Zu Beginn der Kerzenindustrie hat man die Kristallisationsneigung des Stearins durch Zusatz von arseniger Säure (As_2O_3) zu beheben versucht. Arsenik war für diesen Zweck das ungeeignetste Mittel, weil es beim Brennen der Kerze giftige Gase bildete. Es kamen auch mehrere Erkrankungen durch den Gebrauch solcher Kerzen vor, und die Verwendung der

---

[1]) Siehe S. 770 dieses Bandes.

[2]) Der Gehalt an Öl- und Isoölsäure wird bekanntlich durch die Jodzahl angezeigt, und die Forderung nach Stearin mit möglichst niedriger Jodzahl ist daher sehr berechtigt.

Arsenpräparate wurde in der Kerzenindustrie behördlich verboten[1]). Späterhin hat man als Mittel zur Verhütung des Kristallisierens Karnaubawachs, Kokosöl (das übrigens auch die Kerzen leicht aus den Formen gehend macht) und besonders Paraffin verwendet.

Die paraffinhaltigen Stearinkerzen sowie die Paraffin zur Grundlage habenden Kompositionskerzen lassen auch die Verwendung ausgesprochen kristallinischen Stearins anstandslos zu.

Mechanische Verunreinigungen.

Das als Kerzenmaterial verwendete Stearin muß von allen mechanischen Verunreinigungen möglichst frei sein, weil sich diese beim Brennen der Kerze an den Docht anlegen und sogenannte „Räuber" bilden, die das ruhige Brennen der Kerze schwer beeinträchtigen.

Mit dem Schmelzen der Stearintafeln, also deren Herrichten für die Gießoperation, wird daher stets eine Klärung verbunden, die in einem mehrstündigen Abstehenlassen des über Wasser aufgekochten Stearins in vollkommen staubfreien Räumen besteht. Dabei bildet sich an der Berührungsfläche des Wassers mit dem Stearin eine spinnwebenartige, dünne, graue Haut, die das Sammelsurium der verschiedenen Verunreinigungen darstellt. Eine Filtration des Stearins behufs Klärung ist nirgends in Anwendung und würde auch den beabsichtigten Zweck kaum erreichen.

Aschengehalt.

Sehr wichtig ist für ein zu Kerzen zu verarbeitendes Stearin ein geringer Aschengehalt. Überschreitet dieser eine gewisse Grenze, so brennen die hergestellten Kerzen sehr schlecht, weil die Aschenbestandteile des Kerzenmaterials die Poren der Dochte verstopfen und diese an der Äußerung ihrer Kapillarwirkung hindern.

Nach Ed. Graefe hat der Aschengehalt als solcher auf das Brennen des Stearins weniger Einfluß als der in der Asche enthaltene Kalk. Graefe beobachtete, daß ein Stearin mit 0,021 % Asche, die kalkarm war, weit besser brennende Kerzen lieferte als ein Stearin mit 0,0013 % kalkreicher Asche[2]).

Dieses Stearin lieferte Kerzen, deren Docht sich beim Brennen nicht genügend aus der Flamme bog und deren Aschenbestandteile nicht in der normalen Weise an der Spitze des Dochtes zusammenschmolzen, sondern als skelettartiges, die Struktur des Dochtes noch deutlich verratendes Gebilde an dem Dochte hingen, das dann bei fortgesetztem Brennen der Kerze in deren Kelch tauchte, von dort geschmolzenes Stearin aufsaugte und selbst brannte, ein starkes Ablaufen der Kerze hervorrufend.

Durch Versuche hat Graefe bewiesen, daß es tatsächlich der Kalkgehalt des Stearins und nicht der bloße Aschengehalt ist, der diese Erscheinung zeitigt. Ein kalkfreies Stearin liefert selbst bei weit höherem Aschengehalte gut brennende Kerzen, die keine an dem Dochte haften bleibenden Fäserchen zeigen.

---

[1]) Der eine Zeitlang übertriebenen Arsenfurcht ist es zuzuschreiben, wenn einzelne Höfe für ihre Schlösser nur Kerzen kauften, deren Stearin nachgewiesenermaßen mittels arsenfreier Schwefelsäure dargestellt worden war.

[2]) Seifensiederztg., Augsburg 1907, S. 1107.

Kalkhaltige Asche.

Graefe hat seine Versuche derart durchgeführt, daß er ein gut brennendes Stearin mit wechselnden Mengen Kalkes versetzte, der als $Ca(OH)_2$ in das geschmolzene Stearin eingerührt wurde. Dieses wurde dann mit der doppelten Menge kalkfreien, gut brennenden Paraffins versetzt und aus der Mischung goß man Kerzen, die nach längerem Brennen durch Überdecken mit einem Becherglas vorsichtig ausgelöscht wurden, damit der abgebrannte Docht keinerlei Beschädigung erfahre. Dabei ergab sich das in Fig. 199 dargestellte, für Kalk charakteristische Aussehen der Dochtenden.

Die Masse der sechs Kerzen enthielt folgende Kalkmengen:

Nr. 1 . . . . kalkfrei
Nr. 2 . . . . 10 mg $Ca(OH)_2$ auf 1 kg Stearin
Nr. 3 . . . . 20 mg $Ca(OH)_2$ auf 1 kg Stearin
Nr. 4 . . . . 50 mg $Ca(OH)_2$ auf 1 kg Stearin
Nr. 5 . . . . 100 mg $Ca(OH)_2$ auf 1 kg Stearin
Nr. 6 . . . . 200 mg $Ca(OH)_2$ auf 1 kg Stearin

was entspricht:

	auf die Kerzenmasse (1 Teil Stearin und 2 Teile Paraffin) gerechnet		auf das Stearin gerechnet	
bei Nr. 1	0,00000	CaO-Gehalt	0,00000	CaO-Gehalt
Nr. 2	0,00025	„	0,00075	„
Nr. 3	0,00050	„	0,00150	„
Nr. 4	0,00100	„	0,00300	„
Nr. 5	0,00250	„	0,00750	„
Nr. 6	0,00500	„	0,01500	„

Die Skelettbildung zeigt sich also bereits, wenn die Kerzenmasse 0,0010 % Kalk enthält.

Der Kalk kommt in das Stearin teils beim Autoklavierungsprozeß (Kalkverfahren), teils durch Verwendung kalkhaltiger (harter) Waschwässer. Um die letzten Spuren von Kalk aus dem Stearin zu entfernen, kocht man das aus den Warmpressen kommende Stearin mit verdünnter Schwefelsäure und wäscht hierauf durch eine Kochung über Wasser, dem man etwas Oxalsäure zugesetzt hat. Schon S. 769 wurde darüber berichtet und S. 863 wird noch über die Herrichtung zum Kerzengusse überhaupt gesprochen; hier sei nur noch der von Belhommet beobachteten Entmischung des Fettsäuregemenges, das wir „Stearin" nennen, gedacht.

Schichtung flüssiger Stearinmassen.

Belhommet[1]) bemerkte, daß in denselben Formen gegossene und auf dieselbe Länge gestutzte Kerzen, deren Kerzenmasse man aus dem Klärbottich von oben abschöpfte, morgens, bei Beginn der Arbeit, schwerer ausfielen als abends. Diese sonderbare Erscheinung konnte nur durch eine Separierung der in Kufen befindlichen Gießmasse in spezifisch leichtere und

[1]) Répert. de Chimie appl. 1863, S. 235 u. 350.

schwerere Anteile erklärt werden. Nähere Beobachtungen lehrten, daß ein mit Kerzenmasse vollkommen angefüllter Gießbottich bei Verwendung einer bestimmten Kerzenform am frühen Morgen (wo die oberen Schichten zur Verarbeitung gelangten) Kerzen gab, die 500 g wogen und deren Masse bei 53,8 °C erstarrte. Am Abend desselben Tages wurden vom Boden der fast entleerten Kufe in der früher verwendeten Form Kerzen gegossen, die aber nur 492,5 g wogen und deren Schmelzpunkt bei 54,9 °C lag.

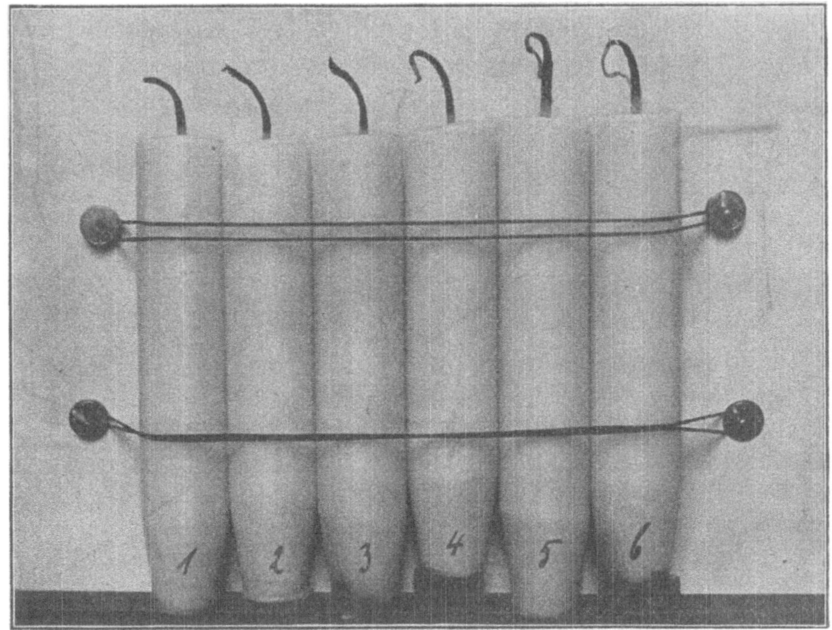

Fig. 199. Einfluß verschiedener Kalkmengen im Stearin auf das Brennen der Kerzen.

Demnach geht also bei ruhigem Stehen eines Gemenges fester Fettsäuren, wie es z. B. technisches Stearin darstellt, eine Art Entmischung vor sich; der Schmelzpunkt nimmt gegen den Boden des Bottichs zu, während sonderbarerweise die Dichte unten etwas geringer ist als oben. Die Differenz in den Schmelzpunkten der obersten und untersten Schichten beträgt 0,5—1 °C. Die Säuren der oberen Schicht ziehen sich beim Erstarren mehr zusammen als die Säuren am Boden der Kufe.

Beobachtungen Kreys.

Eine ganz ähnliche Entmischungserscheinung beobachtete Krey[1]) bei Mischungen von Stearin mit Paraffin. Er fand, daß bei Kerzen, die man aus solchen Stearin-Paraffin-Gemengen durch Gießen herstellte, Spitze und Fuß der Kerze um 2—3 % im Stearingehalte differierten.

[1]) Journ. f. Gasbeleuchtung 1900, S. 430.

Teilweises Entmischen von Kompositionskerzen.

Graefe[3]) hat die Beobachtung Kreys näher verfolgt und gefunden, daß der Unterschied im Stearingehalte des Kopf- und Fußendes der Kerze mit deren Länge zunimmt. Während sich bei einer 14,6 cm langen Kerze nur ein Unterschied von 0,9 % Stearin ergab, erhöhte sich dieser bei Kerzen von 22,1 cm Länge auf 1,5 % und erreichte bei Kerzen von 35,8 cm Länge sogar das beträchtliche Ausmaß von 3,4 %.

Die 10 gleichlangen Zonen, in die die Kerze von 35,8 cm Länge geteilt wurde, ergaben bei der Untersuchung:

Kerzenspitze	36,45 %	Stearin,
	35,80 %	"
	35,30 %	"
	35,10 %	"
	35,00 %	"
	34,85 %	"
	34,75 %	"
	34,30 %	"
	33,35 %	"
Kerzenfuß	33,05 %	Stearin.

Da geschmolzenes Stearin bei 60 °C ein spezifisches Gewicht von 0,855, Paraffin dagegen nur eine Dichte von 0,772 zeigte, könnte man ein gewöhnliches Absetzen des spezifisch schwereren Stearins annehmen und so den höheren Stearingehalt der während des Gießens am tiefsten Punkte befindlichen Kerzenspitze erklären, sprächen nicht alle physikalischen Gesetze gegen eine solche Trennung ungesättigter Lösungen.

Graefes Erklärungen.

Graefe hat bewiesen, daß die Entmischungserscheinung ganz und gar auf das verschiedene Erstarren des Kerzenmaterials zurückzuführen ist. Ähnlich wie sich eine Kochsalzlösung beim Abkühlen auf den Gefrierpunkt in reines Eis und eine konzentrierte Lauge zerlegt, bis das eutektische Gemenge erreicht ist, entmischt sich nach Graefe auch die Stearin-Paraffin-Masse. Weil nun bei der in den Kerzengießmaschinen gebräuchlichen Abkühlungsweise zuerst die Spitze der Kerze erstarrt, ist dort ein paraffinfreieres Stearin zu finden als in dem oberen Teile der Kerzenform, wo das Erstarren erst zuletzt eintritt.

Graefe hat durch zwei Versuche die Richtigkeit seiner Annahme bekräftigt; erstens durch den Nachweis, daß auch die früher erstarrenden peripherialen Schichten der Kerze stearinreicher sind als die inneren, die ja länger flüssig bleiben, und zweitens durch die Tatsache, daß Kerzen, bei denen die Abkühlung der flüssigen Kerzenmasse durch Eis sehr rasch erfolgte, am Fuß- und Kopfende die gleiche Zusammensetzung zeigten.

Die Unterschiede in der Zusammensetzung des Materials der peripherialen und der Kernschichten einer Kerze, die man sehr langsam (durch bloße

[1]) Seifensiederztg., Augsburg 1904, S. 512.

Luftabkühlung) erstarren ließ, waren ganz auffallend; während die äußere Schicht 36,6 % Stearin aufwies, wurden im Kerne nur 28,7 % konstatiert.

Ähnliche Entmischungserscheinungen mögen sich auch bei den von Belhommet erwähnten Fällen eingestellt haben, und sie erklären sich dort durch die Zusammensetzung des Stearins, das ja ein Gemenge verschiedener Fettsäuren ist.

Vorzüge des Stearins als Kerzenmasse.

Vollkommen weißes, hochschmelzendes, nicht allzu kristallinisches, schmutz-, asche- und kalkfreies Stearin stellt eine ideale Kerzenmasse dar, und zwar nicht nur hinsichtlich des Verhaltens beim Gusse (geringe Schwindung, kein Kleben an der Form), sondern auch betreffs des Aussehens und der Güte der erhaltenen Kerzen.

Kerzen aus bestem Stearin werden aber heute nur von den wohlsituierten Ständen verbraucht, der Hauptbedarf an Lichten wird in minderwertigen Stearin- oder in Paraffin- und Kompositionskerzen gedeckt. Die unter Phantasienamen (Melanyl-, Brematin-, Orion-, Stella-, Heurekakerzen usw.) in den Handel gebrachten Stearinkerzen enthalten fast durchweg große Mengen von Paraffin oder ungenügend abgepreßtem Destillatstearin.

Paraffin.

Geschichtliches.

Das Paraffin, das neben dem Stearin wichtigste Kerzenmaterial, ist schon seit 1819 bekannt, in welchem Jahre es Andreas Buchner aus dem Bergöl vom Tegernsee isolierte, nachdem es darin schon früher von J. N. Fuchs[1]) beobachtet worden war. Das von Buchner „Bergfett" genannte Produkt wurde im Jahre 1835 durch Kobell als Paraffin erkannt, d. h. mit jenem Körper identifiziert, den Reichenbach bei der Trockendestillation des Holzes gefunden und wegen seiner Widerstandsfähigkeit gegenüber Reagenzien Paraffin (parum affinis = wenig verwandt) benannt hatte.

Selligue stellte Paraffin bereits im Jahre 1832 aus den Destillationsprodukten bituminöser Schiefer in größeren Mengen her und zeigte daraus gefertigte Kerzen auf der Pariser Ausstellung des Jahres 1839[2]). Noblée baute dann 1847 bei Hamburg eine Fabrik zur Herstellung von Paraffin aus den Destillationsprodukten schottischer Wemys- und Bogheadkohle und zwei Jahre später gründeten Wiesmann & Co. zu Beuel bei Bonn einen ähnlichen Betrieb für Paraffingewinnung aus Blätterkohle.

Wenige Jahre danach legte Young den Grundstein zu der im Laufe der Jahre sich mächtig entwickelnden englischen Schieferölindustrie, die bedeutende Mengen von Paraffin auf den Markt warf, ebenso wie die im Jahre 1856 ins Leben gerufene sächsisch-thüringische Schwelteerindustrie.

---

[1]) Wagners Jahresberichte 1869, S. 709.

[2]) Hermann, Die Industrie-Ausstellung zu Paris im Jahre 1839, Nürnberg 1840, S. 147.

Aus dem in einigen Gegenden Galiziens, im Kaukasus und in Ungarn schon zu Beginn des vorigen Jahrhunderts gefundenen, aber erst seit dem Jahre 1854 regelmäßig gewonnenen Erdwachs (Ozokerit, fossiles Wachs, Mineralwachs, Bergwachs, Mineralfett, Bergtalg, Steintalg, Riechwachs, Zietriscit, Neft-gil, Napht-gil, Neftdegil, Naphthadil, Neftdachil, cire fossile, cire minérale, mineral adipocere, ozocérite, earth wax, mineral grease, rock tallow, mountain tallow) gewann man durch Destillation gleichfalls Paraffin, wie endlich auch die in der zweiten Hälfte des vorigen Jahrhunderts mächtig emporstrebende Mineralölindustrie eine Quelle für die Paraffinerzeugung wurde.

Als Rohprodukt des Paraffins kommen heute nur die Braunkohlenteere, Schieferöle und die Erdöle in Betracht, denn die Verarbeitung des Ozokerits zu Paraffin ist gänzlich verlassen worden, seitdem man gelernt hat, daraus das viel wertvollere Ceresin (siehe S. 854) zu gewinnen.

So sehr auch die Gewinnungsmethoden des Paraffins, je nach seinem Rohprodukte, voneinander abweichen mögen, im Prinzip laufen sie immer darauf hinaus, das in den schweren Fraktionen der trockenen Destillationsprodukte der Braunkohle, des Ölschiefers oder gewisser Erdöldestillate enthaltene Paraffin auf geeignete Weise (z. B. durch Abkühlung) aus den es begleitenden flüssigen Kohlenwasserstoffen auszuscheiden, es von diesen zu trennen (z. B. durch Filtration, Zentrifugieren, Abpressung) und weiter zu reinigen (Bleiche).

Kurze Beschreibung der Paraffingewinnung.

Eine genaue Beschreibung der Paraffingewinnung fällt außerhalb des Rahmens dieses Werkes und soll daher hier nur in ihren Hauptzügen so weit angedeutet werden, als es für die Kenntnis des ein wichtiges Rohprodukt der Kerzenindustrie bildenden Paraffins notwendig erscheint.

Aus Braunkohle oder bituminösem Schiefer wird das Paraffin, das als das wertvollste Produkt dieser Rohstoffe gelten kann, derart gewonnen, daß man das Rohmaterial zuerst in Retorten von geeigneter Form der trockenen Destillation unterwirft (schwelt) und den dabei erhaltenen Teer durch fraktionierte Destillation in ein paraffinärmeres und ein paraffinreicheres Destillat zerlegt. Das zuerst übergehende paraffinarme Rohöl wird durch weitere Fraktionierung zu Benzin-, Solar- und Putzöl verarbeitet, während man den kristallinischen paraffinreichen Destillatanteil durch wiederholtes Destillieren und Fraktionieren in Photogenöle sowie höher (harte) und tiefer (weiche) schmelzende Paraffinmassen zerlegt.

Die Paraffinmassen stellen ein Gemenge oder eine Lösung von Paraffin in schwersiedenden flüssigen Kohlenwasserstoffen dar; durch Abkühlung kann eine Trennung dieser Körper erfolgen, wobei die Paraffine in mehr oder weniger deutlicher kristallinischer Form ausfallen. Versuche, eine Absonderung des Paraffins durch Lösungsmittel zu erreichen, haben zu keinem praktisch verwertbaren Resultat geführt, und das einzige im Betriebe bewährte Mittel der Paraffinausscheidung ist bis heute das Abkühlen.

Die Paraffinmassen werden nach erfolgter Kristallisation durch eine Filterpresse geschickt, in der die Paraffinkristalle in Form von festen Kuchen zurückbleiben, während die flüssigen Kohlenwasserstoffe (Paraffinöl) ablaufen und den Fabrikationslauf nochmals durchmachen. Die aus den Filterpressen kommenden Paraffinkuchen enthalten noch ungefähr 30% Öl, dessen Entfernung sehr wichtig ist, weil es der Paraffinmasse ein gelbliches Aussehen gibt und ihren Schmelzpunkt sehr herabsetzt.

Zur Entfernung des den Filterpreßkuchen anhaftenden Öles bedient man sich hydraulischer Pressen, in die man die in gewöhnliche Preßtücher verpackten Filterpreßkuchen bringt und in geeigneter Weise abpreßt. Die dabei erhaltenen Preßrückstände (Paraffinschuppen) enthalten noch immer 5—10% Öl und zeigen auch jetzt noch eine gelbe Färbung, wenn diese auch heller ist als die der Filterpreßkuchen.

Zur Ausbringung der letzten Ölreste und der farbegebenden Stoffe können zwei Wege eingeschlagen werden:

Man versetzt nach der ersten Methode die Paraffinschuppen in geschmolzenem Zustande mit 10—20% eines Benzins von ca. 0,700 spezifischem Gewichte, das größtenteils zwischen 80° und 100° C überdestilliert, und gießt die erhaltene Mischung in Blechwannen, wo sie nach längerer Abkühlung in 2—4 cm dicken Tafeln erstarrt. Diese werden ausgeschlagen, in Preßtücher gehüllt und in hydraulischen Pressen ausgepreßt. Dabei fließt das Benzin ab und führt das in der Paraffinmasse enthalten gewesene Öl, Weichparaffin und den Farbstoff mit sich. Durch Wiederholung dieser Benzinbehandlung läßt sich das Paraffin von den letzten Resten Öl, Weichparaffin und Farbstoff befreien.

Die zweite Methode zur Reinigung der Paraffinschuppen ist der sogenannte Schwitzprozeß (sweating process). Man läßt das rohe Paraffin längere Zeit in geheizten Räumen lagern, deren Temperatur einige Grade unter dem Schmelzpunkt der Paraffinmasse gehalten wird. Es schwitzt dabei das in der Paraffinmasse enthaltene Öl (mit Farbstoffen und Paraffin gesättigt) aus, wobei ein ziemlich reines Paraffin als fester Rückstand zurückbleibt.

Gewöhnlich folgt diesen Reinigungsprozessen noch ein Abblasen des Paraffins mit überhitztem Wasserdampf, das ein Geruchlosmachen (Entfernung der letzten Benzinspuren) bezweckt, und ein Bleichen mit Entfärbungsmitteln, wie Silikatpulver, Blutlaugensalzrückstände usw.

Mitunter werden die Rohparaffine auch mittels konzentrierter Schwefelsäure gereinigt, ganz ähnlich, wie man die verschiedenen Mineralöldestillate (Petroleum und Schmieröle) raffiniert.

Der Schwelteer der sächsisch-thüringischen Braunkohlen gibt eine Paraffinausbeute von ca. 10—15%, der schottische Ölschieferteer liefert gleichfalls ungefähr 15%.

Die Gewinnung von Paraffin aus den höheren Fraktionen der Mineralöldestillation beruht auf demselben Prinzip, auf dem die Paraffinerzeugung aus Braunkohlenteer aufgebaut ist. Die paraffinhaltigen Erdöldestillate — es sind dies die nach den Leuchtölen übergehenden spezifisch schwereren Fraktionen — werden mittels künstlicher Kühlvorrichtungen so weit abgekühlt, bis sich das in ihnen enthaltene Paraffin in kristallinischer Form ausscheidet und durch eine Filterpresse von dem Öle abgesondert werden kann. Die von den Filterpressen kommenden Kuchen werden dann hydraulisch abgepreßt und ganz ähnlich verarbeitet, wie beim Braunkohlenteer-Paraffin beschrieben erscheint.

Der Gehalt des pennsylvanischen rohen Erdöles an Paraffin schwankt zwischen 2—4 %, was bei der enormen Ausdehnung der amerikanischen Mineralölindustrie eine sehr beträchtliche Jahreserzeugung ausmacht. Trotz des großen amerikanischen Inlandsverbrauches von Paraffin führen daher die Vereinigten Staaten jährlich durchschnittlich 10000 Waggons à 10000 kg Paraffin aus.

Das zweite Erdölindustriegebiet — das von Baku — spielt als Paraffinlieferant keine Rolle; die dort gefundenen Rohöle sind paraffinarm und nur wenige Fundstellen machen von dieser Regel eine Ausnahme.

Die erst seit den letzten zwei Jahrzehnten ausgebeuteten Petroldistrikte Galiziens und Rumäniens liefern Rohöle, die sich im Paraffingehalt den amerikanischen Ölen nähern, ja sie sogar in einzelnen Fällen erreichen. Obwohl man in Österreich erst seit dem Jahre 1894 von einer eigentlichen Paraffinindustrie sprechen kann, hat diese seither doch schon einen flotten Aufschwung genommen.

Je nach dem Rohprodukt, nach dessen Fraktion, nach der Intensität der Kühlung und des angewandten Druckes beim Abpressen und allerlei anderen Betriebsverhältnissen erhält man Paraffine von höherem oder niedrigerem Schmelzpunkt (Hart- oder Weichparaffine).

Arten der Paraffine.

Die Hart-, Mittel- und Weichparaffine enthalten zwar verschiedene Kohlenwasserstoffe, doch gehören diese, sofern die Paraffinsorten von demselben Rohmaterial stammen, der gleichen Kohlenwasserstoffkette an, wie auch die abgepreßten Öle als niedere Glieder dieser Kette aufzufassen sind; eine genaue Trennungslinie zwischen Paraffin und Öl ist nicht zu ziehen.

Eigenschaften und Zusammensetzung.

Das Paraffin kommt gewöhnlich in viereckigen, 3—5 cm dicken, durchscheinenden Tafeln in den Handel, die sich beim Liegen in warmen Räumen verbiegen und wohl auch zusammenbacken. Die chemische Zusammensetzung des Paraffins ist noch nicht genügend aufgeklärt; jedenfalls wechselt sie mit der Provenienz des Produktes. Während das aus amerikanischem Mineralöl gewonnene Paraffin hauptsächlich aus einem Gemenge von Kohlenwasserstoffen der Äthanreihe bestehen dürfte, sind die sächsisch-thüringischen Braunkohlenteerparaffine Kohlenwasserstoffe der Olefinreihe, wie denn Petroleumparaffine von den durch Destillation der Schieferöle oder des Braunkohlenteers erhaltenen Paraffinen überhaupt verschieden und technisch wenigstens bezüglich der Weichparaffine weniger wertvoll sind.

Das spezifische Gewicht des Paraffins schwankt, je nach seiner Provenienz und Qualität, bei 15° C zwischen 0,875 und 0,908; je höherschmelzend das Paraffin, um so höher seine Dichte. Hochschmelzendes Paraffin zeigt zwischen 60 und 70° C eine Dichte von 0,785—0,770[1]).

An das zu Kerzen zu verarbeitende Paraffin stellt man gewisse Anforderungen, von denen die wichtigsten sind:

1. hoher Schmelzpunkt,
2. große Biegefestigkeit,
3. Geruchsfreiheit,
4. Farblosigkeit,
5. Transparenz,
6. Lichtbeständigkeit und
7. gute Brennbarkeit.

Das zu Paraffinkerzen verarbeitete Paraffin soll einen Schmelzpunkt von 52—53° C haben; bei Kompositionskerzen kann man sich mit einem solchen von nur 50° C begnügen. Man hat sich nicht immer an diese Regel gehalten und besonders in den ersten Jahren des Bestehens der sächsisch-thüringischen Braunkohlenteer-Industrie auch sehr weiche Paraffinkerzen gegossen, deren große Neigung, sich schon bei mäßiger Wärme zu deformieren, dem Rufe der Paraffinkerzen arg geschadet und ihre Einführung erschwert hat. Schmelzpunkt.

Die verschiedenen, zur Ermittlung des Schmelzpunktes herangezogenen Methoden geben voneinander abweichende Resultate, und der Paraffinhandel leidet unter der herrschenden Willkürlichkeit in der Angabe des Schmelzpunktes. Bei der einen Gruppe der Verfahren zur Feststellung des Schmelzpunktes gilt als Zeichen des Schmelzens bzw. Erstarrens die optische Veränderung der Substanz (Klarwerden, Trübung oder Überziehen der Flüssigkeit mit einer Haut), bei einer zweiten Gruppe wird die Zu- oder Abnahme des Kohärierens als Merkmal des eingetretenen Erstarrens oder Schmelzens angesehen, und bei einer dritten Gruppe von Methoden bildet die freiwerdende Schmelzwärme das Kennzeichen des Erstarrens. Dieses letztere Prinzip ist das allein richtige, wie dies S. 846 noch weiter besprochen wird.

Mit dem Schmelzpunkt des Paraffins nimmt nicht nur dessen Stabilität, sondern auch dessen Leuchtkraft ganz bedeutend ab, und diese Minderwertigkeit der Weichparaffine übt auf die Preise einen deutlichen Einfluß. Jede Differenz im Schmelzpunkt von 1° C kommt in der Preisbildung durch einen Preisunterschied von ungefähr 1 Mark für den Meterzentner zum Ausdruck. Es ist einleuchtend, daß dieser Umstand zu Versuchen verlockte, Weichparaffine in Hartparaffine umzuwandeln. Da dies aber nur durch eine Verlängerung der Kohlenstoffkette, also durch tiefgehende chemische Veränderungen erreichbar ist, haben diese Bestrebungen kein günstiges Resultat gezeitigt. Dagegen hat man die Stabilität weicher Paraffinsorten durch Zusätze zu erhöhen vermocht. (Vergleiche S. 845—852.)

[1]) Nähere Daten über die Dichte der Paraffine bei verschiedenen Temperaturen haben Allen (Comm. Org. Anal., Bd. 2, S. 411) und J. J. Redwood (Journ. Soc. Chem. Ind. 1889, S. 163) zusammengestellt.

Biegefestigkeit. Die Biegefestigkeit (Stabilität) des Paraffins ist nicht allein vom Schmelzpunkt abhängig, sondern auch von seiner Zusammensetzung. Paraffine, die aus Kohlenwasserstoffen von ziemlich gleichen Schmelzpunkten bestehen, erfahren in der Wärme eine geringere Deformation als solche, die ein Gemisch von sehr harten und sehr weichen Komponenten darstellen. Eine auffallend geringe Stabilität zeigt das amerikanische Paraffin, und der Grund dafür liegt hier eben in diesem letztgenannten Umstande.

Ein besonderes Mißverhältnis zwischen Schmelzpunkt und Stabilität zeigt sich besonders auch bei solchen Paraffinkerzen, deren Schmelzpunkt durch Zusatz höher schmelzender Stoffe (Montanwachs, Karnaubawachs, Säureamidverbindungen u. a.) erhöht wurde. Über den Wert solcher Gemische gibt ihr Schmelzpunkt keinen rechten Aufschluß, und nur die sogenannte Biegeprobe[1]) zeigt den Effekt der gemachten Zusätze.

Geruch. Gutes Paraffin muß fast geruchlos sein und darf keinesfalls einen Benzingeruch zeigen, der bei gepreßten Paraffinen minderer Qualität mitunter vorkommt, bei geschwitzten Paraffinen aber ausgeschlossen ist. Letztere enthalten dagegen öfters schwere Öle, die auf den Geruch des Paraffins weniger Einfluß üben als auf dessen Transparenz. Ölhaltiges Paraffin scheidet beim Lagern einen Teil des Öles ab; es bilden sich auf den Paraffintafeln kleine oder größere schweißtropfenartige Ölperlen.

Farbe. Die *Farbe* des Paraffins soll ein Weiß mit einem schwachen Blauschatten, aber keinem ins Grünlichgelbe oder Braune gehenden Ton sein. Schwach gefärbtes Paraffin ist für Zwecke der Kerzenfabrikation nicht geeignet, auch dann nicht, wenn es sich um die Herstellung gefärbter Kerzen handelt. Die vielfach anzutreffende Meinung, daß in diesem Falle auch schwach gefärbtes Paraffin gut zu brauchen sei, da ja der Farbstich beim Färben der Masse ohnedies „gedeckt" werde, ist unzutreffend. Eine Färbung des Paraffins deutet stets auf das Vorhandensein von Verunreinigungen (Öle) hin, und diese wirken nur zu leicht zersetzend und (unter Mitwirkung des durch sie aktivierten[2]) Luftsauerstoffes) bleichend auf die den Farbenkerzen zugesetzten Farbstoffe.

Man prüft die Farbe am besten, indem man dünne Paraffintäfelchen in durchfallendem Lichte betrachtet, wobei gleichzeitig auch

[1]) Die Biegeprobe, die man an den fertigen Kerzen vornimmt, wird so durchgeführt, daß man Kerzen, die zu diesem Zwecke 22 cm lang, an der Spitze mit einem Durchmesser von 16 mm und am Fuße mit einem solchen von 18 mm hergestellt werden (sogenannte Achterkerzen, von denen acht ein Drittelkilogramm wiegen), mit dem Fuße auf ungefähr 1 cm Länge in eine passende Klemme spannt und sie in eine horizontale, freie Lage bringt. Je mehr sich die eingespannte Kerze bei einer bestimmten Temperatur neigt, also von der Horizontallage abweicht, um so geringer ist die Stabilität. (Vergleiche Graefe, Laboratoriumsbuch für die Braunkohlenteer-Industrie, Halle a. S. 1908, S. 86.)

[2]) Graefe, Braunkohle 1906, S. 571.

die *Transparenz* des Paraffins beurteilt werden kann. Für die Kerzenfabrikation ist im allgemeinen ein transparentes Paraffin einem opaken vorzuziehen, weil letzteres möglicherweise Schweröle[1]) enthalten kann, die dann beim Lagern der Kerzen ausschwitzen. Rührt das trübe Aussehen eines Paraffins aber nicht von Schwerölen her, sondern von der Zusammensetzung des Paraffins an sich[2]), so kann es für Kompositionskerzen verwendet werden, weil man bei diesen die Transparenz des Paraffins ohnehin beheben muß. Transparenz.

Paraffin, das durch den Schwitzprozeß gereinigt wurde, zeigt ein weniger transparentes Aussehen als mittels Benzins gereinigtes; auch haftet das Schwitzparaffin mehr an der Kerzenform.

Von Kerzenparaffin verlangt man auch eine *Lichtbeständigkeit*; Produkte, die beim Liegen im Licht einen deutlichen bräunlichen oder gelblichen Stich bekommen, sind von der Verwendung auszuschließen. Eine gewisse Verfärbung tritt bei länger andauernder Belichtung bei den meisten Paraffinen ein und man kann daher dagegen keine Einwendung erheben. Zeigen aber Paraffintäfelchen oder Paraffinkerzen, die man teils dem Sonnenlichte[3]) ausgesetzt, teils in dunkles Papier eingeschlagen und auf diese Weise der Einwirkung des Lichtes entzogen hat, große Farbdifferenzen, so ist solches Paraffin für Kerzengießzwecke unbrauchbar. Lichtbeständigkeit.

Nicht alle Paraffine geben ein gleichgut brennendes Kerzenmaterial ab; einige Sorten liefern trotz tadellosen Aussehens und guten Schmelzpunkts Kerzen, die beim Brennen stark ablaufen, den Docht zum Ringeln bringen usw. Manchmal — aber nicht immer — ist die Ursache dieses Fehlers in einem geringen, von der Fabrikation herrührenden Benzingehalt zu suchen. Die Brennfähigkeit solcher Paraffine kann mitunter so ungünstig sein, daß diese auch in Gemischen mit anderen, gut brennenden Paraffinen nur minderwertige Kerzen geben und bloß als Zusatz zu Sekundastearin- oder Kompositionskerzen verwendet werden können. Brennbarkeit.

Nicht selten werden in der Kerzenindustrie auch Paraffinschuppen (shales) verarbeitet; man benutzt diese mehr oder weniger nach Bitumen oder Benzin riechenden, gelblich bis braungelb gefärbten, sich schuppig anfühlenden Massen im Verein mit Stearin zur Herstellung billiger, minderwertiger Kerzen. Diese lassen hinsichtlich Härte, Stabilität und Aussehen manches zu wünschen übrig, werden als „Kellerkerzen" und unter frei gewählten Phantasienamen gehandelt und von den ärmeren Schichten der Bevölkerung gerne gekauft. Paraffinschuppen.

Die Paraffinkerzen gehen aus der Gießform nicht so leicht heraus[4])

---

[1]) Vergleiche unter „Nachträge" die Arbeiten von Mittler und Lichtenstern.

[2]) Nach Neustadtl sind Gemische von sehr hoch und sehr niedrig schmelzenden Paraffinen stets opak.

[3]) Graefe hat durch Belichtungsproben im Vakuum nachgewiesen, daß bei der Verfärbung des Paraffins Luft nicht mitwirkt.

[4]) Rasches und ausgiebiges Kühlen erleichtert das Herausheben der Paraffinkerzen aus den Formen, worauf schon J. K. Field und C. H. Humfrey aufmerksam machten (Polyt. Zentralblatt 1857, S. 207).

Vor- und Nachteile des Paraffins als Kerzenstoffe.

wie Stearinkerzen, und man setzt ihnen daher häufig 1—2 % Stearin zu, wodurch das Haften an den Formen gemindert wird.

Die Paraffinkerze übertrifft an Leuchtkraft die Stearinkerze und ist viel billiger als diese, weshalb es begreiflich erscheint, daß sie deren ärgster Konkurrent geworden ist. Wurden doch nach einer Schätzung, die Lewkowitsch für das Jahr 1900 anstellte, in Großbritannien 42200 Tonnen Paraffinkerzen erzeugt, während die Erzeugung von Stearinkerzen nur 2100 Tonnen, die von Talgkerzen 1000 Tonnen, die von Ceresinkerzen 100 Tonnen, die von Walrat- und Wachskerzen nur 50 Tonnen betrug.

Das transparente Aussehen gibt der Paraffinkerze etwas Elegantes und sollte eigentlich als Vorzug geschätzt werden. Der Umstand, daß vielfach Kerzen aus zu weichem, also zu wenig stabilem Paraffin in den Handel kommen, die sich während des Gebrauches leicht umbiegen, hat ein gewisses Vorurteil gegen die Paraffinkerze im allgemeinen gezeitigt, das auszurotten noch immer nicht gelungen ist.

Die Behebung der geringen Stabilität der Paraffinkerzen hat man auf die verschiedenste Weise versucht. Es lag nichts näher, als die fehlende Festigkeit und den höheren Schmelzpunkt durch Zugabe von Stearin anzustreben. Da diese Stearinzusätze anfänglich in beträchtlichem Ausmaße gemacht wurden, ähnelte die Kerzenmasse der der Sekunda- und Tertiakerzen aus Stearin; als man aber in der Absicht, billiger und billiger zu fabrizieren, die Stearinzugabe mehr und mehr herabsetzte, erhielt man Kerzen (sogenannte Kompositionskerzen), die mehr als Paraffin- denn als Stearinkerzen anzusprechen waren.

Kompositionskerzen.

Die Masse der Kompositionskerzen besteht gewöhnlich aus zwei Dritteln Paraffin und einem Drittel Stearin, doch stellt man auch Kerzen aus 90 % Paraffin und 10 % Stearin her, die gegenüber den aus gleichem Paraffin, aber ohne Stearinzusatz hergestellten eine bemerkenswerte Verbesserung der Stabilität zeigen; sie gehen auch viel leichter aus den Formen als reine Paraffinkerzen und sind beim kaufenden Publikum wegen ihres schwach milchweißen Aussehens beliebter als die transparenten Paraffinkerzen.

Leider wurde dann im Laufe der Jahre vergessen, daß die Kompositionskerzen eigentlich besser als Paraffinkerzen sein und daß die der Grundmasse (dem Paraffin) gemachten Zusätze der Qualitätsverbesserung (Erhöhung der Stabilität und der Leuchtkraft) dienen sollen. Es wurde vielmehr bei den Mischungen allmählich nur darauf hingearbeitet, opake Kerzenmassen zu erhalten, die dem Laien eine Stearinkerze vortäuschen sollten, und man gab sich damit zufrieden, wenn das gewünschte äußere Aussehen erreicht war. So kam es, daß man dem Paraffin nicht mehr Stoffe zusetzte, die seine Härte erhöhen halfen, sondern nur solche Zusätze suchte, die dem Paraffin seine Transparenz raubten und ein milchweißes, stearinartiges Aussehen gaben.

Die bei der Herstellung der Kompositionskerzen verwendeten Zusatzstoffe lassen sich daher in Härtungs- und in Trübungsmittel unterscheiden.

a) Härtungsmittel.

Bevor auf die verschiedenen in Vorschlag gebrachten Härtungsmittel für Paraffin, die neben der Erhöhung des Schmelzpunktes zumeist auch ein Trübwerden des Weichparaffins bewirken, näher eingegangen wird, mögen hier einige Erläuterungen allgemeiner Natur Platz finden. Beim Zusammenbringen zweier geschmolzener Stoffe können — Allgemeines.

1. die geschmolzenen Stoffe vermischbar (löslich) sein, ohne sich beim Erkalten wieder auszuscheiden,
2. die Schmelzflüssigkeiten zwar mischbar (löslich) sein, sich aber beim Erstarren der Masse teilweise oder ganz abscheiden, und
3. die geschmolzenen Stoffe überhaupt nicht mischbar (unlöslich) sein.

In letzterem Falle findet natürlich irgendeine Veränderung des Schmelzpunktes der beiden ohnehin getrennt gebliebenen Komponenten nicht statt; in den ersten beiden Fällen dagegen wird der Schmelzpunkt verrückt, und zwar erniedrigt der gelöste Körper den Schmelzpunkt des im Überschuß befindlichen. Innerhalb gewisser Grenzen ist diese Erniedrigung proportional der gelösten Menge und umgekehrt proportional dem Molekulargewicht[1]).

Bezeichnet man die Menge des gelösten Stoffes mit g, dessen Molekulargewicht mit m und die Menge des Lösungsmittels mit G, so ist die Schmelzpunkterniedrigung (R) nach der Formel

$$R = \frac{k\,g}{m\,G}$$

zu berechnen, wobei k eine von der Natur des Lösungsmittels abhängige Konstante ist, die nach der van't Hoffschen Formel

$$k = \frac{0{,}02\,T^2}{w},$$

worin T die absolute Schmelztemperatur und w die Schmelzwärme in Kalorien bedeutet, erhalten wird[2]).

Findet beim Erstarren der Mischung zweier geschmolzener Körper eine teilweise Entmischung statt, so kommt für die Schmelzpunktveränderung nur die in Lösung gebliebene Menge der Komponenten in Betracht, und zwar gelten dafür dann die eben erwähnten Regeln und Formeln. die

---

[1]) Wir folgen bei diesen Darlegungen den verschiedenen Aufsätzen Graefes, dem die Paraffin- und Kerzenindustrie eine stattliche Reihe hochinteressanter Arbeiten verdankt. Siehe auch Graefe, Über Mischungen von Paraffin mit hochschmelzenden Stoffen, Chem. Ztg. 1904, S. 1144 u. 1464; 1906, S. 1235; 1907, S. 19, 60 u. 100.

[2]) Ostwald, Grundriß der allgem. Chemie, S. 211.

nur in dem Falle, wo eine **feste Lösung** vorliegt, einer Einschränkung bedürfen.

Demnach können keine, auch nicht die höchstschmelzbaren Stoffe, den Schmelzpunkt des Paraffins hinaufsetzen, und wenn man dieses Paradoxon in der Praxis nicht ohne weiteres anerkennt, sondern in solchen Fällen von einer Schmelzpunkterhöhung spricht, ist dies auf die schon S. 841 angedeutete fehlerhafte Grundlage der meisten angewandten Schmelzpunkt- bzw. Erstarrungspunkt-Ermittlungsmethoden zurückzuführen. Methoden, die als Kriterium des Erstarrens die Trübung des geschmolzenen Materials oder dessen mechanische Veränderung ansehen, gehen von der falschen Voraussetzung aus, daß das Erstarren identisch sei mit dem **Trübwerden** des geschmolzenen Materials oder mit einer oberflächlichen **Kohärenzänderung**, die sich z. B. durch das Mitgenommenwerden eines an dieser Thermometerkugel hängenden Paraffintropfens bei deren Drehen anzeigt. Nun kann aber das Trübwerden sehr leicht auf ein vorzeitiges Ausfallen eines in der geschmolzenen Masse gelösten Stoffes zurückzuführen und das erwähnte Mitgenommenwerden des Paraffintropfens von der drehenden Kugel durch **partielles Auskristallisieren** (Skelettbildung) des in der Masse noch flüssigen Paraffins hervorgerufen sein, was nach der einwandfreien Untersuchung **Graefes** sogar bestimmt der Fall ist.

Eine wirkliche Erhöhung des Schmelzpunktes von Paraffin können nur Zusätze bewirken, die mit dem Paraffin eine feste Lösung bilden. Als **feste Lösung** bezeichnet **Ostwald**[1]) Gemenge isomorpher Kristalle und Mischungen kristallinischer Stoffe, die einzeln zwar in verschiedenen Formen kristallisieren, aber doch einheitliche Mischkristalle von der Form des vorwiegenden Bestandteiles bilden können.

Für Weichparaffin käme für diesen Fall nur **Hartparaffin** in Betracht, das in der Tat den wirklichen Schmelzpunkt des ersteren zu erhöhen vermag, und zwar berechnet sich die erzielte Schmelzpunkt**erhöhung** nach der Formel

$$D = \frac{b(E_1 - E)}{a + b},$$

wobei E den Schmelzpunkt des Weichparaffins, E_1 den des Hartparaffins, a die Menge des ersteren und b die des letzteren bedeutet.

Die oben auseinandergesetzte und durch **Gräfe** experimentell bewiesene Tatsache, daß sich der wirkliche Schmelzpunkt des Paraffins durch kein anderes Mittel als Hartparaffin erhöhen läßt, ließe den Wert aller Härtungsmittel illusorisch erscheinen, wenn die Härte des Kerzenmaterials eine absolute Funktion des Schmelzpunktes wäre. Dies ist aber nicht der Fall, denn die Mischungen von Paraffin mit den verschiedenen Härtungsmitteln zeigen trotz ihres eigentlich erniedrigten Schmelzpunktes eine be-

---

[1]) **Ostwald**, Grundriß der allgem. Chemie, S. 336.

achtenswerte **Zunahme der Stabilität**, die sich daraus erklärt, daß die Härtungsmittel in dem Weichparaffin eine Art **tragendes Skelett** bilden, ähnlich wie bei den **Monierbauten** oder dem **Drahtglase** das Eisenbzw. Drahtgerüst.

Die Richtigkeit des Gesagten hat **Graefe** durch Versuche bewiesen, die die Stabilität von nach verschiedenen Methoden gehärteten Paraffinen und deren Schmelzpunkte vergleichen. Die eigentlich unrichtige Schmelzpunkte liefernden Untersuchungsmethoden, die auf der Beobachtung der Kohärenzänderung aufgebaut sind, geben daher ein recht gutes Kriterium für die Stabilität der künstlich gehärteten Paraffine ab, denn genau dieselbe Skelettbildung, die den noch flüssigen Paraffintropfen von der drehenden Thermometerkugel mitnehmen läßt, macht solches Paraffin auch in der Form der Kerze widerstandsfähiger und erteilt ihm eine größere Biegefestigkeit. Im nachstehenden werden daher die alten, nicht auf der Beobachtung der Schmelzwärme fußenden Schmelzpunktangaben gemacht, um die Wirkung einiger Zusätze zu Paraffin zu charakterisieren.

Das am meisten angewandte Härtungsmittel für zu weiches Paraffin ist das

Stearin: Schon S. 844 wurde gesagt, wie sich aus dem Zusatz geringer Mengen Paraffin zu Stearinkerzenmassen (behufs Verminderung der Kristallbildung) allmählich die **Kompositionskerzenerzeugung** entwickelte und das Stearin ein Härtungsmittel wurde. **Stearin.**

Über den Einfluß, den Stearinzusätze zu Paraffin auf dessen Schmelzpunkt üben, sind wiederholt Versuchsreihen angestellt worden. Der Schmelzpunkt der Komponenten und deren Struktur (Provenienz) spielen bei dem Schmelzpunkt der Mischungen eine Rolle.

Mischungen von schottischem Paraffin mit Stearin vom Schmelzpunkt 121° F = 50° C hat **J. J. Redwood** untersucht:

Mischungsverhältnis		Schmelzpunkt der Mischung, wenn der der Komponenten beträgt in Graden Fahrenheit					
Paraffin	Stearin	Paraffin 102 / Stearin 121	Paraffin 120 / Stearin 123	Paraffin 120,25 / Stearin 129,75	Paraffin 125 / Stearin 121	Paraffin 130 / Stearin 121	Paraffin 132,50 / Stearin 129,75
100 %	0 %	102,00	120,00	120,25	125,00	130,00	132,50
90	10	100,00	118,00	118,50	123,00	128,00	130,50
80	20	98,50	116,50	116,75	121,00	125,50	128,50
70	30	100,00	114,00	114,50	119,00	123,00	126,50
60	40	104,50	112,00	112,25	117,50	121,00	124,25
50	50	110,50	110,00	113,00	114,00	118,50	121,00
40	60	111,00	109,00	118,75	111,00	114,00	117,75
30	70	113,50	113,00	122,00	107,00	109,00	119,50
20	80	117,50	118,50	124,50	114,00	115,50	125,25
10	90	119,00	119,50	127,00	117,00	118,00	127,50
0	100	121,00	123,00	129,75	121,00	121,00	129,75

Scheithauer[1]) verfolgte das Verhalten von Mischungen sächsischen Paraffins mit Stearin von 54° C Schmelzpunkt:

Mischungsverhältnis		Schmelzpunkt der Mischung, wenn das Stearin einen solchen von 54° C hat, das Paraffin dagegen einen solchen von							
Paraffin	Stearin	36,5° C	37,5° C	40,75° C	45° C	48,5° C	50,0° C	54° C	56,5° C
100,0%	0,0%	36,50	37,5	40,75	45,00	48,50	50,0	54,0	56,5
90,0	10,0	36,50	36,5	39,75	44,00	47,50	49,0	53,0	55,5
66,6	33,4	39,00	35,5	40,50	40,75	45,00	47,0	49,0	52,0
33,3	66,7	45,75	47,0	47,50	48,00	47,75	47,5	47,0	47,5
10,0	90,0	51,75	52,0	52,00	52,50	52,50	52,5	52,5	52,5
0,0	100,0	54,00	54,0	54,00	54,00	54,00	54,0	54,0	54,0

Marazza[2]) mischte ein Weich- und ein Hartparaffin mit Stearin, wobei er fand:

Mischungsverhältnis		Schmelzpunkt der Mischung, wenn das Stearin einen Schmelzpunkt von 58° C hat, das Paraffin einen solchen	
Paraffin	Stearin	von 40° C	von 62° C
100 %	0 %	40,00	62,00
90	10	39,40	61,40
80	20	40,90	60,20
70	30	44,70	59,40
60	40	47,50	58,40
50	50	49,80	56,20
40	60	52,00	53,90
30	70	53,60	54,00
20	80	54,60	55,70
10	90	55,60	57,10
0	100	58,00	58,00

Der wirkliche Schmelzpunkt aller dieser Gemische liegt aber nach dem Raoultschen Gesetze der Gefrierpunkterniedrigung tiefer als der Schmelzpunkt der früher schmelzenden Komponenten, doch läßt sich diese je nach der Qualität des Stearins und Paraffins mit wechselnder Intensität eintretende Erscheinung schwer in eine bestimmte Formel bringen.

Graefe hat die wirklichen Schmelzpunktveränderungen von drei Paraffin-Stearin-Gemischen, zu denen Paraffin vom Schmelzpunkte 51,2°, 55,0° und 55,7° C und Stearin vom Schmelzpunkte 52,0°, 50,8° und 55,2° C verwendet wurde, graphisch ausgedrückt. Aus diesen in Fig. 200[3]) wiedergegebenen Kurven ist ersichtlich, daß das Sinken des wirklichen Schmelzpunktes (oder richtiger Erstarrungspunktes) bei der Mischung Stearin

[1]) Scheithauer, Fabrikation der Mineralöle, Braunschweig, S. 189.

[2]) Marazza, L'Industria Stearica, Mailand 1893, S. 121.

[3]) Graefe, Laborat.-Buch f. d. Braunkohlenteerindustr., Halle a. S. 1908, S. 82.

52 ⁰ C + Paraffin 51,2 ⁰ C am größten ist und im Maximum 8 ⁰ C beträgt, und zwar bei einem Verhältnis des Stearins zum Paraffin wie 60 : 40.

Reten. Reten: Dieses von Krey[1]) auf seine Verwendbarkeit als Paraffinhärtungsmittel untersuchte Produkt ($C_{18}H_{18}$), das sich in dem Teere bei der Destillation unserer Nadelhölzer findet und aus Harz bzw. dem Harzöle gewonnen werden kann[2]), stellt in gereinigtem Zustande eine gelblichweiße, strahligkristallinische und geruchlose, bei 89 ⁰ C schmelzende Masse dar. Paraffinkerzen mit einem 10 prozentigen Retenzusatze gingen ziemlich schwer aus den Gießformen und waren in frischbereitetem Zustande milchweiß, verfärbten sich aber bei längerem Lagern am Lichte und wurden gelb; ihre Stabilität war etwas besser als die der aus unvermischtem Paraffin hergestellten Kerzen.

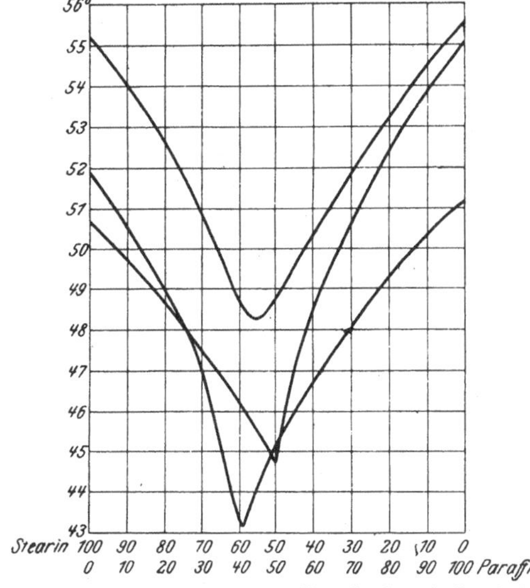

Fig. 200. Schmelzpunkte von Paraffin-Stearin-Gemischen.

Naphthalin: Das bei der Steinkohlenteerdestillation gewonnene Naphthalin ist für die Härtung des Paraffins ebenfalls empfohlen worden; es ist für diesen Zweck aber am wenigsten geeignet. Ein Gemisch von 90 % Weichparaffin (42,2 ⁰ C Schmelzpunkt) und 10 % Naphthalin (Schmelzpunkt 79 ⁰ C) zeigte nach Graefe auch nach den auf Kohärenzerscheinungen fußenden Schmelzpunktbestimmungsmethoden einen Schmelzpunkt von nur 38,5—39 ⁰ C (also eine Schmelzpunkterniedrigung) und war auch in seiner Stabilität schlechter bestellt als das unvermischte Weichparaffin. Dabei riechen die aus solchen Gemischen hergestellten Kerzen unangenehm nach Naphthalin und das zuerst reinweiße, opake Aussehen macht bei längerem Lagern einer Transparenz Platz, weil Naphthalin durch Verdunsten verloren geht.

Acidylverbindungen. Acidylverbindungen aromatischer Basen: Diese Verbindungen wurden anfangs zu rein theoretischen Zwecken hergestellt[3]); erst später erkannte man ihre technische Verwertbarkeit. O. Liebreich[4]) in Berlin, der

[1]) Journ. f. Gasbeleuchtung 1890, S. 430.
[2]) D. R. P. Nr. 43802.
[3]) So wurde Stearinanilid von Pebal anläßlich der Untersuchung der Konstitution der Stearinsäure dargestellt.
[4]) D. R. P. Nr. 136274 v. 8. Nov. 1900.

sich die Herstellung dieser Produkte patentieren ließ (siehe Näheres S. 774), empfahl als aromatische Basen, mit denen die Fettsäuren zu kuppeln seien, Anilin, die Basen der Naphthalinreihe, die Homologen der genannten Basen und deren Monoalkylderivate.

Liebreich hat nun vorgeschlagen, einige dieser Verbindungen zur Erhöhung des Schmelzpunktes weicher Kerzenmassen zu verwenden[1]), weil sie infolge ihres eigenen hohen Schmelzpunktes hierzu sehr geeignet erscheinen.

Nach den Angaben Liebreichs schmilzt z. B. ein Gemenge von 90% Paraffin (Schmelzpunkt 40—41° C) mit 10% Stearinsäureanilid (Schmelzpunkt 85° C) bei 68° C. Ein Gemisch von 70% Paraffin (Schmelzpunkt 40—42° C) und 30% Stearinsäure-*m*-Phenylendiamid wies einen Schmelzpunkt von 104° C auf und 80% Paraffin mit 20% Ölsäurebenzidid vermischt ergaben sogar eine Kerzenmasse von 180° C.

Graefe[2]) hat gezeigt, daß die Acidylderivate aromatischer Basen schon vor dem Erstarren des Paraffins auskristallisieren und dessen Schmelzpunkt zu erhöhen nicht in der Lage sind. Wenn L. Spiegel[3]) andere Versuchsresultate zu verzeichnen hatte, und zwar auch bei der Bestimmung des Schmelzpunktes durch Beobachtung der Schmelzwärme, kann dies nur darauf zurückzuführen sein, daß irrtümlicherweise der Punkt als Schmelzpunkt abgelesen wurde, bei dem infolge Auskristallisierens der bei höherer Temperatur gelösten Derivate Schmelzwärme frei wurde. Damit ist aber nur der Temperaturgrad des Ausfallens der Acidylverbindungen, nicht aber der Schmelzpunkt des Gemisches bestimmt.

Die ausfallenden Kristalle der Liebreichschen Acidylverbindungen geben aber dem Paraffin eine wesentlich bessere Stabilität, weil sie in den weichen Paraffinmassen ein tragendes Skelett bilden, und sind daher für den vorgeschlagenen Zweck nicht schlecht verwertbar.

Montanwachs.

Montanwachs: Dieses S. 855 näher besprochene Produkt verhält sich in Gemischen mit Paraffin ganz ähnlich wie die Acidylverbindungen der aromatischen Basen; es kristallisiert auch vor dem Erstarren des Paraffins aus und trägt dadurch zur Erhöhung der Stabilität des Gemisches bei, ohne aber dessen Schmelzpunkt tatsächlich hinaufzusetzen. Probeweise hergestellte, mit 10% Montanwachs gehärtete Paraffinkerzen waren zwar milchig, aber doch nicht so undurchsichtig wie die gewöhnlichen Kompositionskerzen. Sie neigten zur Rußbildung, was ihrer Verwendung jedenfalls Abbruch tun dürfte, falls das Montanwachs in der Kerzenfabrikation Eingang finden sollte.

Oxystearinsäure.

Oxystearinsäure: Dieses Produkt, dessen Herstellung S. 794 beschrieben wurde, ist wegen seines hohen Schmelzpunktes (83—85° C) wieder-

[1]) D.R.P. Nr. 136917 v. 9. Nov. 1900; österr. Patent Nr. 15715 v. 15. Nov. 1903.
[2]) Chem. Ztg. 1904, S. 1144; 1907, S. 19 und 100.
[3]) Chem. Ztg. 1904, S. 1464; 1906, S. 1235; 1907, S. 60.

holt als Härtungsmittel für Weichparaffin versucht worden, doch zeigte es sich dabei, daß Gemische von Paraffin und Oxystearin beim Erstarren in der Kerzenform zu schichtenweiser Absonderung neigten. Die Kerzen waren am Kopfende reicher an Oxystearinsäure als am Fuße.

Die Standard Oil Company hat nun diesen Übelstand dadurch behoben, daß sie die Oxystearinsäure nicht als solche mit dem Paraffin zusammenschmelzt, sondern in Form ihrer Lösung in einem geeigneten Lösemittel. Als letzteres benutzt man am zweckmäßigsten Stearinsäure in einer Menge von etwa 4 % der Gesamtmasse. Als gut geeignete Ersatzmittel für Stearinsäure können auch dienen: Benzoe- oder Cerotinsäure in der gleichen Menge wie Stearinsäure; Palmitinsäure oder Talg in der Menge von etwa 10 % der Gesamtmasse oder technische Ölsäure im Verhältnis von ungefähr 7 % der Gesamtmasse. Im allgemeinen nimmt man am zweckmäßigsten auf drei Teile Oxystearinsäure einen Teil Lösemittel. Derartig hergestellte Paraffinkerzen erweisen sich als durchaus homogen und sollen hinsichtlich Stabilität sehr befriedigen[1]).

b) *Trübungsmittel.*

Die Stoffe, die eine Erhöhung des Schmelzpunktes des Paraffins oder, richtiger ausgedrückt, eine Besserung ihrer Stabilität bewirken sollen, sind zu unterscheiden von solchen Zusätzen, von denen man lediglich das Opakmachen des Paraffins verlangt (das übrigens die meisten Härtungsmittel nebenbei auch besorgen), ohne von ihnen eine Schmelzpunkterhöhung oder Härtung zu fordern. Allgemeines.

Preßtalg: Dieses Material ist halb Trübungs-, halb Härtungsmittel und wurde zuerst für Kompositionskerzen an Stelle des Stearins verwendet. Später benutzte man ihn auch zum bloßen Opakmachen der Paraffinkerzen. Die mit Preßtalg (siehe S. 82), hergestellten Kompositionskerzen zeigen einen matten Klang, haben eine geringe Bruchfestigkeit und brennen bei weitem nicht so gut wie die aus Stearinsäure und Paraffin bestehenden Kerzen. Als zeitweise der Preßtalg hoch im Preise stand, begann man für das Opakmachen des Paraffins andere Stoffe zu verwenden. Die Auswahl dieser Stoffe war aber nicht sehr groß, denn sie mußten eine Reihe von Bedingungen erfüllen, um für den gedachten Zweck brauchbar zu sein. Abgesehen von der Billigkeit, durften sie das Brennen der Kerzen nicht störend beeinflussen, mußten sich im Paraffin ohne besondere Schwierigkeiten gut verteilen und durften das Paraffin weder färben noch unangenehm riechend machen. Preßtalg.

Paraffinöle: Durch Zusatz von schweren Paraffinölen, die von A. Berger[2]) in Biebrich als Trübungsmittel empfohlen wurden, zu Paraffinöle.

[1]) D. R. P. Nr. 190335 v. 6. Sept. 1905.

[2]) D. R. P. Nr. 157402 v. 30. Mai 1902. Berger empfiehlt, dem Paraffin neben 5–15 % Paraffinöl auch gleichgroße Mengen Stearin zuzusetzen.

54*

Paraffin lassen sich milchweiße Kerzenmassen herstellen, die ganz gut brennende Kerzen geben, leider aber beim Lagern Öl ausschwitzen, eine Erscheinung, die im Schwitzprozeß der Paraffingewinnung ihre technische Verwertung findet.

Solche Kerzen fühlen sich nach einiger Zeit fettig an, geben auf dem Umhüllungspapier sogar deutliche Fettflecke und zeigen eine große Neigung zum Biegen, wogegen die Bruchfestigkeit durch den Paraffinölzusatz nicht leidet. Im übrigen bedeutet ein Paraffinölzusatz zu fertigem Paraffin eigentlich ein technisches Unding, da man ja das Paraffinöl bei der Paraffingewinnung vollständig zu entfernen sucht. Man trägt dieser Tatsache auch Rechnung und verwendet vielfach bei der Herstellung von Kompositionskerzen an Stelle des Paraffinöls gleich Paraffinschuppen.

Alkohol. Alkohol: Gibt man in etwas geschmolzenes Stearin Alkohol und rührt dieses Gemisch bei nicht zu hoher Temperatur in geschmolzenes Paraffin ein, so erhält man eine schöne, milchweiße Kerzenmasse, die allerdings Kerzen von nur geringer Bruchfestigkeit und dumpfem Klang liefert.

Der Alkoholzusatz der auf diese Weise erhaltenen Kompositionskerzen schwankt nach Ed. Gräfe zwischen 1,6 und 5,5 % und der Stearingehalt betrug 9—15 %, manchmal auch mehr.

Die Herstellung dieser Alkoholkerzen wurde in Deutschland von Graab & Kranich, Ceresinfabrik in Rixdorf bei Berlin, zum Patent angemeldet, doch unterblieb die Patenterteilung, weil Krey auf das Opakmachen von Paraffinkerzenmassen durch Alkohol schon früher aufmerksam gemacht hatte[1]).

Die mit Alkohol opak gemachten Paraffinkerzen (Alkoholkerzen genannt) brennen ziemlich gut, lassen aber hinsichtlich ihrer Stabilität und Haltbarkeit beim Lagern zu wünschen übrig. Sie flackern zwar nicht, leuchten aber weniger als die Paraffinkerzen; die sehr geringe Biegefestigkeit der Alkoholkerzen nimmt besonders mit zunehmender Temperatur stark ab. Ebenso ist die Haltbarkeit dieser Lichte auf Lager ungenügend; der Alkohol verflüchtigt sich nach und nach und das Aussehen der Kerzen leidet dadurch mehr und mehr. Der Querschnitt einer längere Zeit gelagerten Alkoholkerze zeigte einen weißen Kern und einen durchsichtigeren peripherialen Ring, weil an der Oberfläche der Kerze das Verdunsten des Alkohols zuerst erfolgt, die inneren Teile dagegen mehr geschützt sind.

Graefe[2]) hat Alkoholkerzen mit 6 % Alkohol und 10 % Stearin hergestellt, wie üblich verpackt und aufbewahrt. Die Kerzen verloren dabei von ihrem Alkoholgehalt:

---

[1]) Ein derartiges Patent wurde aber Adolf Berger in Biebrich a. Rh. Österreich erteilt (österr. Patent Nr. 14897 v. 25. Jan. 1904), nachdem ein Gemenge von Alkohol, Stearin und Paraffin schon früher als fester Spiritus zu Heizzwecken empfohlen worden war. (Vergleiche S. 858.)

[2]) Seifensiederztg., Augsburg 1908, S. 1276.

	nach 19 Tagen	38 Tagen	118 Tagen	297 Tagen
Kerze A	9,75 %	13,85 %	28,70 %	43,70 %
„ B	18,57	27,50	57,10	75,40

wobei die Kerze A Petroleumparaffin, die Kerze B Braunkohlenteerparaffin als Grundlage hatte.

Der wesentlich rascher eintretende Gewichtsverlust der aus Braunkohlenteerparaffin hergestellten Kerzen ist bemerkenswert.

Die Alkoholkerze hat jedenfalls nicht das gehalten, was man von ihr erwartete, und wird bald ganz von der Bildfläche verschwinden. Hat doch auch die Methode, eine alkoholische Kampherlösung[1]) den Kerzenmassen zwecks Härtung und Leuchtkrafterhöhung zuzusetzen, seinerzeit enttäuscht.

Höhere Alkohole.

Höhere Alkohole: An Stelle des Alkohols wurde auch die Verwendung seiner höheren Homologen vorgesehen, doch sind diese aus zweierlei Gründen wohl kaum verwendet worden; Butyl- und Amylalkohol empfehlen sich wegen ihres unangenehmen Geruches nicht und die höheren Alkohole zeigen nur ein geringes Trübungsvermögen, das mit steigendem Kohlenstoffgehalt fällt.

Ketone.

Ketone: Diese verhalten sich gegen Paraffin ganz ähnlich wie Alkohol, und man hat daher auch sie als Opakmachungsmittel für Paraffinkerzenmassen empfohlen[2]). Sie bieten indessen gegenüber Alkohol keinerlei Vorteile und sind dazu noch teurer als dieser.

Beta-Naphthol.

Beta-Naphthol: Dieses Trübungsmittel wurde von Julius Lewy[3]) in Königsberg empfohlen. Es erteilt der Paraffinmasse ein hübsches, milchweißes Aussehen und macht sie auch für die Herstellung von Wachsblumen, Wachszündhölzchen usw. geeignet. Alpha-Naphthol ist für den gleichen Zweck weniger gut geeignet, da es dem Paraffin leicht einen rötlichen Stich erteilt. Die Menge des Zusatzes von Beta-Naphthol beträgt ungefähr 2 %.

Anorganische Trübungsmittel.

Anorganische Trübungsmittel: Es hat nicht an Vorschlägen gefehlt, die Transparenz des Paraffins durch darin fein verteilte, mechanisch suspendierte Stoffe zu beheben, und es sind dafür sonderbarerweise auch unorganische Verbindungen empfohlen worden. Daß diese, weil das Brennen der Kerzen behindernd, zu verwerfen sind, braucht kaum betont zu werden.

Zu diesen wertlosen Vorschlägen gehört auch das Patent von G. Agostini[4]), bei dem eine durch Verreiben von Lein- oder Nußöl mit frischgefälltem Bleikarbonat hergestellte Bleisalbe der Paraffinkerzenmasse zugesetzt werden soll, um diese opaker und härter zu machen. Der Patentnehmer empfiehlt den Zusatz von 1 % seiner Bleipaste, welche Menge natürlich vollständig genügt, um das gute Brennen der Kerzen gründlich zu hintertreiben.

---

[1]) D. R. P. Nr. 102238. (Vergleiche S. 857.)

[2]) Schwed. Patent Nr. 18573 v. 23. Juni 1903 von J. Lewy in Stockholm.

[3]) D. R. P. Nr. 165503 v. 29. Sept. 1904.

[4]) Franz. Patent Nr. 383851.

Ceresin.

Dieses Produkt, über dessen Geschichte schon S. 820 einiges gesagt wurde, wird durch Reinigung des in Galizien und Rußland vorkommenden Erdwachses mittels Schwefelsäure gewonnen.

Eigenschaften und Zusammensetzung.

Das Erdwachs (die verschiedenen dafür gebräuchlichen Namen siehe S. 838), das in rohem Zustande eine braune bis schwarze wachsartige Masse mit matter Oberfläche darstellt, einen schwach bituminösen Geruch zeigt und eine Konsistenz besitzt, die von der Knetbarkeit bis zur Sprödigkeit schwanken kann, schmilzt zwischen 50 und 60 °C und zeigt im Gegensatze zum Paraffin eine amorphe Beschaffenheit. Das rohe Erdwachs besteht in der Hauptsache aus hochmolekularen gesättigten Kohlenwasserstoffen von der Formel C_nH_{2n+2} und enthält daneben auch etwas ungesättigte Kohlenwasserstoffe und gefärbte Oxydationsprodukte.

Während beim Destillieren des Ozokerits paraffinartige Produkte erhalten werden (siehe S. 838), lassen sich durch Raffination des Rohwachses mit 15—20 % konzentrierter Schwefelsäure und nachheriges Entfärben der sauren Masse mit schwarzem Bleichpulver (Rückstände der Blutlaugensalzfabrikation) Produkte gewinnen, die infolge ihrer amorphen Beschaffenheit, ihres hohen Schmelzpunktes und ihrer gelblichweißen Farbe sowie ihres opaken Aussehens eine große Ähnlichkeit mit Bienenwachs haben[1]).

Die in chemischer Beziehung ziemlich nahe verwandten Produkte: Ceresin und Paraffin unterscheiden sich in ihrer Zusammensetzung insofern, als das Ceresin in der Hauptsache aus den höheren Homologen der Paraffinreihe besteht, während das Paraffin aus den niederen, tiefer schmelzenden zusammengesetzt ist. Scharfe Unterschiede in der chemischen Zusammensetzung bestehen zwischen beiden Produkten aber nicht.

Der Schmelzpunkt des Paraffins liegt zwischen 45 und 55 °C, der des Ceresins zwischen 60 und 80 °C.

Das Ceresin zeigt im Gegensatz zum Paraffin gar keine Neigung zur Kristallisation, dagegen in geschmolzenem Zustande ein weit größeres Lichtbrechungsvermögen als das Paraffin.

Das spezifische Gewicht des Ceresins liegt je nach der Höhe seines Schmelzpunktes zwischen 0,912 und 0,943.

Eignung als Kerzenstoff.

Das Ceresin wird in der Kerzenindustrie in ausgedehntem Maße verwendet, weil es Kerzen liefert, die denen aus Bienenwachs am meisten ähneln. Seitdem man auch gelernt hat, dem Ceresin durch allerhand Zusätze (z. B. Honig) den Geruch echten Bienenwachses zu erteilen, sind die Bienenwachskerzen immer seltener geworden. Das Ceresin eignet sich sowohl zur Herstellung getunkter als auch gezogener und gegossener Kerzen.

---

[1]) Näheres über die Gewinnung und Eigenschaften des Ceresins siehe Berlinerblau, Das Ceresin, Braunschweig 1896, und Muck, Der Erdwachsbergbau in Boryslaw, Berlin 1903.

Es kommt in seiner Geschmeidigkeit dem ungebleichten Bienenwachse nicht gleich, übertrifft aber darin das gebleichte. Seine Neigung, an den Kerzenformen zu kleben, erfordert eine gewisse Vorsicht bei der Erzeugung gegossener Ceresinkerzen, zu deren Herstellung man sich häufig — besonders für die großkalibrigen und langen Kirchenkerzen — blecherner Handgußformen bedient.

Montanwachs.

Gewinnung.

Edgar v. Boyen versuchte im Jahre 1897, der grubenfeuchten Braunkohle durch Schwelen mit überhitztem Dampf [ähnlich wie schon früher Ramdohr[1])] oder der getrockneten Kohle durch Extraktionsmittel das Bitumen zu entziehen[2]) und durch wiederholte Destillation mittels überhitzten Wasserdampfes zu reinigen[3]).

Boyen hat sein Verfahren später dahin verbessert[4]), daß er die Schwelbraunkohle mit überhitztem Dampf oder indifferenten Gasen im Vakuum destillierte und das dabei erhaltene Produkt weiterreinigte[5]).

Diese Methode der Bitumenentziehung geht jedenfalls mit dem Rohmaterial viel schonender um als die gewöhnliche Schwelarbeit, bei der ein großer Teil des Bitumens zersetzt wird. Man gewinnt nach diesem Verfahren eine von Boyen Montanwachs genannte, gelblichweiße, bei 77 bis 80° C schmelzende, ziemlich harte Masse, die der Hauptsache nach aus einer Säure und einem Alkohol besteht und in verestertem Zustande die Hauptmasse des Bitumens der Schwelkohle zu bilden scheint.

Zusammensetzung.

Die Trennung beider Körper geschieht durch alkalische Verseifung in alkoholischer Lösung, wobei die Säure ein wasserlösliches, aus Alkohol kristallisierbares Alkalisalz bildet, während sich der in Alkohol und Wasser unlösliche Kohlenwasserstoff abscheidet. Die durch Fällung mit Schwefelsäure oder einer anderen Mineralsäure aus dem Kalisalz erhaltene einbasische Säure, die von Hell[6]), der sie näher untersuchte, Geocerinsäure, von Boyen[7]) Montansäure genannt wird, schmilzt nach wiederholtem Um-

[1]) D. R. P. Nr. 2232 v. Jahre 1878.

[2]) D. R. P. Nr. 101373 v. 1. Juli 1897.

[3]) Benzin oder Benzol vermag das in der Schwelkohle enthaltene Bitumen nur unvollständig zu entziehen; es bleibt bei einer solchen Extraktion mehr als die Hälfte des Bitumens in der Kohle zurück. Vorheriges gutes Trocknen des zu extrahierenden Materials verbessert die Ausbeute. Nach Köhler ist Naphthalin als Extraktionsmittel für diesen Zweck besonders geeignet. (D. R. P. Nr. 204256.)

[4]) D. R. P. Nr. 106453.

[5]) E. Schliemann empfiehlt für die Reinigung des rohen Montanwachses dessen Behandlung mit Schwefelsäure und Entfärbungspulver (ähnlich wie bei Ozokerit verfahren wird), wobei das Montanwachs vorher mit Paraffin vermischt wird, um es der Einwirkung der Reagenzien zugänglicher zu machen.

[6]) Zeitschr. f. angew. Chemie 1900, S. 556.

[7]) Zeitschr. f. angew. Chemie 1901, S. 1110.

kristallisieren aus organischen Lösungsmitteln unverändert bei 80—84° C, löst sich in Benzin, Benzol, Eisessig, Äther und Alkohol, erstarrt nach dem Schmelzen strahlig kristallinisch, hat ein spezifisches Gewicht von 0,915 und soll der Formel $C_{29}H_{58}O_2$ entsprechen.

Der zweite Körper des Montanwachses, ein ungesättigter Kohlenwasserstoff, ist leicht löslich in Benzin und Benzol, schwerer in Eisessig, Alkohol und Äther und kristallisiert aus Benzin in glänzenden weißen Schüppchen, schmilzt bei 60,5° C und hat ein spezifisches Gewicht von 0,920. Durch konzentrierte Schwefelsäure wird er zum Unterschiede von Paraffin vollständig verkohlt[1]).

Boyen hat sowohl das gereinigte Montanwachs als auch dessen Bestandteile, die Montansäure und den Montankohlenwasserstoff, als Kerzenmaterial und zur Schmelzpunkterhöhung weichen Paraffins empfohlen, doch haben diese Produkte bis heute noch keine praktische Bedeutung erlangt.

Aus Ölsäure hergestellte Kerzenmaterialien.

Kerzenstoffe aus Ölsäure.

Die Versuche, Ölsäure in ein zur Herstellung von Kerzen geeignetes Material umzuwandeln, sind so zahlreich, daß ihnen ein eigener Abschnitt (S. 777—804) im Kapitel „Stearinfabrikation" gewidmet werden mußte, auf den hier verwiesen sei.

Verschiedene als Kerzenmaterialien empfohlene Stoffe.

Verschiedene Kerzenstoffe.

Als Kerzenmaterial sind im Laufe der Jahre die verschiedensten Stoffe empfohlen worden. So hat es nicht an Versuchen gefehlt, auch andere Kohlenwasserstoffe als Paraffin und Ceresin der Kerzenfabrikation dienstbar zu machen. Die meisten festen Kohlenwasserstoffe (z. B. Naphthalin) brennen aber mit stark rußender Flamme und könnten nur dann als Kerzenmaterial in Betracht kommen, wenn es gelänge, durch Sauerstoffzufuhr ihr Rußen zu vermeiden. Diese Sauerstoffzufuhr müßte jedenfalls auf chemischem Wege durch Zusatz sehr sauerstoff- und wasserstoffreicher organischer, unterhalb 70° C schmelzender Substanzen erfolgen. Ob eine in dieser Richtung schon im Jahre 1888[2]) gegebene Anregung bisher noch nicht auf ihre praktische Durchführbarkeit hin untersucht wurde oder ob vorgenommene Versuche ein gänzliches Fehlergebnis zeitigten, ist mir nicht bekannt.

Einzelne organische Verbindungen, wie z. B. Kampher, hat man als Leuchtkraft vermehrende Zusätze zu den gewöhnlichen Kerzenstoffen empfohlen.

---

[1]) Über die Zusammensetzung und Eigenschaft des Montanwachses siehe auch G. Krämer und Spilker, Berichte der Deutsch. chem. Gesellsch. 1902, Bd. 35, S. 1212; Hübner, Inauguraldissertation, Halle 1903; J. Marcusson, Chem. Revue 1908, S. 193; Walker, Chem. Ztg. 1906, S. 1167.

[2]) Chem. Ztg. 1888, S. 524.

Nach Leclerc[1]) werden zu diesem Zwecke 5—15 % einer alkoholischen Kampherlösung (1 : 10) dem zu verarbeitenden Kerzenmaterial in geschmolzenem Zustande beigemischt und auf diese Art Kerzen erhalten, die härter und leuchtkräftiger sein sollen als solche ohne Kampherzusatz.

Festgemachte Mineralöle.

Vor allem anderen hat man aber die flüssigen Mineralöle als Kerzenmaterial zu verwerten gesucht. Diese müssen hierfür natürlich in eine feste Form übergeführt werden, für welche Umwandlung die verschiedenartigsten Wege empfohlen wurden, die zum großen Teile mit jenen identisch sind, die auf eine Verseifbarmachung des Mineralöls abzielen, von denen sich aber bis heute kein einziger als praktisch gangbar erwiesen hat.

Die Verseifbarkeit[2]) der Mineralöle hat man in erster Linie durch Oxydationsprozesse zu erreichen versucht; erst Zelinsky hat dafür einen neuen Prozeß gezeigt und durch Überführung der Kohlenwasserstoffe in metallorganische Verbindungen und deren nachträgliche Behandlung mit Kohlensäure Fettsäuren dargestellt. Die aus Mineralölen hergestellten Fettsäuren haben aber für die Kerzenindustrie nur eine geringere Bedeutung und sind mehr für die Seifensieder von Interesse, weshalb über dieses Thema im 4. Bande ausführlicher gesprochen werden soll.

Auch die bei der Raffination der Mineralöle erhaltenen Naphthensäuren werden wohl kaum jemals ein brauchbares Kerzenmaterial bilden. Ich hatte bereits im Jahre 1893 Gelegenheit, in großem Maßstabe unternommene Versuche über die Verwertung dieser Naphthensäure zu beobachten, doch gerieten die damaligen, von sehr sachkundiger Seite unternommenen Experimente plötzlich ins Stocken und wurden seither nicht wieder aufgenommen.

Kürzlich hat H. Breda[3]) Naphthensäure, wie sie bei der Laugenbehandlung der verschiedenen russischen Petroleumsorten erhalten wird, in ein brauchbares Fettsäurerohmaterial zu verwandeln gesucht, indem er das übelriechende Produkt mit kräftigen Oxydationsmitteln (insbesondere Kaliumpermanganat) behandelte und hierauf destillierte. Das Destillat, das seinen ursprünglichen penetranten Geruch verloren hat, kann für sich oder in Verbindung mit anderen Fettsäuren, fetten Wachsen, Harz usw. verwendet werden, während der ebenfalls geruchlose Destillationsrückstand eine minderwertige Fettsäure von dunkler Farbe darstellt, die verschiedenen technischen Verwendungen zugeführt werden kann.

Das eigentliche Festmachen der Mineralöle, wie es für Zwecke der Kerzenfabrikation gebraucht würde, geschieht indes meistens durch Seifen, insbesondere durch Kali-, Natron- und Ammoniumseifen der Stearinsäure und des Kolophoniums, neben denen des Rizinusöls und der Sulfosäuren. Diese

---

[1]) D. R. P. Nr. 102238. Vergleiche auch S. 853.

[2]) Vergleiche Band 1, S. 145.

[3]) D. R. P. Nr. 179564 v. 18. Jan. 1905.

Seifen werden durch ein drittes, die gegenseitige Lösung der Seife und des Kohlenwasserstoffes bewirkendes Agens, Karnaubawachs, Cholesterin, Wollfett, Cetylalkohol, Methyl-, Äthyl- oder Amylalkohol, Vaselin u. a. m.[1]), zur Lösung gebracht, wodurch feste Produkte entstehen.

Die erhaltenen Produkte sind aber — entgegen der Meinung ihrer Erfinder — wegen ihres Gehaltes an Seife (Asche gebend) als Kerzenmaterial durchaus ungeeignet. Der billige Preis und die äußere Beschaffenheit lassen aber derartiges festes Petroleum immer wieder zur Herstellung von Kerzen anpreisen.

Fester Spiritus.

Auch Spiritus hat man durch Zusatz von Seifen in feste Produkte (Hartspiritus) überzuführen gesucht und auf die Durchführung dieser Idee mehrere Patente[2]) erworben. Diese Spiritusseifen sind außer für Waschzwecke auch zur Herstellung von Kerzen (Spirituskerzen) empfohlen worden, die allerdings mehr als Heiz- denn Beleuchtungsmittel verwendet werden.

Auch verschiedene andere Mischungen sollen nach Ansicht der betreffenden Erfinder Kerzenstoffe abgeben. Allerdings wird es außer den Erfindern niemand einfallen, aus solchen Produkten Kerzen zu machen. Es ist geradezu unbegreiflich, wie Verfahren wie das folgende in die Welt hinausposaunt werden können:

„5 Teile farbloser Gelatine werden in 20 Teilen Wasser gelöst, 25 Teile Glyzerin zugesetzt und erwärmt, bis eine klare Lösung entstanden ist. Nun gibt man 2 Teile Tannin, die man vorher in 10 Teilen heißen Glyzerins gelöst hat, hinzu und kocht, bis die anfängliche Trübung verschwindet."

Daß die Masse, wie von dem französischen Erfinder angegeben wird, wasserblaue Kerzen liefert, mag sein; daß diese Kerzen aber „ruhig und ohne Geruchsentwicklung" brennen, trifft ganz bestimmt nicht zu.

Vergleich des Wertes der verschiedenen Kerzenmaterialien.

Leuchtkraft und Materialverbrauch.

Bei der Verschiedenartigkeit der einzelnen Arten von Kerzenmaterial hinsichtlich Aussehen, Schmelzpunkt, Härte usw. ist eine ausgleichende Bewertung nur in bezug auf ihre Leuchtkraft möglich. Dabei hat man nun zu unterscheiden den Materialverbrauch pro Zeiteinheit und die dabei entwickelte Lichtmenge. Aus dem Materialverbrauche und der Lichtmenge kann man dann den Lichtwert ermitteln, d. i. die relative Lichtausbeute pro Gewichtseinheit Kerzenmaterial. Der Lichtwert ist ein brauchbarer Wertmesser

---

[1]) So ist ein von Alph. Dousson angegebenes Verfahren, nach welchem Petroleum durch Erhitzen mit 1% Nußöl oder Hammeltalg und nachheriges Eintragen von 4% zweiprozentiger Natronlauge sowie schließliche Destillation ein gutes Kerzenmaterial erhalten werden soll, nach J. A. Akunjarez absolut unbrauchbar. (Berichte d. bakt. Abtlg. d. kais. russ. techn. Gesellsch. 1897, Bd. 12, S. 107.) — Weitere Verfahren zur Festmachung des Petroleums durch Seifen siehe Band 4.

[2]) D. R. P. Nr. 134165 u. Nr. 149793 v. 6. Juli 1900. Vergleiche auch S. 852 (Alkoholkerzen).

für Kerzen und läßt bei Berücksichtigung der Preise eine strikte Beantwortung der Frage zu, welche Kerzensorte unter einer Reihe von Mustern den billigsten Lichtlieferanten darstelle.

Die in der Zeiteinheit verbrennende Menge an Kerzenmaterial (der Materialverbrauch) hängt natürlicherweise von der Stärke der Kerze und von der Dicke des Dochtes (Flammengröße) ab und ist nur dann als Wertvergleichsziffer zu gebrauchen, wenn mit ganz gleich großen und vollkommen gleiche Dochte besitzenden Kerzen operiert wird. Diese Voraussetzung ist aber schwer zu erfüllen, denn zum guten Brennen benötigen die verschiedenen Kerzenstoffe verschiedene Dochte.

Der Materialverbrauch wird daher fast immer gleichzeitig mit der Leuchtkraft und damit der Lichtwert ermittelt.

Licht-messung.

Die Leuchtkraft von Lichtquellen zu messen, bemühte sich bereits F. Maria[1]) im Jahre 1700, nachdem schon früher Huygens das Licht der Sonne mit dem des Sirius zu vergleichen versucht hatte. Lampadius[2]), Bouguer[3]), Celsius[4]), Potter[5]) und Guérard[6]), die sich um die Lösung der Lichtmessungsfrage (Photometrie) bemühten, hatten wenig Erfolg und erst Lambert[7]) traf mit seiner Idee das Richtige; er verwertete den Umstand, daß ein von zwei Flammen unter gleichen Bedingungen beleuchteter Gegenstand zwei verschieden intensive Schatten wirft, wenn die Lichtstärke der beiden Flammen nicht ganz gleich ist.

Bunsens Photometer.

Der Lambertsche Gedanke wurde in seiner Ausführung von Rumford[8]), Fox[9]) und anderen abgeändert, bis sich endlich das sogenannte Fettfleck-Photometer von Bunsen[10]) allgemein durchsetzte.

Das Bunsensche Photometer besteht aus einem in einen Rahmen gespannten Papierschirm, in dessen Mitte sich ein mit Wachs oder Stearin durchscheinend gemachter Fleck befindet. Wird der Schirm auf der Rückseite stärker beleuchtet als von der Vorderseite, so erblickt der Beobachter einen hellen Fleck auf dunklem Grunde, im Fall umgekehrter Beleuchtungsverhältnisse erscheint der Fleck dunkel auf hellem Grunde. Wird nun die auf ihre Leuchtkraft zu untersuchende Lichtquelle auf die eine Seite des Schirmes gebracht, während auf der andern Seite die als Maßeinheit dienende Lichtquelle sich befindet und die beiden Flammen so lange verschoben, bis der Fleck für das Auge des Beschauers möglichst unsichtbar geworden, so geben die Quadratzahlen der Entfernung der beiden Flammen vom Schirm das Verhältnis der Leuchtkraft der beiden Lichtquellen an.

---

[1]) Nouvelles découvertes sur la lumière, Paris 1700.
[2]) Beitrag zur Atmosphärologie, Freiberg 1817, S. 164.
[3]) Essai d'optique, Paris 1729.
[4]) Hist. de l'Académie de Paris 1735, S. 7.
[5]) Brewster, Journ. of Science, Bd. 3, S. 284.
[6]) Dinglers polyt. Journ. 1867, Bd. 185, S. 110.
[7]) Photometria, Augsburg 1760.
[8]) Journ. d. Phys., Bd. 2, S. 15.
[9]) Dinglers polyt. Journ. 1831, Bd. 40, S. 340.
[10]) Dinglers polyt. Journ. 1859, Bd. 154, S. 15.

Kerzensorten	Äußere Beschaffenheit				Docht		
	Länge cm	Durchmesser cm	Mittleres Gewicht einer Kerze g	Stück im Paket	Anzahl der Schnüre	Anzahl der Fäden	Gewicht von 1 m Docht g
1. Stearinkerze ‚Prima' (Motard & Co., Berlin)	28,6	2,0	79,1	6	5	25	0,908
2. Stearinkerze ‚Sekunda' (Motard & Co., Berlin)	27,5	2,0	77,5	4	5	25	0,8685
3. Stearinkerze ‚Tertia' (Motard & Co., Berlin)	24,9	1,7	51,1	6	5	25	0,875
4. Stearinkerze ‚Prima' (Overbeck & Sohn, Dortmund)	25,7	2,0	74,97	4	3	36	1,293
5. Stearinkerze ‚Sekunda' (Overbeck & Sohn, Dortmund)	26,4	2,0	75,9	6	3	36	1,362
6. Stearinkerze ‚Prima' (Siegert, Neuwied)	19,0	2,4	77,86	6	5	60	2,155
7. Stearinkerze Marke ‚Krone' (Haehl, Straßburg)	22,6	2,2	79,2	6	5	55	2,063
8. Stearinkerze ‚Prima' (Haehl, Straßburg)	25,6	2,1	78,6	6	5	45	1,58
9. Stearinkerze Marke ‚Adler' (Stettiner Kerzenfabrik)	28,0	2,0	78,1	6	3	34	1,24
10. Stearinkerze ‚Prima' (Münzig, Heilbronn)	29,6	2,1	96,1	5	5	50	1,68
11. Paraffinkerze (Riebeck)	24,0	2,0	70,3	6	3	42	1,135
12. Kompositionskerze (Riebeck)	29,5	2,1	92,9	5	3	45	1,78

Normalkerze. Als Einheit dient bei der Photometrie die sogenannte „Normalkerze", d. i. jene Lichtmenge, die eine Kerze aus einem Material von bestimmter chemischer Zusammensetzung und von bestimmten physikalischen Eigenschaften, von bestimmter Dicke und einem aus einer bestimmten Fadenanzahl bestehenden Docht, also auch bestimmter Flammenhöhe, liefert. Leider hat man sich nicht in allen Ländern auf eine bestimmte Kerzensorte geeinigt, verwendet vielmehr für die Lichtmessungen in den verschiedenen Staaten verschiedene Normalkerzen.

Versuche über den Materialverbrauch und die entwickelte Lichtmenge der einzelnen Kerzensorten haben Kohlmann[1]), Karsten[2]), Karmarsch[3]), Ramdohr[4]), Willigk[5]), Zinken, Büttner[6]), Grotowsky[7]), Marx[8]) sowie Bunte und Scheithauer[9]) und andere angestellt.

[1]) Dinglers polyt. Journ., Bd. 138, S. 243; Württ. Gewerbeblatt 1859, S. 298.
[2]) Dinglers polyt. Journ., Bd. 134, S. 366; Hannov. Mitteilungen 1855, S. 299.
[3]) Dinglers polyt. Journ., Bd. 138, S. 190; Hannov. Mitteilungen 1855, S. 45.
[4]) Dinglers polyt. Journ., Bd. 158, S. 188.
[5]) Dinglers polyt. Journ., Bd. 192, S. 497.
[6]) Bericht über die vierte Versammlung des Vereins für Mineralölindustrie, München, 1869.
[7]) Zeitschr. f. d. Berg-, Hütten- u. Salinenwesen, Bd. 24, S. 109.
[8]) Muspratts theor., prakt. u. analyt. Chemie, S. 1283.
[9]) Journ. f. Gasbeleuchtung u. Wasserversorgung 1888, Nr. 12.

Kerzenmaterial		Materialverbrauch pro Stunde	Flammenhöhe				Leuchtkraft in Hefner-Lichten[1])			Materialverbrauch pro Stunde in Hefner-Lichten[1])	1000 g = 1 kg liefern Hefnerlicht-Stunden
Schmelzpunkt °C	Erstarrungspunkt °C	g	größte mm	geringste mm	mittlere mm	häufigste mm	Maximum	Minimum	Mittel		
54—55	56—55	8,5766	50	47	48,6	48	1,18	1,01	1,09	7,868	127,0
46—47	50	8,5510	48	45	46,9	47	1,16	1,04	1,11	7,704	129,8
46—48	50—46	8,7187	45	40	42,0	44	1,08	0,82	0,91	9,581	104,4
50—51	51,5—50,5	9,6368	51	48	49,6	50	1,28	1,20	1,23	7,835	127,6
47—49	48—47	9,4560	54	48	51,3	50	1,38	1,22	1,28	7,837	135,4
55—56	58—57	10,8989	73	57	66,8	67	2,10	1,60	1,79	6,088	164,2
56—57	58—57	10,5260	66	59	62,0	62	1,46	1,22	1,30	8,097	123,4
54—55	56—55,5	9,5436	60	53	56,3	57	1,20	1,08	1,13	8,711	114,8
50—51	53,5	9,5753	57	52	54,4	55	1,33	1,13	1,24	7,722	129,5
51,5—53	58—56	10,3594	63	57	59,3	60	1,40	1,13	1,32	7,848	127,4
54	54	8,4684	63	55	60,1	60	1,50	1,23	1,35	6,273	159,4
47—48	44	8,5356	58	53	55,8	56	1,32	1,11	1,23	6,936	144,1

Untersuchungen über den Lichtwert.

Das Verhältnis der Leuchtkraft bei gleichem Materialverbrauche (also den Lichtwert) fanden Karsten, Karmarsch und Grotowsky wie folgt:

Kerzensorte	Karsten	Karmarsch	Grotowsky
Paraffin	1000	1000	1000
Stearin	543	801	830
Talg	448	890	730
Wachs	450	700	840
Walrat	826	—	—
Ceresin	760	—	—
Kompositionskerzen (45° C Schmelzpunkt)	—	—	850

Die großen Abweichungen in den Resultaten der einzelnen Beobachter erklären sich durch die verschiedene Qualität der zur Untersuchung verwendeten Kerzensorten, denn selbstverständlich variieren Paraffinkerzen und ebenso Stearin- und Talgkerzen usw. untereinander stark in ihrem Lichtwerte, je nachdem ihr Schmelzpunkt höher oder tiefer liegt.

Die genauesten Untersuchungen über dieses Thema verdanken wir Bunte und Scheithauer, deren Resultate deshalb besonders wertvoll sind, weil sie weder die Größe der Kerzen noch die Dochtbeschaffenheit außer acht lassen, also alle Faktoren berücksichtigen.

[1]) 1,2-Hefner-Licht = 1 Normalkerze.

Die Untersuchungsergebnisse[1]) der Genannten wurden in der Tabelle auf S. 860/61 zusammengefaßt wiedergegeben, und es sei dazu folgendes bemerkt:

Den Materialverbrauch bestimmten die Versuchsansteller durch den Gewichtsverlust der Kerzen nach einstündigem Brennen. Die Flammenhöhe wurde nach dem optischen Flammenmaße von Krüß[2]) bestimmt, und zwar wurden in jeder Minute zwei Ablesungen notiert, und dies während einer Viertelstunde. Aus den 30 Einzelbeobachtungen wurden die größte, geringste, die häufigste und die mittlere Flammenhöhe entnommen. Zur Bestimmung der Leuchtkraft diente ein Buntesches Photometer, als Lichteinheit wurde dabei die Amylazetatlampe von Hefner-Alteneck angenommen. (1 Normalkerze = 1,2 Hefnerlichteinheiten.) Die photometrischen Messungen wurden während je 10 Minuten vorgenommen und jede Minute eine Ablesung gemacht, aus welchen 10 Einzelresultaten man die geringste, mittlere und größte Leuchtkraft notierte. Die photometrischen Messungen wurden dabei unter Beobachtung der Flammenhöhe ausgeführt, und zwar dann, wenn die Kerzen die mittlere oder häufigste Flammenhöhe zeigten.

Die meisten Stearinkerzen verbrannten bei einer Temperatur von 15 bis 18° C mit normalem Materialverbrauch und bildeten dabei ein tiefes Becken. Die Kerze 6 gab ein Becken mit besonders hohem Rande, der aber bei geringer Luftbewegung zusammenstürzte, wobei ein Ablaufen des in dem Becken angesammelten flüssigen Kerzenmaterials stattfand.

Die Paraffinkerzen brannten bei der genannten Temperatur ebenfalls mit tiefen, oben eingezogenen Becken, die Kompositionskerzen dagegen mit weniger tiefen, feuchten Becken. Sowohl die Paraffin- als auch die Kompositionskerzen zeigten auch bei mäßig bewegter Luft keine Neigung zum Ablaufen.

Aus den Versuchsresultaten können folgende Regeln abgeleitet werden:

Allgemeine Regeln über Materialverbrauch und Lichtmenge.

1. Bei größerer Flamme wächst die Leuchtkraft weit stärker als der Materialverbrauch. (Vergleiche Materialverbrauch bzw. Leuchtkraft der Kerze Nr. 6.)

2. Die aus gleicher Menge Kerzenmaterials erzeugte Lichtmenge ist bei Paraffin- und Kompositionskerzen weit größer als bei Stearinkerzen.

3. In den Kompositionskerzen wird ungefähr die gleiche Lichtmenge produziert wie beim gesonderten Verbrennen der Bestandteile der Kompositionskerzenmasse[3]).

---

[1]) Journ. f. Gasbeleuchtung u. Wasserversorgung 1888, S. 901.

[2]) H. Krüß hat bei einer Studie über Normalflammen die verschiedenen Kerzensorten auf die Flammenhöhe und das regelmäßige Brennen untersucht und dabei eine Methode der Flammenablesung angegeben. (Journ. f. Gasbeleuchtung 1883, S. 213, 511 u. 717.)

[3]) Nimmt man die Kompositionskerze (Nr. 12 der Tabelle) aus 2 Teilen Paraffin und 1 Teil Stearin bestehend an, so berechnet sich ihre theoretische Lichtmenge unter Zugrundelegung eines Wertes von 159 Hefnerlichtstunden für Paraffin und 129 für Stearin mit

$$\frac{2 \times 159 + 129 \times 1}{3} = \frac{447}{3} = 149,$$

während die Messung 144 Hefnerlichtstunden für die Kompositionskerze ergab.

Das gußfertige Herrichten der Kerzenmassen.

Die verschiedenen als Kerzenmaterial verwendeten Materialien erfahren vor ihrer Ummodelung zu Kerzen gewöhnlich eine besondere Reinigung, zum wenigsten aber eine einfache Verflüssigung (nur beim Rollen und beim Pressen von Kerzen wird davon Abstand genommen), womit nicht selten ein Vermischen verschiedener Kerzenstoffe und deren Färbung verbunden wird.

Die Reinigung des Kerzenmaterials besteht bei Wachs und Talg meist aus einem einfachen Aufschmelzen, weil diese Materialien gewöhnlich durch frühere Raffination in einen genügend reinen Zustand gebracht wurden. Läuterung des Kerzenmaterials.

Bei Paraffin und Ceresin wird die Läuterung durch ein einfaches Schmelzen über Wasser und längeres ruhiges Abstehenlassen vorgenommen, wobei sich die Verunreinigungen, die aus mechanisch anhaftendem Staub, Fäden der Transportsäcke usw. bestehen, an der Trennungsfläche des Wassers und Paraffins in Form einer feinen, spinnwebenartigen Schmutzschicht ausscheiden.

Die bei Stearin übliche Reinigung ist bereits S. 769 beschrieben worden; die in den Kerzengießereien gebräuchliche Methode der Läuterung weicht von dem dort beschriebenen Verfahren in keiner Weise ab. Die Kochung mit verdünnnter Säure bezeichnet man in den Kerzenfabriken häufig als „saure Wäsche“, während man unter „süßer Wäsche“ die dann folgende Wasserwaschung unter Oxalsäurezusatz versteht.

Bei Paraffin ist eine der Süßwäsche vorhergehende saure Wäsche nicht am Platze, denn es wird dadurch unansehnlich und bekommt einen gelblichen Stich.

Das gußfertige Herrichten der Kerzenmasse erfolgt in allen größeren Betrieben in besonderen Lokalen, die den Namen „Klärlokale“ führen und an das Gießlokal anstoßen, damit die Beförderung der gußfertigen Masse in die Gießmaschinen leicht bewerkstelligt werden könne.

Zum Aufkochen der Kerzenmasse bedient man sich am besten Bottichen aus Lärchen-, Weißtannen- oder Pitchpineholz, die man verbleit, sofern sie einer sauren Wäsche dienen sollen, während sie für die Süßwäsche unverbleit gelassen werden. Viereckige Holzkasten mit Bleiverkleidung sind für die Klärung der Kerzenmasse nicht zu empfehlen, weil ihre Reinhaltung schwierig ist (innere scharfe Ecken); ausgebleite Eisengefäße verbieten sich wegen der Gefahr des Hineingelangens von Eisensalzen in das gußfertige Material. Klärbottiche.

Die Armatur der Kochgefäße besteht aus einem am Boden angebrachten Hahn zum Ablassen des Schmelzwassers, einem zweiten, seitlichen Hahn, der 100—120 mm oberhalb des Bodens angebracht ist, einer Dampfschlange und der Wasserzuleitung. Armatur derselben.

Die beiden Hähne sind zweckmäßigerweise aus Hartblei oder noch besser aus Phosphorbronze, welch beide Materialien der Einwirkung von Schwefel- und Fettsäure widerstehen. Vorteilhaft erweisen sich Hähne mit einer Durchstoß- bzw. Putzvorrichtung.

Als Dampfschlangen sind für Stearin offene Schlangen aus Blei oder verzinntem Kupfer gebräuchlich; für Paraffin hat man bisweilen auch geschlossene Schlangen aus Blei oder verzinntem Eisen.

Bei der Rohrleitung sind alle Punkte zu beachten, die S. 595 angeführt wurden. Nachzutragen wäre hier nur, daß man die Bleirohre bisweilen nicht über den Rand der Gefäßwand hinauszieht, sondern sie nur bis unterhalb des Bottichrandes gehen läßt, wo ein eingelötetes Kupferrohr ins Bleirohr greift und die Verbindung mit der Ventilflansche vermittelt. Man will dadurch vermeiden, daß sich das Bleirohr infolge seiner Schwere an der am Bottichrand aufliegenden Stelle flachdrückt.

Die S. 595 erwähnten Entlüftungshähnchen, die als Sicherheitsvorkehrungen für undichte Ventile zu betrachten sind, findet man in den Klärlokalen ebenso häufig wie die einfachen Vorrichtungen, die aus 4—5 mm weiten, in dem kupfernen Rohrteile angebrachten und mit gewöhnlichen konischen Hartholzstöpseln verschließbaren Öffnungen bestehen.

Transport des geklärten Kerzenmaterials.

Der Transport des Materials von einem Gefäße zum anderen soll mit wenig Aufwand von Pumpenarbeit erfolgen; man muß vielmehr durch richtige Postierung der einzelnen Kochgefäße dafür sorgen, daß die Kerzenmasse von einem Gefäße durch bloßes Umschöpfen leicht in das andere gebracht werden könne.

Das Umschöpfen erfordert übrigens sachkundige Arbeiter, und selbst diese bieten keine Sicherheit dafür, daß nicht bisweilen der abgesetzte Schmutz durch die Schöpfer aufgewühlt wird und in die Kerzengießmasse gerät.

Beim Pumpenbetrieb ist diese Gefahr aber noch größer, weil man hier mit den Wirbelbewegungen am Ende des Saugrohres zu rechnen hat.

Als Verbindungsleitung werden bei dem Überschöpfen gewöhnlich offene Holzrinnen verwendet, die den verbleiten vorzuziehen sind, aber ein peinliches Abdichten erfordern, wenn die Reinlichkeit der Arbeit nicht leiden soll. Bisweilen sind zum Befördern von gußfertigem, also säurefreiem Kerzenmaterial wohl auch Zinkblechrinnen in Gebrauch wie auch Trichter aus Zinkblech, um das Verspritzen von Kerzenmasse bei dem Ablassen durch die Hähne zu vermeiden.

Für Pumpenbetriebe sind Rohrleitungen aus verzinntem Kupfer oder Blei gebräuchlich, doch soll man lange Rohrleitungen wegen der schweren Reinhaltung und wegen der Bildung von Metallseifen tunlichst vermeiden. Wenn sie nicht zu umgehen sind, soll man nur einen Teil fix legen, mehrere Stücke aber leicht abnehmbar machen (Holländerverschlüsse), um ein periodisches Reinigen der Leitungen zu ermöglichen.

Für die Beförderung der Schwefelsäure in die Säurewaschbottiche sind mitunter Blei-Montejus in Verwendung, obwohl sie bei den hier in Frage kommenden geringen Säuremengen auch entbehrlich sind.

In Betrieben, wo mehrere Arten von Kerzenmasse vergossen werden, sollten für jede derselben die notwendigen Koch- und Klärbottiche vorhanden sein und man sollte nicht, je nach dem momentanen Bedarf, denselben Bottich jetzt für diese, das andere Mal für jene Kerzenmasse verwenden.

Anordnung der Kochgefäße. Bei der etagenförmigen Anordnung der Bottiche, die wegen der Arbeitersparnis von O. Rosauer[1]) ganz besonders empfohlen wird, müssen die Gefäße für die Säurewäsche am höchsten postiert werden; in die zweite Etage kommen die Süßwaschbottiche, und zwar derart gestellt, daß man einerseits das Kerzenmaterial von den Behältern der oberen Etage bequem in sie ablassen kann, andrerseits aber auch noch ein genügendes Gefälle hat, um das gußfertige Material in das Gießlokal fließen zu lassen.

Neben diesen wichtigsten Kochgefäßen werden noch verschiedene Gefäße zum Aufnehmen der beim Putzen der Bottiche entstehenden Reste, der beim Reinigen des Klärlokals sich ergebenden Abfälle und der beim Gießen der Kerzen abfallenden Masse (sogenannten Brocken oder Köpfe) benötigt, die man je nach den lokalen Verhältnissen postiert.

Das Aufarbeiten dieser Reste sowie der beim Fräsen und Bohren abfallenden Splitter ist in jeder Kerzenfabrik von großer Wichtigkeit, denn sie können 30—40 % der täglichen Kerzenproduktion ausmachen und nehmen einen sehr großen Raum weg. Weil sie sehr leicht verstauben und ein nicht unbeträchtliches totes Kapital darstellen, sobald man sie zu sehr anwachsen läßt, müssen sie rasch zu gebrauchsfertiger Kerzenmasse regeneriert werden.

Verwertung der Materialabfälle. Es braucht kaum betont zu werden, daß man die verschiedenen Abfälle, wie sie beim Herrichten der Kerzenmasse sowie von den Gieß-, Bohr- und Fräsmaschinen resultieren, streng gesondert sammeln muß, damit die Einheitlichkeit der einzelnen Kerzenqualitäten nicht leide. Ganz besonders wichtig ist es, auf eine strenge Trennung der verschiedenen Abfallsorten zu sehen, wenn neben ungefärbten Kerzen auch gefärbte hergestellt werden. Abgesehen davon, daß ein Hineingeraten farbiger Kerzenmassen in die ungefärbten Abfälle letztere für die Wiederverwendung zur Herstellung weißer Kerzen ungeeignet machen würde, ist auch das Vermengen der Abfälle gefärbter Kerzen von verschiedenen Nuancen zu vermeiden, weil durch deren Vermischen beim Wiederaufschmelzen mißfarbige Kerzenmassen resultieren.

Die Verwertung der Kerzenmaterialabfälle geschieht in einfacher Weise dadurch, daß man sie auf Wasser (eventuell unter Zusatz geringer Säuremengen) aufschmilzt und dann genau so verfährt wie beim Herrichten sonstiger Kerzenmassen. Eine Schwierigkeit bilden dabei nur die von den

[1]) Seifensiederztg., Augsburg 1909, S. 413.

Kerzengießmaschinen kommenden Köpfe, das sind die S. 916 näher beschriebenen Abfälle, in denen die abgeschnittenen Dochtenden stecken. Diese setzen sich beim Aufschmelzen der Abfälle im Bottich zwar ab, geben aber doch häufig Anlaß zum Verstopfen der Ablaßhähne der Schmelzbottiche. Durch Anbringung von gelochten Bleiblechen oder Netzen aus Bleidraht im Bottichinnern sucht man das Hineinschlüpfen von Dochtenden in die Ablaßhähne zu vermeiden.

Gewöhnlich wird zur Entfernung der Dochte vorerst über Wasser aufgeschmolzen, das von den Dochten befreite Stearin mit verdünnter Schwefelsäure gekocht und am nächsten Tage der Süßwasserwäsche nach und nach zugegeben.

In Fällen, wo das Kerzenmaterial aus einer Mischung mehrerer Stoffe besteht, oder wo es sich um die Herstellung voll ausgefärbter, bunter Kerzen handelt, folgt der Klärarbeit der Mischprozeß oder das Färben.

Das Mischen und Färben der Kerzenmasse.

Allgemeines. Der Mischprozeß kann sehr leicht mit der Süßwäsche verbunden werden; das Färben nimmt man dagegen in der Regel in Holzbottichen vor, die indirekte Dampfschlangen haben, aber des Wasserzulaufs entbehren, weil in ihnen lediglich ein trockenes Schmelzen bzw. Warmhalten des schon flüssigen Materials stattzufinden hat. Das Färben der Kerzenmasse hat in den letzten Dezennien eine ziemliche Wichtigkeit erlangt. Nicht nur für die Herstellung von Christbaumkerzen werden gefärbte Gießmassen verwendet, sondern man wünscht auch Kerzen für verschiedene Dekorationszwecke in mehr oder weniger grellen Farben. So sind im Orient lebhafte Farben zeigende Kerzen sehr beliebt und die vor nicht zu langer Zeit aufgekommenen zopfartig gewundenen Kerzen werden auch bei uns in bunter Ausführung als Klavierkerzen, bei Paradeleuchtern und zu sonstiger Ausschmückung gern genommen.

Arten des Färbens. Bei den farbigen Kerzen muß man solche unterscheiden, die in ihrer ganzen Masse ausgefärbt sind, und solche, die eigentlich aus ungefärbtem Kerzenmaterial bestehen und nur mit einer äußeren gefärbten Schicht umgeben sind. Für kleinere Stearinkerzen und fast für alle Paraffinkerzen wird die ganze Kerzenmasse ausgefärbt. Bei den gezogenen Wachskerzen und bei den meisten der stärkeren Stearinkerzen ist jedoch der Kerzenkern ungefärbt und nur eine peripherial gefärbte Schicht vorhanden. Bei den Wachskerzen stellt man diese gefärbte Außenschicht auf einfache Weise derart her, daß man den letzten oder auch schon den vorletzten Wachszug (siehe S. 899) statt mit gewöhnlichem Wachs mit gefärbter Wachsmasse ausführt. Bei den gegossenen größeren Stearinkerzen wird der farbige Überzug durch Eintauchen der auf gewöhnliche Weise hergestellten Kerzen in ein Farbbad erreicht. Letzteres besteht fast immer aus gefärbtem Paraffin, weil damit sehr hübsche, lebhafte Farben erhalten werden und die Kerzen einen hohen Glanz bekommen, wogegen sie bei Verwendung von gefärbten Stearinbädern vielfach matt und unansehnlich werden.

Die Herstellung gefärbter Kerzen durch das Eintauchen in Farbbäder hat bei gedrehten Kerzen noch den Vorteil, daß sich von selbst sehr gefällig aussehende Schattierungen bilden, indem in den Vertiefungen der Wülste größere Mengen der Farbmasse zur Ablagerung kommen als an den Erhöhungen der Wülste.

Die zum Färben der Kerzen verwendeten Farbstoffe sollen

1. möglichst lichtecht sein,
2. beim Verbrennen keine giftigen Dämpfe entwickeln und
3. das Brennen der Kerze nicht beeinträchtigen.

Farbstoffe, die allen diesen Bedingungen vollauf gerecht werden, gibt es nur sehr wenige. Die sehr lichtechten Mineralfarben tun der Brennbarkeit der Kerzen argen Abbruch; die in dieser Beziehung weniger unangenehmen Anilinfarben sind nur zum geringsten Teil lichtecht.

Mineralfarben.

Die Mineralfarben, die vor dem Bekanntwerden der Teerfarbstoffe in der Kerzenindustrie allgemein angewendet wurden, nehmen heute aber nur mehr einen sehr bescheidenen Platz in der Kerzenindustrie ein, weil die damit gefärbten Kerzen durchwegs schlecht brennen[1]). Die Lebhaftigkeit und unbegrenzte Lichtechtheit der damit erzielten Färbung lassen sie nicht selten für solche Kerzen zweckmäßig erscheinen, die mehr zur Zierde und zum Aufputz als zur Beleuchtung dienen. Daß arsen-, quecksilber- und bleihaltige Farben aber auch hierfür nicht in Anwendung kommen sollen, weil sie beim etwaigen Verbrennen der Kerzen zur Bildung von giftigen Dämpfen Anlaß geben, braucht erst nicht besonders betont zu werden.

Schweinfurtergrün, Grünspan, Zinnober, Auripigment, Neapelgelb usw. sollten also zum Färben von Kerzen niemals verwendet werden; der Anwendung von Chromgelb, Ultramarin, Berlinerblau, Grünzinnober, Ocker, Lithopone usw. steht dagegen nichts im Wege. Heute wird von Mineralfarben fast nur giftiger Grünspan (Kupferazetat) zum Kerzenfärben verwendet. Wenn daher E. Lowe[2]) berichtet, daß zur Weihnachtszeit wegen der mit arsenhaltigen Farben gefärbten Baumkerzen mitunter ernstliche Erkrankungen zu verzeichnen seien, so ist diese Mitteilung mit ebensolcher Vorsicht aufzunehmen wie eine frühere ähnlich lautende B. Schreibers[3]).

Die Mineralfarben sind in der Kerzenmasse niemals gelöst, sondern nur suspendiert, im Gegensatze zu den Teerfarbstoffen, die nur dann in voller Weise wirken, wenn sie von dem Kerzenmaterial gelöst werden.

---

[1]) Auf das Ungeeignetsein der Mineralfarben für Zwecke der Kerzenindustrie machte schon Vohl im Jahre 1865 (Chem. Zentralblatt 1865, S. 1442) aufmerksam.

[2]) Liebigs Annalen 1889, S. 83.

[3]) Polyt. Notizblatt 1858, S. 187.

Organische Farbstoffe.

Von den organischen Farbstoffen werden besonders die künstlichen Teerfarbstoffe (Anilinfarben) verwendet, die natürlichen Pflanzenfarbstoffe finden nur in wenigen Fällen (z. B. Chlorophyll, Alkannin; Anakardienschalen) in der Kerzenindustrie Anwendung.

Teerfarben.

Die Teerfarben zeichnen sich durch ihre Farbenprächtigkeit aus, gestatten, Kerzen in allen Farbenschattierungen herzustellen und beeinträchtigen das Brennen der Kerzen im allgemeinen nur wenig; nur wenn die Farbstoffe von der schlechtgeleiteten Fabrikation herrührende Salze (wie Natriumsulfat, Kochsalz usw.) oder zwecks Farbenegalisierung zugesetztes Dextrin enthalten, wirken Teerfarben merklich verschlechternd auf das Brennen der Kerzen. Um ein kleinwenig stehen die mit Anilinfarben gefärbten Kerzen übrigens den ungefärbten hinsichtlich Brennfähigkeit stets nach, doch kommt dieser Unterschied in der Praxis kaum in Betracht. Nur dort, wo größere Farbmengen ($^1/_2$—1 $^0/_0$) angewandt werden (z. B. bei mit Nigrosin schwarzgefärbten Kerzen), beeinträchtigen die Teerfarben das ruhige Brennen der Kerzen.

Leider sind die Teerfarbstoffe wenig lichtecht; nur das Chinolingelb und einige wenige andere Stoffe machen davon eine Ausnahme. Am wenigsten lichtecht sind die grünen Farbstoffe.

Eine große Reihe von Teerfarben ist in Talg[1]) und Stearin löslich, in Paraffin und Ceresin lösen sich dagegen verhältnismäßig nur wenige dieser Farben.

Anwendungsart.

Das Auflösen der Anilinfarben erfolgt in Stearin einfach derart, daß man die Farbe in das geschmolzene, auf 60—65 °C erwärmte Stearin unter Rühren einträgt.

Um Farbstoffe, die in Paraffin, Ceresin oder Wachs an und für sich nicht löslich sind, zur Färbung solcher Kerzenmassen benutzen zu können, verfährt man derart, daß man sich vorerst eine Lösung des Farbstoffes in Stearin herstellt und diese Farben dann in das zu färbende Kerzenmaterial einträgt. Dabei tritt nur selten ein Ausfallen des im Stearin gelösten Farbstoffes ein. Wo dies dennoch der Fall ist, kann man dem Übelstande durch Beigabe einiger Tropfen Alkohol vorbeugen.

An Stelle des Stearins kann man als Lösungsmedium auch Olein (technische Ölsäure), mit oder ohne Zugabe von etwas Alkohol, verwenden. Man soll überall dort zu Olein greifen, wo man die Geschmeidigkeit des Kerzenmaterials nicht verringern will, was durch gefärbte Stearinmassen leicht geschehen kann. Zum Färben von Wachsmassen in der Wachszieherei ist daher eine in Olein angerührte Farbmasse beliebt.

Farbumschlag.

Bemerkenswert ist auch der Farbumschlag, den mitunter gefärbte Kerzenmassen beim Erwärmen zeigen. So gibt es eine ganze Reihe blauer

[1]) Über die zum Färben von Fett in mikroskopischen Präparaten verwendeten Teerfarbstoffe siehe Leonor Michaelis, Über Fettfarben, Virchows Archiv 1901, Bd. 164, S. 263.

Farbstoffe, die die geschmolzene Kerzenmasse braunrot färben, welcher Farbton auch nach eingetretenem Erstarren so lange bestehen bleibt, bis die erstarrte Masse unter einen gewissen Temperaturgrad abgekühlt ist; erst dann tritt die eigentliche blaue Färbung hervor.

Dieses auffallende Verhalten zeigen nicht etwa nur gefärbte Stearinmassen, sondern auch Paraffin- und Ceresin-Kerzenmassen, die unter Zuhilfenahme von in Stearin oder Ölsäure angemachten Anilinfarbstoffen bestimmter Herkunft gefärbt wurden.

Wandern. Ein höchst interessantes Verhalten ist auch das sogenannte „Wandern" der Kerzenfarben. Werden nämlich gefärbte Kerzen mit weißen oder anders gefärbten Kerzen zusammen verpackt und eine Zeitlang lagern gelassen, so zeigt sich nicht selten ein Übergehen der Farbe auf die weißen oder anders gefärbten Kerzen. Dieses Wandern gewisser in Kerzenmassen gelösten Anilinfarbstoffe hat man durch eine Sublimationserscheinung zu erklären gesucht.

Gewisse Farbstoffe, so z. B. Seidenrot, zeigen dieses Wandern in so auffälliger Weise, daß man sie zum Färben kleiner Kerzen, von denen sich in einem Pakete gewöhnlich verschiedene Farbnuancen befinden, nicht verwenden darf. Bei Überführung solcher wandernder Teerfarbstoffe in ihre Sulfosäure hört diese charakteristische Erscheinung auf.

Verwendete Farbsorten. Die in der Kerzenindustrie gebräuchlichsten Anilinfarbstoffe sind:

Für Rot und Rosa:	Erythrosin,	für Blau:	Viktoriablau,
	Eosin,		Indulin,
	Fuchsin,		Spritblau,
	Phloxin,		Typophatblau;
	Rhodamin B,	für Grün:	Viktoriagrün,
	Rhodamin 6 G,		Brillantgrün,
	Rose bengale,		Malachitgrün,
	Sudan;		Säuregrün;
für Gelb:	Chinolingelb,	für Violett:	Kristallviolett,
	Echtgelb,		Methylviolett;
	Auramin,	für Orange:	Diamantorange,
	Thiazolgelb,		Goldorange,
	Pikrinsäure;		Tropäoline.

Farbpasten. Um das lästige Verstauben der meistens in feinster Pulverform in den Handel kommenden Teerfarben zu vermeiden und gleichzeitig Mittel zu bieten, mit denen jedwede Kerzenmasse leicht auf die gewünschte Nuance ausgefärbt werden kann, wurden auch fertige fettlösliche Farbpasten in den Handel gebracht.

Von diesen Fettfarben, die von den Firmen: Farbwerke Friedr. & Carl Hessel, A.-G. in Nerchau, Wilhelm Brauns in Quedlinburg (Harz),

Farbenfabrik Oker (Saltzer & Voigt) in Oker am Harz sowie Wülfing, Dahl & Co., A.-G. in Barmen, erzeugt werden, benötigt man natürlich weit größere Mengen zur Erzielung einer bestimmten Farbnuance als von den Originalfarbstoffen, weil sie ja nur Lösungen dieser letzteren darstellen. Während man von den normalen Anilinfarbstoffen ungefähr 0,01—0,05 % vom Gewichte des auszufärbenden Kerzenmaterials braucht, benötigt man von den Fettfarben das Vielfache dieser Menge. Bestimmte Angaben lassen sich hier übrigens nicht machen, weil die Menge des Farbzusatzes ganz und gar von der gewünschten Farbintensität des Kerzenmaterials abhängt.

Fett-Azofarben.

Interessant sind die von Sulzberger dargestellten Fett-Azofarben, die S. 774 näher beschrieben wurden, sowie die von Nördlinger nach den deutschen Reichs-Patenten Nr. 198278 und 213172 hergestellten fettlöslichen Farben, über die unter „Nachträge" näheres nachgelesen werden kann.

Ulrichs Farblacke.

G. Ulrich[1]) hat zur Erzielung lichtechter Färbungen von Kerzen an Stelle der substantiven Farbstoffe Anthrazenfarbstoffe in Vorschlag gebracht, die nur in Verbindung mit einem Metallsalz (Farblack) färben. Seine Vorschrift lautet:

„Man schmelzt eine wasserfreie Aluminiumseife (durch Umsetzen von ölsaurem Kali mit Aluminiumsulfat erhalten) mit einer gleichen Gewichtsmenge Wachs, Paraffin oder Ceresin und bringt dieses Gemisch in das durch Suspension des Anthrazenfarbstoffes hergerichtete Farbbad, steigert langsam die Temperatur und erhitzt so lange, bis die geschmolzene Masse dunkel gefärbt erscheint. Man läßt diese dann erstarren und kann den Kuchen, nachdem man ihn getrocknet hat, direkt zum Färben von Kerzen usw. benutzen. Bei einer 150fachen Verdünnung bekommt man immer noch ein kräftiges Rosa, falls man mit Alizarin färbt."

Diesen mittels Anthrazen gefärbten Kerzen haften aber jedenfalls dieselben Übelstände an, die auch die Mineralfarben zeitigen: Die Kerzen brennen schlecht. Die Ulrichsche Idee ist daher nie zur praktischen Durchführung gekommen.

Schwarzfärben der Kerzenmassen.

Zur Herstellung von Gießmaterial für schwarze Kerzen (sogenannte Trauerkerzen) verwendet man vielfach Anakardienschalen[2]) (vergleiche S. 471, Band 2), die man mit dem geschmolzenen Paraffin oder Stearin einige Minuten digeriert, wobei das in den Schalen enthaltene Harzgummi in diese Stoffe übergeht und sie schwarz färbt. In neuerer Zeit werden aber die Kerzenmassen auch durch Nigrosin, Typophorschwarz und ähnliche Teerfarben schwarz gefärbt; von diesen Farbstoffen sind aber größere Mengen notwendig (ca. 1 % vom Fettgewichte), weshalb solche Kerzen nicht gut brennen.

---

[1]) Mitteilungen des k. k. Technol. Gewerbemuseums, Wien 1891.

[2]) Deutsche Industrieztg. 1866, S. 498; Dinglers polyt. Journ., Bd. 183, S. 253; Böttcher, Jahresbericht des physik. Vereines zu Frankfurt a. M. 1870/71. S. 15; besonders auch Chem. Ztg. 1884, S. 468 u. 539.

Neben färbenden Substanzen hat man auch versucht, dem Kerzenmaterial desodorisierende oder wohlriechende Stoffe zuzusetzen, also Kerzen zu erzeugen, die beim Brennen Wohlgeruch verbreiten oder desinfizierend wirken. Auf einige solcher Vorschläge wird S. 958 zurückgekommen werden. Wohlriechende Kerzenmassen.

Bei der Wichtigkeit, die einer reinlichen und geordneten Arbeit bei dem Gußfertigmachen und bei etwaigem Färben des Kerzenmaterials zukommt, ist der Bauweise des Klärlokals und der Disposition der verschiedenen Bottiche besondere Beachtung zu schenken[1]).

Als Klärlokal soll ein lichtes und möglichst staubfreies Lokal gewählt werden, dessen Fußboden fugenfrei und waschbar ist. Sehr praktisch erweisen sich mit Klinkerplatten belegte Fußböden. Bauweise der Klärlokale.

Wichtig ist, daß der Fußboden nach einem Punkt hin Neigung hat, damit bei der öfter eintretenden Reinigung des Lokals sämtliche Waschwässer diesem einen Punkt zuströmen, von wo aus sie durch ein Siphonrohr in mehrkammerige Klärbassins geleitet werden, die das Fett zurückhalten, bevor die Wässer in den Fabrikskanal laufen.

Für die etwa vorhandenen Podestkonstruktionen des Klärlokals eignen sich Holzkonstruktionen nicht, weil sie unter dem dauernden Einfluß der Feuchtigkeit bald faulen; Eisenkonstruktionen leiden durch die beim Kochen der Kerzenmasse sich bildenden Dämpfe. Durch einen guten Ölanstrich läßt sich der Rostbildung allerdings ziemlich vorbeugen und bei richtiger Instandhaltung sind eiserne Konstruktionen viel haltbarer, als man in der Regel annimmt.

Sehr praktisch sind Betoneisenpodeste oder solche nach dem Rabbitsystem hergestellte.

Die sich beim Aufkochen der Kerzenmasse bildenden Dämpfe müssen jedenfalls einen leichten Abzug finden, damit sich möglichst wenig Nebel im Lokal bilde und vor allem die Bildung von Kondenswasser vermieden werde. Wird auf letzteren Umstand nicht gesehen, so kommt es nur allzuhäufig vor, daß Tropfen von Kondensatwasser in die Klärbottiche fallen und die geklärte Kerzenmasse wieder verunreinigen.

Die Reinhaltung und Betriebsübersichtlichkeit hängen im übrigen sehr von der Disposition der Schmelz- und Klärgefäße ab. Man hat hier vor allem darauf zu sehen, daß die verschiedenen Laufstege und Treppen nicht direkt oberhalb der Gefäße liegen, damit ja kein Schmutz von diesen Kommunikationsmitteln in die Gefäße fallen könne, und außerdem für fugendichte Deckel der Schmelz- und Absetzgefäße zu sorgen.

So einfach auch im allgemeinen die Einrichtung der Klärlokale sein mag, erfordert sie dennoch eine Reihe praktischer Erfahrungen, wenn man den drei dabei gestellten Hauptanforderungen:

[1]) Siehe auch Otto Rosauer, Über eine zweckmäßige Einrichtung des Klärsaales einer Kerzenfabrik, Seifensiederztg., Augsburg 1909, S. 413.

1. weitestgehende Ersparnis an Handarbeit und möglichster Wegfall von Pumparbeit;
2. Anordnung der Schmelz- und Absetzgefäße, die ein übersichtliches Arbeiten und ein leichtes Reinhalten gewährleistet, und
3. gute Entfernung der sich bildenden Wasserdämpfe,

gerecht werden will.

b) Die Präparierung des Dochtes.

Allgemeines.

Dem in der Achse der Kerze sitzenden Docht (früher auch Tocht genannnt) obliegt die Erfüllung sehr wichtiger Funktionen und seine Beschaffenheit ist für das ruhige, helle Brennen der Kerze von größter Bedeutung. Wie schon S. 826 ausgeführt, fällt dem Docht die Aufgabe zu:

1. das geschmolzene Kerzenmaterial aufzusaugen;
2. durch seine Flamme eine entsprechende Menge Leuchtstoff zu verflüssigen und
3. sich beim Abbrennen der Kerze selbsttätig zu verzehren.

Zur Erzielung dieser drei Bedingungen ist es nun notwendig, daß:

a) der Docht aus einem gute Kapillarität zeigenden Stoffe hergestellt sei;
b) durch seine Stärke eine Flammenbildung gewährleiste, die nicht zu viel und nicht zu wenig Material zum Schmelzen bringt, und
c) für ein vollständiges Verbrennen des in der Kerzenflamme eigentlich nur verkohlenden Dochtendes gesorgt werde.

Schon seit den ältesten Zeiten sind die verschiedenen Gespinstfasern, die sich wegen ihrer großen Kapillarität und ihrer Geschmeidigkeit ganz besonders eignen, als Dochte in Verwendung. Wurden doch schon zu den Vorläufern unserer jetzigen Kerzen wachsgetränkte Hanfschnüre benutzt (vergleiche S. 813). Von diesen Gespinstfasern kommt heute fast ausschließlich nur die Baumwolle in Betracht. Papierdochte, Dochte mit Metalladern, unverbrennliche Dochte und ähnliche Spezialitäten vermochten nicht durchzudringen, und wenn sie S. 885 noch besonders erwähnt werden, geschieht dies mehr der angestrebten Vollständigkeit halber.

Stärke des Dochtes.

Die Wahl einer richtigen Dochtstärke ist deshalb sehr wichtig, weil ein unrichtig dimensionierter Docht einerseits eine Flamme geben kann, die mehr Material schmilzt, als der Docht aufzusaugen (die Kerze „läuft" oder „rinnt") oder, richtiger, zu verbrennen (die Kerze „rußt") vermag, andrerseits zur richtigen Flammenbildung mehr Material braucht, als seine Flamme zu schmelzen imstande ist (Verkümmern der Flamme).

Die Stärke des Dochtes muß daher dem Schmelzpunkt des Kerzenmaterials angepaßt werden, und zwar erfordert ein leichter schmelzender Leuchtstoff (Talg) dickere Dochte als ein schwerer schmelzendes Kerzenmaterial (z. B. Stearin), weil im ersten Falle von der Flamme größere Mengen Materials verflüssigt werden, die zu ihrem Aufgesaugtwerden einer größeren Anzahl Dochtfäden bedürfen. Auch spielt die Heizkraft des Kerzenmaterials bei der Bestimmung der Dochtstärke mit, weil heißere Flammen mehr Material schmelzen und dementsprechend kleiner gehalten werden müssen, um kein Zuviel an verflüssigtem Material zu geben.

Selbsttätiges Verzehren des Dochtes.

Das selbsttätige Verzehren des Dochtes, also das Entbehrlichmachen der früher gebräuchlichen Putzschere, ist das schwierigste der beim Kerzendocht zu lösenden Probleme.

Während des Brennens der Kerze befindet sich nämlich der Docht nur in einem Prozeß des Verkohlens, denn die Flamme verhindert durch Abhaltung der Luft sein eigentliches Verbrennen. Nur wenn durch irgendeinen Umstand ein Teil des Dochtes aus der Flamme herausragt, also mit der Luft in Berührung kommt, brennt dieser Teil ab. Tritt ein solches Hervorragen des Dochtendes aus der Flamme aber nicht ein, so wird das verkohlte Dochtende beim Abbrennen der Kerze länger und länger und es setzt sich an der Dochtspitze Ruß an, wodurch die Saugwirkung des Dochtes verringert wird und die Kerze zu qualmen anfängt. Das verkohlte Dochtende muß entfernt werden (Putzen der Kerze), wenn die Kerze wieder ruhig brennen soll.

Cambacères erkannte zuerst, daß die Lage des Dochtendes in der Mitte der Flamme seiner selbsttätigen Verzehrung hinderlich ist, und versuchte, durch Verwendung von geflochtenen Dochten an Stelle der früheren gedrehten ein seitliches Abbiegen der verkohlten Dochtenden zu erreichen. Die Spannungsverhältnisse in dem zopfartig geflochtenen Dochte bewirken nun in der Tat ein seitliches Abbiegen der verkohlten Dochtenden, die dadurch in die Verbrennungszone der Flamme geraten und vollständig verbrannt werden.

Die erstrebte Krümmung des Dochtendes wird dabei noch durch verschiedene Salze und Säuren unterstützt, mit deren Lösung man die Dochte tränkt. Darauf hat schon Cambacères selbst aufmerksam gemacht, der in seinem Patent vom Jahre 1825 ein Schwefelsäurebad empfahl. Später hat de Milly Borsäure als Dochtbeizmittel eingeführt (1836), d'Arcet empfahl das borsaure Ammonium und Massé und Tribouillet rieten verdünnte Salpetersäure an, welche Beizmittel mit anderen kombiniert wurden, bis man für jedes der angewendeten Kerzenmaterialien eine zweckentsprechende Beize gefunden hatte.

Die durch das Imprägnieren der Dochte in diese gelangten Salze und Säuren geben mit der Asche des Dochtes (wohl auch mit der etwaigen Asche des Kerzenmaterials) unverbrennliche, aber leicht schmelzbare Salze, die sich in Form kleiner Tröpfchen (Borax-, Phosphorsalzperlen) an der Dochtspitze sammeln und infolge ihrer Schwere das schon durch seine Flechtart zum Krümmen neigende Dochtende umbiegen.

Das Herrichten der Dochte besorgen viele Kerzenfabriken selbst; in manchen Betrieben bezieht man ungebeizte Dochte, die man nach eigenem Verfahren präpariert, und in neuerer Zeit haben sich Fabriken aufgetan, die fertig gebeizte Dochte für alle Arten von Kerzenmaterial herstellen und die Kerzenfabriken damit versorgen.

Das Herrichten des Dochtes zerfällt

1. in dessen Drehen oder Flechten;
2. in dessen Beizen (Imprägnieren);
3. in das Schneiden und Aufspulen.

1. Drehen und Flechten des Dochtes.

Allgemeines.

Das zur Herstellung von Kerzendochten verwendete Garn soll reines Baumwollgarn sein, und zwar sind die starken Sorten (z. B. Levantiner Garn) am besten. Hanf- und Jutefasern haben sich für diese Zwecke nicht besonders bewährt. Auch gemischtes Garn ist nicht empfehlenswert; so sollen nach Thomas Cattell Dochte, die aus einem Garngemisch von Baumwolle und Flachs oder aus Hanfabfällen, Jute u. dgl. bestehen, sehr rasch verkohlen, infolgedessen zu Funkenbildung Anlaß geben und ein starkes Tropfen der Kerzen bewirken [1]).

Wichtig ist für Kerzendochtgarn, daß es gleichmäßig dick und frei von abstehenden Enden (sogenannten Räubern) sei, weil sonst Dochte resultieren, die beim Brennen die gleichmäßige Flammenbildung beeinträchtigen. In einigen Dochtspinnereien werden diese Räuber übrigens vor dem Beizen des Dochtes durch vorsichtiges Versengen (Flambage) entfernt.

Zur Herstellung von Kerzendochten eignet sich sowohl ungebleichtes als auch gebleichtes Garn, es ist nur notwendig, daß das Garn möglichst arm an Aschenbestandteilen und sonstigen Verunreinigungen sei, die sich vom Spinnprozesse her stets vorzufinden pflegen. In dieser Beziehung bietet das gebleichte Garn einen gewissen Vorteil, weil der Bleichprozeß gewöhnlich auch reinigend auf das Garn wirkt und vor allem die häufig beobachteten Stückchen von Baumwollsaathülsen entfernt.

Für bessere Kerzensorten werden fast nur Dochte aus gebleichtem Garn verwendet; für Paraffinkerzen ist dies sogar notwendig, weil ungebleichte Dochte diese Kerzen in ihrer Transparenz beeinflussen und ihnen ein unscheinbares, graues Aussehen erteilen. Von den ungebleichten Garnen verwendet man stärkere Nummern als von den gebleichten.

Bei den gedrehten Dochten liegen die Garnfäden sämtlich mehr parallel und sind nur durch eine mehr oder weniger ausgesprochene Drehung lose zusammengehalten, ein gemeinsames Fadenbündel bildend. Die geflochtenen Dochte dagegen bestehen aus mehreren gesonderten schwächeren Fadenbündeln, die zopfartig verflochten sind.

---

[1]) Industrieblätter 1882, S. 110.

Die Herstellung der gedrehten Dochte besorgen die Kerzenfabrikanten meist selbst; die entsprechende Anzahl von Dochtfäden wird zu diesem Zwecke von einer gleichen Zahl auf Spillen gesteckter Spulen abgehaspelt, und die Fäden werden von einem Wickel, der mittels einer Kurbel gedreht wird, aufgenommen, wobei sich die Spulen durch den Zug des sich abwickelnden Fadens drehen.

Gedrehte Dochte.

Gedrehte Dochte, die meist aus starken Garnnummern hergestellt werden (gewöhnlich 12—18), kommen nur noch in beschränktem Maße zur Verwendung; sie sind meistens nicht gebeizt, biegen sich beim Abbrennen nicht um, kommen daher mit der Luft nicht in Berührung und

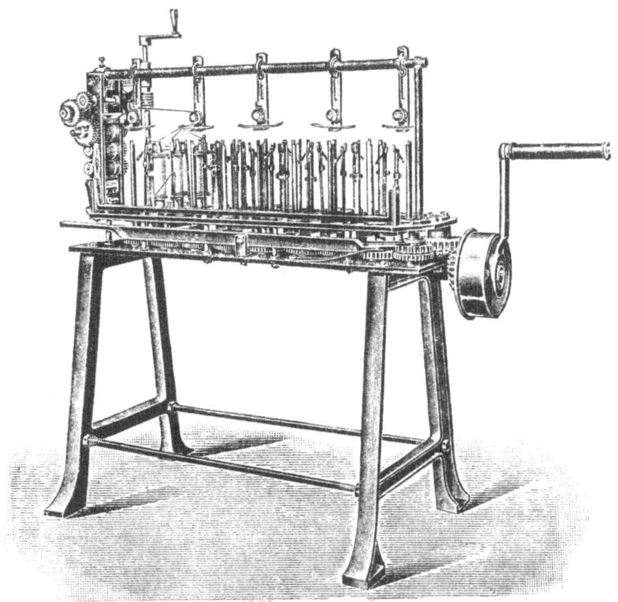

Fig. 201. Dochtflechtmaschine für Handarbeit (System Rost).

können demnach nicht vollständig verbrennen, sondern verkohlen nur, glimmen also beim Abbrennen der Kerze weiter und müssen mit der Schere abgeschnitten werden (Putzen oder Schneuzen der Kerze).

Man findet gedrehte Dochte noch bei manchen Talgkerzen und bei den Wachskerzen, bei welch letzteren sie vor allem wohl deshalb verwendet werden, weil die Käufer aus geflochtenen Dochten einen Schluß auf die zu große Fortschrittsfreundlichkeit des Erzeugers ziehen und auch die modernen Surrogatstoffe des Bienenwachses in der Kerze vermuten könnten. Die Wachszieher behaupten außerdem, daß ihre mit gedrehten Dochten hergestellten Kerzen weniger zum Ablaufen neigen als Kerzen mit geflochtenem Docht.

Bei Stearin-, Paraffin- und Walratkerzen werden gedrehte Dochte nicht mehr verwendet.

Geflochtene Dochte.

Die geflochtenen Dochte, die meist aus schwach gedrehten Garnen erzeugt werden, stellen, je nach dem Kerzenmaterial, dem sie zu dienen haben, festere oder losere zopfartige Geflechte aus mehr oder weniger wolligem Dochte dar. Da sich die Fadenbündel nicht wie beim Schnurflechten an einen inneren Kern anlegen können, ist das Dochtgeflecht stets etwas locker und geschmeidig. Bei Talgkerzen sind mehr schüttere Dochte notwendig als bei Stearinkerzen.

Zum Flechten der Kerzendochte bedient man sich besonderer Flechtmaschinen, ähnlich wie sie die Posamentierer zur Herstellung der Schnüre verwenden. Dochtflechtmaschinen können sowohl für Handantrieb (Kurbeltrieb) als auch für Kraftbetrieb eingerichtet sein. Auf die nähere Konstruktion dieser in den Fig. 201 und Fig. 202 dargestellten Flechtmaschinen sei hier nicht näher eingegangen und nur bemerkt, daß sich ihre Bedienung auf die Anbringung der Garnspulen beschränkt und ihre Arbeit ganz automatisch vor sich geht.

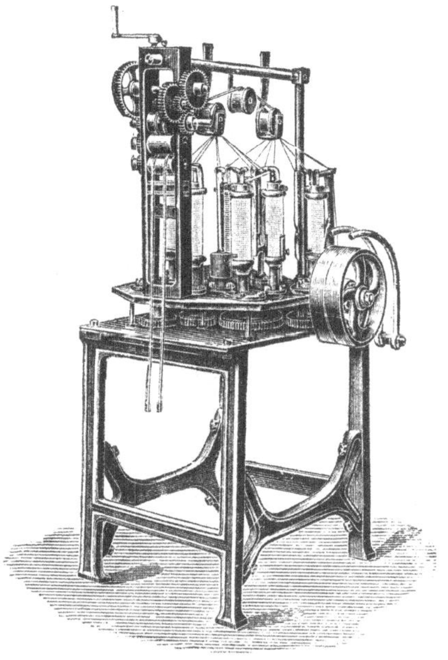

Fig. 202. Dochtflechtmaschine für Kraftbetrieb (System Rost).

Garnstärke.

Die Stärke des Garnes[1]) wechselt ebenfalls mit dem Kerzenmaterial; während man für Talgkerzen gewöhnlich Garn Nr. 16 verwendet, nimmt man zu Paraffin- und Stearinkerzendochten solches von Nr. 32—40, also dünnfädiges[2]).

Dochtdicke.

Die Dicke des Dochtes, die durch die Anzahl und Stärke der Fäden bedingt ist, hängt nicht nur von dem Material der Kerze (Verbrennungswärme), sondern auch von deren Stärke ab. Talgkerzen benötigen die dicksten Dochte, Paraffinkerzen die dünnsten, weil sie die heißeste Flamme geben und diese daher möglichst klein gehalten werden muß, damit sie nicht allzuviel Kerzenmaterial schmelze.

---

[1]) Die Basis der Garnnumerierung ist nicht in allen Ländern gleich; in Österreich und Deutschland rechnet man zumeist nach der englischen Garnnumerierung, in Frankreich und Italien nach der französischen. Die französische Nr. 40 entspricht in der Feinheit des Garnes etwa der englischen Nr. 32. Die Franzosen verwenden im allgemeinen Dochte von etwas geringerer Feinheit.

[2]) Vielfach wird auch behauptet, daß ein Docht aus Garn Nr. 40 französischer Numerierung für Destillations-Stearin geeigneter sei als ein solcher aus Garn Nr. 40 englischer Numerierung.

Bei Talgkerzen rechnet man für geflochtene Dochte gewöhnlich

38— 42 Fäden von Garn Nr. 10	für Kerzen, von denen	8 Stück	500 g wiegen,
42— 45 „ „ „ Nr. 10	„ „ „ „	7 „	500 g „
49— 52 „ „ „ Nr. 10	„ „ „ „	6 „	500 g „
52— 55 „ „ „ Nr. 10	„ „ „ „	5 „	500 g „
56— 62 „ „ „ Nr. 10	„ „ „ „	4 „	500 g „

Bei Stearinkerzen nimmt man Dochte von

60— 64 Fäden von Garn Nr. 40	für Kerzen, von denen	8 Stück	500 g wiegen,
72— 75 „ „ „ Nr. 40	„ „ „ „	7 „	500 g „
85— 88 „ „ „ Nr. 40	„ „ „ „	6 „	500 g „
90—100 „ „ „ Nr. 40	„ „ „ „	5 „	500 g „
104—108 „ „ „ Nr. 40	„ „ „ „	4 „	500 g „

und bei Paraffinkerzen sind Dochte gebräuchlich von

14 Fäden von Garn Nr. 40	für Kerzen, von denen	16 Stück	500 g wiegen,
18 „ „ „ Nr. 40	„ „ „ „	10 „	500 g „
24 „ „ „ Nr. 40	„ „ „ „	8 „	500 g „
30 „ „ „ Nr. 40	„ „ „ „	6 „	500 g „
36 „ „ „ Nr. 40	„ „ „ „	4 „	500 g „

2. Das Imprägnieren (Beizen) der Dochte.

Allgemeines.

Das richtige Beizen des Kerzendochtes (worüber S. 821 bereits geschichtliche Daten gegeben wurden) ist für die Erzielung ruhig brennender Kerzen äußerst wichtig. Die Imprägnierungsbäder müssen der jeweiligen Beschaffenheit des Kerzenmaterials angepaßt werden, und es lassen sich daher nur allgemeine Hinweise über das Dochtbeizen geben.

Das Beizen der Dochte beruht auf einer rein mechanischen Aufnahme der Bestandteile der Imprägnierflüssigkeit; chemische Vorgänge, wie sie zum Teil beim Beizen der Textilfaser in den Färbereien stattfinden, spielen hier nicht mit.

Beizmittel.

Die gebräuchlichsten Beizmittel sind: Bor- und Schwefelsäure, phosphorsaures und schwefelsaures Ammonium und salpetersaures Kali; bisweilen werden auch wolframsaure Salze, Wasserglas und Ammoniumchlorid angewandt.

Die Borsäure und das phosphorsaure Ammonium sollen mit den Salzen des Dochtes und des Kerzenmaterials eine leicht schmelzbare Masse (Borax-, Phosphorsalzperle) bilden, das Ammoniumsulfat, die wolframsauren-, salpeter- und kieselsauren Salze sowie die Schwefelsäure sollen die Brennbarkeit des Dochtes auf jenes Stadium bringen, wie es für die einzelnen Kerzenstoffe erwünscht ist.

Bei Paraffinkerzen, bei denen wegen des höheren Sauerstoffverbrauches der Flamme weniger Sauerstoff zum Docht gelangt und dieser deshalb weniger abbrennt, soll durch das Imprägnieren die Verbrennlichkeit des

Dochtes nicht herabgesetzt, sondern erhöht werden. Andererseits muß man bei Stearinkerzen derart beizen, daß man einen möglichst langsam brennenden Docht erhält.

An Stelle der Borsäure, des wichtigsten der zur Dochtbeize verwendeten Stoffe, hat man auch Borax (borsaures Natron) zu verwenden gesucht. Borax hat sich aber für diese Zwecke nicht bewährt, wie denn überhaupt die Verwendung von Natronsalzen in der Dochtpräparierung wegen ihrer hygroskopischen Eigenschaften nicht empfehlenswert ist.

Ammonsalze, von denen besonders das Phosphat und Sulfat in der Dochtbeize viel verwendet werden, sind deshalb sehr geeignet, weil sie die Kapillarität des Dochtes wenig schädigen und die Farbe der Flamme in keiner Weise beeinflussen.

Schwefel- und Salpetersäure dienen zur Beförderung der Verkohlung des Dochtes; sie sollen das unangenehme Fortglimmen des Dochtes und das Rauchen der Kerze nach dem Verlöschen beheben. Die Salpetersäure wird besonders für Dochte der Paraffin-, Ceresin- und Wachskerzen angewendet; sie verringert das Rußen dieses Kerzenmaterials in sehr erfreulicher Weise. Salpetersaures Ammon, das für Paraffinkerzendochte als Beizmittel empfohlen wird, ist ziemlich wirkungslos, weil es sich schon bei niederer Temperatur zersetzt, jedenfalls bevor es zur Wirkung kommen kann.

Wolfram- und kieselsaure Salze erteilen dem Dochte lediglich die Eigenschaft, schwer verbrennlich zu werden.

Versuche Scheiners.

Sehr instruktive Versuche über die Wirkung verschiedener Dochtbeizen hat Scheiner[1]) angestellt, und seine Resultate mögen nachfolgend kurz wiedergegeben werden.

Die Dochte wurden in der Weise gebeizt, daß man die weiter unten näher bezeichneten Chemikalien in 25 kg destillierten Wassers löste, in die kochende Lösung 5 kg Dochte einbrachte und darauf achtete, daß diese vollkommen von Flüssigkeit bedeckt waren. Nach 15 Minuten wurden die Dochte aus dem Bade genommen, mittels Zentrifugen von der überschüssigen Flüssigkeit befreit und getrocknet.

Die verschiedenen Beizrezepte ergaben die folgenden, aus den zwei nebenstehenden Tabellen ersichtlichen Resultate.

Aus diesen Versuchen ist zu ersehen, daß ein gutes Brennen der Kerze hauptsächlich von dem Verhältnis der angewendeten Borsäure plus Ammoniumsulfat plus Ammoniumphosphat zur Schwefel- oder Salpetersäure abhängig ist und daß sich dieses Mengenverhältnis bei Stearinkerzen wie 7 : 2, bei Paraffinkerzen mit 10 % Stearin wie 2 : 1 stellt, wobei Schwefelsäure von 66° Bé und Salpetersäure von 45° Bé angenommen wird.

Bei Paraffinkerzendochten wirken außerdem ein Weglassen des Ammoniumsulfats und eine Vermehrung der Salpetersäure vorteilhaft.

---

[1]) Seifenfabrikant 1894, S. 3.

a) Stearinkerzen.
Gewicht der Kerzen 62,5 g, Docht 54 fädig.

	Borsäure	Phosphorsaures Ammon	Schwefelsaures Ammon	Schwefelsäure von 66° Bé	Brennen der Kerzen
	in Gramm per 25 l Wasser und 5 kg Docht				
I	300	—	—	300	Kerze rußt, Docht neigt sich nicht, verlöscht gut
II	150	150	—	300	desgleichen
III	150	150	—	150	Kerze rußt nicht, Docht neigt sich nicht, verlöscht unter Glimmen
IV	300	150	150	150	Kerze rußt nicht, Docht neigt sich besser, verlöscht besser
V	300	200	200	200	Kerze raucht nicht, brennt und verlöscht gut

b) Paraffinkerzen mit 10% Stearinzusatz.
Gewicht 62,5 g, Docht 42 fädig.

	Borsäure	Phosphorsaures Ammon	Schwefelsaures Ammon	Salpetersäure von 45° Bé	Brennen der Kerzen
	in Gramm per 25 l Wasser und 5 kg Docht				
I	300	200	200	200	Kerze raucht, Docht neigt sich nicht, verlöscht gut
II	200	200	200	200	Kerze raucht nicht, Docht neigt sich, verlöscht schlecht
III	200	200	—	200	Kerze raucht, Docht neigt sich schlecht, verlöscht schlecht
IV	300	200	—	200	Kerze raucht nicht, Docht neigt sich besser, verlöscht schlecht unter Glimmen
V	300	300	—	300	Kerze raucht nicht, brennt und verlöscht gut

Wie wichtig es ist, bei der Zusammenstellung der Dochtbeize auf die Zusammensetzung des Kerzenmaterials Rücksicht zu nehmen, zeigten weitere Versuche mit Paraffinkerzen, die statt 10% Stearin 20% davon enthielten. Solche Kerzen brannten mit dem gleichen Dochte viel weniger gut. Man kann die ganz allgemeine Regel aufstellen, daß mit steigendem Paraffingehalt die Salpetersäure, mit steigendem Stearingehalt die Schwefelsäuremenge zu vermehren ist.

Die seinerzeit in England für Lichtmessungszwecke verwendeten Normalkerzen (Walratkerzen) erforderten einen besonders präparierten Docht; dieser wurde nach der bestehenden Vorschrift gewonnen, indem man den aus gebleichtem Garn hergestellten Docht zunächst in destilliertem Wasser, dem man 1—2 % konzentrierter Ammoniakflüssigkeit zugefügt hatte, dann in verdünnter Salpetersäure, die 10 % konzentrierte Säure enthielt, und darauf wiederholt in destilliertem Wasser auswusch. Hierauf folgte eine Einweichung in einer Flüssigkeit, die 28 g Borsäure und 56 g Ammoniakflüssigkeit in 4,5 Litern Wasser enthielt. Nach dieser Behandlung wurde der Docht gut ausgewunden, was entweder durch Handarbeit oder mittels Wringmaschinen geschah, und sodann vollständig getrocknet.

Praktische Ausführung des Beizens.

Für das Beizen der Dochte ist nicht nur die Zusammensetzung der Beizflüssigkeit wichtig, sondern auch die Art und Weise ihrer Anwendung. Die Temperatur der Bleichflüssigkeit und die Zeitdauer ihrer Einwirkung auf die Dochte spielen eine nicht unbedeutende Rolle. Nicht minder wichtig ist der Umstand, wie die Dochte nach dem Herausnehmen aus der Beizflüssigkeit von der überschüssigen Flüssigkeit befreit werden.

Man richtet die Dochtbeize in Holzgefäßen her und sorgt durch mehrmaliges Wenden dafür, daß der eingebrachte Docht gleichmäßig von der Beizflüssigkeit durchtränkt werde; vor allem dürfen die Dochtsträhne nicht teilweise aus der Flüssigkeit herausragen. Die Temperatur der Beizflüssigkeit und die Dauer des Beizbades sind sehr wechselnd. Mitunter trägt man den Docht in das siedend heiße Bad ein und läßt ihn nur wenige Minuten darin; dann wieder lauten Vorschriften auf mäßig warme Bäder und deren 24stündige Dauer.

Wichtig ist auch das richtige Entfernen des Flüssigkeitsüberschusses aus dem Dochte. Bleiben Spuren von Feuchtigkeit im Dochte zurück, so erhält man schlecht brennende Kerzen, weil der feuchte Docht das geschmolzene Kerzenmaterial nicht aufzusaugen vermag und die Kerzen bei ihrem Verbrennen „spritzen“. Das Ausbringen der Flüssigkeit geschieht durch Auswringen oder Ausschleudern und nachheriges Trocknen der Dochte.

Auswringen der gebeizten Dochte.

Das Auswringen erfolgte ehedem durch Handarbeit; später kamen die Wringmaschinen in Anwendung und in neuerer Zeit bedient man sich der Zentrifugen, die ein sehr gleichmäßiges und ziemlich vollständiges Ausbringen der Beizflüssigkeit aus den Dochten ermöglichen.

Die für diese Zwecke angewendeten Zentrifugen zeigen die gewöhnliche Konstruktion mit gelochter Trommelwand.

Da den aus der Beizflüssigkeit kommenden Dochten stets freie Schwefel- oder Salpetersäure anhaftet, muß das Zentrifugenmaterial entsprechend widerstandsfähig gewählt werden; am wenigsten werden von verdünnter Schwefelsäure Trommeln aus Kupfer angegriffen.

Trocknen der gebeizten Dochte.

Beim Trocknen der Kerzendochte muß man auf einen Umstand ganz besonders achten. Hängt man die Dochtsträhne, wie sie aus der Wringmaschine oder Zentrifuge kommen, in den Trockenkammern auf gewöhnliche Weise auf, so sammeln sich während des Trocknens die in den Dochtfäden enthaltenen Flüssigkeitsreste am tiefsten Punkt der Strähne an und es ergeben sich daher Dochte, die in ihren oberen Partien arm, an ihrem unteren Ende aber reich an Beizbestandteilen sind. Solche Strähne liefern Dochtspulen, bei denen überbeizte Stellen mit ungenügend gebeizten abwechseln und sehr ungleich brennende Kerzen geben.

Man soll daher das vollständige Austrocknen der Kerzendochte niemals in Ruhelage durchführen, sondern muß in Bewegung trocknen. Dies geschieht am besten durch Aufspannen der Dochtsträhne auf große hölzerne Haspeln, die man in langsamer, aber gleichmäßig rotierender Bewegung erhält. Diese Dochthaspeln stehen in möglichst staubfrei zu haltenden, gut gewärmten Trockenräumen und bleiben so lange in langsamer Rotation, bis ein vollständiges Austrocknen der Dochte stattgefunden hat. Hierauf werden die Strähne abgenommen und an warmen, staubgeschützten Orten bis zu ihrer Verwendung aufbewahrt.

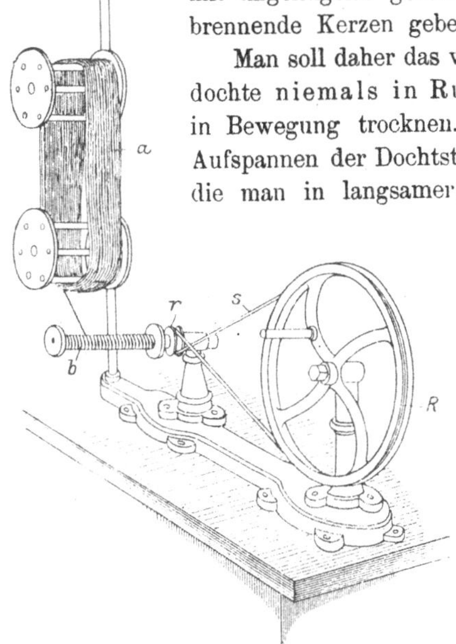
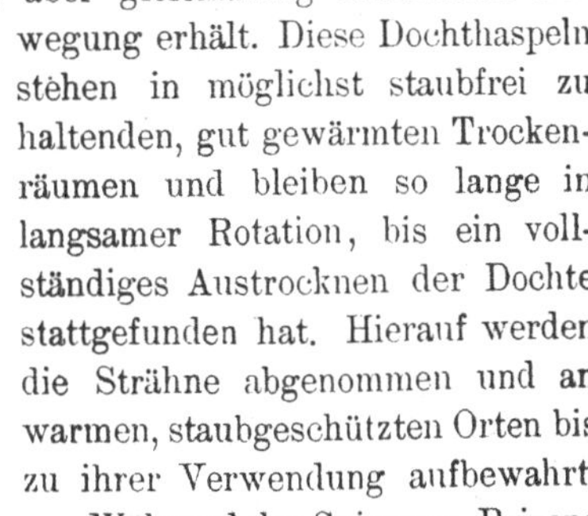

Fig. 203. Einfache Aufspulvorrichtung.

Während des Spinnens, Beizens und Trocknens der Dochte ist sehr darauf zu achten, daß die betreffenden Arbeitsräume staubfrei seien. Das schlechte Brennen der Kerzen ist sehr häufig einzig und allein darauf zurückzuführen, daß die verwendeten, an und für sich gut präparierten Dochte durch Staub verunreinigt wurden. Man muß daher auch für das Aufbewahren der Dochte vollkommen staubfreie Räume und dichte Verpackung wählen.

3. Das Schneiden und Aufspulen der Dochte.

Allgemeines.

Die gebeizten und getrockneten Dochtsträhne müssen, je nach der angewandten Formungsmethode, entweder in der Kerzenlänge angepaßte Stücke zerschnitten oder auf Spulen oder Knäuel aufgewickelt werden. Nur beim Wachskerzenziehen (siehe S. 898) können die Dochtsträhne direkt verarbeitet werden.

Bei allen älteren Kerzenformungsmethoden war das Schneiden der Dochte in entsprechend lange Stücke unerläßlich. Da man die Dochtlänge aus verschiedenen Gründen nicht zu knapp bemessen durfte, ergab sich bei dieser Art der Dochtteilung ein äußerst großer Dochtverbrauch, und es war daher kein geringer Fortschritt, als endlich Gießmaschinen aufkamen, die mit fortlaufenden Dochten gespeist wurden und die das Abschneiden des Dochtes nach jedem Gusse selbst vornahmen. Heute sind solche Gießmaschinen ganz allgemein in Gebrauch und das Zerschneiden der Dochte vor dem Kerzengusse wird nur noch sehr selten durchgeführt. Bei der Herstellung der getunkten Talgkerzen und beim Gießen der Kerzen in losen Formen sowie in ähnlichen Fällen ist das Dochtschneiden allerdings nicht zu vermeiden.

Schneiden des Dochtes.

Solange man die heute gebräuchlichen, praktischen Kerzengießmaschinen nicht kannte, das Zerschneiden der Dochte also eine allgemein notwendige Arbeit war, bediente man sich dazu besonderer Vorrichtungen. In kleinen Betrieben behalf man sich mit einem einfachen Schneidetisch, in größeren verwendete man besondere Dochtschneideapparate[1]), unter denen die von Sykes die zweckentsprechendsten waren.

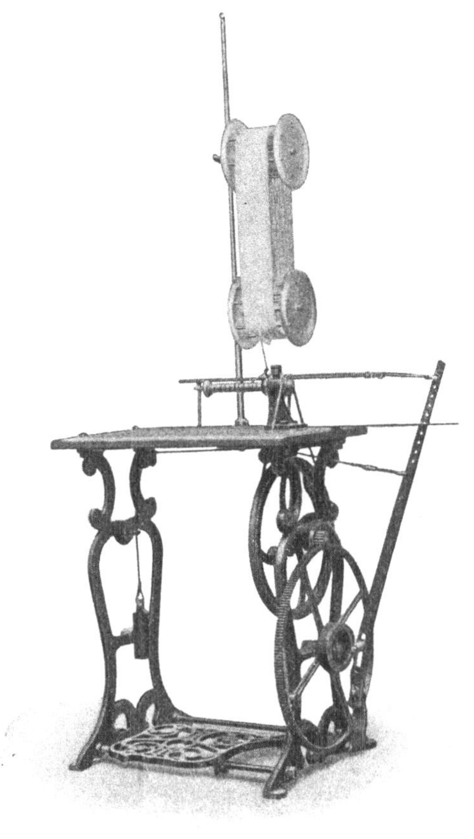

Fig. 204. Aufspulvorrichtung mit selbsttätiger Fadenführung und Fußbetrieb.

Aufwickeln des Dochtes.

Das Aufwickeln der präparierten Dochtsträhne auf Spulen oder Knäuel, wie sie für den Betrieb der modernen Kerzengießmaschinen gebraucht werden, kann durch Hand- oder Maschinenarbeit geschehen.

Zum Aufspulen durch Handarbeit bedient man sich Vorrichtungen nach Fig. 203. Dabei wird durch Drehung des Handrades R mittels des Schnurtriebes s das kleine Antriebsrädchen r in Rotation versetzt und die schnellkreisende Spule b nimmt von dem Strähn a den Docht.

[1]) Ausführliche Beschreibungen dieser Dochtschneidevorrichtungen siehe Bolley, Beleuchtungswesen, Braunschweig 1862, S. 113.

Die Auf- und Abführung des Dochtes längs der Spule, die notwendig ist, um einen Wickel von gleichmäßiger Dicke zu erhalten, der sich leicht und glatt wieder abzuwickeln vermag, muß hier von Hand aus besorgt werden.

Eine Vorrichtung, bei der die Dochtführung selbsttätig erfolgt und die statt mit Handbetrieb für Fußbetrieb eingerichtet ist, zeigt Fig. 204[1]).

Für größere Fabriken baut man diesen letzteren Apparat in einer Ausführung, daß mehrere Strähne gleichzeitig aufgespult werden können.

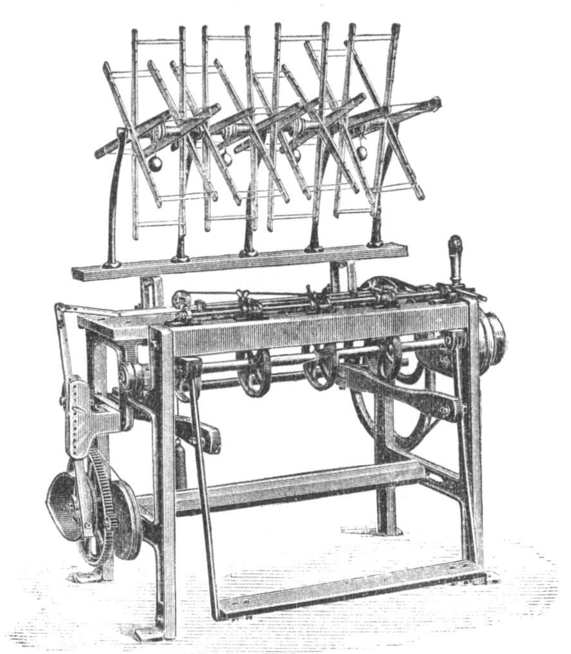

Fig. 205. Viergängige Dochtspulmaschine mit Fußbetrieb.

Fig. 205[2]) und Fig. 206[2]) zeigen einen Apparat, der für 4 Spulen eingerichtet ist; der letztere ist für Transmissionsantrieb konstruiert.

Für das Aufbewahren der Dochtspulen, die gewöhnlich in reichlicher Anzahl in den Kerzenfabriken vorrätig gehalten werden, gilt dasselbe, was S. 881 über die Dochtsträhne gesagt wurde: Die Aufbewahrung muß in vollkommen trockenen und staubfreien Räumen geschehen.

Besondere Arten von Dochten.

Neben den gewöhnlichen Baumwolldochten, deren Herstellung und Präparierung S. 874—883 besprochen wurde, hat man eine Reihe von

[1]) Ausführung der Firma Reinhold Wünschmann in Leipzig-Plagwitz.

[2]) Ausführung der Firma C. E. Rost & Co. in Dresden-A.

Dochtspezialitäten empfohlen, die sich von den allgemein üblichen Kerzendochten teils durch das verwendete Fasernmaterial, teils durch besondere Präparierung oder Beschaffenheit unterscheiden.

Papierdochte. Die bereits im Jahre 1875 in Vorschlag gebrachten Kerzendochte aus Papier erwiesen sich zu wenig porös und hatten daher eine zu geringe Aufsaugefähigkeit. In neuerer Zeit[1]) suchte man diesen Nachteil dadurch zu umgehen, daß man Baumwollfaserstoffe unter Zusatz von kurzfaserigem braunen Holzschliff zur Herstellung von Kerzendochten verwendete. Es

Fig. 206. Sechsgängige Dochtspulmaschine mit Transmissionstrieb.

werden einfach Streifen aus Kreppapier, deren Falten oder Rippen in der Längsrichtung des Dochtes verlaufen, drilliert, wobei sich in dem Dochte schraubenförmige Hohlräume bilden, die als Saugkanäle wirken. Man kann diese Dochte vor ihrem Gebrauch mit Kerzenmasse tränken oder auch imprägniert in der bekannten Weise verwenden.

Kunstseidedochte. Die geringe Hygroskopizität der Kunstseide (nach Bronnert nimmt diese in ungewaschenem Zustande nur 2—4 $^0/_0$ Wasser auf) hat Viktor Pfersdorff[2]) in Mülhausen veranlaßt, Dochte aus Kunstseide in Vorschlag

[1]) D. R. P. Nr. 195822 v. 1. Nov. 1906 der Sophia Funke in Goslar.
[2]) D. R. P. Nr. 156063 v. 22. April 1904.

zu bringen. Solche Dochte sollen das Kerzenmaterial leichter aufsaugen als Baumwolle, so daß beim Wiederanzünden der ausgelöschten Kerze deren Flamme viel rascher die normale Größe erreicht als bei den üblichen Kerzen. Außerdem hinterläßt der Kunstseidedocht beim Verbrennen keine Kohle, selbst wenn er vorher nicht imprägniert worden ist, und bricht daher bei gelöschter Kerze nicht so leicht ab. Endlich sollen Kunstseidedochte, die aus Kunstseidenabfällen hergestellt werden, billiger zu stehen kommen als Dochte aus Baumwolle.

Leicht entzündbare Dochte.

Die häufig beklagte schwere Entzündbarkeit ganzer, noch nicht angebrannter Kerzen hat man durch verschiedene Präparation des Dochtes wiederholt zu beheben gesucht. Vor allem hat man mit sauerstoffreichen Substanzen, wie Salpeter, Kaliumchlorat usw., mit denen man den Docht imprägnierte, Proben angestellt, ohne daß damit zufriedenstellende Erfolge erzielt worden wären. Alex. Haase[1]) in Hannover scheint dagegen mit dem von ihm vorgeschlagenen Mittel das Richtige getroffen zu haben. Nach seinem Verfahren werden die zu verwendenden Dochte an ihren äußeren, nicht in die Kerzenmasse einzubettenden freien Enden durch Eintauchen (oder in sonst geeigneter Weise) in eine Auflösung von Zelluloid in Azeton getränkt. Da das Lösungsmittel Azeton ziemlich leicht flüchtig ist, genügt ein kurzes Austrocknen an der Luft, um auf der Baumwollfaser des Dochtes einen festhaftenden Überzug aus Zelluloid zu erhalten, der infolge der überaus leichten Entzündlichkeit dieser Substanz genügt, die damit imprägnierten Dochte bei Berührung mit einem brennenden Streichholz in überraschend schneller Weise zur Entzündung zu bringen.

Der auf der Baumwollfaser des Dochtes erzeugte Zelluloidüberzug ist sehr dünn und es liegt bei der natürlichen Elastizität der Baumwolle keine Gefahr vor, daß sich die präparierten Dochte durch Druck oder Stoß entzünden könnten.

Die Verarbeitung der nach dem vorliegenden Verfahren hergestellten Dochte zu Kerzen erfolgt in der allgemein üblichen Art.

Unverbrennliche Dochte.

Im Gegensatz zu diesen leicht brennbaren Kerzendochten haben Gustav Pommerhanz und Ernst Wickert[2]) in Wien unverbrennliche Kerzendochte vorgeschlagen. Solche aus Asbest gefertigte Dochte erfordern eine besondere Form der Kerze, die mit einem Längskanal versehen sein muß, in dessen oberes Ende der nur ganz kurze, volle oder röhrenförmige Asbestdocht eingesetzt wird, der mit einer auf der Kerze sitzenden metallenen Scheibe oder Kappe verbunden ist.

Der unverbrennbare Docht läßt bei entsprechend veränderter Anordnung eine Umgestaltung der Kerzenflamme in eine Heizflamme zu, in welchem Falle aus dem Kerzenmaterial erst gasförmige Produkte entwickelt und diese vor ihrer Verbrennung mit Luft gemischt werden.

[1]) D. R. P. Nr. 158928 v. 14. Juni 1904; engl. Patent Nr. 3348 v. Jahre 1905.
[2]) Österr. Patent Nr. 747 v. 1. Sept. 1899.

Heinrich Varenkamp[1]) brachte einen Kerzendocht in Vorschlag, der einen dünnen, leicht schmelzbaren Metalldraht eingewirkt enthielt. Das Heißwerden dieses Metalldrahtes bewirkt ein schnelleres Schmelzen des Kerzenmaterials in der Nähe des Dochtes, wodurch in der Mitte des Lichtes eine tiefere Aushöhlung entsteht. In dieser sammelt sich das geschmolzene Kerzenmaterial, so daß das Licht nicht so vorsichtig getragen werden muß wie gewöhnliche Kerzen. Dabei kann der Docht dünner sein als normal, weil eben das Metall größere Mengen Kerzenmaterial schmilzt.

c) *Die Formung des Kerzenmaterials.*

Das Kerzenmaterial kann, wie schon S. 821 angedeutet wurde, in verschiedener Weise in die gewünschte Form gebracht werden, und zwar:

1. durch Kneten oder Rollen;
2. durch Pressen;
3. durch Tunken oder Ziehen;
4. durch Angießen an den Docht;
5. durch Gießen in Formen.

1. Das Kneten oder Ausrollen der Kerzen.

Allgemeines.

Diese zu den ältesten Verfahren der Herstellung von Kerzen zählende Methode besteht darin, daß man eine entsprechend ausgewalzte Platte des Kerzenmaterials um den Docht herum aufrollt. Die Anwendung dieses Verfahrens setzt elastische Eigenschaften des Kerzenstoffes voraus; nur leicht knetbare, schmiegsame Kerzenmassen (Wachs) können auf diese Weise um den Docht gehüllt werden, wogegen ein in der Kälte sprödes und auch beim Anwärmen nicht elastisch werdendes Produkt (wie z. B. Stearin) eine derartige Bearbeitungsweise nicht zuläßt.

Praktische Ausführung.

Die großen Wachskerzen waren früher fast durchweg auf diese Weise hergestellt worden, wie es auch heute noch hie und da geschieht. Bei dieser Methode wird das Wachs — das einzige Material, bei dem das Ausrollverfahren möglich ist — unter heißem Wasser erweicht, bis es sich gut durchkneten läßt. Dies geschieht in gründlichster Weise, und zwar so lange, bis sich keine kleinen festen Knöllchen in der Wachsmasse mehr vorfinden. Ist dieser Punkt erreicht, so wälzt man den Wachsklumeen auf einem Tische mit einer glatten Platte mittels einer passend konstruierten Holzrolle, oder besser eines Brettes, in mehr oder weniger dicke Platten aus, die man dann mit dem vorher mit flüssigem Wachs zwei- oder mehrmal imprägnierten Docht zusammenrollt, worauf durch Bearbeitung der so entstandenen Kerze mittels eines Rollbrettes dafür gesorgt wird, daß zwischen Docht und Kerzenmasse, wie auch in dieser selbst, keine

[1]) D. R. P. Nr. 108341 v. 5. Jan. 1899.

Lufträume vorkommen. Dabei ist zu beachten, daß die Fläche des Rolltisches möglichst glatt und feucht sei, damit die Kerze nicht an der Platte klebe. Tische mit polierter Marmorplatte oder solche aus gehobeltem Lindenholz setzen das Kerzenmaterial am wenigsten der Gefahr des Anklebens aus. Die Rolle oder das Rollbrett, die ungefähr eine Länge von $1/2$ m hat, muß ebenfalls eine vollkommen glatte Oberfläche zeigen.

Durch das Dünner- oder Dickerhalten der Wachsplatte hat es der Arbeiter in der Hand, Kerzen von beliebiger Stärke zu erzeugen. Wichtig ist bei der Herstellung dieser gekneteten und ausgerollten Kerzen, daß beim Erweichen des Wachses kein Wasser in die Masse gerate, damit nicht Kerzen erhalten werden, die Wassertröpfchen eingeschlossen haben und infolgedessen während des Brennens von selbst erlöschen.

Das ziemlich zeitraubende und mühevolle Verfahren ist durch die anderen, bequemen Formgebungsmethoden mehr und mehr verdrängt worden und wird heute nur mehr vereinzelt ausgeführt.

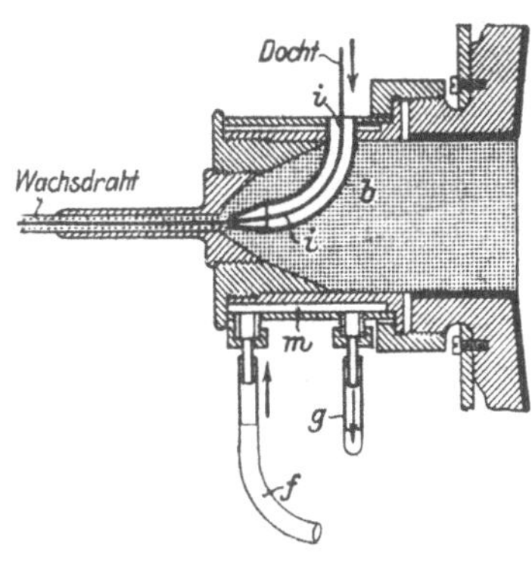

Fig. 207. Wachskerzenpresse nach Rieß.

2. Das Pressen der Kerzen.

Bei elastischen Kerzenmaterialien, wie es z. B. Bienenwachs und Paraffin sind, hat man auch versucht, Kerzen durch Pressung zu erzeugen, indem man das Wachs mittels einer passenden Vorrichtung durch eine zylindrische Form drückt, in der der zentral geführte Docht läuft. Auf diese den Bleirohrpressen nachgebildete Weise entstehen Kerzenstränge, die erst durch Zerschneiden in Kerzen von bestimmter Länge geteilt werden müssen. Die ersten derartigen Wachspressen scheinen von den Gebrüdern Rieß in Gmünd[1]) konstruiert worden zu sein. Eine solche Wachspresse zeigt Fig. 207. **Allgemeines.**

Das Wachs wird in den Raum *b* gebracht, dessen Mantel *m* durch Dampf warm gehalten wird. *f* und *g* zeigen die Ein- und Ausströmungen des Dampfmantels. Diese Wärmung hat nicht nur den Zweck, das zu formende Kerzenmaterial weich zu halten, sondern muß auch das Mundstück vor Abkühlung schützen. Durch das Rohr *i* wird der Kerzendocht eingeführt, der von der Wachsmasse genau konzentrisch umschlossen wird und gleichzeitig mit dieser durch die Mundspitze aus dem fertiggebildeten Kerzenstrang austritt. Dieser geht über eine Leitrolle, die zur Verhinderung des Anhaftens in Wasser läuft, direkt in kaltes Wasser, wo er vollständig erhärtet. Durch Auswechseln der Mundspitze kann man Kerzen von beliebiger Dicke pressen und es läßt sich bei richtiger Handhabung des Apparates eine 4—6 mal größere Produktion erzielen als beim gewöhnlichen Wachszuge. **Kerzenpresse nach Rieß.**

---

[1]) Dinglers polyt. Journ., Bd. 198, S. 378; Bayr. Industrie- und Gewerbeblatt, Bd. 70, S. 216; Deutsche Industrieztg., Bd. 70, S. 439.

Interessant ist jedenfalls bei dieser Konstruktion die Zuführung des Dochtes. Das im Einmündungsstück der Spitze *i* anfangs noch lose am Dochte herumhängende Wachs wird, je weiter es dem Dochte in der Spitze vorgeschoben wird, infolge der immer enger werdenden Bohrung fester und fester um den Docht herum gelagert und zeigt beim Austritt eine vollkommen runde und glatte Oberfläche.

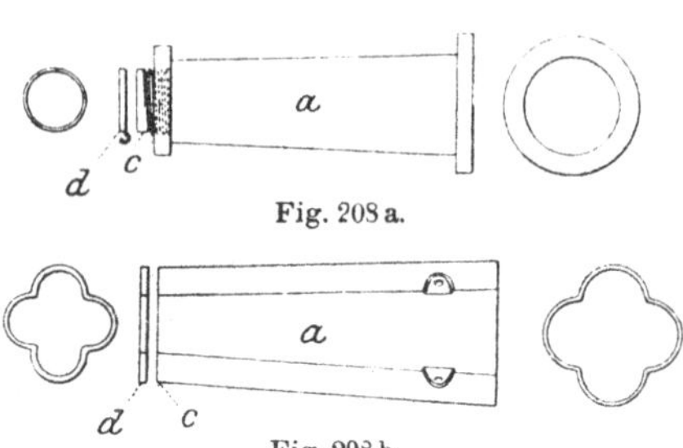

Fig. 208 a und b. Kerzenpresse nach Giustachini.

Das Wachs wird vorher in passende Blechgefäße gegossen und die dadurch erzielten weichen, knetbaren Klumpen werden in den Pressenzylinder geschoben. Dieses Vorformen des Wachses ist notwendig, um den Preßraum der Wachspresse schon von vornherein möglichst gut auszufüllen und toten Raum zu vermeiden.

Fünfzehn Jahre später ließen sich G. A. Sweeter, D. W. Bell und W. Bohm in England eine andere Kerzenpresse patentieren[1]).

Kerzenpresse nach Giustachini.

In neuerer Zeit haben Antonio Giustachini in Brescia[2]) und Maximilian Ernst in Scheibbs[3]) Verbesserungen an den Kerzenpressen getroffen. Giustachini gibt der Pressenform die Gestalt konischer Rohre *a* (Fig. 208), deren Querschnitt dem der herzustellenden Kerze entspricht. Diese Rohre sind mit einem Dampfmantel versehen oder werden auf irgend eine andere Weise während der Arbeit gewärmt. Vor dem engeren Ende *c* der Form ist ein besonderer Ring *d* befestigt, dessen Zentrum in der verlängerten Achse des Rohres liegt und dessen Öffnung genau dem Durchschnitt der zu bildenden Kerze gleicht. Der Ring *d* verfolgt den Zweck, den dünnen Wachsstreifen, der den gepreßten Kerzen bei ihrem Auslauf aus der Form immer anhaftet, wegzunehmen; es wird dadurch jede weitere Politur der Kerze erspart.

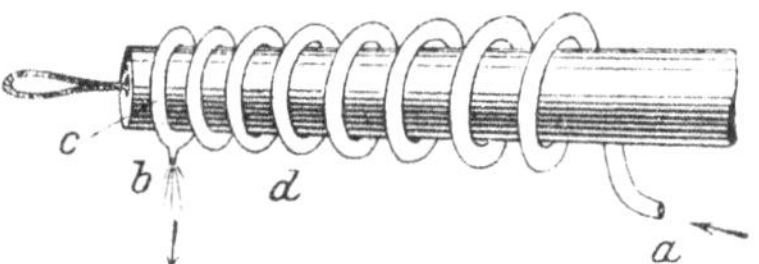

a = Dampfeinströmung, *b* = Dampfausströmung, *c* = kleinster Formring, *d* = mittlerer Formring.

Fig. 209. Kerzenpresse nach Giustachini.

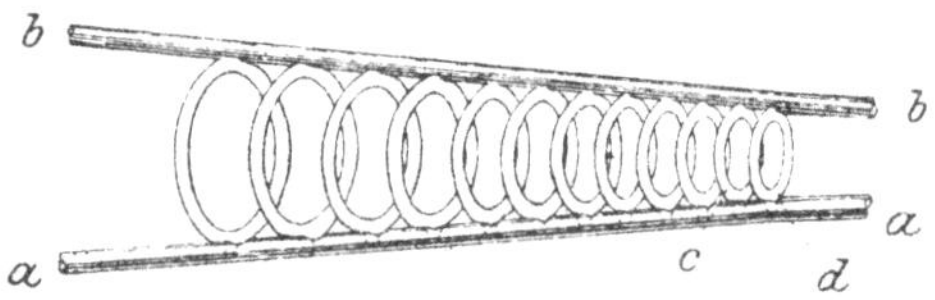

aa, *bb* = Dampfrohre, *c* und *d* = Formringe.

Fig. 210. Kerzenpresse nach Giustachini.

[1]) Engl. Patent Nr. 13417 v. 5. Nov. 1885.
[2]) Österr. Patent Nr. 9712 v. 15. Jan. 1902.
[3]) Österr. Patent Nr. 15232 v. 1. Aug. 1903.

Statt der aus konischen Röhren bestehenden Pressenformen können nach Giustachini hohle Ringe oder Ringspiralen verwendet werden, wie die Fig. 209 und 210 zeigen. Die einzelnen Ringe verjüngen sich dabei allmählich in ihrem Durchmesser und sind entweder als Hohlringe für direkte Wärmung geeignet (Fig. 209) oder aber mit hohlen Führungsstücken versehen (Fig. 210), deren Inneres mit den Innenräumen der Hohlringe kommuniziert, wodurch ebenfalls ein Erwärmen durch Dampf oder heißes Wasser ermöglicht wird.

Kerzenpresse nach Scheibbs.

Die Kerzenpresse von Maximilian Ernst in Scheibbs erinnert in ihrer Konstruktion und Arbeitsweise an die Seifenstrangpressen oder Peloteusen (Näheres über diese siehe Band 4), ist aber komplizierter gebaut als diese, weil die Dochtzuführung gewisse Umständlichkeiten bedingt.

3. Das Tunken und Ziehen der Kerzen.

Allgemeines.

Dieses Verfahren besteht in wiederholtem Eintauchen des Dochtes in das flüssige Kerzenmaterial, wobei jedesmal eine Schicht davon an dem Dochte hängen bleibt und sich so nach und nach eine Kerze bildet. Gewöhnlich wird zwischen den Begriffen Tunken und Ziehen kein Unterschied gemacht, obwohl ein solcher besteht.

Von einem Ziehen der Kerzen soll man eigentlich nur dort sprechen, wo ein wirkliches (meist horizontales) Durchziehen des sehr langen Kerzendochtes durch die flüssige Kerzenmasse erfolgt, wie es z. B. in den Wachsziehereien (siehe S. 898) der Fall ist; bei dem vertikalen Eintauchen zugeschnittener Dochte in das flüssige Kerzenmaterial und darauffolgenden vertikalen Herausziehen der aufgehängten Dochte sollte man, wie es bei den Talgkerzen der Fall ist, dagegen nicht von einem Ziehen, sondern von einem Tauchen oder Tunken der Kerzen sprechen.

Kerzentunken.

a) Tunken der Kerzen. Die Herstellung von Kerzen durch wiederholtes Eintauchen des vorher auf die Kerzenlänge zugeschnittenen Dochtes in die flüssige Masse ist bei den Talgkerzen sehr gebräuchlich. Man spricht hier allerdings nur höchst selten von getunkten Kerzen, sondern heißt sie gezogene Kerzen, womit man hauptsächlich ihren Unterschied von den gegossenen Talgkerzen hervorheben will. Im übrigen hat sich der Ausdruck „Lichtziehen“ für die durch Eintauchen hergestellten Kerzen schon frühzeitig eingebürgert; die früheren Zunftberichte der Seifensieder, denen die Herstellung der Kerzen oblag, sprechen stets von „Lichtziehen“, und die Bezeichnung Lichtzieher für Kerzenmacher war in früheren Zeiten ganz allgemein (siehe S. 816).

Tunken von Talgkerzen.

Die Tunkmethode, die fast nur bei Talgkerzen (höchstens noch bei Wachskerzen) Anwendung findet, erfordert ziemlich viel Handarbeit; ihr Prinzip wurde schon oben angedeutet. Ihre einfachste Ausführung besteht darin, daß man eine Reihe (16—20) Dochte an einem dünnen Holzstabe in möglichst gleicher Entfernung befestigt, mehrere dieser Holzstäbe mit beiden Händen faßt und wiederholt in den in einem Troge befindlichen Talg taucht, nach jedesmaligem Eintauchen eine entsprechend lange Pause machend, um dem an dem Dochte hängen gebliebenen Talg Zeit zum Erstarren zu geben.

Docht-spieße. Die Anbringung der Dochte an den Holzstäbchen (Dochtspießen, Baguettes) erfolgt gewöhnlich derart, daß man ein Dochtstück einfach über den Stab legt und die beiderseits herabhängenden Enden durch leichtes Zusammendrehen verbindet, also eine Art Doppeldocht schafft. Für diese Aufhängungsart eignen sich besonders gedrehte Dochte, die auch bei Talgkerzen, wie schon S. 875 bemerkt wurde, beliebt sind. Die einzelnen Dochte müssen auf dem Dochtspieße in gewissem Abstande gehalten werden, damit sich die bildenden Kerzen nicht berühren und gegenseitig beschädigen.

Werkstuhl. Zur Ablegung der Dochtspieße besteht ein besonderer Werkstuhl (Eboutoir), das ist ein aus mehreren Querleisten bestehendes Holzgestell, das knapp neben dem Talgbehälter steht und ein ebenso bequemes Aufnehmen der Dochtspieße als deren Ablegung gestattet. Geschickte Arbeiter verstehen es, 10—12 solcher Dochtstäbe gleichzeitig zu bearbeiten, indem sie es mit einer bewundernswerten Fingerfertigkeit zuwege bringen, diese Stäbchen in paralleler, voneinander etwas abstehender Lage von der Werkbank aufzunehmen, in den Talgbehälter zu tauchen und sie dann wieder auf der Werkbank abzusetzen, ohne daß dabei ein Berühren der vielen in Bildung begriffenen Kerzen stattfände.

Der Talg befindet sich in einem ca. 1 m langen, 60—70 cm hohen und oben 30 cm breiten hölzernen Kasten, der nach abwärts konisch zugespitzt ist. Er ist auf einem Gestell gelagert, damit ihn der Arbeiter in bequemer Arbeitshöhe habe.

In dem Talgbehälter befinden sich in der Regel keinerlei Vorrichtungen zum Anwärmen des Talges, dieser wird vielmehr in flüssigem, vollkommen geläutertem Zustande in den Tunkbehälter geschöpft, und bei beginnendem Erstarren des Talges sorgt man durch Zugabe neuer heißer Talgmengen für das notwendige Flüssigbleiben.

Tunkarbeit. Bei dem ersten Eintauchen des Dochtes soll der Talg möglichst heiß sein, damit der Docht gut durchtränkt werde und außerdem der gefettete, schwerer gewordene Docht sich strecke. Häufig werden sogar die ersten beiden Tauchungen mit sehr heißem Talg vorgenommen. Durch eine leichte Schüttelbewegung muß der Arbeiter hierbei verhüten, daß die noch wenig widerstandsfähigen und sehr zum Zusammenkleben neigenden gefetteten Dochte sich aneinanderlegen, und darauf sehen, daß jeder einzeln in vollkommen vertikaler Lage am Dochtspieß hänge.

Die späteren Eintauchungen, deren, je nach der gewünschten Kerzendicke und nach der Temperatur des Talges, 3, 4 und mehr erfolgen, geschehen in eine Talgmasse, die sich knapp vor dem Erstarren befindet. Der Talg ist dann im richtigen Stadium, wenn sich an den Ecken des Behälters schon feste Ausscheidungen zeigen und die Masse ein milchiges Aussehen hat. Es bleiben daher bei jedem Eintauchen reichliche Fettmengen an der halbfertigen Kerze hängen und die Arbeit wird wesentlich verkürzt.

Wichtig ist dabei auch, daß die Temperatur des Arbeitslokals entsprechend niedrig gehalten werde. In zu warmen Lokalen erfordert das Erstarren des Talges nach jedesmaliger Eintauchung zu lange Zeit und der Arbeiter kann nicht in der gewünschten Weise fortarbeiten. Durch Aufstellung mehrerer Werkbänke, also durch gleichzeitige Inangriffnahme möglichst vieler Dochtspieße, läßt sich diesem Übelstande zwar abhelfen, doch brauchen zu viele Werkbänke einen ziemlich großen Raum, der nicht immer verfügbar ist.

An dem Talgbehälter sind gewöhnlich auch zwei hölzerne Riegel angebracht, auf denen ein Brett ruht. Auf diese werden die Kerzen nach jedesmaligem Eintauchen mit ihren unteren Enden langsam aufgestoßen, um die an den Kerzen befindlichen Talgtröpfchen wegzunehmen und ein glatteres Fußende der Kerze zu erreichen.

Fehler der getunkten Kerzen.

Die durch Tunken hergestellten Lichte haben drei Fehler: Sie entbehren der bei der Kerze gewünschten Spitze, sind gegen das Fußende zu dicker als im oberen Teil, weil nämlich der flüssige Talg während des Erstarrens immer die Tendenz hat, nach abwärts abzurutschen, und haben endlich häufig keinen kreisrunden Querschnitt.

Beide Übelstände kann man bis zu einem gewissen Grade umgehen; die fehlende Spitze schafft man derart, daß man bei den aufeinanderfolgenden Tunkoperationen die Dochte allmählich weniger und weniger tief eintaucht, die späteren Anhäufungen von Material also nicht bis zur ursprünglichen Höhe reichen läßt. Dadurch entstehen zwar keine so schönen Spitzen, wie wir sie bei den gegossenen Kerzen gewohnt sind, immerhin aber konisch zulaufende Köpfe, die ein leichteres Anbrennen der Kerzen ermöglichen.

Dem Entstehen des dickeren unteren Endes kann man teilweise abhelfen, wenn man die Kerzen mit ihrem Fußende kurze Zeit in besonders heißen Talg taucht, wobei ein teilweises Abschmelzen, also Schwächerwerden der unteren Partien eintritt.

Auch ein von unten gewärmtes Kupferblech mit schmal aufgebogenem Rand, das man unterhalb der Werkbank anbringt, soll die dicken unteren Enden der Kerzen wegbringen, weil sie durch die strahlende Wärme des heißen Bleches abschmelzen. Beide Methoden geben aber ziemlich unvollkommene Resultate und man muß gewisse Unegalitäten der getunkten Kerzen immer in Kauf nehmen.

Man hat auch vorgeschlagen, den gezogenen Kerzen eine genau zylindrische Form zu geben, indem man sie durch kreisrunde, am Rande geschärfte Locheisen hindurchzog. Man konnte sich dabei natürlich nicht auf eine einzige Passage beschränken, sondern mußte deren mehrere vornehmen, allmählich kleiner werdende Durchmesser wählend und die verschiedenen Unebenheiten nach und nach abschabend. Diese Arbeit war jedoch so mühevoll, daß sie im großen nicht durchgeführt wurde, sondern daß es nur bei den Versuchen blieb.

Besondere Tunkvorrichtungen.

Zur Verringerung der Handarbeit hat man versucht, das Eintauchen der Dochtspitze auf mechanische Weise durchzuführen, zu welchem Zwecke man die Dochte anstatt an Stäbchen an Rahmen aufhängt und für ein bequemes Heben und Senken dieser einen größeren Anteil von Dochten tragenden Rahmen sorgt. Von diesen sind natürlich mehrere vorhanden und die Eintauchung in den flüssigen Talg erfolgt entweder so, daß man die Rahmen mittels einer passenden Transportvorrichtung über den Talgtrog hinwegführt, oder aber den Talgtrog beweglich einrichtet und unter einem feststehenden Rahmen hinwegführt.

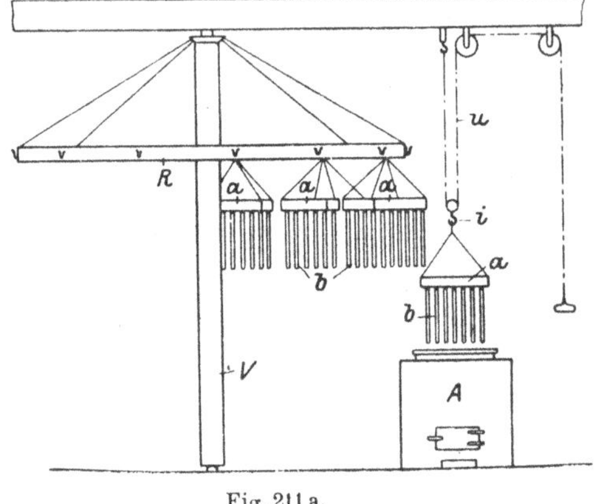

Fig. 211 a.

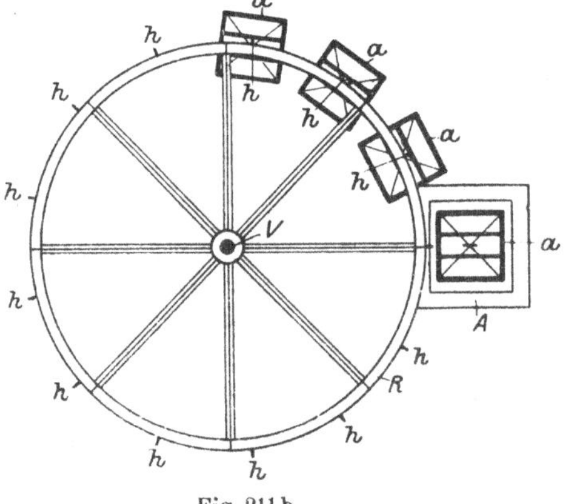

Fig. 211 b.

Fig. 211 a und b. Vorrichtung zum Kerzentunken.

Eine Einrichtung der ersteren Art zeigt Fig. 211, eine nach dem zweiten Prinzip Fig. 212.

Bei der in Fig. 211 abgebildeten Talgkerzentunkmaschine befinden sich die Dochtrahmen a mittels Haken h an der Peripherie eines Rades R, das in passender Weise auf der Vertikalwelle V befestigt ist, aufgehängt. Das Rad R läßt sich leicht von Hand aus in Rotation versetzen, wobei die verschiedenen Dochtrahmen a, an denen die Dochte b hängen, in unmittelbare Nähe des Talgwärmofens A kommen. Die Rahmen werden in diesem Momente vom Rade abgenommen und in den Haken i der Rollenverbindung u befestigt, mittels der sie in den Talgkessel des Ofens A getaucht werden. Nach dem Herausziehen hängt man den Rahmen wieder an den Haken h des Rades R und bringt den nächstfolgenden Dochtrahmen in den Talgkessel.

Bei der in Fig. 212 dargestellten Kerzentunkmaschine befinden sich mehrere Rahmen a mit den Dochten b längs eines feststehenden Balkens R an Rollen aufgehängt und werden der Reihe nach in den heizbaren Talgkessel A eingetaucht, der auf einem Schienengleis unter ihnen hin- und herläuft.

Die getunkten Talgkerzen sind, wie schon bemerkt, nie ganz genau zylindrisch geformt, haben keine besonders schöne Spitze und sehen daher weniger gut aus als die gegossenen Kerzen. Sie werden gewöhnlich nicht in Paketen verkauft, wie dies bei anderen Kerzen üblich ist, sondern in sogenannten Kerzenbunden, das sind Bündel, die durch das Zusammenknüpfen der ziemlich langen Dochtenden der Kerzen gebildet werden.

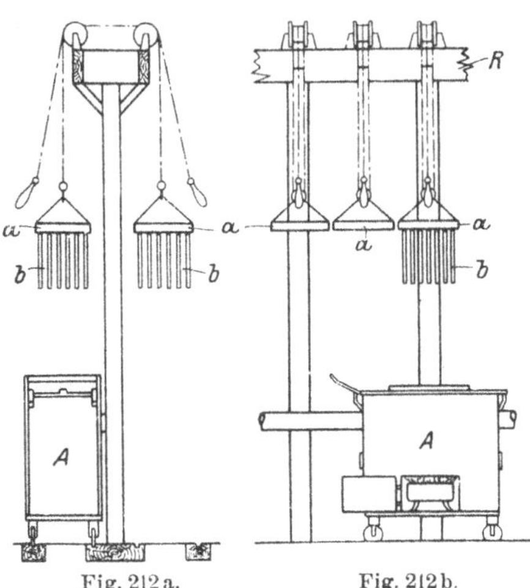

Fig. 212a. Fig. 212b.

Fig. 212 a und b. Vorrichtung zum Kerzentunken.

Diese Lichtbündel, die auch in dem Zunftwappen der Seifensieder (siehe Fig. 197, S. 816) zu sehen sind, finden wir heute noch häufig auf den Aushängeschildern von Seifen- und Kerzengeschäften als Abzeichen.

Tunken von Wachskerzen.

Bei Wachskerzen ist die Tunkmethode ebenfalls in Anwendung, doch muß sie hier etwas modifiziert werden. Vor allem wirkt es hier nachteilig, wenn der Docht während des Tunkens in das flüssige Kerzenmaterial frei herabhängt. Das hochschmelzende und daher an der Luft ziemlich rasch erstarrende Wachs läßt frei herabhängende Dochte nicht gerade, wie dies bei talgimprägnierten Dochten der Fall ist, sondern krümmt sie mehr oder weniger zusammen, wodurch Kerzen entstehen, die nicht ganz gerade sind und dem landläufigen Ausdruck „kerzengerade" Hohn sprechen, wie außerdem deren Docht sehr leicht außerhalb der Idealachse zu liegen kommt.

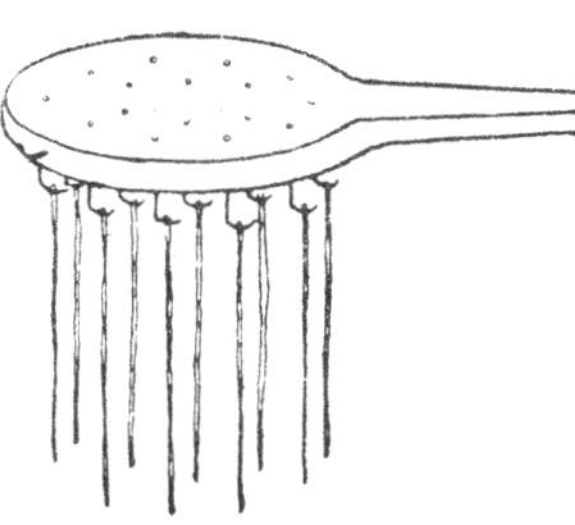

Fig. 213. Dochthalter für die Wachskerzentunkerei.

Bei kleineren Kerzen setzt man sich über diesen Übelstand hinweg und arbeitet ohne besondere Dochtspannvorrichtung, indem man deren Wirkung durch Handarbeit zu erreichen suchte. Man faßt nämlich nach der ersten Tunkoperation jedes der frei herabhängenden unteren Dochtenden und spannt durch Anziehen den frischgeschnittenen Docht an, wodurch die Neigung zum Verkrümmen ziemlich aufgehoben wird. Auch verwendet man beim Wachstunken nicht Dochtrahmen, wie man sie beim Talgkerzentunken kennt, sondern meist mit mehreren Haken versehene hölzerne Scheiben [Fig. 213 [1])], die an einem Handgriff sitzen.

[1]) Seifensiederztg., Augsburg 1903, S 874.

Das Dochtspannen, das bei der Herstellung größerer und dickerer Kerzen von Hand aus nicht genügend zuverlässig ausgeführt werden kann, wird überflüssig, wenn man statt ungetränkter frischer Dochte dünnen Wachsdocht verwendet, d. h. einen Docht, der durch geschmolzenes Wachs gezogen wurde (siehe S. 899), also bereits von einer Schicht Wachs umgeben und schon steif ist.

Auch die getunkten Wachskerzen zeigen die bei den Talgkerzen erwähnten Mängel: sie sind am Fußende etwas dicker als am Kopfe und entbehren einer regelrechten Spitze. Dazu kommt noch, daß sie im Querschnitte von der Kreisform bisweilen abweichen, und zwar in einem erhöhteren Maße, als dies bei den Talgkerzen zu finden ist.

Die ersten beiden Übelstände kann man auch durch die gleichen Mittel verringern, die S. 891 für die getunkten Talgkerzen genannt wurden. Die dickeren Unterteile der Kerze lassen sich bei Wachskerzen außerdem vermeiden, wenn man die Kerze nach einigen Tauchoperationen von dem Dochtrahmen nimmt, sie durch entsprechend geformte Holzmesser am Fußende beschneidet (ohne aber den Docht zu durchschneiden), mit dem frei werdenden Dochtende neuerdings auf den Dochtrahmen bringt und nun einige weitere Tauchungen vornimmt. Da jetzt das dünnere Kerzenende zuunterst liegt, findet durch das neuerliche Eintauchen ein Ausgleich der Kerze statt, weil die größeren Kerzenmassen, die sich immer am unteren Teile der Kerze ansammeln, den früheren Fehler gutmachen. Dabei kann man auch noch den einen Behelf brauchen, die Kerze gar nicht der ganzen Länge nach einzutauchen, sondern dieses Nachtunken nur bis zu jenen Teilen der Kerze gehen zu lassen, denen es noch an Masse fehlt.

Die fehlende Kerzenspitze kann bei den getunkten Wachskerzen gleichzeitig mit dem erwähnten Abschneiden der unteren Enden und dem Freimachen des Dochtes durchgeführt werden, indem man einfach mit dem Holzmesser um den freigelegten Docht herumfährt und so ein konisches Zuschneiden der Wachsmasse bewirkt.

Ausrollen. Der nicht ganz kreisförmige Querschnitt (das „Unrundsein") kann bei Wachskerzen durch Ausrollen ausgeglichen werden. Man bringt zu diesem Zwecke die fertiggetunkte Kerze in noch warmem, tunkfähigem Zustande auf ein glattgehobeltes Hartholzbrett und behandelt sie mittels einer Holzrolle genau in derselben Weise, wie S. 887 beschrieben ist. Bei unechten Wachskerzen ist dieses Rollen mitunter entbehrlich, besonders dann, wenn das Kerzenmaterial aus einem Gemenge von Ceresin und Paraffin besteht, das leicht schmilzt und daher regelmäßiger abfließt.

Zur Erzeugung fehlerfreier Wachskerzen, wobei die kostspielige Handarbeit des Ausrollens wegfallen kann, hat man eine Reihe von Vorrichtungen in Vorschlag gebracht, die sich an die in den Fig. 211 und 212 gezeigten Systeme anlehnen, dabei aber die notwendige Dochtspannvorrichtung besitzen und der Eigenart des Kerzenmaterials besser angepaßt sind.

Eine solche, in Italien unter dem Namen „Sistema di Immersione“ bekannte, von Boschettini in Verona und Todeschini in Mailand erfundene Wachskerzentunkvorrichtung ist in Fig. 214[1]) wiedergegeben: Wachskerzen-Tunkvorrichtung von Todeschini.

Der Apparat besteht aus einer karussellartigen Maschine, in deren marmornem Unterteil *az* eine 12 cm tiefe und 25 cm breite Rinne eingehauen ist. In dieser

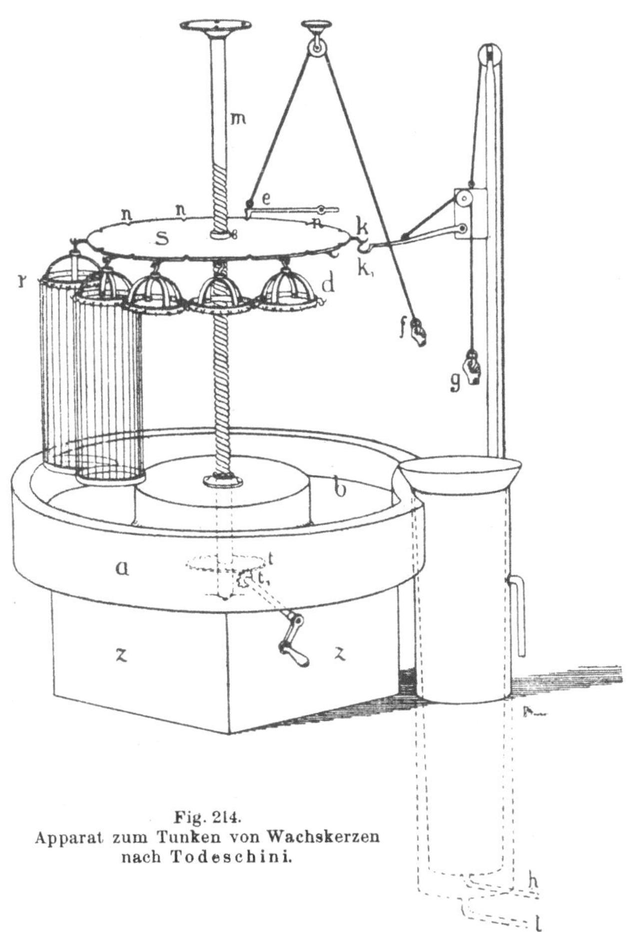

Fig. 214.
Apparat zum Tunken von Wachskerzen nach Todeschini.

befindet sich Wasser, das durch Dampf angewärmt werden kann. In der Mitte des Unterteiles *a* ist eine vertikale Spindel *m* angebracht, die am oberen Ende passend gelagert ist, mit dem unteren in einem Zapfenlager läuft und durch eine Kurbel mittels der Kegelräder tt_1 in Rotation versetzt werden kann. An der Spindel *m* ist eine runde Platte *S* befestigt, die 12 Haken *k* trägt, an denen die Dochtringe *r* hängen. Durch eine Befestigungsschraube kann die längs der Spindel *m* verschiebbare Scheibe *S* in beliebiger Höhe fixiert werden. Durch die Rotation der Spindel *m*

[1]) Seifensiederztg, Augsburg 1903, S. 875.

wird dann natürlich auch die Platte S in Umdrehung versetzt, kann aber vermöge der Sperrhaken e und der an der Plattenperipherie befindlichen Einschnitte n an bestimmten Punkten genau festgehalten werden. Der Sperrhaken e sitzt an einer Schnur, die über eine Rolle geht, so daß man durch einen Zug daran ihn ausheben kann (siehe Hand f in Fig. 214), wonach durch Drehung der Kurbel zugleich die Spindel und damit auch die Platte um einen Ring weitergedreht werden. An der einen Seite ist der Stein az rund ausgehauen und in dieser Ausbuchtung sitzt der Wachsbehälter — „Tinoza" genannt — in dem sich das Wachs befindet. Er hat einen Durchmesser von 26—28 cm, ist 2 m hoch, aus Kupfer, innen verzinnt, doppelwandig, ist für Dampfheizung (Dampfausströmung l) eingerichtet, so daß das Wachs darin warm gehalten werden kann, und läßt sich durch das Bodenrohr h entleeren. Je nachdem die Kerzen kürzer oder länger ausfallen sollen, wird der Kessel mit mehr oder weniger Wachs gefüllt und das Niveau des geschmolzenen Wachses mit Wasser auf die gewünschte Höhe gebracht.

Um die Tiefe des flüssigen Wachses zu ermitteln, senkt man ein Stückchen festen Wachses, an einer Schnur befestigt, in den Behälter und mißt dann die Länge der Schnur, wonach man Wasser ab- oder zufließen lassen resp. Wachs zugeben oder ausschöpfen kann, je nachdem es die Länge der Kerze erfordert. Inzwischen hat man die vorher präparierten, auf die gewünschte Länge geschnittenen Dochte an den Dochthaltern befestigt und an den Haken k aufgehängt. Die Dochthalter bestehen aus zwei Ringen; an dem oberen, r, hängen die Dochte, während der untere, r_1, sie straff zieht. Man dreht nun mittels der unteren Kurbel die Spindel und damit die Platte so weit, daß der Sperrhaken e in den nächsten Einschnitt n fällt, wodurch bewirkt wird, daß der Haken k dem an einer Hebevorrichtung sitzenden Haken k_1 genau gegenüber steht. Durch einen Zug an der Schnur g hebt sich der Haken k_1 und erfaßt den Ringhalter mit den Dochten, der in dem Haken an der Platte hängt. Durch Drehen einer Kurbel hinter der Tinoza senkt man dann die ganze Hebevorrichtung, an der der Haken k_1 sitzt, und damit taucht der Ring mit den Dochten in das warme Wachs. Hierauf hebt man ihn durch eine Drehung wieder heraus und hängt mittels des Hakens k_1 den Ring wieder an den Haken k; hierauf wird die Platte um einen Haken weitergedreht, es kommt ein anderer Ring an die Reihe usf. Das Tauchen wird so lange wiederholt, bis die Kerze im Unterteil zwei Drittel der gewünschten Dicke besitzt; darauf wird die Platte mit allen zwölf Ringen so weit herausgedreht, daß die Kerzen ca. 4—5 cm mit dem unteren Ende in das warme Wasser, das sich in der Rinne b des Steines az befindet, eintauchen, wodurch das untere Stück weggeschmolzen und die Spitze der Kerzen gebildet wird. Danach wird die Platte mit den Dochthaltern wieder hinaufgedreht, die Ringe werden abgenommen, mittels einer Vorrichtung umgedreht, wieder aufgehängt und das Tauchen von neuem begonnen, bis die Kerzen dick genug sind und das gewünschte Gewicht besitzen; dann werden sie abgeschnitten und auf der Bohrmaschine die Löcher gebohrt.

Tunkvorrichtung von Kopač.

J. Kopač in Görz hat eine Tunkvorrichtung[1]) für Wachs konstruiert, die sich besonders durch eine praktische Dochtspannvorrichtung auszeichnet.

Bei dieser Vorrichtung werden die der Länge der zu erzeugenden Kerzen entsprechend zugeschnittenen Kerzendochte an zwei Dochtstangen, von denen die eine in bekannter Weise mit einem Dochtrahmen fest verbunden und die andere mittels Gleitbacken auf dem Dochtrahmen verschiebbar ist, befestigt. Die bewegliche Dochtstange wird nach Fig. 215 aus einem Quadrateisenstab hergestellt, der mit einer entsprechenden Anzahl von Quernuten versehen wird. In je zwei gegenüberliegende Quernuten sind die Enden je einer

[1]) Österr. Patent Nr. 16 503 v. 15. Febr. 1904.

Drahtschleife *a* eingeschoben und durch Umnieten der Nutränder *b* (siehe Fig. 216) befestigt. Die Dochte werden zwischen der Dochtstange und den Drahtschleifen eingezogen und durch die federnden Drahtschleifen festgeklemmt. Durch Aufwärtsschieben der beweglichen Dochtstange werden die Kerzendochte gespannt, in welchem Zustande sie in bekannter Weise durch Einstecken von Stiften durch die Gleitbacken und die entsprechenden Stellöcher des Dochtrahmens erhalten werden. Der Dochtrahmen mit den aufgespannten Dochten wird nun bis auf den Boden eines mit Wasser gefüllten flachen Gefäßes eingesenkt, so daß die Dochte gleichmäßig bis zu einer gewünschten Höhe befeuchtet werden, wodurch ein Ansetzen von Kerzenmasse an diesen Stellen verhindert wird. Hierauf werden die so befeuchteten Dochte in einen doppelwandigen, mit Dampf geheizten Tunkkessel bekannter Konstruktion, der die geschmolzene Kerzenmasse enthält, eingetaucht und nach Herausnahme des Rahmens die vorgegossenen Kerzen mittels einer Gabel von dem Rahmen abgenommen und zum Abkühlen aufgehängt. Nach dem Abkühlen werden die vorgegossenen Kerzen gleichgestutzt und umgekehrt auf dem Dochtrahmen aufgespannt, worauf sie wieder in das Wachsbad eingetaucht werden. Dieser Vorgang wird so oft wiederholt, bis die Kerzen die gewünschte Stärke besitzen. Bei Erzeugung von Kerzen bis zu 1 m Länge kann ein Mann die Kerzendochte von freier Hand eintauchen, während bei der Herstellung von längeren Kerzen die Benutzung eines Aufzuges. z. B. einer einfachen Rolle usw., notwendig wird.

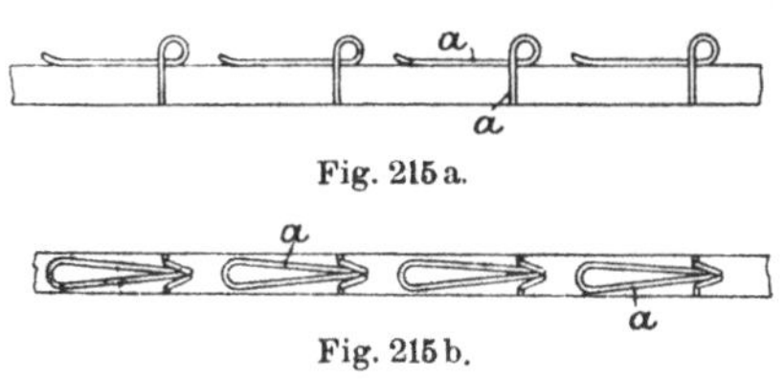

Fig. 215a.

Fig. 215b.

Fig. 215a und b. Dochtrahmen nach Kopač.

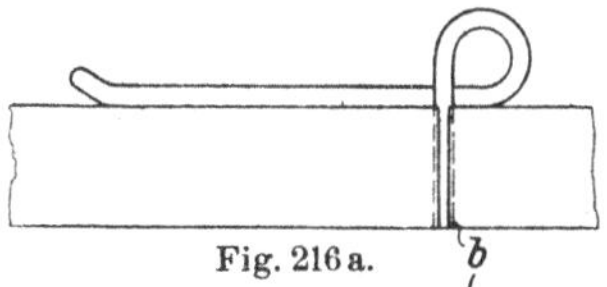

Fig. 216a.

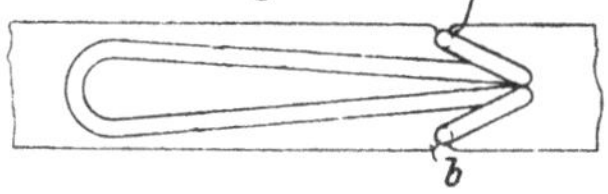

Fig. 216b.

Fig. 216a und b. Details der Kopačschen Dochtrahmen.

Die Kerzen, die nach dem Kopačschen Verfahren erhalten werden, sind vollkommen konzentrisch und zeigen überall eine gleiche Stärke. Da es ferner ausgeschlossen ist, daß die Dochte durch die Ungeschicklichkeit des Arbeiters zu hoch befeuchtet werden, besitzen alle Kerzen auch das gleiche Gewicht.

Praktische Vorrichtungen zur Herstellung getunkter Wachskerzen haben auch Karl Hesselbach[1]) in Kitzingen a. M., B. Sohler[2]) in Würzburg, Josef Karl[3]) in Bamberg und Englert[4]) konstruiert.

Allgemeines über das Kerzenziehen.

b) Das Ziehen der Kerzen. Beim Ziehen der Kerzen wird der Docht in die flüssige Kerzenmasse nicht eingetaucht und dann vertikal herausgezogen, sondern in horizontaler Richtung durch das flüssige Kerzenmaterial gezogen und dabei nicht vorher in der Kerzenlänge angepaßte Stücke zerschnitten, sondern der aufgespulte Docht in ungekürzter Länge verwendet.

[1]) Siehe Tafel XIII.

[2]) D. R. P. Nr. 193664 und D. G. M. 278062. (1906, S. 503.)

[3]) D. R. P. Nr. 212896 v. 28. Juli 1908.

[4]) D. G. M. Nr. 349975.

Die so erhaltene endlose Kerze wird dann in beliebig lange Stücke zerschnitten, denen man nachträglich durch ein passend geformtes Messer eine Spitze erteilt.

Das Arbeiten mit einem endlosen Docht macht das Kerzenziehen viel rationeller als das Kerzentunken, doch setzt das Ziehen eine große Geschmeidigkeit des Materials voraus. Wie leicht einzusehen ist, kann der mit Kerzenmasse umgebene lange Docht (da es sich meist um Wachs handelt, das nach dieser Methode verarbeitet wird, heißt man ihn Wachszug oder Wachsdraht) nicht in gerader Linie ausgezogen werden, sondern muß praktischerweise zwischen dem jeweiligen Durchziehen durch den geschmolzenen Kerzenstoff wie auch nach der letzten Ziehoperation gerollt aufbewahrt werden, bis er zu Kerzen verschnitten wird. Dieses Aufrollen setzt nun eine ganz besondere Geschmeidigkeit des Materials voraus, weil sonst der Wachszug brechen oder doch Risse aufweisen würde; andernfalls darf der verarbeitete Kerzenstoff nicht kleben, weil sonst die einzelnen Windungen einer Wachszugrolle aneinander haften würden. Die Vereinigung beider Eigenschaften zeigen das Bienenwachs und das Ceresin; bis zu einem gewissen Grade besitzt sie auch das Paraffin. Zur Erhöhung der Geschmeidigkeit wird vielfach diesen Stoffen etwas Terpentin zugesetzt. Ehedem bestanden die in den Handel kommenden gezogenen Kerzen ausschließlich aus Bienenwachs, dem etwas Terpentin beigemengt war, heute sind sie zumeist aus Ceresin und Paraffin zusammengesetzt.

Zum Kerzenziehen bedient man sich einer Vorrichtung, die in der Hauptsache aus einem Gefäß zur Aufnahme des Kerzenmaterials, aus der sogenannten Ziehscheibe und aus zwei Trommeln zum Aufrollen des Dochtes bezw. Wachsdrahtes besteht.

Kerzenmaterialbehälter. Das Gefäß zur Aufnahme des Kerzenmaterials (siehe Fig. 217, *f*) ist zweckmäßig aus verzinntem Kupfer hergestellt und zur Flüssighaltung des Kerzenmaterials mit einer Wärmvorrichtung versehen. Diese besteht gewöhnlich aus einer einfachen Spiritusflamme oder einem Becken mit glühendem Koks, nur selten wird auch mit Dampf gearbeitet, in welchem Falle dann das Gefäß doppelwandig hergestellt ist.

Ziehscheibe. Die Ziehscheibe stellt eine ungefähr 12—15 mm dünne Messingscheibe von 20—25 cm Durchmesser dar, in der mehrere verschieden große Lochungen angebracht sind, deren kleinste 1,5 mm Durchmesser hat, während die größte 30 mm lichte Weite zeigt.

Haspel. Die Trommeln zum Aufhaspeln des Dochtes oder Wachszuges bestehen aus gewöhnlichen Holztrommeln von 1,00—1,50 m Durchmesser und sind mittels Handkurbeln drehbar.

Die Arbeitsweise dieser Wachsziehvorrichtung ist die folgende:

Arbeitsweise. Der auf der Trommel T_2 aufgewickelte Docht wird durch das mit der Wachsmasse gefüllte, durch das Koksbecken *e* warm gehaltene Gefäß *f* (Fig. 217) geführt und mittels eines passend geformten Holzstückes niedergehalten oder durch einen am Boden des Gefäßes *f* angebrachten Haken geführt und so gezwungen, das Wachsbad zu durchstreichen. Hierauf bringt man den Docht durch die Ziehscheibe *g*, wobei das an dem Dochte haften bleibende Wachs zum Teil abgestreift und eine vollständig gleichmäßige Dicke des Wachsfadens erzielt wird, der sodann auf die Trommel T_1 aufgewickelt wird. Man kann dies tun, ohne ein Ankleben der einzelnen Windungen des Wachsdrahtes zu befürchten, sobald man für eine genügende Erstarrung des frisch hergestellten Wachsdrahtes sorgt, was bei entsprechend großer Entfernung der Ziehscheibe von der Trommel T_1 und bei entsprechend kühl gehaltener Temperatur des Arbeitslokals anstandslos erfolgt. Ist die Gesamtlänge des auf der Trommel T_2 aufgewickelt gewesenen Dochtes abgehaspelt und auf der Trommel T_1 in Form von dünnem Wachsdraht aufgewickelt worden, so verstellt man die Ziehscheibe auf die andere Seite des Arbeitstisches, bringt sie also zwischen die Rolle T_2 und den Wachsbehälter *f*, indem man gleichzeitig das Ende des frisch erzeugten Wachsdrahtes von der Rolle T_1 wiederum durch das Wachsbad zieht, hierauf durch die nächstgrößere Lochung der Messingscheibe *g* führt und schließlich auf der Rolle T_2 aufhaspelt. Es vollzieht sich also genau dieselbe Arbeit, die schon einmal geleistet wurde, in entgegengesetzter Richtung, wobei die Stärke des Wachsdrahtes

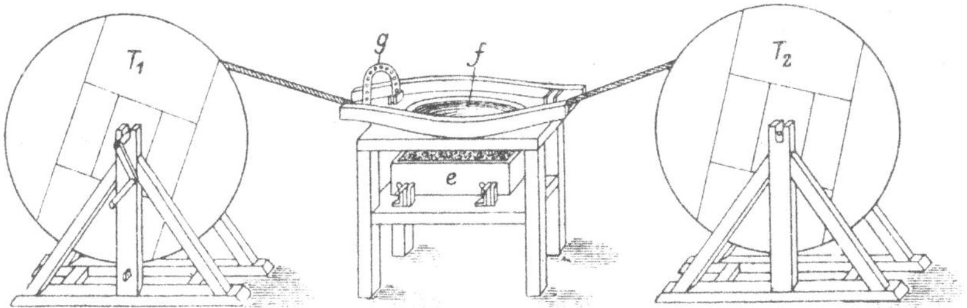

Fig. 217. Vorrichtung zum Ziehen der Wachskerzen.

ungefähr verdoppelt wird. Ist die Gesamtlänge des Wachsdrahtes nunmehr auf der Rolle T_2 aufgewickelt, so wiederholt man das Spiel aufs neue und fährt in diesem Sinne so lange fort, bis der Wachszug die gewünschte Stärke erreicht hat.

Zur heißeren Jahreszeit ist es zweckmäßig, die Entfernung der aufwickelnden Rollen von dem Wachsbassin möglichst groß zu nehmen, damit das flüssige, an dem Dochte hängende Wachs längere Zeit Gelegenheit zum Erstarren habe. Während im Winter nämlich eine 6 m große Entfernung zwischen Wachsbad und Rolle genügt, wählt man im Sommer eine solche von 10 m und darüber.

Zweckmäßig ist es, die Ziehscheibe auf Schienen laufen zu lassen, damit ihr Verschieben von einer Seite des Ziehtisches zur anderen leicht vor sich gehen könne.

Will man besonders hübsche weiße oder buntgefärbte Wachskerzchen erzeugen, so wird die letzte, nötigenfalls auch schon die vorletzte Passage durch das Wachsbad mit besonders weißem Wachs oder mit gefärbter Masse vorgenommen. Ersterenfalls erspart man an dem teuren weißen Bienenwachs, weil das äußere Aussehen der Wachskerzchen auch dann bleibend weiß ist, wenn nur die äußerste Schicht aus vollkommen weißem Wachs besteht, mag der innere Kern auch aus etwas gelbstichigem Material bestehen. Ebenso erspart man Farbe bei der Herstellung farbiger Wachskerzen, die übrigens in durchweg gefärbter Masse weniger feurig erscheinen, als wenn sie einen ungefärbten Kern haben.

Wachszieh-Maschinen.

An der Technik der Wachszieherei ist seit den letzten zwanzig Jahren soviel wie gar nichts geändert worden; kleine Verbesserungen in der Ausführung der durchlöcherten Scheiben, deren Verschiebbarkeit usw. können nicht als wesentliche Neuerungen betrachtet werden. Verschiedentliche Anläufe, das Wachsziehen durch Maschinen besorgen zu lassen, haben keinen bleibenden Erfolg gehabt; die Versuche scheiterten stets daran, daß der Docht infolge der sich immer vorfindenden kleinen Knötchen hie und da abreißt, worauf es seine Schwierigkeit hat, eine mechanische Vorrichtung wieder in Gang zu bringen, wogegen die Reparatur bei Handarbeit leicht zu bewerkstelligen ist, indem man die beiden Enden einfach verknüpft und den Gang der Arbeit verlangsamt, vorsichtig weitertreibend, bis die schadhafte Stelle überwunden ist. Im übrigen ist auch bei den allgemein gebräuchlichen Ziehvorrichtungen die Handarbeit nicht sehr umständlich und ein automatischer Betrieb verspricht daher wenig Vorteile; nur bei der Herstellung von Wachszündhölzern (siehe unten) haben sich maschinelle Ziehvorrichtungen bewährt.

Das Ziehen von Kerzen wird nur bei Kerzen von verhältnismäßig kleinem Durchmesser angewendet, hauptsächlich bei Weihnachtskerzchen und zur Herstellung des Wachszuges, der zu den sehr häufig zu findenden Wachsstöcken verarbeitet wird.

Um aus dem Wachszuge Weihnachtskerzen herzustellen, wird er auf einem Tisch mit dem Messer in Stücke von der gewünschten Länge geschnitten, die dann mittels eines scharfen Holzmessers an den Köpfen konisch zugespitzt werden.

Wachsstöcke.

Für die Herstellung von Wachsstöcken wird ein Wachszug auf einem kleinen Kartonstück in mehr oder weniger kunstvoller Weise aufgewickelt; nicht selten gibt man diesen Wachsstöcken eine bienenkorbartige Form und verwendet sie als Zierstücke. Kleinere Wachsstöcke, die man bequem mit sich herumtragen kann, werden als Kerzchen benutzt, um z. B. des Nachts ein finsteres Stiegenhaus spärlich zu beleuchten.

Wachszündhölzchen.

Endlich wird der Wachszug auch zu den sogenannten Wachszündhölzchen verarbeitet, einem Artikel, der in den letzten Jahren große Bedeutung erlangt hat.

Die Wachszündhölzer sind als mit Zündköpfen versehene Kerzen zu betrachten, und zwar besteht der Docht aus ungebleichtem Baumwollgarn, während die Kerzenmasse aus Paraffin ist, dem man zwecks Erreichung des beliebten opaken Aussehens etwas Stearin und zur Erhöhung der Festigkeit etwas gebleichtes Karnaubawachs zusetzt.

Der verwendete Baumwolldocht ist im Verhältnis zur Kerzenstärke sehr dick gewählt und besteht gewöhnlich aus 15, mitunter auch mehr Fäden. Da er ungebleicht ist, besitzt er eine größere Zerreißfestigkeit, und dieser Umstand erlaubt es, daß das Ziehen des Wachsdrahtes oder, hier richtiger, Paraffindrahtes maschinell erfolgen kann. Diese Maschine übernimmt nicht nur in einfacher Weise die S. 899 beschriebenen Arbeiten der Wachszieherei, sondern besorgt außerdem noch das Zerschneiden des erhaltenen Drahtes in die für die Zündhölzer (Matches) erforderliche Länge.

Das Versehen dieser kurzen Paraffinkerzchen mit der Zündmasse erfolgt in genau derselben Weise wie bei der Herstellung der gewöhnlichen Zündhölzchen, ebenso das Verpacken der fertigen Ware, zu welcher Arbeit in größeren Betrieben Maschinen verwendet werden.

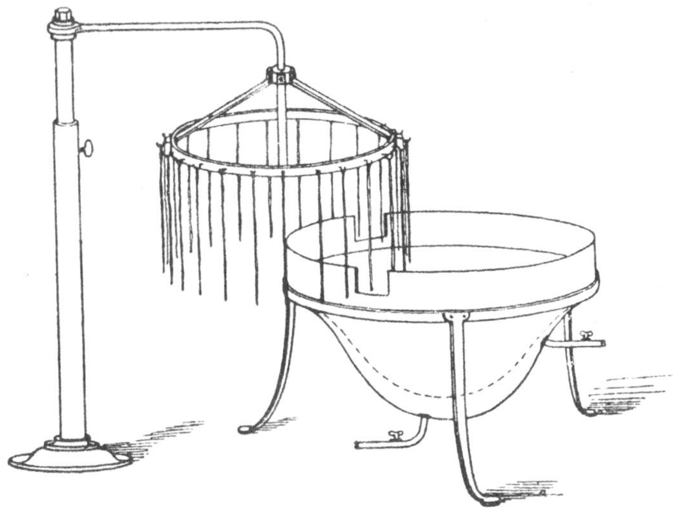

Fig. 218. Vorrichtung zur Herstellung von Kerzen durch Angießen.

Die Fabrikation von Wachszündhölzchen hat im Laufe der Jahre eine ziemliche Bedeutung erlangt, und besonders in Italien werden große Mengen davon hergestellt; sollen doch allein in Venedig mehr als 1000 Personen ihren Erwerb bei dieser Beschäftigung finden.

4. Herstellung von Kerzen durch Angießen an den Docht.

Allgemeines.

Diese ausschließlich bei größer dimensionierten Wachskerzen übliche Methode besteht darin, daß man den straff gespannten Docht so lange mit Kerzenmasse begießt, bis an ihm eine genügende Menge Kerzenmaterial haftet, das dann durch Ausrollen (siehe S. 887) möglichst gleichmäßig um den Docht verteilt wird.

Arbeitsweise.

Um dieses viel Handarbeit erfordernde Verfahren halbwegs praktisch zu gestalten, werden 36—48 Dochte an einem eisernen, mit Haken versehenen Ring [Fig. 218[1])], der durch Haken befestigt ist, angebracht. Man nimmt heute

[1]) Seifensiederztg., Augsburg 1903, S. 874.

durchweg geflochtene Dochte, die man, auf die entsprechende Länge zugeschnitten, mittels Bindfäden an die einzelnen Haken hängt. Der Ring selbst ist mittels eines eisernen Armes an dem Fußgestell befestigt, das sowohl ein Höher- als auch ein Tieferstellen des Ringes ermöglicht und auch seine Drehung gestattet. Dadurch ist es tunlich, ein Segment des Dochtringes genau über das das geschmolzene Wachs enthaltende Gefäß zu bringen, das gewöhnlich aus einem verzinnten Kupferkessel von 60—70 cm Durchmesser und 30—40 cm Tiefe besteht. In diesem mit Dampfmantel versehenen Wachsbehälter wird das Wachs auf die zum Verarbeiten geeignete Temperatur gebracht, also knapp oberhalb des Erstarrungspunktes gehalten. Der Arbeiter schöpft nun mit einer Kelle eine Menge Kerzenmaterial aus dem Kessel und erfaßt gleichzeitig mit der linken Hand den Docht, den er zwischen Zeigefinger und Daumen nimmt, ihn unter einer Drehung anspannend, während er mit der rechten Hand das geschmolzene Wachs aus der Kelle über den Docht laufen läßt. Ist dies geschehen, so gibt er dem Dochte eine leichte Bewegung, damit der nächstliegende Docht an ihn näher heranrücke, der dann genau so wie der frühere mit der linken Hand gespannt und gedreht, mit der rechten Hand mit Wachs begossen wird. Die Drehung und Spannung des Dochtes sind ebenso wichtig wie das richtige Angießen; wird die eine oder die andere Arbeit ungeschickt ausgeführt, so erhält man Kerzen, deren Docht nicht im Zentrum sitzt und die nicht gerade sind.

Das Angießen wird mehreremal wiederholt, bis die Kerze ungefähr die Hälfte des gewünschten Gewichtes erreicht hat. Die ringförmige Anordnung der einzelnen Dochte erweist sich als sehr praktisch, weil das an dem Dochte haftende Kerzenmaterial genügend erstarrt ist, bevor die Dochtrunde durchgenommen wurde und es daher zur nächstfolgenden Angießung kommt.

Bildung des Kerzenkopfes.

Haben die Kerzen auf diese Weise ungefähr die Hälfte des gewollten Gewichtes erreicht, so nimmt man sie von dem Dochtring ab und bringt sie auf einen Tisch oder auf ein Brett (Stutzbrett), auf dem der untere Teil der Kerze derart abgeschnitten wird, daß sich ein konischer Kerzenkopf bildet. Man nimmt dieses Abschneiden mit Holzmessern vor, um den Docht nicht etwa zu lädieren, und verfährt ganz ähnlich, wie S. 894 beschrieben wurde. Hierauf wird die Kerze in umgekehrter Lage, also mit der neugebildeten Spitze nach oben, an die Haken des Dochtringes befestigt und wiederum begossen, wobei man bei den ersten Operationen nur das unterste Viertel, bei den späteren die untere Hälfte der Kerze begießt und nur zum Schlusse das Wachs über die ganze Kerzenlänge laufen läßt. Dieses Vorgehen hat den Zweck, die Unregelmäßigkeiten in der Dicke auszugleichen. Ist dies geschehen und hat die Kerze die gewünschte Dicke erreicht, so nimmt man sie von dem Dochthaken und rollt sie auf einer Marmorplatte so lange, bis sie eine gut zylindrische Form angenommen hat.

Um die Knetbarkeit der frisch hergestellten Kerze bis zu deren Ausrollen zu erhalten, werden die Kerzen, wie sie von den Dochtrahmen kommen, entweder in gut warme Räume (Wärmkasten) gelegt oder aber mit Watte bedeckt, sie halten sich dadurch warm und lassen sich dann leicht ausrollen.

Das bei den Angießoperationen an dem Dochte nicht haftenbleibende Wachs fließt gewöhnlich direkt in den Wachsbehälter zurück, so daß keinerlei Verluste entstehen.

Zur Herstellung sehr langer Wachskerzen wird es notwendig, daß sich der Arbeiter einer Leiter bedient, um in die erforderliche Höhe zu gelangen. Es ist in diesem Falle unmöglich, daß er auch die Spannung und Drehung des Dochtes selbst bewirkt, und er muß sich dann bei der Gießarbeit einer Hilfsperson bedienen.

Apparat zum Angießen von Wachskerzen nach Kirchens.

Das Angießen der Wachskerzen, das wohl als die umständlichste aller Formungsmethoden gelten kann, wird bei großen Kerzen, die ein bestimmtes Gewicht haben sollen, auch durch das fortwährende Wiegen der Kerze beschwerlich, und die Neuerung, die Joseph Kirchens[1]) in Trier vorschlägt (siehe Fig. 219a und b), verdient daher alle Beachtung:

In dem Spurlager *1* ruht eine mittels eines Riemens *3* von der Welle *2* angetriebene senkrechte Welle *4*. Der Behälter *5*, in dessen Fuß sich das Spurlager befindet, hat einen doppelten Boden, dient zur Aufnahme des von den Kerzen ablaufenden Wachses und wird mittels Dampfes auf die bestimmte Temperatur gebracht. Auf einem Kugellager der Welle *4* ruht lose die Nabe eines Kranzes *7*, der in gleichen Abständen 12 Nocken besitzt. In jedem dieser Nocken ist eine Büchse *8*, die zur Aufnahme einer eine Wiegevorrichtung darstellenden Schraubenfeder *9* mit Kolben dient, drehbar gelagert. Unterhalb der Büchse *8* ist eine Skala *10* angeordnet. An jeder Wiegevorrichtung befindet sich ein Haken *11*, an dem die Kerze aufgehängt wird, und an jedem Haken *11* ist ein Zeiger *12* vorgesehen, der ständig das Gewicht der Kerze auf der Skala *10* anzeigt. Das Übergießen der Kerzen wird durch eine in Lagern *13* drehbar gelagerte Nockenscheibe *14* geregelt. Aus dem ebenfalls durch Dampf erhitzten Behälter *15* läuft das flüssige Wachs durch einen Hahn *16* auf die jeweilig unter ihm befindliche Kerze. Ist letztere genügend begossen, so drückt die Nockenscheibe *14* den Schieber *17* nach unten und dieser sperrt den weiteren Wachszufluß ab. Der Kranz *7* macht alsdann eine Zwölfteldrehung, so daß die nächste Kerze unter den Hahn *16* gelangt. Ist dieses geschehen, so hat sich die Nockenscheibe *14* so weit gedreht, daß sie den Schieber *17* freigibt und dieser durch die Feder *18* geöffnet wird, so daß das Wachs aus dem Hahn *16* ausströmt. Auf diese Weise werden nacheinander sämtliche Kerzen begossen. Damit nun das Wachs alle Seiten der Kerzen bespülen kann, wird den Büchsen *8* und damit den Kerzen eine ständige Drehbewegung um ihre Achse erteilt. Zu diesem Zwecke ist auf jeder Büchse *8* ein Stirnrad *20* angeordnet und auf der Welle *4* ein Stirnrad *19* vorgesehen, das mit den Rädern *8* in Eingriff steht.

Dem lose auf der Welle *4* sitzenden Kranze *7* wird auf folgende Weise eine stoßweise Drehung erteilt: Von der Welle *2* wird durch ein Kettengetriebe *21* eine Welle *22* angetrieben, die eine Scheibe *23* mit einer seitlichen Erhöhung trägt. Auf der Stirnfläche der Scheibe *23* schleift mittels eines Laufrädchens der eine Arm

[1]) D. R. P. Nr. 170155 v. 19. Okt. 1904.

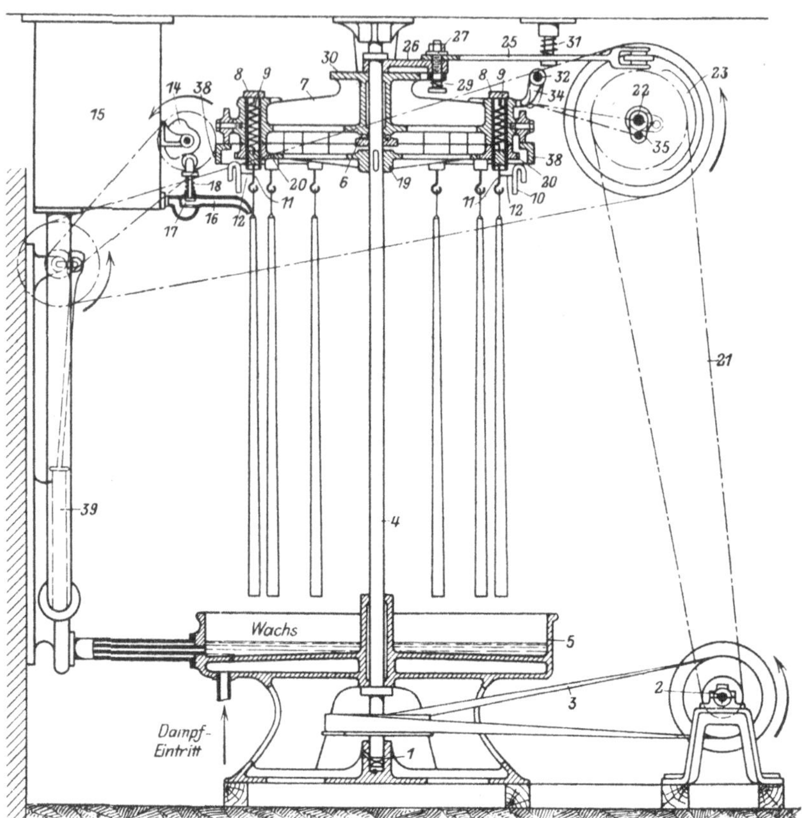

Fig. 219a. Schnitt *AB*.

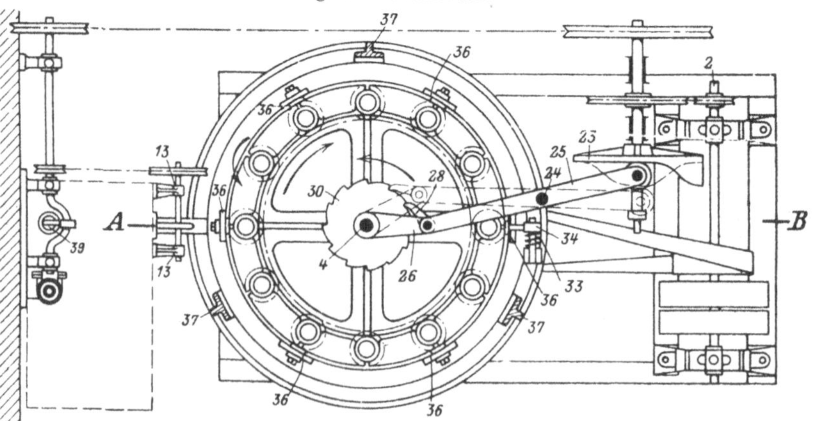
Fig. 219b. Grundriß.

Fig. 219a und b. Angießmaschine zur Herstellung von Kirchenkerzen nach Kirchens.

eines um einen Zapfen *24* drehbaren Hebels *25*, dessen anderer Arm mit einem lose auf der Achse *4* angeordneten Hebel *26* durch einen Bolzen *27* gelenkig verbunden ist. Der Bolzen *27* trägt eine Sperrklinke *28*, die in ein mit dem Kranze *7* verbundenes Sperrad *30* eingreift. Sobald daher der Hebel *25* durch die Erhöhung der Scheibe *23* von dieser abgedrückt wird, werden auch die Sperrklinke *28*, das Sperrrad *30* und der Kranz *7* gedreht. Die Erhöhung der Scheibe *23* ist dabei so bemessen, daß der Kranz *7* eine Zwölfteldrehung erhält. Der Sperrhebel *28* wird durch eine Feder *29* ständig gegen das Sperrad *30* gedrückt, und eine Feder *31* drückt den Hebel *25* gegen die Stirnfläche der Scheibe *23*, so daß der Hebel *25*, die Sperrklinke *28* und der Hebel *26* in ihre Anfangsstellung zurückkehren, sobald die Rolle des Hebels *25* die Erhöhung der Scheibe *23* verläßt. Hat der Kranz *7* eine Zwölfteldrehung ausgeführt, so schnappt ein bei *32* drehbar gelagerter, durch eine Feder *33* gegen den Kranz *7* gedrückter Hebel *34* in einen der im Kranze *7* befindlichen 12 Einschnitte ein und bewirkt ein Feststellen des Kranzes. Bevor eine Weiterdrehung des Kranzes erfolgt, wird durch einen auf der Achse *22* befestigten Hebel *35* der Hebel *34* mittels einer Kette zurückgezogen, so daß die Drehung unbehindert erfolgen kann. Der Kranz *7* wird durch 6 Rollen *36* auf einem von 3 Böckchen *37* getragenen, an der Decke befestigten Kranze *38* geführt.

Das von den Kerzen ablaufende Wachs wird in dem Behälter *5* aufgefangen und mittels einer kleinen Saug- und Druckpumpe *39* wieder in den Behälter *15* gepumpt, so daß die Maschine ohne Unterbrechung arbeiten kann. Das Druck- und Saugrohr der Pumpe sowie alle Rohre, durch die Wachs strömt, sind von Rohren umgeben, die zwecks Flüssigerhaltung des Wachses ständig mit Dampf gefüllt sind.

Sollen zum Übergießen der Kerzen mehrere Sorten Wachs verwendet werden, so werden die Behälter *5* und *15* in mehrere Teile geteilt und jeder Teil erhält eine Pumpe mit Hahn, so daß man je nach Belieben jede Sorte Wachs über die Kerzen strömen lassen kann.

5. Das Gießen der Kerzen in Formen.

Allgemeines.

Hierbei wird das flüssige Kerzenmaterial in eine der Gestalt der zu erzeugenden Kerze entsprechende Form gegossen, nachdem man vorher den Docht in die Form eingezogen und straff gespannt hat. Die Herstellung gegossener Kerzen setzt voraus, daß das Kerzenmaterial beim Erstarren keine Hohlräume bilde, die erstarrte Masse an den Wandungen der Kerzenform nicht haften bleibe, sondern sich leicht loslöse, und daß das Kerzenmaterial genügend fest sei, um das Ausstoßen oder Ausziehen der fertigen Kerze aus der Form ohne Mißgestaltung zu ertragen.

Obwohl nicht alle bekannten Kerzenmaterialien diesen Anforderungen entsprechen, weil sie teils beim Erstarren zur Bildung von Hohlräumen neigen, teils an der Formwandung kleben bleiben, stellt man heute doch aus allen in Betracht kommenden Kerzenstoffen Kerzen durch Gießen her. Hat man doch gelernt, die erwähnten Nachteile mancher Kerzenmaterialien durch entsprechende Arbeitsweise, wenn nicht gänzlich, so doch zum größten Teil verschwinden zu machen. Wie weiter unten ausgeführt wird, erfordert jedes Kerzenmaterial beim Gießen seine besondere Behandlung. Trägt man der Eigenart des Stoffes Rechnung, so lassen sich alle Kerzenmaterialien durch Gießen zu guten, tadellosen Kerzen verarbeiten.

Das Gießen der Kerzen, das schon seit vielen Jahrhunderten bekannt ist, erfolgte ehedem auf ziemlich einfache Weise; erst in den vierziger Jahren des vorigen Jahrhunderts wurden Verbesserungen der primitiven Gießmethode getroffen, und es war hauptsächlich die um diese Zeit aufblühende Stearinkerzenindustrie, die die Schaffung praktischer Kerzengießvorrichtungen (vergleiche S. 822) anregte.

Bei den zum Gießen der Kerzen gebräuchlichen Vorrichtungen muß man folgende Details unterscheiden:

1. die Kerzenform,
2. die Dochteinzieh- und Zentriervorrichtung und
3. die Vorrichtung zum Ausbringen der Kerze aus der Form.

Diese drei Dinge sind, je nach der Art des verarbeiteten Kerzenmaterials, ziemlich verschieden beschaffen und von mehr oder weniger vollkommener Konstruktion.

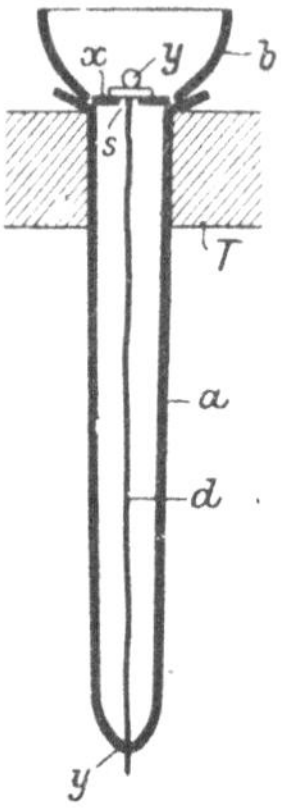

Fig. 220. Talgkerzenform.

α) *Das Gießen von Talgkerzen.*

Gießen von Talgkerzen.

Neben den getunkten Talglichten kommen auch namhafte Mengen von gegossenen Talgkerzen auf den Markt, wenngleich dieser Artikel die Bedeutung, die ihm vor wenigen Jahrzehnten zukam und ihn zu einem einträglichen Nebenerwerb der Seifensieder machte, heute zum größten Teil verloren hat.

Gußform.

Zum Gießen der Talgkerzen bedient man sich gewöhnlich Gußformen, die die in Fig. 220 wiedergegebene Gestalt zeigen:

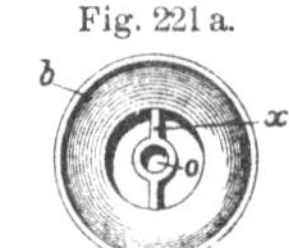

Fig. 221 a.

Fig. 221 b.

Fig. 221. Detail eines Köpfchens für Talgkerzenformen.

Auf der zylindrischen oder schwach konisch zulaufenden eigentlichen Kerzenform *a* sitzt ein kleiner Aufsatz *b*, das sogenannte Köpfchen. Dieses trichter- oder schüsselförmige Stück soll das Eingießen des flüssigen Talges erleichtern und muß die Dochtzentrierung besorgen. Am Boden des Köpfchens *b* sitzt ein Steg *x*, durch dessen zentrische Öffnung *s* der Docht *d* eine Führung erhält. Der Docht *d* wird unten bei der Kerzenform-Spitze bei *y* festgehalten und oben durch ein auf der Öffnung *s* sitzendes Führungsstäbchen und das Talgköpfchen *y* zentriert.

Häufig besitzt auch das Köpfchen *b* (siehe Detailzeichnung Fig. 221) an seinem unteren Teile einen Steg *x* direkt eingebaut, in dessen Mitte eine runde Öffnung *o* zur Aufnahme des Dochtes angebracht ist. Diese Öffnung kommt nach dem Aufstecken des Köpfchens auf die Kerzenform genau in die Mitte der letzteren zu liegen, und ein durch diese Öffnung gezogener Docht *d*, der am unteren Ende durch die Spitze der Form geht, hat dann eine genau zentrale Lage.

Diese Kerzenformen müssen aus einem gegen Talg widerstandsfähigen, Fette nicht aufsaugenden Material bestehen, das sich genügend und bleibend glätten läßt, damit die erstarrten Kerzen nicht an der Form kleben, sondern leicht herausgehen. Es hat sich für diesen Zweck eine Legierung von Zinn und Blei als entsprechend erwiesen, wogegen sich die in früherer Zeit versuchsweise eingeführten Gußformen aus Gußeisen, Messing, Zinn, Glas usw. nicht bewährten. Das Verhältnis des Zinns zum Blei steht in der verwendeten Legierung nicht fest; es wird meist 2 : 1 gewählt, doch kann auch das umgekehrte Verhältnis Platz greifen. Auch werden bisweilen Zusätze von Antimon gemacht.

Die aus einer Blei-Zinn-Legierung bestehenden Talgkerzenformen werden entweder gegossen oder gezogen. Das Formengießen erfolgt in mehrteiligen Messingformen; das heute wohl nur noch selten geübte Ziehen geschieht durch Eintauchen eines kalten Stahlkerns in die geschmolzene Legierung. Auf die Anfertigung der Formen näher einzugehen, ist hier nicht der Ort, denn diese Arbeit wird fast nie von den Kerzenerzeugern selbst besorgt, sondern Spezialfabriken (Metallgießereien) überlassen.

Fig. 222. Dochteinziehnadel für Talgkerzen.

Formmassen, die durch das Kerzenmaterial leicht angegriffen werden und die Glätte der Innenfläche verlieren, sind zu verwerfen, weil sie matte, unansehnliche Kerzen liefern, die außerdem nicht leicht von der Form losspringen und daher aus dieser schwer herauszuheben sind.

Bisweilen neigen die Legierungen, aus denen die Kerzenformen hergestellt sind, zur Porenbildung; dies kann dazu führen, daß beim Kühlen der Form mit kaltem Wasser dieses durch die Poren bis in das Innere der Form tritt, wodurch dann schlechte Kerzen resultieren.

Kommen die Kerzen mit Längsfurchen aus den Formen, so deutet das auf eine Scharte in der Formbasis hin, die man durch Eintreiben eines Dornes oder auf eine sonst geeignete Art wegnehmen muß.

Drahteinziehen.

Das Einziehen des Dochtes in die Kerzenform wird auf ganz einfache Weise durch eine Dochtnadel (Fig. 222) besorgt, die aus einem ziemlich dünnen, aber doch widerstandsfähigen, an seinem Ende leicht gespaltenen Stahldraht besteht. In die gabelförmige Spalte dieser Nadel wird der Docht eingezwängt und in die fertig adjustierte Form eingeschoben, indem man mit der Nadel von oben durch die kreisrunde Stegöffnung des Köpfchens fährt, bis man unten an der Kerzenspitze herauskommt. Dann wird das von der Einziehnadel festgehaltene Dochtende gelockert und die Nadel wieder nach aufwärts herausgezogen. Durch Eintauchen der Dochte in geschmolzenen Talg vor ihrem Einziehen sorgt man dafür, daß ein Durchrutschen nicht zu leicht vorkomme. Diese Talgimprägnierung bildet am oberen Dochtende nach kurzer Zeit ein erstarrtes Fettröpfchen (siehe oberes y in Fig. 220), das dem Durchschlüpfen des Dochtes durch die Stegöffnung Widerstand bietet.

Eine besondere Abdichtung des Dochtes an der Kerzenspitze ist nicht vorhanden, die Formöffnung vielmehr so klein gehalten, daß der Docht selbst diese Öffnung fast verschließt, ein Durchtropfen der eingebrachten Kerzenmasse also kaum vorkommen kann.

Sykes[1]) hat seinerzeit einen Apparat konstruiert, der das Zuschneiden der Dochte für die Talgkerzenformen und das Tränken des einen Dochtendes mit Talg zwecks sicherer Fixierung der Dochte in der leeren Form automatisch besorgte. Der ehemals recht geschätzten Vorrichtung kommt heute kaum mehr eine Bedeutung zu, weshalb von ihrer Beschreibung abgesehen sei.

Gießarbeit. Das Gießen von Talgkerzen erfolgt nun auf Tischen, in deren Platte mehrere der in Fig. 220 dargestellten Kerzenformen sitzen, in die nach Einziehen des Dochtes die hergerichtete Talgmasse eingegossen wird. Man benutzt dazu Gießkannen von der in Fig. 223 gezeigten Form. Der schnabelförmige Ansatz *b* dieser Gießkannen endet in einen Auslauf *c*, mittels dessen man den Talg ohne eine Gefahr des Überfließens leicht in jede einzelne Form gießen kann.

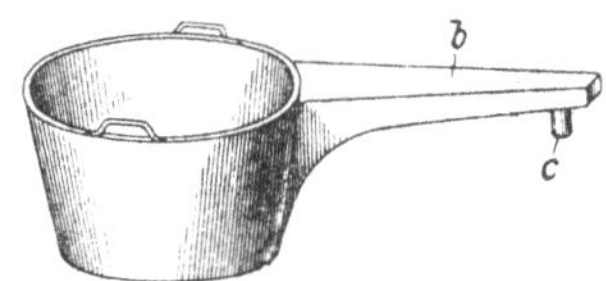

Fig. 223. Kanne für das Gießen von Talgkerzen.

Das Eingießen des Talges in die Kerzenformen darf nicht zu heiß erfolgen, der Talg muß vielmehr bereits Anzeichen des beginnenden Erstarrens zeigen, also ebenso milchig aussehen und auf der Oberfläche bereits ein dünnes Häutchen zeigen, wie dies beim Tunken der Talgkerzen als notwendig beschrieben wurde. Wird der Talg zu warm in die Formen gebracht, so haften die Kerzen sehr zähe an der Kerzenwandung und lassen sich nicht ohne weiteres aus der Form herausbringen.

Ein allzu starkes Erkalten des Talges hat andrerseits den Nachteil, daß der Docht nicht vollständig von der Kerzenmasse durchdrungen wird und daß sich um ihn herum sehr leicht Hohlräume bilden, die dem guten Brennen der Kerze Abbruch thun.

Einige Minuten nach dem Eingießen der Kerzenmasse in die Formen werden die unteren Dochtenden mit der Hand kurz angezogen und jede einzelne Form wird etwas gebeutelt. Dieser Handgriff soll einmal den Docht straff spannen und andrerseits der Bildung von Hohlräumen vorbeugen.

Richtig gerührte Talgmassen müssen Kerzen liefern, die sich bei gelindem Drucke leicht von der Formwand lösen. Man entfernt zu diesem Zwecke zuerst den trichterförmigen Aufsatz und drückt dann mit dem Daumen oder mit einem kleinen hölzernen Drücker, der nicht viel größer ist als die Kerze und unten konisch zuläuft, auf das aus der Form her-

[1]) Deite, Industrie der Fette, Braunschweig 1878, S. 315.

[2]) Die flüssige Masse muß auch das Köpfchen der Gießform anfüllen, weil beim Erstarren des Talges eine Kontraktion eintritt. (Vergleiche S. 915 und unter „Nachträge“ die Versuche von Graefe.)

ausragende Kerzenende. Dabei müssen richtig gegossene Kerzen ein leises Knacken hören lassen, das eine Folge des Abspringens der Kerze von der Formwandung ist. Zeigt sich dieses Knacken nicht, so müssen die Kerzen noch in der Form gelassen werden. Gehen die Kerzen auch dann noch nicht aus der Form, so muß man diese kurze Zeit in heißes Wasser tauchen, wodurch die heiß werdende Form ein Schmelzen der äußersten Schicht der Kerze bewirkt, die dann durch rasches Umkehren der Form aus dieser herausfällt.

Im Winter genügt zum vollständigen Erstarren der Talgkerzen eine Stunde; im Sommer kommt man damit kaum aus und es ist in der heißen Jahreszeit überhaupt nötig, das Gießen von Talgkerzen in kühlen Räumen (z. B. im Keller) vorzunehmen.

Ausbringen der Kerzen aus den Formen.

Das Herausnehmen der gelockerten Kerzen geschieht entweder mit einer Kneifzange oder einfach mit den Fingern. Die den Formen entnommenen Kerzen müssen dann noch gestutzt[1]), d. h. ihre ziemlich unegalen Fußenden müssen beschnitten werden, damit alle Kerzen die gleiche Länge zeigen.

Besondere Gießvorrichtungen.

Die eben besprochene primitive Art des Talgkerzengießens hat mehrfache Verbesserungen erfahren, indem man mehrere für die Herstellung von Stearinkerzen erdachte Vorrichtungen auch für die Herstellung von Talgkerzen anwendete. Es sei von diesen Verbesserungen nur der Gießtisch von Jacquelin angeführt, der zuerst in der Fabrik von Jaillon, Moinier & Co. in Lavillette bei Paris erprobt wurde und sich dann nicht nur in den Stearinfabriken, sondern auch in den Talggießereien einbürgerte. Heute ist diese Vorrichtung durch moderne Kerzengießmaschinen überholt, die auch für die Herstellung von Talgkerzen Verwendung gefunden haben. Ihre Konstruktion und Arbeitsweise sowie ihre großen Vorteile gegenüber der einfachen eben beschriebenen Kerzengießvorrichtung werden S. 910—917 eingehend erläutert.

Hier sei nur bemerkt, daß man bei Verwendung solcher Kerzenmaschinen, wie sie für Stearin- und Paraffinkerzen schon seit langem allgemein angewendet werden, sehr gut kühlen muß, jedenfalls weit intensiver, als dies bei Stearinkerzen nötig ist. Wird der Talg nicht bei der geeigneten Temperatur vergossen oder ist nicht genügend kaltes Kühlwasser zur Verfügung, so gehen die Talgkerzen schlecht aus den Formen dieser Kerzenmaschinen.

β) Gießen von Stearin-, Paraffin- und Kompositionskerzen.

Allgemeines.

Ursprünglich waren für die Herstellung von Stearinkerzen Formen gebräuchlich, die den Talgkerzenformen ganz und gar ähnelten; nur die Dochtbefestigung war etwas anders. Die Formen zeigten oben eine trichter-

[1]) Vergleiche S. 930.

förmige Erweiterung, ähnlich den bei den Talgkerzen gebräuchlichen Köpfchen; nur war bei den Stearinkerzenformen diese konische Erweiterung auf der Kerzenform festsitzend.

Ältere Gießformen.

Dort, wo der konische Aufsatz mit dem zylindrischen Teile der Kerzenform zusammenstößt, waren in der Form zwei einander diametral gegenüberliegende Vertiefungen angebracht, die zur Befestigung des Kerzendochtes in der Weise dienten, daß man ein dünnes Stäbchen durch Einlegen in diese beiden Vertiefungen fixierte, und an diesen den mittels einer Dochtnadel eingezogenen Docht befestigte, nachdem man ihn früher straff angezogen hatte. Ein sich etwas konisch verjüngender Stift, den man in die Spitzenöffnung der Form steckte, besorgte neben dem Festhalten des Dochtes auch die Abdichtung der Kerzenspitze. Später wurde die untere Dochtfixierung noch auf andere Weise (durch Häkchen und Knaggen) bewerkstelligt.

Die Formen wurden vor dem Gebrauch in einem mit einem Dampfmantel versehenen Behälter angewärmt, hierauf in größerer Anzahl in einen Rahmen eingehängt und mit dem flüssigen Kerzenmaterial angefüllt, worauf die Kühlung der Formen durch Luft oder Kaltwasser erfolgte.

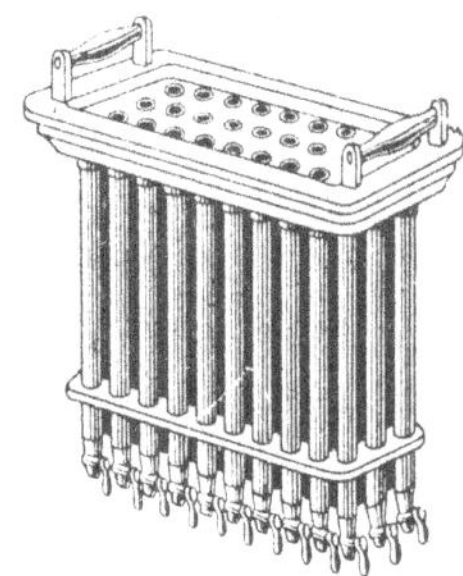

Fig. 224. Formengestell für Kerzenguß.

Einen gewissen Fortschritt bedeutete es, als man mehrere Formen in leicht transportablen, handlichen Formen in einem Metallgestell vereinigte (siehe Fig. 224).

Dabei sind bereits die unteren Dochtfixierungen durch kleine Knaggen besorgt, die die Dochtenden einklemmen. Das Anwärmen dieser Gestelle von Kerzenformen wie auch das nach dem Angießen notwendige Kühlen geht ziemlich glatt von statten, weil die oberen Rahmen ein bequemes Einhängen in die Wärm- oder Kühlbehälter (Wasserbäder) ermöglichen. Umständlich ist nur das Herausbringen der Kerzen aus den Formen, besonders dann, wenn die Kerzen nicht gut von der Form abspringen, sondern Neigung zum Kleben zeigen. Man verwendet in kleinen Kerzengießereien noch heute solche Formengestelle für Handgießerei und vereinigt bis zu 40 Formen in einem Gestell.

Um die Mitte des vorigen Jahrhunderts machten sich dann Bestrebungen geltend, die auf eine mehr maschinelle Herstellung von Kerzen abzielten, und S. 822 und 823 wird eingehend geschildert, welchen Entwicklungsgang die Kerzengießmaschinen nahmen und welche Männer sich um ihre konstruktive Ausgestaltung Verdienste erwarben.

Moderne Gießform.

Die bei den modernen Kerzenmaschinen gebräuchlichen Formen[1]) (siehe Fig. 225) sind gegen die Spitze der Kerze zu schwach konisch verjüngt und sitzen, oben und unten durch Pappeverpackung gut abgedichtet, in einem gußeisernen Kasten, der als Wärm- und Kühlbehälter dient. Die Formen sind etwas länger als der Kasten, und zwar sind die vorspringenden Ränder am Fußende der Kerzenform in passende Aussparungen des

[1]) Vergleiche S. 924 und 925.

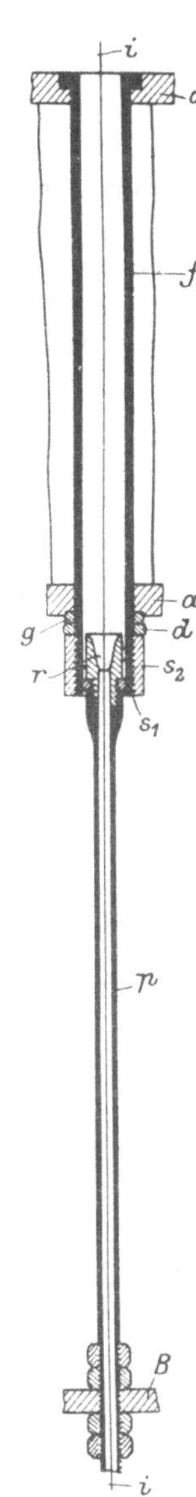

Fig. 225. Moderne Form für das Gießen von Stearinkerzen.

Kastendeckels eingelassen, so daß die Kastenoberfläche eine vollkommen glatte, nur durch die Eingießöffnungen der Kerzenformen unterbrochene Fläche darstellt. Der Formenkasten ist oben mit einem etwas hervorstehenden Rand versehen, wodurch ein Gußtrog gebildet wird, durch dessen Anfüllen mit Kerzenmasse sich alle Formen anfüllen.

Der untere Teil der Kerzenform *f* ragt einige Zentimeter aus dem Formkasten *a* hervor und ist mit einem Schraubengewinde s_1 versehen, auf dem eine Schraube s_2 sitzt, durch deren Anziehen eine ringförmige Scheibe *d* gegen einen Gummiring *g* gedrückt wird, wodurch ein vollständiges Abdichten bewirkt werden kann. Diese Abdichtung der Austrittstellen der Formen aus dem Formenkasten muß vollkommen sein, weil bei der kleinsten Undichtheit das in dem Formkasten spielende Wasser oder der eingelassene Dampf in den Gießtrog der Kerze tritt und hier das Kerzenmaterial verunreinigt oder aber unten abfließt und den unverbrauchten Docht feucht macht.

Der Kopf *r* der Kerze wird durch ein separates bewegliches Formstück gebildet, das aus demselben Material wie die Form besteht und auf einem eisernen Röhrchen *p* (Piston) sitzt. Dieses ziemlich kräftig gebaute Röhrchen wird an einem verstellbaren Rahmen *B* (Schiene, Brücke oder Träger genannt) angeschraubt, wodurch es ermöglicht wird, mit derselben Kerzenform, je nach Einstellung der Höhenlage des Kerzenkopfträgers *r*, längere oder kürzere Kerzen zu erzeugen. Der Rahmen *B* kann mit den festgeschraubten Pistons außerdem durch ein Zahnstangen-Kurbelgetriebe bis knapp unterhalb des Formkastens gehoben werden, in welcher Stellung die Pistonröhrchen mit ihren Kerzenkopfformen zur Oberkante des Gußtisches herausschauen. Durch dieses Heben der Pistonröhrchen besorgt man auch das Ausstoßen der Kerzen nach vollzogenem Gusse.

Das trichterförmige Kopfformstück ist an seinem unteren Ende mit einer 2—6 mm weiten, wagrechten Bohrung (in Fig. 225 nicht gezeichnet) versehen, durch die eine stramm hineinpassende Gummischnur läuft. Diese Gummischnur besorgt die Abdichtung der Kerzenform nach unten hin. Der Kerzendocht *i*, der von unten eingezogen wird, läuft einmal durch das Pistonröhrchen, passiert dann bei *r* die eben erwähnte, für diesen Zweck senkrecht durchlochte Gummischnur und geht hierauf in der Kerzenform weiter nach oben zu. Die vertikale Durchbohrung der Gummischnur muß ziemlich knapp dimensioniert sein, damit sie den durchgehenden Docht ziemlich fest einklemme und derart abdichte, daß nicht vielleicht Kerzenmaterial von der Form in das Pistonröhrchen rinne. Kommt dies dennoch vor, so ist das ein Zeichen, daß allzu heiß gegossen wurde, oder daß die Gummischnurdichtungen des Pistonköpfchens schlecht geworden sind.

Vielfach werden die Kerzenformen schwach konisch gemacht, wodurch man das Herausnehmen der Kerzen erleichtern will. Die konischen Formen haben jedoch den Übelstand, daß der Piston, durch den der Docht hindurchgeführt wird und der den Kopf der Kerze aufnimmt und nach dem

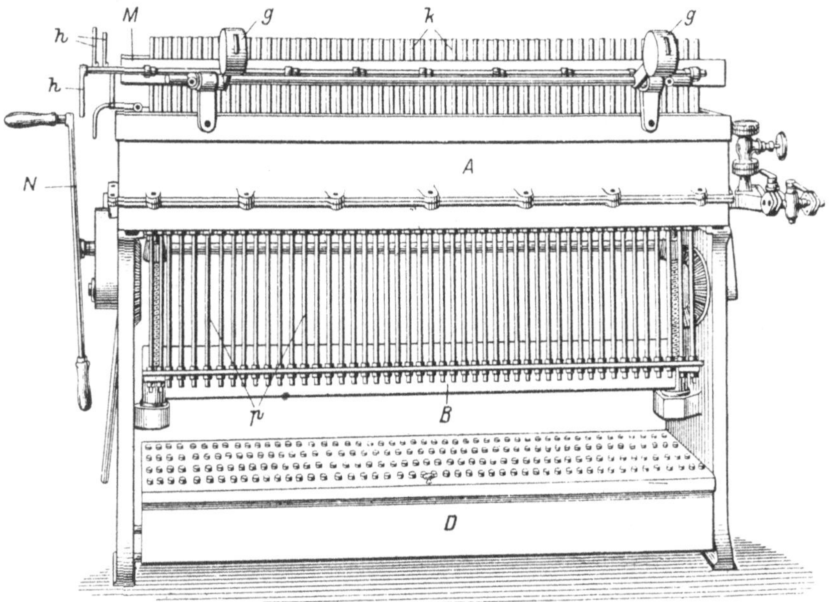

Fig. 226. Moderne Kerzengießmaschine.

Erkalten der Masse zum Herausheben der Kerze dient, nicht ohne Nachteil derart verstellt zu werden vermag, daß mit derselben Maschine auch kürzere Kerzen gegossen werden können. Der Piston kann bei konischen Formen selbstverständlich nur an der Endstelle der Form so genau passen, daß keine Masse zwischen Piston und Formwandung durchfließt. (Vergleiche S. 923.)

Moderne Kerzengieß-maschine. Eine vollständige Kerzengießmaschine für Stearin- und Paraffinkerzen zeigt Fig. 226.

Der Kasten *a*, in dem die Gußformen sitzen, ist gewöhnlich aus zwei Stücken hergestellt, die durch Flanschenansätze aufeinandergepaßt und mittels Verschraubungen und Kautschukplatten abgedichtet werden. Unterhalb der Brücke *B*, die die Pistonröhrchen *p* trägt, liegt der Dochtkasten *D*;

das ist ein durch Holzbrettchen gebildeter, staubdicht hergestellter, aufklappbarer Kasten, in dem sich die Dochtknäuel auf passenden Trägern aufgesteckt befinden.

Zum Ausdrücken der gegossenen Kerzen aus den Formen dient der Hebel *N*, der mit einem Zahnstangengetriebe in Verbindung steht und die Pistonbrücke *B* zu heben und damit die Kerzen nach oben auszustoßen vermag. Über dem Formkasten ist eine Vorrichtung zum Einklemmen der fertigen Kerzen *k*, die man Klemmer oder Manschette nennt.

Ausdrücken der Kerzen.

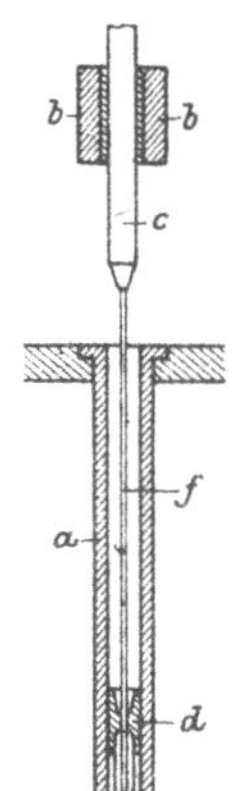

Fig. 227. Schematische Darstellung des Dochtzentrierens.

Klemmvorrichtung.

Der Klemmer besteht aus zwei parallel laufenden hölzernen Längsbacken *M*, die mit kreisförmigen Einschnitten, der Form der Kerze entsprechend, versehen sind. Diese Einschnitte sind zur Schonung der Kerzen und auch zu deren besseren Festhaltung mit Flanell oder Plüsch überzogen. Die beiden Klemmerbacken lassen sich durch eine Vorrichtung (Exzenterstangen *hh* in Fig. 226, Näheres siehe bei Fig. 228) näher bringen (zwecks Festhaltung der Kerzen) und entfernen (zwecks Einschiebens oder Heraushebens der Kerzen).

Nach erfolgtem neuen Gusse und Durchschneiden der Dochte, die die frisch und die früher gegossenen, also die noch in den Formen steckenden mit den schon in den Klemmern befindlichen Kerzen verbinden, wird die Klemmvorrichtung samt den darin steckenden Kerzen umgekippt (siehe Fig. 232, S. 917), was durch die Balanciergewichte *gg* erleichtert wird.

Das Festklemmen der frischgegossenen, aus den Formen kommenden Kerzen und das damit verbundene Zentrieren des Dochtes für die nächste Gußoperation erfordern eine etwas nähere Erklärung.

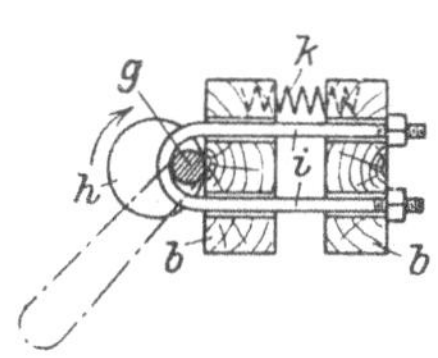

Fig. 228.

Die in den Formen *a* (siehe Fig. 227) gebildeten Kerzen *c* werden durch Heben des Pistons *d* nach aufwärts ausgestoßen und in der gezeichneten Lage durch die beiden gepolsterten Klemmerbacken *b* festgehalten. Beim Ausstoßen der Kerzen wird von den Dochtspulen, die sich in einem Kasten unterhalb der Gießmaschine befinden, ein entsprechendes Stück Docht *f* abgewickelt, das unten durch die Öffnung des Pistons *d*, oben durch die eingeklemmte Kerze *c* fixiert ist, und zwar bei richtiger, exakter Konstruktion der Klemmvorrichtung in vollkommen zentraler Lage. Um letztere für alle Fälle gesichert zu haben, besitzen aber nebenher fast alle Kerzenmaschinen besondere Dochtzentriervorrichtungen, deren einfachste in passend ausgesparten Metalleisten besteht, die umklappbar sind und deren Schlitze als Führungen für die Dochte dienen.

Das Einklemmen der aus den Formen gedrückten Kerzen bzw. das Bewegen der Klemmerhälften kann auf verschiedene Weise erfolgen; am gebräuchlichsten ist wohl die in Fig. 228 gezeigte Art.

Diese Vorrichtung zum **Bewegen der Klemmerhälften** besteht meist aus einer Welle *g*, aus einer Anzahl von Exzentern *h* und aus Bügeln *i*, die die beiden Längsbacken *b* durchsetzen und die Welle *g* tragen. Durch deren Drehung bewirken entweder die Exzenter *h* oder die Zwischenfedern *k* eine Annäherung bzw. Entfernung der Längsbacken *b* zu- oder voneinander, je nachdem Kerzen eingeführt, festgeklemmt oder entfernt werden sollen.

Fig. 229. Kerzengießmaschine nach Wünschmann.

Damit sich die Längsbacken *b* der Klemmvorrichtung nicht beliebig verschieben können und dadurch die zentrische Stellung des Dochtes gefährden, sind die verschiedenen Längsbacken *b* einer Kerzenmaschine durch eiserne Querstangen verbunden, die zwischen jedem Backenpaar einen Stift tragen, der beim Schließen die eine Backe verhindert, sich über den richtigen Punkt hinauszuschieben, und sie an jener Stelle festhält, die sie einnehmen muß, wenn die eingeklemmten Kerzen genau über der Mitte der Form stehen sollen.

Das Arbeiten mit den modernen Kerzengießmaschinen, deren gewöhnliche Ausführungsart Fig. 229 zeigt, geschieht auf folgende Weise:

Inbetriebsetzen einer Kerzengießmaschine.

Bei Inbetriebsetzung der Maschine werden die Dochte mittels einer langen Nadel vom Formkasten aus durch die Pistonröhrchen und die Form hindurch nach oben eingezogen und durch Anknüpfen an kleine Querstifte oder kleine Querhölzchen oberhalb der Klemmeröffnung befestigt, und zwar derart, daß der Docht die Idealachse der Kerzenform bildet. Nun läßt man in den Formkasten entweder Dampf oder warmes Wasser einströmen, wodurch die Formen in kurzer Zeit die notwendige Temperatur erreicht haben.

Fig. 230. Eingießen des Kerzenmaterials.

Eingießen des Kerzenmaterials.

Hierauf wird das flüssige Kerzenmaterial in die Gußtröge (das sind die durch die nach oben vorstehenden Ränder des Formenkastens gebildeten Tröge) eingegossen [siehe Fig. 230 [1])], und zwar in solcher Menge, daß es nicht nur die Formen anfüllt, sondern auch eine mehrere Millimeter starke Decke in den Gießtrögen bildet. Dies ist deshalb wichtig, weil beim Erstarren des Kerzenmaterials dessen Kontraktion eintritt und bei ungenügender Anfüllung des Gußtroges besteht daher die Gefahr, daß nach vollständiger Erstarrung der Gußmasse die Kerzenformen nicht mehr zur Gänze angefüllt sind. (Siehe unter „Nachträge“ die Versuchsresultate Graefes.)

Kühler.

Hierauf setzt man die Kühlvorrichtung in Tätigkeit, indem man durch einen am Formenkasten sitzenden Hahn kaltes Wasser in den Gußkasten laufen läßt.

---

[1]) Die Figuren 230—232 sind aus Scheithauer, Fabrikation der Mineralöle, Braunschweig 1896, S. 252—254, entnommen.

Ist die Gußdecke vollkommen erstarrt, wovon man sich durch Fingerdruck überzeugt, so wird sie durch passend geformte Schaber weggekratzt oder abgeschabt. Die Bruchstücke der Gußdecke, die man Köpfe oder Brocken nennt, werden gesammelt und nach Aufschmelzen der Kerzenmasse von neuem zugegeben.

Nach Entfernung der Gußdecke zeigt sich auf dem Formkasten ein durch die Querschnitte der einzelnen Kerzen unterbrochener Metallspiegel. Nun tritt der Kurbelmechanismus der Ausdrückvorrichtung in Bewegung (siehe Fig. 231). Die Schienen, an denen die Pistone befestigt

Ausdrücken der Kerzen.

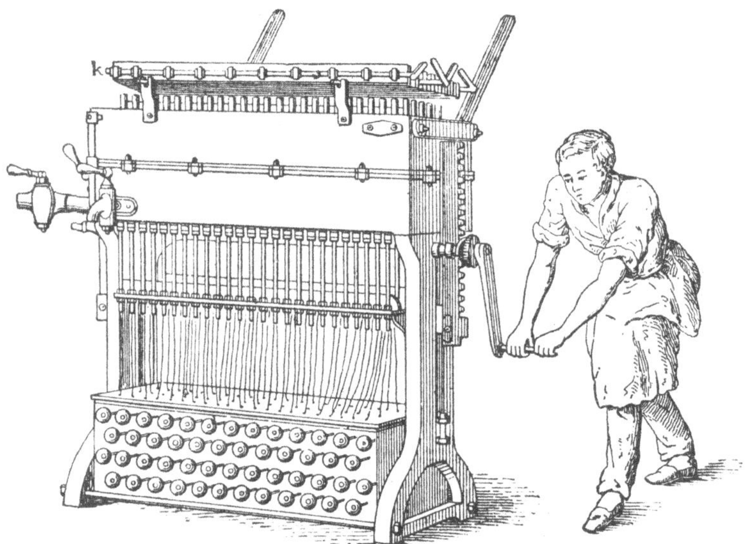

Fig. 231. Ausdrücken der frischgegossenen Kerzen.

sind, heben sich allmählich, und die Kerzen werden durch das Hochgehen der an den oberen Enden der Pistone sitzenden Formstücke der Kerzenkopfenden aus ihrer Form gehoben. Weil alle Kerzen gleichzeitig von der Formwandung abgelöst werden, ist eine ziemliche Kraft zur Überwindung der Adhäsion notwendig. Sind die Kerzen einmal gelockert, so lassen sie sich aber durch die Kurbel ziemlich leicht aus den Formen heben.

Das Heben erfolgt derart hoch, daß die Kerzenspitze einige Zentimeter über dem Gußtisch zu stehen kommt. Die oberste Grenze ist durch die Lage der Pistonschienen gegeben; sobald diese an das untere Ende der Kerzen vorn anstoßen, hört jedes weitere Heben auf.

Die ausgedrückten Kerzen werden nun von der Klemmvorrichtung gefaßt und müssen in dieser derart festsitzen, daß sie beim Zurückkurbeln der Pistons in der eingeklemmten Lage verbleiben. Sind die Pistons durch das Herabkurbeln wieder in ihre ursprüngliche Lage gebracht worden, so kann die Arbeit von neuem beginnen und durch Vorwärmen des Formkastens ein neuer Guß vorbereitet werden.

Ist der erste Guß mit einer Kerzengießmaschine geschehen, so bereitet sich der Docht für die weiteren Güsse ganz von selbst vor. Beim Herausstoßen der Kerzen wickelt sich nämlich von jeder Dochtspule ein entsprechendes Stück Docht ab, und für den zweiten und jeden folgenden Guß ist der Kerzendocht — oben durch die fertigen, in den Klemmvorrichtungen befindlichen Kerzen und unten durch die Pistonröhrchen festgehalten — vorbereitet.

Fig. 232. Herausnehmen der fertigen Kerzen.

Die Kerzen des früheren Gusses werden also niemals früher aus dem Klemmer entfernt und ihr Docht an der Spitze der Kerze wird nie früher abgeschnitten, bevor nicht die nächstfolgende Gußoperation vollzogen und das Kerzenmaterial in den Formen aufs neue vollkommen erstarrt ist. Erst dann schneidet man mit einem langen, scharfen Messer sämtliche Dochte knapp an der Spitze durch, klappt das Klemmergestell um und hebt die Kerzen aus den Klemmern (siehe Fig. 232).

Anwärmen der Formen.

Mit dem Anwärmen der Formen wird vor allem bezweckt, den Kerzen eine glatte, von Erhabenheiten und Poren freie Oberfläche zu geben; je glatter die Kerzen ausfallen, desto weniger haften sie außerdem an den Formen und desto leichter geben sie dem Drucke der Ausstoßvorrichtung nach. Wird die Kerzenmasse in eine kalte, unangewärmte Form gegossen, so resultieren unansehnliche, streifige, sogenannte Kühlrippen oder Adern zeigende Kerzen, denen auch durch Polieren und andere Verschönerungsarbeiten nicht das vom Publikum gewünschte Äußere verliehen werden kann.

Der Grad der Anwärmung der Kerzenform hängt von der Beschaffenheit des Kerzenmaterials (im wesentlichen von seinem Schmelzpunkt) ab; man geht gewöhnlich bis auf 50 oder 55 ^{0} C. Hochschmelzendes Kerzenmaterial soll möglichst kalt in gut vorgewärmte Formen gegossen werden, während niedriger schmelzendes kältere Formen erfordert, dafür aber selbst eine Temperatur haben soll, die etwas mehr oberhalb seines Erstarrungspunktes liegt als bei den hochschmelzenden Kerzenstoffen.

Temperatur des Kerzenmaterials. Die Temperatur, die das Kerzenmaterial beim Eingießen in die Formen haben muß, ist also von dessen besonderer Beschaffenheit abhängig. Stearin muß in einem Zustande in die Formen gegossen werden, der nahe seinem Erstarren liegt. Dies ist notwendig, weil sonst das Stearin kristallinisch erstarrt und unschön aussehende Kerzen liefert. Man hat dem Kristallinischwerden ehedem durch verschiedene Zusätze vorzubeugen gesucht und an erster Stelle zu diesem Zwecke arsenige Säure empfohlen (vergleiche S. 832). Das Mittel mußte aber wegen seiner Giftigkeit sehr bald aufgegeben werden, und es trat nun Wachs an seine Stelle. Später erkannte man, daß geringe Zusätze von Paraffin, eventuell auch von etwas Kokosöl, denselben Dienst leisten und Kerzen liefern, die gleichmäßig opak erstarren und sich leicht von den Formen lösen.

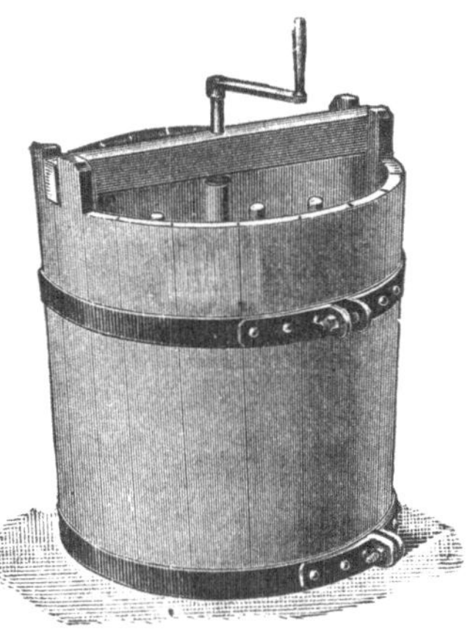
Fig. 233. Bottich zum Kaltrühren der Kerzenmasse.

Das Herrichten der Kerzenmasse für den Guß erfolgt derart, daß man aus den Klärbottichen (S. 863) das klare, flüssige Stearin in Gefäße bringt, wo es mehr und mehr abkühlt und schließlich durch Rühren in eine ziemlich dicke Masse verwandelt wird, die aus einem Gemenge fein verteilter, bereits erstarrter Partikelchen und dem noch flüssigen Stearin besteht.

Rührgefäße. Die Rührgefäße sind in den einzelnen Fabriken von sehr verschiedener Bauart; vielfach bestehen sie aus einem einfachen, sich nach unten zu konisch erweiternden Lärchenholzbottich, in dem sich ein Rührscheit aus hartem Holz befindet. Man arbeitet praktischerweise mit zwei solchen Rührbottichen, indem man aus dem einen die bereits gußfertige Stearinmasse schöpft und zu Kerzen vergießt, während man in dem anderen Bottich das von den Klärgefäßen kommende, noch heiße Stearin erkalten läßt und breiig rührt. Zeigt sich die Masse in dem ersten Bottich schon zu dick und nicht mehr genügend flüssig, um die Kerzenform porenfrei auszufüllen, so gießt man aus dem zweiten Bottich etwas von dem noch heißen Stearin in den ersten, rührt von neuem durch und frischt so die Masse auf.

Das Kaltrühren des von den Klärgefäßen kommenden Stearins erfolgt durch einfaches Umrühren der Masse mit dem Rührscheit, durch welche Bewegung, wenn sie kräftig ausgeführt wird, wohl auch etwas Luft in die Masse gepeitscht wird, die die Abkühlung beschleunigt. In einigen Fabriken ist es auch üblich, in das heiße, klare Stearin zwecks schnellerer Abkühlung Druckluft einzublasen, ein Verfahren, das sich recht bewährt, das aber leicht blasiges Stearin liefert, wenn man die Luftzufuhr nicht im richtigen Augenblick unterbricht. Eine schon im Erstarren begriffene dicke Stearinmasse schließt einen Teil der zugeführten Luft in Form dieser Bläschen in sich ein und die mit solcher Masse hergestellten Kerzen sind porös und minderwertig.

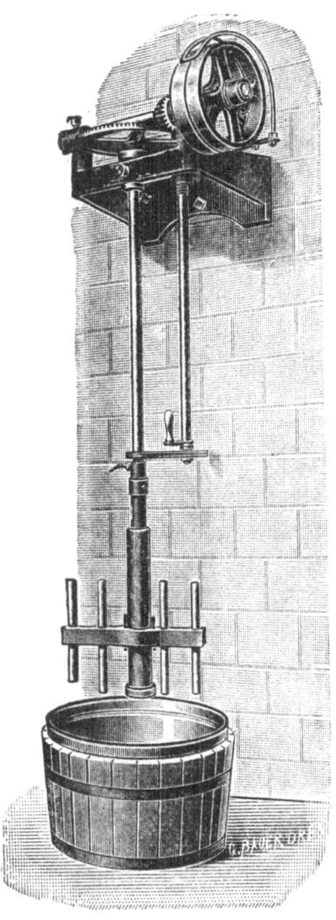

Fig. 234. Vorrichtung zum Kaltrühren der Kerzenmasse.

Eine wesentliche Abkürzung erfährt das Kaltrühren des Stearins durch die Hinzugabe der an den Rändern des Gießbottichs hängenden erstarrten Stearinmassen: diese lösen sich in dem heißen Stearin auf, wobei durch die benötigte Schmelzwärme der Temperaturgrad der Stearinmasse merklich herabgedrückt wird.

Es ist zweckmäßig, die Rührbottiche auf drei drehbaren Rädern zu lagern, die eine leichte Bewegung des Bottichs nach allen Seiten hin zulassen, ähnlich, wie dies bei Klavieren der Fall ist. Auch läßt man mitunter die Bottiche auf Schienen laufen und besorgt auf diese Weise ihren Transport vom Klärlokal in den eigentlichen Gießsaal.

Neben den gewöhnlichen Bottichen zum Kaltrühren ist auch eine Reihe anderer Vorrichtungen zum Gießfertigmachen des Stearins in Verwendung; vor allem kleinere, leicht transportable Gefäße, die man im Klärlokal mit heißem Stearin anfüllt und dann in das Gießlokal bringt, wo es kaltgerührt wird. Fig. 233, 234 und 235[1]) zeigen solche Rührgefäße, die mit einem besonderen, aushebbaren Rührwerk, das durch Kurbelbetrieb von Hand aus oder durch Transmissionstrieb in Bewegung gesetzt wird, versehen sind.

Für große Fabriken sind mit Recht besondere Rührtrommeln empfohlen worden, von denen eine in Fig. 236 wiedergegeben ist. Die Apparate bestehen aus einer mit einer Auslaufschnauze versehenen kippbaren Trommel, die zur Aufnahme des flüssigen Stearins dient und in der ein mittels

Rührtrommel.

[1]) Ausführung der Firma C. E. Rost & Co. in Dresden-A.

Riemenscheibe und Zahnradübersetzung angetriebenes Rührwerk rotiert. Diese Apparate bieten den Vorteil, daß für das Kaltrühren keine Arbeiterschaft benötigt wird und daß ziemlich große Mengen von Stearin in gleichmäßiger Qualität zum Guß gelangen. Für größere Betriebe sind diese Rührtrommeln daher empfehlenswert.

Das Vergießen der Paraffin- und Kompositionskerzenmassen erfolgt nicht in kaltgerührtem Zustande wie beim Stearin, sondern heiß.

Gießen von Paraffinkerzen.

Zum Eingießen des Kerzenmaterials in die Gießmaschinen verwendet man Gefäße aus verzinktem oder verzinntem Eisenblech von der in Fig. 237 gezeigten Form. Die beiden Auslaufschnauzen sind dabei der Entfernung der beiden Gießbetten der Kerzengießmaschine entsprechend angeordnet.

Fig. 235. Vorrichtung zum Kaltrühren der Kerzenmasse.

Die Zeit, die ein Kerzenguß zum Erstarren braucht, richtet sich nach dem angewendeten Kerzenmaterial und dauert bei Stearin 15—20 Minuten.

Art des Kühlens.

Bei nicht zur Kristallisation neigendem Kerzenmaterial ist es vorteilhaft, zuerst ein nicht allzu kaltes Kühlwasser zu verwenden und erst später ein Wasser von möglichst tiefer Temperatur in den Formkasten zu schicken. Die Temperatur des Kühlwassers muß bei leicht schmelzenden Kerzenmassen zu Ende der Kühlungsperiode möglichst niedrig sein und darf bei gewissen Paraffinkerzen nicht über 10° C gehen. Mitunter muß man wohl sogar mit Wasser bis zu 6° C kühlen, wenn man ein glattes Herausgehen aus der Form erreichen will. Das hartnäckige Anhaften an der Form, das speziell paraffinhaltige Kerzen zeigen, kann übrigens, wie schon oben bemerkt wurde, durch gewisse Zusätze etwas herabgemindert werden.

Man hat auch versucht, das Wärmen und Kühlen der Formen durch Dampf (ohne Zuhilfenahme von Wasser als Wärmeüberträger), bzw. durch Einblasen von kalter Luft zu bewirken. Derartige Maschinen, die von amerikanischen Maschinenfabriken konstruiert wurden, sind nur für hochschmelzendes Kerzenmaterial anwendbar; bei Material mit niedrigem Schmelzpunkt ist eine Kühlung mit Kaltwasser nicht zu umgehen.

Abschneiden der Dochte.

Das Abschneiden der Dochte, das mittels eines besonders scharfen Messers erfolgt, darf nicht vor dem vollständigen Erstarren des nächstfolgenden Gusses erfolgen, sonst erhält man Kerzen mit exzentrischem

Docht. Die Dochte leisten nämlich, was ganz natürlich ist, beim Abschneiden mittels des Dochtmessers einen gewissen Widerstand, und wenn die Kerzenmasse in den Formen noch nicht erstarrt ist, werden sie durch das Abschneiden nach der Schnittrichtung hin verzogen, also aus dem Zentrum der Kerze gebracht. Bei besonderen Zentriervorrichtungen ist diesem Übelstand zwar vorgebeugt, doch ist es immerhin besser, wenn man sich auf diese Sicherung nicht allzusehr verläßt.

Fig. 236. Vorrichtung zum Kaltrühren der Kerzenmasse.

Nach dem Dochtabschneiden folgt das Ausstechen der in dem Gußbette befindlichen, aus erstarrtem Kerzenmaterial bestehenden Platte, mittels eines besonders für diesen Zweck geformten Ausstechmessers. Die beim Ausstechen der Platten entstehenden Bruchstücke von Gußmaterial (Brocken oder Köpfe) werden auf einer Schaufel, die mit ihrer Schnauze genau in die Breite des Gußbettes paßt, gesammelt und entfernt, worauf der Kerzenguß zum Ausheben fertig ist.

Vorteile der modernen Gieß-maschinen.

Die Vorteile der modernen Kerzengießmaschinen, deren Typus in Fig. 226 dargestellt und S. 910—917 beschrieben wurde, bestehen in dem geringen Raumbedarfe, der großen Dauerhaftigkeit und billigen Instandhaltung, der leichten Bedienung und großen Leistung, dem geringen Dochtverlust und der Lieferung von Kerzen mit richtig zentriertem Docht bei geringen Prozentsätzen von gebrochenen Kerzen.

Fig. 237. Gießgefäß für Kerzengießereien.

Diese Kerzengießmaschinen werden gewöhnlich für eine Formenzahl von 120—180 Stück gebaut (siehe Fig. 238), doch baut man auch Maschinen, die 300 und mehr Formen enthalten. Außergewöhnlich große Kerzenmaschinen, deren Aushebevorrichtungen maschinell (siehe Fig. 239) betrieben werden, hat man in Frankreich gebaut, doch haben sich diese Konstruktionen nur wenig Eingang zu schaffen vermocht.

Die Kerzengießmaschine hat man durch die verschiedenartigsten Verbesserungen ihrer einzelnen Teile zu vervollkommnen gesucht, und es gibt eine große Reihe von Patenten, die sich mit besonderen Konstruktionen einzelner Details von Kerzengießmaschinen befassen.

Fig. 238. Kerzengießmaschine mit 200—300 Formen.

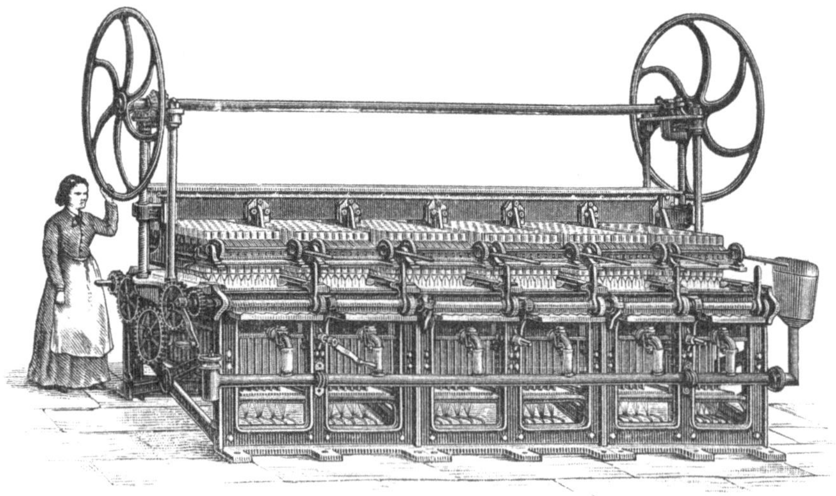

Fig. 239. Monstre-Kerzengießmaschine mit maschineller Betätigung der Kerzenausstoß-Vorrichtung.

Rostsche Anordnung der Formen.

Bemerkenswert ist vor allem eine Neuerung der Firma C. E. Rost & Co. in Dresden, die die Unterbringung einer möglichst großen Anzahl von Formen im Formenkasten betrifft. Während man den Formenkasten gewöhnlich in zwei Gießbetten teilt und in jedem derselben zwei Reihen Formen anordnet (siehe Fig. 240), teilt Rost den Formkasten nach Fig. 241 ein und bringt bei gleicher Fläche des Formkastens (dieser wird zwar breiter, aber dafür kürzer) um ungefähr 40 % mehr Formen unter, was einer höheren Leistung und einer Ersparnis an Raum, Dampf und Wasser gleichkommt.

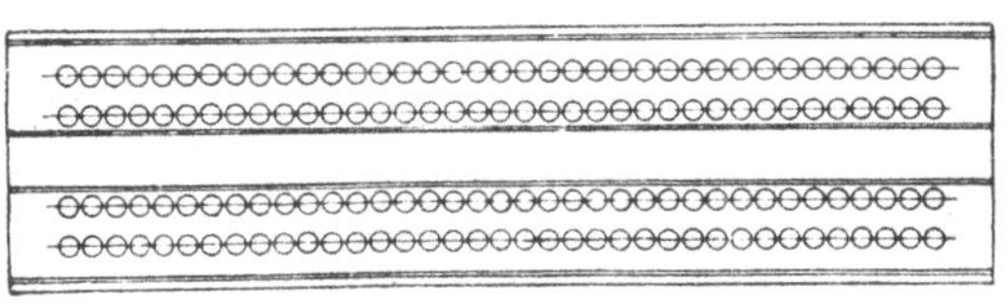

Fig. 240. Draufsicht auf eine Formkastenfläche von 0,514 qm mit 148 Formen (gewöhnliche Anordnung).

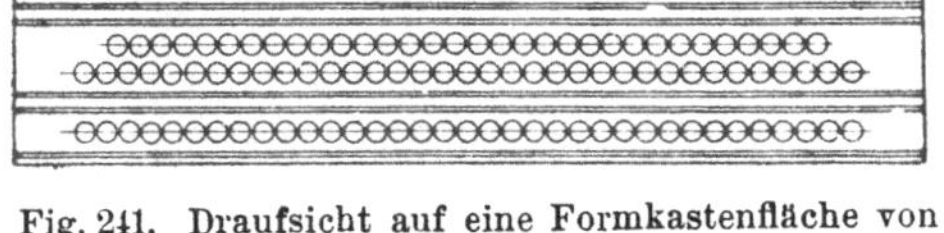

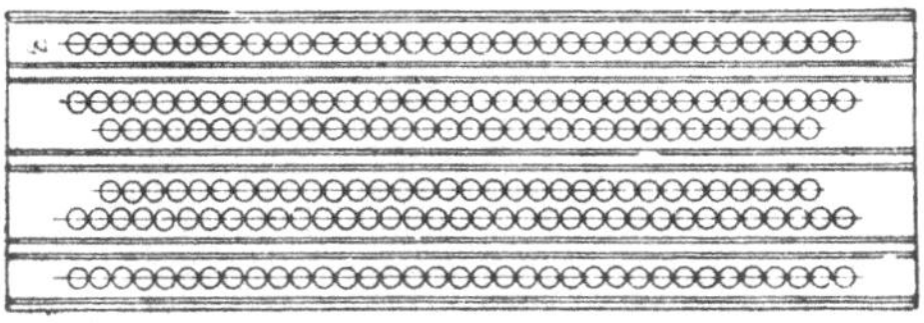

Fig. 241. Draufsicht auf eine Formkastenfläche von 0,514 qm mit 202 Formen (System Rost).

Wünschmanns abhebbare Eingußrinnen.

Reinhold Wünschmann hat auf Vorschlag von Seyffert in Petersburg die Gießtische mit abnehmbaren Eingußrinnen versehen, wodurch der Aufguß (Kuchen) und die Dochtverluste kleiner wurden als bei der gewöhnlichen Maschine. Dafür ist aber die Handhabung solcher Maschinen etwas umständlicher.

Gießmaschine mit zwei Pistonbrücken.

Indem man die Pistons der verschiedenen Formenreihen nicht auf einer Brücke befestigt, sondern auf zwei Brücken verteilt und diese mit getrennten Hebevorrichtungen versieht, kann man mit derselben Maschine Kerzen von verschiedener Länge herstellen.

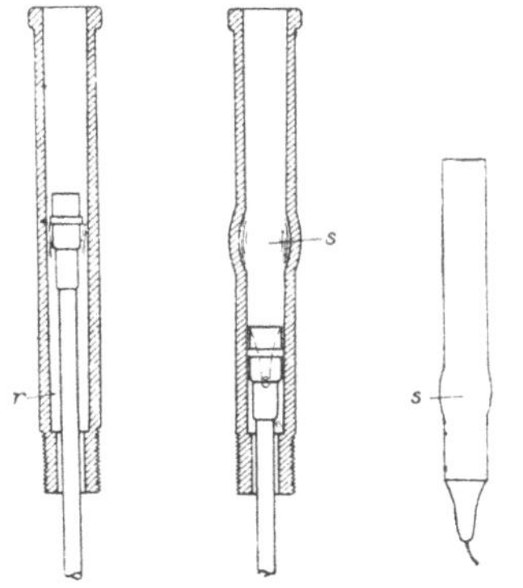

Achtung auf kröpfige Kerzen.

Fig. 242 a. Hochgestelltes Piston. Fig. 242 b. Aufgetriebene Form. Fig. 242 c. Kröpfige Kerze.

Fig. 242 a—c. Kröpfige Kerzenform.

Das Verstellen der Pistons zwecks Herstellung längerer oder kürzerer Kerzen mit derselben Form hat den Nachteil, daß infolge des konischen Baues der Gießformen das Piston nur in seiner Tieflage, nicht aber beim Kurzstellen dicht abschließt und daher Kerzenmasse zwischen Pistonende und Formwand läuft (vergleiche S. 912). Der untere Raum *r* (siehe Fig. 242) der Form füllt sich also mit Kerzenmasse an und erschwert das Herunterziehen der Pistons, das für die etwaige spätere Erzeugung längerer Kerzen notwendig wird. Wird dieses Tieferstellen der Form nach vorherigem ausgiebigen Anwärmen des Formkastens vorgenommen, so geht die Sache zwar glatt vorüber, in der Regel wird aber auch das

Anwärmen vergessen und das Piston unter Gewaltanwendung herabgezogen. Der Widerstand der in *r* befindlichen festen Kerzenmasse verursacht aber leicht eine Ausbauchung der Formen (siehe *s* bei Fig. 242) und die Formen liefern dann sogenannte „kröpfige“ Kerzen, die wegen ihrer Anschwellungsstelle schwer aus den Formen gehen[1]).

Zahlreich sind die Versuche, die zur Auffindung einer vollkommen entsprechenden Gußform angestellt wurden. Neben den Blei-Zinn-Legierungen hat man Formen aus reinem Nickelmetall, Hartglas, Porzellan, Steingut usw. in Vorschlag gebracht.

Die Kerzenform.

Die heute noch allgemein gebräuchlichen Formen aus Zinn-Blei-Legierungen leiden unter dem direkten Einfluß des kalten und warmen Wassers sowie unter der elektrolytischen Zersetzung, die infolge der Verbindung der Formen mit dem eisernen Formkasten Platz greift. Kupfer-Zinnformen sind schon nach zwei- bis dreijähriger Betriebsdauer infolge der elektrolytischen Einflüsse von einer äußeren schwammartigen Schicht umgeben, die als schlechter Wärmeleiter wirkt und die Anwärmung und Abkühlung der Formen verzögert.

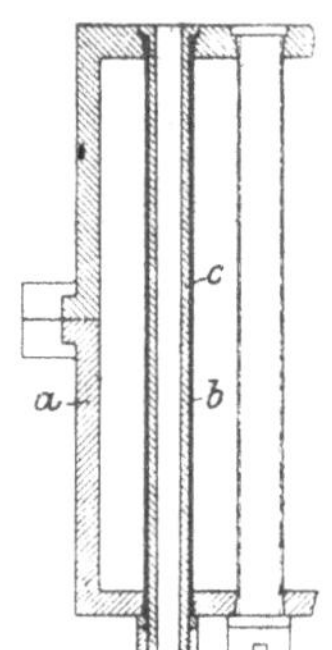

Fig. 243. Eibich-Kuhnsche Art des Formeneinsetzens in den Formkasten.

Auch ist beim Austausch der Formen das Abdichten zwischen Form und Formkasten mit Schwierigkeiten verbunden, weil man schwer zu den Formen gelangen kann, ganz abgesehen davon, daß das Abdichten der Formen an und für sich seine Schwierigkeiten hat. Vor dem Austauschen einer schadhaft gewordenen Form muß jedenfalls das Wasser aus dem Formkasten abgelassen und der Dochtspülkasten entfernt werden. Sehr häufig wird daher eine schadhafte Form länger als erlaubt verwendet und es dringt dann bisweilen Wasser ins Innere der Form, wodurch der Docht genäßt wird und fehlerhafte Kerzen, sogenannte „Wasserkerzen“, entstehen[2]).

Verbesserungen von Kuhn-Eibich.

Aus allen diesen Gründen verdient deshalb ein Vorschlag von Josef Eibich in Schreckenstein und Emil Kuhn in Obersedlitz volle Beachtung. Die Genannten wollen die Formen nicht direkt in die Öffnungen des Formkastens einsetzen, sondern diesen von vornherein mit Metallrohren ausstatten und in diese Metallrohre die Formen einsetzen, was ohne jede Schwierigkeit geschehen kann[3]).

In Fig. 243 ist die Art der Eibich-Kuhnschen Formkastenkonstruktion zu ersehen.

In dem Formkasten *a* sind die Metallrohre *b* (aus Messing, Kupfer u. dgl.) durch Einwalzen gedichtet. In diese Rohre *b* werden die Formen *c*, die äußerlich

[1]) Fette und Öle 1910, Nr. 3, S. 1.

[2]) E. Kuhn, Über Kerzengießmaschinen, Seifenfabrikant 1909, S. 957 und Fette und Öle 1909, Nr. 12 und 1910, Nr. 3.

[3]) D. R. P. Nr. 216970 v. 31. März 1909.

vollkommen zylindrisch sind, eingeschoben. Sie liegen von vornherein glatt an den Metallrohren *b* an, werden aber zwecks festen Haltes am Boden des Formkastens verschraubt, ohne dabei besonders abgedichtet zu werden.

Die Patentnehmer führen als Vorteile sauberes Arbeiten, rasches Auswechseln und Schonen der Formen (die übrigens dünner im Fleisch gehalten werden können) sowie Wegfall der vielen Reparaturen und der Gummidichtungen an. Falls die Metallrohre nicht ebenfalls vorzeitig durch elektrolytische Wirkungen Schaden leiden, ist die Verbesserung sehr zu begrüßen; aber auch ein etwaiges Leckwerden der Metallrohre zieht nicht die üblen Folgen nach sich, wie ein Undichtwerden der nach altem System eingebauten Formen, weil ja die in den Metallrohren steckenden Formen den Docht vor durchsickerndem Wasser schützen.

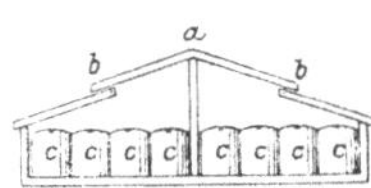

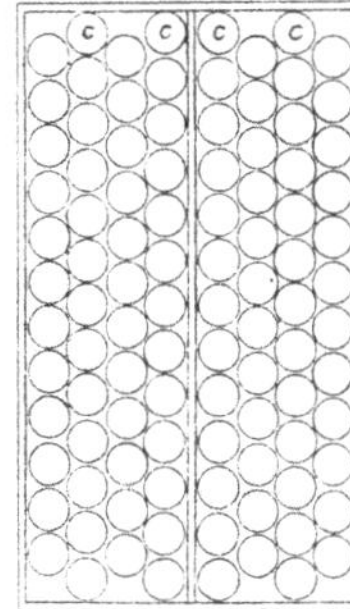

Fig. 244. Dochtspulkasten.

Kerzenform nach Lewy.

Formen aus Porzellan, Steingut und anderen schlecht leitenden Stoffen hat Valeska Lewy[1]) in Königsberg wegen ihrer sehr glatten Oberfläche und ihres schlechten Wärmeleitungsvermögens empfohlen. Sie sollen ein Gießen von Kerzen ohne Anwärmen der Formen gestatten, eine weniger intensive Kühlung erfordern und den Kerzen einen schönen Glanz verleihen[2]).

Epsteins Verbesserung der Ausdrückvorrichtung.

Beim Heben der Pistonträger durch Zahnrad und Zahnstange, wie allgemein üblich, muß das ganze Gewicht der Pistonträger und der damit verbundenen Teile heraufgekurbelt werden, was ziemliche Kraft sowie eine Sperrvorrichtung erfordert, damit nicht der ganze Maschinenteil durch irgendeinen Umstand (Auslassen des Kurbelzapfens) herabschnelle, was eine Verletzung des bedienenden Arbeiters und Beschädigung der Maschinen zur Folge haben könnte. Albert Epstein[3]) in Leipzig-Gohlis hat diese Möglichkeit durch Ausgleich des Pistonträgergewichtes durch ein Gegengewicht aufgehoben.

Dochtblechbüchsen.

An Stelle der gewöhnlichen horizontalen Lagerung der Dochtspulen benutzen einige Fabriken Dochtblechbüchsen (Fig. 244), in die sie die Dochtspulen geben. Auch wird der Dochtkasten nicht selten mit einem schrägen Dach ausgebildet, weil dadurch die Entfernung des sich immer ablagernden Staubes wie auch des beim Kerzenguß hie und da überlaufenden Stearins leichter möglich ist.

---

[1]) D. R. P. Nr. 195702 v. 2. Okt. 1904.

[2]) Zweiteilige Formen haben St. Lemée (Génie Industriel 1857, S. 129), B. Kainke in Hamburg (D. R. P. Nr. 61896 v. 10. Mai 1891) und C. Nordfors (amerik. Patent Nr. 873073 v. 10. Dez. 1907) empfohlen.

[3]) Österr. Patent Nr. 2478 v. 1. Juni 1900; engl. Patent Nr. 11415 v. 23. Juni 1900; vergleiche auch engl. Patent Nr. 579 v. Jan. 1897 v. W. H. Day und W. Murch sowie D. R. P. Nr. 130176 v. 19. Mai 1901 von Carl Rübsam in Fulda.

Das schräge Dach *a* und *b* des Dochtkastens (siehe Fig. 244) ist aufklappbar und die Dochte ziehen sich von den Dochtkapseln *c* seitlich bei *b* unter dem beweglichen Teil des Daches durch. Bei Erneuerung der Dochte braucht man dann nur den unteren Teil des Dochtes zu heben, und die Dochte sind gegen außen immer vollkommen geschützt.

Obere Anordnung der Dochtspulen. Bei der Zuführung des Dochtes von unten ist es nicht ausgeschlossen, daß die Dochtspulen infolge von Undichtheiten in der Wasser- und Dampfleitung der Kerzengießmaschine mitunter feucht werden, weshalb man auch die Dochtspulen oberhalb des Gießtisches zu lagern versuchte[1]).

Fig. 245. Kerzengießmaschine.

Runde Gießmaschinen. Eine solche obere Anordnung der Dochtspulen ist auch bei der in Fig. 245 gezeigten Gießmaschine mit kreisförmiger Lagerung der Formen getroffen. Diese Position der Formen wurde vor Jahren besonders von Louis Jean Baptiste [Felix Fournier[2])] in Marseille empfohlen und patentrechtlich geschützt.

[1]) Vgl. D.R.P. Nr. 70984 v. 21. Okt. 1892 der Firma Fratelli Lanza in Turin.

[2]) D. R. P. Nr. 76782 v. 24. Nov. 1893, Nr. 79950 v. 11. Sept. 1894 und Nr. 83522; engl. Patent Nr. 22378 v. 22. Nov. 1893 und Nr. 22638 v. 25. Nov. 1893 (letztere lauten auf den Namen E. de Pass).

Verbesserungen der Dochtzentrierung verdanken wir Wünschmann, Rost, Rübsam[1]), Grotowsky[2]) und anderen, besondere Kühlwasserzuführungen Royau[3]), Mühlhoff[4]) sowie Day und Murch[5]). Verschiedene Spezialkonstruktionen.

Auch die verschiedenen Nachteile, die das gewöhnliche, S. 913 beschriebene Klemmersystem zeigt (die Stifte zwischen den Backen ver-

Fig. 246. Gießmaschine für lange Kirchenkerzen.

[1]) Österr. Patent Nr. 9424 v. 15. Mai 1902 u. Nr. 10542 v. 14. Sept. 1901; D. R. P. Nr. 140504 v. 13. Sept. 1901 von Karl Rübsam in Fulda.

[2]) D. R. P. Nr. 5382 v. 23. Juli 1878 von Ludwig Grotowsky in Köpsen bei Hohenmölsen.

[3]) D. R. P. Nr. 63891 v. 25. Aug. 1891 von A. Royau in Chatillon sous Bagneux (Frankreich).

[4]) D. G. M. Nr. 294429 u. Nr. 266324.

[5]) Engl. Patent Nr. 20210 v. 4. Mai 1898 von W. H. Day u. W. Murch.

biegen sich, die Muttern der Bügel lösen sich, die Längsbacken biegen sich mangels einer festen Führung und die ganze Vorrichtung wird mit der Zeit wackelig und lotterig), hat man durch eine Reihe von Verbesserungsvorschlägen[1]) zu beseitigen versucht.

γ) *Gießen von Ceresinkerzen.*

Allgemeines. Zum Gießen von Ceresinkerzen verwendet man im allgemeinen dieselben Gießvorrichtungen wie für die Fabrikation von Stearin- und Paraffinkerzen. Bei der Neigung des Ceresins, an den Formwandungen zu kleben und beim Erstarren Hohlräume zu bilden, muß man bei dem Vergießen von Ceresinkerzenmasse ganz besondere Sorgfalt auf die richtige Anwärmung und nachherige Kühlung der Formen sowie auf sachgemäße Temperierung der Gießmasse aufwenden.

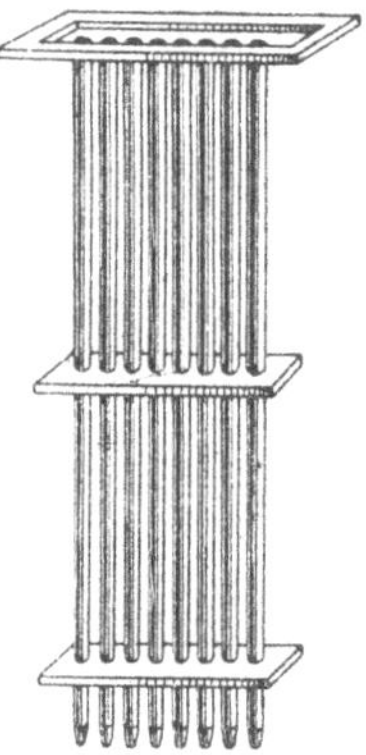

Fig. 247. Formengestell für Blechformen.

Zur Herstellung der langen, dünnen Kirchenkerzen, wie sie besonders in den katholischen Kirchen verwendet werden (während die evangelische Kirche dickere und dafür kürzere Kerzen bevorzugt), muß man Gießmaschinen mit sehr hohen Formenkasten bauen (siehe Fig. 246).

Vielfach braucht man zum Gießen der langen Ceresinkerzen auch Formen aus Blech, die leider leicht Kerzen liefern, die die Lötnaht der Formen erkennen lassen. Man muß derartige Fehler durch Schaben der Kerzen in noch warmem Zustande beseitigen. Nicht selten vereinigt man 6—10 derartige Blechformen in einem transportablen Gießgestell (Fig. 247).

Schneiders Gießform. Rudolf Schneider[1]) in Mainz hat zur Herstellung besonders groß dimensionierter Altarkerzen mit sogenanntem Steckloch am Fußende (zum leichteren Befestigen der Kerzen auf den Kerzenträgerdornen) eine Gießform empfohlen, wie sie Fig. 248 zeigt.

Die Kerzenform *a* trägt oben eine mit einer Eindrehung versehene Flansche, die einesteils das Eingießen erleichtert, andererseits einen Steg *c* aufzunehmen bestimmt ist, der in der S. 906 geschilderten Weise als Dochtführung und Dochtzentrierung dient. An ihrem unteren Ende wird die Form *a* durch einen abnehmbaren, mit einem Hohlkegel *i* versehenen Bodenteller *g* geschlossen und durch den Rand *h* zentrisch auf diesen geführt.

Durch eine Bohrung des Hohlkegels *i* wird der Docht *e* hindurchgezogen und an einem Quersteg *k* des Bodens derart befestigt, daß er nach erfolgter Fertig-

---

[1]) Vergleiche D. R. P. Nr. 135018 v. 17. Febr. 1902 v. O. Hausamann in Hamburg; österr. Patent Nr. 13094 v. Reinhold Wünschmann in Leipzig-Plagwitz; D. R. P. Nr. 124981 v. 18. Juli 1900; D. R. P. Nr. 38253 v. Ehrhardt & Sohn und engl. Patent Nr. 1770 v. 27. Jan. 1900 von W. H. Day; D. R. P. Nr. 167984 u. Nr. 170273 v. 24. Febr. 1905 v. Arthur Möhrer u. Friedrich Edelmann in Heldrungen i. Th.; engl. Patent Nr. 22819 v. 15. Nov. 1899 v. A. Findlater und D. R. P. Nr. 178327 v. Hentze.

stellung, beziehungsweise nach dem Guß der Kerze bequem gelöst oder abgetrennt werden kann, ohne daß Beschädigungen der Kerze zu befürchten sind.

Beim Gießen von Kerzen mit der vorgeschriebenen Form verfährt man nun in folgender Weise:

Zunächst führt man den Docht *e* durch die Form und zieht ihn durch die Bohrung der kegelförmigen Erhöhung *i* hindurch, wobei die Durchtrittsstelle an der Spitze in geeigneter Weise abgedichtet werden kann. Hierauf knüpft man das Dochtende, das sich unterhalb des Bodens befindet, an dem Steg *k* fest und stellt die Form *a* auf den Boden *g*, so daß sie innerhalb des Randes *h* gehalten, beziehungsweise zentrisch geführt wird. Alsdann wird der Docht angespannt, in die Dochtnut *d* des Steges *c* eingeführt und dort durch eine eingesteckte Nadel gespannt gehalten, worauf das Eingießen der flüssigen Masse erfolgen kann.

Nachdem die Masse erstarrt ist, löst man zunächst das untere Dochtende durch Abschneiden des Knotens oder dergleichen, nimmt das obere Dochtende von der Nadel des Quersteges *c* ab und läßt die fertige Kerze nach unten aus der Form herausgleiten.

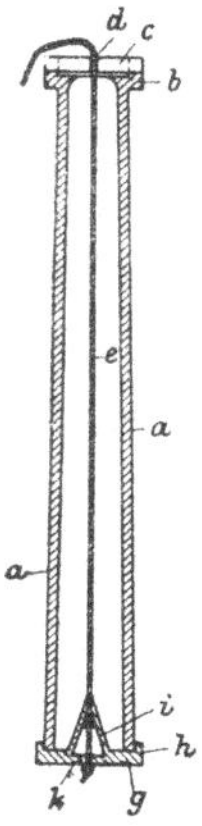

Fig. 248. Gießform für Altarkerzen nach Schneider.

Bei der Schneiderschen Kerzenform geschieht das Gießen der Kerzen also nicht, wie sonst allgemein, mit der Spitze nach abwärts, sondern in aufrechter Stellung.

d) Die Vollendungsarbeiten der Kerzenerzeugung.

Allgemeines.

Die aus den Gußvorrichtungen kommenden Kerzen erfahren vor ihrer Verpackung meist noch verschiedene Behandlungen, die teils auf eine Verbesserung ihres Aussehens, teils auf die Egalisierung des Gewichtes jeder einzelnen Kerze und teils auf eine Kennzeichnung ihrer Provenienz abzielen. Von diesen Nachbearbeitungen sind die wichtigsten:

1. das Bleichen,
2. das Stutzen oder Egalisieren,
3. das Fräsen,
4. das Polieren und
5. das Stempeln der Kerzen.

Nicht sämtliche Kerzensorten erfahren alle diese Nachbehandlungen. So werden z. B. nur Kerzen aus nicht ganz weißem Kerzenmaterial einer Bleichung unterzogen, ein Polieren und Stempeln findet nur bei den besten Sorten von Kerzen statt usw.

1. Das Bleichen der Kerzen.

Bleichen der Kerzen.

Es wurde schon auf S. 771 bemerkt, daß die technische Stearinsäure durch Luft und Licht eine auffallende Bleichung erfährt, die bei der Herstellung von Stearin in Tafeln vielfach praktisch angewendet wird. Ähnlich werden auch Stearinkerzen aus zweitklassigem Material, die in frisch gegossenem Zustande einen mehr oder weniger deutlichen Gelbstich zeigen, mitunter gebleicht, indem man die fertigen Kerzen an einem staubgeschützten Ort dem Lichte aussetzt. Exponiert man die Kerzen direkt den Sonnenstrahlen, so muß man durch ein allmähliches Drehen der Kerzen dafür sorgen, daß ihre ganze Oberfläche dem Lichte ausgesetzt werde. Wird dieses übersehen und die Kerze nur auf einer Seite bestrahlt, so erhält man Kerzen, welche zur Hälfte gelblich, zur Hälfte weiß sind, sich äußerst unvorteilhaft ausnehmen und daher unverkäuflich sind. Bei diffusem Lichte ist dieser Umstand weniger zu fürchten. Das Bleichen der Kerzen wird ziemlich häufig geübt, zumal nicht nur während des Tages, sondern auch während der Nachtzeit (Einwirkung der Luft) ein Weißwerden zu beobachten ist.

2. Das Stutzen der Kerzen.

Allgemeines. Die die Kerzenform verlassenden Kerzen sind nicht immer durchweg von gleicher Länge, und es ist daher zwecks Erzielung gleich schwerer Kerzen notwendig, sie zu egalisieren. Diese Notwendigkeit besteht nicht etwa nur bei den mittels Handformen hergestellten Kerzen, sondern auch bei den durch Maschinenguß erhaltenen, obwohl man bei der im allgemeinen sehr präzisen Konstruktion und Arbeitsweise der Kerzengießmaschinen voraussetzen sollte, daß sämtliche Kerzen, die auf derselben Maschine hergestellt

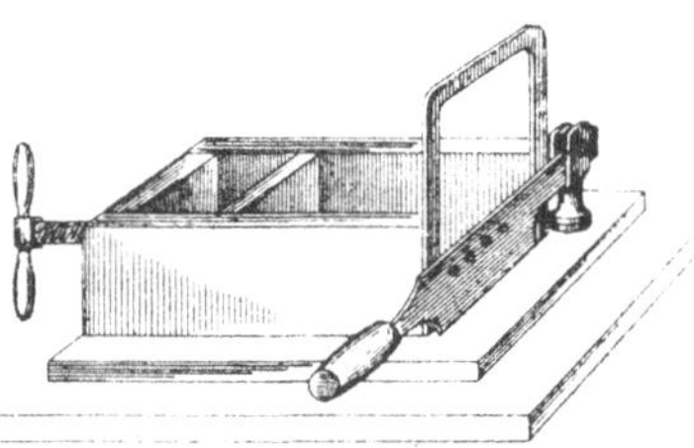

Fig. 249. Kerzenschneidevorrichtung.

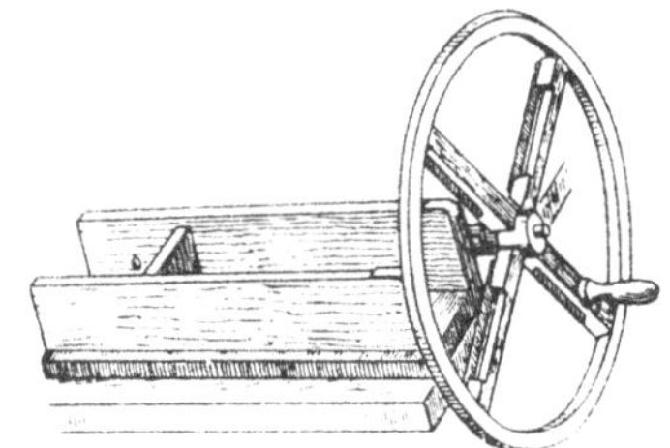

Fig. 250. Kerzenschneidevorrichtung.

sind, in Länge und auch in Gewicht einander gleichen. Die Einstellung der einzelnen Pistonröhrchen (siehe S. 911) ergibt aber doch gewisse Abweichungen in der Kerzenlänge, die egalisiert werden müssen.

Einfache Stutzvorrichtung. Zur Erzielung gleichlanger Kerzen bedient man sich entweder der einfachen Schneidevorrichtungen, wie sie Fig. 249 zeigt, oder besonderer Maschinen.

Die Arbeitsweise der in Fig. 249 wiedergegebenen Kerzenschneidevorrichtung wird durch die Abbildung selbst hinlänglich erklärt.

Eine Handvoll Kerzen wird in den Holzkasten des Apparates derart gelegt, daß die Kerzenköpfe an die einstellbare Querwand anstoßen, worauf man mit dem drehbaren, mit Handgriff versehenen Messer die Fußenden der Kerzen abschneidet. Die jeweils gewünschte Länge der Kerzen wird dabei durch Verstellung der Lage der Querwand erreicht.

Diese Vorrichtung, die eine ziemlich ermüdende Handarbeit erfordert, ist in manchen Fabriken durch eine solche ersetzt, bei der das eine um einen fixen Punkt drehbare Messer durch vier kleine Messer vertreten erscheint (Fig. 250), die sich in verschiedener Lage an den Speichen eines kleinen

Fig. 251. Kerzenschneidevorrichtung (Kreissäge mit Fußantrieb).

Rades befinden, das mittels eines Kurbelgriffes in Umdrehung versetzt werden kann.

Stutzen mittels Kreissägen.

Häufig wird das Schneiden nicht durch Messer, sondern durch Kreissägen besorgt, wobei das Kreissägeblatt mittels Hand-, Fuß- oder Maschinenkraft angetrieben werden kann. Eine Kreissägen-Kerzenstutzvorrichtung mit Fußbetrieb zeigt Fig. 251. Das Sägeblatt ist dabei fix und die gewünschte Länge der Kerzen wird durch eine mittels Flügelschrauben verstellbare Anschlagleiste, an der die Kopfenden anliegen, erzielt.

In Fig. 252 ist eine Kerzenschneidevorrichtung dargestellt, bei der die diese Arbeit besorgende Kreissäge maschinell angetrieben wird.

Stutzmaschine nach Morane.

Bei der in Fig. 253 [1]) veranschaulichten Kerzenstutzmaschine von P. Morane in Paris werden die zu beschneidenden Kerzen der Kreissäge mittels eines trommelförmigen rotierenden Gestelles zugeführt, das ein bequemes Einlegen der zu bearbeitenden Kerzen gestattet und die beschnittenen Kerzen selbsttätig abwirft.

Fig. 252. Kerzenschneidemaschine (Kreissäge mit maschinellem Antrieb).

Die beim Arbeiten eintretende leichte Erwärmung des Sägeblattes hat den Vorteil, daß die hergestellte Schnittfläche ein glattes, von Unebenheiten freies Aussehen bekommt; leider haftet aber andrerseits auch das beim Schneiden abfallende leicht erwärmte Mehl des Kerzenmaterials sowohl an der Schnitt-

[1]) Scheithauer, Fabrikation der Mineralöle, Braunschweig 1895, S. 262.

59*

fläche als auch an der Oberfläche der Kerzen, die dadurch ein unsauberes Aussehen erhalten, was durch Abreiben wieder behoben werden muß.

Stutzmaschine nach Desmarais & Co.

Desmarais & Co. in Paris haben sich daher bemüht, eine Schneidevorrichtung zu erfinden, bei der das Schneiden der Kerzen ohne Bildung von Wärme erreicht und daher der oben erwähnte Übelstand vermieden wird. Die Lösung dieser Aufgabe bot gewisse Schwierigkeiten, weil das Kerzenmaterial in kaltem Zustande ziemlich spröd ist und scharfkantige Messer daher sehr leicht ein Splittern an der Schnittfläche hervorrufen. Man mußte infolgedessen die Stellung der Messer als auch die Führungsvorrichtung diesem Umstande entsprechend anordnen; in welcher Weise dies geschah, zeigt Fig. 254 [1]).

Fig. 253. Kerzenstutzmaschine nach Morane ainé.

Das zylindrische Gefäß A ist an seinem Umfang mit Röhren B besetzt, deren Durchmesser der Kerzenstärke genau angepaßt sein muß und in die die Kerzen mit abwärtsgerichteter Spitze eingebracht werden, so daß sie auf der mit einem Lederkissen ausgestatteten Oberfläche der kreisförmigen Führungsvorrichtung ruhen. Das Lederkissen soll die Beschädigung der Kerzenspitzen beim Einbringen der Kerzen in den Apparat vermeiden. Der auf einer senkrechten Achse sitzende Hohlzylinder A dreht sich unter dem Einfluß einer Schraube ohne Ende D, die mit einem auf der Achse des Zylinders befindlichen Zahnrad E in Eingriff steht.

Während der Umdrehung des Hohlzylinders führen die Kerzen ihr Fußende der Einwirkung dreier hintereinander festgelagerter Messer $x\,y\,z$ entgegen, durch die der Materialüberschuß entfernt wird.

Die Führung C besteht aus stufenartig übereinander gelagerten Abteilungen $a\,b\,c$, die durch geeignete Ebenen derart verbunden sind, daß die Kerzen gehoben werden, damit die Messer deren Fußenden abschneiden können.

---

[1]) D. R. P. Nr. 72534 v. 16. März 1893 der Firma Desmarais & Co. in Paris.

Der Messerträger *F* ist mit einem Arm *G* ausgestattet, an dem ein Schabeeisen *H* angebracht ist, mittels dessen die durch die Messer abgeschnittene Substanz entfernt werden soll.

Das Friktionsrad *J*, das ebenso wie die Bürste H_1 von einer Feder *K* getragen wird, hat den Zweck, die Kerzen nach abwärts zu drücken, um sie aus den sie enthaltenden Röhren *B* zu entfernen und auf den geneigten Teil *d* der Führungsvorrichtung fallen zu lassen, die sie einem Kasten *L* zuführt.

Ein Behälter *M* nimmt dagegen die durch die Messer abgeschnittenen Überreste auf.

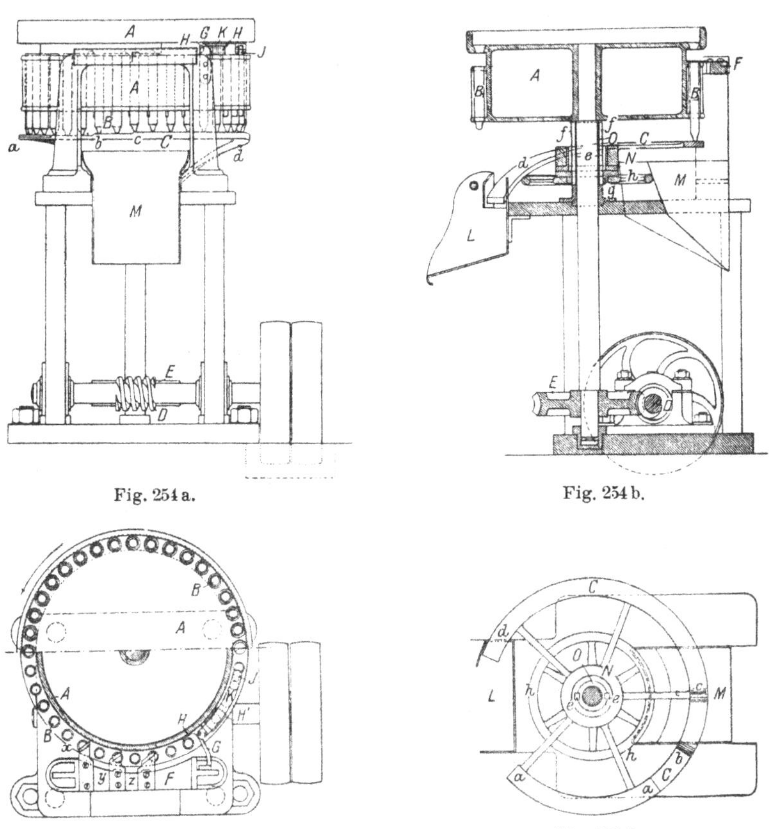

Fig. 254 a. Fig. 254 b. Fig. 254 c. Fig. 254 d.

Fig. 254 a–d. Kerzenstutzvorrichtung von Desmarais & Co.

Um die Kerzenlänge zu regulieren, wird die Führungsvorrichtung *C* mittels der folgenden Anordnung auf die geeignete Höhe eingestellt: Die Führung wird von einer Platte *N* getragen, die auf einer am Maschinentisch befestigten Schraube *O* frei gleiten kann. Zwei auf der Platte befestigte und durch Längsfugen *f* der Schraube hindurchgeführte Vorstecker *e* verhindern die Platte an der Umdrehung, lassen jedoch ihr Heben und Senken zu. Eine durch ein Handrad *h* drehbare Schraubenmutter *g* trägt an ihrer Oberfläche die Platte *N* und dient dazu, die Führung auf die gewünschte, der jeweilig durch das Abschneiden zu erzeugenden Kerzenlänge entsprechende Höhe zu bringen.

Da die Kerze ihrer leichten Zerbrechlichkeit wegen in kaltem Zustande ohne irgendwelche Verletzung der Schnittfläche, d. h. mit scharfen Kanten, nur unter der besonderen Bedingung abgeschnitten werden kann, daß dünne Abschnitte vom Kerzenmaterial entfernt werden, ist sowohl die Stellung der Messer als auch die Einrichtung der Führungsvorrichtung für die auf ihr ruhenden Kerzen genau so gewählt, daß aufeinanderfolgend drei Schnitte von den Messern $x y z$ gegen das nach aufwärts gerichtete Fußende der Kerzen ausgeführt werden. Jede Kerze gleitet dabei mit ihrer Spitze derart über die Führungsoberfläche, daß sie dem ersten Messer nur den dritten Teil, dem zweiten das zweite Drittel und dem dritten Messer den übrigen Teil des zu entfernenden Materials darbietet, entsprechend den verschiedenen, stufenartig höher gelegenen und durch schiefe Ebenen miteinander verbundenen Abteilungen $a b c$ der Führungsfläche. Nach dem letzten Schnitte besitzt die Kerze die gewünschte Länge und das erforderliche Gewicht.

Andere Stutzmaschinen.

A. Motard & Co.[1]) in Berlin sowie Hector Pouleur und Philippe Kojewnikow in Odessa[2]) haben versucht, das Normieren des Kerzengewichtes auf den Kerzengießmaschinen selbst vorzunehmen, indem sie eine in horizontaler Ebene rotierende Kreissäge bzw. ein besonders geformtes Messer über die frisch gegossenen Kerzen hinstreichen lassen. Die Lichte werden zu diesem Zwecke teilweise aus den Gießformen gehoben, so daß ihre Fußenden etwas über die Fläche des Gießtisches herausragen.

Ernst Rost[3]) in Dresden hat eine Schneidevorrichtung für Kerzen konstruiert, mit der er ein Zerteilen der von der Gießmaschine kommenden, möglichst langen Kerzen in mehrere Kerzenstücke von mäßiger Länge ermöglichen will. Die langen, eben gegossenen Kerzen werden bei dieser Maschine auf eine geneigte Platte gelegt, einzeln von einer langsam rotierenden Zuführwalze in axiale Riefen aufgenommen, durch den Schnittbereich von Sägen geführt und rechtwinklig zu ihrer Längsrichtung zerschnitten. An der der Zuführung gegenüberliegenden Seite der Walze wird die Kerzenkolonne von mit einer Spannvorrichtung versehenen Bändern umgeben und so das Herausfallen der Lichte aus den Riefen verhindert. Die zerschnittenen Kerzen fallen auf ein Sieb und rollen abwärts in Behälter. Die spitzenlosen Kerzenstücke werden durch rotierende, mit Fräsmessern versehene Spindeln angespitzt, dabei durch Verteiler, Klemmer und Schieber selbsttätig geleitet und schließlich durch Siebe von Spänen gereinigt.

Eine allgemeinere Einführung hat diese Kerzenteilmaschine nicht gefunden. Man kennt auch Maschinen, die neben dem Stützen auch gleichzeitig das Stempeln der Kerzen besorgen (vergleiche S. 941).

3. Das Fräsen und Bohren der Kerzen.

Allgemeines über das Fräsen.

Das Fräsen der Kerzen hat den Zweck, die Kerzen-Fußenden so zuzurichten, daß sie in den Leuchtern fest sitzen und besteht in einem schwach

---

[1]) D. R. P. Nr. 17 325 v. 6. Sept. 1881.

[2]) D. R. P. Nr. 205 784 v. 30. April 1908.

[3]) D. R. P. Nr. 15 782 v. 28. Dez. 1880.

konischen Zuspitzen des Kerzenfußendes mittels passend geformter, schnell rotierender Messer. Die Rotation des auf einer in Kugellagern gelagerten Welle sitzenden Messers erfolgt gewöhnlich durch Fußbetrieb [siehe Fig. 255[1])].

Die zu fräsenden Kerzen werden dem Messer einzeln von Hand aus zugeführt; sie haben in Form einer Auflegerinne eine genügend sichere Führung, von wo aus sie dem Messer entgegengedrückt werden. Die abgefrästen Splitter von Kerzenmaterial werden in einem das Messer umgebenden Gehäuse gesammelt und durch eine Rinne in einen Sammelkasten abgeführt[2]).

Fig. 255. Kerzenfräsmaschine.

Bei Kerzen mit angegossenem Konus (siehe S. 942) wird ein Fräsen natürlich überflüssig.

Bohren der Kerzen.

Das Bohren soll an dem Fußende der Kerzen eine Öffnung schaffen, mittels der diese bequem an den Dornen der Kerzenträger befestigt werden können. Die zu diesem Zwecke gemachte Aushöhlung soll konisch verlaufen, was man leicht erreicht, wenn man die Kerzen gegen ein entsprechend geformtes, schnell rotierendes Messer drückt. Fig. 256[1]) zeigt eine Bohrvorrichtung mit Fußantrieb, bei der die Messerwelle mit Kugellagern versehen ist Der lange Zuführungstisch für die Kerzen und das nadelförmige Messer sind auf Fig. 256 deutlich zu erkennen, und es erübrigt sich daher eine weitere Erklärung. Das ausgebohrte Kerzenmaterial sammelt sich in einem unterhalb des Messers befindlichen Kasten und findet nach dem Umschmelzen gelegentliche Verwendung.

A. Motard & Co.[3]) in Berlin haben seinerzeit eine besondere Maschine zum Konischfräsen der Kerzenenden konstruiert.

4. Das Polieren der Kerzen.

Allgemeines.

Um der Kerze einen besonderen Glanz zu verleihen und ihr dadurch ein elegantes Aussehen zu geben, wird sie häufig nach dem Abschneiden und Stempeln noch poliert. Dies kann in einfacher Weise durch Ab-

[1]) Die Fig. 251 u. 252 (Seite 931) sowie die Fig. 255 u. 256 zeigen Ausführungen von C. E. Rost & Co. in Dresden.

[2]) Vergleiche auch D. R. P. Nr. 19656, betreffend eine von Motard & Co. in Berlin konstruierte Fräsmaschine.

[3]) D. R. P. Nr. 19656 v. 10. April 1892.

reiben mit einem Wolltuche geschehen, das man mit einigen Tropfen Alkohol oder auch Ammoniak anfeuchtet.

In großen Betrieben läßt man das Polieren der Kerzen durch automatisch arbeitende Maschinen besorgen, von denen man eine Reihe von Systemen kennt, die gleichzeitig auch das Abschneiden vornehmen oder mit dem Polieren ein Waschen der ganzen Kerze besorgen usw.

Eine der einfachen Poliermaschinen ist in Fig. 257 wiedergegeben.

Einrichtung der Poliermaschinen.

Dabei werden die Kerzen in den Sammelkasten A gebracht, aus dem sie eine kannelierte Walze N Stück für Stück herausgreift und auf den schrägen Tisch T wirft, nachdem sie vorher von der Kreissäge K auf die gewünschte Länge zugeschnitten wurden.

Fig. 256. Kerzenbohrmaschine.

Die beschnittenen Kerzen rollen von dem Tisch T auf ein wollenes Tuch ohne Ende w, das über die beiden großen Rollen R und die vier kleineren Rollen r läuft und sich in steter Bewegung befindet. Auf diesem Tuche laufen drei große Trommeln $S\,S_1\,S_2$, die mit einem Flanelltuch überzogen sind und einerseits in einer dem Tuche W entgegengesetzten Richtung rotieren, andererseits auch eine Hin- und Herbewegung ihrer Achse aufweisen. Diese Längsbewegung wird ihnen durch das Schneckengetriebe U erteilt.

Die Kerzen, die zwischen den Flanelltrommeln und dem endlosen Tuch w abgerieben wurden, werden endlich in einen Sammelkasten B geworfen, von wo aus das Verpacken erfolgt.

Davirons Poliermaschine.

Eine in Kerzenbetrieben oft verwendete, von Daviron konstruierte Poliermaschine zeigt Fig. 258.

In die Kerbungen der kannelierten Walze A werden Kerzen von Hand aus in der Weise gelegt, daß deren Spitze gegen die verstellbare Scheibe a anliegt.

Bei der Mitnahme der eingelegten Kerzen durch die in Umlauf gesetzte Walze begegnen die Fußenden der Lichte einer Kreissäge *B*, die in die in der Mantelfläche der Walze belassene Nut eintretend, die Fußenden beschneidet. Die Bügel *cc* dienen dazu, um bei dieser Arbeit die Kerzen vor dem Ausspringen aus den Kerbungen zu bewahren.

Die Kerzen fallen, nachdem sie abgeschnitten sind, auf einen kurzen, etwas geneigten Rost aus Stäben, der sie zwischen die Stäbe eines anderen endlosen, durch Kettenglieder verbundenen Rostes *D* abgibt. Dieser bewegt sich in der Richtung von *A* nach *n*, und die Kerzen werden zwischen den Roststäben liegend mitgenommen, um an der Stelle, wo sich der Rost um eine Walze wickelt, abzufallen. Während die Kerzen auf dem Roste liegen, erfolgt deren Politur durch Bürsten, die sich der Länge der Kerzen nach bewegen. *E* ist eine solche Bürste, anstatt deren man sich aber zuweilen auch eines Kissens mit grobem Wolltuchüberzug bedient.

Die Bewegung einerseits des Rostes und andrerseits der Bürste geschieht durch den nachfolgend beschriebenen Mechanismus:

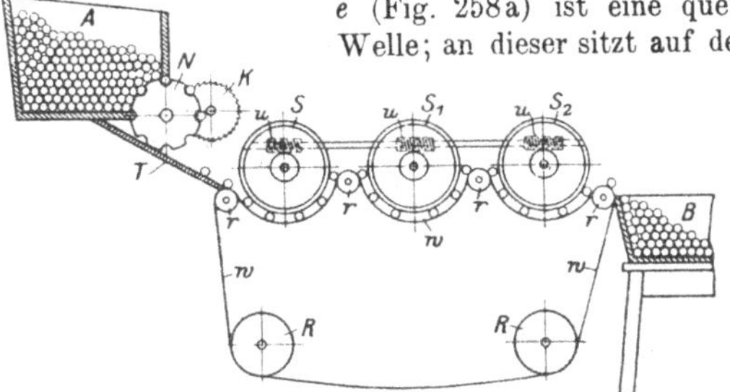

Fig. 257. Schema einer Kerzenpoliermaschine.

e (Fig. 258a) ist eine quer über die Maschine gelagerte Welle; an dieser sitzt auf der einen Seite das Schwungrad *f* mit der Kurbel, auf der anderen sitzen die zwei Scheiben *F* und *G*, die eine lose, die andere fest. Am Kopfe der Welle *e* endlich sitzt das konische Zahnrad *H*, das in ein ähnliches *J* eingreift; dieses sitzt auf einer Welle *h*, die an beiden Enden kleine Schwungräder *g* und außer diesen liegend Krummzapfenarme *i* trägt. Diese sind geschlitzt, um die beiden Stangen *k k*, die an den Bürstenrücken unmittelbar befestigt sind, mittels geeigneter Vorrichtungen beliebig stellen und so die Hin- und Herbewegung der Bürsten vergrößern oder verkleinern zu können. *K* ist eine kleinere Riemenscheibe, ebenfalls auf der Welle *e* sitzend; mittels des Riemens und der Scheibe *L* wird die Welle *m* (Fig. 258a) und damit auch das Triebrad *M* sowie das Zahnrad *N* (Fig. 258b und 258c) in Bewegung gesetzt. Letzteres sitzt auf einer Welle *n* zusammen mit zwei Stachelrädern *o*, die in den Figuren nicht deutlich sichtbar sind und deren Zähne zwischen die Roststäbe *D* eingreifen. Auf diese Weise wird, von der Welle *e* aussgehend, der Bürste *E* eine hin- und zurückgehende, dem Roste *D* jedoch die Bewegung um zwei Walzen erteilt. Zwei Bewegungen aber sind noch erforderlich, die der Kreissäge *B* und die der Walze *A*. Letztere wird in Drehung versetzt durch die Scheibe *P*, die auf der Achse *n* sitzt, und den Riemen, der auf die Riemenscheibe *Q* führt, die auf gleicher Achse mit *A* festsitzt. Die Kreissäge *B* wird gedreht durch eine Schnur, die über den Rand des Schwungrades *f* und die kleine Riemenscheibe *R* geschlagen ist. Der große Unterschied der Durchmesser beider Scheiben bewirkt die sehr rasche Umdrehung der Säge *B*. Ein wesentlicher Dienst fällt noch der über dem endlosen Rost *D* liegenden, an federnden Armen befestigten Schiene *S* zu. Ihre Lage korrespondiert mit der durch die Säge zustande gebrachten Linie, die durch die Fußenden der Kerzen gebildet wird. Die Schiene *S* drückt gegen diese Fußenden, so daß die Kerzen mit ihren Köpfen ziemlich fest gegen die Kette *n* anliegen. Dadurch wird, weil die Roststäbe sich fortbewegen, auch eine drehende Bewegung der Kerzen um sich selbst bewirkt.

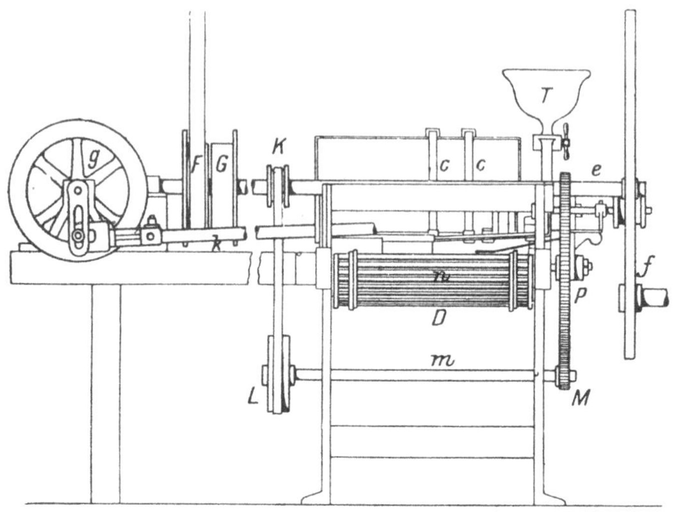

Fig. 258 a.

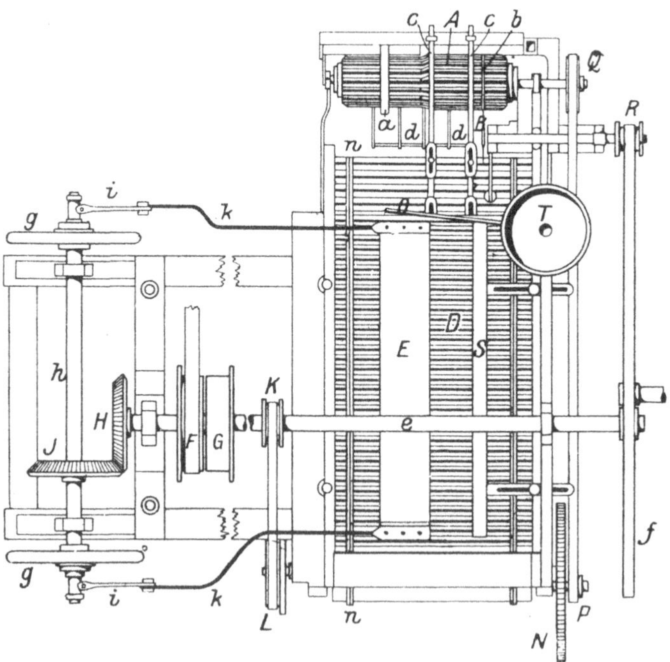

Fig. 258 b.

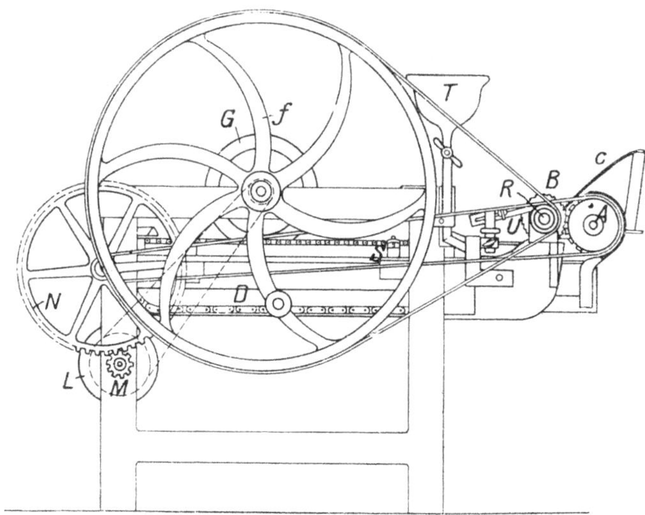

Fig. 258 c.
Fig. 258 a—c. Kerzenpoliermaschine nach Daviron.

Fig. 259. Kerzenpoliermaschine.

T ist ein Trichter, der unten in eine gebogene Röhre *o* mündet, die mit ganz feinen Löchern versehen ist. Wird *T* mit Wasser gefüllt, so fällt dieses in ganz dünnen Strahlen auf die Kerzen und trägt bei dem nachfolgenden Bürsten zur Erhöhung der Politur bei. *U* ist eine Klemme, mittels der die Kreissäge *B* gereinigt wird.

Die Bürste *E* macht ebenso viele Hin- und Herbewegungen, als dem Schwungrad *f* Umdrehungen erteilt werden, weil die Zähnezahl von *H* und *J* gleich ist.

Fig. 259 zeigt die perspektivische Ansicht einer in Arbeit befindlichen Poliermaschine, die per Minute ungefähr 12 Kerzen fertig appretiert.

5. Das Stempeln der Kerzen.

Allgemeines. Der Brauch, die fertigen Kerzen vor ihrem Versand mit einer Fabrikmarke zu versehen, hat sich mehr und mehr eingebürgert und wird heute fast bei allen als Prima geltenden Kerzensorten geübt. Die Anbringung einer Fabrikmarke (an der Bodenfläche oder am unteren Teil der Mantelfläche) läßt sich bei Kerzen auf sehr elegante Weise durch Eindrücken eines heißen Stempels in die verhältnismäßig leicht schmelzbare Kerzenmasse bewerkstelligen. Bei richtig gewählter Temperatur des Stempels und bei passender Stärke und Dauer des Druckes prägt sich die Stempelform mit ziemlicher Deutlichkeit in dem Kerzenmaterial aus. Besonders geeignet sind dafür Kerzenmassen, die der Hauptsache nach aus Stearin bestehen, während Ceresinkerzen undeutlichere Abdrucke geben und das leicht schmelzbare Paraffin zum Stempeln überhaupt nicht geeignet ist.

Fig. 260. Vorrichtung zum Stempeln der Kerzen.

Einfache Stempelvorrichtungen. In kleineren Betrieben wird diese Stempelung in der Weise vorgenommen, daß man die Kerzen der Reihe nach in die mittels Dampfes erwärmte Stempelform drückt. Diese wird dabei einfach derart erwärmt, daß man sie entsprechend montiert, mit einer Dampfleitung verbindet und für eine Regulierung des Dampfzuflusses durch passend angebrachte Ventile sorgt (siehe Fig. 260.) Man montiert diesen Stempel so unter die ausgeschnittene Öffnung des Stempeltisches [Fig. 261[1])], daß die obere Stempelkante mit der Tischfläche in einer Ebene liegt. Die Kerzen werden dann eine nach der andern von Hand aus gegen den heißen Stempel gedrückt, wobei die hölzerne Tischplatte einem Verbrennen der Hände des Arbeiters vorbeugt.

[1]) Ausführung der Firma C. E. Rost & Co. in Dresden.

In neuerer Zeit hat man versucht, die Kerzenstempel durch Elektrizität anzuwärmen, wobei ein leichteres Regulieren der Temperatur möglich ist als bei Dampfheizung.

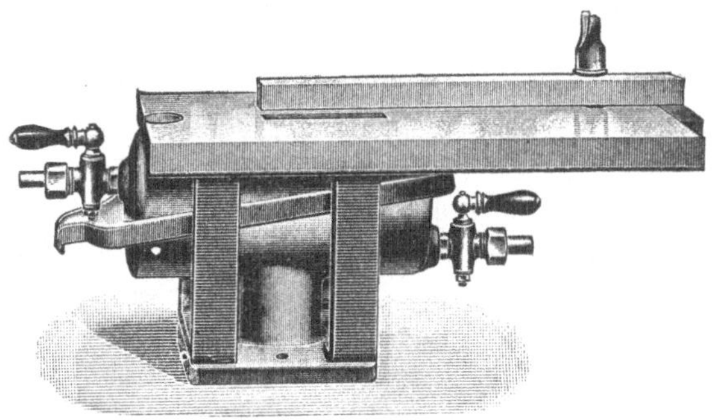

Fig. 261. Kerzenstempeltisch.

Das Stempeln durch bloße Handarbeit ist ziemlich zeitraubend und es wurden daher vielfach Vorschläge gemacht, es durch maschinelle Vorrichtungen auszuführen.

Bei einer von P. Morane ainé in Paris gebauten Stempelmaschine werden die einzelnen Kerzen dem Stempel nicht mit der Hand zugeführt, sondern mittels eines Trommelgestells, in dessen Vertiefung die einzelnen Kerzen ruhen und der Reihe nach auf den Stempel gedrückt werden.

Stempelmaschinen.

Andere Stempelmaschinen für Kerzen stammen von Fratelli Lanza[1]) in Turin sowie von Greiner & Co.[2]) in Wien und anderen, doch sei von der detaillierten Beschreibung dieser ziemlich kompliziert gebauten Maschinen Abstand genommen.

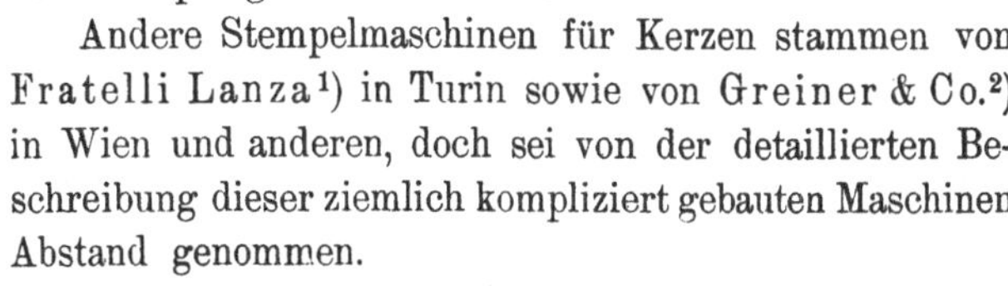

Man kennt endlich eine Reihe von Vorrichtungen, die nacheinander das Schneiden, Polieren und Stempeln selbsttätig besorgen; diese Apparate arbeiten sehr zufriedenstellend und sind in vielen der größeren Kerzenfabriken anzutreffen.

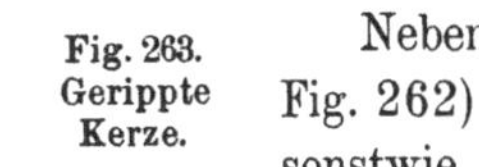

Fig. 262. Glatte Kerze

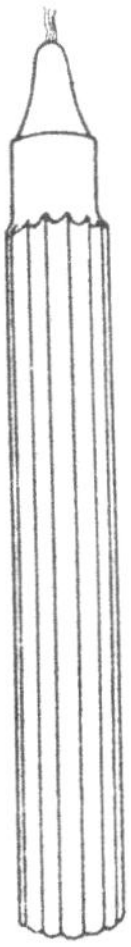

Fig. 263. Gerippte Kerze.

Herstellung besonders geformter oder sonstwie von der Norm abweichender Kerzen.

Neben den glatten zylindrischen Kerzen (siehe Fig. 262) kennt man auch gerippte, zopfartige oder sonstwie geformte, gemusterte, mit Bildern verzierte und ähnlich verschönte Kerzen, die als Luxuskerzen einen wenn auch beschränkten, so doch immerhin beachtenswerten Absatz finden.

Längsgerippte Kerzen.

Die Herstellung längsgerippter, kannelierter Kerzen (Fig. 263) verursacht keinerlei Komplikation der Gießvorrichtung; die betreffenden Formen haben einfach an Stelle der glatten Wandungen entsprechend kannelierte

---

[1]) D. R. P. Nr. 92802 v. 25. Juli 1896.

[2]) Österr. Patent Nr. 6767 v. 15. Aug. 1901.

und die Kerzen werden in der gewöhnlichen Weise in die Formen gegossen und ausgestoßen. Das Riefeln ist besonders bei Kerzen aus durchscheinendem Material sehr beliebt, weil diese dadurch ein sehr hübsches Aussehen bekommen.

Zopf- oder Renaissancekerzen.

Die zopfartig gewundenen Kerzen, mitunter auch Renaissancekerzen genannt, benötigen ebenfalls keine besonderen Vorrichtungen zu ihrer Erzeugung, sofern sich ihr Durchmesser gegen das Fußende zu nicht etwa verjüngt. Beim Ausstoßen der frisch gegossenen Kerzen aus der Form beschreiben sie eine Schraubenlinie. Die zopfartigen Kerzen, die in kleinerer Ausführung als Christbaumkerzchen sehr beliebt sind, werden in den größeren Nummern als Zierkerzen für Kronleuchter, Klaviere usw. gerne benutzt und meist in bunten Farben hergestellt.

Kerzen, die in der ganzen Masse gefärbt sind, sehen weniger hübsch aus als solche, die aus weißem Stearin gegossen und mit einem dünnen gefärbten Überzuge versehen wurden. Dieser wird durch Eintauchen der fertigen Kerze in gefärbte Stearin- oder Paraffinmasse erreicht. Paraffinüberzüge geben den Kerzen ein glänzendes, elegantes Aussehen, die in gefärbtes Stearin getauchten Kerzen hingegen bedürfen noch eines besonderen Überzuges mit Wachslack.

Das Tauchen der Kerzen wird derart vorgenommen, daß man 10—12 mit dem oberen Dochtende an einem Stäbchen befestigte Kerzen in das Farbbad bringt, in dem die Kerzen nur wenige Sekunden verweilen dürfen. Die so getauchten Kerzen erhalten ganz von selbst eine sich gut ausnehmende Schattierung, weil in den Furchen der Wülste reichlichere Mengen des gefärbten Kerzenstoffes bleiben als an den erhabenen Stellen derselben. (Vergleiche S. 867.)

Für Zopf- oder Renaissancekerzen, die am Fußende dünner sind als in der Mitte (siehe Fig. 264), werden besondere Gießvorrichtungen benötigt, weil sie aus gewöhnlichen einteiligen Formen nicht ausbringbar sind.

Damit die Kerzen in den Leuchternköpfen fest sitzen, werden, wie schon S. 934 berichtet, ihre Fußenden häufig konisch zugestutzt. Den gleichen Effekt hat man durch Angießen eines konischen Teiles an das Fußende der Kerze zu erreichen versucht, wobei man aus Schönheitsrücksichten die Berührungslinie der Konusfläche mit der Mantelfläche der Kerze meist mit einer rings um die Kerze laufenden Wulst (Ring) (siehe Fig. 265 a und b) versieht und außerdem die Konusfläche nicht glatt, sondern gerippt herstellt, um das Halten der Kerze in dem Leuchter ganz besonders zu sichern.

Konuskerzen.

Zur Erzeugung von Kerzen mit angegossenem Konus — gleichgültig ob mit oder ohne den oben erwähnten Ring zwischen Konus und Mantelfläche, ob mit glattem oder geripptem Konus — benötigt man besondere Gießformen, deren oberer, den Konus bildender Teil aus einem über den Gießtisch herausragenden Aufsatze besteht, der entweder abnehmbar oder aufklappbar ist. Ohne einen dieser beiden Auswege sind nämlich die Kerzen, deren Form ja des Konusses wegen oben enger sein muß als in der Mitte der Kerzenlänge, nicht aus den Formen zu bringen.

Das Arbeiten mit abhebbaren Konusformstücken ist insofern unbequem, weil das Abziehen der Formstücke die Kerze sehr leicht beschädigt, und man gab daher vor ungefähr drei Jahrzehnten, als sich die Konuskerze einzubürgern begann, den Formen mit aufklappbarem Oberteil den Vorzug. So hat z. B. B. Claret[1]) dreiteilige Formen konstruiert, die vor dem Ausdrücken der Kerzen mittels eines mit ihnen in Verbindung stehenden Exzenters auseinandergeklappt werden, wodurch die Kerzen für das

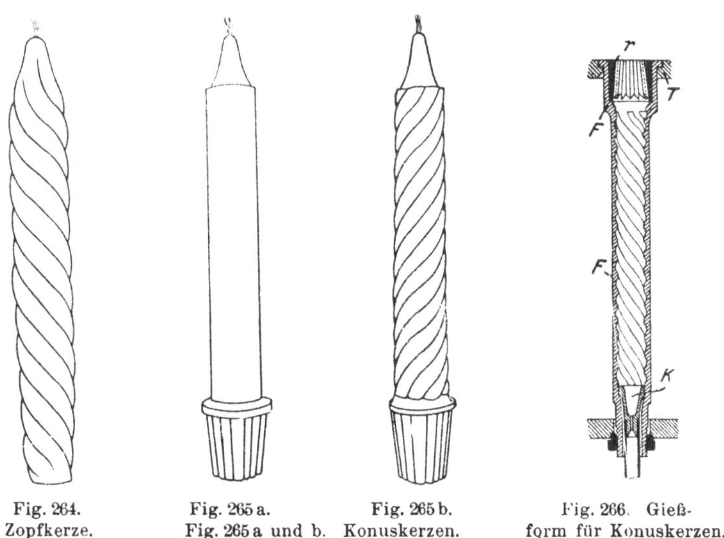

Fig. 264. Zopfkerze. Fig. 265 a. Fig. 265 b. Fig. 265 a und b. Konuskerzen. Fig. 266. Gießform für Konuskerzen.

Ausstoßen nach oben frei erscheinen. Die Bemühungen, statt der dreiteiligen Formaufsätze zweiteilige zu verwenden, führten bisher zu keinem Erfolg, und auch jene wurden bald unbeliebt, weil der Kerzenguß dabei leicht unsauber ausfällt (Gußkanten an den Stellen der Formteilung) und das Hantieren mit den verschiedenen Formteilen unbequem ist.

Formen für Konuskerzen.

Man ist daher fast allgemein zu den abhebbaren Aufsatzringen übergegangen, die man entweder auf den Gießtisch aufsetzt oder in ihn versenkt, wobei dann die Kerzenform derart erweitert wird, daß sie den Formring aufzunehmen vermag. Die letztere Idee ist von der Price Candle Company in London ausgeführt worden:

In der Kerzenform F, die in unserer Darstellung (Fig. 266) für gewundene Kerzen bestimmt ist, sitzt in dem erweiterten oberen Formende der Ring r, der zur Formung des kegelförmigen Kerzenansatzes dient und infolge seiner Versenkung in die Kerzenform eine ebene Fläche mit dem Gießtisch T bildet.

[1]) Engl. Patent Nr. 5152 v. 2. Febr. 1884; Engineering 1887, Bd. 43, S. 20.

Diese Kerzenformen erfordern auch besondere Gießmaschinen, deren wesentlichster Teil in Fig. 267 wiedergegeben ist:

Die auf gewöhnliche Weise gegossenen Kerzen werden durch Heben des Pistons *K* (siehe S. 911) aus den Formen *F* nach oben ausgestoßen, wobei die nur lose in den Formen sitzenden Ringe *r* an dem Kerzenende haften bleiben und mit in die Höhe gehen. Um dann die Ringe von den konischen Kerzenfüßen abzustoßen, wird eine ganze Reihe Kerzen auf den am Gießapparat angebrachten Tisch *t* gelegt, auf dem die Ringe *r* zwischen der durchlochten Leiste *l* und dem Rechen *o* gehalten werden. Die Leiste *l* und der an ihr befestigte Rechen *o* lassen sich durch eine Hebelvorrichtung verschieben, wobei die an der vorderen Randleiste des Tisches befestigten Holzzapfen durch die Löcher der Leiste *l* treten und dabei die Kerzen aus den Ringen *r* herausstoßen.

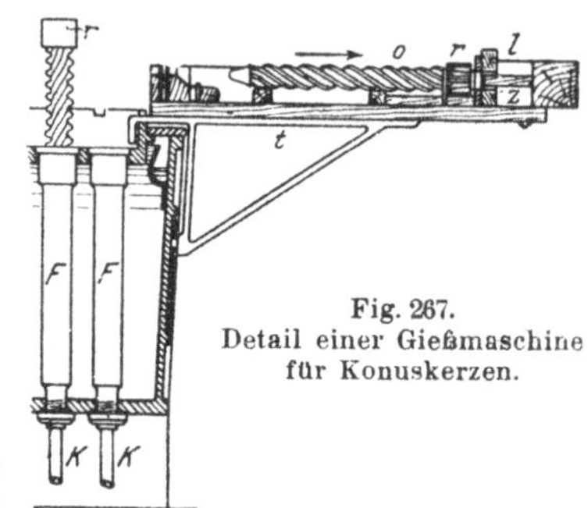

Fig. 267. Detail einer Gießmaschine für Konuskerzen.

Die Price Candle Company hat diese Gießmaschinen für Konuskerzen auf der Londoner Ausstellung vom Jahre 1885 im Betriebe vorgeführt, wobei man sich von ihrem tadellosen Funktionieren überzeugen konnte.

Reinhold Wünschmann[1]) in Leipzig benutzt zur Herstellung von Konuskerzen aufklappbare und gleichzeitig abhebbare Formringe. Sie werden mittels einer sehr zweckmäßigen Vorrichtung zuerst in geschlossener Form von den Kerzenenden etwas abgehoben und dann erst durch seitliche Aufklappung zerlegt. Dieses Zerlegen der Formringe nach erfolgter Lockerung und teilweiser Hebung hat den Vorteil, daß die angegossenen konischen Enden nur schwer beschädigt werden können. Fig. 268a zeigt den oberen Teil einer solchen Gießform in geschlossener, Fig. 268b in gehobener und geöffneter Stellung.

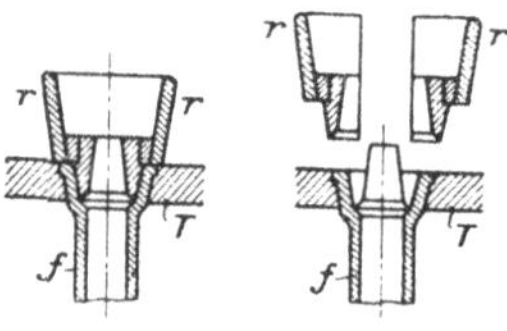

Fig. 268a. Fig. 268b.

Fig. 268a und b. Detail für Konuskerzenformen.

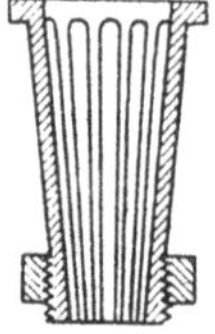

Fig. 269a. Fig. 269b.

Fig. 269a und b. Formteil und Kerzenfußende nach Doelle.

Konuskerzenerzeugung nach Doelle.

Interessant ist die Art, wie Hermann Doelle[2]) in Leipzig Konuskerzen herzustellen versuchte. Er drückt die gewöhnlich geformten Kerzen

[1]) D. R. P. Nr. 57473 v. 16. Okt. 1890.

[2]) D. R. P. Nr. 70037 v. 18. Nov. 1892.

mittels einer passend gebauten Vorrichtung langsam in konische Formen (Fig. 269a), die in einem mit Dampf oder heißem Wasser heizbaren Formkasten sitzen. Die Kerzenenden schmelzen bei der Berührung mit den geheizten Formrändern allmählich ab und nehmen dabei die der Konusform entsprechende Gestalt (Fig. 269b) an.

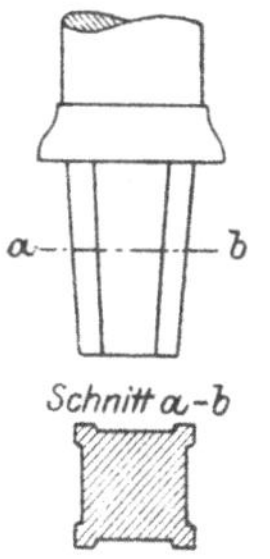

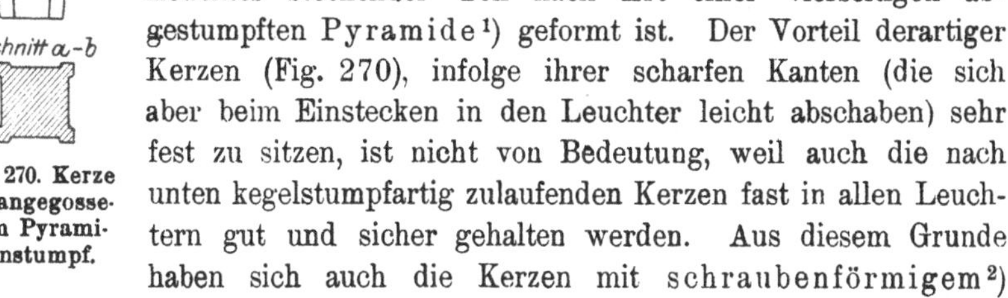

Fig. 270. Kerze mit angegossenem Pyramidenstumpf.

Besonders geformte Konusse.

Neben den Kerzen, deren unteres Ende einen glatten oder geriefelten Kegelstutzen bildet (die gewöhnlichen Konuskerzen), hat man auch solche empfohlen, deren unterer, in dem Leuchter steckender Teil nach Art einer vierseitigen abgestumpften Pyramide[1]) geformt ist. Der Vorteil derartiger Kerzen (Fig. 270), infolge ihrer scharfen Kanten (die sich aber beim Einstecken in den Leuchter leicht abschaben) sehr fest zu sitzen, ist nicht von Bedeutung, weil auch die nach unten kegelstumpfartig zulaufenden Kerzen fast in allen Leuchtern gut und sicher gehalten werden. Aus diesem Grunde haben sich auch die Kerzen mit schraubenförmigem[2]) Ende, für die man besondere, mit analogem Gewinde versehene Leuchterhülsen in Vorschlag brachte, nicht einführen können.

Adalbert Schievekamp[3]) in Essen hat Kerzen mit ovalem oder kugelförmigem Ende empfohlen; er will damit ein leichtes Wendenlassen der Kerze im Leuchter und besonders für Christbaumkerzen ein bequemes vertikales Einstellen ermöglichen.

Hohlkerzen.

Um dem Abrinnen der Kerzen vorzubeugen, hat man Kerzen mit Längskanälen (sogenannte Hohlkerzen, wie sie in Fig. 271 gezeigt werden) erzeugt. Bei diesen Kerzen, die von Josef Urbain in Ivry erfunden und von L. Veneque zuerst hergestellt wurden, ist ein Abrinnen eines etwaigen Überschusses an geschmolzenem Kerzenmaterial nach innen möglich; der diesen Kerzen von mancher Seite nachgesagte Vorzug, daß durch die Kanäle der Flamme mehr Luft zugeführt werde und die Kerzen daher besser brennen, besteht nicht. Die Hohlkerzen brennen ziemlich rasch ab, weil sie weniger Kerzenmaterial enthalten als eine Vollkerze von gleicher Länge und gleicher Stärke. Sie sind daher dort, wo die Brenndauer weniger ausschlaggebend ist, sondern nach der Stückzahl der Kerzen gerechnet wird, am Platze und werden vornehmlich in Hotels verwendet oder dort, wo die Kerzen beim Abbrennen nicht ruhig am Platze bleiben, sondern Ortsveränderungen ausgesetzt sind. Während gewöhnliche Kerzen beim Hin- und Hertragen während des Brennens stets tropfen, ist dies bei den Hohlkerzen so ziemlich ausgeschlossen.

Fig. 271. Hohlkerze.

---

[1]) Engl. Patent Nr. 4137 v. 29. Febr. 1884 v. W. Wigfield.

[2]) Engl. Patent Nr. 17280 v. 28. Nov. 1888 v. S. A. Wittmann, Nr. 5991 v. 22. März 1894 v. J. H. Stewart und Nr. 20859 v. 31. Okt. 1894 v. F. W. Field.

[3]) D. R. P. Nr. 213736 v. 22. Jan. 1909.

Weil die Hohlkerzen beim Einpressen in den Leuchter sehr leicht abbröckeln, versieht man sie meist an ihrem unteren Ende mit einem gerippten Konus.

Herstellung von Hohlkerzen.

Die Herstellung der Hohlkerzen ist mit gewissen Schwierigkeiten verbunden, die man nur ganz allmählich zu beheben verstand. Die im Fleische der Kerze hohl zu lassenden Räume werden während des Kerzengusses durch Kernstücke ausgefüllt, die aus schwach konisch zulaufenden Stäben — Kerngabeln genannt — bestehen. Sobald die Kerze erstarrt, aber noch warm ist, zieht man die Stäbe, die nicht auf den gewöhnlichen Pistonbrücken, sondern auf einer besonderen Brücke sitzen, am unteren Ende der Gießform heraus und wartet dann das vollständige Abkühlen des Kerzengusses ab. Hierauf hebt man die Brücke mit den Stäben, die sich nur bis zu einer gewissen Höhe in die Hohlräume der Kerze einführen lassen; weil während des Erstarrens der Kerzenmasse eine Schwindung eintritt, die die Kanalquerschnitte verringert. Beim Einführen in die erkalteten, noch in ihren Formen sitzenden Kerzen nehmen daher die Stäbe die Kerzen mit hinauf, heben sie also aus den Formen [1]).

Es ist bei diesem Vorgang nicht leicht, die Kernstücke (Kerngabeln) genau zu zentrieren und das Ausdrücken der Kerzen so vorzunehmen, daß die schwachen Kanalwandungen der Kerze nicht brechen.

Semmlers Hohlkerzengießmaschine.

Von den vielen Vorschlägen, die zur Vermeidung dieses Vorkommnisses gemacht wurden, seien nur die wichtigsten herausgegriffen; so die Zentriervorrichtung für die Kerngabeln von Leopold Semmler [2]) in Brünn und dessen Aushebevorrichtung für Hohlkerzen mit ausgegossenem Konus [3]). Eine Gießmaschine, bei der die letztere Vorrichtung verwendet erscheint, ist in Fig. 272 wiedergegeben.

Vor dem Gießen wird in den Formkasten b in bekannter Weise (siehe S. 917) warmes Wasser oder Dampf geleitet, um die Kerzenformen zu erwärmen, und nachdem die Dochtfäden eingezogen, die Formkonusse eingesetzt und die im Innern der Kerzenformen liegenden Kerngabeln a zentriert sind, werden die Kerzen gegossen. Nach dem Gießen wird in gewöhnlicher Weise gekühlt; sind die Kerzen ziemlich fest geworden, so werden die Kerngabeln gelockert und ebenso die Kerzen selbst. Die Lockerung der Kerngabeln a, die auf dem Schlitten G festgeschraubt sind, geschieht dadurch, daß durch die Stirnräder z und mittels der auf der Welle w und Schraubenspindeln sitzenden Kegelräder die Spindeln gedreht werden, die den Gabelschlitten G samt Gabeln a nach abwärts bewegen. Nun ziehen sich aber die Hohlkerzen nach dem Abkühlen etwas zusammen, d. h. sie werden etwas kürzer, so daß sich die Spitzen der Hohlkerzen nicht mehr auf die Kappen, die an den Pistonröhrchen r befestigt sind, stützen. Die frei herabhängenden, nur vom Konusansatz getragenen Hohlkerzen würden schon beim Herausziehen und noch viel mehr beim

---

[1]) Eine der frühesten Konstruktionen von Hohlkerzen-Gießmaschinen verdanken wir E. P. Morane in Paris (Moniteur scientifique 1869, S. 1003. — Siehe auch: R. Stübling, Das Gießen der Hohlkerzen, Seifensiederztg., Augsburg 1907, S. 467.

[2]) D. R. P. Nr. 62084 v. 6. Dez. 1890.

[3]) D. R. P. Nr. 64445 v. 6. Dez. 1890.

Lockern der Kerngabeln von ihren Konussen abgerissen werden, wenn man dem nicht durch eine besondere Hebevorrichtung vorbeugte.

Letztere besteht aus einer horizontalen Welle d mit zwei aufgekeilten Schnecken s_1 und zwei vertikalen, mit Schneckenrädern s versehenen Wellen e und f, die unten mit Schraubgewinden ausgestattet sind und mittels Schraubmuttern je einen Hebelarm HH_1 bewegen können. Diese Hebelarme H und H_1 heben mittels der Stifte i den unteren Schlitten G_1 samt den eingeschraubten Röhrchen r, die sich wieder mit ihren Kappen, die zugleich die Formen für die Spitzen der Kerzen bilden, gegen die letzteren derart stemmen, daß die Kerzen beim Herausziehen der Kerngabeln a

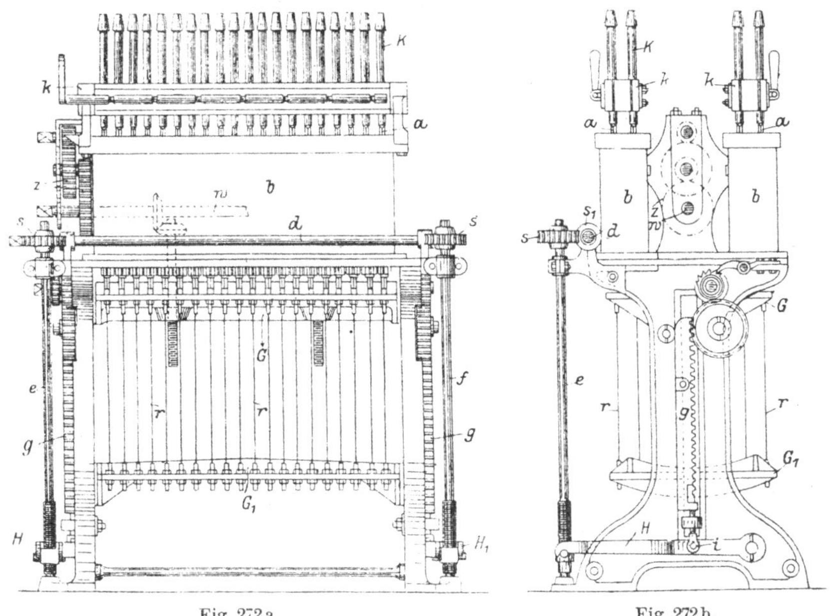

Fig. 272 a. Fig. 272 b.

Fig. 272 a und b. Hohlkerzen Gießmaschine nach Semmler.

an den Kappen eine feste Stütze finden und somit die Konusse nicht abgerissen werden können. Sind die Gabeln gelockert, so werden die Hohlkerzen K, nachdem der Gießkopf abgeschert wurde, mittels Zahnräder und Zahnstangen g von dem Schlitten G_1 und den Röhrchen r aus den Formen gehoben, in einer Klemmvorrichtung k festgehalten und dann abgenommen. Unter dem Schlitten G_1 sind die Spulen mit den Dochtfäden angebracht und die letzteren gehen durch die Röhrchen r, die wieder durch die in den Schlitten G eingeschraubten Bundstücke der Kerngabeln a geführt werden und in den Kerzenformen die Kappen für die Spitzen der Hohlkerzen in bekannter Weise tragen.

Fourniers Hohlkerzengießmaschine.

Louis Jean Baptiste [Felix Fournier[1])] in Marseille hat die Hohlkerzengießmaschine insofern verbessert, als er

1. die Kerngabeln und die Pistonstangen durch zwei voneinander getrennte Organe bewegen läßt, und

[1]) D. R. P. Nr. 77 457 v. 26. Nov. 1893.

2. den Stäben der Kerngabeln eine prismatische Form gibt, entgegen den früheren, schwach verjüngt zulaufenden Stäben.

Durch die getrennte Bewegung der Kerngabeln und Kolbenstangen wird der Bruch der Kerzen vermindert und durch die prismatischen Kernstücke der Fehler vermieden, daß die Wandungen der Kerzen im oberen Teile schwächer sind als im unteren, was bei Verwendung sich verjüngender Kernstücke, die mit ihrem dünneren Ende an den Spitzen der Kerzen zu liegen kommen, leider der Fall ist.

Wünschmanns Verbesserungen.

Reinhold Wünschmann hat durch Verbesserung der Aushebevorrichtung und des Untergestelles die Hohlkerzengießmaschine weiter vervollkommnet. Er verwendet an Stelle der getrennten Aushebevorrichtung eine einzige; man kann bei seinen Maschinen mit einer Kurbel nach Belieben jede der beiden Brücken einzeln als auch beide zusammen heben oder senken.

Das lästige Ablaufen oder Tropfen der Kerzen hat man nicht nur durch Hohlkanäle in den Kerzen, sondern auch auf andere Weise zu bekämpfen gesucht. Die Versuche, das Abtropfen durch eine schwer schmelzbare Anstrichmasse, die man auf der Oberfläche der Kerze aufträgt, zu vermeiden, haben nur zum Teil den gewünschten Erfolg gehabt. Besonders die verschiedenen Anstrichmittel[1]), die aus Nichtfetten bestehen und Mischungen von Eiweiß und Mineralsalzen oder andere Kompositionen darstellen, sind durchaus nicht zu empfehlen, weil sie zu einer Imprägnation der Kerzendochte mit der bei der Verbrennung zurückbleibenden Magnesia und den Kalisalzen Anlaß geben, wodurch die Aufsaugefähigkeit des Dochtes herabgesetzt, die Kerze rußend gemacht und so erst recht ein Tropfen herbeigeführt wird. Die besten Mittel, das Laufen der Kerzen zu vermeiden, sind noch immer gutes Material, geeignete Dochte und entsprechende Dochtpräparation.

Kerzen von besonderer Form.

Als die Sezession in Blüte stand und mitunter recht sonderbar geformte Leuchter auftauchten, wollten die gewöhnlichen Kerzen in letztere nicht immer gut passen. Einige Fabrikanten stellten daher Kerzen her, deren Gestalt sich in künstlerischer Hinsicht den Sezessionsformen der Kerzenbehälter anpaßte. Größere Bedeutung hat die Fabrikation dieser anormal geformten Kerzen aber nicht erlangt und mit dem Abflauen der Sezessionsmode war es auch um diese neuartig geformten Kerzen geschehen.

---

[1]) Vergleiche engl. Patent Nr. 25397 v. 1. Dez. 1898 von W. C. Greig und J. H. Gardener in Christchurch (Neuseeland), das einen Mantel aus hochschmelzendem Kerzenmaterial empfiehlt. — Das Ablaufen von Talgkerzen hat man durch einen Überzug mit Mischungen aus Talg, Kampfer, Stearin, weißem Wachs, weichem Pech und Dammarharz zu beheben versucht. (Seifensiederztg., Augsburg 1904, S. 675).

Terrassenförmige Kerzen.

Erwähnt sei noch die terrassen- oder stufenartig geformte Kerze, die C. F. Ulbrich in Aue (Erzgebirge) wegen des beim Abtropfen der Kerze verloren gehenden Materials empfiehlt.

Diese Kerzen (Fig. 273) halten das abtropfende Material an der nächstfolgenden Stufe auf, wo es erkaltet, um beim weiteren Herabbrennen der Kerze vom Docht aufgesaugt zu werden. Wie sich der Patentnehmer die Formung [1]) dieser Kerzen im Großbetriebe denkt, wurde nicht verlautbart; die Mehrspesen der Formgebung würden jedenfalls die Ersparnis an Kerzenmaterial mehrfach aufwiegen. Irgendeine größere Bedeutung ist daher dieser Erfindung nicht beizumessen.

Fig. 273. Terrassenförmige Kerze nach Ulbrich.

Kerzen mit Abziehbildern.

Das Verzieren der Kerzen mit Abziehbildern, eingepreßten oder aufgeklebten Ornamenten, Wachsblumen usw. ist besonders bei den großen Kirchen- und Schmuckkerzen gebräuchlich.

Die Fixierung von Abziehbildern auf Kerzen erfolgt derart, daß man letztere zunächst mit einer warmen, wässerigen Gelatine-, Spirituslack- oder Schellacklösung versieht und auf diesen Anstrich das Abziehbild legt, leicht anpreßt und einige Stunden lang der Ruhe überläßt. Hierauf taucht man die Kerze in Wasser, zieht das aufgeweichte Papier des Abziehbildes ab und taucht sodann die Kerze in geschmolzenes Paraffin, um das Bild mit einem schützenden Überzug zu versehen.

Die auf Stearinkerzen angebrachten Abziehbilder oder anderen farbigen Verzierungen leiden in ihrer Farbenfrische vielfach durch den Einfluß der Stearinsäure und durch die zersetzende Wirkung der Luft auf die Farben. Der Fixierlack, der nach der Anbringung der Verzierungen auf diese aufgetragen wird, vermag den schädlichen Einfluß der Luft [2]) nicht zu verhindern, der den Lack selbst mit der Zeit zerstört, wodurch dann außerdem noch die Bilder rasch und leicht verwischt werden.

Verfahren Guthmann.

T. Louis Guthmann [3]) in Dresden taucht daher die mit Abziehbildern zu versehenden rohen Kerzen in ein heißes Bad, das aus

1 Teil Walrat,
1 Teil weißen Bienenwachses,
2 Teilen weißen Karnaubawachses und
4 Teilen Hartparaffin

[1]) Diese muß offenbar mittels zerlegbarer Formen geschehen.

[2]) Man hat daher versucht, den Einfluß der Luft auszuschalten, indem man die Verzierungen durch einen dünnen Stearinüberzug (D. R. P. Nr. 17324) luftdicht isolierte und vor sonstigen äußeren Einflüssen schützte. Leider büßen die Farben dabei ihren Glanz ein, wie überdies der zersetzenden Wirkung der Stearinsäure auf die Bilder dadurch nur Vorschub geleistet wird. Bei Verwendung eines Paraffinüberzuges an Stelle des von Stearin wird der Nachteil zwar etwas gemildert, doch nicht ganz behoben.

[3]) D. R. P. Nr. 38765 v. 19. Febr. 1886.

besteht, das den Kerzen einen säurefreien, isolierenden Überzug und gleichzeitig ein hübsches, glänzendes Aussehen verleiht. Auf diesem Überzuge bringt man nun die Abziehbilder oder sonstigen Ornamente an, die dann eventuell durch einen weiteren äußeren Überzug aus Wachs, Lack oder anderem säurefreien Material vor äußeren Einflüssen geschützt werden.

Kerzen mit farbigem Kern.

O. Hausamann[1]) empfiehlt die Herstellung von Kerzen, deren innere, um den Docht gelagerte Partien gefärbt sind, während die peripheralen Schichten aus ungefärbtem Kerzenmaterial bestehen. Zur Herstellung solcher Kerzen wird der Docht vor dem Kerzengießen durch eine geschmolzene farbige Kerzenmasse und eine den Durchmesser des Farbenkernes bestimmende Leere hindurchgezogen und hierauf der so präparierte Docht mit dem ungefärbten Kerzenmaterial in gewöhnlicher Weise umgossen. Derartige Kerzen sind leicht kenntlich und werden für alle jene Fälle empfohlen, wo man auf eine Identifizierung bestimmter Kerzen Wert legt.

Verzierte Kerzen nach Doelle.

Kerzen mit farbigen, in die Mantelfläche eingelassenen Verzierungen stellt Hermann Doelle[2]) in Leipzig-Connewitz so her, daß er die zu verzierenden Kerzen erst in wagerechter Lage auf eine Schmelzvorrichtung niederdrückt und so die Rillen erzeugt, die die farbigen Verzierungen aufnehmen sollen, und hierauf diese mit Vertiefungen versehenen Kerzen in eine passende Form bringt, worin die Rillen mit der gefärbten Kerzenmasse ausgegossen werden.

nach Hammacher.

Einfacher und billiger kann man nach Josef Hammacher[3]) in Trier solche Kerzen durch Rollen zwischen Holz- und Metallplatten, die Gravierungen des betreffenden Dessins enthalten, herstellen. Die Platten können aus Metall, Holz, Stein, Marmor usw. bestehen. Die zu verzierenden Kerzen werden in warmem Wasser so weit vorgewärmt, daß die Kerzenmasse die Sprödigkeit verliert, hierauf auf die Platte gelegt und mit Rollbrettern, in die das gleiche oder auch ein anderes Muster eingraviert ist wie in den Platten, unter Anwendung schwachen Druckes gerollt, wodurch sie die gewünschte Prägung bekommen.

Um dem etwaigen Kleben der Kerzen an den gravierten Platten vorzubeugen, müssen diese von Zeit zu Zeit befeuchtet werden. Mit denselben Platten und Rollen lassen sich Kerzen von ganz beliebiger Länge und Dicke erzeugen.

nach Axt.

Eine beachtenswerte Verbesserung der Methode Hammachers ist durch Christian Axt[4]) in Trier eingeführt worden, der an Stelle der ebenen gravierten Platten und Rollbretter Rollen verwendet, die an ihren Mantel-

[1]) D. R. P. Nr. 157269 v. 30. Juni 1903.
[2]) D. R. P. Nr. 59603 v. 22. Febr. 1891.
[3]) D. R. P. Nr. 40097 v. 28. Sept. 1886.
[4]) D. R. P. Nr. 73616 v. 14. Mai 1893.

flächen die Gravierungen tragen und durch ihr Anrollen gleichzeitig die Kerzen vorwärts schieben.

Die von Axt getroffene Einrichtung ist in Fig. 274 wiedergegeben.

In der auf Füßen ruhenden Lagerplatte *P* befinden sich an einem kreuzförmigen Ausschnitt die Räder *R* so angeordnet, daß die von deren Stirnseite begrenzte Öffnung *O* eine Kerze aufzunehmen vermag. In die je nach der den Kerzen zu gebenden Form flach, konkav oder konvex gehaltenen Stirnseiten der Räder *R* ist die in die Kerzenmasse einzudrückende Zeichnung graviert. Dreht man mittels des Antriebrades *A* das auf der Welle *W* befestigte Rad *R* in der Richtung nach der Öffnung *O*, so wird eine in diese gehaltene Kerze von den vier Rädern *R* gepackt und ihrer Länge nach durch die Öffnung *O* gezogen, wobei das in die Radkränze eingravierte Muster sich in die zuvor durch Erwärmen erweichte Kerze eindrückt. Nach einer der Länge der Kerze angemessenen Umdrehung der Räder *R* wird die Kerze unten gemustert herauskommen, worauf derselbe Vorgang mit einer zweiten und folgenden Kerze wiederholt werden kann. Die Zahl der in der Zeichnung mit vier angenommenen gravierten Räder kann auch unter entsprechender Änderung der Lagerplatte *P* mehr oder weniger betragen.

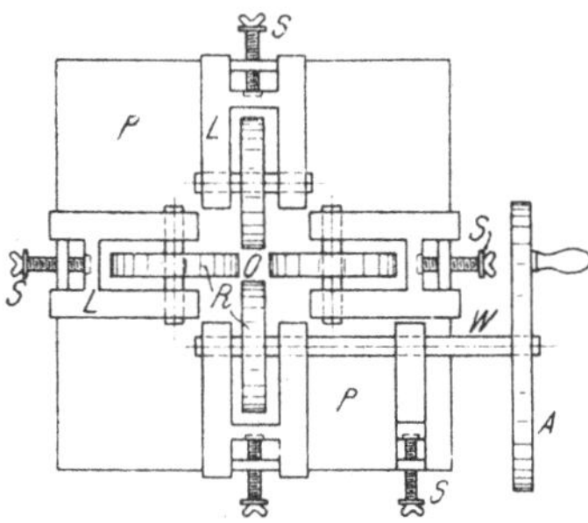

Fig. 274 a. Grundriß.

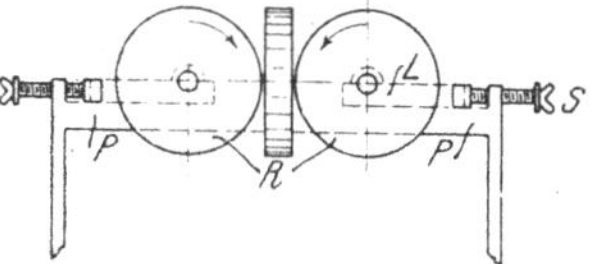

Fig. 274 b. Aufriß.

Fig. 274 a und b. Vorrichtung zur Herstellung verzierter Kerzen nach Axt.

Um mit demselben Apparat Kerzen verschiedener Dicke bemustern zu können, ruhen die Achsen der Räder *R* und die Welle *W* auf beweglichen Lagern *L*, die mittels der Stellschrauben *S* in Nuten, die in der Lagerplatte *P* angebracht sind, so bewegt werden können, daß man durch Vor- und Zurückschrauben der Lager *L* die Öffnung *O* nach Belieben vergrößern oder verkleinern kann. Die Lagerdeckel der beweglichen Lager *L* sind abschraubbar, so daß die Räder *R* nach Bedarf ausgewechselt werden können. Um ein seitliches Rutschen der Räder *R* zu verhüten, erhalten deren Achsen eine Einkerbung, mit der eine Wulst in den Lagern korrespondiert.

Die Bewegung der Räder *R*, die zur Verhütung des Klebens an den Kerzen auch mit einer Befeuchtungsvorrichtung versehen werden können, erfolgt selbsttätig infolge der Reibung, die die von dem einen Rade *R* erfaßte Kerze auf die anderen Räder ausübt.

Plastisch verzierte Kerzen.

Kerzen mit plastischen Verzierungen, wie solche in Fig. 275—277 abgebildet sind, werden meist durch Ankleben der gesondert hergestellten Zieraten ausgeführt. Plastische Verzierungen (besonders Blumen, Girlanden, Ornamente usw.) sind meistens bei den großen Altarkerzen zu finden. Die Herstellung dieser Wachsblumen oder sonstigen Verzierungen erfolgt natürlich von Hand aus und ist lediglich eine Sache der Geschicklichkeit. Man trifft nicht selten so gut nachgeahmte und hübsche, natürliche Farben aufweisende Wachsblumen, daß man sich wundern muß, wie gewöhnliche, nicht einmal gut bezahlte Arbeiter das Material so gut zu meistern verstehen.

Zur Herstellung dieser Verzierungen ist vor allem die Anfertigung dünner Wachsplättchen nötig, die auf die folgende Art bereitet werden:

Herstellung von Wachsplättchen.

Man schmelzt in einem Dampfduplikator 10 Teile Wachs mit 12 Teilen Paraffin (Schmelzpunkt 45—50° C) und 3 bis 5 Teilen venetianischen Terpentins und färbt diese Mischung mit lichtbeständigen Farben. Hierauf zieht man Pergamentstreifen von ca. 15 cm Breite und 30—50 cm Länge, die man vorher durch Einweichen in Wasser geschmeidig gemacht, aber von dem anhaftenden Wasser befreit hat, langsam und vorsichtig über die Oberfläche der Wachskomposition hin, so daß der Papierstreifen auf einer Seite mit einer dünnen Wachsschicht versehen wird, die sich nach dem Festwerden des Wachses von dem Papier abhebt. Man fertigt natürlich eine ganze Reihe solcher Wachsplättchen an, die man mit einem weichen Leinenlappen auf beiden Flächen abreibt und aufeinanderschichtet, indem man zwecks Vermeidung des Zusammenklebens zwischen je eine Lage einen dünnen Streifen dünnen, glatten Papieres bringt[1]).

Fig. 275. Fig. 276. Fig. 277.

Fig. 275—277. Kerzen mit plastischen Verzierungen.

Auf die Erzeugung der Gold- und Silberfärbung und andere Details einzugehen, sei hier unterlassen, da die Luxuswachskerzenerzeugung mehr Kleinindustrie ist. Erwähnt möge dagegen werden, wie T. Louis Guthmann[2]) in Dresden Kerzen mit mehrfarbiger, plastisch verzierter Oberfläche herstellt. Er benutzt dazu mehrteilige Holz- oder Metallformen (Fig. 278), in deren Innenwandungen Verzierungen eingraviert sind.

Guthmann-Methode.

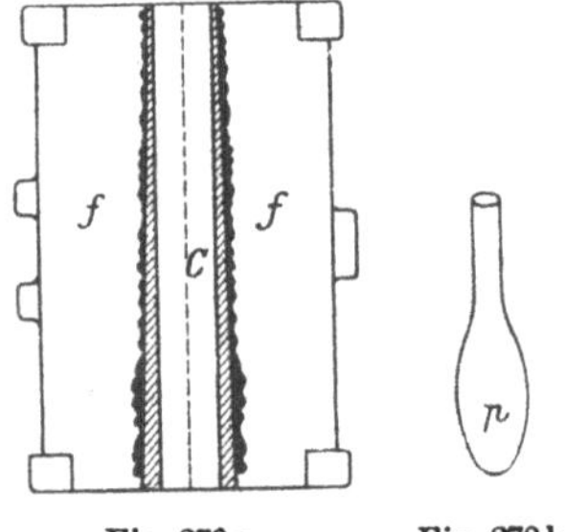

Fig. 278a. Fig. 278b.

Fig. 278a und b. Gießform nach Guthmann.

In den Hohlraum einer solchen mehrteiligen Form *f* wird weißes oder farbiges Wachs in flüssigem Zustande eingegossen, so daß sich alle eingravierten Vertiefungen mit dem Material vollsetzen, worauf man die Form umdreht, um das überschüssige Wachs wieder abfließen zu lassen. Infolge der von der Wandung ausgehenden Erstarrung setzt sich auch an den nichtgravierten, glatten Wandungen ein Wachsmantel an, den man dadurch entfernt, daß man mittels eines heiß gemachten birnenförmigen Stempels *p* den Hohlraum der Form ausreibt, infolgedessen das an der Wandung sitzende Wachs abschmilzt.

Darauf wird ein andersfarbiges Wachs ebenfalls in flüssigem Zustande in die Form eingegossen und so lange darin belassen, bis die Bildung eines Mantels, dessen

[1]) Seifensiederztg., Augsburg 1905, S. 132.

[2]) D. R. P. Nr. 69005 v. 7. Okt. 1892.

Stärke beliebig gewählt werden kann, stattgefunden hat. Hierauf gießt man das noch flüssige Wachs wieder aus der Form und entnimmt ihr nach Öffnung eine aus den beiden verschiedenfarbigen Wachseingüssen gebildete Hülse *C*, wie sie Fig. 279 darstellt. Von einem weißen, roten oder beliebig andersfarbigen Grunde heben sich nun die plastischen Verzierungen in einer anderen, von jener abstechenden Farbe ab, wobei beide aber ein untrennbares Ganzes bilden.

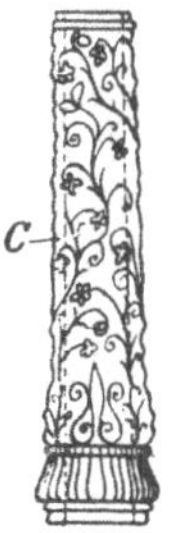

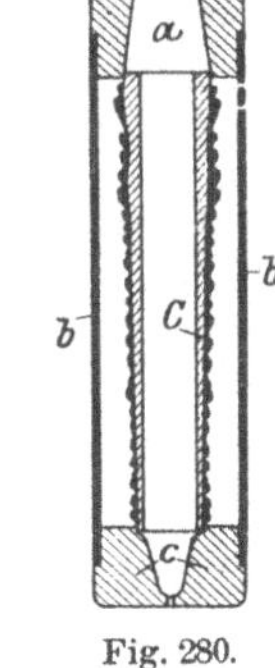

Fig. 279. Verzierte Kerzenhülse nach Guthmann.

Fig. 280. Gießform nach Guthmann.

Die so hergestellte Hülse *C* setzt man nun in eine Kerzengießform (Fig. 280) ein, die aus dem Fußteil *a*, der Schutzhülse *b* und dem Kopfstück *c* besteht und gießt sie mit Wachs oder einem anderen geeigneten Stoff aus, wobei sich letzterer mit der Hülse *C* durch Verschmelzung fest verbindet.

Die hiermit fertiggestellte Kerze sieht wie aus einem Guß hergestellt aus und zeichnet sich infolge der feinen Verzierungen in mehreren Farben durch hervorragend schönes Aussehen aus.

Kerzen mit Aufsteckvorrichtung.

Um Kerzen in einen oben zugespitzten Lichtstock stecken zu können, ohne daß sie zerbrechen, vielmehr ohne merklichen Abfall vollständig bis zum Ende verwendet werden können, hat die Manufacture royale des bougies de la Cour, Société anonyme in Brüssel[1]), empfohlen, den gewöhnlichen Docht an dem Kerzenfußende in ein Röhrchen von 15—20 mm Länge zu ziehen, das aus brennbarem organischen Material (Stroh, Schilf, Papier, Leinen- oder Baumwollgewebe) hergestellt ist. Diese Vorrichtung ermöglicht die Anbringung der Kerze an die Spitze der Lichtstöcke, wie sie in Kirchen Verwendung finden, ohne daß ein Ausbröckeln des Fußendes der Kerze zu befürchten wäre, wie die Kerze auch bis zum Schlusse abbrennen kann.

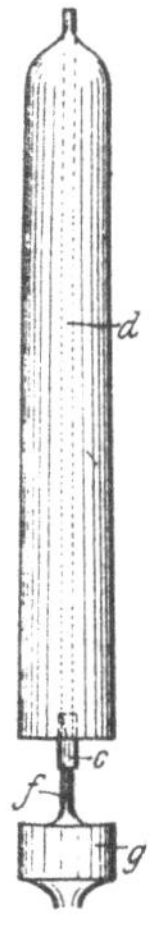

Fig. 281.

In Fig. 281 stellt *g* den Lichtstock, *f* dessen Trägerspitze dar, während *c* die Dochthülse, die zur Befestigung an dem Lichtdorn dient, und *d* der Docht ist.

Selbsterlöschende Kerzen.

Da sich beim vollständigen Ausbrennenlassen einer Kerze die Leuchtervertiefung schließlich mit geschmolzenem Kerzenmaterial füllt, das, wieder erstarrt, sich nur schwer entfernen läßt, da außerdem durch ausbrennende Kerzen schon wiederholt Feuersbrünste entstanden sind, so hat man auf Mittel gesonnen, die ein selbsttätiges Auslöschen der Kerzen bewirken, sobald sie bis zu einem bestimmten Grade herabgebrannt sind.

Kerzenlöscher nach Händler & Natermann.

Händler & Natermann[2]) in Münden vor Hannover erreichen dies durch einen in Fig. 282 gezeigten Apparat, den man über die betreffende Kerze stülpt.

[1]) D. R. P. Nr. 51444 v. 21. April 1889.
[2]) D. R. P. Nr. 3170 v. 24. April 1878.

Sie schieben den unteren Teil *b* des Apparates über die Kerze $a\ a_1$ und setzen die Stellzunge *e* wagrecht gegen dieselbe. Sobald die Kerze bis zu dem gewünschten Punkt abgebrannt ist, drückt die am Gelenk *r* angebrachte Feder den Hut *h* zu, wodurch die Flamme erlischt.

Kerzenlöscher nach Hutwitz.

Auf mechanischem Prinzip fußt auch die zu dem gleichen Zweck empfohlene Vorrichtung von H. Hutwitz[1]) in Berlin:

Die Vorrichtung (Fig. 283) besteht aus einem elastischen Ring, dessen Blattfeder *c* ein nach vorn zugespitztes, oben offenes und mit einer unteren Öffnung *a* versehenes Röhrchen *A* trägt, das etwas in das Kerzenmaterial gedrückt, mit einigen Tropfen Wasser gefüllt wird. Nach erfolgtem Niederbrennen der Kerze bewegt die Feder *c* das Röhrchen *A* nach dem Dochte, worauf sich das in *A* befindliche Wasser in die Kerze ergießt und sie zum Erlöschen bringt.

Selbsterlöschende Kerzen nach Trouchon.

P. A. Trouchon[2]) in Paris verfertigt Kerzen, deren unterer Teil aus Gips, Zement oder einem anderen unverbrennlichen Stoff hergestellt ist und daher nicht abbrennen kann. Dabei empfiehlt es sich, die brennbare Masse *a* von der unverbrennlichen *c* nicht durch eine gerade Linie abzuschneiden, sondern durch eine Art Verzapfung (Fig. 284).

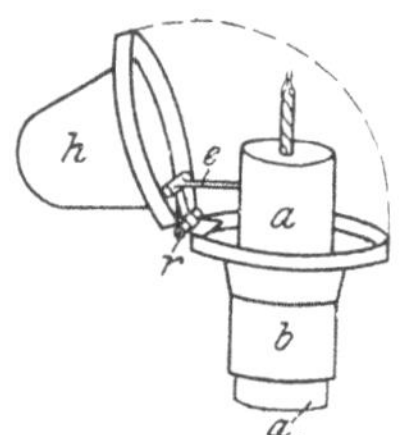

Fig. 282. Kerzenlöscher von Händler & Natermann.

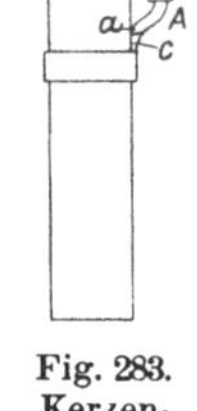

Fig. 283. Kerzenlöscher von Hutwitz.

nach Loew.

Nathan Loew[3]) in Budapest will selbsterlöschende Kerzen durch Verwendung von Dochten mit Brennhindernissen herstellen. Zur Erzeugung dieser Schutzkerzen, wie sie Loew nennt, wird der Docht an zwei, drei oder mehr Stellen mit kleinen Metallröhrchen oder -Plättchen (*a*, *b*, *c*, *d*, *e* in Fig. 285) versehen, die fest an den Docht angepreßt, die Zuführung von Fettstoff zur Flamme vollständig unterbinden. Solche Kerzen bilden dann eigentlich mehrere selbständige, aufeinander gesetzte Einzelkerzen, denn sobald die Kerze bis zu dem ersten der isolierenden Metallstücke abgebrannt ist, erfolgt ein Erlöschen und das Weiterbrennen ist erst möglich, wenn das isolierende Metallstück vom Docht entfernt und die Kerze frisch zugespitzt wurde.

Praktisch kann man diese Art der Schutzkerzen nicht nennen, und sie haben daher in der Praxis auch keine Einführung gefunden, trotzdem der Patentnehmer an Stelle der Metallösen auch eine Imprägnierung des Kerzendochtes mit verbrennbaren Stoffen in gewissen Intervallen empfahl und dadurch seine Methode also vereinfachte, nicht aber die Schwierigkeit des Anzündens der einmal ausgelöschten Kerze behob.

Die Gebrüder Garriguan wollen durch einen Anstrich des untersten

---

[1]) D. R. P. Nr. 41863 v. 21. Juli 1887.
[2]) D. R. P. Nr. 6729 v. 11. Febr. 1879.
[3]) Österr. Patent v. Jahre 1903.

Teiles der Kerzen deren Erlöschen[1]) in dem Momente erreichen, da sie bis zum Niveau des Leuchters abgebrannt sind. Der Anstrich besteht aus:

Selbst-erlöschende Kerzen nach Garriguan.

50 Teilen Portlandzement,
50 Teilen Asbest,
55 Teilen gesättigter Alaunlösung und
13,5 Teilen gesättigter Kochsalzlösung.

Erleichterung des Anzündens der Kerzen.

Ein weiterer Übelstand, den die Kerzen im allgemeinen aufweisen, ist der, daß sie sich in ungebrauchtem Zustande nicht ohne weiteres anzünden lassen, daß es vielmehr einiger Zeit bedarf, um das aus der Kerzenmasse hervorragende Dochtende zu entzünden und dabei gleichzeitig eine entsprechende Menge Kerzenmasse zu schmelzen. Erst wenn flüssige Kerzenmasse vorhanden ist, vermag der Docht als aufsaugendes Medium zu wirken und eine dauernd gleichmäßige Flamme zu geben. Das Anzünden der Kerze bewirkt fast immer ein Fließen und Tropfen, weil sich die freien Garnenden des Dochtes leicht voneinander trennen und ausbreiten. Dabei schmilzt eine größere Menge Kerzenmasse, als der Docht momentan aufzusaugen vermag, und dieser Überschuß fließt eben ab.

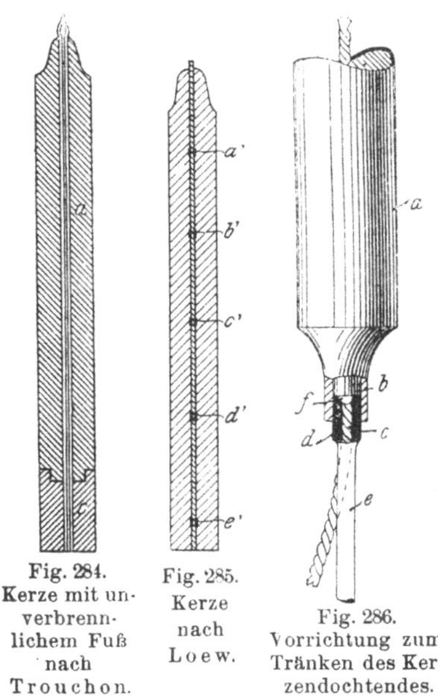

Fig. 284. Kerze mit unverbrennlichem Fuß nach Trouchon.

Fig. 285. Kerze nach Loew.

Fig. 286. Vorrichtung zum Tränken des Kerzendochtendes.

Neben der Verwendung leicht entzündlicher Dochte (siehe S. 885), die ein rasches Anbrennen sichern, hat man zur Vermeidung der erwähnten Übelstände noch mancherlei vorgeschlagen. So will Ernst B. Ohlson in Stockholm das aus der fertigen Kerze hervorragende Dochtende durch eine besondere Einrichtung der Kerzengießform mit Fettstoff tränken.

Fig. 286 zeigt den unteren Teil einer Gießform *a* mit einer darin befindlichen Kerze *b* und einem Dochte *c*, sowie das Pistonröhrchen *e* mit dem Kerzenkopfformstück *d f*.

An den gebräuchlichen Kerzengießmaschinen läuft der Docht durch ein gelochtes Kautschukstück (siehe S. 911), das den Docht so dicht umschließt, daß sich

[1]) Auch das engl. Patent Nr. 7671 v. 30. März 1898 von N. A. Alexanderson betrifft eine automatische Kerzenauslöschvorrichtung; ebenso haben E. Schmidt (D. R. P. Nr. 23385), E. Gewecke (D. R. P. Nr. 30650), C. B. Söhlmann (D. R. P. Nr. 33900), F. A. Roehl (D. R. P. Nr. 50267), R. A. Koppe (D. R. P. Nr. 61016), M. Wollmann (D. R. P. Nr. 61433), A. Sachs (D. R. P. Nr. 70946), A. E. T. Schulze (D. R. P. Nr. 76826), F. Cook (D. R. P. Nr. 72815), E. Schmidtke (D. R. P. Nr. 74998), S. Schwarzenberger (D. R. P. Nr. 71419), P. Neumann (D. R. P. Nr. 78342), Kaisserreiner (D. R. P. Nr. 177488) und andere solche Vorrichtungen empfohlen.

kein Stearin um das in dem Kanal befindliche Dochtende legen kann. Nach der vorliegenden Erfindung dagegen ist der der Kerze zugekehrte Teil *f* des Kanals erweitert, so daß sich ein Teil des in der Form eingegossenen Fettstoffes um den in der Erweiterung liegenden Dochtteil legen und in letzterem eingeschmolzen werden kann, wodurch die oben genannten Übelstände vermieden werden.

Farbig brennende Kerzen.

Kerzen, die mit farbiger Flamme brennen, wurden als Christbaumschmuck wie auch für photographische Zwecke des öfteren herzustellen versucht. Diese Versuche sind jedoch bisher stets mißglückt, weil es nicht gelingen wollte, die Gelbfärbung, die die glühenden Kohlenteilchen der normalen Kerzenflamme geben, durch andere, der Flamme künstlich beigebrachte Färbungen zu übertönen.

Ein ausgiebiges Imprägnieren des Dochtes mit Strontium-, Barium-, Lithium- und ähnlichen flammenfärbenden Salzen schädigt die Kapillarität und Brennbarkeit des Dochtes, ein Zumischen dieser Salze zu den gewöhnlichen Kerzenmassen nimmt diesen ihre Fähigkeit, vom Docht aufgesaugt zu werden. An diesen Tatsachen scheiterten bisher alle auf der Idee der Dochtimprägnierung oder Kerzenmaterialpräparierung fußenden Versuche zur Herstellung farbig brennender Kerzen, und der von Gotty und Thalhammer[1]) empfohlene Ausweg, den mit Salzmischungen präparierten Docht durch einen 1 prozentigen Zusatz von Kalziumchlorat besser brennend zu machen, hat ebenfalls zu keinem Resultat geführt.

Ebenso sind die von Frankreich kommenden Nachrichten mit Vorsicht aufzunehmen, wonach man durch Zusatz von Strontiumstearat und Lithiumformiat zu der gewöhnlichen Kerzenmasse monochromatische Kerzen herstellt, die nicht den Zweck haben, durch ihre bunte Flamme zu gefallen, sondern den Amateurphotographen eine bequeme Dunkelkammerbeleuchtung bieten sollen. Solche Kerzen sind jedenfalls vereinzelt hergestellt worden, doch haben sie ihrem Zwecke nicht entsprochen, da sie nach dem Urteil photographischer Sachverständiger trotz ihrer rötlichen Flamme blaue Lichtstreifen im Spektrum zeigten[2]).

Patent Scheuble.

Das einzige Mittel, farbig brennende Kerzen herzustellen, bietet sich in der Verwendung eines mit nicht leuchtender Flamme brennenden Kerzenmaterials. Die durch die glühenden Kohlenstoffteilchen nicht gelbgefärbte, sondern an sich farblose Flamme läßt sich viel leichter und zuverlässiger farbig gestalten. R. Scheuble in Arnau a. Elbe[3]) hat auf dieser richtigen, von mir schon vor fast zwei Jahrzehnten ausgesprochenen Erkenntnis ein Verfahren zur Erzielung farbig brennender Kerzen aufgebaut, bei dem er Säureamide, Säureester (besonders mehrbasische Säuren), Oxysäuren, deren Ester, Laktone und Laktide als Kerzenmaterial

[1]) Österr. Patent Nr. 3488 v. 1. Aug. 1899.
[2]) Seifensiederztg., Augsburg 1907, S. 183.
[3]) D. R. P. Nr. 216 338 v. 17. Dez. 1907.

empfiehlt. Ganz besonders sollen geeignet sein: oxalsaures Methyl, Oxamin und Karbaminsäureester, Acetamid, Milchsäureanhydrid und Laktid, Laktamid, Succinimid oder deren Mischungen. Diese Stoffe erfüllen alle an ein Kerzenmaterial gestellten Anforderungen (vergleiche S. 827) und geben Kerzen, die mit nicht leuchtender Flamme brennen.

Versuche, durch Verwendung von mit Metallsalzen imprägnierten Dochten oder durch einfachen Zusatz von Metallsalzen zu diesen Kerzenmassen farbig brennende Kerzen zu erzielen, führten aber nicht zu dem gewünschten Erfolge, weil die Flamme nur dann entsprechend gefärbt war, wenn das freie Dochtende bis in den Flammenmantel hineinragte, und die Färbung sich auch dann nur auf einen kleinen Teil der Flamme erstreckte.

Auch ein Ersatz der flammenfärbenden Metallsalze durch flüchtige, die Flamme färbende Verbindungen (z. B. Borsäureester für Grün, Selenalkyl für Blau) erwies sich als unzweckmäßig, weil man erstens nur eine geringe Auswahl unter derartigen Stoffen hat und weil sie zweitens flüssig, unzersetzlich, giftig usw. sind.

Scheuble hat daher nach einem Mittel gesucht, das die Metallsalze in der Flamme möglichst fein verteilt und ihre flammenfärbende Eigenschaft auf diese Weise voll zur Geltung bringt. Durch Zusatz von Ammoniumnitrat, Ammoniumnitrit oder anderen sauerstoffreichen, festen, ohne Rückstand verbrennenden Substanzen (Nitrokörpern, organischen Nitraten und Nitriten, wie z. B. Nitromannit, Äthylaminnitrat, Nitrouritan usw.) zu der Kerzenmasse ist ihm dies gelungen. Die genannten Substanzen zersetzen sich nämlich beim Abbrennen der Kerze auf dem Dochte unter stürmischer Gasentwicklung, zerstäuben dabei die färbenden Metallsalze, die der Kerzenmasse oder dem Dochte beigefügt sind, und erhöhen gleichzeitig die Flammentemperatur, Momente, die der Farbenentwicklung in der Flamme günstig sind.

Der Zusatz der erwähnten Stoffe zum Kerzenmaterial muß in ziemlich ausgiebiger Menge erfolgen und setzt daher voraus, daß eine homogene Mischung zwischen ihnen und der Kerzenmasse möglich sei.

Von den weiter oben genannten, mit farbloser Flamme brennenden und den Anforderungen eines Kerzenmaterials entsprechenden Produkten sind nur wenige mit Ammoniumnitrat und den anderen ähnlich wirkenden Substanzen mischbar, wodurch der Kombinationsmöglichkeit Grenzen gezogen werden.

Scheuble gibt als besonders geeignete Mischung eine solche von

12 Teilen oxaminsauren Äthyls,
5 Teilen karbaminsauren Äthyls und
3 Teilen Ammoniumnitrat

an, aus welcher Mischung man Kerzen gießt, deren Docht mit Lithium-, Strontium-, Calcium-, Baryum-, Thallium- u. a. Salzen imprägniert ist und die mit ruhiger, rot oder grün leuchtender Flamme brennen sollen.

Scheuble hat auch noch einen zweiten Weg zur Herstellung von farbig brennenden Kerzen gezeigt. Dabei werden die aus mit nicht leuchtender Flamme brennender Grundmasse gefertigten Kerzen mit parallel zum Docht und nur in geringen Abständen von diesem laufenden feinen Drähten, Lamellen oder dergl. versehen, die aus färbenden Metallen oder deren Legierungen bestehen. Brennt eine solche Kerze ab, so ragt der Docht unter den Flammenmantel und schmilzt nach Maßgabe des Brennens der Kerze allmählich ab, das flüssige Metall wird durch die Gasentwicklung, die die Nitrokörper hervorrufen, und durch die durch sie erzeugte hohe Flammentemperatur vergast und in der ganzen Flamme gleichmäßig verteilt, wodurch ihr eine lebhafte Färbung erteilt wird.

Kerze mit Feuerwerkskörper. H. Stackemann in Hamburg-Elmsbüttel und H. Meyer in Barskamp-Hannover wollen Kerzen mit Leucht- und Feuerwerkseinsätzen[1]) versehen, die sie in beliebigen Abständen um den Docht anlagern und die beim Abbrennen in bestimmten Zwischenräumen Blitzlicht oder ähnliche Effekte erzeugen sollen.

Kerzen, die beim Brennen Wohlgeruch verbreiten oder desinfizierende Eigenschaften entwickeln, wurden von verschiedener Seite vorgeschlagen. Zur Herstellung wohlriechender Kerzen imprägniert man den Docht vor dem Verarbeiten mit entsprechenden Parfümkompositionen[2]), oder setzt dem Kerzenmaterial aromatische Stoffe zu. Für desinfizierende Kerzen empfiehlt A. E. Webb[3]) in London einen Zusatz von Chlorjod zur Kerzenmasse, A. Weinberg[4]) einen Zusatz von Pentabromphenol oder Pentachlorphenol oder anderen analogen Halogenverbindungen zum Kerzenmaterial; solche Kerzen entwickeln beim Abbrennen freies Brom oder Chlor[5]).

Nachtlichte.

Nachtlichte. Neben den bekannten Ölnachtlichten, bei denen ein kleiner, auf einem geeigneten Schwimmkörper ruhender Docht, der mit Rüböl oder einem anderen passenden Brennöl gespeist wird, ein bescheidenen Ansprüchen genügendes, schwaches Flämmchen liefert, gibt es auch den Kerzen nachgebildete Nachtlichte. Diese sind nichts anderes als sehr dicke und dabei sehr kurze Kerzen mit dünnem Dochte. Sie brennen mit kleiner Flamme, die nur wenig Wärme entwickelt und daher nicht zuviel Kerzenmaterial zum Schmelzen bringt, so daß ein Tropfen ausgeschlossen ist. Nicht selten umhüllt man die Mantelfläche dieser aus Stearin oder Paraffin-

---

[1]) D. R. P. Nr. 198065 v. 12. Juni 1907. — Eine Kerze mit Zündvorrichtung brachte auch Brauner (D. R. P. Nr. 53426) in Vorschlag.

[2]) Seifensiederztg., Augsburg 1905, S. 517.

[3]) Berichte d. Deutsch. chem. Gesellsch. 1874, S. 743.

[4]) Russ. Privileg. Nr. 95 v. 25. März 1897.

[5]) W. Reißig in Darmstadt empfahl Lichte, die beim Brennen schweflige Säure entwickeln (Deutsche Industrieztg. 1874, S. 969).

komposition gefertigten Nachtlichte mit farbigen Gelatinehülsen (Manschetten), oder stellt sie in kleine Blechschüsselchen, oder schafft auf andere, aber doch ähnliche Weise billige Illuminationsartikel.

Die Anfertigung der Nachtlichte geschieht am einfachsten derart, daß man die Kerzenmasse in blechenen Formen von Hand aus um einen bis zum Boden der Form reichenden Docht gießt. Dieses Handgießen ist aber sehr zeitraubend, weshalb man die Herstellung dieser Nachtlichte, die wegen ihres reinlichen Brennens die früheren Ölnachtlichte immer mehr verdrängen, auf Maschinen vorzunehmen versuchte, die den S. 914 beschriebenen Kerzen-Gießmaschinen nachgebildet sind.

Fig. 287. Nachtlicht-Gießmaschine.

Nachtlicht-Gießmaschinen.

Diese Nachtlicht-Gießmaschinen [siehe Fig. 287[1])] sind durch ihren niedrigen Formkasten charakterisiert und haben eine sehr einfache und glatt funktionierende Aushebevorrichtung.

Nachtlichte mit Dochtkanal.

Die Nachtlichte mit fixem Docht haben leider den Nachteil, daß sie beim Lockerwerden des Dochtes (und ein Loslösen des Dochtes von dem ihn umgebenden Kerzenmaterial kann bei der kurzen Bauart leicht vorkommen) unbrauchbar werden.

Man stellt daher Nachtlichte her, die statt des Dochtes einen dünnen Kanal besitzen, in den man den Docht in Form kleiner, mit Blech-

[1]) Die Fig. 287 und 288 sind Ausführungen von Reinhold Wünschmann in Leipzig-Plagwitz.

blättchen steif gemachter Stäbchen am Fuße nachträglich einschiebt; man hat auch Nachtlichte empfohlen, die aus einem kanal- und dochtlosen, kegelstumpfartigen oder zylindrischen Stück Kerzenmasse bestehen, auf das beim Gebrauche ein metallener Dochtträger gedrückt wird, der sich nach Maßgabe des Abbrennens des Lichtes allmählich tiefer senkt[1]).

Zur Herstellung der mit einem Dochtkanal versehenen Nachtlichte braucht man Maschinen, in deren Formen während des Eingießens der Kerzenmasse Nadeln eingebracht werden, die auf einer besonderen Brücke

Fig. 288. Gießmaschine für Nachtlichte mit Dochtkanal.

(analog den zweiten Pistonträgern bei den Hohlkerzenmaschinen) sitzen. Diese in Fig. 288 dargestellten Maschinen arbeiten derart, daß im Moment des Eingießens der Kerzenmasse in die Formen die Nadeln in Hochstellung sind und ungefähr 1 cm aus der Form hervorragen. Nach dem Erstarren des Gusses senkt man die die Nadel tragende Brücke so weit, daß die Stifte beim Reinigen der Eingußpfanne nicht hindern. Da bei

[1]) Vergleiche Seifensiederztg., Augsburg 1906, S. 327. — Nach demselben Prinzip haben Rottkamp und Faßbender übrigens auch Kerzen mit mehreren Dochten hergestellt. Diese Dochte sind nicht in die Kerzenmasse eingebaut, sondern saugen ihren Brennstoff aus einem Rezipienten auf, der auf der einen Hohlzylinder bildenden Kerzenmasse ruht. (Seifensiederztg., Augsburg 1903, S. 953.

diesem Abscheren des Gießkopfes die Dochtkanäle an ihrem oberen Ende verschmiert werden, hebt man vor dem Ausstoßen der Wachslichte die Stiftträgerbrücke nochmals und drückt erst nach diesem neuerlichen Putzen der Dochtkanäle die Nachtlichte durch Aufkurbeln des eigentlichen Pistonträgers aus. Die Nachtlichte werden dabei direkt von Hand aus abgelegt; diese Maschinen haben also keine Klemmvorrichtung.

Der Verbrauch von Nachtlichten in Deutschland ist ziemlich gering, um so größer dagegen in Frankreich, Italien, Griechenland und gar in Indien, wo fast in jedem europäischen Hause des Nachts wenigstens zwei Nachtlichte brennen. Diese indische Sitte stammt aus dem Jahre 1857, wo nach dem Aufstande der Eingeborenen seitens der englischen Regierung der Befehl an alle Europäer erging, nachts ein Licht im Hause brennen zu lassen, um sich im Falle eines Überfalles rascher verteidigen zu können. Diese offizielle Weisung hat so tief Wurzel gefaßt, daß man heute noch in allen besseren Häusern Indiens Nachtlichte brennt. Konsum von Nachtlichten.

Die Kerzenindustrie sollte sich jedenfalls mit diesem scheinbar nebensächlichen Artikel mehr befassen; vielleicht winkt ihr gerade hier ein steigerungsfähiges Absatzgebiet.

Allgemeines über die Anlage von Kerzenfabriken.

Die Kerzenfabrikation ist verhältnismäßig selten als selbständiger Alleinbetrieb zu finden, in der Mehrzahl der Fälle erzeugen sich die Kerzenfabriken das von ihnen verarbeitete Kerzenmaterial selbst, sie sind also mit Stearin- oder Paraffinfabriken in Verbindung. Allgemeines.

In Betrieben, die sich ausschließlich mit der Formung des Kerzenmaterials zu Kerzen befassen, spielt sich der ganze Prozeß in der Regel in drei Räumen ab, deren erster das Klärlokal und deren zweiter der Gießsaal ist, während im dritten die Vollendungsarbeiten und das Packen[1]) erfolgen.

Über die Einrichtung des Klärlokals wurde S. 871 eingehend berichtet; im Gießsaal sind die einzelnen Gießmaschinen batterieartig aufgestellt (siehe Fig. 289), weil bei dieser Anordnung die Zuleitung des Dampfes und des Kühlwassers, die Ableitung des letzteren und ferner die Bedienung der Maschinen sowie die Überwachung der ganzen Arbeit am zweckmäßigsten bewerkstelligt werden können.

Die Tafeln XI und XII zeigen Situationspläne von Kerzenfabriken, die sich auch mit der Herstellung des Kerzenmaterials (Stearins) befassen und zum Teil auch das bei der Stearingewinnung erhaltene Rohglyzerin reinigen. Tafel XIII zeigt eine Betriebsanlage, die Bienenwachs läutert und bleicht und zu Wachskerzen umformt.

[1]) Über die maschinellen Vorrichtungen zum raschen und billigen Verpacken der Kerzen wird in Bd. 4 (Abschnitte „Seifenpulver“ und „Verpackung der fertigen Seife“) noch näher berichtet werden.

Pläne von Kerzen- und Stearinfabriken.

Bei der in Tafel XI wiedergegebenen Fabrikanlage wird der zum Betriebe notwendige Dampf von den Dampfkesseln *8* und *9* besorgt, die von den Wasserreservoiren *10* und *11* mittels der Pumpe *12* gespeist werden. Für die Antriebskraft sorgt eine Dampfmaschine *3*, für die Beleuchtung die Dynamomaschine *7*, für Druckwasser zum Betrieb der Kalt- und Warmpressen arbeiten die Pumpen *4, 5* und *6* sowie die Akkumulatoren *1* und *2*.

Die Fettverarbeitung beginnt im Autoklavenraum, wo dem Autoklaven *24* die in den Behältern *20* und *21* befindlichen Fette zugeführt werden. Nach erfolgter Spaltung wird der Autoklaveninhalt nach dem Ausblasbottich *26* entleert, das Glyzerin hierauf nach den Reservoiren *22* und *23* abgezogen, die Fettmasse in *27* und *28*

Fig. 289. Gießsaal einer Kerzenfabrik.

mit verdünnter Säure zersetzt und sodann in den Waschbottichen *29* und *30* gewaschen. Das Glyzerinwasser erfährt in der Kondenspfanne *25* eine Konzentration.

Die Fettsäuren werden hiernach in das Säuerungslokal gebracht, wo sie in dem Azidifikator *58* mit konzentrierter Schwefelsäure behandelt und in *59* und *60* gewaschen werden. *61* und *62* sind Auffang- bzw. Neutralisationsgefäße für die dabei sich ergebenden Säurewässer, die vor ihrem Ablassen in den Kanal die Separationsgefäße *63* und *65* passieren müssen, damit alles Fett zurückgehalten werde. Die azidifizierte Fettsäure kommt dann in die Trockenbassins *54, 55, 56* und *57*, die die Destillationsblase *52* speisen, die ihrerseits mit dem Kondensator *53* in Verbindung steht.

Die destillierten Fettsäuren kommen hierauf zurück ins Autoklavierungslokal, werden in den Bottichen *31* und *32* aufgekocht und geklärt und sodann in kleine, auf den Stellagen *39, 40, 41* und *42* befindliche Wannen gegossen und kristallisieren gelassen.

Die Fettsäurekuchen werden auf den Kaltpressen *37, 38* und später auf den Warmpressen *35* und *36* abgepreßt, wobei das beim Kaltpressen erhaltene Olein in *34*, der bei den Warmpressen resultierende Retourgang in *33* gesammelt wird.

Die Warmpreßkuchen kommen nach vorgenommener Handsortierung behufs Aufschmelzung und Läuterung in die Klärbottiche *44* und *45*.

Nun folgt die eigentliche Kerzenfabrikation, die mit dem Kaltrühren des geschmolzenen geläuterten Stearins in dem Bottich *47* beginnt. Die Kerzengießmaschinen sind in unserem Plan mit *48* bezeichnet, *49* bedeutet eine Poliermaschine. Die fertigen Kerzen kommen auf die Tische *51*, auf denen sie in Pakete verpackt werden, die in der Stellage *50* aufgestapelt und im Magazin (*69*) versandfertig hergerichtet werden. Die ein- und ausgehenden Waren werden auf der Brückenwage *68* gewogen.

Die verschiedenen Abwässer der Fabrik, wie auch der Regenwasserablauf *67* werden, bevor sie in den Hauptkanal gelangen, den Separationsgruben *66* und *77* zugeführt.

Der in Tafel XII skizzierte Betrieb verfügt neben der Fettsäuredestillation auch über eine Ölsäureaufarbeitungsanlage und eine Glyzerindestillation. Der Arbeitsgang gestaltet sich hier folgendermaßen:

Als Dampfentwickler dienen die beiden Kessel *1*, *1*, die die Dampfmaschine *4* speisen und Dampf für die verschiedenen Heiz- und Kochoperationen liefern, sowie der kleine Hochdruckkessel *2*, der seinen Dampf ausschließlich für die Autoklaven abgibt. Im Maschinenhause befinden sich neben dem Dampfmotor *4* die Dynamos *5* und die beiden Druckakkumulatoren *3*, *3*.

Das zur Verarbeitung kommende Fett wird in den Ausblasbottichen *16* aus den Fässern ausgeschmolzen, in den Behältern *17* aufgekocht und im Autoklaven *18* gespalten. Vom Ausblasbottich *21* aus fließen dann die Fettsäuren nach den Säurekochgefäßen *20*, und das Glyzerinwasser nimmt seinen Weg in die Klär- und Konzentrationsgefäße *21*—*24*. Die Filterpresse *27* wird fallweise zur Reinigung von trüben Fetten usw. benutzt.

Die Azidifikation sowie Destillation der Fettsäuren ist in einem besonderen Objekt untergebracht; hier befinden sich die Destillationsblasen *43*, *44* mit der Vorlage *45* neben den Azidifikatoren, Trockenbassins, Kochgefäßen, Separationsgefäßen usw., die auf dem Plane XI mit *39*—*42*, *46*—*50* bezeichnet sind.

Von den Waschbottichen *26* aus erfolgt das Gießen der Fettsäuren in die Kristallisationswannen, die auf den Stellagen *28* aufgestellt sind. Auf den Tischen *29* werden die Fettsäurekuchen in Tücher gepackt und auf den Pressen *36* und *37* kalt und warm gepreßt. Diese Pressen werden durch die Pumpen *30* und *31* betätigt. Der Kalt- und der Warmpressenablauf werden in *33* und *35* gesammelt; ersterer kommt in das Ölsäureaufarbeitungslokal, letzterer wird nach den Waschbottichen *26* zurückgepumpt.

Die aus den Warmpressen kommenden Kuchen werden auf dem Tisch *38* von den Preßtüchern befreit, sortiert und kommen in die Kerzengießerei, wo sie in der Klärabteilung in den Bottichen *66*, *67*, *68* und *69* aufgeschmolzen und geklärt werden. Das Gießen des klaren Stearins zu Kerzen erfolgt auf den Kerzengießmaschinen *65*; die Kerzen kommen dann auf die Appretiermaschinen *70* und *71* und werden hierauf auf den Tischen *73*, *74* und *76* in Pakete verpackt, die in den Stellagen *75* zur Aufbewahrung gelangen.

Die Reinigung und Destillation des beim Autoklavieren gewonnenen Rohglyzerins geschieht in den verschiedenen Behältern *55*—*64*, die Destillation in der Blase *51*, die mit der Vorlage *52* und der Vakuumpumpe *53* in Verbindung steht.

Zur Entstearinierung des Kaltpressenablaufes wird dieser in den Reservoiren *10* und *11* vorerst der Ruhe überlassen, hierauf in der Kühlvorrichtung *8* gekühlt und endlich mittels der Pumpe *12* in die Filterpressen *13* und *14* gepumpt. Die Apparate gehören zur Herstellung der Kühlflüssigkeit.

Plan einer Wachswarenfabrik. Bei der in Tafel XIII dargestellten Wachswarenfabrik wird der Betriebsdampf in dem kleinen Dampfkessel *a* erzeugt, der vom Reservoir *b* aus gespeist wird und durch den Rauchkanal *d* mit dem Kamin *c* in Verbindung steht.

Das Läutern und chemische Bleichen des rohen Bienenwachses finden in den Bottichen *e* und *f* statt, die durch das Rohr *g* mit dem Kessel in Verbindung stehende Dampfschlangen besitzen.

Die Schmelzbottiche *h* erhalten durch das Rohr *k* Dampf zugeführt und haben eine Dampfschlange *i* eingebaut. Das geläuterte Wachs fließt von den Bottichen *h* durch die Rohre *o o* in die Verteilungsrinne *n* und von hier auf die Trommel *m*, die das Bändern des Wachses zwecks Sonnenbleiche besorgt.

Die Herstellung der Wachskerzen erfolgt durch Ziehen und Tunken. Ersteres wird von den beiden Dochttrommeln *xx*, der Zugwanne *y* und dem Zugeisen *z* besorgt, das Tunken erfolgt auf einer besonderen, von Hesselbach konstruierten Tunkmaschine (siehe S. 897); dabei wird das gereinigte Wachs in *u* aufgeschmolzen und hierauf in den mit einem Dampfmantel versehenen Kessel *s* gebracht, von wo es mittels der durch einen Dampfmantel warmgehaltenen Leitung *t* in den Tunkkasten *r* fließt. Durch eine besondere Vorrichtung *p* werden dann die Kerzendochtrahmen *v* in die in *r* befindliche Wachsmasse getaucht, bis die gewünschte Kerzenstärke erreicht ist. *w* ist ein staubfrei gebauter Holzkasten zur Aufnahme der Dochtrollen.

Produktion und Handel.

Der Erzeugung und dem Handel mit Kerzen kommt nicht jene wirtschaftliche Bedeutung zu wie bei den Speiseölen und Speisefetten oder der Seife, doch ist auch hier der Verkehr immerhin von nicht zu unterschätzender Wichtigkeit.

Der Umfang der Kerzenerzeugung der einzelnen Staaten läßt sich nicht leicht ermitteln, weil die zur Verfügung stehenden statistischen Daten zu lückenhaft sind. So sind in der Gewerbestatistik für

Deutschland

Deutschland. die sich mit der Erzeugung von Stearin- und Paraffinkerzen befassenden Betriebe nicht mit genügender Genauigkeit von den Wachskerzen erzeugenden Betrieben auseinandergehalten. Nach der gewerbestatistischen Zählung der Jahre 1875, 1882, 1895 und 1907 verfügt Deutschland über mehr als 400 Kerzenbetriebe, und zwar:

Jahr	Anzahl der Werkstätten	Beschäftigte Personen männliche	weibliche	zusammen
1875 . . .	456	1211	549	1760
1882 . . .	453	1130	569	1699
1895 . . .	411	1573	876	2249
1907 . . .	431	2454	1441	3896

Die Mehrzahl der Betriebe entfällt auf Wachsziehereien, die in ganz bescheidenem Umfange arbeiten; 75,80 % der oben ausgewiesenen Betriebe beschäftigen nämlich nicht mehr als 5 Personen und nur 4% dieser Betriebe haben mehr als 50 Arbeiter aufzuweisen.

Der Außenhandel Deutschlands mit Kerzen aller Art ist nicht von Bedeutung; die Ausfuhr überwiegt jetzt die Einfuhr um ungefähr 1 Million Mark.

	Einfuhr		Ausfuhr	
	Menge in Doppelzentnern	Wert in 1000 Mark	Menge in Doppelzentnern	Wert in 1000 Mark
1880	8036	1061	8 637	1140
1885	2658	332	18 340	2293
1890	1649	148	9 897	792
1895	1281	115	7 261	581
1900	1480	126	5 509	826
1901	2713	271	5 750	805
1902	1944	194	5 776	809
1903	1871	187	6 172	864
1904	2467	247	5 285	740
1905	2227	223	6 050	847
1907	1717	189	8 003	1280

Österreich-Ungarn.

Österreich-Ungarn.

Diese Monarchie, die vor ungefähr 20 Jahren nur größere Stearinkerzenbetriebe in Wien, Liesing, Stockerau, Brünn, Prag, Aussig, Graz und Budapest aufzuweisen hatte, besitzt jetzt eine stattliche Anzahl von Betrieben, die sich mit der Herstellung von Paraffin- und Kompositionskerzen befassen. Daneben beschäftigen sich einige Seifensieder noch mit der Erzeugung von Talgkerzen und einige Ceresinfabriken stellen Wachs- und Ceresinkerzen her.

Der Bedarf an Kerzen wird von den Fabriken der Monarchie gedeckt; eine kleine Einfuhr von Stearinkerzen ist nur in Triest zu verzeichnen (hauptsächlich belgisches und holländisches Fabrikat); eine Ausfuhr von Stearinkerzen findet nach den Balkanstaaten statt, doch ist der ganze österreich-ungarische Außenhandel mit Kerzen von sehr bescheidenem Umfang, was aus folgenden Ziffern hervorgeht.

	Einfuhr			Ausfuhr		
	Talgkerzen	Wachskerzen	Stearin- und Paraffinkerzen	Talgkerzen	Wachskerzen	Stearin- und Paraffinkerzen
	Menge in Doppelzentnern					
1891	2	362	379	25	164	1785
1895	4	408	794	39	164	1410
1900	3	396	243	15	482	1482
1905	—	98	249	17	257	2626
1906	—	77	209	19	220	1955
1907	—	231	193	24	422	231
1908	—	263	231	20	337	4290

Frankreich.

Die Erzeugung dieses Landes an Kerzen ist so groß, daß sie nicht nur dem großen Inlandsbedarf genügt, sondern überdies eine stattliche Menge für den Export zur Verfügung stellt.

Kerzen aller Art. Die Ein- und Ausfuhr Frankreichs von Kerzen aller Art belief sich in den letzten Jahren:

	Einfuhr		Ausfuhr	
	Menge in Kilogramm	Wert in Franken	Menge in Kilogramm	Wert in Franken
1880	[1])	1 207 970	[1])	8 362 482
1885	892 390	1 695 541	4 866 892	8 853 041
1890	456 662	639 327	6 027 031	7 891 570
1895	263 522	342 579	6 665 121	7 513 337
1900	225 736	316 030	6 432 484	6 123 870
1901	139 323	208 985	6 408 936	6 634 320
1905	407 748	591 234	6 645 240	6 679 630
1907	150 026	270 047	5 933 751	7 597 245

Von den von Frankreich ausgeführten Kerzen aller Art gingen:

nach	1905	1907
	Menge in Kilogramm	
Algier	2 863 759	3 306 926
Ägypten	594 576	496 641
der Türkei	540 858	359 021
China	345 442	60 316
Tunis	299 598	214 115
Indochina	296 961	306 570
anderen Ländern	1 704 046	1 189 862
Zusammen	6 645 240	5 933 751

Stearinkerzen. Der französische Außenhandel mit Stearinkerzen weist folgende Ein- und Ausfuhrziffern aus:

Jahr	Einfuhr		Ausfuhr	
	Menge in Kilogramm.	Wert in Franken	Menge in Kilogramm	Wert in Franken
1892	48061	67285	4055873	5678222
1893	6920	9688	2703031	3784243
1894	10127	13165	3357926	4365404
1895	8564	11113	3542522	4605279
1896	12034	14440	3378899	4054679
1897	16529	19834	4235889	5083067
1898	14037	16844	3651674	4382009
1899	5003	6504	3416954	4442040
1900	5034	7048	3461316	3807448

[1]) Keine Menge, erklärter Wert.

	Einfuhr		Ausfuhr	
	Menge in Kilogramm	Wert in Franken	Menge in Kilogramm	Wert in Franken
1901	33825	50738	3521645	4225974
1902	20443	29642	3478984	4000822
1903	5169	7495	3505014	4030766
1904	4904	6866	3930571	4323628
1905	4162	6035	3347463	3849582
1906	2392	4066	3622254	5071156

Die unbedeutende Einfuhr des Jahres 1906 von Stearinkerzen verteilt sich auf

	Kilogramm
Rußland mit	718
Großbritannien mit	654
Deutschland mit	370
die Niederlande mit	173
die Schweiz mit	124
Italien mit	247
andere Länder mit	106
Zusammen	2392

Von den ausgeführten Stearinkerzen gingen nach

	Kilogramm
Deutschland	32983
Belgien	26562
der Schweiz	22334
der Türkei	67398
Ägypten	65402
Britisch-Indien	22650
Mexiko	22354
Brasilien	46249
Freizonen	18552
Vom Bord französischer Schiffe herrührend	40714
Algerien	2380618
Tunis	90971
Senegal	120358
Madagaskar mit Dependenzen	121620
Indochina	227541
Französisch-Guayana	83051
Martinique	42167
Guadeloupe	34577
Marokko	44019
Britisch-Indien	45610
Arabien	24130
China	825
Japan	30371
anderen Ländern	11208
Zusammen	3622254

Die in Frankreich selbst verbrauchte Menge von Stearinkerzen schätzte man in den Jahren:

	Tonnen
1891 auf	28670
1895 „	27724
1900 „	28088
1903 „	24680
1905 „	25126
1906 „	25146

Talgkerzen. Der Umfang des französischen Handels mit Talgkerzen wird durch folgende Daten illustriert:

	Einfuhr		Ausfuhr	
	Menge in Kilogramm	Wert in Franken	Menge in Kilogramm	Wert in Franken
1880	[1]	137057	[1]	253355
1885	89333	107200	145932	157643
1890	14105	10579	142516	96654
1895	8234	6192	154948	116521
1900	8962	6739	93833	66152
1901	2656	2122	75020	56415
1905	4385	3215	105938	69708
1907	25999	24439	156535	147143

Von den eingeführten Talgkerzen gingen nach

	1905	1907
	Menge in Kilogramm	
Brasilien	29493	53612
Guadeloupe	28035	25895
Französisch-Guayana	10309	6412
anderen Ländern	38101	70616
Zusammen	105938	156535

Holland.

Holland. Die Niederlande haben eine große Überproduktion an Kerzen (hauptsächlich Stearinkerzen) aufzuweisen, und die holländische Ein- und Ausfuhrstatistik weist daher ein großes Plus an Ausfuhr aus:

	Einfuhr		Ausfuhr	
	Menge in Kilogramm	Wert in Gulden	Menge in Kilogramm	Wert in Gulden
1895	[2]	24720	9787544	9786296
1900	[2]	35008	6362441	6349500
1905	[2]	44235	5354396	5332579
1907	[2]	53658	2731734	2708313

[1]) Nicht ausgewiesen.

[2]) Die Importmengen werden nicht nachgewiesen.

Von den von Holland ausgeführten Kerzen gingen nach:

	1905	1907
	Menge in Kilogramm	
Belgien	2168434[1]	859249[1]
Hamburg	1027738	290634
der Türkei	568720	395283
Großbritannien	311555	92577
den Vereinigten Staaten . .	228067	65474
Portugal	154797	139166
anderen Ländern	895285	865930
Zusammen	5354396	2708313

Belgien.

Belgien.

Auch die Kerzenausfuhr dieses Landes ist sehr bemerkenswert, wie aus folgender Zusammenstellung hervorgeht:

	Einfuhr		Ausfuhr	
	Menge in Kilogramm	Wert in 1000 Franken	Menge in Kilogramm	Wert in 1000 Franken
1895	[2]	498	4927552	4681
1900	452743	467	4381308	4397
1901	458191	470	4007130	4326
1902	397359	457	3720254	4140
1903	412483	452	3354988	3614
1904	400653	426	3438383	3541
1905	407705	416	3336370	3397
1906	350349	374	3390614	3130
1907	325402	361	3156777	3188
1908	323278	356	3228431	3228

Es handelt sich dabei fast ausschließlich um Stearinkerzen, die sich in den Jahren 1905 und 1908 auf die verschiedenen Länder wie folgt verteilten:

	1905	1908
	Menge in Kilogramm	
Auf Großbritannien	195982	111764
das Deutsche Reich . . .	27867	16205
die Kapkolonie	439263	48583
Chili	243480	64586
Japan	316300	62020
Ägypten	152649	205150
andere Länder	1960829	2717823[3]
Zusammen	3336370	3228131

[1]) Diese Mengen bleiben nicht in Belgien, sondern sind als Durchfuhrquanten zu betrachten.

[2]) Die Menge wird nicht nachgewiesen.

[3]) Die größten Mengen gingen nach Argentinien (416853 kg), Vorderindien (269837) und den Niederlanden (350701 kg).

Italien.

Italien. Italien deckt seinen Bedarf an Stearin-, Wachs- und anderen Kerzen so ziemlich selbst; die Ein- und Ausfuhr ist nicht von Belang, immerhin seien aber einige Ziffern hier genannt:

	Einfuhr		Ausfuhr	
	Menge in Doppelzentnern	Wert in Lire	Menge in Doppelzentnern	Wert in Lire
1890	2994	344310	667	76705
1900	2073	279855	3917	528795
1901	1348	181980	1339	180765
1902	1317	164625	620	77500
1903	1027	123240	800	96000
1904	904	108480	411	49320
1905	869	104280	610	73200
1906	730	85800	327	39240
1907	721	84070	441	57050

England.

England. Großbritannien führt namhafte Mengen von Kerzen aller Art aus, und zwar bedient es in erster Linie die englischen Kolonien. Die englische Gesamtausfuhr von Kerzen betrug in den Jahren 1902 bis 1908:

	Menge in Pfund	Wert in Pfund Sterling
1902	26119300	433549
1903	31286200	527668
1904	32473000	543995
1905	40001700	652970
1906	36261600	595304
1907	31788700	550950
1908	29885300	504168

Von den von England ausgeführten Kerzen gingen

nach	1906	1907 Menge in Pfund	1908
den britischen Besitzungen	11272700	10004800	9188000
China	6600300	3746000	4945000
Portugiesisch-Afrika	6213300	4630600	4121200
den Kanarischen Inseln	1193200	1288100	1431200
Marokko	3837200	3679300	4469100
Chile	2407700	3398500	973000
anderen fremden Staaten	4737200	5041400	4757500
Zusammen	36261600	31788700	29885300

Neben dieser Ausfuhr kommen auch geringe Mengen von Kerzen aus anderen Ländern nach England, und zwar beliefen sich diese auf:

	Menge in Pfund	Wert in Pfund Sterling
1902	8477	17921
1903	19220	41336
1904	19324	40369
1905	13097	27657
1906	7972	18596
1907	6160	15795
1908	5574	13609

Rußland.

Das Russische Reich hat einen großen Verbrauch von Talg-, Wachs- und Stearinkerzen. Die Zahl der Betriebe, die sich mit der Herstellung von Talgkerzen befassen, schrumpft mehr und mehr zusammen, doch bestanden im Jahre 1897 noch 31 solcher Betriebe, die 115 Arbeiter beschäftigten und 93500 Pud Talgkerzen im Werte von 432000 Rubeln erzeugten. Rußland.

Die Erzeugung von Stearinkerzen, die im Jahre 1897 11 Betriebe mit 3508 Arbeitern umfaßte und Produkte im Werte von 12931000 Rubeln lieferte, ist hauptsächlich in Kasan und St. Petersburg bedeutend, wo mehr als zwei Drittel der ganzen russischen Erzeugung hergestellt werden.

Wachskerzen werden in vielen kleinen, über das ganze Reich verbreiteten Betrieben erzeugt.

Rußlands Ein- und Ausfuhr von Kerzen (Stearin-, Wachs- und allen anderen Kerzen) betrug:

	Einfuhr		Ausfuhr	
	Menge in Pud	Wert in Rubeln	Menge in Pud	Wert in Rubeln
1891	16000	54000	80000	237000
1893	10000	25000	100000	337000
1895	46000	283000	25000	163000
1897	17000	67000	8000	19000
1901	3225	39491	13762	106614
1902	2988	21576	11724	86344
1904	31039	384725	35234	326982
1905	52296	353849	50366	519864

Die übrigen Staaten Europas

sind für die Kerzenindustrie nicht von Bedeutung, wenngleich ein jeder einige kleinere Kerzengießereien besitzt und die meisten auch Stearin selbst erzeugen. Letzteres ist in Skandinavien und den Pyrenäenstaaten Übrige Staaten Europas.

der Fall (vergleiche S. 811), während die Orientstaaten ihre Kerzen aus importiertem Stearin, Ceresin und Paraffin herstellen.

Am bedeutendsten unter den Balkanstaaten ist für die Kerzenindustrie wohl

Rumänien,

Rumänien. das bis zum Jahre 1886 fast alle Kerzen (zum wenigsten alle Stearinkerzen) einführte, während es sich seither von der Einfuhr emanzipiert hat und seinen 10 000—15 000 Doppelzentner betragenden Jahresbedarf an Kerzen aus importiertem Kerzenmaterial in 12 Fabriken selbst gießt. Der Kerzenstoff wird meist aus Holland, Frankreich und Belgien bezogen, die Dochte, die zum Teil im Inlande hergestellt werden, kommen aus Frankreich, Italien und Österreich. Von Wien werden auch noch immer Stearinkerzen (wenn auch nur in bescheidenen Mengen) eingeführt.

Vereinigte Staaten Nordamerikas.

Unionstaaten. Der Kerzenverbrauch hat hier wegen des so stark verbreiteten elektrischen Lichtes in den letzen Jahren eher ab- als zugenommen.

Der Außenhandel der Unionstaaten ist nicht von Bedeutung; die Ausfuhr überwiegt die Einfuhr:

	Einfuhr		Ausfuhr	
	Menge in Pfunden	Wert in Dollars	Menge in Pfunden	Wert in Dollars
1902	—	31 392	3 054 602	286 831
1903	—	32 575	6 323 554	514 753
1904	—	29 590	6 048 640	510 183
1905	—	28 145	8 793 502	701 357
1906	—	28 021	7 972 871	609 188
1907	—	44 663	5 203 736	473 235

Afrika.

Afrika. In Afrika sind nur in der Kapkolonie Kerzenfabriken zu finden, und zwar in King William Town und in Kapstadt. Diese Fabriken können aber den südafrikanischen Bedarf an Kerzen nicht decken, sondern es werden noch ungefähr 5 Millionen englische Pfund alljährlich eingeführt; so:

	Pfund	Wert in Pfund Sterling
1903	4 816 640	82 454
1904	4 804 249	81 284
1905	4 951 060	82 010
1907	3 739 947 [1])	

[1]) Daneben wurden 629 427 Libras Stearin eingeführt und zu Kerzen vergossen.

Die eingeführten Kerzen sind englischer, belgischer und nordamerikanischer Abkunft. Für Minenbeleuchtung liebt man Kerzen aus den Vereinigten Staaten, deren Brenndauer der Arbeitsschichtdauer genauer angepaßt ist. Ein Teil der Kerzeneinfuhr der Kapkolonien geht nach Orange River, Transvaal, Rhodesia, Basutoland und nach Bechuanaland weiter.

Die übrigen Kolonien und Länder Afrikas decken ihren Kerzenbedarf, soweit dabei Stearin- und Paraffinkerzen in Frage kommen, ausschließlich durch Einfuhr; nur Wachskerzen werden im Lande gefertigt. So bezieht Ägypten jährlich 13000—15000 Doppelzentner Kerzen, die von Frankreich (50 %), Holland (35 %), Belgien und Italien geliefert werden.

Tunis bezieht ungefähr 400000 kg Kerzen jährlich, die fast ausschließlich aus Frankreich kommen; Marokko wird von Großbritannien aus mit Kerzen versorgt, Belgien und Frankreich steuern zur Einfuhr, die ungefähr 20000 engl. Zentner beträgt, nur wenig bei.

Asien.

Dieser Erdteil hat eine Kerzenindustrie nach europäischem Begriff nur in einigen Städten Britisch-Indiens aufzuweisen; die übrige Kerzenerzeugung beschränkt sich auf Hausindustrie, die aber so ausgiebig betrieben wird, daß trotz der primitiven Vorrichtungen sehr große Mengen von Lichten (meist aus Tier- oder Pflanzenwachs oder vegetabilischen Fetten) hergestellt werden. Asien.

Einen ganz besonderen Kerzenbedarf hat Britisch-Indien, wo viele Kerzen für Opferzwecke und für Illuminationen an hohen Festtagen verbraucht werden. Die Einfuhr Indiens von Kerzen ist daher sehr bedeutend und beträgt pro anno ungefähr 3,5—4 Millionen englischer Pfund im Werte von 1 Million Rupien.

Die nachstehende Tabelle zeigt, welche Länder sich an diesen Lieferungen beteiligen:

Land	1898/9	1899/1900	1900/1	1901/2	1902/3
			Wert in Rupien		
Vereinigtes Königreich	596912	541922	646125	401553	541305
Belgien	208587	246436	402691	418503	369486
Holland	104589	24030	11850	—	902
Frankreich	2503	4050	15	9792	29278
Deutschland	5562	10003	1166	4651	6875
Andere Länder . . .	4770	7879	6203	8081	13552
Zusammen	922923	834320	1068050	902380	961398

Birma allein empfing in den Jahren 1894—1903 die folgenden Mengen Kerzen:

Jahr	Menge in engl. Pfunden	Wert in Rupien
1894/5	879391	321346
1895/6	1155809	446357
1896/7	970100	329774
1897/8	1250362	358659
1898/9	1012393	267507
1899/1900 . . .	442720	111535
1900/1	747789	196999
1901/2	500443	136536
1902/3	609683	164739

Diese Einfuhren stammten in den Jahren 1900—1903 aus den folgenden Ländern:

Land	1900/1		1901/2		1902/3	
	Menge in engl. Pfunden	Wert in Rupien	Menge in engl. Pfunden	Wert in Rupien	Menge in engl. Pfunden	Wert in Rupien
Vereinigtes Königreich	664472	172486	358027	92893	436403	114507
Belgien . .	25741	8030	106743	34155	87952	27640
Frankreich .	—	—	22318	5355	66673	16700
Holland . .	43812	11850	—	—	—	—
Deutschland	52	21	—	—	—	—
Straits-Settiements	13512	4537	13184	4035	17632	4987
And. Länder	200	75	171	98	1023	905
Zusammen	147789	196999	500443	136536	609683	164739

Die Levante — ebenfalls eine bemerkenswerte Kerzenverbraucherin (ungefähr für 1,5—2 Millionen Franken Wert) — bezieht die Stearinkerzen in großen Mengen aus Frankreich; auch Belgien, Italien, Holland und Österreich beteiligen sich in bescheidenem Maße an den Lieferungen.

Persien bezieht seine Kerzen, soweit sie nicht im Inlande in Form einfacher Wachs- oder Talglichte hergestellt werden, hauptsächlich aus Rußland, Belgien und Holland. Die persische Kerzeneinfuhr ist ziemlich schwankend; sie betrug:

Einfuhr aus	1903/4	1904/5	1905/6	1903/4	1904/5	1905/6
	Menge in Batman[1]			Wert in Kran[2]		
Rußland .	68432	43620	49974	590277	308393	510360
Belgien .	68835	2821	16236	579182	23765	135229
Holland .	26754	49498	1984	214774	395912	15114

In China werden bedeutende Mengen von Kerzen aus Wachs, vegetabilischem Talg und ähnlichen Kerzenstoffen hergestellt; die Einfuhr fremd-

[1]) 1 Batman = 13,841 kg.
[2]) 1 Kran = 81 Pf.

ländischer Kerzen ist daher nicht von Belang und beläuft sich jährlich auf ungefähr 300000—400000 Pfd. im Werte von 30000—40000 Dollars.

Ehedem war Frankreich an diesen Lieferungen stark beteiligt, in den letzten Jahren sind jedoch die französischen Kerzenfabriken vom chinesischen Markt verdrängt worden, was die folgenden Ziffern bestätigen.

Frankreich lieferte nach China:

	Kilogramm Kerzen
1892	122416
1901	45314
1902	92137
1903	158141
1904	90546
1905	34703
1906	815

Japan. Dieses Land ist daran, sich eine eigene moderne Kerzenindustrie zu schaffen; inzwischen bezieht es noch den größten Teil der benötigten Stearinkerzen aus Europa und Nordamerika.

Australien.

Australien besitzt mehrere große Kerzengießereien, doch vermögen diese den Bedarf nicht zu decken. Die Einfuhr verringert sich aber im Verhältnis zu der ansteigenden Inlandserzeugung. Australien.

Viktoria, das in den neunziger Jahren des vorigen Jahrhunderts 6—700000 engl. Pfund Kerzen bezog, führt jetzt nur mehr ein Drittel dieser Menge ein.

Neu-Südwales importiert ca. 3 Millionen engl. Pfund Kerzen, die hauptsächlich aus Belgien, Holland, Südaustralien und Deutschland kommen. Queensland führt ungefähr 160000 bis 170000 engl. Pfund Kerzen ein und Südaustralien 200000 bis 300000 engl. Pfund. Die letztere Kolonie befleißigt sich sehr, ihre Eigenproduktion zu haben und sich von dem ehedem sehr bedeutenden Import loszumachen. Westaustralien hat nur einen Kerzenimport von 70000 bis 80000 engl. Pfund, Tasmanien einen ca. doppelt so großen und Neu-Seeland einen 20mal so großen.

Nachträge und Berichtigungen.

Zum ersten Kapitel.

Verfahren Filbert.

Zu: **„Herstellung von Speiseölen“** (S. 8—10): Zur Verdeckung des mitunter unangenehmen Geruches mancher an sich speisefähiger Öle empfiehlt J. H. Filbert in Baltimore ein Zusammenbringen dieser Öle mit gemahlenen Grieben von Rinds- oder Schweinefett bei einer Temperatur von 170—190° C. (Amer. Patent Nr. 929845 v. 3. Aug. 1909.)

Gesetze über Speiseöle.

Zu: **„Gesetze über den Handel mit Speiseölen“** (S. 13—19): Der internationale Kongreß zur Unterdrückung der Verfälschung von Lebensmitteln, Drogen und chemischen Rohstoffen, der in Paris vom 18. bis 24. Oktober 1909 tagte, schlug vor, daß nur Olivenöle erster Pressung als „Jungfernöle“ im Handel zu bezeichnen seien, wogegen unter dem Namen „Speiseöl“ oder „Tafelöl“ jedwedes speisefähige Öl oder Mischungen solcher in den Handel kommen dürften. Ein Filtrieren, Reinigen, Bleichen, Neutralisieren, Desodorisieren, Demargarinieren usw. der Speiseöle solle gestattet werden, und zwar ohne Deklaration.

Das beim Demargarinieren von Kottonöl, Erdnußöl usw. erhaltene feste Produkt soll nur als Kotton- bzw. Erdnußmargarine oder als Kotton- bzw. Erdnußstearin auf den Markt gebracht werden.

Eine künstliche Färbung der Oliven-, Tafel- oder Speiseöle wurde als unstatthaft erklärt, und man will solche Farbkorrekturen selbst unter Deklaration nicht zulassen.

Denaturierung von Speiseölen.

Zu: **„Denaturierung von Speiseölen“** (S. 20—23): Da mit flüchtigen Essenzen denaturierte Öle bei ihrer Autoklavierung eine gewisse Explosionsgefahr mit sich bringen, wurde an Stelle dieser Denaturierungsmittel eine Reihe anderer Verfahren empfohlen, von denen erwähnt seien:

1. Zugabe von einigen Promillen Schwefelsäure (die sich aber sehr leicht entfernen läßt);
2. Zusatz von feingepulvertem Benzoeharz;
3. Zumischung von 1—2% gewöhnlichen Kolophoniums;
4. Beifügung von 25—30% Fettsäuren irgendwelcher Art;

5. Einverleibung von wenigstens $50^0/_0$ Koprah-, Palmkern-, Illipé- oder Palmöl, Talg oder sonstiger Fette geringer Qualität. (?)
6. Behandlung des auf 60^0 C erwärmten Öles mit $2^0/_{00}$ Schwefelsäure von 50^0 Bé durch mindestens sechs Minuten bei stetem Durchrühren. (La Savonnerie Marseillaise 1909, Nr. 108.)

Die in Deutschland zur Denaturierung von Speiseölen vorgeschriebene Menge von Rosmarinöl wurde in letzter Zeit reduziert, und zwar genügen nunmehr schon 200 g Rosmarinöl auf 100 kg Rohgewicht des Öles.

Das betreffende Rosmarinöl ist von einem behördlich zu bestimmenden vereidigten Chemiker auf Reinheit zu untersuchen und bei dessen weiterem Handel und Verwertung sind die Vorschriften des Finanzministerialerlasses vom 11. September 1908/III, 13491 sinngemäß zu berücksichtigen. Es wird übrigens beabsichtigt, diese Erleichterung in der Denaturierung von Ölen auch auf tierische Fette, Baumwollstearin usw. auszudehnen. (Seifenfabrikant 1910, S. 80.)

Zu: **„Renovated butter“** (S. 28): R. Backhaus und Ph. Schach schlagen vor, Butter zunächst in derartigen Massen zu salzen, daß sie für den Genuß unbrauchbar ist, sich dafür aber beim Lagern hält, und diese hochgesalzenen Produkte zur Zeit geringer Butterproduktion aufzuschmelzen und aufs neue mit Magermilch zu emulgieren. (D. R. P. Nr. 84907.) **Verfahren von Backhaus und Schach.**

Zu: **„Renovated butter aus verdorbener Butter“** (S. 29): In der Bretagne soll unter dem Namen „Beurre fort“ ein Produkt auf den Markt gebracht werden, das durch Schmelzen oder Verkneten verdorbener oder ranziger Butter mit dem gleichen Gewicht Salz hergestellt ist. Der Preis dieses in sanitärer Hinsicht nicht ganz einwandfreien Präparats soll ungefähr die Hälfte von dem frischer Butter betragen, doch ist auch sein Fettgehalt nur ungefähr halb so groß wie der frischer, reiner Butter. **Beurre fort.**

Zu: **„Gesetze, betreffend den Butterhandel“** (S. 31—42): Ergänzend sei hier erwähnt, daß bei der holländischen Butterkontrolle (siehe S. 39) neben den Buchstaben auch eine laufende Nummer auf den Colli vermerkt wird, so daß man die Herkunft einer jeden Ware mit Sicherheit feststellen kann. Die Schutzmarke wird von Staats wegen mit blauer Tinte auf einer besonderen Sorte Papier gedruckt und numeriert. Schließlich werden die Marken in der Reichsmolkerei-Versuchsstation in Leyden derartig perforiert, daß sie nur zu einmaligem Gebrauch dienen können. **Holländische Butterkontrolle.**

Die strengen Vorschriften der Kontrolle gestatten in allen Fällen, eine etwaige Fälschung der kontrollierten Butter sofort aufzuklären und die Fälscher bekanntzumachen.

Der widerrechtliche Gebrauch der Schutzmarken unterliegt den Bestimmungen des Art. 219 des allgemeinen Strafgesetzbuches und hat eine Gefängnisstrafe bis zu zwei Jahren zur Folge; Geldstrafen sind ausgeschlossen. (Gesetz vom 17. Juni 1905, betreffend Vorschriften über die Anwendung der Butterschutzmarken.)

Die Mitgliederzahl der unter Kontrolle stehenden Firmen betrug am 31. Dezember 1909 877, mit einer Gesamtproduktion von über 42 Millionen Kilogramm kontrollierter Butter.

Die im Jahre 1910 bestehenden acht Kontrollstationen untersuchten folgende Mengen:

	Kilogramm Butter
Assen	3900000
Deventer	9770500
Eindhoven	4500000
Den Haag	3500000
Groningen	1931000
Leeuwarden	15380300
Maastricht	3500000
Middelburg	170000

Am 1. Januar 1910 ist in Holland ein neues Buttergesetz in Kraft getreten, dessen Ausführungsbestimmungen eine königliche Verordnung vom 28. Oktober 1909 regelt.

Naturbutterähnlich riechende Kunstbutter.

Zu: **„Hervorbringung eines naturbutterähnlichen Geruches in der Kunstbutter“** (S. 154—160): Nach einer Patentanmeldung von Joseph Müller in Neuß a. Rh. wird ein gutes Butteraroma dadurch erzielt, daß man frischen süßen Rahm mit etwa 3% aus Hülsenfrüchten gewonnenen Lezithins versetzt und bei 12—15° C der selbständigen Säuerung überläßt. Dabei soll sich ein überaus angenehmes und sehr kräftiges Butteraroma bilden, das zur Aufbesserung von Kunstbutter von besonderem Werte ist.

Methode Svendsen.

Zu: **„Geschmacksverbesserung der Kunstbutter“** (S. 160): M. Svendsen will den Geschmack der Margarinebutter dadurch verbessern, daß er ihr während des Knetens durch Einwirkung elektrischer Funkenentladungen ozonisierte Luft eintreibt. Früher in dieser Richtung vorgenommene Versuche waren ohne nennenswerten Erfolg, und es muß daher dahingestellt bleiben, ob der Erfinder durch eine besondere Versuchsanordnung die bisherigen Mißerfolge zu umgehen verstand. (Norw. Patent Nr. 19107 v. 20. Nov. 1909.)

Methode Snelling.

H. A. Snelling in London will eine verbesserte Margarine herstellen, indem er ihr ungefähr 1% Bananenfrucht oder 0,015% Bananenöl oder 0,004% Bananenessenz zufügt. Der Zusatz dieser Stoffe erfolgt beim Kneten. Die Bananen werden zu diesem Zwecke geschält, 12 Stunden lang in Wasser weichen gelassen und hierauf getrocknet und zu einem Pulver vermahlen, das der Magarine einen besonders aromatischen Geruch erteilen soll. (Engl. Patent Nr. 8729 v. 14. April 1908.)

Zu: **„Konservierende Zusätz bei Margarinebutter“** (S. 189—193): Der „Internationale Kongreß zur Unterdrückung der Verfälschung von Lebensmitteln, Drogen und chemischen Rohstoffen", der vom 18.—24. Oktober 1909 zu Paris tagte, empfahl den Regierungen jener Länder, wo ein Zusatz von Antisepticis zu Margarine und Kunstspeisefetten nicht gestattet ist, dieses Verbot für solche Margarine und Kunstspeisefette, die zum Export nach Ländern gelangen, wo dieses Verbot nicht besteht, aufzuheben.

Margarinkonservierung.

Zu: **„Benzoesäure als Konservierungsmittel für Margarine"** (S. 192 bis 193): Die wohlbegründeten Bestrebungen der „Vereinigung deutscher Margarinfabrikanten zur Wahrung der gemeinsamen Interessen" haben im Herbste des Jahres 1908 eine lebhafte Agitation für die Zulassung der Benzoesäure als Konservierungsmittel für Margarine hervorgerufen. In agrarischen Kreisen hat man diese Bemühungen mit Unrecht dahin ausgelegt, daß man gleichzeitig eine Einverleibung größerer Wassermengen in die Kunstbutter beabs htige.

Benzoesäure als Konservierungsmittel.

Zu: **„Margaringesetzgebung"** (S. 202—258): Der „Internationale Kongreß zur Unterdrückung der Verfälschung von Lebensmitteln, Drogen und chemischen Rohstoffen", der in Paris vom 18.—24. Oktober 1909 stattfand, definierte den Sammelnamen „Speisefette" dahin, daß darunter ein Gemenge von tierischen und pflanzlichen Ölen und Fetten, die zum menschlichen Genusse geeignet sind, zu verstehen sei. Als Premier jus soll das aus rohem Talg bei Temperaturen unter 80° C ausgeschmolzene klare Fett gelten und eine seinen Ursprung kennzeichnende Namengebung erfolgen, wie z. B.: Rinder-, Hammel- usw. Premier jus.

Definition der Begriffe „Speisefett" usw.

Als Oleomargarin ist das durch Abpressen des Premier jus erhaltene Fett zu verstehen, dessen Schmelzpunkt unter 25° C liegen muß.

Zu: **„Verwendung von Margarinprodukten zur Herstellung von Nahrungsmitteln"** (S. 231—234): Über die Frage des Deklarationszwanges hat Karl Schulz eine Serie interessanter juristisch-wirtschaftlicher Abhandlungen veröffentlicht, in denen die Deklarationspflicht als ungesetzlich bezeichnet wird (siehe Karl Schulz, Margarinefrage und Rechtsprechung, Düsseldorf 1910).

Margarine in der Nahrungsmittelindustrie.

Die Tendenz, im Bäckereigewerbe einen Deklarationszwang für die Verwendung von Butterersatzstoffen einzuführen, ließ auch die Frage auftauchen, wie man analytisch die Qualität des verwendeten Fettes nachweisen könnte. Nach E. Hofstädter läßt sich für den Nachweis von Margarine in Backwaren die Soltsiensche Sesamölreaktion nicht verwenden, wohl aber die Baudouinsche. Die Frage muß aber jedenfalls noch genauer studiert werden, bevor man mit einiger Sicherheit wird Urteile abgeben können. Mit großer Bestimmtheit wird man dies übrigens nie tun können, denn die Sesamölreaktion kann auch durch Verwendung eines sesamölhaltigen Backöles hervorgerufen werden, zu dessen Deklarierung nach den bestehenden Vorschriften niemand genötigt ist. (Zeitschrift für Untersuchung der Nahrungs- und Genußmittel 1909, Bd. 17, S. 324.) .

Roter Streifen.

Zu: **„Margaringesetz Österreich“** (S. 236—238): Die Frage, ob Kisten, die vorschriftsmäßig verpackte und gekennzeichnete Margarine enthalten, auch den bewußten roten Streifen tragen müssen, oder ob den Bestimmungen des Gesetzes Genüge getan sei, wenn die einzelnen Pakete mit dem roten Streifen ausgestattet sind, wurde in einem einzelnen Falle (Urteil vom 16. November 1909 des Bezirksgerichtes Fünfhaus, Wien) dahin entschieden, daß der rote Streifen auf den Kisten überflüssig sei. In der Urteilsbegründung hieß es:

Es wird zunächst festgestellt, daß es schon deshalb zwecklos wäre, die Kisten mit roten Streifen zu versehen, weil diese im Detailhandel sofort nach Anlangen beim Händler ausgepackt werden und die Margarine dann in vorschriftsmäßigen, mit roten Streifen versehenen Paketen verkauft wird. Diese Adjustierung soll doch nur bezwecken zu verhindern, daß die Margarine im Handel statt Naturbutter verkauft und der Konsument dadurch benachteiligt oder gar getäuscht werde.

Eine weitere Absicht des Gesetzes geht dahin, daß die Adjustierung mit rotem Streifen eine öffentliche Kontrolle ermögliche. Diesem Zwecke genügt es, wenn die Pakete die nach dem Gesetze erforderlichen roten Streifen tragen, während diese Bezeichnung nicht erforderlich ist bei Kisten und Gefäßen, worin so adjustierte Pakete versendet werden.

Gegen diese Entscheidung hat der Staatsanwalt die Berufung erhoben, doch bestätigte die 2. Instanz den Freispruch des Gerichtes mit der Begründung, daß zwischen Behältern und Emballage unterschieden werden müsse, für welch letztere aber das Margaringesetz eine Kennzeichnung nicht vorschreibe. Die Berufung des Staatsanwalts gründe sich auf eine ausdehnende, unzulässige Interpretation des Gesetzes.

Dimethylamidoazobenzol.

In Ungarn, für welches Land die österreichische Margarinegesetzgebung nicht gilt, besteht seit einer Reihe von Jahren eine Verordnung, laut der künstliche Speisefette einen Zusatz von 0,0001% Dimethylamidoazobenzol enthalten müssen und nur in Behältern verkauft werden dürfen, die mit dem bekannten roten Streifen und einer entsprechend kennzeichnenden Aufschrift versehen sind. Der Zusatz von Dimethylamidoazobenzol ist bis heute aber wohl fast immer unterlassen worden, und eine in der allerletzten Zeit seitens des Ackerbauministeriums versuchte Kontrollverschärfung über die Einhaltung dieser Vorschriften hat eine Gegenströmung bei den Interessenten hervorgerufen, so daß die Angelegenheit wahrscheinlich demnächst neuerdings in der Öffentlichkeit zur Sprache kommen wird.

Vorschläge zur Gesetzgebung.

Zu: **„Gesetzgebung betreffend Schweine- und Kunstspeisefette“** (S. 302—305): Nach dem Beschlusse des „Internationalen Kongresses zur Unterdrückung der Verfälschung von Lebensmitteln, Drogen und chemischen Rohstoffen“, der in Paris vom 18.—24. Oktober 1909 tagte, soll das Bleichen von Schweineschmalz sowie von Speisefetten mit Walkerde ohne Deklaration gestattet sein, ebenso für Margarine ein Zusatz von Salz, Milchzucker, Milch, Milchpulver, Butter, Eigelb und unschädlichen Farbstoffen.

Zusammensetzung der flüchtigen Produkte.

Zu: **„Fabrikation von Pflanzenbutter (Desodorisierung)“** (S. 319 bis 325): A. Haller und Lassieux haben die beim Abtreiben des Kokosöles mit überhitztem Wasserdampf übergehenden flüchtigen Produkte untersucht und beschrieben ihre stark reduzierende Wirkung (Reduktion ammoniakalischer Silbernitratlösung, Wiederhervorrufung der Farbe einer mit schwefliger Säure entfärbten Fuchsinlösung). Unter 15 mm Druck destilliert der größte Teil des Produktes bei 105—106° C, und zwar besteht das Destillat aus einem Keton von der Formel $C_{10}H_{20}O$, das bei niederer Temperatur erstarrt und bei +8° C schmilzt, gegen Oxydationsmittel sehr widerstandsfähig ist und nur durch eine Mischung von Silberoxyd und Kali in eine Säure von der Formel $C_9H_{18}O_2$ übergeführt werden kann.

„Palmarol“ Prozeß.

Zu: **„Gesetzgebung über Pflanzenbutter“** (S. 335—340): Über die Frage, ob gefärbte Pflanzenbutter als Margarine zu gelten habe, sind in letzter Zeit mehrere Urteile ergangen, von denen das eine über Palmarol vermerkt sei.

Unter dem Titel „Palmarol, feinst doppelt raffinierte Kokosnußbutter, gelb gefärbt, unerreichtes Back-, Brat- und Kochfett“, wurden in Nürnberg tafelförmige, ein halbes und ein ganzes Pfund schwere, in Pergamentpapier eingehüllte Stücke von Pflanzenbutter verkauft, die mit 20 g Azogelb pro 100 kg gelb gefärbt waren.

Die Strafkammer Nürnberg erkannte, daß bei Palmarol das Tatmerkmal der Ähnlichkeit mit Milchbutter und Butterschmalz nicht nachzuweisen sei und daß damit auch die aus den §§ 14/I 3 mit 18/I, II sowie 6, 2/I und IV, 12 des Reichsgesetzes vom 15. Juni 1897 und der hiezu ergangenen Bekanntmachung vom 4. Juli 1897 erhobene Anklage hinfällig werde.

Gegen dieses Urteil ergriff der Staatsanwalt aber das Rechtsmittel der Revision, indem er es seinem ganzen Umfange nach anfocht. Das Reichsgericht erkannte auf Verwerfung der Revision, und zwar mit der folgenden Begründung:

„Die Strafkammer hat auf Grund tatsächlicher, rechtlicher und einwandfreier Erwägungen die Ähnlichkeit des vom Angeklagten in Tafelform hergestellten „Palmarols“ mit Milchbutter, Butterschmalz oder Schweineschmalz verneint. Sie hat dabei die Form, in der dieses „Palmarol“ hergestellt wird, nicht lediglich an sich als Unterscheidungsmerkmal in Betracht gezogen, sondern nur insofern, als sie von Einfluß ist auf die stoffliche Erscheinung der Ware und die hierauf zu gründende Beurteilung ihres inneren Wesens. Nicht wegen der Form allein, sondern wegen des mit ihren glatten Außenflächen in hartem Zustande verbundenen „glasigen Aussehens“ und der unter Einwirkung höherer Temperatur auftretenden „gleichmäßigen Ausschwitzung und unvermittelten Auflösung des Palmarols“ wird die Möglichkeit einer Verwechslung mit Milchbutter oder Butterschmalz für ausgeschlossen erklärt, und bei der Prüfung und Verneinung einer Ähnlichkeit des „Palmarol“ mit Schweineschmalz ist die Form überhaupt außer Erwägung geblieben. Unzutreffend ist es auch, wenn die Revision zur Rechtfertigung ihrer Rüge einer unzulässigen Berücksichtigung der Form behauptet, die Strafkammer habe im Gegensatze zu der in Tafelform gebrachten Palmbutter die in Kübelform hergestellte als Margarine im Sinne des Gesetzes vom 15. Juni 1897 erachtet. Diese Frage hat die Strafkammer unentschieden gelassen. Abgesehen davon, daß im Urteil in dieser Richtung hin nicht von „Palmarol" gesprochen wird und die stoffliche Übereinstimmung des in Kübel eingegossenen mit dem in Tafelform gebrachten Palmenfett nicht festgestellt ist, sind zunächst die Ausführungen des Urteils über in Kübel eingegossene Palmbutter ausgesprochenermaßen nur veranlaßt worden durch den bei der Beweiserhebung von einem Sachverständigen bekundeten Umstand, daß zwischen Butterschmalz und gelbgefärbter Palmbutter, die aus Kübeln herausgestochen und in unregelmäßigen Bruchstücken auf Platten zum Verkaufe ausgelegt werde, eine große Ähnlichkeit im Aussehen bestehe. Demgegenüber wird von der Strafkammer für das in Tafelform gebrachte „Palmarol" der Eintritt einer Ähnlichkeit und Verwechslungsmöglichkeit, soweit sie für die strafrechtliche Verantwortlichkeit des Angeklagten in Betracht kommen könnte, verneint, da der Angeklagte nach den Umständen darauf rechnen durfte, daß sein in Tafelform hergestelltes „Palmarol" auch immer und ausschließlich nur mit den in der Tafelform an deren Außenflächen hervortretenden stofflichen Unterscheidungsmerkmalen in Verkehr gebracht wird und es ihm daher nicht zum Verschulden angerechnet werden könnte, wenn ein Händler aus dem tafelförmigen „Palmarol" Bruchstücke herstellen würde, wie solche beim Ausstechen aus Kübeln entstehen. Diese Erwägung ist rechtlich bedenkfrei und in tatsächlicher Beziehung vom Reichsgerichte nicht nachzuprüfen. Wenn dann im Urteile noch erwähnt wird, daß der Angeklagte „gelbgefärbte Palmbutter auch in Kübeln herstellt und verkauft, daß er diese aber in vorschriftsmäßiger Weise mit Sesamöl versetzt und als Margarine deklariert", so soll damit offensichtlich nicht gesagt sein, daß auch die Strafkammer die Palmbutter in den Kübeln für Margarine halte, im Gegenteil hat diese Bemerkung gerade den Zweck, darzutun, daß die Strafkammer eine solche Entscheidung nicht zu treffen brauchte, weil bezüglich der Palmbutter in Kübeln jedenfalls den gesetzlichen Vorschriften genügt und ein strafrechtliches Verschulden des Angeklagten ausgeschlossen ist, mag die Palmbutter in den Kübeln Margarine im Sinne des Gesetzes sein oder nicht. Die Prüfung des Urteils läßt einen Rechtsirrtum nirgends erkennen, weshalb das Rechtsmittel — entsprechend dem Antrage des Oberreichsanwalts — zu verwerfen war."

Zum dritten Kapitel.

Verfahren Blaß & Sohn.

Zu: **„Feste Schmiermittel"** (S. 357—361): Nach dem Verfahren von Gust. Blaß & Sohn in Katernberg (Reichslande) werden feste Schmierfette für Zapfen, Wellen usw. durch Zusammenschmelzung von Ölen mit den festen Bestandteilen des rohen oder ungereinigten Anthrazens sowie dessen höher als Naphthalin siedenden Homologen hergestellt, welcher Mischung man auch Wollfettsäuren zusetzen kann, die mit Kalkpulver verseift werden. (D. R. P. Nr. 174249 v. 15. März 1905.)

Zum vierten Kapitel.

Verfahren Schmitz.

Zu: **„Polymerisiertes Leinöl"** (S. 362—366): Josef Schmitz in Düsseldorf-Bilk stellt Dicköl durch Erhitzen von Leinöl unter Luftabschluß dar, wobei er die beim Erhitzen des Öles verdampfenden und an den kälteren Wandungsteilen des Kessels sich niederschlagenden Destillationsprodukte durch saugfähige Stoffe aufnimmt. Dieses Entfernen bzw. Unschädlichmachen der sich bildenden Destillationsprodukte ist deshalb wichtig, weil sonst ein unerwünschtes Dunkelwerden der Dicköle eintritt.

Läßt man die Destillationsprodukte in dem Behälter selbst kondensieren, so daß sie in tropfbar flüssigem Zustande in das Öl zurückfallen, so verfärbt sich das Öl unfehlbar.

Der zur Ausführung der Schmitzschen Methode verwendete Apparat ist in Fig. 290 dargestellt und besteht aus einem Kessel A, der mit seinem Unterteil in eine geeignete Feuerung f eingebaut und oben mit einem abnehmbaren, durch Flanschenverschluß befestigten Deckel B versehen ist. In dem Kessel A ist ein aus Holzlatten bestehender, durchbrochener Zwischenboden D eingebaut, auf dem eine aus Filz oder anderem geeigneten saugfähigen Material bestehende Decke C so aufgelegt ist, daß sie den ganzen Querschnitt des Deckels dicht abschließt.

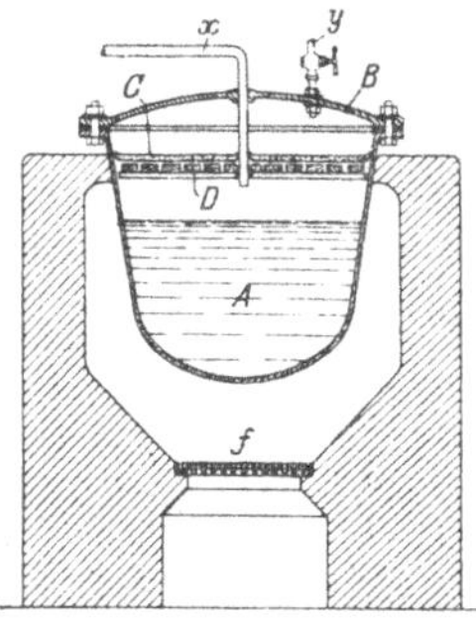

Fig. 290. Apparat zum Eindicken von Pflanzenölen nach Schmitz.

Ist der Kessel bis zu der bezeichneten Höhe mit Öl gefüllt, so wird der Zwischenboden D mit der Decke C eingelegt, hierauf der Deckel B befestigt und durch die Feuerung f angeheizt. Dabei leitet man gleichzeitig durch das Rohr x Kohlensäure in den Kessel A, bis die Luft, die durch das Entlüftungsrohr y entweicht, vollständig verdrängt ist. Die sich beim weiteren Einwirkungsprozeß bildenden Destillationsprodukte werden von der Decke C aufgesaugt und können sich daher nicht mehr an den Wandungen kondensieren und in die Ölmasse zurückfallen. Bilden sich diese Destillationsprodukte in zu reichlicher Menge, so kann man wohl auch durch Öffnen des Hahnes y für ein teilweises Entweichen derselben Sorge tragen.

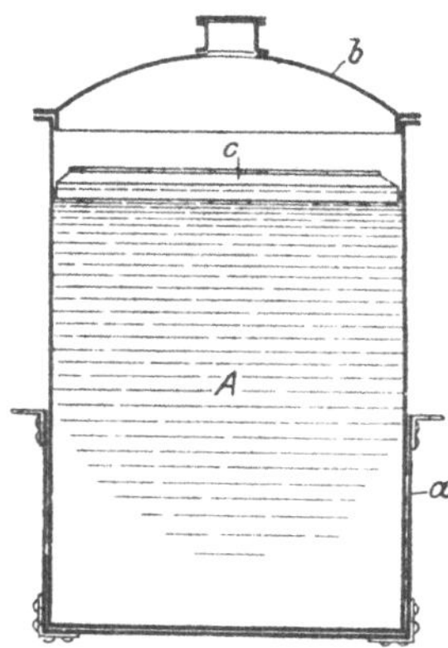

Fig. 291. Apparat zum Eindicken von Pflanzenölen nach Genthe.

Früher hat man Dicköl auch in geschlossenen Behältern herzustellen und das Dunkelwerden durch Einleiten eines sehr starken Stromes indifferenten Gases einzuschränken versucht, wodurch die gebildeten Destillationsprodukte mitgerissen und abgeführt wurden. Durch den Prozeß von Schmitz erspart man den konstanten Strom des indifferenten Gases und verbilligt daher den Prozeß ganz wesentlich. (D. R. P. Nr. 215349 v. 21. Nov. 1908.)

Verfahren Genthe.

Alfred Genthe in Frankfurt a. M. polymerisiert zwecks Darstellung von Standöl, Lithographenfirnissen usw. Leinöl ebenfalls unter Luftabschluß. Er führt als Nachteil der gewöhnlichen Durchführung des Polymerisationsprozesses die teilweise Oxydation des Öles an, mit der eine qualitätsverschlechternde Dunkelfärbung des Öles verbunden sei, und will den durch Verdampfung entstehenden großen Verlust an Öl (der bis zu 10 % und darüber betragen kann) durch Arbeiten unter Luftabschluß vermeiden. Als dritten Nachteil der Luftabhaltung nennt er die starke Geruchsbelästigung der Nachbarschaft.

Genthe sucht alle diese Übelstände einfach dadurch zu vermeiden, daß er die Oberfläche des Öles während seines Erhitzens mit einem Schwimmer bedeckt, der die in Fig. 291 dargestellte Form hat.

In einem Kessel *A* befindet sich das zu polymerisierende Öl, das vor Einleitung des Prozesses mit dem Schwimmer *c* bedeckt ist. Zwischen diesem Schwimmer und den Seitenwandungen des Kessels *A* ist nur ein ganz geringer Spielraum frei, durch den die minimalen Mengen der aus dem Öle aufsteigenden Wasserdämpfe und sonstige leichtflüchtige Beimengungen entweichen können. Der Kessel *A*, der außerdem noch mit einem Deckel *b* versehen ist, wird zweckmäßigerweise aus Aluminium hergestellt, weil dieses Metall vom Öle am wenigsten angegriffen wird und weil es das Öl am wenigsten verfärbt. Der untere Teil des Kessels *A* ist zweckmäßigerweise von einem eisernen Mantel umgeben, der den Aluminiumkessel vor dem schädlichen Einflusse der Feuergase schützt. (D. R. P. Nr. 215348 v. 13. Juni 1908.)

Verfahren Stenitzer.

Zu: **„Polymerisiertes Holzöl“** (S. 366). P. Stenitzer in Arbon führt Holzöl durch Behandeln mit Schwefelsäure von 1,597—1,759 spezifischem Gewicht in der Kälte in ein festes Polymerisationsprodukt über. Die festgewordene Masse wird durch Waschen mit heißem oder kaltem Wasser von dem Säureüberschuß befreit und das sich dabei ergebende graugelbe Pulver getrocknet. Es zeigt nur einen schwachen Geruch, ist frei von Schwefel, schmilzt nicht, sondern verkohlt bei höherer Temperatur, und ist unlöslich in Wasser und den üblichen Fettlösungsmitteln, in denen es zum Teil allerdings erheblich aufquillt. Dieses feste Holzölprodukt kann als Isoliermittel, als Füllmittel für Kautschuk und für ähnliche Zwecke verwendet werden. (D. R. P. Nr. 200746.)

Verfahren Meffert.

Die Eigenschaft des Holzöles, beim Erhitzen auf höhere Temperatur polymerisiert zu werden, wurde von Meffert in Wiesbaden auch zur Herstellung glatt und hart trocknender lackartiger Produkte benutzt. Zur Erreichung dieser Produkte ist es notwendig, das Öl über seine Polymerisationstemperatur hinaus zu erhitzen und dabei für eine entsprechende Bewegung des Öles Sorge zu tragen. Man läßt z. B. das Öl in feinen Strahlen eine Röhre passieren, die etwas geneigt ist und durch ein Luft- oder Wasserbad auf der nötigen Temperatur gehalten wird. Man kann aber das Öl auch durch einen erhitzten Raum in Tropfenform in eine gekühlte Vorlage fallen lassen.

Das Umwandlungsprodukt des Holzöles gleicht in Farbe dem rohen Holzöl, trocknet aber lackartig, hart, klebfrei und glänzend ein. (D. R. P. Nr. 211405 v. 8. Sept. 1908.)

Alkalibeständiges Linoleum.

A. Kronstein, der schon vor Jahren (D. R. P. Nr. 110621 v. 15. Dez. 1901) polymerisiertes Holzöl für sich oder in Gemengen mit anderen trocknenden Ölen und Harzen zur Herstellung eines alkaliwiderstehenden Linoleums empfohlen hatte, fand später, daß auch andere trocknende Öle durch Polymerisieren in eine alkalibeständige Linoleummasse verwandelt werden können, wenn man sie vor ihrer Polymerisation im Vakuum so lange destilliert, bis die festen Fette übergegangen sind. Der in der Retorte zurückgebliebene Teil wird dann durch bloßes Erhitzen zum Erstarren gebracht und zu Linoleum weiterverarbeitet. (D. R. P. Nr. 204398 v. 28. Dez. 1906.)

Zu: **„Andere polymerisierte Öle"** (S. 370): K. Wedemeyer stellt durch Erhitzen von Java-Olivenöl auf 240—250° C gummiartige Stoffe her. Die beim Erhitzen von Java-Olivenöl gewöhnlich eintretende Selbstentzündung vermeidet er dabei durch Einspritzen von kaltem Wasser. Das Öl wird in einem mit Heizröhren versehenen flachen Behälter, der mit einem Rührwerk ausgestattet ist, unter starker Bewegung erhitzt, und zwar zunächst schnell auf 200° C und dann allmählich auf 240—250° C. Sobald die Selbsterhitzung beginnt, wird die Heizung abgestellt und durch die Heizröhren Kühlwasser getrieben, unter gleichzeitigem Einspritzen von kaltem Wasser, wobei man das Rührwerk weiterlaufen läßt. Die Temperatur des Öles steigt dabei nicht über 360° C und man erhält einen gummiartigen Körper, der als Kautschuksurrogat dienen kann. (D. R. P. Nr. 211043 v. 2. Okt. 1907.) **Polymerisiertes Java-Olivenöl.**

Zum siebenten Kapitel.

Zu: **„Kautschuksurrogate"** (S. 434—442): Die Rütgerswerke, A.-G. in Berlin, haben ein Verfahren zur Patentierung angemeldet, mit dem sie Faktisse unter Verwendung von Naphthalin herstellen. Der Naphthalinzusatz soll die Reaktion der Öle mit dem Schwefel im gegebenen Moment mäßigen oder zum Stillstand bringen, wodurch man es in der Hand habe, weniger harte, dafür aber um so elastischere Massen herzustellen, die beim Wiedererhitzen fast ohne jede Zersetzung schmelzbar sind, was sie von den gewöhnlichen Faktissen vorteilhaft unterscheidet. Als Beispiel der Herstellung dieser neuen Faktissorten wird angeführt (Deutsche Patentanmeldung R. 25242, Kl. 39h, vom 11. Okt. 1907): **Faktis mittels Naphthalin.**

Man erhitzt 100 Teile rohen Rüböles in der üblichen Weise mit 20 Teilen Schwefel, bis die Masse hoch schäumt, in welchem Moment man ungefähr 20 Teile Naphthalin in die Reaktionsmasse einstreut und verrührt. Gleichzeitig wird dabei auch die Erhitzung der Masse unterbrochen und diese nach dem Verrühren des Naphthalins in flache Eisenblechkessel ausgegossen. An Stelle des rohen Rüböles können natürlich auch voroxydierte Öle verwendet werden.

J. Michael in Berlin empfiehlt geschwefelte Öle als Linoleumersatz. Er stellt diese geschwefelten Öle derart her, daß er in erhitztes Öl eine heiße flüssige Masse von Harz und Schwefel unter fortgesetztem Zufluß von Luft einrührt. Diese „Ölkautschuk" genannte Masse trägt er dann in sehr feiner Verteilung auf Gewebe auf, wobei ihr kleine Mengen eines Vulkanisierungsmittels (Chlorschwefel) zugeführt werden; zum Schluß passiert die Masse eine erhitzte Walze. (D. R. P. Nr. 205770 v. 31. Aug. 1907.) **Michaels Linoleumersatz.**

Zum achten Kapitel.

Beim Behandeln von Eidotter, Gehirn, Nervensubstanz, Leber, Malz, Milz, Maiskeimen und ähnlichen Stoffen, die Phosphor in or-

Wörners Emulsionsfette.

ganischer Bindung enthalten, mit Alkohol, Äther, Chloroform oder deren Mischungen erhält man Auszüge, die reich sind an phosphorfreien und phosphorhaltigen Stoffen, wie Lezithin, Protagon, Cerebrin, Cerebron usw. Wenn diese Auszüge mit Fetten oder fetten Ölen bis zum vollständigen Vertreiben des angewendeten Lösungsmittels erwärmt werden, resultieren Fette, die mit Wasser sehr leicht Emulsionen geben, die sich kaum mehr entmischen.

Durch Stoffwechselversuche hat man sich überzeugt, daß derartige Emulsionen sehr leicht resorbiert werden und daß das darin enthaltene Fett fast absolut ausgenutzt wird. Auf solche Weise hergestellte Fette werden daher von Emil Wörner in Berlin als Arzneiträger für äußerlich oder subkutan anzuwendende Arzneimittel empfohlen, wie auch als Ersatz für Lebertran. Für den letzteren Zweck ist ihre Halogenaufnahmefähigkeit von besonderem Werte. (D. R. P. Nr. 175 381 v. 14. Sept. 1904.)

Phosphorsäureester als Fettemulgierungsmittel.

Ferdinand Ulzer und Jaroslav Batik in Wien empfehlen die Phosphorsäureester als Fettemulgierungsmittel und gehen bei deren Herstellung von dem Diglyzerid der Fettsäuren oder von den Halogenfettsäuren aus. Das hat übrigens schon Hundeshagen getan, der durch Erhitzen gleicher Mengen Distearin und Phosphorsäureanhydrid durch einige Stunden auf 100—110° C ein Gemenge von Distearylglyzerinphosphorsäure und Metaphosphorsäure Distearylglyzerinäther erhielt, aus welcher Mischung sich die erstere Verbindung isolieren läßt. Die Reaktion versagt aber, wenn man nicht für eine entsprechende Feuchtigkeitsmenge während des Prozesses sorgt, weil sich theoretisch Distearylglyzerinphosphorsäure nur bei Vorhandensein von einem Molekül Wasser neben einem Molekül Phosphorpentoxyd mit einem Molekül Distearin bilden kann.

Nach Ulzer und Batik gestaltet sich der Verlauf des Prozesses sehr glatt, wenn man dieses eine Molekül Wasser der Mischung von Diglyzerid und Phosphorpentoxyd vorsichtig in Tropfenform zugibt, wobei sich die Reaktion nach folgender Gleichung vollzieht:

$$\underset{\text{Distearin}}{2\,C_3H_5\begin{cases}O\cdot CO\cdot C_{17}H_{35}\\ O\cdot CO\cdot C_{17}H_{35}\\ OH\end{cases}} + \underset{\text{Phosphorpentoxyd}}{P_2O_5} + \underset{\text{Wasser}}{H_2O} = \underset{\text{Distearylglyzerinphosphorsäure}}{2\,C_3H_5\begin{cases}O\cdot CO\cdot C_{17}H_{35}\\ O\cdot CO\cdot C_{17}H_{35}\\ O\\ \quad PO\begin{cases}OH\\ OH\end{cases}\end{cases}}$$

Geht man von den Dibrom- oder Dijodfettsäurediglyzeriden statt von den nicht halogenisierten Diglyzeriden aus, so erhält man Dibrom- bzw. Dijodfettsäureglyzerinphosphorsäure, der z. B. die Formel

$$C_3H_5\begin{cases}OCOC_{17}H_{33}Br_2\\OCOC_{17}H_{33}Br_2\\O\end{cases}$$

$$PO\begin{cases}OH\\OH\end{cases}$$

Dibromstearylglyzerinphosphorsäure

zukommt.

Die Distearylglyzerinphosphorsäure ist eine feste, bei 58° C schmelzende, fettähnliche Masse, die Dioleinglyzerinphosphorsäure ein bräunliches Öl, die Dibrom- und Dijodstearylglyzerinphosphorsäure stellen bräunliche, butterähnliche Massen dar. (D. R. P. Nr. 193189 v. 17. Juli 1906.)

Zum neunten Kapitel.

Sulfurierte Öle.

Zu: **Sulfurierte Öle"** (S. 467—511): Franz Erban hat Versuche über die Oxydation von Ölpräparaten und deren Anwendung in der Türkischrotfärberei veröffentlicht (Leipziger Monatsschrift für Textilindustrie 1909, Nr. 4—10); Ad. Grün und M. Moldenburg haben sich mit dem Studium der Konstitution der Türkischrotöle und deren Derivate beschäftigt (Journ. Amer. Chem. Soc., Nr. 38, S. 420.)

Zum zehnten Kapitel.

Michéls Fettspaltungsapparat.

Zu: **„Autoklavierung der Fette"** (S. 550—588): Alfons Michél führte auf der Pariser Weltausstellung vom Jahre 1889 einen Apparat für Wasserverseifung von Fetten vor, bei dem zwei Autoklaven, die durch direkte Feuerung erhitzt werden, zusammenarbeiten.

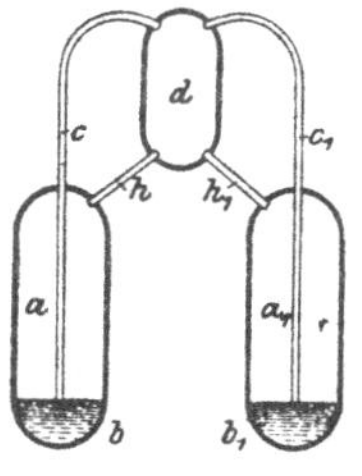

Fig. 292 Autoklav nach Michél.

Dieser Apparat (Fig. 292) besteht aus zwei Autoklaven a a_1, die einem direkten Feuer ausgesetzt sind. Der dabei entwickelte Druck im Innern des Autoklaven treibt den Autoklaveninhalt b b_1 durch die Rohre c c_1 nach d, von wo dieser durch die Rohre h h_1 wieder in die Autoklaven a a_1 zurückfließt. Die Masse macht also einen ständigen Kreislauf durch, der auf den Verlauf des Spaltungsprozesses sehr günstig wirkt. (Chem. Ztg. 1889, S. 912.)

Verfahren Bottaro

Zu: **„Zersetzung der Autoklavenmasse"** (S. 589 bis 598): G. Bottaro in Genua empfiehlt zur Zersetzung der Kalkseifen Schwefligsäureanhydrid (SO_2), das er in Gasform bei 30 bis 40° C über die Kalkseifen leitet. Diese werden auf Erbsengröße zerkleinert und schichtenweise auf die Platten eines nach Art des Maletraschen Ofens (siehe Dammer, Chem. Technologie, Stuttgart 1895, Bd. 1, S. 140) gelagert, in den man einen auf 30—40° C erwärmten Strom von Schwefligsäureanhydrid leitet. Der freie oder gebundene Kalk wird dabei gänzlich in Calciumsulfit verwandelt und die Masse hierauf mit einem Fettsäurelösungsmittel behandelt. Aus der entstandenen Lösung entfernt man durch

Filtration das ungelöst gebliebene Calciumsulfit, während man erstere der Ruhe überläßt, wobei sich am Boden das Glyzerin abscheidet. Da die Zersetzung der Kalkseifen unter Ausschluß von Wasser erfolgt, erhält man das Glyzerin in konzentrierter Form. (D. R. P. Nr. 211 969 v. 1. März 1907.)

Bottaro verspricht sich von dem Verfahren eine ganz besondere Verbesserung der Fettsäuren, die weit heller ausfallen sollen als bei der gewöhnlichen Art der Zersetzung der Autoklavenmasse. So sollen dunkle Fette Fettsäuren geben, die so weiß wie Talg sind, Palmöl soll eine Fettsäure liefern, die ohne Destillation direkt auf Stearin verarbeitet werden kann, und Sulfuröl Fettsäuren, die zur Herstellung weißer Seife Verwendung finden können. Dabei wird für die Bottarosche Zersetzungsmethode kein Dampf verbraucht, denn der Prozeß muß sich in der Kälte abspielen (jedenfalls bei Temperaturen unter 40° C), weil bei höheren Temperaturen die freiwerdenden Fettsäuren schmelzen und der weiteren Reaktion Einhalt tun würden. Ob die Vorteile des Bottaroschen Verfahrens in dem Ausmaße bestehen, wie der Erfinder vermeint, und ob sich das Verfahren in der Praxis überhaupt Geltung verschaffen wird, bleibt abzuwarten.

Das Bleichen von Fettsäuren durch schweflige Säure ist übrigens schon im Jahre 1883 von J. A. F. Bang und J. de Castro vorgeschlagen worden. (Vergleiche engl. Patent Nr. 3658 v. 26. Juli 1883.)

Luft als Rührmittel. Mitunter führt man die Zersetzung der Autoklavenmasse auch unter Anwendung von Luft als Rührmittel durch; man will auf diese Weise die Zersetzung beschleunigen und sie schon bei einer Temperatur vor dem Sieden des Säurewassers erreichen.

Im übrigen wird beim Aufkochen der destillierten Fettsäuren vor ihrem Vergießen in die zum Kaltpressen bestimmten Fettsäuretafeln neben direktem Dampf auch Luft angewendet. Man will dadurch das Gelbwerden der Destillationsfettsäuren vermeiden. Diese Ansicht steht aber im Widerspruche zu der S. 690 gegebenen Vorschrift, wonach gerade der Lufteinfluß färbend auf die Fettsäuren wirkt.

Das gleichzeitige Einleiten von Luft und Dampf in die zum Aufkochen bestimmten Fettsäuren erfolgt durch sehr einfach konstruierte ejektorartige Rohrstücke, durch deren seitlichen Einsatz beim Durchgehen von Dampf Luft angesaugt und von dem Dampfe mitgenommen wird.

Saponifikat- und Destillatprodukte. Zu: **„Destillat- und Saponifikat-Stearin“ und „Destillat- und Saponifikat-Olein“** (S. 625—680): Stearin und Olein, die aus destillierten Fettsäuren gewonnen wurden, bezeichnet man im Handel als Destillat-Stearin bzw. Destillat-Olein, wogegen man von Saponifikatprodukten spricht, wenn die Fettsäuren nicht destilliert, also nach dem Autoklavenverfahren oder einem anderen der Destillation entbehrlichen Spaltungsverfahren erhalten wurden.

Der Umstand, daß manche Destillat-Stearine ungepreßte, also noch reichliche Mengen flüssiger Fettsäuren enthaltende Fettsäuren sind (siehe S. 665) und alle Destillatprodukte, sofern sie vor der Destillation eine Azidifikation durchgemacht haben, Isoölsäure enthalten, sowie die Tatsache, daß die meisten Destillat-Stearine einen wesentlich niedrigeren Schmelzpunkt haben als Saponifikat-Stearin, läßt jene im Preise wesentlich billiger erscheinen als dieses. Die Preisdifferenzen, die Destillat-Stearin (Weichstearin) und Saponifikat-Stearin in den letzten 7 Jahren aufwiesen, sind aus Tafel IV zu ersehen.

Der meist vorhandene Gehalt des Destillat-Elains an Kohlenwasserstoffen (siehe S. 668) macht dieses für Seifensiederzwecke weniger gut geeignet, welcher Minderwert sich ebenfalls im Preise dieser beiden Qualitäten ausdrückt, wie dies Tafel IV deutlich zeigt.

Endlich unterscheidet man im Handel auch Saponifikat- und Destillat-Glyzerin. Unter ersterem versteht man ein durch Autoklavieren, den Twitchell-Prozeß oder die fermentative Spaltung erhaltenes Rohglyzerin, unter Destillatglyzerin ein Rohglyzerin, wie es bei der Schwefelsäureverseifung (S. 604—624) gewonnen wird. Näheres über die Qualitätsunterschiede dieser Produkte folgt im Kapitel „Glyzerin" des 4. Bandes.

Zu: **„Glyzerinausbeute beim Autoklavenprozeß"** (S. 601—604 und 719—720): A. Eisenstein und O. Rosauer haben die Glyzerinverluste, die sich bei der praktischen Durchführung der Fettspaltung ergeben, näher studiert und bei den Betriebsversuchen (Preßtalg wurde mit $^1/_4$ % Zinkoxyd im Autoklaven bei 8 Atmosphären durch sechs Stunden gespalten) gefunden, daß durch unvollkommene Spaltung (es blieben ungefähr 6 % Neutralfett unzersetzt) die Glyzerinausbeute um 6,02 % der theoretischen reduziert wurde. Durch das nicht ganz glatte Trennen der Autoklavenmasse in Glyzerinwasser und Fett bzw. Zinkseife gingen 8,53 % der theoretischen Glyzerinausbeute verloren, obwohl man durch mehrmaliges Auswaschen der Autoklavenmasse diese Verluste auf ein Mindestmaß zu reduzieren versuchte, und endlich wurden bei der Konzentration des Glyzerinwassers infolge von Manipulationsverlusten 12,03 % der theoretischen Glyzerinausbeute eingebüßt. Im ganzen betrugen die Verluste also 26,58 %, so daß nur 73,42 % der theoretischen Glyzerinausbeute wirklich erhalten wurden. **Glyzerinausbeute.**

Diese Verluste sind außerordentlich hoch; bei vorsichtigem Arbeiten sollen die Glyzerinverluste 8—10 % nicht übersteigen. (Chem. Revue 1909 S. 128).

Bei allen diesen Ausbeuteberechnungen wird sehr häufig auf den Wassergehalt des konz. Rohglyzerins nicht geachtet und dessen Gewicht in Vergleich mit der berechneten theoretischen Ausbeute an wasserfreiem Glyzerin gestellt (siehe S. 719). Ein solches Unberücksichtigtlassen des Wassergehaltes des konz. Rohglyzerins täuscht bessere Ausbeuten vor, als sie tatsächlich vorliegen.

Zu: **„Verwendung der Stearinpeche"** (S. 673—675): A. Vogelgesang in Neckargerach (Baden) empfiehlt Stearinpech zur Herstellung einer **Stearinpechverwertung.**

biegsamen, unlöslichen, gegen chemische Einwirkungen und gegen Hitze sehr widerstandsfähigen Masse, die in erster Linie als Isoliermittel für elektrische Leitungsdrähte verwendet werden soll. Das Pech wird zunächst geschmolzen oder in einem Lösungsmittel gelöst, darauf durch Baumwolle filtriert und auf die zu isolierenden Gegenstände aufgebracht oder in Stäbe, Röhren o. dgl. gegossen. Sodann wird es einer Temperatur von 350—400° C ausgesetzt. Nur das weiche, also wenig abdestillierte, in frischem Zustande klebrige und leicht schmelzbare Pech wird beim Erhitzen auf 250—350° C in eine feste, unschmelzbare, jedoch biegsame und harte, von den gewöhnlichen Fettlösungsmitteln nicht angreifbare Masse verwandelt, das mehr abdestillierte Stearinpech (sog. elastisches Stearinpech) ist für das Verfahren ungeeignet. (D. R. P. Nr. 213026 v. 12. April 1906.)

Verluste beim Twitchell-Verfahren.

Zu: **„Fettspaltung mittels des Twitchell-Reagenzes“** (S. 680—691): Die wiederholt aufgeworfene Frage, ob Fette, die reichliche Mengen flüchtiger bzw. wasserlöslicher Fettsäuren enthalten, bei dem beim Twitchellschen Spaltungsverfahren notwendigen langandauernden Kochen nicht größere Mengen dieser Fettsäuren verloren gehen lassen, hat Oskar Steiner näher untersucht. Er weist an Hand von Betriebsversuchen nach, daß der Verlust an freien Fettsäuren durch Verflüchtigung oder Wasserlöslichkeit sehr gering ist und zusammen nur ungefähr $^1/_4$ % der verarbeiteten Fettmengen beträgt. (Chem. Revue 1910, S. 10.)

Fettsäure-Kristallisation.

Zu: **„Kristallisation der Fettsäuren“** (S. 722—726): E. Carlinfant und M. Levi-Malvano haben die Erstarrungspunkte verschiedener Fettsäuregemische untersucht und dabei einen Apparat benutzt, der dem zu kryoskopischen Bestimmungen verwendeten ähnelt. Die Genannten studierten das Verhalten von Mischungen der Stearin- und Palmitinsäure sowie von Gemengen der Ölsäure mit Stearin- und mit Palmitinsäure und endlich von Gemischen aller drei Säuren. Die Resultate, die die letzteren, uns besonders interessierenden Fettsäuregemische lieferten, gliederten Carlinfant und Levi-Malvano in mehrere Systeme, die in nebenstehender Tabelle wiedergegeben seien. (Gazz. Chim. Ital. 1909, S. 39 d. Chem. Revue 1910, S. 59.)

Abpressen der Fettsäuren.

Zu: **„Abpressen der Fettsäuren“** (S. 726—731): H. Dubovitz schlägt vor, zwecks Erreichung eines möglichst stearinfreien Kaltpressenablaufes die Fettsäurekuchen vor dem Pressen einige Tage in einem möglichst kühlen Raume (ca. +7° C) zu halten. Bei einem Parallelversuche zeigte der Kaltpressenablauf gekühlter Kuchen einen Erstarrungspunkt (Titer) von 8,4 bzw. 9° C, wogegen er beim Kaltpressenablauf ungekühlter Kuchen 16° C betrug.

Es braucht kaum erwähnt zu werden, daß bei der Durchführung dieses Vorschlages das Abkühlen der Kuchen nicht im Kristallisationsraume, sondern in einem anderen Lokal vor sich gehen muß, denn die Temperatur des Kristallisationsraumes darf nie tiefer als 25° C liegen, falls man gutkristallisierte Fettsäuren haben will. (Seifensiederztg. 1909, S. 316.)

Stearin-säure	Palmitin-säure	Öl-säure	Beginn der Kristalli-sation
%	%	%	°C
74,5	13	12,5	62,30
66	17	17	60,15
61	19,5	19,5	58,80
51	24,5	24,5	55,60
29	35,5	35,5	48,65
12	44	44	45,15
80	3	17	64,10
74	4	22	62,80
69	4,5	26,5	61,65
63,5	5,5	31	60,40
57,5	6,5	36	58,65
51,5	7,5	41	56,90
46	8	46	55,10
41	7,5	51,5	58,30
91,5	7,5	1	65,60
80	17,5	2,5	63.00
69	27,5	3,5	60,10
57	38	5	56,30
46	48	6	54,60
34,5	58,5	7	53,80
27,5	64	8,5	52,70
23	68,5	8,5	52,70
12	78,5	9,5	55,05
40,5	55	4,5	54,80

Stearin-säure	Palmitin-säure	Öl-säure	Beginn der Kristalli-sation
%	%	%	°C
58,5	19,5	22	58,10
47	31	22	53,70
41	36,5	22,5	52,00
39	39	22	51,65
35	43	22	51,65
31	47	22	51,30
27,5	50,5	22	50,90
24	54	22	50,30
19,5	58,5	22	50,10
15,5	62	22,5	50,70
8	70	22	53,30
40,5	13,5	46	52,55
32,5	21,5	46	48,20
29	25	46	46,50
27	26,5	46	46,10
21,5	32	46,5	45,40
16,5	37,5	46	44,70
5,5	48,5	46	47,30
24,5	8	67,5	44,95
19,5	12,5	68	40,85
14,5	18	67,5	38,20
10	22,5	67,5	36,90
3,5	29	67,5	38,85
5,5	77,5	19,5	54,85
8	66	26	52,40
20	30,5	49,5	44,55

Twitchells Trennungs-verfahren

Zu: **„Auf chemischer Basis fußende Trennungsverfahren“** (S. 755 bis 763): E. Twitchell in Yoming (Ohio) hat ein chemisches Trennungsverfahren der flüssigen und festen Fettsäuren ausgearbeitet, das auf demselben Prinzip fußt wie das von Fratelli Lanza in Turin (siehe S. 760).

Nach dem Twitchellverfahren wird das Fettsäuregemenge in einem großen Kessel gewöhnlicher Art geschmolzen und mit 1% Sulfofettsäure oder deren Natriumsalz versetzt. Die beim Abkühlen der Lösung erhaltenen Fettsäurekuchen enthalten die Oleinsäure in einem infolge ihres Gehaltes an Sulfofettsäure in Wasser emulgierbaren Zustande. Wird der zermahlene Kuchen daher mit Wasser gewaschen, so geht die Oleinsäure in Form einer Emulsion ab.

Man kann auch zunächst die Sulfofettsäure oder ihr Natriumsalz in Wasser auflösen und den zerkleinerten Fettsäurekuchen mit der Lösung behandeln. Ein Zusatz von 1% Schwefelsäure oder von gewöhnlichem Salz zu der Sulfofettsäurelösung soll ihre Löslichkeit in Oleinsäure nicht beeinflussen, sie aber weniger löslich in Wasser machen, ohne daß die Emulsionsbildung und Auswaschung beeinträchtigt würden. (Amer. Patent Nr. 918612 v. 20. April 1909.)

Chemisch reine Ölsäure.

Die Herstellung einer von festen Fettsäuren und Neutralfett freien, chemisch reinen Ölsäure scheint fast unmöglich zu sein. Fahrion fand in einer Probe „Ölsäure purissimum linolsäurefrei" über 5% Neutralfett und in einem zweiten Muster beobachtete er nach dem langsamen Auftauen des in der Winterkälte erstarrten Produktes eine nicht unbeträchtliche Menge eines weißen, kristallinischen Bodensatzes. Dieser erwies sich bei näherer Untersuchung als hauptsächlich aus Palmitinsäure bestehend, deren Menge ungefähr 1% vom Gewichte der Ölsäure betrug.

Zu: **„Herstellung von Oxydationsprodukten der Ölsäure"** (S. 785 bis 794): Georg Imbert und das Konsortium für elektrochemische Industrie, G. m. b. H. in Nürnberg, haben einen neuen Weg zur Herstellung von Oxyfettsäuren angegeben. Sie gehen dabei von den Anlagerungsprodukten aus, die die Fettsäuren und Fettsäureglyzeride mit unterchloriger Säure oder Chlor geben.

Gewinnung von Oxyfettsäuren.

Die Überführung der Chlor- oder Oxychlorfettsäuren durch Kochen mit kaustischen Alkalien in Oxyfettsäuren ist eine zwar bekannte Reaktion (Chem. Zentralblatt 1899, Bd. 1, S. 1068; Bull. de la Soc. chim. de Paris 1899, Bd. 3, S. 695), die aber wegen ihres langsamen Verlaufes zu keiner technischen Ausnutzung kam. Erst als Georg Imbert erkannte, daß man bei diesem Prozesse die Ätzalkalien durch Alkalikarbonate oder Bikarbonate ersetzen könne, sobald man unter Druck arbeitet, war diese Methode zur Herstellung von Oxyfettsäuren in die richtige Bahn gelenkt. (D. R. P. Nr. 208699 v. 22. Sept. 1906.) Als Imbert dann später entdeckte, daß man nicht von den Fettsäuren ausgehen müsse, sondern daß auch die Anlagerungsprodukte der Neutralfette sich mit den Alkalikarbonaten zu Oxyfettsäuren bzw. deren Salzen umsetzen, war ein weiterer Schritt nach vorwärts getan. Die Glyzeride der Chlorfettsäuren und Oxychlorfettsäuren verseifen sich mit Natriumkarbonat schon bei einer Temperatur von 150° C glatt, also bei niedrigerer Temperatur, als sich gewöhnlich Neutralfette mittels kohlensauren Alkalis verseifen lassen, bei welchem Prozesse es bekanntlich höherer Temperaturen bedarf.

Die Möglichkeit, Neutralfette ohne vorherige Überführung in Fettsäuren in lösliche Fettsäuren verwandeln zu können, bedeutet einen wesentlichen technischen Fortschritt. (D. R. P. Nr. 214154 v. 29. März 1908.)

Die Arbeitsweise des Imbertschen Verfahrens sei durch folgende zwei Beispiele erläutert:

356,5 kg des aus Sulfuröl durch Anlagerung von unterchloriger Säure erhaltenen Produktes (Glyzerid der Oxychlorstearinsäure) werden mit einer Lösung von 113 kg kalzinierter Soda in 1600 Litern Wasser durch 10 Stunden in einem Autoklaven auf 150° C erhitzt. Die sich dabei entwickelnde Kohlensäure wird fortwährend abgelassen und nach vollendetem Prozeß die Fettmasse mit verdünnter Schwefelsäure aufgekocht. Dabei resultiert Dioxystearinsäure neben einem glaubersalzhaltigen Glyzerinwasser.

Um aus Sulfuröl mittels Chlors Dioxystearinsäure zu gewinnen, werden 376,5 kg des aus Sulfuröl durch Anlagerung von Chlor erhaltenen Produktes (Glyzerid der Dichlorstearinsäure) mit einer Lösung von 170 kg kalzinierter Soda in 1600 Litern Wasser durch 10 Stunden in einem Autoklaven unter Ablassen der sich bildenden Kohlensäure erhitzt, und die Dioxystearinsäure wird aus der Reaktionsmasse mittels Schwefelsäure abgeschieden.

Herstellung von Oxychlorfettsäuren.

Zur Herstellung der Oxychlorfettsäuren oder deren Glyzeride hat Imbert ebenfalls ein praktisches Verfahren ausgearbeitet. Während man, um zu Oxychlorfettsäuren zu gelangen, früher Chlor auf Ätzalkali enthaltende Lösungen ungesättigter, fettsaurer Salze (wobei die Reaktion meist glatt vor sich ging) oder eine Lösung von unterchloriger Säure auf ölsaures Natron wirken ließ (welcher Prozeß wegen des großen Verbrauches an Alkali und Chlor sowie der großen Flüssigkeitsmengen technisch unausnutzbar war), hat Imbert an Stelle der Ätzalkalien ihre Karbonate oder Bikarbonate angewendet. Der Mehrverbrauch an Chlor und Alkali ist dabei höchstens 10% von der theoretisch erforderlichen Menge und außerdem spricht für das Verfahren die Billigkeit der Karbonate gegenüber den Ätzalkalien.

Das Verfahren ist allgemein auf ungesättigte Fettsäuren anwendbar, insbesondere auf die der natürlich vorkommenden Fette und Öle, z. B. Ölsäure, Erucasäure, Linolsäure, Linolensäure usw., wie auch auf die aus Fetten und Ölen durch Verseifung erhaltenen Gemische dieser Säuren miteinander und mit gesättigten Säuren. Statt der freien Fettsäuren kann man auch Emulsionen ihrer Glyzeride, also auch Fette und Öle, anwenden.

Zwei Beispiele mögen das Verfahren erläutern helfen:

I. 329 kg Olein von der Jodzahl 86 werden mit 123 kg kalzinierter Soda in 1600 Litern Wasser emulgiert und 87,5 kg Chlor (die der Jodzahl entsprechende Menge) unter Rühren eingeleitet. Die anfangs ausgeschiedene Seife geht allmählich in Lösung, es entweicht Kohlensäure, und schließlich bildet die Flüssigkeit eine weiße Emulsion von dicker, sahneartiger Konsistenz. Um die gebildete Oxychlorfettsäure zu isolieren, fällt man sie in der Kälte mit der eben notwendigen Säuremenge, z. B. verdünnter Schwefelsäure, aus und trennt sie von der entstandenen Glaubersalzlösung.

II. 300 kg Olivenöl mit der Jodzahl 82,5 kg werden in einer Lösung von 60 kg kalzinierter Soda (etwas mehr als die theoretische Menge) in 1600 Litern Wasser durch Rühren emulgiert und in die Emulsion unter Rühren 76,5 kg Chlor eingeleitet. Das Chlor wird unter Entweichen von Kohlensäure und Dickerwerden der Flüssigkeit absorbiert. Beim Stehen des Reaktionsproduktes scheidet sich nach einiger

Zeit das entstandene Glyzerid der Oxychlorfettsäure als dickflüssiges Öl von der Unterlage. Die Trennung wird durch Zugabe der dem Sodaüberschuß äquivalenten Säuremenge vervollständigt. (D. R. P. Nr. 211001 v. 6. Jan. 1907.)

Verfahren Erdmann.

Zu: **„Umwandlung der Ölsäure in Stearinsäure“** (S. 795—803): Das Verfahren von Leprince und Sievecke (siehe S. 801) ist von E. Erdmann in Halle a. S. dadurch verbessert worden, daß er die Ölsäure in möglichst kleinen Tropfen gleichzeitig mit Wasserstoff auf einer großen Oberfläche verteiltem und erhitztem überschüssigen Nickel zuführt und die entstehenden Endprodukte möglichst rasch entfernt.

In ein heizbares, zylindrisches Gefäß, das mit Nickelbimsstein oder mit nickelhaltigen porösen Tonkugeln, Tonscherben, präpariertem Asbest oder ähnlichen Materialien, auf deren Oberfläche sich frisches reduziertes Nickel in feiner Verteilung befindet, gefüllt ist, läßt man von unten her Wasserstoff eintreten, während man von oben die zu reduzierende Flüssigkeit (Ölsäure) in zerstäubtem Zustande zuführt. Die zerstäubte Flüssigkeit verhält sich infolge ihrer feinen Verteilung hinsichtlich der Wasserstoffaddition ganz gleich, als wenn sie gas- oder dampfförmig wäre, das heißt, sie sättigt sich unter der katalytischen Wirkung des Nickelbimssteins, der natürlich auf eine entsprechend hohe Temperatur erhitzt sein muß, fast momentan und verwandelt sich in Stearinsäure. Diese sammelt sich am untern Teile des Apparats und wird sofort abgeführt.

Der Prozeß geht also kontinuierlich weiter und das Nickel soll dabei ziemlich lange Zeit seine Wirkungskraft behalten. Die beste Reaktionstemperatur liegt zwischen 160 und 200° C.

Zum elften Kapitel.

Zu: **„Paraffin“** (S. 837—853): Nach O. Rahn wird Paraffin durch einen Schimmelpilz (Penicilliumart) zersetzt. (Zeitschr. f. Bakterien- u. Parasitenkunde 1906, S. 382—384).

Transparenz des Paraffins.

Nach H. Mittler und R. Lichtenstein hängt die Transparenz der Paraffine im allgemeinen von dem Gehalte an Öl ab, wobei es allerdings

Bezeichnung	Herkunft	Schmelzpunkt	Jodzahl	70°	65°
Weichparaffin	Braunkohlenteer	41,8°		0,764	0,766
Hartparaffin	Braunkohlenteer	54,6°		0,771	0,775
Österreichisches Paraffin . . .	Petroleum	54,8°		0,774	0,776
Amerikanisches Paraffin	Petroleum	51,4°		0,772	0,775
Javaparaffin	Petroleum	59,8°		0,776	0,778
Ölsäurearmes Stearin		54,5°	2,5	0,848	0,851
Ölsäurereiches Stearin		49,6°	24,0	0,851	0,854
Kompositionsmasse aus amerik. Paraffin und ölsaurem Stearin		48,1°		0,788	0,791

eine Maximalgrenze gibt, oberhalb der der Ölgehalt die Transparenz nicht mehr oder doch nur unwesentlich beeinflußt (Chem. Revue 1906, S. 104; vergleiche auch D. R. P. Nr. 157402 auf S. 851). Die Beobachtungen Mittlers und Lichtensteins sind jedenfalls zutreffend, doch hat auch Neustadtl recht, wenn er sagt, daß sehr hoch und sehr niedrig schmelzende Paraffine opake Gemische geben; geschwitzte Paraffine zeigen diese Eigentümlichkeit in ausgesprochenerem Maße als gut abgeblasene und gepreßte.

Fettlösliche Farben.

Zu: **„Fettlösliche Farben“** (S. 869 und 870): Die fettlöslichen Farbstoffe stellen zumeist fett- oder harzsaure Salze basischer Farbstoffe dar. Diese hervorragende Farbkraft und Brillanz besitzenden Fettfarben sind meist wenig lichtecht, was ihre Verwendung beeinträchtigt. H. Nördlinger in Flörsheim hat daher versucht, aus den lichtechteren sauren Farbstoffen fettlösliche Produkte herzustellen, was ihm durch Kombination der wasserunlöslichen oder wasserschwerlöslichen Salze der sauren Farbstoffe mit den alkalischen Erden, Erd- oder Schwermetallen einerseits und den Salzen der Fettsäuren oder Harzsäuren mit Erdalkalien, Erd- oder Schwermetallen andrerseits gelungen ist. (D. R. P. Nr. 198278 v. 6. Jan. 1907.)

Die so gewonnenen Farbstoffe besitzen jedoch keine besondere Färbekraft und Farbenpracht, welcher Nachteil aber durch die von Nördlinger vorgeschlagene Kuppelung dieser nach Patent Nr. 198278 erhaltenen Fettfarben mit den aus den basischen Farbstoffen gewonnenen Fettfarben gehoben werden soll. (D. R. P. Nr. 213172 v. 29. Nov. 1908.)

Volumenverminderung der Kerzenmaterialien

Zu: **„Gießen der Kerzen“** (S. 905—929): Die beim Erstarren der verschiedenen Kerzenmaterialien eintretende Volumenverminderung (S. 915) hat Ed. Graefe, dem wir so viele wertvolle, die Paraffin- und Kerzenindustrie betreffende Untersuchungen verdanken, näher studiert. Die nachstehende Tabelle (Chem. Revue 1910, S. 3) zeigt die Dichte einiger Kerzenstoffe in geschmolzenem Zustande bei verschiedenen Temperaturen während des Erstarrens und in festem Zustande sowie die Volumenverminderung beim Festwerden.

60°	55°	50°	45°	Dichte beim Erstarrungspunkt	Dichte im festen Zustande	Kontraktion beim Erstarren, berechnet aus spez. Gewicht beim Erstarren und im festen Zustande nach der Formel: $100-100\,\frac{s\ \text{flüssig}}{s\ \text{fest}}$
0,768	0,772	0,775	0,778	0,780	0,788	11,2 %
0,778	—	—	—	0,781	0,917	14,7
0,779	0,784	—	—	0,782	0,911	14,2
0,778	0,780	—	—	0,782	0,903	13,5
0,780	—	—	—	0,780	0,920	15,1
0,854	0,858	—	—	0,858	0,976	11,9
0,857	0,859	0,862	—	0,864	0,972	11,2
0,793	0,796	0,800	—	0,802	0,933	14,1

Sach- und Namenregister.